U0231126

# 除尘工程师手册

张殿印 主 编
王 冠 肖 春 张紫薇 副主编

CHUCHEN GONGCHENGSHI SHOUCE

化学工业出版社
·北京·

本书分四篇共二十章。第一篇是基础篇，包括粉尘技术基础，标准规范体系，除尘基本常识，除尘检测技术，常用除尘技术数表；第二篇是设备篇，包括除尘设备命名分类，机械除尘器，袋式除尘器，电除尘器，湿式除尘器，除尘配套设备；第三篇是设计篇，包括除尘设备研发设计，除尘工程系统设计，除尘设备工艺设计，除尘工程升级改造设计，除尘工程配套装置设计；第四篇是管理篇，包括除尘工程安装、调试、验收、运行，除尘设备维护管理，除尘设备故障与排除，除尘工程节能、防灾。

本书内容全面，重点突出，具有较强的针对性，可供大气污染治理领域的工程技术人员、科研人员和管理人员阅读使用，也可供高等学校环境科学与工程及相关专业师生参考。

**图书在版编目（CIP）数据**

除尘工程师手册/张殿印主编. —北京：化学工业出版社，2019.4(2023.5 重印)

ISBN 978-7-122-33662-0

Ⅰ.①除…　Ⅱ.①张…　Ⅲ.①除尘-技术手册
Ⅳ.①X513-62

中国版本图书馆 CIP 数据核字（2019）第 004998 号

责任编辑：刘兴春　刘　婧　　　文字编辑：汲永臻
责任校对：宋　玮　　　装帧设计：刘丽华

出版发行：化学工业出版社（北京市东城区青年湖南街 13 号　邮政编码 100011）
印　　装：北京建宏印刷有限公司
787mm×1092mm　1/16　印张 63½　字数 1761 千字　　2023 年 5 月北京第 1 版第 2 次印刷

购书咨询：010-64518888　　售后服务：010-64518899
网　　址：http://www.cip.com.cn
凡购买本书，如有缺损质量问题，本社销售中心负责调换。

**定　　价：280.00 元**



京化广临字 2020-01

# 《除尘工程师手册》编委会


**主　　编：** 张殿印

**副主编：** 王　冠　肖　春　张紫薇

**编写人员：**（按姓氏笔画排序）

王　珲　王　娟　王宇鹏　田　玮
白洪娟　刘　瑱　任　旭　庄剑恒
李鹏飞　李　昆　李　忠　李淑芬
陈　玲　陈　媛　张学义　张学军
张紫薇　罗宏晶　周　然　周广文
孟　婧　赵原林　徐　飞　顾晓光
章敬泉　谢秀艳

**主　　审：** 杨景玲

# 前言

FOREWORD

环境构成人类繁衍发展的物质基础，人类依靠环境生存，环境需要人类保护。随着社会经济的发展，人们对生活质量越来越关注，对自身健康越来越重视。但是人类生活的环境却不尽如人意，其中大气污染如雾霾天气给人体健康等造成较大危害。因此，大力推动大气污染治理、发展循环经济、保持生态平衡、保护蓝天白云成为人们的重大任务。

编写本书的目的在于为在除尘领域从事研发制造、工程设计、安装施工和运营管理的人员提供一部内容全面、针对性强、可操作性强、查找方便的工程技术手册。希望本书能为读者提供技术支撑和参考依据，以便使他们不付出直接经验成本，不再走前人所走过的弯路，就能迅速达到较高的理论和技术水平，满足日益严格的颗粒物污染治理包括$PM_{2.5}$控制的需求，提高粉尘治理工程技术水平。本书为除尘应用工程提供丰富的背景材料，颗粒物控制方法的理论依据、影响因素和使用禁忌，从而丰富除尘工程师已有知识。

本书具有以下特点：

（1）内容全面。书中为除尘工程师提供从研发制造、工程设计、安装施工到运营管理等各方面的技术知识和细节技巧，从而丰富除尘工程师已有知识。

（2）可操作性强。从实际出发，对叙述内容尽可能结合工程设计、结合开发制造、结合运营管理需要，并对重要计算公式和基本方法予以举例。读者利用本书可查找针对除尘工程唯一性和多样性的各种除尘技术问题。

（3）技术新颖。在编写过程中，使用新规范、新标准、新术语，把近年出现的实践证明可行的新方法、新技术、新设备列在书中。笔者还把多年来积累的宝贵资料和技术诀窍介绍于书内。

（4）简明实用。该书有意避开了一些理论推导计算和物理常识叙述，使本书尽可能简明实用、重点突出、层次分明、释义准确、资料翔实、示例典型。

本书由张殿印任主编，杨景玲教授、李惊涛教授、朱晓华教授对全书进行了总审核。本书在编写过程中得到王海涛、彭犇等多位环保专家的鼎力相助，在此一并深致谢忱。本书参考和引用了一些科研、设计、教学和生产工作同行撰写的著作、论文、手册、教材和学术会议文集等，在此对所有作者表示衷心的感谢。

限于编者学识和编写时间，书中疏漏和不妥之处在所难免，殷切希望读者朋友不吝指正。

编者

2019年3月于北京

# 目录

CONTENTS

## 第一篇　基础篇 / 001

## 第二篇　设备篇 / 204

## 第三篇　设计篇 / 419

## 第四篇 管理篇 / 778

# 基础篇

## 第一章 粉尘和气体性质

粉尘来源于自然过程和人类活动两方面，其中后者是主要方面。人类活动产生粉尘，而粉尘由于其性质又危害人类自身健康及各种活动。所以根据粉尘的来源和性质，研究除尘技术，防止粉尘污染成为环保治理的重要任务。

### 第一节 粉尘的来源和分类

在粉尘的来源中，自然过程产生的粉尘一般靠大气的自净作用去除，而人类活动产生的粉尘要靠除尘措施来去除。本节主要介绍在人类各种生产活动中产生的粉尘及其分类。

#### 一、粉尘的定义

国家标准中有关粉尘颗粒等的定义如下。

（1）粉尘（dust） 指由自然力或机械力产生的，能够悬浮于空气中的固态微小颗粒。国际上将粒径小于75μm的固体悬浮物定义为粉尘。在通风除尘技术中，一般将1～200μm乃至更大粒径的固体悬浮物均视为粉尘。

（2）气溶胶（aerosol） 指悬浮于气体介质中的粒径范围一般为0.001～1000μm的固体、液体微小粒子形成的胶溶状态分散体系。

（3）总粉尘（total dust） 简称“总尘”，指用直径为40mm的滤膜，按标准粉尘测定方法采样所得到的粉尘。

（4）呼吸性粉尘（respirable dust） 简称“呼尘”，指按呼吸性粉尘标准测定方法所采集的可进入肺泡的粉尘粒子。其空气动力学直径均在7.07μm以下，空气动力学直径为5μm的粉尘粒子的采样效率为50%。

（5）总悬浮颗粒物（TSP） 指能悬浮在空气中，空气动力学当量直径≤100μm 的颗粒物。

（6）颗粒物（particulate matter） 常包括可吸入颗粒物（$PM_{10}$）和细颗粒物（$PM_{2.5}$）。$PM_{10}$指环境空气中空气动力学当量直径≤10μm 的颗粒物。$PM_{2.5}$指环境空气中空气动力学当量直径≤2.5μm 的颗粒物。

（7）大气尘（airborne particles；particulates；atmospheric dust） 指悬浮于大气中的固体或液体颗粒状物质，也称悬浮颗粒物。

（8）烟（尘）（smoke） 指高温分解或燃烧时所产生的，粒径范围一般为 0.01～1μm 的可见气溶胶。

（9）纤维性粉尘（fibrous dust） 指天然或人工合成纤维的微细丝状粉尘。

（10）亲水性粉尘（hydrophilic dust；lyophilic dust） 指易于被水润湿的粉尘。如石英、黄铁矿、方铅矿粉尘等。

（11）疏水性粉尘（hydrophobic dust；lyophobic dust） 指难以被水润湿的粉尘。如石蜡粉、炭黑、煤粉等。

（12）霾（haze） 指空气中因悬浮着大量的烟、尘等微粒而形成的浑浊现象，也称灰霾。

（13）烟（雾）（fume） 指由燃烧或熔融物质挥发的蒸气冷凝后形成的，粒径范围一般为 0.001～1μm 的固体悬浮粒子。

（14）烟气（fumes） 指在化学工艺过程中生成的通常带有异味的气态物质。

（15）液滴（droplet） 指在静止条件下能沉降，在湍流条件下能悬浮于气体中的微小液体粒子。

（16）雾（mist） 指悬浮于气体中的微小液滴。如水雾、漆雾、硫酸雾等。

（17）粒子（particle；particulate） 特指分散的固体或液体的微小粒状物质，也称微粒。

## 二、粉尘的来源

粉尘按来源可分成两大类：一是人类活动引起的；二是自然过程引起的。后者包括火山爆发、山林火灾、雷电等造成的各种尘埃，见表 1-1。自然过程对大气的污染，目前人类还不能完全控制，但这些自然过程多具有偶然性、地区性，而且两次同样过程发生的间隔时间往往较长。由于自然环境有一定的容量和自净能力，自然过程所造成的粉尘污染经过一段时间后会自动消失，对整个人类的发展尚无根本性的危害。

**表 1-1 粉尘源**

| 种类 | | 粉尘来源 |
|---|---|---|
| 自然现象 | | 火山爆发、大风飞沙、地震、土沙崩溃，由于温度或混合率的变化而引起的气体爆炸、腐烂、花粉、微生物、森林火灾 |
| 人类活动 | 日常生活 | 烹调、采暖、冷气、清扫、吸烟、农业、渔业、医疗、娱乐、教育 |
| | 商业交易 | 采暖、冷气、烹调、包装、输送、陈列、集会、办公等活动 |
| | 工业 | 燃烧、冶炼、熔炼、粉碎、混合、分离、化合、分解、干燥、研磨、输送、包装、凝聚、焊接、切割、筛分等物理化学操作 |
| | 交通 | 海、陆运输，航空 |
| | 战争 | 军事转移和军队作战、炮击、爆炸，军事演习 |

当今，较令人担忧的是人类的生活和生产活动引起的粉尘污染。由于人类的生活及生产活动从不间断，这种污染也就从没停止过。100 年以来，工业和交通运输业的迅速发展，城市的

不断扩大，以及人口的高度集中，使得大气污染日趋严重。目前，全世界每年排入大气中的煤粉尘及其他粉尘在1亿吨以上，严重污染了大气环境，对人类健康构成了威胁。这种粉尘对大气的污染既然由人类活动引起，也可以通过人类活动从而加以控制。

人类活动引起的粉尘主要来源于3个方面，即工业生产污染源、生活活动污染源及交通运输污染源。

(1) 工业生产污染源　如火力发电厂、钢铁厂、建材厂、化工厂、有色金属厂、矿山作业区等工业部门的生产及燃料燃烧过程，皆向大气中排入大量的粉尘及其他有害成分。工业生产污染源是造成粉尘污染的最主要的来源。

(2) 生活活动污染源　城市和工矿企业住宅区、商业区千家万户的生活炉灶、经营性炉灶以及采暖锅炉的烟囱，同样会向大气中排入烟尘。这些污染源分布广，污染物总量大，对局部的大气环境质量常有很大影响，也是不可忽视的。

(3) 交通运输污染源　汽车、火车、轮船、飞机等交通工具排放的尾气及行走二次扬尘都含有粉尘污染物。在交通运输业十分发达的今天，尤其在城市，它已成为粉尘污染的重要来源之一。

在各种粉尘来源中工业粉尘有以下特点。

(1) 集中固定源　工业企业生产地点固定，生产过程集中，所排出的粉尘对于邻近地区的大气环境污染最严重，随着离厂区距离的逐渐加大，污染情况逐渐减弱。例如，钢铁企业对大气的污染，其影响范围基本为方圆10km。

(2) 烟尘排放量大　火力发电、冶金、矿山、石油、化工及水泥等企业，生产规模大，烟尘排放量大。轻工业生产规模虽较小，但涉及众多的行业，粉尘排放总量也不容忽视。

(3) 连续排放　大多数企业生产不间断，每天向大气中连续排放粉尘。

大气中粒径小于1μm的颗粒是由于凝结作用而产生的，而较大的颗粒则来自粉碎过程或燃烧过程，因为粉碎干磨方法很少产生粒径小于几微米的颗粒。燃烧过程会产生数种不同类型的颗粒，它们是由以下途径产生的：①加热能使物质蒸发，这些物质随后凝结为0.1～1μm的颗粒；②燃烧过程的化学反应可能产生粒径小于0.1μm、存在期短不稳定的分子团颗粒；③机械加工过程会排放出粒径为1μm或粒径较大的灰或燃料颗粒；④如使用液体燃料喷雾装置，会有极细的灰直接逸出；⑤矿物燃料的不完全燃烧会产生烟炱。

以汽油为燃料的车辆排放的颗粒物中含有炭、金属灰和烃类的气溶胶。金属颗粒物来自含铅抗爆剂的燃料燃烧。炭和未燃烧的烃类来自不完全燃烧。由柴油发动机排放的颗粒物主要含有炭和烃类的气溶胶，这是在发动机超负荷的条件下，由于不完全燃烧而产生的。

空气污染物总量中有10%～15%是以粉尘颗粒物形式存在的。在颗粒物总量中，来自机动车辆的占3%，来自工业方面的占53%，来自发电厂的占13%，来自工业锅炉的占20%，由垃圾处理造成的占9%。来自其他源的颗粒物有海洋盐类、火山灰、风蚀的灰尘、道路尘土、森林火灾的生成物以及植物花粉和种子。

一般来说，气载粉尘颗粒物的粒径为0.001～500μm，大部分粒径为0.1～10μm。粒径小于0.1μm的尘粒其运动类似于分子，其特征是：由于与气体分子相撞击而产生很不规则的布朗运动。粒径大于1μm，但小于20μm的尘粒随运载它的气体运动。大于20μm的颗粒具有明显的沉降速度，因此在空中的停留时间很短。密度为1g/cm$^3$的尘粒的沉降速度大致如表1-2所列。

这些数值说明粉尘颗粒物在空气中存在着明显的差别。图1-1的中部显示了不同物质的颗粒大小的范围。任何一种除尘设备，都不可能把这样的粒径分布的颗粒物除尽。图1-1下端部分显示出不同除尘设备适于捕集的颗粒物的粒径范围。虽然某种形式的除尘器能除去指定范围内的颗粒，但在很多情况下，除尘效率是随颗粒物的粒径而变的。例如，一种除尘器对一定范

表 1-2 尘粒直径与沉降速度的关系

| 尘粒直径/μm | 沉降速度/(cm/s) |
| --- | --- |
| 0.1 | $4\times10^{-5}$ |
| 1 | $4\times10^{-3}$ |
| 10 | 0.3 |
| 100 | 50 |

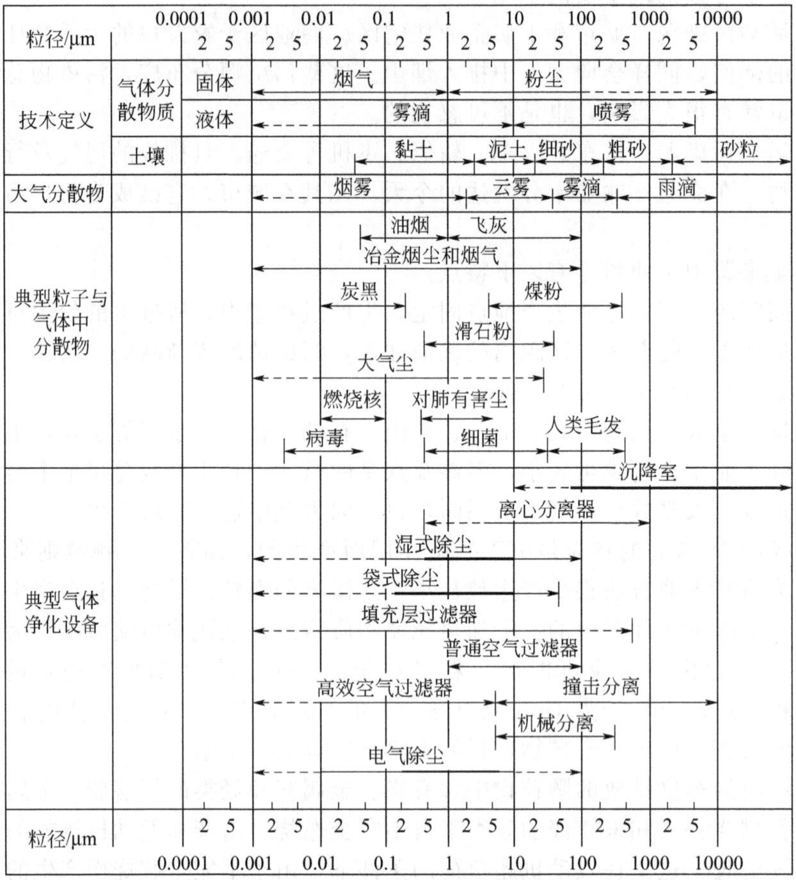

图 1-1 粉尘颗粒物特性及粒径范围

围内的大颗粒捕集效率接近于100%，但对于较小颗粒，除尘器的效率可能接近于零。本书后面要分章介绍各种除尘器的除尘效率。

## 三、粉尘的分类

(1) 按物质组成分类　粉尘按物质组成可分为有机尘、无机尘、混合尘。有机尘包括植物尘、动物尘、加工有机尘；无机尘包括矿尘、金属尘、加工无机尘等。

(2) 按粒径分类　粉尘按尘粒大小或在显微镜下的可见程度可分为：粗尘，粒径大于40μm，相当于一般筛分的最小粒径；细尘，粒径10～40μm，在明亮光线下肉眼可以看到；显微尘，粒径0.25～10μm，用光学显微镜可以观察到；亚显微尘，粒径小于0.25μm，需用电子显微镜才能观察到。不同粒径的粉尘在呼吸器官中沉着的位置也不同，又分为：可吸入性粉尘，即可以吸入呼吸器官，粒径约大于10μm的粉尘；微细粒子，即粒径小于2.5μm的细粒粉尘，微细粉尘会沉降于人体肺泡中。

（3）按形状分类 粉尘按不同形状可以分为：①三向等长粒子，即长、宽、高的尺寸相同或接近的粒子，如正多边形及其他与之相接近的不规则形状的细粒子；②片形粒子，即两方向的长度比第三方向长得多，如薄片状、鳞片状粒子；③纤维形粒子，即在一个方向上长得多的粒子，如柱状、针状、纤维粒子；④球形粒子，外形呈圆形或椭圆形。

（4）按物理化学特性分类 按粉尘的湿润性、黏性、燃烧爆炸性、导电性、流动性可以区分不同属性的粉尘。如按粉尘的湿润性分为湿润角小于90°的亲水性粉尘和湿润角大于90°的疏水性粉尘；按粉尘的黏性分为拉断力小于60Pa的不黏尘，60～300Pa的微黏尘，300～600Pa的中黏尘，大于600Pa的强黏尘；按粉尘的燃烧爆炸性分为易燃易爆粉尘和一般粉尘；按粉尘的流动性可分为安息角小于30°的流动性好的粉尘，安息角为30°～45°的流动性中等的粉尘及安息角大于45°的流动性差的粉尘。按粉尘的导电性和静电除尘的难易分为大于$10^{11}\Omega\cdot cm$的高比电阻粉尘，$10^4$～$10^{11}\Omega\cdot cm$的中比电阻粉尘，小于$10^4\Omega\cdot cm$的低比电阻粉尘。

（5）其他分类 还可将粉尘分为生产性粉尘和大气尘，纤维性粉尘和颗粒状粉尘，一次扬尘和二次扬尘等。另外，按过程分类分为自然粉尘、人工粉尘和工业粉尘。

## 四、粉尘对人体的危害

### 1. 由粒子引起的疾病

（1）矿物粉尘 人长期吸入某些纤维粉尘，肺组织和淋巴结会产生以非可逆性的纤维病变为主的慢性疾病，使肺机能降低（尘肺，即肺尘埃沉着病）。尘肺随吸入粉尘不同，其病理组织与临床状态也有所不同。

主要的矿物粉尘及其引起的疾病有以下几种：①游离硅酸（硅肺，即硅沉着病）；②硅酸盐化合物（滑石肺、高岭土肺、硅藻土肺）；③石棉（石棉肺）；④铝及其化合物（铝肺、氧化铝肺、铝土肺）；⑤铁化合物（氧化铁肺、硫化铁肺）；⑥煤粉（煤矿工人的尘肺）；⑦铍（铍肺）；⑧其他（石墨肺等）。另外，石棉粉尘引起呼吸器官的恶性肿瘤（肺癌、肋膜中皮肿瘤）也受到人们的重视。

（2）金属粒子 某些金属粒子会引起的主要疾病或症状有以下几种。

① 锌。与锌的烟雾接触几小时后就会引起发热，呼吸困难，再过几小时自然消失（锌热）。

② 镉。长期接触会引起肺气肿或全身肾功能失调（以低分子蛋白尿为特征）。

③ 铬。特别是六价铬，引起鼻中隔穿孔症。

④ 铅。导致造血功能失调、贫血和白血球、血小板减少（再生不良性贫血）。另外，也曾出现过很多末梢神经炎（上肢引肌麻痹）的病例。

⑤ 锰。急性中毒引起肺炎，慢性中毒引起脑细胞衰退性变化等中枢神经系统的疾病。

⑥ 铍。急性中毒引起肺炎，慢性中毒引起肺肉牙肿。

⑦ 致癌物质。明显的致癌物质和可能致癌的物质有铀（肺癌）、铬酸盐（肺癌）、羰基镍（副鼻腔和肺癌）和砷化物（肺癌）。

（3）有害雾 有害雾有以下几种。

① 硫酸雾。对气道的刺激作用比二氧化硫高，引起喉头、气管收缩或者肺水肿。

② 氢氟酸雾。对气道的刺激作用很强，也会引起肺水肿。

③ 油雾。对气道有刺激性。据报道也有类似于尘肺的症状。

（4）有机粉尘、纤维性粉尘 有机粉尘、纤维性粉尘有以下几种。

① 棉、麻和亚麻。主要症状为胸闷、呼吸困难等，有一定程度的支气管收缩。特别是在

休息日后的工作日，再接触这类粉尘时症状反应更加厉害，这是它的特征。吸入棉尘后会引起尘肺类症状。

② 甘蔗纤维。长期吸入榨取糖汁之后的干燥甘蔗茎粉尘时引起呼吸急促、发热等症状。

③ 真菌类、花粉。在它们之中，有的与室内尘一起吸入，作为变态反应原而起重要作用(例如花粉症和由干草引起的农夫肺)。和牧草接触后，会引起发热、呼吸困难（外因性变态反应肺炎）等症状。据说有的好温性放线菌还起抗原作用。

**2. $PM_{2.5}$的污染危害**

$PM_{2.5}$产生的主要来源是工业生产、日常发电、汽车尾气排放等过程中经过燃烧排放的残留物。$PM_{2.5}$是人类活动释放污染物的主要载体，已经成为世界各国研究的重点大气污染颗粒物。粒径2.5μm的颗粒物可在空气中长时间停留，传输距离可达上千千米。颗粒物对人体健康的影响，主要与颗粒物的大小和化学成分有关。研究表明，粒径在10～100μm的颗粒被阻挡在鼻腔外；粒径在2.5～10μm的颗粒大部分被鼻咽区截留；粒径在0.1～2.5μm的颗粒主要沉淀在支气管和肺部，甚至可以进入人的肺部深处且不易排出，并可穿过肺泡进入血液，是大气颗粒物中对人体健康威胁最大的一类。WHO空气质量指导标准2005更新版（WHO Air Quality Guideline Update 2005）引用的大量数据可说明这一点。人类头发的直径约为60μm，而2.5μm的粒子仅是它的1/24，人的肉眼根本无法辨别。由于在呼吸过程中，$PM_{2.5}$能深入到细胞从而长期存留在人体中，因此$PM_{2.5}$对人类健康有着重要影响。例如，直径小于2.5μm的颗粒物可以直接进入支气管以及肺泡，从而被人体吸收；被人体吸收的微尘可以损害血红蛋白的输送氧能力，使人体丧失血液，并且引发全身各系统疾病；$PM_{2.5}$颗粒突破人体鼻腔绒毛以及痰液的阻隔，颗粒进入支气管以及肺泡；进入肺泡的微尘会迅速被吸收，并且不经过肝脏解毒迅速进入血液循环，遍布全身。

$PM_{2.5}$进入人体从而引发如下疾病：①呼吸系统疾病，如$PM_{2.5}$微尘被吸入人体后会直接进入支气管，干扰肺部的气体交换，引发哮喘、支气管炎等；②心血管疾病，如进入血液的微尘会损害血红蛋白输送氧的能力，可能引发充血性心力衰竭和冠状动脉等心脏疾病；③有害物质中毒，如$PM_{2.5}$微尘多含有有害气体以及重金属等有毒物质，这些物质溶解在血液中，会导致人体中毒；④致癌，如流行病学的调查发现，城市大气颗粒物中的多环芳烃与居民肺癌的发病率和死亡率相关；⑤婴儿发育缺陷，如对接触高浓度$PM_{2.5}$的孕妇的研究表明，高浓度的细颗粒物污染可能会影响胚胎的发育。

因此，$PM_{2.5}$是大气颗粒物中对人体健康威胁最大的因素，控制$PM_{2.5}$污染本身就是大气污染综合防治工作的集中体现，同时也是一项复杂的系统工程。

## 五、粉尘对能见度的影响

当光线通过含尘介质时，由于尘粒对光的吸收、散射等作用，光强会减弱，出现能见度降低的情况。在一些污染严重的城市、工业地区以及一些粉尘作业场所能明显地察觉到能见度的降低。

**1. 能见度**

能见度即正常视力的人在当时天气条件下能够识别目标物的最大水平距离，是以目力测定用以判定大气透明度的一个气象要素。一般来说，能见度取决于光的传播和眼睛从视场背景中区别物体的能力。

光线通过含尘介质，光强减弱。初始光强为$I_0$（cd）的光束经过距离$x$(m)后，光强衰减为$I$，则：

$$I=I_0\exp(-\mu x) \tag{1-1}$$

式中，$\mu$为消光系数，它是波长的函数，$m^{-1}$。

在一定距离外观察一个孤立物体时，定义物体与背景间的对比度为：

$$C_1=\frac{I_1-I_2}{I_2} \tag{1-2}$$

式中，$I_1$ 为物体的光强，cd；$I_2$ 为背景光强，cd。

肉眼能辨别的最小对比度为 $C_{10}$，相应的能见度为 $S$。如果物体是理想黑体，则：

$$C_{10}=-\exp(-\mu S) \tag{1-3}$$

或

$$S=-\frac{1}{\mu}\ln(-C_{10})$$

根据观察，通常假设对比度的阈值 $C_{10}$ 为 $-0.02$，所以：

$$S=-\frac{1}{\mu}\ln 0.02=\frac{3.912}{\mu} \tag{1-4}$$

大气总消光是气溶胶散射、气体分子散射和特定波长下某些气体吸收的总和。表 1-3 列出了空气分子的瑞利散射系数 $b$。

**表 1-3　0℃、0.1MPa 下空气的瑞利散射系数**

| $\lambda/\mu m$ | $b/m^{-1}$ | $\lambda/\mu m$ | $b/m^{-1}$ |
|---|---|---|---|
| 0.20 | $952.4\times10^{-6}$ | 0.55 | $12.26\times10^{-6}$ |
| 0.25 | $338.2\times10^{-6}$ | 0.60 | $8.604\times10^{-6}$ |
| 0.30 | $152.5\times10^{-6}$ | 0.65 | $6.217\times10^{-6}$ |
| 0.35 | $79.29\times10^{-6}$ | 0.70 | $4.605\times10^{-6}$ |
| 0.40 | $45.40\times10^{-6}$ | 0.75 | $3.484\times10^{-6}$ |
| 0.45 | $27.89\times10^{-6}$ | 0.80 | $2.684\times10^{-6}$ |
| 0.50 | $18.10\times10^{-6}$ | | |

从表 1-3 中可知，若光波长为 $\lambda=0.5\mu m$，空气分子散射系数为 $18.10\times10^{-6}m^{-1}$，如果不计其他的消光因素可算出能见度约为 220km。由此可知，大气能见度的降低主要是气溶胶的消光造成的。

含尘气流对光强的减弱还取决于浓度的大小。当质量浓度为 $0.115g/m^3$ 时，含尘气流是透明的，可通过 90% 的光线。随着浓度的增加，透明度会大大减弱（图 1-2）。

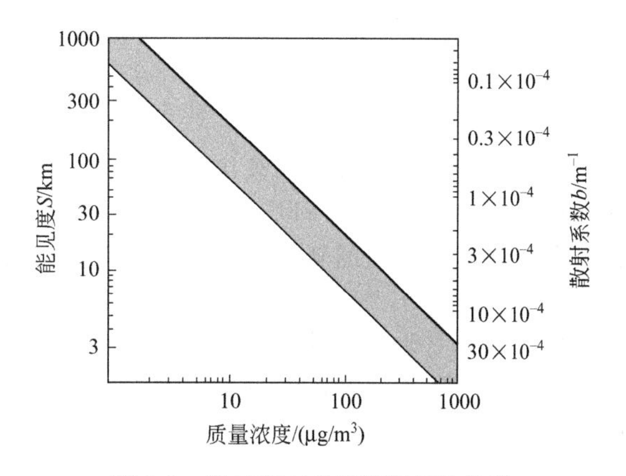

图 1-2　能见度与质量浓度间的关系

能见度可以根据下面的经验公式计算：

$$S\approx\frac{A\times10^{-3}}{c} \tag{1-5}$$

式中，$S$ 为等效能见度，m；$c$ 为粒子质量浓度，$kg/m^3$；$A$ 为比例系数，$kg/m^2$。

比例系数 $A$ 的数值见表 1-4。对主要由粒径为 $0.1\sim1\mu m$ 的粒子引起的光散射，用散射系数 $b$ 来代替消光系数 $\mu$，则式 $S=3.912/\mu$ 变为 $S=3.912/b$。这两个公式和表 1-4、图 1-2 能直接表明能见度与气溶胶质量浓度之间的关系。

**2. 能见度对生产、操作的影响**

在作业场所如果不能清晰地看到周围的事物，很容易在行动时发生失误，造成事故。长时

表 1-4 能见度与尘粒浓度间的关系

| 质量浓度 $c/(ng/m^3)$ | 散射系数 $b/m^{-1}$ | 比例系数 $A/(kg/m^2)$ | 能见度 $S/km$ |
| --- | --- | --- | --- |
| 10 | $0.3\times10^{-4}$ | 1.2 | 120.0 |
| 30 | $1.0\times10^{-4}$ | 1.2 | 40.0 |
| 75 | $2.4\times10^{-4}$ | 1.2 | 16.0 |
| 100 | $3.3\times10^{-4}$ | 1.2 | 12.0 |
| 300 | $10.0\times10^{-4}$ | 1.2 | 4.0 |
| 1000 | $33.0\times10^{-4}$ | 1.2 | 1.2 |

间的能见度降低还会使视力疲劳，造成眼疾。

**3. 大气的吸收作用**

除了由于颗粒状的空气污染物造成的能见度下降外，某些气体物质，因其对辐射的吸收特性，具有引起环境恶化的潜力，在未来有可能被列为污染物。图 1-3 为二氧化碳和水蒸气的吸收频带。0.4～0.75μm 是可见光的波长范围，而 1～100μm 是红外线的波长范围。在正常的一昼夜周期中，太阳辐射穿过透明的大气层，被地球表面吸收，由于辐射出红外线，变热的地球表面就失去能量。当大气中含二氧化碳和水蒸气的浓度低时，入射的太阳能量与大地辐射发出的能量大致相等，因此，就形成地球表面和低层大气的平衡温度。随着水蒸气或二氧化碳浓度的增加，大气对红外线的吸收也随之增加，但短波辐射的透射率则不变。它使地球表面和低大气层的平均温度升高，这是因为太阳辐射量在白天将不变，而同时陆地辐射则将下降。

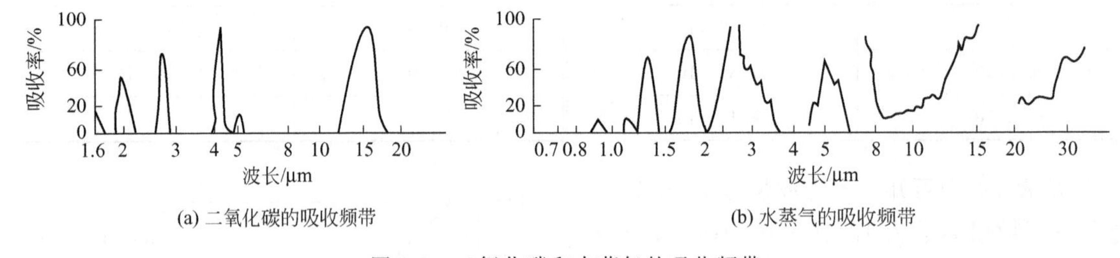


(a) 二氧化碳的吸收频带　　(b) 水蒸气的吸收频带

图 1-3 二氧化碳和水蒸气的吸收频带

还有人指出，大气中二氧化碳浓度的增加能促进某些植物的生长。因为植物从其生活圈的大气中吸收二氧化碳，所以，植物的增多能相应增加对二氧化碳的吸收，这就会在环境中建立起一种二氧化碳含量的新的静态平衡。因此，新的二氧化碳浓度将不至于和目前的水平发生很大差别。

影响地球平均温度的另一个因素是大气中颗粒物所引起的对太阳辐射的吸收和反射。某些研究结果认为，大气低层的平均温度在下降，其原因是到达地表的太阳能受到颗粒物的吸收而减少。

## 六、粉尘的其他危害

**1. 粉尘对机器设备的磨损**

含尘气流在运动时与壁面冲撞，产生切削和摩擦，引起磨损。含尘气流中的粉尘磨损性与气流速度的 2～3 次方成正比，气流速度越高，粉尘对壁面的磨损越严重。但粉尘浓度达到某一程度时，由于粉尘粒子之间的相互碰撞，反而减轻了与壁面的碰撞摩擦。

在除尘系统中，中高速的烟气强烈地冲刷着除尘器的内壁，使壳体磨损，离心式旋风除尘器的蜗壳和锥体部分的磨损就是一例。数毫米厚的钢板用不到 1 年甚至几个月就会被局部磨穿，极大地影响着除尘器的使用寿命。

含尘空气中的尘粒沉降到机器的转动部件上，将加速机件的磨损，影响机器工作精度，甚至使小型精密仪表的部件卡住不能工作。

一般认为粒径为5～10μm的粉尘磨损性与颗粒大小和成分有关，微细粉尘比粗粉尘的磨损小，但在一些现代产品如微型计算机、光学仪器、微型电机、微型轴承中都特别重视微细粉尘的沾污和磨损。对于计算机、光学仪器、精密机械来说，1μm以上粒径的尘粒就能影响精度。消除尘埃的沾污必须采用空气洁净技术。

**2. 粉尘对产品质量的影响**

粉尘污染不仅影响产品的外观，还能造成产品质量的下降。例如石膏粉产品在生产过程中被烘炉黑烟污染，不仅外观受影响，质量也要下降。许多电子产品、化学药品、摄影胶片等现代化产品，在生产过程中或操作使用中非常重视防止粉尘污染。在电子产品生产中，即使是粒径为0.3μm的尘粒落到刻线间距只有亚微米的加工表面上，也会对产品造成危害，轻则影响产品性能，重则会使产品报废。

航空和宇宙飞船使用的电子仪表及大型计算机内，落入一粒尘埃就可能造成失误。在信息时代，设法除去空气中尘埃，确保产品的高质量、高可靠性有极其特殊的意义。

**3. 粉尘对建筑的影响**

空气中的尘粒本身可能是化学惰性的或活性的。即使尘粒物质是惰性的，也可从大气中吸收化学活性物质，或者化合成多种化学活性物质。据其化学成分和物理性能，尘粒物质能对建筑物起到广泛的破坏作用，例如尘粒落在涂过涂料的建筑物表面、玻璃幕墙上就会把表面弄脏，每年对建筑物和构筑物内外的重新涂装和清洗费用相当可观。

还有报道，大气中的粉尘和有害气体使文物腐蚀速率加快，主要表现在金属文物锈蚀矿化，石质文物酥粉剥落，纺织品、壁画褪色长霉。

更为重要的是，尘粒物质能通过固有的腐蚀性，或由排入大气中的惰性尘粒所吸收或吸附的腐蚀性化学物质的作用，产生直接的化学破坏。金属通常能在干空气中抗拒腐蚀，甚至在清洁的湿空气中也是如此。然而，在大气中普遍存在吸湿性尘粒时，即使在没有其他污染物的情况下，也能腐蚀金属表面。在文献中关于暴露在工业大气中的金属表面遭受腐蚀的例子已有充分记载。

**4. 粉尘对动植物的损害**

关于颗粒物对动植物的影响一般了解得还很少。然而，人们已观察到几种特定物质所起到的破坏作用。含氟化物的尘粒能够引起某些植物损害。降落在农田上的氧化镁，曾使植物生长不良。动物吃了沾有有毒尘粒的植物时，健康就会受到损害。这些有毒化合物会被吸收进植物组织或成为植物表面污染而存在下去。动物摄取带有含氟颗粒物的植物就能导致氟中毒。牛羊吃了有含砷颗粒沉降在上面的植物，它们就会成为砷中毒的牺牲品。

## 第二节 粉尘的基本性质

尘粒具有形状、粒径、密度、比表面积四大基本特性，还具有磨损性、荷电性、湿润性、黏着性以及爆炸性等重要性质。这些都是除尘技术的重要内容，也是掌握和应用各种除尘器的重要环节。

### 一、粉尘颗粒的形状

粉尘颗粒的形状是指一个尘粒的轮廓或表面上各点所构成的图像。在工业和自然界中遇到的粉尘形状千差万别，所以要定量描述尘粒形状是很难的。表1-5中定性地描述了尘粒的形状。

表 1-5 尘粒的形状

| 形状 | 形状描述 | 形状 | 形状描述 |
|---|---|---|---|
| 针状 | 针形状 | 片状 | 板形状 |
| 多角状 | 具有清晰边缘或粗糙的多面形体 | 粒状 | 具有大致相同量纲的不规则形体 |
| 结晶状 | 在流体介质中自由发展的几何形体 | 不规则状 | 无任何对称性的形体 |
| 枝状 | 树枝状结晶 | 棱状 | 具有完整的、不规则形体 |
| 纤维状 | 规则的或不规则的线状体 | 球状 | 网球形体 |

测量得到的粉尘颗粒大小与颗粒的面积或体积之间的关系则称为形状系数。形状系数反映了尘粒偏离球体的程度。将尘粒的粒径与实际的体积、表面积和比表面积关联，可以定义 3 种最常见的形状系数，即体积形状系数 $\Phi_V$、表面积形状系数 $\Phi_S$ 和比表面积形状系数 $\Phi$。

(1) 体积形状系数和表面积形状系数　设一个尘粒的粒径为 $d_D$，尘粒的表面积 $S$ 为：

$$S=\pi d_S^2=\Phi_S d_D^2=X_S^2 S \tag{1-6}$$

尘粒的体积 $V$ 为：

$$V=\frac{\pi}{6}d_V^3=\Phi_V d_D^3=X_V^3 \tag{1-7}$$

式中，$d_S$ 和 $d_V$ 分别为与尘粒具有相同表面积或体积的圆球直径；$X_S$ 和 $X_V$ 分别为带面积和带体积形状系数的尘粒尺寸。

(2) 比表面积形状系数　对于一个尘粒，单位体积的表面积 $S_V$ 和单位质量的表面积 $S_W$ 分别是：

$$S_V=\frac{S}{V}=\frac{6}{d_{SV}}=\frac{\Phi}{d_D}=\frac{1}{X_{SV}} \tag{1-8}$$

$$S_W=\frac{S_V}{\rho_D} \tag{1-9}$$

式中，$d_{SV}$为与颗粒具有相同比表面积的球体直径；$\rho_D$ 为颗粒的密度。

对于球体，$\Phi=6$。

若以等体积当量直径 $d_1$ 代替方程式 $S_V=\frac{\Phi}{d_D}$中的 $d_D$，则得：

$$S_V=\frac{6}{\Phi_C d_V} \tag{1-10}$$

式中，$\Phi_C$ 为卡门形状系数。对于球体，$\Phi_C=1$。

表 1-6 中列出了几种规则形状颗粒的形状系数，其中包括球形、圆锥体形、圆板形、立方体形和方柱及方板形等。上述的形状系数是以球体作为基础的，这种方法在工程上有着广泛的应用。

表 1-6 粉尘颗粒的形状系数

| 颗粒形状 | $\Phi_S$ | $\Phi_V$ | $\Phi$ | 颗粒形状 | $\Phi_S$ | $\Phi_V$ | $\Phi$ |
|---|---|---|---|---|---|---|---|
| 球形 $L=b=t=d$ | $\pi$ | $\pi/6$ | 6 | 立方体形 $L=b=t$ | 6 | 1 | 6 |
| 圆锥体形 $L=b=t=d$ | $0.81\pi$ | $\pi/12$ | 9.7 | 方柱及方板形 | | | |
| | | | | $L=b$ | | | |
| 圆板形 $L=b,t=d$ | $3\pi/2$ | $\pi/4$ | 6 | $t=b$ | 6 | 1 | 6 |
| $L=b,t=0.5d$ | $\pi$ | $\pi/8$ | 8 | $t=0.5b$ | 4 | 0.5 | 8 |
| $L=b,t=0.2d$ | $7\pi/10$ | $7\pi/20$ | 14 | $t=0.2b$ | 2.3 | 0.2 | 14 |
| $L=b,t=0.1d$ | $3\pi/5$ | $\pi/40$ | 24 | $t=0.1b$ | 2.4 | 0.1 | 24 |

注：$L$、$b$、$t$ 和 $d$ 分别表示粉尘颗粒的长、宽、高和直径。

粉尘形状的测量是用显微镜观测和照相。大颗粒粉尘用普通光学显微镜观测，小颗粒粉尘或要求严格时用电子显微镜观测。

粉尘的形状直接影响除尘器的捕集效果和清灰情况，例如对纤维性粉尘选用机械式除尘器和电除尘器时除尘效果往往不理想，对球形粉尘用各种除尘器都会取得满意效果。

## 二、粉尘的粒径和粒径分布

### 1. 粉尘的粒径

粒径一般指粒子的大小。有时也笼统地包括与粒径有关的性质和形状，就是说，包括粒子的性质、形状在内的粒度通称分散度，亦叫粒度。

以气溶胶状态存在的粒子，其粒径一般在 100μm 以下；当粒径大于 100μm 时，粒子沉降速度较大，在空气中悬浮是暂时的，时间很短。

在悬浮粒状污染物质中，通常把 10μm 以下的粒子作为研究对象。其主要原因是从呼吸道侵入肺泡并沉积在肺泡内的粒子以 1μm 左右的粒子沉积率最高；以质量浓度作标准浓度时，粒径大于 10μm 的粒子在空气中的悬浮时间非常短等。

大气中的悬浮粒状物质在 4μm 粒径附近和 1μm 粒径以下出现浓度峰值，实际上 1μm 以下的粒子占绝大多数。因为 1μm 以下的微粒除了粒子间相互碰撞和凝聚生成比原粒径大的粒子，在重力作用下沉降以外，其余的粒子在空气中仍随气流悬浮。

粒子的形状有球形、结晶状、片状、块状、针状、链状等，但除了研究气溶胶的凝聚之外，都将其看作球形。但实际上，除霭一类微小液滴以外，很难见到球形粒子。固体气溶胶粒子的形状几乎都是不规则的。测定这种不规则的固体粒子，一般是用适当的方法测定该粒子的代表性尺寸，并作为粒径来表示粒子的大小。测定方法有下面几种。

(1) 统计粒径　统计粒径也叫作显微镜粒径。是用显微镜测定粒径时常用的方法。粒径大小是根据对应规律测量出粒子的投影后，用一维投影值或当量直径表示。图 1-4 是测定方法的实例。其中，图 1-4(a) 为定向等分直径（马丁直径），是沿一定方向将粒子投影面积二等分的线段长度；图 1-4(b) 为定向直径（格林直径），是在两平行线间的粒子投影宽度。表 1-7 列出了各种统计粒径。

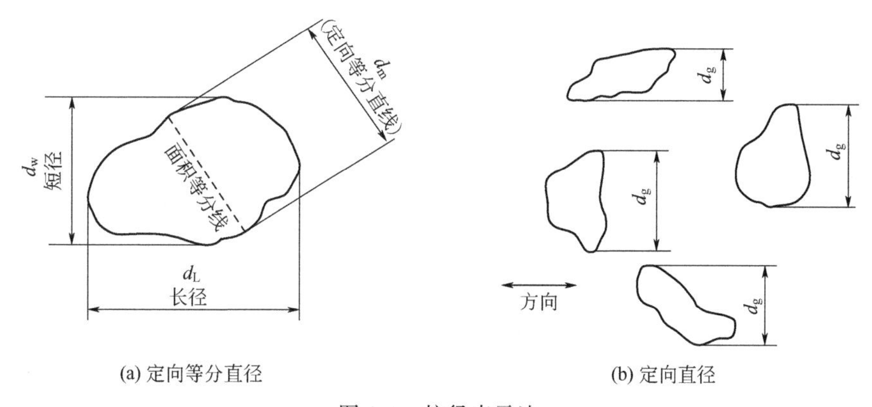


图 1-4　粒径表示法

**表 1-7　统计粒径**

| 名称 | 符号 | 计算式 |
|---|---|---|
| 长径 | $d_L$ | $L$ |
| 短径 | $d_w$ | $w$ |
| 定向直径 | $d_g$ | $1\sim w$ |
| 定向等分直径 | $d_m$ | $1\sim w$ |

续表

| 名称 | 符号 | 计算式 |
|---|---|---|
| 二轴平均直径 | $d_L+w$ | $(L+w)/2$ |
| 三轴平均直径 | $d_L+w+h$ | $(L+w+h)/3$ |
| 谐量平均直径 | $d_h$ | $3[(1/L)+(1/w)+(1/h)]^{-1}$ |
| 表面积平均直径 | $d_o$ | $[(2Lw+2wh+2hL)/6]^{1/2}$ |
| 体积平均直径 | $d_V$ | $3Lwh(Lw+wh+hL)^{-1}$ |
| 外切矩形当量直径 | $d_{Lw}$ | $(Lw)^{1/2}$ |
| 正方形当量直径 | $d_f$ | $(f)^{1/2}$ |
| 圆形当量直径 | $d_c$ | $(4f/\pi)^{1/2}$ |
| 长方形当量直径 | $d_{Lwh}$ | $(Lwh)^{1/3}$ |
| 圆柱形当量直径 | $d_{ft}$ | $(ft)^{1/3}$ |
| 立方体当量直径 | $d_V$ | $(V)^{1/3}$ |
| 球体当量直径 | $d_b$ | $(6V/\pi)^{1/3}$ |

注：$L$ 为长轴；$w$ 为短轴；$h$ 为高度；$t$ 为厚度；$f$ 为投影面积；$V$ 为体积。

（2）平均粒径　平均粒径是根据粒径的频数分布计算得到的，如表 1-8 所列。图 1-5 为平均粒径的几何关系。

**表 1-8　各种平均粒径**

| 序号 | 名称 | 公式 | 记号 |
|---|---|---|---|
| 1 | 算术平均直径 | $\sum nd/\sum n$ | $d_1 d_o$ |
| 2 | 几何平均直径 | $(d_1^n d_2^{n2}\cdots d_n^{nn})^{1/n}$ | $d_g$ |
| 3 | 谐量平均直径 | $\sum n/\sum(n/d)$ | $d_h$ |
| 4 | 长度平均直径 | $\sum nd^2/\sum nd$ | $d_2, d_p$ |
| 5 | 体面积平均直径 | $\sum nd^3/\sum nd^2$ | $d_3, d_{vs}$ |
| 6 | 质量平均直径 | $\sum nd^4/\sum nd^3$ | $d_4, d_w$ |
| 7 | 平均面积直径 | $(\sum nd^2/\sum n)^{1/2}$ | $\Delta, d_s$ |
| 8 | 平均体积直径 | $(\sum nd^3/\sum n)^{1/3}$ | $D, d_y$ |
| 9 | 从数直径 | 最频值 | $d_{mod}$ |
| 10 | 中位数直径 | 累积中心值 | $d_{med}$ |
| 11 | 比表面积直径 | $k/\rho s_w$ | $d_{sp}$ |

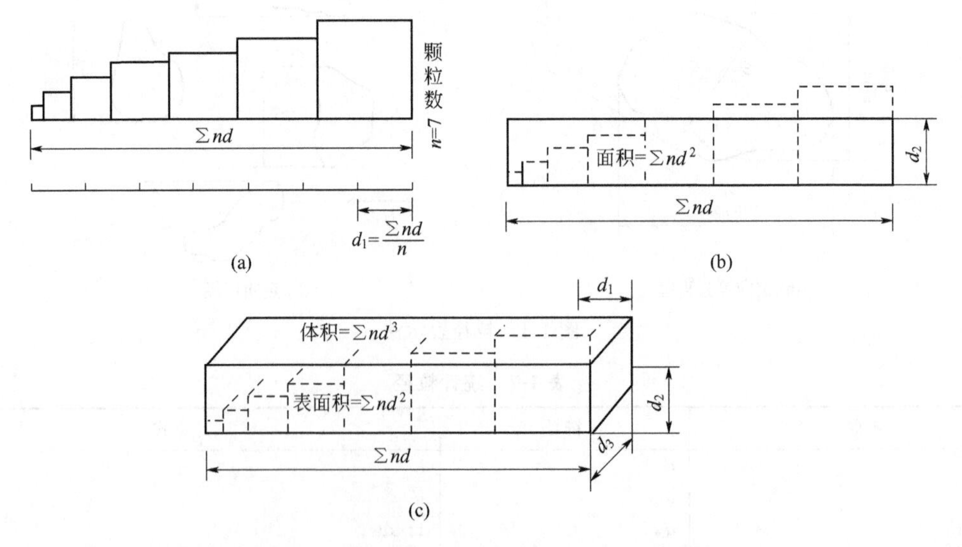


图 1-5　平均粒径的几何关系（$n=7$ 的情况）

（3）沉降粒径 沉降粒径也叫斯托克斯直径，是测定粒子沉降速度 $v$ 之后按下式求出的，粒子直径用 $d_p$ 表示：

$$d_p=\sqrt{\frac{18\mu v}{\rho_p-\rho}} \tag{1-11}$$

式中，$\rho_p$ 为粒子的密度；$\rho$ 为空气的密度；$\mu$ 为空气的黏滞系数。表 1-9 为各种粉尘和烟雾的粒径实例。

**表 1-9 各种粉尘和烟雾的粒径实例**

| 类别 | 种类 | 粒径/μm |
|---|---|---|
| 粉尘 | 型砂 | 200～2000 |
| | 肥料用石灰 | 30～800 |
| | 浮选尾矿 | 20～400 |
| | 粉煤 | 10～400 |
| | 浮选用粉碎硫化矿 | 4～200 |
| | 铸造厂悬浮粉尘 | 1～200 |
| | 水泥粉 | 1～150 |
| | 烟灰 | 3～80 |
| | 面粉厂尘埃 | 15～20 |
| | 谷物提升机内尘埃 | 15 |
| | 滑石粉 | 10 |
| | 石墨矿粉尘 | 10 |
| | 水泥工厂窑炉排气粉尘 | 10 |
| | 颜料粉 | 1～8 |
| | 静止大气中的尘埃 | 0.01～1.0 |
| 凝结固体烟雾 | 金属精炼烟雾 | 0.1～100 |
| | $NH_4Cl$ 烟雾 | 0.1～2 |
| | 碱烟雾 | 0.1～2 |
| | 氧化锌烟雾 | 0.03～0.3 |
| 烟 | 油烟 | 0.03～1.0 |
| | 树脂烟 | 0.01～1.0 |
| | 香烟烟 | 0.01～0.15 |
| | 碳烟 | 0.01～0.2 |
| 霭 | 硫酸霭 | 1～10 |
| | $SO_3$ 霭 | 0.5～3 |
| 雾 | 雾 | 1～40 |
| | 露 | 40～500 |
| | 雨滴 | 0.01～5000 |

（4）空气动力学直径 在空气中，与颗粒有相同沉降速度，且密度为 $1g/cm^3$ 的圆球体直径称为空气动力学直径。国家标准中，总悬浮颗粒物和可吸入颗粒物的粒径都指的是空气动力学当量直径。

（5）中位径 在粒径累积分布中，将颗粒大小分为 2 个相等部分的中间界限直径。按质量将颗粒从大至小排列，其筛上累积量 $R=50\%$时的那个界限直径就是质量中位径（此时筛下率 $D=50\%$），标为 $d_{m50}$；按颗粒个数从小到大排列，将其分布线分为个数相等的 2 个部分时所对应的中界粒径叫作计数中位径，标为 $d_{n50}$。在平时，工程技术中最常用的是质量分布线，并以质量中位径为代表径，简单地标为 $d_{50}$。由于众数直径是指颗粒出现最多的粒度值，即相对百分率曲线（频率曲线）的最高峰值，$d_{50}$将相对百分率曲线下的面积等分为二，则 $\Delta d_{50}$是指众数直径即最高峰的半高宽，如图 1-6 所示。

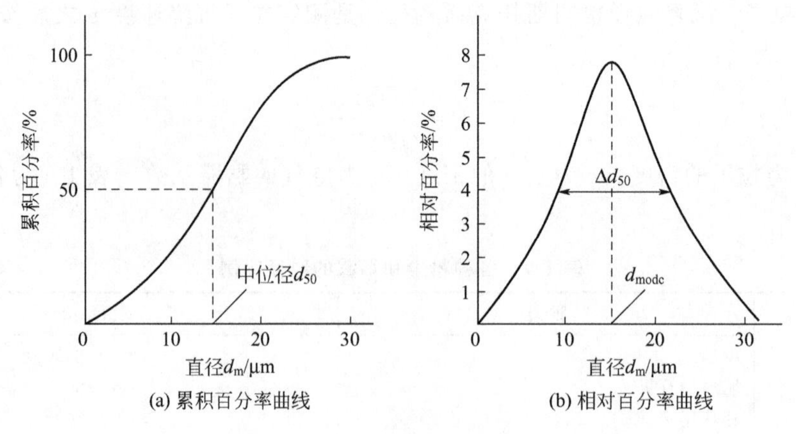


图 1-6　粒度分布曲线

（6）最高频率径　出现频率最高的粒径，标为 $d_{\mathrm{mode}}$，即在频度分布曲线上出现的峰值（图 1-6 中的 $d_{\mathrm{m}}$）。

常用粒度测试方法的测试范围见图 1-7。

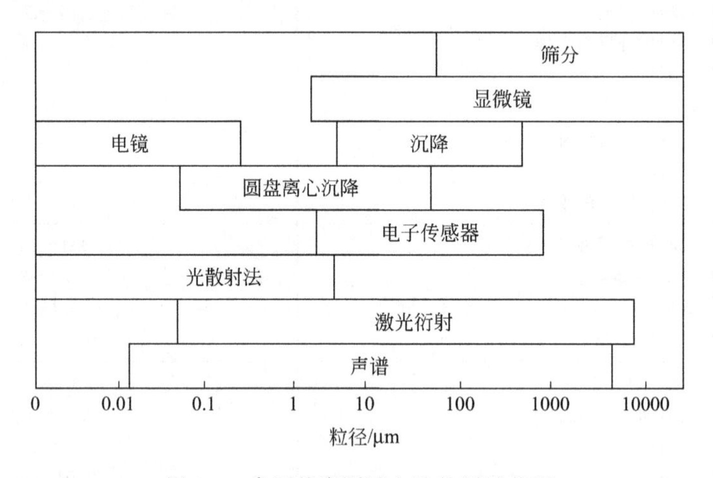


图 1-7　常用粒度测试方法的测试范围

**2. 粉尘的粒径分布**

在除尘技术和气溶胶力学中将粉尘颗粒的粒径分布称分散度。在粉体材料工程中用分散度表示颗粒物的粉碎程度，也叫粒度。这里的颗粒是指通常操作和分散条件下，颗粒物质不可再分的最基本单元。实际中遇到的粉尘和粉料大多是包含大小不同粒径的多分散性颗粒系统。在不同粒径区间内，粉尘所含个数（或质量）的百分率就是该粉尘的计数（或计重）粒径分布。粒径分布在数值上又分微分型和积分型 2 种，前者称频率分布，后者称累积分布。

粒径分布的表示方法有列表法、图示法和函数法等。函数法通常用正态分布式、对数正态分布式和罗辛-拉姆勒分布式 3 种。在实际应用中列表法最常见，一般是按粒径区间测量出粉尘数量分布关系，然后作图寻求粉尘粒径分布，或通过统计计算整理出粉尘的粒径分布函数式。

（1）列表图示方法

1）频数分布 $\Delta R$　如图 1-8 所示，粒径 $d$～$(d+\Delta d)$ 之间的粉尘质量（或个数）占粉尘试样总质量（或总个数）的百分数 $\Delta R(\%)$ 称为粉尘的频数分布，由直接测量得值，用圆圈依次标示。

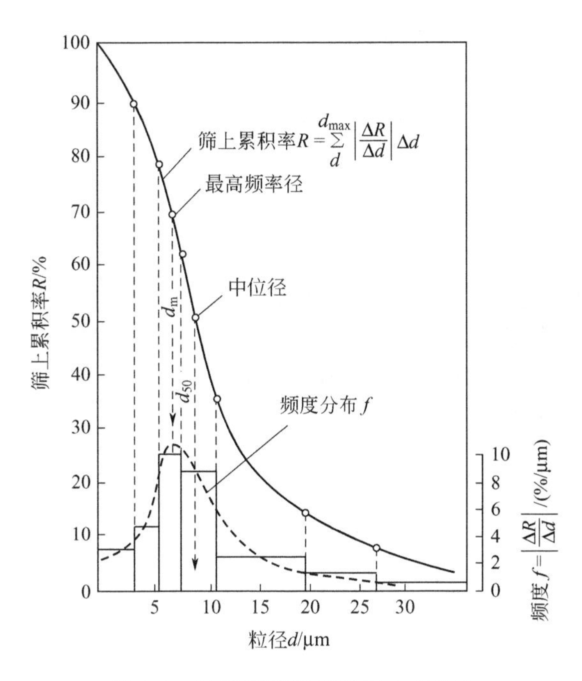


图 1-8　粒径频度和累积筛上率分布

2）频率分布 $f$　指粉尘中某粒径的粒子质量（或个数）占其试样总质量（或个数）的百分数，单位为%/μm。

$$f=\Delta R/\Delta d \tag{1-12}$$

3）筛上累积（率）分布 $R$　指大于某一粒径 $d$ 的所有粒子质量（或个数）占粉尘试样总质量（或个数）的百分数，即：

$$R=\sum_{d}^{d_{\max}}\left|\frac{\Delta R}{\Delta d}\right|\Delta d \quad \text{或者} \tag{1-13}$$

$$R=\int_{d}^{d_{\max}} f\,\mathrm{d}d=\int_{x}^{\infty} f\,\mathrm{d}d \tag{1-14}$$

反之，将小于某一粒径 $d$ 的所有粒子质量或个数占粉尘试样总质量（或个数）的百分数称为筛下累积分布，因而有：

$$D=100-R \tag{1-15}$$

图 1-8 中有关数据见表 1-10。

**表 1-10　粒径分布列表举例**

| 粒径范围/μm | 0　3.5 | 5.5 | 7.5 | 10.8 | 19.0 | 27.0 | 43.0 |
|---|---|---|---|---|---|---|---|
| 粒径幅度 $\Delta d$/μm | 3.5 | 2 | 2 | 3.3 | 8.2 | 8 | 16 |
| 频数 $\Delta R$(实测值)/% | 10 | 9 | 20 | 28 | 19 | 8 | 6 |
| 频度 $f=\frac{\Delta R}{\Delta d}$ | 2.86 | 4.5 | 10 | 8.5 | 2.3 | 1 | 0.38 |
| 筛下累积率 $D$/% | 0　10 | 19 | 39 | 67 | 86 | 94 | 100 |
| 筛上累积率 $R$/% | 100　90 | 81 | 61 | 33 | 14 | 6 | 0 |
| 平均粒径 $d$/μm | 1.75 | 4.50 | 6.50 | 9.15 | 14.9 | 23 | 35 |

（2）函数表示法

1）正态分布式

$$f(d_p)=\frac{100}{\sigma\sqrt{2\pi}}\exp\left[-\frac{1}{2}\frac{(d_p-\overline{d}_p)^2}{\sigma^2}\right] \tag{1-16}$$

$$R=\frac{100}{\sigma\sqrt{2\pi}}\int_{d_p}^{d_p^{max}}\exp\left[-\frac{(d_p-\overline{d}_p)^2}{2\sigma^2}\right]\mathrm{d}d_p \tag{1-17}$$

$$\sigma^2=\frac{\sum(d_p-\overline{d}_p)^2}{N-1} \tag{1-18}$$

式中，$\overline{d}_p$ 为尘粒直径的算术平均值；$\sigma$ 为标准偏差；$N$ 为尘粒个数。

这是最简单的一种分布形式，特点是对称于粒径的算术平均直径，其与中位径、最大频率径相吻合。但实测结果表明，通风除尘技术所遇到的粉尘，是细粒成分多，并不完全符合正态分布式，而是更适合对数正态分布式或罗氏分布式。

2）对数正态分布式

$$f(d_p)=\frac{100}{\sigma_g\sqrt{2\pi}}\exp\left[-\frac{1}{2}\left(\frac{d_p-\lg\overline{d}_g}{\sigma_g}\right)^2\right] \tag{1-19}$$

$$\sigma_g^2=\frac{\sum(\lg d_p-\lg\overline{d}_p)^2}{N-1} \tag{1-20}$$

式中，$\overline{d}_p$ 为尘粒直径的几何平均值；$\sigma_g$ 为几何标准偏差，它表示分布曲线的形状（$\sigma_g$ 越大，则粒径分布越分散；相反，$\sigma_g$ 越小，粒径分布越集中）。

用累积筛余率 $R$ 表示该种分布关系为：

$$R=100\int\frac{1}{\sqrt{2\pi}\lg\sigma_g}e^{\frac{(\lg d-\lg d_{50})^2}{2(\lg\sigma_g)^2}}\mathrm{d}(\lg d) \tag{1-21}$$

3）罗辛-拉姆勒分布式

$$f(d_p)=100nbd_p^{n-1}\exp(-bd_p^n) \tag{1-22}$$

或按累积筛余率表示为：

$$R=100\exp(-bd_p^n) \tag{1-23}$$

式中，$b$ 为常数，表示粒径范围（粗粒）相关值，其值越大，颗粒越细；$n$ 为常数，亦叫分布指数，其值越大，分布域越窄。

该分布式主要针对机械研磨过程中产生的粉尘而用，自 1933 年德国的罗辛等归纳提出后至今，应用相继扩大，尤其在德国和日本等国应用较普遍。

为了方便，以上 3 种分布式都可在与各自分布函数相对应的特制概率纸（即正态概率纸、对数正态概率纸和 R-R 坐标纸）上表示。如果粉尘的粒径分布服从这种分布方式，其累积筛上率 $R$ 或累积筛下率 $D$ 在坐标纸上即呈直线。

（3）工业粉尘粒径分布实例　表 1-11 是从资料中择取的一些工业粉尘的粒径分布实例。由几个特征值即可知其粒径粗细和分布集中程度。

**表 1-11　几种工业粉尘粒径分布特性**

| 粉尘发尘源 | | 中位径 $d_{50}$/μm | 粒径为 10μm 时筛下累积率 $D_{10}$/% | 粒径分布指数 $n$ |
|---|---|---|---|---|
| 炼钢电炉 | 吹氧期 | 0.11 | 100 | 0.50 |
| | 熔化期 | 2.00 | 88 | 0.7～3.0 |
| 重油燃烧烟尘 | | 12.5 | 32～63 | 1.86 |
| 粉煤燃烧烟尘 | | 13～40 | 5～40 | 1～2 |
| 化铁炉(铸造厂) | | 17 | 25 | 1.75 |
| 研磨粉尘(铸造厂) | | 40 | 11 | 7.25 |

## 三、粉尘的密度

由于粉尘与粉尘之间有许多空隙，有些颗粒本身还有孔隙，所以粉尘的密度有如下几种表述方法。

**1. 真密度**

这是不考虑粉尘颗粒与颗粒间空隙的颗粒本身实有的密度。若颗粒本身是多孔性物质，则它的密度还分为2种：①考虑颗粒本身孔隙在内的颗粒物质，在抽真空的条件下测得密度，称为真密度，见表1-12；②包含颗粒本身空隙在内的单个颗粒的密度，称为颗粒密度，一般用比重瓶法测得，又称为视密度。无孔隙颗粒的真密度和颗粒密度是一样的。

**2. 堆积密度**

粉尘的颗粒与颗粒间有许多空隙，在粒群自然堆积时，单位体积的质量就是堆积密度，计算粉尘堆积容积时都用它。

由于测定方法不同，堆积密度又分为：①充气密度，将已知质量的颗粒装入量筒内，颠倒摇动之，再使筒直立，待颗粒刚刚全部落下的读取其体积而算得的密度；②若颗粒全部落下后再静止2min，读其体积，此时算得的密度为沉降密度或自由堆积密度；③若加以振动，使颗粒相互压实，读其体积，此时算得的为压紧密度。表1-12为主要工业粉尘的密度。

**表1-12　主要工业粉尘的密度**　　单位：$g/cm^3$

| 粉尘名称 | 真密度 | 堆积密度 | 粉尘名称 | 真密度 | 堆积密度 |
|---|---|---|---|---|---|
| 滑石粉 | 0.75 | 0.59～0.71 | 飞灰 | 2.2 | 1.07 |
| 炭黑 | 1.9 | 0.025 | 硫化矿烧结炉尘 | 4.17 | 0.53 |
| 重油锅炉尘 | 1.98 | 0.20 | 烟道粉尘 | 4.88 | 1.11～1.25 |
| 石墨 | 2 | 0.3 | 电炉尘 | 4.5 | 0.6～1.5 |
| 化铁炉尘 | 2.0 | 0.80 | 水泥原料尘 | 2.76 | 0.29 |
| 煤粉锅炉尘 | 2.1 | 0.52 | 硅酸盐水泥 | 3.12 | 1.5 |
| 造纸黑液炉尘 | 3.11 | 0.13 | 黄铁熔解炉尘 | 4～8 | 0.25～1.2 |
| 水泥干燥窑尘 | 3.0 | 0.60 | 铅熔炼炉尘 | 5.0 | 0.50 |
| 造塑黏土 | 2.47 | 0.72～0.8 | 转炉尘 | 5.0 | 0.7 |

**3. 假密度（或称有效密度）**

假密度是粉尘颗粒质量与它所占体积之比。这个体积包括颗粒内闭孔、气泡、非均匀性等。光滑、单一的以及初始状颗粒所具有的假密度实际上与真密度视为一致。因为在测量颗粒体积时很难把颗粒内闭孔及气泡等排除。而且，对一般机械破碎过程中产生的粉尘，其颗粒常是没有内闭孔的。具有凝聚和黏结性的初始粉尘颗粒的假密度与真密度的比值下降。这些粉尘如烟尘飞灰、炭黑、金属氧化物等，其真密度要比假密度大，比其堆积密度值可能大几倍。

**4. 真密度与堆积密度的关系**

在研究尘粒运动和粉尘物理性能测试中最常用的是粉尘的真密度。真密度$\rho_p$与堆积密度$\rho_b$之间的关系取决于粉尘堆放体积中的空隙率$\varepsilon$（空隙所占的比值，%）。

$$\rho_b=\rho_p(1-\varepsilon) \tag{1-24}$$

可见，空隙率$\varepsilon$越大，堆积密度$\rho_b$越小。对一种粉尘来说$\rho_p$是一定的，$\rho_b$则是随着$\varepsilon$而变化的。

## 四、粉尘的流动和摩擦性质

尘粒的集合体在受外力时，尘粒之间发生相对位置移动，近似于流体运动的特性。粉尘粒子的大小、形状、表面特征、含湿量等因素影响粉料的流动性，由于影响因素多，一般通过试验评定粉料的流动性能。粉料自由堆置时，料面与水平面间的交角称为安息角，安息角的大小在一定程度上能说明粉料的流动性能。粉尘的流动特性与摩擦性有关。

**1. 安息角（堆积角、休止角）**

粉尘自漏斗连续落到水平板上，自然堆积成为圆锥体。圆锥体母线与水平面的夹角就称为粉尘的安息角 $\alpha$，表示颗粒间的相互摩擦性能。安息角越大，表示粉尘的流动性越差。主要粉尘颗粒的安息角见表 1-13。

表 1-13 主要粉尘颗粒的安息角

| 种类 | 粉尘颗粒 | 安息角/(°) | 种类 | 粉尘颗粒 | 安息角/(°) |
|---|---|---|---|---|---|
| 金属矿山岩石 | 石灰石(粗粒) | 25 | 金属矿山岩石 | 硅石(粉碎) | 32 |
| | 石灰石(粉碎物) | 47 | | 页岩 | 39 |
| | 沥青煤(干燥) | 29 | | 砂粒(球形) | 30 |
| | 沥青煤(湿) | 40 | | 砂粒(破碎) | 40 |
| | 沥青煤(含水多) | 33 | | 铁矿石 | 40 |
| | 无烟煤(粉碎) | 22 | | 铁粉 | 40～42 |
| | 土(室内干燥)、河沙 | 35 | | 云母 | 36 |
| | 砂子(粗粒) | 30 | | 钢球 | 33～37 |
| | 砂子(微粒) | 32～37 | | 锌矿石 | 38 |
| 化学 | 氧化铝 | 22～34 | 化学 | 焦炭 | 28～34 |
| | 氢氧化铝 | 34 | | 木炭 | 35 |
| | 铝矾土 | 35 | | 硫酸铜 | 31 |
| | 硫铵 | 45 | | 石膏 | 45 |
| | 飘尘 | 40～42 | | 氧化铁 | 40 |
| | 生石灰 | 43 | | 高岭土 | 35～45 |
| | 石墨(粉碎) | 21 | | 硫酸铅 | 45 |
| | 水泥 | 33～39 | | 磷酸钙 | 30 |
| | 黏土 | 35～45 | | 磷酸钠 | 20 |
| 化学 | 氧化锰 | 39 | 化学 | 硫酸钠 | 31 |
| | 离子交换树脂 | 29 | | 硫 | 32～45 |
| | 岩盐 | 25 | | 氧化锌 | 45 |
| | 炉屑(粉碎) | 25 | | 白云石 | 41 |
| | 石板 | 28～35 | | 玻璃 | 26～32 |
| | 碱灰 | 22～37 | | | |
| 有机 | 棉花种子 | 29 | 有机 | 大豆 | 27 |
| | 米 | 20 | | 肥皂 | 30 |
| | 废橡胶 | 35 | | 小麦 | 23 |
| | 锯屑(木粉) | 45 | | | |

(1) 粉尘的运动安息角　运动安息角是指粉尘从漏斗状开口处落到水平面上自然堆积成一个圆锥体时，圆锥体母线与水平面之间的夹角，又称注入角。一般粉尘的运动安息角为35°～55°，如图 1-9(a) 所示。

(2) 粉尘的静止安息角　静止安息角是将粉尘安置于光滑的平板上，使该板倾斜到粉尘能沿直线滑下的角度，又称排出角。一般粉尘的静止安息角为 45°～55°，如图 1-9(b) 所示。

安息角是粉尘的动力特性之一，它与粉尘的种类、粒径、形状和含水率等因素有关。以 $\alpha$

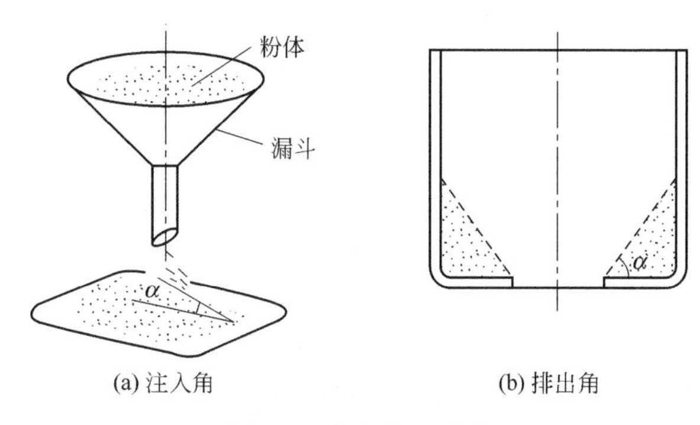


图 1-9　安息角 α 示意

为指标，粉尘的流动性分为 3 级：①α 小于 30°的粉尘，其流动性好；②α 为 30°～45°的粉尘，其流动性中等；③α 大于 45°的粉尘，流动性差。

粉尘的安息角大小对设计除尘器灰斗的角度具有重要意义。通常都把灰斗的角度设计为比粉尘的安息角小 3°～5°。

**2. 内摩擦角**

在容器内，容器底部孔口下流动粉尘与堆积粉尘之间形成的平衡角称为内摩擦角，也是孔口上方一圈停滞不动的粉尘的边缘与水平面所形成的夹角，它往往要大于安息角。松堆粉料的摩擦系数见表 1-14。粉尘颗粒间摩擦系数大，形成的内摩擦角也大。

**表 1-14　松堆粉料的摩擦系数**

| 粉料 | 摩擦系数 | |
|---|---|---|
| | 颗粒间 | 颗粒对钢 |
| 硫黄粉 | 0.8 | 0.625 |
| 氧化镁 | 0.49 | 0.37 |
| 磷酸盐粉 | 0.52 | 0.48 |
| 氯化钙 | 0.63 | 0.58 |
| 萘粉 | 0.725 | 0.6 |
| 无水碳酸钠 | 0.875 | 0.675 |
| 细氯化钠 | 0.725 | 0.625 |
| 尿素粉末 | 0.825 | 0.56 |
| 过磷酸钙(颗粒) | 0.64 | 0.46 |
| 过磷酸钙(粉末) | 0.71 | 0.7 |
| 硝酸磷酸钙(颗粒) | 0.55 | 0.4 |
| 水杨酸(粉末) | 0.95 | 0.78 |
| 水泥 | 0.5 | 0.45 |
| 白垩粉 | 0.81 | 0.76 |
| 细砂 | 1.0 | 0.58 |
| 细煤粉 | 0.67 | 0.47 |
| 锅炉飞灰 | 0.52 | — |
| 干黏土 | 0.9 | 0.57 |

**3. 滑动角**

粉尘在倾斜的光滑平面上开始滑动的最小倾斜角，称为滑动角，可用 $\varphi_s$ 表示。它表示粉尘与固体壁面间的摩擦性能。对于非黏性的粉尘，一般它要小于安息角。这个角在设计灰斗、溜槽及气力输送系统中很重要。为了使粉尘可自由流动，必须要求灰斗底部设计成圆锥状或方锥体，且其锥顶角要小于 $180°-2\varphi_s$；气力输送管线与铅垂线之间的夹角也要小于 $190°-\varphi_s$。

**4. 磨损性**

粉尘对器壁的磨损问题是很重要的，这种磨损有以下 2 类。

（1）粒子直接冲击器壁所引起的磨损　此时粒子以 90°直冲器壁时最为严重，对硬度高的金属尤为严重。这类磨损是由粒子冲击金属使其产生渐次变形而引起的，所以适宜采用韧性好的钢材。

（2）粒子与器壁摩擦所引起的磨损　以 30°冲角冲击器壁时最为严重，30°～50°次之，冲角 75°～85°时就没有这类磨损了，这是一种微切割作用，所以以用硬度高的材料为宜。

一般粗尘以后者为主，而细粒尘则前者占相当比例。此外，尘粒与器壁材料的硬度差别也很重要，尘粒比钢较软时磨损不严重；当尘粒的硬度是钢的 1.1～1.6 倍时磨损最严重。

粉尘的磨损性还与其速度的 2～3 次方成正比。气流中粉尘浓度大，对器壁（如管道）的磨损性也大。

在设计除尘管道时，除考虑粉尘不沉积外，还必须考虑其摩擦，对摩擦系数大的粉尘，应适当降低管内流速，并在弯头处增加管道的耐磨层，做成耐磨弯头。

## 五、粉尘的黏着性

尘粒之间由于相互的黏着性而形成团聚，这是有利于分离的。颗粒与器壁间也会产生黏着效应，这对除尘器设计十分重要。

尘粒有黏附于其他粒子和其他物质表面的特性，附着力有 3 种，即范德华力、静电力和毛细黏附的表面张力。微米级尘粒的附着力远大于重力，粒径 10μm 的粉尘在滤布上附着力可达自重的 1000 倍。当悬浮尘粒相互接近时彼此吸附聚集成大颗粒；当悬浮微粒接近其他物体时即会附着于其表面，必须有一定的外加力才能使其脱离。集合的粉尘体之间亦存在粉尘间的吸附力，一般称为粉尘的黏性力，若需要将集合的粉尘沉积物剥离，必须施加拉断力。

**1. 分子力**

这是作用在分子间或原子间的作用力，也称为范德华力；范德华力使尘粒表面有吸附气体、蒸汽和液体的能力。粉尘颗粒越细，比表面积越大，单位质量粉尘表面吸附的气体和蒸汽的量越多。单位质量粉尘粒子表面吸附水蒸气量可衡量粉尘的吸湿性。当液滴与尘粒表面接触，除存在液滴与尘粒表面的吸附力外，液滴尚存在自身的凝聚力，两种力量平衡时，液滴表面与尘粒表面间形成湿润角，表征尘粒的湿润性能。湿润角越小，粉尘湿润性越好；反之，说明粉尘湿润性差。分子力实际上是一种吸附力。球体与平面间的分子力可表达为：

$$F_{vdw}=\frac{h_w}{16\pi L^2}d_D \tag{1-25}$$

式中，$F_{vdw}$为球体和平面间的分子力，N；$h_w$为范德华常数［对于金属半导体，$h_w=(3.2\sim17.6)\times10^{-19}$J；对于塑料，$h_w=0.96\times10^{-19}$J；对于不同物体，$h_w=\sqrt{h_{w1}h_{w2}}$］；$D_D$为球体粉尘直径，m（对于非球体，此值用两物接触点的粗糙度半径 $r$ 代替）；$L$ 为两黏着体间距离，μm，一般可取 $4\times10^{-4}$μm，当 $L>0.01$μm 时，这种黏着力可忽略不计。

例如 10μm 石英砂及石灰石颗粒黏着在塑料纤维上的力分别约为：

$$F_{vdw}=6\times10^{-9}\text{N}(r'=0.5\mu\text{m}) \tag{1-26}$$

$$F_{vdw}=1.194\times10^{-9}\text{N}(r'=0.1\mu\text{m}) \tag{1-27}$$

**2. 毛细黏附力**

粉尘颗粒含有水分时，互相吸着的颗粒间由于毛细管作用而生成“液桥”，产生使颗粒互相黏着的力，一般可表达为：

$$F_k = 2\pi\gamma d_D \tag{1-28}$$

式中，$F_k$ 为毛细黏附力，N；$\gamma$ 为水的表面张力，N/m，一般为 0.072N/m；$d_D$ 为粉尘直径，μm。对于 $d_D=1\mu m$ 的颗粒，$F_k=4.5\times10^{-7}N$。

**3. 库仑力**

这是颗粒荷电后产生的静电力，它可表达为：

$$F_c = \frac{Q_1 Q_2}{4\pi\varepsilon_0 \varepsilon_r L^2} \tag{1-29}$$

式中，$Q_1$、$Q_2$ 为两颗粒的电荷，C；$\varepsilon_0$ 为真空介电常数；$\varepsilon_r$ 为在某介质内的相对介电常数；$L$ 为两颗粒间的距离，μm。

在电场中，静电力是主要的；而无外加电场时，$F_c$ 远小于分子力，可忽略不计。

烟尘的黏结性和烟尘的含水率、温度、粒度、几何形状、化学成分等有关。烟尘黏结性的强弱可用黏结力表示。从微观上看，黏结力包括分子力、毛细黏结力和静电力，其中毛细黏结力起主导作用。烟尘黏结性分类见表 1-15。

**表 1-15　烟尘黏结性分类**

| 分类 | 黏结性 | 黏结强度/Pa | 烟尘名称 |
|---|---|---|---|
| 一类 | 无黏结性 | 0～60 | 干矿渣粉、干石英粉、干黏土 |
| 二类 | 微黏结性 | 60～300 | 未燃烧完全的飞灰、焦炭粉、干镁粉、页岩灰、干滑石粉、高炉灰、炉料粉 |
| 三类 | 中等黏结性 | 300～600 | 完全燃烧的飞灰、泥煤粉、湿镁粉、金属粉、黄铁矿粉、氧化锌、氧化铅、氧化锡、干水泥、炭黑、干牛奶粉、面粉、锯末 |
| 四类 | 强黏结性 | 大于 600 | 潮湿空气中的水泥、石膏粉、雪花石膏粉、熟料灰、含钠盐、纤维尘(石棉、棉纤维、毛纤维) |

粉尘的黏结性直接影响管道、冷却器和除尘器的堵塞和结垢情况，所以遇有黏结性大的粉尘，必须考虑相应的技术措施，避免堵塞和结垢的发生。使用袋式除尘器处理黏结性强的粉尘，应适当增加清灰次数和清灰强度，避免滤袋黏附粉尘。灰斗上的振打电动机也应功率稍大一些，使粉尘不至于在灰斗下料口搭桥堵塞。

烟尘黏结性强，易使电除尘器内壁黏结而堵塞，极板和极线上烟尘不易清掉，造成反电晕和电晕闭锁现象，影响除尘效率，在电除尘器设计、运行管理中均采取相应对策。

## 六、粉尘的荷电性质

由于天然辐射、离子或电子附着、尘粒之间或粉尘与物体之间的摩擦，使尘粒带有电荷。其带电量和电荷极性（负或正）与工艺过程的环境条件、粉尘化学成分及其接触物质的介电常数等有关。尘粒在高压电晕电场中，依靠电子和离子碰撞或离子扩散作用使尘粒得到充分的荷电。当温度低时，电流流经尘粒表面，称为表面导电；温度高时，尘粒表面吸附的湿蒸汽或气体减少，施加电压后电流多在粉尘粒子体中传递，称为体积导电。粉尘成分、粒度、表面状况等决定粉尘的导电性。

**1. 粉尘的荷电性**

粒子与粒子间的摩擦、粒子与器壁间的摩擦都可能使粒子获得静电荷。在气体电离化的电场内，粒子会从气体离子上获得电荷，较大粒子是与气体离子碰撞而得电荷，微小粒子则由于扩散而获电荷。粒子的电荷性对纤维层过滤及静电除尘是很重要的。

对于大于 1μm 的粉尘，在气体电离化的电场内可获得的平衡电荷为：

$$Q_n=\pi\varepsilon_0\left[1+2\left(\frac{\varepsilon_r-1}{\varepsilon_r-2}\right)\right]E_r d_D^2 \tag{1-30}$$

$$\frac{\varepsilon_r-1}{\varepsilon_r+2}=A\rho_0 \tag{1-31}$$

式中，$Q_n$ 为平衡电荷，C（1 基本电荷 $e=1.6\times10^{-14}$C）；$E_r$ 为电场强度，V/m；$d_D$ 为粒子直径，m；$\varepsilon_0$ 为空间比诱导电荷，即真空介电常数，$\varepsilon_0=10^7/4\pi c^2$，其中 $c$ 为光速，为 $2.9976\times10^8$m/s；$\varepsilon_0$ 为在某介质内的相对介电常数；$A$ 为系数，对于空气，$A=1.5312\times10^{-4}\text{m}^3/\text{kg}$；$\rho_0$ 为颗粒的密度，$\text{kg/m}^3$。

**2. 粉尘的比电阻**

粉尘的电阻包括粉尘颗粒本身的容积比电阻和颗粒表面因吸收水分等形成的表面电阻，用电阻率来表示。因为它是一种表现为可以互相对比的电阻，故称比电阻。或者说，每平方厘米面积上高度为 1cm 的粉尘料柱，沿高度方向测得的电阻值，称为粉尘的比电阻，单位为 Ω·cm。粉尘比电阻的表达式为：

$$\rho_t=\frac{\Delta V}{I}\times\frac{S}{\delta} \tag{1-32}$$

式中，$\rho_t$ 为电阻率（比电阻），Ω·cm；$\Delta V$ 为粉尘层电压降，V；$I$ 为通过粉尘层电流，A；$S$ 为粉尘层表面积，$\text{cm}^2$；$\delta$ 为粉尘层厚度，cm。

常见工业粉尘的比电阻见表 1-16，一般通过试验求得。

**表 1-16 常见工业粉尘的比电阻**

| 粉尘种类 | 温度/℃ | 相对湿度/% | 比电阻/(Ω·cm) |
|---|---|---|---|
| 水泥窑尘 | 120～180 | | $5\times10^9$～$5\times10^{10}$ |
| 水泥磨和烘干机尘 | 60<br>95 | 10<br>10 | $10^{12}$<br>$10^{13}$ |
| 铜焙烧烟尘 | 144<br>250 | 22 | $2\times10^9$<br>$1\times10^8$ |
| 铅烧结机烟尘 | 144<br>52<br>40 | 10<br>9<br>7.5 | $1\times10^{12}$<br>$2\times10^{10}$<br>$1\times10^6$ |
| 铅鼓风炉烟尘 | 204<br>149 | 5<br>5 | $4\times10^{12}$<br>$2\times10^{13}$ |
| 含锌渣烟化炉烟尘 | 204<br>149 | 1.3<br>1.3 | $4\times10^9$<br>$2\times10^{10}$ |
| 回转窑氧化锌烟尘 | 20<br>65.5<br>121<br>177<br>232 | | $3\times10^{10}$<br>$8\times10^9$<br>$6\times10^9$<br>$5\times10^8$<br>$1\times10^8$ |

| 粉尘种类 | | 温度/℃ | 相对湿度/% | 比电阻/(Ω·cm) |
|---|---|---|---|---|
| 回转窑氧化铝抽尘 | | 20<br>65.5<br>121<br>177<br>232 | — | $3\times10^8$<br>$3\times10^{11}$<br>$2\times10^{12}$<br>$5\times10^{10}$<br>$8\times10^8$ |
| 烧结机粉尘 | | 烘干 | | $1.3\times10^{10}$ |
| 高炉粉尘 | | 未烘干 | | $(2.2～3.40)\times10^8$ |
| 转炉粉尘 | | 烘干 | | $2.18\times10^{11}$ |
| 白云石粉尘 | | 150 | | $4\times10^{12}$ |
| 石灰石粉尘 | | 130 | | $5\times10^{12}$ |
| 菱镁矿、镁砖、镁砂粉尘 | | 160 | | $3\times10^{13}$ |
| 氧化镁粉尘 | | 180 | | $3\times10^{12}$ |
| 铝电解粉尘 | | 77 | 1～2 | $1\times10^9$ |
| 飞灰 | A | 21 | | $8\times10^5$ |
| | B | | | $3\times10^8$ |
| | C | | | $2\times10^{10}$ |
| 石灰 | | 121<br>177 | | $1\times10^{11}$<br>$3\times10^{11}$ |

## 七、粉尘的湿润性

液体对粉尘颗粒的湿润程度取决于液体分子对颗粒表面的作用。在固-液-气三相交界处的表面张力作用如图 1-10 所示，交界点 $A$ 处的作用力达到平衡时，其表达式为：

$$\gamma_{al}\cos\theta+\gamma_{sl}=\gamma_{sa} \text{或} \cos\theta=\frac{\gamma_{sa}-\gamma_{sl}}{\gamma_{la}}$$

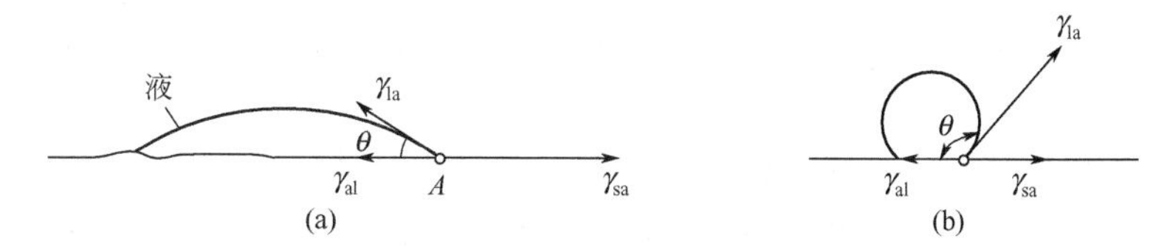


图 1-10　在固-液-气三相交界处的表面张力作用

上式中，$\theta$ 角越小，被湿润的固体表面就越大，亦即表面张力 $\gamma_{sl}$ 越小的液体，对颗粒越易湿润。几种典型液体的表面张力见表 1-17。

**表 1-17　几种典型液体的表面张力**

| 液体 | 水(18℃) | 水(100℃) | 煤油(18℃) | 水银(20℃) | 酒精(20℃) |
|---|---|---|---|---|---|
| 表面张力 $\gamma$/(N/m) | 73.5 | 58 | 22.5 | 472 | 16.5 |

不同的固体表面对同一液体的亲和程度不同，如汞-金属的 $\theta=145°$，汞-玻璃的 $\theta=140°$，水-石蜡的 $\theta=105°$，而水-玻璃的 $\theta$ 接近于 0。当 $\theta=0°\sim90°$时，为可湿润；$\theta>90°$，为憎水性。

(1) 粉尘湿润性的影响因素　粉尘的湿润性与粉尘的种类、粒径、形状、生成条件、组分、温度、含水率、表面粗糙度及荷电性等性质有关。例如，水对飞灰的湿润性要比对滑石粉好得多；球形颗粒的湿润性要比形状不规则、表面粗糙的颗粒差。粉尘越细，湿润性越差，如石英的湿润性虽好，但粉碎成粉末后湿润性将大为降低。粉尘的湿润性随压力的增大而增大，随温度的升高而下降。粉尘的湿润性还与液体的表面张力及尘粒与液体之间的黏附力和接触方式有关。例如，酒精、煤油的表面张力小，对粉尘的湿润性就比水好；某些细粉尘，特别是粒径在 1μm 以下的粉尘，很难被水湿润，是由于尘粒与水滴表面均存在一层气膜，只有在尘粒与水滴之间具有较高相对运动速度的条件下水滴冲破这层气膜，才能使之相互附着凝并。

(2) 粉尘湿润性的表示方法　粉尘的湿润性可以用液体对试管中粉尘的湿润速度来表示，通常取湿润时间为 20min，测出此时的湿润长度 $L_{20}$(mm)，并以 $v_{20}$(mm/min) 作为评定粉尘湿润性的指标：

$$v_{20}=\frac{L_{20}}{20} \tag{1-33}$$

(3) 粉尘湿润性的分类　按粉尘湿润性的指标评定，可将粉尘分为 4 类，如表 1-18 所列。

**表 1-18　粉尘对水的湿润性**

| 粉尘类型 | Ⅰ | Ⅱ | Ⅲ | Ⅳ |
|---|---|---|---|---|
| 湿润性 | 绝对憎水 | 憎水 | 中等亲水 | 强亲水 |
| $v_{20}$/(mm/min) | $<0.5$ | $0.5\sim2.5$ | $2.5\sim8.0$ | $>8.0$ |
| 粉尘举例 | 石蜡、聚四氟乙烯、沥青 | 石墨、煤、硫 | 玻璃微球、石英 | 锅炉飞灰、钙 |

粉尘的湿润性和吸湿性是选择除尘方式的依据之一。

对于湿润性好的亲水性粉尘（如水泥、石灰、锅炉飞灰、石英粉尘等）可选用湿式洗涤除尘。对于湿润性差的疏水性粉尘（如石墨、煤粉、石蜡等），可在水中加入某种湿润剂（如皂角素等），以增加粉尘的亲水性，或选用干式除尘器。

## 八、粉尘的自燃性和爆炸性

**1. 粉尘的自燃性**

粉尘的自燃是指粉尘在常温下存放过程中自然发热，此热量经长时间的积累并达到该粉尘的燃点从而引起燃烧的现象。粉尘自燃的原因在于自然发热，并且产热速率超过物系的排热速率，使物系热量不断积累。

（1）可燃性粉尘的分类　可燃性粉尘按其自燃温度的不同可分成以下两大类：第一类，粉尘的自燃温度高于周围环境的温度，因而只能在加热时才能引起燃烧；第二类，粉尘的自燃温度低于周围环境的温度，可在不加热时引起燃烧，这种粉尘造成的火灾危险性最大。

悬浮于空气中的粉尘，其自燃温度比堆积的粉尘的自燃温度要高很多。因为悬浮于空气中的粉尘的浓度不高，只有当周围空气温度很高时，氧化反应的产热速率才能超过放热速率。

（2）可燃性物质自燃的诱发原因　根据可燃性物质自燃的诱发原因，可将其分为以下三类。

第一类：在空气作用下自燃的物质，如褐煤、煤炭、机采泥煤、炭黑、干草、锯末、亚硫酸铁粉、胶木粉、锌粉、铝粉、黄磷等，自燃的原因主要是其在低温下氧化产热。

第二类：在水的作用下自燃的物质，如钾、钠、碳化钙、碱金属碳化物、二磷化三钙、磷化三钠、硫代硫酸钠、生石灰等。上述大部分物质（碱金属——钾、钠等，氢化钾、氢化钠、氧化钙等）在与水作用时会散发出氢和大量热，结果氢会自燃，并与金属共同燃烧。

第三类：互相之间混合时产生自燃的物质，这类物质有各种氧化剂，如硝酸分解时散发出氢，可能引起焦油、亚麻及其他有机物的自燃。

各种粉尘的自燃温度相差很大。某些粉尘的自燃温度较低，如黄磷、还原铁粉、还原镍粉、烷基铝等，由于它们与空气反应的活化能极小，所以在常温下暴露于空气中就可能直接起火。

影响粉尘自燃的因素除了粉尘本身的结构和物理化学性质外，还有粉尘的存在状态和环境。处于悬浮状态的粉尘的自燃温度要比堆积状态粉体的自燃温度高很多。悬浮粉尘的粒径越小，比表面积越大，浓度越高，越易自燃。堆积粉体较松散，环境温度较低，通风良好，就不易自燃。

**2. 粉尘的爆炸性**

由可燃粉尘与空气（或氧气）组成的可燃混合物；在某一浓度范围内，当存在引火源时将引起化学爆炸。这一浓度范围称为爆炸浓度极限，其中可燃混合物的最低爆炸浓度称为爆炸浓度下限，最高爆炸浓度称为爆炸浓度上限。可燃粉尘浓度处于上下限浓度之间时，都属于有爆炸危险的粉尘。在可燃粉尘浓度低于爆炸下限或高于爆炸上限时，均无爆炸危险。粉尘的爆炸浓度上限由于浓度值过大（如糖粉的爆炸上限浓度为 13.5kg/$m^3$），在多数场合下都达不到，故无实际意义。粉尘的爆炸浓度极限值对一定的可燃混合物系统来说是固定的特性值，表1-19为几种粉尘的爆炸特性。

在有些情况下，粉尘的爆炸浓度下限非常高，以致仅在生产设备、管道及除尘器内才能达到。在气力输送中可能达到粉尘的爆炸浓度上限。

（1）粉尘爆炸的形成　在封闭空间内可燃性悬浮粉尘的燃烧会导致化学爆炸，但它只是在一定的浓度范围内才能发生爆炸，这一浓度称为爆炸的浓度极限。能发生爆炸的粉尘最低浓度和最高浓度称为爆炸的下限和上限。处于上下限浓度之间的粉尘都属于有爆炸危险的粉尘，在封闭容器内，低于爆炸浓度下限或高于爆炸浓度上限的粉尘，都属于安全的粉尘。

（2）粉尘爆炸性及火灾危险性的分类　根据粉尘爆炸性及火灾危险性，可将其分成以下4类。

表 1-19　几种粉尘的爆炸特性

| 粉尘种类 | 悬浮粉尘的燃点/℃ | 最小点火能/mJ | 爆炸下限/($g/m^3$) | 最大爆炸压力/MPa | 压力上升速度/(MPa/s) | | 临界氧气浓度/% | 容许最大氧气浓度/% |
|---|---|---|---|---|---|---|---|---|
| | | | | | 平均 | 最大 | | |
| 镁 | 520 | 20 | 20 | 0.49 | 30.2 | 32.7 | * | — |
| 铝 | 645 | 20 | 35 | 0.61 | 14.8 | 39.1 | * | — |
| 硅 | 775 | 900 | 160 | 0.42 | 3.1 | 8.2 | 15 | — |
| 铁 | 316 | <100 | 120 | 0.24 | 1.6 | 2.9 | 10 | — |
| 聚乙烯 | 450 | 80 | 25 | 0.57 | 2.8 | 8.5 | 15 | 8 |
| 乙烯 | 550 | 160 | 40 | 0.33 | 1.6 | 3.3 | — | 11 |
| 尿素 | 450 | 80 | 75 | 0.43 | 4.9 | 12.4 | 17 | 9 |
| 棉绒 | 470 | 25 | 50 | 0.46 | 6.0 | 20.5 | — | — |
| 玉米粉 | 470 | 40 | 45 | 0.49 | 7.3 | 14.8 | — | — |
| 大豆 | 560 | 100 | 40 | 0.45 | 5.5 | 16.9 | 17 | — |
| 小麦 | 470 | 160 | 60 | 0.40 | — | — | — | — |
| 砂糖 | 410 | — | 19 | 0.38 | — | — | — | — |
| 硬质橡胶 | 350 | 50 | 25 | 0.39 | 5.9 | 23.0 | 15 | — |
| 肥皂 | 430 | 60 | 45 | 0.41 | 4.5 | 8.9 | — | — |
| 硫黄 | 190 | 15 | 35 | 0.28 | 4.8 | 13.4 | 11 | — |
| 沥青煤 | 610 | 40 | 35 | 0.31 | 2.4 | 5.5 | 16 | — |
| 焦油沥青 | — | 80 | 80 | 0.33 | 2.4 | 4.4 | 15 | — |

注：* 表示在纯二氧化碳中能发火。

Ⅰ类：爆炸下限浓度小于 $15g/m^3$，是爆炸危险性最大的粉尘，这类粉尘有砂糖、泥煤、胶木粉、硫及松香等。

Ⅱ类：爆炸下限浓度为 $16\sim65g/m^3$，是具有爆炸危险的粉尘，这类粉尘有铝粉、亚麻、页岩、面粉、淀粉等。

Ⅲ类：自燃温度小于 250℃，爆炸的下限浓度大于 $65g/m^3$，是火灾危险性最大的粉尘，这类粉尘有烟草粉尘（250℃）等。

Ⅳ类：自燃温度大于 250℃，爆炸的下限浓度大于 $65g/m^3$，是有火灾危险的粉尘，这类粉尘有锯末（275℃）等。

（3）影响爆炸的因素　对可燃粉尘混合物来说，引起爆炸的难易和爆炸时的情况与粉尘的物理、化学性质及空气条件等因素有关。一般认为：①燃烧热越大的物质越容易爆炸，如煤尘、炭、硫黄等；②氧化速率越大的物质越容易爆炸，如镁、氧化亚铁、染料等；③悬浮性越大的粉尘越容易爆炸；④粒径越小的粉尘越容易爆炸，这是由于粒径越小，比表面积越大，化学活性越强，表面吸附的氧越多，因而爆炸浓度下限越低，所需最小点火能越小，并且最大爆炸压力和压力上升速度越高；⑤混合物中氧气浓度越高，则发火点越低，最大爆炸压力和压力上升速度越高，因而越容易爆炸且爆炸越剧烈；⑥越易带电的粉尘越易引起爆炸；⑦粉尘含水率越低、越干燥，越容易爆炸。

对于有爆炸危险和火灾危险的粉尘，在进行除尘系统设计时必须予以充分注意，并采取必要的防爆措施。

## 九、粉尘的光学特性

粉尘的光学特性包括粉尘对光的吸收、反射和透光程度等。在大气污染控制中，可以利用粉尘的光学特性来测定粉尘的浓度和粒径分布，还可以采用烟囱排放烟尘的透明度作为烟尘排放标准（林格曼黑度图）。

通过含尘气流的光强的减弱程度与粉尘的透明度和形状有关，但主要取决于粉尘颗粒的大小和浓度。粒径大于或小于光的波长，对光的反射和折射作用是不相同的。对于粒径为0.6～0.7$\mu$m的颗粒，反射光强$I$可按下式表示：

$$I=KC/d_p \tag{1-34}$$

式中，$K$为常数；$C$为粉尘的质量浓度，可用粉尘粒径$d_p$和单位体积中颗粒个数$n$表示成$C=\pi d_p^3\rho_p n/6$，则式(1-34)可写成：

$$I=K'nd_p^2 \tag{1-35}$$

式中，$K'$为与粉尘的特性有关的物理常数。

由式(1-35)可以看出，粉尘粒径对反射光强影响很大。实际上可以认为，当粉尘粒径大于1$\mu$m时，光线是由于直接反射而消失的，即光线的损失与反射面面积成正比。当粉尘浓度相同时，光强的反射值随粒径减小而增加。

含尘气流对光线的透明程度取决于含尘浓度的大小。当浓度为0.115g/m$^3$时，含尘气流基本上是透明的，可通过90%的光线，大约相当于窗玻璃的透明度。随着气流中含尘浓度的增加，透明度大大减弱。

当光线穿过含尘介质（气体或液体）时，由于尘粒对光的吸收和散射等，光强被减弱，减弱的程度与介质中的含尘浓度和尘粒粒径有关。对于尘粒大小与光波波长接近的均匀微细尘粒，其光强减弱的程度可用盖姆布尔（Gamble）和巴内特（Barnett）提出的公式表示：

$$I=I_0\exp\left(-kn\frac{V^2}{\lambda^4}\right) \tag{1-36}$$

式中，$I$为通过的光强；$I_0$为照射的初始光强；$k$为系数；$n$为单位体积介质中的尘粒数；$V$为尘粒的体积；$\lambda$为光波波长。

由式（1-36）可以看出，通过介质的光强减弱的程度与波长的4次方有关，按粒径的6次方（体积的平方）减弱。因此，光强的衰减与粒径有着密切联系。对于粒径大于波长的尘粒，通过的光强服从于几何光学的“平方定律”，即正比于尘粒所遮挡的横断面面积。

## 十、粉尘的放射性

一定量的放射性核素在单位时间内的核衰变数，称为放射性活度，单位为贝可（Bq）。单位质量物体中的放射性活度简称比放射性。单位体积物体中的放射性活度称为放射性浓度。粉尘的放射性可能增加非放射性粉尘对机体的危害。粉尘的放射性有两个来源，即粉尘材料自身含有放射性核素和非放射性粉尘吸附了放射性核素。

空气中的天然放射性核素主要是氡及其子体。而所含人工放射性核素的粉尘来源于核试验产生的全球性沉降的放射性落灰，其中主要有$^{90}$Sr（锶90）、$^{137}$Cs（铯137）、$^{131}$I（碘131）等多种放射性核素和核能工业企业排放的放射性废物，除放射性气体可扩散至较大范围外，其余只造成较小范围内的局部污染。在正常的运行条件下，环境内放射性粉尘的质量浓度能够控制在相关规定的数值以下。

## 十一、粉尘的含水率

粉尘中一般均含有一定的水分，它包括附着在颗粒表面上的和包含在凹坑处与细孔中的自由水分，以及紧密结合在颗粒内部的结合水分。化学结合的水分如结晶水等，作为颗粒的组成部分不能用干燥的方法除掉，否则将破坏物质本身的分子，因而不属于水分的范围。干燥作业时可以去除自由水分和一部分结合水分，其余部分作为平衡水分残留，其数量随干燥条件而变化。

粉尘中的水分含量一般用含水率表示，是指粉尘中所含水分质量与粉尘总质量（包括干粉尘与水分）之比。粉尘含水率的大小，会影响到粉尘的其他物理性质，如导电性、黏附性、流动性等，所有这些在设计除尘装置时都必须加以考虑。

粉尘的含水率与粉尘的吸湿性即粉尘从周围空气中吸收水分的能力有关。若尘粒能溶于水，则在潮湿气体中尘粒表面上会形成溶有该物质的饱和水溶液。如果溶液上方的水蒸气分压小于周围气体中的水蒸气分压，该物质将从气体中吸收水蒸气，这就形成了吸湿现象。对于不溶于水的尘粒，吸湿过程开始是尘粒表面对水分子的吸附，然后是在毛细力和扩散作用下逐渐增加对水分的吸收，一直继续到尘粒上方的水汽分压与周围气体中的水汽分压相平衡为止。气体的每一相对湿度都相应于粉尘的一定的含水量，后者称为粉尘的平衡含水率，气体的相对湿度与粉尘的含水率之间的平衡可用每种粉尘所特有的吸收等温线来描述。

已知工业粉尘的水分吸收等温线，就可以预测在不同的运载气体相对湿度条件下，要捕集的粉尘在工艺设备、灰斗、卸灰装置中的状态。不同空气相对湿度下的粉尘平衡含水率见表1-20，为了便于应用，同时注明了粉尘的真密度、堆积密度和质量中位粒径。

**表 1-20 不同空气相对湿度下的粉尘平衡含水率** 单位：%

| 粉尘种类 | 空气相对湿度/% | | | | | | 真密度/(kg/m³) | 堆积密度/(kg/m³) | 质量中位粒径/μm |
|---|---|---|---|---|---|---|---|---|---|
| | 10 | 20 | 40 | 60 | 80 | 95 | | | |
| 白云石焙烧炉 | 0.06 | 0.11 | 0.18 | 0.44 | 1.1 | 2.1 | 2690 | 980 | 50 |
| 电站燃煤飞灰 | 0.17 | 0.20 | 0.28 | 0.42 | 0.46 | 0.87 | 2400 | 1090 | 22 |
| 煤粉 | 0.4 | 0.7 | 1.4 | 2.1 | 3.1 | 4.7 | 1970 | 695 | 约190 |

一些粉尘有易吸收烟气中水分而水解的性质，如硫酸盐、氯化物、氧化锌、氢氧化钙、碳酸钠等，从而增加了烟尘的黏结性，对除尘设备正常工作十分不利。

粉尘的水解本质上是粉尘的化学反应，之后形态变黏、变硬，许多除尘器因粉尘水解工作不正常，形成袋式除尘器的糊袋现象，情况严重时会使除尘器除尘失败。

## 第三节 气体的基本性质

在除尘技术中，了解气体的性质与掌握粉尘的性质一样重要。气体的性质包括其化学组成、物理参数和运动方程等内容。

### 一、空气的化学组成

表1-21为0℃、1atm（1atm=101325Pa）下的干燥空气的化学组成。

**表 1-21 0℃、1atm 下的干燥空气的化学组成**

| 成分 | 质量分数/% | 体积分数/% |
|---|---|---|
| 氧 | 23.01 | 20.93 |
| 氮 | 75.51 | 78.10 |
| 氩 | 1.285 | 0.9325 |
| 二氧化碳 | 0.04 | 0.03 |
| 氖 | 0.0012 | 0.0018 |
| 氦 | 0.00007 | 0.0005 |
| 氪 | 0.0003 | 0.0001 |
| 氙 | 0.00004 | 0.00009 |

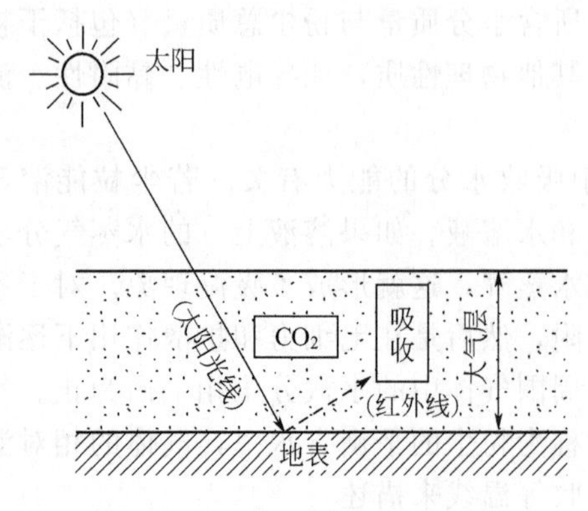


图 1-11 二氧化碳的温室效应

自然空气中含有水蒸气，还含有微量的一氧化碳、二氧化碳、氮氧化物等气态物质以及固态、液态粒状物质，构成复杂的气溶胶。

在空气成分中，氧气和二氧化碳与我们日常生活的关系最为密切。只要谈到空气就很自然地联想到氧气和二氧化碳的浓度。这个感性认识来源于实践，即人需要从空气中吸取新陈代谢所需要的氧气，排出无用的二氧化碳，这就是所谓的呼吸。人依靠呼吸维持生命。

另外，二氧化碳不仅能透过太阳辐射光，而且能吸收地面反射的红外线。二氧化碳的这种性质叫作温室效应（图 1-11）。二氧化碳也是影响气候变化的重要因素。

既然空气对人类的生存极其重要，那么保持空气的正常成分和清洁度，防止粉尘颗粒物对空气的污染，正是除尘技术要完成的任务。

## 二、气体基本方程

### 1. 气体状态方程

一定质量（$m$）的任何物质（气体）所占有的体积（$V$），取决于该物质所受压力（$p$）和它的温度（$T$）。对纯物质来说，这些量之间存在着一定的关系，称作该物质的状态方程。

$$f(m,V,p,T)=0 \tag{1-37}$$

对理想气体，可写成如下方程：

$$pV=nRT \tag{1-38}$$

式中，$p$ 为压力，Pa；$V$ 为气体体积，$m^3$；$n$ 为摩尔数，$n=m/M$，mol；$m$ 为气体总质量，g；$R$ 为气体常数，$m^3 \cdot Pa/(mol \cdot K)$；$T$ 为热力学温度，K。

在“标准状态”下，即温度为 0℃（273.1K）、压力为 $1.013\times10^5$Pa，1mol 的理想气体的体积为：

$$V=\frac{nRT}{p}=\frac{1\times8.314\times273.1}{1.013\times10^5}m^3=0.0224m^3=22.4L \tag{1-39}$$

理想气体在任何压力和温度下，都能遵守以上公式。在压力不太大、温度不太接近气体液化点时，实际气体的性质非常接近理想气体。因此，在除尘技术范围内，可以用上述公式来计算。

对一定质量的气体来说，乘积 $nR$ 是常数，因此，$pV/T$，也是常数，即：

$$p_1V_1/T_1=p_2V_2/T_2 \tag{1-40}$$

例如大气压力为 99.975kPa、温度为 293.1K（20℃）时，气体通过流量为 1400$m^3$，折合成温度为 0℃、大气压为 101.3kPa 的标准状态时，其体积为：

$$V_2=\frac{p_1V_1T_2}{p_2T_1}=\frac{99.975\times1400\times273.1}{101.3\times293.1}m^3=1287m^3$$

### 2. 气体静压方程

(1) 当气体处于静止或相对静止状态时，在同一点上各方向气体静压力均相等。

$$p_x=p_y=p_z=p_N \tag{1-41}$$

式中，$p_x$、$p_y$、$p_z$、$p_N$ 分别为同一点各方向的气体静压力，Pa。

（2）在重力作用下，静止气体中任意一点的静压力为：

$$p=p_0+\rho gh \tag{1-42}$$

式中，$p$ 为气体的静压力，Pa；$p_0$ 为大气压力，Pa；$\rho$ 为气体的密度，$kg/m^3$；$g$ 为重力加速度，$m/s^2$；$h$ 为高度，m。

（3）作用在平面上的气体总压力为：

$$p=\rho gh_0S \tag{1-43}$$

式中，$p$ 为气体总压力，Pa；$h_0$ 为平面高度，m；$S$ 为平面面积，$m^2$；其他符号意义同前。

**3. 气体运动方程**

（1）连续性方程　根据质量守恒定律，流体在管道内连续稳定流动时，从截面 1 到截面 2 若无漏损则质量流量不变。

$$\rho vS=\rho_1v_1S_1=\rho_2v_2S_2=\cdots=\rho_iv_iS_i=Q=\text{常数} \tag{1-44}$$

对不可压缩流体（包括低速流动的空气），$\rho$ 为常数，则：

$$vS=v_1S_1=v_2S_2=\cdots=v_iS_i=Q=\text{常数} \tag{1-45}$$

式中，$\rho$ 为气体的密度，$kg/m^3$；$v$、$v_1$、$v_2$ 分别为气体的流速，m/s；$S$、$S_1$、$S_2$ 分别为气体流经断面积，$m^2$；$Q$ 为常数。

（2）伯努利方程　根据能量守恒定律，不可压缩理想流体在管道内流动时，各处能量不变。伯努利方程的普通形式如下：

$$\frac{p}{\rho}+\frac{1}{2}v^2+U=\text{常数} \tag{1-46}$$

式中，$U$ 为保守场中单位质量的势能。

当重力不存在时，对不可压缩流体（包括空气在 $M_a<0.4$ 的情况下），$\rho$ 为常数，则：

$$p+\frac{\rho v^2}{2}=\text{常数} \tag{1-47}$$

式中，$p$ 为流体压力；$\rho v^2/2$ 为流体动压。

当重力不存在时，对可压缩流体有：

$$\frac{K}{K-1}\times\frac{p}{\rho}+\frac{v^2}{2}=\text{常数} \tag{1-48}$$

$$K=\frac{c_p}{c_v}$$

式中，$K$ 为绝对指数；$c_p$ 为空气比定压热容；$c_v$ 为空气比定容热容。

对于空气，$K=1.4$，则：

$$3.5\frac{p}{\rho}+\frac{v^2}{2}=\text{常数} \tag{1-49}$$

或

$$2000T+v^2=\text{常数}$$

式中，$T$ 为在给定高度上的大气温度，K；其他符号意义同前。

**4. 气体在管道内的流动方程**

（1）雷诺数

$$Re=\frac{\rho vd}{\mu}=\frac{vd}{\nu} \tag{1-50}$$

式中，$Re$ 为雷诺数；$\rho$ 为气体密度，$kg/m^3$；$v$ 为气体的速度，m/s；$d$ 为管道直径，m；$\mu$ 为动力黏度，Pa·s；$\nu$ 为运动黏度，$m^2/s$。

圆管内流动的下临界雷诺数：$Re_c=2000$。

在工程实际计算中，如果 $Re<Re_c$，按层流进行计算；$Re>Re_c$，按紊流进行计算。

(2) 圆管中的层流基本方程

流速分布：

$$v=\frac{\rho gJ}{4\mu}(r_0^2-r^2) \tag{1-51}$$

位于管轴上最大流速：

$$v_{\max}=\frac{\rho gJ}{4\mu}r_0^2=\frac{\rho gJ}{16\mu}d^2 \tag{1-52}$$

平均流速：

$$v_{\mathrm{p}}=\frac{\rho gJ}{32\mu}d^2=\frac{v_{\max}}{2} \tag{1-53}$$

单位长度管内阻力损失：

$$h_{\mathrm{f}}=\frac{32\mu}{\rho gd^2}v=f\ \frac{1}{d}\times\frac{v^2}{2}\rho \tag{1-54}$$

$$f=\frac{64}{Re}$$

式中，$f$ 为摩擦阻力系数或沿程阻力系数；$v$ 为层流速度，m/s；$\rho$ 为气体密度，$kg/m^3$；$g$ 为重力加速度，$m/s^2$；$J$ 为水力坡度，Pa/s；$\mu$ 为动力黏度，Pa・s；$r$ 为半径，m；$v_{\mathrm{p}}$ 为平均速度，m/s；$h_{\mathrm{f}}$ 为摩擦阻力损失，Pa。

(3) 圆管中的紊流基本方程

单位长度圆管中紊流摩擦水头损失：

$$h_{\mathrm{f}}=\frac{4\pi}{\rho}\times\frac{1}{d}=f\ \frac{1}{d}\times\frac{v^2}{2} \tag{1-55}$$

管内流动局部阻力损失：

$$h_{\mathrm{f}}=\xi\ \frac{v^2}{2} \tag{1-56}$$

式中，$\xi$ 为局部阻力系数；其他符号意义同前。

## 三、气体的温度

气体温度是表示其冷热程度的物理量。温度的升高或降低标志着气体内部分子热运动平均动能的增加或减少。平均动能是大量分子的统计平均值，某个具体分子做热运动的动能可能大于或小于平均值。温度是大量分子热运动的集体表现。在国际单位制中，温度的单位是开尔文，用符号 K 表示。常用单位为摄氏度，用符号℃表示。

为了保证各种温度计测出的温度彼此一致，必须要有一个统一的温度尺寸，这个温度尺度在技术上叫作“温标”。国际上常用的温标有两种，即相对温标和绝对温标。

**1. 相对温标**

相对温标是建立在固定的、容易复现的水的三相平衡点基础上的，即在沸点（在 101kPa 下液态水和水蒸气处于平衡状态）与冰点（在 101kPa 下冰和水处于平衡状态）之间划了很多彼此距离相等的分度，称为“度”。

常用的摄氏温标在此两点间划分了 100 度，称为摄氏度，符号为℃；不常用的华氏温标在这两点间划分了 180 度，称为华氏度，符号为℉。在摄氏温标中冰点的温度值是 0℃，而在华氏温标中，冰点的温度值是 32℉。两者之间的换算关系是：

$$℃=\frac{5}{9}(℉-32)\quad 或\quad ℉=\frac{9}{5}℃+32 \tag{1-57}$$

**2. 绝对温标**

绝对温标也称“热力学温标”，是国际单位制中的基本温标，它建立在热力学第二定律基础上，以气体分子停止运动时的最低极限温度为起点，单位为 K（开尔文），用符号 $T$ 表示。绝对温标的温度间隔与摄氏温度相同，它与摄氏温标之间的关系是：

$$T=t(℃)+273.16(\mathrm{K}) \tag{1-58}$$

**3. 气体温度与除尘的关系**

气体的温度直接与气体的密度、体积和黏性等有关，并对设计除尘器和选用何种滤布材质起着决定性的作用。滤布材质的耐温程度是有一定限度的，所以，有时根据温度选择滤布，有时则要根据滤布材质的耐温情况来定气体的温度。一般金属纤维耐温为 400℃，玻璃纤维耐温为 250℃，涤纶耐温为 120℃，如果在极短时间内超过一些也是可以的。

处理高温气体时，有时需要采取冷却措施。主要方法有以下几种。

(1) 掺混冷空气　把周围环境的冷空气吸入一定量，使之与高温烟气混合以降低温度。在利用吸气罩捕集高温烟气时，同时即可吸入环境空气或者在除尘器前加冷风管吸入环境空气。这种方法设备简单，但会使处理气体量增加。

(2) 自然冷却　加长输送气体管道的长度，借管道与周围空气的自然对流与辐射散热作用而使气体冷却，这一方法简单，但冷却能力较弱，占用空间较大。

(3) 用冷却水　有两种方式：一是直接冷却，即直接向高温烟气喷水冷却，一般需设专门的冷却器；二是间接冷却，即在烟气管道中装设冷却水管来进行冷却，这一方法能避免水雾进入除尘器及腐蚀问题。该方法冷却能力强，占用空间较小。

## 四、气体的黏度

**1. 动力黏度**

流体在流动时能产生内摩擦力，这种性质称为流体的黏性。黏性是流体阻力产生的依据。流体流动时必须克服内摩擦力而做功，将一部分机械能量转变为热能而损失掉。黏度（或称黏滞系数）的定义是切应力与切应变的变化率之比，用来度量流体黏性的大小，其值由流体的性质而定。根据牛顿内摩擦定律，切应力用下式表示：

$$\tau=\mu\frac{\mathrm{d}v}{\mathrm{d}y} \tag{1-59}$$

式中，$\tau$ 为单位表面上的摩擦力或切应力，Pa；$\frac{\mathrm{d}v}{\mathrm{d}y}$为速度梯度，$\mathrm{s}^{-1}$；$\mu$ 为动力黏度系数，简称气体黏度，Pa·s。

因 $\mu$ 具有动力学量纲，故称为动力黏度系数。

气体的黏度随温度的增高而增大（液体的黏度是随温度的增高而减小），与压力几乎没关系。空气的黏度 $\mu$ 可用下式来表示：

$$\mu=1.7580\times10^{-6}\times\frac{380}{380+t}\times\left(\frac{273+t}{273}\right)^{3/2} \tag{1-60}$$

式中，$t$ 为气体的温度。

**2. 运动黏度**

在流体力学中，常遇到动力黏度系数 $\mu$ 与流体密度 $\rho$ 的比值，即：

$$\nu=\frac{\mu}{\rho} \tag{1-61}$$

式中，$\nu$ 为运动黏度系数，$\mathrm{m^2/s}$，简称运动黏度；$\mu$ 为动力黏度，Pa·s；$\rho$ 为流体密度，$\mathrm{kg/m^3}$。

**3. 一些气体的动力黏度**

一些气体的动力黏度（$\mu_0$）和常数见表1-22。

表 1-22 一些气体的动力黏度（$\mu_0$）和常数

| 气体 | 动力黏度 $\mu_0$/Pa·s | 常数 $C$ | 气体 | 动力黏度 $\mu_0$/Pa·s | 常数 $C$ |
|---|---|---|---|---|---|
| 空气 | $17.16\times10^{-6}$ | 122 | 氢气 | $8.36\times10^{-6}$ | 83 |
| 水蒸气 | $8.24\times10^{-6}$ | 961 | 一氧化碳 | $16.57\times10^{-6}$ | 100 |
| 氧气 | $19.42\times10^{-6}$ | 110 | 二氧化碳 | $14.02\times10^{-6}$ | 260 |
| 氮气 | $16.64\times10^{-6}$ | 102 | 二氧化硫 | $12.06\times10^{-6}$ | |

**4. 一些气体的运动黏度**

一些气体的运动黏度（$\nu$）见表1-23。表中的 $\nu$ 值是指压力 $p=98.1$kPa 时的值，单位是 $m^2/s$。

表 1-23 一些气体的运动黏度（$\nu$） 单位：$10^{-6}m^2/s$

| 温度/℃ | 空气 | $N_2$ | $O_2$ | $H_2$ | CO | $CO_2$ | $H_2O$ |
|---|---|---|---|---|---|---|---|
| −50 | 9.5 | 9.6 | 9.5 | 68.5 | 9.3 | 4.8 | 1.792 |
| 0 | 13.7 | 13.7 | 13.9 | 96.6 | 13.7 | 7.2 | 0.533 |
| 50 | 18.5 | 18.4 | 18.8 | 127.8 | 18.4 | 9.9 | 0.295 |
| 100 | 23.7 | 23.6 | 24.1 | 162.8 | 23.7 | 13.0 | |
| 200 | 35.6 | 35.4 | 36.1 | 242.4 | 35.9 | 20.3 | |
| 300 | 49.1 | 48.9 | 49.9 | 334.0 | 49.8 | 28.5 | |
| 400 | 63.9 | 64.1 | 65.4 | 437.3 | 65.3 | 37.9 | |
| 500 | 80.2 | 80.9 | 82.4 | 550.7 | 82.4 | 48.2 | |
| 600 | 97.7 | 98.8 | 100.9 | 674.8 | 100.8 | 59.4 | |
| 700 | 116.3 | 118.2 | 120.8 | 808.2 | 120.8 | 71.4 | |
| 800 | 136.0 | 139.0 | 142.1 | 951.8 | 142.2 | 84.2 | |
| 900 | 156.8 | 161.1 | 164.8 | — | 164.7 | 97.9 | |
| 1000 | 178.4 | 184.3 | 188.4 | — | 188.6 | 112.3 | |
| 1100 | 201.0 | 208.8 | 213.5 | — | 213.6 | 127.5 | |
| 1200 | 224.5 | 234.5 | 239.4 | — | 239.9 | 143.5 | |

**5. 气体黏度与除尘的关系**

除尘滤袋的压力损失直接与气体的黏性成正比，尘粒的沉降速度一般与气体黏性成反比，所以，气体的黏性系数以小些为好。但是，从尘粒的沉降考虑，则气体黏性系数大些为好。但是，气体的成分及温度状态等一定时，其黏性系数亦即为一定值。实际工作中，很少为改变气体黏性系数而采取专门的措施。

## 五、气体的压力

**1. 常用压力单位换算**

以往我国沿用的非法定单位有多种，其中直接以单位面积上受到的作用力为单位的有帕

(Pa)、巴（bar)、工程大气压（$kgf/cm^2$）；以液柱高度为单位的有毫米水柱（$mmH_2O$)、毫米汞柱（mmHg）和物理大气压（760mmHg）等。压力单位换算见表 1-24。

**表 1-24　压力单位换算表**

| 压力单位 | 帕(Pa)($N/m^2$) | 工程大气压($kgf/cm^2$) | 标准大气压(760mmHg) | 毫米汞柱(mmHg) | 毫米水柱($mmH_2O$) | 巴(bar)($10^6 dyn/cm^2$) |
|---|---|---|---|---|---|---|
| 帕(Pa) | 1 | $1.02\times10^{-5}$ | $9.87\times10^{-6}$ | $0.75\times10^{-2}$ | $1.02\times10^{-1}$ | $10^{-5}$ |
| 工程大气压($kgf/cm^2$) | $9.81\times10^{4}$ | 1 | $9.68\times10^{-1}$ | $7.36\times10^{2}$ | $10^{4}$ | $9.81\times10^{-1}$ |
| 标准大气压(atm) | $1.01\times10^{5}$ | 1.03 | 1 | $7.60\times10^{2}$ | $1.03\times10^{4}$ | 1.01 |
| 毫米汞柱(mmHg) | $1.33\times10^{2}$ | $1.36\times10^{-3}$ | $1.32\times10^{-3}$ | 1 | $1.36\times10$ | $1.33\times10^{-3}$ |
| 毫米水柱($mmH_2O$) | 9.81 | $10^{-4}$ | $9.68\times10^{-5}$ | $7.36\times10^{-2}$ | 1 | $9.81\times10^{-5}$ |
| 巴(bar) | $10^{5}$ | 1.02 | $9.87\times10^{-1}$ | $7.5\times10^{2}$ | $1.02\times10^{4}$ | 1 |

在有关资料或文献中有时还见到以 torr 为压力单位，1torr＝133Pa＝1.3mbar。

英制常用压力单位为 $lbs/in^2$（质量磅/平方英寸），$1lbs/in^2=144lbs/ft^2=703.1mmH_2O=$ 6890Pa。

**2. 表压力、绝对压力、正压和负压（真空度）**

压力可用压力计测量，但压力计上读出的数值是测量处气体的压力与外界大气压 $B$ 的差值，称为表压，用 $p_b$ 表示。测量处气体的实际压力称为绝对压力，用 $p_j$ 表示。表压力与绝对压力之间的关系是：

$$p_b=p_j-B \tag{1-62}$$

从式(1-62) 可以看出，表压力 $p_b$ 是绝对压力 $p_j$ 大于大气压 $B$ 的数值，也称正压。如测量处的气体压力低于大气压，则大气压与绝对压力之差称为真空度，也称负压，以 $p_f$ 表示，即：

$$p_f=B-p_j \tag{1-63}$$

绝对压力、表压力和负压三者中，绝对压力是以绝对真空为起点，即以容器内无任何气体时的 $p_j$ 为零，表压力和负压则均以大气压为起点，即规定压力等于大气压时，$p_b$ 和 $p_f$ 均为零，所以都是相对值，也称为相对压力。可见，只有 $p_j$ 才真正表示气体的压力状态，也就是说三者中只有绝对压力才是状态参数，其余二者均随当地大气压而变，因此不是状态参数。这三者的关系如图 1-12 所示。

**3. 静压、动压和全压**

常用的压力有 3 个概念，即静压力 $p_j$（垂直作用于单位面积上的力)、动压力 $p_d$（流体流动时，在该速度下所具有的动能，以压力单位表示）和全压 $p_q$（静压力和动压力之和)。静压、动压和全压的测量见图 1-13。通过测得的动压，便可求出流体的流速和流量。

**4. 大气压与海拔高度的关系**

海拔越高，大气压 $B$ 越低，海拔高度 $H$(m) 处的大气压 $B_h$ 有以下的关系式：即：

$$B_h=101325(1-0.00002257H)^{5.256} \quad (Pa) \tag{1-64}$$

海平面上的大气压力，一般在 $9.6\times10^4\sim1.067\times10^5$Pa 之间，平均约为 $1.01325\times10^5$Pa，这一压力就是通常所称的标准大气压力，大气压（$B$）与海拔高度（$H$）的对应值见表 1-25。

**5. 气体压力与除尘的关系**

在除尘工程中压力无处不在。压力损失决定除尘工程的能耗和运行状况，所以有经验的设计师和环保管理者总是把除尘设备和系统的压力控制在合理范围之内。

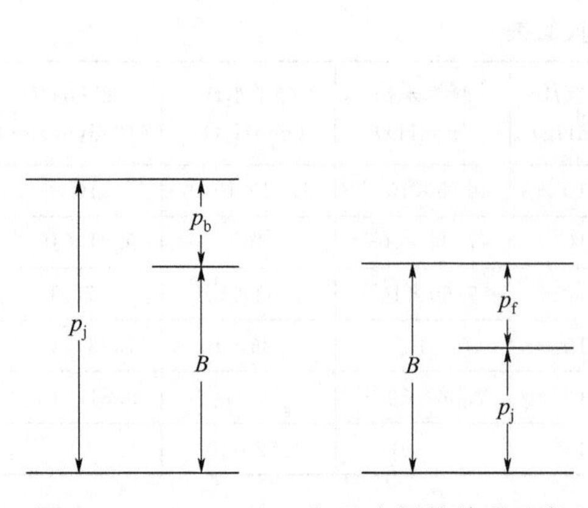


图 1-12 $p_j$、$p_b$、$p_f$ 和 $B$ 之间的关系示意

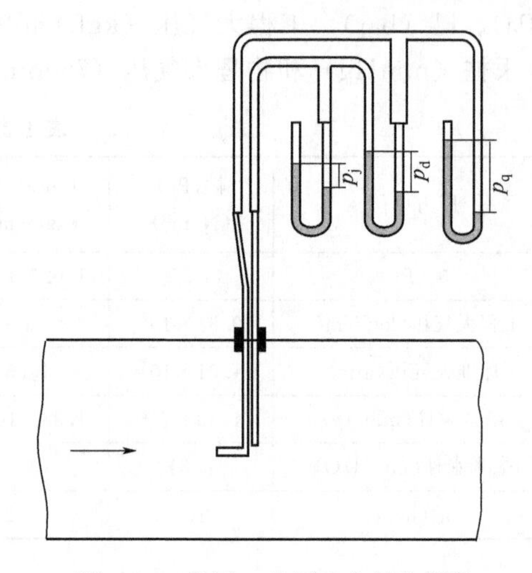


图 1-13 静压、动压和全压的测量

**表 1-25 大气压（B）与海拔高度（H）的对应值**

| $H$/m | $B$/Pa | $H$/m | $B$/Pa | $H$/m | $B$/Pa |
|---|---|---|---|---|---|
| 0 | 101325 | 500 | 95458 | 2000 | 77728 |
| 100 | 100126 | 600 | 94290 | 3000 | 70667 |
| 200 | 99929 | 800 | 92026 | 4000 | 62664 |
| 300 | 97733 | 1000 | 89858 | 5000 | 55888 |
| 400 | 96527 | 1500 | 84661 | 6000 | 49327 |

## 六、气体的密度

**1. 气体密度的定义**

气体的密度是指单位体积气体的质量，即气体的质量与其体积的比值。

$$\rho=\frac{m}{V} \tag{1-65}$$

式中，$\rho$ 为气体的密度，$kg/m^3$；$m$ 为气体的质量，kg；$V$ 为气体的体积，$m^3$。

单位质量气体的体积称为质量体积，质量体积与密度互为倒数，即：

$$V_m=\frac{V}{m}=\frac{1}{\rho} \tag{1-66}$$

式中，$V_m$ 为气体的质量体积，$m^3/kg$。

**2. 一些气体的密度**

气体密度越大，表示气体越重。各种气体在标况下的密度见表 1-26。

**表 1-26 各种气体在标况下的密度**

| 名称 | 空气 | 氧 | 氢 | 氮 | 一氧化碳 | 二氧化碳 | 二氧化硫 | 三氧化硫 | 硫化氢 | 一氧化氮 | 二氧化氮 | 水蒸气 |
|---|---|---|---|---|---|---|---|---|---|---|---|---|
| 分子式 | | $O_2$ | $H_2$ | $N_2$ | $CO$ | $CO_2$ | $SO_2$ | $SO_3$ | $H_2S$ | $NO$ | $NO_2$ | $H_2O$ |
| 分子量 | 29 | 32 | 2 | 28 | 28 | 44 | 64 | 80 | 34 | 30 | 44 | 18 |
| 密度/[$kg/m^3$(标)] | 1.293 | 1.428 | 0.090 | 1.250 | 1.249 | 1.963 | 2.858 | | | 1.339 | 1.964 | 0.804 |

**3. 标况和工况密度**

标准状态的密度是指绝对压力 $p_0=1.013\times10^5$Pa、绝对温度 $T_0=273$K 时的密度。

工况条件的密度是指气体在所处的实际工况压力 $p$(Pa) 及实际工况温度 $T=273+t$(℃) 时的密度。

气体在工况下的密度为：

$$\rho_t=\rho_0\times273(B_h+p)/[101.3(273+t)]\quad(\mathrm{kg/m^3})\tag{1-67}$$

式中，$\rho_0$ 为气体在标况下的密度，$\mathrm{m^3/kg}$；$B_h$ 为当地的大气压力，kPa；$p$ 为气体的压力，kPa。

**4. 气体密度与除尘的关系**

(1) 如果压力不变，气体温度每升高 100℃，密度大约减少 20%。

(2) 对于除尘器来说，气体的密度约为粉尘密度的 0.1%以下，对其捕尘性能几乎没有什么影响。但气体密度对处理空气量则有一定的影响。

(3) 气体密度对选择风机有重要影响。

## 七、气体的湿度与露点

**1. 气体的湿度**

湿空气是干空气和水蒸气的混合物。因此，要确定它的状态，除了必须知道湿空气的温度和压力外，还必须知道湿空气的成分，特别是湿空气中所含有的水蒸气量。湿空气中水蒸气的含量通常用温度来表示，其表示方法有以下 3 种。

(1) 绝对湿度　单位容积的湿空气中包含的水蒸气质量称为绝对湿度，其数值等于水蒸气在其分压力与温度下的密度，以符号 $\rho_v$ 表示，单位为 $\mathrm{kg/m^3}$。$\rho_v$ 值可由水蒸气表查得，也可用下列公式计算：

$$\rho_v=\frac{m_v}{V}=\frac{p_v}{R_vT}\tag{1-68}$$

式中，$m_v$ 为水蒸气的质量；$V$ 为包含水蒸气质量为 $m_v$ 在内的湿空气体积；$p_v$ 为水蒸气的分压力；$R_v$ 为水蒸气的气体常数；$T$ 为热力学温度。

(2) 相对湿度　湿空气的绝对湿度 $\rho_v$ 与同温度下饱和湿空气的绝对湿度 $\rho_s$ 之比称为相对湿度，用符号 $\varphi$ 表示，即：

$$\varphi=\frac{\rho_v}{\rho_s}=\frac{p_v}{p_s}\tag{1-69}$$

式中，$p_s$ 为湿空气中水蒸气可能达到的最大分压力。

(3) 含湿量（比湿度）　湿空气中包含的水蒸气质量 $m_v$（克或千克）与干空气质量 $m_a$（千克）之比值称为含湿量，用符号 $d$ 表示，即：

$$d=\frac{m_v}{m_a}\tag{1-70}$$

若以分压力表示，则：

$$d=622\,\frac{p_v}{p_a}=622\,\frac{p_v}{p-p_v}\tag{1-71}$$

或

$$d=622\,\frac{\varphi p_s}{p-\varphi p_a}$$

$$p=p_a+p_v$$

式中，$p_a$ 为湿空气中干空气的分压力；$p$ 为湿空气的总压力。

**2. 干球温度和湿球温度**

用通常温度计测得的湿空气温度称为干球温度；用湿纱布包住温度计温包所测得的温度称为湿球温度。饱和湿空气的干湿球温度彼此相等，不饱和湿空气的干球温度高于湿球温度。

**3. 露点温度**

湿空气在定压下冷却到某一温度时，水分开始从湿空气中析出，这个温度称为露点温度，在数值上等于湿空气中水蒸气分压力的饱和温度。

露点温度可分为水露点和酸露点 2 种。

(1) 水露点是指气体中只含有水分时的露点温度，可通过水露点曲线（图 1-14）查得。

(2) 气体中含有水分及硫的氧化物（$SO_3$）蒸气时的露点温度称为酸露点。含有 $H_2O$ 及 $SO_3$ 蒸气的水露点和酸露点曲线见图 1-15，该图是根据原苏联 А. И. Ъаранoъa 的数据绘制的。利用这些数据可以建立以下关系式：

$$t_p=186+20\lg\phi_{H_2O}+26\lg\phi_{SO_3}$$

式中，$t_p$ 为露点，℃；$\phi_{H_2O}$ 为被冷却的气体中含有的 $H_2O$ 的体积分数，%；$\phi_{SO_3}$ 为被冷却的气体中含有的 $SO_3$ 的体积分数，%。

酸露点可通过图 1-15 查得。

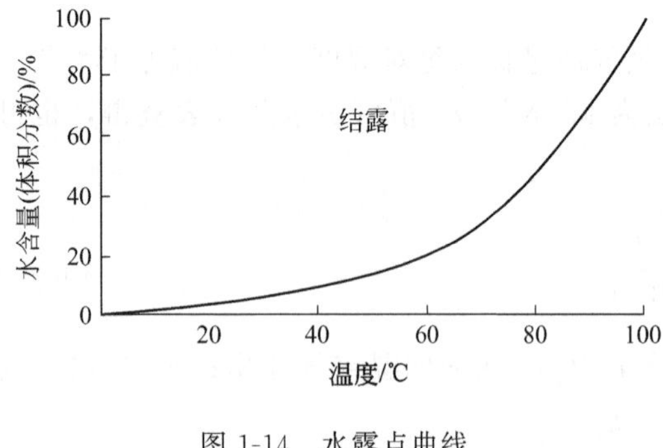


图 1-14 水露点曲线

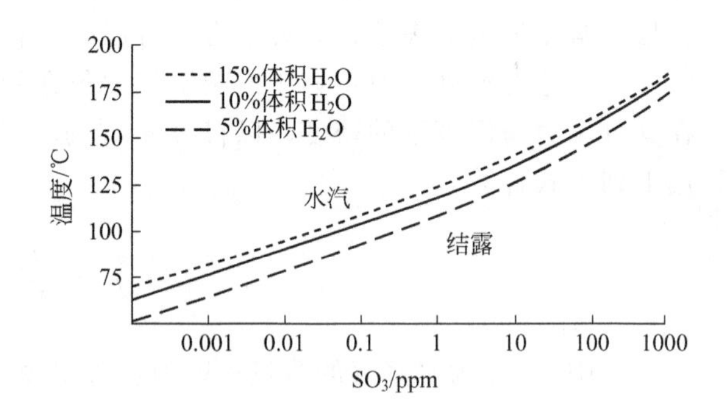


图 1-15 含有 $H_2O$ 及 $SO_3$ 蒸气的水露点和酸露点曲线（$1ppm=10^{-6}$）

**4. $SO_3$ 的生成**

燃料在燃烧时，硫就氧化成 $SO_2$，$SO_2$ 是一种污染物，它对炉窑、锅炉和烟囱的影响较小，但是当 $SO_2$ 进一步氧化为 $SO_3$ 时，在一定条件下将对上述材料产生腐蚀影响。因此，在所有烟气中 $SO_3$ 才是所要关注的重点。

当温度低于酸露点时，$SO_3$ 和水之间具有极大的亲和力，两者立即（1s 之内）就能组合在一起成为硫酸。硫酸的形成提高了酸露点温度，它对钢、塑料以及水泥构件，如混凝土、铸件、枪炮以及用灰泥涂抹的构件等，都会起腐蚀作用。

$SO_2$ 一般在没有催化剂的情况下，会慢慢氧化成 $SO_3$。在炉温 1000℃（1832℉）下，$SO_2$ 的转换率是极慢的。而在 150℃（320℉）时理论转换率就非常快，结果是形成高的酸露点温度。

一般，煤中平均每 1%的含硫量就会有 0.1%～0.2%的硫转化为 $SO_3$。

## 八、摩尔和摩尔容积

摩尔（mole）是法定计量单位中用来表示物质量的单位。其定义为：摩尔是一系统物质的量，该系统中所包含的基本单元数与 0.012kg $^{12}C$ 的原子数目相等。所谓$^{12}C$ 是原子中含有 12 个质子而不含中子的碳元素，它的分子量为 12。0.012kg $^{12}C$ 含有 $6.0220943\times10^{23}$个分子。若一定量的某种物质，例如氧气，正好也含有 $6.0220943\times10^{23}$ 个氧分子，则这个数量的氧就称为 1mol 的氧。

由 $6.0220943\times10^{23}$个分子组成任何物质的质量若以 g（克）为单位时，其数值正好等于其分子量。例如氧的分子量为 32，则 $6.0220943\times10^{23}$个分子的质量为 32g，即 1mol 任何物质质量的克数等于其分子量。

由于 mol 的单位较小，工程上常用 kmol（1kmol=1000mol）作为物质的单位，如 1kmol 的氧气为 32kg。任何物质的质量 $m$、分子量 $M$ 和摩尔数 $n$ 的关系可用下式表示，即：

$$n=m/M \tag{1-72}$$

式(1-72) 中的摩尔数 $n$，是当质量 $m$ 以 kg 为单位时的千摩尔数，或当质量 $m$ 以 g 为单位时的摩尔数。

1mol 气体占有的容积称为摩尔容积，用符号 $V_m$ 表示，单位为 $m^3/mol$；1kmol 气体占有的容积称为千摩尔容积，用符号 $V_{km}$表示，单位为 $m^3/kmol$。气体有一个特性，即在同温同压下，任何气体的摩尔容积是相等的。在标准状态下，任何气体的摩尔容积 $V_m=22.4L/mol$；又因为 $1m^3=1000L$，所以任何气体的千摩尔容积为：

$$V_{km}=22.4m^3(\text{标})/kmol \tag{1-73}$$

若求气体在标准状态下的比容 $v_0$，则按下式计算：

$$v_0=V_{km}/M=22.4/M \quad [m^3(\text{标})/kg] \tag{1-74}$$

式中，$M$ 为该气体的分子量。

**【例 1-1】** 燃烧 1kg 煤需要 10kg 空气，燃烧 100kg 煤需要多少立方米（标）的空气？

**解**：燃烧 100kg 煤需要的空气质量为：

$$m=100\times10=1000(kg)$$

空气在标准状态下的比容为：

$$v_0=22.4/M$$

则燃烧 100kg 煤需要的空气在标准状态下的容积为：

$$V_0=mv_0=1000\times22.4/29=772m^3$$

## 九、混合气体的性质

在实际工程中，经常遇到由几种成分混合而成的气体，如锅炉、内燃机、燃气轮机中的燃烧产物，以及化工流程中处理的原料气体等。混合气体的热力学性质与其组成的成分、所处的温度和压力有关。

**1. 分压力**

混合气体中第 $i$ 种组元气体单独占有与混合物相同的容积 $V$，并处于与混合物相同的温度 $T$ 时所呈现的压力，称为该组元的分压力，用符号 $p_i$ 表示。根据道尔顿分压定律，理想气体混合物的总压力 $p$ 等于各组元气体分压力 $p_i$ 之总和，即：

$$p=p_1+p_2+p_3+\cdots+p_k=\sum_{i=1}^{k}p_i \tag{1-75}$$

式中，$p_i$ 为组成该混合气体的第 $i$ 种组元气体的分压力。

**2. 分容积**

在与混合气体相同的温度和压力下，第 $i$ 种组元气体所占有的容积称为该组元气体的分容积，以符号 $V_i$ 表示。根据分容积定律，混合气体的总容积 $V$ 等于各组元气体的容积之和，即：

$$V=V_1+V_2+V_3+\cdots+V_k=\sum_{i=1}^{k}V_i \tag{1-76}$$

式中，$V_i$ 为组成该混合气体的第 $i$ 种组元气体的分容积。

**3. 摩尔数**

混合气体的总摩尔数等于各组元气体分摩尔数之和，即：

$$n=n_1+n_2+n_3+\cdots+n_k=\sum_{i=1}^{k}n_i \tag{1-77}$$

式中，$n$ 为混合气体的总摩尔数；$n_i$ 为组成该混合气体的第 $i$ 种组元气体的分摩尔数。

**4. 混合气体成分的表示法**

若要从组成气体的参数来计算混合气体的比焓、比熵等参数，首先必须知道混合气体的成分。一般来说，按所用的量度单位不同，表示成分的方法有下列几种。

（1）质量成分（质量分数） 在混合气体中，某一组元气体的质量 $m_i$ 与混合气体的总质量 $m$ 之比，称为质量成分，以符号 $x_i$ 表示，即：

$$x_i=\frac{m_i}{m} \tag{1-78}$$

由于混合气体的总质量等于各组元气体质量之和，因此混合气体所有质量成分的总和应等于1，即：

$$x_1+x_2+x_3+\cdots+x_k=\sum_{i=1}^{k}x_i=1 \tag{1-79}$$

（2）容积成分（容积分数） 在混合气体中，某一组元气体的分容积 $V_i$ 与混合气体的总容积 $V$ 之比，称为容积成分，以符号 $r_i$ 表示，即：

$$r_i=V_i/V \tag{1-80}$$

由于混合气体的总容积等于各组元气体分容积之和，因此混合气体所有容积成分的总和应等于1，即：

$$r_1+r_2+r_3+\cdots+r_k=\sum_{i=1}^{k}r_i=1 \tag{1-81}$$

（3）摩尔成分（摩尔分数） 在混合气体中，某一组元气体的摩尔数 $n_i$ 与混合气体的总摩尔数 $n$ 之比，称为摩尔成分，以符号 $y_i$ 表示，即：

$$y_i=n_i/n \tag{1-82}$$

由于混合气体的总摩尔数等于各组元气体摩尔数总和，因此混合气体所有摩尔成分的总和应等于1，即：

$$y_1+y_2+y_3+\cdots+y_k=\sum_{i=1}^{k}y_i=1 \tag{1-83}$$

（4）折合分子量 混合气体中包含着化学结构不同的分子，所以从微观的意义来说，它没有确定的分子量。但是，气体分子量的数值等于其千摩尔质量的数值，所以，将混合气体的总质量 $m$ 与其总摩尔数 $n$ 之比值称为该混合气体的折合分子量，以符号 $M_{eq}$ 表示，即：

$$M_{eq}=\frac{m}{n}=\frac{\sum_{i=1}^{k}n_iM_i}{n}=\sum_{i=1}^{k}y_iM_i \tag{1-84}$$

式中，$M_i$ 为混合气体第 $i$ 种组元的分子量。

由上式可知，混合气体的折合分子量等于它所包含的各组元的分子量与摩尔或分乘积之总和。

（5）各成分之间的换算关系

① 由摩尔成分换算成质量成分：

$$x_i = y_i \frac{M_i}{M_{eq}} = \frac{y_i M_i}{\sum_{i=1}^{k} y_i M_i} \tag{1-85}$$

② 由质量成分换算成摩尔成分：

$$y_i = \frac{\frac{x_i}{M_i}}{\sum_{i=1}^{k} \frac{x_i}{M_i}} \tag{1-86}$$

摩尔成分与容积成分在数值上相等，即：

$$y_i = r_i \tag{1-87}$$

**【例 1-2】** 经气体分析，测出某发动机所排废气中各组元的容积成分为：$r_{CO_2}=8.92\%$，$r_{CO}=0.89\%$，$r_{H_2O}=11.2\%$，$r_{O_2}=4.77\%$，$r_{N_2}=74.22\%$。若废气温度为 $t=500℃$，压力为 $p=1.05\times10^5$Pa，排出的废气为 1.5m³/s。求：

（1）各组元气体的质量成分；

（2）废气的折合分子量和气体常数；

（3）发动机每秒排出废气多少千克；

（4）$CO_2$ 及 $N_2$ 的分压力。

**解：**

（1）各组元的质量成分

用列表的方式求解，如下表所列：

| 组元名称 | 容积成分 $r_i$ | 分子量 $M_i$ | 根据式(1-84)、式(1-87)，每千摩尔混合气体中的质量 $r_iM_i$ 或 $y_iM_i$ | 质量成分 $x_2=\frac{M_ir_i}{\sum M_ir_i}$ |
|---|---|---|---|---|
| $CO_2$ | 0.892 | 44 | 3.925 | 0.1377 |
| CO | 0.0089 | 28 | 0.249 | 0.0087 |
| $H_2O$ | 0.112 | 18 | 2.016 | 0.0707 |
| $O_2$ | 0.0477 | 32 | 1.526 | 0.0536 |
| $N_2$ | 0.7422 | 28 | 20.782 | 0.7293 |

（2）废气的折合分子量

根据式(1-81) 为：

$$M_{eq} = \sum_{i=1}^{k} y_i M_i = 3.925 + 0.249 + 2.016 + 1.526 + 20.782 = 28.498$$

根据式(1-38)：

$$R_m = pV_m/T = \frac{101325\times22.4}{273} = 8.314[\text{kJ/(kmol·K)}]$$

废气的气体常数

$$R_{eq} = \frac{R_m}{M_{eq}} = \frac{8.314}{28.498} = 0.29174[\text{kJ/(kg·K)}]$$

（3）排出的废气质量

$$m=\frac{pV}{RT}M_{eq}=\frac{1.05\times10^5\times1.5}{291.74\times(500+273)}\times28.498=19.892(kg/s)$$

（4）$CO_2$ 与 $N_2$ 的分压力

$$p_{CO_2}=r_{CO_2}, p=0.0892\times1.05\times10^5=9366(Pa)$$

$$p_{N_2}=r_{N_2}, p=0.7422\times1.05\times10^5=77931(Pa)$$

## 十、含尘气体的性质

### 1. 气体的状态

（1）标准状态　干气体在热力学温度 $T_0=273K$（或温度 $t_0=0℃$）和压力 $p_0=101300Pa$ 下的状态称为标准状态，简称标况。

（2）工作状态　干气体在工作状态（某一具体温度和压力）下的状态称为工作状态，简称工况。

（3）标况干气体的体积 $V_0$　干气体在标准状态下的体积称为标准体积，单位为 $m^3$（标）。

（4）工况干气体的体积 $V$　干气体在工作状态下的体积称为工况体积，单位为 $m^3$。

（5）标况湿气体的体积 $V_{0s}$　湿气体在标准状态下的体积称为湿标况体积，单位为 $m^3$（标）。

（6）工况湿气体的体积 $V_s$　湿气体在工作状态下的体积称为湿工况体积，单位为 $m^3$。

### 2. 含尘气体在不同状态下的技术术语

常用技术术语的代号和单位见表 1-27。

表 1-27　常用技术术语的代号和单位

| 技术术语 | 代号 | 单位 |
|---|---|---|
| 标况下未净化气体的含尘浓度(干基) | $c_{01}$ | $g/m^3$(标) |
| 标况下未净化气体的含尘浓度(湿基) | $c_{01s}$ | $g/m^3$(标) |
| 工况下未净化气体的含尘浓度(干基) | $c_1$ | $g/m^3$ |
| 工况下未净化气体的含尘浓度(湿基) | $c_{1s}$ | $g/m^3$ |
| 标况下净化气体的含尘浓度(干基) | $c_{02s}$ | $g/m^3$(标)或 $mg/m^3$(标) |
| 工况下净化气体的含尘浓度(湿基) | $c_{2s}$ | $g/m^3$ 或 $mg/m^3$ |
| 标况下未净化干气体的体积流量 | $Q_{01}$ | $m^3$(标)/h |
| 标况下未净化湿气体的体积流量 | $Q_{01s}$ | $m^3$(标)/h |
| 工况下未净化湿气体的体积流量 | $Q_{1s}$ | $m^3/h$ |
| 标况下净化干气体的体积流量 | $Q_{02}$ | $m^3/h$(标) |
| 标况下净化湿气体的体积流量 | $Q_{02s}$ | $m^3/h$(标) |
| 工况下净化湿气体的体积流量 | $Q_{2s}$ | $m^3/h$ |
| 未净化干气体粉尘的质量流量 | $Q_{1m}$ | kg/h |
| 净化干气体粉尘的质量流量 | $Q_{2m}$ | kg/h |
| 捕集粉尘质量流量 | $m_f$ | kg/h |
| 气体的湿含量 | $d$ | kg 水蒸气/kg 干气体 |
| 水蒸气的分压 | $p_s$ | Pa |

### 3. 气体的含尘浓度

气体的含尘浓度是指单位气体体积中所含的粉尘量，水泥厂常用符号 $c$ 表示，单位为

g/m$^3$（标）和 g/m$^3$［或 mg/m$^3$（标）和 mg/m$^3$］。气体的含尘浓度不仅是收尘器选型的主要技术参数，也是计算收尘器效率的重要数据。如测出收尘器的进口（未净化的气体）的含尘浓度 $c_1$ 和收尘器出口（净化的气体）的含尘浓度 $c_2$，就可计算出收尘器的效率。

（1）标况下含尘浓度 $c_0$ 的表达式为：

$$c_0 = w_f / Q_0 \quad [\text{g/m}^3(\text{标})] \tag{1-88}$$

式中，$w_f$ 为测定含尘气体中的粉尘总量，g；$Q_0$ 为测定含尘气体标况干气体流量，m$^3$（标）。

（2）工况下含尘浓度 $c$ 的表达式为：

$$c = 273c_0/(273+t) = 273w_f/[Q_0(273+t)] \tag{1-89}$$

式中，$t$ 为工况下气体的温度，℃。

（3）粉尘排放量 $L_f$ 的表达式为：

$$L_f = c_0 Q_0 / 1000 \quad (\text{kg/h}) \tag{1-90}$$

式中，$c_0$、$Q_0$ 的意义同上。

**4. 标准状态和工作状态的换算**

（1）工况湿气体体积流量 $Q_s$ 换算成标况干气体体积流量 $Q_0$：

$$Q_0 = 273Q_s p_j / [101.3(273+t)(1+d/804)] \quad [\text{m}^3(\text{标})/\text{h}] \tag{1-91}$$

或

$$Q_0 = 273Q_s(p-p_s)/[101.3(273+t)] \quad [\text{m}^3(\text{标})/\text{h}] \tag{1-92}$$

（2）标况干气体的体积流量 $Q_0$ 换算成标况湿体积 $Q_{0s}$：

$$Q_{0s} = Q_0(1+d/804) \quad [\text{m}^3(\text{标})/\text{h}] \tag{1-93}$$

或

$$Q_{0s} = Q_0 p/(p-p_s) \quad [\text{m}^3(\text{标})/\text{h}]$$

（3）工况湿气体体积流量 $Q_s$ 换算成标况湿气体体积流量 $Q_{0s}$：

$$Q_{0s} = 273Q_s p/[101.3(273+t)] \quad [\text{m}^3(\text{标})/\text{h}] \tag{1-94}$$

或

$$Q_{0s} = Q_s \rho_s / \rho_{0s} \tag{1-95}$$

（4）标况干气体的体积流量 $Q_0$ 换算成工况干气体体积流量 $Q$：

$$Q = 101.3(273+t)Q_0/273p \quad (\text{m}^3/\text{h}) \tag{1-96}$$

式中，$p$ 为工况下气体的绝对压力，$p = B + p_t$，kPa；$B$ 为标准大气压，$B=101.3$kPa；$p_t$ 为工况下气体的工作压力，kPa；$t$ 为工况下气体的温度，℃；$d$ 为气体的湿含量，kg 水蒸气/kg 干气体；$p_s$ 为水蒸气分压，kPa；804 为标况下水蒸气的密度，g/m$^3$（标）。

**5. 干含尘气体的密度**

干含尘气体的密度由气体密度和气体的含尘浓度组成，标况下干含尘气体的密度为：

$$\rho_{0q} = \rho_0 + c_{01} \quad [\text{g/m}^3(\text{标})] \tag{1-97}$$

工况下干含尘气体的密度为：

$$\rho_{qt} = 273\rho_{0q} p/[101.3(273+t)] \quad (\text{g/m}^3)$$

式中，$\rho_{0q}$ 为标况下干含尘气体的密度，g/m$^3$（标）；$\rho_0$ 为标况下气体密度，g/m$^3$（标）；$c_{01}$ 为标况下未净化气体的含尘浓度（干基），g/m$^3$（标）；$\rho_{qt}$ 为工况下含尘干气体的密度，g/m$^3$。

**6. 烟气密度**

由固体燃料煤燃烧生成的烟气的密度 $\rho_y$，除按烟气成分组成计算外，还可按煤的灰分计算，即：

$$\rho_y = [(1-A_h) + Q_{0k}\rho_{0k}]/Q_{0y} \quad [\text{kg/m}^3(\text{标})] \tag{1-98}$$

式中，$A_h$ 为煤的灰分，kg/kg 煤；$Q_{0k}$ 为煤燃烧的实际空气量，m$^3$(标)/kg 煤；$Q_{0y}$ 为燃烧产物的烟气量，m$^3$(标)/kg 煤；$\rho_{0k}$ 为标况下的空气密度，$\rho_{0k}=1.293$kg/m$^3$（标）。

# 第二章
# 除尘基本理论

除尘基本理论指从含尘气体中把粉尘颗粒分离出来的机理、技术、方法，分离用的除尘装置组成、工作原理和主要性能，以及细颗粒物捕集净化技术。

## 第一节 除尘术语

除尘术语包括一般术语、管道及部件术语、颗粒物性质术语和除尘器术语。掌握这些除尘术语对理解和应用除尘技术来说必不可少。

### 一、一般术语

**1. 除尘工程**

除尘工程（dust removal engineering）指治理烟（粉）尘污染的工程，由烟道、除尘器、风机以及系统辅助装置组成。

**2. 除尘系统**

除尘系统（dust removing system）指治理烟（粉）尘污染的系统工程，由集尘罩、管道、除尘器、风机、排气筒以及系统辅助装置组成。

（1）烟（粉）尘污染源（smoke and dust pollution sources） 指生产中产生含尘废气的部位或设备。

（2）排风量（exhaust air rate） 指集气罩（集尘罩）或炉窑出口排出的工况气体体积流量（$m^3/h$）。

（3）含尘浓度（dust concentration） 指单位体积气体中所含有的粉尘质量。可以转变为标准状态下单位体积气体中所含有的粉尘质量，也可以换算为减去水分后标准状态下单位体积干气体中所含有的粉尘质量。

（4）捕集率 指集气罩所能捕集的污染气体量与生产工艺设备产生的污染气体量之比（%）。

（5）处理风量（disposing air volume） 指除尘器、换热器等设备的进口工况气体体积流量（$m^3/h$）。

（6）系统风量（system air volume） 指除尘系统排风机入口的工况气体体积流量，反映除尘系统的处理能力（$m^3/h$）。

（7）标准状态（standard condition） 指含尘气体在温度为273.15K、压力为101325Pa时的干气体状态。

（8）工况风量（operating mode air volume） 指除尘系统运行时管道某断面或设备进、出口的工况气体体积流量（$m^3/h$）。

**3. 卸、输灰系统**

卸、输灰系统（ash discharging and transportation system）是指将除尘器收集的粉尘输送至指定地点的成套装置。

**4. 除尘器**

除尘器（dust collector；dust separator）是指从含尘气体中分离、捕集粉尘的装置或设备。

（1）除尘效率（overall efficiency of separation；total separation efficiency；collection efficiency） 指含尘气流通过除尘器时，在同一时间内被捕集的粉尘量与进入除尘器的粉尘量之比，用百分率表示，也称除尘器全效率。

（2）分级（除尘）效率［grade（collection）efficiency］ 指除尘器对某一粒径（或粒径范围）粉尘的除尘效率。

（3）穿透率（penetration） 也叫透过率，指单位时间内，除尘器排出的粉尘质量占进入除尘器粉尘质量的百分比。

（4）切割粒径（cut size） 也叫分离界限粒径，指除尘器的分级效率等于50%时对应的粉尘粒径。

（5）压力降（pressure drop） 也叫压力损失，指流体在管道及设备中流动时，由于摩擦阻力和局部阻力而导致的压力降低值。

（6）漏风率（air leak percentage） 常用实测漏风率（measured air leak percentage），指除尘器出口标准状态下气体流量与进口标准状态下气体流量之差占进口标准状态下气体流量的百分比。

**5. 烟囱**

烟囱（chimney；stack；exhaust vertical pipe）特指向室外较高空间排放有害物质的排气立管或构筑物。

（1）烟囱有效高度（effective stack height） 指排气烟囱的实际高度与烟羽抬升高度之和。

（2）排放浓度（emission concentration） 指单位体积的排放气体中所含有害物质的质量。

（3）落地浓度（ground-level concentration） 指在烟羽落地点地面以上2m的空间内，单位体积空气中所含有害物质浓度较本底浓度的增量。

**6. 通风机**

通风机（fan）是一种将机械能转变为气体的势能和动能，用于输送空气及其混合物的动力机械。

（1）离心式通风机（centrifugal fan） 指空气由轴向进入叶轮，沿径向方向离开的通风机。

（2）轴流式通风机（axial fan） 指空气沿叶轮轴向进入并离开的通风机。

**7. 除尘**

除尘（dust removal；dust separation；dust control）指捕集、分离含尘气流中的粉尘等固体粒子的技术。

（1）机械除尘（mechanical dust removal；mechanical cleaning off dust） 指借助通风机和除尘器等进行除尘的方式。

（2）湿法除尘（wet dust collection；wet dust extraction） 是水力除尘、蒸汽除尘和喷雾降尘等除尘方式的统称。

（3）水力除尘（hydraulic dust removal） 指通过喷水雾加湿物料，减少扬尘量并促进粉尘凝聚、沉降的除尘方式。

（4）联合除尘（mechanical and hydraulic combined dust removal） 指机械除尘与水力除尘联合作用的除尘方式。

（5）湿式作业（wet method operation） 指将物料加湿、防止粉尘放散的操作方式。

（6）湿法冲洗（wet flushing） 指用水冲洗厂房内的积尘表面，以达到有效防止二次扬尘的措施。

（7）泥浆处理（sludge handling） 指利用沉降、浓缩等方式对湿法除尘的泥浆进行处理和综合回收的措施。

（8）气力输送（pneumatic conveying；pneumatic transport） 指利用气流通过管道输送物料的方式，也称风力输送。

**8. 气流分布**

气流分布（air current distribution）指采用阻流和导流装置使进入除尘器后的气体流量和速度按设计要求进行分配和分布的措施。

**9. 部件**

部件（component；part；piece）特指除尘系统中各类风口、阀门、排风罩、风帽、检查孔和风管支、吊架等。

**10. 配件**

配件（fittings）特指除尘系统中的弯头、三通、变径管、来回弯、导流板和法兰等。

（1）泄压装置（pressure relief device） 指通风除尘系统所输送的空气混合物一旦发生爆炸，压力超过破坏限度时，能自行进行泄压的安全保护装置。

（2）弯头（elbow） 指具有 2 个接口的管道转弯连接件。

（3）三通（tee） 指具有 3 个接口的分支管连接件。

## 二、管道及部件术语

**1. 管道**

管道（ventilating duct）是输送空气和空气混合物的各种风管和风道的统称。

（1）风管（air duct；duct） 指由薄钢板、铝板、硬聚氯乙烯板和玻璃钢等材料制成的通风管道。

（2）风道（air channel；air duct；duct） 指由砖、混凝土、炉渣石膏板和木质等建筑材料制成的通风管道。

（3）（通风）总管（main duct；trunk duct） 指通风机进、出口与系统合流或分流处之间的通风管段。

（4）（通风）干管（main duct） 指连接若干支管的合流或分流的主干通风管道。

（5）（通风）支管（branch duct） 指通风干管与送、吸风口或排风罩、吸尘罩等连接的管段。

（6）软管（flexible duct） 指柔软可弯曲的管道，如金属软管和塑料软管等。

（7）柔性接头（flexible joint） 指通风机进、出口与刚性风管连接的柔性短管。

（8）集合管（air manifold；air header） 指汇集各并联支、干管的横截面较大的直管段。

**2. 伞形风帽**

伞形风帽（cowl；weather cap）指装在系统排放口处用于防雨的伞状外罩。

**3. 锥形风帽**

锥形风帽（conical cowl；tapered cowl）指沿内外锥形体的环状空间垂直向上排风的风帽。

**4. 蝶阀**

蝶阀（butterfly damper）是指风管内绕轴线转动的单板式风量调节阀。

（1）对开式多叶阀（opposed multiblade damper） 指相邻叶片按相反方向旋转的多叶联动风量调节阀。

（2）平行式多叶阀（parallel multiblade damper） 指由平行叶片组成的按同一方向旋转的多叶联动风量调节阀。

（3）菱形叶片调节阀（diamond-shaped damper） 指借阀片的体形变化改变气流通道截面从而实现风量调节的阀门。

**5. 插板阀**

插板阀（slide damper）是指阀板垂直于风管轴线并能在两个滑轨之间滑动的阀门。

**6. 斜插板阀**

斜插板阀（inclined damper）是指阀板与风管轴线倾斜安装的插板阀。

**7. 水力计算**

水力计算（hydraulic calculation）是指为使系统中各管段的流量符合设计要求，所进行的管径选择、阻力计算及压力平衡等一系列运算过程。

（1）摩擦阻力（friction loss；frictional resistance） 指当流体沿管道流动时，由于流体分子间及其与管壁间的摩擦而引起的阻力。

（2）比摩阻（specific frictional resistance） 指单位长度管道的摩擦阻力。

（3）摩擦系数（friction factor） 指流体分子间及其与管壁间摩擦而产生阻力的无量纲数，也称摩擦阻力系数。

（4）绝对粗糙度（absolute roughness） 指管道内表面不规则起伏中的峰谷平均高差。

（5）相对粗糙度（roughness factor） 指管道的绝对粗糙度与该管道直径的比值。

（6）局部阻力（local resistance） 指当流体流经设备及管道中的三通、弯头等附件时，在边界急剧改变的区域，由于涡流和速度的重新分布而产生的阻力。

（7）局部阻力系数（coefficient of local resistance） 指流体流经设备及管道附件所产生的局部阻力与相应动压的比值。其值为无量纲数。

（8）当量长度（equivalent length） 指在系统的水力计算中，将局部阻力折算成与之相当的同一管径的摩擦阻力所对应的管段长度。

（9）阻力平衡（hydraulic resistance balance） 指通过计算并采取相应措施，使系统各并联管路在设计流量下的阻力差额率控制在允许范围内。

（10）静压（static pressure） 是指流体在静止时所产生的压力；流体在流动时产生的垂直于流体运动方向的压力。

（11）动压（velocity pressure） 指流体在流动过程中受阻时，由于动能转变为压力能而引起的超过流体静压力部分的压力。

（12）全压（total pressure） 指动压与静压之和。

**8. 固定支架**

固定支架（fixed support）是指限制管道在支撑点处发生径向和轴向位移的管道支架。

**9. 活动支架**

活动支架（movable support）是指允许管道在支撑点处发生轴向位移的管道支架。

**10. 清扫孔**

清扫孔（cleanout opening；cleaning hole）是指用于清除通风除尘系统管道内积尘的密封孔口。

**11. 检查门**

检查门（access door）是指装在空气处理室侧壁上，用于检修设备的密闭门。

**12. 测孔**

测孔（sampling port；sampling hole）是指用于检测设备及通风管道内空气及其混合物的各种参数，如温度、湿度、压力、流速、有害物质浓度等，而平时加以密封的孔口。

**13. 风管支（吊）架**

风管支（吊）架［support（hanger）of duct］是指支撑（悬吊）风管用的金属杆件、抱箍、托架、吊架等的统称。

**14. 排风罩**

排风罩（exhaust hood；hood）是指局部排风系统中，设置在有害物质发生源处，就地捕集和控制有害物质的通风部件。

（1）外部吸气罩（capturing hood） 指设在污染源附近，依靠罩口的抽吸作用，在控制点处形成一定的风速从而排除有害物质的局部排风罩。

（2）接受式排风罩（receiving hood） 指设在污染源附件，利用生产过程中污染气流的自身运动接受和排除有害物质的局部排风罩。如高温热源上部的伞形罩、砂轮机的吸尘罩等。

（3）密闭罩（exhausted enclosure；enclosed hood） 指将有害物质源全部密闭在罩内的局部排风罩。

（4）局部密闭罩（partial enclosure） 指仅将工艺设备放散有害物质的部分加以局部密闭的排风罩。

（5）整体密闭罩（integral enclosure） 指将放散有害物质的设备大部分或全部密闭起来的排风罩。

（6）大容积密闭罩（large space enclosure；closed booth） 指在较大范围内将整个放散有害物质的设备或有关工艺过程全部密闭起来的排风罩。

（7）排风柜（laboratory hood；fume hood） 指一种三面围挡、一面敞开或装有操作拉门的柜式排风罩。

（8）伞形罩（canopy hood） 指装在污染源上面的伞状排风罩。

（9）侧吸罩（lateral hood；side hood） 指设置在污染源侧面的排风罩。

（10）槽边排风罩（rim exhaust；slot exhaust hood；lateral exhaust at the edge of a bath） 指沿槽边设置的平口或条缝式吸风口。有单侧、双侧和环形槽边排风罩3种。

（11）吹吸式排风罩（push-pull hood） 指利用吹吸气流的联合作用控制有害物质扩散的局部排风罩。

## 三、颗粒物性质术语

**1. 粒子**

粒子（particle；particulate）特指分散的固体或液体的微小粒状物质，也称微粒。

（1）粒径（particle size） 指粒子的直径或粒子的大小。一般用当量直径或粒子的某一长度单位表示。

（2）粒径分布（particle size distribution；granulometric distribution） 指各种粒径范围的粒子质量或粒数分别占粒子总质量或总粒数的百分率，也称分散度。

（3）安息角（angle of repose；angle of rest） 指粉尘能自然堆积在水平面上而不下滑时所形成的圆锥体的最大锥底角。

（4）滑动角（angle of slide） 指将粉尘置于光滑平板上，使该板倾斜到粉尘沿直线下滑时的角度。

（5）真密度（actual density；density of dust particle） 指排除粉尘颗粒之间及其内部的空隙后，密实状态下单位体积粉尘所具有的质量。

（6）堆积密度（volume density；apparent density；bulk density） 包括粉尘颗粒之间及其内部的空隙，指松散状态下单位体积粉尘所具有的质量。

（7）比电阻（resistivity；specific resistance） 指粉尘的电阻乘以电流流过的横截面积并除以粉尘层厚度，也称电阻率。

（8）可湿性（wettability） 指粉尘粒子能否与水或其他液体相互附着或附着难易程度的性质。

（9）水硬性（hydraulicity） 特指某些粉尘吸水后变成不溶于水的硬结的性质。

**2. 尘源**

尘源（dust source）是指向空气中放散粉尘的地点或设备。

**3. 尘化作用**

尘化作用（pulvation action）是指在自然力或机械力作用下，使粉尘或雾滴从静止状态变为悬浮于空气状态的现象。

**4. 二次扬尘**

二次扬尘（reentrainment of dust）是指沉积于设备和围护结构表面上的粉尘，在尘化作用下重新悬浮于空气中的现象。

## 四、除尘器术语

**1. 除尘器**

除尘器（dust separator；dust collector；particulate collector）是指用于捕集、分离悬浮于空气或气体中粉尘粒子的设备，也称收尘器。

**2. 沉降室**

沉降室（gravity separator；settling chamber）是指由于含尘气流进入较大空间速度突然降低，使尘粒在自身重力作用下与气体分离的一种重力除尘装置，又称重力除尘器。

**3. 干式除尘器**

干式除尘器（dry dust separator）是指不用水或其他液体捕集和分离空气或气体中粉尘粒子的除尘器。

**4. 惯性除尘器**

惯性除尘器（inertial dust separator）是指借助各种形式的挡板，迫使气流方向改变，利用尘粒的惯性使其和挡板发生碰撞从而将尘粒分离和捕集的除尘器，本书称挡板除尘器。

**5. 旋风除尘器**

旋风除尘器（cyclone，cyclone dust separator）是指含尘气流沿切线方向进入筒体做螺旋形旋转运动，在离心力作用下将尘粒分离和捕集的除尘器。

**6. 多管（旋风）除尘器**

多管（旋风）除尘器（multicyclone；multiclone）是指由若干较小直径的旋风分离器并联组装成一体的具有共同的进出口和集尘斗的除尘器。

**7. 湿式除尘器**

湿式除尘器（wet dust collector；wet separator；wet scrubber）是指借含尘气体与液滴或液膜的接触、撞击等作用，使尘粒从气流中分离出来的设备。

（1）水膜除尘器（water-film cyclone；water-film separator） 指含尘气体从筒体下部进风口沿切线方向进入后旋转上升，使尘粒受到离心力作用被抛向筒体内壁，同时被沿筒体内壁向下流动的水膜所黏附捕集，并从下部锥体排出的除尘器。

（2）卧式旋风水膜除尘器（horizontal water-film cyclone） 指一种由卧式内外旋筒组成的，利用旋转含尘气流冲击水面在外旋筒内侧形成流动的水膜并产生大量水雾，使尘粒与水雾液滴碰撞、凝集，在离心力作用下被水膜捕集的湿式除尘器。

（3）泡沫除尘器（foam dust separator） 指含尘气流以一定流速自下而上通过筛板上的泡沫层而获得净化的一种除尘设备。

（4）冲激式除尘器（impact dust collector；vortex scrubber） 指含尘气流进入筒体后转弯向下冲击液面，部分粗大的尘粒直接沉降在泥浆斗内，随后含尘气流高速通过S形通道，激起大量水花和液滴，使微细粉尘与水雾充分混合、接触从而被捕集的一种湿式除尘设备。

（5）文丘里除尘器（Venturi scrubber） 指一种由文丘里管和液滴分离器组成的除尘器。含尘气体高速通过喉管时使喷嘴喷出的液滴进一步雾化，与尘粒不断撞击，进而冲破尘粒周围的气膜，使细小粒子凝聚成粒径较大的含尘液滴，进入分离器后被分离捕集，含尘气体得到净化，也称文丘里洗涤器。

（6）筛板塔（sieve-plate column；perforated plate tower） 指筒体内设有几层筛板，气体自下而上穿过筛板上的液层，通过气体的鼓泡使有害物质被吸收的净化设备。

（7）填料塔（packed tower；packed column） 指筒体内装有环形、波纹形或其他形状的填料，吸收剂自塔顶向下喷淋于填料上，气体沿填料间隙上升，通过气液接触使有害物质被吸收的净化设备。

**8. 空气过滤器**

空气过滤器（air filter）是指借助滤料过滤和净化含尘空气的设备。

**9. 真空吸尘装置**

真空吸尘装置（vacuum cleaning installation；vacuum cleaner；cleaning vacuum plant）是指一种借助高真空度的吸尘嘴清扫积尘表面并进行净化处理的装置。

**10. 低低温电除尘器**

低低温电除尘器（low low temperature ESP）是指通过低温省煤器或MGGH降低电除尘器入口烟气温度至酸露点以下，最低温度应满足湿法脱硫系统工艺温度要求的电除尘器。

**11. 湿式电除尘器**

湿式电除尘器（wet ESP）是指利用液体清洗收尘极的电除尘器。

**12. 电袋复合除尘器**

电袋复合除尘器（electrostatic-fabric integrated precipitator）是指静电除尘和过滤除尘机理结合的一种复合除尘器。

**13. 过滤式除尘器**

过滤式除尘器（porous layer dust collector）是指利用多孔介质的过滤作用捕集含尘气体中粉尘的除尘器。

**14. 袋式除尘器（袋滤器）**

袋式除尘器（袋滤器）（bag filter）是指利用由过滤介质制成的袋状或筒状过滤元件来捕集含尘气体中粉尘的除尘器。

（1）分室（sectional compartment） 指袋式除尘器分隔成若干单元，各单元可单独完成过滤与清灰功能的结构。

（2）过滤（filtration） 指利用多孔介质捕集粉尘的过程。

（3）清灰（cleaning） 指去除过滤介质上所黏附的粉尘层，恢复过滤介质过滤能力的过程。

（4）沉降（settling） 指粉尘在自身重力作用下，自上向下的运动状态。

（5）反吹（reverse blow） 指使干净或净化后的气体沿与过滤状态相反的路线流过过滤介

质以实现清灰的过程。

（6）在线清灰（on-line cleaning） 指不切断过滤气流的滤袋清灰方式。

（7）离线清灰（off-line cleaning） 指切断过滤气流的滤袋清灰方式。

（8）二状态清灰（two states cleaning） 指具有“过滤”“清灰”两种工作状态的清灰方式。

（9）三状态清灰（three states cleaning） 指具有“过滤”“清灰”“沉降”三种工作状态的清灰方式。

（10）上进风（top inlet） 指含尘气流从袋室上部进入，气流与粉尘沉降方向一致。

（11）下进风（bottom inlet） 指含尘气流从袋室下部进入，气流与粉尘沉降方向相反。

（12）侧进风（side entry） 指含尘气流从袋室侧面进入，含尘气流与粉尘沉降方向垂直。

（13）制造漏风率（air leak percentage in manufacturing） 指由于制造、安装缺陷所造成的漏风率（%）。

（14）折算漏风率（conversion air leak percentage） 指按规定方法将实测漏风率折算为除尘器内外压差达某一规定值时的漏风率。

（15）过滤风速（filtration velocity） 指含尘气流通过滤料有效面积的表观速度（m/min）。

（16）过滤面积（filtration area） 指起滤尘作用的有效面积（$m^2$）。

（17）内滤（inside filtration） 指含尘气流由袋内流向袋外，利用滤袋内侧捕集粉尘。

（18）外滤（outside filtration） 指含尘气流由袋外流向袋内，利用滤袋外侧捕集粉尘。

（19）滤袋框架（骨架）[bag frame（cage）] 指支撑滤袋，使之在过滤或清灰状态下保持袋内气体流动空间的部件。

（20）防瘪环（anticollapse ring） 指支撑内滤式滤袋，使之保持袋内一定空间的圆环。

（21）消静电滤料（anti-static electricity filter materials） 指可减少表面电荷积累的滤料。

（22）覆膜滤料（filmed filter fabric） 指在滤料表面上贴覆一层微孔薄膜的过滤材料。

（23）涂层滤料（coated filter fabric） 指滤料表面进行涂层处理的滤料。

（24）粉尘层剥离性（property of cake separated from filtration materials） 指清灰时粉尘层脱离滤料的难易程度。

（25）（滤料除尘效率的）标定值（rated collection efficiency of filter fabric） 指在特定过滤风速下，用试验粉尘对滤料所测得的除尘效率数值。

（26）机械振动类（袋式除尘器）[mechanical shaking type（bag filter）] 指利用机械装置（含手动、电磁或气动装置）使滤袋产生振动从而清灰的袋式除尘器。

（27）分室反吹类（袋式除尘器）[sectional（compartment）reverse blow type（bag filter）] 指利用分室结构，用阀门逐室切换气流，在反向气流作用下，迫使滤袋缩瘪或鼓胀从而清灰的袋式除尘器。

（28）喷嘴反吹类（袋式除尘器）[nozzle reverse blow type（bag filter）] 指气流通过移动的喷嘴进行反吹，使滤袋变形、抖动从而清灰的袋式除尘器。

（29）振动、反吹并用类（袋式除尘器）[combine shaking and reverse blow type（bag filter）] 指机械振动（含电磁振动或气动振动）和反吹 2 种清灰方式并用的袋式除尘器。

（30）气环反吹（annular nozzle reverse blow） 指以套在滤袋外面的环缝形喷嘴沿滤袋上下移动反吹清灰。

（31）回转反吹（rotary reverse blow） 指高压空气通过旋臂的喷嘴对同心圆布置的滤袋反吹清灰。

（32）分室定位回转反吹 [sectional（compartment）rotary fixed reverse blow] 指利用

回转机构对分隔的袋室逐个定位进行反吹清灰。

(33) 脉冲喷吹类（袋式除尘器）[pulse jet type（bag filter)] 指利用脉冲喷吹机构在瞬间释放压缩气体，使滤袋急剧鼓胀，依靠冲击振动清灰的袋式除尘器。

(34) 环隙脉冲（喷吹）(ring slot pulse jet) 指采用环隙引射器的脉冲喷吹清灰方式。

(35) 气箱脉冲（喷吹）(pneumatic box pulse jet) 指利用脉冲气流对同一室内滤袋同时进行清灰的脉冲清灰方式。

(36) 回转管脉冲（喷吹）(rotary tube pulse jet) 指利用持续回转的喷吹管对同心圆布置的滤袋进行喷吹的清灰方式。

(37) 脉冲阀（pluse valve） 指受电磁或气动等先导阀的控制，能在瞬间启、闭高压气源产生气脉冲的膜片阀。

(38) 气脉冲宽度（pulse width of pneumatic pulse） 指脉冲阀开启一次的持续时间。

(39) 电脉冲宽度（electrical pulse duration） 指电控仪每位输出控制信号持续的时间。

(40) 脉冲间隔（pulse interval） 又叫喷吹间隔，指相邻两个脉冲阀喷吹动作的时间间隔。

(41)（脉冲阀）流通能力 [throughout capacity（of pulse valve)] 指在一定条件下，脉冲阀通过气体流量的能力。

(42) 清灰周期（dust cleaning period） 指同一条（排）滤袋相邻两次清灰间隔的时间。

(43) 引射器（director） 指诱导二次气流的元件。

**15. 颗粒层除尘器**

颗粒层除尘器（gravel bed filter）是指利用颗粒状材料构成的过滤层捕集粉尘的除尘器。

(1) 垂直层（vertical bed） 指垂直放置的颗粒层，含尘气流水平通过。

(2) 水平层（horizontal bed） 指水平放置的颗粒层，含尘气流自上而下通过。

(3) 固定床（fixed bed） 指除尘过程中颗粒物不流动的颗粒层。

(4) 移动床（moved bed） 指除尘过程中颗粒物缓慢流动的颗粒层。

(5) 振动反吹清灰（vibrating and reverse blow cleaning） 指使干净气体反向吹过颗粒层，同时振动颗粒层，使颗粒上沉淀的粉尘脱落。

(6) 旋耙反吹清灰（revolving rake and reverse blow cleaning） 指使干净气体反向吹过颗粒层，同时旋转梳耙搅动颗粒层，使颗粒上沉淀的粉尘脱落。

(7) 沸腾反吹清灰（boiling and reverse blow cleaning） 指将干净气体反向吹过颗粒层，使颗粒处于悬浮状态，通过颗粒之间的摩擦作用使附着的粉尘脱落。

**16. 静电除尘器**

静电除尘器（electrostatic precipitator）是指利用高压电场对荷电粉尘的吸附作用，把粉尘从含尘气体中分离出来的除尘器。即在高压电场内，使悬浮于含尘气体中的粉尘受到气体电离的作用而荷电，荷电粉尘在电场力的作用下，向极性相反的电极运动，并吸附在电极上，通过振打或冲刷从金属表面上脱落，同时在重力的作用下落入灰斗的除尘器，又称电除尘器、电收尘器。

(1) 室（chamber） 指静电除尘器中的纵向分区，其内设有电场。当 1 台静电除尘器具有 2 个（或 2 个以上）室时，各室平行排列，各室之间一般由挡风板来分隔气流。

(2) 静电除尘器内的烟气速度（precipitator gas velocity） 指烟气流经电场的平均速度。是指静电除尘器单位时间内处理的烟气量和电场流通面积的比值（m/s）。

(3) 停留时间（treatment time） 指烟气流经有效电场的时间（s）。

(4) 电场有效长度（effective length） 指烟气流方向上测得的阳极板的总长度。

(5) 电场有效高度（effective height） 指有电场效应的阳极板高度。

（6）电场有效宽度（effective width）　指静电除尘器同性电极中心距与烟气通道数的乘积。

（7）有效流通面积（effective cross-sectional area）　指静电场有效宽度乘以电场有效高度。

（8）烟气通道（gas passage）　指相邻两排阳极板所形成的通道。

（9）集尘面积（有效）[collecting area（effective）]　指有电场效应的阳极板的投影面积的总和。它等于电场有效长度、电场有效高度与2倍烟气通道数的总乘积。

（10）比集尘面积（specific collecting area）　指单位流量的烟气所分配到的集尘面积。它等于集尘面积与烟气流量之比 [$m^2/(m^3/s)$]。

（11）粉尘驱进速度（dust drift velocity）　指荷电粉尘在电场力作用下向阳极板表面运动的速度。它是对静电除尘器性能进行比较和评价的重要参数，也是静电除尘器设计的关键数据。

（12）绝缘子室（insulator compartment）　指支承高压系统的绝缘子封闭罩。

（13）防雨棚（weather enclosure）　指设置在静电除尘器屋顶的相关部位，用于防护有关装置免遭风雨侵袭和为维修人员提供遮护的非密闭性棚罩。

（14）人孔门（access door）　指安装于除尘器壳体上，供检修人员进、出的活动密封门。应设有安全联锁装置。

（15）安全接地装置（safety grounding device）　指一种在检修人员进入静电除尘器之前将高压系统接地的装置。

（16）气流分布装置（gas distribution device）　指装于进、出口封头内，用以改善进入电场的气流分布，使之均匀的装置。如可调式导流板或多孔板等。

（17）挡风板（anti-sneakage baffle）　指设置在静电除尘器内用以防止烟气不经电场而旁通流走的挡板。

（18）导流叶片（turning vanes）　指设置在进、出口封头用来引导气流流向，以改善气流流型和含尘浓度分布的叶片。

（19）气流分布振打装置（gas distribution device rapper）　指使气流分布板产生冲击振动或抖动，以使沉积在该板上的粉尘振落的装置。

（20）支承（support bearing）　指位于壳体底部与静电除尘器支架之间，为适应壳体热膨胀需要而设置的装置。

（21）支架（support stracture）　指支承静电除尘器的构件。

（22）平台（platform）　指位于壳体外侧，供设备检修及人员走动的设施；平台边缘一般均应设置栏杆和护板。

（23）阳极板（集尘板）（collecting plate）　是阳极系统的组成单元，是静电除尘器的接地电极，带负电荷的粉尘在电场力的作用下移向它并被吸附于其上。

（24）阳极振打装置（collecting electrode rapper）　指使阳极板产生冲击振动或抖动，以使沉积在阳极板上的粉尘振落的装置。

（25）阴极线（discharge efectrode）、极线（wire electrode）、电晕线（emitting electrode）　指与阳极板相对设置，由负高压电源供电，在除尘器内建立电场，使气体电离，粉尘荷电并产生电场效应的构件。

（26）阴极振打装置（discharge electrode rapper）　指使阴极产生冲击振动或抖动，以使沉积在阴极上的粉尘振落的装置。

（27）阴极系统支承绝缘子（high voltage system support insulator）　指对阴极系统在结构上起支承作用，在电气上起绝缘作用的器件。

(28) 振打绝缘轴（shaft insulator） 指在电气上起绝缘作用，在机械上传递阴极系统所需的扭矩、振动或冲击力的绝缘器件。

(29) 高压硅整流变压器（high voltage silicon transformer-rectifier） 指集升压变压器、硅整流器为一体的供静电除尘器用的变压器。

(30) 高压控制柜（high voltage control cubicle） 指用于控制并调节高压硅整流变压器输出直流电压的电控设备。

(31) 高压隔离开关（high voltage isolating switch） 指用来隔离直流高压电源或转换直流高压电源连接方式的不带负荷操作的开关。

(32) 阻尼电阻器（damping resistor） 指用于消除整流变压器次级端产生的高频振荡，保护整流器或高压电缆不被击穿的电阻器。

(33) 低压控制设备（low voltage control equipment） 指用于控制振打、卸灰、加热，并具有保护、检测功能的电控设备。

(34) 高压电缆（high voltage cable） 指直流电压在60kV及以上电压等级的静电除尘器专用电缆。

(35) 安全联锁（key interlocking system） 指由钥匙旋转的主令电器与机械锁组成的安全联锁系统。

(36) 火花跟踪（spark tracing） 指自动控制整流输出电压接近火花放电电压的一种控制方式。

(37) 上位机控制系统（energy management control system） 指由中央控制器、高压控制柜、振打控制器、烟气浊度监测仪组成的全自动微机智能监控系统。

(38) 辉光放电（glow discharge） 指当电场强度超过某值时，以发光表现出来的气体中的电传导现象，此时没有大的嘶声或噪声，也没有显著的发热或电极的蒸发。

(39) 电晕（corona） 指发生在不均匀的、场强很高的电场中的辉光放电。

(40) 火花放电（spark discharge） 指由于分隔两端子的空气或其他电介质材料突然被击穿，引起带有瞬间闪光的短暂放电现象。

(41) 电弧放电（arc discharge） 指火花放电之后，电场强度继续升高直至出现贯穿整个电场间隙的持续放电现象。发生火花放电时电流密度很大并伴有高温和强光。

(42) 反电晕（back corona） 指沉积在集尘极表面的高比电阻粉尘层内部的局部放电现象。

(43) 电晕电流（corona current） 指发生电晕时，从电极间流过的电流。

(44) 电晕功率（corona power） 指电场的平均电压和平均电晕电流的乘积。

(45) 电晕闭塞（corona block） 又叫电晕封闭，指当电场中的烟尘浓度（或空间电荷强度）达到某一极值时，在静电屏蔽作用下使电晕电流几乎降到零的现象。发生电晕闭塞时，电场条件极端恶化，收尘效率急剧下降。

(46) 闪络（flashover） 指在高电压作用下，气体或液体介质沿固态绝缘体表面发生的从一个电极发展到另一个电极的放电现象。发生闪络后，电极间的电压迅速下降到零或接近于零。

(47) 一次电压（primary voltage） 指施加于高压整流变压器一次绕组的交流电压（有效值）。

(48) 一次电流（primary current） 指通过高压整流变压器一次绕组的交流电流（有效值）。

(49) 二次电压（secondary voltage） 指高压整流变压器施加于静电除尘器电场的脉动直流电压（平均值）。

（50）二次电流（secondary current）　指高压整流变压器通向静电除尘器电场的直流电流（平均值）。

（51）空载电压（no-load voltage）　指施加于空气介质的静电除尘器电场的二次电压。

（52）空载电流（no-load current）　指当以空载电压施加于电场时流过的二次电流。

（53）伏安特性（voltage-current characteristic）　指二次电流与二次电压之间的关系曲线。

# 第二节　气体中颗粒物分离机理

将粉尘粒子从气体中分离出来有多种方法，这些方法都是以作用力为理论基础。由于力的性质不同，使得气体中粒子分离有不同的机理和方法。

## 一、含尘气体的流动特性

**1. 空气的压力和压力场**

空气的流动是由压力差引起的。在室内或管道内的空气，无论它是否在运动，都对周围墙壁或管壁产生一定压力。这种对器壁产生的垂直压力叫静压力。流动着的空气沿其运动方向所产生的压力叫动压力。静压力与动压力的代数和称为全压力，均以 Pa 为单位计量。空气流动空间的压力分布叫压力场。压力是时间与空间的函数，如果在一定的空间内，压力不随时间而变化，称为稳定的压力场；相反的则是不稳定的压力场。气流在管道中的流动主要由通风机所造成的压力差而形成的。由于局部泄漏或热源造成的空气密度差别，也可能形成室内或通风管道系统内的气体流动，在管道系统内任一点的能量（压力）关系可用下式表示：

$$p_T=p_d+p_{st} \tag{2-1}$$

式中，$p_T$ 为全压，Pa；$p_d$ 为动压，Pa；$p_{st}$ 为静压，Pa。

动压是以空气流速形式表现的，又称速度压。在一个封闭空间内，如果没有空气流动则动压为零。动压与流速的关系为：

$$p_d=\frac{v^2\rho_a}{2} \tag{2-2}$$

式中，$v$ 为管道内气流速度，m/s；$\rho_a$ 为空气密度，$kg/m^3$。

所以在管道中，如果测知某断面平均动压并知道空气的压力和温度，便可以计算出气流速度 $v$ 以及相应的气体流量 $Q$。

$$v=\sqrt{\frac{2p_d}{\rho_a}} \tag{2-3}$$

$$Q=Fv \tag{2-4}$$

式中，$Q$ 为管道中的气流量，$m^3/s$；$F$ 为测动压的管道断面积，$m^2$。

气流在断面大小或形状变化的系统中流动时，其质量不变，即通过各个断面的空气质量是相等的，即：

$$\rho_1F_1v_1=\rho_2F_2v_2=\cdots=G=\text{常数} \tag{2-5}$$

式中，$F_1$、$F_2$ 为断面 1、2 处的管道面积，$m^2$；$v_1$、$v_2$ 为断面 1、2 处的流速，m/s；$\rho_1$、$\rho_2$ 为断面 1、2 处的空气密度，$kg/m^3$；$G$ 为气体流量，kg/s。

在低速条件下气体被看作不可压缩的，$\rho_1=\rho_2$。于是上式可简化为：

$$F_1v_1=F_2v_2=\cdots=Q=\text{常数} \tag{2-6}$$

式(2-6) 说明，在管道任一断面上的体积流量均相等。

**2. 管道内气体的流动性质**

气体在管道内低速流动时，各层之间相互滑动而不混合，这种流动称为层流，在层流状态下，断面流速分布为抛物线形，中心最大流速 $v_c$ 为平均流速 $v_p$ 的 2 倍，即：

$$v_c=2v_p \tag{2-7}$$

流速继续增加，达到一定速度时，气体质点在径向也得到附加速度，层间发生混合，流动状态发展为紊流，这时断面的流速分布也发生改变。表征管道内流动性质的是雷诺数 $Re$。

表征管道内气流状态的 $Re$ 值有如下界线：$Re \leqslant 1160$ 时，气体流动为层流；$1160<Re<2000$ 时，两种流动状态均可能；$Re \geqslant 2000$ 时，对一般通风管道常有的条件来说，气体流动都呈紊流状态。

## 二、气流对球形颗粒的阻力

粉尘颗粒在气体中流动，只要颗粒与气流两者之间有相对速度，气体对粉尘颗粒就有阻力，该气体阻力为：

$$P_D=C_D A_p \frac{\rho_a v_p^2}{2} \tag{2-8}$$

式中，$v_p$ 为尘粒相对于气流的运动速度，m/s；$\rho_a$ 为空气密度，$kg/m^3$；$A_p$ 为尘粒垂直于气流方向的截面面积，$m^2$；$C_D$ 为阻力系数。

阻力系数 $C_D$ 的大小与粉尘颗粒在气流中运动的雷诺数 $Re_p$ 有关，$Re_p$ 表示为：

$$Re_p=\frac{v_p d_p}{v}=\frac{v_p \rho_a d_p}{\mu} \tag{2-9}$$

式中，$d_p$ 为粉尘的直径，μm。

球形尘粒阻力系数与雷诺数的关系曲线如图 2-1 所示。

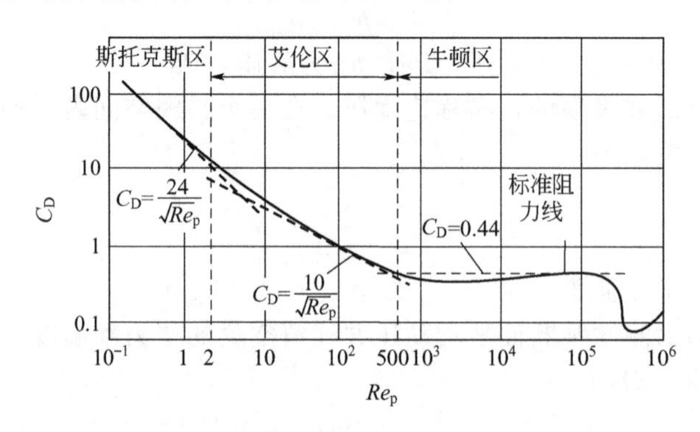


图 2-1 球形尘粒阻力系数与雷诺数的关系曲线

由图 2-1 可以看出，在不同的 $Re_p$ 范围，$C_D$ 值的变化按不同规律发生，通常分成 4 个区段，各有不同的表达式。

(1) $Re_p \leqslant 1$（层流区） $C_D$ 的计算公式为：

$$C_D=\frac{24}{Re_p} \tag{2-10}$$

这时，气流对尘粒的阻力为：

$$R_D=\frac{3\pi}{\mu d_p v_p} \tag{2-11}$$

本区内按雷诺数的大小实际上又可区分为几种情况，相应有若干不同的计算阻力系数的公式，但以斯托克斯式用得比较广泛。这个公式适合大多数过滤器的低速工况。

(2) $1<Re_p<500$（过渡区） 通常采用柯利亚奇克公式，认为它在 $3<Re_p<400$ 的情况下比较接近实际，该式为：

$$C_D=\frac{24}{Re_p}+\frac{4}{\sqrt[3]{Re_p}} \tag{2-12}$$

(3) $500\leqslant Re_p<2\times10^5$（紊流区）　这时 $C_D$ 近似为一常数，$C_D\approx0.44$，这时气流阻力和相对流速的平方成正比，即：

$$P_D=0.55\pi\rho_a d_p^2 v_p^2 \tag{2-13}$$

(4) $Re_p\geqslant2\times10^5$（高速区）　阻力系数反而降低，由 0.44 降到 0.1～0.22。

以上几种情况均适用于 $d_p$ 远远大于空气分子运动平均自由程 $\lambda$ 的粗粒分散系。对于除尘过滤技术是适用的（在温度为 20℃、压力为 101325Pa 条件下，$\lambda=0.065\mu m$）。

当尘粒直接接近 $\lambda$ 时，尘粒运动带有分子运动的性质，另有修正关系。

在各种以过滤为主的除尘器的工作过程中，气流必须通过滤料的多孔通道，而且流速经常限制在较低的区段内，若以雷诺数判别，含尘气流都处在层流状态下，所以斯托克斯式是适用的。在过滤过程中，气流要绕穿相对稳定的滤料，它们或者是球形颗粒（对颗粒层堆积滤料来说），或者是圆柱形纤维滤材，这其中，相对运动的阻力也应大体参照上述关系。

## 三、粉尘从气体中分离的条件

颗粒捕集机理如图 2-2 所示。含尘气体进入分离区，在某一种或几种力的作用下，粉尘颗粒偏离气流，经过足够的时间移到分离界面上，就附着在上面，并不断除去，以便为新的颗粒继续附着在上面创造条件。由此可见，要从气体中将粉尘颗粒分离出来，必须具备以下的基本条件。

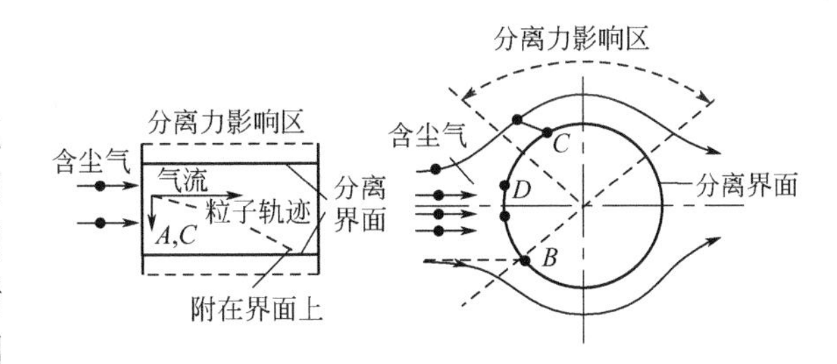


图 2-2　颗粒捕集机理

① 有分离界面可以让颗粒附着在上面，如器壁、某固体表面、粉尘大颗粒表面、织物与纤维表面、液膜或液滴等。

② 有使粉尘颗粒运动轨迹和气体流线不同的作用力，常见的有重力（$A$）、离心力（$A$）、惯性力（$B$）、扩散（$C$）、静电力（$A$）、直接拦截（$D$）等，此外还有热聚力、声波和光压等。

③ 有足够的时间使颗粒移到分离界面上，这就要求分离设备有一定的空间，并要控制气体流速等。

④ 能使已附在界面上的颗粒不断被除去，而不会重新返混入气体内，这就是清灰和排灰过程，清灰有在线式和离线式两种方式。

## 四、气体中粉尘分离的机理

图 2-3 为从气流中分离粉尘粒子的物理学机理示意图。其中，一部分表示粉尘分离的主要机理，而另一部分则表示次要机理。次要机理只能提高主要机理的作用效果。但是，这样划分机理是有条件的，因为在某些除尘装置中，粉尘分离的次要机理可能起着主要机理的作用。

**1. 粉尘的重力分离机理**

粉尘的重力分离机理是以粉尘从缓慢运动的气流中自然沉降为基础，是从气流中分离粒子的一种最简单、效果最差的机理。因为在重力除尘器中，气体介质处于湍流状态，故而粒子即使在除尘器中逗留时间很长，也不能期求有效地分离含尘气体介质中的细微粒度粉尘。

这种方法对较粗粒度粉尘的捕集效果要好得多，但这些粒子也不完全服从以静止介质中粒子沉降速度为基础的简单设计计算。

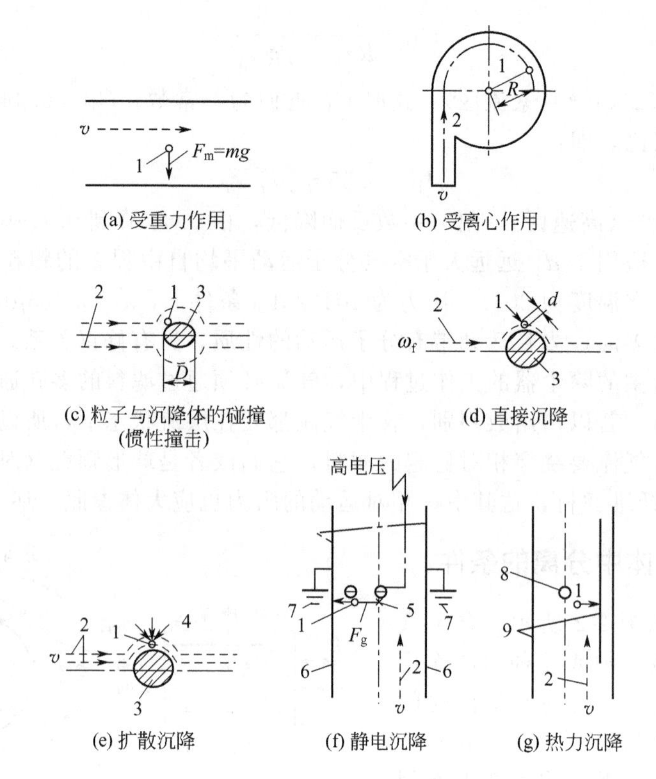


图 2-3 从气流中分离粉尘粒子的物理学机理示意

1—粉尘粒子；2—气流方向；3—沉降体；4—扩散力；5—负极性电晕电极；6—收尘电极；7—大地；8—受热体；9—冷表面

粉尘的重力分离机理主要适用于粒径大于 100μm 的粉尘粒子。

**2. 粉尘的离心分离机理**

由于气体介质快速旋转，气体中悬浮粒子达到极大的径向迁移速度，从而使粒子得到有效分离。离心除尘方法是在旋风除尘器内实现的，但除尘器构造必须使粒子在除尘器内的逗留时间短。相应地，这种除尘器的直径一般要小，否则很多粒子在旋风除尘器中短暂的逗留时间内不能到达器壁。在直径 1～2m 的旋风除尘器内，可以十分有效地捕集粒径在 10μm 以上大小的粉尘粒子。但工艺气体流量很大，要求使用大尺寸的旋风除尘器，而这种旋风除尘器效率较低，只能成功地捕集粒径大于 70μm 的粒子。对某些需要分离微细粒子的场合通常用更小直径的旋风除尘器。

增加气流在旋风除尘器壳体内的旋转圈数，可以达到增加粒子逗留时间的目的。但这样往往会增大被净化气体的压力损失，而在除尘器内达到极高的压力。当旋风除尘器内气体圆周速度增大到超过 18m/s 时，其效率一般不会再有明显改善。其原因是，气体湍流强度增大，以及往往不予考虑的因受科里奥利力的作用而产生对粒子的阻滞作用。此外，由于压力损失增大以及可能造成旋风除尘器装置磨损加剧，无限增大气流速度是不相宜的。在气体流量足够大的情况下可能保证旋风除尘器装置实现高效率的一种途径是并联配置很多小型旋风除尘器，如多管旋风除尘器。但是，此时则难以保证按旋风除尘器均匀分配含尘气流。

旋风除尘器的突出优点是，它能够处理高温气体，造价比较便宜，但在规格较大而压力损失适中的条件下，对气体高精度净化的除尘效率不高。

**3. 粉尘的惯性分离机理**

粉尘的惯性分离机理在于当气流绕过某种形式的障碍物时，可以使粉尘粒子从气流中分离出来。障碍物的横断面尺寸越大，气流绕过障碍物时流动线路严重偏离直线方向就开始得越早，相应地悬浮在气流中的粉尘粒子开始偏离直线方向也就越早；反之，如果障碍物尺寸小，则粒子运动方向在靠近障碍物处开始偏移（由其承载气流的流线发生曲折而引起）。在气体流速相等的条件下，就可发现第二种情况的惯性力相应地较大。所以，障碍物的横断面尺寸越小，顺障碍物方向运动的粒子到达其表面的概率就越大，而不与绕行气流一道绕过障碍物。由此可见，利用气流横断面方向上的小尺寸沉降体，就能有效地实现粉尘的惯性分离。将水滴（在洗涤器、文丘里管中）或纤维（在织物过滤界中）应用于粉尘的惯性分离，其原因就在于此。但是在利用此类沉降体时必须使粒子具有较大的惯性行程，这只有在气体介质被赋予较大局部速度时才可能实现。因此，利用惯性机理分离粉尘，势必给气流带来巨大的压力损失。然而，它能达到很高的捕集效率，从而使这一缺点得以补偿。借助上述机理可高效捕集几微米大小的粒子，从而接近袋式除尘器、文丘里管除尘器等高效率的除尘器。

利用惯性机理捕集粗粒度粉尘时，粉尘的特征是惯性行程较大，可降低对气体急拐弯构件的要求。在这种情况下可以用角钢或带钢制成百叶窗式除尘器以及各种烟道弯管作为这种构件，也可以在含尘气流运动路径中设置挡板，提高除尘效果。这种装置的效率较低，通常与其他除尘装置配合使用。

**4. 粉尘的静电力分离机理**

静电力分离粉尘的原理在于利用电场与荷电粒子之间的相互作用。虽然在一些生产中产生的粉尘带有电荷，但其电量和符号可能从一个粒子变向另一个粒子，因此，这种电荷在借助电场从气流中分离粒子时无法加以利用。由于这一原因，静电力分离粉尘的机理要求是粉尘粒子荷电。还可以通过把含尘气流注入同性荷电离子流的方法使粒子荷电。

为了产生使荷电粒子从气流中分离的力，必须有电场。若顺着含尘气流运动路径设置的异性电极上有电位差，则形成电场。在直接靠近集尘电极的区域，这些力的作用显示最为充分，因为在其余气流体积内存在强烈脉动湍流。荷电粒子受到的静电力相当小，所以，利用静电力机理实现粉尘分离时，只有使粒子在电场内长时间逗留才能达到高效率。这就决定了静电力净化装置——电除尘器的一个主要缺点，即为了保证含尘气流在电除尘器内长时间逗留的需要，电除尘器尺寸一般十分庞大，因而相应地提高了设备造价。

但是，与外形尺寸同样庞大的高效袋式除尘器相比，其独特的优点是静电力净化装置不会造成很高的压力损失，因而能耗较低。静电力净化的另一个重要优点是，可以用来处理工作温度达 400℃的气体，在某些情况下可处理温度更高的气体。

至于用静电力方法可捕集的粒子的最小尺寸，至今还没有一个规定的粉尘细度极限。借助某些形式的电除尘器还可以有效地捕集工业气体中的微细酸雾。

**5. 粉尘分离的扩散过程**

绝大多数悬浮粒子在触及固体表面后就留在其表面上，以此种方式从该表面附近的粒子总数中分离出来。所以，靠近沉积表面产生粒子浓度梯度。因为粉尘微粒在某种程度上参与其周围分子的布朗运动，故而粒子不断地向沉积表面运动，使浓度差趋向平衡。粒子浓度梯度越大，这一运动就越剧烈。悬浮在气体中的粒子尺寸越小，则参加分子布朗运动的程度就越强，粒子向沉积表面的运动也相应地显得更加剧烈。

上面描述的过程称为粒子的扩散沉降。这一过程在用织物过滤器捕集细微粉尘时起着特别明显的作用。

**6. 热力沉淀作用**

管道壁和气流中悬浮粒子的温度差影响这些粒子的运动。如果在热管壁附近有一个不大的粒子，则由于该粒子受到迅速而不均匀的加热，其最靠近管壁的一侧就显得比较热，而另一侧则比较冷。靠近较热侧的分子在与粒子碰撞后，以大于靠近冷侧分子的速度飞离粒子，结果是作用于粒子的脉冲产生强弱差别，促使粒子朝着背离受热管壁的方向运动。在粒子受热而管壁处于冷态的情况下，也将发生类似现象，但此时，悬浮在气体中的粒子将不是背离管壁运动，而是向着管壁运动，从而引起粒子沉降效应，即所谓热力沉淀。

热力沉淀的效应不仅体现在粒子十分微细的情况下，且体现在粒子较粗的场合。但在第二种情况下热力沉淀的物理过程更为复杂，虽然这一过程的原理依然是在温度梯度条件下粒子周围的分子运动速度不同。

当除尘器内的积尘表面用人工方法冷却时，热力沉淀的效应特别明显。

**7. 凝聚作用**

凝聚是气体介质中的悬浮粒子在互相接触过程中发生黏结的现象。发生这种现象，可能是粒子在布朗运动中发生碰撞的结果，也可能是由这些粒子的运动速度存在差异所致。粒子周围介质的速度发生局部变化以及粒子受到外力的作用，均可能导致粒子运动速度产生差异。

当介质速度局部变化时，所发生的凝聚作用在湍流脉动中显得特别明显，因为粒子被介质吹散后，由于本身的惯性，跟不上气体单元体积运动轨迹的迅速变化，结果粒子互相碰撞。

引起凝聚作用的外力可以是使粒子以不同悬浮速度运动的重力，或者是在存在外部电场条件下荷电粒子所受的电力。

粒子的相互运动也可能是气体中悬浮粒子荷电的结果，在同性电荷的作用下粒子互相排斥，而在异性电荷的作用下互相吸引。

如果是多分散性粉尘，细微粒子与粗大粒子凝聚，而且细微粒子越多，其尺寸与粗大粒子的尺寸差别越大，凝聚作用进行越快。粒子的凝聚作用为一切除尘设备提供良好的捕尘条件，但在工业条件下很难控制凝聚作用。

## 五、除尘过程

为便于分析研究，将整个除尘过程分为有联系而又有区别的如下 3 个过程。

**1. 捕集分离过程**

捕集分离过程可分为捕集推移阶段和分离阶段。

（1）捕集推移阶段　均匀混合或悬浮在运载介质中的粉尘进入除尘器的除尘空间，根据不同的除尘器类型经受不同的外力作用，将粉尘推移到分离界面。随着粉尘向分离界面推移，浓度也越来越大，故捕集分离阶段实质也是粉尘浓缩的阶段。

（2）分离阶段　高浓度的尘流向分离界面以后，有以下两种机理在起作用。一种机理是运载介质运载粉尘的能力将达到极限状态，通过沉降，粉尘颗粒从运载介质中分离出来。极限状态的影响因素一般与气流速度及边壁的边界条件有关。而边壁的边界层又是重要影响因素。另一机理是对于高浓度尘流，在粉尘颗粒的扩散与凝聚这对矛盾中凝聚成为主要矛盾方面。粉尘颗粒可以彼此凝聚在一起，又可能与实质界面凝聚而吸附在其上面。通过这两种机理，最后粉尘从运载介质中分离出来。

**2. 排尘过程**

排尘过程主要是指经分离界面以后已分离出来的粉尘排离排尘口。不同的除尘器排尘的作用力也不同。有些除尘器不需要再加额外动力就能利用原捕集分离的外力把粉尘排离除尘器，如机械力除尘器及洗涤除尘器。而另一些除尘器则需要加额外的动力才能把已分离的粉尘排出，如电力除尘器、过滤除尘器的振落清灰装置。排尘过程中已分离的粉尘有可能又重新扩散从而悬浮在已弃尘的净化气流中，因而在除尘技术中有返混与二次飞扬等问题。

**3. 排气过程**

已弃尘后相对净化的气流从排气口排出的过程称为排气过程。

很明显，前 2 个过程与研究除尘器效率有关，而排气过程在研究旋风除尘群压力损失时有关。为研究旋风除尘器的整个气流的能量消耗，常常把弃尘前后的压力损失都加以探讨，以摸清压力损失的规律。

## 六、除尘区域的划分

在除尘器内既然存在着有区别而又有联系的 3 种过程，显然除尘区内的空间也可划分为 3 个不同的区域，即除尘区域、排尘区域与排气区域。不同类型的除尘器，这 3 个区域的划分有的很明显，有的就不是很明显，甚至交叉在一起。

**1. 除尘区域**

在除尘器内除尘过程中起有效作用的区域（或空间）称为除尘区域。这个区域可划分为如下 2 个区。

（1）捕集推移区　指除尘器内粉尘颗粒从运载介质中捕集而推移向着分离界面的空间。捕集推移速度是以分离界面为参照面，粉尘颗粒相对于运载介质的相对速度。

（2）分离区　指除尘器内粉尘颗粒最后从含尘气体中分离出来的空间。

① 分离速度。指粉尘颗粒对着分离界面的速度。如果运载介质垂直于分离界面的方向没有分速，则捕集推移速度与分离速度完全相等。

② 分离界面。指捕集推移区与分离区分界的界面。一般都是不同物质分界的实质界面，也可能是抽象的界面。

**2. 排尘区域**

已捕集分离到的粉尘从除尘器内排离除尘器的空间称为排尘区域。从广泛意义上说，排尘区域包括锁气器或排尘阀前一段的集尘箱在内。排尘区域容易出现如下两种现象。

（1）返混　已浓缩的粉尘由于种种原因而又回返到含尘气流中从而与之混掺在一起的现象称为返混现象。设计不合理或运转不得当的除尘器在排尘区域内往往会出现返混现象，都应设法加以纠正。

（2）二次飞扬　已分离在分离界面上的粉尘，由于种种原因而又再度从分离界面上飞扬起来进入到含尘气流中的现象称为二次飞扬。二次飞扬现象出现就会降低除尘效率，应采取各种措施加以防止。

**3. 排气区域**

严格来说排气区域是指已弃尘后的气流排离除尘器的空间。为便于分析除尘器的压力损失，往往又把未弃尘前的气流和已弃尘后的气流所途经的全部空间都包括进去。

## 七、除尘器的组成和类型

除尘器虽然所受的作用外力不同，但都是由 4 大部件组成，即引入含尘气体的除尘器进口、除尘空间（或称除尘室）、分离出来的粉尘的排尘口和弃尘后相对洁净的气体的出口。因此不管类型如何，通过分析含尘气体或气溶胶在除尘器内的运动与变化规律，都可以看出其共同性：进入除尘器后的含尘气体或气溶胶在某一区域或空间内受到不同外力作用下，粉尘颗粒被捕集从而推移向某一分界面上，捕集推移的过程也是粉尘浓缩的过程，最后到达某分界面时就从运载介质中分离出来。这个界面称为分离界面。经分离界面已捕集分离的粉尘最后通过排尘口排离除尘器。弃尘后相对洁净的气体，从排气出口排出。

除尘器可分为下列 4 大类型。

① 机械力除尘器，包括：重力除尘器（又称重力沉降室）；惯性力除尘器（简称惯性除尘器）；离心力除尘器，包括旋风除尘器（切流式与轴流式）和离心机。

② 电力除尘器（亦称电力沉降室、电过滤器，简称电除尘器）。

③ 过滤式除尘器。

④ 洗涤式除尘器。

以上 4 大类型中根据在除尘过程中有无液体参加作用，又区分成 2 大类型。

① 干式除尘器，指无液体参加作用的。

② 湿式除尘器，指有液体参加作用的。

四大类 6 种除尘器的 3 个除尘过程示意见表 2-1。

**表 2-1 四大类 6 种除尘器的 3 个除尘过程示意**

| 除尘过程 | | 机械力除尘器 | | | 电力除尘器 | 过滤式除尘器 | 洗涤式除尘器 |
|---|---|---|---|---|---|---|---|
| | | 重力除尘器 | 惯性力除尘器 | 离心力除尘器 | | | |
| 简图 | | | | | | 纤维或粒料 | 液珠 |
| 捕集分离过程 | 捕集阶段作用(力) | 重力 | 惯性力 | 离心力 | 电力 | 惯性碰撞<br>拦截<br>扩散<br>电力沉降 | 惯性碰撞<br>拦截<br>扩散 |
| | 分离区与作用力 | 流动吊滞区<br>重力 | 边壁上<br>超极限负荷 | 外筒内壁<br>超极限负荷 | 沉降极<br>附着力 | 滤料层<br>附着力 | 液体表面<br>表面张力 |
| 排尘过程与设备 | | 重力排入灰斗<br>无需外加<br>设备 | 流动离心力<br>重力 | 粉尘流股<br>自动流入灰斗 | 周期性清灰<br>清灰装置 | 周期性清灰<br>清灰装置 | 液气绕流分离<br>液体流动排灰 |
| 排气过程 | | 压力损失很小 | 压力损失小 | 压力损失中等 | 压力损失很小 | 压力损失特大 | 不同形式压力<br>损失不同 |

## 第三节 除尘器的性能

除尘器的性能包括处理气体流量、除尘效率、排放浓度、压力损失（或称阻力）、漏风率等（表 2-2）。若对除尘装置进行全面评价，还应包括除尘器的安装、操作、检修的难易等技术经济指标。对每种除尘器还有些特殊的指标，如表 2-3 所列。

**表 2-2 技术性能检测方法**

| 序号 | 性能 | 检测方法 | 序号 | 性能 | 检测方法 |
|---|---|---|---|---|---|
| 1 | 处理风量/($m^3$/h) | 皮托管法 | 4 | 除尘效率/% | 质量平衡法 |
| 2 | 漏风率/% | 风量(碳)平衡法 | 5 | 排放浓度/(mg/$m^3$) | 滤筒计重法 |
| 3 | 设备阻力/Pa | 全压差法 | | | |

**表 2-3 特殊专业指标**

| 序号 | 特种指标 | 袋式除尘器 | 湿式除尘器 | 静电除尘器 |
|---|---|---|---|---|
| 1 | 过滤风量/($m^3$/min) | √ | | |
| 2 | 水气比/(kg/$m^3$) | | √ | √① |
| 3 | 喉口速度水气比/(m/s) | | √ | |

续表

| 序号 | 特种指标 | 袋式除尘器 | 湿式除尘器 | 静电除尘器 |
| --- | --- | --- | --- | --- |
| 4 | 电场风速/(m/s) | | | √ |
| 5 | 比集尘面积/[$m^2$/($m^3$/s)] | | | √ |
| 6 | 驱进速度/(cm/s) | | | √ |
| 7 | 排放量/(kg/h) | √ | √ | √ |

① 使用湿式静电除尘器。

## 一、处理气体流量

处理气体流量是表示除尘器在单位时间内所能处理的含尘气体的流量，一般用体积流量 $Q$（单位，$m^3/s$ 或 $m^3/h$）表示。实际运行的除尘器由于不严密而漏风，使得进出口的气体流量往往并不一致。通常用两者的平均值作为该除尘器的处理气体流量，即；

$$Q=\frac{1}{2}(Q_1+Q_2)\quad (m^3/s) \tag{2-14}$$

式中，$Q$ 为处理气体流量，$m^3/h$；$Q_1$ 为除尘器进口气体流量，$m^3/h$；$Q_2$ 为除尘器出口气体流量，$m^3/h$。

$$\sigma=\frac{Q_1-Q_2}{Q_1}\times 100\% \tag{2-15}$$

式中，$\sigma$ 为漏风子数。

**1. 处理气体流量的采用**

在设计除尘器时，其处理气体流量是指除尘器进口的气体流量；在选择风机时，其处理气体流量对正压系统（风机在除尘器之前）是指除尘器进口气体流量，对负压系统（风机在除尘器之后）是指除尘器出口气体流量。

处理风量计算式如下：

$$Q_0=3600Fv\frac{B+p}{101325}\times\frac{273}{273+t}\times\frac{0.804}{0.804+f} \tag{2-16}$$

式中，$Q_0$ 为实测风量，$m^3/h$；$F$ 为实测断面积，$m^2$；$v$ 为实测风速，m/s；$B$ 为实测大气压力，Pa；$p$ 为设备内部静压；$t$ 为设备内部气体温度，℃；$f$ 为设备内气体饱和含湿量，$kg/m^3$。

在非饱和气体状态时，$\frac{0.804}{0.804+f}\approx 1$。

在计算处理气体量时有时要换算成气体的工况状态或标准状态，计算式如下：

$$Q_n=Q_g(1-X_w)\frac{273}{273+t_g}\times\frac{B_a+p_g}{101325} \tag{2-17}$$

式中，$Q_n$ 为标准状态下的气体量，$m^3/h$；$Q_g$ 为工况状态下的气体量，$m^3/h$；$X_w$ 为气体中的水汽含量体积分数，%；$t_g$ 为工况状态下的气体温度，℃；$B_a$ 为大气压力，Pa；$p_g$ 为工况状态下处理气体的压力，Pa。

**2. 处理烟气量的注意事项**

工况处理风量是指气体实际通过袋式除尘器时（在实际所处的温度和压力状态下）的处理风量。除尘器应以工况处理风量为依据。

对于高温烟气，应按其进入除尘器前的实际工况温度折算为工况处理风量。

对于高海拔、低气压地区，如西藏、昆明等地，按其标况处理风量与工况处理风量的折算方法进行计算，它除考虑气体的温度外，还需考虑气体所处地区的实际大气压力。

当生产工艺无法提供有关参数时，可采取以下措施解决：①通过工艺设备的实际情况，进行计算确定；②参考以往类似的应用实例，进行对比确定；③现场实际测定；④对生产过程有可能发生波动的系统，处理烟气量应留有一定的富裕系数。

## 二、除尘设备阻力

除尘器的设备阻力是表示能耗大小的技术指标，可通过测定设备进口与出口气流的全压差而得到。其大小不仅与除尘器的种类和结构类型有关，还与处理气体通过时的流速大小有关。通常设备阻力与进口气流的动压成正比，即：

$$\Delta p=\xi\frac{\rho v^2}{2} \tag{2-18}$$

式中，$\Delta p$ 为含尘气体通过除尘器设备的阻力，Pa；$\xi$ 为除尘器的阻力系数；$\rho$ 为含尘气体的密度，kg/m³；$v$ 为除尘器进口的平均气流速度，m/s。

由于除尘器的阻力系数难以计算，且因除尘器不同而差异很大，所以除尘总阻力还常用下式表示：

$$\Delta p=p_1-p_2 \tag{2-19}$$

式中，$p_1$ 为设备入口全压，Pa；$p_2$ 为设备出口全压，Pa。

对大中型除尘器而言，除尘器入口与出口之间的高度差引起的浮力应该考虑在内。浮力效果是除尘器入口及出口测定位置的高度差 $H_g$ 和气体与大气的质量差（$\rho_a-\rho$）之积，即：

$$p_H=H_g(\rho_a-\rho) \tag{2-20}$$

一般情况下，对除尘器的阻力来说，浮力效果是微不足道的。但是，如果气体温度高，测定点的高度又相差很大，就不能忽略浮力效果，因此要引起重视。

根据上述总阻力及浮力效果，用下式表示除尘器的总阻力损失：

$$\Delta p=p_1-p_2-p_H \tag{2-21}$$

这时，如果测定截面的流速及其分布大致一致时，可用静压差代替总压差来校正出、入口测定截面积的差别，求出压力损失。

设备阻力，实质上是气流通过设备时所消耗的机械能，它与通风机所耗功率成正比，所以设备的阻力越小越好。多数除尘设备的阻力损失在 2000Pa 以下。

根据除尘装置的压力损失，除尘装置可分为：①低阻除尘器，$\Delta p<500$Pa；②中阻除尘器，$\Delta p=500\sim2000$Pa；③高阻除尘器，$\Delta p=2000\sim20000$Pa。

## 三、除尘效率

除尘效率是指含尘气流通过除尘器时，在同一时间内被捕集的粉尘量与进入除尘器的粉尘量之比，用百分率表示，也称除尘器全效率。除尘效率是除尘器的重要技术指标。

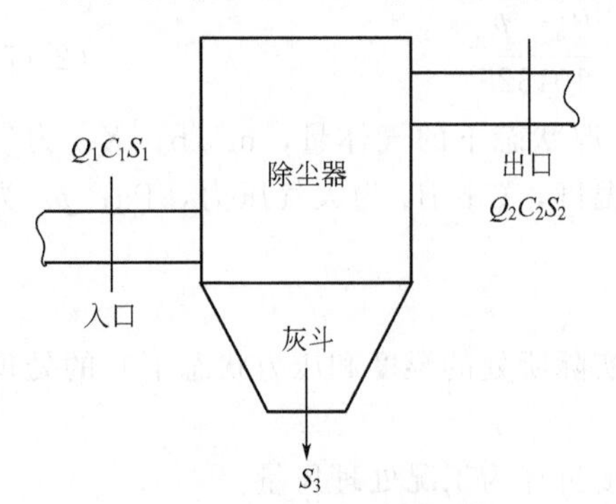


图 2-4 除尘效率计算示意

### 1. 除尘效率计算

除尘效率计算示意如图 2-4 所示，若除尘装置进口的气体流量为 $Q_1$、粉尘的质量流量为 $S_1$、粉尘浓度为 $C_1$，装置出口的相应量为 $Q_2$、$S_2$、$C_2$，装置捕集的粉尘质量流量为 $S_3$，除尘装置漏风率为 $\varphi$，则有：

$$S_1=S_2+S_3$$

$$S_1=Q_1C_1 \qquad S_2=Q_2C_2$$

根据总除尘效率的定义有：

$$\eta=\frac{S_3}{S_1}\times 100\%=\left(1-\frac{S_2}{S_1}\right)\times 100\% \tag{2-22}$$

或
$$\eta=\left(1-\frac{Q_2C_2}{Q_1C_1}\right)\times 100\%=\frac{C_1-C_2(1+\varphi)}{C_1}\times 100\%$$

若除尘装置本身的漏风率 $\varphi$ 为零，即 $Q_1=Q_2$，则式(2-22) 可简化为：

$$\eta=\left(1-\frac{C_2}{C_1}\right)\times 100\% \tag{2-23}$$

通过称重，利用式(2-22) 可求得总除尘效率，这种方法称为质量法，在实验室以人工方法供给粉尘研究除尘器性能时，用这种方法测出的结果比较准确。在现场测定除尘器的总除尘效率时，通常先同时测出除尘器前后的空气含尘浓度，再利用式(2-23) 求得总除尘效率，这种方法称为浓度法。由于含尘气体在管道内的浓度分布既不均匀又不稳定，因此在现场测定含尘浓度时有时要用等速采样的方法。

有时由于除尘器进口含尘浓度高，满足不了国家关于粉尘排放标准的要求，或者使用单位对除尘系统的除尘效率要求很高，用一种除尘器达不到所要求的除尘效率时，可采用两级或多级除尘，即在除尘系统中将 2 台或多台不同类型的除尘器串联起来使用。根据除尘效率的定义，2 台除尘器串联时的总除尘效率为：

$$\eta_{1\text{-}2}=\eta_1+\eta_2(1-\eta_1)=1-(1-\eta_1)(1-\eta_2) \tag{2-24}$$

式中，$\eta_1$ 为第一级除尘器的除尘效率；$\eta_2$ 为第二级除尘器的除尘效率。

$n$ 台除尘器串联时其总效率为：

$$\eta_{1\text{-}n}=1-(1-\eta_1)(1-\eta_2)\cdots(1-\eta_n) \tag{2-25}$$

在实际应用中，多级除尘系统的除尘设备有时达到三级或四级。

**【例 2-1】** 有一个两级除尘系统，除尘效率分别为 80%和 95%，用于处理起始含尘浓度为 $8\text{g/m}^3$ 的粉尘，试计算该系统的总效率和排放浓度。

**解：** 该系统的总效率为：

$$\eta_{1\text{-}2}=\eta_1(1-\eta_1)\eta_2=0.8+(1-0.8)\times 0.95=0.99(99\%)$$

根据式(2-23)，经两级除尘后，从第二级除尘器排入大气的气体含尘浓度为：

$$C_2=C_1(1-\eta_{1\text{-}2})=8000\times(1-0.99)=80(\text{mg/m}^3)$$

**2. 除尘器的分级效率**

除尘装置的除尘效率因处理粉尘的粒径不同而有很大差别，分级除尘效率指除尘器对粉尘某一粒径范围的除尘效率。图 2-5 为各种除尘器的分级除尘效率曲线。从中可以看出，各种除尘器对粗颗粒的粉尘都有较高的除尘效率，但对细粉尘的除尘效率却有明显的差别，例如对

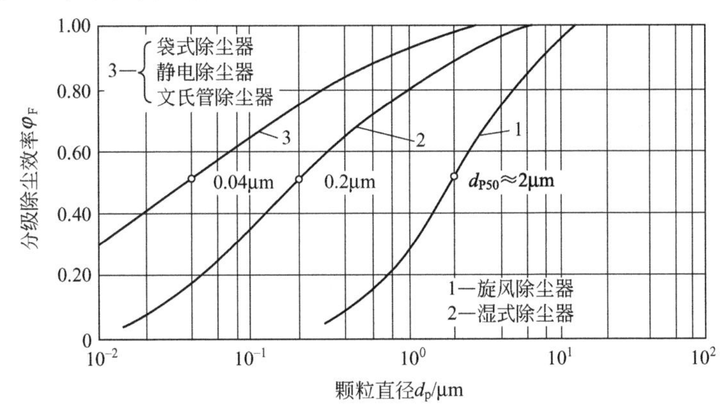


图 2-5　各种除尘器的分级除尘效率曲线

$1\mu m$ 粉尘高效旋风除尘器的除尘效率不过 27%，而像电除尘器等高效除尘器的除尘效率都可达到很高，甚至达到 90%以上。因此，仅用总除尘效率来说明除尘器的除尘性能是不全面的，要正确评价除尘器的除尘效果，必须采用分级除尘效率。

分级除尘效率简称分级效率，就是除尘装置对某一粒径 $d_{pi}$ 或某一粒径范围 $d_{pi} \sim (d_{pi} + \Delta d_p)$ 粉尘的除尘效率。实际生产中粉尘的粒径分布是千差万别的，因此，了解除尘器的分级效率有助于正确地选择除尘器。分级效率通常是用 $\eta_i$ 表示。

根据定义，除尘器的分级效率可表示为：

$$\eta_i = \frac{S_{3i}}{S_{1i}} \times 100\% \tag{2-26}$$

或

$$\eta_i = \frac{S_3 g_{3i}}{S_1 g_{1i}} \times 100\% = \eta \frac{g_{3i}}{g_{1i}} \times 100\% \tag{2-27}$$

式中，$S_1$、$S_3$ 分别为除尘器进口和除尘器灰斗中的粉尘质量流量，ks/kg；$g_{1i}$、$g_{3i}$ 分别为除尘器进口和除尘器灰斗中某一粒径或粒径范围的粉尘的质量分数（即频率分布）。

因为有：

$$S_1 = S_2 + S_3 \tag{2-28}$$

所以分级效率也可以表达为：

$$\eta_i = \left(1 - \frac{S_2 g_{2i}}{S_1 g_{1i}}\right) \times 100\% = \left(1 - P \frac{g_{2i}}{g_{1i}}\right) \times 100\% \tag{2-29}$$

根据除尘装置净化某粉尘的分组效率计算该除尘装置净化该粉尘的总除尘率，其计算公式为：

$$\eta = \sum (\eta_i g_{1i}) \tag{2-30}$$

式中，$g_{1i}$ 的意义同前。

**【例 2-2】** 进行高效旋风除尘器试验时，除尘器进口的粉尘质量为 40kg，除尘器从灰斗中收集的粉尘质量分别为 36kg。除尘器进口的粉尘与灰斗中粉尘的粒径分布如表 2-4 所列。

**表 2-4 粉尘粒径分布**

| 粉尘粒径/μm | 0～5 | 5～10 | 10～20 | 20～40 | >40 |
|---|---|---|---|---|---|
| 试验粉尘 $g_1$/% | 10 | 25 | 32 | 24 | 9 |
| 灰斗粉尘 $g_3$/% | 7.1 | 24 | 33 | 26 | 9.9 |

计算该除尘器的分级效率。

**解**：根据式(2-27) 有：

$$\eta_i = \frac{S_3 g_{3i}}{S_1 g_{1i}} \times 100\%$$

对于 0～5μm 的粉尘 $\eta_{0\sim5} = \frac{36 \times 7.1}{40 \times 10} = 63.9\%$

5～10μm 的粉尘 $\eta_{5\sim10} = \frac{36 \times 24}{40 \times 25} = 86.4\%$

10～20μm 的粉尘 $\eta_{10\sim20} = \frac{36 \times 33}{40 \times 32} = 92.8\%$

20～40μm 的粉尘 $\eta_{20\sim40} = \frac{36 \times 26}{40 \times 24} = 97.5\%$

>40μm 的粉尘 $\eta_{>40} = \frac{36 \times 9.9}{40 \times 9} = 99\%$

**3. 除尘器的分级效率计算**

各种除尘器的分级除尘效率还可以用下式计算：

$$\eta_i = 1 - \exp(-md_i^n) \tag{2-31}$$

式中，$\eta_i$ 为分级效率；$m$ 为粒径 $d_i$ 的系数，$m$ 值越大，分级除尘效率越高；$n$ 为 $d_i$ 的指数，$n$ 值越大，表明 $d_i$ 对 $\eta_i$ 的影响越大。

各种除尘器的系数 $m$ 值和指数 $n$ 值见表 2-5。

**表 2-5 各种除尘器的系数 m 值和指数 n 值**

| 除尘器 | 系数 $m$ 值 | 指数 $n$ 值 |
|---|---|---|
| 普通旋风除尘器 | 0.117 | 1.20 |
| 高效旋风除尘器 | 0.572 | 0.71 |
| 小型旋风除尘器 | 1.07 | 0.58 |
| 湿式除尘器 | 2.04 | 0.67 |
| 过滤式除尘器 | 2.74 | 0.33 |
| 电除尘器 | 3.22 | 0.33 |

## 四、除尘器排放浓度

**1. 排放浓度**

在大气污染物排放标准中，不规定除尘效率，只规定排放浓度。因为排放浓度能真实可靠地反映除尘器的性能优劣和除尘效果。当排放口前为单一管道时，取排气筒实测排放浓度为排放浓度；当排放口前为多支管道时，排放浓度按下式计算：

$$C = \frac{\sum_{i=1}^{n}(C_iQ_i)}{\sum_{i=1}^{n}Q_i} \tag{2-32}$$

式中，$C$ 为平均排放浓度，$mg/m^3$；$C_i$ 为汇合前各管道实测粉（烟）尘浓度，$mg/m^3$；$Q_i$ 为汇合前各管道实测风量，$m^3/h$。

**2. 粉尘透过率和排放速率**

除尘效率是从除尘器捕集粉尘的能力来评定除尘器性能的，在《大气污染物综合排放标准》(GB 16297）中是用未被捕集的粉尘量（即 1h 排出的粉尘质量）来表示除尘效果。未被捕集的粉尘量占进入除尘器粉尘量的百分数称为透过率（又称穿透率或通过率），用 $P$ 表示，显然有：

$$P = \frac{S_2}{S_1} \times 100\% = (1-\eta) \times 100\% \tag{2-33}$$

可见除尘效率与透过率是从不同的方面说明同一个问题，但是在有些情况下，特别是对高效除尘器来说，采用透过率可以得到更明确的概念。例如有 2 台在相同条件下使用的除尘器，第 1 台除尘效率为 99.9%，第 2 台除尘效率为 99.0%，从除尘效率比较，第 1 台比第 2 台只高 0.9%；但从透过率来比较，第 1 台为 0.1%，第 2 台为 1%，相差达 10 倍，说明从第 2 台排放到大气中的粉尘量要比第 1 台多 10 倍。因此，从环境保护的角度来看，用透过率来评价除尘器的性能更为直观，用排放速率表示除尘效果更实用。

## 五、除尘器漏风率

漏风率是评价除尘器结构严密性的指标，它是指设备运行条件下的漏风量与入口风量之百分比。应指出，漏风率因除尘器内负压程度不同而各异，国内大多数厂家给出的漏风率是在任意条件下测出的数据，因此缺乏可比性，为此必须规定出标定漏风率的条件。袋式除尘器标准规定：以净气箱静压保持在−2000Pa时测定的漏风率为准。其他除尘器尚无此项规定。

除尘器漏风率的测定方法有风量平衡法、碳平衡法等。

**1. 风量平衡法**

风量平衡法的漏风率按除尘器进出口实测风量值计算确定。

$$\varphi=\frac{Q_o-Q_i}{Q_i}\times100\% \tag{2-34}$$

式中，$\varphi$为漏风率，%；$Q_i$为除尘器入口实测风量，$m^3/h$；$Q_o$为除尘器出口实测风量，$m^3/h$。

漏风系数$\alpha$按下式计算确定：

$$\alpha=\frac{Q_o}{Q_i} \tag{2-35}$$

漏风量计算对正压工作的除尘器计算时为$Q_i-Q_o$，而负压工作的除尘器计算时则为$Q_o-Q_i$。

**2. 热平衡法**

忽略除尘器及管道的热损失，在单位时间内，除尘器出口烟气中的热容量应等于除尘器进口烟气中的热容量及漏入空气的热容量之总和，即：

$$Q_i\rho_i c_i t_i+\Delta Q\rho_a c_a t_a=Q_o\rho_o c_o t_o \tag{2-36}$$

$$\Delta Q=Q_o-Q_i$$

式中，$\rho_i$、$\rho_o$、$\rho_a$分别为除尘器进出口烟气及周围空气的密度，$kg/m^3$；$c_i$、$c_o$、$c_a$分别为除尘器进出口及周围空气的比热容，kJ/(kg·K)。

若忽略进出口气体及空气的密度和比热容的差别时，即令$\rho_i=\rho_o=\rho_a$，$c_i=c_o=c_a$，则由上式可得漏风率为：

$$\varphi=\left(1-\frac{Q_o}{Q_i}\right)=\left(1-\frac{t_i-t_a}{t_o-t_a}\right)\times100\% \tag{2-37}$$

这样一来，测出除尘器进出口的气流温度，即可得到漏风率。这种方法适用于高温气体。

**3. 碳平衡法**

当除尘器因漏风而吸入空气时，管道气体的化学成分发生变化，碳的化合物浓度得到稀释，根据碳的平衡方程，漏风率的计算公式为：

$$\varphi=\left[1-\frac{(CO+CO_2)_i}{(CO+CO_2)_o}\right]\times100\% \tag{2-38}$$

式中，$\varphi$为除尘器漏风率，%；$(CO+CO_2)_i$为除尘器进口烟气中$(CO+CO_2)$的浓度，%；$(CO+CO_2)_o$为除尘器出口烟气中$(CO+CO_2)$的浓度，%。

因此，只要测出除尘器进出口的碳化合物$(CO+CO_2)$的浓度，就可得到漏风率。该法只适用于燃烧生产的烟气。

**4. 氧平衡法**

（1）原理　氧平衡法是根据物料平衡原理由除尘器进出口气流中氧含量变化测得漏风率的。本方法适用于烟气中含氧量不同于大气中含氧量的系统，适用于静电除尘器。

采用氧平衡法，即测量电除尘器进出口烟气中含量之差，并通过计算求得。

（2）测试仪器　所用氧量表精度不低于2.5级，测试前需经标准气校准。

（3）静电除尘器漏风率计算公式

$$\varphi=\frac{Q_{2i}-Q_{2o}}{K-Q_{2i}}\times100\% \tag{2-39}$$

式中，$\varphi$ 为静电除尘器漏风率，%；$Q_{2i}$、$Q_{2o}$分别为静电除尘器进，出口断面烟气平均含氧量，%；$K$ 为大气中含氧量，根据海拔高度查表得到。

由于静电除尘器是在高压电晕条件下运行，火花放电时，除尘器中会产生臭氧，有人认为这会影响烟气中氧的含量，从而影响漏风率的测试误差。而实际上臭氧是一种强氧化剂，很容易分解。有关资料介绍，在高温电晕线周围的可见电晕光区中生成的臭氧，其体积浓度仅百万分之几，生成后会自行分解成氧或其他元素化合。这个浓度对人类生活环境会产生很大影响，但相对于氧含量的测试浓度影响则是相当的小。氧平衡法只需测试进出口断面的两组烟气含氧量数据，综合误差相对较小，较风量平衡法优越，但也有局限性，仅适用于烟气含氧量与大气含氧量不同的负压系统。

### 六、除尘器的其他性能

**1. 耐压强度**

耐压强度作为指标在国外产品样本中并不罕见。由于除尘器多在负压下运行，往往由于壳体刚度不足而产生壁板内陷情况，在泄压回弹时则砰然作响。这种情况凭肉眼是可以觉察的，故袋式除尘器标准规定耐压强度即为操作状况下发生任何可见变形时滤尘箱体所指示的静压值，并规定了监察方法。

除尘器耐压强度应大于风机的全压值。这是因为除尘器的工作压力虽然没有风机全压值大，但是考虑到除尘管道堵塞等非正常工作状态，所以设计和制造除尘器时应有足够的耐压强度。如果除尘器中粉尘、气体有燃烧、爆炸的可能，则耐压强度还要更大。

**2. 除尘器的能耗**

烟气进出口的全压差即为除尘设备的阻力，设备的阻力与能耗成比例，通常根据烟气量和设备阻力求得除尘设备消耗的功率。

$$P=\frac{Q\Delta p}{9.8\times10^{2}\times3600\eta} \tag{2-40}$$

式中，$P$ 为所需功率，kW；$Q$ 为处理烟气量，$m^3/h$；$\Delta p$ 为除尘设备的阻力，Pa；$\eta$ 为风机和电动机传动效率，%。

在计算除尘器能耗时还应包括除尘器清灰装置、排灰装置、加热装置以及振打装置（振动电机、空气炮）等能耗。

**3. 液气比**

在湿式除尘器中，液气比与基本流速同样会给除尘性能以很大的影响。不能根据湿式除尘器的形式求出液气比的值时，可用下式计算。

$$L=\frac{q_{w}}{Q_{i}} \tag{2-41}$$

式中，$L$ 为液气比，$L/m^3$；$q_w$ 为洗涤液量，L/h；$Q_i$ 为除尘器入口的湿气流量，$m^3/h$。

洗涤液原则上是为了发挥除尘器的作用而直接使用的液体，不论是新供给的还是循环使用的，都是对除尘过程有作用的液体。它不包括诸如气体冷却、蒸发、补充水、液面保持用水、排放液的输送等使用的与除尘无直接关系的液体。

## 第四节　除尘设计基础

### 一、污染源调查

（1）除尘工程设计应了解生产工艺、设备、工作制度、维护检修等基本情况和要求，掌握污染源产生污染物的成因、种类和理化性质、数量及位置分布、排放形式与途径、排放量及排放强度、排放规律等，作为工程设计的原始资料。

（2）原始资料可参考表 2-6～表 2-10 进行设计。

**表 2-6　污染源（尘源）调查统计表**

企业名称：　　　　　　　　　　　　　　　　　　　　　　　　时间：

| 车间（工段） | 序号 | 产尘设备（部位） | 产尘设备型号 | 尘源点数量 | 尘源点位置 | 烟尘性质 | 尘源控制方式 | 排风量/($m^3$/h) | 气体温度/℃ | 排放规律 | 备注 |
|---|---|---|---|---|---|---|---|---|---|---|---|
| | 1 | | | | | | | | | | |
| | 2 | | | | | | | | | | |
| | … | | | | | | | | | | |
| | 1 | | | | | | | | | | |
| | 2 | | | | | | | | | | |
| | … | | | | | | | | | | |

调查统计人员：

**表 2-7　污染气体参数及理化性质**

产污设备(产污部位)：

| 序号 | 气体参数 | | 符号 | 单位 | 数值 | 备注 |
|---|---|---|---|---|---|---|
| 1 | 污染气体流量 | 正常 | $Q$ | $m^3$/h | | |
| | | 最大 | | | | |
| | | 最小 | | | | |
| 2 | 气体温度 | 正常 | $t$ | ℃ | | |
| | | 最高 | | | | |
| | | 最低 | | | | |
| | | 露点 | | | | |
| 3 | 粉尘浓度 | | $c$ | mg/$m^3$ | | 标准状态 |
| 4 | 气体成分 | | $N_2$ | % | | 标准状态 |
| | | | $CO_2$ | % | | |
| | | | CO | % | | |
| | | | $O_2$ | % | | |
| | | | $H_2O$ | % | | |
| | | | $SO_2$ | mg/$m^3$ | | |
| | | | $NO_x$ | mg/$m^3$ | | |
| | | | HCl | mg/$m^3$ | | |
| | | | $F_2$、HF | mg/$m^3$ | | |
| | | | Hg、Pb | mg/$m^3$ | | |
| | | | 二噁英 | ng/$m^3$ | | |
| | | | VOCs | mg/$m^3$ | | |
| | | | … | … | | |

注：表中气体成分可根据工程设计需要的选项。

表 2-8 粉尘成分分析

| 序号 | 成分 | 符号 | 单位 | 数值 | 备注 |
|---|---|---|---|---|---|
| 1 | 二氧化硅 | $SiO_2$ | % | | |
| 2 | 氧化铁 | $Fe_2O_3$ | % | | |
| 3 | 氧化钙 | CaO | % | | |
| 4 | 碳 | C | % | | |
| … | … | … | … | | |

注：表中粉尘化学成分可根据工程设计需要的选项。

表 2-9 粉尘的物理性质

| 序号 | 名称 | | 单位 | 数值 | 备注 |
|---|---|---|---|---|---|
| 1 | 真密度 | | $t/m^3$ | | |
| 2 | 堆积密度 | | $t/m^3$ | | |
| 3 | 安息角 | | (°) | | |
| 4 | 粒径分布 | 0～2.5μm | % | | |
| | | 2.5～5μm | | | |
| | | 5～10μm | | | |
| | | 10～20μm | | | |
| | | 20～30μm | | | |
| | | 30～40μm | | | |
| | | 40～50μm | | | |
| | | >50μm | | | |

注：表中粒径分布可根据工程设计需要的选项。

表 2-10 当地气象条件和地理条件

| 序号 | 名称 | 单位 | 数值 |
|---|---|---|---|
| 1 | 大气压力 | Pa | |
| 2 | 冬季采暖室外计算温度 | ℃ | |
| 3 | 冬季通风室外计算温度 | ℃ | |
| 4 | 夏季通风室外计算温度 | ℃ | |
| 5 | 夏季空调室外计算温度 | ℃ | |
| 6 | 最大风速 | m/s | |
| 7 | 主导风向 | 方位 | |
| 8 | 基本风压 | $kN/m^2$ | |
| 9 | 基本雪载 | $kN/m^2$ | |
| 10 | 最大冻土深度 | cm | |
| 11 | 地震烈度 | 度 | |

所调查的原始资料应真实、可靠，以测试报告、设计资料为主，当用户无法提供时，可通过以下方式获得：①委托专业测试单位进行测试；②同类型、同规模项目类比；③公式计算结合工程经验判断；④模拟试验。

（3）设计负荷和设计余量应根据污染物特性、污染强度、排放标准和环境影响评价批复文件的要求综合确定。

（4）设计负荷和设计余量应充分考虑污染负荷在最大和最不利情况下除尘系统的适应性，确保其稳定运行。

（5）污染源排风量、生产设备排出的废气量、换热器进出口风量、除尘器处理风量、引风机风量均应按工况风量确定。性能测试和检测数据应按标准状况换算。

## 二、设计基本要求

（1）除尘工程的设计和实施应遵守国家“三同时”、清洁生产、循环经济、节能减排等政策、法规、标准的规定。

（2）除尘工程的设计应以达标排放为原则，采用成熟稳定、技术先进、安全可靠、经济合理的工艺和设备。

（3）除尘工程应由具有国家相应设计资质的单位进行设计。

（4）除尘设备的配置应不低于生产工艺设备的装备水平，并纳入生产系统统一管理。除尘系统和设备应能适应生产工艺的变化和负荷波动，应与生产工艺设备同步运转。

（5）除尘系统功能、技术水平、配置、自动控制和检测应与生产工艺和管理水平的要求相适应。不得采用落后和淘汰的技术及装备。

（6）除尘工程的设计年限应与生产工艺的设计年限相适应，一般不低于 20 年。

（7）除尘工程设计耐火等级、抗震设防应满足国家和行业设计规范、规程的要求。建（构）筑物抗震设防类别按丙类考虑，地震作用和抗震措施均应符合工程所在地抗震设防烈度的要求。地震作用和抗震措施应符合 GB 50011 的规定。

（8）除尘工程设计应明确的主要内容有：①工程设计的内容和范围；②控制对象及治理效果；③各个专业的接口；④最不利工况的条件（风量、温度及烟尘的理化性质）；⑤技术和装备水平的定位；⑥工程质量等级；⑦三通一平、地下掩埋物和地质状况。

（9）除尘工程建设应采取防治二次污染的措施，废水、废气、废渣、噪声及其他污染物的排放应符合相应的国家或地方排放标准。

（10）除尘工程应按照国家相关政策法规、大气污染物排放标准和地方环境保护部门的要求设置污染物排放连续监测系统。

## 三、总图布置

（1）除尘管道、主体设备、辅助设施等的总图布置应符合 GB 50187、GB 50016、GB Z1 的规定，还应符合所属行业总图运输、防火、安全、卫生等规范的要求。

（2）除尘系统的平立面布置应节约用地。场地标高、排水，防洪等均应符合 GB 50187 的规定。

（3）主体设备应按除尘工艺的流程布置，尽量靠近污染源。各设施的布置应顺畅、紧凑、美观；对于新建的项目，应预留适度的空地，以适应环保升级改造的需要。

（4）主体设备之间应留有适当的间距，满足安装、检修、消防和运输的需要。除尘器及换热器的竖向布置应根据卸灰和输灰方式确定。

（5）除尘系统的排气筒一般应设在场（厂）区主导风向的下风侧。

（6）除尘系统管架的布置，应符合下列要求：①管架的净空高度及基础位置，不得影响交通运输、消防及检修；②不得妨碍建筑物自然采光与通风；③有利厂容厂貌。

（7）管架与建筑物、构筑物之间的最小水平间距应符合表 2-11 的规定。

（8）除尘系统架空管线或管架跨越铁路、道路的最小垂直间距应符合表 2-12 的规定。

表 2-11　管架与建筑物、构筑物之间的最小水平间距　　单位：m

| 建筑物、构筑物名称 | 最小水平间距 |
| --- | --- |
| 建筑物有门窗的墙壁外缘或突出部分外缘 | 3.0 |
| 建筑物无门窗的墙壁外缘或突出部分外缘 | 1.5 |
| 铁路(中心线) | 3.75 |
| 道路 | 1.0 |
| 人行道外缘 | 0.5 |
| 厂区围墙(中心线) | 1.0 |
| 照明及通信杆柱(中心) | 1.0 |

注：1. 表中间距除注明者外，管架从最外边线算起；道路为城市型时，自路面边缘算起；道路为公路型时，自路肩边缘算起。

2. 本表不适用于低架式、地面式及建筑物的支撑式。

表 2-12　架空管线、管架跨越铁路、道路的最小垂直间距　　单位：m

| 名称 | | 最小垂直间距 |
| --- | --- | --- |
| 铁路(从轨顶算起) | 火灾危险性属于甲、乙、丙类的液体、可燃气体与液化石油气管道 | 6.0 |
| | 其他一般管线 | 5.5① |
| 道路(从路拱算起) | | 5.0② |
| 人行道(从路面算起) | | 2.2/2.5③ |

① 架空管线、管架跨越电气化铁路的最小垂直间距，应符合有关规范规定。

② 有大件运输要求或在检修期间有大型起吊设备通过的道路，应根据需要确定。困难时，在保证安全的前提下可减至 4.5m。

③ 街区内人行道为 2.2m，街区外人行道为 2.5m。

注：表中间距除注明者外，管线自防护设施的外缘算起，管架自最低部分算起。

(9) 管线综合布置其相互位置发生矛盾时，宜按下列原则处理：①压力管让自流管；②管径小的让管径大的；③易弯曲的让不易弯曲的；④临时性的让永久性的；⑤工程量小的让工程量大的；⑥新建的让现有的；⑦检修次数少的、方便的让检修次数多的、不方便的。

(10) 地下管线交叉布置时，应符合下列要求：①给水管道应在排水管道上面；②可燃气体管道应在其他管道上面（热力管道除外）；③电力电缆应在热力管道下面、其他管道上面；④氧气管道应在可燃气体管道下面、其他管道上面；⑤腐蚀性的介质管道及碱性、酸性排水管道应在其他管道下面；⑥热力管道应在可燃气体管道及给水管道上面。

(11) 管线共沟敷设，应符合下列规定：①热力管道不应与电力、通信电缆和物料压力管道共沟；②煤气等可燃气体管道不得与消防水管共沟敷设；③凡有可能产生相互影响的管线不应共沟敷设。

(12) 建筑物的室内地坪标高、设备基础顶面标高应高出室外地面 0.15m 以上。有车辆出入的建筑物室内、外地坪高差，一般为 0.15～0.30m；无车辆出入的室内、外高差可大于 0.30m。

(13) 建（构）筑物的防火间距应满足 GB 50016 的要求。

(14) 消防车道的宽度不应小于 3.5m，其距路边建筑物外墙宜大于 5m。道路上方有管架、栈桥等障碍物时，其净高不宜小于 4m。

(15) 穿过建筑物的消防车道，其净宽和净高均不应小于 4m；穿过大门时，其净宽不小于 3.5m。

(16) 消防车道靠建筑物一侧不应布置妨碍消防车辆登高操作的绿化、架空管架等。

（17）消防车道下的管沟和暗沟应能承受大型消防车的压力。

（18）净化有爆炸危险的粉尘的除尘器，宜布置在独立建筑内，且与所属厂房的防火间距不应小于 10m。但符合下列条件之一的除尘器采取防灾措施后可布置在生产厂房的单独间内：①有连续清灰设备；②风量不超过 15000m³/h 且集尘斗的储尘量小于 60kg 的定期清灰的除尘器和过滤器。

## 四、除尘器的选用

### （一）除尘器的选用原则

**1. 达标排放原则**

选用的除尘器必须满足排放标准规定的排放浓度。对于运行状况不稳定的系统，要注意烟气处理量变化对除尘效率和压力损失的影响。例如，旋风除尘器的除尘效率和压力损失随处理烟气量的增加而增大，但大多数除尘器（如电除尘器）的效率却随处理烟气量的增加而下降。

排放标准包括以浓度控制为基础规定的排放标准以及总量控制标准。排放标准有时空限制，锅炉或生产装置安装建立的时间不同，排放标准不同；所在的功能区不同，排放标准的要求也不同。当除尘器排放口在车间时，排放浓度应不高于车间容许浓度。

**2. 无二次污染原则**

除尘过程并不能消除颗粒污染物，只是把废气中的污染物转移为固体废物（如干法除尘）和水污染物（如湿法除尘造成的水污染），所以，在选择除尘器时必须同时考虑捕集粉尘的处理问题。有些工厂工艺本身设有泥浆废水处理系统，或采用水力输灰方式，在这种情况下可以考虑采用湿法除尘，把除尘系统的泥浆和废水归入工艺系统。

**3. 经济性原则**

在污染物排放达到环境标准的前提下，要考虑到经济因素，即选择环境效果相同而费用最低的除尘器。

在选择除尘器时还必须考虑设备的位置、可利用的空间、环境因素等，设备的一次投资（设备、安装和工程等）以及操作和维修费用等经济因素也必须考虑。此外，还要考虑到设备操作简便，便于维护、管理。

表 2-13 为常用除尘器的性能及费用比较，可供设计选用除尘器时参考。

**表 2-13 常用除尘器的性能及费用比较**

| 除尘器名称 | 适用的粒径范围/μm | 效率/% | 阻力/Pa | 设备费 | 运行费 |
|---|---|---|---|---|---|
| 重力沉降室 | ＞50 | ＜50 | 50～130 | 少 | 少 |
| 惯性除尘器 | 20～50 | 50～70 | 300～800 | 少 | 少 |
| 旋风除尘器 | 5～30 | 60～70 | 800～1500 | 少 | 中 |
| 冲击水浴除尘器 | 1～10 | 80～95 | 600～1200 | 少 | 中下 |
| 卧式旋风水膜除尘器 | ≥5 | 95～98 | 800～1200 | 中 | 中 |
| 冲击式除尘器 | ≥5 | 95 | 1000～1600 | 中 | 中上 |
| 文丘里除尘器 | 0.5～1 | 90～98 | 4000～10000 | 少 | 大 |
| 静电除尘器 | 0.5～1 | ＞98 | 50～300 | 大 | 中上 |
| 袋式除尘器 | 0.5～1 | ＞99 | 1000～1500 | 中上 | 大 |
| 滤筒除尘器 | 0.1～1 | ＞99 | 1000～1500 | 中 | 大 |
| 塑烧板除尘器 | 0.1～1 | ＞99 | 1000～2000 | 中上 | 大 |
| 电袋复合除尘器 | 0.5～1 | ＞99 | 1000～1500 | 大 | 大 |

#### 4. 适应性原则

含尘气体的性质随工况条件的变化会有所不同，这对除尘器的性能会有一定的影响。

负荷适应性良好的除尘器，一方面，当处理风量或含尘浓度在较大范围内波动时应仍能保持稳定的除尘效率、合适的压力损失和足够高的运转率；另一方面，除尘器安装处所的环境条件对其性能有所改善还是恶化也难以预料。因此，在确定除尘器的能力时应留有一定的富余量，以预留以后可能增设除尘器的空间。

### （二）除尘器的选型要点

影响除尘器选型的因素和条件很多，至少要考虑以下几个方面的问题。

#### 1. 考虑处理的气体流量

处理气体流量的大小是确定除尘器类型和规格的决定性因素。对流量大的气体应选用大规格除尘器，如果将多台小规格的除尘器并联使用，不仅气流难以均匀分布，而且也不经济。对流量小的气体应尽可能选择容易使排放浓度达标而又经济的除尘器。

#### 2. 考虑含尘气体性质

气体的含尘浓度较高时，在静电除尘器或袋式除尘器前应设置低阻力的初净化设备，去除粗大尘粒，以使设备更好地发挥作用。例如，降低除尘器入口的含尘浓度，可以提高袋式除尘器过滤速度，可以防止静电除尘器产生电晕闭塞。对湿式除尘器则可减少泥浆处理量，节省投资及减少运转和维修工作量。一般来说，为减少喉管磨损及防止喷嘴堵塞，对文丘里管、喷淋塔等湿式除尘器，希望含尘浓度在 $10g/m^3$ 以下；袋式除尘器的理想含尘浓度为 $0.2 \sim 10g/m^3$，电除尘器希望含尘浓度在 $30g/m^3$ 以下。

气体温度和其他性质也是选择除尘设备时必须考虑的因素。对于高温、高湿气体不宜采用袋式除尘器。如果烟气中同时含有 $SO_2$、$NO_x$ 等气态污染物，可以考虑采用湿式除尘器，但是必须注意腐蚀问题。

在干式除尘器中，处理气体的温度应高于露点温度 20～30℃，袋式除尘器内的温度应小于滤料的允许使用温度。静电除尘器内的气体温度应＜350℃，否则内部构件在高温下容易变形，使两极间距变小，电压升不高，直接影响电除尘器的效率。

#### 3. 考虑粉尘性质

粉尘的物理性质对除尘器性能具有较大的影响。例如，黏性大的粉尘容易黏结在除尘器表面，不宜采用干法除尘；比电阻过大或过小的粉尘，不宜采用电除尘；纤维性或憎水性粉尘不宜采用湿法除尘。

不同的除尘器对不同粒径粉尘的除尘效率是完全不同的，选择除尘器时必须首先了解欲捕集粉尘的粒径分布，再根据除尘器除尘分级效率和除尘要求选择适当的除尘器。

（1）考虑粉尘的分散度和密度　所有除尘器的共同特点是粉尘越细、密度越小，就越难捕集，粉尘二次飞扬也越严重。所以粉尘的分散度和密度对除尘器的性能影响很大。即使分散度和密度相同，而且选用的除尘器也一样，但是由于操作条件不同也有很大差异。如果一般粉尘密度较大，而且粒径＞$10\mu m$，除尘效率要求也不很高，就可选用重力除尘器、惯性除尘器或旋风除尘器。相反，粒径小于几微米，或真密度 $\rho_z$ 和堆积密度 $\rho_d$ 之比＞10 的粉尘，应选用高效的静电除尘器或袋式除尘器。选用时可根据常用除尘器的类型和性能表初步选定，然后再根据其他条件和本篇后面介绍的有关除尘器的性能进行最后选定。

（2）考虑粉尘的黏附性　粉尘和器壁黏附的机理虽很复杂，但经验证实黏附性与粉尘的比表面积和湿含量密切相关，即粉尘的比表面积越大和湿含量越高，黏附性就越强。黏附性大的粉尘，容易黏附在除尘器灰斗的壁面上，使排灰困难，严重时会堵塞下灰口；有黏性的粉尘，容易堵塞袋式除尘器的滤袋，使除尘器的阻力增大；黏附在静电除尘器的极板和极线上的粉尘，很难振打下来，这将严重影响静电除尘器的性能。

(3) 考虑粉尘的比电阻　粉尘的比电阻是选用静电除尘器的最主要因素，应控制在 $10^4 \sim 10^{11} \Omega \cdot cm$ 的范围内。如比电阻 $> 10^{11} \Omega \cdot cm$，应采取调质措施，否则不能取得预期的效果。目前最有效而又经济的调质措施是向烟气中喷水，使烟气的湿度增加、温度降低，因为粉尘的比电阻取决于湿度和温度的大小。当比电阻 $< 10^4 \Omega \cdot cm$ 时可喷入氨气，生成比电阻较高的硫氨，可使粉尘比电阻 $> 10^4 \Omega \cdot cm$。

**4. 考虑除尘器的适应因素**

各种除尘设备对各类因素的适应性见表 2-14。

**表 2-14　各种除尘设备对各类因素的适应性**

| 除尘器 \ 因素 | 粗粉尘[①] | 细粉尘[②] | 超细粉尘[③] | 气体相对湿度高 | 气体温度高 | 腐蚀性气体 | 可燃性气体 | 风量波动大 | 除尘效率>99% | 维修量大 | 占空间小 | 投资小 | 运行费用小 | 管理困难 |
|---|---|---|---|---|---|---|---|---|---|---|---|---|---|---|
| 重力沉降室 | ★ | ⊗ | ⊗ | ☑ | ★ | ★ | ★ | ⊗ | ⊗ | ★ | ⊗ | ★ | ★ | ★ |
| 惯性除尘器 | ★ | ⊗ | ⊗ | ☑ | ★ | ★ | ★ | ⊗ | ⊗ | ★ | ★ | ★ | ★ | ★ |
| 旋风除尘器 | ★ | ☑ | ⊗ | ☑ | ★ | ★ | ★ | ⊗ | ⊗ | ★ | ★ | ★ | ⊗ | ☑ |
| 冲击除尘器 | ★ | ★ | ☑ | ★ | ☑ | ☑ | ★ | ☑ | ⊗ | ☑ | ★ | ☑ | ☑ | ☑ |
| 泡沫除尘器 | ★ | ★ | ⊗ | ★ | ☑ | ☑ | ★ | ⊗ | ⊗ | ★ | ★ | ★ | ☑ | ☑ |
| 水膜除尘器 | ★ | ★ | ⊗ | ★ | ☑ | ☑ | ★ | ⊗ | ⊗ | ★ | ★ | ★ | ☑ | ☑ |
| 文氏管除尘器 | ★ | ★ | ★ | ★ | ☑ | ★ | ★ | ☑ | ☑ | ☑ | ☑ | ☑ | ⊗ | ☑ |
| 袋式除尘器 | ★ | ★ | ★ | ☑ | ☑ | ☑ | ⊗ | ★ | ★ | ⊗ | ⊗ | ⊗ | ⊗ | ☑ |
| 颗粒层除尘器 | ★ | ★ | ☑ | ☑ | ☑ | ★ | ☑ | ☑ | ☑ | ⊗ | ⊗ | ⊗ | ⊗ | ⊗ |
| 静电除尘器(干) | ★ | ★ | ★ | ☑ | ☑ | ☑ | ⊗ | ⊗ | ★ | ☑ | ⊗ | ⊗ | ★ | ⊗ |
| 滤筒除尘器 | ★ | ★ | ★ | ☑ | ☑ | ★ | ⊗ | ★ | ★ | ☑ | ★ | ⊗ | ☑ | ☑ |
| 塑烧板除尘器 | ★ | ★ | ★ | ☑ | ☑ | ★ | ⊗ | ★ | ★ | ☑ | ★ | ⊗ | ☑ | ☑ |
| 静电除尘器(湿) | ★ | ★ | ★ | ★ | ★ | ☑ | ☑ | ☑ | ★ | ☑ | ⊗ | ⊗ | ⊗ | ☑ |

① 粗粉尘指 50%（质量分数）的粉尘粒径大于 75μm。

② 细粉尘指 90%（质量分数）的粉尘粒径小于 75μm，大于 10μm。

③ 超细粉尘指 90%（质量分数）的粉尘粒径小于 10μm。

注：★为适应；☑为采取措施后可适应；⊗为不适应。

**5. 考虑粉尘粒径与除尘器选择关系**

在粉尘的物理特性中，粉尘粒径大小是关键的特征数据，因为粒径大小与粉尘的其他许多特性是相关联的。图 2-6 为粉尘颗粒物特性及粒径范围与相应除尘器。

**6. 考虑使用条件和费用**

选择除尘器还必须考虑设备的位置、可利用的空间、环境条件等因素，设备的一次投资（设备、安装和工程等）以及操作和维修费用等经济因素也必须考虑。设备公司和制造厂家可以提供有关这方面的情况。需要指出的是：任何除尘系统的一次投资只是总费用的一部分，所以，仅将一次投资作为选择系统的准则是不全面的，还需考虑其他费用，包括安装费、动力消耗、装置杂项开支以及维修费。以袋式除尘器为例，一次投资和年运行费包括的细目及所占比例见表 2-15。

## (三) 除尘器的选择程序

除尘器的选择要综合考虑处理粉尘的性质、除尘效率、处理能力、动力消耗与经济性等多方面因素。其选择方法和步骤如图 2-7 所示。

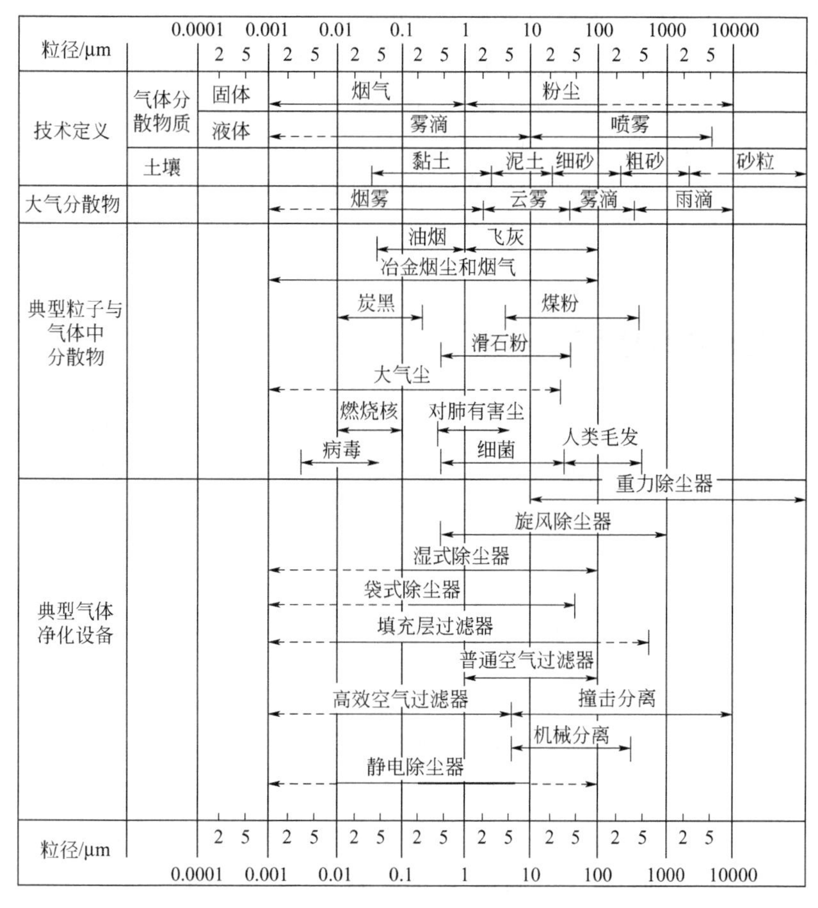


图 2-6 粉尘颗粒物特性及粒径范围与相应除尘器

**表 2-15 袋式除尘器的一次投资和年运行费包括的细目及所占比例**

| 一次投资 | | 年运行费 | |
|---|---|---|---|
| 细目 | 所占比例/% | 细目 | 所占比例/% |
| 除尘器本体 | 30～70 | 劳务 | 20～40 |
| 烟道及烟囱 | 10～30 | 动力 | 10～20 |
| 基础及安装 | 5～10 | 滤布及部件更换 | 10～30 |
| 风机及电动机 | 10～20 | 装置杂项开支 | 25～35 |
| 规划及设计 | 1～10 | | |

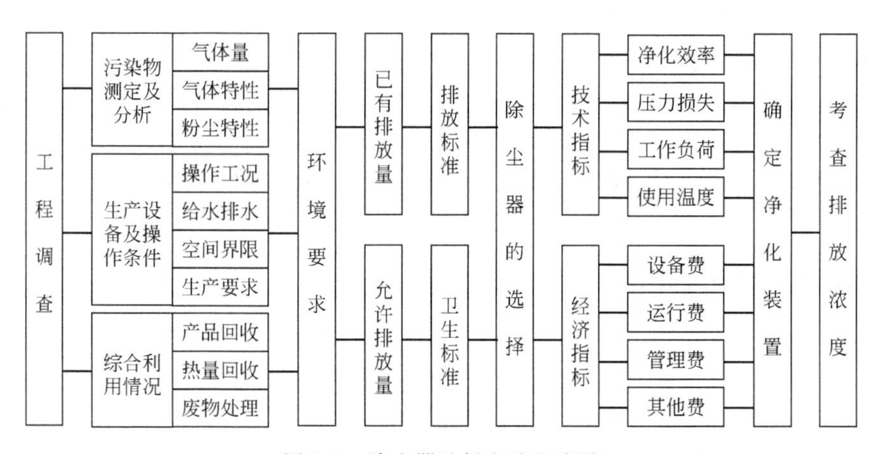


图 2-7 除尘器选择方法和步骤

在诸多因素中，应当按下列顺序考虑各项因素：①除尘器的除尘效率和烟尘排放浓度达到国家标准、地方标准或生产工艺上的要求；②设备的运行条件，包括含尘气体的性质（如温度、压力、黏度、湿度等）、灰尘的性质（如粒度分布、毒性、黏性、收湿性、电性、可燃性），还有供水和污水处理有无问题等；③经济性，包括设备费、安装费、运行和维修费以及回收粉尘的价值等；④占用的空间大小；⑤维护因素，包括是否容易维护，要不要停止设备运行进行维护或更换部件等；⑥其他因素，包括处理有毒物质、易爆物质是否安全等。

## 第五节 细颗粒物净化技术

国家《环境空气质量标准》（GB 3095—2012）增设了$PM_{2.5}$浓度限值，并给出了监测实施的时间表：2015年在所有地级以上城市开展监测，2016年1月1日全国实施该标准。

图2-8为中国与美国、欧盟等国家及地区环境空气质量标准中$PM_{2.5}$浓度限值的对比。从图中可以看出，欧盟未规定日平均浓度限值，日本未规定年平均浓度限值，其余国家和组织均规定了年平均和日平均2项浓度限值。我国《环境空气质量标准》（GB 3095—2012）二级标准中的$PM_{2.5}$日平均和年平均浓度限值与WHO过渡期目标1要求相同，一级标准中的平均浓度限值相对较低，与美国要求相同。

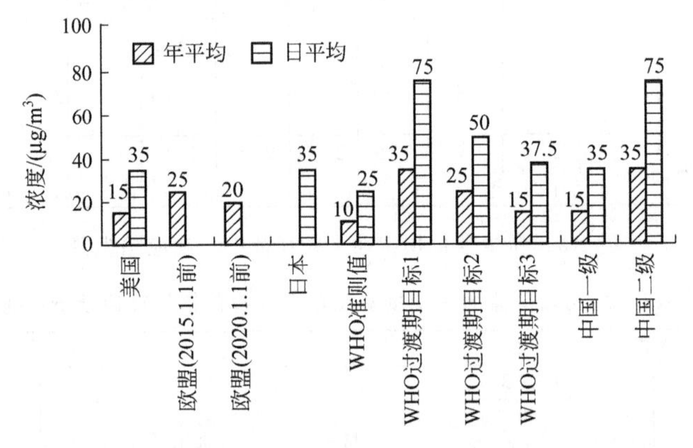


图2-8 国内外环境空气质量标准中$PM_{2.5}$浓度限值的对比

工业粉尘排放是大气中$PM_{2.5}$的主要来源之一。控制工业粉尘中$PM_{2.5}$的排放对减少大气污染、保障广大民众的健康具有实际意义。

目前，国家对工业粉尘的总体排放已经有严格的标准，工业粉尘都要经过烟气净化做到有组织排放，对$PM_{2.5}$的排放也将会有明确的要求。

国内外对工业烟尘细颗粒物的收集净化主要有以下两类方法：①对现有的除尘设备进行改进，提高其除尘效率，直至可将细颗粒物直接脱除；②在传统除尘设备前设置预处理阶段，使细颗粒物通过物理或化学的作用团聚成较大的颗粒，然后采用常规除尘装置对其进行有效脱除。

### 一、除尘装置净化细颗粒物的性能比较

除尘装置的捕集对象一般是固体粒子。除尘效率总是首先受到粒子大小的很大影响。就是说，即使在同一装置、同一运行条件下，由于尘粒分散度的不同，其性能也有显著的差别。

各除尘技术的效率与颗粒粒径的关系如图2-9所示。

现将所规定的运行操作条件下，各种除尘装置对于细颗粒粉尘的除尘效率示于图2-10中。

这里，可以考虑粉尘微粒的最大密度为$s=2\text{kg/cm}^3$。因为这些除尘装置除尘效率的特性曲线，不仅取决于粉尘的粒径，而且与粉尘密度有关。

## 二、袋式除尘技术

袋式除尘器采用多孔滤布制成的滤袋将粉尘从烟气流中分离出来。

袋式除尘器的基本工作过程是：烟气因引风机的作用被吸入和通过除尘器，并在负压的作用下均匀而缓慢地穿过滤袋；烟气在穿过滤袋时，固体粉尘被捕集在滤袋的外侧，过滤后的洁净气体经净气室汇集到排风烟道后外排；使用脉冲压缩空气将已捕集在滤袋上的粉尘从滤袋上剥落并使之落入底部的灰斗内，再通过输送设备把粉尘从灰斗内输送出去。

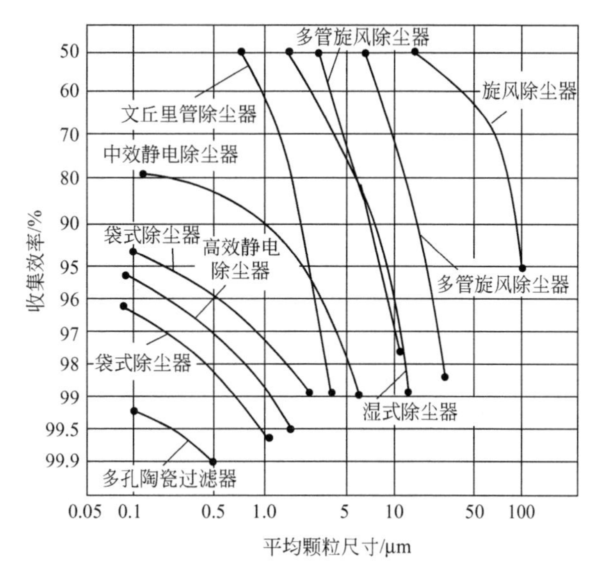


图 2-9　各除尘技术的效率与颗粒粒径的关系

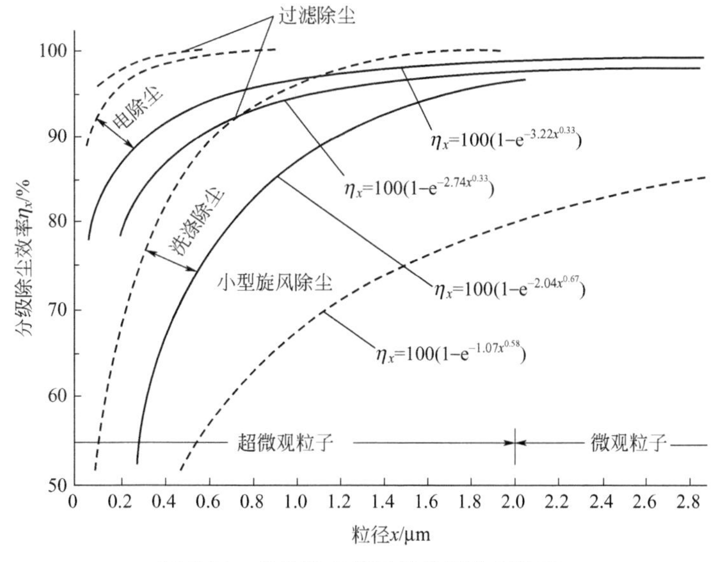


图 2-10　各种除尘装置的分级除尘效率

影响袋式除尘器使用的因素有粉尘粒径、粉尘浓度、粉尘堆密度、粉尘黏结性及烟气温度、湿度、含氧量、pH 值。在除尘器选用上应从保温、降尘、防黏结、防腐蚀、防氧化等多方面进行考虑，确保除尘器正常运行。

袋式除尘器是利用滤袋材料和其面层上的粉尘层过滤粉尘的，粉尘层积累越厚，除尘效率越高，甚至可以接近粉尘零排放。所以，袋式除尘器经适当调节后可高效率地去除$PM_{2.5}$并使其排放浓度低于$10\text{mg/m}^3$，是目前烟气达标排放和捕集$PM_{2.5}$最理想的除尘器。

**1. 某电厂静电除尘器改袋式除尘器**

静电除尘器改造前的除尘效率为98%，烟尘排放质量浓度高达$500\text{mg/m}^3$。改为袋式除尘器后，除尘器出口烟尘排放浓度低于$20\text{mg/m}^3$，总除尘效率达到99.936%。测试结果见表2-16，运行参数见表2-17。除尘器入口烟尘中$PM_{10}$的粉尘占40.1%，$PM_{2.5}$的粉尘占9.3%。袋式除尘器对微细粉尘的捕集效率见表2-18。

表 2-16 袋式除尘器系统运行测试结果

| 电厂 | 锅炉类型 | 发电机容量/MW | 试验负荷/% | 除尘器 | 燃料 |
|---|---|---|---|---|---|
| 1 | 煤粉炉 | 50 | 80 | 四电场 ESP | 80%口泉煤+20%煤气 |
| 2 | 煤粉炉 | 600 | 90 | 五电场 ESP | 准噶尔煤 |
| 3 | 煤粉炉 | 600 | 100 | 五电场 ESP | 60%富兴优+40%木瓜界 |
| 4 | 煤粉炉 | 220 | 95 | 布袋除尘器 | 晋东南无烟煤 |
| 5 | 循环流化床 | 15 | 10 | 三电场 ESP | 中煤+矸石 |

表 2-17 袋式除尘器系统运行参数

| 电厂 | 燃料 | 基碳/% | 基氮/% | 基氧/% | 基氢/% | 基水/% | 灰分/% | 挥发分/% | 硫分/% | 低位发热值/(kJ/kg) |
|---|---|---|---|---|---|---|---|---|---|---|
| 1 | 口泉煤 | 51.59 | 0.78 | 6.82 | 3.95 | 9.8 | 19.75 | 27.14 | 0.33 | 22781 |
| 2 | 准噶尔煤 | 43.72 | 0.88 | 10.43 | 3.22 | 9.1 | 24.78 | 27.85 | 0.51 | 21736 |
| 3 | 富兴优 | 49.01 | | | | 9.7 | 22.64 | 26.90 | 0.9 | 20925 |
| | 木瓜界 | 48.39 | | | | 9.95 | 22.65 | 27.62 | 1.24 | 20963 |
| 4 | 晋东南无烟煤 | 65 | 0.79 | 0.84 | 2.1 | 8.5 | 31.24 | 8.65 | 0.54 | 23617 |
| 5 | 中煤+矸石 | 42.08 | | | | 5.6 | 40.38 | 16.85 | 1.33 | 17615 |

表 2-18 袋式除尘器对微细粉尘的捕集效率 单位：%

| 电厂 | 采样位置 | $PM_{10}$/TSP | $PM_{2.5}$/TSP | $PM_{2.5}$/$PM_{10}$ | $PM_{10}$去除率 | $PM_{2.5}$去除率 |
|---|---|---|---|---|---|---|
| A | 除尘器入口 | 20.93 | 2.84 | 13.57 | 98.88 | 95.68 |
| | 脱硫出口 | 92.06 | 43.22 | 52.38 | | |
| B | 除尘器入口 | 22.08 | 3.51 | 15.90 | 98.93 | 97.11 |
| | 脱硫出口 | 95.90 | 41.22 | 42.99 | | |
| C | 除尘器入口 | 23.01 | 3.56 | 15.47 | 99.26 | 97.41 |
| | 脱硫出口 | 87.54 | 47.31 | 54.04 | | |
| D | 除尘器入口 | 34.89 | 4.14 | 11.87 | 99.61 | 98.47 |
| | 脱硫出口 | 89.23 | 41.96 | 47.02 | | |
| E | 除尘器入口 | 23.89 | 3.19 | 13.35 | 99.41 | 97.73 |
| | 脱硫出口 | 93.47 | 47.79 | 51.13 | | |
| F | 除尘器入口 | 28.77 | 3.09 | 10.74 | 99.62 | 98.03 |
| | 脱硫出口 | 91.24 | 50.31 | 55.14 | | |

由表 2-18 可看出，袋式除尘器对 $PM_{10}$微细粉尘的捕集效率达到 99.84%以上，对 $PM_{2.5}$的捕集效率达到 99.31%以上。若过滤阻力在 1000Pa 以上，除尘效率和去除 $PM_{2.5}$的效率则会更高。

**2. 国外应用**

由于严格控制 $PM_{2.5}$，澳大利亚已全采用袋式除尘器。美国在 2009 年 EIA 数据上显示：石油发电占 37%，燃煤发电占 21%，天然气发电占 25%，可再生能源发电占 8%。21%煤电中，45%使用袋式除尘器，其他使用的是静电除尘器和电袋复合式除尘器。新建电厂及老电厂改造都要采用袋式除尘器。袋式除尘器对 10μm 以下（尤其是 1μm 以下）亚微米颗粒物有较好的捕集效果，所以是捕集 $PM_{2.5}$的重要手段。

**3. 表面过滤技术**

过滤介质的通道越细小，细小颗粒的过滤效果也就越好，对针刺毡、机织布之类的滤料，其过滤通道为十几微米，对 2.5μm 以上的固体颗粒物的过滤效率很低，如果覆上一层聚四氟乙烯微孔薄膜，这种膜的孔径在微米及亚微米级，过滤效果就会好得多，而且聚四氟乙烯薄膜具有不粘性，粉尘极易剥落，可减小过滤阻力。

袋式除尘中的“表面过滤”技术，是 1974 年由戈尔公司发明和倡导的，通过 ePTFE 薄膜复合在各种不同基布材料上制成薄膜滤料来实现的一种崭新的过滤技术。这种技术的特点：①过滤效果好，能达到世界上最严格的粉尘排放标准，包括 100%控制 $PM_{2.5}$；②运行阻力低，气流量通常可增加 30%以上，从而可大大提高系统的生产效率。利用覆膜滤料的过滤技术可以使颗粒物得以净化，即使是细小的、非凝聚态（气溶胶）颗粒物在穿过颗粒物层时也会被拦截、吸附从而得以去除，实现了亚微米级颗粒物的高效净化。对 0.10～0.12μm 颗粒物的过滤效率达 99.7%。覆膜滤料对于捕集亚微米级的颗粒物是非常有效的，而传统的滤料则必须借助颗粒物初层的作用，才能达到较好的净化效果。这种特殊结构的滤袋尤其适用于焚烧炉烟气的净化，且广泛应用于工业中。国产覆膜滤料性能见表 2-19。

**表 2-19　国产覆膜滤料性能**

| 粒径区间/μm | 上游粒子个数/个 | 下游粒子个数/个 | 分级效率 $\eta_i$/% |
|---|---|---|---|
| >10 | 3904 | 0 | 100 |
| 5.0～10.0 | 5266 | 9 | 99.83 |
| 2.5～5.0 | 15773 | 13 | 99.92 |
| 2.0～2.5 | 3135 | 2 | 99.94 |
| 1.0～2.0 | 21757 | 27 | 99.88 |
| 0.5～1.0 | 55298 | 196 | 99.65 |
| 0.3～0.5 | 26244 | 273 | 98.96 |
| 0～0.3 | — | — | — |

所以，用袋式除尘器来控制工业烟尘中 $PM_{2.5}$ 的排放是一种使用趋势。

## 三、滤筒除尘技术

滤筒除尘器是过滤式除尘器的一种。过滤式除尘器是用多孔过滤介质将气固两相流体中的粉尘颗粒捕集分离下来的一种高效除尘设备（简称过滤器）。根据过滤方式的不同，可分为表面过滤和内部过滤两种。目前采用表面过滤方式的除尘器主要有袋式除尘器和滤筒除尘器。

滤筒除尘器是在袋式除尘器的基础上发展起来的，与袋式除尘器最主要的区别在于其过滤方式采用的是滤筒而不是滤袋。滤筒除尘器早在 20 世纪 70 年代就已在日本和欧美一些国家出现，由于具有体积小、效率高、投资省、易维护等特点，应用亦较广泛，尤其在烟草、粮食、焊接等行业使用取得了很好的社会效益和经济效益。

**1. 特点**

滤筒除尘器与传统袋式除尘器的比较见表 2-20。

滤筒除尘器的主要特点如下：①除尘效率高，可过滤微细粉尘，对粒径大于 1μm 的粉尘，除尘效率达 99.99%，排放浓度小于 $15mg/m^3$；②良好的水洗性能，滤筒使用一定时间后可取下来用水多次冲洗，干燥后重新安装使用；③操作简便，维修方便，使用寿命长，不使用工具就可更换滤筒；④结构简单，外形尺寸小，钢材耗量少（约为传统袋式除尘器的 1/4）；⑤阻力损失低，除尘器阻力小于 1kPa。

表 2-20 滤筒除尘器与传统袋式除尘器的比较

| 性能项目 | 脉冲喷吹滤筒除尘器 | 脉冲喷吹袋式除尘器 |
|---|---|---|
| 产品类型 | 中小型,以小型为多 | 大、中、小各种类型都较多 |
| 过滤元件 | 硬质滤料呈折叠布置,形成圆筒,无骨架,筒间间距大,滤筒长 0.6～2m | 软质滤料缝成滤袋,套入由钢筋焊成的骨架上,滤袋袋长 2～10m |
| 滤料种类 | 各种复合式滤料,抗结露,透气性好,超细粉尘和纤维性粉尘都不易透过 | 针刺毡滤料粗糙,易粘粉尘,透气性差,超细粉尘、纤维性粉尘都不易透过(回转反吹式、脉冲式) |
| 过滤原理 | 大多为表面过滤,粉尘不深入滤料内 | 粉尘深入滤料内,靠滤料外表面建立粉尘层维护除尘效率,亦可表面过滤 |
| 除尘效率 | 除尘效率高达 99.5%～99.95%,工作稳定,可降低排放浓度,有利于对总排放量的控制 | 除尘效率高(>99.5%),可以控制排放浓度及总排放量 |
| 除尘器阻力 | 一般粉尘:1400～1900Pa | 一般粉尘:1000～2000Pa |
| 清灰系统 | 压缩空气清灰力大,均匀,效果好 | 因滤袋长而反吹不均匀,效果差,一般粉尘的过滤风速<1.0m/min,清灰压力低 |
| 外形尺寸、质量、安装与组合 | 外形尺寸小,质量小,可单元组合,并可与主风机组成机组,除尘器上部无工作面,安装方便,占用空间小 | 外形可大型化,设备安装占用空间大,上部需留3m高的抽袋空间 |
| 设备维修、管理使用寿命 | 设备本体上无运动部件,滤筒处在工作(负压)及反吹(正压)的不断交换运动中,无机械磨损,使用寿命长,有时可达数年。拆滤筒不需任何工具,拆装方便 | 顶部有反吹风机、回转臂等机械运动部件,长年运行,易损坏(回转反吹式)。滤料与骨架在工作时一吸一鼓,损伤滤料,换滤袋烦琐,且会产生二次污染 |

**2. 滤筒**

滤筒除尘器的过滤元件是滤筒，也是滤筒除尘器的关键部件，它不仅决定除尘器的效率、阻力、动力消耗、维护费用等技术经济参数，还关系到除尘器性能的好坏和使用寿命的长短。

滤筒的构造分为顶盖、金属框架、褶形滤料和底座四部分，如图 2-11 所示。滤筒是用计算长度的滤料折叠成褶，首尾黏合成筒，筒的内部用金属网架支撑，上、下用顶盖和底座固定。

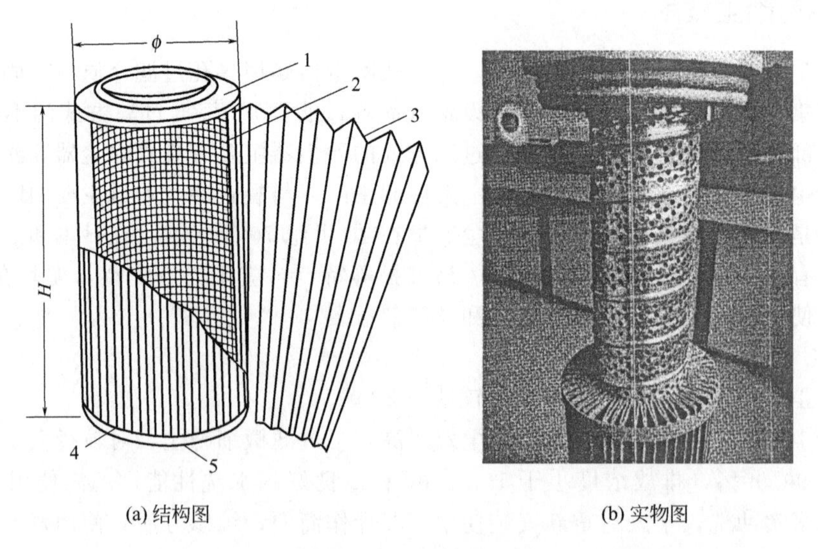


(a) 结构图　　(b) 实物图

图 2-11 滤筒构造

1—顶盖；2—金属框架；3—褶形滤料；4—密封圈；5—底座

**3. 滤料的材质及净化 $PM_{2.5}$ 的能力**

国标规定滤筒用滤料有 4 种类型，即合成纤维非织造滤料、改性纤维素滤料以及这两种滤料各自的覆膜滤料。前两种滤料的过滤效率≥99.5%，$PM_{2.5}$ 过滤效率≥40%；后两种覆膜滤料的过滤效率≥99.95%，$PM_{2.5}$ 过滤效率≥99%。在所有除尘器中只有滤筒除尘器国标规定了 $PM_{2.5}$ 的过滤效率，而且要达到≥99%，所以当风量不特别大时要高效净化 $PM_{2.5}$，滤筒除尘器应是首选之一。

## 四、静电除尘技术

静电除尘技术的原理是含尘气体经过高压静电场时被电离出正离子和电子，电子在奔向正极的过程中遇到粉尘，使粉尘带负电，荷电粉尘在电场力作用下运动到极板上沉积下来，再经过振打清灰从极板上脱落下来，进入下方灰斗中，达到与空气分离的目的。静电除尘的总体除尘效率可达 99%，自动化程度高，运行、维护费用低，整体使用寿命长。在静电除尘器应用中需要考虑到粉尘比电阻、粉尘粒径、粉尘浓度、粉尘堆密度、粉尘黏结性、烟气温度、烟气湿度等因素。

静电除尘器捕集到电极的粉尘是靠振打来收尘，会造成二次扬尘，$PM_{2.5}$ 以下的微细粉尘又会随烟气排到大气中，因而不具备收集更多 $PM_{2.5}$ 微细粉尘和汞的作用。因此，就出现了回转极板静电除尘器和聚并技术、湿式静电除尘器、低低温静电除尘器等。

**1. 回转极板静电除尘器**

从理论上说，静电除尘器有较高的捕集效率，但其会因为粉尘荷电量不足，或在荷电过程中互相中和、烟气流冲刷、振打清灰二次扬尘，以及高、低比电阻等粉尘特性影响捕集效率，其中又以如何减少二次扬尘为重点。日本为此首先开发回转极板静电除尘器。我国已引进这种技术在小锅炉上应用和开发，目前已有多台 300MW 机组在应用，开始时应用效果良好。

回转极板一般设在静电除尘器最后的电场，极板平行于烟气流动方向，由链条、链轮、减速电机带动周而复始运转。极板收灰不是靠振打，而是靠设置在灰斗内的旋转钢丝刷清除，有效避免了二次扬尘和反电晕现象。所以，具有较好的收集 $PM_{2.5}$ 和汞的作用。

由于转速很低不会发生颤动和出现异极间距改变，传动轴的轴承、链条、链轮等传动部件均设置在壳体之外，不受高温、粉尘、环境影响，实现安全稳定运行，当出现故障时易发现和检修。

**2. 湿式静电除尘器**

采用湿式静电除尘器是去除难以捕获的微米级以下颗粒、雾和金属等组成的污染源的一种方法。因此，对于要求去除酸性物质、$SO_2$、雾状或者黏性颗粒以及达到控制 $PM_{2.5}$ 新标准，并要求烟气的温度低于露点等，干式静电除尘器显然不是适用的装置。因为湿式静电除尘器可连续冲洗收尘表面，被捕捉的尘粒不会再次飞扬。此外，用于燃烧低硫煤产生高电阻率的烟尘时也不会出现恶化。湿式静电除尘器产生的功率明显高于干式静电除尘器，这一特性使得湿式静电除尘器能有效地收集微小颗粒。试验结果显示，二氧化硫及其他微细颗粒物的脱除效率达 70%，除尘器出口排放浓度可以小于 $30mg/m^3$。

穿过湿式静电除尘器的烟气分布是一个关键的技术。而且，设备材料必须能够耐受烟气中酸雾的腐蚀，也可以在除尘器前面安装一些洗涤器来消除酸性腐蚀性气体。同时，喷入湿式静电除尘器再循环利用的水需处理除去酸性。

湿式静电除尘器可以除去 $0.01\mu m$ 的颗粒、液滴以及雾，工作效率可达到 99.9%以上，国外最早的一台 835MW 机组脱硫塔后装有两级湿式静电除尘器，$PM_{2.5}$ 收集效率达到 95%，烟气中 $SO_2$ 酸雾去除率为 90%，并可收集较多的汞。

**3. 低低温静电除尘器**

低低温静电除尘器：在静电除尘器前设置降低烟温的热交换器（GGH），使烟温从130℃降到90℃，可大幅度降低比电阻，同时烟气量也随之减少，从而提高除尘器效率。新机组设计时可减少体积和钢材；老机组改造，静电除尘比集尘面积相对增加，可起到提高除尘效率的作用。另外，还可提高锅炉热效率。日本在20世纪90年代已开发应用低低温静电除尘，据报道，排放浓度一般小于30mg/m³，但能否更好地收集$PM_{2.5}$和汞，尚未收集到工业应用数据。

低低温静电除尘器的缺点：投资高，热交换器及前级设备可能产生积灰、堵塞和腐蚀。另有资料介绍，在低烟温下$SO_3$会雾化从而被粉尘吸附带走，在酸露点以下运行时，不会结露腐蚀，但这种解释尚待考证。但比电阻降低，粉尘黏结力减小，会产生二次扬尘，因而要对振打、极板结构采取改进等措施。还要注意含高浓度粉尘原烟气侧对GGH积灰，要采用特殊清灰装置，如钢球喷射清灰。

**4. 新型电源**

静电除尘器对$PM_{2.5}$的捕集效率较低与其荷电不充分也存在较大关系，采用高压窄脉冲放电、高频电源、三相电源等先进电控设备，增加细颗粒的荷电量，可提高静电除尘器对$PM_{2.5}$的捕捉能力。

## 五、电袋复合除尘技术

电袋复合除尘器有机结合了静电除尘和布袋除尘的特点，是通过前级电场的预收尘、荷电作用和后级滤袋区过滤除尘的一种高效除尘器，它充分发挥了静电除尘器和布袋除尘器各自的除尘优势，以及两者相结合产生的新的性能优点，弥补了静电除尘器和布袋除尘器的除尘缺点。该复合型除尘器具有效率高、稳定、滤袋阻力低、寿命长、占地面积小等优点，是未来协同控制$PM_{2.5}$以及重金属汞等多污染物的主要技术手段。

**1. 结构形式**

图2-12为电袋复合除尘器的一种结构形式，即在一个箱体内，前端安装一短电场，后端安装滤袋场，烟尘从左端引入，首先经过电场区，尘粒在电场区荷电，有80%～90%的粉尘被收集下来（发挥电除尘的优点，降低袋场负荷）。经过电场的烟气部分直接进入袋区，而另一部分烟气流向袋区下部再向上流入袋区。烟气经滤袋外表面进入滤袋内腔，粉尘被阻留在滤袋外表面，纯净的气体从内腔流入上部的净气室，然后经提升阀进入排气烟道，从烟道排出。

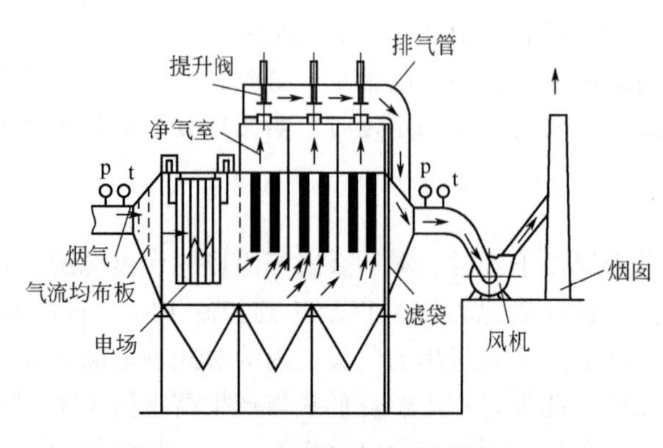


图2-12 电袋复合除尘器结构

烟气中的微细颗粒在电袋复合除尘器中能凝并成大颗粒有2个主要过程：①微细颗粒（大多是非导电物质）在强电场力作用下发生极化，极化颗粒会产生凝并，由小颗粒变成大颗粒；②荷电粉尘沉积到滤袋表面后发生的凝并。

**2. 实验室试验**

过滤实验系统主要包括供气系统、气溶胶发生系统、荷电装置、滤料夹持装罩、流量控制系统、抽气装置、颗粒采样系统等（图2-13）。

在荷电设备后的下部管道采集荷电与未荷电工况下的颗粒并进行激光粒径分析，结果如图

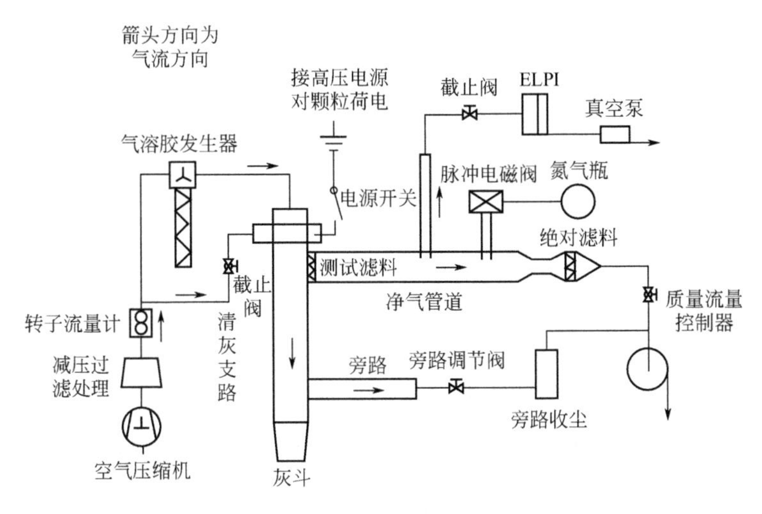


图 2-13　过滤实验系统

2-14 和图 2-15 所示。对比图 2-14 与图 2-15。可以看到细颗粒物在荷电作用下有一定程度的聚并。

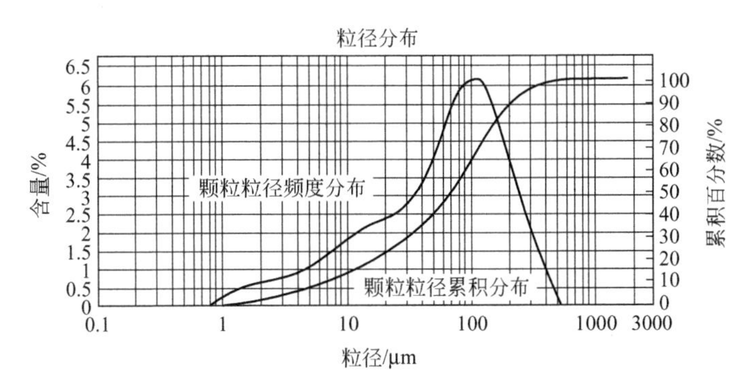


图 2-14　荷电前颗粒的粒径分布

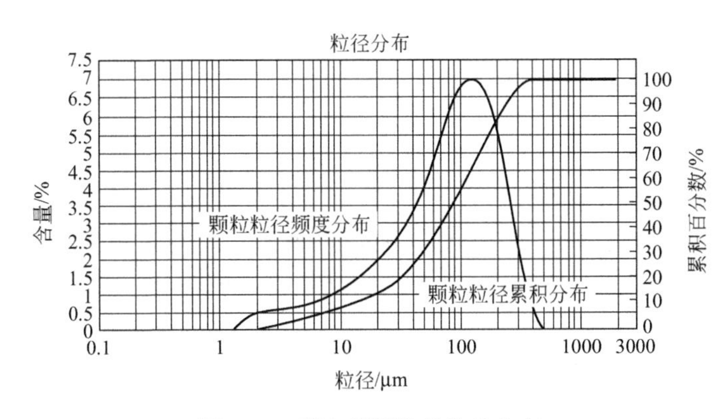


图 2-15　荷电后颗粒的粒径分布

荷电前颗粒的体积平均粒径为 96μm；荷电后颗粒的体积平均粒径为 108μm。

由图 2-14、图 2-15 可看出，荷电前颗粒直径＜2.5μm 的粉尘占 3.13%，而荷电后颗粒直径＜2.5μm 的粉尘占 1.17%，由此可知，由于粉尘的静电凝并，颗粒直径＜2.5μm 的粉尘减少了 62%。

**3. 工程设备的测定**

为了解电袋复合除尘器对烟气中的 $PM_{2.5}$ 细颗粒物的脱除效率，对 5 个电厂进行了测定。

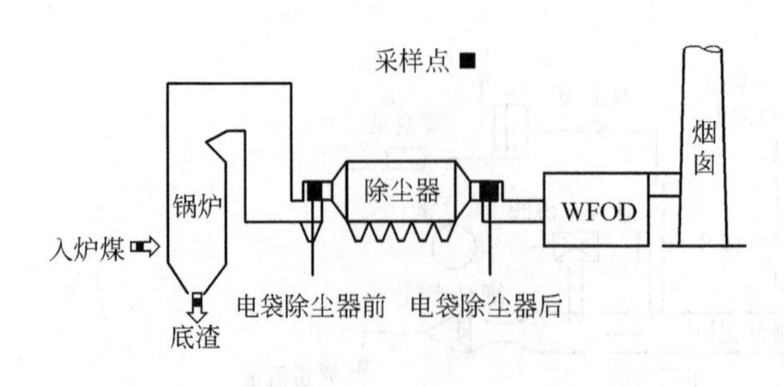


图 2-16 测点位置

测点位置见图 2-16。

表 2-21 为各电厂中电袋复合除尘器对 $PM_{2.5}$ 的脱除情况测定汇总。

从测定结果看，除尘器出口的 $PM_{2.5}$ 浓度有很大差别，这是由于不同煤种其粉尘的颗粒物粒径分布可能有很大差别，电场区的运行状态不同（运行阻力和清灰周期不同），滤袋区的滤料过滤速度不同，滤料的结构也不同，要搞清楚它们的规律，尚需做进一步的研究。

**表 2-21 各电厂中电袋复合除尘器对 $PM_{2.5}$ 的脱除情况测定汇总**

| 厂名 | | A厂 | B厂 | C厂 | D厂 | F厂 |
|---|---|---|---|---|---|---|
| 机组容量/MW | | 600 | 135 | 300 | 600 | 1000 |
| 测定时容量/MW | | 490 | 130 | 210 | 509 | 1000 |
| 进口 | 总粉尘浓度/(mg/m³) | 26381 | 8188 | 11461 | 12849 | 35421 |
| | $PM_{2.5}$ 浓度/(mg/m³) | 1414 | 631.6 | 685 | 829.6 | 2653 |
| 出口 $PM_{2.5}$ 浓度/(mg/m³) | | 11.1 | 28.2 | 27.5 | 19.6 | 2.76 |
| $PM_{2.5}$ 脱除效率/% | | 99.2 | 95.5 | 96 | 97.6 | 99.89 |
| 进口 | 管道风速/(m/s) | 11.5 | 12.2 | 13.8 | 14.2 | 13.4 |
| | 烟气温度/℃ | 132 | 154 | 160 | 137 | 122 |
| 出口 | 管道风速/(m/s) | 8.1 | 13.1 | 12.1 | 14.0 | — |
| | 烟气温度/℃ | 120 | 140 | 145 | 119 | 120 |
| 测定时间/(年-月) | | 2012-3 | 2012-6 | | | 2013-3～4 |

通过实验室试验和多个工程项目的测定，表明电袋复合除尘器对微细粉尘具有明显的凝并效果，其脱除率达 96%以上。

必须指出，粉尘在电场中的凝并效果与场强大小和分布有很大关系，所以，电极结构和工作电压是很重要的因素，目前国内企业正在开展这方面的研究，以提高微细粉尘在电场中的凝并效果。

**4. 电-袋混合式除尘器（AHPC）**

20 世纪末，美国政府提出了减少 $PM_{2.5}$ 排放的课题，在美国能源部的资助下，美国能源与环境中心（EERC）提出了一种微颗粒控制的新概念，开发出一种称为“先进的混合过滤器”的设备（图 2-17）。

由于粉尘在到达滤袋之前大部分已经被电场极板捕集，其余的荷电粉尘到达滤袋表面后形成松散的粉尘层，在线清灰可维持较低且均匀的袋内外压力差，所以过滤风速可比传统脉冲喷吹滤袋高很多，滤袋材料采用戈尔公司的 TEX（覆膜 PTFE）。

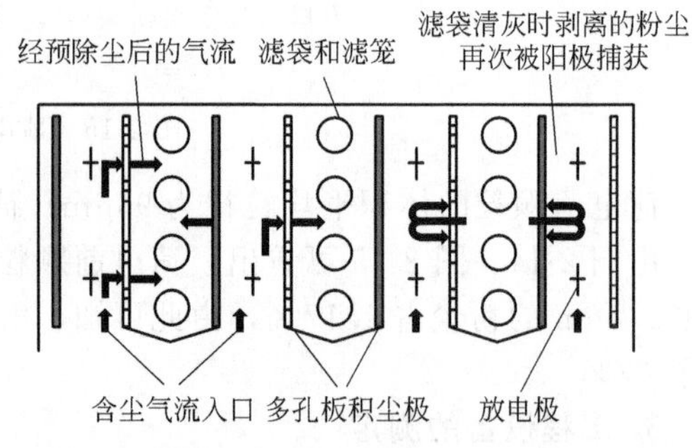


图 2-17 先进的电-袋混合式除尘器原理示意

国内第一台类似于 EERC 的混合式除尘器，称为电-袋混合除尘器，于 2009 年 7 月在 1 台 75t/h 锅炉上改进而成投入运行，气速设计最高为 2m/min。2 年多的运行结果充分显示静电除尘和袋式除尘两种技术得到了很好的协调配合，最重要的是达到了收集细颗粒物的效果。

## 六、文丘里洗涤技术

加压水式中，获得最高除尘率且使用范围很广的，是文丘里洗涤器。

文丘里洗涤器是把含尘气流用所谓的文丘里管收缩形成高速气流，并在其中喷水，使尘粒撞击黏附在所生成的水滴上从而被捕集的装置。

### 1. 文丘里洗涤器的机理

粉尘颗粒尺寸在 1μm 以下，并且具有黏附性和潮解性时，分离的粉尘就会黏附在装置上从而造成其堵塞甚至腐蚀。对于这样的粉尘，在多数情况下，不宜采用袋式过滤器和电除尘装置。因此，就出现了受欢迎的高效能洗涤式除尘装置——文丘里洗涤器（图 2-18）。

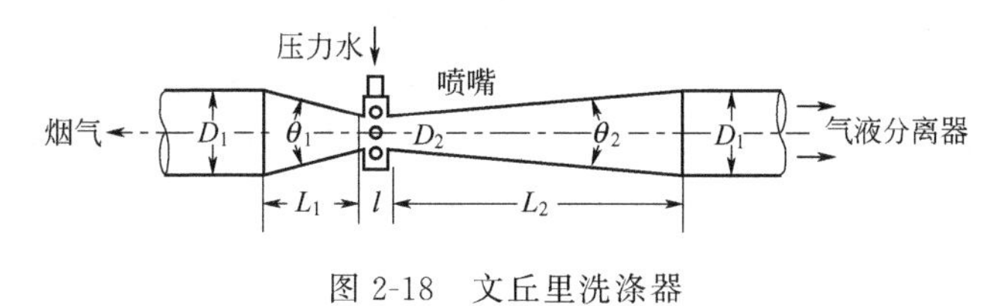


图 2-18　文丘里洗涤器

### 2. $PM_{2.5}$ 捕集

文丘里洗涤器对各种粒径粉尘的最佳水滴直径和烟气速度的关系见图 2-19。在该图右上部的直线群表示了这种关系，它表示对捕捉粒径 $d_p=0.4\sim2\mu m$ 粉尘的最佳水滴直径 $d_w$ 随烟气速度 $v$ 的增大而增大。对此，喷射于喉口段而被气流雾化的水滴尺寸，如虚线所表示的，随烟气速度 $v$ 的增加而呈双曲线地减小。

### 3. 水滴直径及其生成

对所给出的粒径为 $d_p$ 的粉尘来说，最佳的水滴直径也是确定的。由图 2-19 上取两者之比，则：

$$\frac{d_w}{d_p}=\frac{304}{2}\sim\frac{88}{0.6}\approx150$$

即水滴的大小约为粉尘直径的 150 倍时为好，此比值过大或过小，碰撞效率都会降低。

这样，比较大的粉尘，用低速的烟气流就能捕集，而越是微细的粉尘，就越需要较高的速度。这就意味着，越是微细的粉尘，在捕集时，就要消耗更多的能量，因而使动力费和设备费都要增加。文丘里洗涤器的除尘率大致可用下式表示：

$$\eta=1-e^{-KL\sqrt{\phi}} \qquad (2\text{-}42)$$

式中，$K$ 为由实验确定的装置常数；$L$ 为上述的液气比；$\phi$ 为分离数。它们都是无因次数。这可以设想，根据式(2-42)，要提高 $\eta$，则设备费和运行

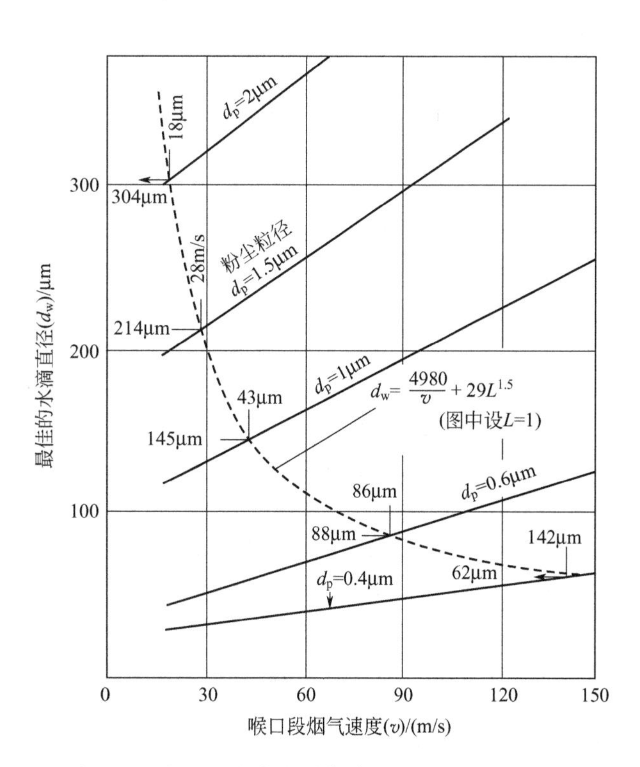


图 2-19　文丘里洗涤器对各种粒径（$d_p$）粉尘的最佳水滴直径（$d_w$）和烟气速度（$v$）的关系

费都要急剧地增加。

一般，喉口段的处理烟气速度取60～90m/s，压力损失为300～8000Pa。

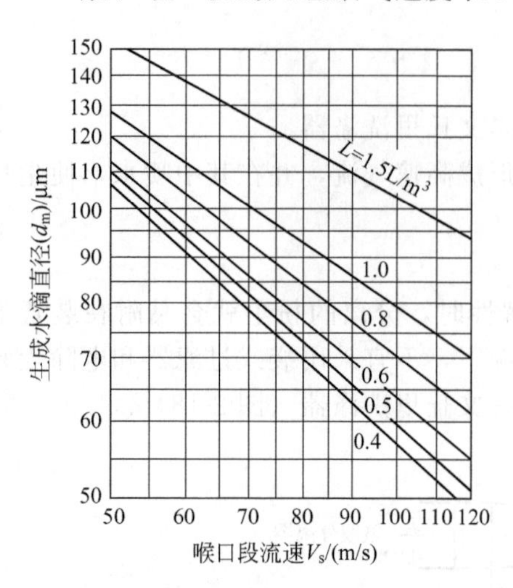


图2-20 喉口段的流速与生成水滴直径

图2-20表示常温大气条件下，文丘里洗涤器喉口段生成的水滴直径。

喉口段的烟气速度越大，液气比[水量(L)/气量($m^3$)]$L$越小，则生成的水滴直径越小。

如果喉口段的烟气速度取75m/s，液气比取$L=0.6$，则由图2-20查得生成水滴的平均粒径为80μm，捕集粉尘粒径约0.5μm。

## 七、细颗粒物凝并技术

超细颗物团聚促进技术主要有电聚并、湍流聚并、声聚并、磁聚并、热泳沉降聚并、光聚并和化学聚并等，国内外众多学者从各个方面对其进行研究，旨在了解超细颗粒物的形成机理及其聚并技术的原理，从而发现现今超细颗粒物聚并技术的发展空间及利用前景，提高对超细颗粒物的去除效率。

**1. 湍流聚并技术**

2002年澳大利亚Indigo公司首次开发出商业颗粒物凝聚器，并进行了相关的原型实验。该凝聚技术包括双极静电凝聚（BEAP）和流动凝聚（FAP）2项。其中流动凝聚（FAP）是基于强化流动使大小不同的粒子有选择性地混合，增强粗细粒子之间的物理作用，从而促使其相互碰撞，形成聚合的粒团，减少细粒子的数目。双极荷电-湍流聚并装置的聚并段如图2-21所示。

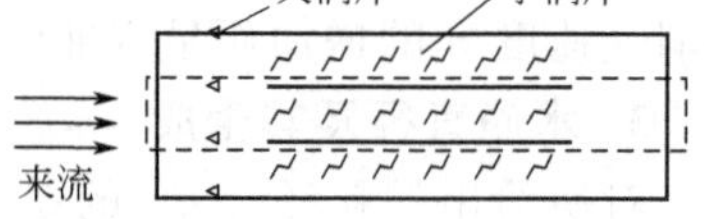


图2-21 双极荷电-湍流聚并装置的聚并段

计算机数值模拟的结果表明，流速越大，颗粒受湍流影响越大，发生碰撞聚并的概率也就越大，大颗粒受湍流影响较小，小颗粒较容易受到湍流的影响，从而大小颗粒之间发生明显的相对运动，增大碰撞聚并概率。凝聚器内流速越大，产涡片越多，湍流越强烈，颗粒团聚效果越好，但阻力也越大；当湍流强到一定程度后，聚并效果不再增加，甚至会有所降低。因此对于工程应用，需要控制一定的压力损失。

湍流聚并技术是控制$PM_{2.5}$排放的有效方法，适合大规模应用。但该技术在国内起步较晚，技术相对不够成熟，因而超细颗粒物的湍流聚并技术在国内的大规模推广应用仍是任重道远。

**2. 电凝并技术**

电凝并是通过提高细颗粒物的荷电能力，促进细颗粒以电泳方式到达飞灰颗粒表面的数量，从而增强颗粒间的凝并效应。电凝并的效果取决于粒子的浓度、粒径、电荷的分布以及外电场的强弱，不同粒子的不同运动速率和方向导致了细颗粒物间的碰撞和凝并。20世纪90年代，Watanabe等提出的同极性荷电粉尘在交变电场中凝并的三区式静电凝并除尘器引起了除尘领域的广泛关注。目前，电凝并研究主要可概括为以下4个方面：①异极性荷电粉尘在交变电场中的凝并；②同极性荷电粉尘在交变电场中的凝并；③异极性荷电粉尘在直流电场中的凝并；④异极性荷电粉尘的库仑凝并。其中，异极性荷电粉尘在交变电场中的凝并被认为是电凝并除尘技术的主要发展方向。

电凝并是一种可使细颗粒长大的重要预处理手段，在声、磁、电、热、化学等多种外场促进技术中，电凝并被认为是最为可行的方式，将其和现有电除尘器结合可望显著提高对细颗粒物的脱除效果，具有重要的工业应用前景。

澳大利亚 Indigo（因迪格）技术有限公司于 2002 年推出了 Indigo 凝聚器工业产品，至 2008 年 10 月，Indigo 凝聚器已经在澳大利亚、美国、中国等国家的 8 家电厂中使用，测试结果表明，$PM_{2.5}$、$PM_{1.0}$排放可分别减少 80%、90%以上。

**3. 水汽相变技术**

在利用外场作用促进 $PM_{2.5}$的脱除中，基于过饱和水汽在微粒表面凝结特性的水汽相变技术是一种重要手段。其促进细颗粒长大的机理是：在过饱和水汽环境中，水汽以细颗粒为凝结核发生相变，并同时产生热泳和扩散泳作用，促使细颗粒迁移运动，相互碰撞接触，使颗粒质量增加、粒度增大，特别适合于烟气中水汽含量较高的过程。其技术原理如图 2-22 所示。该技术现已成功应用于某 $50\times10^4 m^3$(标)/h 规模的湿式氨法脱硫工业装置，可使 $PM_{2.5}$排放浓度降低 30%～50%。

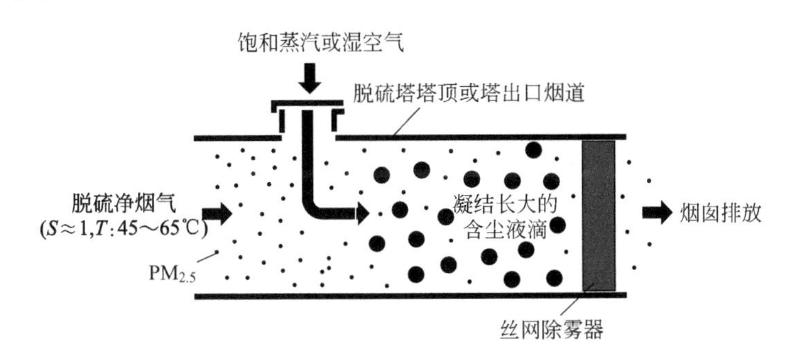


图 2-22　水汽相变促进脱硫净烟气中细颗粒凝结长大的技术原理

**4. 双极电聚并技术**

在电除尘器前的烟道或喇叭口处加装聚并装置，可使后面的电除尘器更易收尘，即在烟道中加装双极荷电扰流聚合的技术。对 $PM_{2.5}$及汞都有较好的收集作用。

带异性电荷的粒子比带同性电荷的粒子的凝并效果好，因此，双极荷电明显优于单极荷电。采用正极、接地极、负极交替布置，构成双极性荷电区，使异性电荷的尘粒得到凝并效果，这就是双极荷电凝并器，见图 2-23。

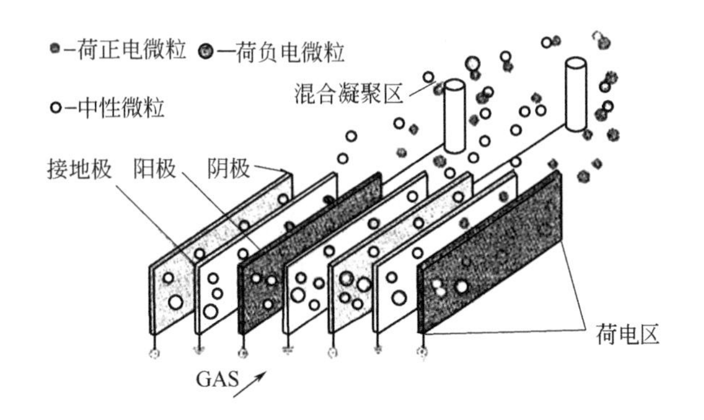


图 2-23　在烟道中加装双极荷电扰流聚合的技术

尽管粉尘经过双极荷电，有部分粉尘已经凝聚成大粒径颗粒，再通过改变气流的流向以使更多带相反极性电荷的粒子混合，从而促进粒子的凝聚。而当流体处于湍流形态时，创造涡旋就会促进颗粒凝并。涡旋数量越多，旋转强度越大，越能促进粒子的接触，提高粒子的凝并概率，从而大幅度提高聚并效率，亚微细粉尘排放可减少 80%以上，粒径$<2.5\mu m$ 的减少 70%以上，粉尘排放浓度下降 30%。前置聚并器的静电除尘器在美国、澳大利亚及中国香港

（青山电厂 1 台 20 万千瓦机组）已有应用。我国有专家在 1 台 130t/h 锅炉上试验，排放浓度由 548mg/$m^3$ 下降到 375mg/$m^3$，可降低排放浓度约 31%。国内一些大学和研究单位做过不少研究，并取得项目专利，在一台 2t/h 锅炉上试验，获得排放浓度由 40mg/$m^3$ 降到 20mg/$m^3$ 的结果。2012 年国内某厂家已在一台 300MW 机组上实现了工程应用，排放浓度下降 32.59%，$PM_{2.5}$质量浓度下降 34.1%。

该技术的缺点：要有较长的烟道直管段。风速一般为 12～15m/s 时，在氧化铝、氧化硅含量较高时存在磨损以及灰沉积等问题。

**5. 声波团聚技术**

声波团聚主要是利用高强度声场对不同大小颗粒夹带程度的不同，使大小不同的颗粒物发生相对运动进而提高它们的碰撞团聚速率，实现颗粒物团长大。通常，按所用声源频率及有无外加种子颗粒可分为以下 3 类：①低频声波团聚，主要以电声喇叭、汽笛等为声源，频率大多≤6kHz；②高频声波团聚，主要以压电陶瓷换能器为声源，频率≥10kHz；③双模态声波团聚，团聚室内加入一定浓度、适当大小（约几十微米）的种子颗粒，利用种子颗粒几乎不发生声波夹带与细颗粒的充分夹带，进而提高碰撞团聚效率。

有关声波团聚技术的研究已有较长历史，但目前声波团聚技术仍基本处于试验研究阶段，未见工业应用。

**6. 化学团聚技术**

化学团聚是一种通过添加团聚剂（吸附剂、黏结剂）促进细颗粒物脱除的预处理方法。根据化学团聚剂加入位置的不同，化学团聚又可分为燃烧中化学团聚和燃后区化学团聚，其中燃烧后化学团聚的技术原理如图2-24 所示。该技术是通过向烟气中喷入少量团聚促进剂，利用絮凝作用增加细颗粒之间的液桥力和固桥力，促使细颗粒物团聚长大，进而提高后续现有常规除尘设备的脱除效率，具有改造简单、投资运行费用较低等特点。该技术与在电除尘器入口烟道喷 $NH_3$、$SO_3$ 等物质的烟气调质措施有些相似，但后者主要用以降低粉尘比电阻，无法促使细颗粒物团聚长大。

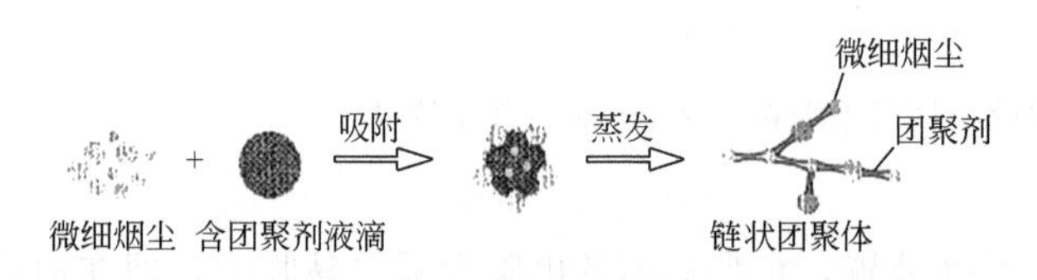

图 2-24 燃烧后化学团聚的技术原理

# 第三章
# 除尘工程设计法规

除尘工程设计必须依据环境保护法律法规。这些法规包括有关法律、法规、规章、环境标准、环境保护国际条约组成的完整的环境保护法律法规体系。

## 第一节 环境保护法律法规体系

法律是由立法机关制定，国家政权保证执行的行为规则。法规是法律、法令、条例、规则、章程等的总称。标准是衡量事物的准则。规范则是约定俗成或明文规定的标准。

我国环境保护法律法规体系以《中华人民共和国宪法》中对环境保护的规定为基础。宪法规定：“国家保障资源的合理利用，保护珍贵的动物和植物。禁止任何组织或者个人用任何手段侵占或者破坏自然资源，国家保护和改善生活环境和生态环境，防治污染和其他公害。”

以上规定是环境保护立法的依据和指导原则。

### 一、环境保护法律体系

环境法律体系主要有以下 4 类。

**1. 基本法**

国家环境保护的基本法是制定其他环保法规的依据。《中华人民共和国环境保护法》就是我国的环境保护基本法。它包括环境保护的概念、范围、方针、政策、原则、措施、机构和管理等基本规定。世界上许多国家都有环境保护基本法。

**2. 防治污染单项法**

防治污染单项法包括废水污染防治、大气污染防治、固体废物处理、噪声与振动控制、放射性污染防治、恶臭防治、土壤污染防治和热污染防治等。这些单项法一般都有本身包含的特定内容，如概念、范围、要求、措施等。

**3. 自然环境法**

自然环境法包括野生动物保护、名胜保护、游览区保护、森林保护等。这些也属于单项法。

**4. 标准及管理法**

标准及管理法包括各种质量标准、污染物排放标准、基建项目环保管理、奖惩条例、排污收费等内容。

除了以上环保法规之外，我国的宪法、民法、经济法、行政法等也含有某些环境保护的条款和规定。

环境保护法律法规体系框架见图 3-1。

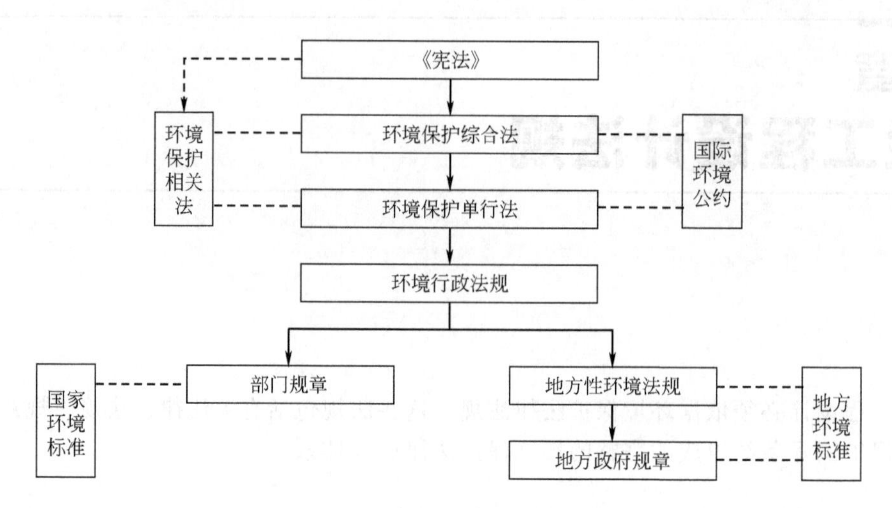


图 3-1 环境保护法律法规体系框架

## 二、环境标准分类

**1. 环境标准分类简述**

目前环境标准尚无统一的分类方法。可按标准用途、适用范围等分类。

按标准用途分为环境质量标准、污染物排放标准、环境基础标准和环境方法标准。

按标准的适用范围分为国家标准、地方标准和行业标准。

按污染介质和被污染对象分为水质控制标准、大气控制标准、噪声控制标准、废渣控制标准及土壤控制标准等。

制定环境标准的主要依据是：①以环境质量基准、环境容量和研究污染物迁移、转化规律所获得的资料为依据；②以区域的环境特点和不同地区污染源的构成及其分布、密度等因素为依据；③以能够实现环境效益、经济效益和社会效益的最佳效果为依据。

**2. 环境保护技术标准**

环境标准按用途分类具体分为以下 6 类：环境基础标准，环境质量标准，污染物排放标准（或各污染物控制标准），环境方法标准，环境标准物质标准和环保设备、仪器标准。

（1）环境基础标准　在环境标准化活动中，对有指导意义的符号、代号、指南、程序、规范等所作的统一规定。它是制定一切环境标准的基础。

（2）环境质量标准　环境质量标准是衡量环境质量的依据，是环境保护的政策目标，也是制定污染物排放标准的基础。环境质量标准包含大气环境质量标准、水环境质量标准、土壤环境质量标准和生物环境质量标准四类。环境质量标准适合于全国范围，地方只能制定国家环境质量标准中未规定的项目作为补充标准。

（3）污染物排放标准　它是指为了保护环境，实现环境质量目标，对排入环境中的有害物质或有害因素所作的控制规定：①控制污染物排放浓度；②控制排放总量。目前已颁布的排放标准是浓度控制标准，包含大气污染物排放标准、水污染物排放标准、固体废弃物排放标准、辐射控制标准、物理因素控制标准。

（4）环境方法标准　在环境保护工作中，以实验、分析测试、抽样与统计运算为对象所制定的方法标准。

（5）环境标准物质标准　在环境监测中，用来标定仪器、验证测试方法、进行量值传递或质量控制的材料或物质。它必须经过标准化活动定值并由标准化权威机构批准，并给出保证值，即元素或成分的含量均值和不确定度。

（6）环保设备、仪器标准　它是指为保证环境监测数据的对比性和准确性，并保证污染防治设备的质量所制定的一系列技术标准。

除尘工程设计是通过环境工程措施来削减污染物排放，以达到国家环境法规、标准规定的污染物排放限值，因此设计过程中要熟练掌握环境标准及其体系，工程设施达标、环境保护验收优良，同时降低工程投资和（或）运行费用，实现除尘项目最优化的目标。

### 三、法律责任

在环境法规的实施中，对违法的单位或个人，根据其违法行为的性质、危害后果和主观因素的不同，要追求法律责任，分别给予刑事、行政、民事三种不同的法律制裁。

**1. 刑事责任**

应承担刑事责任的，一般是指具有故意或过失的严重危害环境的行为，并造成公共财产或人身死亡的严重损失，已构成犯罪，要受到法律的制裁。构成危害环境罪需具备 3 个条件：①行为人主观上有犯罪的故意和过失；②行为具有严重的社会危害性；③该行为违反刑法应受到处罚。

**2. 行政责任**

违反行政法规造成一定的环境损害或其他损失，但未构成犯罪的，属于行政违法行为，应负行政责任。构成行政违法行为并承担行政责任需具备 2 个条件：①行为人主观上要有故意和过失；②有违反行政法规的行为（例如，违反“三同时”的规定；违反操作规程造成事故性污染事件；违反森林、文物保护、自然保护法等法规，但尚未构成犯罪的行为等）。

**3. 民事责任**

公民或法人因过失或无过失排放污染物或其他损害环境的行为，从而造成环境污染、被害者损失或财产损失时，要承担民事责任。构成民事责任需具备 4 个条件：①有损害行为或其他民事违法行为的存在；②造成了财产权利和人身权利的损害后果；③致害行为与损害结果之间有因果关系；④行为人有过失或无过失损害环境的行为。民事责任可以单独使用，也可以同其他法律责任合并使用。在民事责任中，主要形式是赔偿损失。但在环境纠纷中赔偿损失是一种被动的不得已的补救措施，积极且主动的措施是防止损害发生，保护良好的环境。

## 第二节　环境空气质量标准

环境空气质量标准是以保护生态环境和人群健康的基本要求为目标，对各种污染物在环境空气中的允许浓度所做的限制性规定。它是进行环境空气质量管理、大气环境质量评价以及制定大气污染防治规划和大气污染物排放标准的依据。

### 一、大气环境空气质量标准

**1. 环境空气功能区分类**

环境空气功能区分为两类：一类区为自然保护区、风景名胜区和其他需要特殊保护的区域；二类区为居住区、商业交通居民混合区、文化区、工业区和农村地区。

环境空气指人群、植物、动物和建筑物所暴露的室外空气。

**2. 环境空气功能区质量要求**

一类区适用一级浓度限值，二类区适用二级浓度限值。一、二类环境空气功能区的质量要求见表 3-1 和表 3-2。

**表 3-1 环境空气污染物基本项目浓度限值**

| 序号 | 污染物项目 | 平均时间 | 浓度限值 | | 单位 |
|---|---|---|---|---|---|
| | | | 一级 | 二级 | |
| 1 | 二氧化硫($SO_2$) | 年平均 | 20 | 60 | μg/m³ |
| | | 24 小时平均 | 50 | 150 | |
| | | 1 小时平均 | 150 | 500 | |
| 2 | 二氧化氮($NO_2$) | 年平均 | 40 | 40 | |
| | | 24 小时平均 | 80 | 80 | |
| | | 1 小时平均 | 200 | 200 | |
| 3 | 一氧化碳(CO) | 24 小时平均 | 4 | 4 | mg/m³ |
| | | 1 小时平均 | 10 | 10 | |
| 4 | 臭氧($O_3$) | 日最大 8 小时平均 | 100 | 160 | μg/m³ |
| | | 1 小时平均 | 160 | 200 | |
| 5 | 颗粒物(粒径≤10μm) | 年平均 | 40 | 70 | |
| | | 24 小时平均 | 50 | 150 | |
| 6 | 颗粒物(粒径≤2.5μm) | 年平均 | 15 | 35 | |
| | | 24 小时平均 | 35 | 75 | |

**表 3-2 环境空气污染物其他项目浓度限值**

| 序号 | 污染物项目 | 平均时间 | 浓度限值 | | 单位 |
|---|---|---|---|---|---|
| | | | 一级 | 二级 | |
| 1 | 总悬浮颗粒物(TSP) | 年平均 | 80 | 200 | μg/m³ |
| | | 24 小时平均 | 120 | 300 | |
| 2 | 氮氧化物($NO_x$) | 年平均 | 50 | 50 | |
| | | 24 小时平均 | 100 | 100 | |
| | | 1 小时平均 | 250 | 250 | |
| 3 | 铅(Pb) | 年平均 | 0.5 | 0.5 | |
| | | 季平均 | 1 | 1 | |
| 4 | 苯并[*a*]芘(B[*a*]P) | 年平均 | 0.001 | 0.001 | |
| | | 24 小时平均 | 0.0025 | 0.0025 | |

本标准自 2016 年 1 月 1 日起在全国实施。基本项目（表 3-1）在全国范围内实施；其他项目（表 3-2）由国务院环境保护行政主管部门或者省级人民政府根据实际情况，确定具体实施方式。

**3. 分析方法**

应按表 3-3 的要求，采用相应的方法分析各项污染物的浓度。

**4. 数据统计的有效性规定**

（1）应采取措施保证监测数据的准确性、连续性和完整性，确保全面、客观地反映监测结果。所有有效数据均应参加统计和评价，不得选择性地舍弃不利数据以及人为干预监测和评价结果。

（2）采用自动监测设备监测时，监测仪器应全年 365 天（闰年 366 天）连续运行。在监测

**表 3-3 各项污染物分析方法**

| 序号 | 污染物项目 | 手工分析方法 | | 自动分析方法 |
|---|---|---|---|---|
| | | 分析方法 | 标准编号 | |
| 1 | 二氧化硫($SO_2$) | 环境空气 二氧化硫的测定 甲醛吸收-副玫瑰苯胺分光光度法 | HJ 482 | 紫外荧光法、差分吸收光谱分析法 |
| | | 环境空气 二氧化硫的测定 四氯汞盐吸收-副玫瑰苯胺分光光度法 | HJ 483 | |
| 2 | 二氧化氮($NO_2$) | 环境空气 氮氧化物(一氧化氮和二氧化氮)的测定 盐酸萘乙二胺分光光度法 | HJ 479 | 化学发光法、差分吸收光谱分析法 |
| 3 | 一氧化碳(CO) | 空气质量 一氧化碳的测定 非分散红外法 | GB 9801 | 气体滤波相关红外吸收法、非分散红外吸收法 |
| 4 | 臭氧($O_3$) | 环境空气 臭氧的测定 靛蓝二磺酸钠分光光度法 | HJ 504 | 紫外荧光法、差分吸收光谱分析法 |
| | | 环境空气 臭氧的测定 紫外光度法 | HJ 590 | |
| 5 | 颗粒物(粒径≤10μm) | 环境空气 $PM_{10}$和$PM_{2.5}$的测定 重量法 | HJ 618 | 微量振荡天平法,β射线法 |
| 6 | 颗粒物(粒径≤2.5μm) | 环境空气 $PM_{10}$和$PM_{2.5}$的测定 重量法 | HJ 618 | 微量振荡天平法,β射线法 |
| 7 | 氮氧化物($NO_x$) | 环境空气 氮氧化物(一氧化氮和二氧化氮)的测定 盐酸萘乙二胺分光光度法 | HJ 479 | 化学发光法、差分吸收光谱分析法 |
| 8 | 铅(Pb) | 环境空气 铅的测定 石墨炉原子吸收分光光度法(暂行) | HJ 539 | — |
| | | 环境空气 铅的测定 火焰原子吸收分光光度法 | GB/T 15264 | — |
| 9 | 苯并[*a*]芘(B[*a*]P) | 空气质量 飘尘中苯并[*a*]芘的测定 乙酰化滤纸层析荧光分光光度法 | GB 8971 | — |
| | | 环境空气 苯并[*a*]芘的测定 高效液相色谱法 | GB/T 15439 | — |

仪器校准、停电、设备故障以及其他不可抗拒的因素导致不能获得连续监测数据时，应采取有效措施及时恢复。

(3) 异常值的判断和处理应符合 HJ 630 的规定。对于监测过程中缺失和删除的数据均应说明原因，并保留详细的原始数据记录，以备数据审核。

(4) 任何情况下，有效的污染物浓度数据均应符合表 3-4 中的最低要求，否则应视为无效数据。

**表 3-4 污染物浓度数据有效性的最低要求**

| 污染物项目 | 平均时间 | 数据有效性规定 |
|---|---|---|
| 二氧化硫($SO_2$)、二氧化氮($NO_2$)、颗粒物(粒径≤10μm)、颗粒物(粒径≤2.5μm)、氮氧化物($NO_x$) | 年平均 | 每年至少有 324 个日平均浓度值；<br>每月至少有 27 个日平均浓度值(二月至少有 25 个日平均浓度值) |
| 二氧化硫($SO_2$)、二氧化氮($NO_2$)、一氧化碳(CO)、颗粒物(粒径≤10μm)、颗粒物(粒径≤2.5μm)、氮氧化物($NO_x$) | 24 小时平均 | 每日至少有 20 个小时平均浓度值或采样时间 |
| 臭氧($O_3$) | 8 小时平均 | 每 8 小时至少有 6 个小时平均浓度值 |
| 二氧化硫($SO_2$)、二氧化氮($NO_2$)、一氧化碳(CO)、臭氧($O_3$)、氮氧化物($NO_x$) | 1 小时平均 | 每小时至少有 45 分钟的采样时间 |

续表

| 污染物项目 | 平均时间 | 数据有效性规定 |
| --- | --- | --- |
| 总悬浮颗粒物(TSP)、苯并[a]芘(B[a]P)、铅(Pb) | 年平均 | 每年至少有分布均匀的60个日平均浓度值；<br>每月至少有分布均匀的5个日平均浓度值 |
| 铅(Pb) | 季平均 | 每季至少有分布均匀的15个日平均浓度值；<br>每月至少有分布均匀的5个日平均浓度值 |
| 总悬浮颗粒物(TSP)、苯并[a]芘(B[a]P)、铅(Pb) | 24小时平均 | 每日应有24小时的采样时间 |

## 二、环境空气质量指数

### 1. 空气质量分指数分级

空气质量分指数及对应的污染物项目浓度限值见表3-5。

**表3-5 空气质量分指数及对应的污染物项目浓度限值**

| 空气质量分指数(IAQI) | 污染物项目浓度限值 | | | | | | | | | |
| --- | --- | --- | --- | --- | --- | --- | --- | --- | --- | --- |
| | 二氧化硫($SO_2$)24小时平均浓度值/(μg/m³) | 二氧化硫($SO_2$)1小时平均浓度值/(μg/m³)① | 二氧化氮($NO_2$)24小时平均浓度值/(μg/m³) | 二氧化氮($NO_2$)1小时平均浓度值/(μg/m³)① | 颗粒物(粒径小于等于10μm)24小时平均浓度值/(μg/m³) | 一氧化碳(CO)24小时平均浓度值/(mg/m³) | 一氧化碳(CO)1小时平均浓度值/(mg/m³)① | 臭氧($O_3$)1小时平均浓度值/(μg/m³) | 臭氧($O_3$)8小时滑动平均浓度值/(μg/m³) | 颗粒物(粒径小于等于2.5μm)24小时平均浓度值/(μg/m³) |
| 0 | 0 | 0 | 0 | 0 | 0 | 0 | 0 | 0 | 0 | 0 |
| 50 | 50 | 150 | 40 | 100 | 50 | 2 | 5 | 160 | 100 | 35 |
| 100 | 150 | 500 | 80 | 200 | 150 | 4 | 10 | 200 | 160 | 75 |
| 150 | 475 | 650 | 180 | 700 | 250 | 14 | 35 | 300 | 215 | 115 |
| 200 | 800 | 800 | 280 | 1200 | 350 | 24 | 60 | 400 | 265 | 150 |
| 300 | 1600 | ② | 565 | 2340 | 420 | 36 | 90 | 800 | 800 | 250 |
| 400 | 2100 | ② | 750 | 3090 | 500 | 48 | 120 | 1000 | ③ | 350 |
| 500 | 2620 | ② | 940 | 3840 | 600 | 60 | 150 | 1200 | ③ | 500 |

① 二氧化硫（$SO_2$）、二氧化氮（$NO_2$）和一氧化碳（CO）的1小时平均浓度限值仅用于实时报，在日报中需使用相应污染物的24小时平均浓度限值。

② 二氧化硫（$SO_2$）1小时平均浓度值高于800μg/m³的，不再进行其空气质量分指数计算，二氧化硫（$SO_2$）空气质量分指数按24小时平均浓度计算的分指数报告。

③ 臭氧（$O_3$）8小时平均浓度值高于800μg/m³的，不再进行其空气质量分指数计算，臭氧（$O_3$）空气质量，分指数按1小时平均浓度计算的分指数报告。

注：摘自HJ 633—2012。

### 2. 空气质量分指数计算方法

污染物项目P的空气质量分指数按式(3-1)计算：

$$\mathrm{IAQI_P}=\frac{\mathrm{IAQI}_{\mathrm{H}i}-\mathrm{IAQI}_{\mathrm{L}o}}{\mathrm{BP}_{\mathrm{H}i}-\mathrm{BP}_{\mathrm{L}o}}\times(C_\mathrm{P}-\mathrm{BP}_{\mathrm{L}o})+\mathrm{IAQI}_{\mathrm{L}o} \tag{3-1}$$

式中，$\mathrm{IAQI_P}$为污染物项目P的空气质量分指数；$C_\mathrm{P}$为污染物项目P的质量浓度值；$\mathrm{BP}_{\mathrm{H}i}$为表3-5中与$C_\mathrm{P}$相近的污染物浓度限值的高位值；$\mathrm{BP}_{\mathrm{L}o}$为表3-5中与$C_\mathrm{P}$相近的污染物浓度限值的低位值；$\mathrm{IAQI}_{\mathrm{H}i}$为表3-5中与$\mathrm{BP}_{\mathrm{H}i}$对应的空气质量分指数；$\mathrm{IAQI}_{\mathrm{L}o}$为表3-5中与

$BP_{Lo}$对应的空气质量分指数。

**3. 空气质量指数级别**

空气质量指数级别根据表 3-6 的规定进行划分。

**表 3-6 空气质量指数及相关信息**

| 空气质量指数 | 空气质量指数级别 | 空气质量指数类别及表示颜色 | | 对健康影响情况 | 建议采取的措施 |
|---|---|---|---|---|---|
| 0～50 | 一级 | 优 | 绿色 | 空气质量令人满意，基本无空气污染 | 各类人群可正常活动 |
| 51～100 | 二级 | 良 | 黄色 | 空气质量可接受，但某些污染物可能对极少数异常敏感人群的健康有较弱影响 | 极少数异常敏感人群应减少户外活动 |
| 101～150 | 三级 | 轻度污染 | 橙色 | 易感人群症状有轻度加剧，健康人群出现刺激症状 | 儿童、老年人及心脏病、呼吸系统疾病患者应减少长时间、高强度的户外锻炼 |
| 151～200 | 四级 | 中度污染 | 红色 | 进一步加剧易感人群症状，可能对健康人群的心脏、呼吸系统有影响 | 儿童、老年人及心脏病、呼吸系统疾病患者避免长时间、高强度的户外锻炼；一般人群适量减少户外运动 |
| 201～300 | 五级 | 重度污染 | 紫色 | 心脏病和肺病患者症状显著加剧，运动耐受力降低，健康人群普遍出现症状 | 儿童、老年人和心脏病、肺病患者应停留在室内，停止户外运动；一般人群减少户外运动 |
| ＞300 | 六级 | 严重污染 | 褐红色 | 健康人群运动耐受力降低，有明显强烈症状，提前出现某些疾病 | 儿童、老年人和病人应当留在室内，避免体力消耗；一般人群应避免户外活动 |

注：摘自 HJ 633—2012。

**4. 空气质量指数及首要污染物的确定方法**

(1) 空气质量指数的计算方法　空气质量指数按式(3-2) 计算：

$$AQI = \max\{IAQI_1, IAQI_2, IAQI_3, \cdots, IAQI_n\} \tag{3-2}$$

式中，IAQI 为空气质量分指数；$n$ 为污染物项目。

(2) 首要污染物及超标污染物的确定方法　AQI 大于 50 时，IAQI 最大的污染物为首要污染物。若 IAQI 最大的污染物为两项或两项以上时，并列为首要污染物。

IAQI 大于 100 的污染物为超标污染物。

## 三、工作场所空气中粉尘容许浓度

工作场所空气中粉尘容许浓度见表 3-7。

**表 3-7 工作场所空气中粉尘容许浓度**

| 序号 | 中文名 | 英文名 | 化学文摘号(CAS No.) | 时间加权平均容许浓度(PC-TWA)/(mg/m³) | | 备注 |
|---|---|---|---|---|---|---|
| | | | | 总尘 | 呼尘 | |
| 1 | 白云石粉尘 | dolomite dust | | 8 | 4 | — |

续表

| 序号 | 中文名 | 英文名 | 化学文摘号（CAS No.） | 时间加权平均容许浓度（PC-TWA）/（$mg/m^3$） | | 备注 |
|---|---|---|---|---|---|---|
| | | | | 总尘 | 呼尘 | |
| 2 | 玻璃钢粉尘 | fiberglass reinforced plastic dust | | 3 | — | — |
| 3 | 茶尘 | tea dust | | 2 | — | — |
| 4 | 沉淀 $SiO_2$（白炭黑） | precipitated silica dust | 112926-00-8 | 5 | — | — |
| 5 | 大理石粉尘 | marble dust | 1317-65-3 | 8 | 4 | — |
| 6 | 电焊烟尘 | welding fume | | 4 | — | G2B① |
| 7 | 二氧化钛粉尘 | titanium dioxide dust | 13463-67-7 | 8 | — | — |
| 8 | 沸石粉尘 | zeolite dust | | 5 | — | — |
| 9 | 酚醛树脂粉尘 | phenolic aldehyde resin dust | | 6 | — | — |
| 10 | 谷物粉尘（游离 $SiO_2$ 含量＜10％） | grain dust(free $SiO_2$＜10％) | | 4 | — | — |
| 11 | 硅灰石粉尘 | wollastonite dust | 13983-17-0 | 5 | — | — |
| 12 | 硅藻土粉尘（游离 $SiO_2$ 含量＜10％） | diatomite dust（free $SiO_2$＜10％） | 61790-53-2 | 6 | — | — |
| 13 | 滑石粉尘（游离 $SiO_2$ 含量＜10％） | talc dust(free $SiO_2$＜10％) | 14807-96-6 | 3 | 1 | — |
| 14 | 活性炭粉尘 | active carbon dust | 64365-11-3 | 5 | — | — |
| 15 | 聚丙烯粉尘 | polypropylene dust | | 5 | — | — |
| 16 | 聚丙烯腈纤维粉尘 | polyacrylonitrile fiber dust | | 2 | — | — |
| 17 | 聚氯乙烯粉尘 | polyvinyl chloride（PVC）dust | 9002-86-2 | 5 | — | — |
| 18 | 聚乙烯粉尘 | polyethylene dust | 9002-88-4 | 5 | — | — |
| 19 | 铝尘<br>铝金属、铝合金粉尘<br>氧化铝粉尘 | aluminum dust：<br>metal & alloys dust<br>aluminium oxide dust | 7429-90-5 | <br>3<br>4 | <br>—<br>— | <br>—<br>— |
| 20 | 麻尘<br>（游离 $SiO_2$ 含量＜10％）<br>亚麻<br>黄麻<br>苎麻 | flax,jute and ramie dusts<br>（free $SiO_2$＜10％）<br>flax<br>jute<br>ramie | | <br><br>1.5<br>2<br>3 | <br><br>—<br>—<br>— | <br><br>—<br>—<br>— |
| 21 | 煤尘（游离 $SiO_2$ 含量＜10％） | coal dust(free $SiO_2$＜10％) | | 4 | 2.5 | — |
| 22 | 棉尘 | cotton dust | | 1 | — | — |
| 23 | 木粉尘 | wood dust | | 3 | — | — |
| 24 | 凝聚 $SiO_2$ 粉尘 | condensed silica dust | | 1.5 | 0.5 | — |
| 25 | 膨润土粉尘 | bentonite dust | 1302-78-9 | 6 | — | — |
| 26 | 皮毛粉尘 | fur dust | | 8 | — | — |
| 27 | 人造玻璃质纤维<br>玻璃棉粉尘<br>矿渣棉粉尘<br>岩棉粉尘 | man-made vitreous fiber<br>fibrous glass dust<br>slag wool dust<br>rock wool dust | | <br>3<br>3<br>3 | <br>—<br>—<br>— | <br>—<br>—<br>— |

续表

| 序号 | 中文名 | 英文名 | 化学文摘号(CAS No.) | 时间加权平均容许浓度(PC-TWA)/(mg/m³) | | 备注 |
|---|---|---|---|---|---|---|
| | | | | 总尘 | 呼尘 | |
| 28 | 桑蚕丝尘 | mulberry silk dust | | 8 | — | — |
| 29 | 砂轮磨尘 | grinding wheel dust | | 8 | — | — |
| 30 | 石膏粉尘 | gypsum dust | 10101-41-4 | 8 | 4 | — |
| 31 | 石灰石粉尘 | limestone dust | 1317-65-3 | 8 | 4 | — |
| 32 | 石棉(石棉含量>10%)<br>粉尘<br>纤维 | asbestos(asbestos>10%)<br>dust<br>asbestos fibre | 1332-21-4 | <br>0.8<br>0.8f/ml | <br>—<br>— | <br>G1<br>— |
| 33 | 石墨粉尘 | graphite dust | 7782-42-5 | 4 | 2 | — |
| 34 | 水泥粉尘(游离 $SiO_2$ 含量<10%) | cement dust (free $SiO_2$ <10%) | | 4 | 1.5 | — |
| 35 | 炭黑粉尘 | carbon black dust | 1333-86-4 | 4 | — | G2B① |
| 36 | 碳化硅粉尘 | silicon carbide dust | 409-21-2 | 8 | 4 | — |
| 37 | 碳纤维粉尘 | carbon fiber dust | | 3 | — | — |
| 38 | 硅尘<br>10%≤游离 $SiO_2$ 含量≤50%<br>50%<游离 $SiO_2$ 含量≤80%<br>游离 $SiO_2$ 含量>80% | silica dust<br>10%≤free $SiO_2$≤50%<br>50%<free $SiO_2$≤80%<br>free $SiO_2$>80% | 14808-60-7 | <br>1<br>0.7<br>0.5 | <br>0.7<br>0.3<br>0.2 | G1(结晶型) |
| 39 | 稀土粉尘(游离 $SiO_2$ 含量<10%) | rare earth dust (free $SiO_2$ <10%) | | 2.5 | — | — |
| 40 | 洗衣粉混合尘 | detergent mixed dust | | 1 | — | — |
| 41 | 烟草尘 | tobacco dust | | 2 | — | — |
| 42 | 萤石混合性粉尘 | fluorspar mixed dust | | 1 | 0.7 | — |
| 43 | 云母粉尘 | mica dust | 12001-26-2 | 2 | 1.5 | — |
| 44 | 珍珠岩粉尘 | perlite dust | 93763-70-3 | 8 | 4 | — |
| 45 | 蛭石粉尘 | vermiculite dust | | 3 | — | — |
| 46 | 重晶石粉尘 | barite dust | 7727-43-7 | 5 | — | — |
| 47 | 其他粉尘② | particles not otherwise regulated | | 8 | — | — |

① G2B 为可疑人类致癌物(possibly carcinogenic to humans)。

② 其他粉尘指游离 $SiO_2$ 含量低于 10%,不含石棉和有毒物质,而且尚未制定容许浓度的粉尘。表中列出的各种粉尘(石棉纤维尘除外),凡游离 $SiO_2$ 含量高于 10%者,均按硅尘容许浓度对待。

注:摘自 GBZ 2.1—2007。

## 四、室内空气质量标准

室内空调的普遍使用、室内装潢的流行及其他问题的存在,使室内空气质量问题日趋严重。为保护人体健康,预防和控制室内空气污染,我国于 2002 年 11 月首次发布了《室内空气质量标准》(GB/T 18883—2002),该标准对室内空气中 19 项与人体健康有关的物理、化学、生物和放射性参数的标准值作了规定（表 3-8）。

表 3-8 室内空气质量标准

| 序号 | 参数类别 | 参数 | 单位 | 标准值 | 备注 |
| --- | --- | --- | --- | --- | --- |
| 1 | 物理性 | 温度 | ℃ | 22～28 | 夏季空调 |
| | | | | 16～24 | 冬季采暖 |
| 2 | | 相对湿度 | % | 40～80 | 夏季空调 |
| | | | | 30～60 | 冬季采暖 |
| 3 | | 空气流速 | m/s | 0.3 | 夏季空调 |
| | | | | 0.2 | 冬季采暖 |
| 4 | | 新风量 | $m^3$/(h·人) | 30① | 1小时均值 |
| 5 | 化学性 | 二氧化硫($SO_2$) | mg/$m^3$ | 0.50 | 1小时均值 |
| 6 | | 二氧化氮($NO_2$) | mg/$m^3$ | 0.24 | 1小时均值 |
| 7 | | 一氧化碳(CO) | mg/$m^3$ | 10 | 日平均值 |
| 8 | | 二氧化碳($CO_2$) | % | 0.10 | 1小时均值 |
| 9 | | 氨($NH_3$) | mg/$m^3$ | 0.20 | 1小时均值 |
| 10 | | 臭氧($O_3$) | mg/$m^3$ | 0.16 | 1小时均值 |
| 11 | | 甲醛(HCHO) | mg/$m^3$ | 0.10 | 1小时均值 |
| 12 | | 苯($C_6H_6$) | mg/$m^3$ | 0.11 | 1小时均值 |
| 13 | | 甲苯($C_7H_8$) | mg/$m^3$ | 0.20 | 1小时均值 |
| 14 | | 二甲苯($C_8H_{10}$) | mg/$m^3$ | 0.20 | 1小时均值 |
| 15 | | 苯并[*a*]芘(B[*a*]P) | mg/$m^3$ | 1.0 | 1小时均值 |
| 16 | | 可吸入颗粒物($PM_{10}$) | mg/$m^3$ | 0.15 | 日平均值 |
| 17 | | 总挥发性有机物(TVOC) | mg/$m^3$ | 0.60 | 8小时均值 |
| 18 | 生物性 | 菌落总数 | CFU/$m^3$ | 2500 | 依据仪器定② |
| 19 | 放射性 | 氡($^{222}Rn$) | Bq/$m^3$ | 400 | 年平均值(行动水平③) |

① 新风量要求≥标准值，除温度、相对湿度外的其他参数要求≤标准值。

② 见该标准附录 D。

③ 达到此水平建议采取干预行动以降低室内氡浓度。

# 第四章
# 除尘工程测试

除尘工程相关参数的测试是科学评价除尘工程及其运行特性的重要途径和手段。

测试的目的主要是：①科学评价除尘设备的性能和运行情况；②检查污染源排出的粉尘浓度和排放量是否符合排放标准的规定；③为大气质量管理和运行管理提供依据。

测试内容包括粉尘性质，集尘罩、管道、除尘器、风机、电动机、消声器等设备的性能参数以及车间卫生条件等。

## 第一节　粉尘基本性质的测定

粉尘的性质包括粉尘颗粒的尺寸和形状以及粉尘的密度、安息角与滑动角、润湿性、光学特性、荷电性和导电性、黏附性以及自燃性和爆炸性等。测定粉尘性质，了解其特点，对做好工程设计、管理除尘系统正常运行都是十分重要的。

### 一、粉尘样品的准备

测定粉尘的各种物理特性，必须以具体的粉尘为现象。从尘源处收集来的粉尘需经过随机分取处理，以使所测的粉尘的物理特性具有良好的代表性。表 4-1 为粉尘取样方法。取出的粉尘样品在 105℃±5℃条件下烘干 2h，置于干燥器冷却 0.5h 至室温待用。

表 4-1　粉尘取样方法

| 方法 | 步　　骤 | 图　　示 |
|---|---|---|
| 1. 圆锥四分法 | (1)将粉尘经漏斗下落到水平板上堆积成圆锥体；<br>(2)将圆锥分成 4 等份 a、b、c、d，舍 a、c 取 b、d；<br>(3)混合 b、d 后，重新堆成圆锥再分成 4 份进行舍去，如此依次重复 2～3 次；<br>(4)取其任意对角 2 份作为测试用粉尘样品 | 漏斗<br>a　d　b　c |
| 2. 流动切断法 | (1)将粉尘放入固定的漏斗中；<br>(2)用容器在漏斗下部左右移动，随机接取分析用样品 | 漏斗<br>左右移动<br>容器<br>取尘器<br>左右移动<br>容器 |

续表

| 方法 | 步骤 | 图示 |
| --- | --- | --- |
| 3. 回转分取法 | (1)使圆盘和漏斗做相对回转运动,将漏斗中的粉尘均匀地落到分隔成 8 个部分的圆盘上;<br>(2)取其中一部分作为分析测定用料 | 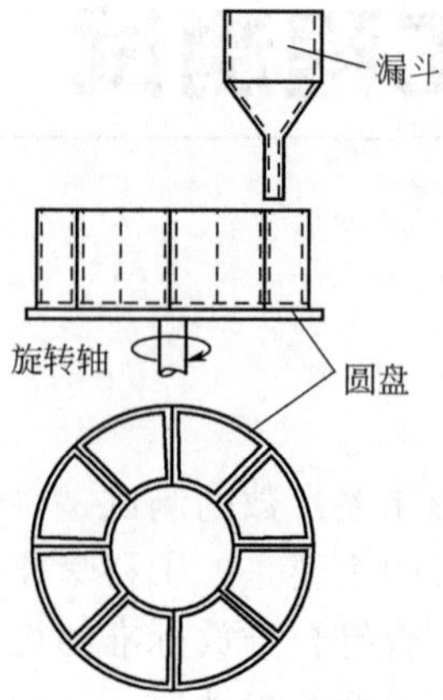 |

## 二、粉尘粒径的测定

粒径是表征粉尘颗粒状态的重要参数。一个光滑圆球的直径能被精确地测定，而对通常碰到的非球形颗粒，精确地测定它的粒径则是困难的。事实上，粒径是测量方向与测量方法的函数。为表征颗粒的大小，通常采用当量粒径。所谓当量粒径是指颗粒在某方面与同质的球体有相同特性的球体直径。相同颗粒，在不同条件下用不同方法测量，其粒径的结果是不同的。表 4-2 为颗粒粒径测定的一般方法。根据这些方法制作的粒径分析仪器有数百种。

**表 4-2 颗粒粒径测定的一般方法**

| 分类 | 测定方法 | | 测定范围/μm | 分布基准 |
| --- | --- | --- | --- | --- |
| 筛分 | 筛分法 | | >40 | 计重 |
| 显微镜 | 光学显微镜 | | 0.8～150 | 计数 |
| | 电子显微镜 | | 0.001～5 | 计数 |
| 沉降 | 增量法 | 移液管法 | 0.5～60 | 计重 |
| | | 光透过法 | 0.1～800 | 面积 |
| | | X 射线法 | 0.1～100 | 面积 |
| | 累积法 | 沉降天平 | 0.5～60 | 计重 |
| | | 沉降柱 | <50 | 计重 |
| 流体分级 | 离心力法 | | 5～100 | 计重 |
| | 串级冲击法 | | 0.3～20 | 计重 |
| 光电 | 电感应法 | | 0.6～800 | 体积 |
| | 激光测速法 | | 0.5～15 | 计重、计数 |
| | 激光衍射法 | | 0.5～1800 | 计重、计数 |

(1) 计数法

① 光学显微镜法。即统计显微镜内见到的颗粒。但此方法难以求出分布范围广的颗粒群的正确分布情况，测定结果因人而异。目前有安装画像自动分析装置的自动测量计，测定粒径范围：1～150μm。用显微镜法测出的粉尘粒径如图 4-1 所示。

② 电子显微镜法。适于测定粒径在 3μm 以下的颗粒。

③ 小孔通过法。将样品颗粒分散在电解液中，用小孔喷嘴隔开，设 2 个电极，液体通过

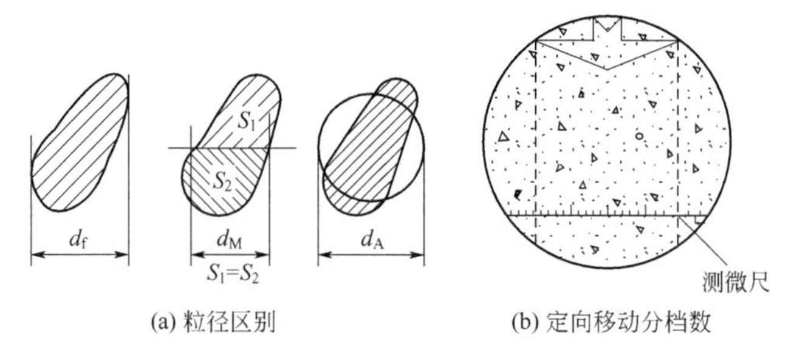


图 4-1　用显微镜法测出的粉尘粒径

$d_f$—定向径；$d_M$—面积等分径；$d_A$—投影历程径

喷嘴向一个方向流动。颗粒通过喷嘴时，发生与颗粒体积成比例的电阻变化。分析此现象，求出颗粒度分布。测定粒径范围：0.3～800μm。

④ 光检法。在光源与光感部之间照射平行光线，如果有颗粒进入，即会遮挡光线，分析此时的受光量。测定粒径范围：1～10000μm。

（2）筛选法

① 标准筛法。即用标准筛给颗粒分级。测定粒径范围；44μm 以上。

② 微型筛法。即用微型筛给颗粒分级。能够用于粒径 3μm 以上颗粒。

（3）沉降法

① 吸液管法。颗粒的大小会影响沉降速度，利用此特点求粒度分布。液体沉降时，让颗粒与分散剂一同在液体中悬浊，检测颗粒浓度的时间变化。每隔一段时间取液分析一次。适用范围：1～50μm。

② 比重法。原理与吸液管法相同，利用比重浮秤进行测定。类似的方法还有比重天平秤法、沉降天平秤法。适用范围：0.1～150μm。

③ 光渗透法。将颗粒分散在分散剂中，照射光线。颗粒沉降时，光渗透量则发生变化。

④ X 射线法。利用 X 射线代替可视光线。适用范围：0.1～100μm。

⑤ 沉降电位法。分散在溶剂中的颗粒带电荷。所以，当颗粒沉降时，颗粒表面的电子密度与液体中的电子密度会有区别，利用此现象求颗粒浓度。

（4）分级法

① 风筛法。让圆筒内产生上升气流，根据其与颗粒沉降速度的关系求出颗粒密度。适用范围：15μm 以上。

② 离心分级法。让颗粒分散在液体中，将分离粒径不同的数个旋风器连起来，用各个液体旋风器捕集颗粒，并求出粒度分布。适用范围：5～50μm。

③ 惯性分级法。用喷嘴喷出含颗粒的气体，喷向对面的平板，对颗粒做冲撞捕集。这时，如果分阶段改变喷嘴直径，可得到不同阶段的试样。分析这些试样并求出粒度分布。适用范围：a. 阶式低速碰撞采样器为 50～100μm；b. 安德森采样器为 0.4～12μm。

（5）电磁波散射法

① 光衍射法。即利用激光束产生的颗粒衍射现象，求颗粒直径。适用范围：1～500μm。

② 激光散射强度测定法。即求出激光对颗粒的散射强度，测定颗粒直径。适用范围：0.1～10μm。

## 三、粉尘分散度的测定

### 1. 滤膜溶解涂片法

（1）原理　采样后的滤膜溶解于有机溶剂乙酸丁酯（化学纯）中，形成粉尘粒子的混悬液，制成标本，在显微镜下测定。

（2）操作步骤

① 将采有粉尘的滤膜放在瓷坩埚或小烧杯中，用吸管加入1～2mL乙酸丁酯，再用玻璃棒充分搅拌，制成均匀的粉尘混悬液，立即用滴管吸取一滴，滴于载物玻片上，用另一载物玻片呈45°角推片，贴上标签，编号，注明采样地点及日期。

② 镜检时如发现涂片上粉尘密集而影响测定时，可再加适量乙酸丁酯稀释，重新制备标本。

③ 制好的标本应保存在玻璃平皿中，避免外界粉尘的污染。

④ 在400～600倍的放大倍率下，用物镜测微尺校正目镜测微尺每一刻度的间距，即将物镜测微尺放在显微镜载物台上，目镜测微尺放在目镜内。在低倍镜（物镜4×或10×）下，找到物镜测微尺的刻度线，将其刻度移到视野中央，然后换成测定时所需倍率，在视野中心，使物镜测微尺的任一刻度与目镜测微尺的任一刻度相重合。然后找出两尺再次重合的刻度线，分别数出两种测微尺重合部分的刻度数，计算出目镜测微尺一个刻度的间距。

（3）分散度的测定　取下物镜测微尺，将粉尘标本放在载物台上，先用低倍镜找到粉尘粒子，然后用400～600倍观察。用目镜测微尺无选择地依次测定粉尘粒子的大小，遇长径量长径，遇短径量短径。至少测量200个尘粒，记录并算出百分数。

对可溶于有机溶剂中的粉尘和纤维状粉尘本法不适用，此时采用自然沉降法。

**2. 自然沉降法**

（1）原理　将含尘空气采集在沉降器内，使尘粒自然沉降在盖玻片上，在显微镜下测定。

（2）操作步骤

① 将盖玻片用铬酸洗液浸泡，用水冲洗后，再用95%乙醇擦洗干净。然后放在沉降器的凹槽内，推动滑板至与底座平齐，盖上圆筒盖以备采样。

② 采样时将滑板向凹槽方向推动，直至圆筒位于底座之外，取下筒盖，上下移动数次，使含尘空气进入圆筒内，盖上圆筒盖，推动滑板至与底座平齐。然后将沉降器水平静置3h，使尘粒自然降落在盖玻片上。

③ 将滑板推出底座外，取出盖玻片贴在载物玻片上，编号，注明采样日期及地点。然后在显微镜下测量。

④ 粉尘分散度的测量及计算与溶解涂片法相同。

## 四、粉尘密度的测定

由于粉尘与粉尘之间有许多空隙，有些颗粒本身还有孔隙，所以粉尘的密度有如下几种表述方法。

（1）真密度　这是不考虑粉尘颗粒与颗粒间空隙的颗粒本身实有的密度。若颗粒本身是多孔性物质，则它的密度还分为两种：①考虑颗粒本身孔隙在内的颗粒物质，在抽真空的条件下测得密度，称为真密度；②包含颗粒本身孔隙在内的单个颗粒的密度称为颗粒密度，一般用比重瓶法测得，又称为视密度。对于无孔隙颗粒，真密度和颗粒密度是一样的。粉尘颗粒的真密度决定含尘气体在除尘器和管道内的流动速度。

（2）堆积密度　粒尘的颗粒与颗粒间有许多空隙，在粒群自然堆积时，单位体积的质量就是堆积密度，计算粉尘堆积容积确定除尘器灰斗和储灰仓的大小时都用它。

**1. 液体置换法**

测定真密度的方法较多，普遍采用的是液体置换法（图4-2），即选取某种液体注入粉尘中，排除粉尘之间的气体，从而得到粉尘的体积，然后根据称得的粉尘质量计算粉尘密度。

测定步骤如下。

① 称出比重瓶的质量 $m_0$，加入粉尘（约占比重瓶体积的 1/3），称出其质量 $m_s$＝粉尘质量＋$m_0$；

② 将浸液注入比重瓶内（至比重瓶约 2/3 容积处），然后置于密闭容器中抽真空，直到瓶中的气体充分排出；

③ 停止抽气后将比重瓶取出并注满浸液，称重：$m_L$＝浸液＋$m_0$；

④ 由下式求真密度 $\rho_P$（g/cm$^3$）：

$$\rho_P=\frac{m_s-m_0}{(m_s-m_0)+m_L-\frac{m_{SL}}{\rho_L}} \tag{4-1}$$

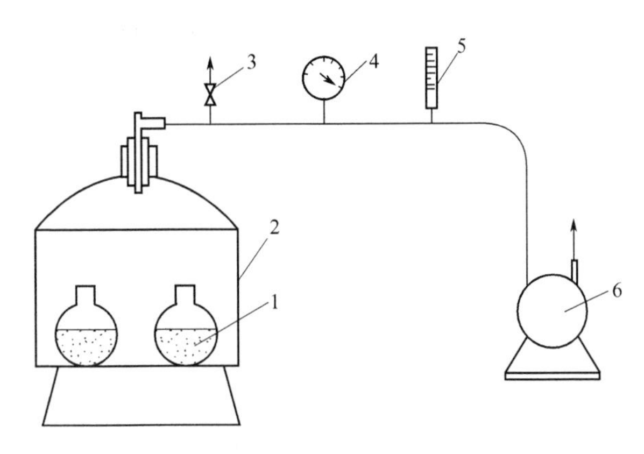


图 4-2　液体置换法测粉尘真密度

1—比重瓶；2—真空干燥器；3—三通开关；4—真空计；5—温度计；6—真空泵

式中，$m_{SL}$ 为粉尘质量＋浸液＋$m_0$；$\rho_L$ 为浸液在测定温度下的密度。

**2. 气相加压法**

气相加压法的作用原理是基于波义耳-马略特定律，用精密压力计测出两次压缩时的体积，两次压缩终压力相同，则粉尘密度为：

$$\rho_P=\frac{m}{V_s} \tag{4-2}$$

$$V_s=\frac{V_1-V_2}{V_0-V_1}V_0 \tag{4-3}$$

式中，$V_s$ 为粉尘体积，cm$^3$；$V_0$ 为未加压时的气缸体积，cm$^3$；$V_2$ 为气缸中没有加粉尘时，压缩到压力为 $p_2$ 时的体积，cm$^3$；$V_1$ 为气缸中加入粉尘时压缩到压力为 $p_2$ 时的体积，cm$^3$。

**3. 堆积密度测定**

粉尘的堆积密度由堆积密度测定装置（图 4-3）测定，具体方法如下。

① 称出盛灰桶 1 的质量 $m_0$（灰桶容积为 100cm$^3$）；

② 在漏斗 2 中装入灰桶容积 1.2～1.5 倍的粉尘；

③ 抽出塞棒 3，粉尘由一定的高度（115mm）落入灰桶，用 $\delta$＝3mm 厚的刮片将灰桶上堆积的粉尘刮平；

④ 称取灰桶加粉尘的质量 $m_s$；

⑤ 由下式计算粉尘堆积密度 $\rho_B$(g/cm$^3$)：

$$\rho_B=\frac{m_s-m_0}{100} \tag{4-4}$$

⑥ 连测 3 次取平均值。

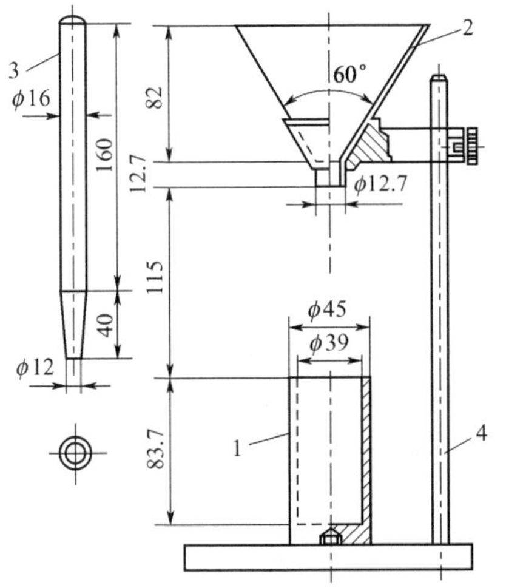

图 4-3　粉尘堆积密度计（单位：mm）

1—灰桶；2—漏斗；3—塞棒；4—支架

## 五、粉尘安息角的测定

测定粉尘安息角的方法见表 4-3。用注入法所测安息角称为动安息角，后三种方法所测安息角为静安息角。一般粉尘静安息角比动安息角大 10°～20°。

表 4-3 粉尘安息角的测定方法

| 方法分类 | 测定方法 | 图 示 |
|---|---|---|
| 注入法 | 粉尘自漏斗落到水平圆板上，用测角器直接量其堆积角或量得粉尘锥体高度，再求其堆积角：$\tan\alpha=\dfrac{\text{锥体高度}}{\text{底板半径}}$ | |
| 排出法 | 粉尘由容器底部圆孔排出，测量容器内的堆积斜面与容器底部水平面的夹角，粉尘安置角为：$\tan\alpha=\dfrac{\text{粉尘斜面高度}}{\text{圆筒半径}-\text{流出孔口半径}}$ | |
| 斜箱法 | 在水平放置的箱内装满粉尘，然后提高箱子的一端，使箱子倾斜，测量粉尘开始流动时粉尘表面与水平面的夹角即可 | |
| 回转圆筒法 | 粉尘装入透明圆筒中(占筒体体积 1/2)。将筒水平滚动，测量粉尘开始流动时的粉尘表面与水平面的夹角即可 | |

## 六、粉尘黏性的测定

在除尘技术中，粉尘的黏结性多采用拉伸断裂法进行测定。将粉尘样品用振动充填或压实充填方法，装入可分开成两部分的容器中，然后对粉尘进行拉伸，直至断裂，用测力计测量粉尘层的断裂应力。在用此法测定时，其拉伸方向有水平状态和垂直状态两种：图 4-4 为水平拉伸断裂法黏结性测试的示意图；图 4-5 为垂直拉断法黏结性测试仪示意图。

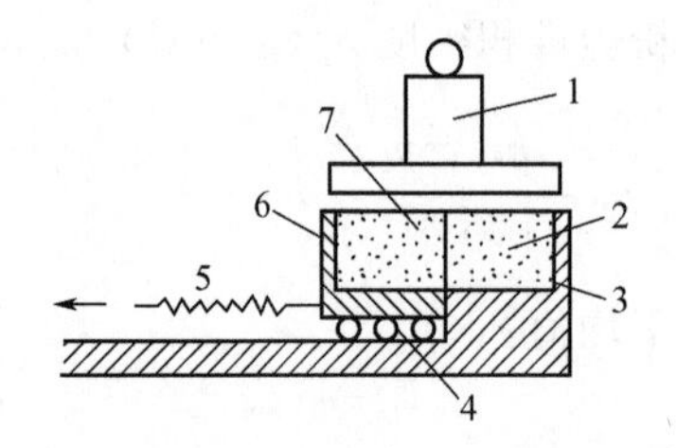


图 4-4 水平拉伸断裂法黏结性测试

1—压块；2—粉尘；3—固定盒；4—滚轮；5—弹簧测力计；6—活动盒；7—粉尘断裂面

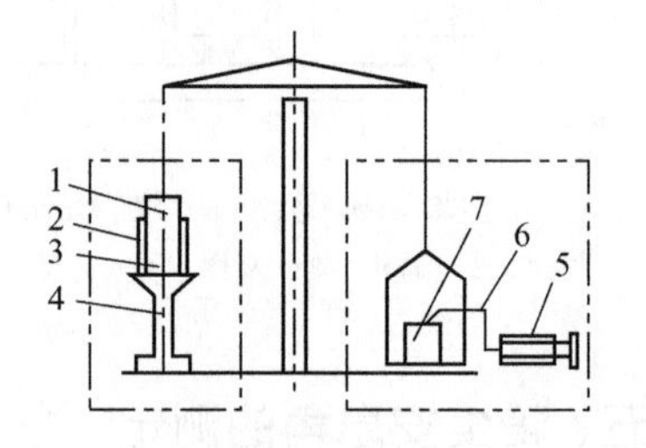


图 4-5 垂直拉断法黏结性测试仪

1—上盒；2—夹具；3—下盒；4—可调支架；5—注水器；6—滴水管；7—水杯

## 七、粉尘磨损性的测定

采用大小为10mm×12mm×2mm的钢片，将其置于由于圆管的旋转而形成的外甩气流中，钢片与气流呈45°角。供灰漏斗放入约10g的被测粉尘，粉尘加入圆管中的速度不大于3g/min。在含尘气流的作用下，钢片被磨损，准确称出钢片初始质量$m_0$和磨损后的质量$m_1$，则磨损系数$k_a$为：

$$k_a = F(m_0 - m_1) = F\Delta m \tag{4-5}$$

式中，$k_a$为磨损系数，$m^2/kg$；$m_0$为钢片初始质量，kg；$m_1$为钢片磨损后的质量，kg；$\Delta m$为钢片的磨损量，kg；$F$为与测定仪器有关的常数，$m^2/kg^2$（当圆管角速度为314rad/s、圆管长150mm时，$F=1.185\times10^{-5}m^2/kg^2$）。

## 八、粉尘浸润性的测定

粉尘的浸润性测定大多采用计算浸润速度的方法，即利用如图4-6所示的装置，将粉尘装入试管并夯实，水通过试管底部的滤纸浸润粉尘，通过测取浸润时间及浸液在对应的时间内上升的高度，计算出水对粉尘的浸润速度，计算公式如下：

$$v_{20} = \frac{L_{20}}{20} \tag{4-6}$$

式中，$v_{20}$为浸润时间为20min时的浸润速度，mm/min；$L_{20}$为浸润20min时液体上升的高度，mm。

## 九、粉尘比电阻的测定

粉尘比电阻的测试有许多方法，如梳齿法、圆盘电极法、针板电极法、同心圆电极法等。

**1. 梳齿测定法**

图4-7为梳齿法测定粉尘比电阻的原理示意图。

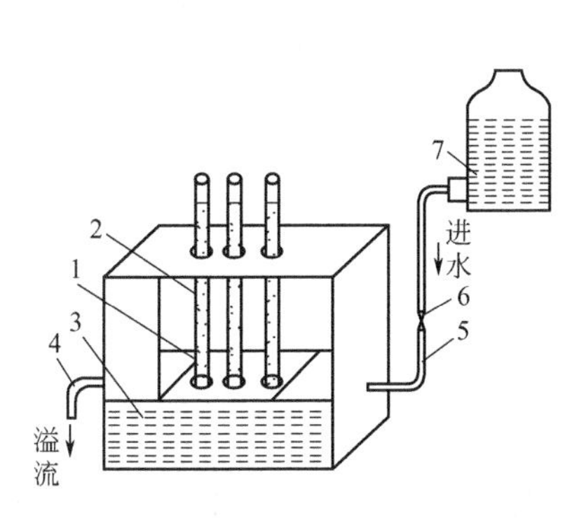


图4-6　粉尘浸润性测定装置

1—试管；2—试验粉尘；3—水槽；4—溢流管；5—进水管；6—阀门；7—水箱

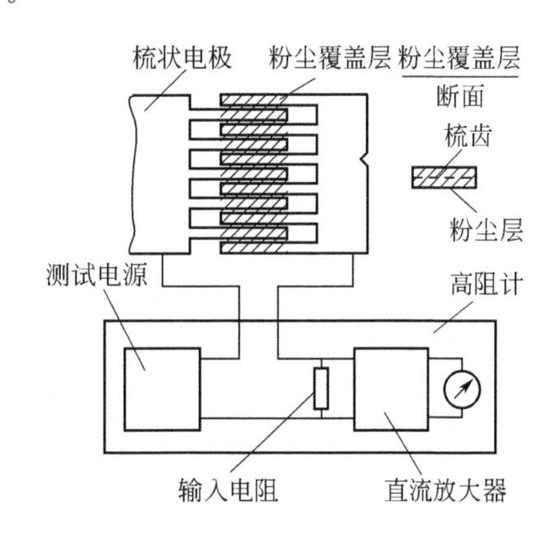


图4-7　梳齿法测定粉尘比电阻的原理示意

物质的电阻与其截面积成反比，与其长度成正比，且与温度有关。如果略去梳齿上沉积粉尘的边缘效应，则相互交错梳齿间粉尘的电阻为：

$$R = \rho \frac{L}{S} \tag{4-7}$$

式中，$R$ 为相邻两梳齿间的粉尘的电阻，Ω；$\rho$ 为粉尘的电阻率，即比电阻，Ω·cm；$L$ 为梳齿间粉尘的长度，cm；$S$ 为梳齿间粉尘的截面积，$cm^2$。

若啮合的梳齿数为 $n$，则高阻计测得的梳齿间粉尘的电阻为：

$$R_1=\frac{R}{n-1} \tag{4-8}$$

故

$$\rho=(n-1)\frac{S}{L}R_1=KR_1 \tag{4-9}$$

式中，$K$ 为梳状电极的常数，与梳齿数目、几何尺寸及齿间距离等有关，若有意将其设计为 $K=10$cm，计算更方便，在完成采样和测量之后，将高阻计读数乘以 $K=10$，即得到粉尘（样品）的比电阻：

$$\rho=10R_1 \tag{4-10}$$

**2. 旋风子测定法**

图 4-8 为现场用旋风子式比电阻测定仪。测定时直接从除尘管道内抽取含尘气流，在旋风子内将粉尘分离，分离后的粉尘落入下部同心圆比电阻测定室，同时用振动的方法将粉尘逐步充填到相当的密实状态。粉尘的不断填充，会使电流不断增加，因此在同心圆筒上施加电压后，可由电流的上升情况观察粉尘充填的状况。当电流不再增加时，测出电流、电压的值即可计算比电阻值。

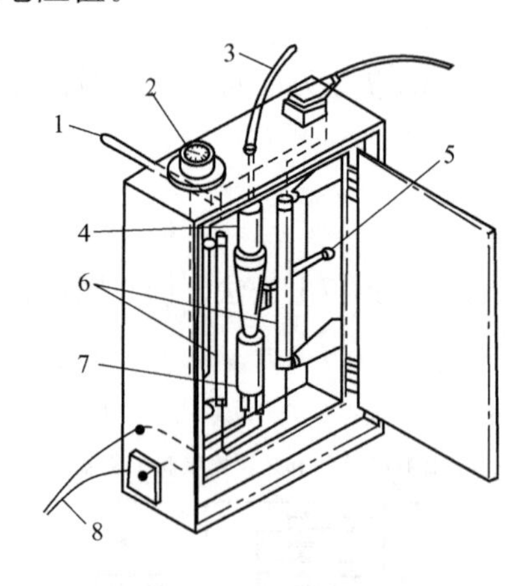


图 4-8 现场用旋风子式比电阻测定仪

1—接采样管；2—温度计；3—旋风分离器排气管；4—旋风子；5—振打器；6—加热器；7—比电阻测定室；8—接兆欧表

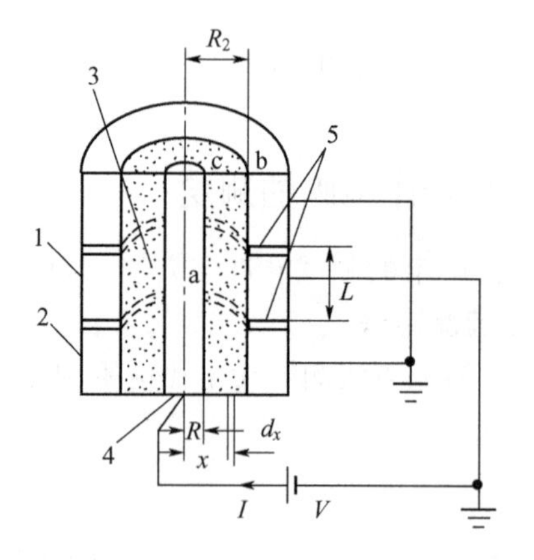


图 4-9 同心圆式比电阻测定仪

1—主电极；2—导流电极；3—粉尘；4—导体；5—绝缘体

粉尘的比电阻值直接影响电除尘器及荷电滤料的捕尘效果，电除尘器处理粉尘比电阻为 $10^4\sim10^{11}$Ω·cm 比较合适，所以比电阻也是粉尘的重要性质。

**3. 同心圆电极法**

图 4-9 为同心圆式比电阻测定仪。它是用机械的方法将粉尘填充于中心圆柱电极 a 与圆筒电极 b 之间，a、b 之间的间距保持一定。在 b 上截取其中部一定长度 $L$ 作为主电极、电压 $V$ 施加于主电极和中心圆柱电极之间，测出通过粉尘层的电流 $I$，即可求出粉尘的比电阻。几何参数 $K$ 可按下式求得：

$$K=\frac{2\pi L}{\lg\frac{R_1}{R_2}} \tag{4-11}$$

式中，$L$ 为主电极长度，cm；$R_1$ 为 a 的半径，cm；$R_2$ 为 b 的内半径，cm。

**4. 针板电极法**

针板法粉尘比电阻测定装置如图 4-10 所示。它是模拟在电除尘器工作条件下粉尘的沉积，并在工况条件下进行测定，即在电晕放电的作用下粉尘沉积于圆盘上，测出加在粉尘层上的电压和通过粉尘层的电流，按圆盘中粉尘层的几何尺寸计算粉尘的比电阻。

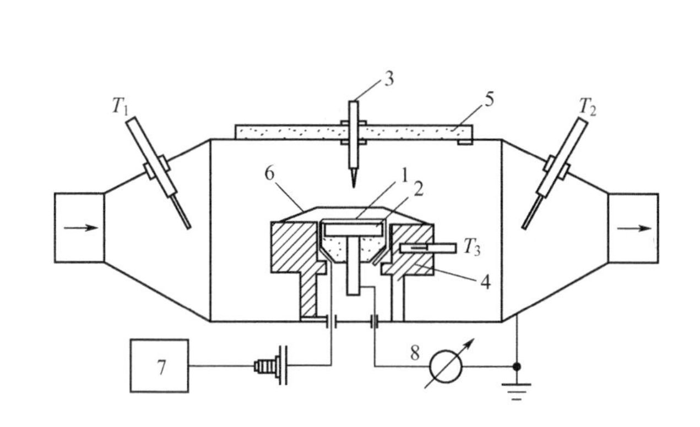


图 4-10　针板法粉尘比电阻测定装置

1—金属丝电极；2—测定圆盘；3—放电电极；4—环形电极；5—绝缘层；6—粉尘层；7—电压表；8—电流表；$T_1$、$T_2$、$T_3$—温度计

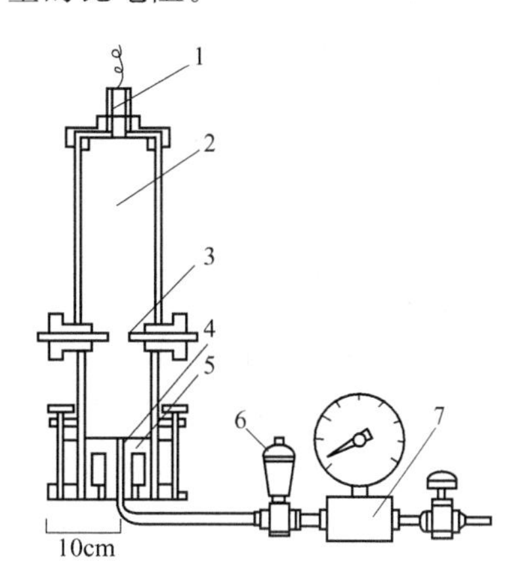


图 4-11　粉尘爆炸性测试仪

1—压力传感器；2—高压管；3—电极；4—粉尘；5—空气入口；6—电磁阀；7—压缩空气气包

## 十、粉尘爆炸性的测定

在干燥状态下粒径小于 60$\mu$m 的粉尘其爆炸性可用 Hartmann 测试仪（图 4-11）进行测试，即在高压管下部放置已称重的粉尘试样，受电磁阀控制的压缩空气由管下部导入，使粉尘呈悬浮状态，用电火花进行点火。引起粉尘爆炸，爆炸后在高压管中形成的爆炸压力，由上部的压力传感器接受，并记录下来。点火后爆炸压力迅速升高，达到最高值后，趋于稳定。因此用 $K_{st}$ 作为衡量粉尘爆炸性的指标，即：

$$K_{st}=\left(\frac{dp}{dt}\right)_{max}\times V^{\frac{1}{3}} \tag{4-12}$$

式中，$\left(\frac{dp}{dt}\right)_{max}$ 为最大爆炸压力上升速度；$V$ 为容器的容积。

# 第二节　管道内气体参数测试

除尘管道内气体参数的测试内容包括气体的压力、流量、温度、湿度、露点和含尘浓度等。其中压力和流量的测试很重要，必须予以充分注意。

## 一、采样位置选择和测试点

**1. 采样位置的选择**

粉尘在管道中的浓度分布即便是没有阻挡也不是完全均匀的，在水平管道内大的尘粒由于重力沉降作用使管道下部浓度偏高。只有在足够长的垂直管道中粉尘浓度才可以视为轴对称分布。在测试气体流速和采集粉尘样品时，为了取得有代表性的样品，尽可能将采样位置放在气流平稳直管段中，距弯头、阀门和其他变径管段下游方向大于 6 倍直径和其上游方向大于 3 倍直径处。最小也不应小于 1.5 倍管径，但此时应增加测试点数。此外尚应注意取样断面的气体流速在 5m/s 以上。

但对于气态污染物，由于混合比较均匀，其采样位置则不受上述规定限值，只要注意避开涡流区。如果同时测试排气量，则采样位置仍按测尘时所需要的位置测量。

**2. 测试的操作平台**

除尘系统是根据尘源设施的种类和规模设计的，对于大规模的尘源设施，除尘设备也非常大，测试点几乎都是在高处，因此要在几米以上高处进行测试，则应考虑到测试仪器的放置、人员的操作空间和安全的需要，应该设置操作平台。

操作平台的面积及结构强度，应以便于操作和安全为准，并设有高度不低于 1.15m 的安全护栏。平台面积不宜小于 $1.5m^2$。

**3. 采样孔的结构**

在选定的测试位置上开设采样孔，为适宜各种形式采样管插入，孔的直径应不小于 80mm，采样孔管长应不大于 50mm。不测试时应用盖板、管堵或管帽封闭，当采样孔仅用于采集气态污染物时，其内径应不小于 40mm。采样孔的结构见图 4-12。

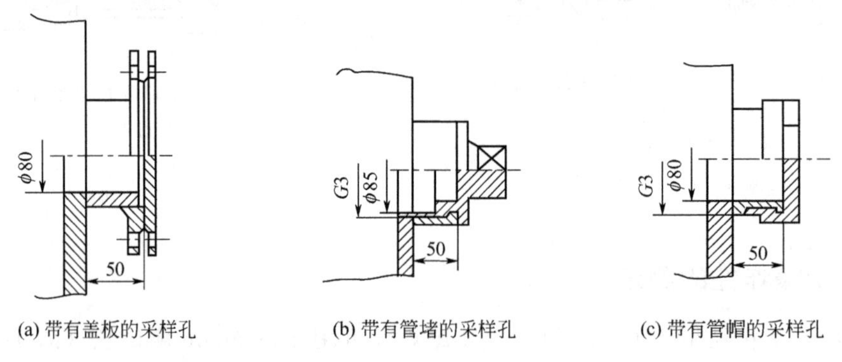


(a) 带有盖板的采样孔　(b) 带有管堵的采样孔　(c) 带有管帽的采样孔

图 4-12　采样孔的结构

对正压下输送高温或有毒气体时，为保护测试人员的安全，采样孔应采用带有闸板阀的密封采样孔（图 4-13）。对圆形烟道，采样孔应设置在包括各测试点在内的互相垂直的直线上（图 4-14）；对矩形或方形烟道，采样孔应在包括各测试点在内的延长线上（图 4-15、图 4-16）。

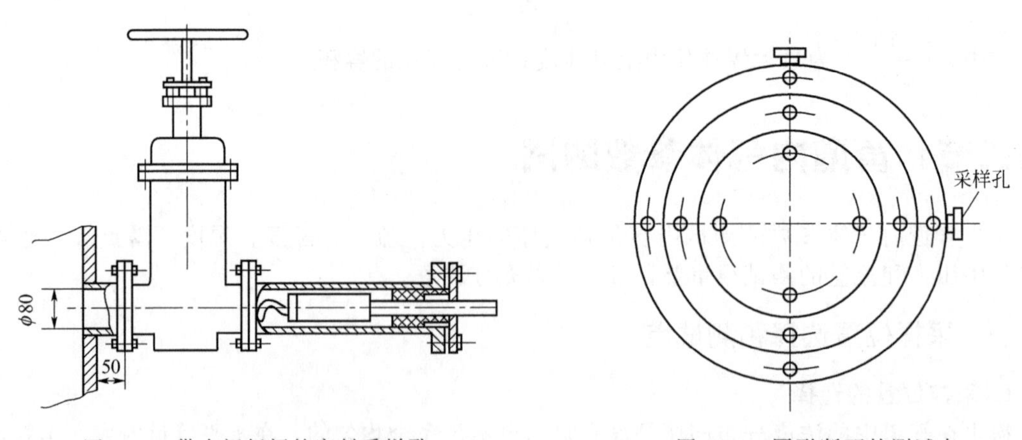


图 4-13　带有闸板阀的密封采样孔　　图 4-14　圆形断面的测试点

测试孔设在高处时，测孔中心线应设在此操作平台高约 1.5m 的位置上；操作平台有扶手护栏时，测试孔的位置一定要适度高出栏杆。

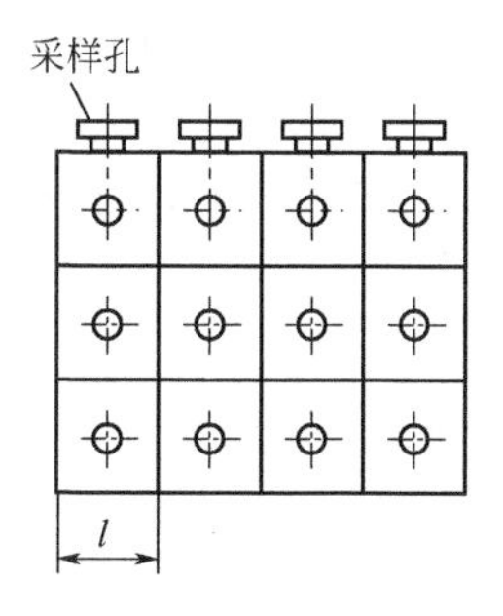


图 4-15　长方形断面的测试点

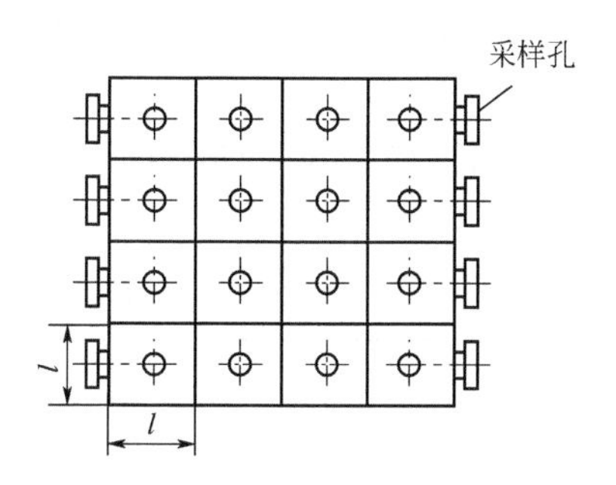


图 4-16　正方形断面的测试点

**4. 测试断面和测点数目**

当测试气体流量和采集粉尘样品时，应将管道断面分为适当数量的等面积环或方块，再将环分为两个等面积的线或方块中心作为采样点。

(1) 圆形管道　将管道分为适当数量的等面积同心环，各测点选在各环等面积中心线与呈垂直相交的 2 条直径线的交点上，其中一条直径线应在预期浓度变化最大的平面内。如当测点在弯头后，该直径线应位于弯头所在的平面 $A—A$ 内（图 4-17）。

对圆形管道，若所测定断面流速分布比较均匀、对称，在较长的水平或垂直管段，可设置一个采样孔，则测点减少 1/2。当管道直径小于 0.3m，流速分布比较均匀对称时，可取管道中心作为采样点。

不同直径的圆形管道的等面积环数、测量环数及测点数见表 4-4，原则上测点不超过 20 个。测试孔应设在正交线的管壁上。

**表 4-4　不同直径的圆形管道的等面积环数、测量环数及测点数**

| 圆形管道直径/m | 等面积环数 | 测量环数 | 测点数 | 圆形管道直径/m | 等面积环数 | 测量环数 | 测点数 |
|---|---|---|---|---|---|---|---|
| <0.3 | | | 1 | 1.0～2.0 | 3～4 | 1～2 | 6～16 |
| 0.3～0.6 | 1～2 | 1～2 | 2～8 | 2.0～4.0 | 4～5 | 1～2 | 8～20 |
| 0.6～1.0 | 2～3 | 1～2 | 4～12 | 4.0～5.0 | 5 | 1～2 | 10～20 |

当管径 $D>5\text{m}$ 时，每个测点的管道断面积不应超过 $1\text{m}^2$，并根据下式决定测试点的位置：

$$r_n = R\sqrt{\frac{2n-1}{2Z}} \tag{4-13}$$

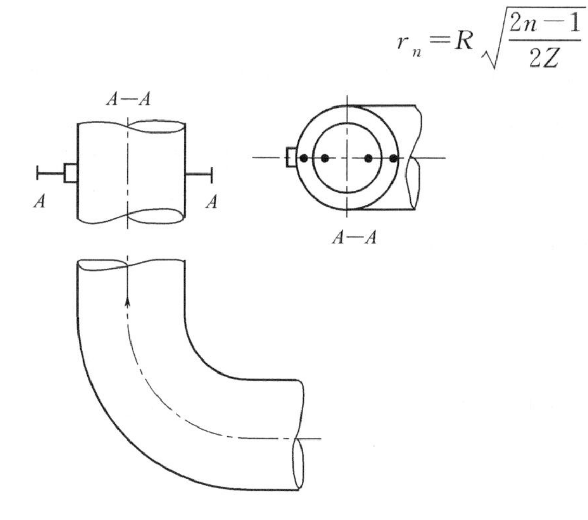


图 4-17　圆形管道弯头后的测点

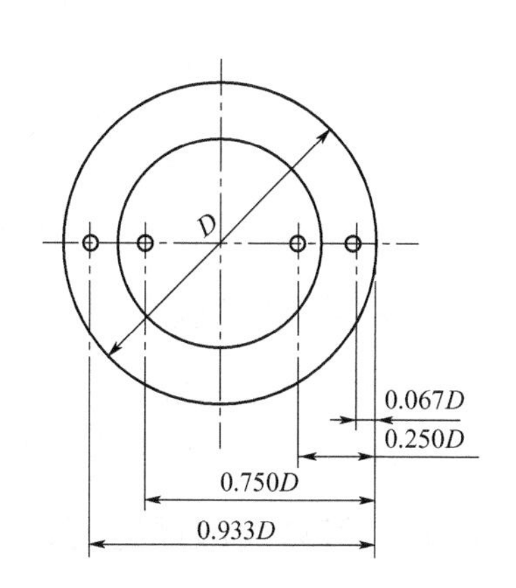


图 4-18　测点距管道内壁的距离

式中，$r_n$ 为测试点距管道中心的距离，m；$R$ 为管道半径，m；$n$ 为半径序号；$Z$ 为半径划分数。

测点距管道内壁的距离见图 4-18，按表 4-5 确定。当测点距管道内壁的距离小于 25mm 时，取 25mm。

**表 4-5 测点距管道内壁的距离（以管道直径 $D$ 计）**

| 测点号 | 环数 | | | | |
|---|---|---|---|---|---|
| | 1 | 2 | 3 | 4 | 5 |
| 1 | 0.146 | 0.067 | 0.044 | 0.033 | 0.026 |
| 2 | 0.854 | 0.250 | 0.146 | 0.105 | 0.082 |
| 3 | | 0.750 | 0.296 | 0.194 | 0.146 |
| 4 | | 0.933 | 0.704 | 0.323 | 0.226 |
| 5 | | | 0.854 | 0.677 | 0.342 |
| 6 | | | 0.956 | 0.806 | 0.658 |
| 7 | | | | 0.895 | 0.774 |
| 8 | | | | 0.967 | 0.854 |
| 9 | | | | | 0.918 |
| 10 | | | | | 0.974 |

（2）矩形或方形管道 矩形或方形管道断面气流分布比较均匀、对称，可适当分成若干等面积小块，各块中心即为测点，小块的数量按表 4-6 的规定选取，但每个测点所代表的管道面积不得超过 $0.6m^2$，测点不超过 20 个。若管道断面积小于 $0.1m^2$，且流速比较均匀、对称，则可取断面中心作为测点。

**表 4-6 距（方）形管道的分块和测点数**

| 适用管道断面积 $S/m^2$ | 断面积划分数 | 测定点数 | 划分的小格一边长度 $L/m$ | 适用管道断面积 $S/m^2$ | 断面积划分数 | 测定点数 | 划分的小格一边长度 $L/m$ |
|---|---|---|---|---|---|---|---|
| <1 | 2×2 | 4 | ≤0.5 | 9～16 | 4×4 | 16 | ≤1 |
| 1～4 | 3×3 | 9 | ≤0.667 | 16～20 | 4×5 | 20 | ≤1 |
| 4～9 | 3×4 | 12 | ≤1 | | | | |

另外，在测试断面上的流动为非对称时，按非对称方向划分的小格一边之长应比按与此方向相垂直方向划分的小格一边之长小一些，相应地增加测点数。

（3）其他形式断面管道 当管道积灰时，应通过管道手动或利用压缩室气将积灰清除，使其恢复原形，然后按照前两项的标准，选择测点。当管道积灰固结在管壁上清除困难时，视含尘气体流通通道的几何形状，按照前两项的标准，选择测点。

## 二、管道内温度的测试

测试时，将温度计的感温部分放置在管道中心位置，等温度读值稳定不变时再读取。在各测点上测试温度时，将测得的数值 3 次以上取其平均值。常用的测温仪表见表 4-7。

## 三、管道内气体含湿量的测试

在除尘系统与除尘器中，气体含湿量的测试方法有冷凝法、干湿球法和重量法，但常用的

表 4-7　常用的测温仪表

| 仪表名称 | | 测量范围/℃ | 误差/℃ | 使用注意事项 |
|---|---|---|---|---|
| 玻璃温度计 | 内封酒精 | 0～100 | <2 | 适合于管径小、温度低的情况，测定时至少稳定 5min，温度稳定后方可读数 |
| | 内封水银 | 0～500 | | |
| 热电偶温度计 | 镍铬-康铜 | 0～600 | <±3 | 用前需校正，插入管道后，待毫伏计稳定再读数；高温测定时，为避开辐射热干扰，最好将热电偶导线置于烟气能流动的保护套管内 |
| | 镍铬-镍铝 | 0～1300 | | |
| | 铂铑-铂 | 0～1600 | | |
| 铂热电阻温度计 | | 0～500 | <±3 | 用前需校正，插入管道后指示表针稳定后再读数 |

方法是冷凝法和干湿球法。

**1. 冷凝法**

(1) 原理　由烟道中抽取一定体积的气体使之通过冷凝器，根据冷凝器排出的冷凝水量和从冷凝器排出的饱和水蒸气量，计算气体的含湿量。

(2) 测试装置　排气水分含量的测试装置如图 4-19 所示，由采样管、冷凝器、干燥器、温度计、真空压力表、转子流量计和抽气泵等组成。

① 采样管。采样管为不锈钢材质，内装滤筒，用于去除气体中的颗粒物。

② 冷凝器。为不锈钢材质，用于分离、储存在采样管、连接管和冷凝器中冷凝下来的水。储存冷凝水的容积应不小于 100mL，排放冷凝水的开关应严密不漏气。

③ 温度计。精度应不低于 2.5%，最小分度值不大于 2℃。

④ 干燥器。材质为有机玻璃，内装硅胶，其容积应不小于 0.8L，用于干燥进入流量计前的湿烟气。

⑤ 真空压力表。其精确度应不低于 4%，用于测试流量计前气体压力。

⑥ 转子流量计。其精确度应不低于 2.5%。

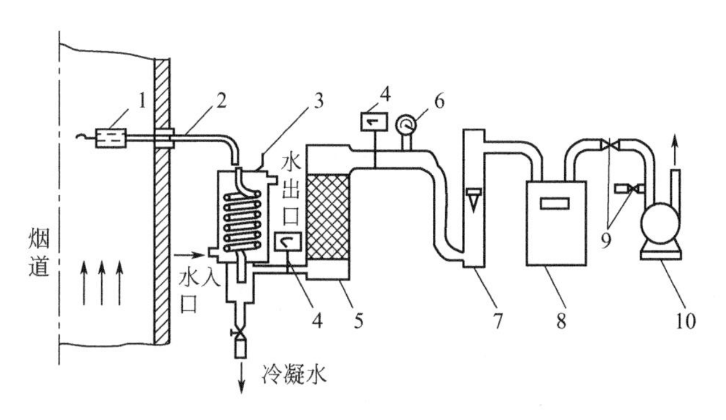


图 4-19　冷凝法测定中排气水分含量的测试装置

1—量筒；2—采样管；3—冷凝器；4—温度计；5—干燥器；6—真空压力表；7—转子流量计；8—累积流量计；9—调节阀；10—抽气泵

⑦ 抽气泵。应具备足够的抽气能力。当流量为 40L/min 时，其抽气能力应能够克服烟道及采样系统阻力。

⑧ 量筒。其容量为 10mL。

(3) 测试步骤　将冷却水管连接到冷凝器冷水管入口。

检查按图 4-19 连接的测试装置是否漏气，如发现漏气，应进行分段检查并采取相应措施予以排除。

流量计置于抽气泵前端，其检漏方法有 2 种：①在系统的抽气泵前串联一满量程为1L/min的小量程转子流量计，检漏时，将装好滤筒的采样管进口（不包括采样嘴）堵严，打开抽气泵，调节泵进口处的调节阀，使系统中的压力表负压指示为 6.7kPa，此时，小量程流量计的流量如不大于 0.6L/min，则视为不漏气；②检漏时，堵严采样管滤筒来处进口，打开抽气泵，调节泵进口的调节阀，使系统中的真空压力表负压指示为 6.7kPa，关闭接抽气泵的橡胶管，在 0.5min 内如真空压力表的指示值下降值不超过 0.2kPa，则视为不漏气。

在仪器携往现场前，按上述方法检查采样装置的漏气性。现场检漏仅对采样管后的连接橡胶管到抽气泵段进行检漏。

流量计装置放在抽气泵处的检漏方法如下。在流量计出口接一三通管，其一端接 U 形压力计，另一端接橡胶管。检漏时，切断抽气泵的进口通路，由三通的橡胶管端压入空气，使 U 形压力计水柱压差上升到 2kPa，堵住橡胶管进口，如 U 形压力计的液面差在 1min 内不变，则视为不漏气。抽气泵前管段仍按前面的方法检漏。

打开采样孔，清除孔中的积灰。将装有滤筒的采样管插入管道中心位置，封闭采样孔。

启动抽气泵并以 25L/min 流量抽气，同时记录采样时间。采样时应使冷凝水量在 10mL 以上。采样时应记录开采时间、冷凝器出口饱和水汽温度、流量计读数和流量计前的温度、压力。如果系统装有累计流量计，应记录采样起止时的累计流量。采样完毕取出采样管，将可能冷却在采样管内的水倒入冷凝器中，用量筒计量冷凝水量。

气体中水汽含量体积分数按下式计算：

$$X_{sw}=\frac{461.8(273+t_r)G_w+p_vV_a}{461.8(273+t_r)G_w+(B_a+p_r)V_a}\times 100\% \tag{4-14}$$

式中，$X_{sw}$ 为排气中的水分含量体积分数，%；$B_a$ 为大气压力，Pa；$G_w$ 为冷凝器中的冷凝水量，g；$p_r$ 为流量计前气体压力，Pa；$p_v$ 为冷凝器出口饱和水蒸气压力（可根据冷凝器出口气体温度 $t_u$ 从空气饱和水蒸气压力表中查得），Pa；$t_r$ 为流量计前气体温度，℃；$V_a$ 为测量状态下抽取气体的体积（$V_a \approx Q'_r t$），L；$Q'_r$ 为转子流量计读数，L/min；$t$ 为采样时间，min。

**2. 干湿球法**

（1）原理　使气体在一定速度下流经干、湿球温度计，根据干湿球温度计读数和测点处气体的压力，计算出排气的水分含量。

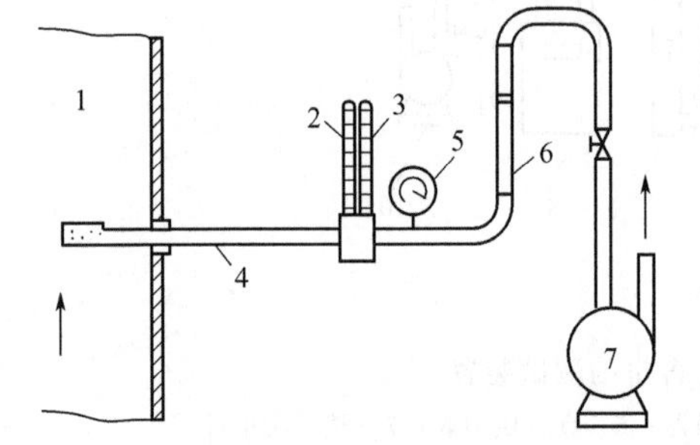

图 4-20　干湿球法测定排气水分含量的装置
1—烟道；2—干球温度计；3—湿球温度计；4—保温采样管；5—真空压力表；6—转子流量计；7—抽气泵

（2）测试装置　干湿球法测定排气水分含量的装置如图 4-20 所示。

（3）测试步骤　检查湿球温度计纱布是否包好，然后将水注入盛水容器中。干湿球温度计的精度不应低于 1.5%；最小分度值不应大于 1℃。

打开采样孔，清除孔中的积灰。将采样管插入管道中心位置，封闭采样孔。当排气温度较低或水分含量较高时，采样管应保温或加热数分钟后，再开动抽气泵，以 15L/min 流量抽气。当干湿球温度计温度稳定后，记录干湿球温度和真空表的压力。

（4）计算　气体中水汽含量体积分数按下式计算：

$$X_{sw}=\frac{p_{bv}-0.00067(t_c-t_b)(B_a+p_b)}{B_a+p_s}\times 100\% \tag{4-15}$$

式中，$X_{sw}$为排气中水分含量体积分数，%；$p_{bv}$为温度为$t_b$时饱和水蒸气压力（可根据$t_b$值，由空气饱和时水蒸气压力表中查得），Pa；$t_b$为湿球温度，℃；$t_c$为干球温度，℃；$p_b$为通过湿球温度计表面的气体压力，Pa；$B_a$为大气压，Pa；$p_s$为测点处气体静压，Pa。

**3. 重量法**

（1）原理　由管道中抽取一定体积的气体，使之通过装有吸湿剂的吸湿管，气体中的水分被吸湿剂吸收，吸湿管的增重即为已知体积气体中含有的水分。

（2）采样装置　测定排气水分含量的装置如图4-21所示，其主要组成为头部带有颗粒物过滤器的加热或保湿的气体采样管，装有氯化钙或硅胶吸湿剂的U形吸湿管（图4-22）或雪菲尔德吸湿管（图4-23）。真空压力表的精度应不低于4%；温度计的精度应不小于2.5%，最小分度值应不大于2℃；转子流量计的精度应不低于2.5%，测量范围为0～1.5L/min；抽气泵的流量为2L/min，抽气能力应克服烟道及采样系统阻力，当流量计置于抽气泵出口端时，抽气泵应不漏气；天平的感量应不大于1mg。

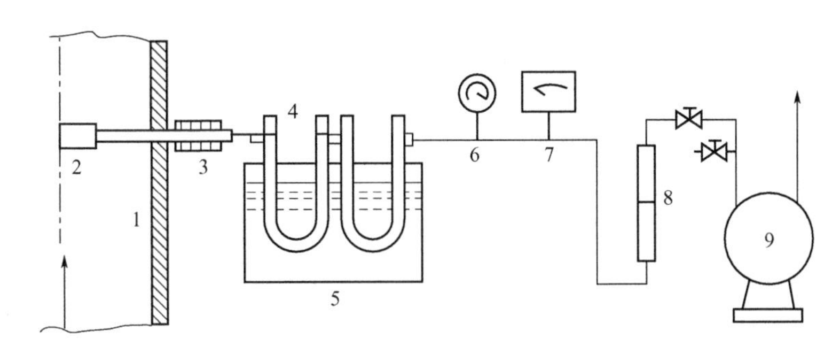


图4-21　重量法测定排气水分含量的装置

1—烟道；2—过滤器；3—加热器；4—吸湿管；5—冷却槽；6—真空压力表；7—温度计；8—转子流量计；9—抽气泵

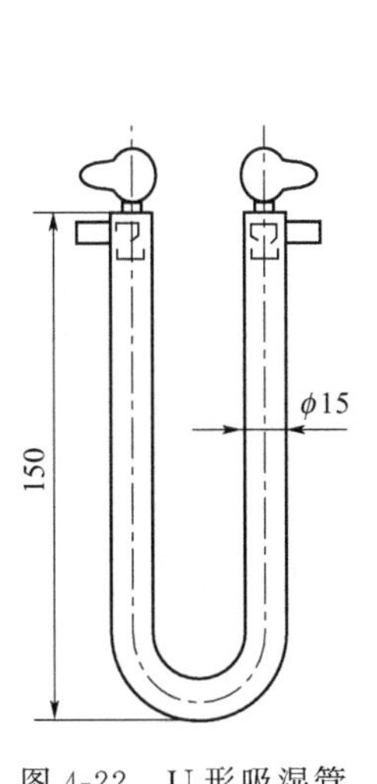


图4-22　U形吸湿管

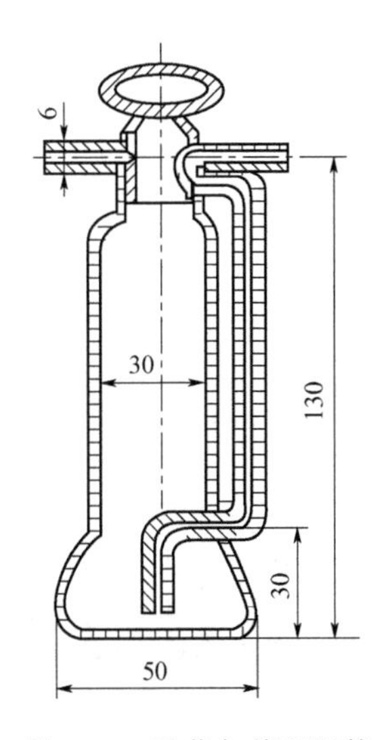


图4-23　雪菲尔德吸湿管

（3）准备工作　将粒状吸湿剂装入U形吸湿管或雪菲尔德吸湿管内，并在吸湿管进出口两端充填少量玻璃棉，关闭吸湿管阀门，擦去表面的附着物后用天平称重。

（4）采样步骤　采样装置组装后应检查系统是否漏气。检查漏气的方法是将吸湿管前的连接橡胶管堵死，开动抽气泵至压力表指示的负压达到13kPa时，封闭连接抽气泵的橡胶管，此时若真空压力表的指示值在 1min 内下降值不超过 0.15kPa，则视为系统不漏气。

将装有滤筒的采样管由采样孔插入管道中心后，封闭采样孔对采样管进行预热。打开吸湿管阀门，以 1L/min 流量抽气，同时记录下开始的采样时间。采样时间视气体的水分含量大小而定，采集的水分量应不小于 10mg。

记录气体的温度、压力和流量的读数。采样结束，关闭抽气泵，记下采样终止时间。关闭吸湿管阀门，取下吸湿管，擦净外表附着物后称重。

(5) 计算 气体中水分含量按下式计算：

$$X_{sw}=\frac{1.24G_m}{V_d\left(\frac{273}{273+t_r}\times\frac{B_a+B_r}{101300}\right)+1.24G_m}\times100\% \tag{4-16}$$

式中，$X_{sw}$为气体中水分含量体积分数，%；$G_m$ 为吸湿管吸收水分的质量，g；$V_d$ 为测量状况下抽取的干气体体积（$V_d\approx Q'_r t$），L；$Q'_r$为转子流量计读数，L/min；$t$ 为采样时间，min；$t_r$ 为流量计前气体温度，℃；$B_r$ 为流量计前气体压力，Pa；$B_a$ 为大气压力，Pa；1.24 为在标准状态下 1g 水蒸气所占有的体积，L。

## 四、管道内压力的测试

### 1. 测试原理

对气体流动中压力的测试，至今还是广泛采用测压管进行接触式测量。其基本原理是：以位于流场中的压力接头表面上某一定点的压力值，来表示流场空间中某点的压力值。其根据为伯努利方程式，即理想流体绕流的位流理论。把伯努利方程式应用于未扰动的气流的静压 $p_{\infty f}$、速度 $v_\infty$，与绕流物体附近的气流的压力 $p$、速度 $v$，其之间的关系为：

$$\frac{1}{2}\rho v_\infty^2+p_{\infty f}=\frac{1}{2}\rho v^2+p \tag{4-17}$$

在任何绕流的物体上，都可以得到一些流动完全滞止、速度 $v$ 为零的点，即驻点，该点上的压力 $p$ 即为全压。

流动状态下的气体压力分为静压、动压与全压。全压与静压之差值称为动压。测量点应选择在气流比较稳定的管段。测全压的仪器孔口要迎着管道中气流的方向，测静压的孔口应垂直于气流的方向。管道中气体压力的测试见图 4-24，图中示出动压、静压、全压之关系。

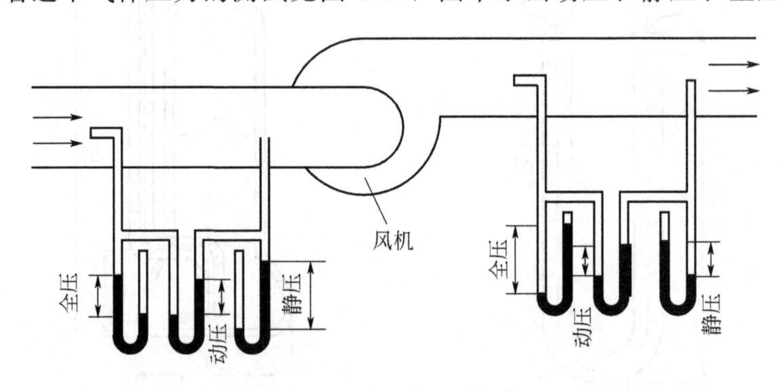


图 4-24 管道中气体压力的测试

### 2. 测试仪器

气体流动中的压力测试，首先使用皮托管感受出压力量，然后使用压力计测出具体数值量。

(1) 皮托管——标准型与 S 形 标准型皮托管（图 4-25）是一个弯成 90°的双层同心圆形管，正前方有一开孔，与内管相通，用来测量全压。在距前端 6 倍直径处外管壁上开有一圈孔径为1mm的小孔，通至后端的侧出口，用于测量气体静压。

按照上述尺寸制作的皮托管其修正系数为0.99±0.01，如果未经标定，使用时可取修正系数$K_p$=0.99。

标准皮托管的测孔很小，当管道内颗粒物浓度大时，易被堵塞。因此该型皮托管只适合在含尘较少的管道中使用。

S形皮托管见图4-26，其由3根相同的金属管并联组成。测量端有方向相反的2个开口；测定时，面向气流的开口测得的压力为全压，背向气流的开口测得的压力小于静压。

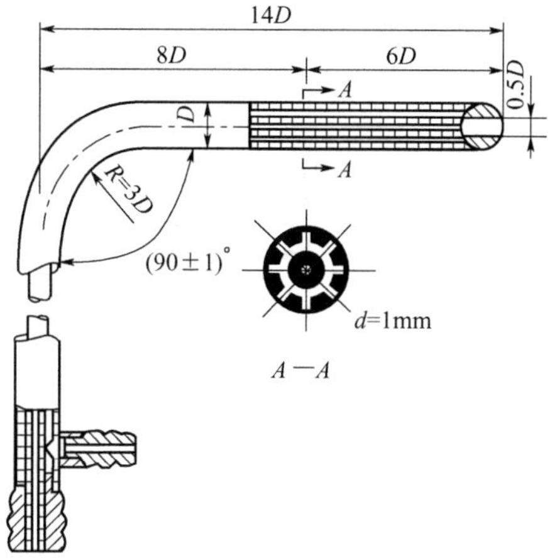

图4-25　标准型皮托管

S形皮托管校正系数一般在0.80～0.85之间，可在大直径的风管中使用，因不易被尘粒堵塞，在测试中广为应用。

为了解决皮托管差压小的问题，可以采用文丘里皮托管或称插入式文丘里管，它的全压测量管不变而将测静压管放到文丘里管或双文丘里管缩流处（图4-27）。

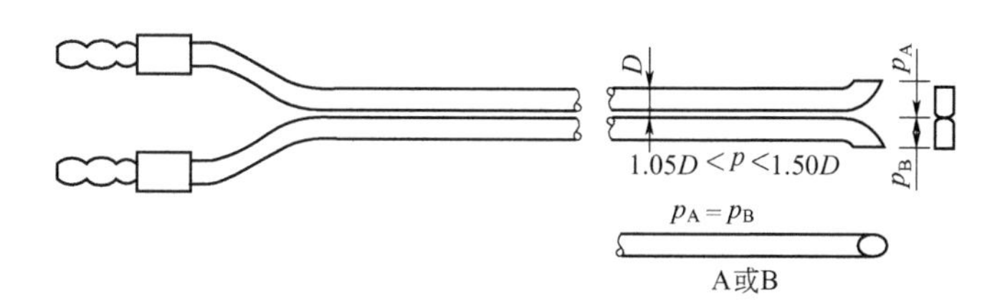


图4-26　S形皮托管

由于缩流处流速快，其压力低于管道的静压，从而产生较大的差压。在相同流速下，双文丘里皮托管产生的差压较皮托管约大10倍，这就为测量带来方便。这两种流量计体积小、压损小、安装方便，适用于测量大管道内烟气气体流量，但也应采取防堵措施。这类流量计的流速差压关系与其外形及使用的雷诺数$Re$范围有关，因此，应选用经过标定、有可靠实验数据、可作为计算差压依据的产品，否则它的测量精度就受到影响。

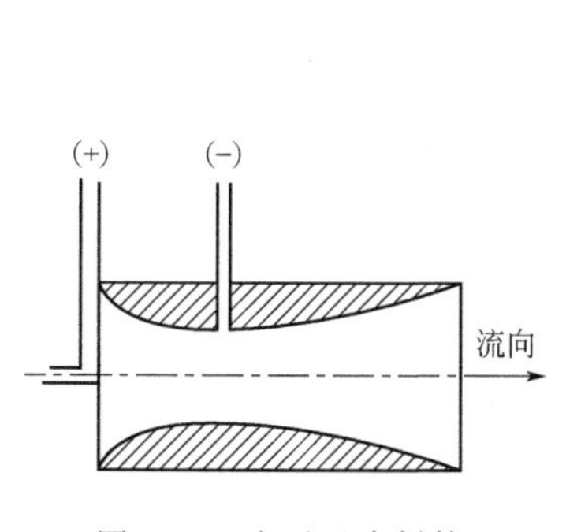


图4-27　文丘里皮托管

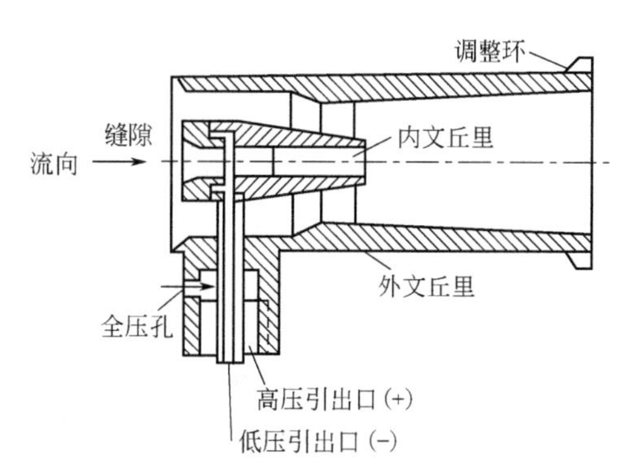


图4-28　插入式双文丘里皮托管

图4-28为插入式双文丘里皮托管。该文丘里皮托管由于插入杆是悬臂的，在较小直径的管道内尚可使用，在大管道内其悬臂较长，稳定性差。图4-29为内藏式双文丘里皮托管结构及安装示意，它是由3个互成120°角的支撑固定在管道中心，所以稳定可靠。其流量可由下列经验公式计算：

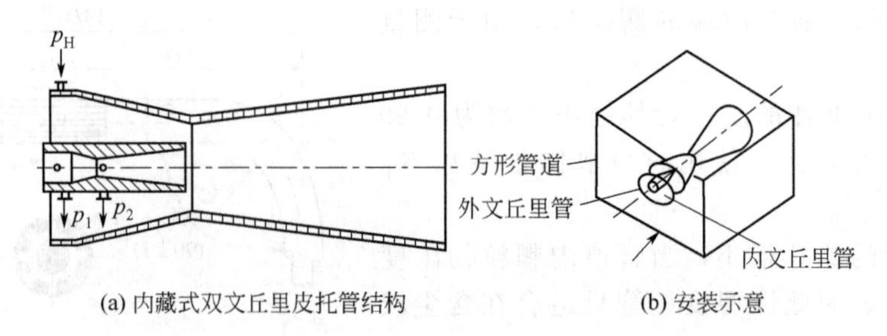


图 4-29 内藏式双文丘里皮托管结构及安装示意

$$Q=A+B\sqrt{\frac{p(p_H+p_O)(p_H+p_O+p)}{[C(p_H+p_O)+p](273.15+t)}} \tag{4-18}$$

式中，$Q$ 为流量值（标态），$m^3/h$；$t$ 为文丘里管测量段介质温度，℃；$p_O$ 为测试时当地大气压力，Pa；$p_H$ 为文丘里管前端静压（表压），Pa；$p$ 为文丘里管所取差压值（$p=p_1-p_2$），Pa；$A$、$B$、$C$ 为常数，由生产厂根据订货咨询处所提供的技术参数及风管截面的形状和尺寸计算并通过试验得出。

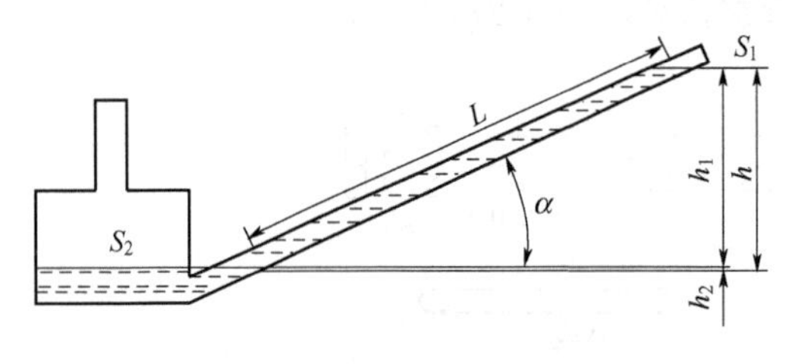


图 4-30 倾斜微压计的构造

（2）U 形压力计和斜管压力计 U 形压力计由 U 形玻璃管或有机玻璃管制成，内装测压液体，常用测压液体有水、乙醇和汞，视被测压力范围选用。压力 $p$ 按下式计算：

$$p=\rho gh \tag{4-19}$$

式中，$p$ 为压力，Pa；$h$ 为液柱差，mm；$\rho$ 为液体密度，$g/cm^3$；$g$ 为重力加速度，$m/s^2$。

倾斜微压计的构造如图 4-30 所示。测压时，将微压计容积开口与测定系统中压力较高的一端相连。斜管与系统中压力较低的一端相连，作用于两个液面上的压力差使液柱沿斜管上升，压力 $p$ 按下式计算：

$$p=L\left(\sin\alpha\times\frac{F_1}{F_2}\right)\rho_g \tag{4-20}$$

令

$$K=\left(\sin\alpha\times\frac{F_1}{F_2}\right)\rho_g \tag{4-21}$$

则

$$p=LK \tag{4-22}$$

式中，$p$ 为压力，Pa；$L$ 为斜管内液柱长度，mm；$\alpha$ 为斜管与水平面夹角，(°)；$F_1$ 为斜管截面积，$m^2$；$F_2$ 为容器截面积，$m^2$；$\rho_g$ 为测压液体密度，$kg/m^3$，常用密度为 0.81 $kg/m^3$的乙醇。

**3. 测试准备工作**

将微压计调至水平位置，检查其液柱中有无气泡，检查微压计是否漏气。向微压计的正压端（或负压端）入口吹气（或吸气），迅速封闭该入口，如液柱位置不变，则表明该通路不漏气。再检查皮托管是否漏气，用橡胶管将全压管的出口与微压计的正压端连接，静压管的出口与微压计的负压端连接。由全压管测孔吹气后，迅速堵塞该测孔，如微压计的液柱位置不变，则表明全压管不漏气；此时再将静压测孔用橡胶管或胶布密封，然后打开全压测孔，此时微压计液柱将跌落至某一位置后不再继续跌落，则表明静压管不漏气。

**4. 测试步骤**

（1）测量气流的动压 如图 4-24 所示，将微压计的液面调整到零点，在皮托管上用白胶布标示出各测点应插入采样孔的位置。

将皮托管插入采样孔，如断面上无涡流，这时微压计读数应在零点；使用标准皮托管时，在插入烟道前应切断其与微压计的通路，以避免微压计中的酒精被吸入到连接管中，使压力测量产生错误。

测试时，应十分注意使皮托管的全压孔对准气流方向，其偏压不大于5°，且每个测点要反复测3次，分别记录在表中，取平均值。测试完毕后，检查微压计的液面是否回到零点。

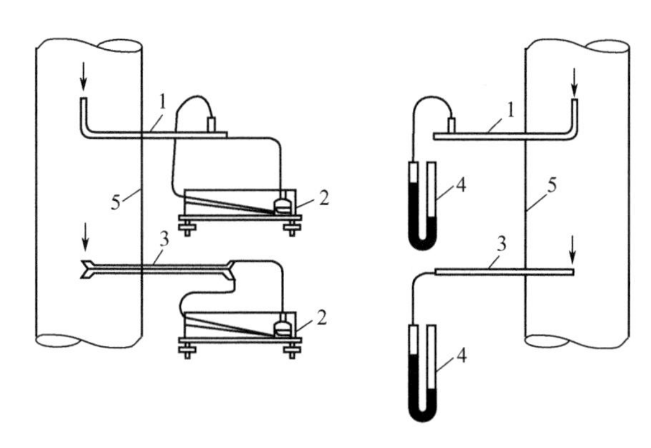

图4-31 动压及静压的测定装置

1—标准皮托管；2—斜管微压计；3—S形皮托管；4—U形压力计；5—烟道

(2) 测量气体的静压 如图4-31所示。将皮托管插入管道中心处，使其全压测孔对正气流方向，其静压管出口端用胶管与U形压力计一端相连，所测得的压力即为静压。

## 五、管道内风速的测试和风量计算

### 1. 流体的流速、流量测定仪表

流体的流速、流量测定仪表见表4-8。

**表4-8 流体的流速、流量测定仪表**

| 仪表种类 | 测定范围 | 测定方法 |
|---|---|---|
| 皮托管 | 3m/s以上 | 根据流体的总压力与静压力之差，求出速度压进行计算，结构简单，使用方便，快速，精度高 |
| 热线流速计 | 0.1～50m/s | 检测流速引起的热线温度变化而伴随出现的电阻变化，求风速。可测定紊流，也可测每秒数厘米的低流速 |
| 热控管流速计 | 0.1～50m/s | 利用热控管温度变化引起的电阻变化，幅度的增加比热线容易，比较结实 |
| 风车风速计 | 1～20m/s | 求流速引起的叶轮转速变化，使用简便，仪器较大，精度不太好 |
| 孔板流量计 | 仪器指定的流量范围，1个孔板流量计的测定范围较小 | 在管道中插入孔板，测定其前后的差压，求流量。文丘里流量计也是同样的原理，但仪器的压力损失稍小 |
| 转子流量计 | 仪器指定的流量范围 | 在有刻度的透明管中放入合适的浮子，流体从下向上流，浮子会由于流体电阻、浮力、重力等因素的作用，停止在某个位置，根据其停止位置的刻度求流量 |
| 湿式气体流量计 | 0.5L以上 | 向装满水的有一定容积的容器中导入气体，水与气体置换，累积计算其置换次数，求换出流量 |

### 2. 风速的测试方法

管道内风速的测试方法有间接式和直接式两种。

(1) 间接式 先测某点动压，再按下式计算风速：

$$v_s = K_p\sqrt{\frac{2p_d}{\rho_s}} = 128.9K_p\sqrt{\frac{(273+t_s)p_d}{M_s(B_a+p_s)}} \tag{4-23}$$

当干气体成分与空气近似，气体露点温度在35～55℃之间、气体的压力在97～103kPa之间时，$v_s$ 可按下式计算：

$$v_s=0.076K_p\sqrt{273+t_s}\sqrt{p_d} \tag{4-24}$$

对于接近常温、常压条件下（$t=20$℃、$B_a+p_s=101300$Pa），管道的气流速度按下式计算：

$$v_a=1.29K_p\sqrt{p_d} \tag{4-25}$$

式中，$v_s$ 为湿排气的气体流速，m/s；$v_a$ 为常温、常压下管道的气流速度，m/s；$B_a$ 为大气压力，Pa；$K_p$ 为皮托管修正系数；$p_d$ 为排气动压，Pa；$p_s$ 为排气静压，Pa；$M_s$ 为湿排气体的摩尔质量，kg/kmol；$t_s$ 为气体温度，℃。

管道某一断面的平均速度 $v_s$ 可根据断面上各测点测出的流速 $v_{si}$，由下式计算：

$$v_s=\frac{\sum_{i=1}^{n}v_{si}}{n}=128.9K_p\sqrt{\frac{273+t_s}{M_s(B_a+p_s)}}\times\frac{\sum_{i=1}^{n}\sqrt{p_{di}}}{n} \tag{4-26}$$

式中，$p_{di}$ 为某一测点的动压，Pa；$n$ 为测点的数目。

当干气体成分与空气相似，气体露点温度在 33～35℃之间，气体绝对压力在 97～103Pa 之间时，某一断面的平均气流速度按下式计算：

$$v_s=0.076K_p\sqrt{273+t_s}\times\frac{\sum_{i=1}^{n}\sqrt{p_{di}}}{n} \tag{4-27}$$

在接近常温、常压的条件下（$t=20$℃、$B_a+p_s=101300$Pa），则管道中某一断面的平均气流速度按下式计算：

$$v_s=1.29K_p\frac{\sum_{i=1}^{n}\sqrt{p_{di}}}{n} \tag{4-28}$$

此法虽烦琐，但精确度高，故在除尘装置的测试中较为广泛采用。

（2）直读式 常用的直读式测速仪是热球式热电风速仪、热线式热电风速仪和转轮风速仪。

热点仪器的传感器是测头，其中为镍铬丝弹簧圈，用低熔点的玻璃将其包成球或不包仍为线状。弹簧圈内有一对镍铬-康铜热电偶，用于测量球体的升温程度。测头用电加热，测头的温度会受到周围空气流速的影响，根据温度的大小，即可测得气流的速度。

仪器的测量部分采用电子放大线路和运算放大器，并用数字显示测量结果。其特点是使用方便，灵敏度高，测量范围为 0.05～19.9m/s。

叶轮风速仪由叶轮和计数机构所组成，在仪表度盘上可以直接读出风速值。测量范围为 0.6～22m/s，精度为 ±0.2m/s。

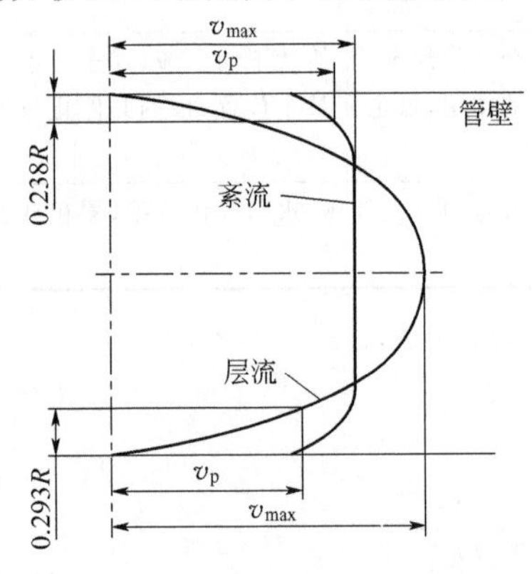

图 4-32 光滑管道中层流和紊流的速度分布

**3. 点流速与平均流速的关系**

用皮托管只能测得某一点的流速，而气体在管道中流动时，同一截面上各点流速并不相同，为了求出流量，必须对管道截面中的流速进行积分。

为了测流量，必须知道点流速 $v$ 与平均流速 $v_p$ 的关系，如果测量位置上的流动已达到典型的层流或紊流的速度分布，则测出中心流速 $v_{max}$ 就可按一定的计算公式或图表计算各点的流速及平均流速，从而求出流量。

由于层流和紊流的分布对于管中心是对称的，因此可用二维图表示（图 4-32）。实验数据表明其具有如下特性。

（1）层流的速度分布　当管道雷诺数在 2000 以下时，充分发展的层流速度分布形式是抛物线形的，其不受管壁粗糙度的影响。管内的平均流速 $v$ 是中心最大流速 $v_{max}$ 的 1/2。各点流速与最大流速之间的关系可用下式表示：

$$v(r)=v_{max}\times\left[1-\left(\frac{r}{R}\right)^2\right] \tag{4-29}$$

式中，$R$ 为圆管半径；$r$ 为在管截面上离管轴的距离；$v(r)$ 为离管中心为 $r$ 处的流速；$v_{max}$ 为管中心处（即 $r=0$）的流速。

将式(4-29）积分，即可算出平均流速：

$$v=\frac{1}{2}v_{max} \tag{4-30}$$

将其代入式(4-29）即得出平均流速点距离管壁的间隔长度：

$$r_p=0.293R \tag{4-31}$$

即若为典型的层流速度分布，在距离管中心轴线 $0.707R$ 处测得的流速就是平均流速。

（2）紊流的速度分布　当雷诺数在 2000～4000 之间的过渡区时，速度分布的抛物线形状已改变。当雷诺数≥4000 时，速度分布曲线将变平坦，且随雷诺数的增大，曲线将变得愈加平坦，直到最后除在管壁的一点外，所有各点都将以同一速度流动，这种平坦速度的分布称为无限大雷诺数的速度分布，气体在高速流动时就很接近于这种速度分布。

在窄小的过渡区内，速度分布是复杂而不稳定的，随着流速增大或减小，其速度分布的形状很不固定。在过渡区内很难进行精确的流量测量。

紊流的速度分布没有固定的几何形状，其随管壁粗糙度和雷诺数而变化。用于计算光滑管中某一点流速的最简单的公式如下（幂律方程式）：

$$v(r)=v_{max}\left(1-\frac{r}{R}\right)^{\frac{1}{m}} \tag{4-32}$$

式中，$m$ 为仅与雷诺数有关的指数；其他符号意义同前。

用下式计算指数 $n$，精度较高：

$$n=1.66\lg Re_0 \tag{4-33}$$

幂律的速度分布式能较好地描述紊流流动，但不能用于中心流速与管壁流速的精确计算。对于光滑管，当雷诺数≥$10^4$ 时，可用下式估算平均流速 $v$ 点的位置：

$$v=\left[\frac{2n^2}{(n+1)(2n+1)}\right]^n R \tag{4-34}$$

在充分发展的紊流速度分布下，$Re_0$ 与 $n$ 值及 $v_p/v_{max}$ 的关系如表 4-9 所列。

**表 4-9　雷诺数与流速、$n$ 值的关系**

| $Re_0$ | $4.0\times10^3$ | $2.3\times10^4$ | $1.1\times10^5$ | $1.1\times10^6$ | $2.0\times10^6$ | $3.2\times10^6$ |
|---|---|---|---|---|---|---|
| $n$ | 6.0 | 6.6 | 7.0 | 8.8 | 10 | 10 |
| $v_p/v_{max}$ | 0.791 | 0.808 | 0.817 | 0.849 | 0.856 | 0.865 |

对于紊流 $v=Cv_{max}$，通常取 $C=0.84$。一般说来，当 $Re_0$ 在 $4\times10^3\sim4\times10^6$ 之间，如为轴对称的速度分布，且管壁较光滑时，则在距离 $v=0.238R$ 处测得的流速 $v$ 即为平均流速 $v_p$：

$$\frac{v}{v_p}=(1\pm0.5)\% \tag{4-35}$$

因紊流的速度分布受管壁粗糙度和雷诺数等诸多因素的影响，因此不同的研究实验结果也稍有不同。国际标准 ISO 7145—1982(E）规定的平均流速点距管壁距离为（$0.242\pm0.013$)$R$。

**4. 风管内流量的计算**

气体流量的计算分为工况下、标准状态和常温、常压3种条件。

(1) 工况条件下的湿气体流量按下式计算：

$$Q_s = 3600Fv_p \tag{4-36}$$

式中，$Q_s$为工况下湿气体流量，$m^3/h$；$F$为测试断面面积，$m^2$；$v_p$为测试断面的湿气体平均流速，m/s。

(2) 标准状态下干气体流量按下式计算：

$$Q_{sn} = Q_s \frac{B_a + p_s}{101300} \times \frac{273}{273 + t_s}(1 - X_{sw}) \tag{4-37}$$

式中，$Q_{sn}$为标准状态下干气体流量，$m^3/h$；$B_a$为大气压力，Pa；$p_s$为气体静压，Pa；$t_s$为气体温度，℃；$X_{sw}$为气体中水分含量体积分数，%。

(3) 常温、常压条件下气体流量按下式计算：

$$Q_a = 3600Fv_s \tag{4-38}$$

式中，$Q_a$为除尘管道中的气体流量，$m^3/h$。

**5. 节流装置测流量**

用节流装置测气体流量，常见的节流装置形式有孔板、喷嘴及文丘里管三种，见图4-33。

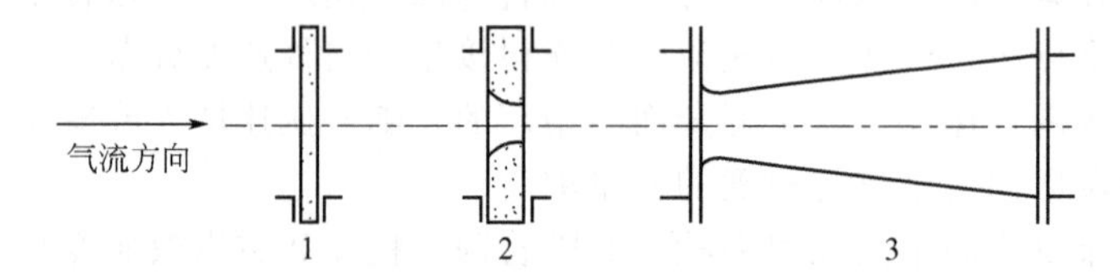


图4-33 节流装置的形式

1—孔板；2—喷嘴；3—文丘里管

根据节流装置前后的静压差可计算出管道中的气体流量：

$$Q = \alpha\varepsilon \frac{\pi}{4} d^2 \sqrt{\frac{2\Delta p_{st}}{\rho}} \times 3600 \tag{4-39}$$

式中，$Q$为在工况条件下的气体流量，$m^3/h$；$\alpha$为流量系数；$\varepsilon$为气体的膨胀系数，一般可取$\varepsilon=1$；$d$为孔口直径，m；$\rho$为工况条件下气体的密度，$kg/m^3$；$\Delta p_{st}$为节流装置前后的静压差，Pa。

**6. 简要方法测流量**

当测定的流量精度要求不很高（±5%以内）时，可以用下面两种简单的测定方法。

(1) 根据管道弯头处的压差测定流量，测定方法见图4-34，即测出$A$、$B$两点之间的静压差，从而计算出通过管道的流量：

$$Q = \alpha F \sqrt{\frac{2}{\rho}(p_A - p_B)} \times \frac{1}{2}\sqrt{\frac{R}{D}} \tag{4-40}$$

式中，$Q$为在工况下气体的流量，$m^3/s$；$\alpha$为流量系数；$\rho$为气体密度，$kg/m^3$；$F$为弯头断面积，$m^2$；$p_A$为弯头外侧的静压，Pa；$p_B$为弯头内侧的静压，Pa；$R$为弯头的曲率半径，m；$D$为管道的内径，m。

(2) 在管道入口测流量，测定方法见图4-35。管道入口为45°的圆锥管，其阻力系数$\xi=0.15$，则测点处的静压值为：

$$p_{st} = (1 + 0.15)\frac{\rho v^2}{2} = 1.15\frac{\rho v^2}{2}$$

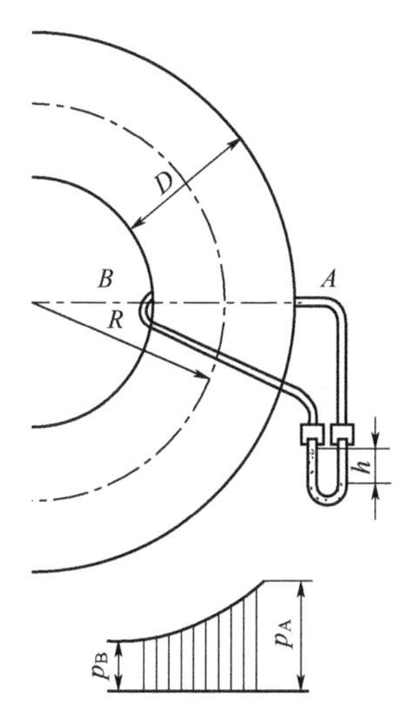

图 4-34 弯头流量的测定

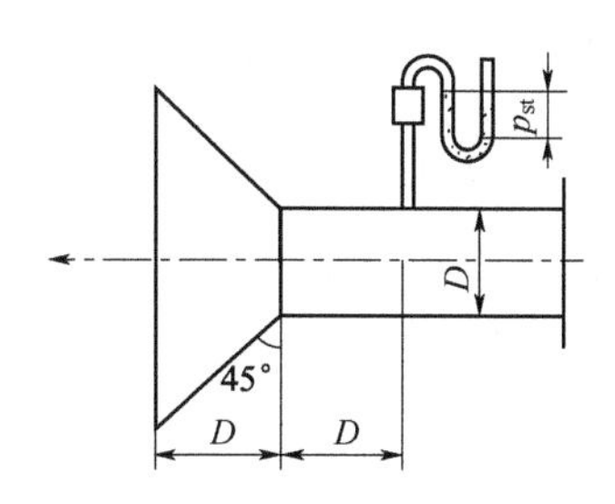

图 4-35 入口流量测定

式中，$v$ 为测点处的流速，m/s。

根据 $p_{st}$，可计算出气体的流速 $v$(m/s) 和流量 $Q$($m^3$/h)，即：

$$v=\sqrt{\frac{2p_{st}}{1.15\rho}} \tag{4-41}$$

$$Q=vF \tag{4-42}$$

式中，$F$ 为断面积，$m^2$；其他符号意义同前。

## 六、管道内气体露点的测试

蒸汽开始凝结的温度称为露点。气体中都会含有一定量的水蒸气，气体中水蒸气的露点称为水露点；烟气中酸蒸气的凝结温度称为酸露点。

在除尘工程中常用的测气体露点的方法有含湿量法、降湿法、电导加热法和光电法。用于测气体中 $SO_3$ 和 $H_2O$ 含量计算酸露点的方法，因 $SO_3$ 的测试复杂而较少采用。

**1. 含湿量法**

含湿量法是通过测试含湿量求得露点，测得烟气的含湿量后，焓-湿图上可查得气体的露点。该法适用于测水露点。

**2. 降温法**

用带有温度计的 U 形管组（图 4-36）接上真空泵，连续抽取管道中的烟气，当其流经 U 形管组时逐渐降温，直至在某个 U 形管的管壁上产生结露现象，则该 U 形管上温度计指示的温度就是露点温度。此法虽不十分精确，但非常实用、可靠，既可测水露点，又可测酸露点。

**3. 电导加热法**

该法是利用氯化锂电导加热测量元件测出气体中水蒸气分压和氯化锂溶液的饱和蒸气压相等时的平衡温度来测量气体的露点。其测量元件结构如图 4-37 所示。在一根细长的电阻温度计上套一玻璃丝管，在套管上平行地绕两根铂丝作为热电极，电极间浸涂以氯化锂溶液。当两级加以交换电压时，由于电流通过氯化锂溶液而产生热效应，使氯化锂蒸气压与周围气体水汽分压相等。当气体的湿度增加或减少时，氯化锂溶液则要吸收或蒸发水分而使电导率发生变化，从而引起电流的增大或减小，进而影响到氯化锂溶液的温度以及相应蒸气压的变化，直到最后与周围气体的水汽分压相等从而达到新的平衡。这时由铂电阻温度计测得的平衡温度与露点有一定的关系。

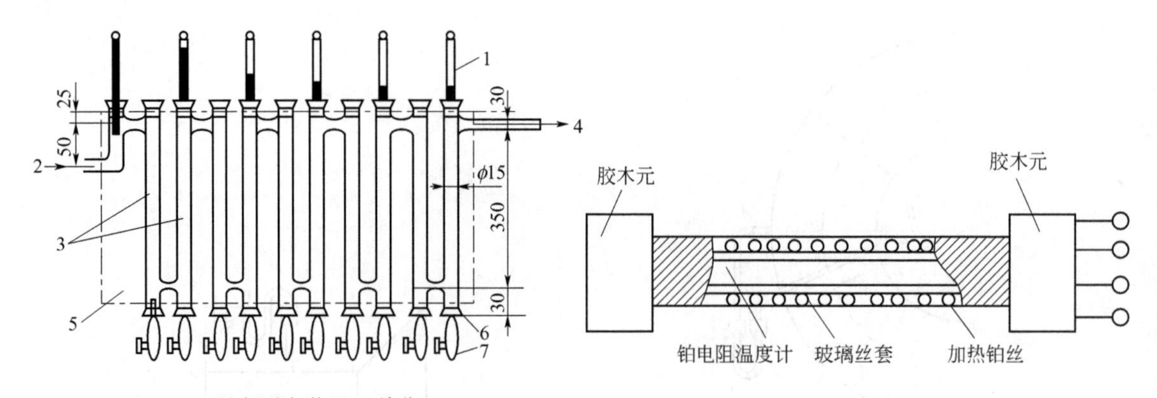


图 4-36 露点测定装置（单位：mm）

1—温度计；2—气体入口；3—U形管；4—气体出口；
5—框架；6—旋塞；7—三通

图 4-37 氯化锂露点检测元件结构

这种温度计的测量误差为±1℃，测量范围为－45～60℃，反应时间一般小于1min。由于该露点计结构简单，性能稳定，使用寿命长，因此应用较为广泛。

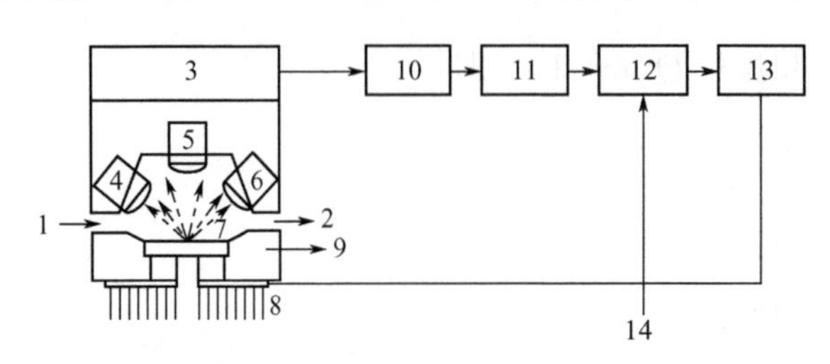


图 4-38 光电冷凝式露点计的工作原理

1—样气进口；2—样气出口；3—光敏桥路；4—光源；
5—散射光检测器；6—直接光检测器；7—镜面；
8—热交换半导体制冷器；9—测温元件；10—放大器；
11—脉冲电路；12—可控硅整流器；
13—直流电源；14—交流电源

**4. 光电法**

利用光电原理制作的光电冷凝式露点计的工作原理如图 4-38 所示。当气体样品由进口处进入测量室并通过镜面，镜面被热交换半导体制冷器冷却至露点时，镜面上开始结露，反射光的强度减弱。用光电检测器接收反射光面产生电信号，控制热交换半导体制冷器的功率，使镜面保持在恒定露点的温度。通过测量反射镜表面的温度即可测得气体的露点。

该温度计的最大优点在于可进行自动连续测量。测量范围在－80～50℃之间，测量误差小于2℃。其缺点为结构复杂，价格昂贵，仪器易受空气中的灰尘及其他干扰物质（如汞蒸气、酒精、盐类等）的影响。

## 七、管道内气体密度的测试

气体的密度在许多情况下需要测试和计算。气体密度和其分子量、气温、气压的关系由下式计算：

$$\rho_s=\frac{M_s(B_a+p_s)}{8312(273+t_s)} \tag{4-43}$$

式中，$\rho_s$ 为气体的密度，kg/m³；$M_s$ 为气体的摩尔质量，kg/kmol；$B_a$ 为大气压力，Pa；$p_s$ 为气体的静压，Pa；$t_s$ 为气体的温度，℃。

（1）标准状态下湿气体的密度按下式计算：

$$\rho_N=\frac{1}{22.4}[(m_1X_1+m_2X_2+\cdots+m_nX_n)(1-X_w)+18X_w] \tag{4-44}$$

式中，$\rho_N$ 为标准状态下的湿气体密度，kg/m³；$m_1$、$m_2$、…、$m_n$ 为气体中各种成分的相对分子质量；$X_1$、$X_2$、…、$X_n$ 为干气体中各种成分的体积分数，%；$X_w$ 为气体中的水蒸气体积分数，%。

（2）测量工况状态下管道内湿气体的密度按下式计算：

$$\rho_s=\rho_n\frac{273}{273+t_s}\times\frac{B_a+p_s}{101300} \tag{4-45}$$

式中，$\rho_s$ 为测试状态下管道内湿气体的密度，kg/m³；$p_s$ 为气体的静压，Pa；其他符号意义同前。

## 八、管道内气体成分的测试

气体成分的测试通常采用奥氏气体分析仪法。其原理是用不同的吸收液分别对气体各成分逐一进行吸收，根据吸收前、后气体体积的变化，计算出该成分在气体中所占的体积分数。

采样装置由带有滤尘头的内径 $\phi$6mm 聚四氟乙烯或不锈钢采样管、二连球（或便携式抽气泵）和球胆（或铝箔袋）组成。奥氏气体分析仪如图 4-39 所示。

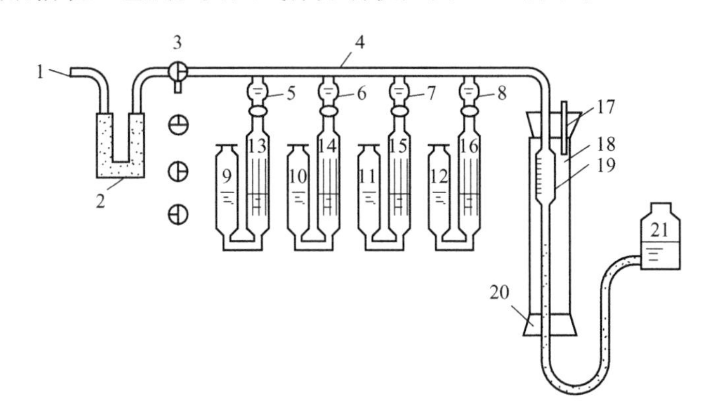


图 4-39　奥氏气体分析仪

1—进气管；2—干燥器；3—三通旋塞；4—梳形管；5～8—旋塞；9～12—缓冲瓶；13～16—吸收瓶；17—温度计；18—水套管；19—量气管；20—胶塞；21—水准瓶

测试时使用的试剂为各种分析纯化学试剂。氢氧化钾溶液是将 75.0g 氢氧化钾溶于 150.0mL 的蒸馏水中，将该溶液装入吸收瓶 16 中。

焦性没食子酸碱溶液是将称取的 20g 焦性没食子酸溶于 40.0mL 蒸馏水中，55.0g 氢氧化钾溶于 110.0mL 蒸馏水中，将两种溶液装入吸收瓶 15 内混合。为使溶液与空气完全隔绝，防止氧化，可在缓冲瓶 11 内加入少量液体石蜡。

铜氨络离子溶液是称取 250.0g 氯化铵，溶于 750.0mL 蒸馏水中，过滤到装有铜丝或铜柱的 1000mL 细口瓶中，再加上 200.0g 氯化亚铜，将瓶口封严，置放数日至溶液褪色，使用时量取该溶液 105.0mL 和 45.0mL 浓氨水，混匀，装入吸收瓶 14 中。

封闭液是量取含 5%硫酸的氯化钠饱和溶液约 500mL，加入 1mL 甲基橙指示溶液，取 150mL 装入吸收瓶 13。其余的溶液装入水准瓶 21 内。

采样步骤分为 3 步：将采样管、二连球（或便携式抽气泵）与球胆（或铝箔袋）连好；将采样管插入管道近中心处，封闭采样孔；用二连球或抽气泵将气体抽入球胆或铝箔袋中，用气体反复冲洗排空 3 次，最后采集约 500mL 气体样品，待分析。

分析按如下步骤进行。

（1）检查奥氏气体分析仪的严密性　将吸收液液面提升到旋塞 5～8 的下标线处，关闭旋塞，此时各吸收瓶中的吸收液液面应不下降。打开三通旋塞 3，提升水准瓶，使量气管 19 中的液面位于 50mL 刻度处。关闭旋塞 3，再降低水准瓶，量气管中液位在 2～3min 内不发生变化。

（2）取样方法 将盛有气样的球胆或铝箔袋连接奥氏气体分析器的进气管1，三通旋塞3连通大气，提高水准瓶，使量气管19液面至100mL处，然后将旋塞3连通气体样品，降低水准瓶，使量气管液面降至零处，再将旋塞3连通大气，提高水准瓶，排出气体，这样反复二三次，以冲洗整个气体采样装置系统，排除系统中残余空气。

将旋塞3连通气样，取气体样品100mL，取样时使量气管中液面降至零点稍下，并保持水准瓶液面与量气管液面在同一水平面上。此时关闭旋塞3，待气样冷却2min左右，提高水准瓶，使量气管内凹液面对准“0”刻度。

（3）分析顺序 首先稍提高水准瓶，再打开旋塞8将气样送入吸收瓶，往复吹送烟气样品四五次后，将吸收瓶16吸收液液面恢复至原位标线，关闭旋塞8，对齐量气管和水准瓶液面，读数。为了检查是否吸收完全，打开旋塞8重复上述操作，往复抽送气样二三次，关闭旋塞8，读数。若两次读数相等则表示吸收完全，记下量气管体积。该体积为$CO_2$被吸收后气体的体积$a$。

再用吸收瓶15、14、13分别吸收气体中的氧、一氧化碳和吸收过程中释放出的氨气。操作方法同上，读数分别为$b$和$c$。

分析完毕，将水准瓶抬高，打开旋塞3排出仪器中的气体，关闭旋塞3后再降低水准瓶，以免吸入空气。

（4）浓度计算 气体中各成分浓度为：

$$\text{二氧化碳}\ X_{CO_2}=(100-a)\% \tag{4-46}$$

$$\text{氧气}\ X_{O_2}=(a-b)\% \tag{4-47}$$

$$\text{一氧化碳}\ X_{CO}=(b-c)\% \tag{4-48}$$

$$\text{氮气}\ X_{N_2}=c\%$$

式中，$a$、$b$、$c$分别为$CO_2$、$O_2$、CO被吸收后烟气体积的剩余量，mL；“100”为所取的气体体积，mL。

## 第三节 集气吸尘罩性能测试

集气吸尘罩性能包括罩口速度，吸尘罩风量及吸尘罩的流体阻力，吸尘罩内气体温度、湿度、露点等。专门研究吸尘罩时还要测定流场情况，这里不再赘述。

### 一、罩口风速的测试

罩口风速测试一般用匀速移动法和定点法测定。

（1）匀速移动法 匀速移动法测定吸尘罩口风速常用叶轮式风速仪。对于罩口面积小于$0.3m^2$时的吸尘罩口，可将风速仪沿整个罩口断面按图4-40所示的路线慢慢地匀速移动，移动时风速仪不得离开测定平面，此时测得的结果是罩口平均风速。此法必须进行3次，取其平均值。

（2）定点法 定点法测定吸尘罩口风速常用热线或热球式热电风速仪。对于矩形排风罩，按罩口断面的大小，把它分成若干个面积相等的小块，在每个小块的中心处测量其气流速度。断面积大于$0.3m^2$的罩口，可分成9～12个小块测量，每个小块的面积小于$0.06m^2$，如图4-41(a)所示；断面积不大于$0.03m^2$的罩口，可取6个测点测量，如图4-41(b)所示，对于条缝形排风罩，在其高度方向至少应有2个测点，沿条缝长度方向根据其长度可以分别取若干个测点，测点间距不小于200mm，如图4-41(c)所示；对于圆形排风罩，则至少取5个测点，测点间距不大于200mm，如图4-41(d)所示。

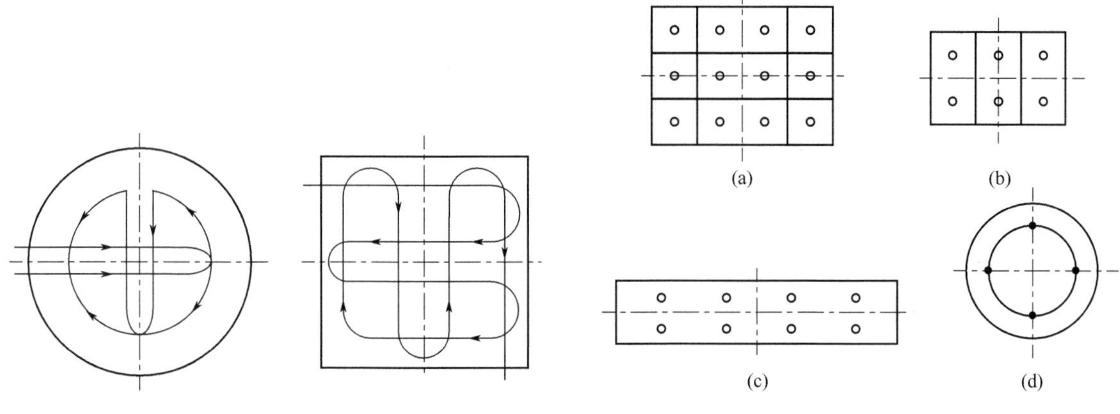


图 4-40　罩口平均风速测定路线　　图 4-41　各种形式罩口测点布置

吸尘罩罩口平均风速按下式计算：

$$v_p=\frac{v_1+v_2+v_3+\cdots+v_n}{n} \tag{4-49}$$

式中，$v_p$ 为罩口平均风速，m/s；$v_1$、$v_2$、$v_3$、…、$v_n$ 分别为各测点的风速，m/s；$n$ 为测点总数，个。

## 二、吸尘罩压力损失的测试

吸尘罩压力损失的测试装置如图 4-42 所示。

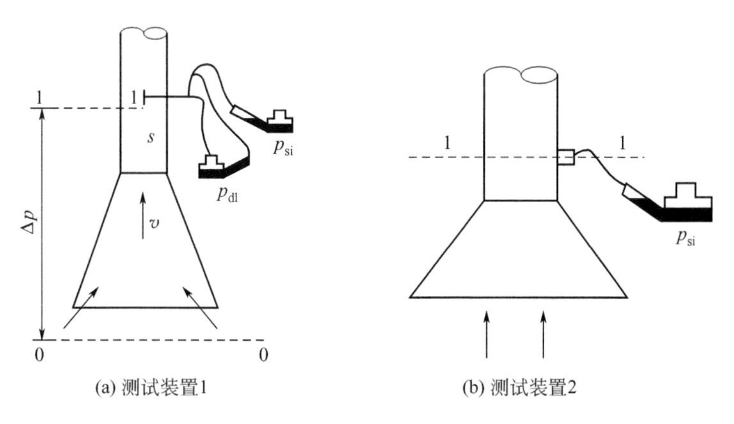


图 4-42　吸尘罩压力损失的测试装置

吸尘罩罩口 0—0 与 1—1 断面的全压差即为排风罩的压力损失。因 0—0 断面上全压为 0，所以：

$$p=p_0-p_1=0-(p_{si}-p_{dl}) \tag{4-50}$$

式中，$p$ 为排风罩的压力损失，Pa；$p_0$ 为罩口断面的全压，Pa；$p_1$ 为 1—1 断面的全压，Pa；$p_{si}$为 1—1 断面的静压，Pa；$p_{dl}$为 1—1 断面的动压，Pa。

## 三、吸尘罩风量的测试

如图 4-42(a) 所示，测出断面 1—1 上各测点流速的平均值 $v_p$，则吸尘罩的排风量为：

$$Q=v_pS\times3600 \tag{4-51}$$

式中，$Q$ 为吸尘罩排风量，$m^3/h$；$S$ 为罩口管道断面积，$m^2$；$v_p$ 为测定断面上平均风速，m/s。

现场测定时，当各管件之间的距离很短，不易找到气流比较稳定的测定断面，用动压测定有一定困难时，可按图4-42(b)所示测量静压来求排风罩的风量。在不产生堵塞的情况下静压孔孔径应尽量缩小，一般不宜超过2mm。静压孔必须与管壁垂直且圆孔周围不应留有毛刺。静压管接头长度为50～200mm（常温空气为50mm，热空气为200mm）。

吸尘罩的压力损失为：

$$p=-(p_{si}-p_{dl})=\zeta\frac{v_1^2}{2}\rho=\zeta p_{dl} \tag{4-52}$$

式中，$p$为吸尘罩的压力损失，Pa；$\zeta$为吸尘罩的局部阻力系数；$v_1$为断面1—1的平均流速，m/s；$\rho$为空气的密度，kg/m³；$p_{dl}$为断面$H$的动压，Pa。

所以：

$$p_{dl}=\frac{1}{1+\zeta}|p_{si}|$$

$$v_1=\frac{1}{\sqrt{1+\zeta}}\sqrt{\frac{2}{\rho}|p_{si}|}=\mu\sqrt{\frac{2|p_{si}|}{\rho}} \tag{4-53}$$

上式中$\frac{1}{\sqrt{1+\zeta}}=\mu$，$\mu$为流量系数。对于形状一定的吸尘罩，$\zeta$值是一个常数，所以流量系数$\mu$值也是一个常数。各种吸尘罩的流量系数（$\mu$）见表4-10。

**表4-10　各种吸尘罩的流量系数**

| 名称 | 喇叭口 | 圆锥或矩形变圆形 | 圆锥或矩形加弯头 | 简单管道端头 | 有边管道端头 | 有弯头的简单管道端头 |
|---|---|---|---|---|---|---|
| 吸尘罩形状 | | | | | | |
| 流量系数 | 0.98 | 0.9 | 0.82 | 0.72 | 0.82 | 0.62 |

| 名称 | 吸尘罩(例如在化铅锅上面的) | 工作台排气格栅下接锥体和弯头 | 砂轮罩 | 封闭室（内部压力可以忽略） |
|---|---|---|---|---|
| 吸尘罩形状 | | | | |
| 流量系数 | 0.9 | 0.82 | 0.8 | 0.82 |

局部吸尘罩的排风量$Q$为：

$$Q=3600v_1S_1=3600\mu S_1\sqrt{\frac{2|p_{si}|}{\rho}} \tag{4-54}$$

式中，$Q$为局部吸尘罩的排风量，m³/h；$S_1$为断面1—1的面积，m²；$\mu$为吸尘罩的流量系数；$p_{si}$为断面1—1的压力，Pa；$\rho$为气体的密度，kg/m³。

# 第四节　除尘器性能测试

## 一、粉尘浓度测试和除尘效率计算

粉尘在管道中的浓度分布是不均匀的，为尽可能获得具有代表性的粉尘样品，除了前面已阐述过的要科学、合理地选择测量位置外，尚需保持在未被干扰气流中的气流速度与进入采样嘴的气流速度相等的条件下进行采样，即等速采样。这是很重要的，是对粉尘采样的基本要求。

等速采样原理是将烟尘采样管由采样孔插入烟道中，使采样嘴置于测点上，正对气流方向，按颗粒物等速采样原理，采样嘴的吸气速度与测点处气流速度相等，其相对误差应在$-5\%\sim10\%$之内，轴向取一定量的含尘气体。根据采样管滤筒上所捕集到的颗粒物量和同时抽取气体量，计算出气体中颗粒物浓度。

### （一）气体中粉尘采样方法

维持颗粒物等速采样的方法有普通型采样管法（即预测流速法）、皮托管平行测速采样法、动压平衡型等速采样管法和静压平衡型等速采样管法四种，根据不同测量对象的状况，选用适宜的测试方法。

**1. 普通型采样管法**

使用普通采样管采样一般采用此法。采样前需预先测出各采样点的气体温度、压力、含湿量、气体成分和流速等，根据测得的各点的流速、气体状态参数和选用的采样嘴直径计算出各采样点的等速采样流量，然后按该流量进行采样。等速采样的流量按下式计算：

$$Q_r'=0.00047d^2v_s\left(\frac{B_a+p_s}{273+t_s}\right)\left[\frac{M_{sd}(273+t_r)}{B_a+p_r}\right]^{\frac{1}{2}}(1-X_{sw}) \tag{4-55}$$

式中，$Q_r'$为等速采样转子流量计读数，L/min；$d$为等速采样选用的采样嘴直径，mm；$v_s$为测点处的气体流量，m/s；$B_a$为大气压力，Pa；$p_s$为管道气体静压，Pa；$p_r$为转子流量计前气体压力，Pa；$t_s$为管道气体温度，℃；$t_r$为转子流量计前气体温度，℃；$M_{sd}$为管道干气体的摩尔质量，kg/kmol；$X_{sw}$为管道气体中水分含量体积分数，%。

当干气体的成分和空气近似时，等速采样流量按下式计算：

$$Q_r'=0.0025d^2v_s\left(\frac{B_a+p_s}{273+t_s}\right)\left(\frac{273+t_r}{B_a+p_r}\right)^{\frac{1}{2}}(1-X_{sw}) \tag{4-56}$$

普通型采样管法适用于工况比较稳定的污染源采样，尤其是在管道气流速度低，高温、高湿、高粉尘浓度的情况下，均有较好的适应性，并可配用惯性尘粒分级仪测量颗粒物的粒径分级组成。该采样法的装置如图4-43所示。由普通型采样管、颗粒物捕集器、冷凝器、干燥器、流量计、抽气泵、控制装置等几部分组成，当气体中含有二氧化硫等腐蚀性气体时，在采样管出口处应设置腐蚀性气体的净化装置（如双氧水洗涤瓶等）。

采样管有玻璃纤维滤筒采样管和刚玉滤筒采样管两种。

（1）玻璃纤维滤筒采样管　由采样嘴、前弯管、滤筒夹、滤筒、采样管主体等部分组成（图4-44）。滤筒由滤筒夹顶部装入，靠入口处2个锥度相同的圆锥环夹紧固定。在滤筒外部有一个与其外形一样而尺寸稍大的多孔不锈钢托，用于承托滤筒，以防采样时滤筒破裂。采样管各部件均用不锈钢制作及焊接。

（2）刚玉滤筒采样管　由采样嘴、前弯管，滤筒夹、刚玉滤筒、滤筒托、耐高温弹簧、石棉垫圈、采样管主体等部分组成（图4-45）。刚玉滤筒由滤筒夹后部放入，滤筒托、耐高温弹

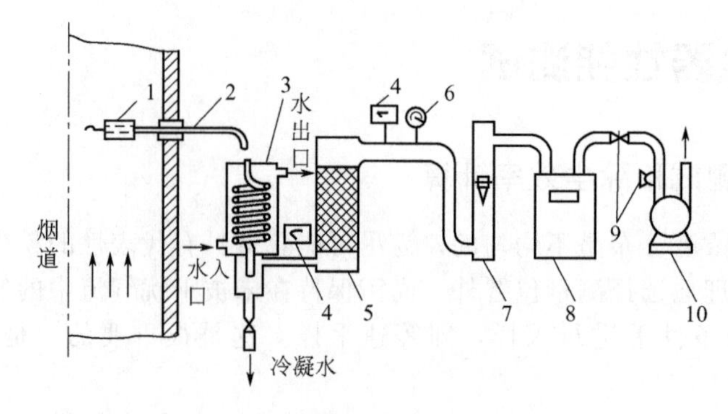


图 4-43 普通型采样管采样装置

1—滤筒；2—采样管；3—冷凝器；4—温度计；5—干燥器；6—真空压力表；7—转子流量计；8—累积流量计；9—调节阀；10—抽气泵

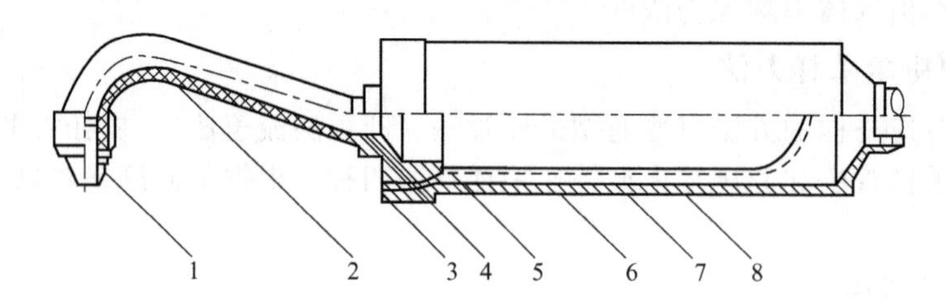


图 4-44 玻璃纤维滤筒采样管

1—采样嘴；2—前弯管；3—滤筒夹压盖；4—滤筒夹；5—滤筒夹；6—不锈钢托；7—采样管主体；8—滤筒

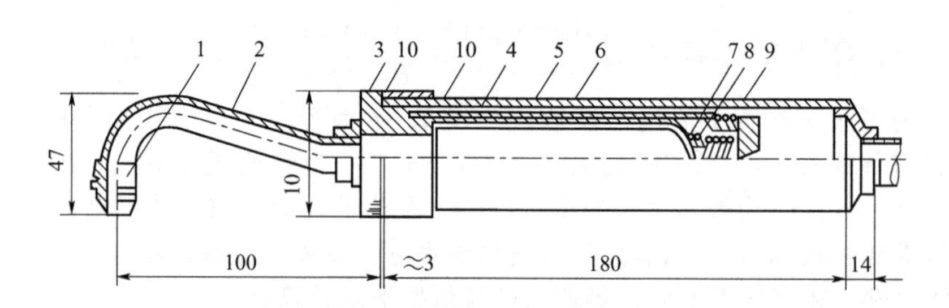


图 4-45 刚玉滤筒采样管（单位：mm）

1—采样嘴；2—前弯管；3—滤筒夹前体；4—采样管主体；5—滤筒夹中体；6—刚玉滤筒；7—滤筒托；8—耐高温弹簧；9—滤筒夹后体；10—石棉垫圈

簧和滤筒夹可调后体紧压在滤筒夹前体上。滤筒进口与滤筒夹前体和滤筒夹与采样管接口处用石棉或石墨垫圈密封。采样管各部件均用不锈钢制作和焊接。

用于采样的采样嘴，入口角度应大于 45°，与前弯管连接的一端内径 $d_1$ 应与连接管内径相同，不得有急剧的断面变化和弯曲（图 4-46）。入口边缘厚度应不大于 0.2mm，入口直径 $d$ 偏差应不大于±0.1mm，其最小直径应不小于 5mm。

用于采样的滤筒——玻璃纤维滤筒和刚玉滤筒介绍如下。

① 玻璃纤维滤筒。由玻璃纤维制成，有直径 32mm 和 25mm 2 种。对 0.5μm 的粒子捕集效率应不低于 99.9%，失重应不大于 2mg，适用温度为 500℃以下。

② 刚玉滤筒。由刚玉砂等烧结而成。规格为 $\phi$28mm(外径)×100mm，壁厚 1.5mm±0.3mm。对 0.5μm 的粒子捕集效率应不低于 99%，失重应不大于 2mg，适用温度为 1000℃以下。空白滤筒阻力，当流量为 20L/min 时应不大于 4kPa。

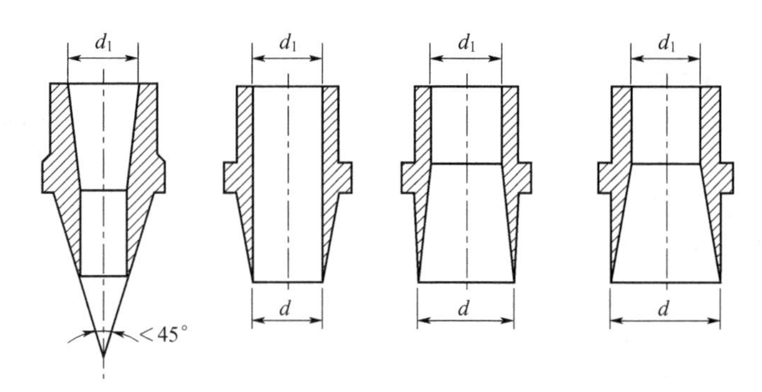


图 4-46　采样嘴

几种滤筒的规格和性能见表 4-11。

**表 4-11　几种滤筒的规格和性能**

| 种类 | 规格/mm | | 最高使用温度/℃ | 空载阻力/Pa | 质量/g |
|---|---|---|---|---|---|
| | 直径 | 长 | | | |
| 玻璃纤维滤筒 | 32 | 120 | 400 | 700～800 | 1.7～2.2 |
| 玻璃纤维滤筒 | 25 | 70 | 400 | 1500～1800 | 0.8～1.0 |
| 刚玉滤筒 | 28 | 100 | 1000 | 1333～5336 | 20～30 |

流量计量箱包括冷凝水收集器、干燥器、温度计、真空压力表、转子流量计和根据需要加装的累积流量计等。

冷凝水收集器用于分离、贮存采样管和连接管中冷凝下来的水。冷凝水收集器容积应不小于 100mL，放水开关关闭时应不漏气。出口处应装有温度计，用于测量气体的露点温度。

干燥器容积不应小于 0.8L，高度不小于 150mm，内装硅胶，气体出口应有过滤装置，装料口应有密封圈，用于干燥进入流量计前的湿气体，使进入流量计的气体呈干燥状态。

温度计精确度应不低于 2.5%，温度范围－10～60℃，最小分度值应不大于 2℃，分别用于测量气体的露点和进入流量计的气体温度。

真空压力表精度应不低于 4%，最小分度值应不大于 0.5kPa，用于测量进入流量计的气体压力。

转子流量计精度应不低于 2.5%，最小分度值应不大于 1L/min，用于控制和测量采样时的瞬时流量。累积流量计精度应不低于 2.5%，用于测量采样时段的累积流量。

抽气泵，当流量为 40L/min 时，其抽气能力应克服管道及采样系统阻力。在抽气过程中，流量会随系统阻力上升而减小，此时应通过阀门及时调整流量。如流量计装置放在抽气泵出口，抽气泵应不漏气。

测试时，根据测得的气体温度、水分含量、静压和各采样点的流速，结合选用的采样嘴直径算出各采样点的等速采样流量。装上所选定的采样嘴，开动抽气泵调整流量至第一个采样点所需的等速采样流量，关闭抽气泵。记下累积流量计读数 $v_1$。

将采样管插入管道中第一采样点处，将采样孔封闭，使采样嘴对准气流方向，其偏差不得大于 5°，然后开动抽气泵，并迅速调整流量到第一个采样点的采样流量。

采样时间，由于颗粒物在滤筒上逐渐聚集，阻力会逐渐增加，需随时调节控制阀以保持等速采样流量，并记录流量计前的温度、压力和该点的采样延续时间。

第一点采样后，立即将采样管按顺序移到第二个采样点，同时调节流量至第二个采样点所需的等速采样流量。以此类推，按序在各点采样。每点采样时间视颗粒物浓度而定，原则上每点采样时间不少于3min。各点采样时间应相等。

**2. 皮托管平行测速采样法**

(1) 原理　在普通型采样管测尘装置上，同时将S形皮托管和热电偶温度计固定在一起，3个测头一起插入管道中的同一测点，根据预先测得的气体静压、水分含量和当时测得的动压、温度等参数，结合选用的采样嘴直径，由编有程序的计算器及时算出等速采样流量（等速采样流量的计算与预测流速法相同）。调节采样流量至所需的转子流量计读数进行采样。采样流量与计算的等速采样流量之差应在10%以内。该法的特点是当工况发生变化时，可根据所测得的流速等参数值及时调节采样流量，保证颗粒物的等速采样条件。

(2) 采样装置　整个装置由普通型采样管除硫干燥器和与之平行放置的S形皮托管、热电偶温度计、抽气泵等部分组成（图4-47）。

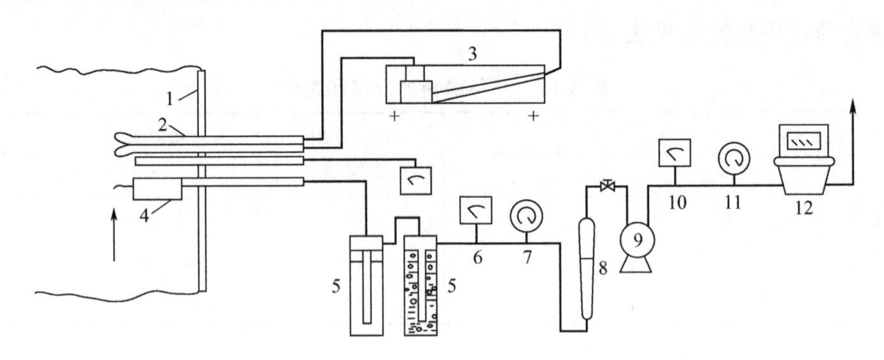


图4-47　皮托管平行测速法固体颗粒物采样装置

1—烟道；2—皮托管；3—斜管微压计；4—采样管；5—除硫干燥器；6—温度计；7—真空压力表；8—转子流量计；9—真空泵；10—温度计；11—压力表；12—累积流量计

① 组合采样管。由普通型采样管和与之平行放置的S形皮托管、热电偶温度计固定在一起组成，其之间相对位置如图4-48所示。

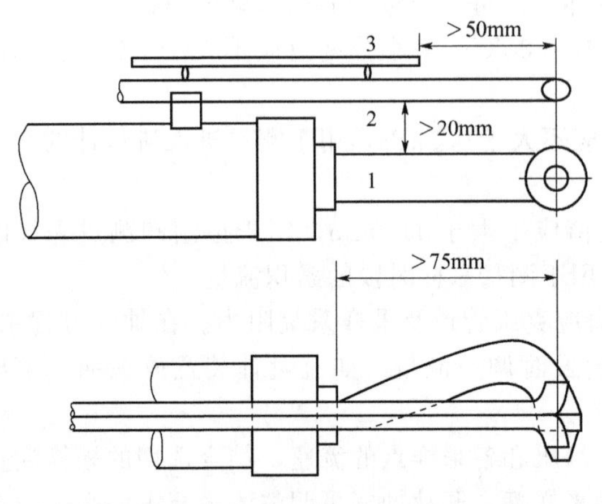


图4-48　组合采样管相对位置要求

1—采样管；2—S形皮托管；3—热电偶温度计

② 除硫干燥器。由气体洗涤瓶（内装3%双氧水600～800mL）和干燥器串联组成。

③ 流量计箱。由温度计、真空压力表、转子流量计和累积流量计等组成。

(3) 注意事项

① 将组合采样管旋转90°，使采样嘴及S形皮托管全压测孔正对着气流。开动抽气泵，记录采样开始时间，迅速调节采样流量到第一测点所需的等速采样流量值$Q'_{r1}$进行采样。采样流量与计算的等速采样流量之差应在10%以内。

② 采样期间当管道中气体的动压、温度等有较大变化时，需随时将有关参数输入计算器，重新计算等速采样流量，并调节流量计至所需的等速采样流量。另外，由于颗粒物在滤筒内壁逐渐聚集，使其阻力增加，也需及时调节控制阀以保持等速采样流量。记录烟气的温度、动压，流量计前的气体温度、压力及该点的采样延续时间。

③ 当第一点采样后，立即将采样嘴移至第二点。根据在第二点所测得的动压$p_d$、烟气温度$t$，计算出第二点的等速采样流量$Q_{r2}$，迅速调整采样流量到$Q_{r2}$，继续进行采样。以此类

推，每点采样时间视尘粒浓度而定，但不得少于 3min，各点采样时间应相等。

④ 采样结束后，将采样嘴背向气流，切断电源，关闭采样管路，避免由于管路负压将尘粒倒吸出去，取出采样管时切勿倒置，以免将灰尘倒出。

⑤ 用镊子将滤筒取出，轻轻敲打管嘴并用毛刷将附着在管嘴内的尘粒刷到滤筒中，折叠封口后，放入盒中保存。

⑥ 每次至少采取 3 个样品，取平均值。

⑦ 采样后应再测量一次采样点的流速，与采样前的流速相比，若两者差＞20%，则样品作废，重新采样。

**3. 动压平衡型等速采样管法**

(1) 原理　利用装置在采样管中的孔板在采样抽气时产生的压差和采样管平行放置的皮托管所测出的气体动压相等来实现等速采样。此法的特点是当工况发生变化时，它通过双联斜管微压计的指示，可及时调节采样流量，以保证等速采样的条件。

(2) 采样装置　由等速采样管、双联斜管微压计、流量计量箱和抽气泵等部分组成（图 4-49)。

① 等速采样管。由滤筒采样管和与之平行放置的 S 形皮托管构成。除采样管的滤筒夹后装有孔板，用于控制等速采样流量，其他均与通用的滤筒采样管和 S 形皮托管相同。S 形皮托管用于测量采样点的气流动压。标定时孔板上游应维持 3kPa 的真空度，孔板的系数和 S 形皮托管的系数应＜2%。为适应不同速度气体采样，采样嘴直径通常制作成 6mm、8mm、10mm 三种。

② 双联斜管微压计。用来测量 S 形皮托管的动压和孔板的压差，两微压计之间的误差＜5Pa。

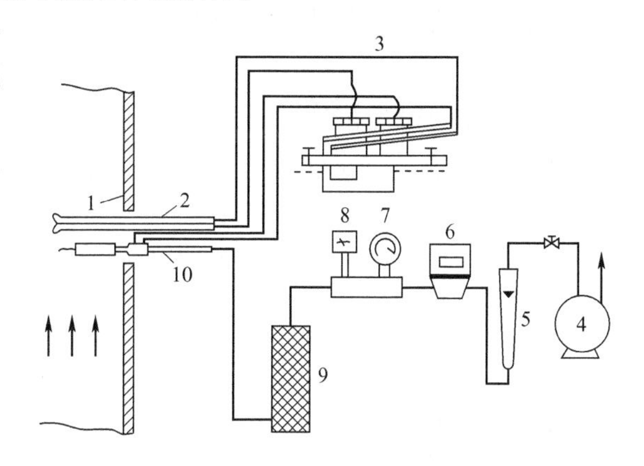


图 4-49　动压平衡法粉尘采样装置

1—烟道；2—皮托管；3—双联斜管微压计；4—抽气泵；5—转子流量计；6—累积流量计；7—真空压力表；8—温度计；9—干燥器；10—采样管

③ 流量计量箱。除增加累积流量计外，其他与普通型采样管法相同。

(3) 注意事项　打开抽气泵，调节采样流量，使孔板的差压读数等于皮托管的气体动压读数，即达到了等速采样条件。采样过程中，要随时注意调节流量，使两微压计读数相等，以保持等速采样条件。

**4. 静压平衡型等速采样管法**

(1) 原理　利用采样嘴内外壁上分别开有测静压的条缝，调节采样流量使采样嘴内外静压平衡的原理来实现等速采样。此法用于粉尘浓度低及尘粒黏结性强的场合下，故其应用受到限制，也不用于反推烟气流速和流量，以代替流速流量的测量。

(2) 采样装置　整个装置由等速采样管、压力偏差指示器、流量计量箱和抽气泵等组成（图 4-50)。

① 采样管。由平衡型采样嘴、滤筒夹和连接管三部分组成（图 4-51)。应在风洞中对不同直径的采样嘴在高、中、低不同速度下进行标定，至少各标定 3 点，其等速误差＜±5%。

② 压力偏差指示器。其为一个倾角很小的指零微压计，用以指示采样嘴内外静压条缝处的静压差。零前后的最小分度值＜2Pa。

③ 流量计量箱和抽气泵。除增加累积流量计外，其他均与普通型采样管装置相同。

(3) 注意事项　将采样管插入管道的第一测点，对准气流方向，封闭采样孔，打开抽气

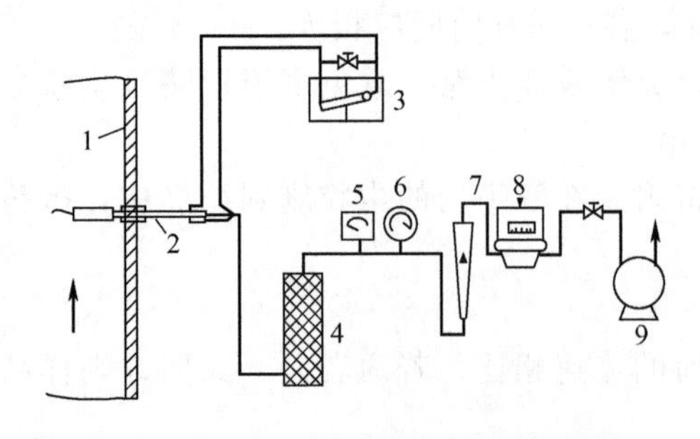

图 4-50 静压平衡法粉尘采样装置

1—烟道；2—采样管；3—压力偏差指示器；4—干燥器；5—温度计；6—真空压力表；7—转子流量计；8—累积流量计；9—抽气泵

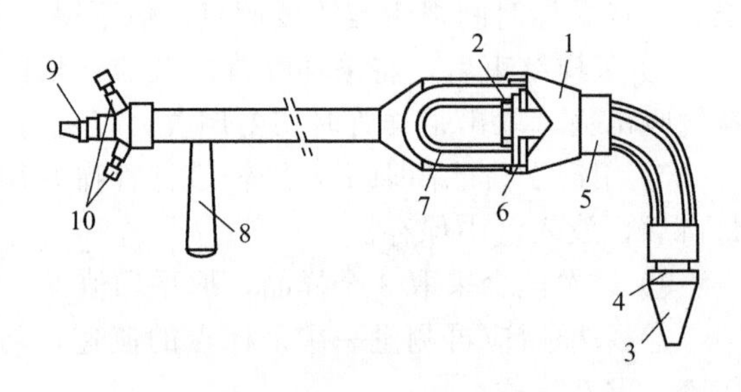

图 4-51 静压平衡型采样管结构

1—紧固连接套；2—滤筒压环；3—采样嘴；4—内套管；5—取样座；6—垫片；7—滤筒；8—手柄；9—采样管抽气接头；10—静压管出口接头

泵，同时调节流量，使管嘴内外静压平衡在压力偏差指示器的零点位置，即达到了等速采样条件。

### （二）气体中粉尘浓度的计算

根据国家排放标准的规定，粉尘排放浓度和排放量的计算，均应以标准状态下（气温0℃，大气压力101325Pa）干空气作为计算状态。粉尘浓度以换算成标准状态下$1m^3$干烟气中所含粉尘质量（$mg/m^3$）表示，以便统一计算污染物含量。

（1）测量工况下烟尘浓度　按下式计算：

$$C=\frac{G}{q_r t}\times 10^3 \tag{4-57}$$

式中，$C$为粉尘浓度，$mg/m^3$；$G$为捕集装置捕集的粉尘质量，mg；$q_r$为由转子流量计读出的湿烟气平均采样量，L/min；$t$为采样时间，min。

（2）标准状况下烟尘浓度　按下式计算：

$$C_g=\frac{G}{q_0} \tag{4-58}$$

式中，$C_g$为标准状况下粉尘浓度，$mg/m^3$；$G$为捕集装置捕集的粉尘质量，mg；$q_0$为标准状况下的烟气采样量，L。

（3）管道测定断面上粉尘的平均浓度　根据所划分的各个断面测点上测得的粉尘浓度，按下式求出整个管道测定断面上的粉尘平均浓度：

$$\overline{C_p}=\frac{C_1'F_1v_{s1}+C_2'F_2v_{s2}+\cdots+C_n'F_nv_{sn}}{F_1v_{s1}+F_2v_{s2}+\cdots+F_nv_{sn}} \tag{4-59}$$

式中，$\overline{C_p}$为测定断面的平均粉尘浓度，$mg/m^3$；$C_1'$、$C_2'$、…、$C_n'$为各划分断面上测点的粉尘浓度，$mg/m^3$；$F_1$、$F_2$、…、$F_n$为所划分的各个断面的面积，$m^2$；$v_{s1}$、$v_{s2}$、…、$v_{sn}$为各划分断面上测点的气流流速，m/s。

应指出，采用移动采样法进行测试时，亦要按上式进行计算。如果等速采样速度不变，利用同一捕尘装置一次完成整个管道测定断面上各测点的移动采样，则测得的粉尘浓度值即为整个管道测定断面上粉尘的平均浓度。

（4）工业锅炉和工业窑炉粉尘排放质量浓度　应将实测质量浓度折算成过量空气系数为$\alpha$时的粉尘浓度，计算公式为：

$$C'=C\frac{\alpha'}{\alpha} \tag{4-60}$$

式中，$C'$为折算后的粉尘排放质量浓度，$mg/m^3$；$C$为实测粉尘的排放质量浓度，

$mg/m^3$；$\alpha'$为实测过量空气系数；$\alpha$ 为粉尘排放标准中规定的过量空气系数，工业锅炉为1.2～1.7，工业窑炉为1.5，电锅炉为1.4和1.7，视炉型而定。

测试点实测的过量空气系数 $\alpha'$，按下式计算：

$$\alpha'=\frac{21}{21-X_{O_2}} \tag{4-61}$$

式中，$X_{O_2}$ 为烟气中氧的体积分数，例如含氧量为12%时，$X_{O_2}$ 代入12。

**(三) 除尘效率的测试和透过率计算**

除尘效率是除尘器捕集粉尘的能力，是反映除尘器效能的技术指标。除尘器在同一时间内捕集粉尘量占进入除尘器总粉尘量的比例称为除尘效率，以%表示。其实质上反映了除尘器捕集进入除尘器全部粉尘的平均效率，通常用下述两种方法测定。

(1) 根据除尘器的进、出口管道内粉尘浓度求除尘效率：

$$\eta=\frac{G_B-G_E}{G_B}=1-\frac{G_E}{G_B}=1-\frac{Q_EC_E}{Q_BC_B} \tag{4-62}$$

式中，$\eta$ 为除尘器的平均除尘效率，%；$G_B$、$G_E$ 分别为单位时间进入除尘器和离开除尘器的尘量，g/h；$Q_B$、$Q_E$ 分别为单位时间进入和离开除尘器的风量，$dm^3/h$；$C_B$、$C_E$ 分别为除尘器进、出口气体的含尘浓度，$mg/dm^3$ 或 $g/dm^3$。

除尘器实际上存在漏风的问题。当除尘器在负压下运行时，若不考虑漏风的影响，则所测得的除尘效率较实际效率偏高；在正压运行时，忽视了漏风的影响，则所测得的除尘效率又较实际效率偏低。设漏风量 $Q=Q_B-Q_E$，代入式(4-62) 得：

$$\eta=1-\frac{C_E}{C_B}+\frac{QC_E}{Q_BC_B} \tag{4-63}$$

当漏风量很小时，$Q_B \gg Q$，则上式为：

$$\eta=1-\frac{C_E}{C_B} \tag{4-64}$$

(2) 根据除尘器进口管道内的粉尘浓度和除尘器捕集下来的粉尘量求除尘效率：

$$\eta=\frac{M_G\times 1000}{G_B}=\frac{M_G\times 1000}{Q_BC_B} \tag{4-65}$$

式中，$M_G$ 为除尘器在单位时间内捕集下来的粉尘量，kg/h；$G_B$ 为除尘器进口气体含尘浓度，$g/dm^3$。

当进入除尘器的烟尘浓度或温度较高而需预处理（预收尘或降温）时，将几级除尘器串联使用，且每一级除尘器的除尘效率为 $\eta_1$、$\eta_2$、…、$\eta_n$，则其总除尘效率可按下式计算：

$$\eta=1-(1-\eta_1)(1-\eta_2)\cdots(1-\eta_n)$$

透过率是指含尘气体通过除尘器，在同一时间内没有被捕集到而排入大气中的粉尘占进入除尘器粉尘的质量分数。显示除尘器排入大气的粉尘量的大小。其对反映高效除尘器的除尘变化率比除尘效率显示得更加明显。透过率与除尘效率的换算公式为：

$$p=(1-\eta)\times 100\% \tag{4-66}$$

式中，$p$ 为粉尘透过率，%；$\eta$ 为除尘效率，%。

分级效率是指粉尘某一粒径区间的除尘效率，可以用来对不同类型除尘器的效率作比较，因此具有较大的实用意义。粒径分级除尘效率按下式计算：

$$\eta_i=\frac{Z_{Bi}G_B-Z_{Ei}G_E}{Z_{Bi}G_B}=1-\frac{Z_{Ei}}{Z_{Bi}}(1-\eta) \tag{4-67}$$

式中，$\eta_i$ 为除尘器对粒径为 $i$ 的尘粒的分级效率，%；$Z_{Bi}$ 为除尘器进口粒径为 $i$ 的尘粒

（在大于 $i-\frac{1}{2}i$ 及小于 $i+\frac{1}{2}i$ 段范围内）所占的质量分数，%；$Z_{Ei}$ 为除尘器出口处粒径为 $i$ 的尘粒所占的质量分数，%；$\eta$ 为除尘器的总除尘效率，%；$G_B$、$G_E$ 符号意义同前。

## 二、除尘器压力损失测试

除尘器压力损失是以进口和出口气流的全压差 $p$ 来衡量，也称为设备阻力。除尘器进出口设置取压点，测试时，全压管应对准气流方向，全压值由 U 形压力计显示，规定用流经除尘装置的入口通风道（i）及出口通风道（o）的各种气体平均总压（$\overline{p}_i$）差（$\overline{p}_{ti}-\overline{p}_{to}$），用由于测试点位置的高度差引起的浮力效应 $p_H$ 进行校正后求出。面平均总压则根据流经通风道测定截面各部分（等面积分割）的所有气体总动力 $p_iQ$，用下式求出：

$$\overline{p}_t=\frac{p_{t1}Q_1+p_{t2}Q_2+\cdots+p_{tn}Q_n}{Q_1+Q_2+\cdots+Q_n} \tag{4-68}$$

式中，$Q_1$、$Q_2$、…、$Q_n$ 为流经各区域的气体量，$m^3/s$。

如果 $j$ 区域的面积为 $A_j$，该区域的气体速度为 $v_j$，则 $Q_j=A_jv_j$，如果各区域的面积相等，则上式的 $Q_j$ 用 $v_j$ 代替，那么：

$$\overline{p}_t=\frac{p_{t1}v_1+p_{t2}v_2+\cdots+p_{tn}v_n}{v_1+v_2+\cdots+v_n} \tag{4-69}$$

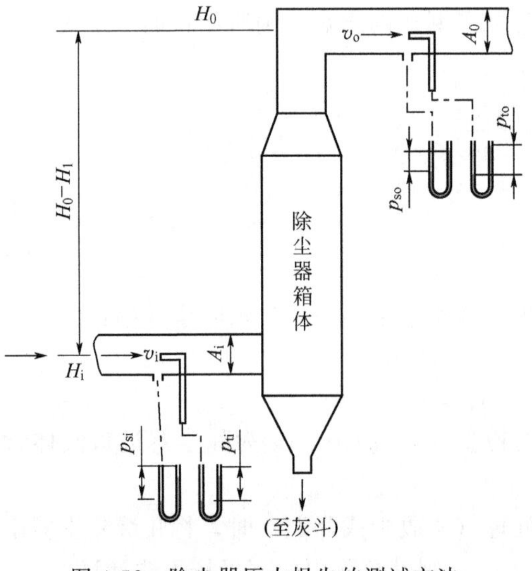

图 4-52 除尘器压力损失的测试方法

如图 4-52 所示的皮托管测试，则总压 $p_t$ 可直接测出；如果使用其他测试仪器，则按下式进行计算：

$$p_t=p_s+\frac{\rho}{2}v^2 \tag{4-70}$$

式中，$p_s$ 为测试断面气流的静压，Pa；$\rho$ 为单位体积气体的平均密度，$kg/m^3$。

浮力的计算公式为：

$$p_H=Hg(\rho_a-\rho) \tag{4-71}$$

式中，$H$ 为除尘器进口与出口的高度差，m；$g$ 为重力加速度，9.8$m/s^2$；$\rho_a$ 为除尘器内气体密度，$kg/m^3$；$\rho$ 为除尘器周围的大气密度，$kg/m^3$。

一般情况下，对除尘器的压力损失而言，浮力效果是微不足道的。但是，如果气体温度较高，测点的高度差又较大时，则应考虑浮力效果。此时则用下式表示除尘装置的压力损失：

$$\Delta p=\overline{p}_{ti}-\overline{p}_{to}-p_H \tag{4-72}$$

这时，如果测试截面的流速及其分布大致一致，可用静压差代替总压差来校正出入口测试截面面积的差值，求出压力损失，即：

$$p_{ti}=p_{si}+\frac{\rho}{2}\left(\frac{Q_i}{A_i}\right)^2 \tag{4-73}$$

$$p_{to}=p_{so}+\frac{\rho}{2}\left(\frac{Q_o}{A_o}\right)^2 \tag{4-74}$$

如果 $Q_i=q_o$，则

$$p_{ti}-p_{to}=p_{si}-p_{so}+\frac{\rho}{2}\left[1-\left(\frac{A_i}{A_o}\right)^2\right] \tag{4-75}$$

$$\Delta p=(p_{si}-p_{so})+\frac{\rho}{2}\left[1-\left(\frac{A_i}{A_o}\right)^2\right]+(H_o-H_i)g(\rho_a-\rho) \tag{4-76}$$

上式中，右边第一项是除尘器的出、入口静压差；第二项是出、入口测定截面积有差别时的动压校正；第三项为浮力修正。如果连接除尘器的进出口管道截面积相等，而且没有高度差或高差很小，那么，右边第二项、第三项就不存在，则为：

$$\Delta p=p_{si}-p_{so} \tag{4-77}$$

以上所说的压力损失也包括除尘器前后管道的压力损失，除尘器自身的压力损失要扣除管道的压力损失 $p_f$ 来求出。

## 三、除尘器漏风率测试

漏风是由除尘器在加工制造、施工安装时欠佳或因操作不当、磨损失修等诸多原因所致。漏风率以除尘器的漏风量占除尘器的气体处理量的百分比来表示，是考察除尘效果的技术指标。

漏风率的测试方法视流经除尘器气体的性质，可采用风量平衡法、热平衡法、碳平衡法或氧平衡法。

**1. 风量平衡法**

按漏风率的定义，测出除尘器进出口的风量即可计算出漏风率：

$$\varepsilon=\frac{Q_i-Q_o}{Q_i}\times 100\% \tag{4-78}$$

式中，$\varepsilon$ 为除尘器漏风率，%；$Q_i$、$Q_o$ 分别为除尘器进、出口的风量，$m^3/h$。

上式中对正压工作的除尘器计算时为 $Q_i-Q_o$，而负压工作的除尘器计算时则为 $Q_o-Q_i$。

**2. 热平衡法**

忽略除尘器及管道的热损失，在单位时间内，除尘器出口烟气中的热容量应等于除尘器进口烟气中的热容量及漏入空气的热容量之总和，即：

$$Q_i\rho_i c_i t_i+Q\rho_a c_a t_a=Q_o\rho_o c_o t_o \tag{4-79}$$

$$Q=Q_o-Q_i$$

式中，$\rho_i$、$\rho_o$、$\rho_a$ 分别为除尘器进、出口烟气及周围空气的密度，$kg/m^3$；$c_i$、$c_o$、$c_a$ 分别为除尘器进、出口及周围空气的比热容，kJ/(kg·K)。

若忽略进、出口气体及空气的密度和比热容的差别，即令 $\rho_i=\rho_o=\rho_a$，$c_i=c_o=c_a$，则由上式可得漏风率为：

$$\varepsilon=\left(1-\frac{Q_o}{Q_i}\right)\times 100\%=\left(1-\frac{t_i-t_a}{t_o-t_a}\right)\times 100\% \tag{4-80}$$

这样一来，测出除尘器进出口的气流温度，即可得到漏风率。这种方法适用于高温气体。

**3. 碳平衡法**

当除尘器因漏风而吸入空气时，管道气体的化学成分发生变化，碳化合物浓度得到稀释，根据碳的平衡方程，漏风率的计算公式为：

$$\varepsilon=\left[1-\frac{(CO+CO_2)_i}{(CO+CO_2)_o}\right]\times 100\% \tag{4-81}$$

式中，$\varepsilon$ 为除尘器漏风率，%；$(CO+CO_2)_i$ 为除尘器进口烟气中 $CO+CO_2$ 的浓度，%；$(CO+CO_2)_o$ 为除尘器出口烟气中 $CO+CO_2$ 的浓度，%。

因此，只要测出除尘器进出口的碳化合物 $CO+CO_2$ 的浓度，就可得到漏风率。该法只适用于燃烧生产的烟气。

**4. 氧平衡法**

（1）原理 氧平衡法是根据物料平衡原理由除尘器进出口气流中氧含量变化测得漏风率。本方法适用于烟气中含氧量不同于大气中含氧量的系统，适用于干式、湿式静电除尘器。

采用氧平衡法，即测量静电除尘器进出口烟气中氧含量之差，并通过计算求得。

（2）测试仪器 所用电化学式氧量表精度不低于2.5级，测试前需经标准气校准。

（3）静电除尘器漏风率计算公式为：

$$\varepsilon=\frac{Q_{2i}-Q_{2o}}{K-Q_{2i}}\times 100\% \tag{4-82}$$

式中，$\varepsilon$ 为静电除尘器漏风率，%；$Q_{2i}$、$Q_{2o}$ 为静电除尘器进、出口断面烟气平均含氧量，%；$K$ 为大气中含氧量，根据海拔高度查表得到。

由于静电除尘器在高压电晕条件下运行，火花放电时除尘器中会产生臭氧，有人认为这会影响烟气中氧的含量，从而影响漏风率的测试误差。而实际上臭氧是一种强氧化剂，很易分解。有关资料介绍，在高温电晕线周围的可见电晕光区中生成的臭氧，其体积浓度仅为百万分之几，生成后会自行分解成氧或与其他元素化合。这个浓度对人类生活环境会产生很大影响，但相对于氧含量的测试浓度影响则是相当小。氧平衡法只需测试进出口断面的烟气含氧量两组数据，综合误差相对较小，较风量平衡法优越，但也有局限性，仅适用于烟气含氧量与大气含氧量不同的负压系统。

氧平衡法的测试误差主要取决于选用的测试仪器。目前我国主要采用化学式氧量计，而在国外已普遍采用携带式的氧化锆氧量计以及其他携带式氧量计，但随着我国仪器仪表的迅速发展，将可以选用精度高、可靠且携带方便的漏风率测试用测氧仪。

## 四、除尘器能耗检测

除尘器的功率消耗是由经过除尘的气体流量和压力损失所决定的。

**1. 气体流量的确定**

当除尘器无漏风时以进入除尘器的流量为基准。当除尘器有漏风时应以进口流量与出口流量的平均值为基准。

**2. 压力损失的确定**

除尘器的压力损失以进口和出口气流的全压差 $\Delta p$ 来衡量，用公式表示为

$$\Delta p=p_{ti}-p_{to} \tag{4-83}$$

式中，$p_{ti}$ 为除尘器进口的全压值，Pa；$p_{to}$ 为除尘器出口的全压值，Pa。

当除尘器内气体温度大于大气的温度，而且除尘器进出口的高度差较大，应考虑气体浮力所产生的压力 $p_B$，$p_B$ 值的计算式为

$$p_B=(\rho_g-\rho_a)gh \tag{4-84}$$

式中，$\rho_g$ 为除尘器内气体的密度，$kg/m^3$；$\rho_a$ 为除尘器周围大气的密度，$kg/m^3$；$g$ 为重力加速度，$9.8m/s^2$；$h$ 为除尘器进口与出口的高度差，m。

气体浮力产生的压力应计入除尘器的压力损失之内，故式(4-83) 改写为

$$\Delta p=p_{ti}-p_{to}+p_B \tag{4-85}$$

又当除尘器的漏风量和内外气体温度差均很小，而且联接除尘器的管径相等时，除尘器的压力损失，就可以除尘器进出口联接管上的静压差来表示。

**3. 功率消耗的计算**

通过除尘器的含尘气体克服除尘器的阻力将消耗能量，单位时间内所消耗的能量形成除尘器的功率消耗。当已知除尘器的阻力及通过除尘器的流量时，除尘器的功率消耗 $P$ 的计算公

式为

$$P=\frac{Q\Delta p}{3600} \quad (\mathrm{W}) \tag{4-86}$$

式中，$Q$ 为通过除尘器的流量，$m^3/h$；$\Delta p$ 为除尘器的阻力损失，Pa。

当除尘器存在漏风时，$Q$ 应选用除尘器出口风量。

# 第五节　风机性能测试

在除尘工程中，风机的作用有如人体的心脏一样的重要。因此，对风机性能的测试是除尘工程中不可缺少的一个重要环节。风机的性能目前尚不能完全依靠理论计算和样本资料，要通过测试的方法求得验证。风机的性能测试项目是指其在给定的转速下的风量、压力、所需功率、效率和噪声。

## 一、风机性能测试准备

**1. 初步检测**

在进行现场测试之前，应对风机及其辅助设备进行初步检测，在预定的转速下运行，以检查其运行工况正常与否。

现场测试程序应尽可能与在标准风道进行测试的程序相一致，但现场测试由于场地条件限制，往往难以测得十分准确的结果，此时应该用下述给定的修正程序。

现场测试必须在下述条件下进行：系统对风机运行的阻力变化不明显，风机运载的气体密度或其他参数变化降到最小值。

系统阻力和流量容易受到诸如现场环境和各种工况的影响。因此，在测试过程中必须采取措施尽量保障测试期间的工况稳定。如果初步测试结果与制造厂提供的参数不一致，其误差可能是由下列各种因素之一或几个因素造成的：①系统存在泄漏、再循环或其他故障；②系统的阻力估计不准确；③对厂方测试数据的应用有误；④系统的部件安装位置太靠近风机出口或其他部位而造成损失过大；⑤弯管或其他系统部件的安装位置太靠近风机入口而造成对风机性能的干扰；⑥现场测试中的固有误差。

由于现场条件的限制，风机性能现场测试的精度往往大大低于用标准化风管进行测试的预期精度。在这种情况下，则应在现场测试之外再用标准化风管对风机运行全尺寸或模型进行测试。

**2. 改变操作点的方法**

为取得风机特性曲线上的不同操作点的检测数据（如果风机装有改变性能的机构，如可调叶距的叶片、可伸展叶尖或叶尾，或者可改变导翼，则风机具有多种特性曲线），应该利用恰当安装在系统中的一个或多个装置来改变风机的性能。用于调节性能的装置或阀门的位置必须能够使测试段保持满意的气体流型，以保证取得满意的检测数据。

**3. 流量检测面的位置**

对于现场测试，按测试的布置和方法来安装风机可能是不现实的，流量检测面必须位于适宜的直管段中（最好选在风机的入口侧），此处的流量工况基本上是轴向的、匀称的，没有涡流。必须先进行位移以确定这些工况是否满足。风机与流量检测面之间的进入风道或从风道流出的空气泄漏一般忽略不计。风道中的弯管和阻碍物会对较大一段距离的下游气流造成扰动，而在有些场合可能找不到测试所需的足够轴向和匀称的气流位置，在此情况下就可能在风道里安装导翼或者用衬板修正气道形状，以获得测试现场令人满意的气流。然而，气流整流装置所产生的涡流会使皮托管的静压读数产生误差，所以如有必要，检测面最好不要小于1倍管道直径甚至更大距离内的管道长度，以取得合理良好的气流工况。

（1）测试段长度 流量检测面所在的风道部分被定义为“测试段”，测试段必须平直，截面匀称，没有会改变气流的任何障碍物。测试段的长度必须不小于风道直径的 2 倍（图4-53）。

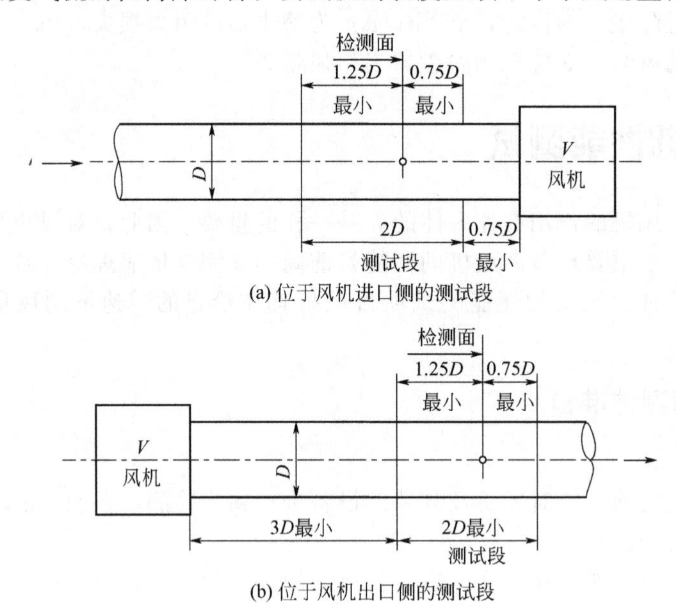


图 4-53 用于现场测试的流量检测位置

（2）风机的进口侧 如果测试段位于风机的进口侧，那么其下游末端至风机进口的距离应该小于等于 $0.75D$。如果风机装有一个或几个进口阀，那么测试段的下游末端至风机的进口阀的距离应该至少等于风道直径的 $0.75D$。

测试段可以位于单位风口风机的进口阀端，只要符合测试长度规定即可。如果是带有两个进口阀的双进口风机，那么应该允许在每个进口阀上设有一个测试段，只要每个测试段符合测试长度规定即可。对于双进口风机，如果测试段位于每个进口阀的上游，那么必须检测每个测试段的流量和压力。风机的进口总流量应该是每个进口箱处测得的进口流量之和。

（3）风机的出口侧 如果测试段位于风机的出口侧，那么其下游末端至风机出口侧的距离应至少等于风管直径的 3 倍。为此，风机的出口应该是风机出口侧的渐扩管的出口。

（4）测试段内的流量检测面的位置 检测段内的流量检测面至检测段下游末端的距离应该至少等于风管直径的 $0.75D$。测试段内的流量检测面至测试段上游末端的距离应该至少等于风管直径的 $1.25D$ 处。

（5）异常工况 如果所有的工况不可能选择符合上述要求的流量检测面，那么检测面的位置可以由制造厂与买方协商确定。如果遇到这种情况，而且测试结果是制造厂与买方之间保证的一部分，那么测试结果的有效性必须取得上述双方同意。

**4. 压力检测面的位置**

用于现场测试的压力检测面位置见图 4-54。

为了测试风机产生的升压，位于风机进口侧和出口侧的静压检测面必须靠近风机，以保证检测面与风机之间的压力损失可以计算，因而不必使含尘气体和管壁摩擦面产生的摩擦压力损失额外地增加压力测试的不确定性。光滑管道的摩擦系数由其他资料给定。

如果靠近风机入口，那么选定的用于流量检测的测试段应该也可以用来检测压力，测试检测面至风机进口的距离必须 $<0.25D$。而用于压力检测的其他检测面至风机出口的距离必须 $\geqslant 4D$，风机出口的定位与出口测试位置的规定一致。所选定的用于测试压力的检测面至下游

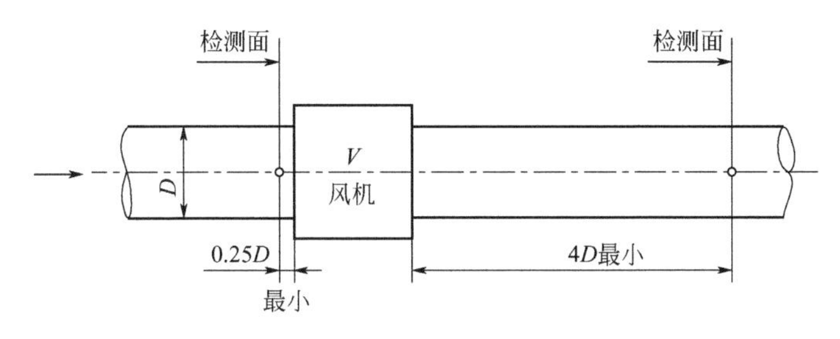


图 4-54　用于现场测试的压力检测面位置

的弯管、渐扩管或阻碍物距离至少为 4$D$，因为其会产生气流涡流，干扰压力分布的均匀性。所有被选定的压力检测面必须做到检测面上的平均风速也能够用别处取得的读数进行计算测试，或者利用位移方法直接检测。

**5. 检测点的设置**

（1）圆形截面　对于圆形截面，至少必须在 3 个平均排列的截面上进行检测，如果因种种限制，不可能进行这样的检测，那么也必须在相互处于 90°位置的 2 个截面上进行检测。将进行检测的位置要按照对数线性定律进行计算确定。在表 4-12 中给定每个截面 6 个、8 个和 10 个点。$D$ 是管道内部直径，沿着此管道进行移动。

**表 4-12　圆形截面检测点的位置**

| 检测点位置 | 检测点位置与风道内壁距离 | 管道直径与检测仪器直径最小比值 | |
|---|---|---|---|
| | | 风速表 | 皮托静压管 |
| 每个截面为 6 个点 | 0.032$D$，0.135$D$，0.321$D$，0.679$D$，0.865$D$，0.968$D$ | 24 | 32 |
| 每个截面为 8 个点 | 0.021$D$，0.117$D$，0.184$D$，0.345$D$，0.655$D$，0.816$D$，0.883$D$，0.979$D$ | 36 | 48 |
| 每个截面为 10 个点 | 0.019$D$，0.077$D$，0.153$D$，0.217$D$，0.361$D$，0.639$D$，0.783$D$，0.847$D$，0.923$D$，0.981$D$ | 40 | 54 |

只有当检测面存在合理均匀的风速时，最小允许检测点的数量才能提供足够精确的检测结果。

（2）其他类型的截面　在流量检测中，应该尽量避免使用管道断面不规则的风道测试段。万一遇到不规则的截面，可以采取临时性的修正措施（例如，塞入低阻值的衬里材料），以提供适宜的测试段。然而，当不可能将其他类型的截面修正成圆形或矩形的时候，就必须应用有关的定律，例如，图 4-55 中为一个现场测试中的圆弧形截面，整个截面是由一个半圆和一个矩形组成，检测点可按照管道截面分成两个部分。

矩形部分也可以视为一个高度为 $h$ 的完整矩形的 1/2，选定的位移直线数量是奇数，这样就避免了一条位移直线与矩形和半圆的边界线重合。同样，半圆形部分也可以视为一个整圆的 1/2，这个整圆平均分布 4 条径向位移直线，选定的定位角可以避开交接线。

图 4-56 中的圆弧形截面上的风速检测点分布是按照对数 Tchebycheff 定律布置的。

## 二、风机流量的测试

**1. 皮托管法**

在选定的测点将皮托管置入管道中心位置，测压孔对准气流方向。皮托管相对于管道壁的位置必须保持在管道最小位移长度的±0.5%容差之内。皮托管必须与管道轴线对准，容差在

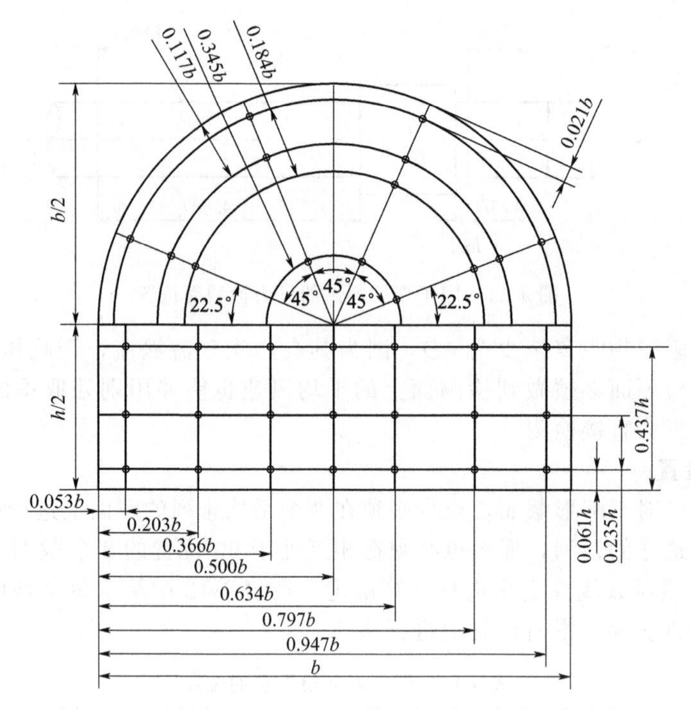


图 4-55 圆弧形截面测点位置

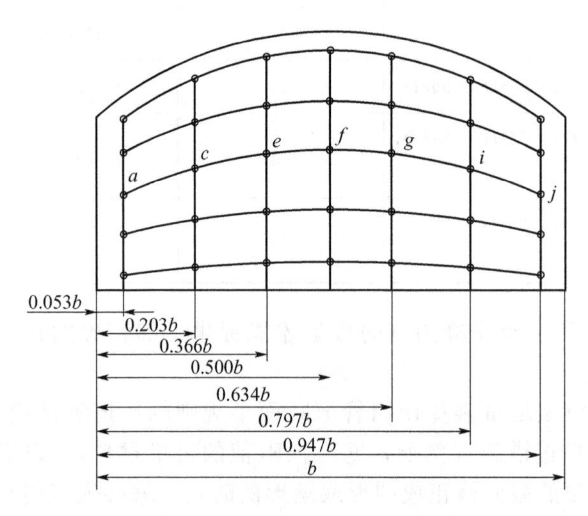


图 4-56 圆弧形截面测点布置

5°以内。压力是通过乳胶管将皮托管与压力计连接而显示。

**2. 风速表法**

叶轮风速仪可用于检测管内风速，目前市场上出售的叶轮风速仪最小直径为16mm且可自动记录。检测时风速表的轴线至风管壁的距离绝对不小于表壳圆形直径的3/4，例如，风速表的直径为100mm，而风速表轴线至风管壁的距离不小于75mm。所以，选用风速表的最大允许尺寸是由风管尺寸和检测位置确定的。在测试进行前后，风速表必须予以标定，其读数误差不得超过两次标定的平均风速的3%。这两次标定所取得的平均值用来校准所测得的数值。标定必须用标准方法进行，但是标定工况应该尽可能与有关流体密度和风速表工作特性曲线的相关测试工况相近似。

如果操作人员需身入于风管内操作风速表时，必须使用杆条装置，保证操作人员至少距离测试面下游1.5m以外，才不会改变测试面的气流不受干扰。为了进行测试，如有必要在管道内设立工作台，此工作台必须设在距离测试面下游1.5m以外，并且工作台的结构不得改变测试面处的气流。

**3. 检测误差**

由于流量检测的现场测试总会有一定的误差，所以流量检测的不同方法其允许误差为：用于规则形状管道，皮托管法为±3.0%；用于不规则形状管道，皮托管法为±3.3%；用于规则形状管道，风速表法为±3.5%；用于不规则形状管道，风速表法为±4.0%。

## 三、风机压力的测试

### 1. 保护措施

必须采取保护措施，才能检测位于风机进口侧和出口侧的相对于大气压力或机壳内气体的静压。如果不可能，就应测风机进口和出口静压的平均值。

在使用皮托管时，必须在压力检测面上按测点位置进行位移，取得每个检测点的压力读数，如果每个读数之间相差小于2%，那么则可少取几个测点。

如果气流均匀没有涡流和紊流，则静压检测也可使用均布在管道周围的4个开孔（矩形管道则是四边中点），只要开孔光洁平整，内部无毛刺，且附近的管壁光滑、清洁、无波纹及间断即可。

### 2. 引风机

如果管道安装在风机的进口，风机直接向外界排气，那么风机静压等于风机出口处的静压减去进口侧测试段的总压与动压之和，加上测试点与风机进口之间的管道摩擦损失。

位于风机进口侧的测试段的总压应该取平均静压加上相对于测试截面的平均风速的动压之代数和。其表达式为：

$$p_{sf}=p_{s2}-(p_{t3}+p_{d3})+p_{f31} \tag{4-87}$$

式中，$p_{sf}$为风机静压，Pa；$p_{s2}$为风机出口处的静压，Pa；$p_{t3}$为风机入口处的全压，Pa；$p_{d3}$为风机入口处的动压，Pa；$p_{f31}$为风机测点至入口之间的摩擦损失，Pa。

### 3. 鼓风机

如果风机是自由进气，管道在风机的出口，那么对风机出口侧的测试段静压进行检测时，风机的全压应该等于测试段平均静压加上相对于位于测试段的平均风速的有效动压，再加上风机出口侧至测试段之间的管道摩擦压力损失之和。表达式如下：

$$p_{tf}=p_{s4}+p_{d4}+p_{f24} \tag{4-88}$$

式中，$p_{tf}$为风机全压，Pa；$p_{s4}$为风机出口处的静压，Pa；$p_{d4}$为风机入口处的动压，Pa；$p_{f24}$为风机出口至测试段之间的管道摩擦损失，Pa。

## 四、功率测试和效率计算

功率测试和效率计算有以下几项。

① 用电度表转盘转速测试功率，计算公式如下：

$$P=\frac{nR_nC_Tp_r}{t} \tag{4-89}$$

式中，$P$为风机的电动机功率，kW；$R_n$为电度表常数，为每一转所需度数，kW·h/r；$C_T$、$p_r$分别为电流和电压互感器比值；$n$为在测试时间内，电度表转盘的转数；$t$为测试时间，h。

一般采用电度表转盘每10转记下其秒数，则：

$$P=\frac{10}{R_1t_1}\times 3600C_rp_r \tag{4-90}$$

$$R_1=\frac{1}{R_n} \tag{4-91}$$

式中，$t_1$为电度表转盘每10转所需秒数；$R_1$为电度表常数，为1kW·h电度表转盘的转数。

② 用双功率表测试功率，计算公式如下：

$$P=C_{\mathrm{T}}p_{\mathrm{r}}c(P_1+P_2)\times10^{-3} \tag{4-92}$$

式中，$c$ 为功率表的系数；$P_1$、$P_2$ 分别为两只功率表刻度盘读数，W；其他符号意义同前。

功率因数 $\cos\phi$ 为：

$$\cos\phi=\frac{1}{\sqrt{1+3\left(\frac{P_1-P_2}{P_1+P_2}\right)^2}} \tag{4-93}$$

③ 用电流、电压表测量三相交流电动机的功率：

$$P=\sqrt{3}IU\cos\phi\times10^{-3} \tag{4-94}$$

式中，$I$ 为电流，A；$U$ 为电压，V；$\cos\phi$ 为功率因数（可用功率因数表实测）。

④ 风机功率按下式计算：

$$\eta_{\mathrm{Y}}=\frac{Qp_{\mathrm{t}}}{3600\times1000\times P_{\mathrm{f}}\eta_{\mathrm{z}}}\times100\% \tag{4-95}$$

式中，$\eta_{\mathrm{Y}}$ 为设备效率，%；$Q$ 为风机风量，$\mathrm{m^3/h}$；$p_{\mathrm{t}}$ 为风机全压，Pa；$P_{\mathrm{f}}$ 为风机所耗功率，kW；$\eta_{\mathrm{z}}$ 为传动效率，取 $\eta_{\mathrm{z}}=0.98\sim1.0$。

风机效率：

$$\eta=\frac{\eta_{\mathrm{Y}}}{\eta'} \tag{4-96}$$

式中，$\eta$ 为风机效率；$\eta'$ 为试验负荷下电动机效率，可查产品样本或实测电动机各项损失，经计算后再查电动机负荷-效率曲线。

当测试条件不是标准状态或转速变化时，风机性能参数应做相应的换算。

## 五、风机振动的测试

测量方法直接影响到测量结果，风机的振动测量，通常可按下述的要求实施。

（1）测振仪器频率范围　测振中合理选用测振仪器非常重要，选择不当则往往会得出错误的结果。通常应采用频率范围为 10～1000Hz 的测量仪，且其应经计量部门鉴定后方可使用。

（2）通风机安装　被测的通风机必须安装在大于 10 倍风机质量的底座或试车台上，装置的自振频率不大于电机和风机转速的 30%。

（3）测量部位　测量的部位有以下几种。

对叶轮直接装在电动机轴上的通风机，应在电机定子两端轴承部位测量其水平方向 $x$、垂直方向 $y$、轴向 $z$ 的振动速度。当电机带有风罩时，其轴向振动可不测量（图 4-57）。

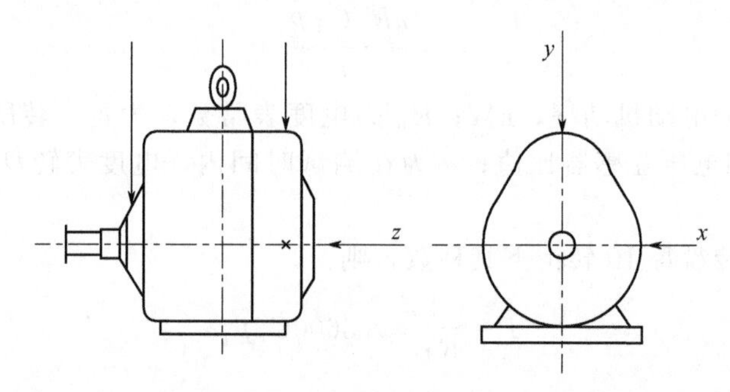


图 4-57　叶轮直接装在电动机轴上的通风机测量部位

对于双支承的风机或有 2 个轴承体的风机，可按照图 4-58 所示 $x$（水平）、$y$（垂直）、$z$（轴向）三个方向的要求，测量电动机一端的轴承体的振动速度。

当 2 个轴承都装在同一个轴承箱内时，可按图 4-59 所示 $x$（水平）、$y$（垂直）、$z$（轴向）

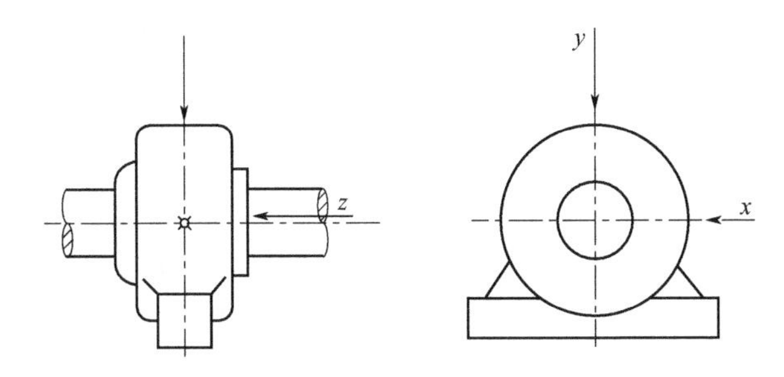


图 4-58　对于双支承的风机或有 2 个轴承体的风机测量位置

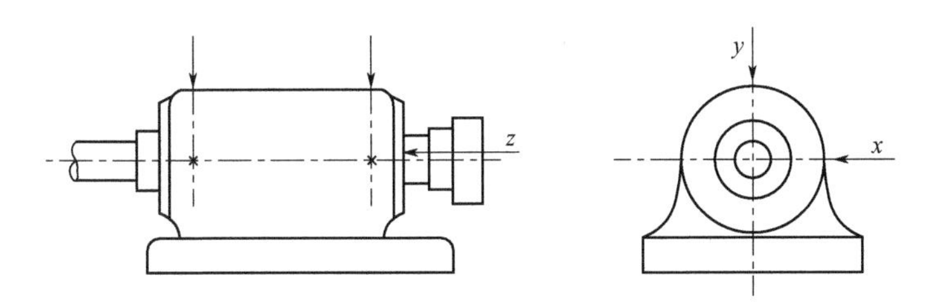


图 4-59　两个轴承都装在同一个轴承箱内时的测量部位

三个方向的要求，在轴承箱壳体的轴承部位测量其振动速度。

当被测的轴承箱在风机内部时，可预先装置测振传感器，然后引至风机外以指示器读数为测量依据，传感器安装的方向与测量方向偏差不大于±5°。

（4）测量条件　测量的条件如下。

① 测振仪器的传感器与测量部位的接触必须良好，并应保证具有可靠的联结。

② 在测量振动速度时，周围环境对底座或试车台的影响应符合下述规定：风机运转时的振动速度与风机静止时的振动速度之差必须大于 3 倍以上，当差数小于此规定值时，风机需采取避免外界影响的措施。

③ 通风机应在稳定运行状态下进行测试。通风机的振动速度值以各测量方向所测得的最大读数为准。

（5）常用测量仪器　常用测量仪器有如下几种。

① 机械式测振仪。如图 4-60 所示的弹簧测振仪，其由千分表、重锤、定位弹簧、赛璐珞板、吸振弹簧。表框和支架等组成。弹簧测振仪的特点是便于制造，使用方便，可直接测量轴承座的综合振动。

② 电气式测振仪。随着电子技术的迅速发展，电气式测振仪在风机振动的测量中应用越来越广，由于其灵敏度高，频率范围广，电信号易于传递，可以采用自动记录仪、分析仪对振动特性进行分析，所以电气式测振仪的优越性越来越显著。

③ HY-101 机械故障检测器。该检测器体积很小，像一支温度计，头部接触到风机待测试部位即可测出振动值，已经常用于风机振动的现场测量，测量单位为 mm/s，与风机振动标准的要求相一致。

## 六、风机噪声的测试

噪声也是一项评价风机质量的指标，同时作业场所的噪声不超过 85dB(A)。风机产生的噪声与其安装形式有关，如进气口敞开于大气，风机没有外接管，则其声源位于进气口中心；出气口敞开于大气，风机出口没有外接管，其声源位于出气口中心；风机的进出口都接有风管时，其声源位于风机外壳的表面上。风机噪声的测量按下述进行。

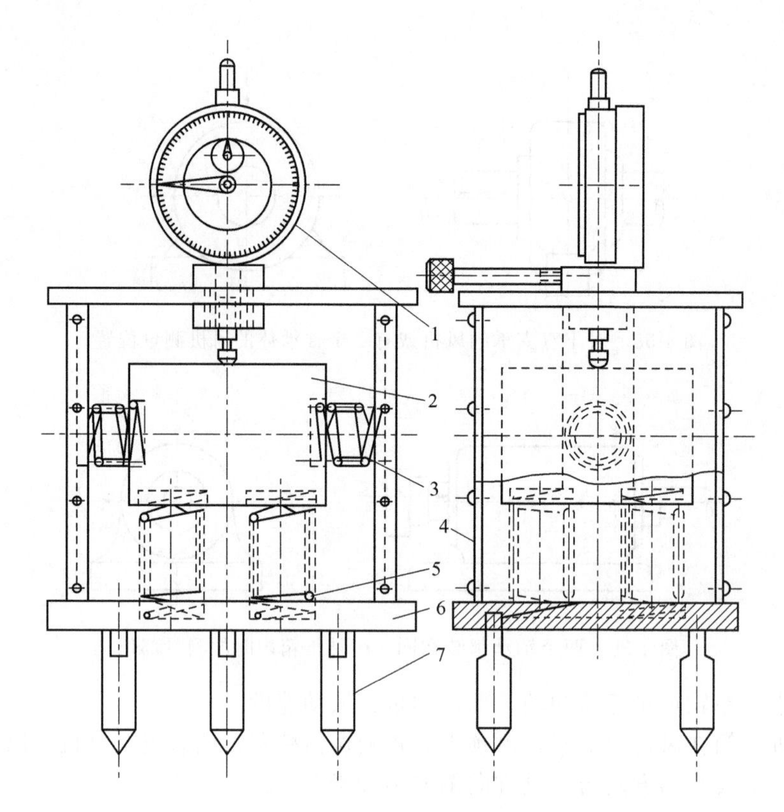


图 4-60 弹簧测振仪

1—千分表；2—重锤；3—定位弹簧；4—赛璐珞板；5—吸振弹簧；6—表框；7—支架

(1) 测量仪器 声级计是用来测量声级大小的仪器。其由传感器、放大器、衰减器、计权网络、电表电路和电源等部分组成。

几种声级计的主要性能见表 4-13。

**表 4-13 几种声级计的主要性能**

| 声级计型号 | $ND_1$ | $ND_2$ | $ND_6$ | $ND_{10}$ |
|---|---|---|---|---|
| 类型 | 1型 | | | 2型 |
| 声级测量范围(A)/dB | 25～140 | | 20～140 | 40～130 |
| 电容传感器 | $CH_{11}$,$\phi24$ | | $CH_{11}$,$\phi24$,或 CHB,$\phi12$ | $CH_{33}$,$\phi13.2$ |
| 频率范围 | 20Hz～18kHz | | 10Hz～40kHz | 31.5Hz～8kHz |
| 频率计权 | A、B、C | | A、B、C、D | A、C |
| 时间计权 | 快、慢 | | 快、慢、脉冲、保持 | 快、慢、最大值保持 |
| 检波特性 | 有效值 | | 有效值及峰值 | 有效值 |
| 峰值因数 | 4 | | 10 | 3 |
| 极化电压/V | 200 | | 200 | 28 |
| 滤波器 | 外接 | 倍频程滤波器 | 外接 | — |
| 电源 | 3节1号电池 | | | 1节1号电池 |
| 尺寸/mm | 320×124×88 | 435×124×88 | 320×124×88 | 200×75×60 |
| 质量/kg | 2.5 | 3.5 | 2.5 | 0.7 |
| 工作温度/℃ | −10～+40 | | | −10～+50 |
| 相对湿度/% | <80(+40℃时) | | | |

（2）测点位置　测风机排气口噪声时，测点应选在排气口轴线45°方向1m处，测风机进气口噪声时，其测点应选在进气口轴线上1m远处。

测风机转动噪声应以风机半高度为准，测周围4个或8个方向，测点距风机1m处，为减少反射声的影响，测点应距其他反射面1m以上。

（3）声级计使用方法　电池电力要充足，否则将影响测量精准度。使用前应对其进行校准。

① 声级的测量。手握声级计或将其固定在三脚架上，传声器指向被测声源，声级计应稍离人体，使频率计数开关置于A挡，调节量程旋钮，使电表有适当的偏转，这样量程旋钮所指值加上电表读数，即为被测A声级。如有B、C或D计数，则同样方法可测得B、C或D声级。如使用线性响应，则测得声压级。

② 噪声的频谱分析。利用NDZ型精密声级计和倍频程滤波器，可对噪声进行频谱分析。这时将频率计数开关置于滤波器位置，滤波器开关置于相应中心频率，就能测出此中心频率的倍频程声压级。

③ 快挡慢挡时间计权的选择。主要根据测量规范的要求来选择，对较稳定的噪声，快挡慢挡皆可。如噪声不稳定，快挡对电表指针摆动大，则应慢挡。测量旋转电机用慢挡，测量车辆噪声则用快挡。

## 第六节　烟尘固定源排放连续监测

烟尘排放连续监测是指对固定污染源排放的颗粒物和（或）气态污染物的浓度和排放率进行连续地、实时地跟踪测定，每个固定污染源的测定时间不得小于总运行时间的75%，在每小时内的测定时间不得低于45min。

### 一、固定源颗粒物测试方法

固定源颗粒物测试有自动分析和手工分析两种方法。其中，自动分析法有光学法（光散射、透射）、电荷法、β射线法等；手工分析法主要是指过滤称重法，即通过等速采样的方法，抽取一定体积的烟气，将过滤装置收集到的粉尘进行称重，从而换算得到烟气中颗粒物浓度值，该方法是固定源颗粒物测试的标准方法。

**1. 光透射法**

由于光的透射性，易于实现光电之间的转换和与计算机的连接等，使得基于光学原理的测量方法能够对污染源进行远距离的连续测量。国外早在20世纪70年代就推出了用以测量颗粒物浓度的不透明度测尘仪（浊度计）。

光透射法是基于朗伯-比尔定理而设计的测定颗粒物浓度的仪器。当一束光通过含有颗粒物的烟气时，其光强因烟气中颗粒物对光的吸收和散射作用而减弱。

光透射法测尘仪，分单光程和双光程测尘仪。双光程测尘仪已经广泛应用于颗粒物浓度的测定。从仪器使用的光源看，有钨灯、石英卤素灯光源测尘仪和激光光源测尘仪，激光光源有氦氖气体激光光源和半导体激光光源。钨灯光源寿命较短，半导体激光器（650～670nm）由于具有稳定性高和使用寿命长的特点已在测尘仪上得到广泛应用。

**2. 光散射法**

光散射法利用颗粒物对入射光的散射作用测量颗粒物浓度。当入射光束照射颗粒物时，颗粒物对光在所有方向散射，某一方向的散射光经聚焦后由检测器检测。在一定范围内，检测信号与颗粒物浓度成比例。光散射法可实现对排放源的远距离、实时、在线和连续测量，可直接给出烟气中以$mg/m^3$表示的颗粒物排放浓度。

后向散射法测尘仪是光散射法的代表产品，光源可采用近红外或激光二极管，与光透射法相比，仪器安装简单，采用烟道单面安装。

**3. 电荷法**

运动的颗粒与插入流场的金属电极之间由于摩擦会产生等量的符号相反的静电荷，通过测量金属电极对地的静电流就可得到颗粒物的浓度值。一般来说。颗粒物浓度与静电流之间并非是线性关系，往往还受到环境和颗粒流动特性的影响。目前的研究：①从电动力学的角度出发，寻找描述颗粒物浓度与静电流之间关系的更加精确的理论计算模型；②研究不同材料情况下颗粒摩擦生电的机理和特征。

另外，由于粉尘之间的碰撞和摩擦，粉尘颗粒也会因失去电子而带静电，其电荷量随粉尘浓度、流速的变化而按一定规律变化，电荷量在粉尘的流动中同时形成一个可变的静电场。利用静电感应原理测得静电场的大小及变化，通过信号处理，即可显示一定粉尘浓度的数值。

**4. β射线法**

β射线是放射线的一种，是一种电子流。所以在通过粉尘颗粒时，会与颗粒内的电子发生散射、冲突而被吸收。当β射线的能量恒定时，这一吸收量就与颗粒的质量成正比，不受其粒径、分布、颜色、烟气湿度等影响。

测尘仪将烟气中颗粒物按等速采样方法采集到滤纸上，利用β射线吸收方式，根据滤纸在采样前后吸收β射线的差求出滤纸捕集颗粒物的质量。

**5. 过滤称重法（参比方法）**

过滤称重法是其他颗粒物浓度测定方法的校正基准，是颗粒物浓度的基本测定方法，即参比方法。该方法通过采样系统从排气筒中抽取烟气，用经过烘干、称重的滤筒将烟气中的颗粒物收集下来，再经过烘干、称重，用采样前后质量之差求出收集的颗粒物质量。测出抽取的烟气的温度和压力，扣除烟气中所含水分的量，计算出抽取的干烟气在标准状态下的体积。以颗粒物质量除以气体标志体积，得到颗粒物浓度。为减少颗粒物惯性力的影响，标准要求等速采样，即采样仪器的抽气速度与烟道采样点的烟气速度相等。

**6. 测试要求和注意事项**

传统的光、电测尘法不需要抽气采样即可直接测量颗粒物浓度，但测量值受颗粒物的直径、分布、烟气湿度等因素的影响较大，需进行浓度标定。

β射线法有效避免了颗粒物颗粒大小、分布及烟气湿度对测试结果的影响，其测量的动态范围宽，空间分辨率高。但由于存在放射性辐射源，容易产生辐射泄漏，因此用于现场测量时对操作人员的素质要求较高。同时，系统需要增加各种屏蔽措施，设备结构复杂且昂贵。β射线法一般适合于对测量有特殊要求的场合。

过滤称重方法的整个采样、称重和计算过程均需要测试人员操作或执行，因此，测试人员操作仪器是否得当，是否按照标准方法、操作经验等，都会影响测试数据的准确性，造成人为操作误差。

## 二、烟尘 CEMS 的组成

近年来随着科技进步和环保监测仪器仪表的迅速发展，固定污染源排放烟气连续监测系统（continuous emissions monitoring system，CEMS）为严格执行国家、地方大气污染物排放标准和实施污染物排放总量控制提供了有力的技术支持。因此，对有一定规模的企业及排气量相对较大的固定源，配备 CEMS 势在必行。

烟气 CEMS 由颗粒物 CEMS 和气态污染物 CEMS（含 $O_2$ 或 $CO_2$）、烟气参数测定子系统组成，见图 4-61。通过采样方式和非采样方式测定烟气中污染物的浓度，同时测定烟气温度、

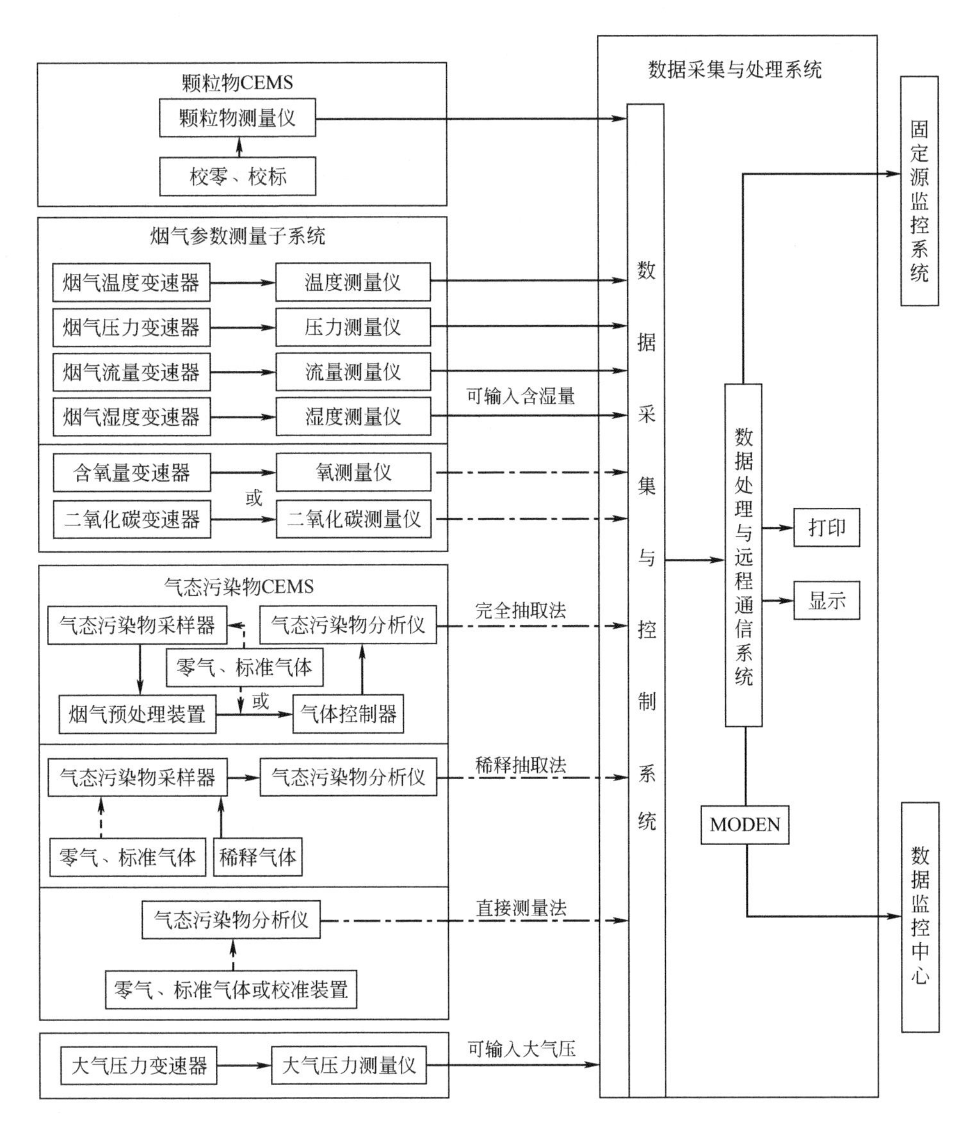


图 4-61　烟气排放连续监测系统示意

烟气压力、流速或流量、烟气含水量、烟气含氧量（或二氧化碳含量），计算烟气污染物排放率、排放量，显示和打印各种参数、图表，并通过图文传输系统传输至管理部门。

电源要求额定电压220V，允许偏差－15%～＋10%，谐波含量＜5%，额定频率50Hz，接地系统各设备的接地按安装设备说明书的要求进行。

## 三、颗粒物连续监测

### 1. 监测方法

颗粒物CEMS尽管种类很多，但目前在实际中应用的有浊度法、光散射法、电荷法和β射线法。

(1) 浊度法原理　光通过含有烟尘的烟气时，光强因烟尘的吸收和散射作用而减弱，通过测定光束通过烟气前后的光强比值来定量烟尘浓度。

(2) 光散射法原理 经过调制的激光或红外平行光束射向烟气时，烟气中的烟尘对光向所有方向散射，经烟尘散射的光强在一定范围内与烟尘浓度成比例，通过测量散射光强来定量烟尘浓度。

(3) 电荷法原理 运动烟尘与测量探头传感器相互碰撞产生静电，通过传感器的电流与颗粒撞击它的数量在一定范围内成比例，通过测量传感器的电流来定量烟尘浓度。

(4) β射线法原理 烟尘颗粒对恒定能量射线的吸收量正比于颗粒物的质量。由采样头将样品采集到滤带上，通过测量β射线的衰减量求得空白点与样品点之差得出烟尘质量。再经过其他点测量和处理得出烟尘浓度。

**2. 信号输出**

固定式烟尘连续监测装置的信号输出值一般为4～20mA。有些仪器可通过现场端子箱的处理采用RS-232或RS-485电缆传输数字信号，按信号输出值代表的物理量分，有浊度值、消光度值和浓度值。

## 四、监测注意事项

**1. 环境影响**

环境因素是造成CEMS故障率增大的一个不容忽视的因素。因此，为确保系统长期运行，每季度必须把烟尘分析仪、电源开关箱、控制电路板和数据传送模块等彻底清灰，做好防尘，并进行加固。

**2. 烟尘问题**

烟尘是由于燃料的燃烧、高温熔融和化学反应等过程中形成的飘浮于空气中的颗粒物，在锅炉除尘器、水泥窑除尘器、转炉除尘器、高炉除尘器、焦化除尘器、氧化球团除尘器、麦尔兹窑除尘器周围，烟尘污染严重，烟尘成分十分复杂。

如果大量的烟尘覆盖或聚集在设备或导线接头表面，既影响导热性能，又影响设备电气性能。

烟气在线连续监测仪是一个精密的分析仪器，里面许多关键部件都做好了密封，防止环境中的烟尘进入，但采样单元和预处理单元、控制开关和控制电路板等外围设备不可避免地与烟尘接触，必须做好检查和清洁。

**3. 振动影响**

振动来源于烟囱的抽风电机或管道的风动。由于CEMS的采样设备一般都是安装在金属烟囱中或除尘器的进出管道上，振动十分激烈且持续时间长，常造成开关掉落、电器设备断线，甚至电源适配器烧毁等故障。

**4. 温度问题**

主要是由于烟囱和管道的温度高，监测设备周围环境的气温相应也较高，高温一般会造成采样气管和电线表皮老化破裂。

**5. 仪器维护**

CEMS发生故障是多种因素的综合影响。除环境因素外，管堵、易损件坏、制冷器性能下降、服务器死机、排水不畅等系统故障也比较常见。此外，在检查故障前先做到检查服务器状态、了解网络通信情况、了解车间生产及检修情况，维护工作能事半功倍。

**6. 操作人员的经验**

CEMS的维护需要丰富的实践经验和较强的判断能力，工作人员需要掌握环保、电子、电气自动化等相关专业知识，由于其备品备件很贵，自行购买安装或维修是降低运行成本的有效途径。有经验的操作人员是CEMS正常运行的重要条件。

# 第七节 作业场所空气中粉尘测定

为了评价作业场所空气中粉尘的危害程度，加强防尘措施的科学管理，保护职工的安全和健康，促进生产发展，所以要测定作业场所空气中的粉尘浓度，粉尘中游离二氧化硅含量和粉尘分散度。

## 一、测尘点的选择原则

（1）测尘点应设在有代表性的工人接尘地点。

（2）测尘位置应选择在接尘人员经常活动的范围内，且粉尘分布较均匀处的呼吸带（一般为1.5m左右）。有风流影响时，一般应选择在作业地点的下风侧或回风侧。

（3）移动式产尘点的采样位置，应位于生产活动中有代表性的地点，或将采样器架设于移动设备上。

## 二、粉尘浓度的测定方法

**1. 原理**

抽取一定体积的含尘空气，将粉尘阻留在已知质量的滤膜上，由采样后滤膜的增量，求出单位体积空气中粉尘的质量（$mg/m^3$）。

**2. 器材**

（1）采样器　采用经过产品检验合格的粉尘采样器；在需要防爆的作业场所采样时，用防爆型粉尘采样器；采样头的气密性应符合要求。

（2）滤膜　采用过氯乙烯纤维滤膜。当粉尘浓度低于50$mg/m^3$时，用直径为40mm的滤膜；当粉尘浓度高于50$mg/m^3$时，用直径为75mm的滤膜。当过氯乙烯纤维滤膜不适用时，改用玻璃纤维滤膜。

（3）气体流量计　常用15～40L/min的转子流量计，也可用涡轮式气体流量计，需要加大流量时，可提高到80L/min的上述流量计。流量计至少每半年用钟罩式气体计量器、皂膜流量计或精度为±1%的转子流量计校正一次。流量计有明显污染时，应及时清洗校正。

（4）天平　用感量不低于0.0001g的分析天平。按计量部门规定，每年检定一次。

（5）计时器　秒表或相当于秒表的计时器。

（6）干燥器　内盛变色硅胶。

**3. 测定程序**

（1）滤膜的准备　用镊子取下滤膜两面的夹衬纸，置于天平上称量，记录初始质量，然后将滤膜装入滤膜夹，确认滤膜无褶皱或裂隙后，放入带编号的样品盒里备用。

（2）采样器的架设　取出准备好的滤膜夹，装入采样头中拧紧，采样时，滤膜的受尘面应迎向含尘气流。当迎向含尘气流无法避免飞溅的泥浆、砂粒对样品的污染时，受尘面可以侧向。

（3）采样开始的时间　连续性产尘作业点，应在作业开始30min后采样；阵发性产尘作业点，应在工人工作时采样。

（4）采样的流量　常用流量为15～40L/min。浓度较低时，可适当加大流量，但不得超过80L/min。在整个采样过程中，流量应稳定。

（5）采样的持续时间　根据测尘点的粉尘浓度估计值及滤膜上所需粉尘增量的最低值确定采样的持续时间，但一般不得小于10min（当粉尘浓度高于10$mg/m^3$时，采气量不得小于0.2$m^3$；低于2$mg/m^3$时，采气量为0.5～1$m^3$）。采样持续时间一般按式(4-97)估算：

$$t \geqslant \frac{\Delta m \times 1000}{C'Q} \tag{4-97}$$

式中，$t$ 为采样持续时间，min；$\Delta m$ 为要求的粉尘增量，其质量应大于或等于 1mg；$C'$ 为作业场所的估计粉尘浓度，$mg/m^3$；$Q$ 为采样时的流量，L/min。

（6）采集在滤膜上的粉尘的增量　直径为 40mm 滤膜上的粉尘的增量，不应少于 1mg，但不得多于 10mg；直径为 75mm 的滤膜，应做成锥形漏斗进行采样，其粉尘增量不受此限。

（7）采样后样品的处理　采样结束后，将滤膜从滤膜夹上取下，一般情况下，不需干燥处理，可直接放在规定的天平上称量，记录质量。如果采样时现场的相对湿度在 90%以上或有水雾存在时，应将滤膜放在干燥器内干燥 2h 后称量，并记录测定结果。称量后再放入干燥器中干燥 30min，再次称量。当相邻两次的质量差不超过 0.1mg 时，取其最小值。

**4. 粉尘浓度的计算**

粉尘浓度按式(4-98) 计算：

$$C = \frac{m_2 - m_1}{Qt} \times 1000 \tag{4-98}$$

式中，$C$ 为粉尘浓度，$mg/m^3$；$m_1$ 为采样前的滤膜质量，mg；$m_2$ 为采样后的滤膜质量，mg；$t$ 为采样时间，min；$Q$ 为采样流量，L/min。

**5. 其他方法**

使用其他仪器或方法测定粉尘质量浓度时，必须以上面介绍的基本方法为基准。

## 三、粉尘中游离二氧化硅含量的测定方法

**1. 原理**

硅酸盐溶于加热的焦磷酸，而石英几乎不溶，以质量法测定粉尘中游离二氧化硅的含量。

**2. 器材**

主要有：①锥形瓶（50mL）；②量筒（25mL）；③烧杯（200～400mL）；④玻璃漏斗和漏斗架；⑤温度计（0～360℃）；⑥电炉（可调）；⑦高温电炉（附温度控制器）；⑧瓷坩埚或铂坩埚（25mL，带盖）；⑨坩埚钳或铂尖坩埚钳；⑩干燥器（内盛变色硅胶）；⑪分析天平（感量为 0.0001g）；⑫玛瑙研钵；⑬定量滤纸（慢速）；⑭pH 试纸。

**3. 试剂**

主要有：①焦磷酸（将 85%的磷酸加热到沸腾，至 250℃不冒泡为止，放冷，贮存于试剂瓶中）；②氢氟酸；③结晶硝酸铵；④盐酸。

以上试剂均为化学纯。

**4. 采样**

采集工人经常工作的地点的呼吸带附近的悬浮粉尘。按滤膜直径为 75mm 的采样方法以最大流量采集 0.2g 左右的粉尘，或用其他合适的采样方法进行采样。当受采样条件限制时，可在其呼吸带高度采集沉降尘。

**5. 分析步骤**

（1）将采集的粉尘样品放在（105±3)℃烘箱中烘干 2h，稍冷，储于干燥器中备用。如粉尘粒子较大，需用玛瑙研钵研细到手捻有滑感为止。

（2）准确称取 0.1～0.2g 粉尘样品于 50mL 的锥形瓶中。

（3）样品中若含有煤、其他碳素及有机物的粉尘时，应放在瓷坩埚中，在 800～900℃下灼烧 30min 以上，使炭及有机物完全灰化，冷却后将残渣用焦磷酸洗入锥形瓶中，若含有硫化矿物（如黄铁矿、黄铜矿、辉钼矿等），应加数毫克结晶硝酸铵于锥形瓶中。

（4）用量筒取 15mL 焦磷酸，倒入锥形瓶中，摇动，使样品全部湿润。

（5）将锥形瓶置于可调电炉上，迅速加热到245～250℃，保持15min，并用带有温度计的玻璃棒不断搅拌。

（6）取下锥形瓶，在室温下冷却到100～150℃，再将锥形瓶放入冷水中冷却到40～50℃，在冷却过程中，加50～80℃的蒸馏水稀释到40～45mL，稀释时一边加水，一边用力搅拌混匀。

（7）将锥形瓶内容物小心移入烧杯中，再用热蒸馏水冲洗温度计、玻璃棒及锥形瓶。把洗液一并倒入烧杯中，并加蒸馏水稀释至150～200mL，用玻璃棒搅匀。

（8）将烧杯放在电炉上煮沸内容物，趁热用无灰滤纸过滤（滤液中有尘粒时，必须加纸浆），滤液勿倒太满，一般约在滤纸的2/3处。

（9）过滤后，用0.1mol/L盐酸洗涤烧杯，将洗液移入漏斗中，并将滤纸上的沉渣冲洗3～5次，再用热蒸馏水洗至无酸性反应为止（可用pH试纸检验），如用铂坩埚时，要洗至无磷酸根反应后再洗3次。上述过程应在当天完成。

（10）将带有沉渣的滤纸折叠数次，放于恒量的瓷坩埚中，在80℃的烘箱中烘干，再放在电炉上低温炭化，炭化时要加盖并稍留一小缝隙，然后放入高温电炉（800～900℃）中灼烧30min，取出瓷坩埚，在室温下稍冷后，再放入干燥器中冷却1h，称至恒量并记录。

**6. 粉尘中游离二氧化硅含量计算**

粉尘中游离二氧化硅含量按式(4-99)计算：

$$F(SiO_2)=\frac{m_2-m_1}{G}\times100\% \tag{4-99}$$

式中，$F(SiO_2)$为游离二氧化硅含量，%；$m_1$为坩埚质量，g；$m_2$为坩埚加沉渣质量，g；$G$为粉尘样品质量，g。

**7. 粉尘中难溶物质的处理**

（1）当粉尘样品中含有难以被焦磷酸溶解的物质时（如碳化硅、绿柱石、电气石、黄玉等），则需用氢氟酸在铂坩埚中处理。

（2）向铂坩埚内加入数滴1∶1硫酸，使沉渣全部润湿。然后再加40%的氢氟酸5～10mL（在通风柜内），稍加热，使沉渣中游离二氧化硅溶解，继续加热蒸发至不冒白烟为止（防止沸腾）。再于900℃温度下灼烧，称至恒量。

（3）处理难溶物质后游离二氧化硅含量按式(4-100)计算：

$$F(SiO_2)=\frac{m_2-m_3}{G}\times100\% \tag{4-100}$$

式中，$m_3$为经氢氟酸处理后坩埚加沉渣质量，g；其他符号表示的含义同式(4-99)。

**8. 磷酸根（$PO_4^{3-}$）的检验方法**

（1）原理　磷酸和钼酸铵在pH=4.1时，用抗坏血酸还原，溶液呈蓝色。

（2）试液的配制

① 乙酸盐缓冲液（pH=4.1）。取0.025mol/L乙酸钠溶液，0.1mol/L乙酸溶液等体积混合。

② 1%抗坏血酸溶液（保存于冰箱中）。

③ 钼酸铵溶液。取2.5g钼酸铵溶于100mL的0.025mol/L硫酸中（临用时配制）。

（3）检验方法

① 测定时分别将1%抗坏血酸溶液和钼酸铵溶液用乙酸盐缓冲液各稀释10倍。

② 取1mL滤液加上述溶液各4.5mL混匀，放置20min，如有磷酸根离子则显蓝色。

**9. 其他方法**

采用其他方法时，必须以上面介绍的基本方法为基准。

## 四、手持式颗粒物浓度分析仪

手持式颗粒物质量浓度/数浓度分析仪，可应用于环境、室内外空气以及各种排放源中颗粒物的监测，具有携带方便、使用电池直接操作等优势，并且能够与相对湿度和温度探头、流量计和便携式打印机等配件连接使用。

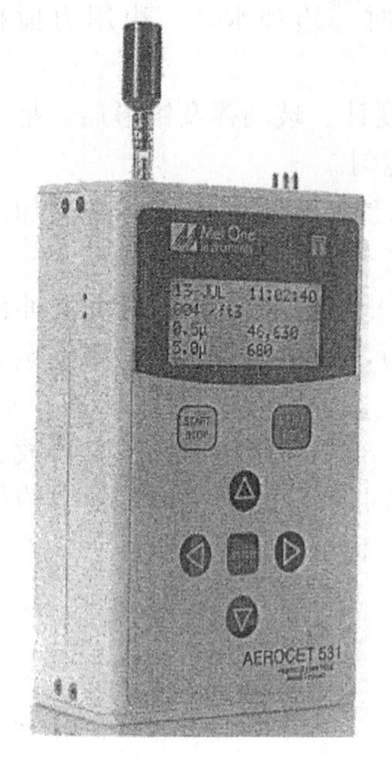


图 4-62 手持式颗粒物浓度分析仪

**1. 仪器特性**

(1) 颗粒物质量浓度和数浓度可同时监测 AEROCET 531 是一款使用电池操作、携带方便、手持式颗粒物监测仪，该仪器可以获得颗粒物质量浓度和数浓度数据，并且可以存储实时数据，或者打印监测结果，外观见图 4-62。

(2) 5 个粒径范围和 2 个粒径通道 可以得到 $PM_{1.0}$、$PM_{2.5}$、$PM_7$、$PM_{10}$ 和 TSP 这五个重要的质量浓度值，以及 >0.5μm 和 >5.0μm 两个粒径模式的粒径数浓度。

(3) 质量浓度转换 根据不同粒径的气溶胶颗粒密度，利用特殊算法，将采集获得的 8 个粒径范围的粒子数转换成质量浓度，特殊粒子的质量浓度转换首先通过"K-factor"获得其密度值，再进行质量浓度的转换。

(4) 灵活的数据传输 AEROCET 531 颗粒物监测仪可以存储多达 4000 个数据，可以打印输出，也可以通过 Excel 表格形式输出，或者通过软件（AeroComm）进行数据获取。

(5) 可选温湿度数据 通过使用温湿度探头，可以获得周围环境中的温度和相对湿度数据。

**2. 技术参数**

(1) 测量原理 利用光散射法获得颗粒物的数浓度，根据特殊算法计算出颗粒物的等效质量浓度。

(2) 性能参数

① 质量模式。

质量浓度范围：$PM_{1.0}$、$PM_{2.5}$、$PM_{7.0}$、$PM_{10}$ 和 TSP。

浓度范围：0～1mg/m$^3$。

采样时间-质量模式：2min。

② 数浓度模式。

粒子粒径范围：双通道，>0.5μm 和>5μm。

浓度范围：0～3000000 个/ft$^3$（105900 个/L）。

采样时间-数浓度模式：1min。

精确度：±10%。

灵敏度：0.5μm。

流速：0.1cfm（2.83L/min）。

(3) 电源部分

光源：激光二极管，5mW，780mm。

电源：6V 镍氢独立电池组，可以间歇使用 8h，独立使用 5h。

电源适配器：AC/DC 模式，100～240VAC 到 9VAC，350mA。

数据通信：RS-232。

数浓度模式标准：满足或超过 CE、ISO、ASTM 和 JIS 国际标准。

质量浓度模式标准：要求利用经过计算证实的 K-factor 系数进行质量浓度值的转换。

（4）操作条件

操作温度：0～50℃。

环境温度：－20～60℃。

（5）尺寸质量

尺寸：6.25″（高 15.9cm）×4.0″（宽 10.2cm）×2.1″（厚 5.4m）。

质量：1.94lb～31oz（0.88kg）。

# 第五章
# 除尘常用数表

除尘设备的计算设计、制造安装和运行管理经常需要一些重要的技术数据，可这些数据在常见书中又往往缺少。本章把这些技术数据加以收集、整理，常用数据包括气体、水汽、粉尘、物料、燃料、燃烧、绝热、绝缘和气象资料等内容。

## 第一节 气体数表

气体数据包括空气的组成、物理化学常数、气体密度、气体性质、大气压参数、大气污染指数、空气物理特性参数以及水、水蒸气的物理参数等。

### 一、空气的组成和性质

#### 1. 空气的组成和常数

空气的组成和常数见表 5-1～表 5-4。

**表 5-1 空气的组成**

| 名称 | 体积分数/% | 质量分数/% | 名称 | 体积分数/% | 质量分数/% |
|---|---|---|---|---|---|
| 氮 $N_2$ | 78.09 | 75.5 | 氪 Kr | 0.000108 | 0.0003 |
| 氧 $O_2$ | 20.95 | 23.10 | 氙 Xe | 0.000008 | 0.00004 |
| 氩 Ar | 0.9325 | 1.286 | 氡 Rn | $6.0\times10^{-18}$ | — |
| 氖 Ne | 0.0018 | 0.0012 | 二氧化碳 $CO_2$ | 0.030 | 0.046 |
| 氦 He | 0.000524 | 0.00007 | 氢 $H_2$ | 0.00005 | — |

注：表中所列数值是在海平面高度上干空气的组成。

**表 5-2 空气的物理化学常数**

| 名称 | 温度/℃ | 数值 |
|---|---|---|
| 分子量(平均值) | — | 28.98 |
| 干空气的密度(标准气压下) | −25 | 1.424kg/m$^3$ |
| | 0 | 1.2929kg/m$^3$ |
| | 20 | 1.2047kg/m$^3$ |
| 液态空气的密度 | −192 | 960kg/m$^3$ |
| 液态空气的沸点 | — | −192.0kg/m$^3$ |
| 气体常数 $R$ | — | 287.3J/(kg·K) |
| 临界常数:温度 | — | −140.7℃ |
| 压力 | — | 77MPa |
| 密度 | — | 350kg/m$^3$ |

续表

| 名称 | 温度/℃ | 数值 |
| --- | --- | --- |
| 汽化潜力 | −192 | 209200J/kg |
| 比热容：$c_D$（标准气压下） | 0～100 | 1004J/(kg·℃) |
| $c_u$ | 0～100 | 715J/(kg·℃) |
| | 0～1500 | 838J/(kg·℃) |
| 系数 $K=\frac{c_D}{c_u}$ | 0～100 | 1.4 |
| 热导率 | 0 | 0.024W/(m·K) |
| | 100 | 0.030W/(m·K) |
| 黏度 | 0 | $1.71\times10^{-7}$Pa·s |
| | 20 | $1.81\times10^{-7}$Pa·s |
| 对真空的折射率 | — | 1.00029 |
| | 0 | 1.00059 |
| 介电常数(在标准气压下) | 19 | 1.000576 |
| | −192(液态) | 1.43 |
| 在水中溶解度(标准气压下) | 0 | 29.18mL/L 水 |
| | 20 | 18.68 |

**表 5-3　气体的基本常数**

| 气体名称 | 分子式 | 分子量 $M_r$ | 标准状态下的密度 $\rho$/(kg/m$^3$) | 气体常数 $R$ | 临界温度 $T_c$/K | 临界压力 $p_c$/atm | 标准状态下的压缩因子 $Z_n$ |
| --- | --- | --- | --- | --- | --- | --- | --- |
| 干空气 | — | 28.97 | 1.293 | 287.0 | 132.5 | 37.2 | 1.000 |
| 水蒸气 | $H_2O$ | 18.02 | 0.804 | 461.4 | 647.4 | 218.3 | |
| 氢 | $H_2$ | 2.016 | 0.0899 | 4124.1 | 33.3 | 12.8 | 1.000 |
| 氮 | $N_2$ | 28.01 | 1.251 | 296.8 | 126.2 | 33.5 | 1.000 |
| 氧 | $O_2$ | 32.00 | 1.429 | 259.8 | 154.4 | 49.7 | 0.999 |
| 氦 | He | 4.003 | 0.1785 | 2077.0 | 5.26 | 2.26 | 1.000 |
| 一氧化碳 | CO | 28.01 | 1.250 | 296.8 | 133.0 | 34.5 | 1.000 |
| 二氧化碳 | $CO_2$ | 44.02 | 1.977 | 188.9 | 304.2 | 72.9 | 0.993 |
| 一氧化碳 | NO | 30.1 | 1.340 | 277.1 | 179.2 | 65.0 | 0.999 |
| 一氧化二氮 | $N_2O$ | 44.01 | 1.977 | 188.9 | 309.5 | 71.7 | 0.993 |
| 氨 | $NH_3$ | 17.03 | 0.7708 | 488.2 | 405.5 | 111.3 | 0.986 |
| 二氧化硫 | $SO_2$ | 64.06 | 2.927 | 129.8 | 430.7 | 77.8 | 0.977 |
| 三氧化硫 | $SO_3$ | 80.06 | | 103.9 | 491.4 | 83.8 | |
| 硫化氢 | $H_2S$ | 34.08 | 1.539 | 244.0 | 373.6 | 88.9 | 0.990 |
| 二硫化碳 | $CS_2$ | 76.14 | | 109.2 | 552.0 | 78.0 | |
| 氯 | $Cl_2$ | 70.91 | 3.214 | 117.3 | 417.0 | 76.1 | 0.984 |
| 氯化氢 | HCl | 36.46 | 1.639 | 228.0 | 324.6 | 81.5 | 0.993 |
| 甲烷 | $CH_4$ | 16.06 | 0.7167 | 517.7 | 190.7 | 45.8 | 0.998 |
| 乙烷 | $C_2H_6$ | 30.07 | 1.357 | 276.5 | 305.4 | 48.2 | 0.989 |
| 乙烯 | $C_2H_4$ | 28.05 | 1.264 | 296.4 | 283.1 | 50.5 | 0.990 |
| 乙炔 | $C_2H_2$ | 26.04 | 1.175 | 319.3 | 309.5 | 61.6 | 0.989 |
| 乙烷 | $C_3H_8$ | 44.10 | 2.020 | 188.5 | 369.6 | 42.0 | 0.974 |
| 苯 | $C_6H_6$ | 78.11 | | 106.4 | 562.6 | 48.6 | |

注：1atm$=1.01325\times10^5$Pa，下同。

表 5-4 在 0～t℃温度范围内空气和各种气体的平均热容量 $C_{pj}$

| 温度 $t$/℃ | $C_{pj}$/[kJ/(m³·K)] | | | | |
|---|---|---|---|---|---|
| | $CO_2$ | $N_2$ | $O_2$ | 水蒸气 | 干空气 |
| 0 | 1.5931 | 1.2946 | 1.3059 | 1.4943 | 1.2971 |
| 100 | 1.7132 | 1.2962 | 1.3176 | 1.5056 | 1.3004 |
| 200 | 1.7873 | 1.3004 | 1.3356 | 1.5219 | 1.3075 |
| 300 | 1.8711 | 1.3063 | 1.3565 | 1.5424 | 1.3176 |
| 400 | 1.9377 | 1.3159 | 1.3779 | 1.5654 | 1.3293 |
| 500 | 1.9967 | 1.3276 | 1.3980 | 1.5893 | 1.3427 |
| 600 | 2.0494 | 1.3402 | 1.4172 | 1.6144 | 1.3569 |
| 700 | 2.0967 | 1.3536 | 1.4344 | 1.6412 | 1.3712 |
| 800 | 2.1395 | 1.3666 | 1.4503 | 1.6684 | 1.3846 |
| 900 | 2.1776 | 1.3791 | 1.4645 | 1.6957 | 1.3976 |
| 1000 | 2.2131 | 1.3921 | 1.4775 | 1.7229 | 1.4097 |
| 1100 | 2.2454 | 1.4043 | 1.4892 | 1.7501 | 1.4218 |
| 1200 | 2.2747 | 1.4151 | 1.5005 | 1.7719 | 1.4327 |
| 1300 | 2.3006 | 1.4252 | 1.5106 | 1.8028 | 1.4436 |
| 1400 | 2.3249 | 1.4361 | 1.5202 | 1.8284 | 1.4537 |
| 1500 | 2.3471 | 1.4449 | 1.5294 | 1.8527 | 1.4629 |
| 1600 | 2.3676 | 1.4532 | 1.5378 | 1.8765 | 1.4717 |
| 1700 | 2.3869 | 1.4616 | 1.5462 | 1.8996 | 1.4796 |
| 1800 | 2.4029 | 1.4691 | 1.5541 | 1.9217 | 1.4872 |
| 1900 | 2.4212 | 1.4761 | 1.5617 | 1.9427 | 1.4947 |
| 2000 | 2.4367 | 1.4834 | 1.5688 | 1.9632 | 1.5014 |

**2. 空气的一般性质**

空气的一般性质见表 5-5 和表 5-6。

表 5-5 气体的密度（0.1MPa）

| 名称 | 分子式 | 分子量 | 密度/(kg/m³) | |
|---|---|---|---|---|
| | | | 测定值 | 按 mol 体积为 22.4L 计算值 |
| 空气 | — | 28.97 | 1.294 | 1.292 |
| 二氧化碳 | $CO_2$ | 44.01 | 1.9768 | 1.965 |
| 一氧化碳 | $CO$ | 28.01 | 1.250 | 1.250 |
| 氧 | $O_2$ | 31.999 | 1.42895 | 1.429 |
| 氢 | $H_2$ | 2.016 | 0.090 | 0.090 |
| 氮 | $N_2$ | 28.134 | 1.251 | 1.251 |
| 乙炔 | $C_2H_2$ | 26.038 | 1.171 | 1.162 |
| 氨 | $NH_3$ | 17.091 | 0.771 | 0.763 |
| 乙烷 | $C_2H_6$ | 30.069 | 1.357 | 1.342 |
| 乙烯 | $C_2H_4$ | 28.054 | 1.2605 | 1.252 |

续表

| 名称 | 分子式 | 分子量 | 密度/(kg/m³) | |
|---|---|---|---|---|
| | | | 测定值 | 按 mol 体积为 22.4L 计算值 |
| 氟 | $F_2$ | 37.997 | 1.696 | 1.696 |
| 甲烷 | $CH_4$ | 16.043 | 0.7168 | 0.716 |
| 水蒸气 | $H_2O$ | 18.015 | 0.806 | 0.804 |
| 二氧化硫 | $SO_2$ | 64.059 | 2.927 | 2.860 |
| 硫化氢 | $H_2S$ | 34.076 | 1.539 | 1.521 |
| 氯 | $Cl_2$ | 70.906 | 3.220 | 3.165 |
| 苯 | $C_6H_6$ | 78.103 | 3.582 | 3.487 |
| 氯化氢 | HCl | 36.461 | 1.639 | 1.628 |
| 氦 | He | 4.0026 | 0.1782 | 0.1787 |
| 汞蒸气 | Hg | 200.59 | 9.021 | 8.954 |

**表 5-6　常用气体一般性质**（标准状态）

| 名称 | 分子式 | 分子量 $M_r$ | 密度 $\rho_0$ /(kg/m³) | 沸点/℃ | 熔点/℃ | 临界压力 $p$ /(kgf/cm²) | 临界温度 $t_k$/℃ |
|---|---|---|---|---|---|---|---|
| 甲烷 | $CH_4$ | 16.04 | 0.7168 | −161.5 | −185.2 | 47.3 | −82.1 |
| 乙烷 | $C_2H_6$ | 30.07 | 1.356 | −88.6 | −183.6 | 49.8 | 32.2 |
| 乙烯 | $C_2H_4$ | 28.05 | 1.2605 | −103.5 | −169.4 | 51.6 | 9.2 |
| 乙炔 | $C_2H_2$ | 26.04 | 1.1709 | −83.6 | −81 | 63.7 | 35.7 |
| 丙烯 | $C_3H_6$ | 44.09 | 2.0037 | −42.6 | −189.9 | 43.4 | 96.8 |
| 丙烷 | $C_3H_8$ | 42.08 | 1.915 | −47 | −185.2 | 47.1 | 92.0 |
| 丁烷 | $C_4H_{10}$ | 58.12 | 2.703 | 0.5 | −135 | 38.7 | 152.0 |
| 异丁烷 | $C_4H_{10}$ | 58.12 | 2.668 | −10.2 | −145 | 37.2 | 134.9 |
| 丁烯 | $C_4H_8$ | 56.10 | 2.500 | −6 | | | |
| 戊烷 | $C_5H_{12}$ | 72.14 | 3.457 | 36.1 | −135.5 | 34.4 | 196.6 |
| 硫化氢 | $H_2S$ | 34.08 | 1.5392 | −60.4 | −85.6 | 91.8 | 100.4 |
| 氢 | $H_2$ | 2.0156 | 1.08987 | −252.78 | −259.2 | 13.2 | −239.9 |
| 一氧化碳 | CO | 28.01 | 1.2500 | −191.5 | −205 | 35.6 | −140.0 |
| 二氧化碳 | $CO_2$ | 44.01 | 1.9766 | −78.48 | | 75.28 | 31.04 |
| 二氧化硫 | $SO_2$ | 64.06 | 2.9263 | −10.0 | −75.3 | 80.4 | 157.5 |
| 三氧化硫 | $SO_3$ | 80.06 | (3.575) | 46 | −16.8 | 86.6 | 218.2 |
| 水蒸气 | $H_2O$ | 18.01 | 0.804 | 100.0 | 0.00 | 255.65 | 374.15 |
| 氧 | $O_2$ | 32.00 | 1.42895 | −182.97 | −218.8 | 51.7 | −118.4 |
| 氮 | $N_2$ | 28.016 | 1.2505 | −195.81 | −210.0 | 34.6 | −147.0 |
| 干空气 | — | 28.96 | 1.2928 | −193 | −213 | 38.4 | −147.7 |
| 一氧化氮 | NO | 30.008 | 1.3402 | −152 | −163.5 | 66.1 | −93 |
| 一氧化二氮 | $N_2O$ | 44.016 | 1.9780 | −88.7 | −90.8 | 74.1 | 36.5 |

注：1kgf/cm²＝98.0665kPa。

### 3. 标准大气压

标准大气压见表 5-7 和表 5-8。

表 5-7 国际标准大气压的某些参数

| 海拔高度/m | 大气压力/kPa | 海拔高度的压力/海平面处的压力 | 温度/℃ | 海拔高度/m | 大气压力/kPa | 海拔高度的压力/海平面处的压力 | 温度/℃ |
|---|---|---|---|---|---|---|---|
| 0 | 101.325 | 1.00000 | 15.00 | 2200 | 77.532 | 0.76518 | 0.70 |
| 100 | 100.129 | 0.98820 | 14.35 | 2400 | 75.616 | 0.74628 | −0.60 |
| 200 | 98.944 | 0.97650 | 13.70 | 2600 | 73.739 | 0.72775 | −1.90 |
| 300 | 97.770 | 0.96492 | 13.05 | 2800 | 71.899 | 0.70959 | −3.20 |
| 400 | 96.609 | 0.95346 | 12.40 | 3000 | 70.097 | 0.69181 | −4.50 |
| 500 | 95.459 | 0.94210 | 11.75 | 3200 | 68.332 | 0.67439 | −5.80 |
| 600 | 94.319 | 0.93085 | 11.10 | 3400 | 66.602 | 0.65732 | −7.10 |
| 700 | 93.191 | 0.91972 | 10.45 | 3600 | 64.909 | 0.64061 | −8.40 |
| 800 | 92.072 | 0.90869 | 9.80 | 3800 | 62.984 | 0.62424 | −9.70 |
| 900 | 90.966 | 0.89776 | 9.15 | 4000 | 61.627 | 0.60821 | −11.00 |
| 1000 | 89.870 | 0.88695 | 8.50 | 4200 | 60.036 | 0.59252 | −12.30 |
| 1100 | 88.784 | 0.87624 | 7.85 | 4400 | 58.480 | 0.57716 | −13.60 |
| 1200 | 87.710 | 0.86563 | 7.20 | 4600 | 56.956 | 0.56211 | −14.90 |
| 1300 | 86.646 | 0.85513 | 6.55 | 4800 | 55.465 | 0.54739 | −16.20 |
| 1400 | 85.593 | 0.84474 | 5.90 | 5000 | 54.005 | 0.53299 | −17.50 |
| 1500 | 84.549 | 0.83444 | 5.25 | 5500 | 50.490 | 0.49831 | −20.75 |
| 1600 | 83.517 | 0.82425 | 4.60 | 6000 | 47.164 | 0.46548 | −24.00 |
| 1700 | 82.494 | 0.81415 | 3.95 | | | | |
| 1800 | 81.482 | 0.80416 | 3.30 | 6500 | 44.018 | 0.43443 | −27.25 |
| 1900 | 80.480 | 0.79427 | 2.65 | 7000 | 41.043 | 0.40507 | −30.50 |
| 2000 | 79.487 | 0.78448 | 2.00 | 8000 | 35.582 | 0.35117 | −37.00 |

表 5-8 标准大气表

| 几何高度 $h$/m | 温度 $T_h$/K | 大气压力 $p_h$/Pa | $\frac{p_h}{p_0}$ | 密度 $\rho_h$ /(kg/m$^3$) | $\frac{\rho_h}{\rho_0}$ | 声速 $a$ /(m/s) | 动力黏度 $\mu$ /($10^{-5}$Pa·s) | 运动黏度 $\nu$ /($10^{-5}$m$^2$/s) | 自由落体加速度 $g$/(m/s$^2$) |
|---|---|---|---|---|---|---|---|---|---|
| −2000 | 301.19 | 127790 | 1.26119 | 0.15072 | 1.2066 | 347.90 | 1.8517 | 1.2528 | 9.81281 |
| −1500 | 291.93 | 120697 | 1.19118 | 0.14392 | 1.1522 | 346.01 | 1.8362 | 1.3010 | 9.81127 |
| −1000 | 294.67 | 113928 | 1.12437 | 0.13735 | 1.0995 | 344.11 | 1.8207 | 1.3517 | 9.80973 |
| −500 | 291.42 | 107487 | 1.06080 | 0.13103 | 1.0490 | 342.21 | 1.8051 | 1.4048 | 9.80819 |
| 0 | 288.15 | 101325 | 1.0000 | 0.12492 | 1.0000 | 340.28 | 1.7894 | 1.4607 | 9.80665 |
| 500 | 284.90 | 95453 | 0.94205 | 0.11902 | 0.95282 | 338.36 | 1.7736 | 1.5196 | 9.80511 |
| 1000 | 281.65 | 89876 | 0.88701 | 0.11336 | 0.90751 | 336.43 | 1.7578 | 1.5812 | 9.80357 |
| 1500 | 278.40 | 84567 | 0.83460 | 0.10791 | 0.86384 | 334.48 | 1.7420 | 1.6461 | 9.80203 |
| 2000 | 275.14 | 79498 | 0.78458 | 0.10265 | 0.82171 | 332.52 | 1.7260 | 1.7146 | 9.80049 |
| 2500 | 271.89 | 74693 | 0.73716 | 0.097593 | 0.78127 | 330.55 | 1.7099 | 1.7866 | 9.79896 |
| 3000 | 268.64 | 70125 | 0.69208 | 0.092734 | 0.74237 | 328.56 | 1.6937 | 1.8624 | 9.79742 |
| 3500 | 265.38 | 65774 | 0.64914 | 0.088048 | 0.70485 | 326.56 | 1.6773 | 1.9426 | 9.79588 |
| 4000 | 262.13 | 61656 | 0.60850 | 0.083558 | 0.66981 | 324.56 | 1.6611 | 2.0271 | 9.79435 |
| 4500 | 258.88 | 57749 | 0.56994 | 0.079246 | 0.63440 | 322.54 | 1.6446 | 2.1162 | 9.79281 |
| 5000 | 255.63 | 54045 | 0.53338 | 0.075106 | 0.60125 | 320.51 | 1.6280 | 2.2103 | 9.79128 |
| 5500 | 252.38 | 50535 | 0.49874 | 0.071134 | 0.56945 | 318.47 | 1.6114 | 2.3100 | 9.78974 |
| 6000 | 249.18 | 47213 | 0.46595 | 0.067324 | 0.53895 | 316.41 | 1.5947 | 2.4153 | 9.78820 |
| 7000 | 242.63 | 41098 | 0.40560 | 0.060174 | 0.48171 | 312.25 | 1.5609 | 2.6452 | 9.78514 |
| 8000 | 236.14 | 35648 | 0.35182 | 0.053628 | 0.42931 | 308.05 | 1.5267 | 2.9030 | 9.78207 |
| 9000 | 229.64 | 30791 | 0.30388 | 0.047633 | 0.38132 | 303.78 | 1.4922 | 3.1942 | 9.77900 |
| 10000 | 223.15 | 26491 | 0.26144 | 0.042172 | 0.33761 | 299.45 | 1.4571 | 3.5232 | 9.77594 |

续表

| 几何高度 $h$/m | 温度 $T_h$/K | 大气压力 $p_h$/Pa | $\frac{p_h}{p_0}$ | 密度 $\rho_h$ /(kg/m³) | $\frac{\rho_h}{\rho_0}$ | 声速 $a$ /(m/s) | 动力黏度 $\mu$ /($10^{-5}$Pa·s) | 运动黏度 $\nu$ /($10^{-5}$m²/s) | 自由落体加速度 $g$/(m/s²) |
|---|---|---|---|---|---|---|---|---|---|
| 15000 | 216.66 | 12107 | 0.11949 | 0.019851 | 0.15891 | 295.07 | 1.4217 | 7.3029 | 9.76063 |
| 20000 | 216.66 | 5526.9 | 0.054546 | $9.0623\times10^{-3}$ | 0.072547 | 295.07 | 1.4217 | $1.5997\times10^{-4}$ | 9.74537 |
| 30000 | 230.35 | 1183.6 | 0.011681 | 1.8254 | 0.014613 | 304.25 | 1.4959 | 8.3565 | 9.71494 |
| 40000 | 257.66 | 295.87 | $2.9199\times10^{-3}$ | $4.0792\times10^{-4}$ | $3.2656\times10^{-3}$ | 321.78 | 1.6384 | $4.0956\times10^{-3}$ | 9.68446 |
| 50000 | 274.00 | 84.581 | $8.3475\times10^{-4}$ | 1.0966 | $8.7788\times10^{-4}$ | 331.82 | 1.7203 | 0.155997 | 9.65452 |
| 60000 | 253.40 | 24.121 | 2.3806 | $3.3816\times10^{-5}$ | 2.7071 | 319.11 | 1.6166 | 0.048749 | 9.62452 |
| 70000 | 219.15 | 5.8344 | $5.7580\times10^{-5}$ | $9.4576\times10^{-5}$ | $7.5712\times10^{-5}$ | 296.76 | 1.4351 | 0.15475 | 9.59466 |
| 80000 | 185.00 | 1.1141 | 1.0995 | 2.1393 | 1.7126 | 272.66 | 1.2420 | 0.59202 | 9.56494 |
| 90000 | 185.00 | 0.18444 | $1.8203\times10^{-5}$ | $3.5418\times10^{-7}$ | $2.8354\times10^{-5}$ | 272.66 | 1.2420 | 0.035759 | 9.53536 |
| 100000 | 209.22 | 0.032411 | $3.1987\times10^{-7}$ | $5.5058\times10^{-5}$ | $4.4075\times10^{-7}$ | — | — | — | 9.50591 |
| 150000 | 980.05 | $5.1233\times10^{-4}$ | $5.0563\times10^{-8}$ | $1.8031\times10^{-10}$ | $1.4434\times10^{-9}$ | — | — | — | 9.36069 |
| 200000 | 1226.8 | $1.3633\times10^{-4}$ | 1.3455 | $3.6821\times10^{-11}$ | $2.9477\times10^{-10}$ | — | — | — | 9.21750 |

## 二、工业气体特性

工业气体特性见表 5-9、表 5-10。

**表 5-9　气体的热物理特性**

| 名称 | 分子量 | 正常的沸点/K | 临界温度/K | 临界压力/kPa | 密度/(kg/m³) | 质量热容/[J/(kg·K)] | 热导率/[W/(m·K)] | 动力黏度/(Pa·s) |
|---|---|---|---|---|---|---|---|---|
| 乙醇(酒精) | 46.07 | 351.7 | 516.3 | 6394 | | 1520 | 0.013 | $14.2(289)\times10^{-6}$ |
| 甲醇(木精) | 32.04 | 338.1 | 513.2 | 7977 | | 1350 | 0.0301 | $14.8(272)\times10^{-6}$ |
| 氨 | 17.03 | 239 | 405.7 | 11300 | 7.72 | 2200 | 0.0221 | $9.3\times10^{-6}$ |
| 氩 | 39.948 | 87.4 | 151.2 | 4860 | 1.785 | 523 | 0.016 | $21.0\times10^{-6}$ |
| 乙炔 | 26.04 | 189.5 | 309.2 | 6280 | 1.17 | 1580 | 0.0187 | $9.34\times10^{-6}$ |
| 苯 | 78.11 | 353.3 | 562.7 | 4924 | 2.68(353) | 1300(353) | 0.0071 | $7.0\times10^{-6}$ |
| 溴 | 159.82 | 331.9 | 584.2 | 10340 | 6.1(332) | 230(373) | 0.0061 | $17\times10^{-6}$ |
| 丁烷 | 58.12 | 272.7 | 425.2 | 3797 | 2.69 | 1580 | 0.014 | $7.0\times10^{-6}$ |
| 二氧化碳 | 44.01 | 194.7 | 304.2 | 7384 | 1.97 | 840 | 0.015 | $14\times10^{-6}$ |
| 二硫化碳 | 76.13 | 319.4 | 552 | 7212 | — | 599.0(300) | — | — |
| 一氧化碳 | 28.01 | 81.7 | 132.9 | 3500 | 1.25 | 1100 | 0.0230 | $17\times10^{-6}$ |
| 四氧化碳 | 153.84 | 349.7 | 556.4 | 4560 | — | 862(300) | — | $16\times10^{-6}$ |
| 氯气 | 70.91 | 238.5 | 417.2 | 7710 | 3.22 | 490 | 0.0080 | $12\times10^{-6}$ |
| 三氯甲烷 | 119.39 | 334.9 | 536.5 | 5470 | — | 528 | 0.014 | $16\times10^{-6}$ |

续表

| 名称 | 分子量 | 正常的沸点/K | 临界温度/K | 临界压力/kPa | 密度/$(kg/m^3)$ | 质量热容/[J/(kg·K)] | 热导率/[W/(m·K)] | 动力黏度/(Pa·s) |
|---|---|---|---|---|---|---|---|---|
| 氯乙烷 | 64.52 | 285.5 | 460.4 | 5270 | 2.872 | 1780 | 0.00872 | $16\times10^{-6}$ |
| 乙烯 | 28.03 | 16.95 | 283.1 | 5120 | 1.25 | 1470 | 0.00176 | $0.60\times10^{-6}$ |
| 乙醚 | 74.12 | 30.78 | 465.8 | 3610 | — | 2470(308) | — | $11.3\times10^{-6}$ |
| 氟 | 38.00 | 86.2 | 144.0 | 5580 | 1.637 | 812 | 0.0254 | $37\times10^{-6}$ |
| 氦 | 4.0026 | 4.2 | 5.3 | 229 | 0.178 | 5192 | 0.142 | $19.0\times10^{-6}$ |
| 氢 | 2.0159 | 20.1 | 33.2 | 1316 | 0.0900 | 14200 | 0.168 | $8.4\times10^{-6}$ |
| 氯化氢 | 34.461 | 188.3 | 324.5 | 826 | 1.640 | 800 | 0.0131 | $13.6\times10^{-6}$ |
| 硫化氢 | 34.080 | 212.4 | 373.5 | 9012 | 1.54 | 996 | 0.0130 | $11.6\times10^{-6}$ |
| 庚烷 | 100.21 | 371.6 | 539.9 | 2720 | 3.4 | 1990 | 0.0185 | $7.00\times10^{-6}$ |
| 己烷 | 86.18 | 340 | 507.9 | 3030 | 3.4 | 1880 | 0.0168 | $7.52\times10^{-6}$ |
| 异丁烷 | 58.12 | 249.3 | 408.2 | 3648 | 2.47(294) | 1570 | 0.014 | $6.94\times10^{-6}$ |
| 氯代甲烷 | 50.49 | 248.9 | 416.3 | 6678 | 2.307 | 770 | 0.0093 | $10.1\times10^{-6}$ |
| 甲烷 | 16.04 | 109.2 | 191.38 | 4641 | 0.718 | 2180 | 0.0310 | $10.3\times10^{-6}$ |
| 萘 | 128.19 | 52.2 | 742.2 | 3972 | — | 1310(298) | — | — |
| 氖 | 20.183 | 26.2 | 44.4 | 2698 | — | 1031 | 0.0464 | $30.0\times10^{-6}$ |
| 一氧化碳 | 30.01 | 121.2 | 180.3 | 6546 | — | 996 | — | $29.4\times10^{-6}$ |
| 氮 | 28.01 | 77.4 | 126.3 | 3394 | — | 1040 | 0.0240 | $16.6\times10^{-6}$ |
| 一氧化二氮 | 44.01 | 184.7 | 309.5 | 7235 | — | 850 | 0.01731(300) | $22.4\times10^{-6}$ |
| 四氧化氮 | 92.02 | — | 431.4 | 10133 | — | 842(300) | 0.0401(328) | — |
| 氧 | 32.00 | 90.2 | 356.0 | 5077 | — | 913 | 0.0244 | $19.1\times10^{-6}$ |
| 戊烷 | 72.53 | — | 469.8 | 3375 | — | 1680 | 0.0152 | $11.7\times10^{-6}$ |
| 苯酚 | 74.11 | 454.5 | 692 | 6130 | 2.6 | 1400 | 6.017 | $12\times10^{-6}$ |
| 丙烷 | 44.09 | 231.08 | 370.0 | 4257 | 2.02 | 1571 | 0.015 | $7.4\times10^{-6}$ |
| 丙烯 | 42.08 | 225.45 | 364.9 | 4622 | 1.92 | 1460 | 0.014 | $8.06\times10^{-6}$ |
| 二氧化硫 | 64.06 | 263.2 | 430 | 7874 | 2.93 | 607 | 0.0085 | $11.6\times10^{-6}$ |
| 水蒸气 | 18.02 | 373.2 | 647.30 | 22120 | 0.598 | 2050 | 0.0247 | $12.1\times10^{-6}$ |

注：除在括号内已注明温度者外，其余均指100kPa和273.15K或高于273.15K的饱和温度。

**表5-10 在0～$t$℃温度范围内各种气体的平均质量热容量** 单位：$kJ/(m^3\cdot K)$

| 温度/℃ | $C_{pj}/[kJ/(m^3\cdot K)]$ | | | | |
|---|---|---|---|---|---|
| | $SO_2$,$CO_2$ | $N_2$ | $O_2$ | 水蒸气 | 干空气 |
| 0 | 1.5931 | 1.2946 | 1.3059 | 1.4943 | 1.2971 |
| 100 | 1.7132 | 1.2962 | 1.3176 | 1.5056 | 1.3004 |
| 200 | 1.7873 | 1.3004 | 1.3356 | 1.5219 | 1.3075 |
| 300 | 1.8711 | 1.3063 | 1.3565 | 1.5424 | 1.3176 |
| 400 | 1.9377 | 1.3159 | 1.3779 | 1.5654 | 1.3293 |
| 500 | 1.9967 | 1.3276 | 1.3980 | 1.5893 | 1.3427 |

续表

| 温度/℃ | $C_{pj}$/[kJ/(m³·K)] | | | | |
|---|---|---|---|---|---|
| | $SO_2$,$CO_2$ | $N_2$ | $O_2$ | 水蒸气 | 干空气 |
| 600 | 2.0494 | 1.3402 | 1.4172 | 1.6144 | 1.3569 |
| 700 | 2.0967 | 1.3536 | 1.4344 | 1.6412 | 1.3712 |
| 800 | 2.1395 | 1.3666 | 1.4503 | 1.6684 | 1.3846 |
| 900 | 2.1776 | 1.3791 | 1.4645 | 1.6957 | 1.3976 |
| 1000 | 2.2131 | 1.3921 | 1.4775 | 1.7229 | 1.4097 |
| 1100 | 2.2454 | 1.4043 | 1.4892 | 1.7501 | 1.4218 |
| 1200 | 2.2747 | 1.4151 | 1.5005 | 1.7719 | 1.4327 |
| 1300 | 2.3006 | 1.4252 | 1.5106 | 1.8028 | 1.4436 |
| 1400 | 2.3249 | 1.4361 | 1.5202 | 1.8284 | 1.4537 |
| 1500 | 2.3471 | 1.4449 | 1.5294 | 1.8527 | 1.4629 |
| 1600 | 2.3676 | 1.4532 | 1.5378 | 1.8765 | 1.4717 |
| 1700 | 2.3869 | 1.4616 | 1.5462 | 1.8996 | 1.4796 |
| 1800 | 2.4029 | 1.4691 | 1.5541 | 1.9217 | 1.4872 |
| 1900 | 2.4212 | 1.4761 | 1.5617 | 1.9427 | 1.4947 |
| 2000 | 2.4369 | 1.4834 | 1.5688 | 1.9632 | 1.5014 |

## 三、空气的物理特性参数

干空气的物理特性见表5-11，湿空气的物理特性见表5-12。

**表5-11　干空气在压力为100kPa时的物理特性**

| 温度 $t$ /℃ | 密度 $\rho$ /(kg/m³) | 比热容 $C_p$ /[kJ/(kg·K)] | 热导率 $\lambda$ /[$10^{-2}$W/(m·K)] | 热扩散率 $\alpha$ /(cm²/h) | 动力黏度 $\mu$ /μPa·s | 运动黏度 $\nu$ /(μm²/s) | 普朗特数 $Pr$ |
|---|---|---|---|---|---|---|---|
| −180 | 3.685 | 1.047 | 0.756 | 0.705 | 6.47 | 1.76 | |
| −150 | 2.817 | 1.038 | 1.163 | 1.45 | 8.73 | 3.10 | |
| −100 | 1.984 | 1.022 | 1.617 | 2.88 | 11.77 | 5.94 | |
| −50 | 1.534 | 1.013 | 2.035 | 4.73 | 14.61 | 9.54 | 0.71 |
| −20 | 1.365 | 1.009 | 2.256 | 5.94 | 16.28 | 11.93 | 0.71 |
| 0 | 1.252 | 1.009 | 2.373 | 6.75 | 17.16 | 13.70 | 0.71 |
| 1 | 1.247 | 1.009 | 2.381 | 6.799 | 17.220 | 13.80 | 0.71 |
| 2 | 1.243 | 1.009 | 2.389 | 6.848 | 17.279 | 13.90 | 0.71 |
| 3 | 1.238 | 1.009 | 2.397 | 6.897 | 17.338 | 14.00 | 0.71 |
| 4 | 1.234 | 1.009 | 2.405 | 6.946 | 17.397 | 14.10 | 0.71 |
| 5 | 1.229 | 1.009 | 2.413 | 6.995 | 17.456 | 14.20 | 0.71 |
| 6 | 1.224 | 1.009 | 2.421 | 7.044 | 17.514 | 14.30 | 0.71 |
| 7 | 1.220 | 1.009 | 2.430 | 7.093 | 17.574 | 14.40 | 0.71 |
| 8 | 1.215 | 1.009 | 2.438 | 7.142 | 17.632 | 14.50 | 0.71 |
| 9 | 1.211 | 1.009 | 2.446 | 7.191 | 17.691 | 14.60 | 0.71 |
| 10 | 1.206 | 1.009 | 2.454 | 7.240 | 17.750 | 14.70 | 0.71 |
| 11 | 1.202 | 1.0095 | 2.461 | 7.282 | 17.799 | 14.80 | 0.71 |
| 12 | 1.198 | 1.0099 | 2.468 | 7.324 | 17.848 | 14.90 | 0.71 |
| 13 | 1.193 | 1.0103 | 2.475 | 7.366 | 17.897 | 15.00 | 0.71 |
| 14 | 1.189 | 1.0107 | 2.482 | 7.408 | 17.946 | 15.10 | 0.71 |
| 15 | 1.185 | 1.0112 | 2.489 | 7 450 | 17.995 | 15.20 | 0.71 |

续表

| 温度 $t$ /℃ | 密度 $\rho$ /($kg/m^3$) | 比热容 $C_p$ /[kJ/(kg·K)] | 热导率 $\lambda$ /[$10^{-2}$W/(m·K)] | 热扩散率 $a$ /($cm^2/h$) | 动力黏度 $\mu$ /μPa·s | 运动黏度 $\nu$ /($\mu m^2/s$) | 普朗特数 $Pr$ |
|---|---|---|---|---|---|---|---|
| 16 | 1.181 | 1.0116 | 2.496 | 7.492 | 18.044 | 15.30 | 0.71 |
| 17 | 1.177 | 1.0120 | 2.503 | 7.534 | 18.093 | 15.40 | 0.71 |
| 18 | 1.172 | 1.0124 | 2.510 | 7.576 | 18.142 | 15.50 | 0.71 |
| 19 | 1.168 | 1.0128 | 2.517 | 7.618 | 18.191 | 15.60 | 0.71 |
| 20 | 1.164 | 1.013 | 2.524 | 7.660 | 18.240 | 15.70 | 0.71 |
| 21 | 1.161 | 1.013 | 2.530 | 7.708 | 18.289 | 15.791 | 0.71 |
| 22 | 1.158 | 1.013 | 2.535 | 7.756 | 18.338 | 15.882 | 0.71 |
| 23 | 1.154 | 1.013 | 2.541 | 7.804 | 18.387 | 15.973 | 0.71 |
| 24 | 1.149 | 1.013 | 2.547 | 7.852 | 18.437 | 16.064 | 0.71 |
| 25 | 1.146 | 1.013 | 2.552 | 7.900 | 18.486 | 16.155 | 0.709 |
| 26 | 1.142 | 1.013 | 2.559 | 7.948 | 18.535 | 16.246 | 0.709 |
| 27 | 1.138 | 1.013 | 2.564 | 7.996 | 18.584 | 16.337 | 0.709 |
| 28 | 1.134 | 1.013 | 2.570 | 8.044 | 18.633 | 16.428 | 0.709 |
| 29 | 1.131 | 1.013 | 2.576 | 8.092 | 18.682 | 18.519 | 0.709 |
| 30 | 1.127 | 1.013 | 2.582 | 8.140 | 18.731 | 16.610 | 0.709 |
| 31 | 1.124 | 1.013 | 2.589 | 8.191 | 18.780 | 16.709 | 0.708 |
| 32 | 1.120 | 1.013 | 2.596 | 8.242 | 18.829 | 16.808 | 0.708 |
| 33 | 1.117 | 1.013 | 2.603 | 8.293 | 18.878 | 16.907 | 0.708 |
| 34 | 1.113 | 1.013 | 2.610 | 8.344 | 18.927 | 17.006 | 0.708 |
| 35 | 1.110 | 1.013 | 2.617 | 8.395 | 18.976 | 17.105 | 0.708 |
| 36 | 1.106 | 1.013 | 2.624 | 8.446 | 19.025 | 17.204 | 0.708 |
| 37 | 1.103 | 1.013 | 2.631 | 8.497 | 19.074 | 17.303 | 0.708 |
| 38 | 1.099 | 1.013 | 2.638 | 8.548 | 19.123 | 17.402 | 0.708 |
| 39 | 1.096 | 1.013 | 2.645 | 8.599 | 19.172 | 17.501 | 0.708 |
| 40 | 1.092 | 1.013 | 2.652 | 8.650 | 19.221 | 17.600 | 0.708 |
| 50 | 1.056 | 1.017 | 2.733 | 9.14 | 19.61 | 18.60 | 0.708 |
| 60 | 1.025 | 1.017 | 2.803 | 9.65 | 20.10 | 19.60 | 0.708 |
| 70 | 0.996 | 1.017 | 2.861 | 10.18 | 20.40 | 20.45 | 0.708 |
| 80 | 0.968 | 1.022 | 2.931 | 10.65 | 20.99 | 21.70 | 0.708 |
| 90 | 0.942 | 1.022 | 3.001 | 11.25 | 21.57 | 22.90 | 0.708 |
| 100 | 0.916 | 1.022 | 3.070 | 11.80 | 21.77 | 25.78 | 0.708 |
| 120 | 0.870 | 1.026 | 3.198 | 12.90 | 22.75 | 26.20 | 0.709 |
| 140 | 0.827 | 1.026 | 3.326 | 14.10 | 23.54 | 28.45 | 0.710 |
| 160 | 0.789 | 1.030 | 3.442 | 15.25 | 24.12 | 30.60 | 0.710 |
| 180 | 0.755 | 1.034 | 3.570 | 16.50 | 25.01 | 33.17 | 0.711 |
| 200 | 0.723 | 1.034 | 3.698 | 17.80 | 25.89 | 35.82 | 0.712 |
| 250 | 0.653 | 1.043 | 3.977 | 21.2 | 27.95 | 42.8 | 0.715 |
| 300 | 0.596 | 1.047 | 4.291 | 24.8 | 29.71 | 49.9 | 0.718 |
| 350 | 0.549 | 1.055 | 4.571 | 28.4 | 31.48 | 57.5 | 0.721 |
| 400 | 0.508 | 1.059 | 4.850 | 32.4 | 32.95 | 64.9 | 0.724 |
| 500 | 0.450 | 1.072 | 5.396 | 40.0 | 36.19 | 80.4 | 0.733 |
| 600 | 0.400 | 1.089 | 5.815 | 49.1 | 39.23 | 98.1 | 0.742 |
| 800 | 0.325 | 1.114 | 6.687 | 68.0 | 44.52 | 137.0 | 0.763 |
| 1000 | 0.268 | 1.139 | 7.618 | 89.9 | 49.52 | 185.0 | 0.766 |
| 1200 | 0.238 | 1.164 | 8.455 | 113.0 | 53.94 | 232.5 | 0.755 |
| 1400 | 0.204 | 1.189 | 9.304 | 138.0 | 57.722 | 282.5 | 0.747 |
| 1600 | 0.182 | 1.218 | 10.118 | 165.0 | 61.544 | 338.0 | 0.742 |
| 1800 | 0.165 | 1.243 | 10.932 | 192.0 | 65.464 | 397.0 | 0.738 |

注：表中数值实际是干空气压力为98.067kPa时之值。

**表 5-12　湿空气在压力为 100kPa 时的物理特性**

| 温度/℃ | 含湿量/($10^{-3}$ kg/kg) | 比体积/($m^3$/kg 干空气) | | | 比焓/(kJ/kg 干空气) | | | 比熵/[kJ/(kg 干空气·K)] | | | 冷凝水 | | |
|---|---|---|---|---|---|---|---|---|---|---|---|---|---|
| | | | | | | | | | | | 比焓/(kJ/kg) | 比熵/[kJ/(kg·K)] | 蒸发压力/kPa |
| $t$ | $d$ | $v_a$ | $\Delta v$ | $v_s$ | $h_a$ | $\Delta h$ | $h_s$ | $s_a$ | $\Delta s$ | $s_s$ | $h_w$ | $s_w$ | $p_s$ |
| -60 | 0.0067 | 0.6027 | 0.0000 | 0.6027 | -60.351 | 0.017 | -60.334 | -0.2495 | 0.0001 | -0.2494 | -446.29 | -1.6854 | 0.00108 |
| -59 | 0.0076 | 0.6056 | 0.0000 | 0.6056 | -59.344 | 0.018 | -59.326 | -0.2448 | 0.0001 | -0.2447 | -444.63 | -1.6776 | 0.00124 |
| -58 | 0.0087 | 0.6084 | 0.0000 | 0.6084 | -58.338 | 0.021 | -58.317 | -0.2401 | 0.0001 | -0.2400 | -442.95 | -1.6698 | 0.00141 |
| -57 | 0.0100 | 0.6113 | 0.0000 | 0.6113 | -57.332 | 0.024 | -57.308 | -0.2354 | 0.0001 | -0.2353 | -441.27 | -1.6620 | 0.00161 |
| -56 | 0.0114 | 0.6141 | 0.0000 | 0.6141 | -56.326 | 0.028 | -56.298 | -0.2308 | 0.0001 | -0.2307 | -439.58 | -1.6542 | 0.00184 |
| -55 | 0.0129 | 0.6170 | 0.0000 | 0.6170 | -55.319 | 0.031 | -55.288 | -0.2261 | 0.0002 | -0.2259 | -437.89 | -1.6464 | 0.00209 |
| -54 | 0.0147 | 0.6198 | 0.0000 | 0.6198 | -54.313 | 0.036 | -54.278 | -0.2215 | 0.0002 | -0.2213 | -436.19 | -1.6386 | 0.00238 |
| -53 | 0.0167 | 0.6226 | 0.0000 | 0.6226 | -53.307 | 0.041 | -53.267 | -0.2170 | 0.0002 | -0.2168 | -434.48 | -1.6308 | 0.00271 |
| -52 | 0.0190 | 0.6255 | 0.0000 | 0.6255 | -52.301 | 0.046 | -52.255 | -0.2124 | 0.0002 | -0.2122 | -432.76 | -1.6230 | 0.00307 |
| -51 | 0.0215 | 0.6283 | 0.0000 | 0.6283 | -51.295 | 0.052 | -51.243 | -0.2079 | 0.0002 | -0.2077 | -431.03 | -1.6153 | 0.00348 |
| -50 | 0.0243 | 0.6312 | 0.0000 | 0.6312 | -50.289 | 0.059 | -50.230 | -0.2033 | 0.0003 | -0.2031 | -429.30 | -1.6075 | 0.00397 |
| -49 | 0.0275 | 0.6340 | 0.0000 | 0.6340 | -49.283 | 0.067 | -49.216 | -0.1988 | 0.0003 | -0.1985 | -427.56 | -1.5997 | 0.00445 |
| -48 | 0.0311 | 0.6369 | 0.0000 | 0.6369 | -48.277 | 0.075 | -48.202 | -0.1944 | 0.0004 | -0.1940 | -425.82 | -1.5917 | 0.00503 |
| -47 | 0.0350 | 0.6397 | 0.0000 | 0.6397 | -47.271 | 0.085 | -47.186 | -0.1891 | 0.0004 | -0.1895 | -424.06 | -1.5842 | 0.00568 |
| -46 | 0.0395 | 0.6426 | 0.0000 | 0.6426 | -46.265 | 0.095 | -46.170 | -0.1855 | 0.0004 | -0.1850 | -422.30 | -1.5764 | 0.00640 |
| -45 | 0.0445 | 0.6454 | 0.0000 | 0.6454 | -45.259 | 0.108 | -45.151 | -0.1811 | 0.0005 | -0.1805 | -420.54 | -1.5686 | 0.00721 |
| -44 | 0.0500 | 0.6483 | 0.0001 | 0.6483 | -44.253 | 0.121 | -44.132 | -0.1767 | 0.0006 | -0.1761 | -418.76 | -1.5609 | 0.00811 |
| -43 | 0.0562 | 0.6511 | 0.0001 | 0.6511 | -43.247 | 0.137 | -43.110 | -0.1723 | 0.0006 | -0.1716 | -416.98 | -1.5531 | 0.00911 |
| -42 | 0.0631 | 0.6540 | 0.0001 | 0.6540 | -42.241 | 0.153 | -42.088 | -0.1679 | 0.0007 | -0.1672 | -415.19 | -1.5453 | 0.01022 |
| -41 | 0.0708 | 0.6568 | 0.0001 | 0.6568 | -41.235 | 0.172 | -41.063 | -0.1636 | 0.0008 | -0.1628 | -413.39 | -1.5376 | 0.01147 |
| -40 | 0.0793 | 0.6597 | 0.0001 | 0.6597 | -40.229 | 0.192 | -40.037 | -0.1592 | 0.0009 | -0.1584 | -411.59 | -1.5298 | 0.01285 |
| -39 | 0.0887 | 0.6625 | 0.0001 | 0.6625 | -39.224 | 0.216 | -39.008 | -0.1549 | 0.0010 | -0.1540 | -409.77 | -1.5221 | 0.01438 |
| -38 | 0.0992 | 0.6653 | 0.0001 | 0.6653 | -38.218 | 0.242 | -37.976 | -0.1507 | 0.0011 | -0.1496 | -407.96 | -1.5143 | 0.01608 |
| -37 | 0.1108 | 0.6682 | 0.0001 | 0.6682 | -37.212 | 0.270 | -36.942 | -0.1464 | 0.0012 | -0.1452 | -406.13 | -1.5066 | 0.01796 |
| -36 | 0.1237 | 0.6710 | 0.0001 | 0.6710 | -36.206 | 0.302 | -35.905 | -0.1421 | 0.0014 | -0.1408 | -404.29 | -1.4988 | 0.02005 |
| -35 | 0.1379 | 0.6739 | 0.0001 | 0.6740 | -35.200 | 0.336 | -34.864 | -0.1379 | 0.0015 | -0.1364 | -402.45 | -1.4911 | 0.02235 |
| -34 | 0.1536 | 0.6767 | 0.0002 | 0.6769 | -34.195 | 0.375 | -33.820 | -0.1337 | 0.0017 | -0.1320 | -400.60 | -1.4833 | 0.02490 |
| -33 | 0.1710 | 0.6796 | 0.0002 | 0.6798 | -33.189 | 0.417 | -32.772 | -0.1295 | 0.0018 | -0.1276 | -398.75 | -1.4756 | 0.02772 |
| -32 | 0.1902 | 0.6824 | 0.0002 | 0.6826 | -32.183 | 0.464 | -31.718 | -0.1253 | 0.0020 | -0.1233 | -396.89 | -1.4678 | 0.03082 |
| -31 | 0.2113 | 0.6853 | 0.0002 | 0.6855 | -31.178 | 0.517 | -30.661 | -0.1212 | 0.0023 | -0.1189 | -395.01 | -1.4601 | 0.03425 |
| -30 | 0.2436 | 0.6881 | 0.0003 | 0.6884 | -30.171 | 0.574 | -29.597 | -0.1170 | 0.0025 | -0.1145 | -393.14 | -1.4524 | 0.03882 |
| -29 | 0.2602 | 0.6909 | 0.0003 | 0.6912 | -29.166 | 0.636 | -28.529 | -0.1129 | 0.0028 | -0.1101 | -391.25 | -1.4446 | 0.04217 |
| -28 | 0.2883 | 0.6938 | 0.0003 | 0.6941 | -28.252 | 0.707 | -27.545 | -0.1088 | 0.0031 | -0.1057 | -389.36 | -1.4369 | 0.04673 |
| -27 | 0.3193 | 0.6966 | 0.0004 | 0.6970 | -27.154 | 0.782 | -26.372 | -0.1047 | 0.0034 | -0.1013 | -387.46 | -1.4291 | 0.05175 |
| -26 | 0.3533 | 0.6995 | 0.0004 | 0.6999 | -26.149 | 0.867 | -25.282 | -0.1006 | 0.0037 | -0.0969 | -385.55 | -1.4214 | 0.05725 |
| -25 | 0.3905 | 0.7023 | 0.0004 | 0.7028 | -25.143 | 0.959 | -24.184 | -0.0965 | 0.0041 | -0.0924 | -383.63 | -1.4137 | 0.06329 |
| -24 | 0.4314 | 0.7052 | 0.0005 | 0.7057 | -24.137 | 1.059 | -23.078 | -0.0925 | 0.0045 | -0.0880 | -381.71 | -1.4059 | 0.06991 |
| -23 | 0.4762 | 0.7080 | 0.0005 | 0.7085 | -23.132 | 1.171 | -21.961 | -0.0885 | 0.0050 | -0.0835 | -379.78 | -1.3982 | 0.07716 |
| -22 | 0.5251 | 0.7109 | 0.0006 | 0.7115 | -22.126 | 1.292 | -20.834 | -0.0845 | 0.0054 | -0.7090 | -377.84 | -1.3905 | 0.08510 |
| -21 | 0.5787 | 0.7137 | 0.0007 | 0.7144 | -21.120 | 1.425 | -19.695 | -0.0805 | 0.0060 | -0.0745 | -375.90 | -1.3826 | 0.09378 |
| -20 | 0.6373 | 0.7165 | 0.0007 | 0.7173 | -20.125 | 1.570 | -18.545 | -0.0765 | 0.0066 | -0.0699 | -373.95 | -1.3750 | 0.10326 |
| -19 | 0.7013 | 0.7194 | 0.0008 | 0.7202 | -19.109 | 1.729 | -17.380 | -0.0725 | 0.0072 | -0.0653 | -371.99 | -1.3673 | 0.11362 |
| -18 | 0.7711 | 0.7222 | 0.0009 | 0.7231 | -18.103 | 1.902 | -16.201 | -0.0686 | 0.0079 | -0.0607 | -370.02 | -1.3596 | 0.12492 |
| -17 | 0.8473 | 0.7251 | 0.0010 | 0.7261 | -17.098 | 2.092 | -15.006 | -0.0646 | 0.0086 | -0.0560 | -368.04 | -1.3518 | 0.13725 |
| -16 | 0.9303 | 0.7279 | 0.0011 | 0.7290 | -16.092 | 2.299 | -13.793 | -0.0607 | 0.0094 | -0.0513 | -366.06 | -1.3441 | 0.15068 |
| -15 | 1.0207 | 0.7308 | 0.0012 | 0.7320 | -15.086 | 2.524 | -12.562 | -0.0568 | 0.0103 | -0.0465 | -364.07 | -1.3364 | 0.16530 |

续表

| 温度/℃ | 含湿量/($10^{-3}$ kg/kg) | 比体积/($m^3$/kg 干空气) | | | 比焓/(kJ/kg 干空气) | | | 比熵/[kJ/(kg 干空气·K)] | | | 冷凝水 | | |
|---|---|---|---|---|---|---|---|---|---|---|---|---|---|
| | | | | | | | | | | | 比焓/(kJ/kg) | 比熵/[kJ/(kg·K)] | 蒸发压力/kPa |
| $t$ | $d$ | $v_a$ | $\Delta v$ | $v_s$ | $h_a$ | $\Delta h$ | $h_s$ | $s_a$ | $\Delta s$ | $s_s$ | $h_w$ | $s_w$ | $p_s$ |
| −14 | 1.1191 | 0.7336 | 0.0013 | 0.7349 | −14.080 | 2.769 | −11.311 | −0.0529 | 0.0113 | −0.0416 | −362.07 | −1.3287 | 0.18122 |
| −13 | 1.2262 | 0.7364 | 0.0014 | 0.7379 | −13.075 | 3.036 | −10.039 | −0.0490 | 0.0123 | −0.0367 | −360.07 | −1.3210 | 0.19852 |
| −12 | 1.3425 | 0.7393 | 0.0016 | 0.7409 | −12.069 | 3.327 | −8.742 | −0.0452 | 0.0134 | −0.0318 | −358.08 | −1.3132 | 0.21732 |
| −11 | 1.4690 | 0.7421 | 0.0017 | 0.7439 | −11.063 | 3.642 | −7.421 | −0.0413 | 0.0146 | −0.0267 | −356.04 | −1.3055 | 0.23775 |
| −10 | 1.6062 | 0.7450 | 0.0019 | 0.7469 | −10.057 | 3.986 | −6.072 | −0.0375 | 0.0160 | −0.0215 | −354.01 | −1.2978 | 0.25991 |
| −9 | 1.7551 | 0.7478 | 0.0021 | 0.7499 | −9.052 | 4.358 | −4.693 | −0.0337 | 0.0174 | −0.0163 | −351.97 | −1.2901 | 0.28395 |
| −8 | 1.9166 | 0.7507 | 0.0023 | 0.7530 | −8.046 | 4.764 | −3.283 | −0.0299 | 0.0189 | −0.0110 | −349.93 | −1.2824 | 0.30999 |
| −7 | 2.0916 | 0.7535 | 0.0025 | 0.7560 | −7.040 | 5.202 | −1.838 | −0.0261 | 0.0206 | −0.0055 | −347.88 | −1.2746 | 0.33821 |
| −6 | 2.2811 | 0.7563 | 0.0028 | 0.7591 | −6.035 | 5.677 | −0.357 | −0.0223 | 0.0224 | −0.0000 | −345.82 | −1.2669 | 0.36874 |
| −5 | 2.4862 | 0.7592 | 0.0030 | 0.7622 | −5.029 | 6.192 | 1.164 | −0.0186 | 0.0243 | 0.0057 | −343.26 | −1.2592 | 0.40178 |
| −4 | 2.7081 | 0.7620 | 0.0033 | 0.7633 | −4.023 | 6.751 | 2.728 | −0.0148 | 0.0264 | 0.0115 | −341.69 | −1.2515 | 0.43748 |
| −3 | 2.9480 | 0.7649 | 0.0036 | 0.7685 | −3.017 | 7.353 | 4.336 | −0.0111 | 0.0286 | 0.0175 | −339.61 | −1.2438 | 0.47606 |
| −2 | 3.2074 | 0.7677 | 0.0039 | 0.7717 | −2.011 | 8.007 | 5.995 | −0.0074 | 0.0310 | 0.0236 | −337.52 | −1.2361 | 0.51773 |
| −1 | 3.4874 | 0.7705 | 0.0043 | 0.7749 | −1.006 | 8.712 | 7.706 | −0.0037 | 0.0336 | 0.0299 | −335.42 | −1.2284 | 0.56268 |
| | | | | | | | | | | | 固态 | 固态 | |
| 0 | 3.7895 | 0.7734 | 0.0047 | 0.7781 | 0.000 | 9.473 | 9.473 | 0.0000 | 0.0364 | 0.0364 | −333.32 | −1.2206 | 0.61117 |
| 0 | 3.7895 | 0.7734 | 0.0047 | 0.7781 | 0.000 | 9.473 | 9.473 | 0.000 | 0.0364 | 0.0364 | 0.06 | −0.0001 | 0.61117 |
| | | | | | | | | | | | 液态 | 液态 | |
| 1 | 4.076 | 0.7762 | 0.0051 | 0.7813 | 1.006 | 10.197 | 11.203 | 0.0037 | 0.0391 | 0.0427 | 4.28 | 0.0153 | 0.6571 |
| 2 | 4.381 | 0.7791 | 0.0055 | 0.7845 | 2.012 | 10.970 | 12.982 | 0.0073 | 0.0419 | 0.0492 | 8.49 | 0.0306 | 0.7060 |
| 3 | 4.707 | 0.7819 | 0.0059 | 0.7878 | 3.018 | 11.793 | 14.811 | 0.0110 | 0.0449 | 0.0559 | 12.70 | 0.0456 | 0.7581 |
| 4 | 5.054 | 0.7848 | 0.0064 | 0.7911 | 4.024 | 12.672 | 16.696 | 0.0146 | 0.0480 | 0.0627 | 16.91 | 0.0611 | 0.8135 |
| 5 | 5.424 | 0.7876 | 0.0068 | 0.7944 | 5.029 | 13.610 | 18.639 | 0.0182 | 0.0514 | 0.0697 | 21.12 | 0.0762 | 0.8725 |
| 6 | 5.818 | 0.7904 | 0.0074 | 0.7978 | 6.036 | 14.608 | 20.644 | 0.0219 | 0.0550 | 0.0769 | 25.32 | 0.0913 | 0.9353 |
| 7 | 6.237 | 0.7933 | 0.0079 | 0.8012 | 7.041 | 15.671 | 22.713 | 0.0255 | 0.0588 | 0.0843 | 29.52 | 0.1064 | 1.0020 |
| 8 | 6.683 | 0.7961 | 0.0085 | 0.8046 | 8.047 | 16.805 | 24.852 | 0.0290 | 0.0628 | 0.0919 | 33.72 | 0.1213 | 1.0729 |
| 9 | 7.157 | 0.7990 | 0.0092 | 0.8081 | 9.053 | 18.010 | 27.064 | 0.0326 | 0.0671 | 0.0997 | 37.92 | 0.1362 | 1.1481 |
| 10 | 7.661 | 0.8018 | 0.0098 | 0.8116 | 10.959 | 19.293 | 29.352 | 0.0362 | 0.0717 | 0.1078 | 42.11 | 0.1511 | 1.2280 |
| 11 | 8.197 | 0.8046 | 0.0106 | 0.8152 | 11.065 | 20.658 | 31.724 | 0.0397 | 0.0765 | 0.1162 | 46.31 | 0.1659 | 1.3128 |
| 12 | 8.766 | 0.8075 | 0.0113 | 0.8188 | 12.071 | 22.108 | 34.179 | 0.0433 | 0.0816 | 0.1248 | 50.50 | 0.1806 | 1.4026 |
| 13 | 9.370 | 0.8103 | 0.0122 | 0.8225 | 13.077 | 23.649 | 36.726 | 0.0468 | 0.0870 | 0.1337 | 54.69 | 0.1953 | 1.4979 |
| 14 | 10.012 | 0.8132 | 0.0131 | 0.8262 | 14.084 | 25.286 | 39.370 | 0.0503 | 0.0927 | 0.1430 | 58.88 | 0.2099 | 1.5987 |
| 15 | 10.692 | 0.8160 | 0.0140 | 0.8300 | 15.090 | 27.023 | 42.113 | 0.0538 | 0.0987 | 0.1525 | 63.07 | 0.2244 | 1.7055 |
| 16 | 11.413 | 0.8188 | 0.0150 | 0.8338 | 16.096 | 28.867 | 44.963 | 0.0573 | 0.1051 | 0.1624 | 67.26 | 0.2389 | 1.8185 |
| 17 | 12.178 | 0.8217 | 0.0160 | 0.8377 | 17.102 | 30.824 | 47.926 | 0.0607 | 0.1119 | 0.1726 | 71.44 | 0.2534 | 1.9380 |
| 18 | 12.989 | 0.8245 | 0.0172 | 0.8417 | 18.108 | 32.900 | 51.008 | 0.0642 | 0.1190 | 0.1832 | 75.63 | 0.2678 | 2.1643 |
| 19 | 13.848 | 0.8274 | 0.0184 | 0.8457 | 19.114 | 35.101 | 54.216 | 0.0677 | 0.1266 | 0.1942 | 79.81 | 0.2821 | 2.1979 |
| 20 | 14.758 | 0.8303 | 0.0196 | 0.8498 | 20.121 | 37.434 | 57.555 | 0.0711 | 0.1346 | 0.2057 | 84.00 | 0.2965 | 2.3389 |
| 21 | 15.721 | 0.8330 | 0.0210 | 0.8540 | 21.127 | 39.908 | 61.035 | 0.0745 | 0.1430 | 0.2175 | 88.18 | 0.3107 | 2.4878 |
| 22 | 16.741 | 0.8359 | 0.0224 | 0.8583 | 22.133 | 42.527 | 64.660 | 0.0779 | 0.1519 | 0.2298 | 92.36 | 0.3249 | 2.6448 |
| 23 | 17.821 | 0.8387 | 0.0240 | 0.8627 | 23.140 | 45.301 | 68.440 | 0.0813 | 0.1613 | 0.2426 | 96.55 | 0.3390 | 2.8105 |
| 24 | 18.963 | 0.8416 | 0.0256 | 0.8671 | 24.146 | 48.239 | 72.385 | 0.0847 | 0.1712 | 0.2559 | 100.73 | 0.3531 | 2.9852 |
| 25 | 20.170 | 0.8444 | 0.0273 | 0.8717 | 25.153 | 51.347 | 76.500 | 0.0881 | 0.1817 | 0.2698 | 104.91 | 0.3672 | 3.1693 |
| 26 | 21.448 | 0.8472 | 0.0291 | 0.8764 | 26.159 | 54.638 | 80.798 | 0.0915 | 0.1927 | 0.2842 | 109.09 | 0.3812 | 3.3633 |
| 27 | 22.798 | 0.8501 | 0.0311 | 0.8811 | 27.165 | 58.120 | 85.285 | 0.0948 | 0.2044 | 0.2992 | 113.27 | 0.3951 | 3.5674 |
| 28 | 24.226 | 0.8529 | 0.0331 | 0.8860 | 28.172 | 61.804 | 89.976 | 0.0982 | 0.2166 | 0.3148 | 117.45 | 0.4090 | 3.7823 |

续表

| 温度/℃ | 含湿量/($10^{-3}$ kg/kg) | 比体积/($m^3$/kg 干空气) | | | 比焓/(kJ/kg 干空气) | | | 比熵/[kJ/(kg 干空气·K)] | | | 冷凝水 | | |
|---|---|---|---|---|---|---|---|---|---|---|---|---|---|
| | | | | | | | | | | | 比焓/(kJ/kg) | 比熵/[kJ/(kg·K)] | 蒸发压力/kPa |
| $t$ | $d$ | $v_a$ | $\Delta v$ | $v_s$ | $h_a$ | $\Delta h$ | $h_s$ | $s_a$ | $\Delta s$ | $s_s$ | $h_w$ | $s_w$ | $p_s$ |
| 29 | 25.735 | 0.8558 | 0.0353 | 0.8910 | 29.179 | 65.699 | 94.878 | 0.1015 | 0.2296 | 0.3311 | 121.63 | 0.4229 | 4.0084 |
| 30 | 27.329 | 0.8586 | 0.0376 | 0.8962 | 30.185 | 69.820 | 100.006 | 0.1048 | 0.2432 | 0.3481 | 125.81 | 0.4367 | 4.2462 |
| 31 | 29.014 | 0.8614 | 0.0400 | 0.9015 | 31.192 | 74.177 | 105.369 | 0.1082 | 0.2576 | 0.3658 | 129.99 | 0.4505 | 4.4961 |
| 32 | 30.793 | 0.8643 | 0.0426 | 0.9069 | 32.198 | 78.780 | 110.979 | 0.1115 | 0.2728 | 0.3842 | 134.17 | 0.4642 | 4.7586 |
| 33 | 32.674 | 0.8671 | 0.0454 | 0.9125 | 33.205 | 83.652 | 116.857 | 0.1148 | 0.2887 | 0.4035 | 138.35 | 0.4779 | 5.0345 |
| 34 | 34.660 | 0.8700 | 0.0483 | 0.9183 | 34.212 | 88.799 | 123.011 | 0.1180 | 0.3056 | 0.4236 | 142.53 | 0.4915 | 5.3242 |
| 33 | 36.756 | 0.8728 | 0.0514 | 0.9242 | 35.219 | 94.236 | 129.455 | 0.1213 | 0.3233 | 0.4446 | 146.71 | 0.5051 | 5.6280 |
| 36 | 38.971 | 0.8756 | 0.0546 | 0.9303 | 36.226 | 99.983 | 136.209 | 0.1246 | 0.3420 | 0.4666 | 150.89 | 0.5168 | 5.9648 |
| 37 | 41.309 | 0.8785 | 0.0581 | 0.9366 | 37.233 | 106.058 | 143.290 | 0.1278 | 0.3617 | 0.4895 | 155.07 | 0.5321 | 6.2812 |
| 38 | 43.778 | 0.8813 | 0.0618 | 0.9341 | 38.239 | 112.474 | 150.713 | 0.1311 | 0.3824 | 0.5135 | 159.25 | 0.5456 | 6.6315 |
| 39 | 46.386 | 0.8842 | 0.0657 | 0.9498 | 39.246 | 119.258 | 158.504 | 0.1343 | 0.4043 | 0.5386 | 163.43 | 0.5590 | 6.9988 |
| 40 | 49.141 | 0.8870 | 0.0698 | 0.9568 | 40.253 | 126.430 | 166.683 | 0.1375 | 0.4273 | 0.5649 | 167.61 | 0.5724 | 7.3838 |
| 41 | 52.049 | 0.8898 | 0.0741 | 0.9640 | 41.261 | 134.005 | 175.265 | 0.1407 | 0.4516 | 0.5923 | 171.79 | 0.5857 | 7.7866 |
| 42 | 55.119 | 0.8927 | 0.0788 | 0.9714 | 42.268 | 142.007 | 184.275 | 0.1439 | 0.4771 | 0.6211 | 175.97 | 0.5990 | 8.2081 |
| 43 | 58.365 | 0.8955 | 0.0837 | 0.9792 | 43.275 | 150.475 | 193.749 | 0.1471 | 0.5041 | 0.6512 | 180.15 | 0.6122 | 8.6495 |
| 44 | 61.791 | 0.8983 | 0.0888 | 0.9872 | 44.282 | 159.417 | 203.699 | 0.1503 | 0.5325 | 0.6828 | 184.33 | 0.6254 | 9.1110 |
| 45 | 65.411 | 0.9012 | 0.0943 | 0.9955 | 45.289 | 168.874 | 214.164 | 0.1535 | 0.5624 | 0.7159 | 188.51 | 0.6386 | 9.5935 |
| 46 | 69.239 | 0.9040 | 0.1002 | 1.0042 | 46.296 | 178.882 | 225.179 | 0.1566 | 0.5940 | 0.7507 | 192.69 | 0.6517 | 10.0982 |
| 47 | 73.282 | 0.9069 | 0.1063 | 1.0132 | 47.304 | 189.455 | 236.759 | 0.1598 | 0.6273 | 0.7871 | 196.88 | 0.6648 | 10.6250 |
| 48 | 77.556 | 0.9097 | 0.1129 | 1.0226 | 48.311 | 200.644 | 248.955 | 0.1629 | 0.6624 | 0.8253 | 201.06 | 0.6778 | 11.1754 |
| 49 | 82.077 | 0.9125 | 0.1198 | 1.0323 | 49.319 | 212.485 | 261.803 | 0.1661 | 0.6994 | 0.8655 | 205.24 | 0.6908 | 11.7502 |
| 50 | 86.856 | 0.9154 | 0.1272 | 1.0425 | 50.326 | 225.019 | 275.345 | 0.1692 | 0.7385 | 0.9077 | 209.42 | 0.7038 | 12.3503 |
| 51 | 91.918 | 0.9182 | 0.1350 | 1.0532 | 51.334 | 238.290 | 289.624 | 0.1723 | 0.7798 | 0.9521 | 213.60 | 0.7167 | 12.9764 |
| 52 | 97.272 | 0.9211 | 0.1433 | 1.0643 | 52.341 | 252.340 | 304.682 | 0.1754 | 0.8234 | 0.9988 | 217.78 | 0.7296 | 13.6293 |
| 53 | 102.948 | 0.9239 | 0.1521 | 1.0760 | 53.349 | 267.247 | 320.596 | 0.1785 | 0.8695 | 1.0480 | 221.97 | 0.7424 | 14.3108 |
| 54 | 108.954 | 0.9267 | 0.1614 | 1.0882 | 54.357 | 283.031 | 337.388 | 0.1816 | 0.9182 | 1.0998 | 226.15 | 0.7552 | 15.0205 |
| 55 | 115.321 | 0.9296 | 0.1713 | 1.1009 | 55.365 | 299.772 | 355.137 | 0.1847 | 0.9698 | 1.1544 | 230.33 | 0.7680 | 15.7601 |
| 56 | 122.077 | 0.9324 | 0.1819 | 1.1143 | 56.373 | 317.549 | 373.922 | 0.1877 | 1.0243 | 1.2120 | 234.52 | 0.7807 | 16.5311 |
| 57 | 129.243 | 0.9353 | 0.1932 | 1.1284 | 57.381 | 336.417 | 393.798 | 0.1908 | 1.0820 | 1.2728 | 238.70 | 0.7934 | 17.3337 |
| 58 | 136.851 | 0.9381 | 0.2051 | 1.1432 | 58.389 | 356.461 | 414.850 | 0.1938 | 1.1432 | 1.3370 | 242.88 | 0.8061 | 18.1691 |
| 59 | 144.942 | 0.9409 | 0.2179 | 1.1588 | 59.397 | 377.788 | 437.185 | 0.1969 | 1.2081 | 1.4050 | 247.07 | 0.8187 | 19.0393 |
| 60 | 153.54 | 0.9438 | 0.2315 | 1.1752 | 60.405 | 400.458 | 460.863 | 0.1999 | 1.2761 | 1.4760 | 251.25 | 0.8313 | 19.9439 |
| 61 | 162.69 | 0.9466 | 0.2460 | 1.1926 | 61.413 | 424.624 | 486.036 | 0.2029 | 1.3500 | 1.5530 | 255.44 | 0.8438 | 20.8858 |
| 62 | 172.44 | 0.9494 | 0.2614 | 1.2109 | 62.421 | 450.377 | 512.798 | 0.2059 | 1.4278 | 1.6337 | 259.62 | 0.8563 | 21.8651 |
| 63 | 182.84 | 0.9523 | 0.2780 | 1.2303 | 63.429 | 447.837 | 541.266 | 0.2089 | 1.5104 | 1.7194 | 263.81 | 0.8688 | 22.8826 |
| 64 | 193.93 | 0.9551 | 0.2957 | 1.2508 | 64.438 | 507.177 | 571.615 | 0.2119 | 1.5985 | 1.8105 | 268.00 | 0.8812 | 23.9405 |
| 65 | 205.79 | 0.9580 | 0.3147 | 1.2726 | 65.446 | 538.548 | 603.995 | 0.2149 | 1.6925 | 1.9074 | 272.18 | 0.8936 | 25.0397 |
| 66 | 218.48 | 0.9608 | 0.3550 | 1.2958 | 66.455 | 572.116 | 638.571 | 0.2179 | 1.7927 | 2.0106 | 276.37 | 0.9060 | 26.1810 |
| 67 | 232.07 | 0.9636 | 0.3568 | 1.3204 | 67.463 | 608.103 | 675.566 | 0.2209 | 1.8999 | 2.1208 | 280.56 | 0.9183 | 27.3664 |
| 68 | 246.64 | 0.9665 | 0.3803 | 1.3467 | 68.472 | 646.724 | 715.196 | 0.2238 | 2.0147 | 2.2385 | 284.75 | 0.9306 | 28.5967 |
| 69 | 266.31 | 0.9693 | 0.4055 | 1.3749 | 69.481 | 688.261 | 757.742 | 0.2268 | 2.1378 | 2.3646 | 288.94 | 0.9429 | 29.8741 |
| 70 | 279.16 | 0.9721 | 0.4328 | 1.4049 | 70.489 | 732.959 | 803.448 | 0.2297 | 2.2699 | 2.4996 | 293.13 | 0.9551 | 31.1986 |
| 71 | 297.34 | 0.9750 | 0.4622 | 1.4372 | 71.498 | 781.208 | 852.706 | 0.2327 | 2.4122 | 2.6448 | 297.32 | 0.9673 | 32.5734 |
| 72 | 316.98 | 0.9778 | 0.4941 | 1.4719 | 72.507 | 833.335 | 905.842 | 0.2356 | 2.5655 | 2.8010 | 301.51 | 0.9794 | 33.9983 |
| 73 | 338.24 | 0.9807 | 0.5287 | 1.5093 | 73.516 | 889 807 | 963.323 | 0.2385 | 2.7311 | 2.9696 | 305.70 | 0.9916 | 35.4759 |
| 74 | 361.30 | 0.9835 | 0.5662 | 1.5497 | 74.525 | 951.077 | 1025.603 | 0.2414 | 2.9104 | 3.1518 | 309.89 | 1.0037 | 37.0063 |

续表

| 温度/℃ | 含湿量/($10^{-3}$ kg/kg) | 比体积/($m^3$/kg 干空气) | | | 比焓/(kJ/kg 干空气) | | | 比熵/[kJ/(kg 干空气·K)] | | | 冷凝水 比焓/(kJ/kg) | 冷凝水 比熵/[kJ/(kg·K)] | 冷凝水 蒸发压力/kPa |
|---|---|---|---|---|---|---|---|---|---|---|---|---|---|
| $t$ | $d$ | $v_a$ | $\Delta v$ | $v_s$ | $h_a$ | $\Delta h$ | $h_s$ | $s_a$ | $\Delta s$ | $s_s$ | $h_w$ | $s_w$ | $p_s$ |
| 75 | 386.41 | 0.9892 | 0.6072 | 1.5935 | 75.535 | 1017.841 | 1093.375 | 0.2443 | 3.1052 | 3.3496 | 314.08 | 1.0157 | 38.5940 |
| 76 | 413.77 | 0.9920 | 0.6519 | 1.6411 | 76.543 | 1090.628 | 1167.172 | 0.2472 | 3.3171 | 3.5644 | 318.47 | 1.0278 | 40.2369 |
| 77 | 443.72 | 0.9948 | 0.7010 | 1.6930 | 77.553 | 1170.328 | 1247.881 | 0.2501 | 3.5486 | 3.7987 | 322.47 | 1.0398 | 41.9388 |
| 78 | 476.63 | 0.9977 | 0.7550 | 1.7498 | 78.562 | 1257.921 | 1336.483 | 0.2530 | 3.8023 | 4.0553 | 326.67 | 1.0517 | 43.7020 |
| 79 | 512.84 | 1.0005 | 0.8145 | 1.8121 | 79.572 | 1354.347 | 1433.918 | 0.2559 | 4.0810 | 4.3368 | 330.86 | 1.0636 | 45.5248 |
| 80 | 552.95 | 1.0034 | 0.8805 | 1.8810 | 80.581 | 1461.200 | 1541.781 | 0.2587 | 4.3890 | 4.6477 | 335.06 | 1.0755 | 47.4135 |
| 81 | 597.51 | 1.0034 | 0.9539 | 1.9572 | 81.591 | 1579.961 | 1661.552 | 0.2616 | 4.7305 | 4.9921 | 339.25 | 1.0874 | 49.3670 |
| 82 | 647.24 | 1.0062 | 1.0360 | 2.0422 | 82.600 | 1712.547 | 1795.148 | 0.2644 | 5.1108 | 5.3753 | 343.45 | 1.0993 | 51.3860 |
| 83 | 703.11 | 1.0090 | 1.1283 | 2.1373 | 83.610 | 1861.548 | 1945.158 | 0.2673 | 5.5372 | 5.8045 | 347.65 | 1.1111 | 53.4746 |
| 84 | 766.24 | 1.0119 | 1.2328 | 2.2446 | 84.620 | 2029.983 | 2114.603 | 0.2701 | 6.0181 | 6.2882 | 351.85 | 1.1228 | 55.6337 |
| 85 | 838.12 | 1.0147 | 1.3518 | 2.3666 | 85.630 | 2221.806 | 2307.436 | 0.2729 | 6.5644 | 6.8373 | 356.05 | 1.1346 | 57.8658 |
| 86 | 920.62 | 1.0175 | 1.4887 | 2.5062 | 86.640 | 2442.036 | 2528.677 | 0.2757 | 7.1901 | 7.4658 | 360.25 | 1.1463 | 60.1727 |
| 87 | 1016.11 | 1.0204 | 1.6473 | 2.6676 | 87.650 | 2697.016 | 2784.666 | 0.2785 | 7.9128 | 8.1914 | 364.45 | 1.1580 | 62.5544 |
| 88 | 1128.00 | 1.0232 | 1.8333 | 2.8565 | 88.661 | 2995.890 | 3084.551 | 0.2813 | 8.7580 | 9.0393 | 368.65 | 1.1696 | 65.0166 |
| 89 | 1260.64 | 1.0261 | 2.0540 | 3.0800 | 89.671 | 3350.254 | 3439.925 | 0.2841 | 9.7577 | 10.0419 | 372.86 | 1.1812 | 67.5581 |
| 90 | 1420.31 | 1.0289 | 2.3199 | 3.3488 | 90.681 | 3776.918 | 3867.599 | 0.2869 | 10.9586 | 11.2455 | 377.06 | 1.1928 | 70.1817 |

注：1. 表中数值实际是湿空气在压力为101325Pa时之值。

2. 表中：$d$ 为在给定的压力和温度条件下，达到饱和状态的每1kg干空气所含的湿量，kg/kg；$v_a$ 为干空气的比体积，$m^3$/kg；$v_s$ 为处于饱和状态时含有1kg干空气的湿空气的比体积，$m^3$/kg，$\Delta v=v_s-v_a$；$h_a$ 为干空气的比焓，kJ/kg；$h_s$ 为处于饱和状态时含有1kg干空气的湿空气的比焓，kJ/kg，$\Delta h$（汽化潜热）$=h_s-h_a$；$s_a$ 为每1kg干空气的比熵，kJ/(kg·K)；$s_s$ 为处于饱和状态时含有1kg干空气的湿空气的比熵，kJ/(kg·K)，$\Delta s=s_s-s_a$；$h_w$ 为一定的温度和压力下空气处于饱和状态时单位质量冷凝水（液态或固态）的比焓，kJ/kg；$s_w$ 为空气处于饱和状态时单位质量冷凝水的比熵，kJ/(kg·K)；$p_s$ 为饱和湿空气的水蒸气水压力（水的蒸发压力），kPa。

## 四、水和水蒸气的物理参数

水和水蒸气的物理参数见表5-13～表5-16。

**表5-13 饱和线上水的物理参数**

| 温度/℃ | 压力 $p/10^4$Pa | 密度/(kg/$m^3$) | 比热焓/(kJ/kg) | 比热容/[kJ/(kg·℃)] | 热导率/[W/(m·℃)] | 热扩散率 $d/(10^4$ $m^2$/h) | 动力黏度 $\mu/10^6$ Pa·s | 运动黏度 $\nu/(10^6$ $m^2$/s) | 普朗特数 |
|---|---|---|---|---|---|---|---|---|---|
| 0 | 9.81 | 9804.7 | 0 | 4.208 | 0.558 | 4.8 | 1789.8 | 1.790 | 13.70 |
| 5 | 9.81 | 9806.7 | | | 0.563 | | 1513.2 | 1.515 | |
| 10 | 9.81 | 9803.7 | 42.04 | 4.191 | 0.563 | 4.9 | 1304.3 | 1.300 | 9.56 |
| 15 | 9.81 | 9797.8 | | | 0.587 | | 1142.5 | 1.140 | |
| 20 | 9.81 | 9789.0 | 83.86 | 4.183 | 0.593 | 5.1 | 1000.3 | 1.000 | 7.06 |
| 25 | 9.81 | 9778.2 | | | 0.608 | | 888.5 | 0.891 | |
| 30 | 9.81 | 9764.5 | 125.60 | 4.178 | 0.611 | 5.3 | 801.2 | 0.805 | 5.50 |
| 35 | 9.81 | 9748.8 | | | 0.626 | | 721.8 | 0.727 | |
| 40 | 9.81 | 9730.2 | 167.39 | 4.178 | 0.627 | 5.4 | 653.1 | 0.659 | 4.30 |
| 45 | 9.81 | 9710.6 | | | 0.641 | | 599.2 | 0.606 | |
| 50 | 9.81 | 9690.0 | 207.62 | 4.183 | 0.642 | 5.6 | 549.2 | 0.556 | 3.56 |
| 55 | 9.81 | 9666.5 | | | 0.654 | | 508.0 | 0.515 | |
| 60 | 9.81 | 9641.9 | 250.96 | 4.183 | 0.657 | 5.7 | 470.7 | 0.479 | 3.00 |

续表

| 温度/℃ | 压力 $p/10^4$Pa | 密度/($kg/m^3$) | 比热焓/(kJ/kg) | 比热容/[kJ/(kg·℃)] | 热导率/[W/(m·℃)] | 热扩散率 $d/(10^4 m^2/h)$ | 动力黏度 $\mu/10^6$ Pa·s | 运动黏度 $\nu/(10^6 m^2/s)$ | 普朗特数 |
|---|---|---|---|---|---|---|---|---|---|
| 65 | 9.81 | 9616.4 | | | 0.664 | | 436.4 | 0.445 | |
| 70 | 9.81 | 9589.0 | 292.78 | 4.191 | 0.668 | 5.9 | 406.0 | 0.415 | 2.56 |
| 75 | 9.81 | 9560.5 | | | 0.671 | | 379.5 | 0.389 | |
| 80 | 9.81 | 9530.1 | 334.73 | 4.195 | 0.676 | 6.0 | 356.0 | 0.366 | 2.23 |
| 85 | 9.81 | 9499.7 | | | 0.678 | | 333.4 | 0.344 | |
| 90 | 9.81 | 9466.4 | 376.73 | 4.208 | 0.680 | 6.1 | 314.8 | 0.326 | 1.95 |
| 95 | 9.81 | 9433.1 | | | 0.683 | | 297.1 | 0.309 | |
| 100 | 10.10 | 9398.7 | 418.85 | 4.216 | 0.683 | 6.1 | 282.4 | 0.295 | 1.75 |
| 110 | 14.32 | 9326.2 | 461.05 | 4.229 | 0.685 | 6.1 | 255.0 | 0.268 | 1.58 |
| 120 | 19.81 | 9248.7 | 503.67 | 4.245 | 0.686 | 6.2 | 230.5 | 0.244 | 1.43 |
| 130 | 26.97 | 9167.3 | 545.96 | 4.266 | 0.686 | 6.2 | 211.8 | 0.226 | 1.32 |
| 140 | 36.09 | 9082.0 | 587.83 | 4.291 | 0.685 | 6.2 | 196.1 | 0.212 | 1.23 |
| 150 | 47.56 | 8991.8 | 631.79 | 4.321 | 0.684 | 6.2 | 185.3 | 0.202 | 1.17 |
| 160 | 61.78 | 8898.6 | 675.33 | 4.354 | 0.683 | 6.2 | 171.6 | 0.191 | 1.10 |
| 170 | 79.24 | 8799.5 | 718.87 | 4.388 | 0.679 | 6.2 | 162.8 | 0.181 | 1.05 |
| 180 | 100.32 | 8697.6 | 762.83 | 4.425 | 0.675 | 6.2 | 153.0 | 0.173 | 1.01 |
| 190 | 125.53 | 8590.7 | 807.22 | 4.463 | 0.670 | 6.2 | 145.1 | 0.166 | 0.97 |
| 200 | 155.53 | 8479.8 | 852.01 | 4.513 | 0.663 | 6.1 | 138.3 | 0.160 | 0.94 |
| 210 | 190.84 | 8363.1 | 897.23 | 4.605 | 0.655 | 6.0 | 131.4 | 0.154 | 0.92 |
| 220 | 232.03 | 8240.6 | 943.29 | 4.647 | 0.645 | 6.0 | 125.5 | 0.149 | 0.90 |
| 230 | 279.78 | 8113.1 | 989.76 | 4.689 | 0.637 | 6.0 | 119.6 | 0.145 | 0.88 |
| 240 | 334.80 | 7978.7 | 1037.07 | 4.731 | 0.628 | 5.9 | 114.3 | 0.141 | 0.86 |
| 250 | 397.76 | 7835.5 | 1085.64 | 4.844 | 0.618 | 5.74 | 109.8 | 0.137 | 0.86 |
| 260 | 469.44 | 7688.4 | 1135.04 | 4.949 | 0.605 | 5.61 | 105.9 | 0.135 | 0.86 |
| 270 | 550.55 | 7530.6 | 1185.28 | 5.066 | 0.590 | 5.45 | 102.0 | 0.133 | 0.87 |
| 280 | 641.94 | 7361.9 | 1236.78 | 5.229 | 0.575 | 5.27 | 98.1 | 0.131 | 0.89 |
| 290 | 744.52 | 7181.4 | 1289.95 | 5.485 | 0.558 | 5.00 | 94.1 | 0.129 | 0.92 |
| 300 | 859.16 | 6987.3 | 1344.80 | 5.736 | 0.540 | 4.75 | 91.2 | 0.128 | 0.98 |

**表 5-14　温度 0～100℃ 时饱和水蒸气压力表**（0.1MPa）

| $t$/℃ | 0.0 | 0.1 | 0.2 | 0.3 | 0.4 | 0.5 | 0.6 | 0.7 | 0.8 | 0.9 |
|---|---|---|---|---|---|---|---|---|---|---|
| 0 | 0.00623 | 0.00627 | 0.00632 | 0.00636 | 0.00641 | 0.00646 | 0.00651 | 0.00655 | 0.00660 | 0.00665 |
| 1 | 0.00670 | 0.00675 | 0.00679 | 0.00684 | 0.00689 | 0.00694 | 0.00699 | 0.00704 | 0.00710 | 0.00715 |
| 5 | 0.00890 | 0.00896 | 0.00902 | 0.00908 | 0.00915 | 0.00921 | 0.00927 | 0.00934 | 0.00940 | 0.00947 |
| 10 | 0.01252 | 0.01260 | 0.01269 | 0.01277 | 0.01286 | 0.01294 | 0.01303 | 0.01312 | 0.01321 | 0.01329 |
| 15 | 0.01739 | 0.01750 | 0.01761 | 0.01772 | 0.01784 | 0.01795 | 0.01807 | 0.01818 | 0.01830 | 0.01842 |
| 20 | 0.02384 | 0.02399 | 0.02413 | 0.02428 | 0.02444 | 0.02459 | 0.02474 | 0.02489 | 0.02504 | 0.02520 |
| 25 | 0.03230 | 0.03249 | 0.03268 | 0.03288 | 0.03307 | 0.03327 | 0.03347 | 0.03367 | 0.03387 | 0.03407 |
| 30 | 0.04327 | 0.04351 | 0.04376 | 0.04401 | 0.04427 | 0.04452 | 0.04477 | 0.04503 | 0.04539 | 0.04555 |
| 35 | 0.05734 | 0.05766 | 0.05798 | 0.05830 | 0.05862 | 0.05894 | 0.05927 | 0.05960 | 0.05992 | 0.06025 |
| 40 | 0.07521 | 0.07561 | 0.07601 | 0.07642 | 0.07683 | 0.07723 | 0.07764 | 0.07805 | 0.07847 | 0.07889 |
| 45 | 0.09772 | 0.09823 | 0.09873 | 0.09923 | 0.09974 | 0.10025 | 0.10077 | 0.10128 | 0.10180 | 0.10232 |
| 50 | 0.12577 | 0.12639 | 0.12702 | 0.12764 | 0.12827 | 0.12891 | 0.12955 | 0.13020 | 0.13084 | 0.13149 |
| 55 | 0.1605 | 0.1612 | 0.1620 | 0.1628 | 0.1636 | 0.1644 | 0.1651 | 0.1659 | 0.1667 | 0.1675 |

续表

| t/℃ | 0.0 | 0.1 | 0.2 | 0.3 | 0.4 | 0.5 | 0.6 | 0.7 | 0.8 | 0.9 |
|---|---|---|---|---|---|---|---|---|---|---|
| 60 | 0.2031 | 0.2040 | 0.2050 | 0.2059 | 0.2069 | 0.2078 | 0.2088 | 0.2098 | 0.2107 | 0.2117 |
| 65 | 0.2550 | 0.2561 | 0.2572 | 0.2584 | 0.2595 | 0.2607 | 0.2619 | 0.2631 | 0.2642 | 0.2654 |
| 70 | 0.3177 | 0.3191 | 0.3204 | 0.3218 | 0.3232 | 0.3246 | 0.3260 | 0.3274 | 0.3288 | 0.3302 |
| 75 | 0.3930 | 0.3947 | 0.3964 | 0.3981 | 0.3997 | 0.4014 | 0.4031 | 0.4047 | 0.4064 | 0.4081 |
| 80 | 0.4828 | 0.4847 | 0.4867 | 0.4886 | 0.4906 | 0.4926 | 0.4946 | 0.4966 | 0.4987 | 0.5007 |
| 85 | 0.5895 | 0.5918 | 0.5941 | 0.5964 | 0.5988 | 0.6012 | 0.6035 | 0.6059 | 0.6083 | 0.6107 |
| 90 | 0.7148 | 0.7175 | 0.7202 | 0.7230 | 0.7257 | 0.7285 | 0.7312 | 0.7340 | 0.7368 | 0.7396 |
| 95 | 0.8618 | 0.8650 | 0.8682 | 0.8714 | 0.8746 | 0.8778 | 0.8810 | 0.8843 | 0.8875 | 0.8908 |
| 100 | 1.0332 | 1.0369 | 1.0406 | 1.0444 | 1.0481 | 1.0518 | 1.0556 | 1.0594 | 1.0631 | 1.0669 |

**表 5-15 饱和水蒸气的物理参数（按压力排列）**

| 绝对压力/kPa | 饱和温度/℃ | 饱和压力下水的比体积/(m³/kg) | 蒸汽比容/(m³/kg) | 蒸汽密度/(kg/m³) | 比焓 | | 汽化比潜热/(MJ/kg) |
|---|---|---|---|---|---|---|---|
| | | | | | 水/(kJ/kg) | 蒸汽/(MJ/kg) | |
| 98.07 | 99.09 | 0.0010428 | 1.7250 | 0.5797 | 415.29 | 2.675 | 2.259 |
| 147.10 | 110.79 | 0.0010522 | 1.1810 | 0.8467 | 464.69 | 2.693 | 2.228 |
| 196.13 | 119.62 | 0.0010600 | 0.9018 | 1.1090 | 502.16 | 2.706 | 2.204 |
| 245.17 | 126.79 | 0.0010666 | 0.7318 | 1.3670 | 532.56 | 2.716 | 2.183 |
| 294.20 | 132.88 | 0.0010726 | 0.6169 | 1.6210 | 558.52 | 2.724 | 2.166 |
| 343.23 | 138.19 | 0.0010779 | 0.5338 | 1.8730 | 581.55 | 2.731 | 2.150 |
| 392.27 | 142.92 | 0.0010829 | 0.4709 | 2.1240 | 601.64 | 2.738 | 2.136 |
| 441.30 | 147.20 | 0.0010875 | 0.4215 | 2.3730 | 620.07 | 2.743 | 2.123 |
| 490.33 | 151.11 | 0.0010918 | 0.3817 | 2.620 | 636.81 | 2.748 | 2.111 |
| 588.40 | 158.08 | 0.0010998 | 0.3214 | 3.111 | 666.96 | 2.756 | 2.089 |
| 686.47 | 164.17 | 0.0011071 | 0.2778 | 3.600 | 693.75 | 2.763 | 2.069 |
| 784.53 | 169.61 | 0.0011139 | 0.2448 | 4.085 | 717.62 | 2.768 | 2.051 |
| 882.60 | 174.53 | 0.0011202 | 0.2189 | 4.568 | 738.97 | 2.773 | 2.034 |
| 980.67 | 179.04 | 0.0011262 | 0.1980 | 5.051 | 759.07 | 2.777 | 2.018 |
| 1078.73 | 183.20 | 0.0011319 | 0.1808 | 5.531 | 777.49 | 2.780 | 2.003 |
| 1176.80 | 187.08 | 0.0011373 | 0.1663 | 6.013 | 794.65 | 2.784 | 1.989 |
| 1275 | 190.71 | 0.0011426 | 0.1540 | 6.494 | 0.8106 | 2.787 | 1.976 |
| 1324 | 192.45 | 0.0011451 | 0.1485 | 6.734 | 0.8185 | 2.788 | 1.969 |
| 1373 | 194.13 | 0.0011476 | 0.1434 | 6.974 | 0.8261 | 2.789 | 1.963 |
| 1422 | 195.77 | 0.0011501 | 0.1387 | 7.210 | 0.8336 | 2.790 | 1.957 |
| 1471 | 197.36 | 0.0011525 | 0.1342 | 7.452 | 0.8403 | 2.791 | 1.951 |
| 1520 | 198.91 | 0.0011548 | 0.1300 | 7.692 | 0.8474 | 2.792 | 1.945 |
| 1569 | 200.43 | 0.0011572 | 0.1261 | 7.930 | 0.8541 | 2.793 | 1.939 |
| 1618 | 201.91 | 0.0011595 | 0.1224 | 8.170 | 0.8608 | 2.794 | 1.933 |
| 1667 | 203.35 | 0.0011618 | 0.1189 | 8.410 | 0.8675 | 2.795 | 1.927 |
| 1716 | 204.76 | 0.0011640 | 0.1156 | 8.651 | 0.8738 | 2.7955 | 1.922 |
| 1765 | 206.14 | 0.0011662 | 0.1125 | 8.889 | 0.8801 | 2.7959 | 1.916 |
| 1814 | 207.49 | 0.0011684 | 0.1095 | 9.132 | 0.8863 | 2.7968 | 1.910 |
| 1863 | 208.81 | 0.0011706 | 0.1067 | 9.372 | 0.8922 | 2.7976 | 1.905 |
| 1912 | 210.11 | 0.0011728 | 0.1040 | 9.615 | 0.8981 | 2.7980 | 1.900 |
| 1961 | 210.38 | 0.0011749 | 0.1015 | 9.852 | 0.9039 | 2.7989 | 1.895 |
| 2010 | 211.63 | 0.0011771 | 0.09907 | 10.090 | 0.9098 | 2.7993 | 1.890 |
| 2059 | 213.85 | 0.0011792 | 0.09676 | 10.340 | 0.9152 | 2.7997 | 1.884 |
| 2108 | 215.05 | 0.0011813 | 0.09456 | 10.570 | 0.9211 | 2.8001 | 1.879 |
| 2157 | 216.23 | 0.0011833 | 0.09244 | 10.820 | 0.9261 | 2.8006 | 1.874 |

续表

| 绝对压力/kPa | 饱和温度/℃ | 饱和压力下水的比体积/(m³/kg) | 蒸汽比容/(m³/kg) | 蒸汽密度/(kg/m³) | 比焓 | | 汽化比潜热/(MJ/kg) |
|---|---|---|---|---|---|---|---|
| | | | | | 水/(kJ/kg) | 蒸汽/(MJ/kg) | |
| 2206 | 217.39 | 0.0011854 | 0.09042 | 11.060 | 0.9316 | 2.8006 | 1.869 |
| 2256 | 218.53 | 0.0011874 | 0.08849 | 11.300 | 0.9370 | 2.8010 | 1.864 |
| 2305 | 219.65 | 0.0011894 | 0.08663 | 11.540 | 0.9420 | 2.8014 | 1.859 |
| 2354 | 220.75 | 0.0011914 | 0.08486 | 11.780 | 0.9471 | 2.8018 | 1.855 |
| 2403 | 221.83 | 0.0011933 | 0.08316 | 12.030 | 0.9521 | 2.8018 | 1.850 |
| 2452 | 222.90 | 0.0011953 | 0.08150 | 12.270 | 0.9571 | 2.8022 | 1.845 |
| 2501 | 223.95 | 0.0011973 | 0.07991 | 12.510 | 0.9621 | 2.8022 | 1.840 |
| 2550 | 224.99 | 0.0011992 | 0.07838 | 12.760 | 0.9672 | 2.8026 | 1.835 |
| 2746 | 228.98 | 0.0012067 | 0.07282 | 13.730 | 0.9852 | 2.8026 | 1.817 |
| 2942 | 232.76 | 0.0012142 | 0.06798 | 14.710 | 1.0032 | 2.8031 | 1.800 |
| 3432 | 211.42 | 0.0012320 | 0.05819 | 17.180 | 1.0446 | 2.8031 | 1.758 |
| 3923 | 249.18 | 0.0012493 | 0.05078 | 19.690 | 1.0819 | 2.8010 | 1.719 |

**表 5-16　饱和水蒸气的物理参数（按温度排列）**

| 温度/℃ | 绝对压力/kPa | 饱和压力下水的比体积/(m³/kg) | 蒸汽比体积/(m³/kg) | 蒸汽密度/(kg/m³) | 比焓 | | 汽化比潜热/(MJ/kg) | 饱和水的比熵/[kJ/(kg·℃)] | 饱和水蒸气的比熵/[kJ/(kg·℃)] |
|---|---|---|---|---|---|---|---|---|---|
| | | | | | 水/(kJ/kg) | 蒸汽/(MJ/kg) | | | |
| 0 | 0.6108① | 0.0010002 | 206 3 | 0.004847 | 0 | 2.500 | 2.500 | 0 | 9.1544 |
| 5 | 0.8718 | 0.0010001 | 147.2 | 0.006793 | 21.060 | 2.510 | 2.489 | 0.0762 | 9.0242 |
| 10 | 1.2271 | 0.0010004 | 106.42 | 0.009398 | 42.035 | 2.519 | 2.477 | 0.1511 | 8.8995 |
| 15 | 1.7040 | 0.0010010 | 77.97 | 0.01282 | 62.97 | 2.528 | 2.466 | 0.2244 | 8.7806 |
| 20 | 2.3369 | 0.0010018 | 57.48 | 0.01729 | 83.90 | 2.537 | 2.453 | 0.2964 | 8.6663 |
| 25 | 3.1666 | 0.0010030 | 43.40 | 0.02304 | 104.80 | 2.546 | 2.442 | 0.3672 | 8.5570 |
| 30 | 4.2414 | 0.0010044 | 32.93 | 0.03036 | 125.69 | 2.556 | 2.430 | 0.4367 | 8.4523 |
| 35 | 5.6222 | 0.0010060 | 25.25 | 0.03960 | 146.58 | 2.565 | 2.418 | 0.5049 | 8.3518 |
| 40 | 7.3746 | 0.0010079 | 19.55 | 0.05115 | 167.51 | 2.574 | 2.406 | 0.5723 | 8.2560 |
| 45 | 9.5821 | 0.0010099 | 15.28 | 0.06545 | 188.41 | 2.582 | 2.394 | 0.6385 | 8.1638 |
| 50 | 12.335 | 0.0010121 | 12.05 | 0.08302 | 209.30 | 2.592 | 2.382 | 0.7038 | 8.0751 |
| 55 | 15.741 | 0.0010145 | 9.578 | 0.1044 | 230.19 | 2.600 | 2.370 | 0.7679 | 7.9901 |
| 60 | 19.917① | 0.0010171 | 7.678 | 0.1302 | 251.12 | 2.609 | 2.358 | 0.8311 | 7.9084 |
| 65 | 0.02501 | 0.0010199 | 6.201 | 0.1613 | 0.2721 | 2.618 | 2.345 | 0.8935 | 7.8297 |
| 70 | 0.03116 | 0.0010228 | 5.045 | 0.1982 | 0.2930 | 2.626 | 2.333 | 0.9550 | 7.7544 |
| 75 | 0.03855 | 0.0010258 | 4.133 | 0.2420 | 0.3140 | 2.635 | 2.321 | 1.0157 | 7.6819 |
| 80 | 0.04736 | 0.0010290 | 3.409 | 0.2933 | 0.3349 | 2.643 | 2.308 | 1.0752 | 7.6116 |
| 95 | 0.08452 | 0.0010396 | 1.982 | 0.5045 | 0.3980 | 2.668 | 2.270 | 1.2502 | 7.4157 |
| 100 | 0.10132 | 0.0010435 | 1.673 | 0.5977 | 0.4191 | 2.676 | 2.257 | 1.3071 | 7.3545 |
| 110 | 0.14327 | 0.0010515 | 1.210 | 0.8263 | 0.4613 | 2.691 | 2.230 | 1.4185 | 7.2386 |
| 120 | 0.19854 | 0.0010603 | 0.8917 | 1.122 | 0.5037 | 2.706 | 2.203 | 1.5278 | 7.1289 |
| 130 | 0.2701 | 0.0010697 | 0.6683 | 1.496 | 0.5464 | 2.721 | 2.174 | 1.6345 | 7.0271 |
| 140 | 0.3614 | 0.0010798 | 0.5087 | 1.966 | 0.5891 | 2.734 | 2.145 | 1.7392 | 6.9304 |
| 150 | 0.4760 | 0.0010906 | 0.3926 | 2.547 | 0.6322 | 2.747 | 2.114 | 1.8418 | 6.8383 |
| 160 | 0.6180 | 0.0011021 | 0.3068 | 3.259 | 0.6753 | 2.758 | 2.083 | 1.9427 | 6.7508 |
| 170 | 0.7920 | 0.0011144 | 0.2426 | 4.122 | 0.7193 | 2.769 | 2.049 | 2.0419 | 6.6666 |
| 180 | 1.0027 | 0.0011275 | 0.1939 | 5.157 | 0.7633 | 2.778 | 2.015 | 2.1395 | 6.5858 |
| 190 | 1.255 | 0.0011415 | 0.1564 | 6.395 | 0.8076 | 2.786 | 1.979 | 2.2358 | 6.5075 |
| 200 | 1.555 | 0.0011565 | 0.1272 | 7.863 | 0.8524 | 2.793 | 1.941 | 2.3308 | 6.4318 |
| 210 | 1.908 | 0.0011726 | 0.1044 | 9.578 | 0.8976 | 2.798 | 1.900 | 2.4246 | 6.3577 |
| 220 | 2.320 | 0.0011900 | 0.08606 | 11.62 | 0.9437 | 2.801 | 1.858 | 2.5179 | 6.2848 |

续表

| 温度/℃ | 绝对压力/kPa | 饱和压力下水的比体积/($m^3$/kg) | 蒸汽比体积/($m^3$/kg) | 蒸汽密度/(kg/$m^3$) | 比焓 | | 汽化比潜热/(MJ/kg) | 饱和水的比熵/[kJ/(kg·℃)] | 饱和水蒸气的比熵/[kJ/(kg·℃)] |
|---|---|---|---|---|---|---|---|---|---|
| | | | | | 水/(kJ/kg) | 蒸汽/(MJ/kg) | | | |
| 230 | 2.798 | 0.0012087 | 0.07147 | 13.99 | 0.9902 | 2.803 | 1.813 | 2.6101 | 6.2132 |
| 240 | 3.348 | 0.0012291 | 0.05967 | 16.76 | 1.0375 | 2.803 | 1.766 | 2.7022 | 6.1425 |
| 250 | 3.978 | 0.0012512 | 0.05005 | 19.98 | 1.0861 | 2.801 | 1.715 | 2.7934 | 6.0721 |
| 260 | 4.694 | 0.0012755 | 0.04215 | 23.72 | 1.1350 | 2.796 | 1.661 | 2.8851 | 6.0014 |
| 270 | 5.505 | 0.0013023 | 0.03560 | 28.09 | 1.1853 | 2.790 | 1.604 | 2.9764 | 5.9298 |
| 280 | 6.419 | 0.0013321 | 0.03013 | 33.19 | 1.2368 | 2.780 | 1.543 | 3.0685 | 5.8573 |
| 290 | 7.445 | 0.0013655 | 0.02553 | 39.17 | 1.2900 | 2.766 | 1.476 | 3.1610 | 5.7824 |
| 300 | 8.592 | 0.0014036 | 0.02164 | 46.21 | 1.3448 | 2.749 | 1.404 | 3.2548 | 5.7049 |
| 310 | 9.869 | 0.001447 | 0.01831 | 54.61 | 1.4022 | 2.727 | 1.325 | 3.3507 | 5.6233 |
| 320 | 11.290 | 0.001499 | 0.01545 | 64.74 | 1.4620 | 2.700 | 1.238 | 3.4495 | 5.5354 |
| 330 | 12.864 | 0.001562 | 0.01297 | 77.09 | 1.5261 | 2.666 | 1.140 | 3.5521 | 5.4412 |
| 340 | 14.608 | 0.001639 | 0.01078 | 92.77 | 1.5948 | 2.622 | 1.027 | 3.6605 | 5.3361 |
| 350 | 16.537 | 0.001741 | 0.008805 | 113.6 | 1.6714 | 2.564 | 0.893 | 3.7786 | 5.2117 |
| 360 | 18.674 | 0.001894 | 0.006943 | 144.1 | 1.7614 | 2.481 | 0.720 | 3.9173 | 5.0530 |
| 370 | 21.053 | 0.00222 | 0.00493 | 202.4 | 1.8924 | 2.331 | 0.438 | 4.1135 | 4.7951 |
| 374 | 22.087 | 0.002800 | 0.00361 | 277.0 | 2.0319 | 2.172 | 0.140 | 4.3258 | 4.5418 |

① 0～60℃温度下的绝对压力值单位为 Pa。

注：临界参数温度 374.15℃；压力 22.129MPa；比体积 0.00326$m^3$/kg。

## 五、可燃气体爆炸极限

可燃气体的爆炸极限见表 5-17。

**表 5-17 可燃气体的爆炸极限**

| 气体、蒸气种类 | 爆炸临界(体积分数)/% | | 闪点/℃ | 燃点/℃ |
|---|---|---|---|---|
| | 下限 | 上限 | | |
| 氨 | 15 | 28 | | 630 |
| 硫 | 2 | | | |
| 一氧化碳 | 12.5 | 74 | 247 | 609 |
| 二硫化碳 | 1.0 | 60 | | 100 |
| 氰 | 6.6 | | −30 | |
| 氰化氢 | 5.4 | 47 | | 535 |
| 乙硼烷 | 0.8 | 88 | −18 | |
| 氘 | 4.9 | 75 | | |
| 氢 | 4.0 | 75 | | 560 |
| 癸硼烷 | 0.2 | | | |
| 甲醛 | 7.0 | | | 430 |
| 无水乙酸 | 2.0 | 10 | 49 | 330 |
| 无水邻苯二甲酸 | 1.2 | 9.2 | 140 | 570 |
| 甲醇 | 5.5 | 44 | 11 | 455 |
| 甲烷 | 5.5 | 15 | −187 | 595 |
| 丙炔 | 1.7 | | | |
| 甲胺 | 4.2 | | | 430 |

续表

| 气体、蒸气种类 | 爆炸临界(体积分数)/% | | 闪点/℃ | 燃点/℃ |
|---|---|---|---|---|
| | 下限 | 上限 | | |
| 4-甲基-2-戊醇 | 1.2 | | 40 | |
| 甲基异丙烯酮 | 1.8 | 9.0 | | |
| 甲醚 | 3.4 | 37 | | 350 |
| 甲乙酮 | 1.8 | | −6 | 516 |
| 三氯乙烷 | | | | 500 |
| 甲基环己醇 | 1.0 | | | 295 |
| 甲基环己烷 | 1.1 | 6.7 | | 250 |
| 甲基环戊二烯 | 1.3 | 7.6 | 49 | 445 |
| 甲酸异丁酯 | 2.0 | 8.9 | | |
| 甲酸乙酯 | 2.8 | 16 | −20 | 455 |
| 甲酸丁酯 | 1.7 | 8.2 | | |
| 甲酸甲酯 | 5.0 | 23 | | 465 |
| (混)二甲苯 | 1.0 | 7.6 | 30 | 465 |
| 联氨 | 4.7 | 100 | | |
| 戊硼烷 | 0.42 | | | |
| 硫化氢 | 4.3 | 46 | | 270 |
| 丙烯酸乙酯 | 1.7 | | 9 | 350 |
| 丙烯酸甲酯 | 2.4 | 25 | −3 | 415 |
| 丙烯腈 | 2.8 | 28 | −5 | 480 |
| 丙烯醛 | 2.8 | 31 | | 235 |
| 己二酸 | 1.6 | | | 420 |
| 亚硝酸异戊酯 | 1.0 | | | 210 |
| 亚硝酸乙酯 | 3.0 | 50 | −35 | 90 |
| 甲基苯乙烯 | 1.0 | | 49 | 495 |
| 甲基亚砜 | | | 84 | |
| 甲基萘 | 0.8 | | | 530 |
| 甲基乙烯醚 | 2.6 | 39 | | |
| 皮考啉 | 1.4 | | | 500 |
| 甲基丁烯 | 1.5 | 9.1 | | |
| 甲基戊酮 | 1.6 | 8.2 | | |
| 甲基己烷 | 2.1 | 13 | | 280 |
| 甲基戊烷 | 1.2 | | | |
| 单异丙基联苯 | 0.53 | 3.2 | 141 | 435 |
| 单异丙苯二环己基 | 0.52 | 4.1 | 124 | 230 |
| 一甲基联氨 | 4 | | | |
| 硫化氢 | 4.3 | | | 260 |
| 酪酸 | 2.1 | | | 450 |
| 甲基硫 | 2.2 | 20 | | 205 |
| 乙酰丙酯 | 1.7 | | 34 | 340 |
| 乙缩醛 | 1.6 | | | 230 |
| 乙炔 | 1.5 | 100 | | 305 |
| N-乙酰苯胺 | 1.0 | | | 545 |

续表

| 气体、蒸气种类 | 爆炸临界(体积分数)/% | | 闪点/℃ | 燃点/℃ |
|---|---|---|---|---|
| | 下限 | 上限 | | |
| 乙醛 | 4.0 | 60 | −38 | 140 |
| 乙醛缩二乙醇 | 1.6 | 10 | 37 | 230 |
| 乙腈氰代甲烷 | 3.0 | | 2 | 525 |
| 苯乙酮 | 1.1 | | | 570 |
| 丙酮 | 2.6 | 13 | −20 | 540 |
| 丙酮氰醇 | 2.2 | 12 | | |
| 苯胺 | 1.2 | 8.3 | | 615 |
| O-氨基联苯 | 0.66 | 4.1 | | 450 |
| 戊醇 | 1.4 | | | 435 |
| 戊醚 | 0.7 | | | 170 |
| 烯丙胺 | 2.2 | 22 | | 375 |
| 烯丙醇 | 2.5 | 18 | 22 | 378 |
| 丁间醇醛 | 2.0 | | | 250 |
| 丙二烯 | 2.16 | | | |
| 苯甲酸苯甲酯 | 0.7 | | | 480 |
| 蒽 | 0.65 | | | 540 |
| 异丁基甲醇 | 1.4 | 9.0 | | 350 |
| 异辛烷 | 1.0 | 6.0 | −12 | 410 |
| 异丁烷 | 1.8 | 8.4 | −81 | 460 |
| 异丁醇 | 1.7 | 11 | | 426 |
| 异丁基苯 | 0.82 | 6.0 | | 430 |
| 异丁烯 | 1.8 | 9.6 | | 465 |
| 异戊二烯 | 1.0 | 9.7 | −54 | 220 |
| 异丙醚 | 1.4 | 7.9 | | |
| 异丙醇 | 2.0 | | 12 | 300 |
| 异丙联苯 | 0.6 | | | 440 |
| 异戊烷 | 1.3 | 7.6 | −51 | 420 |
| 异佛尔酮 | 0.84 | | | 460 |
| 乙醇 | 3.3 | 19 | 12 | 425 |
| 乙烷 | 3.0 | 15.5 | | 515 |
| 乙胺 | 3.5 | | | 385 |
| 乙醚 | 1.7 | 36 | −45 | 170 |
| 乙基环丁烷 | 1.2 | 7.7 | | 210 |
| 乙基环己烷 | 2.0 | 6.6 | | 260 |
| 乙基环戊烷 | 1.1 | 6.7 | | 260 |
| 乙基丙烯醚 | 1.7 | 9 | | |
| 乙苯 | 1.0 | 6.7 | 15 | 430 |
| 乙基甲基醚 | 2.2 | | | |
| 甲乙酮 | 1.8 | 11.5 | −1 | 505 |
| 甲乙酮过氧化物 | | | 40 | 390 |
| 乙硫醇 | 2.8 | 18 | | 300 |
| 乙烯 | 2.7 | 34 | | 425 |

续表

| 气体、蒸气种类 | 爆炸临界(体积分数)/% | | 闪点/℃ | 燃点/℃ |
|---|---|---|---|---|
| | 下限 | 上限 | | |
| 亚乙基氯醇 | 4.5 | | 60 | 425 |
| 亚乙基亚胺 | 3.6 | 46 | | 320 |
| 环氧乙烷 | 3.0 | 100 | | 440 |
| 乙二醇 | 3.5 | | | 400 |
| 乙二醇-丁基醚 | 1.1 | 11 | | 245 |
| 乙二醇-甲基醚 | 2.5 | 20 | | 380 |
| 氯乙酰 | 5.0 | | 4.4 | 390 |
| 氯戊烷 | 1.5 | 8.6 | | 260 |
| 氯丙烯 | 2.9 | | −32 | 485 |
| 氯乙烷 | 3.8 | | −50 | 519 |
| 氯乙烯 | 3.8 | 29.3 | | 415 |
| 氯丁烷 | 1.8 | 10 | −12 | 245 |
| 异丙基氯 | 2.8 | 10.7 | −32 | 590 |
| 苄基氯 | 1.2 | | | 585 |
| 氯甲烷 | 7 | | | 632 |
| 二氯甲烷 | | | | 615 |
| 辛烷 | 0.8 | 6.5 | 12 | 210 |
| 汽油 | 1.0 | 7 | −20 | 260 |
| 喹啉 | 1.0 | | | |
| 异丙基苯 | 0.88 | 6.5 | 44 | 425 |
| 甘油 | | | | 370 |
| 甲酚 | 1.1 | | | |
| 巴豆(丁烯)醛 | 2.1 | 16 | 13 | 232 |
| 氯苯 | 1.3 | 11.0 | 28 | 590 |
| 轻油 | 1.0 | | 50 | 257 |
| 乙酸 | 4.0 | | 40 | 485 |
| 乙酸戊酯 | 1.0 | 7.1 | 25 | 360 |
| 乙酸异戊酯 | 1.1 | 7.0 | 25 | 360 |
| 乙酸异丙酯 | 1.7 | | | |
| 乙酸乙酯 | 2.1 | 11 | −4 | 460 |
| 乙酸环己酯 | 1.0 | | | 335 |
| 乙酸丁酯 | 1.2 | 7.5 | 22 | 370 |
| 乙酸乙烯酯 | 2.6 | 13.4 | −8 | 385 |
| 乙酸丙酯 | 1.7 | 8.0 | 10 | 430 |
| 乙酸甲酯 | 3.1 | 16 | −10 | 475 |
| 乙酸甲氧基乙酯 | 1.7 | | 46 | |
| 二异丁基甲醇 | 0.82 | 6.1 | | |
| 二乙基苯胺 | 0.8 | | 80 | 630 |
| 二乙胺 | 1.8 | 10 | −18 | 312 |
| 丁酮 | 1.6 | | | 450 |
| 二乙基环已烷 | 0.75 | | | 240 |
| 二乙苯 | 0.8 | | | 430 |

续表

| 气体、蒸气种类 | 爆炸临界(体积分数)/% | | 闪点/℃ | 燃点/℃ |
|---|---|---|---|---|
| | 下限 | 上限 | | |
| 二乙基戊烷 | 0.7 | | | 290 |
| (喷气)发动机燃料油(JP-4) | 1.3 | 8 | | 240 |
| 二噁烷 | 1.9 | 22 | 11 | 375 |
| 环丙烷 | 2.4 | 10.4 | | 500 |
| 环己醇 | 1.2 | 9.4 | 44 | 430 |
| 环己烷 | 1.2 | 8.3 | −18 | 260 |
| 环己烯 | 1.2 | | | |
| 环庚烷 | 1.1 | 6.7 | | |
| 二氯丙烷 | 3.1 | | | |
| 二氯乙烷 | 6.2 | 16 | 13 | 440 |
| 二苯胺 | 0.7 | 16 | | 635 |
| 二氯乙烯 | 5.6 | 16 | −10 | 530 |
| 二苯甲烷 | 0.7 | | | 485 |
| 二戊烯 | 0.75 | 6.1 | 45 | 237 |
| 二甲胺 | 2.8 | | | 400 |
| 二甲醚 | 3.0 | 27 | | 240 |
| 二甲基二氯硅烷 | 3.4 | | | |
| 二甲基萘烷 | 0.69 | 5.3 | | 235 |
| 二甲基肼 | 2.0 | 95 | | |
| 辛己烷 | 1.2 | 7.0 | | |
| 二甲基庚酮 | 0.79 | 6.2 | | |
| 二甲基戊烷 | 1.1 | 6.8 | | 335 |
| 二甲基甲酰胺 | 1.8 | 14 | 57 | 435 |
| 对异丙基甲苯 | 0.85 | 6.5 | | 435 |
| 重油 | | | 60 | 260 |
| 烯丙基溴 | 2.7 | | | 295 |
| 溴丁烷 | 2.5 | | | 265 |
| 溴甲烷 | 10 | 15 | | |
| 溴乙烷 | 6.7 | 11.3 | −20 | 510 |
| 硝酸戊酯 | 1.1 | | | 195 |
| 硝酸乙酯 | 3.8 | | 10 | 85 |
| 硝酸丙酯 | 1.8 | 100 | 21 | 175 |
| 干洗溶剂 | 1.1 | | 40 | 232 |
| 苯乙烯 | 1.1 | 8.0 | 32 | 490 |
| 硬脂酸丁酯 | 0.3 | | | 355 |
| 石油醚 | 1.1 | | −18 | 245 |
| 柴油机燃料 | | | | 225 |
| 石油精 | 1.1 | | −18 | 246 |
| 萘烷 | 0.74 | 4.9 | 57 | 250 |
| 溶剂汽油 | 1.1 | | 22 | 482 |
| 十碳烷 | 0.75 | 5.4 | 46 | 205 |
| 十四烷 | 0.5 | | | 200 |

续表

| 气体、蒸气种类 | 爆炸临界(体积分数)/% | | 闪点/℃ | 燃点/℃ |
| --- | --- | --- | --- | --- |
| | 下限 | 上限 | | |
| 四氢呋喃 | 2.0 | 12.4 | −20 | 230 |
| 四甲基戊烷 | 0.8 | | | 430 |
| 水溶性气体 | 6.0 | | | |
| 萘满 | 0.84 | 5.0 | 71 | 385 |
| 煤气 | 4 | 40 | | 560 |
| 三联苯 | 0.96 | | | 535 |
| 松节油 | 0.7 | | 35 | 240 |
| 灯油 | 1.1 | | 30 | 210 |
| 十二烷 | 0.6 | | 74 | 205 |
| 三乙胺 | 1.2 | 8.0 | −6.7 | |
| 三甘醇 | 0.9 | 9.2 | | |
| 三噁烷 | 3.2 | | | |
| 三氯乙烯 | 12 | 40 | 30 | 420 |
| 三甲胺 | 2.0 | 12 | | |
| 三甲基丁烷 | 1.0 | | | 420 |
| 三甲基戊烷 | 0.95 | | | 415 |
| 三甲基苯 | 1.1 | 7.0 | 50 | 485 |
| 甲苯 | 1.2 | 7.0 | 6 | 535 |
| 萘 | 0.88 | 0.59 | | 526 |
| 尼古丁 | 0.75 | | | |
| 硝基乙烷 | 3.4 | | 30 | |
| 硝基丙烷 | 2.2 | | 34 | |
| 硝基甲烷 | 7.3 | | 33 | |
| 硝基丁烷 | 2.5 | | 27 | |
| 乳酸乙酯 | 1.5 | | | 400 |
| 乳酸甲酯 | 2.2 | | | |
| 二硫化碳 | 1.3 | 50 | | 90 |
| 2,2-二甲基丙烷 | 1.4 | 7.5 | | 450 |
| 壬烷 | 0.85 | | 31 | 205 |
| 三聚乙醛 | 1.3 | | | |
| 发生炉煤气 | 20 | | | |
| 联环已基 | 0.65 | 5.1 | 74 | 245 |
| 蒎烷 | 0.74 | 7.2 | | |
| 乙烯醚 | 1.7 | 27 | | |
| 乙酸乙烯酯 | 2.6 | | | |
| 联苯 | 0.7 | | 110 | 540 |
| 吡啶 | 1.8 | 12 | 20 | 550 |
| 苯基醚 | 0.8 | | | 620 |
| 丁二烯 | 1.1 | 12 | | 415 |
| 丁醇 | 1.4 | 11.3 | 29 | 340 |
| 丁烷 | 1.5 | 8.5 | | 365 |
| 丁二醇 | 1.9 | | | 395 |

续表

| 气体、蒸气种类 | 爆炸临界(体积分数)/% | | 闪点/℃ | 燃点/℃ |
|---|---|---|---|---|
| | 下限 | 上限 | | |
| 丁胺 | 1.7 | 8.9 | | 380 |
| 丁醇 | 1.9 | 9.0 | 11 | 480 |
| 丁醛 | 1.4 | 12.5 | −6.7 | 230 |
| 丁苯 | 0.82 | 53.8 | | 410 |
| 丁甲酮 | 1.2 | 8.0 | | |
| 丁丙酯 | 2.0 | | | |
| 丁烯 | 1.6 | 10 | | 385 |
| 呋喃 | 2.3 | 14.3 | −20 | 390 |
| 糠醇 | 1.8 | 16 | 72 | 390 |
| 炔丙醇 | 2.4 | | | |
| 丙醇 | 2.0 | 12 | 12 | 425 |
| 丙烷 | 2.1 | 9.5 | −102 | 450 |
| 丙二醇 | 2.5 | | 15 | 410 |
| 丙炔酸内酯 | 2.9 | | | |
| 丙醛 | 2.9 | 17 | | |
| 丙酸戊酯 | 1.0 | | | 385 |
| 丙酸乙酯 | 1.8 | 11 | 12 | 410 |
| 丙酸甲酯 | 2.4 | 13 | −2 | |
| 丙胺 | 2.0 | | | |
| 丙烯 | 2.0 | 11 | | 460 |
| 氧化丙烯 | 1.9 | 24 | −37 | 430 |
| 溴苯 | 1.6 | | | 565 |
| (正)十六(碳)烷 | 0.43 | | 126 | 205 |
| 己醇 | 1.2 | | 63 | 290 |
| (正)己烷 | 1.2 | 7.4 | −22 | 240 |
| 正己醚 | 0.6 | | | 185 |
| 庚烷 | 1.05 | 6.7 | −4 | 215 |
| 苯 | 1.2 | 7.9 | −11 | 560 |
| 戊醇 | 1.2 | 11 | 33 | 300 |
| 戊烷 | 1.4 | 7.8 | −48 | 285 |
| 戊二醇 | | | | 335 |
| 戊烯 | 1.4 | 8.7 | | 275 |

## 第二节 粉尘、物料和材料数表

粉尘、物料和材料数据包括粉尘密度、比电阻、黏附性、爆炸性、标准筛制、物料密度、安息角、材料密度等。

### 一、粉尘性质数据

粉尘性质数据见表 5-18～表 5-20。

表 5-18 工业窑炉粉尘的真密度和堆积密度

| 主要工业炉窑粉尘 | 真密度/(g/cm³) | 假密度/(g/cm³) | 主要工业炉窑粉尘 | 真密度/(g/cm³) | 假密度/(g/cm³) |
|---|---|---|---|---|---|
| 煤粉锅炉 | 2.1 | 0.52 | 硫化矿炉窑 | 4.17 | 0.53 |
| 重油锅炉 | 1.98 | 0.2 | 氧化炼铜炉 | 4.75 | 0.65 |
| 水泥干燥窑 | 3.0 | 0.6 | 锡青铜炉 | 5.21 | 0.16 |
| 水泥生料粉 | 2.76 | 0.29 | 骨料干燥炉 | 2.9 | 1.06 |
| 硅酸盐水泥 | 3.12 | 1.5 | 滑石粉 | 0.75 | 0.59～0.7 |
| 电炉 | 4.5 | 0.6～1.5 | 转炉 | 5 | 0.7 |
| 化铁炉 | 2.0 | 0.8 | 铜精炼 | 4～5 | 0.2 |
| 亚铅精炼 | 5 | 0.5 | 石墨 | 2 | 约 0.3 |
| 烧结矿粉 | 3.8～4.2 | 1.5～2.6 | 烟灰 | 2.2 | 1.07 |
| 烧结炉 | 3～4 | 1 | 硅石粉 | 2.63 | 1.15～1.55 |

表 5-19 几种粉尘的比电阻

| 粉尘的种类 | 温度/℃ | 含水量/% | 比电阻/Ω·cm | 备注 |
|---|---|---|---|---|
| 铜焙烧炉烟尘 | 143 | 22 | $2\times10^{9}$ | 现场测定 |
| 铅烧结机烟尘 | 143 | 10 | $1\times10^{12}$ | 现场测定 |
| 富氧化铁矿粉尘 | 50～300 | | $7.2\times10^{10}$ | |
| 烧结机机尾烟尘 | 50～300 | | $5\times10^{9}\sim1.3\times10^{10}$ | |
| 炼焦煤粉 | 150 | | $2.5\times10^{4}$ | |
| 炼钢转炉烟尘 | 50～300 | | $1.36\times10^{11}\sim2.18\times10^{11}$ | |
| 炼钢电炉烟尘 | 150 | | $3.36\times10^{12}$ | |
| 烧结锰矿烟尘 | 100 | | $1.5\times10^{10}$ | |
| 镁砂窑炉烟尘 | 200 | | $4.8\times10^{10}\sim7.75\times10^{11}$ | 实验室 |
| 石灰粉尘 | 150 | | $4.04\times10^{12}\sim8.6\times10^{12}$ | |
| 水泥窑粉尘 | 244 | 5 | $1\times10^{4}$ | 现场测定 |
| 电厂锅炉飞灰 | 149 | | $8\times10^{9}$ | 现场测定 |
| 黏土粉尘 | 140 | | $2\times10^{12}$ | 现场测定 |
| 白云石粉尘 | 150 | | $4\times10^{12}$ | 现场测定 |

表 5-20 粉尘黏附性分类

| 分类 | 粉尘性质 | 黏附强度/Pa | 粉尘举例 |
|---|---|---|---|
| 第Ⅰ类 | 无黏附性 | 0～60 | 干矿渣粉、石英砂、干黏土等 |
| 第Ⅱ类 | 微黏附性 | 60～300 | 含有许多未燃烧完全物质的飞灰、焦炭粉、干镁粉、高炉灰、炉料粉、干滑石粉等 |
| 第Ⅲ类 | 中等黏附性 | 300～600 | 完全燃尽的飞灰、泥煤粉、湿镁粉、金属粉、氧化锡、氧化锌、氧化铅、干水泥、炭黑、面粉、牛奶粉、锯末等 |
| 第Ⅳ类 | 强黏附性 | >600 | 潮湿空气中的水泥、石膏粉、雪花石膏粉、纤维尘(石棉、棉纤维、毛纤维等)等 |

## 二、粉尘的爆炸性

粉尘的爆炸性见表 5-21～表 5-25。

表 5-21 农业产品可爆粉尘的爆炸性技术参数

| 粉尘类型 | 中位径/μm | 爆炸下限浓度/(g/m³) | 最大爆炸压力/MPa | 最大压力上升速率/(MPa/s) | 爆炸指数 $K_{max}$/(MPa·m/s) | 爆炸等级 |
|---|---|---|---|---|---|---|
| 纤维素 | 33 | 60 | 0.97 | 22.9 | 22.9 | St2 |
| 纤维素 | 42 | 30 | 0.99 | 6.2 | 6.2 | St1 |
| 软木料 | 42 | 30 | 0.96 | 20.2 | 20.2 | St2 |
| 谷物 | 28 | 60 | 0.94 | 7.5 | 7.5 | St1 |
| 蛋白 | 17 | 125 | 0.83 | 3.8 | 3.8 | St1 |
| 奶粉 | 83 | 60 | 0.58 | 2.8 | 2.8 | St1 |
| 大豆粉 | 20 | 200 | 0.92 | 11.0 | 11.0 | St1 |
| 玉米淀粉 | 7 | — | 1.03 | 20.2 | 20.2 | St2 |
| 大米淀粉 | 18 | 60 | 0.92 | 10.1 | 10.1 | St1 |
| 面粉 | 52.7 | 70 | 0.68 | 8.0 | 8.0 | St1 |
| 精粉 | 52.7 | 80 | 0.63 | 5.0 | 5.0 | St1 |
| 玉米淀粉(抚顺) | 15.2 | 50 | 0.82 | 11.5 | 11.5 | St1 |
| 玉米淀粉 | 16 | 60 | 0.97 | 15.8 | 15.8 | St1 |
| 玉米淀粉 | <10 |  | 1.02 | 12.8 | 12.8 | St1 |
| 中国石松子粉 | 35.5 | 20 | 0.70 | 12.2 | 12.2 | St1 |
| 石松子粉 | — | — | 0.76 | 15.5 | 15.5 | St1 |
| 石松子粉 | — | — | 0.65 | 13.5 | 13.5 | St1 |
| 亚麻 | 65.3 | 60 | 0.57 | 8.7 | 8.7 | St1 |
| 中国棉花 | — | 40 | 0.56 | 1.5 | 1.5 | St1 |
| 小麦淀粉 | 22 | 30 | 0.99 | 11.5 | 11.5 | St1 |
| 糖 | 30 | 200 | 0.85 | 13.8 | 13.8 | St1 |
| 糖 | 27 | 60 | 0.83 | 8.2 | 8.2 | St1 |
| 甜菜薯粉 | 22 | 125 | 0.94 | 6.2 | 6.2 | St1 |
| 乳浆 | 41 | 125 | 0.93 | 14.0 | 14.0 | St1 |
| 木粉 | 29 | — | 1.05 | 20.5 | 20.5 | St2 |

表 5-22 金属粉尘可爆粉尘的爆炸性技术参数

| 粉尘类型 | 中位径/μm | 爆炸下限浓度/(g/m³) | 最大爆炸压力/MPa | 最大压力上升速率/(MPa/s) | 爆炸指数 $K_{max}$/(MPa·m/s) | 爆炸等级 |
|---|---|---|---|---|---|---|
| 铝粉 | 29 | 30 | 1.24 | 41.5 | 41.5 | St3 |
| 铝粉 | 22 | 30 | 1.15 | 110.0 | 110.0 | St3 |
| 铝粒 | 41 | 60 | 1.02 | 10.0 | 10.0 | St1 |
| 铁粉 | 12 | 500 | 0.52 | 5.0 | 5.0 | St1 |
| 黄铜 | 18 | 750 | 0.41 | 3.1 | 3.1 | St1 |
| 铁 | <10 | 125 | 0.61 | 11.1 | 11.1 | St1 |
| 碳基镁 | 28 | 30 | 1.75 | 11.0 | 11.0 | St1 |
| 锌 | 10 | 250 | 0.67 | 12.5 | 12.5 | St3 |

续表

| 粉尘类型 | 中位径/μm | 爆炸下限浓度/(g/m³) | 最大爆炸压力/MPa | 最大压力上升速率/(MPa/s) | 爆炸指数 $K_{max}$/(MPa·m/s) | 爆炸等级 |
|---|---|---|---|---|---|---|
| 锌 | <10 | 125 | 0.73 | 17.6 | 17.6 | St1 |
| 硅钙 | 12.4 | 60 | 0.84 | 19.8 | 19.8 | St1/St2 |
| 硅钙粉 | 26 | — | 0.76 | 17.0 | 17.0 | St1 |
| 硅铁粉 | 29 | — | 0.65 | 3.4 | 3.4 | St1 |

**表 5-23　塑料粉尘可爆粉尘的爆炸性技术参数**

| 粉尘类型 | 中位径/μm | 爆炸下限浓度/(g/m³) | 最大爆炸压力/MPa | 最大压力上升速率/(MPa/s) | 爆炸指数 $K_{max}$/(MPa·m/s) | 爆炸等级 |
|---|---|---|---|---|---|---|
| 聚丙酰胺 | 10 | 250 | 0.59 | 1.2 | 1.2 | St1 |
| 聚丙烯腈 | 25 | — | 0.85 | 12.1 | 12.1 | St1 |
| 聚乙烯(低压过程) | <10 | 30 | 0.80 | 15.6 | 15.6 | St1 |
| 环氧树脂 | 26 | 30 | 0.79 | 12.9 | 12.9 | St1 |
| 蜜胺树脂 | 18 | 125 | 1.02 | 11.0 | 11.0 | St1 |
| 模制蜜胺(木粉和矿物填充的酚甲醛) | 15 | 60 | 0.75 | 4.1 | 4.1 | St1 |
| 模制蜜胺(酚纤维素) | 12 | 60 | 1.00 | 12.7 | 12.7 | St1 |
| 聚丙烯酸甲酯 | 21 | 30 | 0.94 | 26.9 | 26.9 | St2 |
| 聚丙胺酸甲酯乳剂聚合物 | 18 | 30 | 1.01 | 20.2 | 20.2 | St2 |
| 酚醛树脂 | <10 | 15 | 0.93 | 12.9 | 12.9 | St1 |
| 聚丙烯 | 25 | 30 | 0.84 | 10.1 | 10.1 | St1 |
| 萜酚树脂 | 10 | 15 | 0.8 | 14.3 | 14.3 | St1 |
| 模制尿素甲醛/纤维素 | 13 | 60 | 10.2 | 13.6 | 13.6 | St1 |
| 聚乙酸乙烯酯/乙烯共聚物 | 32 | 30 | 0.86 | 11.9 | 11.9 | St1 |
| 聚乙烯醇 | 26 | 60 | 0.89 | 12.8 | 12.8 | St1 |
| 聚乙烯丁缩醛 | 65 | 30 | 0.89 | 14.7 | 14.7 | St1 |
| 聚氯乙烯 | 107 | 200 | 0.76 | 4.6 | 4.6 | St1 |
| 聚氯乙烯/乙烯乙炔乳剂共聚物 | 35 | 60 | 0.82 | 9.5 | 9.5 | St1 |
| 聚氯乙烯乙炔/乙烯乙炔悬浮共聚物 | 60 | 60 | 0.83 | 9.8 | 9.8 | St1 |

**表 5-24　化学粉尘可爆粉尘的爆炸性技术参数**

| 粉尘类型 | 中位径/μm | 爆炸下限浓度/(g/m³) | 最大爆炸压力/MPa | 最大压力上升速率/(MPa/s) | 爆炸指数 $K_{max}$/(MPa·m/s) | 爆炸等级 |
|---|---|---|---|---|---|---|
| 乙二酸 | <10 | 60 | 0.80 | 9.7 | 9.7 | St1 |
| 蒽酸 | <10 | — | 1.06 | 36.4 | 36.4 | St3 |
| 抗坏血酸 | 39 | 60 | 0.90 | 11.1 | 11.1 | St1 |
| 乙酸钙 | 92 | 500 | 0.53 | 0.9 | 0.9 | St1 |
| 乙酸钙 | 85 | 250 | 0.65 | 2.1 | 2.1 | St1 |
| 硬脂酸钙 | 12 | 30 | 0.91 | 13.2 | 13.2 | St1 |

续表

| 粉尘类型 | 中位径/μm | 爆炸下限浓度/(g/m³) | 最大爆炸压力/MPa | 最大压力上升速率/(MPa/s) | 爆炸指数 $K_{max}$/(MPa·m/s) | 爆炸等级 |
|---|---|---|---|---|---|---|
| 羧基甲基纤维素 | 24 | 125 | 0.92 | 13.6 | 13.6 | St1 |
| 糊精 | 41 | 60 | 0.88 | 10.6 | 10.6 | St1 |
| 乳糖 | 23 | 60 | 0.77 | 8.1 | 8.1 | St1 |
| 硬脂酸铅 | 12 | 30 | 0.92 | 15.2 | 15.2 | St1 |
| 甲基纤维素 | 75 | 60 | 0.95 | 13.4 | 13.4 | St1 |
| 仲甲醛 | 23 | 60 | 0.99 | 17.8 | 17.8 | St1 |
| 抗坏血酸钠 | 23 | 60 | 0.84 | 11.9 | 11.9 | St1 |
| 硬脂酸钠 | 22 | 30 | 0.88 | 12.3 | 12.3 | St1 |
| 硫 | 20 | 30 | 0.68 | 15.1 | 15.1 | St1 |

**表 5-25 碳质粉尘可爆粉尘的爆炸性技术参数**

| 粉尘类型 | 中位径/μm | 爆炸下限浓度/(g/m³) | 最大爆炸压力/MPa | 最大压力上升速率/(MPa/s) | 爆炸指数 $K_{max}$/(MPa·m/s) | 爆炸等级 |
|---|---|---|---|---|---|---|
| 活性炭 | 28 | 60 | 0.77 | 4.4 | 4.4 | St1 |
| 木炭 | 14 | 60 | 0.90 | 1.0 | 1.0 | St1 |
| 烟煤 | 24 | 60 | 0.92 | 12.9 | 12.9 | St1 |
| 石油焦炭 | 15 | 125 | 0.76 | 4.7 | 4.7 | St1 |
| 灯黑 | <10 | 60 | 0.84 | 12.1 | 12.1 | St1 |
| 烟煤(29%挥发分) | 16.4 | 30 | 0.86 | 14.9 | 14.9 | St1 |
| 烟煤(43%挥发分) | 17.5 | 40 | 0.75 | 14.5 | 14.5 | St1 |
| 泥煤(15% $H_2O$) | — | 58 | 0.5 | 15.7 | 15.7 | St1 |
| 泥煤(15% $H_2O$) | — | 45 | 1.25 | 6.9 | 6.9 | St1 |
| 永川煤粉 | — | — | 0.75 | 15.3 | 15.3 | St1 |
| 煤粉 | — | — | 0.79 | 16.9 | 16.9 | St1 |
| 前江煤 | — | — | 0.79 | 6.8 | 6.8 | St1 |
| 兖州煤 | — | — | 0.79 | 13.2 | 13.2 | St1 |
| 淮南煤 | — | — | 0.77 | 12.4 | 12.4 | St1 |
| 大屯局煤 | — | — | 0.71 | 14.0 | 14.0 | St1 |
| 石嘴山煤 | — | — | 0.68 | 6.8 | 6.8 | St1 |
| 窑街局煤 | — | — | 0.77 | 9.2 | 9.2 | St1 |
| 潞安局煤 | — | — | 0.70 | 4.1 | 4.1 | St1 |
| 峰峰局煤 | — | — | 0.70 | 2.5 | 2.5 | St1 |
| 石炭井煤 | — | — | 0.71 | 8.0 | 8.0 | St1 |
| 西山局煤 | — | — | 0.73 | 7.3 | 7.3 | St1 |
| 松树局煤 | <10 | — | 0.79 | 2.6 | 2.6 | St1 |

## 三、某些物料的密度和安息角

松散物料的堆积密度和安息角见表 5-26。

表 5-26　松散物料的堆积密度和安息角

| 物料 | 堆积密度/(t/m³) | 安息角/(°) | |
|---|---|---|---|
| | | 运动 | 静止 |
| 烟煤 | 0.8～1.0 | 30 | 35～45 |
| 无烟煤(干、小) | 0.7～1.0 | 27～30 | 27～45 |
| 褐煤 | 0.6～0.8 | 35 | 35～50 |
| 泥煤 | 0.29～0.5 | 40 | 45 |
| 泥煤(湿) | 0.55～0.65 | 40 | 45 |
| 焦炭(块度≤100mm) | 0.45～0.55 | 35 | 40～45 |
| 木炭 | 0.2～0.4 | 35 | |
| 无烟煤粉末 | 0.84～0.89 | 22 | 37～45 |
| 粉煤 | 0.5～0.6 | | 10～20 |
| 焦粉 | 0.5～0.6 | | |
| 磁铁矿 | 2.5～3.0 | 30～35 | 40～45 |
| 赤铁矿 | 2.0～2.8 | 30～35 | 40～45 |
| 褐铁矿 | 1.6～2.7 | 30～35 | 40～45 |
| 层状氧化铜矿 | 1.6～1.65 | 38 | |
| 低品位铅锌氧化矿块矿 | 1.3～1.5 | | |
| 浸染状含铜黄铁矿 | 1.9～2.1 | | |
| 浸染状铜钼矿 | 1.65～1.68 | | |
| 脉状铜矿 | 1.65～1.7 | | |
| 多金属硫化矿 | 1.7～2.0 | | |
| 镍矿 | 1.6～1.7 | | |
| 锡石硫化矿 | 2.0 | | |
| 残积砂矿 | 1.6 | | |
| 锑矿石 | 1.62 | 36～37 | |
| 钨锑金矿 | 1.69 | | |
| 汞矿 | 1.5～1.6 | 43.5～44.5 | |
| 铜精矿(含水 6%～8%) | 1.6～1.8 | | 32～35 |
| 铅精矿 | 1.9～2.4 | | 40 |
| 锌精矿 | 1.3～1.8 | | 40 |
| 铅锌精矿 | 1.4～2.0 | | 40 |
| 锑精矿 | 1.25～1.3 | | |
| 锡精矿 | 2.7～3.0 | | |
| 铜焙烧矿(热的) | 1.2 | | 25～28 |
| 混镍铜精矿 | 1.9～2.1 | | |
| 铅烧结块 | 1.8～2.1 | | |
| 低品位铅锌氧化矿烧结块 | 1.2～1.4 | | |
| 铅锌烧结块 | 1.68 | | |
| 低品位铅锌氧化矿团矿 | 1.2～1.5 | | |
| 黄铁矿球团矿 | 1.2～1.4 | | |

续表

| 物料 | 堆积密度/(t/m³) | 安息角/(°) | |
|---|---|---|---|
| | | 运动 | 静止 |
| 高炉渣 | 0.6～1.0 | 35 | 50 |
| 熔炼反射炉水淬渣(含水8%) | 1.4～1.5 | | 35～40 |
| 铅锌水淬渣(湿) | 1.5～1.6 | | 42 |
| 黄铁矿烧渣 | 1.7～1.8 | | |
| 反射炉斜坡烟道烟尘(含水5%) | 1.0 | | 34～36 |
| 反射炉旋涡烟尘(含水12%) | 1.3 | | 38～40 |
| 转炉渣 | 1.6～2.1 | | |
| 煤灰 | 0.7 | | 15～20 |
| 石英石(块度20～30mm) | 1.4～1.6 | | 35～40 |
| 石英石(一般块度25～30mm,部分呈粉状) | 1.4～1.5 | | 40～45 |
| 石英石(块度小于10mm,粉状占40%) | 1.5 | | 35～38 |
| 石灰石(小块) | 1.2～1.5 | 30～35 | 40～45 |
| 石灰石(中块) | 1.2～1.5 | 30～35 | 40～45 |
| 石灰石(大块) | 1.6～2.0 | 30～35 | 40～45 |
| 萤石 | 1.5～1.7 | | |
| 磷灰石矿 | 1.6 | | |
| 氧化锰矿(Mn35%) | 2.1 | 37 | |
| 生石灰 | 1.0～1.4 | 25 | 45～50 |
| 熟石灰(块) | 2.0 | | |
| 熟石灰(干、粉) | 0.5～0.74 | | |
| 热焦炭 | 0.48 | | |
| 氧化铁粉 | 3.0 | | |
| 石膏(块度8～60mm) | 1.35 | | |
| 飞灰 | 0.7～0.75 | | 15～20 |

## 四、常见标准筛制

常见标准筛制见表5-27。

**表5-27 常见标准筛制**

| 泰勒标准筛 | | 日本T15 | 美国标准筛 | 国际标准筛 | 英NMM筛系标准筛 | | 德国标准筛DIN-1171 | | 上海标准筛 | |
|---|---|---|---|---|---|---|---|---|---|---|
| 网目孔/in | 孔径/mm | 孔径/mm | 孔径/mm | 孔径/mm | 网目孔/in | 孔径/mm | 网目孔/in | 孔径/mm | 网目孔/in | 孔径/mm |
| 2.5 | 7.925 | 9.52 | | | | | | | | |
| | | 7.93 | 8 | 8 | | | | | | |
| 3 | 6.68 | 6.73 | 6.73 | 6.3 | | | | | | |
| 3.5 | 5.691 | 5.66 | 5.66 | | | | | | | |
| 4 | 4.699 | 4.76 | 4.76 | 5 | | | | | 4 | 5 |
| 5 | 3.962 | 4 | 4 | 4 | | | | | 5 | 4 |
| 6 | 3.327 | 3.36 | 3.36 | 3.35 | | | | | 6 | 3.52 |
| 7 | 2.794 | 2.83 | 2.83 | 2.8 | 5 | 2.54 | | | | |
| 8 | 2.262 | 2.38 | 2.38 | 2.3 | | | | | 8 | 2.616 |
| 9 | 1.981 | 2 | 2 | 2 | | | | | 10 | 1.98 |

续表

| 泰勒标准筛 | | 日本 T15 | 美国标准筛 | 国际标准筛 | 英 NMM 筛系标准筛 | | 德国标准筛 DIN-1171 | | 上海标准筛 | |
|---|---|---|---|---|---|---|---|---|---|---|
| 网目孔/in | 孔径/mm | 孔径/mm | 孔径/mm | 孔径/mm | 网目孔/in | 孔径/mm | 网目孔/in | 孔径/mm | 网目孔/in | 孔径/mm |
| 10 | 1.651 | 1.68 | 1.68 | 1.6 | 8 | 1.57 | 4 | 1.5 | 12 | 1.66 |
| 12 | 1.397 | 1.41 | 1.41 | 1.4 | | | 5 | 1.2 | 14 | 1.43 |
| | | | | | 10 | 1.27 | | | 16 | 1.27 |
| 14 | 1.168 | 1.19 | 1.19 | 1.18 | | | 6 | 1.02 | | |
| 16 | 0.991 | 1 | 1 | 1 | 12 | 1.06 | | | 20 | 0.995 |
| 20 | 0.833 | 0.84 | 0.84 | 0.8 | 16 | 0.79 | | | 24 | 0.823 |
| 24 | 0.701 | 0.71 | 0.71 | 0.71 | | | 8 | 0.75 | | |
| | | | | | 20 | 0.64 | 10 | 0.6 | 28 | 0.674 |
| 28 | 0.589 | 0.59 | 0.59 | 0.6 | | | 11 | 0.54 | 32 | 0.56 |
| 32 | 0.495 | 0.5 | 0.5 | 0.5 | | | 12 | 0.49 | 34 | 0.533 |
| | | | | | | | | | 42 | 0.452 |
| 35 | 0.417 | 0.42 | 0.42 | 0.4 | 30 | 0.42 | 14 | 0.43 | | |
| 42 | 0.351 | 0.35 | 0.35 | 0.355 | 40 | 0.32 | 16 | 0.385 | 48 | 0.376 |
| 48 | 0.295 | 0.297 | 0.297 | 0.30 | | | 20 | 0.3 | 60 | 0.25 |
| 60 | 0.246 | 0.25 | 0.25 | 0.25 | 50 | 0.25 | 24 | 0.25 | 70 | 0.251 |
| 65 | 0.208 | 0.21 | 0.21 | 0.2 | 60 | 0.21 | 30 | 0.2 | 80 | 0.2 |
| 80 | 0.175 | 0.177 | 0.177 | 0.18 | 70 | 0.18 | | | | |
| | | | | | 80 | 0.16 | | | | |
| 100 | 0.147 | 0.149 | 0.149 | 0.15 | 90 | 0.14 | 40 | 0.15 | 110 | 0.139 |
| 115 | 0.124 | 0.125 | 0.125 | 0.125 | 100 | 0.13 | 50 | 0.12 | 120 | 0.13 |
| | | | | | | | | | 160 | 0.097 |
| 150 | 0.104 | 0.105 | 0.105 | 0.1 | 120 | 0.11 | 60 | 0.1 | 180 | 0.09 |
| 170 | 0.088 | 0.088 | 0.088 | 0.09 | | | 70 | 0.088 | | |
| | | | | | 150 | 0.08 | | | 200 | 0.077 |
| 200 | 0.074 | 0.074 | 0.074 | 0.075 | | | 80 | 0.075 | | |
| 230 | 0.062 | 0.062 | 0.062 | 0.063 | 200 | 0.06 | 100 | 0.06 | 230 | 0.065 |
| 270 | 0.053 | 0.053 | 0.052 | 0.05 | | | | | 280 | 0.056 |
| 325 | 0.043 | | | | | | | | | |
| 400 | 0.038 | 0.044 | 0.044 | 0.04 | | | | | 320 | 0.05 |

注：1in=0.0254m。

## 五、材料密度

常用金属材料和非金属材料的密度见表 5-28 和表 5-29。

**表 5-28 常用金属材料的密度**

| 材料名称 | 密度 $\rho$/(kg/m³) | 材料名称 | 密度 $\rho$/(kg/m³) |
|---|---|---|---|
| 磁铁 | 4900～5200 | 高碳钢(含碳 1%) | 7810 |
| 灰口铸铁 | 6600～7400 | 高速钢(含钨 9%) | 8300 |
| 白口铸铁 | 7400～7700 | 高速钢(含钨 18%) | 8700 |
| 可锻铸铁 | 7200～7400 | 不锈钢(铬 13 型) | 7750 |
| 工业纯铁 | 7870 | 70-1 锡黄铜 | 8540 |
| 钢材 | 7850 | 62-1 锡黄铜 | 8450 |
| 铸钢 | 7800 | 60-1 锡黄铜 | 8450 |
| 低碳钢(含碳 0.1%) | 7850 | 77-2 铝黄铜 | 8600 |
| 中碳钢(含碳 0.4%) | 7820 | 60-1-1 铝黄铜 | 8200 |

续表

| 材料名称 | 密度 $\rho$/(kg/m$^3$) | 材料名称 | 密度 $\rho$/(kg/m$^3$) |
| --- | --- | --- | --- |
| 58-2 锰黄铜 | 8500 | 74-3 铅黄铜 | 8700 |
| 95-1-1 铁黄铜 | 8500 | 63-3 铅黄铜 | 8500 |
| 80-3 硅黄铜 | 8600 | 59-1 铅黄铜 | 8500 |
| 4-3 锡青铜 | 8800 | 90-1 锡黄铜 | 8800 |
| 4-4-2.5 锡青铜 | 8790 | 十一号硬铝 | 2840 |
| 4-4-4 锡青铜 | 8900 | 十四号硬铝 | 2800 |
| 3-12-5 铸锡青铜 | 8690 | 二号锻铝 | 2690 |
| 5-5-5 铸锡青铜 | 8800 | 五号锻铝 | 2750 |
| 5 铝青铜 | 8200 | 八号锻铝 | 2800 |
| 7 铝青铜 | 7800 | 十号锻铝 | 2800 |
| 9-2 铝青铜 | 7630 | 四号超硬铝 | 2850 |
| 2 铍青铜 | 8230 | 五号铸造铝合金 | 2550 |
| 3-1 硅青铜 | 8470 | 七号铸造铝合金 | 2650 |
| 铝板 | 2730 | 十五号铸造铝合金 | 2950 |
| 二号防锈铝 | 2670 | 工业镁 | 1740 |
| 二十一号防锈铝 | 2730 | 锌板 | 7200 |
| 一号硬铝 | 2750 | 铸锌 | 6860 |
| 不锈钢(18-8 型) | 7850 | 10-5 锌铝合金 | 6300 |
| 紫铜材 | 8900 | 4-3 铸锌铝合金 | 6750 |
| 康铜(40%镍、60%铜) | 8800 | 4-1 铸锌铝合金 | 6900 |
| 96 黄铜 | 8850 | 铅板 | 11370 |
| 90 黄铜 | 8800 | 工业镍 | 8900 |
| 85 黄铜 | 8750 | 15～20 锌白铜 | 8600 |
| 80 黄铜 | 8650 | 40-1.5 锰白铜 | 8900 |
| 68 黄铜 | 8600 | 9 镍铬合金 | 8720 |
| 62 黄铜 | 8500 | 28-2.5-1.5 镍铜合金 | 8800 |

**表 5-29 常用非金属材料的密度**（室温下）

| 材料名称 | 密度 $\rho$/(kg/m$^3$) | 材料名称 | 密度 $\rho$/(kg/m$^3$) |
| --- | --- | --- | --- |
| 石膏($CaSO_4 \cdot 2H_2O$) | 2300～2400 | 高铬质耐火砖 | 2200～2500 |
| 普通黏土砖 | 1700 | 松香 | 1070 |
| 黏土耐火砖 | 2100 | 石蜡 | 900 |
| 硅质耐火砖 | 1800～1900 | 大理石 | 2600～2700 |
| 镁质耐火砖 | 2600 | 花岗石 | 2600～3000 |
| 镁铬质耐火砖 | 2800 | 平板玻璃 | 2500 |
| 实验室器皿玻璃 | 2230 | 聚丙烯树脂 | 1182 |
| 石英玻璃 | 2200 | 尼龙 | 1110 |
| 硼硅酸玻璃 | 2300 | 泡沫塑料 | 200 |
| 重硅钾铅玻璃 | 3880 | 有机玻璃 | 1180 |
| 轻氯铜银冕玻璃 | 2240 | 赛璐珞 | 1350～1400 |
| 陶瓷 | 2300～2450 | 聚乙烯 | 900 |
| 电石($CaC_2$) | 2220 | 聚苯乙烯 | 1056 |
| 电玉 | 1450～1550 | 聚氯乙烯 | 1350～1400 |
| 胶木 | 1300～1400 | 聚砜 | 1240 |
| 纯橡胶 | 930 | 纤维纸板 | 1600～1800 |
| 天然树脂 | 1000～1100 | 冰(0℃) | 890～920 |

# 第三节　燃料和燃烧数表

## 一、主要燃料特征

各种燃料的低（位）发热量和折标准煤系数见表5-30，几种主要燃料的特征见表5-31，可燃性气体的平均体积热容量见表5-32，各种气体的平均体积热容量见表5-33，单位耗能工质的耗能量等价值见表5-34。

表5-30　各种燃料的低（位）发热量和折标准煤系数

| 能源名称 | | 平均低位发热量 | 折标准煤系数 |
|---|---|---|---|
| 原煤 | | 20908kJ/kg(5000kcal/kg) | 0.7143kg/kg |
| 洗精煤 | | 26344kJ/kg(6300kcal/kg) | 0.9000kg/kg |
| 其他洗煤 | 洗中煤 | 8363kJ/kg(2000kcal/kg) | 0.2857kg/kg |
| | 煤泥 | 20908～12545kJ/kg(2000～3000kcal/kg) | 0.2857～0.4286kg/kg |
| 焦炭 | | 28435kJ/kg(6800kcal/kg) | 0.9714kg/kg |
| 原油 | | 41816kJ/kg(10000kcal/kg) | 1.4286kg/kg |
| 燃料油 | | 41816kJ/kg(10000kcal/kg) | 1.4286kg/kg |
| 汽油 | | 43070kJ/kg(10300kcal/kg) | 1.4714kg/kg |
| 煤油 | | 43070kJ/kg(10300kcal/kg) | 1.4714kg/kg |
| 柴油 | | 42652kJ/kg(10200kcal/kg) | 1.4571kg/kg |
| 煤焦油 | | 33453kJ/kg(8000kcal/kg) | 1.1429kg/kg |
| 渣油 | | 41816kJ/kg(10000kcal/kg) | 1.4286kg/kg |
| 液化石油气 | | 50179kJ/kg(12000kcal/kg) | 1.7143kg/kg |
| 炼厂干气 | | 46055kJ/kg(11000kcal/kg) | 1.5714kg/kg |
| 油田天然气 | | 38931kJ/$m^3$(9310kcal/$m^3$) | 1.3300kg/$m^3$ |
| 气田天然气 | | 35544kJ/$m^3$(9310kcal/$m^3$) | 1.2143kg/$m^3$ |
| 煤矿瓦斯气 | | 14636～16726kJ/$m^3$(3500～4000kcal/$m^3$) | 0.5000～0.5714kg/$m^3$ |
| 焦炉煤气 | | 16726～17981kJ/$m^3$(4000～4300kcal/$m^3$) | 0.5714～0.6143kg/$m^3$ |
| 转炉煤气 | | 4976～17160kJ/$m^3$ | 0.17～0.59kg/$m^3$ |
| 高炉煤气 | | 3763kJ/$m^3$ | 0.1286kg/$m^3$ |
| 其他煤气 | 发生炉煤气 | 5227kJ/kg(1250kcal/$m^3$) | 0.1786kg/$m^3$ |
| | 重油催化裂解煤气 | 19235kJ/kg(4600kcal/$m^3$) | 0.6571kg/$m^3$ |
| | 重油热裂解煤气 | 35544kJ/kg(8500kcal/$m^3$) | 1.2143kg/$m^3$ |
| | 焦炭制气 | 16308kJ/kg(3900kcal/$m^3$) | 0.5571kg/$m^3$ |
| | 压力气化煤气 | 15054kJ/kg(36000kcal/$m^3$) | 0.5143kg/$m^3$ |
| | 水煤气 | 10454kJ/kg(2500kcal/$m^3$) | 0.3571kg/$m^3$ |
| 粗苯 | | 41816kJ/kg(10000kcal/$m^3$) | 1.4286kg/kg |
| 热力(当量值) | | | 0.03412kg/MJ |
| 电力(当量值) | | 3600kJ/(kW·h)[860kcal/(kW·h)] | 0.1229kg/(kW·h) |
| 电力(等价值) | | 按当年火电发电标准煤耗计算 | |
| 蒸汽(低压) | | 3763MJ/t(900Mcal/t) | 0.1286kg/kg |

注：数据引自《综合能耗计算通则》(GB/T 2589—2008)。表中转炉煤气值为笔者补充。

表 5-31 几种主要燃料的特征

| 燃料种类 | 燃料成分/%（固体、液体燃料——质量分数；气体燃料——体积分数） | | | | | | | | | | | 发热量/($MJ/m^3$)或(MJ/kg) | 空气量/($cm^3/m^3$)或($m^3/kg$) | 废气量/($cm^3/m^3$)或($m^3/kg$) | 废气成分/% | | | | 废气的理论体积热值/($MJ/m^3$) |
|---|---|---|---|---|---|---|---|---|---|---|---|---|---|---|---|---|---|---|---|
| | $H_2$ | CO | $CH_4$ | $C_2H_4$ | C | S | $CO_2$ | $H_2O$ | $N_2$ | $O_2$ | $H_2S$ | $Q_{低}$ | $L_{理}$ | $V_{理}$ | $CO_2$ | $H_2O$ | $N_2$ | $SO_2$ | |
| 高炉煤气 | 3.3 | 27.4 | 0.9 | | | | 10.0 | | 58.4 | | | 4.17 | 0.82 | 1.67 | 23.0 | 3.0 | 74.0 | | 2.500 |
| 焦炉煤气 | 50.8 | 5.4 | 26.5 | 1.7 | | | 2.3 | 0.4 | 11.9 | 1.0 | | 16.66 | 4.06 | 4.82 | 7.9 | 22.1 | 70.0 | | 3.458 |
| 煤气发生炉煤气 | 0.9 | 33.4 | 0.5 | | | | 0.6 | | 64.2 | | 0.4 | 4.60 | 0.893 | 1.71 | 20.1 | 1.3 | 78.4 | 0.20 | 2.692 |
| 水煤气 | 50.0 | 40.0 | 0.5 | | | | 4.5 | | 5.0 | | | 10.66 | 2.19 | 2.74 | 16.6 | 18.6 | 65.0 | | 3.852 |
| 混合发生炉煤气 | | | | | | | | | | | | | | | | | | | |
| 用无烟煤作原料 | 13.5 | 27.5 | 0.5 | | | | 5.5 | | 52.6 | 0.2 | 0.2 | 5.15 | 1.03 | 1.82 | 18.4 | 8.1 | 73.4 | 0.1 | 2.830 |
| 用气煤作原料 | 13.5 | 26.5 | 2.3 | 0.3 | | | 5.0 | | 51.9 | 0.2 | 0.3 | 5.86 | 1.23 | 2.03 | 16.9 | 9.45 | 73.5 | 0.15 | 2.889 |
| 用褐煤作原料 | 14.0 | 25.0 | 2.2 | 0.4 | | | 6.5 | | 50.5 | 0.2 | 1.2 | 5.90 | 1.27 | 2.07 | 16.7 | 9.9 | 72.8 | 0.6 | 2.847 |
| 天然煤气 | 2.0 | 0.6 | 93.0 | 0.4 | | | 0.3 | | 3.0 | 0.5 | 0.2 | 34.02 | 8.98 | 9.93 | 9.54 | 19.03 | 71.4 | 0.03 | 3.429 |
| 重油(低硫)10号 | 12.3 | | | | 85.6 | 0.5 | | 1.0 | | 0.5 | | 41.70 | 10.9 | 11.6 | 13.7 | 11.95 | 74.32 | 0.03 | 3.596 |
| 重油(低硫)20号 | 11.5 | | | | 85.3 | 0.6 | | 2.0 | | 0.5 | | 40.74 | 10.64 | 11.32 | 14.08 | 11.62 | 74.26 | 0.04 | 3.601 |
| 重油(低硫)40号 | 10.5 | | | | 85.0 | 0.6 | | 3.0 | | 0.7 | | 39.65 | 10.37 | 11.01 | 14.42 | 11.02 | 74.52 | 0.04 | 3.601 |
| 重油(低硫)80号 | 10.2 | | | | 84.0 | 0.7 | | 4.0 | | 0.8 | | 39.40 | 10.18 | 10.82 | 14.52 | 11.02 | 74.41 | 0.05 | 3.638 |
| 含硫重油10号 | 11.5 | | | | 84.2 | 2.5 | | 1.0 | | 0.7 | | 40.49 | 10.54 | 11.27 | 14.02 | 11.60 | 74.23 | 0.15 | 3.596 |
| 含硫重油20号 | 11.3 | | | | 83.1 | 2.9 | | 2.0 | | 0.5 | | 40.07 | 10.40 | 11.08 | 14.03 | 11.65 | 74.12 | 0.20 | 3.622 |
| 含硫重油40号 | 10.6 | | | | 82.6 | 3.1 | | 3.0 | | 0.4 | | 39.23 | 10.16 | 10.84 | 14.34 | 11.30 | 74.16 | 0.20 | 3.617 |
| 焦炭 | | | | | 81.0 | 1.7 | | 7.3 | | | | 27.63 | 7.24 | 7.32 | 2.5 | 1.3 | 78.10 | 0.1 | 3.776 |
| 无烟煤 | 1.8 | | | | 86.3 | 1.9 | | 3.5 | | 1.7 | | 31.40 | 7.28 | 7.62 | 21.0 | 3.0 | 75.9 | 0.1 | 4.120 |
| 气煤 | 4.6 | | | | 68.9 | 2.0 | | 6.7 | | 9.2 | | 27.55 | 7.1 | 7.48 | 17.1 | 8.0 | 74.8 | 0.1 | 3.684 |
| 褐煤 | 3.0 | | | | 62.0 | | | 21.0 | | 18.0 | | 17.16 | 4.9 | 5.2 | 19.0 | 6.5 | 74.5 | | 3.308 |
| 木柴 | 4.5 | | | | 40.0 | | | 22.0 | | 32.5 | | | 3.8 | 4.5 | 16.6 | 16.0 | 67.4 | | 2.889 |
| 泥煤 | 3.7 | | | | 35.7 | | | 29.0 | | 23.8 | | | 3.52 | 4.2 | 16.0 | 17.1 | 66.9 | | 2.742 |

表 5-32　可燃性气体的平均体积热容量

| 温度/℃ | $C_{pj}$/[kJ/(m³·K)] | | | 温度/℃ | $C_{pj}$/[kJ/(m³·K)] | | |
|---|---|---|---|---|---|---|---|
| | CO | $H_2$ | $CH_4$ | | CO | $H_2$ | $CH_4$ |
| 0 | 1.294 | 1.285 | 1.595 | 600 | 1.357 | 1.302 | 2.261 |
| 100 | 1.298 | 1.290 | 1.654 | 700 | 1.365 | 1.306 | 2.378 |
| 200 | 1.302 | 1.294 | 1.767 | 800 | 1.382 | 1.310 | 2.487 |
| 300 | 1.315 | 1.294 | 1.884 | 900 | 1.394 | 1.319 | 2.588 |
| 400 | 1.331 | 1.298 | 2.001 | 1000 | 1.407 | 1.323 | 2.684 |
| 500 | 1.340 | 1.298 | 2.140 | | | | |

表 5-33　各种气体的平均体积热容量

| 温度/℃ | $C_{pj}$/[kJ/(m³·K)] | | | | |
|---|---|---|---|---|---|
| | $SO_2$,$CO_2$ | $N_2$ | $O_2$ | 水蒸气 | 干空气 |
| 0 | 1.5931 | 1.2946 | 1.3059 | 1.4943 | 1.2971 |
| 100 | 1.7132 | 1.2962 | 1.3176 | 1.5056 | 1.3004 |
| 200 | 1.7873 | 1.3004 | 1.3356 | 1.5219 | 1.3075 |
| 300 | 1.8711 | 1.3063 | 1.3665 | 1.5424 | 1.3176 |
| 400 | 1.9377 | 1.3159 | 1.3779 | 1.5654 | 1.3293 |
| 500 | 1.9967 | 1.3276 | 1.3980 | 1.5893 | 1.3427 |
| 600 | 2.0494 | 1.3402 | 1.4172 | 1.6144 | 1.3569 |
| 700 | 2.0967 | 1.3536 | 1.4344 | 1.6412 | 1.3712 |
| 800 | 2.1395 | 1.3666 | 1.4503 | 1.6684 | 1.3846 |
| 900 | 2.1776 | 1.3791 | 1.4645 | 1.6957 | 1.3976 |
| 1000 | 2.2131 | 1.3921 | 1.4775 | 1.7229 | 1.4097 |
| 1100 | 2.2454 | 1.4043 | 1.4892 | 1.7501 | 1.4218 |
| 1200 | 2.2747 | 1.4151 | 1.5005 | 1.7719 | 1.4327 |
| 1300 | 2.3006 | 1.4252 | 1.5106 | 1.8028 | 1.4436 |
| 1400 | 2.3249 | 1.4361 | 1.5202 | 1.8284 | 1.4537 |
| 1500 | 2.3471 | 1.4449 | 1.5294 | 1.8527 | 1.4629 |
| 1600 | 2.3676 | 1.4532 | 1.5378 | 1.8765 | 1.4717 |
| 1700 | 2.3869 | 1.4616 | 1.5462 | 1.8996 | 1.4796 |
| 1800 | 2.4029 | 1.4691 | 1.5541 | 1.9217 | 1.4872 |
| 1900 | 2.4212 | 1.4761 | 1.5617 | 1.9427 | 1.4947 |
| 2000 | 2.4369 | 1.4834 | 1.5688 | 1.9632 | 1.5014 |

表 5-34　单位耗能工质的耗能量等价值

| 品种 | 单位能耗工质耗能量 | 折标准煤系数 |
|---|---|---|
| 新水 | 2.51MJ/t(600kcal/t) | 0.0857kg/t |
| 软水 | 14.23MJ/t(2300kcal/t) | 0.4857kg/t |
| 除氧水 | 28.45MJ/t(6800kcal/t) | 0.9714kg/t |
| 压缩空气 | 1.17MJ/m³(280kcal/m³) | 0.0400kg/m³ |
| 鼓风 | 0.88MJ/m³(210kcal/m³) | 0.0300kg/m³ |
| 氧气 | 11.72MJ/m³(2800kcal/m³) | 0.4000kg/m³ |
| 氮气(作副产品时) | 11.72MJ/m³(2800kcal/m³) | 0.4000kg/m³ |
| 氮气(作主产品时) | 19.66MJ/m³(4700kcal/m³) | 0.6714kg/m³ |

续表

| 品种 | 单位能耗工质耗能量 | 折标准煤系数 |
|---|---|---|
| 二氧化碳 | 6.28MJ/t(1500kcal/t) | 0.2143kg/m³ |
| 乙炔 | 243.67MJ/m³ | 8.3143kg/m³ |
| 电石 | 60.92MJ/kg | 2.0786kg/kg |

注：耗能工质是指在生产过程中所消耗的不作为原料使用、也不进入产品、在生产或制取时需要直接消耗能源的工作物质。

## 二、燃烧反应数表

燃料在空气中的着火温度见表5-35，燃烧产物的平均比热容及热含量的近似值见表5-36，燃烧反应的热效应见表5-37，各种不同发热量燃料燃烧需要的理论空气量见表5-38。

**表5-35 燃料在空气中的着火温度**

| 固体燃料 | 温度/℃ | 液体燃料 | 温度/℃ | 气体燃料 | 温度/℃ |
|---|---|---|---|---|---|
| 褐煤 | 250～450 | 汽油 | 415 | 二碳炔 | 400～406 |
| 泥煤 | 225～280 | 煤油 | 604～609 | 氢 | 530～585 |
| 木材 | 250～350 | 石油 | 531～590 | 一氧化碳 | 644～651 |
| 煤 | 400～500 | 苯 | 730 | 甲烷 | 650～750 |
| 木炭 | 320～370 | | | 焦炉煤气 | 640 |
| 焦炭 | 700 | | | | |

**表5-36 燃烧产物的平均比热容及热含量的近似值**

| 名称 | | 单位 | 温度/℃ | | | | | | | | | |
|---|---|---|---|---|---|---|---|---|---|---|---|---|
| | | | 100 | 200 | 300 | 400 | 500 | 600 | 700 | 800 | 900 | 1000 |
| 比热容 | $C_{灰分}$ | kJ/(kg·℃) | 0.762 | 0.795 | 0.829 | 0.862 | 0.896 | 0.929 | 0.963 | 0.992 | 1.022 | 1.047 |
| | $C_{烟气}$ | kJ/(m³·℃) | 1.435 | 1.424 | | 1.457 | | 1.491 | | 1.520 | | 1.545 |
| 热含量 | $I_{灰分}$ | kJ/kg | 75.4 | 159.1 | 247.0 | 343.3 | 448.0 | 556.8 | 674.1 | 795.5 | 921.1 | 1046.7 |
| | $I_{烟气}$ | kJ/m³ | 142.4 | 284.7 | | 582.8 | | 894.3 | | 1215.8 | | 1544.9 |

| 名称 | | 单位 | 温度/℃ | | | | | | | | | |
|---|---|---|---|---|---|---|---|---|---|---|---|---|
| | | | 1100 | 1200 | 1300 | 1400 | 1500 | 1600 | 1700 | 1800 | 1900 | 2000 |
| 比热容 | $C_{灰分}$ | kJ/(kg·℃) | 1.068 | 1.089 | 1.105 | 1.118 | 1.130 | 1.143 | 1.151 | 1.160 | 1.168 | 1.172 |
| | $C_{烟气}$ | kJ/(m³·℃) | | 1.566 | | 1.591 | | 1.616 | | 1.641 | | 1.666 |
| 热含量 | $I_{灰分}$ | kJ/kg | 1176.5 | 1306.3 | 1436.1 | 1565.9 | 1659.7 | 1829.6 | 1959.4 | 2089.2 | 2219.0 | 2344.6 |
| | $I_{烟气}$ | kJ/m³ | | 2046.5 | | 2227.4 | | 2585.8 | | 2954.2 | | 3332.7 |

**表5-37 燃烧反应的热效应**

| 反应 | 分子量 | 反应前的状态 | 反应热量/MJ | | | |
|---|---|---|---|---|---|---|
| | | | 反应前的物质 | | | 1m³燃烧产物 |
| | | | 1mol | 1kg | 1m³ | |
| $C+O_2 \longrightarrow CO_2$ | 12+32=44 | 固 | 408.84 | 34.07 | | 18.25 |
| $C+0.5O_2 \longrightarrow CO$ | 12+16=28 | 固 | 125.48 | 10.46 | | 5.6 |
| $CO+0.5O_2 \longrightarrow CO_2$ | 28+16=44 | 气 | 283.36 | 10.12 | 12.65 | 12.65 |
| $S+O_2 \longrightarrow SO_2$ | 32+32=64 | 固 | 296.89 | 9.28 | | 13.26 |

续表

| 反应 | 分子量 | 反应前的状态 | 反应热量/MJ | | | |
|---|---|---|---|---|---|---|
| | | | 反应前的物质 | | | $1m^3$燃烧产物 |
| | | | 1mol | 1kg | $1m^3$ | |
| $H_2+0.5O_2 \longrightarrow H_2O$(液)<br>$H_2+0.5O_2 \longrightarrow H_2O$(汽) | 2+16=18 | 气 | 286.21<br>242.04 | 143.10<br>121.02 | 12.78<br>10.81 | 10.81 |
| $H_2O$(汽)$\longrightarrow H_2O$(液) | 18 | 气 | 44.17 | 2.45 | 1.97 | |
| $H_2S+1.5O_2 \longrightarrow SO_2+H_2O$(液)<br>$H_2S+1.5O_2 \longrightarrow SO_2+H_2O$(汽) | 34+48=64+18 | 气 | 563.17<br>519.00 | 16.56<br>15.27 | 25.14<br>23.17 | 11.58 |
| $CH_4+2O_2 \longrightarrow CO_2+2H_2O$(液)<br>$CH_4+2O_2 \longrightarrow CO_2+2H_2O$(汽) | 16+64=44+36 | 气 | 893.88<br>805.54 | 55.87<br>50.35 | 39.90<br>35.96 | 11.99 |
| $C_2H_4+3O_2 \longrightarrow 2CO_2+2H_2O$(液)<br>$C_2H_4+3O_2 \longrightarrow 2CO_2+2H_2O$(汽) | 28+96=88+36 | 气 | 1428<br>1340 | 51.00<br>47.85 | 64.01<br>59.81 | 14.96 |
| $C_2H_6+3.5O_2 \longrightarrow 2CO_2+3H_2O$(液)<br>$C_2H_6+3.5O_2 \longrightarrow 2CO_2+3H_2O$(汽) | 30+112=88+54 | 气 | 1559<br>1426 | 51.96<br>47.54 | 69.58<br>63.67 | 12.74 |
| $C_3H_6+4.5O_2 \longrightarrow 3CO_2+3H_2O$(液)<br>$C_3H_6+4.5O_2 \longrightarrow 3CO_2+3H_2O$(汽) | 42+144=132+54 | 液 | 2052<br>1920 | 48.86<br>45.71 | | 14.28 |
| $C_3H_6+4.5O_2 \longrightarrow 3CO_2+3H_2O$(液)<br>$C_3H_6+4.5O_2 \longrightarrow 3CO_2+3H_2O$(汽) | 42+144=132+54 | 气 | 2080<br>1947 | 49.52<br>46.37 | 92.85<br>86.94 | 14.49 |
| $C_3H_8+5O_2 \longrightarrow 3CO_2+4H_2O$(液)<br>$C_3H_8+5O_2 \longrightarrow 3CO_2+4H_2O$(汽) | 44+160=132+72 | 气 | 2206<br>2014 | 50.08<br>46.15 | 98.37<br>90.48 | 12.93 |
| $C_4H_8+6O_2 \longrightarrow 4CO_2+4H_2O$(液)<br>$C_4H_8+6O_2 \longrightarrow 4CO_2+4H_2O$(汽) | 56+192=176+72 | 气 | 2710<br>2533 | 48.39<br>45.23 | 120.97<br>113.38 | 14.17 |
| $C_4H_{10}+6.5O_2 \longrightarrow 4CO_2+5H_2O$(液)<br>$C_4H_{10}+6.5O_2 \longrightarrow 4CO_2+5H_2O$(汽) | 58+208=176+90 | 气 | 2861<br>2640 | 49.33<br>45.52 | 128.07<br>117.88 | 13.08 |
| $C_5H_{10}+7.5O_2 \longrightarrow 5CO_2+5H_2O$(液)<br>$C_5H_{10}+7.5O_2 \longrightarrow 5CO_2+5H_2O$(汽) | 70+240=220+90 | 液 | 3333<br>3112 | 47.61<br>44.46 | | 13.89 |
| $C_5H_{10}+7.5O_2 \longrightarrow 5CO_2+5H_2O$(液)<br>$C_5H_{10}+7.5O_2 \longrightarrow 5CO_2+5H_2O$(汽) | 70+240=220+90 | 气 | 3364<br>3144 | 48.06<br>44.90 | 150.03<br>140.38 | 14.04 |
| $C_6H_6+7.5O_2 \longrightarrow 6CO_2+3H_2O$(液)<br>$C_6H_6+7.5O_2 \longrightarrow 6CO_2+3H_2O$(汽) | 78+240=264+54 | 液 | 3406<br>3147 | 43.69<br>40.35 | | 15.61 |
| $C_6H_6+7.5O_2 \longrightarrow 6CO_2+3H_2O$(液)<br>$C_6H_6+7.5O_2 \longrightarrow 6CO_2+3H_2O$(汽) | 78+240=264+54 | 气 | 3296<br>3163 | 41.96<br>40.55 | 147.30<br>141.22 | 15.69 |

**表 5-38 各种不同发热量燃料燃烧需要的理论空气量**

| 燃料种类 | 低发热量/(MJ/kg)或(MJ/$m^3$) | 空气量/($m^3$/kg)或($m^3$/$m^3$) | 烟气量/($m^3$/kg)或($m^3$/$m^3$) |
|---|---|---|---|
| 固体燃料(1kg湿的) | 13<br>17<br>21<br>25<br>29<br>33 | 3.54<br>4.54<br>5.55<br>6.56<br>7.58<br>8.59 | 4.26<br>5.18<br>6.10<br>7.02<br>7.94<br>8.86 |
| 石油(1kg) | 40 | 10.20 | 10.90 |

续表

| 燃料种类 | 低发热量/(MJ/kg)或(MJ/$m^3$) | 空气量/($m^3$/kg)或($m^3$/$m^3$) | 烟气量/($m^3$/kg)或($m^3$/$m^3$) |
| --- | --- | --- | --- |
| 发生炉煤气(1$m^3$ 干的) | 4.6<br>5.0<br>5.4<br>5.9<br>6.3 | 0.97<br>1.05<br>1.13<br>1.21<br>1.29 | 1.84<br>1.90<br>1.97<br>2.03<br>2.10 |
| 高炉煤气(1$m^3$) | 3.8<br>4.2<br>4.6 | 0.714<br>0.792<br>0.871 | 1.56<br>1.62<br>1.69 |
| 焦炉、高炉混合煤气(1$m^3$) | 5.9<br>7.5<br>9.2<br>10.9 | 1.23<br>1.67<br>2.11<br>2.55 | 2.05<br>2.47<br>2.90<br>3.32 |
| 水煤气(1$m^3$) | 11.2 | 2.35 | 2.90 |

## 三、燃烧产物数表

生产 1t 蒸汽所产生的烟气量见表 5-39，燃烧 1t 煤炭、1$m^3$ 油和 100 万立方米燃气排放的各种污染物量分别见表 5-40、表 5-41 和表 5-42，燃烧产物的平均体积热容量见表 5-43，烟气的主要物理参数见表 5-44。

**表 5-39 生产 1t 蒸汽所产生的烟气量** 单位：$m^3$/(h·t)

| 燃烧方式 | | 排烟过剩空气系数 | 排烟温度/℃ | | | | | |
| --- | --- | --- | --- | --- | --- | --- | --- | --- |
| | | | 150 | 200 | 250 | 350 | 400 | 500 |
| 层燃炉 | | 1.55 | 2300 | 2570 | 2840 | 3380 | 3660 | 4190 |
| 沸腾炉 | 一般煤种<br>矸石石煤 | 1.55<br>1.45 | 2300 | 2570 | 2840 | | | |
| 煤粉炉 | | 1.55 | 2100 | 2360 | 2620 | | | |
| 油炉 | | 1.45 | 2100 | 2360 | 2620 | | | |

**表 5-40 燃烧 1t 煤炭排放的各种污染物量** 单位：kg/t

| 污染物 | 炉型 | | |
| --- | --- | --- | --- |
| | 电站锅炉 | 工业锅炉 | 采暖炉及家用炉 |
| 一氧化碳(CO)<br>烃类化合物($C_nH_m$)<br>氮氧化物(以 $NO_2$ 计) | 0.23<br>0.091<br>9.08 | 1.36<br>0.45<br>9.08 | 22.7<br>4.5<br>3.62 |
| 二氧化硫($SO_2$) | 16.0S* | | |

注：1. S* 指煤的含硫量（%）。若煤的含硫量为 2%，则 1t 煤燃烧排 $SO_2$ 为 16.0×2=32(kg)。

2. 统计固体、液体和气体等燃料燃烧排放的各种污染物量时，如公式法和查表法计算的结果不同，以公式计算的结果为准。

表 5-41　燃烧 $1m^3$ 油排放的各种污染物量　单位：$kg/m^3$

| 污染物 | 炉型 | | |
|---|---|---|---|
| | 电站锅炉 | 工业锅炉 | 采暖炉及家用炉 |
| 一氧化碳(CO) | 0.005 | 0.238 | 0.238 |
| 烃类化合物($C_nH_m$) | 0.381 | 0.238 | 0.357 |
| 氮氧化物(以 $NO_2$ 计) | 12.47 | 8.57 | 8.57 |
| 二氧化硫($SO_2$) | | 20S* | |
| 烟尘 | 1.20　渣油燃烧 2.73<br>蒸馏油燃烧 1.80 | | 0.952 |

注：S* 指燃料油含硫量（%），计算方法与燃煤同。油类含硫量：原油 0.1%～3.3%；汽油<0.25%；轻油 0.5%～0.75%；重油 0.5%～3.5%。

表 5-42　燃烧 100 万立方米燃气排放的各种污染物量　单位：$kg/10^6m^3$

| 污染物 | 炉型 | | |
|---|---|---|---|
| | 电站锅炉 | 工业锅炉 | 采暖炉及家用炉 |
| 一氧化碳(CO) | 忽略不计 | 6.30 | 6.30 |
| 烃类化合物($C_nH_m$) | | 忽略不计 | |
| 氮氧化物(以 $NO_2$ 计) | 6200 | 3400.46 | 1813.24 |
| 二氧化硫($SO_2$) | 630 | 630 | 630 |
| 烟尘 | 238.50 | 286.20 | 302.0 |

表 5-43　燃烧产物的平均体积热容量　单位：kJ/($m^3$·℃)

| 温度/℃ | 焦炉煤气燃烧产物 $\alpha=1.0$ | 发生炉煤气燃烧产物 $\alpha=1.0$ | 混合煤气燃烧产物 $Q_{DW}=8360kg/m^3$ $\alpha=1.0$ | 烟煤燃烧产物 $\alpha=1.0$ | 重油燃烧产物 $\alpha=1.0$ | 天然煤气燃烧产物 $\alpha=1.0$ |
|---|---|---|---|---|---|---|
| 0 | 1.363 | 1.379 | 1.367 | 1.367 | 1.363 | 1.367 |
| 100 | 1.375 | 1.396 | 1.388 | 1.388 | 1.388 | 1.379 |
| 200 | 1.392 | 1.413 | 1.404 | 1.409 | 1.413 | 1.396 |
| 300 | 1.409 | 1.430 | 1.421 | 1.430 | 1.425 | 1.404 |
| 400 | 1.425 | 1.455 | 1.442 | 1.446 | 1.446 | 1.425 |
| 500 | 1.446 | 1.476 | 1.467 | 1.471 | 1.467 | 1.446 |
| 600 | 1.463 | 1.496 | 1.484 | 1.492 | 1.488 | 1.467 |
| 700 | 1.480 | 1.517 | 1.501 | 1.509 | 1.509 | 1.484 |
| 800 | 1.496 | 1.538 | 1.522 | 1.530 | 1.526 | 1.501 |
| 900 | 1.517 | 1.559 | 1.542 | 1.547 | 1.542 | 1.522 |
| 1000 | 1.538 | 1.580 | 1.559 | 1.568 | 1.563 | 1.538 |
| 1100 | 1.551 | 1.597 | 1.576 | 1.584 | 1.580 | 1.639 |
| 1200 | 1.568 | 1.613 | 1.593 | 1.601 | 1.593 | 1.572 |
| 1300 | 1.588 | 1.630 | 1.601 | 1.613 | 1.609 | 1.588 |
| 1400 | 1.601 | 1.643 | 1.618 | 1.626 | 1.626 | 1.601 |
| 1500 | 1.613 | 1.659 | 1.634 | 1.639 | 1.639 | 1.613 |
| 1600 | 1.626 | 1.672 | 1.647 | 1.651 | 1.647 | 1.626 |
| 1700 | 1.639 | 1.685 | 1.659 | 1.664 | 1.659 | 1.639 |
| 1800 | 1.651 | 1.701 | 1.672 | 1.680 | 1.672 | 1.651 |
| 1900 | 1.664 | 1.718 | 1.680 | 1.689 | 1.685 | 1.664 |
| 2000 | 1.676 | 1.731 | 1.689 | 1.697 | 1.697 | 1.672 |
| 2100 | 1.685 | 1.743 | 1.697 | 1.710 | 1.710 | 1.680 |

注：$\alpha$ 为空气燃烧系数。

**表 5-44 烟气的主要物理参数（0.1MPa）**

| 温度/℃ | 平均体积热容/[kJ/(m³·℃)] | | | | 体积热值/(kJ/m³) | | | | 热导率 λ/[10³W/(m·℃)] | 运动黏度 ν/(10⁶m²/s) |
|---|---|---|---|---|---|---|---|---|---|---|
| | 湿烟气 | 干烟气 | | | 湿烟气 | 干烟气 | | | | |
| | | $12\%CO_2$，$8\%O_2$ | $14\%CO_2$，$6\%O_2$ | $16\%CO_2$，$4\%O_2$ | | $12\%CO_2$，$8\%O_2$ | $14\%CO_2$，$6\%O_2$ | $16\%CO_2$，$4\%O_2$ | | |
| 0 | 1.424 | 1.3297 | 1.3364 | 1.3437 | 0 | 0 | 0 | 0 | 22.8 | 12.2 |
| 100 | 1.424 | 1.3477 | 1.3557 | 1.3636 | 142.4 | 134.8 | 135.7 | 136.5 | 31.3 | 21.5 |
| 200 | 1.424 | 1.3628 | 1.3720 | 1.3812 | 284.7 | 272.6 | 274.2 | 276.3 | 40.1 | 32.8 |
| 300 | 1.440 | 1.3787 | 1.3892 | 1.3992 | 432.1 | 414.1 | 416.6 | 419.9 | 48.4 | 45.8 |
| 400 | 1.457 | 1.4047 | 1.4076 | 1.4185 | 582.8 | 558.5 | 563.1 | 567.3 | 57.0 | 60.4 |
| 500 | 1.474 | 1.4143 | 1.4260 | 1.4382 | 736.9 | 707.2 | 713.0 | 719.3 | 65.6 | 76.3 |
| 600 | 1.491 | 1.4306 | 1.4436 | 1.4562 | 894.3 | 858.3 | 866.2 | 873.8 | 74.2 | 93.6 |
| 700 | 1.507 | 1.4499 | 1.4633 | 1.4763 | 1055.1 | 1014.9 | 1024.5 | 1033.3 | 82.7 | 112.1 |
| 800 | 1.520 | 1.4666 | 1.4805 | 1.4943 | 1215.8 | 1173.1 | 1184.4 | 1195.3 | 91.5 | 131.8 |
| 900 | 1.532 | 1.4830 | 1.4972 | 1.5114 | 1379.1 | 1334.8 | 1347.3 | 1360.3 | 96.5 | 152.5 |
| 1000 | 1.545 | 1.4976 | 1.5123 | 1.5269 | 1544.9 | 1497.6 | 1512.3 | 1526.9 | 103.5 | 174.2 |
| 1000 | 1.557 | 1.5119 | 1.5269 | 1.5420 | 1713.2 | 1663.0 | 1679.7 | 1696.1 | 110.5 | 197.1 |
| 1200 | 1.566 | 1.5261 | 1.5412 | 1.5567 | 2046.5 | 1831.3 | 1849.3 | 1868.2 | 126.2 | 221.0 |
| 1300 | 1.578 | 1.5386 | 1.5541 | 1.5696 | 2052.0 | 2000.5 | 2020.5 | 2040.6 | 134.9 | 245.0 |
| 1400 | 1.591 | 1.5500 | 1.5659 | 1.5818 | 2227.4 | 2170.0 | 2192.2 | 2214.4 | 144.2 | 272.0 |
| 1500 | 1.604 | 1.5613 | 1.5776 | 1.5935 | 2405.3 | 2340.4 | 2365.5 | 2390.7 | 153.5 | 297.0 |

注：表中热导率、运动黏度值是当烟气含 $H_2O$ 11%、$CO_2$ 13%时求得的。

## 第四节 绝热和绝缘数表

绝热材料和绝缘数据包括常用绝热材料的物理性质和热导率，以及绝缘材料的耐压参数、耐热分级和绝缘等级。

### 一、绝热材料性质

常用绝热材料的物理性质见表 5-45。一些绝热材料的热导率见表 5-46。

**表 5-45 常用绝热材料的物理性质**

| 材料名称 | 密度/(kg/m³) | 测定温度/℃ | 比热容/[kJ/(kg·K)] | 热导率/[W/(m·K)] | 导温系数/(10³m²/h) | 使用温度/℃ |
|---|---|---|---|---|---|---|
| 温石棉 | 2200～2400 | — | 0.837 | 0.070 | — | 400 |
| 青石棉 | 3200～3300 | — | 0.837 | 0.070 | — | 200 |
| 碎石棉 | 103 | 常温 | — | 0.049 | — | — |
| 石棉水泥板 | 300 | — | 0.84 | 0.093 | 1.33 | — |
| 碳酸镁石棉粉 | ≤140 | — | — | 0.047 | — | 450 |
| 硅藻土石棉灰 | 810 | — | 1.63 | 0.140 | 0.39 | 750 |
| 岩棉 | 40～250 | — | — | 0.035～0.047 | — | 700 |
| 岩棉纤维制品 | 80 | 100 | — | 0.046 | — | — |
| 沥青岩棉毡 | 105～135 | — | — | ≤0.052 | — | 600 |
| 水玻璃岩棉板、管 | 300～450 | — | — | ≤0.116 | — | 400 |
| 矿渣棉 | 187 | — | — | 0.042 | — | 800(烧结) |
| 沥青矿渣棉板 | 300 | — | 0.75 | 0.093 | 1.48 | — |

续表

| 材料名称 | 密度 /(kg/m³) | 测定温度 /℃ | 比热容 /[kJ/(kg·K)] | 热导率 /[W/(m·K)] | 导温系数 /(10³m²/h) | 使用温度 /℃ |
|---|---|---|---|---|---|---|
| 沥青矿渣棉毡 | 100～120 | — | — | 0.044～0.047 | — | <250 |
| 酚醛矿棉板、管 | 150～200 | — | — | 0.047～0.052 | — | <300 |
| 玻璃棉 | 100 | — | 0.75 | 0.582 | 2.78 | ≤300 |
| 超细玻璃棉 | 20 | — | — | 0.035 | — | ≤300 |
| 沥青玻璃棉 | 78 | — | 1.09 | 0.043 | 1.81 | ≤250 |
| 酚醛玻璃棉毡 | 120 | — | — | 0.041 | — | ≤300 |
| 轻质纤维 | 300～350 | — | — | 0.041～0.052 | — | — |
| 硅酸铝纤维 | 140 | — | 0.96 | 0.053 | 1.41 | <1000 |
| 珍珠岩粉料 | 44 | — | 1.59 | 0.042 | 2.00 | — |
| | 82 | — | 1.30 | 0.047 | 1.59 | — |
| 水泥珍珠岩制品 | 200 | — | 0.84 | 0.058 | 1.14 | — |
| | 400 | — | 0.88 | 0.091 | 0.93 | ≤600 |
| 沥青珍珠岩制品 | 285 | — | 1.51 | 0.099 | 0.82 | — |
| 水玻璃珍珠岩制品 | 166 | — | 1.17 | 0.065 | 1.22 | 600 |
| | 310 | — | 1.05 | 0.099 | 1.08 | — |
| 磷酸盐珍珠岩制品 | 60 | — | — | 0.044 | — | — |
| | 90 | — | — | 0.052 | — | 1000 |
| 膨胀蛭石粉料 | 119 | — | 1.38 | 0.073 | 1.62 | — |
| | 278 | — | 1.34 | 0.091 | 0.88 | 1000 |
| 沥青蛭石制品 | 450 | — | 2.09 | 0.163 | 0.63 | — |
| 水泥蛭石制品 | 347 | — | 1.17 | 0.151 | 1.34 | <600 |
| 白灰蛭石制品 | 408 | — | 1.67 | 0.244 | 1.29 | — |
| 水玻璃蛭石制品 | 430 | — | 0.80 | 0.128 | 1.32 | <900 |
| 硅藻土粉:生料 | 680 | 50 | — | 0.119 | — | — |
| 熟料 | 60 | 50 | — | 0.093 | — | — |
| 硅藻土石棉粉 | ≤450 | — | — | 0.070 | — | 750 |
| 硅藻土绝热制品 | 550～700 | 50 | — | 0.070～0.093 | — | — |
| 硅藻土石棉灰 | 810 | — | 1.63 | 0.140 | 0.39 | — |
| 石棉菱苦土 | 870 | — | 0.92 | 0.442 | 1.97 | — |
| 木屑硅藻土砖 | 590 | — | 0.94 | 0.140 | 0.89 | — |
| 泡沫石膏 | 411 | — | 0.84 | 0.163 | 1.67 | — |
| 泡沫石灰 | 300 | — | 1.34 | 0.098 | 0.88 | — |
| 泡沫玻璃 | 140 | — | 0.88 | 0.052 | 1.51 | — |
| 泡沫橡胶 | 91 | 0 | — | 0.036 | — | — |
| 聚苯乙烯硬泡沫塑料 | 50 | — | 2.09 | 0.031 | 1.07 | -80～76 |
| 脲醛泡沫塑料 | 20 | — | 1.47 | 0.047 | 5.71 | — |
| 聚氨酯泡沫塑料 | 34 | — | 2.01 | 0.041 | 2.15 | -60～120 |
| 聚氯乙烯泡沫塑料 | 190 | — | 1.47 | 0.058 | 0.75 | — |
| 聚异氰脲酸酯泡沫塑料 | 41 | — | 1.72 | 0.033 | 1.64 | — |
| 微孔硅酸钙 | <250 | — | — | 0.04～0.049 | — | 650(最高) |
| 硅酸钙板 | 550～1050 | — | — | 0.035～0.047 | — | 650 |
| 多孔氧化镁保温砖 | 1470 | 350 | — | 1.33 | — | — |

续表

| 材料名称 | 密度/(kg/m³) | 测定温度/℃ | 比热容/[kJ/(kg·K)] | 热导率/[W/(m·K)] | 导温系数/(10³m²/h) | 使用温度/℃ |
|---|---|---|---|---|---|---|
| 堇青石轻骨料制品 | 910～1000 | — | — | 0.535 | — | 130 |
| 高铝轻质砖 | 390～410 | 600 | — | 0.233 | — | 1770 |
| 氧化铝空心砖 | 1250 | 820 | — | 0.802 | — | — |
| 浮石 | 890 | — | — | 0.148～0.254 | — | — |
| 锯木屑 | 250 | 常温 | 2.5 | 0.093 | 0.53 | — |
| 锯木屑混凝土 | 705 | 常温 | 0.84 | 0.198 | 1.21 | — |
| 聚苯乙烯混凝土 | 538 | 常温 | 1.34 | 0.186 | 0.92 | — |
| 玻璃棉混凝土 | 232 | 常温 | 0.88 | 0.077 | 1.39 | — |
| 浮石混凝土 | 729 | 常温 | 0.84 | 0.174 | 0.77 | — |
| 耐热混凝土 | 296 | 常温 | 1.17 | 0.086 | 0.91 | — |
| 粉煤灰混凝土 | 640 | 常温 | 1.34 | 0.209 | 0.87 | — |
| 泡沫混凝土 | 232 | 常温 | 0.88 | 0.077 | 1.34 | — |
| 空气 | 1 | 0 | 1.00 | 0.024 | 67.70 | — |

**表 5-46　一些绝热材料的热导率 $\lambda$**

| 材料名称 | 密度/(kg/m³) | $\lambda=\lambda_0(1+bt)$/[W/(m·K)] | |
|---|---|---|---|
| | | $\lambda_0$/[W/(m·K)] | $\lambda_0 b$/[W/(m·K²)] |
| 硅藻土粉生料 | 680 | 0.105 | 0.00028 |
| 硅藻土粉熟料 | 600 | 0.083 | 0.00021 |
| 硅藻土板、管 | 550±50 | 0.048 | 0.00020 |
| 膨胀珍珠岩 | 30～50 | 0.058 | 0.00014 |
| 雪硅酸钙石 | 200 | 0.047 | 0.00010 |
| 硬硅酸钙石 | 230 | 0.056 | 0.00010 |
| 聚硬质氨基甲酸乙酯泡沫塑料 | 30～35 | 0.019 | 0.00014 |
| 聚苯乙烯泡沫塑料 | 25～35 | 0.035 | 0.00016 |
| 酚醛树脂泡沫塑料 | 30～40 | 0.031 | 0.00014 |
| 聚氯乙烯泡沫塑料 | 30～70 | 0.029 | 0.00017 |
| 聚氨酯泡沫塑料 | 32 | 0.035 | 0.000204 |
| 泡沫橡胶 | 91 | 0.036 | 0.00012 |
| 泡沫玻璃 | 130～160 | 0.047～0.052 | 0.00021 |
| 炭化软木材料 | — | 0.037 | 0.00009 |
| 硅藻土砖：甲级 | ≤550 | 0.072 | 0.000206 |
| 乙级 | ≤600 | 0.085 | 0.000214 |
| 丙级 | ≤700 | 0.100 | 0.000228 |
| 石棉白云石板 | 350～400 | 0.079 | 0.000019 |
| 喷射石棉 | 180～230 | 0.031～0.040 | 0.00013 |
| 玻璃纤维制品 | 12 | 0.0366 | 0.00029 |
| | 24 | 0.0315 | 0.00019 |
| | 48 | 0.0297 | 0.00013 |
| 石棉板、管 | 200 | 0.0419 | 0.00012 |
| 轻质高铝砖 | 400 | 0.0582 | 0.00017 |
| | 800 | 0.291 | 0.00023 |

注：$\lambda_0$ 为 0℃时的热导率，$b$ 为常数，已知 $\lambda_0$ 和 $b$（或 $\lambda_0 b$）就可以计算不同温度时的热导率。

## 二、绝缘材料性质

绝缘材料的耐压参数见表 5-47，电气绝缘材料的耐热分级见表 5-48，塑料的绝缘等级见表 5-49。

表 5-47 绝缘材料的耐压参数

| 物质 | 耐压强度/(V/mm) | 物质 | 耐压强度/(V/mm) | 物质 | 耐压强度/(V/mm) |
|---|---|---|---|---|---|
| 沥青 | 1000～2000 | 硼硅酸玻璃 | 10000～50000 | 酚醛塑料 | 12000 |
| 空气 | 800～3000 | 石英玻璃 | 20000～30000 | 聚乙烯 | 50000 |
| 石棉 | 3000～53000 | 钛酸钡 | 3000 | 赛璐珞 | 14000～23000 |
| 石棉板 | 1200～2000 | 大理石 | 4000～6500 | 琥珀云母 | 15000～50000 |
| 石棉纸 | 3000～4200 | 玄武岩 | 4000～7000 | 白云母 | 15000～78000 |
| 纸 | 5000～7000 | 干燥木材 | 800 | 蜂蜡 | 10000～30000 |
| 纸板 | 8000～13000 | 电木 | 10000～30000 | 石蜡 | 16000～30000 |
| 纤维纸 | 5000～10000 | 马尼拉纸 | 5000～10000 | 松脂 | 15000～24000 |
| 蜡纸 | 30000～40000 | 生橡胶 | 10000～20000 | 樟脑 | 16000 |
| 绝缘布 | 10000～54000 | 软橡胶 | 10000～24000 | 树脂 | 16000～23000 |
| 棉丝 | 3000～5000 | 硬橡胶 | 20000～38000 | 桐油 | 12000 |
| 玻璃 | 5000～10000 | 虫胶 | 10000～23000 | 矿物油 | 25000～57000 |
| 瓷器 | 8000～25000 | 云母纸带 | 15000～50000 | 绝缘清漆 | 27000～40000 |

注：V/mm 表示每毫米厚的绝缘材料所能耐受的电压。

表 5-48 电气绝缘材料的耐热分级

| 耐热等级 | 极限温度/℃ | 该耐热等级的绝缘材料 |
|---|---|---|
| Y | 90 | 未浸渍过的棉纱、丝及纸等 |
| A | 105 | 浸渍过的或浸在液体电介质中的棉纱、丝及纸等 |
| E | 120 | 合成的有机薄膜、合成的有机磁漆等 |
| B | 130 | 以合适的树脂黏合或浸渍、涂覆后的云母、玻璃纤维、石棉以及其他无机材料等 |
| F | 155 | 以合适的树脂黏合或浸渍、涂覆后的云母、玻璃纤维、石棉以及其他无机材料等 |
| H | 180 | 以合适的树脂(如有机硅树脂)黏合或浸渍、涂覆后的云母、玻璃纤维、石棉等 |
| C | >180 | 以合适的树脂(如热稳定性特别优良的有机硅树脂)黏合或浸渍、涂覆后的云母、玻璃纤维等以及未经浸渍处理的云母、陶瓷、石英等材料 |

表 5-49 塑料的绝缘等级

| 绝缘等级 | 材料名称 | 适用范围 |
|---|---|---|
| Y级(90℃以下) | 聚氯乙烯<br>聚苯乙烯<br>聚乙烯<br>酚醛塑料(有机填料) | 电线、电缆、电器零件<br>电容器薄膜、电器零件<br>电线、电缆、电器零件<br>电器零件 |
| A级(105℃) | 尼龙<br>交联聚乙烯<br>聚丙烯<br>纤维素塑料 | 干燥环境中功频绝缘材料<br>电线、电缆、电器零件<br>电容器薄膜、电器零件<br>电器零件 |
| E级(120℃) | 聚碳酸酯<br>聚对苯二甲酸乙二醇酯(涤纶)<br>聚氯醚<br>聚三氟氯乙烯 | 电容器薄膜、电器零件<br>电容器薄膜、电器零件<br>电器零件<br>不吸湿、不碳化、不助燃电器零件 |

续表

| 绝缘等级 | 材料名称 | 适用范围 |
| --- | --- | --- |
| B级(130℃) | 聚对二甲苯<br>酚醛(有机填料)<br>环氧树脂<br>聚氨酯 | 电容器、微型电子元件、介电薄膜、低温下最佳的绝缘材料<br>电器零件<br>浇铸包封件、印刷线路板 |
| H级(180℃) | 聚酰亚胺<br>有机硅<br>聚间苯二甲酸二丙烯酯(DAIP) | 薄膜、浸渍漆、汽层、模塑件、层压板<br>浇铸包封件、浸渍漆、模塑件、层压板<br>电器零件 |
| C级(180℃以上) | 聚四氟乙烯<br>聚全氟乙丙烯<br>聚酰亚氨<br>酚醛(玻璃填料)<br>三聚氰胺(玻璃填料) | 高频电缆和零件、电容器、电机槽绝缘<br>薄膜、浸渍漆、漆包线、涂层、漆布、层压板、模塑件<br>薄膜、浸渍漆、漆包线、层压板、模塑料<br>电器零件<br>电器零件 |

## 第五节 气象资料

气象资料包括风力等级、雨级、地震烈度、大气透明系数、能见度和地区气象资料等。

### 一、风力等级

风力等级情况见表5-50。风速修正值见表5-51。

**表5-50 风力等级情况**

| 风力等级 | 风级名称 | 相当风速/(m/s) | 海面浪高/m | | 海岸船只象征 | 陆地地面象征 |
| --- | --- | --- | --- | --- | --- | --- |
| | | | 一般 | 最高 | | |
| 0 | 无风 | 0～0.2 | | | 静 | 静,烟几乎直上 |
| 1 | 软风 | 0.3～1.5 | 0.1 | 0.1 | 一般渔船略觉摇动 | 根据飘烟测定风向,但风向标不转 |
| 2 | 轻风 | 1.6～3.3 | 0.2 | 0.3 | 渔船张帆时,随风移行2～3km/h | 人脸上感觉有风,树叶有微响,风向标能转动 |
| 3 | 微风 | 3.4～5.4 | 0.6 | 1.0 | 渔船有颠簸,张帆可行5～6km/h | 树叶及微枝不断徐徐摇动,旌旗招展 |
| 4 | 和风 | 5.5～7.9 | 1.0 | 1.5 | 渔船满帆时,使船身倾于一方 | 尘土、薄纸飞扬,树的小枝摇动 |
| 5 | 清风 | 8.0～10.7 | 2.0 | 2.5 | 渔船缩帆(即收去帆之一部) | 有叶的小树摇动,内陆水面有小波 |
| 6 | 强风 | 10.8～13.8 | 3.0 | 4.0 | 渔船加倍缩帆,捕鱼必须注意风险 | 大树枝摆荡,电线啸啸作响,举伞困难 |
| 7 | 疾风 | 13.9～17.1 | 4.0 | 5.5 | 渔船停息港中,在海中者应下锚 | 全树摇动,大树下弯,迎风步行困难 |
| 8 | 大风 | 17.2～20.7 | 5.5 | 7.5 | 近港渔船皆停留不出 | 可吹折树枝,人向前行阻力甚大 |
| 9 | 烈风 | 20.8～24.4 | 7.0 | 10.0 | 汽船航行困难 | 吹倒大树,毁坏烟囱及瓦片,小屋受到破坏 |
| 10 | 狂风 | 24.5～28.4 | 9.0 | 12.5 | 汽船航行颇危险 | 陆上少见,能将树根拔起,建筑物损坏较重 |

续表

| 风力等级 | 风级名称 | 相当风速/(m/s) | 海面浪高/m | | 海岸船只象征 | 陆地地面象征 |
|---|---|---|---|---|---|---|
| | | | 一般 | 最高 | | |
| 11 | 暴风 | 28.5～32.6 | 11.5 | 16.0 | 汽船遇之极危险 | 陆上很少见，遇之必有很大破坏 |
| 12 | 飓风 | 32.7～36.0 | 14.0 | ＞16.0 | 海浪滔天 | 陆上极少，摧毁力极大 |
| 13 | | 37.0～41.4 | | | | |
| 14 | | 41.5～46.1 | | | | |
| 15 | | 46.2～50.9 | | | | |
| | | 51.0～56.0 | | | | |

**表 5-51　风速修正值**

| 高度/m | 3 | 4 | 5 | 8 | 10 | 15 | 20 |
|---|---|---|---|---|---|---|---|
| 修正值 | 1.10 | 1.16 | 1.22 | 1.345 | 1.41 | 1.53 | 1.64 |

## 二、雨级

雨级见表 5-52。

**表 5-52　雨级**

| 名称 | 标准(12h 内降雨量) | 标志 |
|---|---|---|
| 微雨 | ＜0.1mm、累计降雨时间少于 3h | 地面不湿或稍湿 |
| 小雨 | ＜5mm | 地面全湿，但无渍水 |
| 中雨 | 5.1～15mm | 可听到雨声，地面有渍水 |
| 大雨 | 15.1～30mm | 雨声激烈，遍地渍水 |
| 暴雨 | 30.1～70mm | 风声很大，倾盆而下 |
| 大暴雨 | 70.1～140mm | 打开窗户，室内听不到说话声 |
| 特大暴雨 | ＞140mm | |
| 阵雨 | 一阵阵下，累计降雨少于 3h | 可分大、中、小阵雨 |

## 三、地震烈度

### 1. 地震烈度

震级表示地震本身的强弱，国际上多采用里克特的 10 级震级表。震级越高，地震越大，释放的能量越多。震级每差 1 级，能量约差 30 倍。震级和地震烈度不同，地震烈度是表示同一个地震在地震波及的各个地点所造成的影响和破坏程度，它与震源深度、震中距离、表土及土质条件、建筑物的类型和质量等多种因素有关。震级是个定值，一个地震只有一个震级。烈度值却因地而异，一般震中所在地区烈度最高，称极震区；随震中距增大、烈度总的趋势是逐渐降低（由于各种因素影响，可能有起伏）。各国划分地震烈度的标准不一致，许多国家制订了具有本国特色的烈度表，我国使用的地震烈度表将地震烈度分为 12 度。烈度通常用罗马数字（Ⅰ、Ⅱ、…、Ⅻ）表示，见表 5-53。

**表 5-53 我国地震烈度表**

| 地震烈度 | 人的感觉 | 房屋震害 | | | 其他震害现象 | 水平向地震动参数 | |
|---|---|---|---|---|---|---|---|
| | | 类型 | 震害程度 | 平均震害指数 | | 峰值加速度/($m/s^2$) | 峰值速度/(m/s) |
| Ⅰ | 无感 | — | — | — | — | — | — |
| Ⅱ | 室内个别静止中的人有感觉 | — | — | — | — | — | — |
| Ⅲ | 室内少数静止中的人有感觉 | — | 门、窗轻微作响 | — | 悬挂物微动 | — | — |
| Ⅳ | 室内多数人、室外少数人有感觉、少数人梦中惊醒 | — | 门、窗作响 | — | 悬挂物明显摆动，器皿作响 | — | — |
| Ⅴ | 室内绝大多数、室外多数人有感觉、多数人梦中惊醒 | — | 门窗、屋顶、屋架颤动作响，灰土掉落，个别房屋墙体抹灰出现细微裂缝，个别屋顶烟囱掉砖 | — | 悬挂物大幅度晃动，不稳定器物摇动或翻倒 | 0.31（0.22～0.44） | 0.03（0.02～0.04） |
| Ⅵ | 多数人站立不稳，少数人惊逃户外 | A | 少数中等破坏，多数轻微破坏和/或基本完好 | 0.00～0.11 | 家具和物品移动；河岸和松软土出现裂缝，饱和砂层出现喷砂冒水；个别独立砖烟囱轻度裂缝 | 0.63（0.45～0.89） | 0.06（0.05～0.09） |
| | | B | 个别中等破坏，少数轻微破坏，多数基本完好 | | | | |
| | | C | 个别轻微破坏，大多数基本完好 | 0.00～0.08 | | | |
| Ⅶ | 大多数人惊逃户外，骑自行车的人有感觉，行驶中的汽车驾乘人员有感觉 | A | 少数毁坏和/或严重破坏，多数中等和/或轻微破坏 | 0.09～0.31 | 物体从架子上掉落；河岸出现塌方，饱和砂层常见喷水冒砂，松软土地上地裂缝较多；大多数独立砖烟囱中等破坏 | 1.25（0.90～1.77） | 0.13（0.10～0.18） |
| | | B | 少数中等破坏，多数轻微破坏和/或基本完好 | | | | |
| | | C | 少数中等和/或轻微破坏，多数基本完好 | 0.07～0.22 | | | |
| Ⅷ | 多数人摇晃颠簸，行走困难 | A | 少数毁坏、多数严重和/或中等破坏 | 0.29～0.51 | 干硬土上出现裂缝，饱和砂层绝大多数喷砂冒水；大多数独立砖烟囱严重破坏 | 2.50（1.78～3.53） | 0.25（0.19～0.35） |
| | | B | 个别毁坏、少数严重破坏，多数中等和/或轻微破坏 | | | | |
| | | C | 少数严重和/或中等破坏，多数轻微破坏 | 0.20～0.40 | | | |
| Ⅸ | 行动的人摔倒 | A | 多数严重破坏或/和毁坏 | 0.49～0.71 | 干硬土上多处出现裂缝，可见基岩裂缝、错动，滑坡、塌方常见；独立砖烟囱多数倒塌 | 5.00（3.54～7.07） | 0.50（0.36～0.71） |
| | | B | 少数毁坏、多数严重和/或中等破坏 | | | | |
| | | C | 少数毁坏和/或严重破坏，多数中等和/或轻微破坏 | 0.38～0.60 | | | |
| Ⅹ | 骑自行车的人会摔倒，处不稳状态的人会摔离原地，有抛起感 | A | 绝大多数毁坏 | 0.69～0.91 | 山崩和地震断裂出现，基岩上拱桥破坏；大多数独立砖烟囱从根部破坏或倒毁 | 10.00（7.08～14.14） | 1.00（0.72～1.41） |
| | | B | 大多数毁坏 | | | | |
| | | C | 多数毁坏和/或严重破坏 | 0.58～0.80 | | | |

续表

| 地震烈度 | 人的感觉 | 房屋震害 | | | 其他震害现象 | 水平向地震动参数 | |
|---|---|---|---|---|---|---|---|
| | | 类型 | 震害程度 | 平均震害指数 | | 峰值加速度/(m/s²) | 峰值速度/(m/s) |
| Ⅺ | — | A | 绝大多数毁坏 | 0.89～1.00 | 地震断裂延续很大，大量山崩滑坡 | — | — |
| | | B | | | | | |
| | | C | | 0.78～1.00 | | | |
| Ⅻ | — | A | 几乎全部毁坏 | 1.00 | 地面剧烈变化，山河改观 | — | — |
| | | B | | | | | |
| | | C | | | | | |

注：1. 表中给出的“峰值加速度”和“峰值速度”是参考值，括号内给出的是变动范围。

2. 摘自《中国地震烈度表》(GB/T 17742—2008)。

**2. 烈度、震级及震源深度的关系**

烈度、震级及震源深度的关系见表5-54。

**表5-54 烈度、震级及震源深度的关系**

| 震级 | 震源深度/km | | | | 震级 | 震源深度/km | | | |
|---|---|---|---|---|---|---|---|---|---|
| | 5 | 10 | 15 | 20 | | 5 | 10 | 15 | 20 |
| 3级以下 | 5 | 4 | 3.5 | 3 | 6 | 9.5 | 8.5 | 8 | 7.5 |
| 4 | 6.5 | 5.5 | 5 | 4.5 | 7 | 11 | 10 | 9.5 | 9 |
| 5 | 8 | 7 | 6.5 | 6 | 8 | 12 | 11.5 | 11 | 10.5 |

**3. 地震释放的能量**

地震释放的能量见表5-55。

**表5-55 地震释放的能量**

| 震级 | 能量/J | 震级 | 能量/J |
|---|---|---|---|
| 0 | $6.3\times10^{4}$ | 5 | $2\times10^{12}$ |
| 1 | $2\times10^{6}$ | 6 | $6.3\times10^{13}$ |
| 2 | $6.3\times10^{7}$ | 7 | $2\times10^{15}$ |
| 2.5 | $3.55\times10^{8}$ | 8 | $6.3\times10^{16}$ |
| 3 | $2\times10^{9}$ | 8.5 | $3.55\times10^{17}$ |
| 4 | $6.3\times10^{10}$ | 8.9 | $1.4\times10^{18}$ |

## 四、大气能见度

大气透明系数及能见距离见表5-56，气象能见距离等级见表5-57，几种物体在阴天时的能见系数见表5-58。

**表 5-56 大气透明系数及能见距离**

| 大气状态 | 透明系数 | 能见距离/km | 大气状态 | 透明系数 | 能见距离/km |
|---|---|---|---|---|---|
| 空气绝对纯净 | 0.99 | 300 | 空气很浑浊 | — | — |
| 透明度非常高 | 0.97 | 150 | 浓霾 | 0.12 | 2 |
| 空气很透明 | 0.96 | 100 | 薄雾 | 0.015 | 1 |
| 透明度良好 | 0.92 | 50 | 雾 | $2\times10^{-4}$ | 0.5 |
| 透明度中等 | 0.81 | 20 |  | 约 $8\times10^{-10}$ | 0.2 |
| 空气稍许浑浊 | 0.66 | 10 | 浓雾 | $10^{-10}$ | 0.1 |
| 空气浑浊(霾) | 0.36 | 4 |  | 约 $10^{-34}$ | 0.05 |

注：大气透明系数$=\dfrac{\text{透过 1km 厚大气层的光能量}}{\text{进入这层内的总光能量}}$，在已知 1km 距离的大气透明系数时，求 $n$km 远的空气层的光线占原来光能量的比值，就要把大气透明系数作相应千米数的 $n$ 次自乘。如大气透明系数为 0.8，则 2km 厚大气层中所透过的光线为原有光能量 $0.8^2=0.64$。大气透明系数用于描述大气的纯净程度，即雾、霾、烟尘等的存在程度。

**表 5-57 气象能见距离等级**

| 气象能见距离的级别 | 0 | 1 | 2 | 3 | 4 | 5 | 6 | 7 | 8 | 9 |
|---|---|---|---|---|---|---|---|---|---|---|
| 在下列距离可以看见物体/km |  | 0.05 | 0.2 | 0.5 | 1 | 2 | 4 | 10 | 20 | 50 |
| 而在下列距离已经看不见物体/km | 0.05 | 0.2 | 0.5 | 1 | 2 | 4 | 10 | 20 | 50 |  |

注：气象工作上评定能见距离的方法是简便地观测选定在不同距离上的一些黑色或很暗的物体，以能否看得见来确定。

**表 5-58 几种物体在阴天时的能见系数**

| 物体名称 | 背景 | 能见系数 | 物体名称 | 背景 | 能见系数 |
|---|---|---|---|---|---|
| 大建筑物(房屋、棚、木架) | 森林 | 0.89 | 白砖建筑物 | 森林 | 0.89 |
|  | 地面 | 0.55 |  | 草地 | 0.78 |
|  | 雪 | 0.99 |  | 有云天空 | 0.94 |
|  | 有云天空 | 0.97 | 针叶树 | 草地 | 0.52 |
| 红色的铁皮房顶 | 森林 | 0.64 |  | 沙地 | 0.72 |
|  | 草地 | 0.78 |  | 地面 | 0.57 |
| 红砖建筑物 | 森林 | 0.76 |  | 雪 | 0.97 |
|  | 草地 | 0.74 |  | 有云天空 | 0.99 |
|  | 有云天空 | 0.98 |  |  |  |

## 五、国内主要地区气象资料

国内主要地区气象资料如表 5-59 所列。

**表 5-59 国内主要地区的气象资料**

| 地名 | 海拔/m | 大气压力/kPa |  |  | 室外相对湿度/% |  |  | 室外平均风速/(m/s) |  | 温度/℃ |  |  |
|---|---|---|---|---|---|---|---|---|---|---|---|---|
|  |  | 冬季 | 夏季 | 平均 | 冬季 | 夏季 | 平均 | 冬季 | 夏季 | 最高 | 最低 | 平均 |
| 齐齐哈尔 | 147.4 | 100.4 | 98.7 | 99.7 | 63 | 57 | 64 | 3.4 | 3.4 | 37.5 | −39.5 | 2.7 |
| 安达 | 150.5 | 100.4 | 98.8 | 99.9 | 64 | 58 | 70 | 4.1 | 3.5 | 39.1 | −44.3 |  |
| 哈尔滨 | 141.5 | 100.7 | 98.8 |  | 66 | 63 |  | 3.7 | 3.3 | 39.6 | −41.4 | 3.3 |
| 鸡西 | 219.2 | 99.5 | 98.0 |  | 64 | 59 |  | 3.6 | 2.4 | 38.0 | −35.1 |  |

续表

| 地名 | 海拔/m | 大气压力/kPa | | | 室外相对湿度/% | | | 室外平均风速/(m/s) | | 温度/℃ | | |
|---|---|---|---|---|---|---|---|---|---|---|---|---|
| | | 冬季 | 夏季 | 平均 | 冬季 | 夏季 | 平均 | 冬季 | 夏季 | 最高 | 最低 | 平均 |
| 牡丹江 | 232.5 | 99.3 | 97.9 | | 64 | 62 | | 2.1 | 2.0 | 37.5 | -45.2 | 3.5 |
| 富锦 | 59.7 | | 99.8 | | 50 | 48 | | 3.7 | 3.1 | 35.2 | -36.3 | |
| 嫩江 | 222.3 | 99.3 | 97.9 | | 66 | 65 | | 1.6 | 2.4 | 38.1 | -47.3 | |
| 海伦 | 240.3 | 99.2 | 97.7 | | 73 | 62 | | 2.6 | 2.7 | 35.0 | -40.8 | |
| 绥芬河 | 512.4 | 95.6 | 94.8 | | 57 | 68 | | 4.5 | 2.0 | 35.7 | -33.3 | |
| 延吉 | 172.9 | | 98.7 | 98.9 | 49 | 67 | 67 | 2.9 | 2.2 | 38.0 | -31.1 | |
| 长春 | 215.7 | 99.6 | 97.9 | 99.6 | 59 | 64 | 67 | 4.2 | 3.5 | 39.5 | -36.0 | 4.7 |
| 四平 | 162.9 | 100.4 | 98.5 | 100.8 | 57 | 65 | 69 | 3.7 | 3.5 | 38.0 | -33.7 | 5.4 |
| 旅顺 | | | | 101.1 | | 65 | 66 | | | 35.4 | -19.3 | 10.2 |
| 沈阳 | 41.6 | 101.3 | 100.0 | | 53 | 64 | | 3.6 | 3.7 | 39.3 | -33.1 | 7.3 |
| 锦州 | 66.3 | 102.0 | 99.9 | 101.7 | 38 | 67 | 65 | 3.7 | 3.6 | 38.4 | -26.0 | 9.0 |
| 营口 | 3.5 | 102.7 | 100.5 | | 49 | 75 | | 3.2 | 3.0 | 36.9 | -31.0 | 8.6 |
| 丹东 | 15 | 102.4 | 100.4 | 100.6 | 49 | 77 | 67 | 3.1 | 2.3 | 37.8 | -31.9 | 8.5 |
| 大连 | 96.5 | 101.7 | 99.7 | | 53 | 54 | 63 | 5.6 | 4.3 | 36.1 | -19.9 | 10.3 |
| 朝阳 | 170.4 | 101.7 | 98.6 | 101.3 | 31 | 76 | | 2.3 | 2.1 | 40.6 | -31.1 | |
| 鞍山 | 77.3 | | 99.7 | 93.7 | 61 | 55 | | | | 33.7 | -29.5 | 8.4 |
| 满州里 | | 94.1 | | | | 61 | | | | 40.0 | | -1.8 |
| 海拉尔 | 612.9 | 92.9 | 93.2 | | 77 | 57 | | 3.2 | 3.4 | 40.1 | -49.3 | -2.5 |
| 博克图 | 738.7 | 100.5 | 92.1 | | 69 | 49 | | 3.2 | 2.0 | 37.5 | -39.1 | |
| 通辽 | 175.9 | 95.6 | 98.4 | | 42 | 48 | | 3.7 | 3.2 | 40.3 | -32.0 | |
| 赤峰 | 571.9 | 90.5 | 94.1 | | 37 | 52 | 56 | 2.3 | 2.0 | 42.5 | -31.4 | |
| 锡林浩特 | 990.8 | 90.1 | 89.5 | | 64 | 37 | | 3.5 | 3.0 | 38.3 | -42.4 | |
| 呼和浩特 | 1063 | | 88.9 | | 45 | 46 | | 1.8 | 1.7 | 38.0 | -36.2 | 5.4 |
| 温都尔庙 | 1151.6 | | | | 38 | 55 | | 5.3 | 4.2 | 29.0 | -37.2 | |
| 汉贝庙 | 1117.4 | | | | 48 | 55 | | 2.1 | 2.9 | 39.1 | -42.2 | |
| 多伦 | 1245.4 | | | | | 31 | 62 | 3.4 | 2.6 | 35.4 | -39.8 | |
| 林西 | 808.6 | 92.1 | | 91.5 | 44 | 20 | 40 | 3.3 | 1.9 | 29.2 | -32.0 | |
| 乌鲁木齐 | 850.5 | 93.3 | 90.8 | | 75 | 27 | 46 | 1.6 | 2.8 | 43.4 | -41.5 | 5.7 |
| 哈密 | 767 | 86.5 | 91.6 | | 58 | 40 | 67 | 2.6 | 3.9 | 43.9 | -32.0 | 10.0 |
| 和田 | 1381.9 | 94.8 | 85.3 | | 46 | 21 | | 1.6 | 1.9 | 42.5 | -22.8 | 11.6 |
| 伊宁 | 664 | 102.9 | 93.2 | | 70 | 50 | | 1.8 | 2.3 | 40.2 | -37.2 | 7.9 |
| 吐鲁番 | 35 | | 99.9 | | 47 | 39 | | 1.4 | 2.4 | 47.6 | -26.0 | 13.9 |
| 富蕴 | 1177 | | | | 71 | 28 | | 0.4 | 1.4 | 33.3 | -50.8 | |
| 精河 | 318.3 | | | | | 29 | | 1.6 | 2.1 | 39.7 | -36.4 | |
| 奇台 | 795.3 | | | | 75 | 31 | | 2.6 | 3.1 | 41.0 | -42.6 | |
| 库车 | 1072.5 | | | | | 32 | 43 | 2.4 | 3.4 | 41.5 | -27.4 | |

续表

| 地名 | 海拔/m | 大气压力/kPa | | | 室外相对湿度/% | | | 室外平均风速/(m/s) | | 温度/℃ | | |
|---|---|---|---|---|---|---|---|---|---|---|---|---|
| | | 冬季 | 夏季 | 平均 | 冬季 | 夏季 | 平均 | 冬季 | 夏季 | 最高 | 最低 | 平均 |
| 莎车 | 1231.2 | 85.2 | | | | 44 | 58 | 1.2 | 2.1 | 41.5 | −20.9 | |
| 酒泉 | 1469.3 | 85.2 | 84.4 | 84.8 | 42 | 25 | | 2.2 | 2.3 | 38.4 | | 8.3 |
| 兰州 | 1517.2 | 88.9 | 84.3 | | 44 | 60 | | 0.7 | 1.7 | 39.1 | −23.0 | 9.5 |
| 敦煌 | 1138.7 | | 87.6 | | 42 | | | 1.9 | 2.0 | 43.6 | −27.6 | 9.3 |
| 乌鞘岭 | 3045.1 | | | | 44 | | | 4.1 | 4.1 | 26.7 | −30.0 | |
| 天水 | 1131.7 | 89.2 | 88.3 | | 48 | 52 | 60 | 1.5 | 1.4 | 36.0 | −19.2 | 11.3 |
| 武都 | 1090 | | 88.6 | | | 58 | | 1.2 | 2.0 | 40.0 | −7.2 | |
| 银川 | 1111.5 | 89.6 | 88.4 | | 47 | 47 | | 1.8 | 1.9 | 39.3 | −30.6 | 8.5 |
| 共和 | 2862.5 | | | | 36 | 48 | | 2.3 | 2.3 | 31.1 | −27.8 | |
| 玉树 | 3702.6 | | | | 23 | 50 | 56 | 1.6 | 1.2 | 26.6 | −25.4 | 3.1 |
| 西宁 | 2261.2 | 77.5 | 77.4 | | 48 | 65 | 59 | 1.7 | 1.9 | 33.9 | −26.6 | 5.7 |
| 格尔木 | 2806.1 | 72.3 | 72.4 | | 41 | 36 | | 2.7 | 3.5 | 32.1 | −33.6 | 4.2 |
| 大柴旦 | 3173.2 | | | 97.5 | | 27 | | 1.4 | 2.2 | 28.2 | −31.7 | |
| 西安 | 412.7 | 97.9 | 95.7 | | 50 | 50 | 68 | 2.0 | 2.4 | 45.2 | −20.6 | 13.8 |
| 延安 | 957.6 | 91.5 | 90.0 | | 35 | 50 | | 2.1 | 1.5 | 39.7 | −25.4 | 9.4 |
| 汉中 | 508.3 | 96.4 | 94.7 | | | 66 | | 1.4 | 1.2 | 41.6 | −10.1 | 14.3 |
| 榆林 | 1057.5 | 90.2 | 89.0 | 101.2 | 41 | 44 | 57 | 1.6 | 2.2 | 40.0 | −32.7 | 8.1 |
| 北京 | 54.3 | 102.0 | 99.9 | | 34 | 63 | 62 | 2.2 | 1.5 | 42.6 | −22.8 | 11.8 |
| 石家庄 | 81.8 | 101.7 | 99.5 | | 39 | 57 | 57 | 2.0 | 1.9 | 42.6 | −26.5 | 12.9 |
| 承德 | 315.2 | 98.1 | 96.3 | 101.4 | 37 | 58 | 58 | 1.4 | 1.2 | 41.5 | −23.9 | 9.0 |
| 保定 | 17.2 | 102.4 | 100.1 | 93.1 | 40 | 58 | 55 | 2.1 | 2.3 | 43.7 | −22.4 | 12.1 |
| 张家口 | 723.9 | 93.9 | 92.4 | 101.7 | 43 | 67 | 63 | 3.6 | 2.4 | 37.4 | −24.1 | 8.2 |
| 天津 | 3.3 | 102.7 | 100.5 | 101.8 | 53 | 78 | 72 | 3.1 | 2.6 | 42.9 | −20.4 | 12.2 |
| 塘沽 | 5.4 | 102.7 | 100.5 | 91.9 | 62 | 79 | 61 | 4.3 | 4.4 | 47.8 | −22.8 | 12.0 |
| 太原 | 782.4 | 93.2 | 91.5 | 101.4 | 42 | 52 | 57 | 2.4 | 2.2 | 39.4 | −25.5 | 9.8 |
| 济南 | 54 | 102.3 | 100.0 | 100.9 | 47 | 59 | 73 | 3.9 | 3.3 | 42.7 | −19.7 | 14.8 |
| 青岛 | 76.8 | 102.0 | 99.9 | 101.7 | 55 | 77 | 80 | 4.6 | 4.1 | 36.2 | −16.9 | 12.3 |
| 上海 | 4.6 | 102.5 | 100.4 | 100.9 | 60 | 65 | 77 | 3.5 | 3.4 | 40.2 | −12.1 | 15.3 |
| 南京 | 8.9 | 102.1 | 100.0 | 101.6 | 61 | 65 | 71 | 3.3 | 3.1 | 43.0 | −14.0 | 15.5 |
| 徐州 | 34.3 | 102.3 | 100.0 | | 61 | 70 | | 3.4 | 3.2 | 41.2 | −18.9 | 14.3 |
| 蚌埠 | 21 | 102.4 | 100.1 | | 63 | 66 | | 3.0 | 2.8 | 40.7 | −19.3 | 15.1 |
| 安庆 | 40.9 | 102.1 | 100.0 | 100.8 | 56 | 62 | 78 | 3.3 | 2.8 | 40.2 | −9.3 | 16.5 |
| 芜湖 | 14.8 | 102.4 | 100.3 | 101.7 | 17 | 80 | 82 | 2.4 | 2.3 | 41.0 | −10.6 | 16.0 |
| 杭州 | 7.2 | 102.5 | 100.5 | | 68 | 63 | 85 | 2.2 | 2.0 | 42.1 | −10.5 | 16.3 |
| 温州 | 4.8 | 102.3 | 100.5 | | 64 | 72 | 81 | 2.8 | 2.6 | 40.5 | −3.9 | 10.4 |
| 福建 | 88.4 | 102.2 | 99.6 | 101.4 | 64 | 63 | 79 | 2.9 | 3.3 | 39.5 | −2.5 | 19.8 |

续表

| 地名 | 海拔/m | 大气压力/kPa | | | 室外相对湿度/% | | | 室外平均风速/(m/s) | | 温度/℃ | | |
|---|---|---|---|---|---|---|---|---|---|---|---|---|
| | | 冬季 | 夏季 | 平均 | 冬季 | 夏季 | 平均 | 冬季 | 夏季 | 最高 | 最低 | 平均 |
| 厦门 | 63.2 | 101.4 | 99.9 | | 73 | 81 | | 3.5 | 3.0 | 39.8 | 2.2 | 21.6 |
| 信阳 | 79.1 | 101.2 | 99.1 | 97.7 | 66 | 72 | 72 | 2.3 | 2.4 | 39.6 | −20.0 | 15.1 |
| 开封 | 72.5 | 101.8 | 99.6 | | 64 | 79 | 72 | 3.6 | 3.0 | 43.0 | −15.0 | 14.7 |
| 武汉 | 23 | 102.3 | 100.1 | | 64 | 62 | 79 | 2.8 | 2.7 | 41.3 | −14.9 | 16.8 |
| 宜昌 | 69.7 | 101.5 | 99.3 | 100.6 | 62 | 65 | 77 | 1.5 | 1.4 | 39.7 | −6.2 | 16.7 |
| 长沙 | 81.3 | 101.9 | 99.6 | 100.6 | 70 | 58 | 83 | 3.0 | 2.4 | 41.5 | −8.4 | 17.5 |
| 岳阳 | 51.6 | 101.6 | 99.8 | | 77 | 75 | | 2.8 | 3.1 | 39.0 | −8.9 | 16.7 |
| 常德 | 36.7 | 102.2 | 100.0 | 100.8 | 52 | 70 | 80 | 2.3 | 2.3 | 40.8 | −11.2 | 16.7 |
| 衡阳 | 103.2 | 101.2 | 99.3 | | 80 | 71 | 80 | 1.7 | 2.3 | 41.3 | −4.0 | 17.8 |
| 南昌 | 48.9 | 101.9 | 100.0 | | 67 | 58 | | 4.4 | 3.0 | 39.4 | −7.7 | 17.4 |
| 景德镇 | 46.3 | 102.0 | 99.9 | 101.5 | 56 | 58 | 79 | 2.1 | 1.7 | 39.8 | −10.3 | 17.0 |
| 九江 | 32.2 | 102.2 | 100.1 | | 75 | 76 | | 3.0 | 2.4 | 41.0 | −10.0 | 17.0 |
| 赣州 | 99 | 100.8 | 99.1 | | 66 | 58 | 78 | 2.3 | 2.1 | 41.2 | −6.0 | 19.4 |
| 南宁 | 74.9 | 100.8 | 99.3 | | 64 | 64 | | 2.0 | 1.9 | 40.4 | −2.1 | 22.1 |
| 桂林 | 161 | 100.3 | 98.5 | | 62 | 64 | 77 | 3.2 | 1.5 | 39.4 | −4.9 | 19.2 |
| 梧州 | 119.2 | | 99.1 | 101.4 | 65 | 63 | 76 | 2.0 | 1.9 | 39.2 | −3.0 | 21.5 |
| 广州 | 11.3 | 101.9 | 100.4 | 101.4 | 58 | 69 | 78 | 2.1 | 1.7 | 38.7 | −0.3 | 21.9 |
| 汕头 | 4.3 | 101.9 | 100.5 | 100.7 | 64 | 74 | 83 | 2.9 | 2.6 | 38.5 | −0.6 | 21.5 |
| 海口 | 14.1 | 101.5 | 100.1 | | 76 | 63 | 85 | 4.1 | 3.3 | 40.5 | −2.8 | 24.3 |
| 韶关 | 68.7 | 101.4 | 99.7 | | 72 | 60 | | 1.8 | 1.8 | 42.0 | −4.3 | 20.3 |
| 成都 | 488.2 | 96.3 | 94.7 | | 60 | 69 | 81 | 1.3 | 1.4 | 40.1 | −6.0 | 17.0 |
| 重庆 | 260.6 | 99.1 | 97.2 | 99.3 | 71 | 60 | 83 | 0.9 | 1.2 | 42.2 | −1.8 | 18.6 |
| 峨嵋山 | | | 70.3 | 70.5 | | | 82 | | | 24.0 | −20.9 | 16.6 |
| 宜宾 | 286 | 98.5 | 96.9 | | 69 | 66 | | 1.3 | 1.4 | 42.0 | −1.6 | |
| 甘孜 | 3325.5 | 67.1 | 67.5 | | 31 | 50 | | 1.7 | 1.7 | 31.7 | −22.7 | |
| 西昌 | 1596.8 | 88.3 | 83.5 | | | 64 | | 1.7 | 1.0 | 39.7 | −6.0 | |
| 大理 | 1920.0 | | | | | 64 | | 1.7 | 1.0 | 35.1 | −4.6 | |
| 昆明 | 1891 | 81.1 | 80.8 | | 44 | 65 | | 2.4 | 1.8 | | | |
| 蒙自 | 1301 | 87.1 | 86.5 | | 49 | 60 | | 3.7 | 2.7 | | | |
| 思茅 | 1319 | 87.1 | 86.5 | | | 74 | | 1.9 | 0.9 | | | |
| 贵阳 | 1071.2 | 89.7 | 88.8 | 89.3 | 71 | 62 | 78 | 2.2 | 2.0 | 39.5 | −9.5 | 15.5 |
| 遵义 | 843.9 | 92.3 | 91.1 | | 74 | 59 | | 1.4 | 1.3 | | | |
| 拉萨 | 3658 | 64.9 | 64.9 | 65.1 | 20 | 39 | 41 | 2.4 | 2.1 | 28.0 | −15.4 | 8.6 |
| 昌都 | | | 68.1 | | | | 54 | | | 33.3 | −18.0 | 7.4 |
| 台北 | | | | 101.4 | | | 82 | | | 38.6 | −0.2 | 21.7 |
| 台中 | | | | 101.3 | | | 81 | | | 39.3 | −1.0 | 22.3 |

第二篇

# 设备篇

## 第六章 机械除尘器

机械除尘技术是指依靠机械力进行除尘的技术。所谓机械力在这里是指重力、惯性力和离心力。任何粉尘颗粒都有一定的质量，在地球引力作用下会有重力，在运动中会有惯性力，旋转运动时方向的改变会有离心力。这三种力构成机械力除尘过程中粉尘颗粒受力的基本内容，利用这些力设计的除尘装置称为机械除尘器。机械除尘器在环境工程或生产工艺过程中有广泛应用。

### 第一节 重力除尘器

重力除尘器，适于捕集粒径大于 40μm 的粉尘粒子；设备较庞大，无运动部件，适合处理中等气量的常温或高温气体，多作为高效除尘的预除尘使用。

#### 一、重力除尘器的工作原理

当气体由进风管进入重力除尘器时，由于气体流动通道断面积突然增大，气体流速迅速下降，粉尘便借本身重力作用，逐渐沉落，最后落入下面的集灰斗中，经输送机械送出。

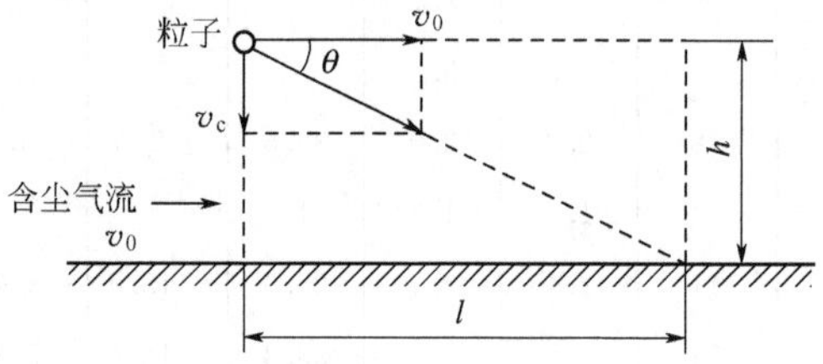

图 6-1 粉尘粒子在水平气流中的理想重力沉降过程

图 6-1 为含尘气体在水平流动时，直径为 $d$ 的粒子的理想重力沉降过程示意图。

由重力产生的粒子沉降力 $F_g$ 可用下式表示：

$$F_g=\frac{\pi}{6}d^3(\rho_d-\rho_g)g \tag{6-1}$$

式中，$F_g$ 为粒子沉降力，kg・m/s；$d$ 为

粒子直径，m；$\rho_d$ 为粒子密度，kg/m³；$\rho_g$ 为气体密度，kg/m³；$g$ 为重力加速度，m/s²。

假定粒子为球形，粒径为 3～100μm，且在符合斯托克斯定律的范围内，则粒子从气体中分离时受到的气体黏性阻力 $F$ 为：

$$F=3\pi\mu d v_g \tag{6-2}$$

式中，$F$ 为气体阻力，Pa；$\mu$ 为气体黏度，Pa·s；$d$ 为粒子分离直径，m；$v_g$ 为粒子分离速度，m/s。

含尘气体中的粒子能否分离取决于粒子的沉降力和气体阻力的关系，即 $F_g=F_0$。由此得出粒子分离速度 $v_g$。

$$v_g=\frac{d^2(\rho_a-\rho_g)g}{18\mu} \tag{6-3}$$

由式(6-3) 可以看出，粉尘粒子的沉降速度与粒子直径、尘粒体积质量（$\rho_s g$）及气体介质的性质有关。某一种尘粒在某一种气体中（即 $\rho_s$、$\rho$、$\mu$ 为常数），在重力作用下，尘粒的沉降速度 $v_g$ 与尘粒直径的平方成正比。所以粒径越大，越容易分离；反之，粒径越小，沉降速度变得越小，以致没分离的可能。球形尘粒的重力沉降速度见图 6-2。

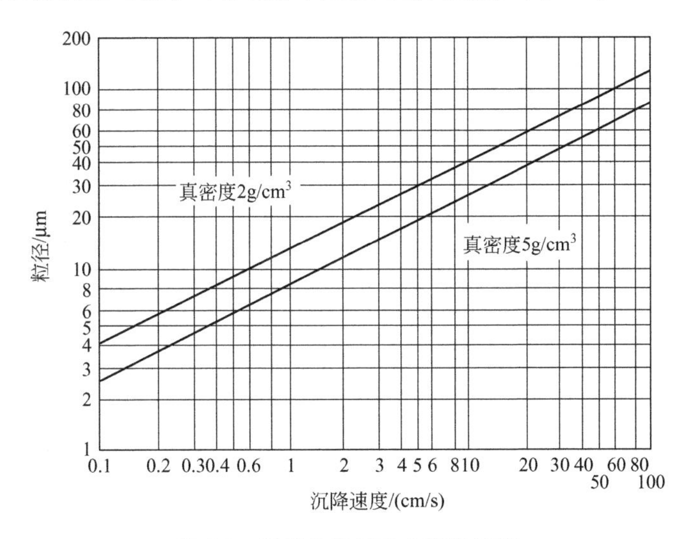


图 6-2　球形尘粒的重力沉降速度

在图 6-3 中，设烟气的水平流速为 $v_0$，尘粒（粒径为 $d$）从高度 $h$ 处开始沉降，那么尘粒落到水平距离 $L$ 的位置时，其 $v_g/v_0$ 的关系式为：

$$\tan\theta=\frac{v_g}{v_0}=\frac{d^2(\rho_s-\rho)g}{18\mu v_0}=\frac{h}{L} \tag{6-4}$$

由式(6-4) 可以看出，重力除尘器内被处理的气体其速度越小，重力除尘器的纵向浓度越大，沉降高度越低，就越容易捕集细小的粉尘。

重力除尘器有重力除尘室（重力沉降室）和多段重力除尘器（多层沉降室）之分，如图 6-3 所示。重力除尘器按气体流动方向可以分为水平气流重力除尘器和垂直气流重力除尘器两种。

## 二、重力除尘器的构造和技术性能

### 1. 构造

水平气流重力除尘器主要是由室体、进气口、出气口和集灰斗组成。含尘气体在室体内缓慢流动，尘粒借助自身重力作用被分离从而捕集下来。

为了提高重力除尘器的除尘效率，有的在室内加装一些底板，如图 6-3 所示，其目的是降

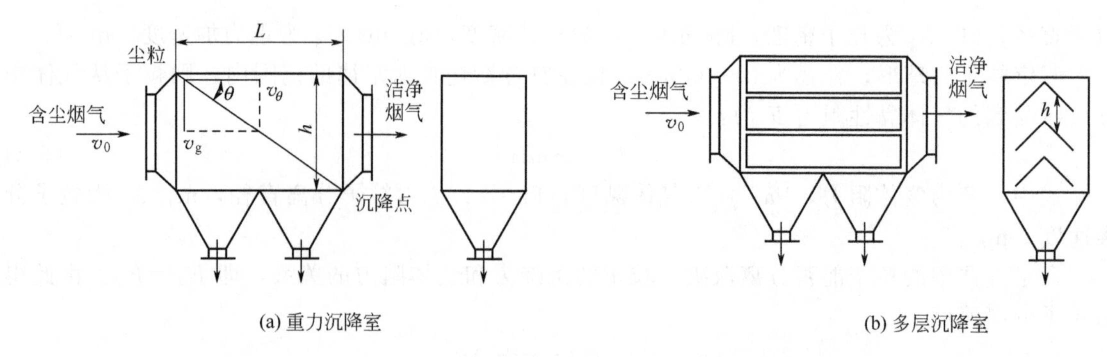

(a) 重力沉降室 (b) 多层沉降室

图 6-3 重力除尘器

低高度加快尘粒沉降，使尘粒在重力作用下沉降下来。有的降水平重力除尘器改为垂直形式，如图 6-4 所示，其目的是使气体中的尘粒受到重力作用，从而与气体分开，使之沉降下来。

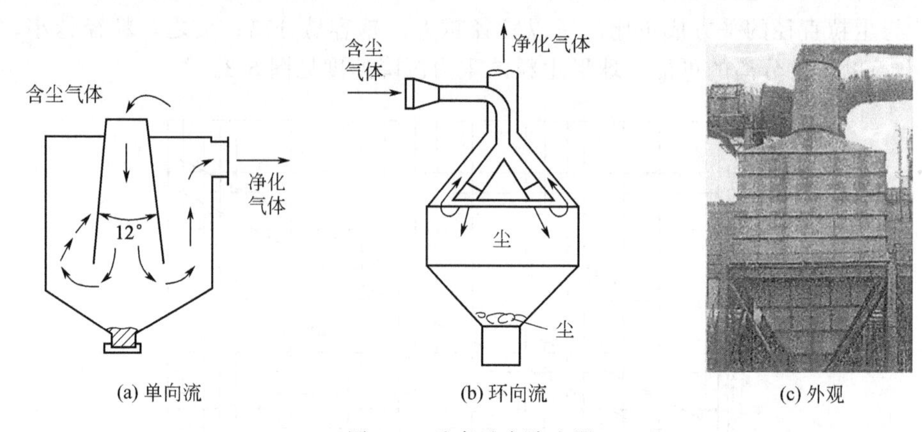

(a) 单向流 (b) 环向流 (c) 外观

图 6-4 垂直重力除尘器

**2. 技术性能**

重力除尘器的技术性能可按下述原则进行判定：①重力除尘器内被处理气体速度（基本流速）越低，越有利于捕集细小的尘粒，但装置相对庞大；②基本流速一定时，重力除尘器的纵深越长，则收尘效率也就越高，但不能延长至 10m 以上；③在气体入口处装设整流板，在重力除尘器内装设挡板，使沉降室内气流均匀化，增加惯性碰撞效应，有利于收尘效率的提高。

综上所述，通常基本流速选定为 0.4～1.0m/s，适用于捕集粒径为 40μm 以上的粉尘，压力损失比较小。当气流温度为 250～350℃，气体在重力除尘器入口和出口处的流速为 12～16m/s 时，重力除尘器的总阻力损失为 100～120Pa。重力除尘器在许多情况下作为多级除尘的预除尘器使用。

## 三、重力除尘器的应用

**1. 重力除尘器适用范围**

重力除尘器适用于捕集密度大、颗粒粗、磨损性强的粉尘，其除尘阻力低，节省能源，但占地面积大、除尘效率低，易产生二次扬尘，可单独用于风量不大、除尘要求不高的场所。在处理粉尘浓度较高的气体时，重力除尘器常作为高级除尘器的预除尘设备。

**2. 重力除尘器应用要点**

（1）适用于捕集粒径为 40μm 以上的粉尘，除尘室内烟气流速 $v$ 要根据烟尘的密度和粒径来确定，宜取 0.4～1.0m/s。

（2）除尘器尺寸以矮、宽、长的原则布置为宜、但室长不宜延长至 10m 以上。

(3) 除尘器入口处宜设整流板；沉降室内部可适当设置挡墙板，或采用水平隔板降低室高度形成多层沉降，使除尘器内气流均匀化，增加惯性碰撞效应，提高除尘效率。

(4) 沉降在除尘器内的灰尘宜设计安装排除装置。

(5) 除尘器可以根据烟气量，空间位置和效率要求设计成不同的构造及外形，且当现场条件不允许按计算尺寸确定结构时，可根据具体布置考虑。

# 第二节　挡板除尘器

挡板除尘器是利用粉尘在运动中惯性力大于气体惯性力的作用，将粉尘从含尘气体中分离出来的设备，又称惯性除尘器。这种除尘器结构简单，阻力小，但除尘效率较低，一般用于一级除尘。

## 一、挡板除尘器的除尘机理

为了改善重力除尘器的除尘效果，可在除尘器内设置各种形式的挡板，使含尘气流冲击在挡板上，气流方向发生急剧转变，借助尘粒本身的惯性力作用，使其与气流分离。图 6-5 为挡板除尘器的除尘机理。当含尘气流冲击到挡板 $B_1$ 上时，惯性大的粗尘粒（$d_1$）首先被分离下来。被气流带走的尘粒（$d_2$，且 $d_2 < d_1$），由于挡板 $B_2$ 使气流方向转变，借助离心力作用也被分离下来。若设该点气流的旋转半径为 $R_2$，切向速度为 $v_1$，则尘粒 $d_2$ 所受离心力与 $d_2^3\dfrac{v_1^2}{R_2}$成正比。显然这种惯性除尘器除借助惯性力作用外，还利用了离心力和重力作用。

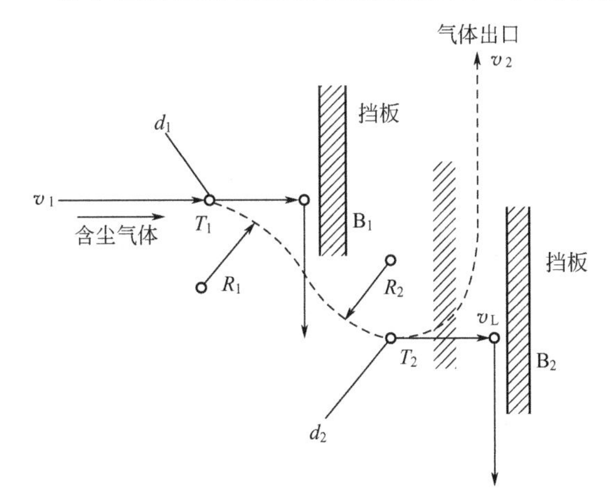

图 6-5　挡板除尘器的除尘机理

## 二、挡板除尘器的结构形式

挡板除尘器主要是使气流冲击在挡板上再急速转句，其中颗粒由于惯性效应，其运动轨迹就与气流轨迹不一样，从而使两者获得分离。气流速度大，这种惯性效应就大，所以这类除尘器的体积可以大大减小，占地面积也小，对细颗粒的分离效率也大为提高，可捕集到 10μm 的颗粒。在压力 300～600Pa 之间，根据构造和工作原理，挡板除尘器分为以下两种形式。

**1. 单板式除尘器**

单板式除尘器的结构形式如图 6-6 所示，这种除尘器的特点是用一个或几个挡板阻挡气流的前进，使气流中的尘粒分离出来。该形式的除尘器阻力较低，效率不高。

**2. 多板式除尘器**

该除尘器的特点是把进气流用多个挡板分割为小股气流。为使任意一股气流都有同样的较小回转半径及较大回转角，可以采用各种挡板结构，最典型的如图 6-7 所示。

百叶挡板能提高气流急剧转折前的速度，可以有效地提高分离效率：但速度过高，会引起已捕集颗粒的二次飞扬，所以速度一般都为 12～15m/s 左右。

## 三、挡板除尘器的技术性能

**1. 设备压降**

挡板除尘器的设备压降因挡板的数量和形式不同而异，挡板除尘器压降按下式计算：

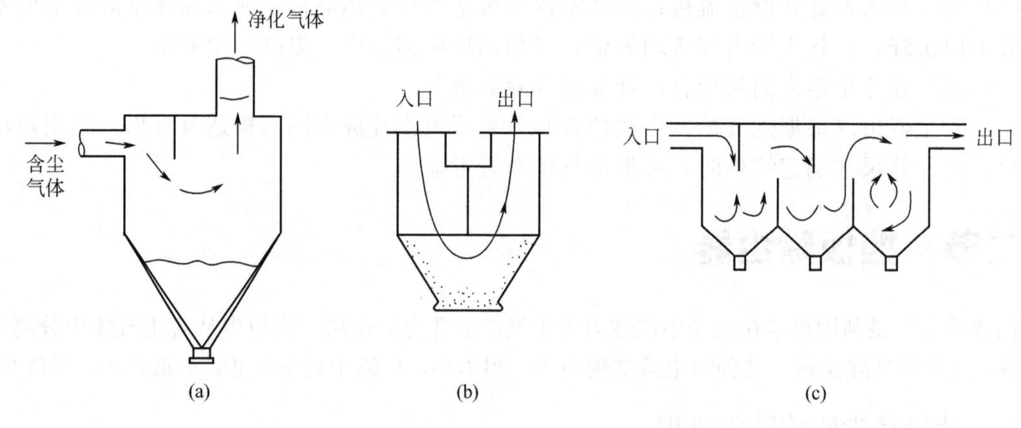


图 6-6 单板式除尘器的结构形式

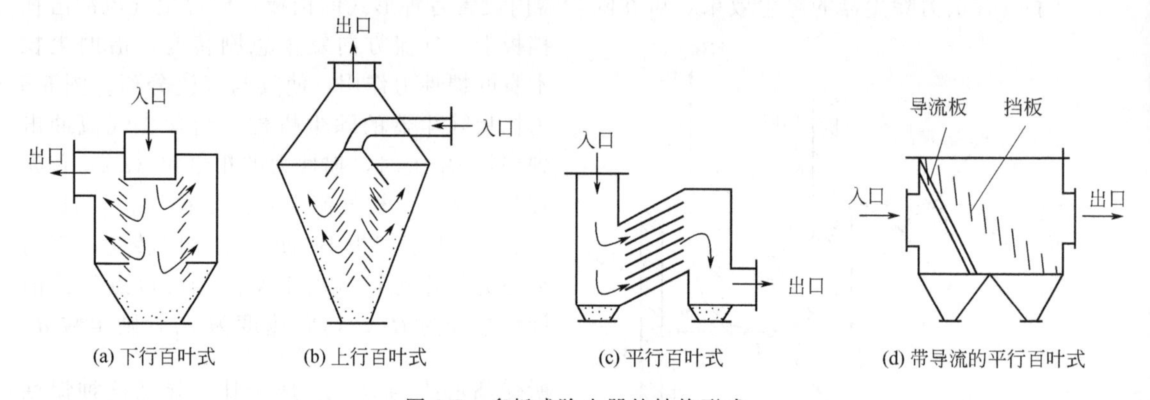


图 6-7 多板式除尘器的结构形式

$$\Delta p=\xi\frac{\rho_g v^2}{2} \tag{6-5}$$

式中，$\Delta p$ 为挡板除尘器压降，Pa；$\xi$ 为阻力系数，一般取值 1～4；$\rho_g$ 为气体密度，$kg/m^3$；$v$ 为除尘器入口速度，m/s。

**2. 除尘效率**

(1) 除尘器的除尘效率可以近似用下式计算：

$$\eta=1-\exp\left[-\left(\frac{A_c}{Q}\right)u_p\right] \tag{6-6}$$

式中，$A_c$ 为垂直于气流方向挡板的投影面积，$m^2$；$Q$ 为处理气体流量，$m^3/s$；$u_p$ 为在离心力作用下粉尘的移动速度，m/s。

$$u_p=\frac{d_p^2(\rho_p-\rho_g)v^2}{18\mu r_c} \tag{6-7}$$

式中，$v$ 为气流速度，m/s；$d_p$ 为粉尘粒径，m；$\rho_p$ 为粉尘的密度，$kg/m^3$；$\rho_g$ 为气体的密度，$kg/m^3$；$\mu$ 为气体的动力黏性系数，$kg\cdot s/m^2$；$r_c$ 为气流绕流时的曲率半径，m。

(2) 挡板除尘器的除尘效率比重力除尘器高，比离心式除尘器低，当设备内流速为 1～2m/s 时，对粒径为 30～50μm 以上的尘粒，其除尘效率可达 50%～70%。挡板间隙不大，配置合理，除尘效率可达到 85%甚至更高。

(3) 对大型挡板除尘器而言，为了提高除尘效率，往往在挡板前增设导流装置，以便使气流均匀到达挡板。这样挡板除尘器因增设导流装置，会效率稳定，运行可靠。

### 四、应用注意事项

挡板除尘器的应用注意事项如下。

（1）挡板除尘器可用于处理在冲击或方向转变前的速度较高的含尘气体，方向转变的曲率半径越小时，其除尘效率越高，但阻力也随之增大。

（2）含尘气体流动转向次数越多，除尘效率越高，阻力随之增大。

（3）挡板除尘器对装置漏风十分敏感，特别是壳体、叶片等漏风影响到含尘气流流动时，除尘效率会明显下降。所以长期运转的除尘器都应考虑避免漏风问题。

（4）挡板除尘器中的叶片容易磨损，设计和应用中要采取相应的技术措施加以解决，否则除尘器使用寿命较短。

（5）挡板除尘器如同重力除尘器一样可以单独使用，也可以作为多级除尘器的预除尘器，还有些大型除尘器在气体入口部分按挡板除尘器原理和形式进行设计。

## 第三节　离心式除尘器

离心式除尘器是1886年摩尔斯（Morse）发明的，它是一种利用离心力除去气流中粒子的设备，又称旋风除尘器、旋风筒。它和挡板式除尘器的区别在于：后者气流只是简单地在原来的路线上改变一下方向；而前者旋转气流中粒子受到的离心力比重力大得多，例如，小直径、高阻力的离心式除尘器的离心力比重力能大2500倍，大直径、低阻力的最少也要大5倍。所以，离心式除尘器除去的粒子比重力除尘器的粒子要小得多。但离心除尘器的压力损失一般比重力除尘器和挡板除尘器高，因而消耗的动力大。

由于离心式除尘器结构简单，没有运动部件，造价便宜，维护管理工作量极少，所以除单独使用外，还常用作高效除尘器的预除尘器。

### 一、旋风除尘器的工作原理

旋风除尘器由筒体、锥体、进气管、排气管和卸灰管等组成，如图6-8所示。离心式除尘器的工作过程是当含尘气体由切向进气口进入离心分离器时气流将由直线运动变为圆周运动。旋转气流的绝大部分沿器壁自圆筒体呈螺旋形向下朝锥体流动，通常称此为外旋气流。含尘气体在旋转过程中产生离心力，将相对密度大于气体的尘粒甩向器壁。尘粒一旦与器壁接触，便失去径向惯性力而靠向下的动量和向下的重力沿壁面下落，进入排灰管。旋转下降的外旋气体到达锥体时，因圆锥形的收缩而向除尘器中心靠拢。根据“旋转矩”不变原理，其切向速度不断提高，尘粒所受离心力也不断增大。当气流到达锥体下端某一位置时，即以同样的旋转方向从旋风分离器中部，由下反转向上，继续做螺旋性流动，即内旋气流。最后净化气体经排气管排出管外，一部分未被捕集的尘粒也由此排出。

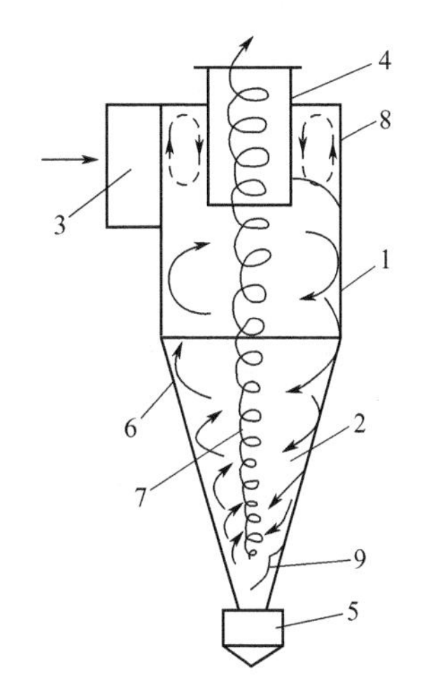

图6-8　普通旋风除尘器的组成及内部气流

1—筒体；2—锥体；3—进气管；4—排气管；5—排灰口；6—外旋流；7—内旋流；8—二次流；9—回流区

自进气管流入的另一小部分气体则向旋风分离器顶盖流动，然后沿排气管外侧向下流动，当到达排气管下端时即反转向上，随上升的中心气流一同从排气管排出。分散在这一部分的气流中的尘粒也随同被带走。

## 二、旋风除尘器的主要类型

旋风除尘器有以下几种类型：①以切向或轴向进气、气流反转排气的切流反转式旋风除尘器及其组合式除尘器；②以切向或轴向进气、直接排气的直流式旋风除尘器及其组合式除尘器；③以多股切向气流加强主气流旋转的旋流式除尘器。

这三种类型的除尘器如图 6-9 所示。图 6-9(a) 是采用切向进气获得较大的离心力，清除下来的粉尘由下部排出。这种除尘器是应用最多的旋风除尘器。图 6-9(b) 是采用切向进气周边排灰的方式，需要抽出少量气体另行净化。但这部分气量通常小于总气流量的 10%。这种旋风除尘器的特点是允许入口含尘浓度高，净化较为容易，总除尘效率高。图 6-9(c) 的形式的离心力较切向进气要小，但多个除尘器并联时（多管除尘器）布置很方便，因而多用于处理风量大的场合。图 6-9(d) 这种除尘器具有采用了并联以及周边抽气排灰可提高除尘效率这两方面的优点。常用于卧式形式。图 6-9(e) 是多股切向气流加强主气流旋转的旋流除尘器，它多用于化工生产中，很少用作预除尘器使用。

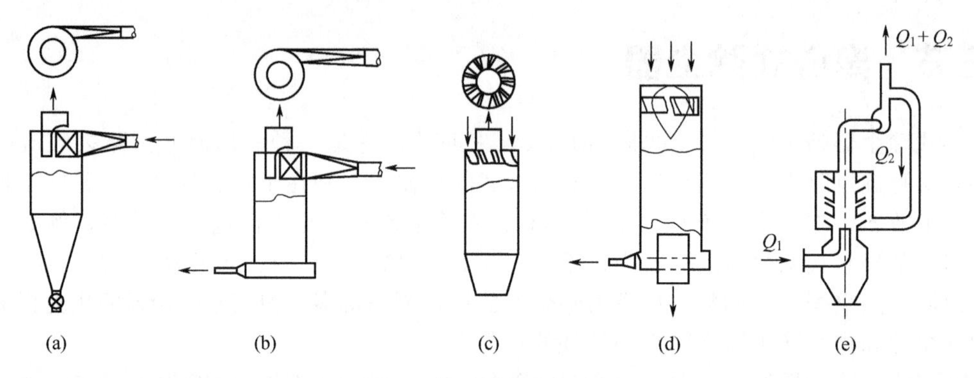


图 6-9 旋风除尘器的类型

## 三、旋风除尘器的技术性能

### 1. 设备阻力

离心式除尘器的流体阻力由进口阻力、旋涡流场阻力和排气管阻力 3 部分组成。通常按下式计算：

$$\Delta p=\xi\frac{\rho_2 v^2}{2} \tag{6-8}$$

式中，$\Delta p$ 为旋风除尘器的流体阻力，Pa；$\xi$ 为旋风除尘器的流体阻力系数，无量纲；$v$ 为旋风除尘器的流体速度，m/s；$\rho_2$ 为烟气密度，kg/m$^3$。

切向流反转旋风除尘器阻力系数可按下式估算：

$$\xi=\frac{KF_{\mathrm{i}}\sqrt{D_0}}{D_{\mathrm{e}}^2\sqrt{h+h_1}} \tag{6-9}$$

式中，$\xi$ 为对应于进口流速的流体阻力系数，无量纲；$K$ 为系数，20～40，一般取 $K=30$；$F_{\mathrm{i}}$ 为旋风除尘器进口面积，m$^2$；$D_0$ 为旋风除尘器圆筒体内径，m；$D_{\mathrm{e}}$ 为旋风除尘器出口管内径，m；$h$ 为旋风除尘器圆筒体长度，m；$h_1$ 为旋风除尘器圆锥体长度，m。

### 2. 除尘效率

分级效率是按尘粒粒径不同，分别表示的收尘效率。分级效率能够更好地反映除尘器对某种粒径尘粒的分离捕集性能。

离心式除尘器的分级效率按下式估算，也可以按图 6-10 进行估算。

$$\eta_{\mathrm{p}}=1-\mathrm{e}^{-0.6932\frac{d_{\mathrm{p}}}{d_{\mathrm{c50}}}} \tag{6-10}$$

式中，$\eta_{\mathrm{p}}$ 为粒径为 $d_{\mathrm{p}}$ 的尘粒的收尘效率，%；$d_{\mathrm{p}}$ 为尘粒直径，$\mu$m；$d_{\mathrm{c50}}$ 为旋风收尘器的 50%临界粒径，$\mu$m。

除尘器的总收尘效率可根据其分级收尘效率及粉尘的粒径分布计算。

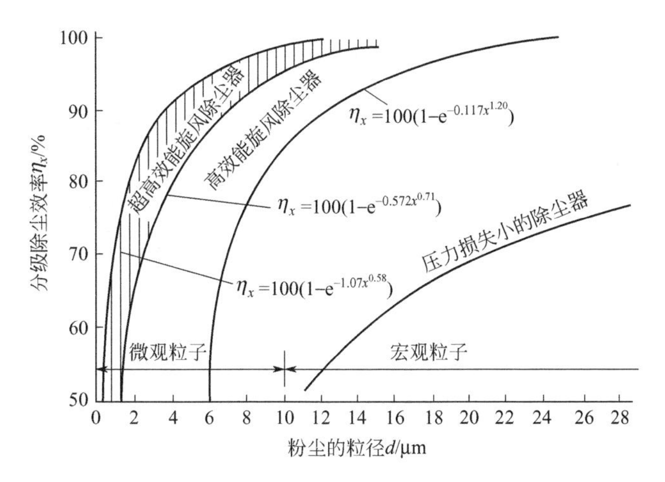


图 6-10　旋风除尘器的分级除尘效率

旋风除尘器的性能与各影响因素的关系见表 6-1。

**表 6-1　旋风除尘器的性能与各影响因素的关系**

| 变化因素 | | 性能趋向 | |
|---|---|---|---|
| | | 流体阻力 | 除尘效率 |
| 烟尘性质 | 烟尘密度增大 | 几乎不变 | 提高 |
| | 烟尘粒度增大 | 几乎不变 | 提高 |
| | 烟气含尘浓度增加 | 几乎不变 | 略提高 |
| | 烟气温度增高 | 减少 | 提高 |
| 结构尺寸 | 圆筒体直径增大 | 降低 | 降低 |
| | 圆筒体加长 | 稍降低 | 提高 |
| | 圆锥体加长 | 降低 | 提高 |
| | 入口面积增大(流量不变) | 降低 | 降低 |
| | 排气管直径增大 | 降低 | 降低 |
| | 排气管插入长度增加 | 增大 | 提高(降低) |
| 运行状况 | 入口气流速度增大 | 增大 | 提高 |
| | 灰斗气密性降低 | 稍增大 | 大大降低 |
| | 内壁粗糙度增大(有障碍物) | 增大 | 降低 |

## 四、通用型旋风除尘器

### 1. 通用型旋风除尘器规格

通用型旋风除尘器有两种规格（见图 6-11）：一种是切线入口形式的旋风除尘器；另一种是螺旋入口形式的旋风除尘器。如果旋风除尘器的筒体直径为 $D$，则其他各部分的尺寸如表 6-2 所列。

表 6-2 通用型旋风除尘器各部分间的比例

| 序号 | 项目 | 切线入口除尘器 | 螺旋入口除尘器 | 序号 | 项目 | 切线入口除尘器 | 螺旋入口除尘器 |
|---|---|---|---|---|---|---|---|
| 1 | 直筒长 | $1D$ | $1D$ | 5 | 出口直径 | $0.5D$ | $0.5D$ |
| 2 | 锥体长 | $2D$ | $2D$ | 6 | 灰尘出口直径 | $0.25\sim0.5D$ | $0.25\sim0.5D$ |
| 3 | 入口高 | $0.6D$ | $0\sim5D$ | 7 | 内筒长 | $0.6\sim0.8D$ | $0.6\sim0.8D$ |
| 4 | 入口宽 | $0.2D$ | $0.25D$ | 8 | 内筒直径 | $0.5D$ | $0.5D$ |

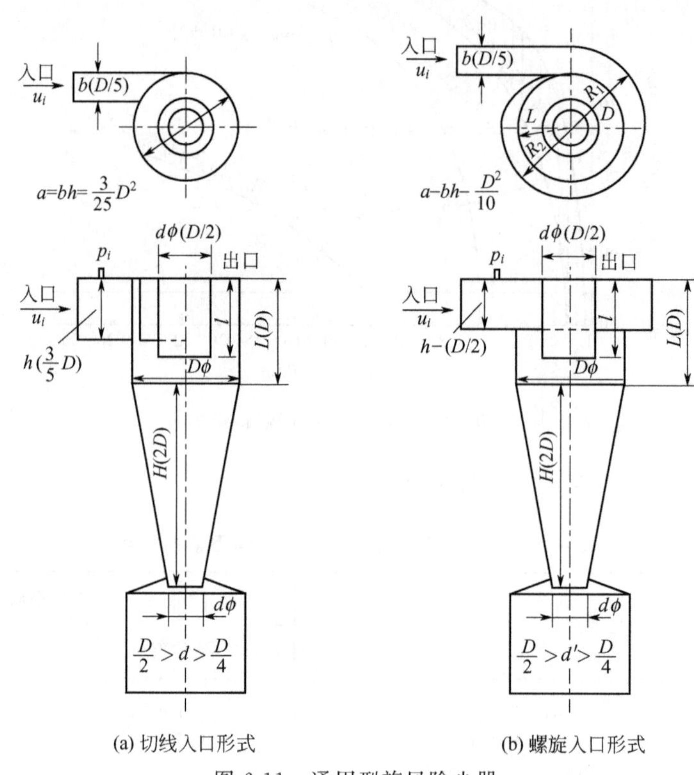


(a) 切线入口形式　　(b) 螺旋入口形式

图 6-11 通用型旋风除尘器

**2. 通用型旋风除尘器性能**

通用型旋风除尘器分离的最小粒径随除尘器的大小和粉尘密度的不同变化很大。筒体直径越小，粒子密度越大，则旋风除尘器分离效率越高。通用型旋风除尘器的分离粒径与旋风直径和粒子密度的关系如图 6-12 所示。图 6-12 是在常温常压下作出的。如果这些条件变化，分离效率也会有所不同。

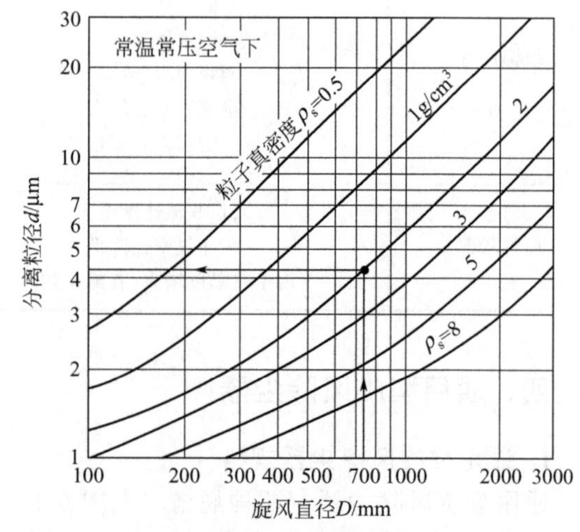


图 6-12 通用型旋风除尘器的分离粒径与旋风直径和粒子密度的关系

## 五、直流式旋风除尘器

直流式旋风除尘器较多作为预除尘器、火花捕集器使用，故做详细介绍。

**1. 工作原理**

含尘气体从轴向入口进入导流叶片。由于叶片导流作用，气体做快速旋转运动。含尘旋转气流在离心作用下，气流中的粉尘被甩到除尘器外圈直至器壁，中心干净气体从排气管排出，粉尘集中到卸灰装置卸下。直流式旋风除尘器可以水平使用，阻力损失相对较低，配置灵活方便，使用范围较广。直流式旋风除尘器内气流旋转形状如图 6-13 所示。

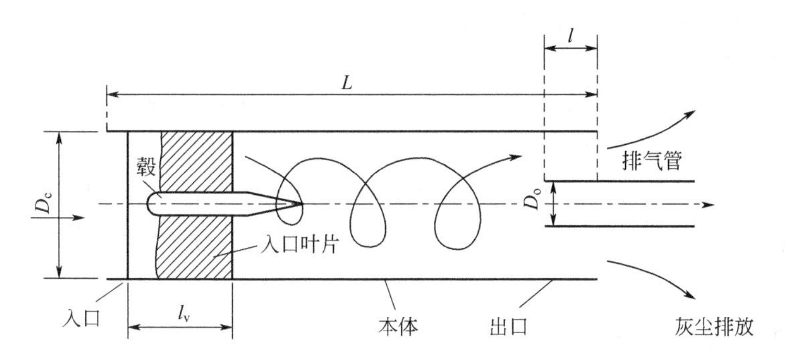


图 6-13　直流式旋风除尘器内气流旋转形状

**2. 构造特点**

直流式旋风除尘器是为解决旋风除尘器内被分离出来的灰尘可能被旋转上升的气流带走而设计的。在这种除尘器中，绕轴旋转的气流只是朝一个方向做轴向移动。它包括 4 部分（图 6-13）：①筒体，一般为圆筒形；②入口，由使气体做旋转运动的导流叶片组成；③出口，把净化后的气体和旋转的灰尘分开；④灰尘排放装置。

**3. 技术特点**

直流式旋风除尘器的技术特点主要包括：①比标准的切线流入型旋风除尘器体积小；②可以多个并用，适于处理大风量的粉尘；③可直接连接在除尘管道的水平或垂直部，适于在狭窄的地方使用；④分离临界颗粒直径比切线流入型稍大。

直流式旋风除尘器的结构与外形如图 6-14 所示。

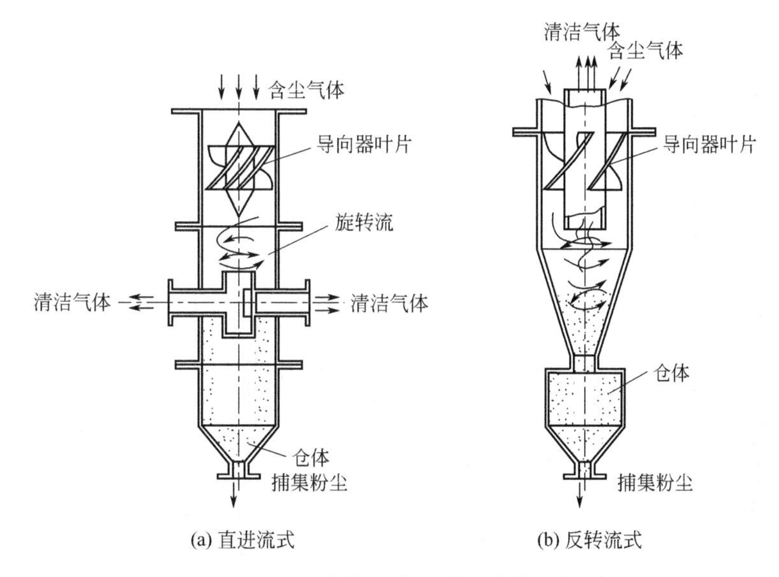


图 6-14　直流式旋风除尘器的结构与外形

**4. 影响性能的因素**

(1) 负荷　直流式除尘器和回流式除尘器相比，它的除尘效率受气体流量变化的影响小，对负荷的适应性比后者好。当气体流量下降到效果最佳流量的 50％时除尘效率下降 5％；上升到最佳流量的 125％时效率几乎不变。压力损失和流量大致成平方关系。

(2) 叶片角度和高度　除尘器导流叶片设计是直流式旋风除尘器的关键环节之一，其最佳角度似乎是和气流最初的方向成45°，因为把角度从30°增加到45°，除尘效率有显著的提高，再多倾斜5°，对效率就无影响，而阻力却有所增加。如果把叶片高度降低（从叶片根部起沿径向方向到顶部的距离），由于环形空间变窄，以致速度增大，从而使离心力加大，效率提高。

（3）排尘环形空间的宽度　除尘效率随着排气管直径的缩小，或者说随着环形空间的加宽而提高。除尘效率的提高，一方面是因为在除尘器截面上从轴心到周围存在着灰尘浓度梯度，也就是靠近轴心的气体比较干净；另一方面，靠近壁面运动的气体，在进入洁净气体排出管时，在环形空间入口形成灰尘的惯性分离，如果环形空间比较宽，气体的径向运动更显著，这种惯性分离就更有效。从排尘口抽气有提高除尘效率的作用，而且对细粒子的作用比对粗粒子大。

## 六、多管式旋风除尘器

### 1. 多管旋风除尘器的特点

多管旋风除尘器是指多个旋风除尘器并联组成一体并共用进气室和排气室，以及共用灰斗，从而形成多管除尘器。多管旋风除尘器中每个旋风子应大小适中，数量适中，内径不宜太小，因为太小容易堵塞。

多管旋风除尘器的特点是：①因多个小型旋风除尘器并联使用，在处理风机同风量情况下除尘效率较高；②节约安装占地面积；③多管旋风除尘器比单管并联使用的除尘装置阻力损失小。

### 2. 多管旋风除尘器的构造

多管旋风除尘器中的各个旋风子一般采用轴向入口，利用导流叶片强制含尘气体旋转流动，因为在相同压力损失下，轴向入口的旋风子处理气体量约为同样尺寸的切向入口旋风子的2～3倍，且容易使气体分配均匀，轴向入口旋风子的导流入口角90°，出口角40°～50°，内外直径比0.7以上，内外筒长度比0.6～0.8。

旋风子直径有100mm、150mm、200mm、250mm，以$\phi$250mm使用较普遍。轴向进气的旋风子的导流叶片有螺旋形和花瓣形两种，切向进气的旋风子的导流叶片则有多种（图6-15）。

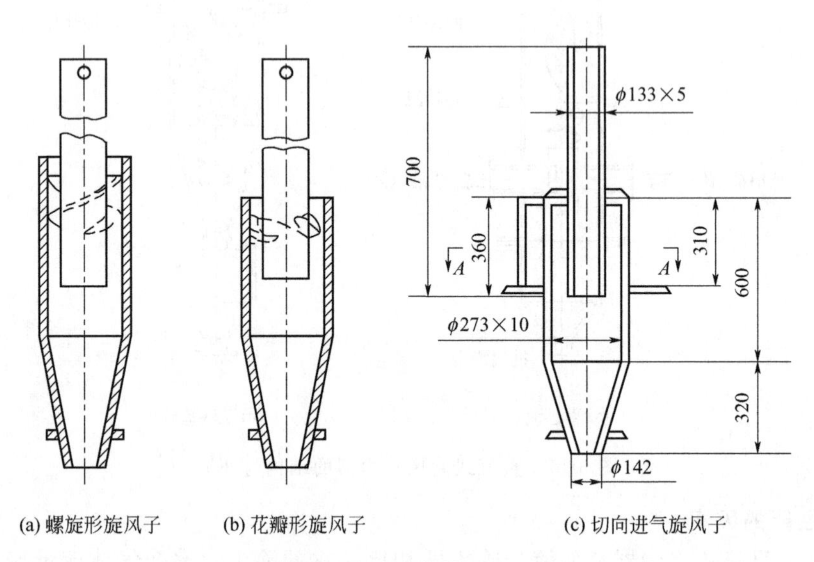


(a) 螺旋形旋风子　(b) 花瓣形旋风子　(c) 切向进气旋风子

图6-15　多管旋风除尘器的旋风子（单位：mm）

多管除尘器中各个旋风子的排气管一般是固定在一块隔板上，这块板使各根排气管保持一定的位置，并形成进气室和排气室之间的隔板。

多个旋风除尘器共用一个灰斗，容易产生气体倒流。所以有些多管除尘器被分隔成几部分，各有一个相互隔开的灰斗。在气体流量变动的情况下可以切断一部分旋风子，除尘器照样正常运行。

灰斗内往往要储存一部分灰尘，实行料封，以防止排尘装置漏气。为了避免灰尘堆积过高，堵塞旋风子的排尘口，灰斗应有足够的容量，并按时放灰；或者在灰斗内装设料位计，当灰尘堆积到一定量时给出信号，让排尘装置把灰尘排走。一般，灰斗内的料位应低于排尘管下端至少为排尘管直径 2～3 倍的距离。灰斗壁应当和水平面有大于安息角的角度，以免灰尘在壁上堆积起来。

在多管旋风除尘器内旋风子有各种不同的布置方法，见图 6-16。图 6-16(a)、(b)、(c) 分别为旋风子垂直布置在箱体内、把旋风子倾斜布置在箱体内、在箱体内增加了有重力除尘作用的空间减少旋风子的入口浓度负荷。

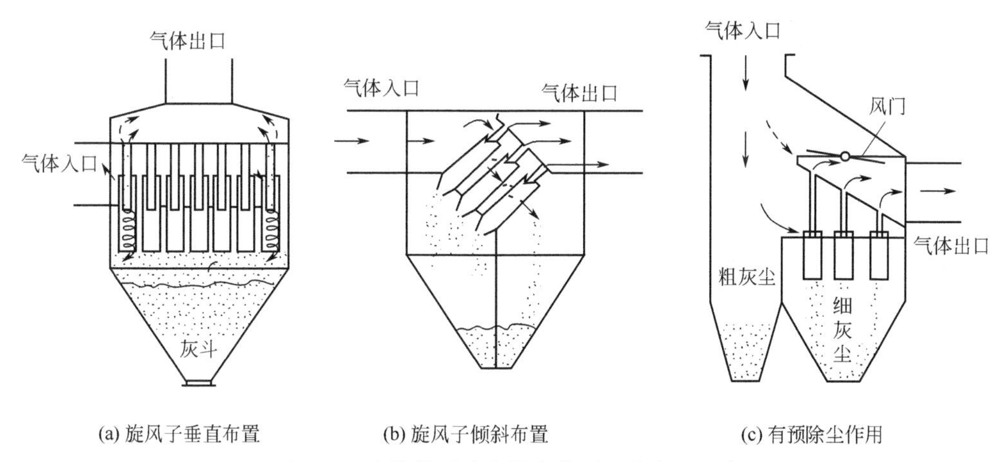


(a) 旋风子垂直布置　(b) 旋风子倾斜布置　(c) 有预除尘作用

图 6-16　多管旋风除尘器内旋风子的布置形式

**3. 多管旋风除尘器的性能**

多管旋风除尘器是由若干个旋风子组合在一个壳体内的除尘设备。这种除尘器因旋风子直径小，除尘效率较高；旋风子个数可按照需要组合，因而处理量大。多管旋风除尘器的除尘效率，轴向流的约为 80%～85%，切向流的约达 90%～95%。设备阻力为 600～800Pa。

## 七、旋风除尘器的选型

**1. 旋风除尘器的分类和性能**

旋风除尘器的分类和性能见表 6-3。

**表 6-3　旋风除尘器的分类和性能**

| 分类 | 名称 | 规格/mm | 风量/($m^3$/h) | 阻力/Pa | 备注 |
|---|---|---|---|---|---|
| 普通旋风除尘器 | DF 旋风除尘器 | $\phi$175～585 | 1000～17250 | | 用于预除尘 |
| | XCX 型旋风除尘器 | $\phi$ 200～1300 | 150～9840 | 550～1670 | |
| | XP 型旋风除尘器 | $\phi$200～1000 | 370～14630 | 880～2160 | |
| | XM 型木工旋风除尘器 | $\phi$1200～3820 | 1915～27710 | 160～350 | |
| | XLC 型旋风除尘器 | $\phi$662～900 | 1600～6250 | 350～550 | |
| | XZT 型长锥体旋风除尘器 | $\phi$390～900 | 790～5700 | 750～1470 | |
| | XJD/G 型旋风除尘器 | $\phi$578～1100 | 3300～12000 | 640～700 | |
| | XND/G 型旋风除尘器 | $\phi$384～960 | 1850～11000 | 790 | |
| | XPW 型旋风除尘器 | $\phi$490～1000 | 3300～18000 | 470～500 | |
| | CLG 型旋风除尘器 | $\phi$660～900 | 1600～6200 | 114～560 | |
| | DGL 型旋风除尘器 | $\phi$700～1110 | 3000～6000 | 250～460 | |
| | PZX 型旋风除尘器 | $\phi$200～2000 | 1800～316500 | 300～680 | |

续表

| 分类 | 名称 | 规格/mm | 风量/(m³/h) | 阻力/Pa | 备注 |
|---|---|---|---|---|---|
| 异形旋风除尘器 | XLP/A、B 型旋风除尘器 | $\phi$300～3000 | 750～104980 | | 配锅炉用和预除尘用 |
| | CLK 型扩散旋风除尘器 | $\phi$100～700 | 94～9200 | 1000 | |
| | SG 型旋风除尘器 | $\phi$670～1296 | 2000～12000 | | |
| | XZY 型消烟除尘器 | 0.05～1.0t | 189～3750 | 40.4～190 | |
| | XNX 型旋风除尘器 | $\phi$400～1200 | 600～8380 | 550～1670 | |
| | HF 型除尘脱硫除尘器 | $\phi$720～3680 | 6000～170000 | 600～1200 | |
| | XZS 型直流旋风除尘器 | $\phi$376～756 | 600～3000 | 25.8 | |
| 双旋风除尘器 | XSW 型卧式双级涡旋除尘器 | 2～20(t) | 600～60000 | 500～600 | 配小型锅炉用 |
| | 涡旋式除尘器 | | 1170～45000 | 670～1460 | |
| | CR 型双级涡旋除尘器 | 0.5～10(t) | 2200～30000 | 550～950 | |
| | XPX 型下排烟式旋风除尘器 | 1～5(t) | 3000～15000 | | |
| | XS 型双旋风除尘器 | 1～20(t) | 3000～58000 | 600～650 | |
| 组合式旋风除尘器 | XLG 型多管除尘器 | 9～16t | 1910～9980 | | 配小型锅炉用和单独除尘用 |
| | XZZ 型旋风除尘器 | $\phi$350～1200 | 900～60000 | 430～870 | |
| | XLT/A 型旋风除尘器 | $\phi$300～800 | 935～6775 | | |
| | XWD 型卧式多管除尘器 | 4～20(t) | 9100～68250 | 1000 | |
| | XD 型多管除尘器 | 0.5～35(t) | 1500～105000 | 800～920 | |
| | FOS 型复合多管除尘器 | 2500×2100×4800～8600×8400×15100 | 6000～170000 | 900～1000 | |
| | XCZ 型组合旋风除尘器 | $\phi$1800～2400 | 29250～78000 | 950 | |
| | XCY 型组合旋风除尘器 | $\phi$690～980 | 18000～90000 | 780～980 | |
| | XGG 型多管除尘器 | 1916×1100×3160～2116×2430×5886 | 6000～52500 | 784～1078 | |
| | DX 型多管斜插除尘器 | 1478×1528×2350～3150×1706×4420 | 4000～6000 | 824 | |

注："t" 为锅炉蒸发量。

**2. 旋风除尘器最佳形状**

旋风除尘器的最佳形状如图 6-17 所示。

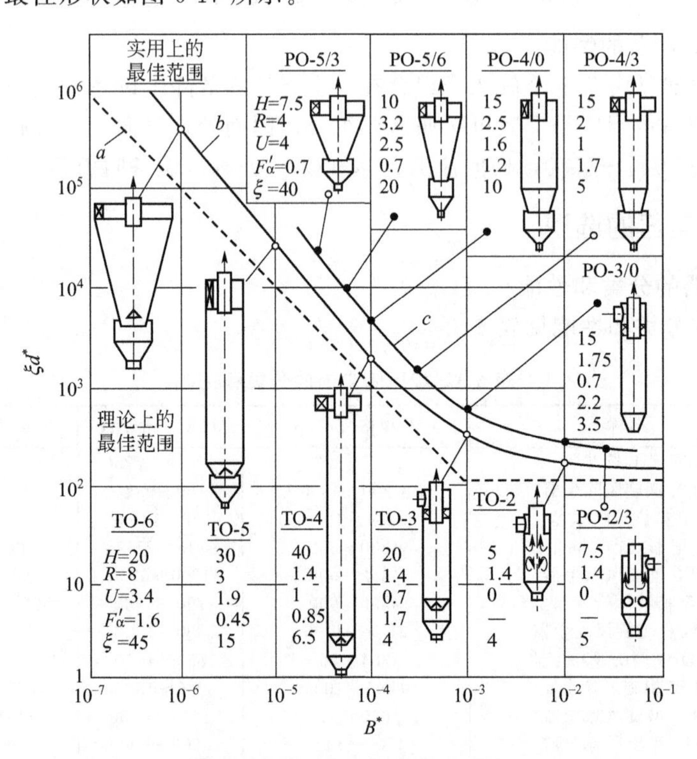


图 6-17 旋风除尘器的最佳形状

图 6-17 中：

$$H=h/r_{i}；R=r_{a}/r_{i}；U=u_{i}/v_{i}；F=F_{e}/F_{i}；\alpha'=v_{e}/u_{a}；$$

$$\xi=\Delta p/\left(\frac{\rho}{2}v_{i}^{2}\right)$$

式中，$h$ 为旋风除尘器高度；$r_i$ 为出口管半径；$r_a$ 为旋风除尘器圆筒部半径；$u_i$ 为出口半径旋转速度；$v_i$ 为出口管内平均轴向速度；$F_e$、$F_i$ 分别为入口及出口断面积；$v_e$ 为入口断面速度；$u_a$ 为圆筒壁旋转速度；$\Delta p$ 为压力损失；$\rho$ 为气体密度。

以上各式均为无量纲数。

图 6-17 的坐标轴为下列各种无量纲特性数：

$$\xi_{d}^{*}=\Delta P\Bigg/\left\{\frac{\rho}{2}\left(\frac{Q}{\pi r_{a}^{4/3}h^{2/3}}\right)^{2}\right\}$$

$$B^{*}=\frac{v_{r}r_{i}Q}{\pi u_{i}^{2}r_{a}^{2}h}$$

式中，$Q$ 为气体流量；$v_r$ 为半径方向分离临界粒子的终末沉降速度；其他符号意义同前。

图 6-17 中直线 $a$ 为理想的界限，$b$ 为理论最佳曲线（TO），$c$ 为实用上的最佳曲线（PO）。从经济观点考虑，采用接近图中 PO-5/6 居多。工程中各种形状旋风除尘器均有应用。

**3. 旋风除尘器的选型原则**

旋风除尘器的选择通常是根据旋风除尘器的技术性能（处理量 $Q$、压力损失 $\Delta p$ 及除尘效率 $\eta$）和经济指标（基建投资和运转管理费、占地面积、使用寿命等）进行的。在评价及选择旋风除尘器时，需全面考虑这些因素。理想的旋风除尘器必须在技术上能满足工艺生产及环境保护对气体含尘的要求，在经济上是最合算的。在具体设计选择旋风除尘器的形式时，要结合生产实际（气体含尘情况、粉尘的性质、粒度组成），参考国内外类似工厂的实践经验和先进技术，全面考虑，处理好技术性能指标和经济指标之间的关系。主要的选型原则有以下几方面。

① 旋风除尘器净化气体量应与实际需要处理量一致。选择除尘器直径时应尽量小些。如果要求通过的风量较大，以采用若干个小直径的旋风除尘器并联为宜。如果处理气量与多管旋风除尘器相符，以选多管旋风除尘器为宜。

② 旋风除尘器的入口气速要保持 18～23m/s。低于 18m/s 时，其除尘效率下降；高于 23m/s 时，除尘效率提高不明显，且阻力损失增加，能耗增大。

③ 选择旋风除尘器时，要根据工况考虑阻力损失和结构形式，尽可能做到既节省动力消耗，又便于制造、维护管理。

④ 旋风除尘器能捕集到的最小尘粒的粒度应等于或稍小于被处理气体的粉尘粒度。

⑤ 当含尘气体温度很高时，要注意保温，避免水分在除尘器内凝结。假如粉尘不吸收水分，除尘器的工作温度要比露点温度高出 30℃左右。假如粉尘吸水性较强（如水泥、石膏和含碱粉尘等），除尘器的工作温度要比露点温度高出 40～50℃，以避免露点腐蚀。

⑥ 旋风除尘器结构的密封要好，确保不漏风。尤其是负压操作，更应该注意卸料锁风装置的可靠性。有数据表明，漏风率 5%，除尘效率下降 50%；漏风率 10%～15%，除尘效率降至零。

⑦ 易燃易爆粉尘（如煤粉），应设有防爆装置。防爆装置的通常做法是在入口管道上加一个安全防爆阀门。

⑧ 当粉尘黏度较小时，最大允许含尘质量浓度与旋风筒直径有关，即直径越大，允许含尘质量浓度也越大。具体的关系见表 6-4。

表 6-4 旋风除尘器直径与允许含尘质量浓度的关系

| 旋风除尘器直径/mm | 800 | 600 | 400 | 200 | 100 | 60 | 40 |
| --- | --- | --- | --- | --- | --- | --- | --- |
| 允许含尘质量浓度/(g/m$^3$) | 400 | 300 | 200 | 150 | 60 | 40 | 20 |

**4. 旋风除尘器的选型步骤**

根据工艺提供或收集到的资料选择除尘器，一般有计算法和经验法 2 种方法。

(1) 计算法　用计算法选择除尘器的大致步骤如下。

① 由初始含尘浓度 $c_i$ 和要求的出口浓度 $c_o$（按排放标准计），按下式计算出要求达到的除尘效率 $\eta$：

$$\eta=\left(1-\frac{a_o Q_o}{c_i Q_i}\right)\times 100\% \tag{6-11}$$

式中，$Q_i$ 为除尘器入口的气体流量，m$^3$/s；$Q_o$ 为除尘器出口的气体流量，m$^3$/s。

② 选择确定旋风除尘器结构形式，并根据选定除尘器的分级效率 $\eta_i$ 和净化粉尘的粒径分布，按下式计算出能达到的总除尘效率 $\eta_{总}$：

$$\eta_{总}=\sum_{d_{min}}^{d_{max}}\Delta D_i \eta_i \tag{6-12}$$

式中，$\Delta D_i$ 为净化粉尘的粒径分布。

通过计算，若 $\eta_{总}>\eta$，则说明选定形式能满足设计要求，反之要重新选定（选高性能的或改变除尘器的运行参数）。

③ 确定除尘器规格后，如果选定的规格大于实验除尘器的规格，则需计算出相似放大后的除尘效率 $\eta'$，若能满足 $\eta'>\eta$，则说明所选除尘器形式和规格皆符合污染物的净化要求。否则需进行二次计算重新确定。

④ 根据查得的压损系数 $\xi$ 和确定的入口速度 $v_i$，按下式计算运行条件下的压力损失 $\Delta p$ (Pa)：

$$\Delta p=\xi(\rho v_i^2/2) \tag{6-13}$$

式中，$v_i$ 为进口气流速度，m/s；$\xi$ 为旋风除尘器的压损系数；$\rho$ 为气体密度，kg/m$^3$。压损系数 $\xi$ 为无量纲数，一般根据实验确定，其对于一定结构形式的除尘器为一常数值。许多人试图根据理论分析和实验结果，找出 $\xi$ 值的通用公式，但由于除尘器结构形式繁多，影响因素又很复杂，所以难以求得准确的通用计算公式。

(2) 经验法　由于旋风除尘器内气流运动的规律还有待于进一步认识，实际上由于分级效率 $r_i$ 和粉尘粒径分布数据非常缺乏，相似放大计算方法还不成熟，所以对环保工作者来说，应以生产中掌握的数据为依据采用经验法来选择除尘器的形式、规格，其基本步骤如下。

① 选定形式。根据粉尘的性质、分离要求、阻力和制造条件等因素进行全面分析，合理选择旋风除尘器的形式。从各类除尘器的结构特性来看，一般粗短型除尘器，应用于阻力小、处理风量大、净化要求低的场合；细长型除尘器，其除尘效率较高，阻力大，操作费用也较高，所以适用于净化要求较高的场合。表 6-5 列出了几种除尘器在阻力大致相等条件下的除尘效率、阻力系数、金属材料消耗量等综合比较，供除尘器选型时参考。

② 确定进口气速 $v_i$。根据使用时允许的压降确定进口气速 $v_i$。因 $\Delta p=\xi(\rho v_i^2/2)$，故

$$v_i=[2\Delta p/(\xi\rho)]^{1/2} \tag{6-14}$$

式中，$\Delta p$ 为含尘气体压力损失，Pa。

无允许压降数据时，一般取进口气速为 12～25m/s。

表 6-5　几种旋风除尘器工艺参数比较

| 项目 | 型式 | | | |
|---|---|---|---|---|
| | XLT | XLT/A | XLP/A | XLP/B |
| 设备阻力/Pa | 1088 | 1078 | 1078 | 1146 |
| 进口气速/(m/s) | 19.0 | 20.8 | 15.4 | 18.5 |
| 处理风量/($m^3$/h) | 3110 | 3130 | 3110 | 3400 |
| 平均除尘效率/% | 79.2 | 83.2 | 84.8 | 84.6 |
| 阻力系数 $\xi$ | 52 | 64 | 78 | 57 |
| 金属消耗量(按 1000$m^3$/h 计)/kg | 42.0 | 25.1 | 27 | 33 |
| 外形尺寸(筒径×全高)/mm | $\phi$760×2360 | $\phi$550×2521 | $\phi$540×2390 | $\phi$540×2460 |

③ 确定旋风除尘器的进口截面积 $A$。对于矩形进口管，其截面积：

$$A=bh=Q/(3600v_i) \tag{6-15}$$

式中，$Q$ 为处理气体量，$m^3$/h；$b$ 为入口宽度，m；$h$ 为入口高度，m。

## 八、旋风除尘器的应用

### 1. 作污染控制设备

旋风除尘器作为主要的污染物排放控制设备，可用于许多工业领域。在木材加工领域及木材处理中，旋风除尘器常用作主要的空气污染控制设备。在金属打磨、切割领域及塑料制品生产领域，也有大量旋风除尘器用于同样的目的。作为主要的颗粒物控制设备，旋风除尘器也大量用作小型锅炉的除尘设备。对是否适合使用旋风除尘器作为一个工业应用过程中的污染物控制设备进行事先的考查评估是非常必要的，若采用旋风除尘器所带来的效益大且能满足环保要求，那才有必要使用旋风除尘器，否则，就没有必要使用旋风除尘器。此外，还必须要尽量收集准确数据，验证采用旋风除尘器合理可靠。

采用旋风除尘器进行颗粒物排放控制，在操作方面，无论什么时候都是很有吸引力的方法。采用旋风除尘器作为污染物控制设备时主要有以下几个方面的困难。

① 难以对旋风除尘器的性能进行预测，不知到何种程度才可满足和符合许多环境法规要求。

② 要准确预测由旋风除尘器排放的污染物，需按设定的旋风除尘器的相关性能，包括落灰量和/或空气动力学颗粒物大小分布，对入口条件进行非常准确的描述。

③ 也有可能收集到了高质量的设计数据，同时在经济方面也达到了性能良好的要求，但某一种旋风除尘器设计也许仍然不可行。因此，对是否适合使用旋风除尘器作为一个工业应用过程中的污染物控制设备进行考查评估是非常必要的。

### 2. 生产过程应用旋风除尘器

旋风除尘器在整个工业工艺过程中使用非常广泛。在这些领域中，旋风除尘器已经成为整个行业领域中的一个组成部分，并且已经延伸到生产过程。尽管此应用与空气污染控制领域的应用并不完全相同，但对旋风除尘器应用来说，其具体特点有许多共同之处。工业过程中旋风除尘器作为分离设备的应用实例有许多。旋风除尘器作为处理设备，常与其他干燥、冷却及磨粉系统配合使用。旋风除尘器在粉体工业应用中成为必不可少的设备。

在许多的工业处理系统中，旋风除尘器用在产品回收方面比其他分离设备更为合理。对于处理过程领域的旋风除尘器应用，其设计的特点包括以下几点。

① 某些旋风除尘器设计只可在此类处理系统的某个点位上使用，而其他的技术方法则均不合理，也不可用。

② 性能对旋风除尘器的选择来说也是非常关键的一个标准，同样也有许多其他的重要标准，如成本、大小、制造的质量要求以及使用寿命。工程师必须在所有重要设计标准间找到一个最佳的平衡点。

③ 由于这种处理过程尚未建立和/或这种处理方法的操作条件太过苛刻，从而不能对旋风除尘器入口的操作条件进行合理测量时，有些旋风除尘器入口的操作条件也可采用估计数值。

**3. 将旋风除尘器用作预除尘器**

旋风除尘器在环保领域最普遍的应用之一就是作为其他污染物控制设备的预除尘器。在每个实际应用中的使用原因有所不同，最常见的是将旋风除尘器用作袋式除尘器、电除尘器或其他颗粒物控制设备之前的预除尘器。

通常，对用作预除尘器的旋风除尘器的性能要求比其他应用要低一些。甚至在有些情况下，旋风除尘器一直在降级使用，或者其使用的实际效率受到简化，作为预除尘器的旋风除尘器，对其选择的依据通常是以其价格、尺寸、能耗及制造成本为基础。

旋风除尘器在用于工业领域时最普通的应用之一就是作为其他污染物控制设备的粗滤器。在每个实际应用中的使用原因有所不同，但最常见的将旋风除尘器用作其他颗粒物控制设备之前的预除尘器的原因如下。

(1) 用作中间过滤设备的粗滤器　主要包括：①减少载尘量，延长过滤器寿命；②减少载尘量，以减小过滤器清洗频率；③用于减小末端收集器的必需尺寸；④减少和降低工业过程中因火花而造成的火灾或爆炸危险。

(2) 作为涤气器预除尘器　主要包括：①减少在接触器内的颗粒物落尘时所产生的摩擦；②减少液体循环系统中的液体排出量；③减少回收系统中的管道及喷嘴堵塞的发生次数；④减少在循环回路中的循环泵腐蚀情况；⑤减少涤气器中所需的液体供应量。

(3) 用作静电除尘器预除尘器（ESPs）　主要包括：①消除可能对静电除尘器 ESP 的内腔及压力通风系统造成污染的颗粒物；②减少对贵重的静电除尘器 ESP 零件的腐蚀作用；③在某些情况下减小集尘器的尺寸；④减少和降低工业过程中因火花而造成的火灾危险。

在许多应用中所涉及的旋风分离器都用于产品回收（处理过程用旋风分离器）及作为末端空气污染控制设备的粗滤器来使用的。

**4. 作为液体分离器使用**

工业领域中也大量地应用旋风除尘器来除去气流中携带的小液滴。此类应用中，最常见的是用作气旋式除尘器。通常，此类设备都是直流式旋风除尘器（图 6-18），而非逆流式旋风除尘器。液滴有一些独特性质会影响到离心分离对其进行的收集，设计中要注意。液滴的此类特性如下。

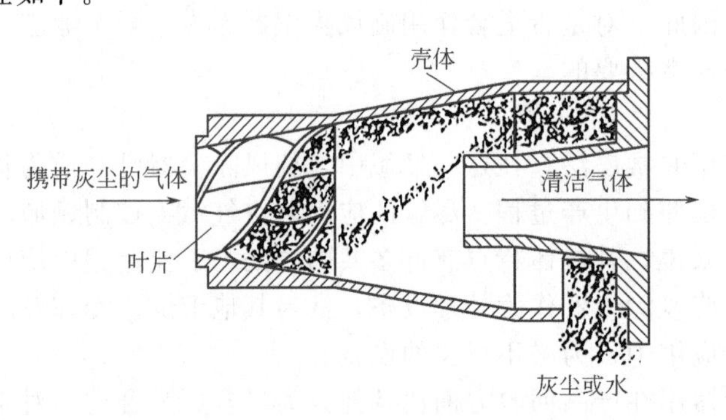


图 6-18　带有轴线型入口的直流式旋风除尘器

① 若与某个表面接触，此类液滴一般会牢牢地粘于表面，而同样情况的灰尘则会被弹出去。而液滴及液膜一般会沿固体表面四处蔓延。在多数情况下，液滴的运行方向均与气流的运行方向相反。

② 液滴一般会有着聚集成大团的倾向。

③ 液滴和/或结合聚集成团的液体团块，可轻易地在气流剪切力的作用下

被击碎，再次分裂成新的小液滴。尽管固体颗粒物团块可很轻易地被击碎，但单个的小颗粒物却很难被击碎。

对使用逆流式旋风除尘器进行液体携带物分离的大量研究一直在实施当中。通常，此类研究显示，与直流式旋风除尘器相比，逆流式旋风除尘器在对液体及气体进行分离时的效果要差一些。

**5. 用作火花捕集器**

虽然火花捕集器有多种形式，但用直流式 PZX 型除尘器便于和管道连接，投资较少，安装方便，节省空间，分离最小火花颗粒直径约为 50μm，阻力仅 300～400Pa，非常可靠。

**6. 旋风除尘器的串联和并联使用**

为了获得较高的净化效率或处理较大的气体量时，旋风除尘器可以串联或并联使用。当净化效率较高，而采用一般净化方式又不能满足要求时，可将 2 台或 3 台旋风除尘器串联使用，种组合方式称为串联式旋风除尘器组；当处理较大量含尘气体时，可将若干个小直径旋风除尘器并联使用，这种组合方式称为并联式旋风除尘器组。

（1）串联使用　旋风除尘器串联使用的目的是提高净化效果。串联使用的布置和设计原则是：①一般应将高效率除尘器作为后级；②配置上力求紧凑，管道连接方便，阻力消耗小；③气体处理量决定于第一级旋风除尘器的处理量；④总阻力为气体流程上的所有除尘器阻力和连接件阻力的总和。但是应考虑除尘器连接处的结构和复杂气流的影响。选择通风机时，其阻力损失应将上述总阻值增加 10%～20%，对于分开串联装置并连接件结构较复杂者取其上限值，对于串联器组及连接较简单者取其下限值。

（2）并联使用　在下列几种情况下旋风除尘器可以并联使用：①为了满足必须处理的气体量，提高净化效率，可将若干个小直径旋风除尘器并联使用，使压力损失不致太大；②在气体变化比较大的情况下，当气体负荷减小时可以停止部分除尘器的使用，以保持原有的除尘效率；③有时为了适应系统增加处理的气体量，可采用增添除尘器，与原有的除尘器并联使用的办法，以保持效率与阻力不变；④切断一部分旋风除尘器进行维修而不影响整个系统的运行。

单体并联组合式旋风除尘器组的旋风筒数不宜过多，一般不超过 8 个。除尘器组的阻力为单体旋风筒的阻力损失的 1.1 倍。气体总处理量为单台除尘器处理风量之和。

# 第七章
# 袋式除尘器

袋式除尘器是指利用纤维性滤袋捕集粉尘的除尘设备，又称袋滤器，袋式收尘器。

袋式除尘器的突出优点是：除尘效率高，属高效除尘器，除尘效率一般＞99%；运行稳定，不受风量波动影响，适应性强，不受粉尘比电阻值限制。因此，该类除尘器在应用中备受青睐。

## 第一节 袋式除尘器的分类和工作原理

现代工业的发展对袋式除尘器的要求越来越高，因此在滤料材质、滤袋形状、清灰方式、箱体结构等方面也不断更新发展。在除尘器中，袋式除尘器的类型最多，根据其特点可进行不同的分类。

### 一、袋式除尘器的分类

**1. 按除尘器的结构形式分类**

袋式除尘器的结构如图 7-1 所示。

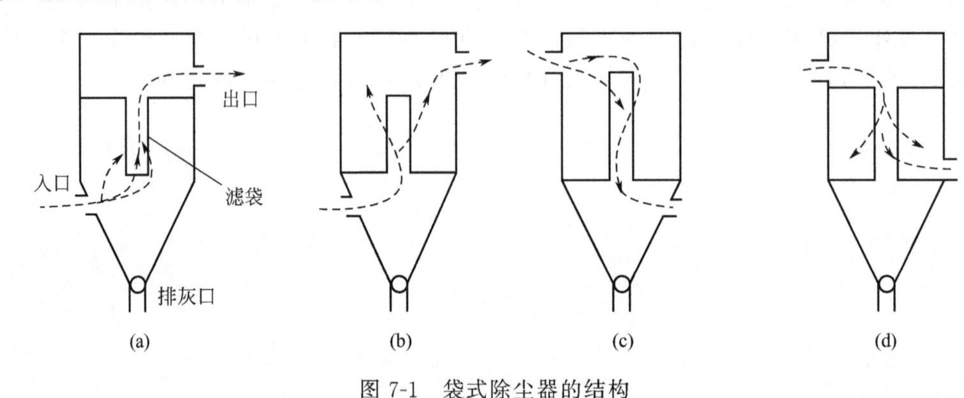


图 7-1 袋式除尘器的结构

袋式除尘器主要是依据其结构特点如滤袋形状、过滤方向、进气口位置以及清灰方式等进行分类。

(1) 按过滤方向分类 按过滤方向分类可分为内滤式袋式除尘器和外滤式袋式除尘器 2 类。

① 内滤式袋式除尘器。图 7-1(b)、(d) 为内滤式袋式除尘器，含尘气流由滤袋内侧流向外侧，粉尘沉积在滤袋内表面上，优点是滤袋外部为清洁气体，便于检修和换袋，甚至不停机即可检修。一般机械振动、反吹风等清灰方式多采用内滤形式。

② 外滤式袋式除尘器。图 7-1(a)、(c) 为外滤式袋式除尘器，含尘气流由滤袋外侧流向

内侧，粉尘沉积在滤袋外表面上，其滤袋内要设支撑骨架，因此滤袋磨损较大。脉冲喷吹、回转反吹等清灰方式多采用外滤形式。扁袋式除尘器大部分采用外滤形式。

（2）按进气口位置分类　按进气口位置分类可分为下进风袋式除尘器和上进风袋式除尘器2类。

① 下进风袋式除尘器。图7-1(a)、(b)为下进风袋式除尘器，含尘气体由除尘器下部进入，气流自下而上，大颗粒直接落入灰斗，减少了滤袋磨损，延长了清灰间隔时间，但由于气流方向与粉尘下落方向相反，容易带出部分微细粉尘，降低了清灰效果，增加了阻力。下进风式除尘器结构简单，成本低，应用较广。

② 上进风袋式除尘器。图7-1(c)、(d)为上进风袋式除尘器，含尘气体的入口设在除尘器上部，粉尘沉降方向与气流方向一致，有利于粉尘沉降，除尘效率有所提高，设备阻力也可降低15%～30%。

**2. 按除尘器内的压力分类**

按除尘器内的压力分类，袋式除尘器可分为正压式除尘器、负压式除尘器和微压式除尘器3类，见表7-1。

**表7-1　袋式除尘器按工作压力分类**

| 类别 | 图形 | 说明 |
|---|---|---|
| 正压式(压入式) | 滤袋<br>风机压入 | 烟气由风机压入，除尘器呈正压，粉尘和气体可能逸出，污染环境，外壳可视情况考虑密闭或敞开，适用于含尘浓度很低的工况，否则风机磨损 |
| 负压式(压出式) | 风机吸出<br>滤袋 | 烟气由风机吸出，除尘器呈负压，周围空气可能漏入设备，增加了设备和系统的负荷，外壳必须密闭，负压式是最常用的形式 |
| 微压式 | 风机吸出<br>滤袋<br>风机压入 | 除尘器进出口均设风机，烟气由前风机压入，后风机吸出，除尘器呈微负压，有少量空气漏入设备，设备和系统的负荷增加不大。设计中应用时需注意两台风机的匹配 |

（1）正压式除尘器　正压式除尘器，风机设置在除尘器之前，除尘器在正压状态下工作。由于含尘气体先经过风机，对风机的磨损较严重，因此不适用于高浓度、粗颗粒、高硬度、强腐蚀性的粉尘。

（2）负压式除尘器　负压式除尘器，风机置于除尘器之后，除尘器在负压状态下工作。由于含尘气体经净化后再进入风机，因此对风机的磨损很小，这种方式采用较多。

（3）微压式除尘器　微压式除尘器在两台除尘器中间，除尘器承受压力小，运行较稳定。

### 3. 按滤袋形状分类

按滤袋形状袋式除尘器分为4类，即圆形袋除尘器、扁袋除尘器、双层圆袋除尘器和菱形袋除尘器，袋形及特点如表7-2所列。

表 7-2 袋式除尘器按滤袋形状分类

| 类别 | 图形 | 特点 |
| --- | --- | --- |
| 圆袋 | | 普通型、普遍使用，清灰较易，外滤式其直径为120～160mm，内滤式其直径为$\phi$200～300或更大，它是应用最广泛的滤袋形式 |
| 扁袋 | | 袋宽35～50mm，面积1～4m²，可以排得较密，单位体积内过滤面积较大，为外滤式，有框架，主要用于回转反吹清灰方式和侧插袋安装方式 |
| 双层圆袋 | | 为在圆袋基础上增加过滤面积将长袋折成双层，可增加面积近一倍(主要用在脉冲袋上)。主要用于反吹清灰方式 |
| 菱形袋 | | 较普通圆形滤袋体积小，可在同样箱体内增加过滤面积，只适用于外滤式 |

### 4. 按清灰方式分类

清灰方式是决定袋式除尘器性能的一个重要因素，它与除尘效率、压力损失、过滤风速及滤袋寿命均有关系。国家颁布的袋式除尘器的分类标准就是按清灰方式进行分类的。按照清灰方式，袋式除尘器可分为机械振动类、分室反吹类、喷嘴反吹类、振动反吹并用类及脉冲喷吹类五大类。各类袋式除尘器的特点见表7-3。

表 7-3 各类袋式除尘器的特点

| 类别 | | 优点 | 缺点 | 说明 |
| --- | --- | --- | --- | --- |
| 自然落灰<br>人工拍打 | | 设备结构简单，容易操作，便于管理 | 过滤速度小，滤袋面积大，占地面积大 | 滤袋直径一般为300～600mm，通常采用正压操作，捕集对人体无害的粉尘，多用于中小型工厂 |
| 机械振打 | 机械凸轮(爪轮)振打 | 清灰效果较好，与反气流清灰联合使用效果更好 | 不适用于玻璃布等不抗褶的滤袋 | 滤袋直径一般大于150mm，分室轮流振打 |
| | 压缩空气振打 | 清灰效果好，维修量比机械振打小 | 不适用于玻璃布等不抗褶的滤袋，工作受气流限制 | 滤袋直径一般为220mm，适用于大型除尘器 |
| | 电磁振打 | 振幅小，可用玻璃布 | 清灰效果差，噪声较大 | 适用于易脱落的粉尘和滤布 |

续表

| 类别 | | 优点 | 缺点 | 说明 |
|---|---|---|---|---|
| 反向气流清灰 | 下进风大滤袋 | 烟气先在斗内沉降一部分烟尘，可减小滤布的负荷 | 清灰时烟尘下落与气流逆向，又被带入滤袋，增加滤袋负荷 | 低能反吸(吹)清灰，大型的为二状态清灰和三状态清灰，上部可设拉紧装置，调节滤袋长度，袋长8～12m |
| | 上进风大滤袋 | 清灰时烟尘下落与气流同向，避免增加阻力 | 上部进气箱积尘需清除 | 低能反吸，双层花板，滤袋长度不能调，滤袋伸长要小 |
| | 反吸风带烟尘输送 | 烟尘可以集中到一点，减少烟尘输送 | 烟尘稀相运输动力消耗较大，占地面积大 | 长度不大，多用笼骨架或弹簧骨架高能反吸 |
| | 回转反吹 | 用扁袋过滤，结构紧凑 | 结构复杂，容易出现故障，需用专门反吹风机 | 用于中型袋式除尘器，不适用于特大型或小型设备，忌袋口漏风 |
| | 停风回转反吹 | 离线清灰效果好 | 结构复杂，需分室工作 | 用于大型除尘器，清灰力不均匀 |
| 脉冲喷吹 | 中心喷吹 | 清灰能力强，过滤速度大，不需分室，可连续清灰 | 要求脉冲阀经久耐用 | 适于处理高含尘烟气，滤袋直径为120～160mm，长度为2000～6000mm或更大，需用笼骨架 |
| | 环隙喷吹 | 清灰能力强，过滤速度比中心喷吹更大，不需分室，可连续清灰 | 安装要求更高，压缩空气消耗更大 | 适于处理高含尘烟气，滤袋直径为120～160mm，长度为2250～4000mm，需用笼骨架 |
| | 低压喷吹 | 滤袋长度可加大至6000mm，占地减少，过滤面积加大 | 消耗压缩空气量相对较大 | 滤袋直径为120～160mm，可不用喷吹文氏管，安装要求严格 |
| | 整室喷吹 | 减少脉冲阀个数，每室1～2个脉冲阀，换袋检修方便，容易 | 清灰能力稍差 | 喷吹在滤袋室排气清洁室，滤袋长度<3000mm为宜，且每室滤袋数量不能多 |
| 复合式清灰 | 振打与反吹风复合 | 提高清灰效率，降低设备运行阻力 | 除尘器构造复杂不易管理 | 机械振打与反吹风复合清灰适合用于中小型除尘器 |
| | 声波与反吹风复合 | 声波与反吹风复合以反吹风为主才能效果更好 | 增加声波辅助清灰，压缩空气耗量增加 | 适用于大中型袋式除尘器 |

## 二、袋式除尘器的工作原理

### 1. 过滤机理

当含尘气体进入袋式除尘器通过滤料时，粉尘被阻留在其表面，干净空气则透过滤料的缝隙排出，完成过滤过程。过滤技术是袋式除尘器的基本原理。完成过滤的主要有纤维过滤、薄膜过滤和粉尘层过滤。袋式除尘器是纤维过滤、薄膜过滤与粉尘层过滤的组合，其除尘机理是筛滤、惯性碰撞、钩附、扩散、重力沉降和静电等效应综合作用。

(1) 筛滤效应　当粉尘的颗粒直径较滤料纤维间的空隙或滤料上粉尘间的孔隙大时，粉尘被阻留下来，称为筛滤效应。对织物滤料来说，这种效应是很小的，只有当织物上沉积大量的粉尘后筛滤效应才充分显示出来。

(2) 碰撞效应　当含尘气流接近滤料纤维时气流绕过纤维，但1$\mu$m以上的较大颗粒由于惯性作用，偏离气流流线，仍保持原有的方向，撞击到纤维上，粉尘被捕集下来，称为碰撞效应。

(3) 钩附效应　当含尘气流接近滤料纤维时细微的粉尘仍保留在流线内，这时流线比较紧密。如果粉尘颗粒的半径大于粉尘中心到达纤维边缘的距离，粉尘即被捕获，称为钩附效应。

（4）扩散效应 当粉尘颗粒极为细小（0.5μm 以下）时，在气体分子的碰撞下会偏离流线做不规则运动（亦称布朗运动），这就增加了粉尘与纤维的接触机会，使粉尘被捕获。粉尘颗粒越小，运动越剧烈，从而与纤维接触的机会也越多。

碰撞、钩附及扩散效应均随纤维直径的减小而增加，随滤料的孔隙率增加而减少，因而所采用的滤料纤维越细，纤维越密实，滤料的除尘效率越高。

（5）重力沉降 颗粒大、相对密度大的粉尘，在重力作用下沉落下来，这与粉尘在沉降室中的运动机理相同。

（6）静电作用 如果粉尘与滤料的荷电相反，则粉尘易吸附于滤料上，从而提高除尘效率，但被吸附的粉尘难以被剥落下来。反之，如果两者的荷电相同，则粉尘受到滤料的排斥，除尘效率会因此而降低，但粉尘容易从滤袋表面剥离。

**2. 不同滤料除尘机理的差异**

（1）织物滤料的孔隙存在于经纬纱之间（一般线径 300～700μm，间隙 100～200μm）以及纤维之间，而后者占全部孔隙的 30%～50%。开始滤尘时，气流大部分从经、纬纱之间的小孔通过，只有小部分粉尘穿过纤维间的缝隙，粗颗粒尘便嵌进纤维间的小孔内，气流继续通过纤维间的缝隙，此时滤料即成为对粗、细粉尘颗粒都有效的过滤材料，而且形成称为“初次粉尘层”或“第二过滤层”的粉尘层，于是粉尘层表面出现以强制筛滤效应捕集粉尘的过程。此外，在气流中粉尘的直径比纤维细小时，碰撞、钩附、扩散等效应增加，除尘效率提高。

（2）针刺毡或水刺毡滤料，由于本身构成厚实的多孔滤床，可以充分发挥上述效应，但“第二过滤层”的过滤作用仍很重要。

（3）覆膜滤料，其表面上有一层人工合成的、内部呈网格状结构的、厚 50μm、每平方厘米含有 14 亿个微孔的特制薄膜，显然其过滤作用主要是筛滤效应，故称为表面过滤。

**3. 合理的清灰周期**

袋式除尘器在实际运行中，随着滤袋粉尘层的增加，需要对滤料进行周期性的清灰。随着捕集粉尘量的不断增加，粉尘层不断增厚，其过滤效率随之提高，除尘器的阻力也逐渐增大，而通过滤袋的风量则逐渐减小，这时需要对滤袋进行清灰处理，既要及时、均匀地除去滤袋上的积灰，又要避免过度清灰，使其能保留“一次粉尘层”，保证工作稳定和高效率，这对于孔隙较大的或易于清灰的滤料更为重要。

## 第二节 振动袋式除尘器

### 一、简易袋式除尘器

简易袋式除尘器是指手动、振动和自然清灰的除尘设备。简易袋式除尘器的优点是结构简单，寿命长，维护管理方便，除尘效率能满足一般使用要求；缺点是过滤风速低，占地面积大。除尘器可因地制宜地设计成各种形式。

**1. 圆袋除尘机组**

圆袋除尘机组的外形如图 7-2 所示，其性能分别见表 7-4 和表 7-5。

**表 7-4 L-3HCI 圆袋除尘机组性能**

| 处理风量/($m^3$/h) | 1500 | 噪声(A)/dB | ≤80 |
|---|---|---|---|
| 资用压力/Pa | >200 | 除尘效率/% | >99.9 |
| 功率/kW | 2.2 | 体积(长×宽×高)/mm | 823×560×2720 |
| 吸入口/mm | $\phi$140 | | |

(a) L-3HCI 圆袋除尘机组

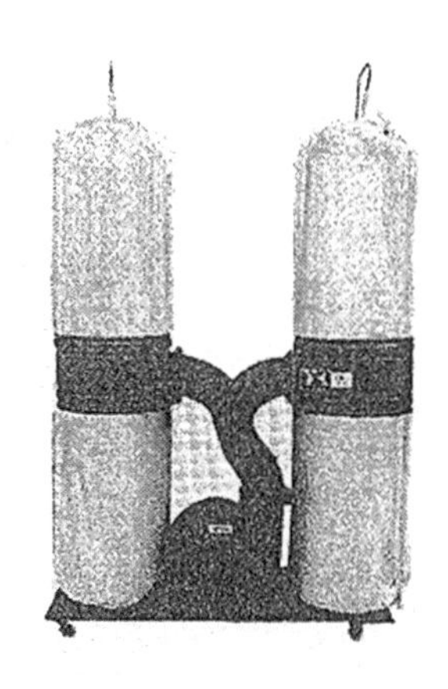

(b) L-5.5HCI 圆袋除尘机组

图 7-2　圆袋除尘机组的外形

**表 7-5　L-5.5HCI 圆袋除尘机组性能**

| 功率/kW | 3 | 风量/($m^3$/h) | 2000 |
|---|---|---|---|
| 转速/(r/min) | 2900 | 资用压力/Pa | ＞200 |
| 布袋过滤面积/$m^2$ | 6 | 除尘效率/% | ＞99.9 |
| 电压/V | 380 | 噪声(A)/dB | ≤80 |
| 吸入口直径/mm | $\phi$160 | 体积(长×宽×高)/mm | 500×1350×2000 |

**2. 便携式扁袋除尘机组**

便携式扁袋除尘机组是利用微型汽油机为动力和扁形手动清灰滤袋组成的机组，其主要特点是质量较小、携带方便，可以清洁公园、街道、院落、车站等处散落的垃圾、树叶、纸屑和某些尘土、杂物等。其主要组成如图 7-3 所示，技术性能见表 7-6。该机组采用单汽缸二冲程发动机，油箱容积 400$cm^3$。

图 7-3　便携式扁袋除尘机组
1—吸尘管；2—风机；3—手柄；4—滤袋

**3. 自然落灰袋式除尘器**

这种袋式除尘器（图 7-4）结构简单，管理方便，易于施工，适用于小型企业，但过滤速度小，占地面积大。

滤袋室一般为正压式操作，外围可以敞开或用波纹板围挡。为了便于检查滤袋和通风，在若干滤袋间设人行通道。滤袋上部固定在框架上，下部固定在花板的系袋圈上，滤袋直径可做成上下一般大；为了便于落灰，也可做成上小下大（相差一般小于 50%），长度

**表 7-6　便携式扁袋除尘机组技术性能**

| 机型 | 风量/($m^3$/h) | 吸口速度/(m/s) | 功率/kW | 声压级 $L_p$/dB | 振动/($m/s^2$) | 质量/kg |
|---|---|---|---|---|---|---|
| BG55 | 730 | 63 | 0.7 | 91 | 4.1 | 4.1 |
| BG65 | 730 | 78 | 0.7 | 90 | 4.0 | 4.1 |
| BG85 | 780 | 82 | 0.8 | 89 | 4.0 | 4.2 |
| SH55 | 730 | 63 | 0.7 | 91 | 4.0 | 5.1 |
| SH85 | 780 | 82 | 0.8 | 90 | 4.0 | 5.4 |

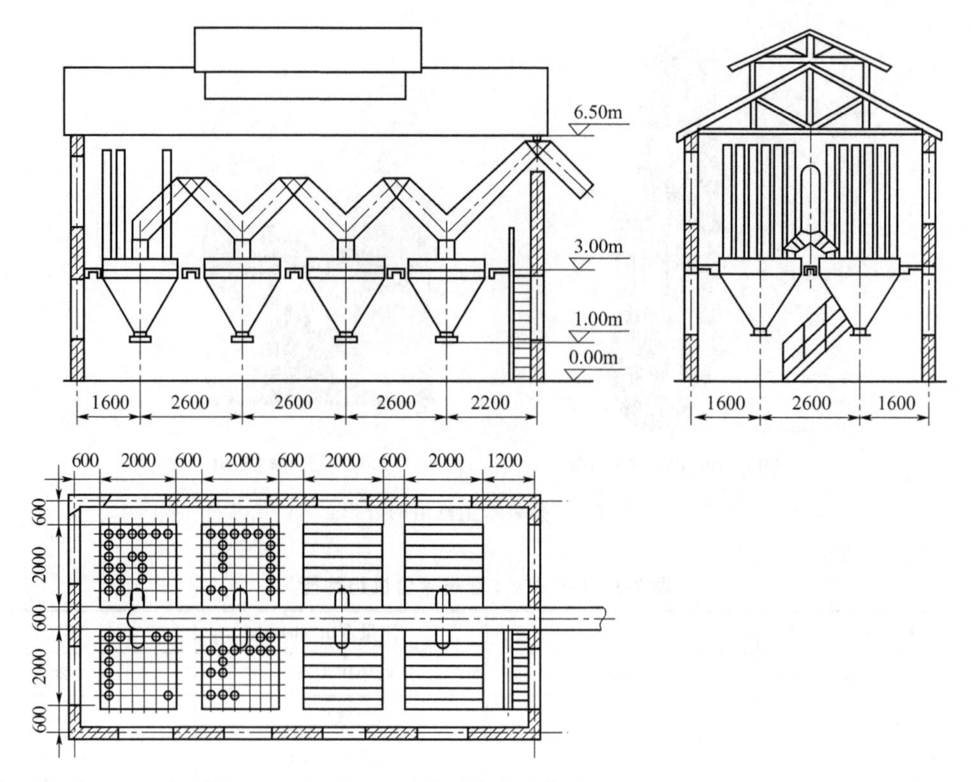


图 7-4 自然落灰袋式除尘器

为 3～6m，滤袋间距为 80～100mm。滤袋室上部设天窗或排气烟囱，以排放经过滤后的干净气体，粉尘经灰斗直接排出。灰斗排出的粉尘可用手推车拉走。

## 二、振动清灰袋式除尘器

振动清灰袋式除尘器是指采用机械或手工振打装置振打滤袋，用以清除滤袋上的粉尘的除尘器，称为振动袋式除尘器。它有两种类型：一种为连续型；另一种为间歇型。其区别是：连续使用的除尘器把除尘器分隔成几个分室，其中一个分室在清灰时，其余分室则继续除尘；间歇使用的除尘器则只有一个室，清灰时就要暂停除尘，因此除尘过程是间歇性的。

**1. 分类**

机械振动袋式除尘器按清灰方式分为 7 类，见表 7-7。

**表 7-7 机械振动袋式除尘器的分类**

| 序号 | 名称 | 定义 |
|---|---|---|
| 1 | 低频振动 | 振动频率低于 60 次/min，非分室结构 |
| 2 | 中频振动 | 振动频率为 60～700 次/min，非分室结构 |
| 3 | 高频振动 | 振动频率高于 700 次/min，非分室结构 |
| 4 | 分室振动 | 各种振动频率的分室结构 |
| 5 | 手动振动 | 用手动振动实现清灰 |
| 6 | 电磁振动 | 用电磁振动实现清灰 |
| 7 | 气动振动 | 用气动振动实现清灰 |

表 7-7 中低频振动是指以凸轮机构传动的振动式清灰方法，振动频率不超过 60 次/min

者；中频振动是指以偏心机械传动的摇动式清灰方法，摇动频率一般为百次/min 者；高频振动是指用电动振动器传动的微振幅清灰方法，一般配用 8 级、4 级和 2 级电动机（或者使用电磁振动器），其频率均在 700 次/min 以上。

**2. 振打装置**

微型机械振动袋式除尘器的构造与其他清灰方式的袋式除尘器一样，由箱体、框架、滤袋、灰斗等组成，其区别在于清灰装置不同。振动袋式除尘器的清灰装置有手工振动装置、电动装置和气动装置，其中电动类装置有以下 4 种。

（1）凸轮机械振动装置　依靠机械力振动滤袋，将黏附在滤袋上的粉尘层抖落下来，使滤袋恢复过滤能力。对小型滤袋效果较好，对大型滤袋较差。其参数一般为：振动时间 1～2min；振动冲程 30～50min；振动频率 20～30 次/min。

凸轮机械振动装置结构见图 7-5。

（2）电动机偏心轮振动装置　以电动机偏心轮作为振动器，振动滤袋框架，以抖落滤袋上的烟尘。由于无冲程，所以常与反吹风联合使用，适用于小型滤袋，其结构见图 7-6。

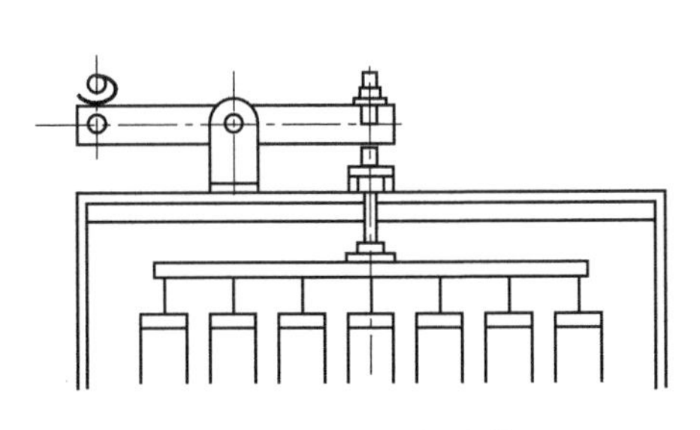

图 7-5　凸轮机械振动装置

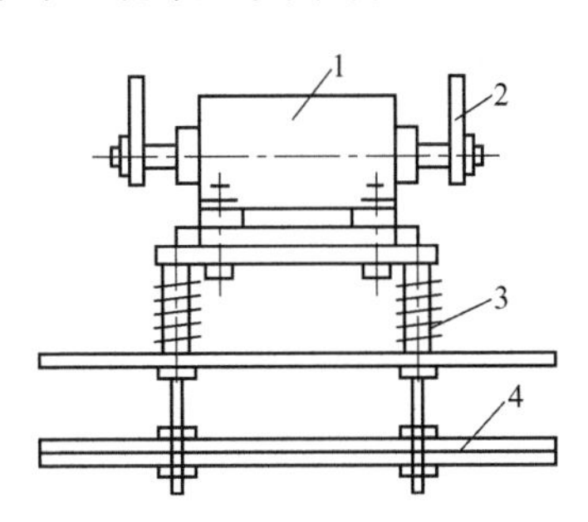


图 7-6　电动机偏心轮振动装置

1—电动机；2—偏心轮；3—弹簧；4—滤袋吊架

（3）横向振动装置　依靠电动机、曲柄和连杆推动滤袋框架横向振动。该方式可以在安装滤袋时适当拉紧，不致因滤袋松弛而使滤袋下部受积尘冲刷磨损，其结构见图 7-7。

（4）振动器振动装置　振动器振动清灰是最常用的振动方式（图 7-8）。这种方式装置简单，传动效率高。根据滤袋的大小和数量，只要调整振动器的激振力大小就可以满足机械振动清灰的要求。

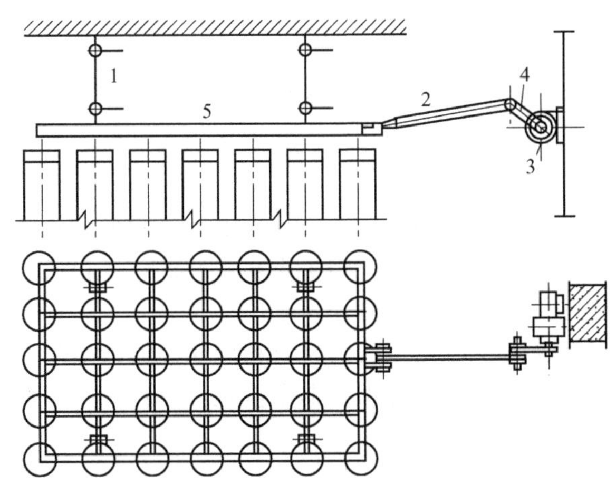


图 7-7　横向振动装置

1—吊杆；2—连杆；3—电动机；4—曲柄；5—框架

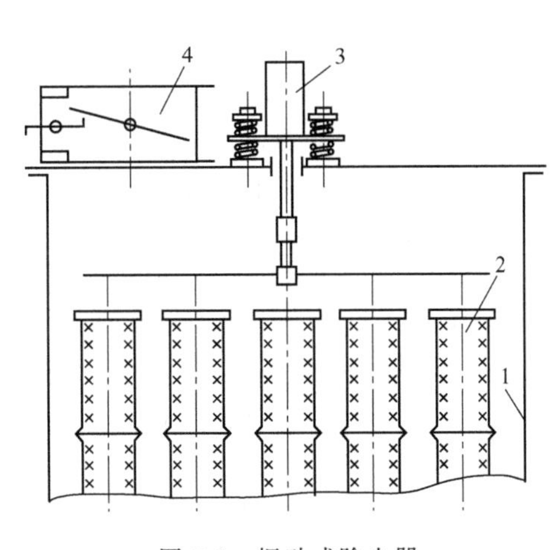


图 7-8　振动式除尘器

1—壳体；2—滤袋；3—振动器；4—配气阀

**3. 清灰工作原理**

图 7-9 为袋式除尘器结构简图。含尘气体进入除尘器后，通过并列安装的滤袋，粉尘被阻留在滤袋的内表面，净化后的气体从除尘器上部出口排出。随着粉尘在滤袋上的积聚，含尘气体通过滤袋的阻力也会相应增大。当阻力达到一定数值时要及时清灰，以免阻力过高造成除尘效率下降。图 7-9 所示的除尘器是通过凸轮振打机构进行清灰的。

含尘气体中的粉尘被阻留在滤袋表面上的这种过滤作用通常是通过筛滤、惯性碰撞、直接拦截和扩散等几种除尘机理的综合作用而实现的。

清灰工作原理如下。振动清灰是指利用机械振动或摇动悬吊滤袋的框架，使滤袋产生振动而清灰的方法。机械清灰的振动方式如图 7-10 所示。图 7-10(a) 是水平振动清灰，有上部振动和中部振动两种方式，靠往复运动装置来完成；图 7-10(b) 是垂直振动清灰，它一般可利用偏心轮装置振动滤袋框架或定期提升滤袋框架进行清灰；图 7-10(c) 是机械扭转振动清灰，即利用专门的机构定期地将滤袋扭转一定角度，使滤袋变形而清灰。也有将以上几种方式复合在一起的振动清灰方式，使滤袋做上下、左右摇动。

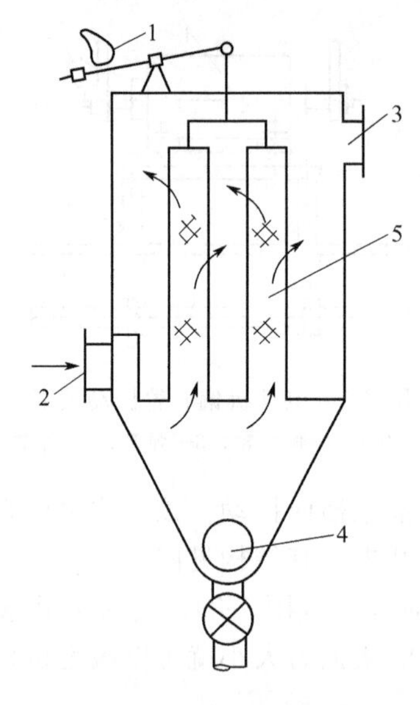


图 7-9 袋式除尘器结构简图

1—凸轮振打机构；2—含尘气体进口；3—净化气体出口；4—排灰装置；5—滤袋

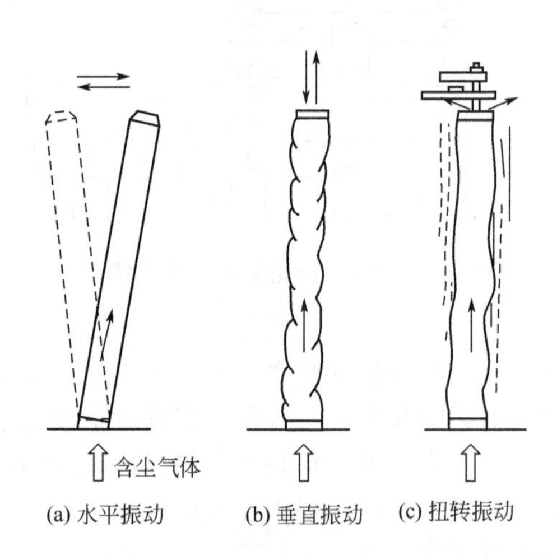


图 7-10 机械清灰的振动方式

振动清灰时为改善清灰效果，要求在停止过滤的情况下进行振动。但对小型除尘器往往不能停止过滤，除尘器也不分室。因而常常需要将整个除尘器分隔成若干袋组或袋室，顺次地逐室清灰，以保持除尘器的连续运转。

振动清灰方式的特点是构造简单、运转可靠，但清灰强度较弱，故只能允许较低的过滤风速，例如一般取 0.6～1.0m/min。振动强度过大对滤袋会有一定的损伤，增加维修和换袋的工作量。这正是机械清灰方式逐渐被其他清灰方式所代替的原因。

振动清灰的原理是靠滤袋抖动产生弹力，使黏附于滤袋上的粉尘及粉尘团离开滤袋降落下来，抖动力的大小与驱动装置和框架结构有关。驱动装置动力大，框架传递能量损失小，则机械清灰效果好。

荷尘滤布的阻力是滤布和残留粉尘层阻力的总和，粉尘残留量和比率是由滤布、粉尘性质和数量、清除灰尘的能量等决定的。机械振动清除灰尘时振动机构的振动次数和残留粉尘量的关系如图 7-11 所示。振动一次，振动幅度小的话，则残留粉尘量大，阻力也大。振动清灰

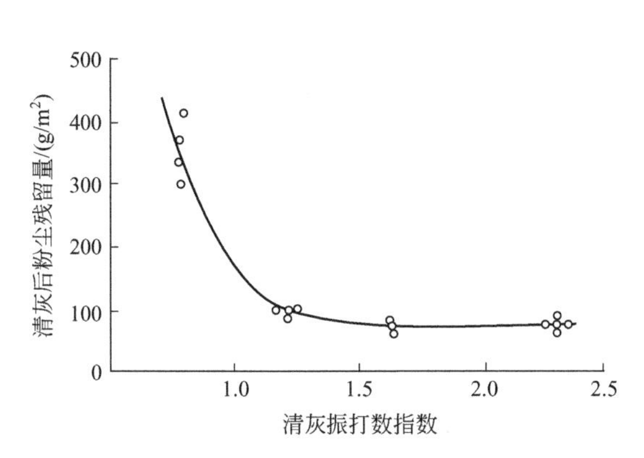

图 7-11　振动次数和残留粉尘量的关系

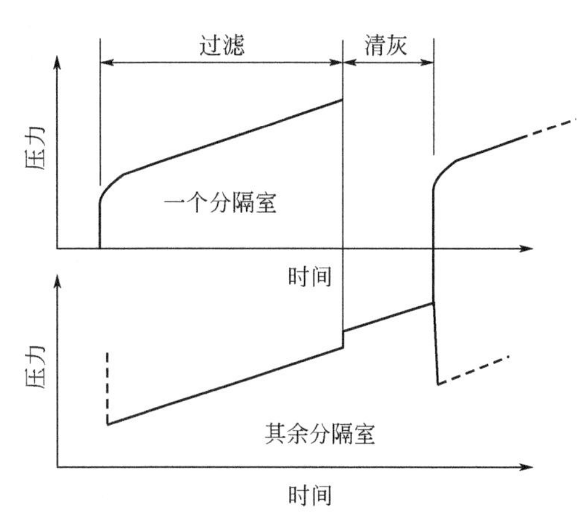

图 7-12　振动清灰压降周期

压降周期见图 7-12。

清灰时间延长可以使滤布上的粉尘层稳定在一定数值而不再增加。

**4. 微型振动袋式除尘器**

(1) 主要设计特点　微型振动袋式除尘器的主要设计特点是过滤面积小于 $20m^2$，因此采用机械振动或手动振动清灰十分合理。如果把它设计成脉冲喷吹清灰或反吹风清灰显然是不合理的。图 7-13 为微型振动袋式除尘器的应用实例。

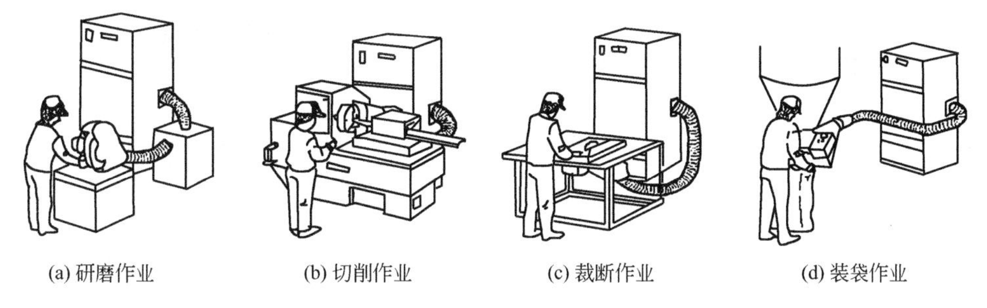

图 7-13　微型振动袋式除尘器的应用实例

(2) 工作原理　微型振动袋式除尘器都是把除尘器滤袋、振动机构和风机装在一个箱体内，组成除尘机组。工作时风机启动，吸入口依靠风机静压把尘源灰尘吸进除尘机组。含尘气体经滤袋过滤，干净气体从机组上口排出。滤袋靠手动振动机构定时清灰。

(3) 性能和外形尺寸　VNA 型微型振动袋式除尘器性能见表 7-8 和图 7-14，外形尺寸见图 7-15。

**5. 简易振打清灰的袋式除尘器**

图 7-16 为人工振打清灰的袋式除尘器，滤袋下部固定在花板上，上部吊挂在水平框架上。含尘气体由下部进入除尘器，通过花板分配到各个滤袋内部（内滤式），通过滤袋净化后由上部排出。其主要设计特点是清灰时，通过手摇振动机构，使上部框架水平运动，将滤袋上的粉

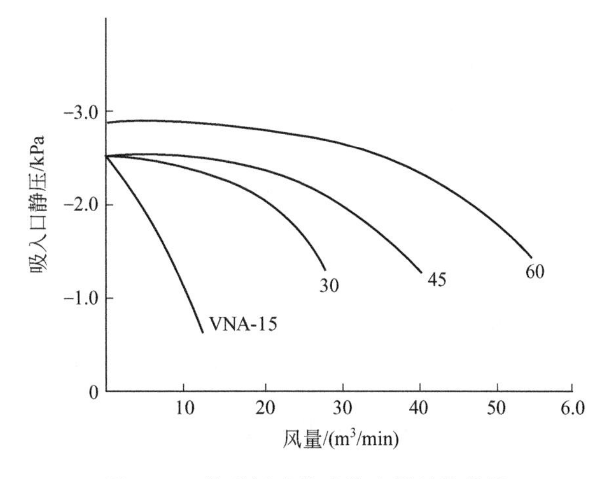

图 7-14　微型振动袋式除尘器性能曲线

**表 7-8 微型振动袋式除尘器性能**

| 型号 | | VNA-15 | | | VNA-30 | | | VNA-45 | | | VNA-60 | | |
|---|---|---|---|---|---|---|---|---|---|---|---|---|---|
| 功率/kW | | 0.75 | | | 1.5 | | | 2.2 | | | 3.7 | | |
| 集尘机 | 风量/($m^3$/min) | 0 | 7.5 | 12 | 0 | 15 | 28 | 0 | 22 | 40 | 0 | 30 | 55 |
| | 静压/kPa | 2.55 | 1.77 | 0.69 | 2.55 | 2.26 | 1.27 | 2.55 | 2.35 | 1.37 | 2.94 | 2.65 | 1.47 |
| 噪声(A)/dB | | 65±2 | | | | | | | | | 68±2 | | |
| 过滤面积/$m^2$ | | 4.5 | | | 9 | | | 13.5 | | | 18 | | |
| 组数/个 | | 1 | | | 2 | | | 3 | | | 4 | | |
| 形状 | | 缝制扁袋 | | | | | | | | | | | |
| 振动方式 | | 手动振动方式 | | | 手动振动方式(自动振动方式) | | | | | | | | |
| 储灰量/L | | 18 | | | 25 | | | 36 | | | 50 | | |
| 吸入口径/mm | | $\phi$127 | | | $\phi$150 | | | $\phi$200 | | | $\phi$200 | | |
| 外形尺寸 $W \times D \times H$/mm | | 650×400×1205 | | | $\phi$127×650×1492 | | | 850×650×1542 | | | 1100×700×1652 | | |
| 质量/kg | | 90 | | | 140 | | | 175 | | | 260 | | |

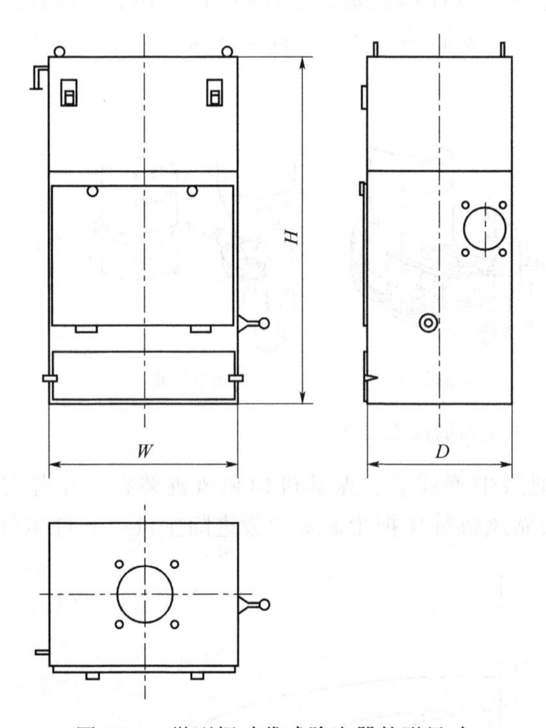


图 7-15 微型振动袋式除尘器外形尺寸

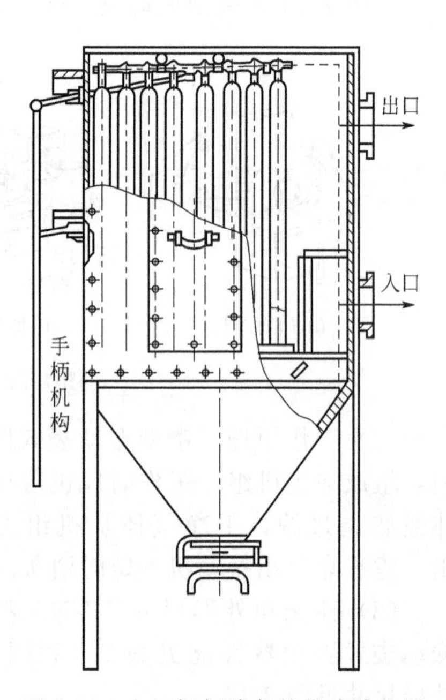


图 7-16 人工振打清灰的袋式除尘器

尘脱落，掉入灰斗中。

由于手动清灰，所以滤袋直径取 150～250mm，长度以 2.5～5m 为宜。由于清灰强度不大，滤袋寿命较长，一般可达 5 年以上。这种除尘器的过滤风速不宜太大，一般为 0.5～0.8 m/min；阻力不高，约 400～800Pa；除尘器的入口含尘浓度不能高，通常不超过 3～5g/$m^3$。

## 三、常用振动袋式除尘器

常用振动袋式除尘器的性能见表 7-9。

表 7-9　常用振动袋式除尘器的性能

| 序号 | 类别 | 型号 | 过滤面积/$m^2$ | 袋式除尘器工作特征 | 过滤风速/(m/min) | 设备阻力/kPa | 结构特点 |
|---|---|---|---|---|---|---|---|
| 1 | 机械振动类 | LZH 低频振动 | 50～75 | 下进风,扁袋,外滤,负压式,低频机械振动 | 1.0～2.0 | 0.8～1.2 | 整室振动,旁插扁袋结构 |
| 2 | | KBⅡ-A,AB,T 快装振动 | 444～3108 | 上进风,玻纤扁袋,外滤,负压式,分室机振,常温 | 0.6～1.2 | 0.8～1.5 | 单体框架振动,分室分层单元组合 |
| 3 | | KBⅡ-G,快装振动 | 444～14504 | 上进风,玻纤扁袋,外滤,负压式,分室机振,高温 | 0.3～0.8 | 0.8～1.5 | 单体框架振动,分室分层单元组合 |
| 4 | 振动反吹并用类 | ZX 机振＋分室反吹 | 50～225 | 下进风,圆袋,内滤,负压式,低频振动＋分室反吹 | 1.0～1.5 | 0.7～0.9 | 中部低频振动,双蝶阀切换 |
| 5 | | GA 机械＋分室反吹 | 104～416 | 下进风,圆袋,内滤,负压式,高频振动＋分室反吹 | 1.0～2.0 | ＜1.2 | 上部高频振动,电动三通阀 |
| 6 | | LD 机振＋分室反吹 | 28.8～560 | 下进风,圆袋,内滤,负压式,机振＋分室反吹 | 2.0～2.5 | 0.8～1.2 | 上部机振,双阀切换 |
| 7 | 振动除尘机组 | LZD 振动单机 | 20～120 | 下进风,圆袋,内滤,负压振动清灰 | 1.0～1.2 | ＜1.9 | 不带灰斗,配振动机构和风机 |
| 8 | | PL 高频振动单机 | 4～30 | 下进风,扁袋,外滤,负压,高频振动清灰 | 2.62～3.49 | 0.8～1.2 | 下部振动机构,风机在机内,分有或无灰斗 |
| 9 | | HY 不锈钢振动单机 | 4～30 | 下进风,扁袋,外滤,负压,高频振动清灰 | 2.6～3.5 | 0.6～1.0 | 下部振动,风机在机内,配高效过滤器 |
| 10 | | JBC 高频振动单机 | 20～45 | 下进风,扁袋,外滤,负压,高频振动清灰 | 1.5～2.0 | 1.0 | 中部振动机构,配风机,有或无灰斗 |
| 11 | | ZB 型除尘机组 | 20～40 | 下进风,扁袋,外滤,负压,自动振动 | 0.8～1.5 | 0.5～1.0 | 下部振动,配风机,有灰斗 |
| 12 | | LGZ 除尘机组 | 18～22 | 下进风,圆袋,内滤,负压,振动清灰 | 1.5～2.0 | 1.0～1.2 | 风机在侧部,可有或无灰斗,配 4-72 风机 |
| 13 | | UF 除尘机组 | 11～18 | 下进风,圆袋,内滤,负压,振动清灰 | 0.9～1.2 | 1.0～1.5 | 上部振动,配 Cb-68 风机,有或无灰斗 |

注：1. 表摘自许居鹓主编《机械工业采暖通风与空调设计手册》，笔者做了补充修改。
2. 表中过滤速度偏高，应用中宜适当降低。

## 第三节　反吹风袋式除尘器

尽管脉冲喷吹袋式除尘器具有过滤风速高、清灰能力强等优点，但是在处理大烟气量且无压缩空气气源时，仍会采用反吹风袋式除尘器。

### 一、反吹风袋式除尘器的分类

**1. 按进气方式分类**

反吹风袋式除尘器按进气方式分为上进风反吹风袋式除尘器和下进风反吹风袋式除尘器。

(1) 上进风反吹风袋式除尘器的进风总管在除尘器的上部，气流进到袋室后在滤袋内自上向下流动，与粉尘落下方向一致，见图 7-17。

(2) 下进风反吹风袋式除尘器的进风总管在除尘器灰斗位置，气流进到袋室后在滤袋内自下向上流动，与粉尘落下方向相反，见图 7-18。

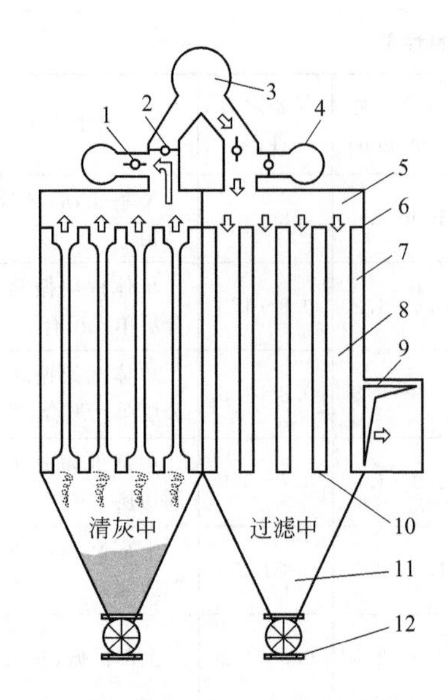


图 7-17 上进风反吹风袋式除尘器

1—反吸风阀；2—进风阀；3—进风管道；4—反吸风管；5—进风室；6—上花孔板；7—袋室；8—滤袋；9—排风管道；10—下花孔板；11—灰斗；12—星形卸灰阀

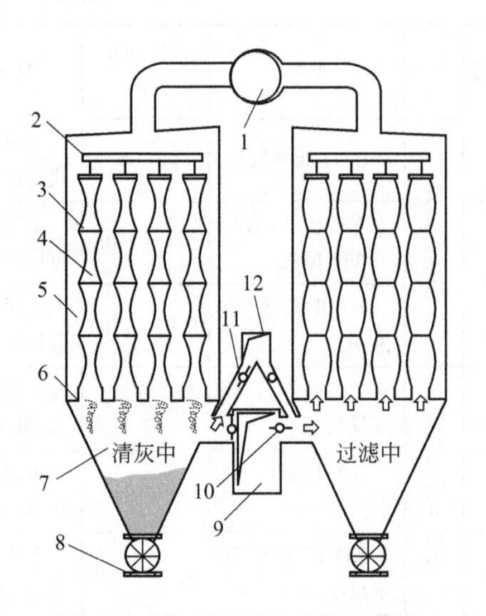


图 7-18 下进风反吹风袋式除尘器

1—排风总管；2—滤袋吊架；3—防瘪环；4—滤袋；5—袋室；6—下花板孔；7—灰斗；8—星形卸灰阀；9—进风总管；10—进风阀；11—反吸风阀；12—反吸风管

**2. 按清灰方式分类**

反吹风袋式除尘器按清灰方式分为以下 4 类。

(1) 分室反吹风清灰 分室反吹风清灰袋式除尘器是应用较多的除尘器，其特点是把除尘器分成若干室，当一个室反吹清灰时其他室正常过滤运行。分室反吹风袋式除尘器分为正压式和负压式两种，其中负压式优点较多。这两种除尘器的清灰和过滤状态见图 7-19 和图 7-20。分室反吹风袋式除尘器通常采用圆袋内滤式工作。

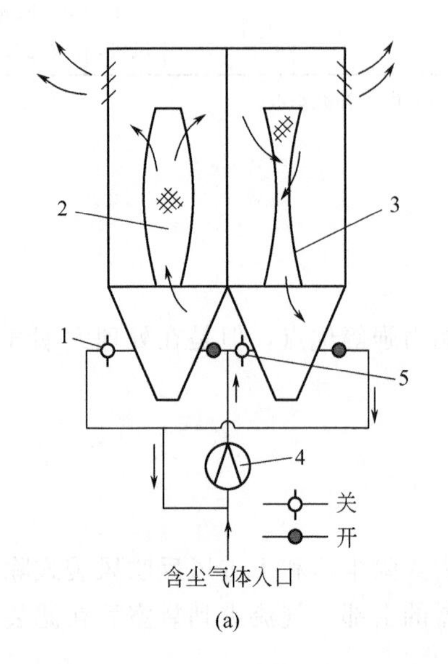


(a)

(b)

图 7-19 正压反吹风袋式除尘器

1—二次蝶阀；2—布袋过滤时；3—布袋清灰时；4—引风机；5—一次蝶阀

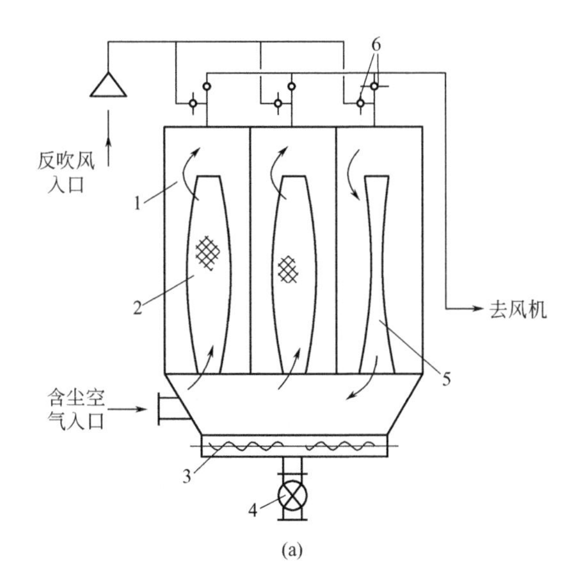

(a)

(b)

图 7-20　负压反吹风袋式除尘器

1—除尘器壳体；2—布袋过滤时；3—螺旋输送机；4—旋转卸灰阀；5—布袋清灰时；6—反吹风切换阀

（2）气环反吹风清灰　这种清灰方式是在内滤式圆形滤袋的外侧，贴近滤袋表面设置一个中空带缝隙的圆环，圆环可上下移动并与压气或高压风机管道相接。由圆环内向缝状喷嘴喷出的高速气流，将沉积于滤袋内侧的粉尘清落。如图 7-21 所示。

（3）回转脉动反吹风清灰　这种清灰方式是使反向气流产生脉动动作的清灰方式（图 7-22）。其构造较复杂，要设有能产生脉动作用的机构，清灰作用较强。这种反吹风袋式除尘器不分室，扁袋外滤式较多。

（4）分室回转切换定位反吹清灰　分室回转切换定位反吹风袋式除尘器采用多单元组合结构。一台除尘器可以有几个独立的仓室，仓室入口和出口设有烟气阀门，入口还设有导流装置。每个仓室有一定数量的过滤单元，每个单元分隔成若干个袋室，各有若干条滤袋。袋室顶部有净气出口（图 7-23）。清灰动力利用除尘系统主风机前后的压差，必要时增设反吹风机。

## 二、反吹风袋式除尘器的结构

### （一）分室反吹风袋式除尘器

分室反吹风袋式除尘器的结构如图 7-24 所示，由箱体、框架、反吹机构、走梯、平台、控制装置等部分组成，其结构特点如下。

**1. 滤袋室的布置**

（1）袋室的分室　反吹风袋式除尘器为了在清灰时仍然工作，将除尘器分为若干小室，逐室停风反吹。分室时 4～8 室为单排布置，6～20 室为双排布置。

（2）袋室的布置　滤袋室的布置首先必须满足过滤面积的要求。在过滤面积满足要求的前提下，主要考虑在维修方便的条件下尽量使滤袋布置紧凑，以减少占地面积。

一般，滤袋的中心距如下：$\phi$200mm 滤袋，中心距取 250～280mm；$\phi$250mm 滤袋，中心距取 300～250mm；$\phi$300mm 滤袋，中心距取 350～400mm。

滤袋的排数按滤袋的直径大小确定。当袋室中间有检修通道时，对于 $\phi$200mm 直径滤袋，一般不超过 3 排；对于 $\phi$300mm 直径滤袋，则不超过 2 排。当滤袋室两侧设有检修通道时，滤袋排数可采用 4 排或 6 排。每排滤袋横向根数，可根据实际需要确定。检修通道通常取 300～600mm（滤袋间净距离或滤袋到壁板净距离）。

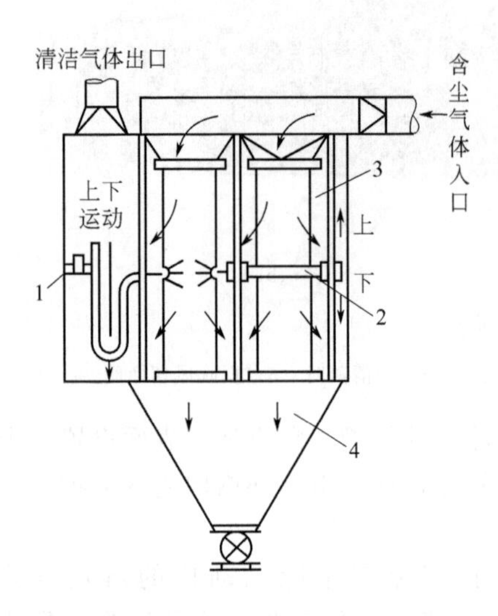


图 7-21 气环反吹风清灰方式

1—反吹风机；2—气环；3—滤袋；4—灰斗

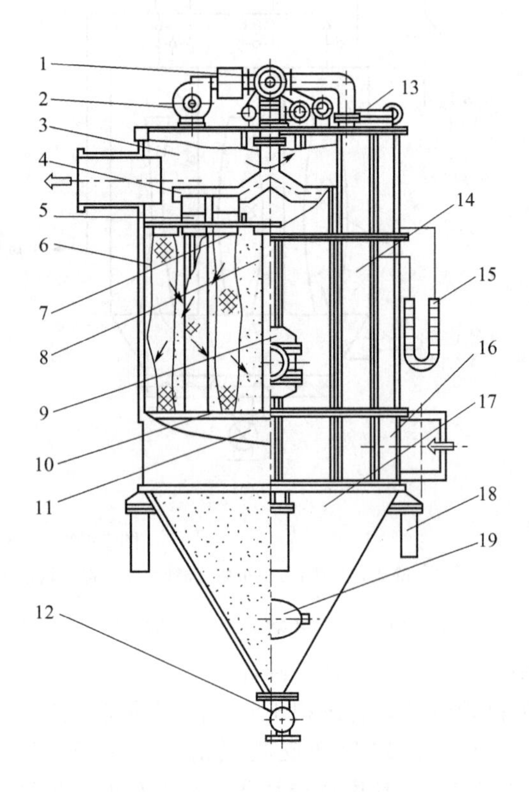


图 7-22 脉动反吹风清灰方式

1—反吹清灰机构；2—反吹风机；3—清洁室；4—回转臂；5—切换阀机构；6—扁布袋；7—花板；8—撑柱；9—中入孔门；10—固定架；11—旋风圈；12—星形卸灰阀；13—上入孔门；14—过滤室；15—U 形压力计；16—蜗形入口；17—集灰斗；18—支柱；19—观察孔

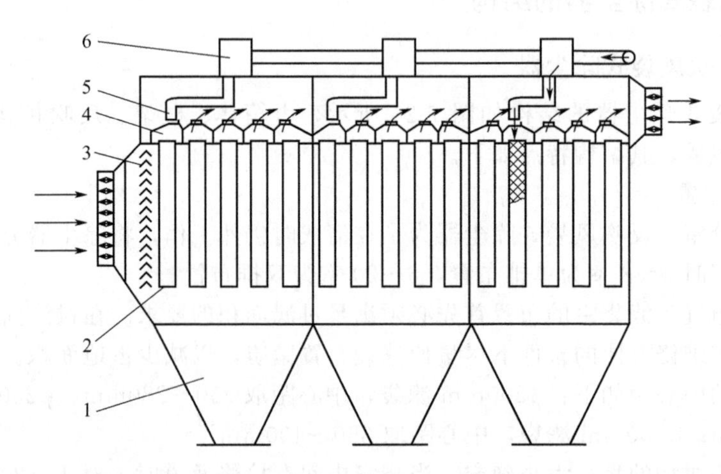


图 7-23 分室回转切换定位反吹风袋式除尘器清灰

1—灰斗；2—滤袋及框架；3—导流装置；4—袋室的净气出口；5—反吹风管；6—分室定位反吹机构

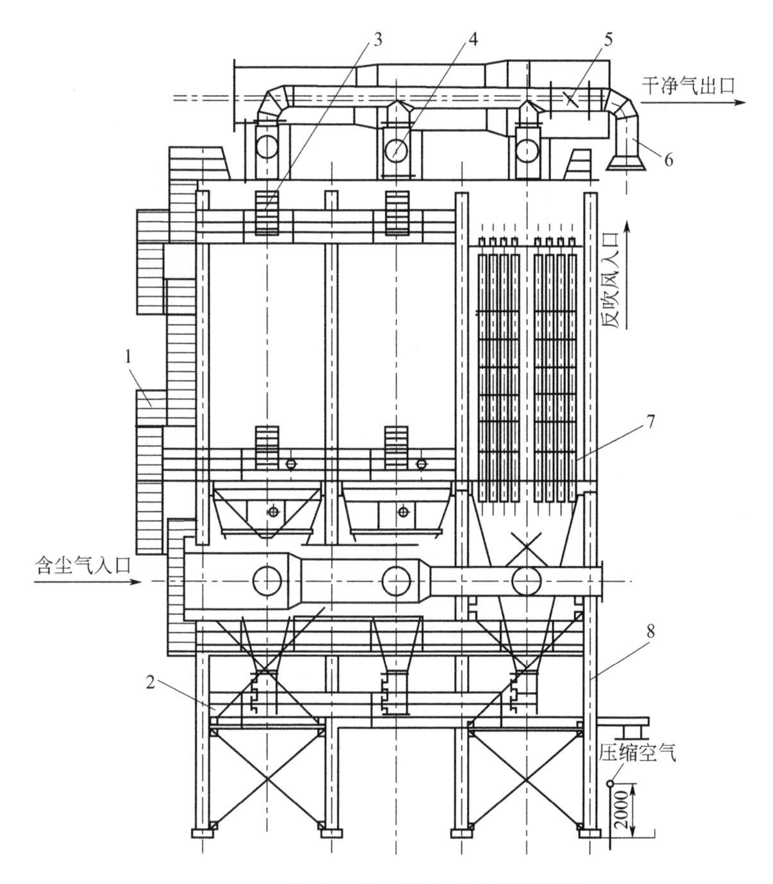


图 7-24　分室反吹风袋式除尘器的结构

1—走梯；2—平台；3—检修门；4—三通换向阀；5—气动密封阀；6—反吹机构；7—箱体；8—框架

滤袋尺寸主要是确定直径和长度。滤袋直径一般都在 $\phi$100～400mm 范围内。内滤式滤袋的长度按滤袋长度与直径的比即长径比确定。长径比一般可取（5～40）∶1，常用的为（15～35）∶1。长径比取高值时，可使除尘器高度增加，减少占地面积。

滤袋长径比除考虑平面布置外，还应考虑到袋口风速。因为对于一定直径的滤袋，滤袋愈长，每根滤袋的风量愈大，气流上升速度大，滤袋粉尘不容易降落下来，从而对滤袋造成磨损。锅炉除尘袋口风速取 1～1.2m/s。

滤袋长径比（$L/D$）与袋口风速的关系为：

$$v_r = 4v_c\left(\frac{L}{D}\right) \tag{7-1}$$

式中，$v_r$ 为袋口风速，m/s；$v_c$ 为过滤风速，m/s；$\frac{L}{D}$为滤袋长径比。

**2. 灰斗**

反吹风袋式除尘器的灰斗与其他形式除尘器的灰斗有 3 点不同：a. 装在灰斗上的花板要设防涡流接管（图 7-25），对进到滤袋的气流进行导流；b. 在灰斗的下部设防搭棚板（图 7-26），预防灰斗粉尘出现搭桥现象；c. 反吹风袋式除尘器灰斗的卸灰阀应采用双层卸灰阀，以防卸灰阀漏风造成反吹

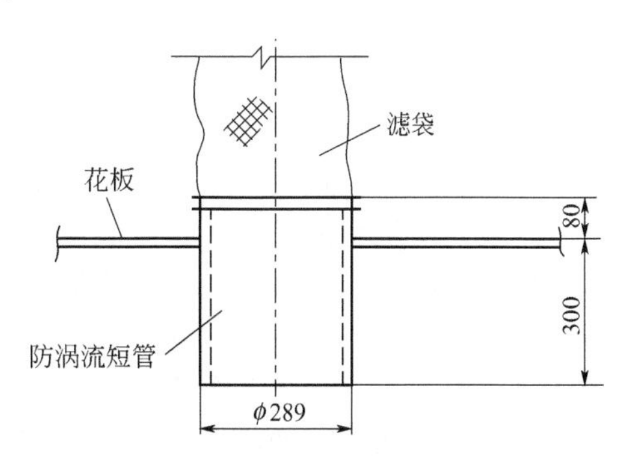


图 7-25　袋口防涡流接管

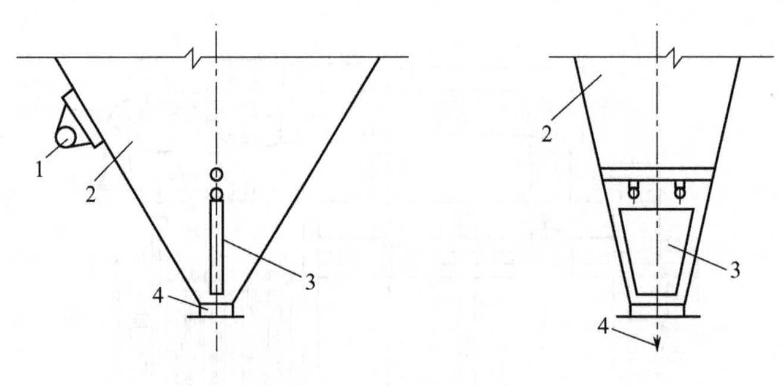


图 7-26 防搭棚板

1—振动机；2—灰仓；3—防搭棚板；4—排灰口

清风效果欠佳。此外，有经验的设计者往往把灰斗进气口对面的壁板加厚，避免浓度高或磨损性强的粉尘把该处的壁板磨坏，从而影响使用。

**3. 反吹风清灰机构**

反吹风清灰机构是除尘器正常运行的重要环节。该清灰机构由切换阀门及其控制系统组成。清灰机构设计的原则是：与除尘器匹配，机构简单可靠，动作速度快，清灰效果好。

对切换阀门的基本要求是：阀座密封性好，切换速度快。在正常工况条件下，大都采用平板阀，用硅橡胶密封圈，实现弹性密封；在高温工况条件（>150℃）下，宜采用鼓形阀，利用鼓形曲面与平面阀座刚性密封。切换时间与动力装置及阀体大小有关，一般以 2～5s 为宜。气动装置的推杆速度快，所以多采用气动方式，随着高速电动缸产品的成熟，也有用电动方式的装置。

反吹风袋式除尘器的清灰机构有以下 4 种形式。

（1）三通换向阀　三通换向阀有 3 个进出口，除尘器滤袋室正常除尘过滤时气体由下口至排气口，反吹风口关闭。反吹清灰时，反吹风口开启，排气口关闭，反吹气流对滤袋室滤袋进行反吹清灰。三通换向阀工作原理如图 7-27 所示。三通阀是最常用的反吹风清灰机构形式。这种阀的特点是结构合理，严密不漏风（漏风率小于 1%），各室风量分配均匀。

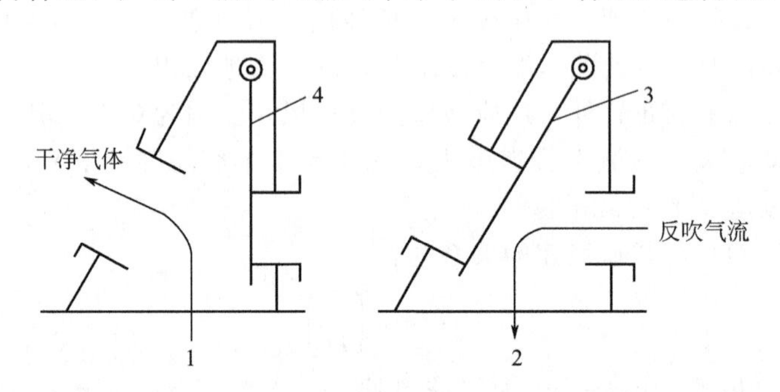


图 7-27 三通换向阀工作原理

1,2—滤袋室；3,4—阀板

（2）一、二次挡板阀(图 7-28)　利用一次挡板阀和二次挡板阀进行反吹风袋式除尘器的清灰工作是清灰机构的另一种形式。除尘器某滤袋室进行除尘工作时，一次阀打开，二次阀关闭；反吹清灰时，一次阀关闭，二次阀打开，相当于把三通换向阀一分为二。一、二次挡板阀的结构形式有 2 种：一种与普通蝶阀类似，但要求阀关闭后严密，漏风率小于 5%；另一种与三通换向阀类似，只是把 3 个进出口改为 2 个进出口，这种阀的漏风率小于 1%。

（3）回转切换阀　回转切换阀由阀体、回转喷吹管、回转机构、摆线针轮减速器、制动器、密封圈及行程开关等组成。回转切换阀工作原理如图 7-29 所示。当除尘器进行分室反吹

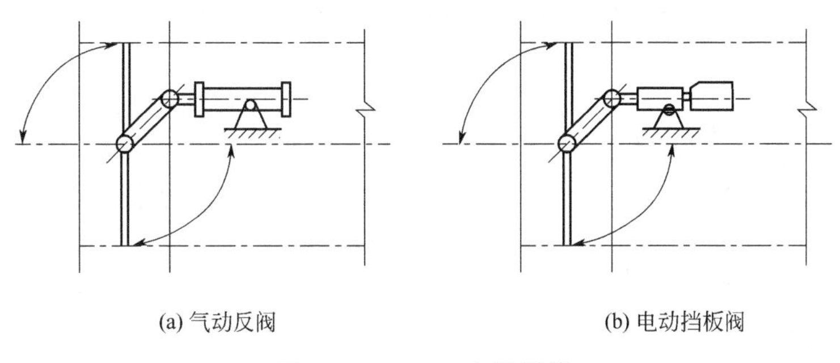


图 7-28　一、二次挡板阀

时，回转喷吹管装置在控制装置的作用下按程序旋转并停留在清灰布袋室风道位置。此时滤袋处于不过滤状态，同时反吹气流逆向通过布袋，将粉尘清落。

（4）盘式提升阀　用于反吹风袋式除尘器的盘式提升阀有两类：一类用于负压反吹风袋式除尘器，结构同脉冲除尘器提升阀，其外形如图 7-30 所示；另一类用于正压反吹风袋式除尘器，有 3 个进出口。这两类阀的共同特点是靠阀板上下移动开关进出口，构造简单，运行可靠，检修维护方便。

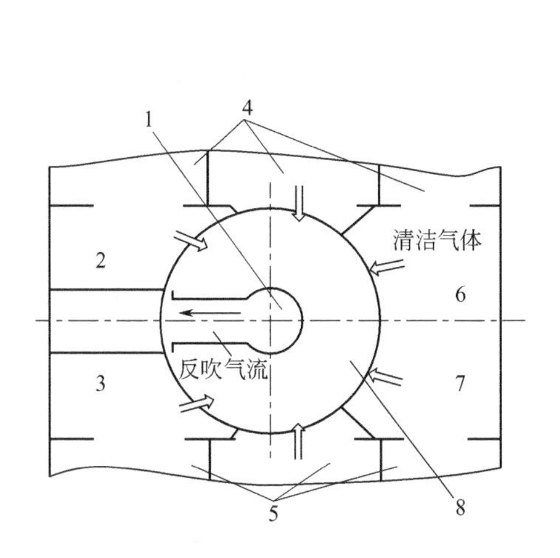


图 7-29　回转切换阀工作原理

1—回转切换阀；2，3，6，7—风道；4，5—滤袋室；8—阀体

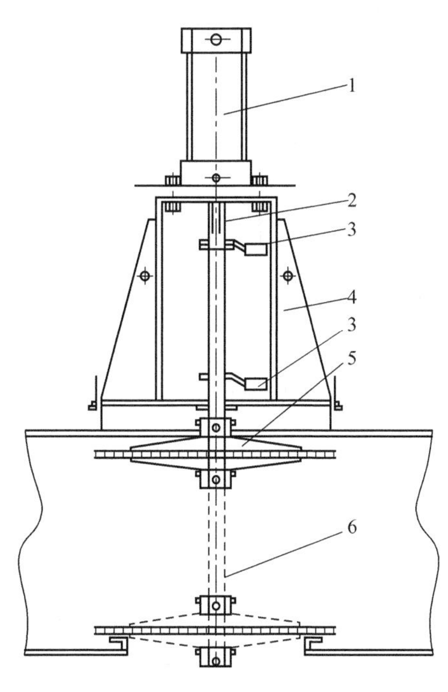


图 7-30　盘式提升阀外形

1—气缸；2—连杆；3—行程开关；4—固定板；5—阀；6—导轨

## （二）回转反吹风袋式除尘器

回转反吹风袋式除尘器采用圆形滤袋室，是由于圆形袋室的结构强度比方形的大，结构简单，一般可不要框架结构，更主要的是圆形室便于回转臂旋转清灰。

回转反吹风袋式除尘器的构造见图 7-31。回转反吹风袋式除尘器大致由下列基本单元组成，分体制作，总体组合。

### 1. 下部箱体

下部箱体部分包括下部筒体、灰斗、人孔、底座和星形卸料器。进风管定位焊接在下部筒体上。底座直接焊接在灰斗上，其螺栓孔位置按设计定位；设备支架按用户需要配设。

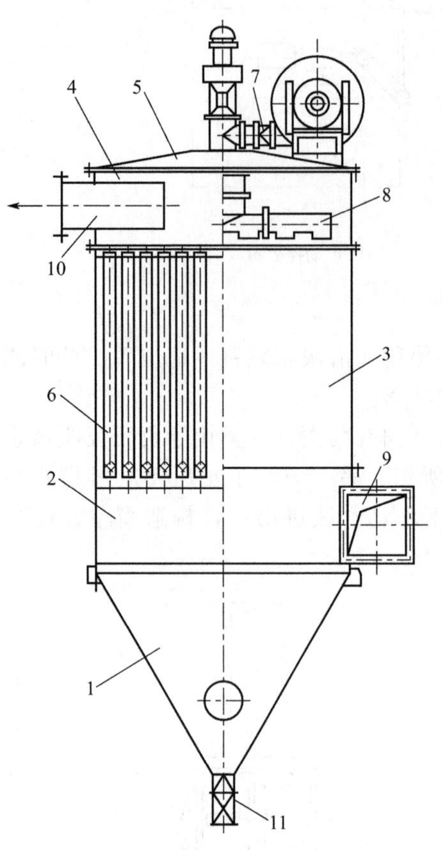

图 7-31 回转反吹风袋式除尘器的构造

1—灰斗；2—下箱体；3—中箱体；4—上箱体；5—顶盖；6—滤袋；7—反吹风机；8—回转反吹装置；9—进风口；10—出风口；11—卸灰装置

**2. 中部箱体**

中部箱体部分包括中部筒体、花板、滤袋和滤袋定位板。滤袋定位板，待花板定位焊接后，按滤袋实际位置找正，焊接固定在中箱体下部筒壁上。

**3. 上部箱体**

上部箱体部分包括上部筒体、顶盖、出风管、护栏和立梯。顶盖为回转式，上部设有滤袋更换与检修人孔；顶盖外侧设有升降式辊轮和围挡式密封槽，方便滤袋更换与筒体密封兼容。在顶盖上设护栏，沿筒身下沿设有立梯或环形爬梯。

**4. 反吹风系统**

反吹风系统分为上进式和下进式两种形式。推荐应用上进式反吹风系统，反吹风机直接安装在除尘器顶盖上，抽取大气空气或净室气体，循环组织反吹清灰。但应注意防止雨雪混入，特别注意反吹气体可能引起的爆炸威胁。

回转反吹风袋式除尘器的反吹风系统包括反吹风机、调节阀、反吹风管、机械回转装置、反吹风喷嘴及风机减振设施。

反吹风量约占处理风量的 15％～20％。

## 三、反吹风袋式除尘器的工作原理

**1. 工作原理**

负压、下进风反吹风袋式除尘器的工作原理如图 7-32 所示。

从集尘罩吸入的含尘气体由下部进入袋室，经过滤料过滤后的气体由上部排风管经风机和

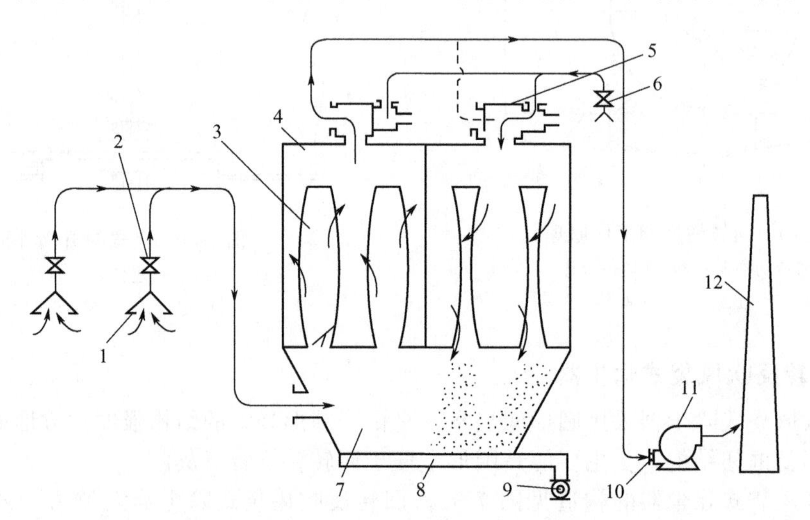

图 7-32 负压、下进风反吹风袋式除尘器的工作原理

1—集尘罩；2—调风阀；3—滤袋；4—袋室；5—换向阀；6—调节阀；7—灰斗；8—输灰机；9—卸灰阀；10—风机阀；11—风机；12—排气筒

烟囱排入大气。经一定时间过滤后，阻力达到某一设定值便进行反吹清灰，使滤布“再生”。反吹风清灰也叫逆气流清灰，也可称缩袋清灰。它主要是通过三通换向阀门的启闭组合来改变滤袋内外压力，即产生与过滤气流方向相反的反吹气流。由于反向气流的作用，将圆筒形滤袋压缩成星形断面或一字形断面，当重新恢复过滤时产生振动，从而使附积的粉尘层脱落。反吹气流的静压作用是使滤袋变形，引起滤袋附积粉尘脱落，反吹气流的速度也是导致粉尘层崩落的因素。这种清灰方法有时会产生局部脱落，即斑状剥落。

**2. 清灰机理**

反吹风清灰的机理：一方面是由于反向的清灰气流直接冲击尘块；另一方面是由于气流方向的改变，滤袋产生胀缩变形，从而使尘块脱落。反吹气流的大小直接影响清灰效果。

反吹风清灰过程如图 7-33 所示。

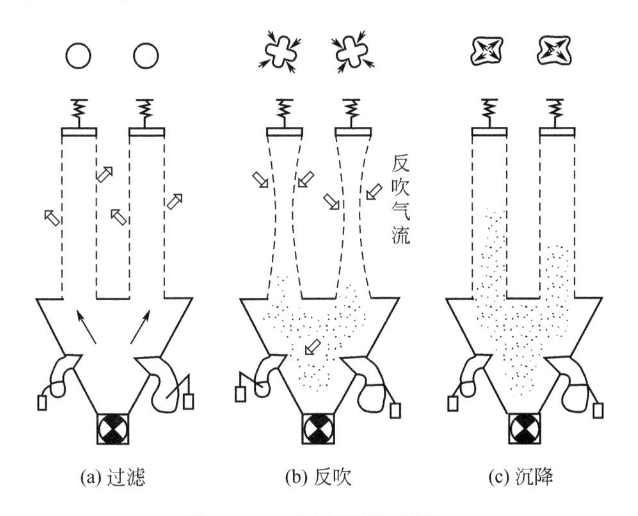


图 7-33　反吹风清灰过程

反吹风清灰在整个滤袋上的气流分布比较均匀。振动不剧烈，故过滤袋的损伤较小。反吹风清灰多采用长滤袋（4～12m）。由于清灰强度平稳，过滤风速一般为 0.6～1.2m/min，且都是采用停风清灰的方式，此时滤袋不再进行过滤除尘。

采用高压气流反吹清灰，如回转反吹风袋式除尘器清灰方式在过滤工作状态下进行清灰也可以达到较好的清灰效果，但需另设中压或高压风机。这种方式可采用较高的过滤风速。

**3. 清灰方法**

（1）负压清灰　负压是指布袋除尘器处在风机的负压端。这种除尘器通常采用下进风上排风内滤式结构，且其有相互分隔的滤袋室。当某一滤袋室清灰时，通过控制机构先关闭该室的出风口阀门，同时打开反吹风管的进风阀门，使该滤袋室与室外大气相通。此时由于其他各滤袋室都处在风机负压状态下运行，而待清灰的滤袋室在大气压力的作用下使室外空气经反吹风管进入该室。反吹风气流被吸入滤袋内，并沿着含尘气流过滤时相反的方向，经进气管道被吸入到其他滤袋室。清灰气流通过滤袋时，使滤袋压瘪，通过控制机构控制阀门的启闭，使滤袋反复胀瘪次数，抖动滤袋，更有利于粉尘的脱落，提高了清灰效果。图 7-34 为负压大气反吹风清灰示意图。

这种构造的除尘器用于高温含尘气体净化时，由于反吹风吸入环境空气的温度较低，容易使高温气体在滤袋室或灰斗内冷却到露点温度以下，使滤袋或器壁出现结露、糊袋现象，严重时会影响除尘器的正常运行，在潮湿地区应用更应注意。这种负压吸入大气反吹风清灰的除尘器装置宜用于常温含尘气体的处理。

（2）正压循环烟气清灰　正压是指布袋除尘器处在风机的正压端。这种除尘器通常是下进

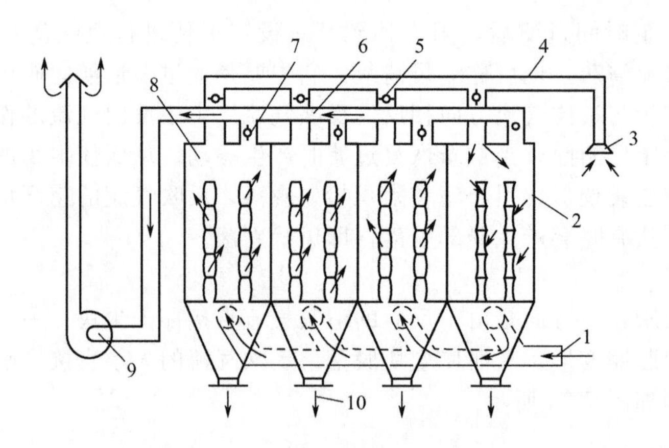


图 7-34 负压大气反吹风清灰示意

1—含尘气体入口；2—滤袋室清灰状态；3—反吹风吸入口；4—反吹风管；5—反吹风进气阀；6—净气排风管；7—净气出风口阀门；8—滤袋室过滤状态；9—引风机；10—排尘口

风内滤直排式结构，每一组滤袋室是相通的，它们之间没有隔板。当某一滤袋室需要清灰时，首先关闭该组滤袋的烟气入口阀门，同时打开反吹风管的阀门。由于反吹风管与系统引风机的负压端相通，在风机负压的作用下，待清灰的滤袋内亦处于负压状态，这样滤室内净化后的烟气被吸入到该组滤袋内，使该组滤袋变瘪。同样，通过控制有关阀门的启闭，使滤袋出现数次的胀瘪，更有助于滤袋内壁粉尘的脱落，达到清灰目的。从滤袋脱落的粉尘，一部分落入灰斗，小部分微尘随反吹气流经风机负压端的反吹管道与含尘烟气汇合后通过风机进入其他滤袋室再净化处理。图 7-35 为正压布袋循环烟气反吹风清灰示意。

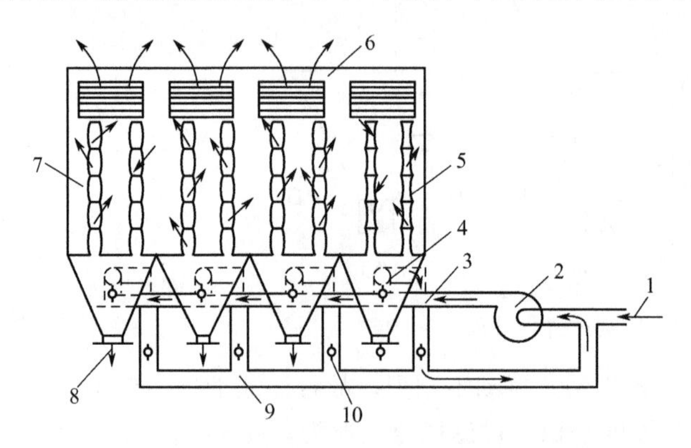


图 7-35 正压布袋循环烟气反吸风清灰示意

1—含尘气体入口；2—风机；3—含尘烟气管道；4—烟气入口阀门；5—滤袋室清灰状态；6—净气排出口；7—滤袋室过滤状态；8—排尘口；9—反吹风管道；10—反吹风阀门

这种构造的除尘器由于利用系统内的循环烟气反吹清灰，避免了反吹风引起的滤袋室内结露、糊袋现象。这种反吹风清灰方式的除尘系统一般宜用来处理高温烟气，系统风机的压力要求在 4kPa 以上。

(3) 负压循环烟气清灰 这种构造的除尘器通常也是下进风上排风内滤式。各滤袋室之间没有隔板，使各滤袋室成为相互独立的小室。除尘器处在系统风机的负压端，反吹风管与系统风机出口的正压端相连。当某一滤袋室需要清灰时，先关闭该滤袋室与风机负压端相连的净气出口阀，然后打开反吹风管的进气阀门，此时，循环烟气在风机正压的作用下经反吹风管进入该滤袋室，实现反吹清灰。从滤袋上脱落的粉尘大部分在灰斗内沉降，未沉降下来的微尘在风机负压的作用下经含尘烟气入口被吸出，与含尘烟气混合后被吸入相邻各室再次进行净化。图 7-36 为负压布袋循环烟气反吹风清灰示意。

(4) 正压上进风反吹清灰 正压上进风反吹风袋式除尘器工作原理如图 7-37 所示。

含尘气体由上部进入各小袋室，经过滤料过滤后的净化气体由下部排风管经烟囱排入大气。经一定时间过滤后，阻力达到某设定值便进行反吹清灰，使滤布“再生”。

反吹风清灰主要是通过阀门的启闭组合来改变滤袋内外压力，即产生与过滤气流方向相反

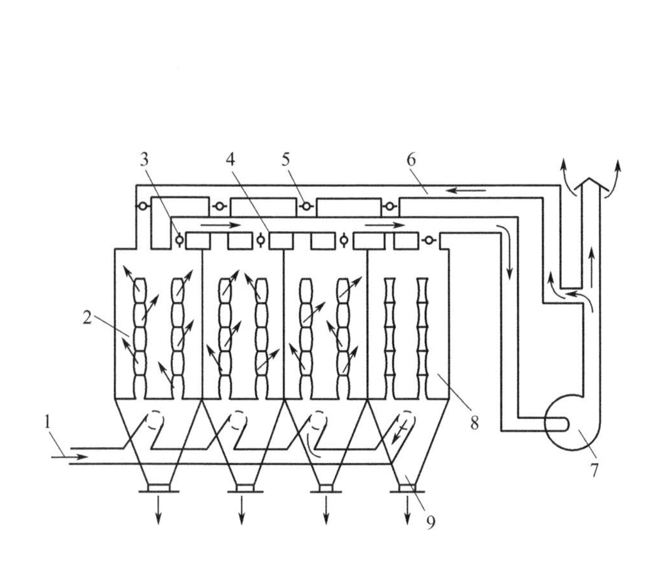


图 7-36　负压布袋循环烟气反吹风清灰示意

1—含尘气体入口；2—滤袋室过滤状态；3—净气排出口；4—净气管道；5—循环烟气反吹风阀门；6—循环烟气管道；7—风机；8—滤袋室反吹清灰状态；9—排尘口

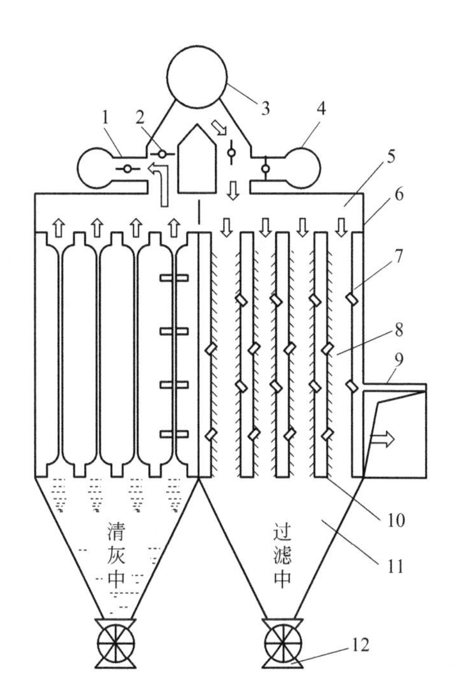


图 7-37　正压上进风反吹风袋式除尘器工作原理

1—反吸风阀；2—进风阀；3—进风管道；4—反吸风管；5—进风室；6—上花孔板；7—袋室；8—滤袋；9—排风管道；10—下花孔板；11—灰斗；12—星形卸灰阀

的气流。由于反向气流（或逆压）的作用，将圆筒形滤袋压缩成星形断面（有的呈一字形断面），反吹气流的作用是引起滤袋附积粉尘脱落的一个原因，滤袋变形是导致粉尘层崩落的另一个原因。

反吹风机的抽吸作用使滤袋内外压差发生改变，滤袋受压变瘪，当滤袋恢复过滤时，由于产生抖动，实现了清灰过程。工作过程如下：当进风阀 2 关闭，反吸风阀 1 开启时，由于反吸（吹）风机的作用改变了滤袋 8 内的压力，滤袋被压缩变瘪；经 10s 后，反吸风阀 1 关闭，进风阀 2 开启，此时滤袋 8 被吹胀并发生抖动，粉尘抖入灰斗，实现清灰目的。

**4. 反吹风清灰制度**

目前，反吹（吸）风袋式除尘器的清灰制度通常分为二状态清灰和三状态清灰两种方式。现以反吹风内滤袋式除尘器为例说明如下。

（1）二状态清灰　反吹风内滤袋式除尘器正常运行时，含尘气体由内向外通过滤袋，使滤袋呈鼓胀状态。当滤袋内沉积的粉尘足够厚，需要清灰时，由于关闭该室的净气排气口，打开反吹风口，使滤袋内侧处于负压状态，从滤袋外向内吸入反吹风气体（室外空气或循环烟气），使滤袋变瘪，从而使沉积在滤袋内侧的粉尘抖落。采用这种清灰制度，滤袋呈“鼓胀、吸瘪”两个状态，从而达到清灰目的，通常称为“二状态清灰法”。目前，国内大多数反吹（吸）风袋式除尘器都采用这种方法。图 7-38 为二状态清灰过程示意。

（2）三状态清灰　在反吸风式大型袋式除尘器中，一般滤袋都很长（5～10m）。若采用二状态清灰制度，由于反吹吸瘪状态时间短，从滤袋上抖落的粉尘还来不及全部降至灰斗，吸瘪动作结束，即转入鼓胀的过滤状态，从而使未落至灰斗的粉尘随过滤气流重新沉积在滤袋上。滤袋越长，这种现象越严重。

在二状态清灰的基础上，于吸瘪动作结束后，增加一段自然沉降的时间，这就形成了“三

表 7-10 常用反吹风袋式除尘器的性能

| 序号 | 类别 | 型号 | 过滤面积/$m^2$ | 袋式除尘器工作特征 | 过滤风速/(m/min) | 设备阻力/kPa | 清灰压力/MPa | 结构特点 |
|---|---|---|---|---|---|---|---|---|
| 1 | 分室反吹类 | GFC 中型反吹风 | 498～3920 | 下进风,圆袋,内滤,负压,分室反吹 | 0.6～1.0 | 1.5～2.0 | — | 分室单双排箱体,三通阀,船形灰斗 |
| 2 | | TFC 大型反吹风 | 4000～18200 | 下进风,圆袋,内滤,分正压和负压,分室反吹 | 0.6～1.0 | 1.5～2.0 | — | 分室单双排箱体,三通阀,锥形灰斗 |
| 3 | | LFSF-Z/D 分室反吹 | 480～18300 | 下进风,圆袋,内滤,分正压和负压,分室反吹 | 0.6～1.0 | 1.5～2.0 | — | 分室单双排,双室自密封三通阀,声波助清灰 |
| 4 | | LHFSF 回转分室反吹 | 648～11008 | 下进风,圆袋,内滤,负压,回转分室反吹 | 0.6～1.2 | — | — | 中间进排风道,分室双排箱体,回转传动装置 |
| 5 | | HCFL 大型反吹风 | 4000～12000 | 下进风,圆袋,内滤,负压,分室反吹 | 0.6～1.0 | 1.5～2.0 | — | 分室单双排箱体,三通阀,船形灰斗 |
| 6 | | LFEF(Ⅲ)烘干机玻纤袋分室反吹 | 692～1790 | 上进风,圆袋,内滤,负压,高温,分室反吹 | <0.5 | 1.0～1.6 | — | 分室单双排箱体,双花板,反吹风机 |
| 7 | | LCXS 玻纤袋分室反吹 | 1649～13032 | 上进风,圆袋,内滤,正压或负压,高温,分室反吹 | 0.37～0.48 | 0.8～1.2 | — | 分室单双排箱体,双花板,反吹风机 |
| 8 | | HXS 玻纤袋分室反吹 | 1236～17371 | 下进风,圆袋,内滤,负压,高温,分室反吹 | <0.5 | <1.5 | — | 分室单双排箱体,配反吹与排气阀,反吹风机 |
| 9 | | RBH 玻纤袋分室反吹 | 2228～16000 | 下进风,圆袋,内滤,正压或负压,高温,分室反吹 | <0.5 | <1.5 | — | 分室单双排箱体,声波助清灰,反吹风机 |
| 10 | | HJL 玻纤袋分室反吹 | 3210～29800 | 下进风,圆袋,内滤,负压,高温,分室反吹 | <0.5 | 1.5 | — | 分室组合箱体,气动盘式阀,反吹风机 |
| 11 | | LMN-Ⅲ回转分室反吹 | 99～940 | 下进风,圆袋,内滤,负压,脉动回转分室反吹 | 1.0～1.5 | 0.65～1.15 | — | 单排,回转传动装置,气振阀,反吹风机 |
| 12 | | LFSF 长袋分室反吹 | 400～2000 | 下进风,圆袋,内滤,负压,常温,分室反吹 | 0.5～1.0 | 1.0～2.0 | — | 单排或双排布置,循环风反吹,不带风 |

续表

| 序号 | 类别 | 型号 | 过滤面积 /$m^2$ | 袋式除尘器工作特征 | 过滤风速 /(m/min) | 设备阻力 /kPa | 清灰压力 /MPa | 结构特点 |
|---|---|---|---|---|---|---|---|---|
| 13 | 分室反吹类 | LFEF 旁插分室反吹 | 81～540 | 上进风，扁袋，外滤，负压，分室反吹 | 1.0～1.5 | 0.8～1.5 | — | 旁插分室分层结构，配排气，反吹阀 |
| 14 | | FEF 旁插回转分室反吹 | 90～760 | 上进风，扁袋，外滤，负压，脉动回转分室反吹 | 1.0～1.5 | 0.8～1.6 | — | 旁插分室分层，回转传动，气振阀，反吹风机 |
| 15 | | LFM 菱形袋分室反吹 | 620～1550 | 下进风，菱形袋，外滤，负压，分室反吹 | 0.5～1.5 | 1.0～1.4 | — | 分室整体框架，中间楔形风道，盘式阀，反吹风机 |
| 16 | | MDC 防爆菱形袋分室反吹 | 73～750 | 下进风，菱形袋，外滤，负压，分室反吹，防爆 | 0.8～1.0 | 1.0～1.2 | — | 分室整体框架，中间楔形风道，泄压阀，反吹风机 |
| 17 | | HMB 防爆菱形袋分室反吹 | 73～750 | 下进风，菱形袋，外滤，负压，分室反吹，防爆 | 0.6～1.0 | 1.0～1.5 | — | 分室整体框架，中间楔形风道，泄压阀，反吹风机 |
| 18 | | LLZB 菱形袋分室反吹 | 1650 | 下进风，菱形袋，外滤，负压，分室反吹，大型 | 1.0～1.2 | 1.0～1.5 | — | 分室整体框架，中间楔形风道，盘式阀，反吹风机 |
| 19 | | FMFBD 分室定位反吹 | — | 端进风，扁袋，外滤，负压，分室回转，定位反吹 | 0.5～1.0 | <1.3 | 0.003 | 分室结构，回转定位机构，方蝶形密封阀 |
| 20 | 喷嘴反吹类 | FVB 大型回转脉动反吹 | 1037～2016 | 切向上进风，扁袋，外滤，负压，回转脉动反吹 | 0.5～1.0 | 0.8～1.6 | 0.005 | 5～6 圈袋，大型，脉动回转机构，250℃ |
| 21 | | VB-A 步进回转脉动反吹 | 50～1200 | 切向下进风，扁袋，外滤，负压，步进定位回转反吹 | 1.0～2.0 | 0.8～1.5 | 0.005 | 步进定位回转机构，反吹控制阀 |
| 22 | | QH 气环喷吹 | 23～69 | 下进风，圆袋，内滤，负压，袋表气环喷吹 | 4.0～6.0 | 1.0～1.2 | 0.005 | 气环喷吹传动机构，高压反吹风机 |
| 23 | | ZC 回转反吹 | 40～1140 | 切向上进风，扁袋，外滤，负压，回转反吹 | 1.0～2.0 | 0.8～1.5 | 0.005 | 圆筒形，回转反吹机构，反吹风机 |
| 24 | | MW 回转脉动反吹 | 50～1000 | 切向下进风，扁袋，外滤，负压，回转脉动反吹 | 1.0～2.0 | 0.8～1.5 | 0.005 | 圆筒形，带旋风圈，脉动回转机构，反吹风机 |

注：本表摘自《机械工业采暖通风与空调设计手册》，笔者做了部分修改。

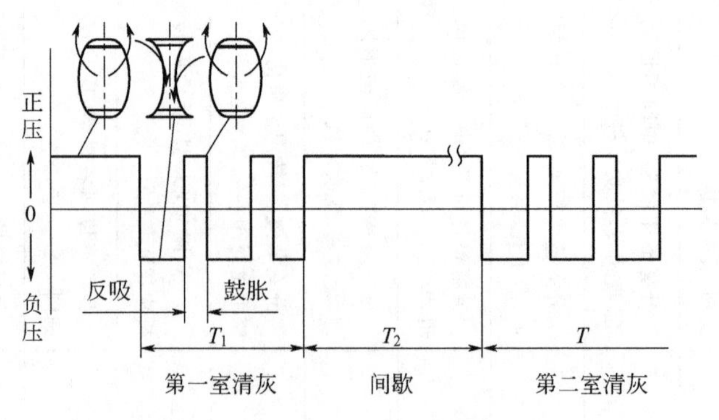


图 7-38 二状态清灰过程示意

状态清灰法”。三状态清灰法可以克服二状态清灰出现的粉尘再返回滤袋沉积的现象。

自然沉降可分集中自然沉降和分散自然沉降两种方式。集中自然沉降是在该滤袋室清灰的最后一次吸瘪动作结束后，同时关闭该室排风口和反吹风口的阀门，使滤袋室内暂时处于无流通气流的静止状态，为粉尘沉降创造良好条件。集中自然沉降的时间一般为 60～90s。分散自然沉降是在滤袋室每一次吸瘪动作以后安排一段沉降时间，以便粉尘降落。分散自然沉降的时间一般为 30～60s。图 7-39 为集中自然沉降的三状态清灰过程示意。图 7-40 为分散自然沉降的三状态清灰过程示意。

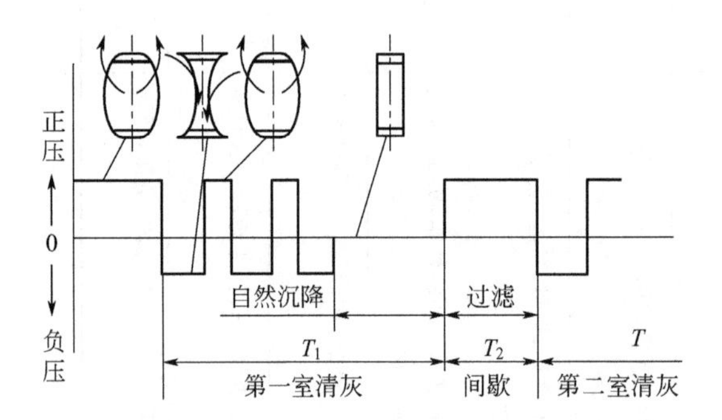


图 7-39 集中自然沉降的三状态清灰过程示意

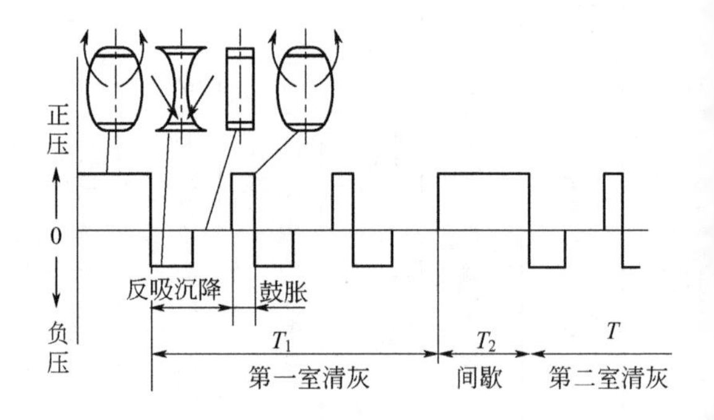


图 7-40 分散自然沉降的三状态清灰过程示意

### 四、常用反吹风袋式除尘器

常用反吹风袋式除尘器的性能见表 7-10。

## 第四节 脉冲袋式除尘器

脉冲袋式除尘器是 20 世纪 50 年代美国人莱因豪尔（Reinhauer）发明的，它是一种通过周期性地向滤袋内喷吹压缩空气来达到清除滤袋积灰的袋式除尘器。这种除尘器属于高效除尘器，净化效率可达 99%以上，压力损失约为 1200～1500Pa，过滤负荷较高，滤布磨损较轻，使用寿命较长，运行稳定可靠，已得到普遍采用。清灰需要有压气源作清灰动力，消耗一定能量。

### 一、脉冲袋式除尘器的分类

脉冲袋式除尘器的分类依分类方法不同可以分成以下几种。

**1. 按构造分类**

脉冲袋式除尘器按清灰装置的构造不同可以分为管式喷吹脉冲除尘器、箱式喷吹脉冲除尘器、移动喷吹脉冲除尘器和回转喷吹脉冲除尘器四类。

（1）管式喷吹脉冲除尘器（又称行喷脉冲除尘器）　脉冲除尘器清灰时，压缩空气由滤袋口上部的喷吹管的孔眼直接喷射到滤袋内。在滤袋口有的装设文氏管进行导流，有的不装设文氏管，但要求喷吹管孔眼与滤袋中心在一条垂直线上，管式喷吹（图7-41）是最常用的一种清灰方式。其特点是容易实现所有滤袋的均匀喷吹，滤袋清灰效果好。

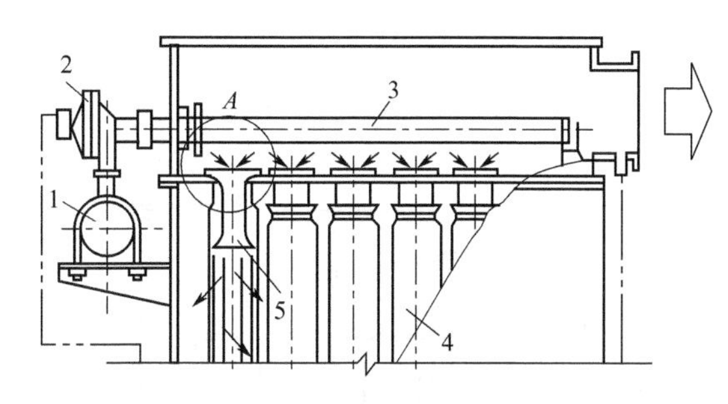


图7-41　管式喷吹示意

1—气包；2—脉冲阀；3—喷吹管；4—滤袋；5—文氏管

（2）箱式喷吹脉冲除尘器　箱式喷吹是一个袋室用一个脉冲阀喷吹，不设喷吹管，一台除尘器分为若干个袋室，装设与袋室匹配的若干个脉冲阀，见图7-42。箱式喷吹的最大优点是喷吹装置简单，换袋维修方便。但单室滤袋数量受限制，如果滤袋数量过多则会影响滤袋的清灰效果。

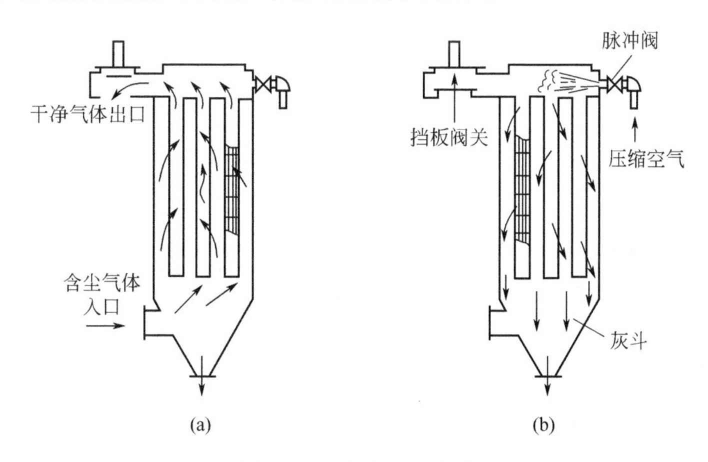


图7-42　箱式喷吹示意

（3）移动喷吹脉冲除尘器　由一个脉冲阀与一根活动管和数个喷嘴组成一个移动式喷吹头，每组滤袋对应装有一个相互隔开的集气室，当喷头移动到某一集气室时，打开脉冲阀，高压由喷嘴喷入箱内，然后分别进入每条滤袋进行清灰，如图7-43所示。其特点是用一套喷吹装置喷吹若干排滤袋。移动喷吹虽然可以减少喷吹管的数量，但对喷吹管的加工和安装精度要求较严格，维修也不甚方便。

（4）回转喷吹脉冲除尘器　由一个旋转总管对滤袋（通常为扁袋）进行脉冲喷吹，其结构与回转反吹风袋式除尘器近似，区别在于：①使用了脉冲阀间断清灰；②设有分气箱；③分室停风脉冲清灰。其上部箱体结构见图7-44。

**2. 按喷吹压力分类**

脉冲袋式除尘器按压缩空气喷吹压力大小可以分为高压喷吹脉冲除尘器和低压喷吹脉冲除尘器。虽然这种区别不明显且不够科学，但习惯上仍存在这种区分方法。

（1）高压喷吹脉冲除尘器　高压喷吹指除尘器分气包的工作压力超过0.4MPa时所用的清灰压力，高压喷吹的工作压力通常为0.6～0.7MPa。高压喷吹的特点是用较小的气量达到较好的清灰效果，特别是除尘器在处理高温烟气时，这一效果更为明显。高压喷次所用的分气包体积小，喷吹管细，喷吹脉冲阀多采用直角阀是它的另一个特点。

（2）低压喷吹脉冲除尘器　低压喷吹的分气包工作压力低于0.3MPa。低压喷吹时，要达

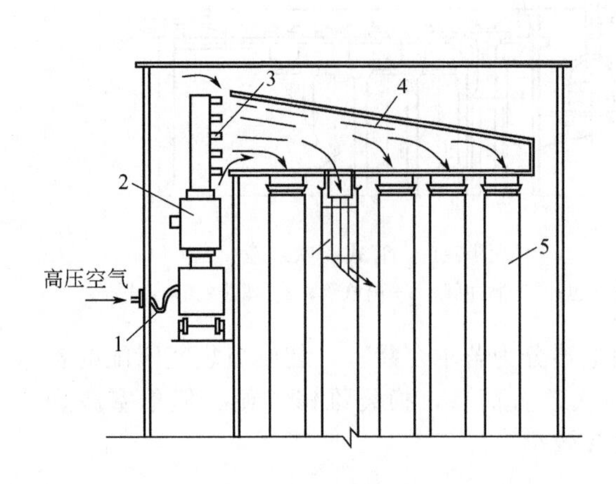


图 7-43 移动喷吹示意图

1—软管；2—喷吹箱；3—喷嘴；4—集合箱；5—滤袋

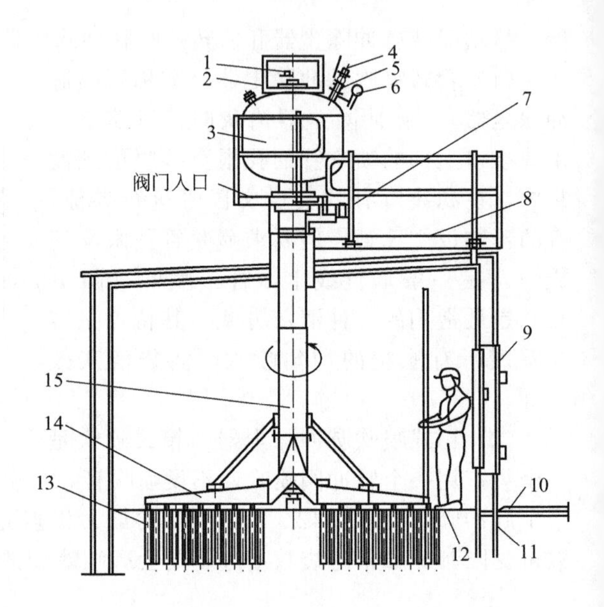


图 7-44 回转喷吹脉冲除尘器上部箱体结构

1—电磁阀；2—膜片；3—气包；4—隔离阀；5—单向阀；6—压力表；7—驱动电动机；8—顶部通道；9—检查门；10—通道；11—外壳；12—花板；13—滤袋；14—喷吹管；15—喷吹总管

到与高压喷吹同样的清灰效果需要气体量较大。在处理高温烟气时，由于喷吹气量较大且温度较低，有可能在袋口形成结露现象。低压喷吹的优点在于当压缩空气管网压力低时，亦能适应管网压力进行清灰作业。

**3. 按滤袋形状分类**

脉冲除尘器按滤袋形状可分为圆筒袋脉冲袋式除尘器和扁平袋脉冲袋式除尘器。此外还有菱形袋除尘器。

(1) 圆筒袋脉冲袋式除尘器　脉冲袋式除尘器使用的滤袋多数为圆筒形，其直径范围为 $\phi$80～180mm，用于特殊场合时则不在此范围内。圆筒形滤袋缝制方便，袋笼制作和安装容易。

(2) 扁平袋脉冲袋式除尘器　扁平袋脉冲袋式除尘器使用的滤袋有两类：一类是侧插式扁平袋；另一类是上插式梯形袋。前者袋小且扁，后者袋大且长。

**4. 按脉冲喷吹流向分类**

脉冲喷吹袋式除尘器按其脉冲喷吹方向与过滤气流的方向可分为逆喷式、顺喷式及对喷式三种。

(1) 逆喷式袋式除尘器　这种除尘器喷吹气流的方向与过滤气流的方向相反。为设计和操作方便，绝大多数除尘器属于逆喷式袋式除尘器。

(2) 顺喷式袋式除尘器　这种除尘器喷吹气流的方向与过滤气流的方向相同。一般设计成两种气流均自上向下流动。

(3) 对喷式袋式除尘器　脉冲喷吹气从滤袋的上下两端对喷于袋内，对喷可提高清灰效果，加长滤袋的长度。

**5. 按喷吹方式分类**

脉冲喷吹袋式除尘器按其喷吹方式不同，可分为“在线喷吹”和“离线喷吹”两种。

(1) 在线喷吹袋式除尘器　“在线喷吹”是将袋式除尘器的所有滤袋安置在一个箱体内，

滤袋排列成数排，清灰时滤袋逐排喷吹，此时袋式除尘器内的其余各排滤袋仍在过滤状态下，因此也称“在线清灰”。在线喷吹时，虽然被清灰的滤袋不起过滤作用，但因喷吹时间很短，而且滤袋依次逐排地清灰，几乎可以将过滤作用看成是连续的，因此可以不采取分室结构。但对大中型除尘器，即使在线喷吹，为了检修方便也采用分室结构设计。

(2) 离线喷吹袋式除尘器　“离线喷吹”是将袋式除尘器分成若干个滤袋室，然后逐室进行喷吹清灰，清灰时该室即停止过滤，故又称“停风喷吹”。“在线喷吹”时，与被清灰滤袋相邻的滤袋尚处于过滤状态，清下的粉尘易被相邻滤袋再吸附，致使清灰不够彻底；而“离线喷吹”是在停止过滤的状态下进行喷吹清灰，因而清灰彻底。同时，离线清灰时喷吹用压缩空气的压力在达到同样清灰效果的情况下比较低。

**表 7-11　脉冲袋式除尘器按清灰方式分类**

| 序号 | 名称 | 定义 |
|---|---|---|
| 1 | 逆喷低压脉冲 | 低压喷吹，喷吹气流与过滤后滤袋内净气流向相反，净气由上部净气箱排出 |
| 2 | 逆喷高压脉冲 | 高压喷吹，喷吹气流与过滤后滤袋内净气流向相反，净气由上部净气箱排出 |
| 3 | 顺喷低压脉冲 | 低压喷吹，喷吹气流与过滤后滤袋内净气流向一致，净气由下部净气联箱排出 |
| 4 | 顺喷高压脉冲 | 高压喷吹，喷吹气流与过滤后滤袋内净气流向一致，净气由下部净气联箱排出 |
| 5 | 对喷低压脉冲 | 低压喷吹，喷吹气流从滤袋上下同时射入，净气由净气联箱排出 |
| 6 | 对喷高压脉冲 | 高压喷吹，喷吹气流从滤袋上下同时射入，净气由净气联箱排出 |
| 7 | 环隙低压脉冲 | 低压喷吹，使用环隙形喷吹引射器的逆喷脉冲式 |
| 8 | 环隙高压脉冲 | 高压喷吹，使用环隙形喷吹引射器的逆喷脉冲式 |
| 9 | 分室低压脉冲 | 低压喷吹，分室结构，按程序逐室喷吹清灰，但喷吹气流只喷入净气联箱，不直接喷入滤袋 |
| 10 | 长袋低压脉冲 | 低压喷吹，滤袋长度超过 5.5mm 的逆喷脉冲式 |

### 6. 按清灰方式分类

脉冲袋式除尘器按清灰方式分为 10 类，见表 7-11。

## 二、脉冲袋式除尘器的结构

脉冲袋式除尘器由框架、箱体、滤袋、清灰装置、压缩空气装置、差压装置和电控装置组成，如图 7-45 所示。脉冲袋式除尘器与其他袋式除尘器的主要区别是清灰装置不同。

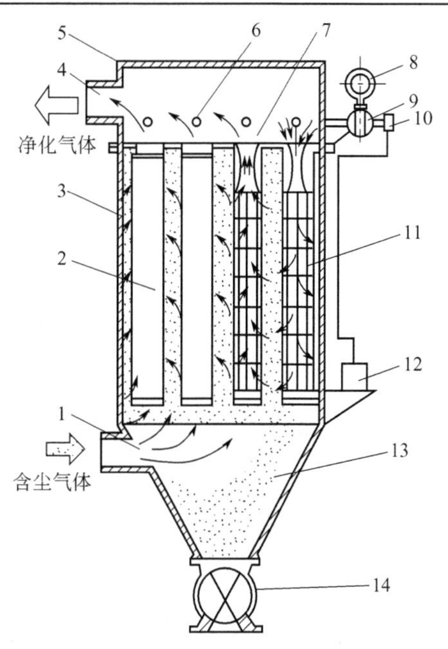


图 7-45　脉冲袋式除尘器

1—进气口；2—滤袋；3—中部箱体；4—排气口；5—上箱体；6—喷射管；7—文氏管；8—空气包；9—脉冲阀；10—控制阀；11—框架；12—脉冲控制仪；13—灰斗；14—排灰阀

### 1. 框架

脉冲袋式除尘器的框架由梁、柱、斜撑等组成，框架设计的要点在于要有足够的强度和刚度支撑箱体、灰重及维护检修时的活动荷载，并防范遇到特殊情况如地震、风雪灾害不至于损坏。

### 2. 箱体

脉冲袋式除尘器的箱体分为滤袋室和洁净室两大部分，两室由花板隔开。在箱体设计中主要是确定壁板和花板，壁板设计要进行详细的结构计算，花板计算除了参考同类产品外基本是凭设计者的经验。

花板是指开有大小相同安装滤袋孔的钢隔板。在花板设计中主要是布置滤袋孔的距离，该间距与袋径、袋长、粉尘性质、过滤速度等因素有关。例如，某台除尘器，其袋中心距离壁板是 250mm，喷吹管上喷吹孔距离是 20mm，袋直径为 160mm，长度为 6m。由于袋与袋之间距离只有 40mm，滤袋底部相互碰撞磨损，在运行数月内部分滤袋底部破裂。

如果袋与袋之间的距离太靠近，不但会产生以上问题，还会令箱体内气流上升速度太快，导致烟气排放量增加，滤料的局部过滤负荷太高和清灰力度不足。

根据经验，袋与袋之间的边缘根据滤袋长度、气流上升速度综合考虑后设计，至少大于滤袋直径的 2/5（不小于 40mm）。上例中应把喷吹管上的滤袋数量从 16 条减少到 14 条，每个袋长度增加到 6.9m，喷吹孔距离增大到 280mm，除尘器的过滤面积和壳体尺寸不变，这样设计更合理可靠。

图 7-46 为两种花板的示意图。花板孔均匀布置适用于中小型脉冲除尘器；疏密布置适用于大中型脉冲除尘器。

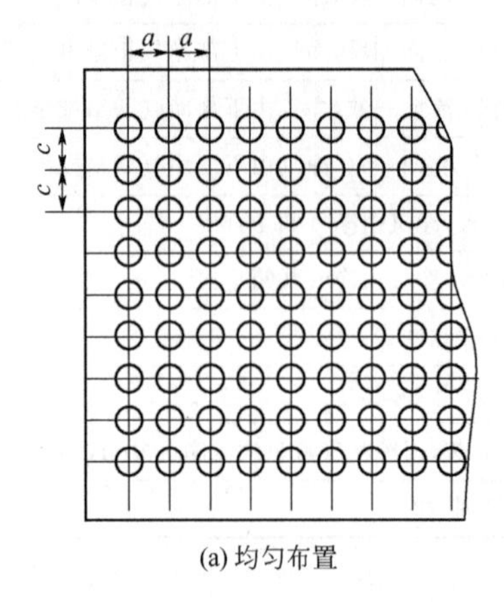

(a) 均匀布置

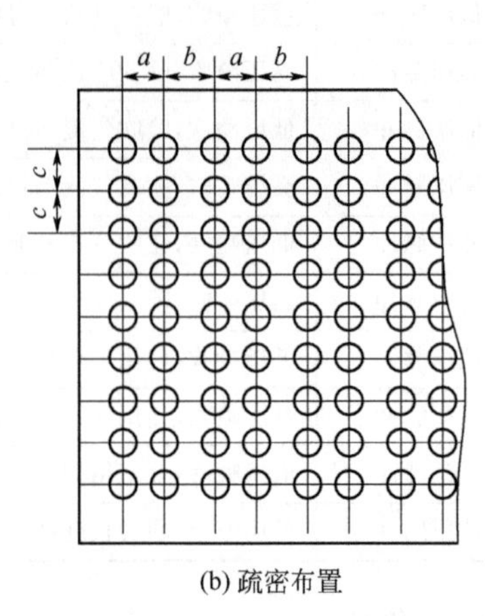

(b) 疏密布置

图 7-46 花板示意

花板设计注意事项如下。

（1）花板既要承受系统负压，又要承受滤袋、粉尘层及袋笼的重量，花板如有变形可能影响滤袋的垂直度及袋口处的密封效果，设计在花板下部应做加强处理。

（2）除尘器花板应光洁平整，不应有挠曲、凹凸不平等缺陷，其平面度偏差不大于花板长度的 2/1000。花板孔径周边要求光滑无毛刺，用弹性胀圈固定滤袋的花板孔径公差为$^{+0.3}_{-0}$m。

（3）花板孔径加工后安装位置与理论位置偏差应小于 1.5mm。平面度偏差不大于花板长度的 2/1000。

## 三、脉冲袋式除尘器的工作原理

脉冲袋式除尘器一般采用圆形滤袋，按含尘气流运动方向分为侧进风、下进风两种形式。这种除尘器通常由上箱体（净气室）、中箱体、灰斗、框架以及脉冲喷吹装置等部分组成。其工作原理如图 7-47 所示。

工作时含尘气体从箱体下部进入灰斗后，由于气流断面积突然扩大，流速降低，气流中一部分颗粒粗、密度大的尘粒在重力作用下，在灰斗内沉降下来；粒度细、密度小的尘粒进入滤袋室后，通过滤袋表面的惯性、碰撞、筛滤、拦截和静电等综合效应，使粉尘沉降在滤袋表面上并形成粉尘层。净化后的气体进入净气室由排气管经风机排出。

袋式除尘器的阻力值随滤袋表面粉尘层厚度的增加而增大。在此过程中，除尘器进行过滤的任一时间的阻力 $\Delta p$ 值，可以由下式求出：

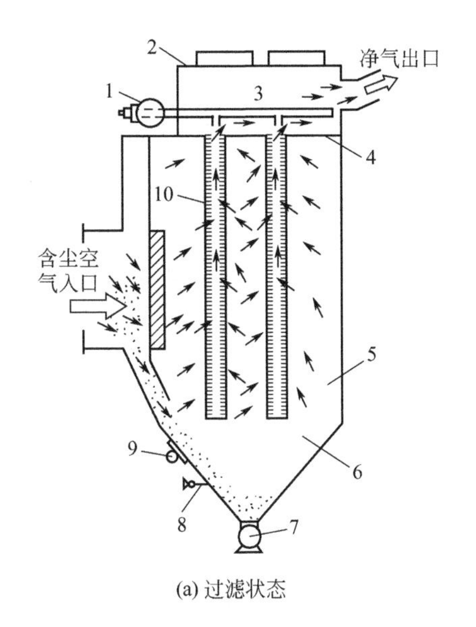

(a) 过滤状态

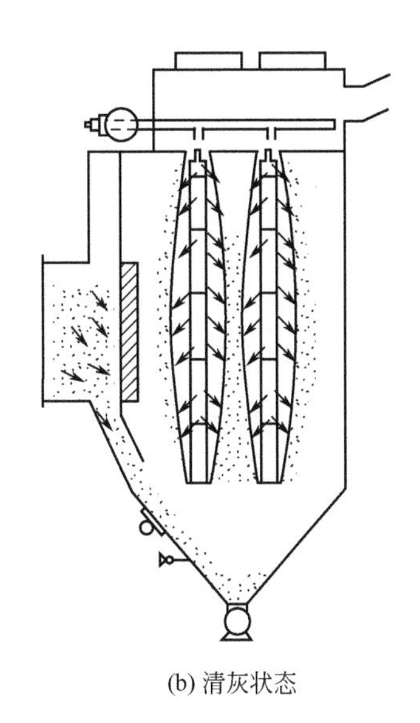
(b) 清灰状态

图 7-47　脉冲袋式除尘器工作原理

1—脉冲阀；2—净气室；3—喷吹管；4—花板；5—箱体；6—灰斗；7—回转阀；8—料位计；9—振打器；10—滤袋

$$\Delta p = \mu v_c (A + B\rho\nu_0 v_c t) \tag{7-2}$$

式中，$v_c$ 为过滤风速，m/s；$\mu$ 为气体动力黏度系数，Pa·s；$\rho\nu_0$ 为气体初始含尘量，kg/m$^3$；$A$、$B$ 为系数，取决于滤料的孔隙率、几何特性和气体动力特性，其值用试验的方法确定；$t$ 为时间，s。

当袋式除尘器的阻力值达到某一规定值时，必须进行喷吹清灰。

在给定除尘器压降 $\Delta p_{\min}$ 的情况下，由下式可以求出必需的清灰周期 $t_p$：

$$t_p = \Delta p/(\mu v_c) - A/(B v_c - \rho\nu_0) \tag{7-3}$$

式中，符号意义同前。

但是应当指出，为达到较高的气体除尘效率，在清灰时从滤料上只是破坏和去掉一部分粉尘层，而不是把滤袋上的粉尘全部清除掉。

脉冲喷吹的清灰是由脉冲控制仪（或 PLC）控制脉冲阀的启闭，当脉冲阀开启时，气包的压缩空气通过脉冲阀经喷吹管上的小孔，向滤袋口喷射出一股高速高压的引射气流，形成一股相当于引射气流体积若干倍的诱导气流，一同进入滤袋内，使滤袋内出现瞬间正压，急剧膨胀，沉积在滤袋外侧的粉尘脱落，掉入灰斗内，达到清灰目的。

## 四、常用脉冲袋式除尘器

常用脉冲袋式除尘器性能见表 7-12。

## 五、几种典型脉冲袋式除尘器

### 1. 高炉煤气脉冲袋式除尘器

高炉煤气脉冲袋式除尘器以长袋低压脉冲袋式除尘器的核心技术为基础。其箱体呈圆筒形（图 7-48），并设计成耐压和防爆结构，以适应煤气的正压条件。荒煤气由中箱体下部（或灰斗）进入，经气流分布装置均布。净煤气由上箱体排出。上箱体有足够的高度，可在其中拆换滤袋。

滤袋呈行列布置，因而各列的滤袋数量互有差别。

表 7-12 常用脉冲袋式除尘器性能

| 序号 | 类别 | 型号 | 过滤面积/m² | 袋式除尘器工作特征 | 过滤风速/(m/min) | 设备阻力/kPa | 喷吹压力/MPa | 结构特点 |
|---|---|---|---|---|---|---|---|---|
| 1 | 脉冲喷吹类 | VLG 吸料脉冲除尘 | 1.1～8.8 | 下进风,圆袋,外滤,管式脉冲 | 0.5～2 | <1.5 | 0.5～0.7 | 圆形筒体,整体检修门 |
| 2 | | MC 高压或低压脉冲 | 18～90 | 下进风,圆袋,外滤,负压,管式脉冲 | 2.0～4.0 | 1.2～1.5 | 0.2～0.7 | 箱体结构,分电控、机控、气控 3 种 |
| 3 | | LDM 低压脉冲 | 24～280 | 下进风,圆袋,外滤,负压,管式脉冲 | 1.2～1.5 | ≤1.5 | 0.2～0.3 | 箱体结构,锥形灰斗 |
| 4 | | LYDZⅡ低压脉冲 | 11.9～115.1 | 切向上进风,圆袋,外滤,负压,管式脉冲 | 1～5 | 0.8～1.2 | 0.05～0.08 | 圆筒箱体,可配防爆装置,可配气泵 |
| 5 | | HYMC 圆筒形高压脉冲 | 59～582 | 切向下进风,圆袋,外滤,负压,管式脉冲 | 1～1.5 | <1.5 | 0.5～0.7 | 圆筒箱体,设有旋风圈 |
| 6 | | LYC/WJ 旁插扁袋高压脉冲 | 60～1080 | 上进风,旁插扁袋,外滤,负压,管式脉冲 | 1.5～2 | ≤1.2 | 0.4～0.6 | 分室模块式箱体,船形灰斗 |
| 7 | | XMC 高压脉冲 | 120～560 | 下进风,圆袋,外滤,负压,管式脉冲 | 0.9～1.3 | 1.2～1.5 | 0.5～0.7 | 单排箱体,单元组合,楔形风道,船形灰斗 |
| 8 | | ZMC 低压脉冲 | 240～765 | 下进风,圆袋,外滤,负压,管式脉冲 | 1～1.2 | ≤1.2 | 0.2～0.3 | 单排箱体,单元组合,楔形风道,船形灰斗 |
| 9 | | CDD 长袋低压脉冲 | 254～339 | 下进风,圆袋,外滤,负压,管式脉冲 | 0.8～1.6 | 1.2～1.5 | 0.15～0.25 | 单式基本型,矩形箱体,长袋,锥形灰斗 |
| 10 | | CDY 长袋低压脉冲 | 339～1696 | 下进风,圆袋,外滤,负压,管式脉冲 | 0.8～1.6 | 1.2～1.5 | 0.15～0.25 | 单排分室组合箱体,船形灰斗 |
| 11 | | CDL 长袋低压脉冲 | 678～13571 | 下进风,圆袋,外滤,负压,管式脉冲 | 0.8～1.6 | 1.2～1.5 | 0.15～0.25 | 双排分室组合箱体,中间风道,进风阀 |
| 12 | | LY-Ⅲ长袋低压脉冲 | 880～8800 | 下进风,圆袋,外滤,负压,管式脉冲 | 0.8～1.5 | 1.0～1.6 | 0.2～0.3 | 分室单双排箱体,配回转切换停风阀 |
| 13 | | LCMD/G 长袋脉冲 | 410～14800 | 下进风,圆袋,外滤,负压,管式脉冲,高低压 | 1.5 | 1.5～1.8 | 0.15～0.7 | 分室单双排箱体,楔形风道,配提升阀 |
| 14 | | LCM 长袋脉冲 | 1360～16920 | 下进风,圆袋,外滤,负压,管式脉冲,高低压 | 1.0～1.5 | 1.2～1.5 | 0.2～0.5 | 分室单双排箱体,楔形风道,配进排气阀 |
| 15 | | LFDM 长袋脉冲 | 3680～12880 | 下进风,圆袋,外滤,负压,管式脉冲 | 1.0～2.0 | 1.2～1.5 | 0.25～0.6 | 分室单双排箱体,楔形风道,配进排气阀 |

续表

| 序号 | 类别 | 型号 | 过滤面积/$m^2$ | 袋式除尘器工作特征 | 过滤风速/(m/min) | 设备阻力/kPa | 喷吹压力/MPa | 结构特点 |
|---|---|---|---|---|---|---|---|---|
| 16 | 脉冲喷吹类 | LXGM 高压脉冲 | 207～27672 | 侧向或下进风，圆袋，外滤，负压，管式脉冲，锅炉除尘用 | 1.1～1.3 | 1.0～1.5 | 0.5～0.6 | 分室模块组合，带文氏管，提升阀 |
| 17 | | LXGM 高压脉冲 | 68～6780 | 侧向或下进风，圆袋，外滤，负压，管式脉冲，工业除尘用 | 1.0～2.0 | 1.1～1.5 | 0.5～0.6 | 分室模块组合，带文氏管，提升阀 |
| 18 | | HD-Ⅱ环隙喷吹脉冲 | 11.3～39.6 | 上进风，圆袋，外滤，负压，环隙脉冲 | 2.0～3.0 | <1.2 | 0.33～0.5 | 单机，环隙引射器，直通低压脉冲阀 |
| 19 | | HZ-Ⅱ环隙喷吹脉冲 | 79.2～475.2 | 下进风，圆袋，外滤，负压，环隙脉冲 | 2.0～3.0 | <1.2 | 0.33～0.5 | 单元组合，环隙引射器，直通低压脉冲阀 |
| 20 | | LFX(Ⅱ)气箱脉冲 | 32.5～450 | 下进风，圆袋，外滤，负压，分室停风气箱脉冲 | 1.2～1.6 | 1.5～1.7 | 0.5～0.7 | 分室单双排箱体，楔形风道 |
| 21 | | LDML 低压气箱脉冲 | 50～7680 | 下进风，圆袋，外滤，负压，分室停风气箱脉冲 | ≤2.0～2.5 | — | 0.2～0.3 | 分室单双排箱体，互补腔技术，蝶形排气阀 |
| 22 | | LCPM 侧喷低压气箱脉冲 | 48～512 | 下进风，圆袋，外滤，负压，在线侧喷气箱脉冲 | 1.0～3.0 | 0.6～1.2 | 0.15～0.25 | 单双排，楔形风道，分室侧喷，矩形诱导管 |
| 23 | | PPW 气箱脉冲 | 96～3584 | 下进风，圆袋，外滤，负压，分室停风气箱脉冲 | 1.0～1.2 | 1.5～1.7 | 0.4～0.6 | 分室单双排，楔形风道，船形或斜槽灰斗 |
| 24 | | LPM 气箱脉冲 | 93～4361 | 下进风，圆袋，外滤，负压，分室停风气箱脉冲 | 1.2～2.0 | 1.47～1.77 | 0.5～0.7 | 分室单双排，楔形风道，船形或斜槽灰斗 |
| 25 | | HZMC 回转定位分室气箱脉冲 | 112～897 | 切向下进风，扁圆袋，外滤，负压，回转定位气箱脉冲 | 1.0 | ≤1.5 | 0.4～0.8 | 圆筒体分室，回转定位机构，有旋风圈 |
| 26 | | LXMC 旋转式低压脉冲 | 25194 | 端侧进风，扁圆袋束，外滤，负压，旋转喷管式脉冲 | 1.07 | 0.8～1.3 | 0.08～0.15 | 矩形箱体，旋臂喷吹机构，高净气室 |
| 27 | | LZLM 滤筒式高压脉冲 | 180～600 | 上进风，折叠式滤筒，外滤，负压，管式脉冲 | 0.6～1.0 | 1.2～1.5 | 0.4～0.7 | 滤筒垂直安装，上揭盖换筒 |
| 28 | | BHA/BPC 滤筒式高压脉冲 | 74～662 | 下进风，折叠式细长滤筒，外滤，负压，管式脉冲 | 0.7～1.0 | 0.5～1.5 | 0.5～0.7 | 滤筒垂直安装，上揭盖换筒 |
| 29 | | BHA/BCC 滤筒式高压脉冲 | 19～282 | 下进风，折叠式粗短滤筒，外滤，负压，管式脉冲 | 0.7～1.0 | 0.5～1.5 | 0.5～0.7 | 滤筒垂直安装，上揭盖换筒 |

续表

| 序号 | 类别 | 型号 | 过滤面积/$m^2$ | 袋式除尘器工作特征 | 过滤风速/(m/min) | 设备阻力/kPa | 喷吹压力/MPa | 结构特点 |
|---|---|---|---|---|---|---|---|---|
| 30 | 脉冲喷吹类 | BHA/LL 滤筒式高压脉冲 | 22.3～334.4 | 下进风，折叠式粗短滤筒，外滤，负压，管式脉冲 | 0.5～1.0 | 0.5～1.5 | 0.5～0.7 | 滤筒垂直杆杠式安装，侧面换筒 |
| 31 | | PLLT-CH 横插滤筒脉冲 | 17.6～240.0 | 上进风，折叠式滤筒，外滤，负压，管式脉冲 | 0.6 | — | 0.6～0.7 | 滤筒横插式安装，侧面换筒 |
| 32 | | LKG 隧道干式除尘脉冲 | 30～110 | 端进风，小圆短袋，外滤，负压，管式脉冲，隧道用 | 5.0 | 1.5～2.2 | 0.4～0.6 | 窄长箱体，灯光检漏 |
| 33 | | GMP 高浓度煤粉袋式收集器 | 181～450 | 下进风，圆袋，外滤，负压，管式脉冲，防爆，高浓度煤粉，10～40kg/$m^3$ 收尘 | <0.5 | — | 0.15～0.25 | 分室单双排箱体，配提升阀、防爆装置 |
| 34 | | GMZ 高浓度煤粉袋式收集器 | 339～2600 | 下进风，圆袋，外滤，负压，管式脉冲，防爆，高浓度煤粉，0.6～1.0kg/$m^3$ 收尘 | 0.8～0.9 | — | 0.15～0.25 | 分室单双排箱体，配提升阀、防爆装置 |
| 35 | | LCDM 高炉煤气干法脉冲 | 243～456 | 下进风，圆袋，外滤，正压，防爆，管式脉冲，高炉煤气用 | 0.8～0.91 | <1.8 | 0.15～0.30 | 圆筒箱体，配防爆装置 |
| 36 | | LDMK 低压脉冲空气过滤器 | 120～960 | 上进风，圆袋，外滤，管式脉冲，空气动力设备进风过滤 | 1.5～2.5 | <1.2 | 0.2～0.3 | 箱体结构，距地 12m 以上进风 |
| 37 | | JSS 塑烧板脉冲 | 144～576 | 下进风，塑烧板滤片，外滤，负压，管式脉冲 | 1.15 | <1.5 | 0.4～0.6 | 箱体结构，组合式 |
| 38 | 复合机理类 | VB-B 旋滤复合 | 50～300 | 侧进风扁袋，外滤，负压式，旋风袋滤复合 | 1.0～2.0 | 0.8～1.5 | — | 旋风＋步进回转机构，脉动喷吹 |
| 39 | | JDD-1 预荷电袋滤复合 | 540 | 中部进风，圆袋，外滤，负压，预荷电袋滤复合 | 1.0～2.5 | <1.2 | — | 进口设预荷电电极 |
| 40 | | KL 陶瓷多管袋滤复合 | 49.5～254.0 | 旋风切向上进风，圆袋，外滤，负压，多管旋风＋脉冲 | 2.0～4.0 | 2.0～2.6 | 0.6 | 旋风＋脉冲喷吹，并联组合结构 |
| 41 | | 电袋复合 | 6221 | 端进风，圆袋，外滤，负压，电袋复合 | 1.23 | <1.2 | 0.2～0.3 | 前级电除尘，后级二室八单元袋滤 |

续表

| 序号 | 类别 | 型号 | 过滤面积/$m^2$ | 袋式除尘器工作特征 | 过滤风速/(m/min) | 设备阻力/kPa | 喷吹压力/MPa | 结构特点 |
|---|---|---|---|---|---|---|---|---|
| 42 | 脉冲喷吹袋式除尘机组 | DMC-A(B)脉冲单机 | 24～84 | 下进风,圆袋,外滤,负压,高压管式脉冲 | 1.04～1.68 | <1.2 | 0.5～0.7 | 带与不带灰斗两种形式,配风机 |
| 43 | | HMC脉冲单机 | 24～84 | 下进风,圆袋,外滤,负压,高压管式脉冲 | 1.0～1.8 | <1.2 | 0.5～0.7 | 带与不带灰斗两种形式,配风机 |
| 44 | | PMD脉冲单机 | 22～81 | 下进风,圆袋,外滤,负压,高压管式脉冲 | 1.4～1.6 | 0.8～1.5 | 0.4～0.5 | 带与不带灰斗两种形式,配风机 |
| 45 | | HMD旁插脉冲单机 | 10～60 | 上进风,扁袋,外滤,负压,高压管式脉冲 | 1.5～1.8 | <1.2 | 0.4～0.6 | 带与不带灰斗两种形式,配风机 |
| 46 | | LCR旁插脉冲单机 | 4～39 | 插入扬尘点,扁袋,外滤,负压,高压管式脉冲 | <0.3 | — | 0.45～0.6 | 无过滤箱,配风机 |
| 47 | | LZLD滤筒脉冲单机 | 40～80 | 上进风,折叠式滤筒,外滤,负压,高压管式脉冲 | 0.8～1.8 | 1.2～1.5 | 0.4～0.6 | 滤筒垂直安装,上揭盖换筒 |
| 48 | | KMC库顶除尘 | 54～104 | 上进风,折叠式滤筒,外滤,负压,高压管式脉冲 | 0.8～1.2 | 1.2～1.5 | 0.5～0.7 | 脉冲清灰,配风机,无灰斗 |
| 49 | | TBLMZa除尘机组 | 6.5～26 | 上进风,圆袋,外滤,负压,脉冲清灰 | 1.0～2.0 | 1.0～1.5 | 0.4～0.7 | 脉冲清灰,配风机,平底灰斗 |
| 50 | | HMC除尘机组 | 24～84 | 下进风,圆袋,外滤,负压,脉冲清灰 | 1.0～1.5 | <1.5 | 0.4～0.7 | 风机在侧部,可有或无灰斗 |
| 51 | | DMCC库顶除尘器 | 18～90 | 下进风,圆袋,外滤,负压,脉冲清灰 | 0.5～2.0 | <1.5 | 0.5～0.7 | 风机在侧部,可有或无灰斗 |
| 52 | | LW滤筒式高压脉冲 | | 上进风,折叠式细长滤筒,外滤,负压,阀脉冲 | 0.7～1.0 | 0.5～1.0 | 0.5～0.7 | 滤筒水平安装,侧抽换筒 |
| 53 | | BLLT滤筒式高压脉冲 | 30～240 | 上进风,折叠式粗短滤筒,外滤,负压,阀脉冲 | 0.7～1.0 | 0.5～1.2 | 0.5～0.7 | 滤筒水平安装,侧抽换筒 |

注：本表摘自《机械工业采暖通风与空调设计手册》，笔者做了部分修改。

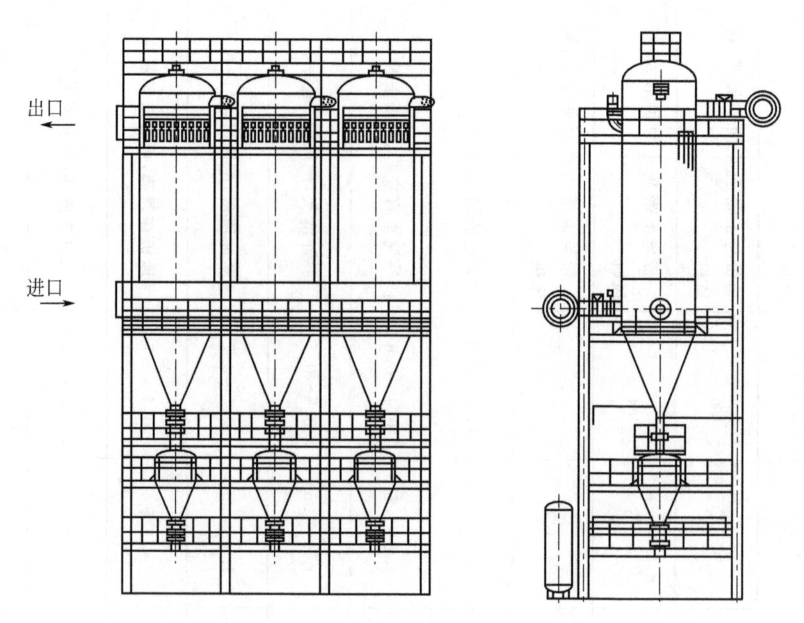


图 7-48 高炉煤气脉冲袋式除尘器

清灰方式为低压脉冲喷吹，清灰压力比除尘器工作压力高 0.15～0.2MPa，清灰气源通常为氮气，在缺乏氮气的场合，可将净煤气加压后作为清灰气源。

高炉煤气脉冲袋式除尘器设计的基本要求是防燃防爆，防止煤气泄漏。为此，采取了各项防爆措施：选用消静电滤料；箱体上部设防爆阀；箱体静电接地；箱体内消除任何可能积灰的平台和死角；对煤气温度和含氧量进行监控。

除尘器的卸灰借助“三阀加中间仓”的装置，包括 2 个球阀、1 个星形阀、1 个中间仓。

随着高炉煤气脉冲袋式除尘器由小型高炉向中型、大型高炉推广应用，筒体走向大型化，直径由 $\phi$2600mm 增大到 $\phi$6000mm，通常多个筒体并联使用。

高炉煤气脉冲袋式除尘器有以下特点：①除尘效果好，净煤气含尘浓度可低于 5～10 $mg/m^3$；②多筒体并联，可实现不停机检修，不会影响生产；③不降低煤气温度和热值，并可提高煤气余压发电约 40%，节能效果好；④收集的煤气灰为干灰，有利于综合利用。

**2. 煤粉脉冲袋式除尘器**

许多工业部门存在煤磨系统。原煤在磨机中一边烘干一边磨细，成品煤粉由气体带出磨机，并用气固分离设备收集。磨机尾气含尘浓度最高可达 $1400g/m^3$，传统的收尘工艺设有三级（或两级）收尘设备，有的系统由于阻力高，还必须设置两级风机。因此，收尘流程复杂，普遍存在着污染严重、安全性差、能耗高、故障多、运转率低等弊病。防爆、节能、高浓度煤粉袋式除尘器将煤粉收集和气体净化两项功能集于一身，能够直接处理从磨粉机排出的高浓度含尘气体，从而以一级设备取代原有的三级设备，使磨粉系统的收尘流程简化为一级收尘、一级风机的系统，革除了传统流程的弊病。

防爆、节能、高浓度煤粉脉冲袋式除尘器是以长袋低压脉冲袋式除尘器的核心技术为基础，强化过滤能力、强化清灰能力、强化安全防爆功能而形成。其结构如图 7-49 所示。含尘气体由中箱体下部进入除尘器，经缓冲区的作用使气流均布，然后由外向内进入滤袋，煤粉被阻留在袋外，进入袋内的净气由上部的袋口汇入上箱体，并进而通过气动停风阀排出。

一台除尘器通常分隔成若干个仓室，与一般的袋式除尘器相比，每个仓室设置的滤袋数量较少（随处理风量的不同而变化），以便除尘器有足够多的仓室。由于其生产设备和环保设备集于一身的特点，当某一局部出现故障而生产又不允许停止运行时，便于关闭一个仓室而不影

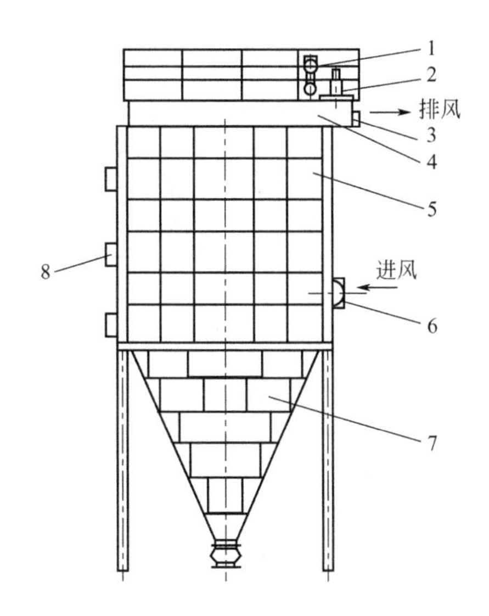


图 7-49　高浓度煤粉脉冲袋式除尘器结构

1—喷吹装置；2—气动停风阀；3—排风口；
4—上箱体；5—中箱体；6—进风口；
7—灰斗；8—泄爆门

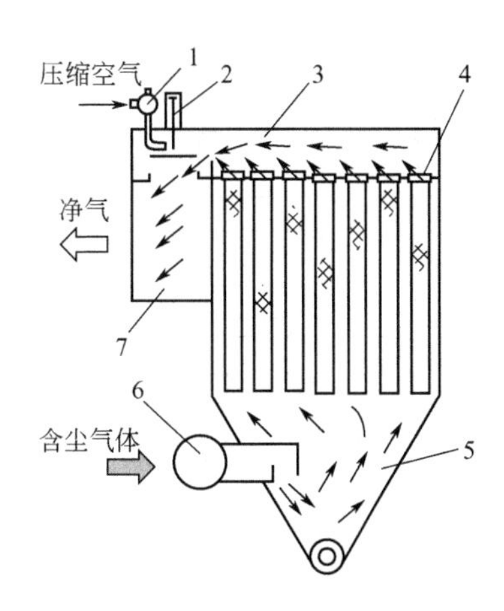


图 7-50　气箱脉冲袋式除尘器结构

1—喷吹装置；2—停风阀；3—上箱体；
4—滤袋；5—灰斗；6—进风管；
7—出风管

响生产。

高浓度袋式除尘器可直接处理浓度 1400g/m$^3$ 的含尘气体，并达标排放，同时具有强劲的清灰能力，从而保持较低的设备阻力（≤1400Pa）。此外，从整体结构、滤料选择、清灰控制、运行参数确定和自动监控、故障监控和报警等多方面采取安全防爆措施，在每一仓室的中箱体设泄爆阀，保障收尘设备和系统安全运行。

**3. 气箱脉冲袋式除尘器**

气箱脉冲袋式除尘器是美国富乐（Fuller）公司的技术，由我国建材行业引进生产。它主要由箱体、袋室、灰斗、进出风口和气路系统等组成（图 7-50）。箱体和袋室都分隔成若干小室，每室箱体出口处有一个停风阀（提升阀），以实现停风清灰。

每个仓室根据需要配置 1～2 个脉冲阀。其早期的设计是将脉冲阀与稳压气包之间以管道相连，二者距离较远，脉冲阀的进口与出口成 180°。改进的形式采用直通式脉冲阀（图7-50）。滤袋上方不设喷吹管和引射器，由脉冲阀喷出的清灰气流直接进入上箱体，使一个仓室的上箱体和滤袋内部形成瞬间正压，从而清落滤袋上的粉尘。

该除尘器的脉冲阀为双膜片结构，脉冲喷吹时间为 0.1～0.15s。清灰用压缩空气的压力为 0.5～0.7MPa。某室清灰时，该室的停风阀关闭，停止过滤；喷吹结束后，停风阀开启，恢复过滤；随之另一室的停风阀关闭并开始清灰。清灰控制方式有定时和定压差两种。

滤袋直径为 $\phi$130mm，长度多为 2450mm，部分型号的袋长为 3150mm。

气箱脉冲袋式除尘器的主要特点如下：①清灰装置不设喷吹管和引射器，结构较简单，便于换袋；②滤袋的拆换和安装不用绑扎，操作方便；③脉冲阀数量较少，维修工作量小；④喷吹所需的气源压力高；⑤仓室内各滤袋的清灰强度差别大，滤袋长度较短，占地面积较大。

**4. 长袋低压脉冲袋式除尘器**

长袋低压脉冲袋式除尘器是为全面克服 MC 型传统产品的各项缺点而推出的新一代脉冲袋式除尘设备，其结构如图 7-51 所示。含尘气体由中箱体下部引入，被挡板导向中箱体上部进入滤袋；净气由上箱体排出。

长袋低压脉冲袋式除尘器有单机、单排结构、双排结构三种系列。随着工业生产规模的扩

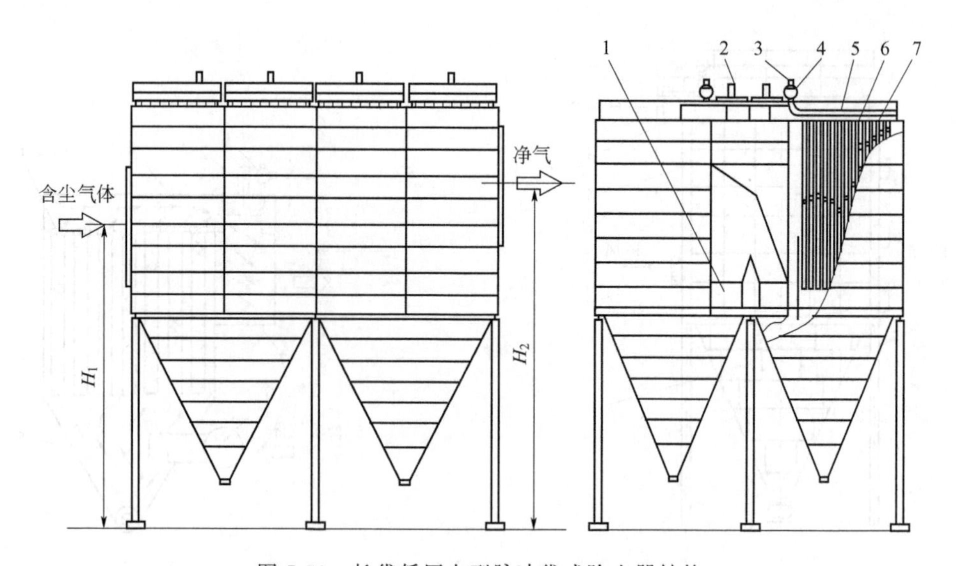


图 7-51 长袋低压大型脉冲袋式除尘器结构

1—进气阀；2—离线阀；3—脉冲阀；4—稳压气包；5—喷吹管；6—滤袋及框架；7—滤袋

大，袋式除尘设备的规格也相应扩大。

**5. 离线清灰脉冲袋式除尘器**

离线清灰脉冲袋式除尘器是分室清灰脉冲袋式除尘器的一种形式。分室清灰是为了避免或削弱脉冲袋式除尘器在清灰过程中存在的粉尘再次附着的现象。具体做法是将除尘器分隔成若干仓室，并在逐室停止过滤的状态下进行脉冲喷吹清灰。

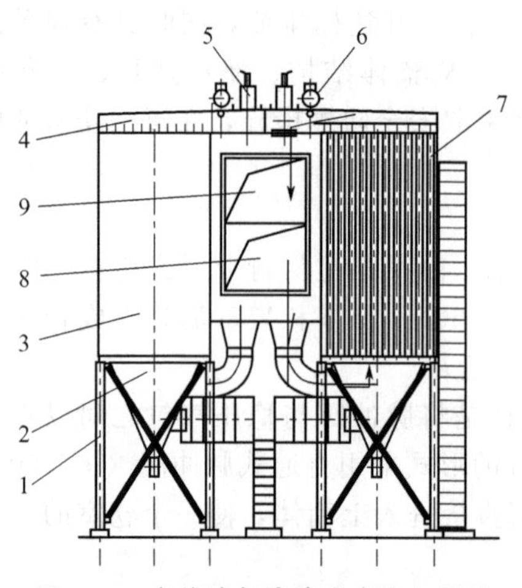


图 7-52 离线清灰脉冲袋式除尘器的结构及工作原理

1—除尘器支架；2—灰斗；3—中箱体；4—上箱体；5—离线阀；6—脉冲阀气包；7—滤袋及滤袋框架；8—除尘器进风风道；9—除尘器出风风道

图 7-52 为离线清灰脉冲袋式除尘器的结构和工作原理。采用将箱体完全分隔或仅分隔上箱体的方式，分隔成若干仓室，每室出口设停风阀。当某室清灰时，该室停风阀关闭，含尘气流被阻断，该室范围内各脉冲阀依次喷吹，便形成“离线”清灰。

清灰时滤袋不处于过滤工作状态，因而避免了“在线”脉冲喷吹瞬间可能存在的粉尘穿透现象，有利于降低排气含尘浓度。

这种除尘器与在线清灰的脉冲袋式除尘器相比，结构较为复杂，并需要增加阀门和一定量的过滤面积。

**6. 直通均流脉冲袋式除尘器**

直通均流脉冲袋式除尘器结构如图 7-53 所示，由上箱体、喷吹装置、中箱体、灰斗和支架、自控系统等组成。

上箱体包括花板、净化烟气出口和阀门等。带有喷吹管的喷吹装置安装在上箱体内。

中箱体包括烟气进口喇叭、气流分布装置等。滤袋和滤袋框架吊挂在中箱体内。

灰斗设有料位计、振动器等。

自动控制系统包括配电柜、仪表柜、自动控制柜及一次元件。

与常规的袋式除尘器不同，直通均流脉冲袋式除尘器不设含尘烟气总管和支管，而是在进口喇叭内设气流分布装置，将含尘气流从正面、侧面和下面输送到不同位置的滤袋，既避免了

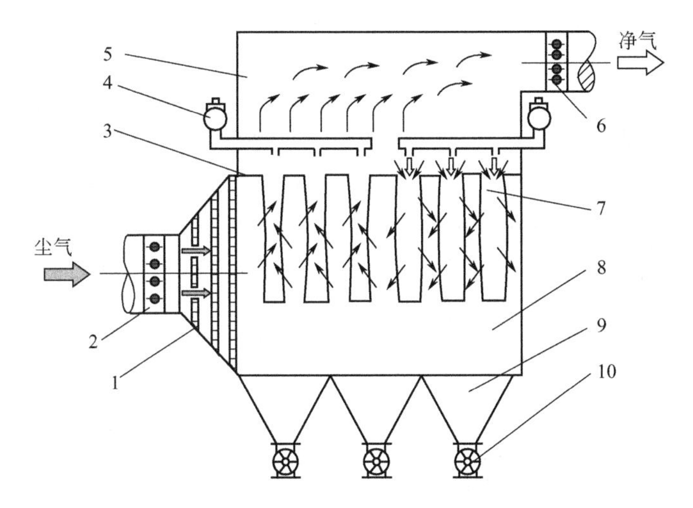


图 7-53　直通均流脉冲袋式除尘器结构

1—气流分布装置；2—进口烟道阀；3—花板；4—喷吹装置；5—上箱体；6—出口烟道阀；7—滤袋和框架；8—中箱体；9—灰斗；10—卸灰装置

含尘气流对滤袋的冲刷，又减缓了含尘气流自下而上的流动，从而减少粉尘的再次附着。

该除尘器不设净气支管和总管，而是将上箱体高度适当增加，净化后的气体在上箱体内汇集和流动，并通过上箱体尾部的出口汇总流向风机。

**7. 陶瓷高温脉冲袋式除尘器（又称陶瓷过滤器）**

高温陶瓷过滤技术的核心部分是高温陶瓷过滤装置及高温陶瓷过滤元件，相对于传统的高温气体净化装置来讲，采用多孔陶瓷作高温热气体过滤介质的高温陶瓷热气体净化装置具有更高的耐温性能、更高的工作压力和更高的过滤效率。高温陶瓷过滤技术目前在国外的化学冶金炉、垃圾焚烧炉、电石气炉、热煤气净化等方面已广泛应用。

高温陶瓷过滤可使过滤后气体杂质浓度小于 $1mg/m^3$，同时能够防御火花和热的微粒，并且在高酸性气体浓缩的恶劣情况下依然正常运转，这种除尘器的应用可以极大简化灰尘消除配置，避免使用昂贵的防火系统和火花抑制器，必需的冷却器和喷射塔也被省去，以便使能源和水的消耗量最低。

陶瓷过滤器是以高温陶瓷过滤元件作高温介质的一种集过滤、清洗再生及自动控制为一体的高性能热气体除尘装置，其结构如图 7-54 所示。

陶瓷高温脉冲袋式除尘器有如下一些性能特点：①过滤效率和分离效率高，过滤精度高达 0.2$\mu$m，烟尘净化效率可达 99.9% 以上，净化后气体中杂质浓度可达 $1mg/m^3$ 以下；②操作温度和操作压力高，最高使用温度可达 700℃以上，而传统滤袋一般使用温度小于 200℃；操作压力可达 3MPa；③过滤速率快，可达 2～8cm/s；④耐化学腐蚀性能（$SO_2$、$H_2S$、$H_2O$、碱金属及盐等）和抗氧化性能优良，使用范围广，适用于各种介质过滤；⑤操作稳定，清洗再生性能良好，可在线清洗；

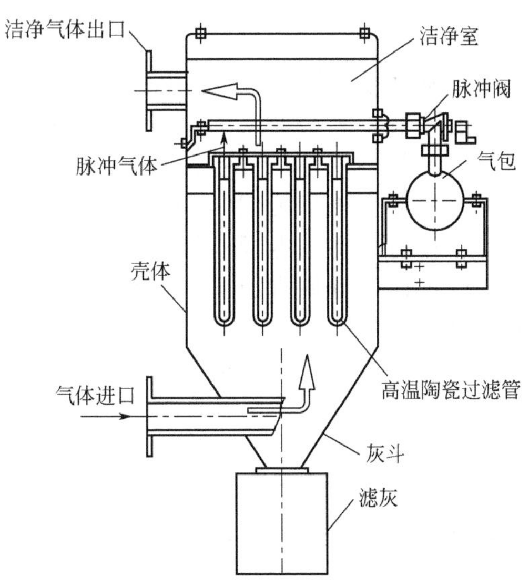


图 7-54　陶瓷过滤器结构

⑥高温过滤减少冷却系统，防止低露点物质的凝结；⑦高温过滤可以提高气体净化效率和热利用效率。

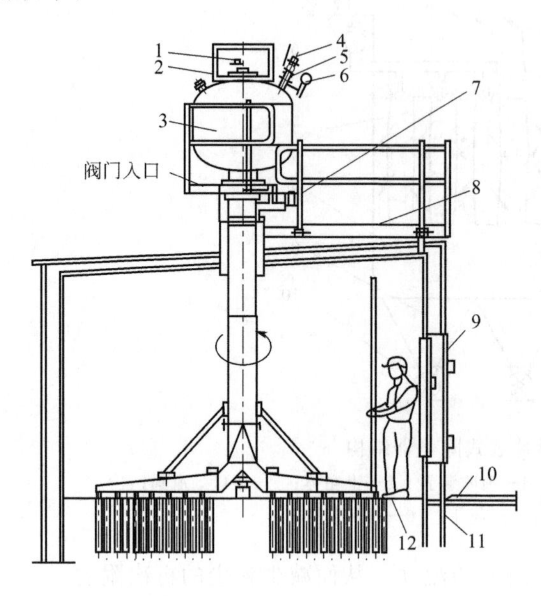


图 7-55 回转管喷吹脉冲袋式除尘器上部箱体结构

1—电磁阀；2—膜片；3—气罐；4—隔离阀；5—单向阀；6—压力表；7—驱动电动机；8—顶部通道；9—检查门；10—通道；11—外壳；12—花板

**8. 回转管喷吹脉冲袋式除尘器**

回转管喷吹脉冲袋式除尘器由灰斗、中箱体（尘气室）、上箱体（净气室）以及喷吹清灰装置组成。其上部箱体结构见图 7-55。一台除尘器包含若干个过滤单元，每个单元有数百至上千条滤袋，沿着多个同心圆布置，采取外滤形式。滤袋呈扁圆形，其等效圆直径为 127mm，固定在中箱体上沿的花板上。滤袋内部有形状相同的框架支撑。

含尘气体进入中箱体，并由外向内进入滤袋，粉尘被阻留在滤袋外表面，干净气体在袋内向上汇集至上箱体，进而排至出口烟道。滤袋的清灰由脉冲喷吹装置实现。一个过滤单元有2～4 根喷吹管，由一个脉冲阀供气。旋转机构带动喷吹管连续转动，脉冲阀则按照设定的间隔进行喷吹，在一个清灰周期内对全部滤袋进行清灰。

回转管喷吹脉冲袋式除尘器的特点如下：①脉冲喷吹所需的气源压力低，通常≤0.09MPa；②脉冲阀数量少；③滤袋长度可达 8m 以上，且采用扁圆形断面，占地面积小；④与其他脉冲袋式除尘器相比，增加了机械活动部件，有一定的维修工作量；⑤由于滤袋为同心圆位置，位于内圈和外圈的滤袋清灰频率相差数倍，喷吹管的喷嘴在每次喷吹时难以对准每条滤袋的中心，所以会影响喷吹的有效性，宜用于粉尘剥离性能较好的条件下。

**9. 串联型电袋复合除尘器**

串联型电袋复合除尘器由电区和袋区两部分组成，它在一个箱体内布置电区和袋区（图 7-56）。电区是一个短电场，首先收集烟气中约 80%的粉尘，降低袋区的粉尘负荷，同时使粉尘荷电。荷电粉尘进入袋区，被滤袋收集。

粉尘荷电可使滤袋上的粉尘层疏松，显著降低滤袋的阻力，并易于清灰。

该除尘器为电场配用了一种有利于粉尘荷电的富能式高频供电电源。该电源突出的特点是能向电场提供近似直流的电流波形，使粉尘在电场中充分荷电。

袋区的滤袋尺寸为 $\phi$160mm×8000mm，采用低压脉冲喷吹清灰方式，喷吹压力为 0.2～0.25MPa。

串联型电袋复合除尘器的特点如下。

电袋复合除尘器是将静电和袋滤两种除尘机理结合在一起。粉尘先经过电场荷电，并除去部分粉尘，然后由滤袋过滤。这种组合可以

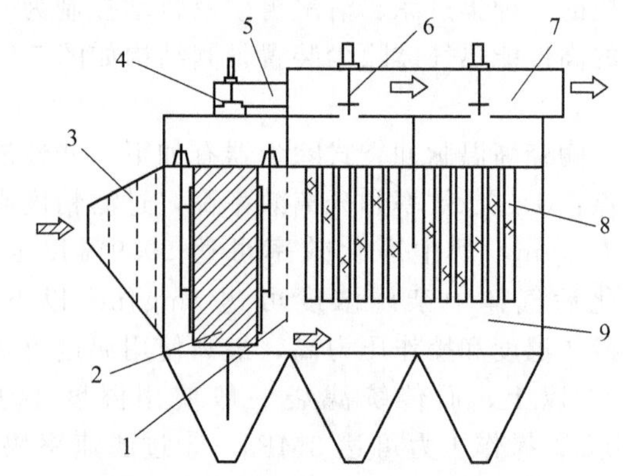


图 7-56 分区组合型电袋复合除尘器结构

1—气流分布装置 b；2—电区；3—气流分布装置 a；4—旁路阀；5—旁路；6—出口烟道阀；7—上箱体；8—滤袋和框架；9—袋区

提高粉尘捕集率，特别是提高对微细粉尘的捕集率，还可降低设备阻力。缺点是：增加了设备的复杂程度，设备造价和维护检修工作量都相应增加；电场会产生臭氧，当用于燃煤锅炉烟气除尘且采用 PPS 滤料时，会加剧对 PPS 滤料的腐蚀，从而缩短滤袋寿命。

# 第五节 袋式除尘器技术进展

## 一、袋式除尘器性能提高

袋式除尘器的优良性能保障了我国袋式除尘工程设计达到高水平。袋式除尘器的技术性能包括处理风量、颗粒物排放浓度、除尘效率（含分级效率）、设备阻力、漏风率。

我国袋式除尘器的粉尘排放浓度一般稳定在 30mg/m$^3$ 以下。燃煤锅炉烟气袋式除尘系统的粉尘排放浓度普遍低于 20mg/m$^3$；特殊地区和北京等大城市集中供热袋式除尘系统的粉尘排放浓度普遍低于 10mg/m$^3$；高炉煤气、水煤气和垃圾焚烧烟气袋式除尘系统的粉尘排放浓度可低于 5mg/m$^3$。我国袋式除尘器完全可满足最严格的粉尘排放标准的要求。

我国袋式除尘器的净化效率可达 99.94%以上，$PM_{10}$ 的净化效率可达 99.84%以上，$PM_{2.5}$ 的净化效率可达 99.35%以上，该指标已达到或接近国际先进水平。可见，袋式除尘在控制颗粒物排放方面具有明显的优势，也是控制 $PM_{2.5}$ 细颗粒物排放的有效措施。

近年来，我国致力于低阻、高效、滤袋长寿袋式除尘器创新的研究，取得了可喜成果。

由于袋式除尘器设计、加工和安装水平的提高，目前大型袋式除尘器的漏风率一般在 2%以下。

## 二、袋式除尘器大型化和多样化

### 1. 袋式除尘器大型化

为了适应电力、钢铁、水泥等行业生产规模和设备容量的迅速扩大，袋式除尘设备大型化是必然结果，单机的最大处理风量提高到 250 万立方米/小时，单项工程 100MW 锅炉机组袋式除尘器最大处理风量达到 560 万立方米/小时。

设备大型化是袋式除尘设计技术进步最为显著的标志之一。大型化不是简单的体积加大，它涉及大型袋式除尘器的结构安全、应力计算、气流分布、模块化设计、运输与安装、清灰制度、运行可靠性、滤料制造及滤袋缝制技术、事故防范措施等关键技术，我国在上述方面均已取得突破。主要工业行业的袋式除尘器大型化案例见表 7-13。

**表 7-13 主要工业行业的袋式除尘器大型化案例**

| 行业 | 污染源 | 处理烟气量/($10^4 m^3/h$) | 过滤面积/$10^4 m^2$ | 袋式除尘器形式 |
|---|---|---|---|---|
| 冶金 | 500m$^2$ 烧结机头烟气 | 225 | 4.56 | 回转低压脉冲 |
| | 5500m$^3$ 高炉煤气 | 87 | 2.4 | 圆筒体高压脉冲 |
| | 3×300t 转炉二次烟气 | 280 | 4.05 | 行喷中压脉冲 |
| 建材 | 12000t/d 水泥窑烟气 | 215 | 3.5 | 行喷中压脉冲 |
| 电力 | 660MW 机组锅炉烟气 | 390 | 7.2 | 外滤分室反吹风 |
| | 1000MW 机组锅炉烟气 | 560 | 8.0 | 电袋脉冲 |

### 2. 袋式除尘器多样性

袋式除尘器的形式设计呈多样化，以满足不同炉窑烟气净化的需求，包括长袋低压脉冲袋式除尘器（图 7-57）、直通均流袋式除尘器（图 7-58）、低压回转喷吹脉冲袋式除尘器（图

7-59)、电-袋除尘器（图7-60）、阶梯式袋式除尘器（图7-61）、圆筒体煤气脉冲袋式除尘器（图7-62）、外滤分室反吹袋式除尘器、滤筒除尘器等。

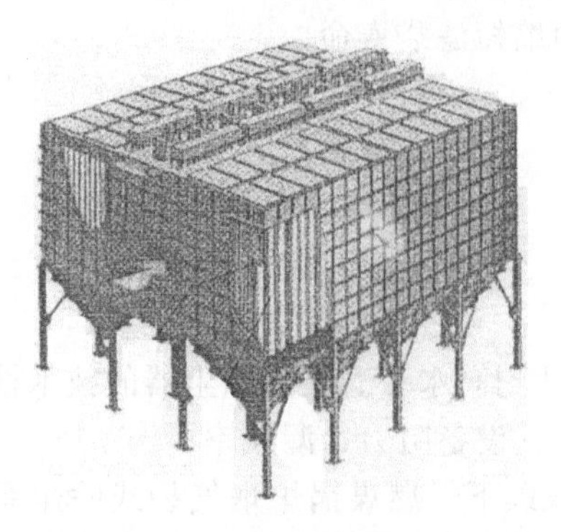

图7-57　长袋低压脉冲袋式除尘器

图7-58　直通均流袋式除尘器

图7-59　低压回转喷吹脉冲袋式除尘器

图7-60　电袋复合除尘器

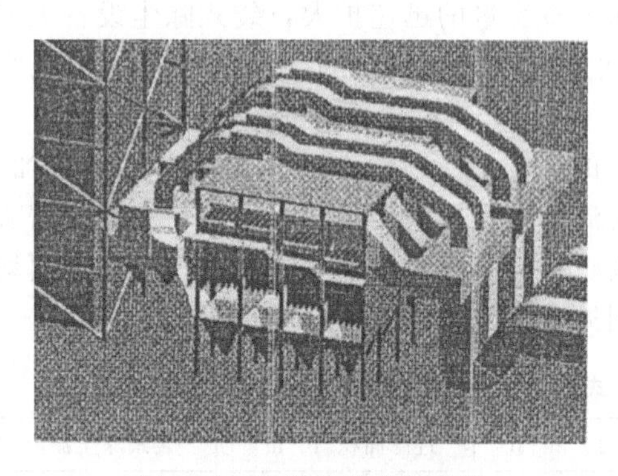

图7-61　阶梯式袋式除尘器

图7-62　圆筒体煤气脉冲袋式除尘器

## 三、应用计算机技术设计

计算机三维技术现已应用于袋式除尘器设备设计和工程设计，其优点如下。

（1）零部件标准化设计　袋式除尘器要形成产品系列化，零部件标准化是设计基础。利用三维技术对各零部件进行三维建模，在此基础上对零部件优化设计，建立标准件库，如紧固件库、人孔门库、节点大样等。

（2）设备方案设计快捷化　三维设计技术具有直观、准确和快速的优势。在除尘器选型计算完成后，先进行除尘器三维设计，再进行模拟组装布置设计。方案设计过程中会反映各部件之间的关系，还可以模拟安装工程。方案确定后快速生成设备材料表。

(3) 设备设计和工程设计高效准确　三维造型、曲面设计、参数化驱动功能大幅度提高了产品的设计速度和设计质量。同时，三维设计软件包含装配模拟、检验、计算机辅助设计和计算机辅助制造功能，可在装配状态下修改零配件设计，并在设计过程中实现模拟制造、装配、安装、检查设计缺陷等，高效准确完成工程设计和产品研发。

(4) 计算机流体试验　采用CFD方法，运用Fluient软件开展除尘器内部气流速度场、温度场、颗粒物浓度场模拟试验，分析流动状态，找出流动规律，使大型袋式除尘器气流合理分布，保障滤袋使用寿命，促进粉尘沉降，降低设备阻力，为除尘器结构设计提供依据和指导。利用CFD数模技术，研究喷吹管内气流流态和分布情况，用于喷吹装置设计；模拟滤袋压力分布和压力变化，指导滤袋长度和长径比的确定。

## 四、烟气中多种污染物协同控制

袋式除尘器在有效去除$PM_{10}$、$PM_{2.5}$细颗粒物的同时，还可以兼顾去除$SO_2$、HCl、汞和二噁英等多种污染物。有资料表明，干法、半干法脱硫时袋式除尘器可提高脱硫效率8%。

近年来，我国袋式除尘器已经较好地应用于城市垃圾焚烧烟气净化工艺，颗粒物排放浓度可控制在2.3～4.0mg/$m^3$，二噁英的排放浓度可控制在0.018～0.040ngTEQ/$m^3$，为脱酸需要，设备阻力定位在1300～1800Pa范围内，滤袋寿命可达4年以上。

燃煤电厂锅炉机组烟气净化典型工艺为：低氮燃烧器—SCR—空气预热器—袋式除尘器（电袋）—湿法脱硫。该工艺中的袋式除尘器除承担颗粒物捕集外，还能避免脱硫塔结垢等问题，能保障脱硫塔可靠运行。如果脱硫塔的烟速控制在3.2～3.5m/s，除雾器排放液滴在45mg/$m^3$以下时，即使不设湿式电除尘器，同样可达到烟气浓度超低排放的效果，在经济上也是合理的。

钢铁企业烧结机机头烟气多污染物综合治理，可采用电除尘器（ESP）+流化床脱硫反应塔（CFB）+袋式除尘器（BF）工艺，在CFB中选择性地加入脱硫剂及吸附剂，可分别脱除颗粒物、$SO_x$、二噁英及重金属，最终依靠高效袋式除尘器把关，实现达标排放。

## 五、袋式除尘器专用滤料进步

纤维和滤料是袋式除尘器的核心。近几年，袋式除尘行业显著的技术进步体现在成功研制出了行业滤袋生产急需的几种耐高温纤维，如芳纶、聚苯硫醚、聚酰亚胺和PTFE等，促进了袋式除尘行业的发展。

### 1. 芳纶纤维及滤料

芳纶纤维具有很好的耐高温性能，可在±204℃的条件下长期使用，尺寸稳定性好，短时间暴露于300℃的温度下也不会脆化、软化或熔融，是水泥行业窑头篦冷机余风除尘和沥青混凝土行业最理想的过滤材料。目前国产滤料用芳纶纤维，各项性能指标均达到国际最高水准，纤维细度为0.8～13dtex，以其优异的尺寸稳定性和良好的抗化学腐蚀性能被广泛采用，产能完全能满足国内需求并有大量出口。

### 2. 聚苯硫醚（PPS）纤维及滤料

聚苯硫醚（PPS）分子结构中含有刚性、耐热性的苯环及柔性、耐热性的硫醚键，且苯环的刚性结构由柔性的硫醚键连接，故PPS纤维比起常规纤维具有更优良的耐热性和热稳定性。其在高温下具有优良的强度、刚性及耐疲劳性，可在190℃下连续使用，能抵抗酸、碱、氯烃、烃类、酮、醇、酯等化学品的侵蚀，同时具有优异的阻燃性能，在火焰上能燃烧，但不会滴落，且离火自熄，性价比高，是燃煤电厂袋式除尘器用量最大的耐高温纤维。

### 3. 聚酰亚胺纤维及滤料

聚酰亚胺纤维是高性能纤维的主要品种之一，可用于热烟气及热化学物质的过滤、放射性物料的过滤等。我国2004年开始在水泥行业窑尾电改袋工程上应用，由于其优异的过滤性能、低阻和长寿命而迅速在国内得到推广，用量急增，但纤维一直依赖进口。我国的聚酰亚胺纤维研究开始于20世纪60年代，目前国内公司已经建成了具有完全自主知识产权的纤维生产线，摆脱了依赖进口的局面，产能能够满足国产需求。

**4. PTFE纤维及滤料**

根据GB 18485标准，垃圾焚烧尾气净化处理系统必须用袋式除尘器。随着中国垃圾焚烧厂建设得越来越多，排放的要求越来越高，改性玻璃纤维和聚四氟乙烯纤维过滤材料的生产技术及生产设备也就应运而生。聚四氟乙烯滤料可在－200℃低温到260℃高温范围使用，耐强酸、强碱和各种有机溶剂，不燃、不溶、不污染，抗老化，极疏水，不含黏合剂，可以制成各种实用形状，可以再生重复使用。目前，我国国内几家生产企业的产能已经能够完全满足国内需求。

**5. 防静电纤维及滤料**

在易燃、易爆环境下使用的袋式除尘器需要采用防静电滤料。我国自行研究开发的防静电系列针刺滤料主要有混纺型和条纹型两种。混纺型是在化纤中直接混入导电纤维而成；条纹型是将导电纤维并入针刺毡基布中获得防静电的效果，经不同的表面后整理使其具有易清灰、拒水防油的特性。这些防静电滤料的表面电阻、体积电阻、摩擦电位等指标均能满足使用要求，技术成熟，已广泛应用于高炉煤气、煤磨、水泥厂、煤化工、电厂输煤等行业的除尘。

**6. 改性玻璃纤维及滤料**

作为高温滤料中的重要一员，玻璃纤维以其耐高温、抗酸碱腐蚀的特性在袋式除尘行业被广泛应用。由于玻璃纤维本身不耐折、不耐磨，在大规模推广应用中受到限制。近年，国内企业在玻璃纤维的改性方面做了大量的开发研究工作，取得了很好的效果，其中最有特色的是PTFE纤维和玻璃纤维并捻织造的滤布。开发该产品的障碍是PTFE纤维与玻璃纤维的张力不一致，给混纺带来困难。在克服该难点的基础上，采用PTFE纤维与玻璃纤维膨体纱混纺作纬纱，成功制成混合纤维滤布。这种滤布可直接应用，也可覆以PTFE薄膜制成覆膜滤料。该滤料以PTFE纤维弥补了玻璃纤维不耐折、不耐磨的缺陷，又解决了纯PTFE纤维尺寸稳定性差的问题，从而提高了混纺滤料的耐磨、耐折、高强度的综合性能，同时解决了在后处理过程中PTFE纤维不能热清洗的问题，确保了混纺滤料表面处理的可行性。混纺滤材可满足袋式除尘器采用反吹风清灰和脉冲清灰两种方式，提高了使用寿命，已广泛用于垃圾焚烧、水泥窑头、窑尾、电力等的脉冲除尘器，也用于铁合金、炭黑等行业的反吹风袋式除尘器。

玻纤/PTFE高温热熔覆膜滤料是在玻纤基布上复合PTFE薄膜（膨化聚四氟乙烯薄膜）制成的新型过滤材料，它集中了玻璃纤维的耐高温、耐腐蚀、强度高、伸长低和PTFE薄膜的表面光滑、憎水透气、容易清灰、化学稳定性好等优良特性，是行业内应用较多的产品。由于玻纤和PTFE本身的特殊性质，要使二者能完美地复合在一起，在加工过程中必须对它们分别进行改性处理。

**7. 玄武岩纤维及滤料**

玄武岩纤维是一种无机高温纤维材料，可采用单一的玄武岩、辉绿岩、角闪岩、珍珠岩等广泛分布的矿石作为原料，经1450～1500℃高温熔融后快速拉制而成。玄武岩纤维对沥青的吸附能力强，耐腐蚀性强，绝热绝缘而且隔音，抗拉与抗剪切强度高，弹性模量大，化学稳定性好，在恶劣环境中使用具有较强的适应性，使用温度范围广，是袋式除尘行业这几年投入研究较多的产品之一。

**8. 复合过滤材料**

为了发挥不同材料的特性，扬长避短，用两种或两种以上各具特色的纤维加工成一种滤料，这种滤料被称为复合滤料。根据所用材料复合方式的不同，可分为材料复合和结构复合两种。

材料复合是由两种或两种以上材料，采用织造或非织造工艺分别生产织造滤料或非织造滤料的复合方法。由部分耐高温合成纤维与玻璃纤维混合，采用非织造工艺制成纤网，针刺到玻璃纤维基布上制成的玻璃纤维复合毡，便是材料复合滤料之一。合成纤维的加入提高了针刺毡中纤维的缠结强度及毡层与基布的结合强度，增加了针刺毡的密实度，提高了针刺毡的过滤性能。按加入的耐高温合成纤维的不同，复合针刺毡材料可分为 P84 玻璃纤维复合针刺毡、PTFE 玻璃纤维复合针刺毡和 Nomex 玻璃纤维复合针刺毡等。

结构复合是指成品与成品材料的复合，如针刺毡或机织布与多孔透气薄膜复合制成的滤料，又被称为覆膜滤料。多孔透气薄膜是膨体聚四氟乙烯微孔膜，孔径可以在 1μm 以下或几微米，基材可以是玻璃纤维机织布、耐高温合成纤维针刺毡（如 PPS 针刺毡、Nomex 针刺毡、PTFE 针刺毡等）、P84 玻璃纤维复合针刺毡、PTFE 玻璃纤维复合针刺毡等。

复合滤料具有中国特色，已广泛应用于建材、冶金、化工和电力等基础工业的环境保护和清洁生产中。

**9. 废旧滤料回收利用技术**

随着袋式除尘器在各个行业的大量使用，废旧滤袋的回收利用引起了各方面关注。目前我国对于纯芳纶、PPS、聚酰亚胺、PTFE 等合成纤维废旧滤袋回收利用的技术已日趋成熟，收运和综合利用系统正在建立，全国已经成立多家连锁公司专门从事废旧滤袋的回收利用，基本能做到“谁生产谁回收利用”。

## 六、袋式除尘器配件进步

袋式除尘器的配件除了滤袋、袋笼外，主要有脉冲控制仪和脉冲阀。脉冲阀种类很多，有淹没式脉冲阀、直角式脉冲阀、外螺纹式脉冲阀、旋喷吹用大口径超低压脉冲阀。此外，还有气动破拱器、文氏管、箱壁连接器等。经过多年努力，我国现在的电磁阀等配件都能满足技术要求和国内外市场需要。尤其值得一提的是多款具有自主知识产权的脉冲阀，例如苏州协昌开发的防爆脉冲阀、无膜片脉冲阀，既弥补了膜片使用寿命不够长的缺陷，又具有喷吹量大的优点，已越来越多地用于工程中。除此之外，袋式除尘配件专用制造技术和装备也有很大发展，如滤袋自动缝纫机、数控袋笼生产设备。

## 七、袋式除尘器的选用

**1. 选用应考虑因素**

① 气体的温度、湿度、处理风量、含尘浓度、腐蚀性、爆炸性等理化性质；②粉尘的粒径分布、密度、成分、吸附性、安息角、自燃性和爆炸性等理化性质；③除尘器的工作压力、排放浓度和除尘效率；④除尘器占地面积、输灰方式和滤袋寿命；⑤除尘器运行条件（水、电、压缩空气、蒸汽等）；⑥运行维护要求和用户管理水平；⑦粉尘回收利用及方式。

**2. 选用步骤**

（1）确定处理风量　此处是指工况风量。当原始数据为标况风量时，应换算成工况风量。若烟气量波动较大，应取其最大值。

（2）确定运行温度　当含尘气体为常温时，运行温度通常就是含尘气体的温度。对于高温烟气，往往需要根据技术经济比较确定是否采取降温措施，并确定降温幅度。若含尘气体温度过低可能导致结露时，需采取升温措施。

运行温度的上限应在所选滤料允许的长期使用温度之内；而其下限应高于露点温度15～20℃。当烟气中含有酸性气体时，露点温度较高，应予以特别的关注。

(3) 选择清灰方式　主要根据含尘气体特性、粉尘特性、粉尘排放浓度和设备阻力，通过技术经济比较结果确定。宜尽量选择清灰能力强、清灰效果好、设备阻力低的清灰方式。

(4) 选择滤料　主要确定滤料的材质（常温或高温)、结构（机织布或针刺毡，是否覆膜等)、后处理方式等。

(5) 确定过滤速度　过滤速度是袋式除尘器最重要的技术指标之一，它直接决定除尘器的重量、投资、占地面积、设备阻力、运行能耗和费用，应当慎重确定。

确定过滤风速需要考虑的因素：清灰方式、滤料种类、产生粉尘的生产工艺和设备特点、含尘气体的理化性质、粉尘的理化性质、入口含尘浓度、要求的粉尘排放浓度以及预期的滤袋使用寿命等。在某些情况下，还需考虑预定的设备阻力。

(6) 计算过滤面积　过滤面积按下式计算：

$$A=\frac{Q}{v} \tag{7-4}$$

式中，$A$ 为袋式除尘器的过滤面积，$m^2$；$Q$ 为除尘器的处理风量，$m^3/h$；$v$ 为除尘器的过滤速度，m/min。

(7) 确定清灰制度　对于脉冲袋式除尘器，主要确定喷吹周期、脉冲间隔、在线或离线；对于分室反吹风袋式除尘器，主要确定二状态或三状态及其周期，各状态的持续时间和次数。

(8) 确定除尘器型号、规格　依据上述结果查找资料，确定所需的除尘器型号、规格，或者进行非标设计。

对于脉冲袋式除尘器而言，还应计算（或查询）清灰气源的用气量。

**3. 选用注意事项**

①袋式除尘器工作温度应高于气体露点温度15～20℃；②常规袋式除尘器结构耐温按300℃考虑，结构耐压不小于风机全压的1.2倍；③对易燃易爆粉尘和气体应选择防爆除尘器，并配置相应检测仪表和保护装置；④袋式除尘器切换阀应可靠、灵活和严密，关闭时漏风率1%；⑤袋式除尘器排放浓度随过滤速度减小而降低。

# 第六节　除尘用滤料

这里所述滤料均指用于除尘工程的滤料，不含其他用途的工业用布。除尘用滤料应用广泛，品种繁多，结构复杂，本节从不同方面予以介绍。

## 一、滤料分类

**1. 滤料纤维分类**

纺织纤维是滤料（布）的主要原料，特别是化学纤维已成为滤料所用原料的主体，这是因为：①大多数化学纤维的主要物理、力学性能（如强度、伸长、耐腐蚀性等）优于天然纤维；②化学纤维是由人工进行化学合成制得的，不受自然环境的影响，所含杂质远少于天然纤维；③化学纤维的主要物理指标（如长度、细度等）一致性较好，并可按生产工艺要求进行控制，满足产品的要求；④可以根据滤料的某些特殊要求，提供具有各种特点和性能的差别化纤维。

滤料纤维的分类见图7-63，除尘滤料常用纤维的主要性能见表7-14、表7-15。

- 滤料纤维
  - 天然纤维
    - 植物纤维
      - 种子纤维：棉、木棉等
      - 叶纤维：剑麻、蕉麻、凤梨麻(菠萝麻)等
      - 茎纤维：韧皮纤维(苎麻、亚麻、黄麻、槿麻、大麻、苘麻、罗布麻等)
    - 动物纤维
      - 毛发：绵羊毛、山羊绒、骆驼绒、兔毛、驼羊毛等
      - 腺分泌物：桑蚕丝、柞蚕丝、蓖麻蚕丝、木薯蚕丝等
  - 化学纤维
    - 人造纤维
      - 再生纤维素纤维：黏胶纤维、铜氨纤维、富强纤维、醋酯纤维等
      - 蛋白质纤维：酪素纤维、大豆纤维、花生纤维等
    - 合成纤维
      - 聚烯烃类纤维：聚乙烯纤维(乙纶纤维)、聚丙烯纤维(丙纶)、共聚丙烯腈纤维、聚丙烯腈纤维(腈纶)、聚乙烯醇纤维(维纶)、均聚丙烯腈纤维(德拉纶)
      - 聚酰胺类纤维：聚酰胺6纤维(尼龙6)、聚酰胺66纤维(尼龙66)、聚酰胺1010纤维(尼龙1010)等
      - 聚酯类纤维：聚对苯二甲酸乙二酯纤维(涤纶)、再生聚酯短纤维等
      - 其他类合成纤维：聚间苯二甲酰间苯二胺纤维(Nomex)、芳香族聚酰胺纤维(芳纶)、聚四氟乙烯纤维(PTFE)、芳香族聚砜酰胺纤维(芳砜纶)、聚酰亚胺纤维(P84)、聚苯硫醚纤维(PPS.Ryton)、聚甲醛纤维、聚氨酯弹性纤维(氨纶)、聚氯乙烯纤维(氯纶)等
  - 无机纤维
    - 玻璃纤维：无碱玻璃纤维、超细玻璃纤维、高强度玻璃纤维、高碱玻璃纤维、玻璃棉
    - 金属纤维：不锈钢纤维、镍纤维等
    - 矿物纤维：石棉纤维、硅铝纤维、玄武岩纤维、陶瓷纤维等

图 7-63 滤料纤维的分类

**表 7-14 除尘滤料常用纤维的物化性能**

| 纤维名称 | | 使用温度/℃ | | | 力学性能 | | | 化学稳定性 | | | | | 水解稳定性 | 阻燃性 |
|---|---|---|---|---|---|---|---|---|---|---|---|---|---|---|
| 学名 | 商品名 | 连续 | | 瞬间上限 | 抗拉 | 抗磨 | 抗折 | 无机酸 | 有机酸 | 碱 | 氧化剂 | 有机溶剂 | | |
| | | 干 | 湿 | | | | | | | | | | | |
| 棉 | | 75 | | 90 | 3 | 2 | 2 | 4 | 1① | 1～2 | 3 | 1 | 2 | 4 |
| 毛 | | 80 | | 95 | 4 | 2 | 2 | 2② | 2 | | 4 | 2 | 2 | 4 |
| 聚丙烯 | 丙纶 | 85 | | 100 | 1 | 2 | 2 | 1～2 | 1 | 1～2 | 2 | 2 | 1 | 4 |
| 聚酰胺 | 尼龙 | 90 | | 100 | 1 | 2 | 2 | 3～4 | 3 | 2 | 3 | 1～2 | 4 | 3 |
| 共聚丙烯腈 | 腈纶 | 105 | | 115 | 2 | 2 | 2 | 1～2 | 1 | 3 | 2 | 1～2 | 2 | 4 |
| 均聚丙烯腈 | Dolarit | 125 | | 140 | 2 | 2 | 2 | 2 | 1 | 3 | 2 | 1～2 | 2 | 4 |
| 聚酯 | 涤纶 | 130 | 90 | 150 | 2 | 2 | 2 | 2 | 1～2 | 2～3③ | 2 | 2 | 4 | 3 |
| 芳香族聚酰胺 | Conex | 190 | 170 | 230 | 1 | 1 | 1 | 3 | 1～2 | 2～3 | 2～3 | 2 | 3 | 2 |
| 聚亚乙基二胺 | Kermel | 180 | 160 | 220 | 1 | 1 | 1 | 3 | 2 | 2～3 | 3 | 2 | 3 | 2 |
| 聚对苯酰胺 | 芳砜纶 | 190 | 160 | 230 | 3 | 2 | 2 | 2 | 2 | 2～3 | 3 | 2 | 3 | 2 |
| 聚亚苯基-1,3,4-噁二唑 | 聚噁二唑 | 180 | 160 | 220 | 3 | 3 | 2 | 3 | 2 | 3 | 3 | 1 | 3 | 2 |
| 聚亚苯基硫 | Ryton | 190 | | 220 | 2 | 2 | 2 | 1 | 1 | 1～2 | 4 | 1 | 1 | 1 |
| 聚亚酰胺 | P-84<br>Procon | 240 | | 260 | 2 | 2 | 2 | 2 | 1 | 1～2 | 2 | 1 | 2 | 1 |
| 聚四氟乙烯 | 特氟纶 Teflon | 250 | | 280 | 3 | 3 | 3 | 1 | 1 | 1 | 1 | 1 | 1 | 1 |
| 膨化聚四氟乙烯 | Restex | 250 | | 280 | 2 | 2 | 2 | 1 | 1 | 1 | 1 | 1 | 1 | 1 |
| 无碱玻璃纤维 | | 200～260④ | | 290 | 1 | 2 | 4 | 3 | 3 | 4 | 1⑤ | 2 | 1 | 1 |
| 中碱玻璃纤维 | | 200～260 | | 270 | 1 | 2 | 4 | 1⑥ | 2⑦ | 2 | 1 | 2 | 1 | 1 |
| 不锈钢纤维 | Bekinox | 450 | 400 | 510 | 1 | 1 | 1 | 1 | 1 | 1 | 2 | 2 | 1 | 1 |

①除水杨酸；②除 $CrO_3$；③除 $NH_4OH$；④经硅油、石墨、聚四氟乙烯等后处理；⑤除 $F_2$；⑥除 HF；⑦除苯酚、草酸。

注：表中 1、2、3、4 表示纤维理化特性的优劣排序，依次表示优、良、一般、劣。

**表 7-15 除尘滤料常用纤维的力学性能**

| 类别 | 纤维名称 | 抗拉强度/$10^5$Pa | 抗断伸长率/% | 耐磨性 |
|---|---|---|---|---|
| 天然纤维 | 棉 | 30～40 | 7～8 | 较好 |
| | 羊毛 | 10～17 | 25～35 | 较好 |
| | 丝绸 | 38 | 17 | 较好 |
| 合成纤维 | 尼龙 | 38～72 | 10～50 | 很好 |
| | 腈纶 | 23～30 | 24～40 | 较好 |
| | 丙纶 | 45～52 | 22～25 | 较好 |
| | 维纶 | — | — | 较好 |
| | 氟纶 | 35 | 13 | 较好 |
| | 涤纶 | 40～49 | 40～55 | 很好 |
| | 氯纶 | 24～35 | 12～25 | 差 |
| 无机纤维 | 玻璃纤维 | 145～158 | 0～3 | 很差 |
| | 浸渍处理的玻璃纤维 | 145～158 | 0～3 | 一般 |

**2. 滤料的分类方法**

滤料的种类繁多，按材质可分为天然纤维滤料、无机纤维滤料及合成纤维滤料，按其结构不同可分为织布滤料、毡滤料及特殊滤料。

(1) 按材质分类 滤料由纤维构成。按照构成滤料的材质不同，可将滤料分为天然纤维滤料、合成纤维滤料及无机纤维滤料三大类。

① 天然纤维滤料。棉、麻、羊毛等天然纤维滤料，由于其表面呈鳞片状或波纹状，透气率很高，阻力低，容尘量大，易于清灰，一直是袋式除尘器的传统滤料。但是，天然纤维致命的弱点是使用温度不能超过100℃，因此它远不能适应现代工业对袋式除尘器的高标准和高要求。天然纤维滤料多用于奶制品厂、糖厂、药厂等行业。

② 合成纤维滤料。随着化学工业的发展，出现了合成纤维。它具有许多天然纤维无可比拟的优点，因此很快被用来制作滤料，并迅速取代了天然纤维。合成纤维滤料的强度高，耐腐蚀性好，耐温性及耐磨性优于天然纤维，其中尼龙、涤纶、丙纶作为滤料已广泛应用于各行业。

③ 无机纤维滤料。近年来，无机纤维滤料发展也很快，其特点是能耐高温。目前，除了广泛使用玻璃纤维滤料外，已开始使用金属纤维滤料、碳素纤维滤料，矿渣纤维及陶瓷纤维滤料已在研究开发之中。无机纤维滤料的缺点是造价高（除玻璃纤维外），使其应用受到一定限制。

Ⅰ. 玻璃纤维滤料。玻璃纤维的滤料是铝硼硅酸盐玻璃，根据 $Na_2O$ 含量，可分为无碱、中碱及高碱纤维三类。

玻璃纤维滤料的特点是耐高温，使用温度为230～280℃，吸湿性及延伸率小，抗拉强度大，耐酸性好，造价低。但它不耐磨、不耐碱，其致命的弱点是抗折性差。

表面浸渍处理可改善和提高玻璃纤维滤料的抗折、耐磨、耐温、疏水及柔软等性能。浸渍工艺有浸袋和浸沙两种。浸沙处理的强度高于浸袋处理的强度。表面浸渍处理的种类及性能见表7-16。

**表 7-16 表面浸渍处理的种类及性能**

| 种类 | 表面浸渍剂 | 耐温性/℃ | 抗化学侵蚀性 | 粉尘剥落性 | 抗折强度 | 成本 |
|---|---|---|---|---|---|---|
| 标准有机硅 | 有机硅(唯一的) | 220 | 尚好 | 好 | 尚好 | 一般 |
| 特级有机硅 | 有机硅+聚四氟乙烯 | 240 | 尚好 | 极好 | 尚好 | 较高 |
| Graf-O-Sil | 有机硅+石墨+聚四氟乙烯 | 280 | 好 | 好 | 好 | 较高 |
| 新的表面浸渍剂 | | 7250 | 极好 | 极好 | 极好 | 很高 |

目前，玻璃纤维毡长期工作温度为220℃，短期耐温为250℃，可允许的过滤风速较大，比玻璃纤维织布更具优越性。

Ⅱ. 金属纤维滤料。金属纤维滤布或滤毡主要是由不锈钢纤维制成，也有金属纤维与一般纤维混纺制成的。金属纤维滤料最大的优点是能耐高温，使用温度可达500～600℃，非常适宜在高过滤风速下处理高粉尘负荷的高温烟气。其过滤效率高，阻力小，易于清灰，而且耐磨性及耐腐蚀性好，其柔软性与尼龙相似。此外，它还具有防静电、抗放射辐射等特性。但因其造价极高，故极少使用。

根据纤维的形状还可将滤料分为长纤维滤料和短纤维滤料。这两种纤维滤料的区别在于前者的表面绒毛少、阻力高、过滤效率低，但粉尘层剥落性好，易清灰，且处理风量也大；而后者相反。

(2) 按结构分类　滤料纤维即使材质相同，但由于加工制作的方法不同，其结构及性能也不尽相同。由此可将滤料分为织布滤料、毡合滤料及特殊滤料。

① 织布滤料。织布滤料是工业中应用最广泛的滤料，它是由经线和纬线按一定的规则编织而成的。织布按编织方法可分为平纹织、斜纹织及缎纹织三种。

Ⅰ. 平纹织滤料。平纹织是最简单的编织方法，经、纬线各1根相互交错，可达到每单位面积内最大的纱线交织数，交织点纺得很近，纱线相压较紧，受力时不易变形和伸长。

Ⅱ. 斜纹织滤料。斜纹织滤料是织布滤料中最常用的一种，它的表面具有明显的对角斜路，有单面斜纹和双面斜纹。它是由3根以上的经、纬线交错而成的，比平纹织的交织点少，因此受力时容易错位。

Ⅲ. 缎纹织滤料。缎纹织滤料表面平滑，有光泽且非常柔软，它是由连续5根以上的经、纬线交织而成的。

3种织布滤料的性能见表7-17。

**表7-17　3种织布滤料的性能**

| 种类 | 透气性 | 处理风量 | 过滤效率 | 阻力 | 粉尘层剥落性 | 防止堵塞 | 强度 | 使用量 |
|---|---|---|---|---|---|---|---|---|
| 平纹织 | C | C | A | 较高 | C | C | A | 少 |
| 斜纹织 | B | B | B | 中等 | B | B | B | 常用 |
| 缎纹织 | A | A | C | 较低 | A | A | C | 一般 |

注：表中A为较好；B为中等；C为较差。

此外，织布滤料还可分为起绒的绒布和不起绒的素布。与素布相比，绒布的透气性好，处理量及容尘量大，过滤效率高，但清灰较困难。

② 毡合滤料。毡合滤料根据材质及制毡工艺，可分为压缩毡和针刺毡等。

与织布滤料相比，毡合滤料的微细孔分布均匀，孔隙率达70%～80%，因此，其过滤速度比织布大得多，一般织布采用0.5～1.2m/min，毡料则1～4m/min。此外，毡合滤料单位面积的处理风量、净化效率均高于织布滤料，但其粉尘层剥落性不太好，必须采用强力清灰方能达到理想效果。

Ⅰ. 压缩毡滤料。压缩毡是在水分、热度和化学作用的存在下，以机械作用（压力和振动）将有压缩性的羊毛或其他动物毛压延而成。其纤维无规则地相互交缠，非常致密，细孔分布均匀，空隙率较大，因此过滤效率高，过滤速度大。但粉尘层剥落性不太好，清灰时需采用脉冲喷吹或气环反吹等强力清灰方法方能取得理想效果。由于压缩毡所选用的材质，即使经过各种化学处理，其耐热性、耐温性和耐腐蚀性也有限，因此又出现了合成纤维针刺毡。

Ⅱ. 针刺毡滤料。针刺毡是用针将底布和纤维或者仅是纤维以针刺法成型的毡。从广义上来说，它是无纺布的一种，其刺法是在一幅平纹织的底布上铺上一层材质相同的短纤维，靠垂直以布面带均刺的针上下往复运动，将纤维扎入底布纱线缝内，通常在底布两面都铺2层以上的纤维，反复针刺成型，以保证强度，再经热处理、化学处理等各种处理，即可制成所期望的滤料。

与压缩毡相比，针刺毡克服了选料单一的缺点，保留了过滤风速大、净化效率高的优点。凡是可纺纤维均可用来制作针刺毡，目前以合成纤维为原料的针刺毡滤料最多，其耐温性、耐腐蚀性均优于羊毛压缩毡。

③ 特殊滤料。此类滤料有静电植毛滤料、纱线结合非织布滤料等。

静电植毛滤料是使用网眼较粗的织布，涂抹上不会堵死网眼的黏结剂后，在高压静电场的作用下植上纤维。根据纤维长短，在滤布的厚度方向（断面）上使纤维密布均匀。

## 二、滤料的结构

### 1. 织造滤料结构

织造滤料经线和纬线交错排列的状态称为织造滤料的组织结构。基本的组织结构有平纹组织、斜纹组织和缎纹组织三种结构。

（1）平纹结构　平纹结构是织物中最简单的结构。用经线和纬线各两根即可构成一个完全的平纹组织循环（图7-64）。它以经线和纬线一上一下反复交织而成。平纹结构的交织点多、孔隙率低，但相对位置较为稳定。以一般粗布和帆布为代表的平纹布较少直接用于袋式除尘器。

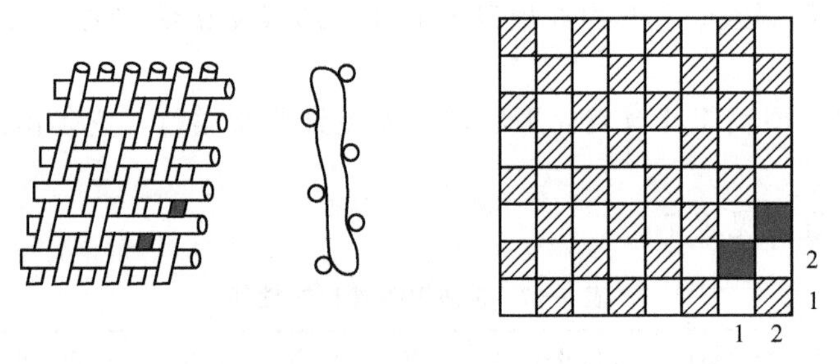


图7-64　平纹结构

（2）斜纹结构　斜纹结构由3根以上的经、纬线连续交织而成，在布面上有斜向的纹路（称斜纹线）。布面上经线比纬线多的称为经线斜纹，反之称纬线斜纹。布的里外面经纬线表现相同的称为双面斜纹，但其表里斜纹线的方向却相反，详见图7-65。

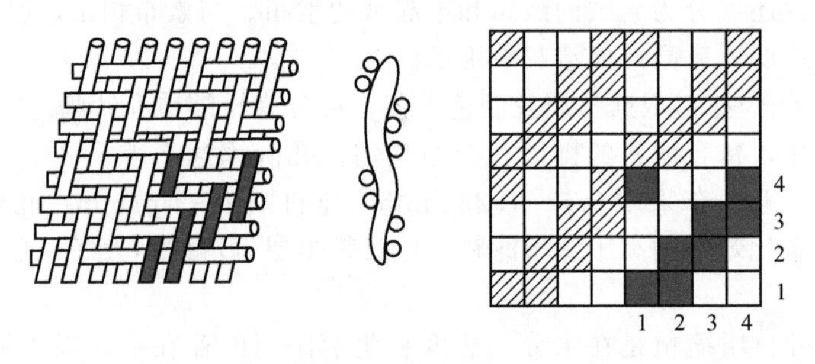


图7-65　斜纹结构

（3）缎纹结构　缎纹结构是以规则的连续5根以上的经、纬线织成的织物组织。这种结构的最基本特征是交织点不连续，有很多经线或纬线浮于布面上，具有表面平滑、柔软、光泽感明显等特点，有利于粉尘剥离。缎纹交织的组织点呈规则的分散、不连续跳跃状。跳过的线数称为缎纹的跳数，见图7-66。

（4）起绒斜纹结构　对斜纹织物用起绒机将织物一面表层部分纤维扯断形成长约3mm的

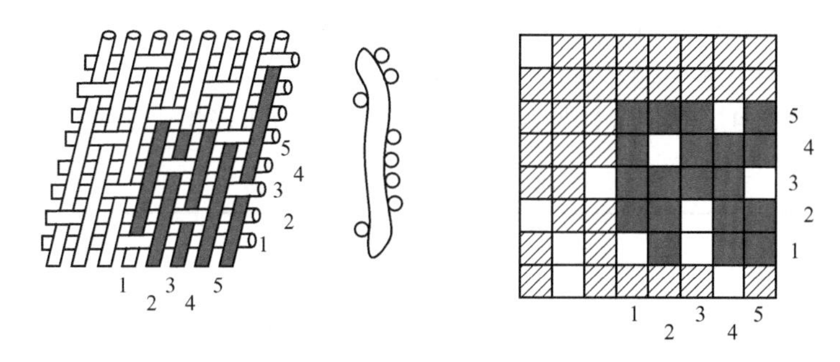


图 7-66　缎纹结构

绒毛。绒毛覆在线间的孔隙上有利于形成粉尘层和减少粉尘颗粒进入织物孔隙内部造成滤料堵塞，从而起到提高捕尘率和改善清灰性能的作用。国产 208 涤纶绒布即属此类。

**2. 针刺毡结构**

针刺毡就是用针将底部和纤维或者只是纤维以针刺成型为毡。

针刺毡的制法见图 7-67，是在一幅平纹的基布上铺上一层短纤维，用带刺的针垂直在布面上下移动，用针将纤维扎到基布纱绒缝中去，基布两面都铺 2 道以上纤维层，反复针刺成型，再经各种处理成两面带绒的针刺毡结构滤料。

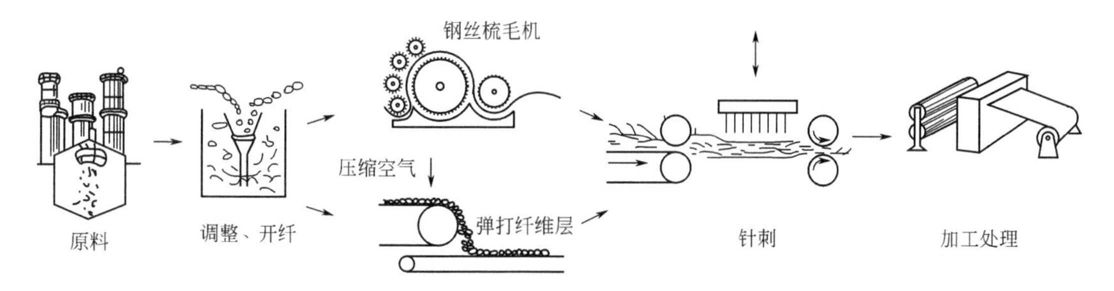


图 7-67　针刺毡的制法

除尘效率很高的针刺毡由基布和针扎在基料上的纤维组成，基布纤维和针刺纤维可相同也可不同，这种毡厚度一般为 2～3mm。也有的针刺毡没有基布，称作无基布针刺毡。

针刺毡是无纺布的一种，由于制作工艺不同，毡布较致密，阻力较大，容尘量较小，但易于清灰，因而适用于工业除尘。针刺毡制作时铺上不同材质的纤维，可做出性能不同、适用于多种场合的滤料。

此外还有水刺毡滤料，其结构与针刺毡相同，强力和性能优于针刺毡滤料。

**3. 特殊滤布**

特殊滤布包括纱线结合非织布、静电植毛滤布、金属纤维滤布、聚四氟乙烯纤维滤布及利用不同纤维生产的复合滤布等。

## 三、常用滤料性能

**1. 机织滤料**

（1）208 涤纶绒布　208 涤纶绒布是我国早期为袋式除尘器开发的机织滤料。它是以涤纶短纤维为原料单面起绒的斜纹织物。这种滤料由于经纬纱线表面具有短绒，形成织物后又在表面起绒，遮盖经纬线间的孔隙，滤尘时绒毛在迎尘面，因而用在袋式除尘器中，具有如下特点：①纱线间绒毛和表面绒毛能阻挡部分粉尘径直穿透滤布，并有助于粉尘层的形成，因而可提高滤料的捕尘率；②清灰时，表面积尘的绒毛在反向（与滤尘时相比）能量作用下，由紧附于织物表面变为松散状态，粉尘容易脱落，提高滤布对粉尘的剥离率。

实践也证明，208 绒布在清灰时，滤布的粉尘层便遭到破坏，重新滤尘时捕尘率显著下降。因温度关系结露时，粉尘会黏着在绒毛及滤料表面形成尘垢。

208 绒布的织物结构及滤尘特性见表 7-18。208 涤纶绒布多用于小型袋式除尘器。

**表 7-18 几种机织滤料特性参数**

| 特性 | 项目 | | 滤料名称 | | |
|---|---|---|---|---|---|
| | | | 729-ⅣB | 729-Ⅰ | 208 绒布 |
| 形态特性 | 材质 | | 涤纶 | 涤纶 | 涤纶 |
| | 纤维规则(袋×长度)/mm | | 2.0 袋×51 | 1.4 袋×38 | 1.5 袋×38 |
| | 织物组织 | 尘面 | 五枚二飞缎纹 | 五枚三飞缎纹 | 3/7 斜纹起绒 |
| | | 净面 | 五枚三飞缎纹 | 五枚三飞缎纹 | 3/7 斜纹 |
| | 厚度/mm | | 0.72 | 0.65 | 1.5 |
| | 单位面积质量/($g/m^2$) | | 310 | 320 | 400～450 |
| 强力特性 | 断裂强度(5cm×20cm)/N | 经 | 3150 | 2000～2700 | 1000 |
| | | 纬 | 2100 | 1700～2000 | 1000 |
| 伸长特性 | 断裂伸长率/% | 经 | 26 | 29 | 31 |
| | | 纬 | 23 | 26 | 34 |
| | 静负荷伸长率/% | | 0.8 | — | — |
| 透气性 | 透气度 | $cm^3/(cm^2 \cdot s)$ | 110 | 120 | 200～300 |
| | | $m^3/(m^2 \cdot min)$ | 7.1 | 7.2 | 12～15 |
| | 透气度偏差/% | | ±2 | ±5 | ±10 |
| 使用条件 | 使用温度/℃ | 连续 | <110 | <110 | <110 |
| | | 瞬间 | <150 | <130 | <130 |
| | 耐酸性 | | 良 | 良 | 良 |
| | 耐碱性 | | 良 | 良 | 良 |

(2) 机织 729 滤布　筒形聚酯（涤纶）滤布具有强度高、伸长率小、缝袋方便、除尘性能好和使用寿命长等特点，是装备反吹清灰和机械振打清灰等袋式除尘器的首选滤料。为解决宝钢大批量备用滤料的需求，宝钢公司与上海火炬工业用布厂合作于 1985 年开发第一批筒形聚酯机织滤料，商品名为 729 滤布。其性能见表 7-18。

729 滤料属缎纹机织物。织制后用热定型处理是保证滤料在使用工况条件下结构稳定性的重要工艺手段。729 滤布主要用于大中型反吹风袋式除尘器及小型机械振打袋式除尘器。

**2. 针刺滤料**

针刺滤料始于 20 世纪 50 年代。由于这种技术具有工艺流程简单、生产速度快、成本低、工艺容易变化等优点，在世界范围内都增长很快。1975 年冶金部建筑研究总院和沈阳铝镁设计院利用参加联合国环境规划署环保会议的机会，带回滤料样品并于 1976 年同抚顺第三毛纺厂合作试制出我国第一批针刺滤料，商品名为 ZLN 针刺滤气呢。发展到现在，其品种也从当年的涤纶针刺滤料发展为可用多种原料、多种用途、多种规格的针刺滤料。针刺毡滤料具有如下特点：①针刺毡滤料中的纤维三维结构，这种结构有利于形成粉尘层，捕尘效果稳定，因而捕尘效率高于一般织物滤料；②针刺滤料，孔隙率高达 70%～80%，为一般织造滤料的 1.6～2.0 倍，因而自身的透气性好、阻力低；③生产流程简单，便于监控和保证产品质量的稳定性；④生产速度快、劳动生产率高、产品成本低。

涤纶针刺纤维滤料的性能见表7-19。常用针刺毡的性能见表7-20。

**表7-19　涤纶针刺纤维滤料的性能**

| 特性 | 项目 | | ZLN-D 350 | ZLN-D 400 | ZLN-D 450 | ZLN-D 500 | ZLN-D 550 | ZLN-D 600 | ZLN-D 650 | ZLN-D 700 |
|---|---|---|---|---|---|---|---|---|---|---|
| 形态特性 | 材质 | | 涤纶 | 涤纶 | 涤纶 | 涤纶 | 涤纶 | 涤纶 | 涤纶 | 涤纶 |
| | 加工方法 | | 针刺成型，热定型，热辊压光（根据需要也可进行浓度表面压光） | | | | | | | |
| | 单位面积质量/(g/m$^2$) | | 350 | 400 | 450 | 500 | 550 | 600 | 650 | 700 |
| | 厚度/mm | | 1.45 | 1.75 | 1.79 | 1.95 | 2.1 | 2.3 | 2.45 | 2.60 |
| | 体积密度/(g/m$^3$) | | 0.241 | 0.229 | 0.251 | 0.265 | 0.262 | 0.261 | 0.265 | 0.269 |
| | 孔隙率/% | | 83 | 83 | 82 | 81 | 81 | 81 | 81 | 80 |
| 强力特性 | 断裂强度(5cm×20cm)/N | 经 | 870 | 920 | 970 | 1020 | 1070 | 1120 | 1170 | 1220 |
| | | 纬 | 1000 | 1100 | 1200 | 1350 | 1500 | 1700 | 2000 | 2100 |
| 伸长特性 | 断裂伸长率/% | 经 | 23 | 21 | 22 | 23 | 22 | 23 | 23 | 26 |
| | | 纬 | 40 | 40 | 35 | 30 | 27 | 26 | 26 | 29 |
| 透气性 | 透气度 | cm$^3$/(cm$^2$·s) | 480 | 420 | 370 | 330 | 300 | 260 | 240 | 200 |
| | | m$^3$/(m$^2$·min) | 28.8 | 25.2 | 22.2 | 19.8 | 18 | 15.6 | 14.4 | 12 |
| | 透气度偏差/% | | ±5 | ±5 | ±5 | ±5 | ±5 | ±5 | ±5 | ±5 |
| 使用特性 | 使用温度/℃ | 连续 | <110 | | | | | | | |
| | | 瞬间 | <120 | | | | | | | |
| | 耐酸性 | | 良（分别在浓度为35%盐酸、70%硫酸或60%硝酸中浸泡强度几乎无变化） | | | | | | | |
| | 耐碱性 | | 一般（分别在浓度为10%氢氧化钠或28%氨水中浸泡强度几乎不下降） | | | | | | | |

**表7-20　常用针刺毡的性能**

| 名称 | 材质 | 厚度/mm | 克重/(g/m$^2$) | 透气性/[m$^3$/(m$^2$·s)] | 断裂强度/(kgf/tex) | | 断裂伸长率/% | | 使用温度/℃ |
|---|---|---|---|---|---|---|---|---|---|
| | | | | | 经向 | 纬向 | 经向 | 纬向 | |
| 丙纶过滤毡 | 聚丙烯纤维 | 1.7 | 500 | 80～100 | >1100 | >900 | <35 | <35 | 90 |
| 涤纶过滤毡 | 聚对苯二甲酸乙二醇酯(PET) | 1.6 | 500 | 80～100 | >1100 | >900 | <35 | <55 | 130 |
| 涤纶覆膜过滤毡 | 聚对苯二甲酸乙二醇酯(PET)、PTFE微孔膜 | 1.6 | 500 | 70～90 | >1100 | >900 | <35 | <55 | 130 |
| 涤纶防静电过滤毡 | 聚对苯二甲酸乙二醇酯(PET)、导电纱 | 1.6 | 500 | 80～100 | >1100 | >900 | <35 | <55 | 130 |
| 涤纶防静电覆膜过滤毡 | 聚对苯二甲酸乙二醇酯(PET)、导电纱、PTFE微孔膜 | 1.6 | 500 | 70～90 | >1100 | >900 | <35 | <55 | 130 |
| 腈纶覆膜过滤毡 | 共聚丙烯腈、PTFE微孔膜 | 1.6 | 500 | 70～90 | >1100 | >900 | <20 | <20 | 160 |
| 腈纶过滤毡 | 共聚丙烯腈 | 1.6 | 500 | 80～100 | >1100 | >900 | <20 | <20 | 160 |
| PPS过滤毡 | 聚苯硫醚 | 1.7 | 500 | 80～100 | >1200 | >1000 | <30 | <30 | 190 |
| PPS覆膜过滤毡 | 聚苯硫醚、PTFE微孔膜 | 1.8 | 500 | 70～90 | >1200 | >1000 | <30 | <30 | 190 |
| 美塔斯 | 芳纶基布纤维 | 1.6 | 500 | 11～19 | >900 | >1100 | <30 | <30 | 180～200 |
| 芳纶过滤毡 | 芳族聚酰胺 | 1.6 | 500 | 80～100 | >1200 | >1000 | <20 | <50 | 204 |
| 芳纶防静电过滤毡 | 芳族聚酰胺、导电纱 | 1.6 | 500 | 80～100 | >1200 | >1000 | <20 | <50 | 204 |

续表

| 名称 | 材质 | 厚度/mm | 克重/(g/m²) | 透气性/[m³/(m²·s)] | 断裂强度/(kgf/tex) | | 断裂伸长率/% | | 使用温度/℃ |
|---|---|---|---|---|---|---|---|---|---|
| | | | | | 经向 | 纬向 | 经向 | 纬向 | |
| 芳纶覆膜过滤毡 | 芳族聚酰胺、PTFE微孔膜 | 1.6 | 500 | 60～80 | ＞1200 | ＞1000 | ＜20 | ＜50 | 204 |
| P84过滤毡 | 聚酰亚胺 | 1.7 | 500 | 80～100 | ＞1400 | ＞1200 | ＜30 | ＜30 | 240 |
| P84覆膜过滤毡 | 聚酰亚胺、PTFE微孔膜 | 1.6 | 500 | 70～90 | ＞1400 | ＞1200 | ＜30 | ＜30 | 240 |
| 玻纤针刺毡 | 玻璃纤维 | 2 | 850 | 80～100 | ＞1500 | ＞1500 | ＜10 | ＜10 | 240 |
| 复合玻纤针刺毡 | 玻璃纤维、耐高温纤维 | 2.6 | 850 | 80～100 | ＞1500 | ＞1500 | ＜10 | ＜10 | 240 |
| 玻美氟斯过滤毡 | 无碱基布 | 2.6 | 900 | 15～36 | ＞1500 | ＞1400 | ＜30 | ＜30 | 240～320 |
| PTFE | 超细PTFE纤维 | 2.6 | 650 | 70～90 | ＞500 | ＞500 | ≤20 | ≤50 | 250 |

### 3. 防静电滤料

为防止粉尘导电造成滤料表面静电荷积聚，影响清灰效果，导致除尘器阻力显著增长，以及预防静电荷引起气体或粉尘燃爆，在原729滤料的基础上，经向加入不锈钢导电经纱，开发了MP922滤料，其特性参数见表7-21。防静电滤料用于焦粉、煤粉类导电、易爆、易燃粉尘的除尘系统，达到了降低阻力、延长滤料使用寿命和除尘器安全运行的效果。

表7-21 防静电滤料特性参数

| 特性 | 项目 | | 针刺毡滤料 | | 机织滤料 |
|---|---|---|---|---|---|
| | | | ZLN-DFJ | ENW(E) | MP922 |
| 形态特性 | 材质 | | 涤纶 | 涤纶 | |
| | 加工方法 | | 针刺成型后处理 | 针刺成型后处理 | |
| | 导电纤维(或纤维)加入方法 | | 基布间隔加导电经纱 | 面层纤维网中混有导电纤维 | 经向间隔25mm布一根不锈钢导电纱 |
| | 单位面积质量/(g/m²) | | 500 | | 325.1 |
| | 厚度/mm | | 1.95 | | 0.68 |
| 强力特性 | 断裂强度(5cm×20cm)/N | 经向 | 1200 | 1149.5 | 3136 |
| | | 纬向 | 1658 | 1756.2 | 3848 |
| 伸长特性 | 断裂伸长率/% | 经向 | 23 | 15.0 | 26 |
| | | 纬向 | 30 | 20.0 | 15.2 |
| 透气性 | 透气度/[cm³/(cm²·s)] | | 9.04 | | 8.9 |
| | 透气度偏差/% | | +7 −12 | | |
| 静电特性 | 摩擦电荷密度/(μC/m²) | | 2.8 | 0.32 | 0.399 |
| | 摩擦电位/V | | 150 | 19 | 132 |
| | 表面电阻/(Ω·cm) | | $9.0\times10^3$ | $2.4\times10^3$ | $3.26\times10^4$ |
| | 体积电阻/(Ω·cm) | | $4.4\times10^3$ | $1.8\times10^3$ | $3.81\times10^4$ |

在防静电滤料中除了加入导电纤维外，也有的用导电基布制作成防静电针刺滤料，可以获得同样的使用效果。

涤纶防静电针刺滤料的性能见表7-22。

表 7-22　涤纶防静电针刺滤料的性能

| 材质 | | 涤纶/防静电基布 | 涤纶＋导电纤维/普通基布 |
|---|---|---|---|
| 单位面积质量/($g/m^2$) | | 500 | 500 |
| 厚度/mm | | 1.80 | 1.80 |
| 透气度/[$m^3$/($m^2$·min)] | | 15 | 15 |
| 断裂强度(5cm×20cm)/N | 经向 | >800 | >800 |
| | 纬向 | >1200 | >1200 |
| 断裂伸长率/% | 经向 | <35 | <35 |
| | 纬向 | <55 | <55 |
| 破裂强度/(MPa/min) | | 2.40 | 2.40 |
| 连续工作温度/℃ | | ≤130 | ≤130 |
| 短期工作温度/℃ | | 150 | 150 |
| 表面电阻/(Ω·cm) | | $4.8\times10^9$ | $4.8\times10^9$ |
| 体积电阻/(Ω·cm) | | $8.7\times10^9$ | $8.7\times10^9$ |
| 摩擦电位(最大值)/V | | 250 | 250 |
| 摩擦电位(平均值)/V | | 183 | 183 |
| 面电荷密度/($\mu C/m^2$) | | 3.4 | 3.4 |
| 半衰期/s | | 0.75 | 0.75 |
| 耐酸性 | | 良 | 良 |
| 耐碱性 | | 中 | 中 |
| 耐磨性 | | 优 | 优 |
| 水解稳定性 | | 中 | 中 |
| 后处理方式 | | 烧毛压光或特氟龙涂层 | 清烧冷压或易清灰处理 |

注：表中数据由博格公司提供。

### 4. 拒水防油滤料

(1) 拒水机理　拒水防油就是指在一定程度上滤料不被水或油润湿。理论上讲，液体 B 是否能够润湿固体 A 是由液体表面张力和固体临界表面张力决定的。如果液体表面张力大于固体临界表面张力，则液体不能浸润固体。反之液体表面张力小于固体临界表面张力，则能浸润固体。

根据上述分析，若想让滤材具有拒水防油性，必须要使它的表面张力降低，降到小于水和油的表面张力才能达到预期目的。拒水防油处理有两种方法：一种是涂敷层，即是用涂层的方法来防止滤料被水或油浸湿；另一种是反应型，即使防水油剂与纤维大分子结构中的某些基团起反应，形成大分子链，改变纤维与水油的亲和性能，变成拒水防油型。前者方法一般会使产品丧失透气性能，后者只是在纤维表面产生拒水防油性，纤维间的空隙并没有被堵塞，不影响透气性能，这正是过滤材料所要求的。因此一般采用反应型处理方法。

(2) 助剂的选择　当前防油水的助剂种类很多，如铝皂、有机硅、油蜡、橡胶、硬脂酸酪、聚氯乙烯树脂、氟化物等。在这些助剂中，只有铝皂、有机硅、氟化物、硬脂酸酪适合于反应型。考虑到针刺毡的特殊用途，要求助剂：能赋予针刺毡拒水性和拒油性；耐高温性；耐腐蚀性；耐久性；不改变原产品透气性。以上几种助剂的表面张力为 $(10\sim30)\times10^{-5}$N/cm，远低于水的表面张力 ($72\times10^{-5}$N/cm)，都不会被水润湿，具有防水性。但与重油表面张力 ($29\times10^{-5}$N/cm)、植物油表面张力 ($32\times10^{-5}$N/cm) 相当接近，在一定程度上易被其润湿，只有氟化物的表面张力为$10\times10^{-5}$N/cm左右，低于各种液体的表面张力，具有更高的防水防油性能。因此用氟化物作为滤料处理剂是较好的。

（3）拒水防油滤料的特点 拒水防油滤料与常规针刺毡相比有以下特点：①拒油性，可避免油性粉尘易于粘袋从而造成滤布堵塞的缺点；②拒水性，可排除水溶性污垢或遇冷凝固的水珠将滤布过滤能力降低；③抗黏结性，使附着在滤布表面的粉尘，不会渗入滤布内层，从而提高过滤性能；④剥离性，可使粉尘不需要强烈清灰措施即可离开滤布。

（4）滤料 常用拒水防油针刺毡的性能见表7-23。既拒水防油又防静电的针刺毡的性能见表7-24。

**表7-23 常用拒水防油针刺毡的性能**

| 滤料名称 | | 腈纶拒水防油针刺毡 | 涤纶拒水防油针刺毡 |
|---|---|---|---|
| 材质 | | 腈纶短纤/亚克力短纤基布 | 涤纶纤维+涤纶基布 |
| 单位面积质量/(g/m²) | | 500±15 | 500±15 |
| 厚度/mm | | 1.9±0.2 | 2.0±0.2 |
| 透气度/[m³/(m²·min)] | | 10±0.25 | 7.2～12 |
| 断裂强度(5cm×20cm)/N | 经向 | ≥800 | ≥1200 |
| | 纬向 | ≥1300 | ≥800 |
| 断裂伸长率/% | 经向 | ≤25 | — |
| | 纬向 | ≤25 | — |
| 使用温度/℃ | | ≤120 | ≤130 |
| 耐水解性 | | 优 | 良 |
| 耐酸性 | | 优 | 优 |
| 耐碱性 | | 优 | 良 |
| 拒水防油等级 | | ≥4 | ≥4 |
| 后处理方式 | | 烧毛、压光、拒水防油、特氟龙处理 | 压光、烧毛、拒水防油处理 |

注：表中数据由博格公司提供。

**表7-24 拒水防油防静电的针刺毡的性能**

| 材质 | | 涤纶+导电纤维/涤纶长丝基布 |
|---|---|---|
| 单位面积质量/(g/m²) | | 500 |
| 厚度/mm | | 1.6 |
| 透气度/[m³/(m²·min)] | | 14 |
| 断裂强度(5cm×20cm)/N | 经向 | >1300 |
| | 纬向 | >1500 |
| 断裂伸长率/% | 经向 | <30 |
| | 纬向 | <30 |
| 破裂强度/(MPa/min) | | 2.90 |
| 表面电阻 | | $4.8\times10^9$ |
| 体积电阻 | | $8.7\times10^8$ |
| 摩擦电位(最大值)/V | | 250 |
| 摩擦电位(平均值)/V | | 183 |
| 面电荷密度/(μC/m²) | | 3.4 |

续表

| 材质 | 涤纶+导电纤维/涤纶长丝基布 |
|---|---|
| 半衰期/s | 0.75 |
| 沾水等级(水温27℃,相对湿度20%) | 5级 AATCC100 |
| 连续使用温度/℃ | ≤130 |
| 短时使用温度/℃ | 150 |
| 耐酸性 | 优 |
| 耐碱性 | 良 |
| 耐磨性 | 优 |
| 水解稳定性 | 良 |
| 后处理方式 | 烧毛、压光、涂层、热定型 |

(5) 耐高温、耐酸碱、拒水防油针刺过滤毡　PPS纤维又称聚苯硫醚纤维，具有强度完整的保持性和内在的耐化学性，可以在恶劣的环境中保持良好的过滤性能，并达到理想的使用寿命。在过滤燃煤锅炉、垃圾焚烧、电厂粉煤灰的除尘处理等脉冲袋式除尘器中，PPS过滤毡是理想的过滤材料。

PPS纤维在世界范围内只有少数几家大型化学公司生产，日本东洋（TOYOBO）公司的注册商标为普抗®（PROCON），日本东丽（TORAY）公司的注册商标为特丽通®（TORCON），美国飞利浦（PHILIP）公司的注册商标为“莱顿”，也称“莱通”或“赖登”。

PPS过滤毡是用聚苯硫醚（PPS）纤维，按照耐高温过滤毡的生产工艺生产加工的过滤材料，为耐高温过滤材料的主要品种之一。在以下场合的应用中性能卓越：①工作温度190℃，短时工作温度232℃，熔点285℃，极限氧指数34～35；②含氧量在不大于15%的场合适用；③PPS是抗酸碱腐蚀、抗化学性很强的纤维，可以用于燃料中含硫或烟道气中含硫的氧化物的工况条件；④烟道中含湿气的场合；⑤经处理具有拒水防油性能。

耐高温、耐酸碱、拒水防油滤料的性能见表7-25。高性能高温滤布的性能见表7-26。

**表7-25　耐高温、耐酸碱、拒水防油滤料的性能**

| 成分 | | 聚苯硫醚(PPS)纤维 PPS丝基布 | | | PPS/玻纤基布 |
|---|---|---|---|---|---|
| 单位面积质量/(g/m²) | | 450 | 500 | 550 | >800 |
| 厚度/mm | | 1.6 | 1.8 | 2.0 | 2.0 |
| 透气度/[m³/(m²·min)] | | 18 | 15 | 12 | 8～15 |
| 断裂强度(5cm×20cm)/N | 经向 | >1150 | >1200 | >1200 | >2000 |
| | 纬向 | >1200 | >1300 | >1400 | >2000 |
| 断裂伸长率/% | 经向 | <30 | <30 | <30 | <10 |
| | 纬向 | <30 | <30 | <30 | <10 |
| 破裂强度/(MPa/min) | | 2.7 | 2.60 | 2.45 | 3.10 |
| 连续工作温度/℃ | | ≤190 | | | ≤190 |
| 短时工作温度/℃ | | 232 | | | 232 |
| 耐酸性 | | 优 | | 优 | |
| 耐碱性 | | 优 | | 优 | |
| 耐磨性 | | 优 | | 优 | |
| 水解稳定性 | | 优 | | 优 | |
| 沾水等级(水温27℃,相对湿度20%) | | 5级 AATCC100 | | 5级 AATCC100 | |
| 后处理方式 | | 高温热压及烧毛、拒水防油处理(特氟龙涂层) | | 烧毛、压光、拒水防油处理(特氟龙涂层) | |

**表 7-26 高性能高温滤布的性能**

| 滤料名称 \ 性能指标 | | | 单位面积质量/(g/m²) | 组成纤维层/基布 | 厚度/mm | 透气度/[m³/(m²·min)] | 断裂强度(5cm×20cm)/N | | 断裂伸长率/% | | 工作温度/℃ | | 后处理方式 |
|---|---|---|---|---|---|---|---|---|---|---|---|---|---|
| | | | | | | | 经向 | 纬向 | 经向 | 纬向 | 长时 | 短时 | |
| 针刺产品 | PPS类 | PPS耐高温针刺过滤毡 | 500 | PPS/PPS短纤维 | 1.8 | 15 | >1000 | >1500 | 20 | 40 | 190 | 210 | 热定型、烧毛及压光 |
| | | PPS表面超细纤维(高效低阻)耐高温针刺过滤毡 | 500 | PPS超细纤维/PPS | 1.8 | 10～12 | 1000 | 1500 | 20 | 40 | 190 | 210 | 烧毛、压光和PTFE处理 |
| | | PPS纤维(面层复合25%P84纤维)耐高温针刺过滤毡 | 500 | PPS+P84/PPS高强低伸基布 | 1.8 | 10 | 1200 | 1000 | 20 | 30 | <190 | 230 | |
| | 美塔斯(METAMAX)耐高温针刺过滤毡 | BGM-1 | 500 | 普通纤维/普通基布 | 2.1 | 14 | 1000 | 1500 | 20 | 40 | 204 | 240 | 热定型、烧毛及压光 |
| | | BGM-2 | 500 | 2D纤维/高强低伸基布 | 2.1 | 12 | 1200 | 1500 | 20 | 35 | 204 | 240 | |
| | | BGM-3 | 500 | 1D或更细纤维/普通基布 | 2.1 | 12 | 1000 | 1500 | 20 | 40 | 204 | 240 | |
| | | BGM-4 | 500 | 国标毡+PTFE涂层 | 2.1 | 14 | 1000 | 1500 | 20 | 40 | 204 | 240 | |
| | | BGM-5 | 500 | 细纤维/高强基布+PTFE涂层 | 2.1 | 14 | 1000 | 1500 | 20 | 35 | 204 | 240 | |
| | P84耐高温针刺过滤毡 | | 500 | P84/P84 | 2.4 | 16 | 800 | 1000 | 25 | 35 | 260 | 280 | PTFE涂层 |
| | | | 500 | P84/玻纤 | 2.1 | 16 | 1800 | 1800 | <10 | <10 | 260 | 280 | |
| | 芳纶耐高温针刺过滤毡 | | 500 | 芳纶/芳纶 | 2.1 | 14 | 900 | 1200 | 15 | 30 | 204 | 240 | 热定型、烧毛及压光 |
| | 玻璃纤维针刺过滤毡 | | 800 | 玻纤/玻纤 | 2.4 | 8～10 | >1800 | >1800 | <10 | <10 | 244 | 260 | PTFE涂层 |
| 水刺产品 | 涤纶超细纤维面层水刺毡 | | 500 | 超细纤维/PET | 1.5 | 6 | >1000 | >1200 | <30 | <50 | 130 | 150 | 热定型、烧毛及压光 |
| | PPS/PTFE面层水刺过滤毡 | | 550 | PPS+PTFE/PPS | 1.5 | 5 | 1000 | 1200 | <30 | <55 | 190 | 210 | 热定型、PTFE涂层 |

注：摘自上海博格工业用布有限公司样本。

**5. 覆膜滤料**

覆膜滤料是以分散聚四氟乙烯树脂为原料制成的微孔膜与各种基材复合而成的。该滤料的最大特点是表面过滤，可提高过滤效率，改善传统过滤方法中经常出现的过滤压力递增、细粉尘排放浓度高等问题。自 20 世纪 80 年代开始，聚四氟乙烯覆膜滤料在工业除尘、液体过滤等许多领域得到了广泛的应用。

（1）过滤机理　薄膜表面过滤的机理同粉尘层过滤一样，主要靠微孔筛分作用。由于薄膜的孔径很小，能把极大部分尘粒阻留在膜的表面，完成气固分离的过程。这个过程与一般滤料的分离过程不同，粉尘不深入到支撑滤料的纤维内部。其好处是：在滤袋工作一开始就能在膜表面形成透气很好的粉尘薄层，既能保证较高的除尘效率，又能保持较低的运行阻力，而且如前所述，清灰也容易。

应当指出，超薄膜表面的粉尘层剥离情况与一般滤袋的有很大差别，试验表明，复合滤袋上的粉尘层极易剥落，有时还未到清灰机构动作，粉尘也会掉落下来。还有另一个重要事实，即水硬性粉尘如水泥尘在膜表面结块初期也会被剥离下来。但是，如果粉尘结块现象严重或者烟气结露，覆膜滤料也无能为力，必须采取其他措施来保证除尘器烟气在露点上运行。

（2）聚四氟乙烯（PTFE）膜　PTFE 膜是立体网状结构，无直通孔。开孔率及孔径分布是衡量 PTFE 膜的重要指标。PTFE 膜的开孔率一般在 80%～95%之间。开孔率高，会提高通气量；孔径分布集中，表明膜孔径大小均匀。凭借特殊的生产工艺，可针对不同物料控制不同孔径，以达到高效过滤的目的。通常膜厚度并不是评价 PTFE 膜的指标，如果膜的厚度偏大，则容易产生透气量小、运行压力高等问题。根据多年的研究使用观察，膜的厚薄基本不影响使用寿命，关键是复合强度，这是影响使用寿命的最重要的因素。

图 7-68 为最小孔径＜0.05μm（50nm）的膜的 8000 倍电镜照片，图 7-69 为孔径 1～3μm 的覆膜防酸玻纤的 5000 倍电镜照片。

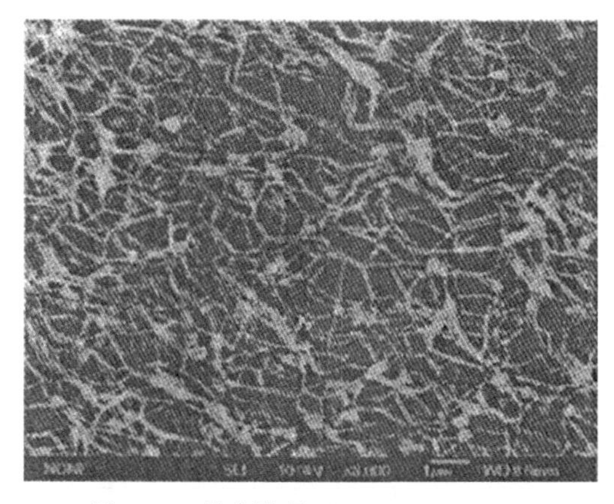

图 7-68　最小孔径＜0.05μm（50nm）的膜的 8000 倍电镜照片

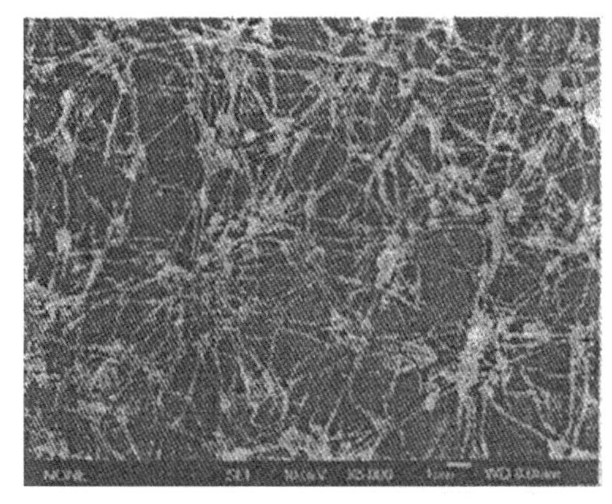

图 7-69　孔径 1～3μm 的覆膜防酸玻纤的 5000 倍电镜照片

（3）膜的复合途径　为了提高使用寿命，增加膜的强度，需要把 PTFE 膜复合到各种过滤材料上，如各种针刺毡、机织布、玻纤等。由于 PTFE 自身具有不黏性的特点，对膜复合技术要求很高，目前复合方法有胶复合和热复合两种方式。

① 胶复合是较初级的复合方式，复合强度低，易脱膜，寿命短，且由于胶渗透，导致透气性差，不易清灰，削弱了 PTFE 的优越性能。

② 热复合是最先进的复合方式，完整地保持了 PTFE 膜的优越性能，但热复合技术要求严格。

（4）覆膜滤料的特点　覆膜滤料的过滤原理是膜表面过滤，近 100%截留被滤物。覆膜滤料成为粉尘与物料过滤和收集以及精密过滤方面不可缺少的新材料。其优点如下。

① 表面过滤效率高。通常工业用滤材是深层过滤，它依赖于在滤材表面先建立一次粉尘层而达到有效过滤，建立有效过滤时间长（约需整个滤程的10%），阻力大，效率低，截留不完全，过滤和反吹压力高，清灰频繁，能耗较高，使用寿命不长，设备占地面积大。

使用覆膜滤布，粉尘不能透入滤料，是表面过滤，无论是粗粉尘还是细粉尘全部沉积在滤料表面，即靠膜本身孔径截留被滤物，无初滤期，开始就是有效过滤，近100%的时间处于过滤。

② 低压、高通量连续工作。传统的深层过滤的滤料，一旦投入使用，粉尘穿透，建立一次粉尘层，透气性便迅速下降。过滤时，内部堆积的粉尘造成阻塞现象，从而增加了除尘设备的阻力。

覆膜滤料以微细孔径及其不黏性使粉尘穿透率近于零，投入使用后提供最佳的过滤效率。当沉积在薄膜滤料表面的被滤物达到一定厚度时就会自动脱落，易清灰，使过滤压力始终保持在很低的水平，空气流量始终保持在较高水平，可连续工作。

③ 容易清灰。任何一种滤料的操作压力损失直接取决于清灰后剩留或滞留在滤料表面上、下的粉尘量，清灰时间短（覆膜滤料仅需数秒钟即可），具有非常优越的清灰特性，每次清灰都能彻底除去粉尘层，滤料内部不会造成堵塞，不会改变孔隙率和质量密度，能经常维持于低压损失工作。

④ 寿命长。覆膜滤料无论采用什么清灰机制都可发挥其优越的特性，是一种将除尘器设计功能完全发挥过滤作用的过滤材料，因而成本低廉。覆膜滤料是一种强韧而柔软的纤维结构，与坚强的基材复合而成，所以有足够的机械强度，加之有卓越的脱灰性，降低了清灰强度，在低而稳的压力损失下能长期使用，延长了滤袋寿命。

(5) 主要常用滤料　主要常用覆膜滤料的技术性能见表7-27。从表7-27中可以看出，覆膜滤料的性能优于普通滤料。

**表7-27　主要常用覆膜滤料的技术性能**

| 品种指标项目 | | 单位 | 薄膜复合降酯针刺毡滤料 | 薄膜复合729滤料 | 薄膜复合聚丙烯针刺毡滤料 | 薄膜复合Nomex针刺毡滤料 | 薄膜复合玻璃纤维 | 抗静电薄膜复合MP922滤料 | 抗静电薄膜复合聚酯针刺毡滤料 |
|---|---|---|---|---|---|---|---|---|---|
| 薄膜材质 | | | 聚四氟乙烯 | 聚四氟乙烯 | 聚四氟乙烯 | 聚四氟乙烯 | 聚四氟乙烯 | 聚四氟乙烯 | 聚四氟乙烯 |
| 基布材质 | | | 聚酯 | 聚酯 | 聚丙烯 | Nomex | 玻璃纤维 | 聚酯不锈钢 | 聚酯+不锈钢+导电纤维 |
| 结构 | | | 针刺毡 | 缎纹 | 针刺毡 | 针刺毡 | 缎纹 | 缎纹 | 缎纹 |
| 单位面积质量 | | $g/m^2$ | 500 | 310 | 500 | 500 | 500 | 315 | 500 |
| 厚度 | | mm | 2.0 | 0.66 | 2.1 | 2.3 | 0.5 | 0.7 | 2.0 |
| 断裂强度 | 经向 | N | 1000 | 3100 | 900 | 950 | 2250 | 3100 | 1300 |
| | 纬向 | | 1300 | 2200 | 1200 | 1000 | 2250 | 3300 | 1600 |
| 断裂伸长率 | 经向 | % | 18 | 25 | 34 | 27 | | 25 | 12 |
| | 纬向 | | 46 | 22 | 30 | 38 | | 18 | 16 |
| 透气量 | | $m^3/(m^2 \cdot s)$ | 20～30<br>30～40 | 20～30<br>30～40 | 20～30<br>30～40 | 20～30<br>30～40 | 20～30<br>30～40 | 20～30<br>30～40 | 20～30<br>30～40 |
| 摩擦荷电电荷密度 | | $\mu C/m^2$ | | | | | | <7 | <7 |
| 摩擦电位 | | V | | | | | | <500 | <500 |

续表

| 品种指标<br>项目 | 单位 | 薄膜复合降酯针刺毡滤料 | 薄膜复合729滤料 | 薄膜复合聚丙烯针刺毡滤料 | 薄膜复合Nomex针刺毡滤料 | 薄膜复合玻璃纤维 | 抗静电薄膜复合MP922滤料 | 抗静电薄膜复合聚酯针刺毡滤料 |
|---|---|---|---|---|---|---|---|---|
| 体积电阻 | Ω | | | | | | $<10^9$ | $<10^9$ |
| 使用温度 | ℃ | ≤130 | ≤130 | ≤90 | ≤200 | ≤260 | ≤130 | ≤130 |
| 耐化学性 | 耐酸<br>耐碱 | 良好<br>良好 | 良好<br>良好 | 极好<br>极好 | 良好<br>尚好 | 良好<br>尚好 | 良好<br>良好 | 良好<br>良好 |
| 其他 | | 另有拒水防油基布 | | | | | | 另有阻燃型基布 |

DGF系列覆膜滤料的孔径分别为0.5μm、1μm、3μm（一般指平均孔径），以适应不同粒径的粉尘和物料。表7-28为该系列覆膜滤料的技术性能。

**6. 玻璃纤维滤料**

玻璃纤维具有耐高温、耐腐蚀、尺寸稳定、除尘效率高、粉尘剥离性好及价格便宜等突出优点，所以它是一种比较常用的高温过滤材料。

（1）玻璃纤维的特性

① 优良的耐热性。经表面化学处理的玻璃纤维滤料暈高使用温度可达280℃，这对除尘工程是非常合适的。所以在目前和今后一段时间内，玻纤滤料仍是一种重要的高温过滤材料。

② 强度高、伸缩率小。它的抗拉强度比其他各种天然、合成纤维都要高，伸长率仅为2%～3%，这一特性足以保证使其设计制作长径比大的滤袋具有足够的抗拉强度和尺寸稳定性能。

③ 优良的耐腐蚀性能。目前我国生产的常用玻璃纤维分为无碱和中碱两种。无碱E玻璃纤维在室温下对水、湿空气和弱碱溶液具有高度的稳定性，但不耐较高浓度的酸、碱侵蚀。中碱纤维有较好的耐水性和耐酸性。因此，必须根据介质性质选择不同成分的玻纤作过滤材料，才能发挥较好的效果。

④ 玻纤滤料表面光滑，过滤阻力小，有利于粉尘剥离。它不燃烧、不变形。

⑤ 玻纤滤料性脆、不耐折、不耐磨、受拉扯后有一定变形。未经表面化学改性处理的玻纤织物，不能满足高温滤料的使用要求。所以其性能在很大程度上取决于表面处理的工艺、配方及织物结构。

（2）玻纤滤料表面处理　玻纤滤料的表面处理工艺有两种方法：一种是先浸纱处理，然后再织成布；另一种是先织布，然后再进行织物整幅处理。

玻纤性脆，在高温急冷高速拉丝过程中纤维表面形成一些微裂纹，如不经表面处理，则在高温和腐蚀介质作用下，微裂纹扩展，从而使滤料力学性能很快下降。

表面处理技术属于软技术，国内外滤料研究部门都将其列入最高机密行列中。目前，国内玻璃纤维过滤材料的表面处理配方已与国外接轨，形成以硅油为主，以硅油、石墨、聚四氟乙烯为主，以聚四氟乙烯为主，耐酸和耐腐蚀等四大系列配方，有代表性的配方是南京玻璃纤维研究设计院研制的FQ、FA、PSi、$FS_2$、FCA、RH等系列配方。

① FQ系列配方以高分子量带反应基团的新型聚硅氧烷乳液为主要成分，经FQ处理的滤布，滑爽、柔软、疏水性好，耐折性比素布提高了2倍，耐磨性提高了1～1.5倍，适用于水泥旋窑的窑头和窑尾收尘，以及炭黑行业的炭黑回收。

② FA系列配方的主要成分是聚四氟乙烯，具有优越的耐热性和化学稳定性，不吸水，摩擦系数极小，用该系列配方处理的玻璃纤维过滤材料，其耐热性、耐腐蚀性、耐磨性都有明显

表 7-28 聚四氟乙烯微孔薄膜复合滤料的技术性能

| 代码 | 商品名称 | 使用温度/℃ | | 耐无机酸 | 耐有机酸 | 耐碱性 | 单位面积质量/(g/m²) | 厚度/mm | 透气量(127Pa 条件下)/[cm³(cm²·s)] | 断裂强度(210cm×50cm)/N | | 断裂伸长率/% | | 150℃下热收缩率/% | | 表面处理 |
|---|---|---|---|---|---|---|---|---|---|---|---|---|---|---|---|---|
| | | 连续 | 瞬间 | | | | | | | 纵向 | 横向 | 纵向 | 横向 | 纵向 | 横向 | |
| DGF202/PET550 | 薄膜/涤纶针刺毡 | 130 | 150 | 良好 | 良好 | 一般 | 550 | 1.6 | 2～5 | 1800 | 1850 | <26 | <19 | <1 | <1 | |
| DGF202/PET500 | 薄膜/涤纶针刺毡 | 130 | 150 | | | | 500 | 1.6 | 2～5 | 1770 | 1810 | <26 | <19 | <1 | <1 | |
| DGF202/PET350 | 薄膜/涤纶针刺毡 | 130 | 150 | | | | 350 | 1.4 | 2～5 | 2000 | 1110 | <28 | <32 | <1 | <1 | |
| DGF202/PET/E350 | 薄膜/抗静电涤纶毡 | 130 | 150 | 良好 | 良好 | 一般 | 350 | 1.6 | 2～5 | 1950 | 1710 | <31 | <35 | <1 | <1 | |
| DGF202/PET/E500 | 薄膜/抗静电涤纶毡 | 130 | 150 | | | | 500 | 1.6 | 2～5 | 2000 | 1630 | <26 | <19 | <1 | <1 | |
| DGF204Nomex | 薄膜/偏芳族聚酰胺 | 180 | 220 | 一般 | 一般 | 一般 | 500 | 2.5 | 2～5 | 650 | 1800 | <29 | <51 | <1 | <1 | |
| DGF206/PT(P84) | 薄膜/聚酰亚胺 | 240 | 260 | 良好 | 良好 | 一般 | 500 | 2.4 | 2～5 | 200/50(mm) | | <19 | <31 | 240℃下 | | |
| | | | | | | | | | | 670 | 1030 | | | <1 | <1 | |
| DGF207/PPS(Ryton) | 薄膜/聚苯硫醚 | 190 | 200 | 很好 | 很好 | 很好 | 500 | 1.5 | 2～5 | 200/50(mm) | | <25 | <30 | 200℃下 | | |
| | | | | | | | | | | 809 | 1245 | | | <1.2 | <1.5 | |
| DGF208/DT500 | 薄膜/均聚丙烯腈针刺毡 | 125 | 140 | 良好 | 良好 | 一般 | 500 | 2.5 | 2～5 | 210/50(mm) | | <11 | <29 | 125℃下 | | |
| | | | | | | | | | | 630 | 1020 | | | <1 | <1 | |
| DGF-205 550 | 薄膜/无碱膨体纱玻纤 | 260 | 280 | 良好 | 一般 | 一般 | 680 | 约 0.64 | 2～5 | 标准号 JC176N/25(mm) | | | | | | |
| | | | | | | | | | | 3165 | 3290 | | | | | |
| DGF-205 | 薄膜/无碱膨体纱玻纤(黑色) | 260 | 280 | | | | 750～850 | 0.8 | 200Pa 时，24.6～30.9L/(dm²·min) | 标准号 JC176N/25(mm) | | 破裂强度 ≥50kgf/cm² | | | | PTFE 微孔膜，基布耐酸处理 |
| | | | | | | | | | | ≥3000 | ≥2100 | | | | | |
| DGFC501/PET500 | PTFE 涂膜/涤纶针刺毡 | 130 | 150 | 良好 | 良好 | 一般 | 500 | 1.6 | 200Pa 时，40.6L/(dm²·min) | 210/50(mm) | | <17.6 | <23.8 | <1 | <1 | |
| | | | | | | | | | | 1370 | 1720 | | | | | |
| DGF200/PET500 | 防水防油涤纶针刺毡 | 130 | 150 | 良好 | 良好 | 一般 | 500 | 1.4 | 200Pa 时，200L/(dm²·min) | 210/50(mm) | | <26 | <19 | <1 | <1 | 针毡，拒水防油，单面压光 |
| | | | | | | | | | | 1770 | 1810 | | | | | |
| DGF202/PP | 薄膜/聚丙烯针刺毡 | 90 | 100 | 很好 | 很好 | 很好 | | | | | | | | | | |

注：引自大宫新材料公司样本。DGF 系列薄膜复合滤料的孔径分 0.5μm、1μm、3μm（一般指平均孔径），以适应不同粒径的粉尘和物料。

提高。其力学性能最好，但价格也较高，主要用于炭黑行业的炭黑回收。

③ PSi 系列配方，以硅油、石墨、聚四氟乙烯为主要成分，用该系列配方处理的滤料比素布的耐折性提高 1～2 倍，耐磨性提高 2.5～3 倍，主要用于水泥窑尾和燃烧锅炉收尘，可在 280℃的温度下长期使用。表 7-29 为用 3 种配方处理的玻纤滤料的综合性能。

**表 7-29 用 3 种配方处理的玻纤滤料的综合性能**

| 玻纤滤料的性能参数 | | | 未处理滤料 | PSi801 滤料 | PQ802 滤料 | FA801 滤料 |
|---|---|---|---|---|---|---|
| 性能 | 强力/(kgf/25mm) | 常温 | 107 | 119.6 | 119.1 | 125.5 |
| | | 300℃×6d | 88.5 | 108.0 | 89.6 | 123.4 |
| 耐热 | 耐折/次 | 常温 | 161 | 434 | 491 | 621 |
| | | 300℃×6d | 51 | 222 | 128 | 457 |
| | 耐磨/次 | 常温 | 211 | 603 | 395 | 810 |
| | | 300℃×6d | 96 | 291 | 197 | 350 |
| 耐酸性 | 强力/(kgf/25mm) | | 51.8 | 79 | 82.6 | 100 |
| | 抗折/次 | | 23 | 142 | 181 | 486 |
| | 耐磨/次 | | 16 | 66 | 26 | 146 |
| 耐碱性 | 强力/(kgf/25mm) | | 122.2 | 131.7 | 1442.5 | 146 |
| | 抗折/次 | | | 346 | 326 | 701 |
| | 耐磨/次 | | | 178 | 227 | 397 |
| 憎水性 | 5min | | 0.1 | 4.5 | 0 | 0.8 |
| | 10min | | 0.2 | 6.0 | 0 | 2.5 |
| | 1h | | 0.5 | 11.0 | 0 | 5.0 |
| | 7h | | 2.5 | 15.0 | 2.5 | 11.0 |

(3) 常用玻璃纤维滤料

① 织造玻纤滤料。玻纤织物滤料的性能随着纱线的种类、纤维直径、捻度、密度以及织物结构的不同，滤料的性能和寿命也不同。织物结构对滤料性能的影响如下。

耐磨性：平纹＞斜纹＞缎纹。

柔软性：缎纹＞斜纹＞平纹。

孔隙率：缎纹＞斜纹＞平纹。

平纹织物组织交点多，透气性差，一般不宜作为气体过滤材料；缎纹综合性能较好，同时提高了织物的光滑程度，利于粉尘剥离；斜纹织造方便、经济、性能适中。因此，一般都采用缎纹和斜纹两种组织结构。为了提高纬纱承受弯曲能力，就出现了纬二重组织，以提高其使用寿命。

滤料挠曲性能的影响因素是滤料的厚度和纤维直径。一般说来，滤料越厚，耐折耐磨性能越佳。就单纤维而言，直径愈细，其弯曲半径越小，也就是说其越能经受强烈的弯曲。我国玻纤的单纤维直径为 6～8$\mu$m。在滤料织造的各道工序中，保持张力的均匀性，不仅使滤料表面平整，抗张强度增加，而且是滤料透气性稳定的重要保证。

玻璃纤维滤料的品种及物理、力学性能见表 7-30。

② 玻璃纤维膨体纱。玻璃纤维膨体纱是采用膨化工艺把玻纤松软、胀大，使其略有三维结构，从而使玻璃纤维滤料具有长纤维强度高和短纤维蓬松性的优点。该滤料除耐高温、耐腐蚀外，还具有透气性好、净化效率高等优点，其性能见表 7-31。

③ 玻璃纤维针刺毡。玻璃纤维针刺毡滤料是一种结构合理、性能优良的新型耐高温过滤材料。它不仅具有玻纤织物耐高温、耐腐蚀、尺寸稳定、伸长收缩小、强度大的优点，而且毡层呈单纤维（纤维直径小于 6$\mu$m）、三维微孔结构，孔隙率高（高达 80%），对气体过滤阻力

表 7-30 玻璃纤维滤料的品种及物理、力学性能

| 牌号 | 处理方法 | 密度/(根/cm) | | 厚度/mm | 织纹 | 透气性/[m³/(m²·h)] | 断裂强度(25mm×100mm)/N | | 使用温度/℃ |
|---|---|---|---|---|---|---|---|---|---|
| | | 经线 | 纬线 | | | | 经向 | 纬向 | |
| BL8301 | 浸纱 | 20±1 | 18±1 | 0.5±0.5 | 纬二重 | 250～350 | 2500 | 2100 | 300 |
| BL8301-2 | 浸纱 | 20±1 | 18±1 | 0.5±0.5 | 双层 | 50～150 | 2500 | 2100 | 300 |
| BL8302 | 浸纱 | 16±1 | 13±1 | 0.4±0.03 | 3/1 斜纹 | 90～150 | 2100 | 1700 | 300 |
| BL8303 | 浸纱 | 20±1 | 18±1 | 0.45±0.05 | 纬二重 | 100～150 | 2200 | 1900 | 260 |
| BL8304 | 浸纱 | 16±1 | 13±1 | 0.3±0.3 | 3/1 斜纹 | 100～200 | 1800 | 1400 | 260 |
| BL8305 | 未处理 | 20±1 | 18±1 | 0.45±0.05 | 双层 | 50～100 | 2000 | 1700 | 200 |
| BL8307 | 未处理 | 20±1 | 14±1 | 0.4±0.05 | 4/1 斜纹 | 80～200 | 1800 | 1500 | 200 |
| BL8307-FQ803 | 浸布 | 20±1 | 14±1 | 0.4±0.05 | 4/1 斜纹 | 80～200 | 1500 | 260 | 260 |
| BL8301-PSi803 | 浸布 | 20±1 | 18±1 | 0.45±0.05 | 纬二重 | 200～300 | 2500 | 2100 | 300 |

表 7-31 常用玻纤滤料技术性能

| 产品类型 | | 单位面积质量/(g/m²) | 抗拉断裂强度(25mm)/N | | 破裂强度/(N/cm²) | 透气量/[cm³/(cm²·s)] | 处理剂配方 | 长期工作温度/℃ | 适用清灰方式 | 过滤风速/(m/min) |
|---|---|---|---|---|---|---|---|---|---|---|
| | | | 经向 | 纬向 | | | | | | |
| 玻纤滤料 | CWF300 | ≥300 | 1500 | 1250 | >240 | 35～45 | FCA(用此配方处理的滤布温度小于180℃) | 260 | 反吹风清灰、回转反吹风清灰、机械振动清灰、脉冲清灰 | 0.40 |
| | CWF450 | ≥450 | 2250 | 1500 | >300 | 35～45 | | | | 0.45 |
| | CWF500 | ≥500 | 2250 | 2250 | >350 | 20～30 | | | | 0.50 |
| | EWF300 | ≥300 | 1600 | 1600 | >290 | 35～40 | | 280 | | 0.40 |
| | EWF350 | ≥350 | 2400 | 1800 | >310 | 35～45 | | | | 0.45 |
| | EWF500 | ≥500 | 3000 | 2100 | >350 | 35～45 | | | | 0.50 |
| | EWF600 | ≥600 | 3000 | 3000 | >380 | 20～30 | | | | 0.55 |
| 玻纤膨体滤料 | EWTF500 | ≥450 | 2100 | 1400 | >350 | 35～45 | PSI | 260 | | 0.50 |
| | EWTF600 | ≥550 | 2100 | 1800 | >390 | 35～45 | | | | 0.55 |
| | EWTF750 | ≥660 | 2100 | 1900 | >470 | 30～40 | | | | 0.70 |
| | EWTF550 | ≥480 | 2600 | 1800 | >440 | 35～45 | FQ | 280 | | 0.55 |
| | EWTF650 | ≥600 | 2800 | 1900 | >450 | 30～40 | | | | 0.65 |
| | EWTF800 | ≥750 | 3000 | 2100 | >490 | 25～35 | RH | | | 0.80 |

小，是一种高速、高效的高温脉冲过滤材料。

该滤料适用于化工、钢铁、冶金、炭黑、水泥、垃圾焚烧等工业炉窑的高温烟气过滤。玻璃纤维针刺毡滤料的特点和性能见表 7-32 和表 7-33。

表 7-32 玻璃纤维针刺毡滤料的特点

| 型号 | 产品结构 | 特点 | 使用温度/℃ | | 适用范围 |
|---|---|---|---|---|---|
| | | | 连续 | 瞬间 | |
| Ⅰ型 | 100%玻璃纤维，纤维直径 3.8～6μm | 耐高温、耐腐蚀、尺寸稳定、伸长率小、过气量大、强度大 | 280 | 300 | 冶金、化工、炭黑、市政、钢铁、垃圾焚烧、火力发电等行业的炉窑高温烟气过滤 |
| Ⅱ型 | | 考虑到脉冲有骨架，经机械织物的改进除Ⅰ型特点外更具有耐磨、防透滤性，延长使用寿命 | | | |

续表

| 型号 | 产品结构 | 特点 | 使用温度/℃ | | 适用范围 |
|---|---|---|---|---|---|
| | | | 连续 | 瞬间 | |
| Ⅲ型 | 诺美克斯/玻璃纤维，双面复合毡(Nomex/huygias) | 应用诺美克斯清灰效果好，耐腐蚀性强，化学性和尺寸稳定。易克服糊袋尘饼脱落不良，耐碱良好，用于清灰面，而玻璃纤维强度大、材料来源广、价格低、憎水性和耐酸性强，作内衬用，可提高整体装备水准 | 200 | 240 | 更适合"球式热风炉"，可替代纯诺美克斯滤毡，价廉物美 |

表 7-33 玻璃纤维针刺毡的性能

| 型号 ZBD | 纤维直径/μm | 单位面积质量/(g/m²) | 破坏强度/(N/cm²) | 抗拉强度(25mm)/N | | 透气率/[cm³/(cm²·s)] | 过滤效率/% |
|---|---|---|---|---|---|---|---|
| | | | | 经向 | 纬向 | | |
| Ⅰ型 | 6 | >950 | >350 | ≥1400 | ≥1400 | 15～30 | >99 |
| Ⅱ型 | 6 | >950 | >350 | ≥1600 | ≥1400 | 15～30 | >99 |
| Ⅲ型 | 6 | >1000 | >400 | ≥2000 | ≥2000 | 15～35 | >99 |

## 7. 高温滤料

高温滤料指比常温滤料耐温高的滤料。包括芳纶、P84、莱顿、诺美克斯、芳砜纶等。高温滤料纤维的性能见表 7-34。高温针刺毡滤料的技术性能见表 7-35。

表 7-34 高温滤料纤维的性能

| 滤料名称 | 使用温度/℃ | 力学性能 | | | 化学稳定性 | | | | | 水介稳定性 | 阻燃性 |
|---|---|---|---|---|---|---|---|---|---|---|---|
| | | 规格 | 抗磨 | 抗折 | 无机酸 | 有机酸 | 碱 | 氟化剂 | 有机溶剂 | | |
| 无碱玻璃纤维 | 200～300 | 1 | 2 | 4 | 3 | 3 | 4 | 4 | 2 | 1 | 1 |
| 高强超细玻璃纤维 | 200～300 | 1 | 2 | 3 | 3 | 3 | 4 | 4 | 2 | 1 | 1 |
| 诺美克斯 | 204 | 1 | 1 | 1 | 3 | 2 | 3 | 2 | 2 | 3 | 3 |
| 巴斯夫 | 220 | 2 | 2 | 2 | 3 | 2 | 3 | 2 | 2 | 3 | 1 |
| 碳纤维 | 300 | 2 | 2 | 2 | 2 | 2 | 2 | 2 | 1 | 1 | 1 |
| P84(聚酰亚胺) | 260 | 2 | 2 | 2 | 2 | 1 | 2 | 2 | 1 | 2 | 1 |
| 莱顿(PPS) | 190 | 2 | 2 | 2 | 1 | 1 | 2 | 4 | 1 | 1 | 1 |
| 特氟龙 | 260 | 3 | 3 | 3 | 1 | 1 | 1 | 1 | 1 | 1 | 1 |

注：表中 1、2、3、4 表示纤维理化特性的优劣排序，依次表示：优、良、一般、劣。

表 7-35 高温针刺毡滤料的技术性能

| 名称 | 芳纶针刺毡 | P84 针刺毡 | 莱顿针刺毡 | 诺美克斯针刺毡 | 芳砜纶针刺毡 | 碳纤维复合针刺毡 | 氟美斯 |
|---|---|---|---|---|---|---|---|
| 原名 | 芳香族聚酰胺 | 芳香族聚酰亚胺 | 聚苯硫醚 | 诺美克斯纤维 | 芳砜纶纤维 | 碳纤维 | 诺美克斯玻璃纤维 |
| 单位面积质量/(g/m²) | 450～600 | 450～600 | 450～600 | 450～700 | 450～500 | 350～800 | 800 |
| 厚度/mm | 1.4～3.5 | 1.4～3.5 | 1.4～3.5 | 2～2.5 | 2～2.7 | 1.4～3.0 | 1.80 |
| 孔隙率/% | 65～90 | 65～90 | 65～90 | 60～80 | 70～80 | 65～90 | |
| 透气量/[m³/(m²·s)] | 90～440 | 90～440 | 90～440 | 150 | 100 | 90～400 | 130～300 |

续表

| 名称 | | 芳纶针刺毡 | P84针刺毡 | 莱顿针刺毡 | 诺美克斯针刺毡 | 芳砜纶针刺毡 | 碳纤维复合针刺毡 | 氟美斯 |
|---|---|---|---|---|---|---|---|---|
| 断裂强度(20cm×5cm)/N | T | 800～1000 | 800～1000 | 800～1000 | 800～1000 | 700 | 600～1400 | 1600 |
| | W | 1000～1200 | 1000～1200 | 1000～1200 | 1000～1200 | 1050 | 800～1700 | 1400 |
| 断裂伸长率/% | T | ≤50 | ≤50 | ≤50 | 15～40 | 20 | <40 | |
| | W | ≤55 | ≤55 | ≤55 | 15～45 | 25 | <40 | |
| 表面处理 | | 烧毛面 | 烧毛面 | 烧毛面 | 烧毛面 | 烧毛面 | 烧毛面 | |
| 耐热性/℃ | 连续性 | 200 | 250 | 100 | 200 | 200 | 200 | 260 |
| | 瞬时 | 250 | 300 | 230 | 220 | 270 | 250 | 300 |
| 化学稳定性 | 耐酸性 | 一般 | 好 | 好 | 好 | 良好 | 好 | |
| | 耐碱性 | 一般 | 好 | 好 | 好 | 耐弱碱 | 中 | |

高温滤料的材料成本一般较高，滤料价格昂贵，所以滤料的使用寿命要引起足够的重视。应用表明，滤袋失效的主要原因是滤料选型欠妥或加工不当、机械磨损、化学侵蚀、高温熔化、结露黏结等。

除了上述高温滤料外还有把不同高温纤维复合在一起的高温滤料。它针对不同应用场所和要求，使滤料具有某方面的优良性能。例如氟美斯滤料是其中的一种，其性能见表7-36。几种典型耐高温滤料的技术性能见表7-37。

**表7-36 氟美斯耐高温针刺毡滤料的性能**

| 品种 \ 性能 | 厚度/mm | 单位面积质量/(g/m²) | 连续工作温度/℃ | 透气性/[m³/(m²·s)] | 断裂强度(25mm)/N | | 过滤风速/(m/min) | 原料构成 |
|---|---|---|---|---|---|---|---|---|
| | | | | | 经向 | 纬向 | | |
| FMS9801 高温防静电型 | 1.8～2.0 | ≤800 | 300 | 15～30 | 1600 | 1400 | 1～1.5 | 玻纤、碳纤维 |
| FMS9802 耐酸型 | 1.8～2.0 | ≤800 | 240～260 | 15～30 | 1600 | 1400 | 1～1.5 | 玻纤、巴斯夫、诺美克斯、防酸处理 |
| FMS9803 通用型 | 1.8～2.0 | ≤800 | 260～280 | 15～30 | 1600 | 1400 | 1～1.5 | 玻纤、诺美克斯、巴斯夫 |
| FMS9804 耐折型 | 1.8～2.0 | ≤800 | 180～210 | 15～30 | 1600 | 1400 | 1～1.5 | 诺美克斯为主体，玻纤复合 |
| FMS9805 抗结露型 | 1.8～2.0 | ≤800 | 280～300 | 15～30 | 1600 | 1400 | 1～1.5 | 玻纤、巴斯夫、诺美克斯，防水防结露处理 |
| FMS9806 高温型 | 1.8～2.0 | ≤800 | 280～300 | 15～30 | 1600 | 1400 | 1～1.5 | 玻纤、P-84 |
| FMS9807 高防腐型 | 1.8～2.0 | ≤800 | 240～260 | 15～30 | 1600 | 1400 | 1～1.5 | 玻纤、莱顿 |
| FMS9808 通用型 | 1.8～2.0 | ≤800 | 200～240 | 15～30 | 1600 | 1400 | 1～1.5 | 玻纤、诺美克斯，双面刺、烧毛、压光 |

**表 7-37 几种典型耐高温滤料的技术性能**

| 特性 | 项目 | | | 滤料型号 | | | | | | | | | |
|---|---|---|---|---|---|---|---|---|---|---|---|---|---|
| | | | | 美塔斯针刺毡 | | | 莱顿针刺毡 | | P84 针刺毡 | | 氟美斯针刺毡 | | |
| | | | | ZLN-F450 | ZLN-F500 | ZLN-R550 | ZLN-P550 | ZLN-R550 | ZLN-F550 | ZLN-9806 | FMS-9806 | FMS-9809 | FMS-9810 |
| 形态特性 | 1 | 材质 | | 芳香族聚酰胺 | | | 聚苯硫醚 | | 聚酰亚胺 | | 复合型 | | |
| | 2 | 真密度/(g/cm³) | | 1.38 | | | 1.37 | | 1.41 | | | | |
| | 3 | 加工方法 | | 针刺成型、热烘燥、热辊压光(根据需要可烧毛) | | | | | | | 特氟龙处理 | | |
| | 4 | 单位面积质量/(g/m²) | | 450 | 500 | 550 | 500 | 550 | 500 | 550 | >800 | >800 | >800 |
| | 5 | 厚度/mm | | 2.0 | 2.3 | 2.2 | 2.0 | 2.1 | 2.6 | 2.7 | 2.4 | 2.5 | 2.1 |
| | 6 | 密度/(g/m³) | | 0.225 | 0.217 | 0.25 | 0.25 | 0.26 | 0.19 | 0.20 | 0.375 | 0.36 | 0.381 |
| | 7 | 孔隙率/% | | 83.7 | 84.2 | 81.9 | 81.8 | 80.9 | 86 | 86 | 82.9 | 83.6 | 82.6 |
| 强力特性 | 1 | 断裂强力(5cm×20cm)/N | 经 | 880 | 950 | 935 | 700 | 750 | 720 | 700 | >1800 | >1800 | >1800 |
| | 2 | | 纬 | 950 | 1000 | 1300 | 1010 | 1000 | 680 | 700 | >1800 | >1800 | >2000 |
| 伸长特性 | 1 | 断裂伸长率/% | 经 | 30 | 27 | 27.4 | 24.8 | 25.0 | 25 | 25 | 10 | 10 | 10 |
| | 2 | | 纬 | 43 | 38 | 40.4 | 38.6 | 27.0 | 34 | 34 | 10 | 10 | 10 |
| 透气性 | 1 | 透气度 | m³/(m²·s) | 333 | 267 | 222 | 275 | 220 | 186 | 167 | 133~250 | | |
| | 2 | | m³/(m²·min) | 20 | 16 | 13.3 | 16.5 | 12 | 11.17 | 10 | 8~15 | 8~15 | 8~15 |
| | 3 | 透气度偏差/% | | ±10 | ±10 | ±10 | +16<br>−8 | +10<br>−5 | +4<br>−5 | +4<br>−5 | | | |
| 阻力特性 | 1 | 洁净滤料阻力系数 | | | | 5.3 | 10.5 | | 9.4 | | | | |
| | 2 | 再生滤料阻力系数 | | | | 22.0 | 17.4 | | 19.1 | | | | |
| | 3 | 动态阻力/Pa | | | | 347 | 132 | | 75 | | | | |
| 捕尘特性 | 1 | 静态捕尘率/% | | | | 99.5 | 99.6 | | 99.9 | | | | |
| | 2 | 动态阻力/Pa | | | | 99.9 | 99.9 | | 99.9 | | | | |
| | 3 | 粉尘剥离率/% | | | | 96.3 | 95.2 | | 93.9 | | | | |
| 使用条件 | 1 | 使用温度/℃ | 连续 | 170~200 | | | 170~190 | | 160~240 | | 260 | 400 | 150 |
| | 2 | | 瞬间 | 250 | | | 200 | | 260 | | 300 | 450 | 170 |
| | 3 | 耐酸性 | | 一般 | | | 优 | | 优 | | 优 | | |
| | 4 | 耐碱性 | | 良 | | | 优 | | 差 | | 良 | | |

**8. 金属纤维滤料**

金属纤维毡采用直径为微米级的金属纤维经无纺铺制、叠配及高温烧结而成，多层金属纤维毡由不同孔径层形成孔径梯度，可控制得到极高的过滤精度和较单层毡更大的纳污容量。纤维毡产品孔径分布均匀，具有渗透性能好、强度高、耐腐蚀、耐高温、可折叠、可再生、寿命长等特点，是适合于在高温、高压和腐蚀环境中使用的新一代的高效金属过滤材料。金属纤维和金属纤维毡的性能分别见表 7-38 和表 7-39。

采用金属纤维滤料可达到与通常织物滤料相同的过滤性能，阻力小，清灰较容易。金属纤维滤料能用于高粉尘负荷和较高过滤速度的工况下。

表 7-38 金属纤维的性能

| 产品名称 | | 不锈钢纤维 | | | | | 镍纤维 | | | |
|---|---|---|---|---|---|---|---|---|---|---|
| 牌号 | | 316L | | | | | N6 | | | |
| 规格/μm | | 6～25 | | | | | 6～25 | | | |
| 物理性能 | 密度/(g/cm³) | 7.98 | | | | | 8.89 | | | |
| | 熔点/℃ | 1371～1398 | | | | | 1430～1450 | | | |
| 力学性能 | 规格/μm | 6 | 8 | 12 | 20 | 25 | 6 | 8 | 12 | 20 |
| | 断裂强力/kg | 2.0 | 3.0 | 11.0 | 30.0 | 45.0 | 1.0 | 3.0 | 7.0 | 22.0 |
| | 伸长率/% | 0.6 | 0.8 | 1.0 | 1.3 | 1.3 | 0.46 | 0.77 | 0.75 | 0.88 |

表 7-39 金属纤维毡的性能

| 型号 | 过滤精度/μm | 气泡点压力/Pa | 渗透系数/$10^{-12}m^2$ | 透气度/[$m^3$/(min·$m^2$)] | 孔隙度/% | 纳污容量/(mg/$m^3$) |
|---|---|---|---|---|---|---|
| BZ10D | 7.5～12.4 | 3700 | 4.5 | 90 | 77 | 7.6 |
| BZ15D | 12.5～17.4 | 2600 | 7.2 | 117 | 80 | 8.0 |
| BZ20D | 17.5～22.4 | 1950 | 18.9 | 207 | 81 | 15.5 |
| BZ25D | 22.5～27.4 | 1560 | 27.0 | 297 | 80 | 18.4 |
| BZ30D | 27.5～34.9 | 1300 | 41.4 | 405 | 80 | 25.0 |
| BZ40D | 35～45 | 975 | 54.9 | 522 | 78 | 25.9 |
| BZ60D | 50～70 | 650 | 103.5 | 1080 | 87 | 35.7 |
| DZ15D | 12.5～17.4 | 2510 | 14 | 160 | 75 | — |
| DZ20D | 17.5～22.5 | 1895 | 17.5 | 260 | 75 | — |
| CZ15D | 12.5～17.4 | 2500 | 20 | 190 | 84 | — |
| CZ20D | 17.5～22.5 | 2000 | 36 | 300 | 85 | — |

此外，金属纤维滤料还有防静电、抗放射辐射的性能，寿命也较一般纤维长。但金属纤维滤布的造价高，只能在特殊情况下采用。

**9. 陶瓷纤维滤料**

（1）技术性能 4 种主要陶瓷纤维的典型性能和制法如表 7-40 所列。

表 7-40 4 种主要陶瓷纤维的典型性能和制法

| 纤维种类 | 密度/(g/cm³) | 直径/μm | 拉伸强度/GPa | 弹性模量/GPa | 制法 |
|---|---|---|---|---|---|
| BN | 4～6 | 1.4～1.8 | 0.8～2.1 | 120～350 | 化学气相反应 |
| BN | 6 | 1.8～1.9 | 0.83～1.4 | 2.0 | 聚合物前躯体 |
| $SiO_2$ | 2.20 | 10 | 1.5 | 73 | 熔纺 |
| $Si_3N_4$ | 2.39 | 10 | 2.5 | 300 | 聚合物前躯体 |
| $SiBN_3C$ | 1.85 | 12～14 | 4.0 | 290 | 聚合物前躯体 |

早期的硅铝陶瓷纤维同传统的纺织和无纺纤维一样做成滤料。20 世纪 70 年代研制出陶瓷纺织纤维，纤维成分含铝、硼和硅。经过近 30 年的不断改进，新一代陶瓷纺织纤维滤袋可承受近 800℃的高温。目前，陶瓷纺织纤维滤袋已在许多高温烟气净化中使用。尽管陶瓷纺织纤维滤袋在性能上有很大改进，但这种陶瓷滤料的最大问题是纤维很脆，易断。

（2）制造方法

① 化学气相反应（CVR）法。它是先以 $B_2O_3$ 为原料，经熔纺制成 $B_2O_3$ 纤维；再于较低浓度氨气中加热，使 $B_2O_3$ 与氨气反应生成硼氨中间化合物；再将这种晶型不稳定的纤维在张力下进一步在氨气或氨与氮的混合气体中加热至1800℃，使之转化为BN纤维，其强度可高达2.1GPa，模量345GPa。

② 化学气相沉积（CVD）法。即将钨芯硼纤维氮化而成，首先将硼纤维加热至560℃进行氧化，再将氧化纤维置于氨中加热至1000～1400℃，反应约6h即可制得BN纤维。

③ 有机前躯体法。由聚硼氮烷熔融纺丝制成纤维后，进行交联，生产不熔化的纤维，再经裂解制成纤维。

$Si_3N_4$ 纤维有2种制法：一种是以氯硅烷和六甲基二硅氮烷为起始原料，先合成稳定的氢化聚硅氮烷，经熔融纺丝制成纤维，再经不熔化和烧制而得 $Si_3N_4$ 纤维；另一种是以吡啶和二氯硅烷为原料，在惰性气体保护下反应生成白色的固体加成物，再在氮气中进行氨解得到全氢聚硅氮烷，再于烃类有机溶剂中溶解配制成纺丝溶液，经干法纺丝制成纤维，然后在惰性气体或氨气中于1100～1200℃温度下进行热处理而得氮化硅纤维。

$SiBN_3C$ 纤维也是采用聚合物前躯体法生产的，是最新的陶瓷纤维，起始原料为聚硅氮烷，经熔融纺丝、交联、不熔化和裂解后而得纤维产品。

$SiO_2$ 纤维主要是通过与制备高硅氧玻璃纤维一样的工艺制得的，先制成玻璃料块，再进行二次熔化，用铂金坩埚拉丝炉进行熔融纺丝，温度约1150℃，得到纤维或进一步加工成织物等成品后用热盐酸处理，再烧结使纤维中 $SiO_2$ 的质量分数达到95%～100%。另外，还有以 $SiO_2$ 为原料，配置成高黏度的溶胶后进行纺丝，得到前躯体纤维，再加热至1000℃，便可制得纯度为99.999%的石英纤维。此外，还可用石英棒或管用氢氧焰熔融拉成粗纤维，再以恒定速度通过氢氧焰或煤气火焰高速拉成直径为4～10μm的连续纤维，$SiO_2$ 含量为99.9%。

**10. 玄武岩纤维滤料**

玄武岩滤料主要由 $SiO_2$、$Al_2O_3$、$Fe_2O_3$、CaO、MgO、$K_2O$、$TiO_2$ 等多种氧化物陶瓷成分组成。

（1）技术性能　玄武岩纤维的密度为2.65g/cm³，拉伸长度为4100～45000MPa，研制强度可达4840MPa，模量为225GPa，皆优于E-玻纤和S-玻纤。软化点为960℃，最高使用温度为900℃，在70℃的温水中其强度可保持1200h（而一般玻纤只有200h），伸长率为3.1%，单丝直径为7～17μm，热导率为0.031～0.038W/(m·K)，烧结温度为1050℃，在400℃下的强度保持率为82%，电阻率为 $1\times10^{12}\Omega\cdot cm$，介电损耗角正切（在1MHz频率下）为0.005，比E-玻纤低50%，耐热介电性能极好，耐酸、碱性也比玻纤好，隔热、隔声性能也好，对电磁波可反射或吸收，屏蔽性好。与树脂复合时，其黏合强度比玻璃纤维和碳纤维高，可以碳纤维制成混杂复合材料，使其抗拉强度、模量和其他性能都得到明显提高。其耐高温、抗燃性优良，过滤净化特性突出。玄武岩针刺毡的性能如表7-41所列。

**表7-41　玄武岩针刺毡的性能**

| 型号 | TFM04-8 | | 型号 | TFM04-8 | |
|---|---|---|---|---|---|
| 1 | 单位面积质量 | 800g/m² | 6 | 使用温度 | 300～350℃ |
| 2 | 厚度 | 1.8～2.0mm | 7 | 过滤风速 | 0.8m/min |
| 3 | 透气量 | 90～15dm³/(m²·s) | 8 | 材质 | 玄武岩基布/玄武岩+PTFE |
| 4 | 经向拉力(5cm×20cm) | ≥1600N | 9 | 使用寿命 | 1.5年 |
| 5 | 纬向拉力(5cm×20cm) | ≥1800N | 10 | 应用 | 高温滤料 |

（2）制造方法　首先将玄武岩矿石破碎至50mm大小，然后将它投入专用的池窑中，在

1450～1500℃温度下熔融，再将熔体导入熔融槽并用铂铑喷丝板纺成直径 9～15μm、长度无限的玄武岩连续长丝，每次可制成 200～400 条细丝，冷却后在细丝上涂覆油剂，以保持其柔软性，然后将该长丝绕在收丝机上，摆纱并制成所要求线密度的丝束，干燥后经质检、包装而得连续长丝产品。若要生产短切纤维，则将丝束切断成所需长度的短纤成品。此外，还可通过熔喷法生产超细的玄武岩非织造布。

**11. 热塑成型滤料**

将聚合物热压成单孔型过滤元件，再涂以特殊材料而成滤料。波浪形塑烧板是几种高分子化合物粉体经过铸型、烧结形成一个多孔母体，然后对母体表面进行特殊处理，在其表面形成一层微孔氟化物树脂。塑烧板除尘器具有以下特点：①可在较高进口粉尘浓度下使用，捕尘效率高，对过滤风速 2m/min 以下的粉尘捕集效率可达 99.99%；②压力损失稳定，由于塑烧板表面贴合一层氟化物树脂，表面不粘灰，粉尘很难进入塑烧板内部，所以压力损失随工作时间变化小，其阻力可控制在 1500Pa 左右；③具有较好的疏水性和疏油性，在气体含湿量大或粉尘潮湿的状态下也可连续稳定地运行；④塑烧板表面形成波浪形，使同等体积下的过滤面积大，每片过滤面积达 $9m^2$，从而使得除尘器整体结构紧凑，设备小型化，大大节省空间；⑤烧结成型的塑烧板具有较强的刚性，维护工作量小，寿命长。

**12. 多孔陶瓷滤料**

多孔陶瓷滤料是以耐火原料为骨料，配以黏合剂等经过高温烧结而制成的过滤材料，其内部结构具有大量贯通的可控孔径的细微气孔。陶瓷滤料具有耐高温、耐高压、耐酸碱腐蚀等特点，此外还具有孔径均匀、透气性好的优点，因此可广泛用作过滤、分离、布气和消声材料。但陶瓷滤料性脆易碎，容易产生应力，不适合用于气体温度骤冷骤热的场合。

**13. 滤筒用滤料**

滤筒用滤料有两种类型：一种是合成纤维非织造滤料；另一种是纸质滤料以及这两种滤料的覆膜滤料。滤筒滤料的特点是对其挺度有严格要求，这是其他滤料所没有的。

常用滤筒的滤材主要是纺粘性生产的聚酯无纺布作基材，经过后处理加工而成。该部分滤材又分为 6 大系列产品：普通聚酯无纺布系列；铝（Al）覆膜防静电系列；防油、防水、防污（F2）系列；氟树脂多微孔膜（F3）系列；PTFE 覆膜（F4）系列；纳米海绵体膜（F5）系列。

高温滤筒的滤材适用于生产滤筒。在 150～220℃的温度下还能够使滤筒上的折棱保持足够的挺度，并且长期工作不变形。目前所用的材质有芳纶无纺布及聚苯硫醚无纺布两大系列。

常用滤筒的滤材主要型号及性能见表 7-42。

**表 7-42 常用滤筒的滤材主要型号及性能**

| 序号 | 分类 | 型号 | 单位面积质量/(g/m²) | 厚度/mm | 透气度(Δp=200Pa)/[L/(m²·s)] | 强度 | | 工作温度/℃ | 过滤精度/μm | 备注 |
|---|---|---|---|---|---|---|---|---|---|---|
| | | | | | | 纵向(5cm)/N | 横向(5cm)/N | | | |
| 1 | 涤纶滤料系列 | MH226 | 260 | 0.6 | 150 | 380 | 440 | 4135 | 5 | |
| 2 | 防静电系列 | MH226AL | 260 | 0.6 | 150 | 380 | 440 | ≤65 | 5 | |
| 3 | 拒水防油系列 | MH226F2 | 260 | 0.6 | 150 | 380 | 440 | ≤135 | 5 | |
| | | MH226ALF2 | 260 | 0.6 | 150 | 380 | 440 | ≤65 | 5 | 有抗静电功能 |
| 4 | 氟树脂多微孔膜系列 | MH226F3 | 260 | 0.6 | 50～70 | 380 | 440 | ≤135 | 1 | |

续表

| 序号 | 分类 | 型号 | 单位面积质量/(g/m²) | 厚度/mm | 透气度($\Delta p$=200Pa)/[L/(m²·s)] | 强度 | | 工作温度/℃ | 过滤精度/μm | 备注 |
|---|---|---|---|---|---|---|---|---|---|---|
| | | | | | | 纵向(5cm)/N | 横向(5cm)/N | | | |
| 5 | PTFE 覆膜系列 | MH226F4 | 260 | 0.6 | 50～70 | 380 | 440 | ≤135 | 0.3 | |
| | | MH217F4-ZR | 170 | 0.45 | 50～70 | 250 | 300 | 4135 | 0.3 | 用于焊烟过滤 |
| | | MH226F4-KC | 260 | 0.6 | 45～65 | 380 | 440 | ≤135 | 0.3 | 用于高湿场合 |
| 6 | 纳米海绵体膜系列 | MH217F5 | 170 | 0.45 | 55～80 | 250 | 300 | 120 | 0.5 | 用于大气除尘 |
| | | MH225F5 | 260 | 0.6 | 55～75 | 380 | 440 | ≤135 | 0.5 | |
| | | MH225ALF5 | 260 | 0.6 | 55～75 | 380 | 440 | ≤65 | 0.5 | 有抗静电功能 |
| 7 | 芳纶 | MH483-NO | 335 | 1 | 200 | 1100 | 1000 | ≤200 | 5 | 有基布 |
| 8 | 聚苯硫醚 | MH533-PPS | 330 | 1 | 230 | 650 | 850 | ≤190 | 5 | 无基布 |

注：摘自广州市白云美好滤清器厂样本。

## 四、滤料选用原则和注意事项

**1. 选择的原则及注意事项**

袋式除尘器一般根据含尘气体的性质、粉尘的性质及除尘器清灰方式的不同选择滤料，选择时应遵循下述原则：①滤料性能应满足生产条件和除尘工艺的一般情况和特殊要求；②在上述前提下，应尽可能选择使用寿命长的滤料，这是因为使用寿命长不仅能节省运行费用，而且可以满足气体长期达标排放的要求；③选择滤料时应对各种滤料排序综合比较，不应该用一种所谓“好”滤料去适应各种工况场合；④在气体性质、粉尘性质和清灰方式中，应抓住主要影响因素选择滤料，如高温气体、易燃粉尘等。

**2. 根据含尘气体性质选择**

(1) 气体温度　含尘气体温度是滤料选用中的重要因素。通常把低于 130℃的含尘气体称为常温气体，高于 130℃的含尘气体称为高温气体，所以可将滤料分为两大类，即低于 130℃的常温滤料及高于 130℃的高温滤料。为此，应根据烟气温度选用合适的滤料。有人把 130～170℃的含尘气体称为中温气体，但滤料多选用高温型。

滤料的耐温有“连续长期使用温度”及“瞬间短期温度”两种。“连续长期使用温度”是指滤料可以适用的连续运转的长期温度，应以此温度来选用滤料。“瞬间短期温度”是指滤料所处每天不允许超过 10min 的最高温度，时间过长，滤料就会软化变形。

(2) 气体湿度　含尘气体按相对湿度分为 3 种状态：相对湿度在 30%以下时为干燥气体；相对湿度在 30%～80%为一般状态；气体相对湿度在 80%以上即为高湿气体。对于高湿气体，又处于高温状态时，特别是含尘气体中含 $SO_3$ 时，气体冷却会产生结露现象。这不仅会使滤袋表面结垢、堵塞，而且会腐蚀结构材料，因此需特别注意。对于含湿气体在选择滤料时应注意以下几点。

① 含湿气体使滤袋表面捕集的粉尘润湿黏结，尤其对吸水性、潮解性和湿润性粉尘，会引起糊袋。为此，应选用尼龙与玻璃纤维等表面滑爽、长纤维、易清灰的滤料，并宜对滤料使用硅油、碳氟树脂做浸渍处理，或在滤料表面使用丙烯酸、聚四氟乙烯等物质进行涂布处理。塑烧板和覆膜材料具有优良的耐湿和易清灰性能。但作为高湿气体首选的应是拒水防油滤料。

② 当高温和高湿同时存在时会影响滤料的耐温性，尤其对于尼龙、涤纶、聚酰亚胺等水解稳定性差的材质更是如此，应尽可能避免。

③ 对含湿气体在除尘滤袋设计时宜采用圆形滤袋，尽量不采用形状复杂、布置十分紧凑的扁滤袋和菱形滤袋（塑烧板除外）。

④ 除尘器含尘气体入口温度应高于气体露点温度30℃以上，以避免糊袋。

（3）气体的化学性质　在各种炉窑烟气和化工废气中，常含有酸、碱、氧化剂、有机溶剂等多种化学成分，而且往往受温度、湿度等多种因素的交叉影响。为此，选用滤料时应考虑周全。

涤纶纤维在常温下具有良好的力学性能和耐酸碱性，但它对水分十分敏感，容易发生水解作用，使强力大幅度下降。为此，涤纶纤维在干燥烟气中，其长期运转温度小于130℃，但在高水分烟气中，其长期运转温度只能降到60～80℃，诺美克斯（nomex）纤维具有良好的耐温、耐化学性，但在高水分烟气中，其耐温将由204℃降到150℃。

诺美克斯纤维比涤纶纤维具有较好的耐温性，但在高温条件下其耐化学性差一些。聚苯硫醚纤维具有耐高温和耐酸碱腐蚀的良好性能，适用于燃煤烟气除尘，但抗氧化剂的能力较差，聚酰亚胺纤维虽可以弥补其不足，但水解稳定性又不理想。作为“塑料王”的聚四氟乙烯纤维具有最佳的耐化学性，但价格较贵。

在选用滤料时，必须根据含尘气体的化学成分，抓住主要因素，进行综合考虑。

**3. 根据粉尘性质选择**

（1）粉尘的湿润性和黏着性　粉尘的湿润性、浸润性是通过尘粒间形成的毛细管作用完成的，与粉尘的原子链、表面状态以及液体的表面张力等因素相关，可用湿润角来表征。通常将小于60°者称为亲水性，大于90°者称为憎水性。吸湿性粉尘当在其湿度增加后，粒子的凝聚力、黏性力随之增加，流动性、荷电性随之减小，黏附于滤袋表面，久而久之，清灰失效，尘饼板结。

有些粉尘如CaO、$CaCl_2$、KCl、$MgCl_2$、$Na_2CO_3$等吸湿后进一步发生化学反应，其性质和形态均发生变化，称之为潮解。潮解后粉尘糊住滤袋表面，这是袋式除尘器最忌讳的。

对于湿润性、潮解性粉尘，在选用滤料时应注意滤料的光滑、不起绒和憎水性，其中以覆膜滤料和塑烧板为最好。

湿润性强的粉尘许多黏着力较强，其实湿和黏有不可分割的联系。对于袋式除尘器，如果黏着力过小，将失去捕集粉尘的能力，而黏着力过大又造成粉尘凝聚、清灰困难。

对于黏着性强的粉尘同样应选用长丝不起绒织物滤料，或经表面烧毛、压光、镜面处理的针刺毡滤料，对于浸渍、涂布、覆膜技术应充分利用。从滤料的材质上来说，尼龙、玻纤优于其他品种。

（2）粉尘的可燃性和荷电性　某些粉尘在特定的浓度状态下，在空气中遇火花会发生燃烧或爆炸。粉尘的可燃性与其粒径、成分、浓度、燃烧热以及燃烧速度等多种因素有关。粒径越小，比表面积越大，越易点燃。粉尘爆炸的一个重要条件是密闭空间，在这个空间，其爆炸浓度下限一般为每立方米几十至几百克，粉尘的燃烧热和燃烧速度越高，其爆炸威力越大。

粉尘燃烧或爆炸通常是由摩擦火花、静电火花、炽热颗粒物等引起的，其中荷电性危害最大。这是因为化纤滤料通常是容易荷电的，如果粉尘同时荷电则极易产生火花，所以对于可燃性和易荷电的粉尘如煤粉、焦粉、氧化铝粉和镁粉等，宜选择阻燃型滤料和导电滤料。

一般认为氧指数大于30的纤维织造的滤料，如PVC、PPS、PTEF等是安全的，而对于氧指数小于30的纤维，如丙纶、尼龙、涤纶、聚酰亚胺等滤料可采用阻燃剂浸渍处理。

防静电滤料是指在滤料纤维中混入导电纤维，使滤料在经向或纬向具有导电性能，使电阻小于$1\times10^9\Omega$。常用的导电纤维有不锈钢纤维和改性（渗碳）化学纤维。两者相比，前者导电性能稳定可靠，后者经过一定时间后导电性能易衰退。导电纤维混入量约为基本纤维的2%～5%。

（3）粉尘的流动性和摩擦性　粉尘的流动性和摩擦性较强时会直接磨损滤袋，减短其使用寿命。表面粗糙、菱形不规则的粒子比表面光滑球形粒子磨损性大10倍。粒径为90$\mu$m左右的尘粒的磨损性最大，而当粒径减小到5～10$\mu$m时磨损性已十分微弱。磨损性与气流速度的2～3次方、与粒径的1.5次方成正比，因此，气流速度及其均匀性是必须严格控制的。在常见粉尘中，铝粉、硅粉、焦粉、炭粉、烧结矿粉等属于高磨损性粉尘。对于磨损性粉尘宜选用耐磨性好的滤料。

除尘滤料的磨损部位与形式多种多样，根据经验，滤袋磨损都在下部，这是因为滤袋上部滤速低，气体含尘浓度小的缘故。为防止滤袋下部磨损，设计中应限制袋室下部气流上升的速度。

对于磨损性强的粉尘，选用滤料时应注意以下3点：①化学纤维优于玻璃纤维，膨化玻璃纤维优于一般玻璃纤维，细、短、卷曲性纤维优于粗、长、光滑性纤维；②毡料中宜用针刺方式加强纤维之间的交络性，织物中以缎纹织物最优，织物表面的拉绒也是提高耐磨性的措施，但是毡料、缎纹织物和起绒滤料会增加阻力值；③对于普通滤料，表面涂覆、压光等后处理也可提高其耐磨性。对于玻璃纤维滤料，硅油、石墨、聚四氟乙烯树脂处理可以改善其耐磨、耐折性，但是覆膜滤料用于磨损性强的工况时，膜会过早磨坏，失去覆膜作用。

**4. 按除尘器的清灰方式选择**

袋式除尘器的清灰方式是选择滤料结构品种的另一个重要因素，不同清灰方式的袋式除尘器因清灰能量、滤袋形变特性的不同，宜选用不同品种的滤料结构。

（1）机械振动类袋式除尘器　是利用机械装置（包括手动、电磁振动、气动）使滤袋产生振动而清灰的袋式除尘器。此类除尘器的特点是施加于粉尘层的动能较少而次数较多，因此要求滤料薄而光滑，质地柔软，有利于传递振动波，在过滤面上形成足够的振击力。宜选用化纤缎纹或斜纹织物，厚度为0.3～0.7mm，单位面积质量为300～350g/m$^2$，过滤速度为0.6～1.0m/min，对于小型机组可提高到1.0～1.5m/min。

（2）分室反吹类袋式除尘器　是采用分室结构，利用阀门逐室切换，形成逆向气流反吹，使滤袋缩瘪或鼓胀清灰的袋式除尘器。它有二状态和三状态之分，清灰次数3～5次/h，清灰动力来自于除尘器本体的许用压力，在特殊场合中才另配反吹风动力。它属于低动能清灰类型，滤料应选用质地轻软、容易变形而尺寸稳定的薄型滤料，如729、MP922滤料。其过滤速度与机械振动类除尘器相当。

分室反吹类袋式除尘器具有内滤与外滤之分，滤料的选用没有差异。对大中型除尘器常用圆形袋，无框架，有支撑环；袋径120～300mm，滤袋长径比为（15～40）：1，优先选用缎纹（或斜纹）机织滤料；在特殊场合也可选用基布加强的薄型针刺毡滤料，厚1.0～1.5mm，单位面积质量300～400g/m$^2$。对于小型除尘器常用扁袋、菱形袋或蜂窝形袋，必须带支撑框架，优先选用耐磨性、透气性好的薄形针刺毡滤料，单位面积质量350～400g/m$^2$，也可选用纬二重或双重织物滤料。

（3）振动反吹并用类袋式除尘器　指兼有振动和逆气流双重清灰作用的袋式除尘器。振动使尘饼松动，逆气流使粉尘脱离，两种方式相互配合，提高了清灰效果，尤其适用于细颗粒黏性尘。此类除尘器的滤料选用原则大体上与分室反吹类除尘器相同，以选用缎纹（或斜纹）机织滤料为主。随着针刺毡工艺水平和产品质量的提高，发展趋势是选用基布加强、尺寸稳定的薄型针刺毡。

（4）喷嘴反吹类袋式除尘器　是利用风机作反吹清灰动力，在除尘器过滤状态时，通过移动喷嘴依次对滤袋喷吹，形成强烈反向气流。对滤袋清灰的袋式除尘器，属中等动能清灰类型。袋式除尘器用喷嘴清灰的有回转反吹、往复反吹和气环滑动反吹等几种形式。

回转反吹和往复反吹袋式除尘器采用带框架的外滤扁袋形式，结构紧凑。此类除尘器要求选用比较柔软、结构稳定、耐磨性好的滤料，优先用于中等厚度针刺毡滤料，单位面积质量为350～500g/m²。

气环滑动反吹袋式除尘器属于喷嘴反吹类袋式除尘器的一种特殊形式，采用内滤圆袋，喷嘴为环缝形，套在圆袋外面上下移动喷吹。要求选用厚实、耐磨、刚性好、不起毛的滤料，宜选用压缩毡和针刺毡，因滤袋磨损严重，该类除尘器极少采用。

（5）脉冲喷吹类袋式除尘器　指以压缩空气为动力，利用脉冲喷吹机构在瞬间释放压缩气流与诱导数倍的二次空气高速射入滤袋，使其急剧膨胀。依靠冲击振动和反向气流清灰的袋式除尘器，属高动能清灰类型，它通常采用带框架的外滤圆袋或扁袋。要求选用厚实、耐磨、抗张力强的滤料，优先选用化纤针刺毡或压缩毡滤料，单位面积质量为500～650g/m²。

**5. 按特殊工况选用滤料**

特殊除尘工况主要指以下几种情况：①高浓度粉尘工艺收尘；②高湿度工艺收尘；③温度变化大的间断工艺收尘；④含有可燃气体的工艺收尘；⑤排放标准严格和具有特殊净化要求的场合；⑥要求低阻运行的场合；⑦含有油雾等黏性微尘气体的处理。

处理以上特殊工艺和场合的气体，在除尘系统的设计、除尘设备的选用、滤料的选用上都要综合考虑、区别对待。特殊烟气处理方法及滤料选用见表7-43。

**表7-43　特殊烟气处理方法及滤料选用**

| 特殊除尘工况 | 除尘系统设计 | 除尘设备 | 滤袋材料 |
|---|---|---|---|
| 高浓度 | (1)采用较低过滤风速；<br>(2)对含有硬质粗颗粒的烟气，前级可采取粗颗粒分离器 | (1)采用外滤脉冲除尘器；<br>(2)滤袋间隔较宽，落灰畅通；<br>(3)应设计较大灰斗，使气流分布合理，采取防止冲刷滤袋的措施；<br>(4)清灰装置应连续运行可靠 | (1)滤袋应变形小，厚实；<br>(2)滤袋表面压光或浸渍疏油、疏水及助剂处理；<br>(3)最好选用PTFE复合滤料 |
| 高湿式工况变化大 | (1)系统管道保温、疏水；<br>(2)除尘器保温或加热；<br>(3)控制工艺设备工作温度 | (1)采用船形灰斗，气炮等防止灰斗堵灰；<br>(2)喷吹压缩空气应干燥，并加热防结露；<br>(3)设干燥送热风系统；<br>(4)采用塑烧板除尘设备；<br>(5)增加喷吹系统的压力 | (1)采用PTFE复合滤料；<br>(2)在保证滤料不结露的情况下，可采取疏水、疏油性好的表面光滑处理的滤料 |
| 温度变化大，间断工艺 | (1)延长除尘管道，防止温度过高；<br>(2)增加蓄热式冷却器，减少温度波动；<br>(3)增加掺兑冷风的冷风阀，防止温度过高 | (1)如温度下降有结露情况，需考虑除尘设备的保温和伴热；<br>(2)喷吹压缩空气需干燥 | (1)采用相适应的耐温滤料；<br>(2)湿度大时，需采用疏水滤料 |
| 标准排放要求高或有特殊的净化要求 | (1)过滤风速取常规的1/2～2/3；<br>(2)避免清灰不足或清灰过度，有效控制清灰的压力、振幅和周期 | (1)密封好除尘设备；<br>(2)采用静电-袋滤复合型除尘器；<br>(3)增加过滤面积 | (1)采用特殊工艺的MPS滤料，涂一层有效的活性滤层，对小于5μm的粉尘有良好的过滤效果；<br>(2)采用PTFE覆膜滤料；<br>(3)采用超细纤维滤料 |
| 稳定低阻运行 | (1)减小进出风口的阻力；<br>(2)减小设备内部的阻力 | (1)有效的清灰机构；<br>(2)减少清灰周期；<br>(3)采用定阻清灰控制；<br>(4)降低过滤速度 | (1)采用常规滤料浸渍、涂布、压光等后处理工艺；<br>(2)实行表面过滤，防止运行期间滤料的阻力增大 |

续表

| 特殊除尘工况 | 除尘系统设计 | 除尘设备 | 滤袋材料 |
| --- | --- | --- | --- |
| 含有油雾的除尘 | (1)可能与其他除尘工艺合并,以吸收油雾;<br>(2)预喷涂和连续在管道内部添加适量的吸附性粉尘;<br>(3)有火星和燃烧爆炸的可能,增加阻火器 | (1)采用脉冲除尘器,提高清灰能力;<br>(2)除尘器保温加热,防止油雾和水汽凝结;<br>(3)设备采取防爆措施 | (1)选用经疏油、疏水处理的滤料;<br>(2)采用 PTFE 覆膜滤料;<br>(3)采用波浪形塑烧板 |

# 第七节　塑烧板除尘器

随着粉体处理技术的发展，对回收和捕集粉尘的要求也更为严格。由于微细粉尘特别是 5μm 以下的粉尘对人体健康的危害最大，在这种情况下，对于除尘器就会提出很高的要求，这就要求除尘器具有捕集微细粉尘效率高、体积小、维修保养方便、使用寿命长等特点。塑烧板除尘器就是为满足这些要求研制而成的新一代除尘器。塑烧板除尘器具有体积小、效率高、维修保养方便、能过滤吸潮和含水量高的粉尘、过滤含油及纤维粉尘的独特优点，是静电除尘器和袋式除尘器无法胜任的。由于塑烧板除尘器是用塑烧板代替滤袋式过滤部件的除尘器，适合于规模不大、气体中含水或（和）含油的作业场合。

## 一、塑烧板除尘器工作原理

**1. 分类**

按照塑烧板的安装形式分类可分为水平安装塑烧板除尘器和垂直安装塑烧板除尘器两种。

按照塑烧板除尘器处理烟气耐温性能分类可分为常温塑烧板除尘器和高温塑烧板除尘器两种。

处理烟气在常温状态下，按某国外专利生产的塑烧板，可分为 HSL、DELTA 和DELTA$^2$ 三种。

**2. 结构**

塑烧板除尘器由箱体、框架、清灰装置、排灰装置等部分组成，其结构特点是：过滤元件是塑烧板，用脉冲清灰装置清灰，箱体较小，结构紧凑，灰斗可设计成方形或船形。

**3. 工作原理**

含尘气流经风道进入中部箱体（尘气箱），当含尘气体由塑烧板的外表面通过塑烧板时，粉尘被阻留在塑烧板外表面的 PTFE 涂层上，洁净气流透过塑烧板外表面经塑烧板内腔进入净气箱，并经排风管道排出。随着塑烧板外表面粉尘的增加，电子脉冲控制仪或 PLC 程序可按定阻或定时控制方式，自动选择需要清理的塑烧板，触发打开喷吹阀，将压缩空气喷入塑烧板内腔中，反吹掉聚集在塑烧板外表面的粉尘，粉尘在气流及重力作用下落入料斗之中，如图 7-70 所示。

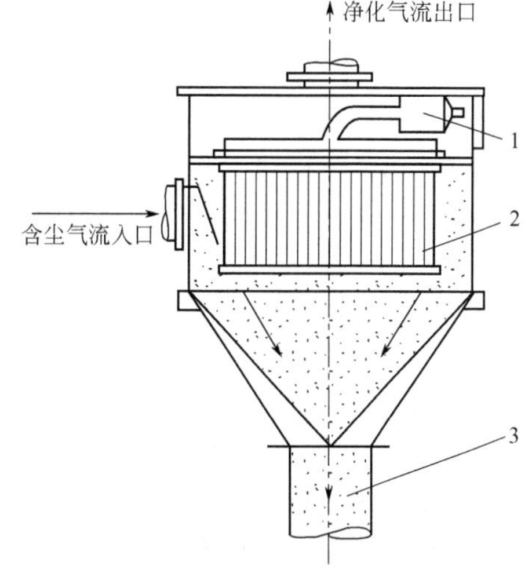

图 7-70　塑烧板除尘器的工作原理

1—压缩空气包；2—塑烧板；3—出灰口

塑烧板除尘器的工作原理与普通袋式除尘器基本相同，其区别在于塑烧板的过滤机理属于表面过滤，主要是筛分效应，且塑烧板自身的过滤阻力较一般织物滤料稍高。正是由于这两个方面的原因，塑烧板除尘器的阻力波动范围比袋式除尘器小，使用塑烧板除尘器的除尘系统运行比较稳定。塑烧板除尘器的清灰过程不同于其他除尘器，它完全是靠气流反吹把粉尘层从塑烧板上逆洗下来，在此过程中没有塑烧板的变形或振动。粉尘层脱离塑烧板时呈片状落下，而不是分散飞扬，因此不需要太大的反吹气流速度。

## 二、塑烧板特点

塑烧板是除尘器的关键部件，塑烧板的性能直接影响除尘效果。塑烧板由高分子化合物粉体经铸型、烧结成多孔的母体，并在表面及空隙处涂上 PTFE（氟化树脂）涂层，再用黏合剂固定而成，塑烧板内部孔隙直径为 40～80μm，而表面孔隙为 1～6μm。

塑烧板的外形类似于扁袋，外表面则为波纹形状，因此较扁袋增加过滤面积。塑烧板内部有空腔，作为净气及清灰气流的通道。

**1. 材质特点**

波浪式塑烧过滤板由几种高分子化合物粉体、特殊的结合剂严格组合后进行铸型、烧结，形成一个多孔母体，然后通过特殊的喷涂工艺，在母体表面的空隙里填充 PTFE 涂层，形成 1～4μm 左右的孔隙，再用特殊黏合剂加以固定而制成。目前的产品主要是耐热 70℃及耐热 160℃两种。为防止静电，还可以预先在高分子化合物粉体中加入易导电物质，制成防静电型过滤板，从而扩大产品的应用范围。几种塑烧板的剖面如图 7-71 所示。

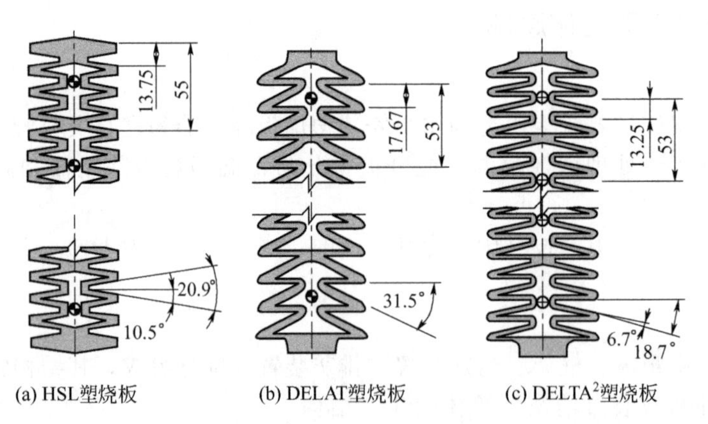


图 7-71 几种塑烧板的剖面

塑烧板的外部形状特点是具有像手风琴箱那样的波浪形，若把它们展开成一个平面，相当于扩大了 3 倍的表面积。波浪式过滤板的内部分成 8 个或 18 个空腔，这种设计除了考虑零件的强度之外，更为重要的是气体动力的需要，它可以保证在脉冲气流反吹清灰时，同时清去过滤板上附着的尘埃。

塑烧板的母体基板厚约 4～5mm。在其内部，经过对时间、温度的精确控制烧结后，形成均匀孔隙，然后喷涂 PTFE 涂层使得孔隙达到 1～4μm 左右。独特的涂层不只限于滤板表面，而是深入到孔隙内部。塑烧过滤元件具有刚性结构，其波浪形外表及内部空腔间的筋板，具备足够的强度保持自己的形状，而无需钢制的骨架支撑。刚性结构其不变形的特点与袋式除尘器反吹时滤布纤维被拉伸产生形变现象的区别，也就使得二者允许的瞬时最大浓度有很大区别。塑烧板结构的优化，使得安装与更换滤板极为方便。操作人员在除尘器外部，打开两侧检修门，固定拧紧过滤板上部仅有的两个螺栓就可完成一片塑烧板的装配和更换。其结构形式与优化如图 7-72 所示。

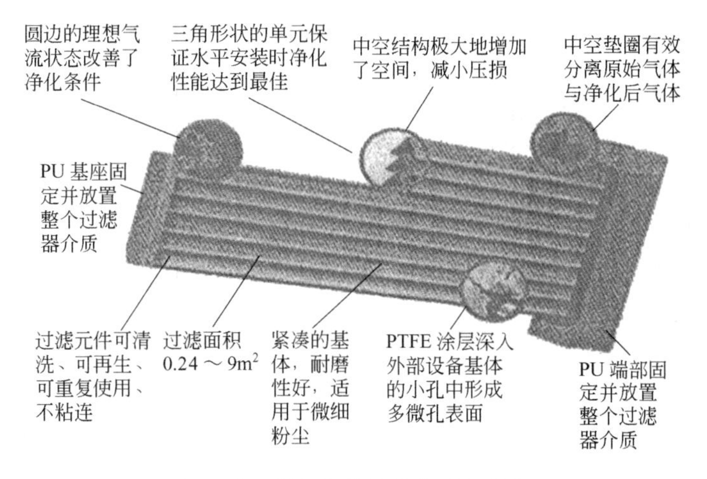


图 7-72　塑烧板的结构形式与优化

**2. 性能特点**

(1) 粉尘捕集效率高　塑烧板的粉尘捕集效率是由其本身特有的结构和涂层来实现的，它不同于袋式除尘器，后者的高效率是建立在黏附粉尘的二次过滤上。从实际测试的数据看，一般情况下除尘器排气含尘质量浓度均可保持在 $2mg/m^3$ 以下。虽然排放浓度与含尘气体入口浓度及粉尘粒径等有关，但通常对 $2\mu m$ 以下超细粉尘的捕集效率仍可保持99.9%的超高效率。DELTA² 型号塑烧板利用 PTFE 涂层捕集粉尘见图 7-73。

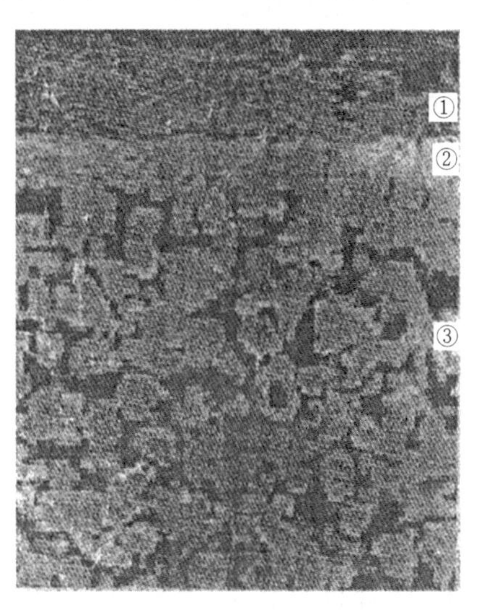


图 7-73　DELTA² 型号塑烧板利用 PTFE 涂层捕集粉尘
①—捕集的粉尘；②—PTFE 涂层；孔径为 $1\sim2\mu m$；③—塑烧板刚性基体，孔径约 $30\mu m$

(2) 压力损失稳定　由于波浪式塑烧板是通过表面的 PTFE 涂层对粉尘进行捕捉的，其光滑的表面使粉尘极难透过与停留，即使有一些极细的粉尘可能会进入空隙，但随即会被设定的脉冲压缩空气流吹走，所以在过滤板母体层中不会发生堵塞现象，只要经过很短的时间，过滤元件的压力损失就趋于稳定并保持不变。这就表明，特定的粉体在特定的温度条件下，损失仅与过滤风速有关而不会随时间上升。因此，除尘器运行后的处理风量将不会随时间而发生变化，这就保证了吸风口的除尘效果。由图 7-74、图 7-75 可以看出压力损失随过滤速度、运行粒径的变化。

(3) 清灰效果　树脂本身固有的惰性与其光滑的表面，使粉体几乎无法与其他物质发生物理化学反应和附着现象。滤板的刚性结构也使得脉冲反吹气流从空隙喷出时滤片无变形。脉冲气流是直接由内向外穿过滤片作用在粉体层上，所以滤板表层被气流吸附的粉尘，在瞬间即可被除去。脉冲反吹气流的作用力不会随滤布袋变形后被缓冲吸收而减弱。

(4) 强耐湿性　由于制成滤板的材料及涂层具有完全的疏水性，水喷洒其上将会看到有趣的现象是：凝聚水珠汇集成水滴淌下。故纤维织物滤袋因吸湿而形成水膜，从而引起阻力急剧上升的情况在塑烧板除尘器上不复存在。这对于处理冷凝结露的高温烟尘和吸湿性很强的粉尘如磷酸氨、氯化钙、纯碱、芒硝等，将会达到很好的使用效果。

(5) 使用寿命长　塑烧板的刚性结构消除了纤维织物滤袋因骨架磨损引起的寿命问题。寿

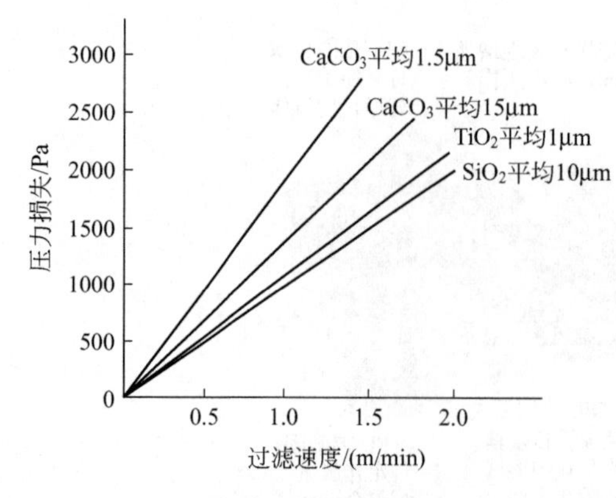


图 7-74 压力损失随过滤速度的变化

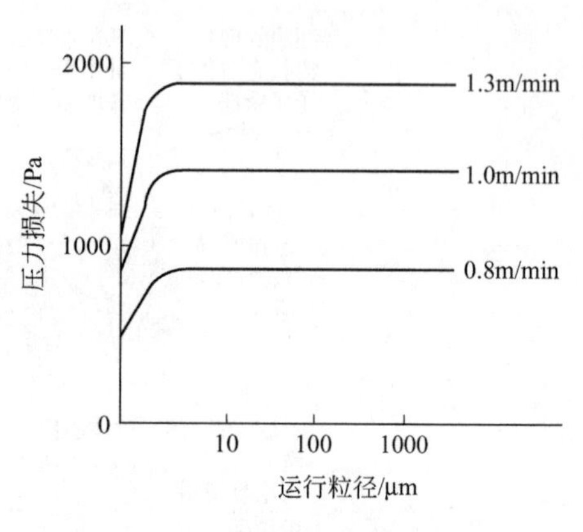


图 7-75 压力损失随运行粒径的变化

命长的另一个重要表现还在于滤板的无故障运行时间长，它不需要经常维护与保养。良好的清灰特性将保持其稳定的阻力，使塑烧板除尘器可长期有效地工作。事实上，如果不是温度或一些特殊气体未被控制好，塑烧板除尘器的工作寿命将会相当长。即使因偶然的因素损坏滤板，也可用特殊的胶水黏合后继续使用，并不会因小小的一条黏合缝而带来不良影响。

（6）除尘器结构小型化 由于过滤板表面形状呈波浪形，展开后的表面积是其体面积的 3 倍，故装配成除尘器后所占的空间仅为相同过滤面积袋式除尘器的 1/2，附属部件因此小型化，所以具有节省空间的特点。

## 三、普通塑烧板除尘器

### 1. 除尘器的特点

塑烧板属表面过滤方式，除尘效率较高，排放浓度通常低于 10mg/m$^3$，对微细尘粒也有较好的除尘效果；设备结构紧凑，占地面积小；由于塑烧板的刚性本体不会变形，无钢骨架磨损小，所以使用寿命长，约为滤袋的 2～4 倍；塑烧板表面和孔隙喷涂过 PTFE 涂层，其由惰性树脂构成，是完全疏水的，不但不粘干燥粉尘，而且对含水较多的粉尘也不易黏结，所以用塑烧板除尘器处理高含水量或含油量粉尘是最佳选择；塑烧板除尘器价格昂贵，处理同样风量约为袋式除尘器的 2～6 倍。由于其构造和表面涂层，故在其他除尘器不能使用或使用不好的场合，塑烧板除尘器能发挥良好的使用效果。

尽管塑烧板除尘器的过滤元件几乎无任何保养，但在特殊行业，如颜料生产时的颜色品种更换、喷涂作业的涂料更换、药品仪器生产时的定期消毒等，均需拆下滤板进行清洗处理。此时，塑烧板除尘器的特殊构造将使这项工作变得十分容易，操作人员在除尘器外部即可进行操作，卸下两个螺栓即可更换一片滤板，作业条件得到根本改善。

### 2. 安装要求

塑烧板除尘器的制造安装要点是：①塑烧板吊挂及水平安装时必须与花板连接严密，把胶垫垫好不漏气；②脉冲喷吹管上的孔必须与塑烧板空腔上口对准，如果偏斜，会造成整块板清灰不良；③塑烧板安装必须垂直向下，避免板间距不均匀；④塑烧板除尘器检修门应进出方便，并且要严禁泄漏现象。

在维护方面，塑烧板除尘器比袋式除尘器方便，容易操作，也易于检修。平时应注意脉冲气流压力是否稳定，除尘器阻力是否偏高，卸灰是否通畅等。

### 3. 塑烧板除尘器的性能

（1）产品性能特点 除尘效率高达 99.99%，可有效去除粒径 1μm 以上的粉尘，净化值小于 1mg/m$^3$；使用寿命长达 8 年以上；有效过滤面积大，占地面积仅为传统布袋过滤器的

1/3；耐酸碱、耐潮湿、耐磨损；系统结构简单，维护便捷；运行费用低，能耗低；有非涂层、标准涂层、抗静电涂层、不锈钢涂层、不锈钢型等供选择，普通型过滤元件温度达70℃。

(2) 常温塑烧板除尘器 HSL型、DELTA型及$DELTA^2$型各种规格的塑烧板除尘器，过滤面积从小至1$m^2$到大至数千平方米可根据客户的具体要求、进行特别设计。常用HSL型塑烧板除尘器的外形尺寸见图7-76，主要性能参数见表7-44；常用HSL型塑烧板除尘器的安装尺寸见表7-45；DELTA1500型塑烧板除尘器的外形尺寸见图7-77，主要性能参数见表7-46。

**表7-44 常用HSL型塑烧板除尘器的主要性能参数**

| 型号 | 过滤面积/$m^2$ | 过滤风速/(m/min) | 处理风量/($m^3$/h) | 设备阻力/Pa | 压缩空气/($m^3$/h) | 压缩空气压力/MPa | 脉冲阀个数/个 |
|---|---|---|---|---|---|---|---|
| H1500-10/18 | 76.4 | 0.8～1.3 | 3667～5959 | 1300～2200 | 11.0 | 0.45～0.50 | 5 |
| H1500-20/18 | 152.6 | 0.8～1.3 | 7334～11918 | 1300～2200 | 17.4 | 0.45～0.50 | 10 |
| H1500-40/18 | 305.6 | 0.8～1.3 | 14668～23836 | 1300～2200 | 34.8 | 0.45～0.50 | 20 |
| H1500-60/18 | 458.4 | 0.8～1.3 | 22000～35755 | 1300～2200 | 52.3 | 0.45～0.50 | 30 |
| H1500-80/18 | 611.2 | 0.8～1.3 | 29337～47673 | 1300～2200 | 69.7 | 0.45～0.50 | 40 |
| H1500-100/18 | 764.0 | 0.8～1.3 | 36672～59592 | 1300～2200 | 87.1 | 0.45～0.50 | 50 |
| H1500-120/18 | 916.8 | 0.8～1.3 | 44006～71510 | 1300～2200 | 104.6 | 0.45～0.50 | 60 |
| H1500-140/18 | 1069.6 | 0.8～1.3 | 51340～83428 | 1300～2200 | 125.0 | 0.45～0.50 | 70 |

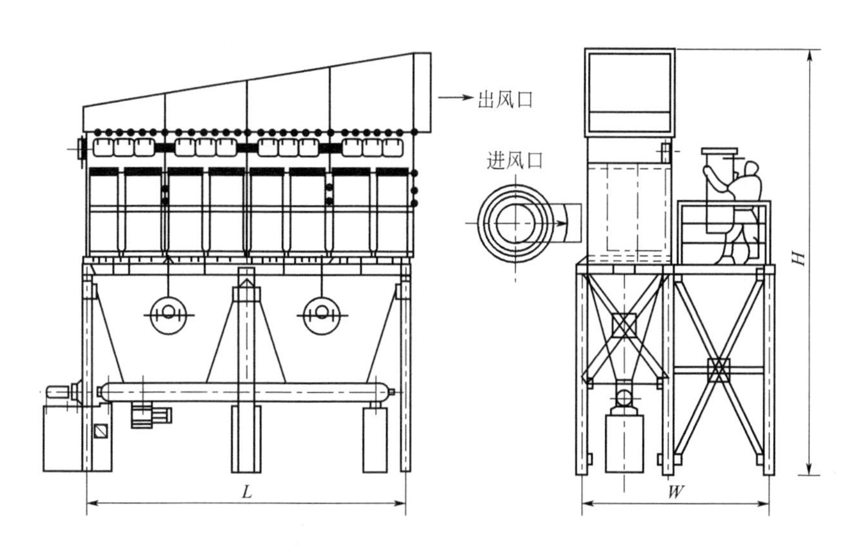


图7-76 常用HSL型塑烧板除尘器的外形尺寸

**表7-45 常用HSL型塑烧板除尘器的安装尺寸**

| 型号 | 过滤面积/$m^2$ | 设备外形尺寸/mm | | | 入风口尺寸/mm | 出风口尺寸/mm |
|---|---|---|---|---|---|---|
| | | L | W | H | | |
| H1500-10/18 | 76.4 | 1100 | 1600 | 4000 | $\phi$350 | $\phi$500 |
| H1500-20/18 | 152.6 | 1600 | 1600 | 4500 | $\phi$450 | $\phi$650 |
| H1500-40/18 | 305.6 | 3200 | 3600 | 4900 | 2$\phi$450 | 1600×500 |
| H1500-60/18 | 458.4 | 4800 | 3600 | 5300 | 3$\phi$450 | 1600×700 |
| H1500-80/18 | 611.2 | 5400 | 3600 | 5700 | 4$\phi$450 | 1600×900 |
| H1500-100/18 | 764.0 | 7000 | 3600 | 6100 | 5$\phi$450 | 1600×1100 |
| H1500-120/18 | 916.8 | 8600 | 3600 | 6500 | 6$\phi$450 | 1600×1300 |
| H1500-140/18 | 1069.6 | 10200 | 3600 | 6900 | 7$\phi$450 | 1600×1500 |

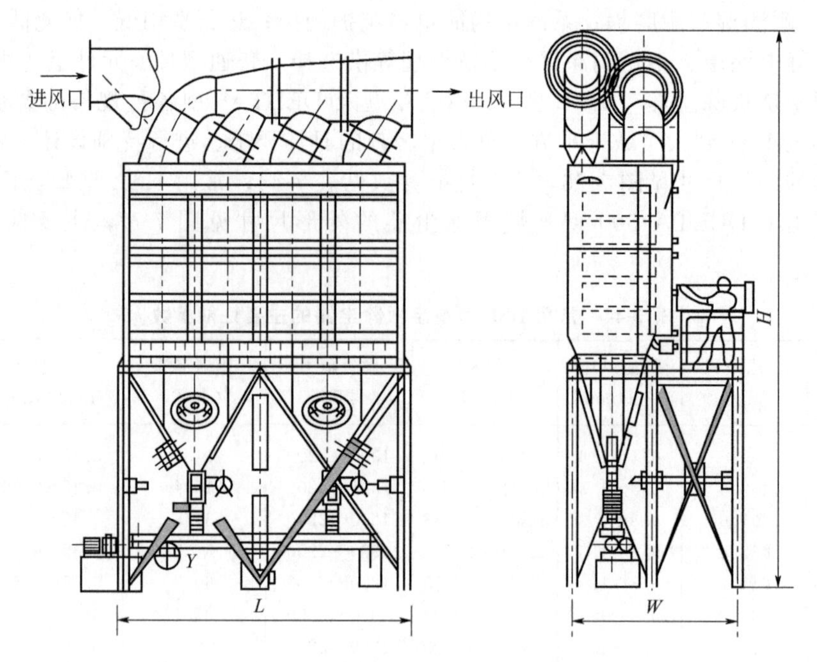


图 7-77 DELTA1500 型塑烧板除尘器的外形尺寸

**表 7-46 DELTA1500 型塑烧板除尘器的主要性能参数**

| 型号 | 过滤面积/$m^2$ | 过滤风速/(m/min) | 处理风量/($m^3$/h) | 设备阻力/Pa | 压缩空气/($m^3$/h) | 压缩空气压力/MPa | 脉冲阀个数/个 |
|---|---|---|---|---|---|---|---|
| D1500-24 | 90 | 0.8～1.3 | 4331～7038 | 1300～2200 | 7.66 | 0.45～0.50 | 12 |
| D1500-60 | 225 | 0.8～1.3 | 10828～17596 | 1300～2200 | 19.17 | 0.45～0.50 | 12 |
| D1500-120 | 450 | 0.8～1.3 | 21657～35193 | 1300～2200 | 38.35 | 0.45～0.50 | 24 |
| 01500-180 | 675 | 0.8～1.3 | 32486～52790 | 1300～2200 | 57.52 | 0.45～0.50 | 36 |
| D1500-240 | 900 | 0.8～1.3 | 43315～70387 | 1300～2200 | 76.70 | 0.45～0.50 | 48 |
| D1500-300 | 1125 | 0.8～1.3 | 54114～87984 | 1300～2200 | 95.88 | 0.45～0.50 | 69 |
| D1500-360 | 1350 | 0.8～1.3 | 64972～105580 | 1300～2200 | 115.05 | 0.45～0.50 | 72 |
| D1500-420 | 1575 | 0.8～1.3 | 75801～123177 | 1300～2200 | 134.23 | 0.45～0.50 | 84 |

## 四、高温塑烧板除尘器

高温塑烧板除尘器与常温塑烧板除尘器的区别在于制板的基料不同，所以除尘器耐温程度亦不同。

ALPHASYS 系列高温塑烧板除尘器主要是针对高温气体除尘场合而开发的除尘器，以陶土、玻璃等材料为基质，耐温可达 350℃，具有极好的化学稳定性。圆柱状的过滤单元外表面覆涂无机物涂层可以更好地进行表面过滤。

高温塑烧板除尘器包含一组或多组过滤单元簇，每簇过滤单元由多根过滤棒组成。每簇过滤单元可以很方便地从洁净空气一侧进行安装。过滤单元簇一端装有弹簧，可以补偿滤料本身以及金属结构由于温度的变化所产生的胀缩。过滤单元簇采用水平安装方式，这样的紧凑设计可以进一步减小设备体积，而且易于维护。采用常规的压缩空气脉冲清灰系统对过滤单元簇逐个进行在线清灰。

ALPHASYS 系列高温塑烧板除尘器具有以下优点，①适用于高温场合，耐温可达 350℃；②极好的除尘效率，净化值小于 1mg/$m^3$；③阻力低，过滤性能稳定可靠，使用寿命长；④过滤单元簇从洁净空气室一侧进行安装，安装维护方便；⑤体积小，结构紧凑，模块化设计。高温塑烧板除尘器所用过滤元件的主要参数见表 7-47。高温塑烧板除尘器过滤单元簇从洁净空气室一侧水平安装，并且在高度方向可以叠加至 8 层，在宽度方向也可以并排布置数列。

表 7-47　高温塑烧板除尘器所用过滤元件的主要参数

| 过滤元件型号 | HERDINGALPHA |
| --- | --- |
| 基体材质 | 陶土、玻璃 |
| 孔隙率/% | 约 38% |
| 过滤管尺寸(外径/内径/长度)/mm | 50/30/1200 |
| 空载阻力(过滤风速为 1.6m/min)/Pa | 约 300 |
| 最高工作温度/℃ | 350 |

高温塑烧板除尘器单个模块过滤面积为 $72m^2$；在过滤风速为 1.4m/min 时，处理风量为 $6000m^3/h$，外形尺寸为 1430mm×2160mm×5670mm。3 个模块过滤面积为 $216m^2$，在过滤风速为 1.4m/min 时，处理风量为 $18000m^3/h$，外形尺寸为 4290mm×2160mm×5670mm。

### 五、应用注意事项

塑烧板除尘器的结构设计是非常重要的，气流分配不合理会导致运行阻力上升，清灰效果差。尤其是对于较细、较黏、较轻的粉尘，流场设计是至关重要的。国内某些厂商设备形式采用一侧进风另一侧出风的方式，并且塑烧板与进风方向垂直布置，这一方面会在除尘器内部造成逆向流场，即主流场方向与粉尘下落方向相反，严重影响清灰效果，另一方面对于 10 多米长的除尘器而言，很难保证气流均匀分配。根据袋式除尘器设计经验，在满足现有场地的前提下，对进气口的气流分配采用多级短程进风方式，通过变径管使气流均匀进入每个箱体中，同时在每个箱体的进风口设置调风阀，可以根据具体情况对进入每个箱体的风量进行控制调整，在每个箱体内设有气流分配板，使气流进入箱体后能够均匀地通过每个过滤单元，同时大颗粒通过气流分配板可直接落入料斗之中。

脉冲喷吹系统的工作可靠性及使用寿命与压缩空气的净化处理有很大关系，压缩空气中的杂质，例如污垢、铁锈、尘埃及空气中可能因冷凝而沉积下来的液体成分会对脉冲喷吹系统造成很大的损害。如果由于粗粉尘或油滴通过压缩空气系统反吹进入塑烧板内腔（内腔孔隙约 $30\mu m$），会造成塑烧板堵塞并影响塑烧板寿命。故压缩空气系统设计时应考虑良好的过滤装置，以保证进入塑烧板除尘器的压缩空气质量。

## 第八节　滤筒式除尘器

20 世纪 80 年代以来，伴随国外先进科学技术的引进，依靠环保技术、纺织技术、电子技术和造纸技术的科技进步，相继以长袋低压脉冲袋式除尘器和脉冲滤筒除尘器取而代之，并形成相互抗衡的趋势，构架其除尘技术的主体，以期满足常温状态下高风量、低浓度的空气除尘技术要求。

### 一、滤筒式除尘器的分类

滤筒式除尘器是利用脉冲滤筒作为过滤元件，在脉冲袋式除尘器的应用基础上实现空气除尘和工业粉（烟）尘除尘而研制的新产品，以其大风量（$\geqslant 10^4 m^3/h$）、高效率（≥99.5%）、低压（≤0.3MPa）、低阻损（≤800Pa）的最佳运行参数受到用户的青睐，具有技术先进、结构紧凑、排放达标、占地少、投资省和运行费低等显著特点。

脉冲滤筒式除尘器广泛适用于高炉鼓风机进气除尘、制氧机进气除尘、空气压缩机进气除尘、主控室进气除尘、洁净车间进气除尘、公共建筑的空调进气除尘和中低浓度的烟（空）气除尘。

滤筒式除尘器的主要性能指标见表 7-48。

**表 7-48 滤筒式除尘器的主要性能指标**

| 项目 | 滤筒材质 | | | | | |
|---|---|---|---|---|---|---|
| | 合成纤维非织造 | | 改性纤维素 | 合成纤维非织造覆膜 | | 改性纤维素覆膜 |
| 入口含尘浓度(标态)/(g/m³) | >15 | ≤15 | ≤5 | >15 | ≤15 | ≤5 |
| 过滤风速/(m/min) | 0.3～0.8 | 0.6～1.0 | 0.3～0.6 | 0.3～1.0 | 0.8～1.2 | 0.3～0.8 |
| 出口含尘浓度(标态)/(mg/m³) | ≤30 | | ≤20 | ≤10 | | ≤10 |
| | ≤20 | | ≤10 | ≤5 | | ≤5 |
| 漏风率/% | ≤2 | | ≤2 | ≤2 | | ≤2 |
| 设备阻力/Pa | 1400～1900 | | 1400～1800 | 1400～1900 | | 1300～1800 |
| 耐压强度/kPa | 5 | | | | | |

注：1. 用于特殊工况其耐压强度应按实际情况计算。

2. 实测漏风率按下式计算：

$$\varepsilon_1=\frac{Q_o-Q_i}{Q_o}\times 100\%$$

式中，$Q_i$ 为入口风量，m³/h；$Q_o$ 为出口风量，m³/h。

3. 除尘器的漏风率宜在净气箱静压为－2kPa 条件下测得。当净气箱实测静压与－2kPa 有偏差时，按下列公式计算：

$$\varepsilon=44.72\frac{\varepsilon_1}{\sqrt{|p|}}$$

式中，$\varepsilon$ 为漏风率，%；$\varepsilon_1$ 为实测漏风率，%；$p$ 为净气箱内实测平均静压，Pa。

4. 滤筒式除尘器初始阻力应不大于表 7-48 中阻力的下限值，清灰后的阻力应小于上限值：当除尘器运行阻力超过表 7-48中数值时，可以减少喷吹清灰时间间隔，或改变滤筒安装方式为垂直形式或增加倾斜角度，或采取避免含尘气体中含有油、水液滴等措施。

按其过滤元件的安装形式，滤筒式除尘器可以分为垂直式滤筒除尘器、倾斜式滤筒除尘器和水平式滤筒除尘器（图 7-78）。本节重点介绍居技术发展前沿的脉冲滤筒除尘器，用于中低浓度 15g/m³ 以下的烟（空）气除尘。

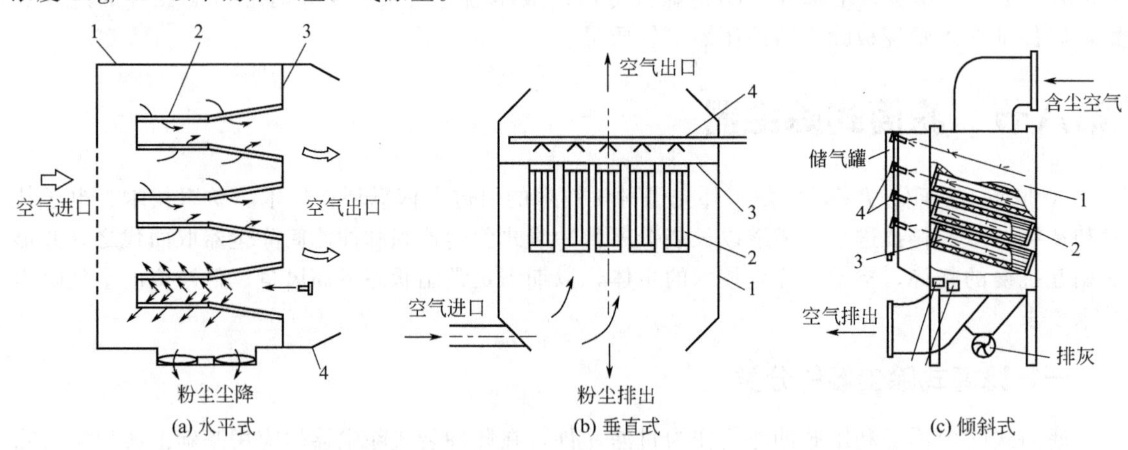


图 7-78 脉冲滤筒除尘器的形式

1—箱体；2—滤筒；3—花板；4—脉冲清灰装置

**1. 水平式滤筒除尘器**

水平式滤筒除尘器主要利用其单个滤筒过滤量大、结构尺寸小的特点，分室将单元滤筒并联起来，形成组合单元体，为实现大容量空气过滤提供排列组合单元，构建任意规格的脉冲滤筒除尘器，具有技术先进、结构合理、多方位进气、空间利用好、钢耗低、造型新颖等特点。

**2. 垂直式滤筒除尘器**

垂直式滤筒除尘器的滤筒垂直安装在花板上，依靠脉冲喷吹清灰滤袋外侧集尘，清除下来的尘饼直接落下、回收。垂直（顶装）式滤筒除尘器适用于 15g/m³ 以下的空气过滤或除尘工程。

**3. 倾斜式滤筒除尘器**

倾斜式安装滤筒的适用于前两者之间的工况，在加强清灰强度仍不能降低阻力时，应改变滤筒安装方式并降低过滤风速。

## 二、滤筒式除尘器的构造

脉冲滤筒除尘器（图 7-79）多数为箱式结构，主要结构包括设备支架、箱体、滤筒、脉冲清灰装置和进出口装置，主体构件为钢结构、褶式滤筒和脉冲喷吹清灰装置。

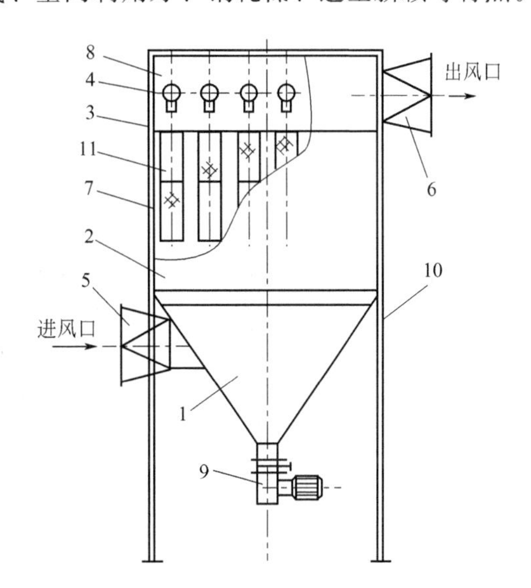


图 7-79 MLT 型脉冲滤筒除尘器

1—灰斗；2—箱体；3—花板；4—脉冲清灰装置；5—进口装置；6—出口装置；7—尘气室；8—净气室；9—卸灰装置；10—设备支架；11—滤袋

**1. 箱体**

脉冲滤筒除尘器发扬脉冲袋式除尘器的优化指标，具有“吸气、检修、清灰、出灰、保洁”一体化的特性指标。箱体为钢制，采用多元组合结构装配，具有“高效、密封、强度、刚度”兼容的功能。根据地域或厂区空气质量的不同，北方地区在结构上应增设防风雪、防树叶等杂物混入的防护设施，以设计灰斗集灰为佳。

MLT 型脉冲滤筒除尘器发扬脉冲除尘器的技术特性，按不同的空气处理量，组合设计为若干个标准产品规格（表 7-49）；也可按用户需要，设计与提供非标准规格产品。

**表 7-49 MLT 型脉冲滤筒除尘器的技术特性**

| 序号 | 项目 | 单位 | 处理风量/(km³/h) | | | | | | |
|---|---|---|---|---|---|---|---|---|---|
| | | | 100 | 150 | 200 | 250 | 300 | 350 | 400 |
| 1 | 型号 | | MLT10 | MLT15 | MLT20 | MLT25 | MLT30 | MLT35 | MLT40 |
| 2 | 过滤面积 | m² | 1728 | 2592 | 3456 | 4320 | 5184 | 6048 | 6912 |
| 3 | 单组过滤面积 | m²/组 | 2×24 | 2×24 | 2×24 | 2×24 | 2×24 | 2×24 | 2×24 |
| 4 | 滤筒数量 | 组 | 36 | 54 | 72 | 90 | 108 | 126 | 144 |
| 5 | 灰斗数量 | 个 | 1 | 1 | 1 | 1 | 2 | 2 | 2 |
| 6 | 设备阻力 | Pa | 600～800 | 600～800 | 600～800 | 600～800 | 600～800 | 600～800 | 600～800 |
| 7 | 入口浓度 | mg/m³ | ≤100 | ≤100 | ≤100 | ≤100 | ≤100 | ≤100 | ≤100 |
| 8 | 出口浓度 | mg/m³ | ≤0.2 | ≤0.2 | ≤0.2 | ≤0.2 | ≤0.2 | ≤0.2 | ≤0.2 |
| 9 | 清灰方式 | | 在线、定时 | 在线、定时 | 在线、定时 | 在线、定时 | 在线、定时 | 在线、定时 | 在线、定时 |
| 10 | 喷吹压力 | MPa | 0.3 | 0.3 | 0.3 | 0.3 | 0.3 | 0.3 | 0.3 |

续表

| 序号 | 项目 | 单位 | 处理风量/($km^3/h$) | | | | | | |
|---|---|---|---|---|---|---|---|---|---|
| | | | 100 | 150 | 200 | 250 | 300 | 350 | 400 |
| 11 | 耗气量 | $m^3/min$ | 0.72 | 1.08 | 1.44 | 1.80 | 2.16 | 2.52 | 2.88 |
| 12 | 外形尺寸 | m | 1.6×3.6×5.5 | 2.4×3.6×5.5 | 3.2×3.6×5.5 | 4.0×3.6×5.5 | 4.8×3.6×5.5 | 5.6×3.6×5.5 | 6.4×3.6×5.5 |
| 13 | 设备质量 | t | 10 | 15 | 20 | 25 | 30 | 35 | 40 |

用于工业粉（烟）尘除尘工程的滤筒除尘器，称为MLT型脉冲滤筒除尘器（图7-79），其结构与脉冲除尘器完全相似，只是箱体高度较低一些。

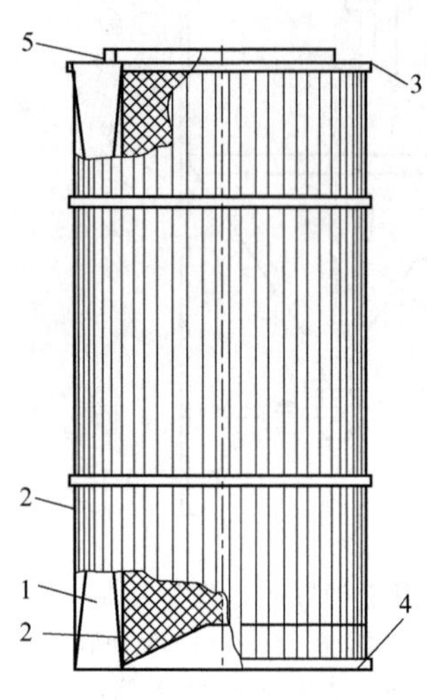

图7-80 滤筒的结构
1—褶式滤料；2—内外金属护网；3—顶部护圈；4—底盘；5—密封圈

**2. 滤筒**

滤筒是脉冲滤筒除尘器的重要过滤元件，20世纪90年代中期由美国、丹麦、意大利和澳大利亚相继进入国内环保市场，国内开始生产常温滤筒和高温滤筒。2002年滤筒式除尘器正式纳入中国行业标准（JB/T 10341）。脉冲滤筒的最高耐受温度为194℃、232℃不等，除尘效率大于99.99%。

滤筒由褶式滤料、金属护网、顶部护圈、底盘和密封圈组成，如图7-80所示。

（1）过滤机理　显微实验显示：滤筒在选用连续长纤维纺粘聚酯滤料时，其过滤机理为表面过滤；而普通针刺毡滤料为深层过滤。过滤实验表明，纺粘聚酯滤料既具有极高的过滤效率，又能保持相当低的运行阻力。

实验参数：过滤风速1.5m/min；平均粉尘粒径0.5μm；进口粉尘质量浓度69 $g/m^3$；清灰压力0.55MPa；脉冲喷吹间隔15min；运行时间50h。

（2）滤筒效能　滤筒的效能与它的规格（尺寸）、过滤面积密切相关。

通常滤筒的外形尺寸及过滤面积可以参考《滤筒式除尘器》（JB/T 10341—2014），其规定了滤筒尺寸系列（表7-50）、滤筒直径与褶数（表7-51）、滤筒外形尺寸偏差极限值（表7-52）。

**表7-50 滤筒尺寸系列** 单位：mm

| 长度 $H$ | 直径 $D$ | | | | | | | |
|---|---|---|---|---|---|---|---|---|
| | 120 | 130 | 140 | 150 | 160 | 200 | 320 | 350 |
| 660 | | | | | | ☆ | ☆ | ☆ |
| 700 | | | | | | ☆ | ☆ | ☆ |
| 800 | ☆ | | | | | ☆ | ☆ | ☆ |
| 1000 | ☆ | ☆ | ☆ | ☆ | ☆ | ☆ | ☆ | ☆ |
| 2000 | ☆ | ☆ | ☆ | ☆ | ☆ | ☆ | | |

注：1. 滤筒长度 $H$ 可按使用需要加长或缩短，并可两节串联。
2. 直径 $D$ 指外径，是名义尺寸。
3. 有标志“☆”者为推荐组合。

**表 7-51　滤筒直径与褶数**

| 褶数 $n$ | 直径 $D$/mm | | | | | | | |
|---|---|---|---|---|---|---|---|---|
| | 120 | 130 | 140 | 150 | 160 | 200 | 320 | 350 |
| 35 | ☆ | ☆ | ☆ | | | | | |
| 45 | ☆ | ☆ | ☆ | ☆ | ☆ | | | |
| 88 | | | ☆ | ☆ | ☆ | ☆ | ☆ | ☆ |
| 120 | | | | | ☆ | ☆ | ☆ | ☆ |
| 140 | | | | | ☆ | ☆ | ☆ | ☆ |
| 160 | | | | | | | ☆ | ☆ |
| 250 | | | | | | | ☆ | ☆ |
| 330 | | | | | | | ☆ | ☆ |
| 350 | | | | | | | | ☆ |

注：1. 有标志“☆”者为推荐组合。

2. 褶数 250～350 仅适用于改性纤维素及其覆膜滤料。

3. 褶深可为 35～50mm。

**表 7-52　滤筒外形尺寸偏差极限值**　　单位：mm

<table>
<tr><th>直径 D</th><th>偏差极限</th><th>长度 H</th><th>偏差极限</th></tr>
<tr><td rowspan="2">120<br>130<br>140<br>150<br>160<br>200</td><td rowspan="2">±1.5</td><td>600<br>700<br>800</td><td>±3</td></tr>
<tr><td>1000</td><td rowspan="2">±5</td></tr>
<tr><td>320<br>350</td><td>±2.0</td><td>2000</td></tr>
</table>

注：检测时按生产厂产品外形尺寸进行。

滤筒的有效过滤面积是指将滤筒上的滤材展开后能够有效起到过滤作用的面积。有效面积公式如下：

$$S=(H-2a)\times n\times 2t\times 10^{-6} \tag{7-5}$$

式中，$S$ 为有效过滤面积，$m^2$；$H$ 为滤筒高度，mm；$n$ 为滤材褶数；$t$ 为滤材褶深，mm；$a$ 为黏胶层厚度与端盖板料厚度之和，mm，一般为 8～10mm。

过滤面积的选择对滤筒性能起到了比较关键的作用：在滤筒外形尺寸不变的条件下过滤面积过大，折叠牙纹过密，牙纹间隙过小，就会造成清灰困难，工作阻力大；而过滤面积过小时，不能充分利用滤筒的整个空间，造成过滤风速过高或者是滤筒数量过多，不利于节约成本。因此，需要结合实际情况合理选择过滤面积，在保证正常清灰的条件下，尽量使滤筒过滤面积大些，以便能更多地节约成本，但对于颗粒小、黏度大、粉尘浓度很大、湿度高及易燃易爆的粉尘，可选择单个过滤面积较小的滤筒，增加滤筒数量使总体过滤面积增大，以降低过滤风速。这样就能有效改善清灰性能，从而达到比较理想的使用效果。

## 三、滤筒专用滤料

### 1. 技术要求

滤筒专用滤料除必须保证通常滤料所具备的过滤性能外，还应符合以下要求。

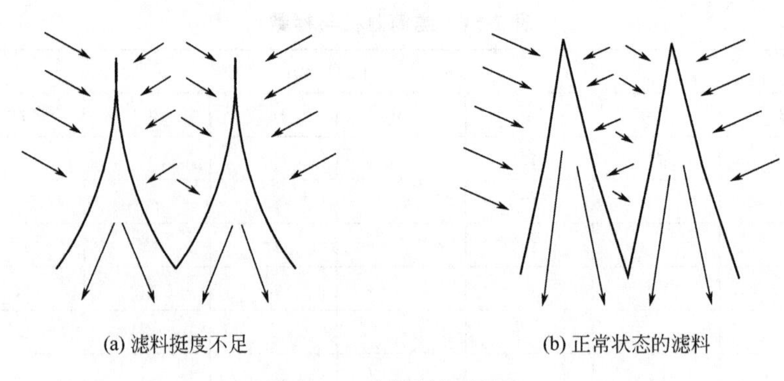

(a) 滤料挺度不足　　(b) 正常状态的滤料

图 7-81 滤料硬挺度对比

① 有一定的硬挺度，折叠后能够保证牙纹的形状，并且能够承受一定的负压不变形。如图 7-81 所示，(a) 为滤料挺度不足的情况，在压力的作用下，折叠之间没有了间隙，能够透气的地方非常小，大部分滤料已经失去了通风的能力；(b) 为正常工作状态的滤料。

② 滤料不能太脆，折叠后叠痕部位不能破损，并在长期经受脉冲作用下也能保证完好，且不变形。

③ 滤料不能过厚（过厚的滤料不利于增加过滤面积）。

④ 必须有足够的强度，能抵抗脉冲长期冲击而不破损，使用寿命长。

⑤ 湿度、温度等条件变化后，滤料的尺寸及形状不能有太大的变化，必须要有较好的稳定性。

⑥ 符合环保要求。在使用过程中，特别是在脉冲冲击下，滤料本身不能有危害人体健康的物质释出。

**2. 滤筒专用滤料的性能**

滤筒专用滤料的性能见表 7-53～表 7-57。

**表 7-53 合成纤维非织造滤料的主要性能和指标**

| 特性 | 项目 | | 单位 | 双组分连续纤维纺粘聚酯热压 | 单组分连续纤维纺粘聚酯热压 |
|---|---|---|---|---|---|
| 形态特性 | 单位面积质量偏差 | | % | ±2.0 | ±4.0 |
| | 厚度偏差 | | % | ±4.0 | ±6.0 |
| 断裂强度(50mm) | | 经向 | N | ＞900 | ＞400 |
| | | 纬向 | | ＞1000 | ＞400 |
| 断裂伸长率 | | 经向 | % | ＜9 | ＜15 |
| | | 纬向 | | ＜9 | ＜15 |
| 透气性 | 透气度 | | $m^3/(m^2\cdot min)$ | 15 | 5 |
| | 透气度偏差 | | % | ±15 | ±15 |
| 除尘效率(计重法) | | | % | ≥99.95 | ≥99.5 |
| $PM_{2.5}$的过滤效率 | | | % | ≥40 | ≥40 |
| 最高连续工作温度 | | | ℃ | ≤20 | |

注：1. 透气度的测试条件为 $\Delta p=125Pa$。

2. 表 7-53 中透气度与过滤阻力的换算公式为：

$$Q_1/Q_2=\Delta p_1/\Delta p_2$$

式中，$Q_1$ 为透气度，$m^3/(m^2\cdot min)$ 或 m/min；$Q_2$ 为过滤风速，m/min；$\Delta p_1$ 为透气度的测试条件，Pa；$\Delta p_2$ 为过滤阻力，Pa。

表 7-54　滤料的抗静电特性

| 滤料抗静电特性 | 最大限值 | 滤料抗静电特性 | 最大限值 |
| --- | --- | --- | --- |
| 摩擦荷电电荷密度/(μC/m²) | <7 | 表面电阻/Ω | $<10^{10}$ |
| 摩擦电位/V | <500 | 体积电阻[①]/Ω | $<10^{9}$ |
| 半衰期/s | <1 | | |

① 本项指标根据产品合同决定是否选择。

表 7-55　改性纤维素滤料的主要性能和指标

| 特性 | 项目 | 单位 | 低透气度 | 高透气度 |
| --- | --- | --- | --- | --- |
| 形态特性 | 单位面积质量偏差 | % | ±3 | ±5 |
| | 厚度偏差 | % | ±6.0 | ±6.0 |
| 透气性 | 透气度 | $m^3/(m^2 \cdot min)$ | 5 | 12 |
| | 透气度偏差 | % | ±12 | ±10 |
| 除尘效率(计重法) | | % | ≥99.8 | ≥99.8 |
| $PM_{2.5}$的过滤效率 | | % | ≥10 | ≥40 |
| 耐破度 | | MPa | ≥0.2 | ≥0.3 |
| 挺度 | | N·m | ≥20 | ≥20 |
| 最高连续工作温度 | | ℃ | ≤80 | |

注：同表 7-53 的表注。

表 7-56　合成纤维非织造聚四氟乙烯覆膜滤料的主要性能和指标

| 特性 | 项目 | | 单位 | 双组分连续纤维纺黏聚酯热压 | 单组分连续纤维纺黏聚酯热压 |
| --- | --- | --- | --- | --- | --- |
| 形态特性 | 单位面积质量偏差 | | % | ±2.0 | ±4.0 |
| | 厚度偏差 | | % | ±4.0 | ±6.0 |
| 断裂强度(50mm) | | 经向 | N | >900 | >400 |
| | | 纬向 | | >1000 | >400 |
| 断裂伸长率 | | 经向 | % | <9 | <15 |
| | | 纬向 | | <9 | <15 |
| 透气性 | 透气度 | | $m^3/(m^2 \cdot min)$ | 6 | 3 |
| | 透气度偏差 | | % | ±15 | ±15 |
| 除尘效率(计重法) | | | % | ≥99.99 | ≥99.99 |
| $PM_{2.5}$的过滤效率($E$) | | | % | ≥99.5 | ≥99.0 |
| 覆膜牢度 | 覆膜滤料 | | MPa | 0.03 | 0.03 |
| 疏水特性 | 浸润角 | | (°) | >90 | >90 |
| | 沾水等级 | | | ≥Ⅳ | ≥Ⅳ |
| 最高连续工作温度 | | | ℃ | ≤120 | |

注：同表 7-53 的表注。

表 7-57 改性纤维素聚四氟乙烯覆膜滤料的主要性能和指标

| 特性 | 项目 | 单位 | 低透气度 | 高透气度 |
| --- | --- | --- | --- | --- |
| 形态特性 | 单位面积质量偏差 | % | ±3 | ±5 |
| | 厚度偏差 | % | ±6.0 | ±6.0 |
| 透气性 | 透气度 | $m^3/(m^2 \cdot min)$ | 3.6 | 8.4 |
| | 透气度偏差 | % | ±11 | ±12 |
| 除尘效率(计重法) | | % | ≥99.95 | ≥99.95 |
| $PM_{2.5}$的过滤效率($E$) | | % | ≥99.5 | ≥99.0 |
| 覆膜牢度 | 覆膜滤料 | MPa | 0.02 | 0.02 |
| 疏水特性 | 浸润角 | (°) | >90 | >90 |
| | 沾水等级 | | ≥Ⅳ | ≥Ⅳ |
| 最高连续工作温度 | | ℃ | ≤80 | |

注：同表 7-53 的表注。

## 四、滤筒式除尘器的应用

20 世纪 80 年代以来，随着环保、化纤、电子及造纸各方面技术的进步，国外研发了滤筒式除尘器，并快速发展起来。中国改革开放后，滤筒式除尘器引进国内。滤筒式除尘器是从脉冲袋式除尘器基础上发展而来，相比起袋式除尘器，它体积更小、过滤面积更大，并且具有结构紧凑、占地少、能耗低、过滤效率高和运行成本低等优点，应用范围很广，主要有以下 3 个领域。

① 滤筒式除尘器用于保护机器类进气除尘。包括燃气轮机、高炉鼓风机、制氧机空气压缩站、内燃机等机器进气的除尘过滤等。

② 滤筒式除尘器用于创建洁净环境。包括大型中央空调系统、洁净厂房环境、医药主产、手术室、娱乐场所，电子芯片生产等洁净环境的进气过滤。

③ 滤筒式除尘器用于保护大气环境。包括工业生产的物料输送（各种磨粉机、仓顶排气和压差输送等），冶金熔炼，造船工业，化学工业，机械加工，涂装工艺，焊割设备，烟草工业，面粉工业等产生大气污染物的烟气或气体除尘。

# 第九节 电袋复合式除尘器

电袋复合式除尘器是利用静电力和过滤方式相结合的一种复合式除尘器。在电除尘器升级改造工程中有较多应用。

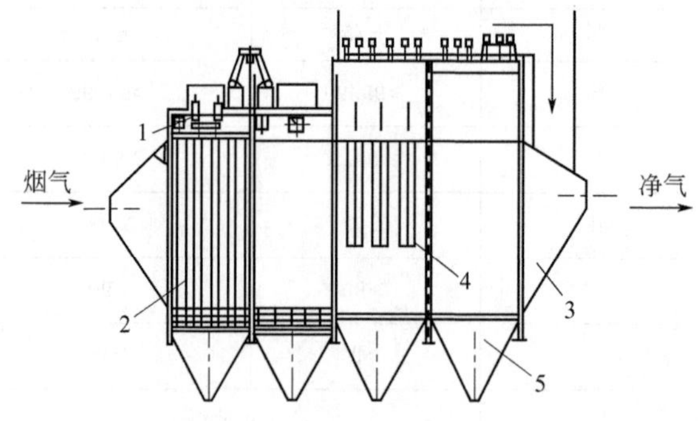

图 7-82 电场区与滤袋区串联排列

1—电源；2—电场；3—外壳；4—滤袋；5—灰斗

## 一、电袋复合除尘器分类

复合式除尘器通常有以下四种类型。

**1. 串联复合式**

串联复合式除尘器都是电区在前、袋区在后，如图 7-82 所示；串联复合也可以上下串联，电区在下，袋区在上，气体从下部引入除尘器。

前后串联时气体从进口喇叭引入，经气体分布板进入电场区，粉尘在电区荷电进入，部分被收集下来，其余荷电粉尘进入滤袋区，滤袋区粉尘被过滤干净，纯净气体进入滤袋的净气室，最后从净气管排出。

**2. 并联复合式**

并联复合式除尘器的电场区与滤袋区并联排列，如图 7-83 所示。

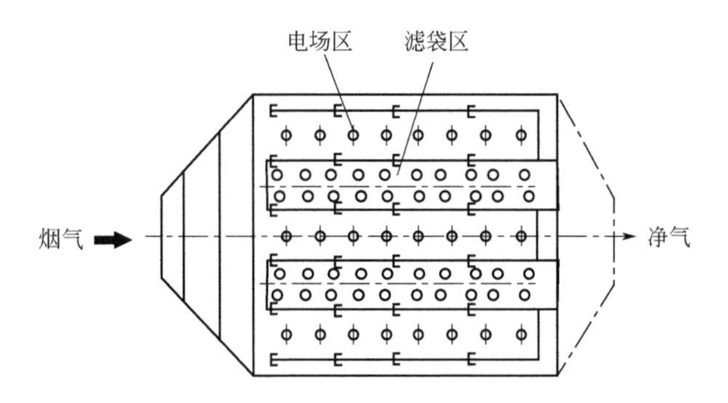


图 7-83　电场区与滤袋区并联排列

气流引入后经气流分布板进入电区各个通道，电区的通道与袋区的每排滤袋相间横向排列，烟尘在电场通道内荷电，荷电和未荷电粉尘随气流流向孔状极板，部分荷电粉尘沉积在极板上，另一部分荷电或未荷电粉尘进入袋区的滤袋，粉尘被吸附在滤袋外表面，纯净的气体从滤袋内腔流入上部的净气室，然后净气排出。

**3. 混合复合式**

混合复合式除尘器是电场区与滤袋区混合排列，如图 7-84 所示。

在袋区相间增加若干个短电场，同时气流在袋区的流向从由下而上改为水平流动。粉尘从电场流向袋场时，在流动一定距离后流经复式电场，再次荷电，增强了粉尘的荷电量和捕集量。

**4. 电袋除尘器**

电袋除尘器是在滤袋内设置电晕极，并对滤袋内部施加电场，施加到电晕极线上的极性通常是负极性，如图 7-85 所示。设置电场和电晕线的主要目的是对粉尘进行荷电，提高收尘效率，同时由于粉尘带有相同极性的电荷，起到相互排斥作用，使收集到的滤袋表面的粉尘层较松散，增加了透气性，降低了过滤阻力，使清灰变得更容易，减少了清灰次数，提高了滤袋使用寿命。

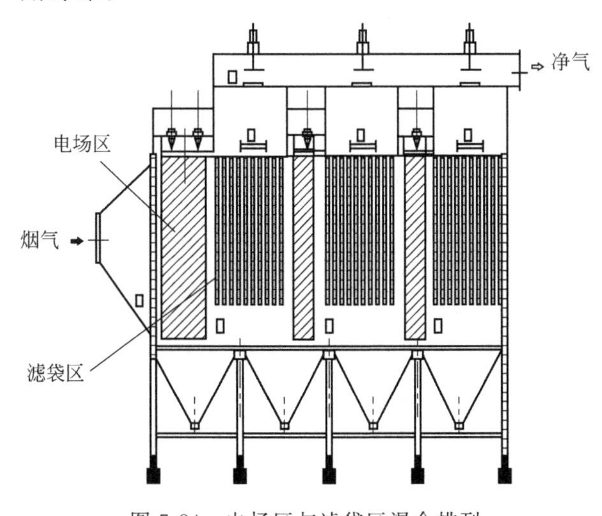


图 7-84　电场区与滤袋区混合排列

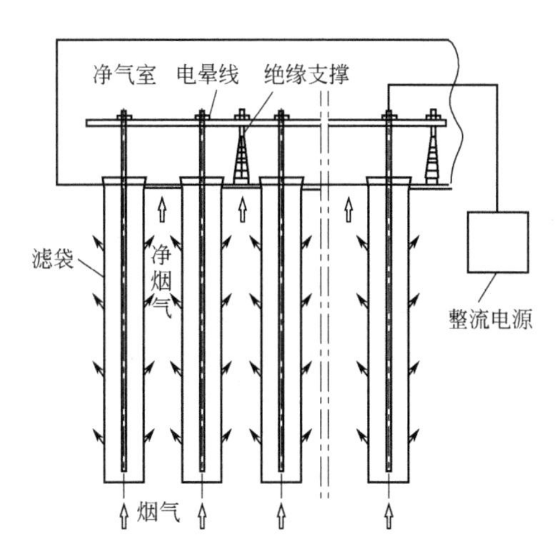


图 7-85　电袋除尘器

## 二、电袋复合除尘器的基本原理

电袋复合除尘器是在一个箱体内紧凑地安装电场区和滤袋区，有机结合静电除尘和袋式除尘两种机理的一种新型除尘器。基本工作原理是利用前级电场区收集大部分的粉尘和使烟尘荷电，利用后级滤袋区过滤拦截剩余的粉尘，实现烟气的净化。

**1. 尘粒的荷电**

对电袋复合除尘器来说，电场区具有电除尘的工作原理，最重要的作用是对粉尘颗粒进行收尘和荷电，相比之下，在除尘效率方面不需要求太高，可由后级袋除尘保证。

尘粒荷电是静电除尘最基本的功能，在除尘器的电场中，尘粒的荷电量与尘粒的粒径、电场强度和停留时间等因素有关。尘粒荷电有两种基本形式：一种是电场中的离子在电场力的作用下与尘粒发生碰撞使其荷电，这种荷电机理通常称为电场荷电或碰撞荷电；另一种是离子由于扩散现象做不规则热运动而与尘粒发生碰撞使其荷电，这种荷电机理通常称为扩散荷电。

**2. 荷电粉尘的过滤机理**

含尘烟气经过电场时，在高压电场的作用下气体发生电离，粉尘颗粒被荷电或极化凝并，荷电粉尘在静电力的作用下被收尘极捕集。未被捕集的粉尘在流向滤袋区的过程中，再次因静电力的作用而凝并，粉尘粒径增大而不容易穿透滤料；同时荷电粉尘在向滤袋表面沉积的过程中受库仑力、极化力和电场力的协同作用，使得微细尘粒凝并、吸附、有序排列，粉尘在滤袋表面的凝并与沉积。无论粉尘是否带电，未被电场区捕集的粉尘必须通过电袋复合除尘器的后级袋区过滤，这些粉尘受到烟气流压差的作用向滤袋表面驱进，并吸附在滤袋表面。根据尘粒的荷电理论，能够穿过电场的难于荷电的粉尘，大部分为粒径小、比电阻高的细颗粒粉尘，因此荷电粉尘层在一定程度上提高了细微粉尘的捕集效率。实现对烟气中粉尘的高效脱除。

**3. 荷电粉尘层特性**

新沉积在荷电粉尘层的带负电尘粒，一方面受到负电粉尘层的排斥作用，加上荷电粉尘层不断释放静电，形成与气流流动方向相反的阻力，产生粉尘在滤袋表面的阻尼振荡，减弱了粒子穿越表面粉尘层的能力，提高捕集率；另一方面由于相同极性粉尘的相互排斥，滤料表面的粉尘层呈棉絮状堆积，形成更为有序、疏松的结构，粉尘层阻力小，清灰后易剥离，有利于提高清灰效果，降低运行阻力。

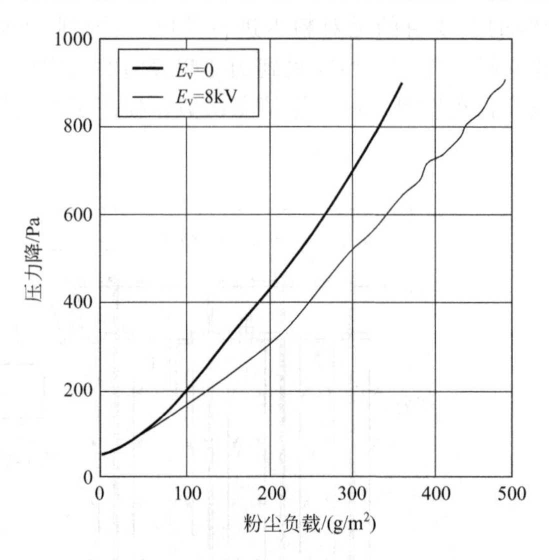


图 7-86 粉尘负载与压力降的关系

图 7-86 给出了滤料上堆积相同的粉尘量时，荷电粉尘形成的粉尘层与未荷电粉尘层阻力的比较，从图 7-86 中可以看到，在试验条件下，经 8kV 电场荷电后的粉尘层其阻力要比未荷电时低约 25%。这个试验结果既包含了粉尘的粒径变化效应，也包含了粉尘的荷电效应。

由此可见电袋复合式除尘器是综合利用和有机结合电除尘器与袋式除尘器的优点，先由电场捕集烟气中大量的大颗粒的粉尘，能够收集烟气中 70%～80%以上的粉尘量，再结合后者布袋收集剩余细微粉尘的一种组合式高效除尘器，具有除尘稳定、粉尘排放浓度低、性能优异的特点。

## 三、技术性能特点

**1. 综合了两种除尘方式的优点**

由于在电袋复合式除尘器中，烟气先通过电除尘区后再缓慢进入后级滤袋除尘区，滤袋除尘区捕集的粉尘量仅有入口的 1/4。这样滤袋的粉尘负荷量大大降低，清灰周期得以大幅度延长；粉尘经过电除尘区的电离荷电，粉尘的荷电效应提高了，粉尘在滤袋上的过滤特性，即滤袋的透气性能、清灰方面得到大大的改善。这种合理利用电除尘器和布袋除尘器各自的除尘优点，以及两者相结合产生的新功能，能充分克服电除尘器和布袋除尘器的除尘缺点。

（1）除尘性能不受烟灰特性等因素影响，长期稳定超低排放　电袋复合除尘器的除尘过程由电场区和滤袋区协同完成，出口排放浓度最终由滤袋区掌控，对粉尘成分、比电阻等特性不敏感。因此适应工况条件更为宽广，出口排放浓度值可控制在 $30mg/m^3$ 以下，甚至达到 $5mg/m^3$ 以下，并长期稳定运行。

（2）捕集细颗粒物（$PM_{2.5}$）效率高　电袋复合除尘器的电场区使微细颗粒尘发生电凝并，滤袋表面粉尘的链状尘饼结构，对 $PM_{2.5}$ 具有良好的捕集效果。

（3）电袋协同脱汞，提高气态汞脱除率　电袋协同脱汞技术是以改性活性炭等作为活性吸附剂脱除汞及其化合物的前沿技术。其主要工作原理是在电场区和滤袋区之间设置活性吸附剂吸附装置，活性吸附剂与浓度较低的粉尘在混合、过滤、沉积过程中吸附气态汞，效率高达90%以上。为提高吸收剂利用率，滤袋区的粉尘和吸附剂混合物经灰斗循环系统多次利用，直至吸收剂达到饱和状态时被排出。

**2. 降低滤袋破损率，延长滤袋使用寿命**

在工程应用中探明，袋式除尘器滤袋破损主要有两种原因：第一种是物理性破损，由粉尘的冲刷、滤袋之间相互摩擦、磕碰及其他外力所致，造成滤袋局部性异常破损；第二种是化学性破损，由烟气中化学成分对滤袋产生的腐蚀、氧化、水解作用，造成滤袋区域性异常破损。电袋复合除尘器由于自身的优势，前袋为后袋起了缓冲保护作用，进入滤袋区的粉尘浓度较低、粗颗粒尘很少，并且清灰频率降低，从而有效减缓了滤料的物理性及化学性破损，延长了使用寿命。

**3. 运行阻力低，具有节能功效**

电袋复合式除尘器滤袋的粉尘负荷小，由于荷电效应作用，滤袋形成的粉尘层对气流的阻力小，易于清灰，比常规布袋除尘器约低 500Pa 的运行阻力，清灰周期时间是常规布袋除尘器的 4～10 倍，大大降低了设备的运行能耗。同时，滤袋运行阻力小，滤袋粉尘透气性强，滤袋的强度负荷小，使用寿命长，一般可使用 3～5 年，普通的布袋除尘器只能用 2～3 年就得换，这样就使电袋除尘器的运行费用远远低于袋式除尘器。

**4. 运行、维护费不高**

电袋复合式除尘器通过适量减少滤袋数量、延长滤袋的使用寿命、减少滤袋更换次数，这样既可以保证连续无故障开车运行，又可减少人工劳力的投入，降低维护费用；电袋复合式除尘器由于荷电效应的作用，降低了布袋除尘的运行阻力、延长清灰周期，大大降低除尘器的运行、维护费用；稳定的运行压差使风机耗能有不同程度降低，同时也节省清灰用的压缩空气。

**5. 管理复杂**

电袋复合式除尘器对人员技术要求、备品备件存量、检修程序都比单一的电除尘器或袋式除尘器管理复杂。

电袋复合除尘器的电场区充分发挥了电除尘高效的特点，并使未被收集的粉尘荷电，可以大幅度降低进入布袋除尘区的烟气含尘浓度，改善布袋区的粉尘条件及粉尘在滤袋表面的堆积状况，降低布袋除尘区的负荷和过滤层的压力损失。然而对整个电袋复合除尘系统来说，电场区和布袋区需要达到一个科学匹配的分级除尘效率，才能更加有效地发挥两种除尘方式相结合的优势。

## 四、预荷电袋式除尘器

将粉尘预荷电和袋式除尘两种技术结合起来，形成的复合式袋滤器。对预荷电袋滤器的研究始于20世纪70年代，在袋式除尘器前面加一个预荷电装置，使粉尘粒子通过荷电发生凝并作用，然后由滤袋捕集，从而改善对微细粒子的捕集效果。试验研究还发现，粒子荷电后附着在滤袋表面形成的粉尘层质地疏松，阻力变小，从而降低了除尘器的阻力。

**1. 静电电荷的作用**

粉尘和滤布的电荷会有以下两种现象：当粉尘与滤布所带的电荷相斥时，粉尘被吸附在滤布上，从而提高了除尘效率，但滤料在清灰时，表面吸引的灰尘较难清除；反之，如果粉尘与滤布两者所带的电荷相同，相互之间则产生排斥力，致使除尘效率下降。

因此，静电效应既能改善滤布的除尘效率，又会影响滤布的清灰效率。所以，静电作用能改善也能降低滤布的除尘效率。

当含尘气流在无外加电场流过滤料时，它会出现以下3种静电效应：

① 尘粒荷电和滤料纤维为中性时，此时在纤维上所具有的反向诱导电荷会出现静电吸引力；

② 滤料纤维荷电，尘粒为中性时，此时尘粒只有反向诱导电荷，因而会出现静电吸引力；

③ 滤料纤维与尘粒两者均荷电，此时按各自电荷的配对情况，可能会有吸引力，也可能会有排斥力。

**2. 荷电粉尘特性**

一般尘粒和滤料的自然带电量都很少，其静电作用力也极小。但如果有意识地人为给尘粒和滤料荷电，静电作用力将非常明显，从而使净化效果大大增强。

一般静电效应只有在粉尘粒径大于1μm以及过滤风速很低时才显示出来。在外加电场的情况下，可加强静电作用，提高除尘效率。

当粒子和纤维所带电荷正负相反，并有足够电位差时，粒子就能克服惯性力，沉积在纤维上。如果粒子和纤维带有相同的电荷，则形成多孔的、容易清除的尘饼，从而降低粉尘层阻力并利于清灰。

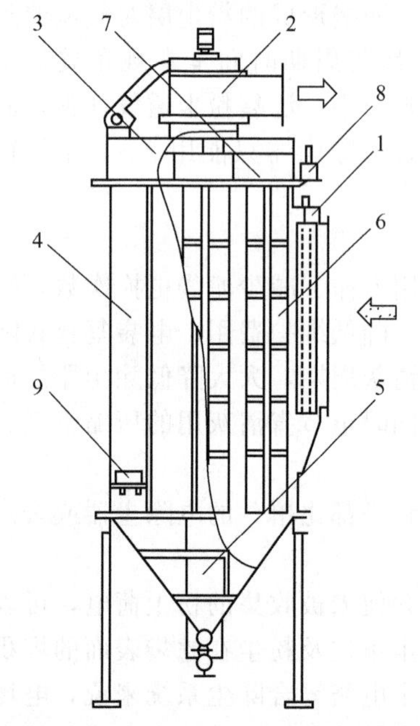


图7-87 预荷电反吹风袋式除尘器

1—预荷电装置；2—塔式回转阀；3—上箱体；4—中箱体；5—灰斗；6—滤袋；7—滤袋紧固装置；8—高压电源；9—控制器

对粉尘预荷电的基础试验表明：在阳极宽度为200mm条件下，粉尘荷电时间（电场停留时间）仅需0.1s，荷电饱和度为90%；粉尘荷电后滤袋的压力损失比不预荷电时降低20%～40%不等，粉尘负荷越大，阻力降低越明显；粉尘预荷电后，无论气体相对湿度高低，粉尘对滤料的穿透率均比不荷电时要低，预荷电后粉尘捕集效率提高15%～20%不等。

荷电装置的功能很单纯，即仅仅使粉尘荷电，不要求除尘效率。因而结构简单，体积很小，与分区组合电袋除尘器设1～2个电场相比，钢耗和占地面积显著减少。

**3. 预荷电反吹风袋式除尘器**

图7-87为预荷电反吹风袋式除尘器，主要由预荷电器、上箱体、中箱体、灰斗及反吹风装置组成。

上箱体为净气室，内部分隔为若干个小室，其顶部装有反吹装置，下部为花板。中箱体为尘气室，不分室，内有滤袋，在侧面进风口处装有预荷电装置。预荷电装置由专用的高压电源供电。为使粉尘充分荷电，含尘气体在预荷电装置中停留的时间不小于0.1s。

滤袋上端开口固定在花板上，下端固定在活动框架上，并靠框架自重拉紧。滤袋在一定间隔上装有防瘪环，袋内不设支撑框架。

上箱体顶盖可以揭开，便于将滤袋向上抽出，换袋操作在除尘器外进行。

含尘气体由中箱体侧面进入，在预荷电装置中粉尘荷电后，由外向内穿过滤袋，粉尘被阻留在袋外，净气在袋内向上流动，经袋口到达上箱体，再经塔式回转阀的出口排出。清灰时，电控仪启动反吹风机，清灰气流经塔式回转阀的反吹风箱进入，同时启动回转阀将反吹风口对准上箱体某个小室的出口并定位，该小室对应的一组滤袋即停止过滤，反吹气流令其处于臌胀状态，附着于滤袋外表面的粉尘被清离而落入灰斗。该小室清灰结束后，回转阀将反吹风口移至下一小室的出口并定位，按此顺序对上箱体各个小室进行清灰。灰斗集合的粉尘由螺旋卸灰器卸出。

**4. 预荷电脉冲袋式除尘器**

预荷电袋式除尘器在技术上的进展是：在清灰方式上，用脉冲喷吹清灰替代了过去的反吹风清灰；在除尘器结构上，用直通均流式袋式除尘器结构替代了过去的圆筒体结构；除尘器的处理风量由过去的 $10^5 m^3/h$ 提高到 $10^6 m^3/h$。预荷电脉冲袋式除尘器的结构见图 7-88。利用荷电粉尘在滤袋表面出现的变化而提高对 $PM_{2.5}$ 的捕集效率，并降低袋式除尘器的阻力。预荷电袋式除尘器主要由预荷电装置和袋滤除尘装置两大部分组成。含尘气体进口位于除尘器端部的进气喇叭管内，预荷电装置使粉尘充分荷电。在荷电装置与袋滤除尘装置之间设有百叶窗式气流分布板，以合理分布含尘气流，控制滤袋迎风面的风速不大于 1.2m/s，确保滤袋不受冲刷。含尘气体经滤袋除去粉尘后，净气向上前往净气通道，并从尾端排出。

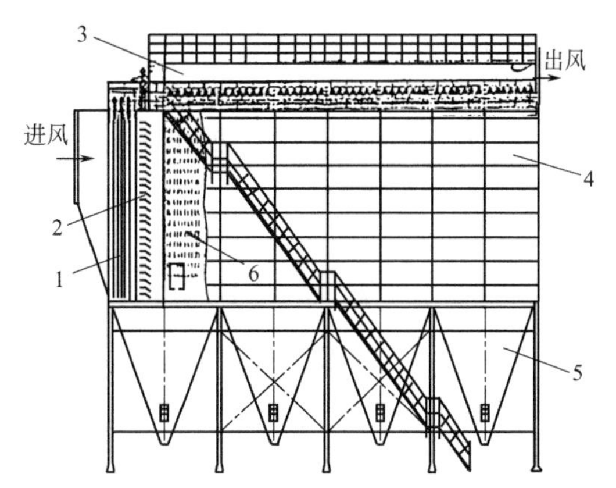

图 7-88　预荷电脉冲袋式除尘器的结构

1—预荷电装置；2—折流板；3—上箱体；4—中箱体；5—灰斗；6—滤袋

滤袋材质采用海岛纤维滤料，以提高 $PM_{2.5}$ 的捕集率。

测试结果表明，滤料对 3μm 粒子的捕集效率大于 98%，对 2.5μm 粒子的捕集效率为 96.9%。

**5. 应用实例**

预荷电袋式除尘器已成功用于处理 2 台 180t 转炉二次烟尘，处理风量为 $2\times600000m^3/h$，实测所得两台除尘器运行参数为处理烟气量 $531700\sim610000m^3/h$，粉尘排放浓度 $7\sim10\ mg/m^3$，设备阻力 700～1090Pa，漏风率 0.96%～1.37%。

# 第八章
# 静电除尘器

静电除尘器是利用静电力（库仑力）将气体中的粉尘或液滴分离出来的除尘设备，也称电除尘器、电收尘器，是美国人科雷尔于1907年发明的。静电除尘器在冶炼、水泥、煤气、电站锅炉、硫酸、造纸等工业中得到了广泛应用。

静电除尘器与其他除尘器相比，其显著特点是：几乎对各种粉尘、烟雾等，甚至极其微小的颗粒都有很高的除尘效率；即使高温、高压气体也能应用；设备阻力低（100～300Pa），耗能少；维护检修不复杂。

## 第一节　静电除尘器的工作原理和性能

### 一、静电除尘器的工作原理

**1. 静电除尘器的种类和结构形式**

静电除尘器的种类和结构形式很多，但都基于相同的工作原理。图8-1为管式电除尘器的工作原理示意。接地的金属管叫收尘极（或集尘极），置于圆管中心，靠重锤张紧。含尘气体从除尘器下部进入，向上通过一个足以使气体电离的静电场，产生大量的正负离子和电子并使粉尘荷电，荷电粉尘在电场力的作用下向收尘极运动并在收尘极上沉积，从而达到粉尘和气体分离的目的。当收尘极上的粉尘达到一定厚度时，通过清灰机构使灰尘落入灰斗中排出。静电除尘的工作原理包括电晕放电、气体电离、粒子荷电、粒子的沉积、清灰等过程。

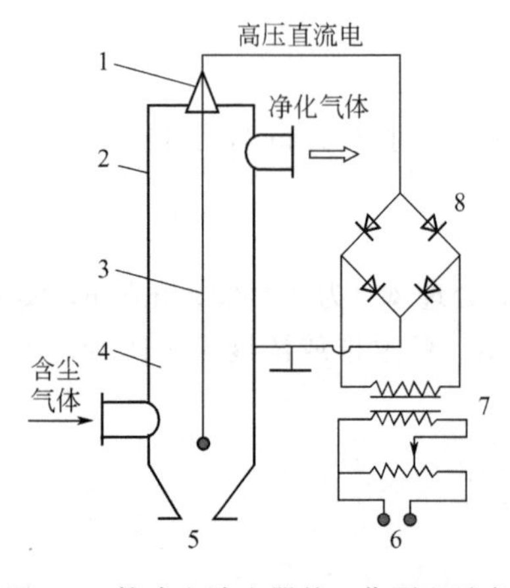


图8-1　管式电除尘器的工作原理示意
1—绝缘子；2—收尘极；3—电晕极；4—收尘层；5—灰斗；6—电源；7—变压器；8—整流器

**2. 静电除尘器的除尘过程**

静电除尘器是利用静电力（库仑力）实现粒子（固体或液体粒子）与气流分离的一种除尘装置。

静电除尘的基本过程如图8-2所示。

（1）气体电离　空气在正常状态下几乎是不能导电的绝缘体，气体中不存在自发的离子。气体必须依靠外力才能电离，当气体分子获得能量时就可能使气体分子中的电子脱离而成为自由电子，这些电子成为输送电流的媒介，气体就具有导电的能力。使气体具有导电能力的过程称之为气体电离。

（2）粉尘荷电　在放电极与收尘极之间施加直流高压电，使放电极发生电晕放电，气体电离，生成大量的自由电子和正离子，在放电极附近的所谓电晕区内正离子立即被电晕极（假定带负电）吸引过去而失去电荷。自由电子和随即形成的负离子则因受电场力的驱使向收尘极

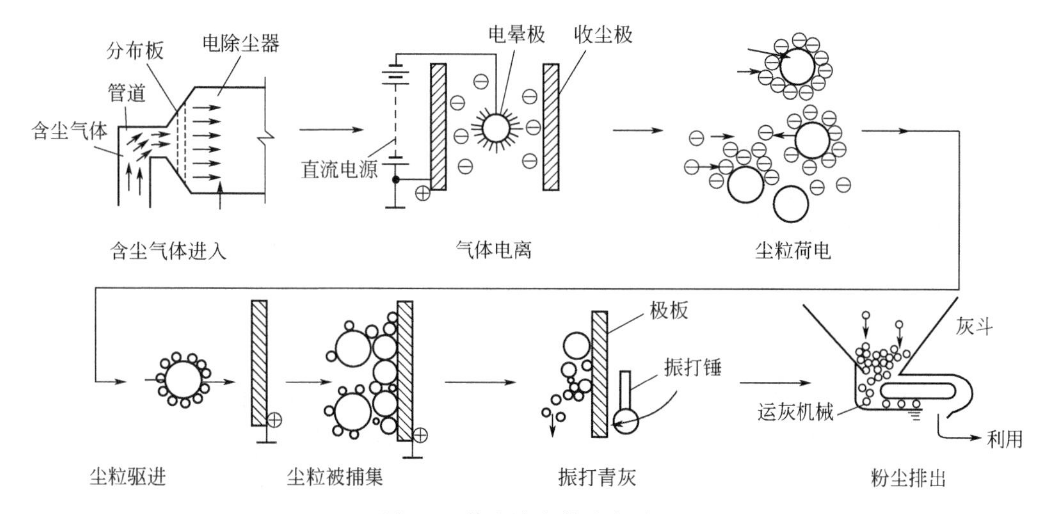


图 8-2　静电除尘的基本过程

（正极）移动，并充满到两极间的绝大部分空间。含尘气流通过电场空间时，自由电子、负离子与粉尘碰撞并附着其上，便实现了粉尘的荷电。

（3）粉尘沉降　荷电粉尘在电场中受库仑力的作用被驱往收尘极，经过一定时间后到达收尘极表面，放出所带电荷而沉积其上。

（4）清灰　收尘极表面的粉尘沉积到一定厚度后，用机械振打等方法将其清除掉，使之落入下部灰斗中。放电极也会附着少量粉尘，隔一定时间也需进行清灰。

可见，为保证电除尘器在高效率下运行，必须使上述 4 个过程进行得十分有效。

## 二、静电除尘器的分类

**1. 按清灰方式分类**

静电除尘器按清灰方式可分为干式静电除尘器、湿式静电除尘器、雾状粒子静电捕集器和半湿式静电除尘器等。

（1）干式静电除尘器　在干燥状态下捕集烟气中的粉尘，沉积在收极尘板上的粉尘借助机械振打、电磁振打、声波清灰等清灰的静电除尘器称为干式静电除尘器。这种除尘器，清灰方式有利于回收有价值粉尘，但是容易使粉尘二次飞扬，所以，设计干式静电除尘器时，应充分考虑粉尘二次飞扬问题。现在大多数除尘器都采用干式。干式静电除尘器如图 8-3 所示。

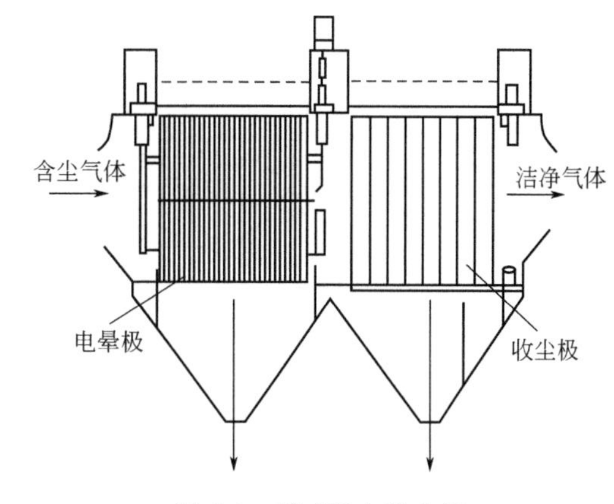


图 8-3　干式静电除尘器

（2）湿式静电除尘器　对收尘极捕集的粉尘，采用水喷淋溢流或用适当的方法在收尘极表面形成一层水膜，使沉积在除尘器上的粉尘和水一起流到除尘器的下部排出，采用这种清灰方法的静电除尘器称为湿式静电除尘器，如图 8-4 所示。这种静电除尘器不存在粉尘二次飞扬的问题，但是极板清灰排出的水会造成二次污染，且容易腐蚀设备。

（3）雾状粒子静电捕集器　用静电除尘器捕集像硫酸雾、焦油雾那样的液滴，捕集后呈液态流下并除去，这种除尘器叫作雾状粒子静电捕集器，如图 8-5 所示。它也属于湿式静电除尘器的范围。

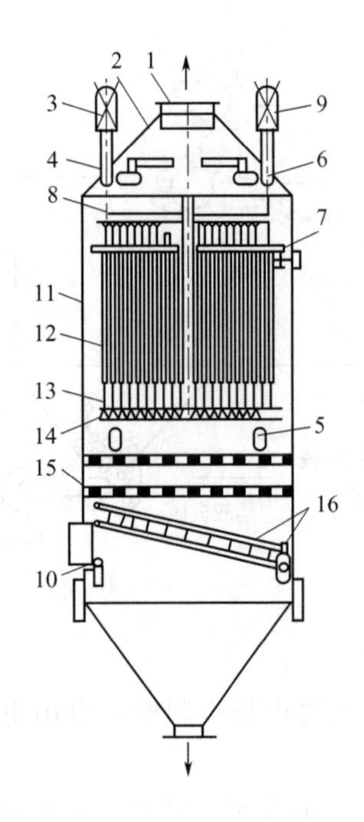


图 8-4 湿式静电除尘器

1—节流阀；2—上部锥体；3—绝缘子箱；4—绝缘子接管；5—人孔门；6—电极定期洗涤喷水器；7—电晕极悬吊架；8—提供连续水膜的水管；9—输入电源的绝缘子箱；10—进风口；11—壳体；12—收尘极；13—电晕极；14—电晕极下部框架；15—气流分布板；16—气流导向板

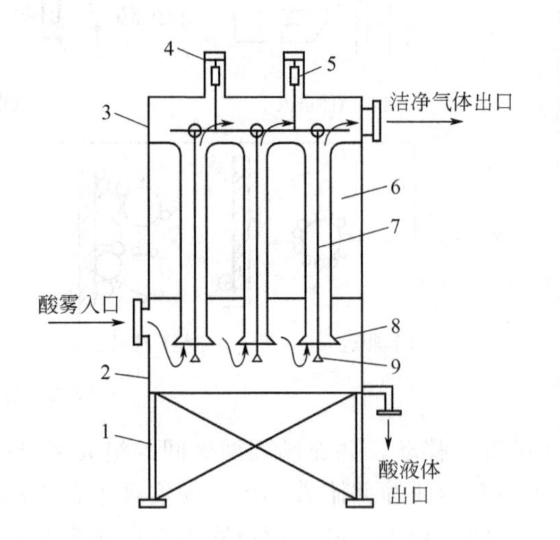


图 8-5 硫酸雾静电捕集器

1—钢支架；2—下室；3—上室；4—空气清扫绝缘子室；5—高压绝缘子；6—铅管；7—电晕线；8—喇叭形入口；9—重锤

(4) 半湿式静电除尘器　兼收干式和湿式静电除尘器的优点，出现了干、湿混合式静电除尘器，也称半湿式静电除尘器，其构造系统是高温烟气先经 2 个干式除尘室，再经湿式除尘室经烟囱排出。湿式除尘室的洗涤水可以循环使用，排出的泥浆经浓缩池用泥浆泵送入干燥机烘干，烘干后的粉尘进入干式除尘室的灰斗排出，如图 8-6 所示。

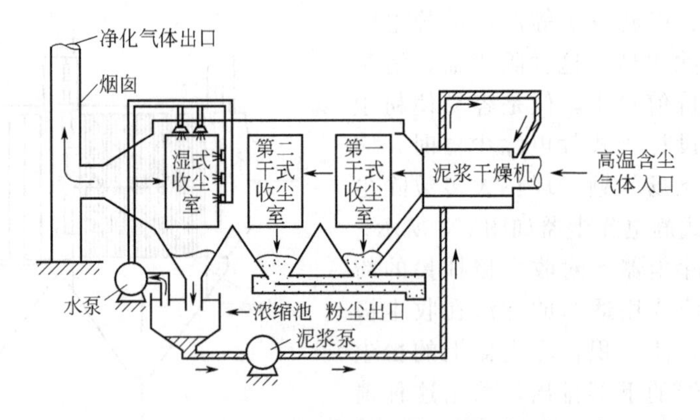


图 8-6 半湿式静电除尘器系统

**2. 按气体运动方向分类**

按气体在静电除尘器内的运动方向，可分为立式静电除尘器和卧式静电除尘器。

(1) 立式静电除尘器　气体在静电除尘器内自下而上做垂直运动的称为立式静电除尘器。这种电除尘器适用于气体流量小、除尘效率要求不高、粉尘性质易于捕集和安装场地较狭窄的情况下，如图 8-7 所示。实质上图 8-4 和图 8-5 也属于立式静电除尘器的范围，一般管式静电除尘器都是立式静电除尘器。

（2）卧式静电除尘器　气体在静电除尘器内沿水平方向运动的称为卧式静电除尘器，如图 8-8 所示，图 8-3 也是卧式静电除尘器。

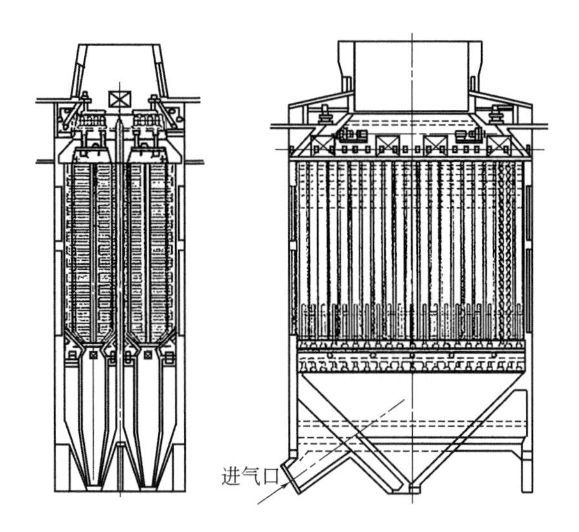

图 8-7　立式静电除尘器

卧式静电除尘器与立式静电除尘器相比有以下特点：①沿气流方向可分为若干个电场，这样可根据除尘器内的工作状态，各个电场可分别施加不同的电压以便充分提高电除尘的效率；②根据所要求达到的除尘效率，可任意延长电场长度，而立式静电除尘器的电场不宜太高，否则需要建造高的建筑物，而且设备安装也比较困难；③在处理较大的烟气量时，卧式除尘器比较容易保证气流沿电场断面均匀分布；④各个电场可以分别捕集不同粒度的粉尘，这有利于有价值粉料的捕集回收；⑤占地面积比立式静电除尘器大，所以旧厂扩建或除尘系统改造时，采用卧式静电除尘器往往要受到场地的限制。

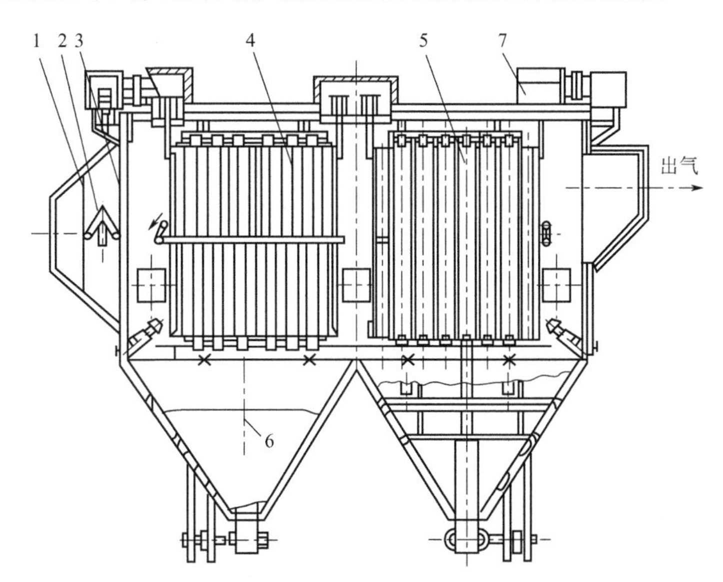

图 8-8　卧式静电除尘器

1—气体分布板；2—分布板振打装置；3—气孔分布板；4—电晕板；5—收尘极；6—阻力板；7—保温箱

### 3. 按收尘极形式分类

按除尘器收尘极的形式分为管式静电除尘器和板式静电除尘器。

（1）管式静电除尘器　管式静电除尘器就是在金属圆管中心放置电晕极，而把圆管的内壁作为收尘的表面。管径通常为 150～300mm，管长为 2～5m。由于单根通过的气体量很小，通常是用多管并列而成。为了充分利用空间，可以用六角形（即蜂房形）的管子来代替圆管，也可以采用多个同心圆的形式，在各个同心圆之间布置电晕极。管式静电除尘器一般适用于流量较小的情况。管式静电除尘器的结构如图 8-9 所示。

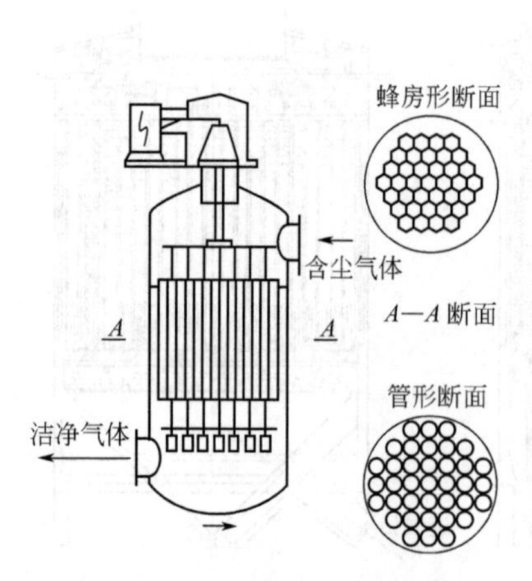


图 8-9 管式静电除尘器的结构

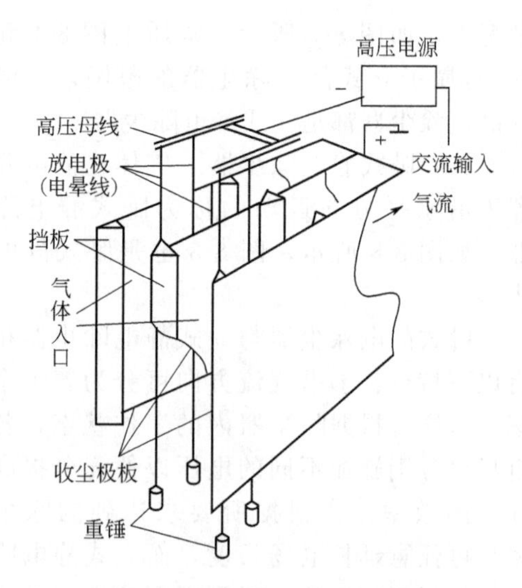


图 8-10 板式单区静电除尘器的结构示意

(2) 板式静电除尘器　这种静电除尘器的收尘极板由若干块平板组成，为了减少粉尘的二次飞扬和增强极板的刚度，极板一般要轧制成各种不同的断面形状，电晕极安装在每排收尘极板构成的通道中间。

**4. 按收尘极和电晕极的配置分类**

按收尘极和电晕极的不同配置，分为单区静电除尘器和双区静电除尘器。

(1) 单区静电除尘器　单区静电除尘器的收尘板和电晕极都装在同一区域内，含尘粒子荷电和捕集也在同一区域内完成，是应用最为广泛的除尘器。图 8-10 为板式单区静电除尘器的结构示意。

(2) 双区静电除尘器　双区静电除尘器的收尘极系统和电晕极系统分别装在 2 个不同区域内，前区安装放电极称放电区，粉尘粒子在前区荷电；后区安装收尘极称收尘区，荷电粉尘粒子在收尘区被捕集。图 8-11 为双区静电除尘器的结构示意。双区静电除尘器主要用于空调净化方面。

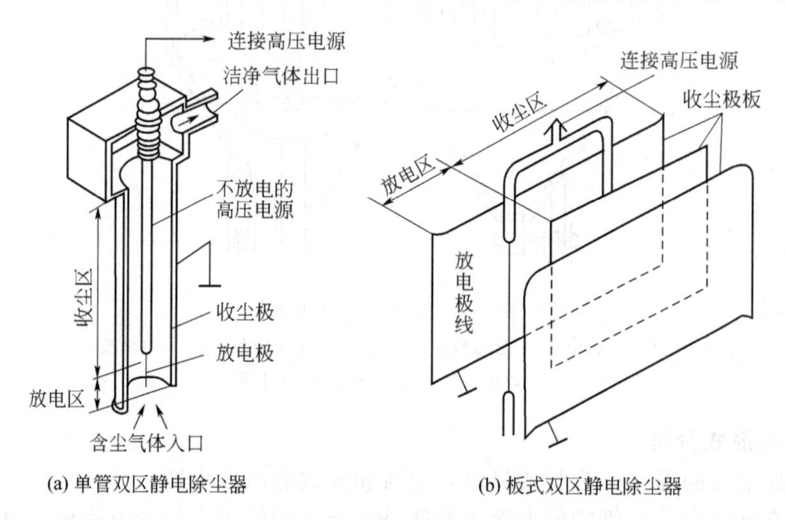


(a) 单管双区静电除尘器　(b) 板式双区静电除尘器

图 8-11 双区静电除尘器的结构示意

**5. 按振打方式分类**

静电除尘器按振打方式可分为侧部振打静电除尘器和顶部振打静电除尘器。

(1) 侧部振打静电除尘器　这种除尘器的振打装置设置于除尘器的阴极或阳极的侧部，称

**表 8-1 静电除尘器分类及应用特点**

| 分类方式 | 设备名称 | 主要特性 | 应用特点 |
| --- | --- | --- | --- |
| 按除尘器清灰方式分类 | 干式静电除尘器 | 收下的烟尘为干燥状态 | (1)操作温度为 250～400℃或高于烟气露点 20～30℃；<br>(2)可用机械振打、电磁振打和压缩空气振打等；<br>(3)粉尘比电阻有一定范围 |
| | 湿式静电除尘器 | 收下的烟尘为泥浆状 | (1)操作温度较低，一般烟气需先降温至 40～70℃，然后进入湿式静电除尘器；<br>(2)烟气含硫等有腐蚀性的气体时，设备需防腐蚀；<br>(3)清除收尘电极上烟尘采用间断供水方式；<br>(4)由于没有烟尘再飞扬现象，烟气流速可较大 |
| 按除尘器清灰方式分类 | 酸雾静电捕集器 | 用于含硫烟气制硫酸过程捕集酸雾，收下物为稀硫酸和泥浆 | (1)定期用水清除收尘电极、电晕电极上的烟尘和酸雾；<br>(2)操作温度低于 50℃；<br>(3)收尘电极和电晕电极须采取防腐措施 |
| | 半湿式静电除尘器 | 收下粉尘为干燥状态 | (1)构造比一般静电除尘器更严格；<br>(2)水应循环；<br>(3)适用高温烟气净化场合 |
| 按烟气流动方向分类 | 立式静电除尘器 | 烟气在除尘器中的流动方向与地面垂直 | (1)烟气分布不易均匀；<br>(2)占地面积小；<br>(3)烟气出口设在顶部直接放空，可节省烟管 |
| | 卧式静电除尘器 | 烟气在除尘器中的流动方向和地面平行 | (1)可按生产需要适当增加电场数；<br>(2)各电场可分别供电，避免电场间互相干扰，以提高收尘效率；<br>(3)便于分别回收不同成分、不同粒级的烟尘，分类收集；<br>(4)烟气经气流分布板后比较均匀；<br>(5)设备高度相对低，便于安装和检修，占地面积大 |

续表

| 分类方式 | 设备名称 | 主要特性 | 应用特点 |
| --- | --- | --- | --- |
| 按收尘电极形式分类 | 管式静电除尘器 | 收尘电极为圆管、蜂窝管 | (1)电晕电极和收尘电极间距相等,电场强度比较均匀;<br>(2)清灰较困难,不宜用作干式静电除尘器,一般用作湿式静电除尘器;<br>(3)通常为立式静电除尘器 |
| | 板式静电除尘器 | 收尘电极为板状,如网、棒帏、槽形、波形等 | (1)电场强度不够均匀;<br>(2)清灰较方便;<br>(3)制造安装较容易 |
| 按收尘极与电晕极配置分类 | 单区静电除尘器 | 收尘电极和电晕电极布置在同一区域内 | (1)荷电和收尘过程的特性未充分发挥,收尘电场较长;<br>(2)烟尘重返气流后可再次荷电,除尘效率高;<br>(3)主要用于工业除尘 |
| | 双区静电除尘器 | 收尘电极和电晕电极布置在不同区域内 | (1)荷电和收尘分别在 2 个区域内进行,可缩短电场长度;<br>(2)烟尘重返气流后无再次荷电机会,除尘效率低;<br>(3)可捕集高比电阻烟尘;<br>(4)主要用于空调空气净化 |
| 按极间距宽窄分类 | 常规极距静电除尘器 | 极距一般为 200～325mm,供电电压 45～66kV | (1)安装、检修、清灰不方便;<br>(2)离子风小,烟尘驱进速度大;<br>(3)适用于烟尘比电阻为 $10^4$～$10^{10}\Omega\cdot cm$ 的情况;<br>(4)使用比较成熟,实践经验丰富 |
| | 宽极距静电除尘器 | 极距一般为 400～600mm,供电电压 70～200kV | (1)安装、检修、清灰不方便;<br>(2)离子风大,烟尘驱进速度大;<br>(3)适用于烟尘比电阻为 10～$10^{14}\Omega\cdot cm$ 的情况;<br>(4)极距不超过 500mm,可节省材料 |
| 按其他标准分类 | 防爆式 | 防爆静电除尘器有防爆装置,能防止爆炸 | 防爆静电除尘器用在特定场合,如转炉烟气的除尘、煤气除尘等 |
| | 原式 | 原式静电除尘器正离子参加捕尘工作 | 原式静电除尘器是静电除尘器的新品种 |
| | 移动电极式 | 可移动电极静电除尘器顶部装有电极卷取器 | 可移动电极静电除尘器常用于净化高比电阻粉尘的烟气 |

为侧部振打静电除尘器。应用较多的均为侧部挠臂锤振打，为防止粉尘的二次飞扬，在振打轴的360°上均匀布置各锤头。其振打力的传递与粉尘下落方向成一定夹角。

（2）顶部振打静电除尘器　振打装置设置在除尘器的阴极或阳极的顶部，称为顶部振打静电除尘器。应用较多的顶部振打为刚性单元式，除尘器顶部振打的传递效果好，且运行安全可靠、检修维护方便，如图8-12所示。

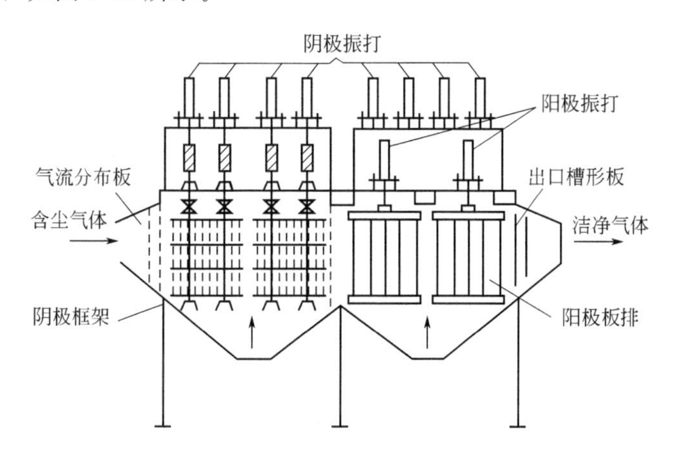


图8-12　BE型顶部电磁锤振打静电除尘器

静电除尘器的类型很多，但大多数是利用干式、板式、单区卧式、侧部振打或顶部振打静电除尘器，各类型静电除尘器的特性和使用特点如表8-1所列。

## 三、静电除尘器的性能参数

静电除尘器的主要参数包括电场内烟气流速、有效截面积、比收尘面积、电场数、电场长度、极板间距、极线间距、临界电压、驱进速度、除尘效率等。

**1. 电场烟气流速**

在保证除尘效率的前提下，流速大，可减小设备体积，节省投资，有色冶金企业静电除尘器的烟气流速一般为0.4～1.0m/s，电力和水泥行业可达0.8～1.5m/s，烧结、原料厂取1～1.5m/s，化工厂为0.5～1m/s。选择流速也与除尘器结构有关，对无挡风槽的极板、挂锤式电晕电极，烟气流速不宜过大，对槽形极板或有挡风槽、框架式电晕电极，烟气流大一些，其相互关系见表8-2。

**表8-2　烟气流速与极板、极线形式的关系**

| 收尘极形式 | 电晕电极形式 | 烟气流速/(m/s) |
|---|---|---|
| 棒帏状、网状、板状 | 挂锤式电极 | 0.4～0.8 |
| 槽形(C形、Z形、CS形) | 框架式电极 | 0.8～1.5 |
| 袋式、鱼鳞状 | 框架式电极 | 1～2 |
| 湿式静电除尘器，静电除雾器 | 挂锤式电极 | 0.6～1 |

烟气流速影响所选择的除尘器断面，同时也影响除尘器的长度，在烟气停留时间相同时，流速低则需较长的除尘器，在确定流速时也应考虑除尘器放置位置条件和除尘器本身的长宽比例。电力和水泥行业有时按图8-13选取流速。

由于电场中烟气速度提高，可以增大驱进速度，因此，烟气速度并非越低越好，烟气速度的确定应以达到最佳综合技术经济指标为准。

**2. 除尘器的截面积**

静电除尘器的截面积根据工况下的烟气量和选定的烟气流速按下式计算：

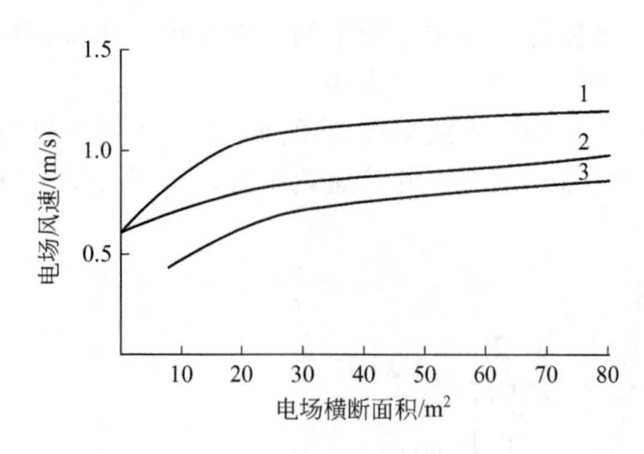


图 8-13 电场风速的经验曲线

1—发电厂锅炉；2—湿式水泥窑及烘干机；3—干法窑

$$F=\frac{Q}{v} \tag{8-1}$$

式中，$F$ 为除尘器截面积，$m^2$；$Q$ 为进入除尘器的烟气量（未考虑设备漏风），$m^3/s$；$v$ 为除尘器截面上的烟气流速，m/s。

静电除尘器截面积也可按下式计算：

$$F=HBn \tag{8-2}$$

式中，$F$ 为除尘器截面积，$m^2$；$H$ 为收尘电极高度，m；$B$ 为收尘电极间距，m；$n$ 为通道数。

静电除尘器截面的高宽比一般为 1～1.3。高宽比太大，气流分布不均匀，设备稳定性较差；高宽比太小，设备占地面积大，灰斗高，材料消耗多，为弥补这一缺点，可采用双进口和双排灰斗。

**3. 电场数**

卧式静电除尘器常采用多电场串联的方式，在电场总长度相同的情况下，电场数增加，每一电场电晕线数量相应减少，因而电晕线安装误差影响概率也小，从而可提高供电电压、电晕电流和除尘效率。电场数多，当某一电场停止运行时，对除尘器性能影响不大，由于火花和振打清灰引起的二次飞扬不严重。

静电除尘器供电一般采用分电场单独供电的方式，电场数增加也同时增加供电机组，使设备投资加大，因此，电场数力求选择适当。串联电场数一般为 2～5 个，常用除尘器一般为3～4 个，对于难收尘的场合，用 4～5 个电场。

**4. 电场长度**

各电场长度之和为电场总长度。一般每个电场长度为 2.5～6.2m，2.5～4.5m 为短电场，4.5～6.2m 为长电场。短电场振打力分布比较均匀，清灰效果好。长电场根据需要可采取分区振打，极板高的除尘器可采用多点振打的方式。对处理气量大、环保要求高的场合用长电场，如矿石烧结厂和燃煤电厂。

**5. 极距、线距、通道数**

20 世纪 70 年代，静电除尘器极板间距一般为 260～325mm。后来开始出现宽极板电收尘器，极板间距至 400～600mm，有的达 1000mm。截面积相同时，极距加宽，通道数减少，收尘极板面积亦减小。当提高供电电压后，粉尘驱进速度加大，能够提高高比电阻烟尘的除尘效率，故高比电阻烟尘极距可选用为 450～500mm，配用 27kV 电源即能满足供电要求。继续加大极距，则需配备更高的供电设备。

线距一般根据极距来确定。根据试验，极距和线距之比为 0.8～1.2。线距太小，相邻两电晕极会产生干扰屏蔽，抑制电晕电流的产生。线距太大，电晕线总长度要增加，总电晕功率减小，影响除尘效率。线距还要根据收尘极板宽度进行调整，可参照以下实例选择。

小 C 形板宽 190mm，每块板配 1 根线，之间间隙 10mm，线距为 200mm；又如 Z 形板宽 385mm，间隙 15mm，每块极板配 2 根线，线距为 200mm；大 C 形板宽 480mm，两板间隙 20mm，每块极板配两条线，线距 250mm。上述两种板亦可配一根管状芒刺线，因其水平刺尖距超过 100mm，相当于线的效果。

**6. 除尘效率**

静电除尘器的除尘效率和其他除尘器一样，取决为进入除尘器烟气中含尘量与捕集下来的粉尘浓度和粒度、比电阻、电场长度及电极的构造等。除尘效率的表达式如下：

对管式除尘器
$$\eta=1-\mathrm{e}^{\frac{4\omega LK}{v_{\mathrm{p}}D}} \tag{8-3}$$

对板式除尘器
$$\eta=1-\mathrm{e}^{\frac{\omega LK}{v_{\mathrm{p}}b}} \tag{8-4}$$

式中，$\omega$ 为粉尘驱进速度，m/s；$v_{\mathrm{p}}$ 为含尘气体的平均流速，m/s；$L$ 为气流方向收尘极的总有效长度，m；$b$ 为收尘极和电晕极之间的距离，m；$D$ 为管式收尘极的内径，m；$K$ 为由电极的几何形状、粉尘凝聚和二次飞扬决定的经验系数。

由上述计算式可以看出，静电除尘器的效率与 $L/v_{\mathrm{p}}$。关系甚大，或者说除尘效率与静电除尘器的容积关系甚大。假如除尘效率为 90%时，除尘器的容积为 1，则效率为 99%的除尘器的容积将增大为 2。

## 四、影响静电除尘器性能的因素

影响静电除尘器性能的有诸多因素，可大致归纳为烟尘性质、设备状况和操作条件 3 个方面。这些因素之间的相互关系如图 8-14 所示。由图 8-14 可知，各种因素的影响直接关系到电晕电流、粉尘电阻率、除尘器内的粉尘收集和二次飞扬这 3 个环节，而最后结果表现为除尘效率的高低。

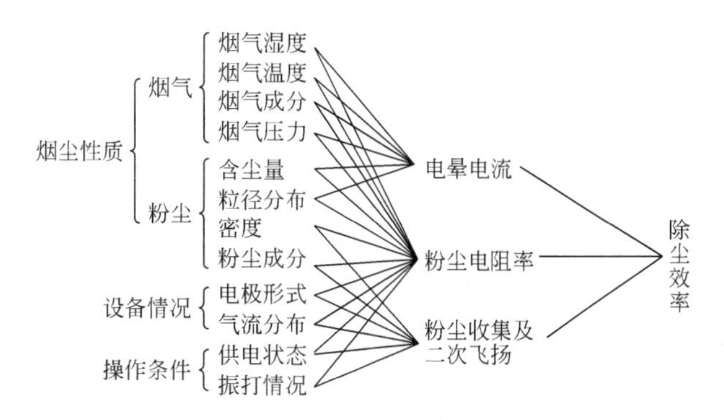


图 8-14　影响除尘器性能的主要因素及其相互关系

# 第二节　静电除尘器的构造

在静电除尘器中，卧式除尘器应用最为广泛，它是由本体和供电电源两部分组成的（图 8-15）。本体包括除尘器壳体、灰斗、放电极、收尘极、气流分布装置、振打清灰装置、绝缘子及保温箱等等。这里介绍卧式静电除尘器的主要组成和外貌（图 8-16）、静电除尘器构造（图8-17）。

## 一、静电除尘器壳体

壳体的作用是引导含尘气体通过高压电场，减少热损失，支撑阴阳电极系统及其振打装置，形成与外界环境隔离的独立空间。因此要求壳体气密性要好，漏风率不大于 2%～5%。

壳体应具有足够的刚度、强度和稳定性。实际在静电除尘器运行中，壳体所承受的是壳体自重、内部构件及风雪地震载荷。

对于特殊要求的还要考虑壳体的防腐蚀、防爆措施。采用钢结构做壳体时，要考虑热膨胀。温度在 150℃以上时，壳体下部与土建平台或钢支架之间，采取一点刚性连接，其余各点均设滚动或滑动支承轴承，以减少摩擦推力。同时，壳体要设有完备的保温层，以保持壳体内的温度高于露点温度 15～25℃。

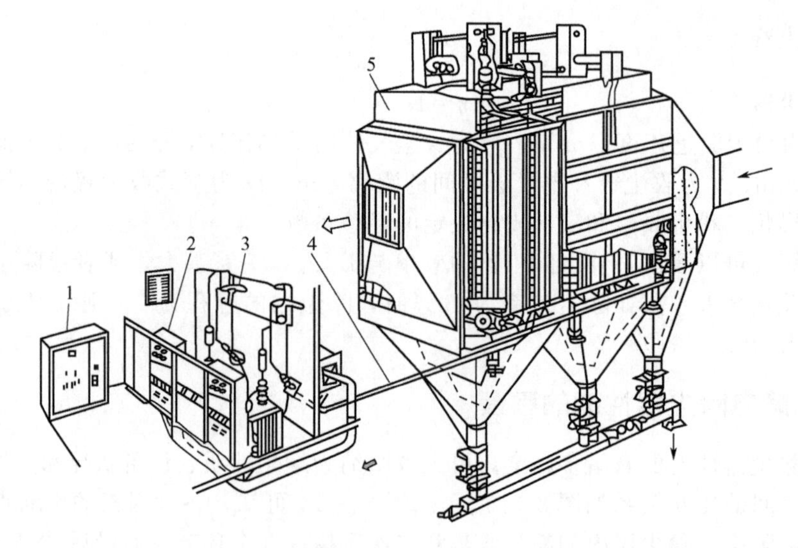


图 8-15 卧式静电除尘器及其控制系统

1—低压控制柜；2—高压供电机组；3—高压隔离开关；4—电缆；5—电除尘器

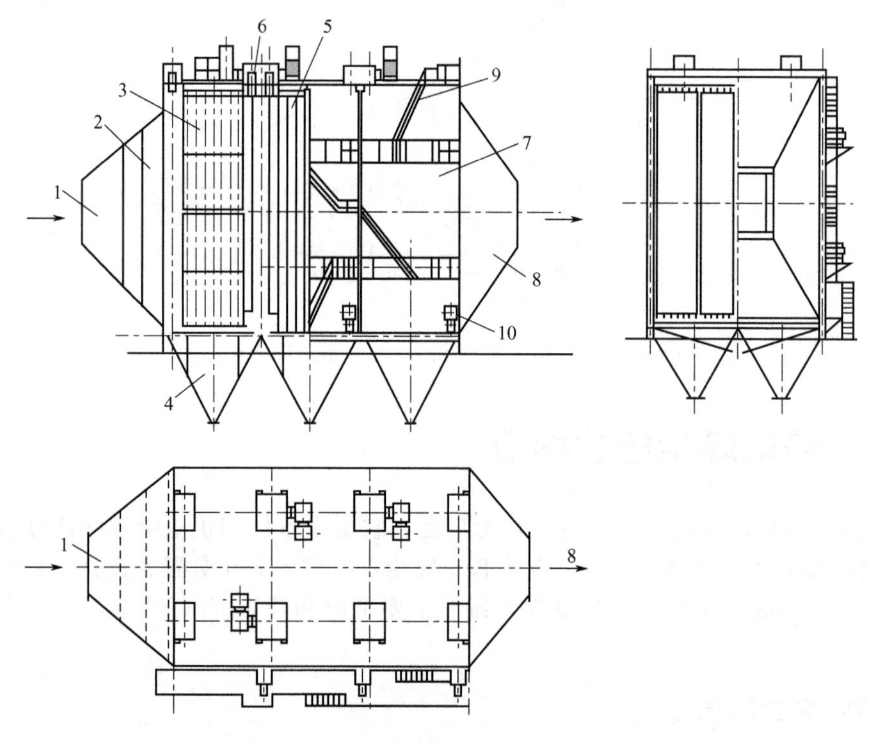


图 8-16 卧式静电除尘器的主要组成和外貌

1—进风口；2—进口气流分布装置；3—电晕电极；4—灰斗；5—收尘极；
6—顶部保温箱、加热装置、电压电缆装置；7—壳体；8—出风口；9—梯子平台；10—人孔门

钢结构壳体的质量约占电除尘器总质量的35％～50％或以上。

在无特殊要求下，通常壳体的刚度和强度是按风机压力设计的。

壳体包括框架、墙板、进出风管和灰斗四部分。框架结构由立柱及下部支承轴承座、顶大梁、底梁（端底梁、侧底梁、底大梁）和斜撑构成。这些是电除尘器的受力体系。进出风管是箱体与管道连接部，要求既不能积灰，又要使气流合理流动。灰斗兼具存灰和排灰两种功能。

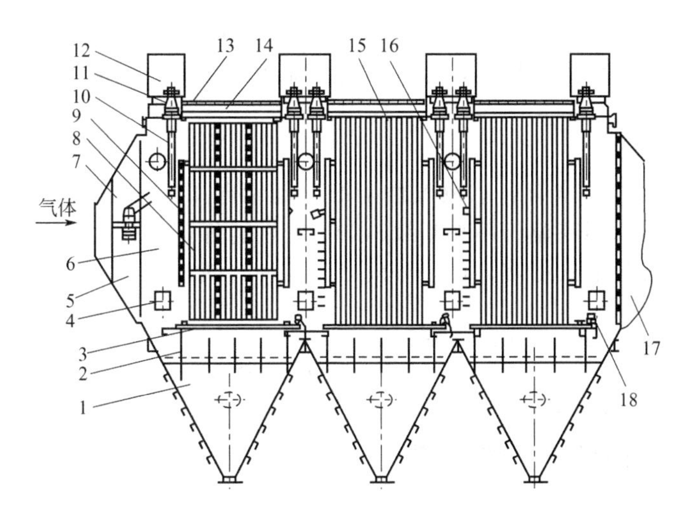


图 8-17　静电除尘器构造

1—灰斗；2—阻流板；3—阳极振打杆；4—检查门；5—进气箱；6—壳体；7—气流分布板及振打装置；8—阴极小框架；9—阴极大框架；10—阴极悬吊装置；11—高压配管；12—保温箱；13—防雨盖；14—屋顶骨架；15—阳极；16—阴极振打；17—出气箱；18—阳极振打

灰斗与箱体和框架的连接是容易忽视的部位，也是静电除尘器常见的事故部位之一。

## 二、静电除尘器电极

### 1. 收尘极

收尘极是静电除尘器的主要部件之一。对收尘极提出的基本要求是：①板面场强分布和板面电流分布要尽可能均匀；②防止二次扬尘的性能好，在气流速度较大和振打清灰时产生的二次扬尘少；③振打性能好，在较小的振打力作用下，板面各点获得足够的振打加速度，且分布较均匀；④机械强度好（主要是刚度）、耐高温和耐腐蚀，只有有足够的刚度才能保证极间距的准确距离；⑤消耗钢材少，加工及安装精度高。

在卧式静电除尘器中，目前几乎都采用板式极板，它是用厚度为 1.2～2.0mm 的钢板在专用轧机上轧制成各种断面形状的极板（图 8-18）。

每块极板的宽度随不同的形式而不同，但必须与放电极的间距相对应。极板高度一般为 2～15m。每一个电场中，在长度方向每排由若干块极板拼装而成，其长度称为有效电场长度，一般为 2.5～4.5m。极板组成的收尘极系统见图 8-19。

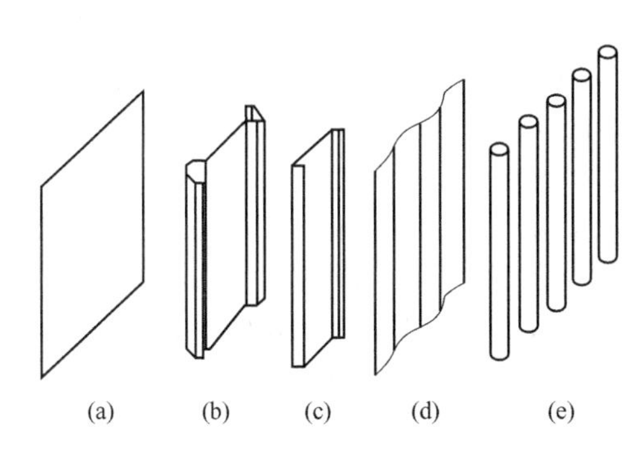


图 8-18　各种断面形状的收尘极板

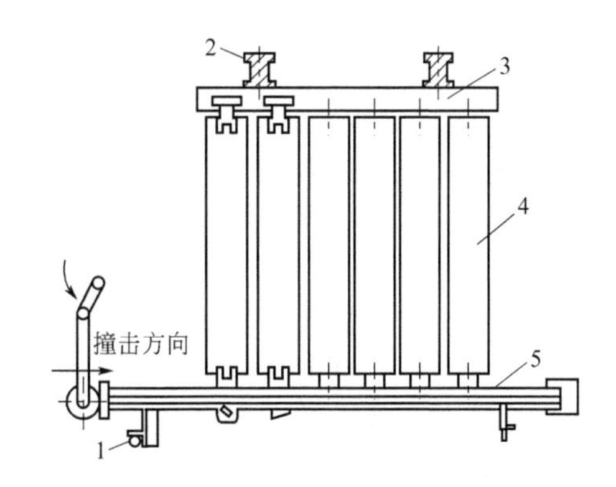


图 8-19　收尘极系统

1—导轨；2—支承大梁；3—支承小梁；4—极板；5—撞击杆

两排相邻极板之间形成通道，通道的宽度在常规的静电除尘器中通常采用300mm。在超高压宽间距除尘器中，间距可以增加，但供电电压要相应提高，通常认为间距为400～600mm较合理。

**2. 放电极（电晕极）**

对放电极提出的基本要求有：①放电性能好（起晕电压低、击穿电压高、电晕电流强）；②机械强度高、耐腐蚀、耐高温、不易断线；③清灰性能好，振打时粉尘容易脱落，不产生结瘤和肥大现象。放电极的形式很多，可以分成以下几种（图8-20）。

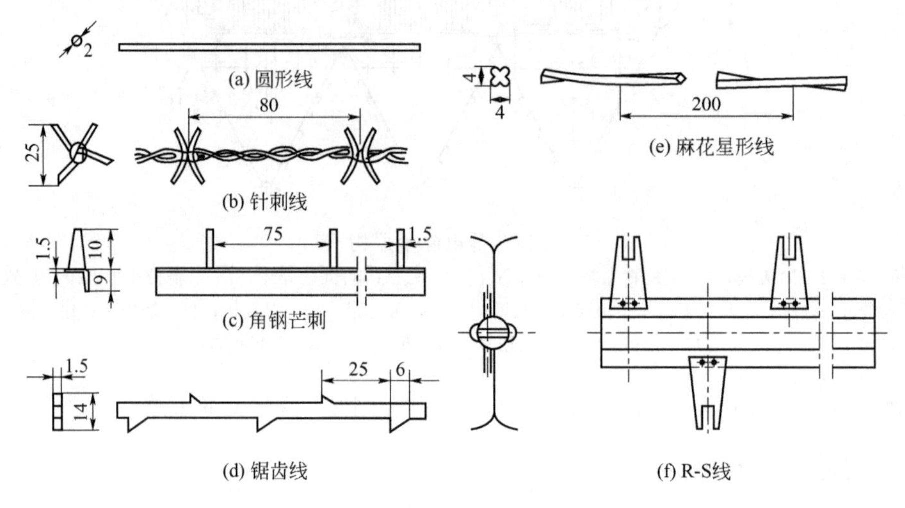


图8-20 各种形式的放电极

(1) 圆形放电极 通常由直径1.5～2.5mm的高强镍铬合金做成［图8-20(a)］，上部悬挂在框架上，下部用重锤保持其垂直位置。圆线也可以做成螺旋弹簧形，此时将其拉伸，上、下部都固定到框架上，使其内部保持一定的张力，放电线处于绷张状态。也有用数根圆线绞到一起另加针刺的放电极［图8-20(b)］。

(2) 星形电极 用直径4～6mm的圆钢冷拉成断面为星形的放电极，由于四角上的曲率半径小，可以保证必要的放电强度。有的星形放电极做成麻花形［图8-20(c)］，可以增加放电极放电的总长度，对清灰也有利。

(3) 带形、刀形及锯齿电极 通常用薄钢条（厚约1.5mm）；两侧做成刀状即为刀形电极；如在两侧冲出锯齿则形成锯齿电极［图8-20(d)］。锯齿线的放电强度高，是应用较多的一种放电线。

(4) 芒刺线 芒刺线是依靠芒刺的尖端进行放电。形成芒刺的方式很多，除了上述的针刺线、锯齿线也属于芒刺线外，还有角钢芒刺［图8-20(e)］和圆芒刺（在圆棒或圆管上直接焊上芒刺）。目前采用较多的一种芒刺线是R-S线［图8-20(f)］。它是以直径为20mm的圆管作支撑，两侧伸出交叉的芒刺。这种线的机械强度高、放电强，从而提高了除尘器的性能和可靠性。

线间距通常取0.50～0.65倍的通道宽度，对常规电除尘器可取160～200mm，并与极板的宽度相对应。芒刺的间距一般为50～100mm。

考虑到在电除尘器前、后电场中的粉尘浓度相差很大，也可以在浓度高的电场（如第一、二电场）采用芒刺线，放电强度高，可以防止产生电晕闭塞，而浓度低的电场（如第三、四电场）采用星形线。

电晕极和收尘极在电场内按规定的极间距排列（图8-21和图8-22），收尘极排数总比电晕极小框架（排）多一排，靠近壳体内的一排是收尘极。放电极小框架位于两收尘极排的中心线

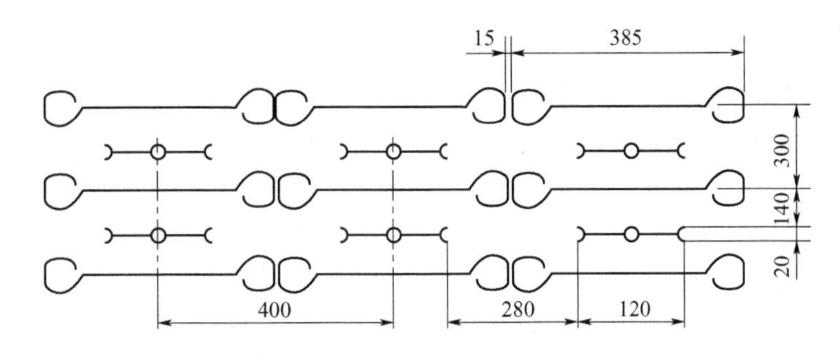


图 8-21　电晕极和收尘极的配置形式（单位：mm）

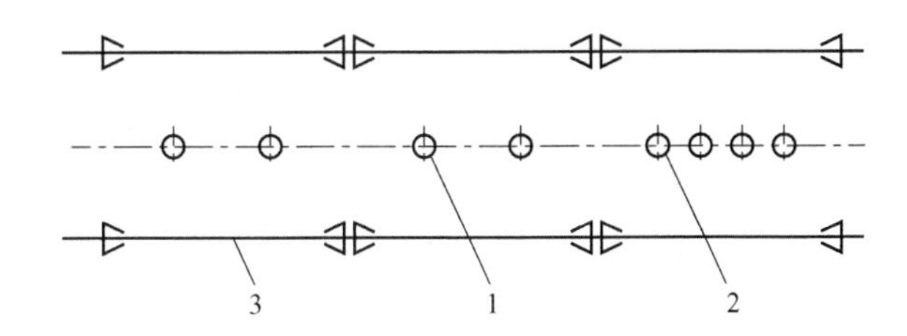


图 8-22　鱼骨芒刺电极-管式辅助电极在电场中的配置

1—鱼骨芒刺电晕线；2—管状辅助电极；3—收尘极

上，两收尘极排之间称为气体通道。

## 三、清灰装置

收尘极和电晕极表面上的清洁程度对除尘器的性能有很大影响。在静电除尘器中，要定期振打清灰，使电极表面的粉尘振落到灰斗中。对振打的要求有以下几点。

(1) 在电极表面上任何一点都有一定的加速度，在一般情况下根据不同的收尘性质，收尘极最小加速度为 200～500$g$（$g$ 为重力加速度），放电极框架的最小加速度为 400～500$g$。

(2) 在电极各点上的振打加速度分布比较均匀。

(3) 在振打时二次扬尘小，特别是对收尘极。为此要调整振打周期，使粉尘积到一定厚度，振打时成片状脱落，直接落入灰斗。由于各电场的含尘浓度不同，各电场的振打周期也应不同，可在现场调试时确定，同时要避免各电场同时振打。

主要的振打方式有：①摇臂锤振打（图 8-23）；②电磁振打；③气动振打和振动器振打等。

除了振打清灰外，还可采用钢刷清灰、喷水清灰（湿式电除尘器）和声波清灰等。

## 四、气流分布装置

除尘器的除尘效率取决于气流速度的大小。当电场内气流速度分布不均时，流速低处获得的效率提高，远不能弥补速度高处降低的效率，从而导致总效率的降低。常用的气流分布板结构形式见图 8-24 和图 8-25。

目前评定气流分布的均匀性尚没有统一的方法，常用的是相对均方根法，其判定公式为：

$$\sigma=\sqrt{\frac{1}{n}\sum_{i=1}^{n}\left(\frac{v_i-\overline{v}}{\overline{v}}\right)^2} \tag{8-5}$$

式中，$v_i$ 为断面上各测点的流速，m/s；$\overline{v}$ 为断面上的平均流速，m/s；$n$ 为断面上的测点数；$\sigma$ 为相对均方根差。

当 $\sigma\leqslant 0.1$ 时，气流分布为“优”；$\sigma\leqslant 0.15$ 时为“良”；$\sigma\leqslant 0.25$ 时为“合格”；当 $\sigma>$

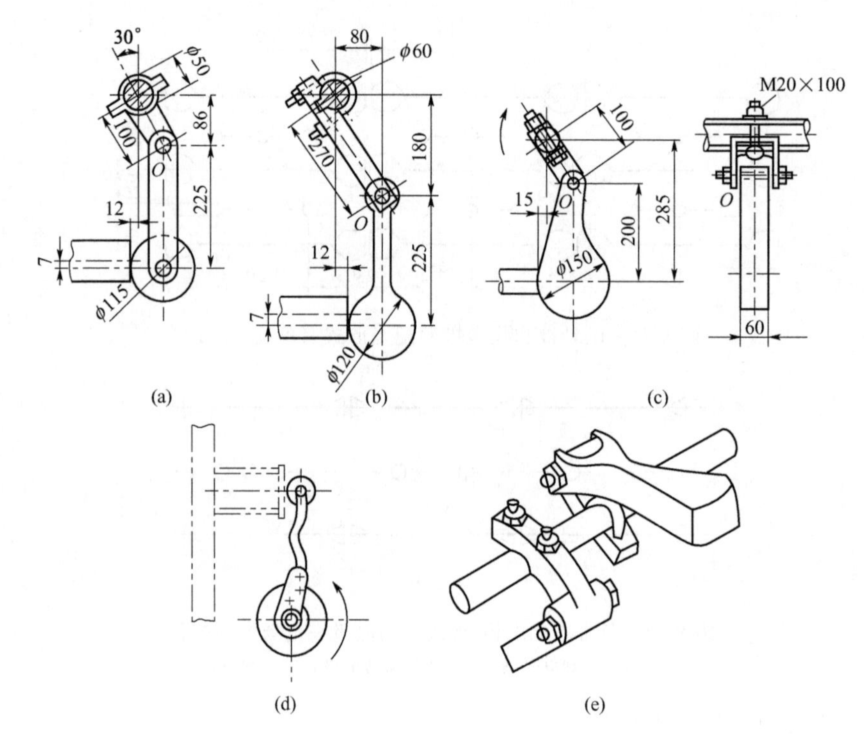


图 8-23 收尘极振打锤头（单位：mm）

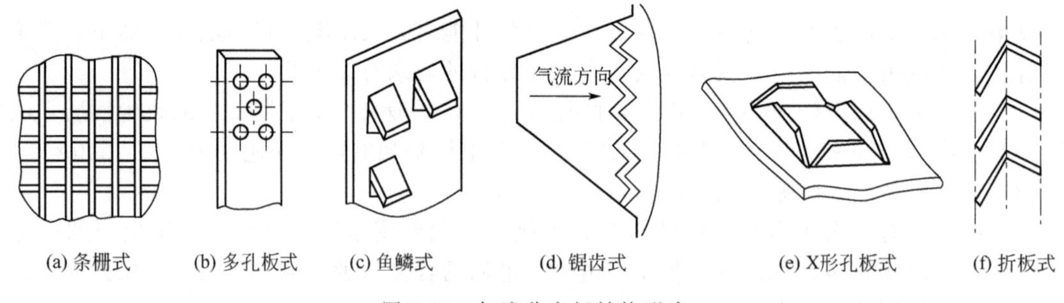


图 8-24 气流分布板结构形式

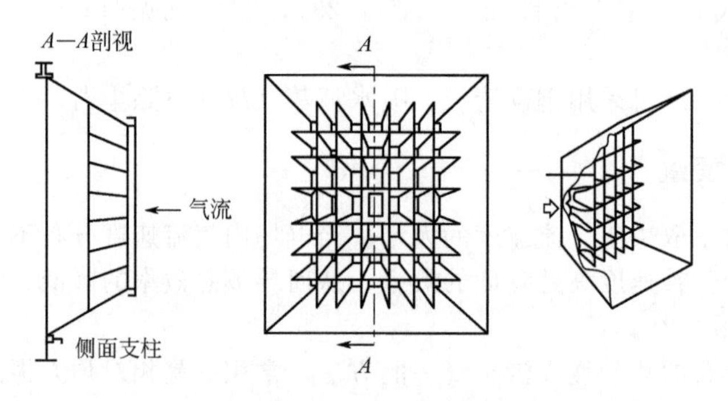


图 8-25 水平进气的蜂窝状导流板

0.25 时即认为“不合格”。

为了保证进入电场的气流分布均匀，常用的方法是在入口处设置 1～3 块气流分布板（出口处有时也设 1 块气流分布板）。采用最多的是圆孔形分布板，该板用 3～5mm 厚的钢板制作，其上的孔径为 40～60mm，一般开孔率为 50%～65%。为了防止在分布板上积灰，需要设振打装置。

为了使气流分布均匀，寻求合理的进出口形式及气流分布装置，在设计前往往要进行气流的模型试验。这对于大型设备，特别是进出口位置受到限制时尤其重要。模型与实物的比例一般取（1/16)～(1/4)。根据模型试验结果设计和安装的气流分布装置，在投入运行前，还要在现场进行测试和调整，以符合气流分布的标准。

传统的观点认为，静电除尘器内气流分布越均匀越好，而实际上由于二次飞扬现象的存在和气流分布的不均，静电除尘器内粉尘浓度的实际分布如图 8-26 所示。加拿大等国试验改变气流分布状况，进气端的气流以上小下大分布，出气端的气流以上大下小分布，这样有序地通过使气流分布不均匀化，从而使粉尘浓度分布均匀化，实测对降低排放浓度有利。此项技术被称为斜气流技术。斜气流技术应用后除尘器内粉尘浓度分布如图 8-27 所示。

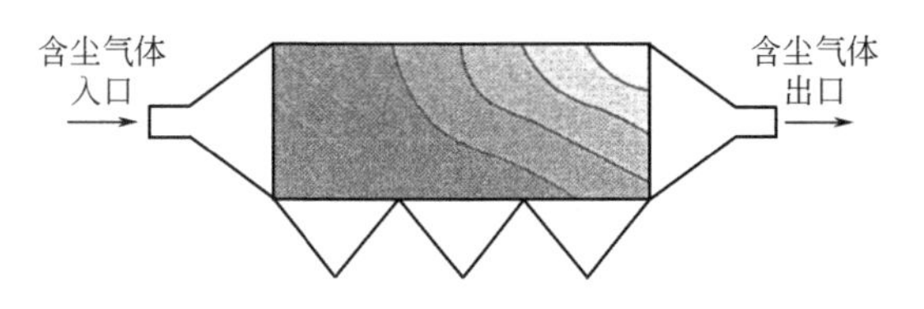


图 8-26　均匀气流状态下粉尘浓度分布规律

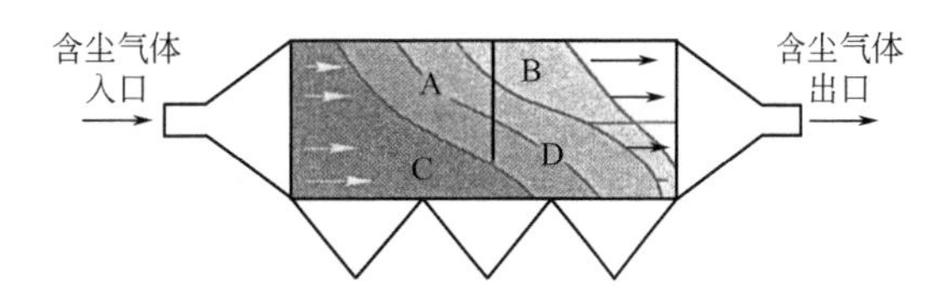


图 8-27　斜气流状态下粉尘浓度分布规律

## 第三节　静电除尘器的供电装置

静电除尘器高压供电设备是组成静电除尘器的关键设备之一。它要求的电源是：直流；高压（40～70kV)；小电流（50～300mA)。电源向静电除尘器电晕极施加高压电，提供粉尘荷电和为收集粉尘所需的电能。除尘器的电气状况对它的除尘效率有极大影响。通常，电压和电流的大小取决于电极尺寸及其配置、粉尘特性、气体的成分、温度、湿度、压力及气体密度等条件。如果这些条件已定，则供电系统的设置、控制设备的优劣还会对电气状况和除尘器长期稳定运行均有影响。

静电除尘器的供电是指将交流低压变换为直流高压的电源和控制部分。同时，作为与本体设备配套的装置，供电还包括电极的清灰振打、灰斗卸灰、绝缘子加热及安全连锁控制装置，这部分综合起来通称低压自控装置。

### 一、高压供电装置

高压供电装置是一个以电压、电流为控制对象的闭环控制系统，包括升压变压器、高压整流器、主体控制（调节）器和控制系统的传感器四部分（图 8-28)。其中，升压变压器、高压整流器及一些附件组成主回路，其余部分组成控制回路。

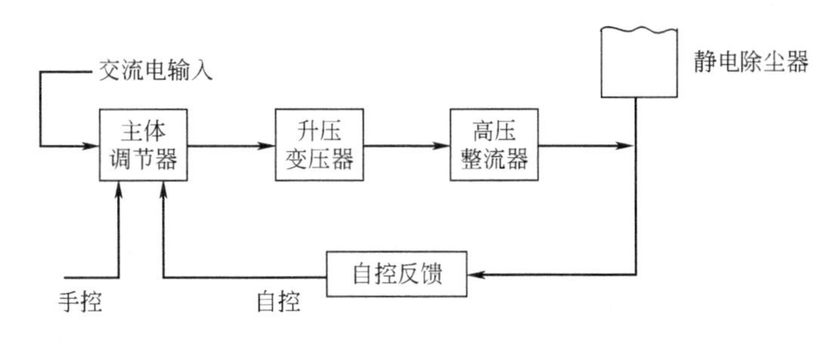


图 8-28　静电除尘器供电机组框图

**1. 变压器**

升压变压器是将工频380V交流电升压到60kV或更高的电压。电除尘器运行的特有条件对变压器结构和高压绕组有特殊要求，其绝缘性能要能够经受经常出现的超负荷运行，这种超负荷在除尘器击穿时就会发生。这样调节变压器输出端参数，其输入绕组要进行分节引出。除尘器内供电参数的调节都是通过手动，或是通过自控信号来变动升压变压器的输入端来完成的。

静电除尘器电极上所需的电压是固定极性的，所以由变压器得到的高压电流必须经过整流，使之变为直流电。

**2. 整流器**

在静电除尘器供电系统中采用的各种半导体整流器电路如图8-29所示。

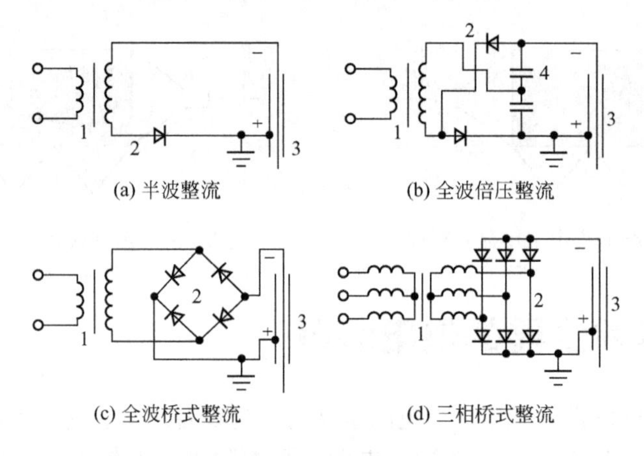


图8-29 几种半导体整流器电路

1—变压器；2—整流器；3—电除尘器；4—电容

**3. 主体调节器**

静电除尘器内工况电气条件主要是靠调节高压电源来控制的。高压电源的调压都是在高压电源的输入端进行的。调压主件过去曾用过电阻调压器（多是采用手动调节）、感应调压器等，现在普遍采用可控硅调压器。可控硅调压元件反应速度快，能够使整流器的高压输出随电场烟气条件而变化，很灵敏地实行自动跟踪调节。由可控硅输出的可调交变电压，经升压变压器升压，再经桥式整流器整流成为高压直流电。

**4. 自动控制回路**

这部分的工作原理是控制可控硅的移相角，从而达到控制输出高压电的目的。它以给定的反馈量为调压依据，自动调节可控硅的移向角，使高压电源输出的电压随着电场工况的变化而自动调节。同时，自控回路还具备各项保护性能，使高压电源或电场在发生短路、开路、过流、偏励、闪络和拉弧等情况时，对高压电源进行封锁或保护。

自动控制方式有多种，在国内普遍采用的是火花频率控制方式。同时还有更为新颖的控制方式：多功能高压电源和微机控制的多功能高压电源。

## 二、电极电压的调节

从电晕放电的伏安特性可知，电极电压与电晕电流之间的联系属非线性关系，工况电压略有下降（若为1%），就会引起电晕电流实质性的（相应为5%）下降，这就降低了静电除尘器的效率。在现代化供电机组中，是用自动调节静电除尘器运行的电气条件来维持电极上可能出现的最大电压的。也就是使电压保持高数值，总保持于击穿的边缘，但又不发生电弧击穿。

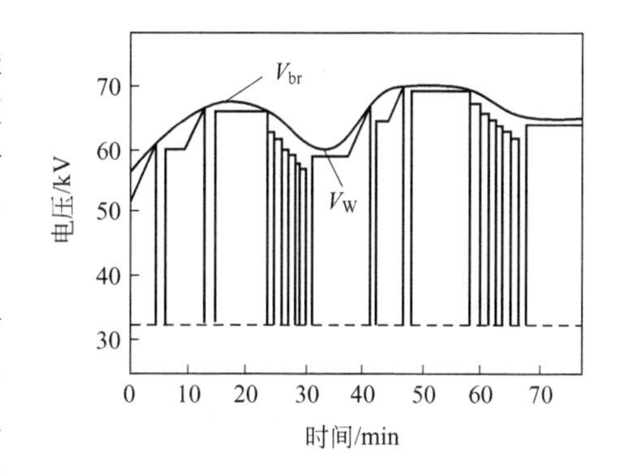

图 8-30　自动跟踪可能最高电压值的变化关系
（$V_{br}$为击穿电压；$V_w$ 为工作电压）

实践证明，要用手动调节来保持电极上最大可能电压是不可行的，其原因：一是气流工艺参数经常变化，人工跟踪调节难做到工况电压与击穿电压经常达到相互稳定的对应，当具有多组供电系统时更难做到；二是操作人员总是偏向安全生产，趋向保持低电压，结果使工作效率达不到应有的水平。

曾有建立自控机组，使电压保持在击穿的边界值的方法，周期性地寻求最大可能值。按这种系统，电极电压可以自动平滑地升高至发生击穿值，一旦击穿，电压断开约 0.5～3ms 或者猛然下降至保证电弧熄灭的数值。在断开期间，电压自动降到不大的数值，以便重新闭合时不发生电弧放电，以后，电压重新平稳上升至击穿……如此，周期性地重复，从而达到较高的除尘效率。这种自动跟踪可能最高电压值的变化关系如图 8-30 所示。

可是，在这种周期性调节方法下，静电除尘器在明显的时段里处于无火花放电的电压区内，工作电压低于最大可能水平，也不够理想。

现在常用的自动调压方法有如下 2 种。

**1. 按火花放电给定频率调节电极电压**

电场电压与火花放电有一定关系，在电场电压低时无火花；达到一定数值时发生火花放电；继续增加电压，火花放电频率增多，直至达到击穿（图 8-30）。

单位时间里火花放电的频率与电场的除尘效率有一定的关系［图 8-31(b)］。从火花放电频率与除尘效率的关系曲线看，火花放电频率在 40～70 次/min 范围内对除尘效果最有利。超过这个频率的则会由于火花击穿耗能增加，除尘器效率反而下降。

由图 8-31 可以看出，以这种有利的火花放电频率为信息来控制电极电压，则工作电压曲线与击穿电压曲线更为接近。

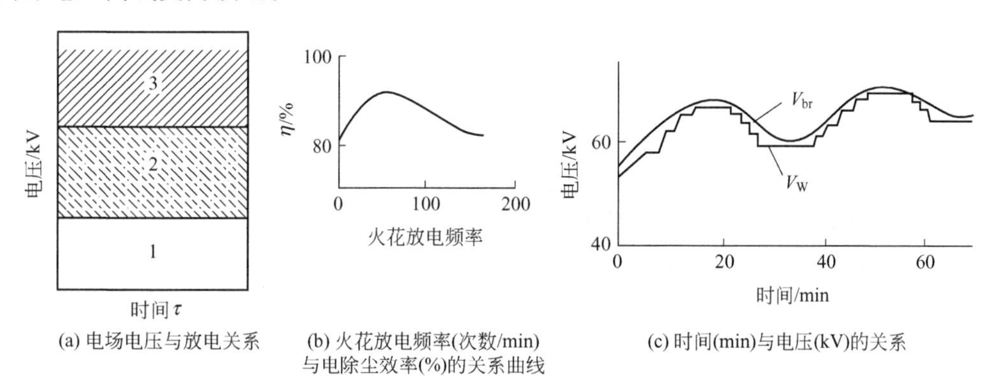

图 8-31　按火花放电频率调节静电除尘器电极电压
1—无火花放电区；2—火花放电区；3—击穿区；$V_{br}$—击穿电压；$V_w$—工作电压

可控硅自动控制高压硅整流装置是目前国内外使用的最普遍的一种高压电源。这种控制方式的主要特点是利用电场的高压闪络信号作为反馈指令（图 8-32）。检测环节把闪络信号取出，送到整流器的调压自控系统中去，自控系统得到反馈指令后，使主回路调压，可控硅迅速切断电压输出，并让电场介质绝缘强度恢复到正常值。通过调节电压上升速率和闪络封锁时的电压下降值，控制每两次闪络的时间间隔（即火花率），使设备尽可能在最佳火花放电频率下工作，以获得最好的除尘效果。

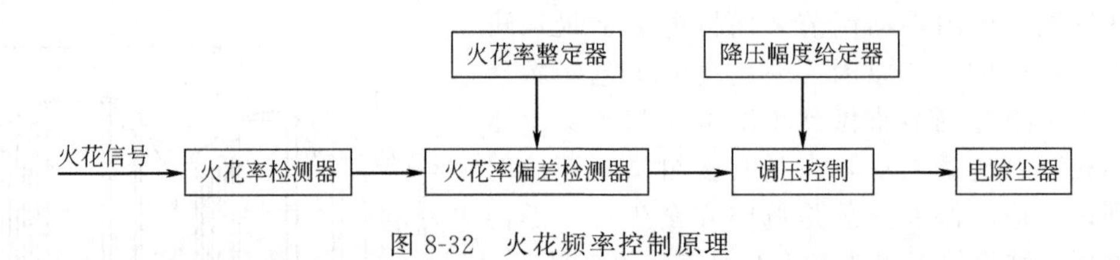


图 8-32 火花频率控制原理

按火花放电频率调节电极电压的方式也有不足之处：系统是按给定火花放电的固定频率工作的，而随着气流参数的改变、电极间击穿强度的改变，火花放电最佳频率也要发生变化，系统对这些却没有反应。若火花放电频率不高，而放电电流很大的话，容易产生弧光放电，也就是说这仍是“不稳定状态”。

**2. 保持电极上最大平均电压的极值调节方法**

随着变压器初级电压的上升，在电极上电压平均值先是呈线性关系上升，达到最大值之后开始下跌，原因是火花放电强度上涨。电极上最大平均电压对应于除尘器电极之间火花放电的最佳频率。所以，保持电极上平均电压最大水平就相应于将电除尘器的运行工况保持在火花放电最佳的频率之下。而最佳频率是随着气流参数在很宽限度内的变化而变化的，这就解决了单纯按火花给定次数进行调节的“不稳定状态”。在这种极值电压调节系统下，调节图形与图 8-31(c) 所示的图形相似，而工作电压曲线则距击穿电压曲线更接近。

总之，在任何情况下，工作电压与机组输出电流的调节都是通过控制信号对主体调节器（或称主体控制元件）的作用而实施的。而这主体调节器可能是自动变压器、感应调节器、磁性放大器等，现在最为普遍的则是硅闸流管（可控硅管）。

### 三、低压自控装置

低压自控装置包括高压供电装置以外的一切用电设施，是一种多功能自控系统，主要有程控、操作显示和低压配电三个部分。按其控制目标，该装置有如下部分。

（1）电极振打控制　指控制同一电场的 2 种电极根据除尘情况进行振打，但不要同时进行，而应错开振打的持续时间，以免加剧二次扬尘，降低除尘效率。目前设计的振打参数，振打时间在 1～5min 内连续可调，停止时间 5～30min 连续可调。

（2）卸灰、输灰控制　灰斗内所收粉尘达到一定程度（如到灰斗高度的 1/3）时，就要开动星形卸灰阀以及输灰机，进行输排灰。也有的不管灰斗内粉尘多少，定时开动卸灰阀卸灰。

（3）绝缘子室恒温控制　为了保证绝缘子室内对地绝缘的套管或瓷轴的清洁干燥，以保持其良好的绝缘性能，通常采用加热保温措施。加热温度应较气体露点温度高 30℃左右。绝缘子室内要求实现恒温自动控制。在绝缘子室达不到恒定温度前，高压直流电源不得投入运行。

（4）安全连锁控制和其他自动控制　一台完善的低压自动控制装置还应包括高压安全接地开关的控制、高压整流室通风机的控制、高压运行与低压电源的连锁控制，以及低压操作信号显示电源控制和电除尘器的运行与设备事故的远距离监视等。

## 第四节 静电除尘器的技术进展

### 一、低低温电除尘器技术

自 1997 年起，由于日本地方环保排放控制综合要求不断提高，对应的烟气处理工艺促使低低温高效烟气处理技术在日本火电机组得到全面发展。低低温烟气处理技术工艺的原理是在锅炉空气预热器后设置热回收器（热媒水热量回收系统），使进入除尘器入口的烟气温度由原来的 130～150℃降低至 90℃左右（日本称为低低温状态），从而提高常规电除尘器的收尘性能。而湿法脱硫装置出口设置再加热器，通过热媒水密封循环流动，用从降温换热器获得热量去加热脱硫后净烟气，使其温度从 50℃左右升高至 80℃以上。具体工艺流程见图 8-33。

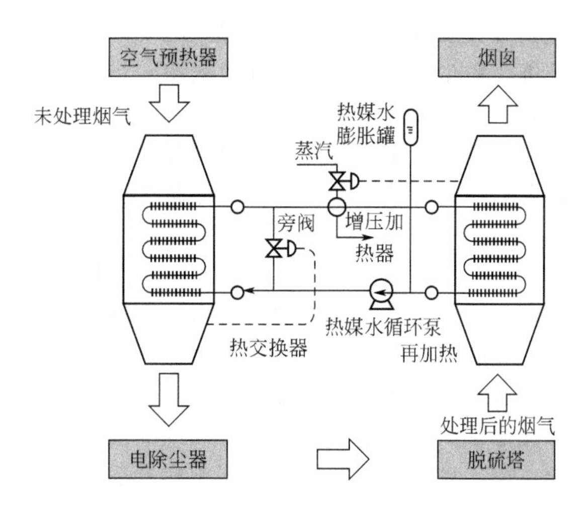


图 8-33 低低温电除尘器技术工艺流程

**1. 技术特点**

低低温技术除尘提效的核心措施就是在传统干式静电除尘器之前布置了一级热回收器，将静电除尘器的运行温度降低至低低温状态，对于静电除尘器来说带来了以下 3 个显著优势。

（1）任何烟尘基本都没有高比电阻状态，不会发生反电晕现象，图 8-34 为常规锅炉飞灰比电阻值与烟气温度的关系曲线。一般当烟气温度在 130～150℃时，烟尘比电阻值处于较高点，静电除尘器易出现低电压、大电流的“反电晕”现象，造成除尘效率下降。而在 90～110℃区间时，烟尘比电阻值可以下降 1～2 个数量级，使飞灰比电阻值下降至 $10^{1}$ 以下，使得烟尘比电阻处于最适宜静电除尘器收尘的比电阻范围内，从而确保静电除尘器的高效收尘，可完全杜绝“反电晕”现象的发生。

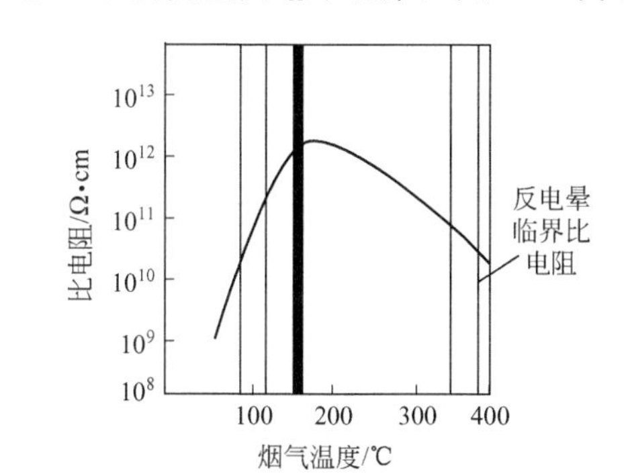


图 8-34 常规锅炉飞灰比电阻值与烟气温度的关系曲线

（2）烟气温度降低使得烟气量减小，烟气通过电场的流速降低，停留时间增加，相当于静电除尘器的比集尘面积增加。排烟温度每降低 10℃，烟气量减少 2.5％～3％。

（3）排烟温度降低还会使电场击穿电压升高，从而提高静电除尘器的除尘效率。根据经验公式估算，烟温每降低 10℃，电场击穿电压上升约 3％。

另外，对于整个系统来讲，由于静电除尘器前烟温降低至 90℃左右，烟气中的气态 $SO_3$ 会完全冷凝形成液态，从而被静电除尘器前大量的粉尘颗粒所吸附，再通过静电除尘器对粉尘的收集而被去除，相当于 $SO_3$ 调质的作用，可以大大提高静电除尘器性能。同时，$SO_3$ 的去除避免了下游设备因 $SO_3$ 引起的酸腐蚀问题。这样烟气脱硫系统基本不用专门考虑 $SO_3$ 的腐蚀，同时又充分发挥了脱硫后再加热器的作用，把烟气加热到足够温度，满足环保扩散要求，节省了大笔防腐投资、维修工作量和有关费用。对于湿式石灰石-石膏法烟气脱硫工艺来说，由于进入吸收塔的烟气温度降至 90℃左右，可以大大减少脱硫喷淋水的耗量，并提高脱硫的反应效果，进一步降低能耗。

通过管式烟气换热器的烟气不会泄漏，并能有效利用回收的热能，不仅可以将此部分热能用于烟气再加热系统，而且可用于加热汽机冷凝水系统，减少煤耗或输送给采暖供热系统。

**2. 适用条件**

低低温电除尘器技术的适用范围广泛，当烟气温度偏高，尤其是当烟温＞120℃时，其更有独特的优势。由于低低温电除尘器技术可以提高锅炉效率，节约用煤，因此也特别适合于煤价较高的电厂在提效的同时实现节能。该技术还可与其他除尘实用新技术任意组合使用，使烟气达到排放要求，如 $SO_3$ 烟气调质、移动电极、高频电源技术等，可大幅度提高对高比电阻以及细小粉尘的收集，提高除尘效率。当然，低低温电除尘器技术的使用也有一定的限制，首先它要求燃煤的含硫量在一定范围内，对高硫煤需谨慎使用；其次要求除尘器前部有增设换热装置的条件，对于脱硫配置后有再加热器系统的燃煤机组，必须注意综合考虑再加热器的热量交换要求，合理确定余热利用降温幅度，以满足烟囱排烟的温度要求。

**3. 布置方式**

低低温电除尘器技术回收的热量可以用于烟气再加热，也可以用于加热锅炉补给水或汽机冷凝水，因此低低温电除尘器技术有两种布置工艺。第一种工艺为在锅炉空气预热器后设置热回收器和脱硫装置出口设置再加热器，通过热媒水密闭循环流动，用从降温换热器获得的热量去加热脱硫后的净烟气，使其温度从 50℃左右升高到 90℃以上，工艺流程见图 8-35。该工艺具有无泄漏、没有温度及干、湿烟气的反复变换、不易堵塞的特点，同时满足烟囱排烟的温度要求。第二种工艺为在锅炉空气预热器后设置低温省煤器，回收热量，加热锅炉补给水或者汽机冷凝水，工艺流程见图 8-36。该工艺能提高锅炉效率，减少煤耗，特别适合于煤价较高的电厂在提效的同时实现节能。

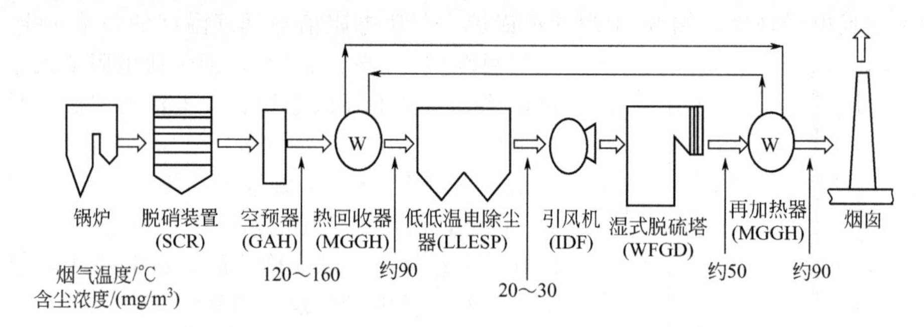


图 8-35 燃煤电厂低低温电除尘器技术典型布置工艺一

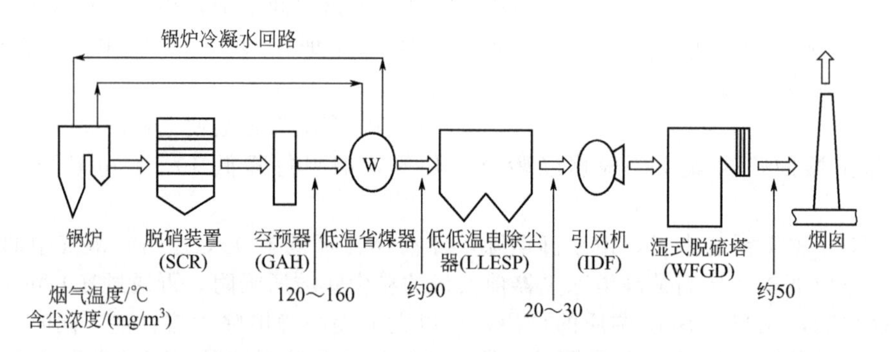


图 8-36 燃煤电厂低低温电除尘器技术典型布置工艺二

**4. 低低温静电除尘器需要注意的问题**

由于低低温电除尘器技术将烟气温度降低到酸露点以下，粉尘性质也发生了很大的改变，因此，与常规静电除尘器技术相比，该技术具有一些独特的优势，但也产生了一些其他问题，需特别注意。

(1) 高硫煤的不良影响问题 燃煤中的含硫量越高，烟气中的 $SO_3$ 浓度也越高，其酸露点温度也相应地会越高，发生腐蚀的风险就会增加。因此低低温电除尘器技术要求燃煤的含硫量在一定范围内，当锅炉燃煤含硫量很高，特别是含硫量在 2.5%以上时，需谨慎使用。

(2) 二次扬尘问题 由于烟气温度在酸露点以下，粉尘性质发生了很大的改变，比电阻大幅度降低，这有利于粉尘收集，但相对应的粉尘附着力也会降低，振打二次扬尘会加剧。因此，低低温电除尘器需采用相应的措施避免二次扬尘，如合理调整振打程序，采用离线振打技术，阻断清灰通道的气流通过，控制振打产生的二次扬尘或者采用移动电极电除尘技术，通过转刷清灰避免二次扬尘。

（3）电控方式问题 采用低低温电除尘器技术，烟气温度降低，含尘浓度增大，并且粉尘性质发生变化，因此相对应的振打程序、电压、电流等基本参数都发生了变化，需根据具体工况进行调节。另外，需针对低低温电除尘器技术调整电控设备的控制方式和运行参数，保证电控设备控制策略先进，运行方式和运行参数适应电除尘工况变化，实现高效除尘和节能的目的。

（4）灰斗堵灰、腐蚀问题 由于烟气温度在酸露点以下，$SO_3$ 凝结成硫酸雾黏附在粉尘上，收集的灰的流动性变差，因此为确保卸灰顺畅，灰斗卸灰角度需大于常规设计，一般卸灰角度大于 65°。同时，为了防止灰斗因结露引起堵塞，灰斗需有较好的保温效果，还需加大灰斗的电加热面，电加热面要超过灰斗高度的 2/3，另外要采用防腐钢板或内衬不锈钢板，以有效防止灰斗腐蚀。

**5. 低低温电除尘器技术的应用前景**

低低温电除尘器技术具有节能减排、运行稳定、维护工作量低等一系列优点，扩大了电除尘器的适用范围，因此已得到业内专家和用户的广泛关注，应用前景广阔。但由于该技术将烟气温度降到酸露点以下，是否存在低温腐蚀也是专家和用户关注的一个重点问题。国外对此进行了相关研究，日本研究发现，灰硫比是影响低温腐蚀的一个重要因素，当灰硫比大于 10 时腐蚀率几乎为零。

## 二、湿式电除尘器技术

湿式电除尘器（wet electrostatic precipitator，WESP）在满足超低排放、$PM_{2.5}$治理方面的效果已得到广泛认可。国内外相关文献及实践表明 WESP 对微细、黏性或高比电阻粉尘及烟气中酸雾、气溶胶、液滴、臭味、重金属（汞 Hg、砷 As 等）、二噁英等污染物有着理想的脱除效果，是深度处理大气污染物的高效设备。

**1. WESP 的工作原理**

WESP 是一种用于处理含湿气体的高压静电除尘设备，其工作原理是将雾化水喷向放电极和电晕区，由于雾化水的比电阻相对较小，其在电晕区与粉尘结合后，可使高比电阻粉尘的比电阻下降。雾化水在电极形成的电晕场内荷电后分裂，进一步雾化，电场力、荷电水雾的碰撞拦截、吸附凝并，共同对粉尘粒子起到捕集作用，最终使粉尘粒子在电场力的驱动下到达收尘极而被捕集，喷雾形成的连续水膜将捕获的粉尘冲刷至灰斗中排出（图 8-37）。

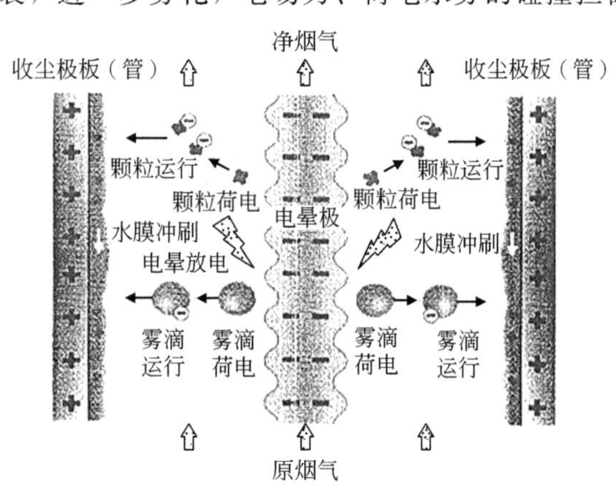

图 8-37 WESP 工作原理示意图

从 WESP 的工作原理可以看出，WESP 与 ESP（干式静电除尘器）的除尘原理基本相同，都要经历荷电、收集和清灰 3 个阶段，都是靠高压电晕放电使得粉尘荷电，荷电后的粉尘在电场力的作用下到达收尘板（管）。两者的主要区别在于：ESP 主要处理含水率很低的干性气体，WESP 可用于处理含水率较高乃至饱和的湿气体；ESP 一般采用机械振打或声波方式清除电极上的积灰，容易引起二次扬尘从而降低除尘效率，WESP 采用液体冲洗收尘极表面，使粉尘随着冲刷液而清除，能够达到更低的粉尘排放浓度。如日本中部电力公司碧南发电厂的烟尘排放浓度在 2～5mg/m³ 之间，新矶子电厂烟气处理采用干式电除尘器、活性炭脱硫及湿法电除尘器，烟尘排放浓度低于 1mg/m³。

**2. 结构形式**

WESP 按照结构方式主要分为水平卧式和竖直立式两种基本形式，竖直立式又分为独立布置及与 FGD 整体式布置。两种结构形式 WESP 的对比分析见表 8-3。

表 8-3 两种结构形式 WESP 的对比分析

| 项目 | 水平卧式 | 竖直立式 |
|---|---|---|
| 技术来源 | 日本 | 欧洲 |
| 设计烟速/(m/s) | 1～3 | 2～4 |
| 设备体积 | 较大 | 较小 |
| 布置方式 | 布置在脱硫塔出口到烟囱的水平烟道上，烟气在 WESP 中为水平流向 | 布置在脱硫塔除雾器的上方 |
| 占地面积 | 在脱硫塔和烟囱之间需要一定的空间，占地面积较大，适用于新建机组，老机组改造难度较大 | 占地面积少，对空间要求小，适用于老机组改造 |
| 处理烟气量 | 适合大烟气量处理 | 处理大烟气量时需并联 |
| 阻力大小/Pa | 需烟气均流，阻力较大(300～500) | 不需烟气均流，阻力较小(200～300) |
| 与脱硫塔的关系 | 与脱硫塔的设计、施工相对独立；WESP 设计仅与脱硫塔出口烟气条件有关，与脱硫塔尺寸无关 | 对脱硫塔的基础、钢结构有一定的要求，需要与脱硫公司配合；需要改造原脱硫塔，施工周期较长 |
| 冲洗方式及水处理 | 采用连续喷雾冲洗方式减轻腐蚀，可选用等级稍低的防腐钢；冲洗水量较大；需要循环水处理系统 | 采用间歇式冲洗，腐蚀严重，需采用非金属或高等级不锈钢的集尘极；冲洗水量较小；无水循环系统，冲洗水排入脱硫塔 |
| 项目投资 | 投资较大 | 收尘极可采用 CFRP 材料，能有效降低投资成本 |
| 维护情况 | 维护方便，检修期间更换部件方便；pH 值调控，防腐性能好，不易结垢 | 标高高，脱硫塔内部空间小，检修期间更换部件不方便；易造成极板结垢 |
| 粉尘排放 | 电除尘连续使用，排放稳定 | 逐区冲洗，冲洗时要关一个电源，有瞬时排放峰值(峰值<10mg/m³) |

**3. 系统组成**

WESP 一般布置在湿法脱硫系统后、烟囱前，其烟气处理工艺流程如图 8-38 所示。

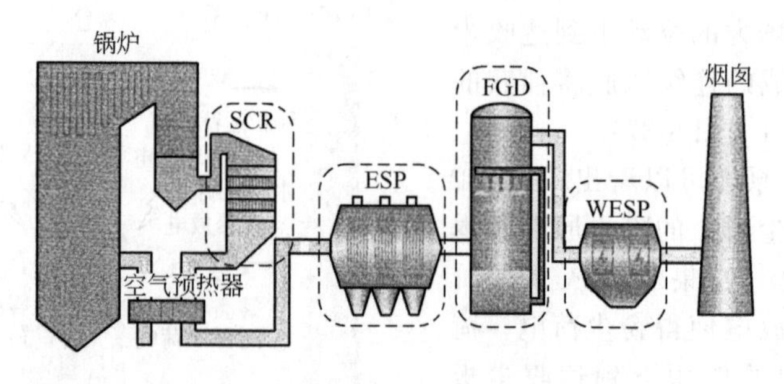


图 8-38 WESP 的烟气处理工艺流程

WESP 主要由结构本体、阴极系统、阳极系统、雾化冲洗系统、水处理系统、电控系统等组成（图 8-39）。WESP 本体与干式 ESP 基本相同，包括进口喇叭、出口喇叭、壳体、放电极及框架、集电极绝缘子、雾化喷嘴和管道等。

(1) 阴极系统　阴极系统由阴极承载梁、阴极线、重锤和下部阴极框架组成，阴极线上端挂接于阴极承载梁上，下端将阴极线与重锤组合在一起。阴极线的选取原则是坚固耐用、起晕电压低、放电强烈、电晕电流密度大、刚性好、耐酸、抗氯离子腐蚀性强（如铅锑合金材料）。通常采用锯齿线作为放电极，以满足微细粉尘荷电的要求。不同形式阴极线的选取参数见表 8-4。

(2) 阳极系统　阳极系统采用特制的阳极板（管）结构，以满足雾化喷淋、洗涤的运行要求。对于竖直立式 WESP，目前的阳极系统大多采用模块化蜂窝布置的正六角形导电阻燃玻璃钢管束作为收尘极。由内切圆为 $\phi$350mm/360mm、壁厚 3mm、长度 6000mm 的 CFRP 正六角形蜂窝管组成蜂窝状电极，悬挂在管束支撑梁上。

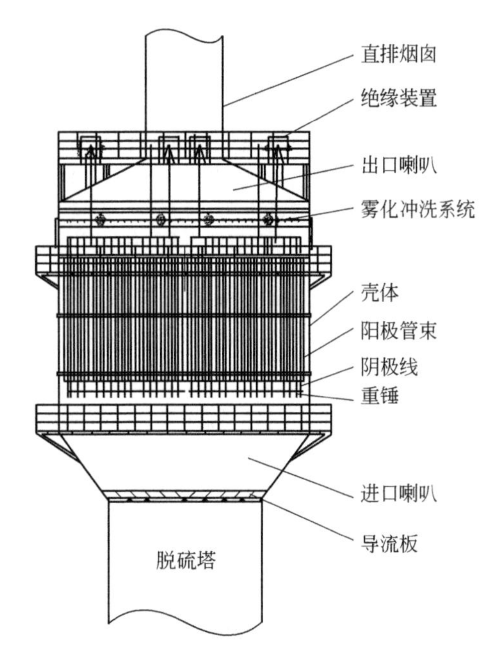

图 8-39　WESP 结构示意图

目前，使用的极板有 3 种形式，对电除尘器性能影响见表 8-5。

**表 8-4　不同形式阴极线的选取参数**

| 代号 | 名称 | 起晕电压/kV | 电流密度/(mA/m²) |
|---|---|---|---|
| A | 锯齿线 | 20 | 1.88 |
| B | 管状芒刺线 | 15 | 1.3 |
| C | 鱼骨针刺线 | 15 | 1.24 |
| D | 螺旋线 | 28 | 0.87 |

**表 8-5　湿式电除尘器主要性能**

| 项目 | 金属极板 | 柔性极板 | 玻璃钢极板 |
|---|---|---|---|
| 结构差异 | 采用平等悬挂的金属极板，极板材质为 SUS316L 不锈钢 | 极板采用非金属柔性织物材料，通过润湿使其导电。布置成矩形孔道。烟气沿孔道流过，柔性极板四周配有金属框架和张紧装置，框架材料采用 2205、2057 不锈钢。阴极位于每个矩形孔道 4 个阴极面的中间，采用铅锑合金。无连续喷淋清洗装置，有冲洗液导流装置，冲洗液进入脱硫浆液系统。无水循环系统 | 极板采用导电玻璃材料，因玻璃钢材料内添加碳纤维、石墨等导电材料，自身可以导电；阴极材料采用钛合金、超级双相不锈钢等；配置喷淋系统，每个模块每天停电冲洗 1 次；无冲洗水系统 |
| 性能对比 | ①金属极板不易变形，极间距有保证，电场稳定性好，运行电压高；②烟气流速低，能有效控制气流携带液滴，$PM_{2.5}$ 微粒及气溶胶的去除率高；③采用水膜溢流清灰，去除率较高，但水耗大，碱消耗大，对喷嘴要求高；④收集下来的酸液经稀释加碱中和，中和后的水一部分进入脱硫补水系统，对其他设备影响较小；⑤系统阻力约 300Pa | ①柔性极板，机械强度低，易变形摆动，极间距不易保证，电场稳定性差，运行电压低；②烟气流速较高，产生气流带出，停留时间短，$PM_{2.5}$ 微粒及气溶胶去除率低，高速气流更易使柔性极板摆动，影响除尘效率；③无水膜冲洗清灰，利用从烟气中收集的酸液带出粉尘；④在启动前、停运后对极板喷水，水耗小；⑤柔性布置成矩形孔道，电场均匀性差；⑥系统阻力约 300Pa | ①极板机械强度高，介于金属极板和柔性极板之间，极板间距易保证，电场稳定性好，运行电压高；②烟气流速较高，约 2.5m/s，提高流速后，影响烟尘去除效率；③间隙冲洗，耗水量小；④系统阻力约 300Pa |

续表

| 项目 | 金属极板 | 柔性极板 | 玻璃钢极板 |
|---|---|---|---|
| 可靠性对比 | ①金属极板耐腐蚀性较好，并有中性水膜保护，使用寿命长；②耐高温，脱硫系统故障时，可在较高温度下运行；③有喷淋水循环系统，能够长期保证极板表面干净，确保设备高效安全运行；④无框架，内部支撑构件采用钢结构加玻璃鳞片 | ①柔性极板使用寿命6年左右，产品说明书称1个大修期内的更换率不超过20%；②不耐高温，烟气温度过高会缩短阳极寿命，严重时有烧毁的可能；③不连续喷淋，清灰效果无保证，设备的性能、安全性需要时间验证；④柔性极板框架材质为2205、2507不锈钢，其他支撑构件采用碳钢加玻璃鳞片防腐 | ①导电玻璃钢使用寿命10～15年；②不耐高温，烟气温度高时对极板寿命影响较大，严重时有烧毁的可能；③不连续喷淋，清灰效果无保证，设备性能、安全性需要时间验证 |
| 运行费用 | 耗电量高，耗水量大，需要加化学药剂 | 耗电量小，无水循环系统，系统耗水量低，不需要加化学药剂 | 耗电量小，无水循环系统，系统耗水量低，不需要加化学药剂 |

(3) 雾化冲洗系统　雾化冲洗系统一般安装在WESP上部，利用双流体雾化喷枪实现循环水的雾化，雾化后的水滴随烟气进入WESP工作区，在电场作用下趋向集尘极，并在收尘极上形成水膜，在重力作用下携带液滴颗粒物顺流进入集水箱或脱硫塔内。雾滴对WESP除尘效率的提高有以下一些重要影响。

① 雾滴可以保持放电极清洁，使电晕一直旺盛；雾滴击打在集尘极上连续形成薄而均匀的水膜，可阻止低比电阻粉尘的“二次飞扬”，调质高比电阻粉尘防止发生“反电晕”现象，防止黏滞性强的粉尘黏挂电极，并适合于收集易燃、易爆的粉尘。

② 雾滴直接喷向放电极和电晕区，放电极还可兼起雾化器的作用，采用同一电源可实现电晕放电、水的雾化、水雾和粉尘粒子荷电，实现静电和水雾的有机结合。

③ 雾滴直接喷向放电极，荷电量高，这种高荷质比雾化水在电场中的碰撞拦截、吸附凝并作用可大大提高除尘效率。

④ 将雾滴喷向放电极和电晕区，使水雾进一步雾化，静电与雾化喷淋装置无直接接触，不存在绝缘问题。

⑤ 芒刺电极能产生很强的静电场，同时具有很好的电晕放电能力，静电和雾滴协同作用，具有很高的除尘效率。

⑥ 雾滴在收尘极上形成水流流下，使收尘极（管）始终保持清洁，省去了振打装置，同时避免了干式除尘由于振打清灰带来的二次污染问题。

(4) 水处理系统　水处理系统包括循环水箱、循环水泵、排水箱、排水泵、碱储罐、碱计量泵、工业水箱、工业水泵和相应管道等。喷淋除尘后的收集液先收集入排水箱，加入NaOH溶液进行pH值调整后，外排至脱硫系统作为补充水，其他水量通过排水箱溢流到循环水箱；循环水箱中的循环水通过补加工业水和碱液来调配其pH值为8～10，作为湿式静电除尘器的循环水，回流给雾化喷嘴使用。外排损耗的水量由工业水另行补充（图8-40）。

(5) 电控系统　WESP的电控系统由低压控制系统和高压控制系统两部分组成，用电负荷主要有WESP本体、绝缘箱加热装置、水泵等。低压控制系统用于绝缘箱加热器的配电控制，配备了PLC控制系统，用于实现绝缘箱加热器的自动化，使绝缘箱温度始终保持在100～120℃；高压控制系统主要是高压控制柜和高压发生器，为电晕电极装置提供电源以形成电晕场，实现烟气的深度净化。

**4. WESP应用的关键问题**

WESP在国外燃煤电厂已有30多年的应用史，目前约有50套WESP装置应用于美国、欧洲及日本的电厂。我国环保企业从2009年开始投入湿式电除尘器的研究和开发，从小试、

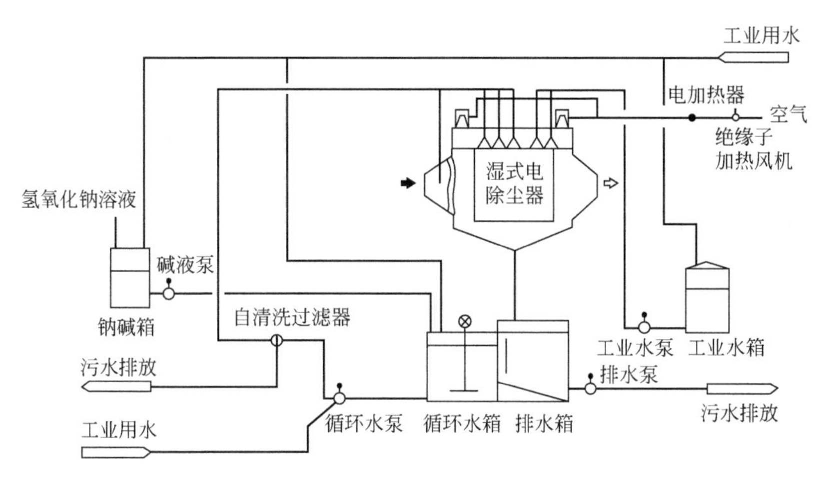


图 8-40 水处理系统工艺流程

中试到工业应用，已取得了多个项目的成功应用，并得到很好的使用效果。燃煤电厂烟气污染控制系统结构通常为“SCR（脱硝系统）＋ESP（干式静电除尘器）＋WFGD（湿法脱硫）＋WESP”，WESP 作为大气复合污染物控制系统的深度处理技术，主要用于脱除 WFGD 系统无法捕获的酸雾（0.1～0.5$\mu$m）、控制 $PM_{2.5}$细颗粒物的排放、解决烟气排放浑浊度以及石膏雨等问题。WESP 推广应用的关键问题如下。

（1）对烟气参数的要求　进入 WESP 电场的烟气温度需降低到饱和温度以下，否则会蒸发掉大量的冲洗液，使粉尘颗粒变干燥；粉尘浓度不宜过高，避免形成不易冲洗的泥浆；由于 WESP 处于低温（低于硫酸露点温度）潮湿的工作环境中，$SO_x$ 浓度不宜过高，否则易造成部件的低温腐蚀。

（2）必须形成均匀连续的液膜　若冲洗水不能均匀连续分布在收尘极（管）表面，在极板（管）上易形成“干污点”，积聚粉尘，导致电流被抑制，形成大规模的电晕闭锁，降低除尘效率。

（3）对几何尺寸有严格要求　WESP 收尘极和放电极的几何形状必须合适，否则会出现空间充电效应或电晕抑制现象。

（4）FGD 系统水平衡难度大　对于与 FGD 整体式布置的 WESP 装置来说，由于 WESP 冲洗水采用闭式循环，随着水中含尘量的增加，需不断补充原水、排出废水，废水排出量与烟气中含尘量几乎呈线性关系，增大了 FGD 系统水平衡的难度。

（5）需占用炉后空间　若 WESP 布置在 FGD 后，循环水箱和水泵等废水处理设备可布置在电除尘器下部，需要占用炉后位置，增大了炉后设备的布置难度，对于已投产的老机组来说，场地布置将是一个主要难题。

（6）运行成本较难控制　对于水平卧式 WESP，由于阳极板、芒刺线等接触烟气的部件大量采用耐腐蚀不锈钢材料，投资成本较高。同时，运行中除 WESP 本体消耗电量外，循环水泵等还将产生部分电耗；对喷淋冲洗水适当进行 pH 值控制对维持设备正常运行非常重要，冲洗水中添加的 NaOH 溶液也将增加一部分运行成本；设备维护等也增加了额外费用。因此，水平卧式 WESP 的运行成本会高于 ESP。

## 三、移动电极电除尘器技术

自 1979 年日立公司研制出首台旋转电极式电除尘器至今，在日本已有 30 多年应用历史，约有 60 台（套）的销售业绩，我国自 2008 年开始研发该技术。

**1. 技术依据**

从理论上来说，电除尘器的捕集效率可以接近100%。性价比及排放标准决定其仍有1%或者0.1%甚至0.01%的粉尘从电除尘器中排出。这些通过电场而未能捕集的粉尘是在什么条件下出现的呢？就一般情况而言，通常认为通过电场未被捕集的粉尘产生的原因可能有以下几种。

（1）粉尘通过电场时由于荷电量不足或者在荷电过程中又被异性电荷中和，粉尘在未获得足够电荷的状况下已排出电场。

（2）粉尘虽然被捕集在电极上，因烟气流的冲刷而再次进入气流，粉尘在再捕集再冲刷的过程中被排出电场。

（3）收集在电极上的粉尘，在清灰振打落入灰斗的过程中，一部分粉尘被再次卷入气流。最后又被气流带出电场。

在以上3种情况中，通过进一步分析可知，通常使用的工业电除尘器，粉尘在电场中的停留时间一般为8～12s，而粉尘荷电时在0.01～0.1s内可获得极限电荷的91%，在0.1～1s内可获得极限电荷的99%。这就是说，粉尘进入电除尘器后，只需极短的时间，粉尘的荷电基本完成，因此可以认为在电除尘器中粉尘均获得饱和荷电。但这并不等于100%粉尘很快都能被电极捕集，还取决于一些其他因素。

对于第二种情况，导致各种粉尘在脱离极板表面的气流速度都有一个临界值，在临界值以下时，不致因气流的冲刷而使粉尘重新进入气流。一般锅炉飞灰的临界速度为2.4m/s，水泥粉为3～3.6m/s，而工业电除尘器设计的烟气流速远低于此值。另外，现代电除尘器要求进入电场的气流分布均匀，局部出现的高速气流冲刷也很难出现。因此，由于气流冲刷使粉尘重返气流的量也不大。

第三种情况，试验和观察都发现，收集在电极上的粉尘，在振打清灰过程中黏聚在一起的粉尘又被击碎成许多小块、团粒以及回复到单个颗粒。成团成块的粉尘即使受到气流的影响也容易在重力的作用下沉降到灰斗中去，而击碎的各个尘粒重返气流后，又得进行第二次荷电及集尘的过程。在这种交错反复的过程中，总有一小部分粉尘从第一电场转移到第二电场，然后又转移到最后一个电场，最后进入烟囱。同时，在粉尘从电极剥落下降的过程中，由于受到横向气流的影响，粉尘将沿着重力与横向气流合力的方向沉降，因此粉尘离开电极后的轨迹不是垂线而是与水平面有一个夹角。这个夹角的大小与粉尘本身的质量、烟气流速大小等因素有关。当电场不够长或粉尘沉降的“夹角”较小时，最终有一部分粉尘被带出电场。

因此，为了降低电除尘器粉尘的排放浓度，除了第一个因素难以驾驭之外，人们把注意力放在电场振打清灰，尤其是最后一个电场在振打清灰时如何有效地减少粉尘的二次扬尘上。

基于这一构思，日本开发了移动电极电除尘器，经过多年的完善改进，至今已取得良好的效果。

**2. 移动电极**

移动电极电除尘器与常规电除尘器的收尘原理完全相同（图8-41）。阳极板在驱动轮的带动下缓慢地上下移动，附着在极板上的粉尘随极板转移到非收尘区域，被正反两把转动清灰刷刷除，粉尘直接刷落于灰斗中，减少了二次扬尘。由于集尘极能保持清洁状态，且粉尘在灰斗中被清除，有效克服了困扰常规电除尘器对高比电阻粉尘的反电晕及振打二次扬尘等问题，可以提高除尘效率。

移动电极为日本日立公司的专利产品，自1979年第一台设备投入工业应用以来，技术得到了用户的认可。

**3. 构造**

移动电极电除尘器如图8-42所示。在实际应用中，通常移动电极电场和一个或多个普通

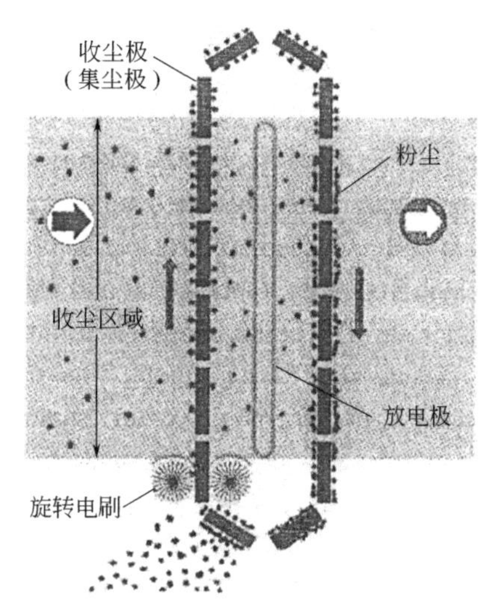


图 8-41 移动电极原理示意

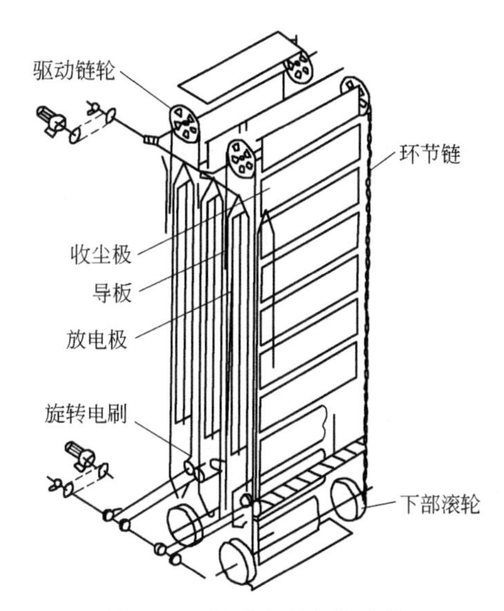


图 8-42 移动电极电除尘器

的固定电极电场结合在一起，组成组合式电除尘器，如图 8-43 所示。固定电极电场位于烟气上游电场方向，移动电极位于烟气下游方向，目的是让移动电极电场最好地发挥作用。

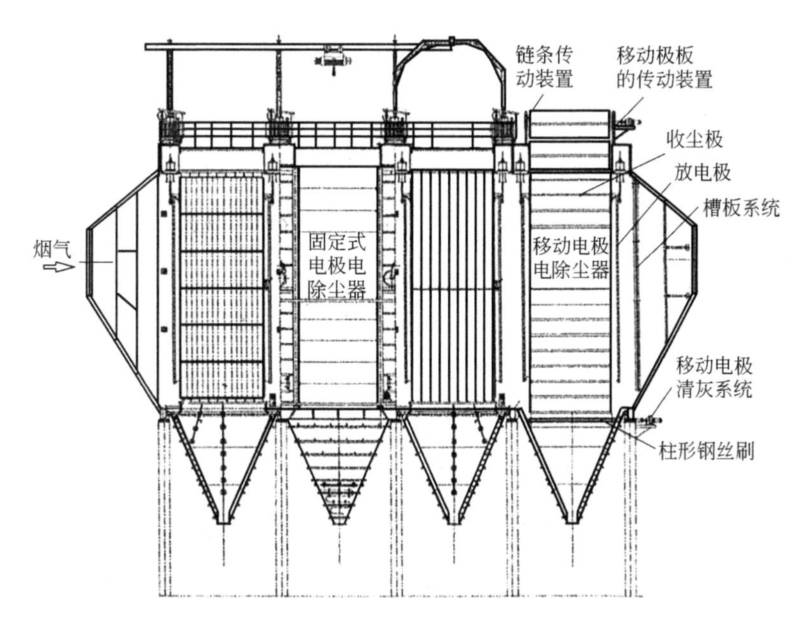


图 8-43 典型 3 个固定电极和 1 个移动电极组合式电除尘器布置

移动电极的收尘极板由若干块分离开的条状不锈钢板和补强材料构成，通过链条连接在一起，链条由驱动轮传动。

通过驱动链轮的旋转，收尘极板在驱动链轮和下部滚轮间移动、旋转。下部滚轮还有张紧的作用，保证收尘极和链轮能稳定地运行。

滚轮安装在灰斗上方，这里没有烟尘气流通过，属于非粉尘捕集区域，每组极板在此被两个旋转的电极挟持，电刷与收尘极旋转的方向相反。当极板接触到电刷时，粉尘层即被旋转的清灰刷清除，确保收尘极板自始至终保持“清洁”的状态。

**4. 主要特点**

移动电极电除尘技术的特点有：①保持阳极板清洁，避免反电晕，有效解决高比电阻粉尘收尘难的问题；②最大限度地减少二次扬尘，显著降低电除尘器出口烟尘浓度；③减少煤、飞灰成分对除尘性能影响的敏感性，增加电除尘器对不同煤种的适应性，特别是高比电阻粉尘、黏性粉尘，应用范围比常规电除尘器更广；④可使电除尘器小型化，占地少；⑤特别适合于老机组电除尘器改造，在很多场合，只需将末电场改成移动电极电场，不需另占场地；⑥与布袋除尘器相比，阻力损失小，维护费用低，对烟气温度和烟气性质不敏感，并且有着较高的性价比；⑦在保证相同性能的前提下，与常规电除尘器相比，一次投资略高、运行费用较低、维护成本几乎相当，从整个生命周期看，移动电极电除尘器具有较好的经济性；⑧对设备的设计、制造、安装工艺要求较高。

**5. 注意事项**

移动电极相比常规电除尘器转动部件较多，发生故障的可能性相对较大。旋转电极式电除尘器阳极系统及清灰装置均为运动部件，要确保设备的高效安全运行，合理可靠的结构设计、精益求精的制造、优质的安装质量及适时的定期维护显得十分重要。尤其是安装质量，旋转阳极板和刷灰装置处于运动状态，属动态平衡，相对静负载安装工艺要求更高。安装质量直接影响到设备长期稳定、可靠地运行，对旋转电极式电除尘器性能的保证起到至关重要的作用。

## 四、圆筒形电除尘器技术

圆筒形电除尘器是1983年德国鲁奇公司开发成功的技术，1999年上海宝钢二炼钢引进该技术。

圆筒形电除尘器是专门为净化钢铁企业转炉煤气设计的，应用已达到数十台之多。净化的转炉煤气中含尘几百毫克，含CO平均70%，$H_2$约3%，$CO_2$约16%。圆筒形静电除尘器用于高炉煤气净化也获得了成功。

回收煤气的电除尘器设计成圆形截面主要是从工艺上考虑的。其基本结构与其他卧式电除尘器一样，最根本的区别是要在确保安全的条件下，气流能在除尘器内畅通，气流运动时要避免在除尘器内形成死角，并使除尘器的壳体能承受较大的冲击强度，与此同时还要获得所要求的除尘效率。因此将除尘器设计成圆形截面是较为理想的，图8-44为剖面图。

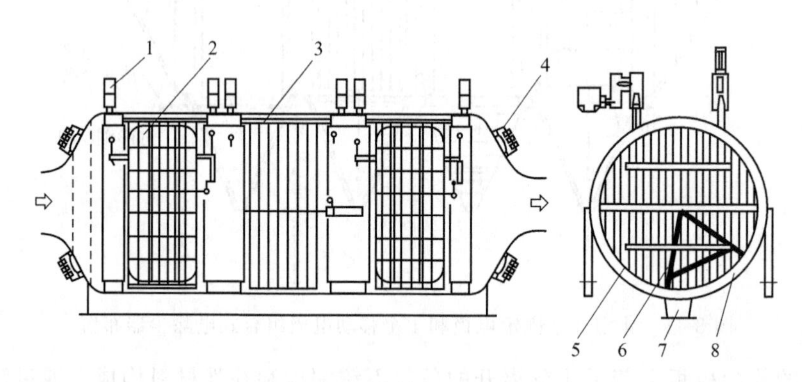


图8-44 圆筒形电除尘器剖面

1—绝缘子室；2—放电极框架；3—收尘极；4—泄爆阀；5—圆筒形外壳；6—刮灰机；7—出灰口；8—圈梁

**1. 圆筒形电除尘器结构**

(1) 外壳 除尘器的外壳是圆形，两端收缩呈圆锥形。承受本体内部构件及载荷的是圈梁，它设置在进出口、喇叭管及电场之间，本体全部负荷通过圈梁传到下部两侧的支承轴承上。圈梁之间用钢板连接成为外壳，外壳上敷设保温层，保证电除尘器内的温度接近恒定，不致因烟气密度的局部变化而出现二次气流。除尘器壳体设计必须承受$2\times10^5$Pa的压力冲击，实践经验和理论分析表明，这一数量级的压力实际上决不会出现。耐压能力按表压设计，是考虑到万一煤气发生爆炸时，作为附加的安全措施保证设备安全。

外壳两端装有两个精制的并有足够泄爆面积的安全防爆阀，以疏导可能产生的压力冲击波。安全防爆阀为弹簧式结构，当压力大于 $5\times10^3$Pa 时一级弹簧打开；当压力大于 $1.2\times10^4$Pa 时二级弹簧打开；当压力大于 $6.3\times10^4$Pa 时三级弹簧打开。当压力低于设定值时则逐级关闭。

(2) 进出口喇叭管 进出口喇叭管设计成圆锥形，保证烟气进入和离开电除尘器时能均匀扩散和收缩。

进口喇叭管内设置多层气流分布板或气流导向装置，使气流进入电场时整个截面的流速保持均匀。各种不同成分的烟气像活塞一样，一节一节地通过除尘器，而不致前后成分不同的气体互相掺和，形成有爆炸性的危险。在转炉生产过程中出现某些不规律的现象和故障是不可能完全避免的，因此对进出口喇叭管的形状和气流分布装置提出比较高的要求。

(3) 收尘极和放电极 圆筒形电除尘器与通常的卧式电除尘器电极形式一样，收尘极采用C形极板，放电线为锯齿线。由于除尘器的断面为圆形，所以收尘极与放电极的高度因位置不同而变化。

收尘极悬挂在环形圈梁支架上（图 8-45），清灰方式采用机械式冲击振打，振打锤安装在侧面，为了防止煤气的泄漏，振打轴穿过壳体处必须密封，密封装置要安全可靠。

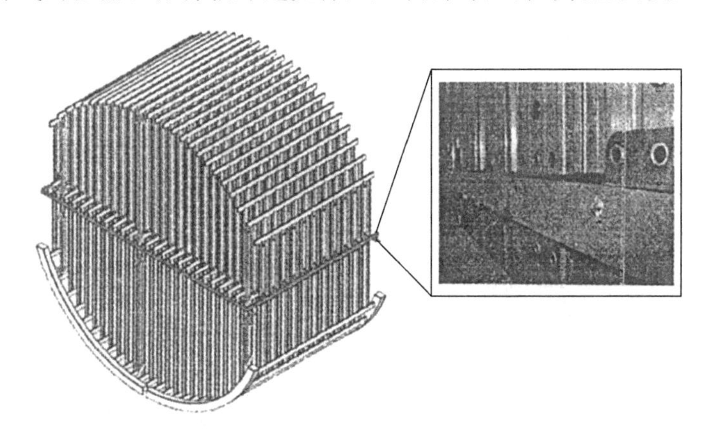

图 8-45 中部分开的悬挂收尘板

放电极小框架通过大框架组成一个整体，悬吊在 4 个陶瓷支座上。陶瓷支座应保持清洁和密封。放电极及振打装置如图 8-46 所示。振打传动装置放在除尘器的上部，类似通常用的顶部提升机构。

(4) 刮灰机构 圆筒形电除尘器的电极与振打装置等主要零部件可以采用通用卧式电除尘器的标准件。为了清除堆积在圆筒形底部的积灰，采用专门设计的一种刮灰机构，如图 8-47 所示。

刮灰机构由安装在除尘器两端的传动机构带动，主轴穿过除尘器壳体处注入黄油来冷却密封，以保证良好的气密性与延长填料的寿命。电机自动控制正反转动，通过主动齿轮带动扇形的刮灰机构左右摆动。刮灰机沿着圆周方向摆动，将底部的灰尘刮入输灰器。为避免在输灰器中引起气流的旁通短路，其间用隔板互相隔开。输灰器的粉尘由排灰阀排出。从高压容器内排出粉尘的排灰阀和煤气密封阀为一组，分别布置在中间容器的前后，由于交替开闭，故能连续、安全地排出粉尘。

**2. 圆筒形煤气电除尘器工作原理**

煤气电除尘器是以静电力分离粉尘的净化法来捕集煤气中的粉尘，它的净化工作主要依靠

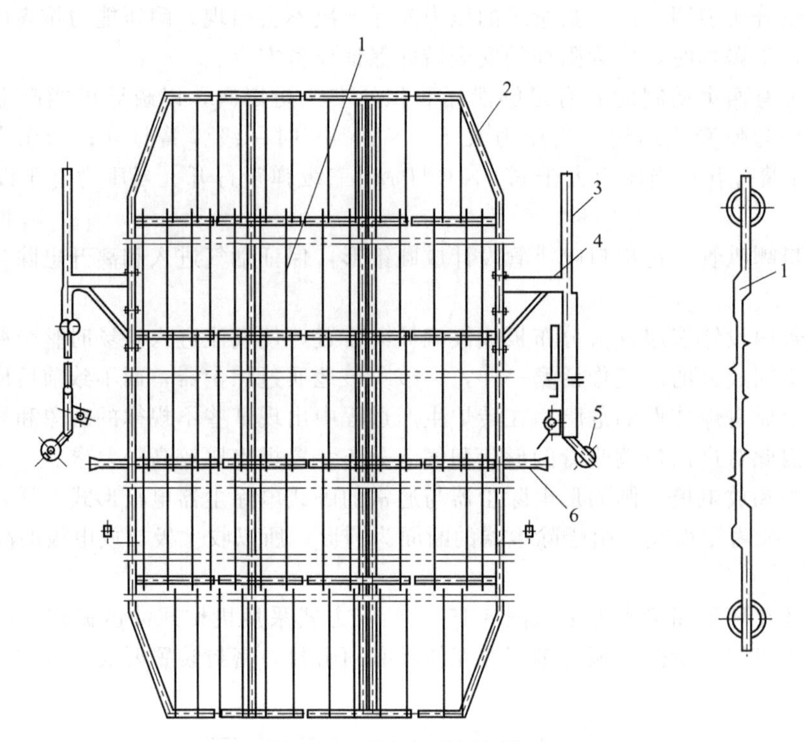


图 8-46 放电极及振打装置

1—放电线；2—放电极框架；3—大框架；4—放电极框架支架；5—振打锤；6—振打砧

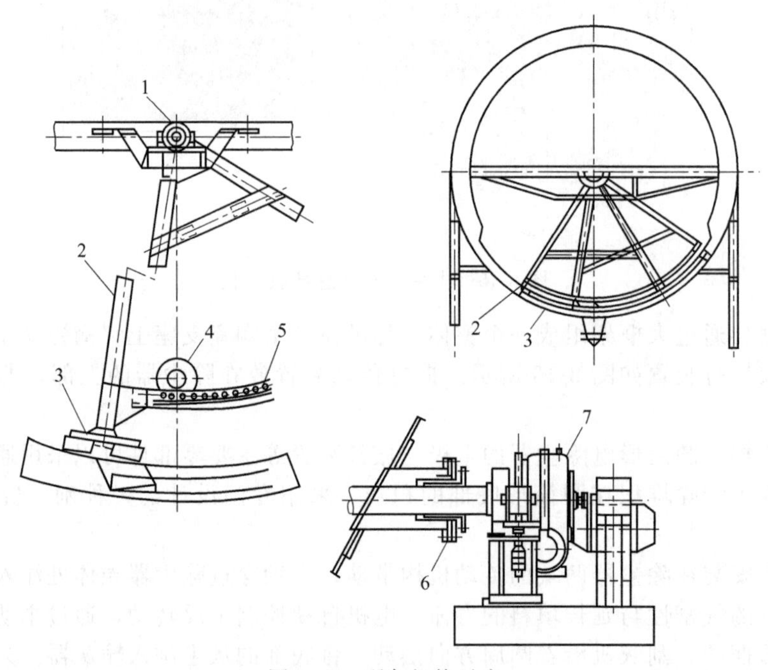


图 8-47 刮灰机构示意

1—刮灰机主轴；2—刮灰机架；3—刮板；4—主动齿轮；5—弧形齿条；6—密封装置；7—传动部分

放电极和收尘极这两个系统来完成。此外，静电除尘器还包括两极的振打清灰装置、气体均布装置、排灰装置以及壳体等部分。当含尘气体由除尘器的前端进入壳体时，含尘气体因受到气体分布板阻力及横断面扩大的作用，运动速度迅速降低，其中较重的颗粒失速沉降下来，同时气体分布板使含尘气流沿电场断面均匀分布。由于煤气电除尘器采用圆筒形设计，煤气沿轴向进入高压静电场中，气体受电场力作用发生电离，电离后的气体中存在着大量的电子和离子，这些电子和离子与尘粒结合起来，就使尘粒具有电性。在电场力的作用下，带负电性的尘粒趋向收尘极（沉淀极），接着放出电子并吸附在阳极上。当尘粒积聚到一定厚度以后，通过振打装置的振打作用，尘粒从沉淀表面剥离下来落入灰斗，被净化了的烟气从除尘器排出。

煤气电除尘器是鲁奇公司专门为净化含有CO烟气而开发研制的，静电除尘器的特点如下：①外壳是圆筒形，其承载是由静电除尘器进出口及电场间的环梁间的梁托座来支持的，壳体耐压为0.3MPa；②烟气进出口采用变径管结构（进出口喇叭管，其出口喇叭管为一组文丘里流量计），其阻力值很小；③进出口喇叭管端部分别各设4个选择性启闭的安全防爆阀，以疏导产生的压力冲击波；④静电除尘器为将收集的粉尘清出，专门研制了扇形刮灰装置。

**3. 除尘器泄爆故障分析与防范**

电除尘器内的爆炸，其根本原因是电除尘器内烟气中的CO与$O_2$混合，浓度达到一定比例后，经电场中高压闪络的电弧火花引起爆炸。通过分析，用于转炉煤气净化的静电除尘器容易在以下几种情况下发生泄爆现象。

（1）转炉吹炼的铁水为三脱铁水（经过铁水预处理已经脱硫、脱磷、脱硅的铁水）　在这种情况下，转炉开始吹炼时碳氧反应就十分剧烈，CO迅速产生，如果产生的CO在炉口没有被完全燃烧而进入静电除尘器，在静电除尘器内部与开吹前烟道中的空气进行混合，从而在静电除尘器内产生爆炸，使泄爆阀打开而中断吹炼。

（2）转炉吹炼中事故提枪后进行再吹炼　这时再吹炼的铁水与经过铁水预处理三脱后的铁水性质类似，所以泄爆原因基本类似。

（3）转炉长时间停炉后再开炉　转炉经过长时间停炉后，蒸发冷却器入口温度只有几十摄氏度左右。在吹炼第一炉钢的初期，由于烟道裙罩口处于低温状态，$CO_2$的产生速度会比高温时要慢，这样在吹炼初期，CO在炉口没有完全燃烧而在静电除尘器内部与$O_2$混合浓度达到爆炸的边界范围时，也就会发生泄爆现象。

综合所有故障发现，静电除尘器泄爆现象主要是出现在开吹的时间段，都是由于停吹时在静电除尘器中滞留充满着空气，当转炉开吹时产生的CO没有完全燃烧，而是与空气混合浓度达到一定的比例后造成的泄爆。

从泄爆现象的根源出发，CO在空气中的爆炸极限范围为12.5%～74.2%，防泄爆其实就是控制转炉烟气中CO与$O_2$的混合浓度，以防达到爆炸极限范围。针对除尘系统泄爆现象的上述特点，可采取以下防范措施。

（1）优化转炉吹氧流量控制　在转炉开吹过程中，为了严格控制$O_2$与钢水的反应速率，初期产生的CO要求能在炉口完全燃烧变成$CO_2$，即在转炉开吹之初控制氧气流量按一定的斜坡缓慢上升，开吹时氧气初始控制流量为正常流量的1/2，保证在吹炼过程中产生的CO在炉口基本能完全燃烧变为$CO_2$，而$CO_2$为非爆炸性气体，利用$CO_2$气体形成一种活塞式烟气柱，一直推动烟气管道中残余的空气向放散烟囱排出，将CO与$O_2$的混合浓度控制在爆炸范围之外。

（2）吹炼第一炉控制　转炉经过长时间停炉后吹炼第一炉钢时，先用少量氧气吹炼一定时间后，提高蒸发冷却器入口温度，从而进入正常的吹炼方式。烟道中的高温状态能促进汽化冷却烟道中CO与$O_2$的反应速率，增加$CO_2$的量，降低$O_2$的浓度至安全范围，有效避免泄爆现象。

（3）优化过程工艺　考虑防泄爆最终就是防止CO与$O_2$的爆炸混合范围，转炉开吹阶段需要稀释电除尘器中的氧气含量。当转炉吹炼中断再吹炼时，控制初始氧气流量，保持1min后方可正常吹炼，当碳氧反应高峰期出现提枪及点吹再次开氧时，时间间隔为20s，初始氧流量 2min 内，小幅度地分 3～4 次将氧气压力逐步提高至 0.6MPa 以下，每次提压后稳定时间不少于 10s。同时提前打开氮气阀吹扫管道，向烟气管道中吹入一定量的氮气，进入电除尘器从而稀释电除尘器中的氧气含量，达到避免电除尘泄爆的目的。

**4. 应用**

圆筒形电除尘器广泛应用于转炉煤气净化工程中。圆筒形壳体的耐压能力达到 0.3MPa。圆筒形电除尘器运行比较稳定，除尘器出口含尘质量浓度小于 10mg/m$^3$，能满足煤气除尘的技术要求。由于除尘器密封性能好，设备漏风率为“零”，所以虽然除尘净化是煤气，但也未发生过爆炸事故。壳体上安装有减压泄爆装置，有效保证了除尘系统的安全运行。

## 五、高频电源技术

电除尘用高频高压供电装置（高频电源）是相对于目前常规工频（50Hz）电源而言，高频电源的基本原理见图 8-48。高频电源的频率一般达到 20～30kHz，特别是国内企业龙净公司的高频电源频率可达 40kHz，相当于常规工频电源的 800 倍。高频高压供电技术是当今国内外电除尘器供电的前沿技术，此技术仅世界少数几个国家掌握，目前仅有美国、瑞典、中国等几个国家有成功投入商业运行的实践经验。

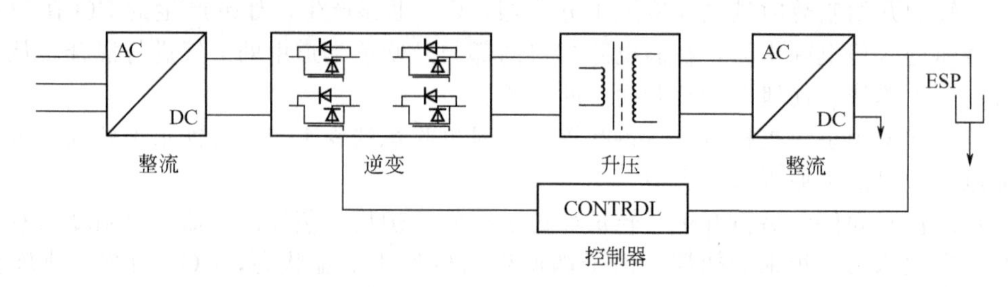


图 8-48 高频电源的基本原理

高频电源的出现，对电除尘性能的提高具有十分重要的意义。从现场实际使用效果来看，高频电源可节电 20%～40%，提效可达 20%～30%。

高频电源三相交流输入整流为直流电源，经全桥逆变为高频交流，随后升压整流输出直流高压。高频电源工作频率可达 40kHz，主要包括 3 个部分，即变换器（整流、逆变）、变压器（升压、整流）、控制器。其中全桥变换器实现直流到高频交流的转换，高频变压器/高频整流器实现升压整流输出，为电除尘提供高压电源。

**1. 高频电源优越的性能**

高频电源具有输出纹波小、平均电压电流高、体积小、质量轻、成套设备集成一体化、转换效率与功率因数高、采用三相电源对电网影响小等显著优点，特别是可大幅度提高除尘效率，所以它是传统可控硅工频电源革命性的更新换代产品。高频电源的应用实现了电除尘器供电电源技术水平质的飞跃，极大拓展了电除尘器的适应范围，对我国环保设备配套电源产品的产业结构调整和优化升级产生了重要的影响。

**2. 高频电源提高除尘效率的原理**

高频电源输出直流电压比工频电源平均电压要高约 30%，因为工频电源峰值电压在电除尘器电场中会触发火花，容易限制加在电极上的平均电压。而高频电源谐振频率为 30～40kHz，与常规的工频电源相比，高频电源纹波系数小于 5%，在直流供电时它的二次电压波形几乎为一条直线，高频电源提供了近乎无波动的直流输出，使得静电除尘器能够以次火花发生点电压运行，从而提高了电除尘器的供电电压和电流，增大了电晕功率的输入，提高了电除尘器的效率（图 8-49）。

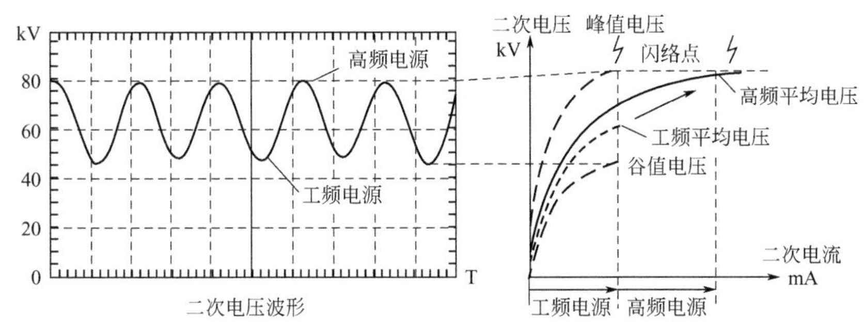


图 8-49 高频电源提高除尘效率的原理

**3. 高频电源高效节能**

高频电源效率＞0.9，功率因数＞0.9，比工频电源固有节能20％以上，设备运行3～5年节省的电费相当于收回全部投资。高频电源在纯直流供电的方式下，即使在70％的额定输出功率下运行，设备功率因数与效率维持基本不变，而工频电源随着输出功率的下降，功率因数与效率下降明显。高频电源在额定负载下比常规工频电源节能约20％，在非额定输出时节能比例更大。在通常情况下，除尘电源是没有满负荷输出的，因此高频电源节能效果显著。

**4. 高频高压电源的技术特点**

高频高压电源具有以下主要技术特点。

（1）运用高频变频技术将50Hz工频电流逆变为几万赫兹的高频电流，输出电压不受工频正弦半波“暂下降”现象影响，输出的二次电压波形接近稳定平滑，电压峰值、谷值和平均值基本相等，因此既能减少二次电压峰值引起火花闪络的频率，又可提高二次电压平均值和电晕功率。供给电场内的平均电压比工频高压电源提高25％～30％，电晕电流可提高1倍，大大提高烟尘荷电量，提高了除尘效率。

高频高压电源与工频高压电源的二次电压波形如图8-50所示。

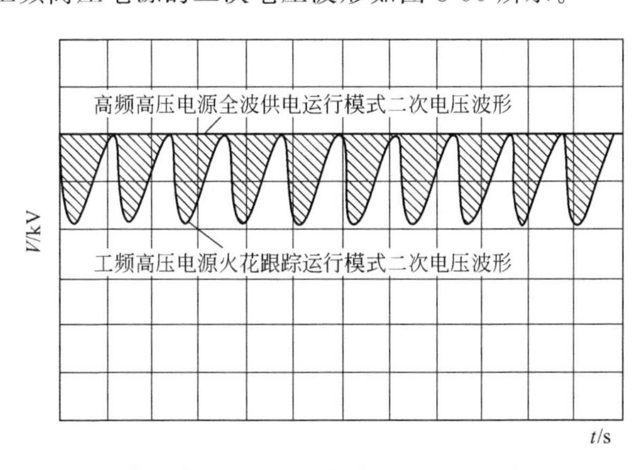


图 8-50 高频高压电源与工频高压电源的二次电压波形

（2）输出频率为几万赫兹，输出的脉冲周期为数十微秒，火花检测和关断时间为数十微秒，火花恢复时间约为10ms。而工频高压电源输出频率为100Hz，输出的脉冲周期为10ms，火花检测和关断时间约为10ms，火花恢复时间约为60ms。在电场内发生火花闪络时，相对于工频高压电源具有更高灵敏度的闪络判断、更短的闪络恢复时间以及极短的脉冲供电周期，因此火花能量很低，电场能量的损耗很小，减轻了对电极的冲击，降低了火花闪络引起电极腐蚀的风险。特别是在湿式电除尘器电场中，这种特点既可有效延长电极寿命，同时也能够提高输出电压的持续性，提高除尘效率。

(3) 功率因数一般约为0.95，高频变压器转换效率约为93%，而工频高压电源功率因数一般小于0.8，变压器转换效率为64%～70%；输入采用三相供电，相对单相工频高压电源，电源作为负荷三相平衡，因此，具有更好的节能降耗效果。普遍具备脉冲供电模式，作为间歇供电方式，在反电晕工况下，不仅能有效提升除尘效率，同时能大幅节省电能。

(4) 体积小，质量轻，控制柜和变压器一体化，并直接安装于电除尘器顶部，节省了电缆。不单独使用高压控制柜，减小了控制室的面积，降低了基建的工程量。

(5) 在国内燃煤电厂，电除尘器和湿式电除尘器广泛应用有不到10年的时间，以其稳定、可靠的性能和优异的除尘、节能效果迅速占领市场，成为工频高压电源的技术换代产品。湿式电除尘器在国内已有几十台1000MW级燃煤机组的业绩，具备了长期满载运行的能力。

综上所述，相对于传统的工频高压电源，高频高压电源具有在相同工况时向电除尘器内部电场输入更高的电压和更大的能量、火花控制性能好从而减小灼伤电极的风险、高效节能、可长期满载运行、建设及维护成本低等诸多技术优势，并且完全符合湿式电除尘器电场特点对于高压供电电源的要求。

## 六、脉冲电源技术

脉冲高压电源是电除尘器配套使用的新型高压电源，脉冲供电方式已在世界上被公认为是改善电除尘器性能和降低能耗最有效的方式之一。

电除尘器高压脉冲供电技术于20世纪80年代有了新的发展。这种供电设备向除尘器电场提供的电压是在一定直流高压（或称基础电压）的基础上叠加了有一定重复频率、宽度很窄而电压峰值又很高的脉冲电压。这种供电技术对于克服电除尘器在收集高比电阻粉尘时，电场中形成的反电晕现象很有作用。从而能提高电除尘器处理高比电阻粉尘的除尘效率，对处理正常比电阻的粉尘，亦能取得节约电能的好效果。存在的问题是，这种设备价格较高。

在干法水泥生产、金属冶炼和烧结及低硫煤发电等窑炉中排放的高比电阻粉尘净化中，用普通电除尘器净化这种含尘烟气，由于容易出现反电晕现象，除尘效果欠佳。而改用电除尘器脉冲供电设备以后，其结果可大有改观。

**1. 设备工作原理**

脉冲供电设备的原理性电路见图8-51。

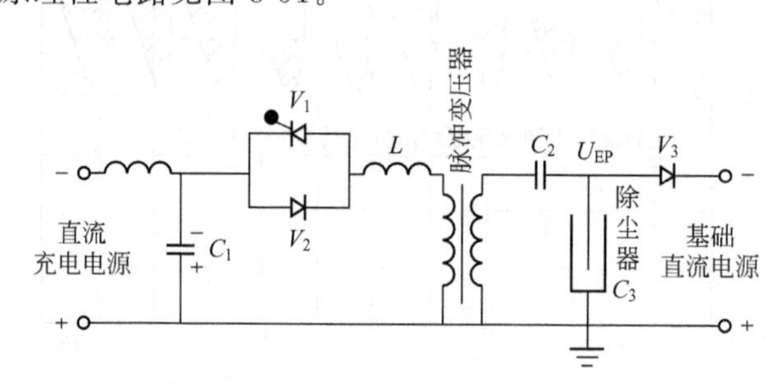


图8-51 脉冲供电设备的原理性电路图

$V_1$—晶闸管；$V_2$—二极管；$V_3$—隔离二极管；$C_1$—储能电容；$C_2$—耦合电容；
$C_3$—除尘器电容；$L$—谐振电感；$U_{EP}$—电除尘器

由图可看出，脉冲供电设备由基础直流电源与脉冲电源两部分组合而成。基础电源就是常规电除尘器用的整流设备，它提供直流基础高压；脉冲电源部分由直流充电电源、储能电容$C_1$、耦合电容$C_2$、谐振电感$L$、脉冲形成开关$V_1$（晶闸管）、续流二极管$V_2$、隔离二极管$V_3$及脉冲变压器等主要部件组成。

本电路图所示工作过程：晶闸管受触发导通后，储能电容$C_1$通过开关元件（晶闸管）、

谐振电感 $L$、脉冲变压器与耦合电容 $C_2$ 将能量快速传送到电除尘器电容上，该电路与除尘器电容一起形成 LC 振荡电路，并在完成一个周期的振荡后关断，LC 振荡形成的脉冲电压，由耦合电容耦合后叠加在基础直流电源提供的直流电压上。这样，除尘器电极上就获得了带有基础直流电压的脉冲电压。

图 8-52 为脉冲供电设备的输出电压波形。

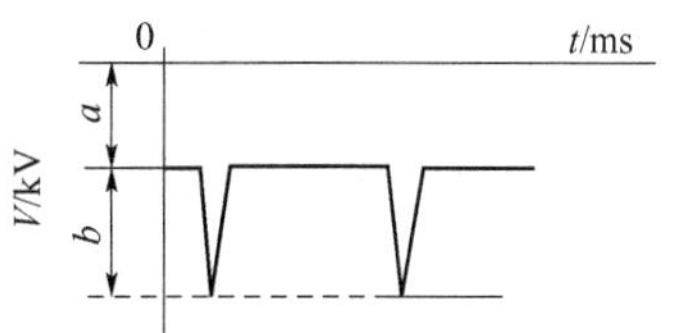

图 8-52　脉冲供电设备输出电压波形
a—基础电压；b—脉冲电压

脉冲供电设备由脉冲控制柜、脉冲高压柜、脉冲变压器和基础电源整流变压器 4 个部分组成。

**2. 脉冲供电设备的主要特点**

包括：①施加在电场上的峰值电压比常规供电高 1.5 倍左右；②增加了粉尘的荷电概率；③对粉尘性质的变化具有良好的适应性，有利于克服反电晕现象；④节电效果显著；⑤当粉尘比电阻高于 $10^{12}\Omega \cdot cm$ 时，脉冲供电与常规供电相比，改善系数可达 1.6～2。

**3. 应用**

工作方式是以脉冲宽度 65～125$\mu$s、最大脉冲峰值电压（80kV）的脉冲高压，叠加在常规直流高压（60kV）之上，使电场最高峰值高压能达到 140kV，可有效克服高比电阻粉尘工况下反电晕现象，提高电除尘器的收尘效率，同时节约电除尘器的能耗脉冲。

脉冲高压电源主要用于克服高比电阻粉尘反电晕、提高除尘效率的场合。其对电除尘器的改善程度通常由驱进速度的改善系数来评估，改善系数定义为电除尘器用新的供电方式与用常规直流供电时驱进速度之比。现场试验表明，改善系数与粉尘比电阻关系很大，它将随粉尘比电阻的增加而迅速增大。对于高比电阻粉尘，改善系数可达 1.2 以上。脉冲供电方式被认为是改善电除尘器性能和降低能耗最有效的方式之一。

工程实例证明，脉冲高压电源在提高电除尘器的除尘效率、节约能耗方面，具有显著的效果。

# 第五节　静电除尘器的选用

## 一、静电除尘器选用注意事项

选用静电除尘器，必须要了解和掌握生产中的一些数据。这些数据通常包括被处理烟气的烟气量、烟气温度、烟气含湿量、含尘浓度、粉尘的级配、气体和粉尘的成分、理化性质、电阻率值、要求达到的除尘效率、静电除尘器的最大负压以及安装的具体条件等。根据这些条件，首先考虑静电除尘器选用形式，(立式或卧式)、极板形式（板式或管式）及运行方式（湿法或干法）；其次考虑静电除尘器选用的规格。在选用中应注意，目前设计的静电除尘器一般仅适用于烟气温度低于 250℃、负压值小于 2kPa 的情况。一般结构的静电除尘器仅适用一级收尘，这样可以节省投资、减少占地面积。反之，若超过这个限度，则必须考虑采用二级收尘。目前设计的电收尘器一般仅能处理电阻率在 $10^4 \sim 10^{10}\Omega \cdot cm$ 之间的烟尘，因此，在选用静电除尘器之前必须对高电阻率的粉尘烟气进行必要的调质预处理。

静电除尘器选用注意事项如下。

① 静电除尘器是一种高效除尘设备，除尘器随效率的提高，设备造价也随之提高。

② 静电除尘器压力损失小，耗电量少，运行费用低。

③ 静电除尘器适用于大风量、高温烟气及气体含尘浓度较高的除尘系统。当含尘浓度超过 $60g/m^3$ 时，一般应在除尘器前设预净化装置，否则会产生电晕闭塞现象，影响净化效率。

④ 静电除尘器能捕集细粒径的粉尘（粒径＜0.14$\mu$m)，但对粒径过小、密度又小的粉尘，

选择静电除尘器时应适当降低电场风速，否则易产生二次扬尘，影响除尘效率。

⑤ 静电除尘器适用于捕集电阻率在 $10^4 \sim 5\times10^{10}\Omega\cdot cm$ 范围内的粉尘，当电阻率低于 $10^4\Omega\cdot cm$ 时容易产生反电晕，因此不宜选用干式静电除尘器，可采用湿式静电除尘器。高电阻率粉尘也可选用干式宽极距静电除尘器，如选用 30mm 极距的干式静电除尘器，可在静电除尘器进口前对烟气采取增湿措施，或对粉尘有效驱进速度选低值。

⑥ 静电除尘器的气流分布要求均匀，为使气流分布均匀，一般在电除尘器入口处设气流分布板 1～3 层，并进行气流分布模拟试验。气流分布板必须按模拟试验合格后的层数和开孔率进行制造。

⑦ 净化湿度大或露点温度高的烟气，静电除尘器要采取保温或加热措施，以防结露。对于湿度较大的气体或达到露点温度的烟气，一般可采用湿式静电除尘器。

⑧ 静电除尘器的漏风率尽可能小于 2%，减少二次扬尘，使净化效率不受影响。

⑨ 黏结性粉尘，可选用干式静电除尘器；对沥青与尘混合物的黏结性粉尘，宜采用湿式静电除尘器。

⑩ 捕集腐蚀性很强的物质时，宜选择特殊结构和防腐性好的静电除尘器。

⑪ 电场风速是静电除尘器的重要参数，一般在 0.4～1.5m/s 范围内。电场风速不宜过大，否则气流冲击极板造成粉尘二次扬尘，降低净化效率。对电阻率、粒径和密度偏小的粉尘，电场风速应选择较小值。

## 二、静电除尘器的选择计算

需要计算的静电除尘器的量主要包括电场内烟气量、烟气温度、有效驱进速度、烟气流速、有效截面积、比收尘面积、电场数、电场长度、极配形式、同极间距、极线间距等。

（1）电场内烟气流速　在保证收尘效率的前提下，流速应大些，以便减小设备的尺寸，减小占地面积，节省投资，电场内烟气流速与处理的介质有关，电除尘器的电场风速见表 8-6。

**表 8-6　电除尘器的电场风速**

| 主要工业炉窑的电除尘器 | | 电场风速/(m/s) |
|---|---|---|
| 电场锅炉飞灰 | | 0.4～0.7 |
| 纸浆和造纸工业锅炉黑液回收 | | 0.9～1.8 |
| 钢铁工业 | 烧结机 | 1.2～1.5 |
| | 高炉煤气 | 0.8～1.3 |
| | 碱性氧气顶吹平炉 | 1.0～1.5 |
| | 焦炉 | 0.6～1.2 |
| 水泥工业 | 湿法窑 | 0.9～1.2 |
| | 立波尔窑 | 0.8～1.0 |
| | 干法窑(增湿) | 0.8～1.0 |
| | 干法窑(不增湿) | 0.4～0.7 |
| | 烘干机 | 0.8～1.2 |
| | 磨机 | 0.7～0.9 |
| 硫酸雾 | | 0.9～1.5 |
| 城市垃圾焚烧炉 | | 1.1～1.4 |
| 有色金属炉 | | 0.6 |

选择流速也与选择的板线形式有关。对无挡风槽的极板和重锤式吊挂的电晕线等，其烟速就不宜过大，主要是为了防止二次扬尘和阴极线的摆动。烟气流速与板线形式的关系见表 8-7。

**表 8-7 烟气流速与板线形式的关系**

| 阳极形式 | 阴极形式 | 烟气流速 /(m/s) | 阳极形式 | 阴极形式 | 烟气流速 /(m/s) |
| --- | --- | --- | --- | --- | --- |
| 棒帏状、网状、板状 | 挂锤电极 | 0.4～0.8 | 袋式、鱼鳞状 | 框架式电极 | 1.0～2.0 |
| 槽形(C 形、Z 形、CS 形) | 框架式电极 | 0.8～1.5 | 湿式电除尘器、电除雾器 | 挂锤电极 | 0.6～1.0 |

烟气流速也决定了烟气在电场内的停留时间，一般取颗粒在电场内有效停留时间为 8～12s，停留时间也涉及电场的长度和放置的位置，以及投资的多少。

(2) 电除尘器的有效截面积　有效截面积的确定根据工况下的烟气量和选定的烟气流速按下式计算：

$$S=Q_{VS}/v \tag{8-6}$$

式中，$S$ 为电除尘器的有效截面积，$m^2$；$Q_{VS}$ 为进入电除尘器的烟气量（应考虑设备的漏风率），$m^3/s$；$v$ 为进入电除尘器的有效截面积上的烟气流速，m/s。

电除尘器的相关尺寸按下式计算：

$$S=HBn \tag{8-7}$$

式中，$S$ 为电除尘器的有效截面积，$m^2$；$H$ 为阴极高度，m；$B$ 为同极间距，m；$n$ 为通道数。

电除尘器的有效截面积的高宽比可取 1～1.3（按室计算）。高宽比大，则设备稳定性不好，气流分布不好；高宽比小时，占地面积大，灰斗高，材料消耗多，不够经济。

(3) 电除尘器的有效驱进速度及比表面积　根据多依奇（Deutsch）效率公式：

$$\eta=1-e^{-S\omega/Q_{VS}} \tag{8-8}$$

式中，$S/Q_{VS}$为比表面积，$m^2/(m^3 \cdot s)$；$\omega$ 为有效驱进速度，m/s。

故公式改写成：

$$\eta=1-e^{S\omega} \tag{8-9}$$

如果处理烟气量一定，烟尘的有效驱进速度一定时，阳极板的收尘面积是保证除尘效率的唯一因素；如果阳极板的收尘面积越大，除尘效率越高，钢材消耗量也相应增加。所以，阳极板收尘面积应选择恰当，保证技术经济合理。

同样，一台电除尘器处理的粉尘不同，取得的除尘效果也是不同的，主要是由于烟尘的有效驱进速度不同。也就是说，在电除尘器中影响粉尘荷电及运动的因素很多，例如二次扬尘、气流分布质量、供电条件、本体结构以及其他影响电除尘器性能的各种因素等。原驱进速度的物理意义——尘粒向极板运动速度的理论计算值与实际有效驱进速度相差很多，不得不沿用经验方法来确定 $\omega$ 值，部分工业粉（烟）尘的有效驱进速度推荐值见表 8-8。

通过给定的数值范围，按类比法选择新的电除尘器的有效驱进速度推荐值。

但是给定的驱进速度数值范围只适用于常规电除尘器，对于宽间距电除尘器应给予修正。

经验数值只能在类似工艺中应用。对某种工艺，特别是没有应用过的电除尘器或是烟气特性与应用中电除尘器工作特性有很大差别时，只能通过小型实验，确定此种静电除尘工艺的有效驱进速度推荐值。

**表 8-8 部分工业粉（烟尘）的有效驱进速度推荐值**

| 粉尘名称 | 驱进速度/(m/s) | 粉尘名称 | 驱进速度/(m/s) |
|---|---|---|---|
| 电站锅炉飞灰 | 0.04～0.2 | 焦油 | 0.08～0.23 |
| 煤粉炉飞灰 | 0.1～0.14 | 硫酸雾 | 0.061～0.071 |
| 纸浆及造纸锅炉尘 | 0.065～0.1 | 石灰砖窑尘 | 0.05～0.08 |
| 铁矿烧结机头烟尘 | 0.05～0.09 | 石灰尘 | 0.03～0.055 |
| 铁矿烧结机尾烟尘 | 0.05～0.1 | 镁砂回转窑尘 | 0.045～0.06 |
| 铁矿烧结烟尘 | 0.06～0.2 | 氧化铝 | 0.064 |
| 碱性氧气顶吹转炉尘 | 0.07～0.09 | 氧化锌 | 0.04 |
| 焦炉尘 | 0.067～0.161 | 氧化铝熟料 | 0.13 |
| 高炉尘 | 0.06～0.14 | 氧化亚铁(FeO) | 0.07～0.22 |
| 闪烁炉尘 | 0.076 | 铜焙烧炉尘 | 0.036～0.042 |
| 冲天炉尘 | 0.03～0.04 | 有色金属转炉尘 | 0.073 |
| 热火焰清理机尘 | 0.0596 | 镁砂 | 0.047 |
| 湿法水泥窑尘 | 0.08～0.115 | 硫酸 | 0.06～0.085 |
| 立波尔水泥窑尘 | 0.065～0.086 | 热硫酸 | 0.01～0.05 |
| 干法水泥窑尘 | 0.04～0.06 | 石膏 | 0.16～0.2 |
| 煤磨尘 | 0.08～0.1 | 城市垃圾焚烧炉尘 | 0.04～0.12 |

在有效驱进速度推荐值确定后，根据粉尘进入除尘器的初始浓度及排放浓度（国家标准），计算出电除尘器的设计除尘效率，计算阳极板比表面积 $S$ 和沉淀极总面积 $S_A$：

$$S=\frac{-\ln(1-\eta)}{\omega} \tag{8-10}$$

$$S_A=QS \tag{8-11}$$

式中，$Q$ 为电除尘器实际处理烟气量，$m^3/s$；$S$ 为极板比表面积，$m^2/(m^3/s)$；$\eta$ 为电除尘器的除尘效率；$\omega$ 为有效驱进速度，m/s；$S_A$ 为沉淀极总计算面积，$m^2$。

考虑到静电除尘器在设计、制造、安装以及工艺操作上和环境条件的变化，应将 $S_A$ 的实验值用适当的备用系数予以修正。

宽间距的有效驱进速度推荐值应加以修正。修正的公式见式(8-12)。

$$\omega_1=K\omega_0 a_1/a_0 \tag{8-12}$$

式中，$\omega_1$ 为宽极距静电除尘器的驱进速度，cm/s；$K$ 为系数，极距小于 600mm 可选1～1.1，极距大于 600mm 可选 0.75～1；$\omega_0$ 为常规静电除尘器的驱进速度，cm/s；$a_1$ 为宽极距静电除尘器的极距，cm；$a_0$ 为常规静电除尘器的极距，cm。

（4）电场数和电场长度的确定　卧式电除尘器采用多电场串联，在电场总长度相同的情况下，电场数量增加，每个电场的电晕线数量相应减少，因而，电晕线安装误差造成的影响减小，从而提高供电电压、电晕电流，保证除尘效率。电场数量增加，供电机组也相应增加，设备投资增高，因而每个电场长度和数量应适当，每个电场长度为 2.5～6.2m，电场长度 2.5～4.5m 的是短电场，电场长度 4.5～6.2m 的是长电场。长电场需要采用双侧振打的方式，极板高的应采用高度方向的多点振打的方式，这都是需要全面核算、科学决策的。

电场数 $n$ 的选用可按表 8-9 执行。

表 8-9　电场数 $n$ 的选用

| $\omega$ | 电场数 $n$ | | |
|---|---|---|---|
| | $-\ln(1-\eta)<4$ | $-\ln(1-\eta)=4\sim7$ | $-\ln(1-\eta)>7$ |
| ≤5 | 3 | 4 | 5 |
| >5～9 | 2 | 3 | 4 |
| >9～13 | — | 2 | 3 |

各电场长度之和为电场的总长度，按式(8-13) 计算每个电场长度：

$$L=(S_A/2)ZnH \tag{8-13}$$

式中，$L$ 为电场长度，m；$S_A$ 为沉淀极板总收（除）尘面积，$m^2$；$n$ 为通道数；$Z$ 为电场数；$H$ 为电除尘器的有效高度，m。

（5）电场的极距、线距、通道数　电场的极距：同极通道宽度称为极距。常规电除尘器的极距宽度为 250～350mm，极距宽为 300mm 的较为普遍。20 世纪 70 年代后期，开始出现宽极距（400～600mm）的电除尘器，有的达到 1000mm。

在截面积相同的情况下，极距加宽，通道数减少，总收尘面积减小，节省钢材，减轻质量，沉淀极和电晕极的安装工作量减小，维护也比较方便，这是近年来除尘厂家广为追求的目标。极距加宽，平均场强提高，极板的电流密度并不增加，对收集高电阻率的粉尘有利。

线距：相邻电晕线间距离。

通道数按式(8-14) 计算：

$$n=(S/H)/b \tag{8-14}$$

式中，$n$ 为通道数；$S$ 为电除尘器截面积，$m^2$，有效面积计算时，宽度按最边板间距离计算；$H$ 为阴极线的高度，m；$b$ 为极板间距，m，通常应按经验值核定为标准值。

（6）电场的极配形式　西欧经过多次试验推荐 C 形极板，现在我国也大量采用 C 形极板，与 C 形极板相匹配的是芒刺线和星形线。

## 三、静电除尘器安全防护

随着静电除尘器的广泛应用，防止事故发生，确保安全运行，具有重要意义。

**1. 安全装置注意事项**

（1）静电除尘器的金属外壳或混凝土壳体的钢筋、电场的收尘极板、变压器和高压硅堆油箱壳体、高压电缆外皮和电缆头、各控制盘铁质构架等，均应良好接地，接地电阻保持在 1Ω 以下。

（2）高压变压器室和高压整流室门上应设有连锁开关，当门被打开时，高压装置自动断电。

（3）各机械传动部件，如传动链条、链轮、联轴器、皮带轮等均应装设安全防护罩或防护栏杆。

（4）高压电缆、电缆头、保温箱、高压整流室等处，均应有警告牌和警告标志。

（5）检查安装的防爆阀的可靠程度，以保证爆炸时的卸荷作用。

**2. 安全操作注意事项**

（1）每次开车前必须查看静电除尘器各处，确认设备正常，电场内无人工作，各人孔门已经关好，然后方可开车。

（2）电场通入高压电前，应先开振打装置；电场停电以后，振打装置仍需继续运行 0.5h 以后再停，以尽量振打掉电极上的积灰。

(3) 静电除尘器启用时，应先通入烟气预热一段时间，使电场湿度逐步升高，当温度上升到80℃以上时，开始送电。

(4) 废气中的一氧化碳含量不得超过2%，若超过时则电场立即停电或不送电。

(5) 运行中，当电收尘器中部湿度超过进口部位湿度时应立即停电，并开放副烟道闸门，关闭电气进风口闸门。

(6) 运行中，应经常注意控制箱上的一次、二次电流不得超过额定范围，以保护变电整流装置。

(7) 在开启人孔门检修活动屋面板前，必须先行停电，并将电源接地放电。每周需清扫石英套管一次。在检修时，应特别注意检查极间距的变化、振打装置的振打情况，并及时排除故障。

(8) 经常检查一氧化碳测定仪是否正常，及时更换过滤装置，每周应进行一次校验。

**3. 防止燃烧爆炸**

在燃烧和爆炸的火源、可燃物、氧气三个条件中，火源是避免不了的，因为静电除尘器在电晕放电过程中会有火花放电，此时即形成着火源。所以电除尘器燃烧爆炸的关键在于可燃气体或粉尘的存在，以及一定的含氧量。粉尘形成爆炸的原因有以下3个。

① 有较大的比表面积和化学活性。有许多固体物质当它处于块状时是难燃的，当它变为粉状时就很容易燃烧甚至爆炸。其原因是粉状物与空气中（或气体中）的氧接触面积增大，粉尘吸附氧分子数量增多，加速了粉尘的氧化过程。

② 粉尘氧化面积增大，强化了粉尘加热过程，加速了气体产物的释放。

③ 粉尘受热后能释放大量可燃气体。例如1kg煤若挥发分为20%～23%，则能释放出290～350L可燃气体。

用于净化回转窑静烟气的静电除尘器，最忌讳烟气中CO气体超量。虽然，CO的爆炸极限为气体体积分数的12.5%，但是在水泥厂回转窑用静电除尘器允许含CO的体积分数仅为2%，超过此浓度，即开始报警。CO浓度继续增大，则静电除尘器掉闸停电。为维持2%以下的CO浓度，通常要加强煤粉的充分燃烧。回转窑的燃烧一般都难以做到自动调控，不能确保CO浓度不超过限度，所以，在静电除尘器之前，要安装CO自动分析仪，并与静电除尘器供电装置连锁。当CO超过限定值时，静电除尘器自动断电，防止静电除尘器爆炸事故的发生。

然而，静电除尘器应用的场合，并不能保证烟气中CO含量都在危险限度以内。表8-10为钢铁企业4种炉型烟气成分的数据，其中，CO的含量都远远超过爆炸限度。但是，由于用静电除尘器净化这些炉子的烟气比其他除尘器经济得多，所以，有的厂家采用静电除尘器净化这些烟气。为避免爆炸事故，多数用控制烟气中氧含量的办法，防止灾害的发生。也就是说，加强除尘器的密封性，使其漏风率在1.0%（25kPa压力）以下，甚至更低。

**表8-10 钢铁企业4种炉型烟气成分的数据**

| 成分 | 高炉烟气<br>体积分数/% | 转炉烟气<br>体积分数/% | 电炉烟气<br>体积分数/% | 铁合金炉烟气<br>体积分数/% |
|---|---|---|---|---|
| CO | 29.0～31.2 | 85～90 | 15～25 | 70～90 |
| $CO_2$ | 11.2～11.3 | 8～14 | 5～11 | 2～20 |
| $O_2$ | ＞55～60 | 1.5～3.5 | 3.5～10 | 0.2～2 |
| $N_2$ | （$O_2$+$N_2$） | 0.5～2.5 | 61～72 | 2～4 |

**4. 静电除尘器的接地**

接地的部位包括：高压控制柜外壳的保护工作接地；散整流变压器外壳保护接地；取样信

号回路（二次电压、电流回路）的屏蔽接地；高压电缆金属外壳终端的保护接地；除尘器本体接地。

（1）高压控制柜外壳接地是将控制柜金属壳体通过接地线与埋入地下的接地网接通，以降低金属外壳带电后的对地电压，保护人身安全。

（2）整流变压器外壳接地通过滑动轨道本能保证接地良好，要另设接地线直接与接地体相连。接地线应采用纺织裸铜线，截面大于 $25mm^2$，整个连接部分的接地电阻不大于 1Ω。

（3）二次电压、电流取样回路的接地屏蔽层一般选择在控制柜端做良好接地，使外界干扰信号不会引入电压自动调整器内部，屏蔽层上因静电感应产生的电荷也通过接地回路释放。

（4）高压电缆的金属外壳同样会产生感应电荷，而且高压电缆对地存在着分布电容（经推测，该分布电容在电场闪络时伴随高频过电压，起着不可忽视的作用），故这两处均要求接地良好。

接地装置的接地电阻，由接地线电阻、接电体本身的电阻、接地体与土壤的接触电阻以及土壤电阻四部分组成，其中前两部分的电阻值较小，大多可忽略。接地电阻中主要为土壤电阻和接地与土壤的接触电阻，它取决于接地网的布置、土壤电导率等因素。接地电阻普遍使用在电力系统中，对接地电阻的要求主要取决于系统中发生对地短路时接地电流的大小，要求一般从 0.5Ω 至 10Ω 不等，而静电除尘器的接地电阻一般不大于 4Ω。

静电除尘器的接地要着重考虑因接地不良带来的对控制特征的影响。图 8-53 为静电除尘器整个供电及控制系统的接地示意。

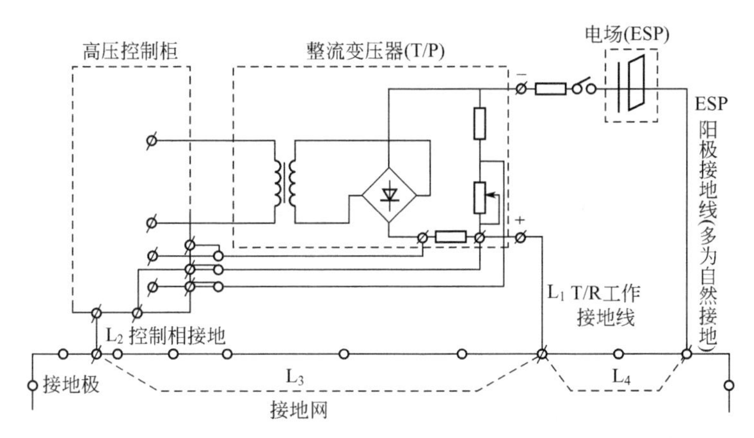


图 8-53　静电除尘器整个供电及控制系统的接地示意

一般情况下，电场阳极通过壳体及支撑壳体的钢梁或混凝土结构中的钢筋与接地网相通，为保证均匀性，要求每个电场至少对应有一个接地引入点。

# 第九章 湿式除尘器

湿式除尘器是通过分散洗涤液体或分散含尘气流而生成的液滴、液膜或气泡，使含尘气体中的尘粒得以分离捕集的一种除尘设备。湿式除尘器在19世纪末钢铁工业中开始应用，1892年格斯高柯（G. Zschhocke）被授予一种湿式除尘器专利权，之后在各行业有较多应用。

湿式除尘器的主要优点有以下几个方面：①设备简单，制造容易，占地面积较小，适用于处理高湿或潮湿的气体，这是其他除尘器不易做到的；②除尘效率较高，一般可达90%左右，有的更高一些；③同时具有除尘、降温、增湿等效果，特别是可以同时处理易燃易爆和有害气体；④如果材料选择合适，并预先已考虑防腐蚀措施时，一般不会产生机械故障；⑤只要保证供应一定的水量，可连续运转，工作可靠。

其缺点有以下几个方面：①消耗水量较大。需要给水、排水和污水处理设备；②泥浆可能造成收集器的黏结、堵塞；③尘浆回收处理复杂，处理不当可能成为二次污染源；④处理有腐蚀性的含尘气体时，设备和管道要求防腐，在寒冷地区使用时应注意防冻危害；⑤对疏水性的尘粒捕集有时较困难。

## 第一节 湿式除尘器的工作原理与性能

湿式除尘器与其他类型除尘器的重要区别在于其种类和工作原理相差很大。

### 一、湿式除尘器分类

湿式除尘器按照水气接触方式、除尘器构造或用途不同等有以下几种分类方法。

**1. 按接触方式分类**

湿式除尘器按水气接触方式的分类见表9-1。

**表9-1 湿式除尘器按水气接触方式的分类**

| 分类 | 设备名称 | 主要特性 |
|---|---|---|
| 储水式 | 水浴式除尘器<br>卧式水膜除尘器<br>自激式除尘器<br>湍球塔除尘器 | 使高速流动含尘气体冲入液体内，转折一定角度再冲出液面，激起水花、水雾，使含尘气体得到净化。压降为(1～5)×$10^3$Pa，可清除几微米的颗粒或者在筛孔板上保持一定高度的液体层，使气体自下而上穿过筛孔鼓泡入液层内形成泡沫接触，它又有无溢流及有溢流两种形式，筛板可有多层 |
| 淋水式 | 喷淋式除尘器<br>水膜除尘器<br>漏板塔除尘器<br>旋流板塔除尘器 | 用雾化喷嘴将液体雾化成细小液滴，气体是连续相，与之逆流运动或同相流动，气液接触完成除尘过程。压降低，液量消耗较大。可除去大于几微米的颗粒。也可以将离心分离与湿法捕集结合，可捕集粒径大于1μm的颗粒。压降约为750～1500Pa |
| 压水式 | 文氏管除尘器<br>喷射式除尘器<br>引射式除尘器 | 利用文氏管将气体速度升高到60～120m/s，吸入液体，使之雾化成细小液滴，它与气体间相对速度很大。高压降文氏管($10^4$Pa)可清除粒径小于1μm的亚微颗粒，很适用于处理黏性粉体 |

**2. 按不同能耗分类**

湿式除尘器分低能耗、中能耗和高能耗三类。压力损失不超过 1.5kPa 的除尘器属于低能耗湿式除尘器，这类除尘器有喷淋除尘器、湿式（旋风）除尘器、泡沫式除尘器。压力损失为 1.5～3.0kPa 的除尘器属于中能耗湿式除尘器，这类除尘器有动力除尘器和水浴除尘器。压力损失大于 3.0kPa 的除尘器属于高能耗湿式除尘器，这类除尘器主要是文丘里洗涤除尘器和喷射式除尘器。

**3. 按构造分类**

按除尘器构造分类，湿式除尘器可以分为以下 7 种不同的结构类别，见图 9-1。7 种不同结构类别的除尘器的基本性能见表 9-2。

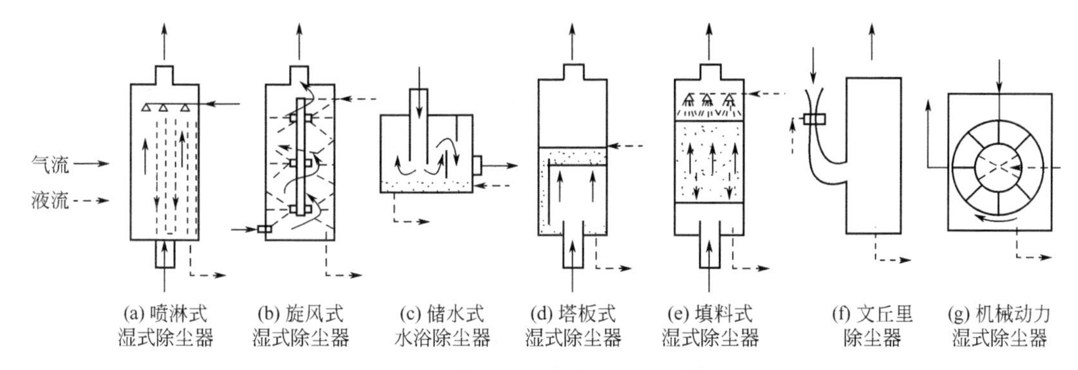


图 9-1　7 种类型湿式除尘器的工作示意

**表 9-2　7 种不同结构类别的除尘器的基本性能**

| 湿式除尘器形式 | 对 5μm 尘粒的近似分级效率①/% | 压力损失/Pa | 液气比/(L/m³) |
|---|---|---|---|
| 喷淋式湿式除尘器 | 80① | 125～500 | 0.67～2.68 |
| 旋风式湿式除尘器 | 87 | 250～1000 | 0.27～2.0 |
| 储水式水浴除尘器 | 93 | 500～1000 | 0.067～0.134 |
| 塔板式湿式除尘器 | 97 | 250～1000 | 0.4～0.67 |
| 填料式湿式除尘器 | 99 | 350～1500 | 1.07～2.67 |
| 文丘里除尘器 | >99 | 1250～9000 | 0.27～1.34 |
| 机械动力湿式除尘器 | >99 | 400～1000 | 0.53～0.67 |

① 近似值，文献给出的数值差别很大。

## 二、湿式除尘器工作原理

湿式除尘是尘粒从气流中转移到一种流体中的过程。这种转移过程主要取决于 3 个因素：①气体和流体之间接触面面积的大小；②气体和液体这两种流体状态之间的相对运动；③粉尘颗粒与流体之间的相对运动。

**1. 利用液滴收集尘粒**

首先对于液滴收集尘粒过程需做如下假设：①气体和尘粒有同样的运动；②气体和液滴有同一速度方向；③气体和液滴之间有相对运动速度；④液滴有变形。

图 9-2(a) 中用流线和轨迹表示气体和尘粒的运动。由于惯性力，接近液滴的尘粒将不随气流前进，而是脱离气体流线并碰撞在液滴上。尘粒脱离气体流线的可能性将随尘粒的惯性力增大和流线曲率半径减小而增加［图 9-2(b)］。一般认为所有接近液滴的尘粒如图 9-2(c) 所

示，在直径 $d_0$ 的面积范围内将与液滴碰撞。尘粒在吸湿性不良的情况下将积累在液滴表面[图 9-2(d)]，若吸湿性较好时则将穿透液滴 [图 9-2(e)]。碰撞在液滴表面上的尘粒将移向背面停滞点，并积聚在那里 [图 9-2(d)]。而那些碰撞在接近液滴前面停滞点的尘粒将停留在此，因为靠近前面停滞点处，液滴分界面的切线速度趋于零。

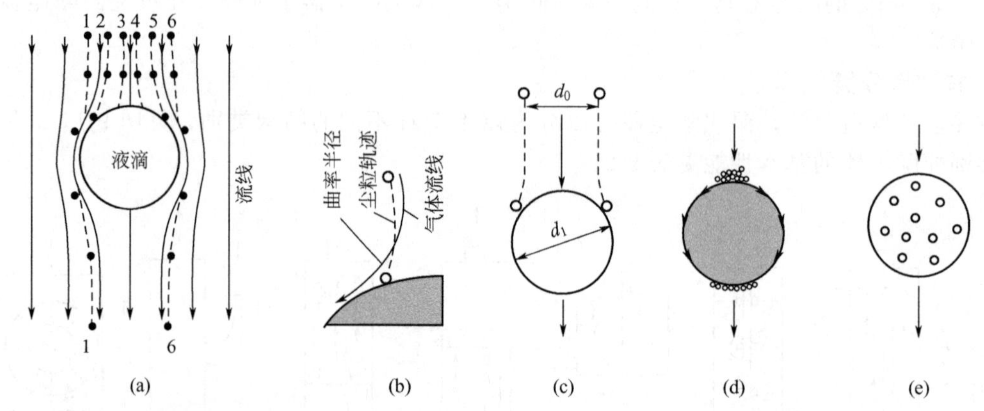


图 9-2 最简单类型流场中用液滴收集尘粒（实线为气体流线；虚线为尘粒运动轨迹）

**2. 利用高速气体和尘粒运动收集尘粒**

尘粒与液滴的相互作用是发生在文氏管式湿式除尘器喉口中的典型情况，文氏管式湿式除尘器是最有效的湿式除尘器。图 9-3(a) 表示液滴、尘粒和气体以相差悬殊的速度平行地流动。在这种情况中，更确切地说是大的液滴在垂直方向上被推进到气流里。液滴的轨迹是从垂直于气流的方向改变为平行气流的方向。图 9-3(a) 描绘了大颗粒液滴运动的后一段情况。

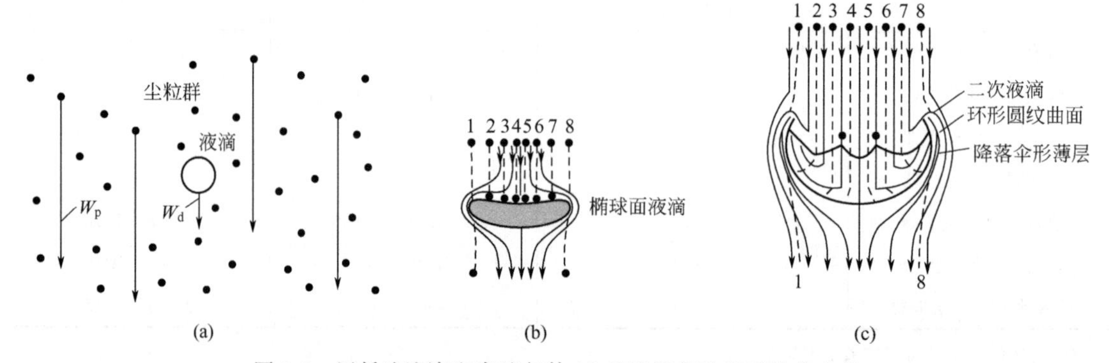


图 9-3 用低速液滴和高速气体/尘粒流平行地运动收集尘粒

由于高速气流摩擦力的作用，大颗粒液滴分裂成若干较小的液滴，这些液滴假设仍保留球面形状。这种分裂过程的中间步骤，见图 9-3(b) 和图 9-3(c)。这个过程包括了下面几个步骤：①球面液滴变形为椭球面液滴；②进一步变形为降落伞薄层；③伞形薄层分裂为细丝状液体和液滴；④丝状液体分裂为液滴。

变形和分裂过程所需要的能量由高速气流供给。图 9-3(b) 是围绕着一个椭球面液滴的气体流和尘粒运动的情况。因为接近椭球面液滴上面的流线曲率半径很小，故除尘效率很高。

**3. 利用气体和液体间界面的形成收集尘粒**

气体和液体间的界面具有一种潜在的收尘作用，它能否有效地收集尘粒，取决于界面的大小、在载尘气流中的分布以及尘粒和界面的相对运动状况。在所有情况下，气-液界面的形成都密切地与它所在空间里的分布有关。

含尘气流和液体间的界面的形成与液膜、射流、液滴和气泡的形成密切相关。

## 三、湿式除尘器性能

### 1. 消耗能量

实践表明，湿式机械除尘器的效率主要取决于净化过程的能量消耗。虽然这一关系缺乏严密的理论依据，但已被许多实验研究证明。

湿式除尘器中气体和液体的接触能（$E_T$）在一般情况下可能包含以下 3 个部分：①表征设备内气液流紊流程度的气流能；②表征液体分散程度的液流能；③动力气体洗涤器所显示的设备旋转构件的机械能。接触能总是小于湿式除尘器的能耗总量，因为接触能不包含除尘器、进气和排气烟道、液体喷雾器、引风机、泵等各种设备内部摩擦所造成的能量损失。对于引射洗涤器来说，情况也是如此，这种除尘设备有部分能量被引入流体而不能用来捕集粉尘微粒。因为这部分能量传递给气流，保证气流通过除尘设备。因此，要精确计算接触能 $E_T$，对于所有湿式除尘器都有一定困难。

通常假设气流能量值等于设备的流体阻力 $\Delta p$(Pa)，而实际上，如果计入干式除尘设备内的摩擦损耗，气流能量值应略小于流体阻力。

在高速湿式除尘器内，有效能量大大超过不洒水时的摩擦损耗，完全可以认为它等于 $\Delta p$。在低压设备中，这样的计算方法可能导致有效能量明显偏高。因此，很多学者认为，湿式除尘器能量计算法只适用于高效气体洗涤器。

在总能量 $E_T$ 中被液流和旋转装置带入的能量的精确计算，由于难以估算液体雾化摩擦损耗和这一能量部分转化为气体通过设备的引力而变得十分复杂。所以，总能量 $E_T$ 值一般按近似公式计算。该公式的通式如下：

$$E_T \approx \Delta p + p_y \frac{V_y}{V_g} + \frac{N}{V_y} \tag{9-1}$$

式中，$p_y$ 为喷雾液压力，Pa；$V_y$、$V_g$ 分别为液体和气体的体积流量，$m^3/s$；$N$ 为旋转装置使气体与液体接触而需消耗的功率，功率的大小对 $E_T$ 值的影响因设备类型不同而异。例如，在文丘里除尘器内流体阻力是起决定性作用的，而在喷淋除尘器内液体雾化压力大小是起决定性作用的。

式(9-1) 中的第三项只有在动力作用气体除尘器中才需加以计算。

由此可见，使用能量计算法，可按能量供给原理将湿法除尘设备分为以下 3 种基本类型：①借助气流能量实现除尘的除尘器（文丘里除尘器、旋风喷淋塔等）；②利用液流能量的除尘器（空心喷淋除尘器、引射除尘器等）；③需提供机械能的除尘器（喷雾送风除尘器、湿式通风除尘器等）。

### 2. 净化效率

气体净化效率与能量消耗之间的关系可用下列公式表达：

$$\eta = 1 - e^{-BE_T^k} \tag{9-2}$$

式中，$\eta$ 为除尘效率，%；$B$、$k$ 分别为取决于粉尘分散度组成的常数。

$\eta$ 值不易说明在高值除尘效率（0.98～0.99）范围内的净化质量，所以在上述情况下常常使用转移单位数的概念，它与传热与传质有关工艺过程中使用的概念相似。

转移单位数可按下式求出：

$$N = \ln(1-\eta)^{-1} \tag{9-3}$$

由式(9-2) 和式(9-3) 可得出：

$$N = BE_T^k \tag{9-4}$$

在对数坐标中，式(9-4) 为一直线，其倾角对横坐标轴的正切等于 $k$，当这条直线与$E_T=1.0$ 对应线相交时即得 $B$ 值。实验证明，数值 $B$ 和 $k$ 只取决于被捕集粉尘的种类，而与湿式除尘器的结构、尺寸和类型无关。在式(9-4) 的曲线图中可以观察到某些离散的点，其原因是粉尘分散度组成发生波动，这种波动现象对任何反应器来说都是实际存在的。$E_T$ 值考虑了液体进入设备的方法、液滴直径以及像黏度和表面张力这样一些流体特性。

由此可见，在湿式除尘设备的除尘过程中，能量消耗是决定性因素。设备结构起初要作用，且在每种具体情况下结构的选择应当根据除尘器的费用和机械操作指标来确定。

**3. 流体阻力**

湿式除尘器流体阻力的一般表示式为：

$$\Delta p \approx \Delta p_i + \Delta p_o + \Delta p_p + \Delta p_g + \Delta p_y \tag{9-5}$$

式中，$\Delta p$ 为湿式除尘器的气体总阻力损失，Pa；$\Delta p_i$ 为湿式除尘器进口的阻力，Pa；$\Delta p_o$ 为湿式除尘器出口的阻力，Pa；$\Delta p_p$ 为含尘气体与洗涤液体接触区的阻力，Pa；$\Delta p_g$ 为气体分布板的阻力，Pa；$\Delta p_y$ 为挡板阻力，Pa。

$\Delta p_i$、$\Delta p_o$、$\Delta p_p$、$\Delta p_g$、$\Delta p_y$ 可按《除尘工程设计手册》中有关公式进行计算。

只有空心喷淋除尘器中装有气流分布板，在填料或板式塔中一般不装气体分布板。因为在这些塔中填料层和气泡层都有一定的流体阻力，足以使气体分布均匀，因而不需设置气流分布板。

含尘气体与洗涤液体接触区的阻力与除尘器结构形式和气液两相流体流动状态有关。两相流体的流动阻力可用气体连续相通过液体分散相所产生的压降来表示。此压力降不仅包括用于气相运动所产生的摩擦阻力，而且还包括必须传给气流一定的压头以补储液流摩擦而产生的压力降。

## 第二节 湿式除尘器的构造和性能判断

### 一、储水式除尘器

**1. 构造**

储水式除尘器的构造主要由储水箱体、进排水管和洗涤机构 3 部分组成，另外还有脱水器、水位控制器、框架等部分。图 9-4 为 S 叶片型（图 9-5）、旋转型、水浴型、螺旋导流型的储水式除尘装置构造实例。

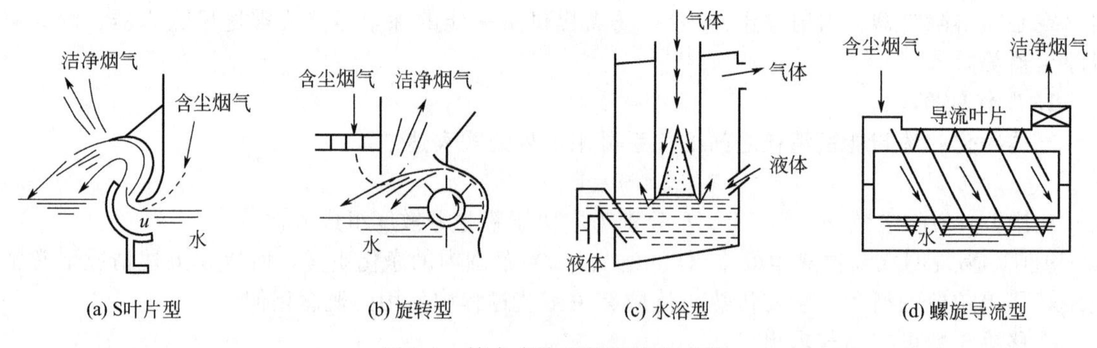


图 9-4 储水式除尘装置构造实例

储水式除尘装置内存有一定量的水或其他液体，由于气体的进入，形成液滴、液膜和气泡，对含尘气体进行洗涤。

这种构造形式的装置，因为循环使用液体，所以具有补充液体量极少的特点。其压力损失随构造形式和性能而有差异，但大致在 1200～2000Pa 之间。

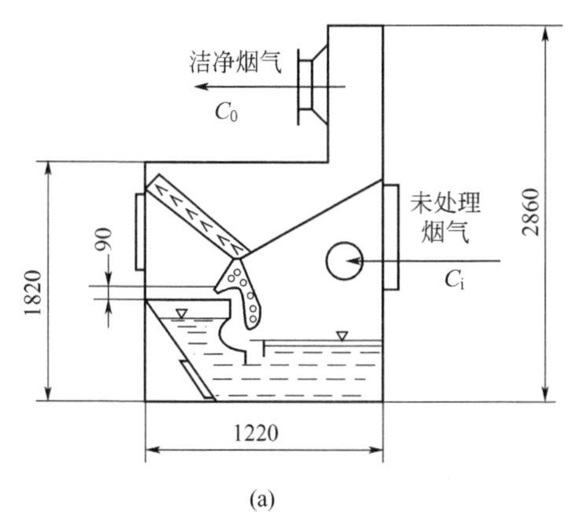


(a)

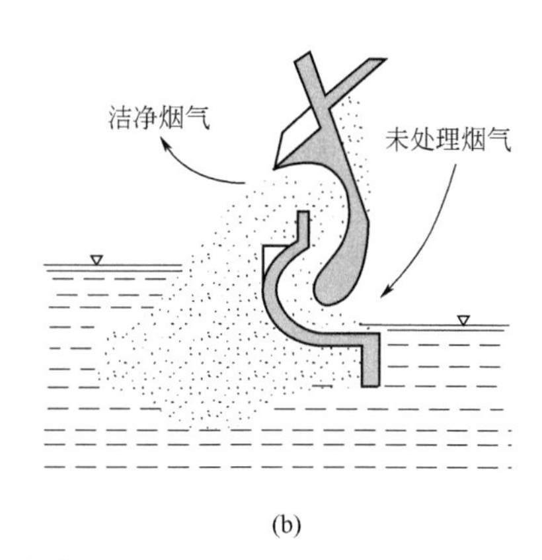


(b)

图 9-5　S叶片型除尘器结构

**2. 性能判断**

在图 9-4(a) 的形式中，含尘浓度为 $C_i$ 的含尘烟气撞击初水面，此时，一定量的粉尘黏附在水中而被分离。然后，含尘烟气如同图 9-4(b) 所示的那样，导入弯曲通路内。这时，从含尘烟气室中因烟气流动关系被带出的水，在弯曲通路内受到离心力作用而喷雾。由于这种喷雾水和含尘烟气互相搅混，所以在这里进行正式的分离。因此，如果减小烟气量 $Q$（或流速 $v$），则洗涤水不能充分被喷雾成雾状，所以捕集粉尘的性能就要降低。如果烟气量大于规定值（超负荷），那么，烟气的动压就相应增大，结果迫使含尘烟气室内的水面下降，不能把足够的水形成水花，导致捕集性能降低。储水式除尘器只有在规定烟气量下才能发挥最高的除尘效率，其压力损失 $\Delta p=1000\sim2000\text{Pa}$。图 9-6 为储水式除尘器含尘浓度和除尘效率的关系，和旋风除尘器一样，除尘效率随气体含尘浓度的增大而增大。

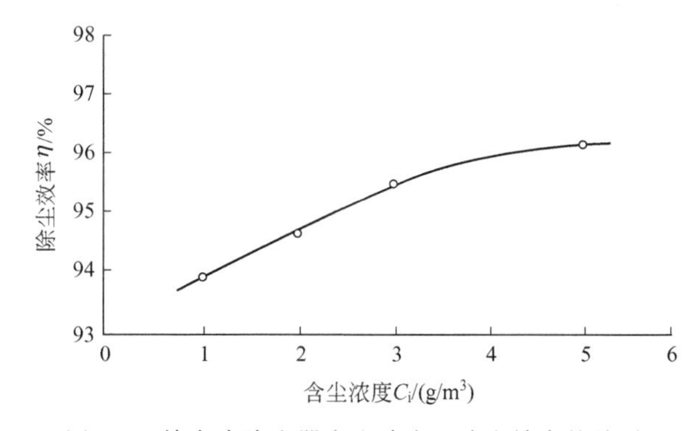


图 9-6　储水式除尘器含尘浓度和除尘效率的关系

图 9-7 中的曲线 $a$ 和曲线 $b$ 所表示的是储水式除尘器分别对硅砂尘（$d=2.72\mu\text{m}$，$S=2.6$）和硬脂酸锌尘（$d_{50}=1.84\mu\text{m}$，$S=1.08$）的分级除尘效率 $\eta_x$ 的数据。它们的运行条件都是 $C_i=1\text{g/m}^3$，$Q=4.17\text{m}^3/\text{min}$，$\Delta p=2200\text{Pa}$。由此看到，其分离的极限粒径 $d_{pc}$，对亲水性的硅砂尘是 $0.8\mu\text{m}$，而对非亲水性的硬脂酸锌尘则为 $1.1\mu\text{m}$。这种储水式除尘器结构简单，没有可动部件，并且洗涤的通路很宽广，所以不会因粉尘或泥浆堵塞装置。

## 二、淋水式除尘器

**1. 构造**

淋水式除尘器由塔式箱体、供水管、脱水器、进排气管等组成，典型构造如图 9-8 所示，为一种简单的代表性结构。塔体一般用钢板制成，也可用钢筋混凝土或玻璃钢制作。塔体底部

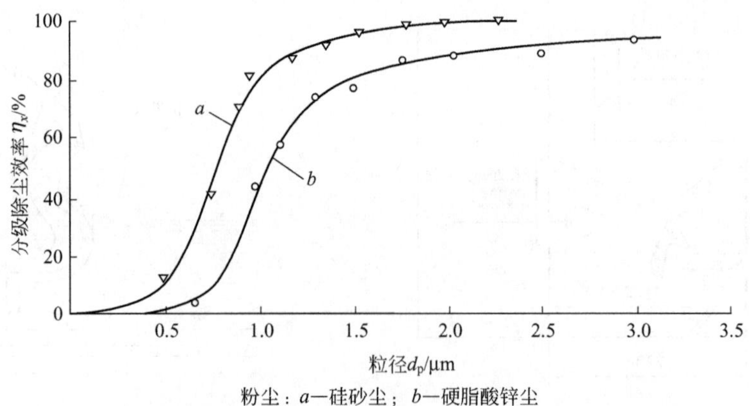


粉尘：$a$—硅砂尘；$b$—硬脂酸锌尘

运行条件：$Q$=4.17m$^3$/min, $C$=1g/m$^3$, $\Delta p$=2200Pa

图 9-7 储水式涡流型洗涤器

有含尘气体进口、液体排出口和清扫孔。塔体中部有喷淋装置，由若干喷嘴组成，喷淋装置可以是 1 层或 2 层以上，视下底高度而定。上部为除雾装置，以脱去由含尘气体夹带的液滴。塔体上部为净化气体排出口，直接与烟筒连接或与排风机相接。

图 9-9 为有填料的淋水式除尘器。填料除尘器多种多样，因其形式、填料、填料层厚度、处理烟气速度等不同而异，而压力损失一般为 1000～2500Pa，用水量为 2～3L/m$^3$。常用的填料有枝状填料、索环状填料、焦炭、塑料球、陶质粒状填料等。

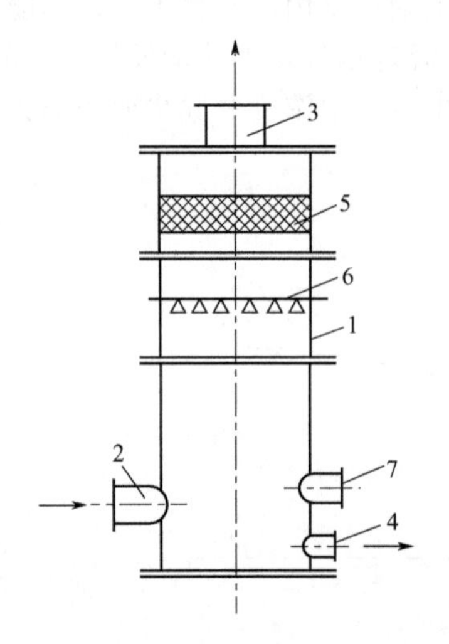


图 9-8 空心喷淋塔

1—塔体；2—含尘气体进口；3—烟气排出口；4—液体排出口；5—除雾装置；6—喷淋装置；7—清扫孔

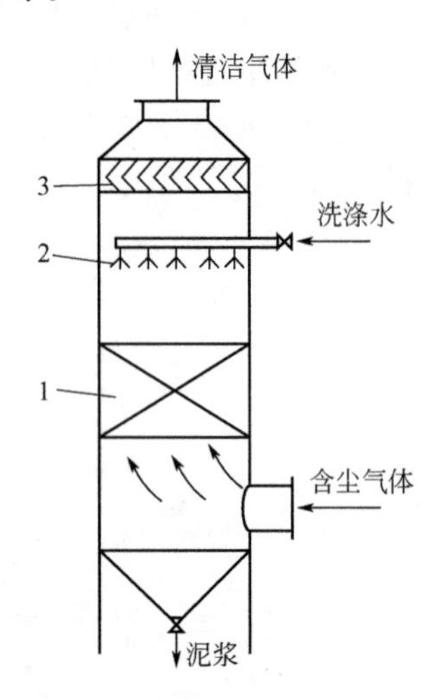


图 9-9 有填料的淋水式除尘器

1—填料层；2—喷水装置；3—除雾器

**2. 性能判断**

(1) 洗涤液经喷嘴雾化喷入烟气中，烟气速度小，水和烟气接触更充分，除尘效果好。例如，在填料塔中，空塔内的烟气速度越小越能提高除尘效率。

(2) 喷雾液的压力越高，雾化越细，也越能提高洗涤效果。此外，液量越多，液滴等的比表面积越大，越能获得高的除尘率。

(3) 如有填充材料，其比表面积和填充密度越大，处理烟气的滞留时间越长，除尘效率越高。

(4) 用于最后一节装置的气液分离性能越好，洗涤除尘装置的效率越高。

淋水式除尘装置中，一般能捕集粒径 1$\mu$m 左右的微粒。

淋水式除尘装置兼有除去有害气体的特点，但是，必须充分考虑由于排出烟气温度降低，引起的扩散效果不好、烟雾降落以及污水处理等问题。

(5) 喷嘴的功能是将洗涤液喷散为细小液滴。喷嘴的特性十分重要，构造合理的喷嘴能使洗涤液充分雾化，增大气液接触面积。反之，虽有庞大的除尘器但洗涤液喷散不佳，气液接触面积仍然很小，则影响设备的净化效率。

## 三、压水式除尘器

**1. 构造**

压水式除尘器是供给加压水进行洗涤的方式。这种形式的装置有文丘里除尘器、喷射除尘器、泡罩塔等。

图 9-10 为压水式除尘装置实例。

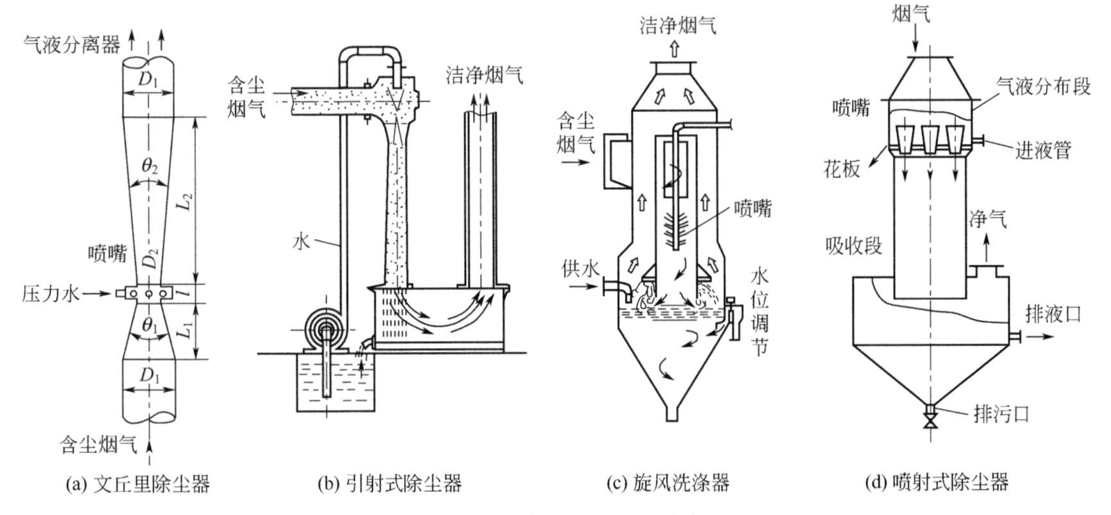


图 9-10 压水式除尘装置实例

**2. 性能判断**

(1) 在压水式除尘器中，文丘里除尘器获得最高除尘效率，而且使用很广，最具有代表性。

当文丘里除尘器处理的粉尘颗粒粒径在 1$\mu$m 以下，并且具有黏附性和潮解性时，分离的粉尘就会黏附在装置上从而造成其堵塞甚至腐蚀。对于这样的粉尘，在多数情况下，不采用袋式过滤器和电除尘装置。因此，就出现了高效能湿式除尘装置——文丘里除尘器。此时，如果粉尘粒径比较大，用压力损失小的湿式除尘器就足够了。文丘里除尘器是把含尘气流用所谓的文丘里管收缩形成高速气流，并在其中喷水，使尘粒撞击黏附在所生成的水滴上从而被捕集的装置。

(2) 假设文丘里管喉口段的烟气速度为 $v$，其中生成直径为 $d_w$ 的水滴由于气流运动而产生的移动速度为 $c$，气流对水滴则以 $v-c=\omega$ 的相对速度流动，并在水滴周围产生如图 9-11 所示的实线表示的流线。相对于此，烟气中尘粒的轨迹则如图 9-11 中虚线所示，在同一图中，直径为 $e$ 的圆内的粉尘，碰撞黏附在水滴上。有关这方面的研究结果见图 9-12，即在该图右上部的直径线群表示了这种关系，它表示对捕捉粒径 $d_p=0.4\sim2\mu$m 粉尘的最佳水滴直径 $d_w$ 随烟气速度 $v$ 的增大而增大。对此，喷射于喉口段而被气流雾化的水滴尺寸，如虚线所表示的随烟气速度 $v$ 的增大而呈双曲线地减小。

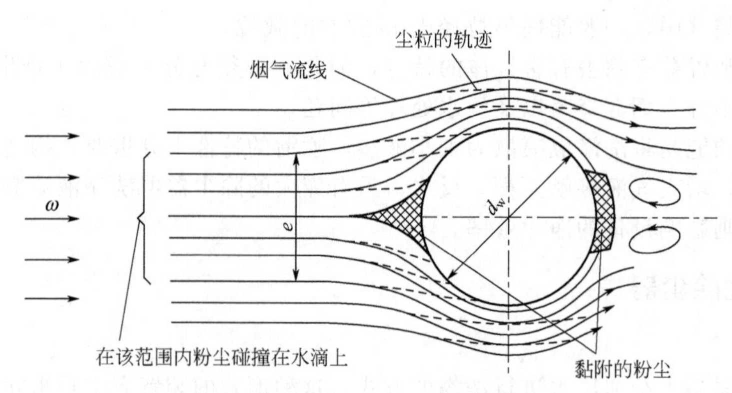


图 9-11 粉尘对水滴的黏附机理

因气流而雾化的液滴，对 20℃的水来说，可用下式表示：

$$d_w=\frac{4980}{v}+29L^{1.5}(\mu m) \tag{9-6}$$

式中，$v$ 为气流的速度，m/s；$L$ 为所谓的液气比，L/m³。图 9-12 中的虚线，就是该式中 $L=1L/m^3$ 时，$d_w$ 与 $v$ 的关系。以直线群和双曲线的交点所表示的速度，就是捕捉各种粉尘的最佳速度。例如，对 $d_p=2\mu m$ 的粉尘来说，$v=18m/s$；$d_p=1\mu m$ 时，$v=43m/s$；$d_p=0.6\mu m$ 时，$v=86m/s$。另一方面，对所给出的粒径为 $d_p$ 的粉尘来说，最佳的水滴直径也是确定的。由该线图上取两者之比，则：

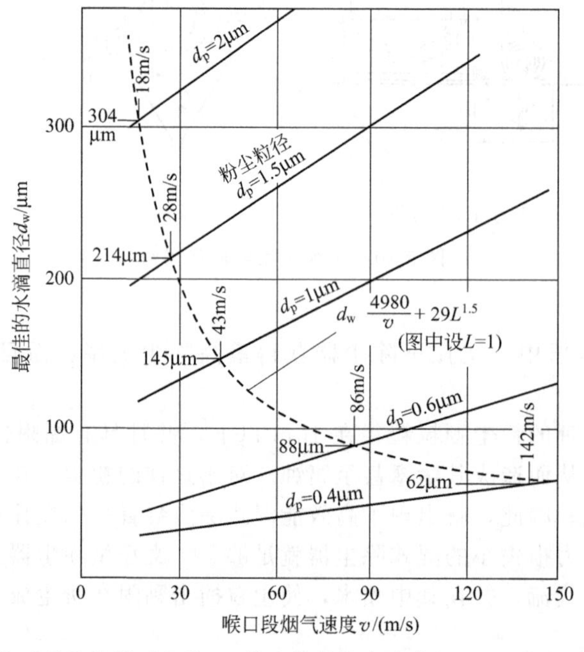


图 9-12 文丘里洗涤器对各种 $d_p$ 粉尘的最佳水滴直径 $d_w$ 和烟气速度 $v$ 关系

$$\frac{d_w}{d_p}=\frac{304}{2}\sim\frac{88}{0.6}\approx150$$

也就是说，水滴的大小以约为粉尘直径的 150 倍为好，比此值过大或过小碰撞效率都会降低。

(3) 粒径比较大的粉尘，用低速的烟气流就能捕集，而越是微细的粉尘，就越需要较高的速度。这就意味着，越是微细的粉尘，在捕集时，就要消耗更多的能量，因而使动力费和设备费都要增加。文丘里洗涤器的除尘效率大致可用下式表示：

$$\eta=1-e^{-KL\sqrt{\phi}} \tag{9-7}$$

式中，$K$ 为由实验确定的装置常数；$L$ 为上述的液气比；$\phi$ 为分离数。它们都是无量纲数。要提高 $\eta$，则设备费和运行费都要急剧地增加。

一般，喉口段的处理烟气速度取 60～90m/s，压力损失为 3000～8000Pa 左右。

用水量因粉尘粒径、亲水性等的不同而异。但一般来说，粒径 10μm 以上的粗尘粒或亲水性的粉尘，用水量约为 0.3L/m$^3$；粒径 10μm 以下的微粒或弱亲水性的粉尘，需要 1.5L/m$^3$ 左右。

（4）常温大气条件下，文丘里洗涤器喉口段生成的水滴直径与流速和液气比有关。

喉口段的烟气速度越大，液气比（L/m$^3$）越小，则生成的水滴直径越小。

（5）图 9-13 为水滴的平均粒径及其除尘效率与必要极限粒径之间的关系。

如果喉口段的烟气速度取 75m/s，液气比取 0.6L/m$^3$，则可查得生成水滴的平均粒径为 80μm。

在各场合，为获得 95%的水滴除尘效率，还需要能捕集 4.5μm 以下水滴的气液分离装置。

在文丘里洗涤器中，主要是由于喉口段的高速烟气流而被雾化的水滴和尘粒的碰撞，所以，它们相互的粒径是一个问题。

水滴粒径和粉尘粒径之比，从碰撞效率方面考虑，以 150 左右为宜。

（6）图 9-14 所示尺寸的文丘里除尘器的实验说明，在直径为 $D_t$ 的喉口段壁面上，设置 $n$ 个内径为 $D_n$ 的注水孔，向高速含尘气流（紊流）垂直喷水。喷出的水由于烟气流受到正式雾化作用而被微粒化。注水量 $q$ 和烟气量 $Q$ 之比，即液气比 $L$，根据粉尘的分散度和含尘浓度来确定，通常在下列范围之内：

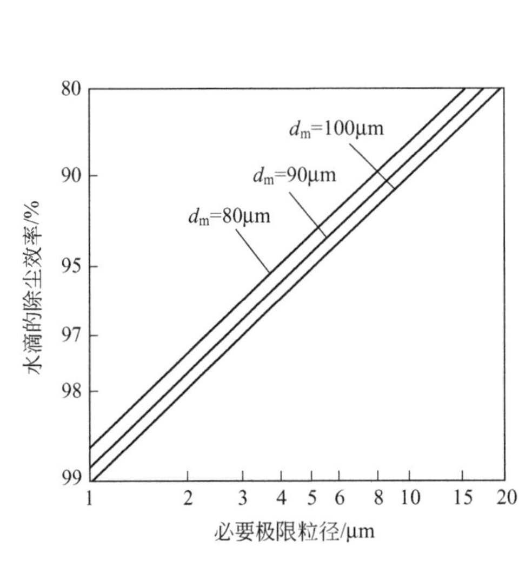


图 9-13　水滴的平均粒径及其除尘效率与必要极限粒径之间的关系

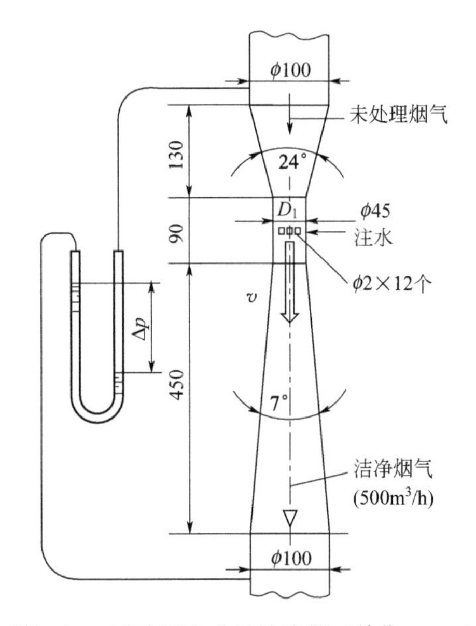


图 9-14　试验用文丘里洗涤器（单位：mm）

$$L=\frac{q}{Q}=0.5\sim5(\mathrm{L/m^3}) \tag{9-8}$$

另一方面，如果用喉口段的烟气动压［$\rho/(2g)$］$v^2$ 来表示压力损失，则可大致给出如下公式：

$$\Delta p=(0.5+L)\frac{\rho}{2g}v^2 \tag{9-9}$$

右边括弧内第 1 项，相当于无喷水，即 $L=0$ 时文丘里管阻力系数。于是，应当赋予气体的理论动力为：

$$L_g=\Delta pQ[\mathrm{kg/(m/s)}] \tag{9-10}$$

如在后面理论部分所讲的，粉尘越细，$L$ 和 $v$ 就越要取大值，所以其压力损失也必然要增大，包括捕集粗颗粒粉尘情况在内，一般为：$\Delta p=3000\sim10000\mathrm{Pa}$。

图 9-15 中的除尘效率是图 9-14 所示尺寸的文丘里除尘器中使用表 9-3 中所示的两种粉尘，进行分级除尘效率研究的实验数据。其实验条件如表 9-3 所列，为：$\Delta p=500\sim1250\mathrm{Pa}$，$L=1.4\sim3\mathrm{L/m^3}$。图 9-15 中用虚线表示的 2 根曲线，是疏水性粉尘石蜡的粒径和除尘效率的关系。由此，在实验条件 $\Delta p=500\mathrm{Pa}$、$L=1.4\mathrm{L/m^3}$ 下所得的曲线 $b$ 和 $\Delta p=12500\mathrm{Pa}$、$L=3\mathrm{L/m^3}$ 下所得的曲线 $a$ 加以比较，对平均粒径 $d_p=0.25\mu\mathrm{m}$ 粉尘的分级除尘效率 $\eta_x$ 由 65%增大到 98%。

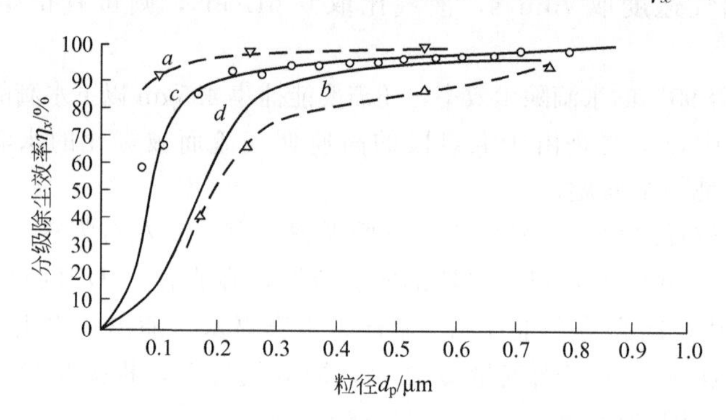


图 9-15 文丘里洗涤器的分级除尘效率

**表 9-3 试验用的粉尘和运行操作条件**

| 曲线 | 粉尘 | | 压力损失 $\Delta p/\mathrm{mmH_2O}$ | 液气比 $L/(\mathrm{L/m^3})$ |
|---|---|---|---|---|
| | 名称 | 相对密度 | | |
| $a$ | 石蜡 | 0.9 | 1250 | 3 |
| $b$ | 石蜡 | 0.9 | 500 | 1.4 |
| $c$ | 硅质石粉 | 2.6 | 750 | 3 |
| $d$ | 石蜡 | 0.9 | 750 | 3 |

注：$1\mathrm{mmH_2O}=9.80665\mathrm{Pa}$。

用实线表示的曲线 $c$ 是在 $\Delta p=7500\mathrm{Pa}$、$L=3\mathrm{L/m^3}$ 的条件下对硅质石粉粉尘的实验数据，曲线 $d$ 是石蜡的数据。但后者是把曲线 $a$、$b$ 的实验数据在上述 $\Delta p$ 和 $L$ 条件下的换算值连接而成的。在同一条件下，粉尘的分离极限粒径 $d_c$，硅质石粉为 $0.1\mu\mathrm{m}$，石蜡为 $0.17\mu\mathrm{m}$。

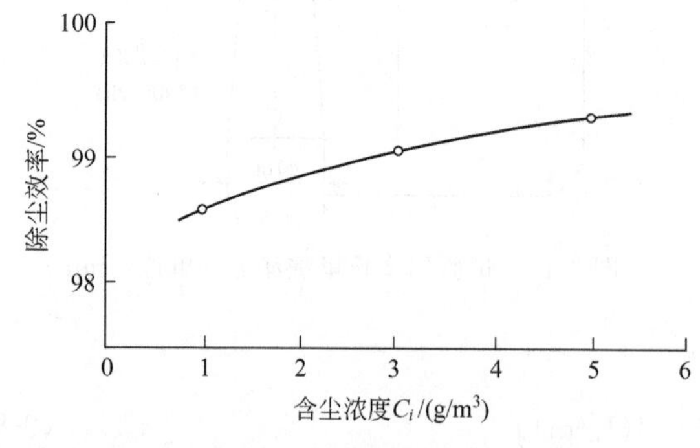


图 9-16 含尘浓度和集（除）尘率
[试样为硅质石粉（$d=1.4\mu\mathrm{m}$，$S=2.6$）；运行条件为 $\Delta p=750\mathrm{Pa}$，$L=3\mathrm{L/m^3}$]

图 9-16 表示密度 $\rho_d=2.6\mathrm{g/cm^3}$、$d_{p50}=1.4\mu\mathrm{m}$ 的硅质石粉粉尘，在 $\Delta p=750\mathrm{Pa}$、$L=3\mathrm{L/m^3}$ 的条件下，含尘浓度和除尘率的关系。这些特性曲线的趋势与旋风除尘器的情况类似。

从以上数据来看，文丘里洗涤器的除

尘性能与袋式除尘器过滤器的除尘性能相近。如此高效的除尘性能和简单的结构，不仅减小安装面积，而且水滴能吸附并除去气体中的 $SO_2$ 和 $SO_3$，这是文丘里洗涤器的很大优点。其缺点是压力损失大，因此使动力费增加，另外它还需要污水处理装置，有时成为一个很大问题。

此外，在喷射式除尘器中，尘粒和水滴等接触较好，可以得到比文丘里洗涤器更高的除尘率，并兼有烟气增压器的作用，但由于用水量在 $10L/m^3$ 以上，所以在处理烟气量大的场合，一般不采用。

## 四、风送式喷雾除尘机

近年来，随着大气污染日益严重，$PM_{2.5}$时有超标，造成大气雾霾现象的发生。大气粉尘污染是雾霾形成的罪魁祸首，“贡献率”高达18%，远高于机动车污染。工矿企业露天粉尘的排放是造成大气污染的主要原因之一，工矿企业露天除尘至关重要。

### 1. 工作原理

风送式喷雾除尘机由筒体、风机、喷雾系统组成，如图 9-17 所示。风送式喷雾除尘机，能有效地解决露天粉尘治理问题。JJPW 系列风送式喷雾除尘机采用两级雾化的高压喷雾系统，将常态溶液雾化成 10～150μm 的细小雾粒，在风机的作用下，将雾定向抛射到指定位置，在尘源处及其上方或者周围进行喷雾覆盖，最后粉尘颗粒与水雾充分的融合，逐渐凝结成颗粒团，在自身的重力作用下快速沉降到地面，从而达到降尘的目的。

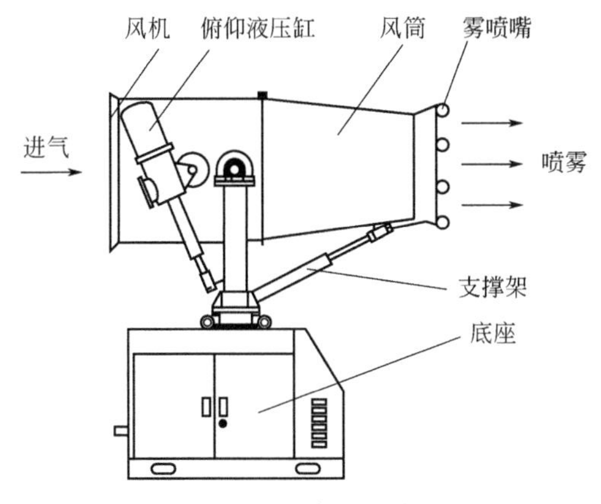


图 9-17　风送式喷雾除尘机

### 2. 特点

（1）风送式喷雾除尘机工作方式灵活，有车载式、固定式、拖挂式等。

（2）风送式喷雾除尘机不需要铺设管道，不需要集中泵房。维护方便，节省施工和维护成本。

（3）水枪喷出的水成束状，水覆盖面窄，对粉尘的捕捉能力较差，风送式喷雾除尘机喷出为水雾，水雾粒度和粉尘粒度大致相同（30～300μm），能有效地对粉尘进行捕捉，除尘效果明显。

（4）当除尘地点搬迁时，风送式喷雾除尘机可随地点的不同而随时移动，喷枪预埋管道则被废弃，而且要重新预埋，浪费资源。

（5）风送式喷雾除尘机比传统喷枪节水 90%以上，属于环保型产品。

### 3. 固定式除尘机

固定型风送式喷雾除尘机降尘效果好、易安装、易操作，维护方面可直接接入供水管路或者配置水箱（1～10t）。其性能见表 9-4。

表 9-4 固定式除尘机的性能

| 产品型号 | 量大射程/m | 水平转角/(°) | 俯仰转角/(°) | 覆盖面积/m² | 耗水量/(L/min) | 雾化粒度/μm | 设备型式 | 控制方式 | 防护等级 | 适用环境/℃ |
|---|---|---|---|---|---|---|---|---|---|---|
| JJPW-G30(T/H) | 30 | 360 | −10～45 | 2800 | 20～30 | 10～150 | 固定型 | 手动/遥控/自动/远程集中 | IP55 | −20～+50 |
| JJPW-G40(T/H) | 40 | 360 | −10～45 | 5020 | 25～40 | 10～150 | | | | |
| JJPW-G50(T/H) | 50 | 360 | −10～45 | 7850 | 30～50 | 10～150 | | | | |
| JJPW-G60(T/H) | 60 | 360 | −10～45 | 10000 | 60～80 | 10～150 | | | | |
| JJPW-G80(T/H) | 80 | 360 | −10～30 | 20010 | 70～100 | 10～150 | | | | |
| JJPW-G100(T/H) | 100 | 360 | −10～30 | 31400 | 90～120 | 10～200 | | | | |
| JJPW-G120(T/H) | 120 | 360 | −10～30 | 45200 | 110～140 | 10～200 | | | | |
| JJPW-G150(T/H) | 150 | 360 | −10～30 | 70650 | 120～160 | 10～200 | | | | |

注：T 为塔架式，塔架高度根据客户现场制定；H 为升降式，升降高度根据客户现场制定。

**4. 拖挂式除尘机**

拖挂型风送式喷雾除尘机适用于产尘点移动变化的场合，其具机动性强，除尘效果好等优点。可根据现场客户需求选择是否配置发电机组和水箱。拖挂式除尘机的性能见表 9-5。

表 9-5 拖挂式除尘机的性能

| 技术参数 / 产品型号 | 最大射程/m | 配套动力/水箱 | 喷雾流量/(L/min) | 水箱容积/L | 拖车型号数量 | 配套件 |
|---|---|---|---|---|---|---|
| JJPW-T50 | 50 | 现场接电源、水源 | 30～50 | 无 | PT1.5 平板车 1 台 | 电缆、水管组件 |
| JJPW-T60 | 60 | 现场接电源、水源 | 60～80 | 无 | PT1.5 平板车 1 台 | 电缆、水管组件 |
| JJPW-T80 | 80 | 现场接电源、水源 | 70～100 | 无 | PT1.5 平板车 1 台 | 电缆、水管组件 |
| JJPW-T100 | 100 | 现场接电源、水源 | 90～120 | 无 | PT3 平板车 1 台 | 电缆、水管组件 |
| JJPW-T120 | 120 | 现场接电源、水源 | 110～140 | 无 | PT3 平板车 1 台 | 电缆、水管组件 |
| JJPW-T150 | 150 | 现场接电源、水源 | 120～160 | 无 | PT3 平板车 1 台 | 电缆、水管组件 |
| JJPW-T50 | 50 | 30kW 柴油发电机组 | 30～50 | 2000 | PT1.5 平板车 2 种各 1 台或 PT5 平板车 1 台 | 工具箱 |
| JJPW-T60 | 60 | 50kW 柴油发电机组 | 60～80 | 2000 | PT2 平板车 2 种各 1 台或 PT5 平板车 1 台 | 工具箱 |
| JJPW-T80 | 80 | 50kW 柴油发电机组 | 70～100 | 3000 | PT2 平板车 2 种各 1 台或 PT5 平板车 1 台 | 工具箱、变频器 |
| JJPW-T100 | 100 | 75kW 柴油发电机组 | 90～120 | 3000 | PT2、PT3 平板车各 1 台 | 工具箱 |
| JJPW-T120 | 120 | 100kW 柴油发电机组 | 110～140 | 4000 | PT2、PT5 平板车各 1 台 | 工具箱、变频器 |
| JJPW-T150 | 150 | 150kW 柴油发电机组 | 120～160 | 4000 | PT3、PT5 平板车各 1 台 | 工具箱、8 吨洒水车 |

**5. 车载型除尘机**

车载型多功能风送式喷雾除尘机适用于产尘点多且移动变化的场合，它配备有前冲（喷）后洒、侧喷、绿化洒水高压炮、风送式喷雾除尘机等。具备路面洒水除尘和喷雾除尘功能。所以它有机动性强、功能齐全、降尘效果好等优点，同时可根据客户要求选择普通车载型和多功能车载型。其性能见表 9-6。

**6. 抑尘剂**

抑尘剂是以颗粒团聚理论为基础，利用物理化学技术和方法，使矿粉等细小颗粒凝结成大胶团，形成膜状结构。

表 9-6　车载型除尘机的性能

| 技术参数 / 产品型号 | 最大射程/m | 配套动力/水箱 | 喷雾流量/(L/min) | 变频器 | 水箱容积/L | 底盘车 | 其他配置 |
|---|---|---|---|---|---|---|---|
| JJJPW-C50(D) | 50 | 30kW 柴油发电机组 | 30～50 | 无 | 8～10 | 东风 145 | 电缆、水管组件 |
| JJPW-C60(D) | 60 | 50kW 柴油发电机组 | 60～80 | 无 | 8～10 | 东风 145 | |
| JJPW-C80(D) | 80 | 50kW 柴油发电机组 | 70～100 | 30kW | 10～12 | 东风 153 | |
| JJPW-C100(D) | 100 | 75kW 柴油发电机组 | 90～120 | 45kW | 10～12 | 东风加长 153 | |
| JJPW-C120(D) | 120 | 100kW 柴油发电机组 | 110～140 | 75kW | 12～15 | 天锦小三轴 | |
| JJPW-C150(D) | 150 | 150kW 柴油发电机组 | 120～160 | 90kW | 12～15 | 天锦后八轮 | |

抑尘剂产品的使用可以极其经济地改善矿山开采和运输的环境、火电厂粉煤灰堆积场的污染问题、煤和其他矿石的堆积场损耗和环境问题、众多简易道路的扬尘问题、市政建设中土方产生的扬尘问题。抑尘剂的种类、特点和应用范围见表 9-7，同时抑尘剂应符合以下要求。

表 9-7　抑尘剂的种类、特点和应用范围

| 抑尘剂型号及种类 | 抑尘原理 | 抑尘特点 | 应用领域 |
|---|---|---|---|
| JJYC-01 运输型抑尘剂 | 以颗粒团聚理论为基础，使小扬尘颗粒在抑尘剂的作用下表面凝结在一起，形成结壳层，从而控制矿粉在运输中遗撒 | (1)保湿强度高、喷洒方便、不影响物料性能；(2)耐低温，一年四季均可使用；(3)使用环境友好型材料 | 散装粉料的表面抑尘固化，铁路或长途公路运输的矿粉矿渣、砂砾黄土 |
| JJYC-02 耐压型抑尘剂 | 以颗粒团聚及络合理论为基础，利用物理化学技术；通过捕捉、吸附、团聚粉尘微粒，将其紧锁于网状结构之内，起到湿润、粘接、凝结、吸湿、防尘、防浸蚀和抗冲刷的作用 | (1)保湿强度高、耐超低温；(2)效果持续，耐重载车辆反复碾压，不粘车轮；(3)使用环境友好性材料 | 临时道路、建筑工地、货场行车道路、市政工程等。对被煤粉、矿粉、砂石、黄土或混合土壤覆盖的地表均适用 |
| JJYC-03 接壳型抑尘剂 | 抑尘剂具有良好的成膜特性，可以有效地固定尘埃并在物料表面形成防护膜，抑尘效果接近 100% | (1)抑尘周期长，效果最多可持续 12 个月以上；(2)有浓缩液和固体粉料多种选择；(3)结壳强度大；不影响物料性能；(4)使用环境友好型材料 | 裸露地面、沙化地面、简易道路等 |

① 融合了化学弹性体技术、聚合物纳米技术、单体三维模块分析技术。

② 不易燃，不易挥发。具有防水特性，形成的防水壳不会溶于水。

③ 抗压，抗磨损，不会粘在轮胎上。抗紫外线 UV 照射，在阳光下不易分解。

④ 水性产品，无毒，无腐蚀性，无异味，环保。

⑤ 使用方便，只需按照一定比例与水混合即可使用，省时省力。水溶迅速，无须额外添加搅拌设备，即混即用。

# 第三节　湿式除尘器的配套装置

## 一、除尘用喷嘴

湿式除尘所选用的喷嘴对除尘设备的性能和运行有直接影响，所以合理选择喷嘴的形式，充分掌握和发挥喷嘴性能，对除尘器运行具有重要意义。

### 1. 喷嘴的分类

喷嘴是湿式除尘设备的附属构件之一，对烟气冷却、净化设备性能影响很大。根据喷嘴的结构形式不同，一般可分为喷洒型喷头、喷溅型喷嘴和螺旋型喷嘴等。根据喷雾特点不同，又可分为粗喷、中喷及细喷三类。常用的喷嘴形式及特性见表 9-8。

**表 9-8 常用的喷嘴形式及特性**

| 类型 | 喷嘴名称 | 喷雾特性 | 适用范围 |
|---|---|---|---|
| 喷洒型 | 圆筒形喷头 | 水滴不细,分布不均匀 | 湍球式除尘器、填料除尘器 |
| | 莲蓬头 | 水滴不细 | 湍球式除尘器、填料除尘器 |
| | 弹头形喷头 | 水滴不细 | |
| | 环形喷头 | 水滴不细 | |
| | 扁形喷头 | 水滴不细 | 冲洗用 |
| | 丁字形喷头 | 水滴不细 | 泡沫除尘器、表面淋水除尘器 |
| 喷溅型 | 反射板形喷嘴 | 水滴不细 | 洗涤除尘器 |
| | 反射盘形喷嘴 | 水滴不细 | |
| | 反射锥形喷嘴 | 水滴不细 | |
| 外壳为螺旋型 | 螺旋形喷嘴 | 中等 | 空心喷淋除尘器、文氏管除尘器 |
| | 针形喷嘴 | 中等 | 外喷文氏管 |
| | 角形喷嘴 | 细 | 喷雾降温用 |
| 芯子为螺旋型 | 碗形喷嘴 | 中等、细 | 内喷文氏管除尘器 |
| | 旋塞形喷嘴 | 细 | 小文氏管除尘器 |
| | 圆柱蜗旋形喷嘴 | 细 | |
| | 格·波形喷嘴 | 很细 | 空心喷淋除尘器 |

### 2. 喷嘴的基本特性

下面以除尘器中用得较多的蜗旋喷嘴和孔口喷嘴为代表，介绍喷嘴的基本特性和影响其特性的主要因素。

(1) 喷嘴外观和喷射角　简单孔口喷嘴和蜗旋式喷嘴产生的均为圆锥形喷雾流。最外层是悬浮在周围空气中的细小雾滴，里面是主喷雾流。雾滴随着喷射压力增大而增多。简单孔口喷嘴的喷雾流截面是个圆；蜗旋式喷嘴的喷雾流截面是个圆环，环内外都是空气。

孔口喷嘴雾滴从喷嘴喷出，径向分速就把射流扩宽从而形成圆锥形。其顶角，亦即喷射角，孔口喷嘴视轴向和径向速度的相对值而定，通常为 5°～15°；螺旋式视径向和切向分速度的相对值而定，很少小于 60°，在极端情况下接近 180°。

(2) 喷雾的分散性　分散性指喷出的液滴散开的程度，用圆锥形喷雾流中液体体积与圆锥体积之比来表示。但这种方法只和圆锥角有关，而不能看出在整个圆锥中都很好分散的喷雾流和聚集在圆锥表面的喷雾流之间的差别。一般地说，所有可以增加喷射角的因素也有改善液滴在周围介质中分散程度的作用。

(3) 流量系数　喷嘴的轴向喷射速度可以根据孔口入口处和出口处的压力差 $\Delta p$、液体密度 $\rho_1$ 以及喷嘴的流量系数 $C$ 来计算：

$$v_a = C\sqrt{\frac{2g\Delta p}{\rho_1}} \tag{9-11}$$

设 $Q_1$ 为液体体积，$A$ 为孔口面积，$t$ 为时间，则：

$$Q_1=Av_at=AtC\sqrt{\frac{2g\Delta p}{\rho_1}} \tag{9-12}$$

由此，则：

$$C=\frac{Q_1}{At\sqrt{\frac{2g\Delta p}{\rho_1}}} \tag{9-13}$$

不同的喷嘴，在不同的流动状况下 $C$ 值是不同的，可通过实验来确定。一般，简单孔口喷嘴的 $C$ 值为 0.8～0.95；蜗旋式喷嘴则低得多，只有 0.2～0.6。

(4) 液滴粒度和粒度分布　实际的喷雾流是由很多粒径与粒数不同的粒群组成的。特别是由液体压力和空气流产生的喷雾流，液滴粒度变化相当大。最大液滴可能是最小液滴粒度的50倍甚至100倍。

关于喷雾流的细度特性，可以用一种有代表性的粒径和粒径分布来表示。作为代表性粒径的，有最大频数径、中位径（或50%径）以及各种平均粒径，如几何平均径等。平均粒径一般是喷嘴的代表尺寸、喷射速度、液体和气体的密度、黏度系数以及表面张力等的函数。

(5) 喷射压力对喷雾特性的影响

① 压力越大则液滴的平均粒径越小。

② 喷射速度是随压力的增加而提高的，因而贯穿性也会随之加强。但是，增大喷射速度，液滴的粒度要减小，这又会使贯穿性能减弱。这两种相反的影响是否互相抵消，要视喷雾的具体情况而定。

③ 如果压力已经达到使圆锥形喷雾流发展完全的程度，再增加压力对圆锥角的影响是不大的。

(6) 空气性质对喷雾特性的影响　增大空气密度将使喷射速度降低，贯穿性也随之减弱，并使液滴粒度减小，喷雾流的分散程度增加。

增大空气黏度对喷射速度和贯穿性的影响与密度的影响相似，不过只有在空气是半紊流或层流的情况下影响才大。

**3. 喷嘴特性试验**

湿式除尘器配置了各种不同功能的供水喷嘴。供水喷嘴的特性直接影响除尘效率、排烟温度、烟气带水程度、烟气阻力、单位水耗和除尘器的运行安全可靠性。

(1) 衡量喷嘴特性的指标　不同功能的喷嘴具有不同的喷嘴特性。不同特性的喷嘴有各自的衡量指标。

① 喷淋喷嘴。用于洗涤带有格栅和斜棒栅的除尘器。衡量其特性的主要指标有流量系数、喷射角、喷水密度、喷水均匀性。

② 雾化喷嘴。用于文氏管湿式除尘器的文丘里喉管前，衡量其特性的主要指标有流量系数、喷射角、雾化水滴直径、喷水均匀性。

③ 环形喷嘴。用于形成捕滴器内壁水膜。衡量其特性的主要指标有流量系数、防堵性能。

④ 溢流式喷嘴。其功能与环形喷嘴一样，即供形成水膜。用于湿式除尘器进口烟道底壁防止积灰，也用于斜棒式除尘器的斜棒栅顶部，以保证斜棒栅上有完整的水膜。其特性指标同环形喷嘴。

(2) 喷嘴特性的测定方法

① 压力-流量特性。在供水管路尽量靠近喷嘴的平直段安装水压表和流量表。用阀门调节水压，待稳定后测出相应水压下的流量并整理成式(9-14)：

$$G=CF=\sqrt{\frac{2p}{\rho}} \tag{9-14}$$

式中，$C$ 为喷嘴流量系数；$G$ 为流量，$m^3/s$；$F$ 为喷嘴出水口的面积，$m^2$；$p$ 为喷嘴前水压，Pa；$\rho$ 为液体密度，$kg/m^3$。

流量表应安装在水压表的上游侧。如果没有流量表，可以用容积法或称量法测定水流量 $G(m^3/s)$。

一般都要求流量系数 $C$ 大一些，表示喷嘴的阻力小。

② 喷射角、喷水密度、喷水均匀性的测定。在相互垂直的十字形支架的两条直径上，均匀地布置带刻度的小容器，每个小容器进口面积相等。喷嘴出水口轴线正对十字架中心。取样前将喷嘴出水口用挡板与盛水小容器隔离（保证喷水不溅入小容器内），开启水门，调节阀门，待喷嘴水压稳定在所需的试验水压后，迅速移开隔离挡板，计时取样一定时间后，立即恢复隔离挡板，关闭阀门，记录每个小容器的水量（如容器没有刻度，则应称量每个小容器的水量），即可计算出喷嘴的喷射角、喷水密度，画出水量分布曲线和确定喷水均匀性。

喷嘴的喷射角可以用喷水密度最大处的范围进行计算，以 $a$ 表示。它是 $a_1$ 和 $a_2$ 两部分之和。

$$a_1=\tan\frac{R_1}{H} \tag{9-15}$$

$$a_2=\tan\frac{R_2}{H} \tag{9-16}$$

式中，$H$ 为十字架上盛水容器开口截面至喷嘴出水口的垂直距离，m；$R_1$、$R_2$ 为最大喷水密度处的喷水半径，m。

一般 $R_1$ 应与 $R_2$ 相等，但喷嘴结构不合理或加工粗糙等原因会导致喷嘴不对称，造成 $R_1$ 与 $R_2$ 不相等。

有的资料介绍的喷射角指喷嘴喷射出水锥的外缘包容角，即 $R_1$、$R_2$ 取喷水水锥的外缘半径。由于计算方法的差异，在说明喷嘴喷射角时，应注明“水锥外缘喷射角”以示区别。

喷水密度指单位面积上的水流量，用 $\mu[m^3/(m^2 \cdot h)]$ 表示：

$$\mu=\frac{g_1}{a} \tag{9-17}$$

式中，$g_1$ 为盛水小容器的水量，$m^3/h$；$a$ 为盛水小容器接水面积，$m^2$。

喷嘴的喷水均匀性可以用相对均方根值表示，也可以用喷水密度的最小值与最大值的比值表示，即：

$$K_\mu=\frac{\mu_{min}}{\mu_{max}} \tag{9-18}$$

③ 雾化水滴直径的测定。测定雾化水滴直径的试验和测定方法比较复杂。测量喷射角、喷水密度、喷水均匀性的简易装置是，在喷水密度最大处放一个玻璃培养皿，皿中倒入 3～4mm 厚的蓖麻油层，用与测量喷射角同样的方法测量，但启闭隔离挡板的动作应瞬间完成。水滴在蓖麻油中呈球状，迅速将培养皿移至暗室中，皿下置印相纸，在平行光源下曝光留影。像片中的阴影就是水滴的形状，也可以按需要的比例放大。试验时注意从取样到曝光留影应迅速完成，而且不能晃动，否则水滴聚集成片。此外可以用全息摄影等方法直接测得雾化情况。

## 二、脱水器

脱水器是湿法除尘中的一个重要设备，脱水器本身效率的高低和系统除尘效率有紧密的关系。湿式除尘器的除尘通常由两个过程来完成，第一个过程是由洗涤来捕集尘粒，第二个过程是除掉捕集了尘粒的液滴和混有二次飞扬尘粒的液体。除了特别的场合，这些液滴的大小一般在数十微米以上，除去这些液滴不像去掉细小粉尘那样困难。捕集 10$\mu$m 以下微细水雾可像捕集固体粒子那样来处理。由于液滴与固体粒子不同，它是在捕集后相互聚集并汇成液体流而被分离，因此，在多数场合反而比固体粒子容易处理。对于接触角小并且润湿性好的液体，滞留在充填层内的液体增多，会妨碍气体通过并增大压力损失，故不能使用充填率太大的脱水器。

**1. 分类**

为了不让流出除尘器的气体夹带液滴，需要在除尘器之中或之后采取捕集液滴的脱水措施。

根据脱水工作原理和方式不同，可分重力式、挡板式、离心式和网格式四种脱水器。

脱水器的分类和性能见表 9-9。

表 9-9 脱水器的分类和性能

| 名称 | 重力脱水 | 离心脱水 | | 惯性脱水 | | | 过滤脱水 | |
|---|---|---|---|---|---|---|---|---|
| | 重力脱水器 | 叶轮脱水器 | 离心脱水器 | 折板脱水器 | 弯头脱水器 | 撞击板式脱水器 | 丝网脱水器（一段） | 丝网脱水器（二段） |
| 简图 | | | | | | | | |
| 压力损失/Pa | 50～100 | 50～200 | 500～1500 | 50～200 | 50～150 | 10～50 | 250～500 | 500～1000 |
| 捕集的最小极限粒径/μm | 5～10 | 1～10 | 1～5 | 5～10 | 10 | 50 | 0.5～1 | 0.1～1 |

选择脱水方法时要考虑的主要因素之一是液滴粒度，它和液滴如何形成有关。一般，由机械作用形成的液滴比较大，约在 10～1000μm 范围内。湿式除尘器中的液滴多由机械作用形成，因此比较容易从携带液滴的气体中把它们除掉。

**2. 结构**

脱水器的结构由入口、壳体、脱水元件、出口四部分组成。脱水器的入口面积一般大于或等于脱水元件截面，其数值因脱水器种类不同而异。脱水器的壳体基本上把脱水元件包装和保护起来，对没有腐蚀性气体的工况条件，壳体通常用 Q235 钢制作，并用耐水油漆涂装；对带有腐蚀性气体的工况条件，可用不锈钢、玻璃钢或硬塑料板制作。

脱水元件的结构有 3 种形式：①板形，如叶轮脱水用的旋流板、弯头脱水用的导流板以及折板脱水用的挡板等；②丝网形；③圆筒形或半圆筒形，如重力脱水器和复挡脱水器。

脱水器的出口和壳体结合在一起，多设计成圆形出口，少数设计成方形或矩形出口。不管哪种情况，都应把出口管的过渡设计得长一点，以减小流体阻力损失。

**3. 工作原理**

脱水器的工作原理因脱水器种类不同而有较大差别，脱水器的工作原理分为 4 种：依靠重力脱水，依靠惯性力脱水，依靠离心力脱水，依靠几种力组合脱水。脱水器工作原理与除尘器工作原理近似，脱水器脱除的是气体中的水滴和雾滴，除尘器除去的是气体中的固体颗粒。虽然脱水器与除尘器工作原理相似，但是捕集效率相差较大，捕集水滴和雾滴比捕集固体颗粒物要容易得多，这是因为：①固体颗粒物遇到器壁更容易反弹；②湿式除尘器中液滴粒径大。

含尘气体在湿式除尘器除尘的过程中会夹带液滴，需进行气水分离。假设气体把它们带出除尘器之外，就要降低除尘效率。关于这一点可做如下分析计算。

除尘器的总除尘效率为：

$$\eta=\frac{\rho_1-\rho_2}{\rho_1}=1-\frac{\rho_2}{\rho_1} \tag{9-19}$$

式中，$\rho_1$、$\rho_1$ 分别为除尘器进、出口含尘质量浓度，$mg/m^3$。

净化以后，除尘器出口空气中粉尘粒子的剩余含量可用式(9-20) 表示：

$$\rho_2=\rho_d+\rho_f \tag{9-20}$$

式中，$\rho_d$ 为气体不夹带液滴时的粉尘粒子的质量浓度，$mg/m^3$；$\rho_f$ 为随着夹带的液滴被带走的粉尘粒子的质量浓度，$mg/m^3$。

由式(9-19) 和式(9-20) 可得：

$$\eta=1-\frac{\rho_d}{\rho_1}-\frac{\rho_f}{\rho_1} \tag{9-21}$$

式中，$1-\frac{\rho_d}{\rho_1}$为从除尘器排出的气体中没有夹带液滴时的除尘效率 $\eta_d$。随液滴被带走的粉尘粒子的质量浓度为：

$$\rho_f=\rho_l\rho_p \tag{9-22}$$

式中，$\rho_l$ 为液滴质量浓度，$mg/m^3$；$\rho_p$ 为液滴中粉尘粒子浓度，$mg/m^3$。

故有：

$$\eta=\eta_d-\frac{\rho_l\rho_p}{\rho_1} \tag{9-23}$$

## 三、水位控制装置

湿式除尘机组的水位由安装在除尘机组旁侧的溢流箱控制，溢流箱上部与分雾室相通，不工作时使两者具有相同的水面，同时又与下部灰斗连通，使之水面平稳。当水位超出溢流箱的溢流堰时，水便流入水封并由溢流管排出，在一般情况下机组的水量由截止阀供给。但在实际

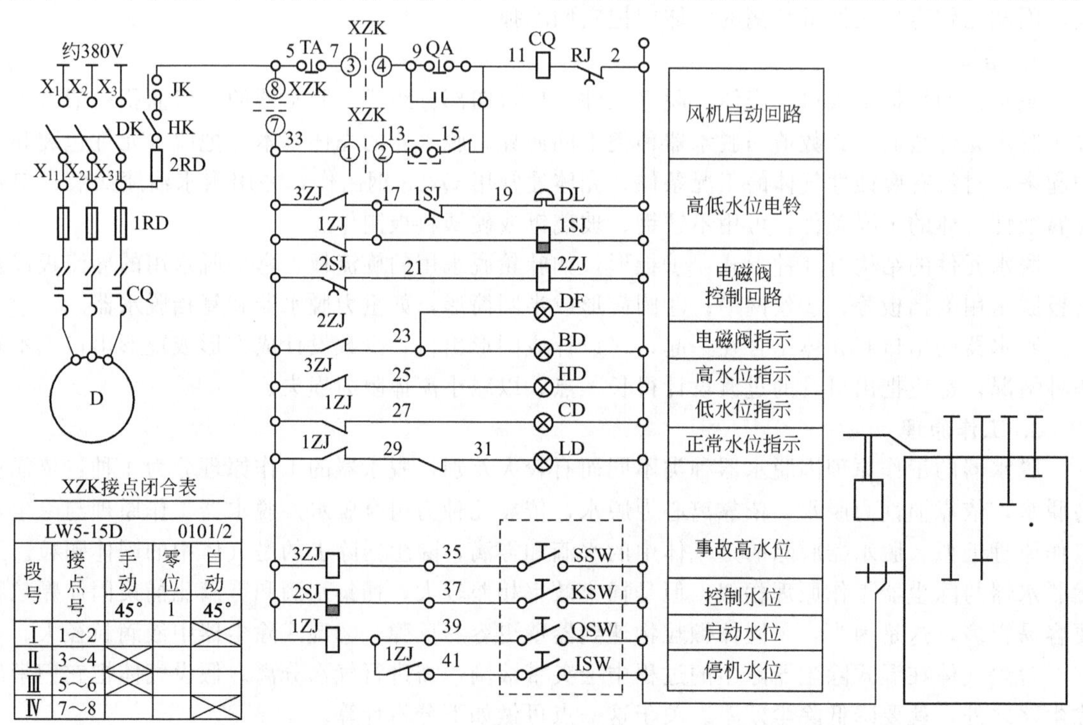


图 9-18 水位控制电气原理

运行中由于供水的水压变化，使水位亦发生变化。水位过低，尘气通过S形通道时水气不能充分地接触，甚至完全不能接触，使除尘效率显著降低。

为避免上述现象，除尘机组设有两路供水，除用截止阀供水之外，又用电磁阀供给机组不足的水量。电磁阀的供水是靠设在溢流箱上的电极对溢流箱内水位变化的检测，再经过继电器控制电磁阀的起停从而实现的，根据需要可以将水面控制在3～10mm范围内。当发生高低水位变化时，控制箱发出灯光和响声（电铃）信号；当发生低水位变化时，风机自动停转，以免机组内部积灰堵塞（水位控制系统见图9-18、图9-19）。

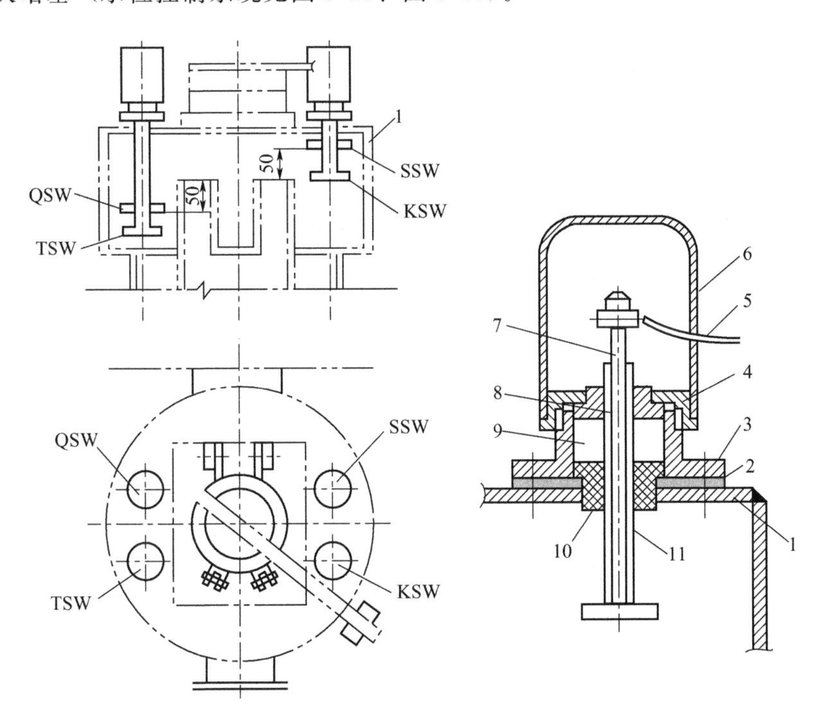


图9-19 溢流箱电极组安装

1—溢流箱；2—橡胶垫；3—底座；4—上盖；5—电线；6—保护罩；7—上电极；8—硬绝缘套管；9—软橡胶套管；10—硬绝缘套；11—塑料套管

# 第四节 湿式除尘器的选用

## 一、湿式除尘器选用注意事项

湿式除尘器的选择依据主要有以下几点。

（1）除尘效率　湿式除尘器效率高不高是选择的一项最重要的性能指标，一定状态下的气体流量、粉尘污染物性质、气体的状态对捕集效率都有直接影响。根据计算，净化后烟气排放应满足环保要求。

（2）操作弹性　任一操作设备，都要考虑到它的负荷在超过或低于设计值时对捕集效率的影响如何。同样，还要掌握含尘浓度不稳定或连续高于设计值时将如何进行操作。

（3）疏水性　湿式除尘器对疏水性粉尘的净化效率不高，一般不宜用于疏水性粉尘的净化。

（4）黏附性　湿式除尘器可净化黏附性粉尘，但应考虑冲洗和清理，以防堵塞。特别是使用喷嘴时要防止堵塞。

（5）腐蚀性 净化腐蚀性气体时应考虑防腐措施。

（6）耗水量和泥浆处理 应考虑除尘器耗水多少、排出的污水处理及水的冬季防冻措施等。泥浆处理是湿式除尘器必然会遇到的问题，应当力求减轻污染的危害程度。

（7）运行和维护 一般应避免在除尘器内部有运动或转动部件，注意气体通过流道断面不会引起堵塞。

## 二、细颗粒物净化方法

用湿式除尘器净化细颗物的理想结果是达标排放。

湿式除尘器净化细颗粒物达不到预想效果的原因有两种：一是烟尘具有疏水性，不易被水浸润捕集；二是烟尘粒径小，多数小于 1μm，不能被水雾润湿和分离。由于这两个原因，湿式除尘器用于工业炉窑、小型锅炉、冶炼炉净化时，经常会出现除尘不除烟现象，粉尘排放浓度达标，烟气黑度排放不达标。

图 9-20 为尘粒因碰撞或扩散而黏合的效率与尘粒直径的关系。由图 9-20 可知：大于 0.3μm 的尘粒是由于相互碰撞而黏合，效率随尘粒直径增大而加大；尘粒直径小于 0.3μm 者借扩散而黏合；尘粒直径在 0.01～0.3μm 时最难黏合。因此，在湿式除尘器净化含细微烟霾的烟气时要采取相应的技术措施。

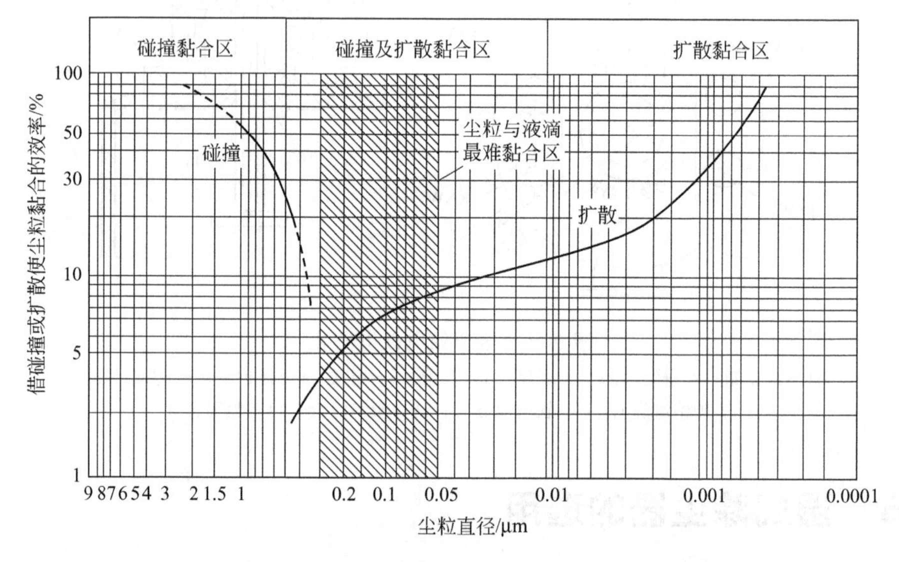


图 9-20 尘粒的黏合效率与其直径的关系

### 1. 化学湿润除尘机理

粉尘与液体（通常为水）相互附着的难易程度的性质称为粉尘的润湿性。当粉尘与液体接触时，如果接触面能扩大而相互附着，则粉尘能被润湿；如果接触面趋于缩小而不能附着，则粉尘不能被润湿。根据粉尘能够被水润湿的程度，一般可将粉尘分为容易被水润湿的亲水性粉尘（如锅炉飞灰、石英粉尘等）和难以被水润湿的疏水性粉尘（如石墨、炭黑、烟尘等）。粉尘的润湿性除与粉尘的生成条件、湿度、压力、含水率、表面粗糙度及荷电性等有关外，还与液体的表面张力、对粉尘的黏附力及相对于粉尘的运动速度等因素有关。例如，粒径小于 1μm 的粉尘一般就很难被水润湿，这是因为微粒表面皆存在一层气膜，只有液滴以相对较高的速度冲击粉尘时，才能冲破气膜，将粉尘润湿。此外，粉尘的润湿性还随温度的升高而减弱，随压力升高而增强，随液体表面张力的减小而增强。亲水性粉尘可采用湿法除尘。对疏水性粉尘，在湿法除尘中，如果在水中加入某些湿润剂（如皂角素、平平加竺），可减小水的表面张力，提高粉尘的润湿性。

化学湿润剂用于提高水对粉尘的湿润能力和抑尘效果，特别适合于疏水性的呼吸性粉尘。化学湿润剂湿润粉尘的微观机理常用的解释是：水由极性分子组成，当水中添加某种适合的表面活性剂时，水的强极性现象部分消失，水的表面张力也随之减小。另外，疏水性粉尘表面吸收了表面活性剂，其疏水性转化为亲水性，因此，粉尘颗粒容易被水湿润。另一种解释是表面活性剂能提高粉尘颗粒在溶液中的电位，进而增强水对粉尘的湿润能力。当湿润剂用于湿润疏水性粉尘时，化学湿润剂的除尘可以提高湿式除尘器的除尘效果。

**2. 静电洗涤捕集难分离的粉尘粒子**

早在 1944 年，有人就曾提出用荷电液滴捕集荷电灰尘的方法，其后又有人设计了许多不同的把电力和洗涤除尘结合起来的装置，主要目的是捕集难以分离的粒子。其主要优点是性能比普通洗涤器好，体积比普通电除尘器小。仅依靠碰撞和扩散作用来除尘的普通洗涤器，因为碰撞机制主要对较粗的粒子起作用，扩散机制主要对很细的微粒起作用，故其除尘效率曲线两头逐渐升高，中间有一个最低值，一般对 0.1～1μm 范围内的粒子除尘效果较差。但静电式洗涤器则对这个范围内的粒子有良好的除尘效率。

静电湿式洗涤除尘器的荷电方法可以有以下 4 种情况。

（1）液滴荷电，粒子不荷电，有环境电场　在普通洗涤器中，常常用不同于气体的速度喷射液滴，以造成液滴和含尘气体之间的相对运动。但如果使液滴荷电，并受环境电场的作用，也能产生液滴和气体的相对速度，从而除掉气体中的未荷电粒子。这样做优点是相对速度不会从喷射点开始衰减到零，而是达到由流体阻力、粒子电荷和环境电场所决定的稳定值。

（2）液滴荷电，粒子荷电，无环境电场　在这种情况下，粒子由于相反电荷的吸引而被捕集在荷电液滴表面上。因此，液滴表面很像普通电除尘器的收尘电极。显然，如果微粒的电荷密度等于液滴的电荷密度并且极性相反，起作用的就是这种捕集机制。在这里没有净余的空间电荷，因而没有环境电场。

（3）液滴不荷电，粒子荷电，有环境电场　进入气流中的中性液滴受到环境电场的作用而被极化。沿电力线向液滴驱进的荷电粒子被液滴捕获。如果粒子只荷上一种符号的电荷，则它们最初是被捕集在液滴的半个表面上；如果粒子荷电为两种极性，则在整个液滴表面上都捕集粒子。

（4）液滴和粒子荷电并有环境电场　如果既有环境电场，液滴与粒子上又有相反符号的电荷，则液滴捕集粒子可能是由于上述（1）、（2）、（3）三项中的机制的联合作用，在这种情况下，可以使液滴荷上不同符号的电荷，也可以使粒子荷上不同符号的电荷。环境电场则用外电极施加，或由空间电荷引起。

静电式洗涤器中产生液滴和使液滴荷电可以分两步进行，也可以一步同时完成。前者一般可先用机械雾化或气力雾化法产生液滴，然后经过像普通电除尘器那样的过程使液滴荷电；后者可采用依靠电力产生带电液滴的方法。

**3. 细颗粒物凝聚技术**

在传统除尘器前增设凝聚装置，使细颗粒物通过化学或物理方法凝聚成较大颗粒，是现代除尘技术发展的趋势。按凝聚机理的不同，细颗粒物的凝聚技术可分为电凝聚、声凝聚、磁凝聚、热凝聚、光凝聚、湍流凝聚、化学凝聚及双荷电流体混合凝聚等。许多研究表明，凝聚对细颗粒物有较好的效果。而且，凝聚只对粒径较小的颗粒物起作用，在一定粒径范围内，粒径越小，凝聚现象越明显。因此，研究凝聚技术在除尘净化中的应用，对去除空气中 $PM_{2.5}$ 具有重要意义。

# 第十章 除尘器输排灰设备

除尘设备把粉状物料从空气流中分离出来，积储在灰斗里，基于灰斗的有限容积必须适时地排出，方能使除尘设备正常稳定运行。如电除尘器，必须控制灰斗的上料位高度，避免粉尘成为阳极板与电晕极的“搭桥”而短路；又必须控制灰斗的下料位高度，为防止漏风，影响除尘效率。料位高度又与除尘设备运行负压的高低有关。因此，配套合适的输灰装置是十分必要的。

回收与利用粉尘，就要建立粉尘回收与利用工艺，应用输灰设施将其运至储存处，加以回收与利用，发展循环经济，谋取经济效益最大化。

有多台除尘设备时，全面考虑输灰设施更是除尘系统中不可缺少的组成部分。尚要确定一个符合企业具体情况，具备经济、合理、可靠的灰尘输送方案。本章将对常用的输灰设备从原理、分类、特点、计算、布置等方面加以阐述。

## 第一节 输排灰设备工作原理与性能

### 一、粉尘的输送方式

粉状（≤1mm）或散状（>1mm）物料的输送方式，综合归纳如图 10-1 所示。

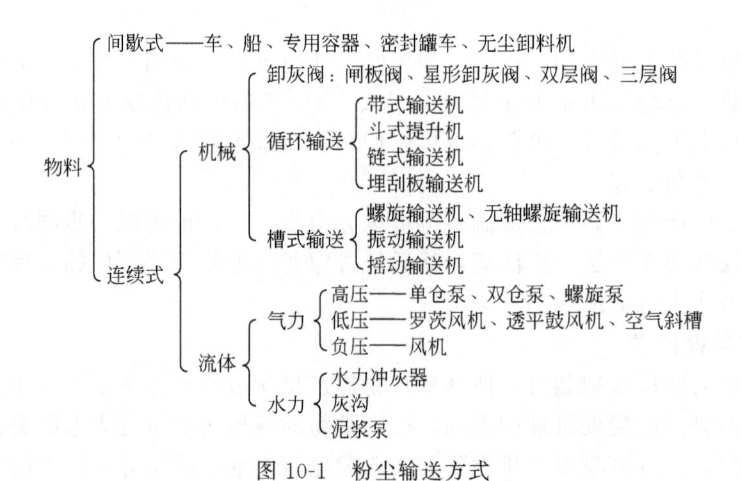


图 10-1 粉尘输送方式

### 二、输排灰系统工作原理

机械输灰系统由卸灰阀、刮板输送机、斗式提升机、储灰罐、汽车等组成。除尘器各灰斗中的粉尘首先分别经过卸灰阀排到刮板输送机上，如果有两排灰斗则由两个切出刮板输送机送到 1 个集合刮板输送机上，并把灰卸到斗式提升机下部。粉尘经提升到一定高度后卸至储灰罐。储灰罐的粉尘积满（约 4/5 灰罐高度）后定时由吸尘车拉走，无吸尘车时，可由储灰罐直接把粉尘经卸灰阀卸到拉尘汽车上运走。为了避免粉尘飞扬可用加湿机把粉尘喷水后再卸到拉尘汽车上（图 10-2）。

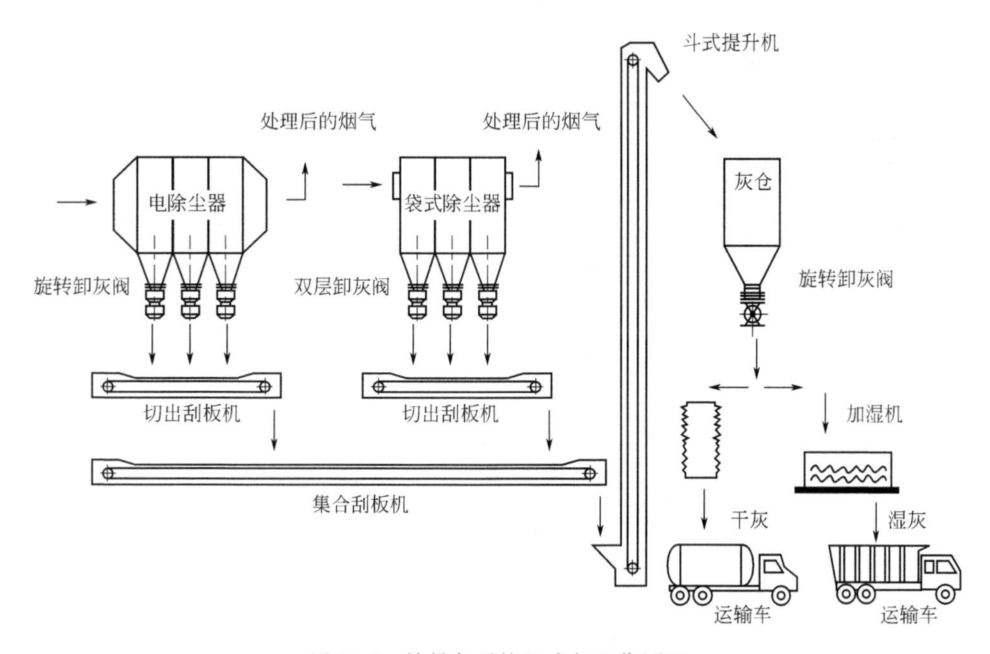


图 10-2 输排灰系统组成与工作原理

除了粉尘的机械输灰以外，气力输灰系统也是输排灰的常用方式。其工作动力是高压风机吸引的强力气流。其主要设备是卸灰阀、气力输送管道、储灰罐、气固分离装置及高压引风机等，如图 10-3 所示。

对小型除尘器而言，输排灰装置比较简单。排灰用卸灰阀，输灰用螺旋输送机将其直接排到送灰小车，定时把装着灰的小车运走。也有的小型除尘器把灰排到地坑里，定期进行清理，这种方法比把灰排到小车里操作复杂，可能造成粉尘的二次污染。

## 三、输排灰设备的分类与性能

**1. 输排灰设备的分类**

按输送设备的动力，可将输排灰设备分为机械输送设备和气力输送设备。

按输灰设备的性能分为：①向下输送，如卸灰装置；②水平输送，如刮板输送机、皮带输送机、螺旋输送机；③向上输送，如斗式提升机。

按输送是否用水，分为干式输送设备和湿式输送设备。

**2. 输排灰设备的性能**

输排灰设备选用的原则主要是考虑除尘器的规模大小，依照除尘器的需要确定输排灰设备；其次是应注意避免粉尘在输送过程中的飞扬；再次是输送设备要简单，便于维护管理，故障少，作业率高。

各种输排灰设备的性能比较见表 10-1。

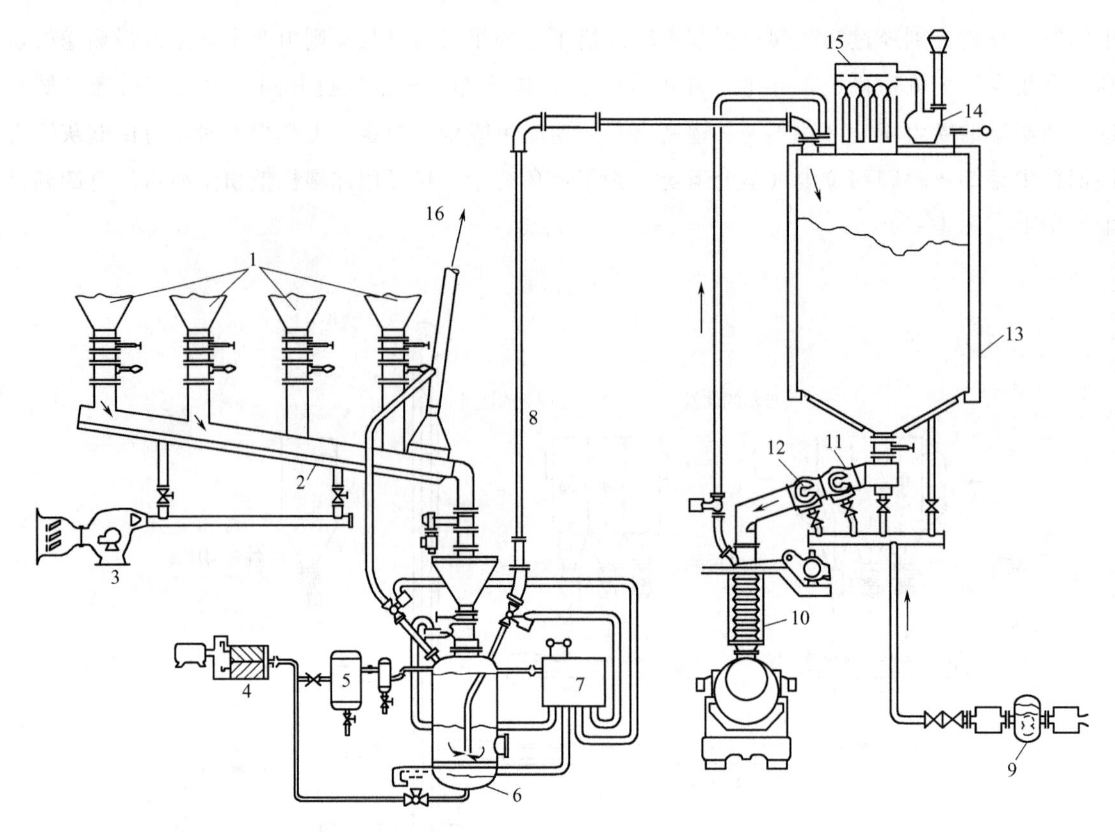


图 10-3 气力输排灰系统

1—电除尘器灰斗；2—风动溜槽；3—鼓风机；4—螺旋泵；5—压气调节罐；6—压力容器；7—电-气控制仪；8—输送管道；9—回转式鼓风机；10—卸灰溜槽；11—出料阀；12—料量控制阀；13—飞灰筒仓；14—风机；15—布袋除尘器；16—接至电除尘器

**表 10-1 各种输排灰设备的性能比较**

| 序号 | 项目 | 气力输送 | 胶带输送机 | 螺旋输送机 | 埋刮板输送机 | 斗式提升机 | 车辆 |
|---|---|---|---|---|---|---|---|
| 1 | 积存灰 | 无 | 无 | 有 | 有 | 有 | 无 |
| 2 | 布置 | 自由 | 直线、曲线 | 直线 | 直线、曲线 | 直线 | 自由 |
| 3 | 维修量 | 较大 | 较小 | 较大 | 大 | 大 | 较小 |
| 4 | 输送量/($m^3$/h) | 约 100 | 约 300 | 约 10 | 约 50 | 约 100 | 约 10 |
| 5 | 输送距离/m | 10～250 | 1000 | 20 | 50 | 20 | 不限 |
| 6 | 输送高度/m | 50 | 10 | 2 | 10 | 30 | — |
| 7 | 粉尘最大粒度/mm | 30 | 不限 | <10 | <10 | <30 | — |
| 8 | 粉尘流动性 | 不限 | 不限 | 不适用砂状尘 | 不适用流动性尘 | 不限 | 不限 |
| 9 | 粉尘吸水性 | 不适用吸水性强的 | 不限 | 不适用含水大的 | 不限 | 不限 | 不限 |

# 第二节 卸灰阀

## 一、卸灰阀的分类

卸灰阀分为回转卸灰阀和翻板灰阀。前者又称刚性叶轮给料机或星形卸灰阀；后者又称闪动卸灰阀，按密封要求选型分为单层式、双层式、三层式。

卸灰阀是各类除尘设备排灰工艺中重要的组成部分，起保证密封料仓和连续或间断排灰的作用。在高负压电除尘器灰斗保留一定高度的灰柱具有显著的密封作用。

据调查，目前卸灰阀在结构上具有如下改进：①为防止料仓落入异物卡阻卸料器叶轮，烧损电机，采用干式过载保护离合器代替了以往产品中的安全销；②在叶轮上方的壳体侧部加装了检查孔；③为防止叶轮两端部因密封不良漏灰进入轴承，叶轮端部下侧扩有卸灰槽，为防止高温导致轴承润滑不良，将轴承座改为外置；④叶轮与端盖，动与静的结合部采用合金耐磨套；⑤驱动装置有齿差行星减速机、摆线针轮减速机两种，根据需要选型；⑥叶轮装上橡胶皮，避免粉尘挤进轴承和大颗粒卡死的现象；⑦卸灰阀上部通常配以手动闸板阀，方便检修、排障与更换。卸灰阀如图 10-4 所示。

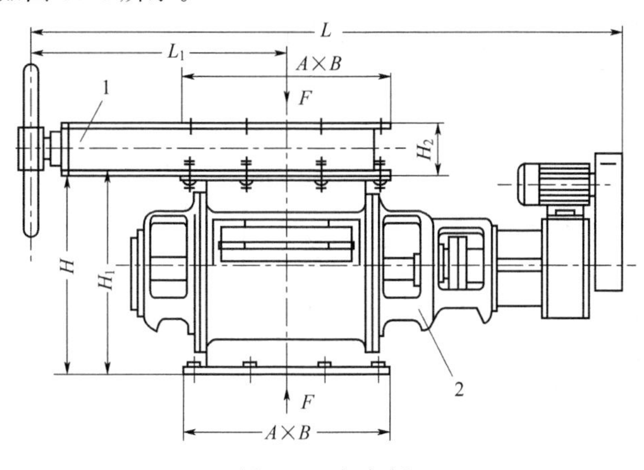


图 10-4　卸灰阀

1—手轮式闸板阀；2—星形卸灰阀

## 二、卸灰阀的输灰量

卸灰阀的输灰量由下式计算：

$$Q=60ZFL\rho n\psi \tag{10-1}$$

式中，$Q$ 为输灰量，t/h；$Z$ 为叶轮格数；$F$ 为叶轮每格的有效截面积，$m^2$；$L$ 为叶轮的宽度，m；$\rho$ 为物料的堆密度，$t/m^3$；$n$ 为叶轮的转数，r/min；$\psi$ 为物料的充填系数，一般 $\psi=0.8$。

## 三、星形卸灰阀

星形卸灰阀的安装尺寸见表 10-2。YJD/YJD-B 系列星形卸灰阀见图 10-5。

表 10-2　星形卸灰阀安装尺寸

| 型号 | $A$ | $B$ | $C$ | $E$ | $F$ | $H$ | $M$ | 孔直径/mm | 卸灰容积/($m^3$/h) | 工作温度/℃ | 电机型号及功率/kW | 质量/kg |
|---|---|---|---|---|---|---|---|---|---|---|---|---|
| 2 型 | 240 | 200 | 150 | 490 | 370 | 240 | 123 | 8-$\phi$9 | 2 | 80～300 | Y801-4-0.55 | 40 |
| 4 型 | 260 | 230 | 180 | 530 | 410 | 280 | 140 | 8-$\phi$11 | 4 | 80～300 | Y801-4-0.55 | 60 |
| 6 型 | 280 | 250 | 200 | 550 | 430 | 300 | 150 | 8-$\phi$11 | 6 | 80～300 | Y801-4-0.55 | 75 |
| 8 型 | 300 | 270 | 220 | 580 | 450 | 320 | 160 | 8-$\phi$11 | 8 | 80～300 | Y802-4-0.75 | 80 |
| 10 型 | 320 | 290 | 240 | 600 | 470 | 340 | 170 | 8-$\phi$13 | 10 | 80～300 | Y90S-4-1.1 | 100 |
| 12 型 | 340 | 310 | 260 | 620 | 490 | 360 | 180 | 8-$\phi$13 | 12 | 80～300 | Y90S-4-1.1 | 115 |

续表

| 型号 | A | B | C | E | F | H | M | 孔直径 /mm | 卸灰容积 /(m³/h) | 工作温度 /℃ | 电机型号及 功率/kW | 质量 /kg |
|---|---|---|---|---|---|---|---|---|---|---|---|---|
| 14 型 | 360 | 330 | 280 | 640 | 520 | 380 | 190 | 8-$\phi$17 | 14 | 80～300 | Y90S-4-1.1 | 130 |
| 16 型 | 380 | 350 | 300 | 670 | 540 | 400 | 200 | 8-$\phi$17 | 16 | 80～300 | Y90S-4-1.1 | 150 |
| 18 型 | 400 | 370 | 320 | 690 | 560 | 420 | 220 | 8-$\phi$17 | 18 | 80～300 | Y90L-4-1.5 | 163 |
| 20 型 | 420 | 390 | 340 | 710 | 580 | 440 | 230 | 8-$\phi$17 | 20 | 80～300 | Y90L-4-1.5 | 190 |
| 26 型 | 480 | 450 | 400 | 770 | 640 | 520 | 260 | 8-$\phi$17 | 26 | 80～300 | Y100L1-4-2.2 | 230 |
| 30 型 | 520 | 490 | 440 | 820 | 690 | 560 | 280 | 8-$\phi$17 | 30 | 80～300 | Y100L1-4-2.2 | 280 |
| 36 型 | 580 | 550 | 500 | 950 | 730 | 620 | 300 | 8-$\phi$20 | 36 | 80～300 | Y100L2-4-3 | 350 |
| 40 型 | 620 | 590 | 540 | 990 | 780 | 660 | 320 | 8-$\phi$20 | 40 | 80～300 | Y112M-4-4 | 450 |

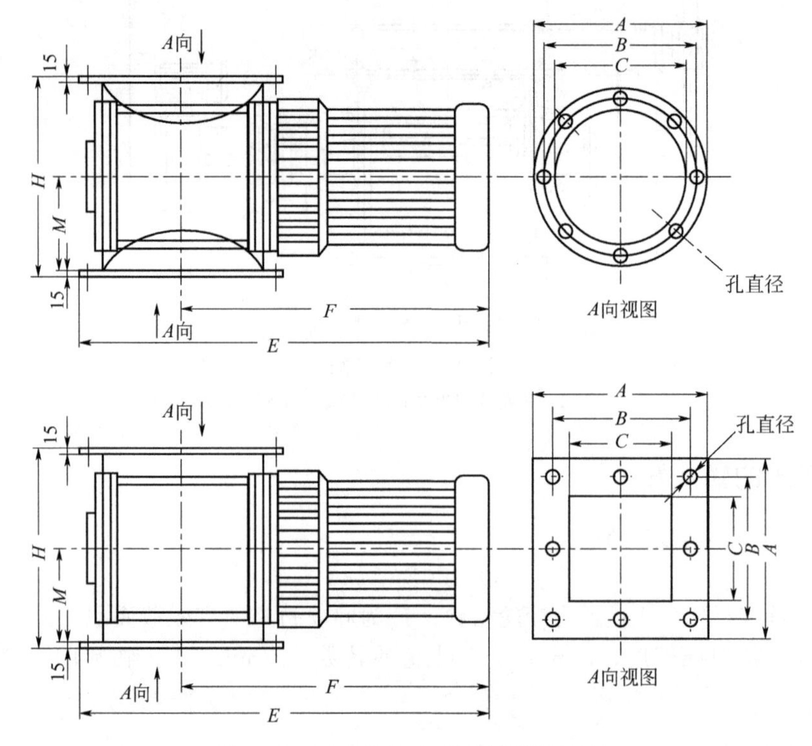


图 10-5 YJD/YJD-B 系列星形卸灰阀

## 四、双层卸灰阀

**1. 双层卸灰阀由上下两个阀体及壳体组合而成**

上阀体打开，灰被排入下阀体，此时，下阀体关闭；反之，上阀体关闭时，下阀体打开，灰落入下一个输送设备。呈间断性工作，较单层卸灰阀有更好的密封作用。

**2. 双层卸灰阀阀体有双锥体式和双板式**

双锥体的双层卸灰阀是在负压较大、密封要求较严的地方安装；双板式卸灰阀是在要求密封，但密封要求不太严格的地方安装。具体应根据安装使用要求，选择合适的双层卸灰阀形式。

**3. 双层卸灰阀不能作截止物流用**

双层卸灰阀中间段容积应考虑的原则：上层阀体打开后，粉料落到中间空间，上层阀体不截流又能较好地关闭阀体，并与运行时间有关，即要求选择适当的时间开闭一次。具体可按下式计算：

$$t=\frac{0.5V\rho}{Q} \tag{10-2}$$

式中，$t$ 为运行时间，h；$V$ 为双层卸灰阀空间容积，$m^3$；$\rho$ 为物料密度，$t/m^3$；$Q$ 为每小时卸料量，t/h。

**4. 执行机构的选择**

双层卸灰阀的执行机构有电动凸轮式、气缸式、电动推杆式、拔叉式、手动式、重锤式。可根据粉尘颗粒粒径及使用地点来充分考虑。选择时应注意下述几点。

（1）电动推杆或电动缸都是硬性传动，不达终点不停机，半路停机不是杆弯就是电机被烧坏。安装电动推杆或电动缸，每台需装两个极限开关，当元件选择不当或不过关时，维修调整工作量大，阀体最后压紧需要推力，为此必须增加弹簧件。

（2）气缸式、电动凸轮式、重锤式始终给阀体一定的压力。气缸是柔性传动，只要连杆强度够，任何位置都可定位。气缸在安装时，在终端留有空行程，一般留 15mm，能给以压紧力，对活塞有缓冲作用。气源要求进行净化处理，否则来气时含灰尘颗粒会磨损活塞和缸体，增大维修工作量，甚至因迅速磨损而报废。

（3）电动凸轮式运转较频繁，选型时要考虑到卸料量，选择其开闭频率合适的部位应用。

**5. JIFD 型双层卸灰阀**

JIFD 型双层卸灰阀规格和外形尺寸见图 10-6 和表 10-3。

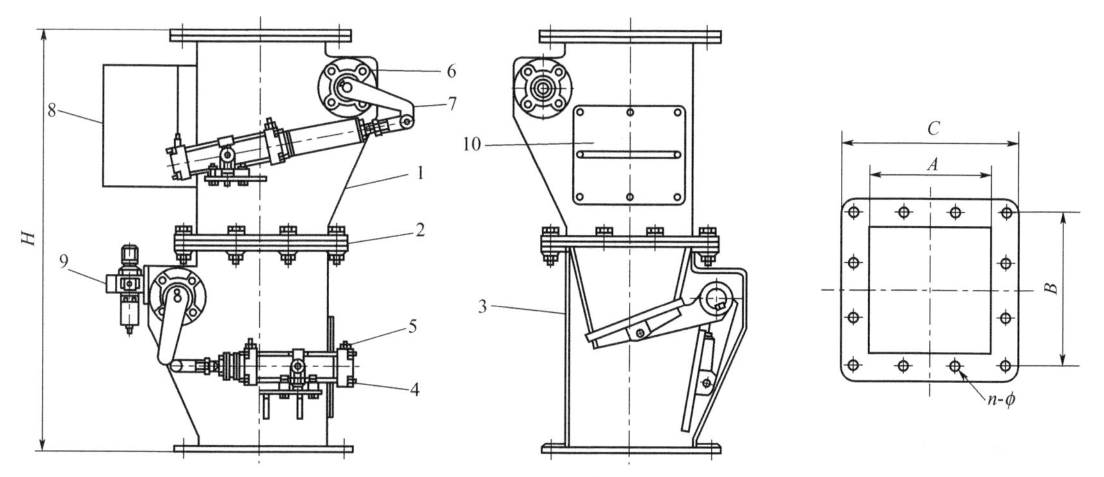


图 10-6　JIFD 型双层卸灰阀规格和外形尺寸

1—阀体；2—法兰；3—法兰垫；4—气缸；5—调速器；6—传动轴；7—连接杆；8—电磁阀；9—气源处理件；10—检查口

**表 10-3　JIFD 型双层卸灰阀外形尺寸**　　单位：mm

| 型号 | $A$ | $B$ | $C$ | $H$ | $n$-$\phi$ | 处理量 | |
|---|---|---|---|---|---|---|---|
| | | | | | | L/次 | t/h |
| JIFD-150 | 150 | 210 | 250 | 700 | 8-$\phi$14 | 4.5 | 1.6 |
| JIFD-200 | 200 | 261 | 300 | 800 | 12-$\phi$14 | 6.9 | 2.5 |
| JIFD-250 | 250 | 321 | 360 | 850 | 12-$\phi$20 | 11.7 | 4.2 |
| JIFD-300 | 300 | 390 | 430 | 1000 | 12-$\phi$20 | 23.0 | 8.3 |
| JIFD-350 | 350 | 435 | 480 | 1100 | 12-$\phi$20 | 26.9 | 9.7 |
| JIFD-400 | 400 | 480 | 530 | 1250 | 12-$\phi$20 | 30.1 | 10.8 |
| JIFD-500 | 500 | 580 | 630 | 1400 | 16-$\phi$20 | 43.3 | 15.6 |

注：每个阀板 1min 最多动作 6 次。

## 五、三层卸灰阀

针对冶炼前造块工艺中带式烧结，球团散料集尘管路中排料的高负压要求，降低漏风率，确保主机的正常运行而总结设计的三层卸灰阀。

**1. 结构与特点**

$D_N$300 型三层卸灰阀为新型产品，有两种结构形式：第一种是三层锥阀全密封结构；第二种是两层锥阀一层振动箅条筛结构。

该阀主要由三层箱体和传动机构组成。无箅条筛卸灰阀三层箱体内均设有锥形阀；有箅条筛卸灰阀上箱体（一层阀体）内无锥形阀，装入一组能振动的箅条筛。三层阀体均通过减速器输出轴带动中阀开、上下阀闭的各组拨轮，上下连杆的综合运动实现上阀开、中下阀闭及下阀开、上中阀闭的目的，使物料在密封状态下间断排料。

三层卸灰阀经改进后有以下显著特点：①三层卸灰阀比较彻底地解决双层卸灰阀在上锥阀开启、下锥阀关闭的过程中难避免的漏风现象，漏风率明显降低；②有箅条筛三层卸灰阀虽只保持双层卸灰阀的密封程度，但在多爪棘轮每周循环运动中有多次振动，筛上大块物可通过溜子排出，但箅条筛也存在有堵塞的可能；③无箅条筛三层卸灰阀在生产过程中密封最佳，如遇有大块堵塞时，可拆卸侧面的检查孔人工清除，很方便；④防堵装置（箅条筛）、锥阀布置于箱体内，且取消了电动推杆，采用行星针轮减速器带动拨轮同步传动，平稳噪声小，结构造型合理，外观整齐，检修方便；⑤所有零部件连接均采用耐热橡胶密封件，保证箱体、检查孔不致热损与漏风，使在排卸物料高温的状况下卸灰阀保持正常生产。

**2. 主要性能参数**

三层卸灰阀的主要性能参数见表 10-4。

表 10-4 三层卸灰阀的主要性能参数

| 规格（进排料口尺寸）$D_N$/mm | 物料特性 | | 锥阀 | | 传动装置 | | | | | 设备质量/kg |
|---|---|---|---|---|---|---|---|---|---|---|
| | 粒度/mm | 温度/℃ | 工作周期/s | 启闭时间/s | 行星针轮减速器型号 | 许用扭矩/N·m | 总速比(λ)/(转/转) | 输出转速/(r/min) | 电动机功率/kW | |
| 300 | 0～10 | ≤200 | 30 | 5 | XWED 0.55～63 | 1980 | 1/649 1/731 | 2 | 0.55 | 约 1000 |

# 第三节 螺旋输送机

## 一、工作原理

螺旋输送机是一种不带挠性牵引件的输送机。旋转轴上的刚性螺旋叶片将物料推移而进行输送（物料向不旋转的螺母沿轴杆平移），使物料不与螺旋叶片一起旋转的力是物料自身质量和机壳对物料的摩擦阻力，它必须有水平螺旋喂料，以保证必要的进料压力。螺旋轴在物料运动方向的终端有止推轴承，以承受物料给螺旋的轴向反力。

## 二、结构特点

螺旋输送机由螺旋机本体、进出料口及驱动装置三大部分组成。螺旋机本体包括头部轴承、尾部轴承、悬挂轴承、螺旋、机壳、盖板及底座等。驱动装置有 YJ 型（由 Y 型电动机、JZO 齿轮减速机、联轴器及底座组成）、YTC 型（由减速电动机与联轴器组成）及 XWD 型行星摆线针轮减速机三种。

螺旋输送机的螺旋叶片面形要根据所输送物料情况而定。螺旋叶片面形的 3 种形式见表 10-5。

**表 10-5 螺旋叶片面形的 3 种形式**

| 螺旋面图形 | 名称 | 适用范围 | 备注 |
| --- | --- | --- | --- |
| 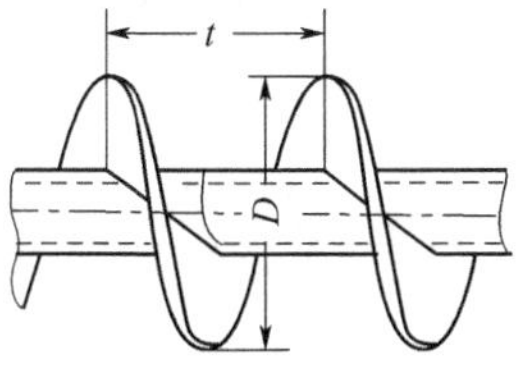 t D | 实体面形<br>$t=0.8D$ | 干燥、黏度小的粉状或小颗粒物料 | D—螺旋叶片直径；<br>t—螺旋节距 |
| 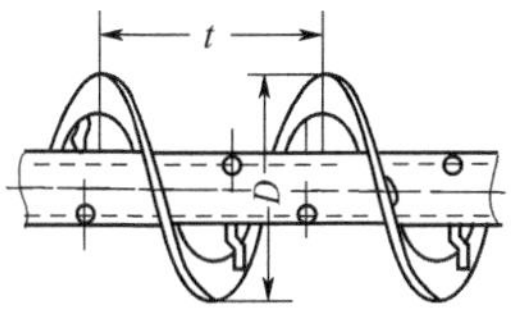 t D | 带式面形<br>$t=1.0D$ | 块状或黏度适中的物料 | |
| 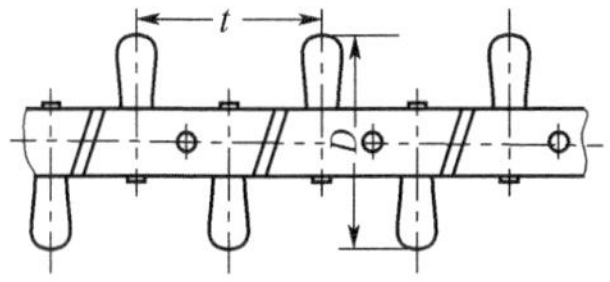 t D | 叶片面形<br>$t=1.2D$ | 黏度较大、可压缩性物料伴随混合，搅拌作用 | |

与其他输送设备相比较，螺旋输送机具有结构简单、横截面尺寸小、密封性能好、可以中间多点装料和卸料、操作安全方便、制造成本低等优点。它的缺点是机体磨损较严重、输送量较小、消耗功率大以及物料在运输过程中易破碎。螺旋输送机主要用于输送粉状、颗粒状和小块物料。它不适宜输送易变质、黏性大和易结块物料，因为这些物料在输送时会黏结在螺旋上，并随之旋转而不向前移动或者在吊轴处形成物料的堵塞，从而使螺旋机不能正常工作。

## 三、布置形式

螺旋输送机的布置形式如下。

(1) 螺旋输送机常见的结构布置形式有 6 种，如图 10-7 所示。

(2) 最普遍的是水平安装形式，如图 10-8 所示。即驱动装置及出料口装在头节（有止推轴承）时较合理，可使螺旋管轴处于受拉状态。

(3) 在总体布置时还应注意不使支承底座或出料口布置在机壳接头法兰处。

(4) 进料口不应布置在机盖接头处及悬挂在轴承的上方。

(5) 各个螺旋节（头节、中间节、尾节）的布置次序应遵循按螺旋节长度的大小依次排列和把相同规格螺旋节排列在一起的原则，会给设计、制造、订货带来很大的方便。

## 四、选型计算

GX 型固定式螺旋机是机械部的定型产品，已沿用数十年。

LS 型螺旋输送机是采用国际标准的产品，如图 10-8 所示。等效采用 ISO 1050—1975 标准，设计制造符合 ZB/T 7699—1945《LS 型螺旋输送机》专业标准、结构新颖，头部、尾部

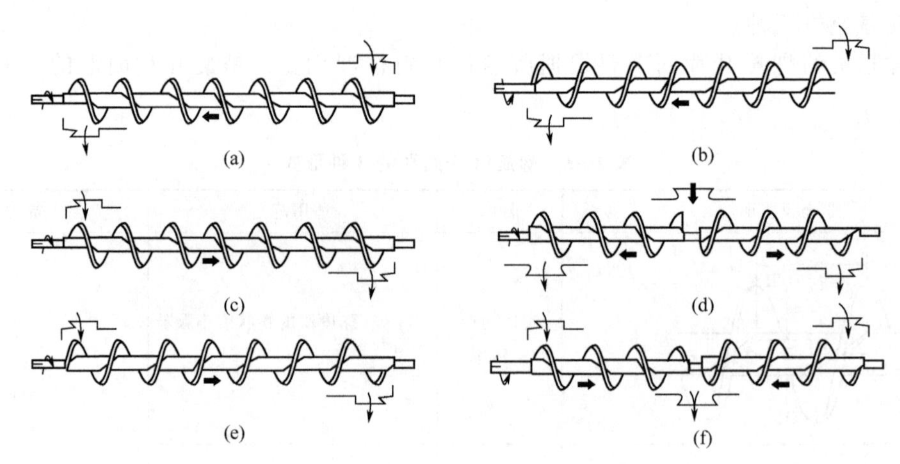


图 10-7 螺旋输送机常见的结构布置形式

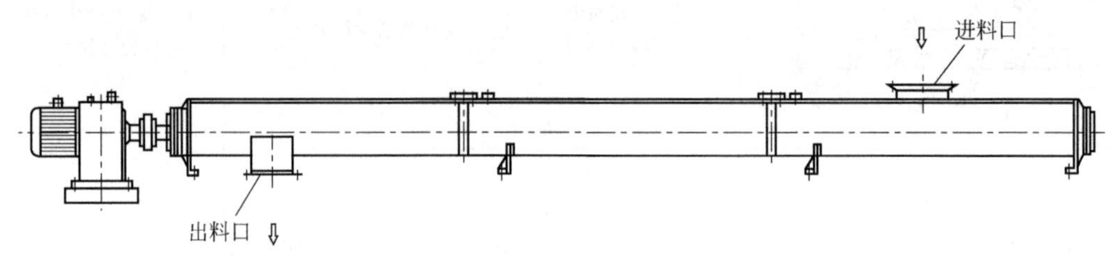


图 10-8 螺旋输送机水平安装形式

轴承移至壳体外；中间吊轴承采用滚动、滑动可以互换的两种结构，不设防尘密封装置，密封件用尼龙及塑料王，阻力小，密封性强，耐磨性好，滑动瓦有需加润滑剂的铸铜瓦、合金耐磨铁瓦和铜基石墨少油润滑瓦，出料端设有清扫装置，进出料口位置布置灵活。

螺旋机按中间吊轴承种类分为以下 2 种：①$M_1$——滚动吊轴承，采用 80000 型密封轴承，轴盖上另有防尘密封结构，常用在不易加油、不加油或油对物料有污染的地方，密封效果好，轴承寿命长，输送物料温度不大于 80℃；②$M_2$——滑动吊轴承，设防尘密封装置，油瓦材料有铸铜瓦、合金耐磨铸铁、铜基石墨少油润滑瓦，常用在输送物料温度比较高（＞80℃）的场合。

**1. 计算输送量**

输送量计算公式为：

$$Q=47\psi\beta_0 K\rho nD^3 \tag{10-3}$$

式中，$Q$ 为输送量，t/h；$\psi$ 为物料充填系数，见表 10-6；$D$ 为螺旋直径，m；$\beta_0$ 为倾斜系数，见表 10-7；$n$ 为主轴转速，r/min；$\rho$ 为物料堆密度，kg/m$^3$；$K$ 为螺旋机螺距与直径比例系数。

最大充填系数取决于被输送物料的摩擦性质；倾斜系数取决于螺旋升距与螺旋输送中心线的倾角。

**表 10-6 充填系数**

| 序号 | 物料性质 | 典型例子 | 充填系数 $\psi$ |
|---|---|---|---|
| 1 | 易流动,无磨损 | 面粉、煤粉、石灰粉、石墨、碱面、谷类 | 0.45 |
| 2 | 少量磨损且为颗粒状到小块状散料 | 盐、煤、水泥、干炉灰、石膏粉、锯末 | 0.33 |
| 3 | 磨损性、沉重的散料 | 矿渣、砾石、矿石、砂子、型砂粉焦、成粒炉渣 | 0.15 |

表 10-7　倾斜系数

| 倾斜角 | 0° | ≤5° | ≤10° | ≤15° | ≤20° |
|---|---|---|---|---|---|
| $\beta_0$ | 1.0 | 0.9 | 0.8 | 0.7 | 0.65 |

**2. 最小螺旋直径**

最小螺旋直径 $D$ 取决于所要求的输送量及散料粒度的大小。对输送块状物料：①未分选物料：$D \geqslant (8 \sim 10)d$，$d$ 为物料的平均块度，mm；②分选物料：$D \geqslant (8 \sim 10)d_k$，$d_k$ 为物料的最大块度，mm。

**3. 主轴转速**

螺旋输送机的圆周速度不允许过大，否则被输送的物料因受到过大的切向力而被抛起，无法向前运动。LS 型螺旋输送机参照国际标准，不同规格确定有 4 种转速，技术参数见表 10-8。

**4. 功率计算**

螺旋输送机的功率按下式计算：

$$P = \frac{Q(\xi L + H)}{367} + \frac{DL}{20} \tag{10-4}$$

式中，$P$ 为所需功率，kW；$Q$ 为输送量，t/h；$\xi$ 为运行阻力系数，见表 10-9；$L$ 为螺旋长度，m；$H$ 为螺旋倾斜高度，m；$D$ 为螺旋直径，m。

表 10-8　LS 型螺旋输送机技术参数

| 序号 | 螺旋直径($D$)/mm | 螺距/mm | 转速/(r/min) | 输送量/($m^3$/h) |
|---|---|---|---|---|
| 1 | 100 | 100 | 140 | 2.2 |
| | | | 112 | 1.7 |
| | | | 90 | 1.4 |
| | | | 71 | 1.1 |
| 2 | 160 | 160 | 112 | 7 |
| | | | 90 | 6 |
| | | | 71 | 5 |
| | | | 50 | 3.1 |
| 3 | 200 | 200 | 100 | 13 |
| | | | 80 | 10 |
| | | | 63 | 8 |
| | | | 50 | 6.2 |
| 4 | 250 | 250 | 90 | 22 |
| | | | 71 | 18 |
| | | | 56 | 14 |
| | | | 45 | 11 |
| 5 | 315 | 315 | 80 | 31 |
| | | | 63 | 24 |
| | | | 50 | 19 |
| | | | 40 | 15.4 |

续表

| 序号 | 螺旋直径(D)/mm | 螺距/mm | 转速/(r/min) | 输送量/($m^3$/h) |
|---|---|---|---|---|
| 6 | 400 | 355 | 71 | 62 |
| | | | 56 | 49 |
| | | | 45 | 39 |
| | | | 36 | 31 |
| 7 | 500 | 400 | 63 | 98 |
| | | | 50 | 78 |
| | | | 40 | 62 |
| | | | 32 | 50 |
| 8 | 630 | 450 | 50 | 140 |
| | | | 40 | 112 |
| | | | 32 | 90 |
| | | | 25 | 77 |
| 9 | 800 | 500 | 40 | 200 |
| | | | 32 | 160 |
| | | | 25 | 126 |
| | | | 20 | 102 |
| 10 | 1000 | 560 | 32 | 280 |
| | | | 25 | 220 |
| | | | 20 | 176 |
| | | | 16 | 140 |
| 11 | 1250 | 630 | 25 | 380 |
| | | | 20 | 306 |
| | | | 16 | 245 |
| | | | 13 | 198 |

注：转速偏差允许在10%范围内。

**表 10-9 运行阻力系数**

| 序号 | 物料名称 | 物料容重/(kg/$m^3$) | λ值 | 序号 | 物料名称 | 物料容重/(kg/$m^3$) | λ值 |
|---|---|---|---|---|---|---|---|
| 1 | 燕麦、大麦石墨 | 500 | 1.2～1.9 | 2 | 褐煤 | 1100～1300 | 2.2～2.5 |
| | 石墨 | 400～600 | | | 赤铁矿 | 1400 | |
| | 干石灰 | 500 | | | 重矿石 | 2000～2500 | |
| | 土豆 | 700 | | | 轻矿石 | 1250～2000 | |
| | 分选煤 | 900 | | | 生石灰 | 900 | |
| | 黏土、潮湿的泥土 | 1800 | | | 原煤 | 800 | |
| | 面粉 | 600 | | | 灰泥岩 | 1600～1900 | |
| | 玉米、黑麦、稻谷 | 500～700 | | 3 | 灰与渣 | 700～1000 | 3.0～3.2 |
| | 小麦 | 800 | | | 焦炭 | 500 | |
| | | | | | 砂浆 | 1800～2000 | |
| | | | | | 水泥 | 2600 | |

**5. 电动机功率**

螺旋输送机的电动机功率按下式计算：

$$P_{电}=\frac{P}{\eta} \tag{10-5}$$

式中，$P$ 为电机功率，kW；$\eta$ 为电机效率，$\eta=0.90\sim0.94$。

**6. LS 型螺旋输送机**

LS 型螺旋输送机外形见图 10-9，其尺寸见表 10-10。

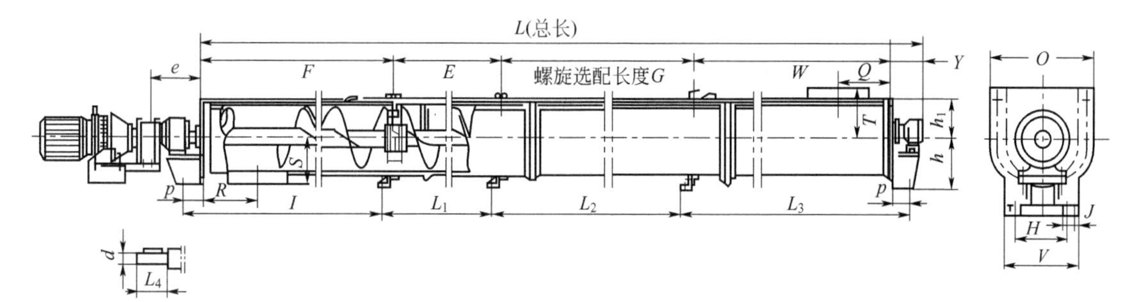


图 10-9　LS 型螺旋输送机外形

**表 10-10　LS 型螺旋输送机尺寸**　　单位：mm

| D | F | E | W | I | $L_1$ | $L_3$ | 螺旋选配长度 $G$ | | | 相应地脚尺寸 $L_2$ | | | Q | Y |
|---|---|---|---|---|---|---|---|---|---|---|---|---|---|---|
| LS100 | 2500 | 2500 | 2500 | 2480 | 2500 | 2640 | 1500 | 2000 | 2500 | 1500 | 2000 | 2500 | 180 | 180 |
| LS160 | 2430 | 2500 | 2570 | 2480 | 2500 | 2640 | 1500 | 2000 | 2500 | 1500 | 2000 | 2500 | 200 | 120 |
| LS200 | 2430 | 2500 | 2570 | 2480 | 2500 | 2640 | 1500 | 2000 | 2500 | 1500 | 2000 | 2500 | 225 | 120 |
| LS250 | 3000 | 3000 | 3000 | 2980 | 3000 | 3140 | 1500 | 2000 | 2500 | 1500 | 2000 | 2500 | 250 | 190 |
| LS315 | 3000 | 3000 | 3000 | 2980 | 3000 | 3140 | 1500 | 2000 | 2500 | 1500 | 2000 | 2500 | 330 | 205 |
| LS400 | 3000 | 3000 | 3000 | 2980 | 3000 | 3140 | 1500 | 2000 | 2500 | 1500 | 2000 | 2500 | 350 | 220 |
| LS500 | 3000 | 3000 | 3000 | 3000 | 3000 | 3160 | 2000 | 2500 | 3500 | 2000 | 2500 | 3500 | 400 | 240 |
| LS630 | 3900 | 4000 | 4100 | 3980 | 4000 | 4180 | 2500 | 3000 | 3500 | 2500 | 3000 | 3500 | 450 | 360 |
| LS800 | 3900 | 4000 | 4100 | 3980 | 4000 | 4180 | 2500 | 3000 | 3500 | 2500 | 3000 | 3500 | 550 | 340 |
| LS1000 | 3900 | 4000 | 4100 | 3980 | 4000 | 4180 | 2500 | 3000 | 3500 | 2500 | 3000 | 3500 | 650 | 370 |
| LS1250 | 3900 | 4000 | 4100 | 3980 | 4000 | 4180 | 2500 | 3000 | 3500 | 2500 | 3000 | 3500 | 800 | 380 |

| D | $h_1$ | h | R | S | Z | O | H | V | J | e | p | T | d | $L_4$ | 键 $b\times h$ |
|---|---|---|---|---|---|---|---|---|---|---|---|---|---|---|---|
| LS100 | 63 | 112 | 180 | 112 | 40 | 178 | 120 | 160 | 14 | 208 | 60 | 163 | 30 | 58 | 10×8 |
| LS160 | 95 | 180 | 200 | 150 | 50 | 270 | 160 | 270 | 14 | 240 | 60 | 190 | 30 | 58 | 8×7 |
| LS200 | 112 | 200 | 225 | 180 | 60 | 310 | 200 | 310 | 14 | 278 | 60 | 212 | 40 | 78 | 12×8 |
| LS250 | 140 | 224 | 250 | 224 | 70 | 356 | 200 | 250 | 16 | 285 | 60 | 240 | 50 | 82 | 14×9 |
| LS315 | 180 | 280 | 390 | 250 | 80 | 443 | 300 | 350 | 20 | 320 | 60 | 340 | 60 | 105 | 18×11 |
| LS400 | 224 | 355 | 390 | 280 | 90 | 533 | 320 | 400 | 24 | 395 | 60 | 384 | 80 | 130 | 22×14 |
| LS500 | 280 | 400 | 400 | 340 | 105 | 662 | 400 | 500 | 24 | 398 | 80 | 440 | 90 | 130 | 25×14 |
| LS630 | 355 | 500 | 450 | 420 | 120 | 800 | 500 | 800 | 30 | 682 | 80 | 550 | 120 | 210 | 32×18 |
| LS800 | 450 | 630 | 550 | 520 | 135 | 970 | 630 | 800 | 30 | 458 | 80 | 650 | 120 | 165 | 32×18 |
| LS1000 | 560 | 710 | 650 | 630 | 150 | 1180 | 900 | 1180 | 30 | 748 | 80 | 760 | 140 | 250 | 36×20 |
| LS1250 | 710 | 800 | 800 | 760 | 170 | 1440 | 800 | 1250 | 30 | 465 | 80 | 910 | 140 | 200 | 36×20 |

### 7. 无轴螺旋输送机

无轴螺旋输送机是新型高科技产品，主要用于环保产业及各种物料的输送，输送的物料品种有袋状、丝状、湿状、颗粒状、黏稠状、粉尘状及研磨材料等。该产品的主要特点为封闭式、不缠绕、无粉尘飞扬、无泄漏、无臭味，且运转平稳，输送量大，保养和维修费用极低，并能从水平到垂直任意角度进行物料的输送。制造无轴螺旋输送机的主要材料为碳钢或不锈钢，其缺点是造价高，是传统输送机械的好几倍。其外观如图 10-10 所示。

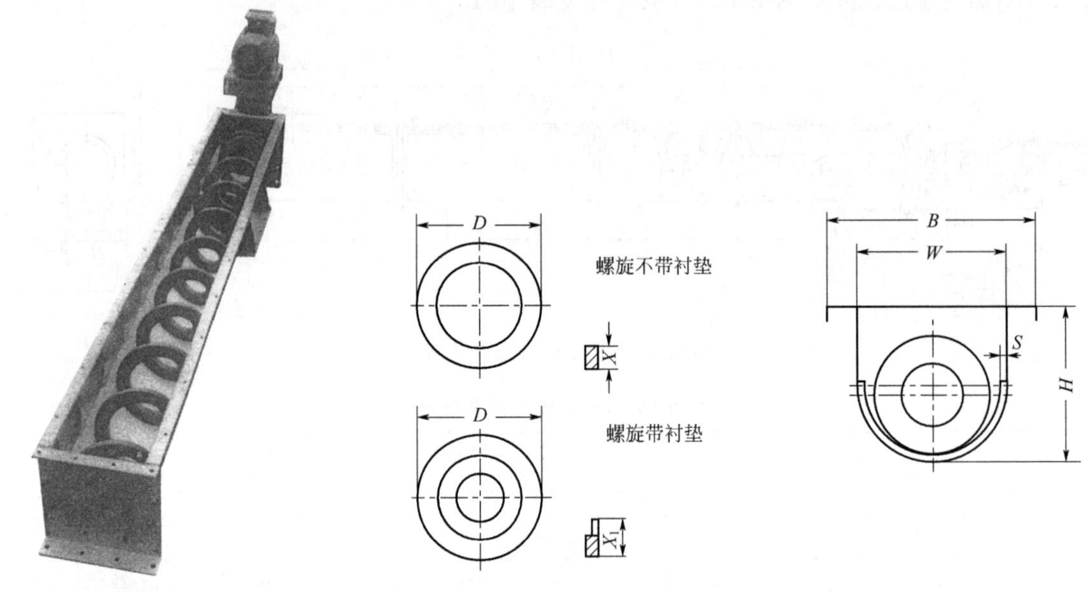


图 10-10 无轴螺旋输送机外观

图 10-11 无轴螺旋输送机的外形尺寸

(1) 无轴螺旋输送机的外形尺寸见图 10-11 及表 10-11。

**表 10-11 无轴螺旋输送机的外形尺寸**

| 型号 | U 形槽尺寸 | | | 螺旋直径 (D)/mm | 不带衬垫薄片尺寸 X/mm | 带衬垫薄片尺寸 $X_1$/mm | 磨损垫 S/mm |
|---|---|---|---|---|---|---|---|
| | W/mm | B/mm | H/mm | | | | |
| SF200 | 200 | 310 | 210 | 160 | 50 | | 8 |
| SF260 | 260 | 370 | 270 | 215 | 50 | 85 | 10 |
| SF320 | 320 | 430 | 340 | 280 | 70 | 115 | 10 |
| SF360 | 360 | 470 | 380 | 315 | 70 | 120 | 10 |
| SF420 | 420 | 530 | 430 | 350 | 70 | 120 | 15 |
| SF500 | 500 | 610 | 520 | 420 | 80 | 130 | 15 |
| SF600 | 600 | 710 | 620 | 500 | 80 | 150 | 15 |
| SF700 | 700 | 810 | 720 | 600 | 80 | 150 | 15 |

(2) 无轴螺旋输送机的运输量及功率见表 10-12。

**表 10-12 无轴螺旋输送机的运输量及功率**

| 型号 | 运输量/($m^3$/h) | | 传动功率/kW | |
|---|---|---|---|---|
| | $\alpha=0°, L=5m$, $n=10r/min$ | $\alpha=0°, L=5m$, $n=30r/min$ | $\alpha=0°, L=5m$, $n=10r/min$ | $\alpha=0°, L=5m$, $n=30r/min$ |
| | 螺旋不带衬垫 | 螺旋带衬垫 | 螺旋不带衬垫 | 螺旋带衬垫 |
| SF200 | 1.0 | 1.0 | 0.75 | 1.1 |
| SF260 | 2.4 | 2.5 | 1.1 | 1.5 |

续表

| 型号 | 运输量/(m³/h) | | 传动功率/kW | |
|---|---|---|---|---|
| | $\alpha=0°, L=5m$, $n=10r/min$ | $\alpha=0°, L=5m$, $n=30r/min$ | $\alpha=0°, L=5m$, $n=10r/min$ | $\alpha=0°, L=5m$, $n=30r/min$ |
| | 螺旋不带衬垫 | 螺旋带衬垫 | 螺旋不带衬垫 | 螺旋带衬垫 |
| SF320 | 5.5 | 5.5 | 2.2 | 3 |
| SF360 | 6.9 | 8.0 | 3 | 3 |
| SF420 | 8.7 | 12.0 | 4 | 4 |
| SF500 | 11.6 | 17.0 | 5.5 | 5.5 |
| SF600 | 20.8 | 21.2 | 7.5 | 7.5 |
| SF700 | 22.8 | 24.1 | 7.5 | 9.2 |

(3) 无轴螺旋输送机的安装与使用形式如图 10-12 所示。

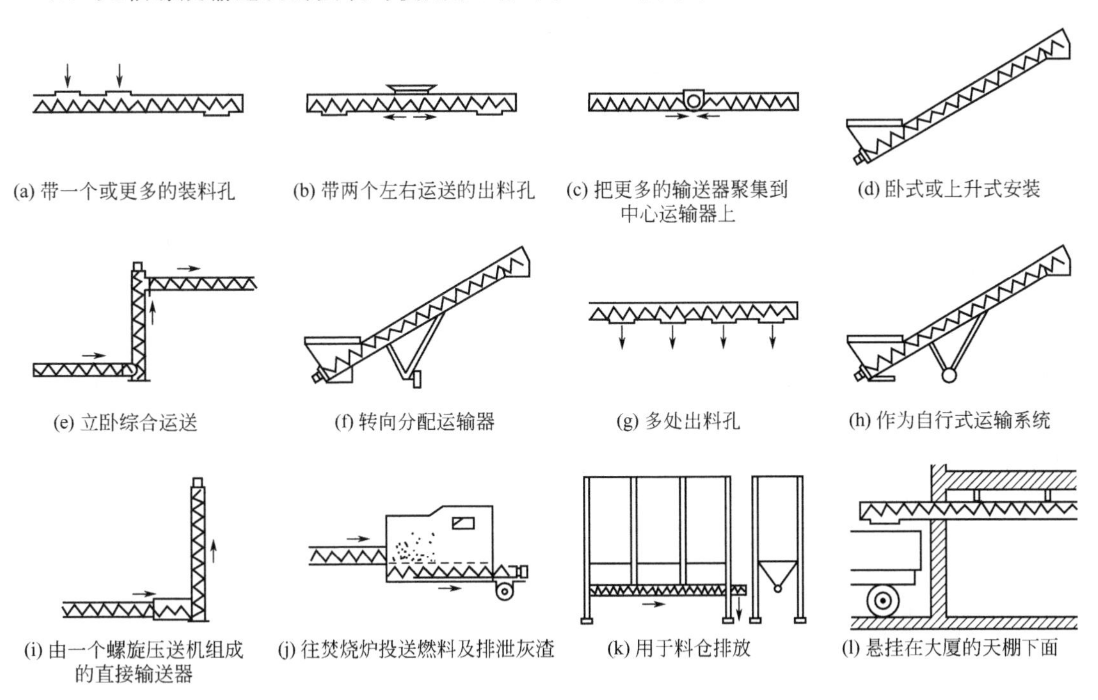


图 10-12　无轴螺旋输送机的安装与使用形式

# 第四节　埋刮板输送机

埋刮板输送机是一种输送散料（粉状、小颗粒状和小块状粉体物料）的连续运输设备，也是除尘设备常用的输送机械。在输送过程中，刮板链条埋于被输送物料之中，故又称“埋刮板输送机”，如图 10-13 所示。

它由头部驱动装置、尾部拉紧装置、中间壳体、封闭断面的机槽、进出料口及刮板链条等组成。

## 一、工作原理

刮板链条全埋在物料之中，即所运输的物料层高度均高于刮板及链条的高度，故可视为高

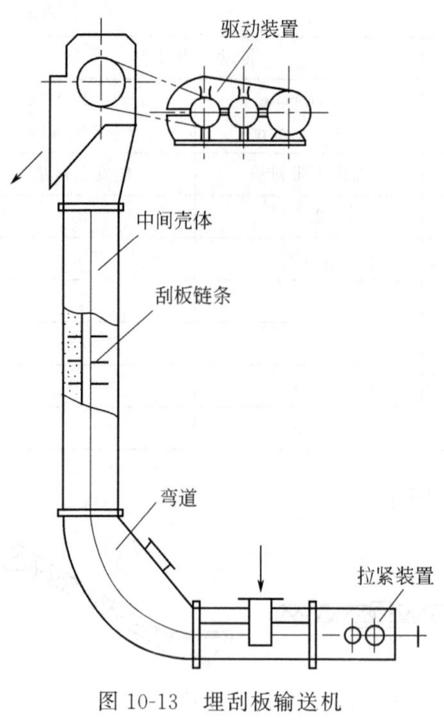

图 10-13 埋刮板输送机

物料层运输，原理为以下 3 点。

（1）物料受到刮板、链条在运动方向的推力，当料层之间的内摩擦力大于物料与输送机槽壁及槽底、刮板链与槽底间的总外摩擦力，刮板间距内的物料达到极限平衡状态时，物料将随着刮板链一起运移。

（2）要保证输送机正常运输，即所运的物料与刮板链近似同步整体运移，刮板的间距必须小于极限间距（由实验得出）；物料层高度必须小于整体位移时的极限高度，否则物料会发生拉层和料面塌陷，影响输送机运输能力。

（3）垂直输送时，由于物料的起拱特性，物料上的作用力有刮板链条在运动方向的推力、横向侧压力而产生的内摩擦力、下部不断给料对上部物料的推移力，当这些作用力大于物料和槽壁间的外摩擦力及物料自身的质量时，物料就随刮板链条向上输送。由于刮板链条在运动中有振动，料拱会时而破坏，时而形成，使物料在输送过程中对于链条产生一种滞后现象，影响输送速度。

## 二、特点与应用

埋刮板输送机的优点有设备简单、重量较轻、体积小、密封好、安装维修比较方便，可多点加料、多点卸料，工艺布置较灵活，可水平、倾斜、垂直提升输送，能输送飞扬性、有毒、高温、易爆易燃的物料，而且因壳体是封闭的，可以改善工作条件，防止环境污染。但其对输送物料有下列要求。

（1）$\rho_0 \leqslant 1.8\mathrm{t/m^3}$。

（2）黏结性以用手捏团后能松散为度。

（3）输送物料温度 $t<80℃$，耐高温型采用特殊措施。

（4）对物料粒度要求：

| | 不易碎的物料适宜的粒度 | 最大粒度不超过 10% |
|---|---|---|
| 水平输送 | $<\frac{B}{40}$ | $<\frac{B}{20}$ |
| 垂直输送 | $<\frac{B}{60}$ | $<\frac{B}{30}$ |

$B$ 为机槽宽度，mm。

（5）不宜输送磨琢性很大的如焦炭、金钢砂；不宜输送腐蚀性很大的如结晶尿素；不宜输送黏附性大的如铸钢型砂；不宜输送坚硬的如钢渣、卵石。

（6）勿“浮链”或“漂链”（输送物料时，链条浮于输送物料之上的现象）：①物料相对密度大且粒度所占比例高；②细粒状或粉尘状物料含水率较高而易于黏附；③输送机太长等均容易出现“浮链”。大多数物料的常用刮板链条线速度 $v \leqslant 0.2\mathrm{m/s}$。

## 三、结构特点

**1. 机型**

常用的有 SMS 型（水平）、CMS 型（垂直）、ZMS 型（Z 形）三种，分别见图 10-14～

图 10-16。

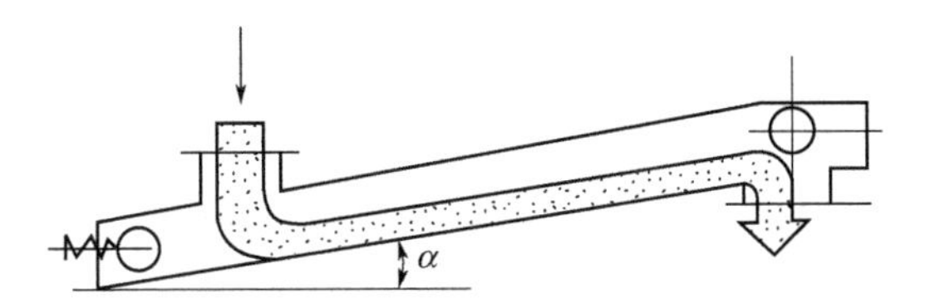


图 10-14　SMS 型埋刮板输送机

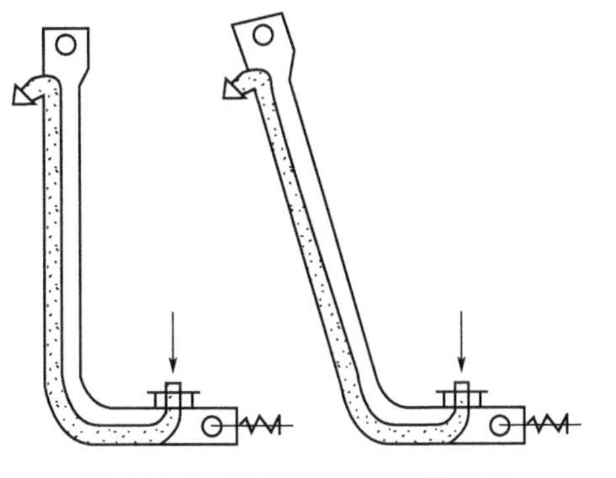

图 10-15　CMS 型埋刮板输送机

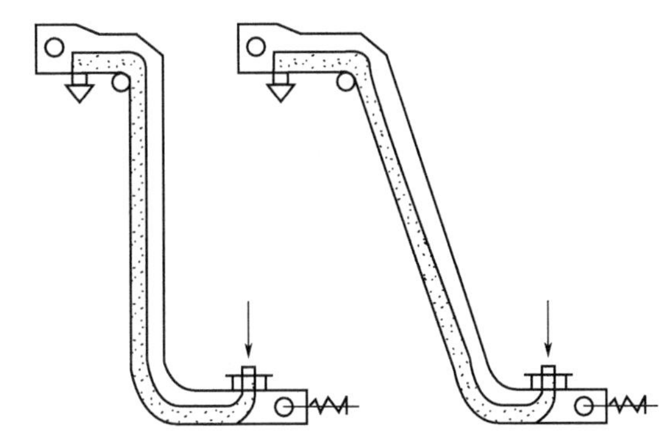

图 10-16　ZMS 型埋刮板输送机

**2. 刮板链条**

刮板链条是埋刮板输送机的主要部件，是物料牵引件也是承载件，与物料的输送效果有很大的关系。

埋刮板输送机的链条有锻造链、双板链、套筒滚子链、滚子链及铸造链等，其中锻造链和双板链常被采用。

(1) 锻造链（代号为 DL）　锻造链是通过模锻成型后，用钻、铣等机械加工制成链杆，再用销轴连接而成。这种链条的优点是结构简单，使用可靠，对物料适应性强，而且链杆的各断面可进行等强度设计，所以在相同强度和相同节距下，锻造链的重量比其他形式的链条都轻。其缺点是对锻压设备有一定要求，并要制备模具和花费较多的机械加工量，价格也较贵。

(2) 双板链（代号为 BL）　双板链由 2 块钢板冲压成型后，用焊接或铆接成一链杆，再用销轴连接而成。这种链条的特点是使用可靠，制造简单，价格便宜，所以广泛采用，尤其是大节距的。

(3) 套筒滚子链（代号为 TL）　套筒滚子链由内外链板、销轴、套筒和滚子等零件装配而成。这种链条的优点是在铰接处单位面积的压强低，不易磨损，使用寿命较长。其缺点是物料容易进入套筒和滚子的缝隙中，链节不灵活，严重时链节就转不动。另外，这种链条的制造工艺较复杂，加工精度要求较高，价格较贵。

## 四、选型计算

**1. 输送量**

埋刮板输送机的输送量按下式计算：

$$Q=3600BHv\rho_0\eta \tag{10-6}$$

式中，$Q$ 为埋刮板输送机的计算生产率，必须使它大于或等于用户要求的最大生产率，t/h；$B$ 为机槽内壁宽，垂直输送时指垂直段的机槽内壁宽，m；$H$ 为机槽内壁高，垂直输送时指垂直承载段的机槽内壁高，m；$v$ 为刮板链条的速度，m/s（输送煤粉时可取 0.16～0.25 m/s；输送碎煤和煤渣时可取 0.20～0.32m/s）；$\rho_0$ 为物料堆积密度，t/m$^3$；$\eta$ 为输送效率

[垂直输送煤粉时，输送效率可取0.60～0.70；垂直输送碎煤和煤渣时，可取0.70～0.80；水平输送时，按表10-13选取；输送机倾斜布置时（$\alpha \leqslant 15°$），其输送效率按表10-13选取后，还要乘上倾斜系数$K_0$，$K_0$值见表10-14]。

**表10-13 输送效率$\eta$**

| 机型 | SMS16 | SMS20 | SMS25 | SMS32 | SMS40 |
|---|---|---|---|---|---|
| 输送效率$\eta$ | 0.75～0.85 | | 0.65～0.75 | | |

**表10-14 倾斜系数$K_0$**

| $\alpha$ | 0°～2.5° | 2.5°～5° | 5°～7.5° | 7.5°～10° | 10°～12.5° | 12.5°～15° |
|---|---|---|---|---|---|---|
| $K_0$ | 1.00 | 0.95 | 0.90 | 0.85 | 0.80 | 0.70 |

**2. 规格性能**

（1）SMS型埋刮板输送机 SMS型埋刮板输送机系列见表10-15。

**表10-15 SMS型埋刮板输送机系列**

| 机型 | 槽道系列/mm | | 输送效率$\eta$ | 速度系列$v$/(m/s) | | | | | | | | | | 链条节距/mm |
|---|---|---|---|---|---|---|---|---|---|---|---|---|---|---|
| | | | | 0.08 | 0.10 | 0.16 | 0.20 | 0.25 | 0.32 | 0.40 | 0.50 | 0.65 | 0.80 | |
| | $B$ | $H$ | | 容积生产率$Q$/(m³/h) | | | | | | | | | | |
| SMS12 | 120 | 120 | 0.85 | 3 | 4 | 7 | 9 | 11 | 14 | 18 | 22 | 29 | 39 | 80,100 |
| SMS16 | 160 | 160 | | 6 | 8 | 13 | 16 | 20 | 25 | 31 | 39 | 51 | 63 | 80,100,125 |
| SMS20 | 200 | 200 | | 10 | 12 | 20 | 24 | 31 | 39 | 49 | 61 | 80 | 98 | 100,125 |
| SMS25 | 250 | 250 | 0.75 | 14 | 17 | 27 | 34 | 42 | 54 | 68 | 84 | 110 | 135 | 125,160 |
| SMS32 | 320 | 320 | | 22 | 28 | 44 | 55 | 69 | 88 | 111 | 138 | 180 | 221 | 160,200 |
| SMS40 | 400 | 400 | | 35 | 43 | 69 | 86 | 108 | 138 | 173 | 216 | 281 | 346 | 160,200,250 |
| SMS50 | 500 | 500 | 0.65 | 47 | 59 | 94 | 117 | 146 | 187 | 234 | 293 | 380 | 468 | 200,250,300 |
| SMS60 | 600 | 600 | | 67 | 84 | 135 | 168 | 211 | 270 | 337 | 421 | 548 | 674 | 200,250,300 |

表10-15所列的容积生产率已考虑了输送效率，选用时只要将所需的质量生产率换算成容积生产率直接在表中选取。表10-15中的$B$和$H$是指机槽内壁尺寸，如图10-17所示。

（2）CMS型埋刮板输送机 CMS型埋刮板输送机系列见表10-16。

**表10-16 CMS型埋刮板输送机系列**

| 机型 | 槽道系列/mm | | 速度系列$v$/(m/s) | | | | | | | | | | 链条节距/mm |
|---|---|---|---|---|---|---|---|---|---|---|---|---|---|
| | | | 0.08 | 0.10 | 0.16 | 0.20 | 0.25 | 0.32 | 0.40 | 0.50 | 0.65 | 0.80 | |
| | $B$ | $H$ | 容积生产率$Q$/(m³/h) | | | | | | | | | | |
| CMS12 | 120 | 100 | 3 | 4 | 7 | 9 | 11 | 14 | 17 | 22 | 28 | 35 | 80,100 |
| CMS16 | 160 | 120 | 6 | 7 | 11 | 14 | 17 | 22 | 28 | 35 | 45 | 55 | 80,100,125 |
| CMS20 | 200 | 130 | 7 | 9 | 15 | 19 | 23 | 30 | 37 | 47 | 61 | 75 | 100,125 |
| CMS25 | 250 | 160 | 12 | 14 | 23 | 29 | 36 | 46 | 58 | 72 | 94 | 115 | 125,160 |
| CMS32 | 320 | 200 | 18 | 23 | 37 | 46 | 58 | 74 | 92 | 115 | 150 | 184 | 160,200 |
| CMS40 | 400 | 250 | 29 | 36 | 58 | 72 | 90 | 115 | 144 | 180 | 234 | 288 | 160,200,250 |
| CMS50 | 500 | 280 | 40 | 50 | 81 | 101 | 126 | 161 | 202 | 252 | 328 | 403 | 200,250,300 |
| CMS60 | 600 | 320 | 55 | 69 | 111 | 138 | 173 | 221 | 276 | 346 | 449 | 553 | 200,250,300 |

表 10-16 同样也适用于 ZMS 型埋刮板输送机。表内所列的生产率为输送效率 $\eta=1$ 时的容积生产率，在选用时除需将质量生产率化为容积生产率外，还需另考虑输送效率。表中的 $B$ 和 $H$ 是指机槽内壁尺寸，如图 10-18 所示。

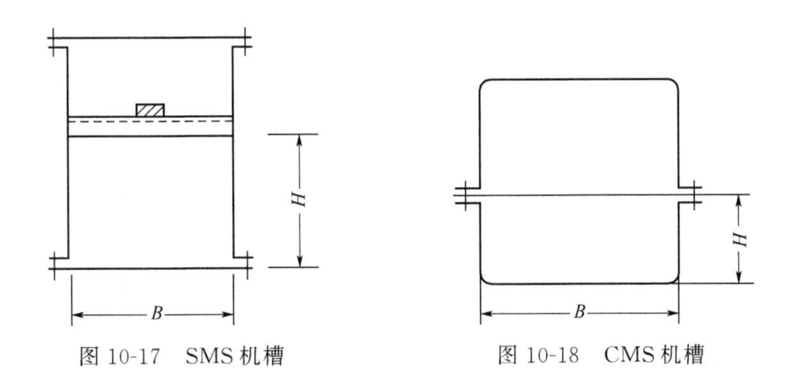


图 10-17 SMS 机槽　　图 10-18 CMS 机槽

(3) MSR 系列高温埋刮板输送机

① MSR 系列高温埋刮板输送机适宜输送温度高、磨琢性强的坚硬小块状、颗粒状及粉尘状物料。采用优质耐磨合金钢牵引链和耐磨自润滑衬板，磨损小，使用寿命长，全密封结构，工艺布置灵活，可水平或倾斜（≤15°）输送，可多点进料、出料，输送物料温度一般为 450℃，瞬间物料温度允许达到 800℃。

② 主要技术参数见表 10-17。

**表 10-17 MSR 系列高温埋刮板输送机的主要技术参数**

| 型号 | 槽宽/mm | 槽高/mm | 链速/(m/s) | 最大长度/mm | 最大粒度/mm | 输送量/($m^3$/h) |
|---|---|---|---|---|---|---|
| MSR 320 | 320 | 320 | 0.16 | 70 | 40 | 23 |
| | | | 0.20 | | | 30 |
| | | | 0.25 | | | 36 |
| | | | 0.32 | | | 47 |
| MSR 400 | 400 | 320 | 0.16 | 60 | 50 | 33 |
| | | | 0.20 | | | 41 |
| | | | 0.25 | | | 52 |
| | | | 0.32 | | | 66 |
| MSR 500 | 500 | 400 | 0.16 | 55 | 60 | 46 |
| | | | 0.20 | | | 58 |
| | | | 0.25 | | | 72 |
| | | | 0.32 | | | 92 |
| MSR 600 | 600 | 400 | 0.16 | 50 | 70 | 55 |
| | | | 0.20 | | | 69 |
| | | | 0.25 | | | 86 |
| | | | 0.32 | | | 110 |

注：1. 表中数据计算条件：输送机水平布置；输送效率 $\eta=0.4$；物料温度为 450℃。
2. 水平输送时，流动性大的物料 $\eta=0.4$，一般物料 $\eta=0.6$。
3. 倾斜输送时的输送效率应乘以倾斜系数 $K$，见表 10-18。

表 10-18 倾斜系数

| 倾角 | 0°～2.5° | >2.5°～5° | >5°～7.5° | >7.5°～10° | >10°～12.5° | >12.5°～15° |
|---|---|---|---|---|---|---|
| K | 1.0 | 0.95 | 0.90 | 0.85 | 0.80 | 0.70 |

(4) FU 系列链式输送机

① FU 型链式输送机（简称“链运机”）是引进国外先进技术设计制造成的一种用于水平（或倾斜角≤15°）输送粉状、粒状物料的机械新产品。

输送链以一定链速运行时，靠牵链的拉力作用，使封闭机槽内散料间的内摩擦力增大，当散料间的内摩擦力大于物料与机槽间的外摩擦力时，拉动物料与之形成稳定料流，即形成连续的整体流动，以达到输送目的。

该输送机的主要特点是节能高效，它是借助物料的内摩擦力，变推动物料为拉动，与螺旋输送机相比节电 40%～60%。同时，高效的输送机理允许在小容量空间内输送大量物料，高于传统型的 40%，输送能力达 500$m^3$/h。其次是密封安全，机壳完全密封，使粉尘无缝可钻，既防止了物料漏溢，也防止了雨水污染。再次，使用寿命长，主要运行部件输送链用合金钢经热处理手段加工而成，正常寿命大于 5 年，链上高强度套筒根据不同物料，寿命不小于 2～3 年。再则，布置灵活，可高架地面或地坑布置，可水平或爬坡不大于 15°，输送机中间机壳任意设置多个入料口和出料口。

② 主要技术参数。主要技术参数见表 10-19，表中 FU 后所标数字表示输送槽尺寸。

表 10-19 FU 系列链式输送机主要技术参数

| 机型 | 机槽宽度/mm | 理想粒度/mm | 10%最大粒度/mm | 输送链运行速度/(m/min) | | | | | | | 最大输送斜度 | 物料最大湿度 |
|---|---|---|---|---|---|---|---|---|---|---|---|---|
| | | | | 11 | 13.5 | 17 | 18.6 | 21 | 23 | 28 | | |
| | | | | 最大输送量/($m^3$/h) | | | | | | | | |
| FU150 | 150 | <4 | <8 | 10 | 12 | 15 | 16 | 18 | 20 | 25 | ≤15° | ≤5%（以手捏成团，撒手后仍能松散为度） |
| FU200 | 200 | <5 | <10 | 17 | 21 | 27 | 29 | 33 | 36 | 43 | | |
| FU270 | 270 | <7 | <14 | 31 | 38 | 48 | 53 | 60 | 65 | 80 | | |
| FU350 | 350 | <9 | <18 | 53 | 64 | 81 | 89 | 100 | 110 | 133 | | |
| FU410 | 410 | <11 | <22 | 72 | 88 | 111 | 122 | 137 | 150 | 182 | | |
| FU500 | 500 | <13 | <26 | 107 | 131 | 166 | 182 | 204 | 225 | 273 | | |
| FU600 | 600 | <15 | <30 | 155 | 189 | 239 | 261 | 295 | 323 | 400 | | |

③ 输送速度。输送速度根据物料的磨琢性确定，见表 10-20。

表 10-20 输送速度

| 磨琢性 | | 特强 | 强 | 中 | 低 |
|---|---|---|---|---|---|
| 输送速度/(m/min) | 推荐值 | 10 | 15 | 20 | 28 |
| | 最大值 | 15 | 20 | 30 | 40 |

④ 最适链速。水泥物料的最适链速见表 10-21。

表 10-21 水泥物料的最适链速

| 物料 | 生料细粉水泥成品 | 熟料细粉水泥成品 | 生料或熟料粗粉回粉 | |
|---|---|---|---|---|
| 料温/℃ | <60 | 60～120 | <60 | 60～120 |
| 最适链速/(m/min) | 15～20 | 10～13.5 | 10～12 | 10 |
| 最大链速/(m/min) | 25 | 15 | 13.5 | 12 |

**3. 选型图表**

（1）选型图　FU 型链式输送机选型见图 10-19。

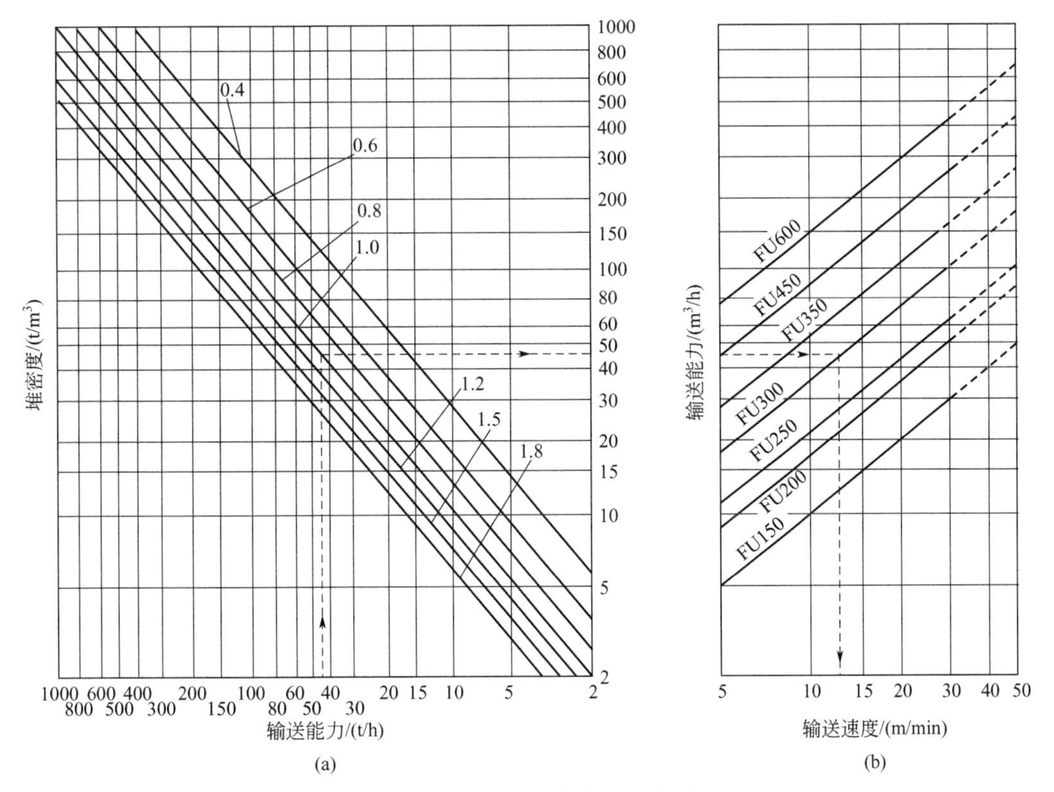


图 10-19　FU 型链式输送机选型

（2）选型示例　要输送堆密度 1.0t/m³ 的中等磨琢性的散装物料，水平输送长度 30m，输送量 45t/h，根据表 10-20 及图 10-19 所示，选择输送机的型号为 FU270，输送速度为 13.5m/min。

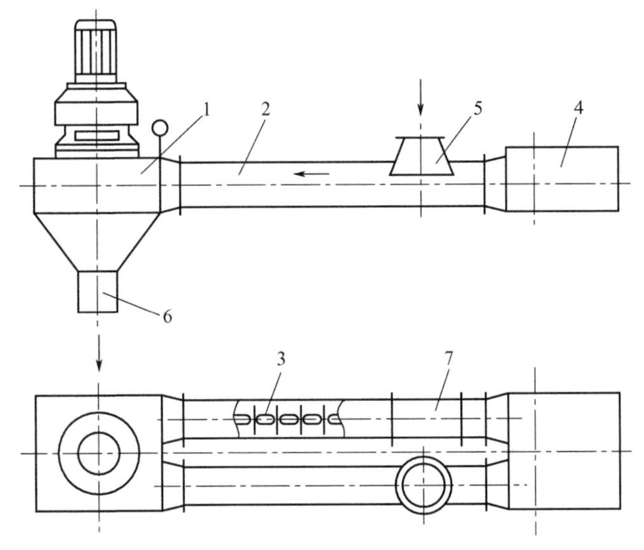


图 10-20　YL 型圆板拉链输送机的结构组成

1—驱动装置；2—输送管；3—圆板拉链；4—张紧装置；5—受料口；6—卸料口；7—检修段

#### 4. YL 型圆板拉链输送机

YL 型圆板拉链输送机是最新开发的新颖输送设备，其输送效率较高，密闭无尘，适用于工业粉体（<200℃输送，可以多点受料）。

（1）工作原理 圆板拉链在驱动装置作用下，在输送管内呈环形轨迹拉动，直向拉动方向与输送方向是一致的，故粉体同步被受拉而向前移动，达卸料口处便卸出。圆板拉链是环形运行，沿空管返回，从而完成粉体的密闭输送与卸料。

（2）结构组成 YL 型圆板拉链输送机的结构组成如图 10-20 所示。

（3）技术性能 YL 型圆板拉链输送机的技术特性见表 10-22。

表 10-22 YL 型圆板拉链输送机的技术特性

| 序号 | 型号 | 输送量/($m^3$/h) | 输送管直径/mm | 输送长度/m | 针摆减速机 | 主要尺寸/mm | 质量/kg |
|---|---|---|---|---|---|---|---|
| 1 | YL150-10-4 | 15～25 | $\phi$150 | 10 | XLD4-7-71 4kW | 12400×900×1400 | 2550 |
| | YL150-20-5.5 | | | 20 | XLD5.5-7-71 5.5kW | 22400×900×1400 | 3270 |
| | YL150-30-5.5 | | | 30 | XLD5.5-7-71 5.5kW | 32400×900×1400 | 4000 |
| | YL150-40-7.5 | | | 40 | XLD7.5-8-71 7.5kW | 42400×900×1640 | 4850 |
| | YL150-50-7.5 | | | 50 | XLD7.5-8-71 7.5kW | 52400×900×1640 | 5700 |
| 2 | YL200-10-5.5 | 25～45 | $\phi$200 | 10 | XLD5.5-7-71 5.5kW | 12600×1000×1400 | 3000 |
| | YL200-20-7.5 | | | 20 | XLD7.5-8-71 7.5kW | 22600×1000×1640 | 3850 |
| | YL200-30-7.5 | | | 30 | XLD7.5-8-71 7.5kW | 32600×1000×1640 | 4780 |
| | YL200-40-11 | | | 40 | XLD11-8-71 11kW | 42600×1000×1710 | 5670 |
| | YL200-50-11 | | | 50 | XLD11-8-71 11kW | 52600×1000×1710 | 6640 |
| 3 | YL250-10-7.5 | 45～75 | $\phi$250 | 10 | XLD7.5-8-71 7.5kW | 12600×1100×1640 | 3300 |
| | YL250-20-11 | | | 20 | XLD11-8-71 11kW | 22600×1100×1710 | 4240 |
| | YL250-30-11 | | | 30 | XLD11-8-71 11kW | 32600×1100×1710 | 5140 |
| | YL250-40-15 | | | 40 | XLD15-10-71 15kW | 42600×1100×1860 | 6560 |
| | YL250-50-15 | | | 50 | XLD15-10-71 15kW | 52600×1100×1860 | 7480 |
| 4 | YL300-10-11 | 75～100 | $\phi$300 | 10 | XLD11-8-71 11kW | 12800×1200×1710 | 4500 |
| | YL300-20-15 | | | 20 | XLD15-10-71 15kW | 22800×1200×1860 | 5780 |
| | YL300-30-15 | | | 30 | XLD15-10-71 15kW | 32800×1200×1860 | 7060 |
| | YL300-40-18.5 | | | 40 | XLD18.5-10-71 18.5kW | 42800×1200×1950 | 8360 |
| | YL300-50-18.5 | | | 50 | XLD18.5-10-71 18.5kW | 52800×1200×1950 | 9280 |

注：Y—圆板代号；L—拉链代号。

圆板拉链的线速度推荐值为 0.5～0.6m/s。

# 第五节　斗式提升机

## 一、工作原理

斗式提升机是将物料垂直向上连续输送的设备，如图 10-21 所示。工作时斗链不停运动，物料被提升上去。

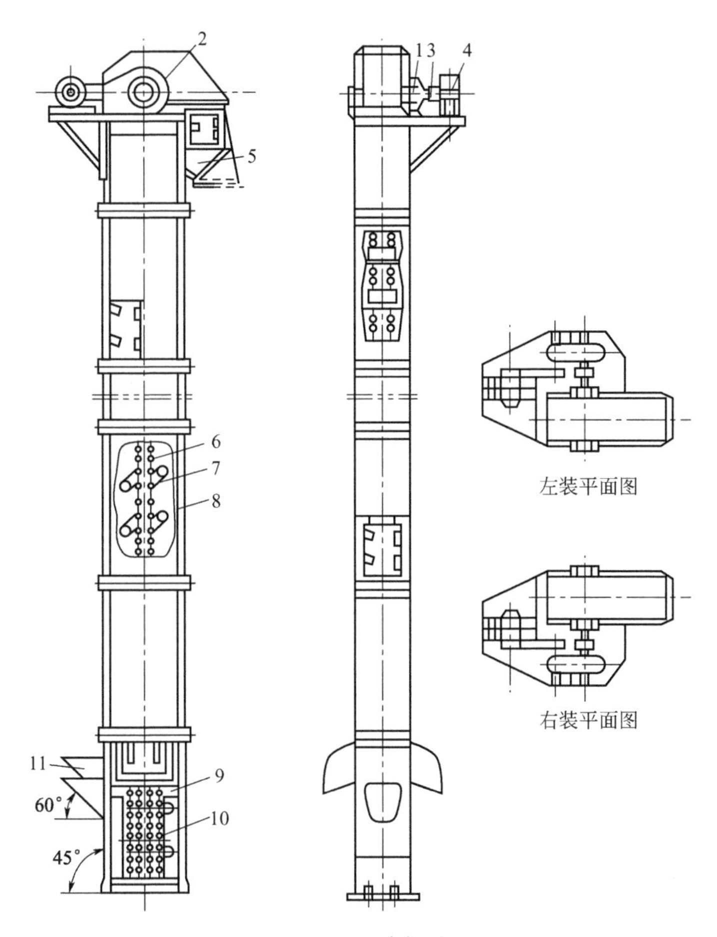


图 10-21　斗式提升机

1—电动机；2—驱动链轮；3—三角皮带传动（包括逆止联轴器）；4—减速机；5—出料口；6—链条；7—料斗；8—机壳；9—张紧装置；10—改向链轮；11—进料口

按物料的密度及尺寸，斗式提升机的结构有所不同。除尘设备所收集的粉尘大都是粉状、粒状、半磨性散状料，因此宜选用掏取法装载。离心投料运行的垂直离心式斗式提升机，其牵引件为环链。各种形式的斗式提升机的结构特征及适用范围见表 10-23。

**表 10-23　各种形式的斗式提升机的结构特征及适用范围**

| 形式 | D 型 | HL 型 | PL 型 |
|---|---|---|---|
| 牵引构件 | 橡胶带 | 锻造的环形链条 | 板链 |
| 卸载特征 | 间断布置料斗，快速离心卸料 | 间断布置料斗，料斗利用“掏取法”进行装载，用“离心抽取法”进行卸载 | 边板布置料斗，采用慢速重力卸载 |

续表

| 形式 | D型 | HL型 | PL型 |
| --- | --- | --- | --- |
| 适用输送物料 | 粉状、粒状的散状物料 | 粉状、粒状无磨琢性的物料 | 磨琢性的物料和易碎物料 |
| 适用温度 | 被输送物料温度不得超过60℃，如采用耐热橡胶带允许150℃ | 允许输送温度较高的物料 | 被输送物料的温度在250℃以下 |
| 型号 | D160，D250，D350，D450 | HL300，HL400 | PL250、PL350、PL450 约在5～30m范围内 |
| 高度/m | 约4～30 | 约4.5～30 | 约5～30 |
| 输送量/(t/h) | 3.1～66 | 16～47.2 | 22～100 |

斗式提升机的制法及代号见表10-24。

**表10-24 斗式提升机的制法及代号**

| 各种装法和制法 | | D型 | HL型 | PL型 | 代号注释 |
| --- | --- | --- | --- | --- | --- |
| 料斗 | S制法 | 0 | 0 | | 带有深圆底形料斗 |
| | Q制法 | 0 | 0 | | 带有浅圆底形料斗 |
| 卸料口 | $X_1$ 制法 | 0 | 0 | 0 | 带有与水平成45°倾斜法兰盘的卸料口 |
| | $X_2$ 制法 | 0 | 0 | 0 | 带有水平法兰盘的卸料口 |
| 进料口 | $J_1$ 制法 | 0 | 0 | 0 | 进料口的斜面与水平成45° |
| | $J_2$ 制法 | 0 | 0 | 0 | 进料口的斜面与水平成60° |
| 机壳侧面检视门 | $K_1$ 制法 | 0 | 0 | 0① | 中间机壳侧面带有下端左检视门 |
| | $K_2$ 制法 | 0 | 0 | 0① | 中间机壳侧面带有下端右检视门 |
| | $K_3$ 制法 | 0 | 0 | 0② | 中间机壳侧面带有上端左检视门 |
| | $K_4$ 制法 | 0 | 0 | 0② | 中间机壳侧面带有上端右检视门 |
| 机壳端面检视门 | $Z_1$ 制法 | 0 | 0 | 0 | 中间机壳端面带有下端检视门 |
| | $Z_2$ 制法 | 0 | 0 | 0 | 中间机壳端面带有上端检视门 |
| 提升机链条的形式 | $L_1$ 制法 | | | 0 | 牵引链条带有油杯(注油式) |
| | $L_2$ 制法 | | | 0 | 牵引链条不带油杯(非注油式) |
| 传动装置 | 左装 | 0 | 0 | 0 | 传动装置对本机相对位置 |
| | 右装 | 0 | 0 | 0 | 传动装置对本机相对位置 |

① 均称 $K_1$ 制法。

② 均称 $K_2$ 制法。

注：表中有“0”者均为允许的制法和装法。

## 二、选型计算

### 1. 生产能力的确定

斗式提升机输送物料的生产能力可按下式计算：

$$G=3.6\frac{V_0}{a_0}v\rho_V\phi \tag{10-7}$$

式中，$G$ 为斗式提升机生产能力，t/h；$V_0$ 为料斗容积，L；$a_0$ 为料斗间距，m；$v$ 为料斗提升速度，m/s；$\rho_V$ 为物料堆积密度，t/m$^3$；$\phi$ 为充填系数，粉末状物料为0.75～0.95，潮湿的粉末状和粒状物料为0.6～0.7。

由于供料不均匀性，实际平均生产能力（$G'$）要小于式(10-7)的计算值，即：

$$G'=(0.6\sim0.8)G \tag{10-8}$$

**2. 料斗的选择**

S制法为深料斗，适于用来输送干燥、松散的易散落的物料；Q制法为浅料斗，适用于输送湿的、易结块而难以散落的物料。根据式(10-7) 可求得 $V_0/a_0$ 值。HL型斗式提升机的料斗间距和容积见表10-25。

**表 10-25　HL型斗式提升机的料斗间距和容积**

| 斗式提升机型号 | 斗宽/mm | 料斗制法 | $V_0/a_0$ 值/(L/m) | 料斗间距 $a_0$/m | 料斗容积 $V_0$/L |
|---|---|---|---|---|---|
| HL型 | 300 | S | 10.40 | 0.5 | 5.20 |
| | | Q | 8.80 | 0.5 | 4.40 |
| | 400 | S | 17.50 | 0.6 | 10.50 |
| | | Q | 16.70 | 0.6 | 10.00 |

**3. 功率计算**

斗式提升机驱动轴上的功率，可近似地按下式计算：

$$P_0=\frac{H}{367}(1.15+K_1K_2v) \tag{10-9}$$

式中，$P_0$ 为驱动滚筒式链轮轴上的功率，kW；$H$ 为提升高度，m；$v$ 为运行速度，m/s；$K_1$ 为系数，对单链或双链、浅斗或深斗，均为1.3；$K_2$ 为随生产能力而取的系数，见表10-26。

**表 10-26　$K_2$ 系数**

| 生产能力/(t/h) | 深斗和浅斗 | |
|---|---|---|
| | 单链式 | 双链式 |
| <10 | 1.1 | — |
| 10～25 | 0.8 | 1.2 |
| 25～50 | 0.6 | 1.0 |
| 50～100 | 0.5 | 0.8 |
| >100 | — | 0.6 |

电动机所需功率按下式计算：

$$P=\frac{P_0}{\eta}K' \tag{10-10}$$

$$\eta=\eta_1\eta_2 \tag{10-11}$$

式中，$P$ 为电动机功率，kW；$\eta$ 为传动装置总效率；$\eta_1$ 为LQ型减速器的传动效率，$\eta_1=0.94$；$\eta_2$ 为三角皮带的传动效率，$\eta_2=0.95$；$K'$为功率储备系数（当 $H<10$m 时，$K'=1.45$；$10\text{m}\leqslant H\leqslant 20\text{m}$ 时，$K'=1.25$；$H>20$m 时，$K'=1.15$）。

## 三、HL型斗式提升机

**1. 结构**

本系列提升机由传动部分、上部机壳、下部机壳、中间机壳及运行部分组成。

(1) 传动部分　传动部分在机体上部，由Y系列电动机、三角皮带、ZQ型减速机、联轴器等部件组成。为了防止偶然原因所引起的停车、由物料自重所引起的倒转，在传动部分中设有逆止制动装置。

(2) 上部机壳　上部机壳位于本机顶部，和传动部分装在一起，它由起支承作用的上部机壳和由传动部分驱动的主动链轮组（包括能自动调心的轴承组）所组成，主动链轮的转动使运行部分的工作边由下向上运行。

(3) 下部机壳　下部机壳位于本机底部，由起支承作用的下部机壳、拉紧运行部分的从动链轮组（包括调心轴承组）及调整运行部分松紧程度的拉紧装置组成。

(4) 中间机壳　中间机壳由起防护和支承作用的不同规格的中间机壳组成。

(5) 运行部分　运行部分由环链、链环钩和料斗组成，环链在上部分主动链轮组的驱动和下部分从动链轮组的拉紧下，使固定在其上的料斗平稳地运动，使物料由下部进料口装入料斗，由下向上运行，到上部出料口卸出，完成物料的输送工作。

**2. 性能**

HL 型斗式提升机的输送量性能见表 10-27。

**表 10-27　HL 型斗式提升机的输送量性能**

| 提升机型号 | | HL300 | | HL400 | |
|---|---|---|---|---|---|
| | | S 制法 | Q 制法 | S 制法 | Q 制法 |
| 输送量/($m^3$/h) | | 28 | 16 | 47.2 | 30 |
| 料斗 | 容量/L | 5.2 | 4.4 | 10.5 | 10 |
| | 斗距/mm | 500 | | 600 | |
| 每米长度料斗及牵引链条质量/(kg/m) | | 24.8 | 24 | 29.2 | 28.3 |
| 牵引链条 | 形式 | 锻造环形链 | | | |
| | 圆钢直径/mm | 18 | | | |
| | 节距/mm | 50 | | | |
| | 破断负荷/kN | 128 | | | |
| 料斗运行速度/(m/s) | | 1.25 | | | |
| 传动链轮轴转数/(r/min) | | 37.5 | | | |

注：表中的输送量对于 S 制法的料斗按填充系数 $\psi=0.6$ 计算得出；对于 Q 制法的料斗按填充系数 $\psi=0.4$ 计算得出。

当填充系数 $\psi=1$ 时，对于各种输送物料的最大许用高度 $H$ 及相应的传动链轮轴上所需的功率 $P_0$ 见表 10-28。

**表 10-28　HL 型斗式提升机对物料的最大许用高度 $H$ 及所需功率**

| 提升机型号 | | HL300 | | | | HL400 | | | |
|---|---|---|---|---|---|---|---|---|---|
| | | S 制法 | | Q 制法 | | S 制法 | | Q 制法 | |
| | | $H$/m | $P_0$/kW | $H$/m | $P_0$/kW | $H$/m | $P_0$/kW | $H$/m | $P_0$/kW |
| 输送物料的堆积密度/(t/m) | 0.8 | 59 | 6.35 | 64 | 4.36 | 30 | 7.0 | 33 | 6.3 |
| | 1.0 | 52 | 7.55 | 60 | 5.12 | 27 | 7.6 | 30 | 7.0 |
| | 1.25 | 41 | 8.70 | 49 | 5.30 | 23 | 8.0 | 26 | 7.6 |
| | 1.6 | 31 | 9.70 | 39 | 5.30 | 18.5 | 8.4 | 22 | 8.2 |
| | 2.0 | 24 | 9.70 | 29 | 5.35 | 15 | 8.6 | 18 | 8.4 |

## 第六节　3GY 型粉体无尘装车机

按工艺流程设置，需要汽运或火车运输，也就是高位料仓（包括高温≤250℃，高压

0.15～0.30MPa）的粉体放料，目前国内采取以下3种方式。

（1）高位溜管向车厢（火车或汽车）内自由放料，放料时粉尘四处飞扬，严重污染环境。

（2）经加湿装置，提高粉体含水率，实行湿式装车，从而抑制粉尘逸散。但有局限性，在北方地区因冬季高寒结冻不能应用。

（3）真空抽吸箱子化装车机，受工艺匹配关系的约束，有一定的局限性。

3GY型粉体无尘装车机是采用高新技术研制的最新专利产品，适用于各工业行业高温、高压、高位料仓放料的无尘装车，也适用于一般作业高位料仓放料无尘装车。

## 一、工作原理

3GY型粉体无尘装车机是基于密闭输送、最小落差、零压输送、软连接及程序控制，综合研制成功的新型装车机。

密闭输送是限制粉体在全过程输送中呈密闭状态，防止粉尘逸出。

采用最小落差是减小粉体粒子重力加速度，防止粉体落下时因冲激扩散而造成污染，依靠机体升降装置将出料口与落料点的距离控制（手动、自动）为最小（佳）值，把粉体落地时的二次飞扬降低到最小程度。

而零压输送导出是应用气体力学的连通器原理，让输送系统内全压与出料口大气压力贯通，依靠袋滤器泄压、除尘与接零，即使出料口气体动压为零，从而消除出料口全压扬尘；软连接承担机体铰接升降、回转和形变收容。所有功能通过程序控制来实现，换言之，高位料仓内的粉体，在高温、高压和重力作用下，依靠两级卸料器的开闭作用，依次进入圆板拉链输送机，最后进入车厢（火车、汽车或集尘箱）。装料过程的料位控制由机体提升与调节装置来执行；机体转位由链接支座支撑；系统由程序操作控制装置来完成。

## 二、分类与构造

3GY型粉尘无尘装车机分高压（0.15～0.3MPa）与常压（无压）两种。

（1）常压时其安装形式见图10-22。

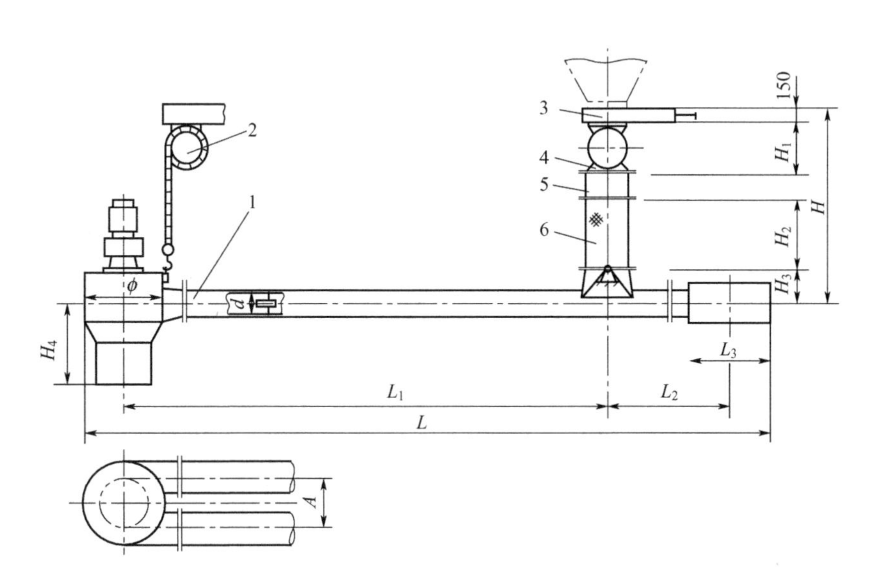


图10-22　常压时3GY型粉体无尘装车机安装形式

1—圆板拉链机；2—电动葫芦；3—插板阀；4—星形卸料器；5—调节器；6—柔性弯管

（2）高压时其安装形式见图10-23。

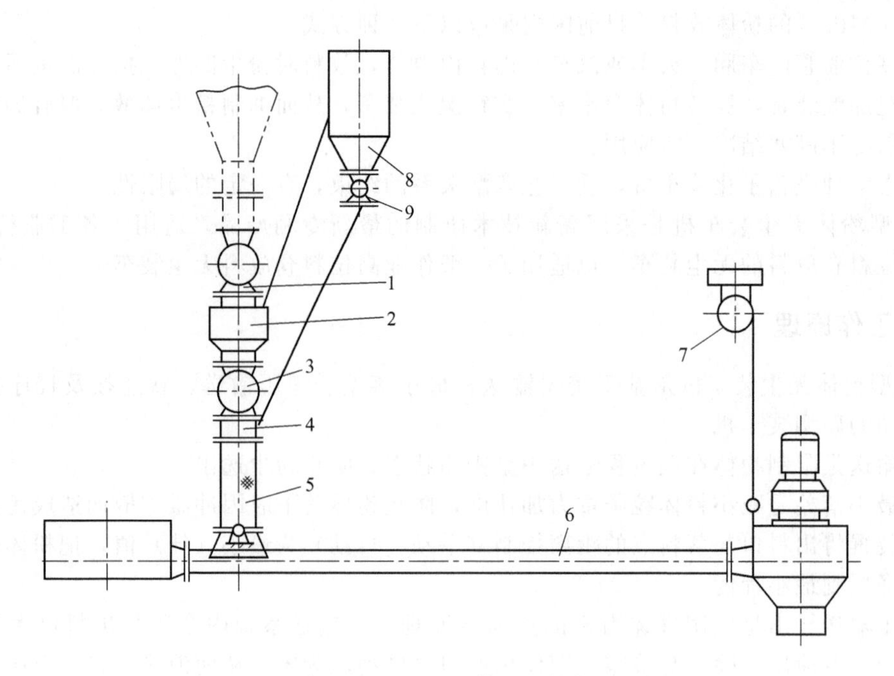


图 10-23 高压时 3GY 型粉体无尘装车机安装形式

1,3—星形卸料器；2—缓冲仓；4—调节管；5—柔性弯管；6—圆板拉链机；7—电动葫芦；8—除尘器；9—星形卸灰阀

## 三、选型应用

### 1. 粉体输送量、压力、温度、长度、落差的选用

根据粉体输送量、压力、温度、长度、落差的不同选用之，3GY 型粉体无尘装车机的技术特性见表 10-29。

**表 10-29 3GY 型粉体无尘装车机的技术特性**

| 序号 | 型号 | 输送量/($m^3$/h) | 输送管直径/mm | 输送长度/m | 主机容量/kW | 外形尺寸/mm | 质量/kg |
|---|---|---|---|---|---|---|---|
| 1 | 3GY150-3.5-4<br>3GY150-5-4<br>3GY150-7.5-5.5 | 15～25 | 150 | 3.5<br>5<br>7.5 | 4<br>4<br>5.5 | 5650×800×2500<br>7150×800×2500<br>9650×800×2500 | 2750<br>2900<br>3100 |
| 2 | 3GY200-3.5-5.5<br>3GY200-5-5.5<br>3GY200-7.5-7.5 | 25～40 | 200 | 3.5<br>5<br>7.5 | 5.5<br>5.5<br>7.5 | 5750×900×2600<br>7250×900×2600<br>9750×900×2600 | 3130<br>3350<br>3600 |
| 3 | 3GY250-4-7.5<br>3GY250-5-7.5<br>3GY250-7.5-11 | 45～70 | 250 | 4<br>5<br>7.5 | 7.5<br>7.5<br>11 | 6550×1040×3050<br>7550×1040×3050<br>10050×1040×3050 | 3630<br>3750<br>4050 |
| 4 | 3GY300-4-11<br>3GY300-5-11<br>3GY300-7.5-11 | 75～100 | 300 | 4<br>5<br>7.5 | 11<br>11<br>11 | 6750×1200×3150<br>7750×1200×3150<br>10250×1200×3150 | 4420<br>4580<br>4950 |

### 2. 电力负荷分布

电力负荷分布见表 10-30。

表 10-30　电力负荷分布

| 产品型号 | 电力负荷/kW | | | | 适用条件 |
|---|---|---|---|---|---|
| | 圆板拉链输送机 | 星形卸料器 | 电动葫芦 | 合计 | |
| 3GY150 | 4～5.5 | 1×2.2 | 4.5 | 10.7～12.2 | 无压 |
| 3GY200 | 5.5～7.5 | 1×2.2 | 4.5 | 12.2～14.2 | 无压 |
| 3GY250 | 7.5～11 | 2×3.0 | 7.5 | 21～24.5 | 有压 |
| 3GY300 | 11 | 2×4.0 | 7.5 | 36.5 | 有压 |

**3. 配套件安装尺寸**

配套件安装尺寸见表 10-31。

表 10-31　配套件安装尺寸

| 序号 | 安装尺寸 | 3GY150 | 3GY200 | 3GY250 | 3GY300 | 备注 |
|---|---|---|---|---|---|---|
| 1 | 球形卸灰阀规格<br>高度/mm | HQ947F-300<br>700 | HQ947F-300<br>700 | HQ947F-350<br>800 | HQ947F-350<br>800 | 原有工艺设备 |
| 2 | 星形卸料器规格 | YXB300Y(F) | YXB300Y(F) | YXB400Y(F) | YXB/T400Y(F) | |
| 3 | 缓冲仓规格 | H300×800 | H300×900 | H400×950 | H400×1000 | |
| 4 | 圆板拉链机规格<br>长度/mm | YL150<br>6000(4000) | YL200<br>6000(4000) | YL250<br>6000(4500) | YL300<br>6000(4500) | |
| 5 | 柔性装置规格/mm | $\phi$300 | $\phi$300 | $\phi$400 | $\phi$400 | |
| 6 | 袋滤器规格<br>过滤面积/m² | HF36<br>36 | HF42<br>42 | HF48<br>48 | HF60<br>60 | |
| 7 | 电动葫芦规格<br>起重量/t | $CD_1$2-9D<br>2 | $CD_1$3-9D<br>3 | $CD_1$5-9D<br>5 | $CD_1$5-9D<br>5 | |

注：括号内为装汽车，括号外为装火车。

**4. 3GY 型粉体无尘装车机安装尺寸**

3GY 型粉体无尘装车机的安装尺寸见表 10-32。

表 10-32　3GY 型粉体无尘装车机的安装尺寸　　单位：mm

| 尺寸代号 | 3GY150 | 3GY200 | 3GY250 | 3GY300 |
|---|---|---|---|---|
| $d$ | 150 | 200 | 250 | 300 |
| $A$ | 420 | 470 | 540 | 640 |
| $L$ | 6250 | 6400 | 7150 | 7300 |
| $L_1$ | 4000 | 4000 | 4500 | 4500 |
| $L_2$ | 800 | 1900 | 2100 | 2200 |
| $L_3$ | 850 | 850 | 850 | 850 |
| $\phi$ | 900 | 1000 | 1100 | 1200 |
| $H$ | 1800 | 2050 | 2400 | 2400 |
| $H_1$ | 400 | 600 | 700 | 700 |
| $H_2$ | 800 | 800 | 1000 | 1000 |
| $H_3$ | 300 | 300 | 350 | 350 |
| $H_4$ | 800 | 800 | 900 | 1000 |

# 第七节 气力输送装置

## 一、气力输送原理

气力输送是在管道内利用气体将物料从一处输送到另一处的管道输送设备。

在气力输送过程中，物料颗粒的运动状态受输送气流所支配，随着输送气流的变化而变化。在高速流动时，物料颗粒呈均匀悬浮态运动；随着气速的降低，颗粒呈非均匀悬浮态流动，进而呈现疏密不匀的流动状态；当气流速度小于某一定值时，物料开始聚集，呈集团脉动状，仍被空气流动而输送；继续降低气流速度，物料堵塞管道截面，形成不稳定的料栓，一边滑动，一边被推进向前移动。因此，气力输送按基本原理分为以下两大类。

(1) 悬浮输送：利用气流的功能（动压输送）。

(2) 推动输送：利用气体的压力（静压输送）。

## 二、气力输送特点

**1. 优点**

(1) 输送效率高。整个输送过程完全密闭，受气候环境条件的影响小，改善工人工作条件且运送的物料不致吸湿、污损或混入其他杂质。

(2) 工艺布置灵活，可远距离输送，垂直提升，容易选择输送线路。

(3) 可同时配合进行各种工艺过程，如混合、粉碎、分级、烘干等，也可以进行某些化学反应。

(4) 对不稳定的化学物品或易爆的物料可用惰性气体输送。

(5) 易于对整个系统集中控制，实现程序自动化。

**2. 缺点**

(1) 与其他输送设备比，能耗较高。

(2) 对输送物料的块度、黏性与湿度有一定的限制。

(3) 设备投资较大。

## 三、气力输送设计计算

**1. 设计的原始资料**

(1) 物料的特性，如物料的粒度分布、形状、质量、相对密度、悬浮速度、水分、吸湿性、摩擦角、流动性、破碎性、腐蚀性、磨琢性、静电效应、有无毒性、放射性等。

(2) 输送能力，如昼夜总输送能力、供料变动率、最大和最小允许输送能力等。

(3) 输送装置前后和机械的连接情况。

(4) 储存仓的容量。

(5) 管道布置情况，如水平、垂直、倾斜输送管的长度、弯管数量和转弯角度等。

(6) 装置运转管理条件，如是否自动控制、遥控和连锁、装置修理、保养要求等。

(7) 安装地点情况，如码头、仓库、厂房结构、承载能力、气象条件等。

(8) 电源有关参数。

(9) 对噪声控制、粉尘危害防止等要求。

**2. 输送能力**

气力输送装置的输送能力可按下式计算：

$$Q=K_yK_j\frac{Q_t}{T} \tag{10-12}$$

式中，$Q$ 为设计输送能力，t/h；$Q_t$ 为要求的输送能力，t/h；$T$ 为一昼夜工作小时数，h；$K_y$ 为物料输送不均匀系数，供料器供料时 $K_y=1.15$；$K_j$ 为考虑远景发展系数，$K_j=1.25\sim1.6$。

**3. 混合比**

指料气输送比，即单位时间内输送物料的质量与同一时间所需气体质量之比，可用 $m$ 表示。当混合比大时，输送量高，输送用的空气量降低，因而功率耗量小，则运行费用低。但混合比过大时，输送管道易产生堵塞，压损增大，要求气源设备压力较高。所以混合比受气源设备的压力、物料特性、输送方式及输送条件（距离）等因素的限制。参考实践经验来选定合适的混合比，见表 10-33。

**表 10-33　常用混合比**

| 输送形式 | 粉尘性质 | 压力/kPa | 输送速度/(m/s) | 混合比/(kg/kg) |
|---|---|---|---|---|
| 低负压式 | 流动性好 | <12<br>12～20 | 10 以下<br>10～20 | 0.35～1.2<br>1.2～1.8 |
| 高负压式 | 流动性好<br>流动性不好 | 20～50<br>20～50 | 20～30<br>20～30 | 4～10<br>2～4 |
| 低正压式 | 流动性不好 | <50 | 10～20 | 1～5 |
| 高正压式 | 流动性不好 | 100～500 | 15～25 | 5～10 |

**4. 悬浮速度**

如果气流的上升速度 $v$ 等于物料颗粒本身的向下沉降速度 $v_t$ 时，物料就会悬浮在气流中，形成稀相气力输送的基本条件，此时的气流速度称为该物料的悬浮速度 $v_t$。$v_t$ 与 $v$ 在数值上相等，而方向相反，当 $v>v_t$ 时，物料随气流飞翔向前。

粉尘颗粒的悬浮速度一般通过试验测定来确定，也可通过线解图 10-24～图 10-26，求得球形颗粒的悬浮速度（$v_s$），然后用形状系数修正，即：

$$v_t=0.6v_s \quad (\mathrm{m/s}) \tag{10-13}$$

**5. 输送气流速度**

各种物料的合适输送气流速度称为安全速度，也称经济速度。通常按“安全速度”确定供料点起始段的管道直径。在长距离、高压输送中，输送气流速度随输送距离增大而增大，为使输送气流速度处在合适的范围内，往往采取逐段扩大管径的办法，设计时供料点的输送气流速度最好较“安全速度”大 10%～30%。最好是采取已有运行系统的经验数据，部分物料的输送速度见表 10-34。

**表 10-34　部分物料的悬浮速度及输送速度**

| 物料名称 | 平均粒径/mm | 密度/(kg/m³) | 体积密度/(kg/m³) | 悬浮速度/(m/s) | 输送风速/(m/s) |
|---|---|---|---|---|---|
| 茶叶<br>煤粉<br>煤灰<br>水泥<br>陶土、黏土<br>锯末、刨花 | 0.01～0.03 | 800～1200<br>1400～1600<br>2000～2500<br>3200<br>2300～2700<br>750 | 1100 | 0.223 | 13～15<br>15～22<br>20～25<br>10～25<br>16～23<br>12～19 |

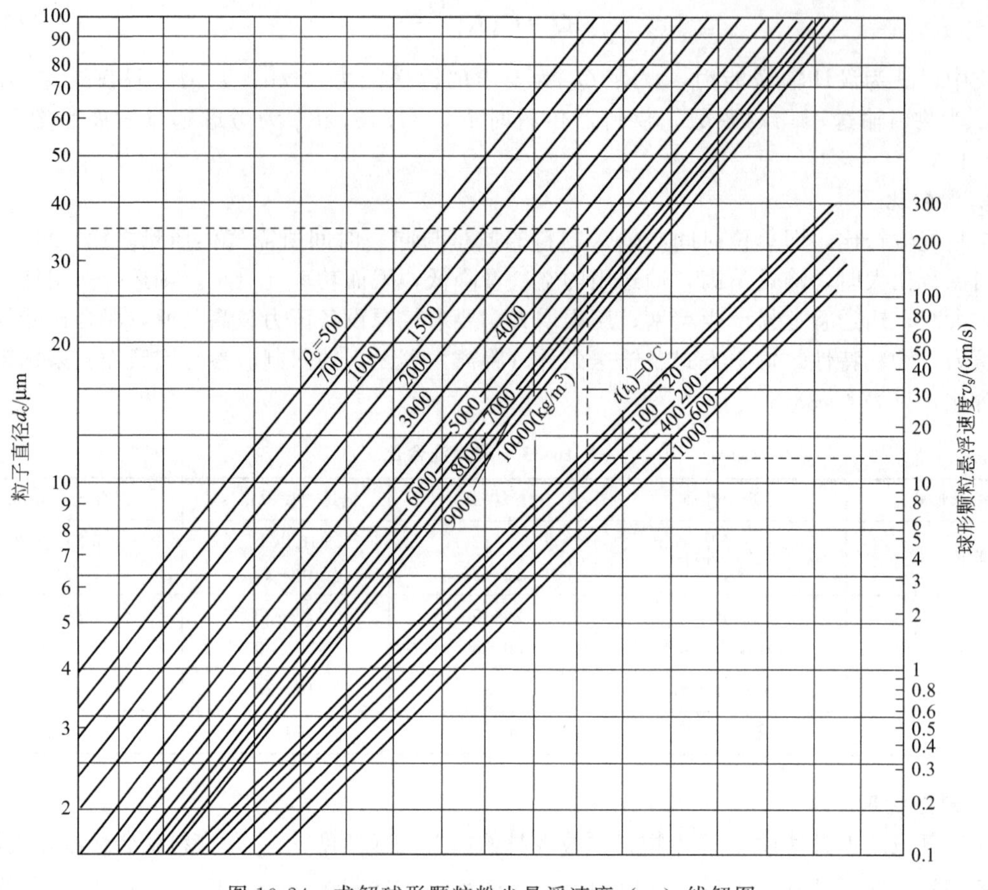


图 10-24 求解球形颗粒粉尘悬浮速度（$v_s$）线解图

（适用于 $d_c$<100μm）

## 四、气力输送设备

**1. 螺旋泵**

（1）螺旋泵属高压输送设备，体积小，设备质量较轻，输送能力强，占空间较小，安装简单。其缺点是，当输送磨琢性高的物料时，叶片磨损严重，检修较频繁。螺旋泵的输送能力按下式计算：

$$G=\frac{\pi}{4}(D^2-d^2)(s-\delta)Kn\rho\times 60 \tag{10-14}$$

式中，$G$ 为螺旋泵的输送能力，t/h；$D$ 为螺旋筒直径，m；$d$ 为螺旋杆直径，m；$s$ 为螺旋出口端的螺距，m；$\delta$ 为螺旋叶片厚度，m；$n$ 为螺旋转速，m/min；$\rho$ 为物料堆密度，t/m³；$K$ 为常数，$K$ 一般取值 0.35～0.40。

（2）M 型 F-K 螺旋泵。

① 简介。M 型 F-K 螺旋泵简称富乐泵，是为输送粉状物料而设计的，属于重载荷气力输送泵。规格为 150～350mm，输送能力最大可达 415m³/h，物料可被输送到任何管线可及之地，输送距离达 1372m，广泛用于建材、电力、化工、冶金、煤炭、运输等行业。富乐泵主要由螺旋轴、进料箱、套筒、混合箱、卸料箱、轴承座、止回阀、底座等组成。需要输送的物料进入进料箱后，螺旋轴将物料通过套筒推至混合箱中，混合箱喷出的压缩空气流使物料流态化并沿管道输送到卸料点。富乐泵分为普通型和防爆型。防爆型主要用于水泥厂中干燥易爆的

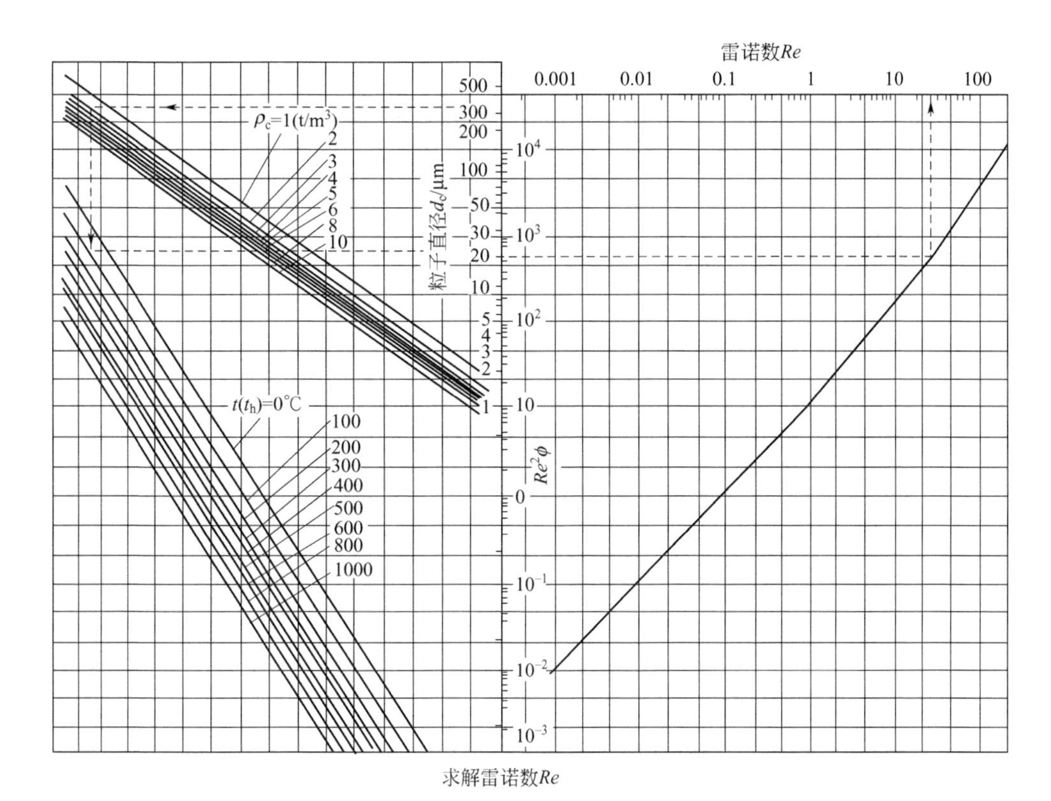


图 10-25　求解球形颗粒粉尘悬浮速度（$v_s$）线解图

（适用于 100μm<$d_c$≤500μm）

细煤粉的喂料和其他易爆粉状物料的输送。普通型适用于物料温度在200℃以下的情况。出料方式有垂直卸料和平行卸料方式，卸料箱（垂直或平行方式）可安装在泵的左侧或右侧，以适应输送管路布置的要求。

② 性能参数见表 10-35。

**表 10-35　M 型 F-K 螺旋泵的性能参数**

| 规格 | 螺旋直径/mm | 螺杆螺距/mm×mm | 容积输送能力/(m³/h) | 风压/MPa |
|---|---|---|---|---|
| M150 | 150 | 150×100 | 约 13 | 0.02～0.24 |
| M200 | 200 | 100×75 | 约 25 | |
| | | 110×75 | 约 33 | |
| | | 150×100 | 约 44 | |
| | | 190×120 | 约 56 | |
| M250 | 250 | 140×90 | 约 97 | |
| | | 190×120 | 约 103 | |
| | | 230×150 | 约 122 | |
| M300 | 300 | 220×140 | 约 190 | |
| | | 300×300 | 约 258 | |
| M350 | 350 | 240×185 | 约 317 | |
| | | 330×240 | 约 415 | |

注：质量输送能力（t/h）=体积输送能力（m³/h）×物料的堆密度（t/m³）。

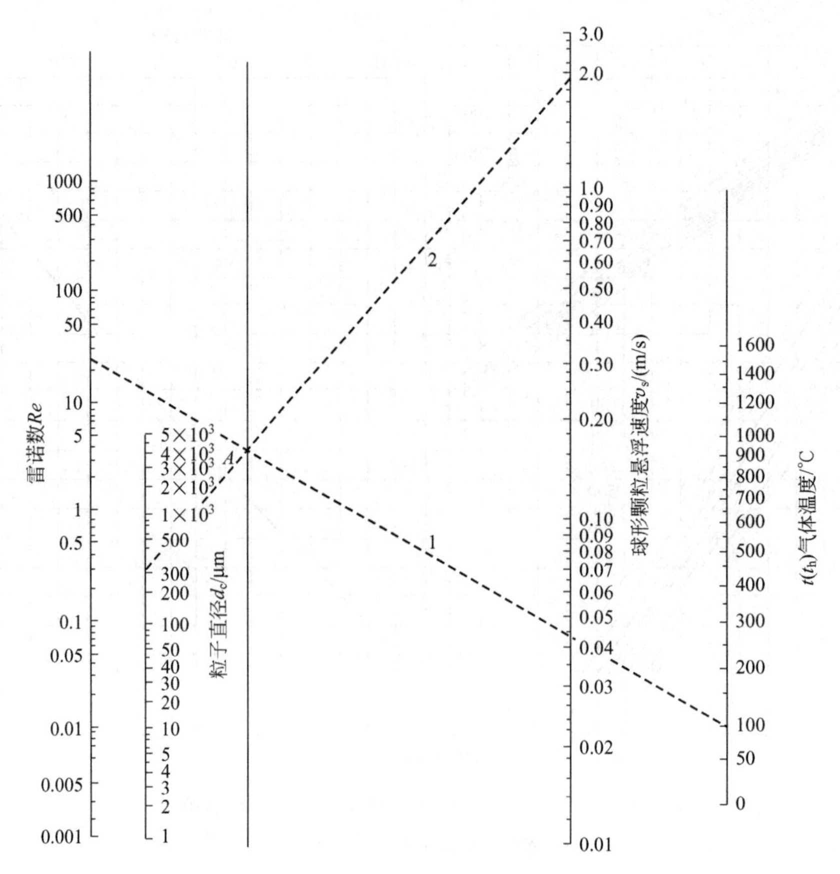


图 10-26 求解球形颗粒粉尘悬浮速度线解图

（适用于 $5\mu m < d_c \leqslant 500\mu m$）

③ 垂直卸料的 M 型泵的尺寸见图 10-27 及表 10-36。

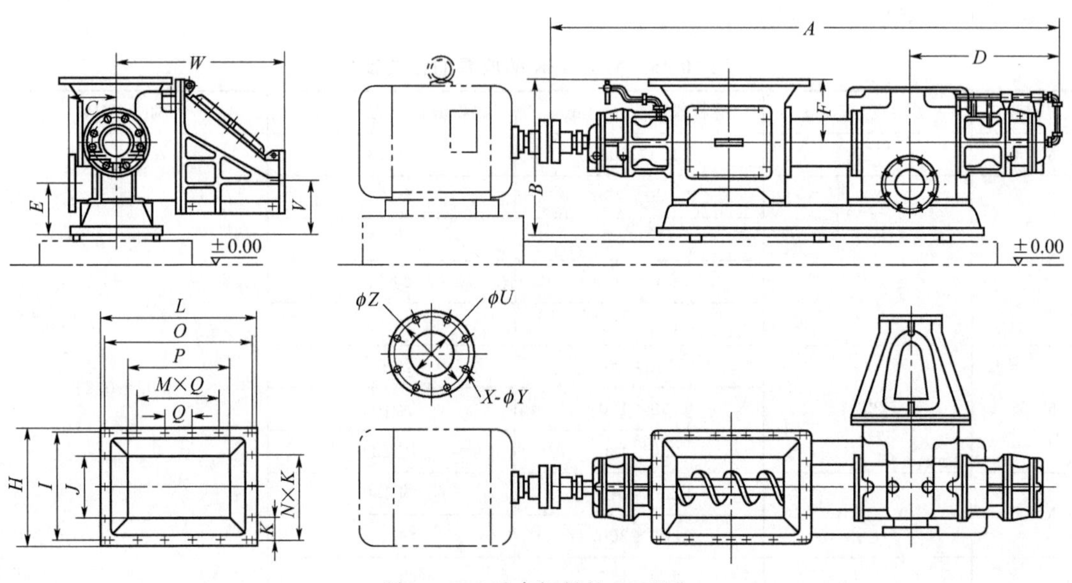


图 10-27 垂直卸料的 M 型泵

表 10-36　垂直卸料的 M 型泵的尺寸

| 型号 | A/mm | B/mm | C/mm | D/mm | E/mm | F/mm | G/mm | H/mm | I/mm | J/mm | K/mm | L/mm | M/mm | N/mm |
|---|---|---|---|---|---|---|---|---|---|---|---|---|---|---|
| M150 | 2195 | 710 | 215 | 592 | 235 | 290 | 18 | 530 | 490 | 430 | 130 | 720 | 5 | 2 |
| M200 | 2575 | 785 | 260 | 705 | 260 | 320 | 18 | 600 | 560 | 500 | 130 | 780 | 5 | 3 |
| M250 | 2870 | 890 | 300 | 785 | 305 | 360 | 18 | 720 | 680 | 600 | 150 | 880 | 5 | 4 |
| M300 | 3245 | 1155 | 395 | 825 | 385 | 405 | 22 | 840 | 790 | 710 | 150 | 970 | 5 | 4 |
| M350 | 3733 | 1095 | 882 | 683 | 445 | 350 | 22 | 780 | 730 | 610 | 150 | 830 | 4 | 4 |

| 型号 | O/mm | P/mm | Q/mm | U/mm | V/mm | W/mm | X/mm | Y/mm | Z/mm | 质量/kg |
|---|---|---|---|---|---|---|---|---|---|---|
| M150 | 680 | 620 | 130 | 150 | 245 | 777 | 8 | 22 | 241 | 1146 |
| M200 | 740 | 680 | 130 | 200 | 285 | 897 | 8 | 22 | 299 | 1591 |
| | | | | 250* | 310 | 927 | 12 | 25 | 362 | |
| M250 | 840 | 760 | 150 | 200 | 305 | 862 | 8 | 22 | 299 | 2308 |
| | | | | 300 | 355 | 942 | 12 | 25 | 432 | 2598 |
| M300 | 920 | 840 | 150 | 250 | 465 | 1142 | 12 | 25 | 362 | 4456 |
| | | | | 400* | 460 | 1217 | 16 | 30 | 540 | |
| M350 | 780 | 660 | 150 | 330 | 445 | 882 | 12 | 28 | 476 | 5443 |

注：1. 带 * 项为将开发产品。
2. 所列质量值不包括电机重。

④ 平行卸料的 M 型泵的尺寸见图 10-28 及表 10-37。

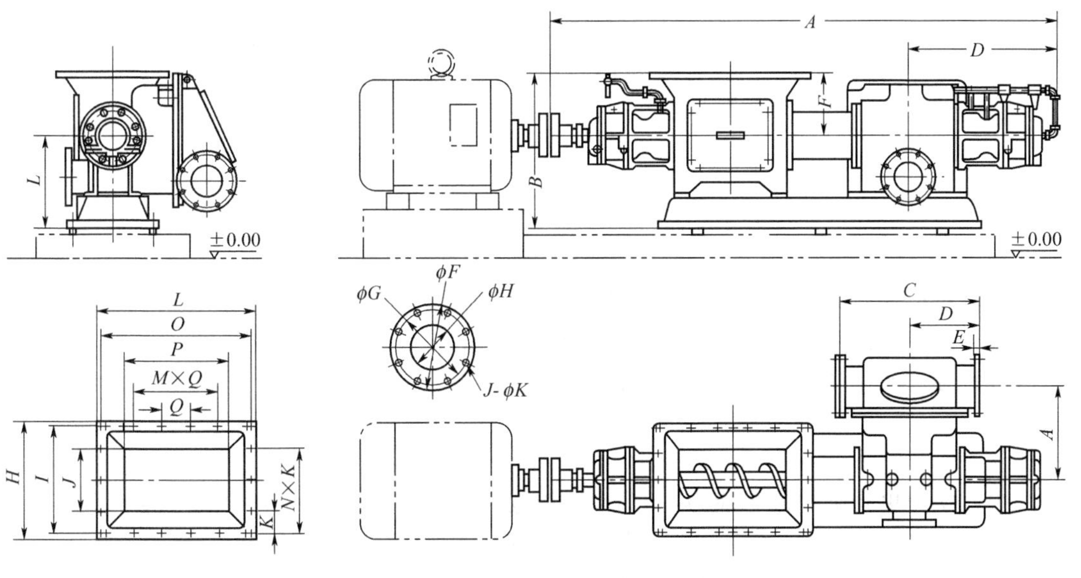


图 10-28　平行卸料的 M 型泵

**2. 仓式泵**

仓式泵是充气罐式输送装置，它用于压送式气力输送系统中，可做远距离的输送。泵体内的粉状物料与充入的压缩空气相混合，形成似流体状的气固混合物，借助泵体内的压力差实现混合物的流动，经输料管输送至储料设备。

表 10-37 平行卸料的 M 型泵的尺寸

| 型号 | $A$ /mm | $B$ /mm | $C$ /mm | $D$ /mm | $E$ /mm | $F$ /mm | $G$ /mm | $H$ /mm | $J$ /mm | $K$ /mm | $L$ /mm | 质量/kg |
|---|---|---|---|---|---|---|---|---|---|---|---|---|
| M150P | 422 | 210 | 650 | 325 | 20 | 280 | 241 | 150 | 8 | 22 | 420 | 1162 |
| M200P | 507 | 230 | 760 | 380 | 25 | 345 | 298 | 200 | 16 | 22 | 465 | 1811 |
| M250P | 574 | 230 | 840 | 420 | 25 | 405 | 362 | 250 | 12 | 25 | 530 | 2309 |
| M300P | 672 | 335 | 990 | 495 | 30 | 483 | 432 | 300 | 12 | 26 | 750 | 4425 |

注：1. 所列质量值不包括电机重。

2. 其余未列尺寸请参照垂直卸料 M 泵尺寸。

仓式泵结构坚固，密封性好，输送能力大，输送距离较长，能满足生产要求，它结构简单，动力源为压缩空气，没有与物料接触的转动部件，故障少，运行可靠性好，见图 10-29。

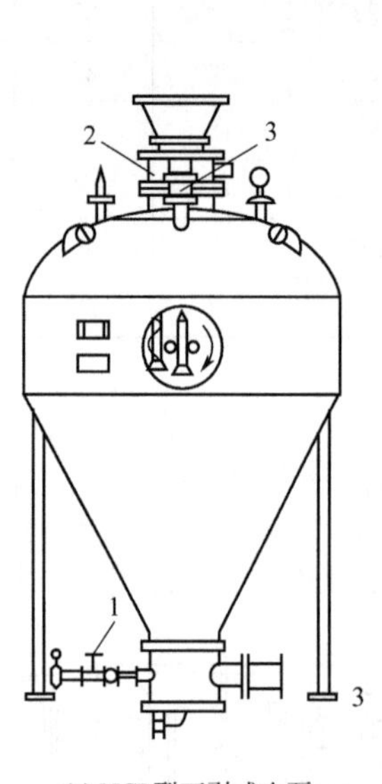


(a) NCP型下引式仓泵

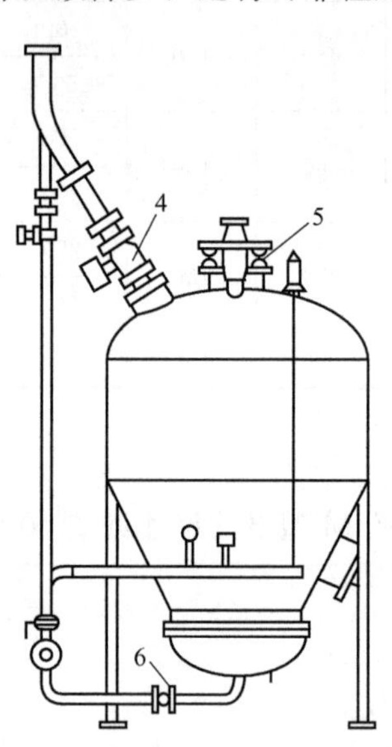


(b) NCD型上引式仓泵

图 10-29 仓式泵

1,6—进气阀；2,5—进料阀；3,4—出料阀

按出料口位置不同分为上引式、下引式；按运行形式不同分为单仓泵、双仓泵。容积范围为 0.25～10m³，输送距离最大为 1800m，输送能力最大为 71t/h。

(1) 单仓泵的输送能力可按下式计算：

$$G=\frac{60V\rho}{t_1+t_2} \tag{10-15}$$

式中，$G$ 为单仓泵的输送能力，t/h；$V$ 为仓的容积，$m^3$；$\rho$ 为仓内物料堆密度，$t/m^3$；$t_1$ 为装满一仓料所需时间，min；$t_2$ 为卸空一仓料所需时间，min。

(2) 双仓泵的输送能力可按下式计算：

$$G=\frac{60V\rho}{t_2+t_2'} \tag{10-16}$$

式中，$t_2'$为压缩空气由关泵压力回升至输送压力所需时间，min，可按 $t_2'=1\sim3$min 考虑；其余符号同上。

$t_1$ 和 $t_2$ 的推荐值见表 10-38。

表 10-38　$t_1$ 和 $t_2$ 的推荐值

| 仓容积/m³ | 装料或卸料时间/min | 输送距离/m | | |
|---|---|---|---|---|
| | | <400 | 400～800 | 800～1200 |
| 2.5～3.5 | $t_1$ | 按喂料能力进行选取，对双仓泵 $t_1<t_2$ | | |
| | $t_2$ | 4～5 | 5～6 | 6～7 |

（3）技术性能见表 10-39、表 10-40。NCD 型仓式泵为流态化上引式，NCP 型仓式泵为流态化下引式。

表 10-39　NCD 型仓式泵的技术性能

| 参数<br>规格 | 容积/m³ | 输送距离/m | 输送能力/(t/h) | 工作压力/MPa | 控制方式 |
|---|---|---|---|---|---|
| MCD0.25 | 0.25 | 约 500 | 4 | 0.2～0.7 | 可选择 PLC 程控、远程操作或手动操作方式 |
| MCD0.50 | 0.50 | | 6.5 | | |
| MCD0.75 | 0.75 | | 9 | | |
| MCD1.0 | 1.0 | | 11 | | |
| MCD1.5 | 1.5 | | 16 | | |
| MCD2.0 | 2.0 | | 21 | | |
| MCD2.5 | 2.5 | | 25 | | |
| MCD3.0 | 3.0 | 约 1000 | 28 | | |
| MCD4.0 | 4.0 | | 34 | | |
| MCD4.5 | 4.5 | | 38 | | |
| MCD5.0 | 5.0 | | 42 | | |
| MCD6.0 | 6.0 | | 46 | | |
| MCD8.0 | 8.0 | | 58 | | |
| MCD10.0 | 10.0 | | 71 | | |

表 10-40　NCP 型仓式泵的技术性能

| 参数<br>规格 | 容积/m³ | 输送距离/m | 输送能力/(t/h) | 工作压力/MPa | 控制方式 |
|---|---|---|---|---|---|
| NCP2.0 | 2.0 | 约 1000 | 26 | 0.2～0.6 | 可选择 PLC 程控、远程操作或手动操作方式 |
| NCP3.0 | 3.0 | | 30 | | |
| NCP4.0 | 4.0 | | 35 | | |
| NCP5.0 | 5.0 | | 47 | | |
| NCP8.0 | 8.0 | | 62 | | |

## 五、气力输送管道系统

气力输送管道系统的主要部件有给料装置、输送管道、分离器、切换阀等。

**1. 给料器**

给料器的用途是将被输送的物料均匀、定量、连续或间断地供入输送管道，使粉尘与空气混合。要求给料器结构简单，动力消耗小，操作和检修方便。常用的有手动式、电动式及喷射式，见图 10-30。

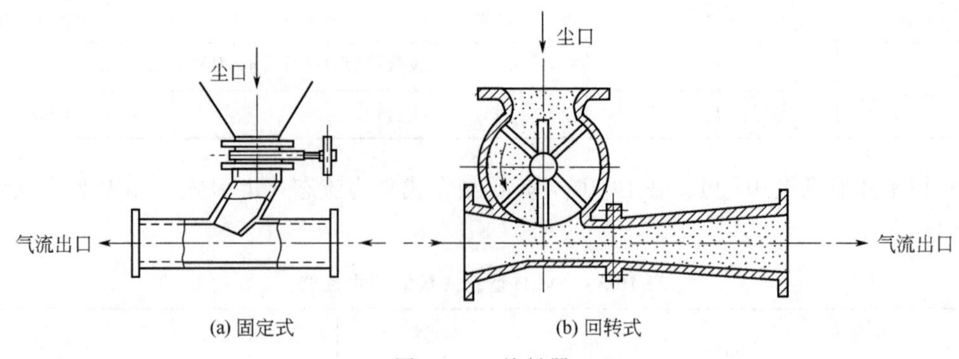


图 10-30 给料器

**2. 管道**

输送管道包括直管与弯管。直管可根据粉尘种类，选用水煤气管、无缝钢管或螺旋焊管。为延长使用寿命，应采取内衬防磨损措施，如内衬铸石。

弯管是易磨损件，弯管的曲率半径 $R$ 大，则压损小，通常取 $R>5D$（$D$ 为输送管道直径），弯管材质可采用铸铁、铸钢或内衬防磨损材料。

**3. 分离器和除尘器**

分离器是使气体与被输送物料分离，其实就是除尘器。分离器可选用各种重力式或离心式机械除尘器。为保证气力输送系统的尾气达到排放标准，通常末级除尘用袋式除尘器。

**4. 切换阀和卸灰阀**

切换阀和卸灰阀根据系统制式而定。

# 第八节 空气输送斜槽

## 一、空气输送斜槽工作原理

空气输送斜槽（风动溜槽）是流态化输送的一种形式，如图 10-31 所示。它用钢板制成矩形断面的两个槽边拼合而成。上部为料槽，下部为通风槽，槽子上下壳体中间夹有透气层多孔板。斜槽向下斜度为 8%～10%。空气由下壳体吹入，通过密布孔隙的透气层均匀分布在物料颗粒之间，使物料层形成流态化状态，在重力作用下沿斜槽运移。输送过程中，由于物料不是紧贴在多孔板上，因而物料与多孔板的摩擦阻力较小；由于料层受到穿过多孔板的气流充分流化，因而物料颗粒彼此间的摩擦阻力较小。由于物料在槽中运动速度低约 2m/s，风机产生的压力仅需克服多孔板及料层的阻力，便可使物料流态化，因而压损小，仅需约 2500Pa，故输送功率省，采用离心式风机即可。

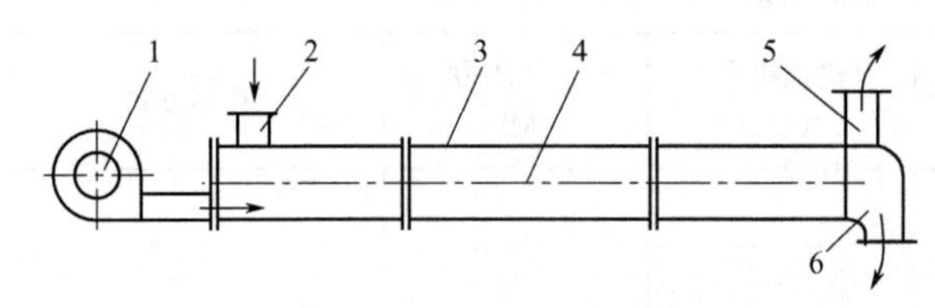


图 10-31 斜槽示意

1—鼓风机；2—进料口；3—壳体；4—多孔板（多层帆布、陶瓷板、水泥板）；5—排风口；6—出料口

斜槽没有运动零件，磨损小，动力消耗小，结构简单，无噪声，密封好，安全可靠。改变输送方向方便，且能多点加料和多点卸料，不易堵塞。

缺点是输送的物料有局限性，在布置上有斜度要求，对粒度大、含水率高、易黏结的粉尘不宜采用。

## 二、空气输送斜槽设计计算

空气输送斜槽设计主要是根据要求的输送量和输送距离，选择合适的槽宽及合适的风量与风压，决定风机选型。

**1. 风量**

风量的确定以流态化临界速度为依据。空气耗量主要决定空气穿过孔板的速度（在多孔面积确定时），也称视在速度（或表观速度），它大致等于物料刚好流态化但尚未流动时的空气速度，也称超流速度，约为物料流态化速度的 1.5～2.0 倍。

在某一料层厚度下，物料在流化前（固定床）料层的阻力与视在速度成正比，当到达某一点之后，视在速度再增加，料层的阻力增加并不明显（几乎为常数），则该点的空气速度即为流化临界速度。

风量可按下式计算：

$$Q_V = 3600 v_f BL \tag{10-17}$$

$$v_f = (1.5 \sim 2.0)\frac{\nu}{d}Re \tag{10-18}$$

式中，$Q_V$ 为斜槽风量，$m^3/h$；$B$ 为斜槽宽度，m；$L$ 为斜槽长度，m；$v_f$ 为视在速度，m/s；$\nu$ 为气体运动黏度系数，$m^2/s$；$d$ 为物料颗粒直径，m；$Re$ 为雷诺数。

斜槽所需空气量也可按下式计算：

$$Q_{Vj} = 60 Q_{Vh} BL \tag{10-19}$$

式中，$Q_{Vj}$ 为斜槽所需空气量，$m^3/h$；$B$ 为斜槽宽度，m；$L$ 为斜槽长度，m；$Q_{Vh}$ 为复孔板单位耗气量，$m^3/(min \cdot m^2)$，$Q$ 一般取 1.4～$2m^3/(min \cdot m^2)$。

斜槽倾斜度取决于物料的安息角和输送量，通常为 4°～6°。普通粉料输送时，$Q_{Vh}$ 为 1.5～3 倍安息角为 0°时的耗气量。

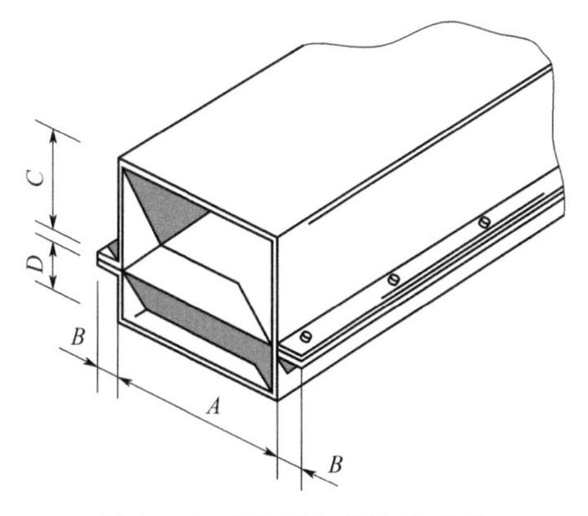

图 10-32 KC 型空气输送斜槽

**2. 风压**

斜槽所需的风压即系统的压损，按下式计算：

$$\Delta p = \Delta p_1 + \Delta p_2 + \sum \Delta p_3 \tag{10-20}$$

式中，$\Delta p_1$ 为透气层阻力，多孔板约为 2000Pa；$\Delta p_2$ 为物料层的阻力，单位孔板面积上的床层质量即层高与料重的乘积；$\sum \Delta p_3$ 为风管阻力之和（包括乏气净化设备）。

根据风量和风压，可以选用合适的工作风机。

**3. 输送量**

输送量按下式计算，其中槽宽是主要参量：

$$G = 3600 \xi B h v_s \rho_s' \tag{10-21}$$

式中，$G$ 为输送物料量，t/h；$\xi$ 为阻力系数，可取 $\xi = 0.9$；$B$ 为槽宽，m；$h$ 为料层高度，m；$v_s$ 为物料输送速度，m/s，采用帆布层，斜度分别为 2°、3°、4°时，$v_s$ 分别取值 0.7、0.97、1.25；$\rho_s'$ 为物料在流态化时的堆密度，$t/m^2$，$\rho_s' = 0.75\rho_0'$。

## 三、KC 型空气输送斜槽

KC 型空气输送斜槽是定型产品，其尺寸见图 10-32 及表 10-41。

表 10-41 KC 型空气输送斜槽的尺寸

| 型号＼尺寸 | 产量/($m^3$/h) | A/mm | B/mm | C/mm | D/mm | 单位长度质量/(kg/m) |
|---|---|---|---|---|---|---|
| KC100 | 13 | 100 | 30 | 100 | 50 | 10.5 |
| KC150 | 34 | 150 | 30 | 100 | 50 | 13.5 |
| KC200 | 71 | 200 | 30 | 150 | 75 | 16.5 |
| KC250 | 99 | 250 | 30 | 150 | 75 | 19.5 |
| KC300 | 170 | 300 | 32 | 200 | 75 | 22.5 |
| KC350 | 227 | 350 | 32 | 250 | 75 | 25.5 |
| KC400 | 283 | 400 | 32 | 250 | 75 | 37.5 |
| KC450 | 453 | 480 | 40 | 280 | 75 | 60.5 |
| KC600 | 630 | 600 | 55 | 300 | 100 | 112 |
| KC700 | 1200 | 600 | 55 | 600 | 100 | 119.5 |
| KC800 | 1500 | 850 | 75 | 455 | 100 | 149 |

## 第九节 储灰仓设计

储灰仓也称料仓、存仓或储仓，是输灰系统中的一个重要部件，通过它可以集中转运至回收应用场合或废弃场所。

储灰仓的结构有混凝土、钢制和铝制等。常用筒仓式，因为筒仓的高度比直径或宽度要大得多，储存物料时，造价低，经济性好。

斗仓是具有锥体部分的料仓，锥体部分可以是圆锥、角锥或方锥。只有锥体部分的料仓称为料斗，一般当给料容器使用，如给煤斗。

本节所指储灰仓是斗仓形式。

### 一、容积确定

容积确定与收灰量和储存时间有关，与输灰方式（汽运、船运）及作业制度（如三班制或二班制）也有关。此外，还要考虑到所收物料的堆积密度及物料含水率，灰斗的倾斜角一般不应为 55°～65°。

储灰仓容积应为圆筒形与圆锥形容积之和，可按下式计算：

$$V=\pi R^2 H+(R^2+r^2+Rr)\frac{\pi h}{3} \tag{10-22}$$

式中，$H$ 为圆筒高度，m（应考虑堆积角所占有效容积）；$R$ 为圆筒半径，m；$r$ 为灰斗下料口半径，m；$h$ 为灰斗高度，m。

### 二、喂料设备

储灰仓可以配置下述喂料设备：①斗式提升机；②气力输送、提升泵、螺旋泵、仓式泵；③埋刮板输送机。

无论何种进料设备，必须避免物料入仓时形成正压而使粉尘从不严密处冒出污染环境。因此，通常在仓顶要设置各种类型仓顶型袋式除尘器。

## 三、卸料装置

料仓的卸料装置是料仓不可分割的部分。

储灰仓可以配置下述卸灰装置：①手动或电动闸板阀；②单层或双层星形卸灰阀；③粉性无尘卸料机。

## 四、辅助设备

**1. 振动器**

储灰仓的结构和形状设计关键除满足储量技术要求外，尚要防止棚灰、结拱，从而不能靠自重畅流导出。因此要采用排拱助流措施，有以下几种。

(1) 仓壁振动器　仓壁振动器是在斗仓的外壁装上电磁振打器或气动振打器。此法使用效果一般，不适用于压实密度大的细粉物料，因其振幅较大，要注意防止发生共振。

(2) 仓内搅拌器　仓内搅拌器是很有效的一种处理强结拱的方法，螺旋状的轴在自转的同时沿着斗仓壁面转动，可以去掉拱群使拱完全破坏，但此法的结构与安装都很复杂。

(3) 空气炮　空气炮是以突然喷出的压缩空气强烈气流，用超音速的速度直接冲入料仓的堵塞区，破坏物料的静摩擦使物料恢复重力流动。

(4) 声波清灰　声波清灰装置的发声头是以压缩空气为动力源，使内部的高强度膜片（钛合金）产生低频（最低频率为75Hz）振动发出声波，再经过扩声筒（耐热合金钢，350℃$\leqslant t \leqslant$650℃）进行放大，造成低频高能清灰，有效地破坏粉尘堆积结构。

**2. 料位计**

料位计是防止料仓排空或了解储料量的措施，根据料仓大小及物料特性，可选用的有电容式、音义式、超声波式、重锤式、缆式雷达、阻移式、射频导纳式等。

## 五、料仓设计实例

料仓是除尘器的重要输灰设施，具有粉体汇集、输出和调节功能。本例以某厂高炉矿槽 40$m^2$ 静电除尘器出灰系统技术改造工程为例，阐述料仓钢结构设计。

**1. 原始资料**

(1) 三电场（3个灰斗）静电除尘器，过滤面积 40$m^2$，粉尘收下灰 10t/h。

实验数据：第1电场收灰量占65%，第2电场收灰量占25%，第3电场收灰量占10%。依此设计不同的排灰作业制度。

(2) 出灰系统输灰流程。由静电除尘器3个灰斗（卸料）⟶1号 YL150×11000 圆板拉链输送机（汇集）⟶2号 YL150×12500 圆板拉链输送机（转输）⟶圆筒储灰仓（储灰）⟶3GY型粉体无尘装车机（无尘装车）⟶汽车输出。

(3) 输出能力：

第1电场灰斗　10×65%=6.5(t/h)

第2、3电场灰斗　10×(25+10)%=3.5(t/h)

3GY型粉体无尘装车机　1.60×20=32(t/h)

斯太尔汽车　25t/车

**2. 装车时间**

应用3GY型粉体无尘装车机装车，斯太尔汽车输出回收粉体时：

① 净装车时间：25/32×60=47(min)。

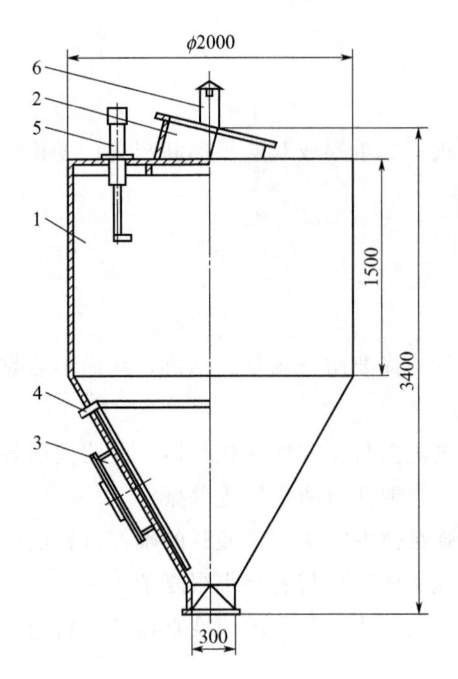


图 10-33 储灰仓

1—筒体；2—加料口；3—检查口；4—空气炮振动器；5—高位料位计；6—排气口

② 外加车体对位的总装车时间：60min。

**3. 作业制度**

第一方案：第 1 电场灰斗卸灰，并预先出灰，直至装满储仓；3GY150 型粉体无尘装车机装车，YL150 型圆板拉链输送机同步补灰。

第二方案：第 2 电场灰斗、第 3 电场灰斗，同步预先出灰，直至装满储仓；3GY150 型粉体无尘装车机装车，YL150 型圆板拉链输送机同步补灰。

第一方案、第二方案中电场内排灰时间的长短按实际操作经验标定。

**4. 料仓容积**

正常状态的料仓容积至少应保证 3 天粉体产生量的储集。本料仓因受平面布置和高度限制，料仓设计规格为 $\phi$2000mm × 3400mm，储灰量为 6m$^3$，折算 10t，如图 10-33 所示。

**5. 设计要点**

设计的料仓至少应满足下列要求。

(1) 料仓有效容积应满足输灰工艺要求，壁厚为 6～8mm。

(2) 灰斗斜度应大于粉体安息角，不小于 60°。

(3) 灰斗设有检查口。

(4) 顶部按工艺要求，设有防尘排气口和高位料位计。

(5) 灰斗优先配设空气炮振动器，实施灰斗保温或配装加热设施。

(6) 料仓设计时，还要依据承受压力负荷的大小，核定与采取保证储仓强度与刚度的技术措施。

(7) 钢结构制作与安装质量应符合《钢结构工程施工质量验收规范》(GB 50205)。

# 第十一章 粉尘捕集设计

在工业生产中，从生产设备和辅助设备在操作过程中散发出来的含尘气体，如不加以控制，就会污染车间；如不加以处理，就从车间排到大气环境，对大气造成污染。为防止烟尘的扩散，人们首先必须把这些烟尘收集起来，然后加以治理和控制。含烟尘气体的收集技术是根据其散发的特点进行的，一般可分为局部收集和整体收集两类。

## 第一节 粉尘的湿法捕集设计

向尘源喷洒能够抑制或捕集粉尘的液体，以达到防尘降尘目的的除尘技术，统称为喷洒除尘。

按喷洒液体的性质分，喷洒除尘有 2 类：①以普通清水为喷洒液的喷洒除尘，如矿山广泛使用的喷雾洒水除尘；②以普通清水为溶剂、混合液、载体，添加其他物质的喷洒除尘，如近年发展起来的湿润剂溶液、泡沫剂溶液、荷电水雾、磁化水等的喷洒除尘及覆盖剂乳化液的喷洒防尘等。

按工作方式和作用分，喷洒除尘有 3 种：①淋洒抑尘，如向岩矿堆淋洒清水、湿润剂溶液、泡沫液、磁化水等；②喷雾降尘，如向含尘空气中喷射清水水雾、荷电水雾、磁化水雾等；③覆盖防尘，如向露天煤堆喷洒覆盖剂乳化液等。

喷雾洒水广泛地用于道路抑尘，主要是因为水对粉尘具有较好的湿润作用和黏附作用，除尘效率较高。同时，水对某些有毒有害气体有吸收、溶解作用，对井下环境还有冷却作用，而且水的来源容易，设施简便，耗资较省。但是，由于普通清水表面张力较大，矿尘又都具有一定的疏水性，用普通清水不易迅速、完全地湿润和捕集矿尘。为了改善水对矿尘和其他尘源的湿润和捕集性能，近年来国内外应用了湿润剂、泡沫剂、覆盖剂、荷电水雾、声波干雾、风速喷雾等喷洒除尘新技术。

## 一、无组织尘源排放量估算

无组织尘源的排放量以实际监测结果最为准确。其监测方法为：在尘源常年主导风下风向设监测监控点，同时在上风向设监测对照点，二者的差值结合物料损失量即为无组织尘源粉尘的实际排放量。可以用污染物的排放量、排放浓度分别进行统计分析，但这种方法有一定的局限性，仅适用于现有的较为简单的无组织尘源的粉尘排放，结果相对可靠，实用性强。环境影响评价中，往往涉及拟建尘源的排放估算，此时的统计方法仅仅依靠监测是不能完全满足要求的，需要借助于类比调查或经验估算的方法来完成。

**1. 露天堆放的物料无组织排放量估算**

码头煤场起尘量经验估算公式为：

$$Q=0.0666k(u-u_0)^3\mathrm{e}-1.023wM \tag{11-1}$$

式中，$Q$ 为堆放场地起尘量，mg/s；$u_0$ 为 50m 高度处的扬尘启动风速，一般取 4.0m/s；$u$ 为 50m 高度处的风速，m/s；$w$ 为物料含水率，%；$M$ 为堆场堆放的物料量，t；$k$ 为与堆放物料含水率有关的系数，见表 11-1。

表 11-1 不同含水率下的 $k$ 值

| 含水率/% | 1 | 2 | 3 | 4 | 5 | 6 | 7 | 8 | 9 |
|---|---|---|---|---|---|---|---|---|---|
| $k$ | 1.019 | 1.010 | 1.002 | 0.995 | 0.986 | 0.979 | 0.971 | 0.963 | 0.96 |

**2. 物料装车时机械落差的起尘量估算**

物料装车时机械落差的起尘量经验估算公式为：

$$Q=\frac{1}{t}\times 0.03u^{1.6}H^{1.23}\mathrm{e}^{-0.28}w \tag{11-2}$$

式中，$Q$ 为物料装车时机械落差起尘量，kg/s；$u$ 为平均风速，m/s；$H$ 为物料落差，m；$w$ 为物料含水率，%；$t$ 为物料装车所用时间，t/s。

**3. 自卸汽车卸料起尘量估算**

自卸汽车卸料起尘量经验估算公式为：

$$Q=\mathrm{e}^{0.61u}\frac{M}{13.5} \tag{11-3}$$

式中，$Q$ 为自卸汽车卸料起尘量，g/次；$u$ 为平均风速，m/s；$M$ 为汽车卸料量，t。

**4. 汽车在有散状物料的道路上行驶的扬尘量估算**

汽车在有散状物料的道路上行驶的扬尘量经验估算公式为：

$$Q=0.123\times\frac{v}{5}\times\left(\frac{M}{6.8}\right)^{0.85}\times\frac{P}{0.5}\times 0.72L \tag{11-4}$$

式中，$Q$ 为汽车行驶的起尘量，kg/辆；$v$ 为汽车行驶速度，km/h；$M$ 为汽车载重量，t；$P$ 为道路表面物料量，kg/m$^2$；$L$ 为道路长度，km。

**5. 生产设备和管道泄漏量估算**

生产设备和管道泄漏量估算的经验公式为：

$$G_s=KCV\frac{\sqrt{M}}{\sqrt{T}} \tag{11-5}$$

式中，$G_s$ 为设备和管道不严的泄漏量，kg/h；$K$ 为安全系数，1～2，一般取 1；$C$ 为设备内压系数，见表 11-2，或由公式 $C=0.106+0.362\ln p$ 计算，$p$ 为绝对压力，atm（1atm=

101325Pa)；$V$ 为设备和管道的体积，$m^3$；$M$ 为内装物质的分子量，g/mol；$T$ 为内装物质的热力学温度，K。

**表 11-2　设备内压系数**

| 绝对压力 $p$/atm | 2 | 3 | 7 | 17 | 41 | 161 | 401 | 1001 |
|---|---|---|---|---|---|---|---|---|
| 设备内压系数 $C$ | 0.121 | 0.166 | 0.182 | 0.189 | 0.25 | 0.29 | 0.31 | 0.37 |

## 二、洒水防尘

**1. 洒水防尘的作用**

洒水防尘就是向岩矿堆、巷道壁、料场、道路等尘源洒水，利用水的湿润作用使沉积在岩矿堆、料场、巷道壁表面和缝隙里的粉尘得以湿润，湿润后的细小尘粒能凝成较大的尘团。同时，湿润后的尘粒对岩矿表面的附着力也会增强。这样，在岩矿装运过程或受到风流的作用时不易飞扬，从而起到抑制粉尘扩散、减少浮尘产生量的作用，同时也有捕集浮尘的作用。据某矿试验，装矿时不通风、不洒水，粉尘浓度为 6.83mg/$m^3$，通风后降到 4.33mg/$m^3$，通风加洒水后便降到 1mg/$m^3$。对岩矿堆洒水不能只洒一次，要边装边洒水，分层洒透效果才好。某矿实测装岩过程洒水防尘效果：不洒水干装岩，矿尘浓度＞10mg/$m^3$；装岩前洒一次水，矿尘浓度约为 5mg/$m^3$；分层多次洒水，矿尘浓度＜2mg/$m^3$。

**2. 洒水的装置**

洒水装置多属利用管网内的水压进行喷洒的小型工具。图 11-1 为矿山常用的简易洒水装置。丁字形洒水管多用小号镀锌铁管制成，长度按实际需要而定，喷水孔直径一般为 1.5～2.5mm，孔距一般为 20mm 左右，适用于固定性洒水场所，如溜井口。鸭嘴形喷水管是用小号镀锌管砸制成的，出水口宽度一般为 2mm 左右，常用于非固定性洒水，如冲洗巷道壁、矿车等。这些简易洒水装置虽然结构简单、易于制作，但往往耗水量大、水滴粗、不均匀，除尘效果欠佳。

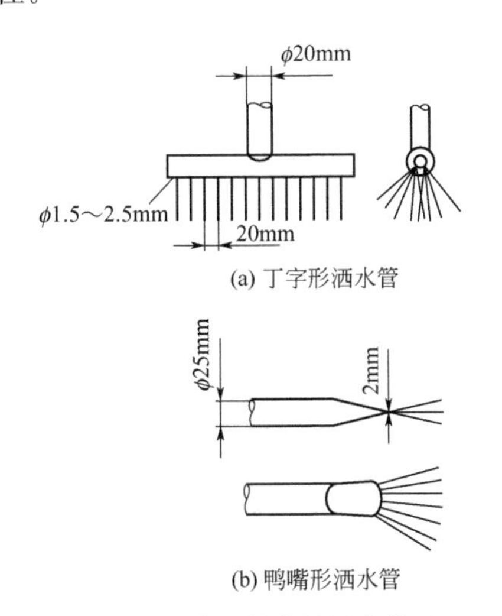


图 11-1　矿山常用的简易洒水装置

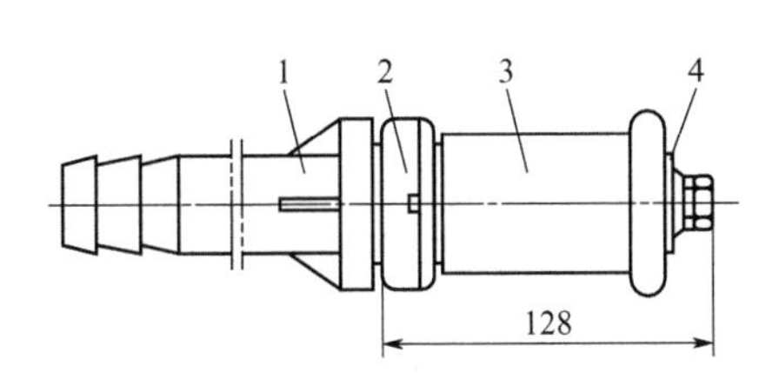


图 11-2　某单位研制的 KS-1 型可调式喷水器

1—尾管；2—内管；3—外管；4—阀门

图 11-2 为某单位研制的 KS-1 型可调式喷水器。旋动外管 3 可调节喷水距离、洒水宽度和洒水量。其主要性能及规格参数见表 11-3，出水形状可调成荷叶状、喇叭状和柱状。使用方便，效果较好，可节省用水。适用于岩矿、物料装卸过程中的洒水防尘及洗壁、洗车等。

表 11-3 KS-1 型可调式喷水器的主要性能及规格参数

| 项目 | 规格 |
|---|---|
| 喷水距离(水压 2.5kgf/cm²) | 1～17m |
| 喷水高度(水压 2.5kgf/cm²) | 8m |
| 洒水宽度(水压 0.3kgf/cm²) | 1～6m |
| 洒水量(水压 0.3kgf/cm²) | 0～4m³/h |
| 长 260mm,直径 60mm | 总重 650g |

注：$1kgf/cm^2=98.0665kPa$，下同。

### 3. 洒水量的确定

防尘效果与洒水量密切相关。据试验，在一定的范围内，降尘效率随着单位耗水量即每吨矿的耗水升数的增加而升高。洒水量不足不能达到防尘的目的，洒水量过大也会带来诸如皮带载料打滑、矿仓堵塞、恶化环境等问题，甚至还会给破碎筛分、选矿、销售带来不利影响，以及造成粉矿流失、水量浪费等。

洒水量应根据岩矿的数量、性质、块度、原料湿润程度及允许含湿量等因素来确定。其估算公式如下：

$$W=G(\varphi_2-\varphi_1)K \tag{11-6}$$

式中，$W$ 为物料（包括岩矿及其他物料）洒水量，kg/h；$G$ 为处理物料量，kg/h；$K$ 为考虑蒸发和加水不均匀的系数，$K=1.3\sim1.5$；$\varphi_1$ 为物料原始含水量，kg/kg；$\varphi_2$ 为物料最终含水量，kg/kg。

物料最终含水量应根据生产工艺最大允许含水量和湿法降尘最佳含水量（即物料达到此含水量时，在运输过程中不再扬尘）两项因素决定。当生产工艺允许物料大量加水时，采用最佳含水量；当生产工艺对物料加水有一定限制时，采用物料最大允许含水量。次数可从有关设计考虑资料中选取。如金属矿石一般可取 6%～8%；石灰石、白云石、石英等可取 4%～6%，煤可取 8%～12%。

对于大面积产尘点，如矿石场、废石场、煤场等，喷嘴的布置原则上要求水滴能覆盖全料堆，如图 11-3 所示。其喷嘴数量（$n_3$）可按下式计算：

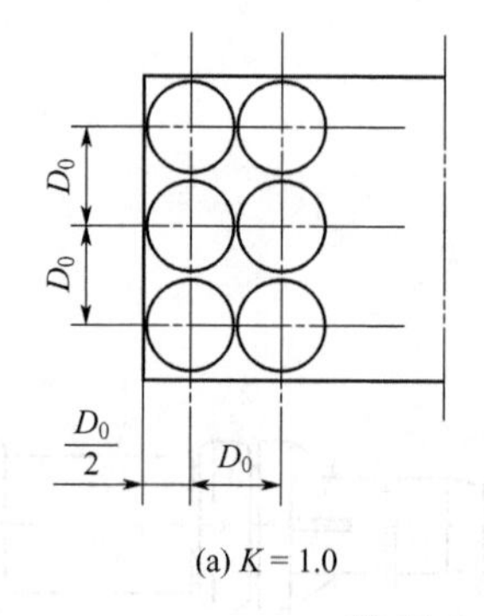

(a) $K=1.0$

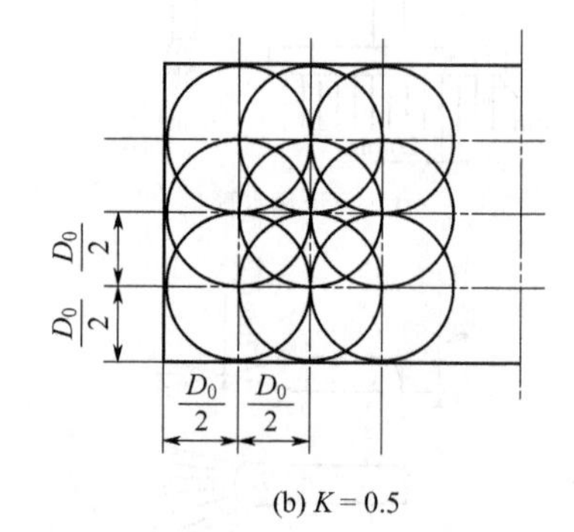

(b) $K=0.5$

图 11-3 大面积产尘点的喷嘴布置

$$n_3=\frac{ab}{(KD_0)^2} \tag{11-7}$$

$$D_0=2h\tan\frac{\alpha}{2} \tag{11-8}$$

式中，$a$、$b$ 分别为产尘面的长与宽，m；$D_0$ 为喷嘴有效射程 $h$ 处的喷射直径，m，其中 $\alpha$ 为喷出水的夹角；$K$ 为喷嘴密度系数，根据加水量大小在 0.5～1.0 之间选取。

## 三、清水喷雾降尘

喷雾降尘是捕集空气中悬浮粉尘的基本手段。从图 11-4 中可以看到喷雾降尘的明显作用。

喷雾降尘技术比洒水复杂，它必须利用适当的喷雾装置造成粉尘与水雾相接触的良好条件才能获得较好的降尘效果。

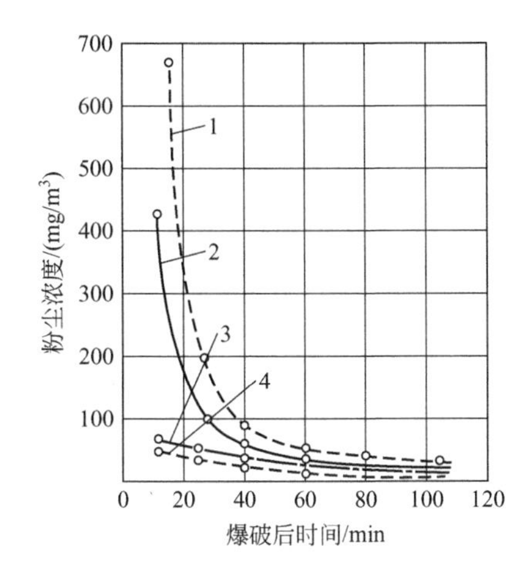


图 11-4 爆破区喷雾、通风与矿尘浓度的关系

1—无喷雾，无通风；2—无喷雾，有通风；

3—有喷雾，无通风；4—有喷雾，有通风

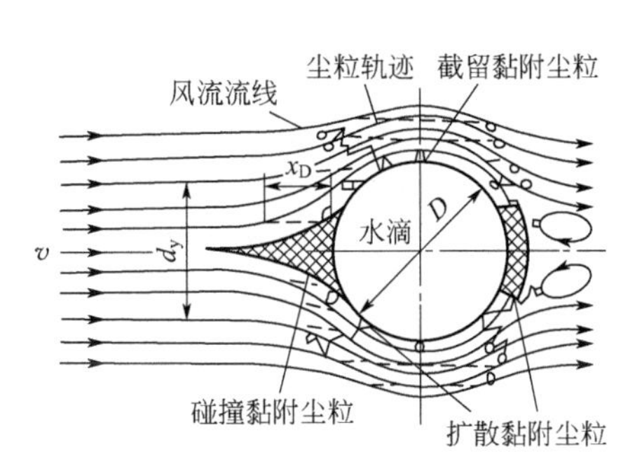


图 11-5 喷雾降尘机理

### 1. 喷雾降尘的机理

喷雾降尘的机理主要是惯性碰撞、截留、扩散、凝聚、重力、静电力、风速等多种作用的综合。

如图 11-5 所示，当含尘气流经过水滴时，尘粒与雾滴之间便产生相对运动，雾滴周围的气流会改变方向出现绕流现象。这时，气流中的尘粒会产生惯性碰撞、截留、扩散、凝聚作用，从而捕集粉尘。

### 2. 喷雾器

喷雾器是把水雾化成微细水滴的装置，俗称喷嘴。喷雾器的性能可用喷雾体结构、雾粒分散度、雾滴密度、耗水量等指标来表示。

### 3. 喷雾降尘应注意的几个问题

(1) 喷雾器的选择　现有喷雾器种类很多，使用者应从实际情况（如岩矿性质、粉尘性质、含尘量、粉尘粒度及分散度、工作场所、防尘要求、水源水压、气源气压等）出发，进行适当的选择，基本要求是：降尘效率高，水、气耗量少，操作简便，工作可靠。

(2) 喷雾器的安装位置和方向　一般地说，将喷雾器安设在接近尘源处，正对尘源喷洒效果较好，但喷射速度很高的喷雾器不宜太靠近尘源。在流动的含尘空气中，喷雾器应迎风安装，若有不便，也应在尘源下风流处与风流轴向成一定角度斜对风流，避免顺风安装。同时也要考虑便于操作，不影响工人作业。

(3) 供水压力　当喷雾器选定和装定之后，水压便是成雾好坏的重要条件。它直接影响到喷雾器的流量、雾滴的大小和运动速度。在一定的范围内，随着水压的增加，上述参数值均向最佳方向发展。当水压在 1.5MPa 以上时，能达到较理想的程度。但我国矿井基本上是静压供水方式，喷雾点的供水压力能达到 1.5MPa 的情况不多。为了加大水压需设置加压泵，这可能在技术经济上是不可取的。因此，在有压气条件的地点采用风水联合作用的喷雾器和引射器较为合理。水压 0.4～1.5MPa 即可满足要求。

（4）防止喷雾器堵塞的问题　据调查，目前在喷雾降尘实施中，时有因喷雾器堵塞或安设不当而被搁置不用的现象发生。为了防止喷雾器堵塞，使之发挥正常的作用，必须搞好水质管理，对压力水进行过滤，对喷雾器进行定期清洗，以及采取提高水压等措施。

**4. 自动喷雾技术**

对下述场所可考虑实行自动喷雾：①爆破后作业面烟尘大，工人不能前去操作喷雾洒水装置；②运输、转载地点负荷是变化的，重载时需要喷洒，空载时停止喷洒；③装车、翻罐是间断作业，装卸时要喷洒，不装卸时应停止喷洒；④净化水幕要长时工作，在遇行人或过车时应暂时停止喷洒；⑤定点喷洒地点多而分散，不可能派专人操作喷洒装置的地点。

## 四、湿润水喷淋防尘

用普通清水喷洒除尘虽是最简便最经济的防尘措施，但是由于粉尘具有一定的疏水性，水的表面张力又较大，因此很多粉尘不易被水迅速、完全地湿润和捕集，致使以普通清水为除尘液的防尘措施的除尘效率受到一定的影响，尤其是对飘浮在空气中的微尘捕集率更低。据一些矿山的测定，水雾对粒径 5μm 以下的矿尘捕集率一般不超过 30%，对 2μm 以下者更低。向清水中添加湿润剂是一种提高微尘捕集率的有效途径。湿润剂又称抑尘剂，用途不同，种类很多。

用于作业场所除尘的湿润剂，必须考虑以下因素：①能有效地降低水的表面张力，对粉尘具有较强的湿润能力；②无毒、无特殊气味、不燃烧、不污染环境，而且安全性好；③pH 值约等于 7，在电解液或硬水中稳定性好；④尘物降解率高；⑤价格便宜。

**1. 湿润水的除尘机理**

在普通清水中添加一定量的湿润剂后，便形成湿润剂水溶液，简称为湿润水。

湿润剂是由亲水基和疏水基两种不同性质的基团组成的化合物。当湿润剂溶于水中时，其分子完全被水所包围。亲水基一端被水吸引，疏水基一端被水排斥，于是湿润剂分子在水中不停地运动，寻找适当的位置使自身保持平衡，一旦它们来到水面，便把疏水基一端伸向空气，亲水基一端朝向水里，这时才处于安定状态。当溶液中游离的湿润剂分子达到一定数目时，溶液的表面层将被湿润剂分子充满，形成紧密排列的定向排列层，即界面吸附层，由于界面吸附层的存在，使水的表层分子与空气的接触状态发生变化，导致水溶液表面张力降低，同时朝向空气的疏水基与空气中的尘粒之间有吸附作用，所以当尘粒与湿润水接触时，即形成疏水基朝向尘粒、亲水基朝向水溶液的围绕尘粒的包裹团，从而把尘粒带入水中得到充分的湿润。

在喷雾降尘中使用湿润水，一方面是由于溶液表面张力的降低，使水溶液能更好地雾化到所需要的程度；另一方面是由于湿润水水雾比清水水雾湿润性更强，因而一般都能使喷雾降尘效率提高 30%～60%左右。

当把湿润剂用于煤层注水时，使水溶液能更好地沿着煤体的裂隙渗透，湿润煤体。尤其是减小了对煤体的湿润角，使水溶液沿着煤体中毛细管渗透的力得到增强，水溶液就能更好地渗透到煤体的毛细管中，充分、均匀地湿润煤体，有助于提高注水抑尘的效果，一般能使防尘效率提高 20%～25%，有的可达 45%。同时，还有改善注水工艺参数的作用，如注水压力可降低、时间可缩短、湿润半径可扩大、相应的注水孔距可增大、打眼工作量可减少等。

试验表明，湿式凿岩使用湿润水比清水的粉尘浓度可降低 50%左右，一般都能低于卫生标准规定，尤其能使呼吸性粉尘有较大幅度的降低。

**2. 应用范围**

抑尘剂应用范围见表 11-4。

表 11-4　抑尘剂应用范围

| 序号 | 使用场所 | 使用目的 |
|---|---|---|
| 一 | 煤矿 | |
| 1 | 煤壁注水用水 | 抑尘，减少煤气泄漏及注水量，缩短注水时间，使注水的工作效率变得更高 |
| 2 | 机械化采矿洒水，喷雾用水 | 通过持续工作提高了生产率，达到抑尘的预计效果，预防炭肺等疾病灾害 |
| 3 | 坑道内外搬运系统洒水，喷雾用水 | 抑尘，预防炭肺等疾病灾害 |
| 4 | 选煤场、粉碎机、混合机、选别机等集尘装置的洒水，喷雾用水 | 抑尘，防治公害、炭肺等灾害 |
| 二 | 金属矿山、土木建筑现场、石灰山、采石场 | |
| 1 | 湿式割岩机用水 | 抑尘，预防以硅肺为主的尘肺，用于消解使用水过多导致的作业困难，硫黄等自然灾害的防治 |
| 2 | 采矿、采石中的洒水，喷雾用水 | 抑尘，预防尘肺，防治自然灾害和公害 |
| 3 | 爆破中或者前后的洒水，喷雾用水 | 抑尘，防臭，预防尘肺，防止自然起火，防治公害，缩短下次作业开始时间 |
| 4 | 坑道内外搬运系统洒水，喷雾用水 | 抑尘，预防尘肺，防治自然灾害 |
| 5 | 选煤场、粉碎机、混合机、选别机等集尘装置的洒水，喷雾用水 | 抑尘，预防尘肺，防治公害 |
| 三 | 炼铁、炼钢、铸造工厂等、其他会产生扬尘的工厂 | |
| 1 | 集尘装置等洒水，喷雾用水 | 因为集尘使工作性能变高，防治公害，预防尘肺 |
| 2 | 堆积粉尘、固态粉置场的洒水，喷雾用水 | 由于表面固化作用防止抑尘等再飞散，防治公害 |
| 3 | 运动场、道路等洒水，喷雾用水 | 由于抑尘防治了公害，改善环境 |

注："硅肺"为"硅沉着病"；"尘肺"为"肺尘埃沉着病"；"炭肺"为"炭末沉着病"。

**3. 应用实例**

道路抑尘剂随着环卫作业车喷洒到路面后，可有效吸附、固定车辆排放物及周边大气污染物，最后附着的颗粒再被统一收集处理。抑尘剂应用实例如图 11-6 所示。

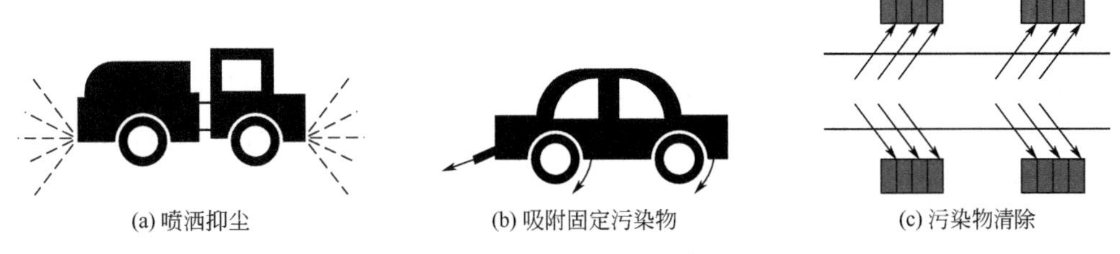


图 11-6　抑尘剂应用实例

道路抑尘剂的水溶液通过环卫作业车辆喷洒到路面后，具有吸水保水的效果，对大气中的 $PM_{10}$、$PM_{2.5}$、TC、$NO_x$ 均有一定的吸附作用。产品还有成膜结壳的特性，把微小颗粒结成大的颗粒，不易再扬尘，可以将道路环境的 $PM_{10}$ 降低 20%以上，$PM_{2.5}$ 降低 5%以上，$NO_x$ 降低 10%以上。视天气情况，产品可以维持 3～16d 的使用效果。

道路抑尘剂按比例配制成水溶液后，用环卫作业车辆喷雾的方法均匀喷洒到道路表面。喷洒量和频次因道路洁净度、车辆密度、季节、天气的不同而不同。

## 五、覆盖液喷洒防尘

一些散状物料的露天堆场（如矿石场、堆煤场等），是污染地面环境及矿井入风风源的主要污染源之一。对于这种大面积、堆得厚的露天堆场单纯用清水喷洒，一则不易洒透，二则极易蒸发，很难达到防止粉尘飞扬的目的。多年来国内外开展了覆盖剂防尘技术的研究。据试验，向露天料堆喷洒一定量的覆盖剂乳液，能使料堆表面形成一层固体覆盖膜，可使物料数十天保持完整无损，无粉尘飞扬。

**1. 覆盖剂的组成和性能**

防尘用的覆盖剂，其基本要求是：能使料堆表面形成一层硬壳，在一定时间内不为风吹雨淋、日晒所破坏；用量少，原料充足，价格低廉；无毒、无臭以及不会造成二次污染等。

据报道，近几年鞍钢安全处安全技术研究所等单位共同研制了多种覆盖剂，如 $AG_1$、$AG_4$、$AG_5$ 三种性能较好。

$AG_1$ 的主要原料是：焦油、工业助剂、水等。

$AG_4$、$AG_5$ 的主要原料是：聚醋酸乙烯、添加剂、水等。

$AG_1$ 是高浓度覆盖剂，喷洒时按 10%稀释；$AG_4$、$AG_5$ 可直接喷洒。

以上三种覆盖剂的性能见表 11-5。

**表 11-5 3 种覆盖剂的性能**

| 项目<br>品种 | 颜色 | 气味 | 水溶性 | 相对密度 | pH 值 | 安全性 |
|---|---|---|---|---|---|---|
| $AG_1$ | 褐色 | 焦油味 | 稍分层 | 1.001 | 7 | 对物料无影响、对环境无污染 |
| $AG_4$ | 乳白色 | 清香味 | | | | |
| $AG_5$ | 乳白色 | 清香味 | | | | |

**2. 覆盖剂乳液成膜机理**

覆盖剂乳液是几种液体的均匀混合物（乳化液），喷洒在物料表面上后就凝固成有一定厚度及强度的固体膜。靠此膜能防止风吹、雨淋和日晒的破坏，保护物料不损失、不飞扬。其成膜机理分述如下。

（1）机械结合　覆盖剂乳液是以水为载体的，当喷洒到料堆（如煤堆）表面上时，逐渐渗透到煤粉颗粒之间去，然后水分慢慢蒸发掉，使乳液的浓度不断增大，最后由于表面张力的降低，使覆盖剂的胶体颗粒与煤粉颗粒发生凝聚从而形成固体膜。

（2）吸附结合　覆盖剂与煤粉的原子、分子之间都存在着相互作用力，此力可分为强作用力即主价力和弱作用力即次价力或范德华力。煤粉的固体表面由于范德华力的作用能够吸附覆盖剂的液珠，称为物理吸附。当覆盖剂乳液喷洒到煤堆上时，煤粉便对覆盖剂乳液产生物理吸附从而形成固体膜。

（3）扩散结合　覆盖剂乳液是由具有链状结构的聚合分子所组成的。在一定条件下，由于分子的布朗运动，覆盖剂与煤粉接触后分子间相互渗透扩散，使界面自由能降低，加速膜的形成并使膜固化。

（4）化学键结合　覆盖剂与煤粉颗粒的结构都是由碳—碳或碳—氧键组成的。覆盖剂与煤粉之间因内聚能的作用而形成化学键。因形成化学键的作用力很大，远远超过范德华力，所以使覆盖剂乳液与煤粉能紧密地结合成一体。

就是这些作用使覆盖剂乳液与煤粉之间产生了黏附力，使料堆表面形成一层固体膜。

**3. 覆盖剂的防尘效果及其影响因素**

（1）覆盖剂的浓度　浓度越大，成膜厚度与膜的硬度越大，喷洒周期越长，即防尘效果越好。但浓度越大，成本越高，对周转期短的料场不适用。对于一般料场，喷洒浓度以 8%～10%为宜。实际工作中应根据覆盖剂的性能、物料的性质及储存期限等具体情况，选择效果好、成本低的合适浓度。

（2）喷洒剂量　剂量大，浸润的深度大，成膜厚度和硬度也大，喷洒周期长，成本高。所以喷洒剂量也要根据实际情况具体确定。据国内外资料介绍，一般情况下以 $2kg/m^2$ 为宜。

（3）物料的粒度　物料粒度小于 4mm 时，成膜性能好，喷洒周期长；物料粒度大于 10mm 时，成膜性能较差，喷洒周期短。

（4）风力和雨水的冲刷　风力大、雨水冲刷力强，喷洒周期短；反之，喷洒周期长。

**4. 工程实例**

某钢厂使用覆盖剂的场所为原料堆场，为了防止原料堆场的扬尘，采用了直径 22mm 的喷水枪进行洒水，喷洒的水为含有 3%浓度的聚丙乙烯水溶液覆盖剂，使料堆洒水后表面能结成一层硬壳薄膜，以防刮风时产生二次扬尘。

## 六、荷电水雾降尘

**1. 荷电水雾的降尘作用**

水雾带上电荷就称为荷电水雾。用荷电水雾降尘是提高水雾捕尘能力的又一有效方法，对微细粉尘的捕集率提高更显著。将其用于井下风流净化，一般都能使空气含尘量降至 $0.5mg/m^3$ 以下。

荷电水雾降尘是用人为的方法使水雾带上与尘粒电荷符号相反的电荷，使雾滴与尘粒之间增加了另外一种作用力——静电吸引力或叫库仑力，大大增强雾滴与尘粒之间的附着效果和凝聚效果，因而能大幅度地提高水雾降尘的效率。其效率高低主要取决于水雾的荷电方法、粉尘的带电性及喷雾量等因素。

**2. 水雾的荷电方法**

为使水雾受控荷电，通常有三种方法，即电晕场荷电法、感应荷电法及喷射荷电法。

（1）电晕场荷电法　是让水雾通过电晕场，电晕场中的离子在电场的作用下向水雾充电。

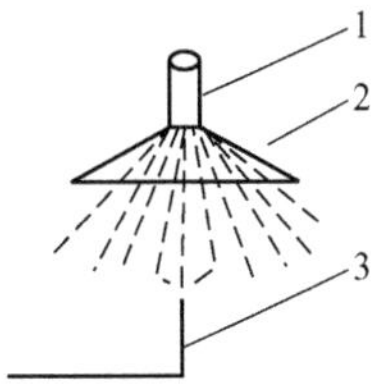

图 11-7 单相流喷雾器电晕场荷电法的装置示意
1—喷雾器；2—接地罩；3—放电极

图 11-7 为一种单相流（单水型）喷雾器电晕场荷电法的装置示意。接地罩 2 是形成电晕场的接地电极，放电极 3 是离子发射源。当放电极 3 加上适当的高电压（数万伏）后对接地罩 2 放电，此间便形成高浓度的单一离子区，水雾通过此区时荷电。水雾带电极性视电晕极性而定，负电晕带负电，正电晕带正电。荷电量主要受电晕场强及电场内离子浓度的影响，可按下式计算：

$$q_w = 4\pi\varepsilon_0 \frac{3\varepsilon_s}{\varepsilon_s + 2} E\alpha^2 \frac{t}{t+\tau} \tag{11-9}$$

$$E = \frac{U}{R} \tag{11-10}$$

$$T = 4\varepsilon_0 / K\rho_i \tag{11-11}$$

式中，$q_w$ 为水雾荷电量，C；$\varepsilon_0$ 为真空介电常数，C/(V・m)，取 $8.85\times10^{-12}$C/(V・m)；$\varepsilon_s$ 为雾滴相对介电系数，C/(V・m)，可取 80C/(V・m)；$E$ 为雾滴所在位置的场强（可用平均场强），V/m；$U$ 为放电极电压，V；$R$ 为放电极到接地罩的距离，m；$\alpha$ 为雾滴半径，m；$t$ 为雾滴在电场内的停留时间，s；$\tau$ 为荷电时间常数，s；$K$ 为离子迁移率，$m^2/(s\cdot V)$，正极性时 $K=1.32\times10^{-4}m^2/(s\cdot V)$，负极性时 $K=2.1\times10^{-4}m^2/(s\cdot V)$；$\rho_i$ 为电荷密度，$C/m^3$，通常取 $1.6\times10^{-12}\sim1.6\times10^{-11}C/m^3$。

图 11-8 为两相流（风、水）喷雾器电晕场荷电法的装置示意。这种水雾荷电法的工作原理及荷电量计算与上述基本一致。其特点是要控制雾滴直径在 50～150pm 之间，并保证水雾不被外电极所捕集。

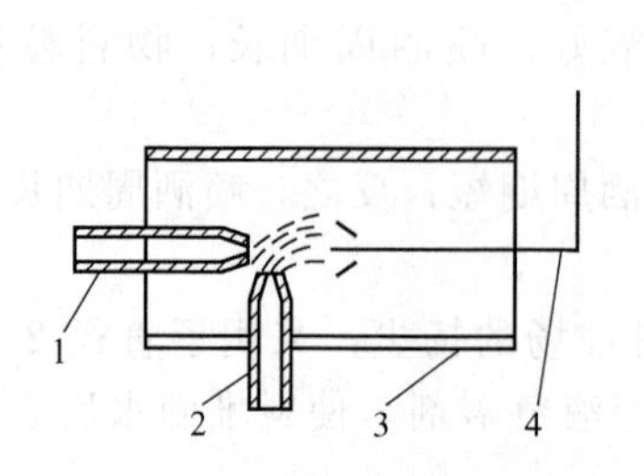


图 11-8 两相流喷雾器电晕场荷电法的装置示意
1—压气喷嘴；2—饮水喷嘴；
3—电晕场外极；4—电晕极

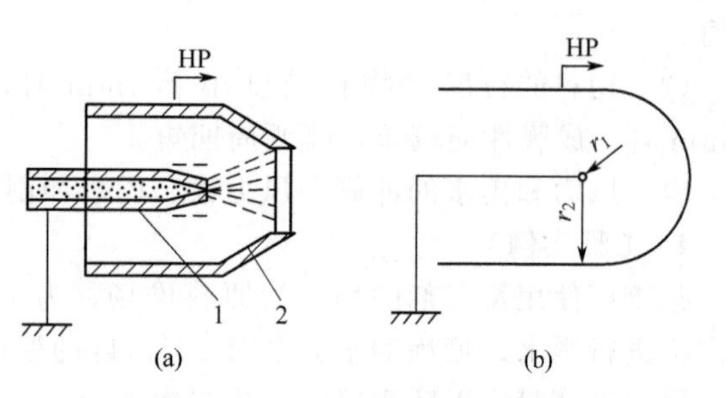


图 11-9 感应荷电法的原理
1—喷嘴；2—感应环

（2）感应荷电法 这种方法的原理如图 11-9 所示。由于静电感应作用，由喷嘴喷出的水雾将带上与感应环相反极性的电荷。其荷电量按如下步骤计算。

① 将图 11-9 中（a）简化为（b）的形式，求中间雾滴区半径 $r_1$ 与感应环半径 $r_2$ 之间的电容量：

$$C=\frac{4\pi\varepsilon r_2 r_1}{r_2-r_1}\quad(\mathrm{F})\tag{11-12}$$

式中，$\varepsilon=\varepsilon_r\times8.86\times10^{-14}$，F/cm，$\varepsilon_r$ 为相对介电常数，空气中约为 1。

② 求雾滴上所能带的荷电量：

$$q_w=CU\quad(\mathrm{C})\tag{11-13}$$

式中，$U$ 为感应环上的电压，V。

③ 求荷质比（荷电体单位质量的荷电量）：

$$r_q=\frac{q_w}{m}\quad(\mathrm{C/kg})\tag{11-14}$$

式中，$m$ 为雾滴质量，kg。

此法控制水雾荷电量及电极性都比较容易，而且基本不消耗电能，但喷嘴设计较难。

（3）喷射荷电法 此法就是让水高速通过某种非金属材料制成的喷嘴，在水与喷嘴摩擦被分裂的过程中带上电荷。其荷电量与带电极性受喷嘴材料、喷水量、水压等因素影响。据有关资料可知，采用聚四氟乙烯喷嘴，水压为 $7.03\mathrm{kgf/cm^2}$、流量为 0.27L/min 时，荷质比可达 $4.0\times10^{-4}$C/kg。此法的设施和清水水幕几乎相同，但其带电性和荷电量较难控制。

## 七、磁化水高压喷雾除尘

### 1. 磁化水技术

水是抗磁性物质，当对水施加一种外磁场时，水就会产生一个附加磁场，其方向与外磁场方向相反。由于外磁场与分子力的相互作用削弱了分子间的内聚力，改变了水分子的氢键联系，迫使水的黏性下降，从而改变了水的表面张力。同时，水中存在的杂质在流经磁场时也会被磁化，其中含电解质的离子磁化后产生的附加磁场的方向与外磁场方向相同，而非电解质的分子产生的附加磁场的方向与外磁场方向相反。这些磁力的相互作用最终促使水分子的内聚力下降，黏滞力减弱，从而不同程度地改变了水的基本结构，使水成为磁化水。

根据有关文献总结，磁感应强度达 300mT 时，磁化水的物理化学性能（包括表面张力等）

有明显改变，但磁感应强度与水的物理化学性能改变并非呈线性关系，需通过实验进一步确定最佳的磁感应强度。

**2. 高压喷雾技术**

高压喷雾降尘技术是一种新型降尘技术。其原理是利用高压泵，经高压管路将水送至高压喷嘴雾化，形成飘飞的水雾，由于水雾颗粒是微米级的，极其细小，能够吸附空气中的杂质，达到降尘、加湿等多重功效，营造良好、清新的空气。高压喷雾除尘系统的造价低，运行维护成本也低，经济实用，并可实现自动控制。

水流变成雾流的长度由喷雾压力决定，压力在2.5～3MPa时，雾流的形式为实心圆锥形。当雾粒达到0.1mm、水粒的速度提高到30m/s时，对2μm尘粒的降尘率可提高约50%。据观测，雾粒速度一般应大于20m/s。

水雾滴的粒径根据喷雾除尘的要求确定。一般情况下，水雾滴的粒径越小，在空气中分布的密度越大，与粉尘的接触机会越多，降尘效果越好。通过实践可知，雾滴粒径在10～200μm时降尘效果较好。

**3. 磁化水高压喷雾技术**

磁化水高压喷雾技术是针对磁化水和高压喷雾技术特点，优化组合两种技术而成。磁化水相比普通水，黏度、表面张力降低，吸附、溶解能力增强，致使雾化程度得到提高；高压喷雾技术相比低压喷雾技术，雾化粒径减小，雾滴分布均匀，雾滴荷质比增大，因此磁化水高压喷雾技术可以显著提高对粉尘尤其是$PM_{2.5}$的捕集效率。

# 第二节　集气罩捕集设计

集气罩是净化系统的重要部分，集气罩的使用效果越好意味着污染源散发到车间或环境中的污染物越少，越能满足生产和环保的要求。集气罩又称吸气罩、排气罩、排风罩等，本节主要介绍常用集气罩的分类、工作原理、设计和排气量的计算。

## 一、集气罩分类和技术要求

**1. 分类**

集气罩因生产工艺条件和操作方式的不同，形式很多，按集气罩的作用和构造，主要分为4类，即密闭罩、半密闭罩、外部罩和吹吸罩。具体分类如图11-10所示。

**2. 技术要求**

（1）性能要求　排风罩的类型、结构形式应根据尘源的性质和特点确定，做到罩内负压或罩口风速均匀，排风量按防止粉尘扩散至工作场所的原则确定，也可根据实测数据、经验数据或模型实验确定。

各种集气罩集气率为：密闭罩100%，半密闭罩>95%，吹吸罩和屋顶罩>90%。

（2）材质要求

① 排风罩的材料应根据烟气的温度、磨琢性、腐蚀性等条件选择。除钢板外，罩体材料可采用有色金属、工程塑料、玻璃钢等。

② 对于设备振动小、温度不高的场合，可用厚度为小于或等于2mm薄钢板制作罩体；对于振动大、物料冲击大或温度较高的场合，宜用3～8mm厚的钢板制作；对于高温条件下或炉窑旁使用的排风罩，宜采用耐热钢板制作；对于捕集磨琢性粉尘的罩子，应采取耐磨措施。

③ 在有酸、碱作用或存在其他腐蚀性条件的环境，罩体应采用耐腐蚀材料制作或在材料表面做耐腐蚀处理。对于可能由静电引起火灾爆炸的环境，罩体应采用防静电材料制作或在材料表面做防静电处理。

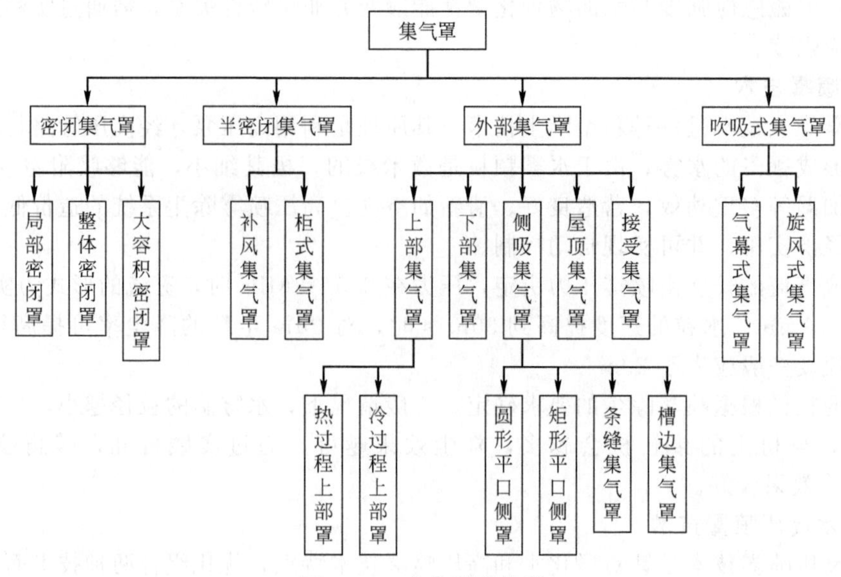


图 11-10 集气罩的分类

④ 排风罩应坚固耐用，其材料应有足够的强度，避免在拆装或受到振动、腐蚀、温度剧烈变化时变形和损坏。

（3）结构要求

① 密闭罩应尽可能采用装配结构，观察窗、操作孔和检修门应开关灵活并且具有气密性，其位置应躲开气流正压较高的部位。罩体如必须连接在振动或往复运动的设备上，应采用柔性连接。密闭罩的吸风口应避免正对物料飞溅区，其位置应避开气流正压较高的部位，保持罩内均匀负压，吸风口的平均风速以基本上不吸走有用物料为准。

② 外部罩的罩口尺寸应按吸入气流流场特性来确定，其罩口与罩子连接管面积之比不应超过 16∶1，罩子的扩张角度宜小于 60°，不应大于 90°。当罩口的平面尺寸较大而又缺少容纳适宜扩张角所需的垂直高度时，可以将其分成几个独立的小排风罩；对于中等大小的排风罩，可在罩口内设置挡板、导流板或条缝口等。

③ 为提高粉尘捕集率和控制效果，外部罩可加法兰边。

④ 对于悬挂高度 $H \leqslant 1.5\sqrt{F}$（$H$ 为罩口至热源上沿的距离，$F$ 为热源水平投影面积）或 $H \leqslant 1\text{m}$ 的接受罩，罩口尺寸应比热源尺寸每边扩大 150～200mm；对于悬挂高度 $H > 1.5\sqrt{F}$ 或 $H \geqslant 1\text{m}$ 的接受罩，应将计算所得的罩口处热射流直径增加为 $0.8H$（$H$ 为悬挂高度）作为罩口直径。

（4）设计要求

① 排风罩应能将尘源放散的粉尘予以捕集，在使工作场所粉尘浓度达到相应卫生标准要求的前提下，提高捕集效率，以较小的能耗捕集粉尘。

② 对可以密闭的尘源，应首先采用密闭的措施，尽可能将其密闭，用较小的排风量达到较好的控制效果。

③ 当不能将尘源全部密闭时可设置外部罩，外部罩的罩口应尽可能接近尘源。

④ 当排风罩不能设置在尘源附近或罩口与尘源距离较大时，可设置吹吸罩。对于尘源上挂有遮挡吹吸气流的工件或隔断吹吸气流作用的物体时应慎用吹吸罩。

⑤ 排风罩的罩口外气流组织宜有利于气流直接进入罩内，且排气线路不应通过作业人员的呼吸带。

⑥ 外部罩、接受罩应避免布置在存在干扰气流之处。排风罩的设置应方便作业人员操作和设备维修。

## 二、集气罩设计原则

① 改善排放粉尘的工艺和工作环境，尽量减少粉尘排放及危害。

② 吸尘罩尽量靠近尘源并将其围罩起来。形式有密闭型、围罩型等。如果妨碍操作，可以将其安装在侧面，可采用风量较小的槽型或桌面型。

③ 决定吸尘罩安装的位置和排气方向。研究粉尘发生机理，考虑其飞散方向、速度和临界点，将吸尘罩口对准粉尘飞散方向。如果采用侧型或上盖型吸尘罩，要使操作人员无法进入尘源与吸尘罩之间的开口处，比空气密度大的气体可在下方吸引（图 11-11）。

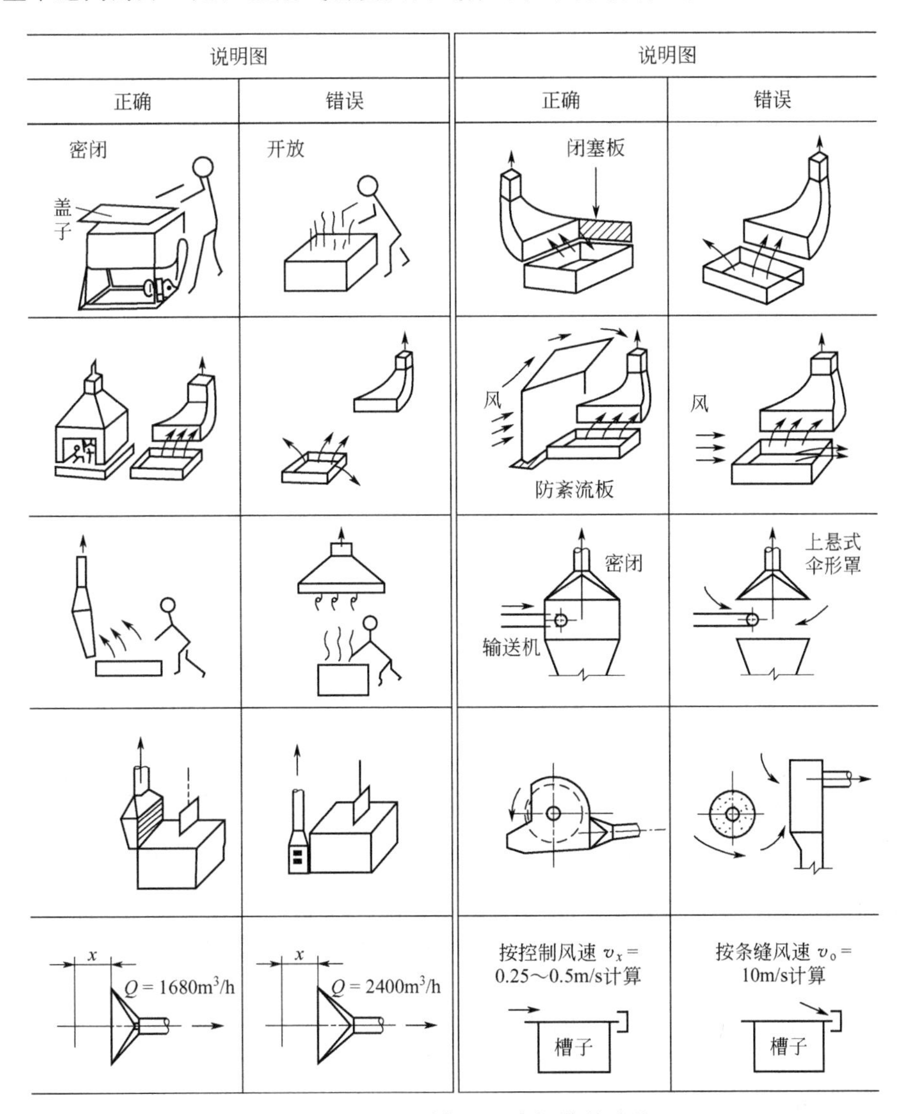


图 11-11　吸尘罩位置正确与错误对照

④ 决定开口周围的环境条件。一个侧面封闭的吸尘罩比开口四周全部自由开放的吸尘罩效果好。因此，应在不影响操作的情况下将四周围起来，尽量少吸入未被污染的空气。

⑤ 防止吸尘罩周围的紊流。如果捕集点周围的紊流对控制风速有影响，就不能提供更大的控制风速，有时这会使吸尘罩丧失正常的作用。

⑥ 吹吸式（推挽式）集气罩。利用喷出的力量将污染气体排出。

⑦ 决定控制风速，为使粉尘从飞散界限的最远点流进吸尘罩开口处而需要的最小风速被称为控制风速。

## 三、密闭集气罩

密闭集气罩是把尘源局部或整体密闭起来，使粉尘的扩散被限制在一个很小的密闭空间内，仅在适当的位置留出必要的缝隙。通过从罩中排出一定量的空气，使罩内保持一定的负压，罩外的空气经罩上的缝隙流入罩内，以达到防止粉尘外逸的目的。与其他类型的集气罩相比，密闭集气罩所需的排风量最小，控制效果最好，且不受室内横向气流干扰。因此，在设计时应优先选用密闭集气罩。

### （一）密闭集气罩的分类和结构

**1. 分类**

（1）局部密闭罩　将设备产尘地点局部密闭，工艺设备露在外面的密闭罩。适用于产尘气流速度较小且集中、连续扬尘的地点，如胶带机受料点、磨机的受料口等，如图 11-12 所示。

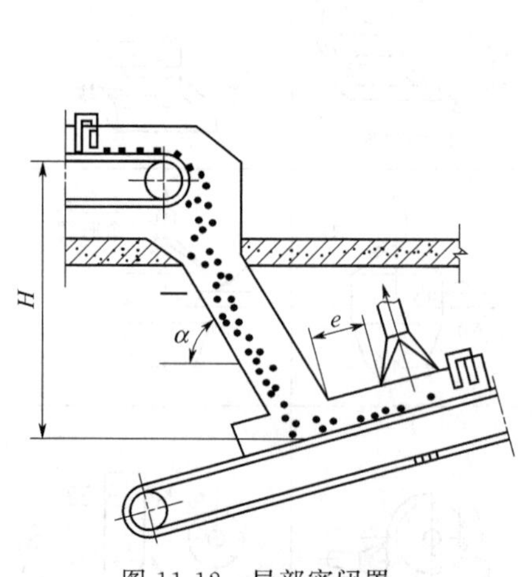


图 11-12　局部密闭罩

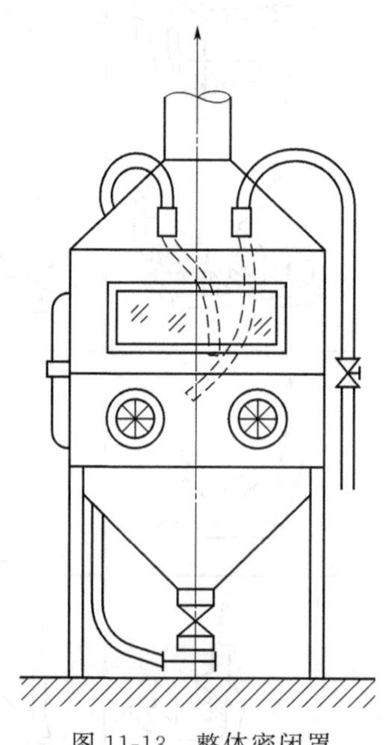

图 11-13　整体密闭罩

（2）整体密闭罩　将产生粉尘的设备或地点大部分密闭，其特点是密闭罩本身为独立整体，易于密闭。这种密闭方式适用于有振动的设备、产尘气流速度较大的产尘地点，如振动筛等，如图 11-13 所示。

（3）大容积密闭罩　将产生粉尘的设备或地点进行全部封闭的密闭罩。它的特点是罩内容积大，可以缓冲含尘气流，减小局部正压。这种密闭方式适用于多点产尘、阵发性产尘和产尘气流速度大的设备或地点，如多交料点的胶带机转运点等，如图 11-14 所示。

**2. 结构**

密闭罩的材料和结构形式应坚固耐用，严密性好，拆卸方便。由小型型钢和薄钢板等组成的凹槽盖板是一种性能良好的密闭罩结构。

（1）凹槽盖板密闭罩　凹槽盖板适用于做成装配式结构。对于较小的密闭罩，可全部采用凹槽盖板；对大型密闭罩，为便于生产设备的检修，可局部采用凹槽盖板。

凹槽盖板密闭罩由许多装配单元组成，各单元的几何形状（矩形、梯形、弧形等）按实际需要确定，每个单元的边长不宜超过1.5m。每个单元由凹槽框架、密闭盖、压紧装置和密封填料等构件组成，如图11-15所示。

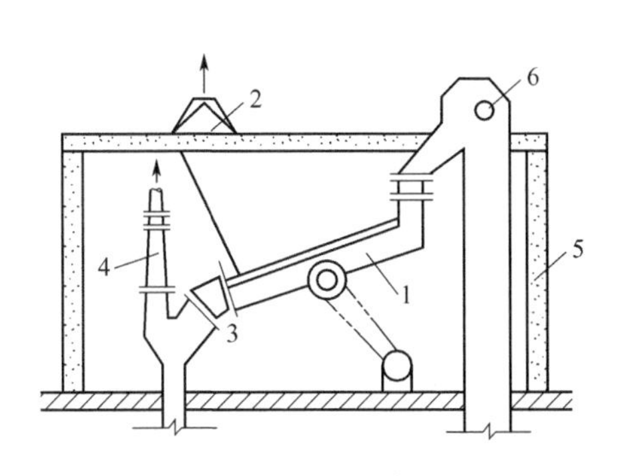


图11-14　大容积密闭罩

1—振动筛；2—小室排风口；3—卸料口；4—排风口；5—密闭小室；6—提升机

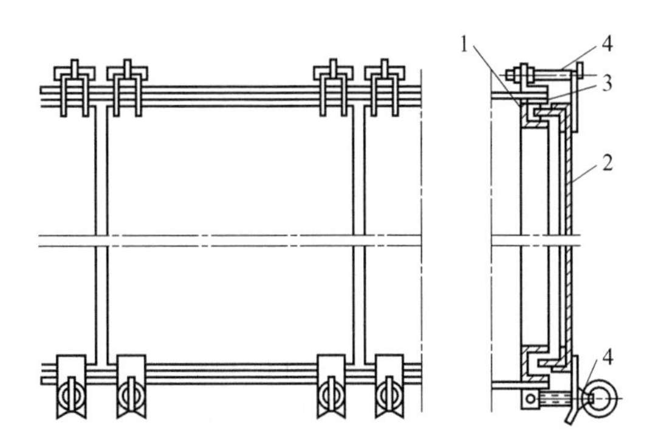


图11-15　凹槽盖板密闭结构

1—凹槽框架；2—密闭盖；3—密封填料；4—压紧装置

① 凹槽宽度在加工误差允许范围内，要使盖板能自由嵌入凹槽，但不宜过宽，凹槽最小宽度可按表11-6选取。

**表11-6　凹槽最小宽度**

| 密闭盖长边尺寸/mm | 凹槽最小宽度/mm | 密闭盖长边尺寸/mm | 凹槽最小宽度/mm |
| --- | --- | --- | --- |
| <500 | 14 | 1000～1500 | 25 |
| 500～1000 | 17 | >1500 | 40 |

② 凹槽密封填料，应采用弹性好、耐用、价廉的材料，一般可用硅橡胶海绵、无石棉橡胶绳、泡沫塑料等。硅橡胶海绵压缩率不超过60%，耐温70～80℃以上，1kg可处理40mm×17mm的缝隙8～9m。填料可用胶粘在凹槽内。

③ 压紧装置如图11-16所示，它有4种不同形式的联结，可根据实际需要加以组合。

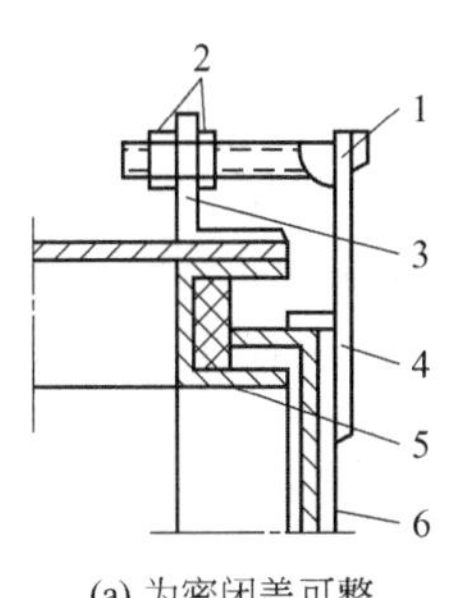


(a) 为密闭盖可整个拆除的联结装置

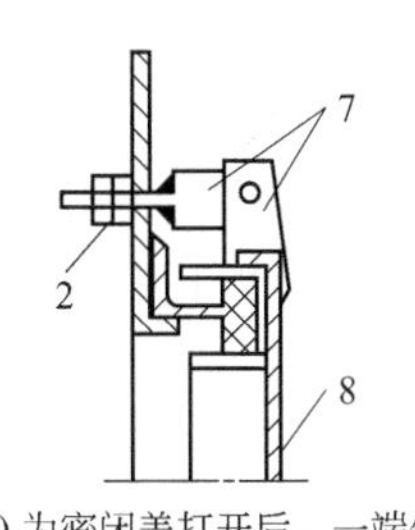


(b) 为密闭盖打开后，一端仍连在凹槽框架上的联结装置

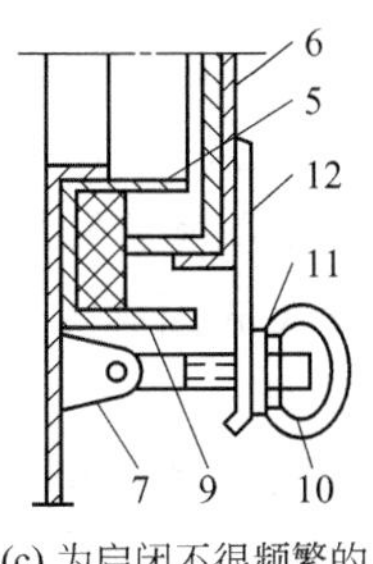


(c) 为启闭不很频繁的大密闭盖的压紧装置

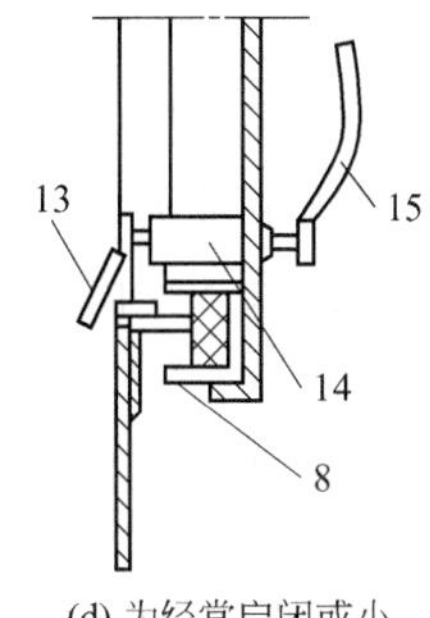


(d) 为经常启闭或小密闭盖的压紧装置

图11-16　压紧装置

1—铁钩；2—螺母；3—角钢支座；4—铁环；5—凹槽框架；6—密闭盖；7—铰链；8—带凹槽边框的门盖；9—丝杆；10—元宝螺母；11—垫片；12—π形压板；13—扇形斜面板；14—套管；15—手柄

④ 凹槽密闭盖板可按表11-7中所列材料采用。

表 11-7 凹槽密闭盖板用料选择

| 密闭盖长边尺寸/mm | 平密闭盖 | | | 弧形密闭盖 | | |
|---|---|---|---|---|---|---|
| | 凹槽角钢 | 盖板角钢 | 填料厚度/mm | 凹槽角钢 | 盖板角钢 | 填料厚度/mm |
| >1700 | 45×4 | 40×4 | 17 | — | — | — |
| 1500～1700 | 45×4 | 40×4 | 17 | 40×4 | 40×4 | 17 |
| 1200～1500 | 30×4 | 30×4 | 17 | 30×4 | 30×4 | 17 |
| 1000～1200 | 30×4 | 30×4 | 10 | 30×4 | 30×4 | 10 |
| 500～1000 | 25×3 | 25×3 | 10 | 25×3 | 25×3 | 10 |
| <500 | 25×3 | 25×3 | 10 | 25×3 | 25×3 | 10 |

(2) 提高密闭罩严密性的措施

① 毡封轴孔。对密闭罩上穿过设备传动轴的孔洞，可用毛毡进行密封。

② 砂封盖板。适用于封盖水平面上需要经常打开的孔洞，如图 11-17 所示。

③ 柔性连接。振动或往复移动的部件与固定部件之间，可用柔性材料进行封闭，如图 11-18所示，一般采用挂胶的帆布或皮革、人造革等材料。当设备运转要求柔性连接件有较大幅度的伸缩时，连接件可做成手风琴箱形。

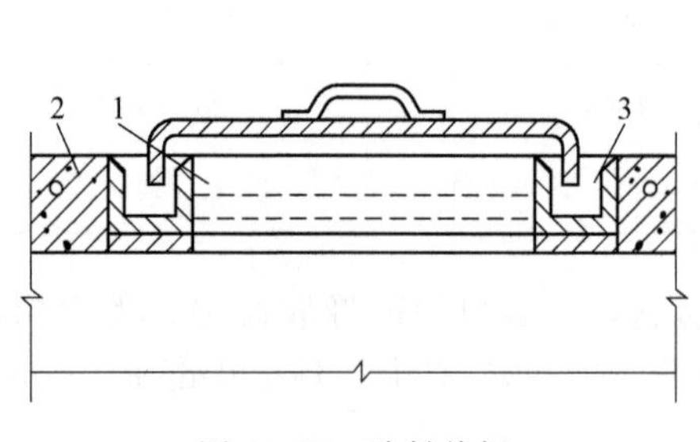


图 11-17 砂封盖板

1—盖板；2—槽钢；3—砂封

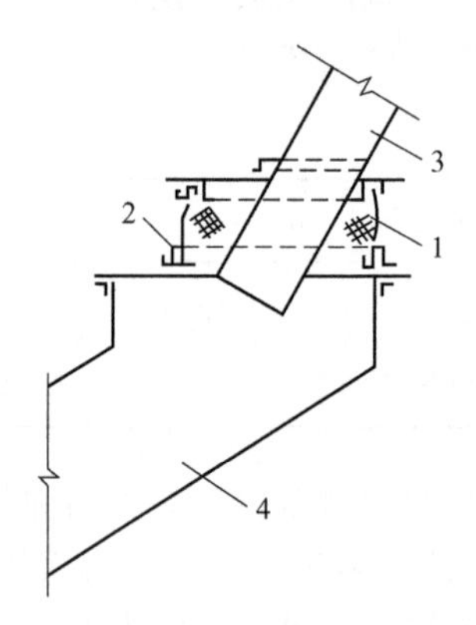


图 11-18 帆布连接管

1—帆布管；2—卡子；3—固定部件；4—运动部件

## (二) 密闭罩的设计计算

为了保证罩内形成一定的负压，必须满足密闭罩内进气和排气量的总平衡。其排气量 $Q_3$ 等于从缝隙被吸入罩内的空气量 $Q_1$ 与尘源气体量 $Q_2$（$Q_2$ 包括物料入罩诱导气量、物料体积量、工艺鼓入罩内气量和物料水分蒸发气量等）之和，即 $Q_3=Q_1+Q_2$，从理论上计算 $Q_1$ 和 $Q_2$ 是困难的，但是影响 $Q_2$ 较大的因素不容忽视。一般可按经验公式或计算表格来计算密闭罩的排风量。

### 1. 按生产粉尘气体与缝隙面积计算排放量

其计算式为：

$$Q_3=3600Kv\sum S+Q_2 \tag{11-15}$$

式中，$K$ 为安全系数，一般取 $K=1.05$～$1.1$；$v$ 为通过缝隙或孔口的速度，m/s，一般取 1～4m/s；$\sum S$ 为密闭罩开启孔及缝隙的总面积，$m^2$；$Q_2$、$Q_3$ 分别为尘源气量和总排气量，$m^3/h$。

### 2. 按截面风速计算排风量

此法常用于大容积密闭罩，一般吸气口设在密闭室的上口部。其计算式为：

$$Q=3600Sv \tag{11-16}$$

式中，$Q$ 为所需排风量，$m^3/h$；$S$ 为密闭罩截面积，$m^2$；$v$ 为垂直于密闭罩面的平均风速，m/s，一般取 0.25～0.5m/s。

**3. 按换气次数计算法计算排风量**

该方法计算较简单，关键是换气次数的确定。换气次数的多少视粉尘浓度、罩内工作情况（能见度等）而定，一般有能见度要求时换气次数应增多，否则可少。其计算式为：

$$Q=60nV \tag{11-17}$$

式中，$Q$ 为排风量，$m^3/h$；$n$ 为换气次数，当 $V>20m^3$ 时取 $n=7$；$V$ 为密闭罩容积，$m^3$。

**4. 某些设备尘源密闭罩计算**

破碎机、振动筛、给料机、皮带机等生产设备尘源，必须设置密闭罩，密闭罩中最小负压值按表 11-8 所列数值选取。密闭罩内形成负压，才能防止罩内粉尘通过罩上的孔口缝隙处外逸，孔口缝隙处必须保持一定流速，气流通过孔口缝隙进入密闭罩，流入孔口缝隙进入罩内的空气产生局部阻力，空气要克服该阻力才能进入罩内。也就是说，密闭罩的内外存在一个压力差 $\Delta p$（如表 11-8 所列的最小值），该 $\zeta$ 值可从表 11-9 中选取。

$$\Delta p=\zeta\frac{v^2\rho}{2} \tag{11-18}$$

式中，$\zeta$ 为孔口缝隙处局部阻力系数；$v$ 为孔口缝隙处的空气流速，m/s；$\rho$ 为空气的密度，$kg/m^3$。

**表 11-8　常用设备密闭罩中的最小负压值**

| 设备名称 | 密闭方式 | 最小负压值 $p$/Pa |
|---|---|---|
| 胶带运输机 | 局部密闭上部罩(仅对热料用)<br>下部罩<br>整体密闭罩<br>大容积密闭罩 | 5<br>8<br>5<br>2.5 |
| 回转式包装机 | 大容积密闭罩 | 5 |
| 振动筛 | 局部密闭罩<br>整体式或大容积密闭罩 | 1.5<br>1.0 |
| 回转筛 | 局部密闭罩<br>整体式或大容积密闭罩 | 1.5<br>1 |
| 颚式破碎机 | 上部罩<br>下部罩(胶带机) | 2<br>8 |
| 圆锥破碎机 | 上部罩<br>下部罩(胶带机) | 2<br>8 |
| 辊式破碎机 | 上部罩<br>下部罩(胶带机) | 2<br>6 |
| 可逆式锤式破碎机 | 上部罩<br>下部罩 | 15<br>— |
| 不可逆锤式破碎机 | 上部罩<br>下部罩(胶带机) | —<br>10 |
| 鼠笼式破碎机 | 下部罩 | 15 |

续表

| 设备名称 | 密闭方式 | 最小负压值 $p$/Pa |
|---|---|---|
| 圆盘给料机 | 上部罩(仅对热料) | 6 |
| | 下部局部密闭 | 8 |
| | 给料机及受料设备整体密闭 | 2.5 |
| 电磁振动给料机 | 与受料胶带整体密闭 | 2.5 |
| 球磨机 | 出料轴气密闭罩,风量由工艺要求定 | $\Delta p=\left(\frac{Q}{1000}\right)^2\zeta$<br>$\zeta=4.5\sim5.5$ |

**表 11-9 局部尘源的密封罩和抽风口的 $C_\lambda$、$\zeta$ 值**

| 名称 | 图形 | $C_\lambda$ | $\zeta$(按 $v$ 值计算) |
|---|---|---|---|
| 反击式破碎机 | 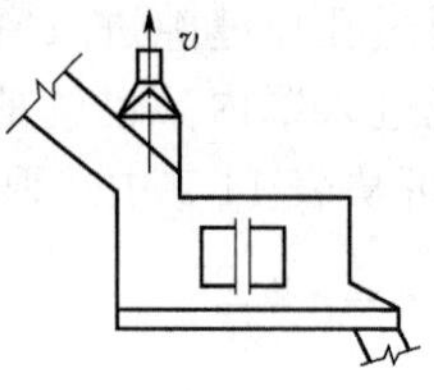 | 0.8 | 0.55 |
| 颚式破碎机 | 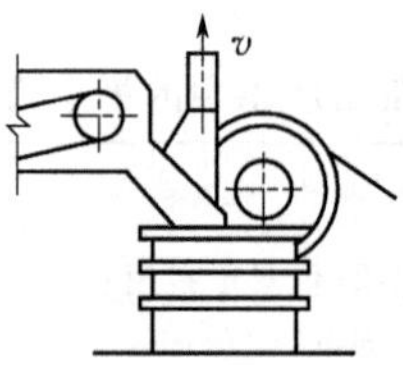 | 0.82 | 0.5 |
| 对辊破碎机 | 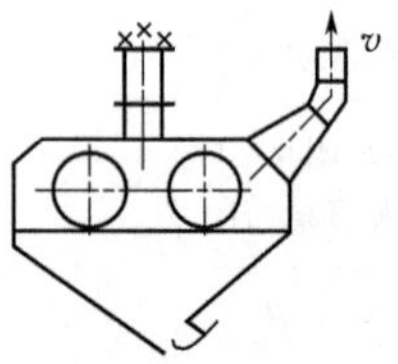 | 0.71 | 1.0 |
| 球磨机 | 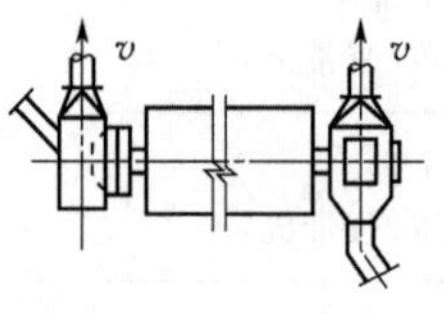 | 头部 | |
| | | 0.58 | 2.0 |
| | | 尾部 | |
| | | 0.66 | 1.3 |
| 装袋 | 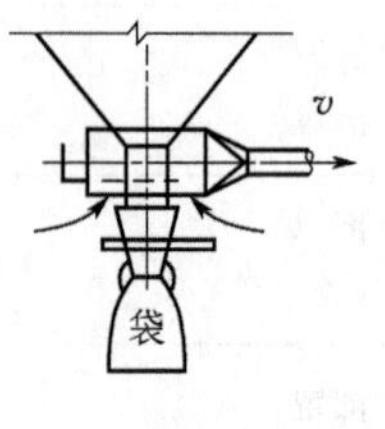 | 0.89 | 0.25 |

续表

| 名称 | 图形 | $C_\lambda$ | ζ(按 $v$ 值计算) |
| --- | --- | --- | --- |
| 包装机 | | 0.89 | 0.25 |
| 皮带机(不全密闭) | | 0.87 | 0.33 |
| 皮带机(全密闭) | | 0.53 | 1.5 |
| 密闭皮带机有导向槽 | | 0.56 | 2.2 |
| 皮带转换密闭罩 | | 0.89 | 0.25 |
| 皮带受料点密闭罩 | | 0.89 | 0.25 |

应当注意的一个现象是，当物料落下到达底面时会产生冲击力，这个冲击力又造成正压气流，该正压值由下式求出：

$$p_2 = K\frac{\rho v_1^2}{2} \tag{11-19}$$

式中，$p_2$ 为物料落下在设备内造成的正压，Pa；$v_1$ 为物料落下速度，m/s；$\rho$ 为空气密度，$kg/m^3$；$K$ 为动能转化为静压的空气动力系数，一般取值 0.65。

这时罩内的含尘气体在该正压作用下，将以 $v_e$ 的速度在孔口缝隙处外逸：

$$v_e = C_\lambda v_1\sqrt{K} \quad (m/s) \tag{11-20}$$

式中，$C_\lambda$ 为孔口缝隙处的流量系数。

为了除尘，孔口缝隙处的空气流入速度 $v$ 必须大于或等于 $v_0$，一般 $v=1.1v_0$，这时所需的抽风量 $Q_1$ 为：

$$Q_1=3600\sum f\times1.1v_e=3600\sum f\times1.1C_\lambda v_1\sqrt{K} \tag{11-21}$$

$C_\lambda$ 值从表 11-9 中选取。大容积密闭罩的缝隙一般都是锐变形，$C_\lambda$ 取 0.6。当 $K=0.65$ 时，其抽风量 $Q$ 为：

$$Q=1916\sum fv_1 \quad (\text{m}^3/\text{h}) \tag{11-22}$$

式中，$\sum f$ 为罩壁孔口缝隙的总面积，$\text{m}^2$。

实际应用中，$\Delta p$ 是实测值，也可按表 11-8 选取，利用 $\Delta H$ 确定抽风量 $Q_1$：

$$Q_1=3600\sum fC_\lambda\sqrt{\frac{2\Delta p}{\rho}} \tag{11-23}$$

在常温下，$\rho=1.2$，当 $C_\lambda=0.6$ 时，式(11-20) 简化为：

$$Q_1=8734\sum f\sqrt{\Delta p} \quad (\text{m}^3/\text{h}) \tag{11-24}$$

由上述式(11-21) 可知，在保持同样负压时，$Q_1$ 随 $\sum f$ 增大而增大，罩子密闭性越好，则抽风量也越小。

**(三) 热过程密闭罩**

在低伞形罩的四周设挡板，使尘源处于罩内，形成密闭罩或半密闭罩。它的排风量计算可以基于与低伞形罩相同的原则。但与冷过程不同，排风量要适应热气流抽力的作用，否则就会有粉尘从罩的不严密处逸出。

热过程的排风罩本身应是不漏风的，如果罩上有孔口则因热抽力而成为漏风口。

其漏风量可按下式计算：

$$v_e=2.16\left[\frac{l_0q_0}{S_0(255.5+t_m)}\right]^{\frac{1}{3}} \tag{11-25}$$

式中，$v_e$ 为通过孔口向外漏风的气流速度，m/s；$l_0$ 为罩口以上到孔口的垂直距离，m；$q_0$ 为由热源传给罩内空气的热量，kW；$S_0$ 为所有孔口的面积，$\text{m}^2$；$t_m$ 为罩内空气的平均温度,℃。

为使密闭罩不漏风，需要保证各孔口向内的流速都大于 $v_0$，因而需要增加抽风量以防止漏风：

$$Q=v_eS_0\times3600 \quad (\text{m}^3/\text{h}) \tag{11-26}$$

**【例 11-1】** 烧油坩埚的密闭罩如图 11-19 所示。罩长 6.5m。罩顶部有一孔口，面积为 $0.1\text{m}^2$。燃油量为 113.6L/h，热值为 39000kJ/L。周围空气温度为 27℃，设罩内平均温度为 65.5℃。试校核罩内温度。

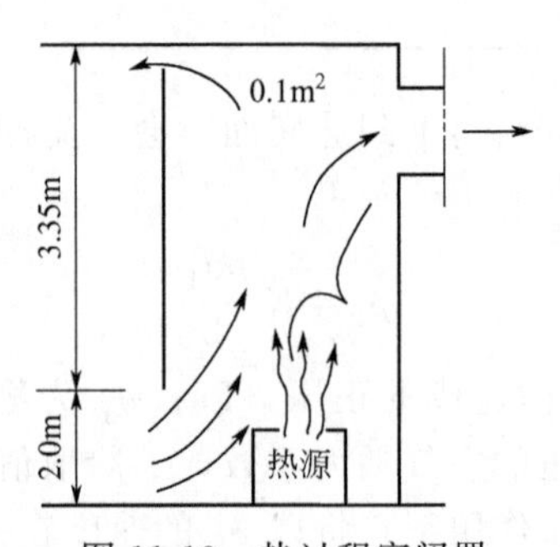


图 11-19 热过程密闭罩

**解：**

计算所需的热量：$q_0=113.6\times39000=443\times10^4(\text{kJ/h})=1230(\text{kW})$

总开口面积：$S_0=(6.5\times2.0)+0.1=13.1(\text{m}^2)$

通过孔口外逸的气流速度为：

$$v_e=2.16\times\left[\frac{3.35\times1230}{13.1\times(255.5+65.5)}\right]^{\frac{1}{3}}=2.145(\text{m/s})$$

所需的排风量：

$$Q=v_eS_0\times3600=2.145\times13.1\times3600=100000(\text{m}^3/\text{h})$$

已知排风量，利用下式可以计算出罩内的平均气温：

$$\Delta t=\frac{1230}{100000\times1.2\times2.778\times10^{-4}}=37(℃)$$

罩内温度 $t_m=37+27=64$(℃)，与开始时设定的 65.5℃很接近。

当工艺操作不是非常频繁时，可以采用活动密闭罩的形式，如采用柔性帘子挂在生产设备的四周。如图 11-20 为熔槽上采用活动帘罩，柔性帘子卷在钢管上。通过传动机构使钢管转动，以使罩帘上下活动，升降的高度视工艺条件而定，必要时可在罩帘上设观察孔，此时排风量要较大。

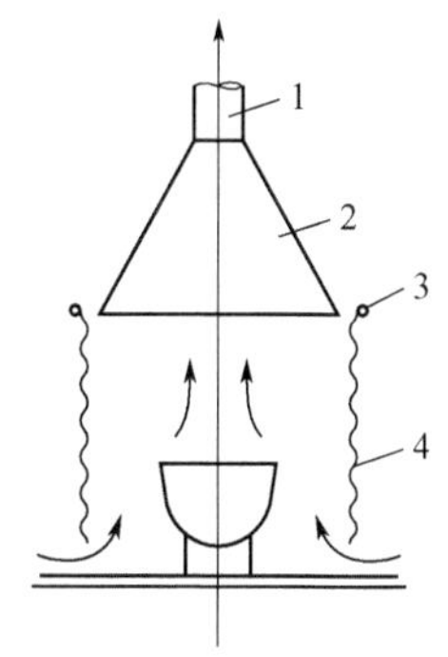

图 11-20 带卷帘的密闭罩
1—烟道；2—伞形罩；3—卷绕装置；4—卷帘

**(四) 密闭罩设计注意事项**

(1) 密闭罩应力求严密，尽量减少罩上的孔洞和缝隙：①密闭罩上通过物料的孔口应设弹性材料制作的遮尘帘；②密闭罩应尽可能避免直接连接在振动或往复运动的设备机体上；③胶带机受料点采用托辊时，因受物料冲击会使胶带局部下陷，在胶带和密闭栏板之间形成缝隙，造成粉尘外逸，因此受料点下的托辊密度应加大或改用托板；④密闭罩上受物料撞击和磨损的部分，必须用坚固的材料制作。

(2) 密闭罩的设置应不妨碍操作和便于检修：①根据工艺操作要求，设置必要的操作孔、检修门和观察孔，门孔应严密，关闭灵活；②密闭罩上需要拆卸部分的结构应便于拆卸和安装。

(3) 应注意罩内气流运动特点：①正确选择密闭罩形式和排风点位置，以合理地组织气流，使罩内保持负压；②密闭罩需有一定的空间，以缓冲气流，减小正压；③操作孔、检修门应避开气流速度较高的地点。

## 四、半密闭集气罩

**1. 半密闭集气罩的形式**

半密闭集气吸尘罩有 2 种形式，一种是箱式罩，另一种是柜式罩。主要是上排风，也有下排风和上下结合的排风方式。图 11-21 为常用的几种半密闭集气吸尘罩的形式。

**2. 半密闭集气罩排风量的计算**

该集气罩排风量按下式计算：

$$Q=3600v\beta\sum S+V_B \tag{11-27}$$

式中，$Q$ 为排风量，$\text{m}^3/\text{h}$；$v$ 为工作口截面处最低吸气速度（表 11-10），m/s；$\beta$ 为泄漏安全系数，一般取 1.05～1.10，若有活动设备，经常需拆卸时可取 1.5～2.0；$\sum S$ 为工作口、观察孔及其他孔口的总面积，$\text{m}^2$；$V_B$ 为粉尘容积，$\text{m}^3$。

此外，半密闭集气罩的排风量还可以用图 11-22 计算。

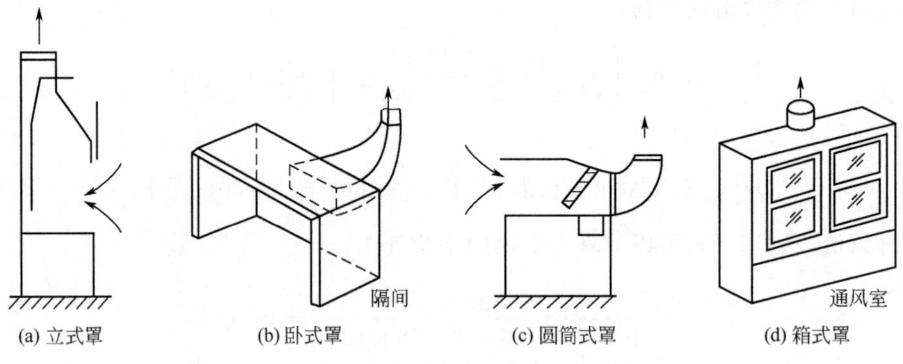


图 11-21 常用的几种半密闭集气吸尘罩的形式

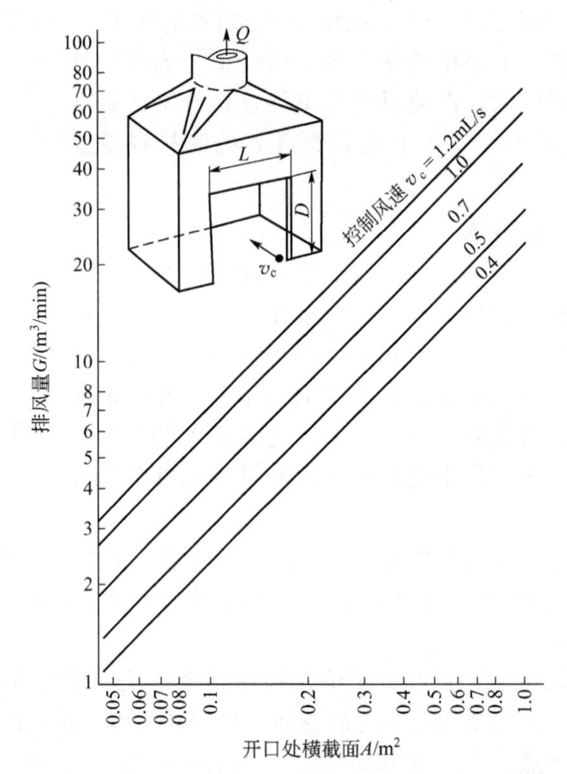


图 11-22 半密闭集气罩排风量计算

**表 11-10 半密闭罩工作口最低吸气速度**

| 生产工艺 | | 有害物的名称 | 速度/(m/s) |
|---|---|---|---|
| 金属热处理 | 油槽淬火、回火 | 油蒸气、油分解产物(植物油为丙烯醛)热 | 0.3 |
| | 硝石槽内淬火 $t$=400～700℃ | 硝石、悬浮尘、热 | 0.3 |
| | 盐槽淬火 $t$=80～900℃ | 盐、悬浮尘、热 | 0.5 |
| | 熔铅 $t$=400℃ | 铅 | 1.5 |
| | 氰化 $t$=700℃ | 氰化合物 | 1.5 |
| 金属电镀 | 镀镉 | 氢氰酸蒸气 | 1～1.5 |
| | 氰铜化合物 | 氢氰酸蒸气 | 1～1.5 |
| | 汽油、氯化烃、电解脱脂 | 汽油、氯化氢化合物蒸气 | 0.5～0.7 |
| | 镀铅 | 铅 | 1.5 |

续表

| 生产工艺 | | 有害物的名称 | 速度/(m/s) |
|---|---|---|---|
| 金属电镀 | 硝酸酸洗 | 酸蒸气和硝酸 | 0.7～1.0 |
| | 盐酸酰洗 | 酸蒸气(氯化氢) | 0.5～0.7 |
| | 镀铬 | 铬酸雾气和蒸气 | 1.0～1.5 |
| | 氰化镀锌 | 氢氰酸蒸气 | 1.0～1.5 |
| 涂刷和溶解油漆 | 苯、二甲苯、甲苯 | 溶解蒸气 | 0.5～0.7 |
| | 煤油、白节油、松节油 | 溶解蒸气 | 0.5 |
| | 含已酸戊酯和甲烷的漆 | 溶解蒸气 | 0.7～1.0 |
| | 喷漆 | 漆悬浮物和溶解蒸气 | 1.0～1.5 |
| 使用粉散材料的生产过程 | 装料 | 粉尘允许质量浓度低于 $10mg/m^3$ | 0.7～1.5 |
| | 手工筛分和混合筛分 | 粉尘允许质量浓度低于 $10mg/m^3$ | 1.0～1.5 |
| | 称量和分装 | 粉尘允许质量浓度低于 $10mg/m^3$ | 0.7～1.0 |
| | 小件喷硅处理 | 硅酸盐 | 1～1.5 |
| | 小零件金属喷镀 | 各种金属粉尘及其他氧化物 | 1～1.5 |
| | 用铅或焊锡焊接 | 质量浓度低于 0.01mg/L | 0.5～0.7 |
| | 用锡和其他不含铅的金属合金焊接 | 质量浓度低于 0.01mg/L | 0.3～0.5 |
| | (1)不必加热的用泵工作 | 汞蒸气 | 0.7～1.0 |
| | (2)加热的用泵工作 | 汞蒸气 | 1.0～1.25 |
| | 有特殊物质的工序(如放射性物质) | 各种蒸气、气体和粉尘 | 2～3 |
| | (1)优质焊条电焊 | 金属氧化物 | 0.5～0.7 |
| | (2)裸焊条电焊 | 金属氧化物 | 0.5 |

### 3. 排气柜

排气柜也称箱式集气罩或柜式排气罩。由于生产工艺操作的需要，罩的一面可全部敞开或在罩上开有较大面积的操作孔。操作时，通过孔口吸入的气流来控制粉尘外逸。其工作原理和密闭罩相类似，即将粉尘发生源围挡在柜状空间内，可视为开有较大孔口的密闭罩。化学实验室的通风柜和小零件喷漆箱就是排气柜的典型代表。其特点是控制效果好，排风量比密闭罩大，而小于其他形式的集气罩。

排气柜的操作孔口是被围挡的柜状空间与罩外的唯一通道，防止含尘气流从操作孔口泄出是设计排气柜首先要考虑的。排气柜的排气点位置对于有效地排除含尘气流而不使之从操作口泄出有着重要影响。一般，设计时应考虑下列几点。

(1) 排气柜操作口的速度分布对其排风效果影响很大，如速度分布不均匀时，含尘气流会从吸入风速低的部位逸入室内。当排气柜内没有发热量（冷尘源），且含尘气流的密度较大时，一般不应采用上部排气，否则操作口的上缘处风速偏大，可达孔口平均风速的150%，而操作口下部风速偏低，低至孔口平均风速的60%，含尘气流会从操作口下部泄出。为了改善这种情况，应将排气点设在排气柜的下部，如图 11-23 所示。其中，图 11-23(b) 为下部排风条缝紧靠操作台面；图 11-23(a) 和图 11-23(c) 为下部排风条缝比操作台面略高一些，以避免吸入气流直接影响操作台面的工艺反应。

(2) 当工艺过程产生一定热量时（热尘源），柜内的热气流自然要向上浮升。如果仍在下部掉气，热气流可能从操作口的上部逸出。因此，必须在柜的上部进行排气，如图 11-24 所示。图 11-24(a) 为上部排气；图 11-24(b) 表示柜内发热体使气流上升，并用导风板调节其

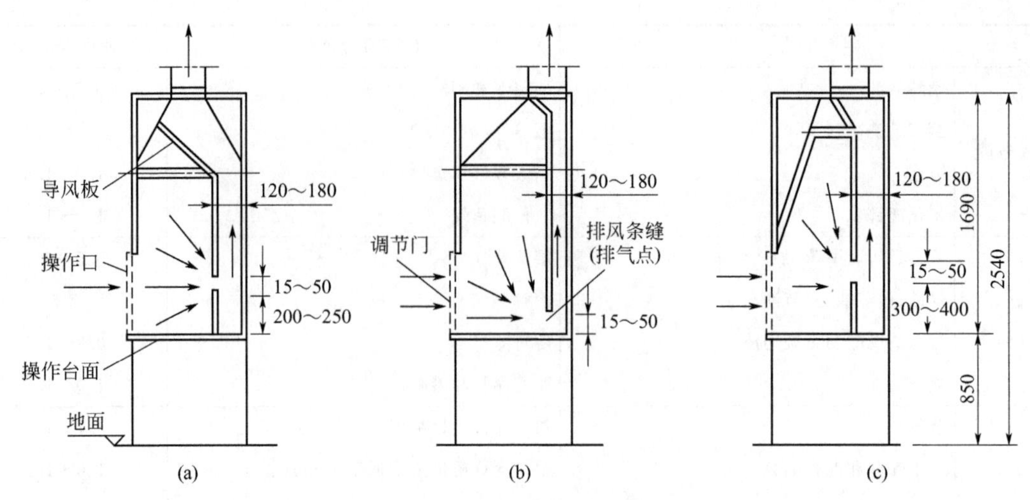


图 11-23 排气点设于下部的排气柜

排风量；图 11-24(c) 表示利用导风板可进一步改善气流和排风效果。

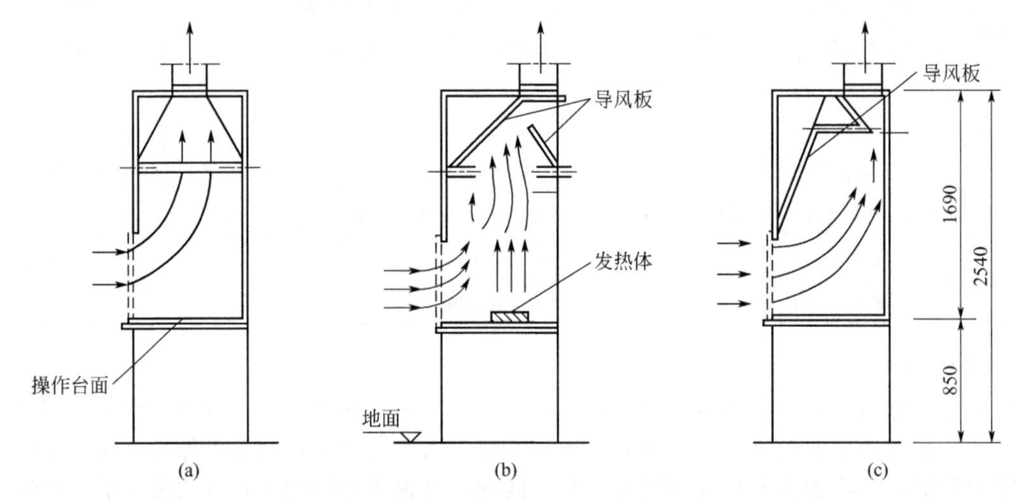


图 11-24 排气口设于上部的排气柜

(3) 对于柜内产热不稳定的，为了适应各种不同工艺和操作情况，应在排气柜的上、下部均设置排气点，并装设调节阀，以便根据柜内发热量的变化调节上、下部排风量的比例，也即采用上下联合排风的作用，使操作口的速度分布比较均匀，如图 2-25 所示。这样设置排气点的特点是使用灵活，但结构较复杂。图 11-25 中，图 11-25(a) 表示上、下排风口采用固定导风板，使 1/3 的排风量由上部排风口排走，2/3 的排风量由下部排风口排走。图 11-25(b) 和图 11-25(c) 表示由风量调节板来调节上、下排风量的比例。图 11-25(d) 表示柜内具有上、中、下 3 个位置的排风条缝口，各自设有风量调节板，可按不同的工艺操作情况进行调节，并使操作口风速保持均匀。一般各排风条缝口的最大开启面积相等，且为柜后垂直风道截面积的 1/2。排风条缝口处的风速一般取 5～7.5m/s。

按照气流运动的特点，排气柜分为吸气式和吹吸式两类。吸气式排气柜主要依靠排风的作用，在工作孔上造成一定的吸入速度，防止粉尘外逸。图 11-26 为送风式排气柜，排风量的 70％左右由上部风口供给（采用室外空气），其余 30％从室内流入罩内。在需要供热（冷）的房间内，设置送风式排气柜可节省采暖耗热量和空调耗冷量约 60％，并能保持室内洁净度。图 11-27 为吹吸联合工作的排气柜。它可以隔断室内干扰气流，防止柜内形成局部涡流，使有

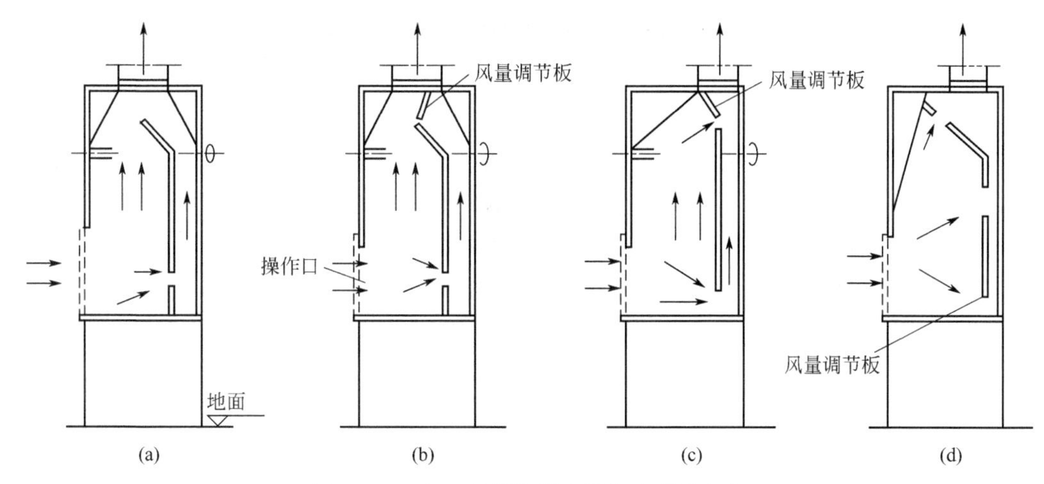


图 11-25　上、下部均设有排气点的排气柜

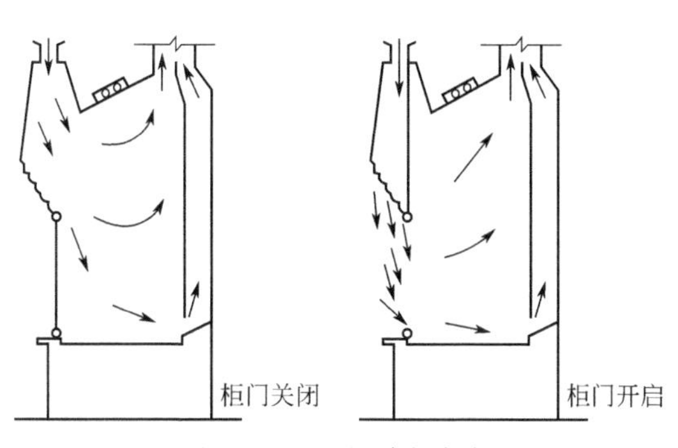


图 11-26　送风式排气柜

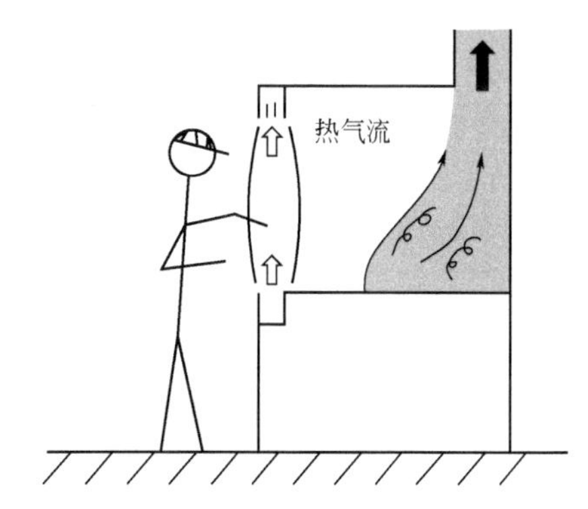


图 11-27　吹吸联合工作的排气柜

害物得到较好控制。

排气柜的排风量按下式计算：

$$Q=Q_1+A_0 v_0 \beta \tag{11-28}$$

式中，$Q$ 为排气柜的排风量，$m^3/s$；$Q_1$ 为排气柜内含尘气体发生量，$m^3/s$；$A_0$ 为操作孔口的面积，$m^2$；$v_0$ 为操作孔口处的最小平均吸气风速（即控制风速），m/s；$\beta$ 为安全系数，一般取 $\beta=1.05\sim1.10$。

对于空调房间或有洁净要求的车间，操作孔口的控制风速可参照表 11-11 选取。对某些特定的工艺过程，其控制风速可参照表 11-12 确定。

**表 11-11　排气柜操作孔口处的控制风速**

| 污染物性质 | 平均吸气风速/(m/s) |
|---|---|
| 无毒污染物 | 0.25～0.375 |
| 有毒或有危险的污染物 | 0.4～0.5 |
| 剧毒或少量放射性污染物 | 0.5～0.6 |

**4. 半密闭集气罩设计注意事项**

(1) 柜式罩排风效果与工作口截面上风速的均匀性有关。设计要求柜口风速不小于平均风速的 80%。当柜内同时产生热量时，为防止含尘气体由工作口上缘逸出，应在柜上抽气；当柜内无热量产生时，可在下部抽风。此时工作口截面上任何一点的风速不宜大于平均风速的 10%，下部排风口应紧靠工作台面。

表 11-12 某些特定工艺过程的排气柜操作孔口控制风速

| 项目 | 工艺过程 | 散发的有害物 | $v_0$/(m/s) |
|---|---|---|---|
| 金属热处理 | 油槽淬火与回火 | 油蒸气及其分解产物、热量 | 0.5 |
| | 硝石槽内淬火(400～700℃) | 硝石的气溶胶、热量 | 0.5 |
| | 盐槽淬火(800～900℃) | 盐的气溶胶、热量 | 0.5 |
| | 熔铅(400℃) | 铅的气溶胶、铅蒸气 | 1.5 |
| | 盐炉氰化(800～900℃) | 氰化物、粉尘 | 1.5 |
| 金属电镀(冷过程) | 氰化镀镉、镀银 | 氢氰酸蒸气 | 1～1.5 |
| | 氰化镀铜 | 氢氰酸蒸气 | 1～1.5 |
| | 脱脂:汽油 | 汽油蒸气 | 0.5 |
| | 氯化烃 | 氯化烃蒸气 | 0.7 |
| | 电解 | 碱雾 | 0.5 |
| | 镀铅 | 铅 | 1.5 |
| | 镀铬 | 铬酸雾和铬酐 | 1～1.5 |
| | 酸洗:硝酸 | 酸蒸气和硝酸 | 0.7～1.0 |
| | 盐酸 | 酸蒸气(氯化氢) | 0.5～0.7 |
| | 氰化镀锌 | 氢氯酸蒸气 | 1～1.5 |
| 其他 | 喷漆 | 漆悬浮物和溶液蒸气 | 1～1.5 |
| | 手工混合、称重、分装、配料 | 加工物料粉尘 | 0.7～1.5 |
| | 小件喷砂、清理 | 硅酸盐粉尘 | 1～1.5 |
| | 金属喷镀 | 金属粉尘 | 1～1.5 |
| | 小零件焊接 | 金属气溶胶 | 0.8～0.9 |
| | 柜内化学实验 | 各种烟气和蒸气 | 0.5～1.0 |
| | 用汞的工序:不必要加热 | 汞蒸气 | 0.7～1.0 |
| | 加热 | 汞蒸气 | 1～1.25 |

(2) 柜式罩一般设在车间内或试验室，罩口气流容易受到环境的干扰，通常按推荐入口速度计算出排风量，再乘以 1.1 的安全系数。

(3) 柜式罩不宜设在来往频繁的地段、窗口或门的附近，防止横向气流干扰。当不可能设置单独排风系统时，每个系统连接的柜式罩不应过多，最好单独设置排风系统。

## 五、外部集气罩

外部集气罩安装在尘源附近，是依靠罩口负压吸入气流的运动而实现捕集含尘气体的。它适用于受工艺条件限制，无法对尘源进行密闭的场合。外部集气罩吸气方向与含尘气流运动方向往往不一致，且罩口与尘源有一定的距离，因此一般需要较大风量才能控制污染气流的扩散，而且容易受室内横向气流的干扰，致使捕集效率降低。

### (一) 外部集气罩

#### 1. 外部集气罩分类

按集气罩与尘源的相对位置可将外部集气罩分为 4 类，即上部集气罩、下部集气罩、侧吸罩和槽边集气罩，见图 11-28。

(1) 上部集气罩　上部集气罩位于尘源的上方，如图 11-28(a) 所示，其形状多为伞形，

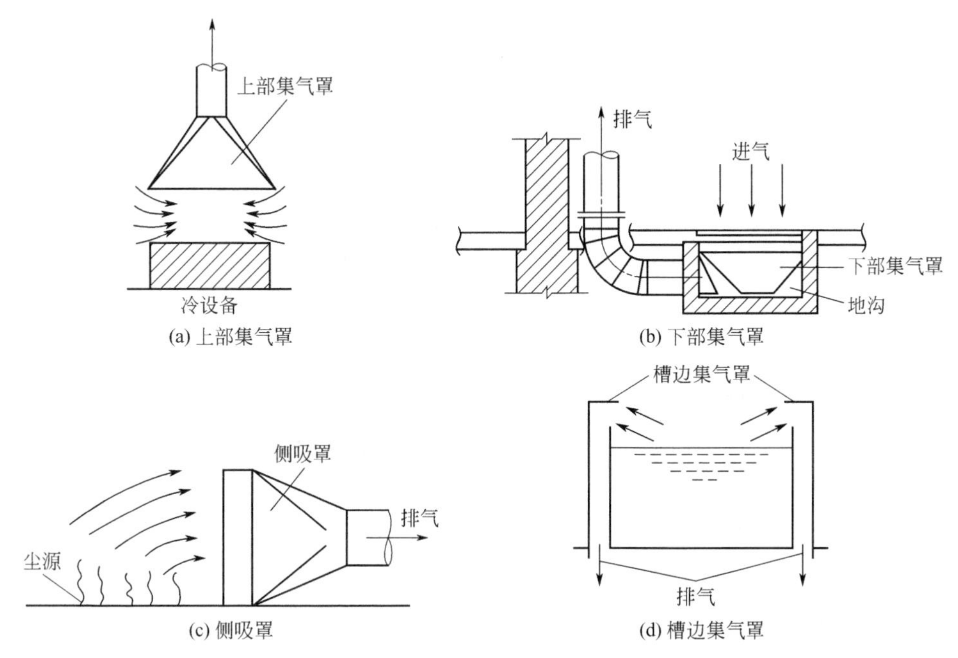


图 11-28　外部集气罩

又称上部伞形集气罩，其罩子边有有挡板和无挡板之分。

(2) 下部集气罩　下部集气罩位于尘源的下方。当尘源向下方抛射粉尘时，或由于工艺操作上的限制在上部或侧面不容许设置集气罩时，才采用下部集气罩。它在木工车间较为多见，如图 11-28(b) 所示。

(3) 侧吸罩　位于尘源一侧的集气罩称为侧吸罩，如图 11-28(c) 所示。按罩口的形状可分为圆形侧吸罩、矩形侧吸罩、条缝侧吸罩。为了改进吸气效果，可在圆形、矩形、条缝侧罩口上加法兰边框，或不加法兰边框，或把其放到工作台上，分别称为有边侧吸罩、无边侧吸罩、台上侧吸罩。

(4) 槽边集气罩　槽边集气罩则是外部集气罩的一种特殊形式，主要用于各种工业坑或槽上，以防止槽内向周围散发含尘气体，如图 11-28(d) 所示。

**2. 外部集气罩设计要点**

(1) 为了有效地控制和捕集粉尘或有害气体，在不妨碍生产操作的情况下，应尽可能使外部排风罩的罩口靠近扬尘点，以使所有的扬尘点都处于控制风速范围之内。

(2) 罩口外形尺寸应以有效控制尘源和不影响操作为原则，只要条件允许，罩口边缘应加设法兰边框，提高排风效果。法兰边的宽度不宜小于 150mm，加设后可减少 15%～30%的排风量。另外，上部集气罩最好靠墙布置，或在罩口四周加设活动挡板。

(3) 含尘气流应不再经过人员操作区，并防止干扰气流将其再吹散（可采用罩口外加设挡风板等措施），要使气流的流程最短，尽快地吸入罩口内。

(4) 连接罩子的吸风管应尽量置于粉尘或污染气体散发中心。罩口大而罩身浅的罩子气流会集中驱向吸风管口正中，为获得均匀的罩口气流，可采用条缝罩，管口前加挡板或改用多吸风管的方法。

(5) 为保证罩口吸气速度均匀，集气罩的扩张角 $\alpha$ 不应大于 60°。当污染源平面尺寸较大时可采取以下措施：将一个大排风罩分割成若干个小排风罩；在罩内设分层板；在罩口加设挡板或气流分布板，如图 11-29 所示。

(6) 充分了解工艺设备的结构及运行操作的特点，使所设计的外部集气罩既不影响生产操

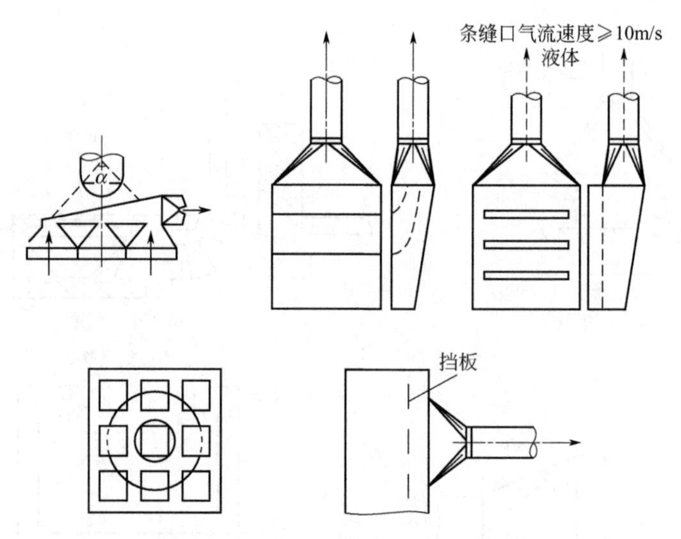


图 11-29 罩口气流均匀分布的措施

作，又便于维护、检修及拆装设备。

**3. 外部集气罩吸捕速度**

吸捕速度又称控制风速，是指克服该尘源散发含尘气体的扩散力再加上适当的安全系数的风速。只有当集气罩在该尘源点造成的风速大于控制风速时，才能使含尘气体吸入到罩内而排走。控制风速不仅与工艺设备类别和粉尘散发条件有关，而且与粉尘的危害程度以及周围干扰气流的情况等因素有关。正确和适当地选取控制风速是计算排气量的重要环节。表 11-13～表 11-16 列出了控制风速的一些参考数值。控制距离与控制风速的关系见图 11-30。

**表 11-13 按污染物（粉尘）散发条件选择的控制风速**

| 污染物散发条件 | 实例 | 最小控制风速/(m/s) |
|---|---|---|
| 以轻微的速度散发到几乎静止的空气中 | 蒸气的蒸发、气体或烟气从敞口容器中外逸等 | 0.25～0.5 |
| 以较低的速度散发到较平静的空气中 | 喷漆室内喷漆、间断粉料装袋、焊接台、低速带式输送机、电镀槽、酸洗等 | 0.5～1.0 |
| 以较大的速度散发到气流运动大的区域 | 高压喷漆、快速装料、高速(大于 1m/s)带式输送机的转运点、破碎机破碎、冷落砂机等 | 1.0～2.5 |
| 以高速度散发到气流运动很迅速的区域 | 抛光、研磨、喷砂、滚动重破碎、热落砂机、在岩石表面工作等 | 2.5～10 |

**表 11-14 按周围气流情况和污染物（粉尘）危害性选择风速**

| 周围气流情况 | 控制风速/(m/s) | | 周围气流情况 | 控制风速/(m/s) | |
|---|---|---|---|---|---|
| | 危害性小时 | 危害性大时 | | 危害性小时 | 危害性大时 |
| 无气流或容易安装挡板的地方 | 0.20～0.25 | 0.25～0.30 | 强气流的地方 | 0.5 | 0.5 |
| 中等程度气流的地方 | 0.25～0.30 | 0.30～0.35 | 非常强气流的地方 | 1.0 | 1.0 |
| 较强气流或不安装挡板的地方 | 0.35～0.40 | 0.38～0.50 | | | |

控制速度是影响集气罩控制效果和系统经济性的重要指标。控制速度选得过小，污染物（粉尘）不能完全被吸入罩内，从而污染周围环境；选取过大，则必然增大排气量，并使系统负荷和设备均要增加。

表 11-15　按污染物（粉尘）危害性及集气罩形式选择控制　单位：m/s

| 危害性 | 圆形罩 | | 侧面方形罩 | 伞形罩 | |
|---|---|---|---|---|---|
| | 一面开口 | 两面开口 | | 三面敞开 | 四面敞开 |
| 大 | 0.38 | 0.50 | 0.5 | 0.63 | 0.88 |
| 中 | 0.33 | 0.45 | 0.38 | 0.50 | 0.78 |
| 小 | 0.30 | 0.38 | 0.25 | 0.38 | 0.63 |

表 11-16　某些特定作业的控制风速

| 作业内容 | 控制风速/(m/s) | 说明 |
|---|---|---|
| 研磨喷砂作业： | | |
| 在箱内 | 0.25 | 具有完整集气罩 |
| 在室内 | 0.3～0.5 | 从该室下面排气 |
| 装袋作业： | | |
| 纸袋 | 0.5 | 装袋室及集气罩 |
| 布袋 | 1 | 装袋室及集气罩 |
| 粉砂业 | 2 | 污染源(尘源)处外设集气罩 |
| 围斗与围仓 | 0.8～1 | 集气罩的开口面 |
| 带式输送机 | 0.8～1 | 转运点处集气罩的开口面 |
| 铸造型芯抛光 | 0.5 | 污染源(尘源)处 |
| 手工锻造厂 | 1 | 集气罩的开口面 |
| 铸造用筛： | | |
| 圆筒筛 | 2 | 集气罩的开口面 |
| 平筛 | 1 | 集气罩的开口面 |
| 铸造拆模 | 1.0～2.0 | 集气罩的开口面 |

| 作业内容 | 控制风速/(m/s) | 说明 |
|---|---|---|
| 有色金属冶炼： | | |
| 铝 | 0.5～1.0 | 集气罩的开口面 |
| 黄铜 | 1.0～1.4 | 集气罩的开口面 |
| 研磨机： | | |
| 手提式 | 1.0～2.0 | 以工作台下方排气 |
| 吊式 | 0.5～0.8 | 研磨箱开口面 |
| 金属精炼(对于有毒物质必须戴防毒面具)： | | |
| 有毒金属(铅、镉等) | 1.0 | 精炼室开口面 |
| 无毒金属(铁、铝等) | 0.7 | 精炼室开口面 |
| 无毒金属(铁、铝等) | 1.0 | 外装精炼室开口面 |
| 混合机(砂等) | 0.5～1.0 | 混合机开口面 |
| 电弧焊 | 0.5～1.0 | 尘源(吊式集气罩) |
| | 0.5 | 电焊室开口面 |
| 砂轮机 | 10～30 | 集气罩口>75%砂轮面 |

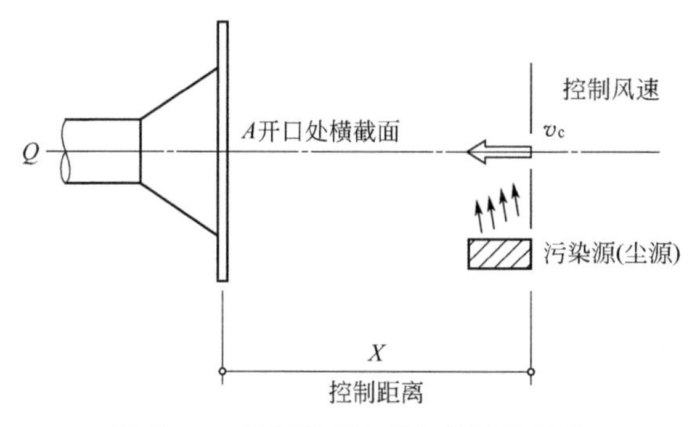


图 11-30　控制距离与控制风速的关系

## （二）侧部吸气罩

### 1. 一般侧部吸气罩

当粉尘不能密闭，上部也不能设置集气罩时，可设侧吸罩，但侧吸罩的效果要比上部伞形集气罩差，同时要求的排风量也较大。

对于冷过程，侧吸罩也是采用抽吸作用原理，因此，安装时应尽量靠近尘源，否则排气量将大为增加。侧吸罩的形式很多，选用时主要以不妨碍操作为原则。不同形式的侧吸罩，其排风量的计算有所不同，表 11-17 列出了部分计算公式。图 11-31 为侧部吸气罩的排气量线算图。

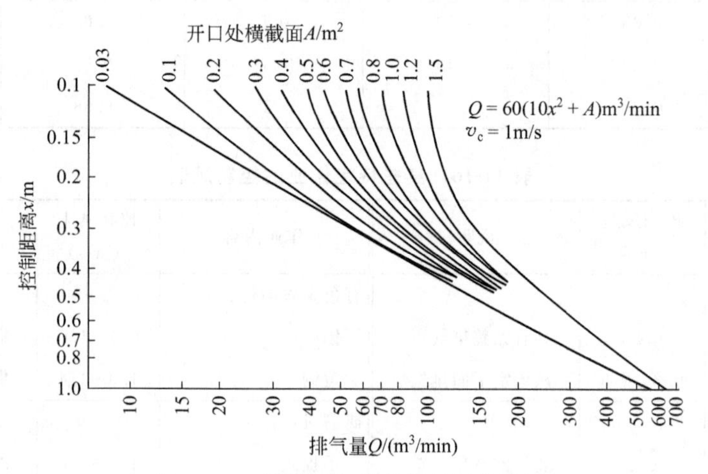


图 11-31 侧部吸气罩的排气量线算图

**表 11-17 各种侧吸罩排气量的计算公式**

| 名称 | 形式 | 罩形 | 罩子尺寸比例 | 排气量计算公式 $Q/(m^3/s)$ | 备注 |
|---|---|---|---|---|---|
| 矩形及圆形平口排气罩 | 无边 | | $h/B \geqslant 0.2$ 或圆口 | $Q=(10x^2+A)v_x$ | 罩口面积 $A=Bh$<br>或 $A=\pi d^2/4$<br>$d$ 为罩口直径,m |
| | 有边 | | $h/B \geqslant 0.2$ 或圆口 | $Q=0.75(10x^2+A)v_x$ | 罩口面积 $A=Bh$<br>或 $A=\pi d^2/4$<br>$d$ 为罩口直径,m |
| | 台上或落地式 | | $h/B \geqslant 0.2$ 或圆口 | $Q=0.75(10x^2+A)v_x$ | 罩口面积 $A=Bh$<br>或 $A=\pi d^2/4$<br>$d$ 为罩口直径,m |
| | 台上 | | $h/B \geqslant 0.2$ 或圆口 | 有边<br>$Q=0.75(5x^2+A)v_x$<br>无边<br>$Q=(5x^2+A)v_x$ | 罩口面积 $A=Bh$<br>或 $A=\pi d^2/4$<br>$d$ 为罩口直径,m |

续表

| 名称 | 形式 | 罩形 | 罩子尺寸比例 | 排气量计算公式 $Q/(m^3/s)$ | 备注 |
|---|---|---|---|---|---|
| 条缝侧吸罩 | 无边 | | $h/B \leqslant 0.2$ | $Q=3.7Bxv_x$ | $v_x=10m/s$；$\xi=1.78$；$B$ 为罩宽，m；$h$ 为条缝高度，m；$x$ 为罩口至控制点距离，m |
| | 有边 | | $h/B \leqslant 0.2$ | $Q=2.8Bxv_x$ | $v_x=10m/s$；$\xi=1.78$；$B$ 为罩宽，m；$h$ 为条缝高度，m；$x$ 为罩口至控制点距离，m |
| | 台上 | | $h/B \leqslant 0.2$ | 无边 $Q=2.8Bxv_x$ 有边 $Q=2Bxv_x$ | $v_x=10m/s$；$\xi=1.78$；$B$ 为罩宽，m；$h$ 为条缝高度，m；$x$ 为罩口至控制点距离，m |
| | 槽边 | | $h/B \leqslant 0.2$ | $Q=BWC$ 或 $Q=v_0n$ | $h$ 按罩口速度 $v_x=10m/s$ 确定；$C$ 为风量系数，在 $0.25 \sim 2.5m^3/(m^2 \cdot s)$ 范围内变化，一般取 $0.75 \sim 1.25$，$\xi=2.34$ |

**2. 槽边吸气罩**

槽边吸气罩是侧吸罩的一种特殊形式，罩子设在槽子的侧旁，是一种较常用的形式。

(1) 槽边吸气罩的形式　槽边吸气罩分单侧、双侧及周边吸气罩等形式，如图 11-32～图 11-35 所示。

(2) 槽边吸气罩的罩口形式　槽边吸气罩的罩口可分为条缝式、平口式及倒置式三种形式。

条缝式吸气口为一窄长的条缝，如图 11-36 所示。这是目前应用最广泛的一种形式。

条缝罩的条缝口面积 $S_f$ 可以根据排风量的大小确定：

$$S_f=\frac{Q}{v_0} \tag{11-29}$$

式中，$S_f$ 为条缝口面积，$m^2$；$Q$ 为槽边一侧排风量，$m^3/s$；$v_0$ 为条缝口上气流速度，m/s，一般取 7～10m/s。

由此可以得出等高条缝口的高度或楔形条缝口的平均高度 $h$：

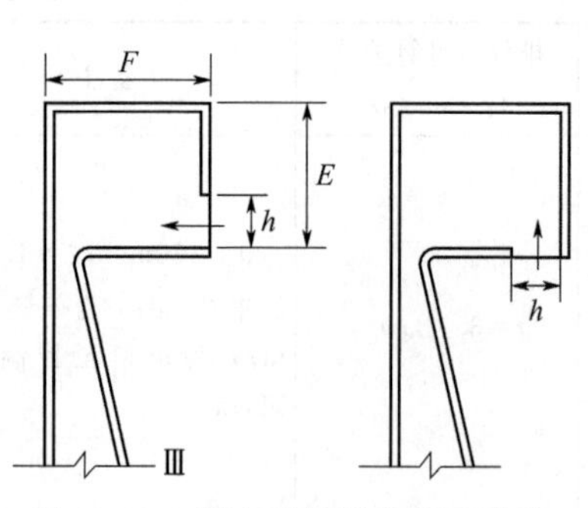


图 11-32 槽边吸气罩的截面形式

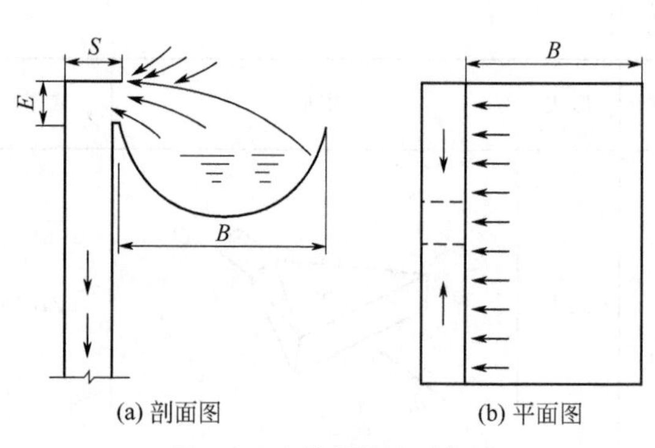


图 11-33 单侧槽边吸气罩

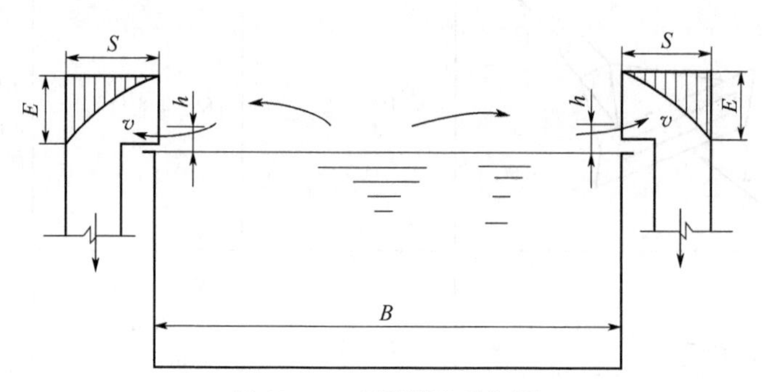


图 11-34 双侧槽边吸气罩

$$h=\frac{S_{\mathrm{f}}}{A} \tag{11-30}$$

式中，$h$ 为条缝高度，m，一般小于 50mm；$A$ 为槽长，也就是条缝口长度，m。

根据平均高度 $h$，楔形条缝的末端高度 $h_1$ 及始端高度 $h_2$ 可确定为：当条缝口面积 $S_{\mathrm{f}}$ 与吸气罩面积 $S_1$ 之比 $S_{\mathrm{f}}/S_1 \leqslant 0.5$ 时，$h_1=1.3h_0$，$h_2=0.7h_0$；当 $S_{\mathrm{f}}/S_1 \leqslant 1.0$ 时，$h_1=1.4h_0$，$h_2=0.6h_0$。罩口的断面流速一般取 5～10m/s。

(3) 槽边吸气罩的排风量 条缝式槽边吸气罩的排风量可按下列经验式计算。

高截面单侧排风量：

$$Q=2v_0AB\left(\frac{B}{A}\right)^{0.2} \tag{11-31}$$

低截面单侧排风量：

$$Q=3v_0AB\left(\frac{B}{2A}\right)^{0.2} \tag{11-32}$$

高截面双侧排风量（总风量）：

$$Q=2v_0AB\left(\frac{B}{2A}\right)^{0.2} \tag{11-33}$$

低截面双侧排风量（总风量）：

$$Q=3v_0AB\left(\frac{B}{2A}\right)^{0.2} \tag{11-34}$$

高截面周边排风量：

$$Q=1.57v_0D^2 \tag{11-35}$$

低截面周边排风量：

$$Q=2.35v_0D^2 \tag{11-36}$$

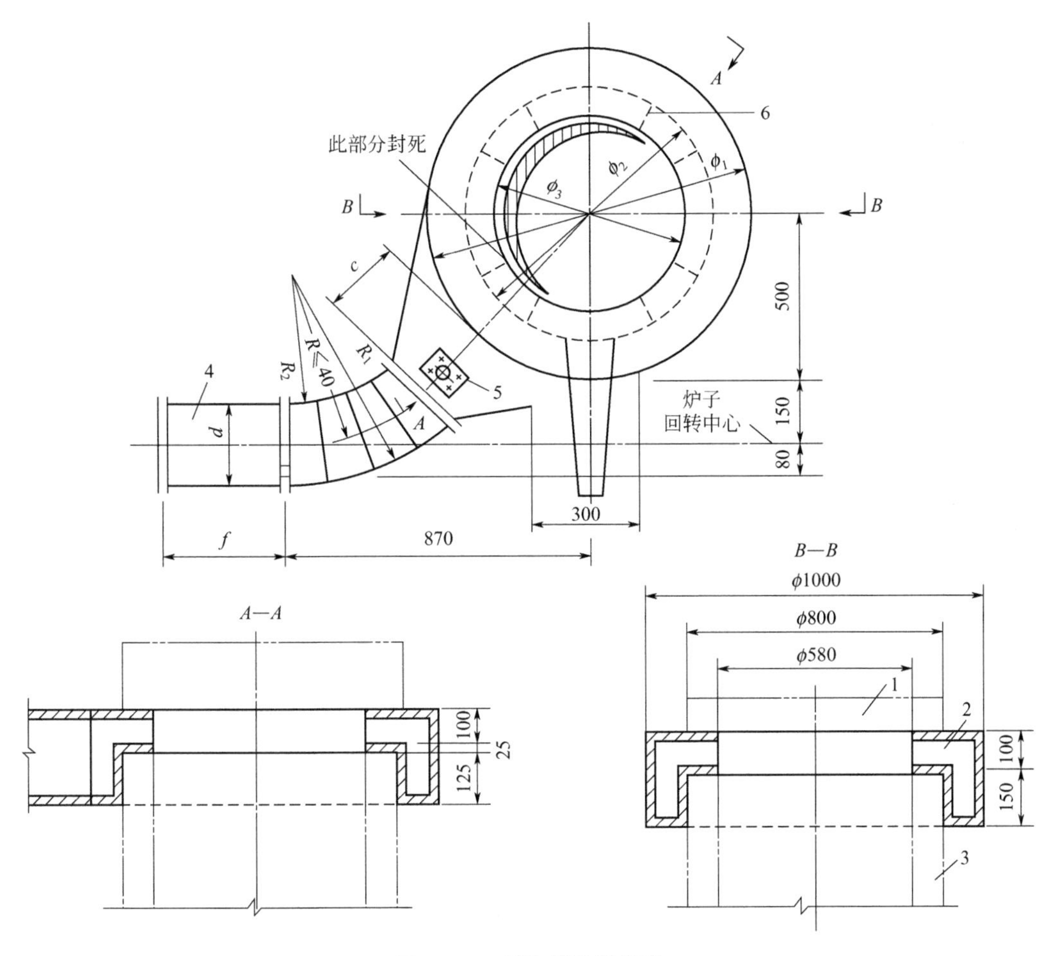


图 11-35　周边槽边吸气罩

1—炉盖；2—环形罩；3—炉体；4—排气管；5—测孔；6—加强筋

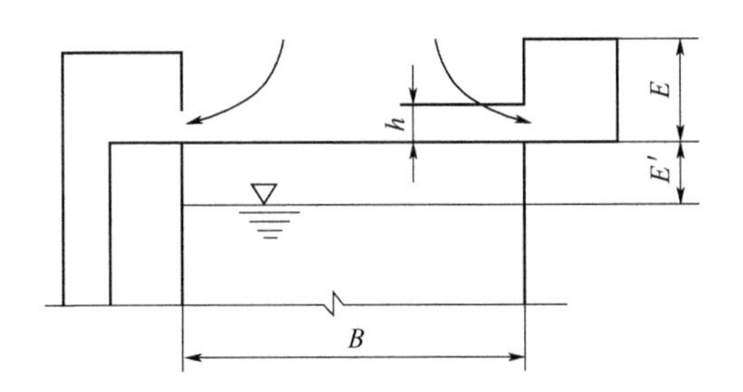


图 11-36　条缝式吸气口

（$E$ 为罩头高；$h$ 为条缝高；$B$ 为槽宽；$E'$为液面缝高）

式中，$Q$ 为排风量，$m^3/s$；$A$ 为槽长，m；$B$ 为槽宽，m；$D$ 为圆槽直径，m；$v_0$ 为控制风速，m/s。

(4) 槽边吸气控制风速　槽边吸气罩的控制风速可按表 11-18 确定。

**表 11-18　槽边吸气罩的控制风速**

| 槽的用途 | 溶液中主要有害物质 | 镀液温度/℃ | 电流密度/($10^2 A/m^2$) | $v_0$/(m/s) |
|---|---|---|---|---|
| 镀铬 | $H_2SO_4$、$CrO_3$ | 55～58 | 20～35 | 0.5 |
| 镀耐磨铬 | $H_2SO_4$、$CrO_3$ | 68～75 | 35～70 | 0.5 |

续表

| 槽的用途 | 溶液中主要有害物质 | 镀液温度/℃ | 电流密度/($10^2A/m^2$) | $v_0$/(m/s) |
|---|---|---|---|---|
| 镀铬 | $H_2SO_4$、$CrO_3$ | 40～50 | 10～20 | 0.4 |
| 电化学抛光 | $H_3SO_4$、$H_2SO_4$、$CrO_3$ | 70～90 | 15～20 | 0.4 |
| 电化学腐蚀 | $H_2SO_4$、KCN | 15～25 | 8～10 | 0.4 |
| 氰化镀锌 | ZnO、NaCN、NaOH | 40～70 | 5～20 | 0.4 |
| 氰化镀铜 | CuCN、NaOH、NaCN | 55 | 2～4 | 0.4 |
| 镍层电化学抛光 | $H_2SO_4$、$CrO_3$、$C_3H_5(OH)_3$ | 40～45 | 15～20 | 0.4 |
| 铝件电抛光 | $H_3PO_4$、$C_3H_5(OH)_3$ | 85～90 | 30 | 0.4 |
| 电化学去油 | NaOH、$Na_2CO_3$、$Na_3PO_4$、$Na_2SiO_3$ | 约80 | 3～8 | 0.35 |
| 阳极腐蚀 | $H_2SO_4$ | 15～25 | 3～5 | 0.35 |
| 电化学抛光 | $H_3PO_4$ | 18～20 | 1.5～2 | 0.35 |
| 镀镉 | NaCN、NaOH、NaCN | 15～25 | 1.5～4 | 0.35 |
| 氰化镀锌 | ZnO、NaCN、NaOH | 15～30 | 2～5 | 0.35 |
| 镀铜锡合金 | NaCN、CuCN、NaOH、$Na_2SO_3$ | 65～70 | 2～2.5 | 0.35 |
| 镀镍 | $NiSO_4$、NaCl、$COH_6(SO_3Na_2)_2$ | 50 | 3～4 | 0.35 |
| 镀锡(碱) | $Na_2SO_3$、NaOH、$CH_3COONa$、$H_2O_2$ | 65～75 | 1.5～2 | 0.35 |
| 镀锡(滚) | $Na_2SO_3$、NaOH、$CH_3COONa$ | 70～80 | 1～4 | 0.35 |
| 镀锡(酸) | $SnO_4$、NaOH、$H_2SO_4$、$C_6H_5OH$ | 65～70 | 0.5～2 | 0.35 |
| 氰化电化学浸蚀 | KCN | 15～25 | 3～5 | 0.35 |
| 镀金 | $K_4Fe(CN)_6$、$Na_2CO_3$、$H(AuCl)_4$ | 70 | 4～6 | 0.35 |
| 铝件电抛光 | $Na_3PO_4$ | — | 20～25 | 0.35 |
| 钢件电化学氧化 | NaOH | 80～90 | 5～10 | 0.35 |
| 退铬 | NaOH | 室温 | 5～10 | 0.35 |
| 酸性镀铜 | $CuSO_4$、$H_2SO_4$ | 15～25 | 1～2 | 0.3 |
| 氰化镀黄铜 | CuCN、NaCN、$Na_2SO_3$、$Zn(CO_3)_2$ | 20～30 | 0.3～0.5 | 0.3 |
| 氰化镀黄铜 | CuCN、NaCN、NaOH、$Na_2CO_3$、$Zn(CN)_2$ | 15～25 | 1～1.5 | 0.3 |
| 镀镍 | $NiSO_4$、$Na_2SO_4$、NaCl、$MgSO_4$ | 15～25 | 0.5～1 | 0.3 |
| 镀锡铅合金 | Pb、Sn、$H_3BO_4$、$HBF_4$ | 15～25 | 1～1.2 | 0.3 |
| 电解纯化 | $Na_2CO_3$、$K_2CrO_4$、$H_2CO_3$ | 20 | 1～6 | 0.3 |
| 铝阳极氧化 | $H_2SO_4$ | 15～25 | 0.8～2.5 | 0.3 |
| 铝件阳极绝缘氧化 | $C_2H_4O_4$ | 20～45 | 1～5 | 0.3 |
| 退铜 | $H_2SO_4$、$CrO_3$ | 20 | 3～8 | 0.3 |
| 退镍 | $H_2SO_4$、$C_3H_5(OH)_3$ | 20 | 3～8 | 0.3 |
| 化学去油 | NaOH、$Na_2CO_3$、$Na_3PO_4$ | — | — | 0.3 |
| 黑镍 | $NiSO_4$、$(NH_4)H_2SO_4$、$ZnSO_4$ | 15～25 | 0.2～0.3 | 0.25 |
| 镀银 | KCN、AgCl | 20 | 0.5～1 | 0.25 |
| 预镀镍 | KCN、$K_2CO_3$ | 15～25 | 1～2 | 0.25 |
| 镀银后黑化 | $Na_2S$、$Na_2SO_3$、$(CH_3)_2CO$ | 15～25 | 0.08～0.1 | 0.25 |
| 镀铍 | $BaSO_4$、$(NH_4)_2Mo_7O_{24}$ | 15～25 | 0.005～0.02 | 0.25 |

续表

| 槽的用途 | 溶液中主要有害物质 | 镀液温度 /℃ | 电流密度 /($10^2A/m^2$) | $v_0$ /(m/s) |
|---|---|---|---|---|
| 镀金 | KCN | 20 | 0.1～0.2 | 0.25 |
| 镀钯 | Pa、$NH_4Cl$、$NH_4OH$、$NH_3$ | 20 | 0.25～0.5 | 0.25 |
| 铝件铬酐阳极氧化 | $CrO_3$ | 15～25 | 0.01～0.02 | 0.25 |
| 退银 | AgCl、KCN、$Na_2CO_3$ | 20～30 | 0.1～0.3 | 0.25 |
| 退锡 | NaOH | 60～75 | 1 | 0.25 |
| 热水槽 | 水蒸气 | >50 | — | 0.25 |

注：控制风速 $v_0$ 是根据溶液浓度、成分、温度和电流密度等因素综合确定的。

(5) 槽边集气罩局部阻力计算　槽边集气罩局部阻力 $\Delta p$ 可按下式计算：

$$\Delta p=\zeta\frac{\rho v_0}{2}\quad(\mathrm{Pa})\tag{11-37}$$

式中，$\zeta$ 为局部阻力系数，对条缝形罩口一般可取 $\zeta=2.34$；$\rho$ 为污染气流的气体密度，$kg/m^3$；$v_0$ 为通过罩口的气流速度，m/s。

**(三) 下部集气罩**

在某些场合，设置下部集气罩，从下部抽气具有如不占据空间、不妨碍操作等优点，但需要敷设地下管道，且由于粉尘的沉降会给地下管道的清灰带来困难。

图 11-37 为下部集气罩的几种形式，其中图 11-37(a) 的尘源直接处于罩口处，此时的排风量为：

$$Q=3600A_0v_0\quad(\mathrm{m^3/h})\tag{11-38}$$

在图 11-37(b) 中，产尘点与罩面相距 $x$，相应的排风量为：

$$Q=3600(10x^2+A_0)v_0\quad(\mathrm{m^3/h})\tag{11-39}$$

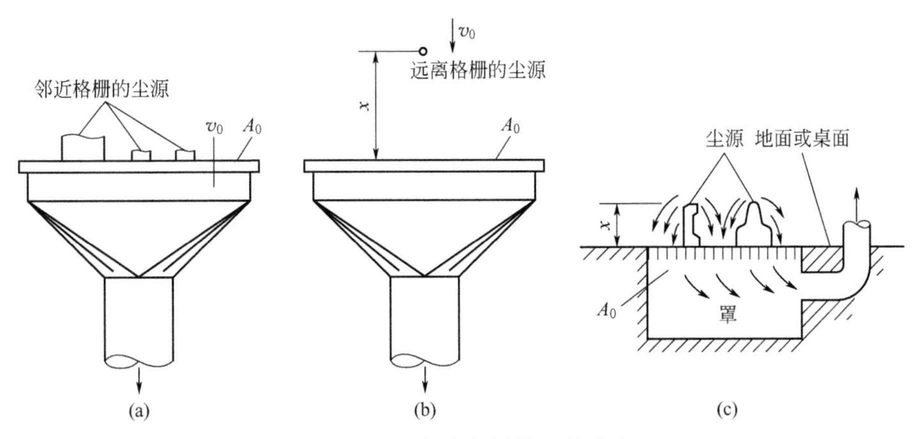


图 11-37　下部集气罩的几种形式

图 11-37(c) 的集气罩设在地面上，可以看作是带有边板的集气罩，因而其效果比其他几种要好，其排风量为：

$$Q=3600(4.8x^{1.82}+A_0)v_0\quad(\mathrm{m^3/h})\tag{11-40}$$

式中，$A_0$ 为集气罩口面积，$m^2$；$v_0$ 为控制风速，m/s。

**(四) 上部集气罩**

上部集气罩置于尘源上方，因其形状多为伞形状，所以又称作伞形罩。伞形罩又分为冷过程伞形罩和热过程伞形罩。

**1. 冷过程伞形罩**

冷过程伞形罩的尺寸及安装形式如图 11-38 所示。通常罩口距尘源的距离 $H$ 以小于或等于 0.3$A$ 为宜（$A$ 为罩口长边尺寸）。为了保证排气效果，罩口尺寸大于尘源的平面投影尺寸：

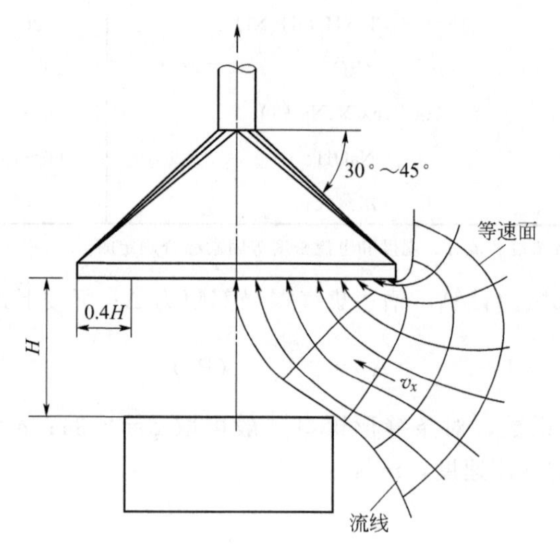


图 11-38 冷过程伞形罩的尺寸及安装形式

$$A=a+0.8H \tag{11-41}$$

$$B=b+0.8H \tag{11-42}$$

$$D=d+0.8H \tag{11-43}$$

式中，$a$、$b$ 分别为尘源长、宽，m；$A$、$B$ 分别为罩口的长，宽，m；$H$ 为罩口距尘源的距离，m；$d$ 为圆形尘源直径，m；$D$ 为圆形罩口直径，m。

伞形罩的开口角通常为 90°～120°。伞形罩四周应尽可能设挡板（图 11-39），挡板可以在罩口的一边、两边或三边上设置，挡板越多，吸气范围越小，排气效果越好。

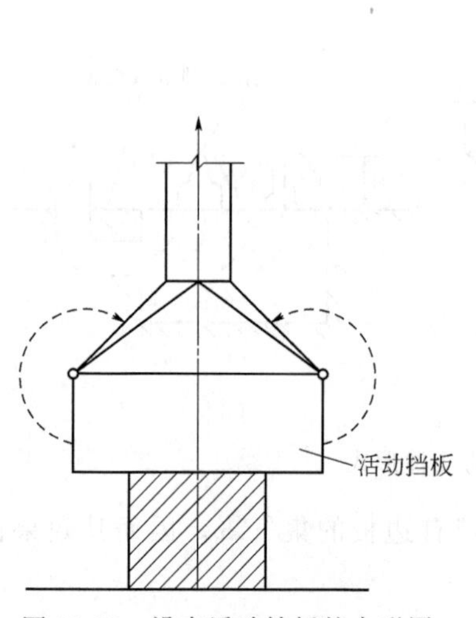


图 11-39 设有活动挡板的伞形罩

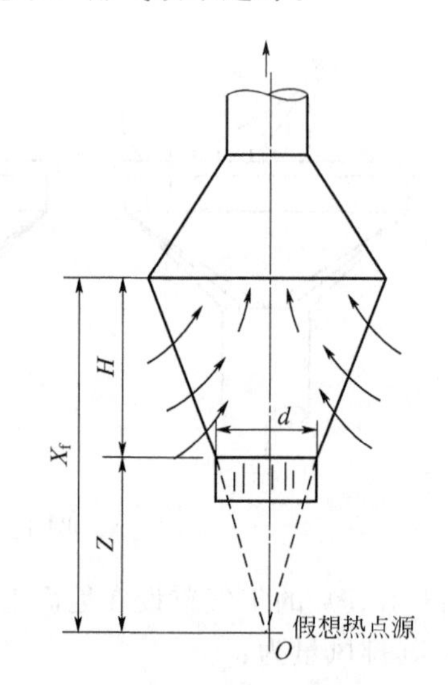


图 11-40 高悬伞形罩

对于图 11-38 所示的伞形罩推荐采用下式计算：

$$Q=KCHv_0 \tag{11-44}$$

式中，$Q$ 为排风量，$m^3/s$；$C$ 为尘源的周长，m（当罩口设有挡板时，$C$ 为未设挡板部分的有尘源的周长)；$v_0$ 为罩口上平均流速，m/s，按表 11-19 选用；$K$ 为取决于伞形罩几何尺寸的系数，通常取 $K=1.4$。

表 11-19 开口断面流速

| 罩子形式 | 断面流速/(m/s) | 罩子形式 | 断面流速/(m/s) |
|---|---|---|---|
| 未设挡板 | 1.0～1.27 | 两面挡板 | 0.76～0.9 |
| 一面挡板 | 0.9～1.0 | 三面挡板 | 0.5～0.76 |

**2. 热过程伞形罩**

热过程伞形罩根据罩口距尘源的高度大小可分为两类：当高度大于或等于 $1.5/\sqrt{S}$ 时，称为高悬罩；当高度小于 $1.5\sqrt{S}$ 或小于 1m 时，称为低悬罩。

(1) 高悬伞形罩的设计计算　图 11-40 为高悬伞形罩，图中 $d$ 表示圆形热源的直径，如果是矩形热源，$d$ 为边长或宽。"$O$"点即为假想热点源。热点源"$O$"至罩口距离为 $(H+Z)$ 处的热射流直径 $D_c$ 为：

$$D_c=0.434(H+Z)^{0.88} \tag{11-45}$$

式中，$D_c$ 为热射流直径，m；$H$ 为热点源上表面至罩口的距离，m；$Z$ 为热点源至热源上表面的距离，m。

罩口尺寸和罩口处热射流的直径有关，在干扰气流或大或小总是存在时，可用下式确定罩口尺寸：

$$D_f=D_c+KH \tag{11-46}$$

式中，$D_f$ 为罩口直径，m；$K$ 为根据室内横向干扰气流大小确定的系数，通常取 0.5～0.8，当有干扰气流时，该系数取 1.0。

高悬罩罩口处的热射流平均流速 $v_c$ 为：

$$v_c=0.05(H+Z)^{-0.29}Q^{1/3} \tag{11-47}$$

式中，$Q$ 为热源的对流散热量，W。

于是，罩口处热射流流量的计算公式为：

$$Q_c=\frac{\pi}{4}D_c^2v_c\times 3600 \tag{11-48}$$

或

$$Q_c=26.6Q^{1/3}(H+Z)^{1.47} \tag{11-49}$$

当已知热源表温度时，可用下式计算热射流的平均流速 $v_c$：

$$v_c=0.085\frac{A_s^{1/3}\Delta t^{5/12}}{(H+Z)^{1/4}}\quad(\text{m/s}) \tag{11-50}$$

式中，$A_s$ 为热源表面面积，m$^2$；$\Delta t$ 为热源表面温度与周围空气温度的温差，℃。

高悬罩的排风量包括热射流的流量和罩口从周围空气吸入罩内的气量，总排风量用下式计算：

$$Q=Q_c+v_r(S_z-S_c)\times 3600\quad(\text{m}^3/\text{h}) \tag{11-51}$$

$$S_c=\frac{\pi}{4}D_c^2 \tag{11-52}$$

式中，$v_r$ 为罩口热射流断面多余面积上的流速，m/s，它取决于抽力大小、罩口高度以及横向干扰气流的大小等因素，一般取 0.5～0.75m/s；$S_z$ 为罩口面积，m$^2$；$S_c$ 为罩口处热射流截面，m$^2$。

(2) 低悬伞形罩的设计计算　由于低悬罩接近热源，上升气流卷入周围空气很少，热气流的尺寸基本上等于热源尺寸。考虑横向气流的影响，罩口尺寸应比热源尺寸每边扩大150～200mm以上。图11-41为工业滤布厂的烧毛机伞形罩。图11-42为钢厂的轧机伞形罩。

图11-41 工业滤布厂的烧毛机伞形罩

图11-42 钢厂的轧机伞形罩

低悬罩的排风量可按下式计算：

对圆形罩 $$Q=162D_{\mathrm{f}}^{2.33}(\Delta t)^{5/12} \tag{11-53}$$

对矩形罩 $$Q=215.3B^{4/3}(\Delta t^{5/12})A \tag{11-54}$$

式中，$Q$为总排风量，$m^3/h$；$D_{\mathrm{f}}$为圆形罩口的直径，m；$\Delta t$为热源与周围空气的温差，℃；$A$、$B$分别为矩形罩口的长和宽，m。

（3）计算实例

**【例11-2】** 一矩形熔铅槽长为1.2m，宽为0.9m，铅液温度为540℃，周围空气温度为32℃，槽子上方装一低悬矩形排风罩，求罩口尺寸及排风量。

**解：** 罩口长 $A=0.2+1.2=1.4(\mathrm{m})$

罩口宽 $B=0.2+0.9=1.1(\mathrm{m})$

排风量 $Q=215.3B^{4/3}(\Delta t)^{5/12}A=215.3\times1.1^{4/3}\times(540-32)^{5/12}\times1.4=3278.3(\mathrm{m^3/h})$

**3. 炉口伞形罩**

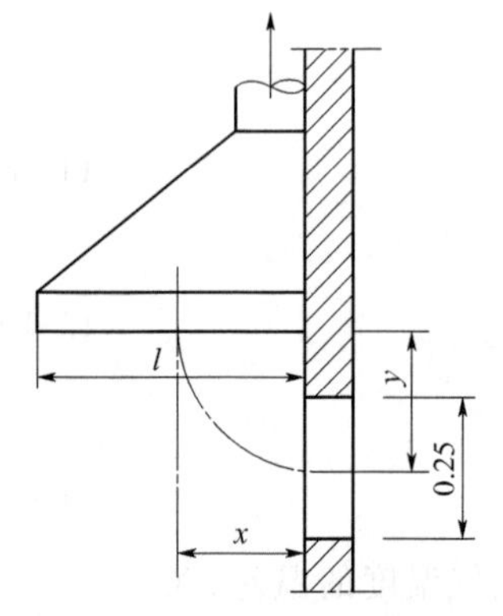


图11-43 炉口伞形罩

工业企业中的工业炉，在生产过程中炉口常冒出大量烟尘，污染车间空气。为了捕集这些烟尘，通常是在炉口的上方设置伞形罩（图11-43）。罩口尺寸的确定，应考虑炉口喷出的热射流的特点：①罩口的大小应能全部接收炉内排出的烟气，并考虑因烟气温度与周围空气温度不同而产生的浮力影响；②排风量的确定包括炉内排出的烟气和混入的周围空气；③为使气流在罩内整个断面上均匀分布，罩子的扩散角不应大于60°；④考虑到炉口冒出的烟气很不稳定，罩的容积要足够大。其计算方法如下例所示。

设炉内温度为1200℃，炉内余压3Pa，周围空气温度为27℃，炉口面积为$(1.0\times0.25)\mathrm{m^2}$。排风罩设置在离炉轴线$1.5B$（$B$为炉口高）的高度上，即$y=0.25\times1.5=0.375(\mathrm{m})$。

烟气由炉口喷出的速度为：

$$v=\mu\sqrt{\frac{2\Delta p}{\rho}}\quad(\mathrm{m/s}) \tag{11-55}$$

式中，$\mu$为炉口的流量系数，取0.75；$\Delta p$为炉内余压，Pa；$\rho$为烟气密度，$kg/m^3$，在1200℃时为$0.239kg/m^3$。

于是：

$$v=0.75\sqrt{\frac{2\times 3}{0.239}}\approx 3.8(\mathrm{m/s})$$

进入罩口时射流轴线至炉壁的距离为：

$$\overline{x}=\frac{x}{d_0}=\sqrt[5]{\frac{\overline{y}^2}{0.81Ar^2a}} \tag{11-56}$$

式中，$d_0$ 为炉口当量直径，$d_0=\frac{2\times 1\times 0.25}{1+0.25}=0.4(\mathrm{m})$；$a$ 为气流紊流系数，取 0.1；$\overline{y}$ 为$\frac{y}{d_0}=\frac{0.375}{0.4}=0.935$；$Ar$ 为阿基米德数。

$$Ar=\frac{gd_0(T_0-T_c)}{v^2T_0} \tag{11-57}$$

式中，$g$ 为重力加速度，$g=9.81\mathrm{m/s^2}$；$T_0$ 为炉内热力学温度，K；$T_c$ 为周围空气热力学温度，K；$v$ 为烟气从炉口的喷出速度，m/s。

$$Ar=\frac{9.8\times 0.4\times(1473-300)}{3.8^2\times 300}=1.06$$

$$\overline{x}=\sqrt{\frac{0.935^2}{0.81\times 1.06^2\times 0.1}}=1.57$$

$$x=1.57\times 0.4=0.63(\mathrm{m})$$

确定 $x=0.63\mathrm{m}$ 处射流的半个宽度 $b_x$：

$$\frac{b_x}{b_0}=2.4\left(a\frac{x}{b_0}+0.41\right) \tag{11-58}$$

式中，$b_0$ 为炉口的半个高度$\left(b_0=\frac{1}{2}B=0.125\mathrm{m}\right)$。

$$\frac{b_x}{b_0}=2.4\left(0.1\times\frac{0.63}{0.125}+0.41\right)=2.19$$

$$b_x=2.19\times 0.125=0.27(\mathrm{m})$$

于是，伞形罩必须的最小伸出长度 $l$ 为：

$$l=x+d_x=0.63+0.27=0.9(\mathrm{m})$$

炉口排出的起始烟气量 $L$ 为：

$$L=1\times 0.25\times 3.8\times 3600=3400(\mathrm{m^3/h})$$

当温度为 1200℃时，其烟气质量 $G_g$ 为：

$$G_g=3400\times 0.239=815(\mathrm{kg/h})$$

为避免伞形罩过热，必须吸入周围的空气 $G_a$，使温度降至 350℃，这时：

$$350=\frac{G_g\times 1200+G_a\times 27}{G_g+G_a} \tag{11-59}$$

式中，$G_a$ 为空气的质量，kg/h。

因此，混入的空气量为：

$$G_a=815\times\frac{1200-350}{350-27}=2143(\mathrm{kg/h})$$

伞形罩所接收的总风量为：

$$G_0=815+2143=2958(\mathrm{kg/h})$$

当温度为 350℃时其密度为 $0.567\mathrm{kg/m^3}$，因而总的气体体积为：

$$L=\frac{2958}{0.567}=5217(\mathrm{m^3/h})$$

## （五）屋顶集气罩

（1）屋顶集气罩的形式　屋顶集气罩是布置在车间顶部的一种大型集气罩，是伞形罩的一种特殊形式，它不仅抽出了烟气，而且还兼有自然换气的作用。下面介绍几种不同形式的屋顶集气罩，见图 11-44。图 11-45 为屋顶罩的外观。

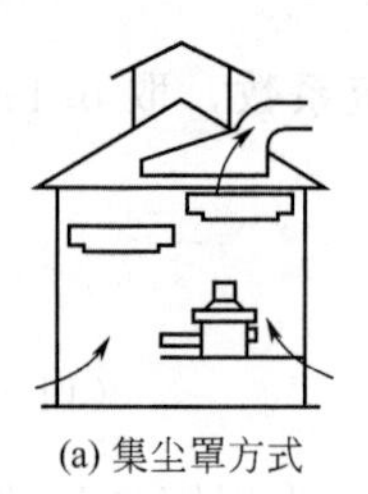
(a) 集尘罩方式

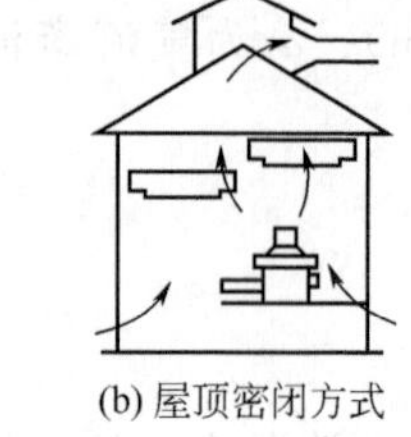
(b) 屋顶密闭方式

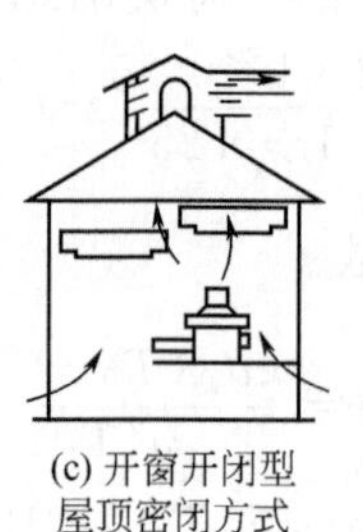
(c) 开窗开闭型屋顶密闭方式

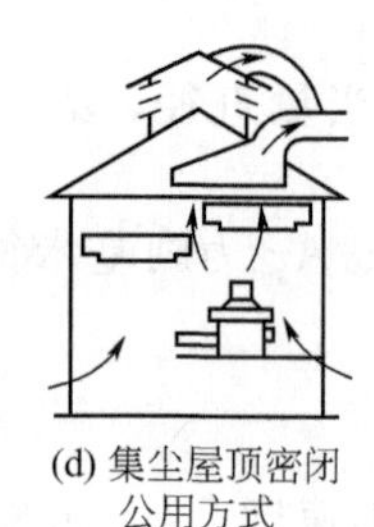
(d) 集尘屋顶密闭公用方式

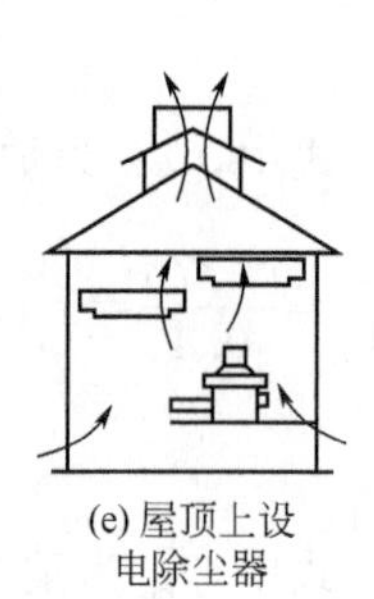
(e) 屋顶上设电除尘器

图 11-44　屋顶集气罩的形式

图 11-45　屋顶罩的外观

（2）屋顶集气罩的设计计算　屋顶集气罩实际上是高悬罩的一个特例，只是罩口较大、较高而已，所以屋顶罩还可以用计算高悬罩的方法进行设计计算（图 11-40）。

屋顶罩罩口的热射流截面直径（$D_c$）可按下式计算：

$$D_c=0.43X_f^{0.88} \tag{11-60}$$

式中，$D_c$ 为热射流直径，m；$X_f$ 为假想热点源到排气罩罩口的距离，m。

$$X_f=H+Z \tag{11-61}$$

式中，$H$ 为物体表面至罩口的距离，m；$Z$ 为假想热点源距热表面的距离，m。

采用高悬罩来排除热气流时，必须考虑安全系数。对于水平热源表面，取 15%的安全系数。热气流平均流速可以用下式的热源表面积与周围空气的空气温度差表示：

$$v_f=0.085\frac{F_s^{1/3}\Delta t^{5/12}}{X_f^{1/4}} \tag{11-62}$$

式中，$v_f$ 为热射流速度，m/s；$F_s$ 为热源面积，$m^2$；$\Delta t$ 为热源与周围空气的温差，℃。

考虑到上升热气流可能的偏斜及横向气流的影响等因素，罩口尺寸和排风量都必须加大。按式(11-45) 计算所得的气流直径 $D_c$ 再加 $0.8H$，即：

$$D_f=D_c+0.8H \tag{11-63}$$

$$Q=[v_fS_c+v_r(S_z-S_c)]\times3600 \tag{11-64}$$

式中，$D_f$ 为气流罩口直径，m；$S_c$ 为上升气流在罩口处的横断面积，$m^2$；$S_z$ 为罩口面积，$m^2$；$v_r$ 为罩口其余面积（$S_z-S_c$）上面所得的空气流速，m/s，通常取 0.5～1m/s，除特殊情况外一般应大于 0.5m/s。

（3）计算实例

**【例 11-3】** 已知电炉容量为 150t，直径为 8m，电炉炉顶到吸尘罩入口的距离为 16m。热源和周围空气的温差为 150－35＝115(℃)。试求电炉屋顶罩排烟量。

**解：**

电炉假想热点源到排烟罩罩口距离为：

$$X_f = H + Z = 16 + 2 \times 8 = 32(\text{m})$$

按式(11-45) 气流直径为：

$$D_c = 0.434X_f^{0.88} = 0.434 \times 32^{0.88} = 9.15(\text{m})$$

按式(11-46) 屋顶排烟罩罩口直径为：

$$D_f = D_c + 0.8H = 9.15 + 0.8 \times 16 = 22(\text{m})$$

热源面积为：

$$S_s = 0.78D_s^2 = 0.785 \times 8^2 = 50(\text{m}^2)$$

屋顶排烟罩罩口面积为：

$$S_z = 0.785D_f^2 = 0.785 \times 22^2 = 380(\text{m}^2)$$

气流断面面积为：

$$S_c = 0.785D_c^2 = 0.785 \times 9.15^2 = 65.7(\text{m}^2)$$

按式(11-62)，罩口气流速度为：

$$v_f = 0.085 \frac{F_s^{1/3} \Delta t^{5/12}}{(X_f)^{1/4}}$$
$$= 0.085 \times \frac{(50)^{1/3} \times (115)^{5/12}}{(32)^{1/4}} = \frac{0.085 \times 3.68 \times 7.2}{2.38} = 1(\text{m/s})$$

按式(11-64)，屋顶排烟罩实际排烟量为：

$$Q = [v_f S_c + v_r (S_z - S_c)] \times 3600$$
$$= [1 \times 65.7 + 0.5 \times (380 - 65.7)] \times 3600 = 802260(\text{m}^3/\text{h})$$

**(六) 外部集气罩的设计注意事项**

(1) 在不妨碍工艺操作的前提下，罩口应尽可能靠近尘源，尽可能避免横向气流干扰。

(2) 在排风罩口四周增设法兰边，可使排风量减少。在一般情况下，法兰边宽度为150～200mm。

(3) 集气罩的扩张角 $\alpha$ 对罩口的速度分布及罩内压力损失有较大影响。扩张角在 $\alpha = 30° \sim 60°$ 时，压力损失最小。设计外部集气罩时，其扩张角 $\alpha$ 应小于（或等于）60°。

(4) 当罩口尺寸较大，难以满足上述要求时，应采取适当的措施。例如把一个排风罩分隔成若干个小排风罩；在罩内设挡板；在罩口上设条缝口，要求条缝口处风速在 10m/s 以上，而静压箱内风速不超过条缝口处速度的 1/2；在罩口设气流分布板，以便确保集气罩的效果。

## 六、吹吸式集气罩

**(一) 吹吸式集气罩的形式**

吹吸罩需要考虑到吸气口的吸气速度衰减得很快，而吹气气流形成的气幕作用的距离较长的特点，在槽面的一侧设喷口喷出气流，而另一侧为吸气口，吸入喷出的气流以及被气幕卷入的周围空气和槽面含尘气体。这种吹吸气流共同作用的集气罩称为吹吸罩。图 11-46 为吹吸罩的形式及其槽面上气流速度分布情况。吹吸罩具有风量小、控制粉尘效果好、抗干扰能力强、不影响工艺操作等特点，在环境工程中得到广泛的应用。吹吸式集气罩除了图 11-46 所示的气幕式形式外，还有旋风式、斜气流式、气幕式等，如图 11-47、图 11-48 所示。

**(二) 吹吸罩的设计计算**

**1. 气幕式吹吸罩计算**

(1) 确定吹气射流终点平均速度 $v_1$　该气流速度必须大于尘源气流上升速度 $v_0$，即 $v_1 > v_0$，且不小于 0.75～1.0m/s。热气流上升速度 $v_0$ 可按下式确定：

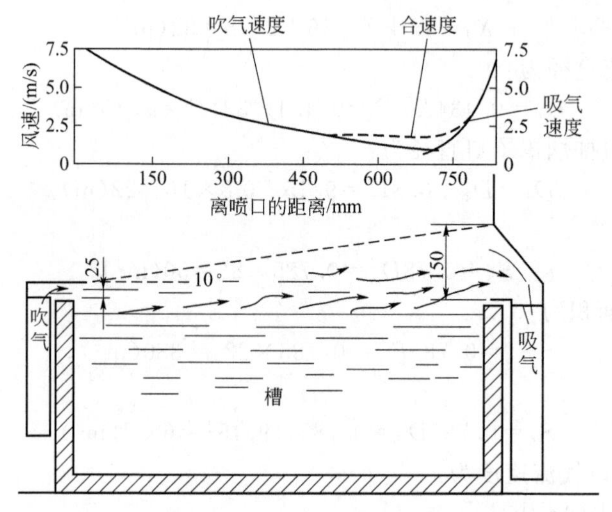


图 11-46 吹吸罩的形式及其槽面上气流速度分布情况

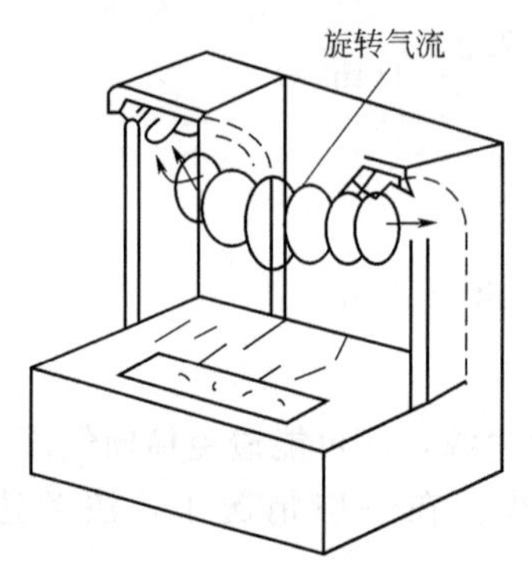


图 11-47 旋风式吹吸罩

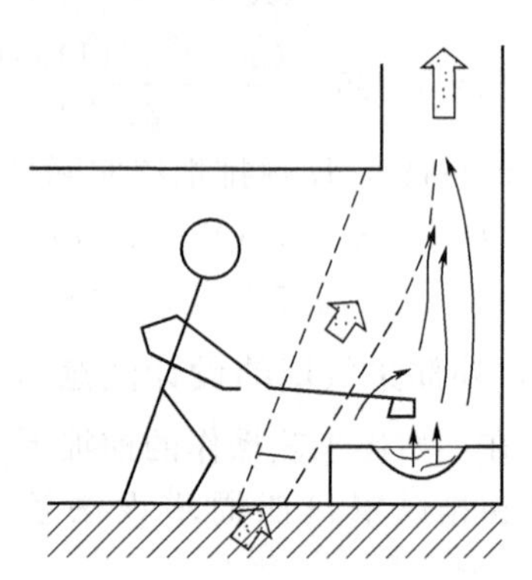

图 11-48 斜气流式吹吸罩

$$v_0=0.003(t_0-t_n) \tag{11-65}$$

式中，$v_0$ 为热气流上升速度，m/s；$t_0$ 为高温热气温度，℃，可近似按热流温度采用；$t_n$ 为周围空气温度，℃。

吹气射流终点的平均速度还取决于槽内气流温度和槽的宽度，因此对于下列温度的工艺槽，吸风口前必需的吹气射流平均速度 $v_1$ 可按以下经验数值确定：

槽温 $t=70\sim95$℃，$v_1=B$（$B$ 为吹风口间距，即槽宽，m，下同）m/s

$t=60$℃，$v_1=0.85B$ m/s

$t=40$℃，$v_1=0.75B$ m/s

$t=20$℃，$v_1=0.5B$ m/s

假定吹气射流终点截面内的轴心速度 $v_{zh}$ 为平均速度 $v_1$ 的 2 倍，即：

$$v_{zh}=\frac{v_1}{0.5} \tag{11-66}$$

(2) 吹风缝口高度 $h_1$　$h_1$ 与吹气射流的初速度 $v_0$ 和吹风量 $Q_1$ 有关，为了保证一定的吹风口吹出的气流流速 $v_0$，通常取吹风缝口的高度 $h_1$(m) 为：

$$h_1=(0.01\sim0.015)B \tag{11-67}$$

根据平面射流的原理，吹气射流的初速度 $v_0$ 为：

$$v_0=\frac{v_{zh}\sqrt{\dfrac{\alpha B}{h_1}+0.41}}{1.2} \tag{11-68}$$

式中，$v_0$ 为射流动速度，m/s；$\alpha$ 为紊流系数，条缝式吹风口 $\alpha=2$。

根据 $v_0$ 及 $h_1$ 即可计算吹风量 $Q_1$：

$$Q_1=3600lb_1v_0 \tag{11-69}$$

式中，$Q_1$ 为吸出风量，$m^3/h$；$l$ 为罩子长度，m。

(3) 根据吹风口的吹风量 $Q_1$ 确定吸风量 $Q_2$ 和吸风缝口高度 $h$　根据平面射流的原理，在吸风口前的吹气射流终点的流量 $Q_2'$ 为：

$$Q_2'=1.2Q_1\sqrt{\frac{\alpha B}{h_1}+0.41} \tag{11-70}$$

式中，$Q_2'$为射流终点流量，$m^3/h$。

为了避免吹出气流逸出吸风口外，吸风口的实际吸风量 $Q_2$ 应大于吸风口前气流量 $Q_2$ 的 1.1～1.25 倍，即 $Q_2=(1.1\sim1.25)Q_2'$

吸风缝口高度 $h$ 为：

$$h=\frac{Q_2}{3600lv_2} \tag{11-71}$$

式中，$h$ 为吸风缝口的高度，m；$v_2$ 为吸风罩的缝口平均速度，m/s，一般取吸风口前吹气射流终点平均速度 $v_1$ 的 2～3 倍，即：

$$v_2=(2\sim3)v_1 \tag{11-72}$$

(4) 计算实例

**【例 11-4】** 在铜熔炼炉上设置吹吸罩，吹吸罩口之间的距离 $B=2.0$mm，罩子长度 $l=3.0$m，试确定吹气和吸气罩缝口的高度及吹风量和吸风量。

**解：**

取炉面上 200mm 处热气流温度为 800℃，当室温略去不计时，热气流上升速度 $v_0$ 为：

$$v_0=0.003\times800=2.4(\text{m/s})$$

取吹气射流终点平均速度 $v_1=3.0$m/s。设吹风缝口高度 $h_1$ 为 $0.01B$，则：

$$h_1=0.01\times2.0=0.02(\text{m})$$

吹气射流终点截面内的轴心速度 $v_{zh}$为：

$$v_{zh}=\frac{v_1}{0.5}=\frac{3.0}{0.5}=6.0(\text{m/s})$$

当紊流系数 $\alpha=0.2$ 时，吹气射流的初速度 $v_0$ 为：

$$v_0=\frac{v_{zh}\sqrt{\frac{\alpha B}{h_1}+0.41}}{1.2}=\frac{6.0\sqrt{\frac{0.2\times2.0}{0.02}+0.41}}{1.2}=22.6(\text{m/s})$$

计算吹风量 $Q_1$ 为：

$$Q_1=3600v_0h_1l=3600\times22.6\times0.02\times3.0=4881(\text{m}^3/\text{h})$$

计算吸风口前吹气气流终点的流量：

$$Q_2'=1.2Q_1\sqrt{\frac{\alpha B}{h_1}+0.41}=1.2\times4881\times\sqrt{\frac{0.2\times2.0}{0.02}+0.41}\approx26420(\text{m}^3/\text{h})$$

取 $Q_2=1.1Q_2'$，则有：

$$Q_2=1.1\times26420=29062(\text{m}^3/\text{h})$$

确定排风口高度 $h$：

取 $v_2=3v_1$，即 $v_2=3\times3=9(\text{m/s})$，则：

$$h=\frac{Q_2}{3600lv_1}=\frac{29062}{3600\times3\times9}=0.3(\text{m})$$

**2. 吹吸罩简易计算法**

送风气流的半扩散角取10°的吹吸罩见图11-49。

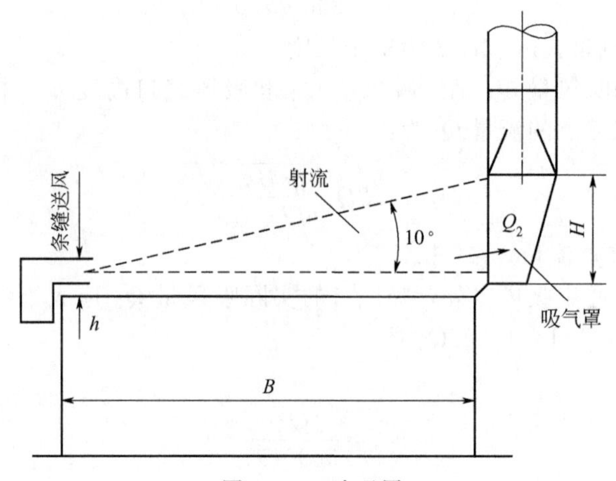


图11-49 吹吸罩

条缝吸风口的高度（$H$）为：

$$H = B \times \tan 10° = 0.18B \tag{11-73}$$

式中，$B$为槽面宽度，即吹风口的间距，m。

一般吹风口射流的自然半扩散角为14°～16°，在本公式中取10°，主要是考虑射流靠近吸风口处，受到周围吸入气流的影响，使射流边界在吸入口处有一定的收敛。

吸风量$Q_2$取决于槽面面积、液温和横向气流的干扰等因素。通常每平方米槽面面积的吸风量范围为$Q_2 = 1830 \sim 2753 \text{m}^3/\text{h}$。当液温低于70℃时取下限；液温高于70℃时取上限。

吹风量（$Q_1$）按下式计算：

$$Q_1 = \frac{1}{BE} Q_2 \tag{11-74}$$

式中，$Q_2$为吸入风量，$\text{m}^3/\text{h}$；$B$为槽面宽度，m；$E$为槽宽修正系数，见表11-20。

表11-20 槽宽修正系数

| 槽宽 B/m | 0～2.4 | 2.4～4.9 | 4.9～7.3 | 7.3以上 |
|---|---|---|---|---|
| 系数 | 6.6 | 4.6 | 3.3 | 2.3 |

吹口风速选取范围为5～10m/s。

**【例11-5】** 已知尘源宽$B=1.2$m，长$l=2$m，温度80℃。试求吹吸罩的送风量和排风量。

**解：**

吸风口高度：$$H = 0.18 \times 1.2 = 0.216(\text{m})$$

槽面面积：$$S = 1.2 \times 2 = 2.4(\text{m}^2)$$

吸风量：取$2000\text{m}^3/\text{h}$

则：$$Q_2 = 2000 \times 2.4 = 4800(\text{m}^3/\text{h})$$

送风量：$$Q_1 = \frac{1}{1.2 \times 6.6} \times 4800 = 606.1(\text{m}^3/\text{h})$$

式中，槽宽修正系数可查表11-20，其值为6.6。

送风口高度（取风口速度为7m/s）：

$$h=\frac{606.1}{3600\times7}=0.024(\mathrm{m})$$

## （三）气幕式吹吸罩

气幕式集气罩是吹吸集气罩的一种形式，它是利用射流形成的气幕将尘源罩住，即利用射流的屏蔽作用，阻止排风罩吸气口前方以外的空气进入抽吸区，从而缩小排风罩的吸气范围，达到以较小的吸气量进行远距离控制抽吸的目的。这种排风罩目前有两种基本形式：一种是气幕带旋的；另一种是气幕不带旋的。

### 1. 普通气幕集气罩

图 11-50 为一种不带旋的普通气幕集气罩的工作原理。这种集气罩有内外两层，送风机通过集气罩有内外两层的夹层，将空气从喷口喷出，形成一个伞形气幕将吸气区屏蔽起来，再在排风机的抽吸作用下，通过集气罩中心吸气口将含尘气流排走。

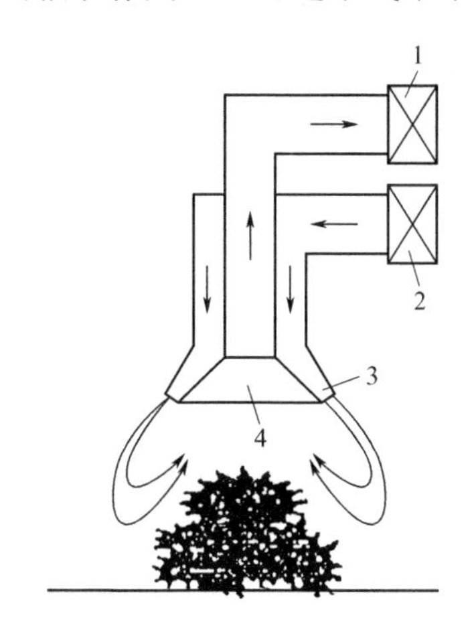


图 11-50　普通气幕集气罩的工作原理
1—排风机；2—送风机；
3—喷口；4—吸口

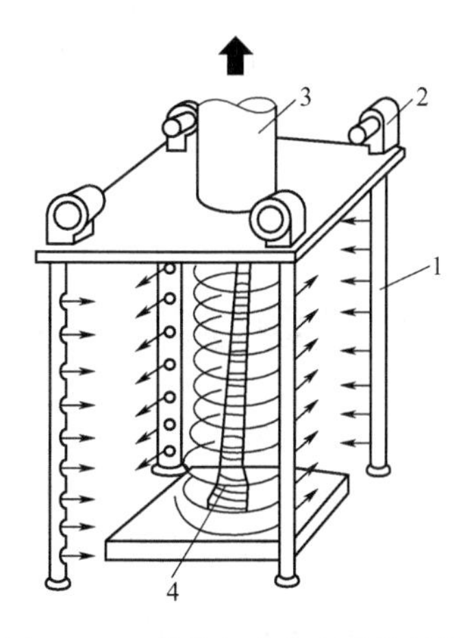


图 11-51　旋转气幕集气罩的结构
1—送风立柱；2—送风机；
3—排风管；4—涡流核心

### 2. 旋转气幕集气罩

图 11-51 为一种旋转气幕集气罩的结构示意图。它是罩四角安装 4 根送风立柱，以 20°的角度按同一旋转方向向内侧吹出连续的气幕，形成气幕空间。在气幕中心上方设有排风口。它的控尘原理与上述不带旋的普通气幕集气罩有所不同，它除了利用气幕屏蔽作用之外，更主要的是还利用了“龙卷风”效应，即在旋转气流中心由于吸气而产生负压，这一负压核心是旋转气流受到向心力作用，同时，气流在旋转过程中将受到离心力的作用。在向心力和离心力的平衡范围内，旋转气流形成涡流，涡流收束于负压核心四周并朝向排风口。由于利用了龙卷风原理，涡流核心具有较大的上升速度，有利于捕集远距离排风口的粉尘。气幕式集气罩具有以下几个主要优点：①可以在较远距离处捕集含尘气体；②由于有一个封闭的气幕空间，含尘气流与外界隔开，可以用较小的排风量排除污染空气；③有抗横向气流的能力，受横向气流干扰较小。

## （四）设计和应用注意事项

（1）吸入气流的速度衰减很快，而吹出气流的速度衰减缓慢。吸气气流在外部吸气罩罩口外的气流速度衰减很快，吸气气流在离吸气口 1 倍直径处，轴线上的气流速度已经降低到吸气口风速的 10%，而在吹出气流（喷射气流）中，只有当距离达到 30 倍直径时才降低到出口风速的 10%。因此，当外部集气罩与尘源距离较大时，单纯依靠罩口的抽气作用往往控制不了粉尘的扩散，则可把吹吸气流很好地配合起来，即在一侧吸气的同时在另一侧设吹出气流，形成气幕，从而组成吹吸式集气罩以提高控制效果，阻止粉尘向外散逸。

(2) 吹吸式集气罩（简称吹吸罩）依靠吹、吸气流的联合作用进行粉尘的控制和输送。吹吸式集气罩适用于槽宽超过 1200mm 以上的槽，但不适用于以下 3 种情况：①加工件频繁地从槽内取出或放入；②槽面上有障碍物扰乱吹出气流（如挂具、加工件露出液面等）；③操作人员经常在槽子两侧工作。

(3) 比一般集气罩具有较高的效能。冷过程集气罩的罩口风速随距离的增加衰减很快，其排风口的能量利用率是很低的。吹吸式集气罩主要用吹出射流来提高尘源处的控制风速，射流的特点是速度分布比较集中，能量或动能的有效利用率就可以提高。

(4) 比接受式集气罩有较稳的效果。接受式集气罩利用工艺产生的气流来收集含尘气体，如上悬式罩口收集上升热气流，但是这种热气流有时是不稳定的，受到干扰的气流可能逸出罩外。吹吸式集气罩的吹出气流可以根据需要来进行设计，在运行中可保持较稳定的效果。

(5) 吹吸罩适用于大面积、强扩散的尘源。当一般集气罩对面积范围大、扩散速度较快的尘源难以控制时，吹吸式集气罩将利用射流有效射程，扩大控制范围，提高控制速度。

(6) 吹气口应布置在操作人员一侧。此外，吹吸式集气罩在应用中还应防止吹向障碍物时引起含尘气体逸出。

## 第三节 尘源控制其他技术

除了可设计集气吸尘罩控制尘源污染外，还有许多无法设置集气吸尘罩的场合，如厂房内扬尘、原料堆场扬尘、尾矿坝扬尘、厂房车间积尘等。在无法设置集气吸尘罩时，尘源控制设计都是根据具体情况区别处置。

### 一、厂房真空吸尘系统

厂房真空吸尘系统由罗茨风机、过滤器、管道系统及吸引嘴等部分组成。

真空吸尘系统适用于车间、库房、工作室、办公楼以及其他需要保持洁净的场所进行清扫吸尘作业。该系统能将清扫吸取的粉尘和过滤后的空气集中排出，可以使室内保持洁净。粉料和含尘空气能向指定地点排出。

典型的真空吸尘系统布置见图 11-52。ZX 型真空吸尘装置的性能见表 11-21。

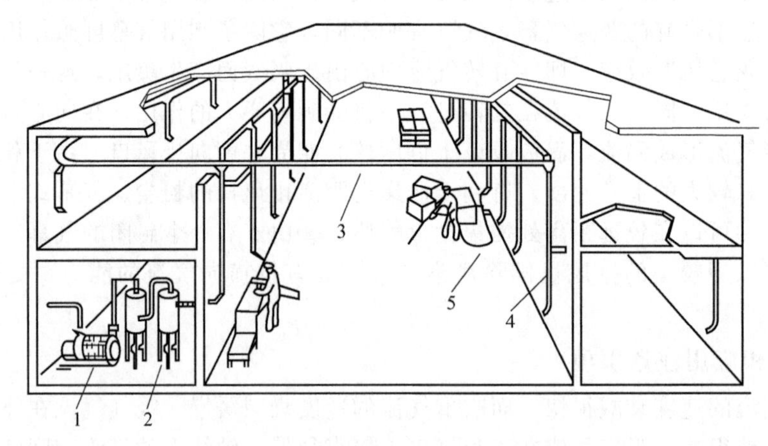


图 11-52 典型的真空吸尘系统布置

1—罗茨风机；2—过滤器；3—主管道；4—支管道；5—软管吸引嘴

表 11-21 ZX 型真空吸尘装置的性能

| 序号 | 型号 | ZX1-3 | ZX1-5 |
|---|---|---|---|
| 1 | 额定同时使用插座数量/个 | 3 | 5 |
| 2 | 软管直径/mm | 40 | 40 |
| 3 | 软管长度/mm | 5～15 | 5～15 |
| 4 | 支管直径/mm | 50 | 50 |
| 5 | 推荐插座到风机的距离/m | 20～40 | 30～60 |
| 6 | 推荐设置插座总数/个 | 10～20 | 20～30 |
| 7 | 除尘器用压缩空气压力/MPa | 0.5～0.7 | 0.5～0.7 |
| 8 | 压缩空气耗量/($m^3$/min) | 0.1～0.3 | 0.1～0.3 |
| 9 | 电动机功率/kW | 4～11 | 7～22 |

真空吸尘装置的主要用途如下：①清扫地面和角落的脏物及粉尘，以洁净环境；②清除生产、操作工位上的多余物料、碎屑、废料等，以提高工作效率；③清除制成品上的多余物料、杂物、昆虫等，以提高产品质量；④清除有粉尘爆炸可能性的工作间内的粉尘，以减少爆炸危险；⑤回收散落在地面上的粉粒状物料，以提高经济效益；⑥从容器内、集装箱内、车厢内、船舱内、料堆中将粉粒状物料吸取和输送到指定的卸料处，以避免粉尘飞扬和提高输送效率；⑦将含尘空气吸出，经过多级除尘集中排出，以避免家用吸尘器和工业用吸尘器都将过滤后的空气仍旧排入清扫吸尘工作间内的问题。

## 二、防风抑尘网设计

露天原料场中，矿石、石灰石、煤等散料在进行堆取、存放、转运等作业时，在风力的作用下会产生包含 $PM_{2.5}$ 在内的大量细微粉尘颗粒，对大气造成严重污染。防风网设置在料场的周围，流通的空气从料场外通过防风网进入料场时，在防风网内侧形成上下干扰的气流，通过“疏理”后，达到防风网外侧强风、内侧弱风或外侧小风、内侧无风的效果，从而减少料场扬尘。防风网抑尘技术简单易行，工程造价较低，得到了广泛的应用。

### 1. 防风抑尘网原理及种类

(1) 防风抑尘原理　堆场起尘的原因分为两类：一是堆场表面的静态起尘；二是在堆取料等过程中的动态起尘。静态起尘由风的湍流引起，主要与料的粒度、含水率、环境风速密切相关；动态起尘主要是指装卸作业时的起尘，属于正常运行状况，主要与料的粒度、含水率、环境风速和落差有关。

根据微观粒子运动理论，在风力作用下，当平均风速约等于某一临界值时，个别突出的尘粒受湍流流速和压力脉动的影响开始振动或前后摆动，但并不离开原来位置。堆场中的料粒只有达到一定风速才会起尘，这种临界风速称为起尘风速。起尘风速可按以下公式计算：

$$v_0 = ad^{0.334}W^{1.114} \tag{11-75}$$

式中，$v_0$ 为起尘风速，m/s；$a$ 为起尘系数；$W$ 为料堆表面含水率，%；$d$ 为粉尘粒径，mm。

防风抑尘网的防尘机理是它能控制改善堆场区的风流场，减小堆场区的风速，减小堆场区风流场的紊流度。强风经过防风抑尘网后，仅部分来风透过，其动能衰减并变为低速风流，与此同时，这部分风在网前的大尺度、高强度旋涡被衰减、梳理成小尺度、弱强度旋涡。防风抑尘网后这部分低速、弱紊流度风流掠过堆场，形成低风速梯度、低风速旋度、弱涡量和弱紊流度的堆场区流场，使堆场低处起尘量大幅度减少。根据空气动力学原理，当风通过防风抑尘网时，网后面出现分离和附着两种现象，形成上、下干扰气流降低来风的风速，极大地损失来风的动能，减小风的湍流度，消除来风的涡流，降低对料堆表面的剪切应力和压力，从而减少起尘量。

（2）防风抑尘网种类　根据防风抑尘网移动性能的不同，可分为固定式和移动式两种。目前，防风抑尘网以固定式为主。根据目前国内外关于堆场的尘粒飞散预测与控制研究（包括风洞试验）结果、国内外防风抑尘网工程现状得出的防风抑尘网的形状与防尘效果及其防尘范围的关系，固定式防风抑尘网目前主要有 3 种结构形式，即全网结构、网-墙结构和网-百叶窗结构。考虑到堆场有大型设备的使用，为防止防风抑尘网不小心被撞坏，通常采用有防撞墙的网-墙结构，这里主要介绍这种类型防风抑尘网的设计。

可移动升降式防风抑尘网采用电动升降式处理，即在使用时可将防风抑尘网提高到一定的高度，而非作业时间将防风抑尘网降低，不影响作业现场的其他作业。

**2. 网材选择**

（1）镀铝锌网板　镀铝锌网板由镀铝锌板材加工而成，开孔率为 20%～60%。镀铝锌钢板是一种高品质的合金镀层产品，广泛用于建筑、汽车、家电及彩涂、包装等行业。大量的实验表明，镀铝锌钢板的显著特点是具有优异的耐腐蚀性与耐湿热性能，与普通热镀锌钢板相比，其耐腐蚀性提高 2～6 倍，耐湿热性能提高 3 倍以上。同时，镀铝锌钢板还具有耐高温腐蚀的性能，可在 315℃的高温条件下，经过一周时间的氧化不褪色，即使温度高达 700℃时，仍然具有抵抗严重氧化和产生鳞皮的能力，而普通热镀锌钢板的最高工作温度仅为 230℃。此外，镀铝锌钢板的冷弯成型性、固定性、焊接性、着漆性能等都十分优良，表面非常美观，不用涂装便可使用，可以加工成不同的倾斜角度、不同板型和不同开孔率，耐腐蚀性能强，无须做外防腐处理，使用寿命长。其缺点是成本高。

（2）玻璃钢网板（SMC）　玻璃钢网板主要由高分子复合材料挤压成型，开孔率可以达到 20%～60%，主要特点是材质轻盈，成本低，对风速及紊流度的消减作用明显，安装方便。其主要缺点是：易老化，特别是在沿海地区；板与板、板与柱的连接处容易破损裂缝，并脱落。

（3）高密度聚乙烯网（PE 网）　PE 网为韩国标准，是用高密度聚乙烯丝以独特的结构编织而成，开孔率为 27%，具有较好的抑尘效果。但是该网容易受到破坏，从而影响整体抑尘效果。

（4）拉伸塑料网　拉伸塑料网由韩国农业用网引申而来，主要采用挤出塑料进行拉伸而成型，其开孔率可以控制在 33%～50%，开孔呈菱形状。该网的主要特点是对风速的下降有一定的效果，但对粉尘的捕集效果差，价格较低，安装方便。由于塑料产品在紫外线长期曝晒下容易老化，使用寿命只能保持 3～5 年。

（5）尼龙编织网　尼龙编织网有良好的力学性能、热稳定性、耐用性和耐化学物质性，易染色，质量小。尼龙编织网可以用短玻璃纤维增强，以提高刚性和强度。但尼龙的缺点是抗冲击性较差，尤其是处于低温环境中，使用寿命更短，不耐酸，易产生静电，易掉毛。

各种类型网材的防风网特点见表 11-22。

**3. 防风抑尘网设计**

（1）防风抑尘网结构及形状　目前，广泛使用的防风抑尘网一般包括 4 部分：①地下基础，可现场浇注混凝土，也可预制混凝土件；②防撞墙，防止大型机械运输、装卸过程中撞毁防风抑尘网；③支护结构，采用钢支架制成，以提供足够的强度，保证足够的安全，以抵御强风的袭击，同时考虑了整体造型的美观；④防风抑尘板，现场将单片防风抑尘板组合起来形成防风抑尘网，板与板之间无缝隙，防风抑尘板与支架之间采用螺钉和压片连接固定。

表 11-22　各种类型网材的防风网特点

| 网材名称 | 镀铝锌钢板网 | 新玻璃钢(SMC)网 | 高密度聚乙烯(PE)网 | 拉伸塑料网 | 尼龙网 |
|---|---|---|---|---|---|
| 特征 | 超强的耐腐蚀性，耐腐蚀性是一般镀锌板的 6～8 倍，在各种环境中保证 20 年不生锈，抗高温氧化，热反射率高，延展性好，加工容易，外表美观，使用寿命长 | 具有一定的强度质量比，在抗风载荷、耐碎石或冰雹冲击、耐紫外线、耐化学腐蚀、耐高低温、耐火等方面均有比较好的性能，无需表面处理，不会生锈，长期日晒也会产生老化，使用寿命较短 | 耐日光、霜冻、霉变、腐烂、虫害、酸、碱、盐等，对粉尘的吸附性较好，具有较好的抑尘效果，容易破坏，寿命短 | 对风速的下降具有一定的效果，但对粉尘的捕集效果差，价格较低，安装方便，在紫外线长期曝晒下容易老化，使得其使用寿命短 | 具有良好的热稳定性、耐用性和耐化学物质性，质量小，抗冲击性差，使用寿命短，不耐酸，容易产生静电，容易掉毛 |
| 成分 | 铝 55%、锌 43.4%、硅 1.6% | 高分子复合材料 | 高密度聚乙烯 | 塑料 | 尼龙 |
| 密度/(kg/m³) | 3.75 | 1.8 | 单层 0.450，双层 0.900 | 0.6 | 0.55 |
| 磁性 | 有 | 无 | 无 | 无 | 无 |
| 寿命/a | 30 | 15 | 10 | 3～5 | 3～5 |

防风板的形状有蝶形、直板形等多种形式。据风洞试验检测，蝶形防风板在一定的开孔率下具有明显地降低风速和紊流度的作用，防尘效果好，已得到广泛应用。蝶形防风板分为单峰、双峰和三峰三种形式，其中，三峰型有着其他两种型号所不能比拟的优势，安装简便，施工效率高，安装后墙体整体性能好，抗风能力强，能大幅度降低施工成本，为施工单位在市场上提高竞争力。

(2) 防风抑尘网高度　防风抑尘网高度依据堆垛高度、堆垛面积和环境质量要求等因素来确定。一般情况下，防风抑尘网的高度应比料堆高出 2～3m 较为适宜。

料堆场防风网的高度主要取决于堆垛高度、堆场范围等因素。风洞试验表明：当防风抑尘网的高度为堆垛高度的 0.6～1.1 倍时，网高与抑尘效果成正比；当防风抑尘网高度为堆垛高度的 1.1～1.5 倍时，网高与抑尘效果的变化逐渐平缓；当防风抑尘网高度为堆垛高度的 1.5 倍以上时，网高与抑尘效果的变化不明显。因此，防风抑尘网的高度一般在堆垛高度的 1.1～1.5 倍内选取。有关研究表明，墙高为料堆高度的 1.1～1.2 倍较为合适。

另外，防风抑尘网高度的确定还应考虑所保护堆场范围的大小，使堆场在防风网的有效庇护范围之内。风洞试验表明：对网后下风向 2～5 倍网高的距离内，堆垛减尘率可达 90%以上；对网后下风向 16 倍网高距离内，堆垛综合减尘效率达到 80%以上；在网后 25 倍网高的距离处有较好的减尘效果；到网后 50 倍网高的距离处仍有削减风速 20%的效果。为了达到环境质量要求，国内的防风抑尘网大多要求减尘效率达到 80%以上，因此防风抑尘网高度应大于其网后庇护区 1/16。

(3) 防风抑尘网的平面布置　防风抑尘网的平面布置主要有主导风向上设置型和四周设置型，也有三面设置的形式。设网方式主要考虑堆场的大小、形状和当地的风向、风频等气象条件。防风抑尘网设在距堆垛 2～3 倍堆高的距离处为最佳。对于由多个堆垛组成的堆场而言，可视堆场周围情况，因地制宜地设置防风网。一般可沿堆场堆垛边上设置防风网。

在进行防风抑尘网建设时，不仅要考虑堆场的大小、形状和当地的风向、风频因素，还要考虑堆场的现场设网条件。需对拟设网堆场进行深入的现场调查，主要包括堆场建造物、机械设备、地下管线及其道路等设施，以保证防风网的建设和营运不影响堆场的正常营运和堆场辅助建筑物的相关功能。

(4) 防风板开孔率选择 防风板开孔率是防风板的开孔透风面积与总面积之比，是设计防风抑尘网的一个重要参数。防风板的开孔率对受保护堆垛表面风压的影响也显而易见，过小的开孔率会增大墙的风压，过大的开孔率会增大受保护堆垛表面风压。

防风板的开孔率与防风板后风速的降低掩护范围有直接关系。从风洞试验数据可知：防风板的开孔率为30%～50%时，均具有较好的防风效果，即网后风速较小；防风板的开孔率为40%～44%时，防风网后的风速下降区域最长，即风流再附距离最远，可以达到30～50倍网高的距离，但是在网后10倍网高距离的风速的降低不显著。防风板开孔率为40%～44%时，比较适用于堆场上风向的防风，使其对网后的防风效果明显，风流再附距离较长。一般情况下，防风板的开孔率为30%～40%。

## 三、原料场封闭设计

普通室外原料场物料露天堆放，风、雨、雪对物料的影响大，造成物料中的细小颗粒四处飘扬，堆取料机作业时产生的扬尘也影响工业场地的环境。特别是当原料场建在城市周围、江河湖边或海边时，如何解决原料储存对周边环境的污染、避免恶劣天气对储料场安全运行的影响，是原料场发展的焦点问题。

随着我国钢铁、水泥、火力发电、煤化工、散料码头等不断向着大规模发展，单位产量用地越来越小，如何提高场地利用率、缩小占地面积、提高自动化作业水平是原料场设计需研究解决的重要问题。

封闭原料场具有防尘环保、节约用地、节能降耗、防雨防冻四大基本功能。目前国内外封闭原料场的工艺及设备基本成熟、技术先进可靠、环保性能突出、自动化程度高，能给企业带来可观的经济效益和社会效益。因此，建立大容量封闭型原料场成为未来各类散料物流作业和料场设计的发展趋势。

**1. 封闭原料库的分类**

按照料场的形状可分为封闭式条形料场、封闭式圆形料场和仓式集群（圆仓和方仓）等。

按照关键设备可分为抓斗起重机料库、封闭式半（全）门架取料机料库、侧堆侧取堆取料机料库、混匀堆取料机料库、顶堆侧取堆取料机料库、侧堆桥取堆取料机料库等。

按照料场是否节约占地分为只环保不节地料库、又环保又节地料库等。

**2. 封闭原料库的主要技术**

(1) 条形抓斗起重机料库（G-1型） 条形抓斗起重机料库剖面如图11-53所示，为四周带隔墙的长形全封闭结构，取料设备为桥式抓斗起重机。其优点是设备造价低，节约占地效果更为显著，料场布置紧凑，防冻效果明显，料库内易于实现分堆分隔存储，且储料的同时可实现配料功能。其缺点是自动化功能不足，更多地采用人工作业。该料库不适用于易碎原燃料存储。目前在小型火电厂和钢铁厂的干煤棚中常用，从发展来看，应用会逐渐减少，但暂时无法全部取代。

应用范围：①小型火电厂、钢铁企业等用作干煤棚；②新建或改建钢铁企业用作一次料场和各种副原料场时适用，一般不用于焦炭、落地烧结矿的存储。

(2) 条形侧堆桥取堆取料机料库（B-2型） 条形侧堆桥取堆取料机料库如图11-54所示，为矩形料场，采用全封闭结构，堆料机为侧式悬臂堆料机，取料机为桥式取料机。电力、冶金行业通常采用桥式斗轮取料机或桥式滚筒取料机，水泥行业常用桥式刮板取料机，料场主要功能为混匀，具有防风、防雨、节能、降低损耗、环保等优点。缺点是不能节约用地，相同储料能力时的占地和普通露天料场相同。

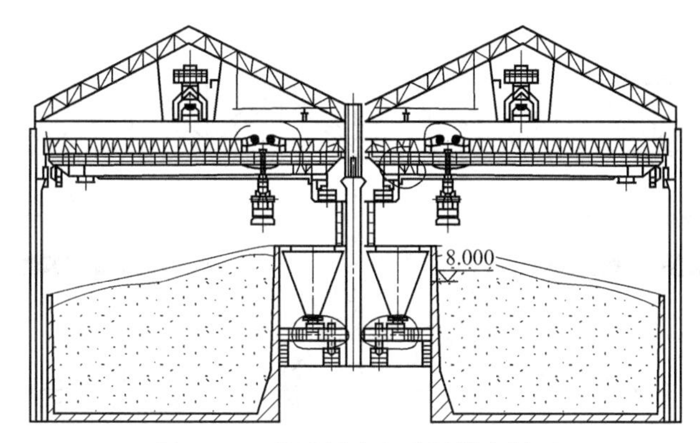


图 11-53　条形抓斗起重机料库剖面

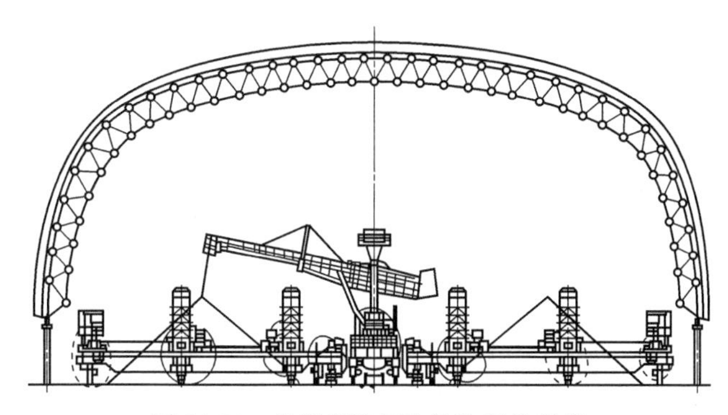

图 11-54　条形侧堆桥取堆取料机料库

适用范围：①钢铁企业用作混匀料场；②其他行业用作储存料场和混匀料场。

(3) 条形侧堆侧取堆取料机料库（B-1 型）　侧堆侧取堆取料机料库为中间带隔墙的条形全封闭结构，取料设备为侧式悬臂刮板取料机，该料库节约占地，单位用地面积的储料能力高。料场布置紧凑，缩短物流长度和周转时间，并且容易采暖，降低采暖成本，防冻效果明显。水泥厂将其作为副原料堆场应用较多。

(4) 条形顶堆侧取（侧堆侧取）半门架式取料机料库（P-1 型）　顶堆侧取和侧堆侧取半门架式取料机料库如图 11-55、图 11-56 所示，为中间带隔墙的条形全封闭结构，取料设备为半门架式刮板取料机，该料库除环保功能外，能大量节约占地，单位用地面积的储料能力可达普通料场的 2～3 倍。料场布置紧凑，缩短物流长度和周转时间，并且容易采暖，降低采暖成本，防冻效果明显，适用于原燃料种类繁多的钢铁企业一次料场和副原料场。

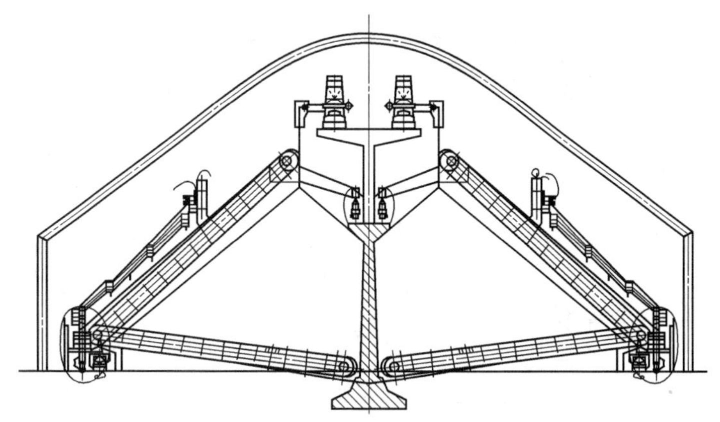

图 11-55　顶堆侧取半门架式取料机料库

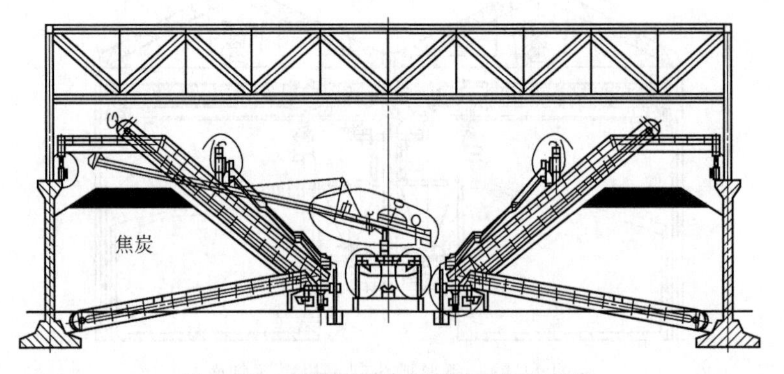


图 11-56 侧堆侧取半门架式取料机料库

应用范围：①新建钢铁企业用作一次料场和各种副原料场；②现有钢铁企业在产能提升和环保改造时特别适用。

（5）条形顶堆侧取全门架式取料机料库（P-2 型，图 11-57） 全门架式取料机料库为长条形全封闭结构，取料设备为门架式单刮板或双刮板取料机，与同形式的露天料场比，不节约占地。在建材、化工、食品、轻工行业应用较广，其他行业应用较少。

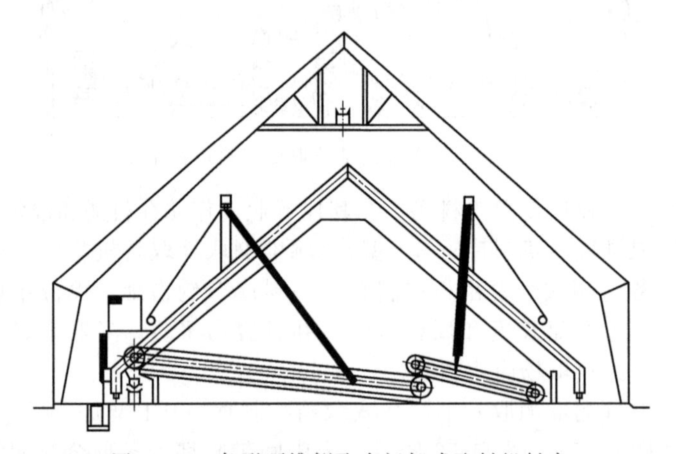

图 11-57 条形顶堆侧取全门架式取料机料库

（6）条形臂式斗轮堆取料机料库（R-2 型） 条形臂式斗轮堆取料机料库（图 11-58）采用全封闭结构，具有防风、防雨、节能、降低损耗、环保等优点，但不节约用地，相同储料能力

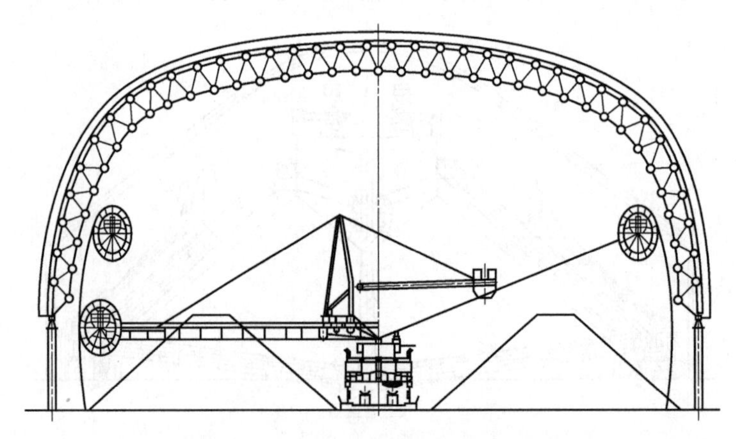

图 11-58 条形臂式斗轮堆取料机料库

时的占地和普通矩形露天料场相同。由于占地较大，采暖困难，防冻能力较差。其广泛应用于矿、焦、煤和各种副原料等各种原燃料的存储和混匀作业。

适用范围：①普通矩形料场不进行大规模改造，只进行环保封闭时适用；②南方沿海地区钢铁企业新建大型综合原料场，占地面积不受限制，仅考虑防风、防雨、节能、降低损耗、防冻时适用。

（7）周边带挡墙顶堆侧取圆形料库（C-1 型） 周边带挡墙顶堆侧取圆形料库如图11-59所示，为料场周围带挡墙的室内圆形料库，为全封闭结构，采用悬臂堆料机和悬臂刮板取料机进行堆取料机作业。其具有防风、防雨、节能、降低损耗、防冻、环保、节约用地等优点，单位用地面积的储料能力可达普通料场的 1.5 倍，但料库分堆将大大降低储料能力。

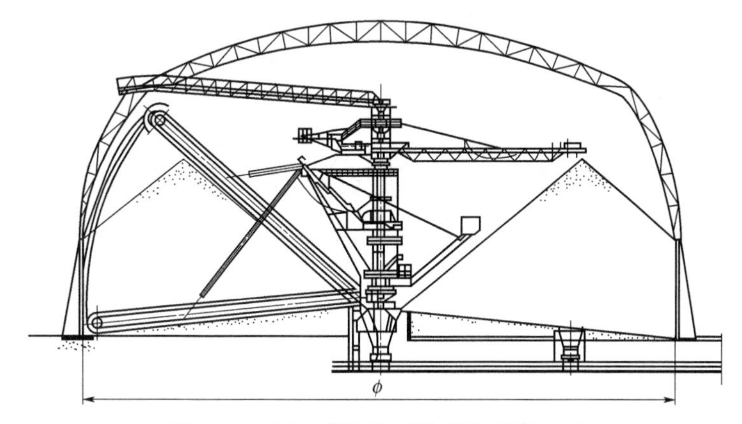


图 11-59 周边带挡墙顶堆侧取圆形料库

适用范围：①钢铁企业矿粉、焦炭等单一品种用量大时适用；②钢铁企业焦化、自备电厂、煤粉制备等作业储煤时适用；③火电、化工、码头等行业用煤品种少、用量大时适用。

（8）周边不带挡墙顶堆侧取圆形料库（C-2 型） 周边不带挡墙顶堆侧取圆形料库（图11-60）为圆形料场，为全封闭结构，采用悬臂堆料机和桥式刮板（斗轮）取料机进行堆取料机作业。其具有防风、防雨、节能、降低损耗、防冻、环保等优点，但不能节约用地，相同储料能力时的占地和圆形露天料场相同。

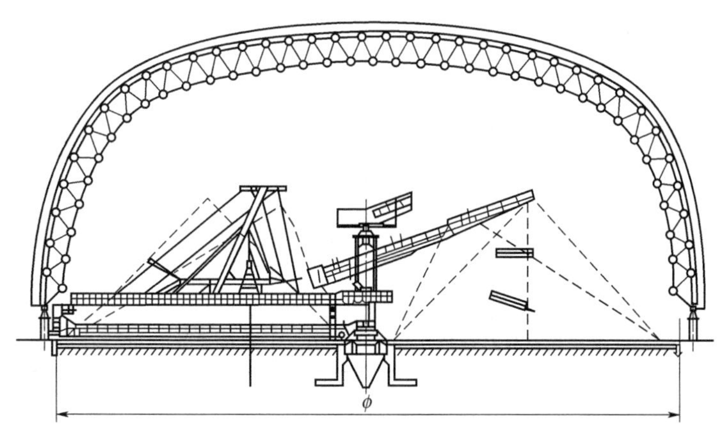


图 11-60 周边不带挡墙顶堆侧取圆形料库

适用范围：①中、小型或料场占地不规则的钢铁企业用作混匀料场；②水泥、化工、煤炭等行业用作混匀料场。

（9）圆形筒仓并列集群（S-1 型） 圆形筒仓并列集群（图 11-61）采用全封闭筒仓结构，是向空间高度发展来提高储料能力的最佳形式，单位用地面积的储料能力可达普通料场的 5

倍。物料可实现“先进先出”，仓下采用定量给料装置时可同时实现配料功能。缺点是对适应物料品种更换的灵活性不足，料仓过高时会增大块状物料的粉碎率。

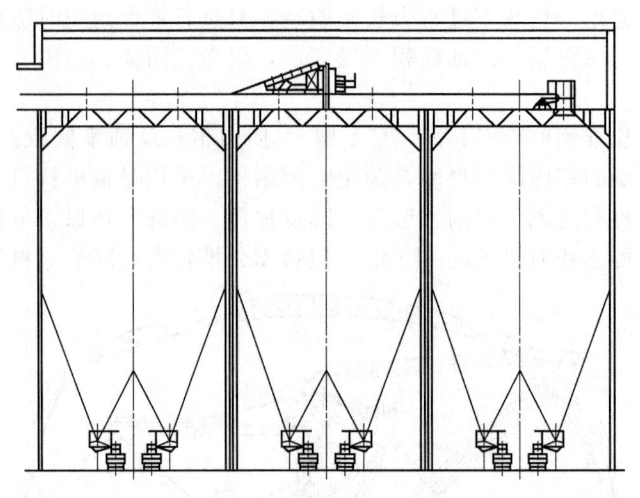

图 11-61 圆形筒仓并列集群

应用范围：①钢铁企业焦化、自备电厂、煤粉制备等作业储煤时适用；②火电、化工、码头等行业用煤品种多时适用。

**3. 原料库特点与选用**

原料库的选型与建设规模、品种数量、地理位置、环保功能、场地形状等有关。

（1）料库型号、名称及特点 各种封闭料库的型号、名称及特点见表 11-23。

**表 11-23 各种封闭料库的型号、名称及特点**

| 料库型号 | | 封闭料库名称 | 封闭料库特点 | | | | | |
|---|---|---|---|---|---|---|---|---|
| 代号 | 代号意义 | | 防风防雨 | 防冻 | 节能降耗 | 环保 | 储料能力 | 节地效果 |
| B-2 | Blend | 条形侧堆桥取堆取料机料库 | 好 | 一般 | 好 | 良 | 一般 | 没有 |
| C-1 | Circle | 带挡墙顶堆侧取圆形料库 | 好 | 良 | 好 | 好 | 大 | 好 |
| C-2 | Circle | 周边不带挡墙顶堆侧取圆形料库 | 好 | 良 | 好 | 好 | 一般 | 没有 |
| G-1 | Grab | 抓斗式起重机料库 | 好 | 良 | 好 | 好 | 大 | 好 |
| P-1 | Portal | 半门架式取料机料库 | 好 | 良 | 好 | 好 | 大 | 好 |
| P-2 | Portal | 全门架式取料机料库 | 好 | 一般 | 好 | 好 | 一般 | 没有 |
| R-2 | Reclaimer | 臂式斗轮堆取料机料库 | 好 | 一般 | 好 | 良 | 一般 | 没有 |
| S-1 | Silo | 圆形筒仓并列集群 | 好 | 好 | 好 | 好 | 大 | 好 |

（2）选型建议

主要包括：①在南方沿海防台风或地质较差的地区建设大型以上综合原料场时，优先采用 R-2 型料库；②场地受限或地质较好的地区建设综合原料场时，优先采用 P-1 型料库；③钢铁企业原燃料品种较少而储量较大或受场地形状限制时，可采用 C-1 型料场，火电、煤化工、建材等行业优先考虑采用 C-1 型料场；④大型钢铁联合企业的焦化厂储煤推荐采用 C-1 型料场；⑤钢铁企业干煤棚采用 G-1 型料库；⑥要求料库本身具有配料功能时，优先采用 G-1 型、S-1

型料库；⑦用于储煤且煤种较多时优先采用 S-1 型筒仓；⑧钢铁企业的混匀料场优先采用 B-2 型料库，地形受限时采用 C-2 型料库；⑨水泥、建材、化工等企业的混匀料场优先采用C-2型料库。

**4. 封闭原料库原料储存量计算注意事项**

(1) B-2 型、P-2 型、R-2 型原料库储料能力的计算和普通原料场相同。

(2) C-2 型原料库采用连续合成式堆料法和全断面取料法进行作业，应分别按堆料区、储料区、取料区分别计算储料能力，然后各部分的储料量相加。

(3) C-1 型原料库按照断面四分块法计算环形储料体积，端堆按照 2 个半圆锥计算，堆料臂堆料旋转区域可根据情况按 220°～240°计算。

(4) P-1 型、G-1 型原料库储料能力按料堆的几何体积计算，料堆操作容量系数建议为 0.7～0.8，分隔多时取小值，分隔少时取大值。

原料场封闭是近年来发展起来的新兴技术，随着工厂建设规模的不断扩大、可用土地资源不断减少以及对环保要求得越来越严格，对料场封闭技术的要求也越来越高。尽可能地减少占地面积、提高场地利用率，降低土石方量和施工难度、提高自动化作业水平，尽可能地减少污染，成为各行业散料储运技术的重点。因此，在原料场的设计阶段充分考虑防雨防冻、避免扬尘是节约运行费用、方便料场管理的重要手段。

## 四、静电干雾除尘技术

粒径<10μm 的水雾称为干雾。静电干雾除尘是基于国外在解决可吸入粉尘控制相关研究中提出的“水雾颗粒与尘埃颗粒大小相近时吸附、过滤、凝结的概率最大”这个原理，在静电荷离子作用下，通过喷嘴将水雾化到 10μm 以下，这种干雾对流动性强、沉降速度慢的粉尘是非常有效果的，同时产生适度的打击力，达到镇尘、控尘的效果。粉尘与干雾结合后落回物料中，无二次污染。系统用水量非常少，物料含水量增加<0.5%；系统运行成本低，维护简单，省水、省电、省空间，是一种新型环保节能减排产品。

**1. 静电干雾除尘特点**

(1) 在污染的源头即起尘点进行粉尘治理；每年阻止被风带走的煤炭数以百万元计。

(2) 抑尘效率高，无二次污染，无须清灰，针对 10μm 以下可吸入粉尘治理效果高达 96%，避免尘肺病（肺尘埃沉着病）危害。

(3) 水雾颗粒为干雾级，在抑尘点形成浓密的雾池，增加环境负离子。

(4) 节能减排，耗水量小，与物料质量比仅 0.02%～0.05%，是传统除尘耗水量的 1/100，物料（煤）无热值损失。对水含量要求较高的场合亦可以使用。

(5) 占地面积小，全自动 PLC 控制，节省基建投资和管理费用。

(6) 系统设施可靠性高，省去传统的风机、除尘器、通风管、喷洒泵房、洒水枪等，运行、维护费用低。

(7) 适用于无组织排放的密闭或半密闭空间的尘源。

(8) 大大降低粉尘爆炸概率，可以减少消防设备投入。

(9) 冬季可正常使用且车间温度基本不变（其他传统的除尘设备使用负压原理操作，带走车间内大量热量，需增加车间供热量）。

(10) 大幅降低除尘能耗及运营成本，与常用布袋式除尘器相比，设备投资不足其 1/5，运行费用不足其 1/10，维护费用不足其 1/20。

(11) 安装方便，维护方便。

**2. 除尘主机参数**

除尘主机参数见表 11-24。

表 11-24 除尘主机参数

| TBV-Q 干雾主机 | TBV-Q-1 | TBV-Q-3 | TBV-Q-5 | TBV-Q-7 | TBV-Q-9 |
|---|---|---|---|---|---|
| 喷雾器数量/个 | 10～20 | 20～60 | 50～100 | 100～150 | 150～250 |
| 最大耗水量/(L/h) | 1000 | 3000 | 5000 | 7500 | 12500 |
| 最大耗气量/($nm^3$/min) | 4.2 | 12.6 | 21 | 31.5 | 52.5 |
| 功率/kW | 33 | 78 | 135 | 188 | 318 |
| 系统组成 | 泵、空压机、储气罐、万向节喷雾器、喷雾箱、汽水分配器、水过滤器、保温伴热系统、水汽管路、分组控制器、现场控制箱、配电箱、控制系统等 | | | | |
| TBV-G 干雾主机 | TBV-G-2 | TBV-G-4 | TBV-G-6 | TBV-G-8 | TBV-G-10 |
| 喷雾器数量/个 | 10～20 | 20～60 | 50～100 | 100～150 | 150～250 |
| 最大耗水量/(L/h) | 200 | 600 | 1000 | 1500 | 3000 |
| 最大耗气量 | 0 | 0 | 0 | 0 | 0 |
| 功率/kW | 1 | 3 | 5 | 10 | 20 |
| 系统组成 | 泵、水箱、喷雾箱、喷雾器、生物膜水净化系统、离子交换、保温伴热系统、管路、分组控制器、现场控制箱、配电箱、控制系统等 | | | | |
| TBV-F 干雾主机 | TBV-F | TBV-C 干雾主机 | TBC-C-24 | TBC-C-30 | 系统组成 |
| 喷雾器数量/个 | 1 | 喷雾器数量/个 | 30 | 30 | 水净化 |
| 最大耗水量/(L/h) | 250 | 最大耗水量/(L/h) | 24 | 30 | 干雾发生器 |
| 最大耗气量 | 0 | 最大耗气量 | 0 | 0 | 管道 |
| 功率/kW | 11 | 功率/kW | 3 | 3 | 风机 |
| 系统组成 | 泵、水箱、风压喷雾器、水净化系统、保温伴热系统、管路、现场控制箱、配电箱、控制系统等 | | | | |

注：摘自辽宁中鑫自动仪表有限公司样本。

**3. 静电干雾除尘应用**

静电干雾除尘系统适用于选煤、矿业、火电、港口、钢铁、水泥、石化、化工等行业中无组织排放粉尘治理。例如，翻车机、火车卸料口、装车楼、卡车卸料口、汽车受料槽、筛分塔、皮带转接塔、圆形料仓、条形料仓、成品仓、原料仓、均化库、振动给料机、振动筛、堆料机、混匀取料机、抓斗机、破碎机、卸船机、装船机、皮带堆料车、落渣口、落灰口、排土机等，如图 11-62 所示。

## 五、尾矿坝粉尘控制综合设计

尾矿坝的粉尘飞扬扩散到大气中的浓度超出某一范围就会造成污染。尾矿粉尘除含有共同的岩石成分（$Al_2O_3$、$SiO_2$）外，不同尾矿的粉尘往往含有某些特有的金属或非金属成分（包括有毒重金属、硫和某些酸性物质）。粉尘的粒径范围一般为 1～200μm。尾矿坝粉尘运动扩散取决于粉尘对风速的反应，风速大于 5m/s 时能将表面干燥的粒径在 100μm 以下的粉尘吹起，并带到下风向 250m 远。风速达 9m/s 时，粉尘可被带到 800m 以外。控制尾矿坝粉尘污染的方法有物理法、植物法、化学法和化学-植物法等。

(1) 物理法　往尾矿坝上喷水，并覆盖石头或泥土。覆盖泥土还能为在坝上种植植物提供必要的条件。其他物理法包括用树皮覆盖或把稻草耙入尾矿顶部几寸（1 寸=0.0333 米）深的地方，防尘防风，使用石灰石粉和硅酸钠混合物尾矿场粉尘效果更好。

(2) 植物法　直接在尾矿坝上种植适宜的永久性草本植物，使植物的种子能自然地在尾矿

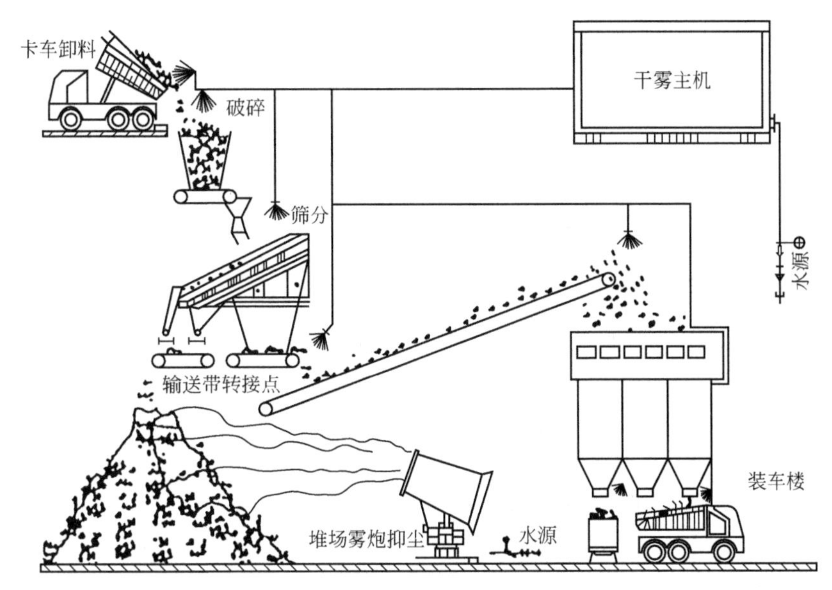


图 11-62　静电干雾除尘的应用

坝上生长。为此，应研究植物的生态学，使其能够适应周围的环境。

(3) 化学法　利用化学药剂与尾矿坝表面发生化学反应，在尾矿表面形成一层外壳，固住粉尘防止风蚀。

(4) 化学-植物法　将少量化学试剂应用到新种植物的尾矿坝上，黏结尾矿表面，防止散沙飞扬，保持尾矿中的水分，增加尾矿中有机物质，以利子植物生长，使尾矿坝稳定。

(5) 综合利用　尾矿的综合利用，不仅能减少占地，而且能提供宝贵的资源，是最有效的粉尘污染控制措施。主要综合利用途径有：①提高选矿水平，用综合选矿法使尾矿中有用矿物富集回收；②用尾矿作矿山采空区的填充料；③作建筑材料的原料，可用尾矿制造水泥、砖、瓦、铸石、耐火材料、陶粒、玻璃、混凝土骨料和泡沫材料等；④在尾矿坝上覆土造田种植农、林作物。

此外，在类似尾矿坝的扬尘场所如原料场、建筑工地、泥土路旁，可用扬尘覆盖剂抑制粉尘的飞扬，扬尘覆盖剂宜选用无毒、无害、易降解且可保持一段时间的产品。

# 第四节　工业生产含尘烟气排放量的计算

在工业生产中，从生产设备和辅助设备在操作过程中散发出来的含烟尘气体，其收集方法一般可分为局部收集和整体收集两类，不管哪一种集气装置都是工艺设备的一部分，烟气排放量亦由生产工艺设备决定。

## 一、燃料燃烧过程烟气排放量计算

燃料燃烧过程排烟量指动力锅炉、工业锅炉、燃料燃烧窑炉等使用的煤、油、气等燃料在燃烧过程中产生的烟气量。

燃料燃烧过程使用的燃料一般不与物料接触，燃料燃烧产生的烟气量就是燃料本身燃烧所产生的烟气量。其排放量可以实测，也可用公式计算。

**1. 按燃料化学成分计算燃料燃烧排烟量**

(1) 理论空气量　理论空气量可根据燃料中碳、氢、硫等元素与氧气的反应方程式确定(在标准状态下，下同)。

$$C + O_2 \longrightarrow CO_2$$
$$12kg \quad 22.4m^3 \quad 22.4m^3$$

此式表明，当12kg的碳完全燃烧时，需要消耗22.4m³的氧气，并生成22.4m³的二氧化碳。所以，1kg的碳进行完全燃烧需消耗$O_2$的量为22.4/12=1.8667(m³)。

$$2H_2 + O_2 \longrightarrow 2H_2O$$
$$4.032kg \quad 22.4m^3 \quad 44.8m^3$$

则，1kg氢气燃烧时，需要消耗$O_2$的量为22.4/4.032=5.5556(m³)。

$$S + O_2 \longrightarrow SO_2$$
$$32kg \quad 22.4m^3 \quad 22.4m^3$$

即1kg硫燃烧时，需要消耗$O_2$的量为22.4/32=0.7(m³)。

在1kg煤中含有$C_{ar}$/100kg的碳、$H_{ar}$/100kg的氢和$S_{ar}$/100kg的硫，所以，1kg煤燃烧时，碳、氢和硫3种元素的需氧量应为：$1.8667\times C_{ar}/100+5.5556\times H_{ar}/100+0.7\times S_{ar}/100$。

这些氧量并不全由空气来供给，这是因为，1kg煤中还有$O_{ar}$/100kg的氧，这部分氧是能够参与碳、氢、硫反应的。在计算理论空气量时，应将这部分氧量扣除，氧的分子量为32，故$O_{ar}$/100kg的氧在标准状态下的体积为$0.7\times O_{ar}/100$(m³)。这样，1kg煤燃烧所需空气中的氧量为：$1.8667\times C_{ar}/100+5.5556\times H_{ar}/100+0.7\times S_{ar}/100-0.7\times O_{ar}/100$。

由于空气中氧气的容积含量为21%，所以，1kg煤燃烧时所需要的理论干空气量为：

$$V^0=4.7619\times(1.8667\times C_{ar}/100+5.5556\times H_{ar}/100+0.7\times S_{ar}/100-0.7\times O_{ar}/100)$$

(2) 理论空气需要量

① 固体和液体燃料。经简化后，燃烧1kg固体或液体燃料所需要的理论空气量可按式(11-76)或式(11-77)计算，式中的空气量是指不含水蒸气的干空气量。对于贫煤及无烟煤，挥发分$V_{daf}<15\%$，亦可按经验公式(11-78)计算；而对于挥发分$V_{daf}>15\%$的烟煤，也可按经验公式(11-79)计算；对于劣质烟煤，也可按经验公式(11-80)计算；而对于燃油，也可按经验公式(11-81)计算：

$$V^0=0.0889C_{ar}+0.265H_{ar}+0.0333S_{daf}-0.0333O_{ar} \tag{11-76}$$

$$L^0=0.1149C_{ar}+0.3426H_{ar}+0.0431S_{daf}-0.0431O_{ar} \tag{11-77}$$

$$V^0=0.238\times(Q_{net,ar}+600)/900 \tag{11-78}$$

$$V^0=1.05\times0.238\times Q_{net,ar}/100+0.278 \tag{11-79}$$

$$V^0=0.238\times(Q_{net,ar}+450)/990 \tag{11-80}$$

$$V^0=0.85\times Q_{net,ar}/4186+2 \tag{11-81}$$

式中，$V^0$、$L^0$分别为需要的理论空气量，m³/kg，kg/kg；$Q_{net,ar}$为燃料低位发热量，kJ/kg。

② 气体燃料。燃烧标志下其他燃料所需的理论空气量（同样是指干空气）可按式(11-82)、式(11-83)计算，也可按式(11-84)～式(11-87)近似计算：

$$V^0=0.02381\psi(H_2)+0.02381\psi(CO)+0.04762\sum(m+n/4)\psi(C_mH_n)+0.07143\psi(H_2S)-0.04726\psi(O_2) \tag{11-82}$$

$$L^0=0.03079\psi(H_2)+0.03079\psi(CO)+0.06517\sum(m+n/4)\psi(C_mH_n)+0.09236\psi(H_2S)-0.06157\psi(O_2) \tag{11-83}$$

燃气$Q_{net,ar}<10500kJ/m^3$时：$V^0=0.000209Q_{net,ar}$ (11-84)

燃气 $Q_{net,ar}>10500kJ/m^3$ 时：$V^0=0.00026Q_{net,ar}-0.25$　(11-85)

对烷类燃气（天然气、石油伴生气、液化石油气）可采用：

$$V^0=0.000268Q_{net,ar} \quad (11\text{-}86)$$

$$V^0=0.000268Q_{gt,ar} \quad (11\text{-}87)$$

式中，$V^0$ 为需要的理论空气量，$m^3/kg$；$\psi(H_2)$、$\psi(CO)$、$\psi(C_mH_n)$、$\psi(H_2S)$、$\psi(O_2)$ 分别为燃气中各可燃部分的体积分数，%；$Q_{net,ar}$ 为标态燃气低位发热量，$kJ/m^3$；$Q_{gt,ar}$ 为标态燃气高位发热量，$kJ/m^3$。

③ 过剩空气系数 $\alpha$。在锅炉运行中，空气消耗量要大于理论空气需要量。它们二者的比值称为过剩空气系数，在烟气计算时用 $\alpha$ 表示。对于锅炉炉膛来说，$\alpha$ 的大小与燃烧设备形式、燃料种类有关。层燃炉、室燃炉及流化床炉膛的过剩空气系数 $\alpha_1$ 见表 11-25。

**表 11-25　炉膛过剩空气系数**

| 炉型 | 链条炉 | | | | 具有抛煤机链条炉 | | 煤粉炉 | | | 油气炉 | 流化床炉 |
|---|---|---|---|---|---|---|---|---|---|---|---|
| 燃料 | 褐煤 | 烟煤 | 无烟煤 | | 褐煤 | 烟煤 | 褐煤 | 烟煤 | 无烟煤 | 油气 | |
| | | | 种子块 6～13mm | 原煤 <100mm | | | | | | | |
| $\alpha_1$ | 1.3 | 1.3 | 1.3 | 1.5 | 1.3 | 1.3 | 1.2～1.25 | 1.2 | 1.2～1.25 | 1.1 | 1.1～1.2 |

(3) 实际烟气量

① 固体和液体燃料。燃烧 1kg 固体或液体燃料所产生的实际烟气量（标态下）可按式(11-88) 计算：

$$V_y=V_{RO_2}+V_{N_2}+V_{O_2}+V_{H_2O}$$
$$=V_{RO_2}+V_{N_2}^0+V_{H_2O}^0+1.0161(\alpha-1)V^0 \quad (11\text{-}88)$$

$$V_{RO_2}=0.01866C_{ar}+0.007(S_{adf}) \quad (11\text{-}89)$$

$$V=0.79V^0+0.008N_{ar} \quad (11\text{-}90)$$

$$V_{H_2O}^0=0.111H_{ar}+0.0124M_{ar}+0.0161V^0+1.24G_{wh} \quad (11\text{-}91)$$

式中，$V_y$ 为实际烟气比体积，$m^3/kg$；$V_{RO_2}$、$V_{N_2}$、$V_{O_2}$、$V_{H_2O}$ 分别为实际烟气中 $RO_2$、$N_2$、$O_2$、$H_2O$ 的比体积，$m^3/kg$；$V_{N_2}^0$、$V_{H_2O}^0$、$V^0$ 分别为理论烟气中 $N_2$、$H_2O$、烟气的比体积，$m^3/kg$；$\alpha$ 为所处烟道过剩空气系数；$G_{wh}$ 为每千克燃油雾化用蒸汽量，kg/kg，一般取 0.3～0.6kg/kg。

$V^0$ 可根据式(11-76)、式(11-82) 计算；$\alpha$ 值可参照表 11-25 选取；$V_{RO_2}$、$V_{N_2}^0$、$V_{H_2O}^0$ 可按式(11-89)～式(11-91) 计算。

若空气中含湿量 $d>10g/kg$，则烟气体积还应加上修正量 $\Delta V_{H_2O}$，其数值可按式(11-92) 计算：

$$\Delta V_{H_2O}=0.00161\alpha V^0(d-10) \quad (11\text{-}92)$$

式中，$\Delta V_{H_2O}$ 为修正量，$m^3/kg$。

燃烧 1kg 固体或液体燃料所产生的实际烟气质量还可用式(11-93) 简化计算：

$$L_y=1-0.01A_{ar}+1.306\alpha V^0+G_{wh} \quad (11\text{-}93)$$

式中，符号意义同前。

若空气中含湿量 $d>10g/kg$，则烟气量还应加上修正量 $\Delta L_y$，其数值可按式(11-94) 计算：

$$\Delta L_y=0.001306\alpha V^0(d-10) \tag{11-94}$$

式中，$\Delta L_y$为修正量，kg/kg。

烟气量的近似计算也可按(11-95)进行：

$$V_y=[(\alpha'\alpha+\alpha'')(1+0.006M_{zs})+0.0124M_{zs}]Q_{net,ar}/4187 \tag{11-95}$$

式中，$V_y$为烟气量，$m^3/kg$；$\alpha'$、$\alpha''$分别为系数，见表11-26；$\alpha$为所处烟道过剩空气系数，见表11-25；$M_{zs}$为折算水分，$M_{zs}=4187M_{av}/Q_{net,ar}$。

**表11-26 系数$\alpha'$、$\alpha''$**

| 燃料种类 | 木柴 | 泥煤 | 褐煤 | 烟煤 | | 无烟煤 |
|---|---|---|---|---|---|---|
| | | | | $V_{daf}\geq20\%$ | $V_{daf}<20\%$ | |
| $\alpha'$ | 1.06 | 1.085 | 1.1 | 1.11 | 1.12 | 1.12 |
| $\alpha''$ | 0.142 | 0.105 | 0.064 | 0.048 | 0.031 | 0.015 |

② 气体燃料。标态下燃烧$1m^3$气体燃料所产生的实际烟气量可按式(11-96)计算，但其中$V_{N_2}$、$V_{O_2}$、$V_{H_2O}$按式(11-97)～式(11-99)计算：

$$V_{RO_2}=0.01\psi(CO_2)+0.01\psi(CO)+0.01\sum\psi(C_mH_n)+0.01\psi(H_2S) \tag{11-96}$$

$$V_{N_2}=0.79\alpha V^0+0.01N_2 \tag{11-97}$$

$$V_{O_2}=0.21(\alpha-1)V^0 \tag{11-98}$$

$$V_{H_2O}=0.01\psi(H_2)+0.01\psi(H_2S)+0.01\sum(n/2)\psi(C_mH_n)+1.2\psi(d_g+\alpha V^0d_a) \tag{11-99}$$

式中，$d_g$为标态下燃气的含湿量，$kg/m^3$；$d_a$为标态下空气的含湿量，$kg/m^3$。

燃烧$1m^3$气体燃料所产生的实际烟气量也可按式(11-100)近似计算：

$$V_y=V_y^0+(\alpha-1)V^0 \tag{11-100}$$

式中，$V_y^0$为采用发热量估算的理论烟气量，$m^3/m^3$，见式(11-101)～式(11-103)。

对烷烃类燃气：

$$V_y=0.000239Q_{net,ar}+\alpha \tag{11-101}$$

式中，$\alpha$为过剩空气系数，对天然气取2，对石油伴生气取2.2，对液化石油气取4.5。

对炼焦煤气：

$$V_y=0.000272Q_{net,ar}+0.25 \tag{11-102}$$

对低位发热量<12600kJ/$m^3$的燃气：

$$V_y=0.000173Q_{net,ar}+1.0 \tag{11-103}$$

③ 漏风系数$\Delta\alpha$。运行中的锅炉，由于锅炉炉膛内外各烟道处内外有压差存在，对负压运行的锅炉及各外烟道而言，则会有外界空气漏入炉膛和烟道内；对正压运行的锅炉炉膛，则会有烟气漏入大气。在锅炉额定负荷运行时，锅炉炉膛及各段烟道中的漏风系数$\Delta\alpha$可参见表11-27取用。

**2. 燃煤锅炉污染物排放量**

(1) 燃煤锅炉烟尘排放量和排放浓度

① 单台燃煤锅炉烟尘排放量可按下式计算：

$$M_{Ai}=(B\times10^9/3600)(1-\eta_c/100)(A_{ar}/100+Q_{net,ar}q_4/3385800)\alpha_{fh} \tag{11-104}$$

式中，$M_{Ai}$为单台燃煤锅炉烟尘排放量，mg/s；$B$为锅炉耗煤量，t/h；$\eta_c$为除尘效率，%；$A_{ar}$为燃料的收到基含灰量，%；$q_4$为机械未完全燃烧热损失，%；$Q_{net,ar}$为燃料的收到基低位发热量，kJ/kg；$\alpha_{fh}$为锅炉排烟带出的飞灰份额，链条炉取0.2，煤粉炉取0.9，人工加煤取0.2～0.35，抛煤机炉取0.3～0.35。

表 11-27　额定负荷下锅炉各段烟道中的漏风系数 $\Delta\alpha$

| 烟道名称 | | | 漏风系数 |
|---|---|---|---|
| 室燃炉炉膛 | 煤粉炉 | | 0.1 |
| 层燃炉炉膛 | 机械化及半机械化炉 | | 0.1 |
| | 人工加煤炉 | | 0.3 |
| 流化床炉炉膛 | 沸腾床炉悬浮层 | | 0.1 |
| | 循环流化床炉炉膛、沸腾床炉沸腾层 | | 0.0 |
| 对流烟道 | 过热器 | | 0.05 |
| | 第一锅炉管束 | | 0.05 |
| | 第二锅炉管束 | | 0.1 |
| | 省煤器 | 钢管式 | 0.1 |
| | | 铸铁式 | 0.15 |
| | 空气预热器 | | 0.1 |

| 烟道名称 | | | 漏风系数 |
|---|---|---|---|
| 屏式对流烟道 | | | 0.1 |
| 除尘器 | 电除尘器、袋式除尘器(每级) | | 0.15 |
| | 水膜除尘器 | 带文丘里 | 0.1 |
| | | 不带文丘里 | 0.05 |
| | 干式旋风除尘器 | | 0.05 |
| 锅炉后的烟道 | 钢制烟道(每 10m 长) | | 0.01 |
| | 砖砌烟道(每 10m 长) | | 0.05 |

② 多台锅炉共用一个烟囱的烟尘总排放量按式(11-105) 计算：

$$M_A = \sum M_{Ai} \tag{11-105}$$

多台锅炉共用一个烟囱出口处烟尘的排放浓度按式(11-106) 计算：

$$C_A = (M_A \times 3600)/[\sum Q_i \times (273/T_s) \times (101.3/p_1)] \tag{11-106}$$

式中，$C_A$ 为多台锅炉共用一个烟囱出口处烟尘的排放浓度（标态），$mg/m^3$；$\sum Q_i$ 为接入同一座烟囱的每台锅炉烟气总量，$m^3/h$；$T_s$ 为烟囱出口处烟温，K；$p_1$ 为当地大气压，kPa。

(2) 燃煤锅炉 $SO_2$ 排放量的计算

① 单台锅炉 $SO_2$ 排放量可按下式计算：

$$M_{SO_2} = BC \times 278 \times (1 - \eta_{SO_2}/100) \times S_{ar}/50 \tag{11-107}$$

式中，$M_{SO_2}$ 为单台锅炉 $SO_2$ 排放量，$m^3/s$；$B$ 为锅炉耗煤量，t/h；$C$ 为含硫燃料燃烧后生成 $SO_2$ 的份额，随燃烧方式而定，链条炉取 0.8～0.85，煤粉炉取 0.9～0.92，沸腾炉取 0.8～0.85；$\eta_{SO_2}$ 为脱硫率，%，干式除尘器取零，其他脱硫除尘器可参照产品特性选取；$S_{ar}$ 为燃料的收到基含硫量，%。

② 多台锅炉共用烟囱的 $SO_2$ 总排放量和烟囱出口处 $SO_2$ 的排放浓度可参照烟尘排放的计算方法进行计算。

(3) 燃煤锅炉氮氧化物排放量的计算

① 单台锅炉氮氧化物排放量可按下式计算：

$$G_{NO_x} = 453000B(\beta n + 10^{-6} V_y C_{NO_x}) \tag{11-108}$$

式中，$G_{NO_x}$ 为单台锅炉氮氧化物排放量，$m^3/s$；$B$ 为锅炉耗煤量，t/h；$\beta$ 为燃烧时氮向燃料型 NO 的转变率，%，与燃料含氮量 $n$ 有关，一般层燃炉取 25%～50%，煤粉炉取 20%～25%；$n$ 为燃烧中氮的含量（质量分数），燃煤取 0.5%～2.5%，平均值取 1.5%；$V_y$ 为燃烧生成的烟气量（标态），$m^3/kg$；$C_{NO_x}$ 为燃烧时生成的温度型 NO 的浓度（标态），$mg/m^3$，一般取 $93.8mg/m^3$。

② 多台烟囱共用一个烟囱的氮氧化物总排放量和烟囱出口处氮氧化物的排放浓度，可参照烟尘排放的计算方法进行计算。

**3. 按热值计算理论空气量和烟气量**

一般工业锅炉房是不设置燃料分析室的，而且燃料采源也不是固定的，通常可利用下列经验公式计算理论空气量和烟气量。各种燃料的平均低位发热值见表 11-28。

表 11-28 各种燃料的平均低位发热值

| 燃料名称 | 发热值 $Q_L^y$/(kJ/kg) | 燃料名称 | 发热值 $Q_L^y$/(kJ/m$^3$) |
|---|---|---|---|
| 木炭 | 15800～18860 | 天然气 | 34000 |
| 无烟煤 | 21000～26500 | 焦炉煤气 | 18100 |
| 烟煤 | 33800～35100 | 高炉煤气 | 3300 |
| 次烟煤 | 30500～32600 | 甲烷 | 35800 |
| 褐煤 | 24200～30500 | 氢气 | 10700 |
| 汽油 | 44100～55000 | 乙炔 | 59800 |
| 轻油 | 42900～44900 | 丁烷 | 12370 |
| 重油 | 42200～42600 | 一氧化碳 | 12700 |

(1) 计算理论空气量 $V_0$

① 固体燃料。

对于挥发分 $V_L^y>15\%$ 的烟煤：

$$V_0=1.05\frac{Q_L^y}{4182}+0.278 \tag{11-109}$$

对于挥发分 $V_L^y<15\%$ 的贫煤及无烟煤：

$$V_0=\frac{Q_L^y}{4140}+0.606 \tag{11-110}$$

对于劣质煤 $Q_L^y<12546$kJ/kg 时：

$$V_0=\frac{Q_L^y}{4140}+0.455 \tag{11-111}$$

② 液体燃料。

$$V_0=0.85\frac{Q_L^y}{4128}+2 \tag{11-112}$$

③ 气体燃料。

当 $Q_L^y<10455$kJ/m$^3$ 时：

$$V_0=0.875\frac{Q_L^y}{4182} \tag{11-113}$$

当 $Q_L^y>14637$kJ/m$^3$ 时：

$$V_0=1.09\frac{Q_L^y}{4182}-0.25 \tag{11-114}$$

式中，$V_0$ 为理论空气量，m$^3$/kg；$Q_L^y$ 为燃料应用基的低位发热值，kJ/kg 或 kJ/m$^3$。

(2) 计算烟气量 $V_y$

① 固体燃料。对于无烟煤、烟煤及贫煤：

$$V_y=1.04\frac{Q_L^y}{4182}+0.77+1.0161(\alpha-1)V_0 \tag{11-115}$$

对于 $Q_L^y<12546$kJ/kg 的劣质煤：

$$V_y=1.04\frac{Q_L^y}{4182}+0.54+1.0161(\alpha-1)V_0 \tag{11-116}$$

② 液体燃料。

$$V_y=1.11\frac{Q_L^y}{4182}+1.0161(\alpha-1)V_0 \tag{11-117}$$

③ 气体燃料。当 $Q_L^y<10455\text{kJ/m}^3$ 时：

$$V_y=0.725\frac{Q_L^y}{4182}+1.0+1.0161(\alpha-1)V_0 \tag{11-118}$$

当 $Q_L^y>14637\text{kJ/m}^3$：

$$V_y=1.14\frac{Q_L^y}{4182}-0.25+1.0161(\alpha-1)V_0 \tag{11-119}$$

式中，$\alpha$ 为过剩空气系数，$\alpha=\alpha_0+\Delta\alpha$，$\alpha_0$ 为炉膛过剩空气系数，$\Delta\alpha$ 为烟气流程上各段受热面处的漏风系数，$\alpha_0$、$\Delta\alpha$ 的数值见表 11-29、表 11-30；$V_0$ 为理论空气需要量，$m^3/kg$（标准状况）；1.0161 为系数，为了便于计算可略去。

**表 11-29　炉膛过剩空气系数 $\alpha_0$**

| 燃烧方式 | 烟煤 | 无烟煤 | 重油 | 煤气 |
|---|---|---|---|---|
| 手烧炉及抛煤机炉 | 1.3～1.5 | 1.3～2 | | |
| 链条炉 | 1.3～1.4 | 1.3～1.5 | 1.15～1.2 | 1.05～1.10 |
| 煤粉炉 | 1.2 | 1.25 | | |
| 沸腾炉 | 1.23～1.30 | | | |

注：沸腾炉沸腾层内过剩空气系数一般取 1.15～1.20，炉出口处 $\alpha_c$ 需另加悬浮段漏风系数 $\Delta\alpha=0.1$。对于其他炉窑，$\alpha$ 可取 1.3～1.7。对于机械式燃烧炉，$\alpha$ 值取小一些；对于手燃炉，$\alpha$ 值可取大一些。

**表 11-30　漏风系数 $\Delta\alpha$**

| 漏风部位 | 炉膛 | 对流管束 | 过热器 | 省煤器 | 空气预热器 | 除尘器 | 钢烟道（每 10m） | 砖烟道（每 10m） |
|---|---|---|---|---|---|---|---|---|
| $\Delta\alpha$ | 0.1 | 0.15 | 0.05 | 0.1 | 0.1 | 0.05 | 0.01 | 0.05 |

（3）烟气总量计算　烟气总量按下式计算：

$$Q_{rt}=B_hV_y \tag{11-120}$$

式中，$Q_{rt}$ 为烟气总量，$m^3/h$；$B_h$ 为燃料耗量，kg/h 或 $m^3/kg$；$V_y$ 为计算烟气量，$m^3/kg$。

（4）烟气量简化算法　对于小型锅炉，可采用下列烟气量简化算法。

理论空气量的简化计算式：

$$V_0=\frac{K_0Q_L^y}{4182} \tag{11-121}$$

式中，$K_0$ 为与燃料有关的系数（表 11-31）。

**表 11-31　系数 $K_0$ 值**

| 燃料 | 烟煤 | 无烟煤 | 油 | 褐煤（$w_y\leqslant30\%$） | 褐煤（$30\%<w_y<40\%$） |
|---|---|---|---|---|---|
| $K_0$ | 1.1 | 1.11 | 1.1 | 1.14 | 1.18 |

注：$w_y$ 为燃料中水分含量。

除水分很高的劣质煤外，一般情况下取 $K_0=1.1$，上式可进一步简化为：

$$V_0=\frac{1.1Q_L^y}{4182} \tag{11-122}$$

实际烟气量的计算公式为：

$$V_y=(\alpha+b)V_0 \tag{11-123}$$

式中，$b$ 为燃料系数（表 11-32）。

**表 11-32 燃料系数 $b$ 值**

| 燃料 | 烟煤 | 无烟煤 | 褐煤 | 油 |
| --- | --- | --- | --- | --- |
| $b$ | 0.08 | 0.04 | 0.16 | 0.08 |

（5）燃料燃烧过程排尘量计算 燃料在燃烧过程中产生大量烟气和烟尘。燃煤烟尘包括黑烟和飞灰两部分。黑烟是指烟气中未完全燃烧的炭粒，它的排放量与炉型、燃烧状况有关。燃烧越不完全，烟气中黑烟的浓度越大，则烟尘的含碳量越高。飞灰是烟气中不可燃烧的物质的微粒，与燃烧状态及炉型无关系。

当具有测试条件或具有测试数据时，可以利用下式计算烟尘的排放量：

$$G_{sd}=Q_y\overline{c}_i\times10^{-6} \tag{11-124}$$

式中，$G_{sd}$为烟尘排放量，kg/h；$Q_y$ 为烟气平均流量，$m^3/h$；$\overline{c}_i$ 为烟尘的平均排放质量浓度，$mg/m^3$。

当无测试条件和测试数据时，可采用下式计算燃煤烟尘排放量：

$$G_{sd}=\frac{BAd_{fh}(1-\eta)}{1-\varphi_{fh}} \tag{11-125}$$

式中，$G_{sd}$为燃煤烟尘排放量，kg/h；$B$ 为耗煤量，t；$A$ 为煤的灰分，%；$d_{fh}$为烟气中烟尘占煤灰分的百分比，%，其值与燃烧方式有关，见表 11-33；$\eta$ 为除尘系统的除尘效率，未装除尘器时，$\eta=0$；$\varphi_{fh}$为烟尘中可燃物的体积分数，%，与煤种、燃烧状况、炉型有关，烟尘中可燃物的体积分数 $\varphi_{fh}$一般可取 15%～45%，电厂煤粉炉可取 4%～8%，沸腾炉可取 15%～25%。

**表 11-33 烟气中烟尘占煤灰分的百分比 $d_{fh}$值**

| 炉型 | $d_{fh}$/% | 炉型 | $d_{fh}$/% |
| --- | --- | --- | --- |
| 手烧炉 | 15～25 | 沸腾炉 | 40～60 |
| 链条炉 | 15～25 | 煤粉炉 | 75～80 |
| 往复推饲炉 | 20 | 油炉 | 0 |
| 振动炉 | 20～40 | 天然气炉 | 0 |
| 抛煤机炉 | 20～40 | | |

**4. 燃煤电厂锅炉烟气量的估算**

燃煤电厂常规燃煤机组的烟气量见表 11-34。

**5. 燃煤锅炉烟气性质及特点**

（1）燃煤锅炉烟气性质

① 烟气温度：燃煤锅炉烟气温度为 140～160℃；高峰值为 160～180℃。

② 烟气浓度（标）：煤粉炉为 3.5g/$m^3$ 左右；层燃炉为 10g/$m^3$ 左右；循环流化床为 25～30g/$m^3$。

**表 11-34　燃煤电厂常规燃煤机组的烟气量**

| 机组容量/MW | 锅炉型式 | 最大连续蒸发量/(t/h) | 最大耗煤量/(t/h) | 除尘器入口过量空气系数 | 烟气量/($10^4 m^3/h$) | 烟气温度/℃ |
|---|---|---|---|---|---|---|
| 1000 | 超超临界燃煤锅炉,采用四角切向燃烧方式、单炉膛平衡通风、固态排渣 | 3100 | 300～360 | 1.2～1.4 | 450～550 | 120～150 |
| 600 | 亚临界参数汽包燃煤锅炉,采用四角切向燃烧方式、单炉膛平衡通风、固态排渣 | 2025 | 200～250 | 1.2～1.4 | 300～350 | 120～150 |
| 300 | 亚临界自然循环汽包燃煤锅炉,平衡通风、固态排渣 | 1025 | 130～160 | 1.2～1.4 | 180～220 | 120～150 |
| 200 | 超高压自然循环汽包燃煤锅炉,平衡通风、固态排渣 | 670 | 90～130 | 1.2～1.4 | 140～165 | 140～160 |
| 135 | 超高压自然循环汽包燃煤锅炉,平衡通风、固态排渣 | 440 | 60～80 | 1.2～1.4 | 85～95 | 140～150 |
| | 循环流化床 | 440 | 60～80 | 1.2～1.4 | 80～90 | 130～150 |
| 125 | 超高压自然循环汽包燃煤锅炉,平衡通风、固态排渣 | 420 | 55～75 | 1.2～1.4 | 80～90 | 140～150 |
| | 循环流化床 | 420 | 55～75 | 1.2～1.4 | 75～85 | 130～150 |
| 50 | 煤粉炉 | 220 | 30～40 | 1.2～1.4 | 40～50 | 140～160 |
| | 循环流化床 | 220 | 30～40 | 1.2～1.4 | 35～45 | 130～150 |
| 25 | 中温中压煤粉炉 | 130 | 25～35 | 1.2～1.4 | 28～32 | 150～160 |
| | 循环流化床 | 130 | 25～35 | 1.2～1.4 | 26～30 | 130～150 |
| 12 | 中温中压煤粉炉 | 75 | 8～10 | 1.2～1.4 | 16～19 | 150～160 |
| | 循环流化床 | 75 | 8～10 | 1.2～1.4 | 15～18 | 130～150 |
| 6 | 煤粉炉 | 35 | 5～7 | 1.2～1.4 | 7～9 | 150～160 |
| | 循环流化床 | 35 | 5～7 | 1.2～1.4 | 7～9 | 130～150 |

③ 烟气成分见表 11-35。

**表 11-35　燃煤锅炉烟气成分**

| 项目 | 煤粉炉 | 层燃炉 | 循环流化床 |
|---|---|---|---|
| $O_2$(体积比)/% | 8～14 | 6～17 | 3～6 |
| $SO_2$/($mg/m^3$) | 约 1600 | 约 1600 | ≤500 |
| $NO_x$/($mg/m^3$) | 600～1300 | 约 1300 | 200～600 |
| $H_2O$(体积比)/% | 9～16 | | |

(2) 燃煤锅炉烟气特点

① 集中固定源：燃煤锅炉生产地点固定，生产过程集中，生产节奏较强，便于烟气处理和操作。

② 烟尘排量大：燃煤锅炉生产过程中产生大量的有害烟气。

③ 连续排放：燃煤锅炉 24h 不间断生产。

④ 粉尘粒度：0.3～200μm，其中粒径<5μm 的粉尘占总量的 20%。

## 二、钢铁生产工艺烟气排放量计算

### 1. 烧结生产产生的烟气量计算

烧结烟气计算主要是计算机头和机尾两部分废气。一般应按各系统的实际风量（烟气量）统计，烧结机单位面积风量在 $77\sim90m^3/(m^2 \cdot min)$ 的范围内，各种规格烧结机的单位面积风量见表 11-36。

**表 11-36 各种规格烧结机的单位面积风量**

| 烧结机规格/$m^2$ | 13 | 18 | 24 | 36 | 50 | 75 | 90 |
|---|---|---|---|---|---|---|---|
| 抽风机额定风量/($m^3$/min) | 1000 | 1600 | 2000 | 3000 | 4500 | 6500 | 8000 |
| 单位面积风量/[$m^3/(m^2 \cdot min)$] | 77 | 89 | 83 | 83 | 90 | 90 | 89 |

如缺乏实际资料，也可按下述方法进行计算或估算。

对于抽风烧结，在烧结带，1t 烧结矿所产生的气体量可近似按下式计算：

$$V=\left[12.44w+1111\frac{\alpha}{100-\alpha}(8\varphi_2+4\varphi_1+3\varphi_s-3\varphi_{O_2})+2.33(4\varphi_1+3\varphi_{O_2})+5.09\varphi_{CO_2}+V_r\right]\frac{100T}{273pK} \tag{11-126}$$

式中，$V$ 为烧结 1t 烧结矿所产生的烟气量（工作状态下），$m^3/t$，若求标准状态下的烟气量 $V$，应不考虑$\frac{T}{237p}$；$w$ 为混合料含水量，%，一般取 7%～8%；$\varphi_1$ 为混合料固定碳燃烧生成 CO 的体积分数，%；$\varphi_2$ 为混合料固定碳燃烧生成 $CO_2$ 的体积分数，%；$\varphi_s$ 为混合料含硫量（可烧掉的），%；$\varphi_{O_2}$ 为烧结时混合料损失的氧量（吸收氧时为负值），%；$\varphi_{CO_2}$ 为自混合料中分解出来的 $CO_2$；$K$ 为烧结矿成品率，%，若没有生产或试验数据时，可按 50%～60% 考虑；$\alpha$ 为料层中过剩空气系数，即 1.4～1.5；$V_r$ 为点火器平均 1t 烧结矿的燃烧物量，采用焦炉煤气 $V_r=40m^3/t$，混合煤气 $V_r=45m^3/t$；$T$ 为抽风机入口处烟气的热力学温度，K；$p$ 为抽风机入口处烟气的绝对大气压，kPa。

式中的体积分数均已换算过。在计算时，如混料含水分为 8%，即 $w=8$；烧结矿成品率为 50%～60%，即 $K=50\sim60$。

计算 $\varphi_1$、$\varphi_2$ 时按混料中固定碳燃烧成$\frac{CO}{CO_2}=\frac{10}{90}$，混合料返矿含量 20%～25%，返矿中固定碳 1%考虑。例如：混合料固定碳 $\varphi=4\%$，返矿为 25%，则：

$$\varphi_1=0.1\times(4-25\times0.01)=0.375$$

$$\varphi_2=0.9\times(4-25\times0.01)=3.375$$

$p$ 按下式计算：

$$p=\frac{p_a-p_H}{p_a}=\frac{101.3-p_H}{101.3} \tag{11-127}$$

式中，$p_H$ 为抽风机的负压，kPa；$p_a$ 为大气压，kPa。

### 2. 球团矿产生的烟气量计算

球团矿生产用的竖炉一般用重油作燃料，重油耗量 18～20kg/t 球团矿；焙烧温度与球团质量有关，一般约为 1300℃；竖炉的空气耗量为 $800\sim850m^3/t$ 球团矿。竖炉炉顶设有整体密闭罩在上部进行排烟，烟气量按下式计算：

$$Q=Q_1+Q_2+Q_3+Q_4 \tag{11-128}$$

式中，$Q$ 为竖炉排出的烟气量，$m^3/h$；$Q_1$ 为冷却风量，$m^3/h$；$Q_2$ 为煤气和助燃空气生成的烟气量，$m^3/h$；$Q_3$ 为炉顶不严密处（包括进料孔、操作孔等）进入的风量，$m^3/h$；$Q_4$ 为生球水分蒸发量，$m^3/h$。

$$Q_4=\frac{G(\omega_1-\omega_2)}{18}\times 22.4 \tag{11-129}$$

式中，$\omega_1$、$\omega_2$ 分别为生球和干球的含水率，%；$G$ 为生球入炉量，kg/h。

竖炉排料口和胶带机受料点设密闭罩，对 $8m^2$ 竖炉抽风量为 $10000m^3/h$。

竖炉产生的烟气温度为 80～140℃，含尘质量浓度为 $10g/m^3$。

**3. 转炉烟气量的计算**

若计算氧气顶吹转炉产生的烟气量，必须先计算炉气量，下面介绍两种计算炉气量的方法。

按最大降碳速度计算炉气量：

$$Q_C=Gv_C\times\frac{22.4}{12}\times 60\times\frac{1}{\varphi_{CO}+\varphi_{CO_2}} \tag{11-130}$$

式中，$Q_C$ 为最大降碳速度时产生的炉气量，$m^3/h$；$G$ 为炉役后期最大铁水装入量，kg；$v_C$ 为最大每分钟降碳速度，%，见表 11-37；22.4 为 1kg 分子的气体在标准状态下的体积，$m^3/kg$；12 为碳的原子量；$\varphi_{CO}$、$\varphi_{CO_2}$ 分别为炉气中 CO 和 $CO_2$ 的体积分数，一般炉气中含 CO 为 28%，$CO_2$ 为 10%。

**表 11-37　最大降碳速度参考值**

| 炉容/t | <10 | 12～30 | 50～80 | 120～150 |
| --- | --- | --- | --- | --- |
| 单孔喷头最大每分钟降碳速度/% | 0.39 | 0.38 | 0.37 | 0.36 |

注：当采用三孔喷枪时，最大降碳速度比表中数值要小。

按经验公式计算炉气量：

$$Q_0=G(\varphi_2-\varphi_1)\times\frac{22.4}{12}\times\frac{60}{t}\times 1.8 \tag{11-131}$$

式中，$Q_0$ 为按经验公式计算的炉气量，$m^3/h$；$G$ 为铁水装入量，kg；$\varphi_1$ 为铁水中含碳量，%，一般约为 4%；$\varphi_2$ 为钢水中最终含碳量，%，一般为 0.1%；$t$ 为吹氧时间，min，小型转炉一般为 14～16min，大型转炉为 22～24min。

炉盖罩排烟量可参见表 11-38。

**表 11-38　炉盖罩排烟量**

| 电炉公称容量/t | 3 | 5 | 10 | 15 | 30 |
| --- | --- | --- | --- | --- | --- |
| 排烟量/($m^3/h$) | 18000 | 20000 | 30000 | 38000 | 55000 |

炉内排烟量 $Q(m^3/h)$ 按下式计算（吹氧倍数法）：

$$Q=60GKn \tag{11-132}$$

式中，$G$ 为冶炼金属量，t；$K$ 为吹氧强度，$m^3/(min\cdot t)$；$n$ 为吹氧倍数，按吹氧强度取用（表 11-39）。

**表 11-39　吹氧强度与吹氧倍数**

| 吹氧强度 $K$ | 吹氧倍数 $n$ |
| --- | --- |
| ≤1 | 6 |
| 1～2.5 | 5 |
| >2.5 | 4 |

各种转炉容量下的炉气量和烟气量见表 11-40。

表 11-40 各种转炉容量下的炉气量和烟气量

| 序号 | 转炉容量 /t | 炉气量 /($m^3$/h) | 炉气温度 /℃ | 炉气含尘质量浓度/(g/$m^3$) | 出炉后 CO 被燃烧/% | 燃烧后烟气量 /($m^3$/h) |
|---|---|---|---|---|---|---|
| 1 | 1.5 | 1400 | 1400～1600 | 80～150 | 20 | 1900 |
| 2 | 3 | 2200 | 1400～1600 | 80～150 | 20 | 3100 |
| 3 | 6 | 4100 | 1400～1600 | 80～150 | 8 | 4700 |
| 4 | 12 | 8700 | 1400～1600 | 80～150 | 10 | 10200 |
| 5 | 20 | 15000 | 1400～1600 | 80～150 | 10 | 17500 |
| 6 | 30 | 16000 | 1400～1600 | 80～150 | 8 | 18100 |
| 7 | 50 | 26000 | 1400～1600 | 80～150 | 8 | 29400 |
| 8 | 120 | 60000 | 1400～1600 | 80～150 | 8 | 67800 |
| 9 | 150 | 66000 | 1400～1600 | 80～150 | 8 | 74600 |

注：炉气量是指在最大铁水装入量和较大降碳速度时的炉气量。

**4. 电炉炼钢烟气量计算**

电炉炼钢最常用的是电弧炉，此外还有感应电炉、电阻炉、电渣炉、真空感应炉和电子轰击炉等。

电炉排烟有炉外和炉内两种方式，排烟方式不同，烟气排放量的计算方法也不同。冶金环保统计中介绍的吹氧或加矿石脱碳时电炉脱碳生成的烟气量的计算公式如下：

$$Q_C = Gv_C \frac{22.4}{12} \times 60 \times 4.07 = 455.84Gv_C \tag{11-133}$$

式中，$Q_C$ 为电炉脱碳生成的烟气量，$m^3$/h；$G$ 为电炉最大装料量，kg；$v_C$ 为 1min 电炉最大脱碳速度，%。

电炉炉外排烟方式通常采用炉盖排烟罩式和上部排烟罩式。

炉门罩排烟量按罩口风速 3～5m/min 计算：

$$Q = 3600Sv_p \tag{11-134}$$

式中，$Q$ 为排烟量，$m^3$/h；$S$ 为炉门罩口面积，$m^2$；$v_p$ 为炉门罩口平均风速，m/s。

表 11-41 为电炉的炉内排烟量。当排烟量小于 $\alpha=1.5$ 时的排烟量时，其电炉排烟量应取 $\alpha=1.5$ 时的排烟量。此表是按综合计算法计算得到的，关于此种计算方法，可参阅冶金环保统计中的公式。

表 11-41 电炉的炉内排烟量

| 电炉公称容量 /t | 实际装入量 /t | 炉内排烟量 /($m^3$/h) | $\alpha=1.5$ 时排烟量 /($m^3$/h) | 炉门面积 /$m^2$ | 炉顶排烟孔最小直径/mm |
|---|---|---|---|---|---|
| 1.5 | 1.8 | 1080～1109 | 380～547 | 0.154 | 190 |
| | 3.0 | 1120～1159 | 630～912 | | |
| 3 | 3.6 | 2136～2179 | 760～1090 | 0.301 | 270 |
| | 6.0 | 2191～2280 | 1268～1830 | | |
| 5 | 6.0 | 2451～2535 | 1260～1830 | 0.340 | 300 |
| | 10.0 | 2576～2738 | 2100～3040 | | |
| 10 | 12.0 | 4269～4431 | 2520～3650 | 0.585 | 420 |
| | 20.0 | 4526～4970 | 4200～6100 | | |
| 20 | 24.0 | 6066～6475 | 5000～7300 | 0.800 | 500 |
| | 40 | 7474～7601 | 8400～12200 | | |
| 30 | 35.0 | 8500～9200 | 10000～14000 | 1.200 | 600 |
| | 50.0 | 8660～11800 | 16400～25000 | | |

在估算电炉炼钢的烟气量和烟尘时，可采用如下数据。

烟气量：不吹氧时，每吨钢 400～900$m^3$；吹氧时，每吨钢 900～1010$m^3$。

烟尘：烟尘质量浓度为 15～20$g/m^3$。

**5. 混铁炉烟气量计算**

炼钢厂在生产过程中，铁水原料的储存、均匀成分、保温等大多采用混铁炉，一般混铁炉容量为 300t、600t 和 1300t。

炉气量计算完成后，按下式计算燃烧后产生的烟气量：

当 $\alpha \leqslant 1$ 时
$$Q_C=(1+1.88\alpha\varphi_{CO})Q_0 \tag{11-135}$$

当 $\alpha > 1$ 时
$$Q_C=[1+(2.38\alpha-0.5)\varphi_{CO}]Q_0 \tag{11-136}$$

式中，$Q_C$ 为烟气量，$m^3/h$；$\alpha$ 为空气燃烧系数（即空气过剩系数）；$\varphi_{CO}$ 为炉气中 CO 体积分数，一般为 86%；$Q_0$ 为炉气量，$m^3/h$。

混铁炉在兑铁水和出铁水过程中将产生大量烟气，一般冶炼碳素钢的铁水原料，烟气中不仅含有大量氧化铁粉尘，也含有石墨，有的还含有稀有金属的氧化物。

兑铁水和出铁水时产生的烟气量均可按如下的简易方法计算：

$$Q=Sv_p \times 3600 \tag{11-137}$$

式中，$Q$ 为兑铁水和出铁水的烟气量，$m^3/h$；$S$ 为罩口断面积，$m^2$；$v_p$ 为罩口处烟气平均风速，m/s，可取 2～3m/s。

混铁炉烟气量与粉尘量估算值见表 11-42。

**表 11-42　混铁炉烟气量与粉尘量估算值**

| 混铁炉容量 /t | 烟气量 /($m^3/h$) | 烟气温度 /℃ | 含尘质量浓度 /($g/m^3$) |
|---|---|---|---|
| 300 | 8000～100000 | 100～120 | 1 |
| 600 | 150000～200000 | 100～120 | 1 |
| 1300 | 200000～300000 | 100～120 | 1 |

**6. 化铁炉烟气量计算**

化铁炉烟气量以实测为准。其估算值烟气量为 750～800$m^3$/t 铁；烟气温度为 300～700℃；烟气含尘量为 13.5～16.3$g/m^3$ 或 10kg/t 铁。

**7. 铁合金生产烟气量计算**

铁合金是冶炼各类钢种的主要合金和还原剂，用于改善钢的质量。冶炼方法一般分为矿热炉（也称电熔炉）法、金属热（也称炉外）法和湿法冶炼三大类。

(1) 矿热炉法　矿热电炉一般分封闭式和敞口式两种，每种又分固定和旋转两种形式。

在原料破碎、干燥、混合、转运过程中产生工业粉尘，冶炼时在电炉操作台和出铁口产生含一氧化碳的烟气。

封闭式矿热电炉的烟气量按碳量计算，计算公式如下。

形成的一氧化碳烟气量为：

$$Q_{CO}=\frac{G\times 1000}{24}\times\varphi\times\frac{22.4}{12} \tag{11-138}$$

式中，$Q_{CO}$ 为一氧化碳烟气量，$m^3/h$；$G$ 为焦炭耗量，t/d；$\varphi$ 为焦炭中碳的体积分数，%。

因为烟气中 CO 的体积分数为 65%～75%，一般取 70%，故产生的烟气量为：

$$Q=\frac{Q_{CO}}{70\%} \tag{11-139}$$

表 11-43 为封闭式铁合金电炉排烟量（未燃法）。表 11-44 为铁合金半封闭式矿热炉排烟量。

**表 11-43 封闭式铁合金电炉排烟量（未燃法）**

| 冶炼品种 | 烟气量(铁合金)/($m^3$/t) | 烟气中体积分数/% | | 烟气含尘量/(g/$m^3$) |
|---|---|---|---|---|
| | | CO | $CO_2$ | |
| 硅铁 45% | 1000～1200 | 92 | 3 | 30～50 |
| 硅铁 75% | 1300～1500 | 91.7 | 3 | 40～70 |
| 碳素铬铁 | 190～1060 | 72 | 16 | 40～60 |
| 硅锰合金 | 835～950 | 77 | 8 | 45～105 |
| 碳素锰铁 | 780～940 | 73 | 15 | 50～150 |

**表 11-44 半封闭式矿热炉排烟量**

| 炉型 | 冶炼产品 | 烟气量(标态)/($m^3$/t) | 烟气含尘量(标态)/(g/$m^3$) | 烟(煤)气成分(体积分数)/% | | | |
|---|---|---|---|---|---|---|---|
| | | | | $CO_2$ | $H_2O$ | $N_2$ | $O_2$ |
| 半封闭炉 | 75%硅铁 | 49500 | 4～5 | 约 3 | 1～2 | 75～78 | 5～18 |
| | 高碳铬铁 | 28000 | 3～4 | 约 3 | 1～2 | 75～77 | 约 18 |
| | 高碳锰铁 | 26000 | 3～4 | 约 3 | 1～2 | 75～78 | 17～18 |
| | 锰硅合金 | 27000 | 3～5 | 约 3 | 约 2 | 约 77 | 约 18 |
| | 硅钙合金 | 23300 | 5～8 | 6～7 | 2～3 | 约 79 | 约 14 |
| | 镍铁 | 18000 | 3～4 | 3 | 2 | 76 | 5～17 |

（2）金属热法　在金属的焙烧和熔炼过程中产生高温烟气，焙烧炉烟气量见表 11-45。

**表 11-45 焙烧炉烟气量**

| 产品产量/(t/h) | 烟气量/($m^3$/h) | 含尘量/(g/$m^3$) |
|---|---|---|
| 0.55～0.58 | 11300～12200 | 1.97～2.47 |
| 0.84 | 17200 | 2～2.5 |

（3）湿法冶炼　该法主要是冶炼钒铁和金属铬。在原料加工过程中产生工业粉尘，在焙烧和熔炼过程中产生高温烟气。

按产品类型估算的烟气量及粉尘量见表 11-46。

**表 11-46 按产品类型估算的烟气量及粉尘量**

| 合金名称 | 烟气量/($m^3$/t) | 粉尘质量浓度/(g/$m^3$) | 备注 |
|---|---|---|---|
| 硅铁合金 | 10000 | 0.5～1.5 | |
| 钨铁合金 | 60000 | 约 170 | |
| 锰铁合金 | 780～940 | 50～150 | 封闭式电炉 |
| | 88000～119000 | 约 4.13 | 敞口式电炉 |
| 钒铁合金 | 5800～7500 | 7～10 | |
| 钼铁合金 | 3000 | 约 28 | 熔炼炉 |
| | 20000 | 2～2.5 | 焙烧炉 |

**8. 钢铁工业常见粉尘特性**

钢铁工业常见粉尘物理特性见表 11-47。

表 11-47　钢铁工业常见粉尘物理特性

| 序号 | 项目 | 井下铁矿 | 露天铁矿 | 选矿破碎 | 烧结机 | 高炉 | 顶吹氧气炼钢转炉 | 炼钢电炉 | 铁合金电炉 |
|---|---|---|---|---|---|---|---|---|---|
| 1 | 密度/(t/m³) | | | | | | | | |
| | 真密度 | 3.12 | 2.85 | 2.91 | 3.85 | 3.72 | 4.99 | 3.78 | 2.96 |
| | 堆密度 | 1.60 | 1.60 | 1.20 | 1.60 | 1.66 | 1.04 | 1.60 | 1.50 |
| 2 | 质量粒度分布/% | | | | | | | | |
| | >30μm | 91.5 | 71.9 | 38.1 | 69.2 | 68.0 | 84.5 | 16.2 | 59.6 |
| | 10～30μm | 2.7 | 23.3 | 44.7 | 17.9 | 19.9 | 10.9 | 64.3 | 19.9 |
| | 1～10μm | 1.3 | 3.6 | 4.4 | 10.0 | 8.2 | 3.0 | 5.5 | 4.6 |
| | <1μm | 4.5 | 1.4 | 12.8 | 2.9 | 3.9 | 1.6 | 14.0 | 15.9 |
| 3 | 安息角/(°) | 42 | 41 | 40 | 40 | 42 | 44 | 42 | 50 |
| 4 | 电阻率/Ω·cm | $3.9\times10^{10}$ (24℃) | $8.5\times10^{10}$ (24℃) | $1.0\times10^{9}$ (24℃) | $8.0\times10^{10}$ (24℃) | $9.1\times10^{8}$ (100℃) | $2.2\times10^{11}$ (150℃) | $5.4\times10^{10}$ (100℃) | $1.5\times10^{10}$ (100℃) |
| 5 | 粉尘量 | | | | | | | | |
| | 质量浓度/(g/m³) | 1～10 | 1～10 | 1～15 | 1～17 | 16～30 | 65～120 | 0.3～1.3 | 1～3 |
| | 产品指标/(kg/t) | 3～8 | 5～10 | 5～15 | 10～15 | 10 | 1～2 | 2.2～10 | 10～20 |
| 6 | 游离 $SiO_2$ 的质量分数/% | 4～90 | 12～30 | 12～40 | 9～12 | 4～12 | 2～5 | 2～10 | 2～5 |

| 序号 | 项目 | 热轧轧钢机 | 耐火材料(黏土) | 煤粉 | 焦炉 | 活性白灰回转窑 | 煤粉锅炉 | 水泥窑 |
|---|---|---|---|---|---|---|---|---|
| 1 | 密度/(t/m³) | | | | | | | |
| | 真密度 | 4.41 | 2.52 | 1.69 | 2.20 | 2.59 | 1.72 | 2.82 |
| | 堆密度 | 2.24 | 1.02 | 0.48 | 0.53 | 0.72 | 0.70 | 0.90 |
| 2 | 质量粒度分布/% | | | | | | | |
| | >30μm | 57.2 | 36.5 | 53.2 | 78.8 | 25.2 | 41.5 | 50.5 |
| | 10～30μm | 27.8 | 32.4 | 24.2 | 3.6 | 69.7 | 38.2 | 30.4 |
| | 1～10μm | 3.0 | 24.0 | 14.2 | 4.3 | 4.9 | 13.9 | 14.9 |
| | <1μm | 12.0 | 7.1 | 8.4 | 13.3 | 0.2 | 6.4 | 4.2 |
| 3 | 安息角/(°) | 40 | 50 | 45 | 50 | 40 | 45 | 45 |
| 4 | 电阻率/Ω·cm | $3\times10^{11}$ (100℃) | $6.9\times10^{8}$ (23℃) | $5.3\times10^{8}$ (25℃) | $2.5\times10^{6}$ (150℃) | $6.1\times10^{11}$ (100℃) | $8\times10^{9}$ (149℃) | $2.4\times10^{10}$ (150℃) |
| 5 | 粉尘量 | | | | | | | |
| | 质量浓度/(g/m³) | 1～5 | 2～10 | 5～15 | 2～3 | 5～20 | 20～30 | 15～35 |
| | 产品指标/(kg/t) | 5～10 | 2～5 | 10～20 | 5～10 | 4～8 | 3～11 | 110～185 |
| 6 | 游离 $SiO_2$ 的质量分数/% | 1～10 | 20～40 | 1～2 | 2～4 | 7～10 | 5～10 | 5～15 |

钢铁企业冶炼设备排放气体参数见表 11-48。

表 11-48 钢铁企业冶炼设备排放气体参数

| 炉型 | 排烟量 | 单位 | 烟气温度/℃ | 含尘浓度/(g/m³) |
|---|---|---|---|---|
| 烧结机机头 | 4000～6000 | $m^3/(h \cdot m^2)$ | 250 | 2～6 |
| 烧结机机尾罩 | 100～600 | $m^3/(h \cdot m^2)$ | 40～250 | 5～15 |
| 球团带式烧结机 | 1940～2400 | $m^3/(h \cdot t)$ | 250 | 2～6 |
| 炼铁高炉炉顶 | 350～500 | $m^3/min$ | 150～300 | 2～8 |
| 高炉出铁场出铁口 | 1330～3400 | $m^3/min$ | 135～200 | 3～10 |
| 高炉煤气 | 1500～1800 | $m^3/t$ | 150～360 | 30 |
| 化铁炉 | 750～800 | $m^3/t$ | 300～700 | 13～16 |
| 炼钢转炉(一次) | 250～470 | $m^3/t$ | 1400～1500 | 80～150 |
| 炼钢转炉(二次) | 150000～600000 | $m^3/h$ | 100～200 | 2～5 |
| 电弧炉(炉内) | 600～800 | $m^3/(h \cdot t)$ | 1200～1600 | 20～30 |
| 轧钢(火焰清理机) | 100000～200000 | $m^3/h$ | 常温 | 3～6 |
| 矿热电炉(封闭) | 200～700 | $m^3/h$ | 500～700 | |
| 矿热电炉(半封闭) | 3～8 | $m^3/(kW \cdot h)$ | 500～900 | |
| 钨铁电炉 | 20～40 | $m^3/(h \cdot kV \cdot A)$ | 250 | 1.8～3.6 |
| 钼铁电炉 | 3000～5000 | $m^3/(h \cdot t)$ | 200 | 20～30 |
| 硅铁电炉 | 15000～50000 | $m^3/t$ | 500～700 | 90～175 |
| 刚玉冶炼炉 | 7～12.3 | $m^3/(kV \cdot A)$ | 60～250 | 5～12 |

## 三、有色金属工业烟气排放量计算

**1. 铜冶炼烟气量（含 $SO_2$）计算**

铜冶炼烟气总量＝含 $SO_2$ 烟气量＋精炼炉烟气量＋其他工艺烟气量

铜冶炼含 $SO_2$ 烟气量＝冰铜熔炼炉烟气量＋铜吹炼炉烟气量

冰铜熔炼炉烟气量＝各单台炉的实际供风量之和×1.1（漏风系数）

铜吹炼炉烟气量＝各单台炉实际供风量之和×(2.2～2.5)（漏风系数）

精炼炉烟气量＝燃重油量(kg)×11($m^3$/kg)×1.3

实际供风量可由风机运转记录查得，也可由理论计算值加 10%～30%的过剩空气系数而得。

**2. 铅烧结与冶炼废气排放量计算**

铅烧结排烟量($m^3$/h)＝总供风量($m^3$/h)×1.9(吸风烧结时该系数取 2)

**3. 锌冶炼废气排放量计算**

沸腾炉烟量($m^3$/h)＝鼓风量($m^3$/h)×(1.01～1.03)，式中 1.01～1.03 为漏风系数，或者沸腾炉烟量($m^3$/h)＝炉床面积($m^2$)×(460～540)[$m^3/(m^2 \cdot h)$]。

**4. 重有色金属冶炼设备排烟量**

重有色金属冶炼设备排烟量见表 11-49。

**5. 炼铝工业生产烟气量**

金属铝是在熔化的冰晶石（$Na_3AlF_6$）电解槽中通过电解氧化铝（$Al_2O_3$）生产的。每生产 1t 铝需要 2t 氧化铝、500kg 炭阳极和 30kg 氟化盐。不同槽型电解槽产生的排烟量和厂房排烟量见表 11-50，不同槽型铝电解槽排出的有害物质的浓度和数量见表 11-51。

表 11-49 重有色金属冶炼设备排烟量

| 项目 | 发生源 | 规格 | 烟气量/($m^3$/h) | 温度/℃ | 含尘量/($g/m^3$) | 备注 |
| --- | --- | --- | --- | --- | --- | --- |
| 铜冶炼 | 圆筒干燥机 | $\phi$2.2m×13.5m | 20142 | 176 | 36.61 | −100～−80Pa |
| | 焙烧炉 | 2.02$m^2$ | 600～800 | 700 | 102 | |
| | 电炉 | 30000kV·A | 18000～22000 | 600～800 | 70～85 | −100～50Pa |
| | 反射炉 | 271$m^2$ | 90000 | 1250 | 15～18 | |
| | 密闭鼓风机 | 2$m^2$ | 5800～6200 | 400～600 | 25～58 | |
| | | 10$m^2$ | 20000～22000 | 500～600 | 14～20 | |
| | 转炉 | 100t | | | | |
| | | $\phi$4000mm×10000mm | 24200 | 1150 | 20～75 | |
| 铅锌冶炼 | 铅烧结机 | 60$m^2$ | 58000 | 300 | 12 | |
| | 铅锌烧结机 | 110$m^2$ | 88600 | 250～300 | 17 | |
| | 炼铅鼓风机 | 6$m^2$ | 30000 | 300 | 12 | |
| | 烟化炉 | 5.1$m^2$ | 13500 | 1150 | 40 | |
| | 浮渣反射炉 | 9.6$m^2$ | 3000 | 900 | 3～10 | |
| 锌冶炼 | 圆筒干燥机 | $\phi$1.5m×12m | 7744 | 120～150 | 24 | |
| | 焙烧炉 | 18$m^2$ | 7040 | 900 | 217 | $SO_2$ 9.9% |
| | | 26.5$m^2$ | 12500 | 880～930 | 200 | |
| | | 42$m^2$ | 41000 | 520 | 295 | −500～−380Pa |
| | 渣回转窑 | $\phi$2.4m×44m | 20000 | 650～750 | 50 | 20～50Pa |
| | 渣干燥窑 | $\phi$2.4m×23m | 6600～8000 | 700 | 30 | −15Pa |
| 锑冶炼 | 精矿焙烧炉 | 14.6$m^2$ | 8000 | 650～700 | 17 | |
| | 精炼反射炉 | 12.5$m^2$ | 2000 | 600～700 | 20 | |
| | 锑鼓风机 | 3$m^2$ | 11000 | 850 | 42 | |
| 锡冶炼 | 反射炉 | 50$m^2$ | 12700 | 700～800 | 27 | |
| | 保温炉 | 30$m^2$ | 8000 | 1000 | 4～5 | −100Pa |
| | 焙烧炉 | 5$m^2$×2 | 4500×2 | 750～800 | 165 | |
| | 炼锡电炉 | 1000kV·A(2台) | 3000 | 600～800 | 25～30 | |
| | 渣烟化炉 | 2.4$m^2$ | 9000 | 900～1000 | 50 | |

表 11-50 不同槽型电解槽产生的排烟量和厂房排烟量

| 槽型 | 槽吨铝排烟量/$m^3$ | 厂房吨铝排烟量/$m^3$ |
| --- | --- | --- |
| 上插自焙槽 | 15000～20000 | $1.8\times10^6\sim2\times10^6$ |
| 侧插自焙槽 | 200000～350000 | $2\times10^6\sim2.6\times10^6$ |
| 边部加工预焙槽 | 150000～200000 | $1\times10^6\sim2\times10^6$ |
| 中心加工预焙槽 | 100000～150000 | $0.8\times10^6\sim1.5\times10^6$ |

表 11-51 不同槽型铝电解槽排出的有害物质的浓度和数量

| 槽型 | 气态氟 | | 固态氟 | | 粉尘 | |
|---|---|---|---|---|---|---|
| | $mg/m^3$ | kg/t | $mg/m^3$ | kg/t | $mg/m^3$ | kg/t |
| 上插自焙槽 | 500～800 | 12～18 | 100～150 | 6～8 | 300～800 | 20～60 |
| 侧插自焙槽 | 30～60 | 12～18 | 10～18 | 2～8 | 100～160 | 20～60 |
| 预焙槽 | 40～50 | 8～12 | 40～50 | 8～10 | 150～300 | 20～60 |

## 四、建材工业烟气排放量计算

水泥生产中的烟气排放量由燃烧过程产生的烟气和生产工艺过程排出的烟气两部分组成，其中燃烧过程产生的烟气有 98%经过净化处理，生产工艺过程产生的烟气有 94%经过净化处理。

(1) 燃料燃烧过程中烟气排放量的计算　燃料燃烧生成的烟气量按下式计算。

固体燃料：

$$Q_y=\left[\left(0.89\frac{Q_L^y}{4187}+1.65\right)+(\alpha-1)V_0\right]B_0 \tag{11-140}$$

液体燃料：

$$Q_y=\left[1.11\frac{Q_L^y}{4187}+(\alpha-1)V_0\right]B_0 \tag{11-141}$$

$$B_0=\frac{g}{Q_L^y} \tag{11-142}$$

式中，$Q_y$ 为计算烟气量，$m^3/kg$；$Q_L^y$ 为燃料的低发热值，kJ/kg；$\alpha$ 为空气过剩系数；$V_0$ 为燃料燃烧需要的理论空气量，$m^3/kg$；$B_0$ 为燃料消耗量，kg(燃料)/kg(熟料)，通常烧成 1kg 熟料需约 0.25～0.3kg 煤；$g$ 为烧成 1kg 熟料的热耗量，湿法长窑 5443～7118kJ/kg(熟料)，干法长窑 4187～5025kJ/kg(熟料)，悬浮顶热干法窑 3141kJ/kg(熟料)，立波尔窑 3359kJ/kg(熟料)。

固体燃料燃烧所需空气量 $V$：

$$V=1.01\frac{Q_L^y}{4187}+0.5 \tag{11-143}$$

液体燃料燃烧所需空气量 $V$：

$$V=0.85\frac{Q_L^y}{4187}+2 \tag{11-144}$$

水泥回转窑排出的烟气量 $Q$：

$$Q=Q_r+Q_s+Q_j+Q_l \tag{11-145}$$

式中，$Q$ 为窑尾排出的烟气，$m^3/kg$(熟料)；$Q_r$ 为燃料燃烧生成的烟气量，$m^3/kg$(熟料)；$Q_s$ 为生料分解生成的烟气量，$m^3/kg$(熟料)；$Q_j$ 为料浆蒸发生成的烟气量，$m^3/kg$(熟料)；$Q_l$ 为漏入风量，$m^3/kg$(熟料)。

生料分解生成的烟气量 $Q_s$：

$$Q_s=\frac{I_L}{1.977(1-I_L)} \tag{11-146}$$

式中，$I_L$ 为生料烧失量，%；1.977 为标准状况下 $CO_2$ 的密度，$kg/m^3$。

料浆蒸发生成的烟气量 $Q_j$：

$$Q_j=\frac{\varphi g_r}{0.804(1-\varphi)} \tag{11-147}$$

式中，$g_r$ 为干生料消耗量，kg/kg(熟料)；$\varphi$ 为生料浆中水分的体积分数，%；0.804 为标准状况下水蒸气密度，kg/m³。

$Q_l$ 不能实测但可估算的参考数值见表 11-52。

**表 11-52 $Q_l$ 的估算值**

| | | |
|---|---|---|
| 冷烟室 | | 10%～15% |
| 负压操作的除尘器 | | 20%～30% |
| 一次通过立波尔窑 | | 150%～200% |
| 二次通过立波尔窑 | | 120% |
| 其中 | 热排风机前 | 60% |
| | 立筒预热器 | 45% |
| | 旋风预热器 | 50% |
| | 烟道 | (每米)1% |

(2) 经验计算窑尾烟气量　取经验数据进行计算，一般情况下每生产 1t 水泥约产生 2.38m³ 烟气（表 11-53）。

**表 11-53 窑尾烟气量经验值**

| | | |
|---|---|---|
| 湿法长窑 | | 3.5～4m³/kg(熟料) |
| 干法长窑 | | 2.4m³/kg(熟料) |
| 一次通过立波尔窑 | | 5m³/kg(熟料) |
| 二次通过立波尔窑 | | 4m³/kg(熟料) |
| 其中 | 热排风机前 | 3m³/kg(熟料) |
| | 立筒预热窑 | 2.4m³/kg(熟料) |
| | 旋风预热窑 | 2.3m³/kg(熟料) |

水泥立窑烟气量：

$$Q_p=mQ_0K_1K_2 \tag{11-148}$$

式中，$Q_p$ 为烟气排放量，m³/kg；$m$ 为立窑产量，kg；$Q_0$ 为单位熟料烟气生成量，m³/kg（熟料），取 1.6～2.0m³/kg(熟料)；$K_1$ 为生产不均系数，机立窑 1.0，普立窑 1.3；$K_2$ 为漏风系数，机立窑 1.15～1.25，普立窑 1.3～1.4。

(3) 粉磨设备　粉磨设备按其通风性质可分为普通球磨、烘干球磨、立式磨、辊压磨和 O-Sepa 选粉机。普通球磨和烘干球磨的通风量，因磨内应有合适的风速，用磨机直径表示；风扫磨、立式磨、辊压磨、O-Sepa 选粉机通风量，因其物料全部用风力输送，用台时产量表示。各种粉磨设备的排风量计算式如表 11-54 所列。

**表 11-54 各种粉磨设备的排风量计算式**

| 设备名称 | 排风量/(m³/h) | 备注 |
|---|---|---|
| 普通球磨 | $(1500\sim3000)D^2$ | $D$ 为磨机内径，m |
| 烘干球磨 | $(3500\sim5000)D^2$ | |
| 风扫磨 | $(2000\sim3000)G$ | $G$ 为磨机台时产量，t |
| 立式磨 | $(2000\sim3000)G$ | |
| 辊压磨 | $(100\sim200)G$ | |
| O-Sepa 选粉机 | $(900\sim1500)G$ | |

(4) 水泥生产各设备含尘气体量和含尘气体性质　水泥生产各设备含尘气体量和含尘气体性质分别见表 11-55 和表 11-56。

**表 11-55　水泥生产各设备含尘气体量**

| 设备名称 | | 排风量/($m^3$/h) | 备注 |
|---|---|---|---|
| 湿法长窑 | | (2800～4500)$G$ | $G$ 为窑台时产量,t |
| 立波尔窑 | | (3000～5000)$G$ | |
| 干法长窑 | | (2500～3000)$G$ | |
| 悬浮预热器窑 | | (2000～2800)$G$ | |
| 带过滤预热湿法窑 | | (3300～4500)$G$ | |
| 立窑 | | (2000～3500)$G$ | |
| 窑外分解窑 | | (1400～2500)$G$ | |
| 熟料篦式冷却机 | | (1200～2500)$G$ | $G$ 为篦式冷却机台时产量,t |
| 回转烘干机 | | (1000～4000)$G$ | $G$ 为烘干机台时产量,t |
| 生料磨 | 中卸烘干磨 | (3500～5000)$D^2$ | $D$ 为磨机内径,m |
| | 风扫磨 | (2000～3000)$G$ | $G$ 为磨机台时产量,t |
| | 立式磨 | (2000～3000)$G$ | |
| O-Sepa 选粉机 | | (900～1500)$G$ | |
| 水泥磨 | 机械排风磨 | (1500～3000)$D^2$ | $D$ 为磨机内径,m |
| | 辊压磨 | (100～200)$G$ | $G$ 为磨机台时产量,t |
| 煤磨 | 钢球磨(风扫) | (2000～3000)$G$ | |
| | 立式磨 | (2000～3000)$G$ | |
| 破碎机 | 颚式 | $Q=7200S+2000$ | $S$ 为破碎机颚口面积,$m^2$ |
| | 锤式<br>反击式 | $Q=(16.8\sim21)dLn$ | $d$ 为转子直径,m;<br>$L$ 为转子长度,m;<br>$n$ 为转子速度,r/min |
| | 立轴 | $Q=5d^2n$ | $d$ 为锤头旋转半径,m;<br>$n$ 为转子速度,r/min |
| 包装机 | | 300$G$ | $G$ 为包装机台时产量,t |
| 散装机 | | (20～25)$G$ | $G$ 为散装机台时产量,t |
| 提升运输设备 | 空气斜槽 | $Q=(0.13\sim0.15)BL$ | $B$ 为斜槽宽度,mm;<br>$L$ 为斜槽长度,m |
| | 斗式提升机 | $Q=1800VS$ | $V$ 为料斗运行速度,m/s;<br>$S$ 为机壳截面积,$m^2$ |
| | 胶带输送机 | $Q=700B(V+h)$ | $B$ 为胶带宽度,m;<br>$V$ 为胶带速度,m/s;<br>$h$ 为物料落差,m |
| | 螺旋输送机 | $Q=D+400$ | $D$ 为螺旋直径,mm |

## 五、机械制造工业烟气排放量计算

### 1. 冲天炉排烟量

冲天炉与其他熔炼设备相比，具有结构简单、热效率高、熔化迅速和成本低廉等优点。所以，国内约 90%以上的铸铁都是由冲天炉来熔化的。冲天炉对节能减排意义重大。

**表 11-56 水泥生产各设备含尘气体性质**

| 设备名称 | | 含尘浓度 /($g/m^3$) | 气体温度 /℃ | 水分 (体积)/% | 露点 /℃ | <20μm 粉尘粒径/% | 比电阻 /(Ω·cm) |
|---|---|---|---|---|---|---|---|
| 湿法长窑 | | 10~60 | 150~250 | 35~60 | 60~75 | 80 | $10^{10}\sim10^{11}$ |
| 立波尔窑 | | 10~30 | 100~200 | 15~25 | 45~60 | 60 | $10^{10}\sim10^{11}$ |
| 干法长窑 | | 10~80 | 400~500 | 6~8 | 35~40 | 70 | $10^{10}\sim10^{11}$ |
| 悬浮预热器窑 | | 30~80 | 350~400 | 6~8 | 35~40 | 95 | $>10^{12}$ |
| 带过滤预热湿法窑 | | 10~30 | 120~190 | 15~25 | 50~60 | 30 | |
| 立窑 | | 5~15 | 50~190 | 8~20 | 40~55 | 60 | $10^{10}\sim10^{11}$ |
| 窑外分解窑 | | 30~80 | 300~350 | 6~8 | 40~50 | 95 | $>10^{12}$ |
| 熟料篦式冷却机 | | 2~30 | 150~300 | | | 1 | $10^{11}\sim10^{13}$ |
| 回转烘干机 | 黏土 | 40~150 | 70~130 | 20~25 | 50~65 | 25 | |
| | 矿渣 | 10~70 | | | | | |
| | 煤 | 10~50 | | | | 60 | |
| 生料磨 | 中卸烘干磨 | 50~150 | 70~110 | 10 | 45 | 50 | |
| | 风扫磨 | 300~500 | | | | | |
| | 立式磨 | 300~800 | | | | | |
| O-Sepa 选粉机 | | 800~1200 | 70~100 | | | | |
| 水泥磨 | 机械排风磨 | 20~120 | 90~120 | | | 50 | |
| 煤磨 | 钢球磨(风扫) | 250~500 | 60~90 | 8~15 | 40~50 | | |
| | 立式磨 | | | | | | |
| 破碎机 | 颚式 | 10~15 | | | | | |
| | 锤式 | 30~120 | | | | | |
| | 反击式 | 40~100 | | | | | |
| 包装机 | | 20~30 | | | | | |
| 散装机 | | 50~150 | 常温 | | | | |
| 提升运输设备 | | 20~50 | 常温 | | | | |

(1) 炉体结构 冲天炉基本上是一个直立的圆筒，属于竖炉范畴。整个炉子可分为炉身、前炉、烟囱和支撑四个部分，如图 11-63 所示。

(2) 烟尘及气体成分 冲天炉烟尘组成见表 11-57，烟气成分见表 11-58，烟尘起始含尘量见表 11-59，烟尘颗粒质量分散度见表 11-60。

**表 11-57 冲天炉烟尘组成**（质量浓度） 单位：%

| 名称 | 主要范围 | 变动范围 | 名称 | 主要范围 | 变动范围 |
|---|---|---|---|---|---|
| $SiO_2$ | 20~40 | 10~45 | MnO | 1~2 | 0.5~9.0 |
| CaO | 3~6 | 2~18 | MgO | 1~3 | 0.5~5.0 |
| $Al_2O_3$ | 2~4 | 0.5~25.0 | 灼热烧损(C,S,$CO_2$) | 20~50 | 10~64 |
| FeO,$Fe_2O_3$,Fe | 12~16 | 5~26 | | | |

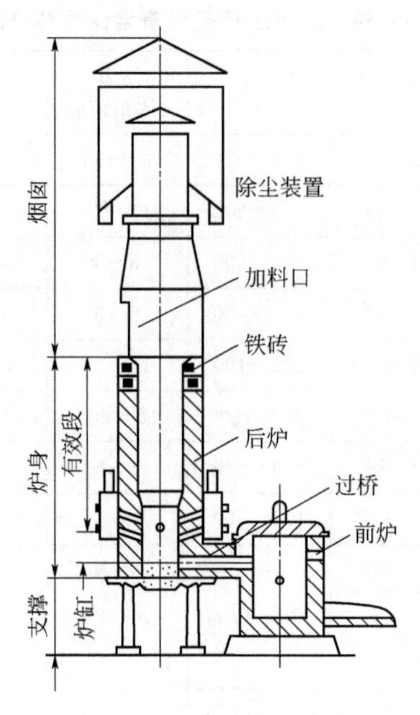


图 11-63 冲天炉的结构

**表 11-58 冲天炉烟气成分**

单位：%

| 铁焦质量比 | 冷风炉 | | | | 热风炉 | | | |
|---|---|---|---|---|---|---|---|---|
| | 燃烧比 $\eta$ | $w(CO)$ | $w(CO_2)$ | $w(N_2)$ | 燃烧比 $\eta$ | $w(CO)$ | $w(CO_2)$ | $w(N_2)$ |
| 8.0 | 70.0 | 7.0 | 17.0 | 76.0 | 60.0 | 10.0 | 15.0 | 75.0 |
| 10.0 | 57.0 | 11.0 | 14.5 | 74.5 | 47.0 | 14.0 | 12.5 | 73.5 |
| 12.0 | 47.0 | 14.0 | 12.5 | 73.5 | 37.0 | 17.5 | 10.5 | 72.0 |
| 14.0 | 38.0 | 17.5 | 10.5 | 72.0 | 28.0 | 21.5 | 8.0 | 70.5 |
| 16.0 | 33.0 | 19.0 | 9.5 | 71.5 | 24.0 | 23.0 | 7.0 | 70.0 |
| 18.0 | 27.0 | 21.0 | 8.0 | 71.0 | 19.0 | 25.5 | 5.5 | 69.0 |
| 20.0 | 23.0 | 23.0 | 7.0 | 70.0 | 16.0 | 26.5 | 5.0 | 68.5 |

注：1. 烟气中除上述成分外还含有 $w(NO_x)$ 为 $3\times10^{-6}\sim14\times10^{-6}$；$w(SO_x)$ 为 0.04%～0.10%；$w(O_2)$ 为 1.8%；$w(H_2)$ 为 1%～3%。

2. 如熔炼过程中加入萤石，则烟气中还含有 375～1317mg/m³ 的氟化氢气体，增加了净化系统防腐蚀要求。

3. 燃烧比 $\eta=\dfrac{w(CO_2)(\%)}{w(CO)(\%)+w(CO_2)(\%)}\times100\%$。

**表 11-59 冲天炉烟尘起始含尘量**

| 烟尘 | 起始含尘量/(g/m³) | | 备注 |
|---|---|---|---|
| | 主要范围 | 变动范围 | |
| 炉气 | 6～12 | 2～25 | 相当于每吨铁水产尘 6～20kg |
| 除尘排烟 | 2～6 | 1～10 | |

注：1. 国内实测数据为冷风冲天炉产尘量 7.2kg/t 铁水或 3.24g/m³。

2. 德国对 33 台冷风炉和热风酸性炉实测产尘量，冷风炉为 (7.7±2.04)kg/t 铁水；热风炉为 (7.52±3.65)kg/t 铁水或 4.00g/m³。

表 11-60　冲天炉烟尘颗粒质量分散度　　单位：%

| 冲天炉类型 | 粒径/μm | | | | | |
|---|---|---|---|---|---|---|
| | <5 | 5～10 | 10～20 | 20～40 | 40～60 | >60 |
| 热风冲天炉 | 27.0 | 5.0 | 5.0 | 3.0 | 20.0 | 40.0 |
| 冷风冲天炉 | 0 | 3.0 | 1.5 | 7.5 | 8.0 | 80 |

注：打炉阶段，冷风炉实测质量分散度<5μm 为 4.9%，5～10μm 为 1.9%，10～20μm 为 20.5%，20～40μm 为 29.8%，40～60μm 为 44.8%。

（3）排烟量的计算　每熔炼 1t 铁水的炉气量可按下式求得：

$$V_L=\frac{19.6K\alpha S}{w(CO_2)+w(CO)}\times P_R \tag{11-149}$$

式中，$V_L$ 为炉气量，$m^3$/t 铁水；$K$ 为铁焦质量比，%；$\alpha$ 为焦炭含碳质量分数，%；$S$ 为冲天炉每小时熔化铁水量，t/h；$P_R$ 为燃烧修正系数（$CO_2$+CO 为实测时，$P_R=1.0$；采用表 11-58 中的数据时，$P_R=1.09$）；$w(CO_2)$ 为炉气中 $CO_2$ 的质量分数，%；$w(CO)$ 为炉气中 CO 的质量分数，%。

按照上述方法和选用的参数，国内标准冷风冲天炉排烟量的计算结果见表 11-61。

表 11-61　国内标准冷风冲天炉排烟量的计算结果

| 公称熔化量/(t/h) | | 1 | 2 | 3 | 5 | 7 | 10 | 15 |
|---|---|---|---|---|---|---|---|---|
| 加料口尺寸/mm | | 900×580 | 2100×800 | 2500×1000 | 2600×1100 | 2800×1300 | 3000×1560 | 3000×1600 |
| 炉气量 $V_L$/($m^3$/h) | | 670.2 | 1340.4 | 2010.3 | 3351.0 | 4691.4 | 6702.0 | 10053.0 |
| $v_c$=1.0m/s | 控制风量 $Q_c$/($m^3$/h) | 1879.2 | 6048.0 | 9000.0 | 10296.0 | 13104.0 | 16848.0 | 17280.0 |
| | 除尘排烟量 $Q$/($m^3$/h) | 2549.4 | 7388.4 | 11010.3 | 13647.0 | 17795.4 | 23550.0 | 27333.0 |
| | $Q/V_L$ | 3.80 | 5.51 | 5.48 | 4.07 | 3.79 | 3.51 | 2.72 |
| $v_c$=1.5m/s | 控制风量 $Q_c$/($m^3$/h) | 2818.8 | 9072.0 | 13500.0 | 15444.0 | 19656.0 | 25272.0 | 25920.0 |
| | 除尘排烟量 $Q$/($m^3$/h) | 3489.0 | 10412.4 | 15510.3 | 18795.0 | 24347.4 | 31974.0 | 35973.0 |
| | $Q/V_L$ | 5.20 | 7.77 | 7.72 | 5.61 | 5.19 | 4.77 | 3.58 |

**2. 砂轮机及抛光机**

砂轮机及抛光机的排风量可按下式计算：

$$Q=KD \tag{11-150}$$

式中，$Q$ 为排风量，$m^3$/h；$D$ 为磨轮直径，mm；$K$ 为每毫米轮径的排风量，$m^3$/(h·mm)，砂轮 $K=2m^3/(h\cdot mm)$，毡轮 $K=4m^3/(h\cdot mm)$，布轮 $K=6m^3/(h\cdot mm)$。

排风罩开口处的风速要求如下：砂轮 $v>8$m/s；毡轮 $v>4$m/s；布轮 $v>6$m/s。

（1）悬挂砂轮机　清理大件一般用悬挂砂轮机。图 11-64 为悬挂砂轮机的集尘小室，效果较好。砂轮机的排风量见表 11-62。

（2）固定砂轮机　清理小件可用固定砂轮机。固定砂轮机的吸尘罩见图 11-65。

（3）砂轮切割机　砂轮切割机的吸尘罩见图 11-66。对于 $\phi400\times3$ 的砂轮，其排风量可采用 3500$m^3$/h。

（4）抛光机　抛光机使用时产生大量纤维性粉尘，应设吸尘罩排风。除尘系统宜采用楔形网滤尘器或 JS 转笼式滤尘器。抛光机吸尘罩的排风量可采用下列数值：

表 11-62 砂轮机的排风量

| 序号 | 名称及规格 | | 排风罩类型 | 排风量 $Q/(m^3/h)$ | 备注 |
|---|---|---|---|---|---|
| 1 | 双头固定砂轮机 | | 局部排风罩 | | |
| | 直径 $d$/mm | 厚度 $\delta$/mm | | | |
| | 300 | 50 | | 2×600 | |
| | 400 | 60 | | 2×800 | |
| | 500 | 75 | | 2×1100 | |
| | 600 | 100 | | 2×1300 | |
| | 700 | 125 | | 2×1600 | |
| | 800 | 150 | | 2×2000 | |
| 2 | 在生产线上 3374K 型悬挂砂轮机 | | 集尘小室 | 5000 | 图 11-64 |

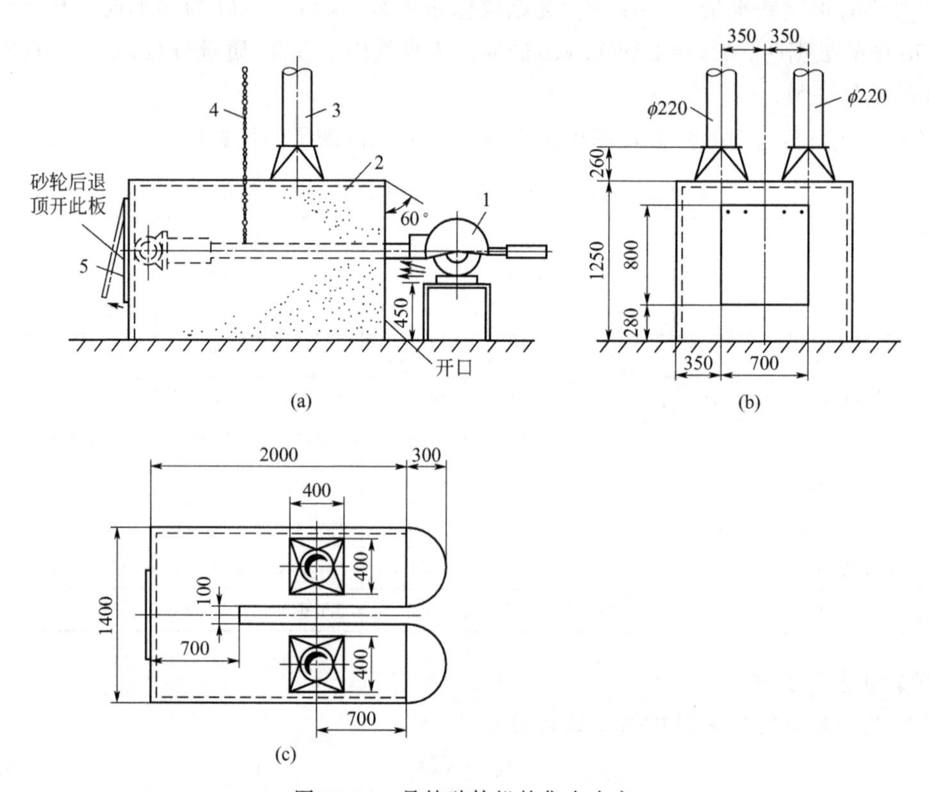


图 11-64 悬挂砂轮机的集尘小室

1—3374K 悬挂砂轮机；2—集尘小室；3—$\phi$220 接管；4—伴随电缆线的悬链；5—厚度 $\delta$=10mm 的橡皮板

毛毡抛光机 每毫米轮径 4.0$m^3/h$。

布质抛光机 每毫米轮径 6.0$m^3/h$。

(5) 砂轮机和抛光机的排风净化 砂轮机的排风一般可用高效旋风除尘器进行一级净化。抛光机的排风净化一般采用袋式除尘机组净化。

**3. 焊接作业排风量**

(1) 单台焊接作业排风量 单台的焊接工位烟尘排烟量为 1200～1400$m^3/h$，并可以在各个焊点直接进行净化处理。

(2) 大型焊接作业排风量 大型的焊接烟尘处理站烟气量为 5000～25000$m^3/h$，可以

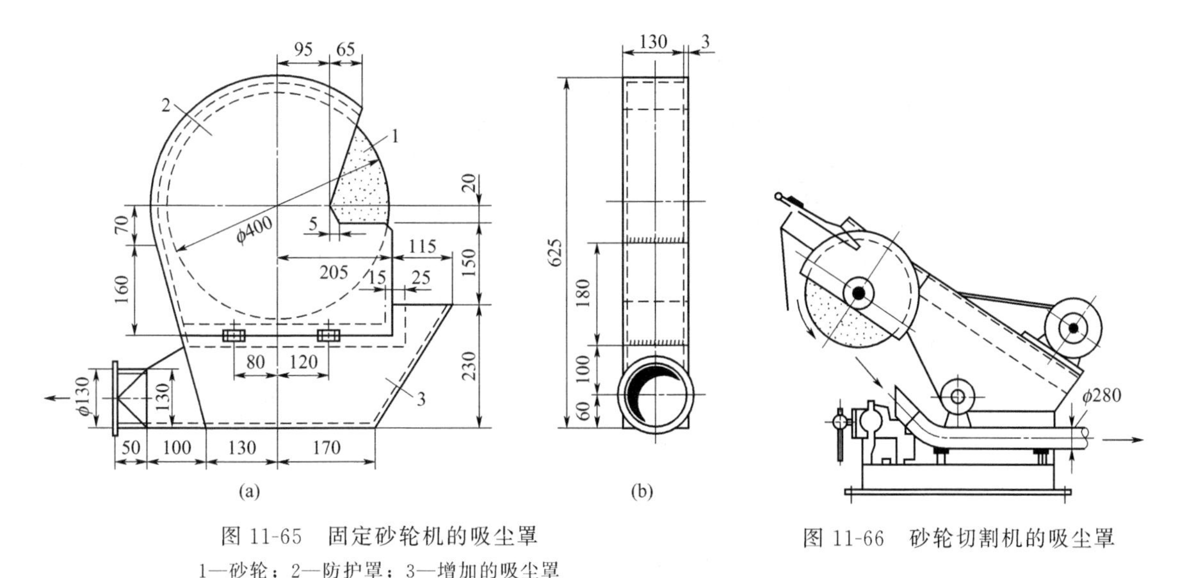


图 11-65 固定砂轮机的吸尘罩

1—砂轮；2—防护罩；3—增加的吸尘罩

图 11-66 砂轮切割机的吸尘罩

满足各种面积的焊接车间的全面治理，一个中央系统能同时处理 2～20 个焊接工位的烟尘净化。

(3) 铸件焊补 焊补小铸件可以在焊接工作台上进行，其排风装置见图 11-67，罩口断面风速可采用 0.75m/s，其排风量为 2700$m^3$/h。当采用均流侧吸罩时，其排风量按均流侧吸罩净截面计算，风速为 3.6m/s。

焊补大件时，可以在密闭小室内进行，其排风装置见图 11-68。密闭小室顶部和底部均留有开口进风。排风量按开口处风速 0.5m/s 计算。

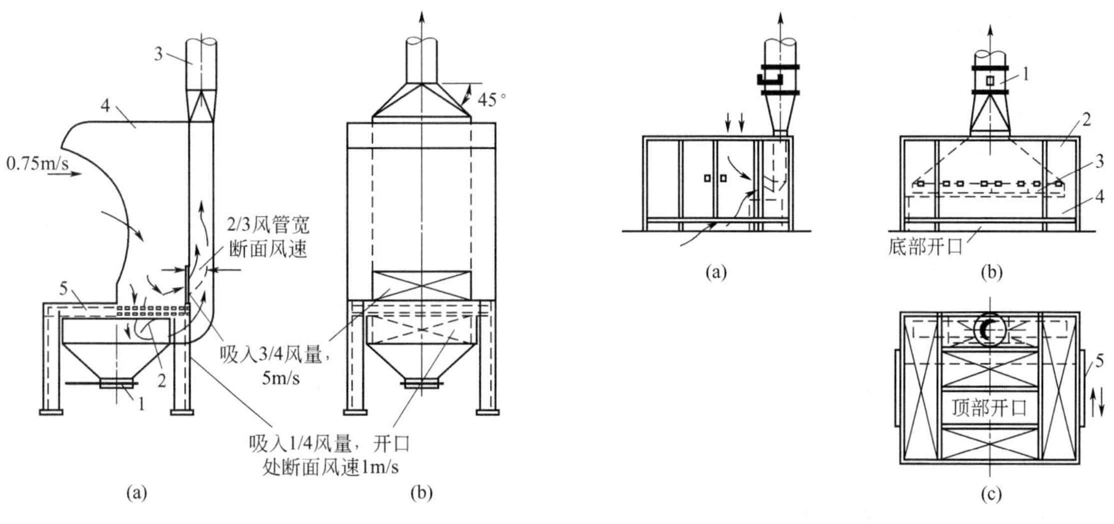


图 11-67 焊补工作台排风装置

1—插板阀；2—挡板；3—接管；

4—罩子；5—工作台

图 11-68 焊补密闭小室排风装置

1—风机；2—密闭小室；3—分级铰接挡板；

4—工作台；5—拉门

(4) 切割地坑 用氧、乙炔焰切割铸钢件飞边、毛刺和浇冒口时，作业地点的粉尘浓度很高。当切割铸件的浇冒口高度离格子板不超过 1.0m 标高时，可以采用地坑排风，见图 11-69。设计采用格子板面排风速度为 1.0～1.2m/s。在寒冷地区采用这种方法时，应增设局部热风系统，以免操作人员腿部受冷风影响。

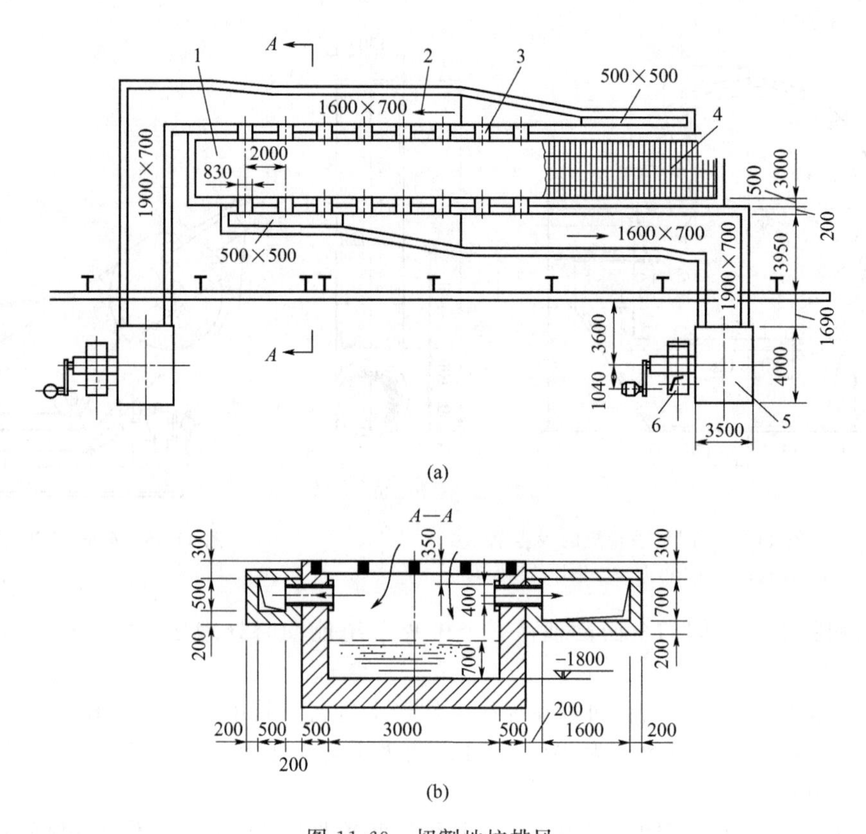


图 11-69 切割地坑排风

1—地坑；2—地沟；3—带插板阀的风口；4—格子板；5—降尘室；6—风机

**4. 喷砂室和抛丸室**

（1）喷砂室排风量 喷砂室排风量可按断面风速 0.3～0.7m/s 计算。当在喷砂室内操作时，操作工人距喷射物件较近，能见度要求低，则可不按断面风速计算排风量，一般根据喷砂室布置、喷嘴数量和大小确定，不同直径喷嘴的排风量见表 11-63。

**表 11-63 喷砂室不同直径喷嘴的排风量**

| 喷嘴直径/mm | 6 | 8 | 10 | 12 | 14 | 15 | 16 |
|---|---|---|---|---|---|---|---|
| 排风量/($m^3$/h) | 6000 | 8000 | 10000 | 14000 | 18000 | 23000 | 30000 |

注：表中喷嘴直径指已磨损后的直径，即喷嘴允许的最大直径。

（2）抛丸清理室的排风量 抛丸室操作时，产生的灰尘中有砂粒和金属粉尘，其排风量可按下列数据采取：头式提升机头部 800$m^3$/h；分离器 1700$m^3$/h；第一个抛头 3500$m^3$/h；第二个抛头开始，每个抛头 2500$m^3$/h。

几种常用的定型抛丸室排风量见表 11-64。

**表 11-64 几种常用的定型抛丸室排风量**

| 名称及规格 | 排风罩类型 | 排风量/($m^3$/h) |
|---|---|---|
| Q365A 型抛丸室清理室<br>分离室 | 设备密闭 | 10000<br>3000 |
| QB3210 型半自动覆带式抛丸室<br>抛丸清理机<br>分离室 | 设备密闭 | <br>3500<br>2000 |

续表

| 名称及规格 | 排风罩类型 | 排风量/($m^3$/h) |
| --- | --- | --- |
| Q338 型单钩吊键抛丸室 | 设备密闭 | 1800 |
| Q3525A 型抛丸清理转台　清理室<br>分离器 | 设备密闭 | 1800<br>1300 |
| Q384A 型双行程吊键式抛丸室<br>清理室<br>分离室<br>提升机 | 设备密闭 | <br>20000<br>3600<br>900 |
| Q7710 喷抛丸落砂清理室 | 设备密闭 | 总排风量 32400 |
| Q7630A 喷抛丸联合清理室<br>清理室<br>分离室 | 设备密闭 | <br>22820<br>6000 |

## 六、其他工业生产烟气排放量计算

### 1. 化学工业烟气量计算

化工企业排放的烟气可分为燃料燃烧烟气和工艺烟气，二者都是由空气或其他气体和各种污染物质组成的混合气体或气溶胶，这里重点介绍工艺烟气和污染物量的计算。化工生产工艺多种多样，排放的烟气和污染物种类繁多，成分和性质各异，计算方法也复杂。

（1）实测法计算　测定尾气排气筒流速和污染物浓度后，按下式计算污染物排放量：

$$G_{gi}=c_{gi}V_s\times10^{-9} \tag{11-151}$$

式中，$G_{gi}$ 为全年生产工艺烟气中某污染物量，t/a；$c_{gi}$ 为烟气中某污染物全年监测平均浓度，mg/$m^3$；$V_s$ 为全年生产工艺烟气排放量，$m^3$/a，可按全年测定流速加权平均数和排气筒截面运转时间计算，再换算成标准状态下的烟气体积。

（2）经验公式计算　从化工手册中查得化工产品某种污染物的排放系数，用下式计算排污量：

$$G_{gi}=CW \tag{11-152}$$

式中，$G_{gi}$ 为全年烟气中排出的某污染物量，t/a；$C$ 为排放系数，t/t；$W$ 为该化工产品全年产量，t/a。

### 2. 医药工业烟气排放量计算

医药工业烟气量的计算分为两种：一种是根据定组成定律、质量守恒定律和化学反应方程式进行计算；另一种是采用单位产品烟气排放系数进行计算，其计算公式如下：

$$V_i=MK_i \tag{11-153}$$

式中，$V_i$ 为某种烟气排放量，$m^3$；$K_i$ 为单位产品某烟气排放系数，$m^3$/t，可运用化学反应方程式计算；$M$ 为某产品质量，t。

### 3. 耐火材料生产烟气排放量计算

耐火材料生产烟气和污染物估计值如下。

（1）黏土煅烧　在回转窑中煅烧黏土耐火熟料排放的污染物平均值见表 11-65。

（2）镁砂焙烧　在回转窑中焙烧镁砂、镁氢氧化物 1t 成品产生的废气量和污染物平均值见表 11-66，燃料一般为重油、天然气，1t 成品折算标准燃料用量为 450～500kg。

表 11-65 在回转窑中煅烧黏土耐火熟料排放的污染物平均值

| 燃料种类 | 废气量/($m^3$/t 熟料) | $NO_x$ | | $SO_x$ | | 尘 | |
|---|---|---|---|---|---|---|---|
| | | g/$m^3$ | kg/t | g/$m^3$ | kg/t | g/$m^3$ | kg/t |
| 重油 | 1900～2100 | 0.4 | 0.8 | 10.0 | 21.0 | — | — |
| 天然气 | 2000～2500 | 0.3 | 0.72 | 0.4～3.5 | 0.9～7.5 | 15～85 | 35～200 |

表 11-66 在回转窑中焙烧镁砂、镁氢氧化物 1t 成品产生的废气量和污染物平均值

| 工艺过程 | 废气量/($m^3$/t) | HF | | HCl | | $NO_x$ | | 尘 | |
|---|---|---|---|---|---|---|---|---|---|
| | | g/$m^3$ | kg/t | g/$m^3$ | kg/t | g/$m^3$ | kg/t | g/$m^3$ | kg/t |
| 焙烧镁砂 | 7000 | — | — | — | — | 0.7～1.0 | 4.5～6.0 | 100 | 70 |
| 焙烧镁氢氧化物 | 16000 | 0.015 | 0.25 | 0.46 | 7.3 | 0.1 | 1.6 | 10～12 | 160～200 |

（3）石灰石生产　石灰窑的烟气是由两部分组成的，一部分是石灰石经过高温分解成的二氧化碳，一部分是煤或焦炭燃烧产生的烟气。其计算方法如下。

① 计算烟气量的经验公式为：

$$Q_{sh}=M\frac{400+1.833C}{\varphi_i} \tag{11-154}$$

$$C=燃料消耗量\times含碳百分率$$

式中，$Q_{sh}$为石灰窑产生的烟气量，$m^3/h$；$M$ 为石灰窑的小时产量，kg/h；$C$ 为生产 1t 石灰的耗碳量，kg；$\varphi_i$ 为石灰窑烟气中二氧化碳所占的体积分数，%，一般在 20%～35%之间波动。

如果已对二氧化碳进行综合利用，计算烟气排放量时，应扣除回收利用的二氧化碳体积。上面的公式则变为：

$$\begin{aligned}Q_{sh}&=M\left[\frac{400+1.833C}{\varphi_i}-(400+1.833C)\eta\right]\\&=M\frac{(400+1.833C)(1-\varphi_i\eta)}{\varphi_i}\end{aligned} \tag{11-155}$$

式中，$\eta$ 为二氧化碳的回收效率，%；其他符号的物理意义同上。

② 也可以用下列公式计算石灰窑烟气量：

$$\begin{aligned}Q_{sh}&=M\varphi\frac{22.414}{56}+MB_aQ_y\\&=M(0.4\varphi+B_aQ_y)\end{aligned} \tag{11-156}$$

式中，$Q_{sh}$为石灰窑烟气量，$m^3/h$；$M$ 为石灰窑的小时产量，kg/h；$B_a$ 为 1kg 石灰耗用的煤或焦炭量，kg/kg；$Q_y$ 为 1kg 燃料产生的烟气量，$m^3$/ks；$\varphi$ 为生石灰中氧化钙的体积分数，%。

# 第五节 辅助生产设备排风量

## 一、破碎筛分设备排风量

### 1. 物料破碎设备排风量

工业生产所使用的破碎设备多为颚式破碎机、锤式破碎机、反击式破碎机和立轴式破碎机等，其生产过程中的排风量见表 11-67。

**表 11-67　破碎设备生产过程中的排风量**

<table>
<tr><th>序号</th><th colspan="3">名称及规格/mm</th><th colspan="2">排风量 $Q/(m^3/h)$</th><th>备注</th></tr>
<tr><td rowspan="11">1</td><td colspan="3" rowspan="2">颚式破碎机：<br>(1)上部加料口<br>颚式破碎机规格<br>150×250<br>250×350<br>250×400<br>400×600<br>600×900<br>900×1200<br>1200×1500<br>1500×2100</td><td>经筛子给料</td><td>经溜槽给料</td><td rowspan="2">图 11-70</td></tr>
<tr><td>500<br>700<br>800<br>1000<br>1200<br>1500<br><br>3000<br>4000</td><td>600～800<br>800～1000<br>1000～1200<br>1200～1500<br>1500～2000<br>2000～2500<br><br>(3000)<br>(4000)</td></tr>
<tr><td colspan="3">(2)下部排料口</td><td></td><td></td><td rowspan="9">当上部无排风时为 $Q_1+Q_2$；当上部有排风时为 $Q_2$；图 11-70</td></tr>
<tr><td>输送带宽</td><td>溜槽角度 $\alpha/(°)$</td><td>物料落差 /m</td><td>$Q_1$</td><td>$Q_2$</td></tr>
<tr><td rowspan="2">500</td><td>45</td><td>1.0<br>1.5<br>2.0<br>2.5<br>3.0</td><td>50<br>50<br>100<br>100<br>150</td><td>750<br>850<br>1000<br>1200<br>1300</td></tr>
<tr><td>50</td><td>1.0<br>1.5<br>2.0<br>2.5<br>3.0</td><td>50<br>100<br>150<br>150<br>200</td><td>850<br>1000<br>1200<br>1300<br>1400</td></tr>
<tr><td rowspan="2">650</td><td>45</td><td>1.0<br>1.5<br>2.0<br>2.5<br>3.0</td><td>100<br>100<br>150<br>200<br>250</td><td>850<br>1000<br>1200<br>1300<br>1500</td></tr>
<tr><td>50</td><td>1.0<br>1.5<br>2.0<br>2.5<br>3.0</td><td>100<br>150<br>200<br>250<br>300</td><td>1000<br>1200<br>1300<br>1500<br>1700</td></tr>
<tr><td rowspan="2">800</td><td>45</td><td>1.0<br>1.5<br>2.0<br>2.5<br>3.0</td><td>150<br>200<br>250<br>300<br>400</td><td>900<br>1100<br>1200<br>1400<br>1500</td></tr>
<tr><td>50</td><td>1.0<br>1.5<br>2.0<br>2.5<br>3.0</td><td>150<br>250<br>300<br>400<br>500</td><td>1000<br>1200<br>1400<br>1600<br>1800</td></tr>
</table>

续表

| 序号 | 名称及规格/mm | 排风量 $Q/(m^3/h)$ | | | 备注 |
|---|---|---|---|---|---|
| 2 | 辊式破碎机 | 上部排风量 | 下部排风量 | | 图 11-71 |
| | (1)双辊破碎机 | | | | |
| | $\phi$200×125 | | 1400 | | |
| | $\phi$360×300 | 600～800 | 1000 | | |
| | $\phi$610×400 | 1000～1500 | 1300 | | |
| | $\phi$750×500 | 1500～2000 | 1600 | | |
| | $\phi$1200×1000 | 2000 | 如卸料至带式输送机时，可按带式输送机转运点取排风量 | | |
| | (2)四辊破碎机 | | | | |
| | $\phi$750×500 | 1000 | | | |
| | $\phi$900×700 | 1500 | | | |
| | (3)齿辊破碎机 | | | | |
| | $\phi$450×500 | 1000 | | | |
| | $\phi$600×750 | 1500 | | | |
| | $\phi$900×900 | 2000 | | | |
| 3 | 锤式破碎机 | 上部排风量 | 下部排风量 | | 图 11-72 |
| | (1)可逆锤式破碎机 | | | | |
| | $\phi$600×400 | 5000～6000 | — | | |
| | $\phi$1000×800 | 6000～8000 | | | |
| | $\phi$1000×1000 | 8000～10000 | | | |
| | $\phi$1430×1300 | 14000～16000 | | | |
| | (2)不可逆锤式破碎机 | | | | |
| | $\phi$400×175 | — | 1000～1500 | | |
| | $\phi$600×400 | | 1800～2500 | | |
| | $\phi$800×600 | | 2000～3000 | | |
| | $\phi$1000×800 | | 2500～3500 | | |
| | $\phi$1300×1600 | | 3500～4500 | | |
| 4 | 反击式破碎机 | 向斗式提升机排料 | | 向带式输送机排料下部排风量 | |
| | | 上部排风量 | 下部排风量 | | |
| | $D$500×400 | 800 | 1600 | 6000～8000 | |
| | $D$1000×700 | 1500 | 3000 | 8000～10000 | |
| | $D$1250×1000 | 2000 | 4000 | 10000～12000 | |
| | $D$1250×1250 | 2500 | 5000 | 12000～14000 | |
| 5 | 圆锥破碎机 | 物料落差/m | 上部排风量 | | 图 11-73<br>当卸料到带式输送机时，下部排风量可按带式输送机转运点取值 |
| | | 1.0～2.0 | 1500～2000 | | |
| | $\phi$600 | ＜1.5 | 1500～2500 | | |
| | $\phi$900 | 1.5～3.0 | 2500～3000 | | |
| | | ＜1.5 | 2000～3000 | | |
| | $\phi$1200 | 1.5～2.0 | 3000～4000 | | |
| | | 2.0～3.0 | 4000～5000 | | |
| | | ＜1.5 | 3000～4000 | | |
| | $\phi$1650(1700) | 1.5～2.0 | 4000～4500 | | |
| | | 2.0～3.0 | 4500～5000 | | |
| | $\phi$2100(2200) | ＜1.5 | 3500～4500 | | |
| | | 1.5～2.0 | 4500～5000 | | |
| | | 2.0～3.0 | 5000～6000 | | |
| 6 | 笼型粉碎机 $\phi$1000×290 | 1000 | | | 粉碎软质黏土用时 |

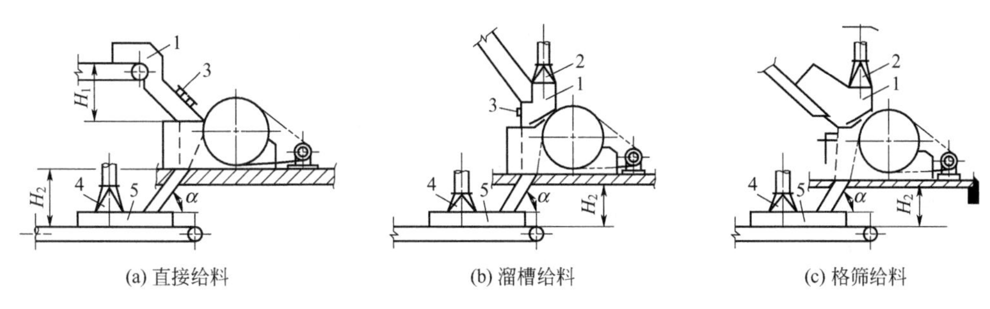


(a) 直接给料　(b) 溜槽给料　(c) 格筛给料

图 11-70 颚式破碎机密闭及排风罩

1—上部密闭罩；2—上部排风罩；3—检查孔；4—下部排风罩；5—下部密闭罩

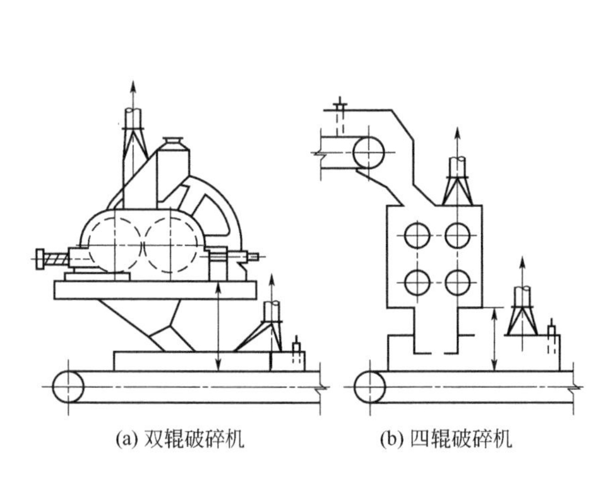

(a) 双辊破碎机　(b) 四辊破碎机

图 11-71 辊式破碎机密闭排风罩

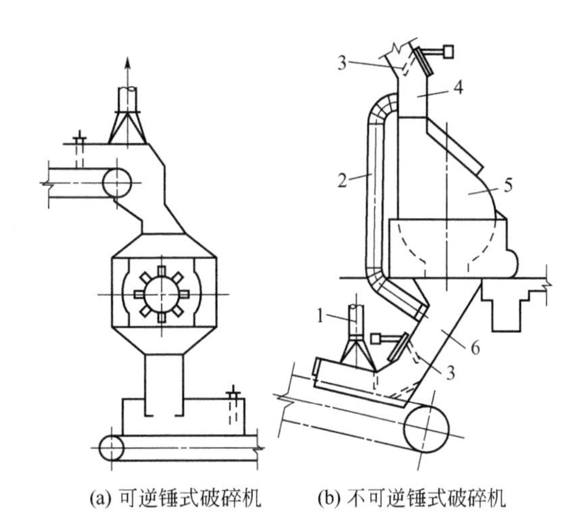


(a) 可逆锤式破碎机　(b) 不可逆锤式破碎机

图 11-72 锤式破碎机密闭排风罩

1—排风罩；2—循环风管；3—锁气阀；4—加料口；5—破碎机；6—出料溜槽

**2. 破碎机排风量计算**

(1) 颚式破碎机　颚式破碎机转运速度较慢，根据生产经验其所需通风量可用其颚口尺寸大小表示，计算公式为：

$$Q=7200S+2000 \tag{11-157}$$

式中，$Q$ 为通风量，$m^3/h$；$S$ 为破碎机颚口面积，$m^2$。

(2) 锤式破碎机、反击式破碎机　这类破碎机以高速旋转的锤头打击物料或使物料撞击，它像风机转子那样带动内部气体运行，其通风量与转子的尺寸和转速有关，可用下式计算：

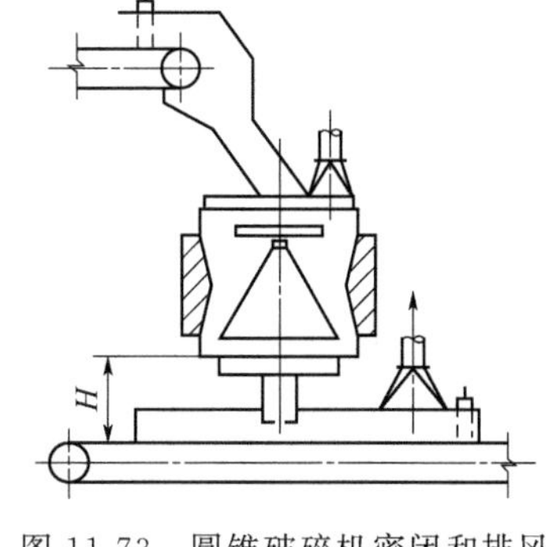


图 11-73 圆锥破碎机密闭和排风

$$Q=16.8DLn \tag{11-158}$$

式中，$Q$ 为通风量，$m^3/h$；$D$ 为转子直径，m；$L$ 为转子长度，m；$n$ 为转子速率，r/min。

(3) 立轴式破碎机　其产生风量原理与锤式破碎机类似，只不过因其转子水平转动、内循环风量大，所需通风量较小，通风量可用下式计算：

$$Q=5d^2n \tag{11-159}$$

式中，$Q$ 为通风量，$m^3/h$；$d$ 为锤头旋转半径，m；$n$ 为转子速率，r/min。

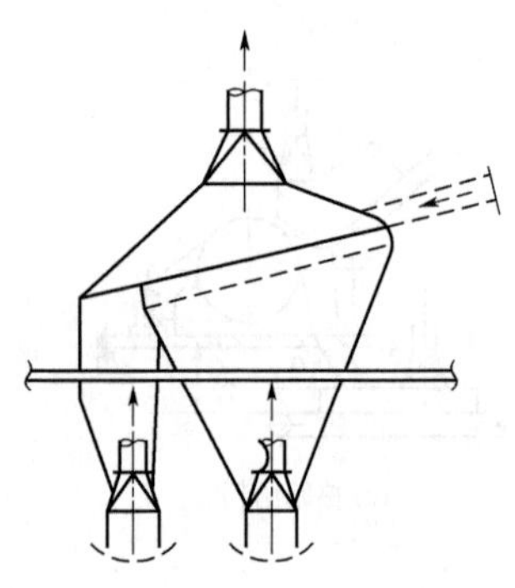

图 11-74 振动筛密闭排风罩

由以上所列各式可知，锤式破碎机所需风量较大，且和其转子直径尺寸的平方成正比，而且产量几乎与其转子直径的立方成正比，可见破碎机规格越大，单位产量所需通风量越小。以 $\phi600\times400$（600 为转子直径，mm；400 为转子回转宽度，mm）锤式破碎机计算，所需通风量为 $4032m^3/h$，台时产量为 12t，吨产品通风量为 $336m^3$，可见在破碎过程中吨产品所需通风量最大不超过 $350m^3$。

**3. 筛分设备**

（1）振动筛　在向平底振动筛上给料和筛面激烈振动时，粉尘被扬起，所以平底振动筛应很好地密闭和排风。一般在筛子上设密闭罩，见图 11-74，同时设橡皮帘或操作时的观察孔。排风量可按罩子开口处风速不小于 1.0m/s 计算，也可按筛面面积取 $1300m^3/(h\cdot m^2)$ 计算。在处理含有水汽的热物料时则取 $1800m^3/(h\cdot m^2)$ 计算。由于操作要求，不能在振动筛上装密闭罩时，可在筛子上方设上吸式排风罩，四周用橡皮帘封闭，排风量取 $2700m^3/(h\cdot m^2)$ 计算。

在条件允许时，采用密闭小室排风能得到较好效果。排风量按筛面面积取 $1500m^3/(h\cdot m^2)$ 计算。

电磁振动筛的振动频率很高，但振动幅度很小，在操作过程中粉尘产生不多，可采取密闭措施，筛子本体不需排风。但在其加料口及排料口处各增加 $1500m^3/h$ 的排风量，作为电磁振动筛排风。

振动筛的排风量数据见表 11-68。

**表 11-68 筛分设备排风量**

| 序号 | 名称及规格 | 排风罩类型 | 排风量 $Q$ 或计算方法/($m^3/h$) | | | 备注 |
|---|---|---|---|---|---|---|
| 1 | 振动筛<br>(1)单层或双层;<br>(2)单层;<br>(3)单层 | 密闭小室<br>上部排风罩<br>密闭罩 | $1500m^3/(h\cdot m^2)$筛面<br>$2700m^3/(h\cdot m^2)$筛面<br>按罩子开口处风速 41.0m/s 计算,或 $1300m^3/(h\cdot m^2)$筛面<br>当热砂时,$1800m^3/(h\cdot m^2)$筛面 | | | 图 11-74 |
| 2 | S41 系列滚筒筛 | 设备密闭 | 一般 | 需排细灰时 | | |
| | S418<br>S4112<br>S4120<br>S4140 | | 1100<br>1800<br>2600<br>3400 | 1700<br>2800<br>4100<br>5300 | | |
| 3 | S4440 滚筒破碎筛 | 设备密闭 | 3000 | 4500 | | 图 11-75 |
| 4 | 固定斜筛 | 密闭小室 | $1000m^3/(h\cdot m^2)$筛面 | | | |
| 5 | 惰性筛 | 密闭小室 | $1500m^3/(h\cdot m^2)$筛面 | | | |
| 6 | 磨料厂专用五段筛,每段筛面 1900mm×800mm<br>本体<br>排料至料桶 | <br>密闭罩<br>排风罩 | <br>每段 200～$250m^3/h$,五段共 1000～$1250m^3/h$<br>$500m^3/h$ | | | |
| 7 | 焦化厂辊动筛 | 局部密闭罩 | 上部胶带给料处 | 辊动筛本体 | 下部胶带受料处 | |
| | 八轴<br>十轴 | | 2500<br>3000 | 4000<br>5000 | 2500<br>3000 | |

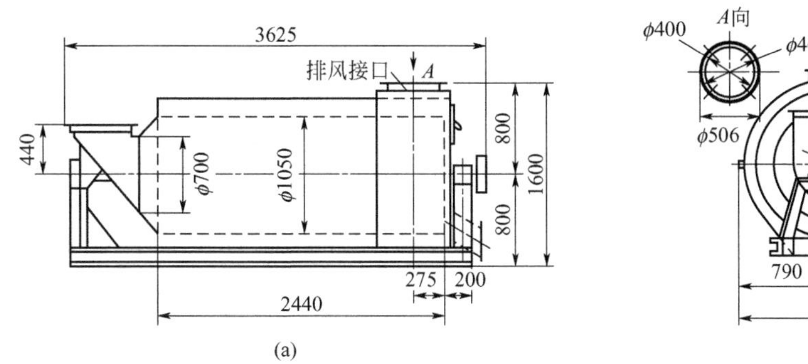


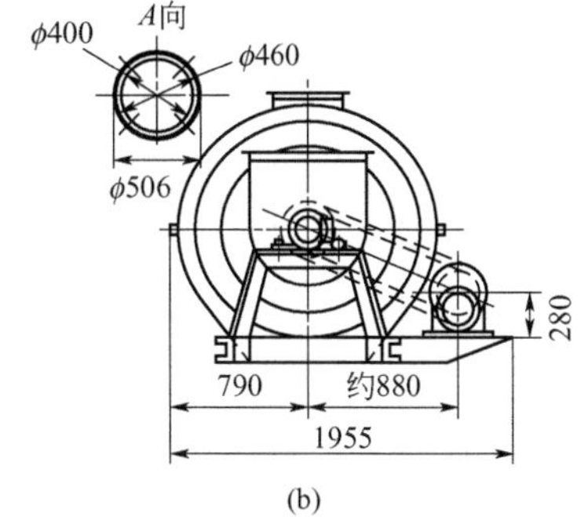


图 11-75　S4440 滚筒破碎筛结构

（2）滚筒筛　滚筒式筛砂机和滚筒破碎筛是利用筛子的旋转以及筛子的倾斜或筛内导流片，使物料在筛子内移动进行筛分和破碎的。在运转操作时产生的粉尘量很大，因此必须密闭并排风。滚筒筛一般都有密闭良好的外壳密闭罩。排风量可按罩上观察孔开口处风速不小于1.5m/s 计算。在开口面积难以计算时，也可根据筛子大端断面积按 $2300m^3/(h \cdot m^2)$ 计算排风量。工艺上要求在过筛时排除无用细灰时，排风量可增加50%。S41 及 S4440 滚筒筛的排风量见表 11-68。图 11-75 为 S4440 滚筒破碎筛结构。

## 二、运输设备排风量

### 1. 胶带运输机

胶带运输机受料点一般采用如图 11-76 所示的单层局部密闭罩，其除尘排风量可按以下数据采取。

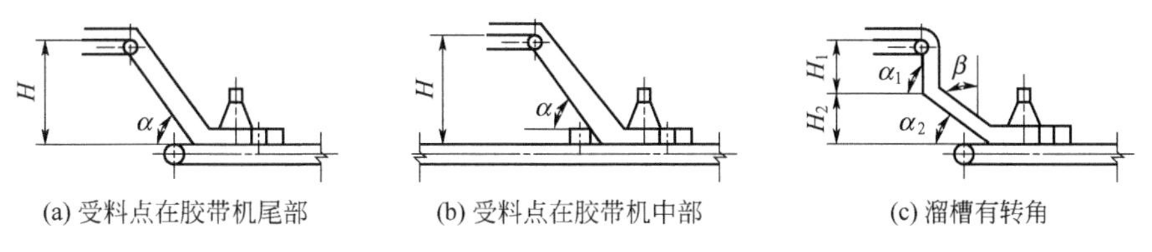


图 11-76　胶带运输机受料点除尘排风形式

① 受料点在胶带运输机尾部时［图 11-76(a)］，根据胶带宽度（$B$）、落差高度（$H$）和溜槽倾角（$\alpha$）按表 11-69 数据查得。

② 当受料点在胶带运输机中部时［图 11-76(b)］，按表 11-69 查得数据后，需将 $L_2$ 乘以 1.3 的系数。

③ 当溜槽有转角时［图 11-76(c)］，应先计算出物料的末速度（$v_k$），再从表 11-69 中按 $v_k$ 值直接查得。物料末速度（$v_k$）可按下式计算：

$$v_k=\sqrt{(Kv_1)^2+v_2^2} \tag{11-160}$$

式中，$v_k$ 为物料末速度，m/s；$v_1$ 为溜槽第一段的物料末速度，m/s，根据 $H_1$、$\alpha_1$ 由表 11-69 查得；$v_2$ 为不考虑前段物料流速（即假定起始速度为 0）时，溜槽第二段的物料末速度，m/s，根据 $H_2$、$\alpha_2$ 由表 11-69 查得；$K$ 为溜槽转弯的减速系数，与转角（$\beta$）有关，其关系见表 11-70。

**表 11-69 胶带运输机转运点除尘排风量**

| 溜槽角度 $\alpha$/(°) | 物料落差 $H$/m | 物料末速度 $v_k$/(m/s) | 胶带运输机宽度($B$)为下列规格时的除尘排风量/($m^3$/h) | | | | | | | | | | | | | | | | | |
|---|---|---|---|---|---|---|---|---|---|---|---|---|---|---|---|---|---|---|---|---|
| | | | 500 | | | 650 | | | 800 | | | 1000 | | | 1200 | | | 1400 | | |
| | | | $L_1$ | $L_2$ | $L_1+L_2$ | $L_1$ | $L_2$ | $L_1+L_2$ | $L_1$ | $L_2$ | $L_1+L_2$ | $L_1$ | $L_2$ | $L_1+L_2$ | $L_1$ | $L_2$ | $L_1+L_2$ | $L_1$ | $L_2$ | $L_1+L_2$ |
| 45 | 1.0 | 2.1 | 50 | 750 | 800 | 100 | 850 | 950 | 150 | 900 | 1050 | 200 | 1100 | 1300 | 300 | 1100 | 1400 | 400 | 1300 | 1700 |
| | 1.5 | 2.5 | 50 | 850 | 900 | 100 | 1000 | 1100 | 200 | 1100 | 1300 | 300 | 1300 | 1600 | 400 | 1400 | 1800 | 550 | 1600 | 2150 |
| | 2.0 | 2.9 | 100 | 1000 | 1100 | 150 | 1200 | 1350 | 250 | 1200 | 1450 | 400 | 1450 | 1900 | 550 | 1600 | 2150 | 750 | 1800 | 2550 |
| | 2.5 | 3.3 | 100 | 1200 | 1300 | 200 | 1300 | 1500 | 300 | 1400 | 1700 | 500 | 1700 | 2200 | 700 | 1800 | 2500 | 1000 | 2100 | 3100 |
| | 3.0 | 3.6 | 150 | 1300 | 1450 | 250 | 1500 | 1750 | 400 | 1500 | 1900 | 600 | 1800 | 2400 | 850 | 1900 | 2750 | 1100 | 2300 | 3400 |
| | 3.5 | 3.9 | 150 | 1400 | 1550 | 300 | 1600 | 1900 | 450 | 1700 | 2150 | 700 | 2000 | 2700 | 1000 | 2100 | 3100 | 1300 | 2400 | 3700 |
| | 4.0 | 4.2 | 200 | 1500 | 1700 | 350 | 1700 | 2050 | 500 | 1800 | 2300 | 800 | 2100 | 2900 | 1100 | 2300 | 3400 | 1500 | 2600 | 4100 |
| | 4.5 | 4.4 | 200 | 1600 | 1800 | 350 | 1300 | 2150 | 550 | 1900 | 2450 | 850 | 2200 | 3050 | 1300 | 2400 | 3700 | 1700 | 2700 | 4400 |
| | 5.0 | 4.7 | 250 | 1700 | 1950 | 400 | 1900 | 2300 | 650 | 2000 | 2650 | 1000 | 2400 | 3400 | 1400 | 2500 | 3900 | 1900 | 2900 | 4800 |
| 50 | 1.0 | 2.4 | 50 | 850 | 900 | 100 | 1000 | 1100 | 150 | 1000 | 1150 | 250 | 1200 | 1450 | 350 | 1300 | 1650 | 500 | 1500 | 2000 |
| | 1.5 | 2.9 | 100 | 1000 | 1100 | 150 | 1200 | 1350 | 250 | 1200 | 1450 | 400 | 1500 | 1900 | 550 | 1600 | 2150 | 750 | 1800 | 2550 |
| | 2.0 | 3.3 | 150 | 1200 | 1350 | 200 | 1300 | 1500 | 300 | 1400 | 1700 | 500 | 1700 | 2200 | 700 | 1800 | 2500 | 1000 | 2100 | 3100 |
| | 2.5 | 3.7 | 150 | 1300 | 1450 | 250 | 1500 | 1750 | 400 | 1600 | 2000 | 600 | 1900 | 2500 | 900 | 2000 | 2900 | 1200 | 2300 | 3500 |
| | 3.0 | 4.1 | 200 | 1400 | 1600 | 300 | 1700 | 2000 | 500 | 1800 | 2300 | 700 | 2100 | 2800 | 1000 | 2200 | 3200 | 1500 | 2600 | 4100 |
| | 3.5 | 4.4 | 200 | 1600 | 1800 | 350 | 1800 | 2150 | 550 | 1900 | 2450 | 850 | 2200 | 3050 | 1300 | 2400 | 3700 | 1700 | 2700 | 4400 |
| | 4.0 | 4.7 | 250 | 1700 | 1950 | 400 | 1900 | 2300 | 650 | 2000 | 2650 | 1000 | 2400 | 3400 | 1400 | 2500 | 3900 | 1900 | 2900 | 4800 |
| | 4.5 | 5.0 | 300 | 1800 | 2100 | 450 | 2000 | 2450 | 700 | 2100 | 2800 | 1100 | 2500 | 3600 | 1600 | 2700 | 4300 | 2200 | 3100 | 5300 |
| | 5.0 | 5.3 | 300 | 1900 | 2200 | 550 | 2100 | 2650 | 800 | 2300 | 3100 | 1300 | 2700 | 4000 | 1800 | 2900 | 4700 | 2500 | 3300 | 5800 |
| 90 | 1.0 | 4.4 | 200 | 1600 | 1800 | 350 | 1800 | 2150 | 550 | 1900 | 2450 | 850 | 2200 | 3050 | 1300 | 2400 | 3700 | 1700 | 2700 | 4400 |
| | 1.5 | 5.4 | 350 | 1900 | 2250 | 550 | 2200 | 2750 | 850 | 2300 | 3150 | 1300 | 2700 | 4000 | 1900 | 2900 | 4800 | 2600 | 3400 | 6000 |
| | 2.0 | 6.3 | 450 | 2200 | 2650 | 750 | 2500 | 3250 | 1100 | 2700 | 3800 | 1800 | 3200 | 5000 | 2600 | 3400 | 6000 | 3500 | 3900 | 7400 |
| | 2.5 | 7.0 | 550 | 2500 | 3050 | 900 | 2800 | 3700 | 1400 | 3000 | 4400 | 2200 | 3500 | 5700 | 3200 | 3800 | 7000 | 4300 | 4400 | 8700 |

续表

| 溜槽角度 $\alpha$/(°) | 物料落差 $H$/m | 物料末速度 $v_k$/(m/s) | 胶带运输机宽度($B$)为下列规格时的除尘排风量/($m^3$/h) | | | | | | | | | | | | | | | | | |
|---|---|---|---|---|---|---|---|---|---|---|---|---|---|---|---|---|---|---|---|---|
| | | | 500 | | | 650 | | | 800 | | | 1000 | | | 1200 | | | 1400 | | |
| | | | $L_1$ | $L_2$ | $L_1+L_2$ | $L_1$ | $L_2$ | $L_1+L_2$ | $L_1$ | $L_2$ | $L_1+L_2$ | $L_1$ | $L_2$ | $L_1+L_2$ | $L_1$ | $L_2$ | $L_1+L_2$ | $L_1$ | $L_2$ | $L_1+L_2$ |
| 90 | 3.0 | 7.7 | 650 | 2700 | 3350 | 1100 | 3100 | 4200 | 1700 | 3300 | 5000 | 2600 | 3900 | 6500 | 3800 | 4200 | 8000 | 5200 | 4800 | 10000 |
| | 3.5 | 8.3 | 800 | 2900 | 3700 | 1300 | 3300 | 4600 | 2000 | 3600 | 5600 | 3100 | 4200 | 7300 | 4400 | 4500 | 8900 | 6000 | 5200 | 11200 |
| | 4.0 | 8.9 | 900 | 3100 | 4000 | 1500 | 3600 | 5100 | 2300 | 3800 | 6100 | 3500 | 4500 | 8000 | 5100 | 4800 | 9900 | 7000 | 5600 | 12600 |
| | 4.5 | 9.4 | 1000 | 3300 | 4300 | 1700 | 3800 | 5500 | 2500 | 4000 | 6500 | 3900 | 4700 | 8600 | 5700 | 5100 | 10800 | 7800 | 5900 | 13700 |
| | 5.0 | 9.9 | 1100 | 3400 | 4500 | 1800 | 4000 | 5800 | 2800 | 4200 | 7000 | 4400 | 5000 | 9400 | 6300 | 5400 | 11700 | 8600 | 6200 | 14800 |
| 60 | 1.0 | 3.3 | 150 | 1200 | 1350 | 200 | 1300 | 1500 | 300 | 1400 | 1700 | 500 | 1700 | 2200 | 700 | 1800 | 2500 | 1000 | 2100 | 3100 |
| | 1.5 | 4.0 | 200 | 1400 | 1600 | 300 | 1600 | 1900 | 450 | 1700 | 2150 | 700 | 2000 | 2700 | 1000 | 2200 | 3200 | 1400 | 2500 | 3900 |
| | 2.0 | 4.6 | 250 | 1600 | 1850 | 400 | 1900 | 2300 | 600 | 2000 | 2600 | 950 | 2300 | 3250 | 1400 | 2500 | 3900 | 1900 | 2900 | 4800 |
| | 2.5 | 5.1 | 300 | 1800 | 2100 | 500 | 2100 | 2600 | 700 | 2200 | 2900 | 1200 | 2600 | 3800 | 1700 | 2800 | 4500 | 2300 | 3200 | 5500 |
| | 3.0 | 5.6 | 350 | 2000 | 2350 | 600 | 2300 | 2900 | 900 | 2400 | 3300 | 1400 | 2800 | 4200 | 2000 | 3000 | 5000 | 2800 | 3500 | 6300 |
| | 3.5 | 6.1 | 400 | 2100 | 2500 | 700 | 2500 | 3200 | 1100 | 2600 | 3700 | 1700 | 3100 | 4800 | 2400 | 3300 | 5700 | 3300 | 3800 | 7100 |
| | 4.0 | 6.5 | 500 | 2300 | 2800 | 800 | 2600 | 3400 | 1200 | 2800 | 4000 | 1900 | 3300 | 5200 | 2700 | 3500 | 6200 | 3700 | 4100 | 7800 |
| | 4.5 | 6.9 | 550 | 2400 | 2950 | 900 | 2800 | 3700 | 1400 | 3000 | 4400 | 2100 | 3500 | 5600 | 3100 | 3700 | 6800 | 4200 | 4300 | 8500 |
| | 5.0 | 7.3 | 600 | 2600 | 3200 | 1000 | 2900 | 3900 | 1500 | 3100 | 4600 | 2400 | 3700 | 6100 | 3400 | 3900 | 7300 | 4700 | 4600 | 9300 |
| 70 | 1.0 | 3.8 | 150 | 1300 | 1450 | 280 | 1500 | 1750 | 400 | 1600 | 2000 | 650 | 1900 | 2550 | 950 | 2100 | 3050 | 1300 | 2400 | 3700 |
| | 1.5 | 4.7 | 250 | 1700 | 1950 | 400 | 1900 | 2300 | 650 | 2000 | 2650 | 1000 | 2400 | 3400 | 1400 | 2500 | 3900 | 1900 | 2900 | 4800 |
| | 2.0 | 5.3 | 300 | 1900 | 2200 | 550 | 2100 | 2650 | 800 | 2300 | 3100 | 1300 | 2700 | 4000 | 1800 | 2900 | 4700 | 2500 | 3300 | 5800 |
| | 2.5 | 5.9 | 400 | 2100 | 2500 | 650 | 2400 | 3050 | 1000 | 2500 | 3500 | 1500 | 3000 | 4500 | 2200 | 3200 | 5400 | 3100 | 3700 | 6800 |
| | 3.0 | 6.5 | 500 | 2300 | 2800 | 800 | 2600 | 3400 | 1200 | 2800 | 4000 | 1900 | 3300 | 5200 | 2700 | 3500 | 6200 | 3700 | 4100 | 7800 |
| | 3.5 | 7.0 | 550 | 2500 | 3050 | 900 | 2800 | 3700 | 1400 | 3000 | 4400 | 2200 | 3500 | 5700 | 3200 | 3800 | 7000 | 4300 | 4400 | 8700 |
| | 4.0 | 7.5 | 650 | 2600 | 3250 | 1100 | 3000 | 4100 | 1600 | 3200 | 4800 | 2500 | 3800 | 6300 | 3600 | 4100 | 7700 | 4900 | 4700 | 9600 |
| | 4.5 | 8.0 | 700 | 2800 | 3500 | 1200 | 3200 | 4400 | 1800 | 3400 | 5200 | 2900 | 4000 | 6900 | 4100 | 4300 | 8400 | 5600 | 5000 | 10600 |
| | 5.0 | 8.4 | 800 | 2900 | 3700 | 1300 | 3400 | 4700 | 2000 | 3600 | 5600 | 3100 | 4200 | 7300 | 4500 | 4500 | 9000 | 6000 | 5200 | 11200 |

表 11-70 溜槽转弯的减速系数与转角的关系

| 转角 $\beta$/(°) | 5 | 10 | 20 | 30 | 40 | 45 |
|---|---|---|---|---|---|---|
| 减速系数 $K$ | 1.0 | 0.97 | 0.93 | 0.85 | 0.75 | 0.69 |

胶带运输机受料点采用托板受料和双层密闭罩时，其除尘排风量可按单层密闭罩的 1/2 考虑。这种结构适用于落差高的以及各种破碎机下的胶带运输机受料点。

**2. 螺旋输送机**

螺旋输送机用以输送干、细物料，由于设备本身比较严密，一般不设排风装置、当落差较大（如大于 1500mm）时，可设排风装置。根据落差和设备大小，排风量可取 300～800$m^3$/h。为避免抽出粉料，排风罩下部宜设扩大箱（图 11-77），罩口风速控制在 0.5m/s 之内。

**3. 斗式提升机**

常用的斗式提升机有带式、环链式和板链式三种。斗式提升机运行时，下部或上部会散发粉尘。提升机高度小于 10m 时，可按图 11-78(a) 接管；提升机高度大于 10m 时，提升机上部、下部均应设排风点 [图 11-78(b)]；在胶带运输机给料时，胶带机头部和提升机外壳上均应设排风罩 [图 11-78(c)]。当提升热物料时，无论提升机高度是否超过 10m，均应设上、下两点抽风。

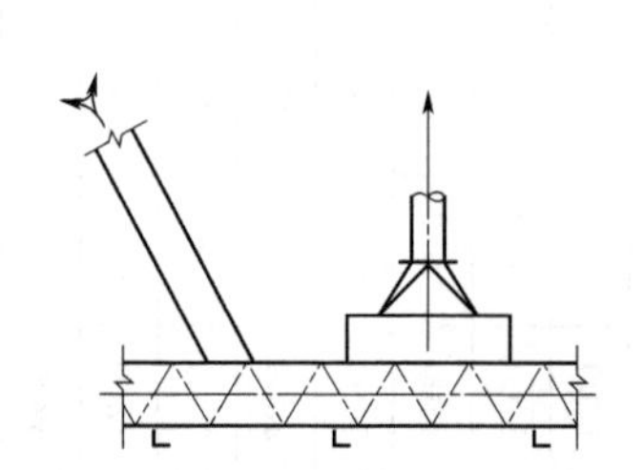

图 11-77 螺旋输送机排风罩

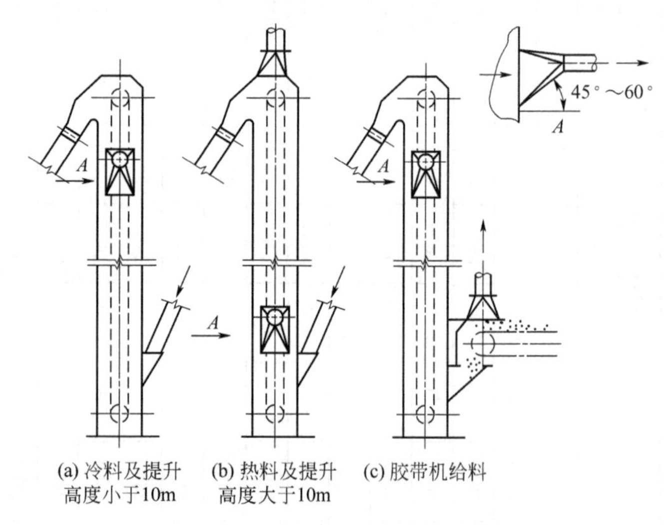


图 11-78 斗式提升机排风罩

斗式提升机的排风量按斗宽每毫米抽风 3～4$m^3$/h 计算。

**4. 气力输送设备**

气力输送设备有螺旋泵、仓式泵、气力提升泵等多种形式，由于这种设备输送物料耗电量较大，只在工艺难以布置时使用。采用 2～5atm（1atm＝101325Pa）供气的设备产生的废气量约为供气量的 2 倍，采用罗茨风机供气的废气量为供气量的 1.1 倍。这类设备中气力提升泵产生的废气量最多，一般不超过 160$m^3$/t 物料。

**5. 空气斜槽**

空气斜槽对物料输送是从透气层的底部按每平方米透气层每分钟鼓入 2$m^3$ 空气，使物料流态化，依靠其布置的斜度流动，产生的废气量约为 3$m^3$/($m^2$ · min)，故空气斜槽产生的废气量与其宽度和长度有关，用公式表示为：

$$Q=0.18BL \tag{11-161}$$

式中，$Q$ 为通风量，$m^3$/h；$B$ 为斜槽宽度，mm；$L$ 为斜槽长度，m。

为排除车间地面尘屑，应在产生大量木屑而又难以设置排尘罩的木工机床附近以及木工工作台区域内设置地面吸风口或地下吸风口。木工地面吸风口，按每个吸风口风量为 1200$m^3/h$ 计算；木工地下吸风口，按每个吸风口风量为 1000$m^3/h$ 计算。

## 三、给料和料槽排风量

### 1. 电振给料机和槽式（往复式）给料机

此类设备给料均匀，一般与受料设备之间落差较小，产尘较少，卸落湿度较大的物料时，可只密闭不排风。一般粉料应设排风装置。图 11-79 为电振给料机的密闭和排风结构。电振给料机和槽式（往复式）给料机除尘排风量见表 11-71。

**表 11-71　电振给料机和槽式（往复式）给料机除尘排风量**

| 电振给料机 | | 槽式(往复式)给料机 | | 受料胶带机宽/mm | 物料落差/mm | 排风量/($m^3/h$) |
|---|---|---|---|---|---|---|
| 型号 | 槽子规格（宽×长×高）/mm | 型号 | 出料口（宽×高）/mm | | | |
| $DZ_1$ | 200×600×100 | $JI_3$ | 400×400 | 300 | 200～400 | 500 |
| $DZ_2$ | 300×800×120 | $JI_4$ | 600×500 | 300、400 | 200～400 | 600～700 |
| $DZ_3$ | 400×1000×150 | | （长×宽） | 400、500 | 200～500 | 800～1000 |
| $DZ_4$ | 500×1100×200 | K-0 | 1435×500 | 500、650 | 300～500 | 1000～1200 |
| $DZ_5$ | 700×1200×250 | K-1 | 1435×750 | 650、800 | 300～500 | 1300～1500 |
| $DZ_6$ | 500×1100×200 | K-2 | 1835×750 | 650、800 | 400～600 | 1500～1800 |
| $DZ_7$ | 900×1500×350 | K-3 | 2050×996 | 1000、1200 | 500～800 | 2200～2800 |
| $DZ_8$ | 1300×2000×400 | K-4 | 2400×1246 | 1200、1400 | 600～1000 | 3000～5000 |
| $DZ_9$ | 1500×2200×450 | | | 1400 | 800～1500 | 4000～6000 |
| $DZ_{10}$ | 1800×2100×500 | | | 1400 | | 4000～6000 |

### 2. 圆盘给料机

圆盘给料机当卸落含水 4%～6%的石灰石、焦炭和湿精矿时，可只密闭不排风；当卸落干细物料时，应密闭并设置整体密闭罩，在密闭罩上部设排风罩（图 11-80），其除尘排风量见表 11-72。

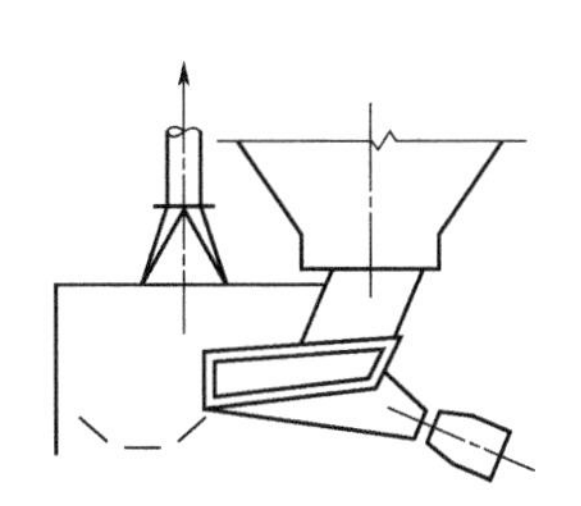

图 11-79　电振给料机的密闭和排风结构

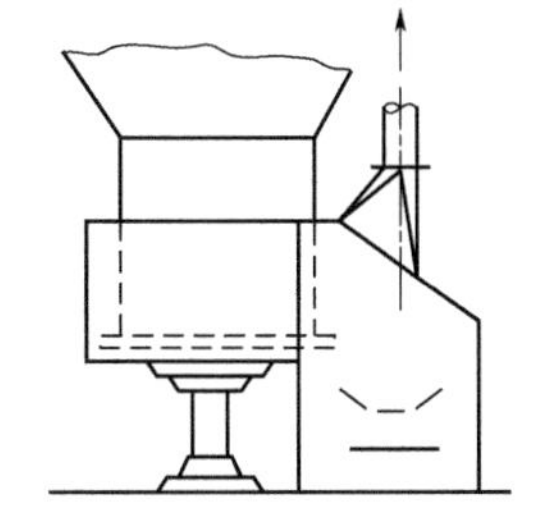

图 11-80　圆盘给料机的密闭和排风结构

**表 11-72　圆盘给料机除尘排风量**

| 圆盘规格/mm | D400 | D500 | D600 | D800 | D1000 | D1300 | D1500 | D2000 | D2500 | D3000 |
|---|---|---|---|---|---|---|---|---|---|---|
| 排风量/($m^3/h$) | 500～700 | 600～800 | 700～1000 | 800～1300 | 1000～1500 | 1300～1800 | 1500～2000 | 2000～2500 | 2500～3000 | 3000～4000 |

**3. 胶带机卸料料槽**

用胶带机向料槽卸料时，由于料槽容积大，对含尘气流有缓冲作用，使其动能逐渐消失，因而粉尘外逸的可能性减小，此时若将料槽口封闭，并将物料带入料槽内的空气及进入料槽的物料体积占据的空气量排出，即能控制粉尘的外逸。

① 胶带机卸料时，胶带机头部设密闭罩，排风罩设在料槽的预留孔洞或胶带机头部密闭罩上（图 11-81），排风量为物料带入料槽内的空气量与卸料体积流量之和。随物料带走的空气量，可按表 11-69 中的 $L_1$ 取值（物料落差 $H$ 为胶带机卸料面至料槽口平面的高度）。

② 犁式卸料器卸料时，可在料槽口上部设局部密闭罩及排风罩，如图 11-82 所示。排风量的计算方法与胶带机头部卸料相同。

③ 移动可逆胶带机卸料时，胶带机可设局部密闭和大容积密闭两种形式。

移动可逆胶带机卸料时的排风罩一般设在料槽的预留孔洞上。排风量为物料带入料槽内的空气量（表 11-73）与物料体积流量之和。

**4. 抓斗料槽**

抓斗向料槽卸料时产生大量粉尘，属阵发性尘源。料槽口无法密闭，一般可采用如图 11-83所示的敞口排风罩。为充分发挥敞口罩的排风效果，应尽量减小料槽受料口尺寸。5t 和 10t 抓斗排风除尘时的有关数据见表 11-74。

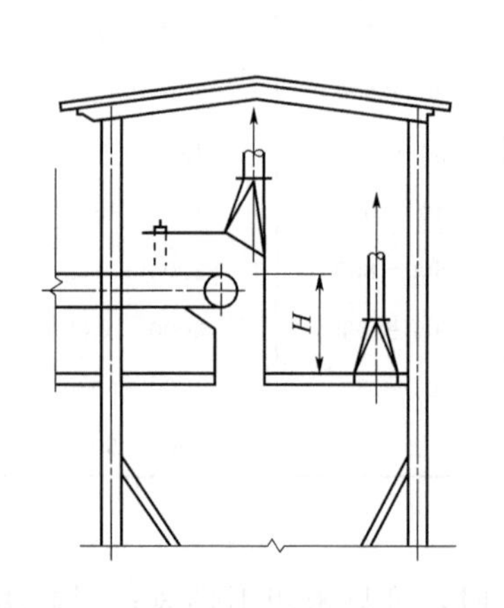


图 11-81 胶带机向料槽卸料的密闭和排风结构

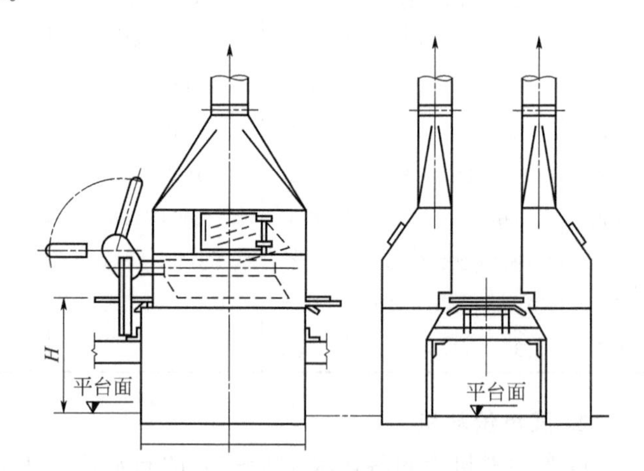


图 11-82 犁式卸料器向料槽卸料的密闭和排风结构

**表 11-73 物料带入料槽的空气量**

| 胶带机宽/mm | 料槽装料方式 | |
|---|---|---|
| | 移动卸料车/(m³/h) | 移动可逆胶带机/(m³/h) |
| 500 | 700～1000 | 200～350 |
| 650 | 1100～1600 | 400～450 |
| 800 | 1600～2100 | 500～750 |
| 1000 | 2300～2700 | 900～1200 |
| 1200 | 2900～3700 | 1200～2000 |
| 1400 | 3600～3900 | 1600～2500 |

**表 11-74 抓斗卸料排风除尘量**

| 抓斗规格 | $B_1$ | $B_2$ | $B_3$ | $B_4$ | $B_5$ |
|---|---|---|---|---|---|
| 5t | 2500 | 1100 | 2100 | 1500 | 18000 |
| 10t | 3000 | 1400 | 2600 | 1800 | 20000 |

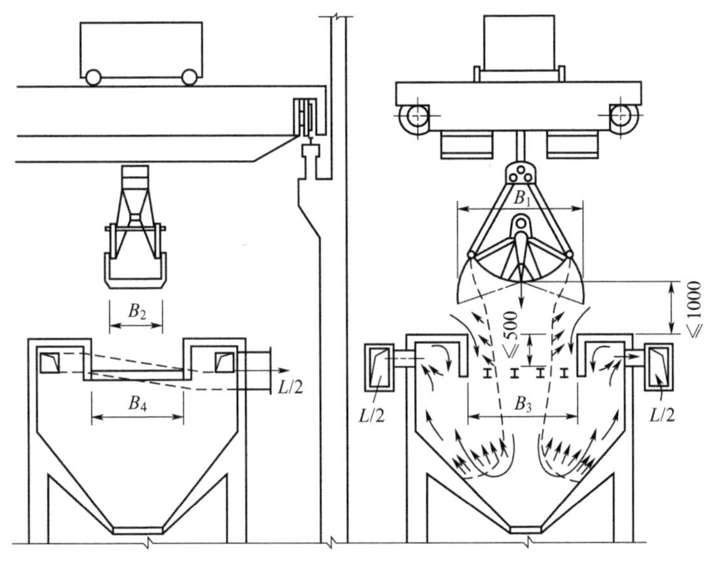


图 11-83　抓斗料槽敞口排风罩

对设在无外墙厂房中的抓斗料槽，为减少风流对粉尘控制效果的干扰，可在受料口的三面或两面增设挡板。

## 四、木工设备排风量

木工设备中需要除尘的设备主要有两类：一类是型号规格大小不同的锯机；另一类是型号规格大小不同的刨床。另外还有车床、钻床等。定型木工机床的排风量见表 11-75。

**表 11-75　定型木工机床的排风量**

| 机床名称 | 型号 | 机床简图及吸尘罩位置 | 排风量/($m^3$/h) | 接管直径/mm | 吸尘罩局部阻力系数 |
| --- | --- | --- | --- | --- | --- |
| 手动进料木工圆锯机 | MJ104<br>MJ106<br>MJ109 | 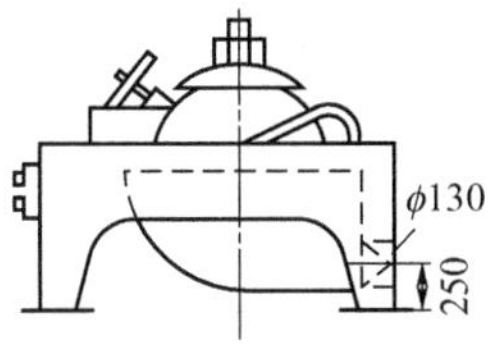 φ130<br>250 | 760<br>1020<br>1250 | 130<br>150<br>165 | 1.5<br>1.5<br>1.2 |
| 平衡截锯机 | MJ2010<br>MJ2015 | 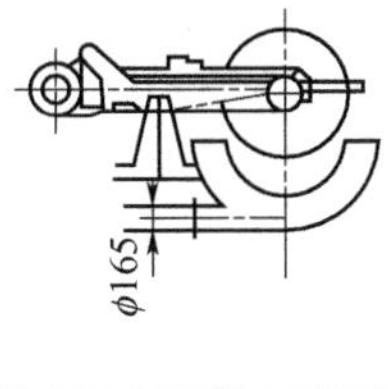 φ165 | 1250<br>1720 | 165<br>195 | 1.5<br>1.5 |
| 脚踏截锯机 | MJ217 | 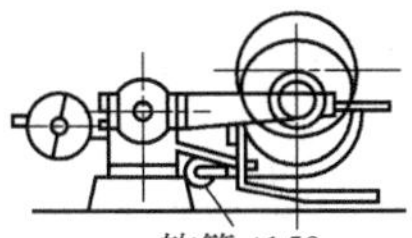 软管φ150 | 1020 | 150 | 1.5 |

续表

| 机床名称 | 型号 | 机床简图及吸尘罩位置 | 排风量/($m^3$/h) | 接管直径/mm | 吸尘罩局部阻力系数 |
|---|---|---|---|---|---|
| 万能木工圆锯机 | MJ224 | 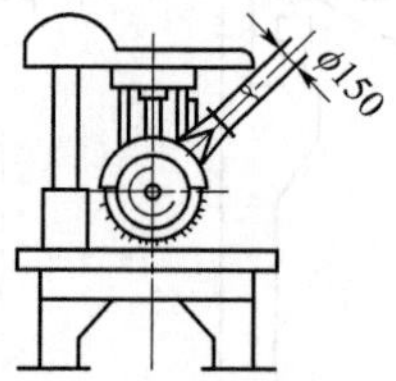 φ150 | 1020 | 150 | 1.2 |
| 万能木工圆锯机 | MJ225 | 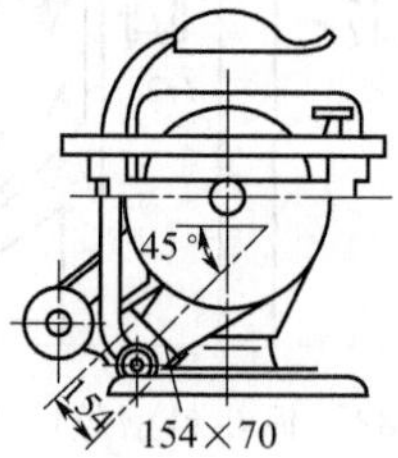 45° 154 154×70 | 102 | 150 | 1.8 |
| 镂锯机(线锯) | MJ434 | 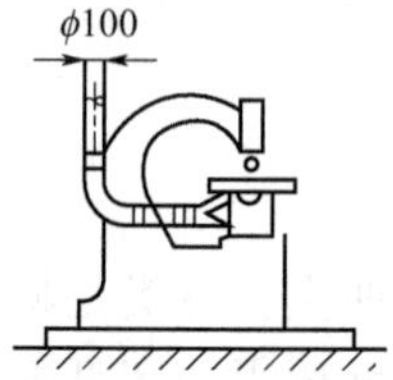 φ100 | 450 | 100 | 2.0 |
| 吊截锯 | MJ255<br>MJ256 | 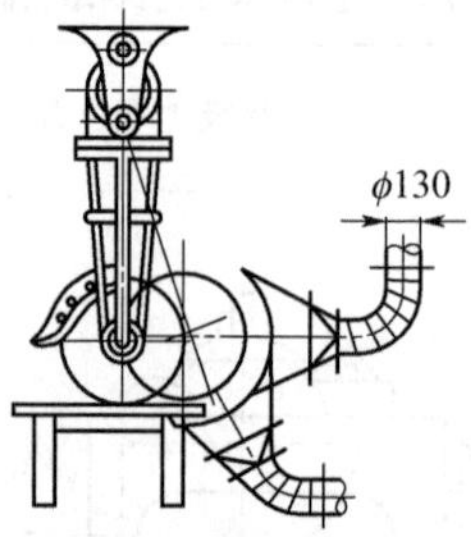 φ130 | 800<br>1020 | 130<br>150 | 1.1<br>1.1 |
| 普通木工带锯机 | MJ318<br>MJ318A<br>MJ3110 | 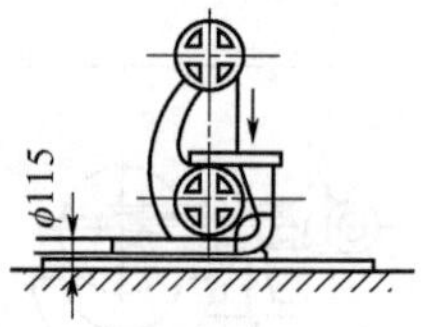 φ115 | 600<br>650<br>1250 | 115<br>120<br>165 | 1.0<br>1.0<br>1.0 |
| 台式木工带锯机 | MJ3310 | 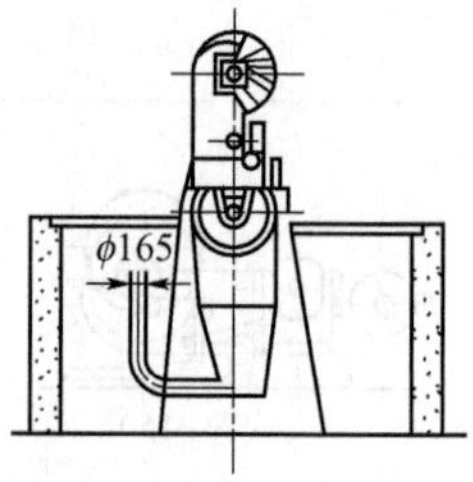 φ165 | 1250 | 165 | 1.5 |

续表

| 机床名称 | 型号 | 机床简图及吸尘罩位置 | 排风量/($m^3$/h) | 接管直径/mm | 吸尘罩局部阻力系数 |
|---|---|---|---|---|---|
| 细木工带锯机 | MJ344<br>MJ346<br>MJ346A<br>MJ348 | 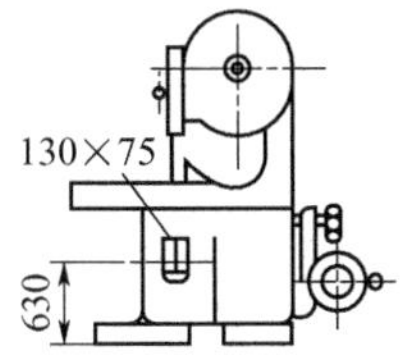 130×75<br>630 | 450<br>450<br>450<br>650 | 100<br>100<br>100<br>120 | 0.8<br>0.8<br>0.8<br>1.0 |
| 木工压刨床 | MB504<br>MB504A<br>MB506<br>MB506A | 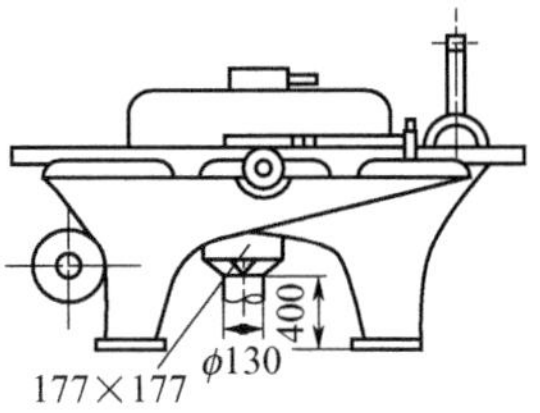 400<br>$\phi$130<br>177×177 | 904<br>940<br>1100<br>1100 | 140<br>140<br>150<br>150 | 1.0<br>1.0<br>1.0<br>1.0 |
| 普通木工车床 | MC614<br>MC616A | 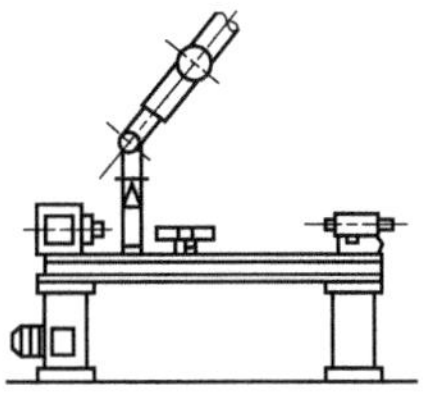  | 1000<br>1150 | 140<br>150 | 1.7<br>1.7 |
| 单面木工压刨床 | MB103<br>MB106 | 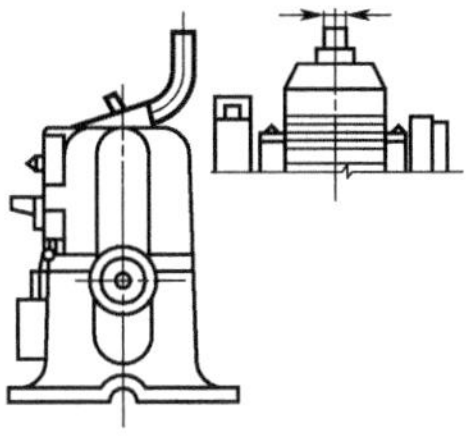  | 900<br>1000 | 130<br>140 | 1.0<br>1.3 |
| 单面木工压刨床 | MB106A | 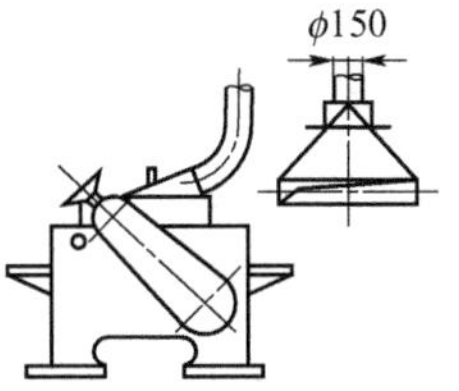 $\phi$150 | 1200 | 150 | 1.3 |
| 双面木工压刨床 | MB204<br>MB206 | 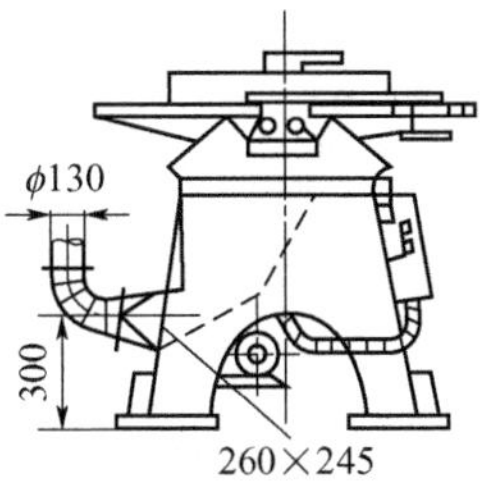 $\phi$130<br>300<br>260×245 | 上部:900<br>下部:1200<br>上部:860<br>下部:1150 | 130<br>150<br>130<br>150 | 1.3<br>1.3<br>1.5<br>1.5 |

续表

| 机床名称 | 型号 | 机床简图及吸尘罩位置 | 排风量 /(m³/h) | 接管直径 /mm | 吸尘罩局部阻力系数 |
|---|---|---|---|---|---|
| 木工压刨床 | MB502<br>MB503<br>MB503A | 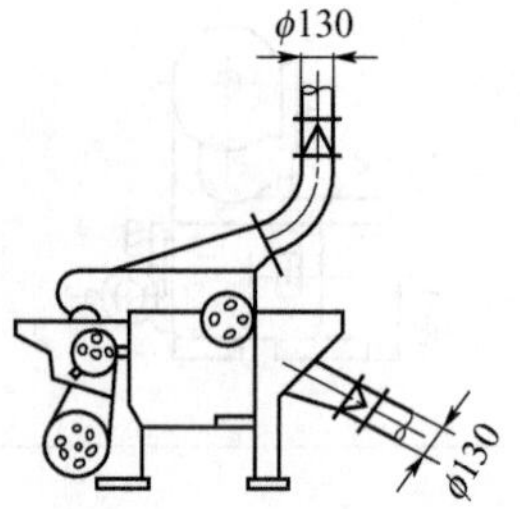 | 800<br>800<br>800 | 130<br>130<br>130 | 1.0<br>1.0<br>1.0 |
| 立式单轴木工铣床 | MX518<br>MX518A | 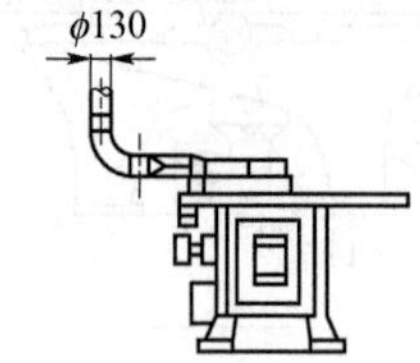 | 800<br>800 | 130<br>130 | 1.5<br>1.5 |
| 立式单轴木工钻床 | MK515 | 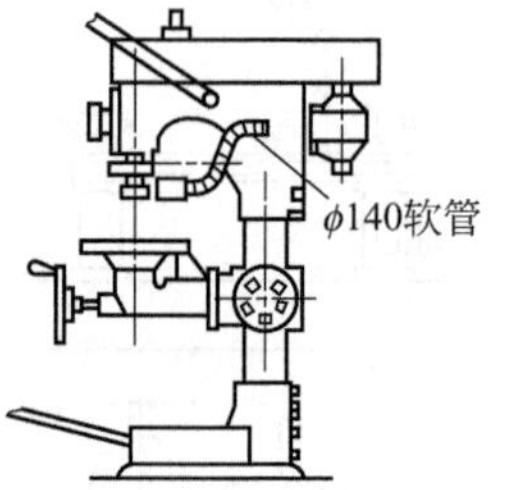 | 940 | 140 | 1.5 |
| 卧式木工钻床 | MK672 | 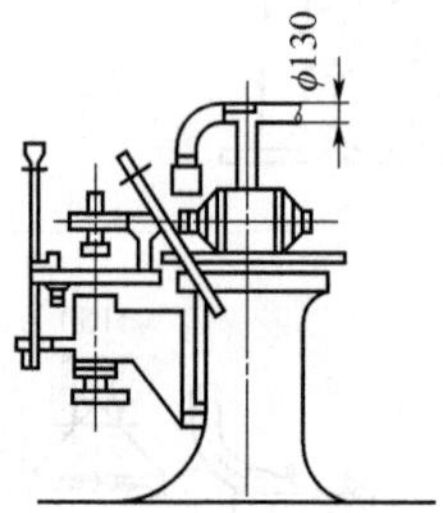 | 800 | 130 | 1.5 |
| 双盘式磨光机 | MM128 | 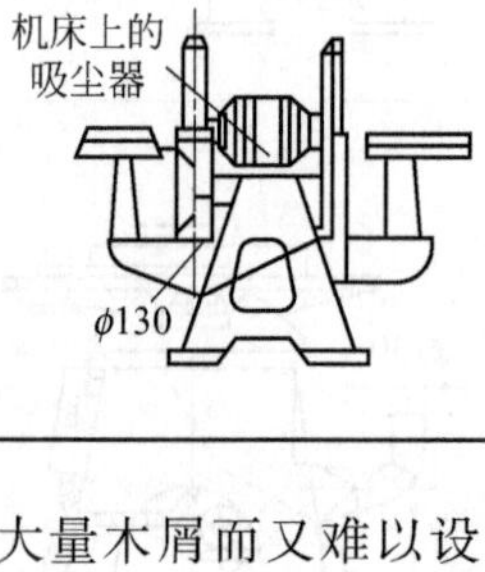 | 750×2 | 130×2 | 2.0 |

为排除车间地面尘屑，应在产生大量木屑而又难以设置排尘罩的木工机床附近以及木工工作台区域内设置地面吸风口或地下吸风口。木工地面吸风口，按每个吸风口风量为 1200m³/h 计算；木工地下吸风口，按每个吸风口风量为 1000m³/h 计算。

## 五、其他设备排风量

### 1. 装料与包装设备

（1）废料装车除尘装置　当废料由料仓通过带式输送机落入废料车时，产生大量粉尘，可按图 11-84 的方式，在卸料点设排风罩，同时在条件允许时进行喷雾降尘。排风量按带式输送机末端卸料点采用。

（2）粉料装袋除尘装置　常用装袋的方式有磅秤装袋和粉料包装机两种，均应设密闭罩排风，见图 11-85。图中，$Q_1=Q_2=800\text{m}^3/\text{h}$，$Q_3=1500\text{m}^3/\text{h}$。

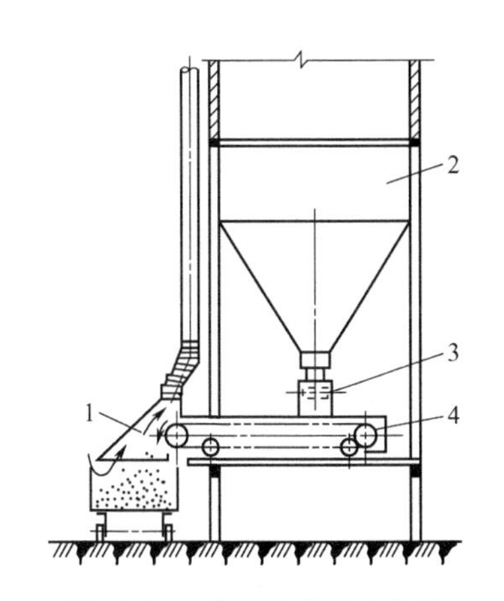


图 11-84　废料装车除尘装置

1—排风罩；2—废料料仓；3—固定式带式输送机；4—移动式带式输送机

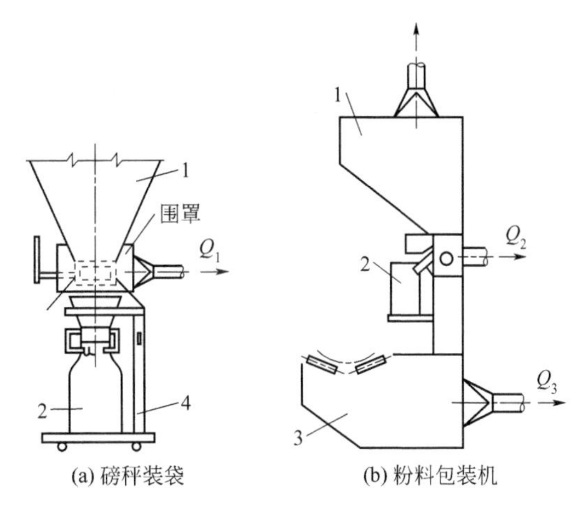


图 11-85　粉料装袋除尘装置

1—料斗；2—袋；3—集料斗；4—磅秤

（3）物料装桶除尘装置　物料装桶应设密闭罩排风。其密闭罩有 2 种，见图 11-86。

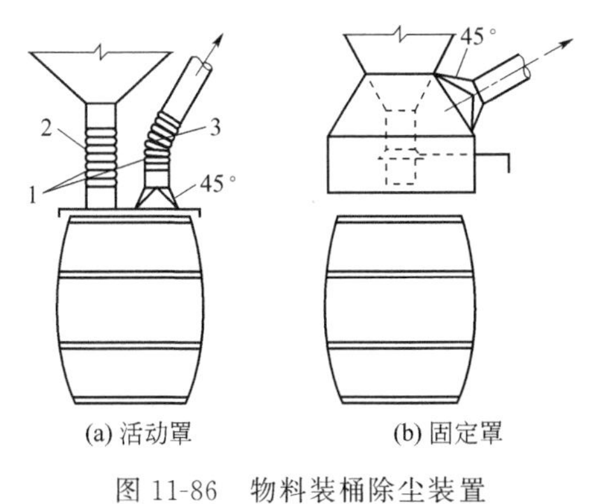


图 11-86　物料装桶除尘装置

1—柔性管；2—装料管（最小直径 100mm）；3—排风管

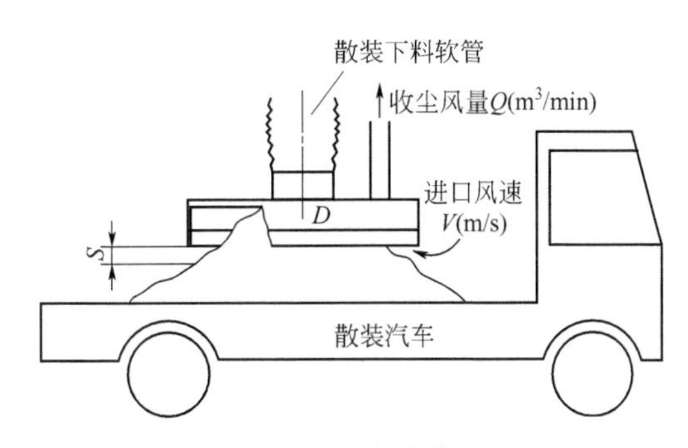


图 11-87　汽车散装收尘

图 11-86(a) 为活动罩，为了便于罩子移动，采用了柔性连接管。排风量为：对重盖，每米桶直径取 $85\text{m}^3/\text{h}$；对轻盖，则每米桶直径取 $225\text{m}^3/\text{h}$。图 11-86(b) 为固定罩，排风量取 $510\sim680\text{m}^3/\text{h}$。

（4）包装设备　水泥工业使用的包装设备为固定式二嘴或四嘴包装机，回转式六嘴、八嘴、十嘴等规格。固定式包装机每包装 1t 水泥需 $300\text{m}^3$ 通风量，回转式包装机只需 $180\text{m}^3$ 通风量. 散装每吨水泥最多只要 $50\text{m}^3$ 通风量。

**2. 粉料散装头的收尘风量**

粉料散装包括火车和汽车散装，汽车散装收尘见图 11-87。

其收尘风量 $Q$ 为：

$$Q=\pi DSnv\times 60(\mathrm{m^3/min}) \tag{11-162}$$

式中，$D$、$S$ 分别见图 11-87；$n$ 为散装软管数量；$v$ 为进口风速，m/s。

设 $D=1.5\mathrm{m}$，$S=0.1\mathrm{m}$，$n=2$，$v=3\mathrm{m/s}$，代入式(11-162) 得：

$$Q=\pi\times 1.5\times 0.1\times 2\times 3=170(\mathrm{m^3/min})$$

某厂生产的水泥散装头：汽车散装 $Q=10\sim25\mathrm{m^3/min}$，火车散装 $Q=30\sim50\mathrm{m^3/min}$。

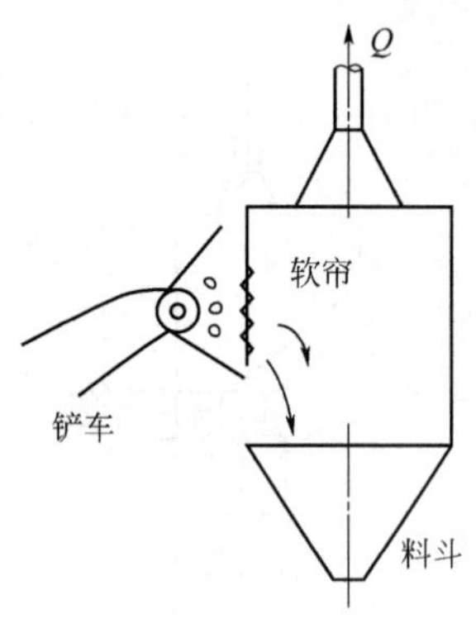


图 11-88 铲车上料除尘

**3. 铲车上料除尘风量**

铲车上料除尘见图 11-88。为减少抽风量和提高除尘效果，在密闭罩上的铲车倒料口侧应设软胶帘。抽风量按开口速度 1.0m/s 计算。

**4. 称量设备排风量**

(1) 矿石定量秤除尘（图 11-89） 定量秤抽风罩应不与秤斗边缘接触，周边应留有空隙。抽风量按周边缝隙速度 $v=0.7\sim1.0\mathrm{m/s}$ 计算，并适当考虑物料落差因素，一般抽风量在 $1000\sim1500\mathrm{m^3/h}$ 范围内。抽风罩局部阻力系数为 0.5。

(2) 电子秤除尘（图 11-90） 电子秤是配料用的称量设备，按加料设备不同分为螺旋给料和电振给料两种。抽风量约为 $500\sim800\mathrm{m^3/h}$，或按开口缝隙 $v=0.7\sim1.0\mathrm{m/s}$ 计算。

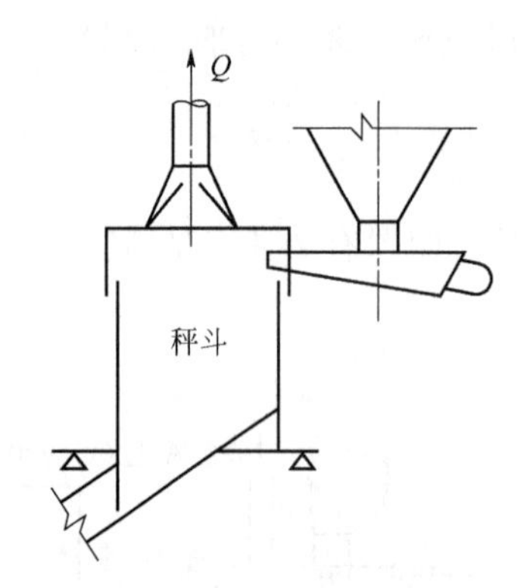


图 11-89 矿石定量秤除尘

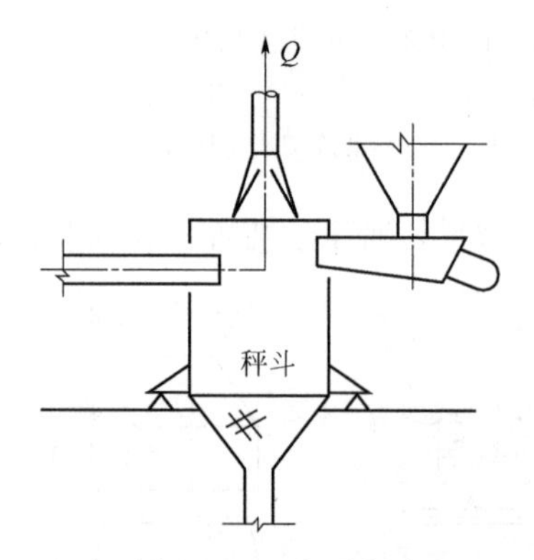


图 11-90 电子秤除尘

# 第十二章 除尘系统与管网设计

除尘系统设计是关系到除尘效果好坏、运行费用高低、管理方便与否、排放能否合格的关键环节。本章介绍除尘系统设计、除尘系统的材料与配件、除尘系统设计计算、排气烟囱设计和除尘系统安全防护等内容。

## 第一节 除尘系统设计

### 一、除尘系统组成

除尘系统由集气吸尘罩、进气管道、除尘器、排灰装置、风机、电动机、消声器和排气烟囱等组成。它是利用风机产生的动力，将含尘气体从尘源经抽风管道送入除尘设备内净化，净化后的气体经排气烟囱排出，回收的粉尘由排灰装置排出。

### 二、除尘系统分类与特点

除尘系统有 4 种分类方法：按其规模和配置特点，可分为就地除尘系统、分散除尘系统和集中除尘系统；按除尘器的种类，可分为干式除尘系统和湿式除尘系统；按设置除尘器的段数，可分为单段除尘系统和多段除尘系统；按除尘器在系统中的位置，可分为正压式除尘系统和负压式除尘系统。

**1. 就地除尘系统、分散除尘系统和集中除尘系统**

除尘系统按照规模和配置特点可以分为就地除尘系统、分散除尘系统和集中除尘系统三种类型。设计中应根据生产流程、工艺设备的配置、厂房条件和除尘排风量的大小等因素，分别选用。

（1）就地除尘系统　就地除尘系统的除尘器直接坐落在扫尘点上，就地吸取、净化含尘空气。

图 12-1 为胶带运输机转运点就地除尘系统。袋式除尘器直接安装在受料点的密闭罩上，净化后的空气引入通风机，然后排至室外。就地除尘系统的特点如下。

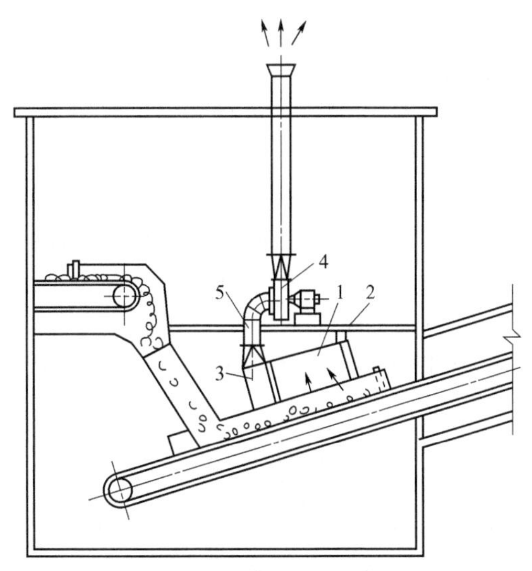

图 12-1　胶带运输机转运点就地除尘系统

1—扁袋除尘器；2—振打清灰装置；3—除尘器净端；4—通风机；5—风管

① 单点除尘，无吸尘罩、吸尘管路及卸尘装置，系统简单，布置紧凑，操作简便，维护

管理方便。

② 可将除尘器、通风机和电动机等做成一体，构成就地除尘机组。

③ 坐落在料仓上或移动生产设备上的就地除尘机组也可不设排风接口，净化后的空气直接放散在厂房内部，但机组必须具有很高的净化效率，以确保排入室内的空气含尘浓度达到国家卫生标准要求。

④ 外形尺寸小，处理的含尘气体量也小，故只适用于排风量不大的扬尘点。

⑤ 所捕集的粉尘直接卸放到工艺设备上，使粉尘直接回收利用，但是这会使物料的含粉率提高，增加了下道工序的扬尘量，设计中应予以注意。

(2) 分散除尘系统　分散除尘系统一般适用于同一工艺设备或同一生产流程的几个相距较近的除尘排风点，其除尘器和通风机往往分散布置在产尘设备附近，是目前应用较多的除尘系统。

图 12-2 为分散除尘系统。

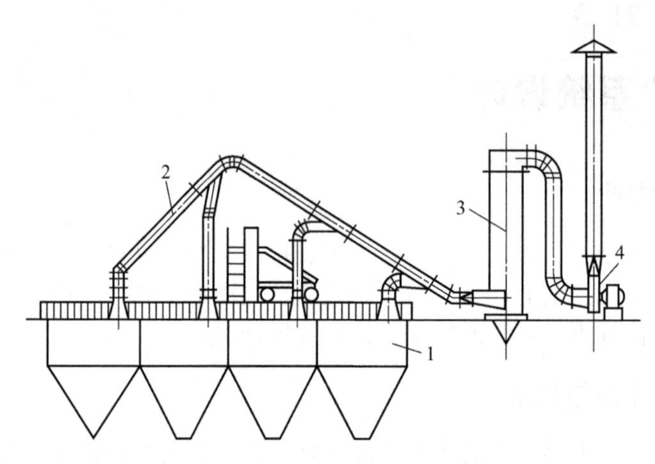


图 12-2　分散除尘系统

1—料仓；2—风管；3—除尘器；4—通风机

分散除尘系统的特点如下。

① 利用厂房的空间位置布置除尘设备，对场地条件有较好的适应性。

② 管路较短，分支管较少，布置简单，稍加调节系统阻力即能达到平衡。

③ 系统操作简便，运行效果比较可靠，可由生产操作人员兼管运行，但捕集的粉尘回收和处理比较困难。

(3) 集中除尘系统　在产尘点多且相对集中、各点排风量大、有条件设置大型除尘设施时，可将一个或几个相邻车间或生产流程的除尘排风点汇入大型除尘设备，形成集中除尘系统。图 12-3 为矿石破碎车间的集中除尘系统，共 25 个吸尘点，管道最远达 100 多米。集中除尘系统的特点如下。

① 处理能力大、连接的除尘排风点多。集中除尘系统的处理能力每小时可高达几十万立方米乃至上百万立方米，所连接的排风点多达几十个乃至近百个。

② 适于配用袋式除尘器、电除尘器等高效净化设备，有利于减少对大气环境的污染。

③ 由于除尘设备集中布置，排尘量大，有利于粉尘的统一处理和回收利用，并减少了二次扬尘。要求设专职管理人员，实行集中管理，保持较高的维护管理水平。

④ 占地面积较大，管网和设备的初投资较高，运行费用比分散除尘系统高。

⑤ 管网较复杂，阻力平衡、运行调节比较困难。除尘系统运行后一般做除尘系统配风和调整。

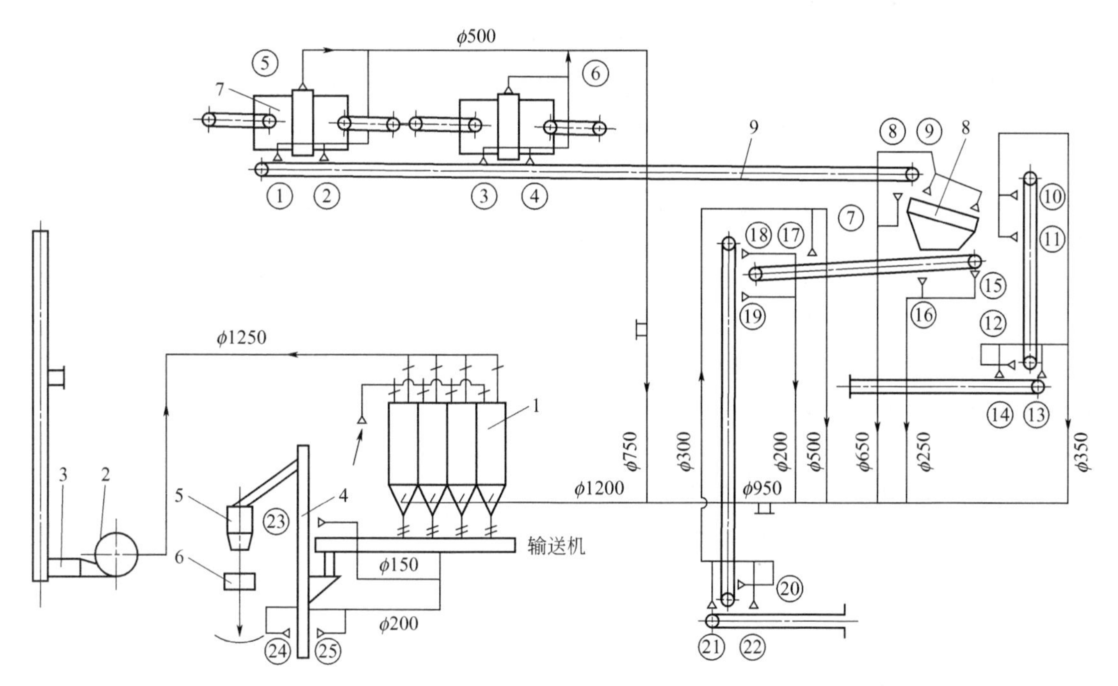


图 12-3 矿石破碎车间的集中除尘系统

1—袋式除尘器；2—风机；3—消声器；4—斗式提升机；

5—灰仓；6—卸灰装置；7—棒磨机；8—振动筛；9—带式输送机；

①～㉕—吸尘罩

**2. 干式除尘系统和湿式除尘系统**

除尘系统按选用除尘设备可以分为干式除尘系统和湿式除尘系统两种类型。

(1) 干式除尘系统　干式除尘系统使用干式除尘器，不需要用水作为除尘介质。在所有除尘系统中干式除尘系统占 90%以上。其特点如下。

① 适用范围广，可满足大多数除尘对象的要求，尤其是大型集中除尘系统，基本上是干式除尘系统。

② 捕集的粉尘以干粉状排出，有利于集中处理和综合利用，但处理不当时易产生二次扬尘。

③ 处理相对湿度高的含尘气体或高温气体时，需要采取防止结露的措施，否则易产生粉尘黏结、堵塞现象。

④ 当气体中含有有毒、有害气体时，干式除尘系统不能除去有毒、有害成分。

(2) 湿式除尘系统　湿式除尘系统使用以水作为净化介质的湿式除尘器，其特点如下：①除尘设备构造较简单，初投资较低，净化效率较高。②能处理相对湿度高、有腐蚀性的含尘气体，甚至尘-汽共生的含尘气体。为解决粉尘的黏结、堵塞问题，需要在管道和除尘器上设置冲洗装置，当含尘气体具有腐蚀性时除尘设备和管道应采用耐腐蚀的材料制作，其内部应涂防水涂料。③由于湿式除尘器内具有激烈的传质、传热过程，在除尘的同时，还能吸收含尘气体中的其他有害成分，并使气体温度降低，对净化含有害成分的高温含尘气体具有特殊意义。④耗水量大，排出泥浆状的含尘污水。它需要充足的水源，并设含尘污水处理设施，对工艺流程中有污水处理的车间（如湿法选矿厂），适于采用湿式除尘系统，其含尘污水可排入工艺污水管道中，一并加以处理。⑤总体能耗较高，高效湿式除尘器（如文氏管除尘器）的阻力要比同样效率的干式除尘器高得多。⑥北方地区采用湿式除尘系统，要注意解决冬季防冻问题。

**3. 单段除尘系统和多段除尘系统**

除尘系统按照采用除尘器的段数可以分为单段除尘系统和多段除尘系统。

(1) 单段除尘系统 单段除尘系统组成简单，投资和运行费用较低，维护管理工作量较少。在一段除尘器能满足所需的除尘效率及符合除尘器使用条件的情况下，均应采用单段除尘系统。

(2) 多段除尘系统 多段除尘系统中，设有两段或两段以上的除尘设备。其特点如下。①当一段除尘器的效率不能达到所要求的除尘效率时应设多段除尘系统。②除尘系统的初含尘浓度超出某种除尘器的允许入口含尘浓度时，应在该除尘器前设置预净化设施，形成多段除尘系统，如电除尘器的入口含尘浓度超过 $60g/m^3$ 时会产生电晕闭塞现象，影响净化效率，此时应加设预除尘装置。③含尘气体中含有磨琢性强的粗粉尘或纤维状物质时，应加设简单、低阻力的预除尘装置，保护高效除尘器正常运行。④在多段除尘系统中，低效除尘器应配置在高效除尘器之前。

**4. 负压除尘系统和正压除尘系统**

除尘系统按照除尘器和通风机在流程中的相对位置可以分为负压除尘系统和正压除尘系统。

(1) 负压除尘系统 负压除尘系统中，除尘器设置在通风机之前（负压段或吸入段）。其特点如下：①由于除尘器设置在通风机之前，流过通风机的气体已经过除尘，含尘浓度低，通风机受磨损大大减弱，运行寿命长，处理初浓度高的含尘气体时一般采用负压除尘系统；②除尘器和管道处于通风机的负压段，容易吸入空气，产生漏风，负压除尘系统的漏风率为5%～10%，加大了通风机的风量，增加了电耗；③在负压除尘系统设计中，应采用措施尽可能减少除尘器和管道的漏风，以保证除尘器的良好运行。

(2) 正压除尘系统 正压除尘系统中，除尘器设置在通风机之后（正压段或压出段）。其特点如下：①由于流过通风机的含尘气体未经除尘器净化，通风机的叶轮和机壳易遭粉尘磨损，因此，正压除尘系统只适合在气体含尘浓度 $3g/m^3$ 以下、粉尘磨琢性弱、粉尘粒度小的条件下使用；②除尘器处于通风机的正压段，不必考虑除尘器的漏风附加率，通风机电耗较低；③除尘器的围护结构简单，如正压袋式除尘器的围护结构不需要密封，只要防雨即可，设备制造、安装简便，造价低；④正压除尘系统中，净化后的气体直接由除尘器排入大气，可不设烟囱；除尘器有一定的消声作用，通风机出口侧可不设消声器；有利于节约除尘系统占地，减小初投资。

## 三、除尘系统设计要点

除尘系统由排风罩、风管、除尘器、通风机、卸尘装置及其附属设施组成。与除尘系统密切相关的还有尘源密闭装置和粉尘处理与回收系统。

**1. 除尘系统的划分原则**

设计分散或集中除尘系统时，应按下列原则进行系统的划分。

(1) 同一生产流程、同时工作的扬尘点相距不远时，宜合设一个系统。

(2) 同时工作但粉尘种类不同的扬尘点，当工艺允许不同粉尘混合回收或粉尘无回收价值时，亦可合设一个除尘系统。

(3) 属下列情况者，不应合为一个系统：①两种或两种以上的粉尘或含尘气体混合后能引起燃烧或爆炸时；②温度不同的含尘气体，当混合后可能导致风管和除尘器内结露时。

(4) 除尘系统划分应从减小系统阻力从而节约能源考虑。

**2. 集气吸尘罩**

(1) 集气吸尘罩的位置

① 设置吸尘罩的地点应保持罩内负压均匀，要能有效地控制含尘气流不致从罩内逸出，并避免吸出粉料。如对破碎、筛分和运输设备，吸尘罩应避开含尘气流中心，以防吸出大量粉料。对于胶带运输机受料点，吸尘罩与卸料溜槽相邻两边之间距离应为溜槽边长的 0.75～1.5 倍，但不小于 300～500mm；罩口离胶带机表面高度不小于胶带机宽度的 0.6 倍。当卸料溜槽与胶带机倾斜交料时，应在溜槽的前方布置吸尘罩；当卸料溜槽与胶带机垂直交料时，宜在溜槽的前、后方均设吸尘罩。

② 处理或输送热物料时，吸尘罩应设在密闭装置的顶部，或在给料点与受料点处设置上、下抽风吸尘罩。

③ 吸尘罩不宜靠近敞开的孔洞（如操作孔、观察孔、出料口等），以免吸入罩外空气。对于胶带机受料点，吸尘罩前必须设遮尘帘，遮尘帘可用橡胶带、帆布带等制作。

④ 吸尘罩的位置应不影响操作和检修。与罩相接的一段管道最好垂直敷设，以免蹦入物料造成管道堵塞。

（2）集气吸尘罩的形式

① 为使罩内气流均匀，一般采用伞形罩。

② 当从大容积密闭罩和料仓排风时，一般无吸出粉料之虑，可将风管直接接在大容积密闭罩或料仓上。

（3）集气吸尘罩的罩口风速

① 吸尘罩的罩口平均风速不宜过大，以免吸出粉料。一般对局部密闭罩和轻、干、细的物料，罩口平均风速应取得较小。采用局部密闭时，罩口平均风速按不同物料应：细粉料的筛分≤0.6m/s；物料的粉碎≤2.0m/s；粗颗粒物料破碎≤3.0m/s。

② 在不能设置密闭罩而用敞口罩控制粉尘时，罩口风速应按侧吸罩的要求确定。

**3. 含尘气体管道**

除尘系统中，除尘器以前的含尘气体管道（除尘管道）可按枝状管网或集合管管网布置。

（1）集合管管网　集合管管网分为水平和垂直两种。水平集合管［图 12-4(a)］连接的风管由上面或侧面接入，适用于产尘设备分布在同一层平面上且水平距离较大的场合。垂直集合管［图 12-4(b)］连接的风管从切线方向接入，适用于产尘设备分布在多层平台上且水平距离不大的场合。

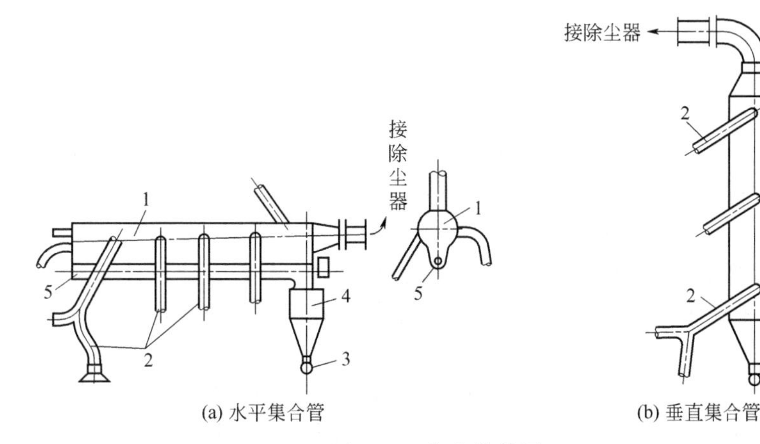


(a) 水平集合管　　(b) 垂直集合管

图 12-4　集合管管网

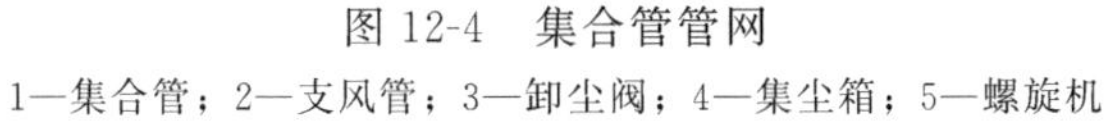
1—集合管；2—支风管；3—卸尘阀；4—集尘箱；5—螺旋机

集合管管网的主要特点是：①集合管尚有粗净化作用，下部应设卸尘阀和粉尘输送设备；②系统阻力容易平衡；③管路连接方便；④运行风量变化时，系统比较稳定。

（2）枝状管网 枝状管网的布置形式如图 12-5 所示。风管可采用垂直、水平或倾斜敷设的方式。倾斜敷设时，风管与水平面的夹角应大于 45°。当不能满足上述要求时，小坡度或水平敷设的管段应尽量缩短，并采取防止积尘的措施。

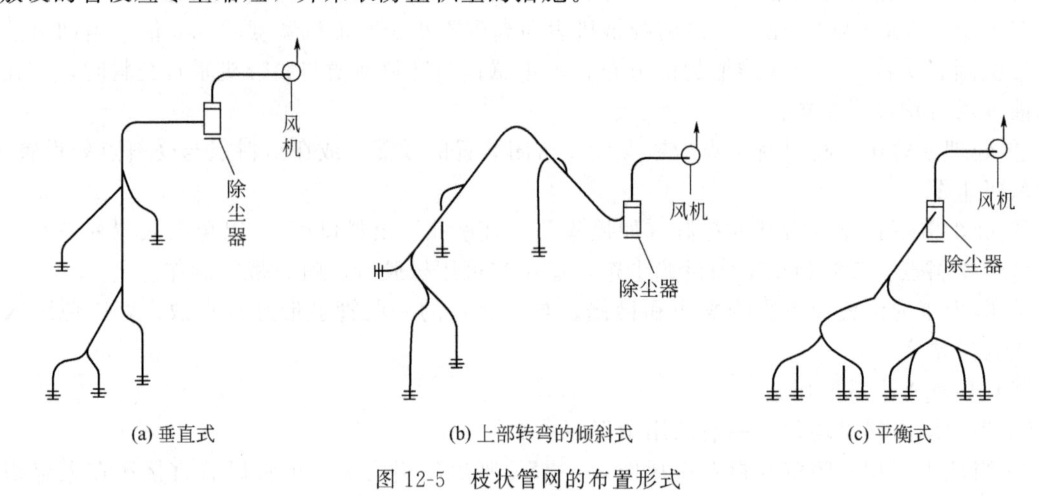


图 12-5 枝状管网的布置形式

枝状管网的特点是：①管路连接较复杂，各支管的阻力平衡较难；②运行调节麻烦；③占地少，无集合管的粉尘输送设备，比较简单。

含尘气体管道风速一般取 15～25m/s。根据粉尘性质不同，最小风速不得低于后述表 12-20所列数值。

管道的三通管、弯管等容易积尘的异形管件附近以及水平或小坡度管段的侧面或端部，应设置风管检查孔；当管道直径较大时，可设置人孔。为解决较长水平管道的粉尘沉积问题，可在水平管道上每隔一定距离设置压缩空气吹刷喷头，必要时用以吹起管道底部沉积的粉尘。

含尘气体管道支管宜从主管的上面或侧面连接。连接用三通的夹角，宜采用 15°～45°；为平衡支管阻力，也可以采用 45°～90°。

对粉尘和水蒸气共生的尘源，应尽量将除尘器直接配置在吸尘罩上方，使粉尘和水蒸气通过垂直管段进入除尘器。当必须采用水平管段时，风管应与除尘器入口构成不小于 10°的坡度，并在风管上设检查孔，以便冲洗黏结的粉尘。

对于粉尘磨琢性强、浓度高的含尘气体管道，要采取防磨损措施。除尘管道中异形件及其邻接的直管易发生磨损，其中以弯管外弯侧 180°～240°范围内的管壁磨损最为严重。对磨损不甚严重的部位，可采取管壁局部加厚的措施；对磨损严重的部位，则需加设耐磨材料或耐磨衬里。耐磨衬里可用涂料法（内抹或外抹耐磨涂料）或内衬法（内衬橡胶板、辉绿岩板、铸铁板等）施工。

通过高温含尘气体的管道和相对湿度高容易结露的含尘气体管道应设计保温措施。通过高温含尘气体的管道必须考虑热膨胀的补偿措施，可采取转弯自然补偿或在管道的适当部位设置补偿器的措施。相应的管道支架也应考虑热膨胀所产生的应力。对高温烟气应考虑余热回收利用。

除尘管道宜采用圆形钢制风管，其接头和接缝应严密，焊接加工的管道应用煤油检漏。

除尘管道一般应明设。当采用地下风道时，可用混凝土或砖砌筑，内表面用砂浆抹平，并在风道设清扫孔。

对有爆炸危险的含尘气体，应在管道上安装防爆阀，且不应地下铺设。

**4. 除尘器**

（1）处理相对湿度高、容易结露的含尘气体的干式除尘器应设保温层，必要时还应对除尘器采取加热措施。

（2）用于净化有爆炸危险的粉尘或气体的干式除尘器，宜布置在系统的负压段上。除尘器上应有防爆阀门。

对于净化爆炸下限小于或等于 $65g/m^3$ 的有爆炸危险的粉尘、纤维和碎屑的干式除尘器，必要时，干式除尘器应采用不产生火花的材料制作；如果采用袋式除尘器，则需配防静电滤袋及防爆电磁阀。

（3）用于净化有爆炸危险粉尘的干式除尘器，应布置在生产厂房之外，且距有门窗孔洞的外墙不应小于10m；或布置在单独的建筑物内时，除尘器应连续清灰，且风量 $<1500m^3/h$，储灰量 $<60kg$。

（4）用于净化爆炸下限大于 $65g/m^3$ 的可燃粉尘、纤维和碎屑的干式除尘器，当布置在生产厂房内时，应与其排风机布置在单独的房间内。

（5）有爆炸危险的除尘系统，其干式除尘器不得布置在经常有人或短时间内有大量人员逗留的房间（如工人休息室、会议室等）的下面。如与上述房间贴邻布置时，应用耐火的实体墙隔开。

（6）在北方地区选用湿式除尘器时，应考虑采暖或保温措施，防止除尘器和供、排水管路冻结。

（7）在高负压条件下使用的除尘器，其结构应有耐负压措施，且外壳应具有更好的严密性。

（8）含尘气体经除尘器净化后，直接排入室内时，必须选用高效除尘器，保证排入室内的气体含尘浓度不超过国家卫生标准的要求。

**5. 输排灰装置和粉尘处理**

（1）对除尘器收集的粉尘或排出的含尘污水，根据生产条件、除尘器类型、粉尘的回收价值和便于维护管理等因素，必须采取妥善的回收或处理措施。生产工艺允许时，应纳入生产工艺流程进行回收处理。

（2）湿式除尘器排出的含尘污水经处理后应循环使用，以减少耗水量并避免造成水污染。

（3）在高负压条件下使用的除尘器，应设置两个串联工作的卸灰阀，并保证这两个卸灰阀不同时开启卸尘。

（4）除尘器与卸尘点之间有较大高差时，卸尘阀应布置在卸尘点附近，以降低粉尘落差，减少二次扬尘。

（5）输灰装置应严密不漏风。刮板输送机和斗式提升机应设断链保护和报警装置。

（6）大型除尘器灰斗和储灰仓的卸灰阀前应设插板阀和手掏孔，以便检修卸灰阀。

**6. 通风机和电动机**

（1）流过通风机的气体含尘浓度较高，容易磨损通风机叶轮和外壳时，应选用排尘风机或其他耐磨风机，或采用预防磨损的技术措施。

（2）处理高温含尘气体的除尘系统，应选用锅炉引风机或其他耐高温的专用风机。

（3）处理有爆炸危险的含尘气体的除尘系统，应选用防爆型风机和电动机，并采用直联传动方式。

（4）除尘系统的通风机露天布置时，对通风机、电动机、调速装置及其电气设备等应考虑防雨设施。电动机和电控设备的防护等级最低要求为IP54。

（5）除尘系统的通风机应设消声器。

（6）在除尘系统的风量呈周期性变化或排风点不同时工作引起风量变化较大的场合，应设置调速装置，如液力耦合器、变频变压调速装置等，以便节约能源。

（7）湿式除尘系统的通风机机壳最低点应设排水装置。需要连续排水时，宜设排水水封，水封高度应保证水不致被吸空；不需要连续排水时，可设带堵头的直排水管，需要时打开堵头排水。

**7. 排风管和烟囱**

(1) 分散除尘系统穿出屋面或沿墙敷设的排风管应高出屋面 1.5m，当排风管影响邻近建筑物时，还应视具体情况适当加高。

(2) 集中除尘系统的烟囱高度应按大气扩散落地浓度计算，并符合《大气污染物综合排放标准》中排放浓度和排放速率的要求。

(3) 所处理的含尘气体中 CO 含量高的除尘系统，其排风管应高出周围物体 4m。

(4) 除尘系统的排风口设置风帽影响气体顺利地向高空扩散时，排风管可不设风帽，采用如图 12-6 所示的防雨排风管，防止雨水落入通风机内。

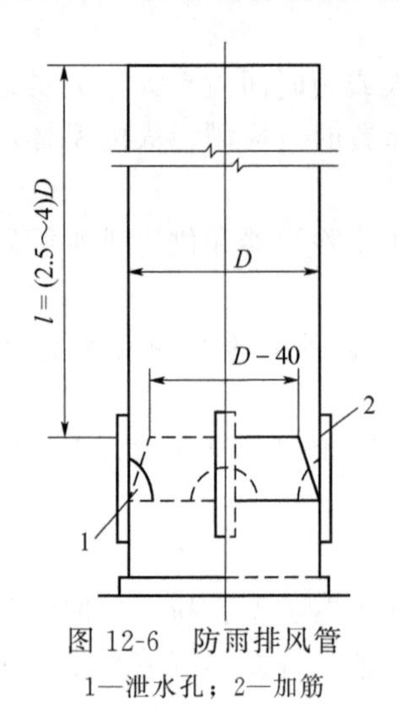


图 12-6 防雨排风管
1—泄水孔；2—加筋

(5) 穿出屋面的排风管应与屋面孔上部固定，屋面孔直径比风管直径大 40～100mm，并采取防雨措施。对穿出屋面高度超过 3m 或竖立在地面上的排风管，需用钢绳固定，并设拉紧装置。

(6) 两个或多个邻近的除尘系统允许用一个排气烟囱排放烟气。

(7) 排风管和烟囱应设防雷措施。

**8. 阀门和调节装置**

(1) 对多排风点除尘系统，应在各支管便于操作的位置装设调节阀门、节流孔板和调节瓣等风量、风压调节装置。

(2) 除尘系统各间歇工作的排风点上必须装设开启、关断用的阀门。该阀门最好采用电动阀或气动阀，并与工艺设备联锁，同步开启和关断。

(3) 除尘系统的中、低压离心式通风机，当其配用的电动机功率小于 75kW 且供电条件允许时，可不装设仅为启动用的阀门。

(4) 几个除尘系统的设备邻近布置时，应考虑加设连通管和切换阀门，使其互为备用。

**9. 测定和监控**

(1) 对多排风点除尘系统，应在各支管、除尘器和通风机入、出口管的直管段和排气烟囱气流平稳处，设置风量、风压测定孔。在除尘器入、出口管以及需要测量粉尘浓度的支管直管段气流平稳处，应设置直径不小于 80mm 的粉尘取样孔和检测平台。凡设粉尘取样孔的地方，不再重复设置风量、风压测定孔。

(2) 根据实际需要并结合操作条件，除尘系统可采用集中控制的方式或与有关工艺设备联锁。一般除尘系统应在工艺设备开动之前启动，在工艺设备停止运转后关闭。自动化水平高的除尘系统可将除尘系统电气控制设备与相应的工艺设备实行程序控制，便于操作人员掌握，但此时仍需在通风除尘设备机旁装设控制开关。

(3) 对大型除尘系统，可根据具体情况设置测量风量、风压、温度和粉尘浓度等参数的仪表。

(4) 对大型集中除尘系统，必要时可设置监控系统，当排放参数超标时，发出报警信号。

(5) 大中型除尘器应设计检测电源。

**10. 机房和检修设施**

(1) 除尘系统设计中，应考虑留有一定的检修平面和空间、安装孔洞、吊挂设施、走台、梯子、人孔和照明设施等，为施工、操作和检修创造必要的条件。

(2) 对大型集中除尘系统，必要时可以设置机房、仪表操作室等，对系统进行集中操作管理。

(3) 设备和管道穿过平台时，需预留孔洞，孔洞四周设高出平台 50mm 的防水凸台，孔洞直径比管道直径大 20～80mm。管道穿平台处容易腐蚀，必要时可在防水凸台上加 200mm 高的一段金属防水套管。

(4) 大、中型除尘器的地面应有检修电源和水源。

## 第二节　除尘管道材料与部件

除尘管道的材料包括普通材料和耐磨材料。管道的部件包括风管检查孔、测孔、弯头、三通、四通、风机出口和管道阀门等，这些都是除尘系统设计和正常运行不可缺少的部分。特别是耐磨材料，在除尘系统中有着重要的作用。

### 一、管道普通材料

**1. 管道直径与厚度**

除尘管道最常用的材料是 Q235 钢板。由钢板制作的管道具有坚固、耐用、造价低、易于制作安装等一系列优点。对于不同的系统，因其输送的气体性质不同，并考虑到适用强度的要求，必须选用不同厚度的钢板制作。《全国通用通风管道计算表》推荐的管道规格见表 12-1，但表中规定管壁较薄。考虑到粉尘对管壁的磨损，除尘管道常用的钢板厚度见表 12-2。

**2. 地下管道**

地下除尘烟道常用红砖、混凝土砌筑，较少用钢板制作。

**3. 管道断面形状**

管道断面形状有圆形和矩形两种。两者相比，在断面积相同时圆形管道的压损较小，材料较省。圆形管道直径较小时比较容易制作，便于保温，但圆形管件制作工艺中的放样、加工较矩形管道复杂，故对钣金工有一定的技术要求。

当管径较小、管内流速较高时大都采用圆形管道，但在输送高温烟气或安装位置受限制时，矩形管道也被广泛采用。

### 二、管道耐磨材料

金属材料的磨损分为黏着磨损、磨粒磨损、腐蚀磨损和表面疲劳磨损。在除尘和气力输送管道的磨损中，主要是磨粒磨损。这种磨损形式的磨损程度取决于材料本身的硬度，硬度越高耐磨损的程度越好，所以在耐磨材料的开发中，都是以提高材料硬度为主攻方向。

**1. 淬火耐磨钢材**

对普通钢材进行中频加热后淬火处理，可以有效提高钢材硬度，用作耐磨板或管件。其处理工艺是：

下料—[中频加热 / 管道成型]—端部加工—淬火—检测—涂漆、包装

对管道内壁感应加热淬火可控制在 2～10mm 范围内。对管件采用中频及工频感应加热淬火处理，也可采用炉内热淬火工艺完成全硬化处理。处理直管管径为 100～300mm，壁厚 6～12mm，弯头及弯管可根据制作需要进行处理。

**2. 耐热耐磨合金钢**

这种合金钢是采用电弧炉冶炼、离心工艺铸造，使合金钢组织致密、晶粒细化，从而具有很高的耐磨损性、耐冲刷性及可靠的焊接性，可在温度 600～950℃、压力 0.5～1.6MPa 的条

**表 12-1 钢板制圆形除尘管道通用规格**

| 除尘管道 | | 配用法兰规格 | | | 除尘管道 | | 配用法兰规格 | | |
|---|---|---|---|---|---|---|---|---|---|
| 外径/mm | 壁厚/mm | 材料 | 螺栓 | 螺孔/个 | 外径/mm | 壁厚/mm | 材料 | 螺栓 | 螺孔/个 |
| 80*<br>90*<br>100* | 1.5 | ∟20×4 | M6×20 | 4<br>6 | 480<br>500* | 1.5 | ∟25×4 | M6×20 | 12 |
| 110<br>120* | | | | | 530<br>560* | 2.0 | ∟30×4 | MB×25 | 14 |
| 130<br>140* | | | | | 600<br>630* | | | | 16 |
| 150<br>160* | | | | 8 | 670<br>700* | | | | 18 |
| 170<br>180* | | | | | 750<br>800* | 2.0 | ∟30×4 | M8×25 | 20 |
| 190<br>200* | | | | | 850<br>900* | | | | 22 |
| 210<br>220* | | ∟25×4 | | | 950<br>1000* | | ∟36×4 | | 24 |
| 240<br>250* | | | | | 1060<br>1120* | | | | 26 |
| 260<br>280* | | | | | 1180<br>1250* | | ∟40×4 | | 28 |
| 300<br>320* | | | | 10 | 1320<br>1400* | | | | 32 |
| 340<br>360* | | | | | 1500<br>1600* | 3.0 | | | 36 |
| 380<br>400* | | | | 12 | 1700<br>1800* | | | | 40 |
| 420<br>450* | | | | | 1900<br>2000* | | | | 44 |

注：1. 本表摘自《全国通用通风管道计算图表》和《全国通用通风管道配件图表》。
2. “*”为优先选用管径。

**表 12-2 除尘管道壁厚** 单位：mm

| 管径 | 直管部分 | 弯管部分 | 管径 | 直管部分 | 弯管部分 |
|---|---|---|---|---|---|
| $<D300$ | 2～4 | 3～6 | $D1500$～3000 | 6～8 | 12～14 |
| $D300$～800 | 4～5 | 6～8 | $>D3000$ | 8～10 | 14～16 |
| $D800$～1500 | 5～6 | 8～12 | | | |

件下长期使用，使除尘系统的易磨损部位性能良好。它可以制成的管道尺寸范围为：直径 $\phi$65～950mm，长度可到 9000mm，壁厚 8～25mm，管件为多种大小和形状。

**3. 碳化硅耐磨材料**

碳化硅是一种新型的耐磨材料，它具有耐高温、耐腐蚀、耐磨损、热传导好等优良特性。碳化硅的硬度仅次于金刚石，用它作衬里比普通碳素钢可延长制品的使用寿命 6 倍以上。其物理化学性能见表 12-3。

表 12-3 碳化硅制品的物理化学性能

| 项目 | 指标 | 项目 | 指标 |
| --- | --- | --- | --- |
| 热导率/[W/(m·K)] | 0.022 | 抗折强度/MPa | 3.5 |
| 使用温度/℃ | >165 | 洛氏硬度 | 9.5 |
| 体积密度/($g/cm^3$) | 2.60～2.65 | 碳化硅含量/% | >85 |
| 显气孔率/% | <15 | P、C含量/% | <0.1 |
| 常温耐压强度/MPa | >10 | FeO含量/% | <0.1 |

碳化硅多用作除尘系统弯头、管件的衬里，较少制作长管道的内衬。其厚度为3～5mm，根据需要可制成多种形状。

**4. C-T陶瓷复合钢耐磨材料**

该产品是利用铝热反应产生的高温使反应物呈熔融状态，通过离心力作用在钢管内壁涂敷一层三氧化二铝（刚玉）陶瓷层。该产品具有良好的耐热性、耐腐蚀性、耐磨损性、能任意焊接和后加工的特点。

C-T陶瓷复合钢管的性能见表12-4。

表 12-4 C-T陶瓷复合钢管的性能

| | 性能 | 数值 |
| --- | --- | --- |
| 物理性能 | 陶瓷层重/($g/cm^2$) | 3.8～3.97 |
| | 陶瓷层线胀系数(20～1000℃)/$℃^{-1}$ | $8.57\times10^{-6}$ |
| 力学性能 | 陶瓷层显微硬度/MPa | 1000～1600 |
| | 复合钢管压馈强度/MPa | >450 |
| | 陶瓷层与钢管结合强度(压剪强度)/MPa | >34 |
| 耐磨性能 | 平均摩擦力矩/N·cm | 13.67 |
| | 磨损量/g | 0.0053 |

C-T陶瓷复合钢管可以在钢管上复合陶瓷、在钢制阀门和管件上复合陶瓷，均有良好的耐磨损性。

## 三、管道部件

**1. 管道部件的形式**

在除尘系统中管道部件是普遍使用的，表12-5为常用的管道部件的形式。考虑管道部件形式首先是阻力大小，其次是制作难易。应当特别指出，并不是所有管道部件阻力小就采用，而是视除尘管网压力平衡的情况而定。工程实践中，阻力较大的管道部件也被采用，应用这种管道部件便于除尘系统阻力的平衡。

表 12-5 常用的管道部件的形式

| 名称 | 阻力较小 | 阻力较大 |
| --- | --- | --- |
| 弯头 | 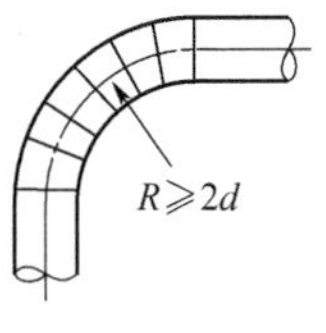 $R\geqslant 2d$ | 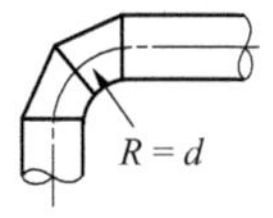 $R=d$ |

续表

| 名称 | 阻力较小 | 阻力较大 |
|---|---|---|
| 三通 | 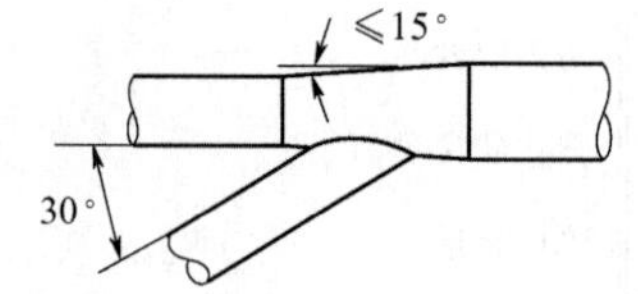 ≤15°<br>30° | 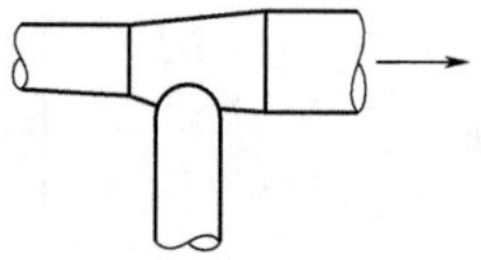 |
| 四通 | 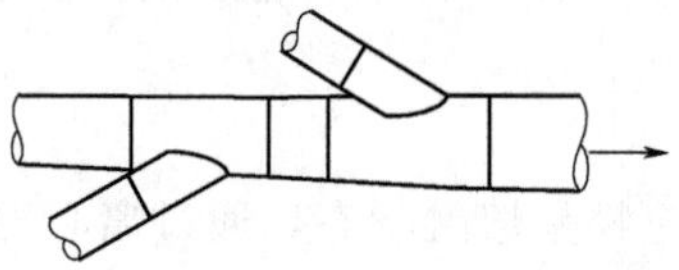 | 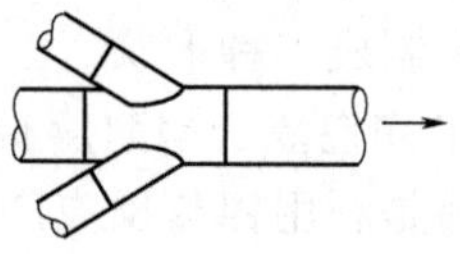 |
| 变径管 | 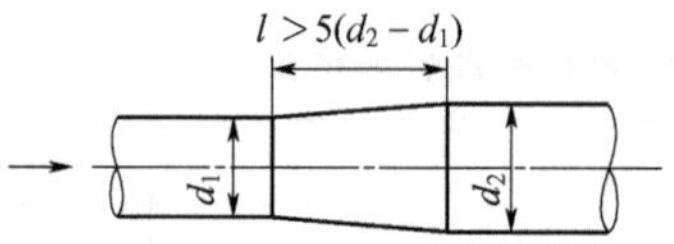 $l>5(d_2-d_1)$<br>$d_1$<br>$d_2$ | 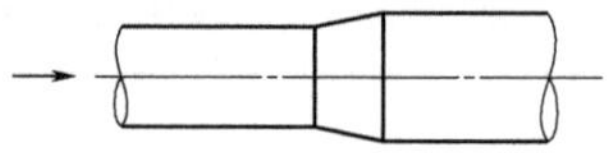 |
| 风机出口 | 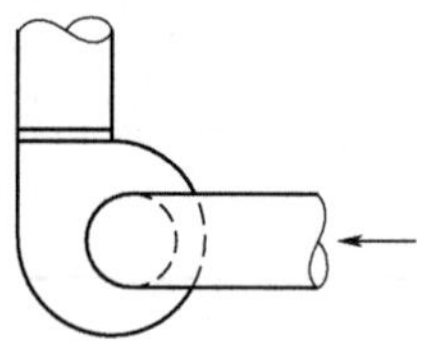 | 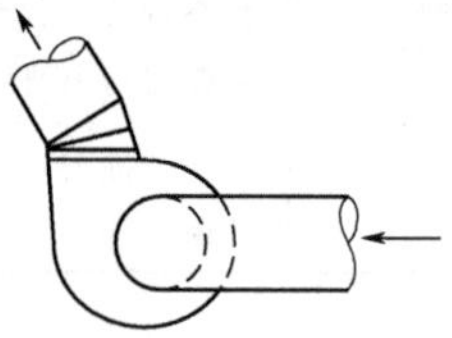 |

**2. 耐磨管道部件**

在除尘系统使用的管道部件中，由于管道中含尘气流对弯头、三通等管道部件的冲刷磨损，极易磨穿、漏风，影响正常的集尘效果，因此除了按耐磨管道处理外，还可以对这些管道部件采取以下耐磨措施。

（1）弯头　管径小于 $\phi$500mm 的弯头，可以采取高铬铸铁衬垫，也可以衬以灰浆，如图 12-7(a) 和图 12-7(b) 所示。对直径大于 $\phi$500mm 的弯头可以衬灰浆，也可以采用耐磨材料制作。

（2）三通　对于直角三通和角度<45°的三通，可以用图 12-8(a) 和图 12-8(b) 的方法衬以灰浆，也可以采用耐磨材料制作。

（3）变径管　变径管的耐磨以耐磨材料制作为宜。

**3. 三通**

除尘风管设计中常用的三通形式如图 12-9、图 12-10 所示。图 12-9 中 $A=0.7\phi_2$，$r=\phi_1/2$，$c=\phi_2$，$h=r-\frac{1}{2}\sqrt{4r^2-c^2}$。

**4. 弯头**

表 12-6 为圆形弯头的各种规格系列及形式。

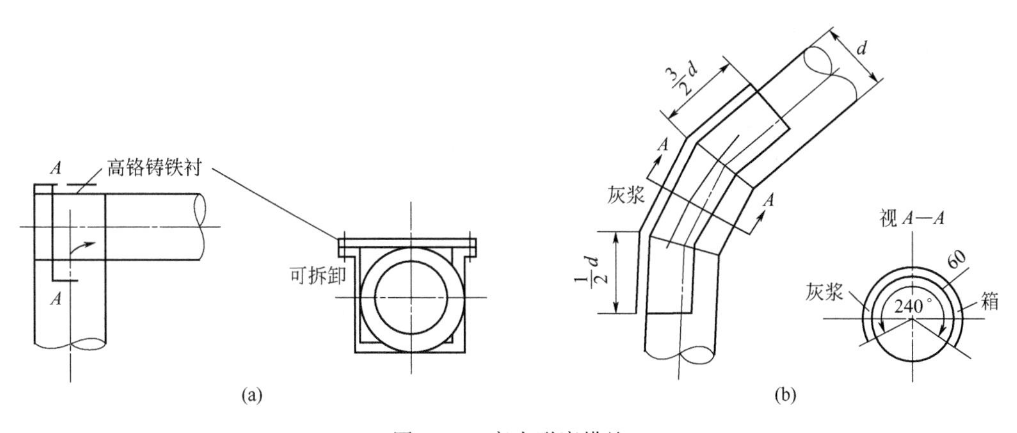


图 12-7　弯头耐磨措施

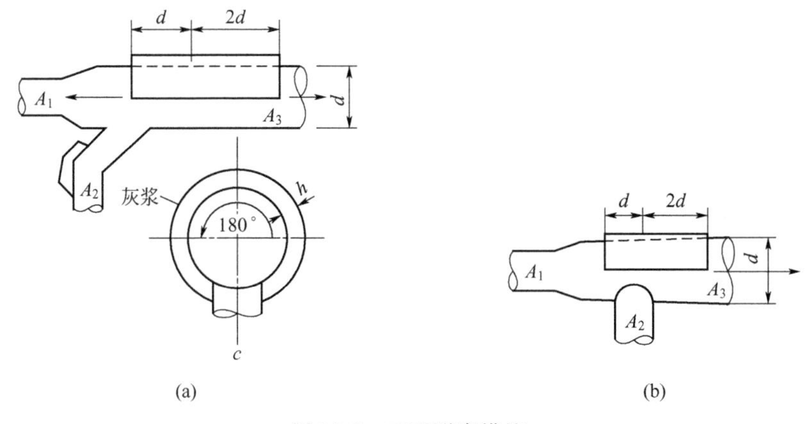


图 12-8　三通耐磨措施

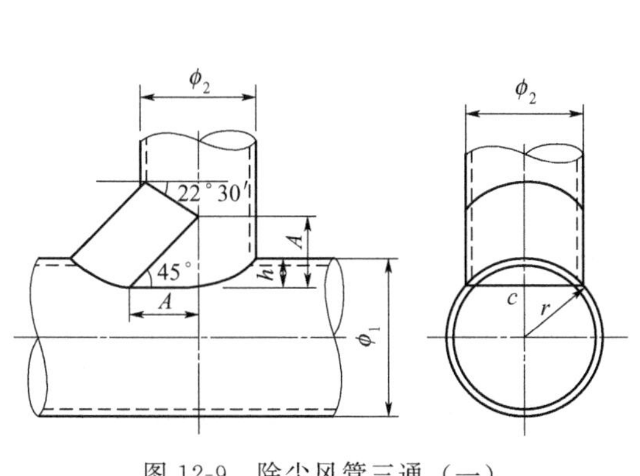


图 12-9　除尘风管三通（一）

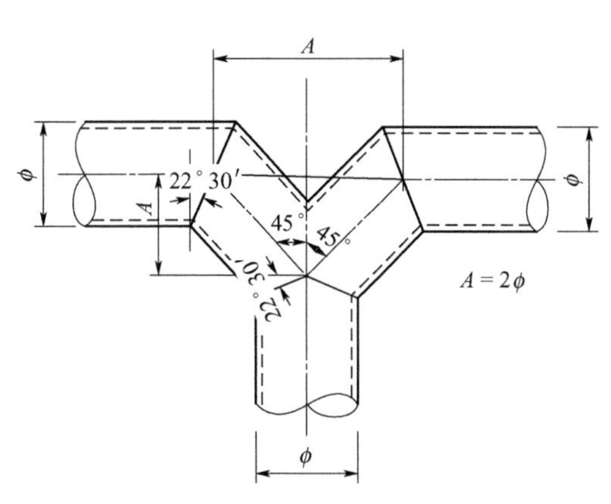


图 12-10　除尘风管三通（二）

表 12-6 圆形弯头的各种规格系列及形式

| 弯头管径 $D$/mm | 弯曲半径 $R$/mm | 弯曲角度($\alpha$)和节数($n$) | | | | | | | |
|---|---|---|---|---|---|---|---|---|---|
| | | $n$ | 90° | $n$ | 60° | $n$ | 45° | $n$ | 30° |
| 80～220 | $R=1$或$R=1.5D$ | 二中节二端节 | | 一中节二端节 | | 一中节二端节 | | 二端节 | |
| 240～450 | | 三中节二端节 | | 二中节二端节 | | | | | |
| 480～1400 | | 五中节二端节 | | 三中节二端节 | | 二中节二端节 | | 一中节二端节 | |
| 1500～2000 | | 八中节二端节 | | 五中节二端节 | | 三中节二端节 | | 二中节二端节 | |

**5. 管托**

管托主要用于圆形风管与支架之间的固定连接。管托结构形式见图 12-11，表 12-7 为常见管托的尺寸。

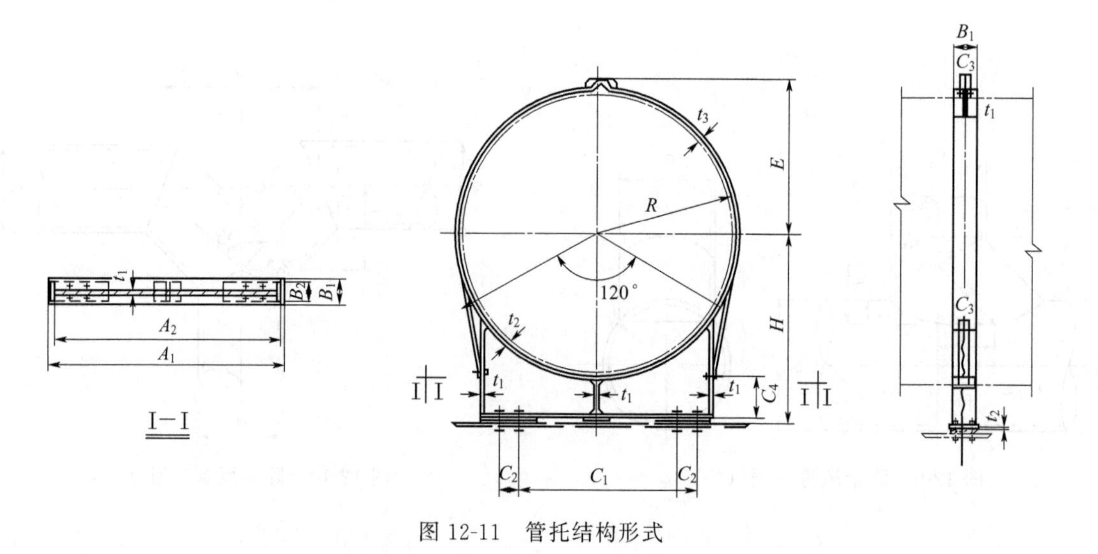


图 12-11 管托结构形式

表 12-7　常见管托的尺寸

| 公称管径 | $D$/mm | $A_1$/mm | $A_2$/mm | $B_1$/mm | $B_2$/mm | $C_1$/mm | $C_2$/mm | $C_3$/mm | $C_4$/mm | $R$/mm | $H$/mm | $E$/mm | $t_1$/mm | $t_2$/mm | $t_3$/mm | 总质量/kg |
|---|---|---|---|---|---|---|---|---|---|---|---|---|---|---|---|---|
| 450 | 480 | 380 | 360 | 150 | 130 | 200 |  | 80 | 110 | 240 | 350 | 320 | 6 | 10 | 6 | 28.30 |
| 500 | 530 | 420 | 400 | 150 | 130 | 200 |  | 80 | 110 | 265 | 370 | 351 | 6 | 10 | 6 | 30.40 |
| 550 | 580 | 470 | 450 | 150 | 130 | 150 | 100 | 80 | 110 | 290 | 400 | 376 | 6 | 10 | 6 | 32.63 |
| 600 | 630 | 510 | 490 | 150 | 130 | 190 | 100 | 80 | 120 | 315 | 420 | 401 | 6 | 10 | 6 | 37.73 |
| 650 | 680 | 560 | 540 | 150 | 130 | 240 | 100 | 80 | 130 | 340 | 470 | 426 | 6 | 10 | 6 | 41.57 |
| 700 | 720 | 580 | 560 | 150 | 130 | 240 | 100 | 80 | 140 | 360 | 510 | 446 | 6 | 10 | 6 | 44.22 |
| 750 | 770 | 630 | 610 | 170 | 150 | 290 | 100 | 100 | 160 | 385 | 560 | 471 | 6 | 10 | 6 | 54.80 |
| 800 | 820 | 680 | 660 | 170 | 150 | 300 | 100 | 100 | 160 | 410 | 560 | 496 | 6 | 10 | 6 | 58.50 |
| 850 | 870 | 710 | 690 | 170 | 150 | 330 | 100 | 100 | 190 | 435 | 620 | 521 | 6 | 10 | 6 | 61.95 |
| 900 | 920 | 750 | 730 | 170 | 150 | 370 | 100 | 100 | 200 | 460 | 650 | 546 | 6 | 10 | 6 | 64.97 |
| 950 | 970 | 800 | 780 | 170 | 150 | 420 | 100 | 100 | 210 | 485 | 680 | 571 | 6 | 10 | 6 | 68.48 |
| 1000 | 1020 | 840 | 820 | 170 | 150 | 460 | 100 | 100 | 240 | 510 | 720 | 596 | 6 | 10 | 6 | 72.02 |
| 1100 | 1120 | 920 | 900 | 170 | 150 | 540 | 100 | 100 | 240 | 560 | 770 | 646 | 6 | 10 | 6 | 77.86 |
| 1200 | 1220 | 1000 | 980 | 170 | 150 | 620 | 100 | 100 | 300 | 610 | 820 | 696 | 6 | 10 | 6 | 83.03 |
| 1300 | 1320 | 1080 | 1060 | 170 | 150 | 700 | 100 | 100 | 330 | 660 | 870 | 746 | 6 | 10 | 6 | 88.66 |
| 1400 | 1420 | 1170 | 1150 | 170 | 150 | 790 | 100 | 100 | 360 | 710 | 920 | 796 | 6 | 10 | 6 | 96.25 |
| 1500 | 1520 | 1250 | 1230 | 170 | 150 | 870 | 100 | 100 | 380 | 760 | 1000 | 846 | 6 | 10 | 6 | 103.56 |
| 1600 | 1620 | 1340 | 1320 | 220 | 200 | 820 | 150 | 140 | 410 | 810 | 1120 | 900 | 10 | 12 | 10 | 187.17 |
| 1700 | 1720 | 1420 | 1400 | 220 | 200 | 900 | 150 | 140 | 450 | 860 | 1220 | 950 | 10 | 12 | 10 | 240.01 |
| 1800 | 1820 | 1520 | 1500 | 220 | 200 | 1000 | 150 | 140 | 500 | 910 | 1320 | 1000 | 10 | 12 | 10 | 263.04 |
| 1900 | 1920 | 1600 | 1580 | 220 | 200 | 1080 | 150 | 140 | 500 | 960 | 1320 | 1050 | 10 | 12 | 10 | 266.11 |
| 2000 | 2020 | 1700 | 1680 | 220 | 200 | 1080 | 200 | 140 | 550 | 1010 | 1400 | 1100 | 10 | 12 | 10 | 266.17 |
| 2200 | 2220 | 1820 | 1800 | 220 | 200 | 1200 | 200 | 140 | 650 | 1100 | 1620 | 1200 | 10 | 12 | 10 | 344.90 |
| 2400 | 2420 | 2000 | 1980 | 220 | 200 | 1380 | 200 | 140 | 700 | 1200 | 1720 | 1300 | 10 | 12 | 10 | 364.97 |
| 2500 | 2520 | 2070 | 2050 | 250 | 230 | 1250 | 200 | 160 | 750 | 1260 | 1800 | 1350 | 10 | 12 | 10 | 439.48 |
| 2600 | 2620 | 2170 | 2150 | 250 | 230 | 1300 | 250 | 160 | 750 | 1310 | 1800 | 1400 | 10 | 12 | 10 | 444.61 |
| 2800 | 2820 | 2320 | 2300 | 250 | 230 | 1400 | 150 | 160 | 750 | 1410 | 1900 | 1510 | 10 | 12 | 10 | 411.74 |
| 3000 | 3020 | 2520 | 2500 | 250 | 230 | 1300 | 300 | 160 | 850 | 1510 | 2100 | 1600 | 10 | 12 | 10 | 315.79 |
| 3200 | 3220 | 2770 | 2750 | 250 | 230 | 1500 | 300 | 160 | 900 | 1610 | 2200 | 1700 | 12 | 16 | 12 | 721.33 |
| 3400 | 3420 | 2870 | 2850 | 250 | 230 | 1650 | 300 | 160 | 900 | 1710 | 2200 | 1800 | 12 | 16 | 12 | 726.50 |
| 3500 | 3520 | 2870 | 2850 | 250 | 230 | 1650 | 300 | 160 | 950 | 1760 | 2300 | 1850 | 12 | 16 | 12 | 707.44 |
| 3600 | 3620 | 3070 | 3050 | 250 | 230 | 1850 | 300 | 160 | 1000 | 1810 | 2400 | 1906 | 12 | 16 | 12 | 809.87 |

**6. 风管支、吊架**

一般除尘风管的支吊架设计可直接选用国际 T607 中列出的各类支、吊架形式。图12-12为风管吊架的形式，图 12-13 为常见的风管支架形式。

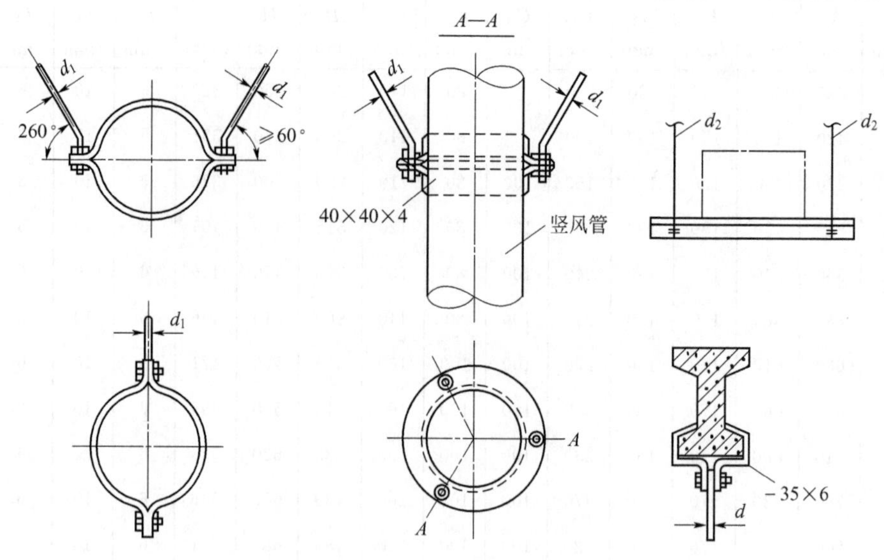


图 12-12 风管吊架的形式

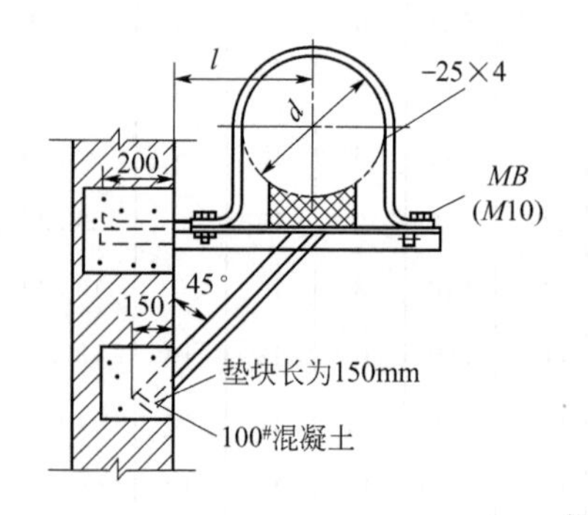


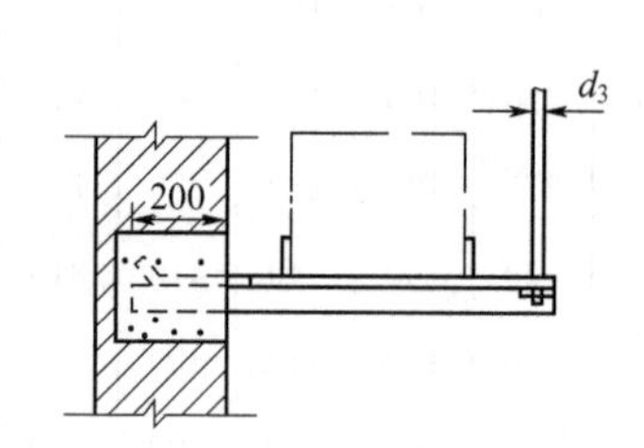


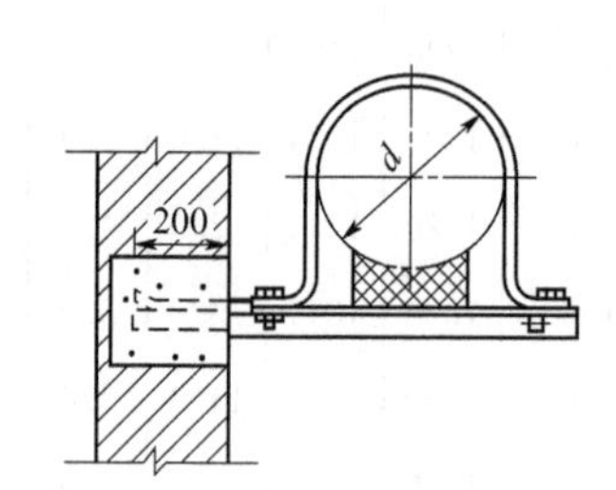


图 12-13 常见的风管支架形式

## 四、除尘管道阀门

### 1. 阀门的基本参数

阀门可定义为截断、接通流体（含粉体）通路或改变流向、流量及压力值的装置。阀门是通风除尘系统必不可少的部件，具有导流、截流、调节、节流、防止倒流、分流或卸压等功能。阀门可以采用多种传动方式，如手动、气动、电动、液动及电磁驱动等。阀门能在压力、温度及其他形式传感信号的作用下按设定的动作工作，也可以不依赖传感信号进行手动的开启或关闭。

阀门的种类很多，分类方法也有多种。在除尘工程中，阀门可分为蝶阀、插板阀、风量调节阀、防暴安全阀、卸灰阀和换向阀等。

阀门的基本参数有公称通径、公称压力、温度以及配用动力等。

（1）公称通径　公称通径是管路系统中所有管路附件用数字表示的尺寸，以区别用螺纹或外径表示的那些零件。公称通径是用作参考的经过圆整的数字，与加工尺寸在数值上不完全相等。

公称通径是用字母“*DN*”后紧跟一组数字表示，如公称通径 250mm 应表示为 *DN*250。

阀门的公称通径系列见表 12-8。

表 12-8　阀门的公称通径系列（GB 1047）　单位：mm

| 序号 | 公称通径 | | | | | |
|---|---|---|---|---|---|---|
| 1 | 15 | 100 | 350 | 1000 | 2000 | 3600 |
| 2 | 20 | 125 | 400 | 1100 | 2200 | 3800 |
| 3 | 25 | 150 | 450 | 1200 | 2400 | 4000 |
| 4 | 32 | 175 | 500 | 1300 | 2600 | |
| 5 | 40 | 200 | 600 | 1400 | 2800 | |
| 6 | 50 | 225 | 700 | 1500 | 3000 | |
| 7 | 65 | 250 | 800 | 1600 | 3200 | |
| 8 | 80 | 300 | 900 | 1800 | 3400 | |

（2）公称压力　公称压力是一个用数字表示的与压力有关的标示代号，是供参考用的一个方便的圆整数。同一公称压力（*PN*）值所标示的同一公称通径（*DN*）的所有管路附件，具有与端部连接形式相适应的同一连接尺寸。

在我国，涉及公称压力时，为了明确起见，通常给出计量单位，以“MPa”表示。

（3）压力-温度等级　阀门的压力-温度等级是在指定温度下用表压表示的最大允许工作压力。当温度升高时，最大允许工作压力随之降低。压力-温度等级数据是在不同工作温度和工作压力下正确选用法兰、阀门及管件的主要依据，也是工程设计和生产制造中的基本参数。

在除尘阀门的应用中有以下一些最常见的问题，选择时应注意。

① 制作过程除锈不彻底，使用中锈蚀严重，致使开闭失灵。

② 当系统管道内粉尘坚硬耐磨且流速高时，易对作为节流件的阀门的阀板及阀体进行冲击，造成磨损。

③ 当系统管道内气体温度较高时，阀门的阀板、轴、轴套、轴承等易发生变形，从而导致阀门失灵。

④ 阀门旋转轴两端多采用滑动轴承。由于滑动轴承长期处于无油状态下工作时，轴承部位易卡死，造成阀门失灵。

⑤ 阀门上的电动装置动作性能和防护性能较差，无法适应除尘系统阀门周围的恶劣环境，造成阀门工作不良，甚至停止工作。

**2. 蝶阀**

蝶阀是除尘系统最常用的阀门之一，既可以调节流量，也可以切断流量。蝶阀阀板开启角度不同时，其阻力系数也不同。在实际应用中，应根据气体中的粉尘性质加以选择，粉尘磨损问题是蝶阀应用中必须考虑的重要问题。

（1）YJ-SDF 型手动蝶阀　该阀门采用优质碳素钢钢板焊接结构，具有设计新颖、质量小、体积小、结构简单、启闭灵活、切换迅速等优点，是通风除尘系统中理想的双向启闭及流量调节设备。

采用把柄直接操纵结构，阀轴两端采用特制带防尘装置的滚动轴承支撑形式，具有动作灵活、不易生锈、使用寿命长等特点。该阀设有开度限位装置，可以实行现场操作启闭和调节气体流量。驱动手柄直接带动阀轴、蝶板在 0°～90°范围内旋转。蝶板的位置由锁紧装置定位。

主要性能参数：公称压力 0.05MPa；壳体试验压力 0.075MPa；介质流速≤25m/s；介质温度≤250℃；适用介质为粉尘气体、冷（热）废气；外泄漏率≤1%。

YJ-SDF 型手动蝶阀外形见图 12-14，尺寸见表 12-9。

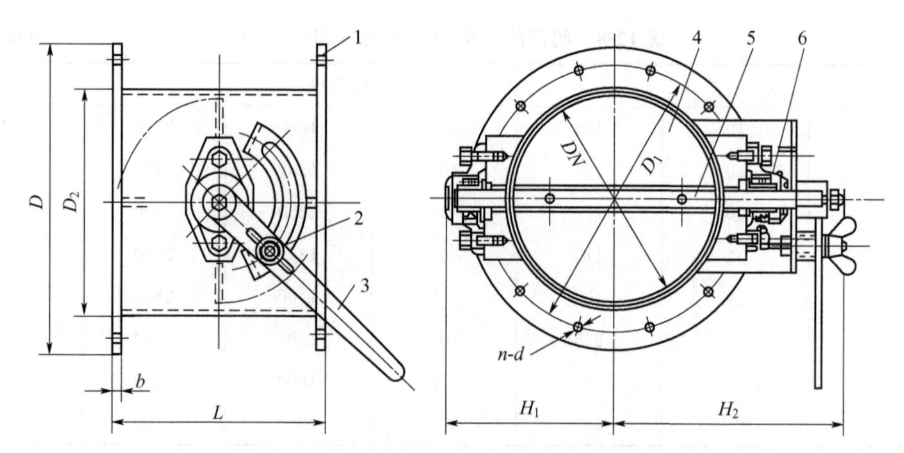

图 12-14 YJ-SDF 型手动蝶阀外形

1—阀体；2—锁紧装置；3—手柄；4—蝶板；5—阀轴；6—轴承

**表 12-9 YJ-SDF 型手动蝶阀外形尺寸** 单位：mm

| $DN$ | $D$ | $D_1$ | $D_2$ | $L$ | $b$ | $H_1$ | $H_2$ | $n$-$d$ |
|---|---|---|---|---|---|---|---|---|
| 125 | 225 | 185 | 125 | 225 | 6 | 137 | 210 | 4-$\phi$14 |
| 150 | 250 | 210 | 150 | 225 | 6 | 150 | 220 | 4-$\phi$14 |
| 200 | 300 | 260 | 200 | 250 | 6 | 175 | 245 | 4-$\phi$14 |
| 250 | 365 | 325 | 250 | 250 | 6 | 205 | 275 | 8-$\phi$14 |
| 300 | 440 | 390 | 300 | 250 | 9 | 230 | 300 | 8-$\phi$14 |
| 330 | 450 | 400 | 330 | 250 | 9 | 240 | 310 | 12-$\phi$14 |
| 350 | 489 | 429 | 350 | 250 | 9 | 250 | 320 | 12-$\phi$14 |
| 400 | 533 | 473 | 400 | 250 | 9 | 260 | 330 | 12-$\phi$14 |

注：摘自北京中冶环保科技公司（中冶节能环保研究所）样本。

（2）YSF-0.5C 型手动蝶阀 圆板手动蝶阀广泛用于除尘系统管道气体流动介质的控制，能有效地调节和切断流量。由于该阀是手动操作，控制流量的精度有所限制，所以一般在手柄上刻有转动角度，以示流量大小。

该阀采用优质钢板制造，具有结构紧凑、质量小、启闭轻松灵活、平稳等优点，是现场操作、调节流量的方便设备。其外形如图 12-15 所示。

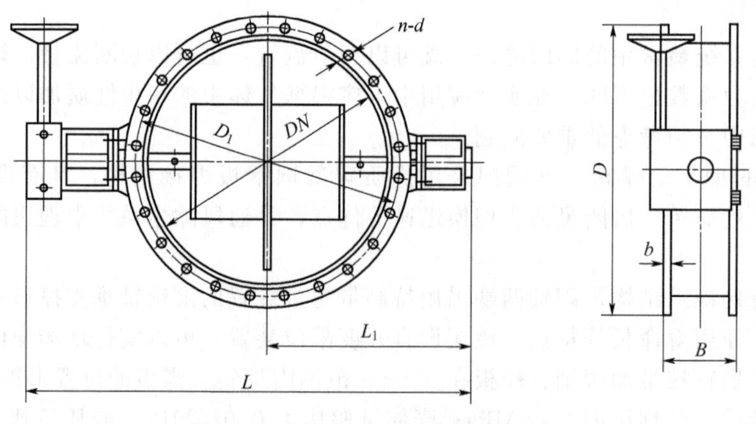

图 12-15 YSF-0.5C 型手动蝶阀外形

YSF-0.5C 型手动蝶阀的性能参数见表 12-10，外形尺寸见表 12-11。

**表 12-10 YSF-0.5C 型手动蝶阀的性能参数**

| 公称压力/MPa | 介质流速/(m/s) | 适用温度/℃ | 适用介质 |
|---|---|---|---|
| 0.05 | ≤30 | −30～250 | 空气、烟气、煤气、粉尘气体、煤粉等 |

**表 12-11 YSF-0.5C 型手动蝶阀的外形尺寸** 单位：mm

<table>
<tr><th>DN</th><th>D</th><th>D<sub>1</sub></th><th>L</th><th>L<sub>1</sub></th><th>L<sub>2</sub></th><th>B</th><th>b</th><th>n-d</th></tr>
<tr><td>400</td><td>500</td><td>455</td><td>900</td><td>300</td><td rowspan="9">300</td><td rowspan="9">220</td><td rowspan="12">10</td><td rowspan="2">12-φ18</td></tr>
<tr><td>420</td><td>520</td><td>475</td><td>920</td><td>325</td></tr>
<tr><td>450</td><td>550</td><td>505</td><td>950</td><td>340</td><td rowspan="6">16-φ18</td></tr>
<tr><td>480</td><td>580</td><td>535</td><td>980</td><td>360</td></tr>
<tr><td>500</td><td>600</td><td>555</td><td>1050</td><td>380</td></tr>
<tr><td>560</td><td>660</td><td>615</td><td>1060</td><td>420</td></tr>
<tr><td>600</td><td>700</td><td>655</td><td>1200</td><td>460</td></tr>
<tr><td>630</td><td>730</td><td>685</td><td>1250</td><td>480</td></tr>
<tr><td>710</td><td>810</td><td>765</td><td>1300</td><td>545</td><td rowspan="2">18-φ18</td></tr>
<tr><td>750</td><td>850</td><td>805</td><td>1400</td><td>570</td><td rowspan="6">370</td><td rowspan="6">280</td></tr>
<tr><td>800</td><td>929</td><td>870</td><td>1500</td><td>600</td><td rowspan="2">20-φ22</td></tr>
<tr><td>900</td><td>1026</td><td>970</td><td>1600</td><td>670</td></tr>
<tr><td>1000</td><td>1130</td><td>1070</td><td>1700</td><td>720</td><td rowspan="3">12</td><td rowspan="2">28-φ24</td></tr>
<tr><td>1120</td><td>1250</td><td>1190</td><td>1760</td><td>780</td></tr>
<tr><td>1250</td><td>1380</td><td>1320</td><td>1900</td><td>880</td><td rowspan="2">32-φ24</td></tr>
<tr><td>1320</td><td>1450</td><td>1390</td><td>2000</td><td>920</td><td rowspan="5">420</td><td rowspan="5">340</td><td rowspan="8">16</td></tr>
<tr><td>1400</td><td>1530</td><td>1470</td><td>2080</td><td>960</td><td rowspan="2">36-φ24</td></tr>
<tr><td>1500</td><td>1630</td><td>1570</td><td>2180</td><td>1010</td></tr>
<tr><td>1600</td><td>1730</td><td>1670</td><td>2280</td><td>1140</td><td rowspan="2">40-φ24</td></tr>
<tr><td>1700</td><td>1830</td><td>1770</td><td>2380</td><td>1190</td></tr>
<tr><td>1800</td><td>1930</td><td>1870</td><td>2480</td><td>1240</td><td rowspan="6">500</td><td rowspan="6">400</td><td rowspan="2">44-φ24</td></tr>
<tr><td>1900</td><td>2030</td><td>1970</td><td>2580</td><td>1290</td></tr>
<tr><td>2000</td><td>2130</td><td>2070</td><td>2680</td><td>1350</td><td>48-φ24</td></tr>
<tr><td>2240</td><td>2375</td><td>2310</td><td>2950</td><td>1410</td><td rowspan="5">20</td><td rowspan="2">52-φ24</td></tr>
<tr><td>2360</td><td>2490</td><td>2430</td><td>3070</td><td>1530</td></tr>
<tr><td>2500</td><td>2630</td><td>2570</td><td>3210</td><td>1605</td><td>56-φ24</td></tr>
<tr><td>2650</td><td>2780</td><td>2720</td><td>3360</td><td>1680</td><td rowspan="6">600</td><td rowspan="6">480</td><td>60-φ24</td></tr>
<tr><td>2800</td><td>2930</td><td>2870</td><td>3560</td><td>1755</td><td>64-φ24</td></tr>
<tr><td>3000</td><td>3130</td><td>3070</td><td>3730</td><td>1855</td><td rowspan="4">24</td><td rowspan="2">68-φ24</td></tr>
<tr><td>3150</td><td>3280</td><td>3220</td><td>3880</td><td>1930</td></tr>
<tr><td>3350</td><td>3480</td><td>3420</td><td>4130</td><td>2030</td><td rowspan="2">72-φ24</td></tr>
<tr><td>3550</td><td>3680</td><td>3620</td><td>4330</td><td>2130</td></tr>
</table>

(3) YJ-TDF 型通风除尘专用电力蝶阀 该电动蝶阀是为冶金、化工、矿山、电力、建材等行业通风、除尘系统设计的通风除尘阀门，尤其适合环境恶劣、动作频繁的场合，是融启闭

与调节、电动与手动为一体的控制气体流量的设备。

该阀门的特点是整机密封、结构简单合理、防护性能好，并具有结构紧凑、控制精度高、性能可靠、输出转矩和承受轴向力大、寿命长、维护方便等特点。该阀门设有现场操作及远距离集中控制两种装置。启动电源开关，电机通过一、二级传动装置减速后，带动阀轴、蝶板做90°范围内的旋转，使阀门处于开启或关闭状态。调整电动装置上的齿轮或限位开关也可获得不同的开度。YJ-TDF型通风除尘专用电力蝶阀外形如图12-16所示，其外形尺寸见表12-12。

YJ-TDF型除尘专用阀门的主要性能参数：公称压力0.05MPa；壳体试验压力0.075MPa；介质流速≤25m/s；介质温度在−20～120℃之间；适用介质为粉尘气体、冷（热）废气；外泄漏≤1%。

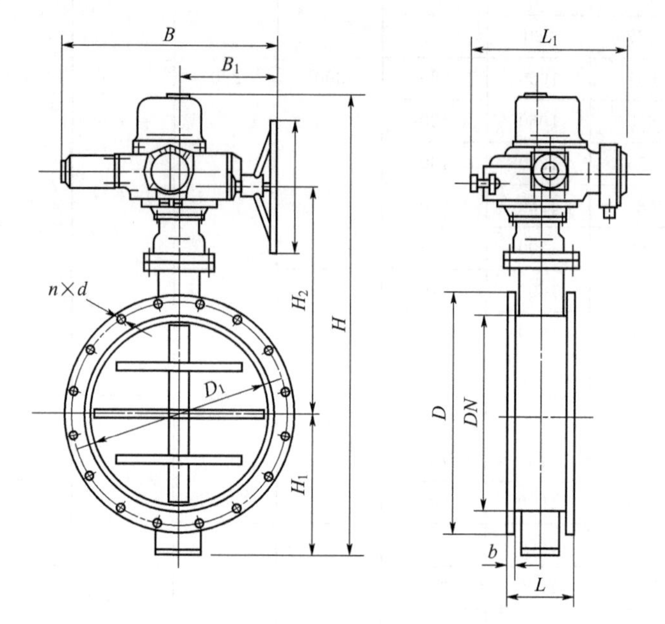


图12-16　YJ-TDF型通风除尘专用电力蝶阀外形

**表12-12　YJ-TDF型通风除尘专用电力蝶阀外形尺寸**

| DN /mm | D /mm | $D_1$ /mm | L /mm | b /mm | H /mm | $H_1$ /mm | $H_2$ /mm | B /mm | $B_1$ /mm | $L_1$ /mm | n-d /mm | 电动装置型号 | 电动机功率 /kW | 启闭时间 /s | 转矩 /N·m |
|---|---|---|---|---|---|---|---|---|---|---|---|---|---|---|---|
| 200 | 320 | 280 | 160 | 14 | 815 | 180 | 410 | 575 | 165 | 383 | 8-ϕ18 | SMC-04/JAO | 0.2 | 15 | 400 |
| 250 | 370 | 335 | 160 | 14 | 870 | 210 | 440 | 575 | 165 | 383 | 12-ϕ18 | SMC-04/JAO | 0.2 | 15 | 400 |
| 300 | 440 | 395 | 200 | 14 | 910 | 230 | 450 | 575 | 165 | 383 | 12-ϕ22 | SMC-04/JAO | 0.2 | 15 | 400 |
| 350 | 490 | 445 | 200 | 14 | 930 | 260 | 465 | 575 | 222 | 383 | 12-ϕ22 | SMC-04/JAO | 0.2 | 15 | 400 |
| 400 | 540 | 495 | 200 | 16 | 1150 | 310 | 628 | 575 | 260 | 383 | 14-ϕ22 | SMC-04/JAIA | 0.2 | 15 | 900 |
| 450 | 595 | 550 | 200 | 16 | 1205 | 335 | 653 | 575 | 260 | 383 | 14-ϕ22 | SMC-04/JAIA | 0.2 | 15 | 900 |
| 500 | 645 | 600 | 200 | 16 | 1260 | 360 | 680 | 575 | 260 | 383 | 14-ϕ22 | SMC-04/JAIA | 0.2 | 15 | 900 |
| 600 | 755 | 705 | 200 | 16 | 1370 | 410 | 735 | 575 | 260 | 383 | 14-ϕ22 | SMC-04/JAIA | 0.2 | 15 | 900 |
| 700 | 860 | 810 | 250 | 16 | 1510 | 540 | 630 | 720 | 490 | 704 | 24-ϕ26 | SMC-03/H1BC | 0.4 | 15 | 1690 |
| 800 | 975 | 920 | 250 | 16 | 1570 | 590 | 680 | 720 | 490 | 704 | 24-ϕ26 | SMC-03/H1BC | 0.4 | 15 | 1690 |
| 900 | 1075 | 1020 | 300 | 16 | 1620 | 640 | 820 | 720 | 490 | 704 | 24-ϕ26 | SMC-03/H1BC | 0.4 | 15 | 1690 |
| 1000 | 1175 | 1120 | 300 | 16 | 1670 | 690 | 890 | 720 | 490 | 704 | 28-ϕ26 | SMC-03/H1BC | 0.4 | 15 | 1690 |

续表

| $DN$ /mm | $D$ /mm | $D_1$ /mm | $L$ /mm | $b$ /mm | $H$ /mm | $H_1$ /mm | $H_2$ /mm | $B$ /mm | $B_1$ /mm | $L_1$ /mm | $n$-$d$ /mm | 电动装置型号 | 电动机功率 /kW | 启闭时间 /s | 转矩 /N·m |
|---|---|---|---|---|---|---|---|---|---|---|---|---|---|---|---|
| 1100 | 1275 | 1220 | 300 | 18 | 1790 | 740 | 910 | 720 | 490 | 704 | 28-$\phi$26 | SMC-03/H1BC | 0.4 | 15 | 1690 |
| 1200 | 1375 | 1320 | 300 | 18 | 2040 | 790 | 990 | 720 | 490 | 704 | 32-$\phi$30 | SMC-03/H1BC | 0.4 | 15 | 1690 |
| 1300 | 1475 | 1420 | 300 | 18 | 2100 | 840 | 1050 | 760 | 640 | 750 | 32-$\phi$30 | SMC-03/H2BC | 0.6 | 15 | 2530 |
| 1400 | 1575 | 1520 | 300 | 18 | 2150 | 890 | 1100 | 760 | 640 | 750 | 36-$\phi$30 | SMC-03/H2BC | 0.6 | 15 | 2530 |
| 1500 | 1690 | 1630 | 350 | 20 | 2310 | 940 | 1150 | 760 | 640 | 750 | 36-$\phi$30 | SMC-03/H2BC | 0.6 | 15 | 2530 |
| 1600 | 1790 | 1730 | 350 | 20 | 2415 | 1010 | 1200 | 760 | 640 | 750 | 40-$\phi$30 | SMC-03/H2BC | 0.6 | 15 | 2530 |
| 1700 | 1890 | 1830 | 350 | 20 | 2520 | 1040 | 1250 | 960 |  | 773 | 40-$\phi$30 | SMC-00/H3BC | 1.1 | 15 | 4310 |
| 1800 | 1990 | 1930 | 350 | 22 | 2580 | 1090 | 1300 | 960 |  | 773 | 44-$\phi$30 | SMC-00/H3BC | 1.1 | 15 | 4310 |
| 1900 | 2090 | 2030 | 400 | 22 | 2700 | 1145 | 1350 | 960 |  | 773 | 48-$\phi$30 | SMC-00/H3BC | 1.1 | 15 | 4310 |
| 2000 | 2190 | 2130 | 400 | 22 | 2790 | 1195 | 1400 | 960 |  | 773 | 48-$\phi$30 | SMC-00/H3BC | 1.1 | 15 | 4310 |
| 2200 | 2405 | 2340 | 400 | 22 | 2900 | 1295 | 1500 | 960 |  | 773 | 56-$\phi$33 | SMC-00/H3BC | 1.1 | 15 | 4310 |
| 2400 | 2605 | 2440 | 400 | 24 | 3190 | 1395 | 1600 | 960 |  | 773 | 56-$\phi$33 | SMC-00/H3BC | 1.5 | 15 | 6890 |
| 2600 | 2805 | 2740 | 450 | 24 | 3385 | 1495 | 1700 | 960 |  | 773 | 60-$\phi$33 | SMC-00/H3BC | 1.5 | 15 | 6890 |
| 2800 | 3030 | 2960 | 450 | 26 | 3585 | 1595 | 1800 | 980 |  | 791 | 60-$\phi$33 | SMC-0/H4BC | 1.5 | 30 | 9140 |
| 3000 | 3230 | 3160 | 450 | 26 | 3785 | 1695 | 1900 | 980 |  | 791 | 60-$\phi$33 | SMC-0/H4BC | 1.5 | 30 | 9140 |

注：摘自北京中冶环保科技公司（中冶节能环保）样本。

(4) DQT 型气动推杆蝶阀　气动推杆蝶阀广泛应用于冶金、矿山、电力、化工、建材等行业，是环境保护除尘工程中快速调节流量的设备。

该阀具有设计新颖、启闭灵活、切换迅速、流阻系数小、使用维修方便等特点。该阀配用气动推杆作为驱动，启闭迅速平稳，是快速切断的设备，外形见图 12-17，外形尺寸见表 12-13。DQF 型气动推杆蝶阀的主要性能参数见表 12-14。

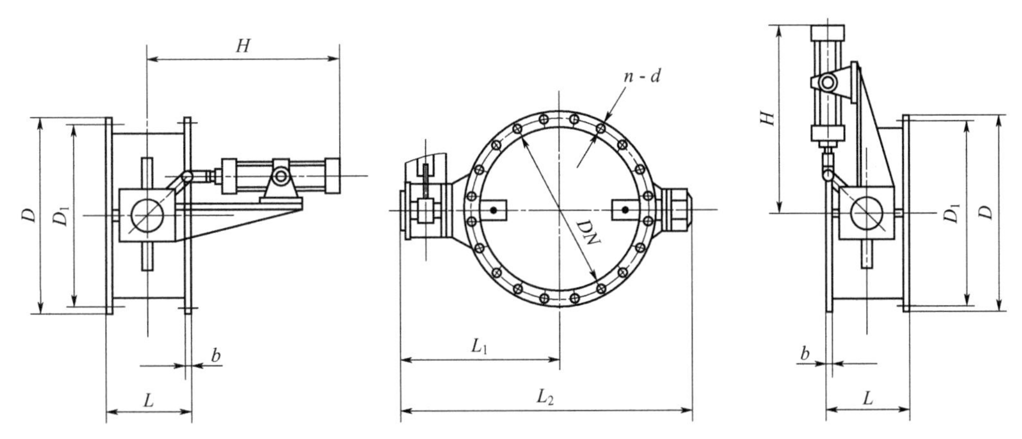


图 12-17　DQT-A（水平安装）外形及 DQT-B（垂直安装）外形

(5) DDT 型电动推杆蝶阀　DDT 型电动推杆蝶阀应用于冶金、矿山、电力、化工、建材等行业，是环境保护除尘工程中快速启闭调节流量的理想设备。

该阀门具有设计新颖、启闭灵活、切换迅速、流阻系数小、使用维修方便等特点。该阀还装有电动推杆自动保护装置，在推力超过额定指标时自动停止工作，保护整机不致损坏。DDT 型电动推杆蝶阀外形见图 12-18，外形尺寸见表 12-15，主要性能参数见表 12-16。

**表 12-13　DQT-A（水平安装）及 DQT-B（垂直安装）外形尺寸**

| $DN$ /mm | $D$ /mm | $D_1$ /mm | $b$ /mm | $L$ /mm | $n$-$d$ /mm | $H$ /mm | $L_1$ /mm | $L_2$ /mm | 气动推杆 | 质量/kg |
|---|---|---|---|---|---|---|---|---|---|---|
| 200 | 320 | 280 | 10 | 200 | 8-$\phi$17.5 | 385 | 400 | 600 | 10A-5TC32B | 59 |
| 225 | 345 | 305 | | | | 385 | 415 | 630 | | 65 |
| 250 | 375 | 335 | | | 12-$\phi$17.5 | 385 | 430 | 660 | | 68 |
| 280 | 415 | 375 | 12 | | | 385 | 450 | 700 | | 78 |
| 300 | 440 | 395 | | | 12-$\phi$22 | 420 | 460 | 725 | 10A-5TC40B | 84 |
| 320 | 460 | 415 | | | | 420 | 470 | 750 | | 90 |
| 350 | 490 | 445 | | | | 420 | 485 | 780 | | 105 |
| 360 | 500 | 455 | | | | 420 | 490 | 790 | | 119 |
| 400 | 540 | 495 | 14 | 250 | 16-$\phi$22 | 450 | 510 | 830 | | 130 |
| 450 | 595 | 550 | | | | 450 | 540 | 885 | | 146 |
| 500 | 645 | 600 | | | 20-$\phi$22 | 450 | 565 | 935 | | 159 |
| 550 | 705 | 655 | | | 20-$\phi$26 | 525 | 645 | 1160 | 10A-5TC50B | 183 |
| 560 | 715 | 665 | | | | 525 | 650 | 1170 | | 196 |
| 600 | 755 | 705 | | | | 525 | 670 | 1210 | | 217 |
| 650 | 810 | 760 | | | | 525 | 700 | 1270 | | 240 |
| 700 | 860 | 810 | 16 | | 24-$\phi$26 | 570 | 725 | 1320 | | 272 |
| 800 | 975 | 920 | | 300 | 24-$\phi$30 | 570 | 785 | 1440 | | 319 |
| 900 | 1075 | 1020 | | | | 570 | 835 | 1540 | | 362 |
| 1000 | 1175 | 1120 | | | 28-$\phi$30 | 570 | 915 | 1680 | | 416 |
| 1100 | 1275 | 1220 | 18 | | | 570 | 965 | 1780 | | 477 |
| 1120 | 1295 | 1240 | | | | 570 | 985 | 1820 | | 505 |
| 1200 | 1375 | 1320 | | | 32-$\phi$30 | 640 | 1050 | 1950 | | 555 |
| 1250 | 1425 | 1370 | | | | 640 | 1075 | 2000 | 10A-5TC80B | 598 |
| 1300 | 1475 | 1420 | | | | 640 | 1100 | 2050 | | 645 |
| 1400 | 1575 | 1520 | | | 36-$\phi$30 | 640 | 1150 | 2150 | | 724 |
| 1500 | 1685 | 1630 | 20 | | | 640 | 1205 | 2260 | | 847 |
| 1600 | 1785 | 1430 | | | 40-$\phi$30 | 765 | 1335 | 2470 | | 1026 |
| 1700 | 1885 | 1830 | | | 44-$\phi$30 | 765 | 1385 | 2570 | 10A-5TC125B | 1220 |
| 1800 | 1985 | 1930 | | | | 765 | 1435 | 2670 | | 1398 |
| 1900 | 2085 | 2030 | 22 | | 48-$\phi$30 | 765 | 1485 | 2770 | | 1680 |
| 2000 | 2185 | 2130 | | | | 765 | 1535 | 2870 | | 2019 |

**表 12-14　DQF 型气动推杆蝶阀的主要性能参数**

| 公称压力/MPa | 介质流速/(m/s) | 适用温度/℃ | 适用介质 |
|---|---|---|---|
| 0.05 | ≤28 | ≤350 | 粉尘气体、冷热空气、含尘烟气等 |

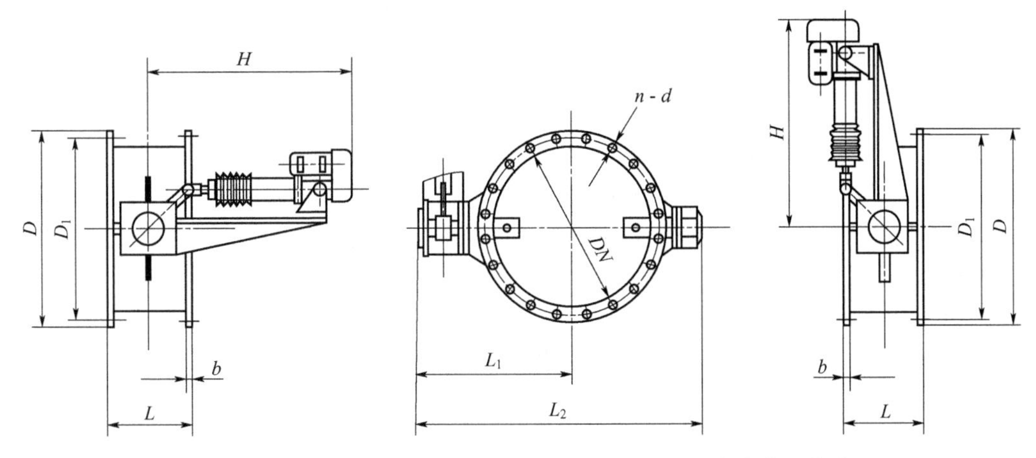


图 12-18 DDT-A（水平安装）外形及 DDT-B（垂直安装）外形

**表 12-15 DDT-A（水平安装）及 DDT-B（垂直安装）外形尺寸**

| $DN$ /mm | $D$ /mm | $D_1$ /mm | $b$ /mm | $L$ /mm | $n$-$d$ /mm | $H$ /mm | $L_1$ /mm | $L_2$ /mm | 电动推杆 | 功率 /kW | 质量/kg |
|---|---|---|---|---|---|---|---|---|---|---|---|
| 200 | 320 | 280 | 10 | 200 | 8-$\phi$17.5 | 500 | 400 | 600 | DTⅠ 25-M | 0.025 | 56 |
| 225 | 345 | 305 | | | | 500 | 415 | 630 | | | 62 |
| 250 | 375 | 335 | | | 12-$\phi$17.5 | 500 | 430 | 660 | | | 68 |
| 280 | 415 | 375 | 12 | | | 500 | 450 | 700 | | | 75 |
| 300 | 440 | 395 | | | 12-$\phi$22 | 520 | 460 | 725 | DTⅠ 63-M | 0.06 | 82 |
| 320 | 460 | 415 | | | | 520 | 470 | 750 | | | 90 |
| 350 | 490 | 445 | | | | 520 | 485 | 780 | | | 98 |
| 360 | 500 | 455 | | | | 520 | 490 | 790 | | | 102 |
| 400 | 540 | 495 | 14 | 250 | 16-$\phi$22 | 570 | 510 | 830 | | | 125 |
| 450 | 595 | 550 | | | | 570 | 540 | 885 | | | 138 |
| 500 | 645 | 600 | | | 20-$\phi$22 | 570 | 565 | 935 | | | 153 |
| 550 | 705 | 655 | | | 20-$\phi$26 | 795 | 645 | 1160 | DTⅡ 100-M | 0.25 | 170 |
| 560 | 715 | 665 | | | | 795 | 650 | 1170 | | | 178 |
| 600 | 755 | 705 | | | | 795 | 670 | 1210 | | | 199 |
| 650 | 810 | 760 | | | | 795 | 700 | 1270 | | | 222 |
| 700 | 860 | 810 | 16 | 300 | 24-$\phi$26 | 840 | 725 | 1320 | | | 261 |
| 800 | 975 | 920 | | | 24-$\phi$30 | 840 | 785 | 1140 | | | 300 |
| 900 | 1075 | 1020 | | | | 840 | 835 | 1540 | | | 345 |
| 1000 | 1175 | 1120 | | | | 840 | 915 | 1680 | | | 396 |
| 1100 | 1275 | 1220 | 18 | | | 840 | 965 | 1780 | | | 455 |
| 1120 | 1295 | 1240 | | | | 840 | 985 | 1820 | | | 472 |
| 1200 | 1375 | 1320 | | | 28-$\phi$30 | 870 | 1050 | 1950 | DTⅡ 250-M | 0.37 | 523 |
| 1250 | 1425 | 1370 | | | | 870 | 1075 | 2000 | | | 564 |
| 1300 | 1475 | 1420 | | | 32-$\phi$30 | 870 | 1100 | 2050 | | | 610 |
| 1400 | 1575 | 1520 | | | | 870 | 1150 | 2150 | | | 702 |
| 1500 | 1685 | 1630 | 20 | | 36-$\phi$30 | 870 | 1205 | 2260 | | | 828 |
| 1600 | 1785 | 1730 | | | 40-$\phi$30 | 1130 | 1335 | 2470 | DTⅡ 500-M | 0.75 | 977 |
| 1700 | 1885 | 1830 | | | 44-$\phi$30 | 1130 | 1385 | 2570 | | | 1152 |
| 1800 | 1985 | 1930 | | | | 1130 | 1435 | 2670 | | | 1324 |
| 1900 | 2085 | 2030 | 22 | | 48-$\phi$30 | 1130 | 1485 | 2770 | | | 1562 |
| 2000 | 2185 | 2130 | | | | 1130 | 1535 | 2870 | | | 1843 |

表 12-16 DDT 型电动推杆蝶阀的主要性能参数

| 公称压力/MPa | 介质流速/(m/s) | 适用温度/℃ | 适用介质 |
|---|---|---|---|
| 0.05 | ≤28 | ≤350 | 粉尘气体、冷热空气、含尘烟气等 |

### 3. 插板阀

插板阀亦称闸阀，也是除尘系统最常见的阀门之一。插板阀与蝶阀的根本区别是插板阀靠阀板的插入深度进行调节，调节风量时阻力小、磨损小、精度细，属于无级调节。在实际应用中，插板阀多用在除尘系统的支管上，管道越细，用插板阀越经济。插板阀有普通型和密闭型两种，前者的缺点是容易漏风。

(1) YJ-SZF 型手动插板阀 YJ-SZF 型手动插板阀主要用于通风除尘、风力输送、排风系统管路上的调节及固体粉料输送的调节和切断。

手动插板阀具有结构简单、美观轻便、操作自如、运动灵活、密闭性能优良等特点，特别是局部阻力损失小，调节性能好，维护保养、拆换方便，不易变形，克服了老式插板阀漏风大、变形快、调节困难的毛病。其外形见图 12-19，尺寸见表 12-17。

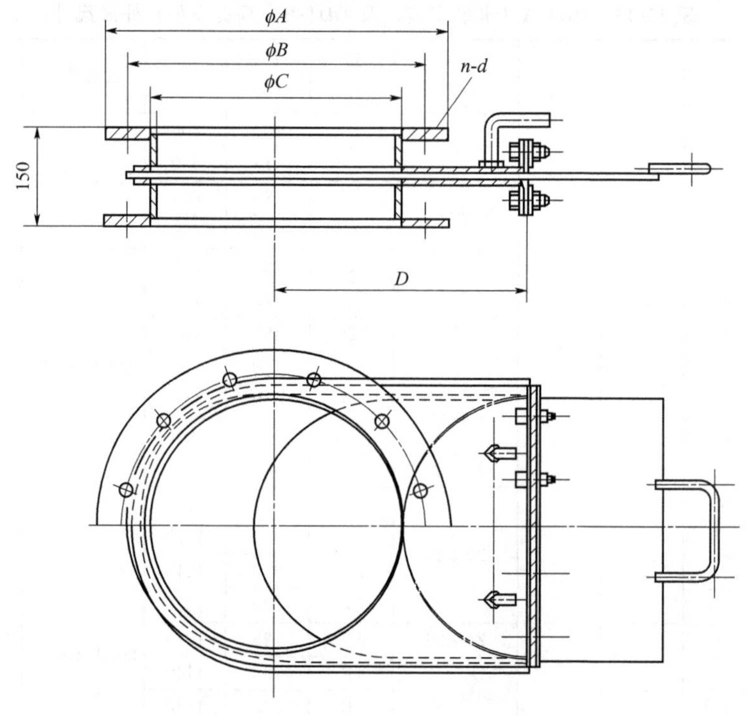


图 12-19 YJ-SZF 型手动插板阀外形

表 12-17 YJ-SZF 型手动插板阀外形尺寸

| $DN$/mm | $\phi A$/mm | $\phi B$/mm | $\phi C$/mm | $D$/mm | $n$-$d$/mm | 质量/kg |
|---|---|---|---|---|---|---|
| 150 | 297 | 237 | 150 | 225 | 4-ϕ14 | 28 |
| 200 | 349 | 289 | 200 | 300 | 4-ϕ14 | 30 |
| 250 | 400 | 340 | 250 | 375 | 8-ϕ14 | 43 |
| 300 | 452 | 392 | 300 | 450 | 8-ϕ14 | 53 |
| 350 | 489 | 429 | 350 | 525 | 8-ϕ14 | 75 |
| 400 | 533 | 473 | 400 | 600 | 12-ϕ14 | 84 |
| 450 | 583 | 523 | 450 | 675 | 12-ϕ19 | 103 |
| 500 | 633 | 573 | 500 | 750 | 12-ϕ19 | 127 |
| 550 | 683 | 620 | 550 | 825 | 12-ϕ19 | 145 |

注：摘自北京中冶环保科技公司样本。

YJ-SZF 型手动插板阀适用于压力小于 0.05MPa、温度小于 200℃的除尘系统支管风量调节。

（2）双向手动插板阀　本系列调节插板阀是学习吸收国外先进技术，综合近年来使用插板阀的经验设计制造的，它主要用于通风除尘、风力输送、排风系统管路上的调节及固体粉料输送的调节和切断。

本系列调节插板阀的主要特点是有两个手柄，可以在两个方向进行调节。它具有结构简单、操作方便、阀板滑动灵活、密闭性能优良等特点，特别是局部阻力损失小，调节性能好，维护保养、拆换方便，不易变形，克服了老式插板阀漏风大、变形快、调节困难的毛病。双向手动插板阀的连接法兰有圆形（Ⅰ型）和方形（Ⅱ型）两种，其外形见图 12-20，外形尺寸见表 12-18。

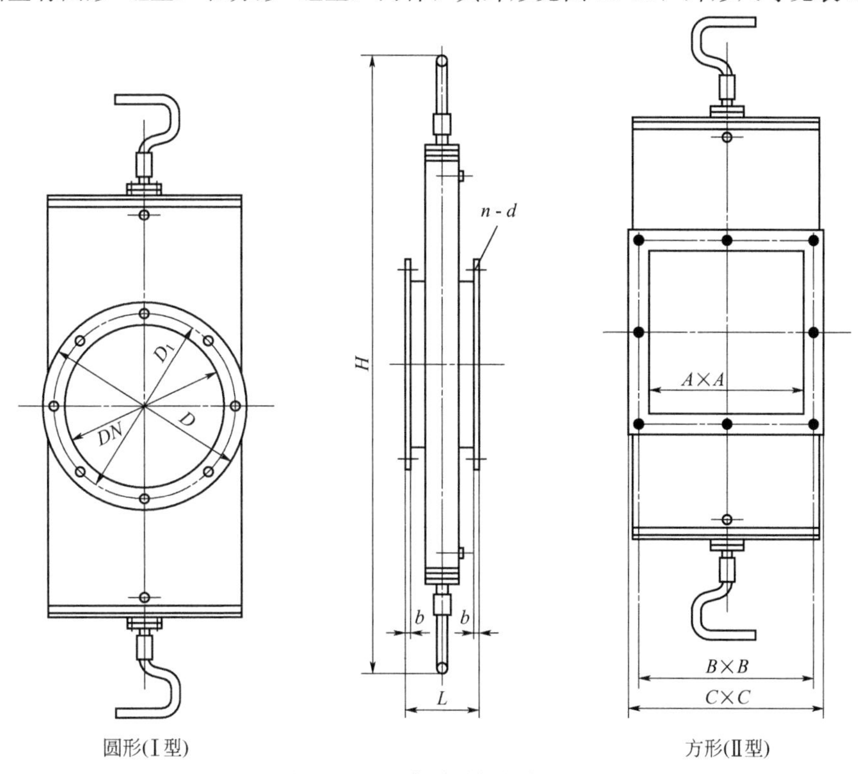


圆形(Ⅰ型)　　方形(Ⅱ型)

图 12-20　双向手动插板阀外形

**表 12-18　双向手动插板阀外形尺寸**　　单位：mm

| DN(A×A) | $D_1$(B×B) | D(C×C) | b | H | L | n-d |
|---|---|---|---|---|---|---|
| 360 | 405 | 440 | 6 | 1040 | 140 | 8-ϕ12 |
| 380 | 425 | 460 | 8 | 1070 | | |
| 400 | 445 | 480 | | 1110 | | |
| 420 | 465 | 500 | | 1140 | 160 | |
| 450 | 495 | 530 | | 1210 | | |
| 480 | 525 | 560 | | 1270 | | |
| 490 | 535 | 570 | | 1290 | | |
| 500 | 545 | 580 | | 1310 | | 12-ϕ12 |
| 530 | 575 | 610 | | 1370 | | |
| 560 | 605 | 640 | | 1400 | | |
| 600 | 645 | 680 | 10 | 1510 | 180 | 16-ϕ12 |
| 700 | 745 | 780 | | 1710 | | |

该阀适用于压力小于0.05MPa、温度小于300℃的除尘系统支管风量调节。

(3) 电动插板阀 电动插板阀主要用于通风除尘、气力输送、排风系统管路上的调节及固体粉料输送的调节和切断。该调节插板阀具有结构简单、操作方便、阀板滑动灵活、密闭性能优良等特点，特别是局部阻力损失小，调节性能好，维护保养、拆换方便，不易变形，漏风小，调节容易。这种阀的驱动装置是电动推杆，开启较为方便，调节速度比气缸稍慢，其外形见图12-21，外形尺寸见表12-19。

**表12-19 电动插板阀外形尺寸**

<table>
<tr><th rowspan="2">DN(A×A)/mm</th><th rowspan="2">$D_1$(B×B)/mm</th><th rowspan="2">D(C×C)/mm</th><th rowspan="2">b/mm</th><th rowspan="2">H/mm</th><th rowspan="2">L/mm</th><th rowspan="2">n-d/mm</th><th colspan="2">电动推杆</th></tr>
<tr><th>型号</th><th>功率/kW</th></tr>
<tr><td>200</td><td>240</td><td>270</td><td rowspan="12">6</td><td>845</td><td rowspan="8">120</td><td rowspan="8">8-$\phi$10</td><td rowspan="5">DTⅠ A63-M</td><td rowspan="5">0.06</td></tr>
<tr><td>210</td><td>250</td><td>280</td><td>865</td></tr>
<tr><td>220</td><td>260</td><td>290</td><td>885</td></tr>
<tr><td>230</td><td>270</td><td>300</td><td>905</td></tr>
<tr><td>240</td><td>280</td><td>310</td><td>925</td></tr>
<tr><td>250</td><td>290</td><td>320</td><td>1215</td><td rowspan="6">DTⅠ A100-M</td><td rowspan="6">0.25</td></tr>
<tr><td>260</td><td>300</td><td>330</td><td>1235</td></tr>
<tr><td>280</td><td>320</td><td>350</td><td>1275</td></tr>
<tr><td>300</td><td>345</td><td>380</td><td>1325</td><td rowspan="6">140</td><td rowspan="10">8-$\phi$12</td></tr>
<tr><td>320</td><td>365</td><td>400</td><td>1365</td></tr>
<tr><td>340</td><td>385</td><td>420</td><td>1405</td></tr>
<tr><td>360</td><td>405</td><td>440</td><td>1445</td><td rowspan="6">DTⅠ A300-M</td><td rowspan="6">0.37</td></tr>
<tr><td>380</td><td>425</td><td>460</td><td rowspan="10">8</td><td>1485</td></tr>
<tr><td>400</td><td>445</td><td>480</td><td>1525</td></tr>
<tr><td>420</td><td>465</td><td>500</td><td>1565</td><td rowspan="7">160</td></tr>
<tr><td>450</td><td>495</td><td>530</td><td>1625</td></tr>
<tr><td>480</td><td>525</td><td>560</td><td>1585</td></tr>
<tr><td>490</td><td>535</td><td>570</td><td>1705</td><td rowspan="6">DTⅠ A500-M</td><td rowspan="6">0.75</td></tr>
<tr><td>500</td><td>545</td><td>580</td><td>1780</td><td rowspan="3">12-$\phi$12</td></tr>
<tr><td>530</td><td>575</td><td>610</td><td>1840</td></tr>
<tr><td>560</td><td>605</td><td>640</td><td>1900</td></tr>
<tr><td>600</td><td>645</td><td>680</td><td rowspan="2">10</td><td>1980</td><td rowspan="2">180</td><td rowspan="2">16-$\phi$14</td></tr>
<tr><td>700</td><td>745</td><td>780</td><td>2180</td></tr>
</table>

该阀门适用于压力小于0.05MPa、温度小于300℃的含尘气体、粉料气力输送的调节和切断。

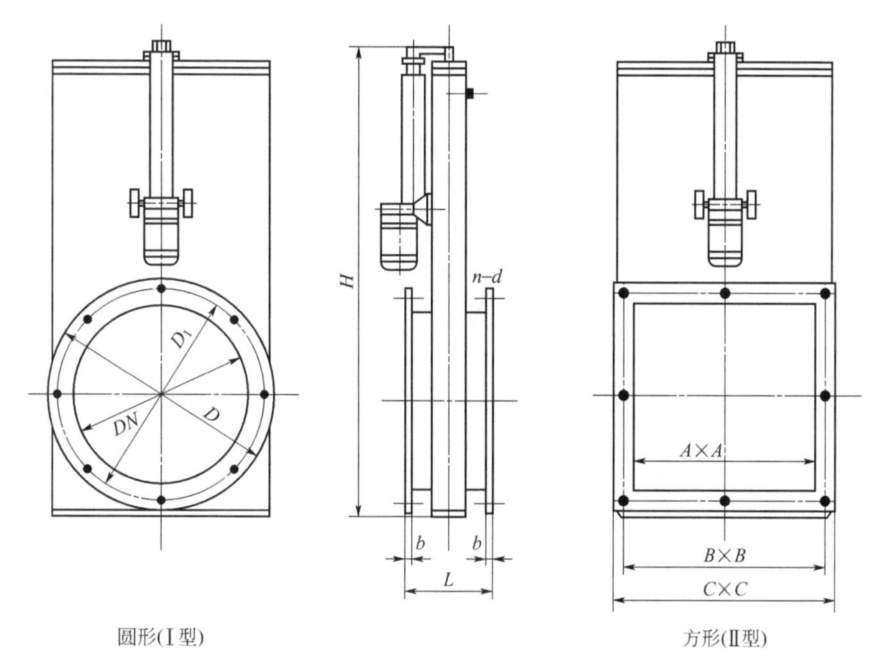


图 12-21　电动插板阀外形

# 第三节　除尘系统设计计算

除尘系统设计计算包括除尘管道流量和阻力损失的设计计算、除尘设备阻力确定以及风机和电机的选择等，其中主要是管道系统的阻力计算。管道的设计对除尘系统的能量消耗、工作能力和除尘效果有直接影响。

## 一、除尘系统设计计算步骤

(1) 绘制管网计算草图，为了便于计算可在图上注明节点编号和各管段的风量、管长、局部阻力系数等计算参数。

(2) 分析管网的结构特性，建立各环路的组合关系。从主环路（即最不利环路）开始，以“主、次”为序，将各管段的有关计算参数填入风管设计计算表。

(3) 通过技术经济分析选择合理的主环路管内设计风速，并计算主环路中各管段的管径和压力损失值。

(4) 用假定流速、反算管径、计算风压损失的方法求出各支环路（管段）的压力损失，并计算出主、支环路在并联结点处的风压平衡率：

$$\eta=\frac{\text{主环路风压损失}-\text{支环路风压损失}}{\text{主环路风压损失}}\times 100\% \tag{12-1}$$

若 $\eta\leqslant 10\%$，则认可计算结果，否则重新调整设计风速和管径进行风压平衡计算，直到 $\eta$ 满足设计要求为止。

(5) 根据系统的总风量和总压力损失（即主环路总压力损失）选择风机。

## 二、管道内气体流速的确定

管道内的气速应根据粉尘性质确定。气速太小，气体中的粉尘易沉积，影响除尘系统的正常运转；气速太大，压力损失会呈平方增长，粉尘对管壁的磨损加剧，使管道的使用寿命缩短。

垂直管道内的气体流速应小于水平和倾斜管道的气速，水平和倾斜管道内的气速应大于最大尘粒的悬浮速度。在除尘系统中，管道内各截面的气速是不相等的，气体在管道内的分布也是不均匀的，并且存在着涡流现象。同时，气速还应能够吹走风机前次停转时沉积于管道内的粉尘。因此，一般实际采用的气速比理论计算的气速大 2～4 倍，甚至更大。除尘管道内的最小风速见表 12-20。

**表 12-20 除尘管道内的最小风速** 单位：m/s

| 序号 | 粉尘类别 | 粉尘名称 | 垂直风管 | 水平风管 |
|---|---|---|---|---|
| Ⅰ | 纤维粉尘 | 干锯末、小刨屑、纺织尘 | 10 | 12 |
| | | 木屑、刨花 | 12 | 14 |
| | | 干燥粗刨花、大块干木屑 | 14 | 16 |
| | | 潮湿粗刨花、大块湿木屑 | 18 | 20 |
| | | 棉絮 | 8 | 10 |
| | | 麻 | 11 | 13 |
| | | 石棉粉尘 | 12 | 18 |
| Ⅱ | 矿物粉尘 | 耐火材料粉尘 | 14 | 17 |
| | | 黏土 | 13 | 16 |
| | | 石灰石 | 14 | 16 |
| | | 水泥 | 12 | 18 |
| | | 湿土(含水 2%以下) | 15 | 18 |
| | | 重矿物粉尘 | 14 | 16 |
| | | 轻矿物粉尘 | 12 | 14 |
| | | 灰土、砂尘 | 16 | 18 |
| | | 干细型砂 | 17 | 20 |
| | | 金刚砂、刚玉粉 | 15 | 19 |
| Ⅲ | 金属粉尘 | 钢铁粉尘 | 13 | 15 |
| | | 钢铁屑 | 19 | 23 |
| | | 铅尘 | 20 | 25 |
| Ⅳ | 其他粉尘 | 轻质干粉尘(木工磨床粉尘、烟草灰) | 8 | 10 |
| | | 煤尘 | 11 | 13 |
| | | 焦炭粉尘 | 14 | 18 |
| | | 谷物粉尘 | 10 | 12 |

除尘器后的排气管道内气体流速一般取 8～12m/s。袋式除尘器和电除尘器后的排气管内气体流速应低些，其他除尘器应高些。

除尘系统采用砖或混凝土制作的管道时，管道内的气体流速常比钢管小，垂直管道如烟囱内气速取 6～10m/s。

含尘气体在管道内的速度也可以根据工程经验取得。

## 三、除尘管道直径和气体流量计算

### 1. 气体流量计算

圆形管道的气体流量计算式为：

$$Q=3600\times\frac{\pi}{4}D_n^2v_g \tag{12-2}$$

矩形管道的气体流量计算式为：

$$Q=3600ABv_g \tag{12-3}$$

式中，$Q$ 为气体流量，$m^3/h$；$D_n$ 为圆形管道的内径，m；$A$、$B$ 分别为矩形管道的边长，m；$v_g$ 为管道内的气体流速，m/s。

**2. 管道直径计算**

管道直径按下式计算：

$$D_n=\sqrt{\frac{4Q}{3600\pi v_g}}=\sqrt{\frac{Q}{2820v_g}} \tag{12-4}$$

式中符号意义同前。

为防止粉尘堵塞管道，除尘系统最小管径如表 12-21 所列。但在医药工业、精细化工等领域，因粉尘细微，有更小直径的管道。

**表 12-21　除尘系统最小管径**

| 粉尘种类 | 最小直径/mm | 粉尘种类 | 最小直径/mm |
|---|---|---|---|
| 细粒粉尘(如矿物粉尘) | $\phi$80 | 粗粉尘(如刨花) | $\phi$150 |
| 较粗粒粉尘(如木屑) | $\phi$100 | 可能含有大块物料的混合物粉尘 | $\phi$200 |

## 四、管道阻力损失计算

含尘气体在管道中流动时，会发生因含尘气体和管壁摩擦而引起的摩擦阻力损失，以及含尘气体在经过各种管道附件或设备时引起的局部阻力损失。

**1. 气体的管道摩擦阻力损失**

管道中流动的气体在通过任意形状的管道横截面时，其摩擦阻力损失为：

对圆形管道

$$\Delta p_L=\lambda\frac{L}{D_n}\frac{v_g^2}{2}\rho \tag{12-5}$$

对非圆形管道

$$\Delta p_L=\lambda\frac{L}{4R}\frac{v_g^2\rho}{2} \tag{12-6}$$

式中，$\Delta p_L$ 为气体的管道摩擦阻力损失，Pa；$\lambda$ 为摩擦阻力系数，见表 12-22；$v_g$ 为气体在管道中的速度，m/s；$L$ 为管道长度，m；$\rho$ 为气体密度，$kg/m^3$；$D_n$ 为圆形管道内径，m；$R$ 为水力半径，m，为管道横截面 $F$ 与湿周长度 $L_c$ 之比，对于圆形管道 $R=\frac{D_n}{4}$（$D_n$ 为圆形管道内径），对于矩形管道 $R=\frac{AB}{2(A+B)}$（$A$、$B$ 分别为矩形管道的长边和宽边长度）。

**表 12-22　管壁摩擦系数 $\lambda$（$Re$ 在 $10^4$～$10^6$ 范围内）和粗糙度 $K$**

| 管道性质 | $\lambda$ | 粗糙度 $K$/mm | 管道性质 | $\lambda$ | 粗糙度 $K$/mm |
|---|---|---|---|---|---|
| 玻璃、黄铜、铜制新管 | 0.025～0.04 | 0.11～0.15 | 橡皮软管 | 0.01～0.03 | 0.02～0.25 |
| 钢管(焊接) | 0.09～0.1 | 0.15～0.18 | 用水泥胶砂涂抹的管道 | 0.05～0.1 | 1.0～3.0 |
| 镀锌钢管 | 0.12 | 0.15～0.18 | 水泥胶砂砌砖的管道 | 0.045～0.2 | 3.0～6.0 |
| 污秽钢管 | 0.75～0.9 | 0.16～0.2 | 混凝土涵道 | 0.045～0.2 | 3.0～6.0 |

**2. 含尘气体管道的摩擦阻力损失**

含尘气体管道的摩擦阻力损失包括气体管道的摩擦阻力损失和由粉尘的流动所引起的附加摩擦阻力损失。

对于圆形管道，含尘气体管道的摩擦阻力损失为：

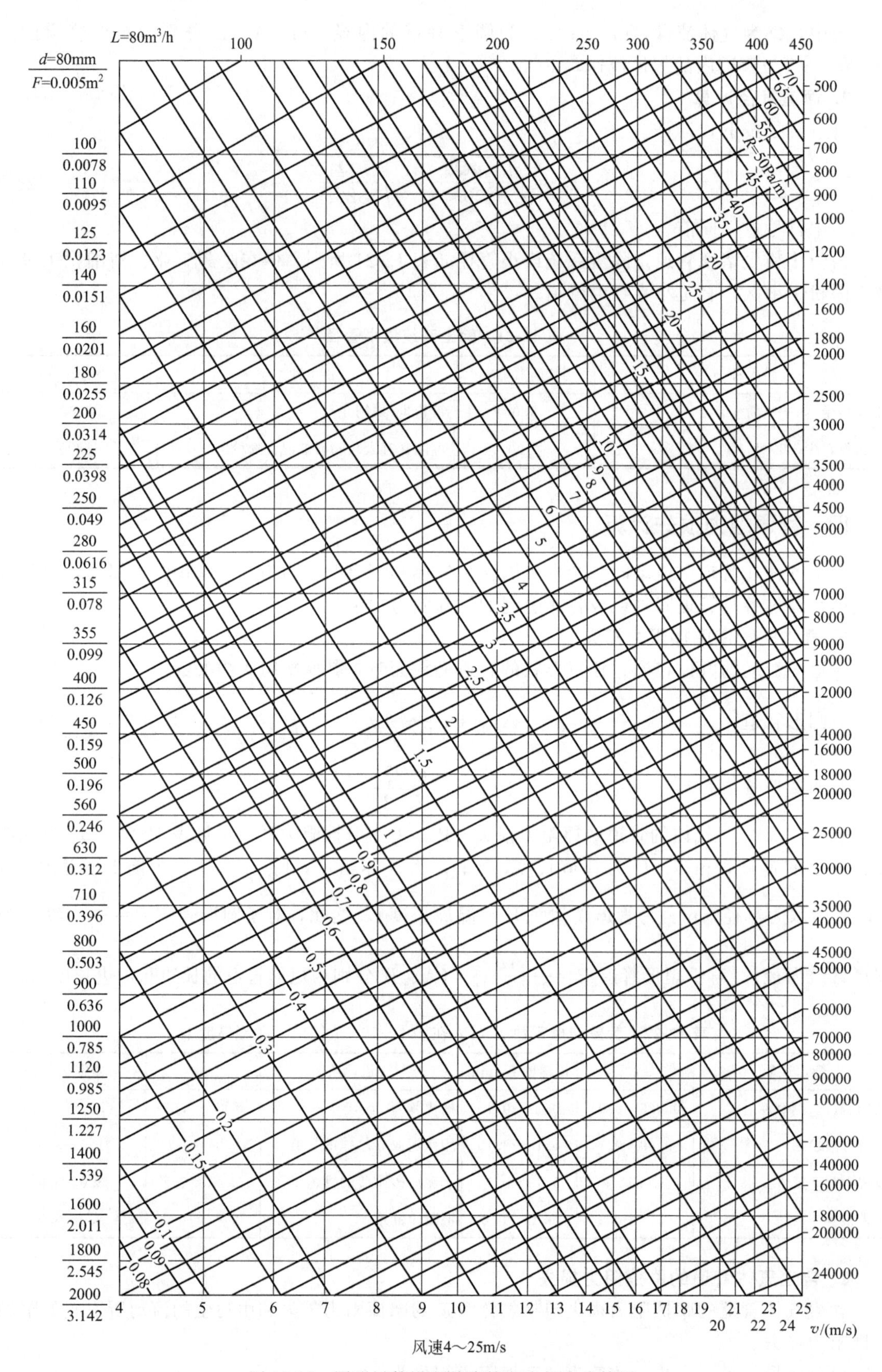


图 12-22 圆形风管沿程的摩擦阻力损失线算图

$$\Delta p_{L}=\lambda \frac{L}{D_{n}}\frac{v_{g}^{2}\rho}{2}\left(1+C_{g}\frac{v_{g}^{2}}{S_{g}^{2}}\right) \tag{12-7}$$

$$C_{g}=\frac{C}{1000\rho} \tag{12-8}$$

式中，$C_g$ 为含尘气体中粉尘的质量浓度，kg/kg；$C$ 为气体的含尘浓度，g/m³；$v_g$ 为气体在管道中的速度，m/s；$S_g$ 为粉尘在管道中的速度，m/s；其他符号意义同前。

在一般情况下，由于在含尘气体管道中 $C_g$ 值很小，且 $v_g/S_g$ 值接近 1，因此，可以近似地用式(12-5)、式(12-6) 进行计算。当气体含尘浓度达到 60g/m³ 时，其误差将达 5%，应予以考虑。

圆形风管沿程的摩擦阻力损失线算图见图 12-22。

**3. 摩擦阻力值修正计算**

(1) 管壁粗糙度的修正　图 12-22 是按粗糙度 $K=0.15$mm 的钢板风管绘制的。当实际风管的粗糙度不同时，其摩擦阻力值应按下式进行修正：

$$R_{ma}=\varepsilon/R_{ma}\quad (\mathrm{Pa/m}) \tag{12-9}$$

式中，ε 为修正系数，见表 12-23。

**表 12-23　粗糙度修正系数 ε**

| K/mm | 管道内气体流速(v)/(m/s) | | | | |
|---|---|---|---|---|---|
| | 2 | 4～6 | 8～12 | 14～22 | 24～30 |
| 0～0.01 | 0.95 | 0.90 | 0.85 | 0.80 | 0.75 |
| 0.10 | 1.00 | 0.95 | 0.95 | 0.95 | 0.95 |
| 0.20 | 1.00 | 1.05 | 1.05 | 1.05 | 1.05 |

(2) 密度和黏度的修正　当实际空气的密度和运动黏度与理论值不同时，风管摩擦阻力值按下式进行修正：

$$R_{ma}=R_{mo}(\rho_{a}/\rho_{0})^{0.91}(\nu_{a}/\nu_{0})^{0.10}\quad (\mathrm{Pa/m}) \tag{12-10}$$

式中，$R_{ma}$为风管实际的单位长度摩擦阻力，Pa/m；$R_{mo}$为图上查出的风管单位长度摩擦阻力，Pa/m；$\rho_a$ 为实际的空气密度，kg/m³；$\nu_a$ 为实际的空气运动黏度，m²/s。

(3) 空气温度和大气压力的修正　当空气温度和大气压力不同时，风管摩擦阻力值应按下式进行修正：

$$R_{ma}=K_{t}K_{B}R_{mo}\quad (\mathrm{Pa/m}) \tag{12-11}$$

式中，$K_t$ 为温度修正系数；$K_B$ 为大气压力修正系数。

$$K_{t}=\left(\frac{273+20}{273+t_{a}}\right)^{0.825} \tag{12-12}$$

式中，$t_a$ 为实际的空气温度，℃。

$$K_{B}=(B_{a}/101.3)^{0.9} \tag{12-13}$$

式中，$B_a$ 为实际的大气压力，kPa。

$K_t$、$K_B$ 可由图 12-23 直接查出。

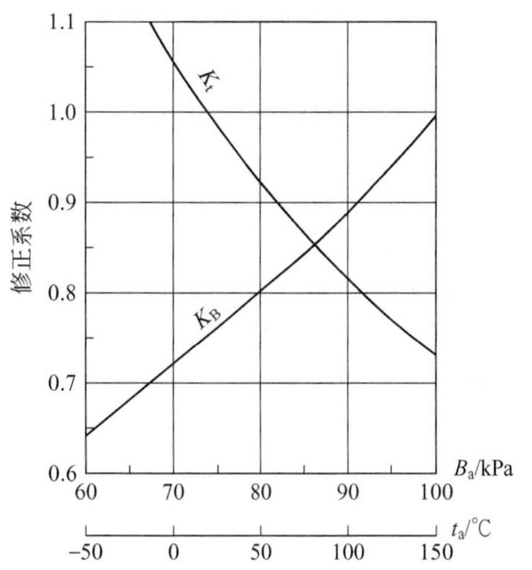

图 12-23　温度和大气压力的修正曲线

【例 12-1】　兰州某工厂有一通风除尘系统，采用钢板风管。已知风量 $Q=1500\mathrm{m^3/h}$、管内空气流速 $v=12$m/s、空气温度 $t=100$℃。确定风管管径和单位长度摩擦阻力。

**解：** 由图 12-22 查得 $D=200\text{mm}$，$R_{mo}=11\text{Pa/m}$

由图 12-23 查得 $K_t=0.82$

兰州的大气压力 $B_a=82.5\text{kPa}$，由图 12-23 查得 $K_B=0.83$。

风管实际的单位长度摩擦阻力为：

$$R_{ma}=K_tK_BR_{mo}$$
$$=0.82\times0.83\times11=7.6(\text{Pa/m})$$

**4. 摩擦损失的简化计算公式**

由于摩擦阻力损失计算比较复杂，在适用条件下，表 12-24 给出了一组简化计算公式。

**表 12-24 风道摩擦阻力系数及单位长度摩擦损失的简化计算公式**

| 序号 | 风道材料 | 摩擦阻力系数 $\lambda$ / 单位长度摩擦损失 $P_m$/(Pa/m) | 适用条件 |
| --- | --- | --- | --- |
| 1 | 薄钢板 ($K=0.15\text{mm}$) | $\lambda=0.0175D^{-0.21}v^{-0.075}$ | $D=0.2\sim2.0\text{m}$ |
| | | $P_m=1.05\times10^{-2}D^{-1.21}v^{1.925}$ | $v=5\sim30\text{m/s}$ |
| 2 | 塑料板 ($K=0.01\text{mm}$) | $\lambda=0.0188D^{-0.19}v^{-0.167}$ | $D=0.2\sim2.0\text{m}$ |
| | | $P_m=1.13\times10^{-2}D^{-1.19}v^{1.833}$ | $v=3\sim20\text{m/s}$ |
| 3 | 光滑混凝土 ($K=1.0\text{mm}$) | $\lambda=0.02165D^{-0.235}v^{-0.03}$ | $D=0.5\sim2.0\text{m}$ |
| | | $P_m=1.30\times10^{-2}D^{-1.235}v^{1.97}$ | $v=3\sim12\text{m/s}$ |
| 4 | 光滑砖风道 ($K=3.0\text{mm}$) | $\lambda=0.0272D^{-0.232}v^{-0.01}$ | $D=0.5\sim2.0\text{m}$ |
| | | $P_m=1.63\times10^{-2}D^{-1.282}v^{1.99}$ | $v=3\sim12\text{m/s}$ |

图 12-24 为按简化公式绘制的钢板风道的摩擦损失计算图。

**5. 矩形风管的摩擦阻力计算**

矩形风管的摩擦阻力可用当量直径法采用圆形管道的公式进行计算。

(1) 流速当量直径 设某一圆形风管中的空气流速与矩形风管内的空气流速相同，并且二者有相同的单位长度摩擦阻力，则把该圆形风管的直径称为矩形风管以流速为准的当量直径，以 $D_v$ 表示。按下式计算：

$$D_v=\frac{2ab}{a+b}\quad(\text{m})\tag{12-14}$$

(2) 流量当量直径 设某一圆形风管中的空气流量与矩形风管中的空气流量相等，并且二者有相同的单位长度摩擦阻力，则该圆形风管直径称为矩形风管以流量为准的当量直径，以 $D_Q$ 表示。

$$D_Q=1.30\frac{(ab)^{0.625}}{(a+b)^{0.25}}\quad(\text{m})\tag{12-15}$$

利用 $D_v$ 或 $D_Q$ 计算矩形风管的摩擦阻力时，应注意其对应关系。采用 $D_v$ 时必须按 $D_v$ 和 $v$ 由图 12-22 查出 $R_m$；采用 $D_Q$ 时必须按 $D_Q$ 及 $Q$ 由图 12-22 查出 $R_m$。

**【例 12-2】** 有一薄钢板制作的矩形风管，已知其尺寸为 $a\times b=200\text{mm}\times150\text{mm}$、风量 $Q=1500\text{m}^3/\text{h}$、$B=101.3\text{kPa}$、$t=20℃$，试计算该风管的单位长度摩擦阻力。

**解：** 风管内流速为：

$$v=\frac{1500}{3600\times0.2\times0.15}=13.9(\text{m/s})$$

以流速为准的当量直径为：

$$D_v=\frac{2ab}{a+b}=\frac{2\times0.2\times0.15}{0.2+0.15}=0.170(\text{m})$$

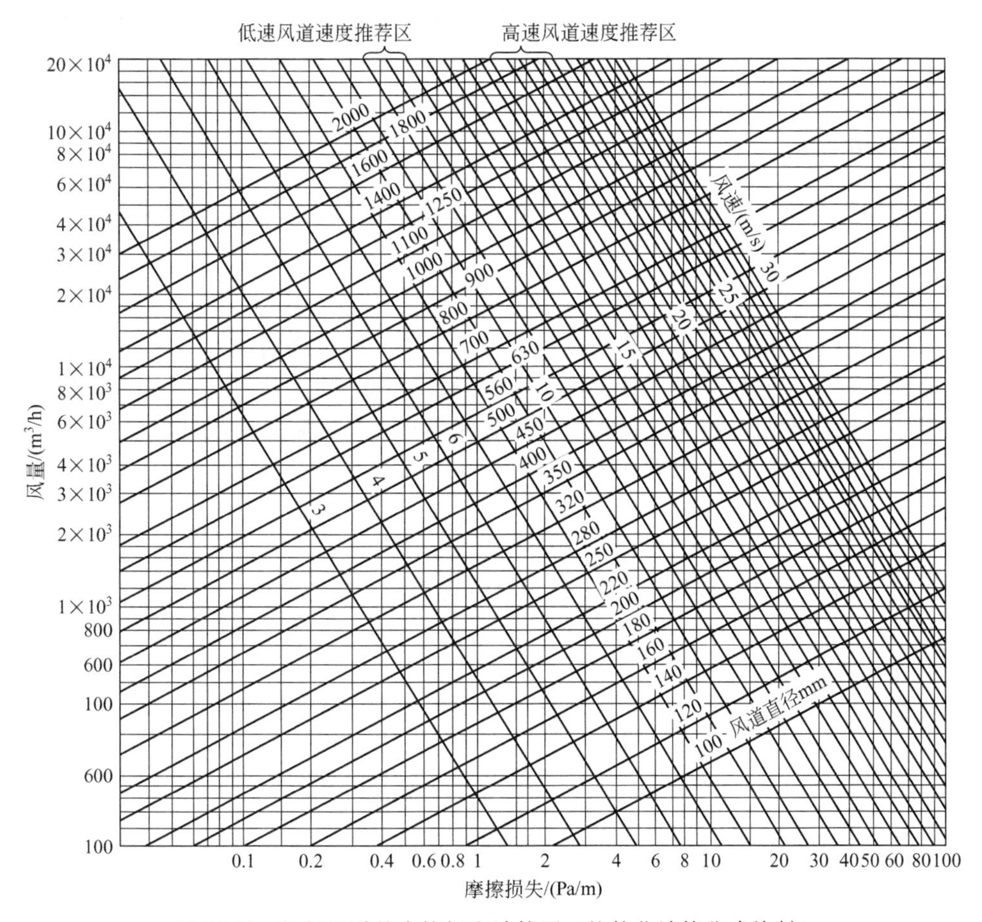


图 12-24　钢板风道的摩擦损失计算图（按简化计算公式绘制）

以流量为准的当量直径为：

$$D_{Q}=1.3\frac{(ab)^{0.625}}{(a+b)^{0.25}}=1.3\times\frac{(0.2\times0.15)^{0.625}}{(0.2+0.15)^{0.25}}=0.186(\text{m})$$

根据 $D_{v}=170\text{mm}$、$v=13.9\text{m/s}$，由图 12-22 查得 $R_{m}=15\text{Pa/m}$。

根据 $D_{Q}=186\text{mm}$、$Q=1500\text{m}^{3}/\text{h}$（$0.416\text{m}^{3}/\text{s}$），由图 12-22 查得 $R_{m}=15\text{Pa/m}$。

**6. 风管断面形状的选择**

管道的断面形状有圆形和矩形两种。在同样断面积时，圆形风管周长最短，最为经济。由于矩形风管四角存在局部涡流，在同样风量下，矩形风管的压力损失要比圆形风管大。因此，在一般情况下（特别是除尘风管）都采用圆形风管，只是有时为了便于和建筑配合才采用矩形风管。

矩形风管与相同断面积的圆形风管的压损比值为：

$$\frac{R_{mj}}{R_{my}}=\frac{0.49(a+b)^{1.25}}{(a+b)^{0.625}} \tag{12-16}$$

式中，$R_{mj}$为矩形风管的单位长度摩擦压力损失，Pa/m；$R_{my}$为圆形风管的单位长度摩擦压力损失，Pa/m；$a$、$b$ 分别为矩形风管的边长，m。

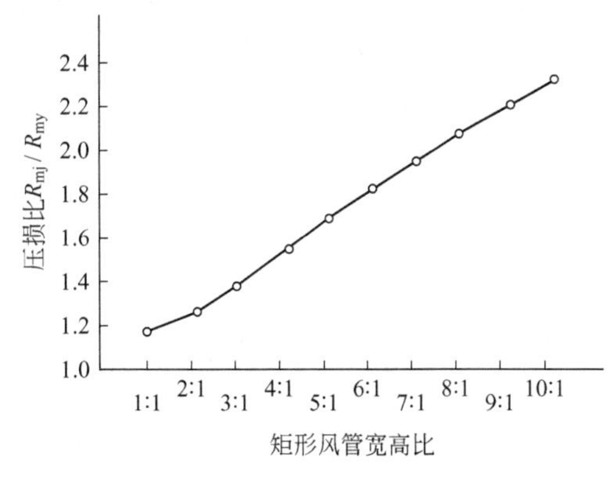


图 12-25　矩形风管与相同断面积的圆形风管的压损比

式（12-16）的关系如图 12-25 所示。从该图可以看出，随 $a/b$ 的增大，压力损失比 $R_{mj}/R_{my}$ 也相应增大。由于矩形风管的表面积也是随 $a/b$ 的增大而增大的，因此设计时应尽量使 $a/b$ 接近于 1，最多不宜超过 3。

**7. 局部阻力损失**

局部阻力损失在管道部件形状和流动状态不变时正比于动压 $\frac{v_g^2\rho}{2}$，可按下式计算：

$$\Delta p_\zeta=\zeta\frac{v_g^2\rho}{2} \tag{12-17}$$

局部阻力系数 $\zeta$ 一般用实验的方法确定。用实验方法确定的局部阻力系数一般表示异形管道部件总的阻力损失，它包括异形管道部件本身的摩擦阻力损失和因涡流引起的阻力损失，因摩擦作用很小，故摩擦阻力损失在计算中可以忽略不计。局部阻力系数见附录。

对于粗糙管，局部阻力系数做如下修正：

$$\zeta_0=\frac{\lambda_0}{\lambda}\zeta=\zeta(Kv_g)^{0.25} \tag{12-18}$$

式中，$\zeta_0$ 为粗糙管的局部阻力系数；$\zeta$ 为光滑管的局部阻力系数；$\lambda_0$ 为粗糙管的摩擦系数；$\lambda$ 为光滑管的摩擦系数；$K$ 为管道的绝对粗糙度，mm；$v_g$ 为气体在管道中的速度，m/s。

**8. 管道的总阻力损失**

除尘系统管道的总阻力损失是直管的摩擦阻力损失和管道中局部阻力损失之和：

$$\Delta p=m\left(\lambda\frac{L}{D}+\sum\zeta\right)\frac{v_g^2\rho}{2} \tag{12-19}$$

式中，$m$ 为流体阻力损失附加系数，$m$ 一般取值 1.15～1.20。

**9. 除尘系统的总阻力损失**

除尘系统的总阻力损失是管道阻力损失和各设备（除尘器、消声器、吸尘罩、冷却器、伸缩节等）阻力损失之和。

## 五、并联管路阻力平衡方法

为保证各支管的风量达到设计要求，要求除尘系统两并联支管的阻力差不超过 10%。当并联支管的阻力差超过上述规定时，可用下述方法进行阻力平衡。

（1）调整支管管径　这种方法是通过改变管径，即改变支管的阻力，达到阻力平衡的。调整后的管径按下式计算：

$$D'=D(\Delta p/\Delta p')^{0.225}\quad(\mathrm{m}) \tag{12-20}$$

式中，$D'$ 为调整后的管径，m；$D$ 为原设计的管径，m；$\Delta p$ 为原设计的支管阻力，Pa；$\Delta p'$ 为为了阻力平衡要求达到的支管阻力，Pa。

应当指出，采用该方法时不宜改变三通支管的管径，可在三通支管上增设一节渐扩（缩）管，以免引起三通支管和直管局部阻力的变化。

（2）增大排风量　当两支管的阻力相差不大时（例如在 20%以内），可以不改变管径，将阻力小的那段支管的流量适当增大，以达到阻力平衡。增大的排风量按下式计算：

$$Q'=Q(\Delta p'/\Delta p)^{0.5}\quad(\mathrm{m^3/h}) \tag{12-21}$$

式中，$Q'$ 为调整后的排风量，$m^3/h$；$Q$ 为原设计的排风量，$m^3/h$；$\Delta p$ 为原设计的支管阻力，Pa；$\Delta p'$ 为为了阻力平衡要求达到的支管阻力，Pa。

（3）增加支管阻力　阀门调节是最常用的一种增加局部阻力的方法，它是通过改变阀门的开度来调节管道阻力的。应当指出，这种方法虽然简单易行，不需严格计算，但是改变某一支管上的阀门开度会影响整个系统的压力分布。要经过反复调节，才能使各支管的风量分配达到设计要求。对于除尘系统，还要防止在阀门附近积尘，引起管道堵塞。

## 六、设备阻力的确定

### 1. 除尘器阻力的确定

除尘设备阻力的确定首先是选择除尘器，之后确定其阻力。

（1）预选　根据所考虑的基本因素，如烟尘物化性质、净化要求、各种除尘器的适用范围等，对除尘设备进行预选。

（2）技术经济比较　对预选出的除尘器（可能有两种以上的除尘器能满足工艺要求）进行技术经济指标的分析，综合考虑设备费、运行费、使用年限、占地面积等有关因素，为最终确定除尘器提供依据。

（3）环境效益分析　确定除尘器必须进行环境效益的全面分析。除尘效果好，气体排放浓度低，不仅给环境带来效益，也给生产生活带来好处，选择设备时不可忽视。

（4）除尘器选定　根据当地条件、单位操作管理水平，并结合上述情况最终选定除尘器的类型。一般情况下对于除尘器选型来说，若能按上述要求来选择，即能做出正确的设备选择；对于某些特殊工艺和特别的要求，问题要复杂些，需要结合各种综合因素进行比较分析，最终进行最优设计。

（5）除尘器的阻力确定　在除尘系统设计中确定除尘器的阻力，除参照前述相关内容及厂家提供的样本外，还应考虑到一些非常情况，如系统的压力平衡、阴雨天气对袋式除尘器的影响、除尘器长期阻力的变化等。

### 2. 消声器阻力的确定

消声器局部阻力系数为2～4，根据阻力系数可算出阻力。消声器设计阻力为200～300Pa。

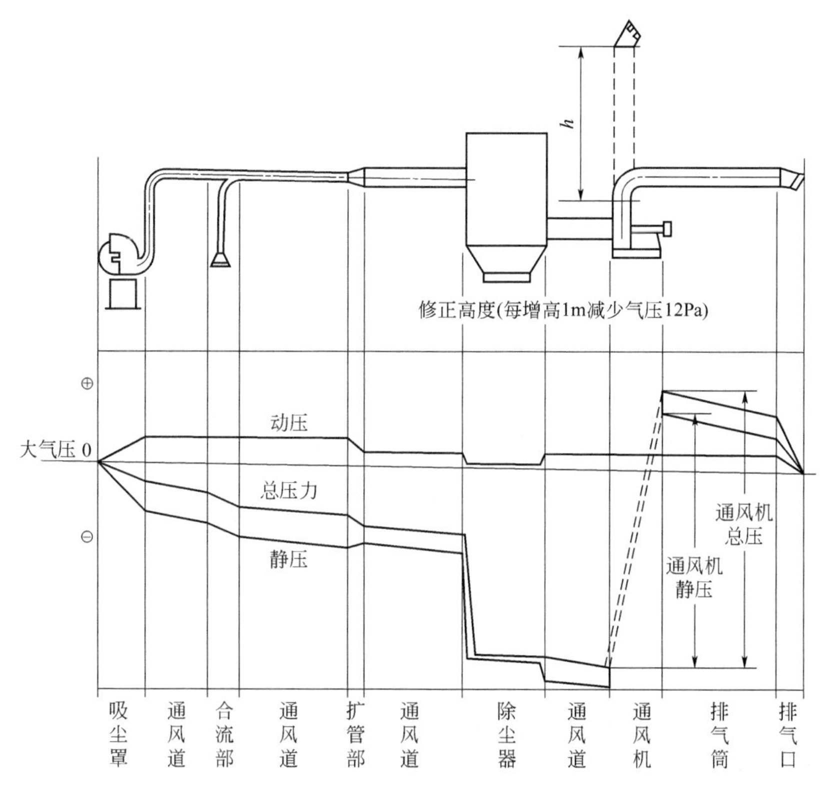


图 12-26　典型的除尘系统压力分布

除尘系统阻力计算时，消声器阻力按 300Pa 选取较为合适。

**3. 风机流量调节阀门阻力的确定**

流量调节阀门的阻力系数见附录。阻力按局部阻力计算公式计算。

## 七、除尘系统压力分布

在除尘系统中，由于每段管道和每个设备的阻力损失，使得系统中的动压、静压、全压都发生变化。典型的除尘系统压力分布如图 12-26 所示。

## 八、除尘系统通风机的选择

除尘系统管道设计计算是根据生产工艺的特点及管道配置确定系统的总抽风量、管道尺寸及系统的总阻力，然后选择相匹配的通风机。

工程设计中，在选择风机时应考虑到系统管网的漏风以及风机运行工况与标准工况不一致等情况，因此对计算确定的风量和风压必须考虑一定的附加系数和气体状态的修正。

**【例 12-3】** 已知某除尘系统的粉尘性质为轻矿物粉尘，系统共设 6 个集气吸尘罩，各吸尘罩风量和位置、支管长度和局部阻力系数如图 12-27 所示。试进行该系统管网的设计计算。

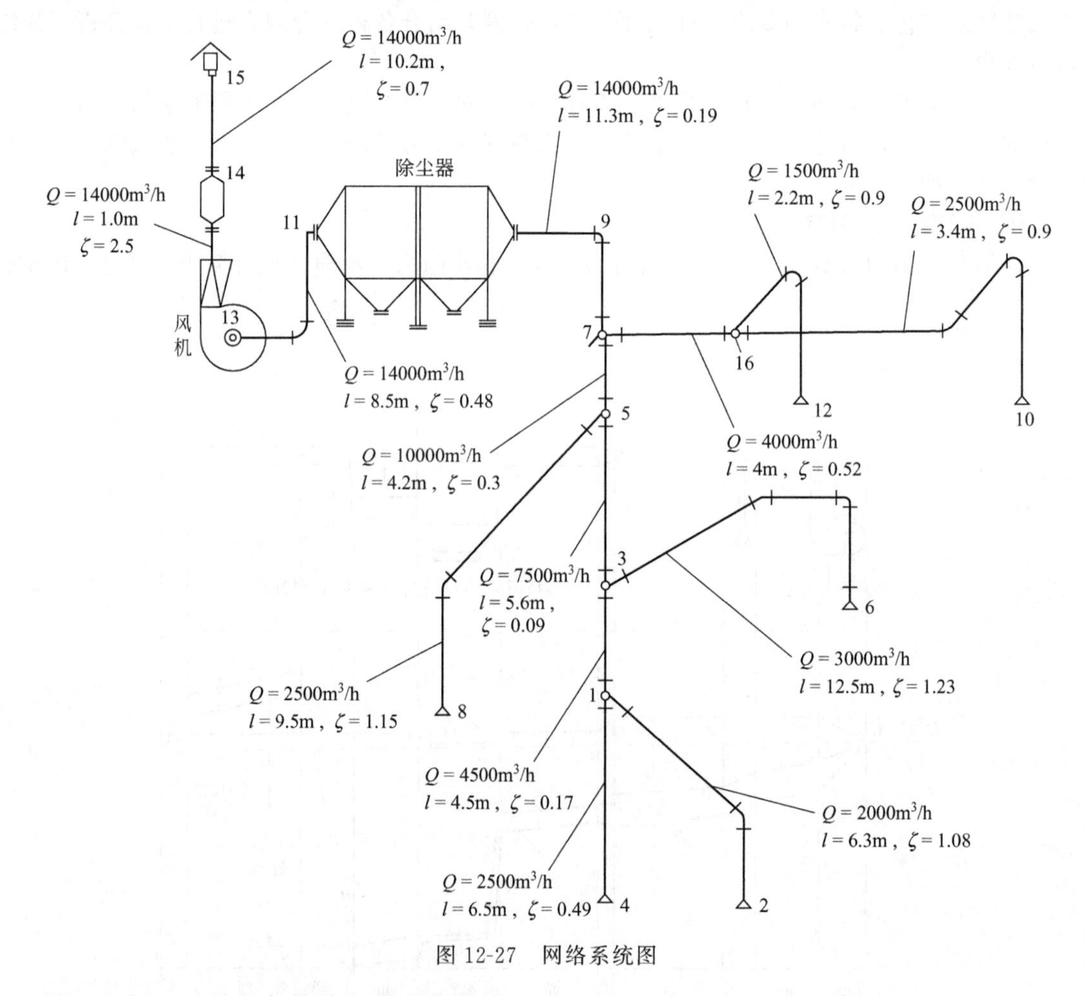


图 12-27 网络系统图

**解：** 根据图示给定条件分下列步骤计算。

① 绘制水力计算草图，见图 12-27。

② 将图 12-27 中管网的各管段设计参数按“主、次”环路顺序填入表 12-25 的第（1）～

(4) 项。

③ 由表 12-25 可知，轻矿物粉尘水平管低限流速为 14m/s，本例取主环路设计风速 $v=16$m/s。根据设计风速，结合通用除尘风管规格，确定主环路各管段的管径，同时查图 12-24 计算出主环路的压力损失。

**表 12-25　除尘风管设计计算**

| 管段编号 | 风量($Q$)/($m^3$/h) | 管长($l$)/m | 局部阻力系数($\sum\zeta$) | 风速($v$)/(m/s) | 管径($D$)/mm | 比摩阻($R_m$)/(Pa/m) | 动压 $\left(\frac{v^2}{2}\rho\right)$/Pa | 管段阻力 $\left(p=Rml+\sum\zeta\frac{v^2}{2}\rho\right)$/Pa | 阻力累计($\sum p$)/Pa | 阻力平衡率 $\left(\eta=\frac{p_0-p_1}{p_0}\right)$/% | ζ值简图 |
|---|---|---|---|---|---|---|---|---|---|---|---|
| (1) | (2) | (3) | (4) | (5) | (6) | (7) | (8) | (9) | (10) | (11) | (12) |
| 2—1 | 2000 | 6.3 | 1.08 | 15.5 | 220 | 13.24 | 144.95 | 239.1 | 239.1 | | 0.05　0.2　0.63　0.2 |
| 1—3 | 4500 | 4.5 | 0.17 | 16.5 | 320 | 9.48 | 163.35 | 70.4 | 309.5 | | 0.17 |
| 3—5 | 7500 | 5.6 | 0.09 | 15.7 | 420 | 6.10 | 147.89 | 47.47 | 357.0 | | 20.09 |
| 5—7 | 10000 | 4.2 | 0.3 | 16.0 | 480 | 5.36 | 153.60 | 68.59 | 425.6 | | 0.63 |
| 7—9 | 14000 | 11.3 | 0.19 | 16.3 | 560 | 4.59 | 159.41 | 82.15 | 507.8 | | 0.19 |
| 11—13 | 14000 | 8.5 | 0.48 | 14.2 | 630 | 3.04 | 120.98 | 83.91 | 591.7 | | 0.24　0.24 |
| 13—14 | 14000 | 1 | 2.5 | 14.2 | 630 | 0.35 | 120.98 | 302.8 | 894.5 | | 2.5 |
| 14—15 | 14000 | 10.2 | 0.7 | 14.2 | 630 | 3.04 | 120.98 | 115.69 | 1010.2 | | 0.1　0.6 |
| 4—1 | 2500 | 6.5 | 0.49 | 19.3 | 220 | 20.23 | 223.49 | 214.10 | 241.0 | −0.8 | 0.1　0.2　0.19 |
| 6—3 | 3000 | 9.5 | 1.15 | 16.5 | 260 | 12.09 | 163.35 | 302.7 | 302.7 | 2.2 | 0.1　0.2　0.37　0.24×2 |

续表

| 管段编号 | 风量($Q$)/($m^3$/h) | 管长($l$)/m | 局部阻力系数($\sum\zeta$) | 风速($v$)/(m/s) | 管径($D$)/mm | 比摩阻($R_m$)/(Pa/m) | 动压$\left(\frac{v^2}{2}\rho\right)$/Pa | 管段阻力$\left(\rho=Rml+\sum\zeta\frac{v^2}{2}\rho\right)$/Pa | 阻力累计($\sum p$)/Pa | 阻力平衡率$\left(\eta=\frac{p_0-p_1}{p_0}\right)$/% | ζ值简图 |
|---|---|---|---|---|---|---|---|---|---|---|---|
| 8—5 | 2500 | 12.5 | 1.23 | 16.2 | 240 | 12.92 | 157.46 | 355.17 | 355.17 | 0.5 | 0.1 0.2 0.37 0.2 |
| 10—16 | 2500 | 3.4 | 0.9 | 19.3 | 220 | 20.23 | 223.49 | 269.92 | 269.92 | | 0.05 0.2 0.17 0.24×2 |
| 16—7 | 4000 | 4.0 | 0.52 | 18.9 | 280 | 14.33 | 214.33 | 168.77 | 438.8 | −3 | 0.52 |
| 12—7 | 1500 | 2.2 | 0.9 | 19.7 | 170 | 29.27 | 232.85 | 274.0 | 274.0 | −1.5 | 0.05 0.2 0.46 0.19 |

④ 进行风压平衡计算，见表 12-25。本例风压平衡率最差的并联环路为 2→1→3→5→7 与 10→17→7，其中，$\eta=-3$，$|\eta|<10\%$，满足平衡要求。

⑤ 本例系统总风量为 $Q=14000m^3/h$，管道总压损为 $p=1010.2Pa$。据此，考虑除尘设备压损及有关风量、风压附加后即可选用风机。

## 第四节 排气烟囱设计

除尘系统净化后的气体经烟囱（排气筒）排向大气。排气烟囱的设计包括烟囱排气能力的计算、烟囱尺寸和材质的确定、等效烟囱的计算以及烟囱附属设施的设计等。

### 一、烟囱设计注意事项

除尘系统使用的烟囱有钢制烟囱、混凝土烟囱和砖砌烟囱等，较低的烟囱尽可能采用钢制烟囱。钢制烟囱排放有腐蚀性的气体时，内部要做防腐处理。

烟囱底部应设检修孔和排水孔，烟囱底面应倾斜至排水孔一侧。

烟气排放的原则有以下几项。

① 排气筒（烟囱）高度除遵守大气污染物综合排放标准排放速率标准值外，还应高出周围 200m 半径范围的建筑 5m 以上。不能达到该要求的排气烟筒，应按其高度对应的排放速率标准值减少 50%执行。

② 两根排放相同污染物（不论其是否由同一生产工艺过程产生）的排气烟囱，若其距离小于其几何高度之和，应合并视为一根等效排气烟囱。若有 3 根以上的近距离排气烟囱，且排放同一种污染物时，应以前 2 根的等效排气烟囱依次与第 3、第 4 根排气烟囱取等效值。

③ 若某排气烟囱的高度处于标准列出的 2 个值之间，其执行的最高允许排放速率以内插法计算；当某排气烟囱的高度大于或小于标准列出的最大或最小值时，以外推法计算其最高允许排放速率。

④ 新污染源的排气烟囱一般不应低于15m。若某新污染源的排气烟囱必须低于15m时，其排放速率标准值按外推计算结果再减少50%执行。

⑤ 新污染源的无组织排放应从严控制，一般情况下不应有无组织排放存在，无法避免的无组织排放应达到国家规定的标准值。

⑥ 工业生产尾气确需燃烧排放的，其烟气黑度和排放浓度均应达到排放标准要求。

含尘气体的直接排放是时有发生的，但直接排放必须考虑下述条件，如污染物的浓度、排放量的多少、有无经济有效的治理方法及能否用大气净化等。

(1) 污染物浓度很低　在许多情况下，工业生产中产生的污染物浓度并不高，直接排放不会超过国家的排放标准，这时候可以直接排放，如浓度不大于100mg/m$^3$的采暖锅炉粉尘可以直接排放等。但是，有时候污染物浓度虽然较低，但烟气数量却很大，致使污染物总排放量可能超过标准，这种情况不能直接排放，应当采取治理措施后再排放。

(2) 污染物总排放量较少　较小的工业企业，生产规模很小，排放的烟气中污染物较少，直接排放也不会超过国家或地方的有关标准，可以排放。但是，在排放后会污染周围环境或造成其他影响时，应采取相应的措施后再排放。

(3) 有条件用大气自净作用　靠大气的稀释、扩散、氧化、还原等物理、化学作用，能使进入大气的污染物质逐渐消失，这就是大气的自净作用。工业烟气的直接排放应充分利用大气的自净作用，变有害为无害或少害。在有些场合，或容易造成污染物"搬家"，或因地形地貌容易造成污染加重者，都应尽可能地避免烟气直接排放。例如，在山谷、盆地，污染物难以扩散，这时候未加治理直接排放是不适宜的。

此外，烟囱的气流稳定段应设计检测孔和检测平台，以便环保部门监测气体的排放情况。

## 二、烟囱排烟能力计算

烟囱的排烟能力是指由于烟气密度与大气密度的不同所形成的压力之差，即平时所说的烟囱抽力。烟囱的排烟能力与烟囱的高度和烟气的性状有关。烟囱排烟能力可由下式计算：

$$(\rho_a-\rho_g)gH_s \geqslant \frac{v_g^2}{2}\rho_g+\sum\Delta p>0 \tag{12-22}$$

式中，$\rho_a$为环境大气的密度，kg/m$^3$；$\rho_g$为烟气的密度，kg/m$^3$；$H_s$为烟囱墙体高度，m；$g$为重力加速度，m/s$^2$；$v_g$为烟气自烟囱口排出的速度，m/s；$\sum\Delta p$为排烟的总阻力损失，Pa。

排烟的总阻力损失包括烟囱的阻力损失、管道的阻力损失以及阀门的阻力损失等。总阻力损失可用下式表示：

$$\Delta p=p_g+p_d+p_f=\zeta_1\frac{v_g^2}{2}\rho_g+\zeta_2\frac{v_d^2}{2}\rho_g+\zeta_3\frac{v_f^2}{2}\rho_g \tag{12-23}$$

式中，$\Delta p$为排烟总阻力损失，Pa；$p_g$为烟囱的阻力损失，Pa；$\rho_g$为空气密度，kg/m$^3$；$p_d$为管道的阻力损失，Pa；$p_f$为阀门的阻力损失，Pa；$\zeta_1$为烟囱的阻力系数；$\zeta_2$为管道的阻力系数；$\zeta_3$为阀门的阻力系数；$v_d$为烟气在管道内的速度，m/s；$v_f$为烟气在阀门处的速度，m/s；$v_g$为烟气自烟囱口排出的速度，m/s。

从上式可以看出，阻力的损失大小除与各部分阻力系数有关外，还与烟气速度的平方成正比，速度愈高，阻力愈大。由此可见，太大的烟气速度是不利的，但是，如果烟气速度太小，烟尘颗粒就会在管道内沉降，也是不可取的。那么，在烟囱设计中多大的排烟速度为宜，根据经验，合理的排烟速度与当地风速的比值为1.5∶1；如果排烟速度与风速的比值为1∶1，则烟囱排出的烟气容易进入烟囱背风侧的涡流区，难以扩散，造成污染；如果排烟速度与风速的比值为1∶2，则情况恶化；如果排烟速度比风速大许多，则排烟的阻力损失增加。

根据排烟速度，可以计算出烟囱的阻力损失及排烟能力。

## 三、烟囱尺寸计算

### 1. 烟囱截面尺寸计算

烟囱出口的截面积，可由下式求出：

$$S=\frac{Q_g}{3600v_g} \tag{12-24}$$

式中，$S$为烟囱出口截面积，$m^2$；$Q_g$为烟气量，$m^3/h$；$v_g$为烟气自烟囱口排出的速度，m/s。

在上式计算中，应注意在烟囱下部和出口处的烟气量是变化的，即由于烟气温度随着烟囱的增高而降低，烟气量也相应减少。烟气温度的降低情况因烟囱的材质、厚度不同而不同，一般可由计算求得。烟囱下粗上细与烟气温度降低有关。

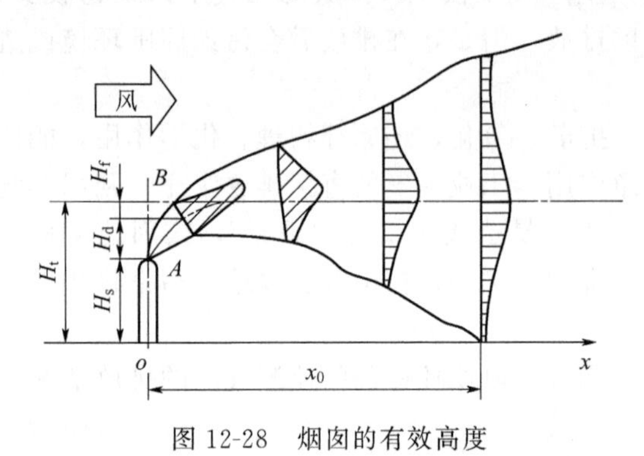


图12-28 烟囱的有效高度

### 2. 烟囱有效高度的计算

烟气从烟囱排出时，因具有一定的动能而上升。在横向风力的作用下，烟气流逐渐由竖直方向转到与地面平行的水平方向。通常把水平的烟羽中心轴到地面的高度称为烟囱的有效高度，如图12-28所示。烟囱的有效高度由烟囱的墙体高度$H_s$、烟气动能引起的上升高度$H_d$和浮力引起的上升高度$H_f$三部分组成。烟气动能和浮力引起的上升高度之和（$H_d+H_f$）称为烟气的抬升高度$H_t$。对烟气上升的高度，许多学者以理论推导、实际测定或模型试验为依据，提出多种不同形式的计算方法。这些计算方法不仅表达式不同，而且计算结果也有不少差别，所以至今仍有学者在探讨运算简便、结果更符合实际的计算方法。下面介绍几种具有一定代表性的计算方法。

（1）赫兰计算式　公式如下：

$$H_x=H_s+H_d+H_f \tag{12-25}$$

$$H_t=H_d+H_f=\frac{1.5v_g d}{v_p}+\frac{0.96\times10^{-5}Q_s}{v_p} \tag{12-26}$$

$$Q_g=Q_g c_p(T_g-T_a) \tag{12-27}$$

式中，$H_x$为烟囱的有效高度，m；$H_s$为烟囱的墙体高度，m；$H_d$为烟气动能引起的上升高度，m；$H_f$为烟气浮力引起的上升高度，m；$H_t$为烟气的抬升高度，m；$v_g$为烟气自烟囱排出的速度，m/s；$d$为烟囱出口直径，m；$v_p$为烟囱出口高度处的平均风速，m/s；$Q_g$为烟气的散热量，t/s；$G_g$为烟气的排放量，kg/s；$c_p$为烟气的定压热容，J/(kg·K)；$T_g$为烟气的热力学温度，K；$T_a$为烟囱出口高度处空气的热力学温度，K。

赫兰计算式运算比较方便，计算结果比较接近实际情况，而且考虑了烟气的动能和浮力两种因素的影响，可以用来计算常温和高温两类烟气排放的情况。计算式中烟囱出口高度处的平均风速$v_p$可以按表12-26计算，即在测得10m高度处风速的基础上乘以烟囱高度系数，$v_p=\phi v_{10}$。赫兰计算式适用于中、小型烟囱。

**表12-26 平均风速计算**

| 烟囱高度/m | 10 | 20 | 40 | 60 | 80 | 100 | 120 |
|---|---|---|---|---|---|---|---|
| $\phi$ | 1.0 | 1.15 | 1.30 | 1.40 | 1.46 | 1.50 | 1.54 |

（2）波申克计算式　公式如下：

$$H_x=H_s+H_d+H_f \tag{12-28}$$

$$H_d=\frac{4.77}{1+0.43v/v_g}\frac{\sqrt{Q_g v_g}}{v_p} \tag{12-29}$$

$$H_f=6.37\frac{Q_v \Delta T}{v_p^3 T_1}\left(\ln J+\frac{2}{J}-2\right) \tag{12-30}$$

$$J=\frac{v_p^2}{\sqrt{Q_v v_g}}\left(0.43\sqrt{\frac{T_a}{\frac{dQ}{dz}}}-0.28\frac{v_g T_a}{g\Delta T}\right)+1 \tag{12-31}$$

式中，$Q_v$ 为排烟量，$m^3/s$；$\Delta T$ 为 $T_g-T_a$ 的值，K；$\frac{dQ}{dz}$为大气温度梯度，K/m，一般白天取 0.0033K/m，夜间取 0.01K/m；其他符号意义同前。

波申克计算式考虑了烟羽和周围大气相对运动的影响，以及围绕烟羽的大气湍流特点，再用稀释系数推导出相互影响。该计算式概括因素比较全面，适用于大、中型烟囱的计算。由于计算结果偏高，所以往往按公式的计算结果再乘以 0.5～0.7，即 $H_t=(0.5\sim0.7)(H_d+H_f)$。该计算式表达复杂，运算麻烦，实际运用不太方便。

（3）安德列耶夫计算式　公式如下：

$$H=\frac{1.9v_g d}{v_p} \tag{12-32}$$

式中各符号的意义同赫兰计算式。

此计算式是根据理论推导出来的。由计算式可看出，该式将浮力作用忽略不计，而只考虑烟气动能所引起的抬升高度，所以该计算式用于计算非高温烟气排放比较合适。

## 四、烟囱高度的选择

值得特别注意的是，烟囱（排气筒）高度可以不计算，直接根据除尘效果和气体量计算出排放浓度和排放速率之后，依照国家污染物排放标准选用烟囱。例如 10～20t 的锅炉，其烟囱最低高度只能按国家锅炉污染物排放标准选用为 40m 高，而不能低于此高度。但是，当有两个以上的排气烟囱时必须按等效烟囱计算排放速率；当烟囱高度与国家规定的标准高度不一致时，要用内插法或外推法计算排放速率。

**1. 等效烟囱参数计算**

当烟囱 1 和烟囱 2 排放同一种污染物，且其距离小于这两个烟筒的高度之和时，应以一个等效烟囱代表这两个烟囱。等效烟囱的有关参数计算方法如下。

（1）等效排气烟囱污染物排放速率　按下式计算：

$$G=G_1+G_2 \tag{12-33}$$

式中，$G$ 为等效烟囱某污染物排放速率，kg/h；$G_1$、$G_2$ 分别为烟囱 1 和烟囱 2 的某污染物排放速率，kg/h。

（2）等效烟囱高度　按下式计算：

$$H=\sqrt{\frac{1}{2}(H_1^2+H_2^2)} \tag{12-34}$$

式中，$H$ 为等效烟囱高度，m；$H_1$、$H_2$ 分别为烟囱 1 和烟囱 2 的高度，m。

（3）等效烟囱的位置　等效烟囱的位置应在烟囱 1 和烟囱 2 的连线上，若以烟囱 1 为原点，则等效烟囱的位置应距原点为：

$$X=\alpha(G-G_1)/G=\alpha G_2/G \tag{12-35}$$

式中，$X$ 为等效烟囱距烟囱 1 的距离，m；$\alpha$ 为烟囱 1 至烟囱 2 的距离，m；$G_1$、$G_2$ 分别为烟囱 1 和烟囱 2 的排放速率，kg/h；$G$ 为等效烟囱的排放速率，kg/h。

**2. 排放速率的内插法和外推法**

（1）某排气烟囱高度处于国家污染物排放标准规定的两高度之间，用内插法计算其最高允许排放速率，按下式计算：

$$G=G_a+(G_{a+1}-G_a)(H-H_a)/(H_{a+1}-H_a) \tag{12-36}$$

式中，$G$ 为某烟囱最高允许排放速率，kg/h；$G_a$ 为比某烟囱低的污染物排放标准限值中的最大值，kg/h；$G_{a+1}$为比某烟囱高的污染物排放标准限值中的最小值，kg/h；$H$ 为某烟囱的几何高度，m；$H_a$ 为比某烟囱低的高度中的最大值，m；$H_{a+1}$为比某烟囱高的高度中的最小值，m。

（2）某排气烟囱高度高于标准烟囱高度的最大值，用外推法计算其最高允许排放速率，按下式计算：

$$G=G_b(H/H_b)^2 \tag{12-37}$$

式中，$G$ 为某烟囱的最高允许排放速率，kg/h；$G_b$ 为烟囱最大高度对应的最高允许排放速率，kg/h；$H$ 为某烟囱的高度，m；$H_b$ 为标准烟囱的最大高度，m。

（3）某烟囱高度低于标准烟囱高度的最小值，用外推法计算其最高允许排放速率，按下式计算：

$$G=G_c(H/H_c)^2 \tag{12-38}$$

式中，$G$ 为某烟囱的最高允许排放速率，kg/h；$G_c$ 为烟囱最小高度对应的最高允许排放速率，kg/h；$H$ 为某烟囱的高度，m；$H_c$ 为烟囱的最小高度，m。

## 五、烟囱的附属设施

**1. 爬梯**

烟囱外部爬梯是为检查和修理烟囱、排放气体监测、障碍灯和避雷设施设置的。爬梯位置应设在背风面，并与避雷设施的位置相配合，高度大于 50m 的烟囱，爬梯应从离地面 2.5m 处开始，其顶部应比烟囱顶高出 0.8～1.0m；离地面 10～15m 以上部分应设置金属围栏，但注意不要设在信号灯平台以上 2.5m 的范围内，而围栏外径与烟囱外径之间距离应不小于 0.7m。从离地面 15m 起每隔 10m 应在爬梯上设置可折叠的休息平台。以供爬梯人员上下时休息，休息平台的宽度不应小于 50mm。高度在 50m 以下的烟囱，爬梯最低一步应距地面 2m，从离地面 15m 起每隔 10m 应安装一个休息爬梯，爬梯必须牢固可靠，以保证安全，且应防止烟气及风雨侵蚀，可预先涂刷防腐涂料。

**2. 航空障碍灯和标志**

（1）对于下列影响航空器飞行安全的烟囱应设置航空障碍灯和标志：①在民用机场净空保护区域内修建的烟囱；②在民用机场净空保护区域外，但在民用机场近管制区内修建高出地表 150m 的烟囱；③在建有高架直升机停机坪的城市中，修建影响飞行安全的烟囱。

（2）中光强 B 型障碍灯应为红色闪光灯，并应晚间运行。闪光频率应为 20～60 次/min，闪光的有效光强不应小于 2000cd±25%。

（3）高光强 A 型障碍灯应为白色闪光灯，并应全天候运行。闪光频率应为 40～60 次/min，闪光的有效光强应随背景亮度变光强闪光，白天应为 200000cd，黄昏或黎明应为 20000cd，夜间应为 2000cd。

（4）障碍灯的设置应显示出烟囱的最顶点和最大边缘。

（5）高度小于或等于 45m 的烟囱，可只在烟囱顶部设置一层障碍灯。高度超过 45m 的烟囱应设置多层障碍灯，各层的间距不应大于45m，并宜相等。

（6）烟囱顶部的障碍灯应设置在烟囱顶端以下1.5～3m范围内，高度超过150m的烟囱可设置在烟囱顶部7.5m范围内。

（7）每层障碍灯的数量应根据其所在标高烟囱的外径确定，并应符合下列规定：①外径小于或等于6m，每层应设3个障碍灯；②外径超过6m，但不大于30m时，每层应设4个障碍灯；③外径超过30m，每层应设6个障碍灯。

（8）高度超过150m的烟囱顶层应采用高光强A型障碍灯，其间距应控制在75～105m范围内，在高光强A型障碍灯分层之间应设置低、中光强障碍灯。

（9）高度低于150m的烟囱，也可采用高光强A型障碍灯，采用高光强A型障碍灯后，可不必再用色标漆标志烟囱。

（10）每层障碍灯应设置维护平台。

（11）烟囱标志应采用橙色与白色相间或红色与白色相间的水平油漆带。

（12）所有障碍灯应同时闪光，高光强A型障碍灯应自动变光强，中光强B型障碍灯应自动启闭，所有障碍灯应能自动监控，并应使其保证正常状态。

（13）设置障碍灯时，应避免使周围居民感到不适，从地面应只能看到散逸的光线。

**3. 避雷设施**

非防雷保护范围的烟囱，易受雷击，应装设避雷设施。避雷设施包括避雷针、导线及接地极等。避雷针用直径38mm、长3.5m的镀锌钢管制作，安装时顶部尖端应高出烟囱顶1.8m。避雷针的数量取决于烟囱的高度与直径，见表12-27。导线沿爬梯导至地下，在地面下0.5m处与接地极扁钢带焊接在一起。避雷设施安装完毕后应测试电阻，其数值不得大于设计规定。

**表12-27 烟囱的避雷针数量**

| 序号 | 烟囱的尺寸 | | 避雷针的数量/个 | 序号 | 烟囱的尺寸 | | 避雷针的数量/个 |
|---|---|---|---|---|---|---|---|
| | 内直径/m | 高度/m | | | 内直径/m | 高度/m | |
| 1 | 1.0 | 15～30 | 1 | 6 | 2.0 | 35～100 | 3 |
| 2 | 1.0 | 35～50 | 2 | 7 | 2.5 | 15～30 | 2 |
| 3 | 1.5 | 15～45 | 2 | 8 | 2.5 | 35～150 | 3 |
| 4 | 1.5 | 50～80 | 3 | 9 | 3.0 | 15～150 | 3 |
| 5 | 2.0 | 15～30 | 2 | 10 | 3.5 | 15～150 | 3 |

## 第五节 除尘通风机

通风机是除尘系统的重要设备。通风机的作用在于把含尘气体输送到除尘器，并把经过净化的气体排至大气中。通风机的良好运行不仅可以提高除尘系统作业率，而且可以节约能耗，降低运行成本。

### 一、通风机的分类和工作原理

**1. 通风机分类**

因通风机的作用、原理、压力、制作材料及应用范围不同，所以通风机有许多分类方法。按其在管网中所起的作用分类，起吸风作用的称为引风机，起吹风作用的称为鼓风机。按其工作原理，分为离心式通风机、轴流式通风机和混流式通风机，在除尘工程中主要应用离心式通风机。按风机压力大小，通风机分为低压通风机（$p$＜1000Pa）、中压通风机（$p$为1000～

3000Pa）和高压通风机（$p$＞3000Pa）三种，环境工程中应用最多的是后两种。按其制作材料，分为钢制通风机、塑料通风机、玻璃钢通风机和不锈钢通风机等。按其应用范围，分为排尘通风机、排毒通风机、锅炉通风机、排气扇及一般通风机等。

**2. 通风机工作原理**

通风机是将旋转的机械能转换成使空气连续流动且总压增加的动力驱动机械，能量转换是通过改变流体动量实现的。

空气在离心式通风机内的流动情况如图 12-29 所示。叶轮安装在蜗壳 4 内。当叶轮旋转时，气体经过进气口 2 轴向吸入，然后气体约折转 90°流经叶轮叶片构成的流道间。当气体通过旋转叶轮的叶道间时，由于叶片的作用获得能量，即气体压力提高，动能增加。而蜗壳将叶轮甩出的气体集中、导流，从通风机出气口 6 经出口扩压器 7 排出。当气体获得的能量足以克服其阻力时，则可将气体输送到高处或远处。

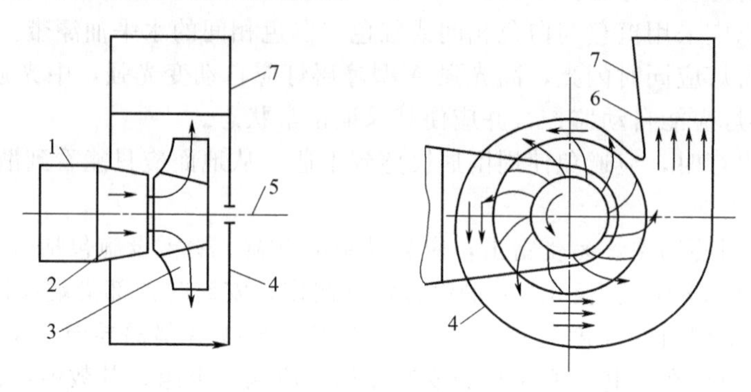


图 12-29 空气在离心式通风机内的流动情况

1—进气室；2—进气口；3—叶轮；4—蜗壳；5—主轴；6—出气口；7—出口扩压器

## 二、通风机的构造和性能

通风机的构造不太复杂，但精度要求高。设计和制造水平直接影响通风机的性能。

**1. 通风机结构**

离心式通风机一般由集流器、叶轮、机壳、传动装置和电动机等组成。

（1）集流器 集流器是通风机的进气口，它的作用是在流动损失较小的情况下，将气体均匀地导入叶轮。图 12-30 为目前常用的 4 种类型的集流器。

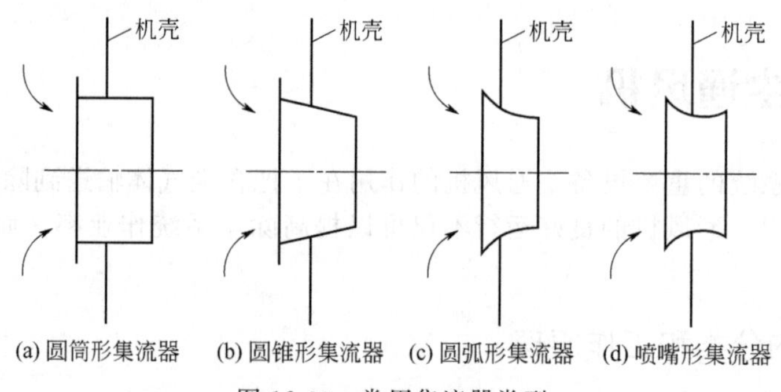


(a) 圆筒形集流器 (b) 圆锥形集流器 (c) 圆弧形集流器 (d) 喷嘴形集流器

图 12-30 常用集流器类型

圆筒形集流器本身流体阻力较大，且引导气流进入叶轮的流动状况不好，其优点是加工简便。圆锥形集流器的流动状况略比圆筒形好些，但仍不佳。圆弧形集流器的流动状况较前两种形式好些，实际使用也较为广泛。喷嘴形集流器流动损失小，引导气流进入叶轮的流动状况也较好，广泛采用在高效通风机上，但加工比较复杂，制造要求高。

(2) 叶轮　叶轮是通风机的主要部件，通风机的叶轮由前盘、后盘、叶片和轮毂组成，一般采用焊接和铆接加工。它的尺寸和几何形状对通风机的性能有着重大的影响。

叶片是叶轮最主要的部分，它的出口角、叶片形状和数目等对通风机的工作有很大的影响。

离心式通风机的叶轮，根据叶片出口角的不同，可分前向、径向和后向三种，如图 12-31 所示。在叶轮圆周速度相同的情况下，叶片出口角 $\beta$ 越大，则产生的压力越低。而一般后向叶轮的流动效率比前向叶轮高，流动损失小，运转噪声也小。所以，前向叶轮常用于风量大而风压低的通风机，后向叶轮适用于中压和高压通风机。当流量超过某一数值后，后向叶轮通风机的轴功率具有随流量的增大而下降的趋势，表明它具有不过负荷的特性；而径向和前向叶轮通风机的轴功率随流量的增大而增大，表明容易出现超负荷的情况。在除尘系统工作情况不正常时，径向叶轮和前向叶轮的通风机容易出现超负荷，以致发生烧坏电动机的事故。

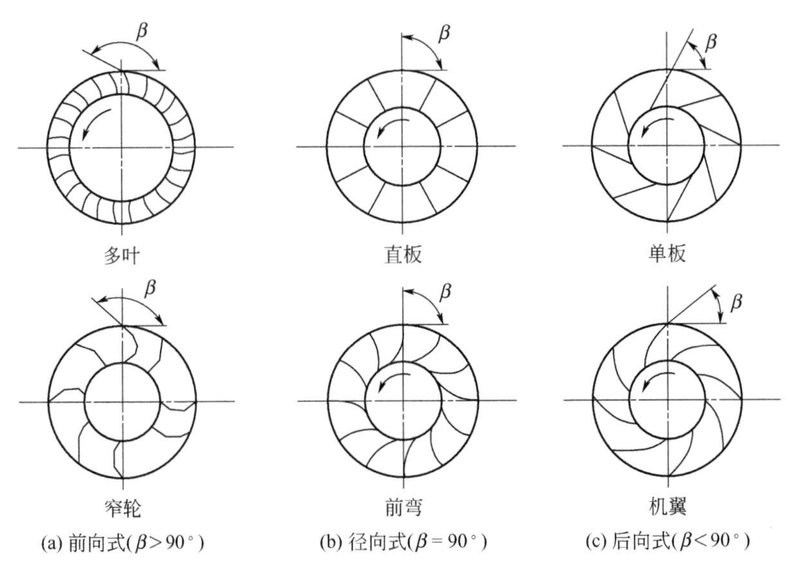


图 12-31　离心式通风机叶轮结构和三种类型

离心式通风机的叶片形状如图 12-31 所示，分板型、弧型和机翼型几种。板型叶片制造简单。机翼型叶片具有良好的空气动力性能，强度高，刚性大，通风机的效率一般较高。但机翼型叶片的缺点是输送含尘气流浓度高的介质时，叶片磨穿后杂质进入内部，会使叶轮失去平衡从而产生振动。

(3) 机壳　机壳的作用在于收集从叶轮甩出的气流，并将高速气流的速度降低，使其静压增加，以此来克服外界的阻力将气流送出。图 12-32 为离心式通风机机壳及出口扩压器的外形。

离心式通风机的螺旋形机壳，其正确形状是对数螺线。但由于对数螺线作图较繁，在实际作图时常以阿基米德螺线代替对数螺线。机壳断面沿叶轮转动方向呈渐扩形，在气流出口处断面最大。随着蜗壳出口面积的增大，通风机的静压有所增加。

如果 $F_c$ 截面上速度仍很大，为了对这部分能量有效地予以利用，可以在蜗壳出口后增加扩压器。经验表明，扩压器应向着蜗舌方向扩散（图 12-32）。出口扩压器的扩散角 $\theta=6°\sim8°$ 为佳，有时为减小其长度，也可取 $\theta=10°\sim12°$。

(4) 传动装置　通风机的传动装置可分为电动机直联、皮带轮、联轴器等。

① 离心式通风机传动装置。离心式通风机传动装置的代表符号与结构说明见表 12-28，传动形式见图 12-33。

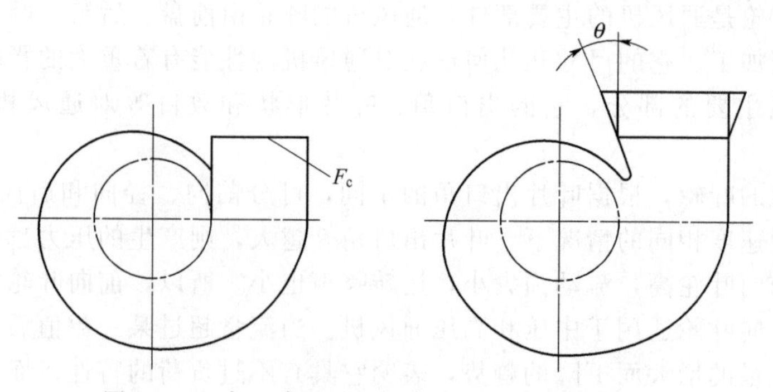


图 12-32 离心式通风机机壳及出口扩压器的外形

**表 12-28 离心式通风机传动装置的代表符号与结构说明**

| 传动装置 | 符号 | 结构说明 |
| --- | --- | --- |
| 电动机直联 | A | 通风机叶轮直接装在电动机轴上 |
| 皮带轮 | B | 叶轮悬臂安装,皮带轮在两轴承中间 |
| | C | 皮带轮悬臂安装在轴的一端,叶轮悬臂安装在轴的另一端 |
| | E | 皮带轮悬臂安装,叶轮安装在两轴承之间(包括双进气和两轴承支撑在机壳或进风口上) |
| 联轴器 | D | 叶轮悬臂安装 |
| | F | 叶轮安装在两轴承之间 |

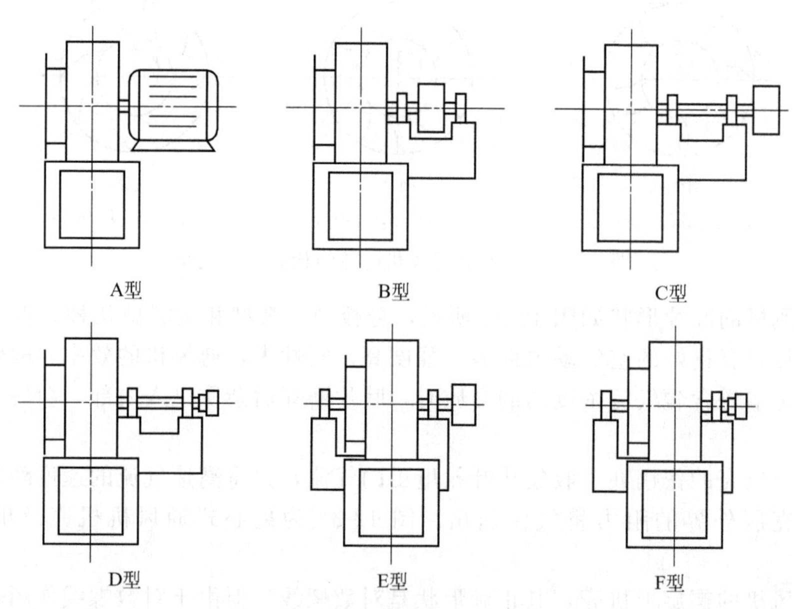


图 12-33 离心式通风机的传动形式

② 轴流式通风机传动装置。轴流式通风机传动装置如图 12-34 所示。

(5) 电动机 电动机的种类很多，通风机用电动机主要是三相异步电动机。电动机外壳防护形式有以下两种：一种是防止固体异物进入内部及防止人体触及内部的带电或运动部分的防护；另一种是防止水进入内部达到有害程度的防护。电动机的选择内容应包括电动机的类型、安装方式及外形安装尺寸、额定功率、额定电压、额定转速、各项性能经济指标等，其中以选择额定功率最为重要。

① 选择电动机功率的原则。在电动机能够满足各种不同通风机要求的前提下，最经济、

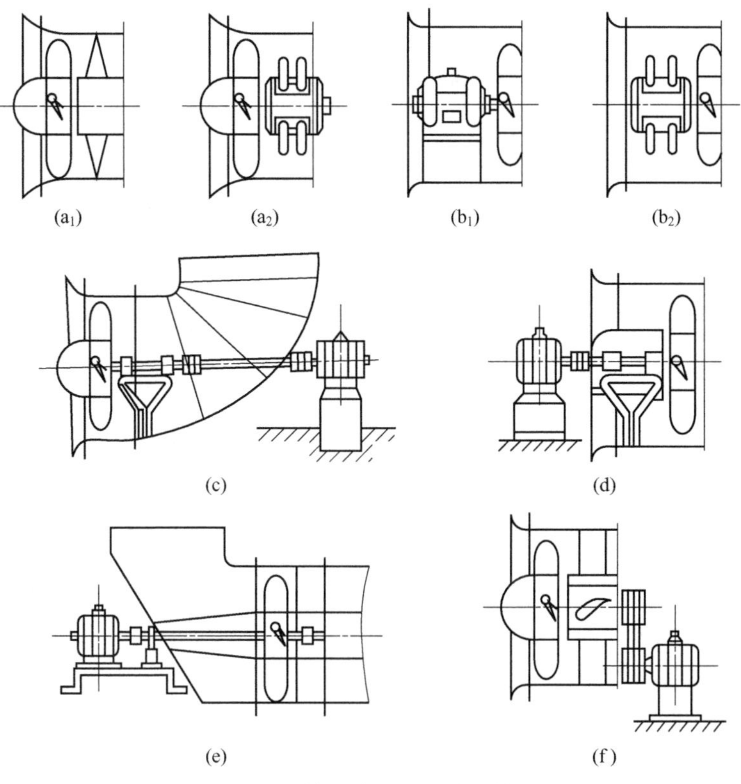


图 12-34 轴流式通风机传动装置

最合理地确定电动机功率的大小。如果功率选得过大，会出现“大马拉小车”的现象，这不仅使通风机投资费用增加，而且因电动机经常轻载运行，其运行功率因数降低；反之，功率选得过小，电动机经常过载运行，使电动机温升高，绝缘易老化，会缩短电动机的使用寿命，同时还可能造成启动困难。因此，选择电动机时，首先应该是在各种工作方式下选择电动机的额定功率。选择电动机的基本步骤包括：从风机的要求出发，考虑使用场所的电源、工作环境、防护等级及安装方式、电动机的效率、功率因数、过载能力、产品价格、运行和维护费用等情况来选择电动机的电气性能和力学性能，使被选用的电动机能达到安全、经济、节能和合理使用的目的。

② 电动机类型选择。通风机无调速要求时应尽量采用交流异步电动机；对启动和制动无特殊要求的连续运行的通风机，宜优先采用普通笼型异步电动机。如果功率较大，为了提高电网的功率因数，可采用同步电动机。

③ 电动机形式选择。为了防止电动机周围的媒介质被损坏，或因电动机本身的故障引起灾害，必须根据不同的环境选择适当的防护形式。

a. 开启式。适用于干燥和清洁的工作环境。

b. 防护式。可防滴、防雨、防溅以及防止外界杂物落入电动机内部，但不防潮气和灰尘侵入。

c. 封闭式。适用于潮湿、尘多、易被风雨侵蚀、有腐蚀性蒸汽和气体的地方。

d. 防爆式。适用于有可燃性气体和空气混合物的危险环境。

④ 电动机功率的选用。电动机的功率 $P$ 按下式计算选用：

$$P \geqslant KP_{\text{sh}} = K\frac{p_{\text{tF}}q_{\text{v}}}{1000\eta_{\text{tF}}} \tag{12-39}$$

$$P \geqslant KP_{sh} = K\frac{p_{sF}q_v}{1000\eta_{sF}} \tag{12-40}$$

式中，$P_{sh}$为轴功率，kW；$p_{sF}$为通风机的静压，Pa；$p_{tF}$为通风机的全压，Pa；$q_v$为通风机的额定风量，$m^3/s$；$\eta_{tF}$、$\eta_{sF}$分别为通风机的全压、静压效率，%；$K$为功率储备系数，按表 12-29 选择。

**表 12-29 功率储备系数**

| 电动机功率/kW | 功率储备系数 K | | | |
| --- | --- | --- | --- | --- |
| | 离心式通风机 | | | 轴流式通风机 |
| | 一般用途 | 粉尘 | 高温 | |
| <0.5 | 1.5 | 1.2 | 1.3 | 1.05～1.10 |
| 0.5～1.0 | 1.4 | | | |
| 1.0～2.0 | 1.3 | | | |
| 2.0～5.0 | 1.2 | | | |
| >0.5 | 1.1 | | | |

(6) 离心式通风机进气箱位置　离心式通风机进气箱的位置，按叶轮旋转方向，并根据安装角度的不同，各规定 5 种基本位置（从原动机侧看），如图 12-35 所示。

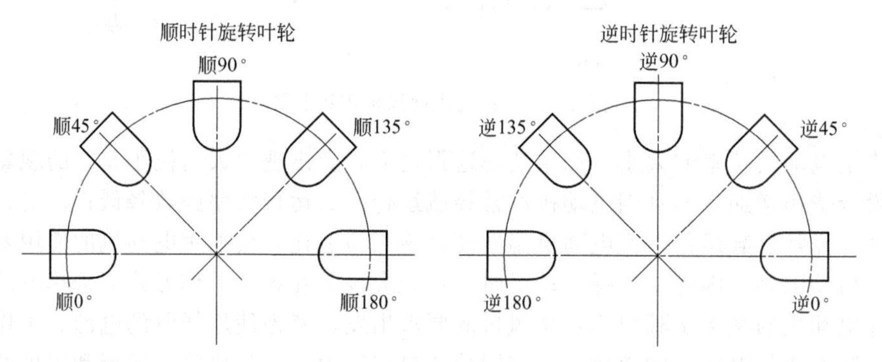


图 12-35 离心式通风机进气箱位置

(7) 离心式通风机出气口位置　离心式通风机出气口的安装位置，按叶轮旋转方向，并根据安装角度的不同，各规定 8 种基本位置（从原动机侧看），如图 12-36 所示。当不能满足使用要求时，则允许采用如表 12-30 所列的补充角度。

**表 12-30 通风机出气口位置补充角度**

| 补充角度 | 15° | 30° | 60° | 75° | 105° | 120° | 150° | 165° | 195° | 210° |
| --- | --- | --- | --- | --- | --- | --- | --- | --- | --- | --- |

(8) 轴流式通风机风口位置　轴流式通风机的风口位置用气流入出的角度表示，如图 12-37所示。基本风口位置有 4 个，特殊用途可增加，见表 12-31。轴流式通风机气流风向一般以“入”表示正对风口气流的入方向，以“出”表示对风口气流的流出方向。

**表 12-31 轴流式通风机风口位置**

| 基本出风口位置/(°) | 0 | 90 | 180 | 270 |
| --- | --- | --- | --- | --- |
| 补充出风口位置/(°) | 45 | 135 | 225 | 315 |

**2. 通风机的性能参数**

通风机的性能参数主要包括流量（可分为排气与送风量）、气体密度和压力、气体介质、

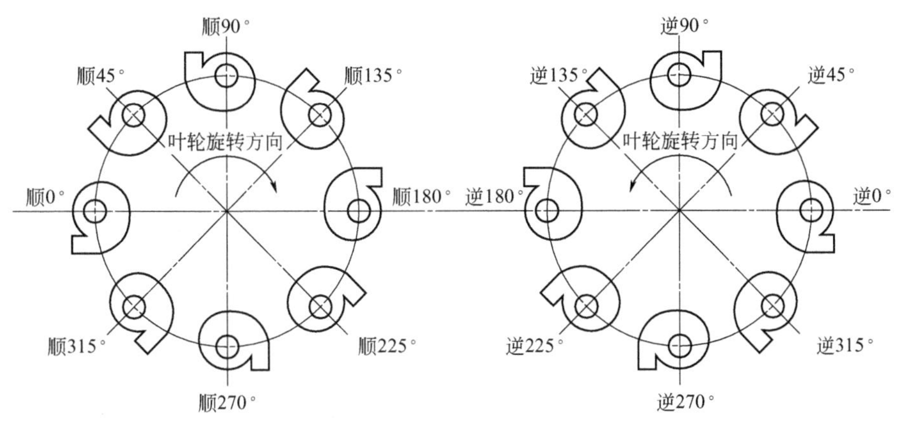


图 12-36　离心式通风机出气口位置

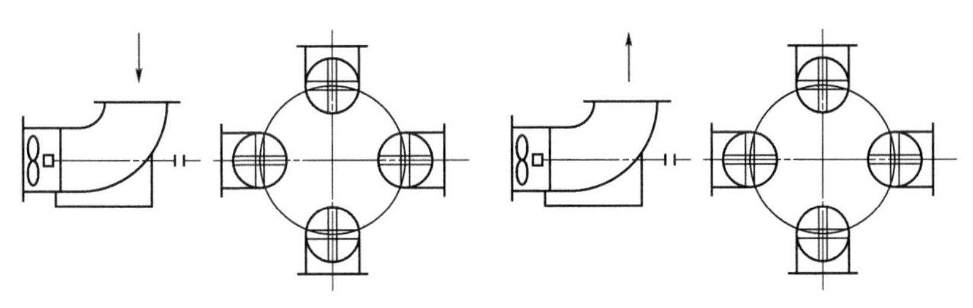

图 12-37　轴流式通风机风口位置

转速、功率、效率等。参数的确定项目见表 12-32。

表 12-32　通风机参数的确定项目

| 项目 | | 单位 | 备注 |
|---|---|---|---|
| 流量 | 风量<br>标准风量 | $m^3/min$、$m^3/h$、kg/s<br>$m^3/min(NTP)$、$m^3/h(NTP)$ | 最大、最小风量喘振点 |
| 压力 | 进气及出气静压、风机静压、全压、升压 | Pa、MPa | |
| 气体介质 | 温度<br>湿度<br>密度<br>灰尘量及灰尘的种类<br>气体的种类 | ℃<br>%、kg/h<br>$kg/m^3(NTP)$<br>$g/m^3$、$g/m^3(NTP)$、g/min | 最高、最低温度<br>相对湿度和绝对湿度<br><br>附着性、磨损性、腐蚀性<br>腐蚀性、有毒性、易爆性 |
| 转速 | | r/min | 滑动<br>定速、变速(转速范围) |
| 功率 | 有效功率<br>内部功率<br>轴功率 | kW | 带动<br>驱动方法：直联<br>液力联轴器 |

（1）流量　通常所说的通风机流量是用出气流量换算成其进气状态的结果来表示的，通常以 $m^3/min$、$m^3/h$ 表示，但在压力比为 1.03 以下时，也可将出气风量看作进气流量。在除尘工程中以 $m^3/h$（常温常压）来表示的情况居多。为了对比流量的大小，常把工况流量换算成标准状态，即 0℃、0.1MPa 气体干燥状态。另外，还可以用质量流量 kg/s 来表示。

（2）气体密度　气体的密度（$\rho$）指单位体积气体的质量，由气体状态方程确定：

$$\rho=\frac{p}{RT} \tag{12-41}$$

在通风机进口标准状态情况下，其气体常数 $R$ 为 288J/(kg·K)，$\rho$=1.2kg/m$^3$。

（3）通风机的压力

① 通风机的全压 $p_{tF}$。气体在某一点或某截面上的总压等于该点或截面上的静压与动压的代数和，而通风机的全压则定义为通风机出口截面上的总压与进口截面上的总压之差，即：

$$p_{tF}=\left(p_{sF_2}+\rho_2\frac{v_2^2}{2}\right)-\left(p_{sF_1}+\rho_1\frac{v_1^2}{2}\right) \tag{12-42}$$

式中，$p_{sF_2}$、$\rho_2$、$v_2$ 分别为通风机出口截面上的静压、密度和速度；$p_{sF_1}$、$\rho_1$、$v_1$ 分别为通风机进口截面上的静压、密度和速度。

② 通风机的动压 $p_{dF}$。通风机的动压定义为通风机出口截面上气体的动能所表征的压力，即：

$$p_{dF}=\rho_2\frac{v_2^2}{2} \tag{12-43}$$

③ 通风机的静压 $p_{sF}$。通风机的静压定义为通风机的全压减去通风机的动压，即：

$$p_{sF}=p_{tF}-p_{dF} \tag{12-44}$$

或

$$p_{sF}=(p_{sF_2}-p_{sF_1})-\rho_1\frac{v_1^2}{2} \tag{12-45}$$

从式(12-45) 可以看出，通风机的静压既不是通风机出口截面上的静压 $p_{sF_2}$，也不等于通风机出口截面与进口截面上的静压差（$p_{sF_2}-p_{sF_1}$）。

（4）通风机的转速　通风机的转速是指叶轮每秒钟的旋转速度，单位为 r/min，常用 $n$ 表示。

（5）通风机的功率

① 通风机的有效功率。通风机所输送的气体在单位时间内从通风机中所获得的有效能量称为通风机的有效功率。当通风机的压力用全压表示时，称为通风机的全压有效功率 $P_e$ (kW)，则：

$$P_e=\frac{p_{tF}q_v}{1000} \tag{12-46}$$

式中，$q_v$ 为通风机额定风量，m$^3$/s；$p_{tF}$ 为通风机的全压，Pa。

当用通风机静压表示时，称为通风机的静压有效功率 $P_{esF}$(kW)，则：

$$P_{esF}=\frac{p_{sF}q_v}{1000} \tag{12-47}$$

式中，$p_{sF}$ 为风机的静压，Pa；其他符号意义同前。

② 通风机的内部功率。通风机的内部功率 $P_{in}$(kW) 等于有效功率 $P_e$ 加上通风机的内部流动损失功率 $\Delta P_{in}$，即：

$$P_{in}=P_e+\Delta P_{in} \tag{12-48}$$

③ 通风机的轴功率。通风机的轴功率 $P_{sh}$(kW) 等于通风机的内部功率 $P_{in}$ 加上轴承和传动装置的机械损失功率 $\Delta P_{me}$(kW)，即：

$$P_{sh}=P_{in}+\Delta P_{me} \tag{12-49}$$

或

$$P_{sh}=P_e+\Delta P_{in}+\Delta P_{me} \tag{12-50}$$

通风机的轴承功率又称通风机的输入功率，实际上它也是原动机（如电动机）的输出功率。

（6）通风机的效率

① 通风机的全压内效率 $\eta_{in}$。通风机的全压内效率 $\eta_{in}$ 等于通风机全压有效功率 $P_e$ 与内部

功率 $P_{in}$的比值，即：

$$\eta_{in}=\frac{P_e}{P_{in}}=\frac{p_{tF}q_v}{1000P_{in}} \tag{12-51}$$

② 通风机的静压内效率 $\eta_{sF \cdot in}$。通风机的静压内效率 $\eta_{sF \cdot in}$等于通风机静压有效功率 $P_{esF}$与通风机内部功率 $P_{in}$之比，即：

$$\eta_{sF \cdot in}=\frac{P_{esF}}{P_{in}}=\frac{p_{sF}q_v}{1000P_{in}} \tag{12-52}$$

通风机的全压内效率或静压内效率均表征通风机内部流动过程的好坏，是通风机气动力设计的主要标准。

③ 通风机的全压效率 $\eta_{tF}$。通风机的全压效率 $\eta_{tF}$等于通风机全压有效功率 $P_e$ 与轴承功率 $P_{sh}$之比，即：

$$\eta_{tF}=\frac{P_e}{P_{sh}}=\frac{p_{tF}q_v}{1000P_{sh}} \tag{12-53}$$

或

$$\eta_{tF}=\eta_{tn}\eta_{me} \tag{12-54}$$

$$\eta_{me}=\frac{P_{in}}{P_{sh}}=\frac{p_{tF}q_v}{1000\eta_{in}P_{sh}} \tag{12-55}$$

式中，$\eta_{me}$为机械效率。机械效率表征通风机轴承损失和传动损失的大小，是通风机机械传动系统设计的主要指标。根据通风机的传动方式，表 12-33 列出了其机械效率选用值，供设计时参考。当通风机转速不变而运行于低负荷工况时，因机械损失不变，故机械效率还将降低。

**表 12-33　传动方式与对应的机械效率选用值**

| 传动方式 | 机械效率 $\eta_{mc}$ | 传动方式 | 机械效率 $\eta_{mc}$ |
|---|---|---|---|
| 电动机直联传动 | 1.0 | 减速器传动 | 0.95 |
| 联轴器直联传动 | 0.98 | V 带传动 | 0.92 |

④ 通风机的静压效率 $\eta_{sF}$。通风机的静压效率 $\eta_{sF}$等于通风机静压有效功率 $P_{esF}$与轴功率 $P_{sh}$之比，即：

$$\eta_{sF}=\frac{P_{esF}}{P_{sh}}=\frac{p_{sF}q_v}{1000P_{sh}} \tag{12-56}$$

或

$$\eta_{sF}=\eta_{sF \cdot tn}\eta_{me} \tag{12-57}$$

**3. 通风机特性曲线和影响因素**

（1）特性曲线　在通风系统中工作的通风机，仅用性能参数表达是不够的，因为通风机系统中的压力损失小时，要求的通风机的风压就小，输送的气体量就大；反之，系统的压力损失大时，要求的风压就大，输送的气体量就小。为了全面评定通风机的性能，就必须了解在各种工况下通风机的全压和风量，以及功率、转速、效率与风量的关系，这些关系就形成了通风机的特性曲线。每种通风机的特性曲线都是不同的，图 12-38 为 4-72-11No5 通风机的特性曲线。由图 12-38 可知，通风机特性曲线通常包括（转速一定）全压随风量的变化、静压随风量的变化、功率随风量的变化、全效率随风量的变化、静效率随风量的变化。因此，一定的风量对应于一定的全压、静压、功率和效率。对于一定的通风机类型，将有一个经济合理的风量范围。

由于同类型通风机具有几何相似、运动相似和动力相似的特性，因此用通风机各参数的无量纲量来表示（其特性是比较方便），并用来推算该类通风机任意型号的性能。

图 12-39 为通风机的无量纲特性曲线。

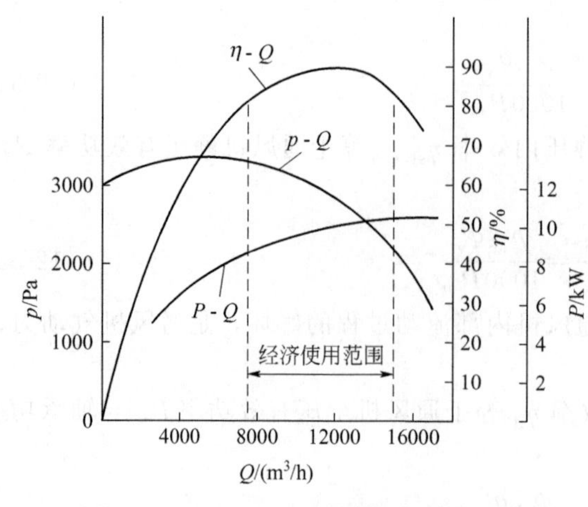


图 12-38 4-72-11No5 通风机的特性曲线

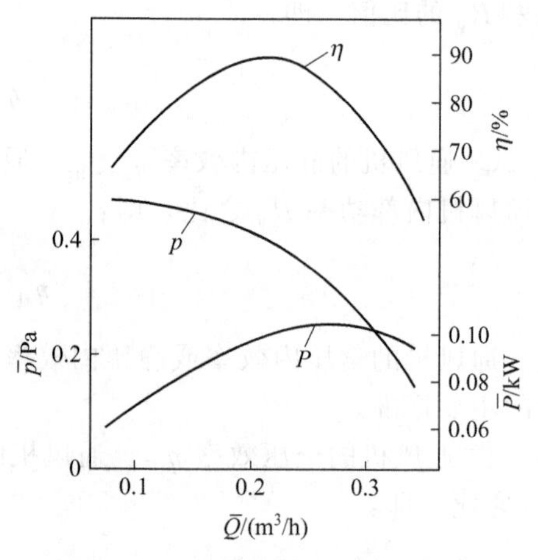


图 12-39 通风机的无量纲特性曲线

（2）影响因素 通风机特性曲线是在一定的条件下提出的。当通风机转速、叶轮直径和输送气体的密度改变时，风压、功率及风量都会受到影响。

① 叶轮转速对通风机性能的影响

a. 压力（全压或静压）的改变与转速改变的平方成正比，即：

$$\frac{p_2}{p_1}=\frac{p_{j2}}{p_{j1}}=\left(\frac{n_2}{n_1}\right)^2 \tag{12-58}$$

式中，$p$ 为通风机全压，Pa；$n$ 为通风机转速，r/min；$p_j$ 为通风机静压，Pa。

在离心力作用下，静压是圆周速度的平方的函数，同时动压也是速度平方的函数，因此全压也随速度的平方而变化。

b. 当压力与风量 $Q$ 的变化满足 $p=KQ^2$（$K$ 为常数）的关系时，风量的改变与转速的改变成正比，即：

$$\frac{p_2}{p_1}=\left(\frac{Q_2}{Q_1}\right)^2=\left(\frac{n_2}{n_1}\right)^2，即\frac{Q_2}{Q_1}=\frac{n_2}{n_1} \tag{12-59}$$

c. 功率 $P$ 的改变（轴承、传动皮带上的功率损失忽略不计）、与转速改变的立方成正比，即：

$$\frac{P_2}{P_1}=\left(\frac{n_2}{n_1}\right)^3 \tag{12-60}$$

功率是风量与风压的乘积，风量与转速成正比，风压与转速平方成正比，故功率与转速的立方成正比。

d. 通风机的效率不改变，或改变得很小，即：

$$\eta_1=\eta_2 \tag{12-61}$$

因为叶轮转速的改变使风量、风压均改变，同时轴功率也成比例改变，因而其比值不变。

由此可以看出，通风机转速改变时，特性曲线也随之改变。因此，在特性曲线图上，需要作出不同转速的特性曲线以备选用。需要指出的是，通风机转速的改变并不影响管网特性曲线，但实际工况点要发生变化，在新转速下的特性曲线与管网特性曲线的交点即为新的工况点。

从理论上可以认为，改变转速可获得任意风量，然而转速的提高受到叶片强度以及其他力学性能条件的限制，功率消耗也急剧增加，因而不可能无限度提高。

② 输送气体密度对通风机性能的影响

a. 风量不变，即：

$$Q_2=Q_1 \tag{12-62}$$

由于转速、叶轮直径等均不改变，故通风机所输送的气体体积不变，但输送的气体质量随密度的改变而不同。

b. 风压与气体的密度成正比，即：

$$p_2=p_1\frac{\rho_2}{\rho_1} \tag{12-63}$$

压力可以用气体柱的高度与其密度的乘积来表示，因此风压的变化与气体密度的变化成正比。

c. 功率与气体的密度成正比，即：

$$P_2=P_1\frac{\rho_2}{\rho_1} \tag{12-64}$$

由于风量不随气体密度而变化，故功率与风压成正比，而风压与气体密度成正比。

d. 效率不变，即：

$$\eta_2=\eta_1 \tag{12-65}$$

现将以上各类关系式以及当转速、叶轮直径、气体密度均改变时的关系式列于表 12-34 中，这些关系式对于通风机的选择及运行非常重要。

**表 12-34 通风机 $Q$、$p$、$P$ 及 $\eta$ 与 $\rho$、$n$ 的关系**

| 项目 | 计算公式 | 项目 | 计算公式 |
| --- | --- | --- | --- |
| 空气密度 $\rho$ 的换算 | $Q_2=Q_1$<br>$p_2=p_1\frac{\rho_2}{\rho_1}$<br>$P_2=P_1\frac{\rho_2}{\rho_1}$<br>$\eta_2=\eta_1$ | 对转速 $n$ 的换算 | $Q_2=Q_1\frac{n_2}{n_1}$<br>$p_2=p_1\left(\frac{n_2}{n_1}\right)^2$<br>$P_2=P_1\left(\frac{n_2}{n_1}\right)^3$<br>$\eta_2=\eta_1$ |

**【例 12-4】** 通风机在一般的除尘系统中工作，当转速为 $n_1=720\text{r/min}$ 时，风量 $Q_1=4800\text{m}^3/\text{h}$，消耗功率 $P_1=3\text{kW}$。当转速改变为 $n_2=950\text{r/min}$ 时，风量及功率为多少？

**解：** 查表 12-34 可知

$$\frac{Q_2}{Q_1}=\frac{n_2}{n_1}$$

$$Q_2=4800\times\frac{950}{720}=6333(\text{m}^3/\text{h})$$

$$\frac{P_2}{P_1}=\left(\frac{n_2}{n_1}\right)^3$$

$$P_2=3\times\left(\frac{950}{720}\right)^3=7(\text{kW})$$

从理论上可以认为，改变转速可获得任意风量，然而转速的提高受到叶片强度以及其他力学性能条件的限制，功率消耗也急剧增加，因而不可能无限度提高。

**【例 12-5】** 除尘系统中输送的气体温度从 100℃降为 20℃，通风机风压为 600Pa，如果流量不变，通风机压力如何变化？

**解：** 查资料可知气体温度降低后密度由 $0.916\text{kg/m}^3$ 升为 $1.164\text{kg/m}^3$。

查表 12-34 可知

$$p_2=p_1\frac{\rho_2}{\rho_1}$$

$$p_2=600\times\frac{1.164}{0.916}=762(\text{Pa})$$

## 三、通风机的选型和应用

通风机的选型包括选型要点、常用通风机及通风机的应用条件等。

**1. 通风机的选型要点**

（1）选型原则

① 在选择通风机前应了解国内通风机的生产和产品质量情况，如生产的通风机品种、规格和各种产品的特殊用途，以及生产厂商产品质量、后续服务等情况。

② 根据通风机输送气体的性质不同，选择不同用途的通风机。如：输送有爆炸性的和易燃性的气体应选防爆通风机；输送煤粉应选择煤粉通风机；输送有腐蚀性的气体应选择防腐通风机；在高温场合下工作或输送高温气体应选择高温通风机等。

③ 在通风机选择性能图表上查得有两种以上的通风机可供选择时，应优先选择效率较高、机号较小、调节范围较大的一种。

④ 当通风机配用的电动机功率不大于 75kW 时，可不装设启动用的阀门。当因排送高温烟气或空气而选择离心锅炉引风机时，应设启动用的阀门，以防冷态运转时造成过载。

⑤ 对有消声要求的通风系统，应首先选择低噪声的通风机，例如效率高、叶轮圆周速度低的通风机，且使其在最高效率点工作，还要采取相应的消声措施，如装设专门消声设备。通风机和电动机的减振措施，一般可采用减振器，如弹簧减振器或橡胶减振器等。

⑥ 在选择通风机时，应尽量避免采用通风机并联或串联工作。当通风机联合工作时，尽可能选择同型号同规格的通风机并联或串联工作；当采用串联时，第一级通风机到第二级通风机之间应有一定的管路联结。

⑦ 原有除尘系统更换用新通风机时，应考虑充分利用原有设备、适合现场安装及安全运行等问题。根据原有通风机历年来的运行情况和存在问题，最后确定通风机的设计参数，以避免采用新型通风机时所选用的流量、压力不能满足实际运行的需要。

⑧ 通风机在非标准状态时的性能参数换算见表 12-35。

**表 12-35 通风机在非标准状态时的性能参数换算**

| 改变密度($\rho$)、转速($n$) | 改变转速($n$)、大气压($B$)、气体温度($t$) |
|---|---|
| $\frac{Q_1}{Q_2}=\frac{n_1}{n_2}$<br>$\frac{p_1}{p_2}=\left(\frac{n_1}{n_2}\right)^2\frac{\rho_1}{\rho_2}$<br>$\frac{P_1}{P_2}=\left(\frac{n_1}{n_2}\right)^3\frac{\rho_1}{\rho_2}$<br>$\eta_1=\eta_2$ | $\frac{Q_1}{Q_2}=\frac{n_1}{n_2}$<br>$\frac{p_1}{p_2}=\left(\frac{n_1}{n_2}\right)^2\left(\frac{B_1}{B_2}\right)\left(\frac{273+t_2}{273+t_1}\right)$<br>$\frac{P_1}{P_2}=\left(\frac{n_1}{n_2}\right)^3\left(\frac{B_1}{B_2}\right)\left(\frac{273+t_2}{273+t_1}\right)$<br>$\eta_1=\eta_2$ |

注：$Q$ 为风量；$p$ 为全压；$P$ 为轴功率；$\eta$ 为效率；$\rho$ 为密度；$n$ 为转速；$B$ 为大气压力；$t$ 为温度。

⑨ 选择通风机时必须考虑当地气压和介质温度对通风机特性的修正。

（2）选型计算

① 风量（$Q_f$）。按下式计算：

$$Q_f = k_1 k_2 Q \tag{12-66}$$

式中，$Q$ 为系统设计总风量，$m^3/h$；$k_1$ 为管网漏风附加系数，%，可按 10%～15%取值；$k_2$ 为设备漏风附加系数，%，可按有关设备样本选取，或取 5%～10%。

② 全压（$p_f$）。按下式计算：

$$p_f = (pa_1 + p_s)a_2 \tag{12-67}$$

式中，$p$ 为管网的总压力损失，Pa；$p_s$ 为设备的压力损失，Pa，可按有关设备样本选取；$a_1$ 为管网的压力损失附加系数，%，可按 15%～20%取值；$a_2$ 为通风机全压负差系数，一般可取 $a_2=1.05$（国内通风机行业规定）。

③ 电动机功率（$P$）。按下式计算：

$$P = \frac{Q_f p_f K}{1000\eta\eta_{ST} \times 3600} \tag{12-68}$$

式中，$K$ 为容量安全系数，按表 12-29 选取；$\eta$ 为通风机的效率（按有关风机样本选取），%；$\eta_{ST}$ 为通风机的传动效率；%。

**【例 12-6】** 皮带转运点除尘系统风量 $14000m^3/h$、管道总压力损失 1010Pa 的管网计算结果，选择该系统配用通风机。

**解：**（1）通风机风量计算　系统设计风量为 $Q=14000m^3/h$，取管网漏风附加率为 15%，即 $K_1=1.15$；除尘设备选用脉冲袋式除尘器，设备漏风率按 5%考虑，即 $K_2=1.05$。由此，通风机的风量计算值为：

$$Q_f = K_1 K_2 Q = 1.15 \times 1.05 \times 14000 = 16905(m^3/h)$$

（2）通风机风压计算　管网计算总压损为 $p=1010Pa$，取管网压损附加率为 15%，即 $a_1=1.15$；除尘器设备阻力取 $p_s=1200Pa$；通风机全压负差系数取 $a_2=1.05$。由此，通风机的全压计算值为：

$$p_f = (pa_1 + p_s)a_2 = (1010 \times 1.15 + 1200) \times 1.05 = 2480(Pa)$$

（3）通风机选型　根据上述通风机的计算风量和风压，查表选得 4-72No8D 离心式通风机 1 台，通风机的铭牌参数为风量 $17920 \sim 31000m^3/h$，风压 2795～1814Pa，转速 1600r/min，配用电动机 Y180M-2，功率 22kW。

**2. 除尘常用通风机**

除尘工程用的通风机有以下两个明显特点：一是通风机的全压相对较高，以适应除尘系统阻力损失的需要；二是输送气体中允许有一定的粉尘含量。因此，选用除尘通风机时要特别注意气体密度变化引起的风量和风压的变化。影响气体密度的因素有：①气体温度变化；②气体含尘浓度变化；③通风机在高原地区使用；④除尘器装在通风机负压端，且阻力偏高。除尘常用通风机的性能见表 12-36。

**表 12-36　除尘常用通风机的性能**

| 通风机类型 | 型号 | 全压/Pa | 风量/($m^3/h$) | 功率/kW | 备注 |
|---|---|---|---|---|---|
| 普通中压通风机 | 4-47 | 606～2300 | 1310～48800 | 1.1～37 | 输送温度小于 80℃且不自燃的气体，常用于中小型除尘系统 |
| | 4-79 | 176～2695 | 990～406000 | 1.1～250 | |
| | 6-30 | 1785～4355 | 2240～17300 | 4～37 | |
| | 4-68 | 148～2655 | 565～189000 | 1.1～250 | |
| 锅炉通风机 | G、Y4-68 | 823～6673 | 15000～153800 | 11～250 | 用于锅炉，也常用于大中型除尘系统 |
| | G、Y4-73 | 775～6541 | 16150～810000 | 11～1600 | |
| | G、Y2-10 | 1490～3235 | 2200～58330 | 3～55 | |
| | Y8-39 | 2136～5762 | 2500～26000 | 3～37 | |

续表

| 通风机类型 | 型号 | 全压/Pa | 风量/($m^3$/h) | 功率/kW | 备注 |
|---|---|---|---|---|---|
| 排尘通风机 | C6-48<br>BF4-72<br>C4-73<br>M9-26<br>C4-68 | 352～1323<br>225～3292<br>294～3922<br>8064～11968<br>410～1934 | 1110～37240<br>1240～65230<br>2640～11100<br>33910～101330<br>2221～36417 | 0.76～37<br>1.1～18.5<br>1.1～22<br>158～779<br>1.5～30 | 主要用于含尘浓度较高的除尘系统 |
| 高压通风机 | 9-19<br>9-26<br>9-15<br>9-28<br>M7-29 | 3048～9222<br>3822～15690<br>16328～20594<br>3352～17594<br>4511～11869 | 824～41910<br>1200～123000<br>12700～54700<br>2198～104736<br>1250～140820 | 2.2～410<br>5.5～850<br>300<br>4～1120<br>45～800 | 用于压损较大的除尘系统 |
| 高温通风机 | W8-18<br>W4-73<br>FW9-27<br>W6-29、W6-39 | 2747～7524<br>589～1403<br>1790～4960<br>2000～8330 | 2560～20600<br>10200～61600<br>19150～24000<br>22000～48000 | 22～55<br>22～55<br>37～75<br>30～1600 | 用于温度超过 200℃的除尘系统 |

注：1. 除表列常用通风机外，许多通风机厂家还生产多种型号的通风机，据统计国产通风机型号约 400 种，其中多数可用于除尘系统。此外，对大中型除尘系统还可委托通风机厂家设计适合除尘用的非标准通风机。

2. 通风机出厂的合格品性能是在给定流量下全压值不超过±5%。

3. 性能表中提供的参数，一般无说明的均是按气体温度 $t=20$℃、大气压力 $p_a=101.3$kPa、气体密度 $\rho=1.2\text{kg/m}^3$ 的空气介质计算的。引风机性能是按烟气温度 $t=200$℃、大气压力 $p_a=101.3$kPa、气体密度 $\rho=0.745\text{kg/m}^3$ 的空气介质计算的。

**3. 通风机应用注意事项**

通风机应用时应注意以下方面。

（1）为减少通风机产生的振动和噪声，在条件允许时，可在通风机进出口与通风管道连接处用软管连接。软管接头一般可用帆布制作。

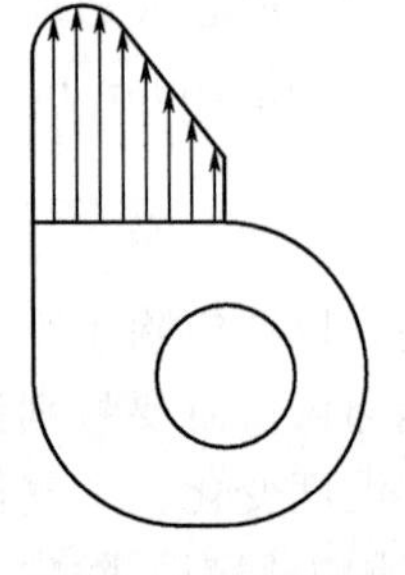

图 12-40 通风机出口速度分布

（2）当通风机出口小于通风管时，要加设扩大管。因为通风机出口风速不均匀，出口的外侧风速很大，内侧风速很小（图 12-40）。所以扩大管的一侧必须与通风机外壳保持垂直或呈小于 10°的顺气流方向扩大，两边延长线相交形成的夹角小于 35°。扩大管长度为扩大口与出风口宽度差的 2 倍。通风机进风口扩大管的要求与此相同。图 12-41 为离心式通风机进出风口的 6 种不同连接方法和形式。图 12-41 中（a）、（b）、（c）为正确的连接方法，（d）、（e）、（f）为不正确的连接方法。

（3）离心式通风机出口接弯管时，其转弯方向应与气流旋转方向一致，曲率半径应符合技术规定，以减少弯管阻力损失。

（4）通风机与电动机间采用皮带轮传动时，电动机轴必须与通风机轴保持平行，皮带轮的回转方向必须合理，如图 12-42 所示。

（5）在湿式除尘器系统中，通风机机壳最低点应设排水装置。需要连接排水时，宜设排水水封，水封高度应保证水不致被吸空；不需要连接排水时，可设带堵头的直排水管，需要时打开堵头排水。

（6）露天布置通风机时，对露天摆放的电动装置都应考虑防雨措施。不设防雨措施时必须选用能防雨的电动机。

**4. 通风机的防耐磨措施**

对于含磨蚀性粉尘的烟尘，除尘系统采用负压式，进入通风机的气体已进行了净化，这样

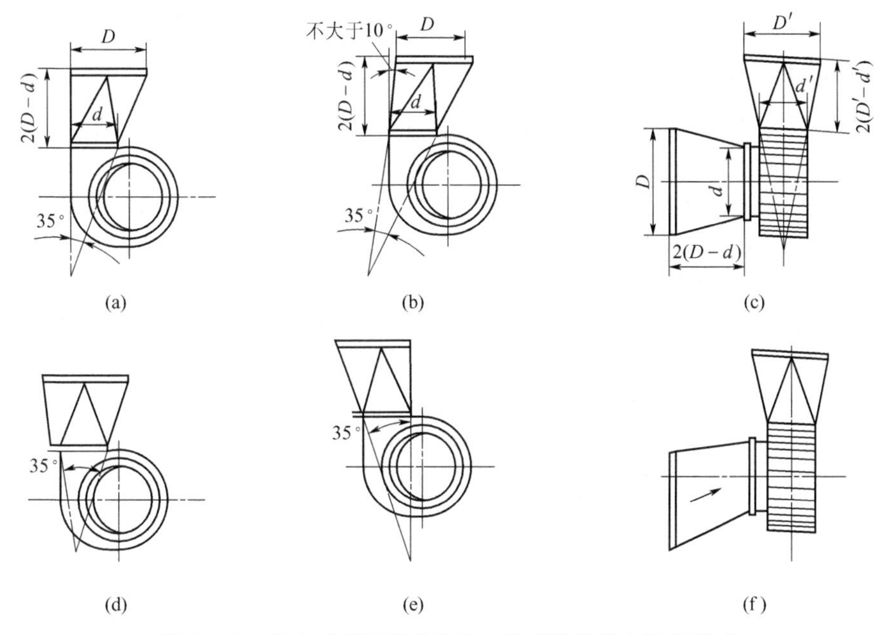


图 12-41 离心式通风机进出风口的不同连接方法和形式

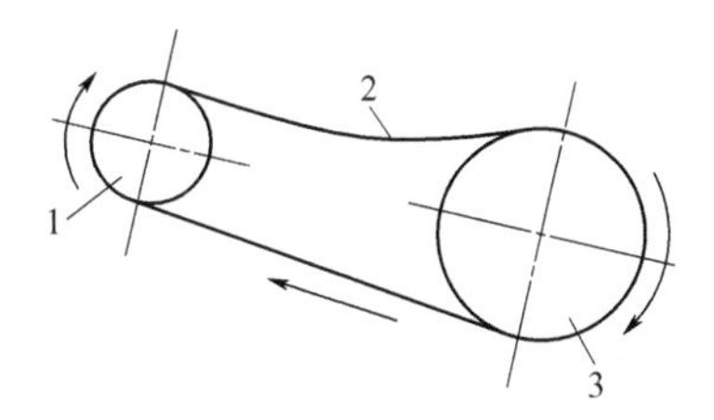


图 12-42 皮带传动

1—电动机皮带；2—皮带；3—通风机皮带轮

的系统可以有效地防止通风机的磨损；设计与选用时尽可能采用较低通风机转速和耐磨通风机叶片的结构形式。通风机壳体和叶片采取以下增强耐磨性的措施：①通风机磨损部位加衬板；②衬板上喷耐磨合金；③风机磨损部位喷耐磨粉末合金；④风机磨损部位采用碳化钨焊条堆焊。

**5. 除尘通风机的润滑**

小风量除尘系统通风机的轴承采用滚动轴承，干油（润滑脂）润滑。风量一般在 $10\times10^4 m^3/h$ 以下的通风机和一些锅炉引风机用在温度高的场合时，轴承座需要进行水冷却或采取特殊的风冷却。大中型除尘系统通风机采用滚动轴承，也可采用滑动轴承，润滑采用稀油润滑，一般采用飞溅、浸油和油环油盘带油的方法，轴承座带水冷却，通风机风量可达每小时数十万立方米。于每小时数十万立方米至每小时上百万立方米除尘风量的通风机一般采用滑动轴承，使用压力供油润滑及设稀油集中润滑系统来满足通风机、电动机等润滑的需要。一般滑动轴承的润滑方式可根据下式的系数选定：

$$K=\sqrt{p_m v^2} \tag{12-69}$$

式中，$p_m$ 为轴颈的平均压力，MPa；$v$ 为轴颈的线速度，m/s。$K\leqslant5$ 时，用润滑脂、一般油脂杯润滑；$K>5\sim50$ 时，用润滑油针阀油杯润滑；$K>50\sim100$ 时，用润滑油油杯或飞溅润滑，需用水或循环油冷却；$K>100$ 时，用润滑油压力润滑。

通风机供油一般有以下几种情况：①利用通风机调速装置——液力耦合器进行供油；②通

风机带一个整体的稀油站系统；③与液力耦合器供油系统合建一个大的润滑油站

## 四、通风机的布置原则

通风机可布置在室内即风机房内，也可布置在室外、露天或棚内。不管通风机布置在何处，均应遵循以下原则。

（1）考虑到通风除尘效果和系统节能，通风机尽可能布置在靠近通风除尘的工作区域。

（2）考虑到通风机消声隔振要求，通风机房建筑应为独立建筑，通风机基础采用独立的隔振基础，通风机进出口设柔性连接，根据消声的需要机壳外壁贴吸声、隔声材料，在通风机的出口段设置消声器等。对布置在户外的通风机，除了上述所说的措施外，根据消声的需要确定是否在通风机进出口管道外壁贴吸声、隔声材料。

（3）风机房内应有良好的照明和通风换气环境，特别是设有操作盘（箱）和装有观察仪表的部位需加强人工照明，保证足够的照度，有利于操作人员维护检修。对于输送含有尘毒、爆炸危险气体的通风除尘系统，其机房换气次数可按5～8次/h设计，同时应设有不小于5～12次/h换气次数的事故排风系统。

（4）布置机房应考虑留有适当的操作和维修空间，主要检修通道应不小于2m，非主要通道不小于0.8m，对于大中型通风机包括电动机等设备，机房设计要考虑设备搬运和吊装的需要。

（5）通风机基础地脚螺栓一般均采用二次浇灌，二次浇灌预留孔的尺寸为100mm×100mm～150mm×150mm，地脚螺栓直径取大值。预留孔深度一般为地脚螺栓长度加50mm。

（6）机房内应设置用于通风机或机房清洁用的水龙头和排水地漏，同时地坪设计应有坡度。

（7）对于输送易燃易爆气体的通风机，机房内应设有消防措施、火警信号以及安全门等，机房的所有门、窗均应向外开启。

（8）布置在户外的通风机和电动机，其防护等级应在IP54以上（含IP54），执行器和电气仪表箱、柜等应采用IP65以上（含IP65）的防护等级。

# 第六节 噪声和振动防范

## 一、风机噪声控制设计

风机的种类很多，按其气体压力升高的原理，可分为容积式和叶片式两种。

容积式风机是利用机壳内的转子，在转子旋转时使转子与机壳间的工作容积发生变化，把吸进的气体压送到排气管道中（典型产品为罗茨鼓风机）。

叶片式风机是驱动叶轮旋转做功，使气体产生压力和流动，有离心式和轴流式两种。

**1. 风机噪声的产生**

风机的噪声包括因叶片带动气体流动过程中产生的空气动力噪声、风机机壳受激振动辐射的噪声和机座因振动激励的噪声。就风机整体而言，还包括驱动机（主要是电动机）的噪声。

风机的空气动力噪声主要是指由于气体的非稳定流动而形成气流的扰动，气体与气体以及气体与物体相互作用所产生的噪声。风机的空气动力噪声一般可分为旋转噪声和涡流噪声。

（1）旋转噪声　它是由均匀分布在工作轮上的叶片在风机工作时打击气体媒质，引起周围气体压力脉动而产生的噪声。

（2）涡流噪声　又称旋涡噪声，主要是气流流经叶片时产生紊流附面层及旋涡与旋涡裂脱体，引起叶片上的压力脉动所造成的。

**2. 风机的噪声控制**

风机的噪声控制，最好采用噪声低的风机，从声源解决环境噪声问题，也可以从噪声传播途径考虑，采用常规的噪声控制措施来降低噪声。

(1) 合理选择风机型号　对同一型号的风机，在性能允许的条件下，应尽量选用低风速风机。对不同形式的风机，应选用比 A 声级 $L_{SA}$小的。一般风机效率良好的区域，其噪声也低，因此对风机的噪声及效率二者而言，都应使用性能良好的区域。

(2) 对风机噪声传播途径的控制　控制措施有：①从进、出风口传出的空气动力噪声比风机其他部位传出的要高 10～20dB，有效地降噪措施是在进、出口装设消声器。②抑制机壳辐射的噪声，可在机壳上敷设阻尼层，但由于一般情况下这种降噪效果不大，故采用不多。③从基座传递的风机固体声，特别是一些安装在平台、楼层或屋顶的风机，这种振动传声的影响很大，有效的降噪措施是在基座处采取隔振措施，对大型风机还应采用独立基础。④采取隔声措施，一般用隔声罩，对大型风机或多台风机可设风机房。有一种隔声消声箱，它是用箱体隔绝机壳传出的噪声，同时又在气流进出口安装消声器，这种设施对风量大、体积小而噪声较强的场地较为合适。

**3. 风机消声器设计计算**

除尘用风机消声常用阻性消声器。阻性消声器的消声量与消声器的形式、长度、通道横截面积有关，同时与吸声材料的种类、密度和厚度等因素有关。通常，阻性消声器的消声量 $\Delta L$ 可按下式计算：

$$\Delta L=\phi(\alpha_0)\frac{pl}{S} \tag{12-70}$$

式中，$\Delta L$ 为消声量，dB；$\phi(\alpha_0)$为消声系数，一般可取表 12-37 中的值；$l$ 为消声器的有效部分长度，m；$p$ 为消声器的通道断面周长，m；$S$ 为消声器的通道有效横断面积，$m^2$。

**表 12-37　$\phi(\alpha_0)$ 与 $\alpha_0$ 的关系**

| $\alpha_0$ | 0.1 | 0.2 | 0.3 | 0.4 | 0.5 | 0.6 | 0.7 | 0.8 | 0.9～1.0 |
|---|---|---|---|---|---|---|---|---|---|
| $\phi(\alpha_0)$ | 0.1 | 0.2 | 0.4 | 0.55 | 0.7 | 0.9 | 1.0 | 1.2 | 1.5 |

注：表中吸声系数 $\alpha_0$ 见表 12-38。

**表 12-38　吸声材料的吸声系数 $\alpha_0$**

| 材料名称 | 密度/(kg/m³) | 厚度/cm | 倍频带中心频率/Hz | | | | | |
|---|---|---|---|---|---|---|---|---|
| | | | 125 | 250 | 500 | 1000 | 2000 | 4000 |
| | | | 吸声系数 $\alpha_0$ | | | | | |
| 超细玻璃棉 | 25 | 2.5 | 0.02 | 0.07 | 0.22 | 0.59 | 0.94 | 0.94 |
| | | 5 | 0.05 | 0.24 | 0.72 | 0.97 | 0.90 | 0.98 |
| | | 10 | 0.11 | 0.85 | 0.88 | 0.83 | 0.93 | 0.97 |
| 矿渣棉 | 240 | 6 | 0.25 | 0.55 | 0.78 | 0.75 | 0.87 | 0.91 |
| 毛毡 | 370 | 5 | 0.11 | 0.30 | 0.50 | 0.50 | 0.50 | 0.52 |
| 聚氨酯 | 30 | 3 | | 0.08 | 0.13 | 0.25 | 0.56 | 0.77 |
| 泡沫塑料 | 45 | 4 | 0.10 | 0.19 | 0.36 | 0.70 | 0.75 | 0.80 |
| 微孔砖 | 450 | 4 | 0.09 | 0.29 | 0.64 | 0.72 | 0.72 | 0.86 |
| | 620 | 5.5 | 0.20 | 0.40 | 0.60 | 0.52 | 0.65 | 0.62 |
| 膨胀珍珠岩 | 360 | 10 | 0.36 | 0.39 | 0.44 | 0.50 | 0.55 | 0.55 |

阻性消声器一般有管式、片式、蜂窝式、折板式和声流式等几种形式。

(1) 管式消声器　管式消声器是将吸声材料固定在管道内壁上形成的，有直管式和弯管式，其通道可以是圆形的，也可以是矩形的。管式消声器结构简单，加工容易，空气动力性能好。在气体流量较小时，一般可以使用管式消声器。

直管式消声器的消声量可按基本公式计算。弯管式消声器的消声量可按表 12-39 所列的估计值考虑，表中的 $d$ 为管径，$\lambda$ 为声波的波长。

**表 12-39　直角弯管式消声器的消声量估计值**　　单位：dB

| $d/\lambda$ | 0.1 | 0.2 | 0.3 | 0.4 | 0.5 | 0.6 | 0.8 | 1.0 |
|---|---|---|---|---|---|---|---|---|
| 无规入射 | 0 | 0.5 | 3.5 | 7.0 | 9.5 | 10.5 | 10.5 | 10.5 |
| 垂直入射 | 0 | 0.5 | 3.5 | 7.0 | 9.5 | 10.5 | 11.5 | 12 |
| $d/\lambda$ | 1.5 | 2 | 3 | 4 | 5 | 6 | 8 | 10 |
| 无规入射 | 10 | 10 | 10 | 10 | 10 | 10 | 10 | 10 |
| 垂直入射 | 13 | 13 | 14 | 16 | 18 | 19 | 19 | 20 |

若声波频率与管子截面几何尺寸满足下式：

$$f_z < \frac{1.84c}{\pi d} \tag{12-71}$$

式中，$c$ 为声速，m/s；$d$ 为圆管直径，m。

或

$$f_z < \frac{c}{2d} \tag{12-72}$$

式中，$d$ 为方管边长，m。

则此时声波在管中以平面波形式传播，相对于管中任意断面，声波是垂直入射的。当声波频率大于 $f_z$ 时，管中出现其他形式的波，应按无规入射考虑。

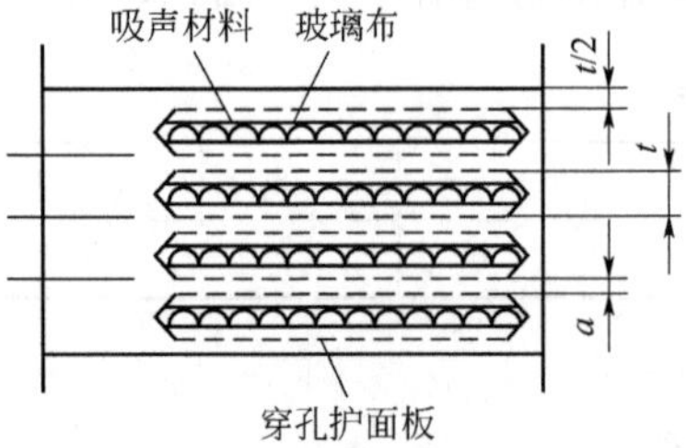

图 12-43　片式消声器

(2) 片式消声器　片式消声器是由一排平行的消声片组成的，它的每个通道相当于一个矩形消声器，其消声量可按基本公式进行计算。这种消声器的结构不复杂，中高频消声效果较好，消声量一般为 15～20dB/m，阻力系数大，约为 0.8。片式消声器的片间距离可取 100～200mm，片厚可取 50～150mm。取各消声片厚度相等、间距相等，这时，如果制作消声器的钢板声量足够，则可将片式消声器设计成如图 12-43 所示的结构。

当片式消声器的通道宽度 $a$ 比高度 $h$ 小得多时，其消声量 $\Delta L$ 可按下式计算：

$$\Delta L = 2\phi(\alpha_0)\frac{1}{a} \tag{12-73}$$

从式(12-73) 中可以看出，片式消声器的消声量与每个通道的宽 $a$ 有关，$a$ 越小，消声量 $\Delta L$ 就越大，而与通道的数目和高度没有什么关系。但是，在通道宽度确定以后，通道数目和高度就对消声器的空气动力性能有影响。因此，流量增大以后，为了保证仍有足够的有效流通面积和控制流速，就需要增加通道的数目和高度。

## 二、隔声设计

声波在空气中传播时，使声能在传播途径中受到阻挡而不能直接通过的措施称为隔声。

**1. 隔声量**

隔声材料是重而密实的材料（对实体结构而言），入射在构件一面的声能与透射到另一面的声能相差的分贝数称隔声量。用隔声墙的减声量随波长和声源性质（点声源或线声源）的不同而变化，其计算如图 12-44 所示。

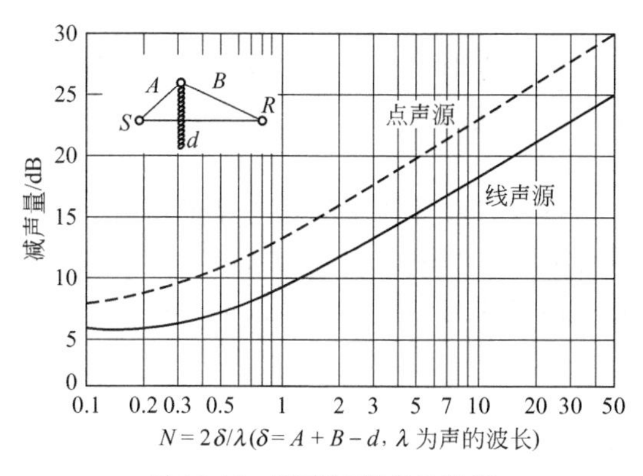


图 12-44　隔声墙消声量计算

**2. 隔声罩**

对声源单独进行隔声设计，可采用隔声罩的结构形式。隔声罩是噪声控制设计中常被采用的设备，例如空压机、水泵、通风机等高噪声源，其体积小，形状比较规则或者虽然体积较大，但空间及工作条件允许时，可以用隔声罩将声源封闭在罩内，以减少向周围的声辐射。

隔声罩的降噪效果一般用插入损失 IL 表示：

$$\mathrm{IL}=L_1-L_2=\overline{\mathrm{TL}}+10\lg\frac{A}{S} \tag{12-74}$$

式中，IL 为插入损失，dB；$A$ 为隔声罩内表面的总吸声量，dB；$S$ 为隔声间内表面的总面积，$m^2$；$\overline{\mathrm{TL}}$ 为隔声间的平均隔声量，dB。

$$\overline{\mathrm{TL}}=10\lg\frac{\sum S_i}{\sum S_i\times 10^{-0.1\mathrm{TL}_i}} \tag{12-75}$$

式中，$S_i$ 为第 $i$ 个构件的面积，$m^2$；$\mathrm{TL}_i$ 为第 $i$ 个构件的隔声量，dB。

隔声罩的插入损失一般约 20～50dB。

对于全密封的隔声罩，IL 可近似用下式计算：

$$\mathrm{IL}=10\lg(1+a\times 10^{0.1\mathrm{TL}}) \tag{12-76}$$

式中，$a$ 为内饰吸声材料的吸声系数；TL 为隔声罩罩壁的隔声量，dB。

对于局部敞开的隔声罩，插入损失为：

$$\mathrm{IL}=\mathrm{TL}+10\lg a+10\lg\frac{1+S_0/S_1}{1+S_0\times 10^{0.1\mathrm{TL}}/S_1} \tag{12-77}$$

式中，$S_0$、$S_1$ 分别为非封闭面和封闭面的总面积，$m^2$。

一般固定密封型隔声罩的插入损失约为 30～40dB；活动密封型为 15～30dB，局部敞开型约为 10～20dB；带通风散热的消声器则约为 15～30dB。

**3. 使用注意事项**

隔声罩的技术措施简单，降噪效果好，在设计和选用隔声罩时应注意以下几点。

（1）罩壁必须有足够的隔声量，且为了便于制造、安装、维修，宜采用 0.5～2mm 厚的钢板或铝板等轻薄密实的材料制作。用钢或铝板等轻薄型材料做罩壁时，须在壁面上加筋，涂贴阻尼层，以抑制与减弱共振和吻合效应的影响。罩内壁要进行吸声处理，使用多孔松散材料时，应有较牢固的护面层。

（2）罩体与声源设备及其机座之间不能有刚性接触，以免形成“声桥”，从而导致隔声量降低。

（3）开有隔声门（窗）、通风与电缆等管线时，缝隙处必须密封，并且管线周围应有减振、密封措施。

（4）罩壳形状恰当，尽量少用方形平行罩壁，罩内壁与设备之间应留有较大的空间，一般为设备所占空间的1/3以上，各内壁面与设备的空间距离不得小于10cm，以免耦合共振，使隔声量减小。

（5）在有可燃性气体、蒸汽或颗粒性粉尘的场所设置隔声罩或对有散热要求的设备设置隔声罩时，隔声罩均需合理设计通风。当隔声罩采取通风和散热措施时，隔声罩进、出风口均应采取增加消声器等措施，其消声量要与隔声罩的插入损失相匹配。

## 三、减振设计

**1. 减振器材的一般要求**

对动力设备等采取积极隔振措施，或对精密仪器、设备及建筑物采取消极隔振措施时，应根据隔振要求、安装减振器的环境空间允许位置等对减振器进行选择。一般来说，为达到隔振目的，隔振材料或减振器应符合下列要求。

（1）弹性性能优良，刚度低；承载力大，强度高，阻尼适当。

（2）耐久性好，性能稳定，抗酸、碱、油的侵蚀能力较高；不因外界温度、湿度等条件变化而引起性能发生较大变化。

（3）取材容易；加工制作和维修、更换方便。

**2. 减振器材的分类**

减振器材和减振器分类比较复杂，可按材料或结构形式进行分类，也可按用途进行分类等。目前，一般可按表12-40分类。

**表12-40 减振器材分类**

| | |
|---|---|
| 减振垫 | 橡胶减振垫<br>玻璃纤维垫<br>金属丝网减振垫<br>软木、毛毡、乳胶海绵等制成的减振垫 |
| 减振器 | 橡胶减振器<br>全金属减振器(螺旋弹簧减振器、蝶簧减振器、板簧减振器和钢丝绳减振器等)<br>空气弹簧<br>弹性吊架(橡胶类、金属弹簧类或复合型) |
| 柔性接管 | 可曲绕橡胶接头<br>金属波纹管<br>橡胶、帆布、塑料等柔性接头 |

在设计减振体系时，一般来说应着重于选用国内标准产品或定型产品，当不能满足设计要求时，可另行设计。

**3. 减振器的选择**

在要求减振传递率相同的条件下，通风机振动频率越低，所需减振器中的静态形变值越大；反之越小。在常用的减振器中，弹簧减振器的静态形变值较大，因此弹簧减振器多用在振动频率较低的场合；金属橡胶减振器，一般多用在振动频率较高的场合，如必须用在振动频率较低的情况时可组合使用。

在生产阻尼弹簧减振器的基础上，进行了技术改进 ZD 型阻尼弹簧复合减振器，对阻尼弹簧、橡胶减振垫组合使用，利用各自优点，克服其缺点。具有复合隔振降噪、固有频率低、隔振效果好、对隔振固体传声（尤其是对隔离高频冲击的固体传声更为优越）等优点，是积极、消极隔振的理想产品。

ZD 型阻尼弹簧复合减振器有 3 种安装方式：ZD 型上下座外表面装有防滑橡胶垫，对于扰力小、重心低的设备，可直接将 ZD 型减振器放置于设备减振台座下，不需要固定；ZDⅠ型仅上座配的螺栓与设备固定；ZDⅡ型上、下座分别设有螺栓与地基螺栓孔，可上、下固定。

ZD 型系列产品适用工作温度为－40～110℃，正常工作载荷范围内固有频率为 2～5Hz，阻尼比为 0.045～0.065。ZD 型减振器的外形尺寸如图 12-45 所示，其性能参数见表 12-41。

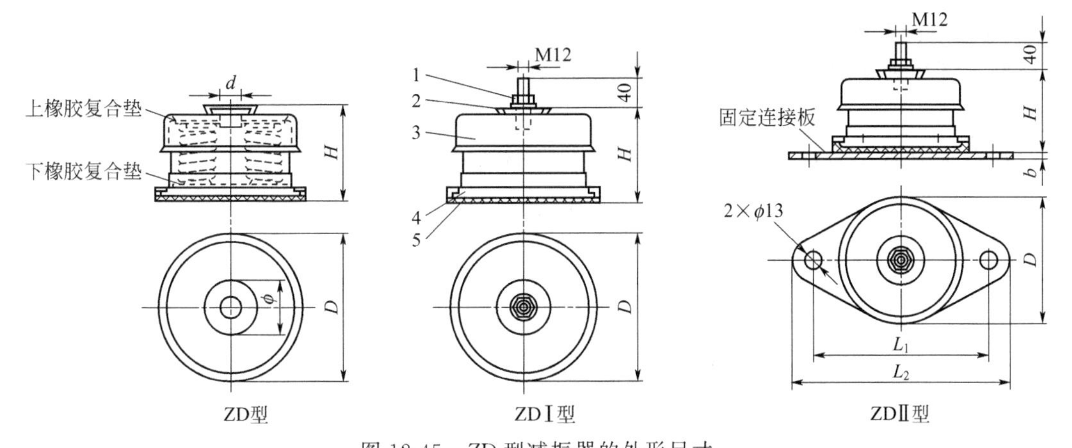


图 12-45　ZD 型减振器的外形尺寸

1—螺母及螺垫；2—上隔声摩擦垫；3—上壳；4—下底座；5—下隔声摩擦垫

**表 12-41　ZD 型减振器外形尺寸及性能参数**

| 型号 | 最佳载荷/N | 预压载荷/N | 极限载荷/N | 竖向刚度/(N/mm) | 额定载荷点水平刚度/(N/mm) | 外形尺寸/mm | | | | | | |
|---|---|---|---|---|---|---|---|---|---|---|---|---|
| | | | | | | $H$ | $D$ | $L_1$ | $L_2$ | $d$ | $b$ | $\phi$ |
| ZD-12 | 120 | 90 | 168 | 7.5 | 5.4 | 70 | 84 | 110 | 140 | 10 | 5 | 32 |
| ZD-18 | 180 | 115 | 218 | 9.5 | 14 | 65 | 128 | 160 | 195 | 10 | 5 | 42 |
| ZD-25 | 250 | 153 | 288 | 12.5 | 19 | 65 | 128 | 160 | 195 | 10 | 5 | 42 |
| ZD-40 | 400 | 262 | 518 | 22 | 16 | 72 | 144 | 175 | 210 | 10 | 6 | 42 |
| ZD-55 | 550 | 336 | 680 | 30 | 21.6 | 72 | 144 | 175 | 210 | 10 | 6 | 42 |
| ZD-80 | 800 | 545 | 1050 | 41 | 28.7 | 88 | 163 | 195 | 230 | 10 | 6 | 52 |
| ZD-120 | 1200 | 800 | 1560 | 44 | 31 | 104 | 185 | 225 | 265 | 10 | 8 | 52 |
| ZD-160 | 1600 | 1150 | 2180 | 63 | 33 | 104 | 185 | 225 | 265 | 10 | 8 | 52 |
| ZD-240 | 2400 | 1600 | 3100 | 85 | 35.6 | 120 | 210 | 250 | 295 | 14 | 8 | 62 |
| ZD-320 | 3200 | 2150 | 4220 | 127 | 70 | 144 | 230 | 270 | 310 | 18 | 8 | 84 |
| ZD-480 | 4800 | 2950 | 5750 | 175 | 77 | 144 | 230 | 270 | 310 | 18 | 8 | 84 |
| ZD-640 | 6400 | 4170 | 8300 | 180 | 125 | 154 | 282 | 320 | 360 | 20 | 8 | 104 |
| ZD-820 | 8200 | 5300 | 10550 | 230 | 140 | 154 | 282 | 320 | 360 | 20 | 8 | 104 |
| ZD-1000 | 10000 | 6050 | 11580 | 222 | 154 | 176 | 325 | 360 | 400 | 20 | 8 | 104 |

续表

| 型号 | 最佳载荷/N | 预压载荷/N | 极限载荷/N | 竖向刚度/(N/mm) | 额定载荷点水平刚度/(N/mm) | 外形尺寸/mm | | | | | | |
|---|---|---|---|---|---|---|---|---|---|---|---|---|
| | | | | | | $H$ | $D$ | $L_1$ | $L_2$ | $d$ | $b$ | $\phi$ |
| ZD-1280 | 12800 | 8300 | 16550 | 305 | 190 | 176 | 325 | 360 | 400 | 20 | 8 | 104 |
| ZD-1500 | 15000 | 8500 | 19500 | 800 | 180 | 175 | 276 | 316 | 356 | 30 | 10 | 104 |
| ZD-2000 | 20000 | 8000 | 28000 | 1480 | 290 | 175 | 276 | 316 | 356 | 30 | 10 | 104 |
| ZD-2700 | 27000 | 13000 | 30000 | 2160 | 430 | 180 | 276 | 316 | 356 | 30 | 10 | 104 |
| ZD-3500 | 35000 | 15000 | 40000 | 2700 | 570 | 180 | 276 | 316 | 356 | 30 | 10 | 104 |

**4. 减振设计要点**

减振设计主要是确定隔振效果，即频率比，设计的频率比能满足要求的情况下，隔振即可取得预期结果。

（1）确定减振器的数量　可参照表12-42选取。

**表12-42　减振器数量**

| 风机功率/kW | 减振器数量 | 风机功率/kW | 减振器数量 |
|---|---|---|---|
| <10 | 4～6 | >50 | 8～18 |
| 10～50 | 6～8 | | |

（2）计算干扰频率　按下式计算：

$$f=\frac{n}{t} \tag{12-78}$$

式中，$f$ 为干扰频率，Hz；$n$ 为风机转速，r/min；$t$ 为时间换算值，$t=60$。

（3）计算每个减振器承受的实际载荷　按下式计算：

$$p_{\mathrm{h}}=\frac{10m_{\mathrm{f}}}{n} \tag{12-79}$$

式中，$p_{\mathrm{h}}$ 为每个减振器的实际载荷，kN；$m_{\mathrm{f}}$ 为风机（含机座、电动机）的质量，kg；$n$ 为减振器的数量，个。

（4）选择减振器型号　根据风机总重即干扰力的大小和减振器最佳载荷选取大小不同的型号。

（5）合理布置减振器　减振器宽度方向（横向）对称布置，长度方向（纵向）重心距离满足下式：

$$\sum A_i=0 \tag{12-80}$$

$$\sum B_i=0 \tag{12-81}$$

式中，$A_i$、$B_i$ 分别为各减振器纵向和横向距机组重心的距离；$i$ 为减振器编号，如图12-46所示。

（6）计算隔振系统固有频率　按下式计算（或由性能表查得）：

$$f_0=\frac{1}{2\pi}\sqrt{\frac{9800}{\delta}} \tag{12-82}$$

式中，$f_0$ 为隔振系统固有频率，Hz；$\delta$ 为压缩变形量，由减振器性能表查得。

（7）计算隔振效率　隔振效率 $\eta$ 按下式计算（$\eta\geqslant80\%$认为比较合理）：

$$\eta_z=\left[1-\sqrt{\frac{1+\left(2D\dfrac{f}{f_0}\right)^2}{\left(1-\dfrac{f^2}{f_0^2}\right)^2+\left(2D\dfrac{f}{f_0}\right)^2}}\right]\times 100\% \tag{12-83}$$

式中，$\eta_z$ 为隔振效率，%；$D$ 为阻尼比，一般≤0.05；$f$ 为干扰频率，Hz；$f_0$ 为固有频率，Hz。

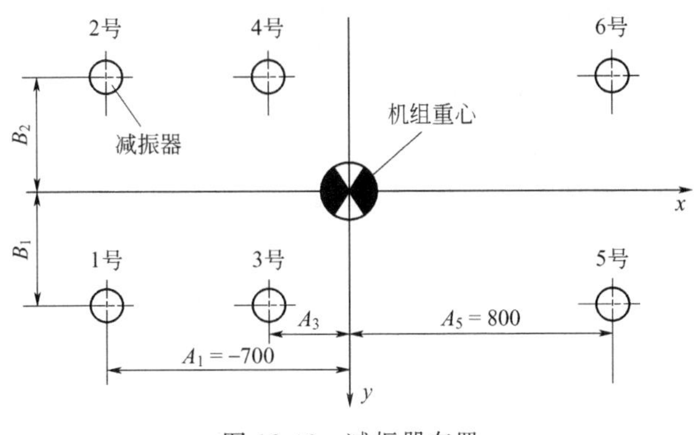


图 12-46　减振器布置

# 第七节　除尘系统安全防护

## 一、平台、梯子及照明

对经常检查维修的地点，应设安全通道。在检查维修处，如有危及安全的运动物体，均需设防护罩。人可能进入而又有坠落危险的开口处，应设有盖板或安全栏杆。

**1. 平台、梯子**

（1）在有需要检查、检修和人员通过的地方应设置平台、栏杆。

（2）通道平台宽度不应小于 700mm，竖向净空一般不应小于 1800mm。不妨碍正常走动。

（3）平台一切敞开的边缘均应设置安全防护栏杆，防护栏杆的高度应高于 1050mm；在高于 10m 的位置，栏杆高度应高于 1100mm。

（4）钢直梯攀登高度超过 2m 时应设护笼，护笼下端距基准面为 2m，护笼上端应低于扶手 100mm。钢直梯最佳宽度为 500mm，由于工作面所限，攀登高度在 5m 以下时，梯宽可适当缩小，但不得小于 300mm。直梯踏棍之间的距离一般为 250～300mm。钢直梯攀登高度一般不应超过 8m；超过 8m 时，必须设梯间平台，分段设梯。高度在 15m 内时，梯间平台的间距为 5～8m；超过 15m 时，每 5m 设 1 个梯间平台。

（5）斜梯的斜度在 45°以下，最大不超过 60°。斜梯宽度应为 700mm，最大不得大于 1m，最小不得小于 600mm。踏面间距为 150～230mm。

（6）平台、梯子等的扶手高度一般应为 1150mm，扶手下部设置离开台面高 50～100mm 的挡脚板。

（7）平台、梯子的踏板应使用花纹钢板或钢格板（栅）及钢板网。使用普通钢板要经防滑处理。踏板用花纹钢板，每个踏板上均应留两个落水孔，以防踏板积水积尘。

**2. 安全照明**

除尘设备的内部应设 36V 检修照明灯，大中型除尘器的平台、梯子、储灰仓及输灰装置处应设 220V 照明灯。照明灯的最低光照密度为 10lx，适用光源为汞灯或钠灯。

## 二、抗震加固

（1）除尘管道的支、吊架应紧固可靠，锈蚀严重时应及时更换。

（2）管道穿过墙或楼板时，管道外径应与墙或楼板有一定间隙。管道穿过防爆厂房的墙板处应加设套管，并在套管间隙中填塞软质耐火材料。

（3）穿出屋面的风管，应予以固定；当高出屋面 3m 时，要设有拉紧装置。

（4）通风机与电动机应装在同一个基础上。通风机外壳底部或入口处要有支承架。通风机置于减震基础上时，其减震基础与地坪要有固定连接设施。

（5）通风机进、出口为软连接时，进、出口管要有固定装置（托架或支承架）。除尘管道不得浮放于支架上，应设有固定管箍。

（6）除尘器不得浮放于地坪上，应有固定措施。大中型除尘器的基础设计应考虑风雪荷载和地震灾害。

（7）通风除尘设备上的执行机构（气缸、电动推杆、脉冲控制仪等）要稳固。

## 三、防雷及防静电

**1. 防雷**

室外大中型除尘器、冷却器等在非防雷保护范围时应设防雷装置，其防雷装置应与电控接地分别设计。防雷装置制作参考烟囱避雷设施。

**2. 防静电**

（1）设备和金属结构的接地

① 除尘设备和钢结构（如走台）必须单独连接在接地母线线路上，不允许几个设备串联接地，以避免增加接地线路的电阻和防止检修设备时接地线路断裂。

② 不带地脚螺栓的除尘设备及钢结构可按图 12-47 所示焊接接地线的连接件，并接地；带有基础螺栓的除尘设备按图 12-48 所示连接接地线。

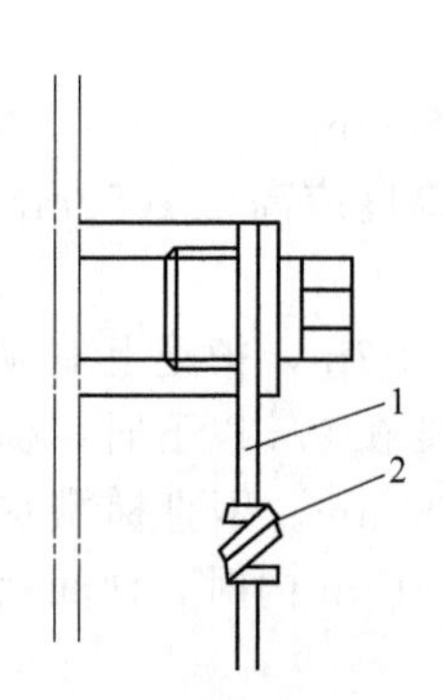


图 12-47 接地线的连接件

1—接地导线 $d8$ 圆钢；2—$d2$ 钢丝缠 3～4 圈

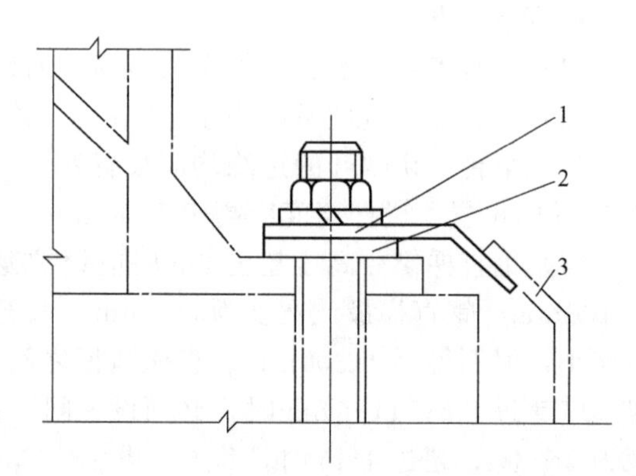


图 12-48 带地脚螺栓设备的接地件

1—连接板 $\delta=4$；2—垫圈；3—接地线

③ 中间衬有垫片的数个卡子组成的设备，在各卡子之间按图 12-49 所示，安装法兰连接件。

④ 除尘设备和钢构件的接地件，应在对称的位置做 2 处，并同时接地；接地件的高度应距设备底部 500mm 左右。

（2）管道的接地 金属管道每隔 20～30m 按图 12-50 所示将管道连接在接地母线上。平行敷设的管道，管外壁之间距离小于 100mm 时，每隔 20～30m 按图 12-51 所示安装跨接线。在管道法兰连接处，按图 12-52 所示安装连接件。

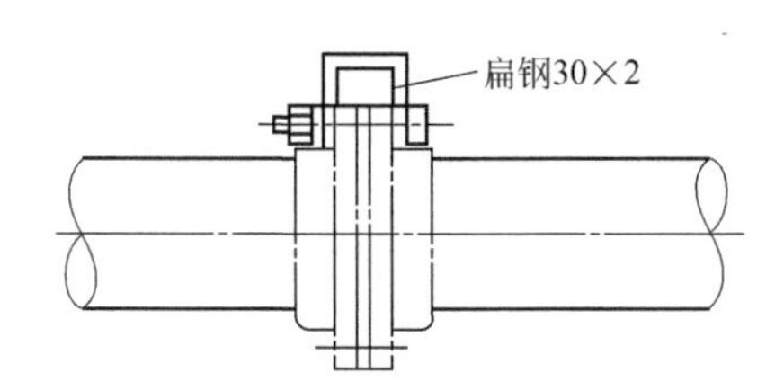


图 12-49 设备法兰接触连接件

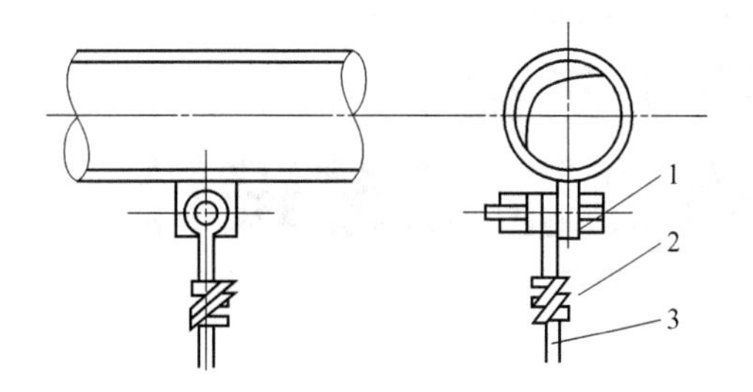


图 12-50 接地导线与管子的连接件

1—连接板 45×40$\delta$=8，2—$d$2 钢丝缠 3～4 圈；3—接地导线 $d$8 圆钢

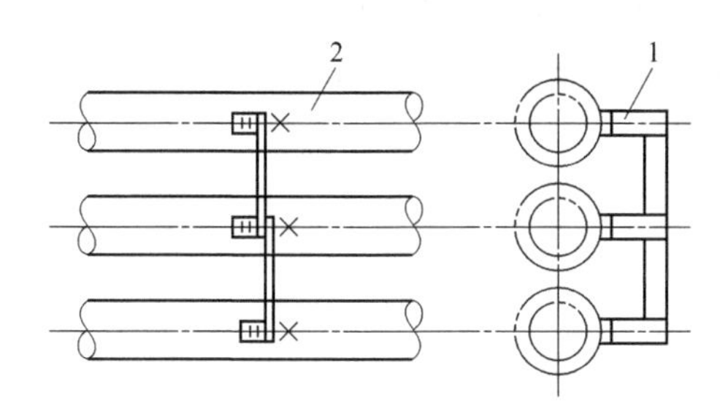


图 12-51 平行管道的跨接件

1—连接板扁钢 25×4；2—跨接线扁钢 25×4

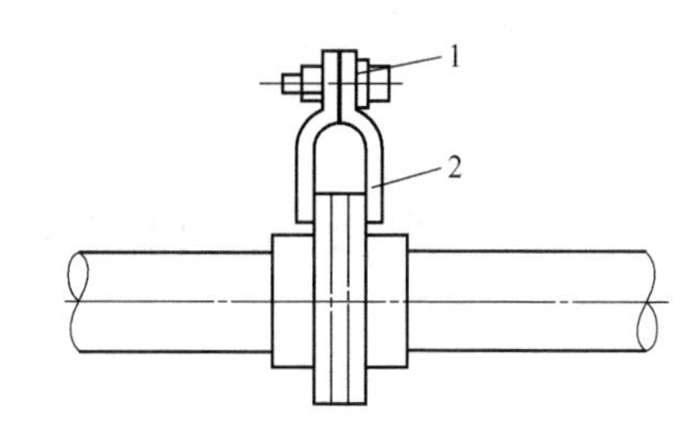


图 12-52 管道法兰接触连接件

1—垫圈（铝制）；2—扁钢 25×3

(3) 接地线的安装　接地导线采用 $\phi$6mm 圆钢或 25mm×4mm 扁钢，接地母线采用 40mm×4mm 扁钢，应选择最短线路进行接地。接地导线的连接或接地导线与母线的连接按国家标准进行。车间或工段内部接地系统的电阻不大于 10Ω。

(4) 接地体的安装　接地体采用 $D$57×3.5mm 无缝钢管或 50mm×4mm 等边角钢制作，按国际 $D$563 进行安装。接地体应沿建筑物的四周配置，对不设围墙的建筑物，接地体一般应距建筑物的墙 1.5～2.0m 配置；对设有围墙的建筑物，接地体应沿围墙周围配置，接地体不应配置在建筑物的进出口处。

(5) 袋式除尘器防静电的措施

① 滤袋采用防静电滤料缝制，如 MP922 等。

② 电磁阀和脉冲阀采用防爆型。

③ 除尘器本体接地。

# 第十三章 除尘器工艺设计

除尘器工艺设计包括机械除尘器（重力除尘器、旋风除尘器）、袋式除尘器、静电除尘器、湿式除尘器的工艺设计。由于在除尘工程中许多除尘器属于非标设计，所以除尘器工艺设计成为除尘工程设计的重要组成部分。

## 第一节 设计原则和内容

基本设计条件包括设计原则、设计内容、设计要点和技术文件等内容。

### 一、设计原则

工业除尘设备应具备“高效、优质、经济、安全”的设备特性；除尘器的设计、制造、安装和运行时，必须符合以下设计原则。

**1. 技术先进**

根据《职业病防治法》和《大气污染防治法》的规定，按作业环境卫生标准和大气环境排放标准确定的工业除尘目标，瞄准国内外工业除尘先进水平，围绕“高效、密封、强度和刚度”做文章，科学确定除尘方法、形式和指标。具体要求如下。

① 技术先进、造型新颖、结构优化，具有显著的“高效、密封、强度、刚度”等技术特性。

② 排放浓度符合环保排放标准或特定标准的规定，其粉尘或其他有害物的落地浓度不能超过卫生防护限值。

③ 主要技术经济指标达到国内外先进水平。

④ 具有配套的技术保障措施。

**2. 运行可靠**

保证除尘设备连续运行的可靠性是工业除尘设备追求的终极目标之一。它不仅决定设备设计的先进性，而且涉及制造与安装的优质性和运行管理的科学性。只有设备完好、运行可靠，才能充分发挥除尘设备的功能和作用，用户才能放心使用，而不是虚设；与主体生产设备具有同步的运转率，才能满足环境保护的需要。具体要求：

(1) 尽量采用成熟的先进技术，或经示范工程验证的新技术、新产品和新材料，奠定连续运行、安全运行的可靠性基础。

(2) 具备关键备件和易耗件的供应与保障基地。

(3) 编制工业除尘设备运行规程，建立工业除尘设备有序运作的软件保障体系。

(4) 培训专业技术人员和岗位工人，实施岗位工人持证上岗制度，科学组织工业除尘设备的运行、维护和管理。

**3. 经济适用**

根据我国生产力水平和环境保护标准规定，在“简化流程、优化结构、高效除尘”的基点上，把设备投资和运行费用综合降低为最佳水准，是除尘设备追求的“经济适用”目标。具体要求：

(1) 依靠高新技术，简化流程，优化结构，实现高效除尘，减少主体重量，有效降低设备造价。

(2) 采用先进技术，科学降低能耗，降低运行费用。

(3) 组织除尘净化的深加工，向综合利用要效益。

(4) 提升除尘设备完好率和利用率，向管理要效益。

**4. 安全环保**

保证除尘设备安全运行，避免粉尘二次污染和转移，防止意外设备事故，是除尘设备的安全环保准则。具体要求如下。

(1) 贯彻 GB 5083《生产设备安全卫生设计总则》和有关法规，设计和安装必要的安全防护设施：

① 走台、扶手和护栏；

② 安全供电设施；

③ 防爆设施；

④ 防毒、防窒息设施；

⑤ 热膨胀消除设施；

⑥ 安全报警设施。

(2) 贯彻《大气污染防治法》，杜绝二次污染与转移：

① 除尘器排放浓度必须保证在环保排放标准以内，作业环境粉尘浓度在卫生标准以内；

② 粉尘污染治理过程，不能有二次扬尘，也不能转移为其他污染；

③ 除尘设备噪声不能超过国家卫生标准和环保标准；

④ 除尘器收下灰（粉尘）应配套综合利用措施。

## 二、设计依据和条件

**1. 设计依据**

除尘器的设计依据主要是国家和地方的有关标准以及用户与设计者之间的合同文件。在合同文件中应包括除尘器规格大小、装备水平、使用年限、备品备件、技术服务等项内容。

除尘器是一种为生产工艺服务的环保设备，因此，除尘器的设计必须充分了解生产工艺流程、工艺流程布置的现状和发展、生产中的突发事故、烟尘特性及其对除尘器的要求。

除尘器的设计，主要根据进入除尘器的烟气特性来确定各项参数。但是，烟气特性只是一种相对稳定的参数，实践证明，它随着生产工艺操作的运行经常出现一些变化。为此，在实际应用中，应充分、全面地了解生产工艺流程的运行动态，使除尘器的设计能适应生产的各种变化，避免由于生产上的特殊性，造成除尘器运行中的故障，影响正常运行。

**2. 设计原始参数**

袋式除尘器工艺设计计算所需要的原始参数主要包括烟气性质、粉尘性质和气象地质条件三部分。

(1) 烟气性质

① 需净化的烟气量及最大量（$m^3/h$）；

② 进出除尘器的烟气温度（℃）；

③ 进出除尘器的烟气最大压力（Pa）；

④ 烟气成分的体积百分比；对电厂要明确烟气含氧量；
⑤ 烟气的湿度，通常用烟气露点值表示；
⑥ 烟气进口的一般含尘浓度及最大含尘浓度（$g/m^3$）；
⑦ 烟气出口除尘器要求的最终含尘浓度（$g/m^3$）。
（2）粉尘性质
① 粉尘成分质量的百分比；
② 粉尘常温和操作温度时的比电阻（Ω·cm）；
③ 粉尘粒度组成的质量百分比；
④ 粉尘的堆积密度（$kg/m^3$）；
⑤ 粉尘的自然安息角；
⑥ 粉尘的化学组成；
⑦ 用于发电厂锅炉尾部的袋式除尘器，特别要提供燃煤含硫量，用于煤粉制备系统的除尘器，要提供煤粉的组成。
（3）气象地质条件
① 最高、最低及年平均气温（℃）；
② 地区最大风速（m/s）；
③ 风载荷、雪载荷（$N/m^2$）；
④ 设备安装的海拔及各高度的风压力（kPa）；
⑤ 地震烈度（级）；
⑥ 相对湿度。

**3. 技术文件**

设备设计方有必要向用户提供如下技术文件：
① 集尘罩技术设计案例；
② 除尘系统技术设计资质、案例；
③ 除尘器本体设计资质、案例；
④ 除尘器清灰设计方案；
⑤ 除尘器入风口箱体及出风口气流分布模拟试验结果；
⑥ 现场实测粉尘化学性质测试报告；
⑦ 现场实测粉尘浓度测试报告；
⑧ 现场实测烟气温度、相对湿度、压力测试报告；
⑨ 现场实测粉尘颗粒粒径分布测试报告；
⑩ 给定合理的处理风量设计报告。

## 三、设计前期工作

**1. 调查研究**

除尘器设计前，必须做好科技查新和现场调研等前期工作，保证除尘器技术特性与粉尘特性相适应。

（1）科技查新 科技查新应当重点明确以下几个方面：
① 除尘器的主要除尘方法、形式及技术经济指标；
② 工业应用信息及代表性论文；
③ 专利分布及知识产权保护；
④ 存在问题及攻关方向。

（2）现场调研 除尘器设计前，必须深入现场，做好原始资料调研，主要内容包括：

① 粉（烟）尘种类、产生过程及数量；

② 粉（烟）尘特性，包括粉（烟）尘密度、化学成分、安息角、粒度分布、含水率、电阻率及爆炸性等；

③ 气体处理量、压力、温度、湿度、成分、爆炸性等；

④ 粉（烟）尘回收利用方向。

**2. 技术经济指标**

除尘器设计采用的主要技术经济指标应当力求先进、可靠、经济、安全，杜绝技术上的高指标与浮夸风。

除尘器设计采用的主要技术经济指标，如袋式除尘器的过滤速度（m/min）、静电除尘器的电场风速、袋室气体的上升速度（m/s）、壳体钢结构的强度（MPa）与稳定性等，一定要有实用案例或中试基础，不能任意提高设计指标，影响设备设计质量。

**3. 提高技术装备水平**

广泛吸收风洞技术、计算机技术、控制技术、纺织技术和水技术等相关学科成果，嫁接与改造除尘器的设计、制造、安装、运行与服务，提高工业除尘器技术装备水平。

（1）实验技术　应用风洞技术、计算机仿真技术和嫁接与模拟实验技术研究除尘器内部气体运动规律，优化除尘器结构设计及其在复杂边界条件下计算机仿真技术与环境影响评价。

（2）控制技术　应用计算机技术与自动控制技术，实施除尘器的远程控制与自动控制，实现无接触安全作业。

（3）过滤技术　应用纺织技术，研发新型过滤材料，拓宽过滤材料品种和功能，提升气体过滤除尘功能，实现袋式除尘器在高温、高湿、高浓度、高腐蚀性和高风量工况下的广泛应用。

（4）预处理技术　应用水技术，嫁接工业除尘技术，发展工业气体脱硫除尘的前处理和湿法除尘新方法、新工艺。

**4. 满足生产需要**

工业除尘器的设计与应用一定要全方位服从于、服务于工艺生产；以工艺需要为中心，研发具有自主知识产权的工业除尘器，建立工业除尘器运行体系，满足生产过程工业除尘和工业炉窑烟气除尘的需要。

（1）满足生产工艺需要　根据生产工艺需要科学确定其除尘工艺与方法，是除尘器设计的第一要素。要根据生产工艺流程和作业制度，确定除尘工艺流程和除尘器运行制度；要根据生产工艺过程产生的工业气体成分、温度、湿度、烟尘浓度、烟尘成分和烟气流量，确定除尘器的主要参数和装备规模；要根据生产工艺过程的有害物种类和数量，确定烟尘的回收与利用方案。

（2）满足生产工艺除尘需要　把握生产工艺特点，科学确定其进气方式和最佳排气（处理）量，是除尘器设计的重要原则之一。只有把握生产工艺特点，抓住烟气除尘的主要矛盾，才能科学确定除尘工艺方法，合理确定烟气最佳处理量，正确确定除尘器的装备规模，获得最佳除尘效能，实现烟气除尘与生产工艺的统一。

（3）满足生产工艺操作需要　围绕生产工艺操作，把除尘器的设计、安装与运行融入生产工艺运行过程之中，科学配置远程控制系统和检测系统，做到既保持除尘器的功能，又不妨碍生产工艺操作与维修，这样除尘器才能正常发挥作用，否则，除尘器的使用寿命将缩短。

（4）满足安全生产、职业卫生和环境保护需要　除尘器既要在生产过程发挥除尘功能，还应按《工业企业设计卫生标准》《工作场所有害因素职业接触限值》和相关环境保护排放标准的规定，设计与配备安全、职业卫生和环保的相关设施。保证在复杂的生产工艺条件下，除尘器具有防火、防爆和自身保护的功能，配有安全预警设施，除尘效能符合职业卫生标准和环保排放标准的规定。

## 四、设计内容

**1. 基本数据**

基本数据是指基本参数、主要尺寸、总的设计数据和原则、初步的设备表、载荷值以及进行基本设计所必需的其他参数和条件等。

基本数据用于建立设备和设备的基本概念、项目的范围以及工业介质的输入、输出。

例如，基本数据可为参考项目的总布置图、数据表、介质耗量、TOP 点等。

基本数据还包括应用由设备使用方提供的与现有车间的布置、设备、公辅、电源等级和建筑物有关的资料，由设备制造方提供的有关设备的参考资料和参考图。

**2. 基本设计**

基本设计的目的是确定除尘设备的结构，并确定与质量和产量相关的重要设计数据。

基本设计是指基本的数据，含主要尺寸的初步装配图、系统图、布置图、示意图、设备构成以及必要的计算。基本设计还应包括参考功能描述、初步的用电设备和部件清单、参考资料以及标准和通用件的含技术数据的样本。基本设计应当使有设计资质和经验的设计制造公司在各自的技术领域开展详细设计，以完成主体设备和整套装置设计。基本设计也包括部件参考图及使用材料的参考清单。

参考资料和参考图应为与设备相当或类似的同类型设备的参考资料和参考图。

**3. 详细设计**

详细设计包括与施工和制造相关的最终设计。

设备的详细设计包括所有必要的计算、布置图、制造详图、材料清单、相关的标准和样本、消耗件和备品备件清单，以及设备组装、检验、安装、操作和维护的说明。

详细设计应能使有设计资质、有经验的公司完成设备制造和设备组装，同时详细设计也能使有资质、有经验的技术人员开展整套设备的土建、电气和其他相关专业的设计、施工及安装工作。

(1) 绘制施工图文件

① 封面　内容有项目名称、设计人、审核人、单位技术负责人、设计单位名称、日期等。

② 图纸目录　先列新绘制的设计图纸，后列选用的本单位通用图、重复使用图。

③ 首页　内容包括设计概况、设计说明及施工安装说明、设备表、主要材料表、工艺局部排风量表、图例。

④ 立面图。

⑤ 剖面图。

⑥ 平面图。

⑦ 系统图。

⑧ 施工详图，即设备安装，零部件、罩子加工安装图，以及所选用的各种通用图和重复使用图。

⑨ 其他。

(2) 编制设计文件　设计文件应当包括：

① 设计说明书；

② 设计计算书（供内部使用）；

③ 安装施工要领书；

④ 运行操作说明书；

⑤ 易损件明细表；

⑥ 其他。

# 第二节　重力除尘器设计

由于重力除尘器构造简单、阻力小、能耗低、维护方便、除尘效率能满足一些环保工程的需要，所以不乏工程应用。因重力除尘器尚无定型设备，故重力除尘器的设计必不可少。

## 一、重力除尘器设计条件

重力除尘器的除尘过程主要是受重力的作用。除尘器内气流运动比较简单，除尘器设计计算包括含尘气流在除尘器内的停留时间及除尘器的具体尺寸。由于重力除尘器定型设计较少，所以多数重力除尘器都是根据污染源的具体情况设计的。

(1) 设计的重力除尘器在具体应用时往往有许多情况与理想的条件不符。例如，气流速度分布不均匀，气流是紊流，涡流未能完全避免，在粒子浓度大时沉降会受阻碍等。为了使气流均匀分布，可采取安装逐渐扩散的入口、导流叶片等措施。为了使除尘器的设计可靠，也有人提出把计算出来的末端速度减半使用。

(2) 除尘器内气流应呈层流（雷诺数小于 2000）状态，因为紊流会使已降落的粉尘二次飞扬，破坏沉降作用。除尘器的进风管应通过平滑的渐扩管与之相连。如受位置限制，应装设导流板，以保证气流均匀分布。如条件允许，把进风管装在降尘室上部，会收到意想不到的效果。

(3) 保证尘粒有足够的沉降时间。即在含尘气流流经整个除尘器长的这段时间内，保证尘粒由上部降落到底部。

(4) 要使烟气在除尘器内分布均匀。除尘器进口管和出口管应采用扩张和收缩的喇叭管。扩张角一般取 30°～60°，如果中间位置受限制，应设置有效的导流板或多孔分布板。

(5) 除尘器内烟气流速必须根据烟尘的沉降速度和所需收尘效率慎重确定，一般为 0.2～1m/s。选择太小会使沉降室截面积过大，不经济；但必须低于尘粒重返气流的速度。现将某些烟尘的实验数据列于表 13-1 中，以供参考。

**表 13-1　某些尘粒重返气流的气流速度**

| 物料名称 | 密度/($kg/m^3$) | 粒径/$\mu m$ | 尘粒重返气流的气流速度/(m/s) |
| --- | --- | --- | --- |
| 淀粉 | 1277 | 64 | 1.77 |
| 木屑 | 1180 | 1370 | 3.96 |
| 铝屑 | 2720 | 335 | 4.33 |
| 铁屑 | 6850 | 96 | 4.64 |
| 有色金属铸造粉尘 | 3020 | 117 | 5.72 |
| 石棉 | 2200 | 261 | 5.81 |
| 石灰石 | 2780 | 71 | 6.41 |
| 锯末 |  | 1400 | 6.8 |
| 氧化铝 | 8260 | 14.7 | 7.12 |

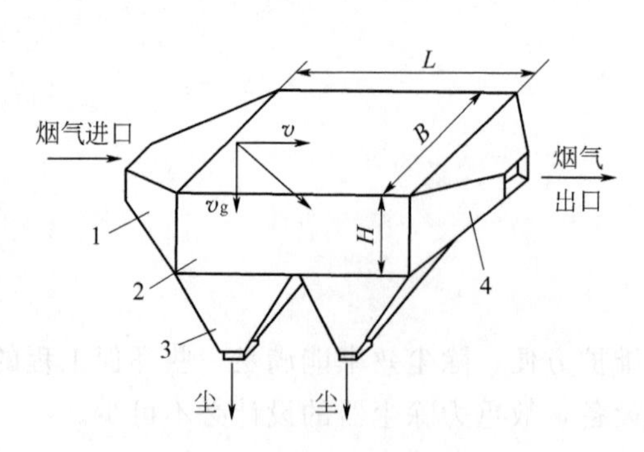


图 13-1 重力除尘器的主要几何尺寸

1—进口管；2—沉降室；3—灰斗；4—出口管

(6) 所有排灰口和门、孔都必须切实密闭，除尘器才能发挥应有的作用。

(7) 除尘器的结构强度和刚度按有关规范设计计算。

## 二、重力除尘器主要尺寸设计

重力除尘器（水平式单层除尘器）的主要几何尺寸见图 13-1。

**1. 重力除尘器主要尺寸设计**

(1) 粉尘颗粒在除尘器内的停留时间 按下式计算：

$$t=\frac{H}{v_g}\leqslant\frac{L}{v_0} \tag{13-1}$$

式中，$t$ 为尘粒在除尘器内的停留时间，s；$H$ 为尘粒沉降高度，m；$v_g$ 为尘粒沉降速度，m/s；$L$ 为除尘器长度，m；$v_0$ 为除尘器内气流速度，m/s。

根据上式，除尘器的长度与尘粒在除尘器内的沉降高度应满足下列关系：

$$\frac{L}{h}\geqslant\frac{v_g}{v_0} \tag{13-2}$$

(2) 除尘器的截面积 按下式计算：

$$S=\frac{Q}{v_0} \tag{13-3}$$

式中，$S$ 为除尘器截面积，$m^2$；$Q$ 为处理气体量，$m^3/s$；$v_0$ 为除尘器内气流速度，m/s，一般要求小于 0.5m/s。

(3) 除尘器容积 按下式计算：

$$V=Qt \tag{13-4}$$

式中，$V$ 为除尘器容积，$m^3$；$Q$ 为处理气体量，$m^3/s$；$t$ 为气体在除尘器内的停留时间，s，一般取 30～60s。

(4) 除尘器的高度 按下式计算：

$$h=v_g t \tag{13-5}$$

式中，$h$ 为除尘器高度，m；$v_g$ 为尘粒沉降速度，m/s，对于粒径为 40μm 的尘粒可取 $v_g$ =0.2m/s；$t$ 为气体在室内的停留时间，s。

(5) 除尘器宽度 按下式计算：

$$B=\frac{S}{H} \tag{13-6}$$

式中，$B$ 为除尘器宽度，m；$S$ 为除尘器截面积，$m^2$；$H$ 为除尘器高度，m。

(6) 除尘器长度 按下式计算：

$$L=\frac{V}{S} \tag{13-7}$$

式中，$L$ 为除尘器长度，m；$V$ 为除尘器容积，$m^3$；$S$ 为除尘器截面积，$m^2$。

**2. 除尘器的尺寸确定**

由以上计算可知，要提高细颗粒的捕集效率，应尽量减小气速 $v$ 和除尘器高度 $H$，尽量加大除尘器宽度 $B$ 和长度 $L$。例如在常温常压空气中，在气速 $v$=3m/s 的条件下，要完全沉降 $\rho_p$=2000kg/$m^3$ 的颗粒，为层流条件，所需除尘器的 $L/H$ 值及每处理 1$m^3$/s 气量所需的

占地面积 $BL$ 见表 13-2。

**表 13-2　设定条件下所需除尘器的几个参数值**

| 粉尘粒径 $\delta/\mu m$ | 1 | 10 | 25 | 50 | 75 | 100 | 150 |
|---|---|---|---|---|---|---|---|
| $L/H$ | 50640 | 506 | 81 | 20 | 9 | 5.06 | 2.21 |
| $BL/[m^2/(m^3/s)]$ | 16880 | 168.7 | 27 | 6.67 | 3 | 1.7 | 0.75 |

若考虑到实际 $Re$ 较大，已可能进入湍流条件，则按表 13-2 内所需的 $L/H$ 值及占地面积 $BL$ 至少还要乘以 4.6 倍才够。由此可见，重力除尘器一般只能用来分离 75μm 的粗颗粒，对细颗粒的捕集效率很低，或所需设备过于庞大，占地面积太大，并不经济。

**3. 垂直气流重力除尘器设计**

垂直气流重力除尘器的工作原理如图 13-2 所示。烟气经中心导入管后，由于气流突然转向，流速突然降低，烟气中的灰尘颗粒在惯性力和重力作用下沉降到除尘器底部。欲达到除尘的目的，烟气在除尘器内的流速必须小于粉尘的沉降速度，而粉尘的沉降速度与粉尘的粒度和密度有关。

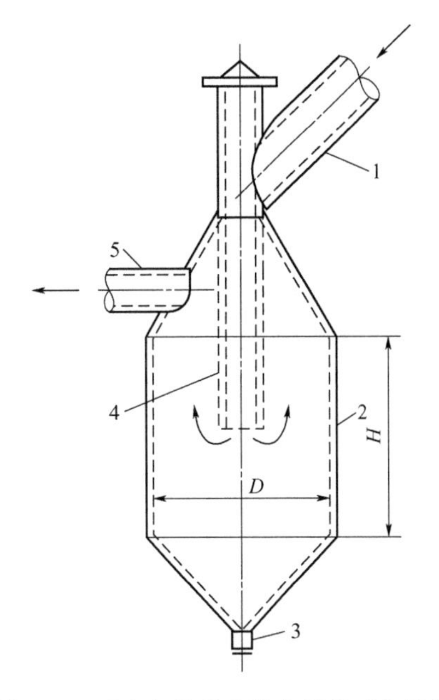


图 13-2　垂直气流重力除尘器的工作原理
1—烟气下降管；2—除尘器；3—清灰口；
4—中心导入管；5—塔前管

设计垂直气流重力除尘器的关键是确定其主要尺寸——圆筒部分的直径和高度。圆筒部分直径必须保证烟气在除尘器内的流速不超过 0.6～1.0m/s，圆筒部分高度应保证烟气停留时间达到 12～15s。可按经验直接确定，也可按下式计算。

重力除尘器圆筒部分直径 $D$(m) 按下式计算：

$$D=1.13\sqrt{\frac{Q}{v}} \tag{13-8}$$

式中，$Q$ 为烟气流量，$m^3/s$；$v$ 为烟气在圆筒内的速度，m/s，约 0.6～1.0m/s，高压操作时取高值。

除尘器圆筒部分高度 $H$(m) 按下式计算：

$$H=\frac{Qt}{F} \tag{13-9}$$

式中，$t$ 为烟气在圆筒部分的停留时间，s，一般为 12～15s；$F$ 为除尘器截面积，$m^2$。

计算出圆筒部分的直径和高度后，再校核其高径比 $H/D$，其值一般在 1.00～1.50 之间，大高炉取低值。

除尘器中心导入管可以是直圆筒状，也可以做成喇叭状。中心导入管以下的高度取决于储灰体积，一般应满足 3d 的储灰量。除尘器内的灰尘颗粒干燥而且细小，排灰时极易飞扬，严重影响劳动条件并污染周围环境，一般可采用螺旋输灰器排灰，改善输灰条件。

## 三、重力除尘器性能计算

**1. 重力除尘器效率计算**

进入除尘器的尘粒随着烟气以横断面流速 $v$(m/s) 水平向前运动，另外，在重力作用下以沉降速度 $v_s$ (m/s) 向下沉降。因此，尘粒的实际运动速度和轨迹便是烟气流速 $v$ 和尘粒沉

降速度 $v_s$ 的矢量和。

从理论上分析，沉降速度 $v_s \geqslant \frac{Hv}{L}$ 的尘粒都能在除尘器内沉降下来。各种粒级尘粒的分级收尘效率按下式计算：

$$\eta_i = \frac{Lv_{si}}{Hv} \times 100\% \tag{13-10}$$

式中，$\eta_i$ 为某种粒级尘粒的分级收尘效率，%；$H$、$L$ 分别为除尘器的高度、长度，m；$v$ 为烟气流速，m/s；$v_{si}$ 为某种粒级尘粒的沉降速度，m/s。

由于除尘器中的流体流动状态主要属层流状态，故公式(13-10）可改写为：

$$\eta_i = \frac{\rho_1 d_i^2 gL}{18\mu vH} \times 100\% \tag{13-11}$$

式中，$\rho_1$ 为尘粒密度，kg/m$^3$；$d_i$ 为尘粒粒径，μm；$g$ 为重力加速度，m/s$^2$；$\mu$ 为气体黏度，Pa·s；其他符号意义同前。

对于粗颗粒尘，计算得到 $\eta_i > 100\%$时，表明这种颗粒的烟尘在除尘器内可以全部沉降下来，此时的烟尘直径即为除尘器能够完全沉降下来的最小尘粒直径 $d_{\min}$，按下式计算：

$$d_{\min} = \sqrt{\frac{18\mu vH}{g\rho_1 L}} \tag{13-12}$$

多层重力除尘器的分级除尘效率按下式计算：

$$\eta_{in} = \frac{Lv_{si}}{Hv}(n+1) \times 100\% \tag{13-13}$$

式中，$\eta_{in}$为多层除尘器的某种粒级的分级收尘效率，%；$v_{si}$为某种粒级尘粒的沉降速度，m/s；$n$ 为隔板层数，无量纲。

多层重力除尘器能够沉积尘粒的最小粒径按下式计算：

$$d_{\min} = \sqrt{\frac{18\mu vH}{\rho_1 gL(n+1)}} \tag{13-14}$$

除尘器增加隔板，减小了尘粒沉降高度，增加了单位体积烟气的沉降底面积，因而有更高的收尘效率。但其结构复杂，造价增高，排出粉尘困难，使其应用受到限制。

**2. 重力除尘器阻力计算**

除尘器的流体阻力主要由进口（扩大）管的局部阻力、除尘器内的摩擦阻力及出口（缩小）管的局部阻力组成，按下式计算：

$$\Delta\rho = \frac{\rho^2 v^2}{2}\left(\frac{L}{R_n}f + K_i + K_e\right) \tag{13-15}$$

式中，$\Delta\rho$ 为除尘器的流体阻力，Pa；$R_n$ 为除尘器的水力直径，$R_n = \frac{BH}{2(B+H)}$，m；$f$ 为除尘器的气流摩擦系数，无量纲；$K_i$ 为进口管局部阻力系数，无量纲，$K_i = \left(\frac{BH}{F_i} - 1\right)^2 \leqslant \frac{BH}{f_j}$，$F_i$ 为除尘器进口截面积，m$^2$；$K_e$ 为进口管局部阻力系数，无量纲，$K_e = 0.45\left(1 - \frac{F_e}{BH}\right) \leqslant 0.45$，$F_e$ 为除尘器出口截面积，m$^2$。

当除尘器内气流为紊流状态（$4\times10^5 \leqslant Re \leqslant 2\times10^6$）时，$f = 0.00135 + 0.0099Re^{-0.3} \leqslant 0.01$，除尘器的最大阻力可按下式计算：

$$\Delta\rho_{\max} = \frac{\rho_2 v^2}{2}\left[\frac{0.02L(B+H)}{BH} + \frac{BH}{F_i} + 0.45\right] \tag{13-16}$$

# 第三节　旋风除尘器设计

## 一、旋风除尘器设计条件

首先收集原始条件，包括：含尘气体流量及波动范围，气体化学成分、温度、压力、腐蚀性等；气体中粉尘浓度、粒度分布，粉尘的黏附性、纤维性和爆炸性；净化要求的除尘效率和压力损失等；粉尘排放和要求回收价值；空间场地、水源电源和管道布置等。根据上述已知条件做设备设计或选型计算。

## 二、旋风除尘器基本形式

旋风除尘器基本形式见图 13-3。在实际应用中，因粉尘性质不同，生产工况不同，用途不同，设计者发挥想象力设计出不同形式的除尘器，其中短体旋风除尘器如图 13-4 所示，长体旋风除尘器如图 13-5 所示，卧式旋风除尘器如图 13-6 所示。旋风除尘器的设计百花齐放。

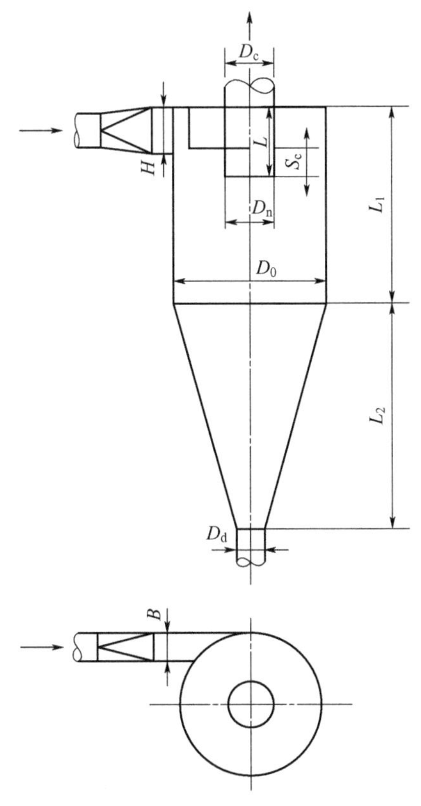


图 13-3　旋风除尘器基本形式

## 三、旋风除尘器基本尺寸设计

旋风除尘器的几何结构尺寸是设计者在处理设备最终效率相关问题时需考虑的最重要的单变量。这是因为收集效率更多地取决于其总体几何结构。对许多基本旋风除尘器来说，每一种形式都有大量的几何比例结构可供选择。但绝大部分的工业应用以及研究一直将逆流型的旋风除尘器作为中心内容。

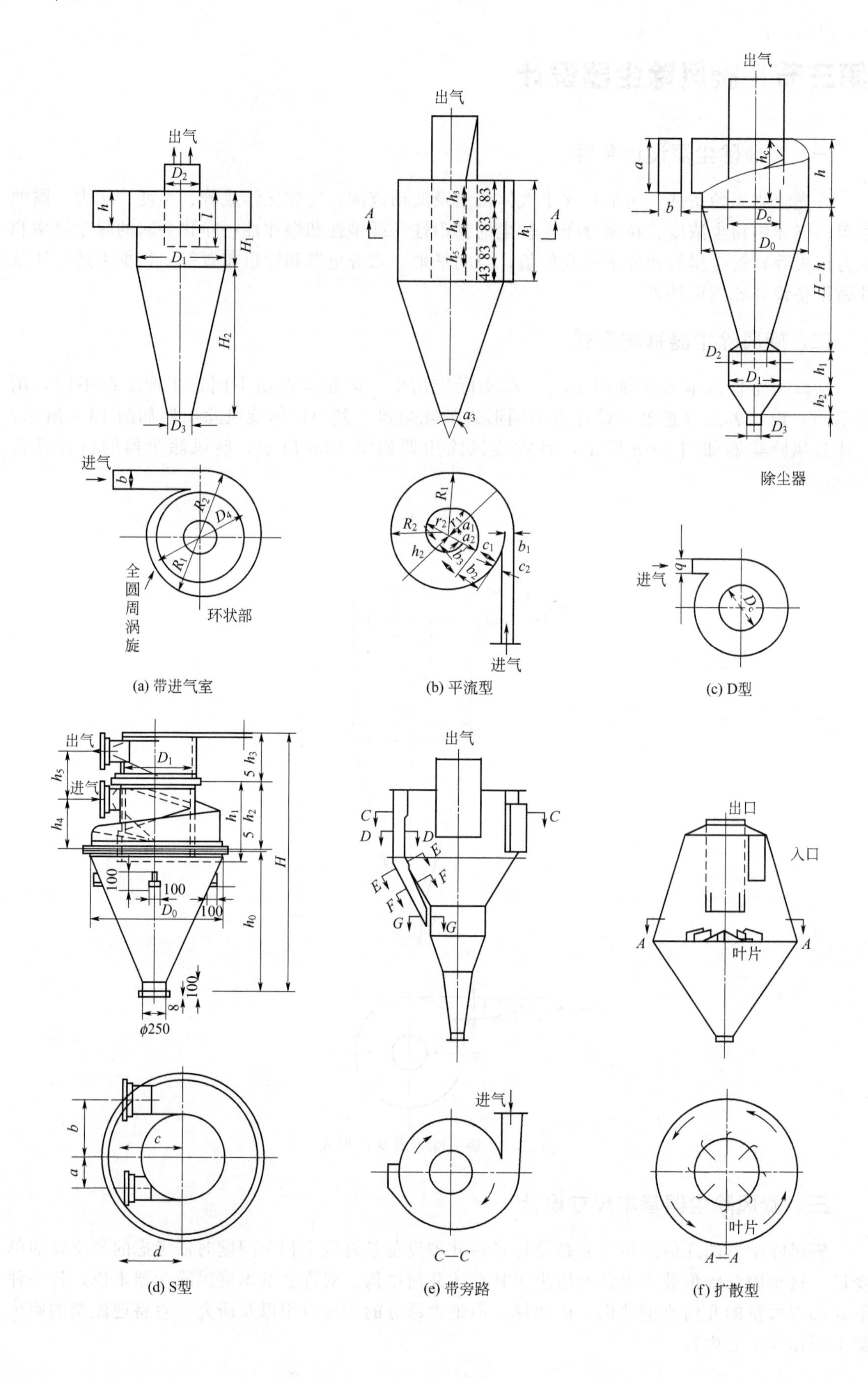

(a) 带进气室 (b) 平流型 (c) D型

(d) S型 (e) 带旁路 (f) 扩散型

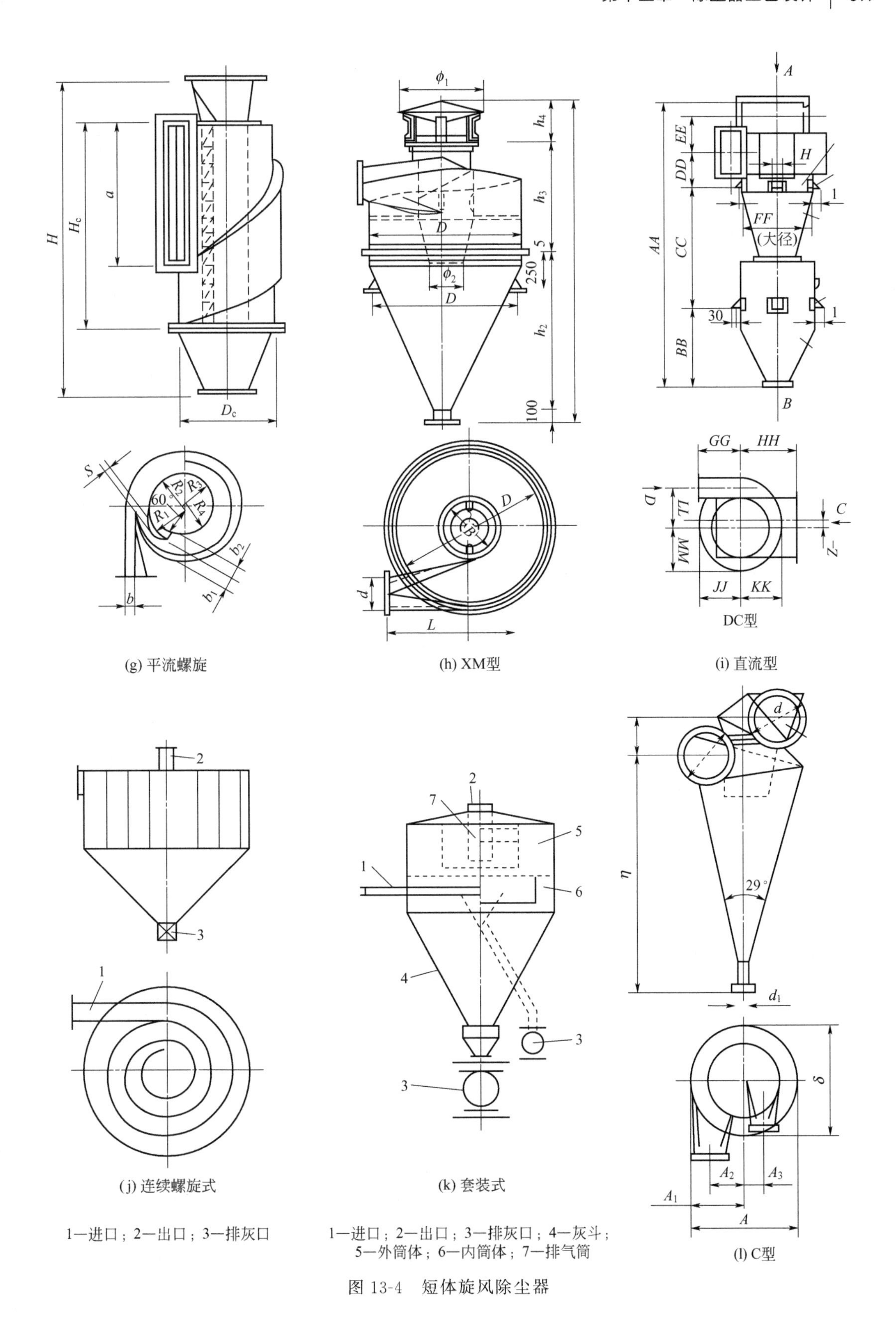


(g) 平流螺旋　(h) XM型　(i) 直流型

(j) 连续螺旋式　(k) 套装式　(l) C型

(j) 1—进口；2—出口；3—排灰口

(k) 1—进口；2—出口；3—排灰口；4—灰斗；5—外筒体；6—内筒体；7—排气筒

图 13-4　短体旋风除尘器

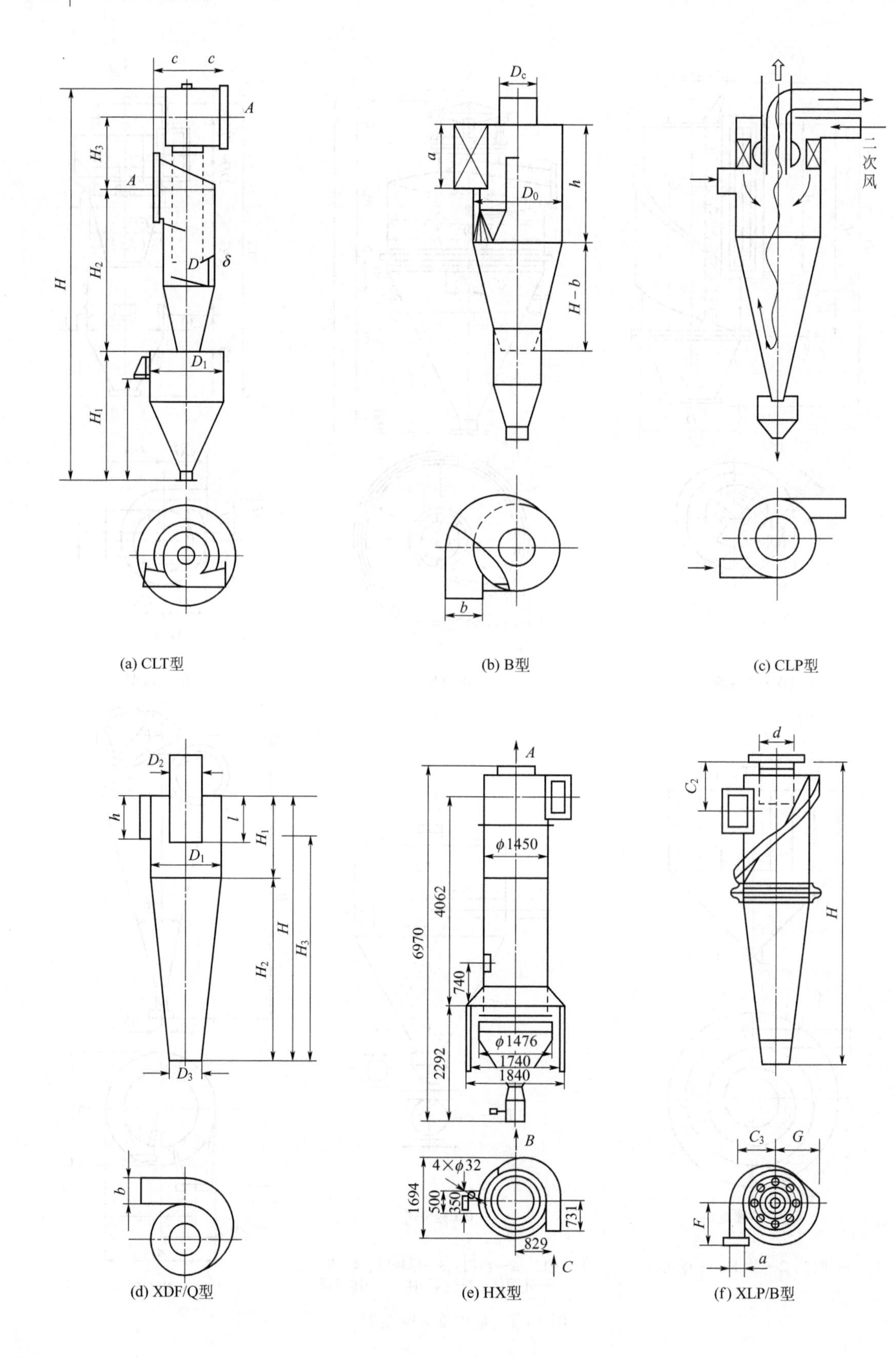


(a) CLT型

(b) B型

(c) CLP型

(d) XDF/Q型

(e) HX型

(f) XLP/B型

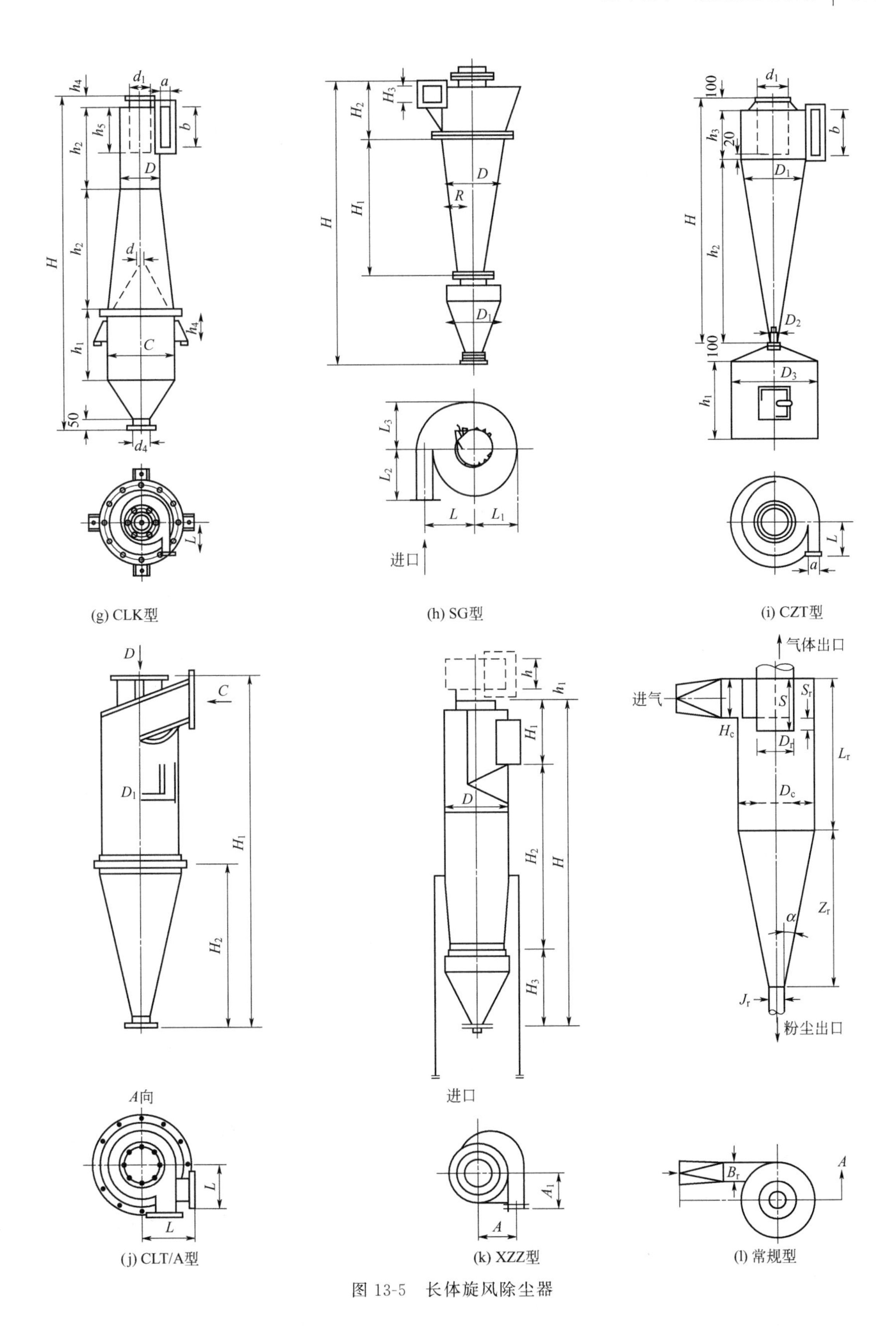


图 13-5　长体旋风除尘器

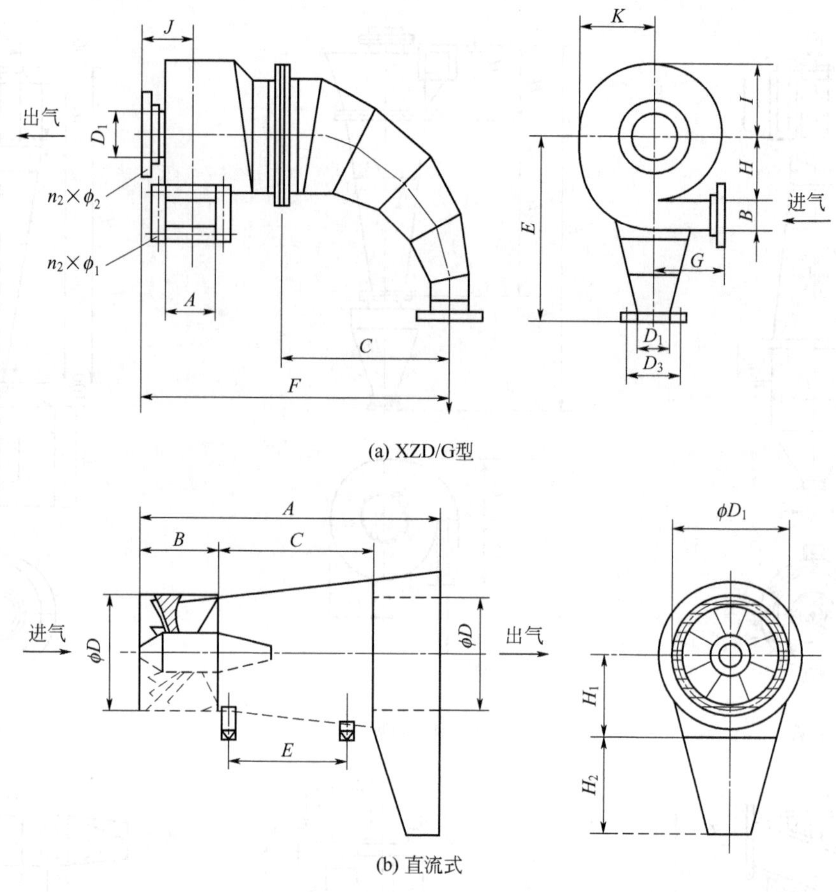


(a) XZD/G型

(b) 直流式

图 13-6 卧式旋风除尘器

虽然人们无法用数学方法对旋风除尘器的物理性能进行准确描述，但是，对旋风除尘器的几何学参量进行改变，却能在能耗相当或能耗较低的情况下，大幅度地改善集尘的效率。事实上，由于在操作的各项参数以及压降既定的条件下，旋风除尘器的几何设计数据可选的组合成千上万，因此，完全可能设计一个满足给定除尘条件的比以前更好的旋风除尘器。

**1. 进气口设计**

旋风除尘器进气口气流速度为14～24m/s，进气口设计中必须注意以下问题。

(1) 能耗随入口速度的升高而呈指数关系升高。这是因为阻力损失与入口速度的平方成正比。

(2) 在收集有磨蚀作用的颗粒物时，随入口速度的增大，对旋风除尘器的磨损一般也会加剧。这是因为磨蚀速率与入口速度的立方成正比，也就是说，若颗粒物入口速度加倍，则其对管道内壁的磨蚀速率将是原来的8倍。

(3) 在用于易碎（易破裂或易折断）的颗粒物或会发生凝聚的颗粒物时，增大入口速度可能使颗粒物变得更小，给颗粒物的收集带来负面影响。

(4) 尽管通过增大入口速度来提高收集效率的物理学原理在所有可能的情况下都适用，但是，入口速度增大以后，对装置的安装及配置方面的相关要求将会更加严格。由于此类体系中的旋涡情况将会严重加剧，因此所收集到的细粉尘可能会被重新带入。通常为确保在运行过程中可达到较好的性能水平，一般把粉尘入口速度控制在14～24m/s。

(5) 在绝大多数的情况下，切线型入口的旋风除尘器的制造价格较低廉，尤其是当所涉及的旋风除尘器主要用于高压或真空条件下时更是如此。在旋风除尘器机体内径较大，但同时要求其使用出口管道直径较小的情况下，与渐开线型入口相比，切线型入口所产生压降的增加程度便会很小。若旋风除尘器采用切线型入口方案，并且入口内边缘的位置位于出口管道壁与入口管道内边缘的交叉点内时，可能会产生极高的压降，磨蚀性颗粒物也会对管道产生很大的磨损作用。

**2. 筒体直径设计**

在旋风除尘器的设计过程中，旋风除尘器筒体的直径是最有用的变量之一，同时也是最易被误解和误用的变量之一。根据气旋定律，对于给定类型的旋风除尘器，并联使用多个旋风除尘器比使用一个较大的大型旋风除尘器能得到更高的颗粒物收集效率（假定安装恰当）。气旋定律的不当使用致使得出了以下结论：小半径的离心除尘器比大半径的离心除尘器具有更高的效率。实际上，在相同的操作条件下，若将具有不同几何结构的旋风除尘器（不同系列的旋风除尘器）进行对比，则不可能轻易预测出哪一系列的旋风除尘器收尘效率最高。然而当旋风除尘器属于不同系列时，直径较大的旋风除尘器经常比直径较小的旋风除尘器的效率更高，这是因为影响旋风除尘器收集效率曲线的大量影响因素会产生非常复杂的相互作用。正因为如此才出现了多种形式的除尘器。

若 $L/D$（即旋风除尘器总体高度/旋风除尘器的机体直径）及所有的入口条件保持恒定，则在所有的其他大小尺寸保持不变的条件下，对大直径的旋风除尘器来说，由于颗粒物在其内部停留时间较长，其收集效率也较高。如前所述，增大直径同时会直接导致离心力降低，而离心力降低的影响结果之一就是会减小收集效率。可是，对绝大多数工业颗粒物来说，若保持上述的条件不变，当停留时间增加时，尽管离心力减小了，但收集效率却依然会增大。事实上，在其他大小尺寸保持恒定时，此种旋风除尘器机体直径以及旋风除尘器净高度改变以后，也可按此设计出一个新的旋风除尘器系列。对不同系列的旋风除尘器的性能，能得出的绝对性结论只有一个，那就是此类不同系列的旋风除尘器将会有着不同的收集效率曲线。通常情况下，旋风除尘器的收集效率曲线会相互交叉，长停留时间的旋风除尘器对大直径的颗粒物（大于1μm）有着较高的收集效率，而短停留时间（高容量）的旋风除尘器对直径小于1μm的极细小的颗粒物通常有着较高的收集效率。

由于旋风除尘器最常处理的颗粒物，在绝大多数情况下，其大小均大于收集效率曲线发生交叉的尺寸（0.5～2μm），因此，具有长停留时间的旋风除尘器有着更好的集尘效果。

长度与直径比（或高度与直径比）$L/D$ 为旋风除尘器的机体高度加上圆锥体高度之和除以旋风除尘器机体或桶体的内径。在所有的其他因子保持恒定时，随着 $L/D$ 值的增大，旋风除尘器的性能也随之改善。对于高性能的旋风除尘器，此比值介于3～6之间，常用的此比值为4。若需考虑到旋风除尘器的总体性能（也就是说要使该旋风除尘器基本可用），则 $L/D$ 值一般不应小于2。研究也显示 $L/D$ 的最大值可能会达到6以上。

圆筒体的直径对除尘效率有很大影响。在进口速度一定的情况下，筒体直径越小，离心力越大，除尘效率也越高。因此在通常的旋风除尘器中，筒体直径一般不大于900mm，这样每一单筒旋风除尘器所处理的风量就有限，当处理大风量时可以并联若干个旋风除尘器。

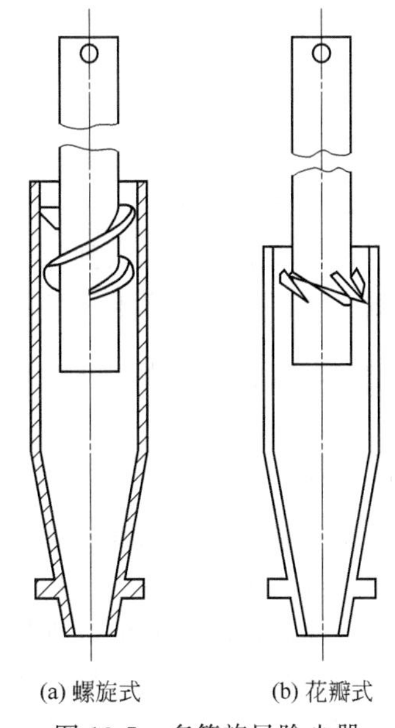

图 13-7　多管旋风除尘器的旋风子

多管除尘器就是利用减小筒体直径以提高除尘效率的原理设计的，为了防止堵塞，筒体直径一般采用250mm。由于直径小，旋转速度大，磨损比较严重，通常采用铸铁作小旋风子。在处理大风量时，在一个除尘器中可以设置数十个甚至数百个小旋风子。每个小旋风子均采用轴向进气，用螺旋片或花瓣片导流（图 13-7）。圆筒体太长，旋转速度下降，因此一般取为筒体直径的两倍。

消除上旋涡造成上灰环不利影响的另一种方式，是在圆筒体上加装旁路灰尘分离室（旁室），其入口设在顶板下面的上灰环处（有的还设有中部入口），出口设在下部圆锥体部分，形成旁路式旋风除尘器。在圆锥体部分负压的作用下，上旋涡的部分气流携同上灰环中的灰尘进入旁室，沿旁路流至除尘器下部锥体，粉尘沿锥体内壁流入灰斗中。旁路式旋风除尘器进气管上沿与顶盖相距一定距离，使有足够的空间形成上旋涡和上灰环。旁室可以做在旋风除尘器圆筒的外部（外旁路）或做在圆筒的内部。利用这一原理做成的旁路式旋风除尘器有多种形式。

旋风除尘器直径，即圆筒部分的工作直径，按下式计算：

$$D_0=(Q_v/2826v_p)^{0.5} \tag{13-17}$$

式中，$D_0$ 为旋风除尘器直径，m；$Q_v$ 为除尘器处理风量，$m^3/h$；$v_p$ 为除尘器筒体净空截面平均速度，m/s，一般取 2.5～4.0m/s。

**3. 圆锥体设计**

增加圆锥体的长度可以使气流的旋转圈数增加，明显地提高除尘效率。因此，高效旋风除尘器一般采用长锥体，锥体长度为筒体直径 $D$ 的 2.5～3.2 倍。

有的旋风除尘器的锥体部分接近于直筒形，消除了下灰环的形成，避免了局部磨损和粗颗粒粉尘的反弹现象，因而延长了使用寿命，提高了除尘效率。这种除尘器还设有平板型反射屏装置，以阻止下部粉尘二次飞扬。

旋风除尘器的锥体，除直锥形外，还可做成牛角弯形。这时除尘器水平设置降低了安装高度，从而少占用空间，简化管路系统。试验表明，进口风速较高（大于 14m/s）时，直锥形的直立安装和牛角弯形的水平安装其除尘效率和阻力基本相等。这是因为在旋风除尘器中，粉尘的分离主要是依靠离心力的作用，而重力的作用可以忽略。

旋风除尘器的圆锥体也可以倒置，CLK 型扩散式除尘器即为其中一例。在倒圆锥体的下部装有倒漏斗形反射屏（挡灰盘），含尘气流进入除尘器后，旋转向下流动，在到达锥体下部时，由于反射屏的作用，大部分气流折转向上由排气管排出。紧靠筒壁的少量气流随同浓聚的粉尘沿圆锥下沿与反射屏之间的环缝进入灰斗，将粉尘分离后，由反射屏中心的“透气孔”向上排出，与上升的内旋气流混合后由排气管排出。由于粉尘不沉降在反射屏上部，主气流折转向上时，很少将粉尘带出（减少二次扬尘），有利于提高除尘效率。这种除尘器的阻力较高，其阻力系数 $\zeta=6.7\sim10.8$。

**4. 排气管设计**

排气管通常都插入到除尘器内，与圆筒体内壁形成环形通道，因此通道的大小及深度对除尘效率和阻力都有影响。环形通道越大，排气管直径 $D_e$ 与圆筒体直径 $D$ 之比越小，除尘效率增大，阻力也增大。在一般高效旋风除尘器中取$\frac{D_e}{D}=0.5$，而当效率要求不高时（通用型旋风除尘器）可取$\frac{D_e}{D}=0.65$，阻力也相应减小。

排气管的插入深度越小，阻力越小。通常认为排气管的插入深度要稍低于进气口的底部，以防止气流短路，由进气口直接窜入排气管，从而降低除尘效率，但不应接近圆锥部分的上沿。不同旋风除尘器的合理插入深度不完全相同。

由于内旋气流进入排气管时仍然处于旋转状态，使阻力增大。为了回收排气管中多消耗的能量和压力，可采用不同的措施。最常见的是在排气管的入口处加装整流叶片（减阻器），旋转气流通过该叶片时变为直线流动，阻力明显减小，但除尘效率略有下降。

在排气管出口装设渐开蜗壳，阻力可降低5%～10%，但对除尘效率影响很小。

**5. 排尘口设计**

旋风除尘器分离下来的粉尘，通过设在锥体下面的排尘口排出，因此排尘口大小及结构对除尘效率有直接影响。若圆锥形排尘口的直径太小，则由于在旋风除尘器内部的颗粒物向着回转气体的轴心不断地运动，旋风除尘器的收集效率就会有所降低。此外，还有很重要的一点，那就是需要注意：在排尘口的直径大小不够时，也会产生一些实际操作方面的问题。若排尘口太小时，需收集的许多物质就不能通过，这样收集效率会有较大程度地降低。旋风除尘器排尘口的最小直径应按下式计算得出：

$$D_c = 3.5 \times \left(2450 \times \frac{v_m}{\rho_B}\right)^{0.4} \tag{13-18}$$

式中，$D_c$ 为排尘口的直径，cm；$v_m$ 为粉尘质量流速，kg/s；$\rho_B$ 为粉尘体积松密度（堆密度），$kg/m^3$。

通常排尘口直径 $D_c$ 采用排气管直径 $D_e$ 的0.5～0.7倍，但有加大的趋势，例如取 $D_c = D_e$，甚至 $D_c = 1.2D_e$。

由于排尘口处于负压较大的部位，排尘口的漏风会使已沉降下来的粉尘重新扬起，造成二次扬尘，严重降低除尘效率。因此，保证排尘口的严密性是非常重要的。为此可以采用各种卸灰阀，卸灰阀除了要使排灰流畅外，还要使排尘口严密，不漏气，因而也称为锁气器。常用的有：重力作用闪动卸灰阀（单翻板式、双翻板式和圆锥式）、机械传动回转卸灰阀、螺旋卸灰机等。

**6. 常用旋风除尘器的尺寸比例**

旋风除尘器多为钢结构，以筒体直径（$D_0$）为基本尺寸，其他结构的尺寸与之相关，并成一定比例关系，见表13-3。

**表13-3　常用旋风除尘器各部分尺寸的比例**

| 项目 | 标准旋风除尘器 | 常用旋风除尘器 |
| --- | --- | --- |
| 直筒长 | $L_1 = 2D_0$ | $L_1 = (0.5\sim2)D_0$ |
| 锥体长 | $L_2 = 2D_0$ | $L_2 = (2\sim2.5)D_0$ |
| 出口直径 | $D_d = 0.50D_0$ | $D_d = (0.3\sim0.5)D_0$ |
| 进口高 | $H = 0.50D_0$ | $H = (0.4\sim0.5)D_0$ |
| 进口宽 | $B = 0.25D_0$ | $B = (0.2\sim0.25)D_0$ |
| 排尘口直径 | $D_d = 0.25D_0$ | $D_d = (0.15\sim0.4)D_0$ |
| 内筒长 | $L = 0.33D_0$ | $L = (0.3\sim0.75)D_0$ |
| 内筒直径 | $D_n = 0.50D_0$ | $D_n = (0.3\sim0.5)D_0$ |

**7. 旋风除尘器尺寸对性能的影响**

旋风除尘器各部分结构尺寸增加对除尘器效率、阻力及造价的影响见表13-4。

**表13-4　旋风除尘器结构尺寸增加对性能的影响**

| 参数增加 | 阻力 | 效率 | 造价 |
| --- | --- | --- | --- |
| 除尘器直径($D$) | 降低 | 降低 | 增加 |
| 进口面积(风量不变)($H_c$,$B_c$) | 降低 | 降低 | — |
| 进口面积(风量不变)($H_c$,$B_c$) | 增加 | 增加 | — |
| 圆筒长度($L_c$) | 略降 | 增加 | 增加 |

续表

| 参数增加 | 阻力 | 效率 | 造价 |
| --- | --- | --- | --- |
| 圆锥长度($Z_c$) | 略降 | 增加 | 增加 |
| 圆锥开口($D_c$) | 略降 | 增加或降低 | — |
| 排气管插入长度($S$) | 增加 | 增加或降低 | 增加 |
| 排气管直径($D_e$) | 降低 | 降低 | 增加 |
| 相似尺寸比例 | 几乎无影响 | 降低 | — |
| 圆锥角 $2\tan^{-1}\left(\frac{D-D_c}{H-L_c}\right)$ | 降低 | 20°～30°为宜 | 增加 |

## 四、直流式旋风除尘器设计计算

### 1. 工作原理

含尘气体从入口进入导流叶片，由于叶片的导流作用，气体做快速旋转运动。含尘旋转气流在离心力的作用下，气流中的粉尘被抛到除尘器外圈直至器壁中心，干净气体从排气管排出，粉尘集中到卸灰装置卸下。直流式旋风除尘器可以水平使用，阻力损失相对较小，配置灵活方便，使用范围较广。

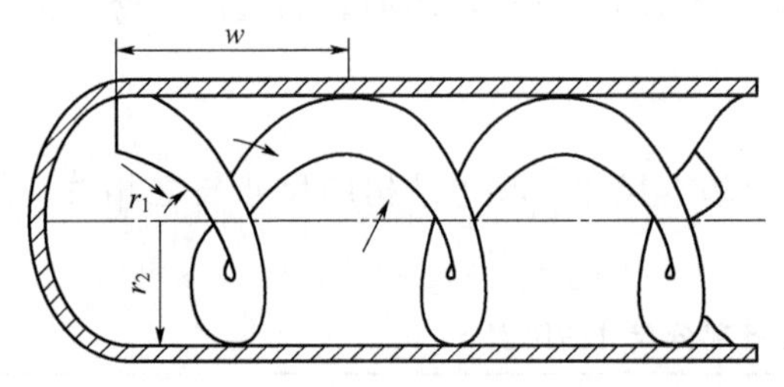

图 13-8　直流式旋风除尘器内气流旋转形状

### 2. 构造特点

直流式旋风除尘器是为解决旋风除尘器内被分离出来的灰尘可能被旋转上升的气流带走而设计的。在这种除尘器中，绕轴旋转的气流只是朝一个方向做轴向移动。它包括 4 部分：①筒体，一般为圆筒形；②入口，包含产生气体旋转运动的导流叶片；③出口，把净化后的气体和旋转的灰尘分开；④灰尘排放装置。直流式旋风除尘器内气流旋转形状如图 13-8 所示。

(1) 除尘器筒体　筒体形状一般只是直径和长度有所变化。其直径比较小的，除尘效率要高一些。但直径太小，则有被灰尘堵塞的可能。筒体短的除尘器中，灰尘分离的时间可能不够；而长的除尘器会损失涡旋的能量，增加气流的紊乱，以致降低除尘效率。表 13-5 为直流式旋风除尘器各部分尺寸与本体直径之比。

(2) 入口形式　直流式旋风除尘器的入口形式多是绕毂安装固定的导流叶片使气体产生旋转运动。入口形式有各种不同的设计，图 13-9 中(a)、(b)、(d)、(f) 应用较多，叶片与轴线呈 45°，只是叶片形式不同而已。图 13-9 中 (c)、(f) 入口形式较少应用。图 13-9(h) 比较特殊，它有一个短而粗的形状异常的毂，以限制叶片部分的面积，从而增大气体速度对灰尘的离心力，灰尘则由于旋转所产生的相对运动而分离。图 13-9(i) 的入口前有一个圆锥形凸出物，使涡旋运动在入口前就开始。图 13-9(j) 同普通旋风除尘器雷同，它不用导流叶片而用切向入口来造成强烈旋转，目的在于使大粒子以小的角度与壁碰撞，结果只是沿着壁面弹跳，而不是从壁面弹回，因而可以提高捕集大粒子的效率。图 13-9(k) 与旋流除尘器近似，它是环绕入口周围按一定间隔排列许多喷嘴 1，用一个风机向环形风管 2 供给气体，再经过这些喷嘴喷射出来，使进入旋风除尘器的含尘气体 3 处于旋转状态，来自二次系统的再循环气体经过交叉管道 4 在 5 处轴向喷射出来。

表 13-5　直流式旋风除尘器各部分尺寸与本体直径之比

| 形式＼尺寸比 | 本体长度 $L/D_c$ | 叶片占有长度 $l_v/D_c$ | 排气管直径 $D_o/D_c$ | 排气管插入长度 $l/D_c$ |
|---|---|---|---|---|
| 图 13-9(f) | 4.9 | 0.4 | 0.8 | 0.1 |
| 图 13-9(g)(e)、图 13-10(d) | 3.0 | 0.4 | 1.0 | 1.0 |
| 图 13-9(c) | 2.8 | 0.4 | 0.6 | 0.1 |
| 图 13-9(d) | 2.6 | 0.5 | 0.8 | 0.7 |
| 图 13-9(h) | 1.7 | 0.6 | 0.6 | 0.3 |
| 图 13-9(a) | 1.5 | 0.3 | 0.6 | 0.1 |
| 图 13-9(b) | 1.5 | 0.5 | 0.7 | 0.1 |

注：表中符号 $L$ 为除尘器长度，$D_c$ 为除尘器直径，$D_o$ 为排气管直径，$l$ 为排气管深入除尘器长度。

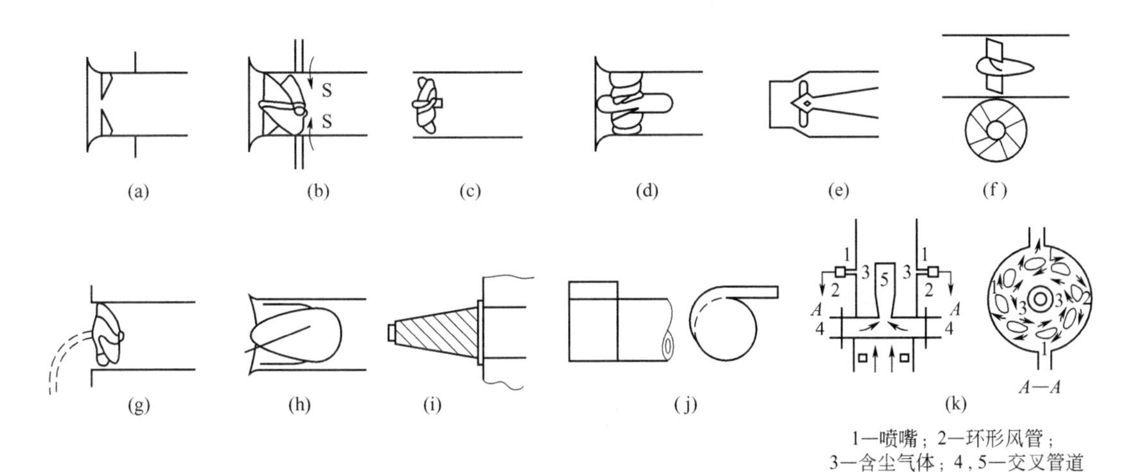


图 13-9　直流式旋风除尘器的各种入口形式

（3）出口形式　图 13-10 为直流式旋风除尘器气体和灰尘出口的几种形式。图 13-10 中 (a)～(c) 是最常用的排气和排灰形式，都是从中间排出干净气体，从整个圆周排出灰尘。图 13-10(d) 在末端设环形挡板，用以限制气体，让它从中央区域排出，阻止灰尘漏进洁净气体出口，灰尘只从圆周的两个敞口排出去。图 13-10(e) 的排气管带有几乎封闭了环形空间的法兰，它只容许灰尘经过周围条缝出去。图 13-10(f) 则用法兰完全封住环形空间，灰尘经一条缝外逸。

除尘器管体和干净气体排出管之间的环形空间的宽度和长度差别很大，除尘器的宽度从 $0.1D_c$ 到 $0.2D_c$ 或更大，长度从 $0.1D_c$ 到 $0.6D_c$ 再到 $1.3D_c$。

（4）粉尘排出方式　从气体中分离出来的灰尘的排出方式，有 3 种方法可以利用：①没有气体循环；②部分循环；③全部循环。

第一种方法没有二次气流，从除尘器中出来的灰尘在重力作用下进入灰斗，简单实用，优点明显。从洁净气体排出管的开始端到灰尘离开除尘器的通道（图 13-10）必须短，而且不能太窄，以免被沉降的灰尘堵塞。

第二种方法是从每个除尘器中吸走一部分气体（图 13-11），粗粒尘在重力作用下落入灰斗，而较细的灰尘则随同抽出的气体经管道至第二级除尘器。这种方法可以增大除尘效率。

第三种方法是把全部灰尘随同气体一起吸入第二级除尘器。这种方法不用灰斗，而是从设备底部吸二次气流，再回到直流式除尘器组后面的主管道内。

循环气体系统的优点在于一次系统和二次系统的总效率比不用二次系统时高，而功率消耗

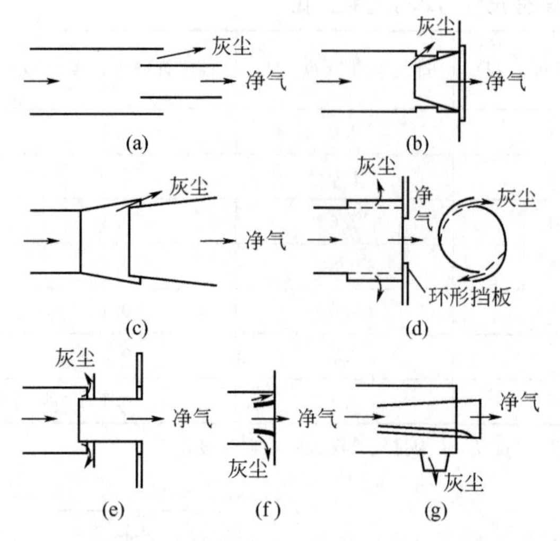


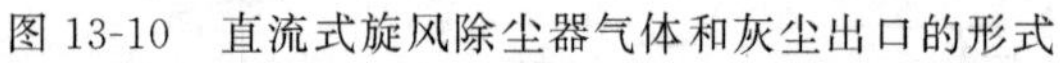
图 13-10 直流式旋风除尘器气体和灰尘出口的形式

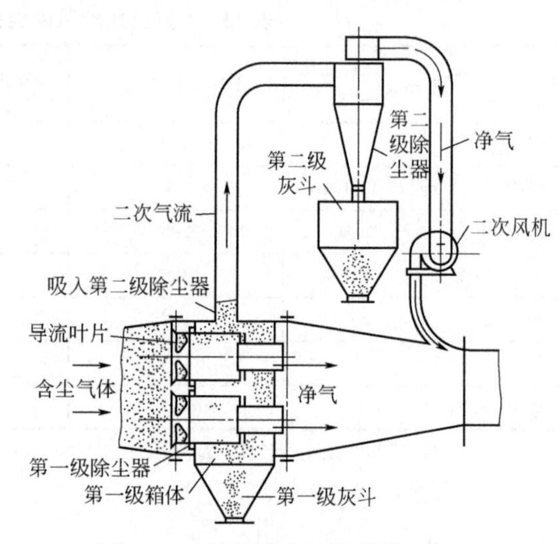


图 13-11 直流式除尘器的排尘方法

增加不多，这是因为只有总气量的一小部分进入二次线路，虽然压力损失可能大，但风量小，用小功率风机就可以输送。也有用其他方法来产生二次气流的。例如图 13-9(b) 叶片后面，在除尘器筒体上有若干条缝 S，把气体从周围空间引入除尘器，从而在排尘口产生相应的气体外流。再如图 13-9(g) 所示，在叶片毂中心有一根管子（图中用虚线表示），依靠这一点和除尘周围的压差提供二次系统所需的压头，使气体经过这根管子流入除尘器。

**3. 性能计算**

(1) 影响性能的因素

① 负荷。直流式除尘器和回流式除尘器相比，它的除尘效率受气体流量变化的影响小，对负荷的适应性比后者好。当气体流量下降到效果最佳流量的 50%时，除尘效率下降 5%；上升到最佳流量的 125%时效率几乎不变。压力损失和流量大致成平方关系。

② 叶片角度和高度。除尘器导流叶片设计是直流式旋风除尘器的关键环节之一，其最佳角度似乎是和气流最初的方向成 45°，因为把角度从 35°增大到 45°，除尘效率有显著的提高，再多倾斜 5°，对效率就无影响，而阻力却有所增大。如果把叶片高度降低（从叶片根部起沿径向方向到顶部的距离），由于环形空间变窄，以致速度增大，从而使离心力加大，效率提高。

③ 排尘环形空间的宽度。除尘效率随着排气管直径的缩小，或者说随着环形空间的加宽而提高。除尘效率的提高，是因为在除尘器截面上从轴心到周围存在着灰尘浓度梯度，即靠近轴心的气体比较干净；另一方面，靠近壁面运动的气体在进入洁净气体排出管时，全环形空间入口处形成灰尘的惯性分离，如果环形空间比较宽，气体的径向运动更显著，这种惯性分离就更有效。从排尘口抽气有提高除尘效率的作用，而且对细粒子的作用比对粗粒子大。

(2) 分离粒径　设气流经过入口部分的导流叶片时为绝热过程，在分离室中（出口侧）气体的压力 $p$、温度 $T$ 和体积 $Q$（用角标 c 表示）可以根据叶片前面的原始状况（用角标 i 表示）来计算：

$$Q_c = Q_i \left(\frac{p_i}{p_c}\right)^{1/k} \tag{13-19}$$

$$T_c = T_i \left(\frac{p_i}{p_c}\right)^{1/k} \tag{13-20}$$

式中，$k$ 为绝热指数，$k = c_p / c_v$；$c_p$、$c_v$ 分别为比定压热容、比定容热容。

单原子气体的 $k$ 为 1.67，双原子气体（包括空气）为 1.40，三原子气体（包括过热蒸汽）

为1.30，湿蒸汽为1.135。

如果除尘器直径为 $D_c$，毂的直径为 $D_b$，则气体在离开叶片时的平均速度 $v_c$ 按原始速度 $v_i$ 计算为：

$$v_c = v_i\left(\frac{D_c^2}{D_c^2-D_b^2}\right)\frac{Q_c}{Q_i} = v_t\left(\frac{D_c^2}{D_c^2-D_b^2}\right)\left(\frac{p_i}{p_c}\right)^{1/k} \tag{13-21}$$

平均速度 $v_c$ 可以分解为切向、轴向和径向三个分速度（图13-12）。假定气体离开叶片的角度和叶片出口角 $\alpha$ 相同，中央的毂延伸穿过分离室，则在叶片出口的切向平均速度 $v_{cr}$ 为：

$$v_{cr} = v_c\cos\alpha = v_i\left(\frac{D_c^2}{D_c^2-D_b^2}\right)\left(\frac{p_i}{p_c}\right)^{1/k}\cos\alpha \tag{13-22}$$

而轴向平均速度 $v_{ca}$ 为：

$$v_{ca} = v_c\sin\alpha = v_i\left(\frac{D_c^2}{D_c^2-D_b^2}\right)\left(\frac{p_i}{p_c}\right)^{1/k}\sin\alpha \tag{13-23}$$

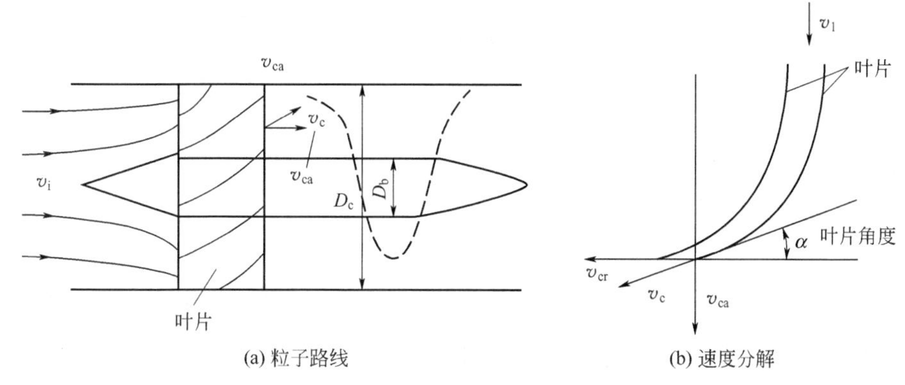


图13-12　脱离除尘器导流叶片的粒子路线和速度的分解

设粒子和流体以同一速度通过分离室，且已知分离室的长度 $l_s$ 和轴向速度 $v_{ca}$，就可以求出粒子在分离室内的停留时间：

$$t_1 = \frac{l_s}{v_{ca}} = \frac{l_s}{v_i\sin\alpha}\left[1-\left(\frac{D_b}{D_c}\right)^2\right]\left(\frac{p_c}{p_i}\right) \tag{13-24}$$

在斯托克斯区域内，直径为 $d$ 的粒子由于离心力从毂表面（$D_b/2$）到外筒壁（$D_c/2$）所需时间为：

$$t_r = \frac{9}{8}\left(\frac{\mu_f}{\rho_p-\rho}\right)\left(\frac{D_c}{v_{ct}d}\right)\left[1-\left(\frac{D_b}{D_c}\right)^4\right] \tag{13-25}$$

式中，$\mu_f$ 为气体黏度；$\rho$ 为气体密度；$\rho_p$ 为粒子密度。

在直流式旋风除尘器中，根据 $t_r=t_i$ 可以分离的最小界限粒径 $d_{100}$ 用下式表示：

$$d_{100} = \frac{3}{4}\times\frac{D_c}{\cos\alpha}\left[1-\left(\frac{D_b}{D_c}\right)^2\right]\left\{\frac{2\mu_f\sin\alpha}{l_s v_i(\rho_p-\rho)}\left(\frac{\rho_c}{D_c}\right)^{1/r}\left[1+\left(\frac{D_b}{D_c}\right)^2\right]\right\}^{1/2} \tag{13-26}$$

# 第四节　袋式除尘器设计

## 一、袋式除尘器设计条件

袋式除尘器的基本设计条件包括设计原则、设计条件、设计依据和原始设计参数等内容。

**1. 设计原则**

袋式除尘器的设计是根据使用要求和提供的原始参数来确定除尘器的主要参数和各部分结构。设计时必须从工艺、设备、电气、制作、安装以及已有的生产实践等因素综合考虑。设计使用于任何工业的袋式除尘器时，在技术上应考虑以下几点。

（1）遵照国家规定的相关排放标准、室内卫生标准和实际可能确定所要求的除尘效率和排放浓度。

（2）根据粉尘的特点（粉尘含量、粒度、黏度等）确定烟气在除尘器内的流速和所需的过滤面积、滤料和除尘器清灰方式。

（3）根据烟气的特性（温度、湿度、露点、压力等）确定设备的除尘器结构形式、材料选择以及输排灰等主要措施。

（4）根据电气控制和安全生产的要求确定除尘器中所有内部构件之间的距离，并使其距离始终保持符合气体流动规律的要求。

（5）设备的结构、主要部件必须考虑到制造、运输和现场施工的可能性，大型袋式除尘器要有解体方案，对主要部件必须明确提出主要技术要求和施工安装程序，确保施工安装质量。

（6）在满足工艺生产使用的条件下，除尘器所需单位烟气量的设备投资应尽量少，辅助设备及有关工艺配置应保证除尘器主体设备运转可靠、配置合理、维护方便。

**2. 设计条件**

设计条件分析可参照图 13-13 进行。

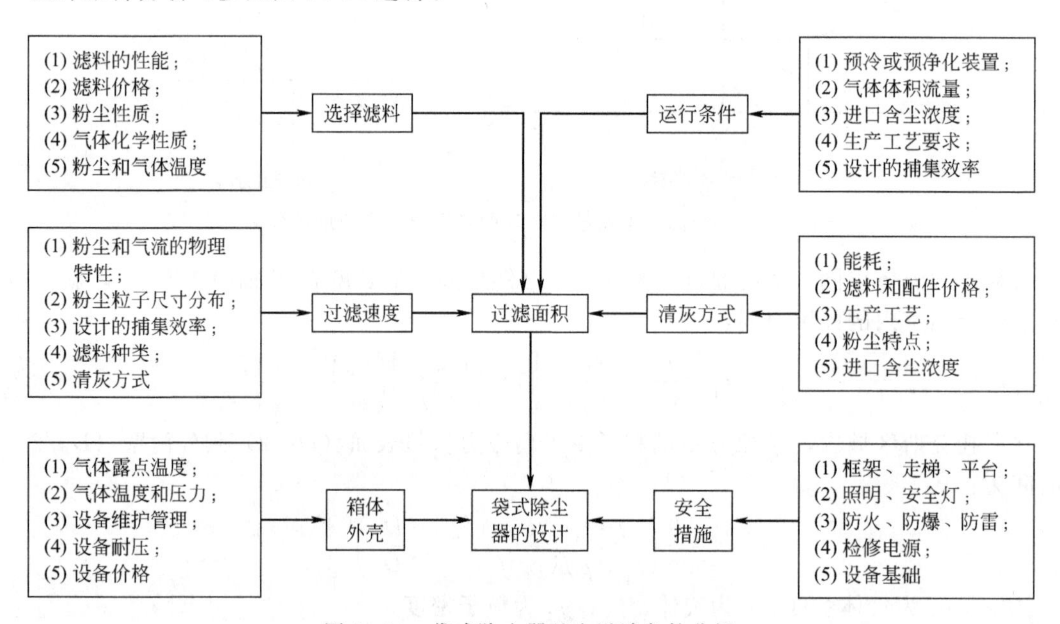


图 13-13 袋式除尘器基本设计条件分析

**3. 设计依据**

袋式除尘器的设计依据主要是国家和地方的有关标准以及用户与设计者之间的合同文件。在合同文件中应包括除尘器规格大小、装备水平、使用年限、备品备件、技术服务等项内容。

**4. 设计原始参数**

袋式除尘器工艺设计计算所需要的原始参数主要包括烟气性质、粉尘性质和气象地质条件三部分。

（1）烟气性质　包括：①需净化的烟气量及最大量，$m^3/h$；②进出除尘器的烟气温度，℃；③进出除尘器的烟气最大压力，Pa；④烟气成分的体积百分比，%；对电厂要明确烟气含氧量，%；⑤烟气的湿度，通常用烟气露点值表示；⑥烟气进口的一般及最大含尘浓度，$g/m^3$；⑦烟气出口处除尘器要求的最终含尘浓度，$g/m^3$。

（2）粉尘性质

① 粉尘各成分的质量分数，%。

② 粉尘常温和操作温度时的比电阻，Ω·cm。

③ 粉尘粒度组成的质量分数，%。

④ 粉尘的堆积密度，$kg/m^3$。

⑤ 粉尘的自然安息角。

⑥ 粉尘的化学组成。

⑦ 用于发电厂锅炉尾部的袋式除尘器，特别要提供燃煤含硫量；用于煤粉制备系统的除尘器要提供煤粉的组成。

（3）气象地质条件

① 最高、最低及年平均气温，℃。

② 地区最大风速，m/s。

③ 风载荷、雪载荷，$N/m^2$。

④ 设备安装的海拔高度及各高度的风压力，kPa。

⑤ 地震烈度，度。

⑥ 相对湿度，%。

## 二、袋式除尘器主要技术参数设计计算

在设计袋式除尘器的过程中，要计算的主要技术参数包括过滤面积、过滤速度、气流上升速度、压力损失、清灰周期等。

### 1. 过滤面积

过滤面积是指起滤尘作用的滤料有效面积，以 $m^2$ 计。过滤面积按下式计算：

$$S_1=\frac{Q}{60v_F} \tag{13-27}$$

式中，$S_1$ 为除尘器有效过滤面积，$m^2$；$Q$ 为处理风量，$m^3/h$；$v_F$ 为过滤速度，m/min。

（1）处理风量　计算过滤面积时，处理风量指进入袋式除尘器的含尘气体工况流量，而不是标准状态下的气体流量，有时候还要加上除尘器的漏风量。

（2）总过滤面积　计算出的过滤面积是除尘器的有效过滤面积。但是，滤袋的实际面积要比有效面积大，因为滤袋进行清灰作业时这部分滤袋不起过滤作用。如果把清灰滤袋面积加上去，则除尘器总过滤面积按下式计算：

$$S=S_1+S_2=\frac{Q}{60v_F}+S_2 \tag{13-28}$$

式中，$S$ 为总过滤面积，$m^2$；$S_1$ 为滤袋工作部分的过滤面积，$m^2$；$S_2$ 为滤袋清灰部分的过滤面积，$m^2$；$Q$ 为通过除尘器的总气体量，$m^3/h$；$v_F$ 为过滤速度，m/min。

求出总过滤面积后，就可以确定袋式除尘器的总体规模和尺寸。

（3）单条滤袋面积　单条圆形滤袋的面积通常用下式计算：

$$S_d=D\pi L \tag{13-29}$$

式中，$S_d$ 为单条圆形滤袋的公称过滤面积，$m^2$；$D$ 为滤袋直径，m；$L$ 为滤袋长度，m。

在滤袋加工过程中，因滤袋要固定在花板或短管上，有的还要吊起来固定在袋帽上或花板上，所以滤袋两端需要双层缝制甚至多层缝制，双层缝制的这部分因阻力加大已无过滤作用，同时有的滤袋中间还要加固定环，这部分也没有过滤作用，故上式可改为：

$$S_j = D\pi L - S_x \tag{13-30}$$

式中，$S_j$ 为滤袋净过滤面积，$m^2$；$S_x$ 为滤袋未能起过滤作用的面积，$m^2$；其他符号意义同前。

(4) 滤袋数量 根据总过滤面积和单条滤袋面积求滤袋数量，按下式计算：

$$n = \frac{S}{S_d} \tag{13-31}$$

式中，$n$ 为滤袋数量，条；其他符号意义同前。

**2. 滤袋规格**

滤袋尺寸是除尘器设计中的重要数据，决定滤袋尺寸的有以下因素。

(1) 清灰方式 袋式除尘器清灰方式不同，所以滤袋尺寸是不一样的。自然落灰的袋式除尘器一般长径比为 (5∶1)～(20∶1)，其直径为 200～500mm；袋长为 2～5m。大直径的滤袋多用单袋工艺。人工振打的袋式除尘器、机械振动袋式除尘器，其滤袋长径比为 (10∶1)～(20∶1)，直径为 100～200mm，袋长为 1.5～3.0m。反吹风袋式除尘器的滤袋长径比为 (15∶1)～(40∶1)，其直径为 150～300mm，袋长为 4～12m。脉冲袋式除尘器的滤袋长径比为 (12∶1)～(60∶1)，其直径为 120～200mm，袋长为 2～9m。

(2) 过滤速度 袋式除尘器过滤速度不同，直接影响滤袋尺寸大小。较低过滤速度的滤袋一般直径较大，长度较短。

(3) 粉尘性质 确定滤袋尺寸时要考虑烟尘性质，黏性大、易水解和密度小的粉尘不宜设计较长的滤袋。

(4) 滤布的强度 在使用中应考虑滤袋的实际载荷（即滤袋自重、被黏附在滤袋上的粉尘质量及其他力的总和）与滤布之间的关系。当实际载荷超过滤布的允许强度时，滤袋将因强度不够而破裂。很明显，最主要的是看滤布的抗拉强度是否能满足使用要求。

(5) 反吹风除尘器入口气流速度 当含尘气体进入每条滤袋时，入口速度 $v_i$ 过大，一方面会加速清灰降尘的二次飞扬，另一方面是由于粉尘的摩擦使滤袋的磨损急速增加。一般工况气体进入袋口的速度不能大于 1.0m/s。

袋式除尘器的过滤速度 $v_F$ 与入口速度 $v_i$ 有一定的关系，通过计算，其长度与直径的关系式如下。

设：单条滤袋气体的流量为 $q$，则

按过滤速度计算

$$q = \frac{\pi D L v_F}{60} \tag{13-32}$$

按入口速度计算

$$q = \frac{\pi D^2 v_i}{4} \tag{13-33}$$

两式相等

$$\frac{\pi D L v}{60} = \frac{\pi D^2 v_i}{4} \tag{13-34}$$

即

$$L/D = \frac{15 v_i}{v_F} \tag{13-35}$$

式中，$q$ 为单条滤袋气体流量，$m^3/s$；$D$ 为滤袋直径，m；$L$ 为滤袋长度，m；$v_F$ 为滤袋过滤速度，m/min；$v_i$ 为滤袋入口速度，m/s。

从上式可得出：当 $v_F$ 较高时，$L/D$ 应在一个较小的范围时；当 $v_F$ 较低时，$L/D$ 在一个较大的范围内。根据有关资料介绍，袋式除尘器的 $L/D$ 一般为 15～40，而玻璃纤维袋式除尘器 $L/D$ 可达 40～50。

**3. 过滤速度**

袋式除尘器的过滤速度 $v_F$ 是被过滤的气体流量和滤袋过滤面积的比值，单位为 m/min，简称为过滤速度。它只代表气体通过织物的平均速度，不考虑有许多面积被织物的纤维所占用，因此，亦称为“表观气流速度”。

过滤速度是决定除尘器性能的一个很重要的因素。过滤速度太大会导致压力损失过大，降低除尘效率，使滤袋堵塞和损坏。但是，增大过滤速度可以减少需要的过滤面积，以较小的设备来处理同样体积的气体。

袋式除尘器在选择过滤速度这一参数时，应慎重细致。其理由是：在通常情况下，烟气含尘浓度高、粉细，而且气体含有一定的水分。所以，对反吹风袋式除尘器来说，其过滤速度以小于 1m/min 为好，当除尘器用于炼焦、水泥、石灰炉窑等场所时，其过滤速度应更小。

（1）过滤速度计算　过滤速度可以按下式做出对实际应用足够准确的计算：

$$q_f = q_n C_1 C_2 C_3 C_4 C_5 \tag{13-36}$$

式中，$q_f$ 为气布比，$m^3/(m^2 \cdot min)$；$q_n$ 为标准气布比，该值与要过滤的粉尘种类、凝集性有关，一般对黑色和有色金属升华物质、活性炭采用 $1.0m^3/(m^2 \cdot min)$，对焦炭、挥发性渣、金属细粉、金属氧化物等取值为 $1.7m^3/(m^2 \cdot min)$，对铝氧粉、水泥、煤炭、石灰、矿石灰等取值为 $2.0m^3/(m^2 \cdot min)$，有的 $q_n$ 值根据设计者经验确定；$C_1$ 为考虑清灰方式的系数，脉冲清灰（织造布）取 1.0，脉冲清灰（无纺布）取 1.1，反吹加振打清灰取 0.7～0.85，单纯反吹风取 0.55～0.7；$C_2$ 为考虑气体初始含尘浓度的系数，如图 13-14 所示曲线可以查找；$C_3$ 为考虑要过滤的粉尘粒径分布影响的系数，见表 13-6，表中所列数据，以粉尘质量中位径 $d_m$ 为准，将粉尘按粗细划分为 5 个等级，越细的粉尘，其修正系数 $C_3$ 越小；$C_4$ 为考虑气体温度的系数，其值见表 13-7；$C_5$ 为考虑气体净化质量要求的系数，以净化后气体含尘量估计，其含尘浓度大于 $30mg/m^3$ 时系数 $C_5$ 取 1.0，含尘浓度低于 $10mg/m^3$ 以下时 $C_5$ 取 0.95。

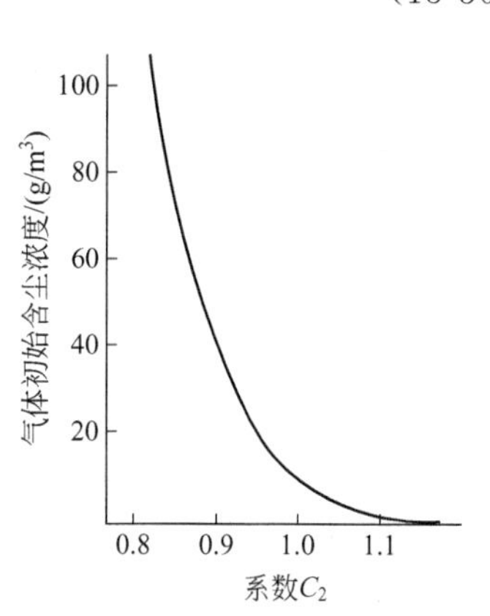


图 13-14　系数 $C_2$ 随含尘浓度而变化的曲线

**表 13-6　$C_3$ 与粉尘中位径大小的关系**

| 粉尘中位径 $d_m$/μm | >100 | 100～50 | 50～10 | 10～3 | <3 |
|---|---|---|---|---|---|
| 修正系数 $C_3$ | 1.2～1.4 | 1.1 | 1.0 | 0.9 | 0.7～0.9 |

**表 13-7　温度的修正系数**

| 温度 $t$/℃ | 20 | 40 | 60 | 80 | 100 | 120 | 140 | 160 |
|---|---|---|---|---|---|---|---|---|
| 系数 $C_4$ | 1.0 | 0.9 | 0.84 | 0.78 | 0.75 | 0.73 | 0.72 | 0.70 |

（2）过滤速度推荐值　袋式除尘器常用的过滤速度见表 13-8。因计算方法不同，有的资料推荐值大。

（3）气布比　工程上还使用气布比 $g_f[m^3/(m^2 \cdot min)]$ 的概念，它是指每平方米滤袋表面积每分钟所过滤的气体量（$m^3$），气布比可表示为：

$$g_f = \frac{Q}{A} \tag{13-37}$$

显然有

$$g_f = v_f \tag{13-38}$$

表 13-8 袋式除尘器常用的过滤速度 单位：m/min

| 等级 | 粉尘种类 | 清灰方式 | | |
|---|---|---|---|---|
| | | 机械振动 | 脉冲喷吹 | 反吹风 |
| 1 | 炭黑①，氧化硅（白灰黑），铅①、锌①的升华物以及其他在气体中由于冷凝和化学反应而形成的气溶胶，化妆粉，去污粉，奶粉，活性炭，由水泥窑排出的水泥① | 0.45～0.6 | 0.6～1.2 | 0.33～0.45 |
| 2 | 铁①及铁合金①的升华物，铸造尘，氧化铝①，由水泥磨排出的水泥①，炭化炉的升华物①，石灰①，刚玉，安福粉及其他肥料，塑料，淀粉 | 0.6～0.75 | 0.7～1.4 | 0.45～0.55 |
| 3 | 滑石粉，煤，喷砂清理尘，飞尘①，陶瓷生产的粉尘，炭黑（二次加工），颜料，高岭土，石灰石①，矿尘，铝土矿，水泥（来自冷却器）①，搪瓷① | 0.7～0.8 | 0.8～1.6 | 0.6～0.9 |
| 4 | 石棉，纤维尘，石膏，珠光石，橡胶生产中的粉尘，盐，面粉，研磨工艺中的粉尘 | 0.8～1.2 | 1.0～1.8 | 0.6～1.0 |
| 5 | 烟草，皮革粉，混合饲料，木材加工中的粉尘，粗植物纤维（大麻、黄麻等） | 0.9～1.3 | 1.2～2.0 | 0.8～1.0 |

① 基本上为高温粉尘，多采用较低过滤速度。

过滤速度（气布比）是反映袋式除尘器处理气体能力的重要技术经济指标，它对袋式除尘器的工作和性能都有很大影响。在处理风量不变的前提下，提高过滤速度可节省滤料（即节省过滤面积），提高了过滤料的处理能力。但过滤速度提高后设备阻力增大，能耗增大，运行费用提高，同时过滤速度过高会把积聚在滤袋上的粉尘层压实，使过滤阻力增大。由于滤袋两侧压差大，会使微细粉尘渗入到滤料内部，甚至透过滤料，使出口含尘浓度增大。过滤风速高还会导致滤料上迅速形成粉尘层，引起过于频繁的清灰，增加清灰能耗，缩短滤袋的使用寿命。在低过滤速度下，压力损失少，效率高，但需要的滤袋面积也增加了，则除尘器的体积、占地面积、投资费用也要相应增大。因此，过滤速度的选择要综合烟气特点、粉尘性质、进口含尘浓度、滤料种类、清灰方法、工作条件等因素来决定。一般而言，处理较细或难以捕集的粉尘、含尘气体温度高、含尘浓度大和烟气含湿量大时宜取较低的过滤速度。

**4. 气流上升速度**

在除尘器内部滤袋底端含尘气体能够上升的实际速度就是气流上升速度，也可称可用速度。气流上升速度的大小对滤袋被过滤的含尘气体磨损以及因脉冲清灰而脱离滤袋的粉尘随气流重新返回滤袋表面有重要影响。气流上升速度是除尘器内烟气不应超过的最大速度，达到和超过这个速度时，烟气中的颗粒物就会磨坏滤袋或带走粉尘，甚至导致设备运行阻力偏大。

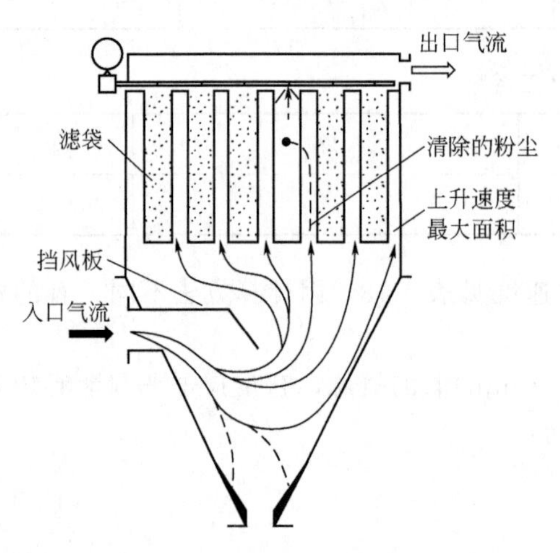

图 13-15 除尘器的上升速度

袋式除尘器用滤袋进行过滤时分为内滤和外滤两种，前者含尘气流由滤袋内部流向外部，后者含尘气流由滤袋外部流向滤袋内部。

（1）内滤式　在内滤的袋式除尘器中，气流上升速度以滤袋的滤料面积乘过滤速度再除以滤袋底部的敞口面积来计算。即烟气进入滤袋口时的速度，按下式计算：

$$v_K=\frac{f v_F}{F} \tag{13-39}$$

式中，$v_K$ 为除尘器气流上升速度，m/min；$f$ 为单条滤袋面积，$m^2$；$v_F$ 为过滤速度，m/min；$F$ 为滤袋口面积，$m^2$。

（2）外滤式　外滤式气体入口在灰斗上或气

体入口迫使气流进入灰斗。外滤袋式除尘器的气流上升速度按与滤袋底部等高的平面上气体上升流速来衡量，如图 13-15 所示。计算方法是用一个分室的截面积减去滤袋占有的面积，再除该分室的气体流量，按下式计算：

$$v_K=\frac{Q}{A-nf} \tag{13-40}$$

式中，$v_K$ 为除尘器气流上升速度，m/min；$A$ 为滤袋室截面积，$m^2$；$n$ 为滤袋室滤袋数量，个；$f$ 为每只滤袋占有的面积，$m^2$；$Q$ 为滤袋室的气体量，$m^3/min$。

过滤速度和气流上升速度二者的数值在袋式除尘器内都应保持在一定的范围内。如果按 1.2m/min 的过滤速度设计的袋式除尘器中气流分布不均匀，以致一个分室中以不到 1m/min 的过滤速度运行，而在另一室中以超过 2m/min 的过滤速度运行，则该系统是不会成功的。同样，如果设计的气流上升速度平均值为 70m/min，但因入口气体分布不良，袋式除尘器的某些部分达到 150m/min 或更高的气流上升速度，而其他部分则是空气死区或有逆流，这样就会导致滤袋过早损坏。因此，在袋式除尘器内部采取某些使气流分布均匀的措施和适当的袋间距离都是很重要的。气流上升速度的取值与粉尘的粒径、浓度、袋室大小等因素有关，应用于锅炉除尘时，最大气流上升速度一般是 60～75m/min。应用于其他场合，可根据设计者的经验和工程成功案例确定。

**5. 设备阻力和清灰周期估算**

袋式除尘器的阻力 $\Delta p$ 由设备本体结构阻力 $\Delta p_c$ 和过滤组件阻力 $\Delta p_f$ 叠加而成，即：

$$\Delta p=\Delta p_c+\Delta p_f \tag{13-41}$$

本体结构阻力由气体入口和出口的局部阻力以及从总风管向单元分室气流的阻力组成，按下式计算：

$$\Delta p_c=\zeta V_{in}^2\rho_{a/2} \tag{13-42}$$

式中，$\zeta$ 为阻力系数，按入口连接管的速度（通常取 10～15m/s）计算，在正确设计的袋式除尘器结构情况下，该值为 1.5～2.5。

过滤组件的阻力 $\Delta p_f$ 可按两项之和计算

$$\Delta p_f=\Delta p'+\Delta p''=A\mu v_F+B\mu v_F M_1 \tag{13-43}$$

式中，$\Delta p'$为清灰之后，带有余留粉尘的过滤件自身的阻力，认为它是常数；$\Delta p''$为在滤袋表面积附但在清灰时能清除掉的粉尘阻力，是常数变化着的数量；$A$、$B$ 分别为系数；$\mu$ 为气体动力黏度系数，Pa·s；$M_1$ 为单位过滤面积上的粉尘质量，$kg/m^2$。

略去 $A$、$B$ 的计算，将其值列于表 13-9。

**表 13-9 一些粉尘的系数 A、B（滤布涤纶）**

| $d_m/\mu m$ | 粉尘种类 | $A/m^{-1}$ | $B/(m/kg)$ |
|---|---|---|---|
| 10～20 | 石英、水泥 | $(1100～1500)\times10^6$ | $(6.5～16)\times10^9$ |
| 2.5～3.0 | 炼钢、升华尘 | $(2300～2400)\times10^6$ | $80\times10^9$ |
| 0.5～0.7 | 硅及升华尘 | $(1300～15000)\times10^6$ | $330\times10^9$ |

在进行粗估时，可参照表 13-9 不同粉尘品种选取系数 $A$ 与 $B$ 的值。在给定滤袋组件的最佳压力差 $\Delta p_{op}$之后，可以求得清灰周期，也就是滤袋组件连续进行过滤的时间 $t_f$ 时间内，过滤面积上积累的粉尘数量近似地等于：

$$M_1=Z_1 v_F t_f \tag{13-44}$$

式中，$Z_1$ 为气体初始含尘浓度，$kg/m^3$；$v_F$ 为过滤速度，m/min；$t_f$ 为清灰周期，min。

将该式代入式(13-43) 得：

$$\Delta p_{\mathrm{f}}=\Delta p'+\Delta p''=\mu v_{\mathrm{F}}(A+BZ_1 v_{\mathrm{F}} t_{\mathrm{f}}) \tag{13-45}$$

$$t_{\mathrm{f}}=\frac{\Delta p_{\mathrm{f}}/(\mu v_{\mathrm{F}})-A}{BZ_1 v_{\mathrm{F}}} \tag{13-46}$$

过滤组件阻力 $\Delta p_{\mathrm{f}}$ 如果取得过高或过低都会影响过滤效率，存在着 $\Delta p_{\mathrm{f}}$ 的最佳值（$\Delta p_{\mathrm{op}}$），它对应着袋式除尘器的最佳过滤效率和最佳的连续过滤时间 $t_{\mathrm{f}}$。这个值只能通过试验办法寻求。

简化的做法是给出变化着的粉尘层的阻力 $\Delta p''$。对于细尘 $\Delta p''$取值不大于 400～800Pa，对于中位径 $d_{\mathrm{m}}$ 大于 20μm 的粗尘，$\Delta p''$取值为 250～350Pa。

如此，有了 $\Delta p_{\mathrm{f}}$、$\Delta p_{\mathrm{c}}$ 即可按式 $\Delta p=\Delta p_{\mathrm{c}}+\Delta p_{\mathrm{f}}$ 求得袋式除尘器阻力 $\Delta p$(Pa)，同时也可求得最佳清灰周期 $t_{\mathrm{f}}$ 值。

除尘器的压力损失是指除尘器本身的压力损失。由于管道布置千差万别，压力损失所受影响较多。所以，一般标准规定的压力损失只限除尘装置本身的阻力。所谓本身阻力指除尘器入口至出口在运行状态下的压力差。袋式除尘器的压力损失通常在 1～2kPa 之间。脉冲袋式除尘器的压力损失通常小于 1.5kPa。

仅从袋式除尘器本身来讲，如果它是在根据其形式所决定的压力损失范围内工作，那么，就认为它的技术性能和经济性能都是合适的。由于压力损失是按袋式除尘器前后装置及风机性能考虑的，所以在设备运行过程中允许压力损失有某种变动范围。此时应对压力和清灰周期等做适当的调整。设计时必须考虑这种调整的可能。

**6. 外壳耐压力**

袋式除尘器内的耐压力是根据器前与器后装置和风机的静压及其位置而定的。必须按照袋式除尘器正常使用的压力来确定外壳的设计耐压力。袋式除尘器壳体的设计耐压力虽然也按正常运转时的静压计算，但是要考虑到一旦出现误操作所出现的风机最高静压。

作为一般用途的袋式除尘器，其外壳的耐压度，对长袋和气箱脉冲除尘器为 5～8kPa，对其他形式脉冲袋式除尘器为 4～6kPa。对于采用以罗茨鼓风机为动力的负压型空气输送装置，除尘器的设计耐压为 15～50kPa。

另外，某些特殊的处理过程也有在数百千帕的表压下运转的。要求较高耐压力的袋式除尘器，一般将其外壳制成圆筒形，例如高炉煤气净化用脉冲袋式除尘器。

**7. 压缩空气耗量**

脉冲除尘器压缩空气耗量主要取决于喷吹压力、喷吹周期、喷吹时间、脉冲阀形式和口径以及滤袋数等因素。

图 13-16 为在实验室模拟一个实在的脉冲喷吹系统中脉冲阀的喷吹压力得到的结果。脉冲宽度是 100ms，气包容量满足喷吹后气包内压降小于 30%的要求，阀门阻力大概是 140kPa，气包原压力是 670kPa，整个脉冲过程在 300ms 内完成。图 13-16 中曲线所包围的面积即是喷吹耗气量。

脉冲除尘器的总耗气量 $Q$ 按下式计算：

$$Q=a\frac{nq}{T} \tag{13-47}$$

式中，$Q$ 为总耗气量，$\mathrm{m^3/min}$；$n$ 为脉冲阀数量，个；$T$ 为喷吹周期，min；$a$ 为附加系数，一般取 1.2；$q$ 为每个脉冲阀一次喷吹的耗气量，$\mathrm{m^3}$/(阀·次)。

单个脉冲阀的耗气量完全是根据清灰系统中的所有其他物理参数而定的，这些参数包括：气包压力；喷吹管长度和口径；阀门出口到喷吹管之间的弯头数量；脉冲宽度（电磁阀启动时间）；喷吹管上开孔数量、孔径大小；受喷吹的滤袋尺寸、长度；设备的过滤风速；滤料的阻力；需要用多大的袋底清灰压力；清灰方式（在线/离线）；烟尘的特性（黏度/粒径）；操作环

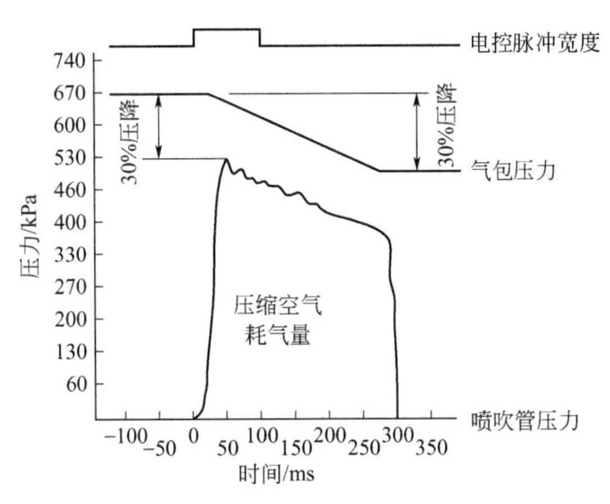


图 13-16 喷吹时间与耗气量的关系

境（温度/湿度/露点）变化；气包容量，补气流量和时间；压缩气供应系统流量等。

以上任何一个参数的变化都将直接影响到脉冲阀每次喷吹的气量。

如果用耗气量来衡量脉冲阀的质量，并假设耗气量越大，阀门阻力就越小，那么不能关闭（关不死）的脉冲阀将具有最大的耗气量。因此，仅仅利用耗气量来选用脉冲阀是不正确的观念。

专业的脉冲阀制造厂家和除尘器开发机构都设立有实验室，对其生产的各种型号的阀门进行喷吹实验，然后记录各型号阀门的喷吹特性。图 13-17 为两个同尺寸但不同型号的脉冲阀在同等条件下喷吹耗气量的比较。

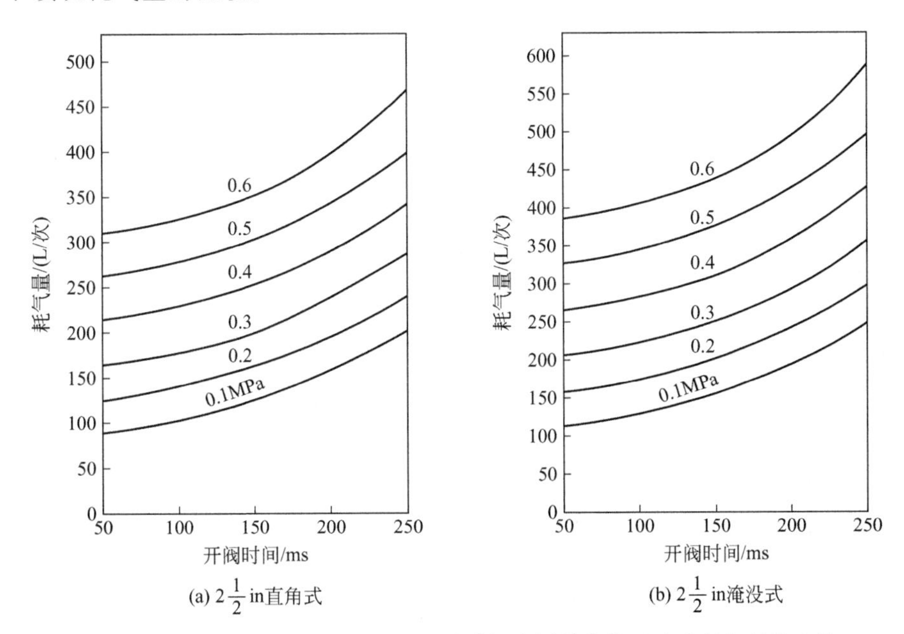


图 13-17 两个同尺寸但不同型号的脉冲阀在同等条件下喷吹耗气量的比较

## 三、袋式除尘器工艺布置

### 1. 除尘器形式

在各种除尘器中，袋式除尘器是种类最多、应用最广泛的除尘设备。随着袋式除尘器技术的不断提高和发展，袋式除尘器在大气污染治理中越来越重要。其中，脉冲袋式除尘器的应用尤为重要和普遍。

袋式除尘器主要由箱体、框架、走梯、平台、清灰装置和控制系统组成。在除尘器设计中首先应选定袋式除尘器的形式，即选定清灰方式、滤尘方向、压力方式、滤袋形状、进出口位置等，其形式可按表 13-10 进行组合。

**表 13-10 袋式除尘器的形式**

| 形式 | 名称 | 形式 | 名称 |
|---|---|---|---|
| 按清灰方式 | 机械式振打 | 按滤尘方向 | 内滤式 |
| | 逆气流清灰 | | 外滤式 |
| | 脉冲喷吹清灰 | 按压力方式 | 吸出式(负压式) |
| | 喷嘴反吹清灰 | | 压入式(正压式) |
| 按滤袋形状 | 圆形滤袋式 | 按进口位置 | 上进风式 |
| | 扇形滤袋式 | | 下进风式 |

**2. 除尘器布置**

(1) 除尘设备 要针对具体的使用工况，进行除尘器布置。

① 除尘器本体的占地面积可用下式进行估算：

$$S=kn\phi^2 \tag{13-48}$$

式中，$S$ 为除尘器本体占地面积，$m^2$；$k$ 为系数，$k=3\sim5$，其大小与除尘器大小有关，除尘器大，$k$ 值小；$n$ 为滤袋数量，条；$\phi$ 为每条滤袋直径，m。

根据用户的场地情况确定除尘器的高度，而确定除尘器高度，一要考虑足够更换滤袋的空间，二要考虑灰斗排灰装置的空间，以便使排灰系统有足够的位置。

② 根据平面位置情况，要尽可能使清灰装置的能力发挥，也就是说要合理选择一个单元清灰装置所配的滤袋面积、滤袋的长度和滤袋的数量。

③ 箱体的上升气流设计，设计中要留足流体上升的方向和速度，对磨损性强的粉尘，上升速度要慢些。

④ 灰斗的落灰功能和灰斗的气流设计，包括气流组织均匀、除尘器灰斗大小分割合理、除尘器灰斗壁板倾斜角度小于安息角、灰斗密闭性能好、灰斗清堵空气炮或振打装置配备以不产生灰堵为前提等。

⑤ 除尘器花板孔中心距（即滤袋间距）设计要合理。振动清灰和反吹清灰时滤袋间距一般不小于 80mm，脉冲清灰时滤袋间距一般取 0.5 倍滤袋直径，最少不小于 40mm。

⑥ 除尘器更换滤袋方便及除尘器检修门密封要良好。

⑦ 除尘器气包及其清灰系统结构设计要有成功案例。

⑧ 除尘器壳体要全面考虑壳体材质和厚度、壳体加强筋方式、壳体防腐措施、壳体抗结露方法、壳体保温措施等。

(2) 除尘器卸灰阀 除尘器灰斗用哪一种卸灰阀是袋式除尘器设计的一个要点，反吹风清灰的袋式除尘器灰斗一定要配双层卸灰阀，脉冲除尘器往往采用星形卸灰阀，但实际使用常出现星形卸灰阀容易损坏的情况，特别是对于细粉尘和磨琢性强的粉尘，还有间歇排灰的情况，容易产生漏风和损坏。有些行业还采用风动溜槽及密封箱来取代星形卸灰阀也是非常有效的，但不适用于大型袋式除尘器。

(3) 箱体形式 依滤袋布置不同，滤袋室有方形布置、圆形布置、矩形布置和塔形布置等形式，分别如图 13-18～图 13-21 所示。

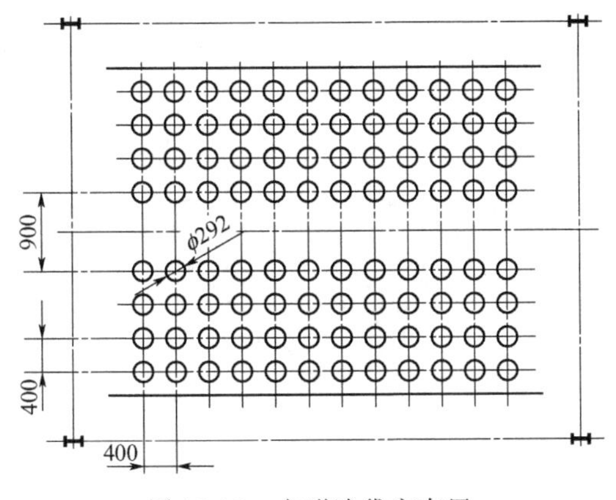


图 13-18　方形滤袋室布置

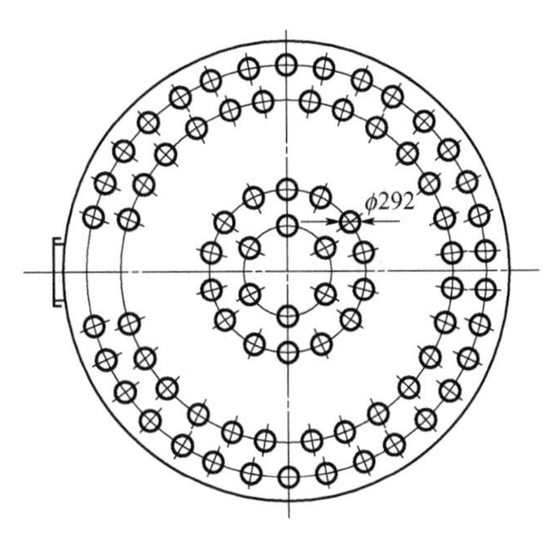


图 13-19　圆形滤袋室布置

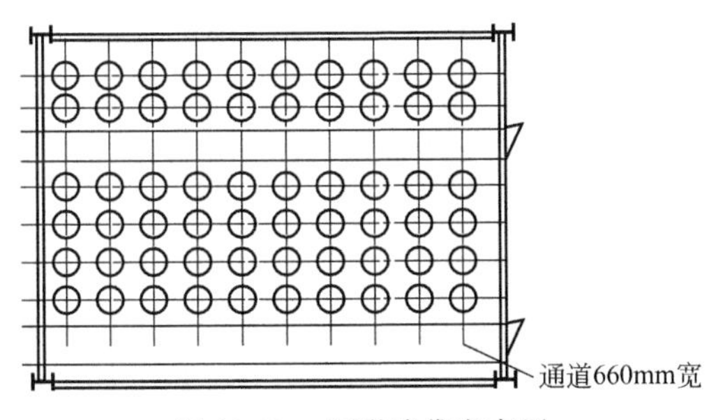


图 13-20　矩形滤袋室布置

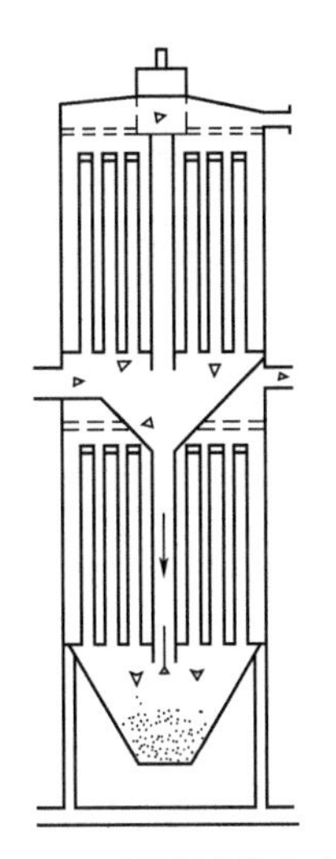

图 13-21　塔形滤袋室布置

## 四、袋式除尘器灰斗设计

**1. 灰斗形式设计**

除尘器灰斗的形式有锥形灰斗、船形灰斗、平底灰斗、抽屉式灰斗及无灰斗除尘器等。

(1) 锥形灰斗（图 13-22）　锥形灰斗是袋式除尘器最常用的一种灰斗。

锥形灰斗的锥角应根据处理粉尘的安息角决定，一般不小于 55°，常用 60°，最大为 70°。锥形灰斗的壁厚采用 5～6mm 的钢板。

(2) 船形灰斗（图 13-23）　一般除尘器多室合用一个灰斗时，可采用船形灰斗，有时单室灰斗为降低灰斗高度，也会采用船形灰斗。

船形灰斗一般具有以下特点：①船形灰斗与锥形灰斗相比，高度较矮；②船形灰斗的侧壁倾角较大，与锥形灰斗相比，它不容易搭桥、堵塞；③船形灰斗底部通常设有螺旋输送机或刮板输送机，并在端部设置卸灰阀卸灰，也有配套空气斜槽进行气力输灰。

(3) 平底灰斗（图 13-24）　平底灰斗一般用于安装在车间内高度受到一定限制的除尘器上。

平底灰斗一般具有以下特点：①平底灰斗可降低除尘器的高度；②平底灰斗的底部设有回转形的平刮板机，它可将灰斗内的灰尘刮到卸灰口，然后通过卸灰阀排出；③平底灰斗的平刮板机转速一般采用 47r/min。

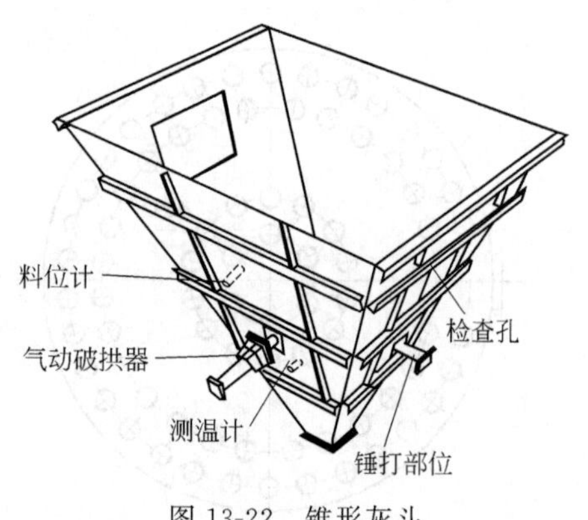

图 13-22 锥形灰斗

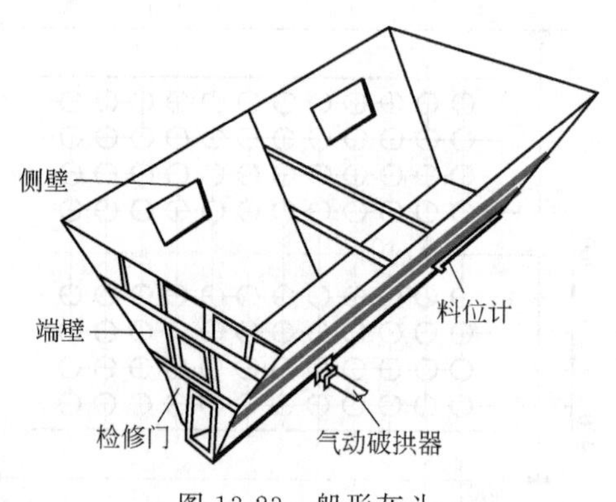

图 13-23 船形灰斗

（4）抽屉式灰斗（图 13-25） 抽屉式灰斗一般用于小型除尘机组的袋滤器，灰尘落入抽屉（或桶）内定期由人工进行清理。

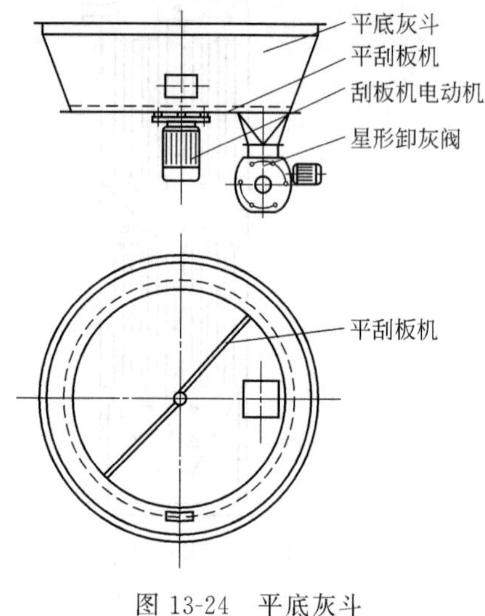

图 13-24 平底灰斗

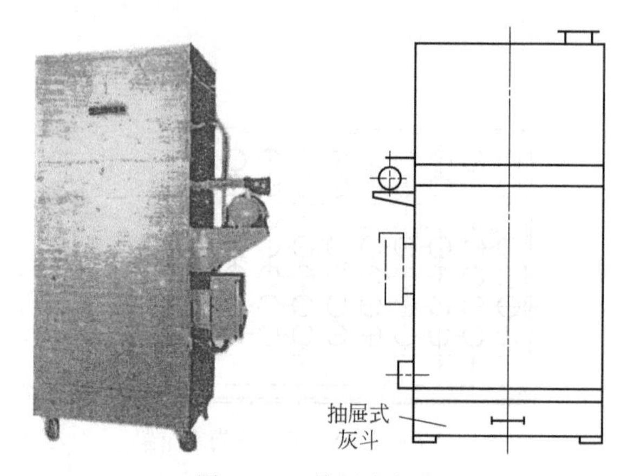

图 13-25 抽屉式灰斗

（5）无灰斗除尘器 一般仓顶除尘器（图 13-26）及扬尘设备就地除尘用的除尘器可不设灰斗，除尘器箱体可直接坐落在料仓顶盖或扬尘设备的密闭罩上。

常用的仓顶除尘器有振打式袋式除尘器、脉冲袋式除尘器及回转反吹扁袋除尘器等类型。

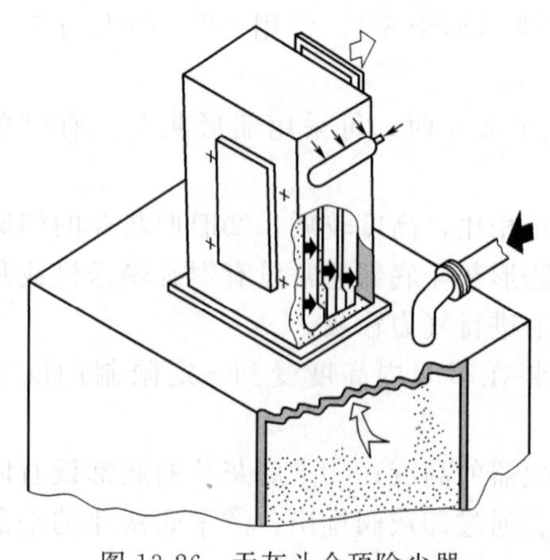
图 13-26 无灰斗仓顶除尘器

**2. 灰斗设计的注意事项**

（1）灰斗壁板一般用 6mm 钢板制作。

（2）灰斗强度应能满足气流压力、风负荷以及当地地震的要求。

（3）为确保除尘器的密封性，不宜将灰斗内的灰尘完全排空，以免导致室外空气通过灰斗下部的排灰口吸入，影响除尘器的净化效率。一般在灰斗下部排灰口以上，应留有一定高度的灰封（即灰尘层），以保证除尘器排灰口的气密性。

灰斗灰封的高度（$H$，mm）可按下式计算：

$$H=\frac{0.1\Delta p}{\Gamma}+100 \tag{13-49}$$

式中，$\Delta p$ 为除尘器内排灰口处与大气之间的压差（绝对值），Pa；$\Gamma$ 为粉尘的堆积密度，$g/cm^3$。

（4）灰斗的有效储灰容积应不小于 8h 运行的捕灰量。

## 五、袋式除尘器进风方式设计

### 1. 灰斗进风设计

（1）灰斗进风的特征　灰斗进风是袋式除尘器最常用的一种进风方式，通常反吹风清灰、振动清灰及脉冲清灰袋式除尘器的含尘气流都是从滤袋底部灰斗进入。

灰斗进风的主要特点为：①结构简单；②灰斗容积大，可使进入的高速气流分散，使大颗粒粉尘在灰斗内沉降，起到预除尘作用；③灰斗容积大，有条件设置气流均布装置，以减少进入气流的偏流。

（2）灰斗进风导流板　归纳灰斗导流板的形式目前主要有以下 3 种。

① 栅格导流板，见图 13-27。主要是在进风口加挡板或是由百叶窗组成挡板。

② 梯形导流板，见图 13-28。起到改变气流方向使流场在除尘器内部分布均匀的作用。

③ 斜板导流板，见图 13-29。除了改变气流方向使流场分布均匀以外，还能使气流的上升过程有缓冲。

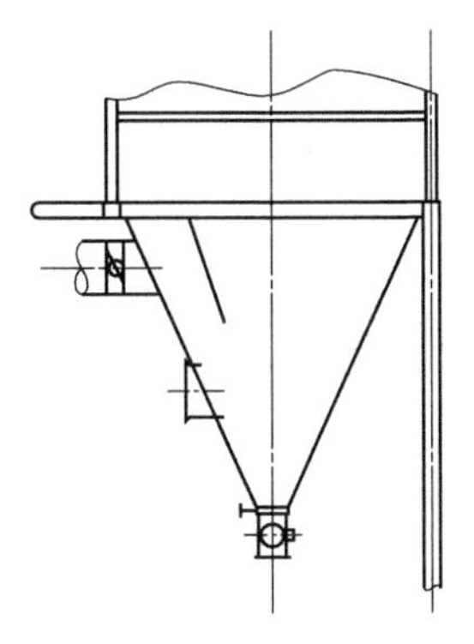

图 13-27　栅格导流板

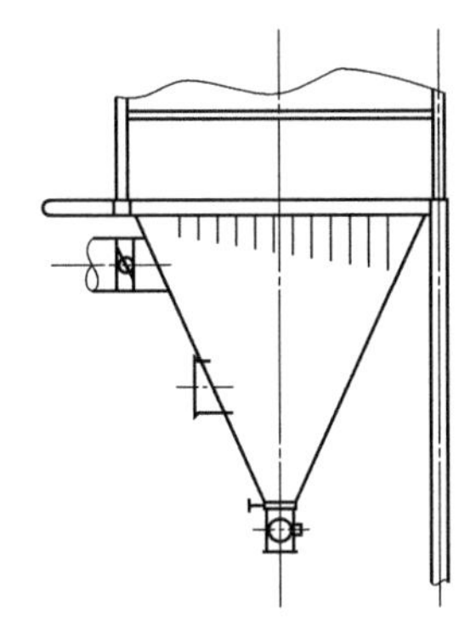

图 13-28　梯形导流板

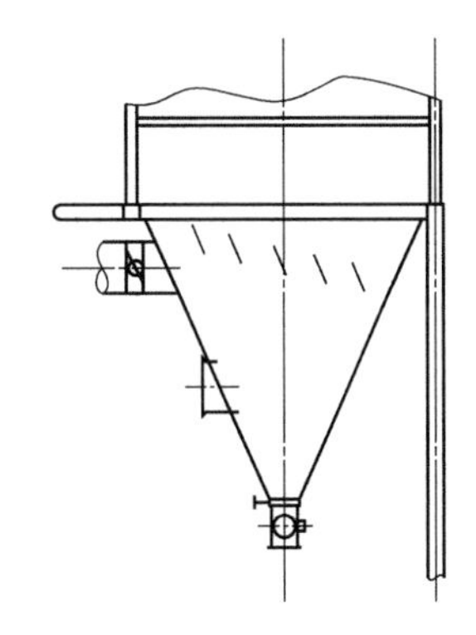

图 13-29　斜板导流板

对灰斗进气的除尘器用以上三种灰斗导流板进行试验，试验结果表明：当除尘器未加装气流均布装置时，内部气流分布相当不均匀，气流进入箱体后，直接冲刷到除尘器后壁，在后壁的作用下，大部分气流沿器壁向上进入布袋室，这样就导致了在除尘器内部，后部的气流速度明显高于其他部分的气流速度，导致后部滤袋因负荷过大而容易损坏，即上升气流不匀，后部滤袋负荷大，并受到气流冲刷，而前部滤袋负荷小，造成局部少数滤袋受损，寿命大打折扣，这样不利于除尘器长期稳定达标。安装导流板后，除尘器内部的流场得到了显著均化。测试最优的情况下，斜板导流板比梯形导流板阻力降低 27%，比栅格导流板阻力更是降低 33%，而且这种形式的导流板加工安装方便，成本低。

（3）防磨除尘器入口设计　除尘器入口是除尘器本体中最易磨损的部位，因此对磨琢性粉尘，宜采取特殊措施。通常将入口做成下倾状，使粗粒尘顺势沉降，并可在底板敷贴耐磨衬垫，如图 13-30(a)、（b）所示，也可在水平入口设多孔板或阶梯栅状均流缓冲装置，如图 13-30(c) 所示。

### 2. 箱体进风设计

（1）箱体底部进风的特点　包括：①气流从除尘器箱体下部侧向进入滤袋室，进口处应设有挡风板，以避免气流冲刷滤袋，影响滤袋的寿命；②由于挡风板的作用，气流向上流动进入滤袋室上部，再向下流动，使气流在滤袋室内分布均匀；③气流进入滤袋室后，向下流动的气流

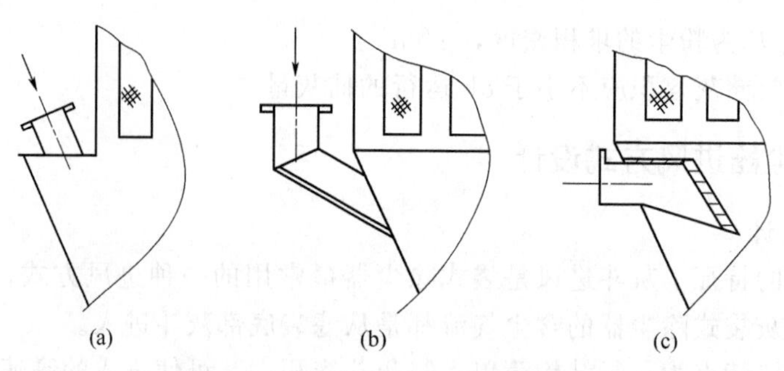

图 13-30 袋式除尘器入口防磨设计

中的粗颗粒粉尘沉降落入灰斗，具有一定的预除尘作用，减轻了滤袋的过滤负荷，一般适用于高浓度烟气除尘；④由于挡风板占据了滤袋室的一定空间，影响了除尘器的结构大小及设备重量。

（2）箱体进风方式

① 箱体底部进风（图 13-31）。

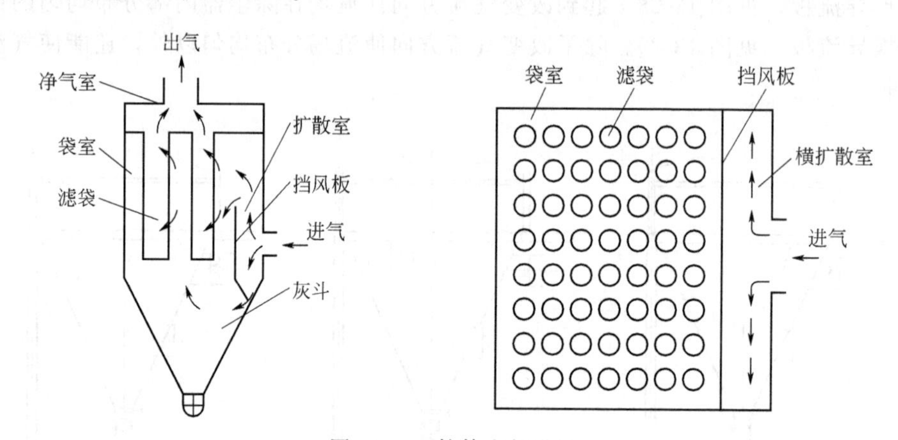

图 13-31 箱体底部进风

② 箱体中部进风（图 13-32）。

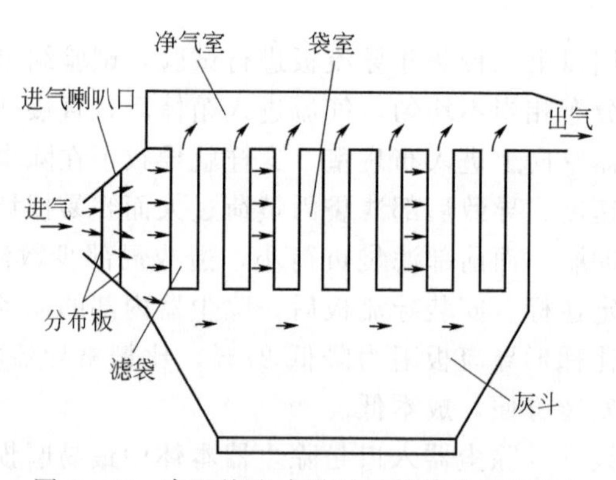

图 13-32 直通均流式进风（箱体中部进风）

③ 圆筒形箱体的旋风式进风（图 13-33）。

④ 箱体与灰斗结合式进风（图 13-34）。

**3. 进风总管设计**

（1）进风总管配置 大型除尘设备进出风总管配置关系到除尘设备的气流分布、各过滤袋室阻力是否均匀，如果仅仅是简单的并联，往往受粉尘的惯性作用，出现沿气流方向进入后端过滤袋室比前端过滤袋室粉尘浓度大的现象。如果采用风管调节阀，对于磨琢性强的粉尘，运

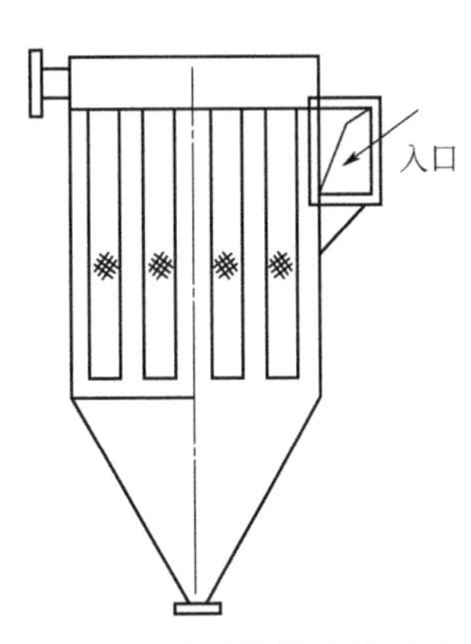


图 13-33 圆筒形箱体的旋风式进风

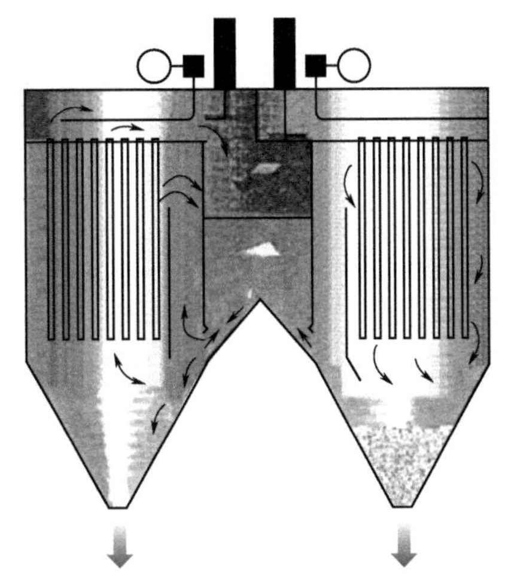

图 13-34 箱体与灰斗结合式进风

行中很容易造成阀板磨损，从而起不到调节风量的作用。为了解决进风总管的风量分配问题，推荐降低总管风速（小于 12m/s）和设特殊导流装置，减小粉尘的惯性作用，有利于气流均匀分布，同时采用防积灰进风支管措施，避免粉尘沉积。因此，除尘器总管风量分配应依据除尘器进风气流分布模拟实验报告进行，同时在除尘器各箱体进风管道上要装设可调节的风量阀门，在除尘器各箱体出风管上安装离线阀门。

(2) 进风总管的结构形式　烟道总管有喇叭形斜坡进气口烟道、带有挡流板喇叭形斜坡进气口烟道和台阶式进气口烟道几种形式，如图 13-35 所示。

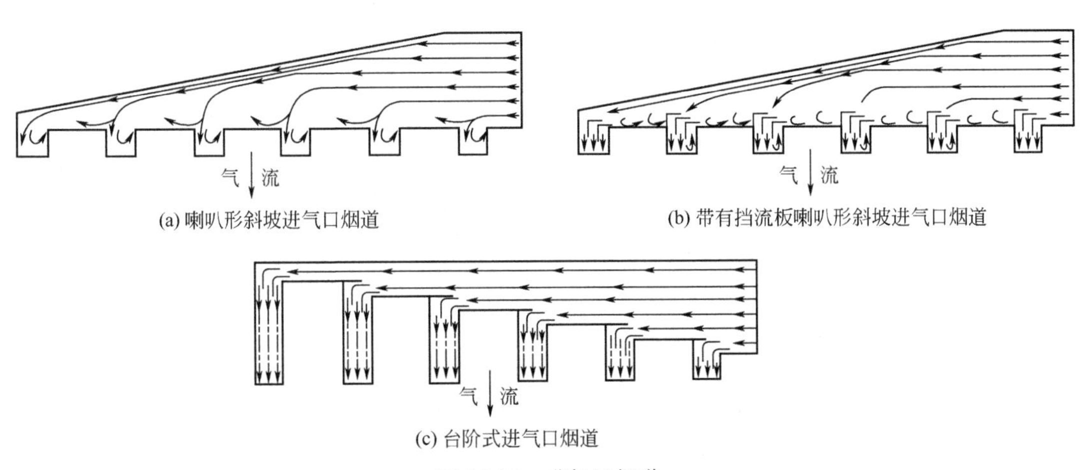


图 13-35 进气口烟道

(3) 进风总管设计要求　在多室组合的袋式除尘器中，为将烟气均匀地分配至各室，烟道总管的设计应满足以下要求：①使系统的机械压力降最小；②使各室之间的烟气及灰尘分布达到平衡；③使灰尘在进口烟道里的沉降达到最小。

## 六、袋式除尘器清灰装置设计

### 1. 脉冲喷吹设计

脉冲袋式除尘器的清灰装置由脉冲阀、喷吹管、气包、诱导器和控制仪等几部分组成。图 13-36 为管式喷吹清灰装置。

脉冲清灰的主要特点是清灰强度大，要求有相应的清灰气源。设计中尽量减小压缩空气的

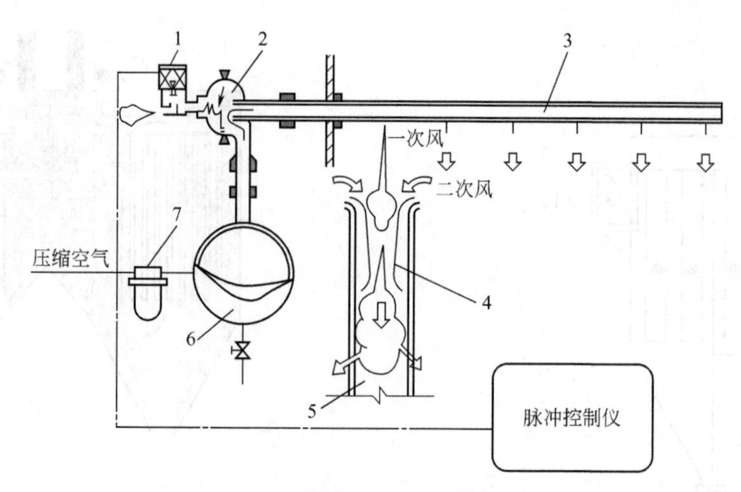


图 13-36 脉冲袋式除尘器管式喷吹清灰装置

1—控制阀；2—脉冲阀；3—喷吹管；4—文氏管诱导器；

5—滤袋；6—气包；7—空气过滤器

压力损失，保证清灰能量到达滤袋。设计中应注意以下几点。

(1) 减小压力损失 压缩空气从气包到滤袋口的压力损失是很大的，设计中应考虑每一部分的压力损失，以使到达袋口时能量最大。例如，选择淹没式脉冲阀，适当增大喷吹管喷口的孔径等。

(2) 喷吹管喷孔与滤袋口中心一致 除尘器的花板孔间距、平整度等只有在制造安装符合设计精度的情况下，才能保证喷吹管喷嘴不偏离袋口中心。按 GB/T 8532 标准要求：喷嘴管安装时，喷孔所喷出的气流的中心线应与滤袋中心一致，其位置偏差小于 2mm。对于一般焊接件，特别是要求在安装现场拼接花板时，尽管喷吹管可以用模具定位焊接喷嘴，但花板稍有偏差之后，其喷嘴中心就难以与花板中心保持一致。因此，为了保证花板的技术要求，喷吹装置要做成框架整体式来保证喷吹装置的质量，同时，尽可能由设备制造厂一体化组装。确保喷吹装置的位置及在现场的安装质量。借鉴可调喷嘴的结构形式，设计并制作可以沿喷吹管轴向和周向调节的活动喷嘴，可避免因制造及安装的积累误差而造成的喷嘴与滤袋中心对不齐的现象。设计中把喷吹管的定位装置由螺栓连接改为销轴连接，维护时拆卸方便，能够解决因螺栓容易锈蚀而不方便拆卸的问题。

(3) 确定喷吹管距花板的高度 这是喷吹装置设计的要点之一，这一高度往往是通过成功经验或试验来确定的，一个喷吹管带多少条滤袋，因滤袋规格、脉冲阀质量的不同而不同，有经验的设计者会用高性能的脉冲阀保证担负较多的滤袋。

**2. 反吹风清灰设计**

反吹风袋式除尘器的设计要点是确定反吹风量、反吹风方式和换向阀的结构形式，对反吹风进行设计计算会给除尘器清灰带来满意的结果。清灰所用的换向阀结构应尽可能简单，阀内气流速度应用允许风速的下限值。

(1) 反吹风量 分室反吹袋式除尘器的反吹风量按过滤风量的 50%～100%进行计算。回转反吹袋式除尘器的风量和正压都应大于分室反吹袋式除尘器的风量，这是因为回转反吹袋式除尘器反吹清灰时是在线反吹，而分室反吹袋式除尘器清灰反吹时是离线反吹，这是设计时必须注意的。

(2) 反吹风方式 利用空气或除尘系统的循环烟气，进行反吹（吸）风清灰是逆向气流清灰的另一种形式。这种清灰方式多用于大型袋式除尘器，这些除尘器都采用内滤式。按其清灰方法不同，可分为以下几种形式：①负压大气反吹风除尘器；②正压循环烟气反吹风除尘器；③负压循环烟气反吹风除尘器；④回转反吹风除尘器。

（3）换向阀选择 尽管反吹风袋式除尘器的换向阀形式很多，但是使用时发现质量优良、维护工作量小的换向阀较少。在众多换向阀中，设计者应根据成功的实践经验加以选择。如果选用气动阀，驱动气缸的电磁阀是关键之一。

**3. 振动清灰设计**

振动清灰除尘器的振动强度和频率应视除尘器规格型号而定，不能选小，也不能选大，选小会造成滤袋清灰困难，选大会造成滤袋损坏。振动装置的形式在除尘器配套装置中详细介绍。

## 七、袋式除尘器配套装置设计选用

**1. 滤料和滤袋**

除尘设备的除尘效率和排放浓度与滤料材质密切相关。常温除尘时，聚酯729用于反吹风除尘器，聚酯针刺毡滤布用于脉冲除尘器。薄膜滤料在有些工业流程中表现出优良的性能。但对于磨琢性强的粉尘，还有烟气的凝聚性质与不凝聚磨损相结合的气体，很容易破坏薄膜性能，所以薄膜滤料不适合这些烟气净化系统使用。因此，是否采用薄膜滤料要根据烟尘的性质来确定，滤袋的质量还与滤袋的缝制、胀圈与花板固定密封有关，如胀圈与花板密封不好，不仅会造成漏风，而且会造成滤袋脱落。除了严把滤袋缝制、胀圈的质量关外，对胀圈与花板密封应采用试装措施来保证质量。

设计滤袋、选用滤料应掌握以下数据和技术：①气布比设定值；②滤袋材质抗化学特性、物理特性；③滤袋透气性能参数；④滤袋耐磨性参数；⑤滤袋单位面积质量；⑥滤袋质保年限；⑦提供延长滤袋使用寿命的方法；⑧提供减小阻力的方法。

**2. 滤袋笼架和吊挂装置**

（1）滤袋笼架 滤袋笼架也称袋笼和框架，它安装在滤袋内部，是外滤式袋式除尘器的关键部件。目前国内许多制造厂开发出有多角固定的滤袋笼架，具有减少滤袋与滤袋笼架接触磨损和增强滤袋笼架刚度的优点。滤袋笼架外表面采用镀锌或喷漆处理。

滤袋笼架需要做成两节或三节，要注意两节滤袋笼架连接稳固的快速接头的结构设计，并能尽量减少影响过滤面积。

设计笼架要求有足够的强度、刚度，并与滤袋规格、材质相适应。笼架加工要求在8头以上焊接机上进行，笼架根数与滤袋材质匹配，笼架筋的材质用Q235钢丝，笼架筋的直径应在$\phi3\sim4$mm之间选用，笼架环的间距不大于250mm，要有相应的笼架防腐措施。

（2）滤袋吊挂装置 设计和选用滤袋吊挂装置的要点在于滤袋拉力的调整，滤袋直径和长度不同，调整力也应有所不同，例如$\phi300$mm×10000mm的涤纶729滤袋，调整力以250～350N为宜。

**3. 压缩空气装置**

压缩空气装置包括空压站、储气罐、管道气动三联件等，对脉冲袋式除尘器还有气包、喷吹管等。

（1）脉冲袋式除尘器用压缩空气装置 脉冲袋式除尘器的清灰动力源来自压缩空气，压缩空气设备通常采用无油压缩机或普通压缩机加油除水装置。尽管如此，为了保证压缩空气的质量，设计压缩空气站应尽可能靠近除尘器，避免管路的冷凝产生水汽，而且对于大型脉冲除尘器尽可能采用专用压缩空气站，以保证压缩空气压力的稳定性。如果不可能设计专用空压站或空压站不靠近除尘器，应在除尘器设备附近设压缩空气储罐，这样，能使压缩空气源压力稳定，另一方面，压缩空气管路上产生的冷凝水也可通过压缩空气储罐底部阀门定期排放，保证了脉冲除尘器清灰气源的质量。

气源设计中应保证供气回路有调压阀和油水分离过滤器。同时，供气管道管径应与流量相匹配，防止压缩空气系统压损太大。

除尘器的气包容积按供气量和供气压力设计，保证脉冲阀喷吹一次，气包压力降不低于原压力的30%。例如，压力为0.4MPa，喷吹一次后压降不能低于0.28MPa。同时，气包连通检修阀设计，在气包上装气包压力表、气包排污阀、气包手动检修阀和各气包连接PLC的压力传感器。

对于管式喷吹用的喷吹管，要通过试验或计算机模拟确定喷吹管上各孔的开孔尺寸、喷吹管距花板的距离、喷吹管的固定安装方式和喷嘴导流方式。

选择脉冲阀时，为确保设备的使用性能和使用寿命，使除尘器能长期高效稳定运行，袋式除尘器的脉冲阀必须有5年保质期。脉冲阀的喷吹气量必须满足设计滤袋数量的要求，工作压力范围应足够大，尽量选用优质产品，设计应掌握脉冲阀膜片行程、阀口尺寸、阀门接口尺寸等，以便做到心中有数。同时注意脉冲阀的控制要求，如电控、气控、防爆等。

(2) 反吹风袋式除尘器用压缩空气装置　反吹风袋式除尘器用压缩空气装置主要是驱动换向阀和卸灰阀的汽缸，所以在设计中必须考虑设置油雾仪，除非采用无油汽缸。压缩空气设计的其他参数可参照脉冲除尘器压缩空气设计。

**4. 清灰控制和测量仪表**

(1) 清灰控制　大型袋式除尘器的清灰控制，通常认为清灰干净和低阻力比较好，但是对于高浓度或有黏结性的粉尘，往往采用“以尘滤尘”的措施，可以延长滤袋寿命和达到排放浓度低的效果，所以清灰程度控制要根据除尘系统、粉尘性质和浓度来确定，一般采用在线定时、定压和手动清灰控制就可达到比较理想的效果，袋式除尘器离线清灰会使除尘器滤袋低阻力运行，但往往由于清灰后低阻力会造成该过滤室过滤风速增大，其阻力又马上提高或造成频繁清灰而体现不出来离线清灰的优越性，所以清灰控制方案需要在对具体除尘工况分析比较后进行选择。

为了保证清灰效果，对喷吹装置气包的容积和连接管道等具体项目，应进行技术计算后确定其技术参数，避免因压缩空气喷吹尾气不足而影响清灰效果。

大中型袋式除尘器的清灰控制系统应有：①高、中、低压清灰强度选择（0.6MPa、0.4MPa、0.25MPa）；②能压差控制清灰，定期控制清灰，手动控制清灰，单箱、单阀控制清灰；③能在线运行、离线检修或离线运行；离线检修，以及具有多组同时清灰功能选择；④各气包自动或手动排水功能；⑤清堵空气炮定时清堵功能；⑥各压差计定时清堵功能；⑦对各阀门喷吹状况有检测功能。

(2) 关键参数测量仪表　大中型袋式除尘器应考虑设计以下仪表：①各箱体安装滤袋前后压差表（机械式压差表），监视滤袋压差变化；②除尘器进出口压差表，控制设备运行阻力；③各压差检测系统采样管反向清堵功能；④远程监视压差传感器系统；⑤除尘器风管压力检测仪；⑥除尘器风管温度、相对湿度检测仪；⑦除尘器各箱体破袋检测仪；⑧除尘器入口、出口粉尘浓度检测仪；⑨在燃煤电厂使用袋式除尘器除尘，当采用PPS滤料时应装测烟气含氧量的仪表；⑩袋式除尘器的灰斗收集易燃易爆粉尘时应装温度仪表，预防粉尘阴燃。

## 八、袋式除尘器设计注意事项

**1. 设备环境**

(1) 袋式除尘器的设置地点以室外的居多，只有少数小型袋式除尘器设置在室内，应根据室内外设置情况，考虑采取何种电气系统及是否设防雨棚。设置场所无论是在室内还是室外，或在高处，都需要进行安装前的勘测，对到达安装现场前所经路径、各处障碍以及装配过程中必须使用的起吊搬运机械等都应事先做好设计和安排。

(2) 如果袋式除尘器是设在腐蚀性气体或是含有腐蚀性粉尘的环境之中，应充分考虑袋式除尘器的结构材质和外表面的防腐涂层。对受海水影响的海岸和船上的情况亦应考虑相应的涂装方案。

(3) 把袋式除尘器设置在高出地面 20～30m 高处的位置时，必须按其最大一面的垂直面能充分承受强风时的风压冲击来设计。设在地震区的除尘器必须考虑地震烈度的影响。

(4) 使用压缩空气清灰的袋式除尘器以及使用汽缸驱动的切换阀，由于压缩空气中的水分冻结，会发生动作不灵甚至无法运转的现象。设计中应对压缩空气质量做出规定。同时需要考虑积雪处理措施。

(5) 大型袋式除尘器必须在现场组装，一般采用组合式的解体方式为好；小型袋式除尘器可以在制造厂装配好，再整机搬运到现场装上。

(6) 脉冲袋式除尘器更换滤袋时都在除尘器顶部进行，如旧滤袋放置不当会因扬尘污染环境，设计中应考虑卸下滤袋的落袋管及地面放置场所。

**2. 尘源工况**

在袋式除尘器的设计中，必须考虑尘源工况。若尘源机械是 24h 连续运转，而且无一日间断，就必须做到能在设备运转过程中从事更换滤袋和进行其他维护检修工作。对于在短时间运转后必须停运一段时间的间歇式机械设备，则应充分利用停运期间开动清灰装置，以防滤布堵塞。

在用袋式除尘器处理高湿气体中的吸湿性和潮解性粉尘时，应采用防水滤袋，并设计防止结露的措施，以防出现停运故障。

在尘源装置运转过程中，如果气体温度、粉尘浓度、粉尘性状发生周期性变化，这就要求设计的参数应当以最高负荷为基础，否则将不适应过负荷条件下的正常运转。

**3. 粉尘的性质**

因为粉尘的各种性质对袋式除尘器的设计有很大的影响，所以对粉尘的一些特殊性质，必须根据经验采取有效的设计措施。

(1) 附着性和凝聚性粉尘　进入袋式除尘器的粉尘稍经凝聚就会使颗粒变大，堆积于滤袋表面的粉尘在被抖落掉的过程中，也能继续进行凝聚。清灰效能和通过滤布的粉尘量也与粉尘的凝聚性和附着性有关。因此，在设计时，对凝聚性和附着性非常显著的粉尘，或者对几乎没有凝聚性和附着性的粉尘，必须按粉尘种类、用途的不同，根据经验采取不同的处理措施。

(2) 粒径分布　粉尘粒径分布对袋式除尘器的主要影响是压力损失和磨损。粉尘中微细部分对压力损失的影响比较大，因此表示粒度分布的方法要便于了解微细部分的组成。粗颗粒粉尘对滤袋和装置的磨损起决定性作用，但是，只有入口含尘浓度高和硬度大的粉尘，其影响才比较大。

① 粒子形状。一般认为，针状结晶粒子和薄片状粒子容易堵塞滤布的孔隙，影响除尘效率，实际上究竟有多大影响还不十分明了。所以，除了极特殊的形状以外，设计袋式除尘器时，对此不必详加考虑。例如，能够凝聚成絮状物的纤维状粒子，如采取很高的过滤速度，就很难从滤布表面脱落，虽然脉冲除尘器属于外滤方式，滤袋的间距也必须加大。

② 粒子的密度。粒子的密度对设计袋式除尘器的关系并不大，因为出口浓度要求用 $mg/m^3$ 表示，所以像铅和铅氧化物等密度特别大的粉尘，若用计重标准表示出口浓度时，则应加以注意。

粉尘的堆积密度与粉尘粒径分布、凝聚性、附着性有关，也与袋式除尘器的压力损失和过滤面积的大小有关。堆积密度越小，清灰越困难，从而使袋式除尘器的压力损失增大，这时必须考虑较大的过滤面积。

此外，粉尘的堆积密度对设计除尘器排灰装置的能力至关重要。

③ 吸湿性和潮解性粉尘。吸湿性和潮解性强的粉尘，在袋式除尘器运转过程中，极易在滤布表面上吸湿从而固化，或因遇水潮解而成为稠状物，造成清灰困难、压力损失增大，以致影响袋式除尘器正常运转。例如对含有 KCl、$MgCl_2$、NaCl、CaO 等强潮解性物质的粉尘，有必要采取相应的措施。

④ 荷电性粉尘。容易荷电的粉尘在滤布上一旦产生静电，就不易清落，所以，确定过滤速度时，原则上要以同一粉尘在类似工程实践中的使用经验为根据。

对非常容易带电的粉尘，虽然也有使用导电滤布的，但效果究竟如何，尚未得到定量的确认。但是在粉尘有可能发生爆炸的情况下，即使清灰没有问题，也应在箱体设计、配件选取等方面采取防止静电的措施，以避免因静电发生的火花而引起爆炸。

⑤ 爆炸性和可燃性粉尘。处理有爆炸可能的含尘空气时，设计要十分小心。爆炸性粉尘均有其爆炸界限。袋式除尘器内粉尘浓度是浓稀不均的，浓度超过爆炸界限的情况完全可能出现，这时遇有火源就会发生爆炸。这种事例屡见报道。

对于可燃性粉尘，虽然不一定都会引起爆炸，但如在除尘器以前的工艺流程中出现火花，且能进入袋式除尘器内时，就应采用防爆安全措施。

**4. 入口含尘浓度**

入口含尘浓度以 $mg/m^3$ 或 $g/m^3$ 表示，但在气力输送装置的场合，不用浓度表示，而采用每小时输送量为若干千克（kg/h）的方法表示。

入口含尘浓度对袋式除尘器设计的影响有以下几项。

(1) 压力损失和清灰周期　入口含尘浓度增大，同一过滤面积上的损失即随之增加，其结果是不得不缩短清灰周期，这是设备设计中必须考虑的。

(2) 滤布和箱体的磨损　在粉尘具有强磨损性的情况下，可以认为磨损量与含尘浓度成正比。铝粉、硅砂粉等硬度高且粒度粗的粉尘，当入口含尘浓度较高时，由于滤袋和壳体等容易磨损，有可能造成事故，所以应予以密切注意。

(3) 预除尘器　在入口含尘浓度很高的情况下，应考虑设置预除尘器。但有经验的设计师往往会改变袋式除尘器的形式而不是首先设置预除尘器。实践中有入口含尘浓度在每立方米数百克而不设预除尘器的案例。

(4) 排灰装置　排灰能力是以能否排出全部除下的粉尘为标准，其必须排出的粉尘量等于入口含尘浓度乘以处理风量，排灰量变化时要考虑排灰装置的适应能力。

**5. 气体成分**

在除尘工程中，许多工况的烟气中多含有水分。随着烟气中水分含量的增加，袋式除尘器的设备阻力和风机能耗也随之变化。这虽然和处理温度有关，但露点的高低也成为与设计袋式除尘器有关的重要因素。

含尘空气中的含水量，可以通过实测来确定，也可以根据燃烧、冷却的物质平衡进行计算。空气中含水量的表示方法如下：①体积分数（%）；②绝对湿度，即 1kg 干空气的含湿量，以 $H$(kg/kg) 表示；③相对湿度，以 $\varphi=\frac{p}{p_s}\times100\%$表示；④水分总量，即以每小时若干千克水（kg/h）的单位来表示。

除特殊情况外，袋式除尘器所处理的气体，多半是空气或窑炉的烟气。通常情况下，袋式除尘器的设计按处理空气来计算，只有在密度、黏度、热容等参数有关的风机动力性能和管道阻力的计算及冷却装置的设计时才考虑气体的成分。

此外，有无腐蚀性气体是决定滤布和除尘器壳体的材质以及防腐方法等的选择时必须考虑的因素。

在袋式除尘器所处理的含尘空气组成中，存在的有害气体一般都是微量的，所以对装置的性能没有多大的影响。不过在处理含有害气体的含尘空气时，袋式除尘器必须采取不漏气的结构措施，而且要经常维护，定期检修，避免泄漏有害、有毒气体，造成安全事故。

**6. 处理风量**

在袋式除尘器的设计中，小型除尘器处理风量只有每小时几立方米，大中型除尘器风量可达每小时上百万立方米，所以确定处理风量是最重要的因素。一般情况下，袋式除尘器的尺寸与处理风量成正比。设计时的注意事项有以下几点。

(1) 风量单位用 $m^3/min$、$m^3/h$ 表示，但一定要注意除尘器的使用场所及烟气温度。高温气体多含有大量水分，故风量不是按干空气而是按湿空气量表示的，其中水分则以体积分数表示。

(2) 因为袋式除尘器的性能取决于湿空气的实际过滤风速，因此，如果袋式除尘器的处理温度已经确定，而气体的冷却又采取稀释法时，那么这种温度下的袋式除尘器的处理风量还要加算稀释空气量。在求算所需过滤面积时，其滤速即实际过滤速度。

(3) 为适应尘源变化，除尘器设计中需要在正常风量之上加若干备用量时，可按最高风量设计袋式除尘器。如果袋式除尘器在超过规定的处理风量和过滤速度条件下运转，其压力损失将大幅度增加，滤布可能堵塞，除尘效率也要降低，甚至能成为其他故障频率急剧上升的原因。但是，如果备用风量过大，则会增加袋式除尘器的投资费用和运转费用。

(4) 由于尘源温度发生变化，袋式除尘器的处理风量也随之变化。但不应以尘源误操作和偶尔出现的故障来推算风量最大值。

(5) 处理风量一经确定，即可依据确定的过滤速度来确定所必需的过滤面积。过滤速度因袋式除尘器的形式、滤布的种类和生产操作工艺的不同而有很大差异。过滤速度的大小可以查阅相关资料或类似的生产工艺，根据经验加以推定。

**7. 使用温度**

脉冲袋式除尘器的使用温度是设计的重要依据，出现误差会酿成严重后果。这是因为温度受下述 2 个条件所制约：①不同滤布材质所允许的最高承受温度（瞬间忍耐温度和长期运行温度)；②为防止结露，气体温度必须保持在露点以上，一般要高 30℃以上。

对于高温尘源，就必须将含尘气体冷却至滤布能承受的温度以下。处理高温气体所用的袋式除尘器，其投资费用颇高，而且空气冷却也需要经费。

高温气体应当按照生产工艺形成的温度、风量来确定冷却方法，并且考虑袋式除尘器的大小尺寸，确定出最经济的处理温度。普通温度的气体由于含有大量水分和硫的氧化物，不能冷却到较低的温度，这是因为 $SO_x$ 的酸露点较高。

袋式除尘器的处理温度与除尘效率的关系并不明显，多数情况下出口浓度是按 $mg/m^3$ 来要求的，要注意到这与高温过滤时以 $g/m^3$ 计算的含尘浓度存在着很大的差别。

在处理温度接近露点的高湿气体时，如果捕集的粉尘极易潮解，反而应该混入高温气体以降低气体的相对湿度。

**8. 走梯、平台**

走梯、平台往往不受设计者的重视，但是它对袋式除尘器的操作维护至关重要。一般情况下，走梯斜度应按 45°设计，最大角度不大于 60°，并尽可能少用直爬梯。除尘器的平台有钢格板、钢网板和花纹钢板，设计要点在于选对厚度，而不在于用哪种材料。走梯和平台的栏杆应符合国家标准和用户的特殊要求。

# 第五节 静电除尘器设计

## 一、静电除尘器设计条件

**1. 原始资料**

静电除尘器工艺设计所需的原始资料，主要包括以下数据：净化气体的流量、组成、温度、湿度、露点和压力；粉尘的组成、粒度分布、密度、比电阻、安息角、黏性及回收价值等；粉尘的初始浓度和排放要求（浓度或排放速率）。

静电除尘器的工艺设计主要是根据给定的运行条件和要求达到的除尘效率确定静电除尘器本体的主要结构和尺寸，包括有效断面积、收尘极板总面积、极板和极线的形式、极间距、吊挂及振打清灰方式、气流分布装置、灰斗卸灰和输灰装置、壳体的结构和保温等，以及设计静电除尘器的供电电源和控制方式。

**2. 处理风量**

处理风量是设计静电除尘器的主要指标之一。处理风量应包括额定设计风量和漏风量，并以工况风量作为计算依据，按下式计算：

$$q_{vt}=q_0\ \frac{273+t}{273}\times\frac{101.3}{B+p_j} \tag{13-50}$$

式中，$q_{vt}$为工况处理风量，$m^3/h$；$q_0$为标况处理风量，$m^3/h$；$t$为烟气温度，℃；$B$为运行地点大气压力，kPa；$p_j$为除尘器内部静压，kPa。

## 二、静电除尘器本体设计计算

**1. 电场断面**

以收尘极网挡形成的电场过流断面积为准，按下式计算：

$$S_{F0}=\frac{q_{vt}}{3600v_d} \tag{13-51}$$

式中，$S_{F0}$为电场计算断面积，$m^2$；$q_{vt}$为工况处理风量，$m^3/h$；$v_d$为电场风速，m/s，静电除尘器电场风速推荐值见表13-11。

**表 13-11 静电除尘器电场风速推荐值** 单位：m/s

| 序号 | 工业炉窑 | 电场风速 | 序号 | 工业炉窑 | 电场风速 |
|---|---|---|---|---|---|
| 1 | 热电工业 | | 3 | 水泥工业 | |
| | 电厂锅炉 | 0.7～1.4 | | 湿法水泥窑 | 0.9～1.2 |
| | 造纸工业锅炉 | 0.9～1.8 | | 立波尔水泥窑 | 0.8～1.0 |
| | | | | 干法水泥窑(增湿) | 0.8～1.0 |
| | | | | 干法水泥窑(不增湿) | 0.4～0.7 |
| | | | | 烘干机 | 0.8～1.2 |
| | | | | 磨机 | 0.8～0.9 |
| 2 | 冶金工业 | | 4 | 化学工业 | |
| | 冶金烧结机 | 1.2～1.5 | | 硫酸雾 | 0.9～1.5 |
| | 高炉 | 0.8～1.3 | | 热硫酸 | 0.8～1.2 |
| | 顶吹氧气平炉 | 1.0～1.5 | 5 | 环保工业 | |
| | 焦炉 | 0.6～1.2 | | 城市垃圾焚烧炉 | 1.1～1.4 |
| | 有色金属炉 | 0.6 | | | |

电场风速的大小要按要求的除尘效率、烟尘排放浓度及用户提供场地的限制条件等综合因

素确定。在相同比集尘面积情况下，如果电场风速选得过高，也就是静电除尘器的有效横断面积过小，必须增加电场的有效长度，不但占用较长的场地，还会因振打清灰造成二次扬尘增加，降低除尘效率。反之，如果电场风速选得过低，则静电除尘器有效横断面积过大，给断面气流均匀分布带来困难，还会造成不必要的浪费。因此，选择合理的电场风速就显得非常重要。在我国燃煤电厂中，电场风速的选择经历了从高到低的过程。20 世纪 90 年代以前，静电除尘器的设计效率要求只有 98.0%～99.0%，相应的烟尘排放浓度为 400～500mg/m$^3$，电场风速一般选为 1.2～1.4m/s；到 90 年代初，要求的静电除尘器效率为 99.0%～99.3%，烟尘排放浓度小于 200mg/m$^3$，电场风速一般选为 1.0～1.2m/s；到 21 世纪初，对新建和扩建的燃煤电厂要求烟尘排放浓度小于 30mg/m$^3$，对应的除尘效率提高到 99.8%以上，此时电场风速一般选为 0.7～1.0m/s。现在，有的要求超低排放，则要采用更新电除尘技术。

**2. 集尘面积**

收尘极板与气流的接触面积称为集尘面积。集尘面积对于实现除尘目标（排放浓度或除尘效率）具有决定性意义，可按多依奇公式由下式计算：

$$S=\frac{-\ln(1-\eta)}{\omega} \tag{13-52}$$

$$S_A=Sq_{ts} \tag{13-53}$$

式中，$S$ 为比集尘面积，m$^2$/(m$^3$·s)；$\eta$ 为设计要求除尘效率；$\omega$ 为驱进速度，m/s，有效驱进速度推荐值见表 13-12；$S_A$ 为收尘极计算集尘面积，m$^2$；$q_{ts}$为工况处理风量，m$^3$/s。

**表 13-12 有效驱进速度推荐值**

| 序号 | 粉尘名称 | 驱进速度/(m/s) | 序号 | 粉尘名称 | 驱进速度/(m/s) |
|---|---|---|---|---|---|
| 1 | 电站锅炉飞灰 | 0.04～0.20 | 17 | 焦油 | 0.08～0.23 |
| 2 | 煤粉炉飞灰 | 0.10～0.14 | 18 | 硫酸雾 | 0.061～0.071 |
| 3 | 纸浆及造纸锅炉尘 | 0.065～0.10 | 19 | 石灰窑尘 | 0.05～0.08 |
| 4 | 铁矿烧结机头尘 | 0.05～0.09 | 20 | 白灰尘 | 0.03～0.055 |
| 5 | 铁矿烧结机尾尘 | 0.05～0.10 | 21 | 镁砂回转窑尘 | 0.045～0.06 |
| 6 | 铁矿烧结尘 | 0.06～0.20 | 22 | 氧化铝尘 | 0.064 |
| 7 | 碱性顶吹氧气转炉尘 | 0.07～0.09 | 23 | 氧化锌尘 | 0.04 |
| 8 | 焦炉尘 | 0.067～0.161 | 24 | 氧化铝熟料尘 | 0.13 |
| 9 | 高炉尘 | 0.06～0.14 | 25 | 氧化亚铁尘(FeO) | 0.07～0.22 |
| 10 | 闪烁炉尘 | 0.076 | 26 | 铜焙烧炉尘 | 0.036～0.042 |
| 11 | 冲天炉尘 | 0.03～0.04 | 27 | 有色金属转炉尘 | 0.073 |
| 12 | 火焰清理机尘 | 0.0596 | 28 | 镁砂尘 | 0.047 |
| 13 | 湿法水泥窑尘 | 0.08～0.115 | 29 | 热硫酸 | 0.01～0.05 |
| 14 | 立波尔水泥窑尘 | 0.065～0.086 | 30 | 石膏尘 | 0.16～0.20 |
| 15 | 干法水泥窑尘 | 0.04～0.06 | 31 | 城市垃圾焚烧炉尘 | 0.04～0.12 |
| 16 | 煤磨尘 | 0.08～0.10 | | | |

图 13-37 给出了各种应用场合下除尘效率为 99%时所需的比集尘极面积 $A/Q$ 的典型值。该图表明，随着粉尘粒径的减小，所需比集尘面积 $A/Q$ 增大；对一定的应用场合来说，$A/Q$ 有一变化范围，因而也预示出驱进速度 $\omega_e$ 值的变化范围。由于存在着这种变化范围，则需提

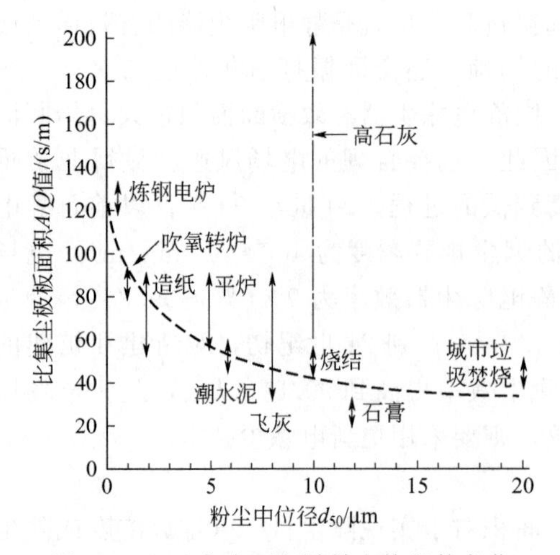


图 13-37 比集尘面积随粉尘粒径的变化

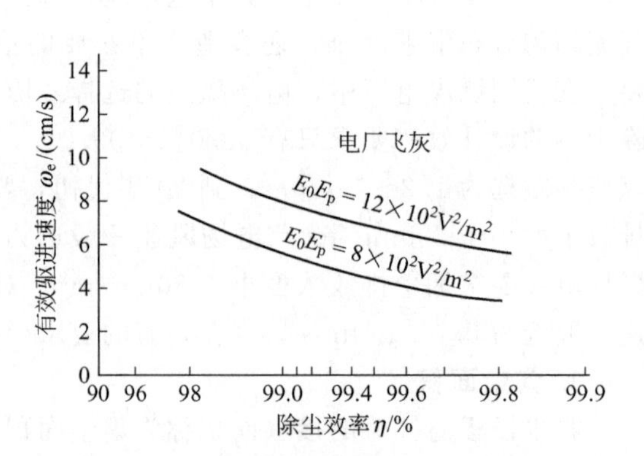


图 13-38 有效驱进速度随除尘效率的变化

出其他一些关系，以便限定设计中的不确定因素。

确定 $\omega_e$ 值的基本因素有粉尘粒径、要求的捕集效率、粉尘比电阻及二次扬尘情况等。在确定 $\omega_e$ 值以及由此而定的除尘器尺寸时，捕集效率起着重要作用。由于静电除尘器捕集较大粒子很有效，所以若达到较低的捕集效率就符合设计要求时，则可以采取较高的 $\omega_e$ 值。若所占比例很大的细粒子必须捕集下来，需要更高的捕集效率，当需要更大的集尘面积时应选取更低的 $\omega_e$ 值。

图 13-38 为电厂锅炉飞灰的有效驱进速度 $\omega_e$ 随除尘器效率的提高而减小的情况。图中给出了荷电场强和集尘场强之积 $E_0E_p$ 的两组不同值，它又是电晕电流密度的函数。

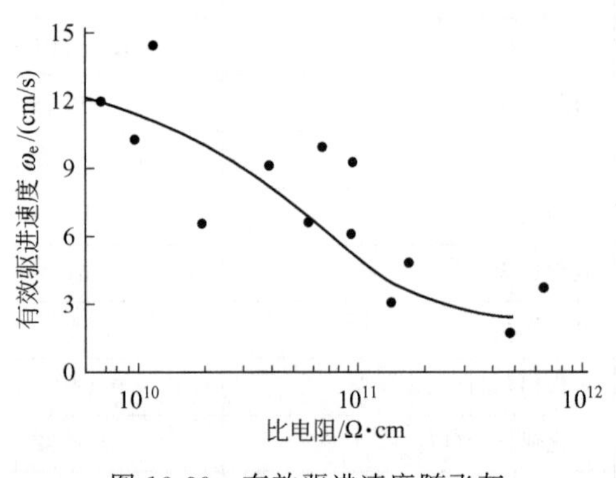


图 13-39 有效驱进速度随飞灰比电阻的变化（怀特）

选择 $\omega_e$ 值的第二个主要因素是粉尘比电阻。若粉尘比电阻高，则容许的电晕电流密度值减小，导致荷电场强减弱，粒子的荷电量减少，荷电时间增长，则应选取较小的 $\omega_e$ 值。图 13-39 中的实验曲线表示有效驱进速度与锅炉飞灰比电阻之间的关系，它是质量中位粒径为 10μm 左右的飞灰在中等效率（90%～95%）的电除尘器中得到的。这类曲线为在给定的效率范围内选取 $\omega_e$ 值提供了合适的依据。该曲线的形状是值得注意的，在飞灰比电阻值小于 $5\times10^{10}\Omega\cdot cm$ 左右时，$\omega_e$ 值几乎与比电阻无关。

选择 $\omega_e$ 值的另一个因素是在某一粒径分布下 $\omega_e$ 值随电晕功率的变化资料。图 13-40 为在中等效率的飞灰静电除尘器中得到的一组数据，其中的输入电功率应是有用功率。在高比电阻情况下，输入功率仍可能在正常范围内，但由于反电晕，除尘器的运行性能可能很差。

在除了飞灰以外的其他应用中，$\omega_e$ 值与各种运行参数之间的关系没有得到这样好的经验数据，所以需要更多地依靠现有装置的分析。如同对飞灰所做的分析那样，粉尘比电阻起着重要的作用，全面分析影响比电阻的各种因素，有助于得到更加可靠的设计。

**3. 电场及电场长度的确定**

（1）电场通道数　静电除尘器的电场是由收尘极和放电极构成的。若电场的总宽度为 $B$，相邻两排收尘极板之间的距离（即同极距）为 $b$，由 $n+11$ 排收尘极板构成了电场，则板排与

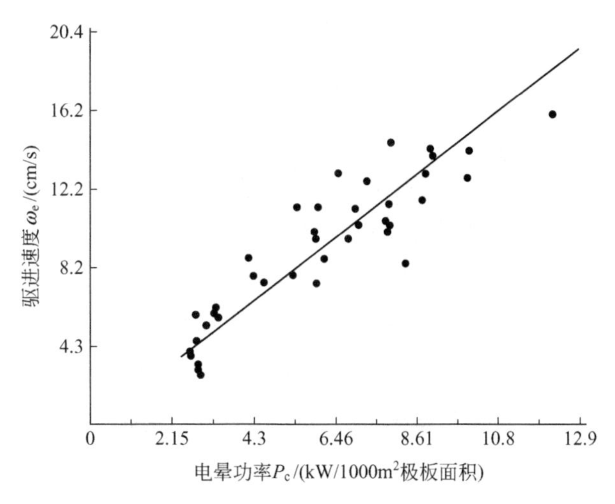


图 13-40　有效驱进速度与电晕功率的关系

板排之间的空间构成的通道数为 $n$。若收尘极板的高度为 $H$，则电场的有效流通断面积 $F=BH$ 或 $F=nbH$。由下式可以确定电场通道数：

$$n=\frac{Q}{bHv} \tag{13-54}$$

(2) 单电场长度　沿烟气流动方向独立吊挂的收尘极板长度 $L$ 称为单电场长度。一个通道的集尘面积为 $2LH$，$n$ 个通道的集尘面积 $A=2nLH$。单电场长度是由多块独立的极板组成的，通常由一台高压电源供电（小分区供电的除外）。在相同电场数情况下，单电场长度越长，比集尘面积越大。试验研究和工程实践结果皆表明，随着单电场长度的增加，除尘效率随之增大。当单电场长度从 1.0m 增加到 4.0m 时，除尘效率增加得很快，但增加到 4m 以后，除尘效率的增加就变得十分缓慢了。因此，单电场长度应在 3.5～4.5m 之间选择，以 4.0m 为最佳电场长度。

(3) 电场数量　科学组织沉淀极板与电晕线的组合与排列，调整与确定电场数量，确定沉淀极板、电晕线的形式及其极配关系，是关系电场结构的决策原则。电场数量可按表 13-13 确定，且可作为设计选用依据。

**表 13-13　电场数量的选用**

| 驱进速度/(m/s) | 电场数量/个 | | |
|---|---|---|---|
| | $-\ln(1-\eta)<4$ | $-\ln(1-\eta)=4\sim7$ | $-\ln(1-\eta)>7$ |
| ≤0.05 | 3 | 4 | 5 |
| 0.05～0.09 | 2 | 3 | 4 |
| 0.09～0.13 | | 2 | 3 |

一般卧式静电除尘器设计为 2～3 个电场，较少用 4 个电场。多设置 1 个电场，建设投资就会增加很多，极不经济，运行管理也要增加不少麻烦，推荐科学配置集尘面积来达标排放，不要把希望寄托在 4 个电场上。还要预估静电除尘器中后期运行效率衰减的问题。

## 三、静电除尘器收尘极和放电极配置

静电除尘器通常包括除尘器机械本体和供电装置两大部分。其中，除尘器机械本体主要包括电晕电极装置、收尘电极装置、清灰装置、气流分布装置及除尘器外壳等。

无论哪种类型，其结构一般都由如图 13-41 所示的几部分组成。

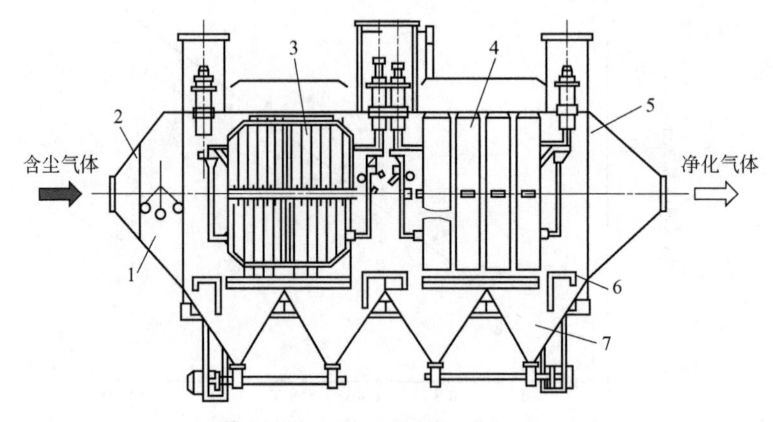


图 13-41 卧式静电除尘器

1—振打器；2—气流分布板；3—电晕电极；4—收尘电极；5—外壳；6—检修平台；7—灰斗

**1. 收尘电极装置**

收尘电极是捕集回收粉尘的主要部件，其性能的好坏对除尘效率及金属耗量有较大影响。通常在应用中对收尘电极的要求有以下几点。

① 集尘效果好，能有效地防止二次扬尘。振打性能好，容易清灰。

② 具有较高的力学强度，刚性好，不易变形，防腐蚀。金属消耗量小。由于收尘极的金属消耗量占整个除尘器金属消耗量的 30%～50%，因而要求收尘极板做得薄些。极板厚度一般为 1.2～2mm，用普通碳素钢冷轧成型。对于处理高温烟气的静电除尘器，在极板材料和结构形式等方面都要做特殊考虑。

③ 气流通过极板时阻力要小，气流容易通过。

④ 加工制作容易，安装简便，造价成本低，方便检修。

(1) 管式收尘电极　管式收尘电极的电场强度较均匀，但清灰困难。一般干式电收尘器很少采用，湿式静电除尘器或静电除雾器多采用管式收尘电极。

管式收尘电极有圆形管和蜂窝形管。后者虽可节省材料，但安装和维修较困难，较少采用。管内径一般为 250～300mm，长为 3000～6000mm，对无腐蚀性的气体可用钢管，对有腐蚀性的气体可用刚铅管、塑料管或玻璃钢管。

同心圆式收尘电极中心管为管式收尘电极，外圈管则近似于板式收尘电极。各种收尘电极的形式见图 13-42。

(2) 板式收尘电极

① 板式收尘电极的形状较多，过去常用的有网状、鱼鳞状、棒帏式、袋式收尘电极等。

Ⅰ. 网状收尘电极是国内使用最早的，能就地取材，适用于小型、小批量生产的电除尘器。网状收尘电极见图 13-43。

Ⅱ. 棒帏式收尘电极结构简单，能耐较高烟气温度（350～450℃），不产生扭曲，设备较重，二次扬尘严重，烟气流速不宜大于 1m/s。棒帏式收尘电极见图 13-44。

Ⅲ. 袋式收尘电极一般用于立式静电除尘器，袋式收尘电极适用于无黏性的烟尘，能较好地防止烟尘二次飞扬，但设备质量大，安装要求严。烟气流速可达 1.5m/s 左右。袋式收尘电极如图 13-45 所示。

Ⅳ. 鱼鳞状收尘电极能较好地防止烟尘二次飞扬，由于极板重，振打方式不好。鱼鳞状收尘电极见图 13-46。

② C 形收尘电极。极板用 1.5～2mm 的钢板轧成，断面尺寸依设计而定。整个收尘电极

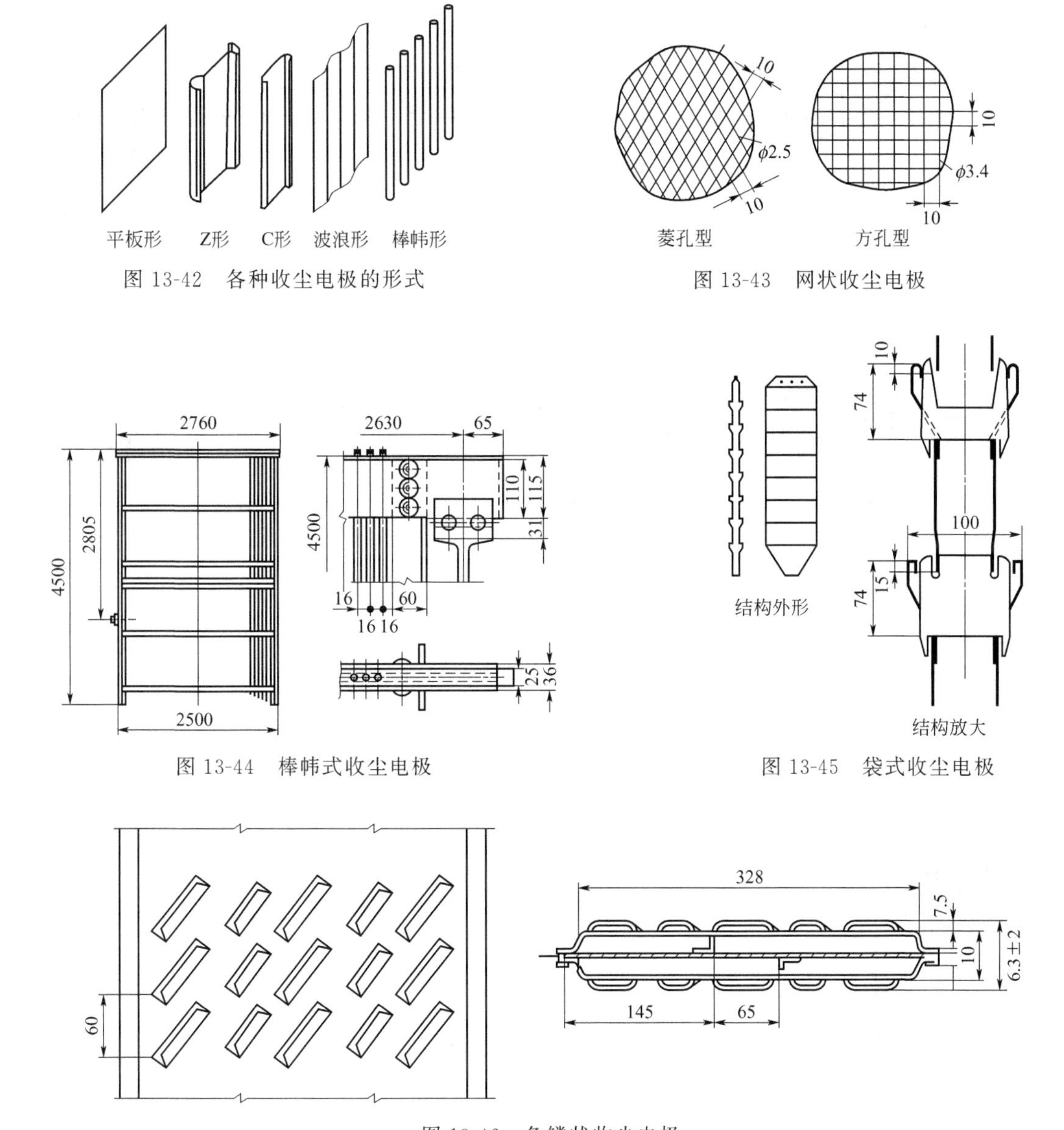


图 13-42　各种收尘电极的形式

图 13-43　网状收尘电极

图 13-44　棒帏式收尘电极

图 13-45　袋式收尘电极

图 13-46　鱼鳞状收尘电极

由若干块 C 形极板拼装而成。

常用的宽型 C 形收尘极板宽度为 480mm。它具有较大的沉尘面积，粉尘气流流速可超过 0.8m/s，使用温度可达 350～400℃。为充分发挥极板的集尘作用，有的采用所谓的双 C 形极板。

C 形收尘电极常用宽度为 480mm，也有宽度为 185～735mm 的电极。其结构尺寸见图 13-47。

③ Z 形收尘电极。极板分窄、宽、特宽 3 种形式，用 1.2～3.0mm 钢板压制或轧成，其断面尺寸如图 13-48 所示。整个收尘电极也是由若干块 Z 形极板拼装而成的。

因为 Z 形板两面有槽，所以可充分发挥其槽形防止二次扬尘和刚性好的作用。该电极有对称性，便于悬挂，使用比较方便。Z 形电极常用宽度为 385mm，也有宽 190mm 或 1247mm 的。

④ 管帏式收尘电极。此种电极主要适用于三电极静电除尘器，管径为 25～40mm，管壁

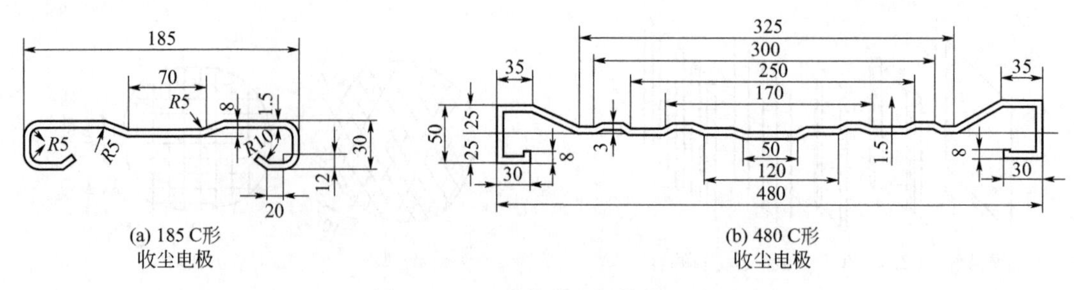


图 13-47 C 形收尘电极结构尺寸

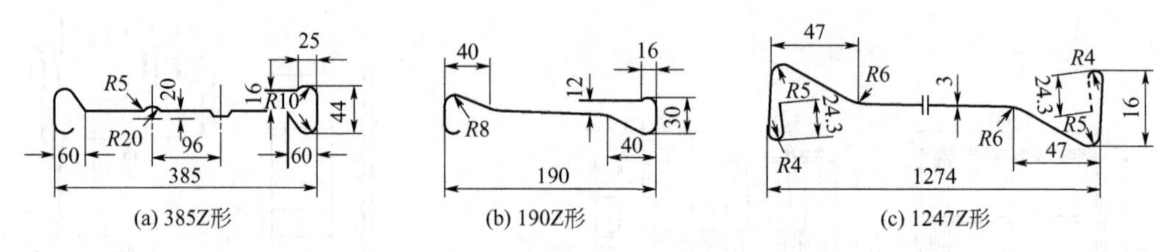


图 13-48 Z 形收尘电极断面尺寸

厚 1～2mm，两管间的间隙为 10mm。由于管径较粗，可形成防风区防止粉尘二次飞扬。管帏式收尘电极见图 13-49。

⑤ 其他形式的板形收尘电极。其他断面形状和尺寸的收尘电极还有很多，如图 13-50 所示。

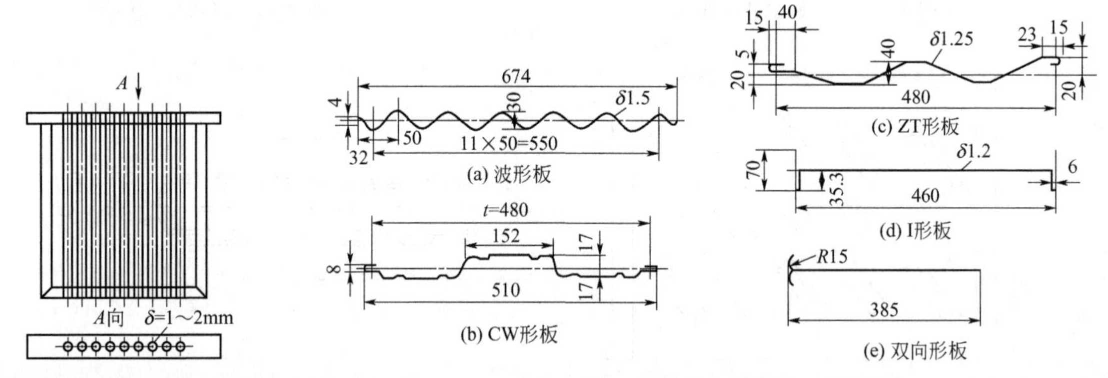


图 13-49 管帏式收尘电极

图 13-50 板形收尘电极的一些形状

此外，静电除尘器中的收尘电极表面如果完全向气流暴露，其保留灰尘的性能就不会很好。例如，普通的管式静电除尘器或使用光滑平面极板的板式静电除尘器用于干式收尘都不能令人满意，除非是捕集黏性粉尘或在特别低的气体速度下使用。如果把捕尘区域屏蔽起来，以防止气流直接吹到，就可以大大改善收尘效果。根据这一原理曾经设计出许多屏蔽收尘极板。图 13-51 是这类极板的一些例子。

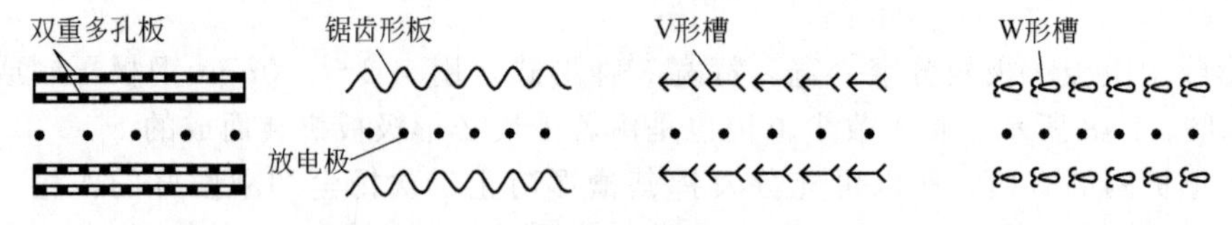


图 13-51 防止灰尘重返气流的收尘极板

（3）收尘电极的材质 收尘电极一般采用碳素钢板制作，其成分和性能见表 13-14 和表

13-15，亦可选用不含硅的优质结构钢板（08Al），08Al 结构钢的化学成分与力学性能见表13-16。

**表 13-14　碳素结构钢的化学成分**（GB/T 700—2006）

| 牌号 | 统一数字代号 | 等级 | 厚度（或直径）/mm | 脱氧方法 | 化学成分（质量分数）/% ≤ | | | | |
|---|---|---|---|---|---|---|---|---|---|
| | | | | | C | Si | Mn | P | S |
| Q195 | U11952 | — | — | F、Z | 0.12 | 0.30 | 0.50 | 0.035 | 0.040 |
| Q215 | U12152 | A | — | F、Z | 0.15 | 0.35 | 1.20 | 0.045 | 0.050 |
| | U12155 | B | | | | | | | 0.045 |
| Q235 | U12352 | A | — | F、Z | 0.22 | 0.35 | 1.40 | 0.045 | 0.050 |
| | U12355 | B | | | 0.20① | | | | 0.045 |
| | U12358 | C | | Z | 0.17 | | | 0.040 | 0.040 |
| | U12359 | D | | TZ | | | | 0.035 | 0.035 |
| Q275 | U12752 | A | — | F、Z | 0.24 | 0.35 | 1.50 | 0.045 | 0.050 |
| | U12755 | B | ≤40 | Z | 0.21 | | | 0.045 | 0.045 |
| | | | >40 | | 0.22 | | | | |
| | U12758 | C | — | Z | 0.20 | | | 0.040 | 0.040 |
| | U12759 | D | | TZ | | | | 0.035 | 0.035 |

① 经需方同意，Q235B 的碳含量可不大于 0.22%。

注：表中为镇静钢、特殊镇静钢牌号的统一数字，沸腾钢牌号的统一数字代号如下：

Q195F——U11950；

Q215AF——U12150，Q215BF——U12153；

Q235AF——U12350，Q235BF——U12353；

Q275AF——U12750。

**表 13-15　碳素结构钢的力学性能**

| 牌号 | 拉伸试验 | | | | | | | | | | | | |
|---|---|---|---|---|---|---|---|---|---|---|---|---|---|
| | 屈服点/(N/mm²) ≥ | | | | | | 抗拉强度/(N/mm²) | 伸长率 $\sigma_5$/% ≥ | | | | | |
| | 钢材厚度或直径/mm | | | | | | | 钢材厚度或直径/mm | | | | | |
| | ≤16 | 16～40 | 40～60 | 60～100 | 100～150 | >150 | | ≤16 | 16～40 | 40～60 | 60～100 | 100～150 | >150 |
| Q195 | 195 | 185 | — | — | — | — | 315～435 | 33 | 32 | — | — | — | — |
| Q215 | 215 | 205 | 195 | 185 | 175 | 165 | 335～450 | 31 | 30 | 29 | 28 | 27 | 26 |
| Q235 | 235 | 225 | 235 | 225 | 215 | 205 | 410～550 | 24 | 23 | 22 | 21 | 20 | 19 |
| Q255 | 255 | 245 | 235 | 225 | 215 | 205 | 410～550 | 24 | 23 | 22 | 21 | 20 | 19 |
| Q275 | 275 | 265 | 255 | 245 | 235 | 225 | 490～630 | 20 | 19 | 18 | 17 | 16 | 15 |

**表 13-16　08Al 结构钢的化学成分和力学性能**

| 化学成分/% | | | | | | 力学性能/MPa | | |
|---|---|---|---|---|---|---|---|---|
| C | Mn | Al | Si | P | S | $\sigma_S$ | $\sigma_b$ | $\sigma_{10}$ |
| ≤0.08 | 0.3～0.45 | 0.02～0.07 | 痕 | <0.02 | <0.03 | 220 | 260～350 | 39 |

（4）收尘电极的组装　网状、棒帏式、管帏式收尘电极都是先安在框架上，然后把带电极的框架装在除尘器内。常用的“C”形、“Z”形等收尘电极都是单板状，必须进行组装。每片

收尘电极由若干块极板拼装而成，并通过连接板与上横梁相连，有单点连接偏心悬挂的铰接式，也有两点紧固悬挂的固接式。极板间隙 15～20mm。单点偏心悬挂极板可向一侧摆动，振打时与下部固定杆碰撞，产生若干次碰击力，有利振灰，固接式振打力大于铰接式。通入烟气时，极板膨胀量大，固接式极板易弯曲。固接式极板高度大于 8m 时，极板间用扁钢（亦称腰带）相连，以增加刚性。极板悬挂方式见图 13-52 和图 13-53。

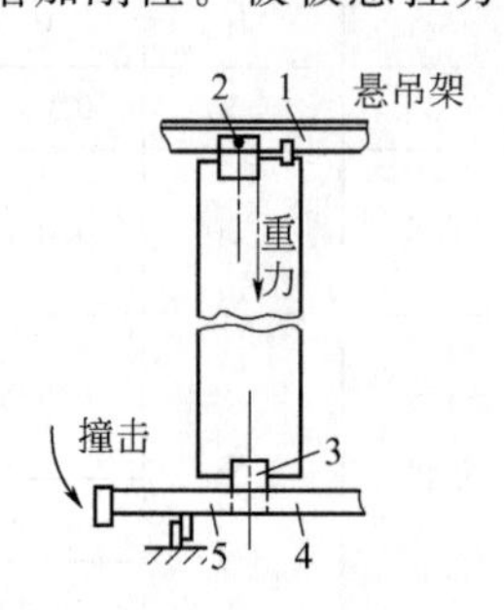


图 13-52 单点悬挂式

1—上连接板；2—销轴；3—下连接板；
4—撞击杆；5—挡块

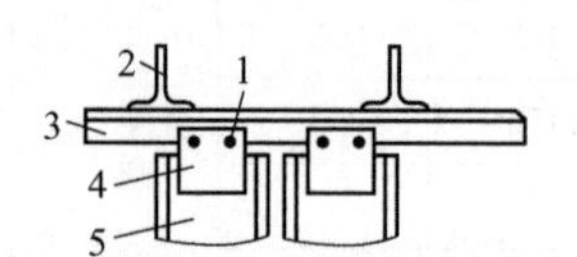


图 13-53 两点悬挂式

1—螺栓；2—顶部梁；3—角钢；
4—连接板；5—极板

**2. 电晕电极装置**

电晕电极的类型对静电除尘器的运行指标影响较大，设计制造、安装过程都必须十分重视。在应用中对电晕电极的一般要求如下。

① 有较好的放电性能，即在设计高压下能产生足够的电晕电流，起晕电压低，与收尘电极相匹配，收尘电极上电流密度均匀。直径小或带有尖端的电晕电极可降低起晕电压，利于电晕放电。如烟气含尘量高，特别是静电除尘器入口电场空间电荷限制了电晕电流时，应采用放电性能强的芒刺状电晕电极。

② 易于清灰，能产生较高的振打加速度，使黏附在电晕电极上的烟尘振打后易于脱落。

③ 机械强度好，在正常条件下不因振打、闪络、电弧放电而断裂。

④ 能耐高温，在低温下也具有抗腐蚀性。

（1）电晕电极的形式 电晕线的形式见图 13-54。电晕电极按电晕辉点状态分为有固定电晕辉点状态和无固定电晕辉点状态两种。

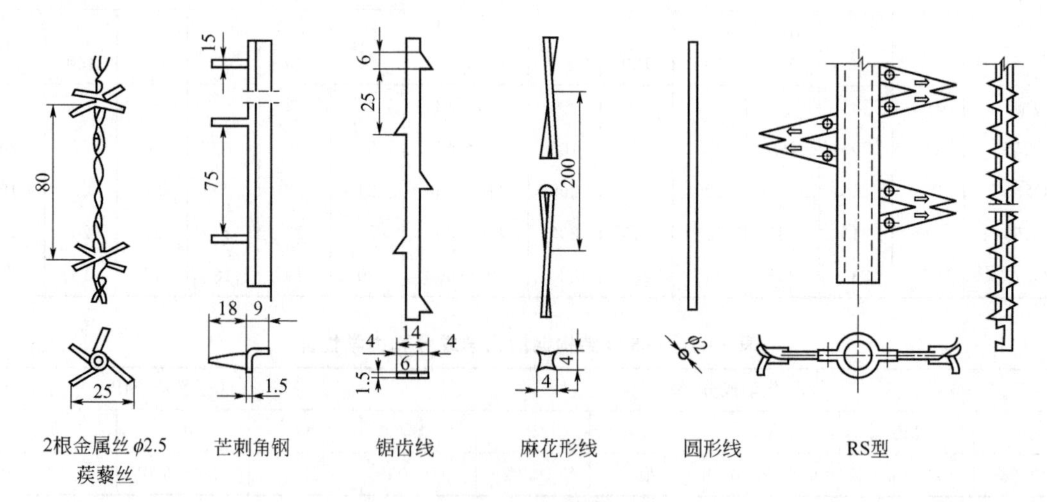


图 13-54 电晕线的形式

① 无固定电晕辉点的电晕电极。这类电晕电极沿长度方向无突出的尖端，亦称非芒刺电

极，如圆形线、星形线、绞线、螺旋线等。

a. 圆形线。圆形线的放电强度随直径变化，即直径越小，起晕电压越低，放电强度越高。为保持在悬吊时导线垂直和准确的极距，要挂一个 2～4kg 的重锤。为防止振打过程火花放电时电晕线受到损伤，电晕线不能太细。一般采用直径为 1.5～3.8mm 的镍铬不锈钢或合金钢线，其放电强度与直径成反比，即电晕线直径小，起始电晕电压低，放电强度高。通常采用 $\phi$2.5～3mm 的耐热合金钢（镍铬线、镍锰线等），制作简单。常采用重锤悬吊式刚性框架式结构。但极线过细时易断，从而造成短路。

b. 星形线。星形电晕线四面带有尖角，起晕电压低，放电强度高。由于断面积比较大（4mm×4mm 左右），比较耐用，且容易制作。它也采用管框绷线方式固定。常用 $\phi$4～6mm 的普通钢材经拉扭成麻花形，力学强度较高，不易断。由于四边有较长的尖锐边，起晕电压低，放电均匀，电晕电流较大。多采用框架式结构，适用于含尘浓度低的场合。星形线电晕电极如图 13-55 所示。

星形线的常用规格为边宽 4mm×4mm，四个棱边为较小半径的弧形，其放电性能和小直径圆线相似，而断面积比 2mm 的圆线大得多，强度好，可以轧制。湿式电收尘器和电除雾器使用星形线时应在线外包铅。

c. 螺旋线。螺旋线的特点是安装方便，振打时粉尘容易脱落，放电性能和圆线相似，一般采用弹簧钢制作，螺旋线的直径为 2.5mm。一些企业采用的电除尘技术，其电晕电极即为螺旋线。图 13-56 为螺旋线电晕电极。

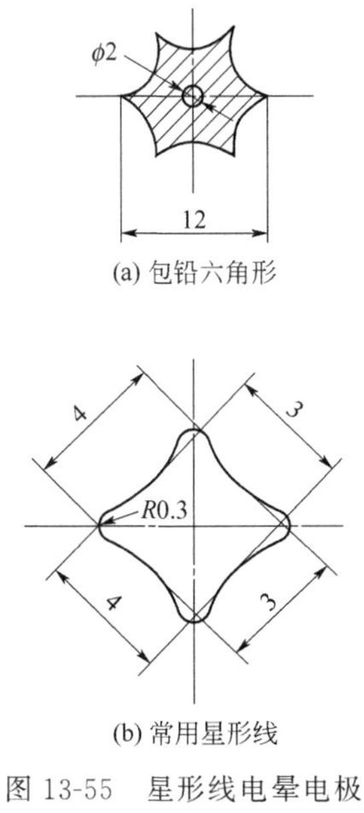


图 13-55　星形线电晕电极

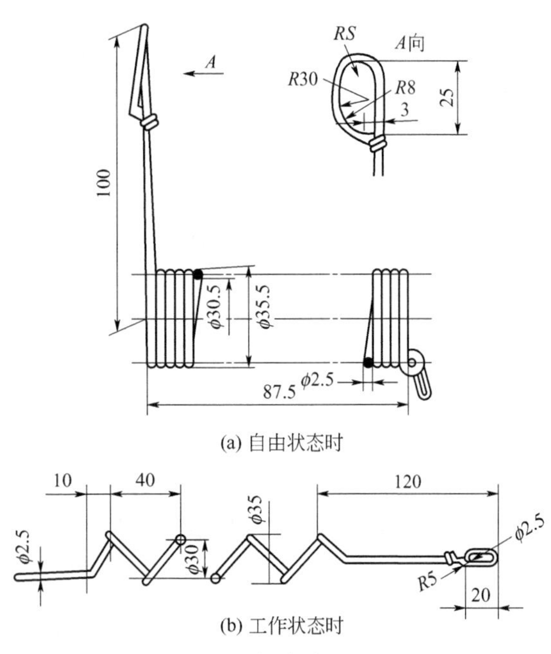


图 13-56　螺旋线电晕电极

② 有固定辉点的电晕电极。芒刺电晕线属于点状放电，其起晕电压比其他形式极线低，放电强度高，在正常情况下比星形线的电晕电流高 1 倍；力学强度高，不易断线和变形。由于尖端放电，增强了极线附近的电风，芒刺点不易积尘，除尘效率高，适用于含尘浓度高的场合。在大型静电除尘器中，常在第一、第二电场内使用。芒刺电极的刺尖有时会结小球，因而不易清灰。常用的有柱状芒刺线、扁钢芒刺线，管状芒刺线、锯齿线、角钢芒刺线、波形芒刺线和鱼骨线等。芒刺间距和电晕电流的关系见图 13-57。不同芒刺高度的伏安特性见图 13-58。

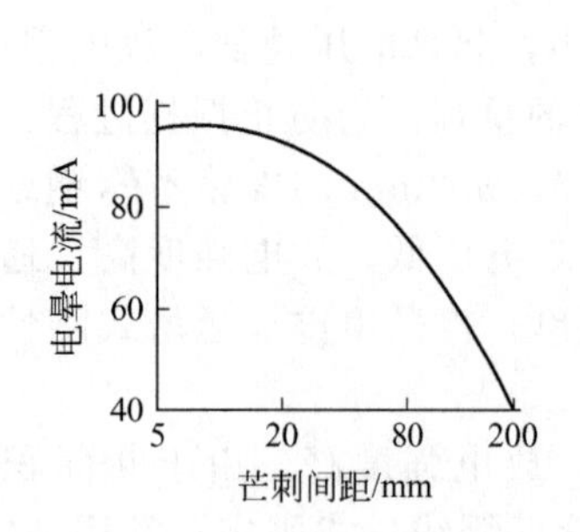


图 13-57 芒刺间距与电晕电流的关系（电压 50V）

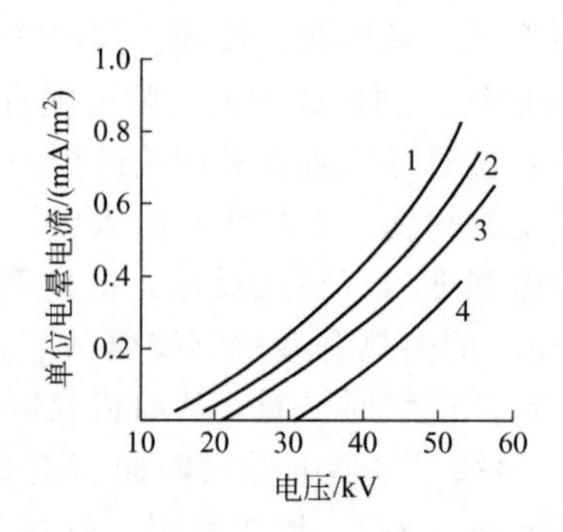


图 13-58 不同芒刺高度的伏安特性

1—芒刺高 20mm；2—芒刺高 15mm；3—芒刺高 12mm；4—芒刺高 5mm

a. 管状芒刺线。管状芒刺线亦称 RS 线，一般与 480C 形板或 385Z 形板配用，是使用较为普遍的电晕电极。早期的管状芒刺线是由两个半圆管组成并焊上芒刺。因芒刺点焊不好容易脱落，如果把芒刺和半圆管由一块钢板冲压成形，成为整体管状芒刺线，芒刺不会脱落，但测试表明，与圆相对的收尘极板处电流密度为零。现在在圆管上压出尖刺的管形芒刺线，解决了电晕电流不均匀的问题。

b. 扁钢芒刺线。扁钢芒刺线是使用较普遍的电晕电极，其效果与管状芒刺线相近，480C 形板和 385Z 形板一般配 2 根扁钢芒刺线。

c. 鱼骨状芒刺线。鱼骨状电晕电极是三电极静电除尘器配套的专用电极，管径为 25～40mm，针径 3mm，针长 100mm，针距 50mm。几种芒刺形电极见图 13-59，鱼骨状收尘电极及其他形式电晕电极见图 13-60 和图 13-61。

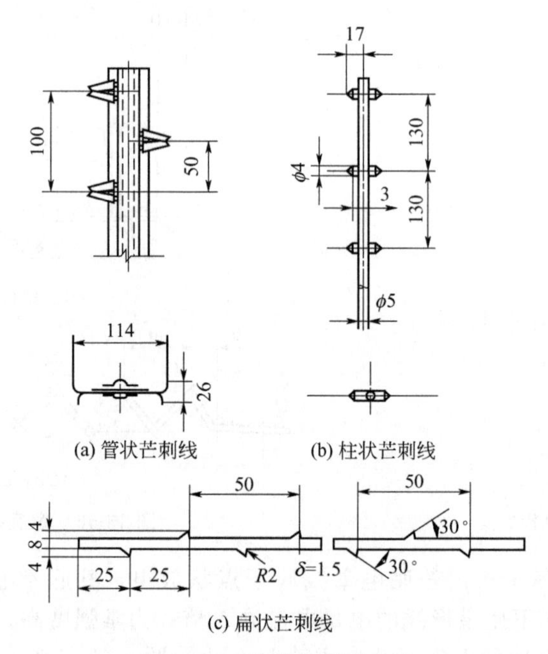


图 13-59 几种芒刺形电极

不同类型电晕电极的伏安特性见图 13-62。

(2) 电晕电极的材质 圆形线通常采用 Cr15Ni60、Cr20Ni80 或 1Cr18NiTi 等不锈钢材质；星形线采用 Q233-A 钢；螺旋线采用 60SiMnA 或 50CrMn 等弹簧钢；芒刺状电极可全部

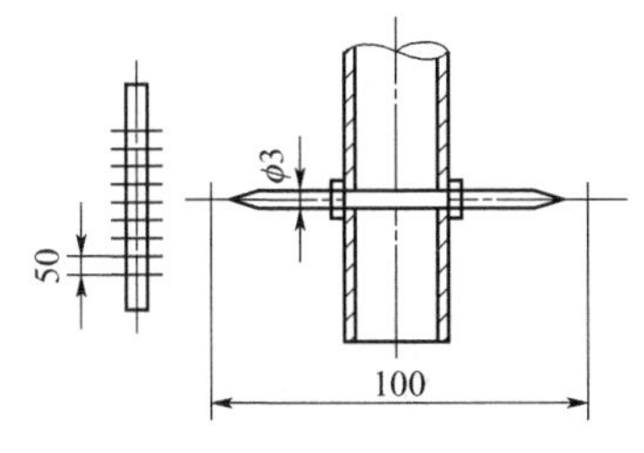


图 13-60 鱼骨状收尘电极

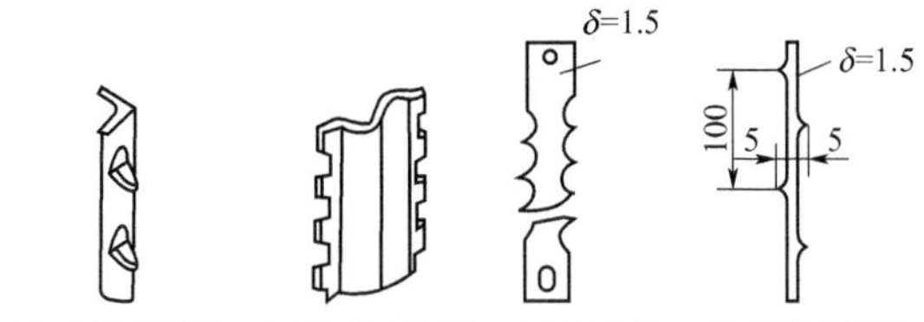


图 13-61 其他形式电晕电极

采用 Q235 钢。

(3) 电晕电极的组装 电晕电极的组装有以下 2 种方式。

① 垂线式电晕电极。这种结构是由上框架、下框架和拉杆组成的垂线式立体框架，中间按不同极距和线距悬挂若干根电晕电极，下部悬挂重锤把极线拉直（重锤一般为 4～6kg)，下框架有定向环，套住重锤吊杆，保证电晕电极间距符合规定要求，其结构见图 13-63。

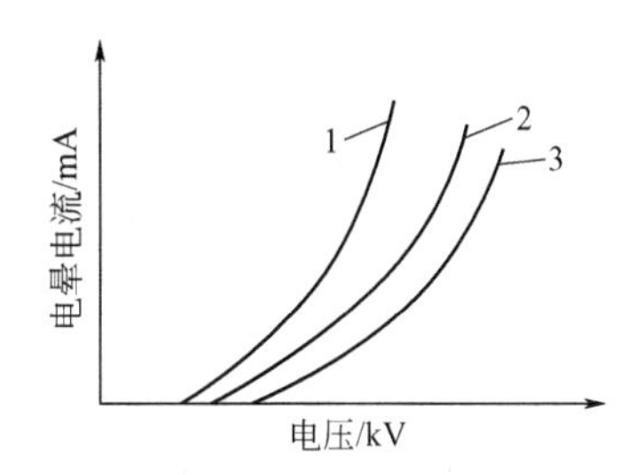


图 13-62 不同类型电晕电极的伏安特性

1—芒刺线；2—星形线；3—圆形线

垂线式电晕电极结构可耐 450℃以下的烟气温度，更换电极较方便，但烟气流速不宜过大，以免引起框架晃动。垂线式电晕电极结构可采用圆形线、星形线或芒刺线。这种结构只能用顶部振打方式清灰。

② 框架式电晕电极。静电除尘器大都采用框架式电晕电极。通常是将电晕线安装在一个由钢管焊接而成的具有足够刚度的框架上，框架上部受力较大，可用钢管并焊在一起。框架可以适当增加斜撑以防变形，每一排电晕极线单独构成一个框架，每个电场的电晕极又由若干个框架按同极距连成一个整体，由 4 根吊杆、4 个或数个绝缘瓷瓶支撑在静电除尘器的顶板（盖）上。框架式电晕电极的结构形式见图 13-64。电晕线可分段固定，框架面积超过 $25m^2$ 时，可用几个小框架拼装而成。极线布置应与气流方向垂直，卧式除尘器极线为垂直布置，立式除尘器极线为水平布置。

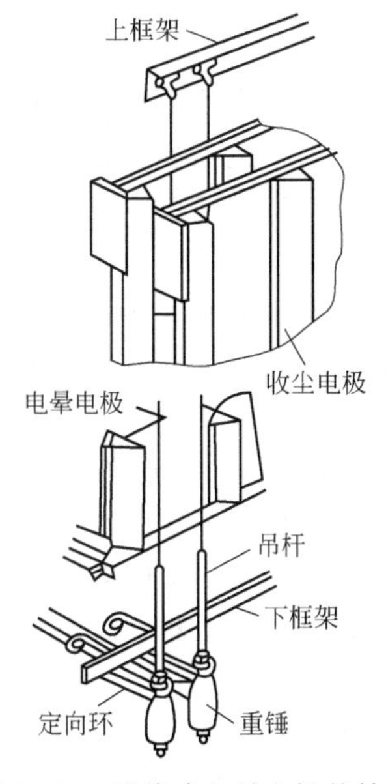


图 13-63 垂线式电晕电极的结构

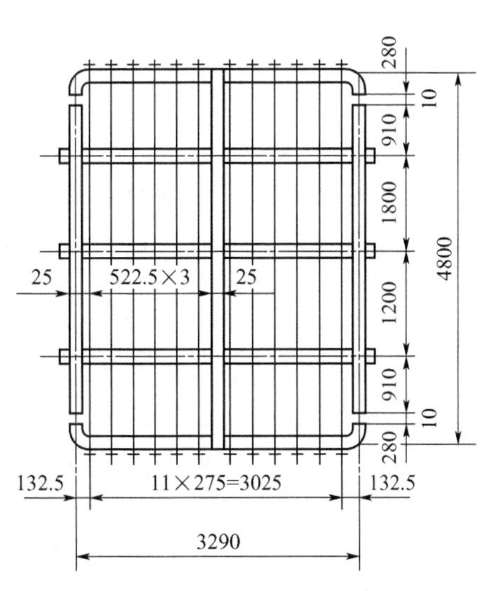


图 13-64 框架式电晕电极的结构形式

框架式电晕电极的电晕线必须固定好，否则电晕线晃动，极距的变化会影响供电电压。电晕线的固定形式有螺栓连接、楔子连接、弯钩连接和挂钩连接等（图 13-65）。

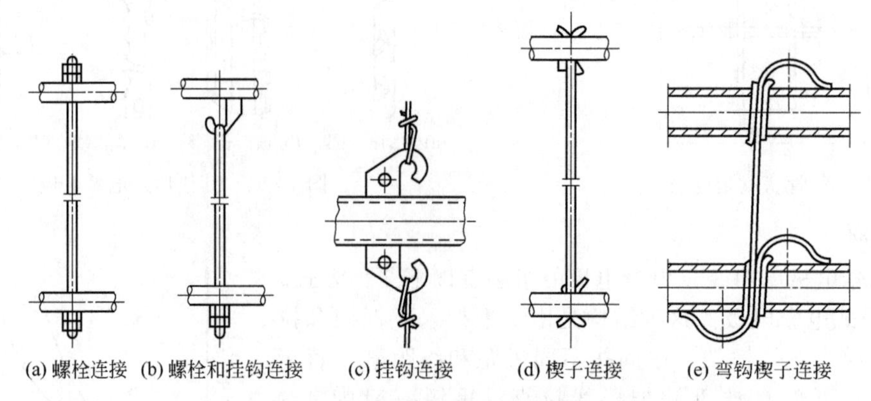


图 13-65 几种电晕线的固定方式

螺栓连接不便松紧，已很少使用；挂钩连接适用于螺旋线电晕电极。

大型框架式电晕电极可以由若干小框架拼装而成，这种拼装分水平方向拼装式和垂直方向拼装式，分别见图 13-66 和图 13-67。

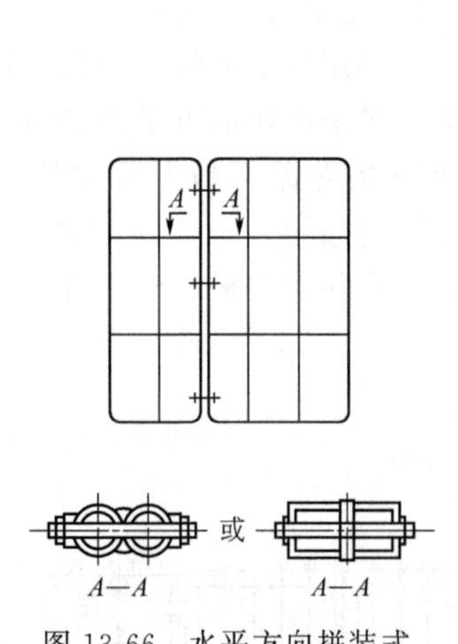


图 13-66 水平方向拼装式

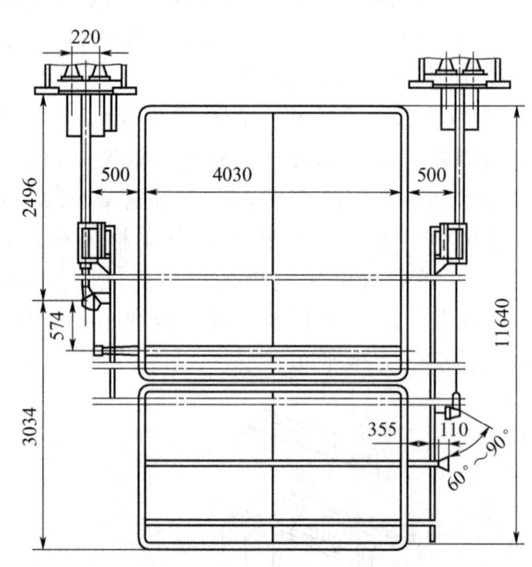


图 13-67 垂直方向拼装式

(4) 电晕电极悬挂方式 电晕电极带有高压电，其悬挂装置的支撑和电极穿过盖板时，要求与盖板之间绝缘良好。同时，悬挂装置既要承受电晕电极的重量，又要承受电晕电极振打时的冲击负荷，故悬挂装置要有一定的强度和抗冲击负荷的能力。

电晕电极可分单点、两点、三点、四点四种悬挂方式（图 13-68）：①单点悬挂通常用于小型或垂线式电晕电极的静电除尘器，单点悬挂的吊杆要有较大的刚性，最好用圆管制作，同时要有紧固装置，以防框架旋转；②两点悬挂一般用于垂线式电晕电极和小型框架式电晕电极的静电除尘器；③三点和四点悬挂一般用于框架式电晕电极结构的静电除尘器，三点悬挂可节省顶部配置面积。

电晕电极的支撑和绝缘一般采用绝缘瓷瓶和石英管。电晕电极的悬挂结构有以下两种。

① 悬挂电晕电极的吊杆穿过盖板，用石英管或石英盆绝缘，吊杆固定于横梁上，横梁由绝缘瓷瓶支撑。这种悬挂方式是电晕电极重量和振打的冲击负荷都由瓷瓶承担，石英管仅起与

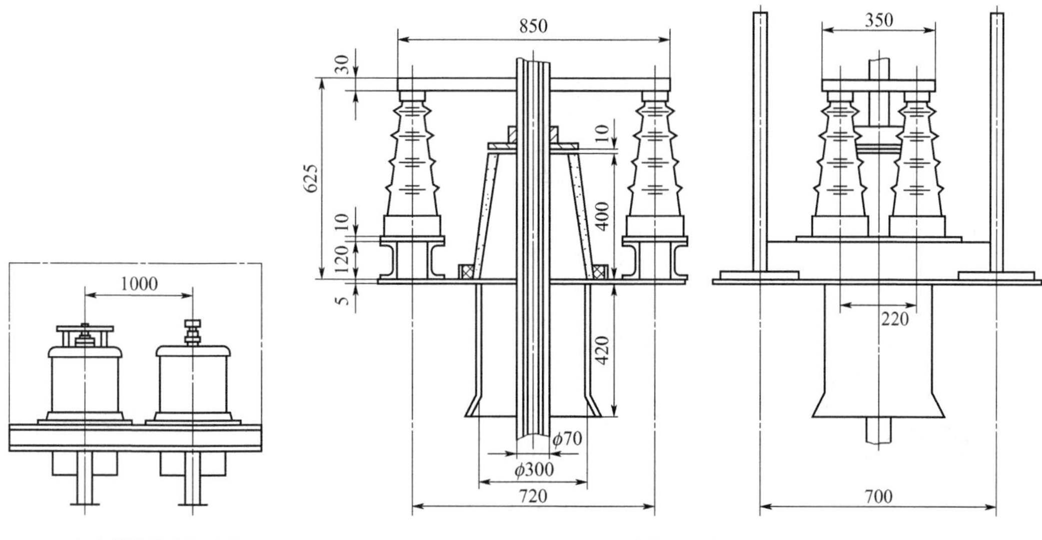


(a) 一个支持绝缘瓷瓶支撑

(b) 四个支持绝缘瓷瓶支撑

图 13-68　电晕电极的悬挂方式

盖板的绝缘作用，不受冲击力，因而使用寿命较长，一般用于大型静电除尘器或垂线式电晕电极。

② 悬挂电晕电极的吊杆穿过盖板与金属盖板连接，直接支撑在锥形石英管上，节省材料，但电晕电极及振打冲击负荷都由石英管承担，石英管容易损坏，一般适用于小型静电除尘器或框架式电晕电极。

此外，采用机械卡装的悬挂装置（图 13-69）其稳定性和密封性均较好。

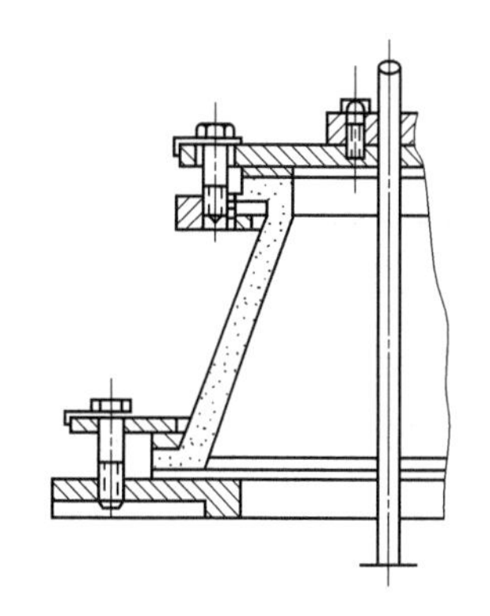

图 13-69　采用机械卡装的悬挂装置

（5）绝缘材料

① 支撑绝缘瓷瓶。绝缘瓷瓶的材质为瓷和石英。瓷质瓶制造容易，价格便宜，适用于工作温度低于 100℃的情况，气体温度高时，绝缘性能急剧下降。气体温度高于 100～130℃时，可用石英质绝缘瓶。常用绝缘瓷瓶如图 13-70 所示。在图中，图名符号 Z 代表室内用，A 代表机械强度为 3678N，B 代表 7358N，T 为椭圆形底座，F 为方形底座，额定电压 35kV（工频电压不小于 110kV，击穿电压不小于 176kV）。这两种瓷瓶如使用地点海拔标高超过 1000m 时，其电气特性按规定乘以 $K$，$K$ 值按下式计算：

$$K=\frac{1}{1.1}-\frac{H}{10000} \tag{13-55}$$

式中，$H$ 为使用地点的海拔标高，m。

上式适用于环境温度为－40～＋40℃、相对湿度不超过 85%的情况。如温度高于 40℃，每超过 3℃，电气特性按规定值提高 1%。

② 石英管及石英盆。静电除尘器常用的石英管为不透明石英玻璃。《不透明石英玻璃材料》规定，抗弯强度大于 3433N/cm$^2$；抗压强度大于 3924N/cm$^2$；电击穿强度为能经受交流电 10～14kV/mm；热稳定性为试样在 800℃降至 20℃的情况下，经受 10 次试验不发生裂纹和崩裂；二氧化硅含量大于 99.5%；断面承载能力 40N/cm$^2$。石英管的外形见图 13-71。静电除尘器常用石英管直径与壁厚的关系见表13-17。烟气温度在 130℃以下时，可用相同规格的

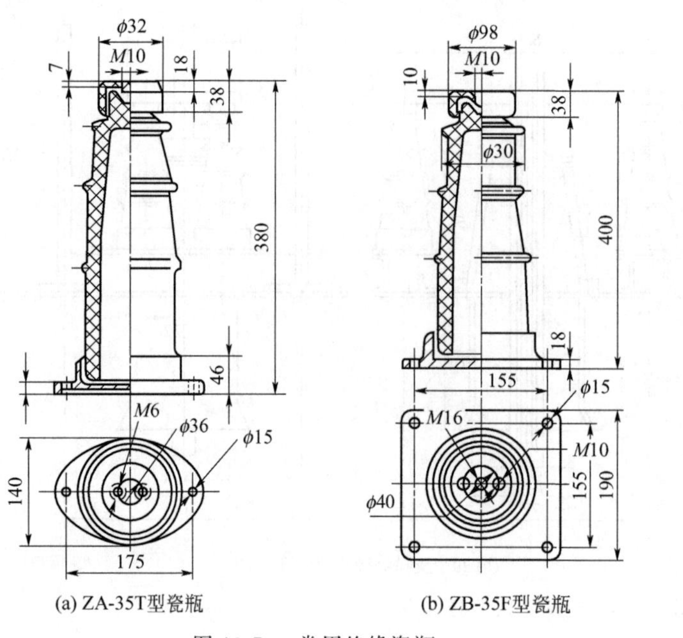

(a) ZA-35T型瓷瓶 (b) ZB-35F型瓷瓶

图 13-70 常用绝缘瓷瓶

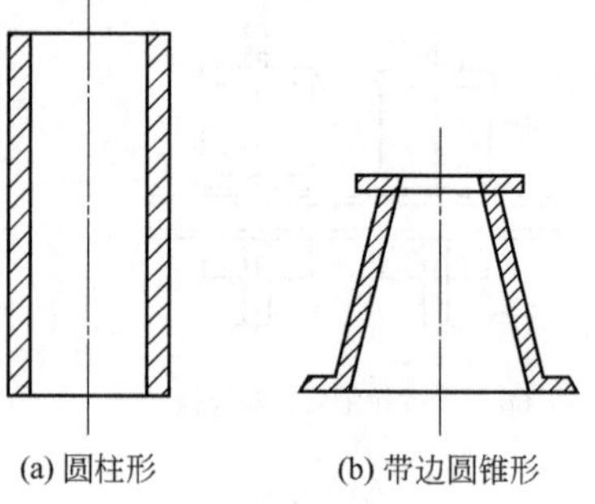
(a) 圆柱形 (b) 带边圆锥形

图 13-71 石英管的外形

瓷管代替石英盆，但壁尖不小于 25mm。

表 13-17 静电除尘器常用石英管直径与壁厚的关系 单位：mm

| 石英管直径 | 80 | 100 | 150 | 200 | 300 |
|---|---|---|---|---|---|
| 壁厚 | 7 | 8 | 10 | 10 | 12 |

（6）绝缘装置的保洁措施　由于环境条件或绝缘装置与含尘烟气直接接触，故造成积灰，将降低其绝缘性能。为使绝缘装置保持清洁可采取如下措施。

① 定期擦绝缘瓷瓶。擦时先关闭电源，导走剩余静电。此法适用于裸露在大气中的绝缘瓷瓶。

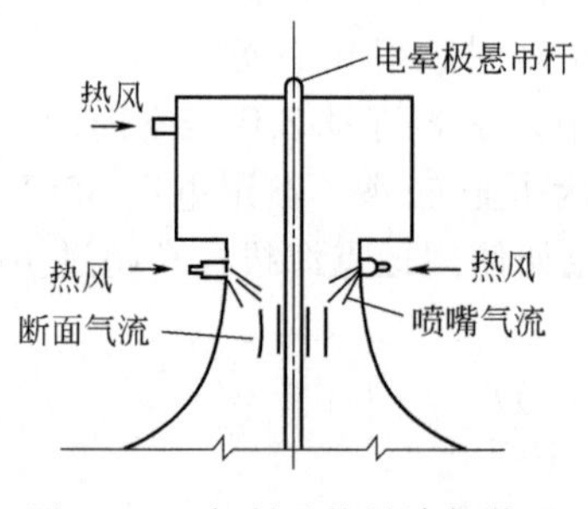

图 13-72 气封及热风清扫装置

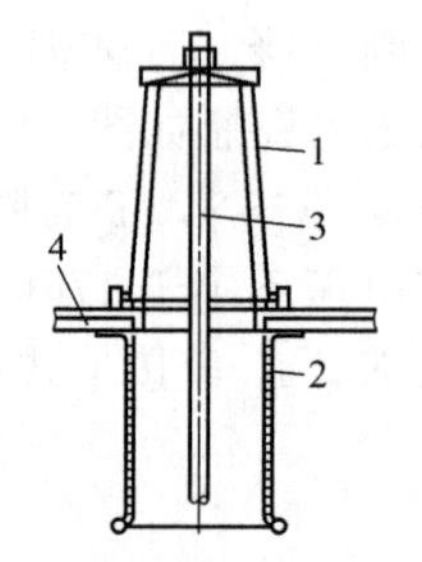

图 13-73 增设防尘套管装置

1—石英套管；2—防尘套管；3—吊杆；4—垫板

② 用气封隔绝含尘烟气与绝缘瓷瓶，并采用热风清扫。其装置见图 13-72，气封处气体断面速度为 0.3～0.4m/s，喷嘴气流速度为 4～6m/s，气封气体温度一般不低于 100℃，气体含尘浓度不大于 0.03g/m$^3$。为防止烟尘进入石英套管可在其下端增设防尘套管，其结构见图 13-73。

若不采取措施，烟气中的酸雾和水分在石英管表面会凝结，引起爬电，不仅使得电压升高，而且会造成石英管击穿，设备损坏。防止爬电的方法一般是在石英管周围设置电加热装置，但其耗电量大。静电除尘器操作温度高时，电加热装置可间歇供电，在某些条件下适当控制操作温度，也可不设电加热器。湿式静电除尘器和静电除雾器必须设置电加热装置。一般使用管状加热器，结构简单，使用方便，并用恒温控制器自动调节温度。

管状加热器是在金属管内放入螺旋形镍铬合金电阻丝，管内空隙部分紧密填满具有良好导热性和绝缘性的氧化物。加热静止的空气，管径宜为 10～12mm，表面发热能力为 0.8～1.2W/cm²，一般弯成 U 形，曲率半径应大于 25mm。流动空气和静止空气管状加热器分别见图 13-74 和图 13-75。常用管状加热器的型号和外形尺寸见表 13-18 和表 13-19。

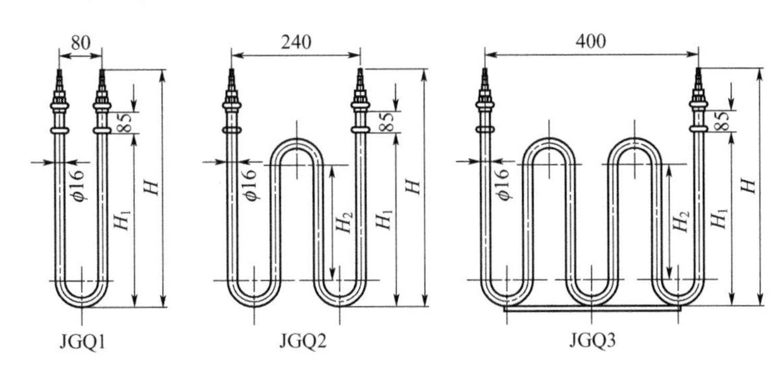


图 13-74　流动空气管状加热器

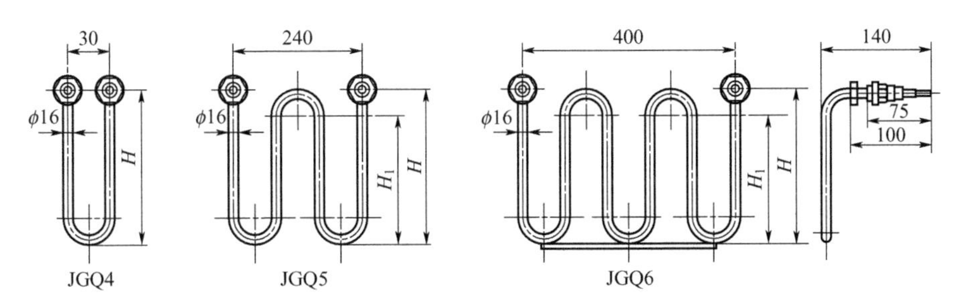


图 13-75　静止空气管状加热器

**表 13-18　流动空气管状加热器型号和外形尺寸**

| 型号 | 电压/V | 功率/kW | 外形尺寸/mm | | | | 质量/kg |
|---|---|---|---|---|---|---|---|
| | | | $H$ | $H_1$ | $H_2$ | 总长 | |
| JGQ1-22/0.5 | 220 | 0.5 | 490 | 330 | | 1025 | 1.25 |
| JGQ1-220/0.75 | 220 | 0.75 | 690 | 530 | | 1425 | 1.60 |
| JGQ2-220/1.0 | 220 | 1.0 | 490 | 330 | 200 | 1675 | 1.83 |
| JGQ2-220/1.5 | 220 | 1.5 | 690 | 530 | 400 | 2475 | 2.62 |
| JGQ3-380/2.0 | 380 | 2.0 | 590 | 430 | 300 | 2930 | 3.43 |
| JGQ3-380/2.5 | 380 | 2.5 | 690 | 530 | 400 | 3530 | 4.00 |
| JGQ3-380/3.0 | 380 | 3.0 | 790 | 630 | 500 | 4130 | 4.50 |

注：元件固螺纹管为 M22×1.5×45，接线部分长 30mm。

**表 13-19　静止空气管状加热器型号和外形尺寸**

| 型号 | 电压/V | 功率/kW | 外形尺寸/mm | | |
|---|---|---|---|---|---|
| | | | $H$ | $H_1$ | 总长 |
| JGQ4-220/0.5 | 220 | 0.5 | 330 | | 950 |
| JGQ4-220/0.8 | 220 | 0.8 | 450 | | 1190 |
| JGQ4-220/1.0 | 220 | 1.0 | 600 | | 1490 |

续表

| 型号 | 电压/V | 功率/kW | 外形尺寸/mm | | |
|---|---|---|---|---|---|
| | | | $H$ | $H_1$ | 总长 |
| JGQ3-220/1.2 | 220 | 1.2 | 350 | 250 | 1745 |
| JGQ3-220/1.5 | 220 | 1.5 | 450 | 350 | 2145 |
| JGQ3-220/1.8 | 220 | 1.8 | 550 | 450 | 2545 |
| JGQ3-380/2.0 | 380 | 2.0 | 400 | 300 | 2795 |
| JGQ3-380/2.5 | 380 | 2.5 | 500 | 400 | 3395 |
| JGQ3-380/3.0 | 380 | 3.0 | 600 | 500 | 3995 |

注：元件固螺纹管为 M22×1.5×45，接线部分长 30mm。

管状加热器需要的功率按下式计算：

$$W=\frac{KqF}{0.74} \tag{13-56}$$

$$q=\frac{t_1-t_2}{\frac{1}{a_1}+\frac{\delta}{\lambda}+\frac{1}{a_2}} \tag{13-57}$$

式中，$K$ 为系数，一般取 1.5；$q$ 为单位散热量，$W/m^2$；$t_1$ 为保温气体温度，℃；$t_2$ 为保温箱外空气温度，℃；$a_1$ 为 $t_1$ 时的散热系数，$W/(m^2 \cdot ℃)$；$a_2$ 为 $t_2$ 时的散热系数，$W/(m^2 \cdot ℃)$；$\lambda$ 为保温层的热导率，$W/(m^2 \cdot ℃)$；$\delta$ 为保温层厚度，m；$F$ 为保温箱的散热面积，$m^2$。

## 四、静电除尘器振打装置设计

良好的静电除尘器应当能够从电极上除掉积存的灰尘。清掉积尘不仅对于回收粉尘是必要的，而且对于维持除尘工艺的最佳电气条件也是必要的。一般清除电极积尘的方法是使电极发生振动或受到冲击，这个过程叫作电极的振打。有些静电除尘器的收尘电极和电晕电极上都积存着粉尘，且积尘的厚度使电晕电极都需要进行有效的振打清灰。

静电除尘器的清灰装置绝不是次要的装置，它决定着总的除尘效率。考虑来自电极积尘和来自灰斗中的气流干扰等所引起的返流损失，就会知道清灰的困难程度。解决清灰问题有许多方法，这些方法有振打装置、湿式清灰、声波清灰等。对良好振打的要求是：①保证清除掉黏附在分布板、收尘电极和电晕电极上的烟尘；②机械振打清灰时传动力矩要小；③尽量减少漏风；④便于操作和维修；⑤电晕电极的振打系统和电动机、减速机、盖板等均必须绝缘良好，并设接地线。

### 1. 湿式静电除尘器的清灰

湿式静电除尘器是广泛采用的静电除尘器之一。湿式静电除尘器一般采用水喷淋湿式清灰方式。在除尘过程中，对于积沉到极板上的固体粉尘，一般是用水清洗沉淀极板，使极板表面经常保持一层水膜，当粉尘沉到水膜上时，便随水膜流下，从而达到清灰的目的。形成水膜的方法既可以采用喷雾方式，也可以采用溢流方式。

湿式清灰的主要优点是：二次扬尘最少；不存在粉尘比电阻问题；水滴凝聚在小尘粒上更利于捕集；空间电荷增强，不会产生反电晕。此外，湿式除尘器还可同时净化有害气体，如二氧化硫、氟化氢等。湿式静电除尘器的主要问题是腐蚀、生垢及污泥处理等。

湿式清灰的关键在于选择性能良好的喷嘴和合理地布置喷嘴。湿式清灰一般选用喷雾好的小型不锈钢喷嘴或铜喷嘴。清灰的喷嘴布置是按水膜喷水和冲洗喷水两种操作制度进行的。

（1）水膜喷水　湿式静电除尘器一般设有3种清灰水膜喷水，即分布板水膜、前段水膜和电极板水膜。气流分布板水膜喷水在静电除尘器进风扩散管内气流分布板迎风面的斜上方，使喷嘴直接向分布板迎风面喷水，形成水膜。大中型湿式静电除尘器往往设2排喷水管，装多个斜喷嘴，其中第1排少一些，第2排多一些。每个喷嘴喷水量为2.5L/min左右，前段水膜喷水在紧靠进风扩散管内的气流分布板上面设有1排喷嘴，直接向气流中喷水（顺喷），形成一段水膜段，使烟尘充分湿润后进入收尘室。

收尘电极水膜喷水是在收尘室电极板上设若干喷嘴，喷嘴由电极板上部向电极板喷水，使电极板表面形成不断向下流动的水膜，以达到清灰的目的。

（2）冲洗喷水　在每个电场电极板水膜喷水管的上部，装设有喷嘴进行冲洗喷水，冲洗水量较水膜喷水少些。

根据操作程序规定，应在停电和停止送风后对静电除尘器电场进行水膜喷水。停止后，立即进行前区冲洗约3min，接着后区冲洗约3min。

每个喷嘴的喷水量因喷嘴而异，大约为15L/min，总喷水量比水膜喷水略少。

（3）供水要求　静电除尘器清灰用水应有基本要求。耗水指标为0.3～0.6L/$m^3$空气；供水压力为0.5MPa，温度低于50℃；供水水质为悬浮物低于50mg/L，全硬度低于200mg/L。

清灰用水一般是循环使用，当悬浮物或其他有害物超过一定浓度时要进行净化处理，符合要求时再使用。

**2. 收尘极振打清灰**

收尘极板上粉尘沉积较厚时，将导致火花电压降低，电晕电流减小，有效驱进速度显著减小，除尘效率大大下降。因此，不断地将收尘极板上沉积的粉尘清除干净，是维持电除尘器高效运行的重要措施。

收尘极板的清灰方式有多种，如刷子清灰、机械振打、电磁振打及电容振打等。但应用最多的清灰方式是挠臂锤机械振打及电容振打等。

振打清灰的效果主要取决于振打强度和振打频率。振打强度的大小取定于锤头的质量和挠臂的长度。振打强度一般用沉淀极板面法向产生的重力加速度$g$（9.80m/$s^2$）表示。一般要求，极板上各点的振打强度不小于100～200g，实际上振打强度也不宜过大，只要能使板面上残留薄的一层粉尘即可，否则二次扬尘增多，结构损坏加重。

（1）决定振打强度的因素

① 静电除尘器容量。对于外形尺寸大、极板多的静电除尘器，需要振打强度大。

② 极板安装方式。极板安装方式不同，如采用刚性连接或自由悬吊方式，由于它们传递振打力的情况不同，所需振打强度不同。

③ 粉尘性质。对黏性大、比电阻高和细小的粉尘，振打强度要大，例如振打强度大于200g，这是因为高比电阻粉尘的附着力主要为静电力，所以需要振打强度更大。细小粉尘比粗粉尘的黏着力大，振打强度也要大些。

④ 湿度。一般情况下湿度高些对清灰有利，所需振打加速度也小些。但湿度过高可能使粉尘软化，产生相反的效果。

⑤ 使用年限。随着静电除尘器运行年限延长，极板锈蚀，粉尘板结，振打的强度应该增大。

⑥ 振打制度。一般有连续振打和间断振打两种，采用哪种制度合适，要视具体情况而定。例如，若粉尘浓度较高，黏性也较大，采用强度不太大的连续振打较合适。总之，合适的振打强度和振打频率，在设计阶段只是大致确定，只有在运行中根据实际情况通过现场调节才能确定。

机械振打结构简单，强度高，运转可靠，但占地较大，运动构件易损坏，检修工作量大，控制也不够方便。

（2）挂锤（挠臂锤）式振打装置　这种装置是使用最普遍的振打方式，其结构简单，运转可靠，无卡死现象。为避免振打时烟尘出现二次飞扬，每个振打锤头应顺序错开一定位置。根据经验，每个锤头所需功率为0.014kW。常用的挂锤振打装置见图13-76，几种锤头形式见表13-20。

**表 13-20　几种锤头形式**

| 普通型锤头 | 整体锤头 | 加强整体锤头 | 加强型锤头 |
| --- | --- | --- | --- |
|  |  |  | 70　250　24　3 |
| 锤头易损坏及脱落 | 锤头不易损坏、脱落 | 锤头不易损坏，振打力比普通型明显增大 | 锤头不易脱落，振打力比普通型明显增大 |

（3）电磁振打装置　这种装置适用于顶部振打，多用于小型静电除尘器。电磁振打装置及脉冲发生器见图13-77。

电磁振打装置由电磁铁线圈、弹簧和振打杆组成。线圈1通电时，振打杆2被抬起，并压缩弹簧3；线圈断电后，振打杆依靠自重和弹簧的弹力撞击极板，振打强度可通过改变供电变压器的电压调节。此外，尚需一套脉冲发生器与电磁振打器相配合。

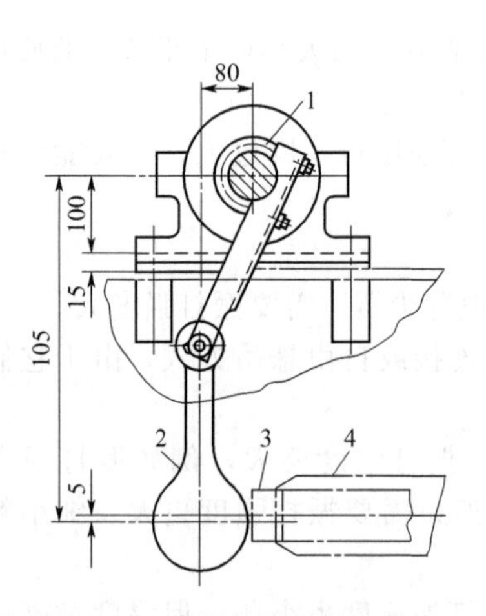


图 13-76　常用的挂锤振打装置

1—传动轴；2—锤头；3—振打铁锤；4—沉淀机振打杆

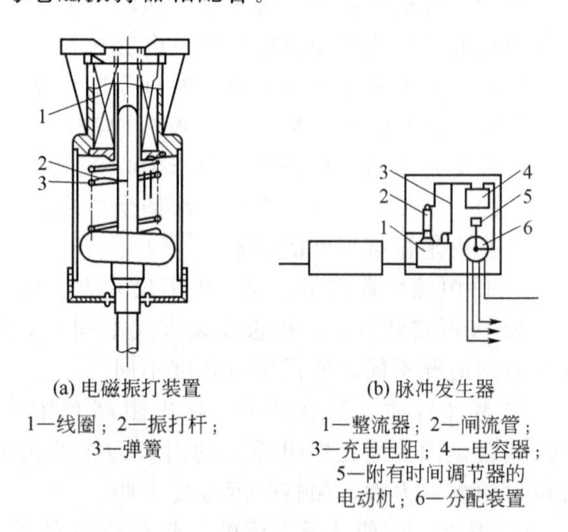


(a) 电磁振打装置

1—线圈；2—振打杆；3—弹簧

(b) 脉冲发生器

1—整流器；2—闸流管；3—充电电阻；4—电容器；5—附有时间调节器的电动机；6—分配装置

图 13-77　电磁振打装置及脉冲发生器

（4）压锤（拨叉）式振打装置（图13-78）　这种装置是把振打锤悬挂在收尘电极上，回转轴上按不同角度均匀安设若干压辊式拨叉，回转轴转动时顺序将振打锤压至一定高度，压辊式拨叉转过后，振打轴落下击打收尘电极。由于振打锤悬挂在收尘极板上，不会因温度、极板伸长而影响准确性。

（5）铁刷消灰装置　在一些特殊条件下，用常规振打装置不能将收尘极板上的烟灰清除干净，因此，有采用刷子清灰的方法。除尘器采用刷子清灰的方式，效果都不错。但刷子清灰结

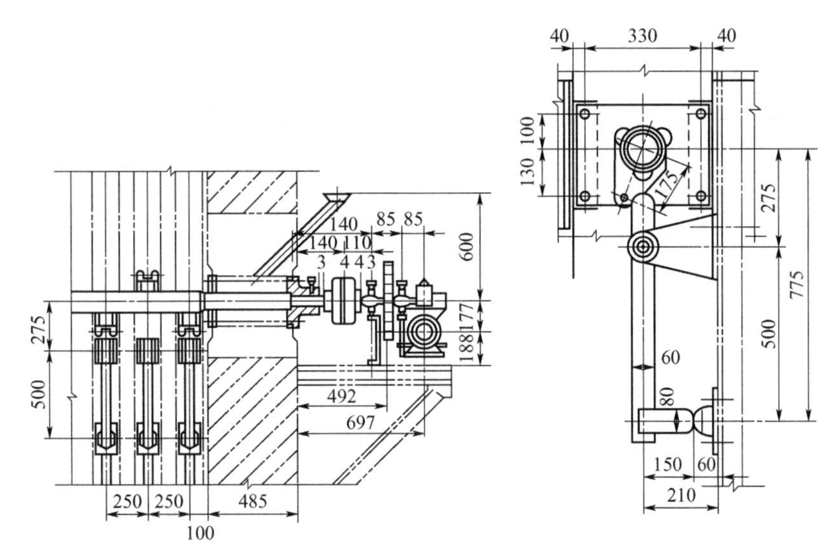


图 13-78　压锤式振打装置

构复杂，只在振打方式无效时才采用。

(6) 多点振打和双向振打（图 13-79、图 13-80）　由于大型除尘器的极板高且宽，为保证振打力均匀，采用多点或双向振打。静电除尘器的振打轴穿过除尘器壳体时，小型除尘器只需两端支持在端轴承上，大型除尘器在轴中部还需设置中轴承、端轴承贯通除尘器内外，须有良好的轴密封装置，常用的端轴承密封装置见图 13-81。中轴承处于粉尘之中，不宜采用润滑剂。常用轴承有托辊式和剪刀叉式两种。剪刀叉式轴承见图 13-82。各电场的收尘电极依次间断振打，如多台静电除尘器并联，振打最后一个电场时，应关闭出口阀门，以免振落的烟尘被气流带走，降低除尘效率。

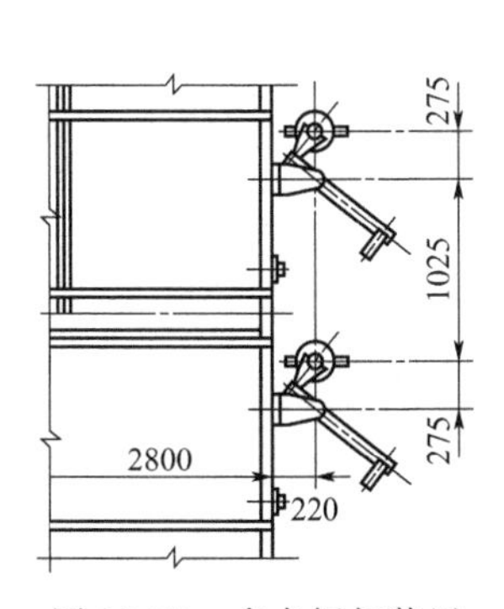


图 13-79　多点振打装置

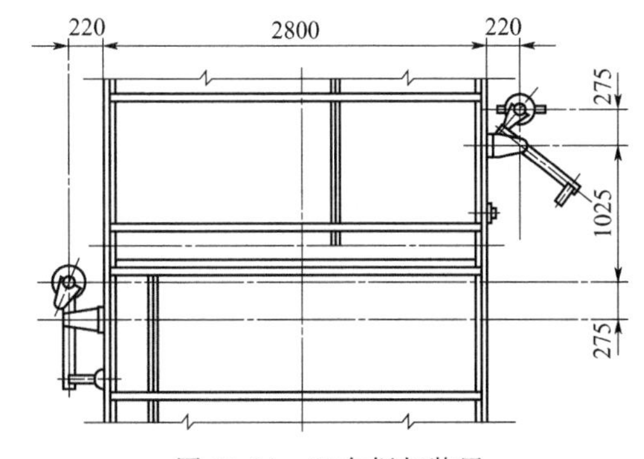


图 13-80　双向振打装置

### 3. 电晕极的清灰

电晕极上沉积的粉尘一般都比较少，但对电晕放电的影响很大。如粉尘清不掉，有时在电晕极上结疤，不但使除尘效率降低，而且能使除尘器完全停止运行。因此，一般对电晕极采取连续振打清灰的方式，使电晕极上沉积的粉尘很快被振打干净。

电晕极的振打形式分顶部振打和侧部振打两种。振打方式有多种，常用的有提升脱钩振打、侧部挠臂锤振打等方式。

(1) 顶部振打装置　顶部振打装置设置在除尘器的阴极或阳极的顶部，称为顶部振打静电除尘器。静电除尘顶部锤式振打，由于其振打力不调整，普遍用于立式静电除尘器。应用较多的顶部振打为刚性单元式，这种顶部振动的传递效果好，且运行安全可靠、检修维护方便。顶

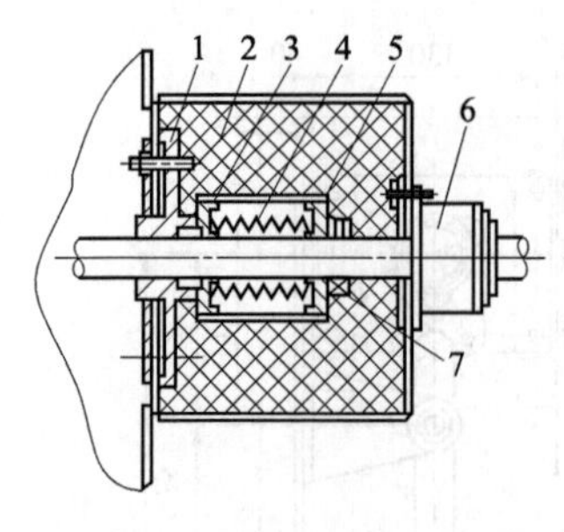


图 13-81 常用端轴承密封装置

1—密封盘；2—矿渣棉；3—密封摩擦块；4—弹簧；5—弹簧座；6—滚动轴承；7—挡圈

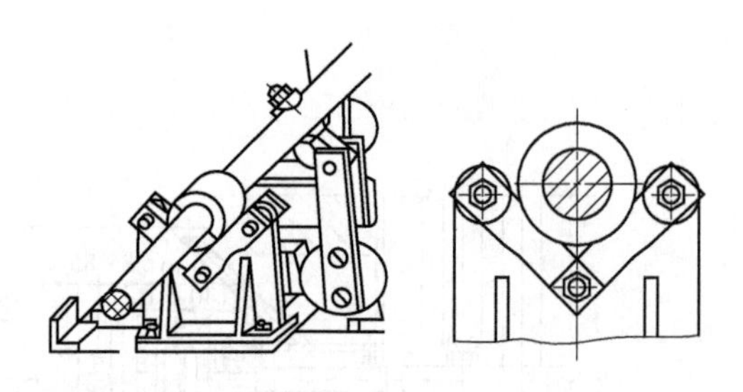

图 13-82 剪刀叉式轴承

部振打分内部振打和外部振打，前者的传动系统需穿过盖板时，该处密封性较差；后者振打锤不直接打在框架上，而是通过振打杆传至上框架，振打力较弱。顶部振打装置见图 13-83、图 13-84。

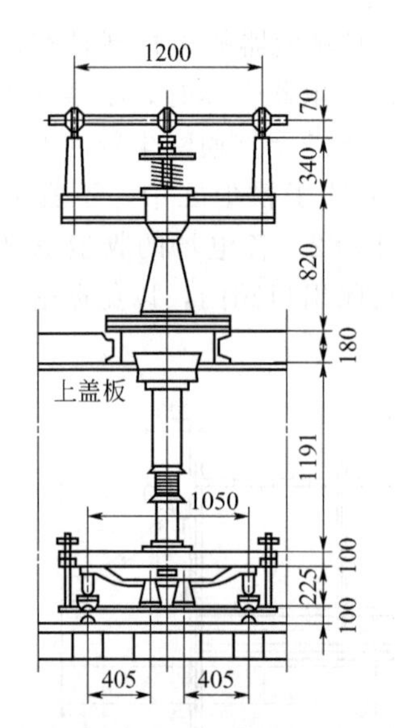


图 13-83 顶部振打（内部）装置

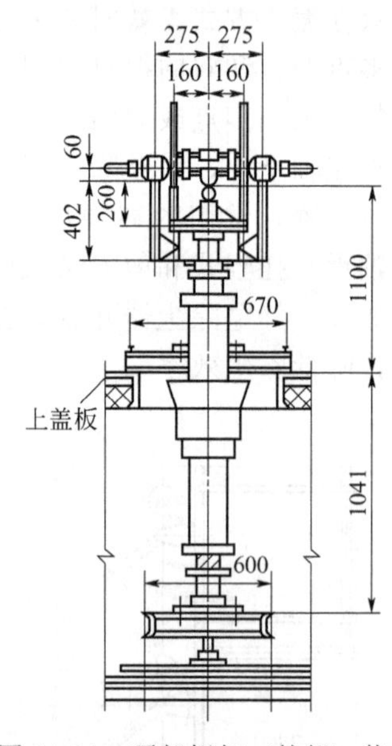


图 13-84 顶部振打（外部）装置

内部振打是利用机械将振打锤或振打辊轮提升至一定高度，然后直接冲击顶部上框架，使电晕电极发生振动。振打对电晕电极（挂锤式管状芒刺线）清灰效果良好。

外部振打由于锤、砧设在外面，维修比较方便。

(2) 侧部振打装置 框架式电晕电极一般采用侧部振打。用得较多的均为挠臂锤振打，为防止粉尘的二次飞扬，在振打轴的 360°方位上均匀布置各锤头。其振打力的传递与粉尘下降方向成一定夹角。

① 提升脱钩电晕电极振打装置。这种方式结构较复杂，制造安装要求高，其结构见图13-85。传动部分在顶盖上，通过连杆抬起振打锤，顶部脱钩后振打锤下落，撞击电晕电极框架。

② 侧传动振打装置。这种装置结构简单、故障少，使用较普遍。侧传动又分直连式和链传式两种，分别见图 13-86、图 13-87。为防止烟尘进入传动箱污染绝缘轴，在穿过壳体处可用聚四氟乙烯板密封或用热空气气封。直连式占地面积大，操作台宽，但传动效率高。链传式

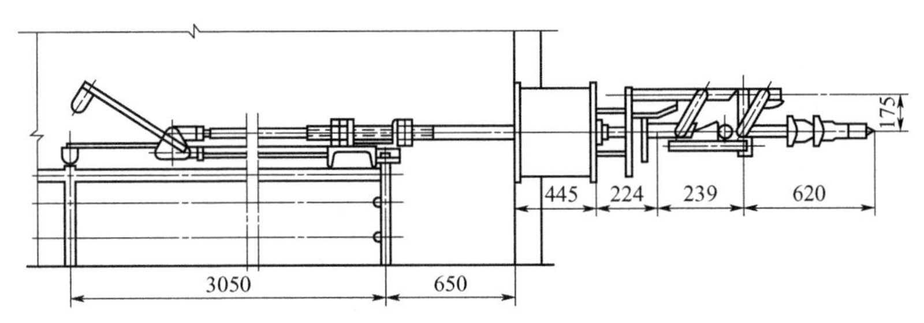


图 13-85　提升脱钩电晕电极振打装置的结构

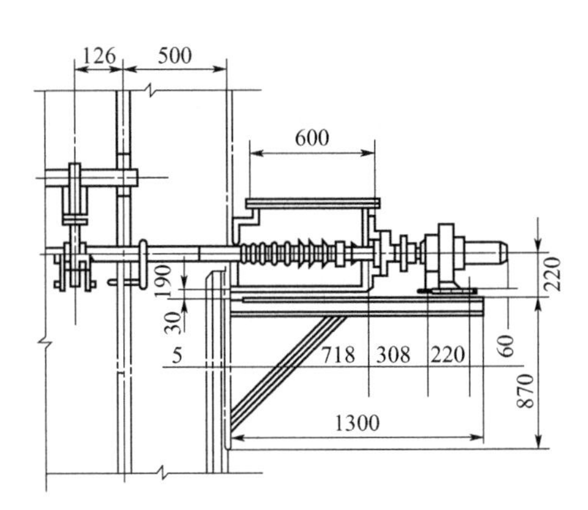


图 13-86　直连式侧传动振打装置

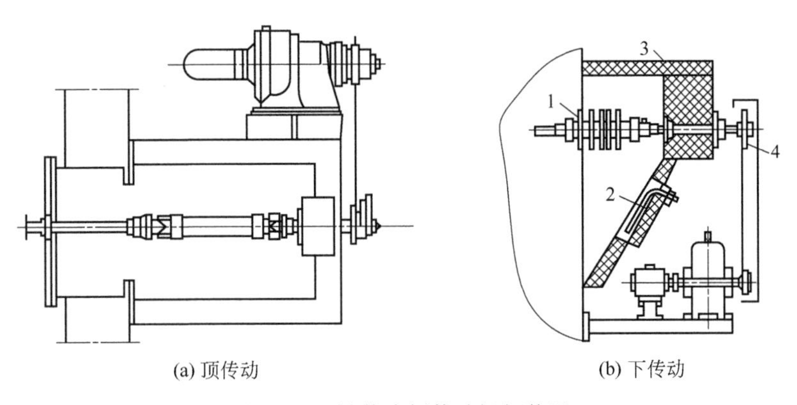


(a) 顶传动　　(b) 下传动

图 13-87　链传式侧传动振打装置

1—传动轴；2—检查孔；3—密封；4—传动链

配置紧凑，操作台窄一些，传动效率稍低。

③ 顶部传动侧向振打装置。这种装置靠伞齿轮使传动轴改变方向，以适应侧面振打（图 13-88）。

(3) 绝缘瓷轴　通常使用的绝缘瓷轴有螺孔连接和耳环连接两种。绝缘轴见图 13-89、图 13-90，其型号及尺寸见表 13-21。该产品适用电压不大于 72kV，操作温度不大于 150℃。

**表 13-21　绝缘瓷轴的型号及尺寸**　　单位：mm

| 型号 | $H$ | $L$ | $a$ | $b$ | $c$ | $d$ | $\phi_1$ | $\phi_2$ | $\phi_3$ | $\phi_4$ |
|---|---|---|---|---|---|---|---|---|---|---|
| AZ72/150-$L_1$ | $390^{+3}_{-4}$ | 53 | 58 | 67 | 5 | M10 | 80 | 130 | 120 | 56 |
| AZ72/150-$L_2$ | $390^{+3}_{-4}$ | 53 | 50 | 62 | 5 | M10 | 80 | 130 | 120 | 60 |
| AZ72/150 | $460^{+4}_{-4}$ | 53 | 85 | 12 |  | 50 | 80 | 130 | 120 | 18.5 |

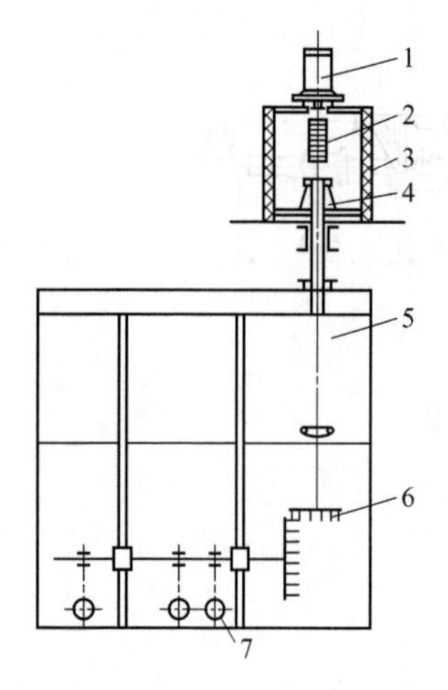


图 13-88 顶部传动侧向振打装置

1—电动机；2—绝缘瓷轴；3—保温箱；4—绝缘支座；5—电晕电极框架；6—伞齿轮；7—振打锤

(4) 气流分布板振打装置 由于机械碰撞和静电作用，进口气流分布板孔眼有时被烟尘堵塞，影响气流均匀分布，且增加设备阻力，甚至影响除尘效果，所以要定时振打清灰。分布板的振打装置有手动和电动两种。由于烟尘堵塞和设备锈蚀，手动振打装置有时不能正常操作而失去清灰作用。实践中静电除尘器绝大部分为电动振打，其传动系统可以单独设置，也可与收尘电极振打共用。手动振打装置见图 13-91。电动振打装置见图 13-92，这种电动振打装置较为常用。

## 五、静电除尘器气流分布装置设计

为防止烟尘沉积，静电除尘器入口管道气流速度一般为 10～18m/s，静电除尘器内气体流速仅为 0.5～2m/s，气流通过断面变化大，而且当管道与静电除尘器入口中心不在同一中心线时，可引起气流分离，产生气喷现象并导致强紊流形成，影响除尘效率。为改善静电除尘器内烟气分布的均匀

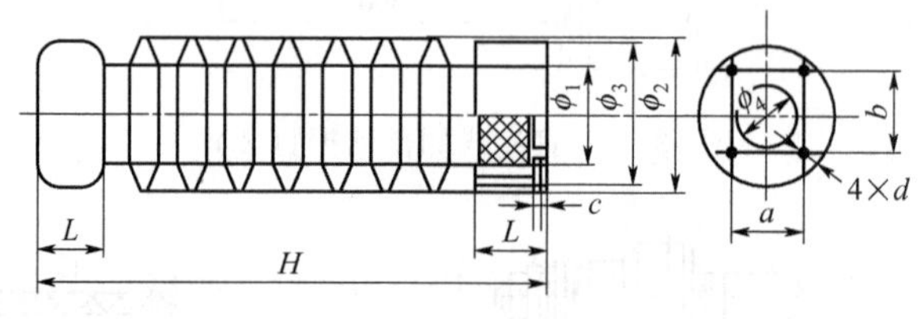


图 13-89 螺孔连接瓷轴

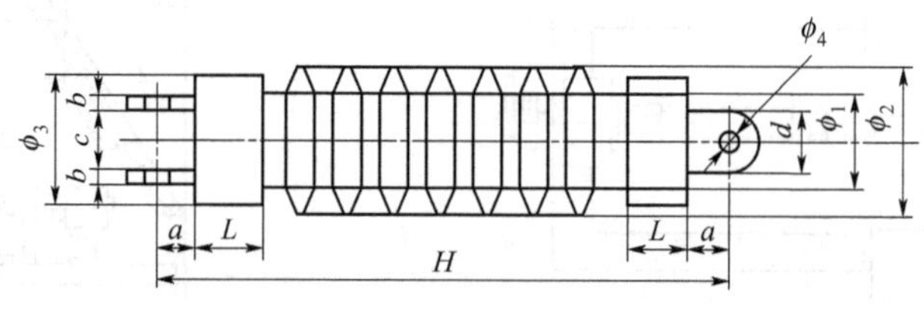


图 13-90 耳环连接瓷轴

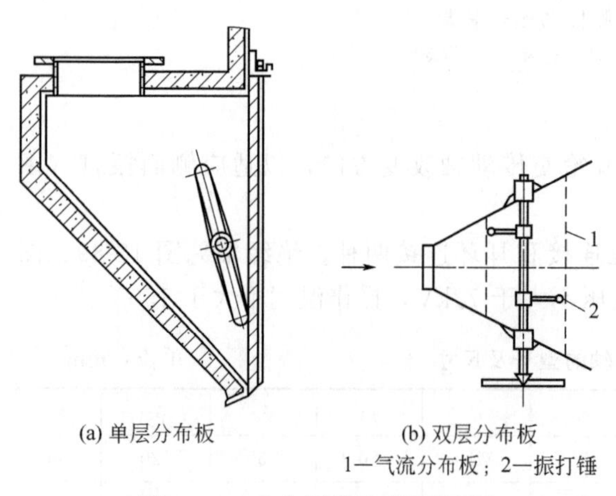


(a) 单层分布板 (b) 双层分布板

1—气流分布板；2—振打锤

图 13-91 分布板手动振打装置

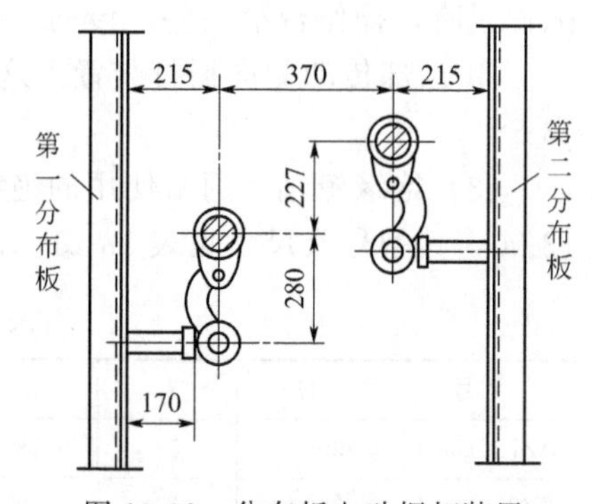


图 13-92 分布板电动振打装置

性，除尘器入口处必须增设导流板、气流分布阻流板。

电除尘器内烟气分布的均匀性对除尘效率影响很大。当气流分布不均匀时，在流速低处所增加的除尘效率远不足以弥补流速高处效率的降低，因而总效率降低。气流分布影响除尘效率降低有两种方式：第一，在高流速区内的非均一气流使除尘效率降低的程度很大，以致不能由低流速区内所提高的除尘效率来补偿；第二，在高流速区内，收尘电极表面上的积尘可能脱落，从而引起烟尘的返流损失。这两种方式都很重要，如果气流分布明显变坏，则第二种方式的影响一般要更大些。有时发现除尘效率大幅度下降到只有60%或70%，其原因也在于此。气流分布与除尘效率的关系见图13-93。

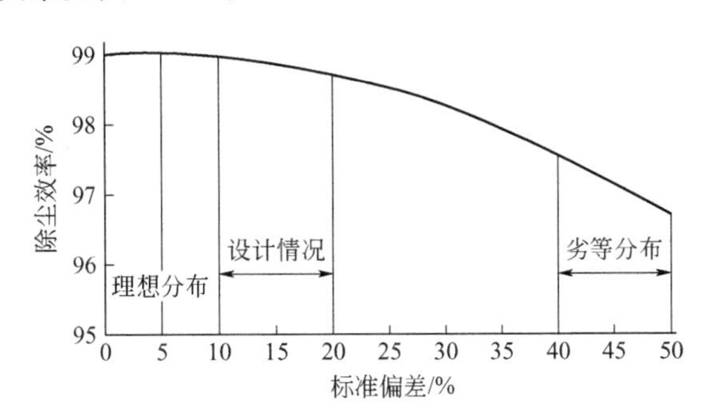


图13-93 气流分布与除尘效率的关系

**1. 气流分布装置的设计原则**

(1) 理想的均匀流动按照层流条件考虑，要求流动断面缓变及流速很低来达到层流流动，主要控制手段是在静电除尘器内依靠导流板和分布板的恰当配置，使气流能获得较均匀的分布。但在大断面的静电除尘器中，完全依靠理论设计配置导流板是十分困难的，因此常借助一些模型试验，在试验中调整导流板的位置和分布的开孔率，并从其中选择最好的条件来作为设计的依据。

(2) 在考虑气流分布合理的同时，对于不能产生除尘作用的电场外区间，如极板上下空间、极板与壳体的空间，应设阻流板，避免未经电场的气体带走粉尘。

(3) 为保证分布板的清洁，应设计有定期的振打机构。

(4) 分布板的层数设置越多，气流分布均匀效果越好。虽然层数增多会增加设备的流体阻力，但由于改善了气流的紊流程度，会使总阻力降低，因此在设计中一般不考虑阻力的增减。

(5) 静电除尘器的进出管道设计应从整个工程系统来考虑，尽量保证进入静电除尘器的气流分布均匀，尤其是多台静电除尘器并联使用时应尽量使进出管道在除尘系统中心。

(6) 为了使静电除尘器的气流分布达到理想的程度，有时在除尘器投入运行前，现场还要对气流分布板做进一步的测定和调整。

**2. 气流分布板**

静电除尘器内的气流分布状况对除尘效率有明显的影响，为了减少涡流，保证气流分布均匀，在除尘器的进口和出口处装设气流分布板。

气流分布装置最常见的有百叶窗式、多孔板、分布格子、槽形钢分布板和栏杆型分布板等，分别见图13-94～图13-96。

(1) 分布板的层数 气流分布板的层数可由下式计算求得：

$$n_p \geqslant 0.16\frac{S_k}{S_0}\sqrt{N_0} \tag{13-58}$$

式中，$n_p$ 为气流分布板的层数；$S_k$ 为静电除尘器气体进口管大端截面积，$m^2$；$S_0$ 为静电除尘器气体进口管小端截面积，$m^2$；$N_0$ 为系数（带导流板的弯头 $N_0=1.2$，不带导流板的缓和弯管，而且弯管后无平直段时 $N_0=1.8\sim2$）。

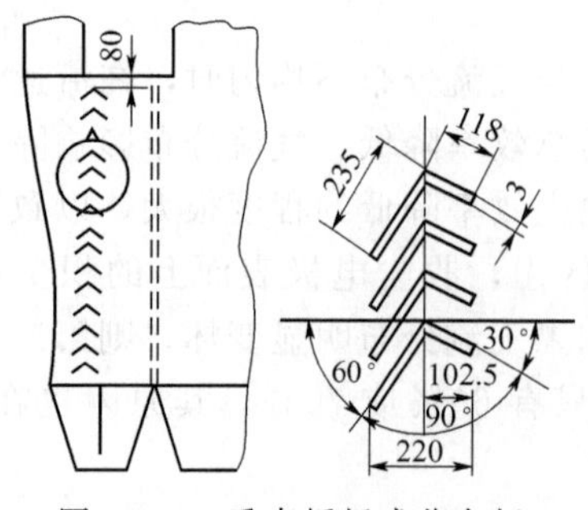


图 13-94 垂直折板式分布板

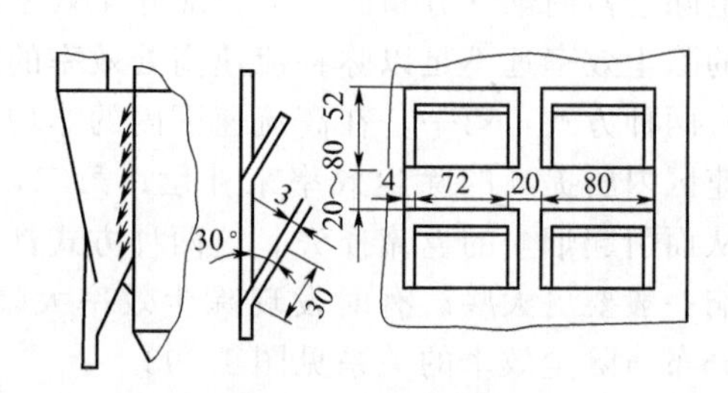


图 13-95 百叶窗式分布板

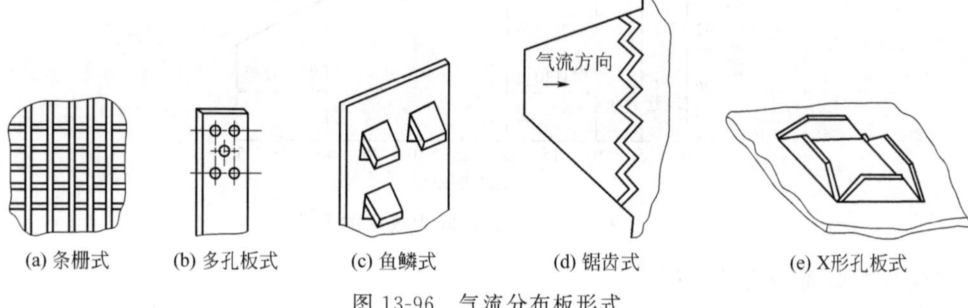


图 13-96 气流分布板形式

根据实验，采用多孔板气流分布板时其层数按$\frac{S_k}{S_0}$值近似取：当$\frac{S_k}{S_0}<6$时，取1层；当$6\leqslant\frac{S_k}{S_0}\leqslant20$时，取2层；当$20<\frac{S_k}{S_0}<50$时，取3层。

（2）相邻两层分布板距离 按下式计算：

$$l=0.2D_r \tag{13-59}$$

$$D_r=\frac{4F_k}{n_k} \tag{13-60}$$

式中，$l$为两层分布板间的距离，m；$D_r$为分布板矩形断面的当量直径，m；$F_k$为矩形断面积，$m^2$；$n_k$为矩形断面的周边长，m。

（3）分布板的开孔率 按下式计算：

$$f_0=\frac{S_2'}{S_1'} \tag{13-61}$$

式中，$f_0$为开孔率，%；$S_1'$为分布板总面积，$m^2$；$S_2'$为分布板开孔总面积，$m^2$。

为保证气体速度分布均匀，尚需使多孔板有合适的阻力系数，然后算得相应的孔隙率，再进行分布板的设计。

多孔板的阻力系数$\zeta$为：

$$\zeta=N_0\left(\frac{S_k}{S_0}\right)^{\frac{2}{n_p}}-1 \tag{13-62}$$

式中，$n_p$为多孔板层数；其他符号意义同前。

阻力系数与开孔率的关系为：

$$\zeta=(0.707\sqrt{1-f_0}+1-f_0)^2\left(\frac{1}{f_0}\right)^2 \tag{13-63}$$

式中，0.707 为系数；其他符号意义同前。

在已知阻力系数 $\zeta$，求多孔板的开孔率时可直接利用开孔率与阻力系数的关系，由图13-97 求出。

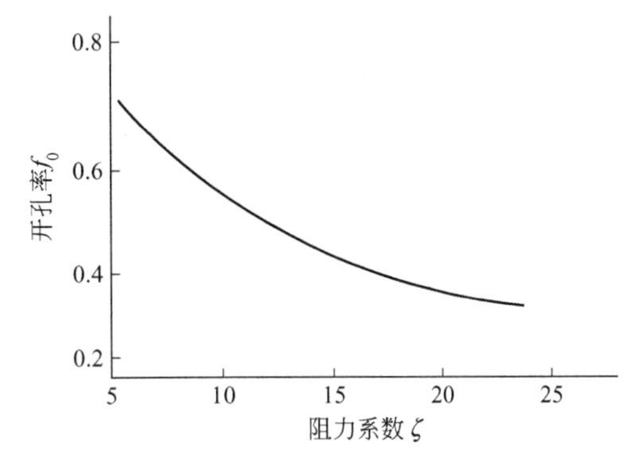


图 13-97　开孔率 $f_0$ 和阻力系数 $\zeta$ 的关系

开孔率因气体速度而异，对于 1m/s 的速度，开孔率取 50%较为合理。靠近工作室的第二层分布板的开孔率应比第一层小，即第二层分布板的阻力系数比第一层大，这就能使气体分布较均匀。为了获得最合理的分布板结构，设计时有必要在不同的操作情况下进行模拟试验，根据模拟试验结果进行分布板设计。除尘器安装完后，应再进行一次现场测试和调整。

多孔板上的圆孔直径为 $\phi$30～80mm。孔径与开孔率还要考虑气体进口形式，必要时可用不同开孔率的分布板。

分布板若设置在除尘器进出口喇叭管内，为防止烟尘堵塞，在分布板下部和喇叭管底边应留有一定间隙，其大小按下式确定：

$$\delta = 0.02h_1 \tag{13-64}$$

式中，$\delta$ 为分布板下部和喇叭管底边的间隙，m；$h_1$ 为工作室的高度，m。

除尘器出口处的分布板除了调整气流分布的作用外，还有一定的除尘功能。用槽形板代替多孔板，其形式见图 13-98 和图 13-99。

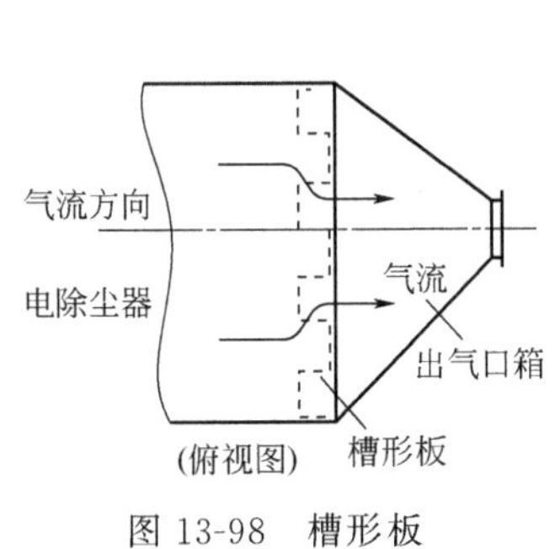


图 13-98　槽形板

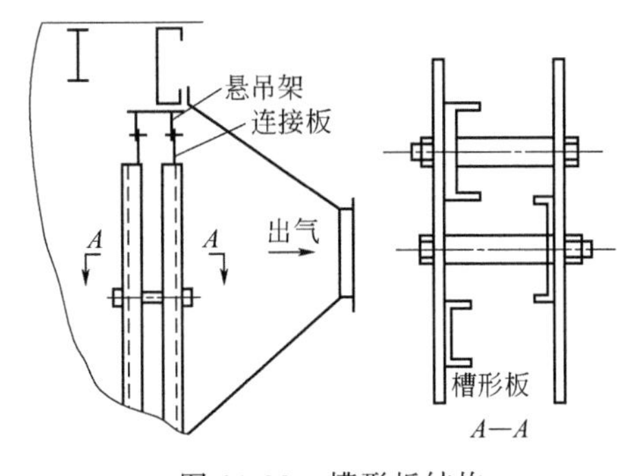


图 13-99　槽形板结构

槽形板可减少烟尘因流速较大而重返烟气流的现象。图 13-100 为槽形板收尘效率与电场风速的关系。

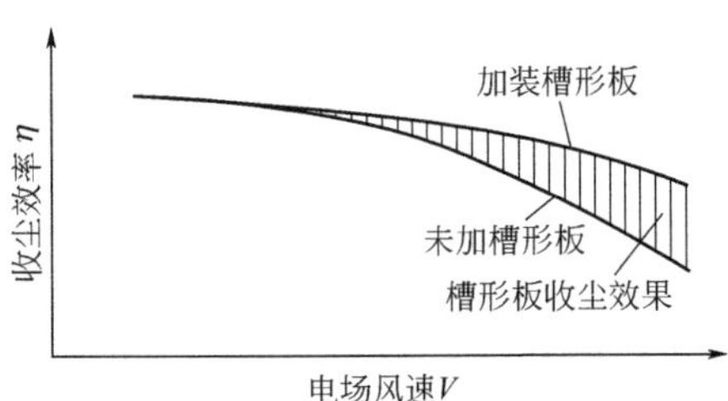


图 13-100　槽形板收尘效率与电场风速的关系

槽形板一般由两层槽形板组成，槽宽 100mm，翼高 25～30mm，板厚 3mm，轧制或模压成型。两层槽形板的间隙为 50mm。

除尘器入口气流分布板设在入口喇叭管内，也可设在除尘器壳体内，应注意防止喇叭管被烟尘堵塞。多层气流分布板处应设有人孔，以便清理。

(4) 评价方法　评价气流分布均匀性有多种方法和表达式，常用的有不均匀系数法和均方根法。

① 均方根法。气流速度波动的均方根 $\sigma$ 用下式表示：

$$\sigma = \sqrt{\frac{1}{n}\sum_{i=1}^{n}\left(\frac{v_i - v_p}{v_p}\right)^2} \tag{13-65}$$

式中，$v_i$ 为各测点的流速，m/s；$v_p$ 为断面上的平均流速，m/s；$n$ 为断面上的测点数。

气流分布完全均匀时 $\sigma=0$，对于工业静电除尘器 $\sigma<0.1$ 时认为气流分布很好，$\sigma\leqslant0.15$ 时较好，$\sigma\leqslant0.25$ 尚可以，$\sigma>0.25$ 是不允许的。均方根法是一种常用的方法。

② 不均匀系数法。是指在除尘器断面上各点实测流速算出的气流动量（或动能）之和与全断面平均流速计算出的平均动量（或动能）之比，分别用 $M_k$、$N_k$ 表示：

$$M_k=\frac{\int_0^S v_i\,\mathrm{d}G}{v_p G}=\frac{\sum_{i=1}^{n} v_i^2\Delta S}{v_p^2 S} \tag{13-66}$$

$$N_k=\frac{\frac{1}{2}\int_0^S v_p^2\,\mathrm{d}G}{\frac{1}{2}v_p^2 G}=\frac{\sum_{i=1}^{n} v_i^3\Delta S}{v_p^3 S} \tag{13-67}$$

式中，$v_i$ 为各测点的流速，m/s；$G$ 为处理气体的质量流量，kg/s；$\mathrm{d}G$ 为每一小单元体的流量，kg/s；$\Delta S$ 为每一小单元的断面积，$m^2$；$v_p$ 为断面上的平均流速，m/s；$S$ 为断面总面积，$m^2$；$n$ 为测点数。

当 $M_k\leqslant1.1\sim1.2$ 或 $N_k\leqslant1.3\sim1.6$ 时即认为气流分布符合要求。

## 六、静电除尘器供电装置设计

### （一）静电除尘器供电设备的特点和组成

#### 1. 静电除尘器供电的特点

静电除尘器要想获得高效率，必须有合理而可靠的供电系统，其特点如下。

（1）要求供直流电，且电压高（40～100kV），电流小（150～1500mA）。

（2）电压波形应有明显峰值和最低值，以利用峰值提高收尘效率，低值熄弧。不宜用三相全波整流，静电除尘器大多采用单相全波整流，效果较好。比电阻高的烟尘宜采用半波整流，脉冲供电或间歇供电。

（3）静电除尘器是阻容性负载，当电场闪络时，产生振荡过电压，因此硅整流设备及供电回路须选配适当电阻、电容和电感，使回路限制在非周期振荡中，且抑制过压幅度。同时，硅堆设计制作时需考虑均压、过载等问题，以免设备在负载恶化的情况下损坏。

（4）收尘电极、壳体等均须接地，电晕电极采用负电晕。

（5）供电须保持较高的工作电压和较大的电晕电流，供电参数与收尘效率的关系如下：

$$\eta=1-\mathrm{e}^{-\frac{A}{Q}\omega} \tag{13-68}$$

式中，$\eta$ 为除尘效率，%；$A$ 为收尘极极板面积，$m^2$；$Q$ 为处理气量，$m^3/s$；$\omega$ 为驱进速度，m/s。$\omega$ 的计算公式为：

$$\omega=K_1\frac{P_c}{A}=K_1\frac{u_p+u_m}{2A}i_0 \tag{13-69}$$

式中，$K_1$ 为随气体、粉尘性质和静电除尘器结构不同而变化的常数；$P_c$ 为电晕功率，kV；$u_p$ 为电压峰值，kV；$u_m$ 为电压最低值，kV；$i_0$ 为电流平均值，mA。

#### 2. 静电除尘器对供电设备性能的要求

（1）根据火花频率，临界电压能进行自动跟踪，使供电电压和电流达到最佳值。

（2）具有良好的联锁保护系统，对闪络、拉弧、过流能及时做出反应。

（3）自动化水平高。

（4）机械结构和电气元件牢固可靠。

### 3. 供电设备组成

供电设备的系统结构见图 13-101。双室三电场静电除尘器的供电系统如图 13-102 所示。

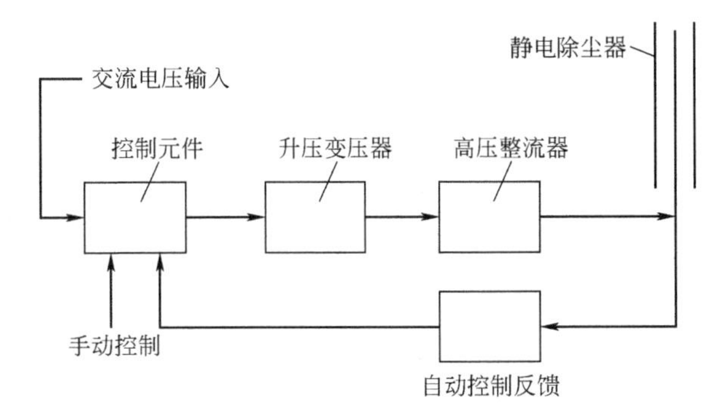


图 13-101　供电设备的系统结构

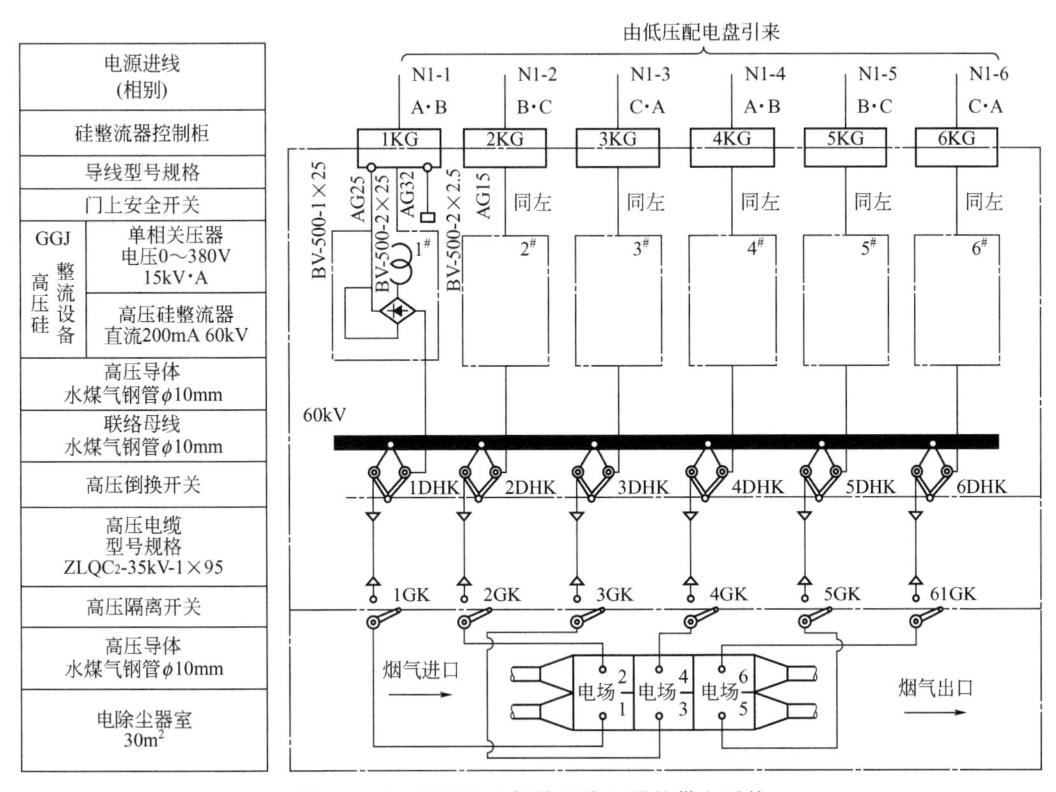


图 13-102　双室三电场静电除尘器的供电系统

供电设备一般包括以下几部分。

(1) 升压变压器　将外部供给的低压交流电（380V）变为高压交流电（60～150kV）。

(2) 高压整流器　高压整流器是将高压交流电整流成高压直流电的设备，常用的高压整流器有机械整流器、电子管整流器、硒整流器和高压硅整流器。高压硅整流器具有较低的正向阻抗、反向耐压高、耐冲击、整流效率高、轻便可靠、使用寿命长、无噪声等优点。现在几乎都用高压硅整流器。

(3) 控制装置　静电除尘器供电设备的控制系统由以下几部分组成。

① 调压装置。为维护静电除尘器正常运行而不被击穿，必须采用自动调压的供电系统，以适应烟气、烟尘条件变化时供电电压亦随之变化的需要。

② 保护装置。为防止因静电除尘器局部断路和其他故障造成对升压变压器或整流器的损

害，供电系统必须设置可靠的保护装置，此装置包括过流保护、灭弧保护、久压延时、跳闸、报警保护和开路保护。

③ 显示装置。控制系统应把供电系统的各项参数用仪表显示出来，应显示的内容为：一次电压、一次电流、二次电压、二次电流和导通角等。

**4. 供电装置设计注意事项**

(1) 接地电阻　为确保电除尘器安全操作，供电器与除尘器均须设接地装置，且须有一定的接地电阻。一般静电除尘器接地电阻应小于4Ω，除尘器的接地线（包括收尘电极、壳体人孔门和整流机等）应自成回路，不得和别的电气设备特别是烟囱地线相连。

(2) 供电系统至电晕电极的电源线　早期的静电除尘器都采用裸线外罩以400mm的钢管，其安全性较差，现采用电缆。采用$ZLQC_2$型铝导电线芯，油浸纸绝缘，金属化纸屏蔽，铅皮及钢带铠装在外被层，其技术特性为：直流电压（75%+15%）kV；公称截面积95mm$^2$；计算外径49.5mm；质量约5.9kg/m。

(3) 供电系统的安全　除尘器运行中常易发生电击事故，故设计时必须充分考虑其安全操作。

① 设置安全隔离开关。当操作人员需接触高压系统时，先拉开隔离开关，确保电源电流不能进入高压系统。高压隔离开关可附设在电除尘器上，亦可由供电系统另外设置，但其位置必须便于操作。

② 壳体人孔门、高压保护箱的人孔门启闭应和电源联锁，即人孔门打开时电源断开，人孔门关闭时电源供电。

③ 装设安全接地装置。人孔门打开时，安全接地装置接地，导走高压部分残留的静电，保证操作人员不受静电危害，同时可在前两种安全措施发生误操作或失灵时起双保险作用。

静电除尘器的供电设备包括高压供电设备和低压供电设备两类。高压供电设备还包括升压变压器、整流器等；低压供电设备包括自控设备和输排灰装置、料位计、振打电动机等供电设备。

## (二) 高压供电设备

**1. 升压变压器**

升压变压器是变换交流电压、电流和阻抗的器件。电除尘器用的变压器，一般由380V交流电升压到60～150kV。当初级线圈中通有交流电流时，铁芯中便产生交流磁通，使次级线圈中感应出电压。

变压器由铁芯和线圈组成，线圈有两个或两个以上的绕组，其中接电源的绕组叫初级线圈，其余的绕组叫次级线圈。

(1) 变压器工作原理　变压器工作的基本原理是电磁感应原理，如图13-103所示。当初级侧绕组上加上电压$U_1$时，流过的电流为$I_1$，在铁芯中就产生交变磁通$\phi_1$，这些磁通称为主磁通，在它作用下，两侧绕组分别感应电势$E_1$、$E_2$，感应电势公式为：

$$E=4.44fN\phi_m \tag{13-70}$$

式中，$E$为感应电势有效值；$f$为频率；$N$为匝数；$\phi_m$为主磁通最大值。

由于次级绕组与初级绕组匝数不同，感应电势$E_1$和$E_2$的大小也不同，当略去内阻抗压降后，电压$U_1$和$U_2$的大小也就不同。

当变压器次级侧空载时，初级侧仅流过主磁通的电流（$I_0$），这个电流称为激磁电流。当二次侧加负载流过负载电流$I_2$时，也在铁芯中产生磁通，力图改变主磁通，但一次电压不变时，主磁通是不变的，初级侧就要流过两部分电流，一部分为激磁电流$I_0$，一部分为用来平衡$I_2$的电流，所以这部分电流随着$I_2$变化而变化。当电流乘以匝数时，就是磁势。

上述的平衡作用实质上是磁势平衡作用，变压器就是通过磁势平衡作用实现了一、二次侧的能量传递。

（2）变压器构造　变压器的核心部件是其内部的铁芯和绕组。铁芯是变压器中主要的磁路部分，通常由晶粒取向冲轧硅钢片制成。硅钢片厚度为 0.35mm 或 0.5mm，表面涂有绝缘漆。铁芯分为铁芯柱和铁轭两部分，铁芯柱套有绕组，铁轭用来闭合磁路。铁芯结构的基本形式有芯式和壳式两种，其结构见图 13-104。绕组是变压器的电路部分，它由用纸包的绝缘扁线或圆线绕成。

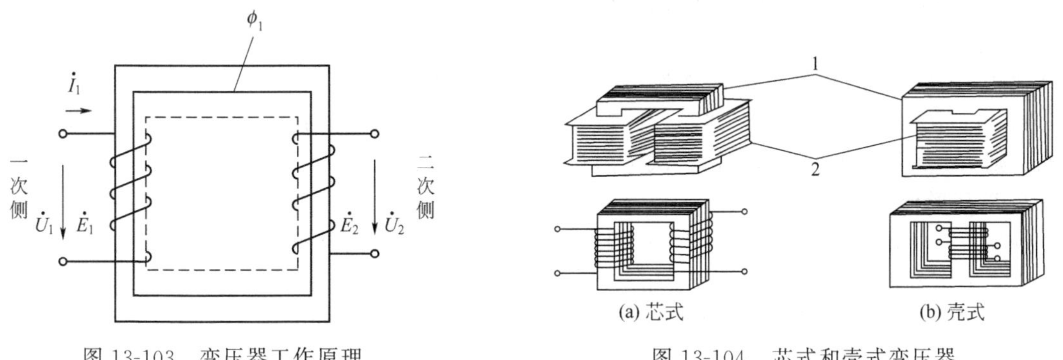


图 13-103　变压器工作原理

图 13-104　芯式和壳式变压器

1—铁芯；2—绕组

如果不计变压器初级、次级绕组的电阻和铁耗，耦合系数 $K=1$ 的变压器称为理想变压器。其电动势平衡方程式为：

$$e_1(t)=-N_1\frac{\mathrm{d}\phi}{\mathrm{d}t} \tag{13-71}$$

$$e_2(t)=-N_2\frac{\mathrm{d}\phi}{\mathrm{d}t} \tag{13-72}$$

若初级、次级绕组的电压、电动势的瞬时值均按正弦规律变化，则有：

$$U_1/U_2=E_1/E_2=N_1/N_2 \tag{13-73}$$

不计铁芯损失，根据能量守恒原理可得：

$$U_1I_1=U_2I_2 \tag{13-74}$$

由此得出初级、次级绕组电压和电流有效值的关系为：

$$U_1U_2=I_2I_1 \tag{13-75}$$

令 $k=N_1/N_2$，称为匝比（也称电压比），则：

$$U_1/U_2=k \tag{13-76}$$

$$I_1/I_2=k \tag{13-77}$$

（3）变压器特性参数　在进行变压器设计、选型、应用时，都要知道其运行工作中的一些特性参数。变压器的主要性能参数如下。

① 工作频率。变压器铁芯损耗与频率的关系很大，故应根据使用频率来设计和使用，这种频率称为工作频率。

② 额定功率。在规定的频率和电压下，变压器能长期工作而不超过规定温升的输出功率即为额定功率。

③ 额定电压。指在变压器的线圈上允许施加的电压，工作时不得大于规定值。变压器初级电压和次级电压的比值称电压比，它有空载电压比和负载电压比的区别。

④ 空载电流。变压器次级开路时，初级仍有一定的电流，这部分电流称为空载电流。空载电流由磁化电流（产生磁通）和铁损电流（由铁芯损耗引起）组成。对于 50Hz 的电源变压器而言，空载电流基本上等于磁化电流。

⑤ 空载损耗。指变压器次级开路时，在初级测得的功率损耗。主要损耗是铁芯损耗，其次是空载电流在初级线圈铜阻上产生的损耗，这部分损耗很小。

⑥ 效率。指次级功率 $P_2$ 与初级功率 $P_1$ 比值的百分数。通常变压器的额定功率越大，效率就越高。

⑦ 绝缘电阻。表示变压器各线圈之间、各线圈与铁芯之间的绝缘性能。绝缘电阻的高低与所使用的绝缘材料的性能、温度高低和潮湿程度有关。

⑧ 频率响应。指变压器次级输出电压随工作频率变化的特性。

⑨ 通频带。如果变压器在中间频率的输出电压为 $U_0$，当输出电压（输入电压保持不变）下降到 $0.707U_0$ 时的频率范围，称为变压器的通频带 $B$。

⑩ 初、次级阻抗比。变压器初、次级接入适当的阻抗 $R_0$ 和 $R_t$，使变压器初、次级阻抗匹配，则 $R_0$ 和 $R_t$ 的比值称为初、次级阻抗比。

**2. 高压整流器**

将高压交流电整流成高压直流电的设备称为高压整流器。整流器有机械控流器、电子管整流器、硒整流器和高压硅整流器等。前三种因其固有缺点逐渐被淘汰，现在主要用高压硅整流器。在静电除尘器供电系统中采用的各种半导体整流器电路如图 13-105 所示。

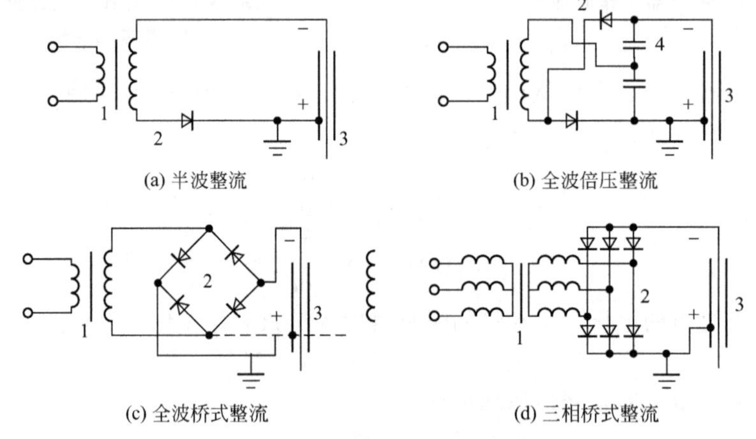


图 13-105 几种半导体整流器电路

1—变压器；2—整流器；3—静电除尘器；4—电容

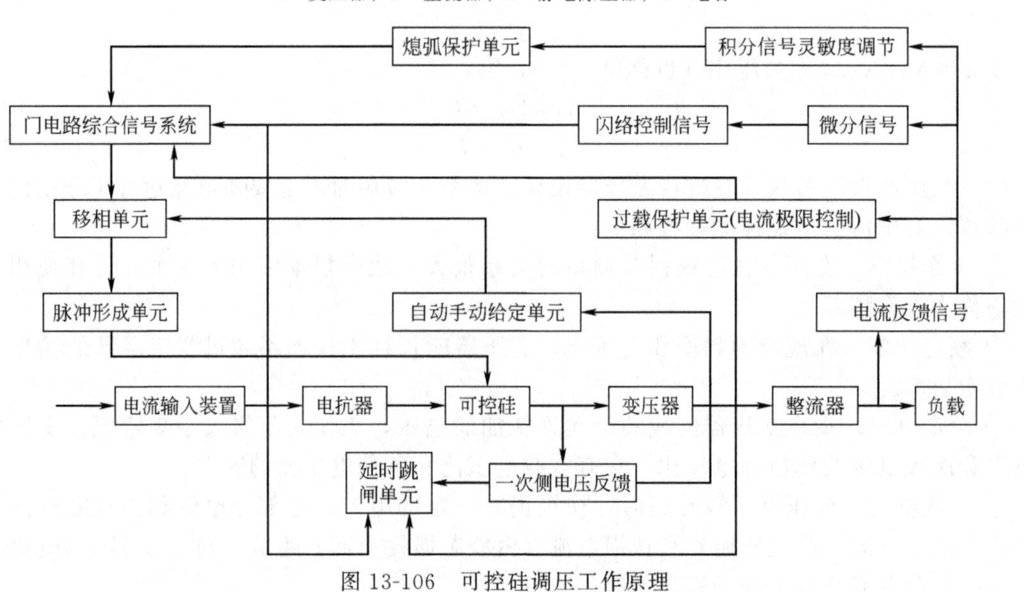


图 13-106 可控硅调压工作原理

可控硅调压工作原理如图 13-106 所示。$GGAJO_2B$ 型可控硅自动控制高压硅整流设备系列及技术参数见表 13-22。

**表 13-22　$GGAJO_2B$ 型可控硅自动控制高压硅整流设备系列及技术参数**

| 名称 | | 0.2/60 | 0.4/72 | 1.0/60 | 0.2/140 | 0.2/300 |
|---|---|---|---|---|---|---|
| 交流输入电压 | | 单相　50Hz,380V | | | | |
| 交流输入电流/A | | 45 | 100 | 220 | 120 | 250 |
| 直流输出电压平均值/kV | | 60 | 72 | 60 | 140 | 300 |
| 直流输出电流平均值/mA | | 200 | 400 | 1000 | 200 | 200 |
| 输出电压调节范围/% | | 0～100 | | | | |
| 输出电流调节范围/% | | 0～100 | | | | |
| 输出电流极限整定范围/% | | ≥50～100 | | | | |
| 稳流精度/% | | <5 | | | | |
| 输出电压上升率调节范围 | | 0～10 分度可调 | | | | |
| 输出电流上升率调节范围 | | 0～10 分度可调 | | | | |
| 延时跳闸整定值/s | | 3～15 | | | | |
| 偏励磁保护最大极限整定值 | | 55～60 | 120～130 | 240～250 | 140～150 | 260～280 |
| 开路保护允许电网最低值/V | | 340 | | | | |
| 电抗器 | 体积(长×宽×高)/mm | 430×390×435 | 680×486×992 | | 790×460×1100 | |
| | 质量/kg | 80 | 400 | | 500 | |
| 整流变压器 | 体积(长×宽×高)/mm | 1090×698×1570 | 1090×852×1700 | | 1260×876×1815 | |
| | 质量/kg | 900 | 1500 | | 1800 | |
| 控制柜 | 体积(长×宽×高)/mm | | | | 800×100×1800 | |
| | 质量/kg | 200 | | | 230 | |

### 3. 高压硅整流变压器

高压硅整流变压器集升压变压器、硅整流器（带均压吸收电容）及测量取样电路于一体，设置于变压器筒体内。

升压变压器由铁芯和高、低压绕组构成，低压（初级）绕组在外，高压（次级）绕组在内。考虑均压作用，一般把次级绕组分成若干个绕组，分别通过若干个整流桥串联输出。高压绕组一般都有骨架，用环氧玻璃丝布等材料制成，整体性能好，耐冲击，易加上和维修。为提高线圈抗冲击能力，低压绕组外加设静电屏，增大绕组对地的电容，使冲击电流尽量从静电屏流走（不是击穿，而是以感应的形式流走）。也可以理解为由于大电容的存在，使绕组各点电位不能突变，电位梯度趋于平稳，对绕组起着良好的保护作用。但是静电屏必须接地良好，否则不但起不了保护作用，还会因悬浮电位的存在引起内部放电等问题。高压绕组除采取分绕组的形式外，有些厂家还采取设置加强包的方法来提高耐冲击能力，即对某些特定的绕组选取较粗的导线，减少绕组匝数，对应的整流桥堆也相应提高一个电压等级。

为降低硅整流变压器的温升，高、低绕组导线的电流密度都取得较低，铁芯的磁通密度也取得较低，部分高压绕组设置有油道。容量较大的硅整流变压器一般都配有散热片。

高压硅整流变压器为电除尘设备提供可靠的高压直流电源。各生产厂家都按各自的特点、条件进行设计。下面是某厂的设计。

(1) 产品技术参数　包括：①一次输入为单相交流，$U_1=380V$、$f=50Hz$；②二次输出为直流高压，$U_2$=60～80kV，$I_2$=0.1～2.0A；③整流回路为全被整流，桥串联。

（2）产品使用条件 包括：①海拔高度不超过1000m，若超过1000m时，按GB 3859做相应修正；②环境温度不高于40℃，不低于变压器油所规定的凝点温度；③空气最大相对湿度为90%（在相对于空气=20℃±5℃时）；④无剧烈振动和冲击，垂直倾斜度不超过5%；⑤运行地点无爆炸尘埃，没有腐蚀金属和破坏绝缘的气体或蒸气；⑥交流正弦电压幅值的持续波动范围不超过交流正弦电压额定值的±10%；⑦交流电压频率波动范围不超过±2%。

（3）产品结构 GGAJO$_2$系列高压硅整流变压器由升压变压器和整流器两大部分组成。高压绕组采用分组式结构，各自整流，直流串联输出，适用于较大容量的变压器。它按全绝缘的结构设计，散热条件好，运行可靠性高。该系列变压器根据阻抗值的大小，分为低阻抗变压器和高阻抗变压器两种。

1）低阻抗变压器。低阻抗高压硅整流变压器外形见图13-107，工作原理见图13-108。

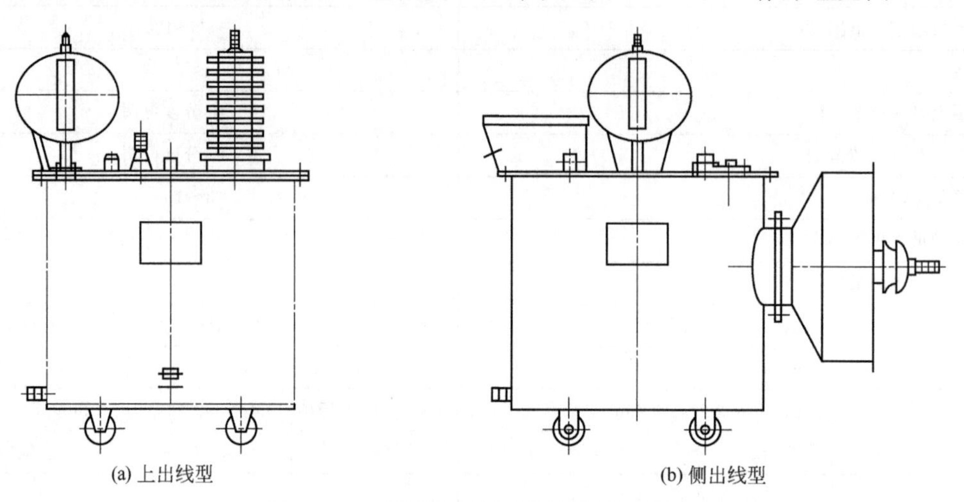


图13-107 低阻抗高压硅整流变压器外形

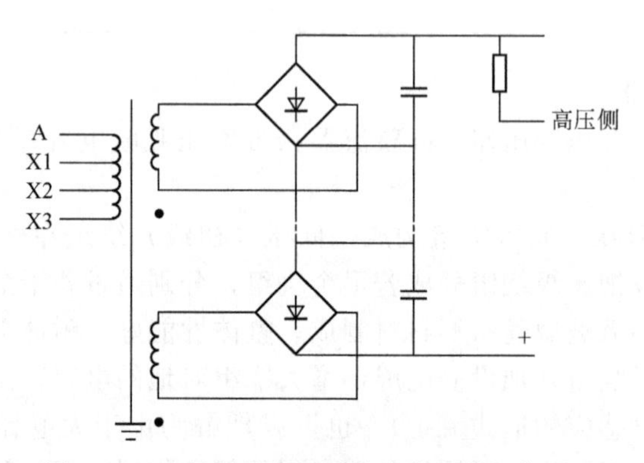


图13-108 低阻抗高压硅整流变压器工作原理

这种变压器的阻抗较小，必须配电抗器才能使用，电抗器上备有抽头，所以阻抗值调整方便。

① 名称

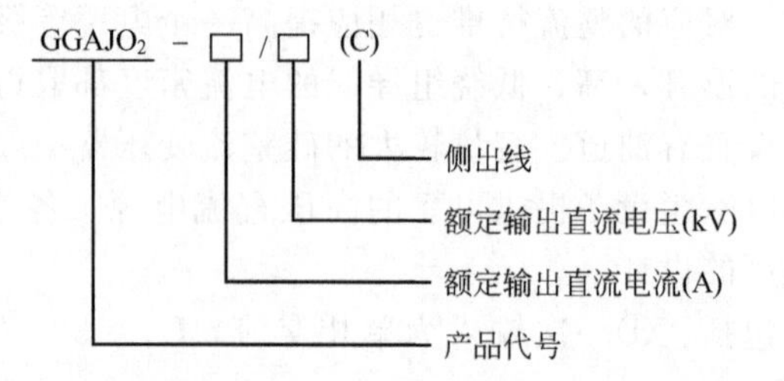

② 结构

ⅰ. 铁芯。该变压器的铁芯采用壳式结构，由高导磁材料的冷轧硅钢片（DQ151-35）组成，其截面采用多级圆柱型，只有一个芯柱。铁轭为矩形截面。

ⅱ. 绕组。有一个低压绕组，低压绕组上共有3个抽头，其输出分别为额定电压的100%、90%、80%。高压绕组的数量根据电压等级的不同分为 $n$ 个不等。高压绕组分别与整流桥连接。

ⅲ. 整流器。各整流桥为串联，其数量根据电压等级的不同而分为 $n$ 个不等，变压器与整流器同装于一个箱体内，每个整流桥都接有一个均压电容。

ⅳ. 油箱。由于阻抗电压较小，变压器体积小、损耗小，所以它可利用平板油箱进行散热，不需加散热片。

③ 特性

ⅰ. 调整方便。由于整个回路的电感量没有设计在变压器内部，对不同负载所需的电感量，由平波电抗器来调节。因此，适用于负载变化较大的场合。

ⅱ. 效率高。采用壳式结构，铁多铜少，总损耗低，效率高。

ⅲ. 变压器体积小，成本低，重量轻。

2）高阻抗变压器。高阻抗高压硅整流变压器外形见图13-109，工作原理见图13-110。

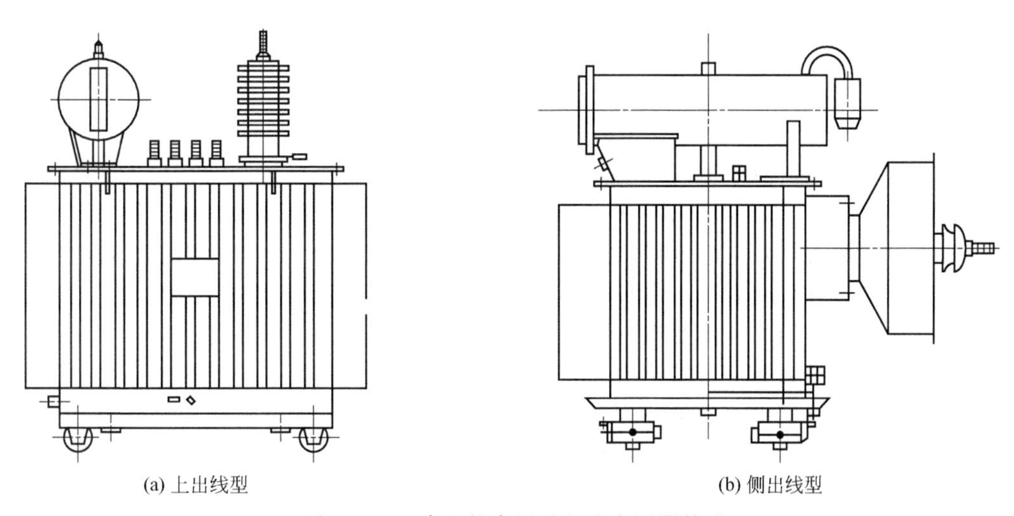


图13-109 高阻抗高压硅整流变压器外形

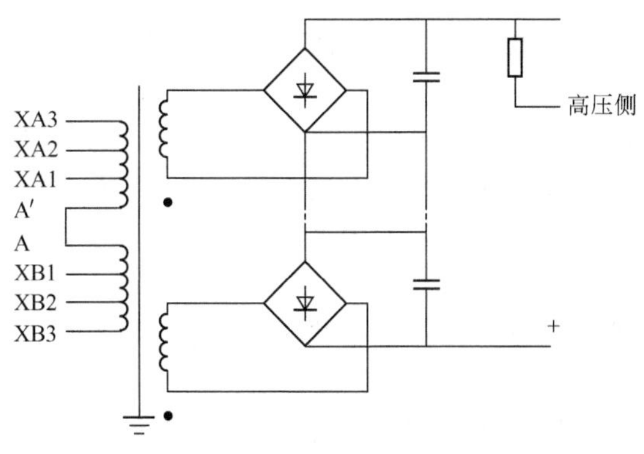


图13-110 高阻抗高压硅整流变压器工作原理

① 名称

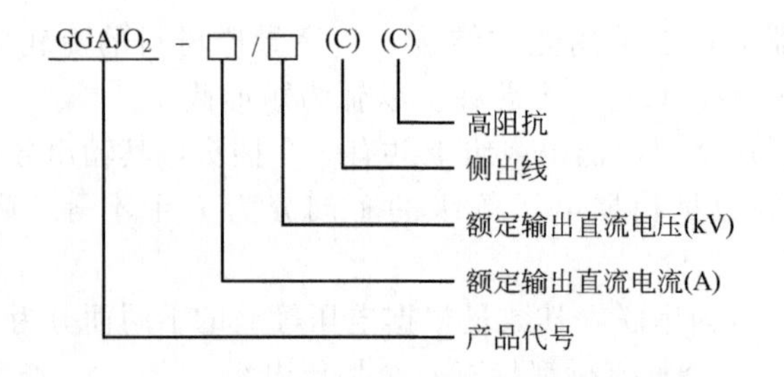


② 结构

ⅰ. 铁芯。该变压器的铁芯采用芯式结构，由高导磁材料的冷轧硅钢片（DQ151-35）组成，其截面采用多级圆柱型，有两个铁芯柱。

ⅱ. 绕组。有 2 个相互串联的低压绕组，每个低压绕组上有 3 个抽头，其输出分别为额定电压的 100%、90%、80%。有 $n$ 个高压绕组。高压绕组分别与整流桥连接。

ⅲ. 整流器。各整流桥为串联，有 $n$ 个整流桥，变压器与整流器同装于一个箱体内，每个整流桥都接有一个均压电容。

ⅳ. 油箱。由于阻抗电压较大，变压器体积大、损耗大，所以它必须通过波纹片进行散热。

③ 特性

ⅰ. 由于整个回路的电感量设计在变压器内部，不需要平波电抗器，因此安装方便。

ⅱ. 阻抗高，阻流能力强，抗冲击。

ⅲ. 体积大，成本高，质量大。

(4) 电抗器 电抗器对于低阻抗的高压硅整流变压器是必不可少的，它分为于式和油浸式 2 种。其中电流在 0.1～0.4A 的为干式，其余为油浸式。每台电抗器备有 5 个抽头，电抗器的主要作用如下：①电抗器是电感元件，而电流在电感中不能突变，可以改善二次电流波形，使之平滑；②减少谐波分量，有利于电场获得较高的运行电流；③限制电流上升率，对一、二次瞬间电流变化起缓冲作用；④抑制电网高效谐波，改善可控硅的工作条件。

闭合铁芯的导磁系数随电流变化而呈非线性变化，当电流超过一定值后铁芯饱和，导磁系数急剧下降，电感及电抗也急剧下降。增加气隙，铁芯不易饱和，使其工作在线性状态。

因电流大，当受到冲击电压时，它承受的电压较高，故工作时，因磁滞伸缩会有噪声是正常的，但若装配不紧，气隙或抽头选择不当，也会增大噪声。

按火花放电频率调节电极电压的方式也有不足之处：系统是按给定火花放电的固定频率工作的，而随着气流参数的改变、电极间击穿强度的改变，火花放电最佳频率也要发生变化，系统对这些却没有反应；若火花放电频率不高，而放电电流很大的话容易产生弧光放电，也就是说这仍是“不稳定状态”。

随着变压器初级电压的上升，在电极上电压平均值先是呈线性关系上升，达到最大值之后开始下跌，原因是火花放电强度上涨。电极上最大平均电压相应于除尘器电极之间火花放电的最佳频率。所以，保持电极上平均电压最大水平就相当于将静电除尘器的运行工况保持在火花放电最佳的频率之下。而最佳频率是随着气流参数在很宽限度内的变化而变化的，这就解决了单纯按火花电压给定次数进行调节的“不稳定状态”。在这种极值电压调节系统下，工作电压曲线与击穿电压曲线更接近。

总之，在任何情况下，工作电压与机组输出电流的调节都是通过控制信号对主体调节器（或称主体控制元件）的作用而实施的，而主体调节器可能是自动变压器、感应调节器、磁性放大器等，现在最普遍的是硅闸流管（可控硅管）。

### （三）低压供电设备

低压供电设备包括高压供电设备以外的一切用电设施。低压自控装置是一种多功能自控系统，主要有程序控制、操作显示和低压配电三个部分。按其控制目标，该装置有如下部分。

（1）电极振打控制　指控制同一电场的两种电极根据除尘情况进行振打，但不要同时进行，应错开振打的持续时间，以免加剧二次扬尘、降低除尘效率。目前设计的振打参数，振打时间在 1～5min 内连续可调。停止时间 5～30min 连续可调。

（2）卸灰、输灰控制　灰斗内所收粉尘达到一定程度（如到灰斗高度的 1/3 时），就要开动卸灰阀以及输灰机，进行输排灰。也有的不管灰斗内粉尘多少，卸灰阀定时卸灰或螺旋输送机、卸灰阀定时卸灰。

（3）绝缘子室恒温控制　为了保证绝缘子室内对地绝缘的配管或瓷瓶的清洁干燥，以保持其良好的绝缘性能，通常采用加热保温措施，加热温度应较气体露点温度高 20～30℃左右。绝缘子室内要求实现恒温自动控制。在绝缘子室达不到设定温度前，高压直流电源不得投入运行。

（4）安全联锁控制和其他自动控制　一台完全的低压自动控制装置还应包括高压安全接地开关的控制、高压整流室通风机的控制、高压运行与低压电源的联锁控制以及低压操作信号显示电源控制和静电除尘器的运行与设备事故的无距离监视等。

# 第六节　湿式除尘器设计

## 一、喷淋式除尘器设计

虽然空心喷淋除尘器（又称喷淋塔）比较古老，且有设备体积大、效率不高、对灰尘捕集效率仅达 60％等缺点，但是还有不少工厂仍沿用，这是因为空心喷淋除尘器有：结构简单、便于制作、便于采取防腐蚀措施、阻力较小、动力消耗较低、不易被灰尘堵塞等显著优点。

**1. 喷淋式除尘器的结构**

图 13-111 为喷淋式除尘器的一种简单的代表性结构。塔体一般用钢板制成，也可以用钢筋混凝土制作。塔体底部有含尘气体进口、液体排出口和清扫孔。塔体中部有喷淋装置，由若干喷嘴组成，喷淋装置可以是一层或两层以上，视塔底高度而定。塔的上部为除雾装置，以脱去由含尘气体夹带的液滴。塔体上部为净化气体排出口，直接与烟筒连接或与排风机相接。

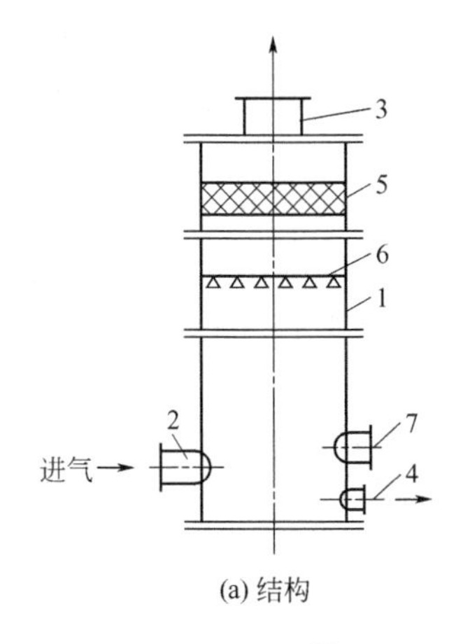


(a) 结构

(b) 外形

图 13-111　空心喷淋式除尘器

1—塔体；2—进口；3—烟气排出口；4—液体排出口；
5—除雾装置；6—喷淋装置；7—清扫孔

塔直径由每小时所需处理气量与气体在塔内的通过速度决定。计算公式如下：

$$D=\sqrt{\frac{Q}{900\pi v}}=\frac{1}{30}\sqrt{\frac{Q}{\pi v}} \tag{13-78}$$

式中，$D$ 为塔直径，m；$Q$ 为每小时处理的气量，$m^3/h$；$v$ 为烟气穿塔速度，m/s。

空心喷淋除尘器的气流速度越小，对吸收效率越有利，一般为 1.0～1.5m/s。

除尘器本体是由以下 3 部分组成的。

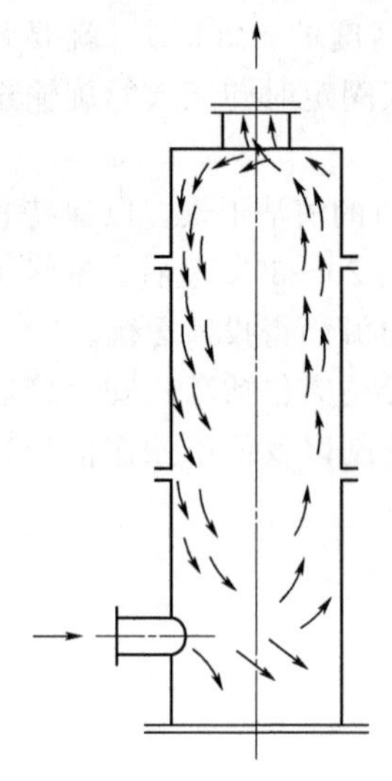

图 13-112 空心除尘器中的气流状况

(1) 进气段 即进气管以下至塔底的部分，使烟气在此间得以缓冲，均布于塔的整个截面。

(2) 喷淋段 即自喷淋层（最上一层喷嘴）至进气管上口的部分，气液在此段进行接触传质，是塔的主要区段。氟化氢为亲水性气体，传质在瞬间即能完成。但在实际操作中，由于喷淋液雾化状况、气体在本体截面分布情况等条件的影响，此段的长度仍是一个主要因素。因为在此段，塔的截面布满液滴，自由面大大缩小，从而气流的实际速度增大很多倍，因此不能按空塔速度计算接触时间。

(3) 脱水段 喷嘴以上部分为脱水段，作用是使大液滴依靠自重降落，其中装有除雾器，以除掉小液滴，使气液较好地分离。塔的高度尚无统一的计算方法，一般参考直径选取，高与直径比（$H/D$）在 4～7 范围以内，而喷淋段占总高的 1/2 以上。

**2. 匀气装置**

库里柯夫等形容空心除尘器中的气体运动情况时指出：气体在本体内各处的运动速度和方向并不一致。空心除尘器中的气流状况如图 13-112 所示。

气流自较窄的进口进入较大的塔体后，气体喷流先沿塔底展开，然后沿进口对面的塔壁上升，至顶部沿着顶面前进，然后折而向下。这样，气流便沿塔壁发生环流，而在塔心产生空洞现象。于是，在塔的横断面上气体分布很不均匀，而且使得喷流气体在本体内的停留时间亦不相同，致使塔的容积不能充分利用。为了改进这一缺点，常将进气管伸到塔中心，向下弯，使气体向四方扩散，然后向上移动。也可以在入口上方增加一个匀气板、大孔径筛板或条状接触面积增加，有利于除尘。

**3. 喷嘴**

喷嘴的功能是将洗涤液喷洒为细小液滴。喷嘴的特性十分重要，构造合理的喷嘴能使洗涤液充分雾化，增大气液接触面积。反之，虽有庞大的塔体而洗涤液喷洒不佳，气液接触面积仍然很小，影响设备的净化效率。理想的喷嘴有如下特点。

(1) 喷出液滴细小 液滴大小取决于喷嘴结构和洗涤液压力。

(2) 喷出液体的锥角大 锥角大则覆盖面积大，在出喷嘴不远处便布满整个塔截面。喷嘴中装有旋涡器，使液体不仅向前进方向运动，而且产生旋转运动，这样有助于将喷出液洒开，也有利于将喷出液分散为细雾。

(3) 所需的给液压力小 给液压力小，则动力消耗低。一般为 2～3atm（1atm＝101325Pa）时，喷雾消耗能量约为 0.3～0.5kW・h/t 液体。

(4) 喷洒能力大 喷雾喷洒能力的理论计算公式为：

$$q=\mu F\sqrt{\frac{2gp}{\rho}} \tag{13-79}$$

式中，$q$ 为喷嘴的喷洒能力，$m^2/s$；$\mu$ 为流量系数，0.2～0.3；$F$ 为喷出口截面积，$m^2$；$p$ 为喷出口液体压力，Pa；$\rho$ 为液体密度，$kg/m^3$；$g$ 为重力加速度，$m/s^2$。

在实际工程中，多采用经验公式，其形式如下：

$$q=kp^n \tag{13-80}$$

式中，$k$ 为与进出口直径有关的系数；$n$ 为压力系数，与进口压力有关，一般在 0.4～0.5 之间。

需用喷嘴的数量根据单位时间内所需喷淋液量确定，计算公式如下：

$$n=\frac{G}{q\phi} \tag{13-81}$$

式中，$n$ 为所需喷嘴个数；$G$ 为所需喷淋液量，$m^2/h$；$q$ 为单个喷嘴的喷淋能力，$m^2/h$；$\phi$ 为调整系数，根据喷嘴是否容易堵塞而定，可取 0.8～0.9。

喷嘴应在断面上均匀配置，以保证断面上各点的载淋密度相同，而无空洞或疏密不均现象。

**4. 除雾**

在喷淋段气液接触后，气体的动能传给液滴一部分，致使一些细小液滴获得向上的速度而随气流飞出塔外。液滴在气相中按其尺寸大小分类为：直径在 100μm 以上的称为液滴；在 50～100μm 之间的称为雾滴；在 1～50μm 之间的称为雾珠状；1μm 以下的为雾气状。

如果除雾效果达不到要求，不仅损失洗涤液，增加水的消耗，而且还降低净化效率，飞逸出的液滴加重了厂房周围的污染程度，更重要的是损失掉了已被吸收的成分。在回收冰晶石的操作中，对吸收液的最终浓度都有一定要求，若低于此浓度，则回收合成无法进行。当夹带损失很高时，由于不断地添加补充液，结果使吸收液浓度稀释，有可能始终达不到要求的浓度。因此，除雾措施是不可缺少的步骤。常用的除雾装置有以下几种。

(1) 填充层除雾器　在喷嘴至塔顶间增加一段较疏散填料层，如瓷环、木格、尼龙网等，借助液滴的碰撞，使其失去动能从而沿填料表面下落。填料层也可以是一层无喷淋的湍球（详见后）。

(2) 降速除雾器　有的吸收器上部直径扩大，借助断面积增加而使气流速度降低，使液滴靠自重下降。降速段可以与除尘器一体，也可以另外配置。这是阻力最小的一种除雾器。

(3) 折板除雾器　使气流通过曲折板组成的曲折通路，其中液滴不断与折板碰撞，由于惯性力的作用，使液滴沿折板下落。折板除雾器一般采用 3～6 折，其阻力按下式计算：

$$\Delta p=\xi\frac{v^2\rho}{2} \tag{13-82}$$

式中，$\xi$ 为阻力系数，因折板角度、波折数和长度而异，图 13-113 为几种工业用折板形式，其阻力系数见表 13-23；$v$ 为穿过折扳除雾器的烟气流速，m/s；$\rho$ 为气体密度，$kg/m^3$。

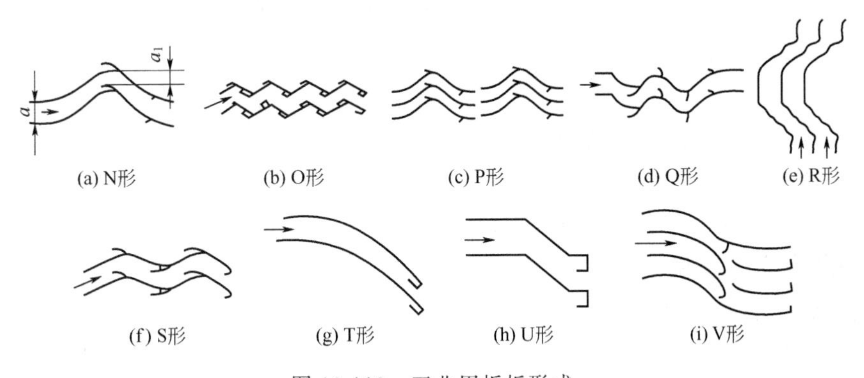


图 13-113　工业用折板形式

表 13-23 各种折板式分离器的参数

| 折流式分离器形式 | 宽度 | | 长度 $L$ /mm | 角 $\alpha$/(°) | $\zeta$ |
|---|---|---|---|---|---|
| | $a$/mm | $a_1$/mm | | | |
| N | 20 | 6 | 150 | 2×45+1×90 | 4 |
| O | 20 | 10 | 250 | 1×45+7×60 | 17 |
| P | 20 | 10 | 2×150 | 4×45+2×90 | 9 |
| Q | 23 | 9 | 140 | 2×45+3×90 | 9 |
| R | 22 | 12 | 255 | 2×45+1×90 | 4.5 |
| S | 20 | 12 | 160 | 1×45+3×60 | 13 |
| T | 16 | 7 | 100 | 1×45 | 4 |
| U | 33 | 21 | 90 | 1×45 | 1.5 |
| V | 30 | 7 | 160 | 2×45 | 16 |

(4) 旋风除雾器　烟气经过喷淋段后，沿切线方向进入旋风除雾器。其原理与旋风除尘器一样，借旋转产生的离心力将液滴甩到器壁，而后沿壁下落。

(5) 旋流板除雾器　是一种喷淋除尘器常用的除雾装置。

**5. 除尘器效率与操作条件的关系**

水气比是与净化效率关系最密切的控制条件，其单位为 kg 液/m³ 烟气。在其他条件不变时，水气比越大，净化效率越高。特别是水气比在 0.5 以下时，净化效率随水气比提高而剧增，这是因为水量还不能满足吸收要求。但增大到一定程度之后，再增加喷淋量已无必要，反而会使气流夹带量增加。试验确定，空心塔的水气比以 0.7～0.9 为宜。当然这不是一个固定的数值，而与很多条件有关，例如，洗涤液雾化不好，即使水气比较大，传质效果仍然不好。图 13-114 为水气比与净化效率的关系曲线。

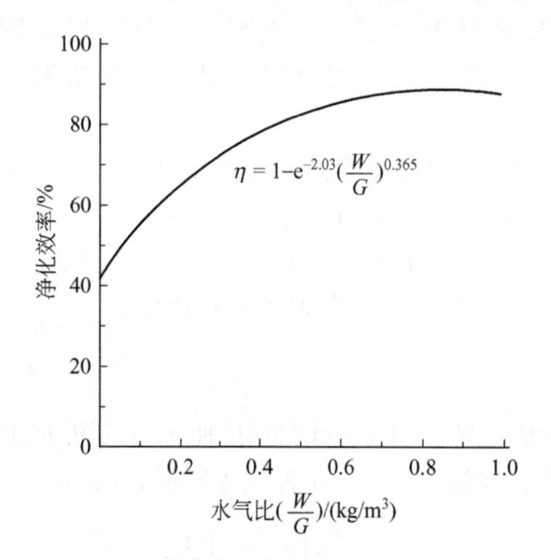


图 13-114 水气比与净化效率的关系曲线

影响净化效率的另一个重要因素是含尘气体浓度，浓度稍有增加，效率明显下降。这是由于排气中夹带雾滴。

## 二、冲激式除尘器设计

冲激式除尘器是借助于气流的动能直接冲击液面、经 S 形通道形成雾滴洗涤尘粒的湿式净化设备。它具有净化效率高、运行稳定、结构紧凑、安装方便、适应性强、处理风量弹性大的特点，从而在许多企业得以广泛地应用，如在冶金企业中矿山破碎、筛分、选矿烧结系统中混合料返矿及机尾除尘，铸造、耐火、建筑材料等也在应用。

### (一) 冲激式除尘器机理

**1. 冲激式除尘器的工作过程**

(1) 含尘气体由入口进入除尘器内，一般速度为 15～18m/s，在除尘器长度方向较均匀地转弯向下冲击水面，使尘粒在惯性力的作用下沉降于水中，由此含尘气体得到粗净化。

（2）继而在风机的抽力作用下，使内腔（对S形叶片来讲，气体的进入侧）水位下降。外腔水位相应升高，气流冲击水面后，转弯进入上叶片和下叶片之间的S形弯曲净化室中，气流以18～30m/s的速度通过净化室时，气流和水充分接触混合，并激起大量水花，使微细的灰尘也得以湿润并混入水中，使气体得到进一步净化。

（3）净化的气体进入分雾室，速度突然降低，大部分水滴沉降下来，落入漏斗的水中，再经过挡水板进一步除掉雾滴，清洁的空气经集风室由出口排出，见图13-115。

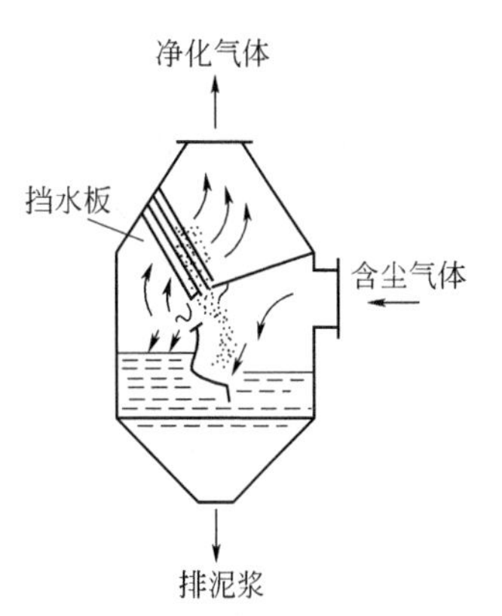

图13-115　冲激式除尘器工作原理

**2. 除尘机理**

上述过程中起主要作用的是S形净化室，这是与其他湿式净化设备不同的关键部件，对除尘效率及阻力均起主要作用。至于粗尘粒的初净化，对冲激式除尘器最终效率是不起什么作用的。因此，探索这种除尘机理，必须对S形净化室中水、气、尘三者的运动规律进行研究。

在风机未启动时，S形叶片两侧静水位是相同的，当风机启动后，在抽力下形成高低水位，一般控制S形上叶片下沿到水面50mm的距离。当含尘气流高速通过净化室时，由于动能的传递使水液溅起水花、雾滴，充塞于S形净化室，并流向S形叶片的外侧高水位，因此水花、雾滴是不断更新的。凡湿式除尘器其主要机理是尘粒与水滴的碰撞，尘粒被湿润或凝聚而捕集，因此含尘气流通过S形缝隙时显然会发生此种现象。然而可以想象，这种靠气流动能而形成的水雾，其液滴不会太细，数目也不会过多，与喷嘴喷成的雾滴不同，其近于泡沫状，所以当含尘气流通过时，细微的尘粒被泡沫状酌雾滴所包围而捕获。因此除掉雾滴对净化效率的提高有着一定的作用。

据观察，S形断面上并不是被气流所充满的，而是有一层液体存在，如图13-116所示。其液层形成曲线水面，可称为使粉尘分离的表面。因为尘粒分离的关键场所在于这个曲线形的水面。当含尘气流通过曲面时，受到惯性的作用，众所周知，气体分子的质量远远不及具有一定粒度的尘粒，因而尘粒所获得的惯性大得多，沿叶片的曲率造成离心力，从气流中分离出来。由图13-117可以清楚地看出尘粒被捕获的位置大都在S形叶片入口处、曲形液面处，且在S形叶片的入口侧，出口侧则是大量的含尘水滴降落在水中。

图13-116　S形净化室

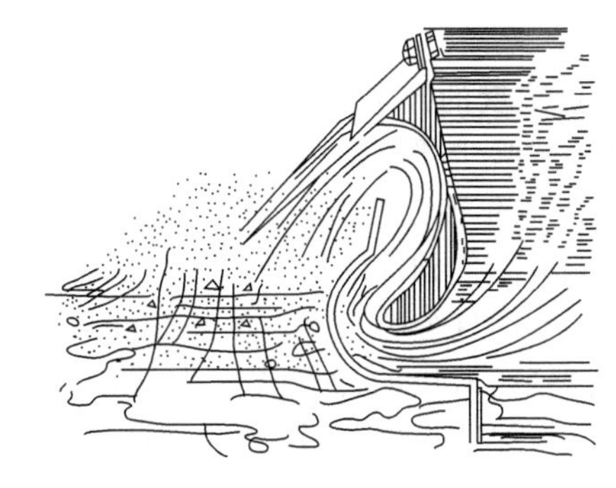
图13-117　净化室工作过程

简言之，这种冲激式除尘器的主要除尘机理是在上下S形叶片间形成粉尘分离表面——曲线形水面，为惯性分离创造了最佳条件，其入口侧的粗净化作用是从属的、附带的，而出口侧高效率地除掉含尘雾滴，有进一步提高除尘效率的作用。所以效率提高的关键在于曲形水面，而水面曲率又与叶片形状有关。

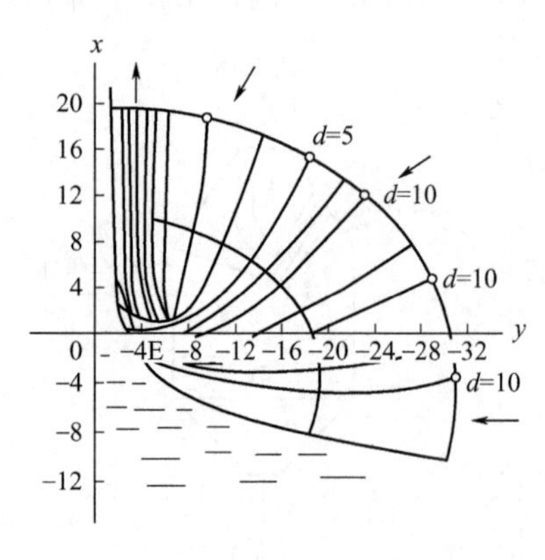


图 13-118 S形通道间尘粒运动与气流运动的情况

目前所采用的叶片形式是5种实验比较出来的，应当指出，它是否是一种最佳形式有待研究。

利用电子计算机计算和研究了S形通道间粒尘运动与气流运动的情况，如图13-118所示。取速度曲线的平断面坐标，$x$ 为S形叶片高度，$y$ 为宽度。

图13-118显示了前述机理：5$\mu$m 以上的尘粒均在曲线液面沉降，只有 4$\mu$m 以下的尘粒被水滴带到出口。

## （二）冲激式除尘器总体设计

冲激式除尘器各部件结构尺寸设计对其效率及阻力损失有很大影响。参数选用不当，则结构不够合理，就难以取得理想的效果，甚至造成难以克服的副作用。

### 1. 比风量的确定

所谓比风量即单位长度的S形叶片所处理的风量，单位为 $m^3/(h \cdot m)$。目前各个厂家所推荐的比风量不一，见表13-24。

表 13-24 比风量推荐值

| 比风量/[$m^3/(h \cdot m)$] | 推荐来源 | 比风量/[$m^3/(h \cdot m)$] | 推荐来源 |
|---|---|---|---|
| 4000～8400 | 冲激式除尘机组试制总结报告 | 5500～6000 | 国家标准图 |
| 5800 | 冶金工厂防尘 | 6000 | 综卫82 |
| 5000～7000 | 鞍钢二烧实验报告 | 6500 | 湘锰 |

比风量选取过低则除尘器设备庞大，造价增高，占地面积也大。比风量过高则带水严重，影响运行，同时阻损也增加。如鞍钢一烧返矿系统，每台设计风量为 $80000m^3/h$，经实际测定运行风量为 $40000\sim50000m^3/h$，若提高风量运行则风机带水严重，振动也很厉害。因此，技术上、经济上两者均兼顾。鉴于目前所用的脱水方式仍不够理想，根据近几年的运行实验证明，大型冲激式除尘器选用比风量以 $5000m^3/(h \cdot m)$ 为宜。另外，设计中选用系列化产品时，也建议不要选太高的比风量。

确定选用的比风量值之后，根据所要求处理的风量大小，便可求得叶片排数及除尘器的长度。

### 2. 除尘器宽度的确定

大型冲激式除尘器通常采用两排以上S形叶片。以往设备的宽度由"S形叶片两侧的宽度大小近似相等"的原则来确定，但经生产实践表明，此原则存在片面性。现做如下分析。

叶片两侧的宽度相等的原则，其意图在于使两侧的容水量近似相等，以便运行时进气室水位下降的体积和净气分雾室上升的体积相等，这样可以防止风机启停时箱内水量变化，增大用水量，如湘潭锰矿所用的冲激式除尘器，每次停机时除尘器内部水由溢流管流出约3～35t，再次启动时充至原来水位费时较长。但应指出，此弊病的产生是由于控制箱内压力不等和手动控制水位，如采用自动控制并设置连气管使控制箱与除尘器内压力相同而不和大气相通，这个缺点就会消除。至于启动时多溢水，可调整启动水位来控制。正是由于这个"两侧宽度相等"的原则，致使带水问题一直没有得到合理的解决。

从除尘机理上不难得出：S形叶片两侧所要求的气流速度（或称断面风速）是不同的。进气室对气流速度并无严格要求。前述，所谓进气室的粗净化作用，仅仅是理论上的探讨，由于气流速度由高变低，尘粒受惯性作用冲入水面，起到降尘效果。但无论从气速大小还是除尘器长度上都表明，这种粗净化作用无足轻重，即便是有一定的除尘效果，也不影响最终的除尘效率，因为主要净化作用的关键还是S形净化室，进口的含尘浓度不影响出口含尘量，而关键在于尘粒的大小。所以，提高进气室的断面速度，可使宽度减小，设备体积减小。而在分雾室中为使夹带的水雾滴分离，速度不宜过高，应小于2.5m/s，因此其宽度要大些。所以，S形叶片的气体入口侧宽度应小于湿气体出口侧。这里，要选取合理的宽度比值，综合设计和生产实践，该比值在1.3～1.5之间为好。

**3. 水位控制及其稳定性**

这种除尘器的除尘效率和阻力与水位高低有较大的关系，通常水位为50mm（指溢流堰高出S形上叶片底部50mm）。对大型冲激式有两种方式控制水位：一种是人工手动（如湘潭锰矿及鞍钢二烧所用）；另一种是电极检测自动控制。大型的除尘器仍以自动控制为宜。

水位的稳定性也是极重要的一个环节，只有稳定的水面，才能保证稳定的高效率，所以使用自动控制要保证水位波动不超过±5mm。目前，系列化图纸中将给水管设在水面之上，这样在供水时造成水面的波动，带来不好的影响，因此给水管应埋设于水面以下，才能减少水面的波动。同时也可以看出，利用手动阀门控制水位，除尘器的工作是不易稳定的。例如水位过高，叶片断面上充填有大量的水，被气流裹带的水层厚度大为增加，S形通道内被水堵塞徒增阻力，风机的运行按其特性曲线相应地增加压头，迫使阻塞的多余水量甩到S形下叶片之外，造成水面剧烈搅动，这种工作状态下除尘效率也就不会稳定。大型冲激式除尘器为了保持水位稳定，设计了“水位稳定室”，如图13-119所示。

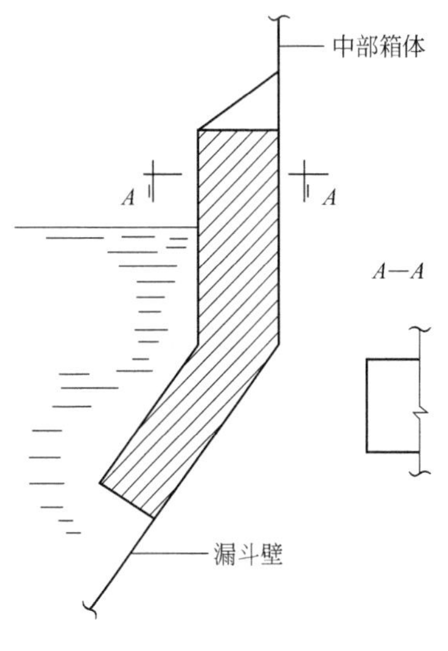

图13-119　水位稳定室

由图13-119可见，稳定室上部两侧留有三角形小窗，能与除尘器中部箱体的工作气体相通，保持均压，而且有隔板，使水花不能溅入溢流水箱内。稳定室下部至漏斗深部，使不宜搅动而稳定的水层与溢流水箱相通。

**4. 污水排出方式及处理**

影响湿式除尘器使用可靠性的重要因素之一，是污水的排出及处理。目前，大型冲激式除尘器的使用实践有以下2种方式。

（1）常流水　污水由除尘器下部漏斗排出至污水池内。

（2）不排污水　用刮板机将尘泥（含水率不超过20%）耙出。

第1种耗水量太大；第2种使用有局限性且占地大，因此推荐用湿式排浆阀，既省水量，又不易堵塞。

污水的处理也有3种方式：①排至生产工艺的水处理系统；②设置斜板浓缩池；③自设污水池，用埋刮板耙出，返回工艺的返矿皮带，回收资源，综合利用。

## （三）冲激式除尘器细部设计

**1. 防止带水设计**

湿式陈尘器的通病是存在带水现象。湿式除尘器的总除尘效率固然取决于洗涤过程的程度。而且也取决于含尘液滴的分离程度。气水分离率低，带来了一系列恶果，如风管堵塞、风机结壳，影响正常运转，更甚者只好降低负荷使用，致使系统的抽风点风量不足，达不到控制尘源的目的。所以要充分利用冲激式除尘器的运行效果，使其具有较高的经济合理性。对于带水问题必须予以足够的注意。

液滴分离因洗涤除尘的方式而异。冲激式除尘器使用于烧结矿粉尘时，由于存在造成阻塞和硬化结壳的危险，应用高效脱水器如过滤式脱水器（丝网除雾器）就受到限制，因此大都采用转向式脱水器。实践使用表明，用折叠式挡板能获得较高的脱水效率，但极易堵塞（如湘潭锰矿烧结厂等）。其次，用箱形挡水板，更换方便，但每月约维修2次。生产实践表明，大型冲激式除尘器仍用檐板式挡水板为宜，因为其结构简单，不易粘泥堵塞，维护方便。其结构为将多块类似房檐的挡板装在脱水段内，使夹水气流在脱水段内先后与下部和上部的檐式挡水板相撞、遮挡而被迫拐弯，利用惯性力使气水分离。然而设计中应注意以下2点。

(1) 脱水率与气流通过S形通道的速度有较大关系，速度过高，夹带水滴量大，因此，脱水室应有足够的空间，使由S形通道出来的高速度气流有回旋的余地，从而减缓其动能，不至于再将水滴裹带而去。此外，檐板的端头呈弧状弯钩式，对水滴有所钩附。

(2) 两块挡水板布置要合理。第一块板离S形叶片应有一定的高度（对大型冲激式除尘器应为1m左右），两挡水板处最高流速以不超过3m/s为宜。脱水室最狭窄处速度不大于2.2～2.5m/s。

使用脱水器其效率总是有限度的，而且在生产使用中难免会因操作不慎等造成除尘器出口带水。为防止这种现象发生时把水带入风机，建议在除尘器后的水平管道上设置排水管以保护风机，如图13-120所示。

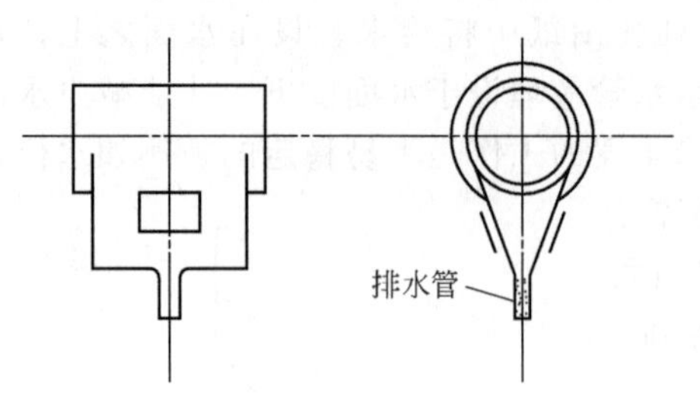

图13-120　排水管

**2. 除尘器内部结垢设计**

经过现场多次检查，除尘器是有结垢现象的，主要结垢部位在下部漏斗、S形净化室（材质为钢材时）、水位线60mm上下一段内壁上以及叶片支承和叶片接头处。

结垢原因：烧结矿粉尘中有近7%的CaO和6%的MgO遇水产生黏性、水硬性。

化学反应：$CaO+H_2O \longrightarrow Ca(OH)_2+热\uparrow$

同样：$MgO+H_2O \longrightarrow Mg(OH)_2+热\uparrow$

而：$Ca(OH)_2+CO_2 \xrightarrow{H_2O} CaCO_3\downarrow+H_2O$

同样：$Mg(OH)_2+CO_2 \xrightarrow{H_2O} MgCO_3\downarrow+H_2O$

因为含尘气体中CO和$CO_2$都是少量的，水的温度也不太高（一般不超过40℃），所以上面的反应进行得缓慢。但是由于粉尘有黏附性，特别是CaO和金属表面容易亲和，这就使得在金属表面处上述的反应有了充分的发生时间，结果生成坚硬的$CaCO_3$和$MgCO_3$。这就是在金属表面粉尘附着沉积、产生结垢和堵塞的原因及过程。

从实际运行的经验来看，钢材是很容易结垢的，而不锈钢较好，既能避免腐蚀又改善了积灰和结垢情况，从而延长了使用寿命。当处理高温的含$SO_2$较高的含灰尘气体时，除采用不锈钢S形叶片外，最好在外壳内侧加橡胶衬，因为橡胶既耐酸，又不易结垢。或者做耐酸混凝土外壳，效果也很好。

**3. 防止堵塞设计**

防止除尘器内部局部堵塞是保证运行稳定的重要环节。根据生产实践所发现的堵塞情况，设计措施归纳如下。

(1) 挡水板堵塞　不宜采用空调的折板式，应用檐板式挡水板。

(2) 叶片积灰　叶片材质改用不锈钢后，实践表明对防止叶片积垢起到良好的作用。

(3) 溢流水箱积灰　水箱中间隔板常积泥而堵，不能保证溢流水箱正常工作，也使得低水位的电极失灵，从而不能自动控制。可改为倾斜式隔板，倾角最好不小于50°，以便使淤泥流入漏斗。

(4) 水连通管堵塞　水连通管插入设备下部漏斗里，把溢流水箱与除尘器本体的水连通起来，通过溢流水箱反映出除尘器的水面高度，并使水面稳定。由于此管内的水并不流动，加之烧结矿粉尘在水中的沉降速度70%达1.4～2.5mm/s，沉降快从而淤积于管内，无法清除，可改为下部储水漏斗与溢流水箱直接开孔连通，孔为200mm×100mm左右，如此既简便又防堵，提高了水位自动控制的可靠性。

(5) 连气管堵塞　连气管沟通除尘器本体上部与溢流水箱，使二者保持均压，使溢流箱精确地示出液面高度。

由于除尘系统运行的间歇性，时而通过湿气体，时而通过未净化的含尘气体，造成粘灰堵塞，在与除尘器相接处尤其严重。解决办法与水连通管相同，不再赘述。

图13-121为(3)、(4)、(5) 3点的综合改进图。

(6) 排污漏斗堵塞　除漏斗侧壁积灰之外，排污口有时也堵塞，因此设计中要保证漏斗的角度不小于50°。以往用大水量冲刷，既费水又增加污水处理量。现根据现场排污的经验，设计了杠杆式排污阀，见图13-122。

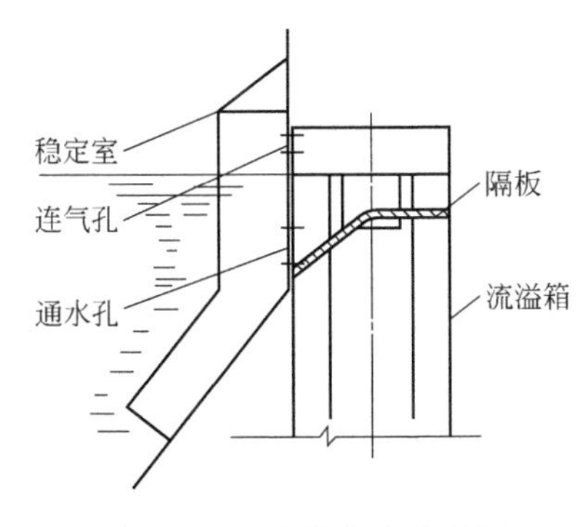

图13-121　水位稳定改进阀

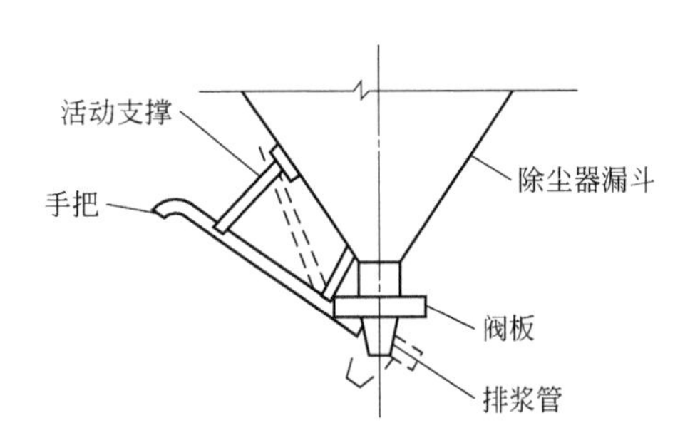

图13-122　杠杆式排污阀

**4. 防震设计**

冲激式除尘机组系列化在60000m$^3$/h以下，风机及电动机皆置于箱体顶部，使二者整机化。生产实践表明，箱体刚度不够，产生剧烈地振动，不能安全运行。如某厂3$^\#$烧结机的成品筛分室除尘系统中采用CCJ/A-40，由于振动很厉害，对顶部风机基础进行了加固也不行，最后，只好移下来，放在平台上。又一烧采用一台CCJ/A-30，为了减轻振动，降低了电动机转数，致使除尘系统风量不足，尘源灰尘无法控制。由此看来，30000m$^3$/h以上的除尘器均不宜整体化。

大型冲激式除尘器的风机与电动机并不因基础刚度不够或不牢固而产生振动，因其往往置于地面或平台上。但是也存在防振问题，原因之一是含水气的废气中由于脱水效率不高，使得叶轮积垢、挂泥，从而破坏了叶轮的静平衡，造成风机振动，因此应采取以下防振措施：①为使脱水率或气水分离率提高，合理地选择除雾方式。②选用低转速的风机。为了保证风机叶轮的正常运转，对叶轮残余不平衡允许的偏心距见表13-25，可见，在同样叶轮不平衡的条件下转速高的更容易发生振动，故力求选用低速运转的风机。③选择合理的风机叶型。为减少积灰和振动，选择双凸弧面型，较其他机翼风机为好。④定期用水冲洗叶轮，消除积灰。⑤防止风机进气管道的安装不良而产生共振。⑥加防振橡胶隔垫。

**表13-25　叶轮允许的偏心距**

| 叶轮转速/(r/min) | ≤375 | 375～500 | 500～600 | 600～750 | 750～1000 | 1000～1450 | 1450～3000 | >3000 |
|---|---|---|---|---|---|---|---|---|
| 允许偏心距/μm | 18 | 16 | 14 | 12 | 10 | 8 | 6 | 4 |

### （四）冲激式除尘器叶片设计与制作

冲激式除尘器设计的关键是叶片形状与尺寸。经多次实验反复比较，从效率及阻力上取最佳值，叶片形状和尺寸如图 13-123 所示，叶片组合如图 13-124 所示。

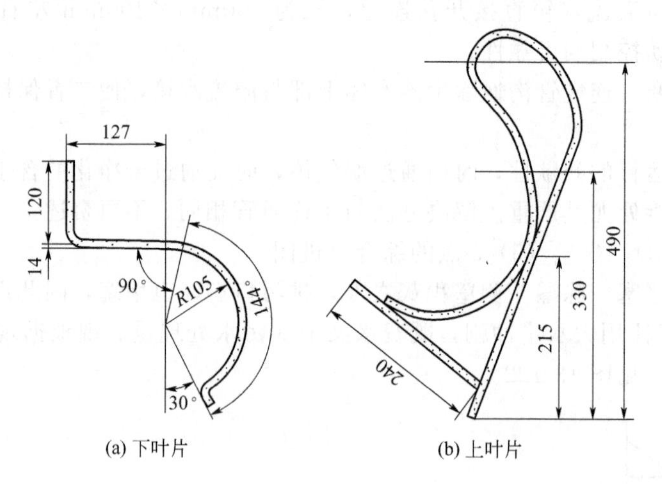

(a) 下叶片　　(b) 上叶片

图 13-123　叶片形状和尺寸

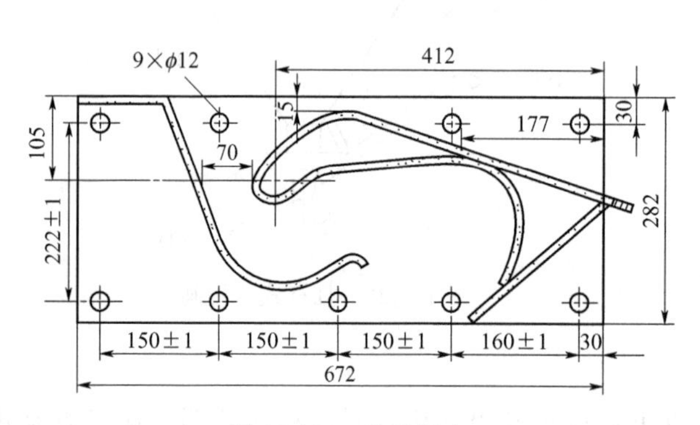

图 13-124　叶片组合

#### 1. 制作叶片的要求

制作叶片的要求主要包括：①为使进入除尘器内的气体均匀分布于整个叶片上，进气口应高出叶片 0.5m，进气速度不宜过大，一般不超过 18m/s；②为使气流分布均匀，防止带水和便于控制水位，叶片两侧的大小以近似相等为宜，断面宽度一般不宜小于 0.5m；③分雾室应有足够的空间，防止水滴带入挡水板内，气流上升速度一般不应大于 2.7m/s；④排灰机构的高低要满足除尘的水封要求，排灰口距水面越高，排除灰尘含水越少；⑤水箱与除尘器的连通管应插入除尘器中心，保证水面平稳，水封的溢流管应低于操作水面，其值不小于除尘器内负压值加 50mm；⑥叶片端部应设有玻璃窗，以便随时观察运行情况；⑦当受安装地点的限制时，可将机组的风机、电动机取下，引出管道与通风机相接；⑧除尘器的关键部件是叶片，在制作时一定要符合设计要求，并且叶片安装必须水平，否则将直接影响除尘器的效率。

#### 2. 叶片安装要求

叶片安装要求包括：①安装前应检查机组的完好性，检查是否有运输中被破损的现象，然后重新把紧各连接螺栓；②安装位置应注意保证检查门开启方便；③CCJ 型机组应注意排灰运泥便利，留有足够的运灰面积；④供水管路安装完后，将水压调正在 1～2kg/cm$^2$ 之间，检查管路的密封性；⑤机组的安装一定要达到水平；⑥机组的入口及排出管一定要支在楼板墙或屋顶上，而不能支在除尘器或排风机上；⑦排水管不应直接连在下水管上，应接到水沟或漏斗中，以随时观察除尘器工作情况。

## 三、文氏管除尘器设计

文氏管除尘器（又称文丘里除尘器）的设计包括两个内容，即确定净化气体量和文丘里管的主要尺寸。

**1. 净化气体量确定**

净化气体量可根据生产工艺物料平衡和燃烧装置的燃烧计算求得。也可以采用直接测量的烟气量数据。对于烟气量的设计计算，均以文丘里管前的烟气性质和状态参数为准。一般不考虑其漏风、烟气温度的降低及其中水蒸气对烟气体积的影响。

**2. 文氏管尺寸确定**

文氏管的几何尺寸确定主要有收缩管、喉管和扩张管的截面积、圆形管的直径或矩形管的高度和宽度以及收缩管和扩张管的张开角等，见图 13-125。

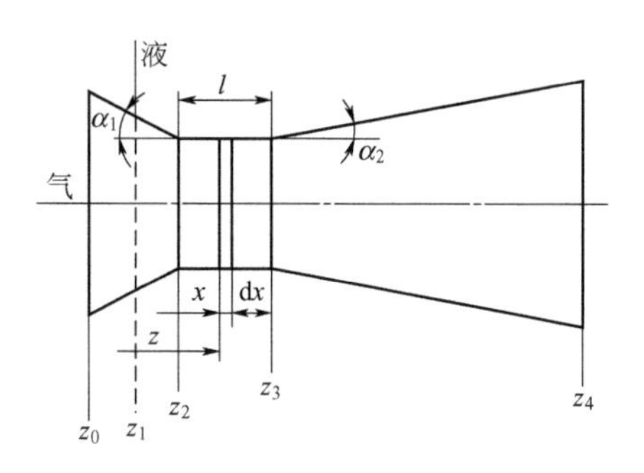


图 13-125　文氏管

(1) 收缩管朝气端截面积　一般按与之相连的进气管道形状计算，计算式为：

$$A_1=\frac{Q_{t_1}}{3600v_1} \tag{13-83}$$

式中，$A_1$ 为收缩管进气端的截面积，$m^2$；$Q_{t_1}$ 为温度为 $t_1$ 时的进气流量，$m^3/h$；$v_1$ 为收缩管进气端气体的速度，m/s，此速度与进气管内的气流速度相同，一般取 15～22m/s。

收缩管内任意断面处的气体流速为：

$$v_g=\frac{v_a}{1+\frac{(z_2-z)}{r_a}\tan\alpha} \tag{13-84}$$

圆形收缩管进气端的管径可用下式计算：

$$d_1=1.128\sqrt{A_1} \tag{13-85}$$

矩形截面收缩管进气端的高度和宽度可用下式求得：

$$a_1=\sqrt{(1.5\sim2.0)A_1}=(0.0204\sim0.0235)\sqrt{\frac{Q_{t_1}}{v_1}} \tag{13-86}$$

$$b_1=\sqrt{\frac{A_1}{1.5\sim2.0}}=(0.0136\sim0.0118)\sqrt{\frac{Q_{t_1}}{v_1}} \tag{13-87}$$

式中，1.5～2.0 为高宽比的经验数值。

(2) 扩张管出气端的截面积　按下式计算：

$$A_2=\frac{Q_2}{3600v_2} \tag{13-88}$$

式中，$A_2$ 为扩张管出气端的截面积，$m^2$；$v_2$ 为扩张管出气端的气体流速，m/s，通常可取18～22m/s；$Q_2$ 为扩张管气体流量，$m^3/h$。

圆形扩张管出气端的管径计算式为：

$$d_2=1.128\sqrt{A_2} \tag{13-89}$$

矩形截面扩张管出口端高度与宽度的比值常取$\frac{a_2}{b_2}=1.5\sim2.0$，所以 $a_2$、$b_2$ 的计算式为：

$$a_2=\sqrt{(1.5\sim2.0)A_2}=(0.0204\sim0.0235)\sqrt{\frac{Q_2}{v_2}} \tag{13-90}$$

$$b_2=\sqrt{\frac{A_2}{1.5\sim2.0}}=(0.0136\sim0.0118)\sqrt{\frac{Q_2}{v_2}} \tag{13-91}$$

(3) 喉管的截面积　按下式计算：

$$A_0=\frac{Q_1}{3600v_0} \tag{13-92}$$

式中，$A_0$ 为喉管的截面积，$m^2$；$v_0$ 为通过喉管的气流速度，m/s，气流速度按表 13-26 选取。

**表 13-26 各种操作条件下的喉管烟气速度**

| 工艺操作条件 | 喉管烟气速度/(m/s) |
| --- | --- |
| 捕集粒径小于 1μm 的尘粒或液滴 | 90～120 |
| 捕集 3～5μm 的尘粒或液滴 | 70～90 |
| 气体的冷却或吸收 | 40～70 |

圆形喉管直径的计算方法同前。对小型矩形文氏管除尘器的喉管高宽比仍可取 $a_0/b_0=1.2\sim2.0$。但对于卧式，通过大气量的喉管宽度 $b_0$ 不应大于 600mm，而喉管的高度 $a_0$ 不受限制。

(4) 收缩角和扩张角　收缩管的收缩角 $\alpha_1$ 越小，文氏管除尘器的气流阻力越小，通常 $\alpha_1$ 取 23°～30°。文氏管除尘器用于气体降温时，$\alpha_1$ 取 23°～25°；而用于除尘时，$\alpha_1$ 取 25°～28°，最大可达 30°。

扩张管扩张角 $\alpha_2$ 的取值通常与 $v_2$ 有关，$v_2$ 越大，$\alpha_2$ 越小，否则不仅增大阻力且捕尘效率也将降低，一般 $\alpha_2$ 取 6°～7°，$\alpha_1$ 和 $\alpha_2$ 取定后即可算出收缩管和扩张管的长度。

(5) 收缩管和扩张管长度　圆形收缩管和扩张管的长度分别按下式计算：

$$L_1=\frac{d_1-d_0}{2}\cot\frac{\alpha_1}{2} \tag{13-93}$$

$$L_2=\frac{d_2-d_0}{2}\cot\frac{\alpha_2}{2} \tag{13-94}$$

矩形文氏管的收缩长度 $L_1$ 可按下式计算（取最大值作为收缩管的长度）：

$$L_{1a}=\frac{\alpha_1-\alpha_0}{2}\cot\frac{\alpha_1}{2} \tag{13-95}$$

$$L_{1b}=\frac{b_1-b_0}{2}\cot\frac{\alpha_2}{2} \tag{13-96}$$

式中，$L_{1a}$为用收缩管进气端高度 $\alpha_1$ 和喉管高度 $\alpha_0$ 计算的长度，m；$L_{1b}$为用收缩管进气端宽度 $b_1$ 和喉管宽度 $b_0$ 计算的长度，m。

(6) 喉管长度　在一般情况下，喉管长度取 $L_0=0.15\sim0.30d_0$，$d_0$ 为喉管的当量直径。喉管截面为圆形时，$d_0$ 即喉管的直径；喉管截面为矩形时，喉管的当量直径按下式计算：

$$d_0=\frac{4A_0}{q} \tag{13-97}$$

式中，$A_0$ 为喉管的截面积，$m^2$；$q$ 为喉管的周边长度，m。

一般喉管的长度为 200～350mm，最大不超过 500mm。

确定文氏管几何尺寸的基本原则是保证净化效率和减小流体阻力。如不做以上计算，简化确定其尺寸时，文氏管进口管径 $D_1$ 一般按与之相连的管道直径确定，流速一般取 15～22m/s。文氏管出口管径 $D_2$ 一般按其后连接的脱水器要求的气速确定，一般选 18～22m/s。由于扩散管后面的直管道还具有凝聚和压力恢复作用，故最好设 1～2m 的直管段，再接脱水器。喉管直径 $D$ 按喉管内气流速度 $v_0$ 确定，其截面积与进口管截面积之比的典型值为 1∶4。$v_0$ 的选择要考虑粉尘、气体和液体（水）的物理化学性质，以及对除尘效率和阻力的要求等因素。在除尘中，一般取 $v_0=40\sim120\text{m/s}$；净化亚微米级的尘粒时可取 90～120m/s，甚至 150m/s；净化较粗尘粒时可取 60～90m/s，有些情况取 35m/s 也能满足。在气体吸收时，喉管内气速 $v_0$ 一般取 20～30m/s。喉管长 $L$ 一般采用 $L/D=0.8\sim1.5$ 左右，或取 200～300mm。收缩管的收缩角 $\alpha_1$ 愈小，阻力愈小，一般采用 23°～25°。扩散管的扩散角 $\alpha_2$ 一般取 6°～8°。当直径 $D_1$、$D_2$ 和 $D$ 及角度 $\alpha_1$ 和 $\alpha_2$ 确定之后，便可算出收缩管和扩散管的长度。

**3. 文氏管除尘器性能计算**

(1) 压力损失　估算文氏管的压力损失是一个比较复杂的问题，有很多经验公式，下面为目前应用较多的计算公式：

$$\Delta p=\frac{v_t^2\rho_t S_t^{0.133}L_g^{0.78}}{1.16} \tag{13-98}$$

式中，$\Delta p$ 为文氏管的压力损失，Pa；$v_t$ 为喉管处的气体流速，m/s；$S_t$ 为喉管的截面积，$m^2$；$\rho_t$ 气体的密度，$kg/m^3$；$L_g$ 为液气比，$L/m^3$。

(2) 除尘效率　对 5μm 以下的尘粒，其除尘效率可按下列经验公式估算：

$$\eta=(1-9266\Delta p^{-1.43})\times100\% \tag{13-99}$$

式中，$\eta$ 为除尘效率，%；$\Delta p$ 为文氏管压力损失，Pa。

文氏管的除尘效率也可按下列步骤确定：①根据文氏管的压力损失 $\Delta p$，由图 13-126 求得其相应的分割粒径 $d_{c50}$（即除尘效率为 50%的粒径）；②确定处理气体中所含粉尘的中位径 $d_{c50}/d_{50}$；③根据 $d_{c50}/d_{50}$ 值和已知的处理粉尘的几何标准偏差 $\sigma_g$，从图 13-127 中查得尘粒的穿透率 $\tau$；④除尘效率的计算式为 $\eta=(1-\tau)\times100\%$。

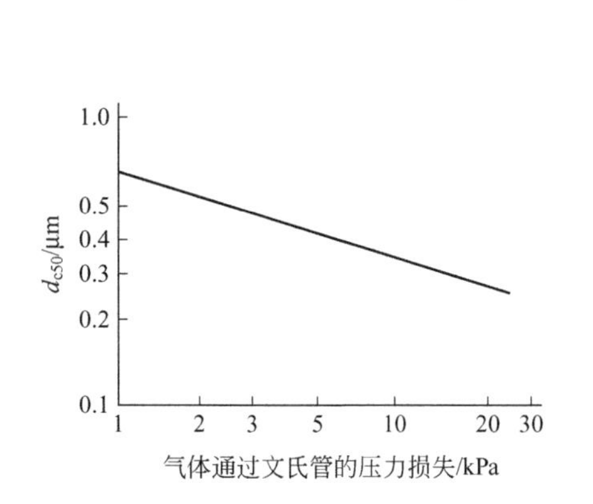


图 13-126　文氏管压力损失及对应的分割粒径

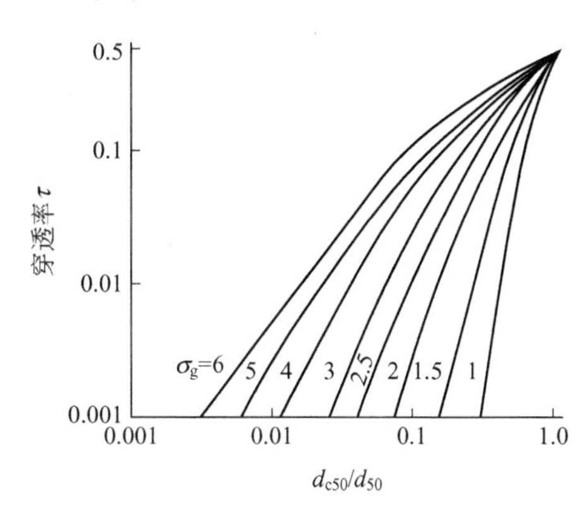


图 13-127　尘粒穿透率与 $d_{c50}/d_{50}$ 的关系

(3) 文氏管除尘器的除尘效率图解　除了计算外，典型文氏管除尘器的除尘效率还可以由图 13-128 来图解。此外在图 13-129 中，条件为粉尘粒径 $d_p=1\mu m$、粉尘密度 $\rho_p=2500kg/m^3$、喉口速度为 40～120m/s 的试验结果，表明了水气比、压力降、效率及喉口直径间的相互关系。

**4. 文氏管设计和使用注意事项**

文氏管设计和使用注意事项包括：①文氏管的喉管表面粗糙度要求一般为 $R_a=16$。其他部分可用铸件或焊件，但表面应无飞边毛刺。②文氏管法兰连接处的填料不允许内表面有凸出部分。③不宜在文氏管本体内设测压、测温孔和检查孔。④对含有不同程度腐蚀性的气体，使用时应注意防腐措施，避免设备腐蚀。⑤采用循环水时应使水充分澄清，水质要求含尘量在 0.01%以下，以防止喷嘴堵塞。⑥文氏管在安装时各法兰连接管的同心度误差不超过±2.5mm。圆形文氏管的椭圆度误差不超过±1mm。⑦溢流文氏管的溢流口水平度应严格调节在水平位置，使溢流水均匀分布。⑧文氏管用于高温烟气除尘时，应装设压力、温度升高警报信号，并设事故高位水池，以确保供水安全。

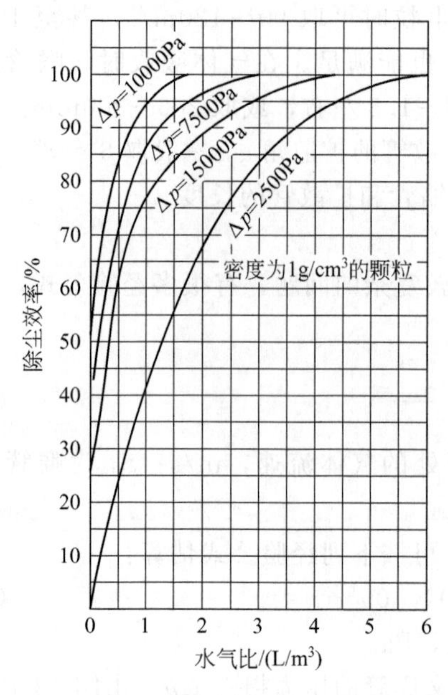


图 13-128 典型的文氏管除尘器捕集效率

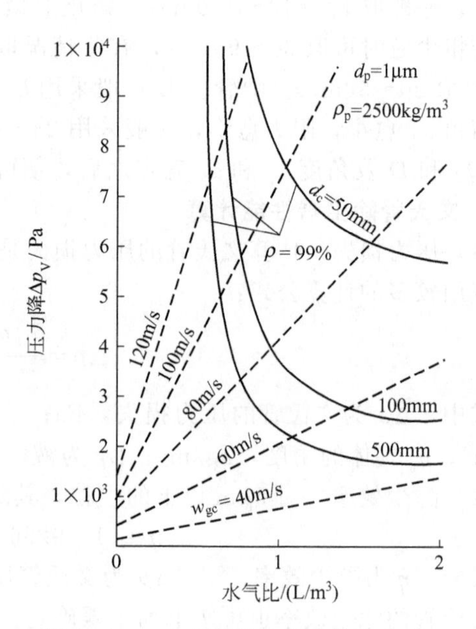


图 13-129 文氏管除尘器的除尘效率

## 5. 文氏管除尘技术新进展——环隙洗涤器

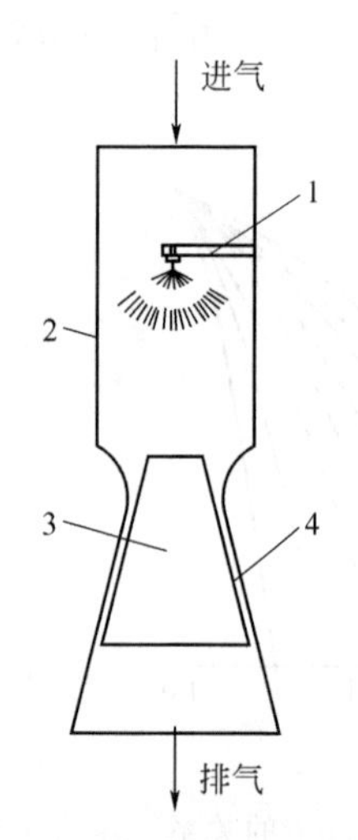


图 13-130 环隙洗涤器结构

1—喷嘴；2—外壳；3—内锥；4—环隙

环隙洗涤器是中冶集团建筑研究总院环保分院最新开发的新技术，是第四代转炉煤气回收技术的核心部件，具有占地少、寿命长、噪声低等优点，最初在 20 世纪 60 年代用于转炉煤气除尘。环隙洗涤器结构如图 13-130所示。其关键部件由文丘里外壳和与之同心的圆锥两部分组成，后者可在文丘里管内由液压驱动沿轴上下运动，在外壳和圆锥体之间构成环缝形气流通道，通过圆锥体的移动来调节环缝的宽度，即调节环缝的通道面积和气体的流速，以适应转炉的不同操作工况，达到除尘和调节炉顶压力的目的。为了获得较强的截流效应，环缝最窄处的宽度设计得非常小，在此形成高速气流以保证好的雾化效果。足够的通道长度有利于液滴的聚合，提高除尘效率。

从目前来看，不管是塔文一体还是塔文分离的配置，分别在承德钢铁厂和新余钢铁厂的转炉一次除尘系统中得到应用，第四代转炉煤气回收技术应该作为我国转炉煤气回收系统的主要发展方向。

# 第十四章 除尘工程升级改造设计

随着企业经济的不断发展和环保要求的日益严格，原有除尘工程有的已不能满足新的要求，除尘工程升级改造势在必行。除尘工程改造包括节能改造、达标改造、扩容改造、管理改造等内容。

## 第一节 除尘工程升级改造总则

环保是企业发展生产技术和实现目标的基础之一。除尘设备的技术性能和技术状态不但直接影响环境质量，还关系到工时、材料和能源的有效利用，同时对企业的经济效益也会产生深远影响。除尘技术的改造和更新直接影响企业的技术进步，因此，从企业产品更新换代、降低能耗、提高劳动生产率和经济效益的实际出发，进行充分的技术分析，有针对性地用新技术改造和更新现有设备，是提高企业素质和市场竞争力的一种有效方法。

### 一、除尘工程升级改造的重要意义

除尘工程升级改造是节能减排的必然要求，是少投资多办事的必由之路，对环保事业来说具有重要意义。

**1. 满足国家标准要求**

国家污染物排放标准的不断修订和日趋严格，例如燃煤电厂，GB 13223—1991 排放标准要求最大 2000mg/m$^3$，GB 13223—1996 改为最大 600mg/m$^3$，GB 13223—2003 降为最大 200mg/m$^3$，GB 13223—2011 进一步降为最大 30mg/m$^3$，其他工业部门大体也是这样。所以，一些在役除尘设备难以满足不断更新修订的国家污染物排放标准的要求，除尘工程升级改造是环保事业发展的必然趋势。

**2. 节能的重要途径**

节能减排有许多办法和途径，环保设备节能有巨大潜力。不应该因为环保需要而浪费能源。通过除尘工程升级改造节约能源非常重要。

**3. 适应生产发展的需要**

还有一些企业生产发展，产品产量提高，原有环保设备为适应生产需求亦有待技术改造。有的人认为为了环保要求，生产不应当任意提高产量。实际上，生产和环保二者兼顾才是上策。

**4. 设备寿命预期**

除尘设备的设计寿命一般是 15～30 年，重视环境保护是改革开放开始以后的事，一些除尘设备到了寿命预期，因此，除尘设备亦需要更新改造。

### 二、升级改造分类和目标

按除尘改造的规模大小，升级改造可分为大修理改造、一般技术改造和更新改造。

**1. 大修理改造**

因设备寿命或提升设备性能等而对原有除尘设备的主要部件采取更换性修理或全新的改造工程，称为修理改造。

按其内容，大修又分为复原性大修和改造性大修。复原性大修不能称为改造，因为复原性大修，只允许按原有型号和结构组织大修更新；改造性大修则可按全新技术组织除尘工程设计与改造，甚至可以易地改造。

改造工程是固定资产增值的建设工程，其资金投入应按国家或企业规定组织审批。如：静电除尘器全部更新沉淀极和电晕极的工程；长袋低压脉冲除尘器更换滤袋、脉冲喷吹系统、出灰系统的一次性工程等。

**2. 一般技术改造**

一般技术改造指因除尘工程的设备、配件、参数、指标不能适应生产和环保要求而进行的改造。如除尘工程集气方式改造、除尘器性能改造等。技术改造的规范和范围因除尘工程不同差异很大，能列为技术改造工程项目的只有大中型除尘工程。

**3. 更新改造**

更新改造是指采用新的设备替代技术性能落后、环境效益差的原有设备。设备更新是设备综合管理系统中的重要环节，是对有形磨损和无形磨损进行的综合补偿，是企业走内涵型扩大再生产的主要手段之一。

由于设备更新关系到企业经济效益的高低，决定设备综合效能和综合管理水平的高低，因此，设备更新时既要考虑设备的经济寿命，又要考虑技术寿命和物资寿命。这就要求企业必须做好更新改造的规划和分析。

对于陈旧落后的除尘设备，即耗能高、性能差、使用操作条件不好、排放污染严重的设备，应当限期淘汰，由比较先进的新设备予以取代。

**4. 升级改造的目标**

(1) 保护环境，提效减排　由于环境标准日趋严格，有许多原先达标排放的除尘器不能达到新标准的要求，此时应对除尘器进行提效升级改造，满足环保要求。

(2) 提高设备运行安全性　对影响人身安全的设备应进行针对性改造，防止人身伤亡事故的发生，确保安全生产。对易燃、易爆、易出事故的除尘设备，从安全运行考虑进行改造。

(3) 节约能源　通过除尘设备的技术改造，提高能源的利用率，大幅度地节电、节煤、节水，在短期内收回设备改造投入的资金。与生产设备相比，除尘设备节能有巨大的潜力和可行性。

## 三、升级改造的原则

**1. 针对性原则**

除尘工程改造要从实际出发，按照除尘工艺要求，针对其中的薄弱环节，采取有效的新技术，结合设备在工艺过程中所处地位及其技术状态，确定除尘设备的技术改造。例如以下情况：①除尘器选型失当或先天性缺陷，参数偏小，电场风速或过滤风速偏大，阻力大，排放不能达到国家标准；②主机设备改造，增风、提产、增容；③主机系统采用先进工艺，原除尘设备不适应新的入口浓度及处理风量的要求；④国家执行环保新标准的实施，原有除尘器难以满足新的排放要求；⑤国家执行新的节能减排政策，原有除尘设备不符合要求；⑥原有除尘设备老化，经改造尚可使用。

**2. 适用性原则**

由于生产工艺和除尘要求不同，除尘设备的技术状态不一样，采用的技术标准应有区别。既要重视先进适用，不要盲目追求高指标，又要功能适应强。主要内容如下：①满足节能减排要求；②切合工厂改造设计实际，注意原有除尘器状况、技术参数、操作习惯、允许的施工周期、空压机条件具备气源等；③适应工艺系统风量、阻力、浓度、温度、湿度、黏度等方面的参数；④便于现场施工，外形尺寸适应场地空间，设备接口满足工艺布置要求，施工队伍有作业条件。

**3. 经济性原则**

在制订技改方案时，要仔细进行技术经济分析，力求以较少的投入获得较大的产出，回收期要适宜。

投资相对合理（初次投资与综合效益），并核算工程项目建设费、运行费、社会效益和环境效益。

**4. 可行性原则**

在实施技术改造时，应尽量由本单位技术人员和技术工人完成；若技术难度较大，本单位不能单独实施时，亦可请有关生产厂方、科研院所协助完成，但本单位技术人员应能掌握，以便以后的管理与检修。主要内容如下：①有可行的方案和可靠的技术；②现场条件许可，现场空间允许；③原除尘器尚有可利用价值分析。

## 四、设备改造的经济分析

补偿设备的磨损是设备更新、改造和修理的共同目标。技术改造和大修理以经济界限为主，可以采用寿命周期内的总使用成本 TC（未考虑资金时间价值）互相比较的方法来进行。选择什么方式进行取决于其经济分析。

继续使用旧设备：

$$\mathrm{TC_o}=L_{\mathrm{OO}}-L_{\mathrm{oT}}+\sum_{j=1}^{T}M_{\mathrm{o}j} \tag{14-1}$$

大修理改造：

$$\mathrm{TC_r}=\frac{1}{\beta_\mathrm{r}}(K_\mathrm{r}+L_{\mathrm{OO}}-L_{\mathrm{r}T}+\sum_{j=1}^{T}M_{\mathrm{r}j}) \tag{14-2}$$

技术改造：

$$\mathrm{TC_m}=\frac{1}{\beta_\mathrm{m}}(K_\mathrm{m}+L_{\mathrm{OO}}-L_{\mathrm{m}T}+\sum_{j=1}^{T}M_{\mathrm{m}j}) \tag{14-3}$$

更新改造：

$$\mathrm{TC_n}=\frac{1}{\beta_\mathrm{n}}(K_\mathrm{n}-L_{\mathrm{n}T}+\sum_{j=1}^{T}M_{\mathrm{n}j}) \tag{14-4}$$

式中，$L_{\mathrm{OO}}$为被更新设备在更新时的残值；$K_\mathrm{r}$、$K_\mathrm{m}$、$K_\mathrm{n}$ 分别为设备的大修理、技术改造和更换（更换时为购置费）的投资；$L_{\mathrm{o}T}$、$L_{\mathrm{r}T}$、$L_{\mathrm{m}T}$、$L_{\mathrm{n}T}$分别为设备继续使用、大修理、技术改造和更换后第 $T$ 年的维持费；$M_{\mathrm{o}j}$、$M_{\mathrm{r}j}$、$M_{\mathrm{m}j}$、$M_{\mathrm{n}j}$ 分别为设备继续使用、大修理、技术改造和更换后第 $j$ 年的维持费；$\beta$ 为生产效率系数。

在实际应用中，各年维持费的确定比较困难，原因是企业对维持费的统计资料不完整，以致不能在设备出厂时给出维持费的历年数据。因此，可假设各年维持费为等额增长，其量值可分类从宏观的统计分析中得出。

为达到同一目的的更新的方案很多，选择的方法也不一样。这里建议采用追加投资回收期的方法来选择设备更新方案。

以 2 个可行方案比较为例，设方案 1 和方案 2 的投资分别为 $K_1$ 和 $K_2$，且 $K_1<K_2$。若第 $j$ 年的维持费 $M_{1j}\leqslant M_{2j}$，则方案 1 优。若 $M_{1j}>M_{2j}$，则需计算年维持费的节约在规定年限内能否收回追加的投资，如果能够如期或提前收回，则方案 2 优，反之结论也相反。

在进行上述设备更新的经济分析中，不考虑资金的时间价值，显然是不够准确的，会给决策带来一定的误差。因此，在确定投资方向与时间时，应充分考虑资金的时间价值。

考虑到资金的时间价值后，式(14-1)～式(14-4) 应改写为：

$$\mathrm{TC_o}=L_{\mathrm{OO}}-L_{\mathrm{o}T}\left(\frac{P}{F,i,T}\right)+\sum_{j=1}^{T}M_{\mathrm{o}j}\left(\frac{P}{F,i,j}\right) \tag{14-5}$$

$$\mathrm{TC_r}=\frac{1}{\beta_{\mathrm{r}}}\left[K_{\mathrm{r}}+L_{\mathrm{OO}}-L_{\mathrm{r}T}\left(\frac{P}{F,i,T}\right)+\sum_{j=1}^{T}M_{\mathrm{r}j}\left(\frac{P}{F,i,j}\right)\right] \tag{14-6}$$

$$\mathrm{TC_m}=\frac{1}{\beta_{\mathrm{m}}}\left[K_{\mathrm{m}}+L_{\mathrm{OO}}-L_{\mathrm{m}T}\left(\frac{P}{F,i,T}\right)+\sum_{j=1}^{T}M_{\mathrm{m}j}\left(\frac{P}{F,i,j}\right)\right] \tag{14-7}$$

$$\mathrm{TC_n}=\frac{1}{\beta_{\mathrm{n}}}\left[K_{\mathrm{n}}-L_{\mathrm{n}T}\left(\frac{P}{F,i,T}\right)+\sum_{j=1}^{T}M_{\mathrm{n}j}\left(\frac{P}{F,i,j}\right)\right] \tag{14-8}$$

式中，$\left(\frac{P}{F,i,j}\right)=\frac{1}{(1+i)^j}$，$\left(\frac{P}{F,i,T}\right)=\frac{1}{(1+i)^T}$。

## 五、除尘工程升级改造的实施

### 1. 立项原则

因设备主体部分长期运行损伤严重，设备性能明显下降，具有重大安全隐患，不能继续带病运行的设备必须科学地组织申报立项。

### 2. 立项条件

立项应具有下列技术条件：①设备主要部件超期服役，磨损严重，明显影响除尘功能与效果；②主体结构腐蚀严重，继续使用有较大的危险性；③附属设施磨损严重，已经具有报废的表征；④技术性能全面衰减，不能满足生产和环保需要，或因生产规模扩大环保设备不适应。

### 3. 可行性研究

在方案比较的基础上开展可行性研究。可行性研究的深度要求按设计规范的内容进行。大型的、复杂的和某些涉外的项目，还可以先进行可行性研究。

可行性研究要求从技术上、经济上和工程上加以分析论证，必须准确回答 3 个主要问题：①技术上是否先进可靠；②经济上是否节省合理；③工程上是否有实施的可能性。

此外，还要考虑如何与主生产线搭接和适配等。将这些问题论述清楚，形成完整的设计文件——可行性研究报告，上报主管部门审批。

可行性研究要按照可行性研究阶段的设计深度要求进行。超越深度或达不到深度的，均为不当。可行性研究的最终目的是提出可行的技术方案和相对准确的投资估算。可行性研究包括三个方面的内容：一是技术可行性；二是经济可行性；三是工程可行性。

技术可行性是指技术不仅先进，而且成熟可靠。不能为了追求先进，就把实验室的装置任意放大，或不经中试而直接用于大型工程。当然，也不应为了成熟可靠而一味地墨守成规，在新技术面前不敢越雷池一步。不错，工程是不允许失败的，如何保证不失败呢？那就是必须充分尊重科学和工程规律，做到万无一失。世界上失败的工程也并不鲜见，总结起来大多失误在冒进和急功上，存在深刻的教训。不过，在稳妥的前提下，对前人和别人做过的基础工作熟视无睹，非要自己从头尝试一遍不可的做法也是不可取的。

经济可行性是指投资运行费用、除尘成本和效益等符合国情厂情，即国家和工厂力所能及，一句话，必须同社会生产力水平和企业的技术装备水平相匹配。资金不是无限的，一定要用在必要处。万不可因强调环境效益、社会效益而完全忽略经济因素，任意扩大投资费用和不计成本。

工程可行性则与施工安装、运行条件以及社会地理环境有关，例如有的项目，技术上和经济上是可行的，然而，现场的工程施工无法进行，外部不具备条件或根本不允许建造，便成了工程不可行性。这样的事例在旧厂改造时经常会遇到。

可行性研究完成之后，要通过论证和审批，方可开展初步设计。在初步设计之前，还要进行工程项目的环境影响预评价。预评价报告同样要通过论证和审批。这些都应纳入规范的设计程序。

在可行性研究阶段，必须认真调查研究，对各种工艺方案进行充分的比选、分析和论证。可以确定或推荐一个方案，供决策部门审定。

按照上述思路和原则，以本地区、本企业的具体条件和特点为依据，经市场调查，在法规和政策允许的前提下先选定 2 个以上的工艺流程。

工艺流程选定后，制订相应的方案，并开展方案比较，进行综合技术经济分析，然后，推荐首选方案，供主管部门审定决策。

**4. 改造项目立项实施**

（1）编制和审定设备改造申请单。设备改造申请单由企业主管部门根据各设备使用部门的意见汇总编制，经有关部门审查，在充分进行技术经济分析论证的基础上，确认实施的可能性和资金来源等方面情况后，经上级主管部门和厂长审批后实施。

设备改造申请单的主要内容如下：①升级改造的理由（附可行性研究报告）；②改造设备的技术要求，包括对随机附件的要求；③现有设备的处理意见；④订货方面的商务要求及要求使用的时间。

（2）对旧设备组织技术鉴定，确定残值，区别不同情况进行处理。报废的受压容器及国家规定淘汰的设备，不得转售给其他单位，只能作为废品处理。

目前尚无确定残值的较为科学的方法，但它是真实反映设备本身价值的量，确定它很有意义。因此，残值确定的合理与否直接关系到经济分析的准确与否。

（3）积极筹措设备改造资金。

（4）组织或委托改造项目设计。

（5）委托施工。

（6）组织验收总结。

## 第二节 除尘系统升级改造

除尘系统由集气罩、管网、除尘器、通风机、消声器、卸尘装置及其附属设施组成。与除尘系统密切相关的还有尘源密闭装置和粉尘处理与回收系统。除尘系统升级改造要从每个环节进行考虑。

### 一、系统升级改造原则

除尘系统改造应按以下原则进行。

（1）同一生产流程、同时工作的扬尘点相距不远时，宜合设一个系统，不应分散除尘。

（2）同时工作但粉尘种类不同的扬尘点，当工艺允许不同粉尘混合回收或粉尘无回收价值时，亦可合设一个除尘系统。当分散除尘系统比集中除尘系统节能时应考虑分散除尘。

（3）2 种或 2 种以上的粉尘或含尘气体混合后引起燃烧或爆炸时不应合为一个系统。

（4）温度不同的含尘气体混合后可以降低气体温度从而省略冷却装置时可考虑其混合。但混合后可能导致风管内结露时不应混合。

(5) 划分除尘系统除进行技术比较外，还要进行能耗比较，优先设计节能的除尘系统。做能耗比较主要是考虑系统运行的能耗情况。

(6) 对除尘系统要进行不同方案的论证，选取更为合理的节能方案。

(7) 管网系统设计不合理，抽风点风量偏小，管道流速较低且易造成管道积灰，其除尘效果也较差，需要改造。

(8) 部分抽风点风量偏大，流速较大，有的甚至抽走有用物料，要对系统进行调整或改造。

(9) 除尘管网是异程管网，所以系统不平衡也是必然的。在管网系统中，每个抽风点到风机的路径长度不同，阻力就不同，气体流过时所需的动力也不同。而风机的压头是以管网系统中最大的阻力为准进行选配的，在实际运行中，压力的分配出现两极分化的趋势。最近抽风点的阻力最小，处在动力最大的区域，风量超额数倍是很常见的；而最远管道的阻力最大，反而处在动力最小的位置，风机提供的动力几乎被消耗殆尽。因此，为了节能应对除尘系统进行改造。

## 二、集气罩改造

(1) 改善排放粉尘有害物的工艺和工作环境，尽量减少粉尘排放及危害，提高粉尘捕集效率。

(2) 集气罩尽量靠近污染源并将其围罩起来。其形式有密闭型、围罩型等。如果妨碍操作，可以将其安装在侧面，可采用风量较小的槽型或桌面型。

(3) 确定集气罩安装的位置和排气方向。研究粉尘发生机理，考虑飞散方向、速度和临界点，将集气罩口对准粉尘飞散方向。如果采用侧型或上盖型集气罩，要使操作人员无法进入污染源与集气罩之间的开口处。比空气密度大的气体可在下方吸引。

(4) 确定开口周围的环境条件。一个侧面封闭的集气罩比开口四周全部自由开放的集气罩效果好。因此，应在不影响操作的情况下将集气罩四周围起来，尽量少吸入未被污染的空气。

(5) 防止集气罩周围的紊流。如果捕集点周围的紊流对控制风速有影响，就不能提供更大的控制风速，有时这会使集气罩丧失正常的作用。

(6) 吹吸式（推挽式）集气罩利用喷出的气体将污染气体排出，并吸走喷出气体和污染气体。

(7) 确定控制风速。为使有害物从飞散界限的最远点流进集气罩开口处而需要的最小风速被称为控制风速。

## 三、输灰系统改造

(1) 除尘工程的输灰装置设计可根据除尘工况与输灰量要求，选用机械式输灰或流体式输灰的方式。机械式输灰可选用的装置有卸灰阀（星形卸灰阀、双层卸灰阀等）、螺旋机、循环式输灰机（带式输送机、斗式提升机、链式输送机、埋刮板式输送机等）、槽式输灰机等。流体式输灰可选用的装置有气力输灰机等。

(2) 必须遵循或充分做好输送设施选型是最重要的原则，即下一个输灰装置的能力一定要大于前一个输送装置的能力。也就是说，输送量要遵照客观规律，依次递增。

(3) 储灰仓一般采用钢制斗仓形式，有效容积应根据收灰量、储存时间、作业制度和运输方式等情况确定，一般设计有效容积不能低于 48h 的正常收灰量。

(4) 储灰仓应设有仓顶除尘器，防堵和防结拱处理装置、卸灰装置，并根据需要可设有温度、压差、料位等监控装置。

(5) 储灰仓应确保各部密封，仓的内表面应平整光滑从而不易积粉尘。

（6）除尘器收集的灰尘需外运时，应避免粉尘二次污染，宜采用粉尘加湿、卸灰口吸风或无尘装车装置等处理措施。在条件允许的情况下，宜选用真空吸引压送罐车装运。

（7）气力输送系统气源选择可视气力输送系统的压力确定，可采用空气压缩机或罗茨风机、离心风机等产生的输送气源。

（8）气力输送方式的选择应遵循 DL/T 5142—2012 的规定。当输送距离≤60m 且布置许可时，宜采用空气斜槽输送方式；当输送距离＞150m 时，不宜采用负压气力输灰系统；当输送距离≤1000m 时，宜采用正压气力输灰系统。

（9）气力输灰的“灰气比”应根据输送距离、弯头数量、输送设备类型以及粉尘的特性等因素综合考虑后确定。

（10）压缩气体管道的流速可按 6～15m/s 选取。输送用压缩气体必须设油水分离装置，管道材料宜采用碳素钢钢管。对易磨损部位如弯管，应采取防磨损措施。

## 四、湿式除尘改造为干式除尘

湿式除尘的缺点如下：①消耗水量较大，需要给水、排水和污水处理设备；②泥浆可能造成收集器的黏结、堵塞；③尘浆回收处理复杂，处理不当可能成为二次污染源；④处理有腐蚀性含尘气体时，设备和管道要求防腐。在寒冷地区使用，应注意防冻危害；⑤对疏水性的尘粒捕集有时较困难。

湿式除尘器的升级改造包括两个方面：一是自身改造；二是改为干式除尘器。

鉴于湿式除尘带来的废水和污泥处理问题，目前已逐步将湿式除尘改为干式除尘。

（1）转炉烟气干式除尘　据粗略统计，国内大型（100～330t）转炉有近 229 座，已经采用干式除尘的已有半数以上的企业。其余有多家转炉厂欲对已有除尘设备进行升级改造。

转炉烟气净化除尘系统采取 LT 干法系统。高温烟气（1400～1600℃）经汽化冷却烟道冷却，烟气温度降为 900℃左右，然后通过蒸发冷却塔，高压水经雾化喷嘴喷出，烟气直接冷却到 200℃左右，喷水量根据烟气含热量精确控制，所喷出的水完全蒸发，喷水降温的同时对烟气进行了调质处理，使粉尘的比电阻有利于电除尘器的捕集。蒸发冷却器内约 40%～50%的粗粉尘沉降到底部，经排灰阀排出。粉尘定期由加湿机搅拌加湿后由汽车运出。

冷却和调质后的烟气进入有 4 个电场的圆形电除尘器，其入口处设三层气流分布板，使烟气在圆形电除尘器内呈柱塞状流动，避免气体混合，碱少爆炸成因。电除尘器进出口装有安全防爆阀，以疏导爆炸后可能产生的压力冲击波。烟气经电除尘后含尘量（标态）降至 25mg/m$^3$。收集的粉尘通过扇形刮板机、链式输送机到达储灰仓，粉尘定期由加湿机搅拌加湿后由汽车运出。

LT 法系统阻力很小，引风机采用 ID 轴流风机，有利于系统的泄爆；风机设变频调速，可实现流量跟踪调节，以保证煤气回收的数量与质量，以及节约能源。

转炉 LT 干式除尘系统流程如下：

转炉→活动烟罩→固定烟罩→汽化冷却烟道→蒸发冷却塔→圆筒形静电除尘器→ID 风机→煤气切换站→放散烟囱
↓
煤气冷却塔→煤气柜→煤气加压站

静电除尘器为四电场圆筒形静电除尘器，由圆筒形外壳、气流均布板、极板、极线、清灰振打机构、粉尘输送机、安全防爆阀以及高压供电设备等所组成。

静电除尘器是干式除尘系统中的关键设备。主要技术特点为：①优异的极配形式，电除尘器净化效率高，确保排放浓度（标态）不大于 25mg/m$^3$；②良好的安全防爆性能，由于转炉煤气属易燃易爆介质，对设备的强度、密封性及安全泄爆性提出了很高的要求，因此电除尘器设计为抗压的圆筒形，且在进出口各装可靠的泄爆装置，从而保证了电除尘器运行的安全可靠性；③电除尘器内部设扇形刮灰装置；④输灰采用耐高温链式输送机，确保输灰顺畅。

（2）高炉煤气干式除尘 我国高炉煤气采用干式袋式除尘器是从20世纪50年代开始研发的，至60年代末首先是在小高炉上用袋式除尘器进行了净化高炉煤气的实验，并于1974年11月18日在河北涉县铁厂建成我国第一套高炉煤气干式袋式除尘系统。经实测，净煤气中的含尘量小于10mg/m$^3$（标），运行正常，达到了预期的效果，与其配套的热风炉风温提高1000℃以上。河北涉县铁厂的高炉容积只有13m$^3$，煤气发生量仅仅4500m$^3$/h左右，袋式除尘器的过滤面积不过150m$^2$，但它的技术创新和实践经验却开创了中国高炉煤气干式除尘技术的崭新时代，其影响之深远延续至今。

按目前的生产水平，每炼1t生铁约产生1700～2000m$^3$（标）的高炉煤气，其热值在3000～3500kJ/m$^3$（标）之间，温度在250～300℃之间，显热平均约为400kJ/m$^3$（标）。另外，高压高炉炉顶煤气的压力为$(1.5\sim2.0)\times10^5$Pa，该压力能相当于100kJ/m$^3$（标）的热能。因此，利用高炉煤气的潜热和显热是节约能源、发展循环经济的重要途径，因此得到冶金、环境保护和综合利用专家们的高度重视。早在2005年，我国高炉煤气的利用率已达100%。

虽然高炉煤气干式除尘的优点很多，但用于大型高炉却是近些年的事。我国高炉煤气除尘技术经多年实践，基础好，经验丰富，其装置是由小到大逐渐发展起来的，工艺合理，配套齐全，装备及控制技术成熟，取得很快的发展。特别是20世纪90年代后期，高炉建设多，容积大，基本都是干式除尘。现在大型高炉都采用了干式除尘工艺流程，如韶钢2540m$^3$高炉、唐钢3200m$^3$高炉，2000年后宝钢、首钢都在4000m$^3$级高炉上建成高炉干式煤气除尘回收系统。近年来在大型高炉上得到较快的推广应用，实现了大型化。同时笔者认为，以下问题仍值得注意：①高炉煤气在低温时会出现糊袋现象，尽管有旁通放散设施，但系统反应较慢，煤气低温问题值得重视；②阀门质量问题，高炉煤气布袋除尘的阀门用量较大，特别是起切断各个箱体煤气作用的盲板阀非常重要，如果阀门打不开、关不上会出现异常状况。

## 第三节 静电除尘器升级改造

目前有些在役的静电除尘器达不到新排放标准的排放要求，这并不是静电除尘技术本身的问题，也不是静电除尘技术解决不了的问题。静电除尘器除尘效率的设计是严格按照当时的排放要求及相关条件设计的。由于国家排放标准的趋严是一个逐步的过程（如早先是800mg/m$^3$、400mg/m$^3$、600mg/m$^3$，后来锅炉从100mg/m$^3$到50mg/m$^3$，现在是30mg/m$^3$，最低20mg/m$^3$），所以造成了部分静电除尘器无法满足新排放要求的结果，当然这里还有其他方面的问题，涉及体制和管理方面，如设计煤质和实际煤质存在较大差异等。

为了满足国家新的排放要求，静电除尘器的升级改造势在必行。

### 一、静电除尘器升级改造适用技术

静电除尘器的升级改造需要采取一些新技术，这些技术有低低温静电除尘技术、移动电极技术、斜气流技术、电袋复合技术、湿式静电除尘技术、静电凝并技术、新型电源技术等。

**1. 低低温电除尘技术**

在燃煤发电系统中，主要采用汽机冷凝水与热烟气通过特殊设计的换热装置进行气液热交换，使汽机冷凝水得到额外热量，达到少耗煤多发电的目的。同时，由于烟气换热降温后进入电除尘器电场内部，其运行温度由通常的120～130℃（燃用褐煤时为140～160℃）下降到低温状态85～110℃。

由于烟温降低，使得进入ESP静电除尘器内的粉尘比电阻降低（根据降温幅度，可降1～2个数量级），烟气体积流量亦得以降低。ESP内的烟气流速及粉尘比电阻的降低，使除尘效率大幅度提高，利于达到更高的排放要求。同时，余热利用可降低电煤消耗1.5g/(kW·h)以上，还能提高脱硫效率和节省脱硫用水量，有效解决$SO_3$腐蚀难题。

**2. 湿式静电除尘技术**

湿式静电除尘器作为有效控制燃煤电厂排放$PM_{2.5}$的设备，在日本、美国、欧洲等国家和地区得到广泛应用。湿式电除尘（WESP）器的工作原理和常规电除尘器的除尘机理相同，都要经历荷电、收集和清灰三个阶段，与常规电除尘器不同的是清灰方式。

干式静电除尘器是通过振打清灰来保持极板、极线的清洁，主要缺点是容易产生二次扬尘，降低除尘效率。而湿式静电除尘器则是用液体冲刷极板、极线来进行清灰，避免了产生二次扬尘的弊端。

在湿式静电除尘器中，由于喷入了水雾而使粉尘凝并、增湿，粉尘和水雾一起荷电，一起被收集，水雾在收尘极板上形成水膜，水膜使极板保持清洁，可使WESP长期高效运行。

**3. 移动电极技术**

移动电极电除尘技术早在1973年由美国麻省的高压工程公司研发。1984年，日本日立公司在此基础上改进和完善，获美国专利授权，30多年来有多台工程业绩。

移动电极静电除尘器一般仅在末级电场采用，通常采用3+1模式（即3个常规电场+1个移动电场）。移动电极主要包括旋转阳极系统、旋转阳极传动装置和阳极清灰装置3部分。主要技术优势是高效、节能、适应性广。所谓移动电极是指采用可移动的收尘极板、固定放电极、旋转清灰刷共同组成的移动电极电场。该技术基本避免了因清灰而引起的二次扬尘，从而可以提高电除尘器的效率，降低烟尘排放浓度。移动电极式电除尘器布置如图14-1所示。

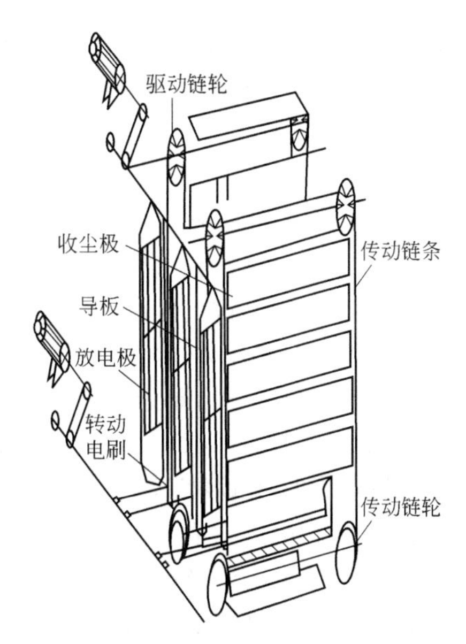


图14-1　移动电极式静电除尘器布置

**4. 斜气流技术**

对于高效静电除尘器来说，组织良好的电场内部气流分布是保证高效和低排放浓度的基础。通常要求电场内气流均匀分布，即从静电除尘器进口断面到出口断面全流程均匀分布。从粉尘平均粒径分布看，呈现出下部粉尘粒径大于上部、前部粉尘平均粒径大于后部的分布规律。

组织合理的电场内部气流分布，适应静电除尘器收集粉尘的规律，是提高电除尘效率的重要内容。为此，开始研究斜气流技术，所谓斜气流就是按需要在沿电场长度方向不再追求气流分布均匀，而是按各电场的实际情况和需要调整气流分布规律。斜气流技术有各种各样的分布形式，图14-2为较典型的四电场分布形式之一，将一电场的气流沿高度方向调整为上小下大。只要在进气烟箱中采取导流、整流和设置不同开孔率等措施，就能实现这种斜气流的分布效果。

当烟气进入一、二电场后，由于烟气的自扩散作用，斜气流速度场分布有所缓和，速度梯度减小如图14-2(a)、(b)所示。当烟气进入三电场后不再受斜气流的作用，速度场分布已基本趋于均匀，如图14-2(c)所示。当烟气进入末电场后，将烟气调整成如图14-2(d)所示的速度场分布规律，往往采用在末电场前段上抽气的办法来实现上大下小的速度分布规律。合理地控制抽气量，可以实现所希望的速度场分布，或采用抬高出气烟箱中心线高度，有意地抬高上

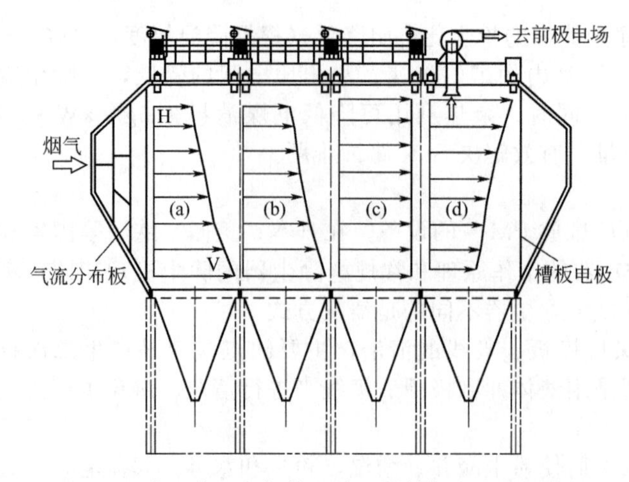

图 14-2 典型的四电场静电除尘器斜气流速度场分布

部烟气流速，造成如图 14-2(d) 所示的速度场分布。这样做的目的是有益于对逃逸出电场的粉尘进行拦截，针对电场下部粉尘距灰斗落差小，创造低流速环境，就有希望将逃逸的漏尘收集到灰斗中。而对于电场上部的粉尘，因其落入灰斗的距离很长，即便是低流速也很难将其收集到灰斗中，更由于下部粉尘浓度远高于上部，重点处理好下部粉尘，不使其逃逸出电场，对提高除尘效率有明显的作用。此方法已在部分电除尘器上得到应用，并取得了良好的效果。

**5. 静电凝并技术**

静电凝并技术是近年提出的一种利用不同极性放电导致粉尘颗粒荷不同电荷，进而在湍流输运和静电力的共同作用下使粉尘颗粒凝聚变大的技术。该技术的应用，不仅可提高除尘器的除尘效率、减小除尘器本体体积及降低制造成本，还能减少微小颗粒的排放，尤其对 $PM_{2.5}$ 微细颗粒的凝聚效果明显，从而降低微小颗粒的危害。

粉尘颗粒的凝并是指粉尘之间由于相对运动彼此间发生碰撞、接触，从而黏附聚合成较大颗粒的过程。其结果是粉尘颗粒的数目减少，粉尘的有效直径增大。电除尘器的除尘理论指出，粉尘荷电量的大小与粉尘粒径、场强等因素有关。通常，粉尘的饱和荷电量由下式计算：

$$q_b=4\pi\varepsilon_0\left(1+2\times\frac{\varepsilon-1}{\varepsilon+2}\right)a^2E_0 \tag{14-9}$$

式中，$q_b$ 为粉尘粒子表面的饱和荷电量；$\varepsilon$ 为粉尘粒子的相对介电常数；$a$ 为粉尘粒子的半径；$E_0$ 为未受干扰时的电场强度；$\varepsilon_0$ 为自由空间电容率。

从式(14-9) 中可以看出，粉尘粒子的饱和荷电量与粒子半径的平方成正比，因此，创造条件使粉尘在电场中发生凝并，粉尘颗粒增大，是提高静电除尘器效率的有效途径。

双极静电凝聚技术是近年来提出的一种利用不同极性放电导致粉尘颗粒带上不同电荷，进而在湍流运输过程中碰撞凝集，通过布朗运动和库仑力的作用由小颗粒结合成大颗粒的技术。

凝聚器安装在电除尘器前面长度大约 5m 的进口烟道上，如图 14-3 所示。凝聚器内烟气流速通常在 10m/s 左右。在凝聚器内的高烟气流速能使接地极板不需要像电除尘器那样设置振打就能保持清洁，从而能节约维护费用。对于 100MW 的发电机组，凝聚器只需要 5kW 左右的电力。对于引风机，增加的阻力不超过 200Pa。故运行费用很低。

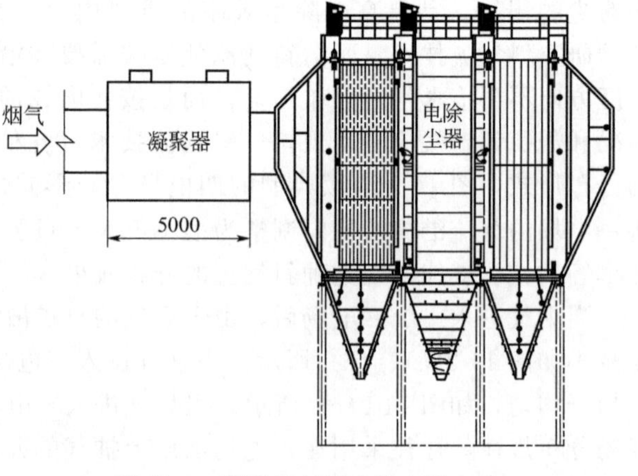

图 14-3 凝聚器与静电除尘器布置

**6. 电袋复合技术**

电袋复合除尘器是有机结合了静电除尘和布袋除尘的特点，通过前级电场的预除尘、荷电作用和后级滤袋区过滤除尘的一种高效除尘器。它充分发挥静电除尘器和布袋除尘器各自的除尘优势，以及两者相结合产生新的性能优点，弥补了静电除尘器和布袋除尘器的除尘缺点。该复合型除尘器具有效率高、稳定、滤袋阻力低、使用寿命长、占地面积小等优点，是未来控制细微颗粒粉尘、$PM_{2.5}$以及重金属汞等多污染物协同处理的主要技术手段。

电袋复合除尘器是在一个箱体内合理安装电场区和滤袋区，有机结合静电除尘和过滤除尘两种机理的一种除尘器。通常为前面设置电除尘区，后面设置滤袋区，二者为串联布置。静电除尘区通过阴极放电、阳极除尘，能收集烟气中大部分粉尘，除尘效率大于85%以上，同时对未收集下来的微细粉尘电离荷电。后级设置滤袋除尘区，使含尘浓度低并荷电的烟气通过滤袋过滤从而被收集下来，达到排放浓度<30mg/m³ 的环保要求。

## 二、静电除尘器扩容改造

静电除尘器改造的方法主要有扩容改造、内部改造、变形式改造和电源改造等，有时几种方法组合使用。

**1. 增设新的静电除尘器**

新增设的静电除尘器可与原有电除尘器并联或串联，见图14-4。串联的静电除尘器捕集原有静电除尘器逸出的微细粉尘，所以新静电除尘器的设计，如极线的配置、振打清灰装置的布置以及灰斗和卸灰装置等，都要着重考虑微细粉尘的特性。并联的静电除尘器可在不停产的情况下进行安装，等完全安装好后，再与原有的静电除尘器并联，可使停产时间减少到最低限度。但是，并联的管道阻力要比串联的稍大一些。

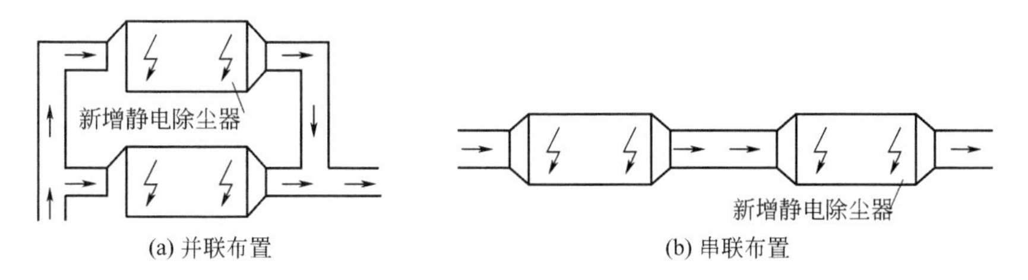

(a) 并联布置　　(b) 串联布置

图 14-4　增设新的静电除尘器

**2. 增加新电场**

（1）串联新电场　在原有静电除尘器后面串联新的电场，见图14-5，虚线部分表示新增加的电场。当采用这一措施时，为了尽量减少施工安装的周期，小型静电除尘器可在临时设置的支架上将新的电场预先组装好，然后运到安装地点，与原有的静电除尘器连接。当然，增加新的电场，极线级配、振打清灰装置布置以及灰斗和卸灰阀等同样要考虑微细粉尘的因素。

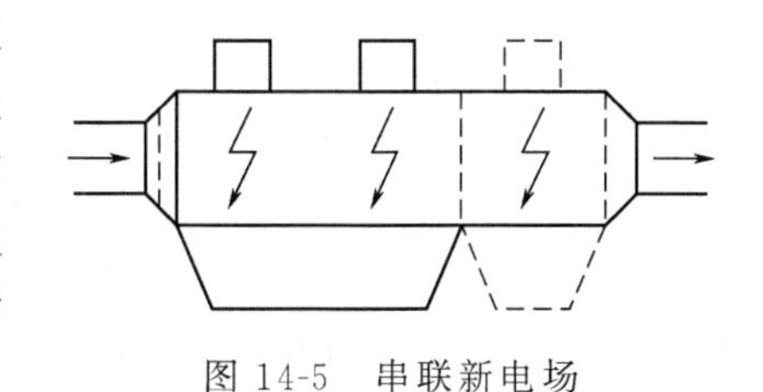

图 14-5　串联新电场

（2）利用中间走道增加新电场　原静电除尘器不变，在原静电除尘器的一侧或中间走道增加电场宽度，重新分配进口烟道和进气烟箱，增设全套的两个室的静电除尘器，增加高、低压供电装置及附属配套设施，典型的布置方案如图14-6所示。进气烟箱也可采用与原静电除尘器进气烟箱合并考虑的方案。不论进气烟箱采用哪种布置方案，都必须对进气侧烟道和进气烟箱进行气流分布模型试验，以确定烟道导流板位置、形状和尺寸，确定进气烟箱气流分布板结构。另外，还需重新布置收尘极和放电极振打系统，确保满足振打清灰要求。

（3）增加电场的通道数　如果原有静电除尘器的两侧有空地，增加通道数也是加大极板面

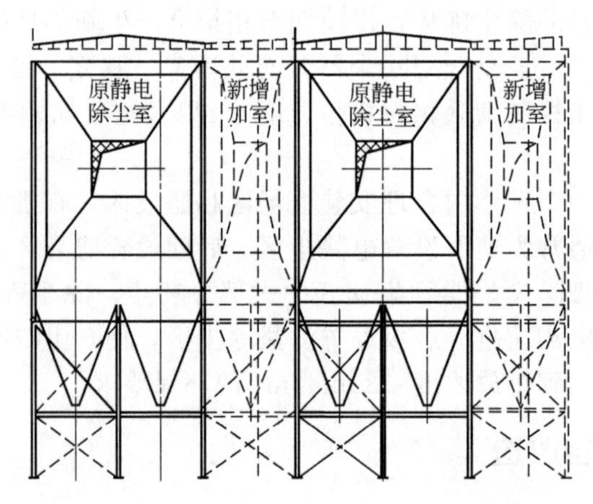


图 14-6 利用两台静电除尘器中间走道布置改造方案

积的措施之一，如图 14-7 所示，图中虚线部分表示新增加的通道。这一措施存在的主要问题是对气流的均匀分布有不利影响。其改造工程量和复杂性介于增加新电场和加高极板的措施之间。

**3. 增加电场高度**

由于受场地条件的限制，有时串联新的电场不可行，这时可采用增加电场高度的方法，见图 14-8，虚线部分表示电场新增加的高度。此法改造工程量很大，不仅壳体和立柱要增高，原有收尘极和放电极系统大部分不能利用，而且会使气流难以分布均匀。同时，拆除和安装周期一般要比增设新电场的周期长得多，因此窑的停产时间也要长。

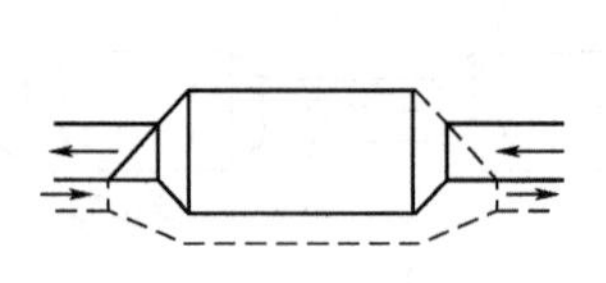

图 14-7 增加电场的通道数

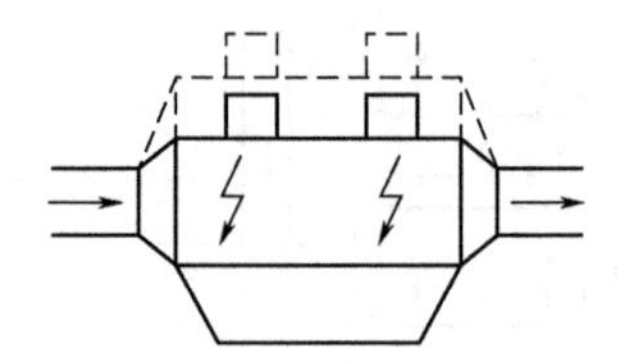

图 14-8 增加电场高度

另外，有时会同时增加电场和电场高度，增加电场和电场高度后的布置见图 14-9。

## 三、静电除尘器提效改造

**1. 优化电极配置**

(1) 加大静电除尘器的同极间距　近 40 多年来，世界不少国家对增加静电除尘器的极间距进行了大量试验研究。研究结果和生产实践均表明，适当地加大极间距，粉尘的驱进速度会相应增大，而且增大的比率比极间距增大的比率还要大。鲁奇公司曾在一台预热器窑尾的两台电除尘器上进行不同极间距试验，试验结果具有一定的代表性，见图 14-10 和表 14-1。

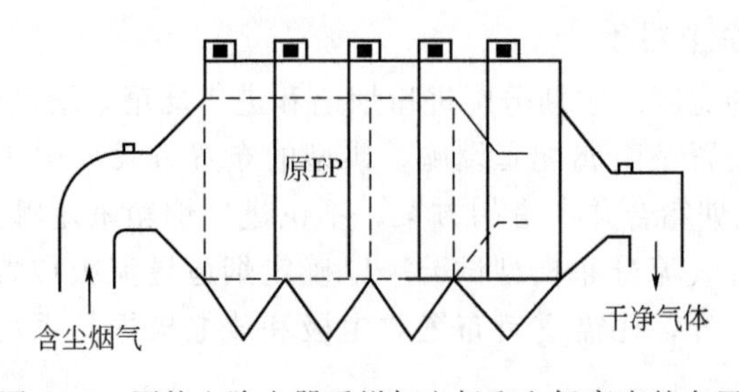


图 14-9 原静电除尘器后增加电场和电场高度的布置

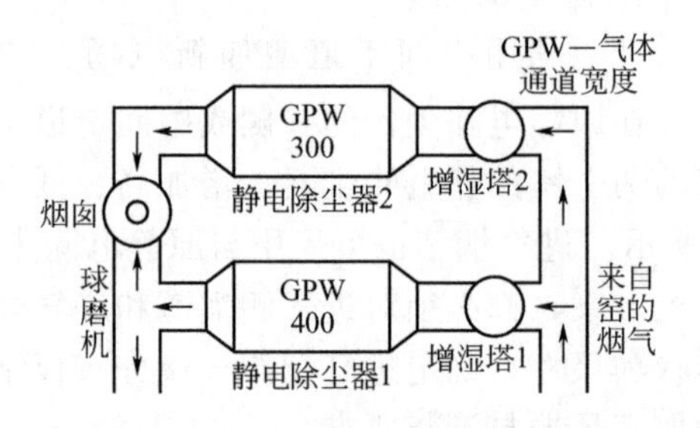


图 14-10 两台不同极间距试验静电除尘器的布置

表 14-1　不同极间距试验测试结果

| 气体温度/℃ | 340 | 340 | 155 | 155 |
| --- | --- | --- | --- | --- |
| 气体通道宽/mm | 300 | 400 | 300 | 400 |
| 通道宽度比/(400/300) | 1.33 | | | |
| 工作电压/kV | 29.6 | 52 | 44.4 | 65 |
| 工作电压比/(400/300) | 1.75 | 1.75 | 1.46 | 1.46 |
| 除尘效率/% | 97.3 | 98.2 | 97.3 | 98.1 |
| 驱进速度比/(400/300) | 1.46 | 1.46 | 1.45 | 1.45 |

我国基础试验、半工业试验和工业设备的试验表明：同极间距选取 400～500mm 比较合理。工业试验表明：宽极间距电除尘器在处理同样烟气量、同样性质的粉尘、保持同等效率的前提下，与常规静电除尘器相比，一次投资减少 10%～15%，钢材消耗量降低 15%～20%，能耗降低 20%～30%。

(2) 优化极板和极线的匹配　单纯地增大极间距，而不相应地改变极板和极线的形状及其配置，就难以获得增大驱进速度的效果。因为驱进速度 $\omega$ 与电场强度成正比关系，而电场强度又取决于电场的均匀性，同时静电除尘器的收尘效率与电流密度的均匀分布有直接关系。

鲁奇公司将极间距由 300mm 增大到 400mm 时，也研究了电流密度均匀分布的问题。该公司根据管式静电除尘器中电力线径向对称指向圆筒内壁、收尘极表面各点到放电极距离相等的现象，将极板的断面加以改进，改进后的极板和不同断面的极板在实验室进行火花电压和电流强度分布试验的结果分别见图 14-11 和图 14-12。

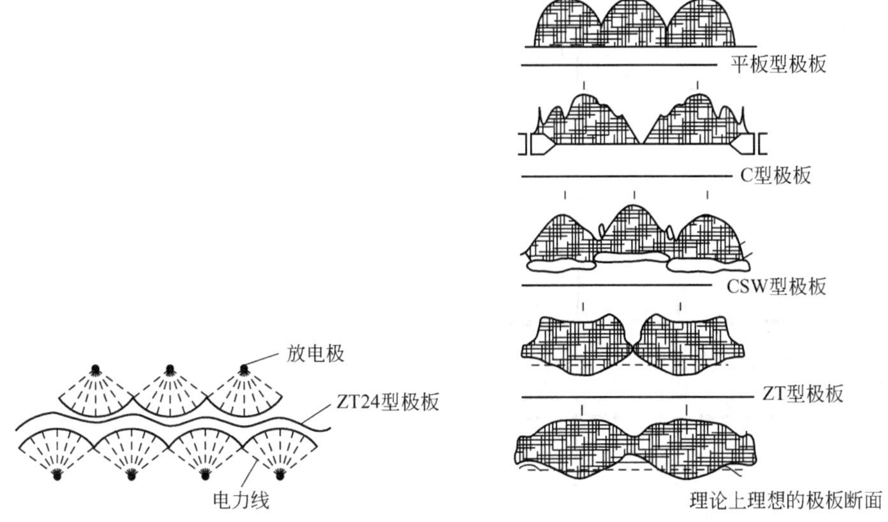


图 14-11　ZT24 型极板电力线近似管式静电除尘器

图 14-12　几种极板的电流密度分布

(3) 出口烟箱大端增设槽形极板　根据原电力部有关科研单位的实践经验，出口烟箱大端增设槽形极板不仅能捕集最后一个电场因振打引起二次飞扬的细微粉尘，保证设计效率，而且能进一步改善气流的均匀分布。槽形极板的阻力很小，在电场风速为 1.1m/s 时，阻力约为 9.8Pa。

**2. 放电极振打装置的改造**

许多旧的静电除尘器的放电极振打采用的是顶部提升脱离振打装置，即使是鲁奇公司的产品，也是采用凸轮提升脱离振打机构，虽然结构不完全相同，但基本原理一样。这种振打机构，不仅结构复杂，而且要求制造和安装精度较高，如果提升杆安装不垂直则绝缘电瓷轴容易断裂；每排放电极不是依次进行振打，而是整个电场的放电极同时振打，粉尘二次飞扬严重；处于电场的部分受温度影响，相关尺寸会发生变化，需要经常进行调节。因此，建议将顶部提升脱离振打改为侧部传动振打。这种振打机构与收尘极的振打方式相同，只是传动轴要用电瓷轴进行绝缘。为防止电场内粉尘进入电瓷轴的保温箱，可用绝缘挡灰板将保温箱与电场烟气隔开。挡灰板的材料可采用厚5mm的耐高温、绝缘性能好的聚四氟乙烯板，或采用特制的耐高压绝缘玻纤毡代替聚四氟乙烯板。

**3. 改善气流分布**

气流在电场内的分布是否均匀，对收尘效率影响很大，旧的静电除尘器，如多个单位共同设计的SHWB型和某水泥工业设计院设计的WY型系列产品，气流分布板为两层，而且多数为人工振打，即使是机械振打，由于结构设计不合理，振打效果很差。如现场条件许可，最好改成三层分布板，其孔隙率要大于50%，并且要设置或完善振打装置。不良的气流分布，可使静电除尘器的效率降低20%～30%，甚至更多。

**4. 其他改造措施**

（1）改善各个连接处的密封　由于除尘系统和静电除尘器本体的连接处密封不严密，漏入风量很大，特别是负压大的静电除尘器，有的漏风率高达50%以上。漏风不仅增加静电除尘器的负担，而且会对湿法窑的静电除尘器引起腐蚀。干法窑由于漏风，会使单位烟气的湿含量降低，比电阻升高，从而影响静电除尘器的除尘效果。因此，加强和改善静电除尘器的密封性至关重要。

（2）重新分配电场　基础、钢支架、壳体和灰斗不变，利用原静电除尘器收尘极和放电极侧部振打沿电场长度方向的空间，重新分配电场，并采用顶部振打的方式，通常情况下原4个电场的可以增加到5个电场，可有效增加收尘极板面积。更换所有收尘极和放电极系统；更换收尘极和放电极振打系统；增加高、低压供电装置及附属配套设施的改造，典型的布置方案如图14-13所示。设计改造时应该注意以下几点：①收尘极板高度不宜超过15m；②收尘极和放电极振打装置的设置必须满足清灰要求；③用电晕性能好、起晕电压低、放电强度高、易清灰的新型电晕线进行改造，用于浓度较大的电场；④用新的收尘极使极板上各点近似与电晕极等距，形成均匀的电流密度分布，火花电压高，电晕性能好；与电晕线形成最佳配合，粒子重返气流的机会少；采用活动铰接形式，有利振打传递；振打采用挠臂锤，振打周期可根据运行工况调整，以获得最佳效果；⑤阻流板、挡风板采用新技术重新设计，避免气流短路。

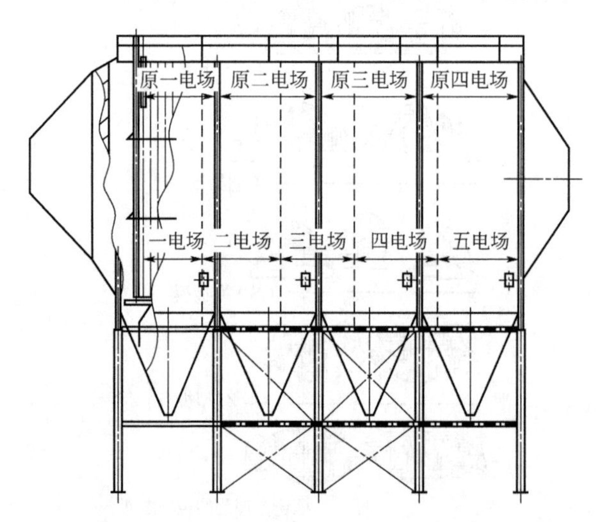

图14-13　内部空间重新分配电场方案示意

对于现役静电除尘器的改造往往是非常复杂的，它由于受到场地和空间的限制，采用上述单一方案较困难，有些则要采用综合技术改造方案，才能满足改造后达标排放的要求，必须将一种或几种单一方案合并使用，这就要求设计者具备综合知识，根据具体改造目标，灵活运用，因地制宜，力争做到符合改造工作量小、工期短、费用低的原则，制订合理的、可行的改造方案，才能达到最终改造目的。同时，还应注意以下几点：①一般原有的壳体结构和地脚螺栓孔的位置尽可能保持不变，只应改造内部构件和振打传动装置；②放电极系统原有的悬挂点和收尘极振打轴的位置保持不变；③电场高度≥7.5m 时，放电极系统要设置 2 套振打装置，一套放在电极一侧的上方，另一套放在另一侧的下方；④当极间距加大到 400mm 时，放电极的悬吊绝缘子的规格要相应改变，同时要验算原有保温箱的空间是否够用；⑤增加电场立柱的底座，其结构一般与原有底座相同，但要考虑到其应能补偿壳体的膨胀；⑥原有静电除尘器灰斗内未设置阻流板的应当增设；⑦高压硅整流装置应尽可能地放在除尘器顶部，以减少由于高压电缆头而出现的故障；⑧电晕极振打装置由顶部振打改为侧部振打；⑨有发生爆炸可能而无防爆阀的静电除尘器应增设防爆阀。

静电除尘器改造的内容，由于各个行业的具体情况不同，不可能有一个统一的模式。实践中应根据具体情况，因地制宜，对症下药，分期、分批进行，以确保改造取得实效。

## 四、静电除尘器改造为袋式除尘器

**1. 电改袋的基本形式**

（1）保留原静电除尘器的外壳、进口喇叭、支架、灰斗、管道基础以及卸灰和输灰装置。

（2）拆除原静电除尘器的极板、极线、吊挂装置，振打装置，以及气流分布板、灰斗内阻流板、高压供电和控制装置等。

（3）局部改造静电除尘器的箱体。

（4）安装袋式除尘器的核心部件（滤袋和滤袋框架、喷吹装置、上箱体和花板等），有的还需改造进风和出风管道及阀门，安装自动控制系统。

**2. 对设备的校核计算**

（1）改造后的袋式除尘器应重新设置箱体内部支撑，满足箱体结构的强度和刚度要求。

箱体的耐压强度应能承受系统压力，一般情况下，负压按引风机铭牌全压的 1.2 倍来计取，并进行耐压强度校核。

（2）除尘器结构、支柱和基础的校核应考虑恒载、活载、风载、雪载、检修荷载和地震荷载，并按危险组合进行设计。

（3）在电改袋的过程中，一定要检查原除尘器的壳体腐蚀情况，核算强度，根据检查和核算的结果，采取相应的修复措施。

（4）袋式除尘器的阻力高于静电除尘器，因此要对原有风机进行核算。当风机全压不能满足要求时，需对风机进行改造。可提高风机的转速，或更换叶轮、更换电机。当改造不能满足要求时，需整体更换风机。

**3. 改造设计内容**

（1）去除静电除尘器内部的各种部件　包括极线、极板、振打系统、变压器、上下框架、多孔板等。通常所有的工作部件都应去除。现有的除尘器地基不动，外壳、出风管路、输灰装置不做改动，即可改造为脉冲袋式除尘器。

（2）安装花板、挡板、气体导流系统　对管道及进出风口改动以达到最佳效果。在结构体上部设计安装净气室。检修门的布置以路径便捷、检修方便为原则。花板的厚度一般不小于5mm，并在加强后应能承受两面压差、滤袋自重和最大粉尘负荷。大型袋式除尘器的花板设计一定要考虑热变形问题。花板边部袋孔中心与箱体侧板的距离应大于孔径。净气室的断面风速以不大于 4～6m/s 为宜。

（3）顶盖安装检修门、走道及扶梯　根据净气室及通道的位置来安装检修门、走道及扶梯。

(4) 安装滤袋 袋式除尘器的滤材选择至关重要，主要取决于风量、气流温度、湿度、除尘器尺寸、安装使用要求及价格成本。选择合适的滤材对整个工程的成败起着举足轻重的作用，特别是脉冲除尘器高温玻璃纤维滤件，如选用不当，改造后的袋式除尘器未必会优于原有的电除尘器。更有甚者，错误地选择滤袋会导致其快速损坏，增加更多的维护工作量。只有合理地设计、选型和安装滤袋才能保证高效率除尘及最少的维护量。

(5) 安装清灰系统 清灰系统主要包括压缩空气管线、脉冲阀、气包、吹管及相关的电器元件。同时，应尽可能按压差清灰。当控制器感应到压差增到高位时会启动脉冲阀喷吹至合适的压差后中止。根据不同的工艺条件，清灰的“开”“关”点可以分别设置。

(6) 压缩空气供应系统 压缩空气供应系统的设计应符合《压缩空气站设计规范》(GB 50029) 的要求。应设置备用空压机，并采用同一型号。管路的阀门和仪表应设在便于观察、操作、检修的位置。

供给袋式除尘器的压缩空气参数应稳定，并应除油、除水、除尘。压缩空气干燥装置应不少于两套，互为备用。用于驱动阀门的压缩空气管路需设置分水滤气器和油雾器。

脉冲清灰用的压缩气源宜取自工厂压缩空气管网。若现场不具备气源或供气参数不满足要求时，应配置专用的空压机。除非用量很小，一般不宜采用移动式空压机。

宜在除尘器近旁设置储气罐。储气罐输出的压缩气体需经调压后送至用气点。从储气罐到用气点的管线距离一般不超过 50m。储气罐底部应设自动或手动放水阀，顶部应设压力表和安全阀。调压阀应有旁通装置。

储气罐与供气总管之间应装设切断阀。除尘器每个稳压气包的进气管道上应设置切断阀。

供气总管的直径一般不小于 $DN$80mm。在寒冷地区，宜对储气罐和管道采取保温或伴热措施。

将静电除尘器改造为袋式除尘器，到目前为止电厂、水泥厂、烧结厂已有改造的案例。随着静电除尘器使用的老化和对除尘效率要求的日益提高，电除尘器改造为袋式除尘器的需求又被赋予了新的要求和生命力。以长远眼光看，一次性投资稍高些但搞得成功有效，比重复投资反复改造要经济得多，而且也有利于连续稳定生产。少花费资金，减少停工时间，静电除尘器改造成袋式除尘器是提高生产效率和除尘效率的一个有效且成功的途径。

## 五、静电除尘器改造为电袋复合除尘器

### 1. 电袋复合除尘器改造技术

(1) 如何保证烟尘流经整个电场，提高静电除尘部分的除尘效果。烟尘进入静电除尘部分，以采用卧式为宜，即烟气水平流动，类似于常规卧式静电除尘器。但在袋除尘部分，烟气应由下而上流经滤袋，从滤袋的内腔排入上部净气室。因此，应采取适当措施使气流在改向时不影响烟气在电场中的分布（图 14-14）。

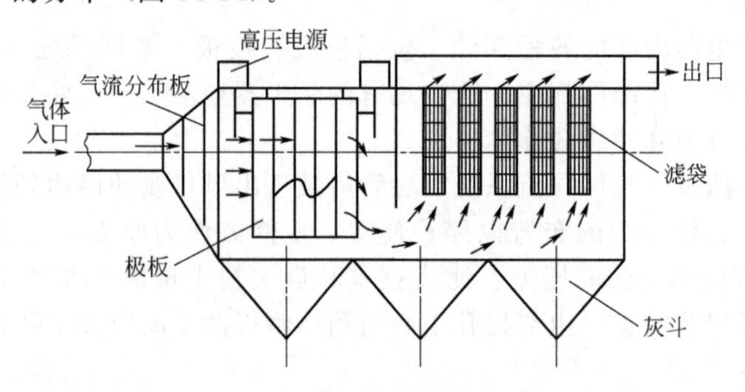


图 14-14 气流在电场中的分布

从图 14-14 中可以看出，除尘器分成电除尘和袋除尘两个区，含尘气体进入除尘器后，先通过静电除尘区，气体中的大部分粉尘在电除尘区被捕集。余下少量的荷电细微粉尘进入袋除尘区，这样可大大降低滤袋的张力，延长清灰周期和滤袋的使用寿命。

（2）应使烟尘性能兼顾静电除尘和袋除尘的操作要求。烟尘的化学组成、温度、湿度等对粉尘的电阻率影响很大，很大程度上影响了静电除尘部分的除尘效率。所以，在可能的条件下应对烟气进行调质处理，使静电除尘器部分的除尘效率尽可能提高。袋除尘部分的烟气温度一般应小于 200℃，大于 130℃（防结露糊袋）。

（3）在同一个箱体内，要准确确定电场的技术参数，同时也应正确选取袋除尘的各个技术参数。在旧有静电除尘器改造时，往往受原有壳体尺寸的限制，这个问题更为突出，在“电-袋”除尘器中，由于大部分粉尘已在电场中被捕集，而进入袋除尘部分的粉尘浓度、粉尘细度、粉尘颗粒级配等与进入除尘器时的粉尘相比发生了很大的变化。在这样的条件下，过滤风速、清灰周期、脉冲宽度、喷吹压力等参数也必须随之变化。这些参数的确定也需要慎重对待。

（4）如何使除尘器进出口的压差（即阻力）降至 1000Pa 以下。除尘器阻力的大小直接影响电耗的大小，所以正确的气路设计是减小压差的主要途径。

这种混合式除尘器看起来似乎很简单，但绝不是等于静电除尘器和袋除尘器现有结构的简单拼凑，两者的结构需要重新设计。此外，还需要解决一些具体的技术难题。如静电除尘器和袋除尘器内的流场有较大的差别，因为前者电场风速的时间单位是以每秒计，而后者的气布比（过滤风速）是以每分钟计，两者相差 60 倍，如何使之相匹配以使气流平稳而且分布均匀是关键。气流分布对电除尘器的重要性一般都得到了重视，但是对袋式除尘器的气流分布认识不足，一般认为气流分布靠滤袋的阻力可自行均匀分配。从理论上来说是对的，但是实际的运行情况并非如此。对有些袋式除尘器的测试结果表明，有的气流分布很不均匀，也严重影响除尘效率。所以说气流分布的均匀性对混合式除尘器尤为重要，否则难以取得预期的效果。

**2. 除尘器校核计算和设计**

除尘器的校核计算和设计可参照电改袋技术进行。

**3. 静电除尘器改造方案**

（1）静电除尘器的拆除　拆除原静电除尘器第一电场外的其他电场的内、外顶及顶部高压设备；拆除电场内部极板、极线及振打装置等。拆除时注意避让壳体加强筋，不允许破坏主梁等承重部件。拆除过程中应采取相应的保护措施。

（2）静电除尘器的修复　检查第一电场的极板、极线，如发现变形进行更换，充分利用各电场拆下的较完好的设备。检查调整第一电场的同性极距离、异性极距离等电除尘器关键参数。

对拆除后的电场区域进行清理，对壳体损坏部分进行加固、修复，去除内部焊渣、毛刺等尖锐物，为袋除尘的改造创造条件。

（3）除尘器隔板的安装　由于静电除尘与袋除尘的进气布风原理与出气方式不同，故电除尘处理后的烟气不能直接通入袋防尘区。

在第一电场后安装隔板，将前后除尘室完全隔开。隔板之前为电除尘区，隔板之后为袋除尘区，静电除尘后区域可作为沉降室。在第四电场与出口气箱之间安装隔板，将除尘室和出口气箱完全隔开，改造后除尘器采用新的上出气方式。在袋除尘区中心线位置处安装中间隔板，将袋除尘区分成 2 个室，可实现不停炉在线检修。

（4）袋除尘区的改造　袋除尘区的改造顺序：首先安装气流分布板，然后安装花板，最后安装顶板。袋除尘区下部设置独特的气流分布装置，确保气流的合理分配。袋除尘区上部设置花板，花板梁与加强筋设置合理，确保花板有足够的强度。袋除尘区内部安装清理完毕后，安装顶板。净气室有足够的高度，便于滤袋与袋笼的装卸。净气室设置检修门，便于检查、维修。

(5) 进风烟道的设置　在电除尘区尾部侧板开孔，作为电除尘区的出气口。在袋除尘区侧板下部开孔，作为袋除尘区的进气口。

除尘器的两侧分别安装进风烟道，进风烟道采用双层提升阀的形式，静电除尘区处理后的烟气进入进风烟道，在提升阀处于开启的状态下进入下部烟道，从而进入袋除尘区底部。

(6) 出风烟道的设置　袋除尘区的净气室尾部分别安装出风烟道，出风烟道同样设置提升阀，袋除尘处理后的烟气进入出风烟道，在提升阀处于开启的状态下进入出口箱。

(7) 旁路烟道的设置　进风烟道尾部设置旁路烟道及旁路提升阀，将旁路烟道与出口烟箱连通。在烟气超温等异常情况下。除尘器的进风、出风提升阀全部关闭，袋除尘区与烟气全部隔离，烟气从旁路烟道排放，从而达到保护滤袋的目的。但对排放有严格要求的地区，不应设旁路烟道，而应另设备用净化系统或生产工艺同时停机。

## 六、静电除尘器改造技术路线

静电除尘器因具有除尘效率高、处理烟气量大，适应范围广、设备阻力小、运行费用低、使用方便且无二次污染等独特优点，在国内外电力行业中得到了广泛的应用。我国燃煤电站现有的烟气除尘技术中，静电除尘器也长期占据着主流地位。随着环境保护要求的日益提高，国家制定了更为严格的烟尘排放标准。为满足此标准，国内很大一部分燃煤电站现役静电除尘器均需要提效改造，因此，如何制订静电除尘器提效改造的技术路线成为行业内关注和研究的重点问题。

**1. 静电除尘器改造的主要影响因素**

静电除尘器（ESP）提效改造需要考虑的主要因素包括：①煤、飞灰成分；②除尘设备出口烟尘浓度要求；③原静电除尘器的状况，包括比集尘面积（SCA）、电场数、烟气流速、目前运行状况（运行参数、ESP 出口烟尘浓度）；④改造场地情况。此外，还应对改造后除尘设备的技术经济性、二次污染情况、引风机的压头情况进行分析。

对于燃煤电站，在影响静电除尘器性能的诸多因素中，包括燃煤性质（成分、挥发分、发热量、灰熔融性等）、飞灰性质（成分、粒径、密度、比电阻、黏附性等）、烟气性质（温度、湿度、成分、露点温度、含尘量等）在内的工况条件占据着核心地位，其中，工况条件中的煤、飞灰成分对静电除尘器性能的影响最大。

作为提效改造的最终目的，除尘设备需达到的出口烟尘浓度直接影响静电除尘器技术改造路线的制订。

原静电除尘器状况中的 SCA 及目前 ESP 出口烟尘浓度是影响提效改造技术路线的关键性因素。此外，应分析静电除尘器运行是否处于正常状态，以便在改造时对各运行状况做相应调整。

制订的静电除尘器提效改造技术路线必须适用于现有改造场地的情况。应考虑原静电除尘器进、出口端是否可增加电场，并应充分考虑脱硝改造引风机移位后的富余场地。另外，也可考虑加宽改造的可能性。

如何制订更具技术经济性的技术路线在电除尘器提效改造中备受关注，因此，对应技术路线的技术经济性分析应始终贯彻静电除尘器提效改造的全过程。除尘设备改造的经济性应以一次性投资费用即设备费用和全生命周期内（即设计寿命 30 年）的年运行费用总和进行评估。年运行费用指除尘设备电耗费用、维护费用与引风机电耗费用之和。除尘设备改造的技术经济性分析内容如表 14-2 所列。

表 14-2　除尘设备改造的技术经济性分析内容

| 类别 | 分项内容 |
| --- | --- |
| 技术特点比较 | 除尘效率<br>除尘设备出口烟尘浓度<br>平均压力损失<br>最终压力损失<br>安全性<br>检修 |
| 经济性比较 | 设备费用<br>年运行费用<br>总费用 |

**2. 静电除尘器提效改造可采用的技术**

根据国内静电除尘器应用现状及新技术研发和应用情况，我国静电除尘器提效改造可采用的主要技术有静电除尘器扩容、低低温电除尘技术、旋转电极式电除尘技术、烟尘预荷电微颗粒捕集增效技术（简称微颗粒捕集增效技术）、高频高压电源技术、电袋复合除尘技术、袋式除尘技术、湿式电除尘技术等。各改造技术的实施方法及主要技术特点如表 14-3 所列，各技术的综合比较如表 14-4 所列。

表 14-3　各改造技术的实施方法及主要技术特点

| 可采用的改造技术 | 实施方法 | 主要技术特点 |
| --- | --- | --- |
| 静电除尘器扩容 | 增加电场有效高度，原静电除尘器进、出口端增加电场，并可考虑加宽改造的可能性 | (1)对粉尘特性较敏感，即除尘效率受煤、飞灰成分的影响；<br>(2)除尘效率高，使用方便且无二次污染；<br>(3)对烟气温度及烟气成分等影响不敏感，运行可靠；<br>(4)本体阻力低，一般为 200～300Pa |
| 低低温电除尘技术 | 在静电除尘器的前置烟道上或进口封头内布置低温省煤器 | (1)烟气降温幅度为 30～50℃，降低粉尘比电阻，减小烟气量，进一步提高电除尘器的除尘效率；<br>(2)可节省煤耗及厂用电消耗，平均可节省电煤消耗 1.5～4g/(kW·h)，一般 3～5 年可收回投资成本；<br>(3)每级低温省煤器烟气压力损失为 300～500Pa |
| 旋转电极式静电除尘器 | 将末电场改成旋转电极电场 | (1)保持阳极板永久清洁，避免反电晕，有效解决高比电阻粉尘收尘难的问题，大幅提高电除尘器除尘效率；<br>(2)最大限度地减少二次扬尘，显著降低电除尘器出口烟尘浓度；<br>(3)增加电除尘器对不同煤种的适应性，特别是高比电阻粉尘、黏性粉尘；<br>(4)可使电除尘器小型化，占地少；<br>(5)本体阻力低，一般为 200～300Pa |
| 微颗粒捕集增效技术 | 在前置烟道上布置微颗粒捕集增效技术装置 | (1)减少烟尘总量排放；<br>(2)显著减少 $PM_{2.5}$ 的排放，改善大气能见度，提高空气质量；<br>(3)减少汞、砷等有毒元素的排放；<br>(4)压力损失增加 250Pa |
| 高频高压电源技术 | 将原常规电源改为高频高压电源 | (1)可以有效提高脉冲峰值电压，增加粉尘荷电量，克服反电晕，提高电除尘器的除尘效率；<br>(2)可为 ESP 提供从纯直流到窄脉冲的各种电压波形，可根据 ESP 的工况，提供最佳电压波形，达到节能的效果 |
| 电袋复合除尘技术 | 保留一个或两个电场，其余改为袋式除尘 | (1)除尘效率高，对粉尘特性不敏感，但对烟气温度、烟气成分较敏感；<br>(2)本体阻力较高，一般<1100Pa；<br>(3)滤袋的使用寿命及换袋成本仍是电袋复合除尘器的一个重要问题，目前旧滤袋的资源化利用率较低 |

续表

| 可采用的改造技术 | 实施方法 | 主要技术特点 |
|---|---|---|
| 袋式除尘技术 | 将所有电场改为袋式除尘 | (1)除尘效率高，对粉尘特性不敏感，但对烟气温度、烟气成分较敏感；<br>(2)本体阻力高，一般小于1500Pa；<br>(3)滤袋的使用寿命及换袋成本仍是袋式除尘器的一个重要问题，目前旧滤袋的资源化利用率较低 |
| 湿式电除尘技术(WESP) | 在湿法脱硫后新增湿式电除尘器 | (1)有效收集微细颗粒物($PM_{2.5}$粉尘、$SO_3$酸雾、气溶胶)、重金属(Hg、As、Se、Pb、Cr)、有机污染物(多环芳烃、二噁英)等，烟尘排放浓度为$10mg/m^3$甚至$5mg/m^3$以下；<br>(2)收尘性能与粉尘特性无关，也适用于处理高温、高湿的烟气；<br>(3)本体阻力增加200～300Pa；<br>(4)投资成本高 |

**表 14-4 各改造技术的综合比较**

| 技术名称 | 提效幅度及适用范围 | 运行费用 | 二次污染 |
|---|---|---|---|
| 静电除尘器扩容 | 提效幅度受煤、飞灰成分和比电阻影响及场地限制 | 较低 | 无 |
| 低低温电除尘技术 | 提效幅度有限，且受降温幅度限制，适用范围较广 | 3～5年可收回投资成本 | 无 |
| 旋转电极式电除尘技术 | 提效幅度显著，适用范围较广 | 较低 | 无 |
| 微颗粒捕集增效技术 | 提效幅度有限，且受烟道长度限制，适用范围较窄 | 低 | 无 |
| 高频高压电源技术 | 提效幅度有限，适用范围较广 | 有节能效果 | 无 |
| 袋式除尘技术 | 提效幅度显著，适用范围较广 | 高 | 旧滤袋的资源化利用率较小 |
| 电袋复合除尘技术 | 提效幅度显著，适用范围较广 | 较高 | 旧滤袋的资源化利用率较小 |
| 湿式电除尘技术 | 烟尘排放浓度低至$10mg/m^3$甚至$5mg/m^3$以下，适用范围较窄 | 高(需与其他除尘设备配套使用) | 无 |

### 3. 静电除尘器提效改造技术路线分析

静电除尘器提效改造技术路线可分三大类，即电除尘技术路线（包括电除尘器扩容、采用电除尘新技术及多种新技术的集成）、袋式除尘技术路线（包括电袋复合除尘技术及袋式除尘技术）、湿式电除尘技术路线。

(1) 按表观驱进速度$\omega_k$值的大小评价ESP对国内煤种的除尘难易性，如表14-5所列。

**表 14-5 按 $\omega_k$ 值评价 ESP 对国内煤种的除尘难易性**

| $\omega_k$值 | 除尘难易性 |
|---|---|
| $\omega_k \geqslant 55$ | 容易 |
| $45 \leqslant \omega_k < 55$ | 较容易 |
| $35 \leqslant \omega_k < 45$ | 一般 |
| $25 \leqslant \omega_k < 35$ | 较难 |
| $\omega_k < 25$ | 难 |

(2) 除尘设备出口烟尘浓度限值为$30mg/m^3$时的改造技术路线如表14-6所列。

表 14-6　除尘设备出口烟尘浓度限值为 30mg/m³ 时的改造技术路线

| 除尘难易性 | 采用的技术路线 | 扩容后电除尘器 SCA/[m²/(m³/s)] | 采用 ESP 新技术集成时的 SCA/[m²/(m³/s)] |
| --- | --- | --- | --- |
| 容易 | 电除尘技术路线 | ≥110 | ≥80 |
| 较容易 | | ≥130 | ≥100 |
| 一般 | 宜通过可行性研究后选择除尘技术路线 | ≥150 | ≥120 |
| 较难 | 袋式除尘技术路线 | — | — |
| 难 | | | |

（3）除尘设备出口烟尘浓度限值为 20mg/m³ 时的改造技术路线如表 14-7 所列。

表 14-7　除尘设备出口烟尘浓度限值为 20mg/m³ 时的改造技术路线

| 除尘难易性 | 采用的技术路线 | 扩容后静电除尘器 SCA/[m²/(m³/s)] | 采用 ESP 新技术集成时的 SCA/[m²/(m³/s)] |
| --- | --- | --- | --- |
| 容易 | 电除尘技术路线 | ≥130 | ≥100 |
| 较容易 | | ≥150 | ≥120 |
| 一般 | 宜通过可行性研究后选择除尘技术路线 | ≥170 | ≥140 |
| 较难 | 袋式除尘技术路线 | — | — |
| 难 | | | |

（4）要求烟尘排放浓度≤10mg/m³（标），且对 $SO_3$、雾滴、$PM_{2.5}$ 排放有较高要求时，可采用湿式电除尘技术，或以低低温电除尘技术为核心的烟气协同治理技术。

对于既定的除尘设备出口烟尘浓度限值要求，静电除尘器提效改造时需要优先分析煤种的除尘难易性及原有静电除尘器的状况（以比集尘面积 SCA 和目前静电除尘器的出口烟尘浓度为主要考虑因素），在考虑满足现有改造场地的前提下，以具备最佳技术经济性为原则来确定改造技术路线。

# 第四节　袋式除尘器升级改造

袋式除尘器是指利用纤维性滤袋捕集粉尘的除尘设备。袋式除尘器的突出优点是：除尘效率高，属高效除尘器，除尘效率一般＞99%，运行稳定，不受风量波动影响；适应性强，不受粉尘比电阻值限制。因此，袋式除尘器在应用中备受青睐。袋式除尘器是除文氏管除尘器外运行阻力最大的除尘器。所以，袋式除尘器的升级改造主要是降阻节能改造，同时也有达标排放和安全运行改造。

## 一、袋式除尘技术发展趋势

### 1. 进一步降低袋式除尘器的能耗

袋式除尘器在降低阻力方面已经取得很大的进步，但是它是除文氏管除尘器外耗能最大的除尘器。

从“节能减排”的大目标以及今后袋式除尘器越来越广的应用局面考虑，仍需加强研究，以进一步降低袋式除尘器的阻力和能耗。

在役袋式除尘器的阻力和能耗较大，其原因并不是袋式除尘技术本身的问题，也不是袋式除尘技术解决不了的问题。标准规定反吹风袋式除尘器阻力 2000Pa，脉冲袋式除尘器阻力 1500Pa，从业者都执行该标准。一旦标准有降低阻力和能耗的新要求，相信袋式除尘器的阻力和能耗一定会大幅降低，因为降低能耗是袋式除尘器技术的发展趋势，而且现在已有相当数量的袋式除尘器运行阻力在 1000Pa 以下。

**2. 净化微细粒子的技术**

袋式除尘器虽然能够有效捕集微细粒子，但以往未将微细粒子的捕集作为技术发展的重点。随着国家针对微细粒子控制标准的提高，袋式除尘技术需要进一步提高捕集效率，降低阻力和能耗。针对 $PM_{2.5}$ 超细粉尘的捕集，还需研究和开发主机和滤料、测试及应用技术。

细颗粒物（$PM_{2.5}$）是危害人体健康和污染大气环境的主要因素，减排 $PM_{2.5}$ 已经成为国家的环保目标。$PM_{2.5}$ 细颗粒由于粒径小，其运动、捕集、附着、清灰、收集等方面都有特殊性，针对 TSP 大颗粒粉尘捕集的常规过滤材料和除尘技术难以适应超细粒子。一些企业研发的 $PM_{2.5}$ 细粒子高效捕集过滤材料，对粒径 $PM_{2.5}$ 以下的超细粒子有较高的捕集效率。可以说，目前只有袋式除尘技术才能够有效控制 $PM_{2.5}$ 等微细粒子的排放。

需要指出的是，袋式除尘器实现更低的颗粒物排放并不意味提高造价，只要严格按照有关标准和规范设计、制造、安装和运行，就能获得好的效果。

**3. 高效去除有害气体技术**

袋式除尘器能够高效去除有害气体：电解铝含氟烟气的净化是依靠袋式除尘器实现的；含沥青烟气的最有效的净化方法是以粉尘吸附并以袋式除尘器分离；煤矿开采、焚化炉等一些特殊行业的烟尘排放也依靠袋式除尘器来解决。

在垃圾焚烧烟气净化中，袋式除尘器起着无可替代的作用，垃圾焚烧尾气中含有多种有害气体，袋式除尘器“反应层”的特性对垃圾焚烧烟气中的 HCl、$SO_2$、重金属等污染物的去除具有重要作用。垃圾焚烧尾气中二噁英的净化方法，是用吸附剂吸附再以袋式除尘器去除，且不会产生重新生成的问题。

试验结果表明，在干法和半干法脱硫系统中，采用袋式除尘器可比其他除尘器提高脱硫效率约 10%。滤袋表面的粉尘层含有未反应完全的脱硫剂，相当于一个“反应层”的作用。若滤袋表面粉尘层厚度为 2.0mm，过滤风速为 1m/min，则含尘气流通过粉尘层的时间为 0.12s，可显著提高脱硫反应的效率。

铁矿烧结机的机头烟气采用“ESP（电除尘）＋CFB（脱硫）＋BF（袋除尘）”组合的脱硫除尘一体化处理技术，已有成功应用的实例，应扩大袋式除尘技术在烧结机头烟气脱硫除尘系统中的应用。

**4. 在多种复杂条件下实现减排**

袋式除尘器对各种烟尘和粉尘都有很好的捕集效果，不受粉尘成分及比电阻等特性的影响，对入口含尘浓度不敏感，在含尘浓度很高或很低的条件下，都能实现很低的粉尘排放。近年来袋式除尘技术快速发展，在以下诸多不利条件下都能成功应用和稳定运行。

（1）烟气高温　在≤280℃下已普遍应用。

（2）烟气高湿　如轧钢烟气除尘、水泥行业原材料烘干机和联合粉磨系统等尾气净化。

（3）高负压或高正压除尘系统　一些大型煤磨袋式除尘系统的负压达到 $(1.4\sim1.6)\times10^4$Pa；大型高炉煤气袋滤净化系统的正压可达 0.3MPa；而某些水煤气袋滤净化系统的正压更高达 0.6～4.0MPa。

（4）高腐蚀性　例如垃圾焚烧发电厂的烟气净化，烟气中含 HCl、HF 等腐蚀性气体；燃煤锅炉的烟气除尘。

（5）烟气含易燃、易爆粉尘或气体　如高炉煤气、炭黑生产、煤矿开采、煤磨除尘等。

(6) 高含尘浓度　水泥行业已将袋式除尘器作为主机设备，直接处理含尘浓度为1600g/m³的含尘气体，收集产品，并达标排放；还可直接处理含尘浓度$3\times10^4$g/m³的气体（例如仓式泵输粉），并达标排放。

**5. 适应严格的环保标准**

袋式除尘技术作为微细粒子高效捕集的手段，有力地支持了国家更加严格的环保标准。最近几年，一些工业行业的大气污染物排放标准多次修订。新修订的《火电厂大气污染物排放标准》(GB 13223—2011)，规定新建、改建和扩建锅炉机组烟尘排放限值为30mg/m³，有些地方标准烟尘排放限值为10mg/m³。国家三部委要求垃圾焚烧厂必须严格控制二噁英排放，规定"烟气净化系统必须设置袋式除尘器，去除焚烧烟气中的粉尘污染物"。水泥行业排放标准再次修订，粉尘排放限值改为20～30mg/m³。钢铁行业的污染物排放标准已颁布，其中颗粒物排放限值低于20mg/m³。排放限值的进一步降低，将对固体颗粒物减排起到巨大的作用。规定固体颗粒物排放限值低于20mg/m³，对于袋式除尘器应无问题。设计良好的袋式除尘器其颗粒物出口排放浓度多为3～10mg/m³。

## 二、袋式除尘器缺陷改造

在除尘器设计和制造过程中，为了追求先进指标，降低造价，触犯了除尘器的一些禁忌，导致使用后改造。

**1. 进风管道的气流速度优化**

在许多沿着总管—支管—阀门—弯管进风的除尘器中，有的将管道内的风速设计为16～18m/s，甚至更高。带来的后果是除尘器的结构阻力过高，有的甚至达到设备阻力的50%以上。

人们担心较低的风速会使粉尘在进风总管和支管内沉降，实际上这种担心没有必要。除尘器的进风总管下部一般都有斜面，支管通常垂直安装，即使水平安装其长度也很短。而在流动着的含尘气体中，与气体充分混合的粉尘具有类似流体的流动性，只要有少许坡度即可流动，不会在管道内沉积。因此，完全可以将总管和支管内的风速适当降低，这对减小结构阻力具有显著的作用。计算表明，将风速从18m/s降至14m/s，阻力可降低40%，而将风速从16m/s降至14m/s，阻力可降低24%。

推荐除尘器进风总管的风速≤12m/s，支管的风速≤8～10m/s，停风阀的风速≤12m/s。

一些袋式除尘器被设计成下进风方式，即从灰斗进风。这种进风方式可节省占地面积和钢耗，但进风速度高，容易引发设备阻力过高、滤袋受含尘气流冲刷等问题。

图14-15为一台长袋低压脉冲袋式除尘器，设计成多仓室结构，含尘气流从灰斗进入。投入运行之初便发现设备阻力高达1700Pa，很快升至2000Pa以上，超过国家标准规定的≤1500Pa。

下进风除尘器经常出现的另一问题是，运行时间不长（1～2个月，甚至时间更长）即出现滤袋破损现象。破损滤袋多位于远离进风口一侧，或靠近进风口处。滤袋破损部位多在滤袋下部（对于外滤式滤袋，位于袋底；对于内滤式滤袋，位于袋口），或者在靠近进风口的部位。滤袋破损部位周边的滤料，其迎尘面的纤维多被磨去，露出基布，而背面的纤维则相对完好。这种破袋的原因在于气流分布不当，部分滤袋直接受到含尘气流的冲刷。

为避免上述情况，在条件许可时尽量不采用灰斗进风的方式。若不能避免灰斗进风，如图14-16所示的气流分布装置是一种可供选择的方案，即在灰斗中设垂直的气流分布板，置于含尘气流之中，使之正面迎向含尘气流，以削弱过高的气流动压。同时，垂直的气流分布板长短不一，布置成阶梯状，使含尘气流均匀分散并向上流动。实践证明，这种装置有效地避免了含尘气流对滤袋的冲刷。

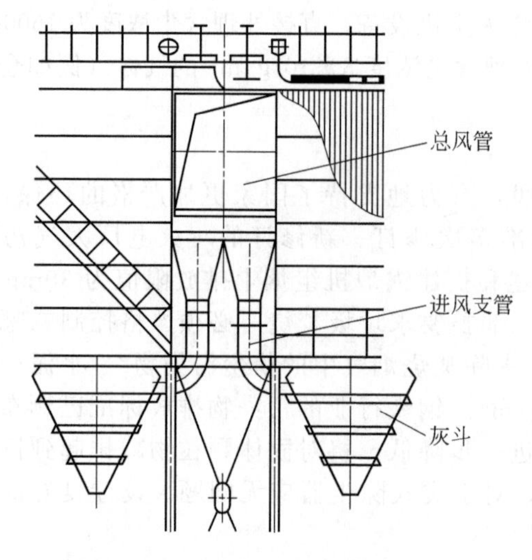


图 14-15 从灰斗进风的袋式除尘器

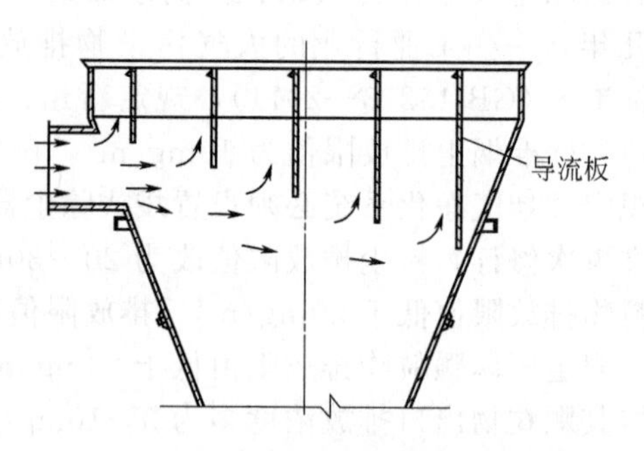


图 14-16 一种可供选择的气流分布装置

如图 14-17(a) 所示的进风方式，含尘气流从灰斗的一侧垂直向下进入，设计者希望灰斗的容积和断面积可以使含尘气流充分扩散。但是，气流有保持自己原有速度和方向的特性，进入灰斗后含尘气流沿着灰斗壁面流向底部，并沿着远端的壁面向上流动，其速度没有足够的衰减，导致远端第一、二排滤袋底部受冲刷而破损。

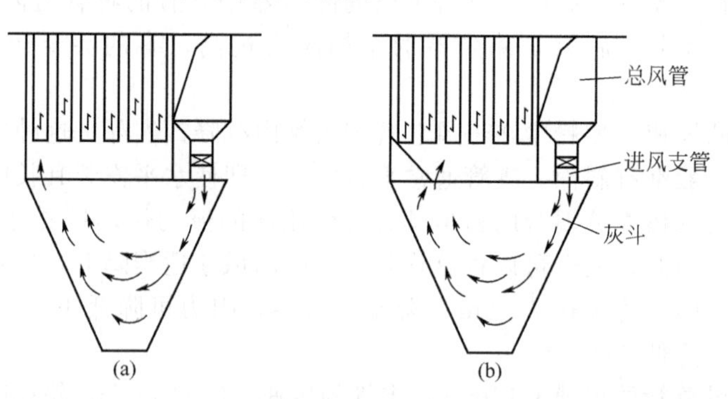


图 14-17 另一种灰斗进风方式

采取内滤方式的袋式除尘器多从灰斗进风，当气流分布效果不好或入口风速过高时，部分滤袋的袋口风速将会过高（例如超过 2～3m/min），导致袋口附近受到冲刷而磨损。避免含尘气流冲刷滤袋的方法是将进风口设于除尘器侧面，但尽量避免灰斗进风，宜使含尘气流从中箱体侧面进入，内部加挡风板形成缓冲区，并使导流板与箱板之间具有足够的宽度，从而使含尘气流向两侧分散，并以较低的速度沿缓冲区流动。

**2. 排气通道气流速度优化**

许多除尘器的排风装置也存在风速过高的问题，同样会导致阻力增加。在排气通道中，风速过高主要出现在两个环节：一是除尘器净气室风速大，特别是净气室与风道交界处，该处有横梁和众多脉冲阀出口弯管，迫使气流速度提高；二是提升阀处，或提升阀提升高度不够，或提升阀阀板面积小，排气口处气流速度过高，气流涡流区大，阻力大。

**3. 过滤风速优化**

过滤风速是表征袋式除尘器处理气体能力的重要技术经济指标，可按下式计算：

$$v_F = L/60S \tag{14-10}$$

式中，$v_F$ 为过滤风速，m/min；$L$ 为处理风量，$m^3/h$；$S$ 为所需滤料的过滤面积，$m^2$。

在工程上，过滤风速还常用比负荷 $q_S$ 的概念来表示，是指单位过滤面积单位时间内过滤气体的量，即：

$$q_S = Q/S \quad [m^3/(m^2 \cdot h)] \tag{14-11}$$

式中，$Q$ 为过滤气体量，即处理风量，$m^3/h$；$S$ 为过滤面积，$m^2$。

显然：

$$q_S = 60v \quad [m^3/(m^2 \cdot h)] \tag{14-12}$$

式中，$v$ 为过滤风速，$m^3/(m^2 \cdot min)$，即 m/min。

过滤风速有时也称气布比，其物理意义是指单位时间过滤的气体量（$m^3/min$）和过滤面积（$m^2$）之比。实质上，这与过滤风速及比负荷意义是相同的。

过滤风速的大小取决于粉尘特性及浓度大小、气体特性、滤料品种以及清灰方式。对于粒细、浓度大、黏性大、磨琢性强的粉尘以及高温、高湿气体的过滤，过滤风速宜取小值，反之取大值。对于滤料，机织布阻力大，过滤风速取小值；针刺毡开孔率大，阻力小，可取大值；覆膜滤料较针刺毡还可适当加大。对于清灰方式，如机械振打、分室反吹风清灰，强度较弱，过滤风速取小值（如 0.5～1.0m/min）；脉冲喷吹清灰强度大，可取大值（如 0.6～1.2m/min）。

选用过滤风速时，若选用过高，处理相同风量的含尘气体所需的滤料过滤面积小，则除尘器的体积、占地面积小，耗电量也小，一次投资也小；但除尘器阻力大，耗电量也大，因而运行费用就大，且粉尘排放质量浓度大，滤袋寿命短。显然高风速是不可取的，设备制造厂在产品样本中推荐的过滤速度一般偏高，设计选用应予以注意；反之，过滤风速小，一次投资稍大，但运行费用减小，粉尘排放质量浓度小，容易达标，滤袋寿命长。近年来，袋式除尘器的用户对除尘器的要求高了，既关注排放质量浓度，又关注滤袋寿命，不仅要求达到 5.0～20mg/m³ 的排放质量浓度，还要求滤袋的寿命达到 2～5 年，要保证工艺设备在一个大检修周期（2～4 年）内，除尘器能长期连续运行，不更换滤袋。这就是说，滤袋寿命要较之以往 1～2 年延长至 3～5 年。因此，过滤风速不宜选大，而是要选小，从而阻力也可降低，运行能耗低，相应延长滤袋寿命，降低粉尘排放质量浓度。这一情况，一方面也促进了滤料行业改进，提高滤料的品质，研制新的产品，另一方面也促使除尘器的设计者、选用者依据不同情况选用优质滤料，选取较低的过滤风速。如火电厂燃煤锅炉选用脉冲袋式除尘器，排放质量浓度为 10～30mg/m³，滤袋使用寿命 4 年，过滤风速为 0.6～1.2m/min，较之过去为低。笔者认为改造工程的过滤风速应低些。

选用过滤风速时，若采用分室停风的反吹风清灰或停风离线脉冲清灰的袋式除尘器，过滤风速要采用净过滤风速，按下式计算：

$$v_n = L/[60(S - S')] \tag{14-13}$$

式中，$v_n$ 为净过滤风速，m/min；$L$ 为处理总风量，$m^3/h$；$S$ 为按式（14-10）计算的总过滤面积，$m^2$；$S'$ 为除尘器一个分室或两个分室清灰时的各自的过滤面积，$m^2$。

**4. 供气系统优化**

有些脉冲袋式除尘器供气系统管路过小，例如：一台中等规模的除尘器，其供气主管直径小于 $DN$50mm，甚至只有 $DN$40mm。清灰时，压缩气体补给不足，除第一个脉冲阀外，后续的脉冲阀喷吹时气包压力都不足，有的在 50% 额定压力下进行喷吹，以致清灰效果很差，设备阻力居高不下。

大量工程实践表明，供气主管宜选用直径较大的管道，一般不应小于 $DN$65mm。大型袋式除尘设备最好采用 $DN$80mm 的管道。增大管道而增加的造价微不足道，但清灰效果却得到保障。

(1) 脉冲阀出口弯管曲率半径过小　许多脉冲阀出口弯管采用钢制无缝弯头（图 14-18），虽然省事，但其曲率半径过小，$DN$80mm 无缝弯头的曲率半径只有 120mm。有些除尘器采用此种弯头后，出现喷吹管背部穿孔的现象。

对于曲率半径过小的弯管，如果喷吹装置或供气管路内存在杂物，喷吹时气流携带杂物会从弯管内壁反弹，对喷吹管背面构成冲刷（图 14-19），导致该处出现穿孔。除此之外，曲率半径过小的弯管自身也容易磨损，并对喷吹气流造成较高阻力，影响清灰效果。

图 14-18 脉冲阀出口弯管曲率半径过小

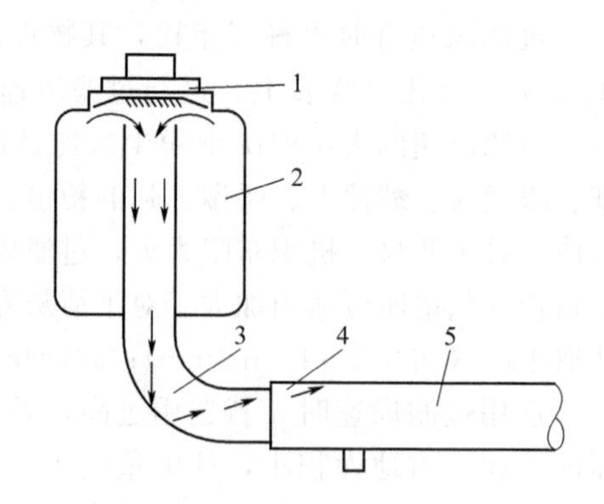


图 14-19 杂物从弯管反弹冲刷喷吹管背面
1—脉冲阀；2—稳压气包；3—弯管；
4—杂物；5—喷吹管

避免上述情况的有效途径是，加大脉冲阀出口弯管曲率半径。对于 $DN80$mm 的脉冲阀，其弯管曲率半径宜取 $R=350\sim400$mm。此外，袋式除尘器供气系统安装结束后，在接通喷吹装置之前，应先以压缩气体对供气系统进行吹扫，将其中的杂物清除干净。喷吹装置的气包制作完成后应认真清除内部的杂物，完成组装出厂前，应将气包所有的孔、口全部堵塞，防止运输过程中进入杂物。

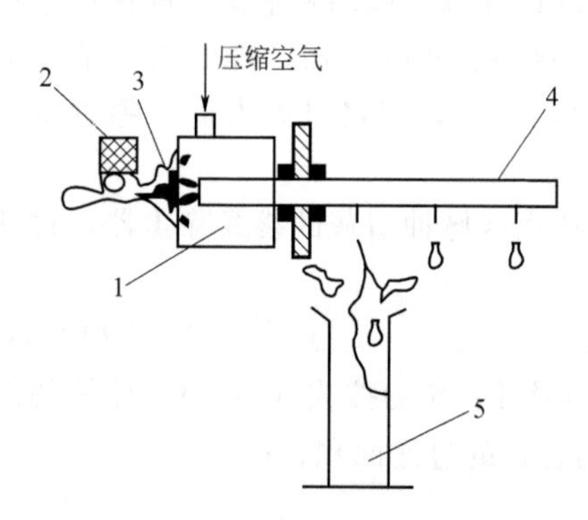


图 14-20 喷吹气流偏斜直接吹向滤袋侧面
1—分气箱；2—电磁阀；3—脉冲阀；
4—喷水管；5—滤袋

（2）喷吹管或喷嘴偏斜 喷吹管或喷嘴偏斜是脉冲袋式除尘器常见的问题，其后果是清灰气流不是沿着滤袋中心喷吹，而是吹向滤袋一侧（图 14-20），滤袋在短时间（往往数日）内便破损。

如果喷嘴偏移预定位置，滤袋会严重破损，花板表面会被粉尘污染。喷吹管整体偏斜，会导致一排滤袋大部分破损。

避免喷嘴或喷吹管偏斜应从提高制造和拼装质量入手。喷吹管上喷孔（嘴）的成型和喷吹装置与上箱体的拼装，一定要借助专用机具、工具和模具，并由有经验的人员操作。在条件许可时，尽量将喷吹装置和上箱体在厂内拼装，经检验合格后整体出厂，并在现场整体吊装，避免散件运到现场拼装。

（3）喷吹制度的缺陷 一台大型脉冲袋式除尘器，曾将电脉冲宽度定为 500ms，认为这样可以有足够大的喷吹气量，从而获得良好的清灰效果。

除尘器投运后，发现空气压缩机按预定的 1 用 1 备制度运行完全不能满足喷吹的需要，2 台空气压缩机同时运行仍然不够用。随后，将电脉冲宽度缩短为 200ms（受控制系统的限制而不能再缩短），2 台空气压缩机才勉强满足喷吹的需要。

## 三、袋式除尘器扩容改造

袋式除尘器扩容改造的主要任务是增加过滤面积。增加过滤面积的途径有：并联新的除尘器；把原有的除尘器加高、加宽、加长；改变滤袋形状；把滤袋改为滤筒等。扩容改造可以满足生产需要，降低除尘设备阻力，使除尘系统稳定运行。

**1. 并联新的袋式除尘器**

在扩容改造中，如果场地等条件允许，并联新的同类型除尘器是常用的方法。并联新除尘器要注意管路阻力平衡。

**2. 把袋式除尘器加高**

把除尘器加高也是袋式除尘器扩容改造最常用的方法。袋式除尘器加高，首先是把除尘器壳体加高，同时将滤袋延长后，除尘器扩容很容易实现。

加高袋式除尘器后，除尘器的荷载加大，因此需对除尘器壳体结构和基础进行验算，以便预防意想不到的事故发生。

**3. 改变滤袋形状**

用改变滤袋形状的方法增加除尘器过滤面积是袋式除尘器改造中比较简单的方法。通过改变形状可以改变滤袋的直径，把大直径的滤袋改为小直径滤袋，把圆形滤袋改为菱形滤袋或扁袋等。把反吹风袋式除尘器改造为脉冲袋式除尘器，可以增加过滤面积，实质是把反吹风除尘器直径较大的滤袋（150～300mm）改变为脉冲除尘器直径较小的滤袋（80～170mm）。

利用褶皱式滤袋和龙骨袋笼扩容为现有布袋除尘器适应超细工业粉尘特别是 $PM_{10}$ 和 $PM_{2.5}$ 超细粉尘的控制和收集提供了可行的解决方案，是现有除尘器改造成本最低、最简单易行的选择，无须对除尘器箱体改造，按需要可提高过滤面积 30%～50%以上，从而降低系统压差、能耗和粉尘排放。

褶皱式滤袋和袋笼如图 14-21 所示。

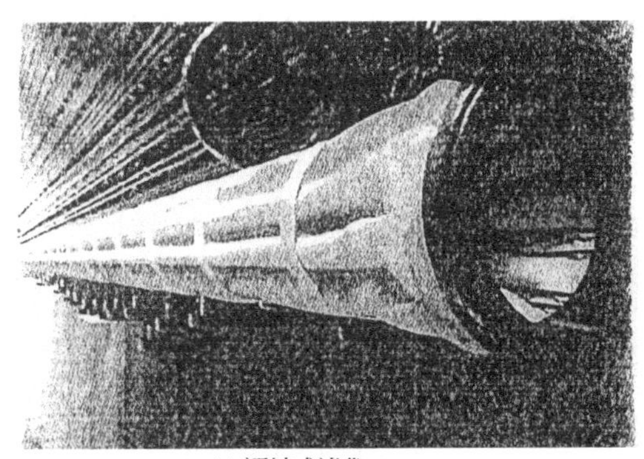

(a) 褶皱式滤袋

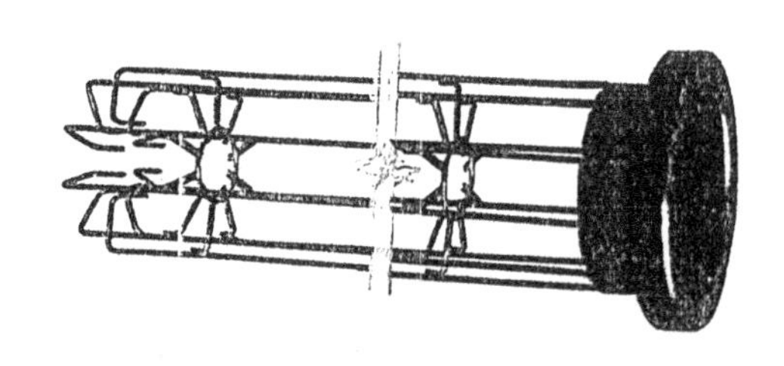

(b) 袋笼

图 14-21　褶皱式滤袋和袋笼

褶皱式滤袋特点如下。

（1）大幅度提高现有除尘器的风量　使用易滤褶皱滤袋对现有除尘器改造，不需要对除尘器本体进行改造，直接更换现有滤袋和袋笼，可增加系统过滤面积 30%～50%，是提高除尘系统生产效率和容量的最佳改造方案。

（2）提高除尘器对粉尘特别是 $PM_{2.5}$ 的捕集效率　使用易滤褶皱滤袋替代普通圆或椭圆滤袋大幅度提高系统过滤面积，可直接降低气布比，大幅度降低系统压差和脉冲喷吹频率，从而大幅度降低系统的粉尘排放特别是超细粉尘的排放。

（3）降低系统运行能耗和维护成本　使用易滤褶皱滤袋代替普通圆或椭圆滤袋，系统压差大幅度降低，风机能耗大幅度下降；喷出频率显著降低，因而压缩空气使用量显著降低，喷吹系统部件损耗也大大下降。

(4) 延长布袋使用寿命 使用褶皱滤袋代替普通圆或椭圆滤袋，独特的滤袋和袋笼组合完全避免了普通龙骨横向支撑环对滤袋的疲劳损伤，加之较低的运行压差和喷吹频率，滤袋疲劳损伤大幅度降低，寿命大幅度延长。

**4. 滤袋改为滤筒**

对一般中小型袋式除尘器来说，把普通圆形滤袋改为除尘滤筒，可以较多地增加除尘器的过滤面积，所以在袋式除尘器升级改造工程中应用较多。但是在大型袋式除尘器升级改造工程中较少采用。

## 四、袋式除尘器节能改造

袋式除尘器除尘效率高、运行稳定、适应性强，所以备受青睐，但它的设备能耗是除文氏管除尘器外所有除尘器中最高的，或者说是能耗最大的。所以通过升级改造，做到既节能又减排，降低袋式除尘器能耗是大势所趋。

**1. 降低能耗的意义**

袋式除尘器降低能耗意义重大，这是因为它的设备能耗是除文氏管除尘器外所有除尘器中能耗最大的，而节能的手段是成熟的，节能的潜力是很大的，大幅度降低能耗是可能的。设计合理的袋式除尘器，节能25%～30%是完全可以做到的。节能除尘器还有如下好处：除尘器出口气体含尘浓度降低，设备运行稳定，故障减少，作业率提高，滤袋寿命延长，除尘器可随生产工艺设备同期检修。

**2. 袋式除尘器能耗分析**

(1) 袋式除尘器阻力组成 袋式除尘器阻力指气流通过袋式除尘器的流动阻力，当除尘器进、出口截面积相等时，可以用除尘器进、出口气体平均静压差度量。设备阻力 $\Delta p$ 包括除尘器结构阻力 $\Delta p_g$ 和过滤阻力 $\Delta p_L$ 两部分，过滤阻力又由洁净滤料阻力 $\Delta p_j$、滤料中粉尘残留阻力 $\Delta p_c$（初层）和堆积粉尘层阻力 $\Delta p_d$ 三部分组成，即：

$$\Delta p = \Delta p_g + \Delta p_L \tag{14-14}$$

$$\Delta p_L = \Delta p_j + \Delta p_c + \Delta p_d \tag{14-15}$$

对于传统结构的脉冲袋式除尘器来说，其设备阻力和分布大致如表14-8所列（以电厂锅炉、炼钢电炉烟气净化为例）。

**表14-8 脉冲袋式除尘器设备阻力和分布**

| 项目 | 结构阻力 $\Delta p_g$ | 洁净滤料阻力 $\Delta p_j$ | 滤袋残留阻力 $\Delta p_c$ | 堆积粉尘层阻力 $\Delta p_d$ | 设备阻力 $\Delta p$ |
|---|---|---|---|---|---|
| 阻力范围/Pa | 300～600 | 20～100 | 140～500 | 0～300 | 1000～1500 |
| 最大值/Pa | 600 | 100 | 500 | 300 | 1500 |
| 比例/% | 40 | 7 | 33 | 20 | 100 |

由表14-8可以看出，袋式除尘器的设备结构阻力和滤袋表面残留阻力是设备阻力的主要构成部分，也是节能降阻的重点环节。

(2) 袋式除尘器结构阻力分析 除尘器本体（结构）阻力占其总阻力的比重为40%，值得特别重视。该阻力主要由进出风口、风道、各袋室进出风口、袋口等气体通过的部位产生的摩擦阻力和局部阻力组成，即为各部分摩擦阻力和局部阻力之和，简易公式表示为：

$$\Delta p_g = \sum K_m v^2 + \sum K_g v^2 \tag{14-16}$$

式中，$K_m$ 为摩擦综合系数；$K_g$ 为局部阻力综合系数；$v$ 为气体流经各部位的速度。

可见，欲减小 $\Delta p_g$，首先应减小局部阻力系数和降低气流速度。

由公式(14-16) 可看出，阻力的大小与气体流速大小的平方成正比，因此，在设计中应尽可能扩大气体通过的各部位的面积，最大限度地降低气流速度，减小设备本体阻力损失。

由于阻力与流速的平方成正比，故降低气体流速更为有效。降低速度的关键是进、出风口，进、出口气流速度高，降速潜力大。

再加上流体速度的降低，把结构阻力降为 300Pa 是完全可能的。

(3) 袋式除尘器滤料阻力分析

① 洁净滤料阻力 $\Delta p_j$。洁净滤料的阻力计算式如下：

$$\Delta p_j = C v_f \tag{14-17}$$

式中，$\Delta p_j$ 为洁净滤料的阻力，Pa；$C$ 为洁净滤料阻力系数；$v_f$ 为过滤速度，m/min。

《袋式除尘器技术要求》(GB/T 6719—2009) 规定滤料阻力特性以洁净滤料阻力系数 $C$ 和动态滤尘时阻力值表示，见表 14-9。洁净针刺滤料阻力一般只有 80Pa，机织滤料也不过 100Pa（过滤风速 1m/min 时）。

**表 14-9 滤料阻力特性**

| 项目 \ 滤料类型 | 非织造滤料 | 机织滤料 |
|---|---|---|
| 洁净滤料阻力系数 $C$ | ≤20 | ≤30 |
| 残余阻力 $\Delta p$/Pa | ≤300 | ≤400 |

注：摘自 GB/T 6719—2009。

滤袋阻力与滤料的结构、厚度、加工质量和粉尘的性质有关，采用表面过滤技术（覆膜、超细纤维面层等）是防止粉尘嵌入滤料深处的有效措施。

② 滤袋表面残留粉尘阻力 $\Delta p_c$。滤袋使用后，粉尘渗透到滤料内部，形成“深度过滤”，但随着运行时间的增长，残留于滤料中的粉尘会逐渐增加，滤料阻力显著增大，最终形成堵塞，这也意味着滤袋寿命终结。

袋式除尘器在运行过程中防止粉尘进入滤料纤维间隙是主要的，如果出现糊袋（烟气结露、油污等）则过滤状态会更恶化。

一般情况下，滤料阻力长时间保持小于 400Pa 是理想的状况。如果保持在 600～800Pa 也是很正常的。

滤袋表面残留粉尘阻力，笔者整理的经验计算式如下：

$$\Delta p_c = k v_f^{1.78} \tag{14-18}$$

式中，$\Delta p_c$ 为残留在滤料中的粉尘层阻力，Pa；$K$ 为残留在滤料中的粉尘层阻力系数，通常在 100～600 之间，主要与滤料使用年限有关；$v_f$ 为过滤速度，m/min。

滤袋清灰后，残留在滤袋内部的粉尘残留阻力也是除尘器过滤的主要能耗。残留粉尘阻力大小与粉尘的粒径和黏度有关，特别是与清灰方式、滤袋表面的光洁度有关。在保障净化效率的前提下，应尽量减小残留粉尘的阻力，相关措施如下。

a. 选择强力清灰方式或缩短清灰周期，并保证清灰装置正常运行。

b. 强化滤料表面光洁度，如研光后处理。或采用表面过滤技术，如使用覆膜滤料、超细纤维面层滤料。

c. 粉尘荷电，改善粉饼结构，增强凝并效果。

通过覆膜、上进风等综合措施，滤袋表面残留粉尘阻力可从目前的 500Pa 降到 250Pa 左右，下降50%。

③ 堆积粉尘层阻力$\Delta p_d$。堆积粉尘层阻力$\Delta p_d$与粉尘层厚度有关，笔者整理的经验式为：

$$\Delta p_d = B\delta^{1.58} \tag{14-19}$$

式中，$\Delta p_d$为堆积粉尘层阻力，Pa；$B$为粉尘层阻力系数，在2000～3000之间，与粉尘性质有关；$\delta$为粉尘层厚度，mm。

一定厚度的粉尘层，经清灰，粉尘抖落后重新运行。经过时间$t$之后。在过滤面积$A$（$m^2$）上又黏附一层新粉尘。假设粉尘的厚度为$L$，孔隙率为$\varepsilon_p$时沉积的粉尘质量为$M_d$（kg），那么$M_d/A=m_d$（$kg/m^2$）就叫作粉尘负荷或表面负荷。负荷相对应的压力损失就是堆积粉尘层的阻力。

堆积粉尘层阻力大于等于定压清灰上下限阻力设定压差值，清灰前粉尘层阻力达到最大值，清灰后粉尘层阻力降到最小值或等于零。除尘器形式和滤料确定后，堆积粉尘层阻力是设备阻力构成中唯一可调的部分。对于单机除尘器，粉尘层阻力反映了清灰时被剥离粉尘的量，即清灰能力和剥离率；对于大型袋式除尘器，则体现了每个清灰过程中被喷吹的滤袋数量。

堆积粉尘层阻力（即清灰上下限阻力设定差值）主要与粉尘的粒径、黏性、浓度和清灰周期有关。粉尘浓度低时，可延长过滤时间；当粉尘浓度高时，可适当缩短清灰周期。

刻意地追求低的粉尘层阻力是不合适的，一般认为增大滤袋喷吹频率会缩短滤袋的寿命，但是运行经验表明，除玻纤滤袋外，尚无因缩短清灰周期而明显影响滤袋使用寿命的案例。根据工程经验，粉尘层阻力以选择200Pa为宜。

（4）理想的袋式除尘器设备阻力　基于以上分析，若采用脉冲袋式除尘器结构和表面过滤技术，对于一般性原料粉尘和炉窑烟气，当过滤风速为1m/min时，现提出理想的袋式除尘器设备阻力和分布，如表14-10所列。

**表14-10　理想的袋式除尘器设备阻力和分布**

| 项目 | 结构阻力$\Delta p_g$ | 清洁滤料阻力$\Delta p_j$ | 滤袋残留阻力$\Delta p_c$ | 堆积粉尘阻力$\Delta p_d$ | 设备阻力$\Delta p$ |
|---|---|---|---|---|---|
| 正常值/Pa | 300 | 80 | 300 | 120 | 800 |
| 最大值/Pa | 300 | 80 | 400 | 220 | 1000 |

可见，采取降阻措施后，理想的袋式除尘器阻力比传统的袋式除尘器阻力大约可降低25%～30%，节能效果十分显著。如果再适当调低过滤速度，能耗还可以进一步降低。

**3. 节能改造的途径**

（1）改变袋式除尘器的形式　改变袋式除尘器的形式，把振动式袋式除尘器、反吹风袋式除尘器、反吹-微振袋式除尘器改造成脉冲袋式除尘器，除尘器的能耗可以大幅度降低。

（2）适当调低过滤速度　袋式除尘器的过滤速度是决定除尘器能耗的关键因素。随着袋式除尘器技术的发展，这一认识越来越深刻。回顾历史，1970～1980年脉冲袋式除尘器的过滤速度取2～4m/min，1990～2000年过滤速度取1～2m/min，2010年取1m/min左右，已成为多数业者共识。在袋式除尘器节能升级改造工程中，过滤速度降为<1m/min是合理的。

（3）使用低阻滤袋　为了节能，许多袋式除尘器滤料厂家生产出低阻滤料，如覆膜滤料等，选用时应当注意。

（4）改进结构设计　袋式除尘器优化结构设计对降低结构阻力、节约能源有很大潜力。

（5）完善操作制度　袋式除尘器运行操作制度有较大的弹性，除尘器工艺设计和电控设计应当统一考虑，不断完善，做到简约操作、节能运行。

## 五、袋式除尘器改造为滤筒除尘器

普通袋式除尘器改造为滤筒除尘器，把过滤袋改为滤筒可以增加过滤面积，降低设备阻力，提高除尘效果。

滤筒除尘器适合用于工业气体粉尘质量浓度在 $15g/m^3$ 以下的工业气体除尘以及高粉尘浓度气体的二次除尘。具体应用详见表 14-11。

**表 14-11 脉冲滤筒除尘技术在工业除尘技术改造中的应用**

| 序号 | 应用领域 | 图号 | 存在问题 | 技术改造措施 |
| --- | --- | --- | --- | --- |
| 1 | 料仓顶通风用除尘器——用滤袋/笼架 | 图 14-22 | (1)风量 $4077m^3/h$；<br>(2)48 袋，过滤面积 $56m^2$，风速 1.2m/min，气布比 4∶1；<br>(3)压差 1520Pa；<br>(4)滤袋寿命短；<br>(5)压缩空气耗量大 | 采用褶式滤筒后：<br>(1)风量 $4757m^3/h$，提高 20%；<br>(2)48 滤筒，过滤面积 $165m^2$，风速 0.49m/min；<br>(3)压差 760～1060Pa；<br>(4)杜绝减压阀超压；<br>(5)显著减少压缩空气耗量 |
| 2 | 气动输送系统——使用普通滤袋 | 图 14-23 | (1)25 个滤袋，过滤面积 $23m^2$；<br>(2)高压差 2520Pa；<br>(3)滤袋寿命 2～3 月；<br>(4)粉尘泄漏；<br>(5)输送系统堵塞，输送效率低 | 采用褶式滤筒后：<br>(1)25 个滤筒，过滤面积 $36m^2$；<br>(2)过滤面积增加 $63m^2$；<br>(3)压差降低一半，1270Pa；<br>(4)滤袋寿命大大延长；<br>(5)风量增加 |
| 3 | 除尘器进风入口磨损——用滤袋/笼架 | 图 14-24 | (1)过滤风速过大；<br>(2)入口气体粉尘磨损滤袋；<br>(3)粉尘泄漏；<br>(4)糊袋；<br>(5)滤袋寿命短 | 采用褶式滤筒后：<br>(1)增加过滤面积，降低过滤风速；<br>(2)降低表面速率；<br>(3)滤筒缩短，避开入口高磨损区；<br>(4)滤袋寿命延长 |
| 4 | 将振打除尘器改造成脉冲滤筒除尘器——用普通滤袋 | 图 14-25 | (1)240 个滤袋；<br>(2)清灰效果差；<br>(3)压差偏高；<br>(4)除尘效率低；<br>(5)不易发现泄漏 | 采用褶式滤筒后：<br>(1)过滤风速 0.91m/min；<br>(2)除尘效率 99.99%；<br>(3)只用 120 个滤袋、减少 50%；<br>(4)安装顶部清灰装置；<br>(5)更换快捷方便；<br>(6)减少总体维护费用 |
| 5 | 机械回转反吹除尘器改造 | 图 14-26 | (1)传动装置时有故障，清灰效果差，风量不足；<br>(2)除尘效率低；<br>(3)滤袋寿命短 | (1)采用褶式滤筒；<br>(2)利用已有壳体，安装花板，取消传动机构；<br>(3)改为脉冲清灰；<br>(4)清灰好，除尘效率提高；<br>(5)免除停机维修，滤袋寿命长 |
| 6 | 气箱式脉冲除尘器技术改造 | 图 14-27 | (1)单点清灰效果差、压差高、易结露；<br>(2)提升阀密封不严、易损坏，影响除尘效率；<br>(3)要求喷吹压力高；<br>(4)不能满足增产 20%水泥的生产要求 | (1)将原箱体改造为顶装式 BHA 型脉冲滤筒；<br>(2)过滤面积增大为 $3600m^2$，处理能力 $125000m^3/h$，过滤风速 0.59m/min；<br>(3)满足水泥增产 20%需要，初始浓度 900～$1300g/m^3$ |

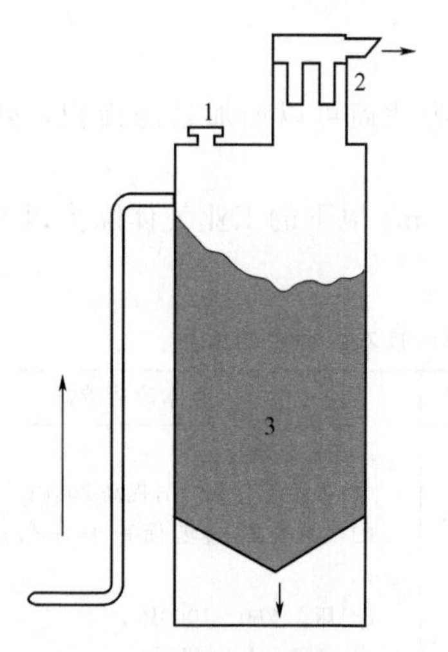


图 14-22 料仓顶通风用除尘器

1—减压阀；2—除尘器；3—料仓

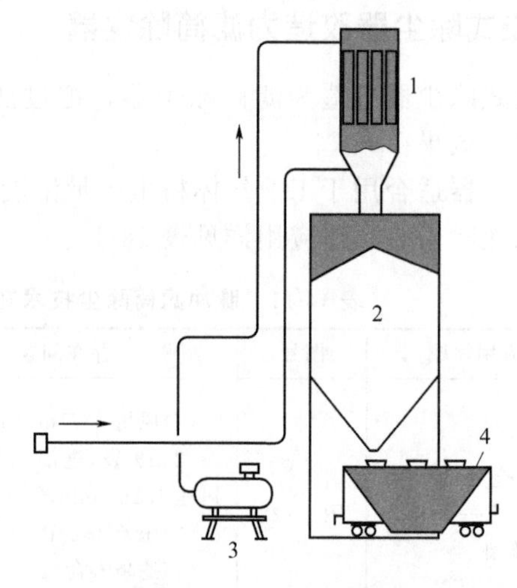


图 14-23 气动输送系统

1—过滤接收器；2—料仓；3—压缩机；4—料车

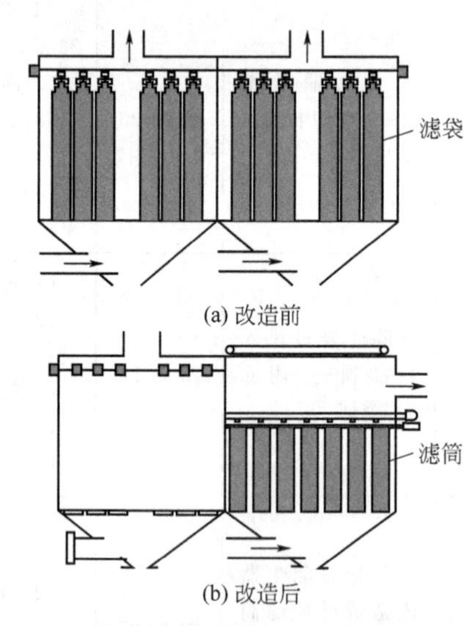


图 14-25 将振打除尘器改造成脉冲滤筒除尘器

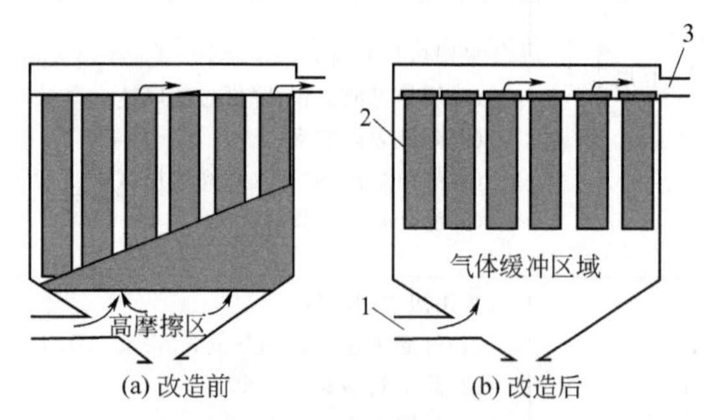


图 14-24 除尘器进风入口磨损

1—含尘气体入口；2—滤筒；3—清洁气体出口

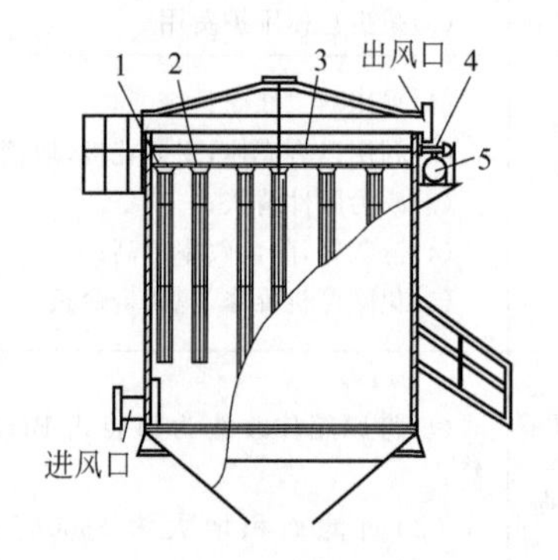


图 14-26 机械回转反吹除尘器改造

1—花板；2—TA625 滤筒；3—喷吹管；
4—脉冲阀；5—气包

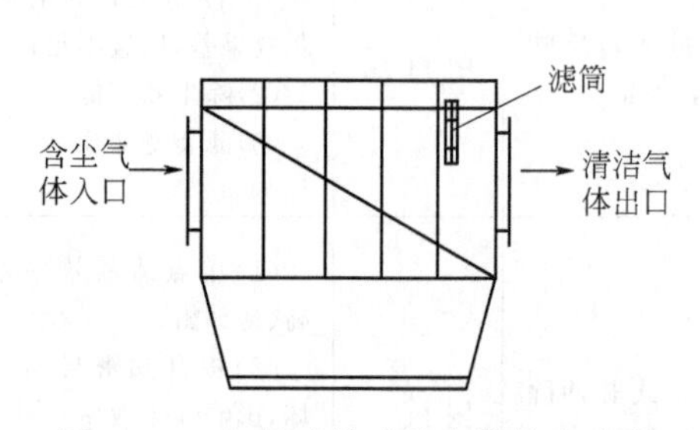


图 14-27 气箱式脉冲除尘器技术改造

## 六、袋式除尘器清灰装置改造

**1. 清灰装置的重要作用**

袋式除尘器在过滤含尘气体期间，由于捕集的粉尘增多，以致气流的通道逐渐延长和缩小，滤袋对气流的阻力便渐渐增大，处理风量也按照所用风机和通风系统的压力-风量特性而下降。当阻力上升到一定程度以后，如果不能把积灰及时消除就会产生以下一些问题：①由于阻力增大，除尘系统电能消耗大，运行不经济；②阻力超过了除尘系统设计允许的最大值，则除尘系统不能满足需要；③粉尘堆积在滤袋上后，孔隙变小，空气通过的速度就要增大，当增大到一定程度时，会使粉尘层产生“针孔”和缝隙，以致大量空气从阻力小的针孔和缝隙中流过，形成所谓的“漏气”现象，影响除尘效果；④阻力太大，滤料易损坏。

清灰装置的重要作用在于通过清灰使除尘器高效、低阻、连续运行。如果出现问题，就要对清灰装置进行检修或改造。进行改造有更换清灰方式、采用新型结构和优化清灰装置等途径。

**2. 更换（强化）清灰方式**

(1) 用高能型脉冲清灰取代中能型机械摇动及低能型反吹清灰，提高处理能力（风量、排放浓度等）。

(2) 采用傻瓜式的“水天兰”牌除尘器，用一台风机同时承担抽风和反吹清灰功能，结构简单，功能强、动力大，它采用圆形电磁铁控制阀门，不用气源，在供气不便的地方尤为适用。

(3) 采用管式喷吹方式取代箱式喷吹清灰方式。

**3. 用新型结构取代老式结构**

老式的ZC型和FD型等机械回转反吹袋式除尘器存在清灰强度弱、内外圈清灰不均、清灰相邻滤袋粉尘的再吸附及花板加工要求严等诸多缺点。新型HZMC型袋式除尘器为圆筒形结构、扁圆形滤袋，只用一只高压脉冲阀即可实现回转定位分室脉冲清灰，它克服了ZC型和FD型的上述缺点，吸收了回转除尘器结构紧凑、占地面积小以及分箱脉冲袋式除尘器清灰强度大、时间短、清灰彻底的优点。该除尘器能直接处理较高含尘浓度和高黏度的粉尘，特别适用于生料磨和水泥磨采用回转反吹除尘器的改造。

**4. 优化清灰装置**

清灰装置的优化包括设计优化和制造优化。

(1) 清灰装置的设计优化主要是指清灰部件匹配合理，例如，脉冲袋式除尘器的分气箱、脉冲阀、喷吹管、导流器等一定要科学配置。

(2) 清灰装置的制造优化主要指清灰装置整体出厂，避免现场拼装出现问题。福建龙净环保股份有限公司、苏州协昌环保科技股份有限公司积累了这方面的经验。

# 第十五章 除尘配套和辅助设计

除尘工程配套和辅助设计是指高温烟气降温设计、管道膨胀设计、管道和设备保温设计、设备伴热设计、涂装设计、压缩空气系统设计和压差装置系统设计等。这些都是除尘工程设计中不可分割的重要组成部分，做好这些设计至关重要。

## 第一节 高温烟气冷却降温设计

在冶金、建材、电力、机械制造、耐火材料及陶瓷工业等生产过程中排放的烟气，其温度往往在130℃以上，在环境工程中称为高温烟气。高温烟气除尘的困难和复杂性，不仅是因为烟气因温度高而需要采取降温措施或使用耐高温的除尘器，而且还因为烟气温度高会引起烟气和粉尘性质的一系列变化。所以，在高温烟气除尘时，只有对烟气的特征、粉尘性质、降温方法、除尘设备等诸方面有全面了解和处理，才能获得满意的除尘效果和环境效益。

### 一、冷却方法的分类及热平衡

**1. 冷却方法分类**

冷却高温烟气的介质可以采用温度低的空气或水，称为风冷或水冷。不论是风冷还是水冷，可以是直接冷却，也可以是间接冷却，所以冷却方式用以下方法分类。

(1) 直接风冷　将常温的空气直接混入高温烟气中（掺冷方法）。

(2) 间接风冷　用空气冷却在管内流动的高温烟气。用自然对流空气冷却的风冷称为自然风冷，用风机强迫对流空气冷却的风冷称为机械风冷。

(3) 直接水冷　即往高温烟气中直接喷水，通过水雾的蒸发吸热使烟气冷却。

(4) 间接水冷　即用水冷却在管内流动的烟气，可以用水冷夹套或冷却器等形式。

**2. 冷却方式选择**

冷却方式的选择通常要考虑以下3个因素。

(1) 烟气出炉温度与除尘设备及排风机的操作温度。

(2) 余热的利用。当烟气温度高于700℃时，可根据供水、供电的具体条件分别选用风套、水套、汽化冷却或余热锅炉冷却烟气并产生热风、热水或蒸汽。

(3) 冷却方式的特性见表15-1。

表15-1　冷却方式的特性

| 冷却方式 | | 优点 | 缺点 | 漏风率/% | 压力损失/Pa | 适用温度/℃ | 用途 |
|---|---|---|---|---|---|---|---|
| 间接冷却 | 水套冷却 | 可以保护设备，避免金属氧化物结块而有利清灰，热水可利用 | 耗水量很大，一般出水温度不大于45℃，如提高出水温度则会产生大量水垢，影响冷却效果和水套寿命 | <5 | <300 | 出口>450 | 冶金炉出口处的烟罩、烟道，高温旋风除尘器的壁和出气管 |

续表

| 冷却方式 | | 优点 | 缺点 | 漏风率/% | 压力损失/Pa | 适用温度/℃ | 用途 |
|---|---|---|---|---|---|---|---|
| 间接冷却 | 汽化冷却 | 具有水套的优点，可生产低压蒸汽，用水量比水套节约几十倍 | 制造、管理比水套要求严格，投资较水套大 | <5 | <300 | 出口>450 | 冶金炉出口处的烟罩、烟道，高温旋风除尘器的壁和出气管 |
| | 余热锅炉 | 具有汽化冷却的优点，蒸汽压力较大 | 制造、管理比汽化冷却要求严格 | 10～30 | <800 | 进口>700<br>出口>300 | 冶金炉出口 |
| | 表面淋水 | 设备简单，可以按生产和气候情况调节水量以控制温度 | 分水板和淋水孔易堵，影响分水均匀，以致设备变形、氧化、寿命缩短 | <5 | <300 | >500 | 冶金炉出口处或临时措施 |
| | 风套冷却 | 热风可利用 | 动力消耗大，冷却效果不如水冷 | <5 | <300 | 600～800 | 冶金炉出口 |
| | 冷却烟道 | 管道集中，占地比水平烟道少，出灰集中 | 钢材耗量大，热量未利用 | 10～30 | <900 | 进口>600<br>出口>100 | 袋式除尘的烟气冷却 |
| 直接冷却 | 喷雾冷却 | 设备简单，投资较省，水和动力消耗不大 | 增大烟气量、含湿量、腐蚀性及烟尘的黏结性；湿式运行要增设泥浆处理 | 5～30 | <900 | 一般干式运行进口>450，高压干式运行>150，湿式运行不限 | 湿式除尘及需要改善烟尘比电阻的电除尘前的烟气冷却 |
| | 吸风冷却 | 结构简单，可自动控制，使温度严格维持在一定值 | 增加烟气量，需加大收尘设备及风机容量 | — | — | 一般<200 | 袋式除尘前的温度调节及小冶金炉的烟气冷却 |

注：漏风率及阻力因结构不同而异。

### 3. 热平衡计算

高温烟气冷却的热平衡计算包括烟气放出的热量和冷却介质（水和空气）所吸收的热量，两者应该相等。

烟气量为 $Q_g$（$m^3/h$）的烟气由温度 $t_{g1}$ 冷却到 $t_{g2}$ 所放出的热流量为：

$$Q=\frac{Q_g}{22.4}(c_{pm1}t_{g1}-c_{pm2}t_{g2}) \tag{15-1}$$

式中，$Q$ 为热流量，kJ/h；$Q_g$ 为烟气量，$m^3/h$；$c_{pm1}$、$c_{pm2}$ 分别为烟气在 $0\sim t_{g1}$、$0\sim t_{g2}$ 时的平均比定压热容，kJ/(kmol·K)；$t_{g1}$、$t_{g2}$ 分别为烟气冷却前、后的温度，℃。

热流量 $Q$ 应为冷却介质所吸收，这时冷却介质的温度由 $t_{c1}$ 上升到 $t_{c2}$，于是：

$$Q=G_0(c_{p1}t_{c2}-c_{p2}t_{c1}) \tag{15-2}$$

式中，$G_0$ 为冷却介质的质量，kg/s；$c_{p1}$、$c_{p2}$ 分别为冷却介质在温度为 $0\sim t_{c1}$、$0\sim t_{c2}$ 下的质量热容，kJ/(kg·K)；$t_{c1}$、$t_{c2}$ 分别为冷却介质在烟气冷却前、后的温度，℃。

如果冷却介质为空气，上式可写为：

$$Q=\frac{Q_h}{22.4}(c_{pc2}t_{c2}-c_{pc1}t_{c1}) \tag{15-3}$$

式中，$Q_h$ 为冷却气体的气体量，$m^3/h$；$c_{pc1}$、$c_{pc2}$ 分别为冷却空气在温度为 $0\sim t_{c1}$、$0\sim t_{c2}$ 时的平均比定压热容，kJ/(kmol·K)；$t_{c1}$、$t_{c2}$ 分别为冷却介质在烟气冷却前、后的温度，℃。

## 二、直接冷却设计计算

### 1. 直接风冷

直接风冷是最为简单的一种冷却方式，它是在除尘器入口前的风管上另设一冷风口，将外界的常温空气吸入到管道内与高温烟气混合，使混合后气体的温度降至设定温度，达到烟气降温的目的。

直接风冷在实际应用时一般要在冷风口处设置自动调节阀，并在冷风入口处设置温度传感器来控制调节阀开启的时间，从而控制吸入的冷风量。温度传感器应设在冷风入口前5m以上的距离处。

这种方法通常适用于较低温度（200℃以下）及要求降温量较小的情况，或者是用其他方法将高温烟气温度大幅度下降后仍达不到要求时，再用这种方法作为防止意外事故性高温的补充降温措施。其作为防止出现意外高温情况的措施应用最为广泛。

（1）冷风量　直接风冷的冷风量可根据热平衡方程来计算，混入冷空气后，混合气体的温度为 $t_h=t_{g2}=t_{c2}$，于是可得：

$$\frac{Q_g}{22.4}(t_{g1}p_{pm1}-t_h c_{pm2})=\frac{Q_h}{22.4}(t_h p_{pc2}-t_{c1}c_{pc1}) \tag{15-4}$$

或

$$Q_h=\frac{Q_g(t_{g1}c_{pm1}-t_h c_{pm2})}{t_h c_{pc2}-t_{c1}c_{pc1}} \tag{15-5}$$

式中，$Q_g$ 为烟气量，$m^3/h$；$Q_h$ 为冷却气体的气体量，$m^3/h$；$t_{g1}$ 为烟气冷却前温度，℃；$t_h$ 为冷却气体温度，℃；$t_{c1}$ 为冷却气体的开始温度，℃；$c_{pm1}$、$c_{pm2}$ 分别为烟气在 $0\sim t_{g1}$、$0\sim t_{g2}$ 时的平均比定压热容，kJ/(kmol·K)；$c_{pc1}$、$c_{pc2}$ 分别为冷却气体在 $0\sim t_{c1}$、$0\sim t_{c2}$ 时的平均比定压热容，kJ/(kmol·K)。

（2）吸风支管截面积计算

① 吸入点空气流速按下式计算：

$$v_k=\sqrt{\frac{2\Delta p}{\zeta\rho_g}} \tag{15-6}$$

式中，$v_k$ 为吸入点空气流速，m/s；$\Delta p$ 为吸入点管道负压值，Pa；$\zeta$ 为吸入支管局部阻力系数；$\rho_g$ 为空气密度，$kg/m^3$。

② 吸风支管截面积按下式计算：

$$F_k=\frac{Q_h}{3600v_k} \tag{15-7}$$

式中，$F_k$ 为吸风支管截面积，$m^2$；$Q_h$ 为冷却空气的气体量，$m^3/h$。

③ 吸风支管直径按下式计算：

$$D_k=\sqrt{\frac{4F_k}{\pi}} \tag{15-8}$$

式中，$D_k$ 为吸风支管直径，m。

（3）混风阀　混风阀又名冷风阀，主要用于气流温度不稳定的除尘系统，使除尘设备的温度控制在设定范围内，从而提高设备的使用寿命，确保系统的正常运行。

混风阀一般安装在袋式除尘器入口前的气流管道上。当气流温度高于控制温度时，混风阀自动开启，混入冷风；当气流温度低于控制温度时，混风阀自动关闭。

混风阀的技术特征如下：①为保护袋式除尘器正常运行，当系统高温烟气温度超过滤袋能承受的温度时，即打开混风阀吸进冷风，降低烟气温度，以保护滤袋的正常运行；②混风阀采用电动推杆（或汽缸）传动，并在除尘系统中设有检测烟气温度的信号装置，按此信号驱动电动推杆（或汽缸）传动装置进行开闭操作；③混风阀是全闭、全开动作，一般不做系统的风量调节控制；④混风阀一般有蝶阀型混风阀和盘型提升型混风阀两种类型。

**2. 直接水冷**

在喷淋冷却塔内直接向流经塔内的高温烟气喷出水滴，如图15-1所示，依靠水升温时的显热和蒸发时的潜热吸收烟气的热量，使烟气降温的方法称作直接水冷法。直接水冷法利用了水的汽化潜热，降温效果好，用水量不多，因水的蒸发而使烟气体积的增加也很少。但是直接水冷降温不适宜用于初始烟气温度小于150℃的场合，同时，降温的温度不能低于烟气的饱和温度（露点温度），以免结露从而腐蚀和堵塞管道及设备，影响管道和除尘器的工作。因此，烟气降温后的温度一般应高于露点温度20～30℃。在设计降温的喷淋系统中，通常都使水滴完全蒸发。喷淋冷却塔要有良好的防腐措施和相应的控制仪表，避免结露的发生。

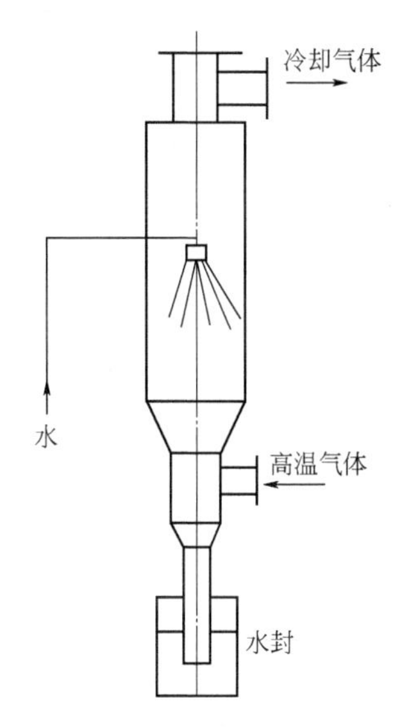

图 15-1 喷淋冷却塔

喷淋冷却塔内的断面流速一般不宜大于1.5～2.0m/s。为了保证水滴所需的蒸发时间，塔必须有一定的高度。塔的有效高度取决于塔内水滴完全蒸发的时间，而蒸发时间又与水滴大小和烟气进、出温度有关。因此要求的水压较高，达到4～6MPa。喷嘴形式要经过计算确定。

喷淋冷却塔的有效容积可按下式计算：

$$Q=SV\Delta t_{m} \tag{15-9}$$

式中，$Q$为高温烟气放出的热量，kJ/h；$S$为喷淋冷却塔的热容系数，kJ/(m$^3$·h·K)；$V$为喷淋冷却塔的有效容积，m$^3$；$\Delta t_m$为水滴和高温烟气的对数平均温差，K(℃)。

采用雾化性能好的喷嘴，可近似取$S=600\sim800$kJ/(m$^3$·h·K)。

对数平均温差为：

$$\Delta t_{m}=\frac{\Delta T_1-\Delta T_2}{\ln\dfrac{\Delta T_1}{\Delta T_2}} \tag{15-10}$$

式中，$\Delta T_1$为入口处烟气与水滴的温差，K(℃)；$\Delta T_2$为出口处烟气与水滴的温差，K(℃)。

喷淋冷却塔的高度应该根据在塔内水滴完全蒸发的时间来确定。水滴蒸干时间由图15-2查得。

由于工业生产中冷却塔中水滴蒸发过程要比理论计算复杂得多，所以实际蒸发时间比理论计算要长。

喷淋冷却塔的喷水量$G_W$可按下式计算：

$$G_W=\frac{Q}{\rho+C_W(100-T_W)+C_V(T_{g2}-100)} \tag{15-11}$$

式中，$C_W$为水的质量热容，$C_W=4.19$kJ/(kg·K)；$C_V$为温度100℃以下时水蒸气的质量热容，$C_V=2.14$kJ/(kg·K)；$T_W$为喷雾水温，K(℃)；$T_{g2}$为高温烟气出口温度，K(℃)。

由于在烟气中喷水蒸发所增加的水蒸气体积为：

$$V'_W=G_W v \tag{15-12}$$

式中，$v$为水蒸气的质量体积，m$^3$/kg。

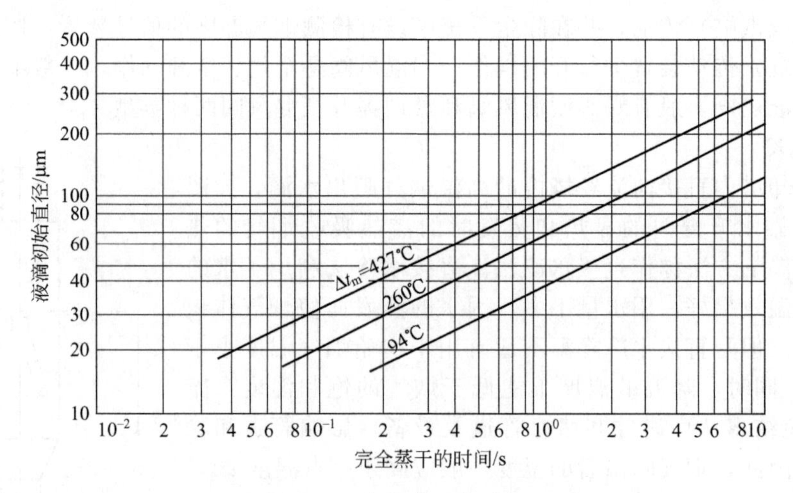


图 15-2 水滴蒸干的时间

换算成烟气出口温度下的体积为：

$$v_{\mathrm{W}}=\frac{G_{\mathrm{W}} v(273+Tt_{\mathrm{g2}})}{273} \tag{15-13}$$

【例 15-1】 已知某窑炉排出的烟气量 $Q_0=2200\mathrm{m}^3/\mathrm{h}$，进入喷淋冷却塔的烟气温度 $t_2=350℃$，要求出口处烟气温度 $t_1=150℃$，喷雾水温 $T_{\mathrm{W}}=30℃$。计算喷淋冷却塔的直径、有效高度和喷雾水量。

0～350℃烟气的平均比热 $\overline{c}_{p2}=31.8\mathrm{kJ/(kmol \cdot ℃)}$

0～150℃烟气的平均比热 $\overline{c}_{p1}=30.9\mathrm{kJ/(kmol \cdot ℃)}$

在冷却塔内烟气放出热量为：

$$\begin{aligned} Q &=\frac{Q_0}{22.4}[\overline{c}_{p2}t_2-\overline{c}_{p1}\overline{t}_1] \\ &=\frac{2200}{22.4}\times(31.8\times350-30.9\times150) \\ &=6.38\times10^5\ (\mathrm{kJ/h}) \end{aligned}$$

$$\Delta t_2=350-30=320(℃),\Delta t_1=150-30=120(℃)$$

$$\Delta t_{\mathrm{m}}=\frac{320-120}{2.3\lg\dfrac{320}{120}}=204(℃)$$

取 $s=800\mathrm{kJ/(m^3 \cdot h \cdot ℃)}$，则

喷淋冷却塔的有效容积为：

$$V=\frac{q}{s\Delta t_{\mathrm{m}}}=\frac{6.38\times10^5}{800\times204}=3.91(\mathrm{m}^3)$$

在冷却塔内烟气平均体积为：

$$\begin{aligned} Q_{\mathrm{t}} &=2200\times\left[\frac{1}{2}\times(350+150)+273\right]/273 \\ &=4.2\times10^3(\mathrm{m}^3/\mathrm{h}) \end{aligned}$$

取烟气在喷淋冷却塔内的平均流速 $v=1.5\mathrm{m/s}$，则

冷却塔的断面积为：

$$A=\frac{Q_{\mathrm{t}}}{3600v}=\frac{4.2\times10^3}{3600\times1.5}=0.77(\mathrm{m}^2)$$

冷却塔直径为：

$$D=\sqrt{\frac{4F}{\pi}}=\sqrt{\frac{4\times0.77}{3.14}}=0.98\approx1(\mathrm{m})$$

冷却塔有效高度为：

$$H=\frac{V}{A}=\frac{3.91}{0.77}=5.07(\mathrm{m})$$

取 $H=5\mathrm{m}$，则

喷雾水量为：

$$G_{\mathrm{W}}=\frac{6.38\times10^{5}}{2257+4.19\times(100-30)+2.14\times(150-100)}=240(\mathrm{kg/h})$$

烟气中增加的水蒸气体积为：

$$Q_{\mathrm{W}}=\frac{240}{0.804}\times\frac{273+150}{273}=460(\mathrm{m}^3/\mathrm{h})$$

在喷淋冷却塔出口处湿烟气实际体积为：

$$\begin{aligned}Q&=2200\times\frac{273+150}{273}+460\\&=3.41\times10^{3}+0.46\times10^{3}=3.87\times10^{3}(\mathrm{m}^3/\mathrm{h})\end{aligned}$$

烟气经喷淋冷却塔后如直接进入袋式除尘器，要求雾滴全部气化。因此，要求雾滴尽可能细小，在断面上分布均匀。实际的喷淋冷却塔容积要留有一定的余量。计算和选择喷淋冷却塔后的风管管径和设备时，应按湿烟气体积计算。

本方法仅适宜在 $\Delta t_{\mathrm{m}}$ 大的高温范围内使用，冷却后的烟气温度如在150℃以下不宜采用。

**3. 直接冷却器在煤气净化中的应用**

圆筒形电除尘器在含尘煤气净化中的应用，通常有蒸发冷却器和煤气冷却器，这两种冷却器都是直接冷却器在工程应用中的实例。应用条件：最大烟气量（标态）175000m³/h，温度800～1000℃，经蒸发冷却温度降至150～200℃。150～180℃的烟气温度经煤气冷却器降至70～73℃。

(1) 蒸发冷却器

① 蒸发冷却器的功能。高温煤气在蒸发冷却器中被冷却是靠正确地喷入水量，完全蒸发来实现的。因此，要求蒸发冷却器必须有足够大的容积和良好的水滴雾化程度，才能满足足够的热交换时间。与此同时，烟气在蒸发冷却器内得到加湿，一方面由于气速降低，使粉尘沉降，可收集灰尘总量的40%；另一方面它改善了进入圆筒形电除尘器的灰尘比电阻，提高了电除尘器的净化效率。此外，它还具有熄灭功能。

② 蒸发冷却器的构造。蒸发冷却器由壳体、灰斗、支撑圈、限位装置及进气口处耐1000℃烟气温度的特殊伸缩节组成。

③ 蒸发冷却器的喷淋装置　设计采用的是双相喷嘴，共24个，耗水量80～100t/h，蒸汽8～10t/h。

温度控制采用串级控制方式，保证烟气出口温度控制在150～180℃。由于烟气在蒸发冷却器内正确控制喷水与降速，收集粉尘为干式，称作干式工艺。收集的粉尘经链式输送机、中间灰斗、破碎机等装入喷吹罐内，采用气力输送方式将粉尘送往压块车间，作为炼钢的原料。

(2) 煤气冷却器　在煤气进入煤气柜之前，安装了煤气冷却器。以喷淋冷却方式将150～180℃的煤气冷却到70～73℃，由风机压入煤气柜内。煤气冷却器的主要技术参数见表15-2。

表 15-2 煤气冷却器的主要技术参数

| 项目 | 参数 | 项目 | 参数 |
|---|---|---|---|
| 处理煤气量/$m^3$ | 175000 | 煤气冷却器直径/mm | 约 6800 |
| 煤气进入冷却器温度/℃ | 150～180 | 煤气冷却器高度/mm | 24000 |
| 煤气出冷却器的温度/℃ | 70～73 | 喷水量/($m^3$/h) | 300 |

## 三、间接冷却设计计算

间接冷却通常是利用表面冷却器将烟气冷却。一般情况下，烟气在管内流动，而冷却介质（空气或水）在管外流动。

**1. 冷却器传热的计算**

在冷却器设计中，通常要计算冷却表面积。若已知烟气的放热量 $Q$，则表面冷却器的传热面积 $S$ 可按下式计算：

$$S=\frac{Q}{K\Delta t_m} \tag{15-14}$$

式中，$S$ 为冷却器传热面积，$m^2$；$Q$ 为烟气的放热量，kJ；$K$ 为冷却器的传热系数，W/($m^2$ · K)；$\Delta t_m$ 为冷却器的对数平均温差，℃。

冷却器的对数平均温差按下式计算：

$$\Delta t_m=\frac{\Delta t_1-\Delta t_2}{\ln\frac{\Delta t_1}{\Delta t_2}} \tag{15-15}$$

式中，$\Delta t_1$ 为冷却器入口处管内、外流体的温差，℃；$\Delta t_2$ 为冷却器出口处管内、外流体的温差，℃。

应用中管内壁会积灰形成灰垢，而外壁可能有水垢（当用冷水作冷却介质时），这些都将影响传热过程，因此传热系数 $K$ 表示为：

$$K\ \frac{1}{\frac{1}{\alpha_i}+\frac{\delta_h}{\lambda_h}+\frac{\delta_b}{\lambda_b}+\frac{\delta_s}{\lambda_s}+\frac{1}{\alpha_0}} \tag{15-16}$$

式中，$\alpha_i$ 为烟气与管内壁的换热系数，W/($m^2$ · K)；$\alpha_0$ 为管外壁与冷却介质（空气与水）的换热系数，W/($m^2$ · K)；$\delta_h$、$\delta_s$ 分别为灰层、水垢的厚度，m；$\lambda_h$、$\lambda_s$ 分别为灰层、水垢的热导率，W/($m^2$ · K)；$\delta_b$ 为管壁厚，m，一般为 0.003～0.008m；$\lambda_b$ 为钢管的热导率，W/(m · K)，一般为 45.2～58.2W/(m · K)。

钢管的绝热系数 $M_s=\frac{\delta_b}{\lambda_b}$，很小，可以忽略不计。水垢的绝热系数 $M_s=\frac{\delta_s}{\lambda_s}$因流体的性质、温度、流速及传热面的状态、材质等而不同，一般约为 0.00017～0.00052$m^2$ · K/W。

采取清垢措施后，可取 $\delta_s=0$，即 $M_s=0$。

灰层的绝热系数 $M_h=\frac{\delta_h}{\lambda_h}$，也称灰垢系数，与烟气的温度、流速、管内表面状态及清灰方式等因素有关，通常可取 $M_h=0.006$～0.012$m^2$ · K/W。

管外壁与冷却介质之间的换热系数 $\alpha_0$ 取决于冷却介质及其流动状态。若忽略其换热热阻 $1/\alpha_0$，当采用水作为冷却介质时，$\alpha_0=5800$～11600W/($m^2$ · K)。但采用空气作为冷却介质时，则需要对 $\alpha_0$ 进行计算。

烟气与管内壁的换热系数 $\alpha_i$ 为对流换热系数 $\alpha_{ci}$与辐射换热系数 $\alpha_{ri}$之和，即：

$$\alpha_i=\alpha_{ci}+\alpha_{ri} \tag{15-17}$$

烟气在管道内流动，通常都是紊流，对流换热系数 $\alpha_{ci}$ 按下列准则方程式确定：

$$Nu=0.023Re^{0.8}Pr^{0.3} \tag{15-18}$$

努塞尔数：
$$Nu=\frac{\alpha_{ci}d}{\lambda} \tag{15-19}$$

雷诺数：
$$Re=\frac{v_p d}{\nu} \tag{15-20}$$

普朗特数：
$$Pr=\nu/\alpha \tag{15-21}$$

式中，$\lambda$ 为烟气的热导率，W/(m·K)；$\nu$ 为烟气的运动黏度系数，$m^2/s$；$\alpha$ 为烟气的热扩散率，$m^2/s$；$v_p$ 为烟气的平均流速，m/s；$d$ 为定型尺寸（取管内径），m。

这里烟气的各物理参数应按计算段进、进口平均温度下的数值选用。

将以上各准则数代入上式后，可得：

$$\alpha_{ci}=0.023\frac{\lambda}{d}\left(\frac{v_p d}{\nu}\right)^{0.8}\left(\frac{\nu}{\alpha}\right)^{0.3} \tag{15-22}$$

在烟气冷却器中，为了防止烟气中的粉尘在管内沉积，烟气流速一般都较高（18～40m/s），所以对流换热起主导作用。计算表明，当烟气温度为400℃时，辐射热仅占2%～5%。所以当烟气温度不超过400℃时，辐射换热量可以忽略不计。如烟气温度很高，则辐射换热应予以考虑，按照传热学中介绍的方法进行计算。

**2. 间接风冷**

（1）间接自然风冷　间接风冷的一般做法是使高温烟气在管道内流动时，管外靠自然对流的空气将其冷却，由于大气温度较低，降温比较容易。当生产设备与除尘器之间相距较远时，则可以直接利用风管进行冷却。图15-3为管外自然对流冷却器一种布置形式。自然风冷的装置构造简单，容易维护，主要用于烟气初温在500℃以下，要求冷却到终温120℃的场合。这种冷却器在冶金企业中被广泛应用。

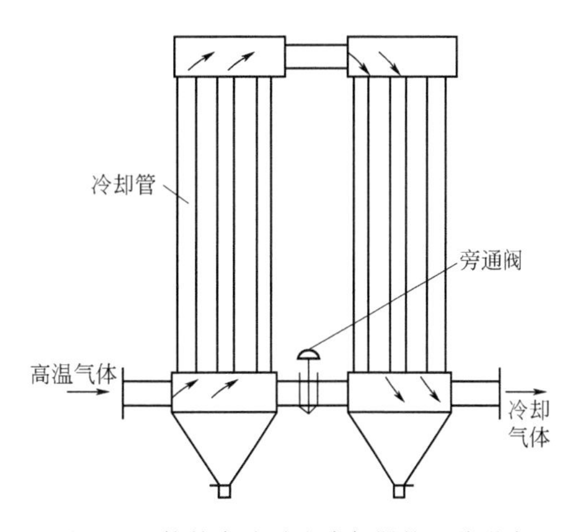

图15-3　管外自然对流冷却器的一种形式

自然风冷的管内平均流速一般取 $v_p=16$～20m/s，出口端的流速不低于14m/s。管径一般取 $D=200$～800mm。烟气温度高于400℃的管段应选用耐热合金钢或不锈钢，400℃以下管道段应选用低合金钢或锅炉用钢。

高度与管径比由冷却器的机械稳定性决定，一般高度 $h=20$～$50D$；当 $h>40D$ 时，该设计管道框架加以固定，此时要对框架进行受力计算。

管束排列通常采用顺列的较多，以便于布置支架的梁柱。管间节距应以净空时500～2800mm为宜，以利于安装和检修。

冷却管可纵向加筋，以增加传热面积。

为清除管壁上的积灰，烟管上可设清灰装置、检修门或检修口以及排灰装置，还要设梯子、检修平台及安全走道。平台栏杆的高度应大于1050mm。

由于这种方式是依靠管外空气的自然对流而冷却的，所以为了用冷却器来控制温度，要在冷却器上装设流量调节阀，在不同季节或不同生产条件下用调整调节阀开度的方法进行温度控制。

这种冷却器的特点是管外壁对周围冷却介质空气的热传递主要依靠冷空气的自然对流进行。由于空气的自然对流换热系数较小，因此辐射放热也不能忽略。从管外壁到周围空气总的换热系数 $\alpha_0$ 应为对流换热系数 $\alpha_{c0}$ 与辐射换热系数 $\alpha_{\gamma 0}$ 之和，计算公式如下：

$$\alpha_0=\alpha_{c0}+\alpha_{\gamma 0} \tag{15-23}$$

由于冷却器中垂直圆管及水平圆管的对流放热不同，其 $\alpha_{c0}$ 也不同。

① 垂直圆管外表面的对流放热。当管外空气自然对流时，对流换热系数按以下准则方程确定：

$$Nu=f(Gr,Pr) \tag{15-24}$$

格拉肖夫数：

$$Gr=g\alpha_v L^3\Delta t/\nu \tag{15-25}$$

式中，$g$ 为重力加速度，$m/s^2$；$\alpha_v$ 为空气体积膨胀系数，$K^{-1}$，$\alpha_v=1/273$；$L$ 为定型尺寸，m，这里取圆管的垂直高度；$\Delta t$ 为冷却器壁温与周围空气的温差，℃；$\nu$ 为烟气的运动黏性系数，$m^2/s$。

在 $10^{13}>Gr\times Pr>10^9$ 时的紊流情况下：

$$Nu=0.10(Gr\times Pr)^{1/3} \tag{15-26}$$

在 $10^4<Gr\times Pr<10^9$ 时的层流情况下：

$$Nu=0.59(Gr\times Pr)^{1/4} \tag{15-27}$$

在自然风冷器的设计中，通常都按夏季工况进行计算，而按冬季工况进行验算。夏季工况时，可取周围的空气温度为50℃，此时空气的物理参数特性值为：

$$\alpha=0.253\times10^{-4},\nu=0.179\times10^{-4},\lambda=0.0278,Pr=0.707,$$

$$Gr=\left(9.81\times\frac{1}{273}\right)L^3\Delta t\times(0.179\times10^{-4})^{-2}$$

$$Gr=1.12\times10^8L^3\Delta t \tag{15-28}$$

$$Gr\times Pr=0.794\times10^8L^3\Delta t \tag{15-29}$$

紊流时，$Gr\times Pr>10^9$，或 $L^3\Delta t>12.6$，由式(15-25) 可得：

$$\alpha_{c0}=\frac{\lambda}{L}Nu=0.10\frac{\lambda}{L}(Gr\times Pr)^{1/3} \tag{15-30}$$

将式(15-28) 代入，可得：

$$\alpha_{c0}=1.195\Delta t^{1/3} \tag{15-31}$$

或层流时，$Gr\times Pr<10^9$，$L^3\Delta t<12.6$，由式(15-26) 可得：

$$\alpha_{c0}=\frac{\lambda}{L}Nu=0.59\frac{\lambda}{L}(Gr\times Pr)^{1/4} \tag{15-32}$$

或

$$\alpha_{c0}=1.55\left(\frac{\Delta t}{L}\right)^{1/4} \tag{15-33}$$

② 水平圆管外表面的对流放热。水平圆管的对流换热方程式如下。

在 $10^4<Gr\times Pr<10^9$ 的层流时：

$$Nu=0.53(Gr\times Pr)^{1/4} \tag{15-34}$$

在 $10^9<Gr\times Pr$ 的紊流时：

$$Nu=0.13(Gr\times Pr)^{1/3} \tag{15-35}$$

对于水平圆管，各准则数中的定型尺寸 $L$，应采用管外径 $d$。

按夏季工况，取周围空气温度为50℃时，可得以下结论。

层流时，$d^3\Delta t<12.6$，则：

$$\alpha_{c0}=1.39\left(\frac{\Delta t}{d}\right)^{1/4} \tag{15-36}$$

紊流时，$d^3\Delta t>12.6$，则：

$$\alpha_{c0}=1.55\Delta t^{1/3} \tag{15-37}$$

管壁对周围空气的辐射换热系数 $\alpha_{\tau 0}$ 可按下式计算：

$$\alpha_{\tau 0}=\frac{\varepsilon_{\omega}C_{b}\left[\left(\frac{T_{\omega}}{100}\right)^{4}-\left(\frac{T_{\alpha}}{100}\right)^{4}\right]}{T_{\omega}-T_{\alpha}} \tag{15-38}$$

式中，$\alpha_{\tau 0}$ 为管壁对空气的辐射传热系数，$W/(m^2 \cdot K)$；$\varepsilon_{\omega}$ 为管外壁的黑度，取 0.79；$C_b$ 为黑体的辐射常数，$W/(m^2 \cdot K^4)$，取 $5.77W/(m^2 \cdot K^4)$；$T_{\omega}$ 为管外壁的热力学温度，K。

管外喷淋的传热效率较高，冷却面积小，出口温度受冷却水量和冷却管壁面积控制。近管壁处的烟气温度下降过快会出现烟气中水分结露的现象，并与粉尘一起附着于管壁上。当管内烟气中含有 $SO_2$ 等气体时还会造成管壁的腐蚀。

(2) 水冷套管　水冷套管是由 2 个直径不同的管套在一起组成的，如图 15-4 所示。烟气从管内流过，冷却水从两管的环形间隙流过，通过内管壁进行换热，从而将烟气冷却到所需要的温度。当冷却水硬度大、出水温度高，故需要清理水垢时，应取环形间隙 80～120mm 以上；对软化水，出口温度低于 45℃，不需清理水垢时可取 50～80mm。水套进水应从下部接入，上部接出，烟管壁应采用 6～8mm 钢板制作，水套外壁用 4～6mm 钢板制作。

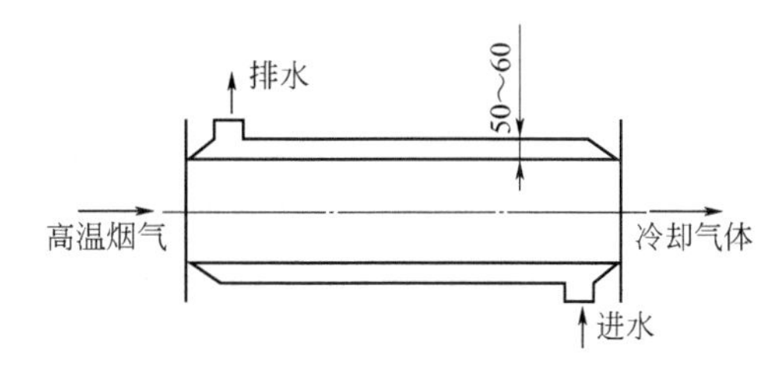


图 15-4　水冷套管

烟气在管内标准状态下的流速取 10～15m/s。水流速度取 0.5～1.0m/s。

水冷套管的冷却方法简单可靠，易于制造和管理，但传热效率较低，所需的传热面积大，系统阻力增加。因此，这种方法只在除尘系统有较长的距离时才适用。

(3) 壳管式冷却器　壳管式冷却器是在一壳体内平行设置多排烟管，如图 15-5 所示。烟气从烟管内流过，而壳体内烟管外为冷却水，通过冷却水与烟管外壁的换热使烟气冷却。

在壳管式冷却器中，烟管的布置可采用等边三角形、矩形、菱形等方式。烟管直径通常为 50～100mm，管中心距取管径的 1.3～1.5 倍，烟管内标准状态下的流速推荐采用 10～15m/s。当烟管直径大于 100mm 时，烟气流速可适当提高。水流速取 0.5～1.0m/s，冷水的进、出口温差一般取 10～15℃。

壳管式冷却器能够充分利用水的冷却作用，传热效率高，设备紧凑，应用比较普遍。

## 四、蓄热式冷却器设计计算

### 1. 工作原理

蓄热式冷却器的工作原理是通过设备本身具有的吸收储存和释放热量的功能来实现对流体介质冷却和加热的装置。当高温介质流过时，它吸收介质热量，使流出介质的温度下降；当低温介质流过时，它对介质释放热量，使流出介质的温度上升。总之，对于瞬间温度变化很大的介质，蓄热式冷却器能够削峰填谷，使流经介质的温度变化幅度变小，以满足下游设备的入口温度条件。如焦炉推焦除尘，在拦焦不足 1min 的时间内平均温度可达 200℃以上，瞬间烟气温度可达 500℃以上，而一次推焦的时间间隔约为 8min，所以在拦焦的 1min 时间内蓄热式冷却器可吸收烟气的热量，使进入袋式除尘器的烟气温度降到 100℃左右，防止瞬间高温烟气进入袋式除尘器损坏滤料。不拦焦期间，除尘系统吸入部分室外环境空气，蓄热式冷却器对其放热，提高进入除尘器气体的入口温度，能够有效地防止袋式除尘器结露，同时使冷却器降温，基本恢复到原来的温度，这一点在北方的冬季尤为重要。由此可见，蓄热式冷却器特别适用于

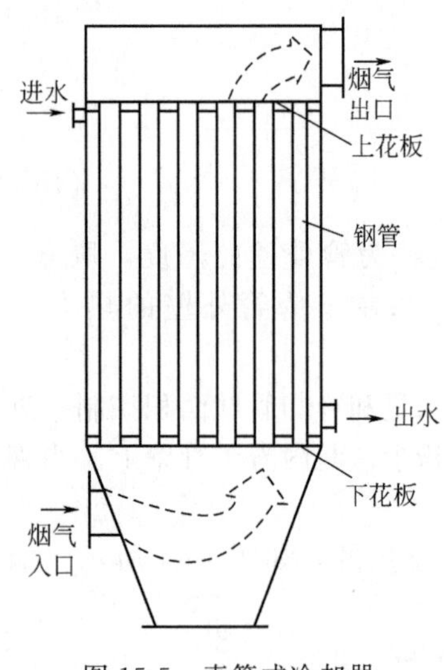


图 15-5 壳管式冷却器

短时间内温度剧烈波动的烟气净化系统中，具有缓冲介质温度突变的功能。钢板蓄热式冷却器由于缝隙小、吸热快，有很好的阻火能力，工程上常用作阻火器使用。

**2. 蓄热式冷却器结构形式**

蓄热式冷却器主要有两种结构形式：一是管式结构；二是板式结构。管式结构蓄热式冷却器与管式间接自然对流空气冷却器的结构和工作原理都很相似，它既是自然对流冷却器，又是蓄热式冷却器，对于连续的高温气体起到自然对流冷却的作用，对于瞬时的高温气体又起到蓄热式冷却器的作用，设计应按蓄热式冷却器计算，其放热期间要考虑对环境自然对流放热部分按自然对流的散热作用计算。管式蓄热式冷却器结构外形见图 15-6。

板式结构蓄热式冷却器，也称百叶式冷却器或钢板冷却器，是真正的蓄热式冷却器。它由几十或上百片的钢板组成，烟气从钢板的缝隙通过，使进入的气体温度变化，进行蓄热或放热。百叶式冷却器的传热效率要高于管式结构，相对体积可小很多，因此，在许多场合百叶式冷却器替代了管式冷却器。由于钢板蓄热式冷却器有快速吸热功能和小的缝隙，能有效起到阻火作用，所以它又是很好的阻火设备。钢板蓄热式冷却器进出风有两种形式：一种是水平进出形式，见图 15-7；另一种是上进下出形式，见图 15-8。

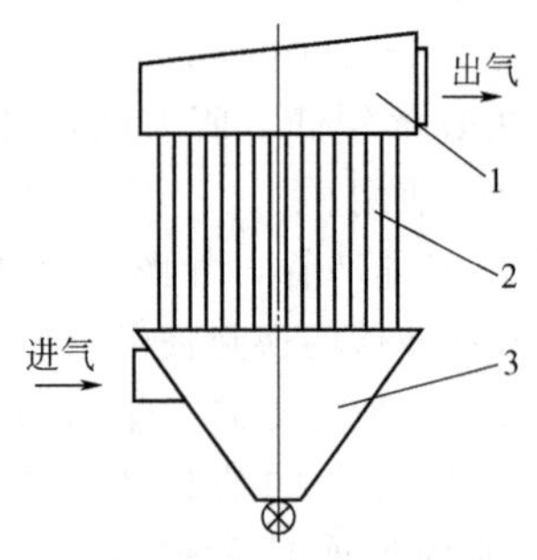


图 15-6 管式蓄热式冷却器结构外形

1—集气箱；2—冷却管；3—灰斗

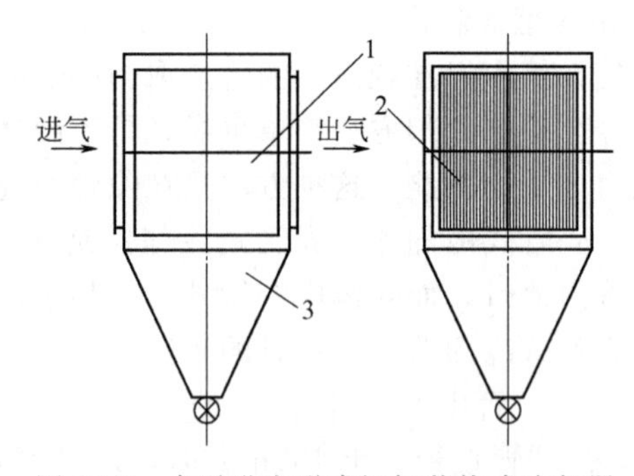


图 15-7 水平进出形式钢板蓄热式冷却器

1—箱体；2—冷却片；3—灰斗

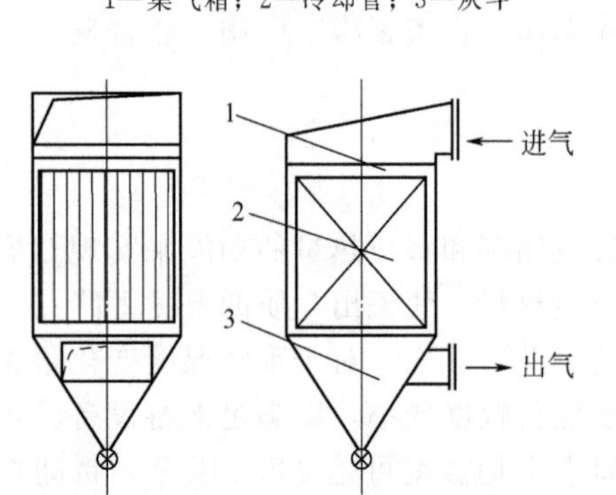


图 15-8 上进下出形式钢板蓄热式冷却器

1—箱体；2—冷却片；3—灰斗

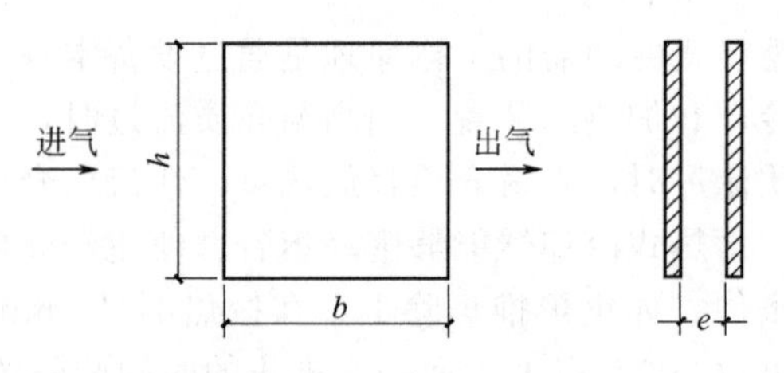


图 15-9 百叶式钢板布置

**3. 钢板蓄热式冷却器的设计计算**

钢板蓄热式冷却器的吸热和放热过程中各种参数都随时间在变化，使计算变得十分复杂。

下面从传热学的原理出发，定性分析推导蓄热式冷却器的设计计算公式和方法，来满足工程应用的需要。

(1) 冷却钢板的放热系数 要降低瞬间通过冷却器的气体温度，就要有高的气体对钢板的热导率，而且要有大的流通面积、传热面积和小的结构体积，百叶式钢板蓄热式冷却器就具有以上特点。其分析计算如下：设百叶式钢板宽 $b$、高 $h$、钢板间隙 $e$，见图 15-9。

两钢板间的传热面积为：$S_c=2bh$ (15-39)

两钢板间的流道截面积为：$S_j=he$ (15-40)

其当量直径为：$d=4S_j/U$ (15-41)

式中，$U$ 为流体润湿的流道周边，m。

所以 $d=4he/2h=2e$

当钢板的宽度取 $d/e>60$，对气体 $Pr=0.7$，气体在钢板间流动为 $Re=(1\sim12)\times10^4$ 的旺盛紊流时，定性温度取气体的平均温度，可采用管内受迫流放热公式计算。

当为冷却气体时，其放热系数为 $\alpha$ [J/(m$^2$·s·℃)]，计算公式为：

$$\alpha=0.023(\lambda/d)Re^{0.8}Pr^{0.4} \tag{15-42}$$

当加热气体时，其放热系数为：

$$\alpha=0.023(\lambda/d)Re^{0.8}Pr^{0.3} \tag{15-43}$$

式中，$\lambda$ 为热导率，J/(m$^2$·s·℃)；$Re$ 为雷诺数，$Re=\omega d/\nu$；$\omega$ 为流速，m/s；$d$ 为当量直径，m；$\nu$ 为运动黏滞系数，m$^2$/s；$Pr$ 为普朗特准则数，$Pr=\nu/\lambda$。

烟气由各种气体成分组成，可分别按要求查出各种气体的物理参数，并按各种气体在烟气中所占的百分比求出该气体的实际物理参数。

(2) 蓄热式冷却片的吸热量 进入蓄热式冷却器的单位气体热量减去气体离开冷却器的热量即为冷却片吸收的热量 $Q_g$，即：

$$Q_g=Q_1-Q_2 \tag{15-44}$$

$$Q_g=G_g c_{pg}\Delta T_g \tag{15-45}$$

$$Q_1=G_1 c_{p_1} t_1 \tag{15-46}$$

$$Q_2=G_1 c_{p_2} t_2 \tag{15-47}$$

式中，$G_g$ 为冷却片的质量，kg；$c_{pg}$ 为钢的比热容，kJ/(kg·℃)；$c_{p_1}$ 为进入冷却器的气体比热容，kJ/(kg·℃)；$c_{p_2}$ 为离开冷却器的气体比热容，kJ/(kg·℃)；$G_1$ 为通过冷却器的气体质量，kg/s；$t_1$ 为计算时间段进入冷却器的气体平均温度，℃；$t_2$ 为计算时间段离开冷却器的气体平均温度，℃；$\Delta T_g$ 为吸热后冷却片的温升，℃。

(3) 蓄热式冷却片的设计片数和温升计算 计算出了气体对冷却片的放热系数和冷却片的吸热量 $Q_g$，就可以计算出需要的传热面积 $S$，即：

$$S=1000Q_g/(\alpha\Delta t_m) \tag{15-48}$$

式中，$\Delta t_m$ 为平均温差，为简便起见，用算术平均温差来进行传热计算，即：

$$\Delta t_m=(\Delta t_1+\Delta t_2)/2 \tag{15-49}$$

式中，$\Delta t_1$ 为进冷却器平均气体温度与冷却片平均温度的温差；$\Delta t_2$ 为出冷却器平均气体温度与冷却片平均温度的温差。

需要冷却片的片数为：

$$n=S/(2hb)+1 \tag{15-50}$$

冷却片的厚度可取 $e/4$，那么冷却片的总质量为：

$$G_g=hben\rho_b/4 \tag{15-51}$$

式中，$\rho_b$ 为钢的密度，t/m³。

吸热后冷却片升温为：

$$\Delta T_g = \frac{G_1(c_{p_1}t_1 - c_{p_2}t_2)t}{1000G_g c_{pg}} \tag{15-52}$$

式中，$t$ 为计算时间段，s。

气体在冷却片间的平均流速 $\omega$(m/s) 为：

$$\omega = G_1/[\rho he(n-1)] \tag{15-53}$$

式中，$\rho$ 为气体在冷却器进、出端的平均温度下的密度，kg/m³。

设计时可先设定气体在冷却片间的平均流速为12～18m/s。如计算出的流速与设定的流速差别大，可调整冷却片的尺寸后重算，钢板的宽、钢板间隙大小和烟气流速决定了烟气进、出口的温度差。

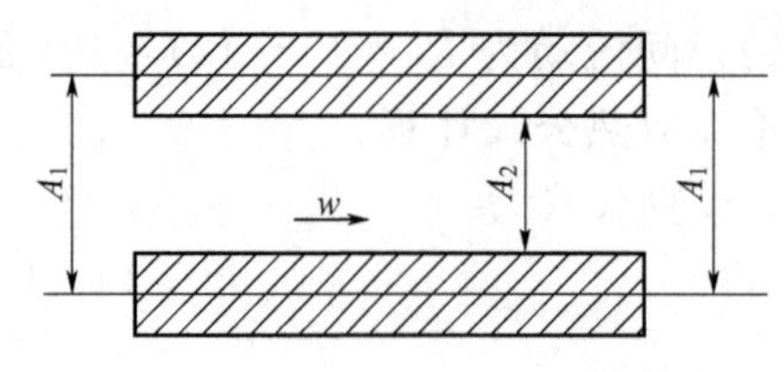

图 15-10 气体在冷却片间流动

(4) 蓄热式冷却片压力损失计算 蓄热式冷却片的压力损失可分成两部分：一是气体在冷却片间流动的沿程损失；二是进出冷却片组的突缩和突扩的局部损失，见图 15-10。

气体通过冷却片的压力损失可以表示为：

$$\Delta P_m(\text{Pa}) = (\lambda b/d + \xi_1 + \xi_2)\omega^2\rho/2 \tag{15-54}$$

式中，$\lambda$ 为摩擦系数；$\omega$ 为管道内气体速度，m/s；$\rho$ 为气体的密度，kg/m³；$d$ 为当量直径，m；$\zeta_1$ 为突缩局部阻力系数，$\zeta_1=0.5(1-A_2/A_1)$；$\zeta_2$ 为突扩局部阻力系数，$\zeta_2=(1-A_2/A_1)$；$b$ 为冷却片宽度，m；$A_1$、$A_2$ 分别为两钢板的中心距尺寸和间隙尺寸。

摩擦系数 $\lambda$ 可以用使用较普遍的粗糙区的经验公式计算：

$$\lambda = 0.11(K/d)^{0.25} \tag{15-55}$$

式中，$K$ 为钢板的粗糙度，取 0.15mm。

由于冷却片组在冷却器内布置的不同会形成其他的一些压力损失，所以冷却器本体的压力损失要略大于冷却片的压力损失。

**【例 15-2】** 钢板蓄热式冷却器计算

(1) 基本参数确定 已知某焦炉推焦除尘工程推焦时进入蓄热式冷却器的烟气平均温度为150℃，进烟气时间为 1min，烟气出蓄热式冷却器口平均温度为 100℃，平均烟气量为 210000m³/h，推焦 8min 一次，其他时间进入冷却器的为空气，平均温度为 40℃，平均空气量为 50000m³/h。初步确定冷却器蓄热钢板的尺寸为宽 $b=2.25$m、高 $h=3.25$m，取钢板间隙 $e=0.02$m。烟气在钢板中的平均流速取 $\omega=15$m/s。

(2) 求雷诺数 $Re$ 烟气的主要成分是空气，按空气查得其物理参数，定性温度按 125℃考虑，那么有：

$$\nu = 25.5\times10^{-6}\text{m}^2/\text{s},\ Pr=0.70$$

当量直径：$d=4S_j/U=2e=0.04$(m)

$$Re=\omega d/\nu = 15\times0.04/(25.5\times10^{-6}) = 2.353\times10^4$$

按公式(15-42) 求放热系数：

$$\begin{aligned}\alpha &= 0.023(\lambda/d)Re^{0.8}Pr^{0.4} = 0.023\times(0.033/0.04)\times3143\times0.867 \\ &= 51.7\ [\text{J}/(\text{m}^2\cdot\text{s}\cdot℃)]\end{aligned}$$

(3) 求需要的传热面积 $S$ 推焦时，60s 烟气平均温度从 150℃降到 100℃，钢板吸收的热量按公式（15-44）计算得：

$$\begin{aligned} Q_g &= Q_1 - Q_2 \\ &= 210000 \times 1.293 \times (1.015 \times 150 - 1.013 \times 100) \times 1000/60 \\ &= 230574225(\mathrm{J}) \end{aligned}$$

（4）需要的换热面积　冷却片的平均温度设为 65℃，换热平均温差 $\Delta t_m = 60℃$，按公式（15-48）得：

$$S = Q_g / (60\alpha \Delta t_m) = 230574225/(60 \times 51.7 \times 60) = 1239(\mathrm{m}^2)$$

（5）冷却片钢板片数 $n$　按公式（15-50）得：

$$n = 1239/(2 \times 2.25 \times 3.25) + 1 = 85(\text{片})$$

如果采用 5mm 厚钢板，则冷却片的总质量为：

$$5 \times 2.25 \times 3.25 \times 85 \times 7.85 = 24396(\mathrm{kg})$$

根据以上计算可以求出蓄热冷却片组的外形尺寸为：宽 2250mm，高 3250mm，厚 2105mm。

（6）冷却片吸热后的温升和流速

因为　$Q_g = G_g c_{pg} \Delta T_g$

所以　$\Delta T_g = Q_g / G_g / c_{pg} = 230574/(24396 \times 0.46) = 20.5(℃)$

冷却器钢板可流通面积为：

$$eh(n-1) = 0.02 \times 3.25 \times (85-1) = 5.46(\mathrm{m}^2)$$

平均工况烟气量为：$210000 \times (273+125)/273 = 306154(\mathrm{m}^3/\mathrm{h})$

流速为：$\omega = 306154/(3600 \times 5.46) = 15.58(\mathrm{m/s})$

（7）蓄热式冷却片的压力损失

$$\begin{aligned} \Delta p_m &= (\lambda b/d + \zeta_1 + \zeta_2)\omega^2 \rho / 2 \\ &= (0.0272 \times 2.25/0.04 + 0.1 + 0.2) \times 15.58^2 \times 0.887/2 \\ &= 197(\mathrm{Pa}) \end{aligned}$$

**4. 应用注意事项**

（1）板式蓄热式冷却器利用钢板对气体的吸热和放热作用来调节瞬间高温气体的温度，可应用在间断的、瞬间高温气体出现的场合，通过把瞬间高温气体的温度降低，以达到后续净化设施的要求，同时可提高间隔期间进入净化设施的气体温度，防止气体温度过低结露。对于连续高温烟气或高温间断时间较长的除尘设施，其不能起到冷却烟气的作用。由于冷却片组有很好的吸热作用和比较好的阻火作用，可设计成除尘系统的阻火器。

（2）在同样气体处理的条件下，板式蓄热式冷却器要比管式蓄热式冷却器体积小，质量小，效率高，应优先采用板式蓄热式冷却器。

（3）根据除尘工况以及烟气的特性，对蓄热式冷却器进行计算和设备设计，更好地满足各种除尘系统冷却烟气的需要，同时又做到经济合理。

（4）蓄热式冷却器计算过程中，放热计算和试算是十分重要的，是冷却器计算不可忽略的部分，计算结果与除尘系统操作方法和生产工艺过程是分不开的，要注意放热过程中的气体流量、温度和放热时间。

## 五、余热锅炉

随着工业的进一步发展，能源越来越紧张，节能降耗将是今后很长一段时期工业企业的重要管理目标和任务，以余热锅炉作为余热回收的主要手段，必将得到重视。余热锅炉又称废热锅炉。

**1. 余热锅炉的分类和特点**

（1）余热锅炉分类

① 按烟气的流动分为水管余热锅炉、火管余热锅炉。

② 按锅筒放置位置分为立式余热锅炉、卧式余热锅炉。

③ 按使用载热体分为蒸汽余热锅炉、热水余热锅炉和特种工质余热锅炉。

④ 按用途分为冶炼余热锅炉、焚烧余热锅炉、熄焦余热锅炉等。

（2）余热锅炉特点

① 工作原理特点。一般锅炉设备是将燃料的化学能转化为热能，又将热能传递给水，从而产生一定温度和压力的蒸汽和热水。余热锅炉用的是烟气中的余热（废热），所以不用燃料，也不存在化学能转化为热能的问题。

② 构造特点。通常锅炉一般由“锅”和“炉”两大部分构成。锅是容纳水或蒸汽的受压部件，其中进行着水的加热和汽化过程。炉子是由炉墙、炉排和炉顶组成的燃烧设备和燃烧空间，其作用是使燃料不断地充分燃烧。余热锅炉不用燃料，也没有炉子的构造特征，只有锅的特征（图 15-11），有的甚至类似换热器（图 15-12）。

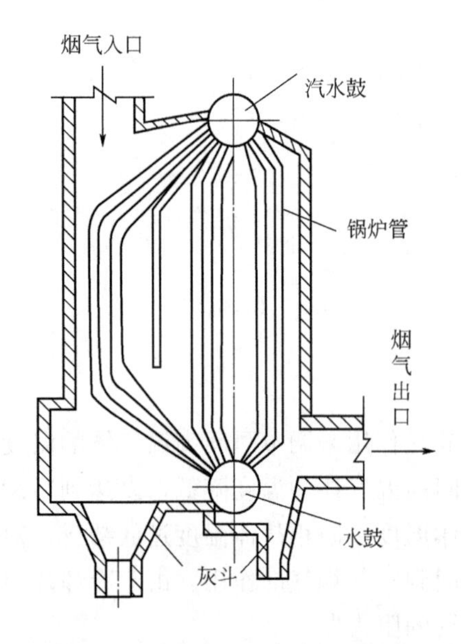


图 15-11 锌沸腾炉余热锅炉构造

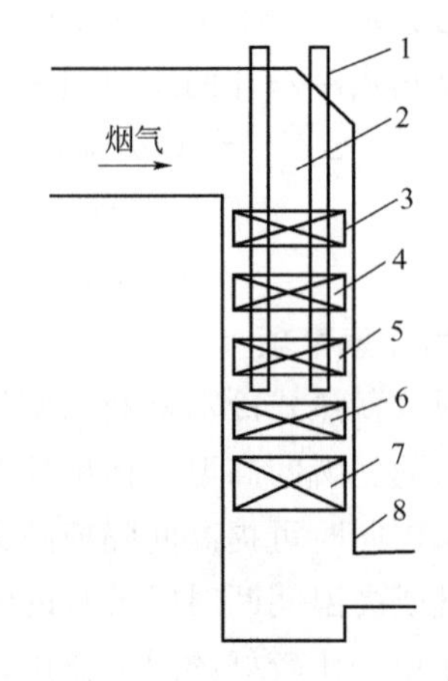


图 15-12 干熄焦余热锅炉结构

1—悬吊管；2—转向室；3—二级过热器；4—一级过热器；5—光管蒸发器；6—鳍片管蒸发器；7—鳍片管省煤器；8—水冷壁

**2. 余热锅炉的热力计算**

余热锅炉热力计算的任务是在确定的烟气及蒸汽参数下，确定锅炉各部件的尺寸及产气量，选择辅助设备，并为强度计算、水循环计算、烟道阻力计算提供基础数据。

（1）解析计算　余热锅炉的热力计算分为结构热力计算和校核热力计算两种。在锅炉设计中结合使用，完成锅炉整体结构的设计。结构热力计算是在给定的烟气量、烟气特性、烟气进出口温度以及锅炉蒸汽参数等条件下。确定锅炉各个部件的受热面积和主要的结构尺寸。校核热力计算是在给定的锅炉结构尺寸、蒸汽参数、烟气量及烟气参数等条件下，校核锅炉各个受热面的吸热量及进出口烟气温度等是否合理。对于锅炉运行中的不同工况，也需要做校核热力计算，以检验锅炉各处的烟气温度和过热蒸汽温度等参数是否符合要求。

余热锅炉发展至今，在工程中被广泛应用，已经形成了一套比较成熟的热力计算方法，即根据烟气质量守恒、热力平衡方程以及不同结构中烟气换热的经验公式建立的热力计算程序。

（2）数值计算　数值模拟方法是在设备设计和生产前期常用的方法，它利用计算机平台，应用程序或软件建模，进行数值模拟，对设备内部的流动和换热特性进行预测，为设备的设计和制造提出合理化建议，这种方法周期短，节省资金。随着计算机技术的发展，计算流体力学学科的飞速前进，数值模拟已经成为传热学领域必不可少的研究方法。很多大型商用软件，如FLUENT、GAMBIT、ICEMCFD、ANSYS等为研究者提供了良好的操作平台，在满足一些基本操作的基础上，可以加入自编程序进行二次开发，实现复杂流动换热问题和多场耦合问题的求解。

**3. 清灰设备**

余热锅炉的清灰设施是保证其正常安全运行的重要环节。常用的清灰方法有吹灰和振打。

（1）吹灰　吹灰主要通过吹灰器完成。吹灰器是利用吹灰介质喷射的动压头，以清扫受热面上黏结的烟尘的一种清灰设备。

吹灰介质的选用是根据烟气的特性、尾气是否制酸、介质的来源及余热锅炉的具体工作条件等进行技术经济比较后确定的。目前可供选择的吹灰介质有蒸汽、压缩空气、压缩氮气和水等。介质压力一般为（9.807～15.691）$\times 10^5$Pa，吹灰有效半径为1.5～2.5m。蒸汽吹灰多用于烟气温度在500℃以上的烟道。

吹灰器的种类有长伸缩式、短伸缩式、固定式和省煤式吹灰器。可根据吹灰的要求和使用温度选用。

（2）振打　振打清灰是借振打装置或振动器的作用，周期性地振击锅炉受热面，被黏结的烟尘在瞬时冲击力和反复应力的作用下产生裂痕并逐渐扩大，同时使烟尘与受热面之间的附着力遭到破坏，黏结的烟尘被振落。

振打清灰在投资、动力消耗、清灰效果等方面有很多优点，因此被广泛采用。目前的余热锅炉大都采用全振打清灰。

常用振打清灰设备有锤击型振打清灰装置和振动器。

**4. 除灰设备**

除灰设备是指从余热锅炉冷灰斗的出口将灰渣排出锅炉本体的设备。由于各种工业窑炉的工艺特点不同，对除灰设备的要求也不同，通常应考虑以下几点。

（1）落入冷灰斗中的灰渣一般有回收价值，应考虑灰渣的回收利用。

（2）若进入余热锅炉的烟气含有较多的二氧化硫和三氧化硫，烟气用于制酸时除灰设备必须考虑防腐和密封。

（3）灰渣的密度较大、温度较高或结焦后渣块硬度较高，除灰设备要有较好的耐高温及耐磨性能。

（4）余热锅炉的冷灰斗沿锅炉长度方向开口，要求除灰设备的结构与其相匹配；同时要考虑大渣块的清除。

为满足上述要求，余热锅炉通常采用水平布置的干式机械除灰设备。常用的有刮板除灰机、框链式除灰机、埋刮板输送机和螺旋输送机等。此类输送机可参阅有关设备的选用手册和样本，并根据灰渣的密度、温度、磨损等条件进行校核，并做必要修改。

**5. 余热锅炉的水循环**

余热锅炉的水循环可分为自然循环和强制循环两种。

自然循环的优点：锅炉水容量大，负荷变动时，对水位的影响较小，所以突然停电时危险性小；操作方法与自然循环的普通锅炉相同，简单易行；对水质不像强制循环要求那么严；运行费用比强制循环少。

自然循环的缺点：大型余热锅炉的结构比较复杂，受热面布置较麻烦，投资较大；锅炉启动时间长，需要装设启动专用燃烧装置；死角处附着的烟尘较多，不易清除。

强制循环的优点：锅炉紧凑、体积小；大型余热锅炉造价低，容易清灰，启动升压容易，不需专门的启动燃烧器。

强制循环的缺点：强制水循环泵电耗较大，维护检修工作量大，供电的等级高，不允许突然停电；水质要求严，水处理设备的投资和运行费用较高。

通常根据余热锅炉的规模、烟气性质以及厂地条件等确定水循环的方式。一般小型余热锅炉以自然循环为好。

余热锅炉的补充给水量与蒸汽的用途和补给水的水质有关，情况较为复杂，通常有以下3种情况。

① 蒸汽用作冷凝式汽轮机发电时，锅炉补充水量按下式估算：

$$G=(0.15\sim0.25)D \tag{15-56}$$

② 蒸汽用作全部不回水的工艺用汽，锅炉补充水量按下式估算：

$$G=(1.15\sim1.25)D \tag{15-57}$$

③ 有部分回水的锅炉补充水量按下式估算：

$$G=(1.15\sim1.25)D-G_{回} \tag{15-58}$$

式中，$G$ 为锅炉补充水量，t/h；$D$ 为锅炉的蒸发量，t/h；$G_{回}$ 为蒸汽凝结水回至锅炉房的水量，t/h。

余热锅炉应用实例见表15-3。

**表 15-3 余热锅炉应用实例**

| 名称 | | 单位 | 1200型铜反射炉余热锅炉 | 350型锡反射炉余热锅炉 | 1000型铜闪速炉余热锅炉 | 240型硫酸液态化炉余热锅炉 | 400型硫酸流态化炉余热锅炉 | 850型锌精矿流态化炉余热锅炉 | 530型锌精矿流态化炉余热锅炉 |
|---|---|---|---|---|---|---|---|---|---|
| 烟气条件 | 烟气量 | $m^3/h$ | 35000 | 9940 | 20000 | 11845 | 16132 | 27000 | 15600 |
| | $SO_2$ | % | 2 | 0.05 | 9.9 | 1.1 | 11.27 | 9.1 | 9.8 |
| | $N_2$ | % | 70.63 | 76.31 | 73.5 | 78.23 | 77.7 | 75 | 67.8 |
| | $H_2O$ | % | 6 | 4.0 | 9.5 | 7 | 5.9 | 9.9 | 19.4 |
| | $O_2$ | % | 5.07 | 3.64 | 0.6 | 3.4 | 4.96 | 5.5 | 3 |
| | $CO_2$ | % | 16 | 15.6 | 6.4 | | | | |
| | CO | % | 0.3 | 0.4 | | | | | |
| | $SO_3$ | % | | | | 0.37 | 0.1 | 0.3 | |
| | 烟气含尘量 | $g/m^3$ | 50 | 11.2 | 85 | 250～300 | 250 | 300 | 260 |

续表

| 名称 | | 单位 | 1200 型<br>铜反射炉<br>余热锅炉 | 350 型<br>锡反射炉<br>余热锅炉 | 1000 型<br>铜闪速炉<br>余热锅炉 | 240 型<br>硫酸<br>液态化炉<br>余热锅炉 | 400 型<br>硫酸<br>流态化炉<br>余热锅炉 | 850 型<br>锌精矿<br>流态化炉<br>余热锅炉 | 530 型<br>锌精矿<br>流态化炉<br>余热锅炉 |
|---|---|---|---|---|---|---|---|---|---|
| 烟气温度 | 锅炉进口温度 | ℃ | 1200 | 1050 | 1300 | 916 | 900 | 850 | 850～900 |
| | 第二烟道进口温度 | ℃ | 660 | 750 | 770 | 779 | 585 | 670 | 640 |
| | 第三烟道进口温度 | ℃ | 500 | 650 | 670 | 596 | 415 | 570 | 540 |
| | 第四烟道进口温度 | ℃ | | 570 | 520 | 472 | 415 | | 450 |
| | 锅炉出口温度 | ℃ | 370 | 350 | 350 | 452 | 400(350) | 400 | 400 |
| 烟气流速 | 第一烟道(冷却室) | m/s | 1.38 | 2.31 | 1.8 | | 4.9 | 4.4 | 5.15 |
| | 第二烟道 | m/s | 3.3 | 4.23 | 3.8 | 5.3～6.84 | 5.0 | 5.7 | 5.07 |
| | 第三烟道 | m/s | 4.4 | 4.96 | 2.6 | | | 5.5 | 5.22 |
| | 第四烟道 | m/s | 4.2 | 5.48 | 3.8～9.7 | | 5.6 | 5.8 | 5.22 |
| 锅炉参数 | 蒸发量 | t/h | 17.2 | 5 | 8.1 | 5.4 | 8.7 | 9 | 6 |
| | 锅炉蒸汽压力 | MPa | 2.9 | 1.5 | 4.5 | 4.1 | 3.2 | 2.6 | 2.8 |
| | 过热蒸汽出口压力 | MPa | 2.8 | 1.4 | 4.4 | 3.4 | 饱和 | 2.5 | 饱和 |
| | 第一过热器出口温度 | ℃ | 310 | | 500 | 300 | | | |
| | 第二过热器出口温度 | ℃ | 410 | 370 | 500(再热) | 420 | | 370 | |
| | 锅炉给水温度 | ℃ | 105 | 104 | | 104 | 120 | 105 | 105 |
| 锅炉受热面积 | 蒸发受热面积 | $m^2$ | 1150 | 284 | 780 | 210 | 400 | 784 | 520 |
| | 第一过热器面积 | $m^2$ | 32 | 60 | 214 | 29 | | 61 | |
| | 第二过热器面积 | $m^2$ | 260 | | 204(再热) | 28.5 | | | |
| 传热系数 $K$ | 第一烟道(冷却室) | W/($m^2$·℃) | 11.9 | 6.9 | 5.5～103 | 8.3～9.7 | 8.9 | 11.1 | 10.8 |
| | 第二烟道 | W/($m^2$·℃) | 5.5 | 5.8 | 6.1 | 5.5～6.9 | 8.4 | 10 | 10 |
| | 第三烟道 | W/($m^2$·℃) | 6.1 | 8.9 | 5.5 | 5.5～6.9 | | 3.9 | 4.7 |
| | 第四烟道 | W/($m^2$·℃) | 4.4 | 5.8 | 5.3 | 5.5～6.9 | 6.8 | 3.9 | 4.7 |
| | 第一过热器 | W/($m^2$·℃) | 11.9 | 7.8 | 6.1 | 8.3～9.7 | 液态化层 | 10.5 | |
| | 第二过热器 | W/($m^2$·℃) | 5.8 | 8.3 | 5.5 | 69 | 69 | 10.5 | |
| | | | 按管壁积灰 5mm | | | | | 按管壁积灰 5mm | 按管壁积灰 5mm |
| 锅炉通风阻力 | | Pa | ＜196 | 1275 | | ＜392 | | ＜392 | ＜392 |
| 锅炉水循环方式 | | | 强制循环水泵<br>功率 55kW<br>扬程<br>0.4MPa<br>流量：<br>250t/h | 自然循环 | 自然循环 | 强制循环水泵<br>功率 14kW<br>扬程<br>0.4MPa<br>流量：<br>45t/h | 自然循环 | 强制循环水泵<br>功率 37kW<br>扬程<br>0.4MPa<br>流量：<br>150t/h | 强制循环 |

## 第二节　高温管道膨胀补偿

高温烟气管道的补偿首先应利用弯道的自然补偿作用，当管内介质温度不高、管线不长且支点配置正确时，管道长度的热变化可以其自身的弹性予以补偿，这种方法是管道长度热变化自行补偿最好的办法。若自然补偿不能满足要求时，再考虑设置柔性材料补偿器、波形补偿器等进行补偿。

补偿时应该是每隔一定的距离设置一个补偿装置，减少并释放管道受热膨胀产生的应力，保证管道在热状态下的稳定和安全工作。

## 一、管道的热伸长

管道膨胀的热伸长按下式计算： $\Delta L = L\alpha_1(t_2 - t_1)$ (15-59)

式中，$\Delta L$ 为管道的伸长量，m；$\alpha_1$ 为管材平均线胀系数，m/(m·℃)，见表15-4；$L$ 为管道的计算长度，m；$t_2$ 为输送介质温度，℃；$t_1$ 为管道安装时的温度，℃，当管道架空敷设时 $t_1$ 应取暖室外计算温度。

**表15-4 各种管材的线胀系数 $\alpha_1$ 值** 单位：$℃^{-1}$

| 管道材料 | $\alpha_1$ | 管道材料 | $\alpha_1$ |
|---|---|---|---|
| 普通钢 | $12\times10^{-6}$ | 铜 | $15.96\times10^{-6}$ |
| 钢 | $13.1\times10^{-6}$ | 铸铁 | $11.0\times10^{-6}$ |
| 镍铬钢 | $11.7\times10^{-6}$ | 聚氯乙烯 | $70\times10^{-6}$ |
| 不锈钢 | $10.3\times10^{-6}$ | 聚乙烯 | $10\times10^{-6}$ |
| 碳素钢 | $11.7\times10^{-6}$ | | |

对于一般钢管 $\alpha_1 = 12\times10^{-6}$，代入式（15-59）得：

$$\Delta L = 12\times10^{-6}(t_2 - t_1)L \tag{15-60}$$

## 二、自然补偿器

### 1. L形补偿器

L形补偿器由管道的弯头构成。充分利用这种补偿器做热膨胀的补偿，可以收到简单方便的效果。

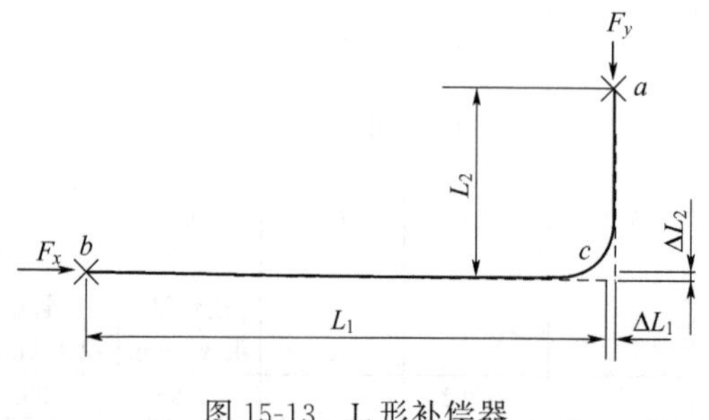

图15-13 L形补偿器

L形补偿器如图15-13所示，其短壁 $L_2$ 的长度可按下式计算：

$$L_2 = 1.1\sqrt{\frac{\Delta L D_w}{300}} \tag{15-61}$$

式中，$L_2$ 为L形补偿器的短臂长度，mm；$\Delta L$ 为长臂L的热膨胀量，mm；$D_w$ 为管道外径，mm。

L形补偿器的长臂 $L$ 的长度应取 20～25m 左右，否则会导致短臂的侧向移动量过大而失去了作用。

对固定支架 $b$ 的推力（$F_x$）按下式计算：

$$F_x = \frac{\Delta L_1 EJK}{L_2^3}\varepsilon \tag{15-62}$$

$$J = \frac{\pi}{64}(D_w^2 - d^2) \tag{15-63}$$

式中，$F_x$ 为对支架 $b$ 的推力，N；$\Delta L_1$ 为长臂的外补偿量，cm；$L_2$ 为短臂侧的计算臂长，cm；$E$ 为钢材弹性模量，Pa，对Q235钢，$E$=21000MPa；$J$ 为管道断面惯性矩，$mm^2$；$D_w$ 为管道外径，mm；$d$ 为管道内径，mm；$K$ 为修正系数，$D_w$>900mm 时 $K$ 取 2，$D_w$<800mm 时 $K$ 取 3；$\varepsilon$ 为安装预应力系数，大气温度安装调整时 $\varepsilon$ 取 0.63，不调整时 $\varepsilon$ 取 1.0。

对固定支架 $a$ 的推力（$F_y$）按下式计算：

$$F_y=\frac{\Delta L_2 EJK}{L_1^3}\varepsilon \tag{15-64}$$

式中，$F_y$ 为对支架 $a$ 的推力，N；$\Delta L_2$ 为短臂的补偿量，cm；其他符号意义同前。

对最不利 $c$ 点的弯曲应力（$\sigma_1$）为：

$$\sigma_1=\frac{\Delta L_2 EDK}{2L_1^2} \tag{15-65}$$

式中，$\sigma_1$ 为 $c$ 点的弯曲应力，Pa；其他符号意义同前。

**2. Z 形补偿器**

Z 形补偿器是常用的自然补偿器之一，如图 15-14 所示。Z 形补偿器的优点在于管道设计和安装中很容易实现补偿。

Z 形补偿器其垂直臂 $L_3$ 的长度可按下式计算：

$$L_3=\left[\frac{6\Delta tED_w}{10^3\sigma(1+12K)}\right]^{1/2} \tag{15-66}$$

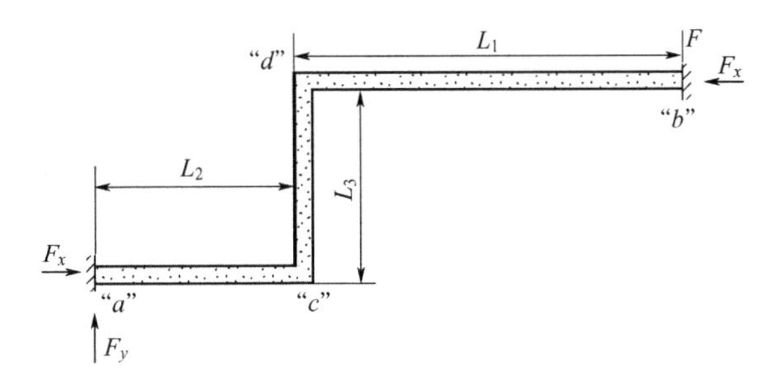


图 15-14　Z 形补偿器

式中，$L_3$ 为 Z 形补偿器的垂直臂长度，mm；$\Delta t$ 为计算温差，℃；$E$ 为管材的弹性模量，Pa；$D_w$ 为管道外径，mm；$\sigma$ 为允许弯曲应为，Pa；$K$ 为 $L_1/L_2$，其中 $L_1$ 为长臂长，$L_2$ 为短臂长。

Z 形补偿器的长度（$L_1+L_2$）应控制在 40～50m 的范围内。

对固定支架 $b$ 的轴向推力（$F_x$）按下式计算：

$$F_x=\frac{KEJ(\Delta L_3+\Delta L_2)}{L_3^3} \tag{15-67}$$

式中，$F_x$ 为支架 $b$ 的轴向推力，N；其他符号意义同前。

对 "$b$" 的横向推力 $F_y$ 由 $L_3$ 管段的补偿量 $\Delta L$ 所产生的力按静力平衡的原则表示如下：

$$F_y=\frac{KEJ\Delta L'}{L_1^3}=\frac{KEJ\Delta L''}{L_2^3} \tag{15-68}$$

式中，$F_y$ 为支架 $b$ 的横向推力，N；$\Delta L'$为由力臂 $L_1$ 吸收 $L$ 管段的补偿量；$\Delta L''$为由力臂 $L_2$ 吸收 $L$ 管段的补偿量。

对于应力最大的位置 $c$ 点，其应力按下式计算：

$$\sigma_c=\frac{KED(\Delta L_1\varepsilon+\Delta L_2)}{2L} \tag{15-69}$$

式中，$\sigma_c$ 为 $c$ 点最大弯曲应力，MPa；其他符号意义同前。

## 三、柔性材料补偿器

当输送的烟气温度高于 70℃，且在管线的布置上又不能靠自身补偿时，需设置补偿器。补偿器一般布置在管道的两个固定支架中间，但必须考虑到不要因为补偿器本身的重量而在烟气管道膨胀与收缩时不发生扭曲，需用两个单片支架支撑补偿器重量，单片支架的间距在车间外部时一般为 3～4m，在车间内部最大不超过 6m。在任何烟气情况下，为防止外力作用到设备上，以及防止机械设备的振动传给管道，在紧靠除尘器和风机连接管道上也应装设补偿器。对大型除尘器和风机，其前后都应设置补偿器。

**1. 形式和特点**

常用的柔性材料补偿器有 a、b 两种形式，如图 15-15 所示。

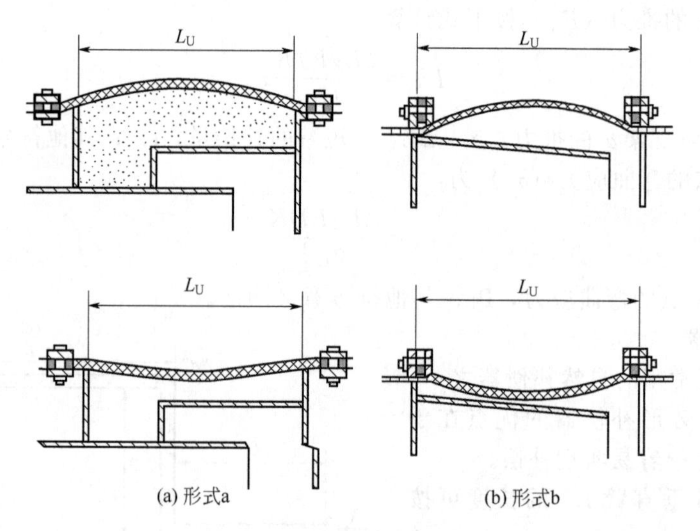


图 15-15 柔性材料补偿器

NM 型非金属补偿器是由 1 个柔性补偿元件（圈带）与 2 个可与相邻管道、设备相接的端管（或法兰）等组成的挠性部件，见图 15-16。圈带采用硅橡胶、氟橡胶、三元乙丙烯橡胶和

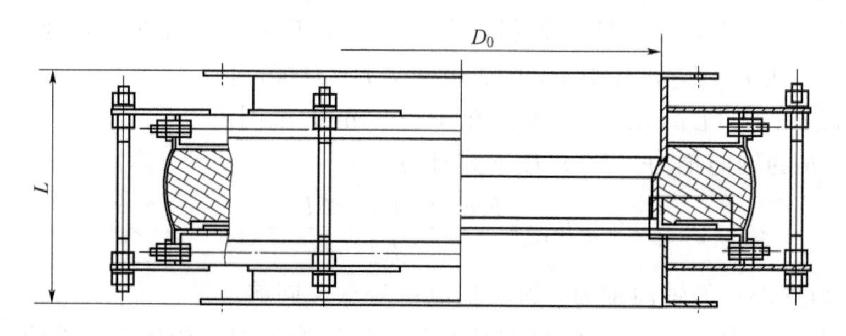


图 15-16 NM 型非金属补偿器

玻璃纤维布压制硫化处理而成，主要特点如下：①可以在较小的长度尺寸范围内提供多维位移补偿，与金属波纹补偿器相比，简化了补偿器结构形式；②无弹性力，由于补偿器元件采用橡胶、聚四氟乙烯与无碱玻璃纤维复合材料，它具有万向补偿和吸收热膨胀推力的能力，几乎无弹性反力，可简化管路设计；③消声减振，橡胶玻璃纤维复合材料能有效地减少锅炉、风机等系统产生的噪声和振动；④适用温度范围较宽，采用不同橡胶复合材料和圈带内部设置隔热材料，可达到较宽的温度范围；⑤ 在允许的范围内，可补偿一定的施工安装误差。

**2. 设计技术条件**

(1) 设计压力 $p$　除尘系统管道内的气体设计压力一般在 0.01MPa 以下，选型时一般取设备的承受压力 $p \leqslant 0.03$MPa。

(2) 设计温度等级　设计温度范围可从常温到高温，共分为 9 个等级，见表 15-5。

**表 15-5 设计温度等级**

| 设计温度等级 | A | B | C | D | E | F | G | H | T |
|---|---|---|---|---|---|---|---|---|---|
| 工作温度/℃ | 常温 | ≤100 | ≤150 | ≤250 | ≤350 | ≤450 | ≤550 | ≤700 | ≥700 |

**3. 结构形式**

非金属补偿器有圆形（SNM）和矩形（CNM）两种类型，补偿元件（圈带）与端管或垫环连接通常用直筒形，亦可采用翻边形式。根据使用温度和位移补偿要求，结构相应地有变化。

**4. 安装长度与连接尺寸**

（1）安装长度　非金属补偿器的安装长度与位移量的大小有直接关系。安装长度与位移补偿量见表 15-6。

**表 15-6　安装长度与位移补偿量**

| 位移方向 | 安装长度/mm | 300 | 350 | 400 | 450 | 500 | 550 | 600 | 700 |
|---|---|---|---|---|---|---|---|---|---|
| 轴向位移 | 补偿量/mm | | | | | | | | |
| | 压缩－X | －30 | －45 | －60 | －70 | －90 | －100 | －120 | －150 |
| 横向位移 | 拉伸＋X | ＋10 | ＋15 | ＋20 | ＋25 | ＋30 | ＋35 | ＋40 | ＋50 |
| | 圆形(SNM) | ±15 | ±20 | ±25 | ±30 | ±35 | ±40 | ±45 | ±50 |
| | 矩形(CNM) | ±8/±4 | ±10/±6 | ±12/±8 | ±16/±10 | ±18/±12 | ±20/±14 | ±22/±16 | ±25/±18 |

（2）连接尺寸　非金属补偿器的连接尺寸是指与管道连接的端管公称通径 *DN* 或矩形端管的外径边长。圆形非金属补偿器，端管公称通径 *DN* 为 200～6000mm；矩形非金属补偿器，外径边长为 200～6000mm。

**5. 举例**

（1）SNMC800(－60±20)－150　该代号表示圆形非金属补偿器；长期使用温度 150℃；接管公称通径 *DN*800mm；系统设计要求位移补偿量：轴向压缩－60mm，横向位移补偿量±20mm，根据表 15-6 选用的最小安装长度应为 400mm。

（2）SNMD400×600（－40）－250　该代号表示矩形非金属补偿器；长期使用温度 250℃；矩形管道外径边长 400mm×600mm；系统设计要求位移补偿量：轴向压缩－40mm，根据表 15-6 选用的最小安装长度为 350mm。

## 四、波纹补偿器

除尘系统所需采用的金属波纹补偿器，一般为普通轴向型补偿器。它是由 1 个波纹管组与 2 个可与相邻管道、设备相接的端管（或法兰）组成的挠性部件，如图 15-17 所示。

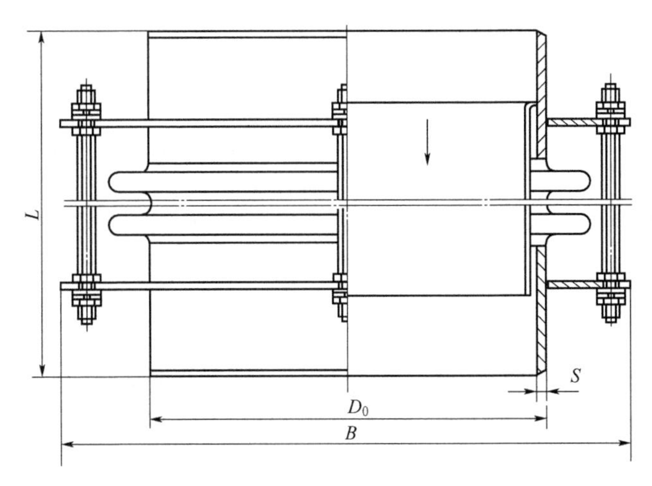


图 15-17　SDZ-普通轴向型补偿器系列

**1. 设计条件**

设计条件包括：①除尘系统的设计压力一般不高，选用金属波纹补偿器时可按 $p=0.1$MPa 查取样本资料；②设计温度通常按 350℃以下考虑；③设计许用寿命按 1000 次考虑；④公称通径为 *DN*600～4600mm。

金属波纹补偿器系列技术参数见表15-7，表中符号 $D_0$、$S$、$L$、$B$ 见图15-17。

表15-7 金属波纹补偿器系列技术参数

| 公称通径/mm | 型号 | 轴向位移 $X$/mm | 轴向刚度 $K_x$/(N/mm) | 有效面积 $S$/cm² | 焊接端管 | | 总长 $L$/mm | 总宽度 $B$/mm | 设备参考质量/kg |
|---|---|---|---|---|---|---|---|---|---|
| | | | | | 外径 $D_0$/mm | 壁厚 $\delta$/mm | | | |
| 600 | SDZ1-600 I | 42 | 373 | 3475 | 630 | 8 | 420 | 900 | 108 |
| 700 | SDZ1-700 I | 54 | 297 | 4670 | 720 | 10 | 450 | 980 | 141 |
| 800 | SDZ1-800 I | 55 | 1428 | 5960 | 820 | 10 | 480 | 1100 | 173 |
| 900 | SDZ1-900 I | 55 | 452 | 7390 | 920 | 10 | 530 | 1210 | 212 |
| 1000 | SDZ1-1000 I | 65 | 413 | 8990 | 1020 | 10 | 580 | 1320 | 252 |
| 1100 | SDZ1-1100 I | 75 | 337 | 10940 | 1120 | 10 | 560 | 1450 | 269 |
| 1200 | SDZ1-1200 I | 85 | 314 | 13070 | 1220 | 12 | 570 | 1550 | 299 |
| 1300 | SDZ1-1300 I | 70 | 324 | 15070 | 1320 | 12 | 570 | 1650 | 322 |
| 1400 | SDZ1-1400 I | 40 | 550 | 17580 | 1420 | 12 | 500 | 1750 | 395 |
| 1500 | SDZ1-1500 I | 45 | 564 | 20000 | 1520 | 12 | 500 | 1850 | 423 |
| 1600 | SDZ1-1600 I | 45 | 991 | 22730 | 1620 | 12 | 500 | 1950 | 447 |
| 1700 | SDZ1-1700 I | 50 | 924 | 25620 | 1720 | 12 | 520 | 2080 | 501 |
| 1800 | SDZ1-1800 I | 50 | 949 | 28360 | 1820 | 12 | 520 | 2180 | 528 |
| 2000 | SDZ1-2000 I | 42 | 1225 | 34700 | 2020 | 12 | 500 | 2360 | 582 |
| 2200 | SDZ1-2200 I | 38 | 1355 | 41350 | 2220 | 14 | 520 | 2560 | 715 |
| 2300 | SDZ1-2300 I | 32 | 1368 | 44990 | 2320 | 14 | 500 | 2660 | 743 |
| 2400 | SDZ1-2400 I | 36 | 1443 | 48790 | 2420 | 14 | 510 | 2760 | 764 |
| 2500 | SDZ1-2500 I | 26 | 3326 | 53380 | 2520 | 14 | 600 | 2860 | 914 |
| 2600 | SDZ1-2600 I | 42 | 1769 | 57766 | 2620 | 16 | 580 | 2960 | 963 |
| 2800 | SDZ1-2800 I | 60 | 1618 | 366250 | 2820 | 16 | 620 | 3160 | 1028 |
| 3000 | SDZ1-3000 I | 58 | 1720 | 76110 | 3020 | 16 | 620 | 3360 | 1099 |

注：设计压力为 $p=0.1$MPa。

型号SDZ1-6001表示普通轴向型补偿器，公称压力 $PN=0.1$MPa，公称通径 $DN=600$mm，轴向额定位移 $X=42$mm，疲劳寿命 $N=1000$ 次，刚度 $K_x=373$N/mm，接管为焊接，无保温层，接管材料为碳钢。

**2. 计算实例**

**【例15-3】** 已知某管段两端为固定管架或设备，管道公称通径 $DN=1400$mm，设计压力 $p=0.1$MPa，介质温度 $t=300$℃，轴向位移 $X=30$mm。选型并计算推力。

**解：** 选型号为SDZ1-1400-1。

该型号轴向补偿能力 $X=40$mm，轴向刚度 $K_x=550$N/mm，有效面积 $S=17580$m²，总长 $L=500$mm，总宽 $B=1750$mm，端管规格 $\phi1420\times12$，弹性反力：轴向 $FK_x=XK_x=30\times550=16500$（N）。

两端管道的盲端，拐弯处的固定支架或设备所承受的压力推力（工作时）为：

$$F_p=100pS=100\times0.1\times17580=175800(\text{N})$$

## 五、鼓形补偿器

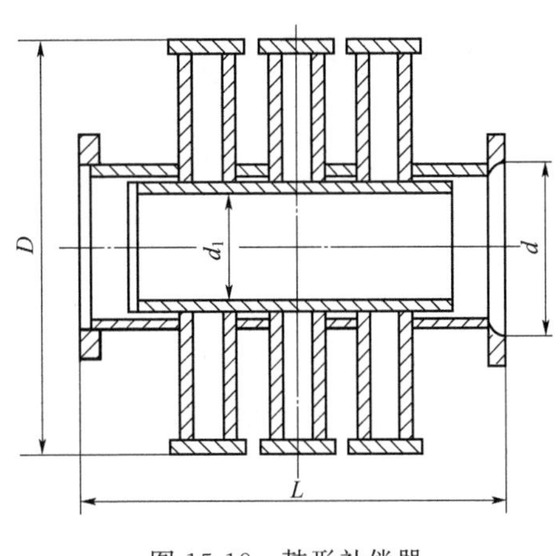


图 15-18 鼓形补偿器

鼓形补偿器见图 15-18，一般用于户外管道。鼓形补偿器分一级、二级和三级三种，根据所需补偿量选用，图中 $L$ 值：一级为 500mm；二级为 1000mm；三级为 1500mm。波纹补偿器波纹多用不锈钢制作，鼓形补偿器用 Q235 钢制作。

鼓形补偿器的计算如下。

(1) 补偿器的压缩或拉伸量按下式计算：

$$L = n\Delta L \tag{15-70}$$

$$\Delta L = \frac{3\alpha}{4} \times \frac{\sigma_T d^2}{E\delta K} \tag{15-71}$$

式中，$L$ 为补偿器的压缩或拉伸量，mm；$n$ 为补偿器的级数；$\Delta L$ 为一级最大压缩或拉伸量，mm；$\alpha$ 为系数，查表 15-8 确定；$\sigma_T$ 为屈服极限，Pa，用 Q235 材料制作时为 21000MPa；$d$ 为补偿器内径，cm；$E$ 为弹性模量，用 Q235 材料制作时为 21000MPa；$\delta$ 为补偿器的鼓壁厚度，cm；$K$ 为安全系数，可取 1.2。

(2) 当一级压缩或拉伸量为 $\Delta L$ 时，补偿器最大的压缩或拉伸力（弹性力或延伸力）按下式计算：

$$F_s = 1.25 \times \frac{\pi}{1-B} \times \frac{\sigma_T \delta^2}{K} \tag{15-72}$$

式中，$F_s$ 为补偿器的最大压缩或拉伸力，N；$B$ 为系数，等于补偿器内径 $d$ 与外径 $D$ 之比，即 $B=\frac{d}{D}$；其他符号意义同前。

(3) 补偿器的内壁上，由烟气工作压力引起的推力按下式计算：

$$F_T = \phi \frac{pd^2}{K} \tag{15-73}$$

式中，$F_T$ 为烟气压力对补偿器的推力，N；$p$ 为管道内部烟气的计算压力，Pa；$\phi$ 为系数，查表 15-8 确定。

**表 15-8 α 及 φ**

| 管道外径/mm | 膨胀器外径/mm | $B=\frac{d}{D}$ | 系数 | |
|---|---|---|---|---|
| $d$ | $D$ | | $\alpha$ | $\phi$ |
| 219 | 1200 | 0.0183 | 140 | 0.632 |
| 325 | 1300 | 0.25 | 61 | 4.65 |
| 426 | 1400 | 0.305 | 34.48 | 3.107 |
| 630 | 1600 | 0.394 | 14.918 | 1.797 |
| 820 | 1800 | 0.456 | 8.67 | 1.289 |
| 1020 | 2000 | 0.51 | 5054 | 0.892 |
| 1220 | 2200 | 0.555 | 3.387 | 0.786 |
| 1420 | 2400 | 0.592 | 2.775 | 0.655 |
| 1620 | 2600 | 0.623 | 2.17 | 0.563 |
| 1820 | 2800 | 0.65 | 1.65 | 0.491 |
| 2020 | 3000 | 0.673 | 1.3 | 0.437 |
| 2420 | 3400 | 0.711 | 0.9399 | 0.357 |
| 2520 | 3500 | 0.72 | 0.829 | 0.341 |

# 第三节 管道与设备保温设计

在除尘系统设计和维护中，为了减少气体输送过程中的热量损耗或防止气体冷却结露而影响除尘系统的正常运行，需要对管道与设备进行保温。所谓保温，是指对设备、管道表面贴覆绝热材料减少热传导，维持管道或设备在一定的温度范围内工作。

设置保温考虑的因素有：①凡管道、设备外表面温度≥50℃时；②凡生产中要求管道和设备内的介质温度保持稳定时；③凡需防止管道、设备中介质冻结或结露时；④凡管道、设备需经常操作维护而又容易引起烫伤的部位；⑤由于设备表面温度过高会引起周围可燃物爆炸起火危险的场合。

## 一、导热基本定律

**1. 导热**

导热是指物体因各部分直接接触而发生能量传播的现象。物体各部分具有不同温度或有不同温度的几种物体直接接触时，就会发生热量从温度较高的部位向温度较低部位转移的现象，使各处温度在没有外界热源和冷源干扰的情况下逐步趋向均匀化。

这种不依赖各部分物体的相对位移而能传播热量的现象称作导热。它是由物体内部（或物体的接触处）的分子、原子或自由电子等微粒的不规则运动（如扩散碰撞或弹性波和晶格振动）所引起的，高温微粒具有较大的动能，而低温微粒具有较小的动能，两者碰撞的结果是引起能量的转移，即温度较高的微粒把能量传给温度较低的微粒，从而使热量从高温区传向了低温区。

在液体和气体中当各处温度不一致时，在发生导热的同时，由于各部分之间的密度差异而出现对流，因此不易观察到单纯的导热现象。在固体中热量的传递则完全取决于导热。

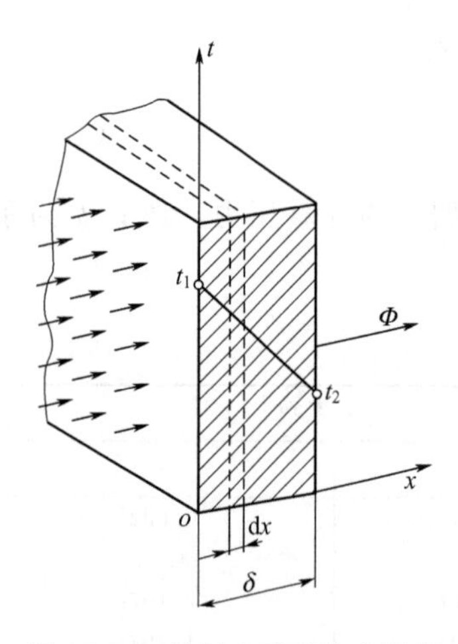


图 15-19 单层大平壁稳定导热

为了说明导热的基本规律，这里先假设一个很大的单层平壁的导热，如图 15-19 所示，内表面温度 $t_1$ 总高于外表面温度 $t_2$，而且 $t_1$ 和 $t_2$ 都是不随时间变化的稳定温度。实验证明：通过平壁向外传出的热流量 $\Phi$ 必定与温度差（$t_1-t_2$）（℃或K）和平壁面积成正比，而与平壁厚度 $\delta$ 成反比。实验还表明：在同样大小的温度差（$t_1-t_2$）（℃）、面积 $F$（$m^2$）和厚度 $\delta$（m）的情况下，平壁传出的热流量 $\Phi$ 还与平壁材料有关。对于这种平面平壁，可以得到下列等式：

$$\Phi=\lambda\frac{t_1-t_2}{\delta}F \tag{15-74}$$

把上式变为更普遍的形式，则：

$$\Phi=\lambda\frac{dt}{dx}F \tag{15-75}$$

式中，$dt$ 为温度梯度；$dx$ 为沿 $x$ 方向温度梯度的增加率。如果用 $q$ 表示单位面积上热传递的强弱，则：

$$q=-\lambda\frac{dt}{dx} \tag{15-76}$$

式中，$q$ 为热流密度，$W/m^2$。

上述各式表示的物理意义是：在发生导热过程的物体内部，每个局部的热流密度与该部位的温度梯度和物质的热导率各成正比；导热的方向永远与该局部的等温面相垂直，并且朝着温度降低的一边进行。一般把式 $\Phi=\lambda\frac{t_1-t_2}{\delta}F$ 所表示的内容称作“导热基本定律”或称“傅里叶定律”。因此，一旦确定了物质的热导率和求出温度梯度，就可以利用式 $q=-\lambda\frac{\mathrm{d}t}{\mathrm{d}x}$ 来计算热流密度。

**2. 热导率**

热导率 $\lambda$ 是物质的一种特性参数，它表示物质的导热能力，用下式表示：

$$\lambda=-\frac{q}{\frac{\mathrm{d}t}{\mathrm{d}x}} \tag{15-77}$$

热导率 $\lambda$ 的数值的物理意义是：温度梯度为 1K/m，通过 $1m^2$ 的面积，在 1h 内所能传导过去的热量，亦即在单位温度的情况下所通过的热流密度，单位是 W/(m·K)。热导率大的物质，则其导热能力强。

表 15-9 为一些典型材料在温度为 280K 时热导率的数值。

**表 15-9　典型材料的热导率**（温度为 280K）

| 材料名称 | 银 | 铜 | 软钢 | 不锈钢 | 木材 | 石棉 | 水 | 空气 |
|---|---|---|---|---|---|---|---|---|
| 热导率/[W/(m·K)] | 415.0 | 380.0 | 45.0 | 19.0 | 0.17 | 0.17 | 0.60 | 0.026 |

根据表 15-9，可以对各种材料的热导率大小有一个初步印象：固体材料的热导率一般大于液体材料，更大于气体物质；固体材料中金属大于非金属；金属材料中多数纯金属又大于合金材料。各种材料之所以呈现不同的导热能力，是由于材料所处的状态与材料内部结构不同。如果能对物质结构和其内部运动规律进行研究，通过这种研究能直接算出热导率的大小，这种情况较为理想，但实际上只有少数材料可以通过计算途径得到热导率，多数材料的热导率是通过试验室试验取得的。

热导率是表征物质导热能力的一个重要热物性指标，它既是合理选用保温材料的重要依据，又是保温计算的主要技术参数。

**3. 热阻**

热阻是物质的又一个特性参数，表示导热过程受到的阻力。

如图 15-19 所示的平壁，将式（15-77）计算积分可得：

$$q=\frac{\lambda}{\delta}(t_1-t_2) \tag{15-78}$$

由此可见，每小时通过每平方米平壁表面的热流与热导率 $\lambda$ 及两表面的温度差成正比，而与平壁的厚度成反比。应当指出，热流密度的大小不是取决于温度的绝对值，而是取决于温度之间的差值 $\Delta t$，它亦可称作“温压”。

改变式（15-78）的写法得到：

$$q=\frac{\Delta t}{\frac{\delta}{\lambda}} \tag{15-79}$$

如果将该式与欧姆定律相比较，热流密度 $q$ 相当于电流，“温压” $\Delta t$ 相当于电压，$\delta/\lambda$ 相当于电阻，我们把它称作热阻。用 $R_1$ 表示，则有下式：

$$R_1=\frac{\delta}{\lambda}=\frac{\Delta t}{q} \tag{15-80}$$

因而，热流量正比于温压，反比于热阻。热阻的作用就像电阻一样，是导热的阻力。温压一定时，热阻愈大，热流密度就愈小；或者热流密度一定时，热阻愈大，则温压愈大。热阻的概念在分析和判断传热过程时极为常用。

对表面积为 $F(m^2)$ 的平壁，式 $q=\dfrac{\Delta t}{\dfrac{\delta}{\lambda}}$ 就改写成：

$$\phi=\frac{\lambda}{\delta}\Delta tF \tag{15-81}$$

**4. 对流传热和辐射传热**

对流传热是流体各部分发生相对位移从而引起热量转移的现象，它的热量传递是利用流体的流动来完成的。

辐射传热是物体内部原子中的电子不断地使一部分热能转变为辐射能，并通过电磁波发射出去。高温物体由于电子振动和激化比低温物体激烈，因此高温物体传向低温物体的热能比低温物体辐射到高温物体的热能要多。

由于这两种传热在保温计算时可以省略，因此不再赘述。

## 二、设置保温的原则

设置保温的原则是：①管道、设备外表面温度≥50℃且需保持内部介质温度时（采暖房间内采暖管道除外）；②管道、设备外表面由于冷、热损失，使介质温度达不到要求的温度时；③当管道通过对空气参数要求严格的空调房间时；④凡需要防止管道与设备表面结露及其内部介质冻结时；⑤由于管道表面温度过高会引起煤气、蒸汽、粉尘爆炸起火危险的场合，以及电缆交叉距离有安全规程规定者；⑥凡管道、设备需要经常操作、维护，而又容易引起烫伤的部位；⑦敷设在非采暖房间、吊顶、阁楼层以及室外架空的供热、供冷管道。

## 三、保温材料与选择

（1）保温材料选择的原则：①材料的热导率低，绝热性能好，一般应不超过 0.23W/(m·K)；②具有较高的耐热性，在较高温度下性能较稳定；③不腐蚀金属；④材料孔隙率大，密度小，一般不宜超过 600kg/m²；⑤具有一定的机械强度，能承受一定的作用外力；⑥当介质温度大于 120℃时，保温材料应是阻燃型或自熄型；⑦吸水率低；⑧容易施工成型，便于安装；⑨成本低廉。

（2）常用的保温材料及其性能见表 15-10。

**表 15-10 常用保温材料及其性能**

| 材料名称 | 密度/(kg/m³) | 常温热导率/[W/(m·K)] | 热导率方程/[W/(m·K)] | 最高使用温度/℃ | 耐压强度/kPa | 材料特性 |
|---|---|---|---|---|---|---|
| 超轻微孔硅酸钙 | <170 | 0.0545 (75℃±5℃) | — | 650 | 抗折 >19.2 | 含水率<3%～4% |
| 矿渣棉 | 130～150 | 0.033～0.041 | — | 200～800 | — | 纤维细度 4～6μm |
| 普通微孔硅酸钙 | 200～250 | 0.059～0.06 | $0.0557+0.000116t_p$ | 650 | 抗折>49 | 吸水率（质量分数）390% |
| 酚醛树脂黏结岩棉制品 | 80～200 | 0.0464～0.058(50℃时) | $(0.0348\sim0.039)+0.00016t_p$ | 350 | 抗折 ≥24.5 | 纤维平均直径 4～7μm；酸度系数≥1.5；含湿率<1.5% |
| 硅溶胶黏结岩棉制品 | 80～200 | 0.035 (50℃时) | — | 700 | — | 纤维平均直径 3～4μm；增水率 99.9%；不燃性 A 级；酸度系数≥2 |

续表

| 材料名称 | 密度/($kg/m^3$) | 常温热导率/[W/(m·K)] | 热导率方程/[W/(m·K)] | 最高使用温度/℃ | 耐压强度/kPa | 材料特性 |
|---|---|---|---|---|---|---|
| 沥青矿渣棉制品 | 100～120 | 0.0464～0.052(20～30℃时) | $0.0464+0.000197t_p$ | 250 | 抗折 14.7～19.8 | 纤维平均直径≤7μm；含湿率＜2%；含硫率＜1%；黏结剂含量3% |
| 酚醛矿渣棉制品 | 80～150 | 0.042～0.052(20～30℃时) | $0.0464+0.000174t_p$ | 350 | 抗折 14.7～19.8 | 纤维平均直径≤5μm；含湿率＜1.5%；黏结剂含量1.5%～3% |
| 超细玻璃棉管壳 | 40～60 | 0.03～0.0348 | $0.030+0.000232t_p$ | 400 | — | — |
| 酚醛玻璃棉管壳 | 120 | 0.0348 | $0.034+0.00024t_p$ | 250 | — | — |
| 防水树脂珍珠岩制品 | ＜200 | 0.05997 | — | 300 | 抗折 ＞44.1 | 吸水率＜8% |
| 水玻璃珍珠岩制品 | 200～300 | 0.052～0.0754 | $(0.065\sim0.0696)+0.000116t_p$ | 600 | 抗压 ＞58.8 | 吸水率200%～220% |
| 水泥珍珠岩制品 | 350～450 | 0.0696～0.0835 | $(0.0696\sim0.074)+0.000116t_p$ | 600 | 抗压 ＞45 | 吸水率150%～250% |
| 硅酸铝纤维毡 | 180 | 0.016～0.047 | $0.046+0.00012t_p$ | 1000 | — | 密度小，热导率小，耐高温，价贵 |
| 聚氨酯硬质泡沫塑料 | 30～50 | 0.026～0.03 | — | 120 | — | 施工方便，不耐高温，适用60℃以下低温水 |
| 水泥蛭石管壳 | 430～500 | — | $0.039+0.00025t_p$ | 600 | 抗压250 | 强度大，价廉，施工方便 |
| 泡沫石棉纤维毡 | 40～50 | — | $0.038+0.00023t_p$ | 500 | | 耐火，耐酸碱，热导率较小 |
| 石棉绳 | ＜1000 | 0.14 | $0.1276+0.00015t_p$ | 200～550 | 抗拉0.29 | |

注：$t_p$为保温材料的温度。

## 四、保温设计计算

当保温材料选定后，保温的效果就取决于保损层的厚度，保温设计就是要根据材料的性质、设备及管道的参数计算出一个经济合理的保温厚度。增大保温层厚度，可以减少热损失，但与此同时，保温工程的投资增加，两者是矛盾的，为了获得最佳的经济效果，所采用的保温层厚度称为“经济厚度”。

确定保温层厚度通常有3种方法：①按允许表面热损失值来确定；②按表面温度来确定；③按经济厚度理论值来确定（由于其计算复杂，对除尘工程意义不大，故不做介绍）。计算方法主要是：已知允许热损失，计算保温层厚度；已知表面温度，计算保温层厚度；热损失和表面温度的计算。

**1. 已知允许热损失，计算保温层厚度**

这种方法的计算公式为：

$$\ln\frac{d_1}{d}=2\pi\lambda\left(\frac{t_f-t_k}{q_L}-\frac{1}{\alpha_2\pi d_1}\right) \tag{15-82}$$

在上式中的热损失$q_L$是单位管长度的散热损失，单位是W/m。然而《设备及管道绝热技术通则》(GB/T 4272—2008）给出了允许最大散热损失$q_k$，单位为$W/m^2$，其值见表15-11

和表 15-12。因此，经转换得：

$$\frac{d_1}{d}\ln\frac{d_1}{d}=\frac{2\lambda}{d}\left(\frac{t_f-t_k}{q_k}-\frac{1}{\alpha_2}\right) \tag{15-83}$$

由于式中的 $q_k$ 为允许最大散热损失，所以要乘上一个系数 $K$（$K=0.8\sim0.9$），从而得：

$$\frac{d_1}{d}\ln\frac{d_1}{d}=\frac{2\lambda}{d}\left(\frac{t_f-t_k}{Kq_k}-\frac{1}{\alpha_2}\right) \tag{15-84}$$

式中，$q_k$ 为平壁或管道的单位面积热损失，W/m²，见表 15-11 和表 15-12；$t_f$ 为管道和设备的外表面温度，即主保温层内表面温度，℃；$t_k$ 为保温结构周围的空气温度，℃；$\lambda$ 为保温材料的热导率，W/(m·K)；$d_1$ 为主保温层的直径，m；$d$ 为管道外径，m；$\alpha_2$ 为保温体外表到周围空气放热系数，W/(m²·K)，一般室外取 23.7W/(m²·K)（风速 3m/s），室内取 11.63W/(m²·K)。

**表 15-11 季节运行工况允许最大散热损失**（GB/T 4272—2008）

| 设备、管道及附件外表面温度/K(℃) | 323 (50) | 373 (100) | 423 (150) | 473 (200) | 523 (250) | 573 (300) |
|---|---|---|---|---|---|---|
| 允许最大散热损失/(W/m²) | 104 | 147 | 183 | 220 | 251 | 272 |

**表 15-12 常年运行工况允许最大散热损失**

| 设备、管道及附件外表面温度/K(℃) | 323 (50) | 373 (100) | 423 (150) | 473 (200) | 523 (250) | 573 (300) | 623 (350) | 673 (400) | 723 (450) | 773 (500) | 823 (550) | 873 (600) | 923 (650) |
|---|---|---|---|---|---|---|---|---|---|---|---|---|---|
| 允许最大散热损失/(W/m²) | 52 | 84 | 104 | 126 | 147 | 167 | 188 | 204 | 220 | 236 | 251 | 266 | 283 |

由上式可知，等式右边各参数均为已知，计算结果后即可查表 15-13。求得 $X\left(\frac{d_1}{d}=X\right)$，则保温层厚度 $\delta=\frac{d}{2}(X-1)$。

**表 15-13 $x\ln x$ 函数表**

| $x$ | $x\ln x$ | $x$ | $x\ln x$ | $x$ | $x\ln x$ | $x$ | $x\ln x$ | $x$ | $x\ln x$ |
|---|---|---|---|---|---|---|---|---|---|
| 1.00 | 0.000 | 1.225 | 0.245 | 1.60 | 0.751 | 2.05 | 1.471 | 2.50 | 2.290 |
| 1.005 | 0.005 | 1.23 | 0.2545 | 1.61 | 0.765 | 2.06 | 1.488 | 2.51 | 2.310 |
| 1.01 | 0.01005 | 1.235 | 0.261 | 1.62 | 0.780 | 2.07 | 1.507 | 2.52 | 2.328 |
| 1.015 | 0.01515 | 1.24 | 0.2662 | 1.63 | 0.799 | 2.08 | 1.520 | 2.53 | 2.344 |
| 1.02 | 0.0202 | 1.245 | 0.272 | 1.64 | 0.815 | 2.09 | 1.542 | 2.54 | 2.370 |
| 1.025 | 0.0253 | 1.25 | 0.279 | 1.65 | 0.827 | 2.10 | 1.559 | 2.55 | 2.385 |
| 1.03 | 0.0304 | 1.255 | 0.285 | 1.66 | 0.842 | 2.11 | 1.579 | 2.56 | 2.405 |
| 1.035 | 0.0356 | 1.26 | 0.291 | 1.67 | 0.856 | 2.12 | 1.592 | 2.57 | 2.425 |
| 1.04 | 0.0407 | 1.265 | 0.298 | 1.68 | 0.872 | 2.13 | 1.610 | 2.58 | 2.444 |
| 1.045 | 0.046 | 1.27 | 0.304 | 1.69 | 0.889 | 2.14 | 1.630 | 2.59 | 2.462 |
| 1.05 | 0.0521 | 1.275 | 0.309 | 1.70 | 0.902 | 2.15 | 1.648 | 2.60 | 2.480 |
| 1.055 | 0.0565 | 1.28 | 0.316 | 1.71 | 0.916 | 2.16 | 1.665 | 2.61 | 2.503 |
| 1.06 | 0.0617 | 1.285 | 0.322 | 1.72 | 0.932 | 2.17 | 1.681 | 2.62 | 2.521 |
| 1.065 | 0.067 | 1.29 | 0.323 | 1.73 | 0.949 | 2.18 | 1.699 | 2.63 | 2.540 |
| 1.07 | 0.0724 | 1.295 | 0.334 | 1.74 | 0.965 | 2.19 | 1.720 | 2.64 | 2.560 |
| 1.075 | 0.0777 | 1.30 | 0.340 | 1.75 | 0.980 | 2.20 | 1.735 | 2.65 | 2.580 |
| 1.08 | 0.0831 | 1.30 | 0.354 | 1.76 | 0.994 | 2.21 | 1.756 | 2.66 | 2.600 |
| 1.085 | 0.0885 | 1.32 | 0.367 | 1.77 | 1.011 | 2.22 | 1.771 | 2.67 | 2.620 |
| 1.09 | 0.0946 | 1.33 | 0.380 | 1.78 | 1.029 | 2.23 | 1.791 | 2.68 | 2.640 |
| 1.095 | 0.0994 | 1.34 | 0.389 | 1.79 | 1.040 | 2.24 | 1.805 | 2.69 | 2.660 |

**2. 已知表面温度，计算保温层厚度**

这种方法的计算公式为：

$$\ln\frac{d_1}{d}=\frac{2\lambda(t_f-t_w)}{\alpha_2 d_1(t_w-t_k)} \tag{15-85}$$

公式中的 $d_1$ 是保温后的外径，为一个未知数，使用上式是假定 $d_1$，实为试凑法，在计算中可能对 $d_1$ 要反复取值。如将式(15-85) 两边同乘以$\frac{d_1}{d}$，则得：

$$\frac{d_1}{d}\ln\frac{d_1}{d}=\frac{2\lambda(t_f-t_w)}{\alpha_2 d(t_w-t_k)} \tag{15-86}$$

式中，$t_w$ 为保温结构的表面温度,℃；其余符号意义同前。

然后从表 15-13 中求得 $X$，则保温层厚度 $\delta=\frac{d}{2(X-1)}$。这样，不需用“试凑法”对 $d_1$ 反复取值，方便计算。

**3. 热损失计算**

管道单层保温时的热损失按下式计算：

$$q_L=\frac{\pi(t_f-t_k)}{\frac{1}{2\lambda}\ln\frac{d_1}{d}+\frac{1}{\alpha_2 d_1}} \tag{15-87}$$

上式计算结果的单位为 W/m，这与《设备及管道绝热技术通则》(GB/T 4272—2008) 中的允许最大散热损失的单位 W/m$^2$ 不对应，因此需将上式改写一下则可直接得出对应的单位。

改写公式为：

$$q_L=\frac{t_f-t_k}{\frac{d_1}{2\lambda}\ln\frac{d_1}{d}+\frac{1}{\alpha_2}} \tag{15-88}$$

或者经 $q_k=q_L\pi d_1$ 转换亦可。

式中，$q_L$ 为单位管长的热损失，W/m；$q_k$ 为单位面积的热损失，W/m$^2$；$d_1$ 为保温层外径，m；$d$ 为管道外径，m；$\lambda$ 为热导率，W/(m·K)；$\alpha_2$ 为保温体外表到周围空气的放热系数，室外 $\alpha_2$ 取 23.7W/(m$^2$·K)，室内 $\alpha_2$ 取 11.63W/(m$^2$·K)。

**4. 表面温度计算**

已知管道和设备的热损为 $q_L$ 和 $q_S$，则其保温后表面温度 $t_w$ 与环境的温差为：

平壁

$$t_w-t_k=\frac{q_S}{\alpha_2} \tag{15-89}$$

管道

$$t_w-t_k=\frac{q_L}{\pi d_1\alpha_2} \tag{15-90}$$

式中，$t_w$ 为保温后的表面温度，℃；$t_k$ 为环境温度（在室外为夏季通风计算温度），℃；$q_S$ 为设备单位面积热损失，W/m$^2$；$q_L$ 为管道单位长度热损失，W/m；其余符号意义同前。

## 五、保温结构设计

**1. 保温结构的基本要求**

管道和设备的保温由保温层和保护层两部分组成，保温结构的设计直接影响到保温效果、投资费用和使用年限等。对保温结构的基本要求有以下几个方面：①热损失不超过允许值；②保温结构应有足够的机械强度，经久耐用，不易损坏；③处理好保温结构和管道、设备的热伸缩；④保温结构在满足上述条件的同时，尽量做到简单、可靠、材料消耗少、保温材料宜就地取材、造价低；⑤保温结构应尽量在工厂预制成型，避免现场制作，以便于缩短施工工期、保证质量、维护检修方便；⑥保护结构应有良好的保护层，保护层应适应安装的环境条件和防雨、防潮要求，并做到外表平整、美观。

**2. 保温结构的形式**

保温结构有如图 15-20、图 15-21 所示的几种形式。

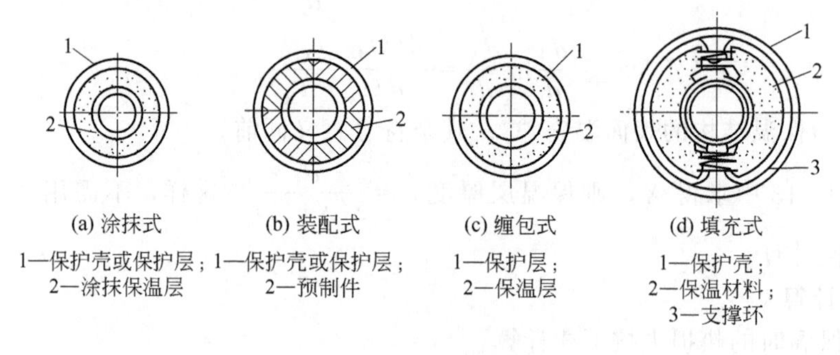


图 15-20 管道保温结构

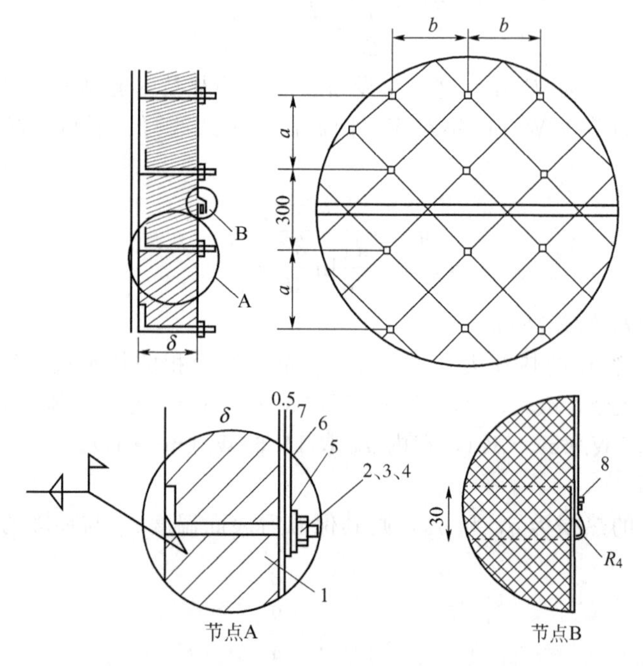


图 15-21 平壁保温结构

1—保温材料；2—直角螺栓；3—螺母；4—垫圈；
5—胶垫；6—保护板；7—支撑板；8—自攻螺钉

（1）绑扎式 它是将保温材料用铁丝固定在管道上，外包以保护层，适用于成型保温结构如预制瓦、管壳和岩棉毡等。这类保温结构应用较广，结构简单，施工方便，外形平整美观，使用年限较长。

（2）浇灌式 保温结构主要用于无沟敷设。地下水位低、土质干燥的地方，采用无沟敷设是较经济的一种方式。保温材料可采用水泥珍珠岩等，其施工方法为挖一土沟，将管道按设计标高敷设好，沟内放上油毡纸，管道外壁面刷上沥青或重油，以利管道伸缩，然后浇上水泥珍珠岩，将油毡包好，将土沟填平夯实即成。

硬质聚氨酯泡沫塑料用于110℃以下的管道，该材料可做成预制件，或现场浇灌发泡成型。浇灌式保温结构整体性好，保温效果较好，同时可延长管道使用寿命，被广泛地推广使用。

(3) 整体压制　这种保温结构是将沥青珍珠岩在热状态下，在工厂内用机械力量把它直接挤压在管子上，制成整体式保温结构。由于沥青珍珠岩的使用温度一般不超过150℃，故适用于介质温度<150℃、管道直径<500mm的供暖管道上。

(4) 喷涂式　为新式的施工技术，适合于大面积和特殊设备的保温，保温结构整体性好，保温效果好，且节省材料，劳动强度低。其材料一般为膨胀珍珠岩、膨胀蛭石、硅酸铝纤维以及聚氨酯泡沫塑料等。

(5) 填充式　一般除在阀门和附件上采用外很少采用这种方法。阀门、法兰、弯头、三通等，由于形状不规则，应采取特殊的保温结构，一般可采用硬质聚氨酯泡沫塑料、超细玻璃棉毡等。

**3. 保护层的种类**

管道设备保温，除选择良好的保温材料外，必须选择好保护层，才能延长保温结构的使用寿命。常用的保护层有如下几种。

(1) 金属板　如铝、镀锌铁皮等，价格高，但使用寿命长，可达20～30年，适用于室外架空管道的保温。

(2) 玻璃丝布保护层　采用较普遍，一般室内架空管道均采用玻璃纤维布外刷油漆作保护层，成本低，效果好。

(3) 油毡玻璃纤维布保护层　这种保护层中油毡起防水作用，玻璃纤维布起固定作用，最外层刷油漆，适用于室外架空管道和地沟内的管道保温。

(4) 玻璃钢外壳保护层　该结构发展较快，质量小，强度高，施工速度快，且具有外表光滑、美观、防火性能好等优点，可用于架空管道及无沟敷设的直埋管道的保温外壳。

(5) 高密度聚乙烯套管　此保护层用于直埋的热力管道保温上，防水性能好。热力管道的保温结构可直接浸泡在水中，与硬质聚氨酯泡沫塑料保温层相配合，组成管中管，热损失率极小，仅2.8%。使用寿命可达20～30年，但价格较高。

(6) 铝箔玻璃布和铝箔牛皮纸保护层　铝箔玻璃布和低基铝箔黏胶带是一种蒸汽隔绝性能良好、施工简便的保护层，前者多用于热力管道的保温上，而后者则多用于室内低温管道的保温上，效果良好。

## 六、保温层和辅助材料用量计算

**1. 保温材料用量计算**

保温材料工程量体积计算表见表15-14。保温材料工程量面积计算表见表15-15。

**表15-14　保温材料工程量体积计算表**

| 体积/$m^3$ | | 保温层厚度/mm | | | | | | | | | | | | | | |
|---|---|---|---|---|---|---|---|---|---|---|---|---|---|---|---|---|
| | | 30 | 40 | 50 | 60 | 70 | 80 | 90 | 100 | 110 | 120 | 130 | 140 | 150 | 160 | 170 |
| 管子外径/mm | 22 | 0.58 | 0.90 | 1.29 | 1.73 | 2.24 | 2.81 | 3.45 | 4.15 | 4.91 | 5.73 | 6.62 | 7.56 | | | |
| | 28 | 0.64 | 0.98 | 1.38 | 1.85 | 2.38 | 2.97 | 3.62 | 4.34 | 5.11 | 5.96 | 6.86 | 7.83 | 8.86 | | |
| | 32 | 0.68 | 1.03 | 1.45 | 1.92 | 2.46 | 3.07 | 3.73 | 4.46 | 5.25 | 6.11 | 7.02 | 8.00 | 9.05 | 10.2 | |
| | 38 | 0.74 | 1.11 | 1.54 | 2.04 | 2.59 | 3.22 | 3.90 | 4.65 | 5.16 | 6.33 | 7.27 | 8.27 | 9.33 | 10.5 | |
| | 45 | 0.80 | 1.19 | 1.65 | 2.17 | 2.75 | 3.39 | 4.10 | 4.87 | 5.70 | 6.60 | 7.56 | 8.58 | 9.66 | 10.8 | 12.0 |
| | 57 | 0.91 | 1.34 | 1.84 | 2.39 | 3.01 | 3.69 | 4.44 | 5.25 | 6.12 | 7.05 | 8.05 | 9.10 | 10.2 | 11.4 | 12.7 |
| | 73 | 1.07 | 1.55 | 2.09 | 2.70 | 3.36 | 4.10 | 4.89 | 5.75 | 6.67 | 7.65 | 8.70 | 9.81 | 11.0 | 12.2 | 13.5 |

续表

| 体积/m³ | | 保温层厚度/mm | | | | | | | | | | | | | | |
|---|---|---|---|---|---|---|---|---|---|---|---|---|---|---|---|---|
| | | 30 | 40 | 50 | 60 | 70 | 80 | 90 | 100 | 110 | 120 | 130 | 140 | 150 | 160 | 170 |
| 管子外径/mm | 89 | 1.22 | 1.75 | 2.34 | 3.00 | 3.72 | 4.50 | 5.34 | 6.25 | 7.22 | 8.26 | 9.35 | 10.5 | 11.7 | 13.0 | 14.4 |
| | 108 | 1.39 | 1.99 | 2.64 | 3.36 | 4.13 | 4.98 | 5.88 | 6.85 | 7.88 | 8.97 | 10.1 | 11.3 | 12.6 | 14.0 | 15.4 |
| | 133 | 1.63 | 2.30 | 3.03 | 3.83 | 4.68 | 5.60 | 6.59 | 7.63 | 3.74 | 9.91 | 11.1 | 12.4 | 13.8 | 15.2 | 16.7 |
| | 159 | 1.88 | 2.63 | 3.44 | 4.32 | 5.26 | 6.26 | 7.32 | 8.45 | 9.64 | 10.9 | 12.2 | 13.6 | 15.0 | 16.5 | 18.1 |
| | 219 | 2.44 | 3.38 | 4.38 | 5.45 | 6.58 | 7.77 | 9.02 | 10.3 | 11.7 | 13.2 | 14.7 | 16.2 | 17.9 | 19.6 | 21.3 |
| | 273 | 2.95 | 4.06 | 5.23 | 6.47 | 7.76 | 9.12 | 10.5 | 12.0 | 13.6 | 15.2 | 16.9 | 18.6 | 20.4 | 22.3 | 24.2 |
| | 325 | 3.44 | 4.17 | 6.05 | 7.45 | 8.91 | 10.4 | 12.0 | 13.7 | 15.4 | 17.2 | 19.0 | 20.9 | 22.9 | 24.9 | 27.0 |
| | 377 | 3.93 | 5.37 | 6.86 | 8.43 | 10.0 | 11.7 | 13.5 | 15.3 | 17.2 | 19.1 | 21.1 | 23.2 | 25.3 | 27.5 | 29.7 |
| | 426 | 4.39 | 5.98 | 7.63 | 9.35 | 11.1 | 13.0 | 14.9 | 16.8 | 18.9 | 21.0 | 23.1 | 25.3 | 27.6 | 30.0 | 32.4 |
| | 478 | 4.88 | 6.64 | 8.45 | 10.3 | 12.3 | 14.3 | 16.3 | 18.5 | 20.7 | 22.9 | 25.2 | 27.6 | 30.1 | 32.6 | 35.1 |
| | 529 | 5.36 | 7.28 | 9.25 | 11.3 | 13.4 | 15.6 | 17.8 | 20.1 | 22.4 | 24.8 | 27.3 | 29.9 | 32.5 | 35.1 | 37.9 |
| | 630 | 6.31 | 8.55 | 10.8 | 13.2 | 15.6 | 18.1 | 20.6 | 23.2 | 25.9 | 28.7 | 31.4 | 34.3 | 37.2 | 40.2 | 43.3 |
| | 720 | 7.16 | 9.68 | 12.3 | 14.9 | 17.6 | 20.4 | 23.2 | 26.1 | 29.0 | 32.0 | 35.1 | 38.3 | 41.5 | 44.7 | 48.1 |
| | 820 | 8.11 | 10.9 | 13.8 | 16.8 | 19.8 | 22.9 | 26.0 | 29.2 | 32.5 | 35.8 | 39.2 | 42.7 | 46.2 | 49.8 | 53.4 |
| | 920 | 9.05 | 12.2 | 15.4 | 18.7 | 22.0 | 25.4 | 28.8 | 32.4 | 35.9 | 39.6 | 43.3 | 47.1 | 50.9 | 54.8 | 58.7 |
| | 1020 | 9.99 | 13.4 | 17.0 | 20.5 | 24.2 | 27.9 | 31.7 | 35.5 | 39.4 | 43.4 | 47.4 | 51.5 | 55.6 | 59.8 | 64.1 |

注：1. 本表所列数据以管长 100m 为单位。

2. 考虑到施工时的误差，在计算保温材料体积时，已将管子直径加大 10mm。

**表 15-15　保温材料工程量面积计算表**

| 面积/m² | | 保温层厚度/mm | | | | | | | | | | | | | | |
|---|---|---|---|---|---|---|---|---|---|---|---|---|---|---|---|---|
| | | 30 | 40 | 50 | 60 | 70 | 80 | 90 | 100 | 110 | 120 | 130 | 140 | 150 | 160 | 170 |
| 管子外径/mm | 22 | 28.9 | 35.2 | 41.5 | 47.8 | 54.0 | 60.3 | 66.6 | 72.9 | 79.2 | 85.5 | 91.7 | 98.0 | | | |
| | 28 | 30.8 | 37.1 | 43.4 | 49.6 | 55.9 | 62.2 | 68.5 | 74.8 | 81.1 | 87.3 | 93.6 | 99.9 | 106 | | |
| | 32 | 32.0 | 38.3 | 44.6 | 50.9 | 57.2 | 63.5 | 69.7 | 76.0 | 82.3 | 88.6 | 94.9 | 101 | 107 | 114 | |
| | 38 | 33.9 | 40.2 | 46.5 | 52.8 | 59.1 | 65.3 | 71.6 | 77.9 | 84.2 | 90.5 | 96.8 | 103 | 109 | 116 | |
| | 45 | 36.1 | 42.4 | 48.7 | 55.0 | 61.3 | 67.5 | 73.8 | 80.1 | 86.4 | 92.7 | 99.0 | 105 | 112 | 118 | 124 |
| | 57 | 39.9 | 46.2 | 52.5 | 58.7 | 65.0 | 71.3 | 77.6 | 83.9 | 90.2 | 96.4 | 103 | 109 | 115 | 122 | 128 |
| | 73 | 44.9 | 51.2 | 57.5 | 63.8 | 70.1 | 76.3 | 82.6 | 88.9 | 95.3 | 101 | 108 | 114 | 120 | 127 | 133 |
| | 89 | 50.0 | 56.2 | 62.5 | 63.8 | 75.1 | 81.4 | 87.7 | 93.9 | 100 | 107 | 113 | 119 | 125 | 132 | 138 |
| | 108 | 55.9 | 62.2 | 68.5 | 74.8 | 81.1 | 87.3 | 93.6 | 99.9 | 106 | 112 | 119 | 125 | 131 | 138 | 144 |
| | 133 | 63.8 | 70.1 | 76.3 | 82.6 | 88.9 | 95.2 | 101 | 108 | 114 | 120 | 127 | 133 | 139 | 145 | 152 |
| | 159 | 71.9 | 78.2 | 84.5 | 90.8 | 97.1 | 103 | 110 | 116 | 122 | 128 | 135 | 141 | 147 | 154 | 160 |
| | 219 | 90.8 | 97.1 | 103 | 110 | 116 | 122 | 128 | 135 | 141 | 147 | 154 | 160 | 166 | 172 | 179 |
| | 273 | 108 | 114 | 120 | 127 | 133 | 139 | 145 | 152 | 158 | 164 | 171 | 177 | 183 | 189 | 196 |
| | 325 | 124 | 130 | 137 | 143 | 149 | 156 | 162 | 168 | 174 | 181 | 187 | 193 | 199 | 206 | 212 |
| | 377 | 140 | 147 | 153 | 159 | 166 | 172 | 178 | 184 | 1914 | 197 | 203 | 210 | 216 | 222 | 228 |
| | 426 | 156 | 162 | 168 | 175 | 181 | 187 | 194 | 200 | 206 | 212 | 219 | 225 | 231 | 238 | 244 |
| | 478 | 172 | 178 | 185 | 191 | 197 | 204 | 210 | 216 | 222 | 229 | 235 | 241 | 248 | 254 | 260 |
| | 529 | 188 | 194 | 201 | 207 | 213 | 220 | 226 | 232 | 238 | 245 | 251 | 257 | 264 | 270 | 276 |
| | 630 | 220 | 226 | 232 | 239 | 245 | 251 | 258 | 264 | 270 | 276 | 283 | 289 | 295 | 302 | 308 |
| | 720 | 248 | 254 | 261 | 267 | 273 | 280 | 286 | 292 | 298 | 305 | 311 | 317 | 324 | 330 | 336 |
| | 820 | 288 | 286 | 292 | 298 | 305 | 311 | 317 | 324 | 330 | 336 | 342 | 349 | 355 | 361 | 368 |
| | 920 | 311 | 317 | 324 | 330 | 336 | 342 | 349 | 355 | 361 | 368 | 374 | 380 | 386 | 393 | 399 |
| | 1020 | 342 | 349 | 355 | 361 | 368 | 374 | 380 | 386 | 393 | 399 | 405 | 412 | 418 | 424 | 430 |

注：1. 本表所列数据以管长 100m 为单位。

2. 考虑到施工时的误差，在计算保温材料面积时，已将管子直径加大 10mm。

**2. 辅助材料用量计算**

保温常用辅助材料用量计算如表 15-16 所列。

表 15-16　保温常用辅助材料用量计算

| 项目 | 规格 | 单位 | 用量 |
|---|---|---|---|
| 沥青玻璃布油毡 | JG84-74 | $m^2/m^2$ 保温层 | 1.2 |
| 玻璃布 | 中碱布 | $m^2/m^2$ 保温层 | 1.1 |
| 复合铝箔 | 玻璃纤维增强型 | $m^2/m^2$ 保温层 | 1.2 |
| 镀锌铁皮 | $\delta=0.3\sim0.5$mm | $m^2/m^2$ 保温层 | 1.2 |
| 铝合金板 | $\delta=0.5\sim0.7$mm | $m^2/m^2$ 保温层 | 1.2 |
| 镀锌铁丝网 | 六角网孔 25mm，线经 22G | $m^2/m^2$ 保温层 | 1.1 |
| 镀锌铁丝 | 18#（$DN\leqslant100$mm 时） | $kg/m^3$ 保温层 | 2.0 |
| （绑扎保温层用） | 16#（$DN=125\sim450$mm 时） | $kg/m^2$ 保温层 | 0.05 |
| 镀锌铁丝 | 18#（$DN\leqslant100$mm 时） | $kg/m^3$ 保温层 | 3.3 |
| （绑扎保护层用） | 16#（$DN=125\sim450$mm 时） | $kg/m^2$ 保温层 | 0.08 |
| 铜带 | 宽 15mm，厚 0.4mm | $kg/m^2$ 保温层 | 0.54 |
| 自攻螺钉 | M4×15 | $kg/m^2$ 保温层 | 0.03 |
| 销钉 | 圆钢 $\phi6$ | 个$/m^2$ 保温层 | 12 |

# 第四节　除尘设备伴热设计

除尘设备和管线为维持其工作条件通常要设计伴热系统，使被伴热装置在设计条件下保持一定温度。除尘工程伴热通常有蒸汽伴热、热水伴热和电伴热三种类型。

## 一、伴热设计要点

**1. 伴热的意义**

伴热的意义是利用热线（电缆、蒸汽管、热水管）产生的热量来补偿除尘设备（或管道）散失到环境的热量，以此来维持设备温度。伴热和加热不同，伴热是用来补充被伴热装置在工艺过程中所散失的热量，以维持介质温度。而加热是在一个点或小面积上高度集中负荷使被加热体升温，其所需的热量通常大大高于伴热。

**2. 伴热方式**

伴热方式分为重伴热和轻伴热（仅对蒸汽伴热、热水伴热而言）。重伴热是指伴热管道直接接触设备及管道，如图 15-22(a)、(b) 所示。轻伴热是指伴热管道不接触设备及管道，或在它们之间加一隔离层，如图 15-22(c)、(d) 所示。

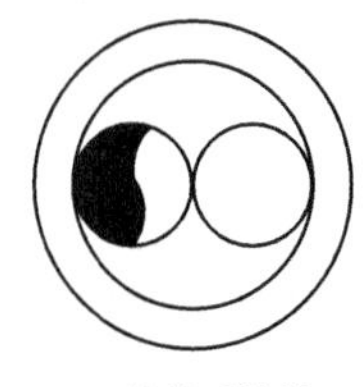
(a) 单管重伴热

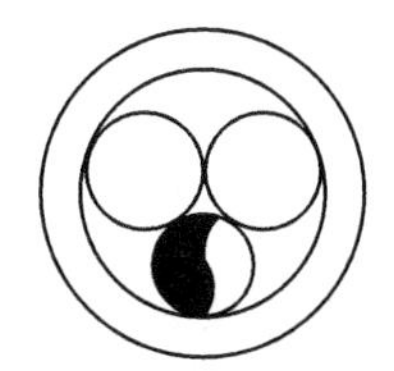
(b) 多管重伴热

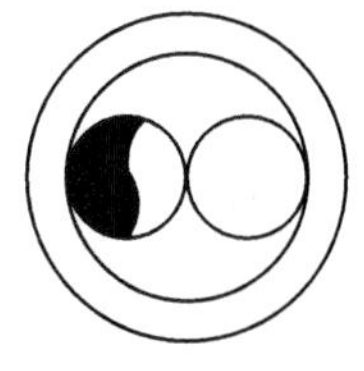
(c) 单管轻伴热

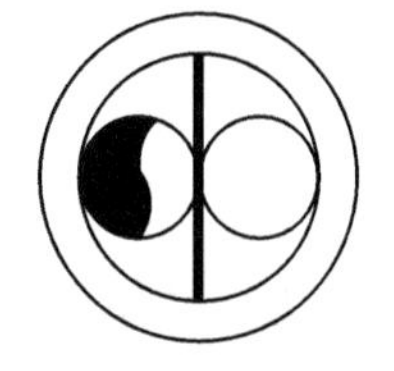
(d) 加隔离层单管轻伴热

图 15-22　伴热结构

在被测介质易冻结、冷凝、结晶的场合，仪表测量管道应采用重伴热；当重伴热可能引起被测介质汽化时，应采用轻伴热或隔热。根据介质的特性，按图 15-22 确定相应的伴热形式。

处于露天环境的伴热隔热系统，大气温度应取当地极端最低温度；安装在室内的伴热隔热系统，应以室内最低气温作为计算依据。

**3. 热损失设计计算**

（1）伴热管道的热损失用下式计算：

$$Q_g=\frac{2\pi(T_y-T_d)}{\frac{1}{\lambda}\ln\frac{D_o}{D_i}+\frac{2}{D_o\alpha}}\times 1.3 \tag{15-91}$$

式中，$Q_g$ 为单位长度管道的热损失，W/m；$T_y$ 为维持管道或平面的温度，℃；$T_d$ 为环境温度，℃；$\lambda$ 为保温材料制品的热导率，W/(m·℃)；$D_i$ 为保温层内径（管外径 $D$ 外），m；$D_o$ 为保温层外径，m；1.3 为安全系数；$\alpha$ 为保温层外表面向大气的散热系数，W/(m·℃)。

放热系数（$\alpha$）与风速（$v$）有关，可用下式计算：

$$\alpha=1.163(6+3\sqrt{v}) \tag{15-92}$$

式中，$v$ 为大气风速，m/s。

（2）平壁热损失用下式计算：

$$Q_p=\frac{T_y-T_d}{\frac{\delta}{\lambda}+\frac{1}{\alpha}}\times 1.3 \tag{15-93}$$

式中，$Q_p$ 为平壁热损失，$W/m^2$；$\delta$ 为保温层厚度，m；1.3 为安全系数；其他符号意义同前。

**4. 伴热产品选型**

（1）对蒸汽伴热和热水伴热要根据热损失和介质温度计算伴热管长度，然后进行系统布置设计。

（2）对电伴热通常根据厂商样本进行选型。

**5. 系统布置设计**

要根据管道长短、伴热面积大小进行布置设计。

## 二、蒸汽伴热设计

**1. 蒸汽伴热**

凡符合下列条件之一者，采用蒸汽伴热：①在环境温度下有冻结、冷凝、结晶、析出等现象产生的物料的测量管道、取样管道和检测仪表；②不能满足最低环境温度要求的场合。

**2. 蒸汽用量的计算**

伴热蒸汽宜采用低压过热或低压饱和蒸汽，其压力应根据环境温度、仪表及其测量管道的伴热要求选取 0.3MPa、0.6MPa 或 1.0MPa。伴热系统总热量损失 $Q_g$ 为每个伴热管道的热量损失之和，其值应按下式计算：

$$Q_g=\sum_{i=1}^{n}(q_pL_i+Q_{bi}) \tag{15-94}$$

式中，$Q_g$ 为伴热系统总热量损失，kJ/h；$q_p$ 为伴热管道的允许热损失，kJ/(m·h)；$L_i$ 为第 $i$ 个伴热管道的保温长度，m；$Q_{bi}$ 为第 $i$ 个保温箱的热损失，kJ/h，每个仪表保温箱的热损失可取（500×4.1868）kJ/h；$i$ 为伴热系统的数量，$i=1、2、3、\cdots、n$。

蒸汽用最 $W_s$ 应按下式计算：

$$W_s=K_1\frac{Q_g}{H} \tag{15-95}$$

式中，$W_s$ 为仪表伴热蒸汽用量，kg/h；$H$ 为蒸汽冷凝潜热，kJ/kg；$K_1$ 为蒸汽余量系数。

在实际运行中，应考虑下列诸多因素，取 $K_1=2$ 作为确定蒸汽总用量的依据：①蒸汽管网压力波动；②隔热层多年使用后隔热效果的降低；③确定允许压力损失时的误差；④设备或管道的热损失；⑤疏水器可能引起的蒸汽泄漏。

**3. 蒸汽伴热系统**

蒸汽伴热系统应满足下列要求。

① 仪表伴热用蒸汽宜设置独立的供汽系统。对于少数分散的仪表伴热对象，可按具体情况供汽。

② 蒸汽伴热系统包括总管、支管（或蒸汽分配器）、伴热管及管路附件。总管、支管（或蒸汽分配器）、伴热管的连接应焊接或法兰连接，接点应在蒸汽管顶部。

③ 蒸汽伴热管及支管根部应安装切断阀，如图 15-23 所示。

④ 蒸汽总管最低处应设疏水器，特殊情况下应对回水管伴热。

蒸汽伴热管的材质和管径可按表 15-17 选取。

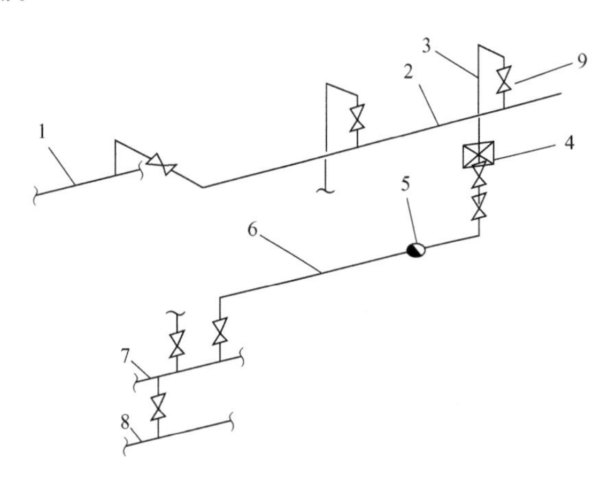


图 15-23 蒸汽伴热系统管路示意

1—总管；2—支管；3—伴热管；4—保温箱；5—疏水器；6—冷凝液管；7—回水支管；8—回水总管；9—切断阀

**表 15-17 蒸汽伴热管材质和管径**

| 伴热管材质 | 伴热管规格(外径×壁厚)/mm |
|---|---|
| 紫铜管 | $\phi$8×1 |
| 紫铜管 | $\phi$10×1 |
| 不锈钢管 | $\phi$8×1 |
| 不锈钢管 | $\phi$10×1($\phi$10×1.5) |
| 不锈钢管 | $\phi$14×2($\phi$18×3) |
| 碳钢管 | $\phi$14×2($\phi$18×3) |

总管、支管的选择应满足下列要求：①伴热总管和支管应采用无缝钢管；②伴热总管和支管的管径按表 15-18 选择。

**表 15-18 伴热总管和支管管径与饱和蒸汽量、流速的关系**

| 公称直径 DN/mm | 规格(外径×壁厚)/mm | 蒸汽压力/MPa | | | | | |
|---|---|---|---|---|---|---|---|
| | | 1.0 | | 0.6 | | 0.3 | |
| | | 蒸汽量/(t/h) | 流速/(m/s) | 蒸汽量/(t/h) | 流速/(m/s) | 蒸汽量/(t/h) | 流速/(m/s) |
| 15 | $\phi$22×2.5 | <0.04 | <9 | <0.03 | <11 | <0.02 | <11 |
| 20 | $\phi$27×2.5 | <0.07 | <10 | <0.05 | <12 | <0.03 | <13 |
| 25 | $\phi$34×2.5 | 0.07～0.13 | <11 | 0.05～0.10 | <13 | 0.03～0.06 | <15 |
| 40 | $\phi$8×3 | 0.13～0.34 | <13 | 0.10～0.26 | <17 | 0.06～0.16 | <20 |
| 50 | $\phi$60×3 | 0.34～0.64 | <15 | 0.26～0.5 | <19 | 0.16～0.3 | <23 |
| 80 | $\phi$89×3.5 | 0.64～1.9 | <20 | 0.5～1.4 | <23 | 0.3～0.8 | <26 |
| 100 | $\phi$100×3 | 1.9～3.8 | <24 | 1.4～2.7 | <26 | 0.8～1.5 | <29 |

最多伴热点数按表 15-19 选取。

**表 15-19 最多伴热点数**

| 伴热支管规格（外径×壁厚）/mm | 蒸汽压力/MPa | | |
|---|---|---|---|
| | 1.0 | 0.6 | 0.3 |
| | 最多伴热点数/个 | | |
| $\phi$22×2.5 | 10 | 7 | 4 |
| $\phi$27×2.5 | 18 | 14 | 10 |
| $\phi$34×2.5 | 35 | 29 | 21 |
| $\phi$48×3 | 91 | 76 | 57 |
| $\phi$60×3 | 172 | 147 | 107 |
| $\phi$89×3.5 | 535 | 414 | 255 |

冷凝、冷却回水管的选择应满足下列要求：①一般情况下，蒸汽伴热系统应设置冷凝、冷却回水总管，并将冷凝、冷却回水集中排放；②蒸汽伴热冷凝回水支管管径宜按表 15-19 中伴热支管管径或大一级选用；③每根伴热管宜单独设疏水阀，不宜与其他伴热管合并疏水，通过疏水阀后的不回收凝结水宜集中排放；④为防止蒸汽窜入凝结水管网使系统背压升高，干扰凝结水系统正常运行，疏水阀组不宜设置旁路阀；⑤伴热管蒸汽应从高点引入，沿被伴热管道由高向低敷设，凝结水应从低点排出，应尽量减少“U”形弯，以防止产生气阻和液阻。

**4. 蒸汽伴热管道的安装**

(1) 伴热管道应从蒸汽总管或支管顶部引出，并在靠近引出处设切断阀。每根伴热管道应起始于测量系统的最高点，终止于测量系统的最低点，在最低点排凝，并尽量减少“U”形弯。

(2) 当伴热管道在允许伴热长度内出现“U”形弯时，则以米计的累计上升高度不宜大于蒸汽入口压力（MPa）的 10 倍。

(3) 当伴热管道水平敷设时，伴热管道应安装在被伴热管道的下方或两侧。

(4) 伴热管道可用金属扎带或镀锌铁丝捆扎在被伴热管道上，捆扎间距 1～1.5m。

(5) 伴热管道通过被伴热仪表测量管道的阀门、冷凝器、隔离容器等附件时，宜采用对焊连接，必要时设置活接头。

(6) 伴热管敷设在被加热管的下方，并包在同一绝热层内，如图 15-24 所示，可用于凝固点在 150℃以内各种介质管道的加热保护。

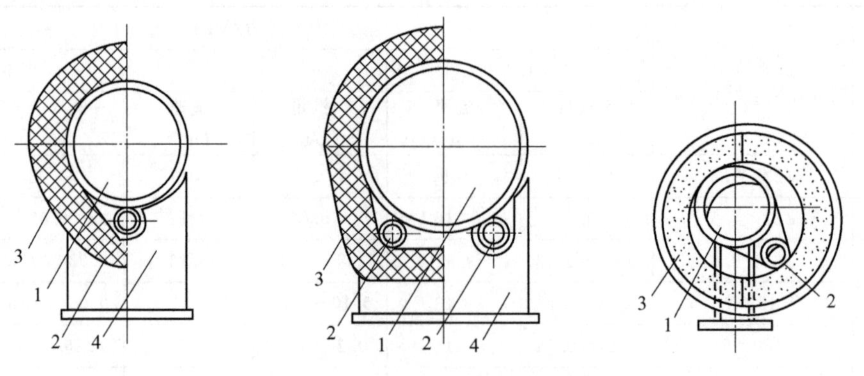


图 15-24 伴热管安装示意

1—被加热管；2—伴热管；3—绝热管；4—管托

（7）伴热管用 14 号镀锌铁丝与被加热管捆在一起，每两道铁丝的间距为 1m 左右。对设于腐蚀性和热敏性介质管道的伴热管，不可与被加热管直接接触，应在被加热管外面包裹一层厚度为 1mm 的石棉纸；或在两管之间间断地垫上 50mm×25mm×13mm 的石棉板，每两块石棉板的间距为 1m 左右。

（8）除尘器箱体和灰斗壁板的伴热可按盘管形式安装，如图 15-25 所示。

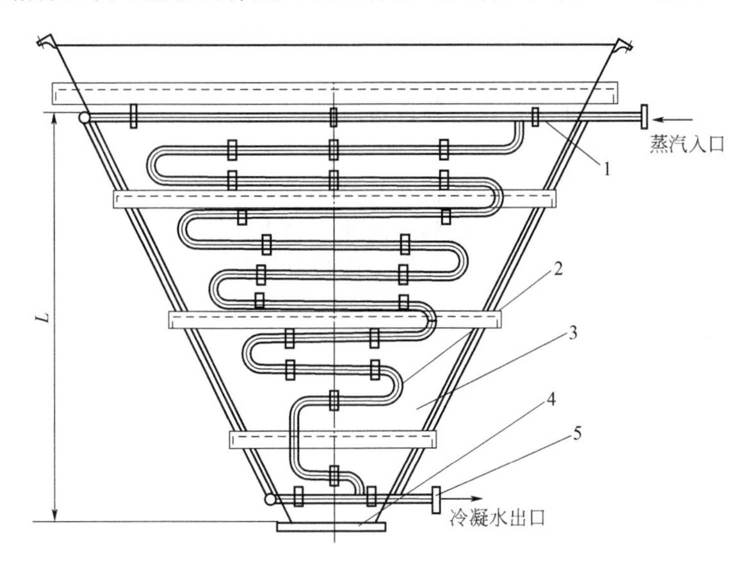


图 15-25 典型蒸汽伴热灰斗布置形式

1—固定支架；2—蒸汽加热管路；3—灰斗壁面；4—灰斗法兰；5—疏水器

**5. 疏水器的安装**

（1）疏水器前后应设置切断阀（冷凝水就地排放时疏水器后可不设置）。

（2）疏水器应带有过滤器，否则应在疏水器与前切断阀间设置 Y 形过滤器。

（3）疏水器应布置在加热设备凝结水排出口下游 300～600mm 处。

（4）疏水器宜安装在水平管道上，阀盖朝上；热动力式疏水器可安装在垂直管道上。

（5）螺纹连接的疏水器应设置活接头。

## 三、热水伴热设计

**1. 热水伴热条件**

凡符合下列条件之一者，可采用热水伴热：①不宜采用蒸汽伴热的场合；②没有蒸汽伴热的场合。

**2. 热水用量的计算**

热水用量 $V_W$ 应按下式计算：

$$V_W = K_2 \frac{Q_g}{c(t_1 - t_2)\rho} \tag{15-96}$$

式中，$V_W$ 为伴热热水用量，$m^3/h$；$t_1$ 为热水管道进水温度，℃；$t_2$ 为热水管道回水温度，℃；$\rho$ 为热水的密度，$kg/m^3$；$c$ 为水的比热容，kJ/(kg·℃)，取 4.1868kJ/(kg·℃)；$K_2$ 为热水余量系数（包括热损失及漏损），一般取 $K_2 = 1.05$。

热水管道进水温度 $t_1$ 及回水温度 $t_2$ 均与仪表管道内介质的特性（如易聚合、易分解、热敏性强等）有关。

热水压力应保证热水能返回到回水总管。

**3. 热水伴热系统**

用热水伴热宜设置独立的供水系统，对于少数分散的伴热对象可视具体情况供水。

热水伴热总管和支管应采用无缝钢管，相应的管径可由下式计算：

$$d_n=18.8\sqrt{\frac{V_W}{v}} \tag{15-97}$$

式中，$d_n$ 为热水总管、支管内径，mm；$V_W$ 为伴热用热水量，$m^3/h$；$v$ 为热水流速，m/s，一般取 1.5～3.5m/s。

一般情况下，应采用集中回水方式，并设置冷却回水总管。

**4. 热水伴热管道的安装**

热水伴热系统包括总管、支管、伴热管及管路附件。总管、支管、伴热管的连接应焊接，必要时设置活接头。取水点应在热水管底部或两侧。热水伴热管及支管根部、回水管根部应设置切断阀，供水总管最高点应设排气阀，最低点应设排污阀。其他安装要求同蒸汽伴热。

## 四、电伴热设计

**1. 电伴热条件**

凡符合下列条件之一者可采用电伴热：①要求对伴热系统实现遥控和自动控制的场合；②对环境的洁净程度要求较高的场合。

**2. 电伴热的功率计算**

电伴热的功率可根据仪表测量管道散热量来确定，管道散热量按下式计算：

$$Q_E=q_N K_3 K_4 K_5 \tag{15-98}$$

式中，$Q_E$ 为单位长度测量管道散热量（实际需要的伴热量），W/m；$q_N$ 为基准情况下测量管道单位长度的散热量，W/m，见表 15-20；$K_3$ 为保温材料热导率修正值（岩棉取 1.22，复合硅酸盐毡取 0.65，聚氨酯泡沫塑料取 0.67，玻璃纤维取 1）；$K_4$ 为测量管道材料修正系数（金属取 1，非金属取 0.6～0.7）；$K_5$ 为环境条件修正系数（室外取 1，室内取 0.9）。

**表 15-20 测量管道单位长度散热量①** 单位：W/m

| 管道隔热层厚度/mm | 温度 ΔT/℃② | 测量管道尺寸/英寸③(公称尺寸 DN/mm) | | | |
|---|---|---|---|---|---|
| | | 1/4(6,8,10) | 1/2(15) | 3/4(20) | 1/(25) |
| 10 | 20 | 6.2 | 7.2 | 8.5 | 10.1 |
| | 30 | 9.4 | 11.0 | 12.9 | 15.4 |
| | 40 | 12.7 | 14.9 | 17.5 | 20.8 |
| 20 | 20 | 4.0 | 4.6 | 5.3 | 6.2 |
| | 30 | 6.2 | 7.0 | 8.1 | 9.4 |
| | 40 | 8.3 | 9.5 | 10.9 | 12.7 |
| | 60 | 12.8 | 14.7 | 16.9 | 19.6 |
| 30 | 20 | 3.3 | 3.7 | 4.2 | 4.8 |
| | 30 | 5.0 | 5.6 | 6.3 | 7.3 |
| | 40 | 6.7 | 7.6 | 8.6 | 9.8 |
| | 60 | 10.3 | 11.7 | 13.2 | 15.1 |
| | 80 | 14.2 | 16.0 | 18.2 | 20.8 |
| | 100 | 18.3 | 20.7 | 23.4 | 26.8 |
| | 120 | 22.7 | 25.6 | 29.0 | 33.2 |

续表

| 管道隔热层厚度/mm | 温度 $\Delta T$ /℃② | 测量管道尺寸/英寸③(公称尺寸 $DN$/mm) | | | |
|---|---|---|---|---|---|
| | | 1/4(6,8,10) | 1/2(15) | 3/4(20) | 1/(25) |
| 30 | 140 | 27.2 | 30.8 | 34.9 | 40.0 |
| | 160 | 32.1 | 36.2 | 41.1 | 47.1 |
| | 180 | 37.1 | 42.0 | 47.6 | 54.5 |
| 40 | 20 | 2.8 | 3.2 | 3.6 | 4.0 |
| | 30 | 4.3 | 4.8 | 5.4 | 6.1 |
| | 40 | 5.8 | 6.5 | 7.3 | 8.3 |
| | 60 | 9.0 | 10.1 | 11.3 | 12.8 |
| | 80 | 12.3 | 13.8 | 15.5 | 17.6 |
| | 100 | 15.9 | 17.8 | 20.0 | 22.7 |
| | 120 | 19.7 | 22.1 | 24.8 | 28.1 |
| | 140 | 23.7 | 26.5 | 29.8 | 33.8 |
| | 160 | 27.9 | 31.2 | 35.1 | 39.8 |
| | 180 | 32.3 | 36.2 | 40.6 | 46.0 |

① 散热量计算基于下列条件：隔热材料为玻璃纤维；管道材料为金属；管道位置为室外。

② 温差指电伴热系统维持温度与所处环境最低设计温度之差。

③ 1英寸=0.0254米。

管道阀门散热量按与其相连管道每米散热量的1.22倍计算。

**3. 电伴热系统**

(1) 电伴热系统应满足下列要求。

① 电伴热系统一般由配电箱、控制电缆、电伴热带及其附件组成。附件包括电源接线盒、中间接线盒（二通或三通）、终端接线盒及温控器。

② 为精确维持管道或加热体内的介质温度，电伴热带可与温控器配合使用。重要检测回路的仪表及测量管道的电伴热系统应设置温控器。温度传感器应安装在能准确测量被控温度的位置。根据实际需要，将温度传感器安装在电伴热带上，构成测量电伴热带温度的系统，见图15-26。也可将温度传感器安装在环境中，构成测量环境温度的系统，见图15-27。在关键的电伴热温度控制回路中，宜设温度超限报警。

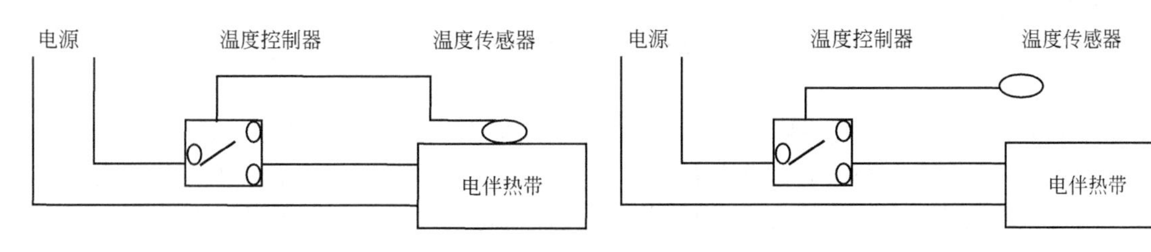


图15-26 测量电伴热带温度的系统　　图15-27 测量环境温度的系统

(2) 电伴热系统的供电电源宜采用50Hz的220V AC，宜设置独立的配电系统或供电箱，并安装在安全区。配电系统应具有过载、短路保护措施。每套电伴热系统应设置单独的电流保护装置（断路器或保险丝），满负荷电流应不大于保护装置额定容量值的80%。

(3) 配电系统应有漏电保护装置。

(4) 电伴热系统控制电缆的线径应根据系统的最大用电负荷确定，导线允许的载流量不应小于电伴热带最大负荷时的1.25倍。配电电线电缆的选择应符合现行《石油化工仪表供电设计规范》(SH/T 3082)的规定。电缆应采用铜芯电缆，电缆线路应无中间接头。

(5) 保温箱的伴热宜选定型的电保温箱，并独立供电。

(6) 在爆炸危险场所，与电伴热带配套的电气设备及附件应满足爆炸危险场所的防爆等级，并符合现行《爆炸危险环境电力装置设计规范》(GB 50058)的规定。

**4. 电伴热产品**

电伴热产品主要有伴热带和伴热毡两类及其配套产品。因厂商不同，电伴热产品的规格性能各不相同。

**5. 常用电伴热带的应用**

(1) 自限式电伴热带 由特殊的导电塑料组成，用于维持温度不大于130℃的场合。其输出功率随温度变化而变化；可任意剪切或加长；可交叉敷设。

(2) 恒功率电伴热带 由镍铬高阻合金组成，用于维持温度不大于150℃的场合。其单位长度输出功率恒定；可任意剪切或加长。

(3) 串联电伴热带 由一根或多根合金芯线组成，用于维持温度不大于150℃的场合。其输出功率随电伴热带长度的变化而变化。

(4) 电伴热带的选型 电伴热带的选型应符合下列规定。

① 宜选用并联结构的自限式电伴热带和单相恒功率电伴热带。

② 非防爆场合选用普通型电伴热带；防爆场合必须选用防爆型电伴热带；在要求机械强度高、耐腐蚀能力强的场合，应选用加强型电伴热带。

③ 电伴热带的规格及长度确定应符合下列规定。

Ⅰ. 应根据管道维持温度及最高温度确定电伴热带的最高维持温度。

Ⅱ. 应根据管道散热量确定电伴热带的额定功率。当管道单位长度散热量大于电伴热带额定功率，且两者比值大于1时，用以下方式修正：当比值大于1.5时，采用2条及以上的平行电伴热带敷设；当比值在1.1～1.5之间时，宜采用卷绕法，修改隔热材料材质或管道隔热厚度。

④ 确定电伴热带长度时，每个弯头需电伴热带长度等于管道公称直径的2倍；每个法兰需电伴热带长度等于管道公称直径的3倍。

(5) 电伴热带的安装

① 电伴热带的安装应在管道系统、水压试验检查合格后进行。

② 电伴热带可安装在仪表管道侧面或侧下方，用耐热胶带将其固定，使电热带与被伴热管道紧贴以提高伴热效率。

③ 除自限式电伴热带外，其余形式的电伴热带不得重叠交叉。敷设最小弯曲半径应大于电伴热带厚度的5倍。

④ 接线时，必须保证电伴热带与各电气附件正确可靠地连接，严禁短路，并有足够的电气间隙。对于并联式电伴热带，线头部位的电热丝要尽可能地剪短，并嵌入内外层护套之间，严禁与编织层或线芯碰碰，以防漏电或短路；对于自限式电伴热带，其发热芯料为导电材料，安装时电源铜线应加套管，以免短路。

⑤ 试送电正常后，再停电进行隔热层施工。隔热材料必须干燥且保证材料的厚度。

⑥ 电伴热系统必须对介质管道、电伴热带编织层及电气附件按现行《电气装置安装工程接地装置施工及验收规范》(GB 50169)的规定做可靠接地，接地电阻应小于4Ω。

⑦ 在防爆危险场所应用时，电伴热带与其配套的防爆电气设备及附件的安装、调试和运行必须遵循国家颁布的现行《电气装置安装工程 爆炸和火灾危险环境电气装置施工及验收规范》(GB 50257)的有关规定。

⑧ 管道法兰连接处易发生泄漏，缠绕电伴热带时，应避开其正下方。伴热带的安装如图 15-28～图 15-30 所示。

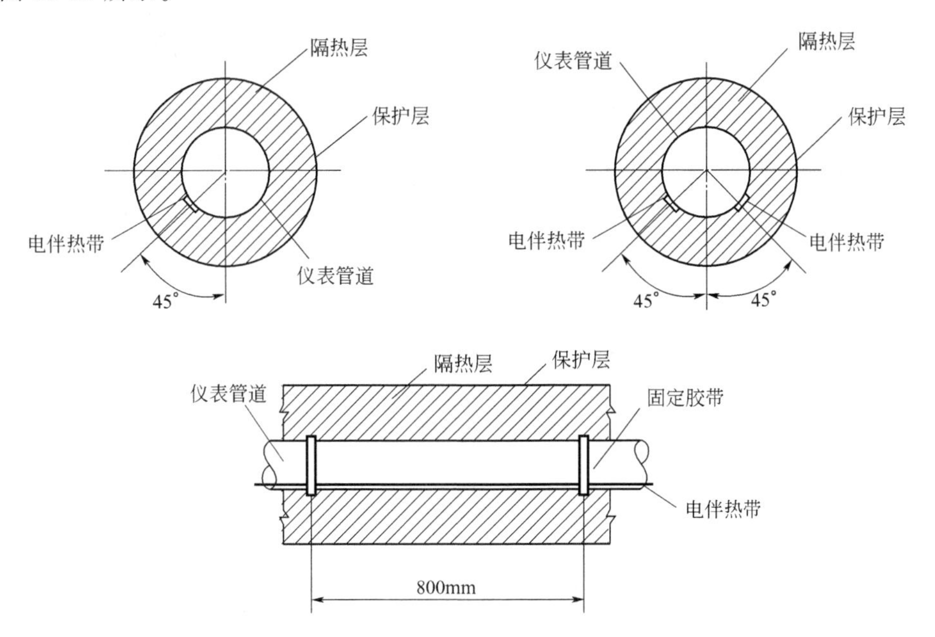


图 15-28　电伴热带直线排放安装

### 6. 毡式电伴热器的应用

(1) 结构与安装程序　毡式电伴热器的结构如图 15-31 所示。加热量为每平方米灰斗外壁面积采用 400～600W。毡式电伴热器的安装如图 15-32 所示，其程序如下：①在指定位置焊上安装钉销；②放上毡式电伴热器，并暂时用带子在安装钉销上绑好；③将绝缘体放在安装钉销上；④在绝缘体安装钉销上铺上金属网；⑤用手铺开金属网，使电热毡与灰斗表面贴紧，在绝缘体的钉销上安装高速夹具。

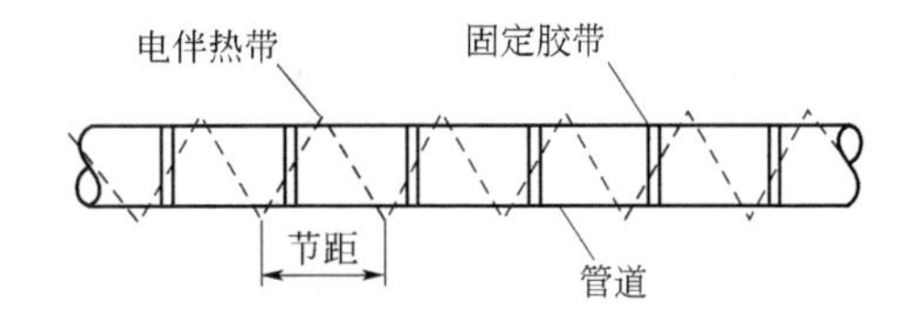


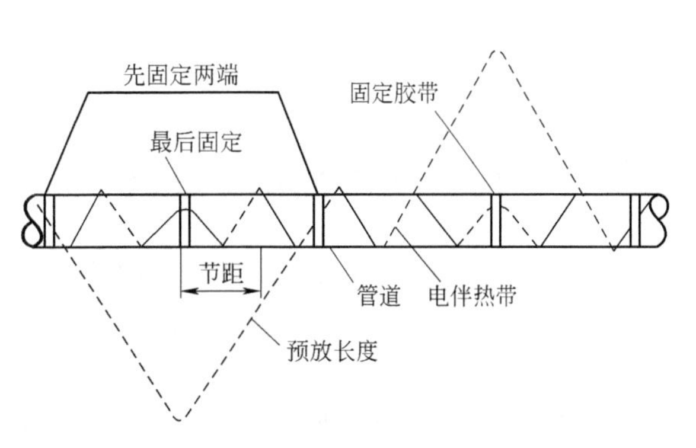


图 15-29　电伴热带缠绕管道

(2) 灰斗伴热器使用注意事项

① 灰斗要经受气流引起的振动，有时还要经受空气炮的振动，伴热装置及其安装方法应能承受这样的振动而不致出现故障。

② 伴热部件和导线应能耐可能经受的最高温度。当灰斗壁温度保持 120～150℃时，伴热的工作温度通常为 200～340℃。而在出现不正常情况（例如空气预热器损坏）时，烟气温度可能达到更高。使用伴热应考虑正常运行时的伴热器最大工作温度和不正常的烟气温度。

③ 伴热系统应能接地。配电系统应有漏电保护装置。

④ 电伴热供电电源宜采用 50Hz 的 220V AC。和所有三相配电的情况一样，需要把灰斗伴热系统尽可能地连接成三相负荷平衡。

⑤ 灰斗伴热必须具备有效的控制系统，其主要作用是把电能按需要分配给灰斗上的各个伴热器。以保持要达到的灰斗温度。大的系统一般是将配电部件、检测与报警部件以及除传感

器外的控制部件都装在灰斗控制盘上，这样尽量减少布线，便于检查、操作与维护。

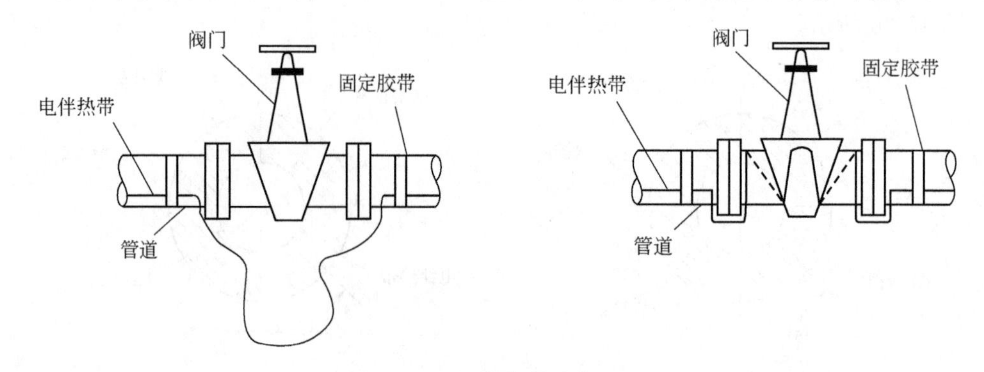


图 15-30 电伴热带缠绕阀门

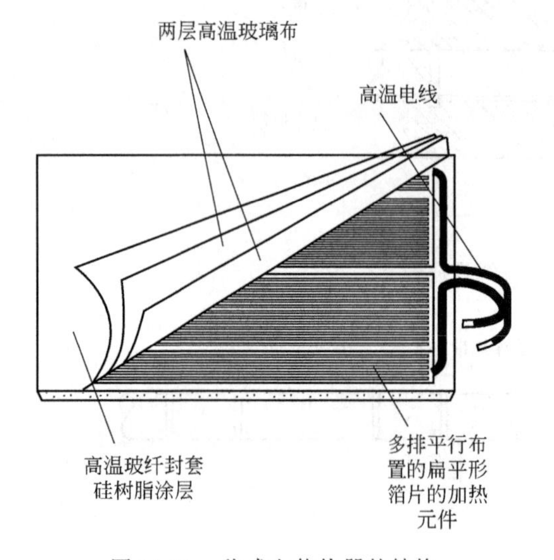


图 15-31 毡式电伴热器的结构

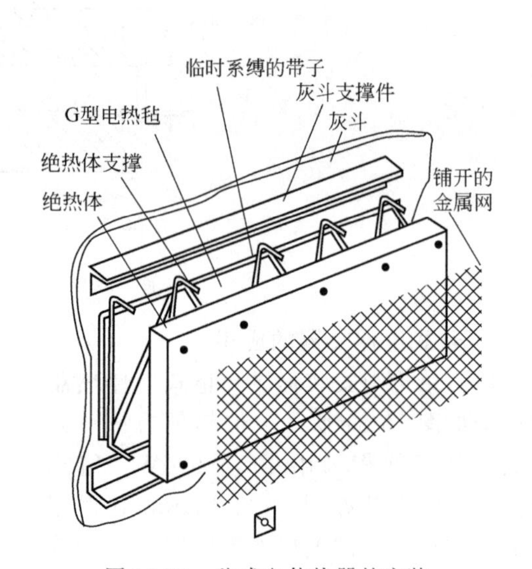


图 15-32 毡式电伴热器的安装

# 第五节 除尘系统涂装设计

除尘设备和管道一般用钢材制作。钢铁具有强度高、韧性好、制作方便、安装速度快等一系列优点，但是也存在弱点——容易腐蚀。腐蚀严重的设备不仅影响美观，还会直接影响设备性能及除尘系统的正常运行。尽管涂装有时被忽视，但它始终是除尘技术中必须认真解决的一个重要环节。涂装技术包括除锈、涂料选择、涂装设计、施工等内容。

## 一、设备的腐蚀机理

### 1. 设备在常温状态下的腐蚀

除尘系统通常在大气环境中使用。常温状态下，钢材因受大气中水分、氧和其他污染物的作用而易被腐蚀。大气中的水分吸附在钢材表面上形成水膜，是造成钢材腐蚀的决定性因素，而大气的相对湿度和污染物的含量则是影响大气腐蚀程度的重要因素。

实验和经验都表明：在一定温度下，大气的相对湿度如保持在 60%以下，铁的大气腐蚀是很轻微的；但当相对湿度增加到某一数值时，铁的腐蚀速率会突然升高，这一数值称为临界湿度。

根据临界湿度的概念，大气可分为以下 3 类。

（1）干的大气　是指相对湿度低于大气腐蚀临界湿度的大气。一般在金属表面上不能形成水膜。

（2）潮的大气　是指相对湿度高于大气腐蚀临界湿度的大气。一般在金属表面上形成用肉眼看不见的液膜。

（3）湿的大气　是指能在金属表面上形成凝结水膜的大气。潮的和湿的大气是造成金属腐蚀的基本因素。

根据所含污染物的数量差异，可将地域的大气分为以下 4 类。

（1）乡村大气　是指农村和小镇地区，在大气中含有很少的二氧化硫或其他腐蚀性的物质。

（2）城市大气　是指工业不密集的地区，在大气中有一定的二氧化硫或其他腐蚀性的物质。

（3）工业大气　是指工业密集地区，在大气中有很多的二氧化硫或有其他腐蚀性物质。

（4）海洋大气　是指海洋面上狭窄的海岸地带，在大气中主要含有氯化物质。海岸边的工业密集地区，受工业大气和海洋大气双重污染物的腐蚀。

由于各地域大气中所含腐蚀物质的成分和数量不同，其对钢铁的腐蚀程度也不同，见表 15-21。

**表 15-21　各种大气对钢铁的腐蚀程度**

| 按地域分类 | 相对腐蚀程度/% | 按地域分类 | 相对腐蚀程度/% |
|---|---|---|---|
| 农村大气 | 1～10 | 工业大气 | 55～80 |
| 城市大气 | 30～35 | 污染严重的工业大气 | 100 |
| 海洋大气 | 38～52 | | |

根据地域对大气分类，大致可估计出各地域的大气对金属的腐蚀情况，为考虑防腐蚀措施或方案时提供一定的依据。

（1）城市大气腐蚀　城市大气中含有一定的二氧化硫或其他腐蚀性物质。各地区的大气相对湿度因气候的不同而异，所以各地的城市大气对金属腐蚀的程度也是不同的。

空气中的氧气与金属反应，在其表面产生一层很薄的氧化膜，该膜能阻碍水和氧等物质的渗透，对金属具有一定的保护作用。随着膜厚度的增加，腐蚀速率则渐渐减小。

在干燥的大气条件下，即使大气中含有少量的腐蚀性物质，也不会对金属的腐蚀速率产生多大的影响，如图 15-33 所示。

由图 15-33 可知，潮湿的大气是金属腐蚀的基本条件，纯净的潮湿大气对金属腐蚀的影响并不大，也无速度突变现象。当潮湿的大气中含有腐蚀性物质时，即使含量很低，如 0.01% 的 $SO_2$，也会严重影响金属的腐蚀速率，并使速率有明显的突变。

（2）工业大气腐蚀　在一般工业密集区的大气中，主要腐蚀性物质是二氧化硫和灰尘。在化工工业区的大气中，除含有二氧化硫外，还可能含有 $H_2S$、$Cl_2$、HCl、$NH_3$ 和 $NO_2$ 等气体腐蚀性物质。在干燥的大气中，这些腐蚀性物质的存在对金属腐蚀的影响并不严重。但它会使大气的腐蚀临界湿度值降低，从而提供了加速腐蚀的机会。在潮湿大气中，这些腐蚀性物质被金属表面的水膜溶解后，形成导电性能良好的电解质溶液，将严重地影响腐蚀速率和腐蚀程度，如图 15-34 所示。

工业大气中常见的几种腐蚀性气体对金属腐蚀的影响如下。

① 二氧化硫。工业大气中普遍含有二氧化硫气体，它对金属腐蚀的影响最大，也是造成金属腐蚀的主要原因。二氧化硫在金属表面的催化作用下被氧化成三氧化硫，并在金属表面的

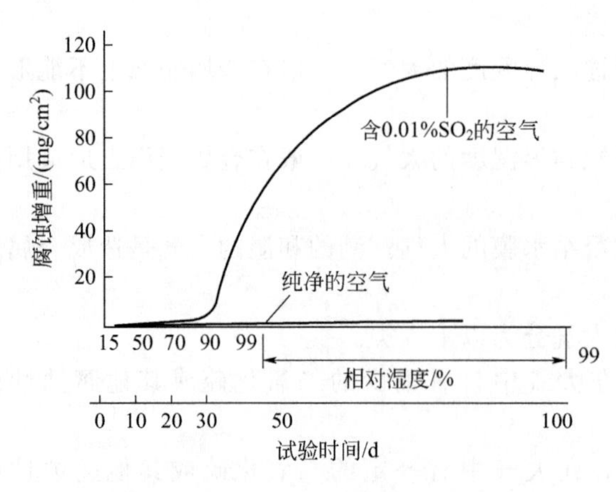


图 15-33 铁在大气中腐蚀时与大气的相对湿度和空气中含 $SO_2$ 的关系

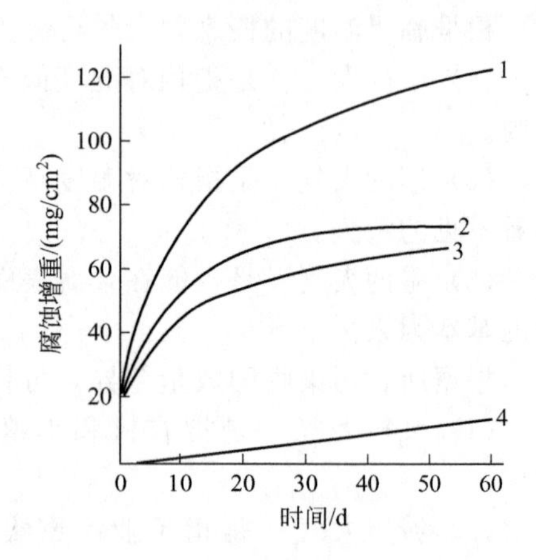


图 15-34 二氧化硫气体和空气的相对湿度对铁的腐蚀的影响

1,2,3—0.01%$SO_2$；4—纯净大气；

1—RH=99%；2—RH=75%；

3—RH=70%；4—RH=99%

溶液中生成硫酸，从而腐蚀金属，其反应式为：

$$SO_2+\frac{1}{2}O_2 \longrightarrow SO_3$$

$$SO_3+H_2O \longrightarrow H_2SO_4$$

$$2Fe+3H_2SO_4 \longrightarrow Fe_2(SO_4)_3+3H_2\uparrow$$

② 硫化氢。$H_2S$ 在干燥的大气条件下，对金属的腐蚀影响并不大，一般只能引起金属的表面变色，即生成硫化膜。在潮湿的大气中，$H_2S$ 溶于金属表面的液膜后，使液膜酸化，导电度上升，形成了导电性能良好的电解质溶液，对铁和镁腐蚀性较大，对锌、锡等由于形成硫化膜，腐蚀性并不大。

③ 氯气和氯化氢。$Cl_2$ 和 HCl 在潮湿的大气中会使金属表面的液膜生成腐蚀性强的盐酸，对铁的腐蚀非常严重。

(3) 海洋大气腐蚀　海水中含有约 3.4%的盐，pH≈8，呈微碱性，是天然良好的电解质溶液，能引起电偶腐蚀和缝隙腐蚀。

在海面上和近海岸的工程，主要受海洋大气腐蚀，腐蚀程度主要取决于积聚在钢材表面上的盐粒或盐雾的数量。盐的沉聚量与海洋气候环境、距离海面高度及远近和暴露时间有关；沿海地带大气中 $Cl^-$ 和 $Na^+$ 含量与海岸距离有关，见表 15-22。

**表 15-22　海岸距离不同时大气中离子的含量**

| 海岸距离/km | 离子含量/(mg/L) | |
|---|---|---|
| | $Cl^-$ | $Na^+$ |
| 0.4 | 16 | 8 |
| 2.3 | 9 | 4 |
| 5.6 | 7 | 2 |
| 48.0 | 4 | — |
| 86.0 | 3 | — |

在海洋大气的盐分中，氯化钙和氯化镁是吸潮剂，易在钢材表面上形成液膜，特别是在空气达到露点时尤为明显。一般认为在无强烈风暴时，距离海边 1.6km 以外处，基本上对金属

腐蚀影响不大。

海洋大气与工业大气，虽然其环境与条件不同，但对金属的腐蚀较为严重。近海工业区因同时受海洋大气和工业大气的腐蚀，其腐蚀程度要比上述任何一种单独的大气腐蚀严重得多。在除尘系统涂装设计中应注意到这个问题。

**2. 高温状态下的腐蚀**

高温（100℃以上）条件下的钢铁腐蚀机理与常温（100℃以下）条件下的钢铁腐蚀机理完全不同。前者属高温氧化腐蚀；后者，前面已叙述过，属金属电化学腐蚀。在高温状态下，水以气态存在，电化学腐蚀作用很小，降为次要因素。

单纯由化学作用而引起的腐蚀称为化学腐蚀。金属和干燥气体（如 $O_2$、$H_2S$、$SO_2$、$Cl_2$ 等）相接触时，表面生成相应的化合物（氧化物、硫化物、氯化物等），是化学腐蚀。

钢铁在高温下很容易被空气中的氧气氧化而受到腐蚀，腐蚀的结果是在其表面生成了一层氧化皮，同时还会发生脱碳现象。其化学反应方程式为：

$$3Fe+2O_2 \longrightarrow Fe_3O_4$$

$$Fe_3C+O_2 \longrightarrow 3Fe+CO_2\uparrow$$

$$Fe_3C+CO_2 \longrightarrow 3Fe+2CO\uparrow$$

$$Fe_3C+H_2O \longrightarrow 3Fe+CO\uparrow+H_2\uparrow$$

钢铁中的渗碳体（$Fe_3C$）和气体介质相互作用所生成的气体产物（$CO_2$、CO、$H_2$ 等）离开金属表面逸出，而碳便从邻近的尚未反应的金属内部逐渐扩散到这一反应区，致使相当厚的金属层中的碳元素逐渐减少，形成脱碳层，由于脱碳使钢铁表层硬度降低和疲劳极限下降，从而降低钢材使用率及使用性能。这种在高温干燥气体中所发生的腐蚀是化学腐蚀中较为严重的一类。

**3. 钢材表面锈蚀等级和除锈等级**

钢材表面锈蚀等级和除锈等级是以文字叙述和典型的样板照片共同确定的。样板照片参见《涂覆涂料前钢材表面处理 表面清洁度的目视评定 第 1 部分：未涂覆过的钢材表面和全面清除原有涂层后的钢材表面的锈蚀等级和处理等级》(GB/T 8923.1)。

(1) 钢材表面锈蚀等级 按锈蚀程度分 4 个等级，分别以 A、B、C、D 表示，其文字部分叙述如下。

A 钢材表面全面地覆盖着氧化皮，几乎没有锈蚀；

B 钢材表面已发生锈蚀，并且部分氧化皮有锈蚀；

C 钢材表面氧化皮已因锈蚀而剥落，或者可以刮除，并有少量的点蚀；

D 钢材表面氧化皮已因锈蚀而全面剥落，并且普遍发生点蚀。

(2) 钢材表面除锈等级

① 喷射除锈。以字母“Sa”表示，按除锈质量程度分 4 个等级，其文字部分叙述如下。

Sa1 钢材表面应无可见油脂和污垢，并且没有附着不牢的氧化皮、铁锈、涂料涂层等附着物。

Sa2 钢材表面应无可见油脂和污垢，并且氧化皮、铁锈、涂层和附着物已基本清除，其残留物应是牢固附着的（牢固附着是指氧化皮和锈蚀物不能以腻子金属刮刀从钢材表面上剥离下来）。

Sa2 $\frac{1}{2}$ 钢材表面应无可见的油脂、污垢、氧化皮、铁锈、涂层和附着物，任何残留的痕迹应仅是点状或条纹状的轻微色斑。

Sa3 钢材表面应无可见的油脂、污垢、氧化皮、铁锈、涂层等附着物，该表面应有均匀的金属光泽。

② 手工和动力工具除锈。以字母“St”表示，分 2 个等级。

St2 钢材表面应无可见的油脂和污垢，并且没有附着不牢的氧化皮、铁锈、涂层和附着物。

St3 钢材表面应无可见的油脂和污垢，并且没有附着不牢的氧化皮、铁锈、涂层和附着物。除锈应比 St2 更彻底，钢材显露部分的表面应具有金属光泽。

③ 酸洗除锈。以字母“Be”表示。

Be 钢材表面应无可见的氧化皮、铁锈、涂层和附着物，个别残留点允许用手工或机械方法除掉。

④ 火焰除锈。以字母“FI”表示。

FI 钢材表面应无氧化皮、铁锈、涂层和附着物，任何残留的痕迹应仅为表面变色（不同颜色的暗影）。

评定钢材表面锈蚀等级和除锈等级时，应在良好的散射日光下或在照度相当的人工照明条件下进行，检查人员应具有正常的视力，并以目视为准；待检的钢材表面与照片比较时，照片应靠近钢材表面，并以最近似标示的照片确定等级。

## 二、钢材表面预处理

**1. 涂装前必须对钢材表面进行预处理**

(1) 按设计规定的方法除锈，达到预处理等级。

(2) 加工完的构件和制品，应在验收合格后方可进行表面预处理。

(3) 表面预处理可在加工厂进行，宜采用喷射或酸洗的方法；现场修补涂层时，可采用手工或机械方法除锈。

**2. 预处理前钢材表面要求**

(1) 钢材表面的毛刺、焊渣、飞溅物、积尘和疏松的氧化皮、铁锈、涂层等物应清除；对钢材表面严重变形、孔洞和焊瘤等缺陷，应适时校正、补漏和清除。

(2) 钢材表面应无可见的油脂和污垢。如局部有，可局部处理；如大面积有，可用有机溶剂、表面活性剂、热碱等进行清洗。其配方及工艺条件见表 15-23、表 15-24。

**表 15-23 碱液除油配比及工艺条件**

| 组分/(g/L) | 钢及铸铁制件 | | 铝及其合金 |
|---|---|---|---|
| | 一般的油污 | 大量的油污 | |
| 氢氧化钠 | 20～30 | 40～50 | 10～20 |
| 碳酸钠 | — | 80～100 | — |
| 磷酸三钠 | 30～50 | — | 50～60 |
| 水玻璃 | 3～5 | 5～15 | 20～30 |
| 工作温度/℃ | 80～90 | 80～90 | 60～70 |
| 处理时间/min | 15～18 | 10～40 | 3～5 |

注：1. 在除油过程中，应经常搅拌。

2. 碱液处理后，应用热水洗涤至中性，然后用布擦干或烘干。

3. 可采用浸渍法或喷射法除油。

**表 15-24 乳化液除油配比及工艺条件**

| 材料名称 | 质量分数/% | 工作温度/℃ | 处理时间 |
|---|---|---|---|
| 煤油 | 67.00 | 室温 | 除净为止 |
| 松节油 | 22.50 | | |
| 月桂酸 | 5.40 | | |
| 三乙醇胺 | 3.60 | | |
| 丁基溶纤剂 | 1.50 | | |

注：可采用浸渍法或喷射法乳化除油。

（3）被酸、碱、盐浸染的钢材表面，可用热水或蒸汽冲刷清理。废液按环境保护规定妥善处理。

（4）对钢材表面原有保养漆的处理。用车间底漆或一般底漆的涂层，是否保留可根据涂层的破坏程度、与下道底漆是否配套等具体情况决定。凡与下道底漆不配套或影响下道涂层附着力的原有涂层，应全部除掉。

用固化剂固化的双组分涂料的涂层，基本完好的可以保留，但应用砂纸、钢丝绒或轻度喷射方法进行打毛，在清除残留的污染物后方可进行下道工序。

**3. 除锈方法**

钢结构涂装，不宜使用带锈涂料，更不得用带锈涂料代替除锈。钢材表面除锈，推荐应用喷射除锈、手工和动力工具除锈、化学除锈和火焰除锈。

（1）喷射除锈

① 喷射除锈，也称喷丸除锈。一般在喷丸室内进行，喷丸室内安装有通风除尘装置。除锈工件固定在可旋转的机架上，按工艺操作规程（经验）定时改变喷射位置（角度），防止漏喷。

② 喷射用压缩空气，应设有油水分离与过滤装置，喷射用磨料应符合表15-25的规定。喷射作业空气相对湿度大于80%、钢材表面温度低于空气露点温度3℃时，禁止喷射作业。

③ 喷射用磨料应符合喷射除锈技术要求：a. 密度大、韧性强、有一定粒度要求的粒状物；b. 使用过程中应不易碎裂，逸散粉尘量少；c. 表面不得有油污，含水率小于1%；d. 喷射使用的磨料种类及其喷射工艺指标应符合表15-25的规定。

**表15-25　磨料种类及其喷射工艺指标**

| 磨料名称 | 磨料粒径/mm | 压缩空气压力/MPa | 喷嘴最小直径/mm | 喷射角/(°) | 喷距/mm |
|---|---|---|---|---|---|
| 石英砂 | 3.2～0.63，0.8筛余量>40% | 0.50～0.60 | 6～8 | 35～70 | 100～200 |
| 金刚石 | 2.0～0.63，0.8筛余量>40% | 0.35～0.45 | 4～5 | 35～75 | 100～200 |
| 钢线粒 | 线粒直径1.0，长度等于直径，其偏差小于直径的40% | 0.50～0.60 | 4～5 | 35～75 | 100～200 |
| 铁丸或钢丸 | 1.6～0.63，0.8筛余量>40% | 0.50～0.60 | 4～5 | 35～75 | 100～200 |

④ 喷射除锈合格后的钢材，在厂房存放时，16h内应涂完底漆；露天存放时，应在当班涂完底漆，如在涂漆前已返锈，应重新除锈。

⑤ 喷射除锈后，用毛刷等工具清扫或用干净无油、无水的压缩空气吹净钢材表面的锈尘或残余磨料后方可涂底漆。

⑥ 喷射除锈后的钢材表面粗糙度宜小于涂层总厚度的1/3～1/2。

（2）化学除锈　化学除锈是利用酸洗的原理进行除锈的工艺，主要技术要点包括以下几点。

① 选用硫酸、盐酸或磷酸配制成酸洗液。配制方法可采用浸渍法、喷淋法或循环法。

② 酸洗液的配比和工艺条件见表15-26。

表 15-26 酸洗液配比及工艺条件

| 材料名称 | 配比/(g/L) | 工作温度/℃ | 处理时间/min | 备注 |
|---|---|---|---|---|
| 工业盐酸($d$=1.18)<br>乌洛托品<br>水 | 400～540<br>5～8<br>余量 | 30～40 | 5～30 | 适用于钢铁件除锈,速度较快 |
| 工业盐酸($d$=1.18)<br>工业硫酸($d$=1.84)<br>食盐<br>KC缓蚀剂 | 110～150<br>75～100<br>200～500<br>3～5 | 20～60 | 3～50 | 适用于钢铁及铸铁件除锈 |
| 工业硫酸($d$=1.84)<br>食盐<br>硫脲<br>水 | 180～200<br>40～50<br>3～5<br>余量 | 65～80 | 25～50 | 适用于铸铁除锈及清理大面积氧化皮,若表面有型砂时,可加2.5%氢氟酸 |
| 工业磷酸/%<br>水 | 12～15<br>余量 | 80 | 除净锈为止 | 适用于锈蚀不严重的钢铁 |

③ 酸洗工艺应连续进行，中途不得停顿，并定期检查酸洗液浓度，及时补充各种成分。

④ 酸洗后短时间内涂底漆时，应进行中和和钝化处理（磷酸酸洗可不进行），并按下述原则处理和存放：a. 钢材酸洗后，立即用水清洗，然后用5%的碳酸钠水溶液进行中和处理，再用水冲洗碱液，最后进行钝化处理；b. 钢材酸洗后，立即用热水冲洗至中性（pH试纸检测，pH=7），然后进行钝化处理，钝化液配比及工艺条件见表15-27；c. 钝化处理后的钢材应在空气流动的地方晾干或用无油、无水的压缩空气吹干；d. 钝化处理后的钢材，在厂房内存放时应在48h内涂完底漆，露天存放时应在24h内涂完底漆。涂底漆之前，如已返锈，则应重新进行酸洗和钝化。

表 15-27 钝化液配比及工艺条件

| 材料名称 | 配比/(g/L) | 工作温度/℃ | 处理时间/min |
|---|---|---|---|
| 重铬酸钾 | 2～8 | 90～95 | 0.50～1 |
| 重铬酸钾<br>碳酸钠 | 0.50～1<br>1.50～2.50 | 60～80 | 3～5 |
| 亚硝酸钠<br>三乙醇胺 | 3<br>8～10 | 室温 | 5～10 |

⑤ 酸洗后不能在短时间内涂上底漆时，应进行中和和磷化处理，其处理工艺如下：酸洗—水洗—中和—水洗—磷化。

(3) 手工和动力工具除锈

① 手工除锈，指用刮刀、手锤、钢丝刷和砂布等工具除锈的工艺。

② 动力工具除锈，指用风动或电动砂轮、刷轮和除锈机等动力工具除锈的工艺。

钢材除锈后，应用刷子、净布或无油、无水的压缩空气清理，除去锈尘等污物，并在当班涂完底漆。

(4) 火焰除锈

① 火焰除锈 是指应用氧乙炔焰及喷嘴进行除锈的工艺。喷嘴的形状和大小要适合待除锈的钢材表面特性，特别推荐用于以油污为主的钢材表面除锈。

② 火焰除锈 适用于厚度在5mm以上、未有涂层或要完全去除旧涂层的钢材；对于厚度小于5mm的钢材除锈，应注意适当调整火焰温度。

③ 火焰除锈应注意从火焰强度、除锈操作与运作路线等方面采取对应措施，防止钢材热变形。

④ 火焰除锈前，应将钢材表面残留的疏散锈层、氧化皮及污物除掉；火焰除锈后，应用动力钢丝刷清除钢材表面的附着物。

## 三、常用涂料

（1）钢结构涂装防腐涂料，宜选用醇酸树脂、氯化橡胶、氯磺化聚乙烯、环氧树脂、聚氨酯、有机硅等品种。

选用涂料时，首先应选已有国家标准或行业标准的品种，其次选用已有企业标准的品种，无产品标准的不得选用。

（2）涂料进场应有产品出厂合格证，并应取样复验，符合产品质量标准的方可使用。

① 取样数目按表15-28的规定执行。

**表15-28　涂料检验取样数目**

| 交货的桶数 | 取样数目 | 交货的桶数 | 取样数目 | 交货的桶数 | 取样数目 |
|---|---|---|---|---|---|
| 2～10 | 2 | 36～50 | 5 | 91～125 | 8 |
| 11～20 | 3 | 51～70 | 6 | 126～160 | 9 |
| 21～35 | 4 | 71～90 | 7 | 161～200 | 10 |

② 取样时，应同时取2份，每份0.25kg，其中一份做检验，另一份密封储存备查。

（3）涂料应配套使用，涂膜应由底漆、中间漆和面漆构成。不得用单一品种作为防护涂膜。

（4）用于钢结构涂装的底漆、中间漆和面漆，所具有的主要性能应具有兼容性：①底漆应具有较好的防锈性能和较强的附着力；②中间漆除应具有一定的底漆性能外，还应兼有一定的面漆性能，每道漆膜厚度应比底漆或面漆厚；③面漆直接与腐蚀环境接触，应具有较强的防腐蚀能力和持久、抗老化性能。

（5）选用耐400℃以下的高温涂料，应能在常温条件下自干成膜，在投产使用前构件不能返锈。

（6）钢结构涂装常用的主要涂料品种及施工性能指标要求应符合表15-29的规定。

**表15-29　钢结构涂装常用的主要涂料品种及施工性能指标要求**

| 涂料型号及名称 | 主要施工方法 | 施工黏度（涂杯）/s | 稀释剂 | 使用量/($g/m^2$) | 涂层厚度/μm | 涂漆间隔时间 | |
|---|---|---|---|---|---|---|---|
| | | | | | | 最短/h | 最长/d |
| X06-1乙烯磷化底漆 | 喷涂或刷涂 | 30～50 | 专用稀释剂 | 60～80 | 8～12 | 2 | 1 |
| Y53-31红丹油性防锈漆 | 刷涂 | 40～60 | 200号溶剂油 | 100～130 | 30～35 | 48 | 4 |
| C53-31红丹醇酸防锈漆 | 刷涂 | 40～60 | X-6稀释剂 | 120～150 | 30～35 | 24 | 4 |
| C06-1铁红醇酸底漆 | 喷涂或刷涂 | 50～80 | X-6稀释剂 | 100～120 | 20～25 | 24 | 4 |
| X53-G1云铁高氯化聚乙烯防锈漆 | 喷涂或刷涂 | 90～140 | 专用稀释剂 | 180～220 | 30～35 | 8 | 4 |
| JX52-GAB1氯磺化聚乙烯防锈漆 | 喷涂或刷涂 | 60～80 | 专用稀释剂 | 100～120 | 20～25 | 8 | 4 |
| G06-4锌黄铁红过氯乙烯漆 | 喷涂或刷涂 | 30～50 | X-3稀释剂 | 70～80 | 18～20 | 4 | 4 |
| H06-1环氧富锌底漆 | 刷涂 | 25～40 | X-7稀释剂 | 170～200 | 20～25 | 24 | 4 |
| H06-13环氧沥青底漆 | 喷涂或刷涂 | 70～100 | X-32稀释剂 | 120～160 | 50～70 | 48 | 4 |
| S06-1900铁红聚氨酯底漆 | 喷涂或刷涂 | 40～60 | X-11稀释剂 | 100～120 | 25～30 | 8 | 4 |

续表

| 涂料型号及名称 | 主要施工方法 | 施工黏度（涂杯）/s | 稀释剂 | 使用量/(g/m²) | 涂层厚度/μm | 涂漆间隔时间 | |
|---|---|---|---|---|---|---|---|
| | | | | | | 最短/h | 最长/d |
| E06-28 无机硅富锌底漆 | 喷涂或刷涂 | 20～30 | 专用稀释剂 | 140～180 | 20～25 | 8 | 4 |
| C53-34 云铁醇酸防锈漆 | 喷涂或刷涂 | 70～120 | X-6 稀释剂 | 120～160 | 30～40 | 24 | 4 |
| C52-31 各色过氯乙烯防腐漆 | 喷涂或刷涂 | 25～30 | X-3 稀释剂 | 80～100 | 18～22 | 4 | 3 |
| X53-G4 高氯化聚乙烯中间漆 | 喷涂或刷涂 | 60～80 | 专用稀释剂 | 200～250 | 35～40 | 8 | 4 |
| J53-G2 云铁氯化橡胶防锈漆 | 喷涂或刷涂 | 60～100 | X-4 稀释剂 | 130～160 | 40～50 | 8 | 4 |
| JX52-GAB2 氯磺化聚乙烯中间漆 | 喷涂或刷涂 | 80～140 | 专用稀释剂 | 200～250 | 10～45 | 8 | 4 |
| S53-1901 云铁聚氨酯中间漆 | 喷涂或刷涂 | 70～90 | X-11 稀释剂 | 130～160 | 40～50 | 8 | 4 |
| C04-2 各色醇酸磁漆 | 喷涂或刷涂 | 60～90 | X-6 稀释剂 | 100～120 | 20～25 | 48 | 7 |
| C04-42 各色醇酸磁漆 | 喷涂或刷涂 | 60～90 | X-6 稀释剂 | 100～120 | 20～25 | 48 | 7 |
| C52-2 过氯乙烯防腐漆 | 喷涂或刷涂 | 20～25 | X-3 稀释剂 | 60～80 | 16～20 | 8 | 7 |
| X52-G11 各色高氯化聚乙烯磁漆 | 喷涂或刷涂 | 80～120 | 专用稀释剂 | 150～180 | 30～35 | 8 | 7 |
| JX52-GAB3 氯磺化聚乙烯防腐漆 | 喷涂或刷涂 | 60～80 | 专用稀释剂 | 100～120 | 20～25 | 8 | 7 |
| S04-9 各色聚氨酯磁漆 | 喷涂或刷涂 | 30～40 | X-11 稀释剂 | 100～120 | 20～25 | 8 | 7 |
| J52-G4.1 各色氯化橡胶防腐漆 | 喷涂或刷涂 | 60～90 | X-14 稀释剂 | 100～120 | 30～35 | 8 | 7 |
| W61-64 有机硅高温防腐漆 | 喷涂或刷涂 | 30～60 | 专用稀释剂 | 100～120 | 20～25 | 24 | 7 |

## 四、涂装设计

涂装防护体系的内容包括钢材表面预处理、涂层体系和工程色彩。涂层体系的内容包括涂料品种、涂层结构和涂层厚度。

（1）钢材表面预处理方法与除锈等级　各种底漆或防锈漆要求最低的除锈等级见表15-30。

**表 15-30　各种底漆或防锈漆要求最低的除锈等级**

| 涂料品种 | 除锈等级 |
|---|---|
| 油性酚醛、醇酸等底漆或防锈漆 | St3 或 Be |
| 高氯化聚乙烯、氯化橡胶、氯磺化聚乙烯、环氧树脂、聚氨酯等底漆或防锈漆 | Sa2 或 Be |
| 无机富锌、有机硅、过氯乙烯等底漆 | Sa2 $\frac{1}{2}$ |

注：选用富锌底漆时，不宜采用酸洗除锈的方法。

钢材表面预处理必须考虑下列因素：①环境腐蚀程度；②钢材表面原始锈蚀程度；③选用的涂层体系和底漆要求最低的除锈等级，见表15-30；④经济合理。

（2）涂料品种的选择　选择的涂料应符合表15-31的规定与以下要求：①涂料的性能应与

腐蚀环境相适应；②涂层应由底漆、中间漆和面漆构成，并且配套使用；③选用的底漆应与规定的钢材除锈等级相适应；④经济合理。

**表 15-31 各种腐蚀环境与相适应的涂料和种类**

| 腐蚀环境 | 相适应的涂料种类 |
|---|---|
| 城市大气环境 | 醇酸树脂 |
| 工业大气环境 | 醇酸树脂、高氯化聚乙烯、氯化橡胶、氯磺化聚乙烯 |
| 化工大气环境 | 高氯化聚乙烯、氯磺化聚乙烯、聚氨酯、环氧树脂 |
| 海洋大气环境 | 氯化橡胶、聚氨酯 |
| 水上环境 | 氯化橡胶、聚氨酯 |
| 水下环境 | 环氧树脂、聚氨酯 |
| 高温环境 | 环氧改性酚醛耐热漆、有机硅耐热漆、聚氨酯耐热漆 |

(3) 涂层厚度 涂层的厚度应符合下列要求：①与环境腐蚀程度相适应；②与钢材表面预处理方法、除锈等级及其表面粗糙度相适应；③根据选用涂料品种的特性与使用环境，保证涂层能起防护作用的最低厚度；④需要防腐蚀的部位和涂装维修困难的部位，宜适当地增加厚度。

(4) 涂装防护体系的设计 根据防护工程要求，宜按表 15-32 和色卡的规定选用。

**表 15-32 涂装防护体系**

| 涂料品种 | 涂料型号及名称 | 层数 | 涂层厚度/μm | 要求最低的防锈等级 | 适用环境 |
|---|---|---|---|---|---|
| 醇酸漆 | Y53-31 红丹油性防锈漆或 F53-38 铝、铁酚醛防锈漆<br>C53-34 云铁醇酸防锈漆<br>C04-42 各色醇酸磁漆或 C04-2 各色醇酸磁漆 | 1～2<br>1<br>2～3 | 30～60<br>30<br>40～75 | St3 或 Be | 城市大气 |
| | 总层数及总厚度 | 4～6 | 100～165 | | |
| 醇酸漆 | C06-1 铁红醇酸底漆或 C53-31 红丹醇酸防锈漆<br>C53-34 云铁醇酸防锈漆<br>C04-42 各色醇酸磁漆或 C04-2 各色醇酸磁漆 | 1～2<br>2<br>2～3 | 25～50<br>60<br>40～75 | Sa2 或 Be | 工业大气 |
| | 总层数及总厚度 | 5～7 | 125～185 | | |
| 高氯化聚乙烯漆 | X53-G1 云铁高氯化聚乙烯防锈漆<br>X53-G4 高氯化聚乙烯中间漆<br>X53-G11 各色高氯化聚乙烯磁漆 | 2<br>1～2<br>2 | 60<br>30～60<br>60 | Sa2 或 Be | 工业大气、化工大气 |
| | 总层数及总厚度 | 5～6 | 150～180 | | |
| 氯化橡胶漆 | H06-1 环氧富锌底漆<br>J53-G2 云铁氯化橡胶防腐漆<br>J52-G4.3 氯化橡胶防腐漆 | 1<br>1～2<br>2～3 | 30<br>35～70<br>100～150 | Sa2 或 Be | 工业大气、海洋大气、水上环境 |
| | 总层数及总厚度 | 4～6 | 165～250 | | |
| 环氧漆 | H06-1 环氧富锌底漆<br>H06-3 云铁环氧中间漆<br>H06-4 各色环氧树脂面漆 | 1～2<br>1～2<br>2～3 | 20～40<br>50～100<br>80～120 | Sa2 | 化工大气、重防腐蚀、(适宜户内) |
| | 总层数及总厚度 | 4～7 | 150～260 | | |

续表

| 涂料品种 | 涂料型号及名称 | 层数 | 涂层厚度/μm | 要求最低的防锈等级 | 适用环境 |
| --- | --- | --- | --- | --- | --- |
| 聚氨酯漆 | 1900 铁红聚氨酯底漆或 H06-1 环氧富锌底漆 | 1～2 | 25～50 | Sa2 或 Be | 工业大气、化工大气、腐蚀环境、水下环境 |
| | 1901 云铁聚氨酯中间漆 | 2 | 60 | | |
| | 1901 聚氨酯防锈面漆 | 2～3 | 50～75 | | |
| | 总层数及总厚度 | 5～7 | 135～185 | | |
| 过氯乙烯漆 | Y06-1 乙烯磷化底漆 | 1 | 10 | $Sa2\frac{1}{2}$ | 化工大气 |
| | G06-4 铁红过氯乙烯底漆 | 1～2 | 20～40 | | |
| | G06-4∶G52-31＝1∶1 | 1 | 20 | | |
| | G52-31 各色过氯乙烯防腐漆 | 1～2 | 20～40 | | |
| | G52-31∶G52-2＝1∶1 | 1 | 20 | | |
| | G52-2 过氯乙烯防腐清漆 | 2～3 | 40～60 | | |
| | 总层数及总厚度 | 7～10 | 130～190 | | |
| 聚氨酯耐热漆 | S61-81 聚氨酯铝粉防腐漆或 E06-28 无机硅酸锌底漆 | 2 | 60 | Sa2 或 Be | 耐温 150℃以下的环境 |
| | S61-30 聚氨酯耐热防腐漆 | 2 | 60 | | |
| | 总层数及总厚度 | 4 | 120 | | |
| 酚醛改性耐热漆 | E06-20F 无机硅酸锌底漆 | 2 | 50 | $Sa2\frac{1}{2}$ | 耐温 150℃以下的户内环境 |
| | （或 F-150 耐热防腐底漆） | (2) | (70) | | |
| | H-150 耐热防腐面漆 | 2 | 80 | | |
| | 总层数及总厚度 | 4 | 130～150 | | |
| 有机硅耐热漆 | E06-28 无机硅酸锌底漆 | 2 | 50 | $Sa\frac{1}{2}$ | 耐温 400℃以下的环境 |
| | W61-64 有机硅高温防腐漆 | 2 | 50 | | |
| | 总层数及总厚度 | 4 | 100 | | |
| 环氧树脂改性耐酸漆 | SH50-81 环氧树脂耐酸防锈漆 | 1～2 | 35～70 | Sa2 或 Be | 腐蚀严重的化工大气电镀、电解及酸洗环境 |
| | SH50-83 环氧树脂耐酸中间漆 | 2 | 70 | | |
| | SH50-61 环氧树脂耐酸防腐漆 | 2 | 50 | | |
| | 总层数及总厚度 | 5～6 | 155～190 | | |

① 对有大气（城市、工业和化工大气）腐蚀的涂装工程，宜根据环境空气相对湿度确定涂层的厚度：湿度低于 60%时，选用规定厚度的下限；湿度为 60%～75%时，选用规定厚度的中限；湿度大于 75%时，选用规定厚度的上限。

② 对户内、外涂装工程涂层厚度的确定，宜按表 15-32 的规定：户内选用规定厚度的下、中限；户外选用规定厚度的中、上限。

（5）涂装体系举例　笔者整理并应用的除尘设备与管道的涂装实例见表 15-33～表 15-38。

## 五、涂装施工技术

### 1. 一般规定

（1）涂装前技术资料应完整，操作人员应经过技术培训，施工条件基本具备。

（2）钢材表面预处理达到设计规定的除锈等级。

（3）涂装施工的环境符合下列要求。

① 环境温度宜为 10～30℃。

② 环境相对湿度不宜大于 80%，或者钢材表面温度不低于露点温度 3℃以上。

**表 15-33　常温下除尘设备与管道涂装设计**

| 部位:除尘设备(温度≤100℃) | 涂层系统:环氧/环氧/氯磺化聚乙烯 |
|---|---|
| | 表面处理:喷砂处理至标准 Sa2.5 级,表面粗糙度 40～70μm |

| 系统说明 | 颜色 | 漆膜厚度/μm | | 理论用量/(g/$m^2$) | 涂装间隔(与后道涂料) | | | 施工方法 | | | |
|---|---|---|---|---|---|---|---|---|---|---|---|
| | | | | | | | | 手工刷涂 | 辊涂 | 高压无气喷涂 | |
| | | 湿膜 | 干膜 | | 温度/℃ | 最短时间/h | 最长时间 | | | 喷孔直径/mm | 喷出压力/MPa |
| H06-1-1 环氧富锌底漆 | 灰色 | 80 | 40 | 180 | 25 | 24 | 无限制 | 全 | 全 | 0.4～0.5 | 15～20 |
| H06-1-1 环氧富锌底漆 | 灰色 | 80 | 40 | 180 | 25 | 24 | 无限制 | | | 0.4～0.5 | 15～20 |
| t53-6 环氧云铁防锈漆(中间漆) | 灰色 | 100 | 50 | 160 | 25 | 24 | 3 个月 | 适 | 适 | 0.4～0.5 | 15～30 |
| J52-61 氯磺化聚乙烯面漆 | 各色 | 180 | 25 | 180 | 25 | 8 | 无限制 | | | 0.4～0.5 | 12～15 |
| ff52-61 氯磺化聚乙烯面漆 | 各色 | 180 | 25 | 180 | 25 | 8 | 无限制 | 用 | 用 | 0.4～0.5 | 12～15 |
| | 干膜厚度合计:180μm | | | | | | | ✓适用;×不适用;△只适应修补 | | | |

| 品种资料 | 混合配比 | 熟化时间(25℃) | 适用期(25℃)/h | 干燥时间(25℃)/h | | 稀释剂及最大稀释量 | 限制 | | | |
|---|---|---|---|---|---|---|---|---|---|---|
| | | | | 表干 | 实干 | | 最低温度/℃ | 最高温度/℃ | 最低湿度/% | 最高湿度/% |
| H06-1-1 环氧富锌底漆 | 10∶1 | 0.5～1h | 8 | 0.5 | 24 | X-7,<20% | 5 | 40 | — | 85 |
| H53-6 环氧云铁防锈漆(中间漆) | 6∶1 | 0.5～1h | 8 | 2 | 24 | X-7,<10% | 5 | 40 | — | 85 |
| J52-61 氯磺化聚乙烯面漆 | 10∶1 | 搅拌均匀 | 8 | 0.5 | 24 | X-1,<10% | 15 | 40 | — | 85 |
| | | | | | | | 钢材表面温度一定要在露点以上 3℃ | | | |

**表 15-34　中常温下除尘设备与管道涂装设计**

| 部位:除尘设备(温度≤130℃) | 涂层系统:环氧/环氧/聚氨酯 |
|---|---|
| | 表面处理:喷砂处理至除锈标准 Sa2.5 级,表面粗糙度 40～70μm |

| 系统说明 | 颜色 | 漆膜厚度/μm | | 理论用量/(g/$m^2$) | 涂装间隔(与后道涂料) | | | 施工方法 | | | |
|---|---|---|---|---|---|---|---|---|---|---|---|
| | | | | | | | | 手工刷涂 | 辊涂 | 高压无气喷涂 | |
| | | 湿膜 | 干膜 | | 温度/℃ | 最短时间/h | 最长时间 | | | 喷孔直径/mm | 喷出压力/MPa |
| H06-1-1 环氧富锌底漆 | 灰色 | 80 | 40 | 180 | 25 | 24 | 无限制 | ✓ | ✓ | 0.4～0.5 | 15～20 |
| H06-1-1 环氧富锌底漆 | 灰色 | 80 | 40 | 180 | 25 | 24 | 无限制 | ✓ | ✓ | 0.4～0.5 | 15～20 |
| H53-6 环氧云铁防锈漆(中间漆) | 灰色 | 100 | 50 | 150 | 25 | 16 | 3 个月 | ✓ | ✓ | 0.4～0.5 | 15～30 |
| S52-40 聚氨酯面漆 | 各色 | 80 | 35 | 120 | 25 | 4 | 24h | ✓ | ✓ | 0.4～0.5 | 15～20 |
| S52-40 聚氨酯面漆 | 各色 | 80 | 35 | 120 | 25 | 4 | 24h | ✓ | ✓ | 0.4～0.5 | 15～20 |
| | 干膜厚度合计:200μm | | | | | | | ✓适用;×不适用;△只适应修补 | | | |

| 品种资料 | 混合配比 | 熟化时间(25℃) | 适用期(25℃)/h | 干燥时间(25℃)/h | | 稀释剂及最大稀释量 | 限制 | | | |
|---|---|---|---|---|---|---|---|---|---|---|
| | | | | 表干 | 实干 | | 最低温度/℃ | 最高温度/℃ | 最低湿度/% | 最高湿度/% |
| H06-1-1 环氧富锌底漆 | 10∶1 | 0.5～1h | 8 | 0.5 | 24 | X-7,<20% | 5 | 40 | — | 85 |
| H53-6 环氧云铁防锈漆(中间漆) | 6∶1 | 0.5～1h | 8 | 2 | 24 | X-7,<10% | 5 | 40 | — | 85 |
| S52-40 聚氨酯面漆 | 4∶1 | 20min | 8 | 2 | 24 | X-10,<5% | 0 | 40 | — | 85 |
| | | | | | | | 钢材表面温度一定要在露点以上 3℃ | | | |

注：除尘设备焊接较多，底漆应采用可焊接涂料，确保焊接质量，提高焊缝处涂层的防腐效果。

**表 15-35 高温下除尘设备与管道涂装设计（一）**

| 部位：管道和设备（温度≤250℃） | 涂层系统：无机硅酸锌/有机硅 |
|---|---|
| | 表面处理：喷砂处理至除锈标准 Sa2.5 级，表面粗糙度 40～70μm |

| 系统说明 | 颜色 | 漆膜厚度/μm | | 理论用量/(g/m²) | 涂装间隔（与后道涂料） | | | 施工方法 | | | |
|---|---|---|---|---|---|---|---|---|---|---|---|
| | | | | | | | | 手工刷涂 | 辊涂 | 高压无气喷涂 | |
| | | 湿膜 | 干膜 | | 温度/℃ | 最短时间/h | 最长时间 | | | 喷孔直径/mm | 喷出压力/MPa |
| WE61-250 耐热防腐涂料底漆 | 灰色 | 90 | 30 | 170 | 25 | 24 | 无限制 | √ | × | 0.4～0.5 | 12～15 |
| WE61-250 耐热防腐涂料底漆 | 灰色 | 90 | 30 | 170 | 25 | 24 | 无限制 | √ | × | 0.4～0.5 | 12～15 |
| WE61-250 耐热防腐涂料面漆 | 701、 | 70 | 25 | 100 | 25 | 24 | 无限制 | √ | × | 0.4～0.5 | 12～15 |
| WE61-250 耐热防腐涂料面漆 | 702、602 | 70 | 25 | 100 | 25 | 24 | 无限制 | √ | × | 0.4～0.5 | 12～15 |
| | 干膜厚度合计：110μm | | | | | | | √适用；×不适用；△只适应修补 | | | |

| 品种资料 | 混合配比 | 熟化时间（25℃） | 适用期（25℃）/h | 干燥时间(25℃) | | 稀释剂及最大稀释量 | 限制 | | | |
|---|---|---|---|---|---|---|---|---|---|---|
| | | | | 表干 | 实干 | | 最低温度/℃ | 最高温度/℃ | 最低湿度/% | 最高湿度/% |
| WE61-250 耐热防腐涂料底漆 | 4∶1 | 0.5～1h | 8 | 10min | 1h | WE61-250 底面漆专用稀释剂，≤5% | 5 | 40 | 50 | 85 |
| WE61-250 耐热防腐涂料面漆 | 100∶2 | 混合搅匀即可 | 8 | 1h | 24h | | 5 | 40 | — | 85 |
| | | | | | | | 钢材表面温度一定要在露点以上 3℃ | | | |

注：高温面漆颜色与色标基本相似。

**表 15-36 高温下除尘设备与管道涂装设计（二）**

| 部位：管道和设备（温度≤250～500℃） | 涂层系统：无机硅酸锌/有机硅耐高温面漆 |
|---|---|
| | 表面处理：喷砂处理至除锈标准 Sa2.5 级，表面粗糙度 40～70μm |

| 系统说明 | 颜色 | 漆膜厚度/μm | | 理论用量/(g/m²) | 涂装间隔（与后道涂料） | | | 施工方案 | | | |
|---|---|---|---|---|---|---|---|---|---|---|---|
| | | | | | | | | 手工刷涂 | 辊涂 | 高压无气喷涂 | |
| | | 湿膜 | 干膜 | | 温度/℃ | 最短时间/h | 最长时间 | | | 喷孔直径/mm | 喷出压力/MPa |
| E06-1(704)无机锌防锈底漆 | 灰色 | 73 | 30 | 315 | 25 | 8 | 无限制 | √ | × | 0.4～0.5 | 12～15 |
| E06-1(704)无机锌防锈底漆 | 灰色 | 73 | 30 | 315 | 25 | 8 | 无限制 | √ | × | 0.4～0.5 | 12～15 |
| 9801 各色有机硅耐高温面漆 | 各色 | 46 | 20 | 50 | 20 | 24 | 无限制 | √ | × | 0.4～0.5 | 12～15 |
| 9801 各色有机硅耐高温面漆 | 各色 | 46 | 20 | 50 | 20 | 24 | 无限制 | √ | × | 0.4～0.5 | 12～15 |
| | 干膜厚度合计：100μm | | | | | | | √适用；×不适用；△只适应修补 | | | |

| 品种资料 | 混合配比 | 熟化时间（25℃） | 干燥时间(25℃)/h | | 稀释剂及最大稀释量 | 限制 | | | |
|---|---|---|---|---|---|---|---|---|---|
| | | | 表干 | 实干 | | 最低温度/℃ | 最高温度/℃ | 最低湿度/% | 最高湿度/% |
| E06-1(704)无机锌防锈底漆 | 3∶1 | 0.5～1h | 1 | 24 | 107 稀释剂≤10% | 5 | 40 | 50 | 85 |
| 9801 各色有机硅耐高温面漆 | 单组分 | 混合均匀 | 1 | 12 | 耐高温专用稀释剂≤10% | 5 | 40 | — | 85 |
| | | | | | | 钢材表面温度一定要在露点以上 3℃ | | | |

注：高温面漆颜色与色标基本相似。耐高温漆耐热温度：白 200℃；灰 350℃；棕色 350℃；大红 400℃；中黄 400℃；蓝色 250℃；绿色 500℃；铁红 450℃。

**表 15-37 高温下除尘设备与管道涂装设计（三）**

| 部位：管道（温度≤600℃） | 涂层系统：改性有机硅/改性有机硅 | | | | | | | | | | |
|---|---|---|---|---|---|---|---|---|---|---|---|
| | 表面处理：喷砂处理至除锈标准 Sa2.5 级，表面粗糙度 40～70μm | | | | | | | | | | |
| 系统说明 | 颜色 | 漆膜厚度/μm | | 理论用量/(g/m²) | 涂装间隔（与后道涂料） | | | 施工方法 | | | |
| | | | | | | | | | | 高压无气喷涂 | |
| | | 湿膜 | 干膜 | | 温度/℃ | 最短时间/h | 最长时间 | 手工刷涂 | 辊涂 | 喷孔直径/mm | 喷出压力/MPa |
| W61-600 有机硅耐高温防腐涂料底漆 | 铁红色 | 65 | 25 | 90 | 25 | 24 | 无限制 | √ | × | 0.4～0.5 | 12～15 |
| W61-600 有机硅耐高温防腐涂料底漆 | 铁红色 | 65 | 25 | 90 | 25 | 24 | 无限制 | √ | × | 0.4～0.5 | 12～15 |
| W61-600 有机硅耐高温防腐涂料面漆 | 淡绿色 | 60 | 25 | 80 | 25 | 24 | 无限制 | √ | × | 0.4～0.5 | 12～15 |
| W61-100 有机硅耐高温防腐涂料面漆 | 淡绿色 | 60 | 25 | 80 | 25 | 24 | 无限制 | √ | × | 0.4～0.5 | 12～15 |
| | 干膜厚度合计：100μm | | | | | | | √适用；×不适用；△只适应修补 | | | |

| 品种资料 | 混合配比 | 熟化时间（25℃） | 适用期（25℃）/h | 干燥时间(25℃)/h | | 稀释剂 | 限制 | | | |
|---|---|---|---|---|---|---|---|---|---|---|
| | | | | 表干 | 实干 | | 最低温度/℃ | 最高温度/℃ | 最低湿度/% | 最高湿度/% |
| W61-600 有机硅耐高温防腐涂料底漆 | 50：2：50 | 混合搅匀即可 | 8 | 0.5 | 24 | W61-600 底面漆专用稀释剂 | 5 | 40 | — | 85 |
| W61-600 有机硅耐高温防腐涂料面漆 | 50：2：50 | | 8 | 0.5 | 24 | | 5 | 40 | — | 85 |
| | | | | | | | 钢材表面温度一定要在露点以上 3℃ | | | |

**表 15-38 高湿常温除尘设备与管道涂装设计**

| 部位：设备和管道内壁（含水，温度≤100℃） | 涂层系统：环氧/环氧/环氧 | | | | | | | | | | |
|---|---|---|---|---|---|---|---|---|---|---|---|
| | 表面处理：喷砂处理至除锈标准 Sa2.5 级，表面粗糙度 40～70μm | | | | | | | | | | |
| 系统说明 | 颜色 | 漆膜厚度/μm | | 理论用量/(g/m²) | 涂装间隔（与后道涂料） | | | 施工方法 | | | |
| | | | | | | | | | | 高压无气喷涂 | |
| | | 湿膜 | 干膜 | | 温度/℃ | 最短时间/h | 最长时间 | 手工刷涂 | 辊涂 | 喷孔直径/mm | 喷出压力/MPa |
| H06-1-1 环氧富锌底漆 | 灰色 | 80 | 40 | 180 | 25 | 24 | 无限制 | √ | √ | 0.4～0.5 | 15～20 |
| H06-1-1 环氧富锌底漆 | 灰色 | 80 | 40 | 180 | 25 | 24 | 无限制 | √ | √ | 0.4～0.5 | 15～20 |
| H53-6 环氧云铁防锈漆（中间漆） | 灰色 | 100 | 50 | 160 | 25 | 16 | 3 个月 | √ | √ | 0.4～0.5 | 15～30 |
| H52-2 环氧厚浆型面漆 | 各色 | 100 | 50 | 120 | 25 | 24 | 7 天 | √ | √ | 0.4～0.5 | 15～20 |
| H52-2 环氧厚浆型面漆 | 各色 | 100 | 50 | 120 | 25 | 24 | 7 天 | √ | √ | 0.4～0.5 | 15～20 |
| | 干膜厚度合计：230μm | | | | | | | √适用；×不适用；△只适应修补 | | | |

续表

| 品种资料 | 混合配比 | 熟化时间(25℃)/h | 适用期(25℃)/h | 干燥时间(25℃)/h | | 稀释剂及最大稀释量 | 限制 | | | |
|---|---|---|---|---|---|---|---|---|---|---|
| | | | | 表干 | 实干 | | 最低温度/℃ | 最高温度/℃ | 最低湿度/% | 最高湿度/% |
| H06-1-1 环氧富锌底漆 | 10∶1 | 0.5～1 | 8 | 0.5 | 24 | X-7,<20% | 5 | 40 | — | 85 |
| H53-6 环氧云铁防锈漆(中间漆) | 6∶1 | 0.5～1 | 8 | 2 | 24 | X-7,<10% | 5 | 40 | — | 85 |
| H52-2 环氧厚浆型面漆 | 18∶5 | 0.5～1 | 8 | 4 | 24 | X-7,<5% | 5 | 40 | — | 85 |
| | | | | | | | 钢材表面温度一定要在露点以上3℃ | | | |

③ 在有雨、雾、雪、风沙和较大灰尘时，禁止在户外施工。

(4) 涂料的确认和储存应符合下列要求。

① 涂装前应对涂料名称、型号、颜色进行检查，确认与设计规定相符；产品出厂日期不超过储存期限，与规定不相符或超过储存期的涂料，不得使用。

② 涂料及其辅助材料宜储存在通风良好的阴凉库房内，温度应控制在5～35℃，按原包装密封保管。

③ 涂料及其辅助材料属于易燃品，库房附近应杜绝火源，并要有明显的"严禁烟火"标志牌和灭火工具。

(5) 涂料开桶后，应进行搅拌，同时检查涂料的外观质量，不得有析出、结块等现象。对颜料密度较大的涂料，一般宜在开桶前1～2d将桶倒置，以便开桶时易搅匀。

(6) 调整涂料"施工黏度"，涂料开桶搅匀后，测定黏度，如测得的黏度高于规定的"施工黏度"，可加入适量的稀释剂，调整到规定的"施工黏度"。"施工黏度"应由专人调整。

(7) 用同一型号品种的涂料进行多层施工时，其中间层应选用不同颜色的涂料，一般应选浅于面层颜色的涂料。

(8) 禁止涂漆的部位：①地脚螺栓和底板；②高强螺栓摩擦接合面；③与混凝土紧贴或埋入的部位；④机械安装所需的加工面；⑤密封的内表面；⑥现场待焊接部位相邻两侧各50～100mm的区域；⑦通过组装紧密接合的表面；⑧设计上注明不涂漆的部位；⑨设备的铭牌和标志。

(9) 对禁止涂漆的部位，应在涂装前采取措施遮蔽保护。

(10) 组装符号标志要明显，涂漆时可用胶纸等物保护。

**2. 涂装施工方法**

涂装施工可采用刷涂、滚涂、空气喷涂和高压无气喷涂等方法。应根据涂装场所的条件、被涂物形状大小、涂料品种及设计要求等，选择合适的涂装方法。

(1) 刷涂方法　刷涂是以刷子用手工涂漆的一种方法。刷涂时应按下列要点操作：①干燥较慢的涂料，应按涂敷、抹平和修饰三道工序操作；②对干燥较快的涂料，应从被涂物的一边按一定顺序，快速、连续地刷平和修饰，不宜反复刷涂；③刷涂垂直表面时，最后一次应按光线照射方向进行；④漆膜的刷涂厚度应均匀适中，防止流挂、起皱和漏涂。

(2) 滚涂方法　滚涂是用辊子涂装的一种方法，适用于一定品种的涂料。应按下列要点操作：①先将涂料大致地涂布于被涂物表面，接着将涂料均匀地分布开，最后让辊子按一定的方向滚动，滚平表面并修饰；②在滚涂时，初始用力要轻，以防涂料流落；随后逐渐用力，使涂层均匀。

（3）空气喷涂法　空气喷涂法是以压缩空气的气流使涂料雾化成雾状，喷涂于被涂物表面上的一种涂装方法。喷涂时应按下列要点操作：①喷涂“施工黏度”按有关规定执行；②喷枪压力为0.3～0.5MPa；③喷嘴与物面的距离，大型喷枪为20～30cm，小型喷枪为15～25cm；④喷枪应依次保持与物面垂直或平行地运行，移动速度为30～60cm/s，操作要稳定；⑤每行涂层边缘的搭接宽度应保持一致，前后搭接宽度一般为喷涂幅度的1/4～1/3；⑥多层次喷涂时，各层应纵横交叉施工，第1层横向施工时，第2层则要纵向施工；⑦喷枪使用后，应立即用溶剂清洗干净。

（4）高压无气喷涂法　高压无气喷涂是利用密闭器内的高压泵输送涂料，当涂料从喷嘴喷出时，体积骤然膨胀而分散雾化，高速地喷涂在物面上。喷涂时应按下列要点操作：①喷涂施工黏度按有关规定执行；②喷嘴与物面的距离为32～38cm；③喷流的喷射角度为30°～60°；④喷流的幅度，喷射大面积物件为30～40cm，喷射较大面积物件为20～30cm，喷射较小面积物件为15～25cm；⑤喷枪的移动速度为60～100cm/s；⑥每行涂层的搭接边应为涂层幅宽的1/6～1/5；⑦喷涂完毕后，立即用溶剂清洗设备，同时排出喷枪内的剩余涂料，吸入溶剂做彻底的循环清洗，拆下高压软管，用压缩空气吹净管内溶剂。

（5）涂漆间隔时间　涂漆的间隔时间按有关规定执行。

（6）漆膜的干燥标准

① 表干（或指干）：用手指轻轻按漆膜，感到发黏，但漆膜不黏附在手指上的状态。

② 半干（或半硬干）：用手指轻按漆膜，在漆膜上不留指纹的状态。

③ 实干（完全干燥）：用手指重压或急速捅碰漆膜，在漆膜上不残留指纹或伤痕的状态。

漆膜在干燥的过程中，应保持周围环境清洁，防止被灰尘、雨、水、雪等物污染。

**3. 二次涂装的表面处理和修补**

（1）二次涂装是指物件在工厂加工并按作业分工涂装完后，在现场进行的涂装；或者涂漆间隔时间超过1个月以上，再涂漆时的涂装。

（2）二次涂装的表面在进行下道涂漆前应满足下列要求：①经海上运输的涂装件，运到港岸后，应用水冲洗，将盐分彻底清除干净；②现场涂装前，应彻底清除涂装件表面上的油、泥、灰尘等污物，一般可用水冲、布擦或溶剂清洗等方法；③表面清洗后，应用钢丝绒等工具对原有漆膜进行打毛处理，同时对组装符号加以保护；④用无油、水的压缩空气清理表面。

（3）二次涂装前，要对前几道涂层有缺陷的部位进行修补。

（4）修补涂层。安装前检查发现涂层有缺陷时，应按原涂装设计进行修补。

安装后，应对下列部位进行修补：①接合部的外露部位和坚固件等；②安装时焊接及烧损的部位；③组装符号和漏涂的部位；④安装时损伤的部位。

## 六、涂装质量检查及验收

**1. 质量检查**

（1）涂料的名称、型号、颜色及辅助材料必须符合设计的规定，产品质量应符合产品质量标准，并具有产品出厂合格证和复检报告。

（2）表面预处理应按设计的规定清理，并达到规定的预处理等级，应无焊渣、焊疤、灰尘、油污和水分等物。

（3）涂膜的底层、中间层和面层的层数应符合设计的规定。当涂膜总厚度不够时允许增加涂面漆。

（4）涂膜的底层、中间层和面层不得有咬底、裂纹、针孔、分层剥落、漏涂和返锈等缺陷。

(5) 涂膜的外观应均匀、平整、丰满和有光泽，其颜色应与设计规定的《色卡》色标相一致。

(6) 涂膜厚度按检测平均值计算，平均值不得低于规定的厚度。其中，低于规定厚度的检测处数量小于总检测处数量的20%为合格；有低于规定厚度80%的检测处为不合格。计算时，超过规定厚度20%的测点，按规定厚度的120%计算，不得按实测值计算。

① 涂膜厚度检测量：桁架、梁柱等主要构件，按同类构件抽检总量的20%，最低不得少于5件；管道及次要构件检测3处；板、箱形梁及非标设备等类似构件，每$10m^2$检测3处。

② 检测点的部位：宽度在15cm以下的构件，每处测3点，各点距离构件边缘3cm以上，点与点间距约为5cm；宽度在15cm以上的构件，每处测3点，各点距离构件边缘5cm以上，点与点间距约为5cm；管道每隔500cm取一处，每处测3点，点与点间距约为5cm，小管径的点距为管径的1/3。

**2. 工程验收**

(1) 涂装工程的验收包括中间验收和交工验收。工程未经交工验收，不得交付生产使用。

(2) 涂装工程的中间验收主要是对钢材表面预处理的验收。

(3) 交工验收时应提交下列资料：①原材料的出厂合格证和复验报告单；②设计变更通知单、材料代用的技术文件；③对重大质量事故的处理记录；④隐蔽工程记录。

(4) 涂装质量不符合设计和规程要求的，必须进行返修，合格后方可验收。返修记录放入交工验收资料中。

# 第六节 压缩空气系统设计

除尘器的压缩空气系统包括压缩空气管道、储气罐及相应的配件等。根据除尘器工作原理及清灰控制系统中仪表及元件的结构特点，对进入除尘器气包前的压缩空气压力要有一定的限制，对气体品质也要有一定的要求。因为压力高低、气体品质好坏都会影响清灰效果。

## 一、供气方式设计

**1. 对气源的要求**

清灰用的压缩空气的压力高低对除尘效能影响很大。根据脉冲袋式除尘器的运行要求，清灰用压缩空气的压力范围为0.02～0.8MPa。因此，要求接自室外管网或单独设置供气系统，气源入口处设置调压装置，使之控制在需要的压力范围内。正常的运行不但要求压力稳定，而且还要求不间断供气。如果气源压力及气量波动大时，可用储气罐来储备一定量的气体，以保证气量、气压的相对稳定。储气罐容积和结构是根据同时工作的除尘器在一定时间内所需的空气量和压力的要求来确定的。当设储气罐不能满足要求时，应设置单独供气系统，否则会影响除尘器的正常运行。

若压缩空气内的油水和污垢不清除，不仅会堵塞仪表的气路及喷吹管孔眼，影响清灰效果，而且一旦喷吹到滤袋上，与粉尘黏结在一起，还会影响除尘效能。因此，要求压缩空气入口处设置集中过滤装置，作为第一次过滤，以除掉管内的冷凝水及油污。为防止第一次过滤效果不好或失效，需要在除尘器的气包前再装一个小型空气过滤器（一般采用QSL或SQM型分水滤气器），其安装位置应便于操作。

压缩空气质量有6级，见表15-39。用于除尘清灰的压缩空气质量一般为3级。

表 15-39　ISO 8573-1 压缩空气质量等级

| 等级 | 含尘最大粒子尺寸/μm | 防水最高压力露点/℃ | 含油最大浓度/(mg/m³) | 等级 | 含尘最大粒子尺寸/μm | 防水最高压力露点/℃ | 含油最大浓度/(mg/m³) |
|---|---|---|---|---|---|---|---|
| 1 | 0.1 | −70 | 0.01 | 4 | 15 | 3 | 5 |
| 2 | 1 | −40 | 0.1 | 5 | 40 | 7 | 25 |
| 3 | 5 | −20 | 1 | 6 | | 10 | |

**2. 供气方式**

除尘器的供气方式大致可分为外网供气、单独供气和就地供气三种。供气方式的选择要根据除尘器的数量和分布以及外网气压、气量的变化情况加以确定。

(1) 外网供气　外网供气是以接自生产工艺设备用的压缩空气管网作为除尘器的清灰，输灰气源。在气压、气量及稳定性等方面都应能满足除尘器清灰的要求。接自外网的压缩空气管道在接入除尘器时，应设入口装置，包括压力计、减压器、流量计、油水分离器和阀门等（图 15-35）。

(2) 单独供气　单独供气指单独为脉冲袋式除尘器清灰和输灰而设置的供气系统。在外网供气条件不具备的情况下，可在压缩空气站内设置专为除尘器用的压缩空气机，也可设置单独的压缩空气站来保证脉冲袋式除尘器的需要。为了管理方便和减少占地面积，应尽量与生产工艺设备用的压缩空气站设置在一起。

为了保证供气，单独设置的压缩空气站应设有备用压缩空气机。压缩空气站的位置应尽量靠近除尘器，管路应尽量与全厂管网布置在一起。

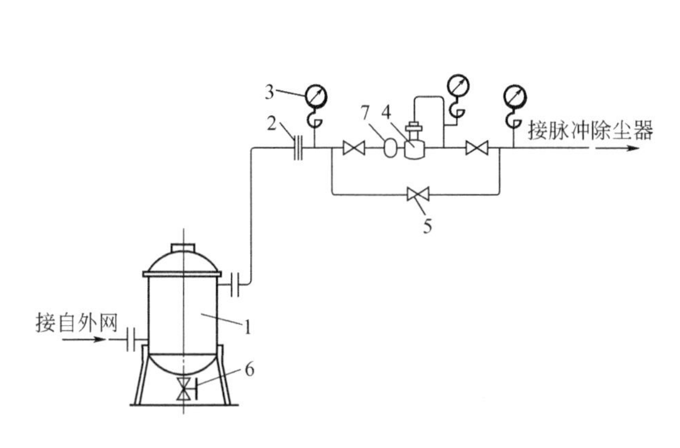


图 15-35　压缩空气入口装置

1—过滤器；2—流量计；3—压力计；4—减压器；5—截止阀；6—排污阀；7—过滤器

图 15-36　小型活塞空气压缩机

(3) 就地供气　一般来说，当厂内没有压缩空气，或虽然有但是供气管网用户远、除尘器数量少、单独设置压缩空气站又有困难时，采用就地供气方式，在除尘器旁安装小型压缩空气机，可供 1～2 台除尘器使用。这种供气方式的缺点是压力和气量不稳（必须设置储气罐），容易因压缩空气机出故障而影响除尘器正常运行，维修量大，噪声大。因此，尽量少采用或不采用这种供气方式。

常用小型活塞空气压缩机如图 15-36 所示，其性能见表 15-40。

表 15-40 小型活塞压缩机性能

| 型号 TYPE | 电动机 | | 气缸 | | 排气量 /(m³/min) | 额定压力 /MPa | 储气量 /L | 外形尺寸 ($L\times W\times H$) /cm | 质量 /kg |
|---|---|---|---|---|---|---|---|---|---|
| | kW | hp | 缸径×缸数 | 行程 /mm | | | | | |
| Z-0.036 | 0.75 | 1 | 51(mm)×1 | 38 | 0.036 | 0.8 | 24 | 70×41×62 | 38.5 |
| V-0.08 | 1.1 | 1.5 | 51(mm)×2 | 43 | 0.08 | 0.8 | 35 | 94×45×69 | 56 |
| Z-0.10 | 1.5 | 2 | 65(mm)×1 | 46 | 0.10 | 0.8 | 35 | 77×43×69 | 69.5 |
| V-0.12 | 1.5 | 2 | 51(mm)×2 | 44 | 0.12 | 0.8 | 40 | 94×45×69 | 72.5 |
| V-0.17 | 1.5 | 2 | 51(mm)×2 | 46 | 0.17 | 0.8 | 60 | 99×46×76 | 93 |
| V-0.25 | 2.2 | 3 | 65(mm)×2 | 46 | 0.25 | 0.8 | 81 | 115×48×86 | 105.5 |
| W-0.36 | 3 | 4 | 65(mm)×3 | 48 | 0.36 | 0.8 | 110 | 120×48×85 | 123 |
| V-0.40 | 3 | 4 | 80(mm)×2 | 60 | 0.40 | 0.8 | 115 | 122×48×82 | 180 |
| V-0.48 | 8 | 5.5 | 90(mm)×2 | 60 | 0.48 | 0.8 | 125 | 142×54×93 | 183 |
| W-0.67 | 5.5 | 7.5 | 80(mm)×3 | 70 | 0.67 | 0.8 | 135 | 151×58×96 | 214 |
| W-0.9 | 7.5 | 10 | 90(mm)×3 | 70 | 0.9 | 0.8 | 190 | 160×59×100 | 256 |
| V-0.95 | 5.5 | 7.5 | 100(mm)×2 | 80 | 0.95 | 0.8 | 250 | 175×66×115 | 260 |
| W-1.25 | 7.5 | 10 | 100(mm)×3 | 80 | 1.25 | 0.8 | 270 | 168×76×122 | 370 |
| W-1.5 | 11 | 15 | 100(mm)×3 | 100 | 1.5 | 0.8 | 290 | 176×76×122 | 430 |
| W-2.0 | 15 | 20 | 120(mm)×3 | 100 | 2.0 | 0.8 | 340 | 188×82×139 | 540 |
| VFY-3.0 | 22 | 30 | 155(mm)×2/ 82(mm)×2 | 116 | 3.0 | 1 | 520 | 192×85×150 | 950 |
| W-1.5 | 柴油机 | 12 | 90(mm)×3 | 70 | 1.5 | 0.5 | 200 | 178×76×122 | 430 |
| W-2.0 | 柴油机 | 15 | 100(mm)×3 | 80 | 20 | 0.5 | 260 | 188×82×139 | 540 |

## 二、用气量设计计算

除尘器的用气量包括三部分：一是袋式除尘器脉冲阀用气；二是提升阀（或其他气动阀）用气；三是其他临时性用气如仪表吹扫用气等。

**1. 脉冲阀耗气量**

（1）单阀一次耗气量　脉冲阀单阀耗气量可用下式计算

$$q_{\mathrm{m}}=78.8K_{\mathrm{v}}\left[\frac{G(273+t)}{p_{\mathrm{m}}\Delta p}\right]^{-\frac{1}{2}} \tag{15-99}$$

式中，$q_{\mathrm{m}}$ 为单阀一次耗气量，L/min；$K_{\mathrm{v}}$ 为流量系数，由脉冲阀厂商提供；$p_{\mathrm{m}}$ 为阀前绝对压力（$p_1$）与阀后绝对压力（$p_2$）之和的 1/2，即 $p_{\mathrm{m}}=\frac{p_1+p_2}{2}$，kPa；$\Delta p$ 为阀前后压差，kPa，$\Delta p<\frac{1}{2}p_1$；$t$ 为介质温度，℃；$G$ 为气体相对密度，空气取 1。

脉冲阀的耗气量因生产商、规格和应用条件等不同而变化很大，单阀一次耗气量还可以通过查找产品样本得到。图 15-37 为某品牌脉冲阀的耗气量的试验数据。从图中可以看出，耗气量是图中曲线所包围的面积，严格地说是在压力变化情况下曲线的积分值。

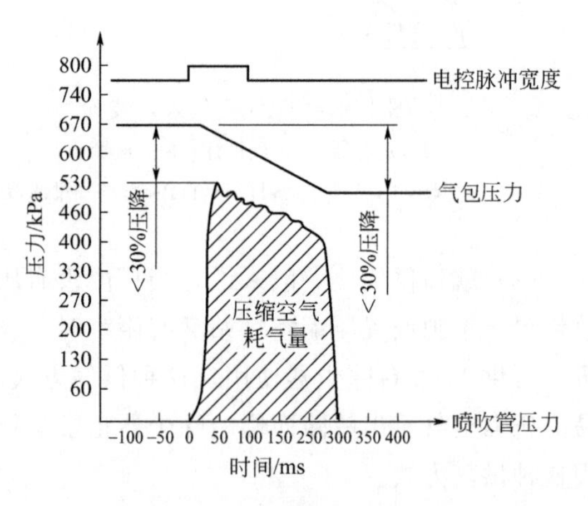

图 15-37　某品牌脉冲阀的耗气量

（2）影响耗气量的因素　同一规格型号的脉冲阀，往往因为气包容积大小、压力高低、喷吹管规格和开孔大小的不同，影响其耗气量。在脉冲除尘器清灰装置设计中必须充分注意这些因素。图 15-38 为喷吹气量与气包容积和气包喷吹时间的关系曲线。

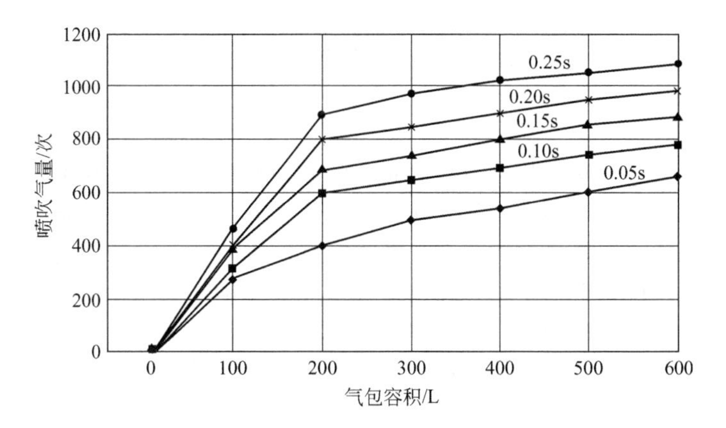


图 15-38　喷吹气量与气包容积和气包喷吹时间的关系曲线（3in 淹没式阀 0.6MPa）

（3）耗气量计算　除尘器脉冲多阀耗气量按下式计算：

$$Q=A\ \frac{Nq}{1000T} \tag{15-100}$$

式中，$Q$ 为耗气量，$m^3/min$；$A$ 为安全系数，可取 1.2～1.5；$N$ 为脉冲阀数量；$q$ 为每个脉冲阀喷吹一次的耗气量，L/(阀・次)；$T$ 为清灰周期，min。

（4）耗气量的试验方法　通过试验，测出喷吹终了的气包压力，用下面的公式可计算出脉冲阀每次的喷吹耗气量：

$$\Delta Q=\frac{p_o Q}{p_a}\left[1-\left(\frac{p_1}{p_o}\right)^{\frac{1}{k}}\right] \tag{15-101}$$

式中，$\Delta Q$ 为脉冲阀单阀一次喷吹耗气量，$m^3$；$Q$ 为气包容积，$m^3$；$p_o$ 为喷吹初始气包压力（绝压），MPa；$p_1$ 为喷吹终了气包压力（绝压），MPa；$p_a$ 为标准大气压力，MPa；$k$ 为绝热指数，$k=\frac{c_p}{c_V}$，$c_p$ 为空气的比定压热容，$c_V$ 为空气的比定容热容，对空气 $k=1.4$。

**2. 气动提升阀耗气量**

气动提升阀运行期间消耗的压缩空气量由气缸大小及其运行速度确定，气缸内含有的空气体积由气缸直径和冲程决定。

提升阀耗气量 $Q$ 按下式计算：

$$Q=Q_1+Q_2 \tag{15-102}$$

式中，$Q$ 为提升阀耗气量，L/min；$Q_1$ 为气缸耗气量，L/min；$Q_2$ 为管路耗气量，L/min。

（1）气缸耗气量　气缸耗气量按下式计算：

$$Q_1=\left[S\ \frac{\pi D^2}{4}+S\ \frac{\pi(\pi D^2-d^2)}{4}\right]nK \tag{15-103}$$

式中，$Q_1$ 为气缸耗气量，L/min；$S$ 为气缸行程，dm；$D$ 为气缸内径，dm；$d$ 为活塞杆直径，dm；$n$ 为每分钟气缸动作次数，次/min；$K$ 为压缩比，即压气绝对压力（表压＋大气压）。

（2）管路耗气量　管路耗气量按下式计算：

$$Q_2=\frac{\pi d_1^2}{4}nKL_1L_2 \tag{15-104}$$

式中，$Q_2$ 为管路压气消耗量，L/min；$L_1$ 为进口气管长，dm；$L_2$ 为出口气管长，dm；$d_1$ 为管直径，dm；其他符号意义同前。

如果蝶阀也由压缩空气驱动，可用同样的方法计算其耗气量。

**3. 其他用气量**

在除尘器用气设计中应用在脉冲阀、提升阀等用气之外，考虑 10％～20％的其他用气，如仪表吹扫、压差管路吹扫等。

**4. 总耗气量**

总耗气量并不一定是清灰耗气量与提升阀、蝶阀及其他部分所需压缩空气量之和，计算总耗气量只需将同时需要的量相加。例如，在一台离线清灰的除尘器中，清灰时脉冲和提升阀不是同时消耗压缩空气的，不要将它们相加，而进气蝶阀则可能和清灰同时消耗压缩空气，所以它们可能是要相加的。再如有不止一台除尘器共用一套压缩空气系统的情况下，可能在一台除尘器清灰的同时另一台除尘器的提升阀被驱动，这时它们消耗的空气量就应该相加。

如果空压机设在海拔高处，则须将用上法求出的耗气量转换成当地大气压力下的数值。

## 三、压缩空气管道设计计算

管道的管径可按公式计算或用查表的方法求得，再用管径和流速计算出管道压力降。如果压力降超过允许范围（低于除尘器要求的喷吹压力）时，则用增大管径降低流速的办法解决。管径可按下式计算：

$$D=\sqrt{\frac{4G}{3600\pi v\rho}} \tag{15-105}$$

式中，$D$ 为管道内径，m；$G$ 为压缩空气流量，kg/h；$v$ 为压缩空气流速，m/s；$\rho$ 为压缩空气密度，kg/m$^3$。

车间内的压缩空气流速一般取 8～12m/s。干管接至除尘器气包支管的直径不小于 25mm。

当管路长、压降大时，管道压力损失应按有关资料进行计算，一般情况下，管道附件按图 15-39 折合成管道当量长度。例如，当 $DN$200 的截止阀，其内径为 200mm 时，查得当量长度为 70m。管道压力损失由表 15-41 进行计算。

表 15-41 压缩空气管道计算

| $DN$ | $v$ | 压力 $p$/MPa | | | | | | | | | | | |
|---|---|---|---|---|---|---|---|---|---|---|---|---|---|
| | | 0.3 | | 0.4 | | 0.5 | | 0.6 | | 0.7 | | 0.8 | |
| | | $Q$ | $R$ | $Q$ | $R$ | $Q$ | $R$ | $Q$ | $R$ | $Q$ | $R$ | $Q$ | $R$ |
| 15 | 8 | 0.27 | 364 | 0.337 | 454.1 | 0.41 | 545 | 0.47 | 635 | 0.541 | 726 | 0.6 | 812 |
| | 10 | 0.339 | 568 | 0.421 | 709.8 | 0.51 | 846 | 0.6 | 996.4 | 0.675 | 1137 | 0.759 | 1274 |
| | 12 | 0.406 | 810 | 0.507 | 1024 | 0.61 | 1228 | 0.71 | 1433 | 0.811 | 1633 | 0.91 | 1838 |
| 20 | 8 | 0.487 | 244 | 0.606 | 305.7 | 0.728 | 367.6 | 0.851 | 427 | 0.918 | 488 | 1.09 | 550.5 |
| | 10 | 0.555 | 382 | 0.75 | 477 | 1.05 | 573 | 1.046 | 668 | 1.2 | 762.5 | 1.34 | 859 |
| | 12 | 0.721 | 441 | 0.899 | 688 | 1.082 | 824.4 | 1.22 | 767 | 1.437 | 1128 | 1.62 | 1237 |
| 25 | 8 | 0.751 | 182 | 0.933 | 227.5 | 1.13 | 272.1 | 1.31 | 317.6 | 1.5 | 362.1 | 1.68 | 407.6 |
| | 10 | 0.94 | 284 | 1.17 | 355.8 | 1.41 | 425.9 | 1.63 | 496.8 | 1.87 | 567 | 2 | 632 |
| | 12 | 0.128 | 410 | 1.41 | 511.4 | 1.69 | 614.3 | 1.97 | 715.2 | 2.25 | 812 | 2.52 | 928 |
| 32 | 8 | 1.31 | 127 | 1.64 | 159 | 1.96 | 192 | 2.29 | 229 | 2.56 | 254 | 2.93 | 285.9 |
| | 10 | 1.63 | 199 | 2.05 | 249.3 | 2.45 | 298.4 | 2.86 | 348.5 | 3.276 | 397 | 3.66 | 447 |
| | 12 | 2.88 | 286 | 2.45 | 358.5 | 2.95 | 429.5 | 3.43 | 501.4 | 3.93 | 564 | 4.41 | 643 |
| 40 | 8 | 2.03 | 104.6 | 2.53 | 126.4 | 3.03 | 151.9 | 3.54 | 176.7 | 4.04 | 202 | 4.52 | 228 |
| | 10 | 2.53 | 158.3 | 3.16 | 198.3 | 3.79 | 239.3 | 4.413 | 295 | 5 | 315 | 5.71 | 355.8 |
| | 12 | 3.03 | 227 | 3.79 | 283.9 | 4.53 | 343 | 5.31 | 397.6 | 6.05 | 453 | 6.79 | 514 |
| 50 | 8 | 3 | 73.4 | 3.75 | 91.8 | 4.5 | 110.2 | 5.25 | 130.1 | 6 | 146.9 | 6.75 | 165.1 |
| | 10 | 3.76 | 115.1 | 4.7 | 143.9 | 5.11 | 172.9 | 6.57 | 201.5 | 7.53 | 230 | 8.43 | 258.6 |
| | 12 | 4.51 | 165.6 | 5.82 | 164.2 | 6.77 | 247 | 7.89 | 289 | 9 | 275 | 10.25 | 371 |

续表

| DN | v | 压力 p/MPa | | | | | | | | | | | |
|---|---|---|---|---|---|---|---|---|---|---|---|---|---|
| | | 0.3 | | 0.4 | | 0.5 | | 0.6 | | 0.7 | | 0.8 | |
| | | Q | R | Q | R | Q | R | Q | R | Q | R | Q | R |
| 65 | 8 | 4.7 | 55.2 | 6.09 | 69.5 | 7.03 | 82.8 | 7.95 | 96.4 | 9.37 | 101 | 10.53 | 123.7 |
| | 10 | 5.86 | 86.2 | 7.33 | 107.8 | 8.8 | 129 | 10.5 | 147.4 | 11.73 | 171.9 | 13.31 | 193.8 |
| | 12 | 7.03 | 124.6 | 8.78 | 155.6 | 10.5 | 186.5 | 12.28 | 217.4 | 14.03 | 193 | 15.92 | 279 |
| 80 | 8 | 6.95 | 43 | 8.68 | 53.7 | 10.42 | 64.3 | 12.13 | 75 | 12.87 | 85.8 | 15.62 | 96.4 |
| | 10 | 8.69 | 70.6 | 10.83 | 84.1 | 13.01 | 101 | 15.19 | 117.3 | 17.47 | 134 | 19.4 | 151 |
| | 12 | 10.42 | 96.9 | 12.96 | 121 | 15.58 | 145 | 18.2 | 169.5 | 20.74 | 193.1 | 23.38 | 217.9 |
| 100 | 8 | 15.04 | 47.3 | 18.75 | 59.2 | 22.47 | 70.9 | 26.2 | 82.8 | 30 | 94.6 | 33.8 | 101 |
| | 10 | 18.04 | 68.2 | 22.57 | 85.1 | 27.02 | 102.3 | 31.57 | 119.2 | 36.03 | 136 | 40.4 | 153 |
| | 12 | 29.5 | 98 | 36.67 | 116.5 | 44.13 | 139.5 | 51.59 | 161.9 | 58.87 | 185.6 | 66.1 | 209 |
| 125 | 8 | 23.4 | 35.3 | 29.39 | 44.2 | 26.2 | 52.3 | 40.9 | 61.8 | 46.68 | 70.5 | 52.5 | 79.5 |
| | 10 | 28.1 | 51.4 | 35.49 | 68.2 | 42.13 | 76.9 | 49.1 | 89.5 | 56.1 | 102.3 | 63.8 | 115 |
| | 12 | 32.8 | 68.1 | 40.95 | 85.2 | 49.1 | 102.3 | 57.33 | 119.2 | 65.52 | 136 | 73.7 | 147 |
| 150 | 8 | 31.4 | 20.8 | 39.4 | 28.3 | 45.4 | 31.4 | 54.5 | 38.6 | 62.2 | 43.8 | 69.7 | 49.1 |
| | 10 | 39.4 | 35.2 | 48.5 | 42.6 | 5.77 | 50.9 | 66.7 | 57.8 | 77.2 | 67.7 | 86.4 | 76.6 |
| | 12 | 54.5 | 67.5 | 66.7 | 81 | 79.5 | 98.2 | 95.8 | 109 | 106.5 | 132.5 | 123.0 | 149 |

注：1. 此表编制条件：$t=40$℃；$R=0.2$mm。

2. 表中符号：$DN$ 为管道直径，mm；$v$ 为流速，m/s；$Q$ 为压缩空气流量，$m^3/min$；$R$ 为每米管道压力损失，Pa/m；$p$ 为压缩空气压力，MPa。

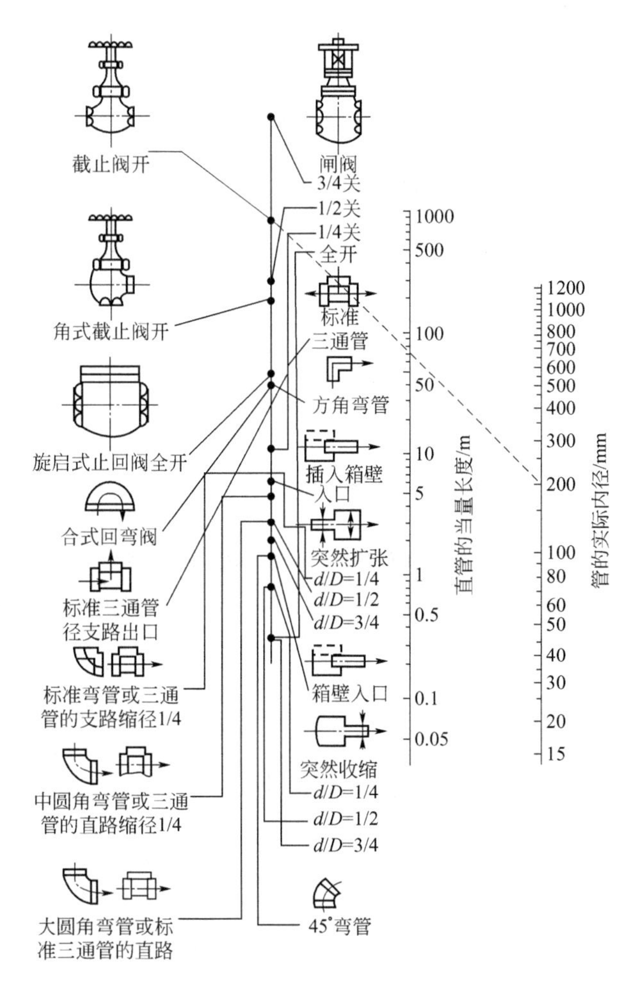


图 15-39　局部阻力当量长度

## 四、储气罐选用

储气罐主要用于稳定管道或脉冲除尘器气包内的压力和气量。储气罐一般采用焊接结构，形式较多，通常用立式的。储气罐属压力容器，必须按压力容器设计和制造。

常用的储气罐的结构形式和外形尺寸如图 15-40 所示。其容积大小主要决定供气系统耗气量和保持时间。容积可根据在一定时间内所需要的压缩空气量来确定。一般情况下，当需要量 $Q$ 小于 $6\mathrm{m^3/min}$ 时，容积 $V=0.2Q$；当 $Q=6\sim30\mathrm{m^3/min}$ 时，$V=0.15Q$。也可以根据下式进行计算：

$$V=\frac{Q_s t p_0}{60(p_1-p_2)} \tag{15-106}$$

式中，$V$ 为储气罐容积，$\mathrm{m^3}$；$Q_s$ 为供气系统耗气量，$\mathrm{m^3/h}$；$t$ 为保持时间，min，工艺没有明确要求时按 5～20min 取值；$p_1-p_2$ 为最大工作压差，MPa；$p_0$ 为大气压，MPa。

用于就地供气系统或者管路较远的单独除尘器供气的储气罐，其容积不应小于 $0.5\mathrm{m^3}$，按图 15-40 所示的形式制作时，储气罐外形尺寸和各接口参数见表 15-42。

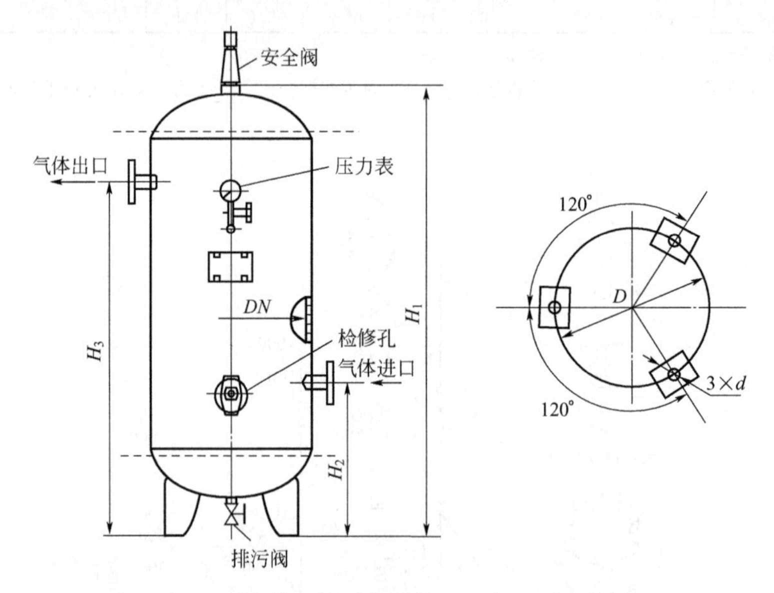


图 15-40 储气罐结构形式和外形尺寸（容积＜$20\mathrm{m^3}$）

**表 15-42 储气罐外形尺寸和各接口参数**

| 规格 | 容积 /m³ | 设计压力 /MPa | 设计温度 /℃ | 容器高度 $H_1$/mm | 容器内径 $D$/mm | 安全阀接头 | 排污接头 | 进气口 | | 出气口 | | 支座 | |
|---|---|---|---|---|---|---|---|---|---|---|---|---|---|
| | | | | | | | | $H_2$/mm | $D$/mm | $H_3$/mm | $D$/mm | $D$/mm | $d$/mm |
| 0.5/0.88 | 0.5 | 0.88 | 150 | 2140 | 600 | RP $\frac{3}{4}$ | R $\frac{1}{2}$ | 700 | 38 | 1656 | 38 | 420 | 20 |
| 0.5/1.1 | | 1.1 | | 2140 | | | | 700 | | 1656 | | | |
| 0.6/0.88 | 0.6 | 0.88 | 150 | 2170 | 650 | RP $\frac{3}{4}$ | R $\frac{1}{2}$ | 730 | 38 | 1730 | 38 | 490 | 24 |
| 0.6/1.1 | | 1.1 | | 2170 | | | | 730 | | 1730 | | | |
| 1.0/0.88 | 1 | 0.88 | 150 | 2432 | 750 | RP1 | R $\frac{1}{2}$ | 731 | 51 | 1971 | 51 | 560 | 24 |
| 1.0/1.1 | | 1.1 | | 2432 | | | | 731 | | 1971 | | | |
| 1.5/0.88 | 1.5 | 0.88 | 150 | 2601 | 950 | RP1 | R $\frac{3}{4}$ | 738 | 76 | 2088 | 76 | 680 | 24 |
| 1.5/1.1 | | 1.1 | | 2601 | | | | 738 | | 2088 | | | |

续表

| 规格 | 容积/$m^3$ | 设计压力/MPa | 设计温度/℃ | 容器高度 $H_1$/mm | 容器内径 $D$/mm | 安全阀接头 | 排污接头 | 进气口 | | 出气口 | | 支座 | |
|---|---|---|---|---|---|---|---|---|---|---|---|---|---|
| | | | | | | | | $H_2$/mm | $D$/mm | $H_3$/mm | $D$/mm | $D$/mm | $d$/mm |
| 2.0/0.88 | 2 | 0.88 | 150 | 2830 | 1000 | RP1 | R $\frac{3}{4}$ | 781 | 80 | 2281 | 80 | 700 | 24 |
| 2.0/1.1 | | 1.1 | | 2712 | 1100 | | | 856 | | 2156 | | 800 | |
| 3.0/0.88 | 3 | 0.88 | 150 | 3131 | 1300 | RP1 $\frac{1}{4}$ | R $\frac{3}{4}$ | 858 | 100 | 2558 | 100 | 840 | 24 |
| 3.0/1.1 | | 1.1 | | 3165 | | | | 875 | | 2575 | | | |
| 4.0/0.88 | 4 | 0.88 | 150 | 3290 | 1400 | RP1 $\frac{1}{4}$ | R $\frac{3}{4}$ | 950 | 150 | 2650 | 150 | 1050 | 24 |
| 4.0/1.1 | | 1.1 | | 3290 | | | | 950 | | 2650 | | | |
| 5.0/0.88 | 5 | 0.88 | 150 | 3790 | 1400 | RP1 $\frac{1}{2}$ | R1 | 950 | 150 | 3050 | 150 | 1050 | 24 |
| 5.0/1.1 | | 1.1 | | 3790 | | | | 950 | | 3050 | | | |
| 6.0/0.88 | 6 | 0.88 | 150 | 4490 | 1400 | RP1 $\frac{1}{2}$ | R1 | 950 | 150 | 3750 | 150 | 1050 | 24 |
| 6.0/1.1 | | 1.1 | | 4490 | | | | 950 | | 3750 | | | |
| 8.0/0.88 | 8 | 0.88 | 150 | 4610 | 1600 | RP1 $\frac{1}{2}$ | R1 | 1050 | 150 | 3820 | 150 | 1200 | 30 |
| 8.0/1.1 | | 1.1 | | 4610 | | | | 1050 | | 3820 | | | |
| 10/0.88 | 10 | 0.88 | 150 | 4640 | 1800 | RP2 | R1 | 1100 | 150 | 3800 | 150 | 1350 | 30 |
| 10/1.1 | | 1.1 | | 4640 | | | | 1100 | | 3800 | | | |
| 12.5/0.88 | 12.5 | 0.88 | 150 | 5590 | 1800 | RP2 | R1 | 1100 | 150 | 4750 | 150 | 1350 | 30 |
| 12.5/1.1 | | 1.1 | | 5590 | | | | 1100 | | 4750 | | | |
| 15/0.88 | 15 | 0.88 | 150 | 5465 | 2000 | RP2 $\frac{1}{2}$ | R1 | 1275 | 150 | 4675 | 150 | 1500 | 30 |
| 15/1.1 | | 1.1 | | 5465 | | | | 1275 | | 4675 | | | |
| 20/0.88 | 20 | 0.88 | 150 | 6015 | 2200 | RP3 | R1 | 1325 | 200 | 4975 | 200 | 1650 | 30 |
| 20/1.1 | | 1.1 | | 6015 | | | | 1327 | | 4977 | | | |

储气罐上应配置安全阀、压力表和排污阀。安全阀以选用弹簧式全启式安全阀（A42Y 系列）为宜，也可用弹簧式微启式安全阀（A41H 系列）。

如果自行设计储气罐，则设计者和制造者必须有相应的资质。

## 五、气包设计要点

气包又称分气箱，是压缩空气装置的重要部分，当设计为圆形或方形截面时，必须考虑安全和质量要求，用户可参照《袋式除尘器　安全要求　脉冲喷吹类袋式除尘器用分气箱》(JB/T 10191—2010)。气包必须有足够的容量，满足喷吹气量要求。一般在脉冲喷吹后气包内压降不超过原来储存压力的 30%。

气包的进气管口径尽量选大，满足补气速库。对大容量气包可设计多个进气输入管路。对于大容量气包，可用 3in 管道把多个气包连接成一个储气回路。

阀门安装在气包的上部或侧面，避免气包内的油污、水分经过脉冲阀喷吹进滤袋。每个气包底部必须带有自动或手动油水排污阀，周期性地把容器内的杂质向外排出。

如果气包按压力容器标准设计，并有足够大的容积，其本体就是一个压缩气稳压罐，不需另外安装。当气包前另外带有稳压罐时，需要尽量把稳压罐靠近气包安装，防止压缩气在输送过程中经过细长管道从而损耗压力。

气包在加工生产后，必须用压缩气连续喷吹清洗内部焊渣，然后再安装阀门。在车间测试脉冲阀，特别是 3in 淹没阀时，必须保证气包压缩气的压力和补气流量。否则脉冲阀将不能打开，或者漏气。

如果在现场安装后，发现阀门的上出气口漏气。那就是因为气包内含有杂质，导致小膜片上堆积铁锈不能闭阀。需要拆卸小膜片，进行清洁。

气包上应配置安全阀、压力表和排污阀。安全阀可配置为弹簧微启式安全阀。

气包体积会影响脉冲阀喷吹气量与清灰效果，设计气包时要予以注意。

# 第七节 压差装置系统设计

压差装置由取压孔、管路系统和压力计组成。它是利用静压原理进行工作的。

压差装置是袋式除尘器的重要组成部分，可是往往不被重视，所以经常导致测压出现错误，致使测压装置不能反映除尘器的真实运行情况。

## 一、取压测孔设计

### 1. 取压孔位置

袋式除尘器的取压孔一般设在除尘器的壁板上（图 15-41）。

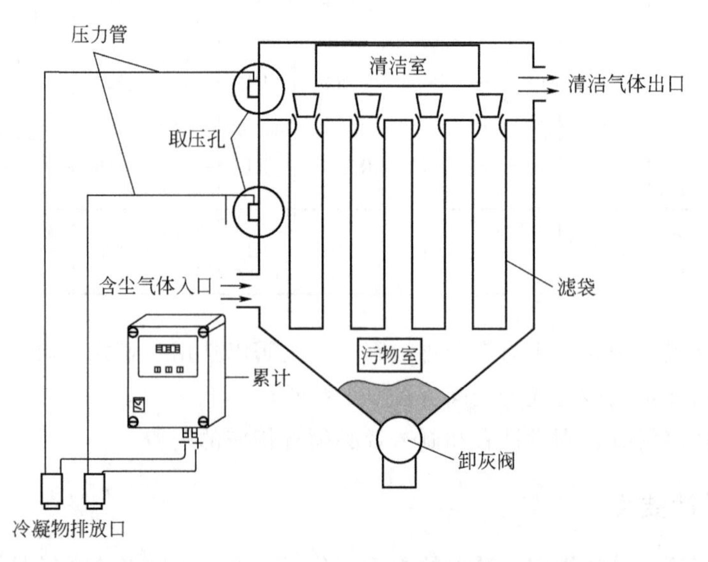


图 15-41 袋式除尘器压差装置系统

### 2. 取压孔形式

取压孔有三种形式，分别如图 15-42～图 15-44 所示。图 15-42 是中小型除尘器常用的形式，其优点是容易制作和安装，缺点是取压孔被粉尘堵塞后会出现误差。图 15-43 是大中型除尘器常用的形式，不易堵塞，但制作较复杂，且需要垂直安装。图 15-44 是较好的取压口，堵塞后容易清理。

## 二、压差管道设计

尽差管道的设计有 3 个要点：①压差管道的直径一般≥25mm；②管道材质用镀锌管或不锈钢管，避免管道腐蚀堵塞；③水平管道要有＞1%的坡度，而且坡向压力计方向，在与压力计连接处要有冷凝水放水口。

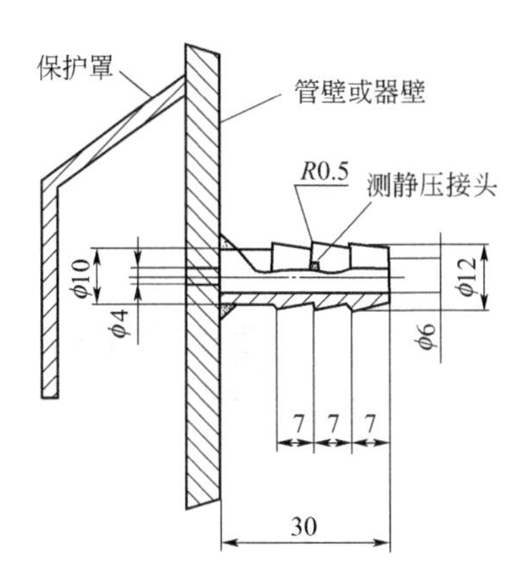


图 15-42　普通取压孔

图 15-43　垂直取压孔

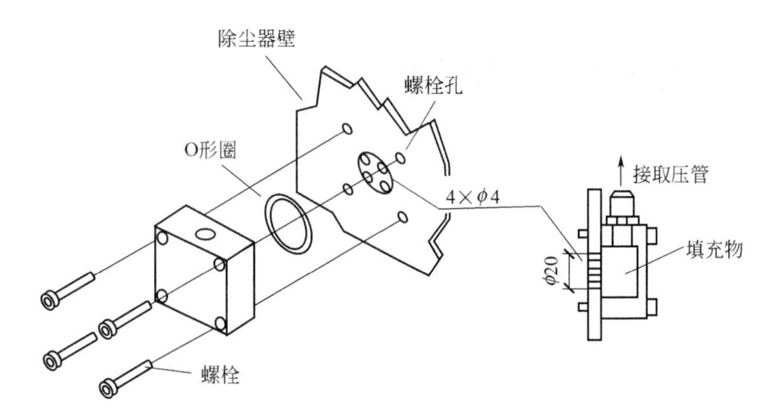


图 15-44　防堵取压孔

## 三、压力计选用和检测

**1. 测压用压力计**

在测除尘器分室的压差时小型除尘器多用 U 形压力计，量程大于 4000Pa。测整个除尘器的压力时也可用 U 形压力计。大中型除尘器压力监控则选差压变送器，差压变送器的显示应为 0～4000Pa，最好不用百分比显示器。

**2. 清堵装置**

不管用哪种压力计，都应在压力处设管道的清堵口和清堵气源，清堵气源压力大于 0.15MPa 即可。

用压缩空气吹扫差压系统，不仅可以疏通差压管道，也可以吹掉取压测孔处的粉尘。

**3. 差压管放水**

在差压系统的管道中，有时会产生冷凝水，存在于压力计附近的竖管内，此冷凝水应及时放空，否则会影响压力计读数的正确性。

**4. 差压检测**

(1) 差压检测应具备差压显示和报警功能，当差压值超过设定范围时，控制系统进行差压报警。

(2) 差压信号还可以作为除尘器定压喷吹功能的控制参数。当除尘器采用定压喷吹功能，除尘器差压大于设定值时，系统启动喷吹程序，直至低于设定值。

管理篇

# 第十六章 除尘设备制作与研发

除尘设备制作工程是一项复杂的、巨大的系统工程，既是技术、经济、管理的子项工程，又是智力开发、资源利用、资本运作和循环经济的深度开发工程。因此，科学组织除尘设备制作，必须“坚持科技创新，坚持质量第一，坚持诚信为本；科学规划，全面管理，有序运作”，按产品标准组织生产，创造精品。

## 第一节 制作工程施工组织设计

为保证产品质量和性能，大型除尘设备制作必须进行施工组织设计，根据制作任务，详细编制质量要求，制作计划、人员配备和技术措施，并组织实施。

### 一、编制依据

按合同组织生产是市场经济的主要特征之一。除尘设备制作工程作为商品的重要组成部分，其编制依据包括以下三项内容。

**1. 设备订货合同**

除尘设备订货合同是除尘设备走向商品生产与货币交换的唯一法律依据。依据《经济合同法》，除尘设备订货合同的内容至少应当包括：设备名称、型号及数量；单价与合价；交货日期；产品标准与质量要求；包装要求；运输方式及到货地点、收货人；结算与付款方式；合同纠纷与处理，违约与赔偿；合同签订地点；其他需要说明的事宜；签约双方及其法定代表人签字与盖章。

**2. 技术协议**

技术协议是设备订货合同的附件，也可以作为一个技术文件独立存在，由供需双方签订。技术协议将详细列出设备订货合同不能完整表述的技术要求与说明，作为特定的技术文件纳入产品制造中去。

技术协议应当包括：产品名称与数量；产品标准；主要技术性能参数；安全与环保要求；试车与验收要求；包装与运输；质量疑义与处理；责任与分工等。

**3. 产品标准**

按《产品质量法》的规定，每项环保产品必须有产品标准，企业必须按产品标准组织产品生产。产品标准分为国际标准、国家标准、行业标准和企业标准。《中华人民共和国标准化法》规定，国家支持优先采用国际标准和国家标准，在无国际标准和国家标准的情况下方可采用行业标准和企业标准。

## 二、编制总则

除尘设备制作是一项复杂的、巨大的系统工程，完成这一工程应当运用环境工程、机械工程、系统工程、价值工程、管理工程等理论，统一规划，科学组织，全面实施。制作工程施工组织设计编制原则包括以下几部分。

**1. 标准化原则**

除尘设备制作必须以设计图纸和相关标准、规范为基准，以分部构件为单元，按标准化原则组织构件解体、制作与装配，试车与验收，包装与存放，并且按合同组织出厂。

**2. 工厂化原则**

除尘设备制作，一般在工厂预制与装配，在现场组合与安装；少数工程在现场制作与安装。

按现代化生产要求，除尘设备制作全部在工厂进行，依靠科技创新，建立专业化生产线，配套专业机床、胎具和卡具，聘用和培训高技术素质员工，提高劳动生产率，创造名优产品。

**3. 程序化原则**

除尘设备制作，应“按构件安装顺序，对应安排构件生产顺序”，按程序化原则组织产品生产。做到“先用先制，后用后制；顺序出厂，良性循环”，减少因产品存放引发的占地（库）危机。

**4. 一体化原则**

除尘设备制作，首先应体现制作与安装一体化原则。设备制作要为现场组合安装提供基础保证条件：严格保证“实样”尺寸的准确性，特别是中心线、标高、公差配合和连接尺寸；保证构件分体灵活，尺寸精确，组合方便，加工到位。重要部件在出厂前应按合同规定组织试压、预安装或单体试车。

**5. 无损伤原则**

除尘设备制作，应按分体构件特性和外形尺寸，科学确定运输形式和包装方法；防止构件运输时发生扭曲、形变或其他伤害；避免构件运输时超限（超重、超长、超宽、超高），保证构件运输无损。重要构件运输需要分体时，应制订临时分体与再次组合的技术组织措施。

**6. 安全环保化原则**

除尘设备制作过程，还应有以职业安全、职业卫生和环境保护为内容，发展循环经济，组织清洁生产，保护员工安全与健康，保护生态环境的技术保障措施。

**7. 经济效益最大化原则**

以整体设备为单元，立足单元部件，科学制订制作工艺，发展工业工程；内外合作，强强联合；精心组织，科学策划；节能降耗，优化成本，以实现制作工程经济效益最大化。

## 三、编制内容

制作工程施工组织设计是指导除尘设备制作的纲领性指导文件，其主要内容应当包括以下几部分。

**1. 前言**

前言主要概述除尘设备承包来源、合同工程量、合同金额、交货地点与日期以及发包要求等简要内容。

**2. 技术规格**

技术规格主要包括设备型号、处理能力、设备阻力、除尘效能、外形尺寸、设备重量以及需要说明的其他项目。

**3. 工程量和工作量**

工程量和工作量是指按产品图纸或产品标准确定的分部部件数量、重量和工作量（价值）。

**4. 制作依据**

除尘设备制作依据包括：①设备订货合同与技术协议；②设计图纸及设计变更通知单；③产品标准与相关技术规范；④其他规定。

**5. 制作目标**

编制制作工程方案，要立足除尘设备制作工程量和工作量，提出制作工程的工期目标、质量目标、成本目标和安全环保目标。各项工作目标立足人力、物力、财力的实务保证，要科学规划，建立数字化、信息化指标体系。

**6. 总平面布置**

总平面布置包括：①制订制作工程物流走向及频度；②原材料堆放、产品堆放与输出方案；③中间产品流向及场地利用方案；④吊装设备的使用与调配方案；⑤施工用水、电、热、交通的供应方案。

**7. 进度计划**

以分部工程为单元，细化制作工程量；结合工期和劳动力、物资与资金的保证程度，科学编制制作工程进度计划，并在执行中及时调度与平衡。

**8. 人力资源供应计划**

以分部工程为单元，去除外部配套件保证因素，以实际制作工程量为依据，分工种制订劳动力供应计划和分期使用计划。

**9. 物资供应计划**

以分部工程为单元，按制作工程量计划物资需要量，确认后分期组织供应，包括：①钢材、辅助材料及消耗材料；②标准件；③配套件及专用材料。

加工设备及专用机械工具也要按需要纳入物资供应计划中；组织采购或租赁。

**10. 质量保证**

按工厂全面质量管理体系认定文件规定，科学组织质量管理与监督，做好产品质量过程检验、终端检验，实施产品合格证制度。配套件必须具有产品合格证，钢材及其他主要材料要有材质单；质量检验合格。

**11. 安全环保措施**

以分部工程为单元，联系产品制作工艺实际，制订与落实保护员工安全与健康、防止环境污染的技术组织措施；实施清洁生产，发展循环经济，建设绿色工厂、文明工厂。

**12. 成本控制计划**

以单位工程为项目，以分部工程为单元，依靠科技创新，采用先进制作工艺，发展工业工程，科学采取节能降耗措施，合理组织资金运作，将成本控制计划落实到位（班组和个人），以实现经济效益最大化。

**13. 技术组织措施**

仅有一个制作工程施工组织设计是不够的，还要将其纳入行政工作计划中加以落实，采取相应的技术组织措施加以保证。主要技术组织措施应以承包项目为单元，以其工程进度、技术质量、经济效益和安全环保为控制目标，将除尘设备制作工程承包责任，分解落实到基层和个人。

（1）工程进度 按合同工程量与承制工期要求，切实按制作工程施工组织设计（制作方案）的规划，分期做好人力资源供应、物质资源供应和财力资源供应的调度与平衡，科学组织除尘设备的制作。非天然性因素和建设单位原因导致制作工期延误时，按承包合同的规定追究承包人的行政责任和经济责任；提前完成制作工期的，兑现超前完成任务奖。

（2）技术质量 按批准的图样、产品标准和技术协议的规定，按质、按量、按期组织除尘设备制作，是承制者必须承担的行政责任和法律责任，其最终目标是履行合同规定、生产优质产品、满足用户的最佳需求。在除尘设备制作过程中发生自行修改产品设计、降低工程用料（配件、材料）标准、改变制作工艺方法，导致设备加工、装配质量的重大差错与质量事故，给产品验收与出厂造成重大障碍，酿成重大经济损失和诚信损失时，按承包责任的规定追究承包人的行政责任、经济责任，乃至法律责任；创造优质产品的，兑现产品创新奖。

（3）经济效益 追求经济效益最大化是企业生产经营的根本目的。对承包者依靠科技创新、改进制作工艺、改善劳动组织、实施安全生产、科学保护环境、发展循环经济、诚实降低成本而产生的经济效益，要科学核定，按承包合同的规定全额兑现奖励。对于粗放经营、粗制滥造、粗列成本、制造假账滥账、虚拟或酿成成本亏损时，要坚决采取行政手段（甚至法律手段），按承包合同的规定追究行政责任、经济责任和法律责任。

（4）安全环保 安全生产、保护环境是我国的基本国策，也是建设社会主义和谐社会的根本任务之一。

安全生产、保护环境，首先要建立以企业法人代表为首的安全卫生、环境保护责任制，把各级安全卫生、环境保护责任落实到人；组织和落实以岗位为中心的安全环保教育，实施安全环保、持证上岗；依据企业安全环保实际情况，配套与建设必要的安全卫生设施、环境保护设施，实现安全生产事故为零，实现重大环境污染事故为零。

凡发生安全生产死亡事故和重大伤亡事故，重大环境污染事故和重大污染物超标排放事故，从而引发各级政府主管部门起诉和社会公愤，造成社会影响很坏的，承包者应受到第一位承包责任否决，否决其全额承包奖金，并给予司法裁决的法律处罚和经济处罚责任。

## 第二节 除尘设备制作标准

除尘设备是指常用的袋式除尘器、静电除尘器、湿式除尘器和其他除尘器，尤以大型袋式除尘器和静电除尘器的制作标准更为复杂和重要。

### 一、通用标准

就除尘器的外观几何形状而言，分为圆筒形结构和箱形结构；就除尘器的结构形式而言，分为骨架式结构和板式结构；按除尘器结构材料，分为砖石结构、混凝土结构和钢结构，常用的为钢结构。钢制除尘设备制作的通用标准如下。

**1. 除尘设备设计图纸和相关技术文件**

经批准的图纸、产品标准和相关技术文件，是除尘设备制造的根本依据。具体包括：①除尘设备总装配图；②除尘设备平面图；③除尘设备剖面图；④除尘设备零件图；⑤除尘设备产品说明书；⑥除尘设备设计说明书；⑦除尘设备设计计算书；⑧除尘设备运行操作规程；⑨除尘设备配套件标准及其明细表；⑩其他。

**2. 除尘设备制作与安装工程相关技术规范**

（1）GB 50243《通风与空调工程施工质量验收规范》

（2）GB 50205《钢结构工程施工质量验收规范》

（3）GB 50231《机械设备安装工程施工及验收通用规范》

（4）GB 50254～GB 50259《电气装置安装工程施工质量验收规范》

（5）GB 4053.1《固定式钢梯及平台安全要求 第1部分：钢直梯》

（6）GB 4053.2《固定式钢梯及平台安全要求 第2部分：钢斜梯》

（7）GB 4053.3《固定式钢梯及平台安全要求 第3部分：工业防护栏杆及钢平台》

（8）YB/T 9256《钢结构、管道涂装技术规范》

## 二、专业标准

除尘设备制作，首先必须符合相关专业（产品）标准的规定。有关除尘设备标准详见第三章和附录中相关标准。

## 三、质量标准

保证除尘设备制作质量，不仅要遵守产品标准、设备图纸的宏观质量标准；还要细化制定与遵守具有可操作性的质量标准，这些标准将在制作工程施工组织设计中详细规定其制订工艺要点、公差要求和必须采取的工艺保障措施。以下以钢制结构为主，分别细化与综合介绍除尘设备制作工程质量标准。

**1. 总则**

除尘设备制作工程质量控制目标：制造技术先进、密封良好、强度可靠、刚度稳定、安全环保、经济适用的优质产品。

（1）技术先进 依靠科技创新，采用先进除尘工艺与方法，低能运行，高效除尘，从环境保护和设备保护两个方面综合决策，保证除尘设备排放浓度在环保排放标准以下。额定状态下，设备阻力保持在1200Pa以下，排放浓度保持在50mg/m$^3$以下。

（2）密封良好 设备密封直接影响除尘器的有效风量利用和除尘效率。尽量采取焊接技术、密封连接技术是防止与控制设备漏风的有效措施；特别要重视采用正位连接技术、密封垫与密封胶相结合的防漏风技术。额定运行状态下，设备动态漏风率保持在5%以下，静态漏风率在3%以下。

（3）强度可靠 按最不利运行工况，科学确定设备荷载，设计优化结构，采用先进施工工艺，保证构件强度在安全限值以内。在最不利工况下，保证结构合理，受拉与受压强度安全。

（4）刚度稳定 按最大负压状态设计与确定构件的稳定性，科学设计除尘设备内部结构形式与尺寸，保证箱板在最大负压状态下挠度最佳；额定状态下箱体板不能吸瘪，更不能产生共振与弹性变形，保证构件刚度稳定，运行放心。

（5）安全环保 按《大气污染防治法》、《生产设备安全卫生设计总则》（GB 5083）规定，不仅要设计与安装安全卫生防护设施和环境保护设施，还要根据生产过程的防火、防爆、防污染要求，设计与安装防火防爆设施，配备与启动相关的安全环保预警设施。

（6）经济适用 除尘设备制作应保持最小的能量投入，保持最小的人员投入，保持最低的制作费用，实现制作效益最大化。

**2. 控制要点**

除尘设备的制作过程必须抓住下列控制要点：①除尘设备的制作图样与技术特性必须与产品标准、订货合同、技术协议相一致；②除尘设备制作用材料、配件和性能（材质单、合格证）必须与设计规定相一致；③除尘设备平面与空间尺寸、进出口尺寸与标高、平面布置与地脚尺寸应与除尘工艺流程（尺寸）相一致；④除尘工艺设计变更时其除尘设备结构尺寸应与设计变更相一致；⑤除尘设备解体制作应与除尘设备安装工艺、设备吊装（运）方案和运输超限

(超长、超宽、超高与超重）控制相一致；⑥除尘设备制作工程运作应与除尘设备制作工程施工组织设计（制作方案）相一致。

**3. 偏差控制**

除尘设备制作工程单位元件的偏差应符合下列规定。

（1）原材料　包括：①制作工程用料、配件、设备应符合设计规定，并具有材质单和产品合格证；②制作工程用料不经过平整处理和校验，不能利用自然边直接下料。

（2）切割　包括：①钢材切割面或剪切面应无裂纹、夹渣、分层和大于1mm的缺棱；②气割的允许偏差应符合表16-1的规定；③机械剪切的允许偏差应符合表16-2的规定。

**表16-1　气割的允许偏差**　　单位：mm

| 项目 | 允许偏差 | 项目 | 允许偏差 |
|---|---|---|---|
| 零件宽度、长度 | ±3.0 | 割纹深度 | 0.3 |
| 切割面平面度 | $0.05t$，且不应大于2.0 | 局部缺口深度 | 1.0 |

注：$t$ 为切割面厚度。

**表16-2　机械剪切的允许偏差**　　单位：mm

| 项目 | 允许偏差 | 项目 | 允许偏差 |
|---|---|---|---|
| 零件宽度、长度 | ±3.0 | 型钢端部垂直度 | 2.0 |
| 边缘缺棱 | 1.0 | | |

（3）矫正和成型

① 碳素结构钢在环境温度低于−16℃、低合金结构钢在环境温度低于−12℃时，不应进行冷矫正和冷弯曲。碳素结构钢和低合金结构钢在加热矫正时，加热温度不应超过900℃。低合金结构钢在加热矫正后应自然冷却。

② 当零件采用热加工成型时，加热温度应控制在900～1000℃；碳素结构钢和低合金结构钢在温度分别下降到700℃和800℃之前，应结束加工；低合金结构钢应自然冷却。

③ 矫正后的钢材表面不应有明显的凹面或损伤，划痕深度不得大于0.5mm，且不应大于该钢材厚度负允许偏差的1/2。

④ 冷矫正和冷弯曲的最小曲率半径和最大弯曲矢高应符合表16-3的规定。

**表16-3　冷矫正和冷弯曲的最小曲率半径和最大弯曲矢高**　　单位：mm

| 钢材类别 | 图例 | 对应轴 | 矫正 | | 弯曲 | |
|---|---|---|---|---|---|---|
| | | | $r$ | $f$ | $r$ | $f$ |
| 钢板扁钢 | | $x-x$ | $50t$ | $L^2/400t$ | $25t$ | $L^2/200t$ |
| | | $y-y$（仅对扁钢轴线） | $100b$ | $L^2/800b$ | $50b$ | $L^2/400b$ |
| 角钢 | | $x-x$ | $90b$ | $L^2/720b$ | $45b$ | $L^2/360b$ |
| 槽钢 | | $x-x$ | $50h$ | $L^2/400h$ | $25h$ | $L^2/200h$ |
| | | $y-y$ | $90b$ | $L^2/720b$ | $45b$ | $L^2/360b$ |

续表

| 钢材类别 | 图例 | 对应轴 | 矫正 | | 弯曲 | |
|---|---|---|---|---|---|---|
| | | | $r$ | $f$ | $r$ | $f$ |
| 工字钢 | | $x-x$ | $50h$ | $L^2/400h$ | $25h$ | $L^2/200h$ |
| | | $y-y$ | $50b$ | $L^2/400b$ | $25b$ | $L^2/200b$ |

注：$r$ 为曲率半径；$f$ 为弯曲矢高；$L$ 为弯曲弦长；$t$ 为钢板厚度；$b$ 为宽度；$h$ 为高度。

⑤ 钢材矫正后的允许偏差应符合表 16-4 的规定。

**表 16-4 钢材矫正后的允许偏差** 单位：mm

| 项目 | | 允许偏差 | 图例 |
|---|---|---|---|
| 钢板的局部平面度 | $t\leqslant14$ | 1.5 | |
| | $t>14$ | 1.0 | |
| 型钢弯曲矢高 | | $L/100$，且不应大于 5.0 | |
| 角钢肢的垂直度 | | $b/100$，双肢栓接角钢的角度不得大于 90° | |
| 槽钢翼缘对腹板的垂直度 | | $b/80$ | |
| 工字钢、H 形钢翼缘对腹板的垂直度 | | $b/100$，且不大于 2.0 | |

(4) 边缘加工　包括：①气割或机械剪切的零件，需要进行边缘加工时其刨削量不应小于 2.0mm；②边缘加工的允许偏差应符合表 16-5 的规定。

**表 16-5 边缘加工的允许偏差**

| 项目 | 允许偏差 | 项目 | 允许偏差 |
|---|---|---|---|
| 零件宽度、长度/mm | ±1.0 | 加工面垂直度/mm | $0.025t$，且不应大于 0.5 |
| 加工边直线度/mm | $L/3000$，且不应大于 2.0 | | |
| 相邻两边夹角/(°) | ±0.1 | 加工面表面粗糙度 | 50/ |

注：$t$ 为钢板厚度，mm。

(5) 管、球加工　包括：①螺栓球成型后，不应有裂纹、褶皱、过烧；②钢板压成半圆球后，表面不应有裂纹、褶皱，焊接球其对接坡口应采用机械加工，对接焊缝表面应打磨平整；③螺栓球加工的允许偏差应符合表 16-6 的规定；④焊接球加工的允许偏差应符合表 16-7 的规定；⑤钢网架（桁架）用钢管杆件加工的允许偏差应符合表 16-8 的规定。

**表 16-6　螺栓球加工的允许偏差**

| 项目 | | 允许偏差 | 检验方法 |
|---|---|---|---|
| 圆度/mm | $d \leqslant 120$mm | 1.5 | 用卡尺和游标卡尺检查 |
| | $d > 120$mm | 2.5 | |
| 同一轴线上两铣平面平行度/mm | $d \leqslant 120$mm | 0.2 | 用百分表 V 形块检查 |
| | $d > 120$mm | 0.3 | |
| 铣平面距球中心距离/mm | | ±0.2 | 用游标卡尺检查 |
| 相邻两螺栓孔中心线夹角/(′) | | ±30 | 用分度头检查 |
| 两铣平面与螺栓孔轴线垂直度/mm | | 0.005$r$ | 用百分表检查 |
| 球毛坯直径 | $d \leqslant 120$mm | +2.0<br>−1.0 | 用卡尺和游标卡尺检查 |
| | $d > 120$mm | +3.0<br>−1.5 | |

**表 16-7　焊接球加工的允许偏差**　　单位：mm

| 项目 | 允许偏差 | 检验方法 |
|---|---|---|
| 直径 | ±0.005$d$<br>±2.5 | 用卡尺和游标卡尺检查 |
| 圆度 | 2.5 | 用卡尺和游标卡尺检查 |
| 壁厚减薄量 | 0.13$t$，≤1.5 | 用卡尺和测厚仪检查 |
| 两半球对口错边 | 1.0 | 用套模和游标卡尺检查 |

**表 16-8　钢网架（桁架）用钢管杆件加工的允许偏差**　　单位：mm

| 项目 | 允许偏差 | 检验方法 |
|---|---|---|
| 长度 | ±1.0 | 用钢尺和百分表检查 |
| 端面对管轴的垂直度 | 0.005$r$ | 用百分表 V 形块检查 |
| 管口曲线 | 1.0 | 用套模和游标卡尺检查 |

(6) 制孔

① A、B 级螺栓孔（Ⅰ类孔）应具有 H12 的精度，孔壁表面粗糙度 $R_a$ 不应大于 12.5$\mu$m。其孔径的允许偏差应符合表 16-9 的规定。

**表 16-9　A、B 级螺栓孔径的允许偏差**　　单位：mm

| 序号 | 螺栓公称直径、螺栓孔直径 | 螺栓公称直径允许偏差 | 螺栓孔直径允许偏差 |
|---|---|---|---|
| 1 | 10～18 | 0.00<br>−0.18 | +0.18<br>0.00 |
| 2 | 18～30 | 0.00<br>−0.21 | +0.21<br>0.00 |
| 3 | 30～50 | 0.00<br>−0.25 | +0.25<br>0.00 |

C级螺栓孔（Ⅱ类孔），孔壁表面粗糙度 $R_a$ 不应大于 25μm。其孔径允许偏差应符合表 16-10 的规定。

表 16-10 C级螺栓孔孔径的允许偏差 单位：mm

| 项目 | 允许偏差 | 项目 | 允许偏差 |
|---|---|---|---|
| 直径 | +1.0<br>0.0 | 圆度 | 2.0 |
| | | 垂直度 | 0.03$t$，≤2.0 |

② 螺栓孔孔距的允许偏差应符合表 16-11 的规定。

表 16-11 螺栓孔孔距的允许偏差 单位：mm

| 螺栓孔孔距范围 | ≤500 | 501～1200 | 1201～3000 | ＞3000 |
|---|---|---|---|---|
| 同一组内任意两孔间距离 | ±1.0 | ±1.5 | — | — |
| 相邻两组的端孔间距离 | ±1.5 | ±2.0 | ±2.5 | ±3.0 |

注：1. 在节点中连接板与一根杆件相连的所有螺栓孔为一组。
2. 对接接头在拼接板一侧的螺栓孔为一组。
3. 在两相邻节点或接头间的螺栓孔为一组，但不包括上述两条所规定的螺栓孔。
4. 受弯构件翼缘上的连接螺栓孔，每米长度范围内的螺栓孔为一组。

③ 螺栓孔孔距的允许偏差超过表 16-11 规定的允许偏差时，应采用与母材材质相匹配的焊条补焊后重新制孔。

（7）端部铣平及安装焊缝坡口 包括：①端部铣平的允许偏差应符合表 16-12 的规定；②安装焊缝坡口的允许偏差应符合表 16-13 的规定；③外露铣平面应防锈保护。

表 16-12 端部铣平的允许偏差 单位：mm

| 项目 | 允许偏差 | 项目 | 允许偏差 |
|---|---|---|---|
| 两端铣平时构件长度 | ±2.0 | 铣平面的平面度 | 0.3 |
| 两端铣平时零件长度 | ±0.5 | 铣平面对轴线的垂直度 | $L$/1500 |

表 16-13 安装焊缝坡口的允许偏差

| 项目 | 允许偏差 | 项目 | 允许偏差 |
|---|---|---|---|
| 坡口角度/(°) | ±5 | 钝边/mm | ±1.0 |

（8）焊接

① 焊条、焊丝、焊剂、电渣熔嘴等焊接材料与母材的匹配应符合设计要求及行业标准的规定。焊条、焊丝、焊剂、药芯焊丝、熔嘴等在使用前，应按其产品说明书及焊接工艺文件进行烘焙和存放。

② 焊工必须经考试合格并取得合格证书。持证焊工必须在其考试合格项目及其认可范围内施焊。

③ 施工单位对其首次采用的钢材、焊接材料、焊接方法、焊后热处理等，应进行焊接工艺评定，并根据评定报告确定焊接工艺。

④ 设计要求全焊透的一级、二级焊缝应采用超声波探伤进行内部缺陷的检验，超声波探伤不能对缺陷做出判断时，应采用射线探伤。其内部缺陷分级及探伤方法应符合《焊缝无损检测 超声检测技术、检测等级和评定》（GB/T 11345）或《金属熔化焊焊接接头射线照相》（GB/T 3323）的规定。

焊接球节点网架焊缝、螺栓球节点网架焊缝及圆管T、K、Y形节点相贯线焊缝，其内部缺陷分级及探伤方法应分别符合《钢结构超声波探伤及质量分级法》（JG/T 203）的规定。

一级、二级焊缝的质量等级及缺陷分级应符合表16-14的规定。

**表16-14 一、二级焊缝的质量等级及缺陷分级**

| 焊缝质量等级 | | 一级 | 二级 |
|---|---|---|---|
| 内部缺陷超声波探伤 | 评定等级 | Ⅱ | Ⅲ |
| | 检验等级 | B级 | B级 |
| | 探伤比例 | 100% | 20% |
| 内部缺陷射线探伤 | 评定等级 | Ⅱ | Ⅲ |
| | 检验等级 | A、B级 | A、B级 |
| | 探伤比例 | 100% | 20% |

注：探伤比例的计数方法应按以下原则确定：①对工厂制作焊缝，应按每条焊缝计算百分比，且探伤长度应不小于200mm，当焊缝长度不足200mm时，应对整条焊缝进行探伤；②对现场安装焊缝，应按同一类型、同一施焊条件的焊缝条数计算百分比，探伤长度应不小于200mm，并应不少于1条焊缝。

⑤ T形接头、十字接头、角接接头等要求熔透的对接和角对接组合焊缝，若钢板厚为$t$，则其焊脚尺寸不应小于$t/4$ [图16-1(a)、(b)、(c)]；设计有疲劳验算要求的吊车梁或类似构件的腹板与上翼缘连接焊缝的焊脚尺寸为$t/2$ [图16-1(d)]，且不应大于10mm。焊脚尺寸的允许偏差为0～4mm。

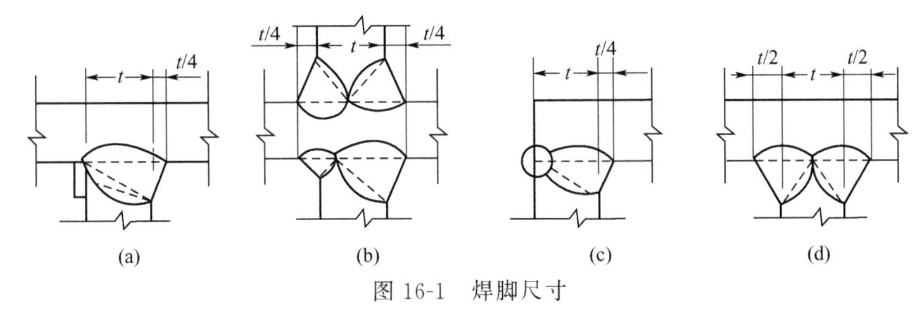


图16-1 焊脚尺寸

⑥ 焊缝表面不得有裂纹、焊瘤等缺陷。一级、二级焊缝不得有表面气孔、夹渣、弧坑裂纹、电弧擦伤等缺陷，且一级焊缝不得有咬边、未焊满、根部收缩等缺陷。

⑦ 对于需要进行焊前预热或焊后热处理的焊缝，其预热温度或焊后热处理温度应符合国家现行有关标准的规定或通过工艺试验确定。预热区在焊道两侧，每侧宽度均应大于焊件厚度的1.5倍以上，且不应小于100mm，后热处理应在焊后立即进行。保温时间应根据板厚按每25mm板厚1h确定。

⑧ 二级、三级焊缝外观质量标准应符合表16-15的规定。三级对接焊缝应按二级焊缝标准进行外观质量检验。

**表16-15 二级、三级焊缝外观质量标准** 单位：mm

| 项目 | 允许偏差 | |
|---|---|---|
| 缺陷类型 | 二级 | 三级 |
| 未焊满<br>（指不足设计要求） | ≤0.2+0.02$t$，且≤1.0 | ≤0.2+0.04$t$，且≤2.0 |
| | 每100.0焊缝内缺陷总长≤25.0 | |
| 根部收缩 | ≤0.2+0.02$t$，且≤1.0 | ≤0.2+0.04$t$，且≤2.0 |
| | 长度不限 | |

续表

| 项目 | 允许偏差 | |
|---|---|---|
| 咬边 | ≤0.05$t$，且≤0.5；连续长度≤100.0且焊缝两侧咬边总长≤10%焊缝全长 | ≤0.1$t$，且≤1.0，长度不限 |
| 弧坑裂纹 | — | 允许存在个别长度≤5.0的弧坑裂纹 |
| 电弧擦伤 | — | 允许存在个别电弧擦伤 |
| 接头不良 | 缺口深度0.05$t$，且≤0.5 | 缺口深度0.1$t$，且≤1.0 |
| | 每1000.0焊缝不应超过1处 | |
| 表面夹渣 | — | 深≤0.2$t$，长≤0.5$t$，且≤20.0 |
| 表面气孔 | — | 每50.0焊缝长度内允许直径≤0.4$t$，且≤3.0的气孔2个，孔距≥6倍孔径 |

注：表内$t$为连接处较薄的板厚。

⑨ 焊缝尺寸允许偏差应符合表16-16及表16-17的规定。

**表16-16 对接焊缝及完全熔透组合焊缝尺寸允许偏差** 单位：mm

| 序号 | 项目 | 图例 | 允许偏差 | |
|---|---|---|---|---|
| | | | 一级、二级 | 三级 |
| 1 | 对接焊缝余高$C$ | | $B<20$；0～3.0<br>$B\geqslant30$；0～4.0 | $B<20$；0～4.0<br>$B\geqslant20$；0～5.0 |
| 2 | 对接焊缝错边$d$ | | $d<0.15t$，且≤2.0 | $d<0.15t$，且≤3.0 |

**表16-17 部分焊透组合焊缝和角焊缝外形尺寸允许偏差** 单位：mm

| 序号 | 项目 | 图例 | 允许偏差 |
|---|---|---|---|
| 1 | 焊脚尺寸$h_f$ | | $h_f\leqslant6$；0～1.5<br>$h_f>6$；0～3.0 |
| 2 | 角焊缝余高$C$ | | $h_f\leqslant6$；0～1.5<br>$h_f>6$；0～3.0 |

注：1. $h_f>8.0$mm的角焊缝其局部焊脚尺寸允许低于设计要求值1.0mm，但总长度不得超过焊缝长度的10%。
2. 焊接H形梁腹板与翼缘板的焊缝两端在其2倍翼缘板宽度范围内，焊缝的焊脚尺寸不得低于设计值。

⑩ 焊成凹形的角焊缝，焊缝金属与母材间应平缓过渡；加工成凹形的角焊缝，不得在其表面留下切痕。

⑪ 焊缝感观应达到：外形均匀、成型较好，焊道与焊道、焊道与基本金属间过渡较平滑，焊渣和飞溅物基本清除干净。

## 第三节 除尘部件制作

按设计确定的除尘系统（设备）的基本单元称为部件。部件是除尘设备的最小组合单元，由除尘器本体及若干个部件组合为成套的除尘设备。

### 一、除尘部件分类

部件按其属性及其结构特性，可以分为通用性部件和专业性部件。

**1. 通用性部件**

各类除尘器均适用的部件称为通用性部件。例如：直管、弯管、三通；闸板阀、蝶阀；热补偿器、减振节；安全阀、防爆片、节流孔等。

**2. 专用性部件**

各类除尘器专门配套应用的部件称为专用性部件。如：袋式除尘器的滤袋、笼骨、机械回转喷吹装置；脉冲控制仪、电磁脉冲阀及压气处理设施；静电除尘器的阳极板、电晕线、石英管或陶瓷管、阳极振打装置、电晕极振打装置、气流分布板、烟（空）气预加热装置；湿法除尘器的喷嘴、花板及脱（配）水设施等。

除尘设备部件可以按设计要求自制，也可外购成品配套。本节重点介绍除尘器本体以外部件的制作。

### 二、部件制作准则与工艺

**1. 制作准则**

除尘部件制作应遵守下列准则：①坚持工厂化原则，统一规划，除尘设备部件一律在工厂预制；②坚持按产品标准组织生产，按产品设计图纸组织产品加工和装配；③部件用料与配件必须具有材质单与合格证；④部件生产坚持全程质量控制，不合格不出厂。

**2. 制作工艺**

（1）直管

① 钢板卷管是除尘系统的常见部件，一般按风管系列规格（表 16-18、表 16-19）组织生产；管道壁厚按输送介质的种类，由设计确定（表 16-20）。

风管按系统工作压力分为 3 类，见表 16-20。

② 风管壁厚。排烟系统和特殊除尘系统的管道厚度由设计确定，一般厚度为 2～6mm，见表 16-18、表 16-21。

③ 风管长度。除尘管道长度由设计确定，一般为工厂制管、现场安装接长。接长时，要求纵向焊缝至少错位 1/4 直径，不能呈“十”字接缝。

④ 风管焊接。钢板下料后，钢板卷管应在卷板机和专用转动胎具上进行卷管、对位、点焊。焊接时，推荐程序焊接，宜用平焊和坡立焊，要求焊缝饱满、焊波均匀，无夹渣、气孔、焊瘤和未焊透等缺陷，清除焊皮，必要时进行打磨处理。

（2）弯管

① 为适应气体输送方向的改变而制作的专用管件称为弯管，也称为弯头或虾米腰。

表 16-18 圆形风管规格 单位：mm

<table>
<tr><th rowspan="2">外径 D</th><th colspan="2">钢板制风管</th><th colspan="2">塑料制风管</th><th rowspan="2">外径 D</th><th colspan="2">除尘风管</th><th colspan="2">气密性风管</th></tr>
<tr><th>外径允许偏差</th><th>壁厚</th><th>外径允许偏差</th><th>壁厚</th><th>外径允许偏差</th><th>壁厚</th><th>外径允许偏差</th><th>壁厚</th></tr>
<tr><td>100</td><td rowspan="26">±1</td><td rowspan="6">0.5</td><td rowspan="14">±1</td><td rowspan="10">3.0</td><td>**80**<br>**90**<br>**100**</td><td rowspan="26">±1</td><td rowspan="14">1.5</td><td rowspan="26">±1</td><td rowspan="14">2.0</td></tr>
<tr><td>120</td><td>**110**<br>**120**</td></tr>
<tr><td>140</td><td>130<br>**140**</td></tr>
<tr><td>160</td><td>150<br>**160**</td></tr>
<tr><td>180</td><td>170<br>**180**</td></tr>
<tr><td>200</td><td>190<br>**200**</td></tr>
<tr><td>220</td><td rowspan="8">0.75</td><td>210<br>**220**</td></tr>
<tr><td>250</td><td>240<br>**250**</td></tr>
<tr><td>280</td><td>260<br>**280**</td></tr>
<tr><td>320</td><td>300<br>**320**</td></tr>
<tr><td>360</td><td rowspan="6">4.0</td><td>340<br>**360**</td></tr>
<tr><td>400</td><td>380<br>**400**</td></tr>
<tr><td>450</td><td>420<br>**450**</td></tr>
<tr><td>500</td><td>480<br>**500**</td></tr>
<tr><td>560</td><td rowspan="7">1.0</td><td rowspan="12">±1.5</td><td>530<br>**560**</td><td rowspan="9">2.0</td><td rowspan="9">3.0<br>～<br>4.0</td></tr>
<tr><td>630</td><td>600<br>**630**</td></tr>
<tr><td>700</td><td rowspan="4">5.0</td><td>670<br>**700**</td></tr>
<tr><td>800</td><td>750<br>**800**</td></tr>
<tr><td>900</td><td>850<br>**900**</td></tr>
<tr><td>1000</td><td>950<br>**1000**</td></tr>
<tr><td>1120</td><td rowspan="6">6.0</td><td>1060<br>**1120**</td></tr>
<tr><td>1250</td><td rowspan="5">1.2<br>～<br>1.5</td><td>1180<br>**1250**</td></tr>
<tr><td>1400</td><td>1320<br>**1400**</td></tr>
<tr><td>1600</td><td>1500<br>**1600**</td><td rowspan="3">3.0</td><td rowspan="3">4.0<br>～<br>6.0</td></tr>
<tr><td>1800</td><td>1700<br>**1800**</td></tr>
<tr><td>2000</td><td>1900<br>**2000**</td></tr>
</table>

注：除尘、气密性风管分基本系列和辅助系列，应优先采用基本系列（即黑体数字）。

**表 16-19　矩形通风管道规格**　　单位：mm

<table>
<tr><th rowspan="2">外边长 A×B</th><th colspan="2">钢板制风管</th><th colspan="2">塑料制风管</th><th rowspan="2">外边长 A×B</th><th colspan="2">钢板制风管</th><th colspan="2">塑料制风管</th></tr>
<tr><th>外边长允许偏差</th><th>壁厚</th><th>外边长允许偏差</th><th>壁厚</th><th>外边长允许偏差</th><th>壁厚</th><th>外边长允许偏差</th><th>壁厚</th></tr>
<tr><td>120×120</td><td rowspan="26">−2</td><td rowspan="6">0.5</td><td rowspan="23">−2</td><td rowspan="14">3.0</td><td>630×500</td><td rowspan="26">−2</td><td rowspan="13">1.0</td><td rowspan="26">−3</td><td rowspan="6">5.0</td></tr>
<tr><td>160×120</td><td>630×630</td></tr>
<tr><td>160×160</td><td>800×320</td></tr>
<tr><td>200×120</td><td>800×400</td></tr>
<tr><td>200×160</td><td>800×500</td></tr>
<tr><td>200×200</td><td>800×630</td></tr>
<tr><td>250×120</td><td rowspan="17">0.75</td><td>800×800</td><td rowspan="12">6.0</td></tr>
<tr><td>250×160</td><td>1000×320</td></tr>
<tr><td>250×200</td><td>1000×400</td></tr>
<tr><td>250×250</td><td>1000×500</td></tr>
<tr><td>320×160</td><td>1000×630</td></tr>
<tr><td>320×200</td><td>1000×800</td></tr>
<tr><td>320×250</td><td>1000×1000</td></tr>
<tr><td>320×320</td><td>1250×400</td><td rowspan="13">1.2</td></tr>
<tr><td>400×200</td><td rowspan="9">4.0</td><td>1250×500</td></tr>
<tr><td>400×250</td><td>1250×630</td></tr>
<tr><td>400×320</td><td>1250×800</td></tr>
<tr><td>400×400</td><td>1250×1000</td></tr>
<tr><td>500×200</td><td>1600×500</td><td rowspan="8">8.0</td></tr>
<tr><td>500×250</td><td>1600×630</td></tr>
<tr><td>500×320</td><td>1600×800</td></tr>
<tr><td>500×400</td><td>1600×1000</td></tr>
<tr><td>500×500</td><td>1600×1250</td></tr>
<tr><td>630×250</td><td rowspan="3">1.0</td><td rowspan="3">−2</td><td rowspan="3">5.0</td><td>2000×800</td></tr>
<tr><td>630×320</td><td>2000×1000</td></tr>
<tr><td>630×400</td><td>2000×1250</td></tr>
</table>

注：表中通风管道统一规格经“通风管道定型化”审查会议通过，作为通用规格在全国使用。

**表 16-20　风管系统类别划分**

| 系统类别 | 系统工作压力 $p$/Pa | 密封要求 |
|---|---|---|
| 低压系统 | $p \leqslant 500$ | 接缝和接管连接处严密 |
| 中压系统 | $500 < p \leqslant 1500$ | 接缝和接管连接处增加密封措施 |
| 高压系统 | $>1500$ | 所有的拼接缝和接管连接处均应采取密封措施 |

**表 16-21 钢板风管板材厚度** 单位：mm

| 风管直径 $D$ 或长边尺寸 $b$ | 圆形风管 | 矩形风管 | | 除尘系统风管 |
|---|---|---|---|---|
| | | 中、低压系统 | 高压系统 | |
| $D(b)\leqslant 320$ | 0.5 | 0.5 | 0.75 | 1.5 |
| $320<D(b)\leqslant 450$ | 0.6 | 0.6 | 0.75 | 1.5 |
| $450<D(b)\leqslant 630$ | 0.75 | 0.6 | 0.75 | 2.0 |
| $630<D(b)\leqslant 1000$ | 0.75 | 0.75 | 1.0 | 2.0 |
| $1000<D(b)\leqslant 1250$ | 1.0 | 1.0 | 1.0 | 2.0 |
| $1250<D(b)\leqslant 2000$ | 1.2 | 1.0 | 1.2 | 按设计 |
| $2000<D(b)\leqslant 4000$ | 按设计 | 1.2 | 按设计 | |

注：1. 螺旋风管的钢板厚度可适当减小 10%～15%。
2. 排烟系统风管的钢板厚度可按高压系统选取。
3. 特殊除尘系统风管的钢板厚度应符合设计要求。
4. 不适用于地下人防与防火隔墙的预埋管。

② 弯管由管径 $D$、曲率半径 $R$、夹角 $\alpha$ 和弯管节数 $n$ 四大要素构成（图 16-2）。

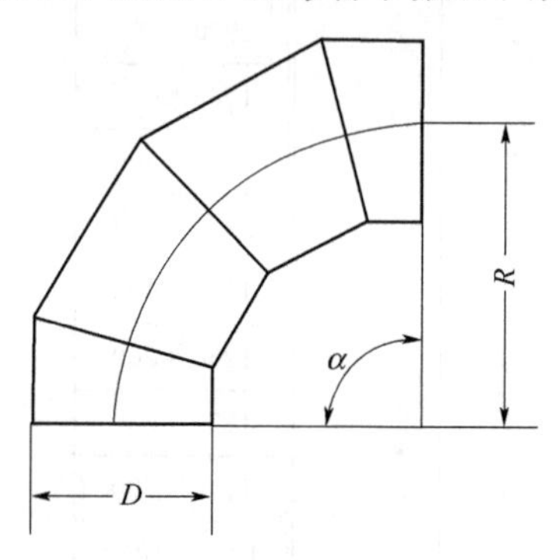


图 16-2 弯管
（$\alpha=90°$；端节 2 个；中节 2 个；$R=D$）

一般，$R=1.0\sim1.5D$；$\alpha=22.5°$、$30°$、$45°$、$60°$、$90°$、$120°$、$135°$；弯管节数（$n$）按表 16-22 的规定执行，其中，2 个端节等于 1 个中节。

**表 16-22 圆形弯管曲率半径和最少节数**

| 弯管直径 $D$/mm | 曲率半径 $R$ | 弯管角度和最少节数 | | | | | | | |
|---|---|---|---|---|---|---|---|---|---|
| | | 90° | | 60° | | 45° | | 30° | |
| | | 中节 | 端节 | 中节 | 端节 | 中节 | 端节 | 中节 | 端节 |
| 80～220 | $\geqslant 1.5D$ | 2 | 2 | 1 | 2 | 1 | 2 | — | 2 |
| 220～450 | $D\sim1.5D$ | 3 | 2 | 2 | 2 | 1 | 2 | — | 2 |
| 450～800 | $D\sim1.5D$ | 4 | 2 | 2 | 2 | 1 | 2 | 1 | 2 |
| 800～1400 | $D$ | 5 | 2 | 3 | 2 | 2 | 2 | 1 | 2 |
| 1400～2000 | $D$ | 8 | 2 | 5 | 2 | 3 | 2 | 2 | 2 |

③ 弯管可用样板逐片下料拼接，也可用直管按样板实样划线割制。

④ 弯管应利用专用胎具拼接、焊制，推荐程序焊接与坡立焊。

⑤ 弯管制作要求：焊缝饱满、焊波均匀，无夹渣、气孔、焊瘤和未焊透等缺陷，清除焊皮；必要时进行打磨处理。

（3）三通

① 一种引导气体分流或合流的装置称为三通。按其与总流量的关系，分为分流三通和合流三通。

② 三通有流量总口和流量分口，其分支口中心线夹角（$\alpha$）越小、液体流动特性越好。三通的流体特性见图 16-3。

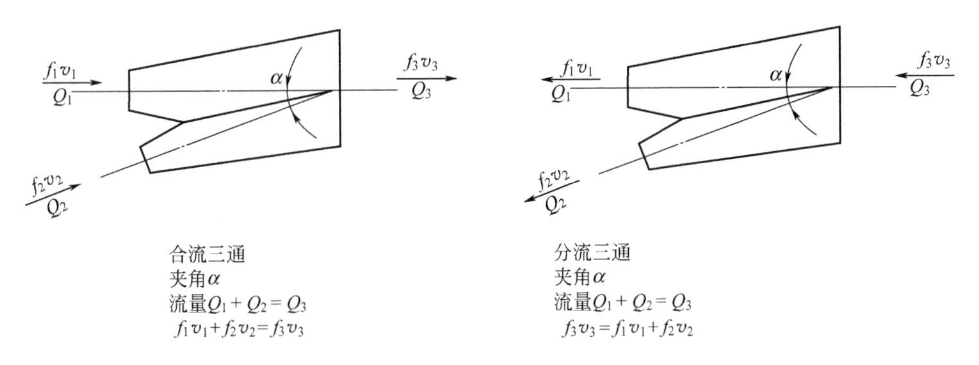


图 16-3　三通的流体特性

③ 三通可按图 16-3 展开、划线，形成实样（样板）后下料、组对。

④ 三通应利用胎具拼接、焊制，推荐程序焊接和坡立焊。

⑤ 三通制作要求：焊缝饱满、焊波均匀，无夹渣、气孔、焊瘤和未焊透等缺陷，清除焊皮；必要时进行打磨处理。

（4）法兰　法兰是管道连接的重要部件。金属风管多用角钢、扁钢煨制或钢板割制。

① 风管与法兰之间应焊接连接。

② 风管法兰与螺栓规格应符合表 16-23、表 16-24 的规定，其螺孔间距不得大于 120mm，矩形风管的四角处应设有螺孔。

**表 16-23　金属圆形风管法兰及螺栓规格**　　单位：mm

| 风管直径 $D$ | 法兰材料规格 | | 螺栓规格 |
|---|---|---|---|
| | 扁钢 | 角钢 | |
| $D\leqslant 140$ | 20×4 | — | M6 |
| $140<D\leqslant 280$ | 25×4 | — | M6 |
| $280<D\leqslant 630$ | 40×6 | 25×3 | M8 |
| $630<D\leqslant 1250$ | 50×6 | 30×4 | M10 |
| $1250<D\leqslant 2000$ | 60×6 | 40×4 | M12 |

**表 16-24　金属矩形风管法兰及螺栓规格**　　单位：mm

| 风管长边尺寸 $b$ | 法兰材料规格(角钢) | 螺栓规格 |
|---|---|---|
| $b\leqslant 630$ | 25×3 | M6 |
| $630<b\leqslant 1500$ | 30×3 | M8 |
| $1500<b\leqslant 2500$ | 40×4 | M10 |
| $2500<b\leqslant 4000$ | 50×5 | M12 |

③ 风管加固。圆形风管 $D\geqslant 800$mm，其管段长度 $L>1250$mm 或总侧表面积 $F>4$m$^2$ 时，均应采取加固措施；矩形风管边长 $a>630$mm（保温时：$a>800$mm，$L>1250$mm 或$F>$

1.0$m^2$）时，均应采取加固措施。

直径 $D \geqslant 500$mm 的大口径除尘管道，宜割制法兰，并设有拉筋板用于增加强度与刚度。

④ 法兰之间衬有 $\sigma=3$ 的胶板或橡胶石棉板密封，并涂有密封胶，防止漏风。

（5）除尘阀门　除尘阀门是除尘系统的重要部（配）件（表 16-25）。按其结构组成分为焊制和机制两大类；按其工作方式分为手动和电动两大类。

**表 16-25　除尘阀门**

| 序号 | 产品名称 | 直径/mm | 压力/MPa | 温度/℃ | 资料来源 |
|---|---|---|---|---|---|
| 1 | 蝶阀 | | | | |
| 1.1 | YJ-SDF 型手动蝶阀 | DN100～1000 | 0.05 | ≤250 | 北京中冶环保科技公司 |
| 1.2 | YSF-0.5C 型手动蝶阀 | DN125～400 | 0.05 | ≤250 | 北京中冶环保科技公司 |
| 1.3 | YJ-TDF 型电动蝶阀 | DN200～3000 | 0.05 | ≤120 | 北京中冶环保科技公司 |
| 1.4 | DQF 型气动推杆蝶阀 | DN200～2000 | 0.05 | ≤350 | 湖北沙市澳星环保设备公司 |
| 1.5 | DDT 型电动推杆蝶阀 | DN200～2000 | 0.05 | ≤300 | 湖北沙市澳星环保设备公司 |
| 2 | 插板阀 | | | | |
| 2.1 | YJ-SDF 型手动蝶阀 | DN150～350 | 0.05 | <200 | 北京中冶环保科技公司 |
| 2.2 | 双向手动插板阀 | 360×360/700×700 | 0.05 | <300 | 北京中冶环保科技公司 |
| 2.3 | 电动插板阀 | 200×200/700×700 | 0.05 | <300 | 湖北沙市澳星环保设备公司 |
| 3 | 安全防爆阀 | | | | |
| 3.1 | 防爆阀 | DN200～800<br>200×200/800×800 | 0.1 | <300 | 湖北沙市澳星环保设备公司 |
| 3.2 | 安全阀 | DN200～500 | 0.1 | <300 | 湖北沙市澳星环保设备公司 |
| 3.3 | 泄爆阀(片) | | | | |
| 3.3.1 | XBF-Ⅰ型 | DN300～1000 | 0.1 | <80 | 沈阳航天新光安全系统有限公司 |
| 3.3.2 | XBF-Ⅱ型 | 400×400/700×700 | 0.1 | <80 | |
| 3.3.3 | LC 型爆破片 | DN25～1200 | 0.05～1.00 | −40～260 | |
| 3.3.4 | PK 型爆破片 | DN25～1000 | 0.01～2.0 | 480 | |
| 3.3.5 | PC 型爆破片 | DN300～1000 | 0.18～0.2 | <480 | |
| 3.3.6 | YCT 型爆破片 | DN25～300 | 0.18～0.2 | <480 | |
| 3.3.7 | YJ 型爆破片 | DN300～600 | 0.05～3 | <400 | |
| 4 | 卸灰阀 | | | | |
| 4.1 | YXB 型星形卸灰阀 | 25～100$m^3$/h | 0.25 | 250 | 鞍山科通机械制造有限公司 |
| | | 5～160$m^3$/h | 0.1 | 120 | 湖北沙市澳星环保设备公司 |
| 4.2 | 锥形锁气阀 | DN200～500 | 0.1 | 120 | 北京中冶环保科技公司 |
| 4.3 | 翻板卸灰阀 | DN150～1000 | 0.1 | 120 | 北京中冶环保科技公司 |
| 4.4 | 双层卸灰阀 | 1～3t/h | 0.5 | 120 | 北京中冶环保科技公司 |
| 5 | DSF/QSF 型三通切换阀 | 280×280 | 0.1 | 300 | 北京中冶环保科技公司 |
| 6 | 提升阀 | $\phi$800～1000 | 0.1 | 300 | 北京中冶环保科技公司 |
| 7 | 风机调节阀 | | | | |
| 7.1 | FTS 型手动风机调节阀 | DN280～2000 | 0.1 | <350 | 湖北沙市澳星环保设备公司 |
| 7.2 | FTZ 型电动风机调节阀 | DN280～2000 | 0.1 | <350 | 湖北沙市澳星环保设备公司 |
| 7.3 | TJSB 型百叶式手动风机调节阀 | DN280～2800 | 0.05 | <300 | 湖北沙市澳星环保设备公司 |
| 7.4 | TJDB 型百叶电动风机调节阀 | DN280～2800 | 0.05 | <300 | 湖北沙市澳星环保设备公司 |

① 插板阀、蝶阀：a. 插板阀、蝶阀在手动操作时可以焊接制造，电动传动时可由专业工厂制造；b. 按设计图纸组织下料、钻孔、组对和焊接；c. 要求焊缝饱满、焊波均匀，无夹渣、气孔、焊瘤和未焊透等缺陷，清除焊皮，必要时进行打磨处理；d. 组对和装配过程，应经常注意保持工作抽动灵活、密封良好、阀内无积灰。

② 安全防爆设施：a. 在处理易燃易爆气体和粉尘时应配设安全防爆设施，其中重锤式安全阀、防爆片是常见的安全防护设施，多由现场配制，也有工厂购置的；b. 制作过程要保证

防爆预警的安全性和可靠性，按特种安全设施监制。

（6）滤袋　滤袋是袋式除尘器的重要部件，近期袋式除尘器已呈现优于或取代静电除尘器的发展趋势。随着科技进步，滤袋的品种和性能也在扩大与提升，滤袋一般是在专业工厂生产与加工，按成品供应除尘器制造商配套选用。

其他部件可按设计要求由市场购置或按专业标准制作。

# 第四节　除尘设备制作装备与技术

除尘设备制作装备的技术水准和精确程度，是确保除尘设备质量的必备条件之一。许多除尘设备制造厂商，都在不断地提高制作装备水平。

## 一、主要制作机具

除尘设备制作工程常用的机械设备与装备包括以下几种。

（1）金属结构制作包括：①钢平台；②剪板机，包括龙门剪板机、联合冲剪机、振动剪床；③卷板机；④折边机；⑤气割设备，包括氧气瓶、乙炔瓶、压力表、焊枪、割炬；⑥半自动切割机；⑦型材切割机；⑧电焊机，包括交流电焊机、直流电焊机、点焊机、自动焊接机；⑨型钢矫正机；⑩平板机；⑪电动砂轮机、风铲、手电钻；⑫冲床；⑬吊车，包括门式起重机、汽车吊、链式起重机。

常用设备的装备数量，按生产能力及装备水平，由专业工厂自定。

（2）机械加工　包括：①摇臂钻床；②镗床；③车床；④铣床；⑤刨床；⑥钻床；⑦插床。

常用机床的装备数量，按金属切削加工需要，可以独立设置，也可委托机加企业（车间）协作加工。

## 二、精准加工设备

### 1. 数控冲床和激光切割机

花板的作用是安装滤袋，并将含尘气体与干净气体隔离。加工花板孔的传统方法是人工划线、定位、钻小孔后，再采用动力头进行机械锪孔或人工冲孔加工。但该加工方式速度慢、效率低，且较容易出现质量问题，孔的尺寸和位置往往达不到精度要求。目前，花板孔的制作已大多采用数控冲床冲制的冷加工工艺，使花板孔的直径公差、位置度和平整度有了严格的保证。采用数控激光切割机加工花板孔可解决高炉煤气干法袋式除尘器厚花板（$\partial=12\sim18$mm）无法冲制的难题，并且不需要加工冲制模具，精度高，市场响应速度快。

### 2. 剖口割孔一体机

分气箱（气包）需承受一定的压力，焊接前的剖口工序十分重要。传统的方法是人工划线后用割炬火焰割孔，再用割炬火焰倒角作为剖口，工作分两次完成，还要用砂轮机将坑坑洼洼的割孔面磨至金属光泽露出才能转入拼装、焊接工序。

采用专用的数控相贯线剖口割孔一体机，可一次完成割孔和剖口两道工序，气割面光滑，砂磨省时省力，且割孔尺寸和间距精准。

### 3. 数控钻铣加工装备

除尘器喷吹管的作用是在脉冲阀得到喷吹指令打开后，将分气箱（气包）内的压缩空气均匀地分配到每条滤袋内。喷吹管的每一个喷孔（嘴），与滤袋垂直对中是保证滤袋使用寿命的关键。喷孔（嘴）的原始加工方法是在钻模上钻孔，受钻模本身加工精度和定位销间隙的影响，孔间距存在一定的误差。现在喷吹管的制作方式是在数控钻铣加工中心上加工，实现一次装夹完成全部钻孔加工，保证孔与孔的间距误差小于 0.2mm，并保证了孔与基准面的垂直度。

### 三、自动焊接技术

**1. 机器人焊接**

机器人焊接以其焊接质量好而稳、速度快、可连续 24h 工作等诸多优点，已在很多行业得到应用。目前，除尘行业中，一些大型制造企业也出现了焊接机器人。将焊接机器人用于除尘器的筒体焊接、分气箱及关键部件的焊接，取得了较为理想的效果。目前，通过工装、转台、辅助工夹具的配置，正逐步实现在更多的产品、部件上应用此项工艺。

**2. 袋笼自动焊接**

用于从内部支撑滤袋的袋笼为多筋圆形或椭圆形结构。袋笼表面的光滑度、袋笼的垂直度十分重要，需要在专门的自动焊接生产线上才能保证。集装箱式袋笼气动多点自动碰焊生产线可用于现场加工，以减少运输和搬运造成的袋笼损坏，并可降低运输成本。

用袋笼箍自动圆圈机加工与原来采用芯棒在车床上绕圈加工的方式相比，大大提高了袋笼生产线的质量和产能。制好的箍在气动自动碰焊机上焊接，熔点牢，成型光滑，不需要再打磨。

**3. 对接拼板自动焊接**

除尘器的箱体要承受一定的负压，因此，箱板拼接的焊缝必须不漏气且有相当好的强度。有实力的企业采用对接拼板自动焊机来焊接箱板，其拼缝不需要剖口，只需按要求在拼缝处留适当间隙并使用铜衬垫，然后单面焊、双面成型。该工艺的焊缝合格率高、强度好、外观漂亮。

## 第五节 除尘设备总体组合与出厂

除尘设备的总装和出厂是除尘设备制作生产的最后环节，企业应当根据设备出厂原则和要求，精益求精，严把质量关，以满足用户要求。

### 一、除尘设备组合原则

在单体部件预制基础上实施除尘设备总体组合是除尘设备制作的关键内容（阶段）。除尘设备制作过程中应按下列原则组织与实施总体组合。

除尘设备原则上总体组合出厂，其设备外形尺寸和重量不能超过运输限值。除尘设备总体组合后运输超限，可以按设计规定解体，分体输出（必要时解体过程增设加固和重组设施）。

**1. 总体组合、整体出厂**

按除尘设备总体组合关系，将除尘设备各部件总体组合，整体出厂，是除尘设备生产追求的方向。这一生产方案，只能限于运输不超限（超长、超宽、超高、超重）的除尘设备。

**2. 总体组合、分体出厂**

因总体组合导致设备运输超限从而不能整体出厂的除尘设备，只能在总体组合后，按设计要求解（分）体出厂。

**3. 分体制作、分体出厂**

静电除尘器、袋式除尘器等不能总体组合的大型设备，可按设计规定分体制作；以单元部件为单位，统一编号，分体出厂，现场组合，但也不能运输超限。

### 二、除尘设备组合工艺

总体组合原则在专业工厂进行，组合过程应符合下列组合工艺要求。

(1) 总体组合应在结构车间钢平台上进行，按“实样”尺寸定位组合；大型构件组合不能在车间内进行的，可在车间外搭设临时钢平台组合，但应有相应的吊装设备配合。

除尘设备在高跨度车间组织与实施总体组合是无疑义的，有的也可以采取水平式组装完成总体组合。但也有不少中、小跨度的厂房，因吊装高度不足而不能完成总体组合工艺，当然还有运输超限的限制问题。因此，一些超高型构件采用“分体制作、分体出厂”工艺也是必然的，甚至存在“再分解解体”的工艺。

(2) 总体组合坚持“先主后辅，先下后上，先定位后固定”的准则，科学组织组合与装配。

除尘设备制作是一项巨大的、复杂的系统工程。坚持“先主后辅，先下后上（先前后次），先定位后固定”的组合准则，是除尘设备结构特性决定的，符合设备制作的客观规律。“先主后辅”体现了以主体设备为中心，配套辅助设备，体现设备配套的主辅关系；“先下后上（先前次后）”体现了除尘设备组合原则与安装次序；“先定位后固定”体现了除尘设备总体组合过程，坚持“质量第一、万无一失”的严谨作风。精心设计、精心制作，才是塑造精品工程的宗旨。

(3) 组合过程要立足底平面定位，以中心线为基准，调整水平度、垂直度偏差和连接尺寸偏差，做好总体组合的质量控制。

在钢结构平台上，立足底平面定位，以中心线为基准，调整水平度与垂直度偏差和连接尺寸偏差，是设备总体组合的质量控制中心点。要从单元部件入手，采取科学组合程序与控制措施，把总体组合偏差降至最低点，创造名优产品。

(4) 组合过程必要时应做好永久（临时）支撑、组合加固和吊（卡）具的配置。

必要时，做好永久（临时）支撑、组合加固和吊（卡）具配置，是总体组合不可缺少的质量保证措施。其立足点是防止组对过程发生位移，防止焊接过程发生热变形，防止其他意外原因引发的组合变化。有的加固设施，可以永久保留；有的加固设施，待设备总体组合后拆除。

(5) 组合定位合格后，采用程序焊接，按设计规定做好组合，科学消除热变形。适时调整焊接部位，优先采用平焊和坡立焊，消除仰焊，减少立焊，保证焊接质量。

总体组合定位后，按制作工艺设计推荐采用程序焊接。焊缝表面不得有裂纹、焊瘤等缺陷，适时清理焊皮等异物。

## 三、除尘设备质量管理

**1. 质量管理体系**

目前国内已有许多除尘器制造企业获得 ISO 9001、ISO 14000、ISO 18000 三体系的认证。通过多年的运行实践，在管理上已形成了比较规范的模式，从源头开始保证质量，每个项目有专门的质量策划、质量控制计划（QAP），通过开会协商的方式，使参与项目的全体人员都十分清楚项目的要求。

从材料采购入库、车间加工制造过程到产品出货都要有对应的质量管控和记录，包括照片、录像等影像资料，以满足企业向发达国家和电力行业等市场拓展业务的需要。

**2. 安全管理**

(1) 对于大型和中型除尘器，一定要重视对每道环节的质量检测。对于承重的支撑框架而言，焊缝的全熔透至关重要，因此配置了超声波探伤（UT）、X 光拍片（RT）设备、X 光拍片室和持证上岗的无损检测人员。对密闭的箱体而言，焊缝、法兰连接面和人孔门的密封性尤为关键，对所有的连续焊缝，以前最普通的检测方法是采用煤油渗透法，通过煤油的渗透性特点，在规定的时间内看另外一侧是否有煤油渗透。后来又增加了磁粉探伤（MT）、起泡试验和抽真空等检测手段。

(2) 为了安全有效地生产制造分气箱（气包）、储气罐、压缩空气管路以及高炉煤气干法袋式除尘器等产品，制造企业需拥有压力容器制造许可证。

(3) 为了检验袋式除尘器的净化效果，企业应当建立自己的实验室、检测站，对于研发项目的投用可进行自我检测和调试，及时发现和解决问题，以利项目和产品的改进和验收。

## 四、除尘设备检验与出厂

**1. 检验**

（1）检查数量　按批量10%抽查，不得少于5件。

（2）检查方法　查验材料质量合格证明文件、性能检测报告，尺量或观察检查。

（3）质量控制　符合图纸和相关技术文件规定。

**2. 出厂**

产品出厂前，必须具有下列产品检验文件。

（1）产品生产过程质检文件完整，具有原始检验和过程检验记录，以及质检部门的签证和归档证明。

（2）具有产品合格证（含配套配件）。

（3）附有完整的出厂技术文件：①产品说明书；②装箱清单；③易损件清单。

# 第六节　除尘设备研发

除尘设备研制与开发是依靠科技进步，推动除尘设备更新换代，将科技成果转化为生产力的重要途径。发展自主创新，将是企业发展的根本方向。

## 一、研发范围

除尘设备的研发范围包括：除尘设备主体以及与此配套的相关设备、配件和控制设施。相关设备、配件和控制设施应当包括：静电除尘器的极板与极线、清灰装置、供电设备与控制装置、安全防护及自动控制装置；袋式除尘器的滤料（袋）、清灰装置、露点控制装置；湿式除尘器的喷嘴及其水量控制设施、水质控制装置、尘泥控制与利用装置；出灰装置及其运行调节设施；除尘系统运行管理技术（软件）等。

## 二、项目可行性研究

**1. 编制依据**

除尘设备的研制计划主要来源于以下几个方面：①国家长远规划和重大攻关计划；②地方经济发展规划和重点攻关计划；③企业中长期发展规划和配套产品研发计划。

**2. 编制要求**

在编制和呈报上述规（计）划时，往往要求编制项目可行性研究报告，作为申请立项的依据。项目可行性研究报告的编写，应遵守下列技术原则和组织原则。

（1）内容完整、指标先进　项目可行性研究报告，在内容上、格式上应符合立项管理的要求，一般包括：①企业自然情况；②项目名称和研制目标；③国内外动态与水平；④项目进度安排；⑤人力、物力和财力的保证程度；⑥技术组织措施；⑦论证意见。

（2）目标可行　项目可行性研究报告的主要技术经济指标应符合国家或地方的技术攻关指标和水平：主要技术性能达到国内领先（国际先进）水平；主要经济指标先进；可计算经济效益重大。

（3）措施可信　项目可行性研究报告的实施规划科学、实施方法具体、实施效果可信、专家论证认可。

（4）诚信为本　项目可行性研究报告，坚持科技创新，实事求是；立足企业人力、物力和财力；诚信为本，科学管理；企业满意、专家满意、上级满意。

**3. 产品标准**

产品标准分为国家标准、行业标准和企业标准。

按《标准化法》规定，新产品投产必须制订和发布产品标准。主要是按国家标准要求，制订支持新产品的企业标准。企业标准由企业起草与提出，市（地）级质量标准主管部门批准与备案。

无产品标准的产品，在法律上视为非法产品。

按《标准化工作导则 第1部分：标准的结构和编写》（GB/T 1.1）规定，产品标准的结构应当包括下列内容。

（1）范围 主要概述企业标准的内容与适用范围。

（2）规范性引用文件 主要明确企业标准引用的标准。其中：注明日期的引用文件，其随后发生的修改单，不适用本标准；不注明日期的引用文件，其后的最新版本适用本标准。

（3）术语和定义 需要明确与界定的术语和定义应在企业标准中介定与列出。

（4）技术要求 提出以批准的标准图样组织制造的要求；明确对使用材料的要求；确定主要加工方法与标准；其他要求。

（5）试验方法 指产品主要技术性能的试验方法。

（6）检验规划 指对应试验方法的产品质量检验规则；产品的形式试验和出厂试验。

（7）标志、标签和包装 包括：产品出厂标志与标签；产品出厂包装要求；产品运输要求；产品存放要求。

（8）规范件附录 规范件具有标准的法律功能，称为标准的附录；参考件具有参考的法律地位。

（9）编制说明 为科学叙述企业标准文本，可另附编制说明。有关标准样本，见本章第二节制作标准中的相关部分。

## 三、研发的组织与实施

项目研制计划任务书的批准与发布，即成为项目研制任务下达的法律依据，建议按下列程序抓紧组织与实施。

（1）以批准的《项目研制计划任务书》为依据，编制《设备研制科研（开发）设计》。统一规划，详细表列研制计划的项目、内容、目标、进度以及必要的技术组织措施。

（2）以《项目研制计划任务书》为依据，组成设备研发攻关组。设备研发攻关组由项目技术负责人牵头，按课题任务及专业特长落实成员分工与责任。

（3）以《项目研制计划任务书》为依据，分解落实分项计划的进度和器材、资金保证计划。

（4）以《项目研制计划任务书》为依据，组织产品样机设计、制造和试验，确定初期样机性能和样机走向。

（5）按初期样机阶段研制结论，修正设计，制造中间样机，开展半工业性试验，实现实验样机向半工业性试验的过度。

（6）按半工业性试验结论，修改设计，制造或改制工业性试验样机；按研制目标组织工业性试验，力求取得定型样机结论（含用户使用意见）。

（7）按工业性试验结论，设计与制造第一代产品（定型样机）3台（大型样机可结合应用工程实施），按设备研发目标和科研成果鉴定要求取得科研成果鉴定资料。

（8）总结设备研发成果资料，编写科研成果鉴定文件或新产品投产鉴定文件，以及撰写学术论文。

## 四、新产品鉴定

按中国科技管理体制，对于设备研制成果，应分别组织与履行科技成果鉴定和新产品（投产）鉴定。

**1. 鉴定组织**

（1）鉴定组织单位　科技成果鉴定由市（地）级以上科技主管部门主持与管理；新产品（投产）鉴定主要指新产品投产鉴定，由市（地）级以上经济发展主管部门主持与管理。

企业应按科技管理和新产品管理规定，编写鉴定文件，提出申请报告。

（2）鉴定委员会（小组）　鉴定委员会（小组）是科技成果（或新产品）鉴定的权力机构，为各级科技（经贸）主管部门负责。

鉴定委员会（小组）经批准由7～11名专家组成，其中中级职称专家不能超过25%。受邀专家应是国内本专业或相关专业有名望的专家，他们学术优秀、坚持科学、实事求是、作风正派、不谋私利。

鉴定委员会（小组）成员应在会前一周接到鉴定文件，做到会前阅件、准备（或提出）鉴定意见。

**2. 鉴定级别**

（1）鉴定级别分为国家级、省部级和市（地）级。

（2）根据“谁立项、谁鉴定”的原则，按属地管理来确定鉴定地点和级别。

如市级科技（经贸）主管部门认为成果水平确实重大，也可以由市级主管部门转请省级成果鉴定。

**3. 鉴定形式**

（1）按现行科技（新产品）管理规定，鉴定形式可分为会议鉴定、验收鉴定和函审鉴定。

（2）鉴定形式由基层单位申请，市级以上科技（经贸）主管部门决定。

**4. 鉴定文件**

（1）科技成果鉴定文件　科技成果鉴定至少应包括下列文件：①产品研发计划任务书；②研制技术报告；③科技查新报告；④知识产权证明文件；⑤检测报告或专业机构检验报告；⑥设计图纸及相关技术资料（公用）；⑦经济效益评估报告；⑧用户意见；⑨其他需要提供的文件。

（2）新产品（投产）鉴定　新产品（投产）鉴定至少应包括下列文件：①新产品开发计划任务书；②新产品开发技术报告；③科技查新报告；④知识产权证明文件；⑤新产品检验报告；⑥经济效益评估报告；⑦设计图纸及相关文件（公用）；⑧用户意见；⑨其他需要提供的文件。

产品研发技术报告是产品研发的综合性技术总结报告，是产品鉴定的中心文件。产品研发技术报告的内容包括：研发背景、国内外动态、产品结构、工作原理、主要技术性能、讨论、结论和参考文献。讨论应重点明确研发成果的创新点、主要产品性能与同行业的比较、社会经济效益评估、产品技术水平。

**5. 鉴定证书**

（1）科研成果鉴定证书

① 科研成果鉴定证书的标准文本由市（地）级科技主管部门提供。

② 鉴定证书的内容包括：技术规格与简要说明，鉴定意见，主要鉴定文件及提供单位，主要研制单位及参加人员，组织单位审查意见，主持单位审查意见和鉴定证书编号及盖章（签字）等法定程序。

鉴定意见必须有鉴定委员会（小组）主任委员（组长）、副主任委员（副组长）签字，方为有效。

③ 科研成果登记、管理及奖励由市（地）级以上科技主管部门办理。

（2）新产品（投产）鉴定证书

① 新产品（投产）鉴定证书的标准文本由市级以上经贸发展主管部门提供。

② 鉴定证书的内容包括：技术规格及简要说明，鉴定意见，主要鉴定文件及提供单位，主要开发单位参加人员，组织单位审查意见，上级单位审查意见和鉴定证书编号及盖章、签字等法定程序。

鉴定意见必须有鉴定委员会（小组）主任委员（组长）、副主任委员（副组长）签字，方为有效。

③ 新产品（投产）鉴定成果登记、管理及奖励由市（地）以上经贸发展主管部门办理。

**6. 推广应用**

科技成果鉴定和新产品（投产）鉴定，是对设备研制的阶段性评价，为促进科研成果转化为生产力铺平了道路，而不是刀枪入库，大功告成。

我们要坚持自主创新的原则，切实抓住科技成果鉴定和新产品（投产）鉴定的机遇，面向国民经济的实际需要，将产品研发提升到推广应用的新高度，在新产品标准化、系列化上下功夫，普及应用到国民经济能够应用的各个领域，切实为国民经济现代化服务。

# 第十七章 除尘工程安装调试

除尘工程安装特别是大型除尘设备安装是庞大的系统工程，安装工程涉及安装施工组织设计、安装焊接、安装标准、安装调试、安装质量检验和竣工验收等方面，每个环节都十分重要。

## 第一节 安装施工准备

除尘工程施工可分为施工准备阶段、施工阶段、配合工艺单体试车和联动试车阶段、交工验收阶段。

施工前的准备阶段是仪表工程的开始阶段，所有的前期施工准备工作都要进行。这个阶段是连接工程设计与工程项目建设实施的过渡阶段。这个阶段的基本任务就是为工程顺利开工和以后连续有序地施工创造条件。

安装工程的第一步就是施工准备，准备工作是安装工作的基础。这个阶段进行的充分与否，对整个安装工作的质量和施工进展有决定性的影响。有施工经验的人都这样认为，七分准备三分干，可见施工准备的重要性。

### 一、施工准备的内容

准备工作的内容应根据工程的需要和条件而定。一般情况下，施工准备包括如下内容。

(1) 建立施工组织机构，配置落实各岗位人员。

(2) 技术准备，包括技术资料准备、建立质量保证体系、制订安全措施。

(3) 物资准备，包括提出施工主材、消耗材料计划。

(4) 施工机具及标准仪器准备，包括提出机具、标准仪器计划。

(5) 制订施工计划，即制订施工网络计划。

(6) 施工暂设，即施工现场按总平面布置，建立暂设（临时设施)，如办公室、休息室、库房、预制场、临时电源等。

### 二、施工组织机构

施工组织机构、施工人员的组成，应根据施工项目的大小，预估工程量、工程结构、施工工期等条件，确定相应的人员。大中型工程施工量大，施工期长，人员配置较多。小工程管理人员可以兼职，但职责分工要明确，可以少设人员。

施工组织机构见图 17-1。

### 三、施工技术准备

(1) 资料准备　资料准备是指安装资料的准备，包括施工图、常用标准图、自控安装图册

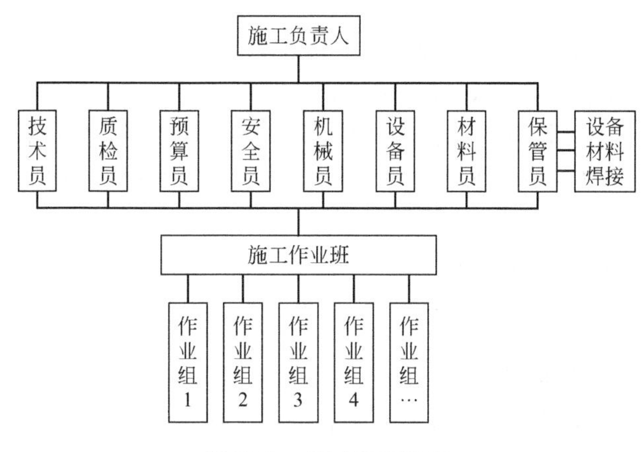


图 17-1　施工组织机构

《自动化仪表工程施工及验收规范》、质量验评标准及有关材料手册等。另外，不同行业有相关行业施工标准，如石油化工、冶金、发电、轻工等行业的行业标准。

施工图是施工的依据，也是交工验收的依据，还是编制施工预算和工程结算的依据。仪表施工人员按不同的职责，看图、审图，进行各自的准备工作。

（2）施工图领用程序　施工单位项目部向建设单位领取施工图，施工队向项目部领取施工图，施工班组向施工队领取施工图，都按图纸目录进行核对。一般领用 8 套图纸（包括交工用 2 套图纸）。

（3）确定施工验收规范　施工验收规范是在施工中必须要遵守的技术要求和施工规范，执行什么规范，一般在开工前，即在施工准备阶段必须同建设单位和监理商定妥当。通常国家标准是设计、施工、建设单位三方面都接受的标准。

（4）确定质量验评标准　质量评定工作是施工过程中和施工结构时同时应完成的一项工作。对质量验评标准，各部门、各行业之间会有不同的要求。在施工准备阶段，根据工程行业属性与甲方、监理单位一同确定相应的施工技术资料，表格形式应准备相应的施工安装用表格，质量评定表格、试验用表格的资料准备应与施工同步进行。

## 四、施工图的识读

（1）识图应具备的素质　审阅施工图是施工企业每个施工人员头等重要的工作。如何全面理解施工图内容，并能指导施工，是每个施工人员的基本功之一。怎样看图，没有一个固定模式，根据笔者多年的工作实践，需从工程角度出发，结合图纸与现场实际反复看图，由粗看了解概况到详看掌握细节，方能加深理解、消化。这就要求看图者必须要具备一定的素质，掌握仪表专业的施工程序，有一定的现场施工经验，尤其要掌握整个工程图形、符号内容，这是看图的基础。相关专业如电气、工艺管道专业的内容也要掌握。看图时必须要做记录，把重点和疑点记录下来，以备图纸会审时提出。总之，看图、审图有个过程，经过反复看图和工程实际相结合，熟能生巧，逐步掌握施工图识图方法与技巧。

（2）识图步骤　对于仪表施工图的识图可按下述程序审视图纸：阅视图纸目录→清点图纸张数→阅视设计说明→按图纸目录顺序看全部施工图→阅视复用图（带控制点流程图）→阅视相关标准安装图→阅视各种表格（设备一览表、材料一览表、加工件明细表……）。

（3）不同的施工人员，看图的侧重不同

① 施工负责人。掌握施工的全局工作，要全面了解施工图的所有内容，重点解决施工进度、材料设备的情况，协调与其他专业配合，工序交接、施工技术及质量的要求、工程特

点等。

② 施工技术人员。侧重主要的工程特点，施工技术、质量方面详细的标准要求，施工图中全面的施工程序，提出技术方案，解决施工技术问题。

③ 工程预算人员。侧重设备、材料的统计核对，为编制预算做准备。

④ 施工质量检查员（QC工程师）。侧重工程特点、各行业施工标准要求、施工验收规范，以进行质量控制。

⑤ 施工作业人员。直接的施工者针对每项施工具体内容，详细按施工图或安装图施工，故侧重具体的安装、配管、接线等问题。

（4）识图方法

① 根据图纸目录，清点图纸数量，确定相关的复用图是否齐备，采用标准图是否给出标准图号以便查找，还是以复用图形式给出，所有的施工图是否一次性到齐。

② 看图标。图标也可称图题，标明了该套图纸建设项目的名称、是什么图、什么设计阶段、图的比例、工程编号、设计单位名称、设计人、核对人等许多内容（见图纸目录一节介绍内容）。

③ 详细阅读设计说明。设计说明很重要，是整套图纸的核心，是设计人员全面反映设计思想、设计原则、设计要求最全面的文字介绍。看图时要有联想，与工程的属性、特点、施工程序联系起来，在头脑中有相应的工程概况，当然这是有一定施工经验者才能具有的素质。

在设计说明中一般能了解到如下内容：①工程名称、项目名称、工程属性，如石油、化工、冶金、轻工、发电等行业，不同的行业施工要求有区别；②工程性质，新建、扩建、改建、检修，施工程序有区别；③技术要求，特殊的检测、控制系统，采用新型仪表等情况，要考虑到施工人员的学习、培训问题；④执行施工规范，包括采用标准的名称，准备相应的技术资料、表格、形式等；⑤质量、安全的要求，特殊行业，如石油、化工需采取防火、防爆等安全措施；⑥与其他专业配合问题，如与电气、土建、工艺管道等协调施工中预留预埋件、交叉作业等问题的配合。

## 五、施工图预算

（1）施工图预算的内容　施工图预算是确定建筑安装工程预算造价的文件，是在施工图设计完成之后，以施工图为依据，根据预算定额、费用标准以及地区人工、材料、机械分班的预算价格进行编制的，所以称之为施工图预算。

施工图纸是工程设计的最终成果，它对计划建造的工程要有详细、具体叙述及技术要求，包括工程形状和尺寸，选用材料、设备的做法，达到的功能技术、质量标准等。而施工单位是按照图纸施工并交付工程产品，因此根据施工图纸统计计算的工程造价更接近于实际。

在我国现阶段，施工图预算是确定建筑安装工程造价的主要形式。施工图预算由直接费、间接费、利润和税金组成。

（2）施工图预算的作用　包括：①是建设单位和施工单位双方签订承发包工程经济合同的主要依据，是办理工程结算、报付工程价款的主要依据；②是建设单位在实行工程招标时，确定“标底”的依据，也是施工单位参加投标报价的依据；③是施工企业内部控制工程成本，进行施工准备和一切经营活动的基本文件；④是在设计总概算控制范围内编制的，经过与总概算相比较，及时掌握动态趋势，据以调节建设总投资。

（3）编制预算应具备的素质　施工图预算是确定工程造价的依据，对于一个施工企业有着至关重要的作用，一个工程既要优质高效地奉献给社会，施工企业也要有一定的利润。预算是施工企业“干、管、算”中的主要一环。

施工图预算编制水平的高低对一个施工企业的经济效益影响很大，要编制好预算应做到：

①要有一定的专业技术基础，能熟悉本专业施工的全部内容、施工程序和施工方法；②有很高的看图、审图能力，熟悉所有的施工图、标准图册和相关专业基础；③有一定的施工经验，熟悉本专业施工规范，根据现场实际，合理确定施工用料的核算；④熟悉掌握预算定额的各项内容，熟悉分子项目所包含的工作内容和所用材料、规格、型号、用途；⑤有责任心，计算认真无误，不重计、漏计，数量准确，套用定额正确。

## 第二节 安装施工组织设计

大中型除尘器的安装需要进行施工组织设计，施工组织设计完成后需有关部门批准后实施。安装工程施工组织设计作为指导除尘设备安装的纲领性文件，对统一规则、全面指导、具体实施除尘设备安装，对提高除尘设备安装质量、确保除尘设备安装工期、降低除尘设备安装成本，均具有重大的理论价值和实用价值。

### 一、施工组织设计编写依据

施工组织设计（或称质量计划）是指导工程项目进行施工活动的重要技术经济文件。编制和贯彻落实施工组织设计是施工前的必要准备工作，是做好基础工作的一项重要内容，是合理组织施工过程和加强企业管理的一项重要措施。

**1. 编制的意义**

（1）施工组织设计是进行工程项目质量策划所形成的最主要的文件，通过编制施工组织设计，明确工程项目的质量目标以及为实现该质量目标所应采取的措施，确定该工程项目施工所需提供的资源。

（2）明确施工过程的关键工序和特殊工序，并采取相应的措施，加强对这些工序的过程控制，以确保所要求的工程质量。

（3）对施工现场的总平面和空间进行合理布置。采用技术上先进、经济上合理的施工方法和技术措施。

（4）通过编制施工组织设计，制订正确的施工计划，合理安排施工程序，保证在合同期内将工程建成投产。

**2. 编制依据**

工程项目施工组织设计的编制依据是：①国家批准的固定资产计划文件；②工程设计及其相关的技术文件；③工程承包施工合同或协议文件；④工程所在地区的自然条件和技术经济条件调查资料；⑤建设单位所提供的建设项目统筹控制计划、工程物资和施工条件；⑥国家或地区有关政策、法规性文件，现行规范、规定及企业的质量体系文件。

### 二、施工组织设计内容

**1. 编制说明**

（1）应说明工程的名称、性质，如新建、扩建、技术改造工程或国外引进项目及建设的主导思想。

（2）应说明主要编制依据，列出合同编号及名称、招标文件、初步设计或施工图说明、主要施工验收规范和评定标准、其他依据性资料以及文件的全称、文件号或代号。

**2. 工程概况简述**

（1）工程建设概况应简述下列内容：①建设规模、建设地点；②工程建设总面积和占地总面积、总投资及建安工作量；③工程承包施工合同总工期；④工程概况简述必须附工程项目一览表、主要工程量一览表和设备一览表。

（2）工程特点应包括下列内容：①生产流程及工艺设备特点或主要设计、技术参数；②建筑结构类型特征，采用新技术、新材料、新结构及特种钢焊接；③施工总工期及投入、生产期限。

（3）工程建设地点特征应简述下述内容：①地形、地质、气象及水文情况；②地方材料资源、交通运输及地方企业协作条件；③可供施工利用的各种设施现状，水、电及其他动力供应条件；④当地劳动力及生活设施情况。

（4）工程施工条件包括下列内容：①施工场地、道路、障碍处理及其他准备情况；②工程主要设备、材料及特殊材料的准备情况，工艺设备准备的到货情况及供货期限；③施工图的交付情况，并应附有施工图交付期限表的内容及格式。

**3. 工程项目质量目标**

应针对项目实施条件及企业质量方针的要求予以制订，如：①单位工程交验合格率，单位工程优良率；②分部、分项工程合格率、优良率；③创优质工程计划；④工程质量目标分解。

**4. 施工组织结构**

施工组织结构包括：①项目部现场组织机构；②职责、权限和相互配合关系；③关键人物表。

**5. 施工部署**

（1）施工任务的组织分工和安排，应明确参加施工的各单位所承担的施工任务范围及划分后的施工区段。

（2）应确定单项或单位工程的施工程序，划分施工阶段，提出各阶段的施工目标和应着重实施质量控制的项目，明确重点施工项目及穿插施工项目，保证工程项目按试车的顺序和生产准备要求配套交付使用。

**6. 施工方法和施工机械选择**

（1）施工方法的选择应论证技术的先进性、可行性与经济的合理性。主要包括：①对工厂化、机械化施工的安排；②重点单位工程或分项工程的施工方法；③重大设备的运输、吊装和安装方法；④新型结构、主要工种工程的施工方法及施工机械；⑤确定总的施工程序和施工流向。

（2）施工机械的选择应符合下列要求：①应满足施工工艺的要求；②应考虑施工机械对施工条件的适用性与多用性，充分发挥施工机械的效率和利用程度；③结合本单位技术装备现状和现有机械可能利用情况。

**7. 施工总进度控制计划**

（1）施工总进度控制计划应根据既定的施工部署和施工方法，以单位工程的主要部分、分项工程为工序进行编制，并应明确主要控制点（里程碑）。

（2）施工总进度控制计划应采用网络计划图。

**8. 人力动员计划**

（1）人力动员计划的编制应根据施工总进度控制计划，测算各主要工种需要量，编制劳动力需用计划表，包括直接人力、间接人力和管理人力。

（2）绘制按月度人力预测动态图。

**9. 主要施工机械动员计划**

应编制施工机具设备需用量计划表。

**10. 临时设施计划**

（1）包括临时性生产和生活设施，临时供水、供电、供热、供气及临时通信等设施。

（2）临时设施应充分利用现有设施，即先建部分有条件施工又可供施工利用的永久性工程，应考虑采用拆装式结构或移动式建筑，并应符合安全、防火、防爆要求。

（3）生活临时设施面积应根据施工高峰年平均人数确定；生产性临时设施的面积应根据施工周期、工程量和满足各专业工程预制加工工艺及深度要求确定。

**11. 施工总平面布置**

（1）施工总平面布置应遵守下列规定：①施工总平面图应根据施工部署、施工方法和进度控制计划的要求设计，应满足施工、生活和现场管理的要求；②在确保安全施工和能顺利进行施工的条件下，尽量紧凑，减少占地，缩短场内运输距离，避免二次搬运；③临时设施不应影响永久性工程施工；④必须遵守安全、防火、防爆和环境保护的规定。

（2）施工总平面图的内容包括：①施工临时用地范围，原有建筑物、道路；②拟建工程设计范围内的建筑物、构建物、道路及管线走向；③临时性设施材料、设备、成品、半成品、露天堆放场地、施工机械设备放置地及车辆停放场地；④测量基点、方格网及方向标示，复杂地形等高线。

（3）施工总平面图的文字说明应包括下列内容：①临时设施布置原则；②临时建筑及施工场地面积数量；③利用拟建永久性工程和原有设施情况有无特别规定。

**12. 施工技术措施**

施工技术措施包括：①标准施工程序；②选用工序一览表；③施工技术方案编制计划表；④关键施工技术简述。

**13. 安全保证计划**

（1）施工现场安全管理体系和安全施工责任保证体系见图 17-2 和图 17-3。

（2）安全技术（劳动对象和劳动手段的管理）。

（3）工作环境的防护（包括防止对周围环境的不良影响）。

**14. 质量保证计划**

为实现公司的质量方针，对工程项目实施的全过程都要进行质量控制，确保质量目标实现，为用户提供满意的工程和服务。

（1）工程项目施工所采用的质量保证模式见图 17-4 和图 17-5。

（2）质量检验计划。

（3）特殊工序的质量控制及其内容。

（4）技术培训计划。

**15. 进度保证计划**

（1）施工进度控制目标体系（按项目组成、承包单位、施工阶段和计划期层层分解进度控制目标）。

（2）进度控制的计算机管理。

**16. 成本保证计划**

（1）成本目标责任分解。

（2）项目成本控制措施。

**17. 各项需要量计划**

工程主要施工用料、设备、加工件、构件、半成品需要量计划：①建筑工程、管道工程、绝热防腐、仪表、电气工程主要材料需要量计划表；②构件、加工件、半成品需用计划表；③施工手段用料计划表；④物料运输计划表。

**18. 施工准备工作计划**

（1）施工准备工作计划应包括下列内容。

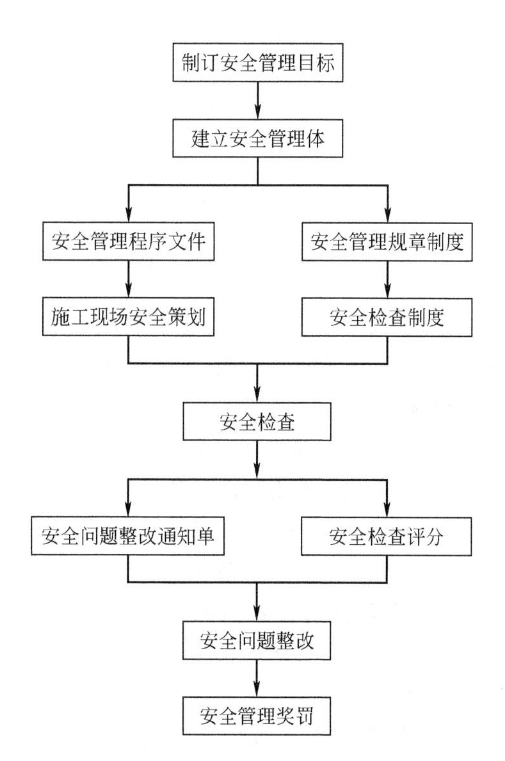


图 17-2　施工现场安全管理体系

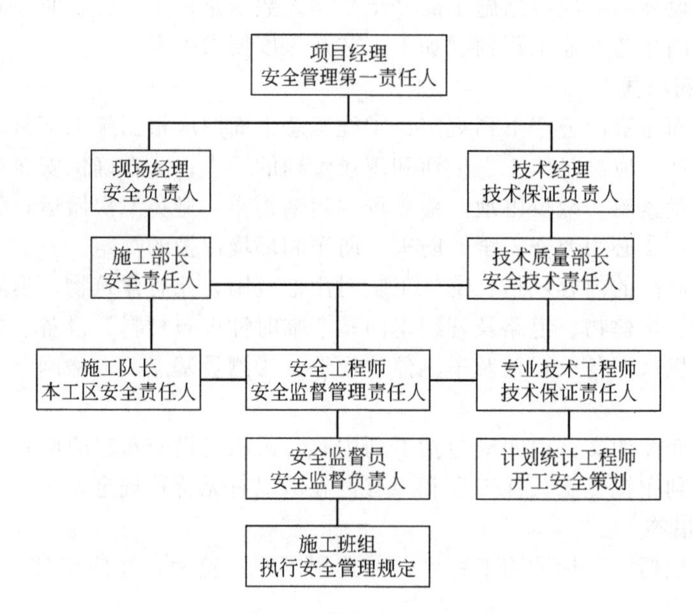


图 17-3 安全施工责任保证体系

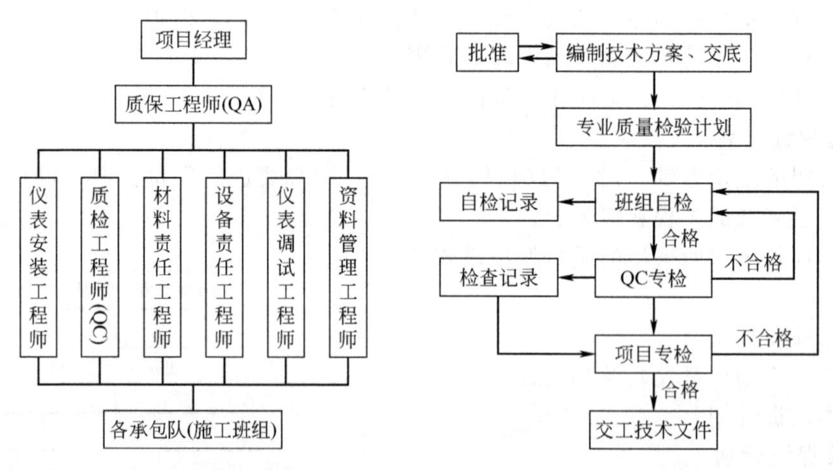


图 17-4 质量保证体系组织机构

图 17-5 自检控制程序

① 技术准备。包括：施工图样自审与会审，组织计划交底，提出应编制的施工方案目录；新技术项目的试验、试制；各种加工件、构配件技术资料的准备和委托加工；施工人员技术培训计划等。

② 施工现场准备。包括：测量放线定位；临时设施建设。

③ 劳动力的组织与调配。

④ 主要物资及施工机具、设备的准备。

（2）应编制施工准备工作计划表。

**19. 主要经济技术指标**

主要经济技术指标包括：①施工工期指标；②劳动生产率指标；③工程质量指标；④安全生产指标；⑤降低施工成本指标；⑥主要材料节约指标。

**20. 所采用的主要标准、规程、规范编目**

**21. 其他说明**

## 三、施工技术方案、暂设工程和技术交底

**1. 施工技术方案**

施工技术方案应做到内容完整、语言精练、文字流畅、幅面清晰、数字准确、措施可靠、经济合理。

施工方案要进行优化，要包含质量保证措施、保证施工安全的措施和降低成本的措施，并应推广应用先进的技术成果。

施工技术方案的基本模式如下。

(1) 封面

(2) 方案审批意见单

(3) 目录

(4) 编制说明（同时说明应达到的质量目标）

(5) 编制依据

(6) 工程概况　包括：①工程情况简介（包括总体安排）；②现场情况。

(7) 施工准备　包括：①施工现场准备；②施工技术准备。

(8) 施工方法　包括：①施工程序；②施工方法。

(9) 施工技术组织措施、计划　包括：①质量要求和保证质量的措施；②质量检验计划；③安全消防技术措施；④降低成本技术措施；⑤特殊技术组织措施。

(10) 资源需求计划　包括：①施工机具使用计划；②施工措施用料计划；③劳动力计划。

(11) 施工进度计划（网络计划）包括：详细至每日的工程进度和人员安排。

(12) 附录　包括：①附表；②附图；③计算书。

**2. 暂设工程**

暂设工程的内容如下：①办公室，休息室，设备材料库房，试验室上、下水，临时电源等；②露天仓库，主要放置钢材、电缆、电缆槽等大中材料；③预制场，应设钢平台，用于组对和预制；④材料管理要按规格、型号、材质有序存放，并有标识。

暂设工程要合理布置、科学布置，以方便施工为最大的需要。

**3. 技术交底**

(1) 书面技术交底内容包括：①施工程序；②施工方法；③技术要求；④质量标准、质量目标；⑤分项工程质量自检记录；⑥安全技术措施等。

(2) 技术交底应以会议的形式进行，除了讲解书面技术交底的全部内容外，尚应讲解总体图样有关施工操作规程和其他安全注意事项。在书面技术交底中，施工操作规程只列该规程所涉及的条款编号。

(3) 技术交底以分项工程为单位进行。在几个分项工程作业内容相同、同一作业组施工的情况下，其他分项工程可以只交分项工程质量自检记录。

(4) 技术交底的组织包括以下内容：①施工负责人负责技术交底的组织工作，技术交底应由施工班组长、施工工人、质量检查人员、安全人员等参加；②技术人员将技术交底的全部内容逐一向与会人员做详细讲解，组织他们讨论消化交底内容，消除疑点，要求他们不折不扣地执行技术交底的规定；③技术交底后如发生变更，则应重新进行技术交底；④交底工作完成后，接收交底人（班组长）应在交底尾页上签字。

# 第三节　除尘设备安装

除尘设备安装标准，主要依据除尘设备的类别与型号、分部工程的属性，按下列原则确定。

## 一、施工图纸准备

施工图纸应当包括除尘设备（系统）总图（系统图）、平面图、剖面图和重要部件图。

设备（系统）中心线、标高的定位，将视为是不可改动的；如有变动，必须取得建设单位的同意。

## 二、安装质量标准

**1. 总则**

除尘设备安装，应按设计规定，坚持“先安装除尘器、烟气预处理器和通（引）风机，后安装管道、除尘阀门、管道支架和附属设施”的程序，科学组织安装工程。空载试车合格后，再进行涂装和保温工程。

**2. 设备基础验收**

（1）除尘设备基础验收应符合表 17-1 的规定。

**表 17-1 设备基础尺寸和位置的允许偏差** 单位：mm

| 项目 | | 允许偏差 |
|---|---|---|
| 坐标位置(纵、横轴线) | | ±20 |
| 不同平面的标高 | | −20 |
| 平面外形尺寸 | | ±20 |
| 凸台上平面外形尺寸 | | −20 |
| 凹穴尺寸 | | +20 |
| 平面的水平度（包括地坪上需安装设备的部分） | 每米 | 5 |
| | 全长 | 10 |
| 垂直度 | 每米 | 5 |
| | 全长 | 10 |
| 预埋地脚螺栓 | 标高(顶端) | +20 |
| | 中心距(在根部和顶部测量) | ±2 |
| 预埋地脚螺栓孔 | 中心位置 | ±10 |
| | 深度 | +20 |
| | 孔壁铅垂度 每米 | 10 |
| 预埋活动地脚螺栓锚板 | 标高 | +20 |
| | 中心位置 | ±5 |
| | 水平度(带槽的锚板) 每米 | 5 |
| | 水平度(带螺纹孔的锚板) 每米 | 2 |

（2）除尘设备的定位轴线、基础上柱的定位轴线和标高、地脚螺栓的规格和位置、地脚螺杆紧固应符合设计要求。当设计无要求时应符合表 17-2 的规定。

表 17-2　除尘设备定位轴线、基础上柱的定位轴线和标高、地脚螺栓的允许偏差

单位：mm

| 项目 | 允许偏差 | 图例 | 项目 | 允许偏差 | 图例 |
| --- | --- | --- | --- | --- | --- |
| 建筑物定位轴线 | L/20000，且不应大于 3.0 | L　L | 基础上柱底标高 | ±2.0 | 基准点 |
| 基础上柱的定位轴线 | 1.0 | Δ　Δ | 地脚螺栓位移 | 2.0 | Δ　Δ |

(3) 高层钢结构以基础顶面直接作为柱的支承面，或以基础顶面预埋钢板或支座作为柱的支承面时，其支承面、地脚螺栓位置的允许偏差应符合表 17-3 的规定。

表 17-3　支承面、地脚螺栓位置的允许偏差　单位：mm

| 项目 | | 允许偏差 |
| --- | --- | --- |
| 支承面 | 标高 | ±3.0 |
| | 水平度 | L/1000 |
| 地脚螺栓 | 螺栓中心偏移 | 5.0 |
| 预留孔中心偏移 | | 10.0 |

注：L 为长度。

(4) 高层钢结构采用坐浆垫板时，坐浆垫板的允许偏差应符合表 17-4 的规定。

表 17-4　坐浆垫板的允许偏差　单位：mm

| 项目 | 允许偏差 | 项目 | 允许偏差 |
| --- | --- | --- | --- |
| 顶面标高 | 0.0<br>−3.0 | 水平度 | L/1000 |
| | | 位置 | 20.0 |

注：L 为长度。

(5) 当采用杯口基础时，杯口尺寸的允许偏差应符合表 17-5 的规定。

表 17-5　杯口尺寸的允许偏差　单位：mm

| 项目 | 允许偏差 | 项目 | 允许偏差 |
| --- | --- | --- | --- |
| 底面标高 | 0.0<br>−5.0 | 杯口垂直度 | h/100，≤10.0 |
| 杯口深度 | ±5.0 | 位置 | 10.0 |

注：h 为杯口高度。

(6) 地脚螺栓尺寸的允许偏差应符合表 17-6 的规定。地脚螺栓的螺纹应受到保护。

表 17-6　地脚螺栓尺寸的允许偏差　单位：mm

| 项目 | 允许偏差 | 项目 | 允许偏差 |
| --- | --- | --- | --- |
| 螺栓露出长度 | +30.0<br>0.0 | 螺纹长度 | +30.0<br>0.0 |

**3. 钢构件应符合设计规定**

运输、堆放和吊装等造成的钢构件变形及涂层脱落，应进行矫正和修补。

**4. 除尘器安装**

(1) 整体组合安装。除尘器的安装位置应正确，安装牢固平稳，允许偏差应符合表17-7的规定。

**表 17-7 除尘器安装允许偏差和检验方法**

| 序号 | 项目 | | 允许偏差/mm | 检验方法 |
| --- | --- | --- | --- | --- |
| 1 | 平面位移 | | ≤10 | 用经纬仪或拉线、尺量检查 |
| 2 | 标高 | | ±10 | 用水准仪、直尺、拉线和尺量检查 |
| 3 | 垂直度 | 每米 | ≤2 | 吊线和尺量检查 |
| | | 总偏差 | ≤10 | |

(2) 分体组合安装。以骨架式结构、箱形结构代表的除尘器，实施分体组合安装时应符合下列规定。

① 柱子安装的允许偏差应符合表 17-8 的规定。

② 设计要求顶紧的节点，接触面不应少于 70％紧贴，且边缘最大间隙不应大于 0.8mm。

③ 钢屋（托）架、桁架、梁及受压杆件的垂直度和侧向弯曲矢高的允许偏差应符合表17-9的规定。

**表 17-8 柱子安装的允许偏差** 单位：mm

| 项目 | 允许偏差 | 图例 |
| --- | --- | --- |
| 底层柱柱底轴线对定位轴线偏移 | 3.0 | 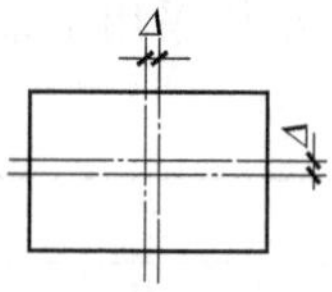 |
| 柱子定位轴线 | 1.0 | 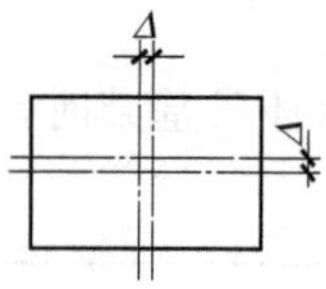 |
| 单节柱的垂直度 | $h/1000$，≤10.0 | 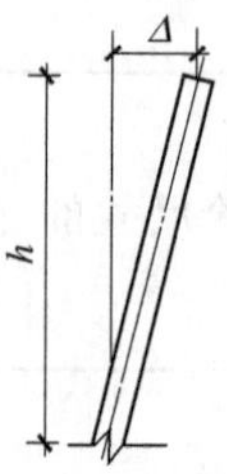 |

表 17-9　钢屋（托）架、桁架、梁及受压杆件的垂直度和侧向弯曲矢高的允许偏差

单位：mm

| 项目 | 允许偏差 | | 图例 |
|---|---|---|---|
| 跨中的垂直度 | $h/250$，≤15.0 | | 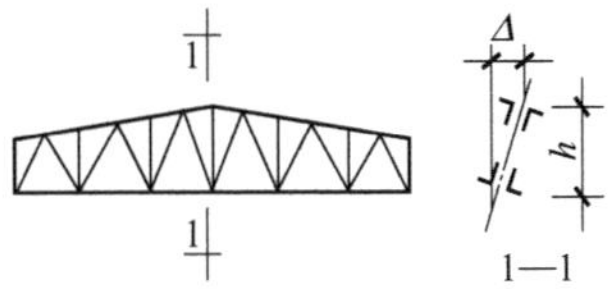 |
| 侧向弯曲矢高 $f$ | $L$≤30m | $L/1000$，≤10.0 | 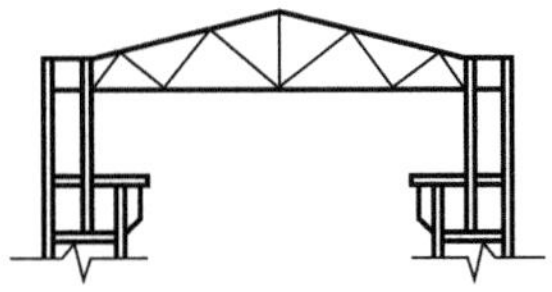 |
| | 30m<$L$≤60m | $L/1000$，≤30.0 | 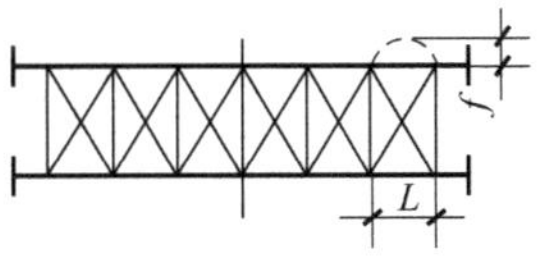 |
| | $L$>60m | $L/1000$，≤50.0 | 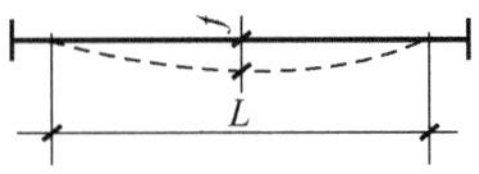 |

④ 单层钢结构主体结构的整体垂直度和整体平面弯曲的允许偏差应符合表 17-10 的规定。

表 17-10　单层钢结构主体结构的整体垂直度和整体平面弯曲的允许偏差　单位：mm

| 项目 | 允许偏差 | 图例 |
|---|---|---|
| 主体结构的整体垂直度 | $H/1000$，≤25.0 | 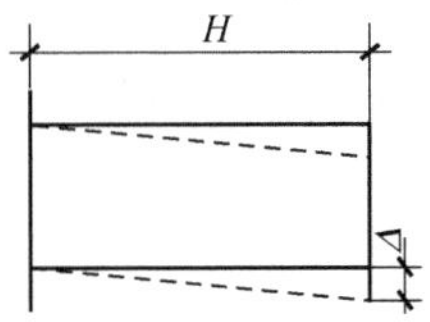 |
| 主体结构的整体平面度 | $L/1500$，≤25.0 | 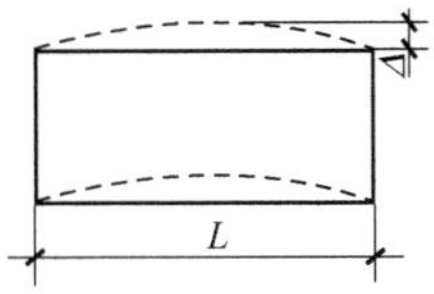 |

⑤ 钢柱等主要构件的中心线与标高基准点等标记应齐全。

⑥ 当钢桁架（或梁）安装在混凝土柱上时，其支座中心对定位轴线的偏差不应大于 10mm；当采用大型混凝土屋面板时，钢桁架（或梁）间距的偏差不应大于 10mm。

⑦ 单层钢结构中柱子安装的允许偏差应符合表 17-11 的规定。

**表 17-11 单层钢结构中柱子安装的允许偏差** 单位：mm

<table>
<tr><th colspan="3">项目</th><th>允许偏差</th><th>图例</th><th>检验方法</th></tr>
<tr><td colspan="3">柱脚底座中心线对定位轴线的偏移</td><td>5.0</td><td> 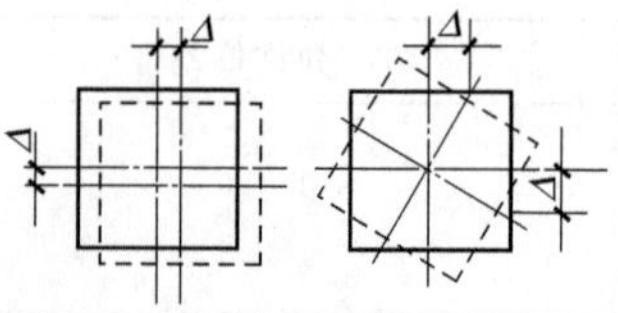</td><td>用吊线和钢尺检查</td></tr>
<tr><td rowspan="2">柱基准点标高</td><td colspan="2">有吊车梁的柱</td><td>+3.0<br>−5.0</td><td rowspan="2"> 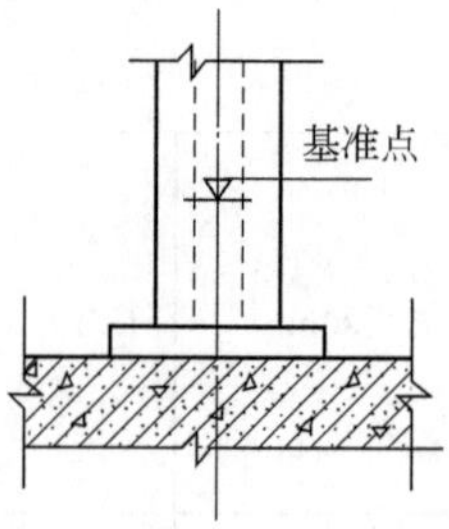</td><td rowspan="2">用水准仪检查</td></tr>
<tr><td colspan="2">无吊车梁的柱</td><td>+5.0<br>−8.0</td></tr>
<tr><td colspan="3">弯曲矢高</td><td>H/1200，<br>≤15.0</td><td></td><td>用经纬仪或拉线和钢尺检查</td></tr>
<tr><td rowspan="4">柱轴线垂直度</td><td rowspan="2">单层柱</td><td>H≤10m</td><td>H/1000</td><td rowspan="4"> 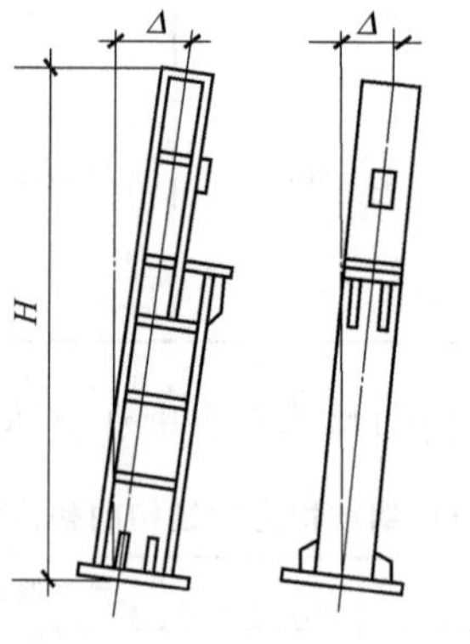</td><td rowspan="4">用经纬仪或吊线和钢尺检查</td></tr>
<tr><td>H>10m</td><td>H/1000，<br>≤25.0</td></tr>
<tr><td rowspan="2">多节柱</td><td>单节柱</td><td>H/1000，<br>≤10.0</td></tr>
<tr><td>柱全高</td><td>35.0</td></tr>
</table>

⑧ 高层钢结构主体结构的整体垂直度和整体平面弯曲的允许偏差应符合表 17-12 的规定。

**表 17-12 高层钢结构主体结构的整体垂直度和整体平面弯曲的允许偏差** 单位：mm

| 项目 | 允许偏差 | 图例 |
| --- | --- | --- |
| 主体结构的整体垂直度 | ($H$/2500+10.0)，≤50.0 | 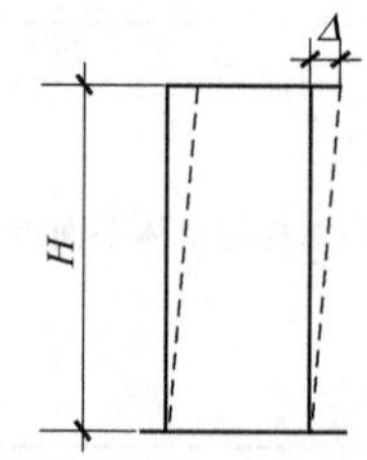 |
| 主体结构的整体平面弯曲 | $L$/1500，≤25.0 | 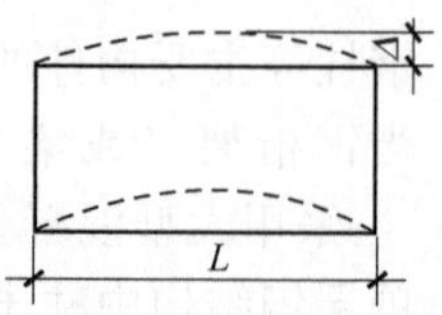 |

⑨ 钢结构表面应干净，结构主要表面不应有疤痕、泥沙等污垢。

⑩ 高层钢结构中构件安装的允许偏差应符合表 17-13 的规定。

**表 17-13　高层钢结构中构件安装的允许偏差**　　单位：mm

| 项目 | 允许偏差 | 图例 | 检验方法 |
|---|---|---|---|
| 上、下柱连接处的错口 $\Delta$ | 3.0 | | 用钢尺检查 |
| 同一层柱的各柱顶高度差 $\Delta$ | 5.0 | | 用水准仪检查 |
| 同一根梁两端顶面的高差 $\Delta$ | $L/1000$，$\leqslant 10.0$ | | 用水准仪检查 |
| 主梁与次梁表面的高差 $\Delta$ | $\pm 2.0$ | | 用直尺和钢尺检查 |
| 压型金属板在钢梁上相邻列的错位 $\Delta$ | 15.0 | | 用直尺和钢尺检查 |

⑪ 主体结构总高度的允许偏差应符合表 17-14 的规定。

**表 17-14　主体结构总高度的允许偏差**　　单位：mm

| 项目 | 允许偏差 | 图例 |
|---|---|---|
| 用相对标高控制安装 | $\pm\sum(\Delta h+\Delta z+\Delta w)$ | |
| 用设计标高控制安装 | $H/1000$，且不应大于 30.0<br>$-H/1000$，且不应大于 $-30.0$ | |

注：$\Delta h$ 为每节柱子长度的制造允许偏差；$\Delta z$ 为柱子长度受荷载后的压缩值；$\Delta w$ 为每节柱子接头焊缝的收缩值。

⑫ 高层钢结构中钢吊车梁或直接承受动力荷载的类似构件，其安装的允许偏差应符合表17-15的规定。

表 17-15 钢吊车梁安装的允许偏差 单位：mm

<table>
<tr><th colspan="2">项目</th><th>允许偏差</th><th>图例</th><th>检验方法</th></tr>
<tr><td colspan="2">梁的跨中垂直度Δ</td><td>$h/500$</td><td>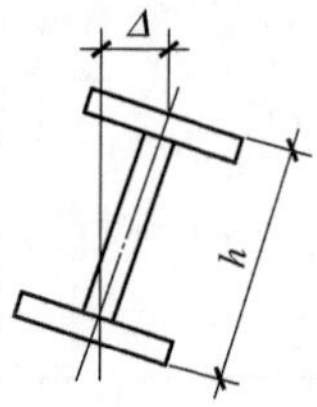</td><td>用吊线和钢尺检查</td></tr>
<tr><td colspan="2">侧向弯曲矢高</td><td>$L/1500$，且不应大于10.0</td><td rowspan="5">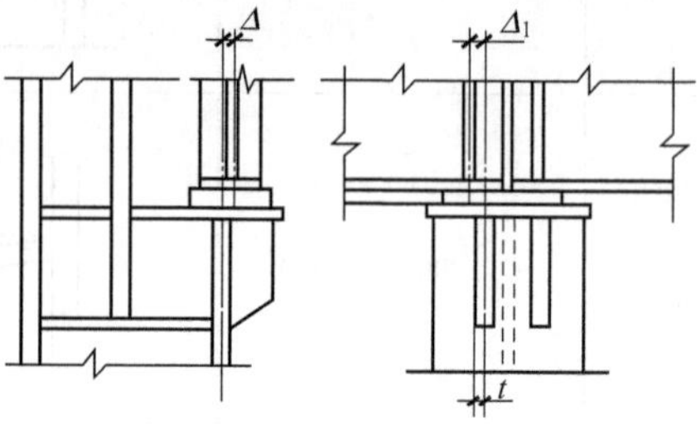</td><td rowspan="4">用拉线和钢尺检查</td></tr>
<tr><td colspan="2">垂直上拱矢高</td><td>10.0</td></tr>
<tr><td rowspan="2">两端支座中心位移Δ</td><td>安装在钢柱上时，对牛腿中心的偏移</td><td>5.0</td></tr>
<tr><td>安装在混凝土柱上时，对定位轴线的偏移</td><td>5.0</td></tr>
<tr><td colspan="2">吊车梁支座加劲板中心与柱子承压加劲板中心的偏移$\Delta_1$</td><td>$t/2$</td><td>用吊线和钢尺检查</td></tr>
<tr><td rowspan="2">同跨间内同一横截面吊车梁顶面高差Δ</td><td>支座处</td><td>10.0</td><td rowspan="2">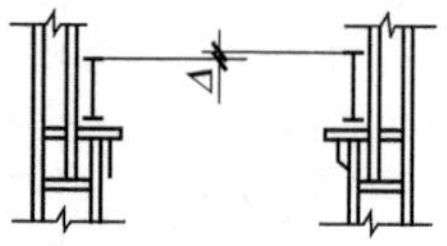</td><td rowspan="3">用经纬仪、水准仪和钢尺检查</td></tr>
<tr><td>其他处</td><td>15.0</td></tr>
<tr><td colspan="2">同跨间内同一横截面下挂式吊车梁底面高差Δ</td><td>10.0</td><td></td></tr>
<tr><td colspan="2">同列相邻两柱间吊车梁顶面高差Δ</td><td>$L/1500$，且不应大于10.0</td><td>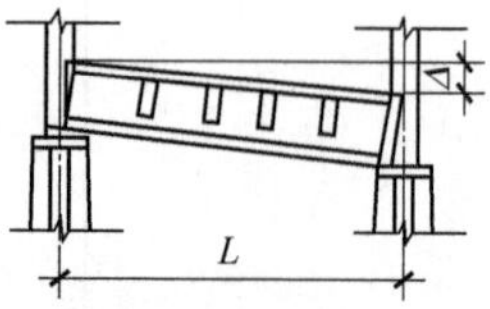</td><td>用水准仪和钢尺检查</td></tr>
<tr><td rowspan="3">相邻两吊车梁接头部位Δ</td><td>中心错位</td><td>3.0</td><td rowspan="3">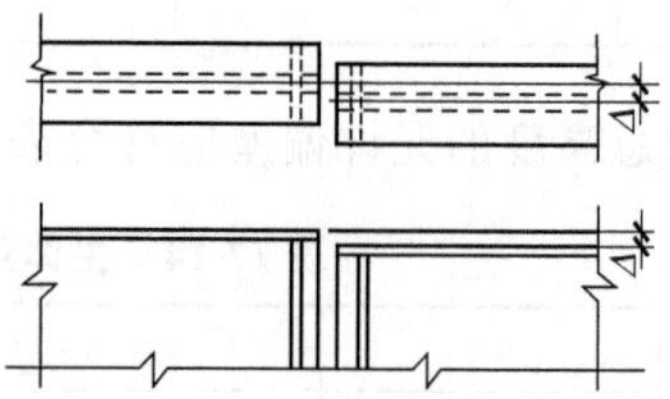</td><td rowspan="3">用钢尺检查</td></tr>
<tr><td>上承式顶面高差</td><td>1.0</td></tr>
<tr><td>下承式底面高差</td><td>1.0</td></tr>
<tr><td colspan="2">同跨间任一截面的吊车梁中心跨距Δ</td><td>±10.0</td><td>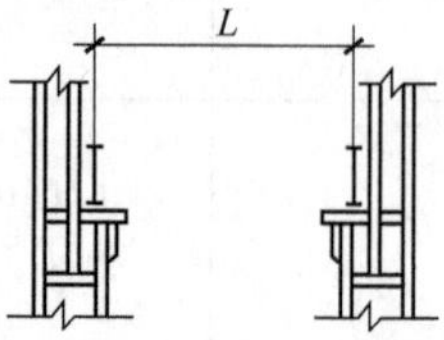</td><td>用经纬仪和光电测距仪检查；跨度小时，可用钢尺检查</td></tr>
</table>

续表

| 项目 | 允许偏差 | 图例 | 检验方法 |
| --- | --- | --- | --- |
| 轨道中心对吊车梁腹板轴线的偏移 $\Delta$ | $t/2$ |  | 用吊线和钢尺检查 |

⑬ 高层钢结构中檩条、墙架等次要构件安装的允许偏差应符合表 17-16 的规定。

**表 17-16　檩条、墙架等次要构件安装的允许偏差**　　单位：mm

| 项目 | | 允许偏差 | 检验方法 |
| --- | --- | --- | --- |
| 墙架立柱 | 中心线对定位轴线的偏移 | 10.0 | 用钢尺检查 |
| | 垂直度 | $H/1000$，≤10.0 | 用经纬仪或吊线和钢尺检查 |
| | 弯曲矢高 | $H/1000$，≤15.0 | 用经纬仪或吊线和钢尺检查 |
| 抗风桁架的垂直度 | | $h/250$，≤15.0 | 用吊线和钢尺检查 |
| 檩条、墙梁的间距 | | ±5.0 | 用钢尺检查 |
| 檩条的弯曲矢高 | | $L/750$，≤12.0 | 用拉线和钢尺检查 |
| 墙梁的弯曲矢高 | | $L/750$，≤10.0 | 用拉线和钢尺检查 |

注：$H$ 为墙架立柱的高度；$h$ 为抗风桁架的高度；$L$ 为檩条或墙梁的长度；下同。

⑭ 高层钢结构中钢平台、钢梯、栏杆安装应符合《固定式钢梯及平台安全要求》(GB 4053.1～GB 4053.3) 的规定。钢平台、钢梯和防护栏杆安装的允许偏差应符合表 17-17 的规定。

**表 17-17　钢平台、钢梯和防护栏杆安装的允许偏差**　　单位：mm

| 项目 | 允许偏差 | 检验方法 |
| --- | --- | --- |
| 平台高度 | ±15.0 | 用水准仪检查 |
| 平台梁水平度 | $L/1000$，≤20.0 | 用水准仪检查 |
| 平台支柱垂直度 | $H/1000$，≤15.0 | 用经纬仪或吊线和钢尺检查 |
| 承重平台梁侧向弯曲 | $L/1000$，≤10.0 | 用拉线和钢尺检查 |
| 承重平台梁垂直度 | $h/250$，≤15.0 | 用吊线或钢尺检查 |
| 直梯垂直度 | $L/1000$，≤15.0 | 用吊线和钢尺检查 |
| 栏杆高度 | ±15.0 | 用钢尺检查 |
| 栏杆立柱间距 | ±15.0 | 用钢尺检查 |

注：$L$ 为平台梁或直梯长度；$H$ 为平台支柱高度；$h$ 为承重平台高度。

⑮ 用于密封的围板，要求满焊、不漏气。

⑯ 以圆筒形结构为代表的除尘设备，也适用上述质量标准。

(3) 除尘器活动或转动部件的动作灵活、可靠，并应符合设计要求。

(4) 除尘器的排灰阀、卸料阀、排泥阀、供排水阀的安装应严密、方向正确，并便于操作与维护管理。

（5）除尘器进出口方位无误，标高正确。

（6）静电除尘器的安装应符合静电除尘器技术条件和下列规定：①阳极板组合后的阳极排平面度允许偏差为5mm，其对角线允许偏差为10mm；②阳极小框架组合后主平面的平面度允许偏差为5mm，其对角线允许偏差为10mm；③阳极大框架的整体平面度允许偏差为15mm，整体对角线允许偏差为10mm；④阳极板高度小于或等于7m的静电除尘器，阴、阳极间距允许偏差为5mm，阳极板高度大于7m的静电除尘器，阴、阳极间距允许偏差为10mm；⑤振打锤装置的固定应可靠，振打锤的转动应灵活，锤头方向应正确，振打锤头与振打砧之间应保持良好的线接触状态，接触长度应大于锤头厚度的0.7倍；⑥高温静电除尘器供热膨胀收容用的柱脚、伸缩器和进出口膨胀节应保证热状态下运行自如，不受限；⑦高温静电除尘器试车时应做好烟气预热，防止石英管（陶瓷管）内部结露从而影响供电；⑧静电除尘器的外壳及阳极要具有接地保护与防雷保护设施，接地电阻小于10Ω。

（7）袋式除尘器的安装应符合袋式除尘器技术条件和下列规定：①除尘器外壳应严密、不漏气，滤袋接口牢固；②分室反吹袋式除尘器的滤袋安装必须平直，每条滤袋的拉紧力应保持25～35N/m，与滤袋连接接触的短管和袋帽应无毛刺和焊瘤；③机械回转袋式除尘器的旋臂，旋转应灵活、可靠，净气室上部的顶盖应密封不漏气，旋转灵活、可靠，无卡阻现象；④脉冲袋式除尘器，推荐在线式长袋低压脉冲除尘器，强力喷吹清灰装置喷出口应对准滤袋口中心或喷吹管中心对准文氏管的中心，同心度允许偏差为2mm；⑤要重视高温烟气结露对袋式除尘器运行的影响，采取切实的技术组织措施，保证袋式除尘器在高于露点20～30℃下运行。

（8）冲激式除尘器的安装应符合冲激式除尘器技术条件和下列规定：①严格保持箱体密封与设备水平度，允许偏差在0.1%以内；②严格保持S板间隙不超过设计值的±2mm，S形通道风速为25～35m/s；③水封高度允许偏差±2mm。

（9）文氏管的安装应符合文氏管技术条件和下列规定：①文氏管与脱水器中心相一致，允许偏差2mm；②喷嘴能力应符合设计规定，做到安装方向正确。

（10）其他除尘器的安装应符合相关技术文件的规定。

**5. 风管及附件安装**

风管及弯头、三通、阀门等附件的安装应符合下列规定。

（1）风管及附件安装前应清除内外杂物，做好清洁与保护工作。

（2）风管及其附件的安装位置、标高和走向应符合设计规定，允许偏差见表17-18。

（3）风管接口的连接应严密、牢固。按设计规定可用焊接或法兰连接，法兰连接可用$\delta=3$mm的胶垫或橡胶石棉板作密封垫，固定前涂刷密封胶。

（4）风管的连接应平直、不扭曲。明装风管水平安装，水平度允许偏差为3/1000mm，总偏差不应大于20mm。明装风管垂直安装，垂直度允许偏差为2/1000mm，总偏差不应大于20mm。暗装风管的位置应正确，无明显偏差。

除尘系统的风管宜垂直或倾斜敷设，与水平夹角宜大于或等于45°；小坡度和水平管，应尽量少。

（5）风管支、吊架按设计确定。设计无规定时，直径或长边尺寸小于或等于400mm时，间距不应大于4m；直径或长边尺寸大于100mm时，间距不应大于3m。对于薄钢板法兰管道，其支、吊架间距不应大于3m。

（6）各类风阀应安装在便于操作及检修的部位，安装后的手动或电动操作装置应灵活、可靠，阀板关闭应保持严密。

（7）除尘系统吸入管段的调节阀宜安装在垂直管段上。

（8）风帽安装必须牢固，连接风管与屋面或墙面的交接处不应渗水。

（9）排、吸风罩的安装位置应正确，排列整齐，牢固可靠。

表 17-18 风管及其附件的允许偏差

| 项别 | 项目 | | 质量标准 | 检验方法 | 检查数量 |
|---|---|---|---|---|---|
| 保证项目 | 1 | 部件规格 | 各类部件的规格，尺寸必须符合设计要求 | 尺量和观察检查 | 按数量抽查10%，但不少于5件。防火阀逐个检查 |
| | 2 | 防火阀 | 防火阀必须关闭严密。转动部件必须采用耐腐蚀材料，外壳、阀板的材料厚度严禁小于2mm | 尺量、观察和操作检查 | |
| | 3 | 风阀组合 | 各类风阀的组合件尺寸必须正确，叶片与外壳无碰擦 | 操作检查 | |
| | 4 | 洁净系统阀门 | 其固定件、活动件及拉杆等，如采用碳素钢材制作，必须做镀锌处理；轴与阀体连接处的缝隙必须封闭 | 观察检查 | |
| 基本项目 | 1 | 部件组装 | 合格：连接牢固、活动件灵活可靠<br>优良：连接严密、牢固，活动件灵活可靠，松紧适度 | 手扳和观察检查 | |
| | 2 | 风口的外观质量 | 合格：格、孔、片、扩散圈间距一致，边框和叶片平直整齐<br>优良：在合格基础上，外观光滑、美观 | 观察和尺量检查 | |
| | 3 | 风阀制作 | 合格：有启闭标记。多叶阀叶片贴合、搭接一致，轴距偏差不大于2mm<br>优良：阀板与手柄方向一致，启闭方向明确。多叶阀叶片贴合、搭接一致，轴距偏差不大于1mm | | |
| | 4 | 罩类制作 | 合格：罩口尺寸偏差每米不大于4mm，连接处牢固<br>优良：罩口尺寸偏差每米不大于2mm，连接处牢固，无尖锐边缘 | | |
| | 5 | 风帽制作 | 合格：尺寸偏差每米不大于4mm，形状规整，旋转风帽重心平衡<br>优良：尺寸偏差每米不大于2mm，形状规整，旋转风帽重心平衡 | | |
| 允许偏差项目 | 1 | 外形尺寸 | 2mm | 尺量检查 | |
| | 2 | 圆形最大与最小直径之差 | 2mm | 尺量互成90°直径检查 | |
| | 3 | 矩形两对角线之差 | 3mm | 尺量检查 | |

(10) 集中式真空吸尘管道坡度宜为5/1000，坡向立管或吸尘点；吸尘嘴与管道的连接，应牢固、严密。

**6. 通风机安装**

通风机的安装应符合下列规定。

(1) 一般规定：①安装前做好开箱检查，形成验收文字记录；②检查安装箱清单、设备说明书、产品质量合格证和产品性能检测报告，制订或修订设备安装方案；③安装前，做好设备基础检查与验收，合格方能安装。

(2) 质量要求 包括：①型号、规格应符合设计规定，进出口方向正确；②叶轮旋转应平稳，停转后不应每次停留在同一个位置上；③固定通风机的地脚螺栓应拧紧，并有防松动措施；④空载试车时无振动和异常声音。

(3) 其他要求 通风机传动装置的外露部位以及直通大气的进出口，必须装设防护罩(网)或其他安全设施。

(4) 通风机安装的允许偏差

① 通风机安装的允许偏差应符合表17-19的规定。叶轮转子与机壳的组装位置正确，叶轮进风口插入通风机机壳进风口或密封圈的深度应符合设备技术条件的规定，或为叶轮外径值的1/1000。

表17-19 通风机安装的允许偏差

| 序号 | 项目 | | 允许偏差/mm | 检验方法 |
|---|---|---|---|---|
| 1 | 中心线的平面位移 | | 10 | 经纬仪或拉线和尺量检查 |
| 2 | 标高 | | ±10 | 水准仪或水平尺、直尺、拉线和尺量检查 |
| 3 | 皮带轮轮宽中心平面偏移 | | 1 | 在主、从动皮带轮端面拉线和尺量检查 |
| 4 | 传动轴水平度 | | 纵向0.2/1000<br>横向0.3/1000 | 在轴和皮带轮0°和180°的两个位置上，用水平仪检查 |
| 5 | 联轴器 | 两轴芯径向外移 | 0.05 | 在联轴器互相垂直的4个位置上，用百分表检查 |
| | | 两轴线倾斜 | 0.2/1000 | |

② 安装隔振器的地面应平整，各组隔振器承受荷载的压缩量应均匀，高度误差应小于2mm。

③ 安装风机的隔振钢支、吊架，其结构形式和外形尺寸应符合设计或设备技术文件的规定，焊缝应牢固，焊缝饱满、均匀。

**7. 消声器安装**

消声器的安装应符合下列规定：①消声器安装前应保持干净，做到无油和浮尘；②消声器安装的位置、方向应正确，与风管连接应严密，不得有损害和受潮，两组同类型消声器不宜直接串联；③现场安装的组合式消声器，消声组件的排列、方向和位置应符合设计要求，单个消声器组件的固定应牢固；④消声器、消声弯管均应设独立支、吊架。

安装标准执行过程产生的质量疑义，建设单位、设计单位、安装单位协商解决，特别应尊重设计单位的意见。

## 三、常用安装机具

**1. 吊装设备**

设备安装的吊装方法是依据设备重量、外形尺寸、起重高度、安装工艺和现场条件综合决策的。根据除尘设备的特点，主要吊装设备包括以下几种。

(1) 汽车吊、履带吊 基于汽车吊、履带吊租赁方便、应用灵活和成本适中的特点，适用于大中型除尘设备的整体组合安装和分段组合安装。

(2) 塔式起重机 大型建设工地具有供除尘设备安装工程用的塔式起重机时，可就近选用塔式起重机实施除尘设备的吊装作业，但应提前申请租赁计划，做好预约。

(3) 简易吊装 对于小型设备与部件，可用链式起重机、桅杆、卷扬机、滑轮组等设备(部件)的组合，科学组织简易吊装。

各类吊车的主要任务：配合除尘设备安装，完成设备吊装、找正定位和高位部件的提升。

(4) 吊具 各类吊具按现场需要提前配制，包括钢丝绳、绳扣和专用吊架。

(5) 吊装计算

① 起重量。起重量按下式计算：

$$T > T_1 + T_2 \tag{17-1}$$

式中，$T$ 为起重机起重量，t；$T_1$ 为吊装最重件的重量，t；$T_2$ 为吊具与加固材料的重量，t。

② 起重高度。起重高度按下式计算：

$$H > h_1 + h_2 + h_3 + h_4 \tag{17-2}$$

式中，$H$ 为起重机起重高度，m；$h_1$ 为安装支座上表面高度，m；$h_2$ 为安装调整高度，m，一般取 0.2～0.3m；$h_3$ 为索具吊点至构件底面的距离，m；$h_4$ 为绑扎吊点至吊钩的距离，m。

③ 起重半径。起重半径也称回转半径，它是起重机底座中心至起重机吊具中心的距离（图 17-6）。为保证吊装安全和起重机的稳定性，图 17-6 中 $S$＝0.9～10m。吊装回转过程应保证物件外缘与内缘接壤处无障碍（即不能碰固定物），至少保有 1m 的安全距离，并经预吊装确认安全无恙。

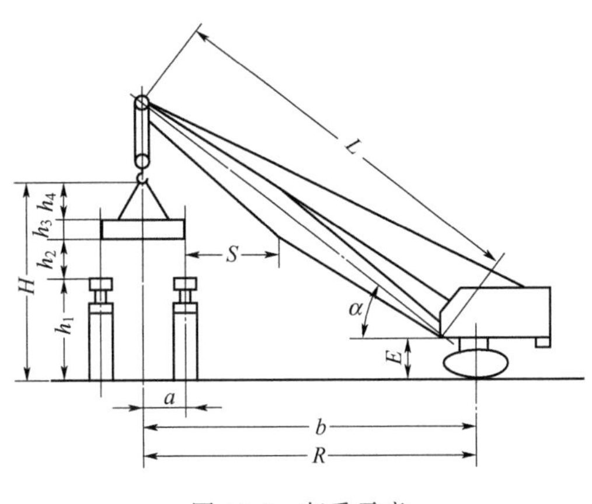


图 17-6　起重示意

**2. 氧气切割设备**

利用氧气切割设备切割钢材、组织和实施钢材下料，是除尘设备制作工艺的重要方法。传统上应用乙炔（$C_2H_2$）作燃料、氧气（$O_2$）作助燃料（乙炔-氧气割炬），完成。$C_2H_2$ 利用电石发生器（表 17-20）由电石（$CaC_2$）来发生；目前 $C_2H_2$ 已用气瓶供应，使用起来十分方便。近期，还出现了氧气-汽油气割炬，用于钢材切割。

**表 17-20　乙炔发生器**

| 型号 | | Q3-0.5 | Q3-1 | Q3-3 | Q4-5 | Q4-10 |
|---|---|---|---|---|---|---|
| 4-10 结构形式 | | (移动)排水式 | | (固定)排水式 | (固定)联合式 | |
| 生产率/($m^3$/h) | | 0.5 | 1 | 3 | 5 | 10 |
| 乙炔工作压力/MPa | | 0.045～0.1 | | | 0.1～0.12 | 0.045～0.1 |
| 外形尺寸/mm | 长 | 515 | 1210 | 1050 | 1450 | 1700 |
| | 宽 | 505 | 675 | 770 | 1375 | 1800 |
| | 高 | 930 | 1150 | 1730 | 2180 | 2690 |
| 净重/kg | | 45 | 115 | 260 | 750 | 980 |

氧气切割设备包括氧气切割器、氧气瓶、乙炔瓶、氧气减压器、乙炔减压器、胶皮软管等。

**3. 电焊机**

手工电弧焊设备是除尘设备制作与安装工程最常用的设备，主要包括电焊机、电焊钳、电焊软线、防护面罩、护目玻璃、白玻璃、焊工手套、脚盖、尖头榔头和钢丝刷等焊接设备与防护设施。

电焊机又分为交流电焊机和直流电焊机。直流电焊机又分为旋转式和整流式。

（1）交流电焊机　交流电焊机（即焊接变压器）是手弧电源最简单而通用的一种，具有材料省、成本低、效率高、使用可靠、维修容易等优点。我国目前所使用的交流电焊机类型很多，如抽头式、可动线圈式、可动铁芯式和综合式等。各种类型的交流电焊机在结构上大同小异，工作原理基本相同。常用交流电焊机型号及主要性能参数见表 17-21。

**表 17-21 常用交流电焊机型号及主要性能参数**

| 项目 | | 型号 | | | | | | | |
|---|---|---|---|---|---|---|---|---|---|
| | | BX-500 | | $BX_3$-120 | | $DX_3$-200 | | $BX_3$-300 | |
| 变压器种类 | | 固体式 | | 动圈式 | | 动圈式 | | 动圈式 | |
| 初级电压/V | | 200/380 | | 220/380 | | 220/380 | | 220/380 | |
| 接法 | | Ⅰ | Ⅱ | Ⅰ | Ⅱ | Ⅰ | Ⅱ | Ⅰ | Ⅱ |
| 空载电压/V | | 60 | | 75 | 65 | 80 | 65 | 75 | 60 |
| 电流调节范围/A | | 150～700 | | 20～55 | 50～160 | 30～35 | 30～260 | 40～125 | 115～400 |
| 暂载率/% | | 65 | | 60 | | 60 | | 60 | |
| 额定焊接电流/A | | 500 | | 120 | | 200 | | 300 | |
| 额定工作电压/V | | 30 | | 30 | | 30 | | 30 | |
| 220V 初级电流/A | | 145 | | 37.2 | | | | 93.5 | |
| 效率/% | | 86 | | 81 | | 81.5 | | 83 | |
| 功率因数 | | 0.52 | | 0.45 | | | | 0.53 | |
| 外形尺寸/mm | 长 | 810 | | 484 | | 525 | | 580 | |
| | 宽 | 410 | | 445 | | 400 | | 565 | |
| | 高 | 860 | | 680 | | 690 | | 600 | |
| 质量/kg | | 290 | | 100 | | 122 | | 100 | |
| 初级电源接线截面/$mm^2$ | | 25 或 16 | | 10 或 6 | | 16 或 10 | | 16 或 10 | |

（2）直流电焊机　分为旋转直流焊机或直流弧焊机两种，由三相感应电动机、直流弧焊发电机、电流调节变阻器、滚轮、拉手和接线柱等部分组成（图 17-7）。

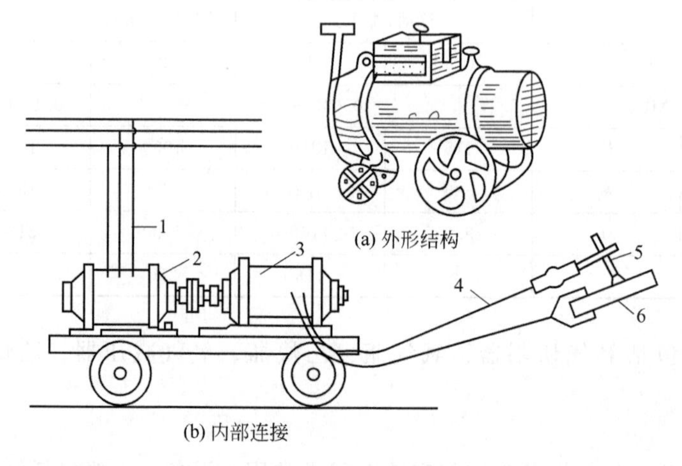


(a) 外形结构

(b) 内部连接

图 17-7　直流电焊机

1—电源接线；2—交流电动机；3—直流发电机；4—焊缝接线；5—电焊条夹钳；6—工作件

三相感应电动机的作用是把三相电源的电网能量转换成动能，带动发电机旋转。

直流弧焊发电机的作用是产生焊接所需的电流（直流），并产生焊接所要求的外持性。直流弧焊电源的技术指标见表 17-22。

表 17-22　直流弧焊电源的技术指标

| 技术指标 | 额定输出电流/A | 额定负载持续率/% | 输入功率/kW | 输入电压/V | 空载电压/V | 效率/% | 功率因数 cosϕ | 质量/kg | 外形尺寸/mm | | |
|---|---|---|---|---|---|---|---|---|---|---|---|
| | | | | | | | | | 长 | 宽 | 高 |
| 弧焊发电机 AX7-400 | 400 | 60 | 20 | 三相 380 | 60～90 | 53 | 0.9 | 370 | 950 | 590 | 890 |
| 硅整流焊机 ZXG1-400 | | | 27.7 | | 71.5 | 76 | 0.68 | 238 | 685 | 270 | 1075 |
| 磁放大器式整流弧焊机 ZXG-400 | | | 34.9 | | 80 | 75 | 0.55 | 310 | 690 | 490 | 952 |
| 晶闸管整流焊机 ZX5-400 | | | 21 | | 63 | 74 | 0.75 | 220 | 594 | 495 | 1000 |
| 逆变焊机 ZX7-400S | | | 21.3 | | 70～80 | 85 | 0.98 | 45～75 | 540 | 355 | 470 |

**4. 链式起重机**

链式起重机也称倒链。它是由链条、链轮及差动齿轮等构成的人力起吊工具（图 17-8）。当拉动牵引链条时，起重链条通过吊钩拉动重物升降；当松开牵引链条时，重物靠本身自重产生的自锁停止在空中。常用的链式起重机规格见表 17-23。

表 17-23　常用的链式起重机规格

| 型号 | HS0.5 | HS1 | HS1.5 | HS2 | HS2.5 | HS3 | HS5 | HS10 | HS20 |
|---|---|---|---|---|---|---|---|---|---|
| 起重量/(t/kN) | 0.5/5 | 1/10 | 1.5/15 | 2/20 | 2.5/25 | 3/30 | 5/50 | 10/100 | 20/200 |
| 提升高度/m | 2.5 | 2.5 | 2.5 | 2.5 | 2.5 | 3 | 3 | 3 | 3 |
| 净重/kg | 8 | 10 | 15 | 24 | 28 | 34 | 56 | 68 | 155 |

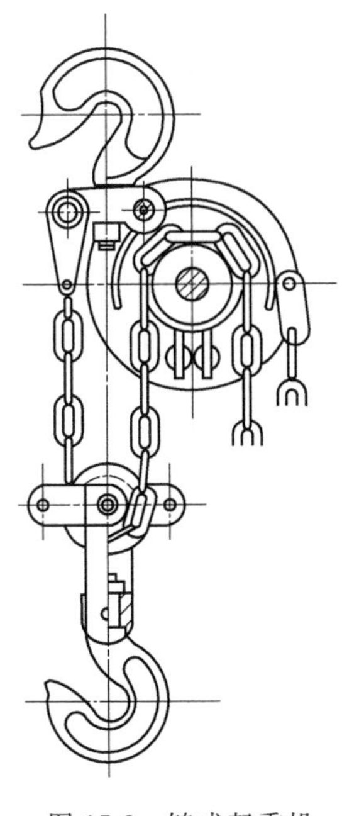

图 17-8　链式起重机

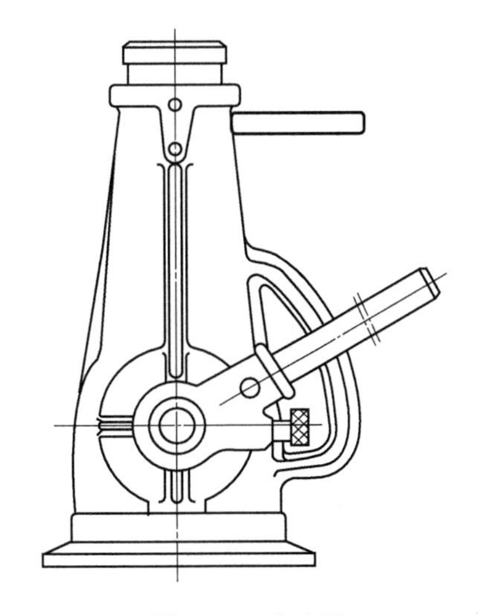

图 17-9　千斤顶

链式起重机体积小、质量轻、效率高、操作简便、节省人力。在安装工程中应用较广，基本起重量可达300t。

**5. 千斤顶**

千斤顶（图17-9）有油压、螺旋、齿条三种形式，又称液态千斤顶、螺旋千斤顶、螺丝千斤顶。螺旋式和油压式最为常用。齿条式千斤顶一般承载能力不大；螺旋式千斤顶起重能力较大，可达100t；油压千斤顶起重能力最大，可达320t。

螺旋千斤顶规格见表17-24，液压千斤顶规格见表17-25。千斤顶使用前应做详细检查。

**表 17-24 螺旋千斤顶规格**

| 型号 | 起重量/(t/kN) | 最低高度 | 起重高度 | 自重/kg |
|---|---|---|---|---|
| | | mm | | |
| Q3 | 3/30 | 220 | 100 | 6 |
| Q5 | 5/50 | 250 | 130 | 7.5 |
| Q10 | 10/100 | 280 | 150 | 11 |
| Q16 | 16/160 | 320 | 180 | 15 |
| Q32 | 32/320 | 395 | 200 | 27 |
| QD32 | 32/320 | 320 | 180 | 20 |
| Q50 | 50/500 | 452 | 250 | 47 |
| QJ50 | 50/500 | 700 | 300 | 200 |
| (QZ50) | 50/500 | 700 | 400 | 100 |
| Q100 | 100/1000 | 452 | 200 | 100 |
| QJ100 | 100/1000 | 800 | 400 | 250 |

**表 17-25 液压千斤顶规格**

<table>
<tr><th>型号</th><th>起重量/(t/kN)</th><th>最低高度/mm</th><th>起重高度/mm</th><th>螺旋调整高度/mm</th><th>底座面积/mm²</th><th>自重/kg</th><th>备注</th></tr>
<tr><td>QY1.5</td><td>1.5/15</td><td>165</td><td>90</td><td>60</td><td>90</td><td>2.5</td><td rowspan="15">(1)表中型号栏内字母Q表示千斤顶,Y表示液压,G表示高型,D表示低型；<br>(2)QW100～320型为卧式千斤顶</td></tr>
<tr><td>QY3</td><td>3/30</td><td>200</td><td>130</td><td>80</td><td>110</td><td>3.5</td></tr>
<tr><td>QY3G</td><td>5/50</td><td>235</td><td>160</td><td>100</td><td>120</td><td>5.0</td></tr>
<tr><td>QY3D</td><td>5/50</td><td>200</td><td>125</td><td>80</td><td>120</td><td>4.5</td></tr>
<tr><td>QY8</td><td>8/80</td><td>240</td><td rowspan="4">160</td><td rowspan="4">100</td><td>150</td><td>6.5</td></tr>
<tr><td>QY10</td><td>10/100</td><td rowspan="2">245</td><td>170</td><td>7.5</td></tr>
<tr><td>QY12.5</td><td>12.5/125</td><td>200</td><td>9.5</td></tr>
<tr><td>QY16</td><td>16/160</td><td>250</td><td>220</td><td>11</td></tr>
<tr><td>QY20</td><td>20/200</td><td>285</td><td rowspan="4">180</td><td rowspan="7"></td><td>260</td><td>18</td></tr>
<tr><td>QY32</td><td>32/320</td><td>290</td><td>390</td><td>24</td></tr>
<tr><td>QY50</td><td>50/500</td><td>305</td><td>500</td><td>40</td></tr>
<tr><td>QY100</td><td>100/1000</td><td>350</td><td>780</td><td>95</td></tr>
<tr><td>QW100</td><td>100/1000</td><td>360</td><td rowspan="3">200</td><td>$\phi$222</td><td>120</td></tr>
<tr><td>QW200</td><td>200/2000</td><td>400</td><td>$\phi$314</td><td>250</td></tr>
<tr><td>QW320</td><td>320/3200</td><td>450</td><td>$\phi$394</td><td>435</td></tr>
</table>

**6. 电钻**

按其结构与用途的不同，电钻分为手电钻、手枪电钻、冲击电钻和电动钻孔机。

（1）手电钻　手电钻是由交直流两用电动机、减速箱、电源开关、三爪钻夹头和铝合金外壳等几部分组成的。与手枪式电钻相比，其钻孔直径较大，其特点是手提加压钻孔。其规格见表 17-26。

**表 17-26　手电钻规格**

| 钻削最大孔径/mm | 额定转速/(r/min) | 额定转矩/N·m | 钻削最大孔径/mm | 额定转速/(r/min) | 额定转矩/N·m |
|---|---|---|---|---|---|
| $J_1Z_2$ 型(单组) | | | | | |
| 4 | ≥2200 | 0.4 | 16 | ≥400 | 7.5 |
| 6 | ≥1200 | 0.9 | 19 | ≥330 | 13 |
| 10 | ≥700 | 2.5 | 23 | ≥250 | 17 |
| 13 | ≥500 | 4.5 | | | |
| $J_3Z$ 型(三组) | | | | | |
| 23.5 | 225 | 21.6 | 38.5 | 140 | 74 |
| 22.5 | 190 | 4.6 | 49.5 | 120 | 113 |

（2）手枪电钻　手枪电钻比手电钻更灵便。其规格见表 17-27。

**表 17-27　手枪电钻规格**

| 型号 | 回 $J_1Z$-6 | 回 $J_1Z$-10 | 回 $J_1Z$-13 |
|---|---|---|---|
| 钻头直径/mm | 0.5～6 | 0.8～10 | 1～13 |
| 额定电压/V | 220 | 220 | 220 |
| 额定功率/W | 150 | 210 | 250 |
| 额定转速/(r/min) | 1400 | 2100 | 2500 |
| 钻卡头形式 | 三爪齿轮夹头 | | |

（3）冲击电钻　冲击电钻是一种旋转并伴随冲击运动的特殊电钻（图 17-10）。它除了可在金属上钻孔外，还能在混凝土、预制墙板、瓷砖及砖墙上钻孔，应用膨胀螺栓来固定风管支架。钻孔或冲钻，由冲击电钻上的变换调节块进行选择。冲击钻时必须使用镶有硬质合金的钻头。常用的冲击电钻的主要性能参数见表 17-28。

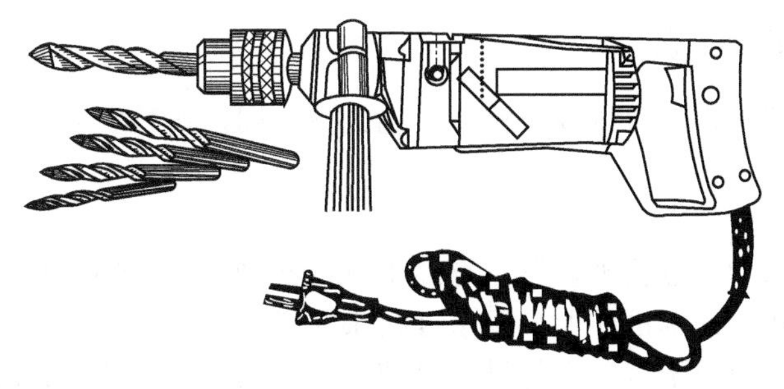

图 17-10　冲击电钻

表 17-28 常用的冲击电钻的主要性能参数

| 型号 | 额定电压/V | 最大钻孔直径/mm | 转速/(r/min) | 冲击次数/$min^{-1}$ | 钻头转速/(r/min) | 质量/kg |
|---|---|---|---|---|---|---|
| $Z_3$ZD-13 | 380 | 13 | 2850 | 5300 | 500 | 6.5 |
| JZ$C_1$-12 | 220 | 12 | 11000 | 15000 | 700 | 3 |
| 回 $Z_1$JH-13 | 220 | 13(钻钢)<br>16(钻混凝土) | 500 | ≥6000 | ≥500 | 2.9 |
| 回 $Z_1$JS-16 | 220 | 6～10(钻钢)<br>10～16(钻混凝土) | 1500～700 | 30000～14000 | — | 2.5 |

使用注意事项：①冲击电钻如需变速，应先停机，然后再拨动变速装置；②在钢铁混凝土上钻孔时，应注意混凝土中的钢筋，以免碰到钢筋上由于用力过猛而发生意外；③钻孔前，应不时地将钻头向外提（抬）几次，以便排除钻屑。

（4）电动钻孔机　电动钻孔机为单轴单速，用于在钢材、木材、塑料、砖及混凝土上钻孔。电动钻孔机有两种类型：直式——钻杆与电动机同轴或并轴；角式——钻孔与电动机转轴成一角度。

电动钻孔机在长期存放期间，室内温度需在5～25℃范围内，相对湿度不超过70%，在第一次大修前的使用期限（按正常操作）不低于1500h。其主要技术数据见表17-29。

表 17-29 电动钻孔机主要技术数据

| 型号 | 回 $J_1$ZC-10 | 回 $J_1$ZC-20 | 型号 | 回 $J_1$ZC-10 | 回 $J_1$ZC-20 |
|---|---|---|---|---|---|
| 额定电压/V | 220 | 220 | 额定转矩/N·m | 0.009 | 0.035 |
| 额定转速/(r/min) | ≥1200 | ≥300 | 最大钻孔直径/mm | 6 | 12 |

**7. 工具**

手锤、扁铲及各类扳手也是除尘设备安装不可缺少的工具。常用活动扳手（GB 44440）和梅花扳手（GB 4388）规格见表17-30、表17-31。

表 17-30 活动扳手规格　　单位：mm

| 长度 | 100 | 150 | 200 | 250 | 300 | 375 | 450 | 600 |
|---|---|---|---|---|---|---|---|---|
| 最大开口宽度 | 13 | 18 | 24 | 30 | 36 | 46 | 55 | 65 |

表 17-31 梅花扳手规格　　单位：mm

| 6件组 | 5.5×8,10×12,12×14,14×17,17×19(或19×22),22×24 |
|---|---|
| 10件组 | 5.5×7,8×10(或9×11),10×12,12×14,14×17,17×19,19×22,22×24(或24×27),27×30,30×32 |

## 四、除尘设备安装工艺

除尘设备安装工艺与常规机械设备安装工艺大致相同。按其安装工艺的先进性、适用性和经济性，推荐下列安装工艺。

**1. 三点安装法**

三点安装法是利用“二点找平，第三点随平（三点成面）”的原理，来完成设备安装定位与找平的。设备安装找平的标准作业采用水准仪来完成。

在设备基础验收的前提下，首先将设备吊装就位；然后按设备中心线调整定位；最后，横（纵）向任取2个地脚板找平（垫板调节），而后纵（横）向任取1个地脚板找平（垫板调节），则整个设备水平。其他地脚按此找平、处理，整个设备视为水平。必要时，再做箱体水平度和垂直度检测确认，水平度和垂直度误差不超过1/1000。

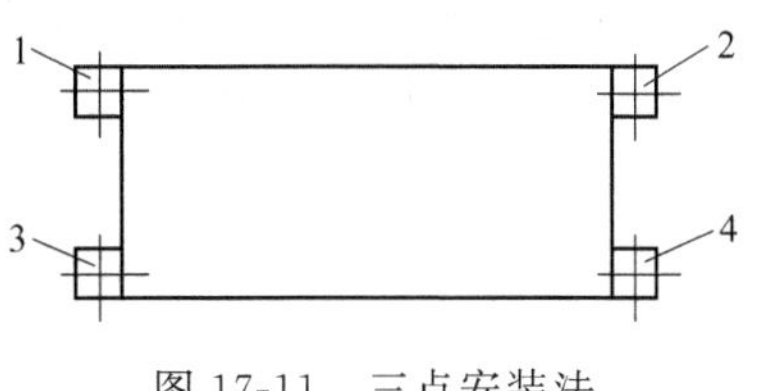

图17-11　三点安装法

三点安装法可见脉冲式除尘器安装（图17-11）。图中1～4为除尘器地脚。已经组装出厂的脉冲除尘器，应用汽车吊将除尘器吊放在设备基础上；按进出口方向，核准除尘器安装方向，找正中心线位置；应用垫铁（一个地脚不超过2片），同时找正地脚1、地脚3的水平，接着找正地脚2或地脚4的水平；最后，顺应找正最后点（地脚4或地脚2）的水平，则除尘器整体水平；再次复验除尘器的整体水平，拧紧地脚螺栓，履行二次灌浆即可。除尘器一般视进出口标高或地脚板底面标高为基准标高。

三点安装法适合任何机械设备的设备找平和除尘器安装找平。

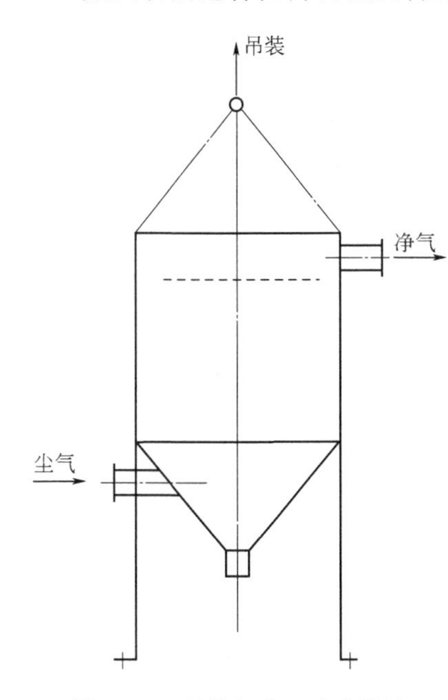

图17-12　整体组合一次安装法

**2. 整体组合一次安装法**

整体组合（含单机设备）一次安装法（图17-12）是常用的机械设备安装法。在设备基础验收的基础上，应用吊装设备一次将整体组合设备吊装就位，待设备基准线（中心线、标高及水平度）调整合格后，固定地脚螺栓；再次校验中心线、标高，调整水平度和垂直度无误，履行二次灌浆，视为安装合格。

（1）判定原则　符合下列条件之一者，推荐采用整体组合一次安装法：①除尘设备应是一个整体设备；②除尘设备是由几个部件组装的整体设备；③除尘设备的主体设备是一个整体设备，零星配套件可以后续配套安装；④设备全重可以适宜直接吊装。

（2）安装特点　整体组合，一次吊装。

（3）安装准则

① 设备基础验收，部件整体组合，吊装机具准备就绪。

② 安装总平面及立体空间规划有序，整体组合安装时无障碍性限制。整体组合件存放方向与设备起吊方向相呼应。

③ 整体组合件吊装方案科学合理；设备吊装就位，初步固定；应用三点安装法，及时找平、找正；再次校验后，安装无误，视为合格；二次灌浆，永久性固定。

④ 续装内部设施及控制仪表。

⑤ 组织试车与调整。

**3. 分体组合-分段安装法**

分体组合-分段安装法是应用单元部件分体组合为一个准整体组合件，分段完成设备安装的方法（图17-13）。

（1）判定原则　符合下列条件之一者，推荐采用分体组合-分段安装法：①除尘设备在结构上不能实现一次组合为整体的；②除尘设备全重超载，不能一次吊装的；③除尘工艺不许可一次总装，其结果可能影响除尘设备功能的；④其他因素致使除尘设备不能一次总装的。

（2）安装特点　分体组合，分段安装。

（3）安装准则

① 设备基础验收，部件分体组合、排列有序，吊装机具准备就绪。

② 安装总平面及立体空间规划有序，准整体组合安装时无障碍性限制。准整体组合件存放方向与设备起吊方向相呼应。

③ 整体组合件吊装方案科学合理；设备分段吊装、分段就位；应用三点安装法，自下而上（由后至前）分段安装；及时找平、找正；反复检验，安装无误，视为合格；二次灌浆，永久性固定。

④ 续装内部设施及控制仪表。

⑤ 组织试车与调整。

（4）安装工艺　圆筒形除尘器基于其圆筒结构受力特性好的优势，广泛用于高炉煤气袋式除尘器、高炉煤气静电除尘器、转炉煤气静电除尘器、高温烟气洗涤除尘器和烟气脱硫预处理设备等具有爆炸性威胁的场所；在结构上具有高（长）度很大、质量很大和密封性很强的特点；又限于运输超限的要求，此类设备必须分体制作、分段式组合安装。

图 17-13 为高炉煤气干式除尘用立式长袋低压脉冲除尘器（分段式组合安装法）。煤气处理能力 $25000m^3/h$，滤袋过滤面积 $488m^2$，圆筒直径 $\phi3600mm$，除尘器全高 18m，设备全重 22.5t。该除尘器主体结构由设备支架（底座）、灰斗、筒体及封头等组成，受地面限制、吊装能力和安装技术水平的制约，施工组织设计策划采用分体制作-分段组合安装法。首先在加工厂内制作分体部件，现场实施分段组合安装——第一步，吊装与安装设备支架；第二步，吊装与安装灰斗；第三步，吊装与安装筒体；第四步，吊装与安装走台、扶梯、栏杆；第五步，安装内部设施与附件；第六步，吊装与安装封头。如吊装设备得力，设备支架与灰斗可以合并安装。

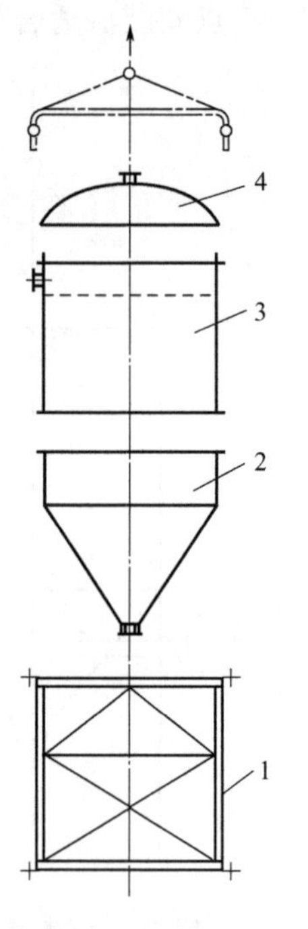


图 17-13　分段式组合安装法

（安装顺序：1→2→3→4）

1—设备支架；2—圆形灰斗；3—筒体；4—封头

## 五、安装质量检验

**1. 检验准则**

（1）整体组合安装和分体组合分段安装，必须符合设计图纸和相关技术规范的规定。

（2）安装工程全过程以安装标准为依据，坚持逐件检验。

（3）安装时，分部部件、配套设备（配件）和标准件必须具有产品合格证和质检证明。

（4）安装质量检验坚持“分体组合检验和整体组合检验相结合，以终端验收检验为准”的验收原则。

（5）除尘设备投产前（后），必须组织职业卫生验收评价或环境保护验收评价。

**2. 检验标准**

除尘设备安装质量检验标准，首先应当符合产品标准、设计图纸和相关技术文件的规定；设计图纸和相关技术文件不能满足安装质量检验时，可按相关技术规范的规定执行。

除尘设备安装质量检验项目应当包括：①外观质量检验；②配套设备单机性能检验，特种设备检验记录；③除尘器无负荷试车性能检验；④除尘设备负荷试车性能检验；⑤除尘设备验收检验。

**3. 检验文件**

除尘设备安装质量检验文件被视为除尘设备验收评价文件的重要部分，用于支持除尘设备的验收评价。

安装质量检验文件包括：①外观质量检验记录；②焊接质量检验记录；③配套设备单机性能检验记录，特种设备检验记录；④除尘系统无负荷试车性能检验记录；⑤除尘系统负荷试车（投产前）性能检验报告；⑥建设项目环境保护设施验收报告，如除尘设备验收报告。

**4. 质量质疑**

对于除尘设备投产前职业卫生（环境保护）验收评价结论，可能产生不同看法和意见，这是正常的。一定要以积极、主动、科学的姿态，以事实为依据，坚持实事求是的原则，采取正常渠道，调查分析、妥善解决。

（1）以检测数据为依据，深入调查研究，全面理解设计意图，解析质量质疑的核心因素。

（2）按设计（额定）状态和检测（运行）状态，比较运行指标的差异，科学分析因运行点偏移而引发的指标转化。

（3）现场调试，按最佳运行状态，科学检测与评价除尘设备运行指标体系。

（4）供需见面，交流观点；全面分析，科学决策，调整运行方案。

## 第四节 施工安全注意事项

在除尘器的安装过程中，注意安全十分重要。这是因为在除尘器施工时，大小事故时有发生。因此，一定要注意安全，防患于未然。

### 一、树立安全第一的思想

① 树立“预防为主、安全第一”的指导思想，把安全生产列为生产建设的第一要素。建立和健全安全生产责任制。依法组织安全生产。建立与健全以安全生产为中心的各级安全生产责任制。

② 实施以法人代表为主要责任人的安全生产问责制。一旦发生重大安全生产事故，要追究法人代表及其相关责任人的法律责任和经济责任。

③ 坚持以岗位（班级）为中心，建立和健全安全操作规程，安全规程要人手一册。

④ 联系除尘设备安装工程特点，应用系统安全工程理论，找出安装工程的危险源和危险点，制订系统安全防护措施。

⑤ 安装过程中，每天班前会要讲安全问题，坚持每周一次的安全教育和安全点检，发现安全隐患，及时整改。

安全注意事项如下。

**1. 高处作业要安全可靠**

（1）高处作业应符合《高处作业分级》（GB/T 3608—2008）的规定，高处作业人员不能有高处作业禁忌症。

（2）高处吊装作业，指挥与操作责任分明，联系方式统一，事故应急预案到位，监控设施得力。

（3）高处作业系安全带，挂安全网。

（4）设备走台、扶手、栏杆等永久性安全设施，同步制作与安装，供安装过程使用。

（5）在 3m 以上高空工作的人，必须经过体格检查和受过一定的训练。工作时必须系上安全带。

（6）为高空作业搭设的脚手架，必须牢固可靠，侧面应有栏杆。脚手架上铺设的跳板必须结实，两端必须绑扎在脚手架上。

(7) 使用梯子时，竖立的角度不应大于60°或小于35°。梯子上部应当用绳子系在牢固的物件上，梯子脚应当用麻布或橡皮包扎，或由专人在下面扶住，以防梯子滑倒。

(8) 高空作业使用的工具、零件等应放在工具袋内，或放在妥善的地点。上下传递物件不许抛丢，应系在绳子上吊下或放下。

(9) 吊装管子的绳索必须绑牢。吊装时要服从统一指挥，动作要协同一致。管子吊上支架后，必须装上管卡，不许浮放在支架上，以防掉下伤人。

**2. 安全供电**

(1) 施工用电，按施工组织设计规定，统一架设；不能有裸露、破裂和绝缘强度下降等缺陷。

(2) 电焊机供电，导线绝缘良好，接地可靠，接地电阻不大于10Ω；容器内焊接作业，照明电压保证36V，做到通风良好。

**3. 科学佩戴安全防护用品**

按工种劳保规定，佩（穿）戴必要的工作服、工作鞋、防护帽、防护手套、防护眼镜以及其他需要的特种防护用品。

**4. 贯彻《安全生产法》，建立与健全职业卫生责任制**

《职业病防治法》规定，“职业病防治工作坚持预防为主、防治结合的方针，实行分类管理、综合治理”。

(1) 依法做好职业病防治，首先要建立与健全以企业法人代表为首的职业卫生问责制。

(2) 联系除尘设备安装工程的具体情况，制订与实施职业卫生管理制度。

职业卫生管理制度应当包括：①职业卫生管理制度；②作业环境检测制度；③职业健康监护制度；④职业危害防护设施管理制度。

(3) 职业病防治任务落实到班组和个人。

(4) 对拒不执行《职业病防治法》及相关法律从而造成重大职业危害的，要问责企业法人代表，追究其法律责任和经济责任。

**5. 采取职业危害防护设施**

(1) 电焊工露天作业时，尽量采取顺风向焊接方式；除尘器（容器）内部焊接作业，必须佩戴送风式口罩，有效预防锰中毒和急性乏氧危害。

(2) 涂装作业时，优先选用无毒涂料，特别禁用有苯涂料；采用喷涂作业，劳动者应穿防护服，佩戴防护帽、防护眼镜和送风式口罩，消除苯及其苯系物、甲醛等有机蒸气的职业危害。必要时，配发个人防护药膏。

(3) 工业噪声强度超过90dB（A）的作业场所，劳动者应佩戴防噪声耳塞。

(4) 作业场所粉尘浓度超过卫生标准8mg/m$^3$时，应佩戴高效防护口罩。

(5) 高处作业，应适时配设防暑降温设施和防寒设施。

**6. 定期组织与实施作业环境检测**

(1) 围绕除尘设备安装工程常见的电焊作业、涂装作业和金属结构制作与安装作业，依法委托其有省级职业卫生检测资质的专业卫生机构，定期开展作业环境中粉尘、二氧化锰、有机蒸气和工业噪声的浓（强）度检测，科学评价作业环境水平。

(2) 根据除尘设备安装现场职业危害因素的分布特性，依法委托具有省级职业健康监护资质的专业卫生机构，定期开展就业前职业健康检查、就业中职业健康检查和离职后的职业健康检查，跟踪评价劳动者的职业健康动态，并建立个体职业健康档案。

(3) 确诊患有职业病的劳动者，视病情状况组织必需的门诊治疗、住院治疗，按工伤享有社会保险待遇，其费用由用人单位承担。

## 二、安装工具及设备使用

（1）各种工具和设备在使用前应进行检查，如发现破损，修复后才能使用。电动工具和设备应可靠接地，使用前应检查是否有漏电现象。

（2）使用电动工具或设备时，应在空载情况下启动。操作人员应戴上绝缘手套。如在金属台上工作，应穿上绝缘胶鞋或在工作台上铺设绝缘垫板。电动工具或设备发生故障时，应及时进行修理。

（3）拧紧螺栓应当使用合适的扳手。扳手不能代替榔头使用，在使用榔头和操作钻床时不要戴手套。

（4）操作电动弯管机时，应注意手和衣服不要接近旋转的弯管模。在机械停止转动前，不能从事调整停机挡块的工作。用手工切断管子不能过急过猛，管子将切断时应有人扶住，以免管子坠落伤人。用砂轮切割机切断管子时，被切的管子除用切割机本身的夹具夹持外，还应当有适当的支架支撑。

（5）配合焊工组对管口的人员，应戴上手套和面罩，不许卷起袖子或穿短袖衣衫工作。无关人员应离开焊接地点 2m 以外。施焊点周围最好用不透光的遮蔽物遮挡，以免弧光照射更多的人。

（6）氩弧焊的焊接场所应当通风良好，尤其是打磨钍、钨棒的地点，必须保持良好的通风。打磨的人应戴上口罩、手套等个人防护用品。

## 三、安装事故处理预案

**1. 事故分类**

除尘设备安装过程的事故指意外造成的损失、伤害或灾祸。安装施工工地发生的事故分为三类：一是设备事故，如吊装设备倾覆、试车中除尘设备被吸瘪、压力容器爆炸等；二是人身事故，如高空作业堕落、触电、有害气体中毒、中暑、过度劳累晕倒等；三是因施工造成能源中断、烧毁、火灾等事故。

**2. 事故应急处理预案**

事故应急处理预案主要有人员安排、报告制度和实施方案 3 个方面的内容：①对事故的发生要有人员落实，例如层层负责制度、平时演练制度等；②报告制度指一旦发生事故，第一目击者必须在第一时间向上一级负责人报告，并在力所能及的范围内进行消除或抢救；③实施方案是应急预案的条件准备，如消防器材、医疗器材、警示标牌、联络电话等。

**3. 事故分析和整改**

事故发生后，应按事故处理预案的规定，由企业主管负责人（部门）组织，相关部门参加，及时开展事故调查与分析。要求做到“事故原因未查清不放过；事故责任未明确不放过；整改措施未落实不放过”。

事故分析报告应包括事故时间与地点、事故经过、事故责任、事故经济损失、整改措施和处理意见。

重大事故分析报告应由企业法人代表签字认可，上报上级主管部门核准、备案。

事故整改措施是落实事故整改结论、组织安全生产的根本措施，按系统工程管理准则必须抓紧、抓实、抓好。

## 四、职业危害应急措施

除尘设备安装时可能突发的急性职业危害包括氮气窒息、乏氧症和煤气中毒。

**1. 氮气窒息**

(1) 自然情况 氮气是一种惰性气体，分子式为 $N_2$，分子量为 28.02，气体常数为 30.26kg·m/(kg·K)，气体密度为 1.2507kg/$m^3$，临界压力为 3.349MPa，临界温度为 −147.13℃，空气中含量占 79%。

氮气作为制氧工艺的副产品被钢铁企业广泛回收利用，作为压缩性气体供脉冲类袋式除尘器的清灰气源和其他动力源，具有含水量低、含油量低、含杂质量低的特性，特别是北方地区可用来消除脉冲阀凝水结冻之患，成为脉冲除尘器的优质气源、优选气源。

(2) 突发情况 脉冲除尘器在安装、调试和检修过程中，可能因氮气压力超出、误操作和设备破损等原因，导致氮气突发逸出，包围操作者的呼吸带或呼吸区，瞬间形成绝（缺）氧环境，导致急性氮气窒息或氮气中毒，

(3) 应急对策 氮气突发扩散后，应以氮气突发为令，立即切断氮气源，报告生产指挥中心，同时组织抢救，将受害者撤出氮气影响区，平躺（放）在空气流通的地方，必要时采取人工呼吸或输氧治疗，然后住院治疗，服用解救药物。

**2. 乏氧症**

(1) 自然情况 氧气是一种助燃气体，也是维系人体生命的重要元素。氧气的分子式为 $O_2$，分子量为 32，气体常数为 26.50kg·m/(kg·K)，气体密度为 1.429kg/$m^3$，临界压力为 4.9713MPa，临界温度为 −118.82℃，空气中含量占 21%。

(2) 突发情况 除尘设备安装过程中，除尘器（容器）内部焊接作业最容易引发乏氧症。当容器内部无通风换气条件时，电焊工在容器内长时间的连续焊接作业，焊接过程热金属与氧气发生反应，生成 $MnO_2$、$Fe_2O_3$，夺走了容器内空气中的大量氧气；又因容器内通风条件差，容器外部空气不能补入，必然导致空气中氧气成分降至 16%以下；高强度的体力劳动、在低氧（14%以下）环境中的较长时间停留，必然造成作业人员以四肢无力、昏迷为主要特征的氧缺乏症，严重者可能死亡。氧缺乏症是作业人员在缺氧环境中工作的一种急性职业伤害，往往有可能被误认为一氧化碳中毒，从而贻误治疗，造成终生遗憾。

(3) 应急对策 作业人员在容器内焊接时，发现四肢无力、昏迷等症状时，应立即停止工作，强行通入压缩空气或氧气。焊接工作人员撤至容器外部新鲜空气处，查明原因，接受专业医疗机构（疾病控制中心）的检查治疗。

发生乏氧症的根本原因是容器内焊接作业场所没有依靠通风换气设备输入新鲜空气，焊接工人也没有佩戴从容器外接入的送风式口罩。

**3. 煤气中毒**

(1) 自然情况 煤气作为二次能源被工业企业和民间广泛应用。可利用的煤气包括：焦炉煤气、高炉煤气、转炉煤气、发生炉煤气和混合煤气。各类煤气的可燃成分有甲烷（$CH_4$）、氢气（$H_2$）和一氧化碳（CO）等，其中一氧化碳是引发煤气中毒的根本因素。

一氧化碳是一种无色无味的有毒气体。分子式为 CO，分子量为 28.01，气体常数为 30.29kg·m/(kg·K)，气体密度为 1.250kg/$m^3$，临界压力为 3.453MPa，临界温度为 −140.2℃。

一氧化碳逸散在空气中，经呼吸道进入人体后，迅速与血液发生生化反应，生成碳氧血红蛋白（HbCO），因其自身的强氧化性而截留人体对氧的吸收，引起机体组织缺氧，破坏人体血液系统与神经系统的功能，造成不同程度（轻、中、重）的一氧化碳中毒，严重者当即死亡。一氧化碳是冶金企业、化工企业危害面最宽、危害性最大的职业危害因素。

(2) 突发情况 煤气是工业企业应用最广的二次能源，并经煤气管道输送至各用户。除尘设备安装过程中，可能因误接管道、误伤管道和空气中飘逸等原因，作业人员遭到一氧化碳的突发袭击。

特别是在大型企业中，煤气管网年久失修、煤气系统与下水系统串通、施工中损坏煤气设施以及远处煤气放散，在低气压作用下也可能飘逸至除尘设备安装现场等，均可出现煤气突发导致的职业中毒应急场面。

（3）应急对策　发现煤气突发征兆，首先要查明煤气突发源；其次，按煤气突发影响范围，决定发出局部停工或全部停工指令；最后，全面查实危险源，科学采取修补措施。

如突发人员昏迷、四肢无力和呕吐现象时，立即按一氧化碳中毒抢救预案组织抢救，抢救现场人员至空气新鲜处，报告生产指挥中心，勘查现场，监测环境中一氧化碳浓度，查明与消除危险源，同步组织医疗抢救与治疗。

## 第五节　除尘设备调试

安装调试是除尘设备安装后期的重要工作。通过安装调试，发现设备设计与安装过程中存在的缺陷，采取相应的改进措施，提升除尘设备性能，为除尘设备运行与验收提供科学依据。

安装调试分为单机试车调整、无负荷试车调整和负荷试车调整。

### 一、单机试车调整

**1. 分类**

单机试车包括除尘设备主机（本体）和辅机的单体试车。单机是指具有独立运转功能的设备（系统）。

**2. 项目内容**

主机通常指结构复杂的、由多元部件组合而成的静电除尘器、袋式除尘器、湿式除尘器、其他除尘器以及通（引）风机。

辅机是指为完善主机功能而配套的机械设备，包括：①粉尘回收与输出设施，包括星形卸料器、螺旋输送机、埋刮板输送机、圆板拉链输送机、粉体无尘装车机以及粉尘再利用设备等；②静电除尘器的硅整流供电装置、沉淀（阳）极振打装置、电晕（阴）极振打装置、安全供电保护装置（系统）等；③袋式除尘器的振打清灰装置、脉冲清灰装置、回转反吹清灰装置等；④湿式除尘器的供排水水泵、喷嘴或喷淋设备和污泥处理设备；⑤其他相关设备和显示仪表。

**3. 调试规则**

（1）单机试车应在无负荷状态下（必要时切断与除尘系统的连接）考核单机功能。

（2）采取实用性手段，科学评价单机安装质量，包括：①安装方式应符合设计规定，满足主机需要；②运行参数（电压、电流、转速）符合设计（额定）规定；③单机运转过程无周期性碰卡等异常声音和连续发热表征；④单机试车不能少于 4h；⑤肯定单机设备具备单体运行条件。

**4. 调试结果**

（1）调试过程完整、准确做好调试记录。调试记录应当包括单机设备名称、规格与型号、性能指标（电压、电流、转速）、运行表现、调试结论、调试人签字及调试日期等。

（2）调试结论还应记录不同意见。

（3）调试记录归入设备安装档案。

### 二、无负荷试车调整

**1. 分类**

无负荷试车是指除尘设备在除尘系统无负荷（不通尘）状态下的整体空载试车。

无负荷试车应在单机试车合格后组织与实施，主要检验除尘设备在除尘系统中运行的连续性、可靠性和协调性。连续性指除尘系统在额定状态下，能够保证与工艺设备长期同步运行；可靠性指在额定状态下，除尘系统的技术性能与设备质量能够长期保证工艺生产连续运行；协调性指辅机能够围绕主机运行、按主控指令协调一致、同步发挥单机功能与作用。

**2. 项目内容**

无负荷试车的主要内容有以下5个方面。

（1）设备安装质量检查 试车前，在静止状态下应系统检查除尘设备安装的完整性、方向性，系统连接的可靠性，外观质量的良好性。

完整性指按设计要求，重点检查安装过程是否有安装漏项，也包括未经建设单位同意自行削减的项目。一经发现，应自行完善，达到设计要求。

方向性指以阀门为代表的配件，其安装方向应与流体运动方向相符合。

可靠性指设备、管道与法兰连接应严密、无泄漏；设备（管道）支架牢固，膨胀导出自由；自动控制与安全防护设施预检功能到位。

良好性指应保证设备外观安装质量符合设计规定，涂装规范，场地清洁。

（2）空载运行 在空载（不通尘）状态下，组织与观察除尘设备的运行工况，特别是主风机的电压、电流、转速和振动性，以及除尘器的风量、阻力、电场特性等专业指标，宏观定性评价除尘器运行的整体性、连续性和适用性。确定系统整体功能匹配、运行连续、功能适宜。

（3）巡回检查 对除尘系统（特别是除尘器）进行巡回检查，主要是观察无负荷试车运行动态，从而发现问题，及时处理除尘设备安装过程潜在的不确定因素，纠正差错，提升除尘设备完好率。

（4）处理缺陷 无负荷试车过程发现的设备缺陷和隐患，应全面记录、认真研究、科学采取修补措施，防患于未然。对于重大隐患的处理，特别是涉及生产工艺的重大隐患处理，一定要取得建设单位的同意。

重大隐患的处理，要讲求科学精神，在调查研究基础上科学采取先进技术，妥善消除缺陷，提升设备安装质量。

（5）试车验证 对于无负荷试车中发现的缺陷和隐患，在精心修补和处理后，一定要经过一次或多次试车加以验证。不能主观认为“一次修补，百年无恙”，要通过试车验证予以确认，达到设计指标。

**3. 调试规则**

（1）无负荷试车应在单机试车合格的基础上，按空载负荷组织除尘系统整体试车，重点考核除尘设备在除尘系统中的整体功能。

（2）按设计规定组织无负荷试车，采用系统工程理论，全面评价与调节除尘系统整体功能至设计水平，包括：①主机与辅机运行控制的统一性、连续性、协调性；②额定状态下，自动控制与人工控制兼容，全面考核除尘系统运行的可操作性和可靠性；③应急状态下（人为设定），除尘系统安全防护功能的安全性和可靠性。

（3）科学组织设备运行和巡回检查：①按无负荷试车方案，在无负荷（也可为低流量）状态下组织系统试车；②巡回检查系统运行参数（主风机电压、电流和转速）、设备漏风、阀门方向性、设备振动和控制系统同步性等；③反复巡查，发现缺陷，消除隐患。

（4）抓紧整改，消除隐患，提升质量：①一经查出缺陷，必须做好记录，限期整改；②重大缺陷，要统一规划、集中处理、消除隐患，涉及生产工艺的特大缺陷，整改方案应取得建设单位同意；③整改后的缺陷部位（件）应在下次试车时验证消除。

（5）无负荷试车一般不少于8h。

（6）具有无负荷试车合格的评估结论。

**4. 调试结果**

调试记录、整改方案、试车报告，应确认是否达到设计规定指标；试车报告纳入设备安装档案归档。

## 三、负荷试车调整

**1. 分类**

负荷试车是指在负荷状态（通入实际工况气体）下组织与实施的除尘系统试车。重点考核除尘设备在运行状态下的实际功能。

负荷试车调整试验按其除尘设备输送介质的不同，可分为负荷试车调整预试验（俗称“冷态试验”）和负荷试车调整试验（俗称“热态试验”）。

负荷试车调整试验一般应在无负荷试车合格的基础上执行。二者也可结合进行。

**2. 项目内容**

基于负荷试车调整预试验和负荷试车调整试验的宗旨不同，其负荷试车的项目内容也有所差异。

(1) 负荷试车调整预试验　负荷试车调整预试验也称冷态试验，它是以常态空气为介质来组织与实施除尘器气体动力特性试验的。其目的在于调整除尘系统，科学组织气体正确流动，以实现除尘器模化除尘效能最大化。

为防止粉尘对除尘器内部造成污染，给调整试验造成操作困难，故利用除尘器既有结构，以常态无尘空气为介质而开展的空气动力特性试验，称为预试验。通过优化对比，科学研究冷态试验与热态试验的气体动力关系。除尘设备负荷试车调整预试验的项目内容如下。

① 按除尘器额定（设计）风量×85%，调整试验确定：a. 抽吸点风量分配平衡；b. 设备阻力；c. 漏风率；d. 主风机运行安全；e. 附属设施同步运行；f. 安全保护设施可靠；g. 除尘效能（排放浓度、除尘效率等）。

② 按除尘器额定（设计）风量×100%，调整确认上述①各项指标。

③ 按除尘器额定（设计）风量×115%，调整确认上述①各项指标。

④ 按①、②、③各项指标，优化与确定除尘器运行指标。

在上述调整试验基础上，还可以按最大值考核空载运行能力。

(2) 负荷试车调整试验　负荷试车调整试验也称热态试验，它是以工况气体（含尘气体）为介质，组织与实施除尘器实际运行的气体动力特性试验。其目的在于调整除尘系统，科学组织工况气体正确流动，以实现除尘器工况运行除尘效能最大化。

除尘器负荷试车调整试验的项目内容如下。

① 按除尘器额定（设计）风量×85%，调整试验确定：a. 抽吸点风量分配平衡；b. 设备阻力；c. 漏风率；d. 主风机运行安全；e. 附属设施同步运行；f. 安全保护设施可靠；g. 除尘效能（排放浓度、除尘效率等）。

② 按除尘器额定（设计）风量×100%，调整确认上述①各项指标。

③ 按除尘器额定（设计）风量×115%，调整确认上述①各项指标。

④ 按①、②、③各项指标，优化与确定除尘器运行指标。

在上述调整试验基础上，结合冷态试验最大值，探讨热态工况的最大工作能力。

**3. 调试规则**

(1) 负荷试车应按批准的《除尘设备负荷试车方案》执行。负荷试车方案包括：负荷试车目的与原则，除尘器型号及其设计参数，引风机型号及其技术参数，运行点的策划及其控制，操作程序与要点，安全设施与应急预案，试车组织与分工等。

重要除尘设备的负荷试车调整试验，应建议建设单位牵头组织，设计单位参加。

（2）负荷试车调整试验分预试验和试验两个阶段执行。预试验阶段的任务主要是调试设备，以期达到设计参数；试验阶段的任务主要是调试设备投产运行，确定除尘设备功能参数。

（3）负荷试车应从最小风量调试，逐渐升至最大值，以期从环境控制上观察与寻求最佳运行点。

除尘设备运行点应以除尘设备设计参数（温度、压力、浓度）为切入点，计算选定，调试勘定，确定风量值并在调节阀门开度上做好标记。

（4）预试验阶段，在调试设备的同时，从远至近，依次做好抽尘点的风量分配、调节与平衡；反复调试，确认进入除尘器时的风量均布、合理。

（5）除尘器运行点参数勘定，选择在除尘器入口管道的平直段上进行；测试参数由计算预估，计算程序如下：

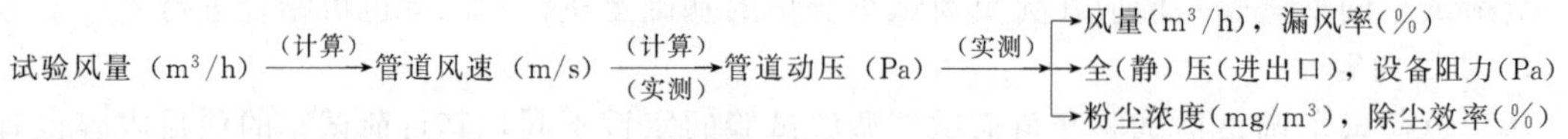

试验风量（$m^3/h$）—（计算）→管道风速（m/s）—（计算）/（实测）→管道动压（Pa）—（实测）→

→风量（$m^3/h$），漏风率（%）

→全（静）压（进出口），设备阻力（Pa）

→粉尘浓度（$mg/m^3$），除尘效率（%）

测试方法按国家标准规定执行：风量测试应用皮托管（配用微型压力计）法；压力用U形压力计（全压）法；漏风率用风量平衡法、碳平衡法；粉尘浓度采用等速采样，重量法检测；除尘效率按进出口粉尘量差值计算确定。

（6）调试过程严格按照安全操作规程进行；有爆炸性威胁的地点，更要安全操作，备有应急救护预案。

（7）调试不可能一次完成，应按预定计划，反复试验，优选终定。

**4. 调试结果**

调试结束，整理试验数据，撰写调试报告。调试报告应包括导言、调试目的、调试原则、调试方法、调试数据、讨论、结论和参考文献。

## 四、除尘器泄漏检验

除尘器泄漏检验包括两方面的内容：除尘器箱体、检修门等泄漏用气密性试验方法检验；袋式除尘器的滤袋、花板等泄漏用荧光法检验。

**1. 定性气密性试验**

除尘器在高温、多尘及有压力情况下运行，需要有较高的密闭性，任何漏风都会造成能耗的浪费及非正常的除尘效果，所以及时发现法兰垫圈、人孔门及焊接质量问题是保证除尘器漏风率小于设计要求从而保证除尘效果的重要一环。为防止泄漏，在除尘器外壳体安装过程中对漏风采取必要的措施严格把关。对焊缝等采取煤油渗透法或肥皂泡沫法进行检查，坚决杜绝漏焊、开裂、垫圈偏移等泄漏现象。

定性法即在除尘器进口处适当位置放入烟雾弹（可采用65-1型发烟罐或按表17-32配方自制），并配置鼓风机送风，让除尘器内为正压，有益于烟雾逸出，将烟雾弹引燃线拉到除尘器外部点燃，引爆烟雾弹产生大量烟雾。此时，壳体面泄漏部位就会有白烟产生，施工人员就可对泄漏点进行处理。

**表17-32 每10kg烟雾弹成分**

| 原料名称 | 质量/kg | 原料名称 | 质量/kg |
|---|---|---|---|
| 氯化铵 | 3.89 | 氯化钾 | 2.619 |
| 硝酸钾 | 1.588 | 松香 | 1.372 |
| 煤粉 | 0.531 | | |

**2. 定量试验法**

与定性法相比更加准确、科学。目前，在国内安装除尘器时采用的并不多。然而，有的项目对除尘工程的质量要求严格，针对在用的许多除尘器均有不同泄漏现象这一情况，要求安装单位实施这种试验方法，在这种情形下需要对除尘器进行严格的定量试验。

(1) 原理与计算公式　除尘器壳体是在与风机负压基本相等的状态下工作的耐压设备。试验时，在其内部充入压缩空气，形成正压状态进行模拟，效果是一样的。因为无论是负压还是正压，除尘器的内外压差是相等的，正压试验时不漏风，负压工作时就不会漏风。

泄漏率计算公式如下：

$$A=\frac{1}{t}\left(1-\frac{p_a+p_2}{p_a+p_1}\times\frac{273+T_1}{273+T_2}\right)\times 100\% \tag{17-3}$$

式中，$A$ 为每小时平均泄漏率，%；$t$ 为检验时间（应≥1h），h；$p_1$ 为试验开始时设备内表压（一般按风机压力选取），Pa；$p_2$ 为试验结束时设备内压强，Pa；$T_1$ 为试验开始时温度，℃；$T_2$ 为试验结束时温度，℃；$p_a$ 为大气压强，Pa。

(2) 试验依据和标准　按除尘器设计要求，除尘器安装完毕后要做各室和整体泄漏检验，检验压力为5000Pa（该压力由风机压力值确定），检验时间为1h，泄漏率小于2%为合格。泄漏率公式见式（17-3）。

气密性试验程序如图17-14所示。

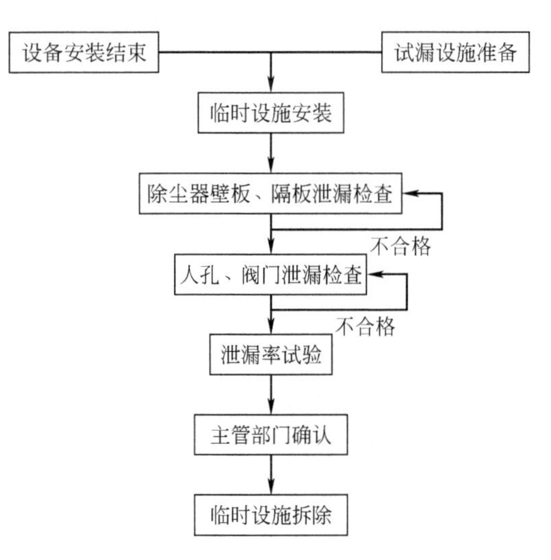

图17-14　气密性试验程序

(3) 泄漏率试验准备工作　包括：①空压机（6m³/min），1台，按每座除尘器1台布置，用于临时气源供应；②水银温度计（0～100℃）4支，用于测定除尘器内各室温度差，分别安放于除尘器上、下各两个部位；③玻璃管U形压力计2支，用于测定压力降，分别安装于远离气源的两个部位；④准备临时用管材、脚手架、盲板，准备检漏用小桶、肥皂水；⑤盲板安装，视除尘器规格大小定，某大型除尘器的盲板规格数量见表17-33；⑥临时管线安装使用管径为 $\phi$33.5mm的钢管及阀门软胶管等安装检漏压力计；⑦临时电源（100kV·A）1台，空压机1台，电焊机1台；⑧壁板、漏斗搭设检漏用临时脚手架。

**表17-33　盲板规格数量**

| 部位 | 规格/mm | 数量 | 部位 | 规格/mm | 数量 |
|---|---|---|---|---|---|
| 进风支管入口 | $\phi$1200 | 12 | 灰斗出口 | 310×310 | 12 |
| 排风支管出口 | $\phi$4280 | 12 | 反吹阀出口 | $\phi$1175 | 1 |

## 五、滤袋荧光粉检漏技术

**1. 荧光检漏原理**

一种常用的滤袋泄漏检测方法是采用一种粉剂（荧光粉），因为它能在紫外线照射下发光。粉剂是安全的、非放射性的，不含有机磷或任何重金属。

这种粉剂可以由一种市售紫外线灯照射发光，就像已知的滤袋检漏。检漏可以用在袋式除尘器的滤袋泄漏部位、密封处、焊接处和其他危急处。

图 17-15 滤袋有泄漏部位

将粉剂送入除尘器的含尘烟气侧，粉剂送入后只能通过漏缝或孔洞进入干净侧。在手提检漏的光束下就可检测出粉剂散发出一种磷光，渗漏点可辨认出粉剂的痕迹（图 17-15）。

**2. 荧光粉的检漏方式**

（1）粉剂送入位置 发光的粉剂在袋式除尘器上游入口大约 10m 管道前送入检漏，如果在该点无法送入，就要在管道适当位置处开一个洞。

（2）粉剂送入时间 粉剂送入除尘器正常运行大约 20min，以给粉剂足够的时间来检漏，然后停止风机进行检查。

（3）检查渗漏点 在脉冲喷吹除尘器中净化气流是在花板上面，打开除尘器顶部检查门，在文丘里管头部（即滤袋口）检查检漏点范围内的发光点。如果除尘器处理的烟气没有有害气体，检查人员还可进入每个滤袋干净气流侧的分室内部检查每个滤袋，从滤袋的下部向上检查。

**3. 荧光粉法泄漏的检测步骤**

（1）除尘器的滤袋全部安装完毕后，在除尘器正式运行前做一次“荧光粉法泄漏”的检测，以确保滤袋安装的严密性，同时可检测出花板的严密性。

（2）一般应在除尘系统空转（不含尘的空气中）时进行荧光粉泄漏测试。当烟气运行温度超过 135℃时，就不能使用热塑性粉，而应使用 D 或 T 系列颜料或 P-1700 系列颜料。

（3）荧光粉的投放量按除尘器每平方米过滤面积投放 5～10g 计。

（4）进行“荧光粉泄漏”检测时，应先关闭主风机。

（5）对于现有除尘器更换新滤袋时，在安装好滤袋后，应对除尘室进行脉冲喷吹（或反吹风）清灰，一般应采用 5～10 个清灰周期（或反吹风采用“鼓涨”“吸瘪”5～10 次）清洁滤袋。新建的除尘器不必进行此项工作。

（6）在离除尘器进风管上方 15～25m 处，找一个荧光粉投料点，可以是“测试孔”“清灰孔”或“混风阀”。

一般，投料点的孔洞至少应保持 $\phi$50～100mm、长 100mm 的投料口。

（7）打开主风机引导气流。

（8）在桶内搅拌荧光粉，将荧光粉慢慢倒进投料口。

（9）投料全部完成后，主风机运行 15min 左右，再关闭主风机。

（10）关上除尘器的进出口阀门、所有的检查门孔以及风机。

（11）用紫外光灯（荧光灯）观察花板干净一侧的每一处，以发现是否有荧光粉末。室内亮度越暗，越容易发现泄漏点，注意不要被紫外线灯的导电线刺痛。如必要，可在夜间或采用适当遮盖措施，进行泄漏测试。

（12）注意：投料和检测不能由同一人担任，否则投料时荧光粉对操作人员衣物的污染会影响测试的准确性。

（13）仔细检查袋身、缝线、整个花板及除尘器的焊接部分，是否有发散状的荧光粉痕迹。花板上的个别斑点，如无明显的发散特征，则可忽略。

（14）如果发现滤袋存在泄漏，应及时处理，或更换所有发现有泄漏孔洞的滤袋。

（15）滤袋泄漏处理完毕后，应用另一种颜色的荧光粉再做一次测试，其过程与前面相同。

如第一次荧光粉测试未发现泄漏，则可不必进行第二次荧光粉测试。

**4. 荧光颜色选择**

颜色的选择一定要与应用工况相匹配：①粉红色——适用于各种工况；②橙色——适用于无氧化铁参与的各种工况；③绿色——适用于铝业、水泥业和电力行业，同时也是粉色、橙色的良好对比色，可用于多次测试；④黄色——除水泥业、石灰业、沥青业、电力行业及气体中含硫的工况不适用以外，其他工况均适用；⑤蓝色——适用于各种工业，但不适用于浅色粉尘，同时是其他 4 种颜色的极好的对比色，可用于多次测试。

## 六、滤袋的预涂层处理

**1. 滤袋“预涂层处理”的条件**

为防止滤袋受到烟气中的水、油、沥青等黏结性物质的影响，在下列情况下，应在袋式除尘器开始运转前，对除尘器滤袋进行“预涂层处理”。

（1）当燃煤炉窑采用“油”作为预热燃料时。如电站的燃煤锅炉，它在正常运行时，烟气中主要含有煤灰等粉尘，但在锅炉低温启动点火时，往往采用“油”作预热燃料。为此，锅炉在燃油低温启动点火前，必须进行滤袋的“预涂层处理”。

（2）当袋式除尘器在处理“间歇性”运行的含水、油、沥青等黏结性物质的烟气时。

**2. 一次性喷涂预涂层技术**

（1）粉料　“预涂层处理”粉料常用干的石灰粉、生料粉、硅藻土、煤炭粉（锅炉飞灰）等。

“预涂粉”加入量按袋式除尘器的过滤面积，至少投入 $200g/m^2$，应使除尘器压差（滤袋内外压差）增加到 120～250Pa 为宜。

预喷涂时粉尘积聚黏结在滤布表面形成一次粉尘层（图 17-16）。对于高黏性粉尘，采用预附层技术处理，可使除尘器压力损失下降，效率提高。

（2）“预喷涂”的操作程序　燃煤锅炉烟气“预喷涂”的操作程序如图 17-17 所示。

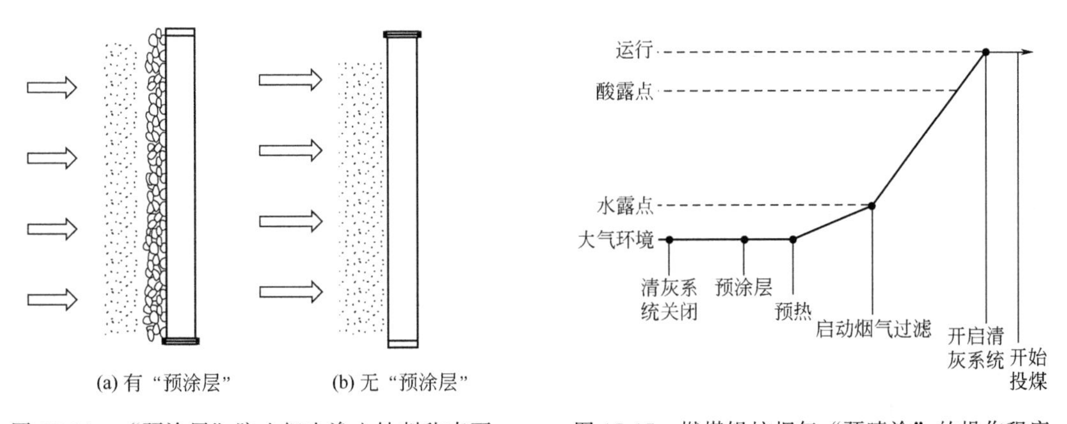


图 17-16　“预涂层”防止细尘渗入针刺毡表面　　图 17-17　燃煤锅炉烟气“预喷涂”的操作程序

**3. 滤袋“预涂层处理”的步骤**

（1）在生产工艺设备开始运行之前，打开除尘器各分室的进、出风口的阀门。

（2）“预涂层处理”应在除尘器开机后，空转（尚无含尘烟气）时进行。

（3）在风机进风控制阀关闭情况下，启动主风机。当风机工作到最大速度时，慢慢打开进风控制阀，逐渐增加气流量，直至达到设计风量，并记录下每一个室的压差（滤袋内外压差）。

（4）将“预涂层车”及送灰装置（给料机或风机等）安放在除尘器进风管附近，将车上输送管道和烟道内的“预喷涂喷嘴”（如有的话）连接起来。

(5) 从除尘器进风管前面5～10m处，投入干燥无油性的“预涂粉”。“预涂粉”应在水平管道上投入，不在立管上投入。投入口可利用除尘系统上的“人孔”“观察孔”等，投粉口的下游风管中应避免有其他除尘设备（如旋风除尘器等）。

(6)“预涂层处理”的粉料，其粒径分布要求见表17-34。

**表17-34 预涂层粉料的粒径分布要求**

| 粒径 | <20μm | <15μm | <5μm |
|---|---|---|---|
| 百分比 | 75% | 50% | 25% |

(7) 在“预涂层处理”过程中，除尘器所有分室的清灰装置（脉冲阀、反吹风阀、电控仪及有关装置）应全部关闭，以防对滤袋清灰。

(8) 至此，“预涂层处理”即算完成，如图17-18所示。此时，应移开“预涂层车”及送灰装置，盖上管盖（管帽）或人孔盖。

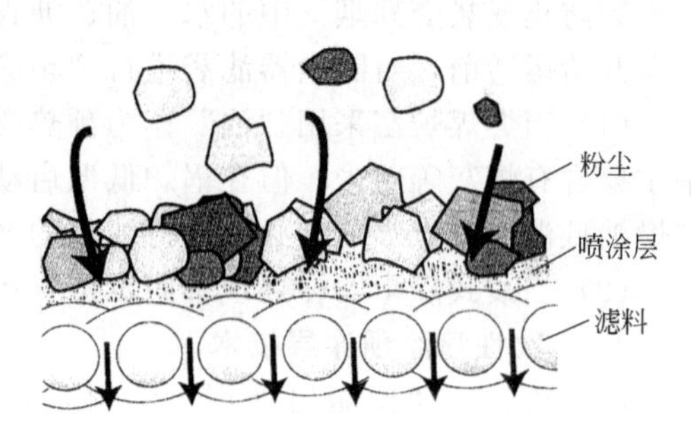

图17-18 “预涂层”防止细尘渗入针刺毡表面

## 七、压缩空气系统气压试验

**1. 安全事项**

(1) 管道试压前，应检查管道与支架的紧固性和管道堵板的牢靠性、确认无问题后，才能进行试压。

(2) 压力较高的管道试压时，应划定危险区，并安排人员负责警戒。禁止无关人员进入。升压和降压都应缓慢进行，不能过急。试验压力必须按设计或验收规范的规定，不得任意增加。

(3) 气压试验用介质一般为空气，也可用氮气或其他惰性气体。用于试验氧气管道的气体，应是无油质的。

(4) 进行气压试验前，应对管道及管路附件的耐压强度进行验算，验算时反采用的安全系数不得小于2.5。

**2. 气压强度试验**

气压强度试验，压力为设计压力的1.25倍，真空管道为0.2MPa。试验时，压力应缓慢上升，首先升到试验压力的50%，进行检查，如无泄漏和异常现象，继续按试验压力的10%，逐级升压，直至强度试验压力。每级试验压力应稳压3min，达到试验压力后应稳压5min，以无泄漏、目测无变形等为合格。

如发现有漏气的地方，应在该处做上标记，放压后进行修理。消除缺陷后，再升压至试验压力。在试验压力下保持30min，如压力不下降，即认为强度试验合格。

**3. 气密性试验**

强度试验合格后，降至设计压力进行严密性试验（但真空管道不小于0.1MPa）。先用3～12h，使管道内气体的温度与周围大气的温度相等，然后用涂刷中性肥皂水的方法，检验有无泄漏，并以>1h的时间测定漏气量。如每小时平均漏气率不超过0.05%，即可认为试验合格。

气密性试验的漏气率也可按下列公式计算：

$$A=\frac{1}{t}\left[1-\frac{p_2(t_1+273)}{p_1(t_2+273)}\right]\times100\% \tag{17-4}$$

式中，$A$为漏气率，%；$t$为试压时间，h；$p_1$、$p_2$分别为试验开始及终了时管道内的压力，MPa；$t_1$、$t_2$分别为试验开始及终了时管道内气体的温度，℃。

在选择取压点和测温点时，应保证使在该点所测得的压力值和温度值能够代表整个管道的压力和温度，最准确和保险的做法是装设 2 个或 3 个压力表和温度计，取其平均值，这样所计算求得的漏气率则更为准确。

**4. 铸铁件**

有铸铁附件的管道系统，如用气压代替液压进行强度试验，其全部铸铁附件应预先经过液压强度试验合格。

# 第六节　除尘工程验收

除尘设备制作与安装工程竣工后，历经安装调试和试生产考核，具备生产运行条件，应当遵照建设项目职业病危害防护设施（环保设施）竣工验收分口管理的原则和《建设项目环保设施竣工验收管理规定》或《建设项目职业病危害防护设施竣工验收管理规定》，本着“先编制与批准建设项目职业病危害防护设施竣工验收监测方案或建设项目环境保护设施竣工验收监测方案，后实施建设项目职业病危害防护设施竣工验收监测或建设项目环保设施竣工验收监测”的程序，科学编制与提出建设项目职业病危害防护设施竣工验收监测报告或建设项目环保设施竣工验收监测报告，供建设项目主管部门适时组织与实施建设项目职业病危害防护设施竣工验收或建设项目环保设施竣工验收。

## 一、除尘工程验收原则

建设项目职业病防护设施竣工验收评价或建设项目环保设施竣工验收评价，应由具有省级资质的专业机构承担。

建设项目职业病危害防护设施（环保设施）竣工验收，应遵守下列原则：①以《建设项目承包合同》为依据，按承包工程量组织整体验收的原则；②以设计图样为依据、施工质量验收规范为补充的质量控制原则；③以承包合同总额为准的费用总承包原则；④投产运行一年内的质量保证与售后服务原则。

验收应具备的条件：①项目审批手续完备，技术资料与环境保护预评价资料齐全；②项目已按业主与供货商签订的合同和技术协议的要求完成；③除尘器安装质量符合国家有关部门的规范、规程和检验评定标准；④已完成除尘器的试运行并确认正常，性能测试完成；⑤具备袋式除尘器正常运转的条件，操作人员培训合格，操作规程及规章制度健全；⑥工艺生产设备达到设计的生产能力；⑦验收机构业已组成，整机验收工作应由业主负责，安装单位及除尘器制造厂家参加。

## 二、验收内容和技术要求

**1. 验收内容**

（1）以合同为依据，全面审查与核定除尘设备制作与安装工程的工程量，做到不多项、不漏项，公平交易。

合同外增减工程量，按双方商定原则补正处理。

（2）以图样和施工质量验收规范为准绳，做好外观质量验收、制作质量验收、安装质量验收、性能质量验收和中介方监理验收；做到文件完整、程序合法、手续齐全。

（3）质量良好，运行可靠，投产运行 3 个月内履约验收。投产后无偿服务 1 年和 10%保证金（合格后退回），作为后续保证的准则。

**2. 验收技术要求**

验收技术要求包括：①除尘器的主机及配套的机电设备运转正常，所有阀门、检修门等组装前和安装后必须启闭灵活；②电气系统和热工仪表正常；③程序控制系统正常；④除尘器的卸、输灰系统正常；⑤除尘器运行时，其结构和梯子、平台无振动现象，箱体壁板不得出现明显变形和振动现象；⑥安全设施无隐患，安全标志明确，安全用具齐备；⑦除尘器外观涂漆颜色一致，不存在漆膜发泡、剥落、卷皮、裂纹的现象；⑧除尘器各阀门、盖板等连接处严密，不存在漏风现象；⑨压缩空气供应系统工作正常；⑩除尘器的保温和外饰符合设计要求，并具有防雨水功能；⑪配套的消防设施到位；⑫除尘器的粉尘排放浓度、设备阻力、漏风率等性能指标满足合同要求；⑬安装全过程中各部件的尺寸、形状、位置等项检验记录齐全，指标合格；⑭合同规定的其他技术事项和要求达标。

## 三、竣工图的编制

### 1. 竣工图的编制要求

（1）竣工图是竣工资料的重要组成部分，竣工图必须做到齐全准确。竣工图要求做到与设计变更资料、隐蔽工程记录和工程实际情况“三对口”。

（2）竣工图应包括所有的施工图，其中属于国家和集团公司的标准图、通用图，可在目录中注明，不作为竣工图编制。

（3）凡按施工图施工没有变更的，可加盖“竣工图专用章”，作为竣工图。

（4）凡施工中有部分变更的施工图，可在原图上用绘图墨汁或碳素墨水进行修改，修改部位加盖“竣工图核定章”，全图修改后加盖“竣工图专用章”。

（5）凡结构形式、工艺、平面布置改变以及其他重大改变，不宜在原施工图上修改、补充者，应重新绘制竣工图，并加盖“竣工图专用章”。

（6）编制竣工图时对施工图的变异应坚持“十改”“七不改”，内容如下。

“十改”是凡隐蔽工程、重要设备、管道、钢筋混凝土工程等，施工与施工图的差异超过规范许可限度的，必须一律改在竣工图上，包括：①竖向布置和地面、道路标高；②工厂、装置、建筑物、管带、道路的平面布置和标高；③工艺、热力、电气、暖通等机械设备；④管道直径、厚度、材质及管道连接方式（改变流程的）；⑤电力、电信设备接线方式、走向、截面；⑥自动控制方式和设备；⑦设备基础、柜架、主要钢筋混凝土标号和配筋；⑧地下自流管道、排水管道的坐标、标高；⑨阀门的增减、位移和型号；⑩保温结构材料。

“七不改”是为减少竣工图工作量，凡地面上易于辨认的非原则性的变异，一律不在原施工图上修改，包括：①房屋尺寸、地面结构、门窗大样、照明灯具；②地面以上的钢结构、平台梯子的尺寸和型钢规格；③地面以上的管道坐标、标高；④地面以上的设备、管道的保温结构和厚度；⑤油罐的拼板图；⑥一般管件代用；⑦所有地面、地下不超过规范许可的施工尺寸误差。

### 2. 竣工图的编制分工

（1）竣工图由施工单位编制，由建设单位负责汇总和归档。

（2）需要重新绘制的竣工图，按下列情况区别对待：由于设计原因造成的，由设计单位负责绘制；由于施工原因造成的，由施工单位负责绘制；由于其他原因造成的，由建设单位负责绘制或委托设计单位、施工单位代为绘制。所有重新绘制的竣工图，均应由施工单位与工程实际核对后，加盖“竣工图专用章”。

（3）“竣工图专用章”：①“竣工图专用章”按国家档案局的规定，其规格为 70mm×50mm；②“竣工图专用章”加盖在竣工图角图章的左面；③“竣工图专用章”采用红色印油加盖。

## 四、除尘工程竣工验收

竣工验收是项目（工程）建设的最后一道程序，是工程建设转入正式生产并办理固定资产移交手续的标志，是全面考核项目建设成果，检查项目立项、勘察设计、器材设备、施工质量的重要环节。

**1. 竣工验收的依据**

① 建设项目（工程）的竣工验收应以国家有关设计、施工验收规范和上级主管部门批准的初步设计文件及有关修改、调整文件等为依据。

② 从国外引进新技术或成套设备的建设项目以及中外合资建设项目，还应以签订的合同和国外提供的设计文件等资料为依据。

**2. 竣工验收的标准**

除尘工程建设项目，凡达到下列标准者均应及时组织验收。

① 生产装置和辅助工程、公用设施，以及必要的生活设施，已按批准的设计文件内容建成，能够满足生产的需要，经投料试车合格，形成生产能力，能正常地连续生产合格产品。

② 经过连续72h投料试运考核，主要技术经济指标和生产能力达到设计要求，从国外引进的建设项目，应按合同及时进行生产考核，并达到合同的要求。

③ 生产组织、人员配备和规章制度等能适应生产的需要。

④ 环境保护、劳动安全卫生、职业安全卫生、工业卫生和消防设施已按设计要求与主体工程同时建成使用，各项指标达到国家规范或设计规定的要求，并通过主管部门专项验收。

⑤ 竣工资料和竣工验收文件按规定汇编完毕，并且竣工资料已通过档案部门验收。

⑥ 竣工决算审计按有关规定已经完成。

**3. 环境保护验收**

（1）除尘工程竣工环境保护验收按《建设项目竣工环境保护验收管理办法》的规定进行。

（2）除尘工程竣工环境保护验收除满足《建设项目竣工环境保护验收管理办法》规定的条件外，除尘性能试验报告可作为环境保护验收的技术支持文件，除尘性能试验报告主要参数应至少包括：系统含尘气体量、除尘效率、除尘器出口烟尘排放浓度、系统阻力、系统漏风率、电能消耗、岗位粉尘浓度等。

（3）除尘工程环境保护验收的主要技术依据包括：①项目环境影响报告书、表与审批文件；②污染物排放监测报告；③批准的设计文件和设计变更文件；④试运行期间的烟气连续监测报告；⑤完整的除尘工程试运行记录等。

（4）除尘工程环境保护验收合格后，除尘系统方可正式投入运行。

（5）配套建设的烟气排放连续监测及数据传输系统应与除尘工程同时进行环境保护验收。

**4. 验收文件**

除尘设备制作与安装工程在竣工验收时应签署与提供下列验收文件。

（1）除尘设备制作与安装工程验收证书。

（2）除尘设备制作与安装工程决算书。

（3）除尘设备质量检验记录：①设备外观质量检验记录；②设备制作质量检验记录（含特种设备检验记录）；③设备安装质量检验记录；④除尘设备冷态试车调整试验报告（记录）；⑤除尘设备热态试车调整试验报告（记录）；⑥建设项目职业病危害防护设施控制效果评价报告；⑦建设项目环境保护设施验收评价报告。

（4）除尘设备竣工图及相关文件（电子版、纸质版）：①除尘设备总图；②平面图；③剖面图；④设计说明书；⑤设计计算书；⑥除尘设备合格证、使用说明书、安装要领书、运行维护手册和操作规程等。

（5）备件清单（必要时提供零件加工图）：①重要配套设备（配件）的合格证、使用说明书、供货商及联系方式等；②重要非标备件；③常用易耗件。

（6）建设项目承包许诺及其联系方式。

# 第十八章
# 除尘设备运行维护与管理

除尘器在使用过程中，随着零部件磨损程度的逐渐增大，设备的技术状态将逐渐劣化，以致除尘器难以满足达标排放和节能运行的要求，甚至发生故障。设备技术状态劣化或发生故障后，为了恢复其功能和精度，采取的更换或修复磨损、失效的配件，并对局部或整机检查、调整的技术活动，称为设备维修。

## 第一节　除尘设备运行管理

为确保除尘设备安全可靠运行，一要加强管理提高操作人员素质，二要在除尘系统启动、动转和停机各运行环节，按照运行机制和规程正确操作。

### 一、运行管理分类

科学组织除尘设备运行，是除尘设备运行管理的中心任务。

按除尘设备投产运行时间和设备运行工况，除尘设备运行可以分为前期运行、中期运行和后期运行。

**1. 前期运行**

前期运行指试生产阶段的运行，大致包括投产后3～6个月的运行期间。其主要特点是除尘设备投产后存在一定缺陷，也存在运行管理不顺的问题。只要认真调查分析，切实采取整改措施，除尘系统就能够进入正常运行状态，稳定地在额定水平运转，科学发挥除尘设备的功能与作用。

**2. 中期运行**

中期运行也称正常运行期。主要指除尘设备在额定状态下正常运行的期间，相对于一个中修期（1～3年），实际上是在额定状态下正常运行的时间。

**3. 后期运行**

后期运行指除尘设备进入中修（或大修）前的一段期间，这个期间约3～6个月。除尘设备长期运行必然造成一定损伤，各类故障频繁出现，运行很不正常。不经过大中修整治，除尘设备就不能保持完好状态，就不能发挥除尘设备的正常作用。

### 二、运行机制与运行规程

**1. 运行机制**

依靠科技进步，坚持“先开除尘设备，后开生产设备；先停生产设备，后停除尘设备”的运行程序；坚持除尘设备与主体工艺设备同步运行、同步维修的运行原则；力争达到除尘设备完好率100%、利用率100%、除尘率100%；为保护环境服务、为保障生产服务、为发展循环经济服务，以实现社会效益和经济效益最大化。

**2. 运行规程**

要科学组织除尘设备的有序动作，必须建立和实施除尘设备运行规程，做到依法管好和用好除尘设备。

除尘设备运行规程应当包括总则、设备组成、主要技术指标、操作要点、运行检查、重大故障处理预案和运行记录等。除尘设备工作原理不同、结构特性不同，其除尘设备运行规程也不同。实际上，应当分类编制与发布《静电除尘器运行规程》《袋式除尘器运行规程》《湿式除尘器运行规程》等。对于复杂的除尘系统，应当编制与发布除尘系统运行规程，特别应当明确除尘器与引风机、生产设备的运行关系。

## 三、运行组织与分工

**1. 劳动组织**

将除尘设备运行纳入生产指挥系统管理，实行运行班制与生产班制同步运营。

其劳动定员，按其运行工作量及维护工作量配备定员，宜配备以除尘器运行与维护为主要工作方向的除尘工。

**2. 职责范围**

除尘工的职责范围主要包括：①以除尘设备（系统）为中心的设备运行操作、记录与监护；②岗位常见故障的巡查与处理；③岗位（区域）卫生清扫与保洁；④防火、防爆炸等预案处理。

**3. 持证上岗**

除尘工应实行上岗培训的持证上岗制度。

除尘工上岗前，应掌握除尘设备的一般知识，应能独立完成除尘设备的运行与维护。

（1）应知　应知道除尘系统的组成和除尘设备的工作原理、技术指标及安全规程。

（2）应会　能够独立完成除尘器的运行和维护；能够独立判断除尘系统的一般故障及其排除方法；能够独立处理一般性疑难问题。

## 四、除尘设备操作人员须知

各企业和单位的领导应在规程的基础上，结合除尘设备工作条件、设备制造厂说明书和设计单位的建议，制订和颁布除尘设备操作人员须知。

各部门和主管机关应为维修除尘设备的每个工程制订含除尘设备操作要求的工作规程（须知），每五年应至少修订一次，而当生产工艺流程改变时或者采用新型设备时，应在正式变更之前加以修订。

须知必须含有以下内容：①除尘设备简图；②除尘设备及其附属设备的技术规格；③关于除尘设备现有设备和自动化操作系统，以及控制、联锁和信号等设备的仪表装备；④除尘设备保证烟气必要净化的最佳技术经济参数；⑤依照设计规定的最佳极值，除尘设备各项参数和工作制度的容许偏差；⑥除尘设备启动、停止运转和维修的程序；⑦含尘气体除尘设备主要设备和机构的操作规程，当规定的最佳工作指标受到破坏时应采取的措施；⑧易磨损部件和最常见故障一览表及清除故障的方法说明；⑨机组或设备因故障而损坏时必须采取的措施；⑩设备检修工作所独有的特点；⑪设备的操作和检修安全规程；⑫对操作岗位配备灭火设备、个人防护器具，张贴警告宣传画，安设接地设备等的要求；⑬含尘气体除尘设备维修人员对所做工作的职责。

## 五、除尘装置的操作要求

除尘设备必须运行可靠，保证气体净化的设计效率；在除尘设备切断电源的情况下，工艺设备禁止运行。运行的工作制度必须符合反映科研、设计和生产调试单位以及制造厂意见的生产说明书和操作规程。

操作人员应当经常把表示设备运行状态的基本指标以及规定最佳状态的偏差记入操作记录簿。记录簿内还应载明发现的故障及个别设备运转异常情况（或整个气体净化装置损坏情况），并说明原因和所采取的措施。

为了避免除尘设备出口烟气含尘量增高，禁止把工艺设备生产能力提高到超过设计能力（需净化烟气量增加）或增大烟气中粉尘浓度。

如有必要增大气体流量或增大粉尘浓度超过设计值，除尘设备必须加以改造。

在净化有爆炸危险的气体时必须保证规定的气体压力范围和气密性，以及正确吹洗管路和设备。明火源必须加设护罩，并遵守其他特定要求。

在净化有害杂质含量高的烟气时，应当特别仔细地保持构筑物的气密性，保证工作场所的有效通风和用实验室方法对大气污染水平实行监测，必要时应使用防毒面具以及遵守其他要求。

在对烟气中化学侵蚀性成分进行净化时，对保护层应当特别注意，不得破坏金属和设备。

企业应为每台除尘设备编制技术档案，写明所用设备的基本特性和工作参数。

必须根据档案记载的明细表为除尘设备提供备件和材料。

对除尘设备应当至少一个月进行一次技术检查，以评价其运行状态和处理能力。技术员的组成由企业领导决定。根据检查结果编写报告书，提出消除已经发现缺点的措施。检查报告应附入除尘设备档案。

对除尘设备因技术故障或违反工作制度而造成效率降低、排放超标、停止运转或事故的每起事件，企业必须进行调查，必须制订使设备恢复完好状态和防止以后发生类似事件的措施。对工艺设备在运转中气体净化系统停止运行持续时间超过 1h 的每起事件，企业必须通报上级环保部门。

绝对禁止以经济原因或与工艺流程无关的其他理由关停除尘装置。

## 六、除尘系统运行

### 1. 注意事项

为了保证除尘系统正常运转，须注意以下事项：①按照选型的原则和计算，选取最合适的除尘系统，确保除尘净化效果，并降低运转维护费用；②了解并掌握除尘系统的特点和组成部分；③严格按照使用说明书及操作规程的要求进行运转；④经常细致地观察滤袋的工作状况；⑤注意除尘器入口的气体温度，尽可能保持比较低的温度，但是应高于露点温度 10℃为限；⑥熟悉设计文件和技术资料。

### 2. 运转前检查的主要内容和要求

运转前检查的主要内容和要求包括：①彻底清除除尘器和输灰装置内外杂物、积灰和油污，尤其应清除螺旋输送机和刮板机内的金属块和其他块状杂物；②凡容易漏风的部位，如检查门、管道、吸风罩、分格轮等处，应按要求封闭严密；③各种阀门、仪表及装置等动作灵活可靠，并在各自相应正确的位置上；④各润滑部位加足润滑脂（或润滑油），同时避免漏油；⑤各连接部位的固定螺栓全部拧紧，以避免运转时产生振动松脱；⑥安全防护设施齐全、完整，符合设计要求；⑦输送机运转无摆动现象，密闭阀门动作灵活、封闭严密；⑧在冬季或含尘气体湿度大的情况下，检查电热装置或加热设备在通电、通汽时工作是否正常。

### 3. 系统启动

经检查，上述各项全部符合规定要求，得到开车通知后才允许启动。

（1）开车顺序　除尘器如在主机联锁联动系统内，应随主机按顺序自动启动。如是岗位开车，接到开车通知后，应按下列顺序开车：①开动输送装置和排灰装置电动机，并先开斗式提升机后开刮板机；②启动清灰装置（如袋式除尘器的振打清灰装置的电动机、脉冲清灰的空气压缩机、反吹清灰的鼓风机和各种阀门以及静电除尘器的振打装置等）；③开动风机的电动机和控制系统。

（2）停车顺序 停车顺序与开车顺序相反。除尘器若在主机的联锁联动系统内，则随主机自动按先后顺序停车。如是岗位停车，应按下列顺序进行操作：①停止排风机或鼓风机的电动机；②待全部除尘器清灰后，停止清灰装置运行；③停止输灰装置电动机（一般在排风机停转5～10min后进行），并且先停刮板机后停斗式提升机。

（3）紧急停车 在下述情况下，可以进行紧急停车，停车后应立即报告班（组）负责人：①粉尘输送机停止了转动，经过再次启动仍然不能转动，必须进行检查；②控制仪表发生故障，经修理仍未能排除时；③由于温度高或进入火种引起火灾，必须迅速切断电源，停止排风时；④风机发生振动、叶轮碰机壳，经调整无效时，或排风机轴承、电动机发生振动或温升超过规定温度时。

**4. 运转**

除尘系统的运转可分为试运转与日常运转。

（1）试运转 在试运转前，必须对下列各项进行检查：①风机的旋转方向、转数，轴承振动和温度；②系统管道的状况，冷却装置、除尘器是否漏气以及冷却水量等；③处理风量和各点的压力及温度是否与设计指标相符；④测试仪表的指示和记录是否正确；⑤反复校验、检查安全装置的可靠性。

在试运转时，应注意下列各种事项：①在应用除尘器时，可由人工调节风机的阀门，然后逐渐增加阀门开度，达到设计的风量后再进行正常运转；②在开始运转后，常常注意气体的温度、压力、水分等情况的变化，注意可能出现冷凝水的现象；③应避免气体温度急剧变化。

（2）日常运转 在日常运转中，要定期检查和适当调整如下几个方面的问题。

① 监测仪表。除尘系统的运转状态，可以根据系统的压差、入口气体温度、主电动机电压和电流等数值及其变化进行判断。具体如：流量是否发生变化；在运行过程中有无粉尘泄漏现象；风机转数是否发生变化；入口管道是否发生堵塞；阀门是否出现故障；冷却水有无泄漏；系统管道是否破坏；其他。

② 流量变化。引起系统流量变化的主要原因有：入口气体含尘浓度增大；开闭吸尘罩或分支管道的阀门；对一个分室进行清灰；装置本体或管道系统的泄漏或堵塞；风机出现故障；其他。

流量增加时，会引起除尘器通过速度增大、滤袋破损等现象。若流量减少，使管道内风速变慢，粉尘在管道内产生滞留和沉积现象，从而又使流量减少进一步恶化，影响抽吸粉尘的能力。因此，最好应设置流量自动控制装置。

③ 阻力。除尘器在运行期间，应经常注意观察压差的变化，借以判断是否出现问题。若压差变化，则可能意味着出现了入风管道堵塞或阀门关闭、箱体或各分室之间有泄漏、风机转速降低等情况。在压差超过允许范围时应及时检查并采取措施。

④ 作业条件改变。在运转中，应注意尘源的含尘浓度、尘粒形状、粒度分布、湿度、温度以及其他条件的波动和变化。当改变原作业条件时，应进行慎重的研究，不得盲目作业。

⑤ 运转停止的管理。除尘系统停止运转时，必须特别注意箱室的湿气和风机轴承。可以在完全排出系统中的含湿气体后，将箱体密封。也可以在停止运转期中，不断地供给暖空气，注意管道及驱动部分的防锈、润滑和防潮。

⑥ 安全管理。在处理可燃气体、高温气体和含有易燃易爆粉尘的气体时，应特别注意防止燃烧、爆炸和火灾事故。通常可考虑采取下列防火防爆措施：选用耐高温或不易燃烧的滤料；在除尘器前面设燃烧室或火量捕集器，以便使未完全燃烧的含尘气体在进入除尘器前完全燃烧或消除火种；保持系统畅通，避免粉尘积聚；除尘器如设在室外，要采取避雷措施，如设在室内，应设置防爆泄压和自动灭火设施；采取防止静电积聚的措施，一般可用导电材料接地

的方法；采用防爆型电气设备，并符合安全要求；清除残留堆积的粉尘；设置发火警报和自动停车装置；对于处理有毒、有害气体和烟尘，不允许漏入室内或净化后再循环至室内；除尘器使用的压缩空气管道必须安装防爆阀或安全开关，并定期清除储气罐中的油泥污垢，以防燃烧爆炸。

# 第二节　维修方式与维护管理

除尘设备维修方式有预防维修和事后维修。预防维修要有计划有重点，事后维修在于及时准确，找到故障所在，尽快完成维修。

## 一、除尘设备维护分类和内容

为保证除尘设备在额定状态下正常运行，对设备必须采取的护理性措施称为设备维护。在设备维护过程中，通常把除尘系统分解、简化为若干个维护（修）点，按其维护（修）点的排列与组合，科学组织设备检查与维护，称为设备点检。

按设备维护方式的不同，设备点检一般分为固定点检和巡回点检；按设备运转状态，可分为运转中点检和停机中点检。

**1. 运转中点检**

（1）固定点检　固定点检也称设备点检，是指以主体设备为中心，按其运行指标的变化与其运行表征的关系，对运行设备组织的点检。按其点检结果采取必要的维护措施，保证除尘设备运行正常化。

（2）巡回点检　巡回点检也称流动点检。在除尘系统运行过程中，除坚持固定点检外，还要沿除尘工艺流程组织巡回检查，以期全面掌握除尘系统运行动态，适时采取必要的维护措施，保证除尘设备运行正常化。

**2. 停机中点检**

停机中点检可以分为内部点检和外部点检。

（1）内部点检　内部点检是指在除尘设备停机后，从检查门进入除尘设备内部，对其内部设施进行的设备点检。

（2）外部点检　外部点检是指在除尘设备停机后，对除尘设备的外表部件进行的设备点检。

**3. 维护内容**

除尘设备维护，旨在保证除尘设备运行正常，以使除尘效率最佳。设备维护与管理的主要内容应当包括以下几个方面。

（1）全面观察与掌握除尘设备的运行动态及其完好程度。坚持执行“运行规程”，组织除尘设备有序运作。要在除尘系统动态运行中，发现和掌握除尘设备有无异常振动，有无漏气、漏油、漏水现象，有无重大设备隐患存在，有无缺油、缺水等严重缺陷。

（2）坚持设备维护与设备运行同步，把设备隐患消除于运行中，做到设备缺陷“随时发现，随时处理”。

（3）及时编制维修计划，对于设备维护过程不能处理的设备缺陷，要及时编制设备维修计划，报请设备部门纳入大、中修计划处理。

（4）每班填写《设备维护记录》，详细记录设备维护内容、修理过程与结果。

## 二、除尘设备维修方式

除尘器修理方式亦称设备维修方式，它具有设备维修策略的含义。国内外工业企业对除尘设备较普遍采用的维修方式有预防维修和事后维修两种，预防维修方式又分为状态监测维修和定期维修。

选择除尘器维修方式的一般原则是：①通过维修，消除除尘设备维修前存在的缺陷，恢复设备规定的除尘功能和运行阻力，提高除尘设备的可靠性，并充分利用零部件的有效寿命；②力求维修费用与除尘器停修对生产的经济损失两者之和最小，环境效益最大。

企业对除尘设备可以采用不同的维修方式。

**1. 预防维修方式**

为了防止除尘设备的功能、准确度降低到规定的临界值或降低故障率，按事先制订的计划和技术要求所进行的修理活动称为除尘设备的预防维修。国内外普遍采用的预防维修方式是状态监测维修和定期维修。

(1) 状态监测维修　这是以除尘设备实际技术状态为基础的预防维修方式。一般采用除尘设备日常点检和定期检查来查明除尘设备技术状态。针对设备的劣化部位及程度，在故障发生前，适时地进行预防维修，排除故障隐患，恢复设备的良好除尘功能和精度。

实行这种维修方式时，如采用监测诊断技术判断设备技术状态，亦称预知维修。

状态监测维修方式的主要优点是：既能使除尘设备经常保持良好状态（排放达标、低阻力运行）除尘，又能充分利用零件的使用寿命。对于有生产间隙时间（指两班制生产的第三班和法定节假日，国外称为“维修窗口”）和企业生产过程中可以安排维修的设备，均可采用这种维修方式。

除尘设备状态精密监测诊断技术宜用于大中型除尘设备、生产线工艺除尘设备、不宜解体检查的耐高压除尘设备、故障发生后会引起公害的设备等。而利用日常点检、定期检查和简易诊断技术来获取设备状态信息的方法则应用广泛。

(2) 定期维修　这是一种以除尘设备运行时间为基础的预防维修方式，具有对设备进行周期性维修的特点。根据除尘设备的磨损规律，事先确定维修类别、维修间隔期、维修内容及技术要求。维修计划按设备的计划开动时数可做较长时间的安排。

定期维修方式适用于已充分掌握设备磨损规律和在生产过程中平时难以停机维修的流程生产设备、自动化生产线中的主要生产设备及连续运行的动能生产设备。

实践经验表明，实行定期维修方式的同类设备的磨损规律是有差异的。即使是同型号的设备，由于出厂质量、使用条件、负荷率、维护优劣等情况的差别，按照统一的维修周期结构安排计划维修会出现以下问题：一是除尘设备的技术状况尚好，仍可继续使用，但仍按规定的维修间隔期进行大修，造成维修过剩；二是除尘设备的技术状态劣化已达到难以满足排放要求的程度，但由于未达到规定的维修间隔期而没有安排维修计划，造成失修。为了克服上述弊端，吸收状态监测维修的优点，对实行定期维修的除尘设备也采用了设备状态监测诊断技术，以求切实掌握设备的技术状态，并适当调整维修间隔期。

由上述可知，企业对设备实行定期维修时，除了吸取其他企业的经验外，应重视探索本企业具体设备的磨损规律，据此制订出适合本企业设备实际情况的维修周期结构，并在实践中修改完善。

**2. 事后维修方式**

设备发生故障或除尘性能降低到合格水平以下，因不再能使用所进行的非计划性维修称为事后维修，也就是通常所称的故障维修。

生产设备发生故障后，往往给生产造成较大损失，对环境可能造成污染，也给维修工作造成困难和被动。但对于有些因故障停机后再维修却不会给生产造成损失、不会造成环境污染的除尘设备，采用事后维修方式可能更经济。例如对结构简单、利用率低、维修技术不复杂和能及时获得维修用配件，且发生故障后不会影响生产任务和环境污染的除尘设备，就可以采用事后维修方式。

**3. 维修方式的选择**

对在用除尘设备的维修，必须贯彻预防为主的方针。根据企业的生产方式、除尘设备特点及其在生产过程中的重要性，选择适宜的维修方式。通过日常和定期检查、状态监测和故障诊断等手段切实掌握设备的技术状态。根据生产工艺的要求和针对设备技术状态劣化状况，分析确定维修类别，编制除尘设备预防性维修计划。维修前应充分做好技术和生产准备工作，尽可能地利用生产间隙时间，适时地进行维修。维修中积极采用新技术、新材料、新工艺和现代管理方法，以保证维修质量，缩短停歇时间和降低维修费用。

提倡结合除尘设备维修，对频发故障部位或先天性缺陷进行局部结构或零部件的改进设计，结合除尘设备维修进行改装、改善，以达到提高除尘设备的可靠性和维修性的目的，这样的除尘设备维修措施可称为改善性维修。

## 三、维修技术文件

除尘设备维修技术文件的用途是：①修前准备备件、材料的依据；②制订维修工时和费用定额的依据；③编制维修作业计划的依据；④指导维修作业；⑤检查和验收维修质量的标准。企业大修设备时，常用的维修技术文件是维修技术任务书（包括修前技术状况、主要修理内容、修换件明细表、材料明细表、维修质量标准）和维修工艺规程。设备维修的技术文件可适当简化。

维修技术文件的正确性和先进性是企业设备维修技术水平的标志之一。正确性是指能全面准确反映设备修前的技术状况，针对存在的缺陷，制订切实有效的维修方案。先进性是指所用的维修工艺不但先进适用，而且经济效益好（停修时间短、维修费用低）。企业既要组织编制好维修技术文件，更要组织认真执行。设备维修解体后，如发现实际磨损情况与预测的有出入，应对维修技术文件做必要的修正。

**1. 资料来源**

企业的维修技术资料主要来源于以下几方面：①购置除尘设备（特别是进口除尘设备）时，除制造厂按常规随机提供的技术资料外，可要求制造厂供应其他必要的技术资料，并列入合同条款；②在使用过程中，按需要向制造厂、其他企业、科技书店和专业学术团体等购买；③企业结合预防维修和故障检修，自行测绘和编制技术资料。

收集编制资料时的注意事项有：①技术资料应分类编号，编号方法宜考虑适合计算机辅助管理；②新购设备的随机技术资料应及时复制，进口设备的技术资料应及时翻译和复制；③从企业的情况出发，制订各种维修技术文件的典型格式及内容和典型图样的技术条件，既有利于技术文件和图样的统一性，又可节约人力；④严格执行图样和技术文件设计、编制、审查、批准及修改程序；⑤重视外国技术标准与中国技术标准的对照和转化，以及中国新旧技术标准的对照和转化；⑥对设备维修工艺、备件制造工艺、维修质量标准等技术文件，经过生产验证和吸收先进技术，应定期复查，不断改进。

**2. 维修技术任务书**

维修技术任务书的一般内容及注意事项如下。

(1) 除尘设备维修前技术状况　包括：①除尘性能可靠度，着重反映除尘器性能下降情况；②几何准确度，着重反映影响工作准确度的主要准确度检验项目的实际下降情况；③主要性能，着重说明除尘器的配件使用寿命、运行阻力以及排放达标情况，压气机的工作压力，风机等动力设备的出力等下降情况；④主要零部件的磨损情况，着重说明基准件、关键件、高准确度零件的磨损及损坏情况；⑤电气装置及线路的主要缺损情况；⑥液压、气压、润滑系统的缺损情况；⑦安全防护装置的缺损情况；⑧其他需要说明的缺损情况，如附件丢失、损坏、设备外观掉漆等。

(2) 主要维修内容　包括：①说明要解体的部件，清洗并检查零件的磨损和失修情况，确定需要修换的零件和管线；②简明扼要地说明基准件、关键件的维修方法及技术要求；③说明必须仔细检查、调整的机构，如精密传动部件、直流驱动系统、数控系统等；④治理水、油和气的泄漏；⑤检查、维修和调整安全防护装置；⑥修复外观的要求；⑦需进行改善性维修的内容及图号；⑧其他需进行维修的内容。

**3. 除尘设备维修计划**

设备维修计划是企业实行设备预防维修、保持除尘设备状态经常完好的具体实施计划，其目的是保证企业生产计划的顺利完成和厂房内外环境的达标。

除尘设备维修计划管理工作主要包括：根据当前生产对除尘器的技术要求和设备技术劣化程度，编制设备维修计划并认真组织实施；在保证维修质量的前提下，完成维修计划，缩短停修时间和降低维修费用。

## 四、除尘设备维护安全技术

**1. 除尘设备维护安全要求**

除尘设备维护人员在贯彻安全措施时必须遵守企业制订的安全技术操作规程，此外还有行业的有关规程。

维护人员必须熟悉基本生产设备的状况和工作制度，在设备发生故障时应能采取必要措施，以保证除尘设备维持运行和安全，排除设备发生故障和伤人事故的可能性。

维护除尘设备的人员要对站在该装置有关设备和管道上的人员安全负责。

对属于除尘设备组成部分的设备进行内部检查和在设备内工作，必须在下述情况下方允许进行：①在除尘设备用严密、完好的开关装置切断供气后，或者在工艺设备停车期间，如果气体不能通过邻接的管路（或下水道系统）从其他生产设备窜入该气体净化装置；②在设备壳体和管路经过仔细通风，排除有害气体后（必须用气体分析仪检验）；③为内部可能积聚有害物质（从泥浆中析出或邻近生产设备排放）的封闭容积安排人工通风，如果能保证对空气清洁度实行连续的实验室检验；④将设备冷却（直至温度低于 50℃）后；⑤对设备内的作业人员进行严密监视，且配备必要时迅速撤出人员的相应器具。

进入电袋复合除尘器内部检查，只有在断电后，电源机组和为电晕放电系统供电的高压电缆接地的情况下才能进行。

气体管道和除尘设备吹洗排除有爆炸危险的气体，应利用惰性气体或蒸汽进行。

在捕集可自燃粉尘时，除尘设备或管道不允许积灰过多，且必须采取防止自燃的措施。

对于除尘设备电气设备（除尘器、电动机、变压器、电气测量仪表等）的维护，必须完全依照用户电气设备操作安全技术规程进行。

**2. 对设备维护人员的要求**

烟气、粉尘和除尘设备一般都有很高的温度，危害人体健康。除尘设备设有带运动零件和电动机的各种机构。在工业企业的工艺烟气中常会有二氧化硫和三氧化硫、碳和氮的氧化物，而在粉尘中常含有铅、砷、氧化汞和其他金属化合物。因此，维护人员为了预防中毒和伤害，必须严格执行一切安全技术规程。

只有熟悉安全技术规程和生产说明书，并通过除尘设备维护资格考试的人员，才允许维护除尘系统。

禁止将除尘设备的设备维护权交给未经安全教育和未取得专门许可证的人员。

除尘设备上必须悬挂下列说明书和规程：①有关除尘设备操作的生产说明书；②有关本工种的安全技术和生产卫生守则和规程；③故障和防灾处置规程；④紧急救护规则；⑤除尘设备设计图样及有关管线系统图；⑥除尘设备的电气系统图。

此外，除尘设备还必须备有以下物品：①防护用品（手套、绝缘毯、眼镜、橡胶靴等）；②警告宣传画；③灭火器材；④急救包；⑤防毒面具；⑥接地钢绳。

对除尘设备安全技术的基本要求如下：①对所有除尘设备，工作温度高于80℃的设备表面必须加设隔热层；②设备壳体上的所有孔口必须加以密封，以免有毒气体引起中毒、有爆炸危险的粉尘燃烧和爆炸；③用于易燃气体或有爆炸危险的粉尘净化的装置，必须设置防爆板（膜片）或依照设计安设安全阀；④灰斗内含爆炸危险性粉尘的积灰高度不得超过生产说明书规定的界限；⑤为了维护高度在1.8m以上的除尘设备，通常人孔、闸阀和仪表围栏装置的通道必须安设固定爬梯和带栏杆的平台，爬梯宽度应不小于0.7m，坡度不大于45°，踏步间距不超过0.25m；对于不需要经常维护的设备通道，在高度不超过3m时，可以安设坡度为60°的爬梯；⑥烟道和输送热气体的气体管道必须设有带排气口的安全装置，以保证气体排往对于维护人员安全的地点；⑦对于所有除尘装置，一切运动部件的护罩和操作台照明必须保持在完好状态；⑧维护人员禁止使用电压高于12V的手提灯。

由技术安全部门监督执行操作规程，并定期到企业进行调查。

如果在烟气卫生净化除尘设备维护中，发现违反操作规程的现象，应向企业和主管机关提出书面报告，要求消除缺点，并追究当事人的责任。

## 第三节 除尘设备维护保养基本要求

企业的维修和运行分为两个部门。设备维修部门从生产运行部门那里接受维修委托，如果只是持“把委托来的工程给干了”这样一种消极被动的态度，则维修的效果必定不佳。作为运行部门，为了生产达标和环保达标，总是希望维修部门尽早修好设备，但另一方面，维修部门往往会碰到工程委托一窝蜂似的涌来，而出现无法处理的状况。如果双方互不谅解对方的处境，甚至彼此不和，则根本无法达到维修的目的，除尘器就不可能得到良好的维护。

运行部门一方，常常持有“我管生产、你管维修”的分家思想，这种思想往往导致运行部门不爱惜设备，自主维护工作无法落实，设备的隐患得不到及时的发现和排除，最终导致设备性能劣化的加快。所以说，在这种状况下，无论维修部门怎样努力也不可能达到良好的维护效果。

运行和维修这两个部门不齐心协力是无法维护正常生产的。只有运行部门承担了防止劣化活动的责任，维修部门所负责的专业性维修手段才能发挥其真正的作用，才能实现高效率的设备维护。事实上，运行和维修就如同一辆车上的两个轮子，相互依赖，缺一不可。

### 一、除尘设备维护的分类和分工

#### 1. 维护的目标和手段

除尘设备维护目标就是使设备时时处于良好状态，充分发挥其除尘性能，也就是说保持设备的最佳状态，并且尽可能不花代价地达到目标。所以说，在设备维护活动中所追求的是目标最高，而使用的手段所需的成本最小。

为了做到这一点，必须根据除尘设备及其构件、配件的特性，围绕设备维护的目标（排放达标、阻力正常等），在手段上下工夫，通过实际与目标的比较，寻找手段上的欠缺点，并不断加以改进和完善。另外，要考虑所采用的手段是否最佳，是否换一种手段更有效，或某一种手段是举足轻重的，必须竭尽全力，所有这些都应有计划地推进。下面就维护手段及其分类情况做一整理，见图18-1。

除尘设备维护手段分为两大类：一是维护活动——避免故障、修复故障；二是改善活动——延长寿命、缩短维护时间，向不需要维修靠拢。这两种活动需要同时开展，才可获得良好的效果。

作为维护活动的手段有四大类：一是正常运转；二是预防性维修——日常维修、定期维

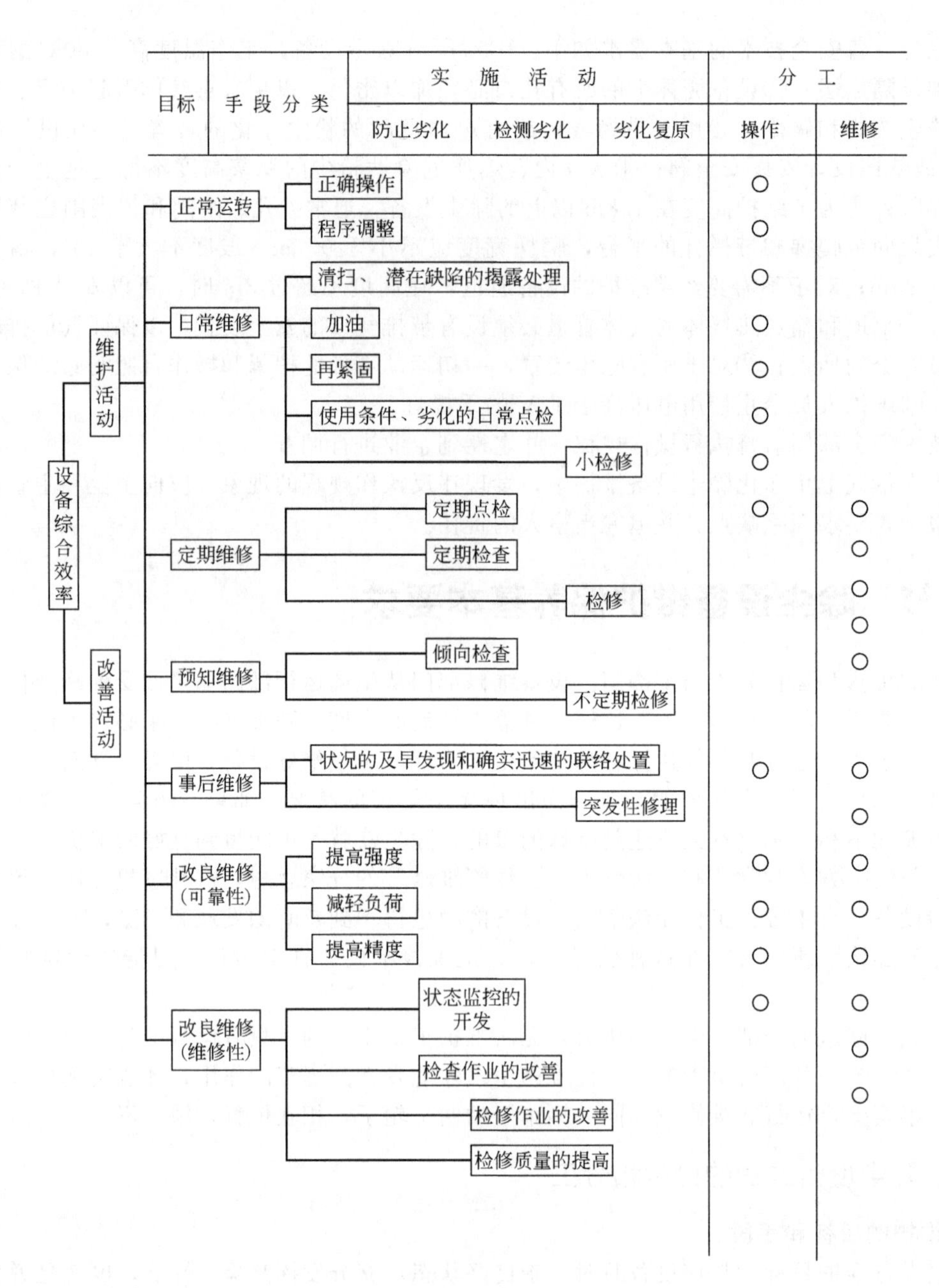


图 18-1 维护的分类与分工

修；三是预见性维修；四是故障维修——事后维修。

作为改善活动的手段有两类：一是改进性维修——可靠性改善、维修性改善；二是维修预防——不需要维修的设计。

在实施活动中，这些手段将被用于防止劣化、检测劣化、劣化复原等三项活动中的任何一个。这三项活动是达到设备维护目的所必需的，缺一不可。但是在通常情况下，防止劣化活动往往被人们疏忽，而防止劣化活动恰恰是设备维护中最最基本的活动，是必不可少的。忽视防止劣化活动而致力于定期点检和精度检查等，这从有效维护的角度来看，只能说是本末倒置，是达不到良好的设备维护目标的。

**2. 生产运行部门的活动**

生产运行部门负责的设备维护活动主要有以下三项。

(1) 防止劣化活动 主要包括：①正确操作；②齐备基本条件（清扫、加油、再紧固）；③调整（主要是运转及程序上的调整）；④做好故障及其他异常数据的记录，给研究改进措施的维修部门提供帮助。

(2) 检测劣化活动 主要包括：①日常点检；②定期点检的一部分。

这 2 项工作的完成主要是依赖于人的五感（嗅、味、触、视、听觉），不需要很深的专业技能。

(3) 劣化复原活动 主要包括：①小修理（简单零件更换及应急处理）；②有故障和异常状况时，迅速正确地与维修部门联络；③对紧急修理援助。

在以上的各项活动中，清扫、加油、再紧固、日常点检是最重要的活动，但对设备维修部门的人员来说，范围就太大了，所以只有靠对设备及运转状况最了解的操作人员来进行，这样才会有效果。所以运行部门应将维护活动的重点放在防止劣化活动上。

**3. 维修部门的活动**

除尘设备维修部门所承担的维护活动内容有以下 6 个方面。

(1) 实施活动。以劣化检测、劣化复原活动为重点的定期维修、预见性维修、改善维修等，要求实施者具有较高的技术技能和较深厚的专业知识，所以这几项工作不易交给操作者实施，而应由维修部门的专职点检员等负责实施。在实施过程中，维修部门应注意对设备维修性的改进，使设备维修难度和工效获得改善，而这个问题在生产现场往往容易被忽视。

(2) 对生产运行部门自主维护活动的指导和援助。自主维护活动的重要性前面已做了叙述，但是这项活动只有在得到维修部门的恰当指导和援助时才能收到良好效果。而在生产现场，我们经常可以发现，维修部门一方面要求运行部门搞自主维护，另一方面又不给以恰当，的指导和援助。例如：①不给予点检的指导，仅要求进行日常点检；②制订了点检基准，却对点检方法不做说明；③明知离开始作业只有 10min 的准备时间，却制订出要花 30min 的加油基准；④要求点检、加油，但对更方便的改善却不予协助；⑤运行现场在分秒必争，修理作业却在踱方步，这必定影响生产运行部门自主维护的进展。

(3) 维修技术的研究开发及维修标准的设定。

(4) 点检、加油标准的制订和修改。

(5) 维护实践的记录及维护效果的评价。

(6) 与设备设计部门合作，以推进维修预防活动。

## 二、设备基本条件

**1. 清扫**

清扫的含义就是把附在除尘器、辅助设备、配套件、某些材料等表面上的垃圾、污垢、尘粒等异物清除干净，并通过清扫暴露和发现设备及构件潜在缺陷，予以处理。

因清扫不周而引起的弊病不胜枚举，例如以下几种：①机械的滑动部位、气动液压系统、电气控制系统中一旦有异物进入，将导致滑动阻力、磨损、泄漏的增加和接触不良等，成为性能低下和故障的原因；②除尘系统因积灰不干净和异物混入等，会引起除尘阻力高、自动供给不良，导致系统空转或故障停机；③在许多场合直接对除尘器性能产生影响，例如，除尘系统沾有异物及粒状原料中沾有或混入异物，就会由于除尘器及其组件内异物而运行困难；④在继电器等电气控制元件的组装中，工器具上的垃圾、污垢如沾到触点上，就会造成接触不良的致命缺陷；⑤在精密仪表、机件加工中，一旦工器具及其安装部位附有垃圾，将为校正、调整增加麻烦，或成为加工时中心偏移从而产生次品的根源；⑥如果设备很脏，点检就很困难，特别是对磨损、松动、伤痕、变形、泄漏等缺陷难以发现。另外，设备脏了，从心理上也会妨碍点检者的积极性，从而造成设备缺陷潜在化。

如上所述，清扫并不是单纯使设备外表干净，而是通过对设备上、下、内、外各个角落的手摸眼看，发现潜在缺陷及振动、温度、声音等的异常现象，所以说清扫就是点检。

如果对长期不修理并任其持续运转的设备进行一次彻底清扫，会暴露出许多的设备缺陷(有时甚至是故障临发前的大缺陷)，这是不足为奇的。

通过清扫所暴露的诸如设备摇晃、磨损、伤痕、松动、变形、泄漏、微小裂纹等缺陷，是防止设备劣化和发生故障的最有效的手段。设备一尘不染应该是设备可靠性的标签。

表 18-1 为设备采用清扫手段应检查的内容。

**表 18-1 清扫的检查重点**

| | |
|---|---|
| 除尘设备本体的清洁 | (1)有无垃圾、灰尘、油污、异物附着：①滑动部位、产品接触部位、定位部等；②机架、传送带、搬运部、供给槽等；③配套件、夹具等与设备的连接件。<br>(2)螺栓、螺母类有否松动、脱落。<br>(3)滑动部安装等部位有无晃动 |
| 辅助设备的清扫 | (1)有无垃圾、灰尘、油污、切屑、异物附着：①传动缸、电磁线圈、气功三大件；②微动开关、限制器、接近开关、光电管；③电动机、传动皮带、罩壳周围；④计量仪表，开关、控制箱外面等。<br>(2)螺栓、螺母等有否松动、脱落。<br>(3)电磁线圈、电动机有无振动颤声 |
| 润滑情况 | (1)给油器、油杯、给油机械有无垃圾、灰尘、油污等。<br>(2)油量、滴下量是否正常。<br>(3)加油口是否盖上。<br>(4)给油配管是否清洁，是否有泄漏 |
| 除尘设备周围的清扫情况 | (1)维修工具是否放在指定场所，有无缺损。<br>(2)除尘器本体上是否放有螺栓、螺母之类的物品。<br>(3)各标志、标牌、铭牌是否擦干净，一目了然。<br>(4)透明罩子上有无垃圾、灰尘、污垢。<br>(5)各配管是否干净、有无泄漏。<br>(6)机械周围有无垃圾、灰尘，机械上部有无灰尘。<br>(7)产品、零件等有无掉落。<br>(8)是否放有无用的东西。<br>(9)合格品、次品、废料的区分放置是否一目了然 |
| 垃圾、灰尘、漏油等的发生源对策状况 | (1)垃圾、灰尘、漏油等的发生源是否归纳进一览表。<br>(2)对垃圾、灰尘等发生源是否采取了处理措施。<br>(3)有无关于漏油的泄漏对策。<br>(4)对解决遗留问题是否有计划。<br>(5)对策以外是否有发生源遗漏 |
| 清扫困难处的改善状况 | (1)困难处是否归纳进一览表。<br>(2)能否看到用过清扫工具的痕迹。<br>(3)为了便于清扫，盖罩之类的拆卸方式是否做了改进。<br>(4)对解决遗留问题是否有计划。<br>(5)对策以外是否有难以清扫处遗漏。<br>(6)为便于清扫，是否做了整顿管理 |
| 清扫基准的内容 | (1)是否对设备场所等分别进行制订基准。<br>(2)清扫的分工是否确定。<br>(3)清扫的地点划分是否确定。<br>(4)方法、工具是否确定。<br>(5)清扫时间、周期是否确定。<br>(6)内容是否明确得谁都一看就懂。<br>(7)清扫时间是否恰当。<br>(8)在这个时间内，其内容是否干得完。<br>(9)清扫的重要事项是否逐条罗列。<br>(10)有没有在非重要处浪费时间。<br>(11)是否明确载入了清扫中必须完成的点检要点 |

**2. 加油**

加油是防止设备劣化、维持可靠性的基本条件，但由于加油不周全不一定马上或直接引起故障和不良，所以在生产现场不重视加油润滑的人不少。

实践证明，不加油或加油不当都会导致设备劣化和引发故障。例如，某钢厂除尘器刮板机驱动装置，因没有定时、定量、定人负责加油润滑，使辊道轴承产生烧结破坏。又如，某热轧厂，斗提机齿轮座断油达 20 多天，导致齿轮座齿轮严重磨损而报废。加油不当常见的后果是导致设备的性能低下、精度劣化，经常出现次品，如果得不到及时的改善，则设备性能进一步劣化，最终引发故障。所以必须加强设备加油润滑管理，延缓设备性能劣化，减少能耗、备件，确保产品质量和数量。

加油不彻底的原因除了清扫不周外，一般下列因素占多数：①作业者没有接受过有关润滑、加油以及因加油不周全等所造成损失的教育；②加油标准不完备；③油的种类、加油点过多；④没有充分给予加油所必需的时间；⑤难以加油处多，太费事；⑥加油分工不明确等。

例如，某厂设备维修部门的作业长制订好了加油标准，并交给作业者实施，加油时间只给 10min，但是作业者按标准一试，却花了 30min。因此在制订加油标准时，希望制订者亲自去试一下，如果必须要求作业者在规定时间内完成，那就要在改变给油器的安装位置、采用集中加油方式、加贴加油标志、能看到油量等方面下功夫，以缩短加油时间。

在生产现场，经常可以看到中间槽、喷射式给油器及油嘴上有垃圾堆积，或集中给油装置的配管被堵塞等。在这种状态下加油润滑是起不到良好效果的，因为油中垃圾颗粒会加剧被润滑面的磨损。以下为检查加油的要点：①保管润滑油的容器是否一直盖着盖子；②润滑油保管场所的整理、整顿、清扫是否良好；③该加的油脂是否常备；④是否贴加油标志以及标志难以看清的设备；⑤给油器是否内外洁净、油量容易看到、正常工作；⑥自动给脂器、自动给油器工作是否正常；⑦容器内是否有润滑油脂，给油系统正常否；⑧润滑脂、润滑脂杯、润滑油杯作用是否正常；⑨加油后回转部间隙中是否有油正常溢出；⑩回转部、滑动部、驱动部（链等）上是否有油气，是否因过量加油而污染了设备；⑪关于加油基准——油种、加油频度、加油周期、加油分工是否合适。

**3. 紧固**

螺栓、螺母之类连接件的脱落及松动，直接或间接地对事故发生都有很大的影响。例如，风机螺栓的松动会导致损坏；限位开关及挡块的定位螺栓、配电盘控制盘内端子接头的松动会引起设备损毁和误动作；配套接头法兰螺栓的松动会造成泄漏。

有时一根螺栓的松动会直接引起次品和故障，但在多数场合下，一根螺栓的松动会使振动增大，反过来又加剧了松动，即振动逐步扩大，造成晃动加剧，从而导致劣化加剧，动作精度下降，并最终造成零件破损等。

某公司对故障原因进行了彻底清查，发现 60%是由于各种螺栓、螺母缺陷引起的。另外对全部螺栓、螺母进行了总点检，发现 2273 根中就有 1091 根松动、脱落，即有 48%的有松动、脱落等异常状况。

还有许多是属于生产准备时工模夹具在安装上的问题，如没有按规定的紧固力矩拧紧螺栓，或单侧紧固等等，常常成为设备故障的潜在原因。虽然采取防振防松措施可有效地防止螺栓松动，但是还是希望用点检槌定期进行点检，并设法在螺栓上做标记，以便清扫时用肉眼即能判别螺栓是否松动等现象。表 18-2 为螺栓和螺母的点检要点。

表 18-2 螺栓和螺母的点检要点

| | |
|---|---|
| 螺栓、螺母松动 | 确认有无松动 |
| 螺栓、螺母的缺陷、位移 | 有安装孔的地方，螺栓、螺母装上了没有，螺母是否脱落 |
| 长孔使用平垫圈 | 对于长孔需用平垫圈(LS 安装板、垫等) |
| 弹簧垫圈的使用 | 不得在同一安装处有的装弹簧垫圈而有的不装 |
| 水平调装螺栓的螺母松动 | (顶升螺栓)顶着机装上下的螺母是否松动，须使用合适的规格 |
| 螺栓、螺母的安装 | 在上螺栓时须由下插入螺栓，在上面拧紧螺母(原则上能看到的地方上螺母) |
| 螺栓的长度 | 螺栓的长度应为拧上螺母后仍露 2～3mm |
| 安装板的安置 | LS 安装板需用 2 根以上的螺栓加以固定 |
| 其他 | 除上述之外需要特别记下的事项 |

注：1. 原则上不需加工的，异常处的处置由小组实施（需要去除翻边开孔的东西委托加工）。

2. 在有异常的螺栓、螺母上做记号，并对能就地处理的进行处理。

3. 对在动转状态中无法处理的，或安全上存在问题的，或需要停机的，须与作业长商量后决定处置方法。

4. 小组无法实施的，通过填写改善项目清单，提出修理委托。

## 三、日常点检检查要点

日常点检的实施由设备操作者负责，但实施效果如何？在不少企业中，日常点检实施效果并不佳，原因有以下三个方面：①操作者对防止劣化活动并不关心，只是被强制进行点检；②强制操作者点检而不给点检时间；③强制操作者点检而不让其有机会掌握点检技能。

日常点检作业卡由专职点检人员编制，交操作者实施。但并不是说专职点检员的工作责任到此为止，而是应该经常注意和考虑：操作者真正应该点检什么；需要多少时间；点检难度如何；有没有改进余地；必须传授些什么等。

让没有点检技能的操作者进行点检是毫无意义的。操作者的点检主要是外观点检，外观点检难就难在对劣化状态大多无法进行定量分析，所以在承担这份工作之前，需接受相当程度的教育培训，而并不是给张点检作业卡就能点检的。

操作者点检不是完全依赖点检作业卡，而是应该通过日常对机械运转情况进行判断，清扫、加油、搜寻。作业长和专职点检员应该认识到，点检作业卡仅仅是基本活动中的一个辅助手段而已。

对操作者，首先应该进行设备结构、性能、工作原理、操作程序、最佳状态、点检技能等方面的培训教育，使操作者对设备了如指掌，真正做到边操作边点检。在这一要求下，就要确定点检周期和点检所需的时间。

**1. 点检周期**

自主维护分担的点检，其周期一般以从日、旬（周）、月到 3 个月左右为妥。在现场由于生产作业很忙，所以腾出时间进行日常点检有点困难，这是因为操作者已经在作业前准备、作业后清扫、加油上抽出了相当数量的时间。因此，每天点检时间有限，所以应该将点检重点集中到对安全、质量有直接关系的项目上。

有些企业让操作者每天实施相当多的日常点检项目，如果仔细研究一下这些点检项目，会发现其中有许多不需要每天点检的项目，况且点检时间有限，容易使操作者产生厌恶心理，最终也只是走走形式，毫无点检效果。

每天的日常点检，是为了防止在安全、质量上万一发生大事故而建立的最起码的确认事项，实际上这本身就是设备操作者作业的一部分。把众多项目列入日常点检，其结果只可能是敷衍了事，无实效。与其这样，不如将有些项目的点检周期延长，使所制订的点检计划有充分的时间认真实施，真正发挥点检的作用。所以，正确制订点检周期是非常必要的。如果周期过长，可能会导致不能及时发现异常而产生故障的情况；周期过短，则可能产生忙于应付大量的点检工作，点检质量低下等情况。每个点检项目的点检周期只能凭经验确定。运行、维修双方作业者根据自己的经验和该设备的故障发生状况，通过协商定出双方都能接受的适合设备状态的点检周期。根据 PDCA 工作法，应根据点检实绩，对点检周期不断进行修正和完善。图 18-2 为某公司所实行的点检周期概要。

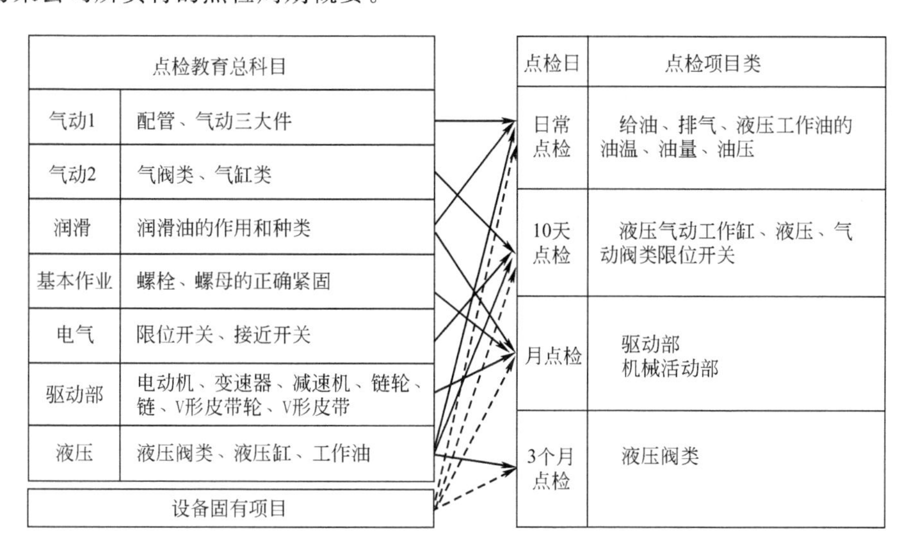


图 18-2　某公司所实行的点检周期概要

## 2. 点检时间

影响点检时间的因素很多，如：点检项目、周期、设备状况；生产操作者的作业是监视性作业，还是时刻不离设备的流水作业；操作者操纵设备的范围和设备的自动化程度；是否是关键设备；点检基准；运转中点检多还是停机点检多等。所以在制订点检时间时，首先应考虑以上诸因素的制约，然后初选一个大致标准的时间为目标，再按照预先制订的点检项目和周期，按各个周期做出点检作业卡，并将试行的实际点检时间与目标时间做一比较，找出差距，在进一步对简化点检、缩短清扫和加油时间、延长点检周期及分工情况等重新进行研究的基础上，修正点检时间，并在以后的实践中再不断加以修正，使之完善。在实行点检的初期是较费时间的，但随着对设备的熟悉和点检技能的不断提高，点检时间就可大大缩短。图 18-3 为某公司点检所需的时间。

| 周　期 | 1个月 | 2个月 | 3个月 | 所需时间/min |
|---|---|---|---|---|
| 日　常 | | | | 约10 |
| 旬 | | | | 15～20 |
| 月 | | | | 15～20 |
| 3个月 | | | | 15～20 |

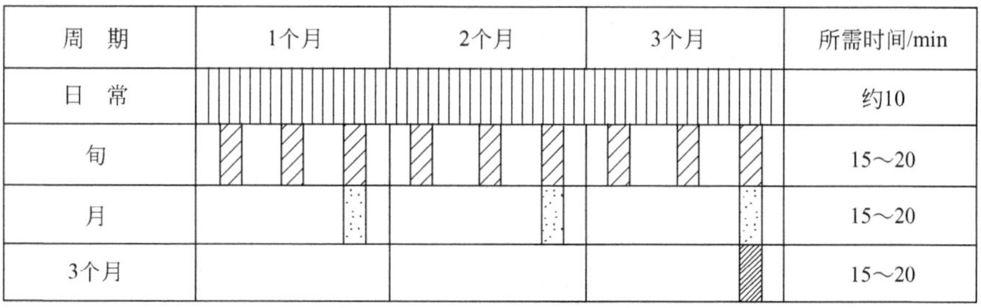

图 18-3　某公司点检所需的时间

## 3. 日常点检的确认

表 18-3～表 18-6 中的除尘系统、电动驱动、电气各单元，即使在先进的自动化设备上也几乎都有某种形式的应用，而且故障频度较高，所以是日常点检中重点实施点检的对象。

**表 18-3 除尘系统点检要点和法规**

| 项目 | 点检要点 |
| --- | --- |
| 维护遵守的法规 | (1)中华人民共和国大气污染防治法；<br>(2)大气污染物综合排放标准、有关行业标准和地方有关标准；<br>(3)大气环境质量标准；<br>(4)工业企业设计卫生标准和工作场所有害因素职业接触限值 |
| 电源 | (1)注意风机启动(启动时保险丝易熔断,单相运行会使电动机烧毁)；<br>(2)必须用有继电器的电器开关；<br>(3)严格遵守国家标准和制造厂规定的电气配线方法；<br>(4)固定管理电源开关的工作人员 |
| 集气罩 | (1)注意腐蚀、磨损和调节阀的开启位置；<br>(2)防止安装位置的移动；<br>(3)注意其与管理连接部分的脱落；<br>(4)不能无计划地增加排风口,避免风量不足；<br>(5)正确使用风量调节阀门,避免阀门关闭过紧或过松,使风量降低；<br>(6)严禁操作者把烟头、纸屑、垃圾随便扔进罩内被吸入除尘系统 |
| 管道 | (1)注意管道连接部分的脱落、腐蚀、穿孔；<br>(2)不能随便增加支管；<br>(3)注意管道支架的牢固程度；<br>(4)定期进行管道内有无积灰的检查,如有积灰要排除 |
| 除尘器 | (1)观察除尘器出口排放浓度和设备运行阻力大小,并排除异常；<br>(2)必须规定粉尘的清灰制度,定期清除粉尘；<br>(3)处理高温气体时,应防止因冷却引起的结露现象；<br>(4)粉尘排出口、检查门要安全密闭；<br>(5)正确管理设备配件、配套装置及相关仪表 |
| 通风机 | (1)注意振动、声音异常(叶片黏结粉尘应及时清除)等现象；<br>(2)叶片有损伤要及时更换叶轮；<br>(3)小型风机要检查皮带松紧程度,大中型风机检查冷却、振动和润滑；<br>(4)纠正皮带罩的歪斜、错位；<br>(5)轴承部位定时加油,有损坏及时更换 |
| 其他 | (1)露天部件应根据情况每隔 1～5 年刷一次防锈面漆；<br>(2)有水时应防冻结；<br>(3)抽入易燃气体的排气罩应挂上"严禁烟火"的牌子；<br>(4)为防止生产作业的火花进入除尘系统应采取相应措施；<br>(5)对易燃粉尘和气体应有防爆措施；<br>(6)大型除尘系统应有防静电措施和防雷接地 |

**表 18-4 液压装置的检查要求**

| | |
| --- | --- |
| 液压元件 | (1)油箱的油量是否在规定值上,有无上下限显示；<br>(2)油箱内的油温是多少,是否能用手触摸；<br>(3)油箱的冷却水是否畅通；<br>(4)过滤器是否堵塞,指示信号是否是蓝色；<br>(5)压力表是否回零,指针有无抖动,有否极限值显示；<br>(6)有否异音或异常气味；<br>(7)有无元件、配管晃动剂漏油；<br>(8)液压元件表面有无水、油、灰尘、异物附着；<br>(9)各元件的铭牌能否看清 |
| 配管高压软管 | (1)配管的接头部、软管部分是否漏油；<br>(2)固定压块有无摇晃和松动；<br>(3)配管坑槽有没有积油；<br>(4)高压软管有无污垢伤痕 |

续表

| | |
|---|---|
| 液压元件 | (1)有无元件类的破损(罩、盖之类)；<br>(2)元件类的安装有没有晃动、漏油现象；<br>(3)压力表指针回零是否好，有无抖动；<br>(4)元件的工作是否良好(速度、脉动、振荡)；<br>(5)压力表有无计量管理室的登记标志 |
| 压力机 | (1)压力机的动作速度是否异常；<br>(2)溢流阀的设定压力是否正确；<br>(3)溢流阀的设定旋钮的锁紧螺母是否上紧 |
| 点检基准 | (1)点检的频度、分工状况，是否适合进行自主维护；<br>(2)基准是否考虑到安全、故障、质量方面 |

**表 18-5　驱动装置的检查要点**

| | |
|---|---|
| 有关 V 形皮带 | (1)皮带表面有无伤痕、破损、油迹以及明显的磨损；<br>(2)多根 V 形皮带的张力是否一定；<br>(3)有否不同型号皮带混用 |
| 有关滚子链 | (1)销与销套之间是否充满了润滑油；<br>(2)链与链轮的啮合是否因链的伸长和链轮的磨损变得不紧凑了 |
| 有关轴、轴承链、联轴器等 | (1)有无因轴的弯曲、偏心、固定螺栓的松动、断油等所致的轴承发热、振动、噪声；<br>(2)是否由于链、锁紧螺栓的松动，引起轮壳的晃动；<br>(3)法兰式联轴器是否出现轴的抖动和固定螺栓的松动 |
| 有关齿轮、减速机、制动器 | (1)齿轮有无噪声、振动、异常磨损；<br>(2)观察油标是否有规定的油量，油量是否符合规定；<br>(3)制动器的制动状态是否良好；<br>(4)安全罩壳是否与回转物接触 |
| 点检基准 | (1)点检的频度、周期、分工是否适合自主维护；<br>(2)基准是否考虑到安全、故障、质量 |

**表 18-6　电气装置的检查要点**

| | |
|---|---|
| 配线 | (1)配线、配管、抗性导线有无脱落；<br>(2)接地线是否脱落；<br>(3)塑料、橡胶绝缘线是否乱拉，有无伤痕 |
| 控制操作盘 | (1)电压、电流表、温度表及其他仪表指示有无抖动；<br>(2)操作灯、指示灯是否有不亮；<br>(3)按钮开关类是否正确固定、无松动；<br>(4)有没有多余孔缺，开关是否良好；<br>(5)盘内配线是否整齐完备；<br>(6)盘内有没有垃圾灰尘；<br>(7)盘内有没有图纸上没标出的东西 |
| 电气元件 | (1)元件类有无破损，电动机是否过热；<br>(2)安装螺栓是否松动；<br>(3)有无异音、异常的气味，轴衬部的润滑油情况怎样；<br>(4)加热元件是否固定好；<br>(5)接地线是否脱落及断线；<br>(6)限位开关、接近开关、光电管是否有污垢和晃动(本体、安装螺栓)；<br>(7)元件的接线是否接触蒸汽、油、水；<br>(8)元件上有无水、油、灰尘、异物附着 |
| 点检基准 | (1)点检的频度、周期、分工是否适应自主维护的需要；<br>(2)基准是否考虑到安全、故障、质量 |

### 四、实施正确操作

每个企业都要求操作者必须做到正确操作设备，消灭误操作。几乎所有的企业都是通过“作业标准”“操作标准”的制订使操作法基本上实现了手册化，但是，往往有些企业的作业标准仅仅是停留在纸面上，实际操作中时常可以见到违反作业标准的情况，甚至有些操作者已经将作业标准忘了。

随着除尘技术、电气控制、仪表等技术的发展，设备日趋高级、复杂，同时设备操作也开始日益向复杂化与单纯化的两极分化。但无论操作复杂还是简单，只要有一次误操作，则由此而引起的直接和间接损失就非常巨大。因此，必须从设备的机构、结构、机能与产品的加工、化学变化等关系上对操作者进行教育，使操作者真正明白为什么必须要按作业标准操作，同时必须对操作者进行训练，使其无论在怎样的场合都能迅速而准确地进行操作。

在生产现场，如果这些教育培训做得不够，则操作者的技能就跟不上，也就是说没有达到上岗标准的操作者在操作设备，这样的话，则不可避免地会因误操作而导致设备损坏和出现故障，所以对操作者必须强化教育和技术培训，严格按作业标准正确操作除尘设备。

## 第四节 除尘设备修理分类与实施

除尘设备修理分为小修理、中修理和大修理，请互相联系，又不可取代。

### 一、设备修理分类

设备修理是保证设备完好率、保持除尘设备性能稳定运行的重要手段。按设备损伤修理程度，设备修理分为小修、中修和大修。其中，小修通常融于设备维护之中。

**1. 小修**

小修也称维修。面对设备运行中存在的轻微缺陷，采取局部修理措施即可复原技术性能的修理工程，称为小修。

小修主要包括：除尘工程的密封处理；除尘器清灰装置的调试与改进；漏水、漏气、漏油的缺陷处理；机械传动装置的局部缺陷改进与完善；出灰系统的局部缺陷调理等。

**2. 中修**

在已有设备结构基础上，因设备磨损而对局部部件采取较大程度的修理或更新改造的工程，称为中修。

**3. 大修**

因设备寿命或提升设备性能等，而对原有除尘设备的主要部件采取更换性修理或全新的改造性工程，称为大修。

按大修内容，大修又分为复原性大修和改造性大修。

复原性大修只允许按原有型号和结构组织大修更新；改造性大修可按全新技术组织大修工程设计与改造，甚至可以易地大修。

大修工程是固定资产增值的建设工程，其资金投入应按国家规定组织审批。

除尘设备大修，如：静电除尘器全部更新沉淀极和电晕极的大修理工程；长袋低压脉冲除尘器更换滤袋、脉冲喷吹系统、出灰系统的一次性大修理工程等。

### 二、设备小修理

**1. 立项原则**

依据设备运行发现的局部缺陷，结合设备维护、同步修理与复原其技术性能的原则，科学组织小修。

**2. 小修理的条件**

小修理应具备下列技术条件：①小修理的修理内容是在设备运行中发现与确认的设备缺陷；②小修理是在已有零（部）件上进行的修理工程；③小修理一般应在设备维护中同步处理——做到小缺陷处理不过班，中缺陷处理不过日，大缺陷处理不过3d。

**3. 小修理的内容**

小修理的主要修理内容包括以下几个方面：①因紧固不足和密封不良引发的漏气、漏油、漏水等缺陷的修理；②因传动系统安装误差导致设备运转“卡、碰”的修理；③因设备零件损伤而导致的备件更换；④因已有设备结构缺陷而采取的局部改进性修理；⑤因其他原因出现的零星修理。

**4. 小修理的措施**

小修理的措施主要包括：①小修理内容要清晰，应结合设备维护同步进行，技术性能就地复原；②小修理项目启动前，要做到修理方案科学、措施得力，力求手到病除；③具有安全性要求的小修项目，宜在停机时处理。

**5. 小修理的标准**

小修理的标准包括：①故障消除；②性能复原。

## 三、设备中修理

**1. 立项原则**

主要部件具有较大程度的损伤，对除尘设备的技术性能已构成一定威胁，继续运行具有较大危险性；本着“哪里损伤，修理哪里，复原性能”的原则，科学组织中修。

**2. 中修理的条件**

中修理应具备下列技术条件：①重要部件有较大程度损伤，直接影响到除尘效能；②主要技术性能有明显衰减；③继续运行具有较大危险性；④主要部件有较大更换比例。

**3. 中修理的内容**

中修理工程的主要修理内容包括以下几个方面：①重要除尘部件的改进或更新；②重要控制部件的优化与更新；③重要易腐蚀件的更新；④易于磨损的运转装置更新。

除尘设备的中修理如：除尘器的出灰系统改造；袋式除尘器滤袋及其清灰系统的换代工程等。

**4. 中修理的措施**

中修理的措施主要包括：①深入实际，调查研究，科学制订除尘设备中修理计划，组织与批准除尘设备中修理工程施工图设计；②组织与落实除尘设备中修工程备品订货与加工，保证按期供货；③严格按国家标准组织除尘设备中修工程施工、调试与验收；④中修工程要依靠科技进步，吸收国内外先进技术，建设和创造优质工程。

**5. 中修理的标准**

中修是一项“修理损伤、复原性能”的工程，中修标准应符合相关产品标准规定。其外观质量可以放宽，只要满足强度、刚度和密封要求即可。

中修用料应按原有设计规定执行，加工件制作标准应符合原设计图纸规定。

## 四、设备大修理

**1. 立项原则**

因设备主体部分长期运行而损伤严重、设备性能明显下降、具有重大安全隐患、不能继续带病运行的设备，必须申报立项，科学组织复原性大修或改造性大修。

**2. 大修理的条件**

大修理应具有下列技术条件：①主要部件超期服役，磨损严重，明显影响除尘功能与效果；②主体结构腐蚀严重，继续使用有较大的危险性；③附属设施磨损严重，已经具有报废的表征；④技术性能全面衰减，不能满足生产需要。

**3. 大修理的内容**

大修理工程的主要修理内容包括以下几个方面：①主体结构的更新改造；②主体设备的更新改造；③附属设备的配套更新；④水、电、汽、风的配套更新；⑤其他配套设施。

**4. 大修理的措施**

大修理工程应抓好下列技术措施，有序做好大修工作：①调查研究，组织与批准“大修工程可行性研究报告”；②组织与批准大修工程施工图设计；③开展与审批“大修工程环境影响报告书”；④编制与批准大修工程施工计划；⑤组织与落实大修工程设备订货计划；⑥签订大修工程承包合同；⑦组织与做好大修施工管理与服务；⑧组织大修工程竣工验收与技术归档。

**5. 大修理的标准**

按国家相关标准和技术规范组织设计、施工和验收。

## 第五节 除尘设备维护检修

除尘设备的维护检修是除尘设备管理的一个重点。维护检修有很强技术性和专业性，检修时一定要注意每个设备的维护重点、检修流程、技术要领和质量要求。

### 一、除尘系统维护检修

**1. 维护操作的安全措施**

(1) 进行维护作业时，首先切断电源，操作人员必须携带操作盘的钥匙，并在操作盘上挂上“正在检修，严禁运转”的牌子。

(2) 振打装置、输灰设备、排风机等的传动装置，如联轴器、传动皮带、传动链轮等，都要加设防护罩，以防螺栓松脱及皮带、链条断裂时飞出伤人。

(3) 日常巡回检查或运转中，临时处理故障时，作业人员必须严防衣物绞入传动装置从而伤到皮肤。

(4) 对于处理含易燃易爆粉尘的气体的除尘设备，如煤磨使用的袋式除尘器，应经常清除除尘器内积灰，以防燃烧或爆炸，更应防止火种入内。在运转时严禁用电焊、气焊焊补管道或壳体。

(5) 对于处理高温气体的正压玻璃纤维布袋式除尘器，在夏季进入气体分布室悬挂滤袋时，应采取防止中暑措施。

(6) 在进入处理有害、有毒气体的除尘器内维修时，要防止可能发生的缺氧及有害气体中毒事故。可将系统内气体用空气置换。

(7) 当检修结束以后，必须认真检查有无工具或其他杂物掉入设备内。检查各防护罩安装是否妥当，不得草率从事。

(8) 除尘系统各设备开、停时，必须与其他岗位进行联系，同意后方能按操作规定的开、停车顺序进行开车或停车。

**2. 除尘系统阀门的维护检修**

(1) 阀门种类及使用目的　不同阀门在除尘系统中使用的目的是不同的，如表 18-7 所列。

表 18-7 除尘系统阀门种类及使用目的

| 名称 | 使用目的 | 动作频度 |
| --- | --- | --- |
| 吸风罩阀及吸风量调节阀门 | 安装在吸尘罩与吸风口附近管道上，吸风时打开，调节吸风量 | 经常 |
| 风量调节阀门 | 从多点吸风时，调节风量 | 少 |
| 冷风导入阀门 | 保护滤袋，当气体温度超过规定值以上时，打开以防止烧毁 | 经常 |
| 紧急切断阀门 | 当气体温度超过规定值以上时关闭，以切断气流，从而保护滤袋 | 几乎不用 |
| 换向阀门 | 安装于各分室，在清灰时换向关、闭 | 频繁 |
| 风机入口阀门 | 防止启动时电动机过负荷使用 | 经常 |
| 反吹阀门 | 安装于各分室，清灰时开、闭 | 频繁 |

（2）阀门维护项目　阀门的维护项目包括：①运转中阀门开闭是否灵活、准确；②启闭机构（气缸或动力缸）的动作状况；③密封状况；④水冷却的阀门，应检查漏水情况、冷却排水量及排水温度，并维修；⑤停车时检查阀门的变形、破损及密闭性。

（3）安全阀门（防爆口）的维护　主要维护项目：①定期用手动开、闭，反复检查动作状况；②检查安全压力状况，核定安全压力；③压力降低后，应能自动恢复原位从而关闭。

**3. 监测仪表的维护**

在除尘系统中，监测仪表对于了解全面运转状态、运转状态的调整和安全生产有着重要作用。测量信号的传递和动作系统如图 18-4 所示。

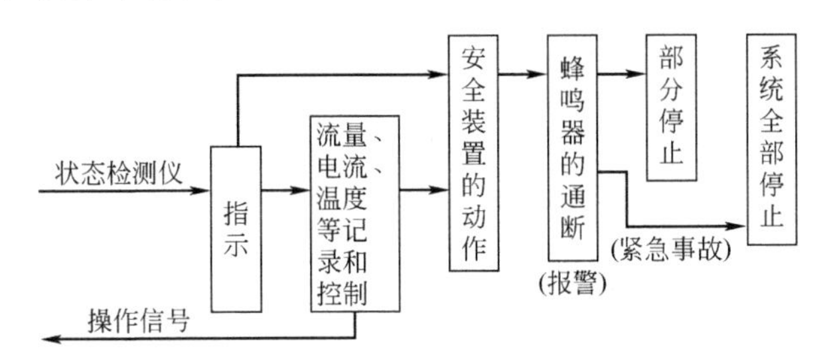


图 18-4　测量信号的传递和动作系统

主要维护项目包括：①运转中应检查仪表的指示是否正确，并做好记录；②清扫仪表的检测部分；③检查压力表配管有无漏气现象；④仪表指示值的记录；⑤检查安全装置的动作情况；⑥停车时应检查并调整安全装置的动作；⑦检查并清扫仪表的检测传感部分；⑧调整仪表的零点。

**4. 维护检修流程**

除尘系统维护检修的基本流程如图 18-5 所示。除尘装置、气体处理装置的检修流程如图 18-6 所示。

## 二、吸尘罩维护检修

**1. 吸尘罩的主要维护项目**

吸尘罩的主要维护项目包括：①移动式吸尘罩的位置是否正确；②吸尘罩的变形或破损状况，吸尘罩调节阀完好灵活状况；③与管道连接部分是否完好；④粉尘堆积状况，并清扫；⑤若设置水冷却装置，应检查排水量、排水温度和有无渗漏，保持冷却正常。

**2. 吸尘罩检修流程**

吸尘罩的维护检修流程见图 18-7。

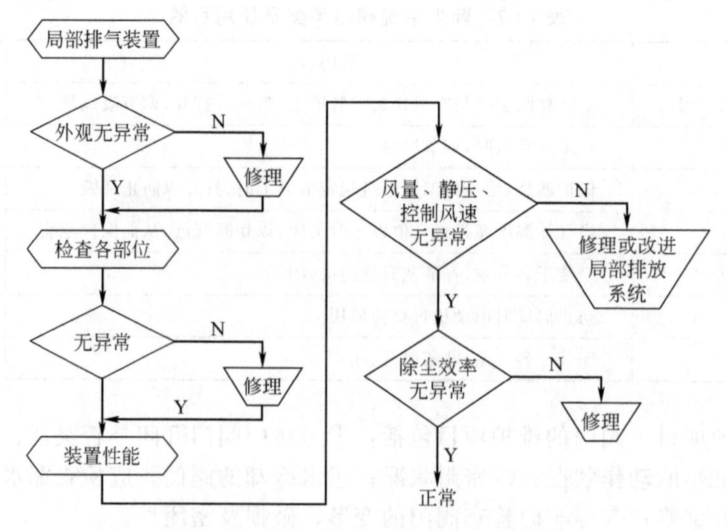


图 18-5 除尘系统维护检修的基本流程

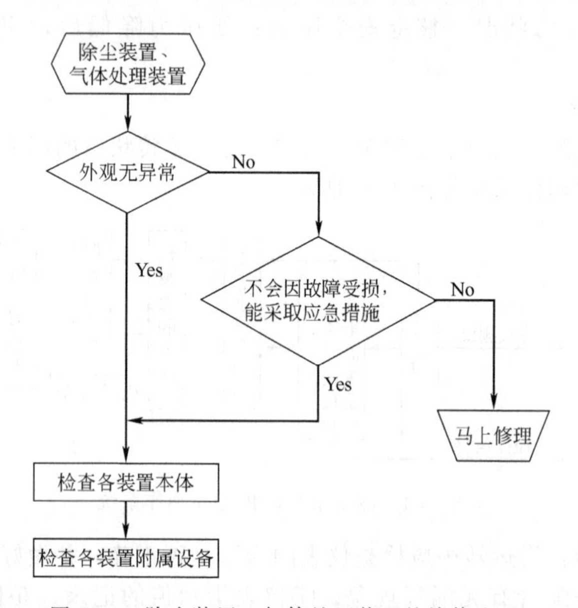


图 18-6 除尘装置、气体处理装置的检修流程

## 三、除尘管道维护检修

**1. 除尘管道检修流程**

除尘管道的维护检修流程如图 18-8 所示。弹性软管的检修流程如图 18-9 所示。

**2. 除尘管道的维护检修项目**

除尘管道的主要维护检修项目有：①连接法兰是否漏风；②是否渗漏（水冷管道）；③冷却排水量及温水（不指水冷管道）；④管道的变形、破损及腐蚀；⑤弯管部分的磨损；⑥按管道设计时的积灰厚度（一般为管道截面积 5%），定期清扫管道中附着和堆积的粉尘。

## 四、除尘器维护检修

**1. 旋风除尘器维护检修**

与其他设备的故障维修相同，若出现问题时，首先要对设备有非常清楚的了解，根据这些

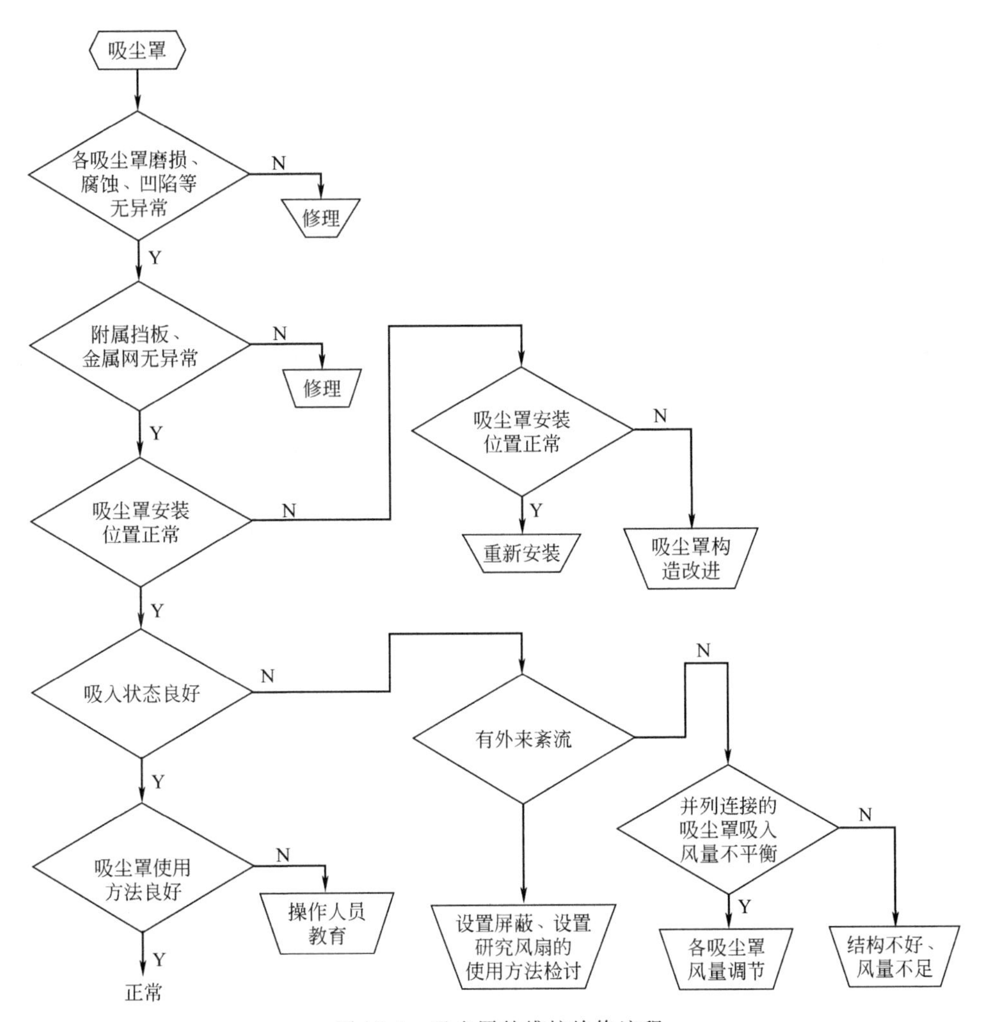


图 18-7　吸尘罩的维护检修流程

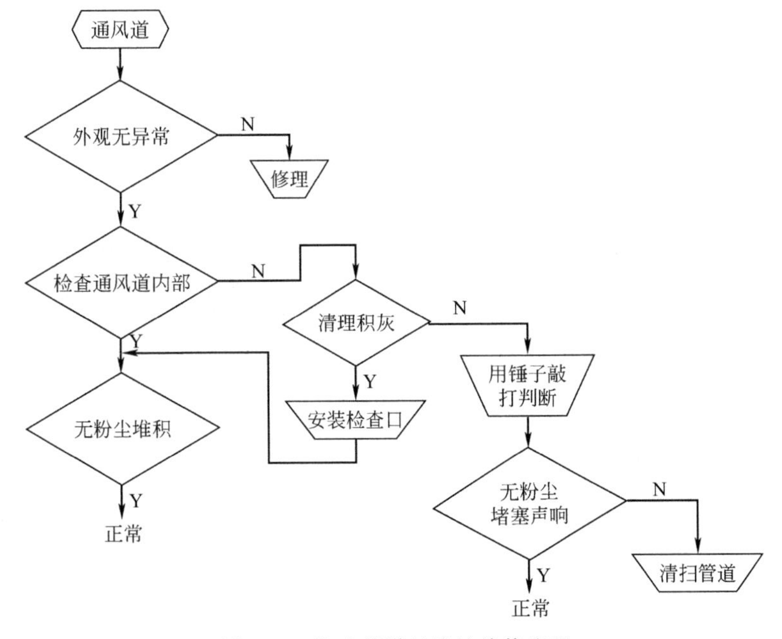


图 18-8　除尘管道的维护检修流程

知识，绝大多数旋风除尘器的问题都可以查找出来，并予以解决，见表18-8。旋风除尘器的检修流程见图18-10。

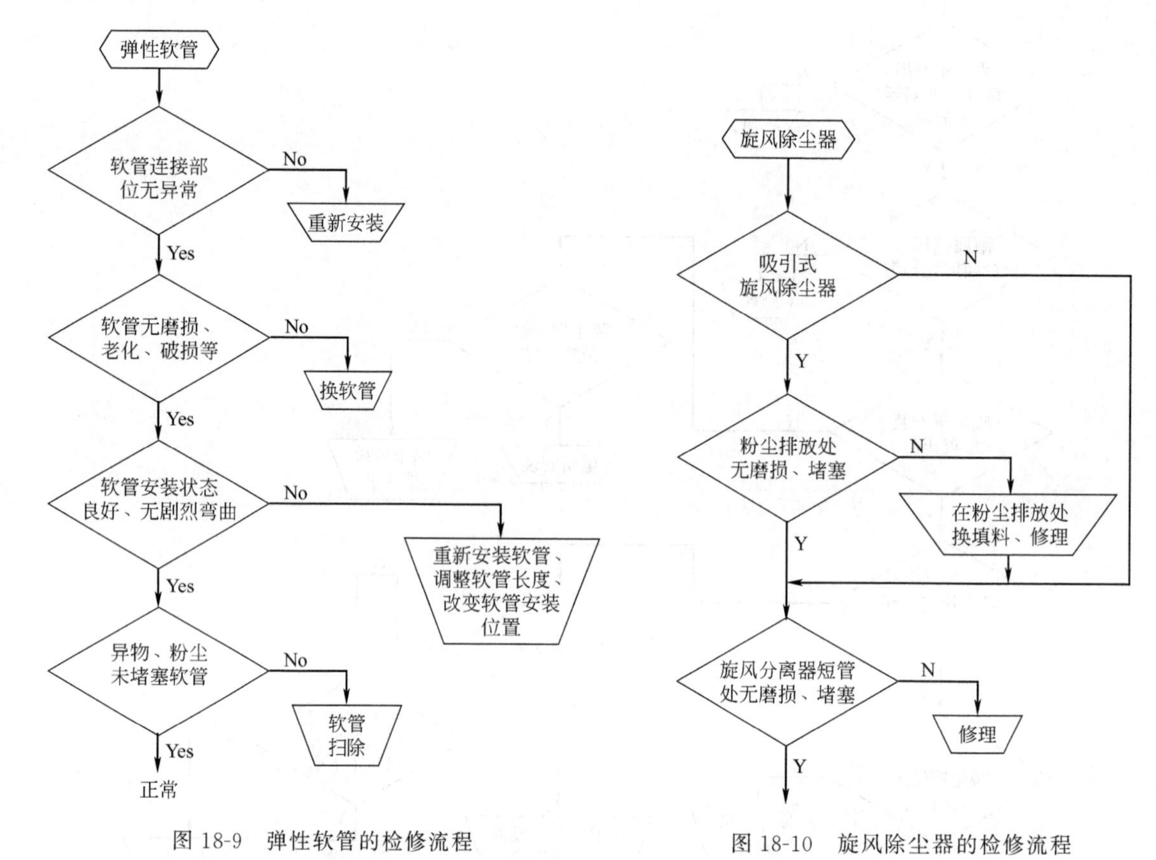


图18-9 弹性软管的检修流程

图18-10 旋风除尘器的检修流程

**表18-8 旋风除尘器可能存在的问题及解决方法**

| 序号 | 故障现象 | 存在的问题 | 解决方法 |
|---|---|---|---|
| 1 | 效率过低 | (1)初始设计或选型不合理；<br>(2)有气体泄漏进入旋风除尘器中；<br>(3)内部故障或堵塞；<br>(4)管道的入口设计欠妥当 | (1)若要求的性能改善幅度较小或接受较高的功率变化时，可以对现有的旋风除尘器进行重新设计；若需要对除尘效率进行大幅度改进时，则需对旋风除尘器进行更换；<br>(2)对泄漏处进行修理且确保气体阀运转正常，并进行合理的气封处理；<br>(3)移除故障，若发生持续堵塞，可考虑重新制造或设法确定出一些根本性的问题和原因，并予以解决，如凝结问题及排放口直径太小等问题；<br>(4)重新设计并予以更换 |
| 2 | 压降过高 | (1)管道系统或风机初始设计不当而导致气流速度过高；<br>(2)因风机选用不当使得风速过高；<br>(3)在到达旋风除尘器之前，可能有气体泄漏进系统中；<br>(4)旋风除尘器内部阻塞；<br>(5)旋风除尘器设计不合理 | (1)除非这种情况引起处理过程中的故障，否则可以不用管它；<br>(2)更换风机或增加额外的流速限制设施，以降低流速以及旋风除尘器的功率；<br>(3)对管道系统或罩壳的泄漏之处进行修理；<br>(4)清理内部阻塞；<br>(5)重新设计或更换旋风除尘器 |

续表

| 序号 | 故障现象 | 存在的问题 | 解决方法 |
|---|---|---|---|
| 3 | 压降过低 | (1)由管道系统或风机初始设计不恰当而导致气流速率过低；<br>(2)气体泄漏进旋风除尘器总装置中；<br>(3)空气泄漏进下流型系统部件中；<br>(4)旋风除尘器初始设计不正确 | (1)改变风机操作或用大一点的风机替换；对更高功率变化的部件重新设计，以减少压降，参见风机可能出现的问题；<br>(2)修理；<br>(3)修理；<br>(4)若效率损失不大，则不用管它；若除尘效率损失到很低，则要改造除尘器 |

**2. 袋式除尘器维护检修**

由于生产袋式除尘器的厂家很多，产品质量差异较大，所以，在进行运行和维护的时候，必须对袋式除尘器的维护管理予以充分重视，并注意以下事项：①必须按表 18-9 中的要点进行维护管理；②维护管理人员应熟知普通维护知识和除尘器的特殊要求；③在没有查找出问题之前，不可冒失操作，以免造成更大故障。

袋式除尘器的检修流程如图 18-11 所示。

**表 18-9　袋式除尘器点检要点**

| 序号 | 部位 | 项目 | 点检内容 | 点检标准 |
|---|---|---|---|---|
| 1 | 滤室压差计 | 各室滤袋 | 压差显示 | 滤袋阻力≤2000Pa |
| | | 压差计管道 | 阻塞状况 | 管道无阻塞，压差计准确 |
| | | 橡皮管 | 是否老化 | 无损坏、老化、漏气或脱落 |
| | | 滤袋室 | 积灰 | 无积灰 |
| | | | 滤袋脱落 | 无脱落 |
| | | 一次、二次风阀 | 密封件 | 无脱落 |
| | | 双层阀 | 漏气 | 无漏气，密封无脱落 |
| | | 压差计本体 | 功能是否正常 | U 形压差计液位鲜明 |
| | | | | 定期加显示液 |
| | | | 精度 | 计量确认良好，定期送检确认 |
| 2 | 滤袋 | 状况 | 破损 | 无破损，袋根部无撕裂和脱线 |
| | | | 夹箍结合状态 | 良好 |
| | | | 松紧度 | 符合规定要求 |
| | | | 袋帽磨损 | 无异常磨损 |
| | | 倾向管理 | 压力差 | 在规定压力范围内，做好滤袋更换、寿命记录 |
| | | | 滤袋室积灰 | 应无明显积灰 |
| 3 | 双重阀 | 阀体 | 开闭状态 | 正常 |
| | | 阀板 | 损坏、变形 | 无损坏、变形 |
| | | 阀杆轴封 | 密封情况 | 无漏气、漏灰 |
| | | 气动推杆 | 动作状态 | 正常，无漏气、磨损，关闭到位 |
| | | 密封垫 | 损坏状况 | 无脱落、损坏 |
| | | 气缸软管 | 漏气、老化 | 无漏气、老化 |
| | | 润滑 | 给脂状态 | 自动给脂良好 |
| | | 电磁阀 | 工作状况 | 动作正常 |

续表

| 序号 | 部位 | 项目 | 点检内容 | 点检标准 |
|---|---|---|---|---|
| 4 | 一次风阀 | 风阀 | 开闭状况 | 关闭到位 |
| | 二次风阀 | 阀板 | 损坏、变形 | 无损坏、变形 |
| | | 气缸 | 动作 | 动作正常,无漏气和磨损 |
| | | 密封垫 | 损坏状况 | 无脱落和破损 |
| | | 胶管 | 漏气、老化 | 无老化,无漏气 |
| | | 电磁阀 | 漏气、老化 | 无老化,无漏气 |
| 5 | 灰斗卸料器 | 料位计 | 信号 | 信号发出正常 |
| | | 卸料器 | 状态 | 运行正常,无异物卡住 |
| 6 | 脉冲阀 | 阀体 | 运行状态 | 开闭灵活 |
| | | 膜片 | 老化、磨损 | 无老化、磨损 |
| | | 脉冲控制仪 | 状态 | 准确可靠、可调整 |

注：1. 运转中点检内容：各类阀门、排灰装置、管道、压差计等设备和检测仪器。
2. 停运时点检内容：除尘器各室内部状况，排灰装置的内部磨损状况。

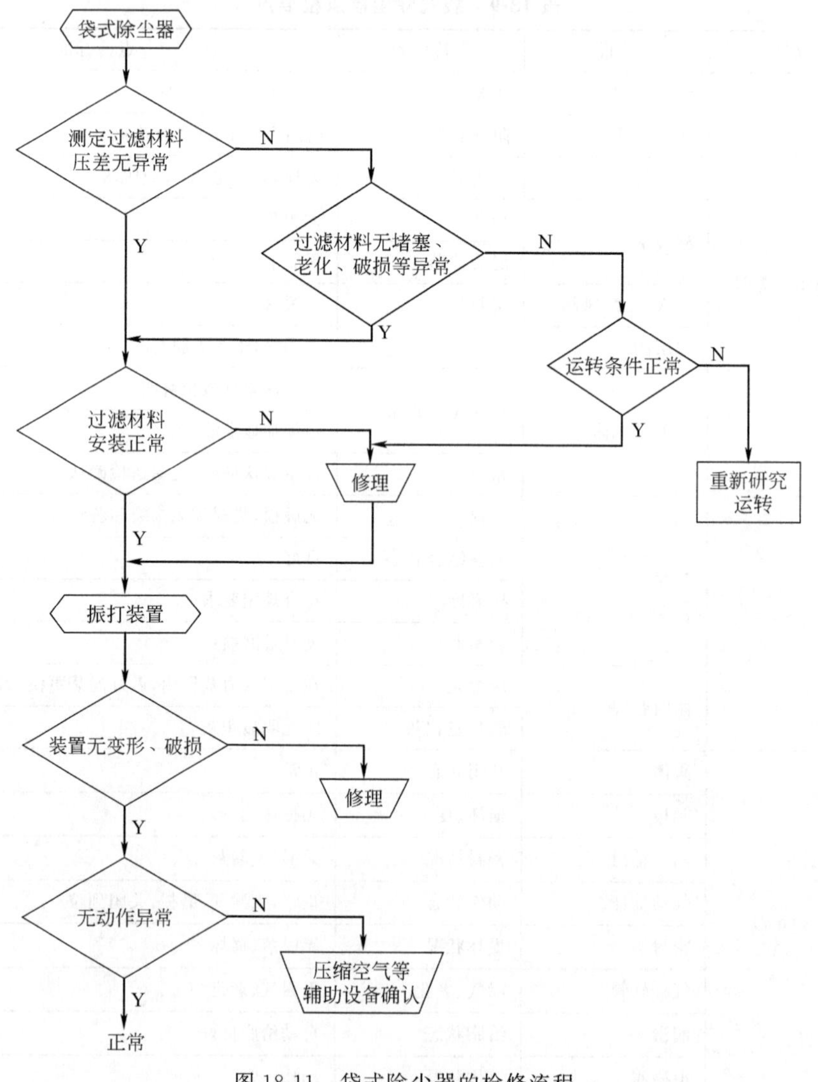


图 18-11 袋式除尘器的检修流程

### 3. 静电除尘器维护检修

静电除尘设备应进行以预防为主的计划检修，因为这是延长设备寿命，保证其稳定、高效运行的重要措施。计划检修要坚持质量第一，贯彻实事求是的精神，切实做到应修必修、修必修好，使设备处于完好状态。

静电除尘器小修和中修的主要内容见表 18-10，大修的主要内容见表 18-11，静电除尘器的检修一般按图 18-12 所示的流程进行。电场检修按图 18-13 所示的操作顺序进行。

**表 18-10　静电除尘器小修、中修的主要内容**

| 部位 | 项目 | 检修内容 |
| --- | --- | --- |
| 本体外部 | 人孔门 | (1)密封与否；<br>(2)有否腐蚀 |
| | 振打传动装置 | (1)减速机润滑油位；<br>(2)减速机有否漏油；<br>(3)保险片是否完好 |
| | 灰斗卸灰装置 | (1)卸灰阀是否磨损；<br>(2)灰斗是否漏风；<br>(3)输灰装置工作是否正常 |
| 电场内部 | 气流分布板 | (1)有否堵塞；<br>(2)有否变形 |
| | 电极间距 | (1)有否局部变小现象；<br>(2)与振打锤、阻流板相对位置是否发生变化 |
| | 绝缘子和保护套 | (1)有否灰尘黏附、破损；<br>(2)保护套是否腐蚀 |
| 收尘极系统 | 收尘极板 | (1)有否过分的堆灰现象；<br>(2)有否腐蚀变形；<br>(3)与下部阻流板碰磨否；<br>(4)振打砧螺栓有否松动 |
| | 振打装置 | (1)锤与砧是否对中；<br>(2)接触点有否明显变形；<br>(3)振打轴传动是否平稳；<br>(4)振打轴承有否过度磨损；<br>(5)有否漏气；<br>(6)振打锤螺栓是否紧固 |
| 放电极系统 | 放电极 | (1)有否肥大；<br>(2)有否断线；<br>(3)有否异常变形；<br>(4)有否腐蚀 |
| | 振打装置 | 除包括收尘极振打装置的内容外，还有：<br>(1)绝缘瓷轴有否污染；<br>(2)绝缘瓷轴有否裂纹；<br>(3)阻尘绝缘板有否变形；<br>(4)保温箱内是否清洁、保温 |
| 电气部分 | 控制盘 | (1)计量仪表是否有缺陷；<br>(2)各接头有否松弛现象；<br>(3)各种整定值是否正确 |
| | 整流装置 | (1)绝缘油位是否符合规定；<br>(2)高压衬套、低压接头部分有否污损；<br>(3)各个接头有否松弛现象 |
| | 其他 | (1)高压开关绝缘子、母线支撑绝缘子、穿墙套管有否污损；<br>(2)各个接头、螺栓有否松弛；<br>(3)接地电阻是否正常；<br>(4)绝缘电阻是否正常 |

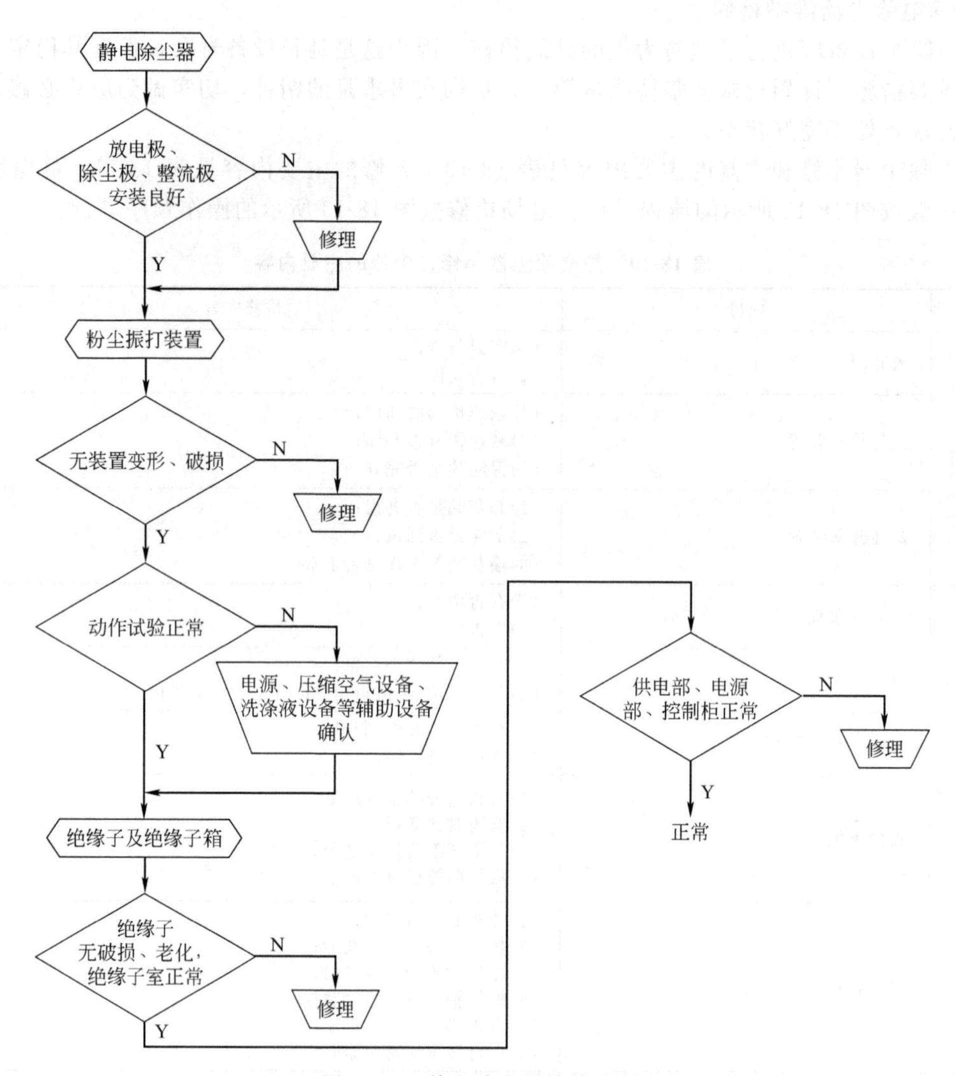


图 18-12 静电除尘器检修流程

**表 18-11 静电除尘器大修的主要内容**

| 项目 | 主要内容 |
|---|---|
| 高压供电设备 | (1)整流变压器解体检修；<br>(2)电抗器解体检修；<br>(3)变压器、电抗器绝缘油耐压试验；测量绝缘电阻；<br>(4)高压隔离刀闸及操作机构；<br>(5)高压引线、阻尼电阻、绝缘套管、加热元件及所有绝缘部件的清扫、检查；<br>(6)高压室内整流变压器、电抗器外部、阻尼电阻、引线、联络线、支撑绝缘子等的清扫、检查；<br>(7)高压直流电缆预防性试验；<br>(8)高压控制柜及仪表控制盘内各元(器)件的清扫检查、仪表校验；<br>(9)整流装置保护校验和安全闭锁装置检修；<br>(10)控制室通风机解体大修，通风系统检查 |
| 低压电气设备 | (1)低压配电盘检修，有关元件定值核定；<br>(2)振打、加热配电箱的更换、检修；<br>(3)所有电动机的解体检修；<br>(4)振打卸灰系统、信号回路及元器件清扫、检查，振打程序及加热自控部件检查、校验；<br>(5)操作、动力电缆检查，绝缘电阻测量 |

续表

| 项目 | 主要内容 |
| --- | --- |
| 机械部分 | (1)电场内部全面清理检查；<br>(2)更换已变形、腐蚀的收尘极板；<br>(3)更换无法修整或折断的放电线；<br>(4)调整放电极框架和极间距；<br>(5)振打锤头、砧铁的更换或修理；<br>(6)电动机、减速机的解体检修；<br>(7)导流板、气流分布板磨损情况及安装位置的检查；<br>(8)检查壳体及管道系统有无积灰、磨损及腐蚀，以便更换、修复、加固；<br>(9)卸灰系统的更换或修复；<br>(10)灰斗加热装置及绝缘子室热风系统的更换或修复 |

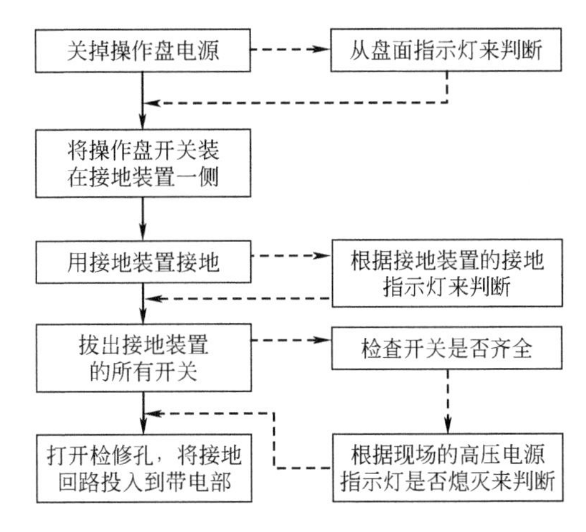


图 18-13　电场检修操作顺序

**4. 湿式除尘器维护检修**

湿式除尘器的常见故障是设备腐蚀、磨损及给水喷嘴的堵塞等：①在设备停运时，应检查设备腐蚀情况，对腐蚀部位进行修补或更换备件；②应经常注意除尘器挡板磨损情况，磨损严重时要及时更换；③给水喷嘴的堵塞是经常发生的，维护中除优先选用不堵塞喷嘴外，还要对堵塞进行清理。为避免喷嘴堵塞，还要注意循环水中不能有过多杂质，注意补给新水。

储水式除尘器的检修流程如图 18-14 所示。泡沫式除尘器的检修流程如图 18-15 所示。充填式淋水除尘器的检修流程如图 18-16 所示。文丘里除尘器的检修流程如图 18-17 所示。

## 五、除尘风机维护检修

**1. 通风机巡检**

通风机巡视检查内容见表 18-12，并按巡视内容进行维护保养。

**表 18-12　通风机巡视检查内容**

| | |
| --- | --- |
| 勤看 | (1)看油位：油面高度应在油标线范围内，从油窗盖上观察润滑油飞溅情况应符合技术要求，发现缺油应及时添加，油箱下透气孔不应堵塞。<br>(2)看风压：各处是否有漏气现象。检查各运转部件，振动不能太大，电器设备应无发热、松动现象。<br>(3)看电流：电流表显示异常，则要仔细检查异常原因，直至排除 |
| 勤听 | (1)风机声音是否正常，运转声音不应有非正常的摩擦声和撞击声，如不正常时应停车检查，排除故障。<br>(2)风机振动是否正常，排查振幅过大现象 |
| 勤摸 | 检查风机各部分的温度，两端轴承处温度不高于 80℃，附轮润滑油温度不超过 60℃，风机周围表面用手摸时不烫手 |
| 勤嗅 | 电动机应无焦味或其他气味 |

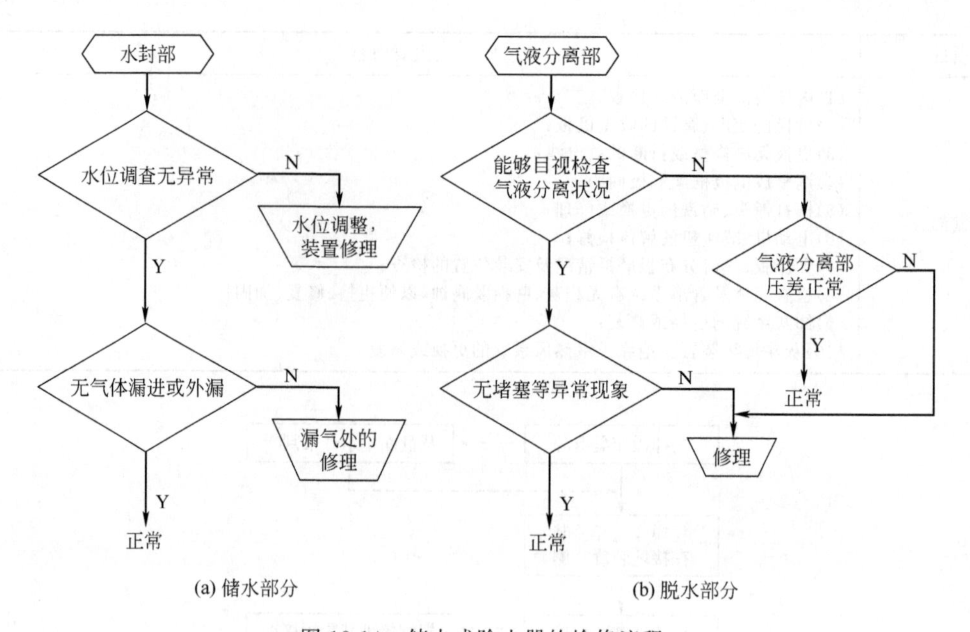


(a) 储水部分　　(b) 脱水部分

图 18-14　储水式除尘器的检修流程

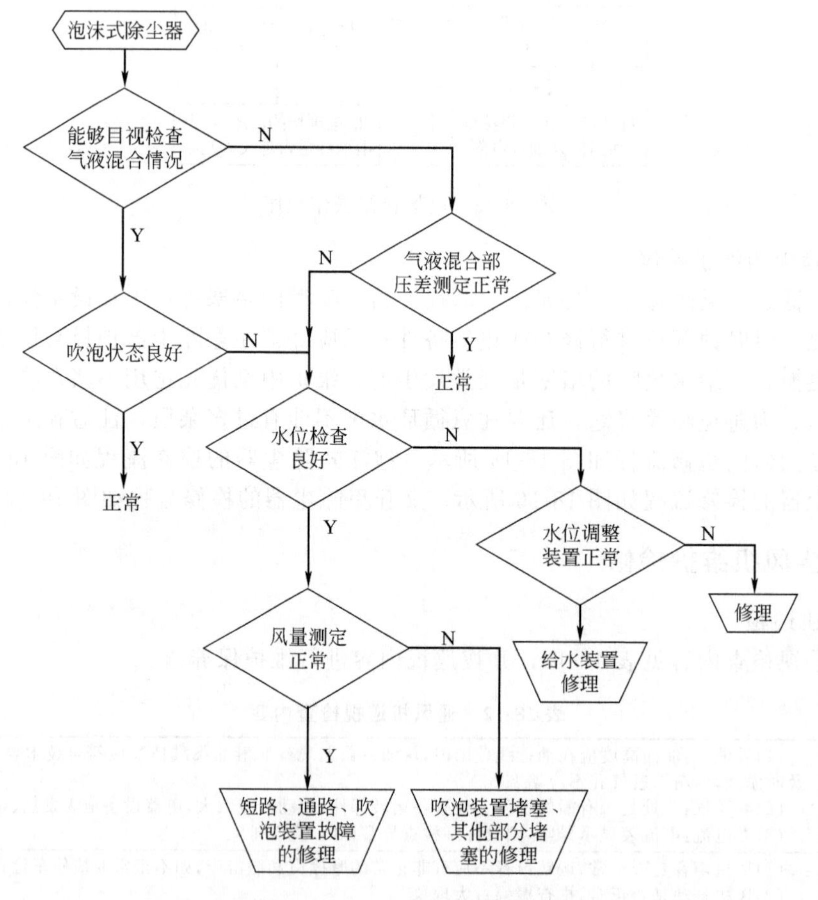


图 18-15　泡沫式除尘器的检修流程

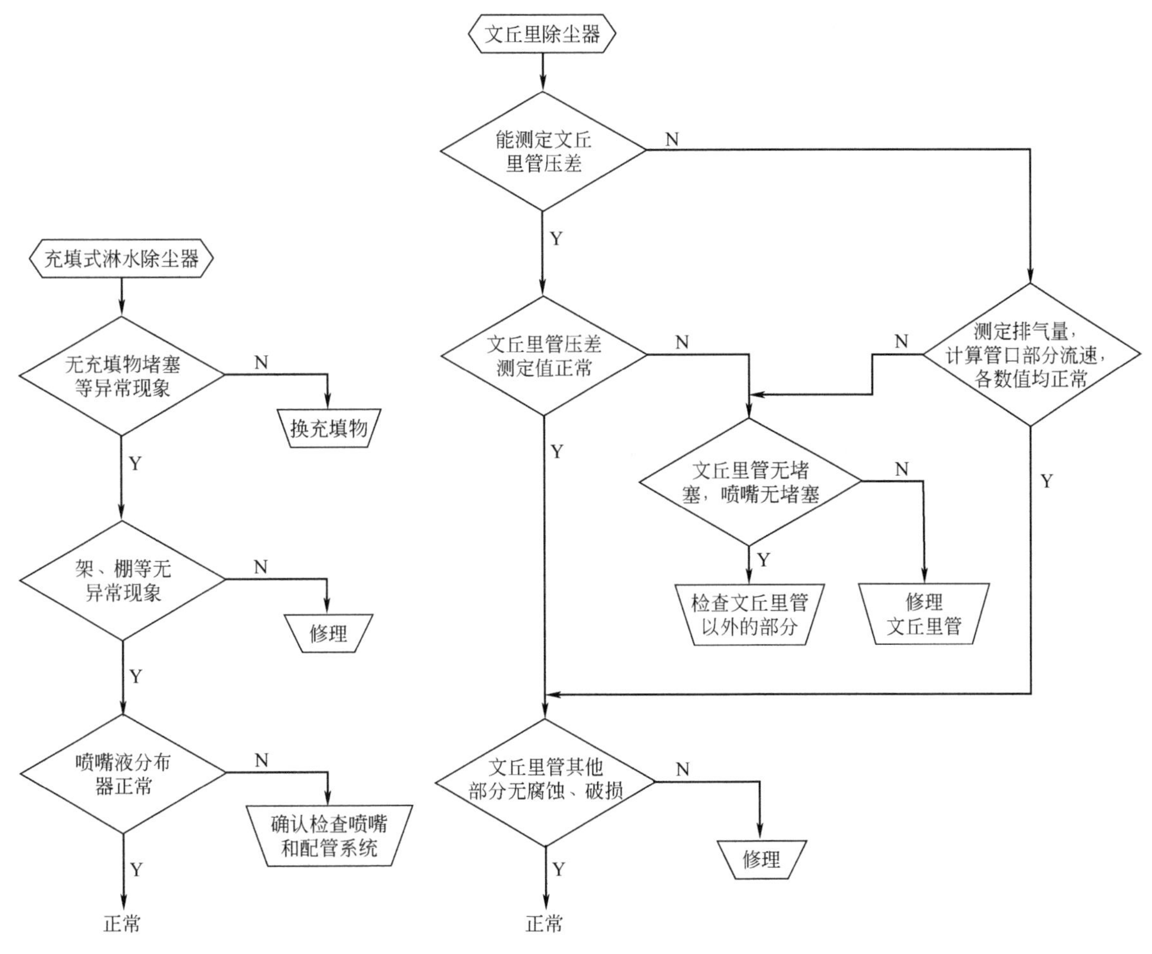


图 18-16　充填式淋水除尘器的检修流程　　图 18-17　文丘里除尘器的检修流程

**2. 电动机维护保养**

电动机运转中的维修项目包括：①异常声音；②轴承的润滑油量、轴承的温度、轴承的振动；③紧固松弛与振动的螺栓；④电流及电压。

电动机停车时的维护项目包括：①检查紧固螺栓的松弛情况；②检查轴承的润滑油量。润滑油过多，轴承过热；润滑油过少，摩擦力增大。

**3. 风机的检修周期**

风机的检修周期一般按表 18-13 进行。

**表 18-13　风机的检修周期**

| 检修类别 | 检修周期/月 |
|---|---|
| 小修(保养) | 3～6 |
| 中修(针对性修理) | 12～24 |
| 大修 | 24～43 |

注：风机的检修周期与风机使用场合有极大的关系，主要是介质中的含尘量、粉尘的特性等对风机的磨损、腐蚀影响极大，应根据现场情况予以调整。

**4. 风机的检修流程**

风机的检修流程如图 18-18 所示。

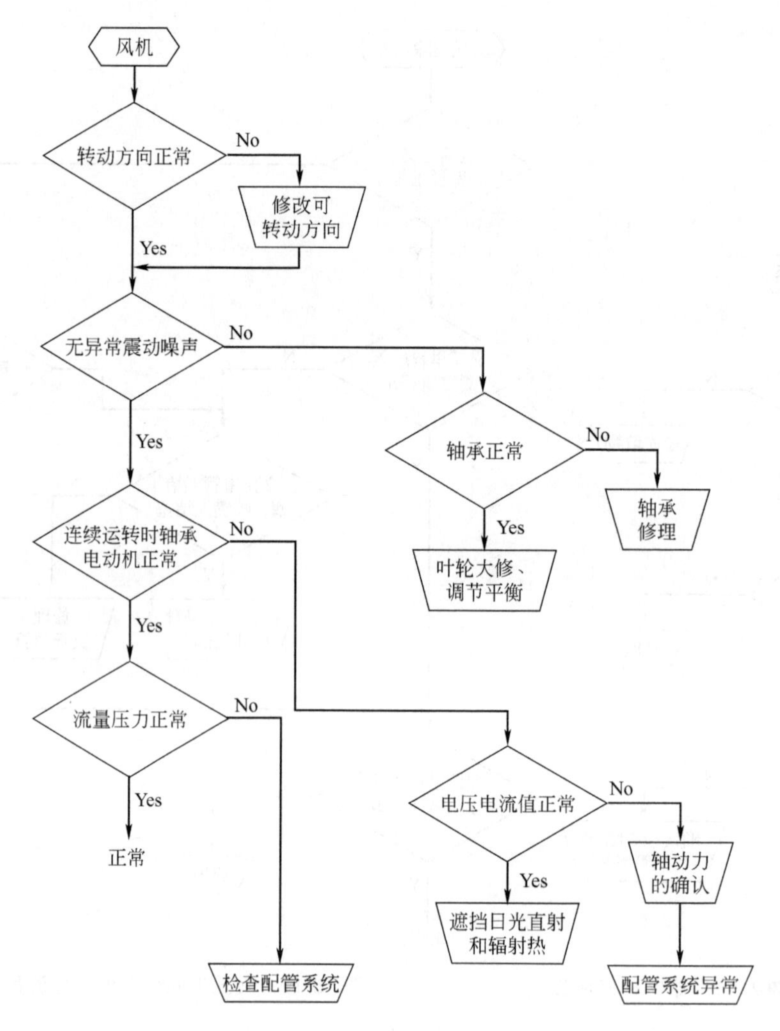


图 18-18 风机的检修流程

**5. 风机的检修内容**

(1) 小修 包括：①检查、清洗各轴承，更换轴承润滑脂或润滑油，标明正常油位和最高、最低油位；②检查各部位的密封情况，清扫内部尘垢；③检查叶片风门挡板、导流板等有无裂纹、锈蚀、磨损、螺钉松动情况并进行处理；④检查联轴器及其防护罩，更换磨损的橡胶弹性圈；⑤检查和紧固各部位螺栓；⑥堵塞各处漏风点并修复保温材料；⑦检查、修理调节风门，保证其灵活、开闭指示正确；⑧检查修理冷却水系统。

(2) 中修（包括小修内容） 包括：①根据叶轮焊接缝（或铆钉）的磨损、松动情况，进行焊补或更换叶片（或铆钉），并做静平衡校验；②修理或更换联轴器；③检查或更换轴承；④检查、调整电动机轴和风机主轴的同心度及水平度；⑤修理或更换轴承座；⑥修理风机外壳和叶片磨损严重的部位，补焊或更换防磨层内衬；⑦对易腐蚀部位必须进行防腐除锈处理。

(3) 大修（包括中修内容） 包括：①修理或更换风机主轴；②更换磨损严重的风机外壳；③制造或安装新叶轮，并做静平衡或动平衡校验；④更换台板、轴承箱或重新浇灌基础。

## 六、除尘辅助设备维护检修

**1. 粉尘输送装置的维护检修**

粉尘输送装置的检修流程见图 18-19，检修项目如下。

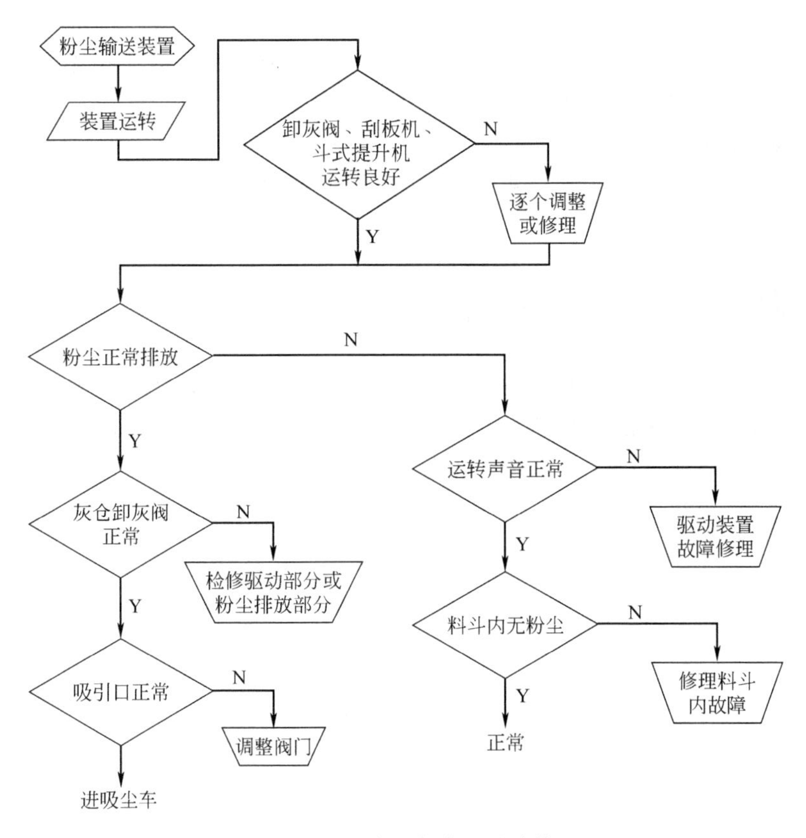


图 18-19　粉尘输送灰装置的检修流程

(1) 主要维修项目：运转中经常检查驱动装置驱动链条的拉紧状况，运行是否平稳；有无异常声音，润滑状况（润滑油是否充足）；卸出部分有无堵塞；停车后检查磨损状况及修补或更换；清除壳内的积灰。

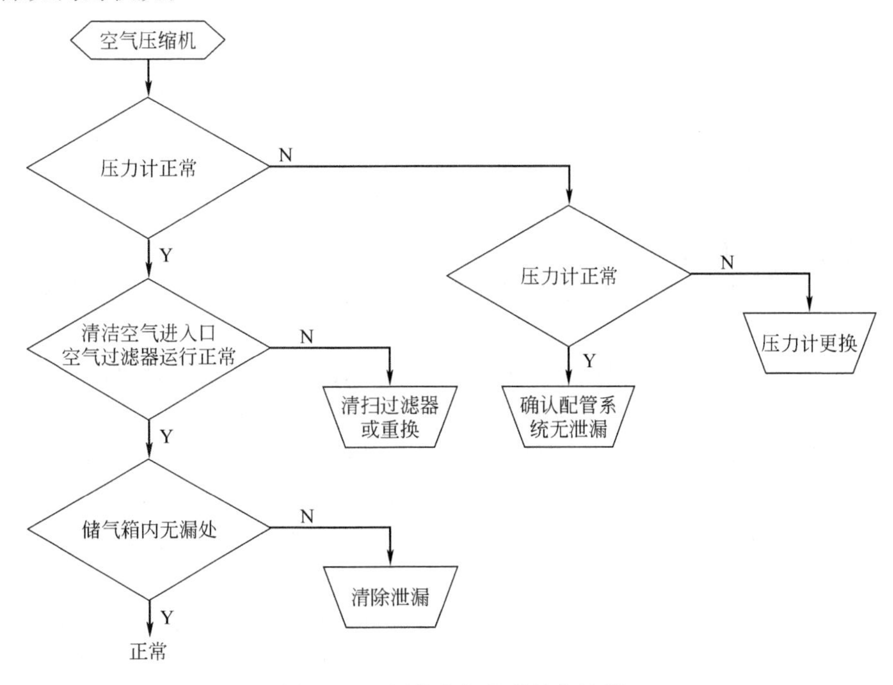


图 18-20　压缩空气机的检修流程

（2）回转卸灰阀的主要维护项目：密封性是否良好；检查驱动装置的链条、轴承磨损情况和润滑油是否充足；粉尘排除是否正常，有无堵塞；停车时检查和修补叶片的磨损；检查和清扫壳内侧的附着粉尘；调整驱动链条的松紧程度。

**2. 空气压缩机维护检修**

空气压缩机维护检修主要是为了保持压力正常、过滤器清洁、润滑到位。其检修流程如图18-20所示。

## 第六节 除尘器维修备件管理

备件管理是维修工作的重要组成部分，科学合理地储备备件，及时地为设备维修提供优质备件，是设备维修必不可少的物质基础，是缩短设备停修时间、提高维修质量、保证修理周期、完成修理计划、保证企业生产的重要措施。

### 一、维修备件分类

**1. 备件的含义**

在设备维修工作中，为缩短修理的停歇时间，根据设备的磨损规律和零件使用寿命将设备中容易磨损的各种零（部）件事先加工、采购和储备好。这些事前按一定数量储备的零（部）件称为备件。如备用的滤袋、脉冲阀、过滤器、减压阀、瓷瓶、料位计等。

**2. 备件的分类**

（1）按零件来源分类

① 自制备件。企业自己设计、测绘、制造的零件，基本上属于机械零件范畴。

② 外购备件。企业对外订货采购的备件，一般配套零件均是采购备件。由于企业自制能力的限制和出于对经济性的考虑，许多企业的除尘器配件如电磁脉冲阀、风机主轴、膜片、气缸等也是外购的。

（2）按零件使用特性（或在库时间）分类

① 常备件。指经常使用的（即使用频率高）、设备停工损失大和单价比较便宜的需经常保持一定储备量的零件，如易损件、消耗量大的配套零件、关键设备的保险储备件等。

② 非常备件。使用频率低、停工损失小和单价昂贵的零件，按其筹备的方式可分为：计划购入件——根据修理计划预先购入作短期储备的零件；随时购入件——修前随时购入或制造后立即使用的零件。

**3. 备件管理的主要任务**

（1）建立相应的备件管理机构和必要的设施，科学合理地确定备件的储备品种、储备形式和储备定额，做好备件的保管供应工作。

（2）及时有效地向维修人员提供合格的备件，重点做好关键设备备件供应工作，确保关键设备对维修备件的需要，保证关键设备的正常运行，尽量减少停机损失。

（3）做好备件使用情况的信息收集和反馈工作。备件管理和维修人员要不断收集备件使用的质量、经济信息，并及时反馈给备件技术人员，以便改进和提高备件的使用性能。备件采购人员要随时了解备件市场的货源供应情况、供货质量，并及时反馈给备件计划员，以便及时修订备件外购计划。

（4）在保证备件供应的前提下，尽可能减少备件的库存，提高备件资金的周转率。影响备件管理成本的因素有：备件资金占用率和周转率；库房占用面积；管理人员数量；备件制造采购质量和价格；备件库存损失等。备件管理人员应努力做好备件的计划、生产、采购、供应、保管等工作，减少备件储备资金，降低备件管理成本。

## 二、备件的技术管理

备件技术管理工作应主要由备件技术人员来做，其工作内容为编制、积累备件管理的基础资料。通过这些资料的积累、补充和完善，可以掌握备件的需求，预测备件的消耗量，确定比较合理的备件储备定额、储备形式，为备件的生产、采购、库存提供科学、合理的依据。

**1. 除尘设备备件技术资料的内容**

除尘设备备件技术资料的内容见表 18-14。

**表 18-14 除尘设备备件技术资料的内容**

| 类别 | 技术资料名称和内容 | 资料来源 | 备注 |
| --- | --- | --- | --- |
| 备件图册、维修图册 | 除尘设备备件零件图<br>主要部件装配图<br>传动系统图<br>液压系统图<br>轴承位置分布图<br>电气系统图 | (1)向制造厂索取；<br>(2)自行测绘；<br>(3)设备使用说明书中的易损件图或零件图；<br>(4)向描图厂购买；<br>(5)机械行业编制的备件图册；<br>(6)向兄弟单位借用 | (1)外来资料应与实物进行校核；<br>(2)编制图册的图样应在图样适当位置标出原厂图号 |
| 备件卡片 | 除尘设备备件卡(自制备件卡、外购备件卡)<br>轴承卡<br>液压元件卡<br>皮带链条卡<br>电器备件卡等 | (1)备件图册；<br>(2)设备使用说明书；<br>(3)机械行业有关技术资料；<br>(4)向兄弟单位借用；<br>(5)自行测绘、编制 | 档案室、技术室、作业班组存用 |
| 备件统计表 | 备件型号、规格<br>统计表<br>备件类别汇总表 | (1)备件卡；<br>(2)备件图册；<br>(3)设备说明书；<br>(4)同行业互相交流；<br>(5)设备台账；<br>(6)机械行业有关资料 | (1)备件生产厂家、联络方式；<br>(2)备件改进方法或新产品 |

**2. 确定备件储备品种的方法**

(1) 根据零件结构特点、运动状态的结构状态分析法。结构状态分析法就是对设备中各种结构和运动状态进行技术分析，判明：哪些零件经常处在运动状态，其受力情况，容易产生哪类磨损，磨损后对设备精度、性能和使用的影响，以及零件的结构、质量、易损等因素。然后与确定除尘设备备件储备品种的原则结合起来综合考虑，确定出应储备的备件项目。

(2) 根据维修换件情况的技术统计分析法。技术分析法就是对企业日常维修、检修和大修更换件的消耗量进行统计和技术分析（需较长时间地积累准确资料），通过对零件消耗找出零件的消耗规律。在此基础上，与设备结构情况、确定备件储备品种原则结合起来进行综合分析，确定应当储备的备件品种。

(3) 根据同型号设备备件手册（机械行业出版资料或行业经验汇编）的参考资料比较法。这种方法适用于一般普通设备，可参考机械行业发行的备件手册、轴承手册和液压元件手册等技术资料，结合本企业实际情况，再结合前两种方法确定本单位的备件储备品种。

## 三、备件的实物管理

**1. 备件的储备形式**

(1) 成品储备　在设备修理中，有些备件要保持原来的尺寸，如摩擦片、齿轮、花键轴等，可制成（或购置）成品储备。有时为了延长某一零件的使用寿命，可有计划、有意识地预先把相关的配合零件分成若干配合等级，按配合等级把零件制成成品进行储备。例如，活塞与缸体及活塞的配合可按零件的强度分成两三种不同的配合等级，然后按不同配合等级将活塞环制成成品储备，修理时按缸选用活塞环即可。

（2）半成品储备　有些零件必须留有一定的修理余量，以便拆机修理时进行尺寸链的补偿。如轴瓦、轴套等可以留配刮量储存，也可以粗加工后储存；又如与滑动轴承配合的淬硬轴，轴颈淬火后不必磨削而作为半成品储备等。

半成品备件在储备时一定要考虑到最后制成成品时的加工工艺尺寸。储备半成品的目的是为了缩短因制造备件而延长的停机时间，同时也为了在选择修配尺寸前能预先发现材料或铸件中的砂眼、裂纹等缺陷。

（3）成对（套）储备　为了保证备件的传动和配合，有些备件必须成对制造、保存和更换，如刮板机的丝杠副、斗式提升机的齿轮等。为了缩短设备修理时的停机时间，常常对一些普通的备件也进行成对储备，如螺旋输送机的开合螺母。

（4）部件储备　为了进行快速修理，可把生产线中的设备及关键设备上的主要部件，制造工艺复杂、技术条件要求高的部件或通用的标准部件等，根据本单位的具体情况组成部件适当储备，如减速器、液压操纵板等。部件储备也属成品储备的一种形式。

（5）毛坯（或材料）储备　某些机械加工工作量不大及难以预先决定加工尺寸的备件，可以毛坯形式储备，如对合螺母、铸铁拨叉、双金属轴瓦、铸铜套、皮带轮、曲轴、关键设备上的大型铸锻件以及有些轴类粗加工后的调质材料等。采用毛坯储备形式，可以省去设备修理过程中等待准备毛坯的时间。

根据库存控制方法，储备形式有下列两种。

① 经常储备。对于那些易损、消耗量大、更换频繁的零件，需经常保持一定的库存储备量。

② 间断储备。对于那些磨损期长、消耗量少、价格昂贵的零件，可根据对设备的状态检测情况，发现零件有磨损和损坏的征兆时，提前订购（生产），做短期储备。

**2. 除尘设备备件的 ABC 管理**

除尘设备备件的 ABC 管理法是物资管理中 ABC 分类控制法在备件管理中的应用。它是根据备件品种规格多、占用资金多和各类备件库存时间、价格差异大的特点，采用 ABC 分类控制法的分类原则而实行的库存管理办法，具体分类如表 18-15 所示。

**表 18-15　备件的 ABC 管理**

| 备件分类 | 品种数占库存品种总数的比例/% | 价值占库存资金总额的比例/% |
|---|---|---|
| A 类 | 10 左右 | 50～70 |
| B 类 | 25 左右 | 20～30 |
| C 类 | 65 左右 | 10～30 |

对不同种类、不同特点的备件，应当采用不同的库存量控制方法。

A 类备件的特点一般为储备期长（周转速度慢）、重要程度高、储备件数较少（通常只有一两件）、采购制造较困难而价格又较高等。对 A 类备件要重点控制，应在控制供应的前提下控制进货。尽量按最经济、最合理的批量和时间进行订货和采购。可采取定时、定量进货供应的方式，保证生产的正常需要。对 B 类备件的控制不如 A 类那样严格，订货批量可以适当加大，时间可稍有机动，对库存量的控制也可比 A 类稍宽一些。C 类物资由于其耗用资金不太大而品种较多，为了简化物资管理，可按照计划需用量一次订货，或适当延长订货间隔期，减少订货次数。

# 第十九章
# 除尘设备故障诊断与排除

在除尘设备运行、维护过程中会发现和遇到种种设备故障。为保证设备完好与正常运行，就要掌握故障发生机理和规律，进行故障的诊断和故障的排除工作。

## 第一节 除尘设备故障机理和规律

人们希望除尘设备在安装调试合格后，尽早投入正常使用，尽快发挥效益；在使用运行过程中，要求连续正常运行，故障停机损失趋于零，设备可利用率达100%。为此，研究除尘设备的故障发生机理和发展规律，找出诊断故障、排除故障的方法，降低除尘设备故障率是除尘设备运行管理的重要任务。

### 一、除尘设备故障定义与分类

**1. 除尘设备故障定义**

故障、异常、缺陷等反映除尘设备技术状态的术语，在实际工作中往往很难确切地加以区别。除尘设备故障的定义一般为：除尘设备（系统）或其零部件丧失其规定性能的状态称为除尘设备故障。显然，这种状态只在除尘设备运行状态下才能显现出来。

判断除尘设备是否处于故障状态，必须有具体的判别标准，要明确除尘设备应保持的规定性能的具体内容，或者说，除尘设备性能丧失到什么程度才算出了故障。

**2. 除尘设备故障分类**

除尘设备故障的分类方法尚无资料可查，这里主要介绍笔者的体会。

（1）按故障发生的速度分类　除尘设备故障按故障发生的速度可分为突发性故障和渐发性故障。

突发性故障是由于各种不利因素和偶然的外界影响的共同作用超出了除尘设备所能承受的限度而突然发生的故障。这类故障一般无明显征兆，是突然发生的、依靠事前检查或监视不能预知的故障。如因使用机器不当或超负荷使用而引起零部件损坏；因温度降低结露、温度超限烧毁部件；因润滑油中断而使零件产生热变形裂纹；因电压过高、电流过大引起元器件损坏而造成的故障。

渐发性故障是由于各种影响因素的作用使设备的初始参数逐渐劣化、衰减过程逐渐发展而引起的故障。一般与除尘设备零（部）件的磨损、腐蚀、疲劳及老化有关，是在工作过程中逐渐形成的。这类故障的发生一般有明显的预兆，能通过预先检查或监视早期发现，如能采取一定的预防措施，可以控制或延缓故障的发生。

（2）按故障发生的后果分类　除尘设备故障按故障发生的后果可分为功能性故障与参数性故障。

功能性故障是指除尘设备不能继续完成自己规定功能的故障。这类故障往往是由个别零件损坏造成的，如滤袋失效等。

参数性故障是指设备的工作参数不能保持在允许范围内的故障。这类故障属渐发性的故障，一般不妨碍除尘设备的运转，但影响除尘设备排放浓度。

## 二、除尘设备故障发生机理

故障机理是指诱发零（部）件、设备系统发生故障的物理与化学过程、电学与机械学过程，也可以说是形成故障源的原因。故障机理还可以表述为除尘设备的某种故障在达到表面化之前，其内部的演变过程及其因果原理。弄清发生故障的机理和原因，对判断故障、防止故障的再发生有重要的意义。

故障的发生受空间、时间、设备（故障件）的内部和外界多方面因素的影响，有的是某一种因素起主导作用，有的是几种因素共同作用的结果。所以，研究故障发生的机理时，首先需要考察各种直接和间接影响故障产生的因素及其所起的作用，如下面几种。

（1）对象　指发生故障的对象本身，其内部状态与结构对故障的抑制与诱发作用，即内因的作用，如设备的功能、特性、强度、内部应力、内部缺陷、设计方法、安全系数、使用条件等。

（2）原因　指能引起设备与系统发生故障的破坏因素，如粉尘性质（粒径、水解性、黏度、电特性等）、烟气性质（温度、湿度、可燃性等）、人为的失误（设计、制造、装配、使用、操作、维修等的失误行为）以及时间的因素（环境等的时间变化、负荷周期、时间的劣化）等故障诱因。

（3）结果　指输出的故障种类、异常状态、故障模式、故障状态等。

产生故障的共同点是：来自于工作条件、环境条件等的因素作用于故障对象，当故障对象的能量积累超过某一界限时，设备或零（部）件就会发生故障，表现出各种不同的故障模式。

一般说来，故障模式反映着故障机理的差别。但是，即使故障模式相同，其故障机理也不一定相同。同一故障机理可能出现不同的故障模式。也就是说，纵然故障模式不同，也可能是同一机理派生的。因此，即使全面掌握了故障的现象，并不等于完全具备搞清故障发生原因和机理的条件。然而，搞清故障现象却总是分析故障发生机理和原因的必要前提。

故障分析的基本程序和方法如图 19-1 所示。在故障分析的初期，要对故障实物（现场）

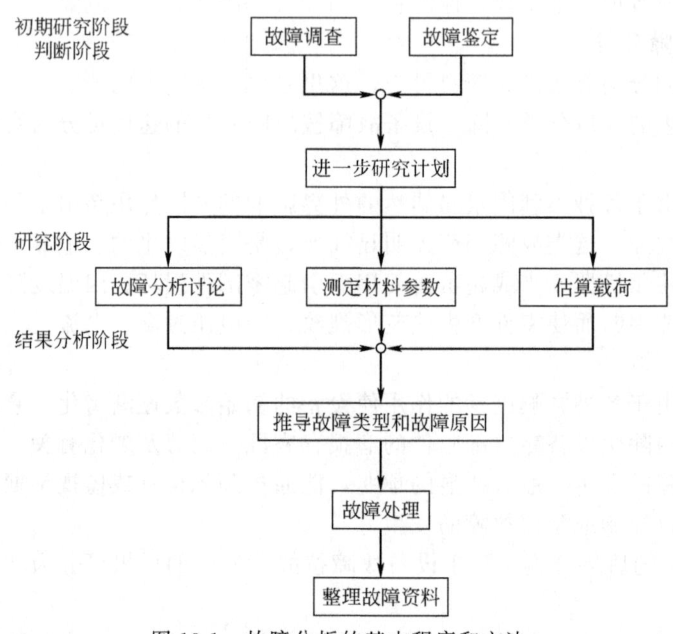


图 19-1　故障分析的基本程序和方法

和故障发生时的情况进行详细的调查和鉴定，还要尽可能详细地从使用者和制造者那里收集有关故障的历史资料，通过对故障的外观检查鉴定，找出故障的特征，查出各种可能引起故障的影响因素。在判断阶段，要根据初步研究结果提出需要进一步开展的研究工作，以缩小产生故障的可能原因的范围。在研究阶段，要用不同方法仔细地研究故障实物，测定材料参数，重新估算故障的负载。研究阶段应找出故障的类型及产生的原因，提出预防的措施。

产生故障的主要原因大体上有以下四个方面（图 19-2）。

（1）设计错误　包括：滤速过高、气流不均匀、选型不当、清灰方式选用不当；对使用条件、环境影响考虑不周；气体条件、粉尘性质掌握不够。

（2）原材料缺陷　包括：材料不符合技术条件，材质缺陷，后处理失当，膜片质量差、强度低等。

（3）制造缺陷　包括：壳体、配件加工和装配缺陷，后处理、焊接和电镀缺陷，选材不当，管理混乱等。

（4）运转缺陷　包括：没有预料到的使用条件影响，已知使用条件发生变化未相应改变运行条件，过载，过热，腐蚀，润滑不良，漏电，操作失误，维护和修理不当等。

有的故障是上述一种原因造成的，有的是上述多种原因综合影响的结果，有的是上述一种原因起主导作用而另一种（或几种）原因起媒介作用等。因此，判断何种因素对故障的产生起主要作用是故障分析的重要内容。

## 三、除尘设备故障的发生发展规律

除尘设备故障的发生发展过程都有其客观规律，研究故障规律对制订维修对策以至建立更加科学的维修体制都是十分有利的。设备在使用过程中，其性能或状态随着使用时间的推移而逐步下降，呈现如图 19-3 所示的曲线。很多故障发生前会有一些预兆，这就是所谓的潜在故障，其可识别的物理参数表明一种功能性故障即将发生，功能性故障表明设备丧失了规定的性能标准。

图 19-3 中“$P$”点表示性能已经变化，并发展到可识别潜在故障的程度，这可能是表明金属疲劳的一个裂纹；可能是振动，说明即将会发生轴承故障；可能是一个过热点，表明炉体耐火材料的损坏；可能是一个轮胎的轮面过多磨损等。“$F$”点表示潜在故障已变成功能性故障，即它已质变到损坏的程度。$P$-$F$ 间隔就是从潜在故障的显露到转变为功能性故障的时间间隔，各种故障的 $P$-$F$ 间隔差别很大，可由几秒到好几年，突发故障的 $P$-$F$ 间隔则很短。较长的间隔意味着有更多的时间来预防功能性故障的发生，因而要不断地花费很大的精力去寻找潜在故障的物理参数，为采取新的预防技术从而避免功能性故障争得较长的时间。

除尘器故障率随时间推移的变化规律称为设备的典型故障率曲线，如图 19-4 所示。该曲线表明除尘器的故障率随时间的变化大致分 3 个阶段，即早期故障期、偶发故障期和耗损故障期。

（1）早期故障期　是指除尘器安装调试过程至移交生产试用阶段。早期故障主要是由设计、制造上的缺陷，包装、运输中的损伤，安装不到位，使用工人操作不习惯或尚未全部熟练掌握其性能等原因所造成的。设备处于早期故障期，故障率开始很高，通过跑合运行和故障排除，故障率逐渐降低并趋于稳定。袋式除尘器此段时间为 0～4 个月。这段时间随设计与制造质量而异。

早期故障率是影响设备可靠性的一个重要因素，会使设备的平均无故障工作时间减少。从设备的总役龄来看，这段时间不长，但必须认真对待，否则影响新设备效能的正常发挥，对环境效益不利。对于已定型的成批生产的设备和熟练的操作人员来说，早期故障期较短。

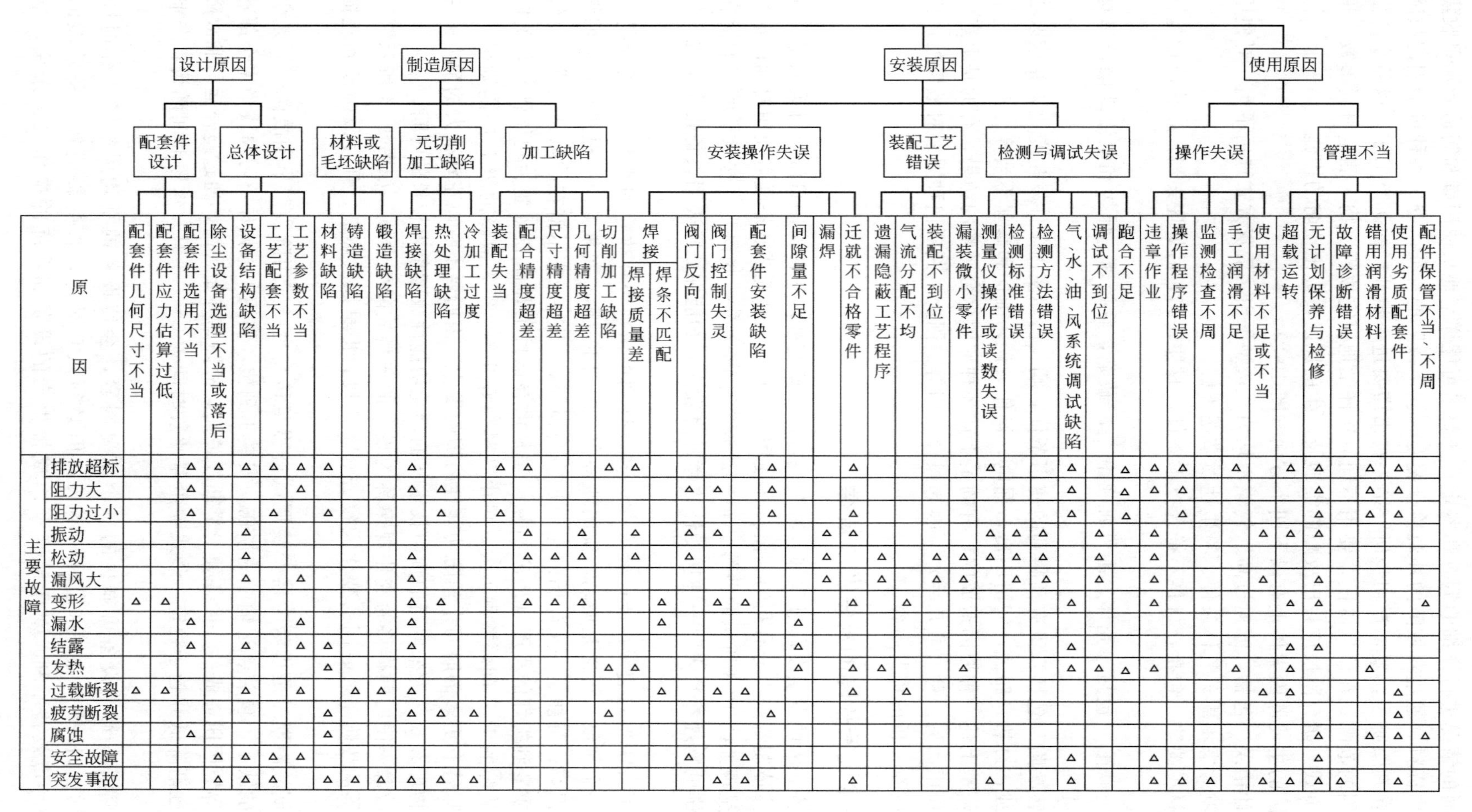


图19-2 除尘设备主要缺陷可能引发故障系统

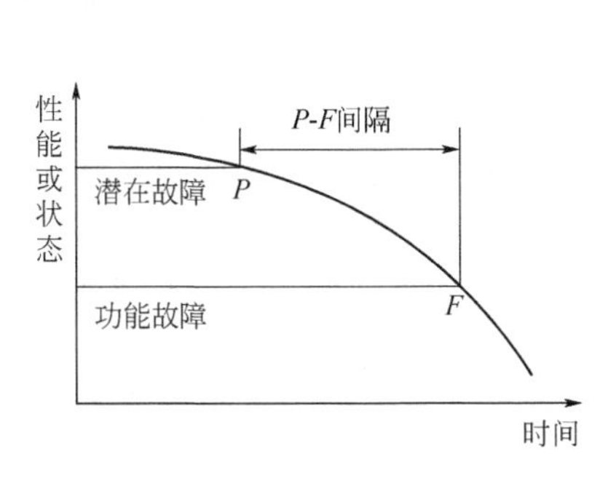


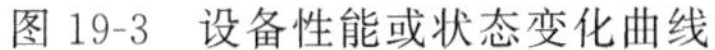
图 19-3 设备性能或状态变化曲线

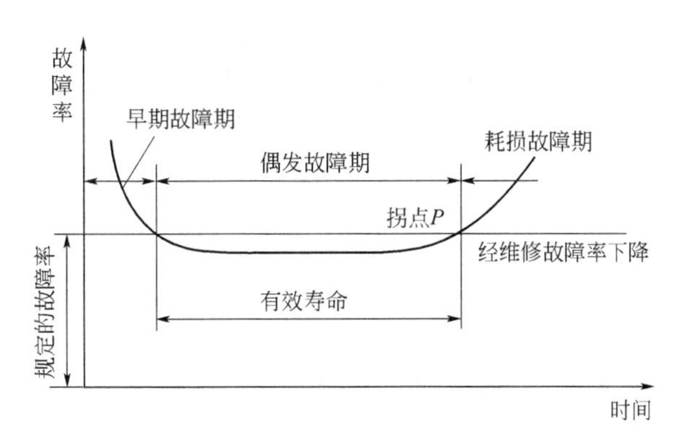


图 19-4 设备的典型故障率曲线

(2) 偶发故障期 经过第一阶段的调试、试用后，除尘器的各部分机件进入正常磨损阶段，操作人员逐步掌握了除尘器的性能、原理和机构调整的特点，设备进入偶发故障期。在此期间，故障率大致处于稳定状态，趋于定值。在此期间，故障的发生是随机的。在偶发故障期内，设备的故障率最低，而且稳定。因而可以说，这是设备的最佳状态期或称正常工作期。这个区段称为有效寿命。

偶发故障期的故障一般是由除尘器使用不当与维修不力，工作条件（负荷、环境等）变化，或者由于材料缺陷、控制失灵、结构不合理等设计、制造上存在的问题所致。故通过提高设计质量、改进使用管理、加强监视诊断与维护保养等工作，可使故障率降到最低。

对于偶发期故障，一般需要进行统计分析。因此，必须健全设备运行、故障动态和维修保养的记录，建立除尘器检查与生产日志等制度，对故障进行登记与分析。

(3) 耗损故障期 由于除尘器随着使用时间的延长，各零（部）件因磨损、配套件老化、腐蚀逐步加剧而丧失机能，使设备故障率逐渐上升。这说明除尘器的一些零（部）件已到了使用寿命期，应采用不同的维修方式来阻止故障率的上升，延长设备的使用寿命。如在拐点年即耗损故障期开始处进行大修，可经济而有效地降低故障率。如果继续使用，就可能造成设备事故。

通常，根据除尘设备的耗损故障情况和维修能力制订一条允许故障率的界限线，以控制实际故障率不超过此范围。

除尘设备故障率曲线变化的 3 个阶段真实地反映出设备从磨合、调试、正常工作到大修或报废故障率变化的规律，加强设备的日常管理与维护保养，可以延长偶发故障期。准确地找出拐点，可避免过剩修理或修理范围扩大，以获得最佳的投资效益。

综上所述，传统的修理周期结构必须随科技的发展、不同除尘设备的结构特点进行改革。因此，提倡状态维修，特别是结构复杂的大型电除尘器、袋式除尘器，充分利用潜在故障已经发生并在其转变成为功能性故障之前的这段时间做好状态监测，针对故障前兆实施状态维修，可使维修工作量和维修费用大幅度地降低，实现少投入、多产出的理想效果。

## 第二节 除尘设备故障诊断技术

除尘设备故障诊断因除尘设备类别很多，没有统一方法，以下是笔者用到的几种方法。

### 一、故障树分析诊断法

故障树分析法（fault tree analysis，FTA）是一种演绎推理法，这种方法把系统可能发生的某种故障与导致故障发生的各种原因之间的逻辑关系用一种称为故障树的树形图表示，通过对故障树的定性与定量分析，找出故障发生的主要原因，为确定安全对策提供可靠依据，以达到预测与预防故障发生的目的。FTA 法具有以下特点。

① 故障树分析是一种图形演绎方法，是故障事件在一定条件下的逻辑推理方法。它可以围绕某特定的故障做层层深入的分析，因而在清晰的故障树图形下，表达了系统内各事件间的内在联系，并指出单元故障与系统故障之间的逻辑关系，便于找出系统的薄弱环节。

② FTA 具有很大的灵活性。故障树分析法可以分析由单一构件故障所诱发的系统故障，还可以分析两个以上构件同时发生故障时所导致的系统故障。可以用于分析设备、系统中零（部）件故障的影响，也可以考虑维修、环境因素、人为操作或决策失误的影响，即不仅可反映系统内部单元与系统的故障关系，而且能反映出系统外部因素可能造成的后果。

③ 利用故障树模型可以定量计算复杂系统发生故障的概率，为改善和评价系统安全性提供了定量依据。

故障树分析是根据系统可能发生的故障或已经发生的故障所提供的信息，去寻找同故障发生有关的原因，从而采取有效的防范措施，防止故障发生。这种分析方法一般可按下述步骤进行。

**1. 准备阶段**

（1）确定所要分析的系统　在分析过程中，合理地处理好所要分析系统与外界环境及其边界条件，确定所要分析系统的范围，明确影响系统安全的主要因素。

（2）熟悉系统　这是故障树分析的基础和依据。对于已经确定的系统进行深入的调查研究，收集系统的有关资料与数据，包括系统的结构、性能、工艺流程、运行条件、故障类型、维修情况、环境因素等。

（3）调查系统发生的故障　收集、调查所分析系统曾经发生过的故障和将来有可能发生的故障，同时还要收集、调查本单位与外单位、国内与国外同类系统曾发生的所有故障。

**2. 故障树的编制**

（1）确定故障树的顶事件　确定顶事件是指确定所要分析的对象事件。根据故障调查报告分析其损失大小和故障频率，选择易于发生且后果严重的故障作为故障的顶事件。

（2）调查与顶事件有关的所有原因事件　从人、机、环境和信息等方面调查与故障树顶事件有关的所有故障原因，确定故障原因并进行影响分析。

（3）编制故障树　把故障树顶事件与引起顶事件的原因事件，采用一些规定的符号，按照一定的逻辑关系，绘制反映因果关系的树形图。

**3. 故障树定性分析**

故障树定性分析主要是根据故障树结构，求取故障树的最小割集或最小径集以及基本事件的结构重要度，根据定性分析的结果，确定预防故障的安全保障措施。

**4. 故障树定量分析**

故障树定量分析主要是根据引起故障发生的各基本事件的发生概率，计算故障树顶事件发生的概率；计算各基本事件的概率重要度和关键重要度。根据定量分析的结果以及故障发生以后可能造成的危害，对系统进行分析，以确定故障管理的重点。

**5. 故障树分析的结果总结与应用**

必须及时对故障树分析的结果进行评价、总结，提出改进建议，整理、储存故障树定性和定量分析的全部资料与数据，并注重综合利用各种故障分析的资料，提出预防故障与消除故障的对策。

目前已经开发了多种功能的软件包（如美国的 SETS 和德国的 RISA）进行 FTA 的定性与定量分析，有些 FTA 软件已经通用和商品化。

正确编制故障树是故障树分析法的关键，因为故障树的完善与否将直接影响到故障树定性分析和定量计算结果的准确性。绘制故障树的逻辑符号见表 19-1。

**表 19-1　绘制故障树的逻辑符号**

| 符号 | 含义 |
| --- | --- |
| 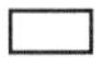 ▭ | 顶事件或中间事件:待展开分析的事件 |
| ○ | 基本事件:不能或不需要展开的事件,表示导致故障的基本原因 |
| 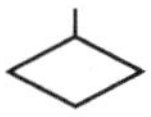 ◇ | 省略事件:原因不明,没有必要进一步向下分析或其原因不明确的事件 |
| 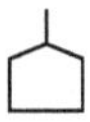 ⌂ | 开关事件:在正常条件下必然发生或必然不发生的事件 |
| 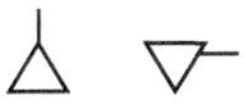 △　▽ | 转移符号:表示部分故障树图的转入或转出 |
|  ⬭ | 条件事件:限制逻辑门开启的事件 |
|  与门符号 | 与门:下端的各输入事件同时出现时才能导致发生上端输出事件 |
|  或门符号 | 或门:下端的各事件中只要有一个输入事件发生,即可导致输出事件的发生 |
| 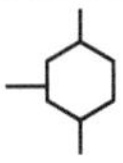 ⬡ | 禁门:下端有条件事件时才能导致发生上端事件 |

**6. 袋式除尘器滤袋失效故障树分析实例**

（1）常见袋式除尘器故障　电厂袋式除尘器系统在运行中会发生一些故障，热电厂出现的故障为：①排放的烟尘浓度偶尔超标，导致烟囱冒黑烟；②滤袋出现破损，破损部位呈圆洞状或条形缝隙状（袋笼筋处），部位多在接近袋口 1000～1500mm 处，破损位置集中在除尘器入口附近和花板单元的边缘；③净气室内部积灰，滤袋口周围落灰，净气室内部的支撑件表面粘灰；④进气喇叭口的气流分布板的上游板和下游板分别有规则和不规则孔洞，在气流分布极的表面有积灰；⑤仪表显示清灰工作正常，滤袋阻力不见下降（有时还有所增加）；⑥滤袋热收缩过大，滤袋和袋笼的接触比较紧，滤袋的自由活动空间较小，袋笼表面有锈蚀和有机硅涂层脱落的现象；⑦系统工况不稳，频繁起停炉，负荷、烟气温度、含尘量、含氧量、含湿量有时波动较大。

（2）袋式除尘器滤袋失效故障树分析　滤袋是袋式除尘器的核心，袋式除尘器失效主要表现在滤袋故障上。在对袋式除尘系统进行现场全面调查的基础上，进行袋式除尘器滤袋失效简易故障树分析（FTA），如图 19-5 所示。

## 二、静压诊断技术

**1. 诊断原理**

除尘静压诊断技术是最简单、最有效的故障诊断技术，它是在除尘管道合适的地方设静压

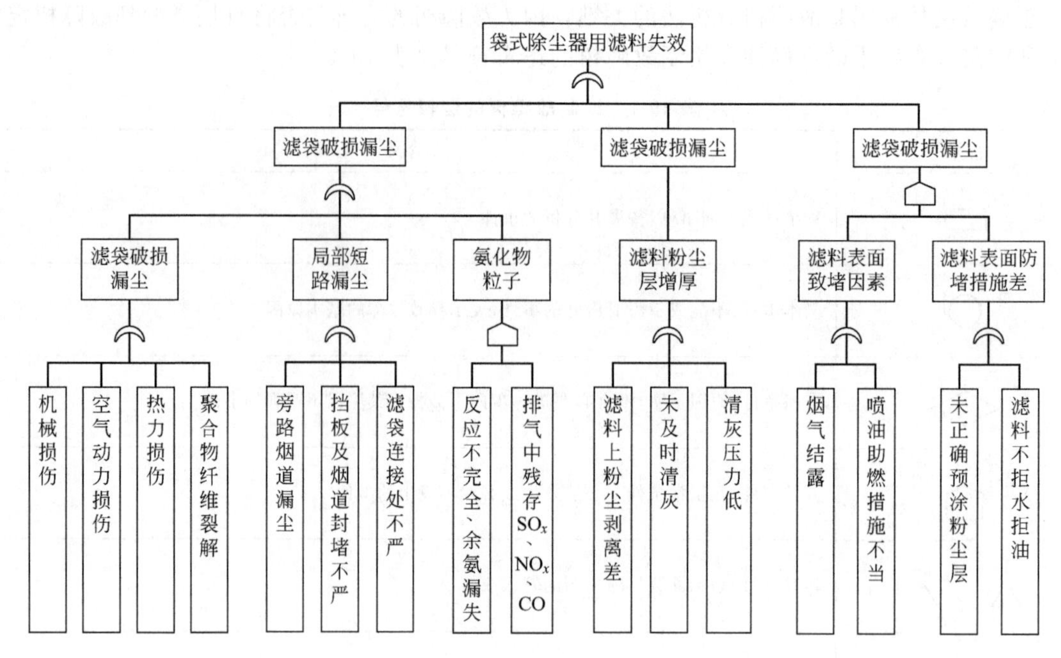


图 19-5 袋式除尘器滤袋失效简易故障树分析

测定孔，安装水柱式液体压力计，以便经常测定风道内的静压，根据测定值的变化掌握异常情况，便于诊断故障。其原理与测定电压诊断电路故障相似（表 19-2）。

**表 19-2 局部排气流路与电路比较**

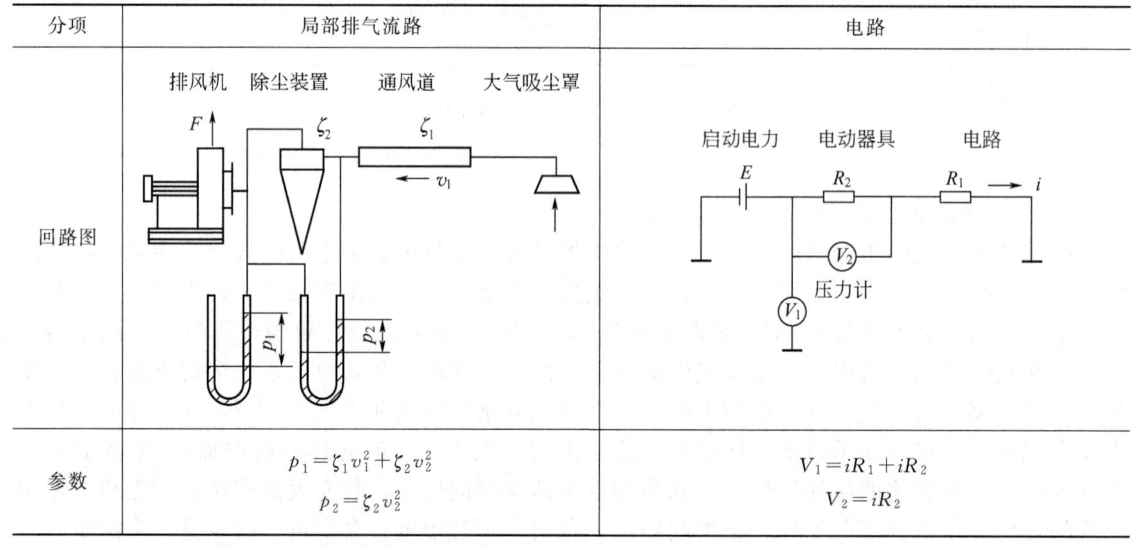


| 分项 | 局部排气流路 | 电路 |
| --- | --- | --- |
| 回路图 | | |
| 参数 | $p_1=\zeta_1 v_1^2+\zeta_2 v_2^2$<br>$p_2=\zeta_2 v_2^2$ | $V_1=iR_1+iR_2$<br>$V_2=iR_2$ |

注：1. $p_1$、$p_2$ 是静压差，除尘器本身的损失不一定与流速 $v$ 的二次方成正比。

2. $v$ 为流速；$p$ 为静压差（压力损失）；$\zeta$ 为阻力系数；$F$ 为排风机；$i$ 为电流；$V$ 为电压下降值；$R$ 为电阻；$E$ 为启动电力。

表 19-2 中（左），$p$ 增大的原因是：①流速 $v$ 增大（风机 $F$ 的能力提高）；②流动阻力增加（闭塞）。$p$ 减小的原因是：①流速 $v$ 减小（风机能力下降）；②流动阻力变小（流路畅通）。

表 19-2 中（右），$v$ 增大的原因是：①电流 $i$ 增大（启动电力 $E$ 的能力提高）；②电阻增大。$v$ 减小的原因是：①电流 $i$ 变小（启动电力下降）；②电阻减小。

**2. 压力计配置**

用静压法诊断除尘设备故障时压力计的安装位置如图 19-6 所示。

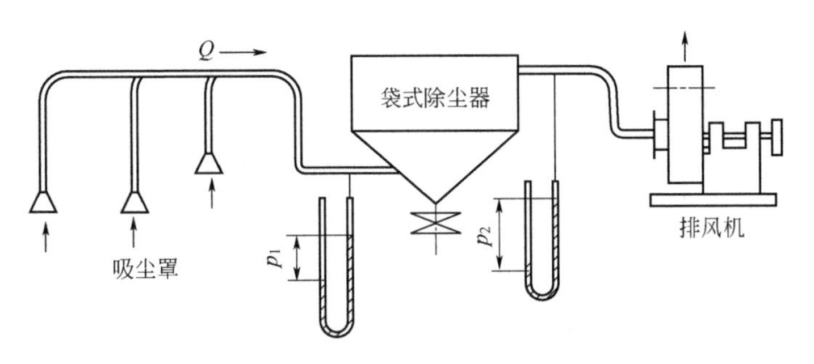


图 19-6　静压法压力计安装位置

**3. 静压诊断内容**

(1) 一般诊断　在实际操作时，可根据静压变化诊断故障，按表 19-3 所列的方式进行故障判断。

**表 19-3　根据静压变化诊断故障**

| 出口＼除尘器入口 | | $p_1$ 与新设时同样 | $p_1$ 增加 | $p_1$ 减小 |
|---|---|---|---|---|
| $p_2$ | 与新设时同样 | 正常，但有时吸尘罩会脱落 | | 来自除尘器的空气进入，粉尘排出装置开放 |
| $p_2$ | 增加 | | 从 $p_1$ 测定点开始，上游的粉尘堵塞 | 除尘器阻力增加（过滤器孔堵塞） |
| $p_2$ | 减小 | 袋式除尘器滤袋部分破损，来自除尘器的一部分空气进入 | 除尘器阻力小，袋式除尘器滤袋等发生大的破损 | 从排风机入口处进入空气，风机能力下降 |

注：$p_1$、$p_2$ 分别是在除尘装置入口、出口设置的压力计读数。

(2) 袋式除尘器故障诊断

① 除尘器设备阻力明显高于正常值。

Ⅰ. 处理风量过大，由调节阀门开启过大，或位于入口管段的各种阀门（冷风阀、换向阀、反吹阀等）漏气所致：调节或修理阀门。

Ⅱ. 连接压力计的管路堵塞或一根连管脱落：检查压力计进出口及连接管路，疏通或更换。

Ⅲ. 滤袋堵塞：a. 含湿气体结露，使粉尘在袋口黏结，以加热、保温等措施提高箱体内温度，或更换滤袋；b. 漏水使滤袋潮湿，补漏使箱体密封；c. 粉尘吸湿性强，在滤袋上产生黏结，应采取加热、保温措施。

Ⅳ. 滤袋使用时间过长：更换滤袋。

Ⅴ. 过滤风速过高（设计选型不合理）：增加过滤面积。

Ⅵ. 清灰周期过长：调整清灰程序控制器，使清灰周期缩短。

Ⅶ. 清灰强度不足。对于反吹风袋式除尘器，反吹风量太小，清灰时间不够，三通阀关闭不严。对脉冲袋式除尘器，喷吹压力过低，喷吹时间过短：调整清灰程序控制器和清灰气流动力机械。清灰机构出现故障：及时修理。

外滤式滤袋张力不够：调整张力至适当程度。

灰斗积存大量粉尘：查明原因及时排除。

② 除尘器阻力明显低于正常值：a. 处理风量过小，可能因风机调节阀门开启过小，或管道堵塞所致：调节阀门开启程度，疏通管道；b. 压力计的连接管路堵塞，或一根连管脱落，应检查压力计进出口及连接管路，疏通或更换管路；c. 清灰周期过短、过频：调整清灰程序控制器或 PLC，使

清灰周期正常。

## 三、诊断检测方法

除尘器诊断检测，旨在依据除尘设备运行中暴露的表观问题，运用科学手段来发现运行症结，制订复原或可提升除尘设备技术性能的措施，实现除尘设备优化运行，以实现技术经济效益最大化。

**1. 检测范围**

除尘设备诊断检测应当包括一般型诊断检测、事故型诊断检测和研发型诊断检测。

（1）一般型诊断检测　除尘设备制作和安装的结构性缺陷在设备运行中暴露并形成一定的运行障碍，但又与一些相似（近）故障表现混杂在一起，难以区分，需应用诊断检测来澄清症结是非，对症下药，采取科学补正措施的，称为一般型诊断检测。

（2）事故型诊断检测　因误操作或其他不明原因，突发除尘设备运行事故，虽按除尘设备重大事故预案组织抢救，但仍造成一定经济损失、事后需要组织设备事故调查与分析，必要时需采用模拟试验来诊断、定性结论的，称为事故型诊断检测。

事故型诊断检测应当根据设备运行事故分析归纳的调查大纲，组织专项诊断检测课题，运用科学试验手段来破解疑点，走向科学的明天。

（3）研发型诊断检测　根据新产品研发的需要，利用已有除尘设备作样机开展的优化与提升除尘设备技术性能的检测，称为研发型诊断检测。

研发型诊断检测往往预先设计一些前置性条件，通过实验观察等科学手段来破解运行疑点，其讨论层次之深、检测方法之复杂都是空前的，诊断结论还应在多元体系中成立。

**2. 检测原则**

立足除尘工程理论，兼容机械工程功能；

坚持系统工程思维，编制管理工程程序；

透过表面工程现象，抓住结构工程本质；

发展数理工程应用，攀登环境工程高地。

上述八言诗句陈述了设备诊断检测的哲学方法，其主要思路应当理解为：①运用除尘工程和机械工程的基础理论与专业理论，科学指导和发展设备诊断检测；②坚持系统工程方法，全面规划和制订设备诊断检测大纲，有序开展设备诊断检测运作；③集合运行故障的表观现象，应用现代科学手段，建立诊断检测模型，深入讨论与破解运行故障内因；④科学排列组合与实验研究，去伪存真，找出运行故障症结，配套优化与提升除尘设备性能的技术措施和组织措施，攀登除尘技术高端。

**3. 检测方法**

设备诊断检测是一项综合性应用技术，其检测方法的选择应坚持以下原则：①坚持优先采用国家标准、行业标准规定的方法；②坚持采用新技术检测，必须以国家标准、行业标准为基准的对照原则；③坚持检测结果以法定计量单位为准的表述原则。

**4. 注意事项**

诊断检测的注意事项包括：①坚持调查研究，全面收集诊断检测对象的原始资料和旁证资料；②科学制订设备诊断检测大纲，集合先进科学技术，有序开展设备诊断检测；③坚持科学分析，实行民主决策，不能拒绝反面意见，要在诊断检测中取得统一；④诊断检测结论要坚持尊重科学、尊重事实、尊重实践，被实践接受的诊断检测成果才是转化成功的生产力。

## 四、振动诊断技术与振动消除

**1. 设备振动诊断技术**

设备诊断技术就是监测设备的状态并能预测其未来的技术。即在设备运行中或基本不拆卸设备的情况下，能掌握设备的运行现状，判定有无初期故障，一旦出现故障，还能判定故障部位、原因和程度。这样就能避免发生突发性故障，将事后维修和定期维修改为按设备状态维修，从而大大提高企业的经济效益。

(1) 振动诊断原理 机械内部发生异常时，一般情况下都会出现振动增大、振动性质改变等现象。因此，利用振动测定和分析手段，可以在不停机的情况下了解设备异常部位、异常程度以及异常原因。正因为这样，振动测定和分析可在设备诊断中应用。

人们很早以来就知道凭“耳听”“手摸”等五官感觉来获得设备的特征，其实凭“手感”“耳感”“温感”等得到的信息从广义上来说都是振动信息，只不过是宽频带域内的振动信息。一般来说，手能感觉到的振动信号频率在 1kHz 以下，1～10kHz 的振动信号可以凭耳朵听到声音，而 10kHz 以上的振动信号主要是凭温度感觉，但是凭五官感觉不能定量地获得振动信号，而且因人而异，无法比较，也不能记录。因此在大多数情况下，要利用测振仪表测振动，用分析仪做各种分析，才能从振动信息中判断机械设备发生了什么故障、严重程度如何等。

(2) 振动诊断方法 一台正常设备在运转时，由于各运动件的相互作用也会产生一定的振动，但这种振动比较小，而且平稳。当某个部件出现异常时，振动就带有了这个异常部件的特征信号。下面介绍几种机械故障出现时所表现的振动特征。

① 转子不平衡诊断。所谓转子不平衡是转子的重心不在其几何中心轴线上，这样轴旋转时就受到一定的离心力，由于离心力的作用，转子除了自转以外，还会以一定的偏心距为半径做公转摆动，这就是转子的不平衡现象。造成不平衡的原因是：制造上几何尺寸不够精确或质量分布不均匀；运输或存放时引起轴弯曲、变形等；使用过程中的磨耗、腐蚀或损坏等。

圆盘质量不平衡引起的振动如图 19-7 所示。

图中圆盘质量为 $M$，圆盘重心 $G$ 离开圆盘几何中心 $O$ 的距离为 $e$，假设圆盘以角速度 $\omega$ 旋转，这时产生的离心力 $F$ 为：

$$F=M\omega^2 e \tag{19-1}$$

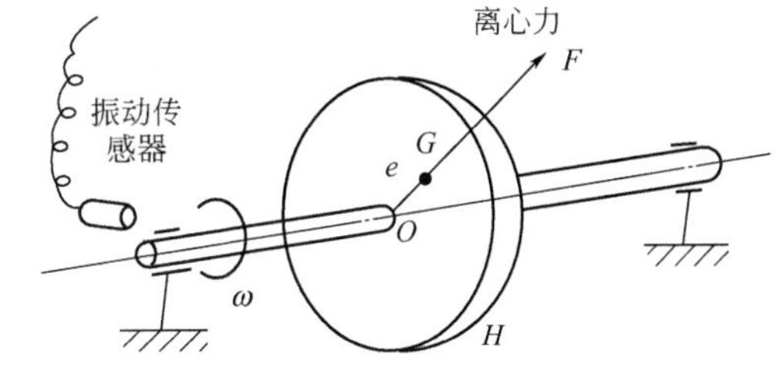

图 19-7 圆盘质量不平衡引起的振动

离心力 $F$ 作用在转子上的位置是一定的，由于轴旋转，离心力就成了旋转矢量，这个离心力传递到轴承，通过轴承传递到轴承座，引起轴承座振动。如果在轴承座的一定位置处安装一振动传感器，如图 19-7 所示，由于离心力的作用，转子每旋转一周，就有一振动峰值传到传感器上，很明显离心力的方向与轴垂直，因此它引起的振动也与轴垂直，也就是说不平衡引起的振动是径向振动。另外，像图 19-7 中那样的圆盘状转子，离心力作用对两边轴承座来说是同方向的。因此，对圆盘状转子来说，可以总结出不平衡引起的振动特征如下：a. 振动频率，与转子的转速一致，即 1r/min 成分突出；b. 振动方向为径向；c. 振动相位为两轴承座同相位。

② 轴承故障诊断。轴承是各类机器设备不可缺少的部件，也是机器损坏的常见部位。尤其是滚动轴承，由于制造上和使用上的原因，在运行过程中经常因产生故障而迫使停机。以往人们都采用定期更换的维修方式，即每隔一定时间将一批轴承都换上新的。这样做有两个缺点：一是很多轴承本来还是好的，也被定期更提，造成很大的浪费；二是有的轴承不到规定使用期限就已损坏，引起设备事故。因此，预测滚动轴承的异常，以确定在最恰当的时间更换没有剩余寿命的轴承，对于大幅度降低维修费用、提高企业的经济效益具有

非常重要的意义。

轴承损坏与振动现象有很密切的联系，因此可以通过测试和分析滚动信号来判断轴承是否正常。

轴承产生的振动是高频振动，高频成分同轴承内圈、外圈和滚动体的固有频率有关。当轴承磨损或润滑油减少、润滑油脏时，高频振动振幅便明显增大。当轴承有缺陷损伤时，高频振动便受到与缺陷损伤有关的低频振动调制，如果用包络检波的方法将低频调制信号检出来，再做频谱分析，就能判断轴承损伤部位。

下面是轴承各部位有损伤时的低频调制信号特征频率。

a. 外圈有损伤时：

$$f_{\mathrm{BD}}=\frac{nf_i}{2}\left(1-\frac{d}{D}\cos\alpha\right) \tag{19-2}$$

b. 内圈有损伤时：

$$f_{\mathrm{B}i}=\frac{nf_i}{2}\left(1+\frac{d}{D}\cos\alpha\right) \tag{19-3}$$

c. 滚动体上有损伤时：

$$f_{\mathrm{B}}=\frac{nDf_i}{2d\cos\alpha}\left[1-\left(\frac{d}{D}\right)^2\cos^2\alpha\right] \tag{19-4}$$

式中，$n$ 为轴承滚动体数；$f_i$ 为轴的旋转频率；$d$ 为滚动体直径；$D$ 为节径；$\alpha$ 为接触角。

(3) 振动测试方法　如何正确检测到振动信号，这是机械故障诊断中的首要问题。在实际测振工作中，有许多问题需要认识和解决，否则根本测不到设备诊断有用的信号。

① 合理选择仪器。不同种类的传感器具有不同的可测频率范围，测试前应该结合所研究对象的主要频率范围来选用适当的仪器。一般来说，接触式传感器中，速度型传感器适用于测量不平衡、不对中、松动、接触等引起的低频振动，用它测量振动位移可以得到稳定的数据；加速度传感器适用于测量齿轮故障、轴承故障等引起的中、高振动信号，用它测量振动位移往往不太稳定，因此，用带加速度传感器的测振仪往往不测振动位移，只测振动速度和振动加速度，它的优点是能测到高频振动信号。

实际工作中，振动测量和异常判断有以下两种方法：

a. 用轻便的手提式振动表或点检仪器测量，做简易诊断。

b. 用胶黏剂或安装螺钉固定传感器，扩大频响范围测量，对信号做记录、分析，进行精密诊断。

日常点检中用上述第一种方法就足够了，当需要查明异常原因时就要用第二种方法。

选择测量仪器时，还有一种方法是根据想发现什么样的缺陷来选择不同频率范围的仪器。通常为了发现转数为每分钟 600 至数千转设备上的不平衡、不对中等问题，用测定范围为10～1000Hz 的振动表就足够了。对于 600r/min 以下的低速设备，一般的振动仪便不合适，要用特殊的振动仪，特别是 300r/min 以下设备上用的振动仪更加特殊。

总之，应该周密考虑，做好仪表选择后，再进入测试阶段。

② 选择正确的测点位置。测点位置和传感器安装位置同上述的两个因素一样，能决定测到什么频率成分的振动。实际被测对象都有主体和部件、部件和部件之间的区别，不合理的布点会产生错误现象。对于一个有复杂部件的机器，如通风机、压缩机等，它有旋转轴、滑动轴承、滚动轴承、齿轮、联轴器、叶片等很多部件，每个部件发出的振动信号也大有差异，因此

必须找出最佳的测振位置，合理布点。

实际测量中，一般都以设备的轴承部位作为测量点，首先从左边轴承或从右边轴承开始，顺次编号①、②……测点方向原则上是3个方向（垂直$V$；水平$H$；轴向$A$），所以每个轴承上都有3个方向。应该在测点上做记号，以便每次测量都在同一点。

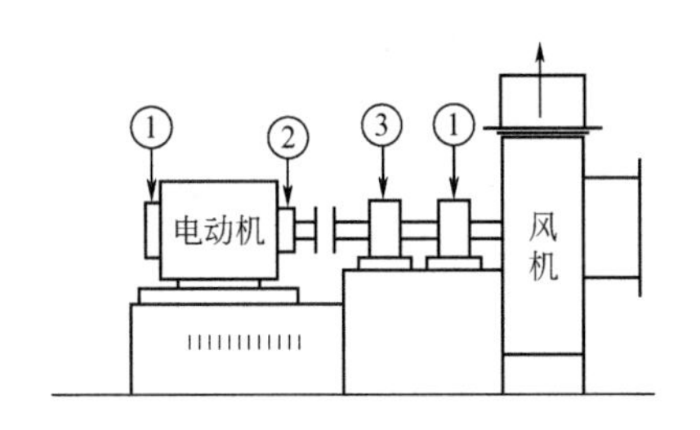


图19-8　设备简图和测点（①～③为轴承编号）

决定测定点后，画一个如图19-8所示的装置草图，标上机器名称和转速，以便实际测量时对照记录用。

**2. 风机振动消除方法**

风机机械振动分析及消除方法见表19-4。

**表19-4　风机机械振动分析及消除方法**

| 序号 | 振动特征 | 原因 | 引起振动因素分析 | 消除方法 |
|---|---|---|---|---|
| 1 | 风机与电动机发生同样一致的振动，其频率与转速相符合 | 转子静不平衡和动不平衡 | (1)轴与密封圈发生强烈摩擦，产生局部高热使轴弯曲；<br>(2)叶片重量不对称，或一侧叶片部分腐蚀或磨损严重；<br>(3)叶轮附有不均匀附着物，如铁锈、积灰垢等；<br>(4)平衡块重量不对称、位置不准确或位置移动、检修后未找平衡；<br>(5)风机在不稳定区(飞动区)的工况下运转或负荷急剧变化；<br>(6)双吸风机两侧风量不等(由于管道堵塞或两侧进风口挡板调整不正) | (1)修复密封圈，更换新轴；<br>(2)找平衡，更换腐蚀叶片或调换新叶轮；<br>(3)清扫和擦净叶片附着物；<br>(4)重找平衡，并将平衡块准确固定；<br>(5)开大闸阀或旁路阀门进行工况调节；<br>(6)清理进风管道灰尘或杂物，调整挡板使两侧进风口负压相等 |
| 2 | 振动不定性，空载时小，满载时大 | 轴安装不良 | (1)联轴器安装不正，风机轴与电动机轴不同心，基础下沉；<br>(2)皮带轮安装不正，两传动皮带轮不平行；<br>(3)减速机轴、风机轴和电动机轴在找正时未考虑运转时位移的补偿量，或虽考虑但不符合要求 | (1)进行调整，重新找正；<br>(2)进行调整，重新找正；<br>(3)进行调整，留出适宜的位移补偿量 |
| 3 | 局部振动，主要在轴承箱等活动部位，机体振动不明显，与转速无关，偶有尖锐的敲击声或杂音 | 转子固定部分松弛或活动部分间隙过大 | (1)轴衬或轴颈磨损使间隙过大，轴衬与轴承箱之间的紧力过少，或有间隙而松动；<br>(2)叶轮联轴器或皮带轮与轴松动；<br>(3)联轴器螺栓松动或活动，流动轴承的固定螺母松动 | (1)补焊轴衬合金，调整垫片或刮研轴承箱分面；<br>(2)修理，重新配件；<br>(3)拧紧螺母 |
| 4 | 产生机房邻近的共振现象，电动机和风机整体振动，而且在各种负荷情形时都一样 | 基础或机座的刚度不够或不牢固 | (1)二次灌浆不良，地脚螺栓、地脚螺母松动，垫片松动，机座连接不牢固，连接螺栓松动；<br>(2)基础和基座的刚度不够，加强转子不平衡度引起强烈的强制共振；<br>(3)管道未加膨胀装置，管道与风机连接处未加支撑或安装固定不良 | (1)查明原因，施以适当的补修和加固紧固螺栓填充间隙；<br>(2)加强基础或基座的刚度；<br>(3)调整或修理，加设膨胀支撑装置 |

续表

| 序号 | 振动特征 | 原因 | 引起振动因素分析 | 消除方法 |
| --- | --- | --- | --- | --- |
| 5 | 振动不规则，且集中在某一部分，噪声和转速相符合，起动和停车时可听到金属摩擦声 | 风机内部有摩擦 | (1)叶轮歪斜与机壳内壁相碰，或机壳刚度不够，左右晃动；<br>(2)叶片歪斜与进风口圈相撞；<br>(3)推力轴衬歪斜、不平或磨损；<br>(4)密封圈与密封齿相碰 | (1)修理叶轮和推力轴衬，加强机壳刚度；<br>(2)修复叶轮及进风口圈；<br>(3)修复推力轴衬；<br>(4)更换密封圈，调整密封圈与密封齿间隙 |
| 6 | 轻微振动，在运转中带有噪声，振动频率与转数不相符合 | 润滑系统不良 | (1)给油不足或完全停止，油膜不良，轴承密封不良；<br>(2)轴承润滑油入口的油温过低(往往水冷却过度)；<br>(3)润滑油质不良或润滑油品不符合要求 | (1)查明原因，进行清洗和修理，重新加油；<br>(2)调节冷却水量，使油温升高到规定范围内；<br>(3)调换优质油，并定期化验 |

## 五、综合分析法

### 1. 综合分析法的内容

(1) 直接分析法就是根据运行中的直接现象，通过看、听、摸、闻等来判断故障。直接观察是各种设备运行管理的基础，为故障判断准备大量和翔实的第一手资料。

(2) 在实际工作中，通过人的五官对风机运行状况和异常现象进行观察，当然有一定的优点但也存在一定局限，如有效性问题和人身安全问题等。如采用电子诊断器、频谱仪等先进仪器对配件质量和风机运行状态进行监测，则必能提高工作效率和质量。

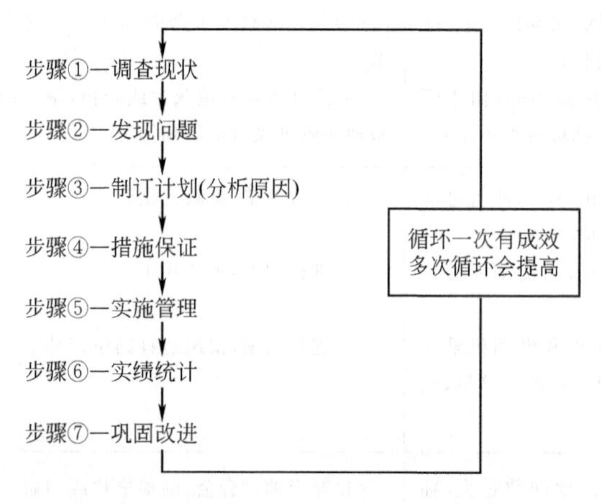

图 19-9 鱼刺状分析诊断（七步工作法）

(3) 故障间接判断法就是要运用辩证的观点和以专业知识为基础，通过逻辑推理方法来透过现象看故障本质，综合分析法是直接分析法和间接分析法的有机结合。因为许多故障在初期往往呈现的是一种或数种间接的、隐含的现象，并非“一眼”就能够准确判断，合格的操作工应该在观察运行现象的基础上学会运用间接法和综合方法对故障进行判断，以提高故障分析水平和科学性。

综合分析法经常以五感点检法和七步工作法为基础。

### 2. 五感点检法

用人体五种感觉对设备进行点检，即温度感（手摸）、异声感（耳听）、外观感（目视）、异味感（鼻嗅）、振动感（手触）。

### 3. 七步工作法

七步工作法的步骤如图 19-9 所示。

# 第三节 除尘设备故障排除分析

除尘设备故障排除，一是要关注故障发生的一般规律，便于预防故障的再次出现，二是要找出具体故障发生的具体原因，便于有针对性地有效排除故障。

## 一、故障率模型分析

根据应力强度模型，强度下降到小于应力时，设备会发生故障。整个下降过程所用的时间称作该设备或零件的寿命时间。设备与人一样，必然会因为到达寿命终点而引起故障（死亡），图 19-10 为除尘设备寿命特性曲线，有时也称作通用特性曲线，这是因为该曲线适用于所有的设备。

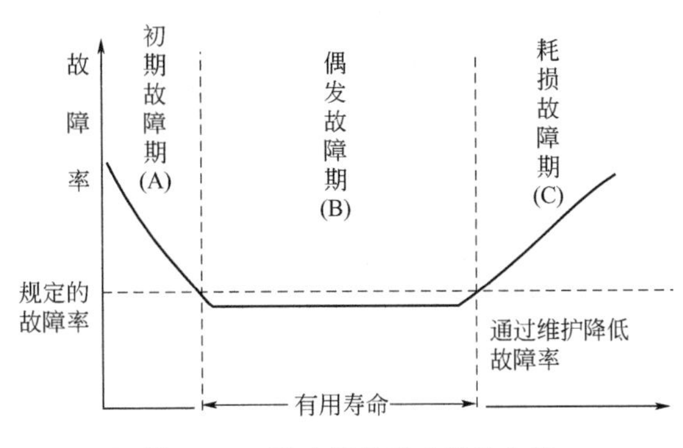


图 19-10　除尘设备寿命特性曲线

如图 19-10 所示，在初期故障期（A）的初期，设备故障率较高，这是因为设备内某些零件的设计问题、制造质量欠佳、安装质量低下及生产工艺问题等引起了初期故障的彻底暴露。这一时期重要的是通过初期流动管理，尽快将故障率降到规定故障率以下，并把故障信息反馈给设计部门，以避免同类型故障重复发生。

在偶发故障期（B），由于设备初期故障因素得到了控制和消除，同时操作人员的技能水平不断提高，操作失误明显减少，所以故障率稳定在一定水平。为了不出现失误及漏洞，必须认真做好设备的日常维护和严格执行点检定修制，通过对设备的点检，做到早期发现、预防和消除设备的劣化部位及故障因素，确保设备在最佳状态下运转。

耗损故障期（C）是由设备中的某些零（部）件寿命已到而导致故障增多的时期，也就是设备故障多发的寿命后期。在这一时期，可以通过积极措施对设备进行改进性维修和预防维修，使寿命延长，或依靠维修预防来降低突发性故障。

虽说设备寿命特性曲线适用于所有设备，但并不是说每台设备在偶发故障期的故障率均低于规定故障率，要达到这一目标，必须做到以下几点：①提高操作人员的技能素质，消灭误操作；②操作人员应切实做好设备的日常点检工作；③严格执行点检定修制，将故障消灭在发生之前；④全公司必须认真实施 TPM 和积极开展自主管理。

## 二、故障频发的原因

### 1. 设备的可靠性

在讨论故障对策之前，首先介绍一下有关可靠性与故障的关系。

可靠性是指除尘设备在规定条件下、规定时间内无故障且准确地完成其工作的能力，简言之就是不会引起故障的性质。如图 19-11 所示，设备的可靠性由固有可靠性和使用可靠性构成。固有可靠性是指该设备从设计、制造、安装到试运转完毕，整个过程所赋予的可靠性，是

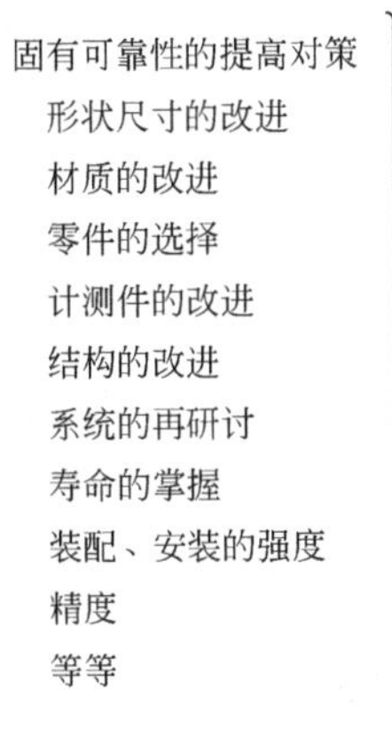

使用可靠性的提高对策
正确操作
正常的使用范围及其维持
使用环境的整顿
维护的保证
微小缺陷的及早发现对策
劣化的确认和复原
分解检修
零件履历的掌握与事前更换
清扫方法的研讨和励行
等等

图 19-11　可靠性及其提高的对策

一种设备本身固有的可靠性。另外，设备一投入正常运转，随着时间的推移其性能就会不断劣化。但是，如果正确进行运行、维护就能避免故障。这种靠正确的运转、维护在一定程度上就能避免故障的发生性能，称为设备的使用可靠性。因此，设备不引起故障的性质可以用下式表示：

可靠性＝固有可靠性×使用可靠性

根据上述分析，可以得出这样的结论：故障发生的原因在于固有可靠性低或使用可靠性低，或这两种可靠性都较低。故障原因到底是在固有可靠性上还是在使用可靠性上，必须严格加以识别，只有在正确识别故障原因的基础上，才能制订出合理有效的对策，从而控制故障的发生。

一般来说，设备故障的主要原因是使用可靠性（运转、维护不周等）低，可是在制订故障对策时，却往往相反地花很大的成本采取措施去提高设备的固有可靠性，这样做尽管也可以取得效果，但并不是根本性的故障对策。在使用可靠性低的情况下，相反地去提高固有可靠性，则设备的可靠性还是较低下，故障还是照样会发生。

**2. 故障对策的错误**

无论哪个企业都应该以设备维修部门（主要是技术人员）为中心，认真观察、分析和研究引起故障的原因，制订相应的对策，并付诸实施。在仔细观察、记录和分析实施效果的基础上，进一步修正故障对策，使设备故障真正降下来，这种工作方法就是PDCA工作法。

有些设备故障点很多，故障发生很频繁，一个故障刚处理好，另一个故障又产生了，故障对策的效果仅停留在不让故障再增加的水平上。为什么会陷入这种状态呢？

第一个原因是，运行部门对日常预防活动不关心。因为即使是很小的缺陷也会成为故障或事故的原因，这种情况并不少见。故障的隐患必须趁其还很小的时候，通过日常预防活动予以消灭。第二个原因是，故障对策依赖设备维修部门的专职技术人员。以专职技术人员为中心的改善活动，对于发生的故障现象往往依靠追究个别原因来分别采取措施的分解式方法。这种方法对实现改善是一个相当有效的手段，但仅以改善作为故障对策，显然是不合理的。当以上两个原因凑在一起时，便会产生下列错误，以致埋下故障的隐患。

（1）无视潜在的缺陷　故障一般是由一个较大的缺陷引发的，但大多数场合却是由垃圾、灰尘、磨损、摇晃、松动、伤痕变形等因素引起的。粗看起来，其中任何一个因素与故障的联系都不大，但突然急剧发展，互相叠加得以扩大，最终便引发故障。而在追究故障原因时，这种潜在小缺陷往往容易被忽略。

（2）忽视了设备及附件正确使用的条件　对于设备及其构件，为了正确发挥其机能，需要提供相应的条件。一旦条件不充分，动作就不稳定，容易引发故障。以液压系统为例，作为液压缸动作不良或配管接头漏油之类的对策，可以变更液压缸及接头的形式，或密封，或变更填料的形状、材质等，但无论怎样变，倘若不具备使液压系统机能得到正确发挥的条件，那么故障还会再发生。因此，必须使工作油的温度、油量、压力、劣化度等始终保持在适当状态，必须使机器无异物附着、机油无污染、消除振动、正确做好再紧固等。

（3）对设备劣化错误地实施了局部性的改善　设备只有取得强度的相应均衡，才能使其机能得以发挥，如果对故障部位以外的许多劣化部分置之不理，只对故障部位做设计变更，这样即使提高了强度和精度，也只能保证一时有效。因为在做出结构变更和设计变更之前，首先应该考虑如何使劣化复原。

（4）对故障现象未充分解析就采取措施　在寻找故障原因前必须正确抓住故障现象，然后认真仔细地进行原因分析。例如螺栓折断事故，首先要弄清螺栓的破损面呈什么形状，接下来要分析受的是什么力，这个力又是怎样作用于它的。按照这样的顺序认真进行解析和追究产生这种应力的原因。如果能对故障现象进行扎扎实实的物理方面或工程方面的解析，原因就容易查清了，故障的对策也就具有了针对性。

(5) 忽视人的行为　在寻找故障原因时，视线易被设备、工模具、夹具、材料等吸引，结果往往是在设备改善及材料规格变更上下功夫，效果依旧没有明显提高。在这里主要是忽视了人的行为。

在生产现场，有许多故障是由误操作、程序调整出错、材料及工模夹具使用不当、设备的点检及检修者的技能素质较差等因素引起的，归纳起来就是人的行为因素。如果不对“人应具备的真正技能素质是什么”进行研究，并不断反复进行教育训练，这些问题就得不到很好地解决。

**3. 故障的五个要因**

如上所述，五种错误的结果是导致了设备缺陷的潜在化，设备日常带着五个故障要因进行运转，因此，不少设备是陷于慢性故障状态中。故障的 5 个要因是：①基本条件（清扫、加油、紧固）不完备；②使用条件不完备；③劣化的放任；④设计上的内在弱点；⑤技能素质（基本技能和固有技能）的欠缺。故障的五个要因如图 19-12 所示。

在这些故障要因中，有时也有因单个要因导致故障的情况。但是，相同故障的不断重复，多数是由于这五个要因互相复合而引起的，而且很难解决。所以，在制订故障对策时必须同时注意到这五个要因，才可能有效地抑制故障。

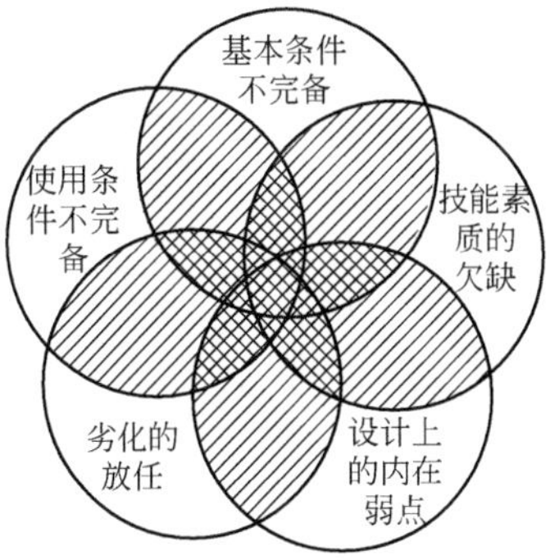

基本条件不完备
使用条件不完备
技能素质的欠缺
劣化的放任
设计上的内在弱点

图 19-12　故障的五个要因

## 三、故障频发对策

**1. 故障对策**

制订故障对策的目的是要把前面所述的五个故障要因作为基本点加以彻底清除。因此，必须根据五个要因各自的特性制订出最有效的手段，其概要如图 19-13 所示。

解决的方法分为两类。一类是齐备基本条件、齐备使用条件、复原劣化。这种方法对过去或现在发生的故障不做原因追究，而是分别从齐备基本条件、齐备使用条件和复原劣化这三个方面出发研究设备本来的应有状态，并恢复其应有的状态。这种方法称作设计（构思）解决法。要恢复设备的应有状态，需要相应的技能（基本技能）配合。基本技能的学习和掌握，应在实践中进行最为有效，即称为岗位成才。

通过对上述三个项目的恢复，相当多的故障得到排除，但是对于设备设计上的弱点和固有技能的缺乏，用上述方法则行不通。此时，应对发生的故障现象分别研究其原因，采取分析性的个别对策来解决，即第二类方法。采取这类方法时必须正确捕捉现象，严格认真地分析，经过 1～3 次的要因研究，真正抓住设备在设计上的弱点和对技能的要求。然后推进个别对策，许多要因就会随着应有状态的实现而得到稳定，使真正原因容易发现和掌握，从而使采取的措施能直接发挥效果。在应有状态的设定中，如有模糊不清的部分，也可以通过个别对策的完善得到弥补。

**2. 自主维护的引入**

在推进故障对策时，必须加强运行操作者自主维护的意识。自主维护是齐备基本条件、点检发现劣化部位和维持使用条件的有效方法。为了切实落实自主维护，必须对操作者进行全面的教育培训以提高其技能素质，使操作者能正确把握设备状态，有效推进个别对策。这项工作由经常与设备接触的操作者来执行是最合理的。

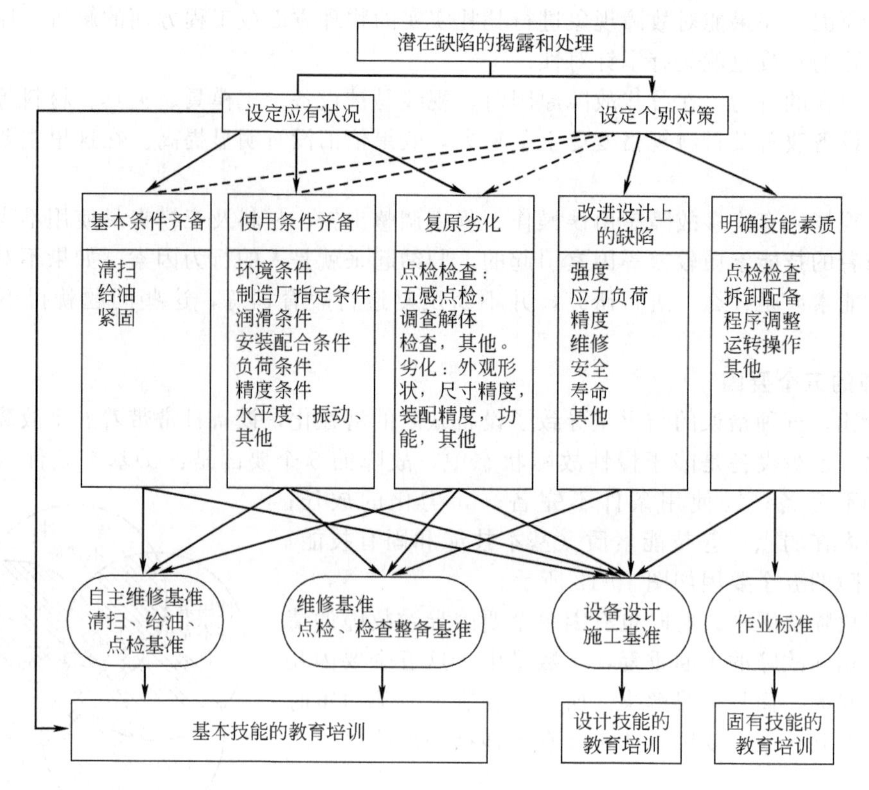


图 19-13 故障对策概要

# 第四节 除尘设备故障及排除

除尘设备的主要故障为除尘器阻力异常、排气含尘浓度超标、设备配件寿命短、清灰机构失效、输排灰不畅等。本节介绍各类除尘设备故障的产生原因及其排除方法。

## 一、袋式除尘器常见故障及排除

袋式除尘器常见故障及排除方法见表 19-5～表 19-8。

**表 19-5 袋式除尘器常见故障及排除方法**

| 故障现象 | 产生原因 | 排除方法 |
| --- | --- | --- |
| 设备阻力过高 | 1. 滤袋堵塞<br>(1)含尘气体结露导致粉尘黏结在滤袋上；<br>(2)箱体漏水使滤袋潮湿；<br>(3)粉尘吸湿性强而在滤袋上黏结 | (1)采取加热、保温措施，提高箱体内温度；<br>(2)同时更换滤袋；<br>(3)补漏，使箱体密封 |
| | 2. 滤袋使用时间过长，粉尘进入滤料深层 | 更换滤袋 |
| | 3. 过滤风速过高<br>(1)设计选型不合理，过滤面积不足；<br>(2)风机的调节阀门开度过大，处理风量超过设计值 | (1)增加过滤面积；<br>(2)将阀门开度调节至合理程度 |
| | 4. 结构阻力过高<br>(1)除尘器设计不合理，进气装置过于复杂；<br>(2)除尘器入口和出口管段及阀门风速过高 | (1)修改设计，简化进气装置；<br>(2)扩大除尘器入口和出口管段及阀门断面 |

续表

| 故障现象 | 产生原因 | 排除方法 |
|---|---|---|
| 设备阻力过高 | 5. 连接压力计的管路堵塞或一根连接管脱落 | 检查压力计进出口及连接管路，加以疏通或更换 |
| | 6. 清灰周期过长 | 调整清灰程序，缩短清灰周期 |
| | 7. 清灰强度不足<br>(1)选择的清灰方式能力太弱，不适应烟尘特性；<br>(2)对于反吹风袋式除尘器，反吹风量太小，清灰时间不够，三通阀关闭不严，卸灰阀漏气严重、系统阻力偏小；<br>(3)对脉冲喷吹袋式除尘器，喷吹压力过低，喷吹时间过短；<br>(4)机械振打袋式除尘器激振力小 | (1)选择强力清灰方式(或改造除尘器)；<br>(2)调整清灰程序控制器，增强清灰动力；减小卸灰阀漏气量，调整除尘系统阻力；<br>(3)适当提高喷吹压力，延长脉冲宽度或更换脉冲阀；<br>(4)提高激振力和振动次数，或更换振打电动机 |
| | 8. 清灰机构发生故障 | 及时修理或更换 |
| | 9. 内滤式滤袋张力不够 | 调整张力至合适程度 |
| | 10. 灰斗积存大量粉尘，甚至堵塞进气通道(卸灰装置出现故障，卸灰周期过长) | (1)查明故障原因并及时排除；<br>(2)调整卸灰制度，增加卸灰频率 |
| 设备阻力过低 | 1. 过滤风速过低(因设计选型所致) | 为节能可不作为故障处理 |
| | 2. 过滤风速过低(因风机调节阀门开启过小，或管道堵塞所致) | 调节阀门开启程度；疏通管道 |
| | 3. 压力计的连接管路堵塞或一根连接管脱落 | 检查压力计进出口及连接管路，加以疏通或更换 |
| | 4. 清灰周期过短，过量清灰 | 可以调整清灰程序，延长清灰周期，亦可不做处理，继续使用 |
| | 5. 滤袋严重破损或滤袋脱落 | 检查滤袋，更换破损滤袋，重新装好脱落滤袋 |
| 粉尘排放浓度过高 | 1. 滤袋破损 | 检查并更换破损滤袋 |
| | 2. 滤袋脱落 | 检查并重新装好滤袋 |
| | 3. 滤袋安装不好<br>(1)滤袋绑扎不紧，导致滤袋与花板之间或滤袋与底部连接导管之间存在间隙；<br>(2)靠弹性元件安装的滤袋未使滤袋与花板的袋孔完全贴合；<br>(3)靠螺栓和压板固定的滤袋存在偏斜或未将滤袋压紧 | (1)检查并重新装好滤袋；<br>(2)检查并重新装好滤袋；<br>(3)检查并重新装好滤袋 |
| | 4. 花板焊缝存在漏点，或花板裂纹导致泄漏 | 修补花板 |
| | 5. 分隔尘气和净气的隔板焊缝存在漏点，或隔板裂纹导致泄漏 | 修补隔板 |
| | 6. 旁路阀开启或关闭不严 | 关闭旁路阀；及时修理阀门 |
| | 7. 所选滤料集尘效率过低，不适应烟尘特性 | 更换效率更高的滤料 |
| 滤袋破损 | 1. 滤袋安装位置不当，滤袋之间或滤袋与箱板之间摩擦 | 调整滤袋间距 |
| | 2. 粉尘直接冲刷滤袋 | 调整或改造气流分布装置；更换破损滤袋 |
| | 3. 破损滤袋未及时更换，导致邻近滤袋被吹破 | 更换破损滤袋 |
| | 4. 外滤式滤袋因框架质量不好而破损 | 除去框架上的毛刺，采用外表光滑或经过喷涂、电镀处理的框架 |
| | 5. 火星进入箱体烧坏滤袋 | 设置预除尘器捕集火星；若已有预除尘器，则增强其效果 |

续表

| 故障现象 | 产生原因 | 排除方法 |
| --- | --- | --- |
| 滤袋破损 | 6. 可燃性粉尘或气体燃烧爆炸而烧毁滤袋 | 控制气体中的含氧浓度；控制可燃粉尘或气体的浓度；尽量避免空气漏入除尘系统；防止火星进入；采用具有导电性能的滤料；加强温度控制和超温报警 |
| | 7. 沉积在滤料上或箱体内的可燃性粉尘燃烧 | 增强除尘器的清灰能力，避免滤袋表面积尘过厚；箱体内避免一切可能积存粉尘的平台；尽量避免空气漏入除尘器；当需要打开箱体时，事先应尽量消除滤袋和箱体内的粉尘，并务必先使其充分冷却，或向箱体充入一定数量的蒸汽 |
| | 8. 水解及酸、碱的腐蚀 | 采取保温、加热措施，尽量避免腐蚀作用；采用耐腐蚀性能好的滤料 |
| 灰斗存积过量粉尘 | 1. 卸灰不及时 | 增加卸灰次数 |
| | 2. 卸灰口漏风 | 增设卸灰阀；增强已有卸灰阀的密封性 |
| | 3. 卸灰装置能力过小，或卸灰不畅（例如卸灰通道被粉尘黏结） | 换用较大的卸灰装置；检查、清理、维修卸灰阀 |
| | 4. 粉尘在灰斗下部架桥 | 采用振动器或人工敲击的方法将架桥粉尘振塌并由卸灰口卸出 |
| | 5. 粉尘因潮湿而附着甚至黏结 | 疏通排灰口并清除积灰；加强对灰斗的保温、加热措施 |
| | 6. 灰斗设计角度不够 | 加强清灰防堵或重新设计 |
| 清灰机构故障：振动清灰方式 | 1. 分室阀门关闭不严 | 检查、修理 |
| | 2. 振动电动机损坏 | 更换 |
| | 3. 振动机构及传动件损坏或螺钉松动 | 更换损坏零件，紧固螺钉 |
| 清灰机构故障：反吹清灰方式、反吹-振动联合清灰方式 | 1. 切换阀门关闭不严 | 检查、修理 |
| | 2. 反吹阀门开启过小 | 检查阀门开度 |
| | 3. 反吹阀门或管道被杂物堵塞 | 疏通 |
| | 4. 反吹风量调节阀门开启过小或损坏 | 调整阀门开度或修理 |
| | 5. 反吹风机损坏 | 修理或更换 |
| 清灰机构故障：脉冲喷吹清灰方式 | 1. 脉冲阀关闭迟缓或处于常开状态，导致稳压气包内压力过低。其原因为节流孔堵塞、弹簧弹力过小或失效、控制阀损坏、膜片上的垫片脱落、膜片破损 | 疏通节流孔；重新安装膜片；更换弹簧；更换或修理控制阀，更换膜片 |
| | 2. 脉冲阀开启迟缓，甚至处于常闭状态，导致清灰无力或完全不能清灰。其原因为排气孔堵塞、膜片与垫片的紧固螺栓松动、膜片有砂眼或微小破口、控制阀失效、弹簧弹力过大、控制信号中断 | 疏通排气孔；紧固螺栓；更换膜片；更换控制阀；更换弹簧；接通控制信号 |
| | 3. 脉冲阀与喷吹管之间漏气过大或喷吹管完全脱落 | 重新装好喷吹管 |
| | 4. 清灰程序控制仪工作失常或损坏 | 检查、修理 |
| 清灰机构故障：回转反吹及脉动反吹清灰方式 | 1. 反吹管漏气 | 加强密封 |
| | 2. 传动机构损坏 | 更换失效的零(部)件 |
| | 3. 脉动阀阀片磨损 | 更换阀片 |

表 19-6　粉尘清除和排出装置故障及排除

| 故障现象 | 产生原因 | 排除措施 |
| --- | --- | --- |
| 清灰不良 | 滤袋过于拉紧 | 调整张力(松弛) |
| | 滤袋松弛 | 调整张力(张紧) |
| | 粉尘潮湿 | 检查潮湿原因后排除 |
| | 清灰中滤袋正处于膨胀状态(换向阀等密封不良或发生故障) | 检查密封,排除故障,消除膨胀状态 |
| | 清灰机构发生故障 | 检查、调整并排除故障 |
| | 清灰脉冲阀门发生故障 | 分析电控原因或自身原因后排除 |
| | 清灰定时器时间设定值有误或发生故障 | 检查、整定时间设定值 |
| | 反吹风量不足 | 检查原因,加大反吹风量 |
| 灰斗中粉尘不能排出 | 灰斗下部粉尘发生堵塞 | 消除粉尘堵塞 |
| | 螺旋输送机出现故障或埋刮板输送机出现故障 | 检查并排除故障 |
| | 卸灰动作不良 | 检查,修理 |
| | 粉尘固结 | 消除固结粉尘 |
| | 排出粉尘堵塞 | 清除排出异物 |
| | 粉尘潮湿,产生附着而难于下落 | 清扫附着粉尘,防潮处理 |
| | 灰斗夹角过大 | 改小 |
| 粉尘排出装置发生故障 | 传动电动机、减速机及传动齿有故障 | 检查原因,排除传动故障 |
| | 传动链条折断或链条断油 | 更换链节,重新连接,供油 |
| | 安全销折断 | 更换 |
| | 链条过于松弛 | 调整链条张力 |
| | 螺旋连接销折断 | 更换 |
| | 螺旋机壳内固着粉尘 | 清理 |
| | 螺旋叶片折断或磨损 | 更换或修复 |
| | 回转阀叶片折断或磨损 | 更换或修复 |
| | 回转阀内绞入异物 | 清除异物 |
| | 刮板磨损 | 修理或更换 |
| | 刮板机充满固着粉尘 | 清理并修复 |
| | 机壳内侧固着粉尘与叶片摩擦 | 清理机壳内侧固着粉尘 |
| | 排出口粉尘堵塞 | 清理排出口已堵塞粉尘 |
| | 灰斗内粉尘堵塞,电动机振动失常 | 清除积灰拱塞,调整振动电动机 |
| | 卸灰阀磨损 | 修复或更换 |
| | 卸灰阀叶板间充满固着粉尘 | 清除固着粉尘 |

表 19-7　滤袋故障现象及排除措施

| 故障现象 | 产生原因 | 排除措施 |
| --- | --- | --- |
| 滤袋磨损 | (1)相邻滤袋间摩擦;<br>(2)与箱体摩擦、与吊挂装置摩擦;<br>(3)粉尘的腐蚀(滤袋下部滤料毛绒变薄);<br>(4)相邻滤袋破坏而致滤袋老化 | (1)调整滤袋张力及结构;<br>(2)修补已破损滤袋或更换滤袋 |

续表

| 故障现象 | 产生原因 | 排除措施 |
| --- | --- | --- |
| 滤袋烧毁 | (1)流入火种；<br>(2)粉尘发热；<br>(3)产生静电 | (1)消除火种；<br>(2)消除积灰、降温；<br>(3)消除静电 |
| 滤袋脆化 | 酸、碱或其他有机溶剂蒸气作用及其他腐蚀作用 | (1)防腐蚀处理；<br>(2)使用特种滤料 |
| 滤袋堵塞 | (1)滤袋使用时间长；<br>(2)处理气体中含有水分；<br>(3)漏水；<br>(4)风速过大；<br>(5)清灰不良 | (1)更换；<br>(2)检查原因并处理；<br>(3)修补、堵漏；<br>(4)减小风速；<br>(5)加强清灰，检查清灰机构 |

**表 19-8 阀门故障及排除**

| 故障现象 | 产生原因 | 排除措施 |
| --- | --- | --- |
| 电动阀门动作不良 | 电动机过负荷 | 检查原因并消除过负荷现象 |
| | 电动机烧毁 | 更换、修理 |
| | 连杆、销钉等脱落或折断 | 修复或更换 |
| | 固定螺栓脱落或折断 | 修复、紧固或更换 |
| | 行程不足 | 调整 |
| 电磁阀动作不良 | 电路发生故障 | 检查电路并排除故障 |
| | 因长期放置静摩擦增大 | 检查、处理 |
| | 阀破损 | 更换 |
| | 弹簧折断 | 更换弹簧 |
| | 因填料膨胀，使摩擦阻力增大 | 更换填料 |
| 气动阀门动作不良 | 活塞环损坏 | 更换 |
| | 阀内进入异物 | 清除异物 |
| | 漏气 | 密封处理 |
| | 滑阀密封不正常 | 检查原因，排除故障 |
| | 气源压力不足 | 调整气源压力 |
| | 气缸动作不良 | 检查、调整 |
| | 电磁阀动作不良 | 检查、调整 |
| | 阀门上附着粉尘较多 | 清扫附着粉尘 |
| | 连动杆、销钉等脱落或折断 | 修复或更换 |
| | 固定螺栓脱落或折断 | 紧固或更换 |
| 气缸动作不良 | 电磁阀动作不良 | 检查原因并修复 |
| | 漏气 | 检查、堵漏 |
| | 活塞杆锈蚀 | 清锈或更换 |
| | 行程不足 | 调整行程 |
| | 压气管道破损 | 修补 |
| | 压气管道连接处开裂、脱离 | 修理并紧固 |
| | 压气的压力不足 | 增加压气的压力 |
| | 压气未到 | 检查，疏通管线 |
| | 活塞杆断油 | 检查原因、供油 |
| | 密封填料不良 | 调整、更换 |

## 二、静电除尘器故障及排除

静电除尘器故障的产生存在着共性的问题，但更多的是由于设计、制造、安装及维护水平的差异，以及因所使用的行业不同而表现不同的特点。另外，从我国静电除尘器现状看，我国静电除尘器的设计、制造、安装及运行维护水平都有长足的提高。静电除尘器一般故障及排除方法见表 19-9 和表 19-10。

**表 19-9　静电除尘器一般电气故障及排除方法**

| 序号 | 故障现象 | 主要原因 | 排除方法 |
|---|---|---|---|
| 1 | 控制柜内空气开关跳闸或合闸后再跳闸 | (1)静电除尘器内有异物造成二极短路；<br>(2)放电极断裂或内部零件脱落导致短路；<br>(3)料位指示失灵，灰斗中灰位升高造成放电极对地短路；<br>(4)放电极绝缘子因积灰而产生沿面放电，甚至击穿；<br>(5)绝缘子加热元件失灵或保温不良，使绝缘支柱表面结露，绝缘性能下降而引起闪络；<br>(6)低电压跳闸或过流、过电压保护误动作 | (1)清除异物；<br>(2)剪掉断线，取出脱落物；<br>(3)修好料位计，排除积灰；<br>(4)清除积灰，擦拭绝缘子；<br>(5)更换加热元件，修复保温；<br>(6)检查保护系统 |
| 2 | 运行电压低，电流很小，或电压升高就产生严重闪络而跳闸 | (1)烟气温度低于露点温度，导致绝缘性能下降，发生在低电压下严重闪络；<br>(2)振打机构失灵，极板、极线严重积灰，造成击穿电压下降；<br>(3)放电极振打瓷轴聚四氟乙烯护板处密封不严、保温不好，造成积灰结露从而产生沿面放电 | (1)调整炉窑燃烧工况，提高烟温；<br>(2)修复振打失灵部件；<br>(3)清除积灰，修复保温 |
| 3 | 电压为正常值或很高，电流很小或电流表无指示 | (1)工艺变化，粉尘比电阻变大或粉尘浓度过高，造成电晕封闭；<br>(2)高压回路不良，如阻尼电阻烧坏，造成高压硅整流变压器开路 | (1)烟气调质，改造除尘器；<br>(2)更换阻尼电阻 |
| 4 | 电压较低，二次电流过大 | (1)高压部分绝缘不良；<br>(2)放电极与收尘极间距局部变小；<br>(3)电场内有异物；<br>(4)放电极瓷轴室绝缘部位温度偏低从而导致绝缘性能下降；<br>(5)电缆或终端盒绝缘严重损坏，泄漏电流；<br>(6)反电晕现象产生 | (1)用摇表测绝缘电阻，改善绝缘情况或更换损坏的绝缘部件；<br>(2)调整极距；<br>(3)清除异物；<br>(4)检查电加热器和漏风情况，清除积灰；<br>(5)改善电缆与终端盒的绝缘；<br>(6)见“故障 12” |
| 5 | 二次电流表指示极限值，二次电压接近零 | (1)放电极断线，造成二极短路；<br>(2)电场内有金属异物；<br>(3)高压电缆或电缆终端盒对地短路；<br>(4)绝缘瓷瓶损坏，对地短路 | (1)剪掉放电极断线；<br>(2)清除异物；<br>(3)修复或更换损坏的电缆和终端盒；<br>(4)修复或更换瓷瓶 |
| 6 | 电压突然大幅度下降 | (1)放电极断线，但尚未短路；<br>(2)收尘极板排定位销断裂，板排移位；<br>(3)放电极振打瓷轴室处的聚四氟乙烯护板积灰、结露；<br>(4)放电极小框架移位 | (1)剪除断线；<br>(2)将收尘极板排重新定位，焊牢固定位销；<br>(3)检查电加热器及绝缘子室的漏风情况，排除故障；<br>(4)重新调整并固定移位的框架 |

续表

| 序号 | 故障现象 | 主要原因 | 排除方法 |
| --- | --- | --- | --- |
| 7 | 二次电流表指针周期性摆动 | (1)放电极框架振动；<br>(2)放电极线折断后，残余段在框架上晃动 | (1)消除框架振动；<br>(2)剪掉残余线段 |
| 8 | 二次电流表指针不规则摆动 | (1)放电极变形；<br>(2)尘粒黏附于极板或极线上，造成极间距变小，产生电火花 | (1)消除变形；<br>(2)将积灰振落 |
| 9 | 二次电流表指针激烈振动 | (1)高压电缆对地击穿；<br>(2)电极弯曲造成局部短路 | (1)确定击穿部位并修复；<br>(2)校正弯曲电极 |
| 10 | 二次电压正常，二次电流很小 | (1)极板或极线积灰太多；<br>(2)放电极或收尘极振打装置未启动或部分失灵；<br>(3)电晕线肥大，放电不良 | (1)清除积灰，检查振打系统，修复故障部位；<br>(2)启动或修复振打装置；<br>(3)消除积灰，检查振打系统 |
| 11 | 二次电压和一次电流正常，二次电流表无读数 | (1)与二次电流表并联的保险器击穿；<br>(2)电流测量系统断线；<br>(3)电流表指针卡住 | (1)更换保险器；<br>(2)确定断线部位并修复；<br>(3)修理或更换电流表 |
| 12 | 电压、电流全正常，但除尘效率不高 | (1)设计静电除尘器容量小；<br>(2)实际烟气流量超过设计值或振打不合适，二次扬尘严重；<br>(3)气流分布不均匀；<br>(4)冷空气从灰斗侵入，出口电场尤为严重；<br>(5)燃烧不良，粉尘含碳量高 | (1)认真分析，确定原因，对静电除尘器进行改造；<br>(2)改善炉窑燃烧情况，消除漏风因素，调整振打周期；<br>(3)调整气流分布；<br>(4)加强灰斗保温，各灰斗连续加热；<br>(5)改善炉窑燃烧工况 |
| 13 | 低电压下产生火花，必要的电晕电流得不到保证 | (1)极距变化(因极板翘曲，极板不平呈波状，放电极线弯曲，锈蚀，氧化皮脱落以及极板、极线粘满灰等)；<br>(2)局部窜气；<br>(3)振打强度过大，造成二次扬尘 | (1)调整极距，清除积灰；<br>(2)改善气流工况；<br>(3)调整振打力，调整振打周期，减少二次扬尘 |

**表 19-10 静电除尘器一般机械故障及排除方法**

| 序号 | 故障现象 | 主要原因 | 排除方法 |
| --- | --- | --- | --- |
| 1 | 灰斗不下灰 | (1)有异物将出灰口堵住；<br>(2)由于灰的温度过低而结露，形成块状物；<br>(3)热灰落入水封池的水中，水蒸气上升，使灰受潮，造成棚灰 | (1)取出异物；<br>(2)检查灰斗加热系统，保证正常运行；<br>(3)检查锁气器，改善排灰情况 |
| 2 | 进、出口烟气温差大 | (1)保温层脱落；<br>(2)漏风严重 | (1)修复保温；<br>(2)更换人孔门等漏风处的密封填料，补焊壳体脱焊或开裂部位 |
| 3 | 卸灰器不转 | (1)卸灰器及其电动机损坏；<br>(2)灰中有异物(振打零件、锤头、极线等)；<br>(3)积灰结块未消除 | (1)修复或更换损坏部件；<br>(2)取出异物；<br>(3)清除块状积灰 |
| 4 | 烟尘连续监测仪无信号 | (1)监测仪供电不正常，仪器未工作；<br>(2)输出信号衰减大；<br>(3)监测仪故障 | (1)监测仪正常供电；<br>(2)检查输出阻抗是否匹配，调整其阻抗值或增加信号放大器；<br>(3)请厂家检查、修理 |

续表

| 序号 | 故障现象 | 主要原因 | 排除方法 |
| --- | --- | --- | --- |
| 5 | 烟尘连续监测仪信号始终最大 | (1)监测仪探头被严重污染；<br>(2)清扫系统损坏或漏风；<br>(3)仪器测试光路严重偏离；<br>(4)含尘气体浓度过大 | (1)清除探头污染；<br>(2)检查清扫系统并及时维修；<br>(3)检查测试光路，按仪器说明书调整；<br>(4)检查除尘器是否发生故障，并及时处理 |
| 6 | 烟尘连续监测仪信号无法调至零点 | (1)仪器零点调节漂移；<br>(2)仪器测试光路偏离 | (1)按仪器说明书重新调节零点；<br>(2)检查测试光路，按仪器说明书调整 |
| 7 | 上位机控制系统检测信号失误 | (1)有关信号采集和传输有误；<br>(2)信号源输出有误；<br>(3)高、低压柜向上位机输出有误；<br>(4)上位机对检测信号数据处理有误 | (1)检查上位机的采集板、接口和有关信号传输电缆，及时修理、调试和更换；<br>(2)检查并处理有关信号源(如电压、电流、温度、料位、浓度、开关等信号)；<br>(3)检查、调整高、低压柜向上位机输出信号值；<br>(4)依据实际值重新计算设定 |
| 8 | 上位机控制系统不能正常启动 | (1)上位机自身发生故障；<br>(2)计算机发生电脑病毒 | (1)按计算机有关说明检查处理或请厂家解决；<br>(2)清除电脑病毒 |
| 9 | 振打电动机运行正常，振打轴不转 | (1)保险片断裂；<br>(2)链条断裂；<br>(3)电瓷转轴扭断 | 更换损坏件 |
| 10 | 振打电动机的保险片经常被拉断 | (1)振打轴安装不同轴；<br>(2)运转一段时间后，轴承耐磨套磨损严重，导致振打轴同轴度超差；<br>(3)振打锤头卡死；<br>(4)保险片安装不正确；<br>(5)锤头转动部分锈蚀 | (1)按图纸要求，重新调整各段振打轴的同轴度；<br>(2)更换耐磨套，检查振打轴的同轴度；<br>(3)消除锤头转轴处的积灰及锈斑，调整锤头垫片直至锤头转动灵活；<br>(4)按图纸要求重新安装保险片；<br>(5)除锈 |
| 11 | 电流密度小时产生火花，除尘效率降低 | (1)烟气含高比电阻粉尘较多；<br>(2)高压电流的电压峰值过高；<br>(3)运行初期电晕电压过高；<br>(4)高压供电的可控硅导通角过小 | (1)控制粉尘的化学成分和比电阻；<br>(2)烟气调质；<br>(3)改变放电极形状；<br>(4)降低硅整流变压器的输出抽头，或用二次电压输出较低的硅整流变压器 |

## 三、机械除尘设备故障及排除

### 1. 重力除尘设备故障及排除

重力除尘设备的常见故障有两个：一是因漏风引起除尘效率下降；二是立式重力除尘设备

灰斗排灰不畅。

重力除尘设备漏风问题主要发生在除尘设备进口或出口附近，应根据情况进行密封处理。对除尘设备灰斗排灰不畅要分析原因加以解决。灰斗棚灰分为压缩拱、楔性拱、黏性拱等，可区别不同原因增加灰斗激振力解决。此外，有时除尘灰中含有杂物如电焊头、螺栓、螺母、塑料袋、废纸等，应及时清理和预防。

**2. 挡板除尘设备故障及排除**

挡板除尘设备的故障主要是挡板磨损，从而导致效率下降。对这类故障要更换挡板，对磨损的挡板最好不用补焊的方法，这样会影响除尘效果。

挡板除尘设备的另一类故障是挡板堵塞，因小型挡板除尘设备板缝距离窄，容易积灰和堵死，对这类故障要经常清理，不可以随意放大板距或更改挡板形状。

**3. 旋风除尘设备故障及排除**

旋风除尘设备的常见故障分析及排除方法见表 19-11。

表 19-11 旋风除尘设备的常见故障分析及排除方法

| 序号 | 故障现象 | 主要原因 | 排除方法 |
|---|---|---|---|
| 1 | 壳体纵向磨损 | (1)壳体过度弯曲而不圆，造成局部凸块；<br>(2)内部焊接焊珠未磨光滑；<br>(3)焊接金属和基底金属硬度差异较大，邻近焊接处的金属因退火而软于基底金属 | (1)矫正，清除凸形；<br>(2)打磨光滑，且和壳内壁表面一样光滑；<br>(3)尽量减小硬度差异 |
| 2 | 壳体横向磨损 | (1)壳体连接处的内表面不光滑或不同心；<br>(2)不同金属的硬度差异 | (1)处理连接处内表面，保持光滑和同心度；<br>(2)减小硬度差异 |
| 3 | 圆锥体下部和排尘口磨损，排尘不良 | (1)倒流入灰斗气体增至临界点；<br>(2)排灰口堵塞或灰斗粉尘装得太满 | (1)防止气体流入灰斗或料腿部；<br>(2)疏通堵塞，防止灰斗中粉尘沉积到排尘口高度 |
| 4 | 气体入口磨损 | 原因同壳体磨损 | (1)对于切向收缩入口式除尘器，消除方法同壳体磨损的预防措施；<br>(2)对于平置入口式除尘器，可在易磨损部位设置能更换的抗磨板 |
| 5 | 排气管磨损 | 排尘口堵塞或灰斗中积灰过满 | 疏通堵塞，减小灰斗积灰高度 |
| 6 | 壁面积灰严重 | (1)壁面表面不光滑；<br>(2)微细尘粒含量过多；<br>(3)气体中水汽冷凝 | (1)处理内表面；<br>(2)定期将大气或压缩空气引进灰斗，使气体从灰斗倒流一段时间，清理壁面；<br>(3)隔热保温或对器壁加热 |
| 7 | 排尘口堵塞 | (1)大块物料式杂物进入；<br>(2)灰斗内粉尘堆积过多 | (1)及时检查、消除；<br>(2)采用人工或机械方法保持排尘口清洁，以使排灰畅通 |
| 8 | 进气和排气通道堵塞 | 排气管内外侧的积灰 | 检查压力变化，定时吹灰处理或利用清灰装置清除积灰 |
| 9 | 排气浓度高而压差增大 | (1)含尘气体性状变化或温度降低；<br>(2)烟尘未排出，造成筒体尘灰堆积 | (1)升高温度；<br>(2)消除积灰 |
| 10 | 排气浓度高而压差减小 | (1)内筒被粉尘磨损穿孔，使气体发生旁路；<br>(2)叶片磨坏；<br>(3)外筒被粉尘磨损，或焊接不良使外筒磨损穿孔；<br>(4)灰斗下端气密性不良，有空气由该处漏入 | (1)修补穿孔；<br>(2)修补或更换；<br>(3)修补；<br>(4)检查并处理 |

## 四、湿式除尘设备故障处理

湿式除尘设备故障分析和处理方法见表19-12。

表19-12 湿式除尘设备故障分析和处理方法

| 序号 | 故障类型 | 可能的原因 | 处理方法 |
| --- | --- | --- | --- |
| 1 | 压降过高 | (1)和设计值相比气体速度过高；<br>(2)液气比过高；<br>(3)喉管速度过高，如果使用了节气闸，节气闸可能放在了关闭的位置；<br>(4)如果使用了填料塔，要对液速进行检查，以了解塔溢流情况 | (1)降风速；<br>(2)减少洗涤水用量；<br>(3)打开调气阀；<br>(4)检查处理 |
| 2 | 固体物聚集 | (1)排污不足；<br>(2)洗涤液不足；<br>(3)如果使用了填料塔，固体物比估计的要多 | (1)补新水；<br>(2)补水；<br>(3)检查工艺流程 |
| 3 | 材料腐蚀 | (1)高氯化物含量；<br>(2)不正确的结构材料 | (1)加强防腐；<br>(2)改材料 |
| 4 | 磨损 | 在内部需要抗磨损衬垫 | 改材料 |
| 5 | 出口温度过高 | (1)除尘器没有充满气体；<br>(2)检查系统设计是否具有达到饱和时所需要的液体量 | (1)回顾过程饱和度计算；<br>(2)补水 |
| 6 | 除尘设备烟囱出现水雾(或者液体夹带物) | (1)校验烟囱的流速；<br>(2)除雾器效率低下(或者如果夹带物有盐聚集时出现阻塞)；<br>(3)填料塔除尘器中液速过高 | (1)降速；<br>(2)更换除雾器；<br>(3)减少洗涤水 |
| 7 | 仪表故障 | 以工艺和仪表设计为基础，检查单个仪表和控制器 | 校验或更换 |
| 8 | 通风机运行不正确 | (1)检查通风机设计特性；<br>(2)检查通风机平衡；<br>(3)检查通风机是否在运转曲线下工作；<br>(4)检查通风机是否安装在正确的位置，以及轴承是否正确上油；<br>(5)检查通风机找正；<br>(6)检查驱动器防护装置 | (1)～(6)根据分析原因处理 |
| 9 | 循环水泵故障 | (1)检查水泵性能，包括泵曲线；<br>(2)检查水泵找正；<br>(3)检查密封圈的情况，确定是否需要维修；<br>(4)检查密封水流量和压力特性(一些厂家的产品需要密封水)；<br>(5)检查喷嘴是否阻塞，阻塞造成静压比所要求的要高 | (1)～(5)根据分析原因处理 |

## 五、风机故障及排除

离心式通风机的常见故障可分为性能故障、机械故障、机械振动、润滑系统故障及轴承故障等几个方面。离心式通风机的性能故障产生原因及排除方法见表19-13，其机械故障产生原因及排除方法见表19-14。转子的技术要求见表19-15。

表 19-13 离心式通风机的性能故障产生原因及排除方法

| 序号 | 故障现象 | 产生原因 | 排除方法 |
| --- | --- | --- | --- |
| 1 | 压力过高、排出流量小 | (1)气体成分改变,气体温度过低,或气体含尘增加,使气体密度增大;<br>(2)出风管道及阀门被尘土、烟灰及杂物堵塞;<br>(3)进风管道、阀门或网罩被尘土、烟尘杂物堵塞;<br>(4)出风管道破裂或其管法兰不严密;<br>(5)密封圈磨损过大,叶轮的叶片磨损 | (1)测定气体密度,消除使气体密度增大的因素;<br>(2)开大出风阀门或检查清扫;<br>(3)开大进风阀门或检查清扫;<br>(4)焊接修复裂口或更换管法兰垫片;<br>(5)更换密封圈、叶片或叶轮 |
| 2 | 压力过低,排出流量增大 | (1)气体成分改变,气体温度过高,或气体所含固体杂质减少,使气体密度减小;<br>(2)进风管道破裂或其管法兰不严密 | (1)测定气体密度,消除使气体密度减小的因素;<br>(2)焊接修复裂口或更换管法兰垫片 |
| 3 | 通风系统调节失灵 | (1)压力表失灵,阀门失灵或卡住,以致不能根据需要调节流量和压力;<br>(2)需要流量减小,管道堵塞,流量急剧减小或等于零,使风机在不稳定区(飞动区)工作,产生逆流反击风机转子的现象 | (1)修理或更换压力表,修复阀门;<br>(2)如需要流量减小,应打开旁路阀门,或降低转数;如管道堵塞应进行清扫 |

表 19-14 离心式通风机的机械故障产生原因及排除方法

| 序号 | 故障现象 | 产生原因 | 排除方法 |
| --- | --- | --- | --- |
| 1 | 叶轮损失或变化 | (1)叶片表面或铆钉头腐蚀或磨损;<br>(2)铆钉和叶片松动;<br>(3)叶轮变形歪斜过大,使叶轮径向跳动或端面跳动过大(超过转子技术要求) | (1)如是个别损坏,应更换个别零件;如损坏过半,应更换叶轮;<br>(2)紧固处理,若仍无效,需更换铆钉;<br>(3)卸下叶轮后矫正处理 |
| 2 | 机壳过热 | 在阀门关闭情况下运转时间过长 | 停车待冷却后按操作规程重新开车 |
| 3 | 密封圈磨损或损坏 | (1)密封圈与轴套不同心,在正常运转中磨损;<br>(2)机壳变形,使密封圈一侧磨损;<br>(3)转子振动过大,其径向振幅的一半大于密封径向间隙;<br>(4)密封齿内进入硬质杂物,如金属屑、焊渣等;<br>(5)推动轴衬熔化,使密封圈与密封齿接触从而磨损 | 先消除外部影响因素,然后更换密封圈,重新调整和找正密封圈的位置 |
| 4 | 电动机电源过大,或温升过高 | (1)开车时进、出风管阀门未关;<br>(2)电动机输入电压低或电源单相断电;<br>(3)轴承箱振动剧烈影响;<br>(4)主轴转速超过额定值 | (1)按操作规程启动;<br>(2)检查电源并修复;<br>(3)消除剧烈振动;<br>(4)降低主轴转数 |
| 5 | 噪声大 | (1)无隔声设施;<br>(2)管道、调节阀松动;<br>(3)通风制造不良 | (1)加设隔音设备;<br>(2)紧固安装;<br>(3)检修风机 |
| 6 | 振动过大 | (1)转子动平衡不良;<br>(2)轴安装不良;<br>(3)基础底座不牢或刚度差;<br>(4)风机内部摩擦严重;<br>(5)转子松动或间隙过大 | (1)重找平衡,将平衡块固定牢;<br>(2)进行调整重新找正;<br>(3)拧紧螺栓填充间隙;<br>(4)修理叶轮、机壳和推力轴衬;<br>(5)修理轴、叶轮重新配键拧紧螺母 |

**表 19-15　转子的技术要求**

| 部位 | 误差名称 | 符号 | 允差/mm | |
|---|---|---|---|---|
| | | | 离心式鼓风机 | 离心式通风机 |
| 叶轮外缘 | 径向跳动 | $a_2$ | ≤0.2 | $\leqslant 0.07\sqrt{D}$ |
| 联轴器外缘 | | $a_1$ | ≤0.02 | ≤0.05 |
| 主轴的轴承轴径 | | $a_3$ | ≤0.01 | ≤0.01 |
| 叶轮外缘两侧 | 端面跳动 | $b_2$ | ≤0.5 | $\leqslant 0.1\sqrt{D}$ |
| 联轴器外缘端面 | | $b_1$ | ≤0.01 | ≤0.05 |
| 推力盘的推力面 | | $b_3$ | ≤0.01 | — |

注：1. 表中 $D$ 为叶轮外径，mm。

2. 滚动轴承、联轴器及皮带轮等与轴的装配见《机械设备安装工程施工及验收规范》。

3. 各部位的误差符号见图 19-14 和图 19-15。

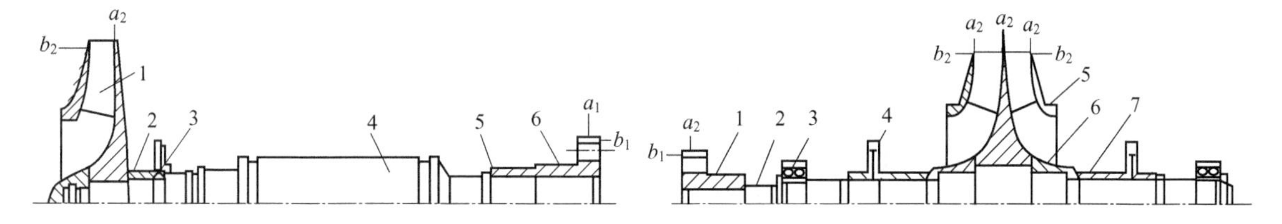


图 19-14　离心式通风机悬臂式转子误差部位示意
1—叶轮；2—密封套；3—排气轮；
4—主轴；5—主油泵减速齿轮；6—联轴器

图 19-15　离心式通风机双支承转子误差部位示意
1—联轴器；2—主轴；3—滚动轴承；4—平衡盘；
5—叶轮；6—轴承；7—密封套

## 六、输排灰设备故障与排除

### 1. 排灰设备故障及排除方法

排灰设备故障及排除方法见表 19-16。

**表 19-16　排灰设备故障及排除方法**

| 故障设备 | 产生原因 | 排除方法 |
|---|---|---|
| 回转阀 | (1)传动电机,减速机及传动齿轮有故障；<br>(2)传动链条折断或链条断油；<br>(3)安全销折断；<br>(4)回转阀叶片折断或磨损；<br>(5)回转阀内绞入异物；<br>(6)叶片磨损 | (1)检查原因,排除传动故障；<br>(2)更换链条,重新连接,供油；<br>(3)更换；<br>(4)更换或修复；<br>(5)清除异物；<br>(6)修理或更换 |
| 双重阀 | (1)排出口粉尘堵塞；<br>(2)粉尘拱塞,气动失常；<br>(3)双层卸灰阀磨损；<br>(4)双层卸灰阀叶板间充满固着粉尘 | (1)清理排出口已堵塞粉尘；<br>(2)清除积灰拱塞,调整气动装置；<br>(3)修理或更换；<br>(4)清除固着粉尘 |

### 2. 螺旋输送机常见故障及排除方法

螺旋输送机的常见故障及排除方法见表 19-17。

**表 19-17　螺旋输送机的常见故障及排除方法**

| 故障名称 | 产生原因 | 排除方法 |
|---|---|---|
| 电流过大 | (1)箱体内壁黏结物料,阻力增大；<br>(2)箱体内进入异物,卡住螺旋叶片；<br>(3)轴承缺油或损坏；<br>(4)箱体或螺旋弯曲,发生互相摩擦 | (1)清理干净；<br>(2)检查排除；<br>(3)加油或换轴承；<br>(4)调整、调直 |

续表

| 故障名称 | 产生原因 | 排除方法 |
| --- | --- | --- |
| 螺旋轴断裂 | (1)螺旋轴材质强度不够,焊接残余应力未消除;<br>(2)箱体的物料堆积过多,螺旋阻力剧增;<br>(3)螺旋轴疲劳损坏或严重弯曲;<br>(4)砂状物料引起;<br>(5)输送距离过长 | (1)重新制造或修理;<br>(2)清除一些物料;<br>(3)更换新件;<br>(4)用其他输送方式;<br>(5)一台变二台改为接力式输送 |
| 噪声大 | (1)螺旋叶片与箱体相摩擦;<br>(2)轴承缺油,发生干摩擦;<br>(3)输送量过大,摩擦阻力增大;<br>(4)螺旋轴严重变形和弯曲 | (1)检查修理;<br>(2)增添新油;<br>(3)减轻负荷;<br>(4)调直或更新 |

### 3. 刮板输送机常见故障及排除方法

刮板输送机的常见故障及排除方法见表19-18。

**表19-18 刮板输送机的常见故障及排除方法**

| 故障名称 | 产生原因 | 排除方法 |
| --- | --- | --- |
| 刮板链条跑偏 | (1)输送机安装不良;<br>(2)壳体受热变形较大;<br>(3)张紧装置调节后尾轮轴仍有偏斜 | (1)检查安装质量;<br>(2)矫正或更换;<br>(3)重新调节加防偏板 |
| 刮板链条拉断 | (1)选用不当造成强度不够;<br>(2)大块硬物落入机槽卡住链条;<br>(3)链条制造质量差或磨损严重;<br>(4)满载启动或突然过量加料 | (1)重新选择;<br>(2)清除和防止落入杂物;<br>(3)更换链条;<br>(4)人工排料后均匀加料 |
| 刮板链条突然发出响声 | (1)有硬物落入壳体,卡住链条;<br>(2)链条关节转动不灵 | (1)清除杂物;<br>(2)卸下销轴修理 |
| 头轮和刮板链条啮合不良 | (1)头轮轴偏斜或不水平;<br>(2)长期运转后链条节距增大 | (1)调整;<br>(2)更换链条 |
| 浮链 | (1)链条张紧度不够;<br>(2)物料压结,在机槽底部形成料层 | (1)调节张紧装置;<br>(2)进行清理 |

### 4. 斗式提升机常见故障及排除方法

斗式提升机的常见故障及排除方法见表19-19。

**表19-19 斗式提升机的常见故障及排除方法**

| 故障名称 | 产生原因 | 排除方法 |
| --- | --- | --- |
| 造成停车 | (1)胶带太松;<br>(2)卸料机构卸料量太大,造成提升机底部物料存积太多;<br>(3)底部或其他部位有硬物将料斗同机壳卡住;<br>(4)料斗脱落;<br>(5)胶带或链条坏;<br>(6)牵引件松弛 | (1)调节张紧装置;<br>(2)挖取底部存积物料;<br>(3)取走硬物;<br>(4)重新安装;<br>(5)更换;<br>(6)调整或更换 |
| 有不正常的撞击声 | (1)输送带发生偏移;<br>(2)料斗松动;<br>(3)机壳内有大块杂物 | (1)调节张紧装置;<br>(2)重新紧固;<br>(3)取走杂物 |
| 输送带偏移 | (1)滚轮两边有高有低;<br>(2)滚轮表面有大量物料粘住;<br>(3)进料时偏向料斗的一边 | (1)重新调节张紧装置;<br>(2)铲除滚轮表面物料;<br>(3)调节进料口位置,调节下料机位置 |

### 5. 气力输送装置常见故障及排除方法

气力输送装置的常见故障及排除方法见表19-20。

**表19-20 气力输送装置的常见故障及排除方法**

| 故障名称 | 产生原因 | 排除方法 |
|---|---|---|
| 输送能力降低 | (1)输送管路不密封,有泄漏现象存在;<br>(2)管路系统粉尘积塞严重;<br>(3)除尘系统没能及时出灰 | (1)查明泄漏处,并作维修;<br>(2)助吹清理;<br>(3)清理积灰 |
| 吸嘴口阻塞 | (1)供料处供料太快;<br>(2)吸嘴处吸入杂物 | (1)降低供料速度;<br>(2)清除杂质 |
| 风量减少 | 管路及分离、除尘系统有严重的积灰 | 清除其中积灰 |
| 管道堵塞 | (1)气流不均匀;<br>(2)粉尘量过大 | (1)调节风量;<br>(2)加助吹气管和助吹阀 |

### 6. 空气输送斜槽的常见故障及排除方法

空气输送斜槽最常见的故障是堵塞。其原因有下列几点:

① 下槽体封闭不好、漏风,使透气层上下的压力差稍低,物料不能气化。

② 物料含水分大(一般要求物料水分小于1.5%),潮粉堵塞了透气层的孔隙,使气流不能均匀分布,因此物料不能气化。

③ 被输送的物料中含有较多的密度大的铁屑或粗粒,这些铁屑或粗粒滞留在透气层上,积到一定厚度时,便使物料不能气化。

针对上述原因,处理办法如下:

① 检查漏风点,采取措施。例如:增加卡子,或临时用石棉绳堵缝;严重时局部拆装。按要求垫好毛毡。

② 更换被堵塞的透气层,严格控制物料的水分。

③ 定时清理出积留在槽中的铁屑或粗粒。

## 七、除尘系统故障判断及排除

### 1. 常见故障判断

除尘系统常见故障的判断内容见表19-21。

**表19-21 除尘系统常见故障的判断内容**

| 序号 | 现象 | 检查部位 | | | | | | |
|---|---|---|---|---|---|---|---|---|
| | | 吸尘罩吸入口 | 主管道 | 冷却装置 | 滤袋 | 除尘器 | 风机、电动机 | 控制装置 |
| 1 | 吸尘作用变坏 | (1)由粉尘、杂物等堵塞;<br>(2)阀门关闭;<br>(3)罩与管道连接处开裂;<br>(4)阀门开度不足 | (1)管道连接处开裂;<br>(2)由粉尘、杂物等堵塞;<br>(3)连接处漏风;<br>(4)安全阀开启;<br>(5)因磨损、腐蚀而破坏 | (1)由粉尘,杂物等堵塞;<br>(2)冷却能力降低;<br>(3)安全阀开启;<br>(4)因漏水而堵塞 | 滤袋堵塞 | (1)灰斗内大量积存粉尘;<br>(2)清灰机构动作不良;<br>(3)清灰机构有故障;<br>(4)安全阀开启;<br>(5)壳体腐蚀、破损 | (1)转速降低;<br>(2)电压降低;<br>(3)叶片磨损;<br>(4)阀门动作不良;<br>(5)传动带破损;<br>(6)传动带脱落;<br>(7)传动带松弛打滑;<br>(8)电动机有故障 | (1)动作不良;<br>(2)安全装置误动作;<br>(3)测试仪表的设定值错误 |

续表

| 序号 | 现象 | 检查部位 | | | | | | |
|---|---|---|---|---|---|---|---|---|
| | | 吸尘罩吸入口 | 主管道 | 冷却装置 | 滤袋 | 除尘器 | 风机、电动机 | 控制装置 |
| 2 | 从出口冒出烟尘 | | 分支管道开启 | | (1)滤袋破损；(2)滤袋脱落漏泄 | 花板因开裂漏风 | | (1)误动作；(2)监测仪表设定值错误 |
| 3 | 主电动机电流减小 | (1)由粉尘、杂物等堵塞；(2)阀门关闭；(3)罩与管道连接处开裂；(4)阀门开度不足 | 由粉尘、杂物等堵塞 | (1)由粉尘、杂物等堵塞；(2)冷却能力降低；(3)安全阀开启；(4)因漏水而堵塞 | 滤袋塞堵 | (1)灰斗内大量积存粉尘；(2)清灰机构有故障，动作不良 | (1)转速降低；(2)电压降低；(3)叶片磨损；(4)阀门动作不良；(5)传动带破损；(6)传动带脱落；(7)传动带松弛打滑；(8)电动机有故障 | (1)动作不良；(2)安全装置误动作；(3)测试仪表的设定值错误 |
| 4 | 主电动机电流增大 | | (1)管道开裂、脱落安全阀开启；(2)因腐蚀、破损而漏入空气 | (1)安全阀开启；(2)因腐蚀、破损而漏风 | (1)滤袋破损；(2)滤袋脱落 | 花板损坏 | (1)轴承破损；(2)电动机有故障 | 监测仪表设定值有误 |
| 5 | 电动机停转 | | | | | | (1)轴承振动严重；(2)电动机烧毁；(3)过负荷 | 安全装置误动作 |
| 6 | 发生振动(声响) | (1)吸尘罩紧固件松动；(2)与其他构筑物相接触 | 与其他构筑物相接触 | | | | (1)叶轮不平稳；(2)风机喘振；(3)地脚螺栓松动 | |

## 2. 故障排除

排除除尘系统故障的方法是根据查出的故障原因，有针对性地逐一进行排除。

# 第二十章
# 除尘节能与防灾

除尘节能与防灾是除尘开发研制、工程设计、运营管理等每一个环节都必须十分注意而又容易被忽视的问题。本章重点介绍除尘系统节能、除尘工程防灾以及除尘设备事故与应急处理预案等。

## 第一节　除尘系统的节能

除尘系统由集气罩、管网、除尘器、卸灰装置和粉尘处理、通风机和排气烟囱、消声器及其附属设施组成。与除尘系统密切相关的还有尘源密闭装置和粉尘处理与回收系统。除尘系统节能设计要从每个环节进行考虑。

### 一、除尘系统节能的途径和原则

**1. 除尘系统的节能途径**

除尘系统的任务就是将污染源散发的颗粒污染物捕集并送到除尘器净化后达标排放。一个除尘系统的能耗大体可以分为两部分：一是使含尘气体通过除尘设备的能耗，即处理所捕集的气量和克服系统阻力所消耗的功，集中反映在主风机的功率上，这几乎是各种除尘器都具有的；二是除尘或清灰的附加能耗，这与各类除尘器的特点有关，如静电除尘器的电晕功率、振打清灰所消耗的电能，湿式除尘器的供水耗电和耗水量，袋式除尘器清灰所消耗的反吹风机的电能或压缩空气，另外还有输灰系统、电动阀门、烟气加热等消耗的电力、水蒸气、压缩空气等能源。这里不讨论第二部分，因为此部分能耗相对较少。第一部分能耗是主要的，并有节能潜力。主风机的电耗取决于风机的全压 $p$(kPa) 和所处理的气体量 $Q$($m^3/h$)，当风机的全压效率为 $\eta$ 时，所需要的动力消耗 $P$(kW) 为：

$$P=2.78\times10^{-4}pQ/\eta \tag{20-1}$$

从式(20-1) 中可以看出，当风机的全压效率一定时，所需要的动力消耗分别正比于全压 $p$ 和风量 $Q$。风量与静压、排风机轴动力、电动机的关系见图 20-1。气流为 $1m^3/min$ 时的功率见图 20-2。对于一个特定的除尘系统而言，若能以较小的风量达到粉尘控制效果，或者使系统的阻力最小，实现降低能耗的目的，这就是节能基本途径。特别应该强调指出的是，对于除尘而言，并不是除尘系统所收集的粉尘越多越好，也不是捕集所控制的区域越大越好，而是以控制住粉尘不扩散、不外逸为最终目的。若能够达到同样的效果，则应以最小控制风量和最低的压降为首选。

**2. 除尘系统的节能原则**

设计除尘系统时，应按以下节能原则进行：①同一生产流程、同时工作的扬尘点相距不远时，宜合设一个系统，不应分散除尘；②同时工作但粉尘种类不同的扬尘点，当工艺允许不同粉尘混合回收或粉尘无回收价值时，亦可合设一个除尘系统，当分散除尘系统比集中除尘系统节能时应考虑分散除尘；③两种或两种以上的粉尘或含尘气体混合后引起燃烧或爆炸时不应合

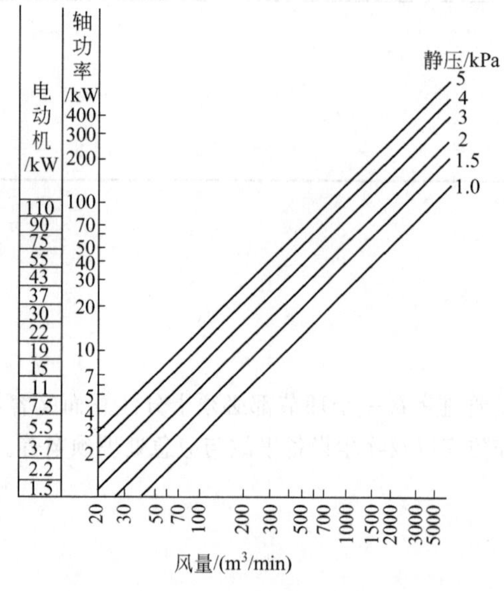


图 20-1 风量与静压、排风机轴动力、电动机的关系

（离心风机常温运转）

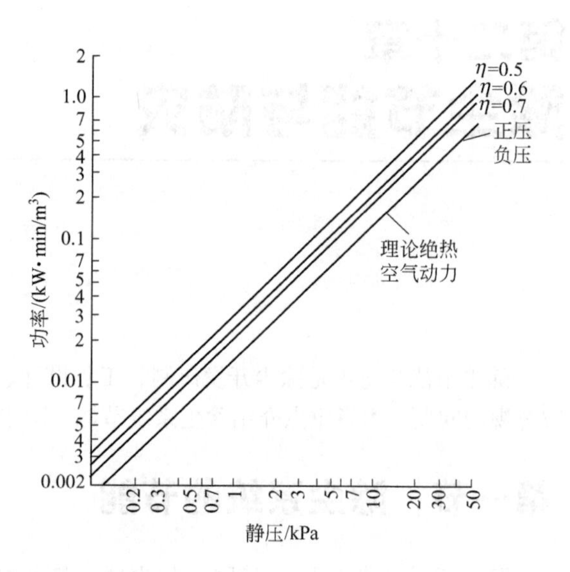


图 20-2 气流为 $1m^3/min$ 时的功率

（$\eta$ 为送风机效率）

为一个系统；④温度不同的含尘气体，混合后可以降低气体温度从而省略冷却装置时可考虑其混合，但混合后可能导致风管内结露时不应混合；⑤划分除尘系统除进行技术比较外，还要进行耗量比较，优先设计节能的除尘系统（做能耗比较主要是考虑系统运行的耗能情况）；⑥对除尘系统要进行不同方案论证，选取更为合理的节能方案；⑦对高温烟气要考虑余热回收利用，对高压气体（如高炉煤气）要考虑余压利用。

## 二、集气罩节能

集气罩在除尘系统节能设计中占有重要地位，可以设想，如果把除尘器的除尘效率或风机的效率提高 1%～3%相对困难，如果把集气罩的集气效率提高 1%～3%，要相对容易得多。

**1. 集气罩的位置**

（1）设置集气罩的地点，应考虑消除罩内正压，保持罩内负压均匀，有效控制含尘气流不致从罩内逸出，并避免吸出粉料。如对破碎、筛分和运输设备，集气罩应避开含尘气流中心，以防吸出大量粉料。对于胶带运输机受料点，集气罩与卸料溜槽相邻两边之间距离应为溜槽边长的 0.75～1.5 倍，但不小于 300～500mm，集气罩口离胶带机表面高度不小于胶带机宽度的60%。当卸料溜槽与胶带机倾斜交料时，应在卸料溜槽的前方布置集气罩；当卸料溜槽与胶带机垂直交料时，宜在卸料溜槽前、后方均设集气罩。

（2）处理或输送热物料时，集气罩应设在密闭罩的顶部，或给料点与受料点设置上、下抽风。

（3）集气罩不宜靠近敞开的孔洞（如操作孔、观察孔、出料口等），以免吸入罩外空气，浪费能量。胶带机受料点处的集气罩前必须设遮尘帘。

（4）集气罩的位置应不影响操作、检修和生产。

（5）与集气罩相接的一段管道最好垂直敷设，以免蹦入物料造成堵塞。

**2. 集气罩的形式**

集气罩形式的选择：①有条件的尘源应尽可能采用密闭罩或半密闭罩，避免吸入尘源外的气体；②为使罩内气流均匀、减小阻力，一般采用伞形罩；③当从密闭罩和料仓排风时一般无吸出粉料之虑，可不设集气罩，将风管直接接在密闭罩或料仓上，接管与罩之间应有变径管，以减小局部阻力。

**3. 集气罩的罩口风速**

（1）集气罩的罩口平均风速不宜过高，以免吸出粉料和浪费能源。一般对局部密闭罩和轻、干、细的物料，罩口平均风速应取得较低。采用局部密闭时，集气罩罩口平均风速不宜大于 3m/s。

（2）在不能设置密闭罩而用敞口罩控制粉尘时，罩口风速应按侧吸罩或吹吸罩进行设计计算。

## 三、除尘管网节能

（1）除尘系统中，除尘器以前的除尘管道在进行阻力计算比较后可按集合管管网或枝状管网布置，优选节能系统。

① 集合管管网。集合管管网分为水平和垂直两种。带集尘箱的水平集合管连接的风管由上面或侧面接入，集合管断面风速为 3～4m/s，适用于产尘设备分布在同一层平台上且水平距离较大的场合。有卸尘阀的垂直集合管连接的风管从切线方向接入，集合管断面风速为 6～10m/s，适用于产尘设备分布在多层平台上且水平距离不大的场合。集合管尚有粗净化作用，下部应设卸尘阀和粉尘输送设备。

集合管管网系统阻力容易平衡，管路连接方便，运行风量变化时系统比较稳定。

② 枝状管网。枝状管网的风管可垂直、水平或倾斜敷设。倾斜敷设时，风管与水平面的夹角应大于 45°。当不能满足上述要求时，小坡度或水平敷设的管段应尽量缩短，并采取防止积尘的措施。

枝状管网的管路连接较复杂，各支管的阻力平衡较难，运行调节麻烦。但占地少，无集合管的粉尘输送设备，比较简单。

（2）含尘气体管道风速一般选取 15～25m/s。根据粉尘性质不同，最小风速不得低于表 12-20 所列数值。

（3）管网的三通管、弯管等异形管件会对气流产生阻力，除尘系统应减少这些管托。

（4）含尘气体管道支管宜从主管的上面或侧面连接；连接用三通的夹角宜选用 15°～45°。

（5）对粉尘和水蒸气共生的尘源，应尽量将除尘器直接配置在排风罩上方，使粉尘和水蒸气通过垂直管段进入除尘器。当必须采用水平管段时，风管应与除尘器入口构成不小于 10°的坡度，并在风管上设检查孔，以便冲洗管内黏结的粉尘。

（6）通过磨琢性强、浓度高的含尘气体管道，要采取防磨损措施。除尘管道中异形件及其邻接的直管易发生磨损，其中以弯管外弯侧 180°～240°范围内的管壁磨损最为严重。对磨损不甚严重的部位，可采取管壁局部加厚的措施。对磨损严重的部位，则需加设耐磨衬里。耐磨衬里可用涂料法（内抹或外抹耐磨涂料）或内衬法（内衬橡胶板、辉绿岩板、铸铁板等）施工。

（7）通过高温含尘气体的管道和相对湿度高、容易结露的含尘气体管道应设保温层，防止管网结露堵塞。

（8）通过高温含尘气体的管道必须考虑热膨胀的补偿措施。可采取转弯自然补偿或在管道的适当部位设置补偿器的方法。相应的管道支架也应考虑热膨胀所产生的应力。

（9）除尘管道宜采用圆形钢制风管，其接头和接缝应严密，宜采用焊接加工的方法。

（10）除尘管道一般应明设。当采用地下风道时，可用混凝土或砖砌筑，内表面用砂浆抹平，并在风道的适当位置设清扫孔，减少管道阻力。但对有爆炸性危险的含尘气体，不可通过地下风道。

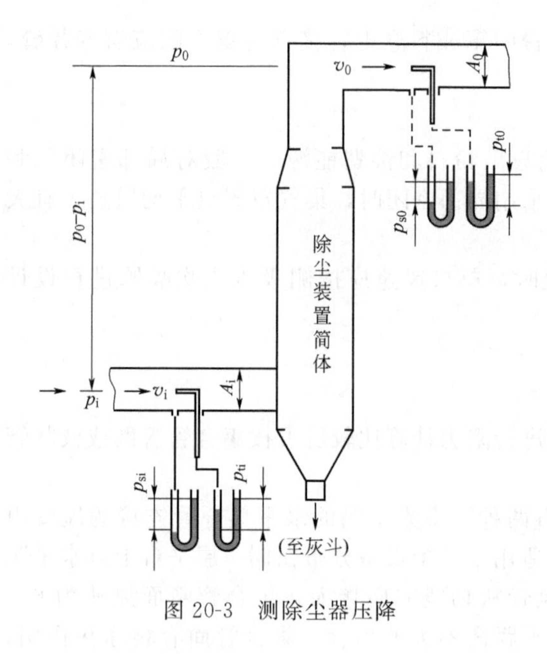


图 20-3 测除尘器压降

## 四、除尘器能耗与选择

**1. 除尘器能耗**

含尘气体通过除尘器的能耗是除尘器通过流体时的压降。测除尘器压降如图 20-3 所示。除尘器压降是指除尘器进口和出口气流全压之差，一般按除尘器进口动压的倍数计算：

$$\Delta p=\xi\frac{\rho v_i^2}{2} \tag{20-2}$$

式中，$\Delta p$ 为除尘器压降，Pa；$v_i$ 为除尘器进口气流速度，m/s；$\rho$ 为气体密度，kg/m$^3$；$\xi$ 为除尘器压损系数（阻力系数）。

除尘器压降产生的能耗为：

$$E=Q\Delta p\times10^{-3} \tag{20-3}$$

式中，$E$ 为除尘器能耗，kW；$Q$ 为气体流量，m$^3$/s；$\Delta p$ 为除尘器压降，Pa。

湿式除尘器中输送液体的电耗为：

$$E_L=Q_L\Delta p_L\times10^{-3} \tag{20-4}$$

式中，$E_L$ 为输送液体能耗，kW；$Q_L$ 为液体流量，m$^3$/s；$\Delta p_L$ 为输送洗涤液的压降，Pa。

液体损失相当的电耗为：

$$\Delta E_L=3600\Delta Q_L R_W/R_E \tag{20-5}$$

式中，$\Delta E_L$ 为液体损失相当的能耗，kW；$\Delta Q_L$ 为液体损失量，m$^3$/s；$R_W$ 为水费，元/m$^3$；$R_E$ 为电费，元/(kW·h)。

统计资料表明，一般除尘器（1000m$^3$/h）的电耗范围为 0.2～2.4kW，粗略平均为 0.6kW。在很多情况下，除尘器的总除尘效率越高，电耗也越高。

**2. 除尘器选择**

(1) 在满足排放要求的前提下，首先选择低阻除尘器，降低除尘能耗。例如，以袋式除尘器为例，在同样条件下脉冲袋式除尘器比反吹风袋式除尘器节能 25%左右，新型结构设计比传统设计节能 20%左右。加工除尘器应严密，减小设备漏风率，漏风率每增加 1%，意味着能耗浪费 1%。

(2) 处理相对湿度高、容易结露的含尘气体的干式除尘器应设保温层，必要时还应在除尘器入口前采取加热措施。

(3) 用于净化有爆炸危险的粉尘的干式除尘器应布置在系统的负压段上。用于净化及输送爆炸下限小于或等于 65g/m$^3$ 的有爆炸危险的粉尘、纤维和碎屑的干式除尘器和风管，应设泄压装置。必要时，干式除尘器应采用不产生火花的材料制作。用于净化爆炸下限大于 65g/m$^3$ 的可燃粉尘、纤维和碎屑的干式除尘器，当布置在生产厂房内时，应同其排风机布置在单独的房间内。

(4) 用于净化有爆炸危险的粉尘的干式除尘器应布置在生产厂房之外，且距有门窗孔洞的外墙不应小于 10m。

(5) 排除有爆炸危险的粉尘的除尘系统，其干式除尘器不得布置在经常有人或短时间有大量人员逗留的房间的下面，如同上述房间贴邻布置时，应用耐火的实体墙隔开。

(6) 选用湿式除尘器时，北方地区应考虑采暖或保温措施，防止除尘器和供、排水管路冻结。同时把除尘水系统耗能计入除尘系统耗能之中。

（7）在高负压条件下使用的除尘器，其结构应加强，外壳应具有更高的严密性。

（8）含尘气体经除尘器净化后，直接排入室内时，必须选用高效率除尘器，使其排放浓度符合室内空气质量标准。

**3. 静电除尘器电源节能**

随着国家排放标准的趋严以及节能减排国策的施行，大气粉尘污染治理应用行业也出现了新的特点。提高除尘效率、降低能耗成为用户新的需求。静电除尘器高频电源的推广普及为此开辟了一条新的道路。

（1）高频电源固有节能特点　高频电源功率因数高、效率高，固有节能约20%，节电指标明显。实验表明，高频电源在纯直流供电方式下，即使在70%的额定输出功率下运行时，设备功率因数与效率也基本维持不变，而工频电源随着输出功率的下降，功率因数与效率会明显下降。高频电源在额定负载下比常规工频电源节能约20%，在非额定输出时节能的比例更大。在通常情况下，除尘电源都没有满负荷输出，高频电源节能效果显著。

（2）系统节能　高频电源在前电场提高除尘效率，可为整台除尘器的节能提供空间。前电场除尘效率提高后，可减轻后电场的负担，对于后电场而言，相当于锅炉机组降低负荷，这种节能空间是极为可观的。

（3）高频电源推荐应用场合　高频电源主要有3类典型应用情况：①采用“黄金组合”方式，即高频电源用于第一电场，最后一个电场采用机电多复式双区结构静电除尘器；②纯高频电源改造，主要是用于旧静电除尘器提效改造，即在本体不做改造的情况下用高频电源替代前电场工频电源，整个改造周期短、工作量小，改造后除尘效率将会有较大的提高；③高频电源作为静电除尘器全通道配用，强化了前电场荷电效果和后电场捕捉细微粉尘的能力，在提高除尘效率的同时实现大幅节能的目的。

## 五、通风机节能

**1. 通风机节能一般要求**

通风机节能的一般要求主要包括：①通风机和选型时要重视其效率和能耗，除尘系统的风机要避免“大马拉小车”的现象；②除尘系统应尽量避免2台或3台风机并联，必须并联时选同型号风机；③流过通风机的气体含尘浓度较高，容易磨损通风机叶轮和外壳时，应选用排尘通风机或其他耐磨通风机；④处理高温含尘气体的除尘系统应选用锅炉引风机或其他耐高温的专用通风机；⑤处理有爆炸危险的含尘气体的除尘系统应选用防爆型通风机和电动机，并采用直联传动的方式；⑥除尘系统通风机露天布置时，对通风机、电动机、调速装置及其他电气设备等应考虑防雨设施；⑦除尘系统通风机的噪声超过标准时应设消声器，消声器要选低阻型的以降低能耗；⑧在除尘系统的风量呈周期性变化或排风点不同时工作引起风量变化较大的场合，应设置电动机调速装置，如液力耦合器、变频变压调速装置等，调速是节能的有效途径；⑨湿式除尘系统的通风机机壳最低点应设排水装置，需要连续排水时宜设排水水封，水封高度应保证水不致被吸空；水封底部应有检修丝堵，以备堵塞时打开丝堵进行疏通；不需要连续排水时可设带堵头的直排水管，需要时打开堵头排水。

**2. 通风机调速与节能**

通风机调速有两个目的：一是为了节约能源，避免除尘系统用电过多；二是为了控制风量，避免除尘系统吸风口抽吸有用物料。除尘系统调节风量的方法有通风机进出口阀调节和通风机变速运转，其中增加调速装置使通风机变速工作是主要的。

（1）调速节能原理　通风机的压力 $p$、流量 $Q$ 和功率 $P$ 与转速 $n$ 存在以下关系：

$$\frac{Q_2}{Q_1}=\frac{n_2}{n_1},\frac{p_2}{p_1}=\left(\frac{n_2}{n_1}\right)^2,\frac{P_2}{P_1}=\left(\frac{n_2}{n_1}\right)^3 \tag{20-6}$$

式中，$Q_1$、$Q_2$ 分别为流量，$m^3/s$；$n_1$、$n_2$ 分别为转速，r/min；$P_1$、$P_2$ 分别为功率，kW；$p_1$、$p_2$ 分别为全压，Pa。

即流量与转速成比例，而功率与流量的 3 次方成比例。当流量需要改变时，用改变风门或阀门的开度进行控制，效率很低。若采用转速控制，当流量减小时，所需功率近似按流量的 3 次方大幅下降，从而节约能量。

当调节通风机前后的阀门时，随着阀门关小通风机流量降低。

图 20-4 和图 20-5 分别为风门控制和转速控制流量变化的特性曲线。由图 20-4 可知，当流量降到 80％时，功耗为原来的 96％，即：

$$P_B=p_BQ_B=1.2p_A\times0.8Q_A=0.96P_A \tag{20-7}$$

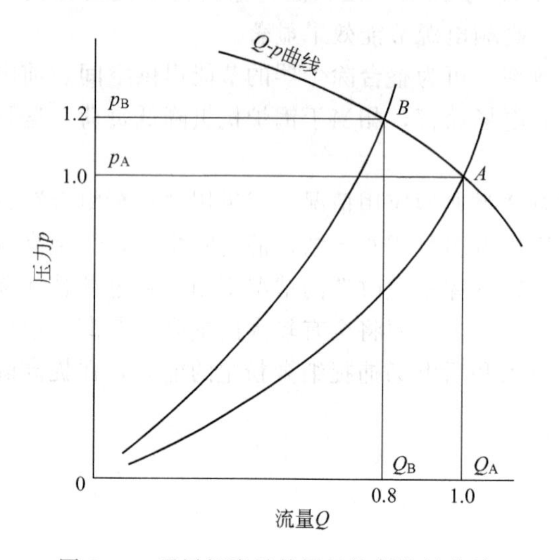


图 20-4　通风机流量的风门控制特性曲线

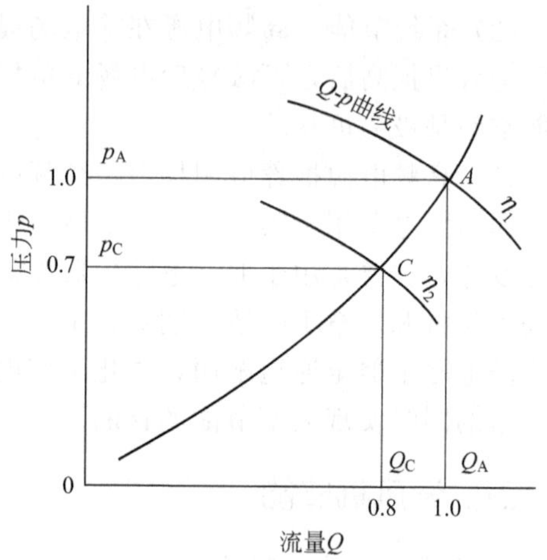

图 20-5　通风机流量的转速控制特性曲线（$\eta_1>\eta_2$）

由图 20-5 可知，当流量下降到 80％时，功率为原来的 56％（即降低了 44％）即：

$$P_C=p_CQ_C=0.7p_A\times0.8Q_A=0.56P_A \tag{20-8}$$

由此可知，调速比调风门增大的节电率为：

$$\frac{0.96P_A-0.56P_A}{0.96P_A}\times100\%=41\% \tag{20-9}$$

可见流量的转速控制比阀门控制节能效果显著。

（2）节能方式比较　除电动机本身功率的损耗外，无论是哪一种调速节能都存在额外的功率损耗，它们的效率都不可能为 1。图 20-6 给出了挡板调节、变频器调速、液力耦合器调速、内反馈串级等调速的效率示意曲线，从图中可见变频器调速的节能效果最好。各种调速形式的节能分析比较见表 20-1。在选用调速方式时，可参考上述图表确定。

（3）调速方法的选择

① 选择调速装置时应注意以下事项：调速装置的初投资和运行费用；调速装置的运行可靠性、维修要求；调速装置的效率和功率因数，节电效果；被驱动设备的运行规律，如风机、水泵流量的变化范围和不同流量的运行时间；被驱动设备的容量大小；现场技术力量和环境条件等。

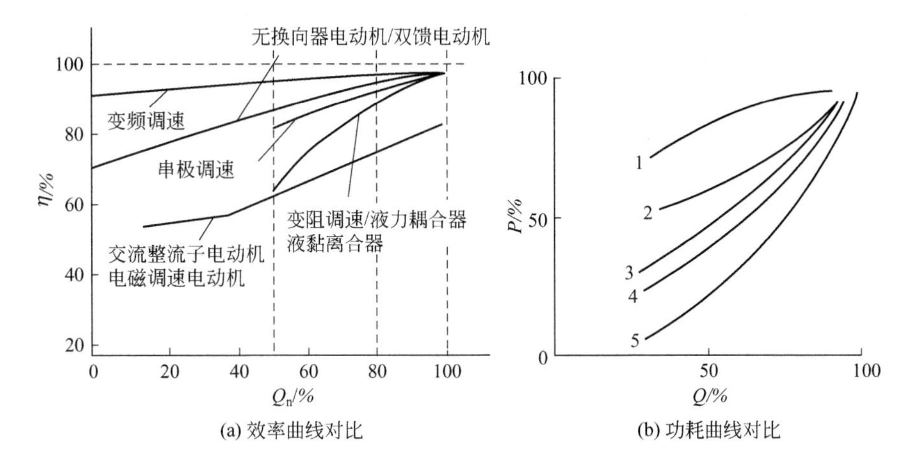


图 20-6　各种调速的效率、功耗曲线对比

1—出口采用风门挡板调节；2—进口采用风门挡板调节；3—进口采用轴向导流器（用于离心式），进口采用静叶调节器（用于轴流式）；4—晶闸管串激调速、电磁离合器调速、电动机变极调速、耦合器调速；5—变频调速

**表 20-1　各种调速形式的节能分析比较**

| 调速方式<br>比较项目 | 定子调压调速 | 变频调速 | 电磁离合器调速 | 液力耦合器调速 | 变极调速 | 串级调速(绕线型电动机) | 转子串电阻调速(绕线型电动机) |
|---|---|---|---|---|---|---|---|
| 调速范围 | 80%～100% | 5%～100% | 10%～100% | 50%～100% | 4/6,6/8…… | 65%～100% | 65%～100% |
| 调速精度/% | ±2 | ±0.5 | ±2 | ±1 | — | ±1 | ±2 |
| 优　点 | (1)结构简单；<br>(2)可无级调速；<br>(3)可"软启动"；<br>(4)快速性好 | (1)调速范围大；<br>(2)容易通有现有设备改制；<br>(3)可以群控，再生制动容易 | (1)结构简单；<br>(2)可无级调速 | (1)结构简单；<br>(2)可无级调速 | 结构简单 | (1)可无级调速；<br>(2)在调速范围内效率高 | (1)可靠性高；<br>(2)投资少；<br>(3)维护简单；<br>(4)功率因数高 |
| 缺点 | 随转速下调，η、cosφ下降 | 全范围调速，逆变器容量大，低速区cosφ下降 | (1)适于小型电动机；<br>(2)效率随转速下调而降低 | 转速下调，效率随之降低 | (1)不能无级调速；<br>(2)不能频繁变速 | 若调速范围大，则变换器容量大，价高 | 转速下调，效率随之降低 |
| 推荐的容量和电压 | 小容量，低压 | 大、中、小容量，低压 | 小容量，低压 | 大、中容量，高、低压 | 中、小容量，高、低压 | 大、中容量，高、低压 | 15kW 及以上 |
| 节电效果 | 良 | 优 | 良 | 良 | 优 | 优 | 良 |
| 注意事项 | 要测速没备 | 要计算转矩脉动、轴振动和超速时的机械强度 | 要改变基础尺寸，要测速设备 | | | 要改变电刷和集电环，要测速设备 | 连续调速需要水电阻调节装置 |
| 适用范围 | 起重机、风机、泵等 | 辊道、泵、除尘风机、纺织机械等 | 泵、风机、挤压机、印染、造纸、塑料、电线电缆、卷绕机械等 | 大惯量机械、大中型风机 | 机床、矿山、冶金、泵、纺织、电梯、风机等 | 泵、风机等 | 泵、风机等 |

② 调速方式具体选择要点如下：a. 流量在 90%～100%变化时，各种调速方式与入口节流方式的节能效果相近，因此不需要调速运行；b. 当流量在 80%～100%变化时，应采用串级或变频高效调速方式，而不宜采用调压、调阻、电磁滑差离合器等改变转差率的低效调速方式；c. 当流量在 50%～100%变化时、各种调速方式均适用，变极调速时流量只能阶梯状变化(75%/100%；67%/100%)；d. 当流量小于 50%变化时、以采用变频调速、串级调速最为合适。

**3. 排风烟囱**

(1) 分散除尘系统穿出屋面或沿墙敷设的排风管应高出屋面 1.5m，当排风管影响邻近建筑物时，还应视具体情况适当加高。

(2) 集中除尘系统的烟囱高度应进行排尘量计算，并利用烟囱抽力减小风机负荷。

(3) 所处理的含尘气体中 CO 含量高的除尘系统，其排风管应高出周围物体 4m。

(4) 穿出屋面的排风管应与屋面孔上部固定，屋面孔直径比风管直径大 40～100mm 并采取防雨措施。

(5) 排风烟囱应设防雷措施。

### 六、阀门和调节装置节能

(1) 对多排风点除尘系统，应在各支管便于操作的位置装设调节阀门、节流孔板和调节瓣等风量、风压调节装置。但要进行详细的风量平衡和阻力计算，尽量使这些调节装置降低阻力，减少能耗。

(2) 除尘系统各间歇工作的排风点上必须装设开启、关断用的阀门。该阀门最好与工艺设备联锁，同步开启和关断。

(3) 除尘系统的中、低压离心式通风机，当其配用的电动机功率小于或等于 75kW，且供电条件允许时，可不装设仅为启动用的阀门。

(4) 几个除尘系统的设备邻近布置时，应考虑加设连通管和切换阀门，使其互为备用。

## 第二节 除尘工程防灾

为了保证安全生产，除尘工程从项目设计、施工建设到运行管理的每一个环节都要十分注意防灾，特别是运行管理过程中要时刻注意正确操作，确保每台设备的安全运行。

### 一、爆炸与爆炸性物质

**1. 爆炸的基本概念**

广义上的爆炸是一种极其迅速的物理或化学能量的释放过程，伴有光、热、声效应，常常导致压力的快速上升。在此过程中，物系的体积在极短时间内急剧膨胀从而对外界做功，致使周围气压急剧增大并会造成人员伤亡和财产损失。

从上述定义可知，爆炸过程呈现两个阶段：在第一个阶段，物质的潜在能量以一定方式转化为强烈的压缩能；在第二个阶段，压缩能急剧向外膨胀，并对外做功，引起被作用物体变形、移动或破坏。爆炸的主要征象是爆炸点周围介质中的压力急剧上升。它是产生破坏作用的直接因素。爆炸的对外征象是由于介质振动而产生的声响效用。

根据爆炸过程中是否发生化学反应，爆炸可分为物理爆炸和化学爆炸。前者是指爆炸过程中只发生物理状态变化的爆炸，如锅炉爆炸、压力容器因内部介质超压破裂等；后者是指爆炸过程中既有物理变化又有化学变化的爆炸，如炸药爆炸、瓦斯爆炸、粉体爆炸等。狭义上的爆炸是指化学爆炸。

**2. 爆炸发生的基本条件**

（1）可燃气体发生爆炸的条件 可燃气体发生爆炸，必须要满足3个基本条件：①有合适浓度的可燃气体；②有合适浓度的助燃气体；③有足够能量的点火源。

这里“合适浓度”指的是可以发生爆炸的浓度。每种燃料气体在氧气或空气中都有一个可以发生爆炸的浓度范围，这个浓度范围称为爆炸极限。超出气体爆炸极限，即使用很强的点火源也不能激发爆炸。

通常爆炸都离不开氧气或空气作为助燃气，而氧气的浓度实际上是与可燃气浓度相对应的，过高或过低都不能发生爆炸。

每种气体都有一个最低点火能量，当点火能量低于这个值时就不会发生爆炸。最小点火能量是工程中防火防爆的又一个基本参数。

人体的电容约为$10^{-10}$F，穿胶鞋和工作服可产生10000V的电压，点火能量达到5mJ。而可燃气体的点火能量很低，只有几十到几百微焦耳量级，因此极易被点燃。常见的烃类化合物和空气混合气体的最小点火能量一般为0.25mJ量级，氢气的最小点火能量为0.019mJ，所以，这种静电足以引起爆炸。

影响最小点火能量的因素主要有气体温度、浓度、压力和惰性气体含量。气体温度越高、压力越大、越接近最危险浓度、惰性气体含量越小，点火能量越低。

（2）粉尘发生爆炸的条件 工业中所说的粉尘一般是指粒径小于850μm的固体颗粒的集合。在工业历史上，粉尘爆炸事故不断发生。随着工业的迅猛发展，粉尘爆炸源越来越多，爆炸危险性越来越大，事故数也有所增加，几乎涉及各行各业，粮食、饲料、药品、肥料、煤炭、金属、塑料等粉尘爆炸都造成了巨大的人身伤亡和财产损失。粉尘爆炸与可燃气体爆炸要求的条件类似，可以说有四个基本条件：①粉尘颗粒足够小；②有合适的可燃粉尘浓度；③有合适浓度的氧气；④有足够能量的点火源。

粉尘的粒度是一个很重要的参数。粉尘粒度的大小直接影响固体物料在空气中是否具有足够的分散度。如果没有足够的分散度，例如空气中有一个大煤块，那是不会发生爆炸的。这是因为粉尘的表面积比同质量的整块固体表面积大几个数量级。例如，把直径为100mm的球切割成直径为0.1mm的球时，表面积增大了999倍，这就意味着氧化面积增大了999倍，加速了氧化反应，增强了反应活性。因此这里说的粉尘浓度一定是以足够的分散度为前提的。对于大多数粉尘，其粉尘直径小于0.5mm时才具备了足够的分散度。粉尘的可燃性也与日常生活中的可燃概念不同。例如，用火柴无论如何不能把一根铝棒点燃，但它是可以把悬浮在空气中的铝粉引爆的。值得注意的是，物料处于整体块状与分散状态下的燃烧性能是有很大区别的。对一定量的物质来说，粒度越小，表面积越大，化学活性越高，氧化速率越快，燃烧越完全，爆炸下限越小，爆炸威力越大。同时，粉尘粒度越小，越容易悬浮于空气中，发生爆炸的概率也越大。可见，即使粉尘浓度相同，由于粒度不同，其爆炸极限和爆炸威力也不同。粉尘的粒度通常用标准筛号来表示，表20-2给出了标准筛号与粒子线性尺寸（粒径）之间的对应关系。

**表20-2 粉尘标准筛号与粒径之间的对应关系**（各国、各版本略有不同）

| 标准筛号 | 20 | 40 | 100 | 200 | 325 | 400 |
|---|---|---|---|---|---|---|
| 粒径/μm | 850 | 425 | 150 | 75 | 45 | 38 |

另外，粉尘的含湿量对其燃烧性能影响很大，当可燃粉尘的含湿量超过一定值后，就会成为不燃性粉尘。

**3. 爆炸性物质的划分**

爆炸性物质按有关规定可分为3类：Ⅰ类，矿井甲烷；Ⅱ类，爆炸性气体和蒸气；Ⅲ类，爆炸性粉尘和纤维。

(1) Ⅱ类爆炸性气体 （包括蒸气和薄雾）在标准试验条件下，按可能引爆的最小火花能量大小分为A、B、C三级；按其引燃温度又可分为T1、T2、T3、T4、T5、T6六组，见表20-3。引燃温度是指按照标准试验方法试验时引燃爆炸性混合物的最低温度。

**表 20-3 爆炸性气体的分类、分级、分组举例**

| 类和级 | 最大试验安全间隙MESG/mm | 最小点燃电流比MICR | 引燃温度与组别/℃ | | | | | |
|---|---|---|---|---|---|---|---|---|
| | | | T1 | T2 | T3 | T4 | T5 | T6 |
| | | | $T>450$ | $450\geqslant T>300$ | $300\geqslant T>200$ | $200\geqslant T>135$ | $135\geqslant T>100$ | $100\geqslant T>85$ |
| Ⅰ | 1.14 | 1.0 | 甲烷 | | | | | |
| ⅡA | 0.9～1.14 | 0.8～1.0 | 乙烷、丙烷、丙酮、苯乙烯、氯乙烯、氨苯、甲苯、苯、氨、甲醇、一氧化碳、乙酸乙酯、乙酸、丙烯酯 | 丁烷、乙醇、丙烯、丁醇、乙酸丁酯、乙酸戊酯、乙酸酐 | 戊烷、己烷、庚烷、癸烷、辛烷、汽油、硫化氢、环己烷 | 乙醚、乙醛 | | 亚硝酸乙酯 |
| ⅡB | 0.5～0.9 | 0.45～0.8 | 二甲醚、民用燃气环丙烷 | 环氧乙烷、环氧丙烷、丁二烯、乙烯 | 异戊二烯 | | | |
| ⅡC | ≤0.5 | ≤0.45 | 水煤气、氢、焦炉煤气 | 乙炔 | | | 二硫化碳 | 硝酸乙酯 |

(2) Ⅲ类爆炸性粉尘 按其物理性质分为A、B两级；按其引燃温度又分为T1-1、T1-2、T1-3三组。爆炸性粉尘的分级、分组见表20-4。

**表 20-4 爆炸性粉尘的分级、分组举例**

| 项目 | | T1-1 | T1-2 | T1-3 |
|---|---|---|---|---|
| | | $T>270℃$ | $270℃\geqslant T>200℃$ | $200℃\geqslant T>140℃$ |
| ⅢA | 非导电性可燃纤维 | 木棉纤维、烟草纤维、纸纤维、亚硫酸盐纤维素、人造毛短纤维、亚麻 | 木质纤维 | |
| | 非导电性爆炸性粉尘 | 小麦、玉米、砂糖、橡胶、染料、聚乙烯、苯酚树脂 | 可可、米糖 | |
| ⅢB | 导电性爆炸性粉尘 | 镁、铝、铝青铜、锌、钛、焦炭、炭黑 | 铝（含油）、铁、煤 | |
| | 火炸药粉尘 | | 黑火药 T.N.T | 硝化棉、吸收药、黑索金、特屈儿、泰安 |

注：$T$为引燃温度，℃。

工贸行业重点可燃性粉尘见表20-5。

表20-5中术语解释如下。

(1) 可燃性粉尘 是指在空气中能燃烧或焖燃，在常温常压下与空气形成爆炸性混合物的粉尘、纤维或飞絮。

**表 20-5　工贸行业重点可燃性粉尘（2015 版）**

| 序号 | 名称 | 中位粒径/μm | 爆炸下限/(g/m³) | 最小点火能/mJ | 最大爆炸压力/MPa | 爆炸指数/(MPa·m/s) | 粉尘云引燃温度/℃ | 粉尘层引燃温度/℃ | 爆炸危险性级别 |
|---|---|---|---|---|---|---|---|---|---|
| 一、金属制品加工 | | | | | | | | | |
| 1 | 镁粉 | 6 | 25 | <2 | 1 | 35.9 | 480 | >450 | 高 |
| 2 | 铝粉 | 23 | 60 | 29 | 1.24 | 62 | 560 | >450 | 高 |
| 3 | 铝铁合金粉 | 23 | | | 1.06 | 19.3 | 820 | >450 | 高 |
| 4 | 钙铝合金粉 | 22 | | | 1.12 | 42 | 600 | >450 | 高 |
| 5 | 铜硅合金粉 | 24 | 250 | | 1 | 13.4 | 690 | 305 | 高 |
| 6 | 硅粉 | 21 | 125 | 250 | 1.08 | 13.5 | >850 | >450 | 高 |
| 7 | 锌粉 | 31 | 400 | >1000 | 0.81 | 3.4 | 510 | >400 | 较高 |
| 8 | 钛粉 | | | | | | 375 | 290 | 较高 |
| 9 | 镁合金粉 | 21 | | 35 | 0.99 | 26.7 | 560 | >450 | 较高 |
| 10 | 硅铁合金粉 | 17 | | 210 | 0.94 | 16.9 | 670 | >450 | 较高 |
| 二、农副产品加工 | | | | | | | | | |
| 11 | 玉米淀粉 | 15 | 60 | | 1.01 | 16.9 | 460 | 435 | 高 |
| 12 | 大米淀粉 | 18 | | 90 | 1 | 19 | 530 | 420 | 高 |
| 13 | 小麦淀粉 | 27 | | | 1 | 13.5 | 520 | >450 | 高 |
| 14 | 果糖粉 | 150 | 60 | <1 | 0.9 | 10.2 | 430 | 熔化 | 高 |
| 15 | 果胶酶粉 | 34 | 60 | 180 | 1.06 | 17.7 | 510 | >450 | 高 |
| 16 | 土豆淀粉 | 33 | 60 | | 0.86 | 9.1 | 530 | 570 | 较高 |
| 17 | 小麦粉 | 56 | 60 | 400 | 0.74 | 4.2 | 470 | >450 | 较高 |
| 18 | 大豆粉 | 28 | | | 0.9 | 11.7 | 500 | 450 | 较高 |
| 19 | 大米粉 | <63 | 60 | | 0.74 | 5.7 | 360 | | 较高 |
| 20 | 奶粉 | 235 | 60 | 80 | 0.82 | 7.5 | 450 | 320 | 较高 |
| 21 | 乳糖粉 | 34 | 60 | 54 | 0.76 | 3.5 | 450 | >450 | 较高 |
| 22 | 饲料 | 76 | 60 | 250 | 0.67 | 2.8 | 450 | 350 | 较高 |
| 23 | 鱼骨粉 | 320 | 125 | | 0.7 | 3.5 | 530 | | 较高 |
| 24 | 血粉 | 46 | 60 | | 0.86 | 11.5 | 650 | >450 | 较高 |
| 25 | 烟叶粉尘 | 49 | | | 0.48 | 1.2 | 470 | 280 | 一般 |
| 三、木制品/纸制品加工 | | | | | | | | | |
| 26 | 木粉 | 62 | | 7 | 1.05 | 19.2 | 480 | 310 | 高 |
| 27 | 纸浆粉 | 45 | 60 | | 1 | 9.2 | 520 | 410 | 高 |
| 四、纺织品加工 | | | | | | | | | |
| 28 | 聚酯纤维 | 9 | | | 1.05 | 16.2 | | | 高 |
| 29 | 甲基纤维 | 37 | 30 | 29 | 1.01 | 20.9 | 410 | 450 | 高 |
| 30 | 亚麻 | 300 | | | 0.6 | 1.7 | 440 | 230 | 较高 |
| 31 | 棉花 | 44 | 100 | | 0.72 | 2.4 | 560 | 350 | 较高 |

续表

| 序号 | 名称 | 中位粒径/μm | 爆炸下限/(g/m³) | 最小点火能/mJ | 最大爆炸压力/MPa | 爆炸指数/(MPa·m/s) | 粉尘云引燃温度/℃ | 粉尘层引燃温度/℃ | 爆炸危险性级别 |
|---|---|---|---|---|---|---|---|---|---|
| 五、橡胶和塑料制品加工 | | | | | | | | | |
| 32 | 树脂粉 | 57 | 60 | | 1.05 | 17.2 | 470 | >450 | 高 |
| 33 | 橡胶粉 | 80 | 30 | 13 | 0.85 | 13.8 | 500 | 230 | 较高 |
| 六、冶金/有色/建材行业煤粉制备 | | | | | | | | | |
| 34 | 褐煤粉尘 | 32 | 60 | | 1 | 15.1 | 380 | 225 | 高 |
| 35 | 褐煤/无烟煤(80∶20)粉尘 | 40 | 60 | >4000 | 0.86 | 10.8 | 440 | 230 | 较高 |
| 七、其他 | | | | | | | | | |
| 36 | 硫黄 | 20 | 30 | 3 | 0.68 | 15.1 | 280 | | 高 |
| 37 | 过氧化物 | 24 | 250 | | 1.12 | 7.3 | >850 | 380 | 高 |
| 38 | 染料 | <10 | 60 | | 1.1 | 28.8 | 480 | 熔化 | 高 |
| 39 | 静电粉末涂料 | 17.3 | 70 | 3.5 | 0.65 | 8.6 | 480 | >400 | 高 |
| 40 | 调色剂 | 23 | 60 | 8 | 0.88 | 14.5 | 530 | 熔化 | 高 |
| 41 | 萘 | 95 | 15 | <1 | 0.85 | 17.8 | 660 | >450 | 高 |
| 42 | 弱防腐剂 | <15 | | | 1 | 31 | | | 高 |
| 43 | 硬脂酸铅 | 15 | 60 | 3 | 0.91 | 11.1 | 600 | >450 | 高 |
| 44 | 硬脂酸钙 | <10 | 30 | 16 | 0.92 | 9.9 | 580 | >450 | 较高 |
| 45 | 乳化剂 | 71 | 30 | 17 | 0.96 | 16.7 | 430 | 390 | 较高 |

注：1. “其他”类中所列粉尘主要为工贸行业企业生产过程中使用的辅助原料、添加剂等，需结合工艺特点、用量大小等情况，综合评估爆炸风险。

2. 表中所列出的可燃性粉尘爆炸特性参数为在某一工艺特定工段或设备内取出的粉尘样品实验测试结果。

(2) 中位粒径　是指一个粉尘样品的累计粒度分布百分数达到50%时所对应的粒径，单位为μm。

(3) 爆炸下限　是指粉尘云在给定能量点火源作用下能发生自持火焰传播的最低浓度，单位为g/m³。

(4) 最小点火能　是指引起粉尘云爆炸的点火源能量的最小值，单位为mJ。

(5) 最大爆炸压力　是指在一定点火能量条件下，粉尘云在密闭容器内爆炸时所能达到的最高压力，单位为MPa。

(6) 爆炸指数　是指粉尘最大爆炸压力上升速率与密闭容器容积立方根的乘积，单位为MPa·m/s。

(7) 粉尘云引燃温度　是指引起粉尘云着火的最低热表面温度，单位为℃。

(8) 粉尘层引燃温度　是指规定厚度的粉尘层在热表面上发生着火的热表面最低温度，单位为℃。

(9) 爆炸危险性级别　是指综合考虑可燃性粉尘的引燃容易程度和爆炸严重程度，确定的粉尘爆炸危险性级别。

## 二、防灾安全管理

### 1. 一般要求

(1) 涉及可燃性粉尘的企业通过危险源辨识、粉尘爆炸性检测分析确定本企业粉尘爆炸性场所，并根据粉尘特性、爆炸限值制订相应的预防和控制措施及其实施细则，结合危险源辨识结果制订检查方案和大纲。重点检查料仓、除尘、破碎等存在粉尘爆炸隐患的生产作业区域。全面排查治理事故隐患，从源头上采取防爆控爆措施，防范粉尘爆炸事故的发生。

(2) 企业针对实际情况普及粉尘防爆知识，吸取国内外同行业粉尘爆炸事故教训，使员工了解本企业可燃性粉尘爆炸危险场所和危险程度，并掌握其防爆措施；完善粉尘防爆应急现场处置方案，提高员工安全专业知识和应急处置能力；完善相关安全管理规章制度，建立粉尘防爆工作的长效机制。

(3) 安装有可能产生可燃性粉尘的工艺设备如装有抛光、研磨、除尘等设备的车间或存在可燃性粉尘的建（构）筑物如料仓等，应按照有关标准规定与其他建（构）筑物保持适当的防火距离。

在结构方面首选轻型结构屋顶的单层建筑；若采用多层建筑，宜采用框架结构并在墙上设置符合泄爆要求的泄爆口；如果将窗户或其他开口作为泄爆口，核算泄爆面积，以保证在爆炸时其能有效地进行泄爆。

建（构）筑物的梁、支架、墙及设备等，在安装时应考虑便于清扫积聚的粉尘。工作区必须设置符合要求的疏散通道、撤离标志和应急照明设备。

(4) 在生产或检修过程中未经过安全主管批准，不得停止或更换、拆除除尘、泄爆、隔爆、惰化等粉尘爆炸预防及控制设备设施。

(5) 根据企业可燃性粉尘特性，对产生粉尘的车间采用负压吸尘、洒水降尘等不会产生二次扬尘的方式进行清扫，使作业场所积累的粉尘量降至最低。

(6) 粉尘爆炸危险场所严禁各类明火，在粉尘爆炸危险场所进行动火作业前应办理动火审批，清扫动火场所积尘，同时停止抛光、打磨等产生粉尘的作业，并采取相应防护措施。检修时应当使用防爆工具，不得敲击各金属部件。

(7) 存在可燃性粉尘车间的电器线路采用镀锌钢管套管保护，设备接地可靠，电源采取防爆措施；严禁乱拉私接临时电线，电气线路符合行业标准。

**2. 积尘清扫**

(1) 工艺设备的接头、检查门、挡板、泄爆口盖等封闭严密，防止粉尘泄漏，从源头上防止扬尘。

(2) 制订完善粉尘清扫制度，明确清扫时间、地点、方式以及清扫人员的职责等内容，交接班过程中做到“上不清，下不接”。

(3) 为避免二次扬尘，清扫过程中不能使用压缩空气等进行吹扫，可采取负压吸尘、洒水降尘等方式清扫。

**3. 动火作业管理**

(1) 企业根据自身情况制订动火作业安全管理制度和操作规程。在粉尘爆炸危险场所进行动火作业前，报告企业安全负责人审批，并取得动火作业证。

(2) 凡可拆卸的设备、管道，一律拆下并搬运到安全地区进行动火作业。在与密闭容器相连的管道上有隔离闸门的，确保隔离闸门严密关闭；无隔离闸门的，拆除一段管道并封闭管口或用阻燃材料将管道隔离。作业现场在建（构）筑物内时，打开动火作业点所处楼层 10m 半径范围内的所有门窗，便于泄爆；同时严密堵塞作业现场 10m 范围内的全部楼面和墙壁上的孔洞、通风除尘吸口，防止火苗侵入。

(3) 动火作业开始前，停止一切产生粉尘的作业，并清除作业点 10m 范围内的可燃性粉尘，用水冲洗淋湿地面和墙壁（遇湿反应的粉尘除外）；清除作业范围内的所有可燃物，不能移走的可燃建筑或物体用阻燃材料加以保护。

(4) 动火作业时有安全员在现场监护，并备有适量和适用的灭火器材及供水管路，确保作业现场及时冷却和淋灭周围火星。

(5) 作业结束后，动火人员和监护人员要共同熄灭残余火迹，清扫作业现场，检查无残留火迹，确认安全方准撤离现场。

## 三、防爆技术措施

**1. 点火源控制**

(1) 引起可燃性粉尘爆炸的点火源主要包括进入现场人员所携带的火种、发热设备设施、雷电、静电、生产中摩擦或碰撞产生的火花以及有自燃倾向粉尘的自燃。

(2) 任何人员进入含可燃性粉尘的场所，禁止携带打火机、火柴等火种或其他易燃易爆物品。与粉尘直接接触的设备或装置（如光源、加热源等）的表面温度低于该区域存在粉尘的最低着火温度。

(3) 存在可燃性粉尘的场所应尽量不采用皮带传动。若采用皮带传送，应当安装速差传感器和自动防滑保护装置，当发生滑动摩擦时，保护装置能确保自动停机。工艺设备的轴承密封防尘如有过热可能，安装能连续监测轴承温度的探测器，经常检查轴承的温度，如发现轴承过热，能够立即停车检修。

(4) 有粉尘爆炸危险的建筑物应当设置避雷针、避雷带、避雷网、避雷线等可靠防雷设施。

(5) 有粉尘爆炸危险的场所内，所有金属设备、装置外壳、金属管道、支架、构件、部件等均采用防静电直接接地的方式，接地电阻不得大于100Ω，不便或工艺不允许直接接地的，通过导静电材料或制品间接接地，金属管道连接处（如法兰）进行跨接。对于可能会因摩擦产生静电的粉末，直接用于盛装的器具、输送管道（带）等采用金属或防静电材料制成。

(6) 在粉尘爆炸危险场所的工作人员穿戴防静电的工作服、鞋、手套，禁止穿戴化纤、丝绸衣物，必要时操作人员佩带接地的导电的腕带、腿带和围裙。地面采用导电地面。

(7) 给料设备在加料时保持满料且流量均匀，防止断料造成空转而摩擦生热，同时在进料处安装能除去混入料中的杂物如磁铁、气动分离器或筛子，防止杂物与设备碰撞产生火花；当粉料为铝、镁、钛、锆等金属粉末或含有这些金属的粉末时，采取有效措施防止粉末与设备摩擦产生火花。研磨机如果研磨具有爆炸危险的物料，设备内衬选用橡皮或其他软材料，所有的研磨体采用青铜球，以防止研磨过程中产生火花。

(8) 在检修和清理作业过程中使用铜、铝、木器、竹器等防爆工具，并尽量防止碰撞发生。在使用旋转磨轮和旋转切盘进行研磨和切割时，采取与动火作业等效的保护措施。

(9) 进入粉尘生产现场的人员严禁穿带铁码、铁钉的鞋，同时不准使用铁器敲击墙壁、金属设备、管道及其他物体。

(10) 对于有自燃倾向的粉料，热粉料在储存前应设法冷却到正常储存温度，在储存过程中连续监测粉料温度。当发现温度升高或气体析出时，采取使粉料冷却的措施。卸料系统有防止粉料积聚的措施。

**2. 保护措施**

目前，粉尘爆炸的保护措施主要有泄爆、抑爆、隔爆、提高设备耐压能力或多种保护方案并用。

(1) 泄爆主要指在设备或建筑物壁面安装或设置泄压装置，在爆炸压力尚未达到设备或建筑物的破坏压力之前被打开，从而泄放内部爆炸压力，使设备或建筑物不致被破坏的控爆技术。

容器、筒仓与设备的爆炸泄压一般设置在阀门、观察孔、人孔、清扫口以及管道部位，泄爆口的朝向避免人员受到泄爆危害。如果被保护的设备位于建筑物内，采用泄压导管的方式将泄压口引到建筑物外。

有粉尘爆炸危险的房间或建筑物各部分的泄爆可利用房间窗户、外墙或屋顶来实现。泄压口附近设置足够的安全区，使人员和设备不会受到危害。

管道各段应进行径向泄压，泄压面积至少等于管道的横截面积。安装在建筑物内的管道，设置通向建筑物外的泄压导管。

（2）抑爆是指爆炸初始阶段，利用压力或温度传感器探测爆炸发生后，通过切断电源、停车、关闭隔爆门、开启灭火装置等抑制爆炸发展、保护设备的技术。

（3）隔爆是指爆炸发生后通过物理化学作用阻止爆炸传播的技术。可采用化学和物理隔爆或其他隔爆装置，目前广泛采用的是隔爆阀。

（4）惰化是指在生产或处理易燃粉末的工艺设备中，采取其他安全技术措施后仍不能保证安全时，采用惰化技术。通常适用于筒仓、气力输送管道内部惰化，一般使用惰性气体如 $N_2$、$CO_2$ 等替代空气。

（5）爆炸时实现保护性停车：应根据车间的大小安装能互相联锁的动力电源控制箱；在紧急情况下能及时切断所有电动机的电源。

（6）约束爆炸压力：生产和处理能导致爆炸的粉料时，若无抑爆装置，也无泄压措施，则所有的工艺设备应足以承受内部爆炸产生的超压，同时，各工艺设备之间的连接部分（如管道、法兰等）和设备本身有相同的强度；高强度设备与低强度设备之间的连接部分安装阻爆装置。

## 四、除尘系统防灾

除尘系统是利用集气罩捕集生产过程产生的含尘气体，在风机的作用下，含尘气体沿管道输送到除尘设备中将粉尘分离出来，同时收集与处理分离出来的粉尘。因此，除尘系统主要包括集气罩、管道、除尘器、风机和输灰五个部分。

**1. 通用事项**

（1）控制氧化剂浓度　控制含氧量，防止形成爆炸条件是最常用的方法。

对于含有 CO 等可燃气体的混合气体，其助燃引爆的最低含氧量为 5.6%。因此，只要控制含氧量低于 5%～8%，即使是可燃气体或易爆粉尘的浓度达到爆炸界限，也不至于发生爆炸。

对于容易产生燃烧的粉尘（如铝、镁、锆、硫等），除尘过程中应控制空气中的含氧量，其办法是加入惰性气体。

图 20-7 为利用热风炉惰性气体对易爆粉尘进行干燥处理的典型工艺流程，其含氧浓度控制在低于 5%。

（2）控制可燃物浓度　即控制粉尘浓度不超过爆炸下限浓度。据国外报道，对于悬浮状态的可燃性粉尘或纤维，如果它的爆炸浓度下限不超过 $65g/m^3$，则属于有爆炸危险的粉尘，爆炸浓度下限接近 $15g/m^3$ 的粉尘危险性最大。

在实际工作中，要严格控制粉尘的浓度是很困难的，特别是在除尘器的清灰、卸灰期间，某些局部空间内的粉尘浓度将会很高，只能依赖预防措施来弥补。

（3）惰化技术

① 控制风动输送粉尘的速度，使粉尘聚集的能量不超过除尘系统允许的安全点火能量。

② 易燃易爆粉尘的除尘系统，为防止系统产生爆炸，也可采用吸入定量的气体进行稀释或掺混黏土类不燃性粉尘（图 20-8）的方法，以改变烟气或粉尘成分，防止发生爆炸。

③ 消除静电，设备接地。某些资料认为，至少有 10%的粉尘爆炸是由静电直接引起的，有 20%与静电有关。粉尘的起电除了与粉尘本身的物理化学性质有关外，主要还与粉尘浓度、

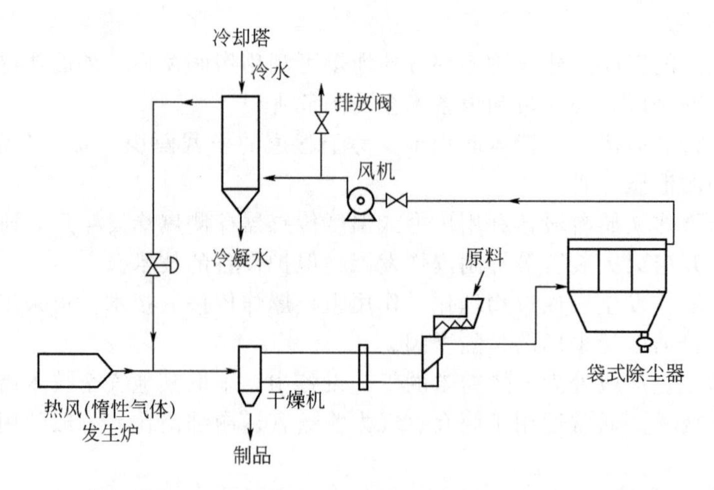


图 20-7 利用热风炉惰性气体对易爆粉尘进行干燥处理的典型工艺流程

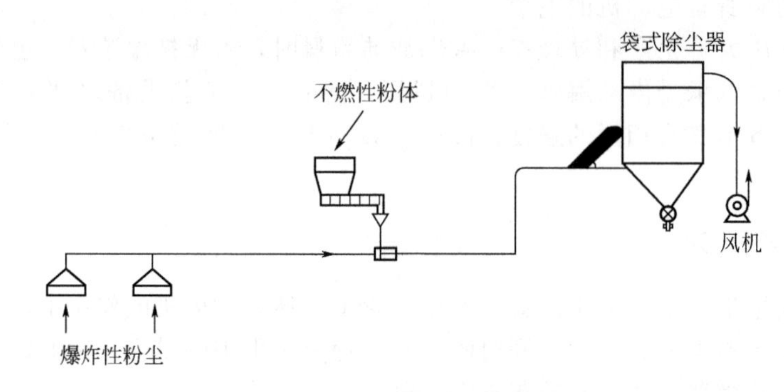


图 20-8 稀释法调制易爆粉尘

分散度、速度及周围空气的温度和相对湿度有关，并与除尘系统内的管道、设备和滤袋的材质有关。

④ 袋式除尘器应采用防止带电的滤袋，即消静电滤袋（如滤料中编织有5%的不锈钢丝纤维），以消除滤袋在摩擦时产生的静电。

⑤ 系统管道接地电阻大于4Ω时，管道上应设置接地装置。当管道采用法兰连接时，应防止法兰间的垫片使法兰两端绝缘，此时应采用金属丝将法兰两侧连通并接地。

(4) 设置防爆安全措施

① 除尘系统的管道、设备和构件宜用导电性材料制造，其电阻率应小于$10^7$Ω并接地。不同材料对同一粉尘所产生的静电电压是不同的，如表 20-6 所列。

**表 20-6 不同材料对同一粉尘所产生的静电电压**

| 材料 | 铝 | 松木 | 镀锌钢板 | 不锈钢 | 黄铜 |
|---|---|---|---|---|---|
| 带电电压/V | −510 | −1800 | −850 | −500 | −1600 |

② 炭黑烟气的爆炸极限因尾气成分的差异而稍有不同（体积分数）：

爆炸下限　　20%（空气）或 4.5%（$O_2$）

爆炸上限　　85%（空气）或 17.7%（$O_2$）

在有明火存在又在爆炸范围内的炭黑烟气，包藏火星的局部自燃所产生的热量足以使邻近部分燃烧，使燃烧速率加快，温度骤然升高，气体体积猛烈膨胀从而发生爆炸。

火星多藏在花板上堆积的炭黑中，应认真解决上下花板上的积炭黑粉尘的问题。除尘器必须进行良好的密封，设备上尽量少开孔洞，在满足使用要求的条件下开小孔，开孔处设计良好的密封措施。在完善的措施前提下，还需考虑泄爆阀设施。

一般，炭黑烟气在圆筒袋滤器的上流通室可做不分格的改进，在该室开一个检修门，袋滤器顶设 6 个 $\phi$500mm 的孔，运行时用橡胶石棉密封作防爆孔，检修时可打开作通风孔。

③ 含油雾的系统和含可燃气体的系统应分开处理，绝对不允许将处理含可燃性粉尘的除尘系统与有机溶剂作业的通风系统相连。

④ 当处理含湿量高的煤尘时，为防止煤尘黏结、积聚，在净化系统的弯头、三通和袋式除尘器的灰斗壁板外可采用 100kPa 饱和蒸汽作介质的蒸汽夹层保温，以增加系统中烟气的流动性，防止烟气积聚爆炸。同时，设计中应使弯头的曲率半径在 1.5$D$ 以上，变径管的张开角在 15°以下。

⑤ 在除尘器入口管道上安装火星探测器，采用光电放大器作传感器，发生事故时及时发出报警或采取灭火措施。火星探测器装置如图 20-9 所示。

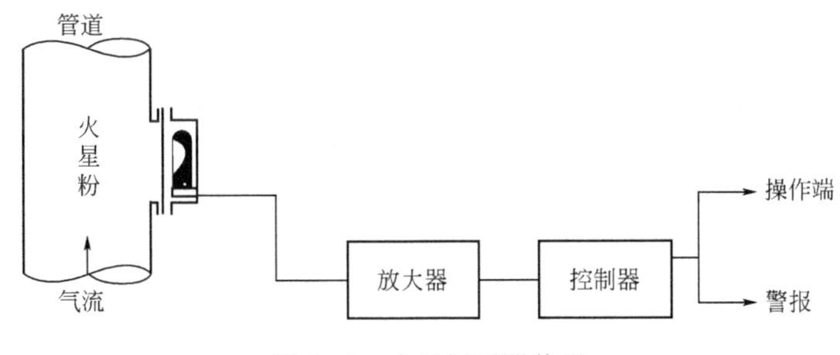


图 20-9 火星探测器装置

⑥ 防止火种引燃起爆，一般可采取以下措施：a. 在除尘器前的管道上增设火花捕集器或其他预除尘器，捕集灼热粗颗粒；b. 增设喷雾冷却塔，将烟气温度降到着火温度以下，抑制静电荷产生。

**2. 集气罩**

在除尘系统中，粉尘入口处的集气罩内一般不会发生爆炸事故，因为粉尘浓度在这里一般不会达到粉尘爆炸的下限。但集气罩如果将生产过程中产生的火花吸入，例如砂轮机工作时会产生大量的火花，就可能会引爆管道或除尘器中的粉尘，因此在磨削、打磨、抛光等易产生火花场所的集气罩与除尘系统管道相连接处安装火花探测自动报警装置和火花熄灭装置或隔离阀。同时，在集气罩口安装适当的金属网，以防止铁片、螺钉等物被吸入后与管道碰撞产生火花。

集气罩的设置会直接影响产尘场所的除尘效果，设置时遵循“通、近、顺、封、便”的原则。

(1) 通　即在产尘点应形成较大的吸入风速，以便粉尘能畅通地被吸入。

(2) 近　即吸尘罩要尽量靠近产尘点。

(3) 顺　即顺着粉尘飞溅的方向设置罩口正面，以提高捕集效率。

(4) 封　即在不影响操作和生产的前提下，集气罩应尽可能将尘源包围起来。

(5) 便　即集气罩的结构设计应便于操作、便于检修。

**3. 除尘管道**

除尘系统管道发生爆炸的案例较多，主要是因为除尘管道内可燃性粉尘达到爆炸下限，同时遇到积累的静电或其他点火源，就可能发生爆炸。再者粉尘在管内沉积，当受到某种冲击时，可燃性粉尘再次飞扬，在瞬间形成高浓度粉尘云，若遇上火源，也容易发生爆炸。

(1) 管道应采用除静电钢质金属材料制造，以避免静电积聚，同时可适当增加管道内风速，以满足管道内风量在正常运行或故障情况下粉尘空气混合物最高浓度不超过爆炸下限的50%。

(2) 为了防止粉尘在风管内沉积，可燃性粉尘的除尘管道截面应采用圆形，尽量缩短水平风管的长度，减少弯头数量，管道上不应设置端头和袋状管，避免粉尘积聚；水平管道每隔6m设有清理口。管道接口处采用金属构件紧固，并采用与管道横截面面积相等的过渡连接。

(3) 为了在局部管道爆炸后能及时控制爆炸的进一步发展或防止爆炸引起冲击波外泄造成扬尘，从而产生二次爆炸，管道架空敷设，不允许暗设和布置在地下、半地下建筑物中；管道长度每隔6m处以及分支管道汇集到集中排风管道接口的集中排风管道上游的1m处，设置泄压面积和开启压力符合要求的径向控爆泄压口，各除尘支路与总回风管道连接处装设自动隔爆阀；若控爆泄压口设置在厂房建筑物内时，使用长度不超过6m的泄压导管通向室外。

(4) 易燃易爆的风管不宜敷设在地下或做成地沟风道。

(5) 在燃烧爆炸事故频率很高、比较危险的房间内，除尘风管不应与其他房间相通。

**4. 除尘器**

(1) 干式除尘器　除尘器中很容易形成高浓度粉尘云，例如在清扫布袋式除尘器的布袋时，反吹动作足以引起高浓度粉尘云，如果遇到点火源就会发生爆炸，并通过管道传播，会危及到邻近的房间或与之连接的设备。因此，除尘器一般设置在厂房建筑物外部和屋顶，同时与厂房外墙的距离大于10m。若距离厂房外墙小于规定距离，厂房外墙设非燃烧体防爆墙或在除尘器与厂房外墙之间设置有足够强度的非燃烧体防爆墙。若除尘器有连续清灰设备或定期清灰且其风量不超过15000$m^3$/h、集尘斗的储尘量小于45kg的干式单机独立吸排风除尘器，可单台布置在厂房内的单独房间内，但采用耐火极限分别不低于3h的隔墙或1.5h的楼板与其他部位分隔。除尘器的箱体材质采用焊接钢材料，其强度应该能够承受收集粉尘发生爆炸无泄放时产生的最大爆炸压力。

为防止除尘器内部构件可燃性粉尘的积灰，所有梁、分隔板等处设置防尘板，防尘板采取小于70°的斜度设置。灰斗的溜角大于70°。为防止因两斗壁间夹角太小而积灰，两相邻侧板焊上溜料板，以消除粉尘的沉积。

通常袋式除尘器是工艺系统的最后部分，含尘气体经过管道送入袋式除尘器被捕集形成粉尘层，并通过脉冲反吹清灰落入灰斗。在这些过程中，粉尘在袋式除尘器中的浓度很有可能达到爆炸下限。因此，要加强除尘系统通风量，特别是要及时清灰，使袋式除尘器和管道中的粉尘浓度低于危险范围的下限。

在袋式除尘器内，点火源主要是普通引燃源、冲击或摩擦产生的火花、静电火花及外壳温度等。

① 普通引燃源。主要是外界的火源直接进入，特别是气割火焰和电焊火花。因为袋式除尘器一般为焊件，修理仪器时易产生气割火焰和电焊火花。企业应该加强安全管理，提高工人防爆意识，在进行仪器修理前及时清除修理部位周围的粉尘。

② 冲击或摩擦产生的火花。通常是由螺母或铁块等金属物件吸入袋式除尘器发生碰撞引起的火花，其消除方法主要是：首先，在集气罩处设置适当的金属网、电磁除铁装置等，并且维修后及时取出落入管道中的金属物质，防止金属进入收尘管道和袋式除尘器中；其次，通风机最好布置在有洁净空气侧的袋式除尘器后面，防止金属异物与风机高速旋转叶片碰撞产生火花，并可防止易燃易爆粉尘与高速旋转叶片摩擦发热燃烧；最后，管网内的风速要合理，过高风速可加速粉尘对管道的磨损，试验表明磨损率同风速成立方关系，会给除尘器内部带来更多的金属物质。

③ 静电火花。防止静电火花产生是预防粉尘爆炸的一个重要措施。可以将除尘系统的除尘器、管道、风机等设施连接起来做接地处理，也可采用防静电滤布或将除尘器的袋子用铁夹

子夹牢后接地。

④ 外壳温度。保持除尘器外壳的温度不能过高。由于大量粉尘被外壳内壁吸附，外壳温度过高使粉尘表面受热，粉尘获得能量后易发生熔融和气化，会迸发出炽热微小质子颗粒或火花，形成粉尘的点火源。

对于金属粉尘，如铅、锌、氧化亚铁、锆等，在除尘系统的灰斗中堆积时发生缓慢氧化反应，塑料合成树脂、橡胶等仍保持着制品加工时的摩擦热，此时应采取连续排灰的方法，勿使灰斗内积存过多的粉尘，并要经常观察灰斗及袋室内的温度。企业安装温度传感器，以便随时控制装置内的温度，防止积蓄热诱发火灾引起爆炸。

隔爆装置可以采用紧急关断阀，它是由红外线火焰传感器快速启动气动式弹簧阀从而实现的，能够触发安装在距离传感器足够远的紧急关断阀，防止火焰、爆炸波、爆炸物等向其他场所传播形成二次爆炸，从而将爆炸事故控制在特定区域内，避免事态恶化。小型袋式除尘器宜采用、被动式有压水袋或阻燃粉末装置，粉尘为亲水物质的宜采用有压水袋，其他采用阻燃粉末装置；大型袋式除尘器宜采用智能高压喷洒装置。

(2) 湿式除尘器　湿式除尘器是使含尘气体与液体（一般为水）密切接触，利用水滴和颗粒的惯性碰撞或者利用水和粉尘的充分混合及其他作用捕集颗粒，使颗粒增大或留于固定容器内，从而达到水和粉尘分离效果的装置。该除尘器能够处理高温、高湿的气流，将着火、爆炸的可能性降至最低。

## 五、电气设备防灾

### 1. 可燃性粉尘危险场所区域划分

(1) 粉尘释放源按爆炸性粉尘释放频繁程度和持续时间长短分为连续级释放源、一级释放源、二级释放源。释放源应符合下列规定：①连续级释放源为粉尘云持续存在或预计长期（或短期）经常出现的部位；②一级释放源为在正常运行时预计可能周期性地或偶尔释放的释放源。如毗邻敞口袋灌包或倒包的位置周围；③二级释放源为在正常运行时预计不可能释放，如果释放也仅是不经常且是短期释放的部位，如需要偶尔打开并且打开时间非常短的人孔，或者是存在粉尘沉淀部位的粉尘处理设备；④压力容器外壳主体结构及其封闭的管口和人孔、全部焊接的输送管和溜槽、在设计和结构方面对防粉尘泄漏进行了适当考虑的阀门压盖和法兰接合面不被视为释放源。

(2) 爆炸危险区域根据爆炸性粉尘环境出现的频繁程度和持续时间分为 20 区、21 区、22 区。分区符合下列规定：①20 区为空气中的可燃性粉尘云持续地、长期地或频繁地出现于爆炸性环境中的区域；②21 区为在正常运行时，空气中的可燃性粉尘云很可能偶尔出现于爆炸性环境中的区域；③22 区为在正常运行时，空气中的可燃性粉尘云一般不可能出现于爆炸性粉尘环境中的区域，即使出现，持续时间也是短暂的。

(3) 爆炸危险区域的划分按爆炸性粉尘的量、爆炸极限和通风条件确定。符合下列条件之一时划为非爆炸危险区域：①装有良好除尘效果的除尘装置，当该除尘装置停车时工艺机组能联锁停车；②设有为爆炸性粉尘环境服务并用墙隔绝的送风机室，其通向爆炸性粉尘环境的风道设有防止爆炸性粉尘混合物侵入的安全装置；③区域内使用爆炸性粉尘的量不大，且在排风柜内或风罩下进行操作。

(4) 为爆炸性粉尘环境服务的排风机室，与被排风区域的爆炸危险区域等级相同。

(5) 一般情况下，区域的范围通过评价涉及该环境的释放源级别引起爆炸性粉尘环境的可能性来划分。

(6) 20 区范围主要包括粉尘云连续生成的管道、生产和处理设备的内部区域。当粉尘容器外部持续存在爆炸性粉尘环境时，划分为 20 区。

可能产生 20 区的场所主要包括粉尘容器内部场所、储料槽、筒仓、旋风集尘器、过滤器和粉料传送系统等，但不包括皮带和链式输送机的某些部分、搅拌机、研磨机、干燥机和包装设备等。

(7) 21 区的范围与一级释放源相关联，并按下列内容规定：①含有一级释放源的粉尘处理设备的内部划分为 21 区；②由一级释放源形成的设备外部场所，其区域范围应受到粉尘量、释放速率、颗粒大小和物料湿度等粉尘参数的限制，并考虑引起释放的条件，对于受气候影响的建筑物外部场所可减小 21 区范围，21 区的范围按照释放源周围 1m 的距离确定；③当粉尘的扩散受到实体结构的限制时，实体结构的表面作为该区域的边界；④内部不受实体结构限制的 21 区被一个 22 区包围；⑤结合同类企业相似厂房的实践经验和实际因素将整个厂房划为 21 区。

可能产生 21 区的场所主要包括：当粉尘容器内部出现爆炸性粉尘环境，为了操作而需频繁移出或打开盖/隔膜阀时，粉尘容器外部靠近盖/隔膜阀周围的场所；当未采取防止爆炸性粉尘环境形成的措施时，在粉尘容器装料和卸料点附近的外部场所、送料皮带、取样点、卡车卸载站、皮带卸载点等场所；粉尘堆积，且由于工艺操作粉尘层可能被扰动而形成爆炸性粉尘环境时，粉尘容器的外部场所；可能出现爆炸性粉尘云，但非持续、非长期、非频繁时，粉尘容器的内部场所，如自清扫间隔长的料仓（偶尔装料和/或出料）和过滤器污秽的一侧。

(8) 22 区的范围按下列规定确定

① 由二级释放源形成的场所，其区域的范围受到粉尘量释放速率、颗粒大小和物料湿度等粉尘参数的限制，并考虑引起释放的条件对于受气候影响的建筑物外部场所可减小 22 区范围。22 区的范围按超出 21 区 3m 及二级释放源周围 3m 的距离确定。

② 当粉尘的扩散受到实体结构的限制时，实体结构的表面作为该区域的边界。

③ 结合同类企业相似厂房的实践经验和实际因素将整个厂房划为 22 区。

可能产生 22 区的场所主要包括：袋式过滤器通风孔的排气口，一旦出现故障，可能逸散出爆炸性混合物；非频繁打开的设备附近，或凭经验认为粉尘被吹出易形成泄漏的设备附近，如气动设备或可能被损坏的挠性连接等；袋装粉料的存储间，在操作期间包装袋可能破损，引起粉尘扩散；通常被划分为 21 区的场所，当采取排气通风等防止爆炸性粉尘环境形成时的措施时，可以降为 22 区场所。这些措施应该在下列点附近执行：装袋料和倒空点、送料皮带、取样点、卡车卸载站、皮带卸载点等；能形成可控的粉尘层且很可能被扰动而产生爆炸性粉尘环境的场所。仅当危险粉尘环境形成之前，粉尘层被清理时，该区域才可被定为非危险场所。

**2. 分区示例**

(1) 建筑物内无抽气通风设施的倒袋站（图 20-10）

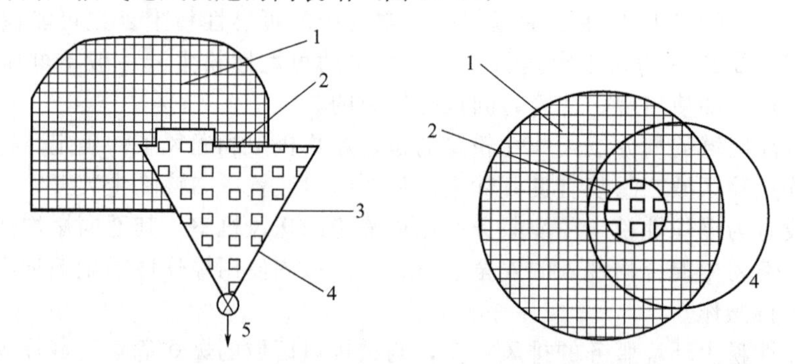


图 20-10　建筑物内无抽气通风设施的倒袋站

1—21 区，通常为 1m 半径；2—20 区；3—地板；4—袋子排料斗；5—到后续处理

在本示例中，袋子经常性地用手动排空到料斗中，从该料斗靠气动把排出的物料输送到工厂的其他部分。料斗部分总是装满物料。

20 区：料斗内部，因为爆炸性粉尘/空气混合物经常性地存在乃至持续存在。

21 区：敞开的人孔。因此，在人孔周围规定为 21 区，范围从人孔边缘延伸一段距离并向下延伸到地板上。

如果粉尘层堆积，则考虑粉尘层的范围、扰动该粉尘层产生粉尘云的情况和现场的清理水平后，可以要求更进一步地细分类。如果在粉尘袋子放空期间，因空气的流动可能偶尔携带粉尘云超出了 21 区范围，则被影响区域划为 22 区。

(2) 建筑物内配置抽气通风设施的倒袋站（图 20-11）

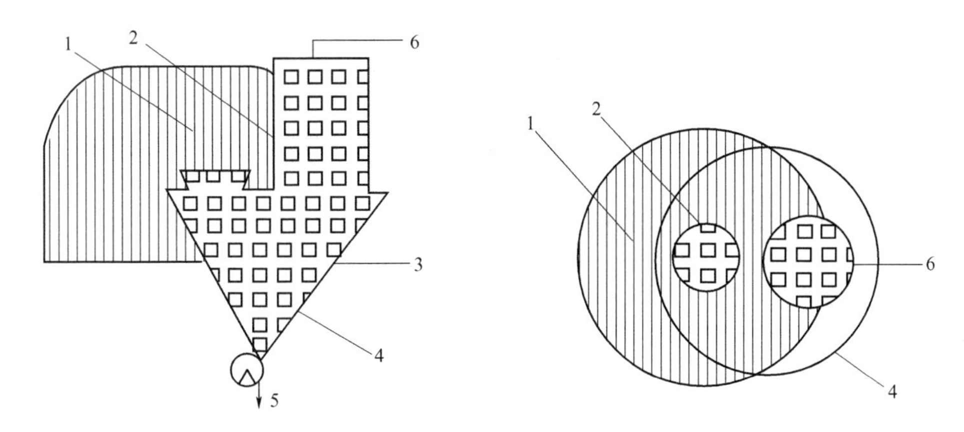


图 20-11　建筑物内配置抽气通风设施的倒袋站

1—22 区，通常为 3m 半径；2—20 区；3—地板；4—袋子排料斗；5—到后续处理；6—在容器内抽吸

本条给出了与例一相似的示例，但是在这种情况下，该系统有抽气通风。用这种方法可将粉尘尽可能限制在该系统内。

20 区：料斗内部，因为爆炸性粉尘/空气混合物经常性地存在乃至持续存在。

22 区：敞口人孔是 2 级释放源。在正常情况下，因为抽吸系统的作用没有粉尘泄漏。在设计良好的抽吸系统中，释放的任何粉尘将被吸入内部。因此，在该孔周围仅规定为 22 区，范围从人孔的边缘延伸一段距离并且延伸到地板上。准确的 22 区范围需要以工艺和粉尘特性为基础来确定。

(3) 建筑物外的旋风分离器和过滤器（图 20-12）

本例中的旋风分离器和过滤器是抽吸系统的一部分，被抽吸的产品通过连续运行的旋转阀

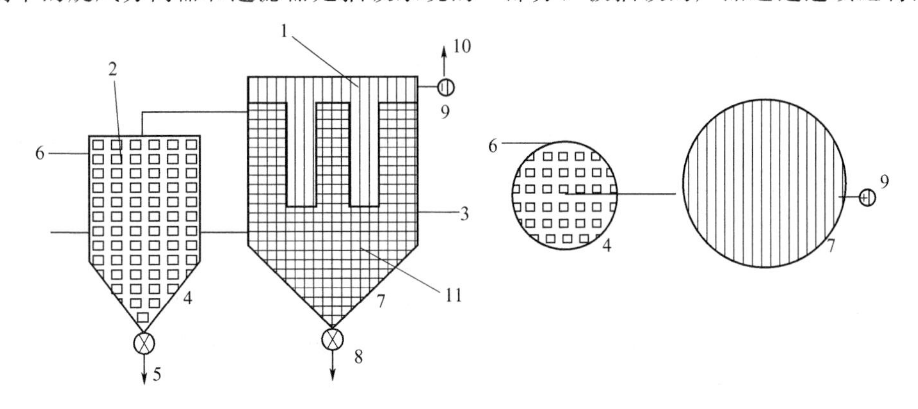


图 20-12　建筑物外的旋风分离器和过滤器

1—22 区，通常为 3m 半径；2—20 区；3—地面；4—旋风分离器；5—到产品筒仓；6—入口；7—过滤器；8—至粉料箱；9—排风扇；10—至出口；11—21 区

门落入密封料箱内，粉料量很小，因此自清理的时间间隔很长。鉴于这个原因，在正常运行时，内部仅偶尔有一些可燃性粉尘云。此外，位于过滤器单元上的抽风机会将抽吸的空气吹到外面。

20 区：旋风分离器内部，因爆炸性粉尘环境频繁甚至连续地出现。

21 区：如果只有少量粉尘在旋风分离器正常工作时未被收集起来，在过滤器的污秽侧为 21 区，否则为 20 区。

22 区：如果过滤器元件出现故障，过滤器的洁净侧可能含有可燃性粉尘云，这适用于过滤器的内部、过滤件和抽吸管的下游及抽吸管出口周围。22 区的范围自导管出口延伸一段距离，并向下延伸至地面。准确的 22 区范围需要以工艺和粉尘特性为基础来确定。

如果粉尘聚集在工厂设备外面，在考虑了粉尘层的范围和粉尘层受扰产生粉尘云的情况后，可要求进一步分类。此外，还要考虑外部条件的影响，如风雨或潮湿可能减少可燃性粉尘层的堆积。

（4）建筑物内的无抽气排风设施的圆筒翻斗装置（图 20-13）

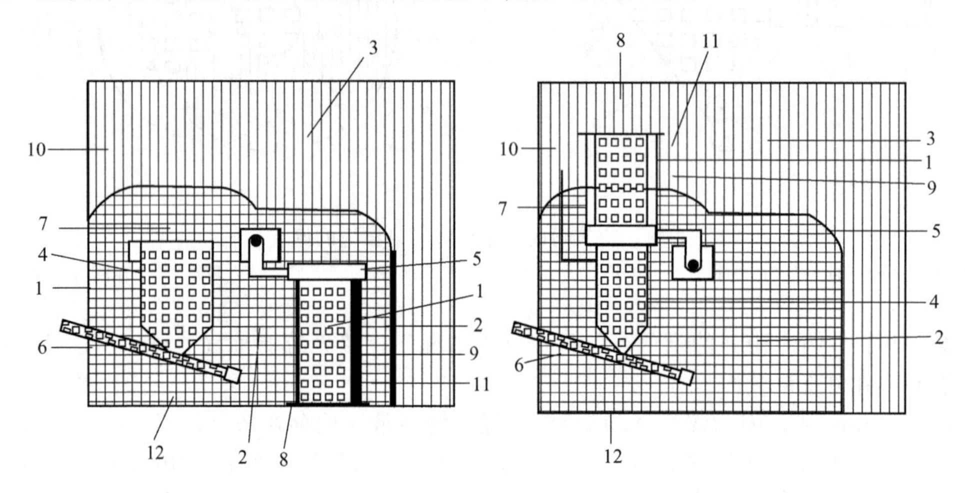


图 20-13 建筑物内的无抽气排风设施的圆筒翻斗装置

1—20 区；2—21 区，通常为 1m 半径；3—22 区，通常为 3m 半径；4—料斗；5—隔爆阀；6—螺旋输送装置；7—料斗盖；8—圆筒平台；9—液压气缸；10—墙壁；11—圆筒；12—地面

在本例中，200L 圆筒内粉料被倒入料斗并通过螺旋输送机运至相邻车间。一个装满粉料的圆筒被置于平台上，打开筒盖，并用液压气缸将圆筒与一个关闭的隔膜阀夹紧。打开料斗盖，圆筒搬运器将圆筒翻转，使隔膜阀位于料斗顶部。然后打开隔膜阀，螺旋输送机将粉料运走，直至圆筒排空。

当又一圆筒需要卸料时，关闭隔膜阀，圆筒搬运器将其翻转至原来位置，关闭料斗盖，液压气缸放下原来的圆筒，更换圆筒盖后移走原圆筒。

20 区：圆筒内部，料斗和螺旋形传送装置经常性地含有粉尘云，并且时间很长，因此划为 20 区。

21 区：当筒盖和料斗盖被打开，并且当隔膜阀被放在料斗顶部或从料斗顶部移开时，将以粉尘云的形式释放粉尘，因此，该圆筒顶部、料斗顶部和隔膜阀等周围一段距离的区域被定为 21 区。准确的 21 区范围需要以工艺和粉尘特性为基础来确定。

22 区：因可能偶尔泄漏和扰动大量粉尘，整个房间的其余部分划为 22 区。

以上示例相关尺寸只用于图例说明，实际中可能要求其他一些距离尺寸，可能需要增加泄爆或隔爆等附加措施，案例中未列出。

**3. 电气设备选型**

(1) 在粉尘爆炸性环境内，电气设备须根据爆炸危险区域的分区、可燃性物质和可燃性粉尘的分级、可燃性物质的引燃温度、可燃性粉尘云和可燃性粉尘层的最低引燃温度进行选择。爆炸性粉尘环境内电气设备的选型根据设备防护级别选择，应符合表 20-7 的规定。电气设备防护级别与电气设备防爆结构的关系应符合表 20-8 的规定。

**表 20-7 爆炸性粉尘环境内电气设备的选型**

| 危险区域 | 设备保护界别(EPL) |
|---|---|
| 20 区 | Da |
| 21 区 | Da 或 Db |
| 22 区 | Da、Db 或 Dc |

**表 20-8 电气设备防护级别与电气设备防爆结构的关系**

| 设备保护界别(EPL) | 电气设备防爆结构 | 防爆形式 |
|---|---|---|
| Da | 本质安全型 | iD |
| | 浇封型 | mD |
| | 外壳保护型 | tD |
| Db | 本质安全型 | iD |
| | 浇封型 | mD |
| | 外壳保护型 | tD |
| | 正压型 | pD |
| Dc | 本质安全型 | iD |
| | 浇封型 | mD |
| | 外壳保护型 | tD |
| | 正压型 | pD |

(2) 安装在爆炸性粉尘环境中的电气设备必须采取措施防止热表面可燃性粉尘层引起的火灾危险。电气设备结构应满足电气设备在规定的条件下运行时防爆性能没有降低的要求。

## 六、粉尘输送设备防灾

粉尘输送设备应尽量选用封闭式的运输设备；所用胶带等应采用抗静电、不燃或阻燃材料且不能采用刚性结构。系统内的闸门、阀门宜选用气动式，同时输送设备必须有急停装置和独立的通风除尘装置。

**1. 粉尘气力输送**

(1) 粉尘气力输送设施不应与易产生火花的机电设备（如砂轮机等）或可产生易燃气体的机械设备（如喷涂装置等）相连接。

(2) 输送管道等设施必须采用非燃或阻燃的导电材料制成，同时应等电位连接并接地，以防止静电产生和集聚。管道的安装不宜穿过建筑防火墙，如必须穿过建筑防火墙，应采取相应的阻火措施。输送管道应按照国家相关规定开设泄爆口。在露天或潮湿环境中设置的输送管道还必须防止潮气进入。

(3) 风机的选型应满足粉尘防爆要求。吸气式气力输送风机必须安置于最后一个收尘器之后。风机应与生产加工设备联锁，风机停机时加工设备应能自动停机。

(4) 为防止管道内积尘，应根据粉尘特性保证输送气体有较高的流速。在气流已达到平衡的气力输送系统中，如输送能力已无冗余，不可再接入支管、改变气流管道或调整节气流阀门。

(5) 当被输送的金属粉尘浓度接近或达到爆炸浓度下限时，必须采用氮气等惰性气体作为输送载体，同时，必须连续监控管道内的氧浓度。若输送气体来自相对较暖的环境，而管道和除尘器的温度又相对较低时，必须采取措施避免输送气体中的水蒸气发生冷凝。

(6) 正压气力输送必须为密闭型，以防止粉尘外泄。多个气力输送系统并联时，每个系统都要装截止阀。

**2. 埋刮板输送机**

(1) 埋刮板输送机是借助于在封闭的壳体内运动着的刮板链条而使散体物料按预定目标输送的运输设备。刮板输送机能传播爆炸，并可能造成设备撕裂、火灾或者喷出的粉尘造成二次爆炸。

(2) 刮板输送机的线速度不宜过高。如果线速度过高，则轴承会发热，一旦达到粉尘云的着火点，就可能发生粉尘爆炸。另外，线速度过高就会加剧粉尘的扬起，使粉尘浓度增高，加剧爆炸的危险性。

(3) 在埋刮板输送机进料点、卸料点和机身接料处设置吸风口，使机内的粉尘浓度降低至安全水平。因为进料点、卸料点和机身接料处是扬尘点。

(4) 为了防止设备破坏，在埋刮板输送机进料点、卸料点设置符合泄爆要求的泄爆装置。

**3. 带式输送机**

在全封闭状态下，在进、出料口处容易形成粉尘；皮带与托辊、皮带与机体（因跑偏、气垫皮机气压不足等原因）摩擦会产生热量，形成点火源。另外，皮带摩擦还可使一些结块的粉尘暗燃，然后通过运输系统带到各个部位，从而引发起火、爆炸。

(1) 为了降低粉尘浓度，带式输送机进、出料口应安装集气罩。

(2) 为防止摩擦生热发生起火爆炸，在输送机上安装防止胶带打滑（失速）及跑偏的装置，超限时能自动报警和停机；遇重载停车后应将胶带上的粉料清理干净后方可复位；所有支承轴承、滚筒等转动部件配置润滑装置。

**4. 斗式提升机**

斗式提升机是用于垂直提升粉粒状物料的主要设备之一。由于在装料的过程中，斗式提升机的畚斗以较高的速度冲击物料，对物料造成一个很大的摩擦力与冲击力，以及由此造成物料间的摩擦，使物料间的粉尘飞扬出来；在卸料时，从畚斗中抛出物料也造成了粉尘飞扬。因此，在斗式提升机内粉尘浓度是完全处在爆炸浓度范围之内的。为了控制粉尘外逸，斗式提升机都是在完全密封的状态下工作的，增加了爆炸的危险性。

(1) 斗式提升机的轴承上应加装测温装置，发现温度大幅度升高时，操作人员必须马上采取措施，防止轴承过热而达到粉尘云的着火点。

(2) 为了防止皮带跑偏与机壳发生摩擦产生火花，头轮与底轮中至少有个带锥度的轮毂，同时操作人员要经常通过观察窗观察，发现跑偏及时调整；运行前对皮带进行适当张紧，防止皮带打滑时间过长，皮带轮发热达到粉尘云的着火点；当发生故障时应能立即启动紧急联锁停机装置。

(3) 在进料口前应安装磁选装置，防止铁磁性金属杂质进入机内与畚斗等发生撞击和摩擦而产生火花。此外，要经常利用机修时间检查畚斗与螺钉是否紧固、是否有脱落，防止畚斗或螺钉脱落与其他部件发生摩擦产生火花。

(4) 尽量用非金属的畚斗，以防止碰撞与摩擦产生火花。尽量采用具有导电性的输送带，可防止静电积累。设备的各部分都应该良好接地。

(5) 严格禁止在斗式提升机的工作期间对其进行电焊、气割等操作，也禁止其他一切明火进入和靠近工作区。

(6) 经常对斗式提升机的内部与外部进行清理，不能让粉尘过多地、长时间地沉积。

(7) 为了减轻粉尘爆炸带来的损失，必须在斗式提升机上设置符合泄爆要求的泄爆口。机头顶部泄爆口宜引出室外，导管长度不应超过 3m。如条件允许，应该将斗式提升机设置在室外，以减轻粉尘爆炸对其他设备及建筑物的破坏。

(8) 在斗式提升机机头与机座处装压力传感器，可以在机内压力发生变化时（爆炸初期），通过压力传感器在非常短的时间内触动灭火器阀门，向机内喷射粉状灭火剂。

(9) 为了降低粉尘浓度，提升机出口处应设吸风口并接入除尘系统。

**5. 料仓**

(1) 料仓必须具有独立的支撑结构，设置泄爆门或泄爆口，将爆燃泄放到安全区域。

(2) 尽量减少料仓结构的水平边棱，以防止积尘；同时设置通风系统，但必须避免扬尘。

(3) 粉体料仓产生静电的来源有 3 个：①粉体物料在进入料仓前就带有；②粉体物料与料仓壁之间的摩擦；③粉体物料本身之间的摩擦。高度带电的粉体在料仓内的积累能产生很强的静电场，由此易导致静电放电和燃爆事故。在设计料仓时，不仅要在外壁上设置静电接地板，而且要在其他附属设备上尤其是过滤器上设置静电接地板接地。

(4) 具有潜在自燃危险的粉尘必须储存于室外或独立的建筑内。如储存在室内，需要采取防止粉尘自燃的措施。为了防止粉料由于存放时间过长产生升温自燃现象，必须采用“先进先出”的原则设计。

### 七、风机和电动机防灾

处理易燃、损耗大的粉尘时，这些机器原则上应安装在除尘装置的后边。因为粉尘造成的磨损、黏着、腐蚀等可以使叶轮失去平衡，发生强烈的振动和噪声并迅速导致事故发生。叶轮的破损不仅可能由机械事故造成，还可能是冲撞产生的火花造成的。另外，传送带移动时引起的摩擦热、电动机的火花都是火源。

在爆炸、火灾可能发生的情况下，设备应与建筑物保持一定的安全距离，并用耐压结构的壁面将其围起来。在重要的场所设置爆炸通气口，防止易燃粉尘和气体大量泄漏，不能让粉尘在室内特别是房梁、架子上堆积，要经常打扫。根据防灾要求，不断完善防燃防爆措施。

## 第三节　除尘设备事故与应急处理预案

除了除尘设备的种种故障外，除尘设备的事故时有发生。所谓设备事故，是指凡是投产的除尘设备，在运行过程中，造成设备的零件、配件、构件损坏使除尘设备运行突然中断者；或者由于除尘设备原因造成环境污染而使生产突然中断者。因此，设备事故必须引起运行管理者和操作者的重视，防患于未然，并确保事故发生后能及时、妥善处理，减少损失。

### 一、除尘设备事故分类

除尘设备在试车或运行过程中，因结构、操作或其他原因可能引发各种设备事故，轻者影响设备正常运行，重者可能导致损伤或破坏除尘设备。根据设备事故发生的原因、性质与伤害程度，可分为结构性设备事故、操作性设备事故和突发性设备事故。

**1. 结构性设备事故**

因设计参数选用不当、重要设备结构设计缺陷、超压泄放装置配套不足等技术性因素引发的设备事故称为结构性设备事故。例如：工况条件与除尘设备参数不匹配；设计压力、温度、荷载与结构形式确定失误，导致结构件强度与刚度不足，运行过程中引发局部构件振动、扭曲与形变；除尘器支座或进出口等关键部位热膨胀收容与减振设施的设计或结构缺陷，导致热膨胀位移受限，局部构件振动，引发除尘器局部结构损伤；超压泄放装置等安全设施配置不足，突发性压力不能及时释放，导致除尘设备损伤乃至破坏的设备事故。

**2. 操作性设备事故**

除尘器在运行过程中，因操作（程序和参数）错误而导致的设备事故称为操作性设备事故。如：设备试车过程强调无负荷试车，错误地将阀门开度调至零位关闭状态（设备压力接近－101.3kPa 的准真空状态），在设备耐压强度与刚度设计不足时，设备结构的薄弱处可能被吸瘪或喘振；在误操作时，也可能引起操作程序与运行参数的重大改变，导致设备的剧烈振动与伤害，也可能被吸瘪而引发的设备事故，或使用中对寒冷气候未予以重视等。

**3. 突发性设备事故**

因气体压力、温度、成分、流量、荷载和其他因素的突然变化而触发的火灾、爆炸、坠落和其他突发事故引发的设备伤害称为突发性设备事故。如：粉尘自燃引起的火灾与爆炸构成除尘器结构伤害的设备事故；工艺操作参数突变导致的除尘器结构伤害的设备事故；荷载突然增加而引发的设备事故。

## 二、设备事故应急处理预案

设备事故处理预案由下列内容组成。

**1. 总则**

总则内容包括：①坚持“安全第一，预防为主，综合治理”的安全生产方针；②坚持企业安全生产问责制和各级岗位责任制，按运行操作规程组织设备运行；③坚持安全生产教育，三级安全教育不合格不能上岗操作；④完善安全生产防护设施和管理机制；⑤防范重大设备事故，制订和发布重大设备事故处理预案，组织和实施实战演练。

**2. 事故应急预案编制的基本要求**

编制应急预案必须以客观的态度，在全面调查的基础上，以各相关方共同参与的方式，开展科学分析和论证，按照科学的编制程序扎实开展应急预案编制工作，使应急预案中的内容符合客观情况，为应急预案的落实和有效应用奠定基础。

应急预案的编制应当符合下列基本要求：①符合有关法律、法规、规章和标准的规定；②结合本地区、本部门、本单位的安全生产实际情况；③结合本地区、本部门、本单位的危险性分析情况；④应急组织和人员的职责分工明确，并有具体的落实措施；⑤有明确、具体的事故预防措施和应急程序，并与其应急能力相适应；⑥有明确的应急保障措施，并能满足本地区、本部门、本单位的应急工作要求；⑦预案基本要素齐全、完整，预案附件提供的信息准确；⑧预案内容与相关应急预案相互衔接。

**3. 事故应急预案基本结构**

不同的应急预案由于各自所处的层次和适用的范围不同，因而在内容的详略程度和侧重点上会有所不同，但都可以采用相似的基本结构。如图 20-14 所示的“1＋4”预案编制结构，是由一个基本预案加上应急功能设置、特殊风险管理、标准操作程序和支持附件构成的。

应急预案是整个应急管理体系的反映，它不仅包括事故发生过程中的应急响应和救援措施，而且还应包括事故发生前的各种应急准备、事故发生后的短期恢复以及预案的管理与更新等。

**4. 预案编制法律和文件**

（1）法规　包括：《中华人民共和国安全生产法》；《中华人民共和国大气污染防治法》；《中华人民共和国职业病防治法》；《压力容器安全技术监察规程》；《生产设备安全卫生设计总

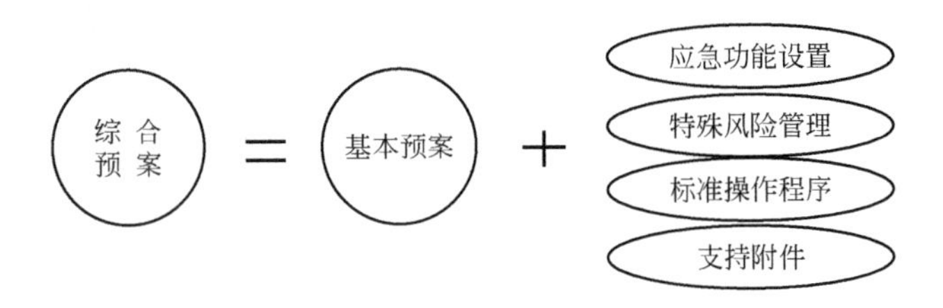


图 20-14　应急预案的基本结构

则》(GB 5083)；《工业企业设计卫生标准》(GBZ 1)；《工作场所有害因素职业接触限值》(GBZ 2)；《工业企业煤气安全规程》(GB 6222)；《钢结构设计规范》(GB 50017)；《钢结构工程施工质量验收规范》(GB 50205)；《生产经营单位安全生产事故应急预案编制导则》(AQ/T 9002—2006)；有关产品标准等。

(2) 产品资料　包括：产品图纸；样本；合格证书；产品设计计算书；产品使用说明书和操作维护指导书等。

(3) 操作规程

① 安全操作规程。除尘设备操作规程特别是易燃易爆除尘设备的操作规程。

② 运行规程。运行规程至少应当包括：设备名称；设备型号与技术性能；设备结构；工艺流程；操作程序与要点；维护要求；运行记录。

**5. 预案措施**

除尘设备事故预案的实施包括：条件准备；人员安排；机构与职责；报告制度。

(1) 条件准备　主要是事故前的准备：①以生产保险为目的必须库存的零（部）件，其使用寿命至少在一年以上；②在正常情况下不易磨损，但存在着损坏的可能性，一旦发生损坏可构成设备停转及停产事故的因素；③发生事故后的应急措施及修复困难、零（部）件本身制造工艺复杂、供应周期半年以上者。上述 3 点必须同时具备。要制订最小库存量，其数量按装机数、事故发生的概率、供应期的长短和生产上的重要性综合考虑设定。

(2) 人员安排　出现事故人人都是责任者。平时要安排相关人员进行预防事故的培训和演练。重点是现场操作人员的培训和演练，增长预防事故的技能和处理事故能力。

应急演习是对应急能力的综合检验。合理开展由应急各方参加的应急演习，有助于提高应急能力。同时，通过对演练的结果进行评估总结，有助于改进应急预案和应急管理工作中存在的不足，持续提高应急能力，完善应急管理工作。

(3) 机构与职责　为保证应急救援工作的反应迅速、协调有序，必须建立完善的应急机构组织体系，包括应急管理的领导机构、应急响应中心以及各有关机构部门等。对应急救援中承担任务的所有应急组织，应明确相应的职责、负责人、候补人及联络方式。

(4) 报告制度　报告制度是指设备事故（含重大设备故障）发生后，应立即报告应急管理主管部门和应急中心指挥部。按设备事故性质与类别同步启动设备事故处理预案；按生产调度指令组织设备事故抢救，将设备事故损失降低到最小。

设备事故报告记录应包括以下内容：①设备编号、名称、型号、规格及事故概况；②事故发生的前后经过及责任者；③设备损坏情况及发生原因，分析处理结果。重大、特大事故应有现场照片。

## 三、除尘设备事故分析及处理

**1. 事故分析**

设备事故发生后，应按设备事故处理预案的规定，由企业主管负责人（部门）组织，相关部门参加，及时开展设备事故调查与分析。要求做到“事故原因未查清不放过；事故责任未明确不放过；整改措施未落实不放过”。

设备事故分析报告应包括设备名称与规格、事故时间与地点、事故经过、涉及人员、事故责任、经济损失、整改措施和处理意见。

重大设备事故分析报告应由企业法人代表签字认可，上报上级主管部门核准、备案。

事故分析有以下一些基本要求：①要重视并及时进行分析，分析工作进行得越早、原始数据越多，分析事故原因和提出防范措施的根据就越充分，要保存好分析的原始数据；②不要破坏发生事故的现场，不移动或接触事故部位的表面，以免发生其他情况；③要严格查看事故现场，进行详细记录和照相；④如需拆卸发生事故部件时，要避免使零件再产生新的伤痕或变形等；⑤分析事故时，除注意发生事故部位外还要详细了解周围环境，多走访有关人员，以便掌握真实情况；⑥分析事故不能凭主观臆测做出结论，要根据调查情况与测定数据进行仔细分析、判断。

**2. 设备事故处理**

认真做好事故的抢修工作，把损失控制在最低程度：①在分析出事故原因的前提下，积极组织抢修，减少换件，尽可能地减少修复费用；②事故抢修需外车间协作加工的，必须优先安排，不得拖延修期，物资部门应优先供应检修事故用料，尽可能地减少停修天数。

除抢修外，设备事故发生后，必须遵循“三不放过”原则进行处理，任何设备事故都要查清原因和责任，对事故责任者按情节轻重、责任大小、认错态度分别给予批评教育、行政处分或经济处罚，触犯刑律的要依法制裁，并制订防范措施。

对设备事故隐瞒不报或弄虚作假的单位和个人，应加重处罚，并追究领导责任。

**3. 设备事故损失计算**

(1) 停产和修理时间的计算

停产时间：从设备损坏停工时起到修复后投入使用时为止。

修理时间：从动工修理起到全部修完交付生产使用时为止。

(2) 修理费用的计算　修理费用是指设备事故修理所花费用，其计算方法为：

修理费＝修理材料费＋备件费＋工具辅材费＋工时费

(3) 停产损失费用的计算　设备因事故停机造成工厂生产的损失，其计算方法为：

停产损失费＝停机小时×每小时生产成本费用

(4) 事故损失费用的计算　由于事故迫使设备停产和修理而造成的费用损失，其计算方法为：

事故损失费＝停产损失费＋修理费

**4. 整改措施**

设备事故整改措施是落实设备事故整改结论、组织设备安全运行的根本措施，按系统工程管理准则必须抓紧、抓实、抓好。具体要求：①工艺流程合理，技术操作先进，运行参数正确；②安全设施配套完整、运行可靠；③整改设施设计先进、性能良好、可靠性好，确保不发生类似事故；④具有质量保证体系监督机制和人员落实。

总之，在事故发生情况下，除尘设备排放的污染物会比正常情况下多数十倍，对环境的污染比正常时大很多。所以，除尘设备的可靠性和有效性是设备管理中极为重要的任务。虽然如此，除尘设备的种种事故仍然时有发生，因此，作为除尘设备的使用者和维护者必须做好设备事故应急处理预案来应对事故的发生。一旦发生事故，还要做好设备事故的分析处理和善后工作。

# 第四节　除尘工程技术经济分析

除尘工程技术经济分析与一般生产工程相比，其区别是除了一般工程的项目建设费、设备折旧费、设备运行维护费外，还有除尘工程的环境治理要求带来的经济效益、环境效益和社会效益。

## 一、工程项目建设费

建设费是指建设项目自初始策划至投产达标的建设费用总和，它是实施建设项目的财力保障。按中国建设工程费用的管理规定，建设费用投资分为总体工程建设费用和单位工程建设费用。

**1. 总体工程建设费用**

总体工程一般指全厂性（含独立性生产车间）的基本建设工程和技术改造工程。其建设费用包括前期工程费、设备费、建筑安装费和后期工程费。

（1）前期工程费　前期工程费指建设项目在策划和筹备阶段发生的费用。一般应当包括：①建设项目可行性研究的费用；②建设项目环境影响预评价、职业安全与卫生预评价的费用；③建设项目初步设计或扩大初步设计的费用；④建设项目地质勘探设计、评价与土地购置的费用；⑤建设项目施工图设计的费用；⑥建设项目计划任务书立项与审批的费用；⑦员工招聘及培训费用；⑧其他相关费用。

（2）设备费　设备费用一般应当包括：①主体工艺设备的费用；②附属配套设备的费用；③包装费；④运输费；⑤必要的检验费。

（3）建筑安装费　建筑安装费一般应包括建设项目计划任务书批准的费用：①建筑物、构建物及设备基础的建筑工程费用；②工艺设备安装费用；③非标准设备制造与安装费用；④水、电、热、风等动力供应设施的建筑安装费用；⑤交通运输及其他公用设施的建筑安装费用；⑥建设项目无负荷整体试车调整的费用。

各类构成固定资产的设备费不能按建筑安装费予以统计。

（4）后期工程费　后期工程费指试车、验收及投产达标阶段发生的费用。一般应当包括：①建设项目办公设施及其购置的费用；②主体工艺设备及附属设施的负荷整体试车的费用；③建设项目投产前（后）环境影响评价、职业安全与卫生评价的验收费用；④员工上岗专业培训费用；⑤建设项目投产达标的技术改进与完善费用；⑥其他相关费用。

**2. 单位工程建设费用**

单位工程建设费用一般指专业性单位工程建设费用。工业除尘工程或其他环境保护工程就是典型的单位工程建设项目。

单位工程建设项目一般是在总体规划（批准）的指导下组织实施的，具体实施方案是在专业工程的框架内进行的，其建设费用比较专业和单一。单位工程建设费用一般应包括：①单位工程计划任务书的立项与批准费用；②单位工程可行性研究的费用；③单位工程初步设计、扩大初步设计或施工图设计的费用；④单位工程环境影响、职业安全与卫生的预评价费用；⑤单位工程设备费；⑥单位工程建筑安装费；⑦单位工程员工上岗培训费用；⑧单位工程试车验收的费用；⑨单位工程投产达标的技术改进费用。

单位工程建设费用应坚持该简则简的实事求是原则，科学组织规划与设计，适时组织建设项目预算与决算。

**3. 建设费技术计算**

单位工程建设费用按其费用预算要求采用定额指标预算法和经验指标概算法来编制建设费用预算。

（1）定额指标预算法　在工业除尘设备或系统确定后，工业除尘设备或系统的主要工程量也相应确定。这样，即可以按《建筑工程预算定额》《全国安装工程预算定额》及其各省、市、自治区对应的《建筑安装工程单位估价表》考虑适时的材料价差和管理费、利润和税金，编制单位工程建筑安装费用预算；再结合相关的前期工程费、设备费和后期工程费确定单位工程建设费用分布与水平。

① 单位工程建设费用总值按下式计算：

$$A=A_1+A_2+A_3+A_4 \tag{20-10}$$

式中，$A$ 为单位工程建设费用总值，万元；$A_1$ 为前期工程费，万元，按属地水平列报；$A_2$ 为设备费，万元；$A_3$ 为建筑安装费，万元，按属地水平列报；$A_4$ 为后期工程费，万元。

② 设备费按下式计算：

$$A_2=A_{2\text{-}1}+A_{2\text{-}2}+A_{2\text{-}3}+A_{2\text{-}4} \tag{20-11}$$

式中，$A_{2\text{-}1}$为通风机费用，万元；$A_{2\text{-}2}$为除尘器费用，万元；$A_{2\text{-}3}$为供配电设备费用，万元；$A_{2\text{-}4}$为其他设备费用，万元。

③ 建筑安装费按下式计算：

$$A_3=A_{3\text{-}1}+A_{3\text{-}2}+A_{3\text{-}3}+A_{3\text{-}4} \tag{20-12}$$

式中，$A_{3\text{-}1}$为土建费，万元，包括通风机室、设备基础、供配电室的土建费；$A_{3\text{-}2}$为除尘系统设备制作与安装费，万元，包括通风机、除尘器及除尘管道的制作与安装费；$A_{3\text{-}3}$为供配电设备安装费，万元；$A_{3\text{-}4}$为其他设备安装费，万元。

建筑安装费也可按取费项目子项费用的代数和计算：

$$A_{m\text{-}n}=\sum_{i=1}^{n} m_i n_i \times 10^{-4} \tag{20-13}$$

式中，$A_{m\text{-}n}$为建设项目费用，万元；$m$ 为子项工程单价，元；$n$ 为子项工程数量；$m\text{-}n$ 为费用类别。

（2）经验指标概算法　按工业除尘设备技术装备水平、成本水平和市场水平，可以单位处理能力造价［元/($m^3$/h)］、单位过滤面积造价（元/$m^2$）或单位质量造价（元/t）为主要依据，辅以必要的特种配件费用加以修正，较为科学地预估除尘设备的制作与安装费用。

① 处理能力法。应用除尘设备处理能力概算设备价值，按下式计算：

$$A_5=m_5 n_5 \times 10^{-4} \tag{20-14}$$

式中，$A_5$ 为设备价格，万元；$m_5$ 为设备综合单价，元/($m^3$/h)；$n_5$ 为设备处理能力，$m^3$/h。

② 过滤面积法。应用除尘设备过滤面积概算设备价值，按下式计算：

$$A_6=m_6 n_6 \times 10^{-4} \tag{20-15}$$

式中，$A_6$ 为设备价格，万元；$m_6$ 为设备综合单价，元/$m^2$；$n_6$ 为设备处理面积，$m^2$。

③ 质量法。应用除尘设备质量概算设备价值，按下式计算：

$$A_7=m_7 n_7 \times 10^{-4} \tag{20-16}$$

式中，$A_7$ 为设备价格，万元；$m_7$ 为设备综合单价，元/t；$n_7$ 为设备质量，t。

④ 特种材料附加法。应用主体材料价格与特种材料价格合成来概算产品价值，按下式计算：

$$A_8=(m_{8\text{-}1}n_{8\text{-}1}+m_{8\text{-}2}n_{8\text{-}2})\times 10^{-4} \tag{20-17}$$

式中，$A_8$ 为设备价格，万元；$m_{8\text{-}1}$为主体材料（钢材）单价，元/t；$n_{8\text{-}1}$为主体材料（钢材）质量，t；$m_{8\text{-}2}$为特种材料（滤料）单价，元/$m^2$；$n_{8\text{-}2}$为特种材料（滤料）面积，$m^2$。

## 二、设备折旧费

按建设项目使用年限全额均摊并予以同步回收的建设费用称为全额折旧费或建设项目折

旧费。

按建设项目使用年限对其中固定资产予以均摊并予以同步回收的建设费用称为固定资产折旧费。

按国家财政部规定，固定资产使用年限为12～20年。固定资产使用年限越短，建设费回收越快，资金动作越好，对高新技术吸纳越早。

折旧费可分为年折旧费和月折旧费，一般按年计算、按月计提与回收，作为企业技术改造资金来源。

折旧费按下式计算：

$$A_s=\frac{A_0}{m} \tag{20-18}$$

式中，$A_s$ 为折旧费，万元/年；$A_0$ 为建设费，万元，包括工业除尘工程的除尘工艺、土建、前处理设施及能源供应设施建设费；$m$ 为固定资产使用（折旧）年限，年。

由国家财政部统一规定 $m=12\sim20$ 年，依次进一步制订固定资产年（月）折旧率（%）。

例如，某建设项目投资108万元，其中固定资产部分投资92万元。按行业类别，固定资产使用年限为15年，各项固定资产折旧费指标如下。

年折旧费：(92÷15)万元/年＝6.13万元/年

月折旧费：(6.13÷12)万元/年＝0.51万元/年

年折旧率：6.13÷92＝6.66%

月折旧率：6.66÷12＝0.56%

## 三、设备运行维护费

除尘设备寿命为设备从诞生到报废的时间，分为设备自然寿命（物质寿命）、设备技术寿命（设备未坏，因技术落后而淘汰）、设备经济寿命（设备未坏，因经济上不合算而淘汰）。

在除尘设备运行的全过程，应把有效利用率作为设备综合管理效果的重要指标。影响设备正常运行的最主要因素是可靠性和可维修性。尽管可靠性和可维修性在设计阶段就大体确定了，但加强运行管理和维修工作对提高环保设备的有效利用率也很重要。

工业除尘系统在生产运行过程中消耗的费用称为运行费。运行费包括运行人员工资、维修材料和能耗费。

运行费包括同步运行费和非同步运行费。与主体生产设备同步运转的费用称为同步运行费。其中，除尘设备与主体生产设备同步运转的比率称为同步运转率。

**1. 设备运行费**

设备运行费按下式计算：

$$A_y=A_1+A_2+A_3 \tag{20-19}$$

式中，$A_y$ 为运行费，万元/年；$A_1$ 为运行人员工资，万元/年；$A_2$ 为运行（维修）材料费，万元/年；$A_3$ 为能源费，万元/年。

或

$$A_y=A_{y1}+A_{y2} \tag{20-20}$$

式中，$A_y$ 为运行费，万元/年；$A_{y1}$ 为同步运行费，万元/年；$A_{y2}$ 为非同步运行费，万元/年。

（1）运行人员工资按下式计算：

$$A_1=\sum_{i=1}^{n}k_i n_i\times10^{-4} \tag{20-21}$$

式中，$k_i$ 为在册运行、维修及管理人员工资、奖金、津贴，元/(人·年)；$n_i$ 为各类运行、维修及管理人员数量，人。

(2) 维修材料费按下式计算：

$$A_2=\sum_{i=1}^{n}\psi_i G_i \times 10^{-4} \tag{20-22}$$

式中，$\psi_i$ 为各类材料单价，元/t；$G_i$ 为各类材料耗量，t/a。

(3) 水、电、风、汽等能耗费按下式计算：

$$A_3=\sum_{i=1}^{n}\phi_i G_i \times 10^{-4} \tag{20-23}$$

式中，$\phi_i$ 为水、电、风、汽、油的能源单价，元/t 或元/(kW·h)；$G_i$ 为各类能耗数量，t/a 或 kW·h/a。

**2. 运行费指标**

(1) 处理 $1000m^3$ 气体的运行费按下式计算：

$$A_{k\text{-}1}=A_y/V_0 \times 10^{-3} \tag{20-24}$$

式中，$A_{k\text{-}1}$ 为处理 $1000m^3$ 气体的运行费，元/$km^3$；$V_0$ 为年处理气体量，$10^4m^3/a$；$A_y$ 为年运行费，万元/年。

(2) 每吨主体产品的运行费按下式计算：

$$A_{k\text{-}2}=\frac{A_y}{G_0} \tag{20-25}$$

式中，$A_{k\text{-}2}$ 为折算每生产 1t 主体产品的运行费，元/t；$A_y$ 为年运行费，万元/年；$G_0$ 为主体产品产量，$10^4t/a$。

**3. 实例**

运行费实例见表 20-9。

**表 20-9 3GY150 型粉体无尘装车机运行费**（共 10 台）

| 序号 | 项目 | 单位 | 数量 | 单位/(万元/年) | 合价/(万元/年) |
|---|---|---|---|---|---|
| 1 | 人工费 | 人·年 | 4 | 1.2 | 4.8 |
| 2 | 材料费 | 台 | 1 | 1.5 | 1.5 |
| 3 | 电费 | kW·h | 23100 | 2.3 | 2.3 |
|  | 合计 |  |  |  | 8.6/10=0.86 |

## 四、社会环境效益分析

环保工程投资与生产投资不完全相同，后者的投资决策判据仅是成本与效益，前者则需要综合考虑环境治理的基本要求、经济效益、环境效益等综合指标。

**1. 社会经济效益分类**

环境工程的社会经济效益主要表现为经济效益、环境效益和社会效益。

(1) 经济效益 环境工程建设将会在下列经济领域带来经济效益：①改革生产工艺，建立循环经济模式，节能降耗，实现污染物零排放的经济效益；②改善劳动条件，提升产品质量，提高劳动生产率的经济效益；③改善生态环境，减轻污染物对建筑物和机械设备损害的经济效益。

(2) 环境效益 环境工程建设将会在下列环境领域带来经济效益：①污染物控制、回收与利用，在环境治理过程中直接转化的经济效益；②污染物达标排放，杜绝污染物流失，减少或停止污染物排放罚款，直（间）接取得的经济效益；③改善作业环境，减轻和防治职业病的经济效益；④保护生态环境，促进农牧林发展的经济效益。

（3）社会效益　环境工程建设将会在下列社会领域带来经济效益：①减少和消除污染物排放，防止大气污染，保护公众健康的社会效益和经济效益；②减少和消除污染物排放，保护生态环境，发展农牧林业的社会效益和经济效益；③减少和消除污染物排放，建立循环经济，编制和完善国民经济产业链，扩大再就业，保障社会安宁；④减少和消除污染物排放，完善产品可比成本和人权信誉，增强我国在世界上的信誉度，具有重大社会效益和经济效益。

**2. 社会经济效益技术计算**

环境工程的经济效益、环境效益和社会效益，除一些宏观指标外，尚不能完全以数量指标加以描述。

环境效益是经济效益，社会效益也是经济效益，必将会被国人接受，成为历史事实。

（1）环境工程总效益　按下式计算：

$$W=W_1+W_2+W_3 \tag{20-26}$$

式中，$W$ 为总效益，万元/年；$W_1$ 为经济效益，万元/年；$W_2$ 为环境效益，万元/年；$W_3$ 为社会效益，万元/年。

（2）经济效益　按下式计算：

$$W_1=\sum_{i=1}^{n} q_{i\text{-}2}G_{i\text{-}2}-\sum_{i=1}^{n} q_{i\text{-}1}G_{i\text{-}1} \tag{20-27}$$

式中，$W_1$ 为经济效益，万元/年；$\sum_{i=1}^{n} q_{i\text{-}2}G_{i\text{-}2}$ 为可比指标改后效益，万元/年；$\sum_{i=1}^{n} q_{i\text{-}1}G_{i\text{-}1}$ 为可比指标改前效益，万元/年。

（3）环境效益　有些环境效益是很难计算的，如改善大气环境提高了人们的健康水平，可以减少医疗费等。可计算的有以下几种。

① 资源回收与利用。按下式计算：

$$W_{2\text{-a}}=\sum_{i=1}^{n} q_iG_i\times 10^{-4} \tag{20-28}$$

式中，$W_{2\text{-a}}$为资源回收与利用价值，万元/年；$q_i$ 为产品单价，元/吨；$G_i$ 为产品数量，t/a。

② 达标减罚。按下式计算：

$$W_{2\text{-b}}=\sum_{i=1}^{n} q_{i\text{-b}}G_{i\text{-b}}\times 10^{-4} \tag{20-29}$$

式中，$W_{2\text{-b}}$为环保达标减罚费，万元/年；$G_{i\text{-b}}$为污染物减排量，t/a；$q_{i\text{-b}}$为污染物超标排放单价，元/吨。

（4）社会效益　社会效益评价，目前国内尚无标准模式，其社会效益量化评价比较困难。暂建议以宏观叙述语言加以描述，建立比较形象的对比度。

（5）投资回收年限　按下式计算：

$$m=\frac{A_0}{W} \tag{20-30}$$

式中，$m$ 为除尘设备投资回收年限，a；$A_0$ 为除尘设备固定资产投资总值，万元；$W$ 为环境工程总效益，万元/年。

**3. 社会经济效益分析**

在长期形成的以经济指标统领一切的氛围下，环境保护给人留下的重要印象就是“是一桩赔钱的买卖”，企业领导人员在决策环保投资时往往会受这种印象的驱动，除非受到政府和社会的强大压力，否则则是能省则省，能不上就尽量不上，使企业的环保行动陷入被动局面，缺乏主动行动的积极性与远瞻性。

在环境收益的计算方面，由于很难用财务的价值尺度来直接衡量与计算，因此，目前基本尚未有企业对环境收益进行统计、计算。事实上，环境收益是客观存在的，我们平时所说的环境保护所产生的环境效益和社会效益都可归于环境收益的范围之内，而不仅仅是采取环保行动后所产生的直接经济效益。例如，在进行环保投资时，决策者往往会对资金的投入所产生的实际效益的大小感到犹豫，对投资是否能产生相对应的效果无从把握，担心巨额的资金投入与所产生的效果不相匹配，这样的心态直接影响到决策者的最终决策结果。

实际上，环保的投入可以产生多方面的回报，例如：对产生的污染物设置处理设施的行动，一方面可减少污染物对环境的排放，实现蓝天绿水，具有环境效益，同时也消除了对职工和周边居民的环境污染影响，避免了职工和周边居民的不满和由此引起的纠纷，节省了处理纠纷的费用（包括人力成本和相应的管理成本等），在具有社会效益的基础上兼有经济效益。此外，改善的环境又相应增加了企业资产评估的价值，增加了企业的美誉度等无形资产，具有经济价值。良好的环境对职工的吸引力和劳动效率的提高又具有一定的促进作用，会产生间接的经济效益。除下的污染物若能作为二次资源回收利用的话，则会产生直接的经济效益等。这些效益的总和就可构成实施该环境保护项目所能产生的收益。决策者可较方便地根据环境保护项目的投资额及所产生的收益比例做出决定。

由于环境收益的构成非常复杂，有些可以以经济价值来衡量，有些则不能。因此，如何建立一个将效益的表征、计算、统计、分析价值化、数量化的效益评估体系是建立环境会计制度的重要前提之一。在现有对环境会计进行理论研究的基础上，可对部分企业或环境保护建设工程进行环境成本和环境收益计算的实际操作，逐步摸索，建立一套适合我国工业企业应用的环境会计体系。

# 附录

## 附录一 除尘设计相关计算表

表 1 除尘风管计算表

| 动压/Pa | 风速/(m/s) | 外径 $D$/mm 上行—风量/($m^3$/h) 下行—$\lambda/d$ | | | | | | | | | | | | | | | | | | | | |
|---|---|---|---|---|---|---|---|---|---|---|---|---|---|---|---|---|---|---|---|---|---|---|
| | | 80 | 90 | 100 | 110 | 120 | 130 | 140 | 150 | 160 | 170 | 180 | 190 | 200 | 210 | 220 | 240 | 250 | 260 | 280 | 300 | 320 |
| 60.1 | 10.0 | 168<br>0.342 | 214<br>0.293 | 266<br>0.255 | 324<br>0.226 | 387<br>0.202 | 456<br>0.182 | 531<br>0.166 | 611<br>0.152 | 697<br>0.140 | 789<br>0.129 | 886<br>0.120 | 989<br>0.112 | 1097<br>0.105 | 1212<br>0.0991 | 1331<br>0.0935 | 1588<br>0.0838 | 1725<br>0.0797 | 1867<br>0.0759 | 2169<br>0.0692 | 2494<br>0.0635 | 2841<br>0.0544 |
| 62.5 | 10.2 | 171<br>0.341 | 218<br>0.292 | 217<br>0.255 | 330<br>0.225 | 395<br>0.201 | 465<br>0.182 | 541<br>0.165 | 623<br>0.151 | 711<br>0.139 | 804<br>0.129 | 904<br>0.120 | 1008<br>0.112 | 1119<br>0.105 | 1236<br>0.0989 | 1358<br>0.0933 | 1620<br>0.0837 | 1759<br>0.0795 | 1905<br>0.0757 | 2213<br>0.0691 | 2544<br>0.0634 | 2898<br>0.0585 |
| 65.0 | 10.4 | 174<br>0.340 | 223<br>0.292 | 277<br>0.254 | 337<br>0.225 | 403<br>0.201 | 474<br>0.181 | 552<br>0.165 | 635<br>0.151 | 725<br>0.139 | 820<br>0.129 | 921<br>0.120 | 1028<br>0.112 | 1141<br>0.105 | 1260<br>0.0987 | 1385<br>0.0931 | 1652<br>0.0835 | 1794<br>0.0794 | 1942<br>0.0756 | 2256<br>0.0689 | 2594<br>0.0633 | 2955<br>0.0584 |
| 67.5 | 10.6 | 178<br>0.340 | 227<br>0.291 | 282<br>0.254 | 343<br>0.224 | 410<br>0.201 | 483<br>0.181 | 563<br>0.165 | 648<br>0.151 | 739<br>0.139 | 836<br>0.129 | 939<br>0.120 | 1048<br>0.112 | 1163<br>0.105 | 1284<br>0.0986 | 1411<br>0.0930 | 1683<br>0.0834 | 1828<br>0.0793 | 1980<br>0.0755 | 2300<br>0.0688 | 2644<br>0.0632 | 3012<br>0.0583 |
| 70.0 | 10.8 | 181<br>0.339 | 231<br>0.291 | 287<br>0.253 | 350<br>0.224 | 418<br>0.200 | 493<br>0.181 | 573<br>0.164 | 660<br>0.151 | 753<br>0.139 | 852<br>0.128 | 957<br>0.119 | 1068<br>0.112 | 1185<br>0.105 | 1308<br>0.0984 | 1438<br>0.0988 | 1715<br>0.0833 | 1863<br>0.0791 | 2017<br>0.0753 | 2343<br>0.0687 | 2694<br>0.0631 | 3069<br>0.0582 |
| 72.7 | 11.0 | 184<br>0.339 | 235<br>0.290 | 293<br>0.253 | 356<br>0.224 | 486<br>0.200 | 502<br>0.180 | 584<br>0.164 | 672<br>0.150 | 767<br>0.138 | 867<br>0.128 | 974<br>0.119 | 1088<br>0.111 | 1207<br>0.104 | 1333<br>0.0982 | 1465<br>0.0927 | 1747<br>0.0831 | 1897<br>0.0790 | 2054<br>0.0752 | 2386<br>0.0686 | 2743<br>0.0630 | 3125<br>0.0581 |
| 75.3 | 11.2 | 188<br>0.338 | 240<br>0.290 | 298<br>0.253 | 363<br>0.223 | 433<br>0.200 | 510<br>0.180 | 594<br>0.164 | 684<br>0.150 | 781<br>0.138 | 883<br>0.128 | 992<br>0.t19 | 1107<br>0.111 | 1229<br>0.104 | 1357<br>0.0981 | 1491<br>0.0925 | 1779<br>0.0830 | 1932<br>0.0789 | 2092<br>0.0751 | 2430<br>0.0685 | 2797<br>0.0629 | 3182<br>0.0580 |
| 78.1 | 11.4 | 191<br>0.338 | 244<br>0.289 | 303<br>0.252 | 369<br>0.223 | 441<br>0.199 | 520<br>0.180 | 605<br>0.164 | 697<br>0.150 | 795<br>0.138 | 899<br>0.128 | 1010<br>0.119 | 1127<br>0.111 | 1251<br>0.104 | 1381<br>0.0979 | 1518<br>0.0924 | 1810<br>0.0829 | 1966<br>0.0787 | 2129<br>0.0750 | 2473<br>0.0684 | 2843<br>0.0628 | 3239<br>0.0580 |
| 80.8 | 11.6 | 194<br>0.337 | 248<br>0.289 | 309<br>0.252 | 376<br>0.223 | 449<br>0.199 | 529<br>0.180 | 616<br>0.163 | 709<br>0.150 | 808<br>0.138 | 915<br>0.128 | 1028<br>0.119 | 1147<br>0.111 | 1273<br>0.104 | 1405<br>0.0978 | 1544<br>0.0922 | 1842<br>0.0827 | 2001<br>0.0786 | 2166<br>0.0749 | 2517<br>0.0683 | 2893<br>0.0627 | 3296<br>0.0579 |
| 83.7 | 11.8 | 198<br>0.337 | 253<br>0.288 | 314<br>0.251 | 382<br>0.222 | 457<br>0.199 | 538<br>0.179 | 626<br>0.163 | 721<br>0.149 | 822<br>0.138 | 930<br>0.127 | 1045<br>0.119 | 1167<br>0.111 | 1295<br>0.104 | 1430<br>0.0976 | 1571<br>0.0921 | 1874<br>0.0826 | 2035<br>0.0785 | 2204<br>0.0748 | 2560<br>0.0682 | 2943<br>0.0626 | 3353<br>0.0578 |
| 86.5 | 12.0 | 201<br>0.336 | 257<br>0.288 | 319<br>0.251 | 388<br>0.222 | 464<br>0.198 | 547<br>0.179 | 637<br>0.163 | 733<br>0.149 | 836<br>0.137 | 946<br>0.127 | 1063<br>0.118 | 1187<br>0.110 | 1317<br>0.104 | 1454<br>0.0975 | 1598<br>0.0920 | 1906<br>0.0825 | 2070<br>0.0784 | 2241<br>0.0747 | 2603<br>0.0681 | 2993<br>0.0625 | 3409<br>0.0577 |
| 89.5 | 12.2 | 205<br>0.336 | 261<br>0.288 | 325<br>0.251 | 395<br>0.222 | 472<br>0.198 | 556<br>0.179 | 647<br>0.163 | 745<br>0.149 | 850<br>0.137 | 962<br>0.127 | 1081<br>0.118 | 1206<br>0.110 | 1339<br>0.104 | 1478<br>0.0974 | 1624<br>0.0919 | 1938<br>0.0824 | 2104<br>0.0783 | 2278<br>0.0746 | 2647<br>0.0680 | 3043<br>0.0624 | 3466<br>0.0576 |
| 92.4 | 12.4 | 208<br>0.335 | 265<br>0.287 | 330<br>0.250 | 401<br>0.221 | 480<br>0.198 | 565<br>0.179 | 658<br>0.162 | 758<br>0.149 | 864<br>0.137 | 978<br>0.127 | 1098<br>0.118 | 1126<br>0.110 | 1361<br>0.103 | 1502<br>0.0972 | 1651<br>0.0917 | 1969<br>0.0823 | 2139<br>0.0782 | 2316<br>0.0745 | 2690<br>0.0679 | 3093<br>0.0623 | 2523<br>0.0576 |
| 95.3 | 12.6 | 211<br>0.335 | 270<br>0.287 | 335<br>0.250 | 408<br>0.221 | 488<br>0.198 | 575<br>0.178 | 669<br>0.162 | 770<br>0.149 | 878<br>0.137 | 994<br>0.127 | 1116<br>0.118 | 1246<br>0.110 | 1383<br>0.103 | 1527<br>0.0971 | 1678<br>0.0916 | 2001<br>0.0822 | 2173<br>0.0781 | 2353<br>0.0744 | 2734<br>0.0678 | 3143<br>0.0623 | 3580<br>0.0575 |
| 98.5 | 12.8 | 215<br>0.334 | 274<br>0.286 | 341<br>0.250 | 414<br>0.221 | 495<br>0.197 | 584<br>0.178 | 679<br>0.162 | 782<br>0.148 | 892<br>0.137 | 1009<br>0.127 | 1134<br>0.118 | 1266<br>0.110 | 1405<br>0.103 | 1551<br>0.0971 | 1704<br>0.0916 | 2033<br>0.0826 | 2208<br>0.0780 | 2390<br>0.0743 | 2770<br>0.0678 | 3192<br>0.0622 | 3637<br>0.0574 |

续表

| 动压/Pa | 风速/(m/s) | 外径 D/mm 上行—风量/(m³/h) 下行—λ/d | | | | | | | | | | | | | | | | | | | | |
|---|---|---|---|---|---|---|---|---|---|---|---|---|---|---|---|---|---|---|---|---|---|---|
| | | 80 | 90 | 100 | 110 | 120 | 130 | 140 | 150 | 160 | 170 | 180 | 190 | 200 | 210 | 220 | 240 | 250 | 260 | 280 | 300 | 320 |
| 101.5 | 13.0 | 218<br>0.334 | 278<br>0.268 | 346<br>0.249 | 421<br>0.220 | 503<br>0.197 | 593<br>0.178 | 690<br>0.162 | 794<br>0.148 | 906<br>0.136 | 1025<br>0.126 | 1152<br>0.118 | 1285<br>0.110 | 1426<br>0.103 | 1575<br>0.0969 | 1731<br>0.0914 | 2065<br>0.0820 | 2242<br>0.0779 | 2428<br>0.0742 | 2820<br>0.0677 | 3242<br>0.0622 | 3694<br>0.0574 |
| 104.7 | 13.2 | 221<br>0.334 | 282<br>0.286 | 351<br>0.249 | 427<br>0.220 | 511<br>0.197 | 602<br>0.178 | 700<br>0.162 | 806<br>0.148 | 920<br>0.136 | 1041<br>0.126 | 1169<br>0.118 | 1305<br>0.110 | 1448<br>0.103 | 1599<br>0.0968 | 1757<br>0.0913 | 2096<br>0.0819 | 2277<br>0.0779 | 2465<br>0.0741 | 2864<br>0.0676 | 3292<br>0.0621 | 3750<br>0.0573 |
| 107.9 | 13.4 | 225<br>0.333 | 287<br>0.285 | 356<br>0.249 | 434<br>0.220 | 519<br>0.197 | 611<br>0.177 | 711<br>0.161 | 819<br>0.148 | 934<br>0.136 | 1057<br>0.126 | 1187<br>0.117 | 1325<br>0.110 | 1470<br>0.103 | 1623<br>0.0966 | 1784<br>0.0912 | 2128<br>0.0818 | 2311<br>0.0777 | 2502<br>0.0740 | 2907<br>0.0675 | 3342<br>0.0620 | 3807<br>0.0572 |
| 111.1 | 13.6 | 228<br>0.333 | 291<br>0.285 | 362<br>0.248 | 440<br>0.220 | 526<br>0.196 | 620<br>0.177 | 722<br>0.161 | 831<br>0.148 | 948<br>0.136 | 1072<br>0.126 | 1205<br>0.117 | 1345<br>0.109 | 1492<br>0.103 | 1648<br>0.0965 | 1811<br>0.0911 | 2160<br>0.0817 | 2346<br>0.0776 | 2540<br>0.0739 | 2950<br>0.0674 | 3392<br>0.0619 | 3864<br>0.0571 |
| 114.5 | 13.8 | 231<br>0.332 | 295<br>0.285 | 367<br>0.248 | 447<br>0.219 | 534<br>0.196 | 629<br>0.177 | 732<br>0.161 | 843<br>0.147 | 962<br>0.136 | 1088<br>0.126 | 1222<br>0.117 | 1364<br>0.109 | 1514<br>0.103 | 1672<br>0.0964 | 1837<br>0.0910 | 2192<br>0.0816 | 2380<br>0.0775 | 2577<br>0.0738 | 2994<br>0.0673 | 3442<br>0.0618 | 3921<br>0.0571 |
| 117.8 | 14.0 | 235<br>0.332 | 300<br>0.284 | 372<br>0.248 | 453<br>0.219 | 542<br>0.196 | 638<br>0.177 | 743<br>0.161 | 855<br>0.147 | 976<br>0.136 | 1104<br>0.126 | 1240<br>0.117 | 1384<br>0.109 | 1536<br>0.102 | 1696<br>0.0963 | 1864<br>0.0909 | 2223<br>0.0815 | 2415<br>0.0775 | 2614<br>0.0738 | 3037<br>0.0673 | 3492<br>0.0618 | 3978<br>0.0570 |
| 121.1 | 14.2 | 238<br>0.331 | 304<br>0.284 | 378<br>0.248 | 460<br>0.219 | 550<br>0.196 | 648<br>0.177 | 754<br>0.161 | 858<br>0.147 | 990<br>0.136 | 1120<br>0.126 | 1258<br>0.117 | 1404<br>0.109 | 1558<br>0.102 | 1720<br>0.0962 | 1891<br>0.0908 | 2255<br>0.0814 | 2449<br>0.0774 | 2652<br>0.0737 | 3081<br>0.0672 | 3542<br>0.0617 | 4035<br>0.0570 |
| 124.6 | 14.4 | 241<br>0.331 | 308<br>0.284 | 383<br>0.247 | 466<br>0.219 | 557<br>0.195 | 657<br>0.176 | 764<br>0.160 | 880<br>0.147 | 1004<br>0.135 | 1136<br>0.125 | 1276<br>0.117 | 1424<br>0.109 | 1580<br>0.102 | 1745<br>0.0961 | 1917<br>0.0907 | 2287<br>0.0813 | 2484<br>0.0773 | 2689<br>0.0736 | 3124<br>0.0671 | 3591<br>0.0616 | 4091<br>0.0569 |
| 128.1 | 14.6 | 245<br>0.331 | 312<br>0.283 | 388<br>0.247 | 473<br>0.218 | 565<br>0.195 | 666<br>0.176 | 775<br>0.160 | 892<br>0.147 | 1018<br>0.135 | 1151<br>0.125 | 1293<br>0.117 | 1444<br>0.109 | 1602<br>0.102 | 1769<br>0.0960 | 1944<br>0.0906 | 2319<br>0.0812 | 2518<br>0.0772 | 2727<br>0.0735 | 3167<br>0.0671 | 3641<br>0.0616 | 4148<br>0.0568 |
| 131.6 | 14.8 | 248<br>0.330 | 317<br>0.283 | 394<br>0.247 | 479<br>0.218 | 573<br>0.195 | 675<br>0.176 | 785<br>0.160 | 904<br>0.147 | 1031<br>0.135 | 1167<br>0.125 | 1311<br>0.116 | 1463<br>0.109 | 1624<br>0.102 | 1793<br>0.0959 | 1970<br>0.0905 | 2350<br>0.0812 | 2553<br>0.0771 | 2764<br>0.0735 | 3111<br>0.0670 | 3691<br>0.0615 | 4205<br>0.0568 |
| 135.2 | 15.0 | 251<br>0.330 | 321<br>0.283 | 399<br>0.247 | 486<br>0.218 | 581<br>0.195 | 684<br>0.176 | 796<br>0.160 | 916<br>0.147 | 1045<br>0.135 | 1183<br>0.125 | 1329<br>0.116 | 1483<br>0.109 | 1646<br>0.102 | 1817<br>0.0958 | 1997<br>0.0904 | 2382<br>0.0811 | 2587<br>0.0771 | 2801<br>0.0734 | 3254<br>0.0669 | 3741<br>0.0614 | 4262<br>0.0567 |
| 138.8 | 15.2 | 255<br>0.330 | 325<br>0.283 | 404<br>0.246 | 492<br>0.218 | 588<br>0.195 | 693<br>0.176 | 807<br>0.160 | 929<br>0.146 | 1059<br>0.135 | 1199<br>0.125 | 1346<br>0.116 | 1503<br>0.109 | 1668<br>0.102 | 1842<br>0.0957 | 2042<br>0.0903 | 2414<br>0.0810 | 2622<br>0.0770 | 2839<br>0.0733 | 3298<br>0.0669 | 3791<br>0.0614 | 4319<br>0.0567 |
| 142.5 | 15.4 | 258<br>0.329 | 330<br>0.282 | 410<br>0.246 | 499<br>0.218 | 596<br>0.194 | 702<br>0.176 | 817<br>0.160 | 941<br>0.146 | 1073<br>0.135 | 1214<br>0.125 | 1364<br>0.116 | 1523<br>0.108 | 1690<br>0.102 | 1866<br>0.0956 | 2050<br>0.0902 | 2446<br>0.0809 | 2656<br>0.0769 | 2876<br>0.0733 | 3341<br>0.0668 | 3841<br>0.0613 | 4376<br>0.0566 |
| 146.3 | 15.6 | 262<br>0.329 | 334<br>0.282 | 415<br>0.246 | 505<br>0.217 | 604<br>0.194 | 711<br>0.175 | 828<br>0.160 | 953<br>0.146 | 1087<br>0.135 | 1230<br>0.125 | 1382<br>0.116 | 1542<br>0.108 | 1712<br>0.102 | 1890<br>0.0956 | 2077<br>0.0901 | 2478<br>0.0809 | 2691<br>0.0768 | 2613<br>0.0732 | 3384<br>0.0667 | 3891<br>0.0613 | 4432<br>0.0566 |
| 150.0 | 15.8 | 265<br>0.329 | 338<br>0.282 | 420<br>0.246 | 511<br>0.217 | 612<br>0.194 | 721<br>0.175 | 838<br>0.159 | 965<br>0.146 | 1101<br>0.134 | 1246<br>0.125 | 1400<br>0.116 | 1562<br>0.108 | 1734<br>0.102 | 1914<br>0.0955 | 2104<br>0.0901 | 2509<br>0.0808 | 2725<br>0.0768 | 2951<br>0.0731 | 3428<br>0.0667 | 3941<br>0.0612 | 4489<br>0.0565 |

续表

| 动压/Pa | 风速/(m/s) | 外径 $D$/mm 上行—风量/($m^3$/h) 下行—$\lambda/d$ | | | | | | | | | | | | | | | | | | | | |
|---|---|---|---|---|---|---|---|---|---|---|---|---|---|---|---|---|---|---|---|---|---|---|
| | | 80 | 90 | 100 | 110 | 120 | 130 | 140 | 150 | 160 | 170 | 180 | 190 | 200 | 210 | 220 | 240 | 250 | 260 | 280 | 300 | 320 |
| 153.8 | 16.0 | 268<br>0.328 | 342<br>0.281 | 426<br>0.245 | 518<br>0.217 | 619<br>0.194 | 730<br>0.175 | 849<br>0.159 | 978<br>0.146 | 1115<br>0.134 | 1262<br>0.124 | 1417<br>0.116 | 1582<br>0.108 | 1756<br>0.101 | 1938<br>0.0954 | 2130<br>0.0900 | 2541<br>0.0807 | 2760<br>0.0767 | 2988<br>0.0731 | 3471<br>0.0666 | 3990<br>0.0612 | 4546<br>0.0565 |
| 157.7 | 16.2 | 272<br>0.328 | 347<br>0.281 | 431<br>0.245 | 524<br>0.217 | 627<br>0.194 | 739<br>0.175 | 860<br>0.159 | 990<br>0.146 | 1129<br>0.134 | 1277<br>0.124 | 1435<br>0.116 | 1602<br>0.108 | 1778<br>0.101 | 1963<br>0.0953 | 2157<br>0.0899 | 2573<br>0.0807 | 2794<br>0.0766 | 3025<br>0.0730 | 3515<br>0.0666 | 4040<br>0.0611 | 4603<br>0.0564 |
| 161.6 | 16.4 | 275<br>0.328 | 351<br>0.281 | 436<br>0.245 | 531<br>0.217 | 685<br>0.194 | 748<br>0.175 | 870<br>0.159 | 1002<br>0.146 | 1143<br>0.134 | 1293<br>0.124 | 1453<br>0.116 | 1622<br>0.108 | 1800<br>0.101 | 1987<br>0.0952 | 2184<br>0.0898 | 2605<br>0.0806 | 2829<br>0.0766 | 3063<br>0.0729 | 3558<br>0.0665 | 4090<br>0.0611 | 4660<br>0.0564 |
| 165.6 | 16.6 | 278<br>0.328 | 355<br>0.281 | 442<br>0.245 | 537<br>0.216 | 642<br>0.193 | 757<br>0.175 | 881<br>0.159 | 1014<br>0.145 | 1157<br>0.134 | 1309<br>0.124 | 1470<br>0.115 | 1641<br>0.108 | 1822<br>0.101 | 2011<br>0.0951 | 2210<br>0.0898 | 2636<br>0.0805 | 2863<br>0.0765 | 3100<br>0.0729 | 3601<br>0.0665 | 4140<br>0.0610 | 4716<br>0.0563 |
| 169.6 | 16.8 | 282<br>0.327 | 360<br>0.281 | 447<br>0.245 | 544<br>0.216 | 650<br>0.193 | 766<br>0.174 | 892<br>0.159 | 1026<br>0.145 | 1171<br>0.134 | 1325<br>0.124 | 1488<br>0.115 | 1661<br>0.108 | 1843<br>0.101 | 2035<br>0.0951 | 2237<br>0.0897 | 2668<br>0.0805 | 2898<br>0.0765 | 3137<br>0.0728 | 3645<br>0.0664 | 4190<br>0.0610 | 4773<br>0.0563 |
| 173.6 | 17.0 | 285<br>0.327 | 364<br>0.280 | 452<br>0.244 | 550<br>0.216 | 658<br>0.193 | 775<br>0.174 | 902<br>0.159 | 1039<br>0.145 | 1185<br>0.134 | 1341<br>0.124 | 1506<br>0.115 | 1681<br>0.108 | 1865<br>0.101 | 2060<br>0.0950 | 2263<br>0.0896 | 2700<br>0.0804 | 2932<br>0.0764 | 3175<br>0.0728 | 3688<br>0.0664 | 4240<br>0.0609 | 4830<br>0.0562 |
| 177.7 | 17.2 | 288<br>0.327 | 368<br>0.280 | 458<br>0.244 | 557<br>0.216 | 666<br>0.193 | 784<br>0.174 | 913<br>0.158 | 1051<br>0.145 | 1199<br>0.134 | 1356<br>0.124 | 1524<br>0.115 | 1701<br>0.108 | 1887<br>0.101 | 2084<br>0.0949 | 2290<br>0.0896 | 2732<br>0.0803 | 2967<br>0.0763 | 3212<br>0.0727 | 3731<br>0.0663 | 4290<br>0.0609 | 4887<br>0.0562 |
| 182.0 | 17.4 | 292<br>0.327 | 372<br>0.280 | 463<br>0.244 | 563<br>0.216 | 673<br>0.193 | 794<br>0.174 | 923<br>0.158 | 1063<br>0.145 | 1213<br>0.134 | 1372<br>0.124 | 1541<br>0.115 | 1720<br>0.108 | 1909<br>0.101 | 2108<br>0.0949 | 2317<br>0.0895 | 2763<br>0.0803 | 3001<br>0.0763 | 3249<br>0.0727 | 3775<br>0.0663 | 4340<br>0.0608 | 4944<br>0.0562 |
| 186.1 | 17.6 | 295<br>0.326 | 377<br>0.280 | 468<br>0.244 | 570<br>0.216 | 681<br>0.193 | 803<br>0.174 | 934<br>0.158 | 1075<br>0.145 | 1227<br>0.134 | 1388<br>0.124 | 1559<br>0.115 | 1740<br>0.107 | 1931<br>0.101 | 2132<br>0.0948 | 2343<br>0.0894 | 2795<br>0.0802 | 3036<br>0.0762 | 3287<br>0.0726 | 3818<br>0.0662 | 4390<br>0.0608 | 5001<br>0.0561 |
| 190.4 | 17.8 | 298<br>0.326 | 381<br>0.279 | 474<br>0.244 | 576<br>0.215 | 689<br>0.193 | 812<br>0.174 | 945<br>0.158 | 1088<br>0.145 | 1241<br>0.133 | 1404<br>0.124 | 1577<br>0.115 | 1760<br>0.107 | 1953<br>0.101 | 2157<br>0.0947 | 2370<br>0.0894 | 2827<br>0.0801 | 3070<br>0.0762 | 3324<br>0.0725 | 3862<br>0.0662 | 4439<br>0.0607 | 5057<br>0.0561 |
| 194.7 | 18.0 | 302<br>0.326 | 385<br>0.279 | 479<br>0.243 | 583<br>0.215 | 697<br>0.192 | 821<br>0.174 | 955<br>0.158 | 1100<br>0.145 | 1254<br>0.133 | 1419<br>0.123 | 1594<br>0.115 | 1780<br>0.107 | 1975<br>0.101 | 2181<br>0.0946 | 2397<br>0.0893 | 2859<br>0.0801 | 3105<br>0.0761 | 3361<br>0.0725 | 3905<br>0.0661 | 4489<br>0.0607 | 5114<br>0.0560 |
| 199.0 | 18.2 | 305<br>0.326 | 389<br>0.279 | 484<br>0.243 | 589<br>0.215 | 704<br>0.192 | 830<br>0.174 | 966<br>0.158 | 1112<br>0.145 | 1268<br>0.133 | 1435<br>0.123 | 1612<br>0.115 | 1800<br>0.107 | 1997<br>0.101 | 2205<br>0.0946 | 2423<br>0.0892 | 2890<br>0.0800 | 3139<br>0.0761 | 3399<br>0.0724 | 3948<br>0.0661 | 4539<br>0.0607 | 5171<br>0.0560 |
| 203.4 | 18.4 | 308<br>0.325 | 394<br>0.279 | 490<br>0.243 | 596<br>0.215 | 712<br>0.192 | 839<br>0.173 | 976<br>0.158 | 1124<br>0.144 | 1282<br>0.133 | 1451<br>0.123 | 1630<br>0.115 | 1819<br>0.107 | 2019<br>0.100 | 2229<br>0.0945 | 2450<br>0.0892 | 2922<br>0.0800 | 3174<br>0.0760 | 3436<br>0.0724 | 3992<br>0.0660 | 4589<br>0.0606 | 5228<br>0.0560 |
| 207.9 | 18.6 | 312<br>0.325 | 398<br>0.279 | 495<br>0.243 | 602<br>0.215 | 720<br>0.192 | 848<br>0.173 | 987<br>0.158 | 1136<br>0.144 | 1296<br>0.133 | 1467<br>0.123 | 1648<br>0.115 | 1839<br>0.107 | 2041<br>0.100 | 2253<br>0.0945 | 2476<br>0.0891 | 2954<br>0.0799 | 3208<br>0.0760 | 3474<br>0.0723 | 4035<br>0.0660 | 4639<br>0.0606 | 5285<br>0.0559 |
| 212.4 | 18.8 | 315<br>0.325 | 402<br>0.278 | 500<br>0.243 | 609<br>0.215 | 728<br>0.192 | 857<br>0.173 | 998<br>0.158 | 1149<br>0.144 | 1310<br>0.133 | 1482<br>0.123 | 1665<br>0.115 | 1859<br>0.107 | 2063<br>0.100 | 2278<br>0.0944 | 2503<br>0.0890 | 2986<br>0.0799 | 3243<br>0.0759 | 3511<br>0.0723 | 4079<br>0.0659 | 4689<br>0.0605 | 5342<br>0.0559 |
| 216.9 | 19.0 | 319<br>0.325 | 407<br>0.278 | 505<br>0.243 | 615<br>0.214 | 735<br>0.192 | 866<br>0.173 | 1008<br>0.157 | 1161<br>0.144 | 1324<br>0.133 | 1498<br>0.123 | 1683<br>0.114 | 1879<br>0.107 | 2085<br>0.100 | 2302<br>0.0943 | 2530<br>0.0890 | 3017<br>0.0798 | 3277<br>0.0759 | 3548<br>0.0722 | 4122<br>0.0659 | 4739<br>0.0605 | 5398<br>0.0559 |
| 221.5 | 19.2 | 322<br>0.324 | 411<br>0.278 | 411<br>0.242 | 622<br>0.214 | 743<br>0.192 | 875<br>0.173 | 1019<br>0.157 | 1173<br>0.144 | 1338<br>0.133 | 1514<br>0.123 | 1701<br>0.114 | 1898<br>0.107 | 2107<br>0.100 | 2326<br>0.0943 | 2556<br>0.0889 | 3049<br>0.0798 | 3312<br>0.0758 | 3586<br>0.0722 | 4165<br>0.0659 | 4789<br>0.0605 | 5455<br>0.0558 |

续表

| 动压/Pa | 风速/(m/s) | 外径 $D$/mm 上行—风量/($m^3$/h) 下行—$\lambda/d$ | | | | | | | | | | | | | | | | | | | | |
|---|---|---|---|---|---|---|---|---|---|---|---|---|---|---|---|---|---|---|---|---|---|---|
| | | 80 | 90 | 100 | 110 | 120 | 130 | 140 | 150 | 160 | 170 | 180 | 190 | 200 | 210 | 220 | 240 | 250 | 260 | 280 | 300 | 320 |
| 226.1 | 19.4 | 325<br>0.324 | 415<br>0.278 | 516<br>0.242 | 628<br>0.214 | 751<br>0.192 | 884<br>0.173 | 1030<br>0.157 | 1185<br>0.144 | 1352<br>0.133 | 1530<br>0.123 | 1718<br>0.114 | 1918<br>0.107 | 2129<br>0.100 | 2350<br>0.0942 | 2583<br>0.0889 | 3081<br>0.0797 | 3346<br>0.0758 | 3623<br>0.0722 | 4209<br>0.0658 | 4838<br>0.0604 | 5512<br>0.0558 |
| 230.8 | 19.6 | 329<br>0.324 | 419<br>0.278 | 521<br>0.242 | 634<br>0.214 | 759<br>0.191 | 894<br>0.173 | 1040<br>0.157 | 1198<br>0.144 | 1366<br>0.133 | 1546<br>0.123 | 1736<br>0.114 | 1938<br>0.107 | 2151<br>0.100 | 2375<br>0.0941 | 2610<br>0.0888 | 3113<br>0.0797 | 3381<br>0.0757 | 3660<br>0.0721 | 4252<br>0.0658 | 4888<br>0.0604 | 5569<br>0.0557 |
| 235.5 | 19.8 | 332<br>0.324 | 424<br>0.278 | 527<br>0.242 | 641<br>0.214 | 766<br>0.191 | 903<br>0.173 | 1051<br>0.157 | 1210<br>0.144 | 1380<br>0.133 | 1561<br>0.123 | 1754<br>0.114 | 1958<br>0.107 | 2173<br>0.100 | 2399<br>0.0941 | 2636<br>0.0888 | 3145<br>0.0796 | 3415<br>0.0757 | 3698<br>0.0721 | 4296<br>0.0657 | 4938<br>0.0603 | 5626<br>0.0557 |
| 240.3 | 20.0 | 335<br>0.324 | 428<br>0.277 | 532<br>0.242 | 647<br>0.214 | 774<br>0.191 | 912<br>0.173 | 1061<br>0.157 | 1222<br>0.144 | 1394<br>0.132 | 1577<br>0.123 | 1772<br>0.114 | 1977<br>0.107 | 2195<br>0.100 | 2423<br>0.0940 | 2663<br>0.0887 | 3176<br>0.0796 | 3450<br>0.0756 | 3735<br>0.0720 | 4339<br>0.0657 | 4988<br>0.0603 | 5683<br>0.0557 |
| 245.1 | 20.2 | 339<br>0.323 | 432<br>0.277 | 537<br>0.242 | 654<br>0.214 | 782<br>0.191 | 921<br>0.172 | 1072<br>0.157 | 1234<br>0.144 | 1408<br>0.132 | 1593<br>0.123 | 1789<br>0.114 | 1997<br>0.107 | 2217<br>0.100 | 2447<br>0.0940 | 2689<br>0.0887 | 3208<br>0.0795 | 3484<br>0.0756 | 3772<br>0.0720 | 4382<br>0.0657 | 5038<br>0.0603 | 5739<br>0.0557 |
| 250.0 | 20.4 | 342<br>0.323 | 437<br>0.277 | 543<br>0.242 | 660<br>0.214 | 790<br>0.191 | 930<br>0.172 | 1083<br>0.157 | 1246<br>0.144 | 1422<br>0.132 | 1609<br>0.123 | 1807<br>0.114 | 2017<br>0.107 | 2238<br>0.100 | 2472<br>0.0939 | 2716<br>0.0886 | 3240<br>0.0794 | 3519<br>0.0755 | 3810<br>0.0719 | 4426<br>0.0656 | 5088<br>0.0602 | 5796<br>0.0556 |
| 255.0 | 20.6 | 345<br>0.323 | 441<br>0.277 | 548<br>0.241 | 667<br>0.213 | 797<br>0.191 | 939<br>0.172 | 1093<br>0.157 | 1259<br>0.144 | 1436<br>0.132 | 1624<br>0.122 | 1825<br>0.114 | 2037<br>0.107 | 2260<br>0.100 | 2496<br>0.0939 | 2743<br>0.0886 | 3272<br>0.0794 | 3553<br>0.0755 | 3847<br>0.0719 | 4469<br>0.0656 | 5138<br>0.0602 | 5853<br>0.0556 |
| 260.0 | 20.8 | 349<br>0.323 | 445<br>0.277 | 553<br>0.241 | 673<br>0.213 | 805<br>0.191 | 949<br>0.172 | 1104<br>0.157 | 1271<br>0.143 | 1450<br>0.132 | 1640<br>0.122 | 1842<br>0.114 | 2057<br>0.106 | 2282<br>0.100 | 2520<br>0.0938 | 2769<br>0.0885 | 3303<br>0.0794 | 3588<br>0.0755 | 3884<br>0.0719 | 4512<br>0.0655 | 5188<br>0.0602 | 5910<br>0.0556 |
| 265.0 | 21.0 | 352<br>0.323 | 449<br>0.277 | 559<br>0.241 | 680<br>0.213 | 813<br>0.191 | 958<br>0.172 | 1114<br>0.157 | 1283<br>0.143 | 1464<br>0.132 | 1656<br>0.122 | 1860<br>0.114 | 2076<br>0.106 | 2304<br>0.100 | 2544<br>0.0938 | 2796<br>0.0885 | 3335<br>0.0794 | 3622<br>0.0754 | 3922<br>0.0718 | 4556<br>0.0655 | 5238<br>0.0601 | 5967<br>0.0555 |
| 270.0 | 21.2 | 355<br>0.323 | 454<br>0.276 | 564<br>0.241 | 686<br>0.213 | 821<br>0.191 | 967<br>0.172 | 1125<br>0.156 | 1295<br>0.143 | 1478<br>0.132 | 1672<br>0.122 | 1878<br>0.114 | 2096<br>0.106 | 2326<br>0.100 | 2568<br>0.0938 | 2823<br>0.0884 | 3367<br>0.0793 | 3657<br>0.0754 | 3959<br>0.0718 | 4599<br>0.0655 | 5287<br>0.0601 | 6023<br>0.0555 |
| 275.2 | 21.4 | 359<br>0.322 | 458<br>0.276 | 569<br>0.241 | 693<br>0.213 | 828<br>0.190 | 976<br>0.172 | 1136<br>0.156 | 1307<br>0.143 | 1491<br>0.132 | 1687<br>0.122 | 1896<br>0.114 | 2116<br>0.106 | 2348<br>0.100 | 2593<br>0.0937 | 2849<br>0.0884 | 3399<br>0.0793 | 3691<br>0.0753 | 3996<br>0.0718 | 4643<br>0.0654 | 5337<br>0.0601 | 6080<br>0.0555 |
| 280.4 | 21.6 | 362<br>0.322 | 462<br>0.276 | 575<br>0.241 | 699<br>0.213 | 836<br>0.190 | 985<br>0.172 | 1146<br>0.156 | 1320<br>0.143 | 1505<br>0.132 | 1703<br>0.122 | 1913<br>0.114 | 2136<br>0.106 | 2370<br>0.100 | 2617<br>0.0936 | 2876<br>0.0883 | 3430<br>0.0792 | 3726<br>0.0753 | 4034<br>0.0717 | 4686<br>0.0654 | 5387<br>0.0600 | 6137<br>0.0554 |
| 285.6 | 21.8 | 365<br>0.322 | 467<br>0.276 | 580<br>0.241 | 706<br>0.213 | 844<br>0.190 | 994<br>0.172 | 1157<br>0.156 | 1332<br>0.143 | 1519<br>0.132 | 1719<br>0.122 | 1931<br>0.114 | 2155<br>0.106 | 2392<br>0.0995 | 2641<br>0.0936 | 2902<br>0.0883 | 3462<br>0.0792 | 3760<br>0.0753 | 0.0717 | 4729<br>0.0654 | 5437<br>0.0600 | 6194<br>0.0554 |
| 290.9 | 22.0 | 369<br>0.322 | 471<br>0.276 | 585<br>0.241 | 712<br>0.213 | 852<br>0.190 | 1003<br>0.172 | 1167<br>0.156 | 1344<br>0.143 | 1533<br>0.132 | 1735<br>0.122 | 1949<br>0.114 | 2175<br>0.106 | 2414<br>0.0994 | 2665<br>0.0935 | 2929<br>0.0882 | 3494<br>0.0791 | 3795<br>0.0752 | 4108<br>0.0716 | 4773<br>0.0653 | 5487<br>0.0600 | 6251<br>0.0554 |
| 296.2 | 22.2 | 372<br>0.322 | 475<br>0.276 | 591<br>0.240 | 719<br>0.213 | 859<br>0.190 | 1012<br>0.171 | 1178<br>0.156 | 1356<br>0.143 | 1547<br>0.132 | 1751<br>0.122 | 1966<br>0.113 | 2195<br>0.106 | 2436<br>0.0994 | 2690<br>0.0935 | 2956<br>0.0882 | 3526<br>0.0791 | 3829<br>0.0752 | 4146<br>0.0716 | 4816<br>0.0653 | 5537<br>0.0600 | 6308<br>0.0554 |
| 301.5 | 22.4 | 376<br>0.322 | 479<br>0.276 | 596<br>0.240 | 725<br>0.212 | 867<br>0.190 | 1022<br>0.171 | 1189<br>0.156 | 1369<br>0.143 | 1561<br>0.132 | 1766<br>0.122 | 1984<br>0.113 | 2215<br>0.106 | 2458<br>0.0993 | 2714<br>0.0934 | 2982<br>0.0881 | 3557<br>0.0791 | 3864<br>0.0752 | 4183<br>0.0716 | 4860<br>0.0653 | 5587<br>0.0599 | 6364<br>0.0553 |
| 306.9 | 22.6 | 379<br>0.321 | 484<br>0.275 | 601<br>0.240 | 732<br>0.212 | 875<br>0.190 | 1031<br>0.171 | 1199<br>0.156 | 1381<br>0.143 | 1575<br>0.132 | 1782<br>0.122 | 2002<br>0.113 | 2235<br>0.106 | 2480<br>0.0993 | 2738<br>0.0934 | 3009<br>0.0881 | 3589<br>0.0790 | 3898<br>0.0751 | 4221<br>0.0715 | 4903<br>0.0652 | 5637<br>0.0599 | 6421<br>0.0553 |

续表

| 动压/Pa | 风速/(m/s) | 外径 $D$/mm 上行—风量/($m^3$/h) 下行—$\lambda/d$ | | | | | | | | | | | | | | | | | | | | |
|---|---|---|---|---|---|---|---|---|---|---|---|---|---|---|---|---|---|---|---|---|---|---|
| | | 80 | 90 | 100 | 110 | 120 | 130 | 140 | 150 | 160 | 170 | 180 | 190 | 200 | 210 | 220 | 240 | 250 | 260 | 280 | 300 | 320 |
| 312.3 | 22.8 | 382<br>0.321 | 488<br>0.275 | 607<br>0.240 | 738<br>0.212 | 882<br>0.190 | 1040<br>0.171 | 1210<br>0.156 | 1393<br>0.143 | 1589<br>0.131 | 1798<br>0.122 | 2020<br>0.113 | 2254<br>0.106 | 2503<br>0.0992 | 2762<br>0.0933 | 3036<br>0.0881 | 3621<br>0.0790 | 3933<br>0.0751 | 4258<br>0.0715 | 4946<br>0.0652 | 5686<br>0.0599 | 6478<br>0.0553 |
| 317.8 | 23.0 | 386<br>0.321 | 492<br>0.275 | 612<br>0.240 | 745<br>0.212 | 890<br>0.190 | 1049<br>0.171 | 1221<br>0.156 | 1405<br>0.143 | 1603<br>0.131 | 1814<br>0.122 | 2037<br>0.113 | 2274<br>0.106 | 2524<br>0.0992 | 2787<br>0.0933 | 3062<br>0.0880 | 3653<br>0.0790 | 3967<br>0.0750 | 4295<br>0.0715 | 4990<br>0.0652 | 5736<br>0.0598 | 6535<br>0.0553 |
| 323.4 | 23.2 | 389<br>0.321 | 496<br>0.275 | 617<br>0.240 | 751<br>0.212 | 898<br>0.190 | 1058<br>0.171 | 1231<br>0.156 | 1417<br>0.143 | 1617<br>0.131 | 1829<br>0.122 | 2055<br>0.113 | 2294<br>0.106 | 2546<br>0.0991 | 2811<br>0.0933 | 3089<br>0.0880 | 3684<br>0.0789 | 4002<br>0.0750 | 4333<br>0.0714 | 5033<br>0.0652 | 5786<br>0.0598 | 6592<br>0.0552 |
| 329.0 | 23.4 | 392<br>0.321 | 501<br>0.275 | 623<br>0.240 | 757<br>0.212 | 906<br>0.189 | 1067<br>0.171 | 1242<br>0.156 | 1430<br>0.142 | 1631<br>0.131 | 1845<br>0.122 | 2073<br>0.113 | 2314<br>0.106 | 2568<br>0.0991 | 2835<br>0.0932 | 3115<br>0.0879 | 3716<br>0.0789 | 4036<br>0.0750 | 4370<br>0.0714 | 5077<br>0.0651 | 5836<br>0.0598 | 6649<br>0.0552 |
| 334.7 | 23.6 | 396<br>0.321 | 505<br>0.275 | 628<br>0.240 | 764<br>0.212 | 913<br>0.189 | 1076<br>0.171 | 1252<br>0.155 | 1442<br>0.142 | 1645<br>0.131 | 1861<br>0.122 | 2091<br>0.113 | 2333<br>0.106 | 2590<br>0.0991 | 2859<br>0.0932 | 3142<br>0.0879 | 3748<br>0.0789 | 4071<br>0.0749 | 4407<br>0.0714 | 5120<br>0.0651 | 5886<br>0.0598 | 6705<br>0.0552 |
| 340.4 | 23.8 | 399<br>0.320 | 509<br>0.275 | 633<br>0.239 | 770<br>0.212 | 921<br>0.189 | 1085<br>0.171 | 1263<br>0.155 | 1454<br>0.142 | 1659<br>0.131 | 1877<br>0.121 | 2108<br>0.113 | 2353<br>0.106 | 2612<br>0.0990 | 2883<br>0.0931 | 3169<br>0.0879 | 3780<br>0.0788 | 4105<br>0.0749 | 4445<br>0.0713 | 5163<br>0.0651 | 5936<br>0.0597 | 6762<br>0.0552 |
| 346.1 | 24.0 | 402<br>0.320 | 514<br>0.275 | 638<br>0.239 | 777<br>0.212 | 929<br>0.189 | 1094<br>0.171 | 1274<br>0.155 | 1466<br>0.142 | 1673<br>0.131 | 1893<br>0.121 | 2126<br>0.113 | 2373<br>0.106 | 2634<br>0.0990 | 2908<br>0.0931 | 3195<br>0.0878 | 3812<br>0.0788 | 4140<br>0.0749 | 4482<br>0.0713 | 5207<br>0.0650 | 5986<br>0.0597 | 6819<br>0.0 |
| 351.9 | 24.2 | 406<br>0.320 | 518<br>0.274 | 644<br>0.239 | 783<br>0.212 | 937<br>0.189 | 1104<br>0.171 | 1284<br>0.155 | 1479<br>0.142 | 1687<br>0.131 | 1908<br>0.121 | 2144<br>0.113 | 2393<br>0.106 | 2655<br>0.0989 | 2932<br>0.0931 | 3222<br>0.0878 | 3843<br>0.0788 | 4174<br>0.0748 | 4519<br>0.0713 | 5250<br>0.0650 | 6036<br>0.0597 | 6876<br>0.0551 |
| 357.8 | 24.4 | 409<br>0.320. | 522<br>0.274 | 649<br>0.239 | 790<br>0.211 | 944<br>0.189 | 1113<br>0.171 | 1295<br>0.155 | 1491<br>0.142 | 1701<br>0.131 | 1924<br>0.121 | 2161<br>0.113 | 1412<br>0.105 | 2677<br>0.0989 | 2956<br>0.0930 | 3249<br>0.0878 | 3875<br>0.0787 | 4209<br>0.0748 | 4557<br>0.0713 | 5293<br>0.0650 | 6085<br>0.0597 | 6933<br>0.0551 |
| 363.6 | 24.6 | 412<br>0.320 | 526<br>0.274 | 654<br>0.239 | 796<br>0.211 | 952<br>0.189 | 1122<br>0.171 | 1305<br>0.155 | 1503<br>0.142 | 1714<br>0.131 | 1940<br>0.121 | 2179<br>0.113 | 2432<br>0.105 | 2699<br>0.0989 | 2980<br>0.0930 | 3275<br>0.0877 | 3907<br>0.0787 | 4243<br>0.0748 | 4594<br>0.0712 | 5337<br>0.0650 | 6135<br>0.0596 | 6989<br>0.0551 |
| 369.5 | 24.8 | 416<br>0.320 | 531<br>0.274 | 660<br>0.239 | 803<br>0.211 | 960<br>0.189 | 1131<br>0.170 | 1316<br>0.155 | 1515<br>0.142 | 1728<br>0.131 | 1956<br>0.121 | 2197<br>0.113 | 2452<br>0.105 | 2721<br>0.0988 | 3005<br>0.0929 | 3302<br>0.0877 | 3939<br>0.0787 | 4278<br>0.0748 | 4631<br>0.0712 | 5380<br>0.0649 | 6185<br>0.0596 | 7046<br>0.0550 |
| 375.5 | 25.0 | 419<br>0.320 | 535<br>0.274 | 665<br>0.239 | 809<br>0.211 | 968<br>0.189 | 1140<br>0.170 | 1327<br>0.155 | 1527<br>0.142 | 1742<br>0.131 | 1971<br>0.121 | 2215<br>0.113 | 2472<br>0.105 | 2743<br>0.0988 | 3029<br>0.0929 | 3329<br>0.0876 | 3970<br>0.0786 | 4312<br>0.0748 | 4669<br>0.0712 | 5424<br>0.0649 | 6235<br>0.0596 | 7103<br>0.0550 |
| 381.6 | 25.2 | 422<br>0.320 | 539<br>0.274 | 670<br>0.239 | 816<br>0.211 | 975<br>0.189 | 1149<br>0.170 | 1337<br>0.155 | 1540<br>0.142 | 1756<br>0.131 | 1987<br>0.121 | 2232<br>0.113 | 2492<br>0.105 | 2765<br>0.0987 | 3053<br>0.0929 | 3355<br>0.0876 | 4002<br>0.0786 | 4347<br>0.0747 | 4706<br>0.0711 | 5467<br>0.0649 | 6285<br>0.0596 | 7160<br>0.0550 |
| 387.7 | 25.4 | 426<br>0.319 | 544<br>0.274 | 676<br>0.239 | 822<br>0.211 | 983<br>0.189 | 1158<br>0.170 | 1348<br>0.155 | 1552<br>0.142 | 1770<br>0.131 | 2003<br>0.121 | 2250<br>0.113 | 2511<br>0.105 | 2787<br>0.0987 | 3077<br>0.0928 | 3382<br>0.0876 | 4034<br>0.0786 | 4381<br>0.0747 | 4743<br>0.0711 | 5510<br>0.0649 | 6335<br>0.0595 | 7217<br>0.0550 |
| 393.8 | 25.6 | 429<br>0.319 | 548<br>0.274 | 681<br>0.239 | 829<br>0.211 | 991<br>0.189 | 1167<br>0.170 | 1359<br>0.155 | 1564<br>0.142 | 1784<br>0.131 | 2019<br>0.121 | 2268<br>0.113 | 2531<br>0.105 | 2809<br>0.0986 | 3102<br>0.0928 | 3408<br>0.0875 | 4066<br>0.0785 | 4416<br>0.0746 | 4781<br>0.0711 | 5554<br>0.0648 | 6385<br>0.0595 | 7274<br>0.0550 |
| 399.9 | 25.8 | 433<br>0.319 | 552<br>0.274 | 686<br>0.239 | 835<br>0.211 | 999<br>0.189 | 1177<br>0.170 | 1369<br>0.155 | 1576<br>0.142 | 1789<br>0.131 | 2034<br>0.121 | 2285<br>0.113 | 2551<br>0.105 | 2831<br>0.0986 | 3126<br>0.0927 | 3435<br>0.0875 | 4097<br>0.0785 | 4450<br>0.0746 | 4818<br>0.0711 | 5597<br>0.0648 | 6435<br>0.0595 | 7330<br>0.0549 |
| 406.2 | 26.0 | 436<br>0.319 | 556<br>0.273 | 692<br>0.238 | 842<br>0.211 | 1006<br>0.188 | 1186<br>0.170 | 1380<br>0.155 | 1589<br>0.142 | 1812<br>0.131 | 2050<br>0.121 | 2303<br>0.113 | 2571<br>0.105 | 2853<br>0.0986 | 3150<br>0.0927 | 3462<br>0.0875 | 4129<br>0.0785 | 4485<br>0.0746 | 4855<br>0.0710 | 5641<br>0.0648 | 6485<br>0.0595 | 7387<br>0.0549 |

续表

| 动压/Pa | 风速/(m/s) | 外径 $D$/mm 上行—风量/($m^3$/h) 下行—$\lambda/d$ | | | | | | | | | | | | | | | | | | | |
|---|---|---|---|---|---|---|---|---|---|---|---|---|---|---|---|---|---|---|---|---|---|
| | | 340 | 360 | 380 | 400 | 420 | 450 | 480 | 500 | 530 | 560 | 600 | 630 | 670 | 700 | 750 | 800 | 850 | 900 | 950 | 1000 |
| 60.1 | 10.0 | 3211<br>0.0544 | 3604<br>0.0507 | 4019<br>0.0474 | 4456<br>0.0445 | 4917<br>0.0419 | 5649<br>0.0385 | 6433<br>0.0350 | 6984<br>0.0339 | 7823<br>0.0316 | 8741<br>0.0296 | 10040<br>0.0272 | 11080<br>0.0256 | 12540<br>0.0238 | 13700<br>0.0225 | 15740<br>0.0207 | 17920<br>0.0192 | 20240<br>0.0178 | 22700<br>0.0166 | 25300<br>0.0156 | 28050<br>0.0146 |
| 62.5 | 10.2 | 3275<br>0.0543 | 3676<br>0.0506 | 4099<br>0.0473 | 4545<br>0.0444 | 5015<br>0.0419 | 5762<br>0.0385 | 6562<br>0.0355 | 7124<br>0.0338 | 7979<br>0.0316 | 8915<br>0.0295 | 10240<br>0.0271 | 11300<br>0.0256 | 12790<br>0.0237 | 13970<br>0.0225 | 16050<br>0.0207 | 18270<br>0.0191 | 20640<br>0.0178 | 23150<br>0.0166 | 25810<br>0.0155 | 28610<br>0.0146 |
| 65.0 | 10.2 | 3340<br>0.0542 | 3748<br>0.0505 | 4179<br>0.0473 | 4635<br>0.0444 | 5113<br>0.0418 | 5875<br>0.0384 | 6691<br>0.0355 | 7263<br>0.0337 | 8136<br>0.0315 | 9090<br>0.0295 | 10450<br>0.0271 | 11520<br>0.0255 | 13040<br>0.0237 | 14240<br>0.0224 | 16360<br>0.0206 | 18630<br>0.0191 | 21050<br>0.0177 | 23610<br>0.0166 | 26320<br>0.0155 | 29170<br>0.0146 |
| 67.5 | 10.6 | 3404<br>0.0541 | 3820<br>0.0504 | 4260<br>0.0472 | 4724<br>0.0443 | 5212<br>0.0417 | 5988<br>0.0384 | 6819<br>0.0354 | 7403<br>0.0337 | 8292<br>0.0314 | 9265<br>0.0294 | 10650<br>0.0270 | 11740<br>0.0255 | 13290<br>0.0236 | 14250<br>0.0224 | 16680<br>0.0206 | 18990<br>0.0191 | 21450<br>0.0177 | 24060<br>0.0165 | 26820<br>0.0155 | 29730<br>0.0146 |
| 70.0 | 10.8 | 3468<br>0.0540 | 3892<br>0.0503 | 4340<br>0.0471 | 4813<br>0.0442 | 5310<br>0.0416 | 6101<br>0.0383 | 6948<br>0.0354 | 7543<br>0.0336 | 8449<br>0.0314 | 9440<br>0.0294 | 10850<br>0.0270 | 11970<br>0.0254 | 13540<br>0.0236 | 14790<br>0.0224 | 16990<br>0.0206 | 19350<br>0.0190 | 21860<br>0.0177 | 24520<br>0.0165 | 27330<br>0.0155 | 30290<br>0.0145 |
| 72.7 | 11.0 | 3532<br>0.0539 | 3964<br>0.0503 | 4420<br>0.0470 | 4902<br>0.0441 | 5408<br>0.0416 | 6214<br>0.0382 | 7077<br>0.0353 | 7682<br>0.0336 | 8605<br>0.0313 | 9615<br>0.0293 | 11050<br>0.0269 | 12190<br>0.0254 | 13800<br>0.0236 | 15070<br>0.0223 | 17310<br>0.0205 | 19710<br>0.0190 | 22260<br>0.0177 | 24970<br>0.0165 | 27830<br>0.0154 | 30850<br>0.0145 |
| 75.3 | 11.2 | 3596<br>0.0539 | 4036<br>0.0502 | 4501<br>0.0470 | 4991<br>0.0441 | 5507<br>0.0415 | 6327<br>0.0381 | 7205<br>0.0352 | 7822<br>0.0335 | 8762<br>0.0313 | 9789<br>0.0293 | 11250<br>0.0269 | 12410<br>0.0254 | 14050<br>0.0235 | 15340<br>0.0223 | 17620<br>0.0205 | 20060<br>0.0190 | 22660<br>0.0176 | 25420<br>0.0165 | 28340<br>0.0154 | 31410<br>0.0145 |
| 78.1 | 11.4 | 3661<br>0.0538 | 4108<br>0.0501 | 4581<br>0.0469 | 5080<br>0.0440 | 5605<br>0.0415 | 6440<br>0.0381 | 7334<br>0.0352 | 7962<br>0.0335 | 8918<br>0.0313 | 9964<br>0.0292 | 11450<br>0.0269 | 12630<br>0.0253 | 14300<br>0.0235 | 15610<br>0.0223 | 17940<br>0.0205 | 20420<br>0.0189 | 23070<br>0.0176 | 25880<br>0.0164 | 28850<br>0.0154 | 31980<br>0.0145 |
| 80.8 | 11.6 | 3725<br>0.0537 | 4180<br>0.0500 | 4662<br>0.0468 | 5169<br>0.0440 | 5703<br>0.0414 | 6553<br>0.0380 | 7463<br>0.0351 | 8101<br>0.0334 | 9074<br>0.0312 | 10140<br>0.0292 | 11650<br>0.0268 | 12850<br>0.0253 | 14550<br>0.0235 | 15890<br>0.0222 | 18250<br>0.0205 | 20780<br>0.0189 | 23470<br>0.0176 | 26330<br>0.0164 | 29350<br>0.0154 | 32540<br>0.0145 |
| 83.7 | 11.8 | 3789<br>0.0536 | 4252<br>0.0500 | 4742<br>0.0467 | 5258<br>0.0439 | 5802<br>0.0413 | 6666<br>0.0380 | 7591<br>0.0351 | 8241<br>0.0334 | 9231<br>0.0312 | 10310<br>0.0291 | 11850<br>0.0268 | 13070<br>0.0252 | 14800<br>0.0234 | 16160<br>0.0222 | 18570<br>0.0204 | 21140<br>0.0189 | 23880<br>0.0176 | 26780<br>0.0164 | 29860<br>0.0153 | 33100<br>0.0144 |
| 86.5 | 12.0 | 3853<br>0.0535 | 4324<br>0.0499 | 4822<br>0.0467 | 5348<br>0.0438 | 5900<br>0.0413 | 6779<br>0.0379 | 7720<br>0.0350 | 8381<br>0.0333 | 9387<br>0.0312 | 10490<br>0.0291 | 12050<br>0.0268 | 13300<br>0.0252 | 15050<br>0.0234 | 16440<br>0.0222 | 18880<br>0.0204 | 21500<br>0.0189 | 24280<br>0.0175 | 27240<br>0.0164 | 30360<br>0.0153 | 33660<br>0.0144 |
| 89.5 | 12.2 | 3918<br>0.0535 | 4396<br>0.0498 | 4903<br>0.0466 | 5437<br>0.0438 | 5998<br>0.0412 | 6892<br>0.0379 | 7849<br>0.0350 | 8520<br>0.0330 | 9544<br>0.0311 | 10660<br>0.0291 | 12250<br>0.0267 | 13520<br>0.0252 | 15300<br>0.0234 | 16710<br>0.0222 | 19200<br>0.0204 | 21860<br>0.0188 | 24690<br>0.0175 | 27690<br>0.0163 | 30870<br>0.0153 | 34220<br>0.0144 |
| 92.4 | 12.4 | 3982<br>0.0534 | 4468<br>0.0498 | 4983<br>0.0466 | 5526<br>0.0437 | 6097<br>0.0412 | 7005<br>0.0378 | 7977<br>0.0350 | 8660<br>0.0330 | 9700<br>0.0310 | 10840<br>0.0290 | 12450<br>0.0267 | 13740<br>0.0251 | 15550<br>0.0233 | 16980<br>0.0221 | 19510<br>0.0203 | 22210<br>0.0188 | 25090<br>0.0175 | 28150<br>0.0163 | 31380<br>0.0153 | 34780<br>0.0144 |
| 95.3 | 12.6 | 4046<br>0.0533 | 4540<br>0.0497 | 5063<br>0.0465 | 5615<br>0.0437 | 6195<br>0.0411 | 7118<br>0.0378 | 8106<br>0.0349 | 8800<br>0.0332 | 9857<br>0.0310 | 11010<br>0.0290 | 12650<br>0.0266 | 13960<br>0.0251 | 15800<br>0.0233 | 17260<br>0.0221 | 19830<br>0.0203 | 22570<br>0.0188 | 25500<br>0.0175 | 28600<br>0.0163 | 31880<br>0.0153 | 35340<br>0.0144 |
| 98.5 | 12.8 | 4110<br>0.0533 | 4613<br>0.0496 | 5144<br>0.0464 | 5704<br>0.0436 | 6293<br>0.0411 | 7231<br>0.0377 | 8235<br>0.0349 | 8940<br>0.0332 | 10010<br>0.0310 | 11190<br>0.0290 | 12860<br>0.0266 | 14180<br>0.0251 | 16050<br>0.0233 | 17530<br>0.0221 | 20140<br>0.0203 | 22930<br>0.0188 | 25900<br>0.0174 | 29050<br>0.0163 | 32390<br>0.0152 | 35900<br>0.0143 |

续表

| 动压/Pa | 风速/(m/s) | 外径 $D$/mm 上行—风量/($m^3$/h) 下行—$\lambda/d$ | | | | | | | | | | | | | | | | | | | |
|---|---|---|---|---|---|---|---|---|---|---|---|---|---|---|---|---|---|---|---|---|---|
| | | 340 | 360 | 380 | 400 | 420 | 450 | 480 | 500 | 530 | 560 | 600 | 630 | 670 | 700 | 750 | 800 | 850 | 900 | 950 | 1000 |
| 101.5 | 13.0 | 4174<br>0.0532 | 4685<br>0.0496 | 5224<br>0.0464 | 5793<br>0.0436 | 6392<br>0.0410 | 7344<br>0.0377 | 8363<br>0.0348 | 9079<br>0.0331 | 10170<br>0.0309 | 11360<br>0.0289 | 13060<br>0.0266 | 14400<br>0.0251 | 16300<br>0.0232 | 17810<br>0.0220 | 20460<br>0.0203 | 23290<br>0.0187 | 26310<br>0.0174 | 29510<br>0.0163 | 32890<br>0.0152 | 36460<br>0.0143 |
| 104.7 | 13.2 | 4239<br>0.0531 | 4757<br>0.0495 | 5305<br>0.0463 | 5882<br>0.0435 | 6490<br>0.0410 | 7459<br>0.0375 | 8492<br>0.0348 | 9219<br>0.0331 | 10330<br>0.0309 | 11540<br>0.0289 | 13260<br>0.0266 | 14630<br>0.0250 | 16550<br>0.0232 | 18080<br>0.0220 | 20770<br>0.0202 | 23650<br>0.0187 | 26710<br>0.0174 | 29960<br>0.0163 | 33400<br>0.0152 | 37020<br>0.0143 |
| 107.9 | 13.4 | 4303<br>0.0531 | 4829<br>0.0495 | 5385<br>0.0463 | 5971<br>0.0434 | 6588<br>0.0409 | 7570<br>0.0376 | 8621<br>0.0347 | 9359<br>0.0331 | 10480<br>0.0309 | 11710<br>0.0289 | 13460<br>0.0265 | 14850<br>0.0250 | 16810<br>0.0232 | 18350<br>0.0220 | 21090<br>0.0202 | 24010<br>0.0187 | 27120<br>0.0174 | 30420<br>0.0162 | 33910<br>0.0152 | 37590<br>0.0143 |
| 111.1 | 13.6 | 4367<br>0.0530 | 4901<br>0.0494 | 5465<br>0.0462 | 6061<br>0.0434 | 6687<br>0.0409 | 7683<br>0.0376 | 8749<br>0.0347 | 9498<br>0.0330 | 10640<br>0.0308 | 11890<br>0.0288 | 13660<br>0.0265 | 15070<br>0.0250 | 17060<br>0.0232 | 18630<br>0.0220 | 21400<br>0.0202 | 24360<br>0.0187 | 27520<br>0.0174 | 30870<br>0.0162 | 34410<br>0.0152 | 38150<br>0.0143 |
| 114.5 | 13.8 | 4431<br>0.0530 | 4973<br>0.0494 | 5546<br>0.0462 | 6150<br>0.0434 | 6785<br>0.0408 | 7796<br>0.0375 | 8878<br>0.0347 | 9638<br>0.0330 | 10800<br>0.0308 | 12060<br>0.0288 | 13860<br>0.0265 | 15290<br>0.0249 | 17310<br>0.0231 | 18900<br>0.0219 | 21710<br>0.0202 | 24720<br>0.0187 | 27930<br>0.0173 | 31320<br>0.0162 | 34920<br>0.0152 | 38710<br>0.0143 |
| 117.8 | 14.0 | 4496<br>0.0529 | 5045<br>0.0493 | 5626<br>0.0461 | 6239<br>0.0433 | 6883<br>0.0408 | 7909<br>0.0375 | 9007<br>0.0346 | 9778<br>0.0329 | 10950<br>0.0308 | 12240<br>0.0288 | 14060<br>0.0264 | 15510<br>0.0249 | 17560<br>0.0231 | 19180<br>0.0219 | 22030<br>0.0202 | 25080<br>0.0186 | 28330<br>0.0173 | 31780<br>0.0162 | 35420<br>0.0151 | 39270<br>0.0142 |
| 121.1 | 14.2 | 4560<br>0.0528 | 5117<br>0.0492 | 5706<br>0.0461 | 6328<br>0.0433 | 6980<br>0.0407 | 8022<br>0.0374 | 9135<br>0.0346 | 9917<br>0.0329 | 11110<br>0.0307 | 12410<br>0.0287 | 14260<br>0.0264 | 15730<br>0.0249 | 17810<br>0.0231 | 19450<br>0.0219 | 22340<br>0.0201 | 25440<br>0.0186 | 28740<br>0.0173 | 32230<br>0.0162 | 35930<br>0.0151 | 39830<br>0.0142 |
| 124.6 | 14.4 | 4624<br>0.0528 | 5189<br>0.0492 | 5787<br>0.0460 | 6417<br>0.0432 | 7080<br>0.0407 | 8135<br>0.0374 | 9264<br>0.0346 | 10060<br>0.0329 | 11260<br>0.0307 | 12590<br>0.0287 | 14460<br>0.0264 | 15960<br>0.0249 | 18060<br>0.0231 | 19720<br>0.0219 | 22660<br>0.0201 | 25800<br>0.0186 | 29140<br>0.0173 | 32690<br>0.0161 | 36440<br>0.0151 | 40390<br>0.0142 |
| 128.1 | 14.6 | 4688<br>0.0527 | 5261<br>0.0491 | 5867<br>0.0460 | 6506<br>0.0432 | 7178<br>0.0407 | 8248<br>0.0374 | 9393<br>0.0345 | 10200<br>0.0328 | 11420<br>0.0307 | 12760<br>0.0287 | 14660<br>0.0264 | 16180<br>0.0248 | 18310<br>0.0230 | 20000<br>0.0219 | 22970<br>0.0201 | 26160<br>0.0186 | 29550<br>0.0173 | 33140<br>0.0161 | 36940<br>0.0151 | 40950<br>0.0142 |
| 131.6 | 14.8 | 4752<br>0.0527 | 5333<br>0.0491 | 5948<br>0.0459 | 6595<br>0.0431 | 7277<br>0.0406 | 8361<br>0.0373 | 9521<br>0.0345 | 10340<br>0.0328 | 11580<br>0.0306 | 12940<br>0.0286 | 14860<br>0.0263 | 16400<br>0.0248 | 18560<br>0.0230 | 20270<br>0.0218 | 23290<br>0.0201 | 26510<br>0.0186 | 29950<br>0.0173 | 33590<br>0.0161 | 37450<br>0.0151 | 41510<br>0.0142 |
| 135.2 | 15.0 | 4817<br>0.0526 | 5405<br>0.0491 | 6028<br>0.0459 | 6684<br>0.0431 | 7375<br>0.0406 | 8474<br>0.0373 | 9650<br>0.0345 | 10480<br>0.0328 | 11730<br>0.0306 | 13110<br>0.0286 | 15070<br>0.0263 | 16620<br>0.0248 | 18810<br>0.0230 | 20540<br>0.0218 | 23600<br>0.0201 | 26870<br>0.0186 | 30350<br>0.0172 | 34050<br>0.0161 | 37950<br>0.0151 | 42070<br>0.0142 |
| 138.8 | 15.2 | 4881<br>0.0526 | 5477<br>0.0490 | 6108<br>0.0459 | 6774<br>0.0431 | 7473<br>0.0405 | 8587<br>0.0373 | 9779<br>0.0344 | 10620<br>0.0328 | 11890<br>0.0306 | 13290<br>0.0286 | 15270<br>0.0263 | 16840<br>0.0248 | 19060<br>0.0230 | 20820<br>0.0218 | 23920<br>0.0200 | 27230<br>0.0185 | 30760<br>0.0172 | 34500<br>0.0161 | 38460<br>0.0151 | 42630<br>0.0142 |
| 142.5 | 15.4 | 4945<br>0.0525 | 5549<br>0.0490 | 6189<br>0.0458 | 6863<br>0.0430 | 7572<br>0.0405 | 8700<br>0.0372 | 9907<br>0.0344 | 10760<br>0.0327 | 12050<br>0.0305 | 13460<br>0.0286 | 15470<br>0.0263 | 17060<br>0.0247 | 19310<br>0.0230 | 21090<br>0.0218 | 24230<br>0.0200 | 27590<br>0.0185 | 31160<br>0.0172 | 34960<br>0.0161 | 38970<br>0.0150 | 43190<br>0.0141 |
| 146.3 | 15.6 | 5009<br>0.0525 | 5622<br>0.0489 | 6269<br>0.0458 | 6952<br>0.0430 | 7670<br>0.0405 | 8813<br>0.0372 | 10040<br>0.0344 | 10900<br>0.0327 | 12200<br>0.0305 | 13640<br>0.0285 | 15670<br>0.0262 | 17280<br>0.0247 | 19560<br>0.0229 | 21370<br>0.0218 | 24550<br>0.0200 | 27950<br>0.0185 | 31570<br>0.0172 | 35410<br>0.0160 | 39470<br>0.0150 | 43760<br>0.0141 |
| 150.0 | 15.8 | 5074<br>0.0524 | 5694<br>0.0489 | 6349<br>0.0457 | 7041<br>0.0429 | 7768<br>0.0404 | 8926<br>0.0372 | 10160<br>0.0343 | 11030<br>0.0327 | 12360<br>0.0305 | 13810<br>0.0285 | 15870<br>0.0262 | 17510<br>0.0247 | 19820<br>0.0229 | 21640<br>0.0217 | 24860<br>0.0200 | 28310<br>0.0185 | 31970<br>0.0172 | 35860<br>0.0160 | 39980<br>0.0150 | 44320<br>0.0141 |

续表

| 动压/Pa | 风速/(m/s) | 外径 D/mm 上行—风量/(m³/h) 下行—λ/d | | | | | | | | | | | | | | | | | | | |
|---|---|---|---|---|---|---|---|---|---|---|---|---|---|---|---|---|---|---|---|---|---|
| | | 340 | 360 | 380 | 400 | 420 | 450 | 480 | 500 | 530 | 560 | 600 | 630 | 670 | 700 | 750 | 800 | 850 | 900 | 950 | 1000 |
| 153.8 | 16.0 | 5138<br>0.0524 | 5766<br>0.0488 | 6430<br>0.0457 | 7130<br>0.0429 | 7867<br>0.0404 | 9039<br>0.0371 | 10290<br>0.0343 | 11170<br>0.0326 | 12520<br>0.0305 | 13980<br>0.0285 | 16070<br>0.0262 | 17730<br>0.0247 | 20070<br>0.0229 | 21910<br>0.0217 | 25180<br>0.0200 | 28660<br>0.0185 | 32380<br>0.0172 | 36320<br>0.0160 | 40490<br>0.0150 | 44880<br>0.0141 |
| 157.7 | 16.2 | 5202<br>0.0524 | 5838<br>0.0488 | 6510<br>0.0457 | 7219<br>0.0429 | 7965<br>0.0404 | 9152<br>0.0371 | 10420<br>0.0343 | 11310<br>0.0326 | 12670<br>0.0304 | 14160<br>0.0285 | 16270<br>0.0262 | 17950<br>0.0247 | 20320<br>0.0229 | 22190<br>0.0217 | 25490<br>0.0200 | 29020<br>0.0185 | 32780<br>0.0172 | 36770<br>0.0160 | 40990<br>0.0150 | 45440<br>0.0141 |
| 161.6 | 16.4 | 5266<br>0.0523 | 5910<br>0.0488 | 6591<br>0.0456 | 7308<br>0.0428 | 8063<br>0.0403 | 9265<br>0.037 | 10550<br>0.0343 | 11450<br>0.0326 | 12830<br>0.0304 | 14330<br>0.0284 | 16470<br>0.0261 | 18170<br>0.0246 | 20570<br>0.0229 | 22460<br>0.0217 | 25810<br>0.0199 | 29380<br>0.0184 | 33190<br>0.0171 | 37230<br>0.0160 | 41500<br>0.0150 | 46000<br>0.0141 |
| 165.6 | 16.6 | 5330<br>0.0523 | 5982<br>0.0487 | 6671<br>0.0456 | 7397<br>0.0428 | 8162<br>0.0403 | 9378<br>0.0370 | 10680<br>0.0342 | 11590<br>0.0326 | 12990<br>0.0304 | 14510<br>0.0284 | 16670<br>0.0261 | 18390<br>0.0246 | 20820<br>0.0228 | 22740<br>0.0217 | 26120<br>0.0199 | 29740<br>0.0184 | 33590<br>0.0171 | 37680<br>0.0160 | 42000<br>0.0150 | 46560<br>0.0141 |
| 169.6 | 16.8 | 5395<br>0.0522 | 6054<br>0.0487 | 6751<br>0.0455 | 7487<br>0.0428 | 8260<br>0.0403 | 9491<br>0.0370 | 10810<br>0.0342 | 11730<br>0.0325 | 13140<br>0.0304 | 14680<br>0.0284 | 16870<br>0.0261 | 18610<br>0.0246 | 21070<br>0.0228 | 23010<br>0.0216 | 26440<br>0.0199 | 30100<br>0.0184 | 34000<br>0.0171 | 38130<br>0.0160 | 42510<br>0.0 | 47120<br>0.0141 |
| 173.6 | 17.0 | 5459<br>0.0522 | 6126<br>0.0486 | 6832<br>0.0455 | 7576<br>0.0427 | 8358<br>0.0402 | 9604<br>0.0370 | 10940<br>0.0342 | 11870<br>0.0325 | 13300<br>0.0303 | 14860<br>0.0284 | 17070<br>0.0261 | 18840<br>0.0246 | 21320<br>0.0226 | 23280<br>0.0216 | 26570<br>0.0199 | 30460<br>0.0184 | 34400<br>0.0171 | 38590<br>0.0160 | 43020<br>0.0150 | 47880<br>0.0141 |
| 177.7 | 17.2 | 5523<br>0.0521 | 6198<br>0.0486 | 6912<br>0.0455 | 7665<br>0.0427 | 8457<br>0.0402 | 9717<br>0.0370 | 11070<br>0.0341 | 12010<br>0.0325 | 13460<br>0.0303 | 15030<br>0.0284 | 17270<br>0.0261 | 19060<br>0.0246 | 21570<br>0.0228 | 23560<br>0.0216 | 27060<br>0.0199 | 30810<br>0.0184 | 34810<br>0.0171 | 39040<br>0.0159 | 43520<br>0.0149 | 48240<br>0.0140 |
| 182.0 | 17.4 | 5587<br>0.0521 | 6270<br>0.0486 | 6992<br>0.0454 | 7754<br>0.0427 | 8555<br>0.0402 | 9830<br>0.0369 | 11190<br>0.0341 | 12150<br>0.0325 | 13610<br>0.0303 | 15210<br>0.0283 | 17480<br>0.0260 | 19280<br>0.0245 | 21820<br>0.0228 | 23830<br>0.0216 | 27380<br>0.0199 | 31170<br>0.0184 | 35210<br>0.0171 | 39500<br>0.0159 | 44030<br>0.0149 | 48800<br>0.0140 |
| 186.1 | 17.6 | 5652<br>0.0521 | 6342<br>0.0485 | 7073<br>0.0454 | 7843<br>0.0426 | 8653<br>0.0402 | 9943<br>0.0369 | 11320<br>0.0341 | 12290<br>0.0324 | 13770<br>0.0303 | 15380<br>0.0283 | 17680<br>0.0260 | 19500<br>0.0245 | 22070<br>0.0228 | 24110<br>0.0216 | 27690<br>0.0199 | 31530<br>0.0184 | 35620<br>0.0171 | 39950<br>0.0159 | 44530<br>0.0149 | 49370<br>0.0140 |
| 190.4 | 17.8 | 5716<br>0.0520 | 6414<br>0.0485 | 7153<br>0.0454 | 7932<br>0.0425 | 8752<br>0.0401 | 11060<br>0.0369 | 11450<br>0.0341 | 12430<br>0.0324 | 19320<br>0.0303 | 15560<br>0.0283 | 17880<br>0.0260 | 19720<br>0.0245 | 22320<br>0.0227 | 24380<br>0.0216 | 28010<br>0.0198 | 31890<br>0.0183 | 36020<br>0.0171 | 40400<br>0.0159 | 45040<br>0.0149 | 49930<br>0.0140 |
| 194.7 | 18.0 | 5780<br>0.0520 | 6486<br>1.0485 | 7233<br>0.0453 | 8021<br>0.0426 | 8850<br>0.0401 | 10170<br>0.0368 | 11580<br>0.0340 | 12570<br>0.0324 | 14080<br>0.0302 | 15730<br>0.0283 | 18080<br>0.0260 | 19940<br>0.0245 | 22570<br>0.0227 | 24650<br>0.0216 | 28320<br>0.0198 | 32250<br>0.0183 | 36430<br>0.0170 | 40860<br>0.0159 | 45550<br>0.0149 | 50490<br>0.0140 |
| 199.0 | 18.2 | 5488<br>0.0520 | 6558<br>0.0484 | 7314<br>0.0453 | 8110<br>0.0425 | 8948<br>0.0401 | 10280<br>0.0368 | 11710<br>0.0340 | 12710<br>0.0324 | 14240<br>0.0302 | 15910<br>0.0283 | 18280<br>0.0260 | 20170<br>0.0245 | 22830<br>0.0227 | 24930<br>0.0215 | 28640<br>0.0198 | 32610<br>0.0183 | 36830<br>0.0170 | 41310<br>0.0159 | 46050<br>0.0149 | 51050<br>0.0140 |
| 203.4 | 18.4 | 5908<br>0.0519 | 6631<br>0.0484 | 7394<br>0.0453 | 8200<br>0.0425 | 9047<br>0.0400 | 10400<br>0.0368 | 11840<br>0.0340 | 12850<br>0.0323 | 14390<br>0.0302 | 16080<br>0.0282 | 18480<br>0.0260 | 20390<br>0.0245 | 23080<br>0.0227 | 25200<br>0.0215 | 28950<br>0.0198 | 32960<br>0.0183 | 37230<br>0.0170 | 41770<br>0.0159 | 46560<br>0.0149 | 51610<br>0.0140 |
| 207.9 | 18.6 | 5973<br>0.0519 | 6703<br>0.0484 | 7475<br>0.0453 | 8289<br>0.0425 | 9145<br>0.0400 | 10510<br>0.0368 | 11970<br>0.0340 | 12990<br>0.0323 | 14550<br>0.0302 | 16260<br>0.0282 | 18680<br>0.0259 | 20610<br>0.0244 | 23330<br>0.0227 | 25480<br>0.0215 | 29270<br>0.0198 | 33320<br>0.0183 | 37640<br>0.0170 | 42220<br>0.0159 | 47060<br>0.0149 | 52170<br>0.0140 |
| 212.4 | 18.8 | 6037<br>0.0519 | 6775<br>0.0483 | 7555<br>0.0452 | 8378<br>0.0425 | 9243<br>0.0400 | 10620<br>0.0367 | 12090<br>0.0340 | 13130<br>0.0323 | 14710<br>0.0302 | 16430<br>0.0282 | 18880<br>0.0259 | 20830<br>0.0244 | 23580<br>0.0227 | 25750<br>0.0215 | 29580<br>0.0198 | 33680<br>0.0183 | 38040<br>0.0170 | 42670<br>0.0159 | 47570<br>0.0149 | 52730<br>0.0140 |
| 216.9 | 19.0 | 6101<br>0.0518 | 6847<br>0.0483 | 7635<br>0.0452 | 8467<br>0.0424 | 9342<br>0.0400 | 10730<br>0.0367 | 12220<br>0.0339 | 13270<br>0.0323 | 14860<br>0.0301 | 16610<br>0.0282 | 19080<br>0.0259 | 21050<br>0.0244 | 23830<br>0.0227 | 26020<br>0.0215 | 29900<br>0.0198 | 34040<br>0.0183 | 38450<br>0.0170 | 43130<br>0.0159 | 48080<br>0.0149 | 53290<br>0.0140 |
| 221.5 | 19.2 | 6165<br>0.0518 | 6919<br>0.0483 | 7716<br>0.0452 | 8556<br>0.0424 | 9440<br>0.0399 | 10850<br>0.0367 | 12350<br>0.0339 | 13410<br>0.0323 | 15020<br>0.0301 | 16780<br>0.0282 | 19280<br>0.0259 | 21270<br>0.0244 | 24080<br>0.0226 | 26300<br>0.0215 | 30210<br>0.0197 | 34400<br>0.0183 | 38850<br>0.0170 | 43580<br>0.0158 | 48580<br>0.0148 | 53850<br>0.0140 |

续表

| 动压/Pa | 风速/(m/s) | 外径 $D$/mm 上行—风量/(m³/h) 下行—$\lambda/d$ | | | | | | | | | | | | | | | | | | | |
|---|---|---|---|---|---|---|---|---|---|---|---|---|---|---|---|---|---|---|---|---|---|
| | | 340 | 360 | 380 | 400 | 420 | 450 | 480 | 500 | 530 | 560 | 600 | 630 | 670 | 700 | 750 | 800 | 850 | 900 | 950 | 1000 |
| 226.1 | 19.4 | 6230<br>0.0518 | 6991<br>0.0482 | 7796<br>0.0451 | 8645<br>0.0424 | 9538<br>0.0399 | 10960<br>0.0367 | 12480<br>0.0339 | 13550<br>0.0322 | 15180<br>0.0301 | 16960<br>0.0281 | 19480<br>0.0259 | 21500<br>0.0244 | 24330<br>0.0226 | 26570<br>0.0215 | 30530<br>0.0197 | 34760<br>0.0183 | 39260<br>0.0170 | 44040<br>0.0158 | 49090<br>0.0148 | 54410<br>0.0139 |
| 230.8 | 19.6 | 6294<br>0.0517 | 7063<br>0.0482 | 7876<br>0.0451 | 8734<br>0.0424 | 9634<br>0.0399 | 11070<br>0.0367 | 12610<br>0.0339 | 13690<br>0.0322 | 15330<br>0.0301 | 15130<br>0.0281 | 19690<br>0.0259 | 21720<br>0.0244 | 24580<br>0.0226 | 26850<br>0.0214 | 30840<br>0.0197 | 35110<br>0.0182 | 39660<br>0.0170 | 44490<br>0.0158 | 49590<br>0.0148 | 54980<br>0.0139 |
| 235.5 | 19.8 | 6358<br>0.0517 | 7135<br>0.0482 | 7957<br>0.0451 | 8823<br>0.0423 | 9735<br>0.0399 | 11190<br>0.0366 | 12740<br>0.0339 | 13830<br>0.0322 | 15490<br>0.0301 | 17310<br>0.0281 | 19890<br>0.0258 | 21940<br>0.0244 | 24830<br>0.0226 | 27120<br>0.0214 | 31160<br>0.0197 | 35470<br>0.0182 | 40070<br>0.0169 | 44940<br>0.0158 | 50100<br>0.0148 | 55540<br>0.0139 |
| 240.3 | 20.0 | 6422<br>0.0517 | 7207<br>0.0482 | 8037<br>0.0451 | 8913<br>0.0423 | 9883<br>0.0398 | 11300<br>0.0366 | 12870<br>0.0338 | 13970<br>0.0322 | 15650<br>0.0301 | 17480<br>0.0281 | 20090<br>0.0258 | 22160<br>0.0243 | 25080<br>0.0226 | 27390<br>0.0214 | 31470<br>0.0197 | 35830<br>0.0182 | 40470<br>0.0169 | 45400<br>0.0158 | 50610<br>0.0148 | 56100<br>0.0139 |
| 245.1 | 20.2 | 6486<br>0.0516 | 7299<br>0.0482 | 8118<br>0.0450 | 9002<br>0.0423 | 9932<br>0.0398 | 11410<br>0.0366 | 13000<br>0.0338 | 14110<br>0.0322 | 15800<br>0.0300 | 17680<br>0.0281 | 20290<br>0.0258 | 22380<br>0.0243 | 25330<br>0.0226 | 27670<br>0.0214 | 31780<br>0.0197 | 36190<br>0.0182 | 40880<br>0.0169 | 45850<br>0.0158 | 51110<br>0.0148 | 56660<br>0.0139 |
| 250.0 | 20.4 | 6551<br>0.0516 | 7351<br>0.0481 | 8198<br>0.0450 | 9091<br>0.0427 | 10030<br>0.0398 | 11520<br>0.0366 | 13120<br>0.0338 | 14250<br>0.0322 | 15960<br>0.0300 | 17830<br>0.0281 | 20490<br>0.0258 | 22600<br>0.0243 | 25580<br>0.0226 | 27940<br>0.0214 | 32100<br>0.0197 | 36550<br>0.0182 | 41280<br>0.0169 | 46310<br>0.0158 | 51260<br>0.0148 | 57220<br>0.0139 |
| 255.0 | 20.6 | 6615<br>0.0516 | 7423<br>0.0481 | 8278<br>0.0450 | 9180<br>0.0422 | 10130<br>0.0398 | 11640<br>0.0366 | 13250<br>0.0338 | 14390<br>0.0321 | 16120<br>0.0300 | 18010<br>0.0281 | 20690<br>0.0258 | 22820<br>0.0243 | 25830<br>0.0226 | 28210<br>0.0214 | 32410<br>0.0197 | 36910<br>0.0182 | 41690<br>0.0169 | 46760<br>0.0158 | 52120<br>0.0148 | 57780<br>0.0139 |
| 260.0 | 20.8 | 6679<br>0.0516 | 7495<br>0.0480 | 8359<br>0.0450 | 9269<br>0.0422 | 10230<br>0.0398 | 11750<br>0.0365 | 13380<br>0.0338 | 14530<br>0.0321 | 16270<br>0.0300 | 18180<br>0.0280 | 20890<br>0.0258 | 23050<br>0.0243 | 26090<br>0.0225 | 28490<br>0.0214 | 32700<br>0.0197 | 37260<br>0.0182 | 42090<br>0.0169 | 47210<br>0.0158 | 52630<br>0.0148 | 58340<br>0.0139 |
| 265.0 | 21.0 | 6743<br>0.0515 | 7567<br>0.0480 | 8439<br>0.0449 | 9359<br>0.0422 | 10320<br>0.0397 | 11860<br>0.0365 | 13510<br>0.0337 | 14670<br>0.0321 | 16430<br>0.0300 | 18360<br>0.0280 | 21090<br>0.0258 | 23270<br>0.0243 | 26340<br>0.0225 | 28760<br>0.0214 | 33040<br>0.0196 | 37620<br>0.0182 | 42500<br>0.0169 | 47670<br>0.0158 | 53140<br>0.0148 | 58900<br>0.0139 |
| 270.0 | 21.2 | 6808<br>0.0515 | 7639<br>0.0480 | 8519<br>0.0449 | 9447<br>0.0422 | 10420<br>0.0397 | 11980<br>0.0365 | 13640<br>0.0337 | 14810<br>0.0321 | 16580<br>0.0300 | 18530<br>0.0280 | 21290<br>0.0257 | 23490<br>0.0243 | 26590<br>0.0225 | 29040<br>0.0213 | 33360<br>0.0196 | 37980<br>0.0182 | 42900<br>0.0169 | 48120<br>0.0158 | 53640<br>0.0148 | 59400<br>0.0139 |
| 275.2 | 21.4 | 6872<br>0.0515 | 7712<br>0.0480 | 8600<br>0.0449 | 9536<br>0.0421 | 10520<br>0.0397 | 12090<br>0.0365 | 13770<br>0.0337 | 14950<br>0.0321 | 16740<br>0.0299 | 18700<br>0.0280 | 21490<br>0.0257 | 23710<br>0.0243 | 26840<br>0.0225 | 29310<br>0.0213 | 33670<br>0.0196 | 38340<br>0.0182 | 43310<br>0.0169 | 48580<br>0.0157 | 54150<br>0.0148 | 60020<br>0.0139 |
| 280.4 | 21.6 | 6936<br>0.0514 | 7784<br>0.0479 | 8680<br>0.0449 | 9626<br>0.0421 | 10620<br>0.0397 | 11200<br>0.0365 | 13900<br>0.0337 | 15090<br>0.0321 | 16900<br>0.0299 | 18880<br>0.0280 | 21690<br>0.0257 | 23930<br>0.0242 | 27090<br>0.0225 | 29580<br>0.0213 | 33990<br>0.0196 | 38700<br>0.0181 | 43710<br>0.0169 | 49030<br>0.0157 | 54650<br>0.0147 | 60580<br>0.0139 |
| 285.6 | 21.8 | 7000<br>0.0514 | 7856<br>0.0479 | 8761<br>0.0448 | 9715<br>0.0421 | 10720<br>0.0397 | 12320<br>0.0364 | 14020<br>0.0337 | 15230<br>0.0320 | 17050<br>0.0299 | 19050<br>0.0280 | 21890<br>0.0257 | 24150<br>0.0242 | 27340<br>0.0225 | 29860<br>0.0213 | 34300<br>0.0196 | 39050<br>0.0181 | 44120<br>0.0169 | 49480<br>0.0157 | 55160<br>0.0147 | 61150<br>0.0139 |
| 290.9 | 22.0 | 7064<br>0.0514 | 7928<br>0.0479 | 8841<br>0.0448 | 9804<br>0.0421 | 10820<br>0.0396 | 12430<br>0.0364 | 14150<br>0.0337 | 15360<br>0.0320 | 17210<br>0.0299 | 19230<br>0.0279 | 22100<br>0.0257 | 24380<br>0.0242 | 27590<br>0.0225 | 30130<br>0.0213 | 34620<br>0.0196 | 39410<br>0.0181 | 44520<br>0.0168 | 49940<br>0.0157 | 55670<br>0.0147 | 61710<br>0.0138 |
| 296.2 | 22.2 | 7129<br>0.0514 | 8000<br>0.0479 | 8921<br>0.0448 | 9893<br>0.0421 | 10910<br>0.0396 | 12540<br>0.0364 | 14280<br>0.0336 | 15500<br>0.0320 | 17370<br>0.0299 | 19400<br>0.0279 | 22300<br>0.0257 | 24600<br>0.0242 | 27840<br>0.0225 | 30410<br>0.0213 | 34930<br>0.0196 | 39770<br>0.0181 | 44930<br>0.0168 | 50390<br>0.0157 | 55170<br>0.0147 | 62270<br>0.0138 |
| 301.5 | 22.4 | 7193<br>0.0513 | 8072<br>0.0478 | 9002<br>0.0448 | 9982<br>0.0420 | 11010<br>0.0396 | 12650<br>0.0364 | 14410<br>0.0336 | 15640<br>0.0320 | 17520<br>0.0299 | 19580<br>0.0279 | 22500<br>0.0257 | 24820<br>0.0242 | 28090<br>0.0224 | 30680<br>0.0213 | 35250<br>0.0196 | 40130<br>0.0181 | 45330<br>0.0168 | 50850<br>0.0157 | 56680<br>0.0147 | 62830<br>0.0138 |
| 306.9 | 22.6 | 7257<br>0.0513 | 8144<br>0.0478 | 9082<br>0.0447 | 10070<br>0.0420 | 11110<br>0.0396 | 12770<br>0.0364 | 14540<br>0.0336 | 15780<br>0.0320 | 17680<br>0.0298 | 19750<br>0.0279 | 22700<br>0.0257 | 25040<br>0.0242 | 28340<br>0.0224 | 20950<br>0.0213 | 35560<br>0.0196 | 40490<br>0.0181 | 45730<br>0.0168 | 51300<br>0.0157 | 57190<br>0.0147 | 63390<br>0.0138 |

续表

| 动压/Pa | 风速/(m/s) | 外径 $D$/mm 上行—风量/($m^3$/h) 下行—$\lambda/d$ | | | | | | | | | | | | | | | | | | | |
|---|---|---|---|---|---|---|---|---|---|---|---|---|---|---|---|---|---|---|---|---|---|
| | | 340 | 360 | 380 | 400 | 420 | 450 | 480 | 500 | 530 | 560 | 600 | 630 | 670 | 700 | 750 | 800 | 850 | 900 | 950 | 1000 |
| 312.3 | 22.8 | 7321<br>0.0513 | 8216<br>0.0478 | 9162<br>0.0447 | 10160<br>0.0420 | 11210<br>0.0396 | 12880<br>0.0364 | 14670<br>0.0336 | 15920<br>0.0320 | 17840<br>0.0298 | 19930<br>0.0279 | 22900<br>0.0256 | 25260<br>0.0242 | 28590<br>0.0224 | 31230<br>0.0213 | 35880<br>0.0196 | 40850<br>0.0181 | 46140<br>0.0168 | 51750<br>0.0157 | 57690<br>0.0147 | 63950<br>0.0138 |
| 317.8 | 23.0 | 7386<br>0.0513 | 8286<br>0.0478 | 9243<br>0.0447 | 10250<br>0.0420 | 11310<br>0.0395 | 12990<br>0.0363 | 14800<br>0.0336 | 16060<br>0.0319 | 17990<br>0.0298 | 20100<br>0.0279 | 23100<br>0.0256 | 25480<br>0.0242 | 28840<br>0.0224 | 31500<br>0.0213 | 36190<br>0.0196 | 41200<br>0.0181 | 46540<br>0.0168 | 52210<br>0.0157 | 58200<br>0.0147 | 64510<br>0.0138 |
| 323.4 | 23.2 | 7450<br>0.0512 | 8360<br>0.0478 | 9323<br>0.0447 | 10340<br>0.0420 | 11410<br>0.0395 | 13110<br>0.0363 | 14930<br>0.0336 | 16200<br>0.0319 | 18150<br>0.0298 | 20280<br>0.0279 | 23300<br>0.0256 | 25710<br>0.0241 | 29100<br>0.0224 | 31780<br>0.0212 | 36510<br>0.0195 | 41560<br>0.0181 | 46950<br>0.0168 | 52660<br>0.0157 | 58700<br>0.0147 | 65070<br>0.0138 |
| 329.0 | 23.4 | 7514<br>0.0512 | 8432<br>0.0477 | 9404<br>0.0447 | 10430<br>0.0419 | 11500<br>0.0395 | 13220<br>0.0363 | 15050<br>0.0335 | 16340<br>0.0319 | 18310<br>0.0298 | 20450<br>0.0279 | 23500<br>0.0256 | 25930<br>0.0241 | 29350<br>0.0224 | 32050<br>0.0212 | 36820<br>0.0195 | 41920<br>0.0181 | 47350<br>0.0168 | 53120<br>0.0157 | 59210<br>0.0147 | 65630<br>0.0138 |
| 334.7 | 23.6 | 7578<br>0.0512 | 8504<br>0.0477 | 9484<br>0.0446 | 10520<br>0.0419 | 11600<br>0.0395 | 13330<br>0.0363 | 15180<br>0.0335 | 16480<br>0.0319 | 18460<br>0.0298 | 26030<br>0.0278 | 23700<br>0.0256 | 26150<br>0.0241 | 29600<br>0.0224 | 32320<br>0.0212 | 37130<br>0.0195 | 42280<br>0.0181 | 47760<br>0.0168 | 53570<br>0.0157 | 59720<br>0.0147 | 66190<br>0.0138 |
| 340.4 | 23.8 | 7642<br>0.0512 | 8576<br>0.0477 | 9564<br>0.0446 | 10610<br>0.0419 | 11700<br>0.0395 | 13450<br>0.0363 | 15310<br>0.0335 | 16620<br>0.0319 | 18620<br>0.0298 | 20800<br>0.0278 | 23900<br>0.0256 | 26370<br>0.0241 | 29850<br>0.0224 | 32600<br>0.0212 | 37490<br>0.0195 | 42640<br>0.0181 | 48160<br>0.0168 | 54020<br>0.0157 | 60220<br>0.0147 | 66760<br>0.0138 |
| 346.1 | 24.0 | 7007<br>0.0512 | 8648<br>0.0477 | 9645<br>0.0446 | 10700<br>0.0419 | 11800<br>0.0395 | 13560<br>0.0363 | 15440<br>0.0335 | 16760<br>0.0319 | 18770<br>0.0298 | 20980<br>0.0278 | 24100<br>0.0256 | 26590<br>0.0241 | 30100<br>0.0224 | 32870<br>0.0212 | 37760<br>0.0195 | 43000<br>0.0180 | 48570<br>0.0168 | 54480<br>0.0157 | 60730<br>0.0147 | 67320<br>0.0138 |
| 351.9 | 24.2 | 7771<br>0.0511 | 8721<br>0.0477 | 9725<br>0.0446 | 10780<br>0.0419 | 11900<br>0.0394 | 13670<br>0.0362 | 15570<br>0.0335 | 16900<br>0.0319 | 18930<br>0.0297 | 21150<br>0.0278 | 24310<br>0.0256 | 26810<br>0.0241 | 30350<br>0.0224 | 33150<br>0.0212 | 38080<br>0.0195 | 43350<br>0.0180 | 48970<br>0.0168 | 54930<br>0.0156 | 61230<br>0.0147 | 67880<br>0.0138 |
| 357.8 | 24.4 | 7835<br>0.0511 | 8793<br>0.0476 | 9805<br>0.0446 | 10870<br>0.0419 | 12000<br>0.0394 | 13780<br>0.0362 | 15700<br>0.0335 | 17040<br>0.0318 | 19090<br>0.0297 | 21330<br>0.0278 | 24510<br>0.0256 | 27040<br>0.0241 | 30600<br>0.0224 | 33420<br>0.0212 | 38390<br>0.0195 | 43710<br>0.0180 | 49380<br>0.0168 | 55390<br>0.0156 | 61740<br>0.0147 | 68440<br>0.0138 |
| 363.6 | 24.6 | 7899<br>0.0511 | 8865<br>0.0476 | 9886<br>0.0446 | 10960<br>0.0418 | 12090<br>0.0394 | 13900<br>0.0362 | 15830<br>0.0335 | 17190<br>0.0318 | 19240<br>0.0297 | 21500<br>0.0278 | 24710<br>0.0255 | 27260<br>0.0241 | 30850<br>0.0223 | 33690<br>0.0212 | 38710<br>0.0195 | 44070<br>0.0180 | 49780<br>0.0167 | 55840<br>0.0156 | 62250<br>0.0147 | 69000<br>0.0138 |
| 369.5 | 24.8 | 7963<br>0.0511 | 8937<br>0.0476 | 9966<br>0.0445 | 11050<br>0.0418 | 12190<br>0.0394 | 14010<br>0.0362 | 15950<br>0.0334 | 17320<br>0.0318 | 19400<br>0.0297 | 21680<br>0.0278 | 24910<br>0.0255 | 27480<br>0.0241 | 31100<br>0.0223 | 33970<br>0.0212 | 39020<br>0.0195 | 44430<br>0.0180 | 50190<br>0.0167 | 56290<br>0.0156 | 62750<br>0.0146 | 69560<br>0.0138 |
| 375.5 | 25.0 | 8028<br>0.0511 | 9009<br>0.0476 | 10050<br>0.0445 | 11140<br>0.0418 | 12290<br>0.0394 | 14120<br>0.0362 | 16080<br>0.0334 | 17460<br>0.0318 | 19560<br>0.0297 | 21850<br>0.0278 | 25110<br>0.0255 | 27770<br>0.0241 | 31350<br>0.0223 | 34240<br>0.0212 | 39340<br>0.0195 | 44790<br>0.0180 | 50590<br>0.0167 | 56750<br>0.0156 | 63260<br>0.0146 | 70120<br>0.0138 |
| 381.6 | 25.2 | 8092<br>0.0510 | 9081<br>0.0476 | 10130<br>0.0445 | 11230<br>0.0418 | 12390<br>0.0394 | 14240<br>0.0362 | 16210<br>0.0334 | 17600<br>0.0318 | 19710<br>0.0297 | 22030<br>0.0278 | 25310<br>0.0255 | 27920<br>0.0240 | 31600<br>0.0223 | 34520<br>0.0212 | 39650<br>0.0195 | 45150<br>0.0180 | 51000<br>0.0167 | 57200<br>0.0156 | 63760<br>0.0146 | 70680<br>0.0138 |
| 387.6 | 25.4 | 8156<br>0.0510 | 9153<br>0.0476 | 10210<br>0.0445 | 11320<br>0.0418 | 12490<br>0.0393 | 14350<br>0.0362 | 16340<br>0.0334 | 17740<br>0.0318 | 19870<br>0.0297 | 22200<br>0.0277 | 25510<br>0.0255 | 28140<br>0.0240 | 21850<br>0.0223 | 34790<br>0.0212 | 39970<br>0.0195 | 45500<br>0.0180 | 51400<br>0.0167 | 57660<br>0.0156 | 64270<br>0.0146 | 71240<br>0.0137 |
| 393.8 | 25.6 | 8220<br>0.0510 | 9225<br>0.0475 | 10290<br>0.0445 | 11410<br>0.0418 | 12590<br>0.0393 | 14460<br>0.0361 | 16470<br>0.0334 | 17880<br>0.0318 | 20030<br>0.0297 | 22380<br>0.0277 | 25710<br>0.0255 | 28360<br>0.0240 | 32110<br>0.0223 | 35060<br>0.0211 | 40280<br>0.0194 | 45860<br>0.0180 | 51860<br>0.0167 | 58110<br>0.0156 | 64780<br>0.0146 | 71800<br>0.0137 |
| 399.9 | 25.8 | 8285<br>0.0510 | 9297<br>0.0475 | 10370<br>0.0445 | 11500<br>0.0417 | 12680<br>0.0393 | 14580<br>0.0361 | 16600<br>0.0334 | 18020<br>0.0318 | 20180<br>0.0297 | 22550<br>0.0277 | 25910<br>0.0255 | 28590<br>0.0240 | 32360<br>0.0223 | 35340<br>0.0211 | 40600<br>0.0194 | 46220<br>0.0180 | 52210<br>0.0167 | 58560<br>0.0156 | 65280<br>0.0146 | 72370<br>0.0137 |
| 406.2 | 26.0 | 8349<br>0.0510 | 9369<br>0.0475 | 10450<br>0.0444 | 11590<br>0.0417 | 12780<br>0.0393 | 14690<br>0.0361 | 16730<br>0.0334 | 18160<br>0.0318 | 20340<br>0.0296 | 22730<br>0.0277 | 26110<br>0.0255 | 28810<br>0.0240 | 32610<br>0.0223 | 35610<br>0.0211 | 40910<br>0.0194 | 46580<br>0.0180 | 52610<br>0.0167 | 59020<br>0.0156 | 65790<br>0.0146 | 72930<br>0.0137 |

续表

| 动压/Pa | 风速/(m/s) | 外径 $D$/mm 上行—风量/($m^3$/h) 下行—$\lambda/d$ | | | | | | | | | | | | | | | | | | | |
|---|---|---|---|---|---|---|---|---|---|---|---|---|---|---|---|---|---|---|---|---|---|
| | | 1060 | 1120 | 1180 | 1250 | 1320 | 1400 | 1500 | 1600 | 1700 | 1800 | 1900 | 2000 | 2100 | 2240 | 2350 | 2500 | 2650 | 2800 | 2900 | 3000 |
| 60.1 | 10.0 | 31530<br>0.0137 | 35214<br>0.0128 | 39103<br>0.0120 | 43896<br>0.0112 | 48967<br>0.0105 | 55101<br>0.0098 | 63109<br>0.0090 | 71840<br>0.0083 | 81137<br>0.0078 | 90999<br>0.0073 | 101427<br>0.0068 | 112420<br>0.0064 | 123269<br>0.0061 | 140353<br>0.0056 | 154554<br>0.0053 | 175022<br>0.0049 | 196762<br>0.0046 | 219775<br>0.0043 | 235823<br>0.0041 | 252437<br>0.0040 |
| 62.5 | 10.2 | 32160<br>0.0136 | 35919<br>0.0128 | 39885<br>0.0120 | 44774<br>0.0112 | 49946<br>0.0105 | 56204<br>0.0098 | 64372<br>0.0090 | 73277<br>0.0083 | 82760<br>0.0078 | 92819<br>0.0072 | 103455<br>0.0068 | 114668<br>0.0064 | 125734<br>0.0060 | 143160<br>0.0056 | 157645<br>0.0053 | 178523<br>0.0049 | 200698<br>0.0046 | 224170<br>0.0043 | 240540<br>0.0041 | 257486<br>0.0040 |
| 65.0 | 10.4 | 32791<br>0.0136 | 36623<br>0.0127 | 40667<br>0.0120 | 45652<br>0.0112 | 50926<br>0.0105 | 57306<br>0.0097 | 65634<br>0.0090 | 74714<br>0.0083 | 84383<br>0.0077 | 94639<br>0.0072 | 105484<br>0.0068 | 116917<br>0.0064 | 128200<br>0.0060 | 145967<br>0.0056 | 160737<br>0.0053 | 182023<br>0.0049 | 204633<br>0.0046 | 228566<br>0.0043 | 245356<br>0.0041 | 262535<br>0.0039 |
| 67.5 | 10.4 | 33422<br>0.0136 | 37327<br>0.0127 | 41449<br>0.0119 | 46530<br>0.0111 | 51905<br>0.0104 | 58408<br>0.0097 | 66896<br>0.0090 | 76151<br>0.0083 | 86005<br>0.0077 | 96459<br>0.0072 | 107512<br>0.0068 | 119165<br>0.0064 | 130665<br>0.0060 | 148775<br>0.0056 | 163828<br>0.0053 | 185524<br>0.0049 | 208568<br>0.0046 | 232961<br>0.0043 | 249973<br>0.0041 | 267584<br>0.0039 |
| 70.0 | 10.8 | 34052<br>0.0136 | 38032<br>0.0127 | 42231<br>0.0119 | 47408<br>0.0111 | 52884<br>0.0104 | 59510<br>0.0097 | 68158<br>0.0090 | 77588<br>0.0083 | 87628<br>0.0077 | 98279<br>0.0072 | 109541<br>0.0068 | 121413<br>0.0064 | 133130<br>0.0060 | 151582<br>0.0056 | 166919<br>0.0053 | 189024<br>0.0049 | 212503<br>0.0046 | 237357<br>0.0043 | 254689<br>0.0041 | 272632<br>0.0039 |
| 72.7 | 11.0 | 34683<br>0.0135 | 38736<br>0.0127 | 43013<br>0.0119 | 48286<br>0.0111 | 53864<br>0.0104 | 60612<br>0.0097 | 69420<br>0.0089 | 79024<br>0.0083 | 89251<br>0.0077 | 100099<br>0.0072 | 111569<br>0.0067 | 123662<br>0.0063 | 135596<br>0.0060 | 154389<br>0.0056 | 170010<br>0.0053 | 192524<br>0.0049 | 216439<br>0.0046 | 241752<br>0.0043 | 259406<br>0.0041 | 277681<br>0.0039 |
| 75.3 | 11.2 | 35313<br>0.0135 | 39440<br>0.0127 | 43795<br>0.0119 | 49164<br>0.0111 | 54843<br>0.0104 | 61714<br>0.0097 | 70682<br>0.0089 | 80461<br>0.0083 | 90873<br>0.0077 | 101919<br>0.0072 | 113598<br>0.0067 | 125910<br>0.0063 | 138061<br>0.0060 | 157196<br>0.0056 | 173101<br>0.0052 | 196025<br>0.0049 | 220374<br>0.0045 | 246148<br>0.0043 | 264122<br>0.0041 | 282730<br>0.0039 |
| 78.1 | 11.4 | 35944<br>0.0135 | 40144<br>0.0126 | 44577<br>0.0119 | 50042<br>0.0111 | 55822<br>0.0104 | 62816<br>0.0097 | 71945<br>0.0089 | 81898<br>0.0083 | 92496<br>0.0077 | 103739<br>0.0072 | 115626<br>0.0067 | 128159<br>0.0063 | 140526<br>0.0060 | 160003<br>0.0056 | 176192<br>0.0052 | 199525<br>0.0049 | 224309<br>0.0045 | 250543<br>0.0043 | 268839<br>0.0041 | 287779<br>0.0039 |
| 80.8 | 11.6 | 30574<br>0.0135 | 40849<br>0.0126 | 45395<br>0.0119 | 50920<br>0.0111 | 56802<br>0.0104 | 63918<br>0.0097 | 73207<br>0.0089 | 83335<br>0.0082 | 94119<br>0.0077 | 105559<br>0.0072 | 117655<br>0.0067 | 130407<br>0.0063 | 142992<br>0.0060 | 162810<br>0.0055 | 179283<br>0.0052 | 203026<br>0.0049 | 228244<br>0.0045 | 254939<br>0.0042 | 273555<br>0.0041 | 292827<br>0.0039 |
| 83.7 | 11.8 | 37205<br>0.0135 | 41553<br>0.0126 | 46141<br>0.0118 | 51798<br>0.0110 | 57781<br>0.0104 | 65020<br>0.0096 | 74469<br>0.0089 | 84772<br>0.0082 | 95742<br>0.0077 | 107379<br>0.0072 | 119684<br>0.0067 | 132655<br>0.0063 | 145457<br>0.0060 | 165657<br>0.0055 | 182374<br>0.0052 | 206526<br>0.0049 | 232180<br>0.0045 | 259334<br>0.0042 | 278272<br>0.0041 | 297876<br>0.0039 |
| 86.5 | 12.0 | 37836<br>0.0135 | 42257<br>0.0126 | 46923<br>0.0118 | 52676<br>0.0110 | 58760<br>0.0103 | 66122<br>0.0096 | 75731<br>0.0089 | 86209<br>0.0082 | 97364<br>0.0076 | 109199<br>0.0071 | 121712<br>0.0067 | 134904<br>0.0063 | 147923<br>0.0060 | 168424<br>0.0055 | 185465<br>0.0052 | 210027<br>0.0048 | 236115<br>0.0045 | 263730<br>0.0042 | 282988<br>0.0041 | 302925<br>0.0039 |
| 89.5 | 12.2 | 38466<br>0.0134 | 42962<br>0.0126 | 47705<br>0.0118 | 53554<br>0.0110 | 59740<br>0.0103 | 67224<br>0.0096 | 76993<br>0.0089 | 87645<br>0.0082 | 98987<br>0.0076 | 111019<br>0.0071 | 123741<br>0.0067 | 137152<br>0.0063 | 150388<br>0.0060 | 171231<br>0.0055 | 188556<br>0.0052 | 213527<br>0.0048 | 240050<br>0.0045 | 268125<br>0.0042 | 287704<br>0.0041 | 307974<br>0.0039 |
| 92.4 | 12.4 | 39097<br>0.0134 | 43666<br>0.0126 | 48487<br>0.0118 | 54431<br>0.0110 | 60719<br>0.0103 | 68326<br>0.0096 | 78256<br>0.0089 | 89082<br>0.0082 | 100610<br>0.0076 | 112839<br>0.0071 | 125769<br>0.0067 | 139401<br>0.0063 | 152853<br>0.0060 | 174038<br>0.0055 | 191647<br>0.0052 | 217028<br>0.0048 | 243985<br>0.0045 | 272521<br>0.0042 | 292421<br>0.0041 | 313022<br>0.0039 |
| 95.3 | 12.6 | 39727<br>0.0134 | 44370<br>0.0125 | 49269<br>0.0118 | 55309<br>0.0110 | 61699<br>0.0103 | 69428<br>0.0096 | 79518<br>0.0089 | 90519<br>0.0082 | 102233<br>0.0076 | 114659<br>0.0071 | 127798<br>0.0067 | 141649<br>0.0063 | 155319<br>0.0059 | 176845<br>0.0055 | 194739<br>0.0052 | 220528<br>0.0048 | 247921<br>0.0045 | 276916<br>0.0042 | 297137<br>0.0040 | 318071<br>0.0039 |
| 98.5 | 12.8 | 40358<br>0.0134 | 45074<br>0.0125 | 50051<br>0.0118 | 56187<br>0.0110 | 62678<br>0.0103 | 70530<br>0.0096 | 70780<br>0.0088 | 91956<br>0.0082 | 103855<br>0.0076 | 116479<br>0.0071 | 129826<br>0.0067 | 143897<br>0.0063 | 157784<br>0.0059 | 179652<br>0.0055 | 197830<br>0.0052 | 224028<br>0.0048 | 251856<br>0.0045 | 281312<br>0.0042 | 301854<br>0.0040 | 323120<br>0.0039 |

续表

| 动压/Pa | 风速/(m/s) | 外径 $D$/mm 上行—风量/($m^3$/h) 下行—$\lambda/d$ | | | | | | | | | | | | | | | | | | | |
|---|---|---|---|---|---|---|---|---|---|---|---|---|---|---|---|---|---|---|---|---|---|
| | | 1060 | 1120 | 1180 | 1250 | 1320 | 1400 | 1500 | 1600 | 1700 | 1800 | 1900 | 2000 | 2100 | 2240 | 2350 | 2500 | 2650 | 2800 | 2900 | 3000 |
| 101.5 | 13.0 | 40989<br>0.0134 | 45779<br>0.0125 | 50834<br>0.0118 | 57065<br>0.0110 | 60657<br>0.0103 | 71632<br>0.0096 | 82042<br>0.0088 | 93393<br>0.0082 | 105478<br>0.0076 | 118299<br>0.0071 | 131855<br>0.0067 | 146146<br>0.0063 | 160250<br>0.0059 | 182459<br>0.0055 | 200921<br>0.0052 | 227529<br>0.0048 | 255791<br>0.0045 | 285707<br>0.0042 | 306570<br>0.0040 | 328169<br>0.0039 |
| 104.7 | 13.2 | 41619<br>0.0134 | 46483<br>0.0125 | 51616<br>0.0117 | 57943<br>0.0110 | 64637<br>0.0103 | 72734<br>0.0096 | 83304<br>0.0088 | 94829<br>0.0082 | 107101<br>0.0076 | 120119<br>0.0071 | 133883<br>0.0067 | 148394<br>0.0063 | 162715<br>0.0059 | 185266<br>0.0055 | 204012<br>0.0052 | 231029<br>0.0048 | 259726<br>0.0045 | 290103<br>0.0042 | 311287<br>0.0040 | 333217<br>0.0039 |
| 107.9 | 13.4 | 42250<br>0.0133 | 47187<br>0.0125 | 52398<br>0.0117 | 58821<br>0.0109 | 65616<br>0.0102 | 73836<br>0.0096 | 84567<br>0.0088 | 96266<br>0.0082 | 108724<br>0.0076 | 121939<br>0.0071 | 135912<br>0.0066 | 150642<br>0.0062 | 165180<br>0.0059 | 188073<br>0.0055 | 207103<br>0.0052 | 234530<br>0.0048 | 263662<br>0.0045 | 294498<br>0.0042 | 316003<br>0.0040 | 338266<br>0.0039 |
| 111.1 | 13.6 | 42880<br>0.0133 | 47892<br>0.0125 | 53180<br>0.0117 | 59699<br>0.0109 | 66595<br>0.0102 | 74938<br>0.0095 | 85829<br>0.0088 | 97703<br>0.0081 | 110346<br>0.0076 | 123759<br>0.0071 | 137940<br>0.0066 | 152891<br>0.0062 | 167646<br>0.0059 | 190881<br>0.0055 | 210194<br>0.0052 | 238030<br>0.0048 | 267597<br>0.0045 | 298894<br>0.0042 | 320720<br>0.0040 | 343315<br>0.0039 |
| 114.5 | 13.8 | 43511<br>0.0133 | 48596<br>0.0125 | 53962<br>0.0117 | 60577<br>0.0109 | 67575<br>0.0102 | 76040<br>0.0095 | 87091<br>0.0088 | 99140<br>0.0081 | 111969<br>0.0076 | 125579<br>0.0071 | 139969<br>0.0066 | 155139<br>0.0062 | 170111<br>0.0059 | 193688<br>0.0055 | 213285<br>0.0052 | 241531<br>0.0048 | 271532<br>0.0045 | 303289<br>0.0042 | 325436<br>0.0040 | 348364<br>0.0039 |
| 117.8 | 14.0 | 44142<br>0.0133 | 49300<br>0.0124 | 54744<br>0.0117 | 61455<br>0.0109 | 68554<br>0.0102 | 77142<br>0.0095 | 88353<br>0.0088 | 100577<br>0.0081 | 113592<br>0.0076 | 127399<br>0.0071 | 141997<br>0.0066 | 157388<br>0.0062 | 172576<br>0.0059 | 196495<br>0.0055 | 216376<br>0.0052 | 245031<br>0.0048 | 275467<br>0.0045 | 307685<br>0.0042 | 330153<br>0.0040 | 353412<br>0.0039 |
| 121.1 | 14.2 | 44772<br>0.0133 | 50005<br>0.0124 | 55526<br>0.0117 | 62333<br>0.0109 | 69533<br>0.0102 | 78244<br>0.0095 | 89615<br>0.0088 | 102013<br>0.0081 | 115215<br>0.0076 | 129219<br>0.0071 | 144026<br>0.0066 | 159636<br>0.0062 | 175042<br>0.0059 | 199302<br>0.0055 | 219467<br>0.0052 | 248532<br>0.0048 | 279403<br>0.0045 | 312080<br>0.0042 | 334869<br>0.0040 | 358461<br>0.0039 |
| 124.6 | 14.4 | 45403<br>0.0133 | 50709<br>0.0124 | 56308<br>0.0117 | 63211<br>0.0109 | 70513<br>0.0102 | 79346<br>0.0095 | 90877<br>0.0088 | 103450<br>0.0081 | 116837<br>0.0075 | 131039<br>0.0070 | 146054<br>0.0066 | 161884<br>0.0062 | 177507<br>0.0059 | 202109<br>0.0055 | 222558<br>0.0051 | 252032<br>0.0048 | 283338<br>0.0045 | 316476<br>0.0042 | 339586<br>0.0040 | 363510<br>0.0039 |
| 128.1 | 14.6 | 46033<br>0.0133 | 51413<br>0.0124 | 57090<br>0.0117 | 64089<br>0.0109 | 71492<br>0.0102 | 80448<br>0.0095 | 92140<br>0.0088 | 104887<br>0.0081 | 118460<br>0.0075 | 132859<br>0.0070 | 148083<br>0.0066 | 164133<br>0.0062 | 179973<br>0.0059 | 204916<br>0.0054 | 225649<br>0.0051 | 255532<br>0.0048 | 287273<br>0.0045 | 320871<br>0.0042 | 344302<br>0.0040 | 368559<br>0.0038 |
| 131.6 | 14.8 | 46664<br>0.0132 | 52117<br>0.0124 | 57872<br>0.0116 | 64967<br>0.0109 | 72471<br>0.0102 | 81550<br>0.0095 | 93402<br>0.0087 | 106324<br>0.0081 | 120083<br>0.0075 | 134679<br>0.0070 | 150112<br>0.0066 | 166381<br>0.0062 | 182438<br>0.0059 | 207723<br>0.0054 | 228741<br>0.0051 | 259033<br>0.0048 | 291208<br>0.0045 | 325267<br>0.0042 | 349019<br>0.0040 | 373607<br>0.0038 |
| 135.2 | 15.0 | 47295<br>0.0132 | 52822<br>0.0124 | 58654<br>0.0116 | 65845<br>0.0109 | 73451<br>0.0102 | 82652<br>0.0095 | 94664<br>0.0087 | 107761<br>0.0081 | 121706<br>0.0075 | 136499<br>0.0070 | 152140<br>0.0066 | 168630<br>0.0062 | 184903<br>0.0059 | 210530<br>0.0054 | 231832<br>0.0051 | 262533<br>0.0048 | 295144<br>0.0045 | 329662<br>0.0042 | 353735<br>0.0040 | 378656<br>0.0038 |
| 138.8 | 15.2 | 47925<br>0.0132 | 53526<br>0.0124 | 59436<br>0.0116 | 66722<br>0.0108 | 74430<br>0.0102 | 83754<br>0.0095 | 85926<br>0.0087 | 109197<br>0.0081 | 123328<br>0.0075 | 138319<br>0.0070 | 154169<br>0.0066 | 170878<br>0.0062 | 187369<br>0.0059 | 213337<br>0.0054 | 234923<br>0.0051 | 266034<br>0.0048 | 299079<br>0.0044 | 334058<br>0.0042 | 358451<br>0.0040 | 383705<br>0.0038 |
| 142.5 | 15.4 | 48556<br>0.0132 | 54230<br>0.0124 | 60218<br>0.0116 | 67600<br>0.0108 | 75409<br>0.0101 | 84856<br>0.0095 | 97188<br>0.0087 | 110634<br>0.0081 | 124951<br>0.0075 | 140139<br>0.0070 | 156197<br>0.0066 | 173126<br>0.0062 | 189184<br>0.0059 | 216144<br>0.0054 | 238014<br>0.0051 | 269534<br>0.0048 | 303014<br>0.0044 | 338453<br>0.0042 | 363168<br>0.0040 | 388753<br>0.0038 |
| 146.3 | 15.6 | 49186<br>0.0132 | 54935<br>0.0123 | 61000<br>0.0116 | 68478<br>0.0108 | 76389<br>0.0101 | 85958<br>0.0095 | 98451<br>0.0087 | 112071<br>0.0081 | 126574<br>0.0075 | 141959<br>0.0070 | 158226<br>0.0066 | 175375<br>0.0062 | 192299<br>0.0059 | 218951<br>0.0054 | 241165<br>0.0051 | 273035<br>0.0048 | 306949<br>0.0044 | 342849<br>0.0042 | 367884<br>0.0040 | 393802<br>0.0038 |

续表

| 动压/Pa | 风速/(m/s) | 外径 D/mm 上行—风量/(m³/h) 下行—λ/d | | | | | | | | | | | | | | | | | | | |
|---|---|---|---|---|---|---|---|---|---|---|---|---|---|---|---|---|---|---|---|---|---|
| | | 1060 | 1120 | 1180 | 1250 | 1320 | 1400 | 1500 | 1600 | 1700 | 1800 | 1900 | 2000 | 2100 | 2240 | 2350 | 2500 | 2650 | 2800 | 2900 | 3000 |
| 150.0 | 15.8 | 49817<br>0.0132 | 55639<br>0.0123 | 61782<br>0.0116 | 69356<br>0.0108 | 77368<br>0.0101 | 87060<br>0.0094 | 99713<br>0.0087 | 113508<br>0.0081 | 128197<br>0.0075 | 143779<br>0.0070 | 160254<br>0.0066 | 177623<br>0.0062 | 194765<br>0.0059 | 221758<br>0.0054 | 244196<br>0.0051 | 276535<br>0.0048 | 310885<br>0.0044 | 347244<br>0.0042 | 372610<br>0.0040 | 398851<br>0.0038 |
| 153.8 | 16.0 | 50448<br>0.0132 | 56343<br>0.0123 | 62564<br>0.0116 | 70234<br>0.0108 | 78347<br>0.0101 | 88162<br>0.0094 | 100975<br>0.0087 | 114945<br>0.0081 | 129819<br>0.0075 | 145599<br>0.0070 | 162283<br>0.0066 | 179872<br>0.0062 | 197230<br>0.0058 | 224565<br>0.0054 | 247287<br>0.0051 | 280036<br>0.0047 | 314820<br>0.0044 | 351640<br>0.0042 | 377317<br>0.0040 | 403900<br>0.0038 |
| 157.7 | 16.2 | 51078<br>0.0132 | 57047<br>0.0123 | 63346<br>0.0116 | 71112<br>0.0108 | 79327<br>0.0101 | 89264<br>0.0094 | 102237<br>0.0087 | 116382<br>0.0080 | 131442<br>0.0075 | 147419<br>0.0070 | 164311<br>0.0066 | 182120<br>0.0062 | 199696<br>0.0058 | 227372<br>0.0054 | 250378<br>0.0051 | 283536<br>0.0047 | 318755<br>0.0044 | 356035<br>0.0041 | 382034<br>0.0040 | 408948<br>0.0038 |
| 161.6 | 16.4 | 51709<br>0.0131 | 57752<br>0.0123 | 64128<br>0.0116 | 71990<br>0.0108 | 80306<br>0.0101 | 90366<br>0.0094 | 103499<br>0.0087 | 117818<br>0.0080 | 133065<br>0.0075 | 149239<br>0.0070 | 166340<br>0.0066 | 184368<br>0.0062 | 202161<br>0.0058 | 230179<br>0.0054 | 253469<br>0.0051 | 287036<br>0.0047 | 322690<br>0.0044 | 360431<br>0.0041 | 386750<br>0.0040 | 413997<br>0.0038 |
| 165.6 | 16.6 | 52339<br>0.0131 | 58456<br>0.0123 | 64911<br>0.0116 | 42868<br>0.0108 | 81285<br>0.0101 | 91468<br>0.0094 | 104761<br>0.0087 | 119255<br>0.0080 | 134688<br>0.0075 | 151059<br>0.0070 | 168368<br>0.0066 | 186617<br>0.0062 | 204626<br>0.0058 | 232987<br>0.0054 | 256560<br>0.0051 | 290537<br>0.0047 | 326625<br>0.0044 | 364826<br>0.0041 | 391467<br>0.0040 | 419046<br>0.0038 |
| 169.6 | 16.8 | 52970<br>0.0131 | 59160<br>0.0123 | 65693<br>0.0115 | 73746<br>0.0108 | 82265<br>0.0101 | 92570<br>0.0094 | 106024<br>0.0087 | 120692<br>0.0080 | 136310<br>0.0075 | 152879<br>0.0070 | 170397<br>0.0065 | 188865<br>0.0062 | 207092<br>0.0058 | 235794<br>0.0054 | 259651<br>0.0051 | 294037<br>0.0047 | 330061<br>0.0044 | 369222<br>0.0041 | 396123<br>0.0040 | 424095<br>0.0038 |
| 173.6 | 17.0 | 53601<br>0.0131 | 59865<br>0.0123 | 66475<br>0.0115 | 74624<br>0.0108 | 83244<br>0.0101 | 93673<br>0.0094 | 107286<br>0.0087 | 122129<br>0.0080 | 137933<br>0.0075 | 154699<br>0.0070 | 172425<br>0.0065 | 191114<br>0.0061 | 209557<br>0.0058 | 238601<br>0.0054 | 262743<br>0.0051 | 297538<br>0.0047 | 334496<br>0.0044 | 373617<br>0.0041 | 400900<br>0.0040 | 429143<br>0.0038 |
| 177.7 | 17.2 | 54231<br>0.0131 | 60569<br>0.0123 | 67257<br>0.0115 | 75502<br>0.0108 | 84223<br>0.0101 | 94775<br>0.0094 | 108548<br>0.0087 | 123566<br>0.0080 | 139556<br>0.0075 | 156519<br>0.0070 | 174454<br>0.0065 | 193362<br>0.0061 | 212022<br>0.0058 | 241408<br>0.0054 | 265834<br>0.0051 | 301038<br>0.0047 | 338431<br>0.0044 | 378013<br>0.0041 | 405616<br>0.0040 | 434192<br>0.0038 |
| 182.0 | 17.4 | 54862<br>0.0131 | 61273<br>0.0123 | 68039<br>0.0115 | 76380<br>0.0107 | 85203<br>0.0101 | 95877<br>0.0094 | 109810<br>0.0087 | 125002<br>0.0080 | 141178<br>0.0075 | 158338<br>0.0070 | 176482<br>0.0065 | 195610<br>0.0061 | 214488<br>0.0058 | 244215<br>0.0054 | 268925<br>0.0051 | 304539<br>0.0047 | 342366<br>0.0044 | 382408<br>0.0041 | 410333<br>0.0040 | 439241<br>0.0038 |
| 186.1 | 17.6 | 55492<br>0.0131 | 61977<br>0.0123 | 68821<br>0.0115 | 77258<br>0.0107 | 86182<br>0.0101 | 96979<br>0.0094 | 111072<br>0.0086 | 126439<br>0.0080 | 142801<br>0.0074 | 160158<br>0.0070 | 178511<br>0.0065 | 197859<br>0.0061 | 216953<br>0.0058 | 247022<br>0.0054 | 272016<br>0.0051 | 308039<br>0.0047 | 346302<br>0.0044 | 386804<br>0.0041 | 415049<br>0.0040 | 444290<br>0.0038 |
| 190.4 | 17.8 | 56123<br>0.0131 | 62682<br>0.0122 | 69603<br>0.0115 | 78136<br>0.0107 | 87161<br>0.0101 | 98081<br>0.0094 | 112335<br>0.0086 | 127876<br>0.0080 | 144424<br>0.0074 | 161978<br>0.0070 | 180540<br>0.0065 | 200107<br>0.0061 | 219419<br>0.0058 | 249829<br>0.0054 | 275107<br>0.0051 | 311540<br>0.0047 | 350237<br>0.0044 | 391199<br>0.0041 | 419766<br>0.0040 | 449338<br>0.0038 |
| 194.7 | 18.0 | 56754<br>0.0131 | 63386<br>0.0122 | 70385<br>0.0115 | 79013<br>0.0107 | 88171<br>0.0100 | 99183<br>0.0094 | 113597<br>0.0086 | 129313<br>0.0080 | 146047<br>0.0074 | 163798<br>0.0069 | 182568<br>0.0065 | 202356<br>0.0061 | 221884<br>0.0058 | 252636<br>0.0054 | 278198<br>0.0051 | 315040<br>0.0047 | 354172<br>0.0044 | 395595<br>0.0041 | 424482<br>0.0040 | 454387<br>0.0038 |
| 199.0 | 18.2 | 57384<br>0.0131 | 64090<br>0.0122 | 71167<br>0.0115 | 79891<br>0.0107 | 89120<br>0.0100 | 100285<br>0.0094 | 114859<br>0.0086 | 130750<br>0.0080 | 147669<br>0.0074 | 165618<br>0.0069 | 184597<br>0.0065 | 204604<br>0.0061 | 224349<br>0.0058 | 255443<br>0.0054 | 281289<br>0.0051 | 318540<br>0.0047 | 358107<br>0.0044 | 399990<br>0.0041 | 429198<br>0.0040 | 459436<br>0.0038 |
| 203.4 | 18.4 | 58015<br>0.0131 | 64795<br>0.0122 | 71949<br>0.0115 | 80769<br>0.0107 | 90099<br>0.0100 | 101387<br>0.0094 | 116121<br>0.0086 | 132186<br>0.0080 | 149292<br>0.0074 | 167438<br>0.0069 | 186625<br>0.0065 | 206852<br>0.0061 | 226816<br>0.0058 | 258250<br>0.0054 | 284380<br>0.0051 | 322041<br>0.0047 | 362043<br>0.0044 | 404386<br>0.0041 | 433915<br>0.0039 | 464485<br>0.0038 |

续表

| 动压/Pa | 风速/(m/s) | 外径 $D$/mm 上行—风量/($m^3$/h) 下行—$\lambda/d$ | | | | | | | | | | | | | | | | | | | |
|---|---|---|---|---|---|---|---|---|---|---|---|---|---|---|---|---|---|---|---|---|---|
| | | 1060 | 1120 | 1180 | 1250 | 1320 | 1400 | 1500 | 1600 | 1700 | 1800 | 1900 | 2000 | 2100 | 2240 | 2350 | 2500 | 2650 | 2800 | 2900 | 3000 |
| 207.9 | 18.6 | 58645<br>0.0130 | 65499<br>0.0122 | 72731<br>0.0115 | 81647<br>0.0107 | 91079<br>0.0100 | 102489<br>0.0093 | 117383<br>0.0086 | 133623<br>0.0080 | 150915<br>0.0074 | 169258<br>0.0069 | 188654<br>0.0065 | 209101<br>0.0061 | 229280<br>0.0058 | 261057<br>0.0054 | 287471<br>0.0051 | 325541<br>0.0047 | 365978<br>0.0044 | 408781<br>0.0041 | 438631<br>0.0039 | 469533<br>0.0038 |
| 212.4 | 18.8 | 59276<br>0.0130 | 66203<br>0.0122 | 73513<br>0.0115 | 82525<br>0.0107 | 92058<br>0.0100 | 103591<br>0.0093 | 118646<br>0.0086 | 135060<br>0.0080 | 152538<br>0.0074 | 171078<br>0.0069 | 190682<br>0.0065 | 211349<br>0.0061 | 231745<br>0.0058 | 263864<br>0.0054 | 290562<br>0.0051 | 329042<br>0.0047 | 369913<br>0.0044 | 413177<br>0.0041 | 443348<br>0.0039 | 474582<br>0.0038 |
| 216.9 | 19.0 | 59906<br>0.0130 | 66907<br>0.0122 | 74295<br>0.0115 | 83403<br>0.0107 | 93037<br>0.0100 | 104693<br>0.0093 | 119908<br>0.0086 | 136497<br>0.0080 | 154160<br>0.0074 | 172898<br>0.0069 | 192711<br>0.0065 | 213598<br>0.0061 | 234211<br>0.0058 | 266671<br>0.0054 | 293653<br>0.0051 | 332542<br>0.0047 | 373848<br>0.0044 | 417572<br>0.0041 | 448064<br>0.0039 | 479631<br>0.0038 |
| 221.5 | 19.2 | 60537<br>0.0130 | 67612<br>0.0122 | 75077<br>0.0114 | 84281<br>0.0107 | 94017<br>0.0100 | 105795<br>0.0093 | 121170<br>0.0086 | 137934<br>0.0080 | 155783<br>0.0074 | 174718<br>0.0069 | 194739<br>0.0065 | 215846<br>0.0061 | 236676<br>0.0058 | 269478<br>0.0054 | 296744<br>0.0051 | 336043<br>0.0047 | 377784<br>0.0044 | 421968<br>0.0041 | 452781<br>0.0039 | 484680<br>0.0038 |
| 226.1 | 19.4 | 61168<br>0.0130 | 68316<br>0.0122 | 75859<br>0.0114 | 85159<br>0.0107 | 94996<br>0.0100 | 106897<br>0.0093 | 122432<br>0.0086 | 139370<br>0.0080 | 157406<br>0.0074 | 176538<br>0.0069 | 196768<br>0.0065 | 218094<br>0.0061 | 239142<br>0.0058 | 272285<br>0.0053 | 299836<br>0.0051 | 339543<br>0.0047 | 381719<br>0.0044 | 426363<br>0.0041 | 457497<br>0.0039 | 489728<br>0.0038 |
| 230.8 | 19.6 | 61798<br>0.0130 | 69020<br>0.0122 | 76641<br>0.0114 | 86037<br>0.0107 | 95975<br>0.0100 | 107999<br>0.0093 | 123694<br>0.0086 | 140807<br>0.0080 | 159029<br>0.0074 | 178358<br>0.0069 | 198796<br>0.0065 | 220343<br>0.0061 | 241607<br>0.0058 | 275093<br>0.0053 | 302927<br>0.0050 | 343044<br>0.0047 | 385654<br>0.0044 | 430759<br>0.0041 | 462214<br>0.0039 | 494777<br>0.0038 |
| 235.5 | 19.8 | 62429<br>0.0130 | 69725<br>0.0122 | 77423<br>0.0114 | 86915<br>0.0107 | 96955<br>0.0100 | 109101<br>0.0093 | 124956<br>0.0086 | 142244<br>0.0080 | 160651<br>0.0074 | 180178<br>0.0069 | 200825<br>0.0065 | 222591<br>0.0061 | 244072<br>0.0058 | 277900<br>0.0053 | 306018<br>0.0050 | 346544<br>0.0047 | 389589<br>0.0044 | 435154<br>0.0041 | 466930<br>0.0039 | 499826<br>0.0038 |
| 240.3 | 20.0 | 63059<br>0.0130 | 70429<br>0.0122 | 78255<br>0.0114 | 87793<br>0.0107 | 97934<br>0.0100 | 110203<br>0.0093 | 126219<br>0.0086 | 143681<br>0.0079 | 162274<br>0.0074 | 181998<br>0.0069 | 202853<br>0.0065 | 224840<br>0.0061 | 246538<br>0.0058 | 280707<br>0.0053 | 309109<br>0.0050 | 350044<br>0.0047 | 393525<br>0.0044 | 439550<br>0.0041 | 471647<br>0.0039 | 504875<br>0.0038 |
| 245.1 | 20.2 | 63690<br>0.0130 | 71133<br>0.0122 | 78988<br>0.0114 | 88671<br>0.0107 | 98913<br>0.0100 | 111305<br>0.0093 | 127481<br>0.0086 | 145118<br>0.0079 | 163897<br>0.0074 | 183818<br>0.0069 | 204882<br>0.0065 | 227088<br>0.0061 | 249003<br>0.0058 | 283514<br>0.0053 | 312200<br>0.0050 | 353545<br>0.0047 | 397460<br>0.0044 | 443945<br>0.0041 | 476363<br>0.0039 | 509923<br>0.0038 |
| 250.0 | 20.4 | 64321<br>0.0130 | 71837<br>0.0121 | 79770<br>0.0114 | 89549<br>0.0106 | 99893<br>0.0100 | 112407<br>0.0093 | 128743<br>0.0086 | 146555<br>0.0079 | 165520<br>0.0074 | 185638<br>0.0069 | 206910<br>0.0065 | 229336<br>0.0061 | 251468<br>0.0058 | 286321<br>0.0053 | 315291<br>0.0050 | 357045<br>0.0047 | 401395<br>0.0044 | 448341<br>0.0041 | 481080<br>0.0039 | 514972<br>0.0038 |
| 255.0 | 20.6 | 64951<br>0.0130 | 72542<br>0.0121 | 80552<br>0.0114 | 90426<br>0.0106 | 100872<br>0.0100 | 113509<br>0.0093 | 130005<br>0.0086 | 147991<br>0.0079 | 167142<br>0.0074 | 187458<br>0.0069 | 208939<br>0.0065 | 231585<br>0.0061 | 253934<br>0.0058 | 289128<br>0.0053 | 318382<br>0.0050 | 360546<br>0.0047 | 405330<br>0.0044 | 452736<br>0.0041 | 485796<br>0.0039 | 520021<br>0.0038 |
| 260.0 | 20.8 | 65582<br>0.0130 | 73246<br>0.0121 | 81334<br>0.0114 | 91304<br>0.0106 | 101852<br>0.0100 | 114611<br>0.0093 | 131267<br>0.0086 | 149428<br>0.0079 | 168765<br>0.0074 | 189278<br>0.0069 | 210968<br>0.0065 | 233833<br>0.0061 | 256399<br>0.0058 | 291935<br>0.0053 | 321473<br>0.0050 | 364046<br>0.0047 | 409266<br>0.0044 | 457132<br>0.0041 | 490513<br>0.0039 | 525070<br>0.0038 |
| 265.0 | 21.0 | 66212<br>0.0130 | 73950<br>0.0121 | 82116<br>0.0114 | 92182<br>0.0106 | 102831<br>0.0100 | 115713<br>0.0093 | 132530<br>0.0086 | 150865<br>0.0079 | 170388<br>0.0074 | 191098<br>0.0069 | 212996<br>0.0065 | 236082<br>0.0061 | 258865<br>0.0058 | 294742<br>0.0053 | 324564<br>0.0050 | 367547<br>0.0047 | 413201<br>0.0044 | 461527<br>0.0041 | 495229<br>0.0039 | 530118<br>0.0038 |
| 270.0 | 21.2 | 66843<br>0.0129 | 74655<br>0.0121 | 82898<br>0.0114 | 93060<br>0.0106 | 103810<br>0.0100 | 116815<br>0.0093 | 133792<br>0.0086 | 152302<br>0.0079 | 172011<br>0.0074 | 192918<br>0.0069 | 215025<br>0.0065 | 238330<br>0.0061 | 261330<br>0.0057 | 297549<br>0.0053 | 327655<br>0.0050 | 370047<br>0.0047 | 417136<br>0.0044 | 465923<br>0.0041 | 499945<br>0.0039 | 535167<br>0.0038 |

续表

| 动压/Pa | 风速/(m/s) | 外径 D/mm 上行—风量/(m³/h) 下行—λ/d | | | | | | | | | | | | | | | | | | | |
|---|---|---|---|---|---|---|---|---|---|---|---|---|---|---|---|---|---|---|---|---|---|
| | | 1060 | 1120 | 1180 | 1250 | 1320 | 1400 | 1500 | 1600 | 1700 | 1800 | 1900 | 2000 | 2100 | 2240 | 2350 | 2500 | 2650 | 2800 | 2900 | 3000 |
| 275.2 | 21.4 | 67474<br>0.0129 | 75359<br>0.0121 | 83680<br>0.0114 | 93938<br>0.0106 | 104790<br>0.0099 | 117917<br>0.0093 | 135054<br>0.0086 | 153739<br>0.0079 | 173633<br>0.0074 | 194738<br>0.0069 | 217053<br>0.0064 | 240578<br>0.0061 | 263795<br>0.0057 | 300356<br>0.0053 | 330746<br>0.0050 | 374548<br>0.0047 | 421071<br>0.0044 | 470318<br>0.0041 | 504662<br>0.0039 | 540216<br>0.0038 |
| 280.4 | 21.6 | 68104<br>0.0129 | 76063<br>0.0121 | 84462<br>0.0114 | 94816<br>0.0106 | 105769<br>0.0099 | 119019<br>0.0093 | 136316<br>0.0085 | 155175<br>0.0079 | 175256<br>0.0074 | 196558<br>0.0069 | 219082<br>0.0064 | 242827<br>0.0061 | 266261<br>0.0057 | 303163<br>0.0053 | 333838<br>0.0050 | 378048<br>0.0047 | 425007<br>0.0044 | 474714<br>0.0041 | 509378<br>0.0039 | 545265<br>0.0038 |
| 285.6 | 21.8 | 58735<br>0.0129 | 76767<br>0.0121 | 85244<br>0.0114 | 95694<br>0.0106 | 106748<br>0.0099 | 120121<br>0.0093 | 137578<br>0.0085 | 156612<br>0.0079 | 176879<br>0.0074 | 198378<br>0.0069 | 221010<br>0.0064 | 245075<br>0.0061 | 268726<br>0.0057 | 305970<br>0.0053 | 336929<br>0.0050 | 381548<br>0.0047 | 428942<br>0.0044 | 479109<br>0.0041 | 514095<br>0.0039 | 550313<br>0.0038 |
| 290.9 | 22.0 | 69365<br>0.0129 | 77472<br>0.0121 | 86026<br>0.0114 | 96572<br>0.0106 | 107728<br>0.0099 | 121223<br>0.0093 | 138841<br>0.0085 | 158049<br>0.0079 | 178502<br>0.0074 | 200198<br>0.0069 | 223139<br>0.0064 | 247323<br>0.0061 | 271191<br>0.0057 | 308777<br>0.0053 | 340020<br>0.0050 | 385049<br>0.0047 | 432877<br>0.0044 | 483505<br>0.0041 | 518811<br>0.0039 | 555362<br>0.0038 |
| 296.2 | 22.2 | 69996<br>0.0129 | 78176<br>0.0121 | 86808<br>0.0114 | 97450<br>0.0106 | 108707<br>0.0099 | 122325<br>0.0093 | 140103<br>0.0085 | 159486<br>0.0079 | 180124<br>0.0073 | 202018<br>0.0069 | 225167<br>0.0064 | 249572<br>0.0061 | 273657<br>0.0057 | 311584<br>0.0053 | 343111<br>0.0050 | 388549<br>0.0047 | 436812<br>0.0043 | 487900<br>0.0041 | 523528<br>0.0039 | 560411<br>0.0038 |
| 301.5 | 22.4 | 70627<br>0.0129 | 78880<br>0.0121 | 87590<br>0.0113 | 98328<br>0.0106 | 109686<br>0.0099 | 123427<br>0.0092 | 141365<br>0.0085 | 160923<br>0.0079 | 181747<br>0.0073 | 203838<br>0.0069 | 227196<br>0.0064 | 251820<br>0.0061 | 276122<br>0.0057 | 314391<br>0.0053 | 346202<br>0.0050 | 392050<br>0.0047 | 440748<br>0.0043 | 492296<br>0.0041 | 528244<br>0.0039 | 565460<br>0.0038 |
| 306.9 | 22.6 | 71257<br>0.0129 | 79585<br>0.0121 | 88372<br>0.0113 | 99206<br>0.0106 | 110666<br>0.0099 | 124529<br>0.0092 | 142627<br>0.0085 | 162359<br>0.0079 | 183370<br>0.0073 | 205658<br>0.0069 | 229224<br>0.0064 | 254069<br>0.0061 | 278588<br>0.0057 | 317199<br>0.0053 | 349293<br>0.0050 | 395550<br>0.0047 | 444683<br>0.0043 | 496691<br>0.0041 | 532961<br>0.0039 | 570508<br>0.0038 |
| 312.3 | 22.8 | 71888<br>0.0129 | 80289<br>0.0121 | 89154<br>0.0113 | 100084<br>0.0106 | 111645<br>0.0099 | 125631<br>0.0092 | 143889<br>0.0085 | 163796<br>0.0079 | 184992<br>0.0073 | 207478<br>0.0069 | 231253<br>0.0064 | 256317<br>0.0060 | 281053<br>0.0057 | 320006<br>0.0053 | 352384<br>0.0050 | 399051<br>0.0047 | 448618<br>0.0043 | 501087<br>0.0041 | 537677<br>0.0039 | 575557<br>0.0037 |
| 317.8 | 23.0 | 72518<br>0.0129 | 80993<br>0.0121 | 89936<br>0.0113 | 100962<br>0.0106 | 112624<br>0.0099 | 126733<br>0.0092 | 145151<br>0.0085 | 165233<br>0.0079 | 186615<br>0.0073 | 209298<br>0.0069 | 233281<br>0.0064 | 258565<br>0.0060 | 283518<br>0.0057 | 322813<br>0.0053 | 355375<br>0.0050 | 402551<br>0.0047 | 452553<br>0.0043 | 505482<br>0.0041 | 542394<br>0.0039 | 580606<br>0.0037 |
| 323.4 | 23.2 | 73149<br>0.0129 | 81698<br>0.0121 | 90718<br>0.0113 | 101840<br>0.0106 | 113604<br>0.0099 | 127835<br>0.0092 | 146414<br>0.0085 | 166670<br>0.0079 | 188238<br>0.0073 | 211118<br>0.0068 | 235310<br>0.0064 | 210814<br>0.0060 | 285984<br>0.0057 | 325620<br>0.0053 | 358566<br>0.0050 | 406052<br>0.0046 | 456489<br>0.0043 | 409878<br>0.0041 | 547110<br>0.0039 | 585655<br>0.0037 |
| 329.0 | 23.4 | 73780<br>0.0129 | 82402<br>0.0121 | 91500<br>0.0113 | 102717<br>0.0106 | 114583<br>0.0099 | 128937<br>0.0092 | 147676<br>0.0085 | 168107<br>0.0079 | 189861<br>0.0073 | 212938<br>0.0068 | 237338<br>0.0064 | 263062<br>0.0060 | 288449<br>0.0057 | 328427<br>0.0053 | 361657<br>0.0050 | 409552<br>0.0046 | 460424<br>0.0043 | 514273<br>0.0041 | 551827<br>0.0039 | 590703<br>0.0037 |
| 334.7 | 23.6 | 74410<br>0.0129 | 83106<br>0.0121 | 92282<br>0.0113 | 103595<br>0.0106 | 115562<br>0.0099 | 130039<br>0.0092 | 148938<br>0.0085 | 169543<br>0.0079 | 191483<br>0.0073 | 214758<br>0.0068 | 239267<br>0.0064 | 265311<br>0.0060 | 290915<br>0.0057 | 331234<br>0.0053 | 264748<br>0.0050 | 413052<br>0.0046 | 464359<br>0.0043 | 518669<br>0.0041 | 556543<br>0.0039 | 595752<br>0.0037 |

续表

| 动压/Pa | 风速/(m/s) | 外径 $D$/mm 上行—风量/($m^3$/h) 下行—$\lambda/d$ | | | | | | | | | | | | | | | | | | | |
|---|---|---|---|---|---|---|---|---|---|---|---|---|---|---|---|---|---|---|---|---|---|
| | | 1060 | 1120 | 1180 | 1250 | 1320 | 1400 | 1500 | 1600 | 1700 | 1800 | 1900 | 2000 | 2100 | 2240 | 2350 | 2500 | 2650 | 2800 | 2900 | 3000 |
| 340.4 | 23.8 | 75041<br>0.0129 | 83810<br>0.0120 | 93064<br>0.0113 | 104473<br>0.0106 | 116542<br>0.0099 | 131142<br>0.0092 | 150200<br>0.0085 | 170980<br>0.0079 | 193106<br>0.0073 | 216578<br>0.0068 | 241396<br>0.0064 | 267559<br>0.0060 | 293380<br>0.0057 | 334041<br>0.0053 | 367839<br>0.0050 | 416553<br>0.0046 | 468294<br>0.0043 | 523064<br>0.0041 | 561260<br>0.0039 | 600801<br>0.0037 |
| 346.1 | 24.0 | 75671<br>0.0129 | 84515<br>0.0120 | 93847<br>0.0113 | 105351<br>0.0106 | 117521<br>0.0099 | 132244<br>0.0092 | 151462<br>0.0085 | 172417<br>0.0079 | 194729<br>0.0073 | 218398<br>0.0068 | 243424<br>0.0064 | 269207<br>0.0060 | 295845<br>0.0057 | 336848<br>0.0053 | 370931<br>0.0050 | 420053<br>0.0046 | 472230<br>0.0043 | 527460<br>0.0041 | 565976<br>0.0039 | 605870<br>0.0037 |
| 351.9 | 24.2 | 76302<br>0.0129 | 85219<br>0.0120 | 94629<br>0.0113 | 106229<br>0.0105 | 118560<br>0.0099 | 133346<br>0.0092 | 152725<br>0.0085 | 173854<br>0.0079 | 196352<br>0.0073 | 220218<br>0.0068 | 245453<br>0.0064 | 272056<br>0.0060 | 298311<br>0.0057 | 339655<br>0.0053 | 374022<br>0.0050 | 423554<br>0.0046 | 476165<br>0.0043 | 531855<br>0.0041 | 570692<br>0.0039 | 610898<br>0.0037 |
| 357.8 | 24.4 | 76933<br>0.0129 | 85923<br>0.0120 | 95411<br>0.0113 | 107107<br>0.0105 | 119480<br>0.0099 | 134448<br>0.0092 | 153987<br>0.0085 | 175291<br>0.0079 | 197974<br>0.0073 | 222038<br>0.0068 | 247481<br>0.0064 | 274304<br>0.0060 | 300776<br>0.0057 | 342462<br>0.0053 | 377113<br>0.0050 | 427054<br>0.0046 | 480100<br>0.0043 | 536251<br>0.0041 | 575409<br>0.0039 | 615947<br>0.0037 |
| 363.6 | 24.6 | 77563<br>0.0128 | 86628<br>0.0120 | 96193<br>0.0113 | 107985<br>0.0105 | 120459<br>0.0099 | 135550<br>0.0092 | 155249<br>0.0085 | 176728<br>0.0079 | 199597<br>0.0073 | 223858<br>0.0068 | 249510<br>0.0064 | 276553<br>0.0060 | 303241<br>0.0057 | 345269<br>0.0053 | 380204<br>0.0050 | 430555<br>0.0046 | 484035<br>0.0043 | 540646<br>0.0041 | 580125<br>0.0039 | 620996<br>0.0037 |
| 369.5 | 24.8 | 78194<br>0.0128 | 87332<br>0.0120 | 96975<br>0.0113 | 108863<br>0.0105 | 121438<br>0.0099 | 136652<br>0.0092 | 156511<br>0.0085 | 178164<br>0.0079 | 201220<br>0.0073 | 225678<br>0.0068 | 261538<br>0.0064 | 278801<br>0.0060 | 305707<br>0.0057 | 348076<br>0.0053 | 383295<br>0.0050 | 434055<br>0.0046 | 487971<br>0.0043 | 545042<br>0.0041 | 684842<br>0.0039 | 626045<br>0.0037 |
| 375.5 | 25.0 | 78824<br>0.0128 | 88036<br>0.0120 | 97757<br>0.0113 | 109741<br>0.0105 | 122418<br>0.0099 | 137754<br>0.0092 | 157773<br>0.0085 | 179601<br>0.0079 | 202843<br>0.0073 | 227498<br>0.0068 | 253567<br>0.0064 | 281049<br>0.0060 | 308172<br>0.0057 | 350883<br>0.0053 | 386386<br>0.0050 | 437556<br>0.0046 | 491906<br>0.0043 | 549437<br>0.0040 | 589558<br>0.0039 | 631093<br>0.0037 |
| 381.6 | 25.2 | 79455<br>0.0128 | 88740<br>0.0120 | 98539<br>0.0113 | 110619<br>0.0105 | 123397<br>0.0099 | 138856<br>0.0092 | 159036<br>0.0085 | 181038<br>0.0079 | 204465<br>0.0073 | 229318<br>0.0068 | 255595<br>0.0064 | 283298<br>0.0060 | 310638<br>0.0057 | 353690<br>0.0053 | 389477<br>0.0050 | 441056<br>0.0046 | 495841<br>0.0043 | 553833<br>0.0040 | 594275<br>0.0039 | 636142<br>0.0037 |
| 387.6 | 25.4 | 80086<br>0.0128 | 89445<br>0.0120 | 99321<br>0.0113 | 111497<br>0.0105 | 124376<br>0.0099 | 139958<br>0.0092 | 160298<br>0.0085 | 182475<br>0.0078 | 206088<br>0.0073 | 231138<br>0.0068 | 257624<br>0.0064 | 285546<br>0.0060 | 313103<br>0.0057 | 356497<br>0.0053 | 392568<br>0.0050 | 444656<br>0.0046 | 499776<br>0.0043 | 558228<br>0.0040 | 598991<br>0.0039 | 641191<br>0.0037 |
| 393.8 | 25.6 | 80716<br>0.0128 | 90149<br>0.0120 | 100103<br>0.0113 | 112375<br>0.0105 | 125356<br>0.0099 | 141060<br>0.0092 | 161560<br>0.0085 | 183912<br>0.0078 | 207711<br>0.0073 | 232958<br>0.0068 | 259652<br>0.0064 | 287795<br>0.0060 | 315568<br>0.0057 | 359305<br>0.0053 | 395659<br>0.0050 | 448057<br>0.0046 | 503712<br>0.0043 | 562624<br>0.0040 | 603708<br>0.0039 | 646240<br>0.0037 |
| 399.9 | 25.8 | 81347<br>0.0128 | 90853<br>0.0120 | 100885<br>0.0113 | 113253<br>0.0105 | 126335<br>0.0099 | 142162<br>0.0092 | 162822<br>0.0085 | 185348<br>0.0078 | 209334<br>0.0073 | 234778<br>0.0068 | 261681<br>0.0064 | 290043<br>0.0060 | 318034<br>0.0057 | 362112<br>0.0053 | 398750<br>0.0050 | 451557<br>0.0046 | 507647<br>0.0043 | 567019<br>0.0040 | 608424<br>0.0039 | 651288<br>0.0037 |
| 406.2 | 26.0 | 81977<br>0.0128 | 91558<br>0.0120 | 101667<br>0.0113 | 114131<br>0.0105 | 127314<br>0.0098 | 143264<br>0.0092 | 164084<br>0.0085 | 186785<br>0.0078 | 210956<br>0.0073 | 236598<br>0.0068 | 263709<br>0.0064 | 292291<br>0.0060 | 320499<br>0.0057 | 364919<br>0.0053 | 401841<br>0.0050 | 455058<br>0.0046 | 511582<br>0.0043 | 571415<br>0.0040 | 613141<br>0.0039 | 656337<br>0.0037 |

**表 2　局部阻力系数**

| 名称 | 局部阻力系数 ζ | | | | | | | | | | |
|---|---|---|---|---|---|---|---|---|---|---|---|
| 伞形风帽（管边尖锐） | 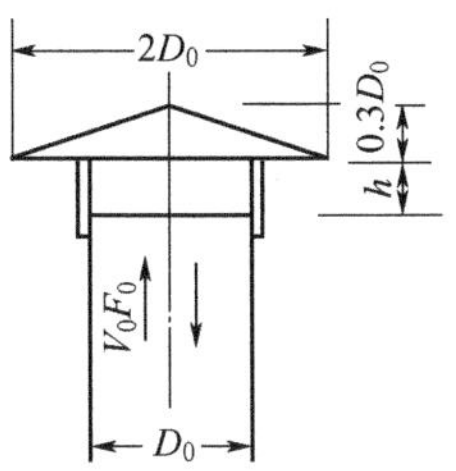 $\frac{h}{D_0}$ | 0.1 | 0.2 | 0.3 | 0.4 | 0.5 | 0.6 | 0.7 | 0.8 | 0.9 | 1.0 | ∞ |
| | 进气 | 2.63 | 1.83 | 1.53 | 1.39 | 1.31 | 1.19 | 1.15 | 1.08 | 1.07 | 1.06 | 1.06 |
| | 排气 | 4.0 | 2.30 | 1.60 | 1.30 | 1.15 | 1.10 | | 1.00 | | 1.00 | |
| 带扩散管的伞形风帽 | 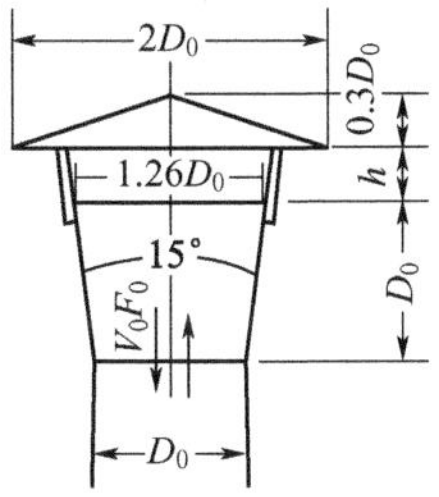 进气 | 1.32 | 0.77 | 0.60 | 0.48 | 0.41 | 0.30 | 0.29 | 0.28 | 0.25 | 0.25 | 0.25 |
| | 排气 | 2.60 | 1.30 | 0.80 | 0.70 | 0.60 | 0.60 | | 0.60 | | 0.60 | |

| 名称 | $\frac{F_1}{F_0}$ | 0.1 | 0.2 | 0.3 | 0.4 | 0.5 | 0.6 | 0.7 | 0.8 | 0.9 | 1.0 |
|---|---|---|---|---|---|---|---|---|---|---|---|
| 45°的固定金属百叶 | 进气 | | 45 | 17 | 6.8 | 4.0 | 2.3 | 1.4 | 0.9 | 0.6 | 0.5 |
| | 排气 | | 58 | 24 | 13 | 8.0 | 5.3 | 3.7 | 2.7 | 2.0 | 1.5 |

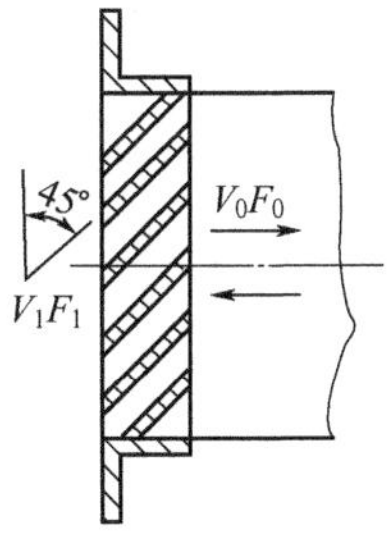

$F_0$——净面积

| 名称 | $\frac{F_1}{F_0}$ | α/(°) 10 | 15 | 20 | 25 | 30 | 45 |
|---|---|---|---|---|---|---|---|
| 圆形渐扩管 | 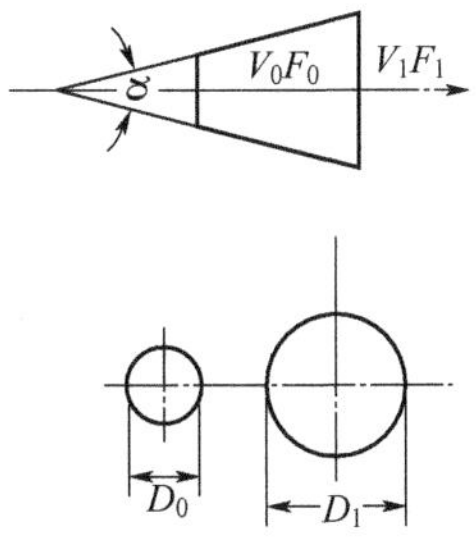 1.25 | 0.01 | 0.02 | 0.03 | 0.04 | 0.05 | 0.06 |
| | 1.50 | 0.02 | 0.03 | 0.05 | 0.08 | 0.11 | 0.13 |
| | 1.75 | 0.03 | 0.05 | 0.07 | 0.11 | 0.15 | 0.20 |
| | 2.00 | 0.04 | 0.06 | 0.10 | 0.15 | 0.21 | 0.27 |
| | 2.25 | 0.05 | 0.08 | 0.13 | 0.19 | 0.27 | 0.34 |
| | 2.50 | 0.06 | 0.10 | 0.15 | 0.23 | 0.32 | 0.40 |

当 $\alpha>45°$ 时，$\zeta=\left(1-\frac{F_0}{F_1}\right)^2$

| 名称 | | | | | | | | | | | | |
|---|---|---|---|---|---|---|---|---|---|---|---|---|
| 突然收缩与突然扩大 | 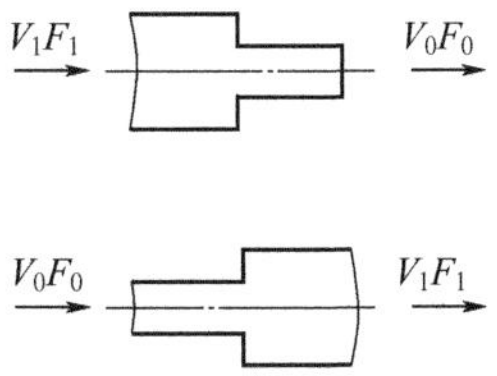 $\frac{F_0}{F_1}$ | 0 | 0.1 | 0.2 | 0.3 | 0.4 | 0.5 | 0.6 | 0.7 | 0.8 | 0.9 | 1.0 |
| | ζ | 0.5 | 0.47 | 0.42 | 0.38 | 0.34 | 0.30 | 0.25 | 0.20 | 0.15 | 0.09 | 0 |
| | $\frac{F_0}{F_1}$ | 0 | 0.1 | 0.2 | 0.3 | 0.4 | 0.5 | 0.6 | 0.7 | 0.8 | 0.9 | 1.0 |
| | ζ | 1.0 | 0.81 | 0.64 | 0.49 | 0.36 | 0.25 | 0.16 | 0.09 | 0.04 | 0.01 | 0 |

续表

| 名称 | 图形和断面 | 局部阻力系数ζ |
|---|---|---|

**渐缩管**

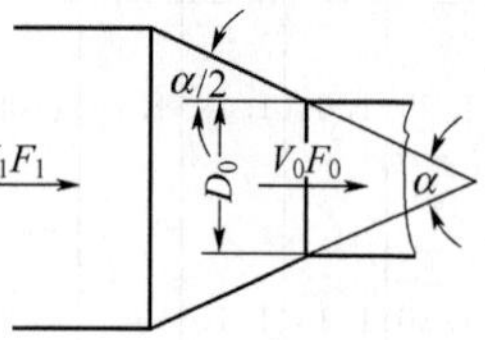

| $\frac{F_1}{F_0}$ | $\alpha/(°)$ 10 | 15 | 20 | 25 | 30 |
|---|---|---|---|---|---|
| 1.25 | 0.218 | 0.269 | 0.313 | 0.355 | 0.395 |
| 1.50 | 0.314 | 0.387 | 0.451 | 0.512 | 0.569 |
| 1.75 | 0.428 | 0.527 | 0.613 | 0.695 | 0.774 |
| 2.00 | 0.558 | 0.689 | 0.801 | 0.909 | 1.011 |

**圆形和方形截面的弯头**

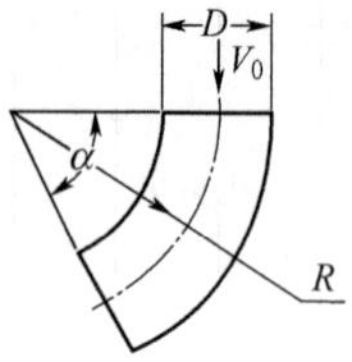

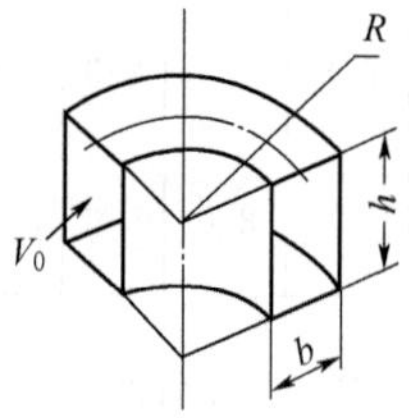

| $\alpha/(°)$ | R: $D$ | $1.5D$ | $2D$ | $2.5D$ | $3D$ | $6D$ | $10D$ |
|---|---|---|---|---|---|---|---|
| 7.5 | 0.028 | 0.021 | 0.018 | 0.016 | 0.014 | 0.010 | 0.008 |
| 15 | 0.058 | 0.044 | 0.037 | 0.033 | 0.029 | 0.021 | 0.016 |
| 30 | 0.11 | 0.081 | 0.069 | 0.061 | 0.054 | 0.038 | 0.030 |
| 60 | 0.18 | 0.41 | 0.12 | 0.10 | 0.091 | 0.064 | 0.051 |
| 90 | 0.23 | 0.18 | 0.15 | 0.13 | 0.12 | 0.083 | 0.066 |
| 120 | 0.27 | 0.20 | 0.17 | 0.15 | 0.13 | 0.10 | 0.076 |
| 150 | 0.30 | 0.22 | 0.19 | 0.17 | 0.15 | 0.11 | 0.084 |
| 180 | 0.33 | 0.25 | 0.21 | 0.18 | 0.16 | 0.12 | 0.092 |

$\zeta = 0.008\frac{\alpha^{0.75}}{n^{0.6}}$

式中 $n=\frac{R}{D}$

或 $n=\frac{R}{b}$

式中 $b$——正方形的边长

对于矩形截面的弯头ζ值应乘以系数$c$(即$\zeta' = 0.008\frac{\alpha^{0.75}}{n^{0.6}}c$)

| $\frac{h}{b}$ | 0.25 | 0.5 | 0.75 | 1.0 | 1.25 | 1.50 | 1.75 | 2.0 | 2.5 | 3.0 |
|---|---|---|---|---|---|---|---|---|---|---|
| $c$ | 1.8 | 1.5 | 1.2 | 1.0 | 0.8 | 0.68 | 0.53 | 0.47 | 0.40 | 0.40 |

**弯管**

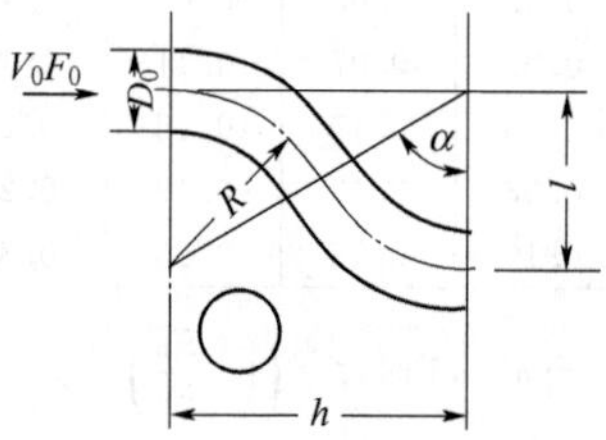

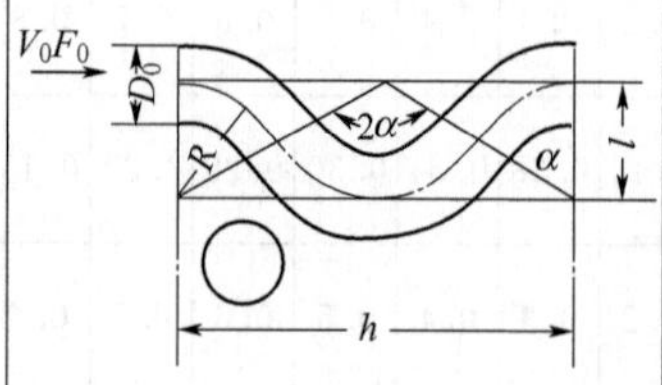

| $\alpha/(°)$ | 鹅颈管ζ $\frac{R}{D_0}$=1 | 2 | 4 | 6 | 迂回管ζ $\frac{R}{D_0}$=1 | 2 | 4 | 6 |
|---|---|---|---|---|---|---|---|---|
| 20 | 0.13 | 0.09 | 0.06 | 0.05 | 0.26 | 0.18 | 0.12 | 0.10 |
| 40 | 0.25 | 0.16 | 0.11 | 0.09 | 0.50 | 0.32 | 0.22 | 0.18 |
| 60 | 0.34 | 0.22 | 0.16 | 0.12 | 0.68 | 0.44 | 0.32 | 0.24 |
| 80 | 0.41 | 0.28 | 0.19 | 0.15 | 0.81 | 0.56 | 0.38 | 0.30 |
| 100 | 0.46 | 0.31 | 0.22 | 0.17 | 0.92 | 0.62 | 0.44 | 0.34 |
| 120 | 0.51 | 0.34 | 0.24 | 0.19 | 1.02 | 0.68 | 0.48 | 0.38 |
| 140 | 0.54 | 0.36 | 0.25 | 0.20 | 1.08 | 0.72 | 0.50 | 0.40 |
| 160 | 0.58 | 0.38 | 0.27 | 0.21 | 1.16 | 0.76 | 0.54 | 0.42 |
| 180 | 0.61 | 0.41 | 0.29 | 0.22 | 1.22 | 0.82 | 0.60 | 0.44 |

续表

| 名称 | 图形和断面 | 局部阻力系数 $\zeta$ | | | | | | |
|---|---|---|---|---|---|---|---|---|
| 90°矩形断面送出三通 | | $\frac{Q_2}{Q_1}$ | $\frac{F_2}{F_1}$ | | | | $\frac{F_2}{F_1}$ | |
| | | | 0.25 | 0.5 | 0.75 | 1.0 | 0.25 | 1.0 |
| | | | $\zeta_2$ | | | | $\zeta_3$ | |
| | | 0.1 | 0.7 | 0.61 | 0.65 | 0.68 | — | — |
| | | 0.2 | 0.5 | 0.5 | 0.55 | 0.56 | — | — |
| | | 0.3 | 0.6 | 0.4 | 0.40 | 0.45 | — | — |
| | | 0.4 | 0.8 | 0.4 | 0.35 | 0.40 | 0.05 | 0.03 |
| | | 0.5 | 1.25 | 0.5 | 0.35 | 0.30 | 0.15 | 0.05 |
| | | 0.6 | 2.00 | 0.6 | 0.38 | 0.29 | 0.20 | 0.12 |
| | | 0.7 | — | 0.8 | 0.45 | 0.29 | 0.30 | 0.20 |
| | | 0.8 | — | 1.05 | 0.58 | 0.30 | 0.40 | 0.29 |
| | | 0.9 | — | 1.5 | 0.75 | 0.38 | 0.46 | 0.35 |

| 名称 | 图形和断面 | 局部阻力系数 $\zeta$ | | | | | |
|---|---|---|---|---|---|---|---|
| 90°矩形断面吸入三通 | | $\frac{Q_2}{Q_1}$ | $\frac{F_2}{F_3}$ | | | $\frac{F_2}{F_3}$ | |
| | | | 0.25 | 0.5 | 1.0 | 0.5 | 1.0 |
| | | | $\zeta_2$ | | | $\zeta_3$ | |
| | | 0.1 | −0.06 | −0.6 | −0.6 | 0.20 | 0.20 |
| | | 0.2 | 0.00 | −0.2 | −0.3 | 0.20 | 0.22 |
| | | 0.3 | 0.4 | 0.0 | −0.1 | 0.10 | 0.25 |
| | | 0.4 | 1.2 | 0.25 | 0.0 | 0.0 | 0.24 |
| | | 0.5 | 2.3 | 0.40 | 0.1 | −0.1 | 0.20 |
| | | 0.6 | 3.6 | 0.70 | 0.2 | −0.2 | 0.18 |
| | | 0.7 | | 1.0 | 0.3 | −0.3 | 0.15 |
| | | 0.8 | | 1.5 | 0.4 | −0.4 | 0.00 |

| 名称 | 图形和断面 | 局部阻力系数 $\zeta$ | | |
|---|---|---|---|---|
| 矩形三通 | | $\frac{F_2}{F_1}$ | 0.5 | 1 |
| | | 分流 | 0.304 | 0.247 |
| | | 合流 | 0.233 | 0.072 |

| 名称 | 图形和断面 | 局部阻力系数 $\zeta$ | | | | | | | | | | |
|---|---|---|---|---|---|---|---|---|---|---|---|---|
| 圆形三通 | | 合流($R_0/D_1=2$) | | | | | | | | | | |
| | | $\frac{Q_3}{Q_1}$ | 0 | 0.10 | 0.20 | 0.30 | 0.40 | 0.50 | 0.60 | 0.70 | 0.80 | 0.90 | 1.0 |
| | | $\zeta_1$ | −0.13 | −0.10 | −0.07 | −0.03 | 0 | 0.03 | 0.03 | 0.03 | 0.03 | 0.05 | 0.08 |
| | | 分流($F_3/F_1=0.5$,$Q_3/Q_1=0.5$) | | | | | | | | | | |
| | | $R_0/D_1$ | 0.5 | 0.75 | 1.0 | 1.5 | 2.0 | | | | | | |
| | | $\zeta_1$ | 1.10 | 0.60 | 0.40 | 0.25 | 0.20 | | | | | | |

续表

| 名称 | 图形和断面 | 局部阻力系数 $\zeta$ | | | | |
|---|---|---|---|---|---|---|
| | | $\frac{V_2}{V_1}$ | $\alpha/(°)$ 15 | 30 | 45 | 60 |
| 送出三通（分支管） | $V_1F_1$ $V_3F_3$ $\alpha$ $V_2F_2$<br>$F_2+F_3>F_1$<br>$F_1=F_3$<br>$\alpha=0°\sim90°$ | 0.0 | 1.0 | 1.0 | 1.0 | 1.0 |
| | | 0.1 | 0.92 | 0.94 | 0.97 | 1.0 |
| | | 0.2 | 0.65 | 0.70 | 0.75 | 0.84 |
| | | 0.4 | 0.38 | 0.46 | 0.60 | 0.76 |
| | | 0.6 | 0.20 | 0.31 | 0.50 | 0.65 |
| | | 0.8 | 0.09 | 0.25 | 0.51 | 0.80 |
| | | 1.0 | 0.07 | 0.27 | 0.58 | 1.00 |
| | | 1.2 | 0.12 | 0.36 | 0.74 | 1.23 |
| | | 1.4 | 0.24 | 0.70 | 0.98 | 1.54 |
| | | 1.6 | 0.46 | 0.80 | 1.30 | 1.98 |
| | | 2.0 | 1.10 | 1.52 | 2.16 | 3.00 |
| | | 2.6 | 2.75 | 3.23 | 4.10 | 5.15 |
| | | 3.0 | 7.20 | 7.40 | 7.80 | 8.10 |
| | | 4.0 | 14.1 | 14.2 | 14.8 | 15.0 |
| | | 5.0 | 23.2 | 23.5 | 23.8 | 24.0 |
| | | 6.0 | 34.2 | 34.5 | 35.0 | 35.0 |
| | | 8.0 | 62.0 | 62.7 | 63.0 | 63.0 |
| | | 10 | 98.0 | 98.3 | 98.6 | 99.0 |

| 名称 | 图形和断面 | $\alpha/(°)$ | $\frac{V_2}{V_1}$ 0.1 | 0.2 | 0.3 | 0.4 | 0.5 | 0.6 | 0.8 | 1.0 | 1.2 | 1.4 | 1.6 | 1.8 | 2.0 |
|---|---|---|---|---|---|---|---|---|---|---|---|---|---|---|---|
| 送出三通（分支管） | $V_1F_1$ $V_3F_3$ $\alpha$ $V_2F_2$<br>$F_2+F_3=F_1$<br>$\alpha=0°\sim90°$ | 15 | 0.81 | 0.65 | 0.51 | 0.38 | 0.28 | 0.19 | 0.06 | 0.03 | 0.06 | 0.13 | 0.35 | 0.63 | 0.98 |
| | | 30 | 0.84 | 0.69 | 0.56 | 0.44 | 0.34 | 0.26 | 0.16 | 0.11 | 0.13 | 0.23 | 0.37 | 0.60 | 0.89 |
| | | 45 | 0.87 | 0.74 | 0.63 | 0.54 | 0.45 | 0.38 | 0.28 | 0.23 | 0.22 | 0.28 | 0.38 | 0.53 | 0.73 |
| | | 60 | 0.90 | 0.82 | 0.79 | 0.66 | 0.59 | 0.53 | 0.43 | 0.36 | 0.32 | 0.31 | 0.33 | 0.37 | 0.44 |
| | | 90 | 1.00 | 1.00 | 1.00 | 1.00 | 1.00 | 1.00 | 1.00 | 1.00 | 1.00 | 1.00 | 1.00 | 1.00 | 1.00 |

| 名称 | 图形和断面 | $\alpha/(°)$ | No. 1 | No. 2 | | | | | |
|---|---|---|---|---|---|---|---|---|---|
| | | | 15°～90° | 15°～60° | 90° | | | | |
| | | $\frac{V_3}{V_1}$ | $\frac{F_3}{F_1}$ 0～1.0 | 0～1.0 | 0～0.4 | 0.5 | 0.6 | 0.7 | >0.8 |
| 送出三通（直管） | $\alpha=0°\sim90°$<br>No. 1<br>$V_1F_1$ $V_3F_3$ $\alpha$ $V_2F_2$<br>$F_2+F_3>F_1$<br>No. 2<br>$V_1F_1$ $V_3F_3$ $\alpha$ $V_2F_2$<br>$F_2+F_3=F_1$ | 0 | 0.4 | 1.00 | 1.00 | 1.00 | 1.00 | 1.00 | 1.00 |
| | | 0.1 | 0.32 | 0.81 | 0.81 | 0.81 | 0.81 | 0.81 | 0.81 |
| | | 0.2 | 0.26 | 0.64 | 0.64 | 0.64 | 0.64 | 0.64 | 0.64 |
| | | 0.3 | 0.2 | 0.50 | 0.50 | 0.52 | 0.52 | 0.50 | 0.50 |
| | | 0.4 | 0.15 | 0.36 | 0.36 | 0.40 | 0.38 | 0.37 | 0.36 |
| | | 0.5 | 0.10 | 0.25 | 0.25 | 0.30 | 0.28 | 0.26 | 0.25 |
| | | 0.6 | 0.06 | 0.16 | 0.16 | 0.23 | 0.20 | 0.18 | 0.16 |
| | | 0.8 | 0.02 | 0.04 | 0.04 | 0.16 | 0.12 | 0.07 | 0.04 |
| | | 1.0 | 0.00 | 0.00 | 0.00 | 0.20 | 0.10 | 0.05 | 0.00 |
| | | 1.2 | — | 0.07 | 0.07 | 0.36 | 0.21 | 0.14 | 0.07 |
| | | 1.4 | — | 0.39 | 0.39 | 0.78 | 0.59 | 0.49 | — |
| | | 1.6 | — | 0.90 | 0.90 | 1.36 | 1.15 | — | — |
| | | 1.8 | — | 1.78 | 1.78 | 2.43 | — | — | — |
| | | 2.0 | — | 3.20 | 3.20 | 4.00 | — | — | — |

续表

| 名称 | 图形和断面 | 局部阻力系数 $\zeta$ | | | | | | | | | | | |
|---|---|---|---|---|---|---|---|---|---|---|---|---|---|
| | | $\frac{F_2}{F_3}$ | $\frac{Q_2}{Q_3}$ | | | | | | | | | | |
| | | | 0 | 0.03 | 0.05 | 0.1 | 0.2 | 0.3 | 0.4 | 0.5 | 0.6 | 0.7 | 0.8 | 1.0 |
| 吸入三通 | 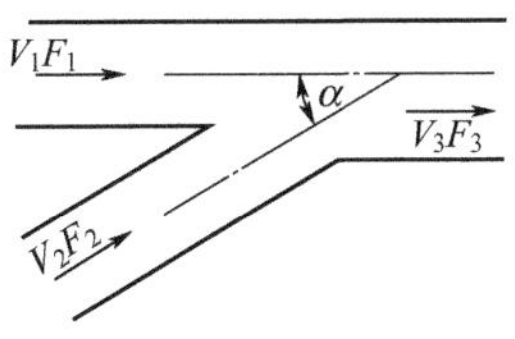 $F_1+F_2=F_3$ $\alpha=30°$ | $\zeta_2$ | | | | | | | | | | | |
| | | 0.06 | −1.13 | −0.07 | −0.30 | 1.82 | 10.1 | 23.3 | 41.5 | 65.2 | — | — | — | — |
| | | 0.10 | −1.22 | −1.00 | −0.76 | 0.02 | 2.88 | 7.34 | 13.4 | 21.1 | 29.4 | — | — | — |
| | | 0.20 | −1.50 | −1.35 | −1.22 | −0.84 | 0.05 | 1.40 | 2.70 | 4.46 | 6.48 | 8.70 | 11.4 | 17.3 |
| | | 0.33 | −2.00 | −1.80 | −1.70 | −1.40 | −0.72 | −0.12 | 0.52 | 1.20 | 1.89 | 2.56 | 3.30 | 4.80 |
| | | 0.50 | −3.00 | −2.80 | −2.60 | −2.24 | −1.44 | −0.91 | −0.36 | 0.14 | 0.56 | 0.84 | 1.18 | 1.53 |
| | | $\zeta_1$ | | | | | | | | | | | |
| | | 0.06 | 0 | 0.06 | 0.04 | −0.10 | −0.81 | −2.10 | −4.07 | −6.60 | — | — | — | — |
| | | 0.10 | 0.01 | 0.10 | 0.08 | 0.04 | −0.33 | −1.05 | −2.14 | −3.60 | 5.40 | — | — | — |
| | | 0.20 | 0.06 | 0.10 | 0.13 | 0.16 | 0.06 | −0.24 | −0.73 | −1.40 | −2.30 | −3.34 | −3.59 | −8.64 |
| | | 0.33 | 0.42 | 0.45 | 0.48 | 0.51 | 0.52 | 0.32 | 0.07 | −0.32 | −0.82 | −1.47 | −2.19 | −4.00 |
| | | 0.50 | 1.40 | 1.40 | 1.40 | 1.36 | 1.26 | 1.09 | 0.86 | 0.53 | 0.15 | −0.52 | −0.82 | −2.07 |
| 吸入三通 | 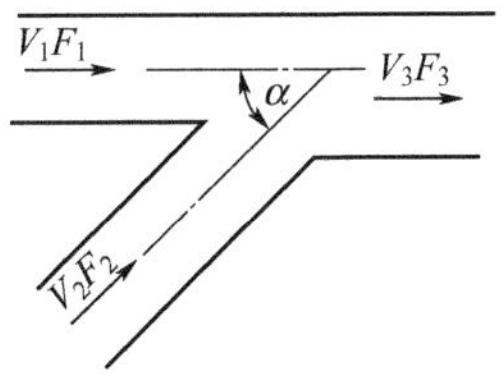 $F_1+F_2=F_3$ $\alpha=45°$ | $\zeta_2$ | | | | | | | | | | | |
| | | 0.06 | −1.12 | −0.70 | −0.20 | 1.82 | 10.3 | 23.8 | 42.4 | 64.3 | — | — | — | — |
| | | 0.10 | −1.22 | −1.00 | −0.78 | 0.06 | 3.00 | 7.64 | 13.9 | 22.0 | 31.9 | — | — | — |
| | | 0.20 | −1.50 | −1.40 | −1.25 | −0.85 | 0.12 | 1.42 | 3.00 | 4.86 | 7.05 | 9.50 | 12.4 | — |
| | | 0.33 | −2.00 | −1.82 | −1.69 | −1.38 | −0.66 | −0.10 | 0.70 | 1.48 | 2.24 | 3.10 | 3.95 | 5.76 |
| | | 0.50 | −3.00 | −2.80 | −2.60 | −2.24 | −1.55 | −0.85 | −0.24 | −0.30 | 0.79 | 1.26 | 1.60 | 2.18 |
| | | $\zeta_1$ | | | | | | | | | | | |
| | | 0.06 | 0.00 | 0.05 | 0.05 | −0.05 | −0.59 | −1.65 | −3.21 | −5.13 | — | — | — | — |
| | | 0.10 | 0.06 | 0.10 | 0.12 | 0.11 | −0.15 | −0.71 | −1.55 | −2.71 | −3.73 | — | — | — |
| | | 0.20 | 0.20 | 0.25 | 0.30 | 0.30 | 0.26 | 0.04 | −0.33 | −0.86 | −1.52 | −2.40 | −3.42 | — |
| | | 0.33 | 0.37 | 0.42 | 0.45 | 0.48 | 0.50 | 0.4 | 0.20 | −0.12 | −0.50 | −1.01 | −1.60 | −3.10 |
| | | 0.50 | 1.30 | 1.30 | 1.30 | 1.27 | 1.20 | 1.10 | 0.90 | 0.61 | 0.20 | −0.20 | −0.68 | −1.52 |
| 吸入三通 | 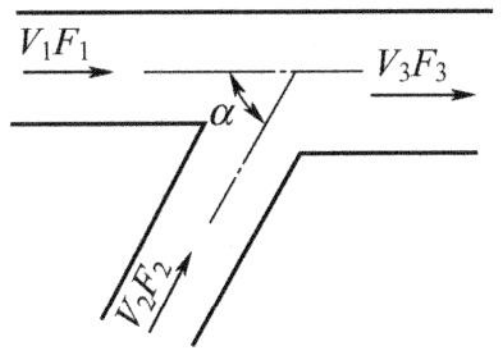 $F_1+F_2=F_3$ $\alpha=60°$ | $\zeta_2$ | | | | | | | | | | | |
| | | 0.06 | −1.12 | −0.72 | −0.20 | 2.00 | 10.6 | 24.5 | 43.5 | 68.0 | — | — | — | — |
| | | 0.10 | −1.22 | −1.00 | −0.68 | 0.10 | 3.18 | 8.01 | 14.6 | 23.0 | 33.1 | — | — | — |
| | | 0.20 | −1.50 | −1.25 | −1.19 | −0.83 | 0.20 | 1.52 | 3.30 | 5.40 | 7.80 | 10.5 | 13.7 | — |
| | | 0.33 | −2.00 | −1.81 | −1.69 | −1.37 | −0.67 | 0.09 | 0.91 | 1.80 | 2.73 | 3.70 | 4.70 | 6.60 |
| | | 0.50 | −3.00 | −2.80 | −2.60 | −2.13 | −1.38 | −0.68 | −0.02 | 0.60 | 1.18 | 1.72 | 2.22 | 3.10 |
| | | $\zeta_1$ | | | | | | | | | | | |
| | | 0.06 | 0.00 | 0.05 | 0.05 | −0.03 | −0.32 | −1.10 | −2.03 | −3.42 | — | — | — | — |
| | | 0.10 | 0.01 | 0.06 | 0.09 | 0.10 | −0.03 | −0.38 | −0.96 | −1.75 | −2.75 | — | — | — |
| | | 0.20 | 0.06 | 0.10 | 0.14 | 0.19 | 0.20 | 0.09 | −0.14 | −0.50 | −0.95 | −1.50 | −2.20 | — |
| | | 0.33 | 0.33 | 0.39 | 0.41 | 0.45 | 0.49 | 0.45 | 0.34 | 0.16 | −0.10 | −0.47 | −0.85 | −1.90 |
| | | 0.50 | 1.25 | 1.25 | 1.25 | 1.23 | 1.17 | 1.07 | 0.90 | 0.75 | 0.48 | 0.22 | −0.05 | −0.78 |

续表

| 名称 | 图形和断面 | 局部阻力系数 $\zeta$ | | | | | | | |
|---|---|---|---|---|---|---|---|---|---|
| | | $\frac{Q_2}{Q_3}$ | $\frac{F_2}{F_3}$ | | | | | | |
| | | | 0.1 | 0.2 | 0.3 | 0.4 | 0.6 | 0.8 | 1.0 |
| | | | $\zeta_2$ | | | | | | |
| 吸入三通（分支管） | $V_1F_1$ $V_3F_3$ $\alpha$ $V_2F_2$ $F_1+F_2>F_3$ $F_1=F_3$ $\alpha=30°$ | 0 | −1.00 | −1.00 | −1.00 | −1.00 | −1.00 | −1.00 | −1.00 |
| | | 0.1 | 0.21 | −0.46 | −0.57 | −0.60 | −0.62 | −0.68 | −0.63 |
| | | 0.2 | 3.10 | 0.37 | −0.06 | −0.20 | −0.28 | −0.30 | −0.35 |
| | | 0.3 | 7.60 | 1.50 | 0.50 | 0.20 | 0.05 | −0.08 | −0.10 |
| | | 0.4 | 13.5 | 2.95 | 1.15 | 0.59 | 0.26 | 0.18 | 0.16 |
| | | 0.5 | 21.2 | 4.58 | 1.78 | 0.97 | 0.44 | 0.35 | 0.27 |
| | | 0.6 | 30.4 | 6.42 | 2.60 | 1.37 | 0.64 | 0.46 | 0.31 |
| | | 0.7 | 41.3 | 8.50 | 3.40 | 1.77 | 0.76 | 0.50 | 0.40 |
| | | 0.8 | 53.8 | 11.50 | 4.22 | 2.14 | 0.85 | 0.53 | 0.45 |
| | | 0.9 | 58.0 | 14.2 | 5.30 | 2.58 | 0.89 | 0.52 | 0.40 |
| | | 1.0 | 83.7 | 17.3 | 6.33 | 2.92 | 0.89 | 0.39 | 0.27 |
| | | $\frac{Q_2}{Q_3}$ | $F_2/F_3$ | | | | | | |
| | | | 0.1 | 0.2 | 0.3 | 0.4 | 0.6 | 0.8 | 1.0 |
| | | | $\zeta_1$ | | | | | | |
| 吸入三通（直管） | $V_1F_1$ $V_3F_3$ $\alpha$ $V_2F_2$ $F_1+F_2>F_3$ $F_1=F_3$ $\alpha=30°$ | 0 | 0.0 | 0 | 0 | 0 | 0 | 0 | 0 |
| | | 0.1 | 0.02 | 0.11 | 0.13 | 0.15 | 0.16 | 0.17 | 0.17 |
| | | 0.2 | −0.33 | 0.01 | 0.13 | 0.18 | 0.20 | 0.24 | 0.29 |
| | | 0.3 | −1.10 | −0.25 | −0.01 | 0.10 | 0.22 | 0.30 | 0.35 |
| | | 0.4 | −2.15 | −0.75 | −0.30 | −0.05 | 0.17 | 0.26 | 0.36 |
| | | 0.5 | −3.60 | −1.43 | −0.70 | −0.35 | 0.00 | 0.21 | 0.32 |
| | | 0.6 | −5.40 | −2.35 | −1.25 | −0.70 | −0.20 | 0.06 | 0.25 |
| | | 0.7 | −7.60 | −3.40 | −1.95 | −1.20 | −0.50 | −0.15 | 0.10 |
| | | 0.8 | −10.1 | −4.61 | −2.74 | −1.82 | −0.90 | −0.43 | −0.15 |
| | | 0.9 | −13.0 | −6.02 | −3.70 | −2.55 | −1.40 | −0.80 | −0.45 |
| | | 1.0 | −16.3 | −7.70 | −4.75 | −3.35 | −1.90 | −1.17 | −0.75 |
| | | $\frac{Q_2}{Q_3}$ | $F_2/F_3$ | | | | | | |
| | | | 0.1 | 0.2 | 0.3 | 0.4 | 0.6 | 0.8 | 1.0 |
| | | | $\zeta_2$ | | | | | | |
| 吸入三通（分支管） | $V_1F_1$ $V_3F_3$ $\alpha$ $V_2F_2$ $F_1+F_2>F_3$ $F_1=F_3$ $\alpha=45°$ | 0 | −1.00 | −1.00 | −1.00 | −1.00 | −1.00 | −1.00 | −1.00 |
| | | 0.1 | 0.24 | −0.45 | −0.56 | −0.59 | −0.61 | −0.62 | −0.62 |
| | | 0.2 | 3.15 | 0.54 | −0.02 | −0.17 | −0.26 | −0.28 | −0.29 |
| | | 0.3 | 8.00 | 1.64 | 0.60 | 0.30 | 0.08 | 0.00 | −0.03 |
| | | 0.4 | 14.00 | 3.15 | 1.30 | 0.72 | 0.35 | 0.25 | 0.21 |
| | | 0.5 | 21.90 | 5.00 | 2.10 | 1.18 | 0.60 | 0.45 | 0.40 |
| | | 0.6 | 31.6 | 6.90 | 2.97 | 1.65 | 0.85 | 0.60 | 0.53 |
| | | 0.7 | 42.9 | 9.20 | 3.90 | 2.15 | 1.02 | 0.70 | 0.60 |
| | | 0.8 | 55.9 | 12.4 | 4.90 | 2.66 | 1.20 | 0.74 | 0.66 |
| | | 0.9 | 70.6 | 15.4 | 6.20 | 3.20 | 1.30 | 0.79 | 0.64 |
| | | 1.0 | 86.9 | 18.9 | 7.40 | 3.71 | 1.42 | 0.81 | 0.59 |

续表

| 名称 | 图形和断面 | $\frac{Q_2}{Q_3}$ | 局部阻力系数 $\zeta$ $F_2/F_3$ = 0.1 | 0.2 | 0.3 | 0.4 | 0.6 | 0.8 | 1.0 |
|---|---|---|---|---|---|---|---|---|---|
| 吸入三通（直　管） | $F_1+F_2>F_3$，$F_1=F_3$，$\alpha=45°$ |  | $\zeta_1$ |  |  |  |  |  |  |
|  |  | 0 | 0 | 0 | 0 | 0 | 0 | 0 | 0 |
|  |  | 0.1 | 0.05 | 0.12 | 0.14 | 0.16 | 0.17 | 0.17 | 0.17 |
|  |  | 0.2 | −0.20 | 0.17 | 0.22 | 0.27 | 0.27 | 0.29 | 0.31 |
|  |  | 0.3 | −0.76 | −0.13 | 0.08 | 0.20 | 0.28 | 0.32 | 0.40 |
|  |  | 0.4 | −1.65 | −0.50 | −0.12 | 0.08 | 0.26 | 0.36 | 0.41 |
|  |  | 0.5 | −2.77 | −1.00 | −0.49 | −0.13 | 0.16 | 0.30 | 0.40 |
|  |  | 0.6 | −4.30 | −1.70 | −0.87 | −0.45 | −0.04 | 0.20 | 0.33 |
|  |  | 0.7 | −6.05 | −2.06 | −1.40 | −0.85 | −0.25 | 0.08 | 0.25 |
|  |  | 0.8 | −8.10 | −3.56 | −2.10 | −1.30 | −0.55 | −0.17 | 0.06 |
|  |  | 0.9 | −10.0 | −4.75 | −2.80 | −1.90 | −0.88 | −0.40 | −0.18 |
|  |  | 1.0 | −13.2 | −6.10 | −3.70 | −2.55 | −1.35 | 0.77 | −0.42 |

| 名称 | 图形和断面 | $\frac{Q_2}{Q_3}$ | $F_2/F_3$ = 0.1 | 0.2 | 0.3 | 0.4 | 0.6 | 0.8 | 1.0 |
|---|---|---|---|---|---|---|---|---|---|
| 吸入三通（分支管） | $F_1+F_2>F_3$，$F_1=F_3$，$\alpha=60°$ |  | $\zeta_2$ |  |  |  |  |  |  |
|  |  | 0 | −1.00 | −1.00 | −1.00 | −1.00 | −1.00 | −1.00 | −1.00 |
|  |  | 0.1 | 0.26 | −0.42 | −0.54 | −0.58 | −0.61 | −0.62 | −0.62 |
|  |  | 0.2 | 3.35 | 0.55 | 0.03 | −0.13 | −0.23 | −0.26 | −0.26 |
|  |  | 0.3 | 8.20 | 1.85 | 0.75 | 0.40 | 0.10 | 0.00 | −0.01 |
|  |  | 0.4 | 14.70 | 3.50 | 1.55 | 0.92 | 0.45 | 0.35 | 0.28 |
|  |  | 0.5 | 23.0 | 5.50 | 2.40 | 1.44 | 0.78 | 0.58 | 0.50 |
|  |  | 0.6 | 33.1 | 7.90 | 3.50 | 2.05 | 1.08 | 0.80 | 0.68 |
|  |  | 0.7 | 44.9 | 10.0 | 4.60 | 2.70 | 1.40 | 0.98 | 0.84 |
|  |  | 0.8 | 58.5 | 13.7 | 5.80 | 3.32 | 1.64 | 1.12 | 0.92 |
|  |  | 0.9 | 79.9 | 17.2 | 7.65 | 4.05 | 1.92 | 1.20 | 0.99 |
|  |  | 1.0 | 91.0 | 21.0 | 9.70 | 4.70 | 2.11 | 1.35 | 1.00 |

| 名称 | 图形和断面 | $\frac{Q_2}{Q_3}$ | $F_2/F_3$ = 0.1 | 0.2 | 0.3 | 0.4 | 0.6 | 0.8 | 1.0 |
|---|---|---|---|---|---|---|---|---|---|
| 吸入三通（直管） | $F_1+F_2>F_3$，$F_1=F_3$，$\alpha=60°$ |  | $\zeta_1$ |  |  |  |  |  |  |
|  |  | 0 | 0 | 0 | 0 | 0 | 0 | 0 | 0 |
|  |  | 0.1 | 0.09 | 0.09 | 0.16 | 0.17 | 0.17 | 0.18 | 0.18 |
|  |  | 0.2 | 0.00 | 0.16 | 0.22 | 0.26 | 0.29 | 0.31 | 0.32 |
|  |  | 0.3 | −0.40 | 0.06 | 0.24 | 0.30 | 0.32 | 0.41 | 0.42 |
|  |  | 0.4 | −1.00 | −0.16 | 0.11 | 0.24 | 0.37 | 0.44 | 0.48 |
|  |  | 0.5 | −1.75 | −0.50 | −0.08 | 0.13 | 0.33 | 0.42 | 0.50 |
|  |  | 0.6 | −2.80 | −0.95 | −0.35 | −0.10 | 0.25 | 0.40 | 0.48 |
|  |  | 0.7 | −4.00 | −1.55 | −0.70 | −0.30 | 0.08 | 0.28 | 0.42 |
|  |  | 0.8 | −5.44 | −2.24 | −1.17 | −0.64 | −0.11 | 0.16 | 0.32 |
|  |  | 0.9 | −7.20 | −3.08 | −1.70 | −1.02 | −0.38 | −0.08 | 0.18 |
|  |  | 1.0 | −9.00 | −4.00 | −2.30 | −1.50 | −0.68 | −0.28 | 0.00 |

续表

| 名称 | 图形和断面 | 局部阻力系数 $\zeta$ | | | | | | | | | | | |
|---|---|---|---|---|---|---|---|---|---|---|---|---|---|
| | | $\frac{Q_3}{Q_1}$ | $\frac{Q_1}{Q_4}(Q_2/Q_4)$ | | | | | | | | | | |
| | | | 0 | 0.1 | 0.2 | 0.3 | 0.4 | 0.5 | 0.6 | 0.7 | 0.8 | 0.9 | 1.0 |
| | | $F_1/F_4=0.2\zeta_{1,3}$ | | | | | | | | | | | |
| | | 0.5 | −1.0 | −0.36 | 0.51 | 1.59 | 2.89 | 4.38 | 6.10 | — | — | — | — |
| | | 1.0 | −1.0 | −0.27 | 0.51 | 1.41 | 2.12 | 2.91 | — | — | — | — | — |
| | | 2.0 | −1.0 | −0.27 | −0.11 | −0.72 | — | — | — | — | — | — | — |
| | | $F_1/F_4=0.2\zeta_2$ | | | | | | | | | | | |
| | | 0.5, 2.0 | −3.81 | −2.51 | −1.81 | −1.20 | −0.86 | −0.44 | −0.31 | 0.08 | 0.18 | 0.14 | 0 |
| | | 1.0 | −3.34 | −2.53 | −1.81 | −1.20 | −0.71 | −0.32 | −0.05 | 0.12 | 0.18 | 0.14 | 0 |
| | | $F_1/F_4=0.4\zeta_{1,3}$ | | | | | | | | | | | |
| | | 0.5 | −1.0 | −0.49 | −0.03 | 0.40 | 0.75 | 1.06 | 1.44 | — | — | — | — |
| | | 1.0 | −1.0 | −0.38 | 0.10 | 0.40 | 0.51 | 0.34 | — | — | — | — | — |
| | | 2.0 | −1.0 | −0.25 | 0.01 | −0.42 | — | — | — | — | — | — | — |
| | | $F_1/F_4=0.4\zeta_2$ | | | | | | | | | | | |
| 四通 | $F_1=F_3$<br>$F_2=F_4$<br>$\alpha=30°$ | 0.5, 0.2 | −1.42 | −0.97 | −0.58 | −0.28 | 0.02 | 0.15 | 0.26 | 0.30 | 0.26 | 0.17 | 0 |
| | | 1.0 | −1.16 | −0.76 | −0.48 | −0.14 | 0.07 | 0.21 | 0.30 | 0.31 | 0.27 | 0.17 | 0 |
| | | $F_1/F_4=0.6\zeta_{1,3}$ | | | | | | | | | | | |
| | | 0.5 | −1.0 | −0.51 | −0.10 | 0.25 | 0.50 | 0.65 | 0.68 | — | — | — | — |
| | | 1.0 | −1.0 | −0.38 | 0.08 | 0.45 | 0.42 | 0.25 | — | — | — | — | — |
| | | 2.0 | −1.0 | −0.21 | 0.15 | 0.08 | — | — | — | — | — | — | — |
| | | $F_1/F_4=0.6\zeta_2$ | | | | | | | | | | | |
| | | 0.5, 2.0 | −0.62 | −0.32 | −0.07 | 0.13 | 0.27 | 0.35 | 0.39 | 0.37 | 0.29 | 0.17 | 0 |
| | | 1.0 | −0.45 | −0.18 | 0.04 | 0.21 | 0.33 | 0.39 | 0.41 | 0.39 | 0.30 | 0.18 | 0 |
| | | $F_1/F_4=1.0\zeta_{1,3}$ | | | | | | | | | | | |
| | | 0.5 | −1.0 | −0.51 | −0.11 | 0.22 | 0.43 | 0.55 | 0.55 | 0.48 | — | — | — |
| | | 1.0 | −1.0 | −0.37 | 0.10 | 0.40 | 0.51 | 0.38 | — | — | — | — | — |
| | | 2.0 | −1.0 | −0.17 | 0.31 | 0.28 | — | — | — | — | — | — | — |
| | | $F_1/F_4=1.0\zeta_2$ | | | | | | | | | | | |
| | | 0.5, 2.0 | −0.03 | 0.21 | 0.34 | 0.45 | 0.50 | 0.52 | 0.49 | 0.43 | 0.32 | 0.18 | 0 |
| | | 1.0 | 0.13 | 0.29 | 0.41 | 0.49 | 0.54 | 0.54 | 0.51 | 0.44 | 0.32 | 0.18 | 0 |

续表

| 名称 | 图形和断面 | 局部阻力系数 $\zeta$ |
|---|---|---|

**$\alpha_1=10°$时的不对称平扩散管**

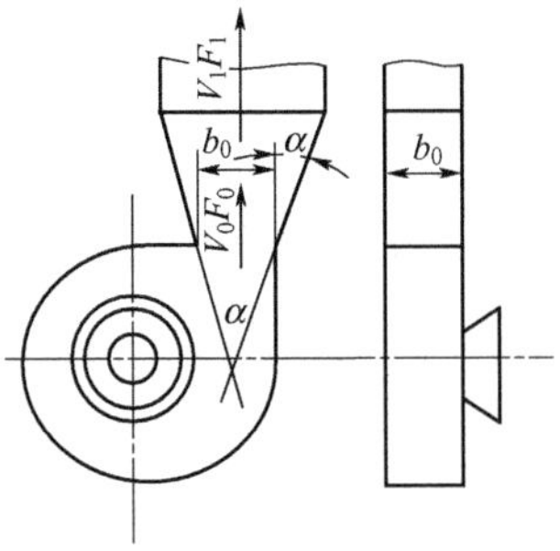

| $\alpha/(°)$ | $F_1/F_0$ |  |  |  |  |  |
|---|---|---|---|---|---|---|
|  | 1.5 | 2.0 | 2.5 | 3.0 | 3.5 | 4.0 |
| 10 | 0.05 | 0.08 | 0.11 | 0.13 | 0.13 | 0.14 |
| 15 | 0.06 | 0.10 | 0.12 | 0.14 | 0.15 | 0.15 |
| 20 | 0.07 | 0.11 | 0.14 | 0.15 | 0.16 | 0.16 |
| 25 | 0.09 | 0.14 | 0.18 | 0.20 | 0.21 | 0.22 |
| 30 | 0.13 | 0.18 | 0.23 | 0.26 | 0.28 | 0.29 |
| 35 | 0.15 | 0.23 | 0.28 | 0.33 | 0.35 | 0.36 |

**管内多叶调节阀**

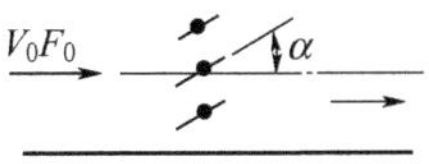

$n$—阀的叶片数

| $n$ | $\alpha/(°)$ |  |  |  |  |  |  |  |  |  |
|---|---|---|---|---|---|---|---|---|---|---|
|  | 0 | 10 | 20 | 30 | 40 | 50 | 60 | 70 | 80 | 90 |
| 1 | 0.5 | 0.3 | 1.0 | 2.5 | 7 | 20 | 60 | 100 | 1500 | 8000 |
| 2 | 0.5 | 0.4 | 1.0 | 2.5 | 4 | 8 | 30 | 50 | 350 | 6000 |
| 3 | 0.5 | 0.2 | 0.7 | 2.0 | 5 | 10 | 20 | 40 | 160 | 6000 |
| 4 | 0.5 | 0.25 | 0.8 | 2.0 | 4 | 8 | 15 | 30 | 100 | 6000 |
| 5 | 0.5 | 0.20 | 0.6 | 1.8 | 3.5 | 7 | 13 | 28 | 80 | 4000 |

**管内阀板**

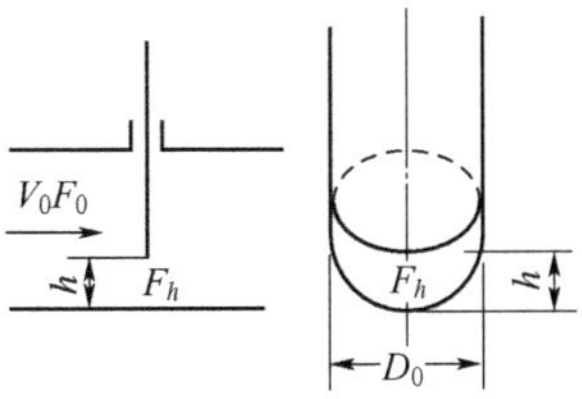

| $\frac{h}{D_0}$ | 0.10 | 0.125 | 0.2 | 0.3 | 0.4 | 0.5 | 0.6 | 0.7 | 0.8 | 0.9 | 1.0 |
|---|---|---|---|---|---|---|---|---|---|---|---|
| 圆形风管等 | — | 97.8 | 35 | 10.0 | 4.6 | 2.06 | 0.98 | 0.44 | 0.17 | 0.06 | 0 |
| 矩形风管等 | 193 | — | 44.5 | 17.8 | 8.12 | 4.02 | 2.08 | 0.95 | 0.39 | 0.09 | 0 |

**伞形罩**

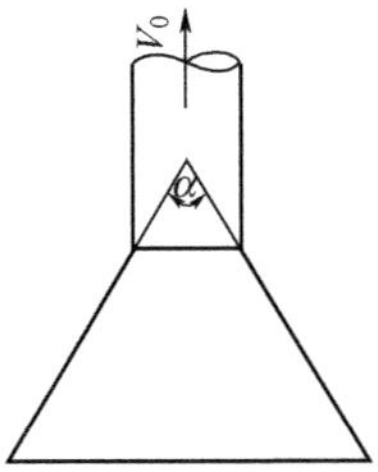

| $\alpha/(°)$ | 10 | 20 | 30 | 40 | 90 | 120 | 150 |
|---|---|---|---|---|---|---|---|
| 圆形 | 0.14 | 0.07 | 0.04 | 0.05 | 0.11 | 0.20 | 0.30 |
| 矩形 | 0.25 | 0.13 | 0.10 | 0.12 | 0.19 | 0.27 | 0.37 |

**表3　砖烟道局部阻力系数**

| 名称 | 图形和断面 | 局部阻力系数 $\zeta$（$\zeta$ 值以图内所示的速度 $V_0$ 计算） | 名称 | 图形和断面 | 局部阻力系数 $\zeta$（$\zeta$ 值以图内所示的速度 $V_0$ 计算） |
|---|---|---|---|---|---|
| 90°急转弯头 | 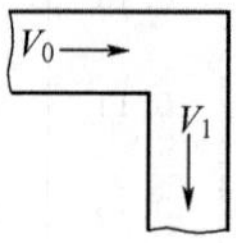 $V_0=V_1$ | 正方形断面<br>$\zeta=1.5$<br>狭长矩形断面<br>$\zeta=2.0$ | 两个互成直角的烟道汇合 | 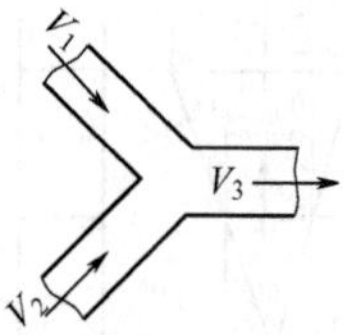 $V_1=V_2=V_3$ | $\zeta=1.5$ |
| 90°急转弯头 | 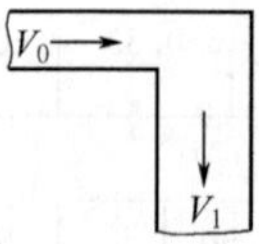 $V_0>V_1$ | $\zeta=1.5$ | 分成两个互成180°角的支路 | 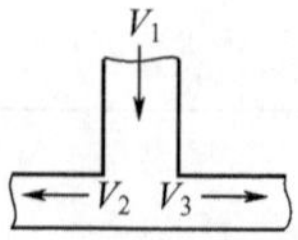 $V_1=V_2=V_3$ | $\zeta=2.0$ |
| 凸头烟道转90°弯头 | 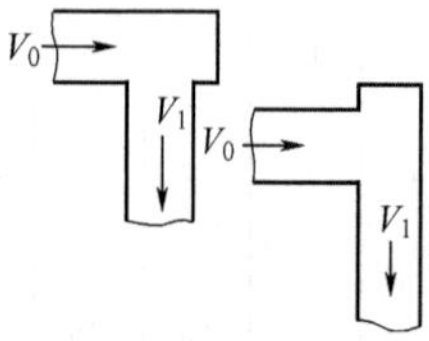 $V_0=V_1$ | $\zeta=1.5$ | 两个互成180°角的烟道汇合 | 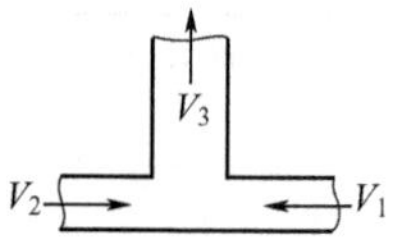 $V_1=V_2=V_3$ | $\zeta=3.0$ |
| 烟道壁凹陷 | 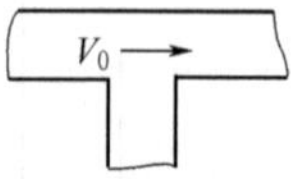 | $\zeta=0.1\sim1.0$ | 直角三通送出 | 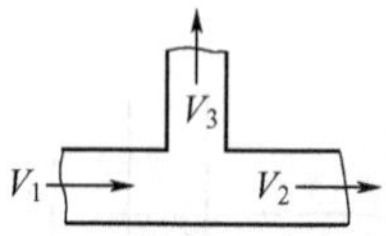 | $\zeta_2=1.0$<br>$\zeta_3=1.5$ |
| 45°弯头 | 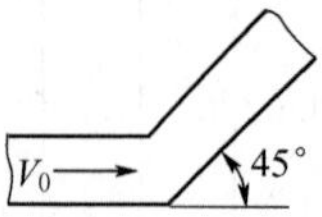 45° | $\zeta=0.5$ | 两个光滑的互成180°角烟道汇合 | 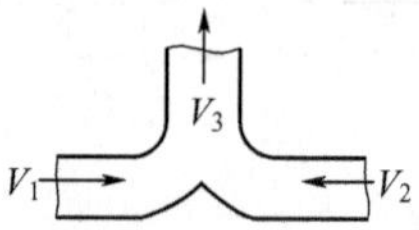 $V_1=V_2=V_3$ | $\zeta=2.0$ |
| 分成两个互成直角的支路 | 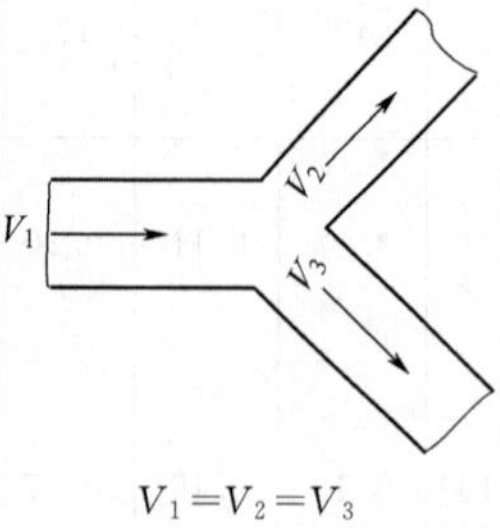 $V_1=V_2=V_3$ | 局部阻力系数值以图内所示速度 $V_1$ 计算<br>$\zeta=1.0$ | 分成两个光滑的180°角烟道 | 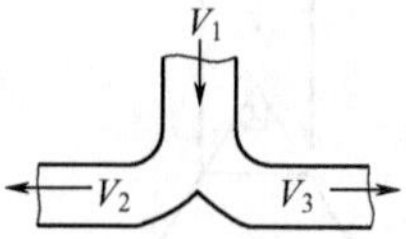 $V_1=V_2=V_3$ | $\zeta=0.5$ |

# 附录二 大气污染物排放和监测标准

## 一、大气固定源污染物排放标准

(1) 烧碱、聚氯乙烯工业污染物排放标准 GB 15581—2016
(2) 无机化学工业污染物排放标准 GB 31573—2015
(3) 石油化学工业污染物排放标准 GB 31571—2015
(4) 石油炼制工业污染物排放标准 GB 31570—2015
(5) 火葬场大气污染物排放标准 GB 13801—2015
(6) 再生铜、铝、铅、锌工业污染物排放标准 GB 31574—2015
(7) 合成树脂工业污染物排放标准 GB 31572—2015
(8) 锅炉大气污染物排放标准 GB 13271—2014
(9) 锡、锑、汞工业污染物排放标准 GB 30770—2014
(10) 电池工业污染物排放标准 GB 30484—2013
(11) 水泥工业大气污染物排放标准 GB 4915—2013
(12) 砖瓦工业大气污染物排放标准 GB 29620—2013
(13) 电子玻璃工业大气污染物排放标准 GB 29495—2013
(14) 炼焦化学工业污染物排放标准 GB 16171—2012
(15) 铁合金工业污染物排放标准 GB 28666—2012
(16) 铁矿采选工业污染物排放标准 GB 28661—2012
(17) 轧钢工业大气污染物排放标准 GB 28665—2012
(18) 炼钢工业大气污染物排放标准 GB 28664—2012
(19) 炼铁工业大气污染物排放标准 GB 28663—2012
(20) 钢铁烧结、球团工业大气污染物排放标准 GB 28662—2012
(21) 橡胶制品工业污染物排放标准 GB 27632—2011
(22) 火电厂大气污染物排放标准 GB 13223—2011
(23) 平板玻璃工业大气污染物排放标准 GB 26453—2011
(24) 钒工业污染物排放标准 GB 26452—2011
(25) 硫酸工业污染物排放标准 GB 26132—2010
(26) 稀土工业污染物排放标准 GB 26451—2011
(27) 硝酸工业污染物排放标准 GB 26131—2010
(28) 镁、钛工业污染物排放标准 GB 25468—2010
(29) 铜、镍、钴工业污染物排放标准 GB 25467—2010
(30) 铅、锌工业污染物排放标准 GB 25466—2010
(31) 铝工业污染物排放标准 GB 25465—2010
(32) 陶瓷工业污染物排放标准 GB 25464—2010
(33) 合成革与人造革工业污染物排放标准 GB 21902—2008
(34) 电镀污染物排放标准 GB 21900—2008
(35) 煤层气（煤矿瓦斯）排放标准（暂行） GB 21522—2008
(36) 加油站大气污染物排放标准 GB 20952—2007
(37) 储油库大气污染物排放标准 GB 20950—2007
(38) 煤炭工业污染物排放标准 GB 20426—2006

（39）水泥工业大气污染物排放标准　GB 4915—2013

（40）火电厂大气污染物排放标准　GB 13223—2011

（41）锅炉大气污染物排放标准　GB 13271—2014

（42）饮食业油烟排放标准　GB 18483—2001

（43）谷物干燥机大气污染物排放标准　NY 2802—2015

（44）大气污染物综合排放标准　GB 16297—1996

（45）工业炉窑大气污染物排放标准　GB 9078—1996

（46）生活垃圾焚烧大气污染物排放标准　DB 31/768—2013

（47）印刷业大气污染物排放标准　DB 31/872—2015

（48）大气污染物名称代码　HJ 524—2009

## 二、大气移动源污染物排放标准

（1）轻型汽车污染物排放限值及测量方法（中国第六阶段）　GB 18352.6—2016

（2）轻便摩托车污染物排放限值及测量方法（中国第四阶段）　GB 18176—2016

（3）船舶发动机排气污染物排放限值及测量方法（中国第一、二阶段）　GB 15097—2016

（4）摩托车污染物排放限值及测量方法（中国第四阶段）　GB 14622—2016

（5）轻型混合动力电动汽车污染物排放控制要求及测量方法　GB 19755—2016

（6）非道路移动机械用柴油机排气污染物排放限值及测量方法（中国第三、四阶段）　GB 20891—2014

（7）城市车辆用柴油发动机排气污染物排放限值及测量方法（WHTC 工况法）　HJ 689—2014

（8）轻型汽车污染物排放限值及测量方法（中国第五阶段）　GB 18352.5—2013

（9）摩托车和轻便摩托车排气污染物排放限值及测量方法（双怠速法）　GB 14621—2011

（10）非道路移动机械用小型点燃式发动机排气污染物排放限值与测量方法（中国第一、二阶段）　GB 26133—2010

（11）重型车用汽油发动机与汽车排气污染物排放限值及测量方法（中国Ⅲ、Ⅳ阶段）　GB 14762—2008

（12）摩托车和轻便摩托车燃油蒸发污染物排放限值及测量方法　GB 20998—2007

（13）汽油运输大气污染物排放标准　GB 20951—2007

（14）轻便摩托车污染物排放限值及测量方法（工况法　中国第Ⅲ阶段）　GB 18176—2007

（15）摩托车污染物排放限值及测量方法（工况法　中国第Ⅲ阶段）　GB 14622—2007

（16）非道路移动机械用柴油机排气污染物排放限值及测量方法（中国第三、四阶段）　GB 20891—2014

（17）轻型汽车污染物排放限值及测量方法（中国第五阶段）　GB 18352.5—2013

（18）车用压燃式、气体燃料点燃式发动机与汽车排气污染物排放限值及测量方法（中国Ⅲ、Ⅳ、Ⅴ阶段）　GB 17691—2005

（19）三轮汽车和低速货车用柴油机排气污染物排放限值及测量方法（中国Ⅰ、Ⅱ阶段）　GB 19756—2005

（20）装用点燃式发动机重型汽车曲轴箱污染物排放限值　GB 11340—2005

（21）点燃式发动机汽车排气污染物排放限值及测量方法（双怠速法及简易工况法）　GB

18285—2005

（22）摩托车和轻便摩托车排气烟度排放限值及测量方法　GB 19758—2005

（23）车用压燃式发动机和压燃式发动机汽车排气烟度排放限值及测量方法　GB 3847—2005

（24）装用点燃式发动机重型汽车 燃油蒸发污染物排放限值及测量方法（收集法）　GB 14763—2005

（25）农用运输车自由加速烟度排放限值及测量方法　GB 18322—2002

（26）柴油车大气污染物排放值及测量方法　GB 3847—2018

## 三、大气环境监测方法标准

（1）环境空气和废气　二噁英类的测定　同位素稀释高分辨气相色谱-高分辨质谱法　HJ 77.2—2008

（2）环境空气质量监测规范（试行）　国家环保总局公告　2007 年第 4 号

（3）固定污染源烟气排放连续监测技术规范（试行）　HJ/T 75—2007

（4）固定污染源烟气排放连续监测系统技术要求及检测方法（试行）　HJ/T 76—2007

（5）固定污染源监测质量保证与质量控制技术规范（试行）　HJ/T 373—2007

（6）固定源废气监测技术规范　HJ/T 397—2007

（7）固定污染源排放　烟气黑度的测定　林格曼烟气黑度图法　HJ/T 398—2007

（8）车内挥发性有机物和醛酮类物质采样测定方法　HJ/T 400—2007

（9）降雨自动采样器技术要求及检测方法　HJ/T 174—2005

（10）降雨自动监测仪技术要求及检测方法　HJ/T 175—2005

（11）环境空气气态污染物（$SO_2$、$NO_2$、$O_3$、CO）连续自动监测系统安装验收技术规范　HJ 193—2013

（12）环境空气质量手工监测技术规范　HJ/T 194—2005

（13）酸沉降监测技术规范　HJ/T 165—2004

（14）室内环境空气质量监测技术规范　HJ/T 167—2004

（15）环境空气颗粒物（$PM_{10}$和 $PM_{2.5}$）采样器技术要求及检测方法　HJ/T 93—2013

（16）饮食业油烟净化设备技术方法及检测技术规范（试行）　HJ/T 62—2001

（17）大气固定污染源　镍的测定　火焰原子吸收分光光度法　HJ/T 63.1—2001

（18）大气固定污染源　镍的测定　石墨炉原子吸收分光光度法　HJ/T 63.2—2001

（19）大气固定污染源　镍的测定　丁二酮肟-正丁醇萃取分光光度法　HJ/T 63.3—2001

（20）大气固定污染源　镉的测定　火焰原子吸收分光光度法　HJ/T 64.1—2001

（21）大气固定污染源　镉的测定　石墨炉原子吸收分光光度法　HJ/T 64.2—2001

（22）大气固定污染源　镉的测定　对-偶氮苯重氮氨基偶氮苯磺酸分光光度法　HJ/T 64.3—2001

（23）大气固定污染源　锡的测定　石墨炉原子吸收分光光度法　HJ/T 65—2001

（24）大气固定污染源　氯苯类化合物的测定　气相色谱法　HJ/T 66—2001

（25）大气固定污染源　氟化物的测定　离子选择电极法　HJ/T 67—2001

（26）大气固定污染源　苯胺类的测定　气相色谱法　HJ/T 68—2001

（27）燃煤锅炉烟尘和二氧化硫排放总量核定技术方法——物料衡算法（试行）　HJ/T 69—2001

（28）环境空气和废气二噁英类的测定　同位素稀释高分辨气相色谱-高分辨质谱法　HJ/T 77.2—2008

（29）车用压燃式、气体燃料点燃式发动机与汽车排气污染物排放限值及测量方法（中国Ⅲ、Ⅳ、Ⅴ阶段） GB 17691—2005

（30）大气污染物无组织排放监测技术导则 HJ/T 55—2000

（31）固定污染源排气中二氧化硫的测定 碘量法 HJ/T 56—2000

（32）固定污染源废气 二氧化硫的测定 定电位电解法 HJ 57—2017

（33）船舱内非危险货物产生有害气体的检测方法 GB/T 12301—1999

（34）固定污染源排气中氯化氢的测定 硫氰酸汞分光光度法 HJ/T 27—1999

（35）固定污染源排气中氰化氢的测定 异烟酸-吡唑啉酮分光光度法 HJ/T 28—1999

（36）固定污染源排气中铬酸雾的测定 二苯基碳酰二肼分光光度法 HJ/T 29—1999

（37）固定污染源排气中氯气的测定 甲基橙分光光度法 HJ/T 30—1999

（38）固定污染源排气中光气的测定 苯胺紫外分光光度法 HJ/T 31—1999

（39）固定污染源排气中酚类化合物的测定 4-氨基安替比林分光光度法 HJ/T 32—1999

（40）固定污染源排气中甲醇的测定 气相色谱法 HJ/T 33—1999

（41）固定污染源排气中氯乙烯的测定 气相色谱法 HJ/T 34—1999

（42）固定污染源排气中乙醛的测定 气相色谱法 HJ/T 35—1999

（43）固定污染源排气中丙烯醛的测定 气相色谱法 HJ/T 36—1999

（44）固定污染源排气中丙烯腈的测定 气相色谱法 HJ/T 37—1999

（45）固定污染源排气中非甲烷总烃的测定 气相色谱法 HJ/T 38—1999

（46）固定污染源排气中氯苯类的测定 气相色谱法 HJ/T 39—1999

（47）固定污染源排气中苯并［a］芘的测定 高效液相色谱法 HJ/T 40—1999

（48）固定污染源排气中石棉尘的测定 镜检法 HJ/T 41—1999

（49）固定污染源排气中氮氧化物的测定 紫外分光光度法 HJ/T 42—1999

（50）固定污染源排气中氮氧化物的测定 盐酸萘乙二胺分光光度法 HJ/T 43—1999

（51）固定污染源排气中一氧化碳的测定 非色散红外吸收法 HJ/T 44—1999

（52）固定污染源排气中沥青烟的测定 重量法 HJ/T 45—1999

（53）定电位电解法二氧化硫测定仪技术条件 HJ/T 46—1999

（54）烟气采样器技术条件 HJ/T 47—1999

（55）烟尘采样器技术条件 HJ/T 48—1999

（56）烟度卡 HJ 553—2010

（57）固定污染源排气中颗粒物测定与气态污染物采样方法 GB/T 16157—1996

（58）环境空气质量功能区划分原则与技术方法 HJ/T 14—1996

（59）环境空气 总悬浮颗粒物的测定 重量法 GB/T 15432—1995

（60）环境空气 氟化物的测定 石灰滤纸采样氟离子选择电极法 HJ 481—2009

（61）环境空气 氟化物的测定 滤膜采样氟离子选择电极法 HJ 480—2009

（62）环境空气 二氧化氮的测定 Saltzman法 GB/T 15435—1995

（63）环境空气 氮氧化物（一氧化氮和二氧化氮）的测定 盐酸萘乙二胺分光光度法 HJ 479—2009

（64）环境空气 臭氧的测定 靛蓝二磺酸钠分光光度法 HJ 504—2009

（65）环境空气 臭氧的测定 紫外光度法 HJ 590—2010

（66）环境空气 苯并［a］芘测定 高效液相色谱法 GB/T 15439—1995

（67）空气质量 硝基苯类（一硝基和二硝基化合物）的测定 锌还原-盐酸萘乙二胺分光光度法 GB/T 15501—1995

（68）空气质量　苯胺类的测定　盐酸萘乙二胺分光光度法　GB/T 15502—1995

（69）空气质量　甲醛的测定　乙酰丙酮分光光度法　GB/T 15516—1995

（70）环境空气　二氧化硫的测定　甲醛吸收-副玫瑰苯胺分光光度法　HJ 482—2009

（71）环境空气　总烃的测定　气相色谱法　HJ 604—2011

（72）环境空气　铅的测定　火焰原子吸收分光光度法　GB/T 15264—1994

（73）环境空气　降尘的测定　重量法　GB/T 15265—1994

（74）空气中碘-131 的取样与测定　GB/T 14584—1993

（75）环境空气和废气　氨的测定　纳氏试剂分光光度法　HJ 533—2009

（76）空气质量　氨的测定　离子选择电极法　GB/T 14669—1993

（77）空气质量　苯系物的测定　活性炭吸附/二硫化碳解吸-气相色谱法　HJ 584—2010

（78）空气质量　恶臭的测定　三点比较式臭袋法　GB/T 14675—1993

（79）空气质量　三甲胺的测定　气相色谱法　GB/T 14676—1993

（80）空气质量　苯系物的测定　固体吸附/热脱附-气相色谱法　HJ 583—2010

（81）空气质量　硫化氢、甲硫醇、甲硫醚和二甲二硫的测定　气相色谱法　GB/T 14678—1993

（82）空气质量　氨的测定　次氯酸钠-水杨酸分光光度法　HJ 534—2009

（83）空气质量　二硫化碳的测定　二乙胺分光光度法　GB/T 14680—1993

（84）汽油机动车怠速排气监测仪技术条件　HJ/T 3—1993

（85）柴油车滤纸式烟度计技术条件　HJ/T 4—1993

（86）大气降水采样和分析方法总则　GB 13580.1—1992

（87）大气降水样品采集与保存　GB 13580.2—1992

（88）大气降水电导率的测定方法　GB 13580.3—1992

（89）大气降水 pH 值的测定　电极法　GB 13580.4—1992

（90）大气降水中氟、氯、亚硝酸盐、硝酸盐、硫酸盐的测定　离子色谱法　GB 13580.5—1992

（91）大气降水中硫酸盐测定　GB 13580.6—1992

（92）大气降水中亚硝酸盐测定 *N*-(1-萘基)-乙二胺光度法　GB 13580.7—1992

（93）大气降水中硝酸盐测定　GB 13580.8—1992

（94）大气降水中氯化物的测定　硫氰酸汞高铁光度法　GB 13580.9—1992

（95）大气降水中氟化物的测定　新氟试剂光度法　GB 13580.10—1992

（96）大气降水中铵盐的测定　GB 13580.11—1992

（97）大气降水中钠、钾的测定　原子吸收分光光度法　GB 13580.12—1992

（98）大气降水中钙、镁的测定　原子吸收分光光度法　GB 13580.13—1992

（99）固定污染源排气　氮氧化物的测定　酸碱滴定法　HJ 675—2013

（100）气体参数测量和采样的固定位装置　HJ/T 1—1992

（101）锅炉烟尘测试方法　GB 5468—1991

（102）大气　试验粉尘标准样品　黄土尘　GB/T 13268—1991

（103）大气　试验粉尘标准样品　煤飞灰　GB/T 13269—1991

（104）大气　试验粉尘标准样品　模拟大气尘　GB/T 13270—1991

（105）空气质量　二氧化硫的测定　四氯汞盐-盐酸副玫瑰苯胺比色法　HJ 483—2009

（106）空气质量　飘尘中苯并［*a*］芘的测定　乙酰化滤纸层析荧光分光光度法　GB 8971—1988

（107）空气质量　一氧化碳的测定　非分散红外法　GB 9801—1988

（108）环境空气　$PM_{10}$和$PM_{2.5}$的测定　重量法　HJ 618—2011

（109）硫酸浓缩尾气硫酸雾的测定　铬酸钡比色法　GB 4920—1985

（110）工业废气　耗氧值和氧化氮的测定　重铬酸钾氧化、萘乙二胺比色法　GB 4921—1985

# 附录三　除尘工程相关标准规范

## 一、相关设计技术规范

（1）火电厂除尘工程技术规范　HJ 2039—2014

（2）钢铁工业除尘工程技术规范　HJ 435—2008

（3）水泥工业除尘工程技术规范　HJ 434—2008

（4）袋式除尘工程通用技术规范　HJ 2020—2012

（5）电除尘工程通用技术规范　HJ 2028—2013

（6）工业企业总平面设计规范　GB 50187—2012

（7）电力工程电缆设计规范　GB 50217—2007

（8）工业设备及管道绝热工程设计规范　GB 50264—2013

（9）建筑地基基础设计规范　GB 50007—2011

（10）建构结构荷载规范　GB 50009—2012

（11）混凝土结构设计规范　GB 50010—2010

（12）建筑抗震设计规范　GB 50011—2010

（13）室外排水设计规范　GB 50014—2006

（14）建筑给水排水设计规范　GB 50015—2003

（15）建筑设计防火规范　GB 50016—2014

（16）钢结构设计规范　GB 50017—2003

（17）工业建筑供暖通风与空气调节设计规范　GB 50019—2015

（18）压缩空气站设计规范　GB 50029—2014

（19）动力机器基础设计规范　GB 50040—1996

（20）烟囱设计规范　GB 50051—2013

（21）供配电系统设计规范　GB 50052—2009

（22）低压配电设计规范　GB 50054—2011

（23）建筑物防雷设计规范　GB 50057—2010

（24）电力工程直流电源系统设计技术规程　DL/T 5044—2014

（25）火力发电厂保温油漆设计规程　DL/T 5072—2007

（26）火力发电厂烟风煤粉管道设计技术规程　DL/T 5121—2000

（27）工业企业噪声控制设计规范　GB/T 50087—2013

（28）建筑灭火器配置设计规范　GB 50140—2005

（29）工业企业设计卫生标准　GBZ 1—2010

（30）工作场所有害因素职业接触限值　第2部分：物理因素　GBZ 2.2—2007

（31）电测量及电能计量装置设计技术规程　DL/T 5137—2001

（32）交流电气装置的过电压保护和绝缘配合　DL/T 620—1997

（33）建筑采光设计标准　GB 50033—2013

（34）石油化工设备和管道涂料防腐蚀设计规范　SH/T 3022—2011

(35) 涂覆涂料前钢材表面处理　表面清洁度的目视评定　第1部分：未涂覆过的钢材表面和全面清除原有涂层后的钢材表面的锈蚀等级和处理等级　GB/T 8923.1—2011

(36) 粉尘爆炸泄压指南　GB/T 15605—2008

## 二、常用除尘器标准

(1) 除尘器　术语　GB/T 16845—2017

(2) 袋式除尘器技术要求　GB/T 6719—2009

(3) 环境保护产品技术要求　袋式除尘器用电磁脉冲阀　HJ/T 284—2006

(4) 环境保护产品技术要求　袋式除尘器用滤料　HJ/T 324—2006

(5) 环境保护产品技术要求　袋式除尘器滤袋框架　HJ/T 325—2006

(6) 环境保护产品技术要求　袋式除尘器用覆膜滤料　HJ/T 326—2006

(7) 环境保护产品技术要求　袋式除尘器滤袋　HJ/T 327—2006

(8) 环境保护产品技术要求　脉冲喷吹类袋式除尘器　HJ/T 328—2006

(9) 环境保护产品技术要求　回转反吹袋式除尘器　HJ/T 329—2006

(10) 环境保护产品技术要求　分室反吹类袋式除尘器　HJ/T 330—2006

(11) 袋式除尘器　安全要求脉冲喷吹类袋式除尘器用分气箱　JB/T 10191—2010

(12) 静电除尘器焊接件　技术要求　JB/T 5911—2016

(13) 袋式除尘器用电磁脉冲阀　JB/T 5916—2013

(14) 袋式除尘器用滤袋框架　JB/T 5917—2013

(15) 袋式除尘器　安装技术要求与验收规范　JB/T 8471—2010

(16) 静电除尘器　JB/T 5910—2013

(17) 电袋复合除尘器　GB/T 27869—2011

(18) 分室反吹风清灰袋式除尘器　JC/T 837—2013

(19) 离心式除尘器　JB/T 9054—2015

(20) 机械振动类袋式除尘器　JB/T 9055—2015

(21) 顶置湿式电除尘器　JB/T 12532—2015

(22) 电袋复合除尘器电气控制装置　JB/T 12123—2015

(23) 袋式除尘器离线移动清灰技术规范　DL/T 1618—2016

(24) 低低温电除尘器　JB/T 12591—2016

(25) 燃煤电厂超净电袋复合除尘器　DL/T 1493—2016

(26) 静电除尘器用电磁锤振打器　JB/T 11640—2013

(27) 湿式电除尘器　JB/T 11638—2013

(28) 燃煤电厂用电袋复合除尘器　JB/T 11829—2014

(29) 滤筒式除尘器　JB/T 10341—2014

## 三、相关工程施工规范标准

(1) 建设工程项目管理规范　GB/T 50326—2017

(2) 工业金属管道工程施工规范　GB 50235—2010

(3) 现场设备、工业管道焊接工程施工规范　GB 50236—2011

(4) 建筑给水排水及采暖工程施工质量验收规范　GB 50242—2002

(5) 电气装置安装工程　低压电器施工及验收规范　GB 50254—2014

(6) 建筑电气工程施工质量验收规范　GB 5033—2015

(7) 安全带　GB 6095—2009

(8) 安全网　GB 5725—2009
(9) 安全标志及其使用导则　GB 2894—2008
(10) 高处作业分级　GB/T 3608—2008
(11) 固定式钢梯及平台安全要求　第1部分：钢直梯　GB 4053.1—2009
(12) 固定式钢梯及平台安全要求　第2部分：钢斜梯　GB 4053.2—2009
(13) 固定式钢梯及平台安全要求　第3部分：工业防护栏杆及钢平台　GB 4053.3—2009
(14) 涂装作业安全规程　涂漆工艺安全及其通风净化　GB 6514—2008
(15) 便携式木折梯安全要求　GB 7059—2007
(16) 低压成套开关设备和控制设备　第1部分：总则　GB 7251.1—2013
(17) 工业企业厂界环境噪声排放标准　GB 12348—2008
(18) 输送设备安装工程施工及验收规范　GB 50270—2010
(19) 风机、压缩机、泵安装工程施工及验收规范　GB 50275—2010
(20) 建筑电气工程施工质量验收规范　GB 50303—2015
(21) 旋转电机　定额和性能　GB 755—2008
(22) 气焊、手工电弧焊、气体保护焊和高能束焊的推荐坡口　GB/T 985.1—2008
(23) 自动化仪表工程施工及质量验收规范　GB 50093—2013
(24) 电气装置安装工程电缆线路施工及验收规范　GB 50168—2006
(25) 电气装置安装工程　接地装置施工及验收规范　GB 50169—2006
(26) 电气装置安装工程　盘、柜及二次回路接线施工及验收规范　GB 50171—2012
(27) 混凝土结构工程施工质量验收规范　GB 50204—2015
(28) 火力发电厂分散控制系统验收测试规程　DL/T 659—2016
(29) 正压气力除灰系统性能验收试验规程　DL/T 909—2004
(30) 电气装置安装工程　母线装置施工及验收规范　GB 50149—2010
(31) 手持式电动工具的管理、使用、检查和维修安全技术规程　GB/T 3787—2017
(32) 特低电压（ELV）限值　GB/T 3805—2008
(33) 低压开关设备和控制设备　第5～9部分：控制电路电器和开关元件　流量开关　GB/T 14048.21—2013

## 四、相关防燃防爆规程规范

(1) 防止静电事故通用导则　GB 12158—2006
(2) 粉尘防爆安全规程　GB 15577—2007
(3) 铝镁粉加工粉尘防爆安全规程　GB 17269—2003
(4) 粮食加工、储运系统粉尘防爆安全规程　GB 17440—2008
(5) 港口散粮装卸系统粉尘防爆安全规程　GB 17918—2008
(6) 粉尘爆炸危险场所用收尘器防爆导则　GB/T 17919—2008
(7) 烟草加工系统粉尘防爆安全规程　GB 18245—2000
(8) 饲料加工系统粉尘防爆安全规程　GB 19081—2008
(9) 亚麻纤维加工系统粉尘防爆安全规程　GB 19881—2005
(10) 建筑设计防火规范　GB 50016—2014
(11) 建筑物防雷设计规范　GB 50057—2010
(12) 爆炸危险环境电力装置设计规范　GB 50058—2014
(13) 木材加工系统粉尘防爆安全规范　AQ 4228—2012

（14）粮食立筒仓粉尘防爆安全规范　AQ 4229—2013
（15）塑料生产系统粉尘防爆规范　AQ 4232—2013

## 五、相关噪声振动常用标准

（1）声学　低噪声工作场所设计指南　噪声控制规划　GB/T 17249.1—1998
（2）声学　消声器现场测量　GB/T 19512—2004
（3）声屏障声学设计和测量规范　HJ/T 90—2004
（4）环境噪声监测技术规范　城市声环境常规监测　HJ 640—2012
（5）建筑施工场界环境噪声排放标准　GB 12523—2011
（6）工业企业厂界环境噪声排放标准　GB 12348—2008
（7）声学　环境噪声的描述、测量与评价　第1部分：基本参量与评价方法　GB/T 3222.1—2006
（8）声学　环境噪声的描述、测量与评价　第2部分：环境噪声级测定　GB/T 3222.2—2009
（9）建筑施工场界环境噪声排放标准　GB 12523—2011
（10）环境噪声监测技术规范　噪声测量值修正　HJ 706—2014
（11）环境噪声监测技术规范　结构传播固定设备室内噪声　HJ 707—2014
（12）通风机　噪声限值　JB/T 8690—2014

## 六、除尘工程验收参照标准

**1. 基本法律和规范**

（1）中华人民共和国建筑法
（2）建设工程质量管理条例
（3）建设工程项目管理规范　GB/T 50326—2017
（4）建设工程监理规范　GB/T 50319—2013
（5）建设工程文件归档规范　GB/T 50328—2014

**2. 土方及基础工程参照标准**

（1）土工试验方法标准　GB/T 50123—1999
（2）建筑地基基础工程施工质量验收规范　GB 50202—2002
（3）建筑与市政工程地下水控制技术规范　JGJ 111—2016

**3. 钢筋混凝土工程参照标准**

（1）给水排水构筑物工程施工及验收规范　GB 50141—2008
（2）混凝土结构工程施工质量验收规范　GB 50204—2015
（3）钢筋混凝土用钢　第2部分：热轧带肋钢筋　GB 1499.2—2007
（4）钢筋混凝土用钢　第1部分：热轧光圆钢筋　GB 1499.1—2008
（5）组合钢模板技术规范　GB/T 50214—2013
（6）混凝土质量控制标准　GB 50164—2011
（7）混凝土强度检验评定标准　GB/T 50107—2010
（8）通用硅酸盐水泥　GB 175—2007
（9）混凝土外加剂应用技术规范　GB 50119—2013
（10）地下防水工程质量验收规范　GB 50208—2011
（11）钢筋焊接及验收规程　JGJ 18—2012
（12）建筑施工模板安全技术规范　JGJ 162—2008

（13）建筑施工扣件式钢管脚手架安全技术规范　JGJ 130—2011
（14）普通混凝土用砂、石质量及检验方法标准　JGJ 52—2006
（15）普通混凝土配合比设计规程　JGJ 55—2011
（16）混凝土用水标准　JGJ 63—2006
（17）砂浆、混凝土防水剂　JC 474—2008
（18）混凝土膨胀剂　GB 23439—2009

**4. 建筑工程参照标准**

（1）建筑工程施工质量验收统一标准　GB 50300—2013
（2）砌体结构工程施工质量验收规范　GB 50203—2011
（3）建筑防腐蚀工程施工规范　GB 50212—2014
（4）屋面工程质量验收规范　GB 50207—2012
（5）建筑地面工程施工质量验收规范　GB 50209—2010
（6）建筑装饰装修工程质量验收规范　GB 50210—2001
（7）建筑给水排水及采暖工程施工质量验收规范　GB 50242—2002
（8）通风与空调工程施工质量验收规范　GB 50243—2016
（9）建筑电气工程施工质量验收规范　GB 50303—2015
（10）屋面工程技术规范　GB 50345—2012
（11）建筑排水塑料管道工程技术规程　CJJ/T 29—2010
（12）建筑排水用硬聚氯乙烯（PVC-U）管材　GB/T 5836.1—2006

**5. 管道工程参照标准**

（1）给水排水管道工程施工及验收规范　GB 50268—2008
（2）工业金属管道工程施工质量验收规范　GB 50184—2011
（3）现场设备、工业管道焊接工程施工规范　GB 50236—2011
（4）管道元件 DN（公称尺寸）的定义和选用　GB/T 1047—2005
（5）管道元件——PN（公称压力）的定义和选用　GB/T 1048—2005
（6）埋地硬聚氯乙烯排水管道工程技术规范　CECS122：2001
（7）混凝土和钢筋混凝土排水管　GB/T 11836—2009
（8）低压流体输送用焊接钢管　GB/T 3091—2015
（9）玻璃钢管和管件　HG/T 21633—1991
（10）钢管的验收、包装、标志和质量证明书　GB/T 2102—2006
（11）钢制管法兰　类型与参数　GB/T 9112—2010

**6. 设备安装工程参照标准**

（1）工业安装工程施工质量验收统一标准　GB 50252—2010
（2）机械设备安装工程施工及验收通用规范　GB 50231—2009
（3）现场设备、工业管道焊接工程施工规范　GB 50236—2011
（4）风机、压缩机、泵安装工程施工及验收规范　GB 50275—2010
（5）起重设备安装工程施工及验收规范　GB 50278—2010
（6）水工金属结构防腐蚀规范（附条文说明）SL 105—2007
（7）泵站施工规范　SL 234—1999
（8）水工金属结构焊接通用技术条件　SL 36—2016

**7. 电气工程参照标准**

（1）建设工程施工现场供用电安全规范　GB 50194—2014
（2）电气装置安装工程　电力变压器、油浸电抗器、互感器施工及验收规范　GB

50148—2010

（3）电气装置安装工程　电缆线路施工及验收规范　GB 50168—2006

（4）电气装置安装工程　接地装置施工及验收规范　GB 50169—2016

（5）电气装置安装工程　旋转电机施工及验收规范　GB 50170—2006

（6）电气装置安装工程　盘、柜及二次回路接线施工及验收规范　GB 50171—2012

（7）电气装置安装工程　低压电器施工及验收规范　GB 50254—2014

（8）电气装置安装工程　电力变流设备施工及验收规范　GB 50255—2014

（9）电气装置安装工程　起重机电气装置施工及验收规范　GB 50256—2014

（10）电气装置安装工程　爆炸和火灾危险环境电气装置施工及验收规范　GB 50257—2014

（11）建筑电气工程施工质量验收规范　GB 50303—2015

（12）建筑电气工程施工质量验收规范　GB 50303—2002

（13）电气装置安装工程　电气设备交接试验标准　GB 50150—2016

# 参 考 文 献


[1] 王纯，张殿印．废气处理工程技术手册．北京：化学工业出版社，2013.

[2] 张殿印，王纯．除尘工程设计手册．第2版．北京：化学工业出版社，2010.

[3] 王纯，张殿印．除尘工程技术手册．北京：化学工业出版社，2016.

[4] 刘伟东，张殿印，陆亚萍．除尘工程升级改造技术．北京：化学工业出版社，2014.

[5] 王纯，张殿印．除尘设备手册．北京：化学工业出版社，2009.

[6] 张殿印，王海涛．除尘设备与运行管理．北京：冶金工业出版社，2012.

[7] 张殿印，王纯．除尘器手册．第2版．北京：化学工业出版社，2015.

[8] 张殿印，顾海根，肖春．除尘器运行维护与管理．北京：化学工业出版社，2015.

[9] 张殿印，王纯，俞非漉．袋式除尘技术．北京：冶金工业出版社，2008.

[10] 张殿印，王纯．脉冲袋式除尘器手册．北京：化学工业出版社，2011.

[11] 杨建勋，张殿印．袋式除尘器设计指南．北京：机械工业出版社，2012.

[12] 张殿印，王海涛．袋式除尘器管理指南——安装、运行与维护．北京：机械工业出版社，2013.

[13] 刘瑾，张殿印，陆亚萍．袋式除尘器配件选用手册．北京：化学工业出版社，2016.

[14] 张殿印，申丽．工业除尘设备设计手册．北京：化学工业出版社，2012.

[15] 王冠，安登飞，庄剑恒，张殿印．工业炉窑节能减排技术．北京：化学工业出版社，2015.

[16] 王纯，张殿印．工业烟尘减排与回收利用．北京：化学工业出版社，2014.

[17] 俞非漉，王海涛，王冠，张殿印．冶金工业烟尘减排和回收利用．北京：化学工业出版社，2014.

[18] 王海涛，王冠，张殿印．钢铁工业烟尘减排和回收利用技术指南．北京：冶金工业出版社，2012.

[19] 岳清瑞，张殿印．钢铁工业三废综合利用技术．北京：化学工业出版社，2015.

[20] 张殿印，梁文艳，李惊涛．钢铁废渣再生利用技术．北京：化学工业出版社，2015.

[21] 左其武，张殿印．锅炉除尘技术．北京：化学工业出版社，2010.

[22] 张殿印，张学义．除尘技术手册．北京：冶金工业出版社，2002.

[23] 王绍文，张殿印，徐世勤，董宝澍．环保设备材料手册．北京：冶金工业出版社，1992.

[24] 张殿印，陈康．环境工程入门．第2版．北京：冶金工业出版社，1999.

[25] 张殿印．环保知识400问．第3版．北京：冶金工业出版社，2004.

[26] 张殿印，姜凤有，冯玲．袋式除尘器运行管理．北京：冶金工业出版社，1993.

[27] 张殿印，高华东，肖春．冶炼废渣再生利用技术．北京：化学工业出版社，2017.

[28] 张殿印，李惊涛．冶金烟气治理新技术手册．北京：化学工业出版社，2018.

[29] 高华东，肖春，张殿印．细颗粒物净化过滤材料与应用．北京：化学工业出版社，2018.

[30] 冶金工业部建设协调司，中国冶金建设协会编．钢铁企业采暖通风设计手册．北京：冶金工业出版社，1996.

[31] [日] 通商产业省公安保安局主编．除尘技术．李金昌，译．北京：中国建筑工业出版社，1977.

[32] 王晶，李振东．工厂消烟除尘手册．北京：科学普及出版社，1992.

[33] 刘后启，窦立功，张晓梅，等．水泥厂大气污染物排放控制技术．北京：中国建材工业出版社，2007.

[34] B M 乌索夫，等．工业气体净化与除尘器过滤器．李悦，徐图，译．哈尔滨：黑龙江科学技术出版社，1984.

[35] 王绍文，张殿印．工业布局与城市环境保护．基建管理优化，1990.

[36] 申丽，张殿印．工业粉尘的性质．金属世界，1998 (2)：31-32.

[37] 嵇敬文．除尘器．北京：中国建筑工业出版社，1981.

[38] 威廉 L 休曼．工业气体污染控制系统．华译网翻译公司译．北京：化学工业出版社，2007.

[39] 焦永道．水泥工业大气污染治理．北京：化学工业出版社，2007.

[40] 工业锅炉房常用设备手册编写组．工业锅炉房常用设备手册．北京：机械工业出版社，1995.

[41] 井伊谷钢一．降尘装置的性能．马文彦，译．北京：机械工业出版社，1986.

[42] 曹彬，叶敏，姜凤有，张殿印．利用低压脉冲技术改造反吹袋式除尘器的研究．环境科学与技术，2001 (5)．

[43] 张殿印．布袋除尘器简易检漏装置．劳动保护，1979 (7)：19-20.

[44] 张殿印．烟尘治理技术（讲座）．环境工程，1988 (1)-(6)．

[45] 张殿印，姜凤有．日本袋式除尘器的发展动向．环境工程，1993 (6).

[46] 张殿印．静电除尘器声波清灰原理及设计要点．云南环境保护，2000(8) 增刊：230-232.

[47] 张殿印．国外铝冶炼厂污染问题概况．冶金安全，1980 (4)．

[48] 张殿印，钢铁工业的能源利用与环保对策．环境工程，1987 (3)．

[49] 张殿印．静电对袋式除尘器性能的影响．静电，1989 (3)：24-28.

[50] 张殿印，姜凤有．低压脉冲除尘器在高炉碾泥机室的应用．冶金环境保护，2000（5）：11-14.
[51] 张殿印，台炳华，陈尚芹，黄西谋．针刺滤料及其过滤特性．暖通空调，1981（2）．
[52] 张殿印，袋式除尘器滤料及其选择．环境工程，1991（4）．
[53] 张殿印，姜凤有．除尘器的漏风与检验技术．环境工程，1995（1）．
[54] 顾海根，张殿印．滤筒式除尘器工作原理与工程实践．环境科学与技术，2001（3）：47-49.
[55] 陆跃庆．实用供热空调设计手册．北京：中国建筑工业出版社，1993.
[56] 吴超．化学抑尘．长沙：中南大学出版社，2003.
[57] 戚罡，叶敏，张殿印，姜凤有．袋式除尘器高温技术措施．环境工程，2003（6）．
[58] Hardbottle R. Dust Extraction Technology. Glos，England，Techicopy，1976.
[59] 李家瑞．工业企业环境保护．北京：冶金工业出版社，1992.
[60] 铁大铮，于永礼．中小水泥厂设备工作者手册．北京：中国建筑工业出版社，1989.
[61] 张殿印，王永忠．高炉脱硅除尘器的设计要点和运行效果．冶金环境保护，2003（1）：38-40.
[62] 姜凤有．工业除尘设备．北京：冶金工业出版社，2007.
[63] バダフイルタ一専門委员会．バダフイルタ一の技术調查報告．空気清浄，昭和49年3月．
[64] 张殿印，顾海根．回流式惯性除尘器技术新进展．环境科学与技术，2000（3）：45-48.
[65] 张学义，钱连山．声波技术在静电除尘器应用．工程建设与设计，1999（5）：41-43.
[66] 张殿印，王纯．大型袋式除尘器的开发与应用．工厂建设与设计，1998（1）：38-40.
[67] 申丽．脉冲布袋除尘器的控制技术．工厂建设与设计，1998（2）：16-18.
[68] 张殿印．电除尘器声波清灰原理及设计要点．电除尘及气体净化，2003（3）：18-21.
[69] 张殿印．静电除尘器的灾害预防与控制．静电，1992（2）：47-50.
[70] 守田荣著．公害工学入门．东京：オ一ム社，昭和54年．
[71] 通商虚业省立地公害局．公害防止必携．东京：崖业公害防止协会，昭和51年．
[72] 诹访佑编．公害防止实用便览：大气污染防治篇．东京：化学工业社，昭和46年．
[73] 于正然，等．烟尘烟气测试实用技术．北京：中国环境科学出版社，1990.
[74] Wark L，Warner C. Air Pollution Lts Origi And Control. New York：Harper and Row Publishers，1981.
[75] P N 切雷米西诺夫 R A 扬格．大气污染控制设计手册．胡文龙，李大志，译．北京：化学工业出版社，1991.
[76] Wilhelm Batel. Dust Extraction Techrology. Technicopy Limited，1976.
[77] 杨丽芬，李友琥．环保工作者实用手册．第2版．北京：冶金工业出版社，2001.
[78] 胡学毅，薄以匀．焦炉炼焦除尘．北京：化学工业出版社，2010.
[79] 王永忠，张殿印，王彦宁．现代钢铁企业除尘技术发展趋势．世界钢铁，2007（3）：1-5.
[80] 白震，张殿印．脉冲除尘器的清灰压力特性及选择研究．冶金环境保护，2002（6）：65-69.
[81] 金毓荃，李坚，孙治荣．环境工程设计基础．第2版．北京：化学工业出版社，2008.
[82] 刘景良．大气污染控制工程．北京：中国轻工业出版社，2002.
[83] 国家环境保护局．钢铁工业废气治理．北京：中国环境科学出版社，1992.
[84] 肥谷春城．MCフエルトの開闢ととその機能性．たついて. 機能材料，1992（10）：33-39.
[85] 方荣生，方德寿．科技人员常用公式与数表手册．北京：机械工业出版社，1997.
[86] 孙延祚．流量检测技术与仪表．北京：北京化工大学出版社，1997.
[87] 张殿印．钢厂大面积烟尘量测量．环境工程，1983（1）：26-29.
[88] C N 戴维斯．空气过滤．黄日广，译．北京：原子能出版社，1979.
[89] H 布控沃尔，Y B G 瓦尔玛．空气污染控制设备．赵汝林，等译．北京：机械工业出版社，1985.
[90] 黄翔．纺织空调除尘技术手册．北京：中国纺织出版社，2003.
[91] 李凤生，等．超细粉体技术．北京：国防工业出版社，2001.
[92] 吴忠标．大气污染控制工程．北京：化学工业出版社，2001.
[93] 马建立，等．绿色冶金与清洁生产．北京：冶金工业出版社，2008.
[94] 唐平，等．冶金过程废气污染控制与资源化．北京：冶金工业出版社，2008.
[95] 国家环境保护局．有色冶金工业废气治理．北京：中国环境科学出版社，1993.
[96] 朱廷珏，李玉然．烧结烟气排放控制技术及工程应用．北京：冶金工业出版社，2015.
[97] 胡华龙．废物焚烧——综合污染预防与控制最佳可行技术．北京：化学工业出版社，2009.
[98] [日] 藤井正．空气净化技术手册．许明镐，等译．北京：电子工业出版社，1985.
[99] 瘳增安．高压静电收尘器设计．静电，1997，2：14-19.
[100] 杨飚．二氧化硫减排技术与烟气脱硫工程．北京：冶金工业出版社，2004.

[101] 王永忠，宋七棣．电炉炼钢除尘．北京：冶金工业出版社，2003.
[102] 王显龙，等．静电除尘器的新应用及其发展方向．工业安全与环保，2003，11：3-5.
[103] 许宏庆．旋风分离器的实验研究．实验技术与管理，1984（1）：27-41，（2）：35-43.
[104] 林宏．电袋收尘器的开发和应用．中国水泥，2003，8：25-27.
[105] 周兴求．环保设备设计手册——大气污染控制设备．北京：化学工业出版社，2004.
[106] 铝厂含氟烟气治理编写组．铝厂含氟烟气治理．北京：冶金工业出版社，1982.
[107] 张殿印，等．脉冲袋式除尘器滤袋失效诱因与防范．冶金环境保护，2004（5）：13-17.
[108] 张殿印，等．袋式除尘器滤料物理性失效与防范．暖通制冷设备，2007（6）：39-41.
[109] 吴凌放，张殿印，等．袋式除尘技术现状与发展方向．环保时代，2007（11）：19-22.
[110] 李倩婧，张殿印．防爆袋式除尘器设计要点．冶金环境保护，2010（6）：28-31.
[111] 王绍文，杨景玲，赵锐锐，王海涛，等．冶金工业节能减排技术指南．北京：化学工业出版社，2004.
[112] 李超杰，赵晓晨，泰岳．超声波雾化除尘技术在巴润公司的应用．环境工程，2014（3）：80-82.
[113] 陈盈盈，王海涛．焦炉装煤车烟气净化节能改造．环境工程，2008（5）：38-40.
[114] 赵振奇，潘永来．除尘器壳体钢结构设计．北京：冶金工业出版社，2008.
[115] 陈颖，郭俊，毛春华，卢刚．电除尘器高频电源的提效节能应用．中国环保产业，2010（12）：28-31.
[116] 王勇．建设美丽中国人人有责．中国环保产业，2013（3）：33-37.
[117] 刘勇，杨林军，赵汶．燃煤电站污染物控制设施增强$PM_{2.5}$脱除的方法．中国环保产业，2013（3）：43-46.
[118] 郦建国，吴泉明，余顺利，刘云，周林海．燃煤电站电除尘器提效改造技术路线的选择．中国环保产业，2013（3）：58-62.
[119] 陈国忠，肖卫芳，金建国，严红春．我国袋式除尘器制造技术的发展．中国环保产业，2015（1）：22-26.
[120] 中国环境保护产业协会袋式除尘委员会．我国袋式除尘设计水平的全面进步．中国环保产业，2015（3）：4-8.
[121] 黄斌香，舒家华，陈璀君，冷瑞娟．覆膜滤料袋式除尘器对工业粉尘中的$PM_{2.5}$的排放控制．中国环保产业，2013（4）：23-26.
[122] 刘含笑，郦建国，姚宇平，郭峰，余顺利，陈招妹．$PM_{2.5}$湍流聚并方法研究进展．中国环保产业，2013（4）：27-30.
[123] 赵建民．新排放标准情况下火电厂除尘方式的选择．中国环保产业，2013（4）：48-54.
[124] 叶子仪，刘胜强，曾毅夫，周益辉，刘彰，胡永锋．低低温电除尘技术在燃煤电厂的应用．中国环保产业，2015（5）：22-25.
[125] 江得厚，王贺岑，董雪峰，张营帅，李东梅．燃煤电厂$PM_{2.5}$及汞控制技术探讨．中国环保产业，2013（10）：38-45.
[126] 修海明．电袋复合除尘器脱除$PM_{2.5}$效率的探讨．中国环保产业，2013（10）：46-49.
[127] 舒英刚．燃煤电厂电除尘技术综述．中国环保产业，2013（12）：7-12.
[128] 中国环境保护产业协会袋式除尘委员会．袋式除尘行业2014年发展综述．中国环保产业，2015（11）：15-23.
[129] 何森，刘胜强，曾毅夫，叶明强．磁化水高压喷雾除尘技术治理城市$PM_{2.5}$．中国环保产业，2015（11）：24-27.
[130] 左朋莱，张锋，陈文龙，井鹏，岳兰秀，宋华，王晨龙，高佳佳，岳涛．我国燃煤工业锅炉大气污染物治理技术探讨．中国环保产业，2015（11）：28-32.
[131] 袁建国，刘含笑，郭链，郦建国．固定源颗粒物测试方法及误差评述．中国环保产业，2016（8）：22-24.
[132] 董力．高频高压电源在湿式电除尘器的应用．中国环保产业，2016（8）：60-64.
[133] 高博，曾毅夫，叶明强，刘胜强．一种城市治理$PM_{2.5}$的新方法．中国环保产业，2016（9）：33-35.
[134] 张泽玉，吴大伟，吴祥奎，钟作伦，苏锦燕，张泽勇．湿式静电除尘器在污染物减排治理中的应用．中国环保产业，2016（9）：39-42.
[135] 徐飞，张殿印．不同类型除尘器改造为脉冲除尘器技术．冶金环境保护，2010（4）：48-53.
[136] 安登飞，王冠，庄剑恒．除尘系统的数值模拟．冶金环境保护，2010（4）：45-47.
[137] 肖春，王冠．脉冲袋式除尘器中箱体支撑体系有限元分析．冶金环境保护，2010（4）：15-17.
[138] 肖春，王海涛．脉冲袋式除尘器灰斗有限元分析．冶金环境保护，2010（4）：29-36.
[139] 高华东，张殿印．高炉煤气干法除尘技术的发展．冶金环境保护，2010（4）：2-8.
[140] 王冠，王海涛，张殿印．脉冲袋式除尘器的阻力分析．冶金环境保护，2010（4）：37-40.
[141] 王海涛，王冠．袋式除尘器反吹风清灰机理的研究．冶金环境保护，2010（4）：25-29.
[142] 王海涛，张殿印．袋式除尘器脉冲喷吹清灰机理的探讨．冶金环境保护，2010（4）：22-24.
[143] 王冠，徐飞．关于袋式除尘器过滤速度及其影响因素的探讨．冶金环境保护，2010（4）：18-21.
[144] 庄剑恒，冯馨瑶．试论除尘系统的节能原理和途径．冶金环境保护，2010（4）：41-44.

[145] 张殿印，王海涛，王冠．脉冲袋式除尘器在高温烟气除尘中的应用．冶金环境保护，2010（6）．
[146] 王纯，俞非漉，朱晓华．高效低阻脉冲袋式除尘技术的研究与应用．中国钢铁工业创新技术与先进设备，2010.
[147] 王纯，俞非漉．高效低阻长袋脉冲袋式除尘技术的研究．中国钢铁工业节能减排技术与设备概览，2008.
[148] 朱晓华，章敬泉，李鹏飞，韩志强．钙硫比对烧结烟气循环流化床脱硫效率的影响．环境工程，2011（3）．
[149] 李鹏飞，章敬泉，朱晓华．循环流化床入口结构对流态化效果影响比较．环境工程，2011（4）．
[150] 张鹏，韩志强，陈媛．塑烧板除尘器在精轧机除尘系统中的应用．环境工程，2011（4）．
[151] 王宇鹏，王纯，俞非漉．转炉烟气湿法除尘技术发展及改进．环境工程，2011（5）．
[152] 王冠．脉冲袋式除尘器的阻力分析．中国环保产业，2011（9）．
[153] 刘爱芳．粉尘分离与过滤．北京：冶金工业出版社，1998.
[154] 郭丰年，徐天平．实用袋滤除尘技术．北京：冶金工业出版社，2015.

# 索引

A



B



C

**D**

**E**



**F**

## G

## K



## L

## Q



## R



## S

**T**

## U



## W



## X



## Y

## Z

南通大通宝富风机有限公司（原国营南通风机厂）创建于1966年，至今已有五十多年的风机生产历史，是中国通用机械工业协会风机分会副理事长单位。1991年获得国务院颁发的“国家重大技术装备研制突出贡献奖”、2015年获得“电力科学技术一等奖”，2018年10月入选《寻找中国制造隐形冠军》（人民出版社出版）。

大通宝富一直坚持管理创新、机制创新、文化创新以及自主研发与引进相结合的技术创新，持续进行产品的智能化、设备的自动化、组织的流程化、管理的信息化建设，不断取得新突破，实现了快速健康发展。目前，大通宝富已具备大型循环流化床机组、钢铁行业大型除尘系统、千万吨级炼化一体化装置、乙烯裂解炉、煤化工气化装置、军用核工业装置通风机，脱硫氧化送气装置、煤气输送装置、碱化工抽真空装置鼓风机，以及浓缩、蒸发结晶装置蒸汽压缩机（高温升、低温升、磁悬浮）等大型及高端设备的研发制造能力。相关产品设计制造技术已达到国际先进水平。大通宝富研制的DM1000型MVR蒸汽压缩机，在2018年被江苏省工业和信息化厅认定为“江苏省首台（套）重大装备产品”。

近年来，大通宝富先后添置了12米数控卧式车床和磨床、大型数控镗铣床和镗床、6米龙门刨铣床、德国哈默五轴加工中心、叶轮自动焊接机器人、机壳自动焊接机、丹麦全自动旋压机、大型激光切割机等大、精、稀设备，12米德国申克动平衡机、三坐标测量仪等先进检测设备，装备和制造能力达到行业领先水平。

大通宝富坚守“诚实守信、专注专业、利他共生”的核心价值观，始终坚持“以客户为中心、匠心专注，提供核级品质的绿色动力设备和系统集成服务”的经营方针，持续创新发展，不断提升企业价值，致力于成为可靠、绿色流体机械的引领者！

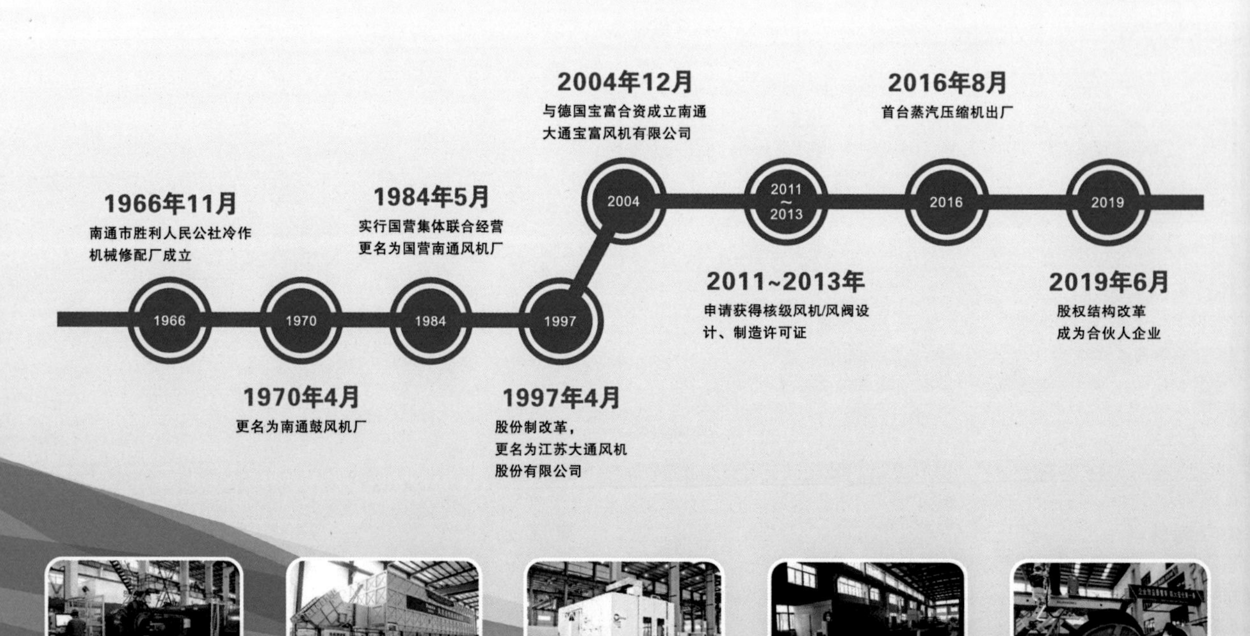